Feuerfestkunde

Herstellung, Eigenschaften und Verwendung feuerfester Baustoffe

Von

Friedrich Harders und **Sigismund Kienow**

Dr. phil. Dr.-Ing., Hüttendirektor
Dortmund

Dr. phil., Privatdozent an der Bergakademie
Clausthal

Mit 719 Abbildungen und 186 Tabellen

Springer-Verlag Berlin Heidelberg GmbH 1960

ISBN 978-3-662-11742-2   ISBN 978-3-662-11741-5 (eBook)
DOI 10.1007/978-3-662-11741-5

Vorwort

Die überragende Bedeutung der *feuerfesten Baustoffe*, vor allem im Stahlwerksbetrieb, und die engen Beziehungen zwischen Feuerfest- und Stahlindustrie rechtfertigen den an sich ungewöhnlichen Versuch, Grundlagen und Arbeitsmethoden eines Industriezweiges aus der Sicht eines anderen darzustellen. Der begangene Weg hat den Vorteil, daß die Verfasser das zu beschreibende Gebiet aus der Perspektive der Verbraucher sehen konnten und einen gewissen Abstand von ihrem Objekt als Hüttenleute besaßen, den Nachteil, daß viele Einzelheiten über den Fabrikationsgang erst erarbeitet werden mußten. Hierzu war die Mithilfe zahlreicher Fachleute aus der Feuerfestindustrie unerläßlich. Sie wurde uns uneigennützig und bereitwillig gewährt. Neben vielen anderen sind wir besonders den Herren Dr. W. Kohlberg (Fa. Dr. C. Otto u. Comp.), Dr. F. Klasse (Didier-Werke A. G.), Dr. N. Skalla, Dr. F. Trojer (Österreichisch-Amerikanische Magnesit-A. G.), Dr. W. Bacher (Veitscher Magnesitwerke A. G.), Dr. K. Samson (Fa. Martin u. Pagenstecher A. G.) und Dr. R. Fahn (Fa. Südchemie) zu Dank verpflichtet. Zahlreiche Firmen der Feuerfestindustrie gestatteten uns freundlicherweise Besichtigungen ihrer Werksanlagen.

Auch seitens der Hochschulen wurde unsere Arbeit nachdrücklich unterstützt. Herr Prof. Dr. W. Oelsen (Bergakademie Clausthal) war so freundlich, das Kapitel 1.35 ,,Elementare Thermochemie und Thermodynamik der Brennprozesse'' zu ergänzen und umzuarbeiten. Hierfür gebührt ihm der besondere Dank der Leser und Verfasser.

Die schon öfters verwandte Gliederung des Stoffes nach Steintypen wurde auch für dieses Buch beibehalten. Sie ermöglicht eine individuelle Behandlung der einzelnen Steinsorten, macht aber in den Kapiteln über Steinherstellung Wiederholungen und zahlreiche Hinweise auf andere Buchteile unvermeidbar. Außerdem mußte in den Kapiteln über Anwendungen manches an sich Zusammengehörige getrennt werden (z. B. beim Siemens-Martin-Ofen).

Innerhalb der einzelnen Teile wurde die Gliederung in fünf in sich abgeschlossene Kapitel:

> Physikalisch-chemische und mineralogische Grundlagen,
> Rohstoffe und ihre Entstehung,
> Herstellung der Baustoffe,
> Eigenschaften der Baustoffe,
> Verwendung der Baustoffe

streng durchgeführt. Diese Einteilung und die ausführlich gehaltenen Register geben dem Buch den Charakter eines Nachschlagewerkes.

Im vorangestellten allgemeinen Teil sind die für alle feuerfesten Baustoffe gültigen Prinzipien der Steinherstellung und die üblichen Prüfmethoden in ihrer Beziehung zu den physikalischen und chemischen Eigenschaften der Baustoffe dargestellt. Die heutigen technologischen Prüfverfahren entsprechen nicht mehr dem Stand der Forschung und werden z. Z. in zahlreichen Fachausschüssen neu bearbeitet. Daher darf eine moderne Darstellung nicht an den Problemen vorübergehen, die durch die Forderung der Technik nach zuverlässigen Kenngrößen aufgeworfen werden.

Die Kapitel über Steinherstellung enthalten neben dem heute üblichen Fabrikationsgang einen Überblick über die historische Entwicklung und die z. Z. nicht im technischen Maßstab angewandten Verfahren, die möglicherweise Ausgangspunkte für Neuentwicklungen bilden oder erfinderisch tätigen Lesern Anregungen vermitteln können.

In den Anwendungskapiteln wurde weniger auf vollständige Aufzählung der Verwendungsstellen als auf eingehende Darstellung der Verschleißvorgänge in Einzelfällen Wert gelegt, da eine solche nach Ansicht der Verfasser am ehesten Hinweise auf mögliche Verbesserungen der Steinqualitäten geben kann.

Die Vorarbeiten für das Buch, das ursprünglich zusammen mit Herrn Chefchemiker Dr. H. GREWE († 22. 9. 58) herausgegeben werden sollte, begannen im Jahre 1950 unter Mitwirkung von Herrn Dr. H. STÜTZEL und Frl. Dr. L. BÖTTGER, die sich bis 1956 an der Fertigstellung des Buches beteiligte. Herr Dr. KORNFELD unterzog das Manuskript einer kritischen Durchsicht. Beim Lesen der Korrekturen und Zusammenstellen der Register unterstützte uns Frl. B. OBERFEUER, die Mikroaufnahmen besorgte Herr K.-H. GORSLER mit Geschick. Den Genannten und allen übrigen Mitarbeitern in der Metallurgischen Abteilung Hörde der Dortmund-Hörder-Hüttenunion A. G., die die zahlreichen Analysen, physikalischen Untersuchungen, Schreib- und Zeichenarbeiten sorgfältig und unermüdlich durchführten, gebührt besonderer Dank.

Die Verfasser hoffen, daß das Werk allen an Fragen der Feuerfestkunde interessierten Fachleuten und Studenten ein zuverlässiger Helfer bei ihrer Arbeit werden möge.

Dortmund, im Oktober 1959

Dr. Dr.-Ing. Friedrich Harders   Dr. Sigismund Kienow

Inhaltsverzeichnis

Seite

1. Die Eigenschaften feuerfester Stoffe und ihre Prüfung 1

1.1 Einführung 1

1.11 Begriffsbestimmung 1
1.12 Die feuerfesten Grundstoffe. 1
1.13 Die geschichtliche Entwicklung der Herstellungsverfahren 3
1.14 Einteilung und Aufbau der feuerfesten Erzeugnisse 3
1.15 Prüfmethoden 8
1.16 Stellung im Rahmen der Baustoffkunde 10

1.2 Feinstruktur der feuerfesten Baustoffe 10

1.21 Bindungsarten. 11
1.22 Wirkungsradius und Koordinationszahl 12
1.23 Gitterstruktur der wichtigsten feuerfesten Oxyde 13
1.24 Feldstärke und Verbindungsbildung 18
1.25 Einfluß der Atombindung 19
1.26 Unordnung und Fehlordnung im Gitterbau 21
1.27 Der Glaszustand. 24

1.3 Verhalten beim Erhitzen und Schmelzen 27

1.31 Modifikationsänderungen 27
1.32 Entwässern (Kalzinieren) und Entsäuern 28
1.33 Sintern 31
  1.331 Trockensinterung von Einstoffsystemen 31
  1.332 Trockensinterung von Mehrstoffsystemen 35
  1.333 Schmelzsinterung und Schmelzdiagramme 37
1.34 Segerkegel 44
1.35 Elementare Thermochemie und Thermodynamik der Brennprozesse . . . 45
  1.351 Bedeutung der Thermodynamik für die Technologie der Brennprozesse 45
  1.352 Enthalpie und Reaktionswärme 47
  1.353 Bedingungen für den Ablauf einer Reaktion 54
  1.354 Bestimmung der Wärmetönung von Reaktionen 56

1.4 Struktur und Textur 58

1.41 Allgemeines 58
1.42 Spezifisches Gewicht, Raumgewicht und Porosität 61
1.43 Porengröße und Porenform 62
  1.431 Makroskopische und mikroskopische Untersuchungen 62
  1.432 Gasdurchlässigkeit 63
  1.433 Wassertränkung und Wasserdurchlässigkeit 68
  1.434 Bestimmung der Porengrößenverteilung 70
  1.435 Strömungen in Mikroporen 73
  1.436 Die Mischkörpertheorie 75
1.44 Korngrößenverteilung und Packungsdichte 77
  1.441 Packungen kugelförmiger Körner 78
  1.442 Experimentelle Ergebnisse 82
  1.443 Der Einfluß von Betriebsmaßnahmen auf die Porosität 83

Seite

1.5 Thermische Eigenschaften 86

  1.51 Ausdehnung durch Wärme 86
    1.511 Reversible Wärmeausdehnung 86
    1.512 Bleibende Wärmeausdehnung 89
  1.52 Wärmeleitung 90
  1.53 Temperaturleitfähigkeit und spezifische Wärme 95
  1.54 Wärmeübertragung 97

1.6 Elektrische Eigenschaften 101

  1.61 Widerstand und Leitfähigkeit 101
  1.62 Sonstige Eigenschaften 105

1.7 Mechanische Eigenschaften 105

  1.71 Kaltdruckfestigkeit 106
  1.72 Heißdruckfestigkeit 108
  1.73 Dauerstandfestigkeit (Warmfestigkeit) 110
    1.731 Versuchseinrichtungen 110
    1.732 Abhängigkeit der Deformation von der Zeit 110
    1.733 Abhängigkeit der Deformation von der Belastung 112
    1.734 Abhängigkeit der Deformation von der Temperatur 113
    1.735 Zusammenfassung 114
  1.74 Druckfeuerbeständigkeit (DFB) 114
    1.741 Historische Entwicklung 114
    1.742 Die Norm-Vorschrift 115
    1.743 Die Apparatur 116
    1.744 Kritik und Änderungsvorschläge 117
    1.745 Die DFB-Kurven verschiedener Baustoffe 119
    1.746 Ausländische Normen 122
  1.75 Zugfeuerbeständigkeit 123
  1.76 Torsionsfestigkeit 124
  1.77 Biegefestigkeit 127
  1.78 Elastizitätsmodul 129
    1.781 Bestimmungsmethoden 129
    1.782 Der Elastizitätsmodul bei Raumtemperatur 131
    1.783 Der Elastizitätsmodul bei höheren Temperaturen 131
  1.79 Abrieb 133

1.8 Temperaturwechselbeständigkeit (TWB) 137

  1.81 Spannungen beim Temperaturwechsel 137
  1.82 Der Einfluß der thermischen und mechanischen Eigenschaften 139
  1.83 Genormte Prüfmethoden für die TWB 146
  1.84 Allgemeine Erfahrungen 148

1.9 Verschlackungsbeständigkeit 150

  1.91 Chemische Vorgänge 150
  1.92 Die Infiltration 152
  1.93 Grenzflächeneigenschaften und Viskosität 155
    1.931 Oberflächenspannung 155
    1.932 Der Kontaktwinkel 157
    1.933 Viskosität 159
  1.94 Technologische Prüfverfahren 162
  1.95 Allgemeine Erfahrungen 164

1.10 Die Prüfung der Mörtel und Bindemittel 167

Seite
2. Silikaerzeugnisse 169

2.1 Eigenschaften der Bestandteile 169

2.11 Das Einstoffsystem SiO_2 169
2.111 Quarz 169
2.112 Cristobalit 171
2.113 Tridymit 172
2.114 Zusammenfassung, Wärmeausdehnung 175
2.115 Kieselglas 176
2.116 Neue Kieselsäuremodifikationen 176
2.117 Physikalische Eigenschaften 177
2.12 Das System Kieselsäure–Wasser 177
2.13 Die Umwandlung α-Quarz → α-Cristobalit 179
2.14 Kieselsäure und Erdalkalioxyde 183
2.15 Kieselsäure und Eisenoxyde 186
2.16 Kieselsäure und Tonerde 188
2.17 Kieselsäure und Titansäure 190
2.18 Kieselsäure und Alkalien 190
2.19 Zusammenfassung 191

2.2 Rohstoffe und Lagerstätten 193

2.21 Felsquarzite 194
2.211 Entstehung 194
2.212 Verbreitung 196
2.22 Gangquarzvorkommen 199
2.23 Zementquarzite 200
2.231 Entstehung 200
2.232 Verbreitung 205
2.24 Kieselgesteine 211
2.25 Untersuchung der Quarzite usw. für die Silikaherstellung 213
2.251 Makroskopische Prüfung 213
2.252 Chemische Analyse 214
2.253 Mineralogische Untersuchung 214
2.254 Bestimmung des spezifischen Gewichtes nach dem Glühen . . . 216
2.255 Bestimmung der Porosität 217
2.256 Bestimmung des Nachwachsens 217
2.26 Sandlagerstätten 218
2.261 Eigenschaften der Sande 218
2.262 Entstehung 219
2.263 Verbreitung 220
2.27 Kalk 223

2.3 Herstellung der Silikasteine 226

2.31 Aufbereitung 226
2.311 Naßverfahren 226
2.312 Trockenverfahren 232
2.313 Entstaubung 236
2.32 Zuschlagstoffe 238
2.33 Versatz 239
2.34 Formgebung der Silikasteine 243
2.341 Handformung 243
2.342 Abzieh- und Handpressen 244
2.343 Maschinenformung, allgemeines 245
2.344 Hydraulische Pressen 246

2.345 Kniehebelpressen 249
2.346 Friktionsspindelpressen 249
2.347 Drehtischpressen 252
2.348 Rüttelmaschinen 253

2.35 Trocknen 254
  2.351 Transport 254
  2.352 Trockenräume 254
  2.353 Kammertrockner 255
  2.354 Infrarot- und Hochfrequenztrocknung 255

2.36 Brennen 257
  2.361 Periodische Öfen 257
  2.362 Ring- und Kammerringöfen 258
  2.363 Tunnelöfen 263
  2.364 Kammer-Tunnelöfen 266

2.37 Fabrikationsfehler 267
  2.371 Formfehler 267
  2.372 Strukturfehler 267
  2.373 Risse 268
  2.374 Ausschmelzungen 269

2.4 Eigenschaften 270
  2.41 Äußere Beschaffenheit und Formate 270
  2.42 Chemische Zusammensetzung, physikalische und technologische Eigen-
       schaften 277
  2.43 Mineralogische Beschaffenheit 283
  2.44 Verhalten bei Schlackenangriff 286
  2.45 Silikamörtel 289

2.5 Beanspruchung an den Verwendungsstellen 292
  2.51 In Siemens-Martin-Öfen 292
    2.511 Bauart und Zustellung 292
    2.512 Der Ofenstaub 294
    2.513 Das Gewölbe 298
    2.514 Zonenbildung im Gewölbe 299
    2.515 Schmelzerscheinungen an der Gewölbeoberfläche und Abplatzen . 305
    2.516 Betriebliche Erfahrungen über Gewölbehaltbarkeit und Aufheiz-
          geschwindigkeit 307
    2.517 Vorder- und Rückwand 308
    2.518 Brennergewölbe, Gas- und Luftzüge, Schlackenkammern 308
    2.519 Die Gitterkammern 311
    2.520 Schlußbemerkungen 312
  2.52 In Elektroöfen 312
  2.53 In Walzwerksöfen 314
  2.54 In Öfen der Buntmetallindustrie 315
  2.55 In Koksöfen 318
  2.56 In Glasschmelzöfen 321

2.6 Verwendung und Beanspruchung feuerfester Sande und Kleb-
     sande 325
  2.61 In feuerfesten Fabriken 325
  2.62 In Siemens-Martin-Öfen 325
  2.63 In Stahlpfannen 327
  2.64 In sauren Elektroöfen 329
  2.65 In Kupol- und Schachtöfen 330

Seite

3. Schamotteerzeugnisse 331

3.1 Zusammensetzung und Eigenschaften der Tone und Kaoline . . . 331

   3.11 Bestandteile 332
      3.111 Überblick 332
      3.112 Kaolinit 332
      3.113 Halloysit und Metahalloysit 334
      3.114 Fireclay-Mineral 337
      3.115 Montmorillonit 338
      3.116 Glimmer, Illit und Vermikulit 341
      3.117 Zusammensetzung feuerfester Tone 343
   3.12 Das System Ton–Wasser 343
      3.121 Kapillarität 343
      3.122 Elektrochemische Theorie der Kolloide 344
      3.123 Tonverflüssigung 346
      3.124 Thixotropie 348
      3.125 Viskosität 349
      3.126 Plastizität 350
      3.127 Bestimmung der Plastizität 354
      3.128 Verbesserung der Plastizität 356
   3.13 Verhalten beim Trocknen bis 110° C 357
   3.14 Verhalten beim Erhitzen bis 1100° C 362
      3.141 Kaolinit 362
      3.142 Montmorillonit 365
      3.143 Illit und Glimmer 366
      3.144 Natürliche Tone 366
   3.15 Mullit und Sillimanit 368
   3.16 Verhalten beim Brennen 374
      3.161 Reine kaolinitische Tone 374
      3.162 Der Einfluß von erhöhtem Kieselsäuregehalt 374
      3.163 Brennschwindung und Sintern 375
      3.164 Der Einfluß von Flußmitteln 376
      3.165 Der Einfluß organischer Substanzen 383
   3.17 Erweichen 383

3.2 Entstehung und Lagerstätten der Tone und Kaoline 389

   3.21 Verwitterungsvorgänge 389
   3.22 Lagerstättenbildung 391
      3.221 Kaolinlagerstätten 391
      3.222 Tonlagerstätten 392
      3.223 Schiefertonlagerstätten 393
      3.224 Namensgebung 393
   3.23 Die mitteleuropäischen Kaolinlagerstätten 394
      3.231 Böhmen und Schlesien 394
      3.232 Sachsen und Thüringen 396
      3.233 Westdeutschland 397
      3.234 Oberpfalz 397
      3.235 Aufbereitung der Kaoline 397
   3.24 Deutsche Lagerstätten feuerfester Tone 398
      3.241 Schlesien 398
      3.242 Sachsen 399
      3.243 Hessische Senke 400
      3.244 Westerwald 401
      3.245 Niederrhein 404

Seite

3.246 Pfalz 405
3.247 Oberpfalz 407
3.248 Zusammenfassung 409

3.25 Mitteleuropäische Kaolinit-Schiefertonlagerstätten 409
3.26 Untersuchung der Tone und Kaoline 411
3.261 Makroskopische Prüfung 411
3.262 Chemische Analyse 411
3.263 Bestimmung des Mineralbestandes 411
3.264 Segerkegelfallpunkt 412
3.265 Korngrößenverteilung 413
3.266 Schwindungs- und Sinterungsverhalten 415
3.267 Plastizität und Bindeverhalten 415
3.268 Zusammenfassung 416

3.3 Herstellung 418
3.31 Brennen der Tone zu Schamotte 418
3.311 Allgemeines 418
3.312 Aufbereitung 419
3.313 Brennöfen 419
3.314 Eigenschaften der Schamotte 422

3.32 Zerkleinerung und Klassierung der Schamotte 425
3.321 Grobzerkleinerung 425
3.322 Feinzerkleinerung 426
3.323 Klassierung 432

3.33 Aufbereitung der Bindetone 434
3.331 Trockenanlagen 435
3.332 Mahlanlagen 436
3.333 Kombinierte Mahltrockenanlagen 439
3.334 Aufbereitung grubenfeuchter Tone 440

3.34 Formgebung 442
3.341 Überblick 442
3.342 Naßknet- oder plastisches Verfahren 443
3.342.1 Masseherstellung 443
3.342.2 Strangpressen 447
3.342.3 Nachpressen 451
3.342.4 Pressen für Hohlwaren und Verschleißmaterial 455
3.342.5 Handformung 458

3.343 Halbtrockenpreßverfahren (früher Trockenpreßverfahren) 460
3.344 Trockenpreß- oder Hartschamotteverfahren 462
3.345 Tonstein- und Glühschamotteverfahren 465
3.346 Gießverfahren 465

3.35 Trocknung 467
3.36 Brennen 469
3.361 Vorgänge beim Steinbrand und Brenntemperatur 469
3.362 Benutzte Brennöfen 470
3.363 Aufheizen 470
3.364 Abkühlung 471
3.365 Leistung der Brennöfen 472
3.366 Brennen von Glashäfen und Ziehherden 473
3.367 Sortierung und Transport 473

3.37 Überblick 474
3.38 Herstellungsfehler 476
3.381 Strukturfehler 476

Seite

3.382 Risse 479
3.383 Deformationen 480

3.4 Eigenschaften 483
  3.41 Einteilung und Formate 483
  3.42 Zusammensetzung 487
    3.421 A-Qualitäten 487
    3.422 B-Qualitäten und Stahlwerksbedarfsmaterial 488
    3.423 Graphitschamotte 488
    3.424 Schamottesteine für die Glasindustrie 490
    3.425 Spezialqualitäten 490
    3.426 Chemische Analysen 490
  3.43 Physikalische und technologische Eigenschaften 491
    3.431 Überblick 491
    3.432 Äußere Beschaffenheit 491
    3.433 Struktur 494
    3.434 Mineralogische Beschaffenheit 495
    3.435 Spezifisches Gewicht, Porosität und Gasdurchlässigkeit 498
    3.436 Festigkeitseigenschaften 501
    3.437 Thermische Eigenschaften 506
    3.438 Temperaturwechselbeständigkeit 508
  3.44 Chemische Eigenschaften bei Gebrauchstemperaturen 508
    3.441 Einwirkung von Erdalkali-, Schwermetalloxyden und Schlacke . . 508
    3.442 Einwirkung von Alkalischmelzen 513
    3.443 Einwirkung von Alkalidämpfen 514
    3.444 Einwirkung von Säuredämpfen 515
    3.445 Einwirkung von Borsäure und Boraten 516
    3.446 Einwirkung von Vanadiumoxyd 517
    3.447 Einwirkung von Kohlenoxyd 517
    3.448 Die pyrochemische Spannungsreihe 518
    3.449 Einfluß der Porosität, des Tonerdegehaltes und der Temperatur . 519
  3.45 Schamottemörtel 522

3.5 Beanspruchung an den Hauptverwendungsstellen 526
  3.51 In Feuerungen 526
    3.511 Das Mauerwerk 526
    3.512 Hängedecken 527
    3.513 Schlacken- und Flugstaubeinwirkungen 528
  3.52 In Glühöfen, Stoßöfen und Krupp-Rennanlagen 530
  3.53 In Kupolöfen 533
  3.54 In Koksöfen und Gaserzeugern 533
    3.541 Koksöfen 533
    3.542 Gaserzeuger 535
  3.55 Vergießwerkstoffe im Stahlwerk 536
    3.551 Pfannensteine 536
    3.552 Stopfenstangenrohre 541
    3.553 Stopfen und Ausgüsse 541
    3.554 Untergußsteine 545
  3.56 In Hochöfen 554
    3.561 Steinqualitäten und Formate 554
    3.562 Aufheizen und Betriebstemperaturen 556
    3.563 Ansatzbildung und Zerstörung des Schachtmauerwerks 556
    3.564 Zerstörungen am Schachtmauerwerk ohne Kühlkästen 563
    3.565 Zerstörungen an Schamottesteinen in Rast, Gestell und Herd . . 565

		Seite
3.57	In Schacht- und Drehrohröfen	566
3.58	In Glasschmelzöfen	567
3.581	Formate und Steinqualität	567
3.582	Bau und Betrieb von Glaswannen	569
3.583	Korrosion der Glaswannensteine	569
3.59	In Regeneratoren	573
3.591	Winderhitzer	573
3.592	Gitterkammern von Siemens-Martin-Öfen	580
3.593	Gitterkammern von Glasöfen	589
3.60	In Zinkmuffeln	590
3.6	Stampf- und Gießmassen	593

4. Hochtonerde- und zirkonhaltige Baustoffe 595

4.1	Hochtonerdehaltige Rohstoffe	596
4.11	Physikalisch-chemische und mineralogische Eigenschaften	596
4.111	Tonerdesilikate	596
4.112	Korund	598
4.113	Tonerdehydrate	599
4.12	Lagerstätten	601
4.121	Tonerdesilikate und Korund	601
4.122	Tonerdehydrate	605
4.13	Synthetische Herstellung	609
4.131	Tonerdehydrate und kalz. Tonerde	609
4.132	Elektrokorund	610
4.133	Sinterkorund	611
4.134	Synthetischer Mullit	612
4.2	Zirkonhaltige Rohstoffe	615
4.21	Physikalisch-chemische und mineralogische Eigenschaften	615
4.211	Zirkonerde (ZrO_2)	615
4.212	Zirkonsilikat ($ZrO \cdot SiO_2$)	617
4.22	Lagerstätten	619
4.3	Keramisch gebundene Baustoffe	620
4.31	Herstellung und Übersicht	620
4.32	Mit Tonerde angereicherte Steine	622
4.33	Sillimanit- und Mullitsteine	625
4.331	Vorbrand	625
4.332	Bindemittel	625
4.333	Eigenschaften	625
4.334	Beanspruchung an den Verwendungsstellen	631
4.34	Diaspor- und Bauxitsteine	635
4.341	Diasporsteine	635
4.342	Bauxitsteine	636
4.35	Korundsteine	637
4.36	Zirkonhaltige Steine	639
4.4	Schmelzgegossene Steine	644
4.41	Mullitsteine	644
4.42	Zirkonhaltige Steine	648
4.43	Korundsteine	649

Seite

4.5 Massen 651

   4.51 Stampfmassen 651
   4.52 Spritz- und Anstrichmassen 655

5. Basische und neutrale feuerfeste Baustoffe 656

5.1 Mineralogische und physikalisch-chemische Eigenschaften der Bestandteile 657

   5.11 Magnesiumoxyd 657
   5.12 Magnesiumhydrat 658
   5.13 Karbonate 660
   5.14 Sulfate und Chloride 662
   5.15 Spinelle 664
      5.151 Das System $MgO-Al_2O_3$ 666
      5.152 Das System $MgO-Fe_2O_3-FeO$ 667
      5.153 Chromspinelle 670

   5.16 Magnesiumsilikate 676
      5.161 Das System $MgO-SiO_2$ 676
      5.162 Das System $MgO-FeO-SiO_2$ 677
      5.163 Olivine 678
      5.164 Pyroxene 680
      5.165 Wasserhaltige Magnesiumsilikate 683
      5.166 Das System $MgO-Al_2O_3-SiO_2$ 684

   5.17 Kalkhaltige Verbindungen 686
      5.171 Kalziumaluminate 686
      5.172 Kalziumferrite und -aluminatferrite 688
      5.173 Kalziumsilikate 690

   5.18 Mehrstoffsysteme 698

5.2 Lagerstätten 702

   5.21 Genetischer Überblick 702
   5.22 Chromerzlagerstätten 704
   5.23 Olivin-, Serpentin- und Specksteinlagerstätten 711
      5.231 Olivin 711
      5.232 Serpentin und Speckstein 712

   5.24 Magnesitlagerstätten 712
      5.241 Dichte Magnesite 712
      5.242 Kristalline Magnesite 715

   5.25 Dolomitlagerstätten 724
   5.26 Lagerstätten von magnesiumhaltigen Salzen 726

5.3 Synthetische Herstellung von Magnesia 728

   5.31 Aus Dolomit 728
   5.32 Aus Meerwasser 731
   5.33 Aus Abraumsalzen 732

5.4 Sinter- und Schmelzmagnesia 734

   5.41 Allgemeines 734
   5.42 Sinter aus kristallinem Magnesit 737
   5.43 Sinter aus dichtem Magnesit und synthetischer Magnesia . . . 741
   5.44 Schmelzmagnesia 741

5.5 Herstellung und Eigenschaften basischer und neutraler Baustoffe
    (außer Dolomiterzeugnissen) 743

    5.51 Keramisch gebundene Steine 743
        5.511 Allgemeiner Herstellungsgang 743
        5.512 Handelsübliche Magnesiasteine 746
            5.512.1 Versatz 746
            5.512.2 Äußere Beschaffenheit und Formate 747
            5.512.3 Eigenschaften 749
        5.513 Spezialmagnesiasteine 751
        5.514 Chrommagnesiasteine 753
            5.514.1 Versatz 753
            5.514.2 Eigenschaften 755
        5.515 Chromerzsteine 758
            5.515.1 Versatz 758
            5.515.2 Herstellung und Eigenschaften 759
        5.516 Forsteritsteine 760
            5.516.1 Herstellung und Versatz 760
            5.516.2 Eigenschaften 761
    5.52 Schmelzgegossene Steine 764
    5.53 Reaktionsthermische Erzeugnisse 766
    5.54 Chemisch gebundene Steine 768
    5.55 Blechummantelte Steine 769
    5.56 Mörtel 770
    5.57 Massen 771

5.6 Verwendung basischer und neutraler Baustoffe (außer Dolomit-
    erzeugnissen) 774

    5.61 Im SM-Ofen 774
        5.611 Allgemeines 774
        5.612 Der Herd 775
        5.613 Rückwand und Pfeiler 778
        5.614 Das Gewölbe 780
        5.615 Brennerköpfe 790
        5.616 Schächte, Schlackenkammern und Gitterung 793
        5.617 Inbetriebnahme des ganzbasischen Ofens 795
        5.618 Schlußbemerkungen 795
    5.62 In Elektroöfen 796
        5.621 Lichtbogenöfen 796
        5.622 Induktionsöfen 799
    5.63 Im Roheisenmischer 801
    5.64 In Tief-, Stoß- und Glühöfen 809
    5.65 In Blasstahlkonvertern 810
    5.66 In der Nichteisenmetallindustrie 811
        5.661 Kupferindustrie 811
        5.662 Sonstige Metallindustrie 815
    5.67 In der Zement- und Kalkindustrie 816
        5.671 Drehrohröfen 816
        5.672 Schachtöfen 818
    5.68 In der Glasindustrie 818

5.7 Dolomiterzeugnisse 821
    5.71 Dolomitsinter 822
        5.711 Reiner Dolomit 822

Seite

5.711.1 Allgemeines 822
5.711.2 Drehrohrofendolomit 824
5.711.3 Schachtofendolomit 825

5.712 Stabilisierter Dolomit. 827

5.72 Dolomitsteine und -massen 828

5.721 Reine und teergeschützte Steine und Massen 828
5.721.1 Herstellung. 828
5.721.2 Eigenschaften. 829
5.721.3 Verhalten im Betrieb 831

5.722 Halbstabilisierte Steine 834
5.722.1 Herstellung. 834
5.722.2 Eigenschaften und Verwendung 835

5.723 Vollstabilisierte Dolomiterzeugnisse. 836
5.723.1 Herstellung. 836
5.723.2 Eigenschaften und Verhalten im Betrieb 837
5.723.3 Dolomitzemente. 838

5.73 Teerdolomiterzeugnisse 838

5.731 Stahlwerksteer. 838
5.731.1 Chemische Zusammensetzung. 838
5.731.2 Physikalische Eigenschaften 840
5.731.3 Verhalten in Dolomitmischungen 841
5.731.4 Verhalten von Teerdolomit bei Schlackenangriff 844

5.732 Konverterböden 847
5.732.1 Masseherstellung 847
5.732.2 Formen der Böden 850
5.732.3 Brennen und Einbau der Böden 855
5.732.4 Verhalten der Böden im Betrieb 857

5.733 Teerdolomitsteine und -stampfmassen 859
5.733.1 Herstellung. 859
5.733.2 Teerdolomitsteine im Thomaskonverter 860

6. Kohlenstoffhaltige Baustoffe 863

6.1 Mineralogische und physikalisch-chemische Eigenschaften der
Rohstoffe 864

6.11 Kohlenstoff 864
6.12 Siliziumkarbid (Karborund) 867

6.2 Lagerstätten 868

6.3 Synthetische Herstellung der Rohstoffe 870

6.31 Siliziumkarbid und Graphit 870
6.32 Koks. 872
6.33 Teer 873

6.4 Kohlenstoffsteine und -stampfmassen 873

6.41 Herstellung 873
6.42 Eigenschaften 875
6.43 Verwendung. 876
6.431 Im Hochofen 876
6.432 Im Elektroofen für Stahl. 881
6.433 In Elektroschmelzöfen für Metalle und Legierungen 881
6.434 In der chemischen Industrie 882

6.5 Graphithaltige Erzeugnisse 882

   6.51 Tiegel 883
   6.52 Stopfen, Ausgüsse und Pfannensteine 884
   6.53 Teergetränkte und gasgraphitierte Schamotteerzeugnisse 886

6.6 Siliziumkarbiderzeugnisse 886

   6.61 Herstellung 886
   6.62 Eigenschaften 888
   6.63 Anwendung 890

7. Feuerleicht- und Isoliersteine 895

7.1 Rohstoffe 895

   7.11 Vermikulit 895
   7.12 Asbest 897
   7.13 Perlit, Pechstein und Obsidian 898
   7.14 Kieselgur (Diatomeenerde) 899
   7.15 Reisasche (Silex) 901

7.2 Steinherstellung 901

   7.21 Schamotte-Feuerleichtsteine 901
      7.211 Zumischung von Ausbrennstoffen 901
      7.212 Zumischung von verdampfenden Stoffen 903
      7.213 Zumischung von gasentwickelnden Stoffen 903
      7.214 Erzeugung von Schaum 904
   7.22 Hochtonerdehaltige Feuerleichtsteine 905
   7.23 Silika-Feuerleichtsteine 906
   7.24 Zirkon-Leichtsteine 906
   7.25 Neutrale und basische Feuerleichtsteine 907
   7.26 Isoliersteine 907
   7.27 Schutzschichten 909

7.3 Eigenschaften 909

   7.31 Struktur 909
   7.32 Wärmeleitfähigkeit 912
   7.33 Kaltdruckfestigkeit 913
   7.34 Verhalten bei höheren Temperaturen 914

7.4 Verwendung 916

Schlußwort 920

Tabellenanhang 922

Seger- und Ortonkegel 922

Temperatur-Farbskala 923

Mohssche Härteskala 923

Wärmeausdehnung und Dehnfugen verschiedener Steinsorten . . . 923

Genormte Siebe 924

Namenverzeichnis 926

Sachverzeichnis 939

Stoffverzeichnis (Mineralien, Verbindungen, Steinsorten) 963

Verzeichnis der Zustandsdiagramme 979

1. Die Eigenschaften feuerfester Stoffe und ihre Prüfung

1.1 Einführung

1.11 Begriffsbestimmung

Feuerfeste Baustoffe werden in der Industrie überall dort benötigt, wo im Dauerbetrieb Temperaturen von mehr als $1000°$ C auftreten. Da die Erweichungstemperatur der Baustoffe — von einigen Ausnahmen abgesehen — höher liegen muß als die Gebrauchstemperatur, werden nur solche Baustoffe als *feuerfest* bezeichnet, deren Erweichungspunkt mindestens bei $1585°$ C (SK 26) bzw. nach neuen internationalen Vereinbarungen bei $1520°$ C (SK 18) liegt. Der Erweichungspunkt wird hierbei mit Hilfe von sog. *Segerkegeln* (vgl. Abschn. 1.34) bestimmt [1]. Als *hochfeuerfest* gelten Stoffe, deren Erweichungspunkt mindestens dem SK 35 = $1780°$ C entspricht. Neben einer ausreichenden Beständigkeit gegen hohe Temperaturen wird von den feuerfesten Baustoffen Raumbeständigkeit, Formtreue auch unter Belastung, mechanische Festigkeit bei schnellem Temperaturwechsel und chemische Widerstandsfähigkeit gegen den Ofenstaub, flüssige Schlacken und das Beschickungsgut verlangt. In einigen Fällen müssen sie zusätzlich eine hohe Abriebfestigkeit aufweisen.

1.12 Die feuerfesten Grundstoffe

Bei der Auswahl der für die genannten Verwendungszwecke geeigneten Stoffe ist entscheidend, daß sie bei den Betriebstemperaturen im allgemeinen eine hohe Beständigkeit gegen den Sauerstoff der Luft besitzen müssen. Diese Bedingung wird in erster Linie von den Oxyden gewisser Metalle der 2. bis 4. und der 6. Gruppe des periodischen Systems erfüllt. In Tab. 1 sind die hochschmelzenden Oxyde dieser Gruppen zusammengestellt. Sie haben bei hohen Temperaturen

Tabelle 1. *Oxydische Grundbestandteile der feuerfesten Baustoffe*

Name	Formel	Schmelzpunkt C°	Chemischer Charakter bei hohen Temperaturen
Kieselsäure	SiO_2	1702 ± 10	sauer
Titansäure	TiO_2	1775	sauer
Zirkonoxyd	ZrO_2	2700	sauer
Tonerde	Al_2O_3	2050	sauer
Chromoxyd	Cr_2O_3	1990	sauer
Magnesiumoxyd ...	MgO	2642	basisch
Kalziumoxyd	CaO	~ 2570	basisch
Bariumoxyd	BaO	1923	basisch
Strontiumoxyd	SrO	2430	basisch

teils sauren, teils basischen Charakter und neigen zur Bildung niedrigschmelzender Verbindungen, wenn sie mit Schlacken von entgegengesetztem chemischem Charakter in Berührung kommen. Bei Verzicht auf die Forderung nach Beständigkeit gegen den Luftsauerstoff kann die Liste dieser Grundstoffe noch durch Kohlenstoff sowie durch eine Anzahl von Nitriden, Boriden und Karbiden, vor allem durch Siliziumkarbid ergänzt werden.

Da die feuerfesten Baustoffe Massenprodukte darstellen, können sie nur aus Rohmaterialien hergestellt werden, die in der Natur in großen Mengen vorkommen und leicht gewinnbar sind. Tab. 2 zeigt die Verteilung einiger Elemente in einer Erdrindenschicht von 16000 m Dicke, auf Eruptivgesteine bezogen. Da die Sedimente aus den Eruptivgesteinen hervorgegangen sind, dürften sich die Gewichtsanteile der einzelnen Elemente nur wenig ändern,

Tabelle 2. *Verbreitung einiger Elemente in der festen Erdrinde in Gew.-%*
(nach H. STAUDINGER u. R. RIENÄCKER)

Element	Erdrinde 16 km (Eruptivgestein)	Element	Erdrinde 16 km (Eruptivgestein)	Element	Erdrinde 16 km (Eruptivgestein)
1. Sauerstoff[1]	46,6	12. Phosphor	0,080	23. Strontium ...	0,015
2. Silizium[1]	27,7	13. Schwefel	0,052	24. Nickel	0,010
3. Aluminium[1] ..	8,13	14. Chlor	0,048	25. Kupfer	0,010
4. Eisen	5,0	15. Kohlenstoff[1] .	0,032	26. Wolfram	0,007
5. Kalzium[1]	3,63	16. Rubidium ...	0,031	27. Cer..........	0,005
6. Natrium	2,83	17. Fluor	0,030	28. Zink	0,004
7. Kalium	2,59	18. Stickstoff	0,03(?)	29. Zinn	0,004
8. Magnesium[1] ..	2,09	19. Barium	0,025	30. Blei	0,002
9. Wasserstoff ...	0,87(?)	20. Zirkon[1]	0,022	31. Brom........	?
10. Titan	0,440	21. Chrom[1]	0,020		
11. Mangan	0,100	22. Vanadium ...	0,015		

[1] Die in der Keramik gebräuchlichsten Elemente.

wenn die Sedimentgesteine mit berücksichtigt werden. Danach gehören Silizium, Aluminium, Kalzium und Magnesium zu den häufigsten Elementen der Erdkruste. Sie sind einzeln mit mehr als 1% an ihrem Aufbau beteiligt und kommen überwiegend als Oxyde vor. Die 4 Oxyde Kieselsäure, Tonerde, Kalziumoxyd und Magnesiumoxyd erfüllen daher auch quantitativ die Voraussetzungen für die Herstellung feuerfester Baustoffe und sind die Ausgangsmaterialien für den weitaus überwiegenden Teil der Produktion.

In den Lagerstätten treten die Rohstoffe entweder als einfache Oxyde, als Verbindungen oder Mischungen aus mehreren Oxyden oder als chemische Verbindungen mit leichtflüchtigen Stoffen wie Wasser, Kohlensäure u. dgl. in Form von plastischen Erden, Sanden oder festem Felsgestein auf. Beim Erhitzen erleiden sie vielfach physikalische und chemische Umwandlungen, die mit kontinuierlichen oder plötzlichen Volumenänderungen verbunden sind. Aus diesen Gründen ist es nur ausnahmsweise möglich, die Rohstoffe ohne geeignete Vorbehandlung zu verwenden (Forsterit, Quarzitschiefer). Im allgemeinen müssen sie zerkleinert, gekörnt und ganz oder teilweise durch vorheriges Brennen oder Schmelzen den bei hohen Temperaturen herrschenden physikochemischen Bedingungen angepaßt werden, in vielen Fällen ist sogar ein mehrfacher Brand erforderlich, um ein hinreichend temperatur- und volumenbeständiges Material zu erzeugen.

1.13 Die geschichtliche Entwicklung der Herstellungsverfahren

In ihrer Verfahrenstechnik machte sich die feuerfeste Industrie zunächst die uralte Erkenntnis der Keramik zunutze, daß plastischer Ton, der chemisch aus wasserhaltigen Aluminiumsilikaten besteht, beim Brennen zwar stark schwindet, aber zugleich dicht, fest und hart wird. Diese Erkenntnis ermöglichte es, ein Werkstück im plastischen Zustand zu formen und die gegebene Form durch Brennen zu fixieren.

Die ersten feuerfesten Baustoffe wurden aus Tonen hergestellt, welche möglichst frei von Verunreinigungen, wie Eisenoxyden, Alkalien usw., waren und einen hohen Prozentsatz an unplastischen Stoffen, wie z. B. Sand, als sog. Magerungsmittel enthielten, um die Schwindung in tragbaren Grenzen zu halten. Da sich die Feuerfestigkeit dieser Baustoffe in vielen Fällen als zu gering erwies, wurde später als Magerungsmittel ein vorher dicht und schwingungsfrei gebrannter Ton, die sog. Schamotte verwandt. Die so hergestellten Schamottesteine bilden bereits seit mehr als 100 Jahren die Standardqualität der feuerfesten Industrie.

Um den ständig wachsenden Forderungen der Technik, vor allem des Eisen- und Metallhüttenwesens, nach Verbesserung der Feuerfestigkeit und nach Anpassung an die verschiedenen Verwendungszwecke gerecht zu werden, wurden in der Folgezeit Baustoffe aus anderen Rohstoffen als Ton entwickelt. So entstanden die sauren Silika- und Dinassteine mit den vorwiegend aus Kieselsäure bestehenden Quarziten als Grundstoff. Auch basische Oxyde, vor allem gebrannter Magnesit und Dolomit wurden herangezogen, wobei der letztere wegen seiner Empfindlichkeit gegen Wasser zunächst mit Teer gebunden werden mußte. Diese neuen feuerfesten Baustoffe ermöglichten eine Weiterentwicklung der bei der Stahlherstellung angewandten Prozesse. Beispielsweise gestattete die von THOMAS und GILCHRIST im Jahre 1878 vorgenommene Umstellung der Auskleidung von Bessemerkonvertern von Sand auf Dolomit die Stahlgewinnung aus den bis dahin unverwertbaren phosphorreichen Erzen.

Einen Fortschritt brachte die Einführung der Trockenpreß- und Stampfverfahren an Stelle der plastischen Formung, weil man dabei auf den Zusatz von Ton als Bindemittel ganz oder teilweise verzichten konnte. Viele unplastische Rohstoffe konnten auf diese Weise zu festen Steinen verarbeitet werden, ohne daß ihre Feuerfestigkeit durch artfremde Bindemittel herabgesetzt wurde.

Auch die Schamottesteine wurden durch die beim Trockenpreß- und Stampfverfahren mögliche Vergrößerung des prozentualen Schamotteanteiles bei entsprechender Abnahme des Tongehaltes erheblich verbessert. Die trockengepreßten Qualitäten bilden heute einen unentbehrlichen Baustoff für viele Stellen, an welchen hohe Festigkeit, Volumenkonstanz und Beständigkeit gegen Temperaturwechsel verlangt werden.

1.14 Einteilung und Aufbau der feuerfesten Erzeugnisse

Nach chemischen Gesichtspunkten lassen sich die derzeit im Handel befindlichen Sorten in saure, neutrale und basische Baustoffe einteilen (Tab. 3). In die Gruppe der sauren Baustoffe gehören die Silikasteine, die Tonerdesilikat-

Tabelle 3. *Übersicht über die feuerfesten Steine nach chemischen Gesichtspunkten*

Nr.	Name	Chemische Zusammensetzung	Verwandte Rohstoffe	Hauptverwendungsstellen
		I. Saure Baustoffe		
		a) Silikasteine		
1	Gewölbequalität	96 bis 97% SiO_2; <0,5 bis 1,5% Al_2O_3	Zementquarzit, Kalk	SM-Ofen-Gewölbe, Glasofen-Gewölbe Öfen der NE-Metallindustrie, Keramische Brennöfen
2	Stahlwerksqualität	94 bis 95% SiO_2; 1 bis 2% Al_2O_3	Zementquarzit, Kalk	SM-Öfen, Stoßöfen, Glühöfen
3	Koksofenqualität	93 bis 94,5% SiO_2; 1,5 bis 3% Al_2O_3	Felsquarzit, Kalk	Koksöfen, Tiefofenwände
		b) Tonerdesilikatsteine ohne Korundzusatz		
4	Quarzhaltige, tongebundene Steine (B I bis B III) und Quarzschamottesteine	63 bis 85% SiO_2; 10 bis 32% Al_2O_3	Quarz, Schamotte, Ton	Glüh- und Stoßöfen, Stahlwerksverschleißmaterial, Stahlpfannen, Kupolöfen, SM-Kammer-Gitterung, Glaswannen, Kokerei-Unteröfen
5	Schamottesteine (A- und D-Qualitäten)	49 bis 63% SiO_2; 32 bis 44% Al_2O_3	Schamotte, Ton	Hochöfen, Winderhitzer, Glüh- und Stoßöfen, Kalkschacht- und Ringöfen, Kesselfeuerungen, Glaswannen, Keramische Brennöfen
		c) Tonerdereiche Steine		
6	Schamottesteine mit Korundzusatz	38 bis 40% SiO_2; 44 bis 55% Al_2O_3	Korund, Schamotte, Ton	SM-Kammergitterung, Zement- und Kalköfen, Winderhitzer, Brennersteine
7	Mullit- oder Sillimanitsteine	20 bis 38% SiO_2; 55 bis 75% Al_2O_3	Sillimanit oder Cyanit, Korund, Ton, Bauxit, Tonerde	Glaswannen, Zementöfen, Brennersteine
8	Korundsteine	5 bis 20% SiO_2; 75 bis >90% Al_2O_3	Korund, Tonerde, Ton	Kesselfeuerungen, hochbeanspruchte Stellen

II. Chemisch neutrale Baustoffe

9	Forsteritsteine	etwa 33% SiO_2; 55 bis 58% MgO	Olivin, Sintermagnesia	Stoßofenherde, Tieföfen
10	Chromerzsteine	40 bis 45% Cr_2O_3; 10 bis 20% MgO; 12 bis 25% Fe_2O_3; 10 bis 30% Al_2O_3	Chromerz, Ton	Kesselfeuerungen, Tieföfen, Stoßofenherde

III. Basische Baustoffe

a) Magnesia- und Chrommagnesiasteine

11	Chrommagnesiasteine	35 bis 50% MgO; 22 bis 30% Cr_2O_3; 8 bis 20% Al_2O_3; 6 bis 13% Fe_2O_3	Chromerz, Sintermagnesia	SM-Ofen-Gewölbe und -Köpfe
12	Magnesiachromsteine		Chromerz, Sintermagnesia	SM-Ofenwände, Schlackenkammer-Gitterungen
13	Magnesiasteine	85 bis 90% MgO; 3 bis 6% CaO; 3 bis 7% Fe_2O_3	Sintermagnesia	SM-Ofenwände, Stoßofenherde, Roheisenmischer, Tieföfen, Zementdrehrohröfen

b) Dolomitsteine

14	Stabilisierte Dolomitsteine	etwa 45% MgO; etwa 32% CaO; 4 bis 15% SiO_2	Dolomit, Silikate	SM-Ofen-Herde
15	Dolomitsteine	32 bis 36% MgO; 58 bis 60% CaO	Dolomit, Teer	Elektroöfen, SM-Öfen, Blaspfannen, Zementdrehrohröfen, SM-Ofen-Herde

IV. Sonstige oxydische Baustoffe

16	Zirkonsteine	etwa 45 bis 60% ZrO_2; etwa 30 bis 50% SiO_2	Zirkonerde,	Glaswannen, hochbeanspruchte Stellen, Elektroofendeckel

V. Kohlenstoffhaltige Steine

17	Kohlenstoffsteine	etwa 9% Asche	Koks, Teer	Hochöfen, Chem. Industrie
18	Graphitschamottesteine	5 bis 25% C	Schamotte, Graphit, Teer	Tiegel, Stopfen und Ausgüsse
19	Siliziumkarbidsteine	40 bis 90% SiC	Siliziumkarbid, Schamotte Ton	Muffelöfen, Zinkmuffeln, Retorten, Kratzer und Rührer in Röstöfen, Kesselfeuerungen

steine, welche im großen in Quarztonsteine[1], Quarzschamottesteine[1] und normale Schamottesteine[1] aufgegliedert werden und schließlich die tonerdereichen Steine, die nach ihrem Tonerdegehalt als korundhaltige Schamottesteine, Mullit- bzw. Sillimanitsteine oder Korundsteine bezeichnet werden. Die Baustoffe mit chemisch nahezu neutralem Charakter treten an Bedeutung noch gegen die sauren und basischen Steine zurück. Zu ihnen gehören die Forsterit- und Spinellsteine. Den Spinellsteinen sind die Chromerz- und die Chrommagnesiasteine zuzurechnen, von denen die letzten allerdings bereits basischen Charakter besitzen. Unter den basischen Baustoffen finden sich weiterhin die Magnesiachrom- und die reinen Magnesiasteine[2] sowie die Dolomitsteine, die sich in stabilisierte, d. h. nicht wasserempfindliche und reine Dolomitsteine gliedern. Eine Sonderstellung nehmen die mit Zirkonzusatz hergestellten Steine ein, die aber wegen ihres hohen Preises nur an besonders hochbeanspruchten Stellen verwandt werden können. Die letzte Gruppe enthält die kohlenstoffhaltigen Baustoffe, von denen die Kohlenstoffsteine, die Graphitschamottesteine und die Siliziumkarbidsteine technische Bedeutung gewonnen haben.

Mit dieser Aufzählung ist die Zahl der Typen nicht erschöpft. Infolge der verschiedenartigen Beschaffenheit der Rohstoffe und der unterschiedlichen Fabrikationsmethoden weichen die Erzeugnisse der einzelnen Hersteller nicht unwesentlich von einander ab, so daß die Eigenschaften innerhalb der einzelnen Steinsorten stark schwanken und sich mit denjenigen verwandter Qualitäten überschneiden. Zudem erschwert eine sehr willkürliche Namensgebung die Übersichtlichkeit.

Neben den gebrannten Steinen werden auch ungebrannte Baustoffe verwandt, bei welchen die Bindung der geformten Massen bereits bei Zimmertemperatur auf chemischem Wege erreicht und die Masse beim Erhitzen so lange zusammengehalten wird, bis sie zusammensintert und einen festen Stein bildet. Diese Versuche zur Rationalisierung des Herstellungsprozesses sind besonders bei Magnesia- und Chrommagnesiasteinen erfolgreich gewesen.

Weiterhin werden in vielen Fällen lockere, ungebrannte Massen an den Verwendungsstellen unmittelbar eingestampft und durch die Hitze des zugestellten Ofens verfestigt. Dieses Verfahren hat neben seiner hohen Wirtschaftlichkeit den Vorteil, daß die stets als Schwächestellen wirkenden Mörtelfugen im Mauerwerk fortfallen. Andererseits gelingt es beim Stampfen meist nicht, die hohe Dichte und Festigkeit gebrannter Steine zu erzielen. Auch sind die großen betonartigen, monolithischen Wände den Wirkungen der beim Erhitzen entstehenden Spannungen stärker ausgesetzt als ein gefugtes Mauerwerk, in welchem sich die Spannungen durch Verschiebungen längs den Fugen aus-

---

[1] Früher wurde die Tonerde als basisches Oxyd angesprochen. Dementsprechend wurden die tonerdeärmsten Steine als *hochsauer*, die Quarzschamottesteine als *halbsauer* und die normalen Schamottesteine als *basisch* bezeichnet. Diese Ausdrücke finden sich noch heute in der Literatur, sie sollten aber vermieden werden, seit der saure Charakter der Tonerde in feuerfesten Erzeugnissen erkannt worden ist.

[2] Die Magnesiasteine wurden bisher als Magnesitsteine bezeichnet, weil sie früher ausschließlich aus dem Magnesiumkarbonat *Magnesit* hergestellt wurden. Beim Brennen geht jedoch das Karbonat in das *Magnesia* genannte Oxyd über. Seit ein beträchtlicher Teil der Steine aus synthetisch gewonnener Magnesia erzeugt wird, ist die Bezeichnung *Magnesiasteine* richtiger, sie soll daher in diesem Buch allgemein verwandt werden.

gleichen können. Stampfmassen dürfen daher beim Erhitzen keine nennenswerten Volumenänderungen erleiden.

Die Entwicklung der Stampfmassen ging von den gestampften Konverterböden aus Teerdolomit aus. Heute gibt es für nahezu jede Steinqualität eine analoge Stampfmasse, die in ihrer Zusammensetzung und ihrem Kornaufbau dem Verwendungszweck angepaßt ist. Starke Verbreitung haben die Stampfmassen u. a. in Herden von Hochöfen (Kohlenstoffstampfmassen), von Siemens-Martin- und Elektroöfen (Dolomit- und Magnesiastampfmassen) sowie in Induktions- und Kupolöfen (Magnesia- und saure Stampfmassen) gefunden. Weiterhin werden feinkörnige Spritz- und Anstrichmassen zum Ausflicken oder Dichten der feuerfesten Zustellung und zur Herstellung stark reflektierender, spiegelnder Überzüge verwandt. Schließlich gehören die in der Stahlgießerei üblichen Stahlformmassen hierher.

Während man auf der einen Seite anstrebte, den keramischen Brennprozeß einzusparen, hat es nicht an Bemühungen gefehlt, die Rohstoffe zu schmelzen und in Formen zu gießen. So hergestellte feuerfeste Baustoffe unterscheiden sich von den normalen Qualitäten durch wesentlich größere Dichte und Festigkeit, aber auch durch geringere Beständigkeit gegen Temperaturwechsel. Für diese Herstellungsart eignen sich vor allem hochtonerde- und zirkonhaltige Steine. Schmelzgegossene Erzeugnisse konnten sich vorwiegend in der Glasindustrie einführen.

Einen Überblick über die verschiedenen Herstellungsarten gibt Tab. 4. Mit Ausnahme der wenigen schmelzgegossenen Steine besitzen alle feuerfesten

Tabelle 4. *Einteilung feuerfester Baustoffe nach der Herstellungsart*

I. Geformte Steine	
a) aus dem Schmelzfluß gegossene Steine:	Mullit-, Korund-, Zirkonsteine
b) keramisch gebrannte Steine:	
1. plastisch geformt:	quarzhaltige, tongebundene Steine, Schamottesteine, Graphitschamottesteine
2. gegossen:	Schamottesteine, Sonderqualitäten
3. trocken gepreßt oder gestampft:	alle Qualitäten
c) ungebrannte Steine:	
1. chemisch gebunden:	Chrommagnesia- und Magnesiasteine
2. blechummantelte Steine:	Chrommagnesia- und Magnesiasteine
II. Ungeformte Massen	
a) Stampfmassen:	Klebsande, hochtonerdehaltige Massen, Chromerz- und Chrommagnesiamassen, Teer-Dolomitmassen, Kohlenstoffmassen usw.
b) Spritz- und Anstrichmassen:	basische und saure Massen, Dichtungsmassen
c) Gießmassen:	Massen auf Tonerdezementbasis
d) Mörtel:	alle Qualitäten
e) Stahlformmassen:	Schamottemassen mit Sand- und Graphitzusatz, Formsande
III. Natursteine	
a) gesägte Steine:	Quarzschiefer
b) behauene Steine:	Forsterit

Baustoffe den für keramische Erzeugnisse charakteristischen Kornaufbau aus Grob-, Mittel- und Feinkorn, von denen das erste ein tragendes Gerüst im Stein bildet und an den chemischen Reaktionen beim Brennprozeß nur wenig teilnimmt, während das Feinkorn die Rolle des Füllmittels übernimmt. Der prozentuale Anteil der einzelnen Fraktionen und die Kornform werden so gewählt, daß einmal eine möglichst dichte Packung entsteht, zum anderen Gerüstsubstanz und Füllmittel im fertigen Stein so verteilt sind, daß der Stein eine optimale Festigkeit erhält und innere Spannungen elastisch ausgleichen kann.

Für Isolierzwecke werden andererseits sog. Feuerleichtsteine mit absichtlich hoher Porosität hergestellt, um die ausgezeichnete Wärmedämmfähigkeit der Luft auszunutzen.

1.15 Prüfmethoden

Die Eigenschaften feuerfester Baustoffe werden stark durch den Kornaufbau und den Grad der Versinterung beeinflußt, so daß zur Charakterisierung die chemische Pauschalanalyse und die Höhe der Feuerfestigkeit nicht ausreichen. Es wurden daher weitere Prüfverfahren entwickelt, welche die Güte des Kornaufbaues, die erreichte mechanische und chemische Festigkeit sowie die Verdichtung durch den keramischen Brand zu erkennen gestatten. Die zahlenmäßigen Ergebnisse derartiger technologischer Prüfungen ermöglichen — natürlich nur unter Berücksichtigung langjähriger Erfahrungen — einigermaßen verläßliche Aussagen über die Verwendbarkeit des Baustoffes für den jeweils vorgesehenen Zweck.

Nachstehend sind die einzelnen Größen aufgeführt, deren Bestimmung sich im Laufe der Entwicklung als mehr oder weniger wichtig erwiesen hat.

Das spezifische Gewicht [2] ist von der Art des Baustoffes selbst abhängig. Aus der Differenz des gemessenen Wertes gegen denjenigen der chemisch reinen Substanz kann auf den Grad der Verunreinigungen, bei Silikasteinen auch auf den Grad der Umwandlung Quarz–Cristobalit geschlossen werden.

Die Porosität [2] gibt einen unmittelbaren Hinweis auf die erreichte Packungsdichte der Steinbestandteile sowie auf die Größe der inneren Oberfläche und der Wärmeleitfähigkeit.

Die Gasdurchlässigkeit [3] gibt in Verbindung mit der Porosität einen Überblick über den relativen Gehalt an großen Poren, da der Porenradius mit seiner 4. Potenz in den Wert für die Gasdurchlässigkeit eingeht (s. Abschn. 1.432).

Die Druckfeuerbeständigkeit [4] gibt die Temperaturen an, bei welchen der Baustoff unter Druck erstmalig merklich deformiert wird (*ta*-Wert) bzw. haltlos zusammenbricht (*te*). Beide Werte hängen wesentlich von der Stabilität des Gerüstes im Baustoff sowie von der Güte der Bindung ab (s. Abschn. 1.74).

Die Temperaturwechselbeständigkeit [5] wird gemessen als die Zahl der Abschreckungen mit Wasser oder Preßluft, die der erhitzte Baustoff auszuhalten vermag. Sie ist eine sehr komplexe Größe, die von der Elastizität des Korngerüstes und der Bindung, daneben aber auch von der Wärmeausdehnung abhängt (s. Abschn. 1.8).

Die bleibende Ausdehnung bzw. Schwindung beim Glühen [6] sollte die Güte des keramischen Brandes besonders deutlich erkennen lassen; denn je besser der Baustoff gebrannt ist, desto größer ist seine Raumbeständigkeit. Das Prüfergebnis ist allerdings stark von den Versuchsbedingungen abhängig (s. Abschn. 1.512).

Die Verschlackungsbeständigkeit [7] wird durch Aufstreuen der gepulverten Schlacke auf einen Probekörper bei einer den Betriebsbedingungen entsprechenden Temperatur, bzw. durch Schmelzen der Schlacke in einem tiegelförmigen Probekörper bestimmt. Gemessen wird die Volumen- und Gewichtsänderung bzw. die Infiltrationstiefe. Die Verschlackungsbeständigkeit hängt naturgemäß in erster Linie von der Art der chemischen Reaktionen

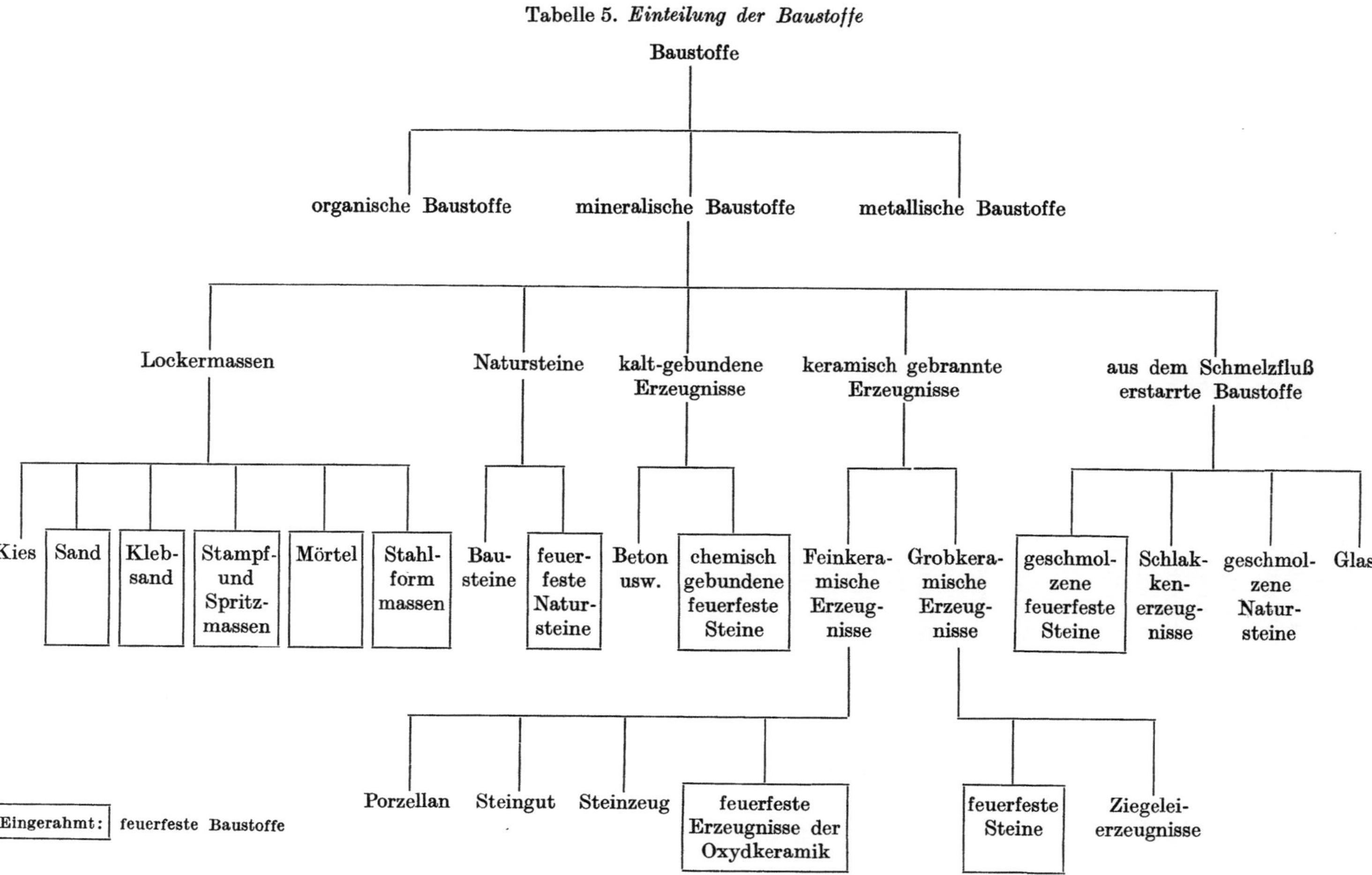

Tabelle 5. *Einteilung der Baustoffe*

zwischen Schlacke und Steinmaterial, daneben aber auch von der Art und Größe der Poren
sowie vom Kornaufbau ab (s. Abschn. 1.9).

Die Kaltdruckfestigkeit [8] wird stark durch das Gefüge und die Dichtigkeit des Steines
sowie durch die Güte der chemischen Bindung beeinflußt. Sie kann daher bei gleicher
chemischer Zusammensetzung in weiten Grenzen schwanken.

Zweifellos besitzen diese Prüfungen in ihrer von der jeweiligen Norm festgelegten Durchführung und Bewertung noch erhebliche Mängel, die eine Neu-
bearbeitung dieser Normen erforderlich erscheinen lassen[1]. Im Ausland wird
die Prüfung teils nach ähnlichen, teils nach grundsätzlich verschiedenen Methoden durchgeführt, worauf bei der Einzelbeschreibung ausführlicher eingegangen werden soll.

1.16 Stellung im Rahmen der Baustoffkunde

Die Notwendigkeit, derartige spezifische Prüfverfahren zu entwickeln, läßt
die Sonderstellung erkennen, welche die feuerfesten Erzeugnisse im Rahmen
der Baustoffkunde einnehmen. Keine andere Gruppe ist derart scharfen thermischen und chemischen Beanspruchungen ausgesetzt. Die meisten feuerfesten
Baustoffe haben mit den keramischen Erzeugnissen die Verfestigung durch
Brennen gemeinsam, welche durch Reaktionen im festen Zustand sowie durch
partielles Schmelzen der Komponenten hervorgerufen wird. Die Gruppe der
feuerfesten Baustoffe hat jedoch den Rahmen der Keramik bereits gesprengt,
da neben den gebrannten Stoffen auch Natursteine, Klebsande, kalt gebundene
Steine und aus dem Schmelzfluß erstarrte Steine verwandt werden. Wie Tab. 5
zeigt, sind die feuerfesten Erzeugnisse damit in sämtliche Untergruppen der
mineralischen Baustoffe eingedrungen. Sie unterscheiden sich von den nicht-
feuerfesten Stoffen nur durch ihre Armut an niedrigschmelzenden Komponenten.
Als gemeinsames Merkmal besitzen die mineralischen Baustoffe einen vorwiegend kristallinen Aufbau aus Ionengittern, im Gegensatz zu den organischen
Baustoffen, deren Feinstruktur durch das Vorherrschen organischer Makro-
moleküle gekennzeichnet ist, und zu den metallischen Baustoffen, die zwar im
weiteren Sinne zu den Mineralien gehören, sich aber von den Nichtmetallen
durch eine besondere Form der atomaren Bindung unterscheiden.

Schrifttum

[1] DIN 51063	[5] DIN 1068
[2] DIN 1065	[6] DIN 1066
[3] Neueingeführtes, noch nicht	[7] DIN 1069
genormtes Verfahren	. [8] DIN 1067
[4] DIN 1064	

1.2 Feinstruktur der feuerfesten Baustoffe

Die Feinstruktur oder Gitterstruktur der die mineralischen Baustoffe
aufbauenden Kristallite, deren Kenntnis für das Verständnis der chemischen
Vorgänge bei der Bildung und Zerstörung feuerfester Stoffe unerläßlich ist,
kommt dadurch zustande, daß die Gitterbausteine, nämlich Atome, Ionen oder

---

[1] Die Prüfverfahren werden z. Z. durch den Normenausschuß B 2a neu bearbeitet.

Moleküle gebunden, d. h. anziehenden und abstoßenden Kräften ausgesetzt
sind, von denen die abstoßenden bei Verringerung des Abstandes zwischen den
Teilchen stärker zunehmen als die anziehenden. Das
aus beiden Teilpotentialen der Kräfte resultierende
Potential $\varphi(r)$ weist daher in einem bestimmten Abstand r_0 ein Minimum auf (Abb. 1), welches die Gleichgewichtslage eines Teilchens relativ zu einem anderen
festlegt (Potentialtrog). Die räumliche Anordnung
gleich- oder verschiedenartiger Teilchen in bestimmten Abständen voneinander ergibt dann Formen mit gesetzmäßig erfaßbaren Symmetrieeigen-
schaften, die als Kristallgitter bezeichnet werden.

1.21 Bindungsarten

Die Atome bestehen — um bei einem hier ausreichenden Bilde zu bleiben — aus dem Atomkern
und den darum kreisenden Elektronen, welche die
positive Ladung des Kernes kompensieren. Durch
Abspaltung von Elektronen entstehen aus den neu-

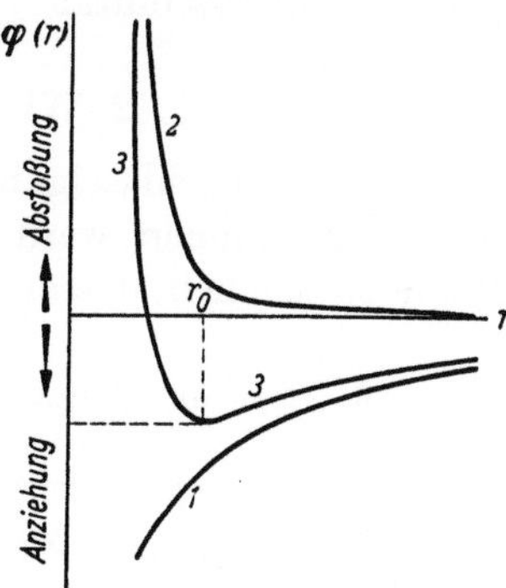

Abb. 1. Schematischer Potentialverlauf zwischen 2 Gitterbau-
steinen

1 Potential der anziehenden
Kräfte; *2* Potential der abstoßenden Kräfte; *3* Summenpotential.

tralen Atomen positiv geladene Kationen, durch Aufnahme zusätzlicher Elektronen negative Anionen. Zwischen entgegengesetzt geladenen Ionen wirken
elektrostatische COULOMBsche Anziehungskräfte, die ein Potentialfeld entsprechend Kurve *1* Abb. 1 ergeben. Die durch diese Kräfte hervorgerufene
Bindung wird als Ionenbindung oder heteropolare Bindung, ein auf diese Weise
gebundenes Kristallgitter als Ionengitter bezeichnet.

Auch zwischen neutralen Atomen können Bindungskräfte auftreten, und
zwar dann, wenn sich die Elektronenwolken zweier Atome gegenseitig durchdringen und dadurch Elektronen beider Atome paarweise beide Atom-
kerne umkreisen. Der hierdurch hervorgerufene Zusammenhalt der Teilchen
heißt Elektronenpaarbindung, homöopolare Bindung oder Atombindung, der
zugehörige Gittertyp Atomgitter.

Zwischen diesen beiden extrem verschiedenen Bindungsformen gibt es alle
Übergänge. In Ionengittern, die vorwiegend durch COULOMBsche Kräfte zu-
sammengehalten werden, können die Ionen so nahe zusammenrücken, daß die
Elektronenwolken deformiert werden, sich durchdringen und im Extremfall
Kationen und Anionen gemeinsam umhüllen. In diesem Fall treten zusätzlich
homöopolare Bindungskräfte auf. Besonders die Elektronenwolken großer
Anionen werden leicht durch benachbarte kleine Kationen beeinflußt, eine
Erscheinung, die als *Polarisation* bezeichnet wird.

Schließlich existieren auch zwischen Molekülen Kräfte, die zwar erheblich
schwächer sind als die COULOMBschen oder die Atombindungskräfte, aber doch
Moleküle zu einem Kristallgitter binden können. Diese Kräfte werden unter
der Bezeichnung VAN DER WAALSsche Kräfte zusammengefaßt. Sie sind auf
kurzperiodische Elektronenbewegungen zurückzuführen, nehmen mit der 6. Potenz des Atomabstandes ab, zeigen nicht die Eigenschaft der Absättigung und
sind normalerweise nicht gerichtet. Wenn die Moleküle Dipole darstellen, können
diese allerdings auch Richtkräfte hervorrufen. Infolge der geringen Stärke der

VAN DER WAALSschen Kräfte sind die Molekülgitter weich, sie haben große Atomabstände, niedrige Schmelzpunkte, hohe thermische Ausdehnung und große Kompressibilität.

1.22 Wirkungsradius und Koordinationszahl

Unter Vernachlässigung der Polarisationserscheinungen kann in erster Näherung angenommen werden, daß die Atome und Ionen einen kugelförmigen Raum einnehmen, dessen Größe durch den *Wirkungsradius* ausgedrückt werden

Tabelle 6. *Atom- und Ionenradien, Koordinationszahlen und Feldstärken einiger Elemente in feuerfesten Stoffen*

Element	Oxydations-stufe	Wirkungs-radius Å	Koordinations-zahlen	Vergleichs-wert Z/a^2
		a) negative		
O	O	0,60		
	O^{2-}	1,32	—	—
H	H	0,46		
	H^-	1,54	—	—
		b) positive		
Si	Si	1,17		
	Si^{4+}	0,39	IV	1,57
Ti	Ti	1,46		
	Ti^{4+}	0,69	VI	1,25
Zr	Zr	1,56		
	Zr^{4+}	0,87	VIII	0,78
Al	Al	1,43		
	Al^{3+}	0,57	IV, VI	0,84
Cr	Cr	1,25		
	Cr^{3+}	0,64	VI	0,95
	Cr^{6+}	0,52	III, IV	2,9
Fe	Fe	1,24		
	Fe^{2+}	0,83	VI	0,52
	Fe^{3+}	0,67	IV, VI	1,02
Mn	Mn	1,18		
	Mn^{2+}	0,91	VI	0,48
	Mn^{3+}	0,70	VI	0,88
	Mn^{4+}	0,52	IV	1,60
Mg	Mg	1,60		
	Mg^{2+}	0,78	IV, VI	0,51
Ca	Ca	1,96		
	Ca^{2+}	1,06	VI, VIII	0,35
K	K	2,31		
	K^+	1,33	VIII	0,13
Na	Na	1,86		
	Na^+	0,98	VI, VIII	0,17

kann, der je nach Art der Gitterbausteine auch als Atom- bzw. Ionenradius bezeichnet wird. Die Wirkungsradien der für feuerfeste Stoffe wichtigen Elemente sind in Tab. 6 zusammengestellt. Danach ist der Ionenradius bei negativ geladenen Elementen, wie z. B. Sauerstoff, stets größer als der Atomradius, weil die Ionen mehr Elektronen enthalten als die Atome, bei positiv geladenen Ionen ist es umgekehrt, weil sie Elektronen abgegeben haben. Der Ionenradius ist also um so geringer, je höher die positive Ladung bzw. die Oxydationsstufe des Ions ist.

Nähern sich 2 Ionen einander so weit, daß sich ihre Wirkungskugeln gerade berühren, so ist ihr gegenseitiger Abstand gleich der Summe ihrer Wirkungsradien. Bei den Oxyden, welche unter den feuerfesten Stoffen die Hauptrolle spielen, sind die Ionen so angeordnet, daß das positiv geladene Metallion, das Kation, in der Mitte liegt und von negativen Sauerstoffionen umgeben ist. Dabei können um so mehr Sauerstoffionen Platz finden, je größer der Ionenradius des Kations ist. Die Zahlen der Sauerstoffionen, die mit dem Kation in Berührung stehen können, werden als *Koordinationszahlen* des betreffenden Kations bezeichnet (s. Tab. 6), sie schwanken bei den hier interessierenden Oxyden zwischen IV und VIII. Die Koordinationszahl IV bedeutet, daß 4 Sauerstoffionen das Kations so umgeben, daß sie bei einfachster Anordnung die Ecken eines das Kation umschließenden Tetraeders bilden (Abb. 2). Bei

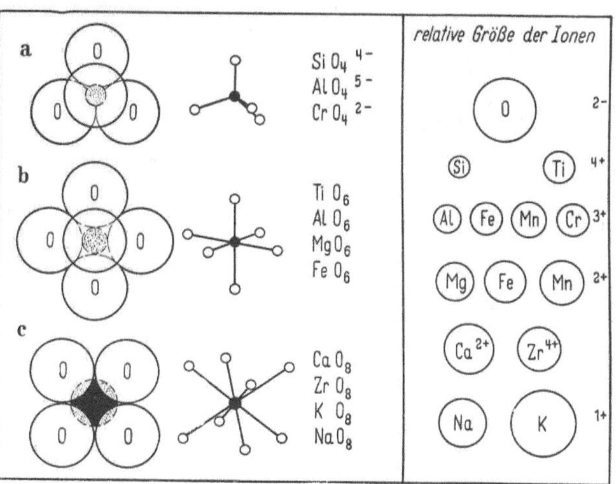

Abb. 2 a bis c. In Kristallgittern häufige Koordinationsgruppen
a) Koordinationszahl   IV — Tetraederstellung
b) Koordinationszahl   VI — Oktaederstellung
c) Koordinationszahl VIII — Würfelstellung

der Koordinationszahl VI bilden 6 Sauerstoffionen ein Oktaeder. Der Zwischenwert V kommt sehr selten vor (bei der Tonerde). Von den höheren Koordinationszahlen tritt der Wert VIII mit Würfelanordnung der Sauerstoffionen auf.

1.23 Gitterstruktur der wichtigsten feuerfesten Oxyde

Den Prototyp der Tetraederanordnung stellt die *Kieselsäure* dar. Die Gruppe $[SiO_4]^{4-}$ ist sehr stabil und dürfte die günstigen feuerfesten Eigenschaften dieses Oxydes bedingen. Da eine tetraedrische Koordination vier negative Ladungen besitzt, ist sie ungesättigt und daher für sich allein nicht beständig. Wenn sich aber mehrere tetraedrische Gruppen so miteinander verbinden, daß sie je 1 Sauerstoffion gemeinsam haben, dann ergeben sich Summenformeln, bei welchen das Verhältnis von Si:O kleiner als 4 ist. Im Extremfall bilden die Tetraeder ein Netzwerk in der Weise, daß jedes Sauerstoffion gleichzeitig zu 2 Tetraedern gehört, so daß also jedes Si-Ion von 4 O-Ionen und jedes O-Ion von 2 Si-Ionen umgeben ist. Die Summenformel lautet dann Si_nO_{2n}, d. h. sie entspricht der stöchiometrischen Zusammensetzung der valenzmäßig gesättigten freien Kieselsäure SiO_2 (s. Abb. 7).

Einzelne Tetraeder oder ungesättigte Tetraedergruppen können durch andere Kationen so miteinander verbunden werden, daß gesättigte Verbindungen ent-

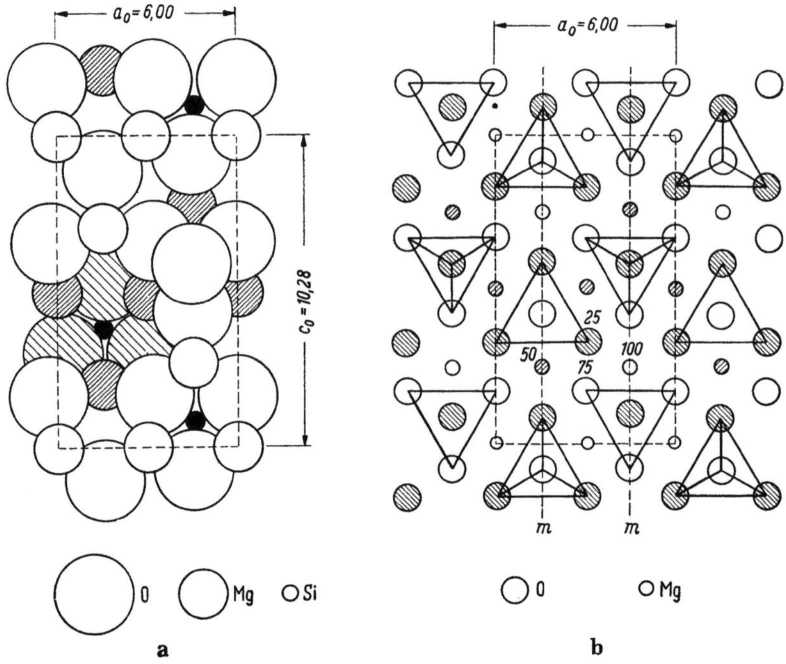

Abb. 3 a u. b. Kristallstruktur von Olivin. Projektion auf b) (0 1 0) (nach H. STRUNZ)
a) Tatsächliche Ionenanordnung. Die schraffierten Kreise stellen hinter, die weißen in der Zeichenebene liegende Ionen dar
b) Schematische Zeichnung. Die Tetraeder liegen abwechselnd mit der Spitze nach oben und unten

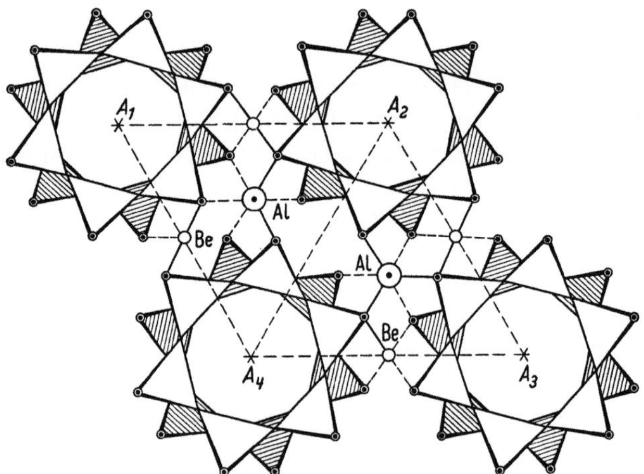

Abb. 4. Kristallstruktur von Beryll $Al_2Be_3[Si_6O_{18}]$ mit Ringen aus 6 [SiO_4]-Tetraedern. Schraffiert: Hinter der Zeichenebene liegende Tetraeder (nach C. W. CORRENS)

stehen, die als *Silikate* bezeichnet werden. Die Unterschiede im Gitterbau prägen sich bei diesen Verbindungen stark in der Symmetrie und der Form der Makrokristalle aus.

Nach dem Gitterbau können unterschieden werden [1]:

Inselsilikate mit selbständigen Einzeltetraedern, die durch Kationen miteinander verbunden sind (Abb. 3), charakteristisch für die *Orthosilikate* der allgemeinen Formel $Me_2^{2+}SiO_4$, z. B. für Olivin (Abschn. 5.163), Zirkon (Abschn. 4.212). Hierher gehören auch die Aluminiumsilikate Disthen und Andalusit (Abschn. 4.111).

Gruppensilikate mit Gruppen von 2 bis 6 Tetraedern, die untereinander durch Kationen verbunden sind (Abb. 4), zeigt als Beispiel die Struktur des Berylls, bei welchem Ringe aus 6 $[SiO_4]$-Tetraedern durch Al- und Be-Ionen verbunden sind. Weitere Beispiele: Wollastonit (Abschn. 5.173), Cordierit (Abschn. 5.166).

Kettensilikate, bei welchen die Tetraeder an 2 Ecken miteinander verknüpft und gittertheoretisch zu unendlich langen Ketten aneinandergereiht sind. Je zwei nebeneinanderliegende Ketten sind durch Kationen verbunden (Abb. 5). Bei dieser Anordnung ergibt sich die für *Metasilikate* $Me_2^{2+}Si_2O_6$ charakteristische Gruppe $(Si_2O_6)^{4-}$. Zu den Metasilikaten gehören die bei der Verschlackung feuerfester Steine häufig auftretenden Pyroxene (s. Abschn. 5.164), außerdem besitzen die wichtigen Aluminiumsilikate Sillimanit und Mullit (s. Abschn. 4.111) Kettenstruktur. Die Kristalle dieser Gruppe haben meist nadel- oder säulenförmige Gestalt.

Blattsilikate, bei welchen die Tetraeder an 3 Ecken verknüpft sind. Diese Anordnung führt zu ebenen, zweidimensionalen Tetraedernetzen, welche Schichten bilden, die durch Kationen, durch andere Gruppen, wie z. B. Wasser, oder auch nur durch VAN DER WAALSsche Kräfte miteinander verbunden sind (Abb. 6). Zweidimensionale Netze ergibt die Gruppe $(Si_2O_5)^{2-}$, die bei den Glimmern und Tonmineralen (s. Abschn. 3.11) sowie beim Blätterserpentin (s. Abschn. 5.165) auftritt. Blattsilikate zeichnen sich stets durch vorzügliche Spaltbarkeit in einer Richtung aus.

Gerüstsilikate mit räumlicher Verknüpfung der Tetraeder an allen 4 Ecken (Abb. 7). Hierher gehören die reinen SiO_2-Mineralien, wie Quarz, Tridymit und Cristobalit (s. Abschn. 2.11), ferner die Feldspäte, bei denen Si teilweise durch Al ersetzt worden ist. Das Verhältnis (Si + Al) : O ist bei dieser Gruppe stets gleich 1 : 2.

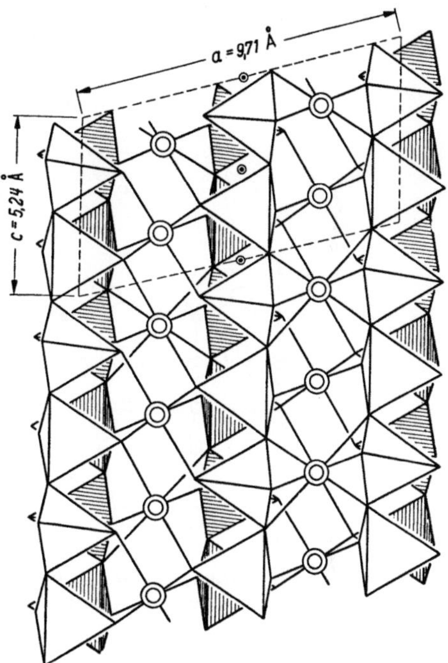

Abb. 5. Kristallstruktur von Diopsid CaMg[SiO₃]₂. Die Ketten werden durch Ca-Ionen miteinander verbunden. Die kleineren Mg-Ionen liegen in den Ketten (nach C. W. CORRENS)

Bei dem zweiten sauren Oxyd, der *Tonerde*, gibt es eine solche Mannigfaltigkeit nicht. Das reine Oxyd, der α-Korund, hat die Koordinationszahl IV, jedes Al^{3+}-Ion ist also von 6 O^{2-}-Ionen oktaedrisch umgeben. Die Oktaeder sind so untereinander verbunden, daß eine hexagonal-dichteste Kugelpackung (die dichteste Kugelpackung überhaupt) aus O^{2-}-Ionen entsteht (Abb. 8). Ein Teil der Lücken dieser Packung (oktaedrische Lücken) ist von 6 O^{2-}-Ionen umgeben, ein anderer Teil von 4 Sauerstoffionen (tetraedrische Lücken). Beim α-Korund sind nur $^2/_3$ der oktaedrischen Lücken von Al^{3+}-Ionen besetzt, alle übrigen sind leer.

Die tetraedrischen Lücken können durch andere Kationen, beispielsweise durch Mg^{2+} ausgefüllt werden. Hierbei erleidet der Kristallbau eine Veränderung, und zwar tritt an Stelle der hexagonal-dichtesten Kugelpackung die kubisch-dichteste (Abb. 9). Auf diese Weise entsteht das Magnesiumaluminat, der *Spinell* $MgO \cdot Al_2O_3$, in welchem die oktaedrischen Lücken zur Hälfte mit

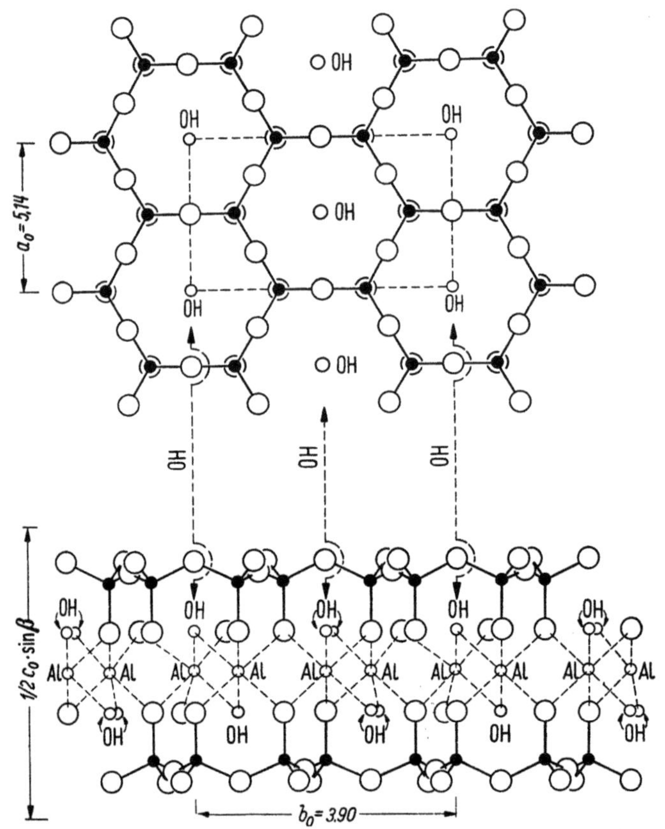

Abb. 6. Kristallstruktur von Pyrophyllit, $Al_2O_3 \cdot 4SiO_2 \cdot H_2O$ (nach H. STRUNZ)
Große, weiße Kreise: O-Ionen. Schwarze Kreise: Si-Ionen

Abb. 7. Kristallstruktur von α-Quarz

Al^{3+}-Ionen besetzt sind, während von den tetraedrischen Lücken jede achte ein Mg^{2+}-Ion enthält (Abb. 10). Die Mg^{2+}-Ionen können hierbei durch Fe^{2+}, Mn^{2+}, Zn^{2+} oder andere zweiwertige Ionen, das Al^{3+} durch Fe^{3+} oder Cr^{3+} ersetzt werden, wobei sich zwar die Gitterabstände dem jeweiligen Ionenradius entsprechend etwas ändern, das Gitter selbst aber erhalten bleibt, es sei denn, daß der Ionenradius zu groß wird. Das ist z. B. beim Kalzium der Fall. Kalziumaluminate haben daher keine Spinellstruktur.

Das Spinellgitter besitzt nicht mehr die dichteste Kugelpackung, sondern ist viel lockerer gebaut und leicht deformierbar, aber wegen seiner hohen Symmetrie sehr stabil. Es kann auch starke chemische Eingriffe ertragen, im Gegensatz zu den niedriger symmetrischen Silikatgittern, bei welchen schon geringfügige chemische Veränderungen größere Unterschiede im Gitterbau hervorrufen.

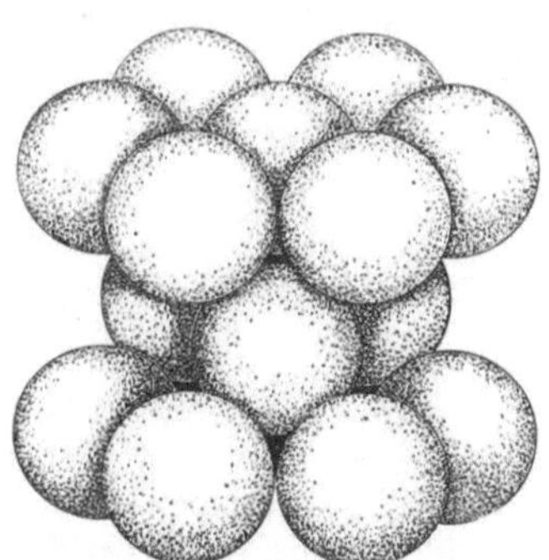

Abb. 8. Hexagonal dichteste Kugelpackung, Lagen parallel zur Oktaederfläche (nach C. W. CORRENS)

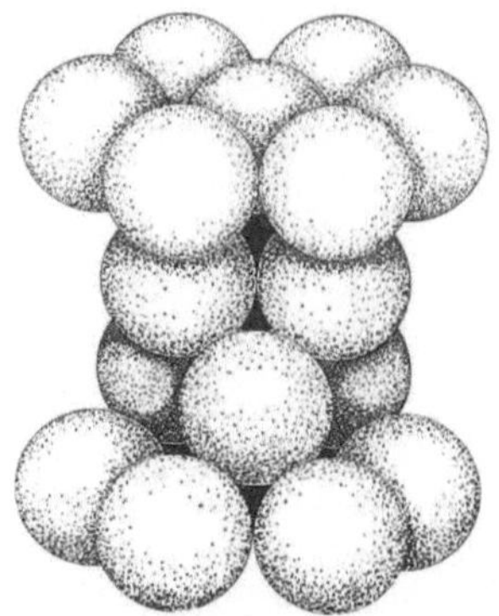

Abb. 9. Kubisch dichteste Kugelpackung, Lagen parallel zur Oktaederfläche (nach C. W. CORRENS)

Die reinen *basischen Oxyde* MgO (Periklas) und CaO sind ebenfalls oktaedrisch gebaut (Koordinationszahl VI), und zwar so, daß beispielsweise jedes Mg^{2+} von $6\ O^{2-}$ und jedes O^{2-} von $6\ Mg^{2+}$ umgeben ist (Abb. 11). Die Mg^{2+}-Ionen liegen hier also nicht in den Zwickeln einer dichten Sauerstoffpackung, sondern zwischen je $2\ O^{2-}$-Ionen, während die Lücken unbesetzt bleiben. Daher ist das Gitter sehr locker und kann erhebliche Mengen von Stoffen mit geeignetem Ionenradius in sich aufnehmen (s. Abschn. 5.11).

Das *Zirkonium* besitzt die Koordinationszahl VIII, so daß beim Zirkonoxyd jedes Zr^{4+}-Ion von $8\ O^{2-}$-Ionen umgeben ist, welche die Ecken eines Würfels besetzen. Je 2 Elementarwürfel haben eine Kante, d. h. 2 Sauerstoffionen gemeinsam. Dieses Gitter besitzt an sich eine hohe Symmetrie, es ist jedoch bei niedriger Temperatur stark deformiert (Polarisation, s. Abschn. 1.22), so daß das Zirkonoxyd nur im monoklinen System kristallisiert. Beim Zirkonsilikat hängt an jedem O^{2-}-Ion des Elementarwürfels ein $[SiO_4]^{4-}$-Tetraeder (vgl. Abschn. 4.21).

Zur Beurteilung der Raumerfüllung kristallisierter Substanzen dient das Molvolumen V_m, welches sich durch Division des Molekulargewichtes g_m durch das spez. Gew. s errechnet:

$$V_m = \frac{g_m}{s}\left[\frac{g \cdot cm^3}{g}\right] = [cm^3].$$

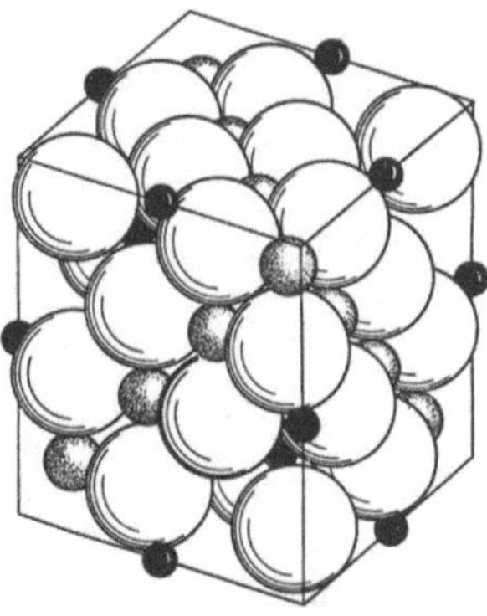

Abb. 10. Spinellgitter (nach MACHATSCHKI, BARTH u. POSNJAK). Große, weiße Kugeln: O-Ionen; Graue Kugeln: Al-Ionen; Schwarze Kugeln: Mg-Ionen. Die Oberflächen entsprechen dem Würfel. Oktaederflächen = Raumdiagonale (nach HAUFFE)

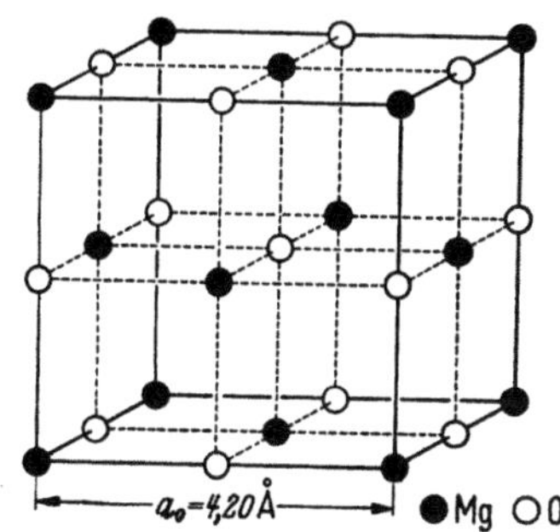

Abb. 11. Kristallstruktur von Periklas MgO

Das Molvolumen gibt jedoch kein echtes Kriterium für die Raumerfüllung, da die Molekülgröße unberücksichtigt bleibt. Strenggenommen müßte das Volumen pro Ion bzw. pro Atom bestimmt werden. Da bei den Oxyden die Raumerfüllung überwiegend von den relativ großen Sauerstoffionen abhängt, erhält man eine angenäherte Maßzahl für die Raumerfüllung durch Division des Molvolumens durch die Anzahl der in einem Molekül enthaltenen O-Ionen. Diese Größe wird als *reduziertes Molvolumen* bezeichnet. Beispielsweise beträgt das Molvolumen für Al_2O_3:

$$\frac{102}{3,9} = 26 , \quad \text{das reduzierte Molvolumen } \frac{26}{3} = 8,7 ,$$

für Spinell:

$$\frac{142}{3,58} = 40 \quad \text{bzw.} \quad \frac{40}{4} = 10 ,$$

für MgO:

$$\frac{40}{3,57} = 11,2 \quad \text{bzw.} \quad \frac{11,2}{1} = 11,2 .$$

Von den 3 Oxyden ist also Al_2O_3 angenähert am dichtesten, MgO am lockersten gepackt. Diese Zahlen folgen in der gleichen Reihenfolge aufeinander wie die Werte für die Härte, die Druckfestigkeit und andere Eigenschaften.

1.24 Feldstärke und Verbindungsbildung

Ein gewisses und für Vergleiche geeignetes Maß für die Stärke der Bindung zwischen den einzelnen Ionen gibt — allerdings unter Vernachlässigung der Abstoßungskräfte und der Polarisation der Ionen — das COULOMBsche Gesetz für die zwischen entgegengesetzten Punktladungen wirkenden Anziehungskräfte

$$K = \frac{W_A(+e) W_B(-e)}{r^2} .$$

Darin bedeuten K die Anziehungskraft, $W_{A,B}$ die Wertigkeit der Ionen, e die Elementarladung und r den Abstand der Ladungen voneinander.

Hier interessieren nur die Anziehungskräfte bei Oxyden, somit hat die Wertigkeit des Anions W_B den konstanten Wert 2 des Sauerstoffions. Für die weiteren Betrachtungen bleiben variabel nur die Wertigkeit des Kations $W_A = Z$ und der Abstand der beiden Ionen voneinander. Letzterer ist in der Gleichgewichtslage angenähert durch die Summe a der beiden Ionenradien gegeben. Die Anziehungskraft der Ionen bei den hier betrachteten Oxyden wird damit zu

$$K = C \frac{Z}{a^2} \quad (C = -2e^2) .$$

Die für jedes Kation in Verbindung mit dem Sauerstoffion charakteristische Größe Z/a^2 läßt sich als Vergleichswert für die Anziehungskräfte verwenden [2]. Zugleich ist sie auch Vergleichswert für die im Ionenabstand a wirkende Feldstärke des vom Kation getragenen Feldes, da sie dieser $\left(e \frac{Z}{a^2} \right)$ ebenfalls proportional ist. Die Werte Z/a^2 für die hier wichtigsten Elemente sind in Tab. 6 aufgeführt.

Mit ihrer Hilfe kann die Kraft eines Kations zum Aufbau einer eigenen Koordination mit Sauerstoffionen beurteilt werden. In einer sich abkühlenden Schmelze z. B. kommt es zu einer Konkurrenz der Kationen um den Sauerstoff, wobei Ionen mit großer Feldstärke, zu denen vor allem Si^{4+} gehört, den Vorrang haben. Kationen mit geringer Feldstärke können darum keine eigene Koordination mehr aufbauen, sie verbinden die Koordinationen der starken Ionen miteinander, wie es oben (Abschn. 1.23) am Beispiel der Silikate ausgeführt wurde. Besitzen alle Kationen etwa die gleiche Vergleichs-Feldstärke Z/a^2, so ist im allgemeinen keine chemische Verbindung zwischen ihnen möglich. Nach A. Dietzel [2]

müssen 2 Oxyde mindestens einen Unterschied von $\dfrac{\Delta Z}{a^2} = 0{,}3$ besitzen, damit eine stabile

chemische Verbindung zwischen ihnen existieren kann. Ternäre Verbindungen zwischen Kieselsäure und 2 Fremdoxyden sind nur möglich, wenn die Differenz $\Delta Z/a^2$ zwischen beiden Fremdoxyden $> 0{,}06$ ist.

1.25 Einfluß der Atombindung

Die den bisherigen Ausführungen zugrunde gelegte Annahme eines starren, kugelförmigen Wirkungsbereiches der Gitterbauteile, dessen Größe sich durch den Ionenradius ausdrücken läßt, stellt in vielen Fällen eine zu starke Vereinfachung dar. In Wirklichkeit besitzen von den hier interessierenden Oxyden nur

Abb. 12. Elektronendichte in Quarz, projiziert in der Richtung einer zweizähligen Achse (nach R. Brill, C. Hermann u. Cl. Peters)

die basischen CaO und MgO mit relativ großen Kationen eine reine Ionenbindung. Bei den stärker sauren Oxyden mit kleinen Kationen treten Polarisationserscheinungen auf, welche die kugelförmigen Wirkungsbereiche deformieren und einen wechselnden Anteil an Atombindung neben der Ionenbindung hervorrufen. Bei Al_2O_3 beträgt nach L. PAULING [3] der Anteil an ionarer Bindung 63% und bei SiO_2 50%. Abb. 12 zeigt die Elektronendichte im Quarz nach Messungen von R. BRILL, C. HERMANN u. CL. PETERS [4]. Die Lage der Ionen ist durch die Maxima der Elektronendichte markiert. In der linken unteren Bildhälfte erkennt man ein $[SiO_4]^{4-}$-Tetraeder mit einem Si^{4+}-Ion in der

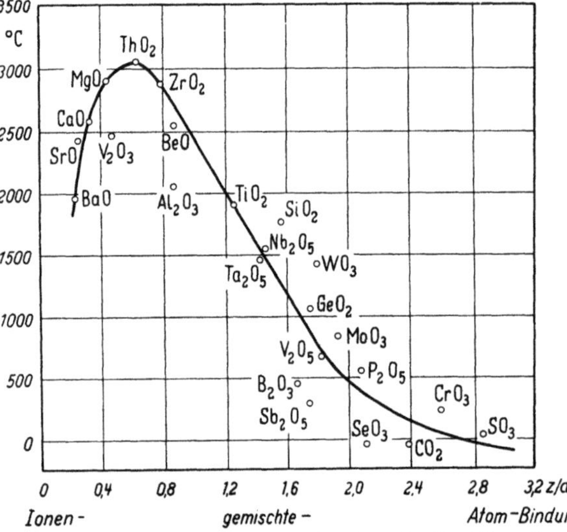

Abb. 13. Schmelzpunkte von Oxyden als Funktion der Feldstärke und der Bindungsart (nach A. DIETZEL)

Mitte und 4 O^{2-}-Ionen an den Ecken. Die Elektronendichte vermindert sich zwischen 2 Ionen nur auf etwa die Hälfte des Maximalwertes für O^{2-}-Ionen. Bei reiner Ionenbindung müßte die Elektronendichte an diesen Stellen auf null sinken.

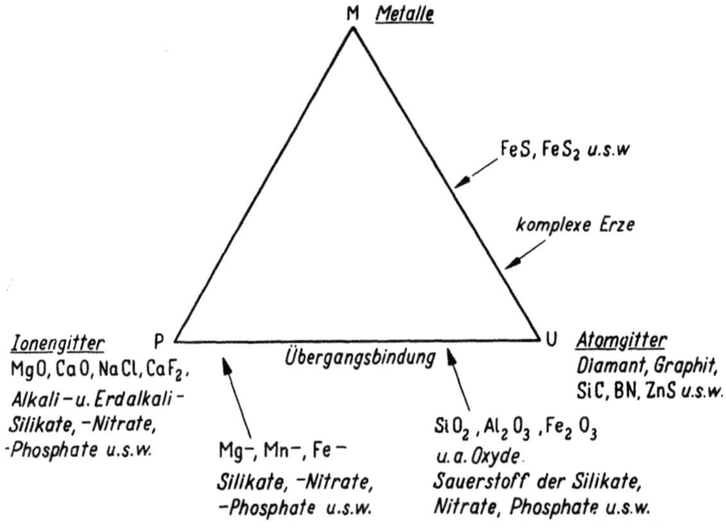

Abb. 14. Hauptvalenzschnitt durch das Bindungstetraeder von H. G. GRIMM

Da kleine Kationen besonders stark zur Atombindung neigen und ihr Feld wegen des durch die Kleinheit bedingten kleineren Ionenabstandes mit relativ großer Feldstärke zur Wirkung kommt (s. Formel Abschn. 1.24), bestehen zwischen dem Anteil an Atombindung und der Vergleichsfeldstärke Z/a^2 gesetzmäßige Beziehungen. Je größer Z/a^2 ist, desto höher ist der Anteil an Atombindung. Bei reiner Atombindung kann die Koppelung innerhalb der Koordinationsgruppen so fest werden, daß die Koordinationen Molekülcharakter erhalten. Der Zusammenhang zwischen den einzelnen Koordinationen wird dann nur durch VAN DER WAALSsche Kräfte aufrechterhalten und kann schon bei niedriger Temperatur zerstört werden. Wie Abb. 13 zeigt, besitzen Oxyde mit reiner Ionenbindung die höchsten Schmelzpunkte. In dem Maße, wie die Atombindung zunimmt, sinken die Schmelzpunkte ab, bei reiner Atombindung liegen sie so tief, daß sich die Oxyde bei Zimmertemperatur bereits im gasförmigen Zustand befinden (z. B. CO_2). Aus diesen Gründen können in der feuerfesten Industrie nur Oxyde mit reiner Ionenbindung oder mit gemischter Bindung verwandt werden.

Auch bei den Einstoffgittern, die nur aus einem Element bestehen, herrscht nahezu reine Atombindung, teilweise von großer thermischer Festigkeit, wie z. B. bei dem in der feuerfesten Technik wichtigen Graphit, der einen sehr hohen Schmelzpunkt besitzt. Einen Überblick über die Bindungsarten der wichtigsten Stoffgruppen gibt der Hauptvalenzschnitt durch das H. G. GRIMMsche Bindungstetraeder (Abb. 14), in welchem außer den hier besprochenen Bindungsformen auch die durch hohe Beweglichkeit der Valenzelektronen ausgezeichnete und der Atombindung verwandte Metallbindung aufgeführt ist.

1.26 Unordnung und Fehlordnung im Gitterbau

Die in der Kristallstruktur zum Ausdruck kommende Ordnung der Materie ist in idealer Form meist nur in sehr kleinen Bereichen von 10^{-4} bis 10^{-7} cm Ausdehnung verwirklicht. Ein *Realkristall* von makroskopischen Abmessungen ist stets aus submikroskopisch kleinen Mosaikteilchen der obengenannten Größenordnung zusammengesetzt, die um geringe Beträge gegeneinander gedreht und durch Sprünge und Risse oder durch Fremdbestandteile voneinander getrennt sind (Abb. 15). Derartige Baufehler sind beim Kristallwachstum mit seinen vielen Zufälligkeiten praktisch unvermeidbar, sie setzen die Festigkeiten der Kristalle stark herab und erleichtern die in der feuerfesten Technologie wichtigen Reaktionen im festen Zustande (s. Abschn. 1.332), da die Risse zwischen den Mosaikteilchen als Diffusionsbahnen wirken können.

Häufig wachsen die Mosaikteilchen der Realkristalle nicht in gleicher, sondern in einer zur ursprünglichen Struktur symmetrischen Anordnung weiter, wobei Zwillingskristalle entstehen, die zwar nicht dem energetisch günstigsten Fall des Kristallaufbaues entsprechen, aber immerhin ein relatives Minimum an Bildungsenergie benötigen. Die Zwillingsbildung erhöht den Grad der Unordnung der Materie, wenn auch nur in geringem Maße.

Wesentlich stärker ist die Unordnung, die durch den teilweisen Austausch einzelner Komponenten gegen andere mit ähnlichem Ionenradius hervorgerufen wird. Dieser Vorgang führt zur Entstehung von Mischkristallen, bei welchen die entsprechenden Gitterpunkte in statistischer Verteilung mit verschiedenen Komponenten besetzt sind. Da die Ionenradien nur ähnlich, aber nicht gleich groß sind, werden die Gitter durch die Mischkristallbildung häufig verzerrt und deformiert, was am deutlichsten bei der bereits erwähnten Spinellgruppe in Erscheinung tritt (s. Abschn. 1.23). Eine derartige Gitterdeformation durch Einführung fremder Komponenten in geringen Mengen kann auch günstige Folgen haben, indem sie das Gitter *stabilisiert*, d. h. gegen Temperatureinwirkungen unempfindlich macht. Auf diese Weise werden z. B. beim Dikalziumsilikat und beim Zirkonoxyd störende Zerfallsvorgänge verhindert.

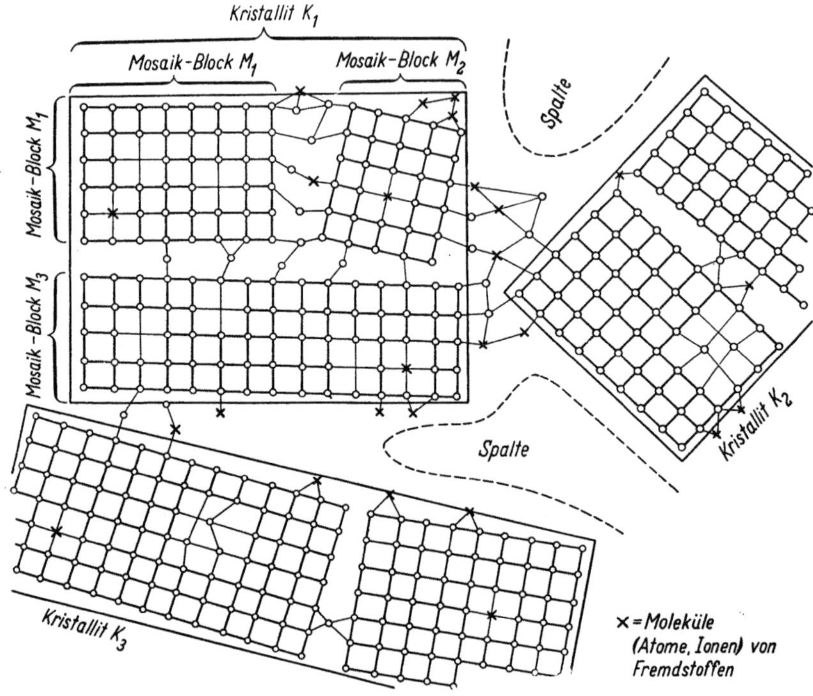

Abb. 15. Schema eines Realkristalls

Weitere Fälle von Fehlordnungen in Kristallen entstehen, wenn eine Komponente im Überschuß über die stöchiometrische Zusammensetzung hinaus vorhanden ist. Dies kann sich im Kristallgitter so auswirken, daß entweder die überschüssige Substanz (B) im Zwischengitterraum eingelagert ist (Abb. 16b), oder im Gitter die Plätze der Komponente A teilweise durch B-Ionen besetzt sind (Abb. 16c), oder auch ein Teil der Plätze für A unbesetzt bleibt (Abb. 16d) [5].

Dieser letzte Fall ist beispielsweise beim Eisenoxydul FeO verwirklicht, bei welchem der fast stets festzustellende Sauerstoffüberschuß durch Fe-Leerstellen hervorgerufen wird.

Auch in Kristallen mit ideal-stöchiometrischer Zusammensetzung treten Fehlordnungen auf. Bei der Wärmebewegung schwingen die Gitterbausteine normalerweise um ihre Gleichgewichtslage, es besteht aber doch eine bestimmte Wahrscheinlichkeit dafür, daß ein Teilchen eine besonders große Bewegung ausführt, dabei die Potentialschwelle des Gitterplatzes überwindet und in den Zwischengitterraum gelangt. Seine potentielle Energie ist dann um einen Betrag E_0 höher als auf dem normalen Gitterplatz. Bei einer bestimmten Temperatur wird in der Zeiteinheit eine bestimmte, der Wahrscheinlichkeit dafür entsprechende Anzahl von Ionen ihren Gitterplatz verlassen und andererseits eine Anzahl von Ionen aus dem Zwischengitterraum auf feste Gitterplätze zurückkehren. Im Gleichgewichtszustand halten sich beide Vorgänge die Waage. Jeder Temperatur entspricht dann ein bestimmter *Fehlordnungsgrad*, der mit steigender Temperatur exponentiell nach der Formel

$$n = N \cdot e^{-\frac{E_0}{2RT}} \quad \text{(VAN'T HOFFsche Gleichung)}$$

zunimmt [6].

n = Zahl der platzwechselnden Ionen; R = BOLTZMANNsche Konstante;
N = Gesamtzahl der Teilchen pro cm³; T = absolute Temperatur.
E_0 = Differenzbetrag der potentiellen Energie;

Diese Art von Fehlordnungserscheinungen ist also von der Dynamik der Kristallgitter her zu erwarten und stellt eine Analogieerscheinung zur Disso-

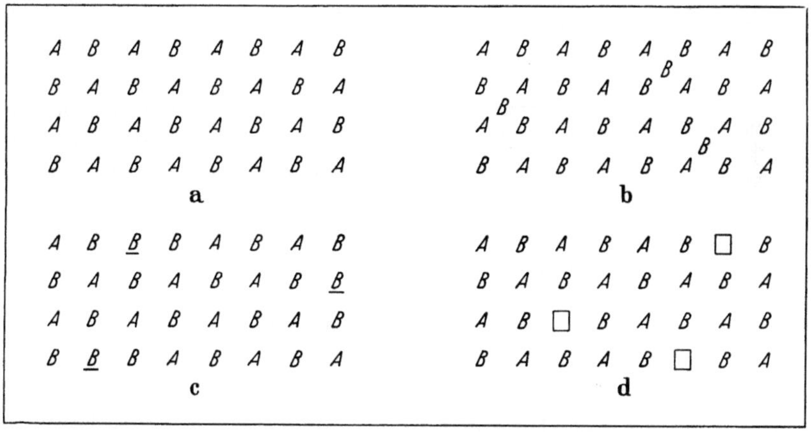

Abb. 16a bis d. Schema eines Kristallgitters aus 2 Komponenten A und B
a) Ideal geordnet;   b) mit überschüssigem Einbau von B im Zwischengitterraum;   c) mit teilweiser Substitution von A durch B;   d) mit A-Leerstellen im Gitter

ziation in der Gas- bzw. Flüssigkeitsphase dar. Viele Eigenschaften und Erscheinungen sind nur mit Hilfe der Fehlordnungstheorie zu erklären, wie beispielsweise die elektrische Leitfähigkeit (vgl. Abschn. 1.61) und die Reaktionen im festen Zustand (vgl. Abschn. 1.332). Praktisch ist der Fehlordnungsgrad bei Zimmertemperatur sehr klein und kann vernachlässigt werden, in Schmelzpunktnähe kann er jedoch 10% und mehr erreichen.

In den Gittern der Oxyde weisen nur die Kationen eine derartige Fehlordnung auf, weil die großen Sauerstoffionen im Zwischengitterraum keinen Platz finden würden.

Eine allgemeine Darstellung der Gleichgewichtsbedingungen in Kristallen haben C. WAGNER u. W. SCHOTTKY [7] gegeben. Sie kamen zu dem Ergebnis, daß auch in stöchiometrisch zusammengesetzten Kristallen stets Störstellen vorhanden sein müssen. Nach W. SCHOTTKY [8] stellt der oben dargestellte, von FRENKEL [6] entwickelte Fehlordnungstyp einen von mehreren möglichen Spezialfällen dar. Von den übrigen der als möglich erkannten Fehlordnungstypen scheint für oxydische Gitter derjenige praktische Bedeutung zu besitzen, der im Kristall gleich viele Anionen- und Kationen-Fehlstellen enthält

(SCHOTTKYscher Fehlordnungstyp, Abb. 17). Bei diesem Typ sind im Kristallgitter nur unbesetzte Stellen, aber keine Ionen im Zwischengitterraum vorhanden. Diese Leerstellen können im Kristall diffundieren ähnlich wie Ionen im Zwischengitterraum, indem Gitterteilchen nacheinander auf den jeweiligen leeren Platz nachrücken. Erhitzt man einen Kristall mit SCHOTTKYschem Fehlordnungstyp, so wächst der Fehlordnungsgrad. Da im Inneren des Kristalls nicht genügend Leerstellen vorhanden sind, müssen diese von der Oberfläche ins Innere hineindiffundieren, wozu eine gewisse Zeit benötigt wird. Das Gleichgewicht kann sich daher nicht plötzlich einstellen. Bei einem Kristall von etwa 1 mm Breite dauert die Einstellung größenordnungsmäßig $^{1}/_{4}$ Stunde. Umgekehrt kann das einmal vorhandene Gleichgewicht durch Abschrecken eingefroren werden, wobei fehlstellenreiche Kristalle entstehen, die sich oft anders verhalten als solche, deren Fehlordnungsgrad der herrschenden Temperatur angepaßt ist. Auf diese Weise können die physikalischen Eigenschaften durch eine Wärmebehandlung geändert werden, ohne daß chemisch oder mineralogisch Unterschiede festzustellen sind.

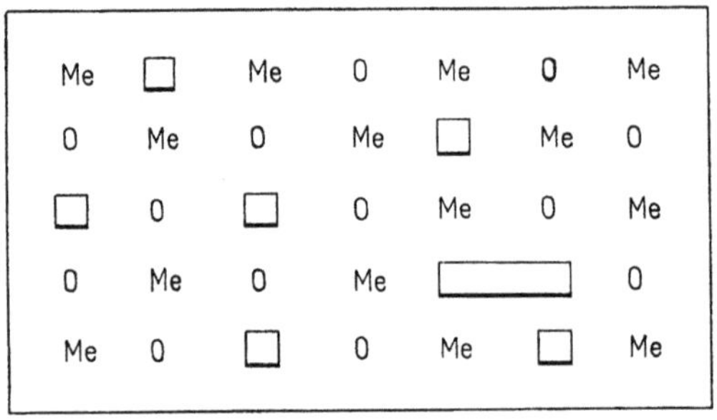

Abb. 17. SCHOTTKYscher Fehlordnungstyp. Gleich viele Anionen- und Kationen-Leerstellen

1.27 Der Glaszustand

Glas ist ein im wesentlichen ohne Kristallisation erstarrtes Schmelzprodukt. Prinzipiell kann jede Schmelze durch Abschrecken zur glasigen Erstarrung gebracht werden. Es gibt aber eine Gruppe von Stoffen, die auch bei langsamem Abkühlen glasförmig erstarren und nur schwer in einen kristallinen Zustand übergehen. Die Voraussetzungen für die Zugehörigkeit eines Stoffes zu diesen *Glasoxyden* hat W. H. ZACHARIASEN [9] formuliert. Sie lauten:

1. Die Koordinationszahl des Kations R muß klein sein (III oder IV).

2. Jedes Sauerstoffion darf höchstens an 2 Kationen gebunden sein. Diese Bedingung gewährleistet die freie Beweglichkeit der Bindungen R—O—R. Durch Bindung an ein 3. Kation würde die Beweglichkeit stark eingeschränkt werden.

3. Die [RO$_4$]-Koordinationen dürfen nur eine Ecke gemeinsam haben. Durch eine doppelte Verknüpfung der Koordinationsgruppen würde ebenfalls die Beweglichkeit behindert werden.

4. Mindestens 3 Ecken einer Koordinationsgruppe müssen auch je einer Nachbarkoordination angehören. Diese Bedingung ist bei ebenen oder räumlichen Netzwerken erfüllt, wie sie beispielsweise bei den Silikaten auftreten (s. Abschn. 1.23). Abb. 18a zeigt ein Schema der Glasstruktur nach ZACHARIASEN u. R. B. SOSMAN [10]. Der netzförmige Bau der Gläser wurde von B. E. WARREN [11] durch röntgenologische Untersuchungen bestätigt.

Nach A. SMEKAL [12] kommt als weitere Voraussetzung für die Zugehörigkeit zu den Glasbildern hinzu, daß zwischen den einzelnen Bausteinen gemischte Bindungen vorhanden sind (z. B. heteropolare und homöopolare Bindung wie im Kieselglas). Bei Stoffen mit reiner Ionenbindung sind die Bindungskräfte überall gleich groß. Wenn in der Nähe der Schmelztemperatur an einer Stelle eine Bindung durch Wärmeschwingungen aufreißt, so folgen sofort die übrigen

nach und es entsteht eine dünnflüssige Schmelze, d. h. die Substanz hat einen
eindeutigen Schmelzpunkt.

Bei gemischter Bindung hat dagegen die Trennung einer Ionenbindung ein
Anwachsen der Atombindung zwischen den benachbarten Ionen zur Folge,
da sich das schwingende Kation in dem Maße einem benachbarten Anion nähert,
wie es sich von einem anderen entfernt. Mit der Annäherung zweier Ionen
wächst aber die Atombindung. Die Wärmeschwingungen führen daher nicht
zum Zerfall des ganzen Kristallgitters, vielmehr entstehen Netzwerk-Bruchstücke,

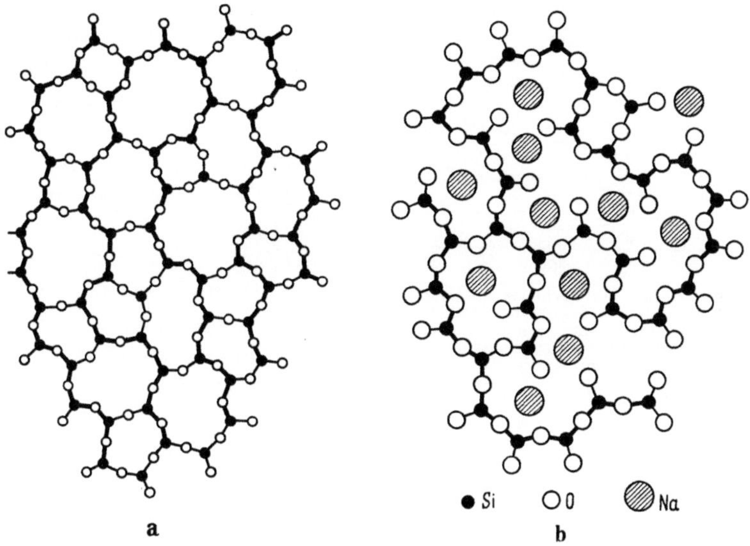

Abb. 18 a u. b. Zweidimensionale Darstellung der Struktur
a) des Kieselglases; b) des Natriumsilikatglases (nach ZACHARIASEN u. SOSMAN)

die im Inneren durch starke Atomkräfte zusammengehalten und untereinander
durch Restvalenzen verbunden werden. Durch weiteres Aufreißen von Bindungen und Wiederherstellen gerissener Bindungen ändern diese Bruchstücke
ständig ihre Form und Größe, ein Vorgang, der makroskopisch das Bild einer
hochviskosen Schmelze ergibt.

Beim Abkühlen können wegen der großen Zähigkeit die zur Wiederherstellung des kristallinen Zustandes erforderlichen Verschiebungen im Gitterbau
nicht vor sich gehen, die Bruchstücke bleiben bestehen, und der Wechsel zwischen der Zerstörung und Wiederherstellung von Bindungen verlangsamt sich,
wodurch die Zähigkeit weiter ansteigt. Schließlich werden die Wärmeschwingungen so schwach, daß sich die bestehende Bindungsform nicht mehr ändert.
In diesem Zustand ist das Glas *eingefroren*. Der Übergang vom veränderlichen
zum eingefrorenen Zustand wird als *Transformationspunkt* oder besser *Transformationsintervall* des Glases bezeichnet [13]. Es ist erreicht, wenn die Zähigkeit
auf etwa 10^{13} Poise angestiegen ist [2]. Bei Kieselsäure- und Silikatgläsern liegt
das Transformationsintervall bei 1000 bis 1200° C bzw. bei 500 bis 650° C.
In diesem Bereich ändern sich viele Eigenschaften des Glases, vor allem das
Wärmeausdehnungsverhalten (Abb. 19). Da die physikalischen Eigenschaften
stark von den Abkühlungsbedingungen abhängen, ist das Transformations-

intervall beim gleichen Stoff veränderlich, es läßt jedoch trotz seiner unsicheren Bestimmung brauchbare Aussagen für technische Zwecke zu [*14*]. Bei schroffem Abkühlen kann sich der den tieferen Temperaturen entsprechende Gleichgewichtszustand nicht einstellen, hierdurch entstehen unterhalb des Transformationspunktes starke innere Spannungen, die durch Erhitzen auf 30 bis 90° C über den Transformationspunkt beseitigt werden können.

Der Prototyp der glasbildenden Oxyde ist die Kieselsäure. Allgemein kann man unter den Oxyden hinsichtlich ihrer Neigung, glasförmig zu erstarren, 3 Gruppen unterscheiden:

1. *Netzwerkbildner*, mit gemischter Bindung, z. B. SiO_2, B_2O_3, P_2O_5;

2. *Netzwerkwandler*, mit verschiedener Ionenbindung, z. B. Na_2O, K_2O, CaO;

3. Oxyde, die je nach der Glaszusammensetzung als Bildner oder Wandler auftreten können, z. B. Al_2O_3, TiO_2, ZrO_2, BeO [*15*].

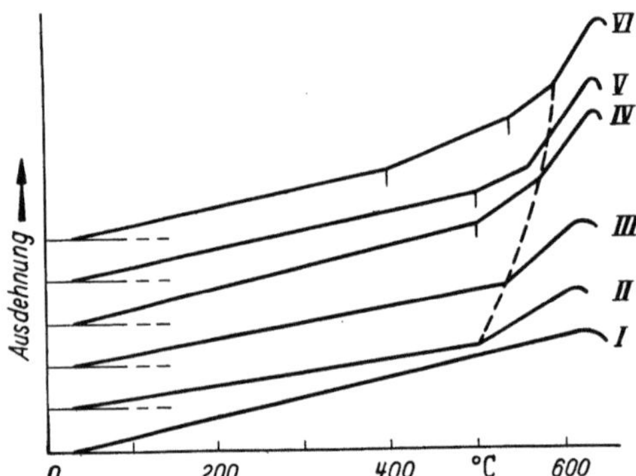

Abb. 19. Anomalie der thermischen Ausdehnung von Gläsern oberhalb des Transformationspunktes bei verschiedener Wärmebehandlung (nach SALMANG u. LEROH). Die Geschwindigkeit der Temperatursteigerung wächst von *I* zu Kurve *VI*

Durch Zusatz von nichtglasbildenden Fremdoxyden, wie z. B. Alkalien zur Kieselsäure, werden die Si—O—Si-Brücken des Netzwerkes z. T. aufgespalten, die Zähigkeit sinkt stark ab und die Neigung zur Kristallisation wächst, je größer die Zugabe an Fremdoxyden ist. Bei orthosilikatischer Zusammensetzung besitzt die Schmelze keine glasbildenden Eigenschaften mehr. Nach I. BISCOE u. B. E. WARREN [*16*] lagern sich die *Netzwerkwandler* in die Waben des [SiO_4]-Netzwerkes ein, wie Abb. 18 b zeigt. Aus Dichtemessungen an Gläsern schloß A. DIETZEL [*2*], daß die Na-Ionen zu 76% in den Netzwerkhohlräumen liegen, die größeren K-Ionen jedoch nur zu 26%. Der Rest beteiligt sich am Aufbau des Netzwerkes selbst. Der Einbau von Erdalkalioxyden in das Netzwerk wird durch die starke Neigung dieser Stoffe zur Entmischung von Kieselsäure erschwert. Aluminiumoxyd kann in Form von Vierer- und vermutlich auch Sechserkoordinationen in das Netzwerk eingebaut werden und verbessert dann die Glasigkeit, weil das Gefüge unregelmäßiger wird.

Für die hier zu behandelnden feuerfesten Baustoffe sind die Kenntnisse über den glasartigen Zustand insofern von Bedeutung, als

1. die Mehrzahl aller dieser Produkte einen mehr oder weniger großen Anteil an Glasphase enthält und

2. diese Glasphase die technologischen Eigenschaften (z. B. das Erweichungsverhalten) in starkem Maße beeinflussen.

Schrifttum

[*1*] STRUNZ, H.: Mineralogische Tabellen. Leipzig 1949
[*2*] DIETZEL, A.: Glastechn. Ber. Bd. 22 (1948) S. 41/50
[*3*] PAULING, L.: The Nature of Chemical Bond. 2. Aufl., Cornell U. P. 1945
[*4*] BRILL, R., C. HERMANN u. CL. PETERS: Naturwissenschaften Bd. 27 (1939) S. 676
[*5*] JOST, W: Diffusion und chemische Reaktion in festen Stoffen. Dresden u. Leipzig 1937
[*6*] FRENKEL, J.: Z. Physik Bd. 72 (1923) S. 481
[*7*] WAGNER, C., u. W. SCHOTTKY: Z. physik. Chem. Bd. 11 (1930) S. 163
[*8*] SCHOTTKY, W.: Z. physik. Chem. Bd. 29 (1935) S. 235
[*9*] ZACHARIASEN, W. H.: J. Amer. chem. Soc. Bd. 54 (1932) S. 3841/51; Glastechn. Ber. Bd. 11 (1933) S. 120/23

[10] Sosman, R. B.: The Properties of Silika. New York 1927
[11] Warren, B. E.: J. Amer. ceram. Soc. Bd. 17 (1934) S. 244
[12] Smekal, A.: Nova Acta Leopoldina Bd. 11 (1942)
[13] Berger, E.: Glastechn. Ber. Bd. 5 (1927) S. 393 u. DIN 52 324
[14] Körner, O., H. Salmang u. W. Lerch: Sprechsaal Keram., Glas, Email Bd. 65 (1932) S. 985
[15] Kreidl, N. J.: Symposion in Ceramic Age. 1948
[16] Biscoe, I., u. B. E. Warren: J. Amer. ceram. Soc. Bd. 21 (1938) S. 287/93

1.3 Verhalten beim Erhitzen und Schmelzen

1.31 Modifikationsänderungen

Die im vorigen Abschnitt beschriebenen Gitterstrukturen sind jeweils nur in einem bestimmten Temperaturintervall stabil. Die Gitterbestandteile führen um ihre Gleichgewichtslage Wärmeschwingungen aus, deren Amplitude mit der Höhe der Temperatur zunimmt. Hierdurch werden die Gitter aufgeweitet. Gleichzeitig ändern sich die Bindungsverhältnisse, der Anteil an Atombindung wird relativ zu dem der Ionenbindung zumeist größer. Die Veränderungen können dazu führen, daß die Gitteranordnung instabil wird und zwangsläufig in eine andere übergeht. Dieser Strukturwechsel wird als *Polymorphie* bezeichnet.

Geringfügigere Umwandlungen, bei welchen der Gitterbau als Ganzes intakt bleibt und sich nur die Winkel zwischen den Strukturelementen ändern bzw. kleine Verschiebungen im Kristall eintreten, heißen *Polysyngonieen*, sie gehen meist spontan vonstatten und sind reversibel.

Grundlegende Änderungen des Kristallbaues, bei welchen einzelne Bindungen gelöst und neue geknüpft werden, sog. *Polytypieen*, verlaufen dagegen größtenteils träge und sind irreversibel.

Die in einem bestimmten Temperaturintervall stabilen Kristallstrukturen eines Stoffes sind seine Modifikationen. Zu ihrer Unterscheidung dienen griechische Buchstaben, mit α beginnend für die bei der höchsten Temperatur stabile Modifikation. Ausnahmen von dieser Regel sind durch die historische Entwicklung bedingt.

Im allgemeinen besitzen die bei höherer Temperatur stabilen Modifikationen eine höhere Symmetrie und eine geringere Dichte. Ausnahmen sind aus Tab. 7 ersichtlich, welche die Modifikationen der wichtigsten feuerfesten Grundstoffe enthält.

Da die einzelnen Modifikationen verschiedene Dichte haben, ändert sich bei der Umwandlung auch das Volumen. Beim Brennen feuerfester Rohmassen und bei fertigen Steinen kann dies zu Rißbildung, in ungünstigen Fällen sogar zum Zerfall der Steine führen. Hierdurch wird die Verwendbarkeit der Stoffe mit vielen Modifikationen eingeschränkt. In vielen Fällen ist es jedoch möglich, die durch die Modifikationsänderungen bedingten Störungen zu beseitigen oder zumindest in ihrer Wirkung abzuschwächen. Zum Beispiel können in das Kristallgitter eingebaute geeignete Fremdionen eine bestimmte Modifikation stabilisieren — ein Weg, der bei der Herstellung von Zirkonsteinen (s. Abschn. 4.21) beschritten wird. In anderen Fällen werden träge verlaufende Umwandlungen durch den Zusatz sog. Mineralisatoren beschleunigt und dadurch die fertigen Steine volumenbeständiger (Fabrikation von Silikasteinen, s. Abschn. 2.13).

Tabelle 7. *Modifikationen der wichtigsten feuerfesten Grundstoffe*

Chemische Zusammensetzung	Modifikation
SiO_2	*β-Quarz*, trig. trapezoedr. $\xrightleftharpoons{573°}$ *α-Quarz*, hexag.-trapezoedr. *γ-Tridymit*, rhomb. $\xrightleftharpoons{116°}$ *β-Tridymit*, rhomb.-dipyramidal $\xrightleftharpoons{163°}$ *α-Tridymit*, hexagonal *β-Cristobalit*, tetragonal, pseudoregulär $\xrightleftharpoons{200—270°}$ *α-Cristobalit*, kubisch
TiO_2	*Anatas*, ditetragonal-dipyramidal → *Brookit*, rhomb. → *Rutil*, ditetragonal-dipyramidal
ZrO_2	*Baddeleyit* monoklin $\xrightleftharpoons{1000°}$ *B-Zirkonoxyd*, tetragonal $\xrightleftharpoons{1900°}$ *A-Zirkonoxyd*, pseudohexag.
Al_2O_3	*γ-Korund*, kubisch $\xrightarrow{1000°}$ *α-Korund*, ditrig.-skalenoedrisch
Fe_2O_3	*γ-Fe₂O₃*, *Maghemit*, kubisch $\xrightarrow{678°}$ *α-Fe₂O₃*, *Hämatit*, ditrig.-skalenoedrisch
Cr_2O_3	ditrigonal-skalenoedrisch
MgO	kubisch
CaO	kubisch

Beim Übergang von einer Modifikation in die andere befinden sich die Stoffe vorübergehend in einem besonders aktiven Zustand, weil mindestens ein Teil der Ionen nicht an feste Gitterplätze gebunden ist. Es wird daher angestrebt, erwünschte Reaktionen in die Temperaturbereiche von Umwandlungen zu verlegen [1]. Zum Beispiel verläuft die Spinellbildung aus Tonerde und Magnesiumoxyd besonders schnell im Umwandlungsbereich von γ-Tonerde zu Korund bei 1000° C.

1.32 Entwässern (Kalzinieren) und Entsäuern

Eine beträchtliche Anzahl an feuerfesten Rohstoffen besteht aus Verbindungen, welche beim Erhitzen in ein oder mehrere Oxyde und eine gasförmige Komponente zerfallen. Zu dieser Gruppe gehören die Hydrate (Tonmineralien, Bauxit, Brucit usw.) und die Karbonate (Magnesit und Dolomit). Die Austreibung des Wassers durch Erhitzen wird als Kalzination[1], diejenige der Kohlensäure als Entsäuerung bezeichnet. Die Gasabgabe setzt ein, sobald der Partialdruck des Gases 1 at erreicht hat. Sie beginnt an der Oberfläche und beschränkt sich auf eine definierte Grenzfläche, die langsam in das Innere der einzelnen Körner vorrückt, wenn die entwickelte Reaktionswärme gering ist oder wenn noch Wärme zugeführt werden muß. Bei großer Reaktionswärme kann die neue Phase dispers in die Ausgangsphase eingelagert werden, weil die für spontane Keimbildung erforderliche Energie aufgebracht werden kann.

Als Beispiel für eine Zersetzungsreaktion sei die Entwässerung des Kaolinits $Al_2O_3 \cdot 2SiO_2 \cdot 2H_2O$ und die Neubildung der Verbindung Mullit $3Al_2O_3 \cdot 2SiO_2$ aus den Komponenten angeführt, die von W. EITEL u. H. KEDESDY [2] elektronenmikroskopisch und mit Hilfe von Elektronenbeugungsaufnahmen verfolgt wurde. Die in Abb. 20a gezeigten 6eckigen Blättchen des ungeglühten Kaolinits erhalten nach einer Erhitzung auf 700° C eine rauhe Oberfläche, eine Erscheinung, die auf den Zerfall des Kaolingitters in γ-Tonerde

---

[1] Der Ausdruck Kalzinieren stammt von (lat.) Calx, der Kalk. Er wurde ursprünglich für das Kalkbrennen verwandt, dann aber auf das Erhitzen wasserhaltiger Verbindungen zwecks Austreiben des chemisch gebundenen Wassers übertragen.

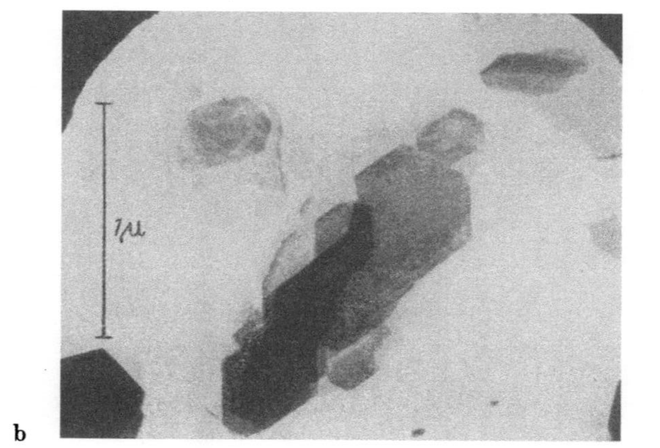

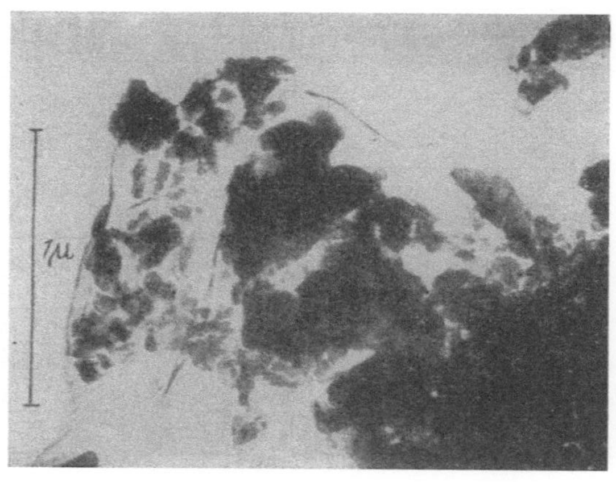

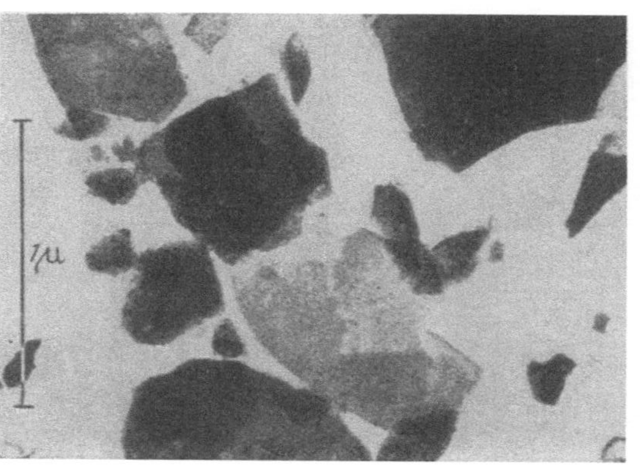

Abb. 20 a bis d

Entwässerung des Kaolinits von Schnaittenbach beim Erhitzen nach elektronenoptischen Untersuchungen von W. EITEL u. H. KEDESDY (Vergr. 30000 bis 34000 ×)
a) Ausgangszustand;   b) nach dem Brennen bei 900° C;   c) nach dem Brennen bei 1100° C;   d) nach dem Brennen bei 1200° C

und amorphe Kieselsäure zurückzuführen ist. Im Elektronenbeugungsdiagramm Abb. 21
treten bei 700° C die ersten Linien dieser Stoffe auf. Nach einer Erhitzung auf 900° C
sind die Oberflächen deutlich gekörnt und die Ecken der Kristalle runden sich ab (Abb. 20 b).

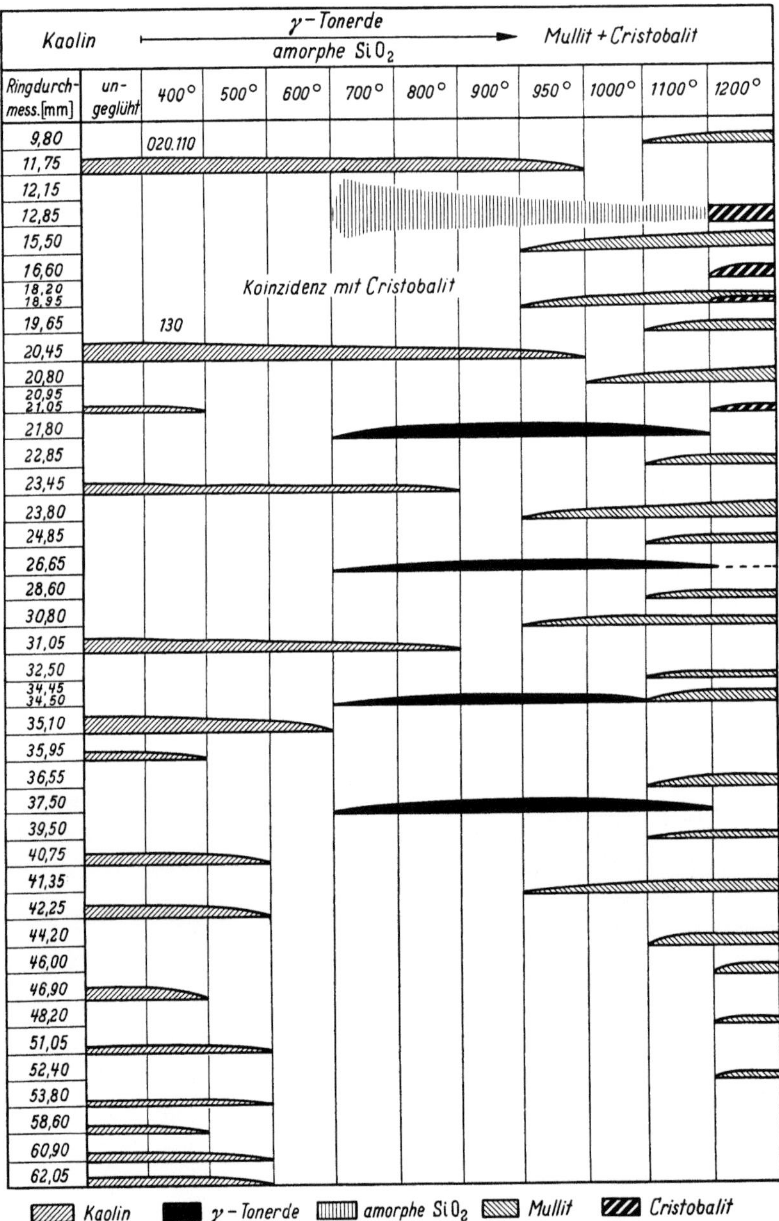

Abb. 21. Elektronenbeugungsdiagramm von Kaolinitproben, die bei verschiedenen Temperaturen gebrannt
worden sind (nach W. Eitel u. H. Kedesdy)

Einzelne Schollen werden infolge des Verlustes an Elastizität und wegen der hohen Sprödigkeit der Zerfallsprodukte abgesprengt. In der körnigen Oberflächenstruktur liegen zweifellos
die Kristallkeime des neugebildeten Mullits vor, wenn auch noch nicht in der bekannten
nadligen Form.

Nach Glühen bei 1100° C sind die Umrisse der Kaolinitkristalle noch zu erkennen, allerdings mit unscharfen, ausgefransten Rändern und sehr ungleichmäßiger Transparenz (Abb. 20 c). Bei 1200° C schließlich sind die großen Tafeln in kleine Bruchstücke mit körniger Struktur zerfallen (Abb. 20 d). Kurzprismatische Kristalle deuten auf Mullit, reguläre Formen auf Cristobalit hin. Die ursprüngliche Kristallform des Kaolinits bleibt also äußerlich noch lange erhalten, auch wenn das Gitter selbst starke Veränderungen erlitten hat. Diese Erscheinung, die bei den meisten Zersetzungsreaktionen in ähnlicher Weise beobachtet werden kann, wird als *Pseudomorphose* bezeichnet.

Im Temperaturbereich einer Gitteränderung befinden sich die Ionen ganz allgemein vorübergehend in einer Art von amorphem Zustand und sind daher ähnlich aktiv wie bei einer Modifikationsänderung. Aus diesem Grunde soll z. B. $CaCO_3$ mit SiO_2 leichter reagieren als CaO, welches beim Erhitzen keine Gitteränderung durchmacht.

Die Temperaturen und die Zersetzungsgeschwindigkeiten, bei welchen die Kalzination oder Entsäuerung beginnt, sind starken Schwankungen unterworfen. Sie hängen von der Korngröße und der Größe der einzelnen Kristalle sowie von der Art der Verwachsung der Kristallaggregate ab. Die Geschwindigkeit des Zersetzungsfortschrittes im Kristallinneren wird weiterhin durch den Fehlordnungsgrad und die Menge der vorhandenen Fremdionen stark beeinflußt. Aus diesen Gründen wechseln die in der Literatur angegebenen Zersetzungstemperaturen je nach dem verwandten Probematerial und den Versuchsbedingungen.

1.33 Sintern

Beim Erhitzen auf höhere Temperaturen erleiden die feuerfesten Stoffe charakteristische Veränderungen, die unter dem Sammelbegriff *Sintern* zusammengefaßt werden. Sinterung ist ein technologischer Begriff und besagt lediglich, daß ein Stoff unter Wärmeeinwirkung verfestigt und verdichtet wird. Die Ursachen hierfür können sehr verschiedenartig sein. Zunächst muß zwischen der *Trockensinterung*, die im festen Zustand vor sich geht, und *Schmelzsinterung*, die unter Mitwirkung von partiellen Schmelzflüssen erfolgt, unterschieden werden. Bei der Schmelzsinterung spielen sich ebenfalls Reaktionen im festen Zustand ab, sie bereiten die Schmelzbildung vor und sind für den Gesamtprozeß oft nicht weniger wichtig als die Schmelze selbst.

Weiterhin bestehen wesentliche Unterschiede zwischen der Sinterung von Einstoffsystemen und derjenigen von Stoffen, die aus mehreren Komponenten zusammengesetzt sind, weil bei den letzteren chemische Potentiale vorhanden sind, während bei den Einstoffsystemen nur Strukturänderungen auftreten können.

1.331 Trockensinterung von Einstoffsystemen

Über die Trockensinterung von Einstoffsystemen wurden vor allem in der Oxydkeramik Erfahrungen gesammelt [3]. Beim Brennen eines feuchten, dicht zusammengepreßten, feinkörnigen Korngemisches wird zunächst die Wasserhaut um die Körner verdampfen. Dadurch entfernen sich die Körner etwas voneinander und die Festigkeit sinkt gegenüber derjenigen des Rohlings etwas ab. Wenn die Gase nach außen diffundiert sind, rücken die Körner wieder zusammen, der Körper schwindet etwas und die lockeren Ionen an den Kornoberflächen gruppieren sich gitterförmig um (Phasengrenzreaktion). Diese Aktivierung der Oberfläche ist mit einer geringen Zunahme der Festigkeit verbunden, der bei weiterer Temperaturerhöhung wieder eine Entfestigung folgt, die auf die Desaktivierung der Oberfläche nach erfolgter Umgruppierung der lockeren Ionen zurückzuführen ist.

In der nächsten Phase verleiht die in Abschn. 1.26 besprochene Fehlordnung der Kristalle den Ionen eine gewisse Beweglichkeit, da sowohl die Zwischengitterteilchen wie auch die Leerstellen des Gitters wandern können. Diese Ionenwanderung wird als *Selbstdiffusion* bezeichnet, sie entspricht etwa der BROWNschen Molekularbewegung der Flüssigkeiten. Ihre Geschwindigkeit steigt mit der Temperatur exponentiell nach der VAN'T HOFFschen Gleichung (s. Abschn. 1.26) an. Durch die Selbstdiffusion, die auch über die Korngrenzen hinweg vor sich geht, werden die Körner dicht zusammengeschweißt, so daß die Festigkeit sehr rasch ansteigt (Abb. 22).

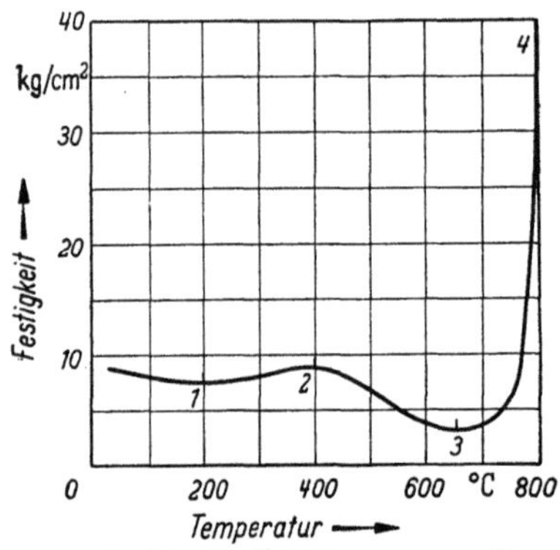

Abb. 22. Die Festigkeit von gepreßten Rutil-Probekörpern in Abhängigkeit von der Brenntemperatur

1 Entfestigung infolge Verdampfung der Wasserhaut; *2* Verfestigung infolge der Oberflächenaktivierung; *3* Entfestigung als Folge der Desaktivierung der Oberflächen; *4* Starke Verfestigung durch Selbstdiffusion und Sammelkristallisation (nach M. F. MEHMEL)

Jedes Kristallkorn hat die Tendenz, an einer Oberfläche weiterzuwachsen, da beim Übergang von Ionen aus dem energiereicheren Zustand der Unordnung in den energieärmeren der Ordnung des Gitterverbandes Energie frei wird. Die frei werdende *Anlagerungsenergie* ist auf den verschiedenen Flächen des gleichen Kristalls verschieden groß, am größten ist sie an den einspringenden Ecken [*4*]. Stoßen nun 2 Kristalle mit kristallographisch verschieden orientierten Flächen zusammen, so wird diejenige auf Kosten der anderen weiterwachsen, welche die größte Anlagerungsenergie freistellt. Auf diese Weise werden sich einige Kristalle vergrößern, andere dagegen verkleinern und schließlich verschwinden. Dieser Vorgang wird als *Sammelkristallisation* bezeichnet, er geht theoretisch bis zum Einkristall. Praktisch ist dieses Endstadium aber nicht erreichbar, da die Körner mit zunehmender Brenndauer immer langsamer anwachsen, und zwar gibt W. JANDER [*5*] hierfür das Gesetz

$$r = k \sqrt{t}$$

(r = Kornradius, t = Reaktionsdauer) an, während es nach G. TAMMANN

$$r = k \ln t$$

lautet.

Auch die Sammelkristallisation wirkt zunächst festigkeitserhöhend, jedoch sinkt die Festigkeit bei grobkristallinen Substanzen wieder ab, offenbar deshalb, weil das Gefüge durch große, ebene Korngrenzenflächen geschwächt wird. Das Optimum liegt bei einem feinkörnigen, innig verzahnten Gefüge. Nach G. JAEGER u. R. KRASEMANN [*6*] ist die Abriebfestigkeit von Sintertonerde bei einer Korngröße von 14 μ am größten. Abb. 23 zeigt die zunehmende Sammelkristallisation von Sintertonerde in Abhängigkeit von der Brenntemperatur. Um die besten mechanischen Eigenschaften zu erreichen, darf die Sintertemperatur nicht zu nahe an den Schmelzpunkt herangelegt werden, es muß vielmehr bei etwas niedrigerer Temperatur längere Zeit gebrannt werden.

Die Phasen der Selbstdiffusion und der Sammelkristallisation sind in der Praxis nicht scharf voneinander getrennt. Beide Vorgänge spielen sich weitgehend nebeneinander ab, wobei allerdings die Sammelkristallisation später einsetzt als die Selbstdiffusion.

Die mit der Selbstdiffusion und der Sammelkristallisation Hand in Hand gehende Schwindung bzw. Verdichtung des Materials ist darauf zurückzuführen,

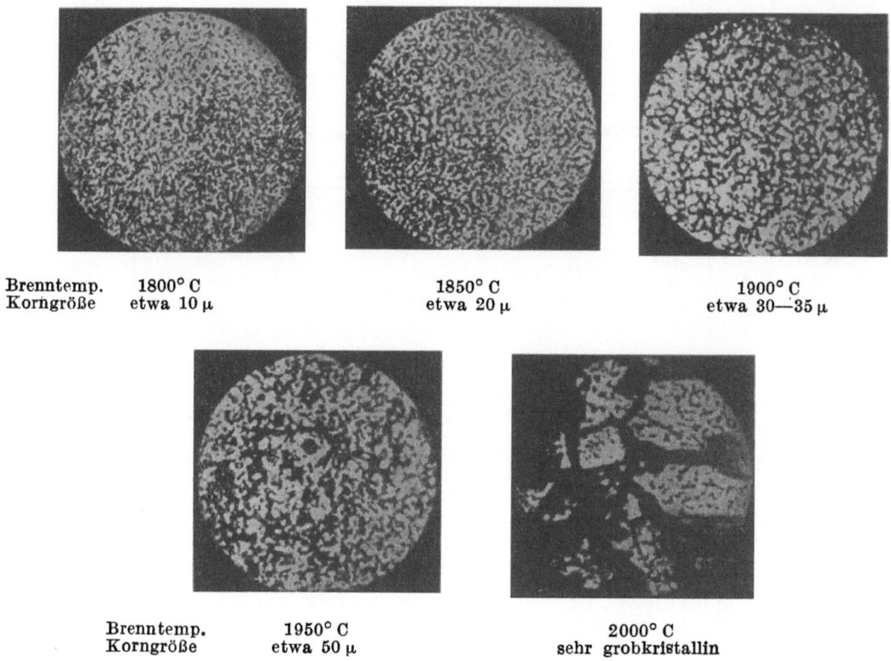

Abb. 23
Sintertonerde bei verschiedenen Temperaturen gebrannt (nach JAEGER u. KRASEMANN). Dünnschliffbilder

daß die Körner näher aneinanderrücken, Risse verheilen und Poren zuwachsen. Daneben muß mit viskosen bzw. plastischen Fließerscheinungen gerechnet werden, da die Verminderung des Porenraumes allein durch die Selbstdiffusion nicht erklärbar ist.

Abb. 24 zeigt das Anwachsen der Schwindung und des E-Moduls in Abhängigkeit von der Brenntemperatur bei Tonerde und Spinell nach E. RYSCHKEWITSCH [7]. Bei 1410° C ist der Zusammenhalt des Scherbens noch gering, die Kristallite haben im Mittel eine Korngröße von 3 μ, eine Sammelkristallisation ist noch nicht eingetreten. Bei 1670° C beträgt die Korngröße immer noch 3 bis 4 μ, die Körner sind aber fest verkittet, und der Körper ist unter dem alleinigen Einfluß der Selbstdiffusion fast gar gebrannt. Erst bei 1770° C wächst die Korngröße auf > 10 μ an. Eine weitere Temperatursteigerung ergibt keine Erhöhung der Schwindung und der Festigkeit mehr. Der Sintervorgang ist bei 1770° C entsprechend einem Verhältnis der absoluten Temperatur T zur absoluten Schmelztemperatur T_s von $\dfrac{T}{T_s} = 0{,}9$ abgeschlossen und beginnt bei $\approx 1500°$ C entsprechend $\dfrac{T}{T_s} = 0{,}76$.

Nach E. KORDES [8] beträgt die für stabile Oxyde und Silikate mit starken Bindungskräften erforderliche Sintertemperatur allgemein 0,8 bis 0,9 Ts, während Metalle nach G. TAMMANN bereits bei 0,3 Ts fest zusammenwachsen. In Oxyden mit starken Anteilen an Atombindung sind die Valenzelektronen im Inneren des Gitters sehr fest eingebunden, so daß an der Oberfläche wenig Bindungskräfte übrigbleiben. Bei diesen Stoffen müssen durch Feinmahlung frische

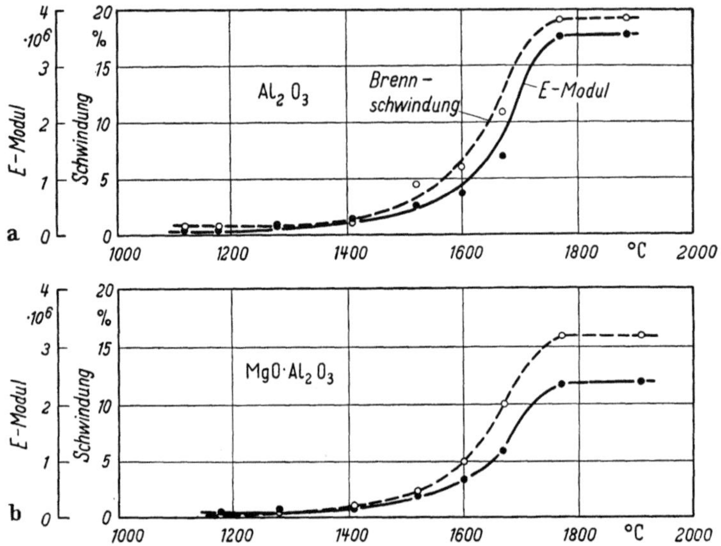

Abb. 24 a u. b. Schwindung und Elastizitätsmodul von Sintertonerde und Sinterspinell als Funktion der Brenntemperatur (nach E. RYSCHKEWITSCH)

Oberflächen geschaffen und Gitterstörungen hervorgerufen werden, um die Sinterung in einer wirtschaftlich tragbaren Zeit durchführen zu können. Einige Oxyde, wie z. B. Quarz bzw. Cristobalit, sintern ohne Schmelzphase überhaupt nicht, weil die Bindung im Tetraederverband so fest ist, daß praktisch keine Selbstdiffusion einzelner Ionen möglich ist. Günstiger sind die Voraussetzungen für die Trockensinterung bei reinen Ionengittern, wie es z. B. MgO besitzt. Dieses Oxyd sintert in reinem Zustand bei 1900 bis 2000° C, entsprechend $\dfrac{T}{Ts} \approx 0{,}7$.

Von einer Reihe von Forschern wird die Möglichkeit einer reinen Trockensinterung angezweifelt. Die Verfestigung und Verdichtung soll vielmehr durch Spuren von Schmelzphase hervorgerufen werden. Die Möglichkeit, daß Verunreinigungen durch den Mahlprozeß in die Masse hinein kommen und geringe Mengen von Schmelze erzeugen, kann nicht ausgeschlossen werden. Zweifellos werden diese Fremdstoffe zur Beschleunigung des Sintervorganges beitragen. Die Sinterung kann aber nicht ohne die ausschlaggebende Mitwirkung der Selbstdiffusion und Sammelkristallisation erreicht werden.

Die erreichte Verdichtung beim Sintern spiegelt sich im Raumgewicht des gesinterten Stoffes wider. Mit zunehmender Sinterung vermindert sich die Porosität, und das Raumgewicht nähert sich dem spezifischen Gewicht. Das Raumgewicht kann daher als ein Maß für den erreichten Sinterungsgrad angesehen werden (s. Abschn. 1.42).

1.332 Trockensinterung von Mehrstoffsystemen

Bei der *Trockensinterung von Mehrstoffsystemen* kommen zu den bisher besprochenen Prozessen der Diffusion und Sammelkristallisation noch chemische Reaktionen im festen Zustand hinzu, unter welchen die sog. *Additionsreaktionen* eine besondere Rolle spielen. Diese Gruppe umfaßt Vorgänge, die zur Bildung von Verbindungen aus ihren Komponenten führen, z. B. von Spinell aus Magnesiumoxyd und Tonerde, Mullit aus Tonerde und Kieselsäure usw. In feinkörnigen Pulvermischungen beginnen die Reaktionen an den Kornoberflächen, wobei sich aus den dort vorhandenen lockeren Ionen das Reaktionsprodukt bildet (Phasengrenzreaktion). Wenn der Vorgang weiter fortschreiten soll, dann muß eine Diffusion aus dem Kristallinnern an die Oberfläche einsetzen, die ähnlich wie die Selbstdiffusion vor sich geht, aber unter der Wirkung des chemischen Potentials gerichtet ist.

Die Frage, ob hierbei die Ionen oder die Oxyde als Ganzes wandern, ist noch nicht geklärt. Es liegen zahlreiche Untersuchungen an Kristallen mit Kochsalzgitter, vor allem an Halogeniden und Sulfiden vor, welche aus etwa gleich großen Anionen und Kationen bestehen, die abwechselnd die Ecken eines Würfels besetzen und eine Ionenleitfähigkeit aufweisen. Hierbei wandern teils die Anionen, teils die Kationen. Da bei vielen Oxyden die großen Sauerstoffionen ein stabiles Gerüst bilden, während die kleinen Kationen beweglich sind, wurden meist die letzten für die Träger des Diffusionsvorganges gehalten.

In diesem Sinne nahm C. WAGNER [9] an, daß z. B. die Spinellbildung nach folgendem Schema vor sich geht:

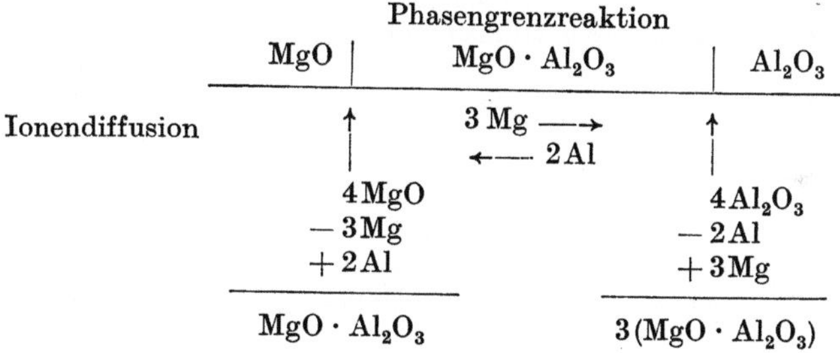

Gegen diese Deutung erhob J. A. HEDVALL [10] Bedenken unter Hinweis auf die geringe elektrische Leitfähigkeit von Spinellen und Silikaten. Bei so starker Ionendiffusion müßte die Leitfähigkeit größer sein. R. JAGITSCH [11] fand, daß bei der Bildung von Zinkspinell ein einseitiger Materialtransport von ZnO in Richtung auf das Al_2O_3 stattfindet. In ähnlicher Weise wandert bei der Bildung von Bleiorthosilikat $2 PbO \cdot SiO_2$ aus dem Metasilikat $PbO \cdot SiO_2$ und PbO stets das Bleioxyd einseitig zum Metasilikat.

Einseitige Wanderungen können nicht von Ionen ausgeführt werden, weil dann die Elektroneutralität gestört würde, sondern entweder von Oxyd-Molekülen, was wegen der Größe der O-Ionen unwahrscheinlich ist, oder von Ionen mit den zur Neutralisierung erforderlichen Elektronen [12]. Der Sauerstoff würde im letzten Fall an der einen Phasengrenze an die Luft abgegeben und an der nächsten wieder aufgenommen werden, wie Abb. 25 zeigt.

Abb. 25. Schema der Bildung von $ZnO \cdot Al_2O_3$ durch Reaktionen im festen Zustand

Nach Untersuchungen von K. HAUFFE [12] scheint der Dampfdruck der Komponenten bei der Art der Diffusion eine wesentliche Rolle zu spielen. Die Ionen leicht verdampfbarer Oxyde sind beweglicher und diffundieren besser als diejenigen der Oxyde mit kleinem Partialdruck. Daher wandert das bei niedriger Temperatur verdampfende ZnO zum Al_2O_3, während bei der Bildung des Nickel–Chrom–Spinells $NiO \cdot Cr_2O_3$ das leicht verdampfende Cr_2O_3 zum stabilen NiO hin diffundiert.

Wenn beide Komponenten einen kleinen Partialdruck besitzen, wandern beide, meist aber mit verschiedener Geschwindigkeit. Im Spinell $FeO \cdot Al_2O_3$ ist beispielsweise die Diffusionsgeschwindigkeit der Al-Ionen größer als die der Fe-Ionen in Al_2O_3. Daher tritt nahe der Phasengrenze Al_2O_3–Spinell in der Tonerde infolge der Al_2O_3-Verluste eine Einschnürung mit Löchern auf und im Spinell bildet sich ein Wulst (Abb. 26). Diese Erscheinung, die auch an einer Reihe von anderen Systemen auftritt, wird als KIRKENDALL-Effekt bezeichnet [13].

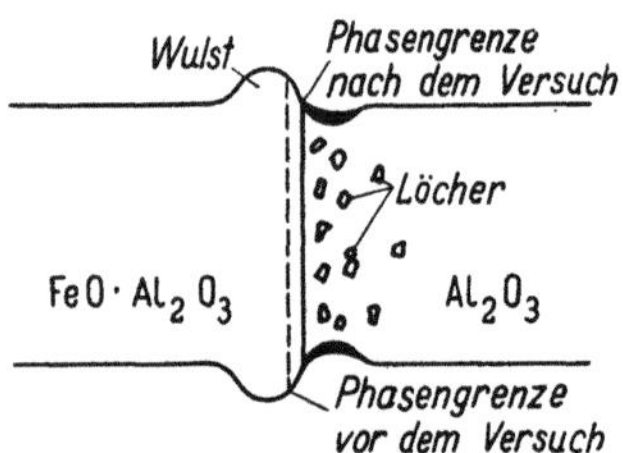

Abb. 26. Schematische Darstellung des KIRKENDALL-Effektes bei der Bildung von $FeO \cdot Al_2O_3$

Bei der Bildung von Kalksilikaten aus CaO und SiO_2, die bei 1000 bis 1200° C erfolgt, wandert der Kalk zur Kieselsäure unter bevorzugter Bildung von Dikalziumsilikat [14]. Die Diffusion des CaO durch bereits gebildetes Dikalziumsilikat muß entweder in Form von undissoziiertem Oxyd oder als Ca-Ion mit 2 Elektronen vonstatten gehen (s. Abschn. 2.14). In ähnlicher Weise entsteht aus MgO und SiO_2 durch Wanderung von MgO die Verbindung Forsterit $2MgO \cdot SiO_2$ leicht im festen Zustand. Die Vorgänge bei der ebenfalls im festen Zustand quantitativ verlaufenden Mullitbildung aus den Komponenten sind im einzelnen noch nicht erforscht worden.

Die Diffusionsgeschwindigkeit der langsamsten Komponenten bestimmt den Zeitablauf der Reaktionen. Nach J. A. HEDVALL [1] kann die Reaktionsgeschwindigkeit allgemein durch den Ausdruck

$$v = e\,\frac{\Delta\mu}{W_R + W_D}$$

dargestellt werden, worin $\Delta\mu$ die Differenz der chemischen Potentiale, W_R den *Reaktionswiderstand* bei der Phasengrenzreaktion und W_D denjenigen der langsamsten Komponenten gegen Diffusion bedeutet (vgl. Abschn. 1.354).

Die Reaktionsgeschwindigkeit wächst mit zunehmender Temperatur an, da der Widerstand gegen Diffusion W_D abnimmt. Wenn bei der Reaktion viel Wärme frei wird, kann sich die Masse schneller selbst erhitzen als die Ofentemperatur ansteigt, wodurch die Reaktion weiterhin unter Wärmeentwicklung beschleunigt wird. Die Temperatur, bei welcher eine Reaktion mit großer Geschwindigkeit zu verlaufen beginnt, bezeichnet H. FISCHBECK [15] als *Verpuffungstemperatur*. Sie ist keine physikalische Konstante, sondern hängt von verschiedenen variablen Faktoren, vor allem von der Korngröße ab. Bei hinreichend großer Wärmetönung läuft die Reaktion ohne weitere Wärmezufuhr von selbst ab, sobald die Verpuffungstemperatur erreicht ist. Diese Erscheinung wird in der Pulvermetallurgie zur Herstellung von karbidischen Hartstoffen und neuerdings auch zur Erzeugung von metallkeramischen Werkstoffen, sog. *Cermets* (ceramic metals) [16] benutzt (vgl. Abschn. 5.53). Bei den Cermets wird die hohe Wärmetönung der Oxydation von Metallen ausgenutzt, und es werden Metalle verwandt, welche hochfeuerfeste Oxyde ergeben, wie z. B. Aluminium [17].

Angaben über die Geschwindigkeit und die Reaktionstemperaturen einiger keramisch wichtiger Additionsreaktionen im festen Zustand nach HEDVALL [1] enthält Tab. 8.

Tabelle 8. *Geschwindigkeit und Reaktionstemperaturen bei verschiedenen Reaktionen im festen Zustand* (nach HEDVALL)

Komponenten		Reaktionsprodukt	Anfangs-Temperatur °C	End-Temperatur °C	Umsatz in % bei Temperatur °C		In welcher Zeit?
MgO	Al_2O_3	Spinell..........	900	1000	20%	1150	1 Std.
2 MgO	SiO_2	Forsterit	1170	1170	80 bis 90%		
MgO	Fe_2O_3	Magnesioferrit ...	600	1000	100%	1000	72 Std.
CaO	Fe_2O_3	Kalziumferrit ...	500	1000	60%		30 Min.
CaO	Fe_3O_4	Kalziumferrit ...	525	800	100%		1 Std.
CaO	SiO_2	Kalksilikate	400	1200	21 % CaO	400	1 Std.
					35 % CaO	600	1 Std.
CaO	Al_2O_3	Kalkaluminate...			10 % CaO	400	1 Std.
					32,4% CaO	600	1 Std.

Die Verfestigung und Schwindung beim Sintern von Mehrstoffsystemen verläuft in einer Reihe von Fällen analog derjenigen von Einstoffsystemen. Abb. 24 zeigt beispielsweise, daß zwischen reiner Tonerde und Spinell trotz der Beteiligung von Reaktionen im festen Zustand im letzten Fall eine völlige Analogie besteht. In anderen Systemen wird die Sinterung durch Reaktionen im festen Zustand stark beschleunigt. Dies tritt vor allem bei Magnesia mit Zusatz von Eisenoxyd ein. Es bildet sich beim Brennen der Spinell $MgO \cdot Fe_2O_3$, welcher bei hohen Temperaturen im MgO löslich ist und die Beweglichkeit des Kristallgitters stark erhöht (s. Abschn. 5.152).

1.333 Schmelzsinterung und Schmelzdiagramme

Die zu einer reinen Trockensinterung erforderlichen Temperaturen liegen im allgemeinen so hoch, daß sie in den üblichen keramischen Öfen für Massenproduktion nicht erreicht werden. Aus diesem Grunde werden für feuerfeste Zwecke meist Rohstoffe verwandt, die einen kleinen Prozentsatz an niedrig schmelzenden Verbindungen enthalten, oder es werden der Masse geeignete Verbindungen zugesetzt, um so eine Sinterung unter Mitwirkung von Schmelze zu erzielen.

Durch die Anwesenheit von sog. Flußmitteln wird die Beweglichkeit der Ionen im Gitter erhöht. Wenn der Schmelzpunkt erreicht ist, werden weniger feste Bindungen (kleines Z/a^2, vgl. Abschn. 1.24) gelöst und das Gitter zerfällt. Jede definierte Verbindung hat einen bestimmten Schmelzpunkt, der durch eine Zumischung anderer Stoffe erniedrigt wird. Die Schmelzpunkterniedrigung ΔT hängt hierbei von der Schmelzwärme des Lösungsmittels und der molekularen Konzentration der gelösten Substanz ab:

$$\Delta T = x_2 \frac{R T_1^2}{L_1}$$

$T_1 =$ Schmelztemperatur des Lösungsmittels;
$L_1 =$ Schmelzwärme des Lösungsmittels;
$x_2 =$ molare Konzentration der gelösten Substanz;
$R =$ Gaskonstante.

Wenn die Schmelzpunkte der Lösungen als Funktion der Konzentration aufgetragen werden, entstehen Gleichgewichtsdiagramme, welche aussagen, bei welcher Temperatur sich Schmelze und feste Substanz in Abhängigkeit von der Konzentration im Gleichgewicht befinden.

Die Form der Gleichgewichtsdiagramme hängt davon ab, ob die beteiligten Stoffe auch im festen Zustand ineinander löslich sind oder nicht. Im letzten Fall entstehen Kurven, wie sie Abb. 27 am Beispiel des Systems CaO–MgO zeigt [18]. Die Schmelzpunktkurven von CaO mit gelöstem MgO und von MgO mit gelöstem CaO schneiden sich beim sog. Eutektikum, einer Konzentration bzw. einem Mengenverhältnis beider Stoffe, das den tiefsten Schmelzpunkt aller möglichen Lösungsverhältnisse beider besitzt. Beim Abkühlen einer Schmelze bestimmter Zusammensetzung scheiden sich Kristalle des jeweiligen Lösungsmittels aus, d. h. des Stoffes, der gegenüber dem Eutektikum im Überfluß vorhanden ist, und die Restschmelze wird reicher an gelöstem Stoff, bis ihre Konzentration derjenigen des Eutektikums entspricht. Die Restschmelze erstarrt dann bei der eutektischen Schmelztemperatur auf einmal zu einem feinkörnigen Gemisch von Kristallen beider Stoffe. Wird nun ein Körper aus einem Gemisch aus CaO- und MgO-Kristallen erhitzt, so entsteht an der Berührungsfläche zweier verschiedenartiger Körner aus den lockeren Oberflächenionen bei

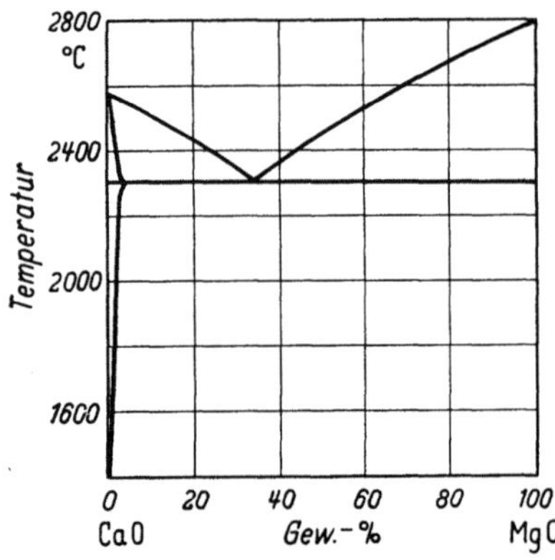

Abb. 27
System CaO–MgO (nach G. A. RANKIN u.
H. E. MERWIN, modifiziert durch F. TROJER
u. K. KONOPICKY)

der eutektischen Temperatur ein Schmelzfilm mit eutektischer Zusammensetzung, der die Körner nach dem Abkühlen miteinander verkittet und auf diese Weise eine Sinterung hervorruft.

Bei weiterem Erhitzen vergrößern sich die Oberflächenfilme zu Schmelzherden, die den Körper durchsetzen und ihn schließlich zum Erweichen bringen. Abb. 28 zeigt derartige Schmelzherde in einem Schamottestein.

Die Menge der entstehenden Schmelze hängt stark von der Größe der inneren Oberfläche ab, die wiederum eine Funktion der Korngröße ist. Je größer die Körner sind, desto weniger Schmelze bildet sich und desto längere Zeit ist erforderlich, um die ganze Masse zum Schmelzen zu bringen. Umgekehrt entsteht in einem innigen Gemenge beider Komponenten bei der eutektischen Temperatur viel Schmelze, welche den Körper gleichmäßig durchsetzt.

Weiterhin wird die Schmelzmenge durch die chemische Austauschmöglichkeit innerhalb der Schmelze bestimmt. Bei hoher Viskosität und geringer Konvektions- und Diffusionsmöglichkeit behält die Schmelze eine von Ort zu Ort wechselnde Zusammensetzung, so daß nur lokal das Gleichgewicht erreicht wird. Die Schmelzmenge bleibt dann relativ klein. In einer niedrig viskosen Schmelze dagegen können sich Unterschiede der Zusammensetzung relativ schnell ausgleichen, das lokale Gleichgewicht wird ständig gestört und die Schmelzphase vermehrt sich bis zur Einstellung der Gesamtgleichgewichte. Während bei den Reaktionen im festen Zustand der Transport nur durch

Diffusion erfolgen kann, kommt bei der Schmelzsinterung die Konvektion hinzu, deren Einfluß von der Viskosität der Schmelze abhängt.

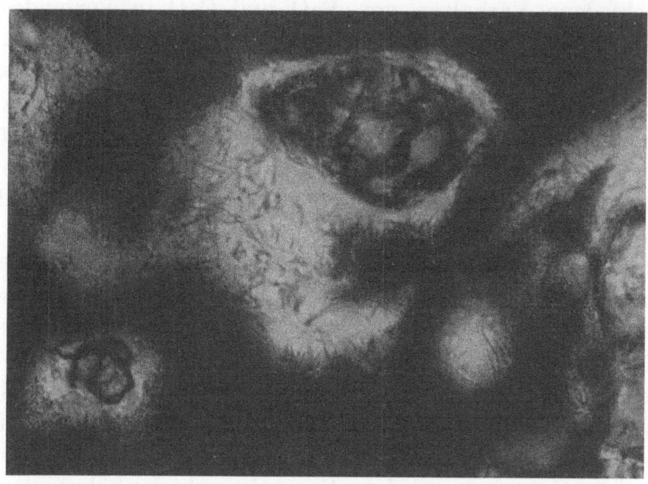

Abb. 28. Schmelzherde in einem Schamottestein. Dünnschliffaufnahme (Vergr. 207 ×)
Dunkel: Schamottesubstanz;   hell: Schmelzherde mit nadelförmigen Mullitkristallen;   graue Körner:
Quarz. Die Schmelzherde liegen in der Umgebung der Quarzkörner

Ganz anders verläuft der Schmelz- und Erstarrungsprozeß, wenn die beiden Komponenten auch in festem Zustand ineinander mischbar sind, d. h. Mischkristalle bilden. In diesem Falle braucht kein Eutektikum zu existieren, die Schmelzpunkte der gemischten Phasen können vielmehr bei Zwischenwerten zwischen denjenigen der reinen Komponenten liegen, wie Abb. 29 am Beispiel des Systems FeO–MgO zeigt [19]. Die Mischungen erstarren aber nicht in ihrer ursprünglichen Zusammensetzung, sondern die feste Phase ist stets reicher an der höher schmelzenden Komponente (MgO). Die letztere besitzt im allgemeinen die festere Bindung und bildet daher eher feste Koordinationsgruppen als die niedrig schmelzende Komponente, bei welcher die lockere Bindung eine Fixierung auf Gitterplätzen erschwert.

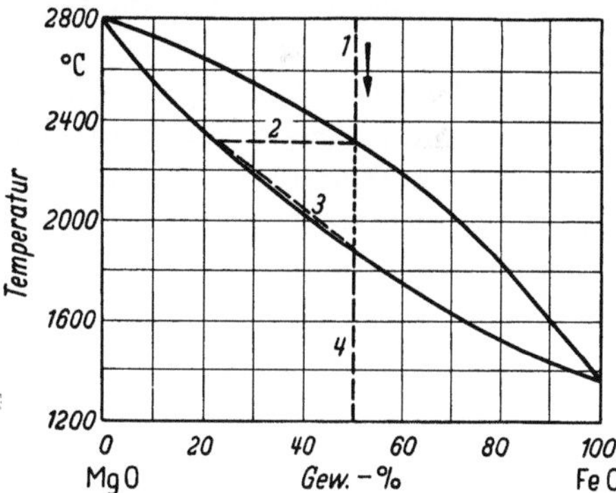

Abb. 29. System FeO–MgO (nach N. L. BOWEN u. J. F. SCHAIRER)
Linie *1*: Abkühlung einer Schmelze mit 50% MgO und 50% FeO;   Linie *2*: Konzentrationssprung Liquidus–Solidus;   Linie *3*: Konzentrationsänderung der festen Phase bei weiterem Abkühlen; Linie *4*: Abkühlung der festen Phase

Durch den Konzentrationssprung an der Grenze flüssig–fest entstehen im Gleichgewichtsdiagramm 2 Kurven, die als Solidus- und Liquiduskurve bezeichnet werden. Bei weiterer Abkühlung ändert sich die Zusammensetzung der flüssigen und der festen Phase stetig. Es scheiden sich Kristalle mit einem höheren Anteil der niedrig schmelzenden Komponenten aus, bis die ganze Schmelze erstarrt ist. Infolge der Änderung in der Zusammensetzung der festen Phase entstehen Mischkristalle mit zonarem Bau, bei welchen der Kern reicher an der höher schmelzenden Komponente ist als die Schale.

Das verschiedene Verhalten von FeO und CaO in Verbindung mit MgO ist durch den unterschiedlichen Radius ihrer Kationen bedingt. Der Ionenradius von Fe^{2+} ist dem von Mg^{2+} sehr ähnlich, daher können beide die entsprechenden Gitterplätze einnehmen und Mischkristalle bilden, während Ca^{2+} einen so großen Ionenradius besitzt, daß kein gemeinsames Gitter mit MgO möglich ist. Lediglich bei hohen Temperaturen ist eine sehr kleine Menge MgO in CaO löslich, aber nicht umgekehrt. Diese Tatsache ist in Abb. 27 durch Eintragung eines Löslichkeitsbereiches angedeutet worden.

Beim Erhitzen eines Korngemisches von mischbaren Komponenten beginnt das Schmelzen theoretisch beim Schmelzpunkt der niedriger schmelzenden Komponenten, und zwar sollte der gesamte Anteil an dieser Komponente auf einmal in die flüssige Phase übergehen. Praktisch bilden sich aber bereits vorher durch Diffusion im festen Zustand Mischkristalle, deren Schmelzpunkt bei einem von der Konzentration abhängigen Zwischenwert zwischen denen der reinen Komponenten liegt. Liegt die niedrig schmelzende Komponente z. B. in geringer Konzentration vor, so wird der Schmelzpunkt der höher schmelzenden nur wenig erniedrigt, die Diffusion im festen Zustand und die Sammelkristallisation aber stark beschleunigt, so daß die Sinterung stark gefördert wird, ohne daß die Feuerfestigkeit merklich absinkt. Derartige Systeme sintern daher leicht.

Existieren zwischen 2 Komponenten einer Schmelze eine oder mehrere definierte Verbindungen, so verhalten sich diese im Gleichgewichtsdiagramm wie die reinen Komponenten, d. h. sie bilden untereinander und mit den Komponenten Eutektika, wenn sie im festen Zustand unmischbar sind. Soweit Mischkristalle existieren, treten im Gleichgewichtsdiagramm Solidus- und Liquiduskurven auf.

Als Beispiel sei das System $MgO–SiO_2$ (Abb. 551) erwähnt. Zwischen diesen Komponenten sind 2 Verbindungen bekannt, nämlich Forsterit $2MgO \cdot SiO_2$, welcher unzersetzt bei 1890° C schmilzt (kongruenter Schmelzpunkt) und Protoenstatit $MgO \cdot SiO_2$, der bei 1557° C in Forsterit und Schmelze zerfällt (inkongruenter Schmelzpunkt). Eutektika bestehen zwischen MgO und Forsterit, ferner zwischen Protoenstatit und SiO_2, während sich zwischen Forsterit und Protoenstatit kein Eutektikum ausbilden kann, da der letztere inkongruent schmilzt.

Als weitere Besonderheit enthält dieses Diagramm im Bereich hoher Kieselsäuregehalte eine Mischungslücke im flüssigen Zustand. Im Konzentrationsgebiet dieser Mischungslücke entmischt sich der Schmelzfluß in eine sehr kieselsäurereiche und eine magnesiumoxydreichere Teilschmelze, eine Erscheinung, die mit den glasbildenden Eigenschaften der Kieselsäure, d. h. mit ihrer Netzstruktur zusammenhängen dürfte (s. Abschn. 1.27). In ähnlicher Form existieren Mischungslücken zwischen Kieselsäure und allen keramisch wichtigen 2wertigen Oxyden wie FeO, MnO, CaO usw.

Beim Abkühlen einer Schmelze, deren Zusammensetzung in den Bereich der Mischungslücke fällt, scheiden sich bei 1695° C, also dicht unterhalb des Schmelzpunktes der reinen Kieselsäure (1710° C), Cristobalitkristalle aus, während die metalloxydreiche Teilschmelze erst bei der eutektischen Temperatur erstarrt (1543° C bei MgO). Es entstehen hierbei charakteristische Strukturen, die fast stets in verschlackten Silikasteinen zu beobachten sind und durch das Auftreten großer Cristobalit- oder Tridymitkristalle in einer dunklen, opaken Grundmasse gekennzeichnet sind (s. Abschn. 2.513, 2.53, Abb. 222, 223 u. 240). Trotz ihres relativ hohen Gehaltes an Metalloxyden besitzen diese Massen eine beträchtliche Feuerfestigkeit. Hierauf beruht die relativ hohe Verschlackungsbeständigkeit von Silikasteinen.

Wird eine Mischung zweier Komponenten erhitzt, die untereinander eine oder mehrere Verbindungen bilden, so entsteht zwar die erste Schmelze beim tiefsten Eutektikum, durch die Reaktion dieser Schmelze mit den Komponenten kann sich aber eine der möglichen Verbindungen bilden, wobei mindestens ein Teil der Schmelze wieder verbraucht wird. Die Existenz von Verbindungen engt also die Menge der Schmelzphase ein, erst wenn die Temperatur über die Schmelzpunkte der Verbindungen hinaus ansteigt, ist mit einer starken Vermehrung des Gehaltes an Schmelzphase zu rechnen.

Die Festigkeit der gesinterten Körper beim Erhitzen hängt wesentlich von der Zähigkeit der schmelzflüssigen Phase ab. Bilden sich hochviskose, z. B. kieselsäurereiche Schmelzen, so entsteht ein Material, welches einer Belastung nur sehr langsam nachgibt, selbst wenn ein hoher Prozentgehalt an Schmelze vorhanden ist. Dagegen wird die mechanische Widerstandsfähigkeit gering, wenn die Schmelze dünnflüssig ist und ihre relative Menge einen gewissen Grenzwert überschreitet.

Bei Baustoffen mit hochviskosen Schmelzen, zu denen vor allem die Schamottesteine gehören, kann daher die Schmelze das tragende Element bilden, bei solchen mit dünnflüssigen Schmelzen, wie basischen Steinen oder kalkgebundenen Silikasteinen, müssen dagegen die festen Bestandteile ein stabiles Gerüst bilden, und die Schmelze darf nur als Bindemittel dienen.

Die große Bedeutung der Schmelzdiagramme für die Keramik sei am System Kieselsäure–Tonerde (Abb. 30) erläutert [20]. Als einzige stabile Verbindung enthält das Diagramm den Mullit $3Al_2O_3 \cdot 2SiO_2$, der bei 1810° C inkongruent unter Bildung von

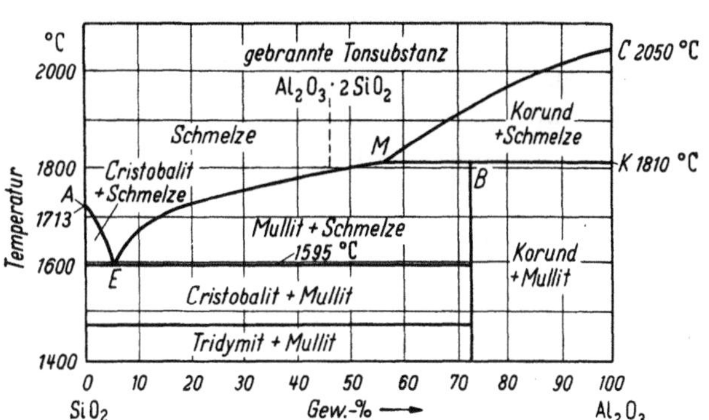

Abb. 30. System SiO₂–Al₂O₃ (nach N. L. Bowen u. J. W. Greig, modifiziert durch J. F. Schairer)

kristallisierter Tonerde, α-Korund, schmilzt (Punkt B). Die entstehende Schmelze hat die dem Punkt M entsprechende Zusammensetzung. Bei weiterem Erhitzen ändert sich die Zusammensetzung der Schmelze entlang der Kurve M—C unter Auflösung von α-Korund. Nach neueren Forschungen von N. A. Toropow u. F. J. Galachow [21] soll der inkongruente Schmelzpunkt des Mullits allerdings durch ein Verdampfen der Kieselsäure aus dem Mullit vorgetäuscht werden (vgl. Abschn. 3.15).

Zwischen Mullit und reiner Kieselsäure existiert ein Eutektikum E mit der Zusammensetzung von 94,5% SiO₂ und 5,5% Al₂O₃. Nach N. L. Bowen u. J. W. Greig [20] sollte die eutektische Schmelztemperatur bei 1545° C liegen, während die neueren Untersuchungen von J. W. SCHAIRER [20], einem Mitarbeiter von N. L. BOWEN, den Wert von 1595 ± 10°C ergeben haben [22]. Wegen der hohen Zähigkeit der Schmelzen in diesem Bereich ist es schwierig zu entscheiden, ob die Substanz noch kristallin oder schon glasig-flüssig ist. Die geringe Schmelzenthalpie der Kieselsäure (2,3 kcal/Mol) reicht nicht aus, um auf der Erhitzungskurve (vgl. Abschn. 1.354) einen scharf ausgeprägten, die Schmelztemperatur genau wiedergebenden Haltepunkt hervorzurufen. Abkühlungskurven sind zur Bestimmung der Schmelzpunkte ebenfalls nicht geeignet, da die geschmolzene Kieselsäure zu Unterkühlungen neigt.

Selbst der Schmelzpunkt der reinen Kieselsäure konnte aus diesen Gründen bis jetzt noch nicht exakt bestimmt werden. Nach Messungen von J. W. GREIG [23] liegt er bei 1713 ± 10° C, wenn von der Hochtemperaturmodifikation α-Cristobalit ausgegangen wird. Die bei diesen Temperaturen instabile Modifikation α-Tridymit schmilzt bereits bei 1670 ± 10° C [24] (vgl. Abschn. 2.11).

Beim Erhitzen von Kaolinit (vgl. Abschn. 3.112), welcher Al_2O_3 und SiO_2 im Verhältnis 45,9:54,1 enthält, bildet sich bereits im festen Zustand Mullit und Cristobalit in submikroskopischer Korngröße (vgl. Abschn. 1.32). Überschreitet die Temperatur den eutektischen Schmelzpunkt, so entsteht nach dem Gleichgewichtsdiagramm Abb. 30 aus dem Cristobalit und einer kleinen Menge Tonerde eine sehr zähflüssige eutektische Schmelze, welche die Zwischenräume zwischen den Mullitkristallen ausfüllt. Bei weiterer Steigerung der Temperatur vermehrt sich die Menge der Schmelze auf Kosten des Mullits unter Verminderung der Viskosität, bis die gesamte Masse in den Schmelzzustand übergeführt ist.

Wird an Stelle von reinem Kaolinit ein kieselsäurereicherer Ton erhitzt, so erhöht sich der Schmelzanteil relativ zum Mullit bei entsprechenden Temperaturen, und die Substanz schmilzt bei niedriger Temperatur vollständig. Erst wenn die Ausgangssubstanz weniger Tonerde enthält, als der eutektischen Zusammensetzung E entspricht, entsteht kein Mullit mehr. In diesen Fällen befindet sich die eutektische Schmelze mit Cristobalit im Gleichgewicht.

Da die Tone gewöhnlich neben Kieselsäure und Tonerde noch Flußmittel, vor allem Alkalien und Eisenoxyd enthalten, liegt die tatsächliche Schmelztemperatur meist wesentlich tiefer als nach dem Diagramm SiO_2–Al_2O_3 zu erwarten ist. Es kann damit gerechnet werden, daß in den üblichen feuerfesten Tonen die erste Schmelze bereits bei etwa 1000° C auftritt.

Der Einfluß einer 3. Komponenten auf das Schmelzverhalten läßt sich in Dreieckskoordinaten darstellen, wie Abb. 31 am Beispiel des Systems SiO_2–Al_2O_3–CaO erkennen läßt [25][1]. Als 4. Koordinate ist die Temperatur zu betrachten, die man sich senkrecht zur Papierebene aufgetragen denken muß. Aus den Gleichgewichtskurven zwischen fester und flüssiger Phase in den 2-Stoffsystemen werden bei dieser Darstellung geneigte Flächen, deren Neigung durch die in die Bildebene projizierten Isothermen gegeben ist. Aus den eutektischen Punkten der 2-Stoffsysteme werden eutektische Linien, sie begrenzen die Stabilitätsbereiche der einzelnen Verbindungen und laufen in ternären eutektischen Punkten zusammen.

Abb. 31 zeigt, daß sich die Temperatur des Eutektikums E zwischen Kieselsäure und Tonerde mit zunehmendem Kalkgehalt erniedrigt und daß sich in der Zusammensetzung der eutektischen Schmelze das Verhältnis SiO_2:Al_2O_3 zu höheren Tonerdegehalten hin verschiebt. Das ternäre Eutektikum, bei welchem sich Tridymit, Mullit und Anorthit $CaO \cdot Al_2O_3 \cdot 2\,SiO_2$ im Gleichgewicht befinden, liegt bei 1359° C. Ein geringer Kalkgehalt im Ton bis zu etwa 10% setzt also nicht nur die Temperatur der Entstehung des ersten Schmelzflusses auf 1359° C herab, sondern verändert auch das Verhältnis von Mullit zu Schmelze in dem Sinne, daß der Schmelzanteil größer wird. Das niedrigst schmelzende ternäre Eutek-

---

[1] In die Abb. 31 wurde für die eutektische Schmelztemperatur von SiO_2–Al_2O_3 der alte Wert von 1545° C eingezeichnet.

tikum des Systems SiO$_2$–Al$_2$O$_3$–CaO liegt bei 1165° C im Punkt T. Seine Zusammensetzung entspricht etwa 62% SiO$_2$, 23,3% CaO und 14,7% Al$_2$O$_3$. Weitere Einzelheiten dieses komplizierten Diagramms werden noch an anderer Stelle besprochen (s. Abschn. 5.173 u. 2.14).

Das Schmelzverhalten von mehr als 3 Komponenten läßt sich nicht in übersichtlicher Form darstellen. Da die feuerfesten Rohstoffe fast stets aus

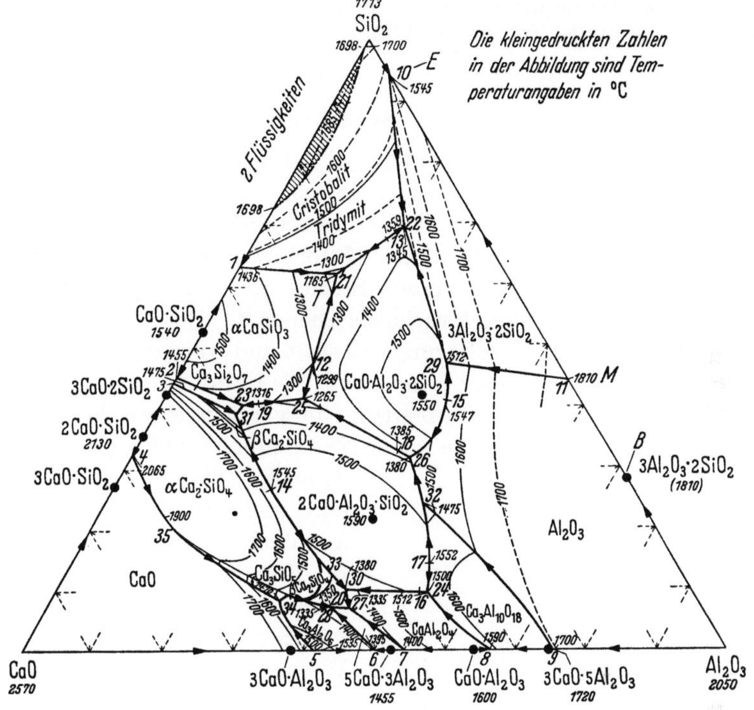

Abb. 31. System SiO$_2$–Al$_2$O$_3$–CaO (nach G. A. RANKIN, modifiziert durch J. W. GREIG)

sehr vielen Komponenten zusammengesetzt sind, kann ihr Schmelzverhalten mit Hilfe der 3-Stoffsysteme bis jetzt nur angenähert beschrieben werden. Weitere Differenzen zwischen dem so vorausgesagten und dem tatsächlichen Verhalten ergeben sich aus der inhomogenen Struktur der Massen mit örtlichen Anreicherungen verschiedener Komponenten, die teils gewollt sind, teils nicht vermieden werden können. Absichtliche Inhomogenitäten werden durch die Korngrößenklassierung einzelner Massebestandteile hervorgerufen. Sie dienen im allgemeinen zur Herstellung eines auch bei hohen Temperaturen festen Gerüstes im Baustoff. Wohl bilden sich in solchen aus Grob-, Mittel- und Feinkorn bestehenden Baustoffen bei relativ niedriger Temperatur örtliche Schmelzen, die Standfestigkeit des Steines im ganzen ist aber größer als sie es bei homogener Verteilung der Komponenten wäre. Aus diesem Grunde kann der Schmelzvorgang, der sich bei keramischen Rohstoffen über ein breites Temperaturintervall erstreckt, zur Sinterung ausgenutzt werden. Die Rohstoffe werden dabei so hoch erhitzt, daß sich zwar eutektische Schmelzen bilden, aber der Erweichungspunkt der ganzen Masse nicht erreicht wird.

Ähnlich wie bei der Trockensinterung schwinden und verdichten sich die Rohstoffe, wenn sie unter Beteiligung von Schmelzen gesintert werden. Die Güte des Sinterbrandes kann auch hier an der erreichten Dichte festgestellt werden. Bei Stoffen mit sehr zähflüssigen Schmelzen, wie Schamottesteinen, sinkt die Porosität beim Erhitzen, um dann nach Durchlaufen eines niedrigsten Wertes wieder anzusteigen, weil beim Schmelzen entstehende Gase nicht aus der zähflüssigen Schmelze entweichen können, den Stein aufblähen und so neue geschlossen bleibende Poren bilden.

1.34 Segerkegel

Technisch ist der Erweichungspunkt, d. h. die Temperatur, bei welcher ein Körper in sich zusammensackt, wichtiger als der physikalische Schmelzpunkt, welcher die Temperatur des vollständigen Schmelzens festlegt, aber über das mechanische Verhalten des Materials nichts aussagt. Zur Bestimmung des Erweichungspunktes eines Stoffes werden keramische Vergleichskörper mit bekanntem Schmelzverhalten benutzt.

Diese Körper besitzen kegelförmige Gestalt und werden nach ihrem Erfinder H. A. SEGER [26] als Segerkegel bezeichnet. Sie bestehen aus Zettlitzer Kaolin, Sand, Feldspat und anderen Flußmitteln in verschiedenen Verhältnissen und tragen Nummern, die mit steigendem Erweichungspunkt größer werden. In Amerika dienen die sog. *Ortonkegel* dem gleichen Zweck. Ein Prüfkörper aus dem zu untersuchenden Baustoff in Kegelform wird bei dieser Bestimmung zusammen mit einer Reihe von Segerkegeln in einem Kohlegrieß-Widerstandsofen oder Tammann-Ofen erhitzt, bis sich der Prüfkörper umbiegt, wobei seine Spitze die Unterlage leicht berühren muß (Abb. 32). Die Nummer des Segerkegels, dessen Zustand dem des Prüfkörpers gleicht, gibt den *Kegelfallpunkt*, d. h. den Erweichungspunkt an [27].

Die Erweichungstemperatur ist stark von der Aufheizgeschwindigkeit abhängig, und zwar liegt sie um so höher, je rascher die Substanz erhitzt wird [28]. Die in Abb. 33 und Tab. 181 (Tabellenanhang) dargestellten Temperaturangaben für die Erweichungspunkte der Segerkegel und Ortonkegel gelten daher nur für eine bestimmte Aufheizgeschwindigkeit. Die Bestimmung des Segerkegelfallpunktes an einem Versuchskörper ist dagegen als relative Bestimmung weitgehend geschwindigkeitsunabhängig, da der Versuchskörper wie auch der Segerkegel den gleichen Einflüssen unterliegen und nahezu gleich auf diese reagieren. Nur wenn die

Abb. 32
Segerkegel nach dem Erhitzen. Die dunkleren Kegel bestehen aus dem zu prüfenden Material. Der Kegel links ist noch nicht erweicht. Die Kegel oben und unten sind schwach gebogen. Der rechte Kegel berührt mit der Spitze die Unterlage. Seine Nummer gibt den „Kegelfallpunkt" des Materials an

Zähflüssigkeit der zu prüfenden Masse sehr verschieden ist von der des Vergleichskegels, ist die Geschwindigkeitsunabhängigkeit nicht gewährleistet.

Im allgemeinen liegen die Erweichungspunkte tiefer als die physikalischen Schmelzpunkte. Es gibt jedoch auch Stoffe, deren Schmelze so zähflüssig ist, daß sie eine erhebliche Standfestigkeit besitzt. Der Erweichungspunkt kann dann über den Schmelzpunkt hinaus ansteigen. Hierzu gehören vor allem hochkieselsäurereiche Substanzen.

Der Einfluß der Struktur macht sich darin bemerkbar, daß grobkörnige Stoffe einen höheren Kegelfallpunkt aufweisen als feinkörnige gleicher chemischer Zusammensetzung. Der Kegelfallpunkt eines feingepulverten Steines liegt um etwa $^1/_2$ Segerkegel niedriger als derjenige eines aus dem kompakten Stein herausgeschnittenen Prüfkörpers.

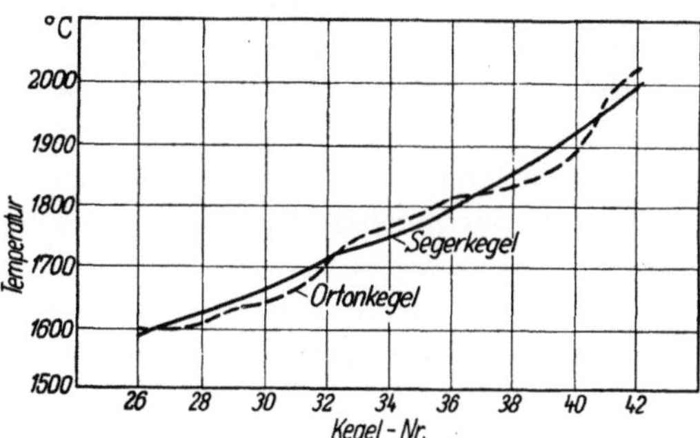

Abb. 33. Temperaturen des Kegelfallpunktes von Seger- und Ortonkegeln bei normaler Aufheizgeschwindigkeit (5 bis 10 Minuten von einem Kegelfallpunkt zum nächsten)

Außer zur Ermittlung des Erweichungspunktes von Steinen und Massen dienen die Segerkegel auch zur Kontrolle der Brenntemperatur in keramischen Öfen.

1.35 Elementare Thermochemie und Thermodynamik der Brennprozesse [1]

1.351 Bedeutung der Thermodynamik für die Technologie der Brennprozesse

Unter dem Erhitzen eines Stoffes versteht man seine Temperatursteigerung infolge einer Wärmezufuhr von außen, wenn also andere Stoffe höherer Temperatur, wie heiße Gase, glühende Wände, glühender Koks, der elektrische Lichtbogen usw., durch Leitung oder Strahlung Wärme an den zu beheizenden Stoff übertragen. Die in den Abschnitten 1.31 bis 1.33 beschriebenen chemischen und mineralogischen Vorgänge in den Stoffen selbst liefern oder verbrauchen beim Erhitzen aber noch zusätzliche Wärmemengen, so daß beim Brennprozeß die Temperaturerhöhung des Stoffes nicht allein von der ihm von außen zugeführten Wärme abhängt. Die zum Erhitzen eines Stoffes auf eine Temperatur T_e von außen zuzuführende Menge ist um so geringer, je mehr Wärme im Stoff selbst durch solche Vorgänge *frei* wird, bzw. um so größer, je mehr Wärme verbraucht wird.

Die dem Stoff von außen zuzuführende Wärmemenge hängt auch davon ab, ob und wieweit sich diese Vorgänge im Stoff bis zum Erreichen der Temperatur T_e vollziehen konnten. Wärmeliefernde, sog. exotherme Reaktionen, die erst bei oder nur wenig unterhalb der dem Gut von außen aufgezwungenen Temperatur T_e beginnen, können sogar die Temperatur des Gutes über T_e hinaus steigern. Wärmeverbrauchende, endotherme Reaktionen hingegen, die sich bei oder nur

---

[1] Bei der Abfassung dieses Abschnittes wirkte Herr Prof. Dr. W. OELSEN, Clausthal, maßgeblich mit.

wenig unterhalb T_e abspielen, laufen u. U. sehr viel langsamer ab als solche, die sich bei erheblich tieferen Temperaturen vollziehen, da das Gut im letzten Fall die zugeführte Wärme aus der Umgebung wegen des größeren Temperaturunterschiedes schneller aufnimmt.

Der Ablauf der mit Wärmegewinn oder Wärmeverzehr verbundenen Umsetzungen, wie auch die Temperaturen, bei denen diese hinreichend schnell erfolgen, werden entscheidend durch die Güte der Vermengung der Ausgangsstoffe bestimmt. Bei gleichen Ausgangsstoffen hat man also je nach Güte der Mischung und der Intensität der Wärmezufuhr, d. h. der Erhitzungsgeschwindigkeit und der Zeit des Verweilens bei der Höchsttemperatur, erhebliche Unterschiede im Ergebnis des Brennprozesses zu erwarten.

Auch wenn man die beim Erhitzen möglichen Reaktionen und ihre Wärmetönungen kennt, kann man nicht allgemein vorhersagen, welche Wärmemengen zum Erhitzen auf eine bestimmte Endtemperatur T_e von außen zugeführt werden müssen. Nur für ein Brenngut aus nach Art und Korngröße bekannten Ausgangsstoffen, das auf bestimmte Art bis zur Temperatur T_e erhitzt wurde, kann man aus seiner mineralischen Zusammensetzung bei Kenntnis der Bildungswärmen der im gebrannten Gut neu entstandenen Stoffe, ihrer Wärmeinhalte wie derjenigen der Ausgangsstoffe, die von außen zuzuführende Wärmemenge angeben, die *mindestens* erforderlich ist, um im gebrannten Gut die Temperatur T_e zu erzielen.

Diese von H. SCHWIETE u. G. ZIEGLER [29] als *Nutzwärme* von keramischen Scherben bezeichnete Wärmemenge darf aber im Vergleich zu der schweren Aufgabe der geeigneten Vorbereitung der Ausgangsstoffe, des Aufsuchens der ihr entsprechenden günstigsten Art der Wärmezufuhr und der Möglichkeit der Wärmeausnutzung in ihrer Bedeutung nicht überschätzt werden, denn die Aufstellung der Nutzwärme stellt lediglich eine Anwendung des 1. Hauptsatzes der Wärmelehre dar, nach welchem die Wärmebilanz für einen Brennprozeß in jedem Falle aufgehen muß, auch beim Mißlingen des Brandes und bei gedanklich verfolgten, der technischen Wirklichkeit nicht entsprechenden Brennprozessen. So ist ein gedachter Brennprozeß, bei dem Anmachwasser, Hydratwasser und Kohlensäure aus der Rohmischung auszutreiben sind, technisch unsinnig, wenn dabei angenommen wird, der Wasserdampf und die Kohlensäure müßten dieselbe Endtemperatur (z. B. 1400° C) annehmen wie das gebrannte Gut. In der Betriebspraxis entfernt man beim Brennprozeß aus dem Brenngut entweichende Gase möglichst rasch aus der Brennzone und verwendet ihren Wärmeinhalt, ebenso wie denjenigen des fertig gebrannten Gutes, zur Trocknung oder Vorwärmung frischer Rohlinge (vgl. Abschn, 2.35, 2.36, 3.35, 3.36). Hierdurch wird die tatsächlich aufzuwendende Wärme erheblich vermindert.

Sind die Wärmeinhalte aller auftretenden Stoffe, die Reaktionswärmen und schließlich auch die Entropiewerte (vgl. Abschn. 1.353) bekannt, kann man mit dem 2. Hauptsatz der Wärmelehre auch vorhersagen, ob und wieweit Reaktionen bei einer bestimmten Temperatur günstigsten Falles ablaufen können, man kann also die Lage der Gleichgewichte dieser Vorgänge angeben. Leider hilft diese erstaunliche Möglichkeit, die die Thermodynamik bietet, nur wenig, wenn nicht die technologische Aufgabe gelöst ist, durch zweckmäßige Vorbereitung der Rohstoffe und die ihr entsprechende Art der Erhitzung die physikalischen Bedingungen für den Ablauf der Reaktionen zu schaffen. In den für feuerfeste Baustoffe überwiegend verwandten Gemengen aus grobem und feinem Korn stellen sich die Gleichgewichte meist nur sehr langsam ein (vgl. Abschn. 1.33, 2.13 und 3.162). In diesen Fällen läßt sich gewöhnlich nicht vorhersagen, welcher Anteil der Ausgangssubstanzen beim Brennen reagiert. Bei oxydischen Stoffen mit ihrer geringen Wärmeleitfähigkeit ist überdies noch mit großen Temperaturunterschieden von Ort zu Ort zu rechnen, was die Voraussagen zusätzlich erschwert.

Trotzdem die Wärmelehre im Einzelfall nur begrenzte Aussagen über die Brennvorgänge bei feuerfesten Baustoffen machen kann, bilden ihre Lehrsätze doch die Grundlage aller exakteren Untersuchungen über chemische Reaktionen bei der Herstellung oder Zerstörung der Baustoffe.

1.352 Enthalpie und Reaktionswärme

Ein Stoff, der in vorgegebener Menge bei einer Temperatur T ein bestimmtes Volumen V_T erfüllt, enthält eine bestimmte Energie U_T, die man als seine *innere Energie* und oft auch als seine *Gesamtenergie* bezeichnet. Sie kann in Kalorien (cal oder kcal) angegeben werden.

Damit dieser Stoff sein Volumen V_T auch beibehält, muß die Umwelt notwendig einen Druck p auf ihn ausüben. Im Zusammenhang mit seiner Umwelt hat man dem Stoff nicht allein die innere Energie U_T zuzuschreiben; denn er mußte irgendeinmal in die Umwelt hineingelangen, die den Druck p auf ihn ausübt. Dabei mußte gegen den Druck p das Volumen V_T des Stoffes bzw. der Umwelt verdrängt werden, also eine *Verdrängungsarbeit* $p \cdot V_T$ geleistet werden. Man hat daher dem Stoff die Energie

$$H_T = U_T + p V_T \tag{1}$$

zuzuordnen, die man als *Enthalpie* des Stoffes bezeichnet.

Weder die innere Energie U_T noch die Enthalpie H_T eines Stoffes kann man in ihrer Gesamtheit (z. B. kalorimetrisch) messen, weil in ihnen nicht nur die Wärme- oder Energiemengen enthalten sind, die den Stoff vom absoluten Nullpunkt auf H erwärmen, sondern auch noch Teile der beim Reagieren des Stoffes mit anderen Stoffen frei werdenen Wärmemengen, die beim Erwärmen des Stoffes allein nicht erfaßt werden. Schließlich hat der Stoff eine bestimmte Masse m, die ihrerseits einer ungeheuer großen Energiemenge, nämlich 10^{10} cal je Gramm, entspricht und ebenfalls in der inneren Energie U_T und auch in der Enthalpie H_T enthalten ist. Die zum Erhitzen notwendigen Wärmemengen und ebenfalls die kalorimetrisch meßbaren Reaktionswärmen machen gegenüber dieser ungeheuren Energiemenge nur etwa 10^3 cal je Gramm Stoff aus, also nur rund 10^{-5} % der Gesamtenergie U_T bzw. der Enthalpie H_T.

Zum Erhitzen bzw. Schmelzen oxydischer Stoffe von 25° C auf 1600° C benötigt man rd. 600 cal je Gramm. Demgegenüber beträgt die Verdrängungsarbeit für feste und flüssige Oxyde mit einem spezifischen Volumen von rd. 0,3 cm³ je Gramm bei $p = 1$ at nur etwa 0,01 cal je Gramm, so daß es sich bei festen und flüssigen Stoffen und Drucken um 1 at kaum lohnt, zwischen innerer Energie und Enthalpie zu unterscheiden.

Bei Gasen beträgt jedoch im Idealfall die Verdrängungsarbeit je Mol (z. B. für 18 g Wasserdampf) unabhängig vom Druck $p \cdot V = R\,T \left(R \sim 2\,\dfrac{\text{cal}}{\text{Grad}} \right)$ also für 1 g Wasserdampf bei 25° C oder 298° K $p \cdot V = \dfrac{2 \cdot 298}{18} = 33$ cal und bei 1500° C oder 1773° K $p \cdot V = \dfrac{2 \cdot 1773}{18} \sim 200$ cal, was gegenüber der zum Erhitzen des Wassers von 25° C auf 1500° C benötigten Wärmemenge von rd. 1400 cal beachtlich ist.

Führt man einem Stoff mit der inneren Energie U eine bestimmte kleine Wärmemenge dq zu und komprimiert ihn außerdem mit einem den Druck p ausübenden Stempel um dv (in diesem Falle ist also $dv < 0$), so besagt der *1. Hauptsatz der Wärmelehre*, daß

$$dU = dq - p\,dv \tag{2}$$

sein muß, d. h. die innere Energie des Stoffes steigt um die ihm zugeführte Wärmemenge dq und um die in Richtung auf ihn zu von außen ausgeübte *Volumenarbeit* $-p\,dv$ (positiv bei Kompression mit $dv < 0$, negativ bei Expansion mit $dv > 0$ des Stoffes).

Gleichung (1) gibt das Differential:

$$dH = dU + p\,dv + v\,dp \tag{3}$$

und mit (2):

$$dH = dq + v\,dp, \tag{4}$$

d. h. die Enthalpie eines Stoffes nimmt um die ihm zugeführte Wärmemenge dq und die auf ihn ausgeübte *technische Arbeit* $v\,dp$ zu.

Aus (2) und (4) folgen sofort für $V = $ const oder $dv = 0$ bzw. $p = $ const oder $dp = 0$ die Grundbeziehungen:

$$(\delta U)_v = dq, \tag{5}$$

$$(\delta H)_p = dq. \tag{6}$$

Sie besagen: (5) Die einem Stoff bei unverändertem Volumen zugeführte Wärme erhöht seine innere Energie und (6) die ihm bei unverändertem Druck zugeführte Wärme seine Enthalpie, wie umgekehrt Wärmeabgaben des Stoffes nach außen seine innere Energie bzw. seine Enthalpie erniedrigen.

Keramische Brennprozesse erfolgen fast immer bei Atmosphärendruck, so daß für sie Gleichung (6) die wichtigste ist. Sie besagt aber nicht, daß die Temperatur eines Stoffes bei Wärmezufuhr immer steigen müßte, z. B. erwärmt sich Wasser von 100° C auch bei starker Wärmezufuhr nicht weiter, weil die zugeführte Wärme für das Sieden, d. h. das Verdampfen unter Atmosphärendruck verbraucht wird. Einem Thermometer im Wasser bliebe also die zugeführte Verdampfungswärme *verborgen*. Man bezeichnet daher solche Wärmemengen, wie die Verdampfungs- oder Schmelzwärme eines reinen Stoffes als *latente* Wärme, die zur Steigerung der Temperatur von kaltem Wasser dienende Wärmemenge, die sich dem Thermometer oder einem eingetauchten Finger zu erkennen gibt, dagegen als *fühlbare* Wärme. Die Begriffe *latente* und *fühlbare* Wärme sind sehr verschwommen, sie verlieren fast völlig ihren Sinn, wenn es sich um Stoffgemische handelt, die nicht bei einer bestimmten Temperatur, sondern in Temperaturbereichen sieden bzw. schmelzen.

Gemäß Beziehung (6) kann man die Zu- oder Abnahme der Enthalpie eines Stoffes oder eines Stoffgemenges (bei konstantem Druck) über die Wärmemengen q messen; denn integriert ergibt (6)

$$H_{2,p} - H_{1,p} = q_{1,2}.$$

(6 a)

Die der Enthalpieänderung entsprechende Wärmemenge $q_{1,2}$ mißt man in einem Kalorimeter, in dem der Stoff auf irgendeine Weise aus dem Zustand 2 in den Zustand 1 übergeht [30, 30a].

Man erhitzt eine Probe der Versuchssubstanz jeweils auf eine bestimmte Temperatur T und bringt sie mit dieser Temperatur in das Kalorimeter. Ein Kalorimeter besteht aus einem Gefäß mit einer bestimmten Menge Wasser, dessen Temperatur ϑ mit einem sehr empfindlichen Thermometer (Einteilung $0,01°$) gemessen werden kann. Wenn die Probe ihren Wärmeüberschuß abgegeben hat, ist die Temperatur ϑ des Wassers um einen kleinen Wert $\Delta\vartheta$ angestiegen, während diejenige der Probe von T auf ϑ (genauer auf $\vartheta + \Delta\vartheta$) gesunken ist. Beträgt die Wassermenge im Kalorimeter W_1 Gramm und wird sie vermehrt um einen Betrag ΔW, der dem Kalorimetergefäß, dem Thermometer, dem Rührer usw. entspricht, so ist $W = W_1 + \Delta W$ Gramm der Gesamtwasserwert des Kalorimeters.

Hatte die Probe ein Gewicht von m Gramm, so gilt für 1 g der betreffenden Probe

$$J_T = H_{T,p} - H_{\vartheta,p} = \frac{W\,\Delta\vartheta}{m}\ \text{cal}.$$

(7)

J_T = Wärmeinhalt des Stoffes bezogen auf 1 g. Die *Wärmeinhaltskurve* $J_T = f(T)$ eines Stoffes ergibt sich aus sehr vielen solcher Einzelmessungen.

In Tab. 9 sind für eine Reihe von oxydischen Stoffen solche Wärmeinhaltswerte jeweils für 1 g und bezogen auf $\vartheta = 25°$ C bzw. $298°$ K nach K. K. KELLEY [31] wiedergegeben. Es handelt sich um ausgeglichene Werte, die die Streuungen der Einzelmessungen wie auch die Abweichungen der Untersuchungen verschiedener Beobachter nicht mehr erkennen lassen.

Nach Tab. 9 weichen die Wärmeinhalte der festen Oxyde und oxydischen Verbindungen bezogen auf 1 g nur wenig voneinander ab. Dies gilt vor allem bei hohen Tonerde- und Kieselsäuregehalten, da die Wärmeinhalte der festen Kieselsäure und der Tonerde bezogen auf 1 g und $25°$ C ($298°$ K) fast gleich sind. Leider sind bei Mullit $3\,Al_2O_3 \cdot 2\,SiO_2$ nur Wärmeinhalte für den Bereich von $17°$ C bis $303°$ C bekannt, die man kaum aus diesem engen Bereich bis auf über $1500°$ C extrapolieren darf. Aber auch extrapolierte Werte unterscheiden sich nach Tab. 9 nur wenig von den Wärmeinhalten der Tonerde wie der Kieselsäure. In erster Näherung und wohl auch innerhalb der Fehlergrenzen der vorliegenden Meßergebnisse sind daher die Wärmeinhalte der Tonerdesilikate additiv aus denjenigen der Tonerde und der Kieselsäure zu berechnen. Danach dürften in den kalorimetrisch zwischen $25°$ und $1500°$ C bestimmten Wärmeinhalten der Tonerde, der Kieselsäure und der Aluminiumsilikate keine nennenswerten Anteile ihrer (im Schrifttum [32] angegebenen, aber durchaus nicht sicheren) sehr hohen Bildungswärmen enthalten sein.

Bei der Umsetzung

$$3\,Al_2O_3 + 2\,SiO_2 \rightarrow 3\,Al_2O_3 \cdot 2\,SiO_2$$

(8)

soll eine Wärmemenge Q_R von rd. 184 kcal je Formelumsatz, d. h. je 426 g gebildeten Mullits, entsprechend $\dfrac{184\,000}{426} = 430$ cal je g Mullit frei werden. Wenn es gelänge, Tonerde und Kieselsäure in den Mengenverhältnissen dieser Umsetzung bei Raumtemperatur zur

Tabelle 9. *Wärmeinhalte einiger Oxyde und*

T °K	t °C	SiO$_2$ α-Quarz	SiO$_2$ Glas	TiO$_2$ Rutil	ZrO$_2$	Al$_2$O$_3$	3 Al$_2$O$_3$·2 SiO$_2$ Mullit	Al$_2$O$_3$·SiO$_2$ Cyanit	Al$_2$O$_3$·SiO$_2$ Sillimanit
298,2	25	0	0	0	0	0	0	0	0
400	127	20	20	19	12	22	20	22	20
500	227	43	42	39	25	45	41	46	43
600	327	67	66	59	38	71	64	70	67
700	427	94	90	81	52	98	(88)[1]	96	95
800	527	128	116	102	65	126	(113)	124	123
900	627	155	143	124	79	155	(141)	151	151
1000	727	182	171	146	94	184	(170)	179	178
1100	827	208	200	168	108	213	(200)	208	206
1200	927	237	228	190		243	(232)	237	234
1300	1027	265	257	213		273	(266)	266	262
1400	1127	293	287	236		303	(301)	295	290
1500	1227	323	318	259		333	(339)	326	319
1600	1327	351	350	282		363	(376)	356	348
1700	1427	381	382	306		393	(416)	388	
1800	1527	410	415	330		424	(457)		
2000	1727	470	483						

T °K	t °C	3 CaO·SiO$_2$	CaO·Al$_2$O$_3$·2 SiO$_2$ Anorthit	MgO	MgCO$_3$	MgO·Cr$_2$O$_3$	MgO·SiO$_2$ Clinoenstatit	Fe
298,2	25	0	0	0	0	0	0	0
400	127	20	20	24	25	17	21	11
500	227	41	42	49	51	37	45	23
600	327	63	66	75	81	57	70	37
700	427	86	91	102	112	78	96	51
800	527	111	117	130		99	123	67
900	627	135	144	159		121	151	84
1000	727	159	171	188		143	179	104
1100	827	186	198	218		166	209	128
1200	927	212	226	250		188	239	150
1300	1027	238	255	281		212	269	166
1400	1127	264	284	312		234	299	181
1500	1227	292	311	344		257	329	198
1600	1327	319	346	375		280	359	215
1700	1427	347	378	406		303		235
1800	1527	375		446		327		319[4]
2000	1727			499				

[1] Werte in Klammern extrapoliert. — [2] Einschl. 102 cal/g Schmelzwärme. — [4] Einschl. 66 cal/g Schmelzwärme. —

Reaktion zu bringen, müßte diese Wärmemenge nach Tab. 9 ausreichen, die Temperatur des Reaktionsproduktes ohne Wärmezufuhr von außen auf annähernd 1500° C zu erhöhen. Die zur Bildung mullitreicher Produkte aus Tonerde und Kieselsäure erforderliche *Nutzwärme* (s. Abschn. 1.351) wäre also gleich 0. Würde andererseits die Reaktion erst bei etwa 1500° C einsetzen, so würde der gebildete Mullit mit etwa 100 cal der frei werdenden 430 cal auf etwa 1800° C erhitzt und mit den restlichen ~300 cal zum Schmelzen gebracht werden. Auch in diesem Fall wäre der Gesamtwert der *Nutzwärme* angenähert 0, weil die anfangs zur Erhöhung des Wärmeinhaltes aufgewandte Wärmemenge durch die später frei werdende

Silikate in cal/g (nach K. K. KELLEY)

$K_2O \cdot Al_2O_3 \cdot 6\,SiO_2$ Orthoklas		$Na_2O \cdot Al_2O_3 \cdot 6\,SiO_2$ Albit		$Na_2O \cdot 2\,SiO_2$		$Na_2O \cdot SiO_2$	CaO	$CaCO_3$	$2\,CaO \cdot SiO_2$
Kristall	Glas	Kristall	Glas	Kristall	Glas				
0	0	0	0	0	0	0	0	0	0
20	21	21	21	24	24	22	20	22	20
42	43	44	44	50	50	52	40	46	41
64	67	68	70	77	78	79	61	72	63
89	92	94	96	105	107	108	82	99	86
115	118	121	124	136	139	139	104	127	111
142	145	149	151	167	173	170	126	155	135
169	173	176	180	199	208	202	148	184	165[3]
196	201	205	210	233	246	236	170	214	192
224	240	234	241			270	193	245	219
252	259	263				305	216		248
280	289	294				443 ⎫	240		275
						478 ⎪	263		304
						512 ⎬ flüssig[2]	287		333
						548 ⎪	311		
						583 ⎭	335		

FeO	Fe_2O_3	Fe_3O_4	$2\,FeO \cdot SiO_2$	MnO	ZnO	Cr_2O_3	$FeO \cdot Cr_2O_3$ Chromit	C	CO_2	SiC	H_2O[5]
0	0	0	0	0	0	0	0	0	0 Gas	0	0 flüssig
18	17	17	17	16	13	18	15	21	22	19	629 Dampf
36	35	35	36	32	27	36	32	48	45	40	675
54	56	55	57	49	41	55	50	79	70	64	722
73	77	77	78	66	56	74	68	114	97	90	771
92	100	100	100	83	71	94	87	153	124	117	821
111	124	124	122	101	86	113	106	197	152	144	873
130	147	148	145	118	101	133	125	234	182	173	928
150	171	172	168	137	117	153	145	277	211	202	983
169			192	156	133	174	165	321	242	231	1041
			215	176	149	194	185	366	273	262	1100
			239	195	166	215	206	411	308	295	1160
				215	182	236	226	456	336	328	1222
				234	198	256	247	503		363	
				254		276	268	550		399	
				273		298	289	599			
								698			1547

[3] Einschl. 2 cal/g Umwandlungswärme $\gamma \to \alpha'$ (vgl. Abschn. 5.173).
[5] Einschl. 542 cal/g Verdampfungswärme.

Reaktionswärme ausgeglichen wird. Die pauschale Rechnungsgröße *Nutzwärme* gestattet also keine Aussagen über den tatsächlichen Ablauf der Vorgänge beim Erhitzen.

In Wirklichkeit sind derart starke thermische Wirkungen bei der Mullitbildung nie beobachtet worden, so daß die Bildungswärmen vermutlich wesentlich geringer sind als oben angegeben wurde.

Die Unsicherheiten in der Größe der Reaktionswärmen vieler Silikate sind darauf zurückzuführen, daß sie kalorimetrisch nur indirekt bestimmt werden

können, z. B. auf dem Umweg über die Bildungswärmen der Oxyde. Für Mullit
lauten die Umsetzungsgleichungen:

$$\left.\begin{array}{ll} \text{a)} & 6\,\text{Al} + \dfrac{9}{2}\,\text{O}_2 \rightarrow 3\,\text{Al}_2\text{O}_3\,(3\,Q^0_{\text{Al}_2\text{O}_3}), \\[2ex] \text{b)} & 2\,\text{Si} + 2\,\text{O}_2 \rightarrow 2\,\text{SiO}_2\,(2\,Q^0_{\text{SiO}_2}), \\[2ex] \text{c)} & 6\,\text{Al} + 2\,\text{Si} + \dfrac{13}{2}\,\text{O}_2 \rightarrow 3\,\text{Al}_2\text{O}_3 \cdot 2\,\text{SiO}_2\,(Q^0_{\text{Mullit}}). \end{array}\right\} \qquad (9)$$

Man verbrennt gemäß (a) 6 g-Atome Aluminium (6 × 27 g) zu Tonerde und gewinnt im
Kalorimeter eine Wärmemenge $3\,Q^0_{\text{Al}_2\text{O}_3}$ ∼3 × 400 kcal = 1200 kcal[1], sodann gemäß (b)
2 g-Atome Silizium (2 × 28 g) zu Kieselsäure
und gewinnt $2\,Q^0_{\text{SiO}_2}$ ∼2 × 210 kcal = 420 kcal
schließlich nach (c) ein inniges Gemenge aus
6 g-Atomen Aluminium und 2 g-Atomen
Silizium und gewinnt eine Wärmemenge
von Q^0_{Mullit} kcal. Wenn sich gemäß (c) wirklich die theoretische Menge Mullit gebildet
hat, ist die Reaktionswärme Q_R der Umsetzung der beiden Oxyde gemäß Gleichung (8) gegeben durch

$$Q_R = Q^0_{\text{Mullit}} - 3\,Q^0_{\text{Al}_2\text{O}_3} - 2\,Q^0_{\text{SiO}_2} \sim$$
$$\sim Q^0_{\text{Mullit}} - 1620 \text{ kcal.} \qquad (10)$$

Mit Q_R ∼ 184 kcal je Formelumsatz
gemäß (8) müßte also Q^0_{Mullit} ∼ 1800 kcal
betragen, d. h. Q_R macht nur etwa 10%
der *Gesamtbildungswärme* des Mullits aus
den Elementen (gemäß 9 c) aus. Enthalten
die Einzelwerte in (10) nur etwa ± 2%
Fehler, was schon sehr sorgfältiges, wahrscheinlich Jahre dauerndes Arbeiten verlangen würde, wäre die Bildungswärme des

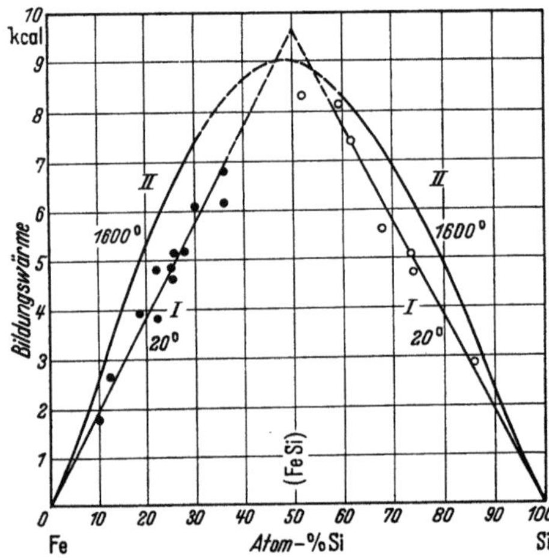

Abb. 34a. Bildungswärme der Eisen-Silizium-Legie-
rungen nach F. KÖRBER u. W. OELSEN bei 20° C
(Kurve *I*) und 1600° C (Kurve *II*)

Mullits mit ±38 % Fehler behaftet. In Wirklichkeit ist der Fehler noch erheblich größer, so
daß es nicht sinnvoll ist, bei Messungen wie bei Erörterungen der Bildungswärmen von
oxydischen Verbindungen auf die hohen
Gesamtbildungswärmen aus den Elementen zurückzugehen.

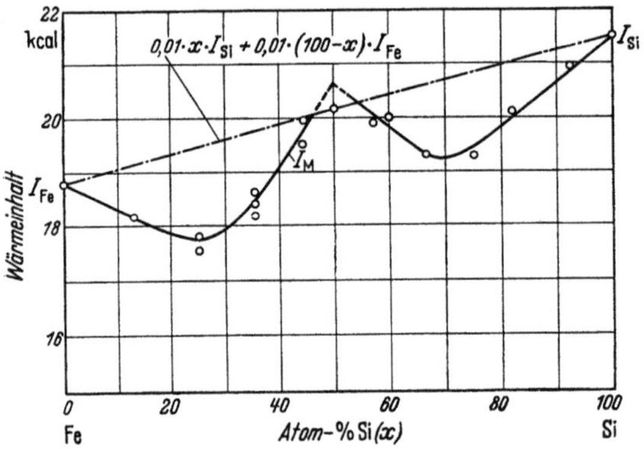

Die Wärmetönung Q_R bei der
Bildung von Verbindungen aus
den Oxyden kann auch durch Auflösung der im Verhältnis der Verbindung gemischten Oxyde vor
der Reaktion in einem geeigneten
Lösungsmittel und Messen des
Wärmegewinnes Q^0_1 im Kalorimeter
bestimmt werden. In einem zweiten Versuch wird die Verbindung
dem gleichen Lösungsmittel ausgesetzt und der Wärmegewinn Q^0_2

Abb. 34b. Wärmeinhalt der Eisen-Silizium-Schmelzen bei
1600° C je Gramm-Atom nach F. KÖRBER u. W. OELSEN

gemessen. Wenn wirklich in beiden Fällen die gleiche Endlösung entsteht,
dann ist $Q^0_1 - Q^0_2 = Q_R$. Auch in diesem Falle ist der Q_R eine kleine Differenz
großer Zahlen und daher unsicher.

---

[1] Der Index ⁰ bedeutet, daß die Wärmemenge auf 25° C bezogen ist.

Die im Kalorimeter gemessenen Wärmetönungen beziehen sich auf Raumtemperatur. Sie können mit Hilfe der Wärmeinhalte der Ausgangsstoffe und der Reaktionsprodukte in einfacher Weise auf die betreffenden Reaktionstemperaturen umgerechnet werden.

Solange die Verbindungen fest sind, ändern sich die Bildungswärmen der Silikate nur wenig mit der Temperatur, was im Grunde schon aus Tab. 9 zu ersehen ist, beim Auftreten flüssiger Phasen kann jedoch die Temperaturabhängigkeit merklich werden.

Abb. 34a zeigt als Beispiel die Bildungswärmen Q_R der Ferrosiliziumlegierungen bei 20° C und 1600° C nach F. KÖRBER u. W. OELSEN [33].

Tabelle 10. *Enthalpiewerte für einige technisch wichtige Prozesse, bezogen auf 25° C* (nach H. E. SCHWIETE u. G. ZIEGLER)

Vorgang	Stoffe	Enthalpie	
		cal/Mol	cal/g
Entwässerung	Kaolinit	+ 48000	+ 186
	$Ca(OH)_2$	+ 15490	+ 209
	$Fe(OH)_3$	− 2689	− 25,2
Entsäuerung	$CaCO_3$	+ 42238	+ 422
	$MgCO_3$	+ 23950	+ 284
Umwandlung	β-Quarz- β-Cristobalit	+ 1800	+ 30
	β-Quarz- γ-Tridymit	+ 1260	+ 21
Mineralneubildung aus den Oxyden..........	Mullit	−184000	− 426
	$CaO \cdot SiO_2$	− 19900	− 171
	$MgO \cdot SiO_2$	− 8700	− 84,7
	$FeO \cdot SiO_2$	− 260	− 2
	$Na_2O \cdot SiO_2$	− 68400	− 560
Schmelzen	β-SiO_2	+ 2280	+ 38
	TiO_2	+ 8000	+ 100
	α-Al_2O_3	+ 20400	+ 200
	$CaO \cdot SiO_2$	+ 7258	+ 62,5
	$MgO \cdot SiO_2$	+ 10390	+ 103,5
	$FeO \cdot SiO_2$	+ 13200	+ 100
	K-Feldspat	+ 63600	+ 114
Kristallisation	Komponenten des Kaolinits	− 12360	− 55,7
Reduktion	$Fe_2O_3 \rightarrow FeO$	+ 67800	+ 424
Oxydation	$C + 1/2\,O_2 \rightarrow CO$	− 27610	− 987
	$C + O_2 \rightarrow CO_2$	− 95410	− 217
	$Fe + 1/2\,O_2 \rightarrow FeO$	− 64250	− 893
	$3\,Fe + 2\,O_2 \rightarrow Fe_3O_4$	−266900	−1152
	$2\,Fe + 3/2\,O_2 \rightarrow Fe_2O_3$	−195200	−1220
	$Mn + 1/2\,O_2 \rightarrow MnO$	− 93000	−1310
	$Si + O_2 \rightarrow SiO_2$	−208300	−3472
	$2\,Al + 3/2\,O_2 \rightarrow Al_2O_3$	−398000	−3902
	$Ti + O_2 \rightarrow TiO_2$	−217700	−2721
	$2\,P + 5/2\,O_2 \rightarrow P_2O_5$	−368440	−2594
	$2\,Cr + 3/2\,O_2 \rightarrow Cr_2O_3$	−267750	−1762

Die Kurve *I* der Bildungswärmen Q_R^0 für 20° C mit einem der Verbindung FeSi entsprechenden Maximum wurde kalorimetrisch bestimmt. Die Umrechnung auf 1600° C erfolgt mit Hilfe der Beziehung:

$$Q_{R,1600^0} = Q_R^0 + \frac{x}{100} J_{Si,1600^0} + \frac{100-x}{100} J_{Fe,1600^0} - J_{M,1600^0}. \tag{11}$$

Darin bedeuten x den Prozentgehalt der Legierungen an Si, $J_{Si,1600^0}$ den Wärmeinhalt von Si, $J_{Fe,1600^0}$ denjenigen von Fe bei 1600° C und $J_{M,1600^0}$ den Wärmeinhalt der Mischungen (Abb. 34b). Die Differenzbeträge zwischen der strichpunktierten und der ausgezogenen Kurve in Abb. 34b werden von den Werten der Kurve *I* (Abb. 34a) subtrahiert, die Ergebnisse liefern die Kurve *II* für 1600° C. Der Kurvenverlauf gestattet Rückschlüsse auf die Dissoziation der Komponenten in der Schmelze [*33*].

Die im Kalorimeter bei ablaufenden Reaktionen an das Wasser abgegebene Wärme Q_R^0 stammt aus der Enthalpie der reagierenden Stoffe. Bei exothermen Reaktionen nimmt die Enthalpie daher ab, bei endothermen zu. Die Enthalpieänderung $\Delta H_R^0 = \mathfrak{H}_R^0$ hat also entgegengesetztes Vorzeichen wie Q_R^0:

$$\Delta H_R^0 = \mathfrak{H}_R^0 = -Q_R^0. \tag{12}$$

Für Mullit beträgt z. B. die Gesamtenthalpieänderung

$$\Delta H_{Mullit}^0 = -18400 \; cal.$$

Tab. 10 enthält die Enthalpieänderungen bei einer Reihe von keramisch wichtigen Prozessen.

1.353 Bedingungen für den Ablauf einer Reaktion

Eine Reaktion kann nur dann ablaufen, wenn unter bestimmten Druck- und Temperaturbedingungen das Auftreten der Reaktionsprodukte wahrscheinlicher ist als das Verbleiben der Ausgangsstoffe. Die Gesamtwahrscheinlichkeit S_{System} für den Eintritt einer Reaktion ist entweder konstant oder nimmt zu:

$$(d S_{System})_{p,T} \geq 0. \tag{13}$$

In einem abgeschlossenen Raum, der beispielsweise Al_2O_3-, SiO_2- und Mullitmoleküle enthält, und der durch einen sehr großen Wärmebehälter W bei konstanter Temperatur, durch eine Feder F unter konstantem Druck gehalten werden möge, kann entweder unter Verschwinden von Al_2O_3 und SiO_2 mehr Mullit gebildet werden, dann gilt für die Anzahl n der Moleküle:

$$d n_{Mullit} > 0$$

oder der vorhandene Mullit kann sich zersetzen. In diesem Falle ist:

$$d n_{Mullit} < 0.$$

Die Gesamtwahrscheinlichkeit S_{System} stellt die Summe aller Teilwahrscheinlichkeiten für die Komponenten dar:

$$S_{System} = n_{Al_2O_3} S_{Al_2O_3,p,T} + n_{SiO_2} S_{SiO_2,p,T} + n_{Mullit} S_{Mullit,p,T} + S_F + S_W. \tag{14}$$

S_F = Teilwahrscheinlichkeit für die Feder,
S_W = Teilwahrscheinlichkeit für den Wärmebehälter.

Mit einer Änderung von n_{Mullit} um den kleinen Betrag $d n_{Mullit}$ verschiebt sich auch die Wahrscheinlichkeit S_{System} um $d S_{System}$. Nach der Bildungsgleichung des Mullits (8) kann man statt

$$dn_{Al_2O_3} = -3\,dn_{\text{Mullit}} \left.\right\}$$
$$dn_{SiO_2} = -2\,dn_{\text{Mullit}} \quad\quad (15)$$

setzen und erhält unter Berücksichtigung von Gl. (13):

$$dS_{\text{System}} = (S_{\text{Mullit},p,\,T} - 3\,S_{Al_2O_3,\,p,\,T} - 2\,S_{SiO_2,p,\,T})\,dn_{\text{Mullit}}$$
$$+ \left(\frac{dS_F}{dn_{\text{Mullit}}} + \frac{dS_W}{dn_{\text{Mullit}}} \right) dn_{\text{Mullit}} \geq 0 . \quad\quad (16)$$

Hierin kann man sich die Feder beliebig klein denken und $\dfrac{dS_F}{dn_{\text{Mullit}}} = 0$ setzen. Die Wahrscheinlichkeitsänderung des Wärmebehälterzustandes ist durch die ihm zugeführte reduzierte Wärmemenge $\dfrac{dq}{T}$ gegeben, dq stellt die dabei beim Umsatz von dn_{Mullit} frei werdende Reaktionswärme $\varDelta H_R = \mathfrak{H}_R$ dar:

$$dS_W = -\frac{1}{T}\,(H_{\text{Mullit},\,p,\,T} - 3\,H_{Al_2O_3,\,p,\,T} - 2\,H_{SiO_2,\,p,\,T})\,dn_{\text{Mullit}} \left.\right\}$$
$$= -\frac{1}{T}\,\mathfrak{H}_{R,\,p,\,T}\,dn_{\text{Mullit}} . \quad\quad (17)$$

Den die Zustandswahrscheinlichkeit ausdrückenden Klammerausdruck in Gl. (16)

$$(S_{\text{Mullit},\,p,\,T} - 3\,S_{Al_2O_3,p,\,T} - 2\,S_{SiO_2,\,p,\,T}) = \varDelta S_{R,\,p,\,T} = \mathfrak{S}_{R,\,p,\,T} \quad\quad (18)$$

bezeichnet man als die *Entropie* der Reaktion $\mathfrak{S}_{R,\,p,\,T}$, sie besitzt die Dimension $\dfrac{\text{cal}}{^\circ C}$, ihre Maßeinheit ist 1 Clausius (Cl). Die Ausdrücke $S_{\text{Mullit},\,p,\,T}$ usw. stellen die Gesamtentropien der betreffenden Stoffe bei bestimmten Druck- und Temperaturbedingungen dar, sie errechnen sich aus der Enthalpie H_T (G. 1) durch Division durch T:

$$S_{p,\,T} = \frac{H_{p,\,T}}{T} , \quad\quad (19)$$

Gl. (16) ergibt unter Berücksichtigung von Gl. (17) und (18):

$$dS_{\text{System}} = \left(\mathfrak{S}_{R,\,p,\,T} - \frac{1}{T}\,\mathfrak{H}_{R,\,p,\,T} \right) dn_{\text{Mullit}} \geq 0 . \quad\quad (20)$$

Der Klammerausdruck wird als PLANCK-Funktion bezeichnet. Durch Multiplikation mit $(-T)$ erhält man

$$-T\,dS_{\text{System}} = (\mathfrak{H}_{R,\,p,\,T} - T\,\mathfrak{S}_{R,\,p,\,T})\,dn_{\text{Mullit}} \leq 0 . \quad\quad (21)$$

$\mathfrak{H}_{R,\,p,\,T} - T\,\mathfrak{S}_{R,\,p,\,T} = \varDelta F$ stellt die *freie Enthalpie* oder das *thermodynamische Potential* der Reaktion dar. Ist $\varDelta F < 0$, muß $dn_{\text{Mullit}} > 0$ sein, damit Gl. (21) erfüllt wird, also muß neuer Mullit entstehen. Bei $\varDelta F > 0$ wird dagegen $dn_{\text{Mullit}} < 0$, der Mullit zerfällt, bei $\varDelta F = 0$ schließlich kann $dn_{\text{Mullit}} \gtrless 0$ sein, es herrscht also Gleichgewicht zwischen Mullit, Al_2O_3 und SiO_2.

Damit $\varDelta F < 0$ wird, muß entweder $T\,\mathfrak{S}_{R,\,p,\,T}$ sehr groß oder $\mathfrak{H}_{R,\,p,\,T}$ negativ sein [positive Wärmetönung, s. Gl. (12)]. Starke Entropiezunahme $\mathfrak{S}_{R,\,p,\,T}$ ist bei Zersetzungsreaktionen zu erwarten (s. Abschn. 1.32), weil in der entstehenden Gasphase eine erheblich größere Unordnung herrscht als im kristallinen Zustand und die Entropie einen Ausdruck für den Grad der Unordnung darstellt. Zersetzungsreaktionen laufen daher auch dann ab, wenn sie endotherm sind. Bei Reaktionen im festen Zustand ist dagegen $\mathfrak{S}_{R,p,T}$ meist sehr klein, sie sind daher nur möglich, wenn sie exotherm verlaufen (s. Abschn. 1.332). Die Differenz der chemischen Potentiale $\Delta\mu$ ist ΔF proportional. Nach W. OELSEN, E. SCHÜRMANN u. G. HEYNERT [34] kann die freie Enthalpie in Gemischen mehrerer Stoffe allein durch kalorimetrische Messung des Wärminhaltes bestimmt werden, für oxydische Stoffe liegen derartige Messungen allerdings noch nicht vor.

1.354 Bestimmung der Wärmetönung von Reaktionen

Da die Messungen im Kalorimeter umständlich und z. T. mit großen Fehlerquellen behaftet sind, hat man Verfahren zur direkten Bestimmung der Wärmetönung von Reaktionen entwickelt.

Die einfachste Methode besteht in der Aufnahme von *Erhitzungskurven* mit Hilfe eines Thermoelementes als Funktion der Zeit [35]. Verzögerungen in der Temperatursteigerung zeigen endotherme, Beschleunigungen exotherme Reaktionen an. Man kann aus den Erhitzungskurven weiterhin den Temperaturbereich ablesen, in dem sich die Reaktion unter den Versuchsbedingungen abspielt, aber keine quantitative Auswertung vornehmen.

Genauere Ergebnisse erhält man durch die *Differentialthermoanalyse* (DTA), bei welcher die Versuchssubstanz und eine indifferente

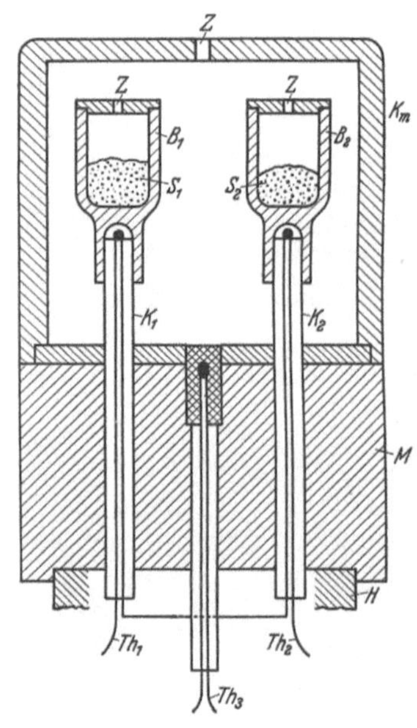

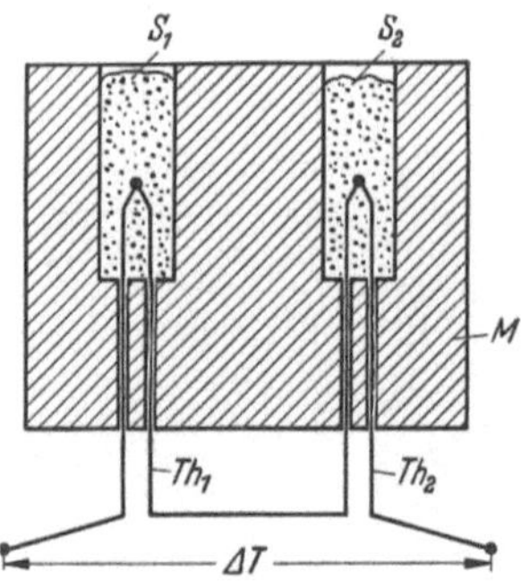

Abb. 35. Versuchsanordnung bei der Differentialthermoanalyse

M = Metall- oder Keramikblock; S_1 = Versuchssubstanz; S_2 = Vergleichssubstanz; Th_1 und Th_2 = Thermoelemente für Differenzmessung

Abb. 36. Versuchsanordnung bei der Differenzkalorimetrie

M = Metallblock; K_1 und K_2 = Korundrohre; B_1 und B_2 = Edelmetallbecher; S_1 = Versuchssubstanz; S_2 = Inerte Vergleichssubstanz; Z = Bohrlöcher für den Druckausgleich; K_m = Metallkappe; Th_1 und Th_2 = Thermoelemente für die Differenzmessung; Th_3 = Thermoelement für die Programmsteuerung

Vergleichssubstanz gleichzeitig in getrennten Behältern oder in den Bohrungen eines Metall- oder Keramikblockes erhitzt werden.

Die Temperatur beider Substanzen wird mit Hilfe von Thermoelementen gemessen, deren Schweißperle in Substanzmitte angebracht ist (Abb. 35). Die Thermoelemente sind gegeneinander geschaltet, die Differenzkurve wird mechanisch oder optisch registriert [36, 37]. Sie gibt die Temperaturen der Reaktionen und Umwandlungen sehr genau, ferner den Charakter der Wärmetönungen und ihre ungefähre Größe an. Quantitative Messungen werden dadurch erschwert, daß die registrierten Effekte nur von einer sehr geringen Substanzmenge unbekannter Größe in der Umgebung der Schweißperle herrühren und daß sich die Güte des Wärmeüberganges beim Erhitzen verändern kann. Die Differentialthermoanalyse wird vorwiegend zur Bestimmung der Mineralzusammensetzung feinkörniger Substanzen, insbesondere von Tonen verwandt, da die verschiedenen Minerale charakteristische Wärmetönungen bei bestimmten Temperaturen zeigen (s. Abschn. 3.14).

Quantitativ lassen sich Wärmetönungen nach H. E. SCHWIETE u. G. ZIEGLER [38] mit Hilfe der *dynamischen Differenzkalorimetrie* (DDK) bestimmen.

Die Versuchs- und Vergleichssubstanz S_1 und S_2 (Abb. 36) befinden sich je in einem Edelmetallbecher B, die auf doppelt durchbohrten Korundrohren K montiert und mit einer Metallkappe Km bedeckt sind. Die Kappe Km sitzt auf einem als Wärmeausgleicher dienenden Metallblock M. Die Temperatur wird durch Thermoelemente an den Füßen der beiden Metallbecher gemessen und wie bei der Differentialthermoanalyse als Differenzkurve registriert. Ein drittes Thermoelement in der Bohrung des Metallblockes dient zur Programmsteuerung.

Die Größe der registrierten thermischen Effekte ist vom Gesamtwärmeinhalt des Systems Becher + Substanz abhängig. Beim Auftreten einer Wärmetönung während des Erhitzens bleibt die Temperatur des Systems hinter der Programmtemperatur zurück oder eilt ihr voraus. Als Folge verstärkt oder vermindert sich der Wärmestrom. Bei kleinen Temperaturdifferenzen und großer Wärmekapazität des Ofensystems kann die entstehende Temperaturdifferenz ΔT dem zusätzlichen Wärmestrom $\Delta V \left[\dfrac{cal}{sec} \right]$ proportional gesetzt werden:

$$\Delta T(t)\, \varphi(t) = \Delta V(t).$$

Das Integral von $\Delta V(t)$ über die Zeit vom Beginn ta bis zum Ende ti der Temperaturänderung liefert die Gesamtreaktionswärme Q_R:

$$\int_{ta}^{ti} \Delta T(t)\, \varphi(t)\, dt = \int_{ta}^{ti} \Delta V(t)\, dt = Q_R.$$

Die Funktion $\varphi(t)$ wird durch Eichung mit Hilfe von Reaktionen bekannter Wärmetönung ermittelt.

Die Temperaturdifferenzen sind um so größer, je mehr sich der Wärmeausgleich bei einer Wärmetönung verzögert. Verbessert sich die Wärmeleitung bei höherer Temperatur durch Erhöhung des Strahlungsanteils, gleicht sich die Wärme verzögerungsfreier aus, die Temperatureffekte werden geringer und damit die Messungen ungenauer.

Schrifttum

[1] HEDVALL, J. A.: Einführung in die Festkörperchemie. Braunschweig 1952

[2] EITEL, W., u. H. KEDESDY: Elektronen-Mikroskopie und -Beugung silikatischer Metaphasen. Abh. preuß. Akad. Wiss., math.-naturwiss. Kl. Nr. 5 (1943) S. 37/45

[3] RYSCHKEWITSCH, E.: Oxydkeramik. Berlin/Göttingen/Heidelberg: Springer 1948

[4] CORRENS, C. W.: Einführung in die Mineralogie, S. 144 ff. Berlin/Göttingen/Heidelberg: Springer 1949

[5] JANDER, W.: Z. anorg. allg. Chem. Bd. 163 (1927) S. 1/20; Bd. 166 (1928) S. 31/52 u. Bd. 168 (1928) S. 113/24

[6] JAEGER, G., u. R. KRASEMANN: Ber. DKG. Bd. 29 (1952) S. 61/67

[7] RYSCHKEWITSCH, E.: Ber. DKG. Bd. 25 (1944) S. 95/112

[8] KORDES, E.: Z. anorg. allg. Chem. Bd. 149 (1925) S. 67/77

[9] WAGNER, C.: Z. physik. Chem. (B) Bd. 32 (1936) S. 455; Bd. 34 (1936) S. 309

[10] HEDVALL, J. A.: Reaktionsfähigkeit fester Stoffe, S. 70. Leipzig 1937

[11] JAGITSCH, R.: K. Vet. Akad. Stockholm. Ark. Kemi J. Bd. 24 A (1947) Nr. 18

[12] HAUFFE, K.: Reaktionen in und an festen Stoffen, S. 587 ff. Berlin/Göttingen/Heidelberg: Springer 1955

[13] SMIGELSKAS, A. D., u. E. O. KIRKENDALL: Trans. Amer. Inst. Mining metallurg. Engr. Techn. Publ. Nr. 2071 (1946)

[14] JANDER, W., u. E. HOFFMANN: Z. anorg. allg. Chem. Bd. 218 (1934) S. 211

[15] FISCHBECK, H.: Z. anorg. allg. Chem. Bd. 165 (1924) S. 69

[16] SEITH, W.: Heraeus-Festschrift. Hanau 1951

[17] KRAPF: Ber. DKG. Bd. 31 (1954) S. 18/21

[18] RANKIN, G. A., u. H. E. MERWIN: J. Amer. chem. Soc. Bd. 38 (1916) S. 571. — TROJER, F., u. K. KONOPICKY: Radex-Rdsch. (1949) S. 161

[19] BOWEN, N. L., u. J. F. SCHAIRER: Amer. J. Sci. Bd. 29 (1935) S. 151/217

[20] BOWEN, N. L., u. J. W. GREIG: J. Amer. ceram. Soc. Bd. 7 (1924) S. 23/25. — SCHAIRER, J. F.: J. Amer. ceram. Soc. Bd. 25 (1942) S. 241/74

[21] TOROPOW, N. A., u. F. J. GALACHOW: Ber. Akad. Wiss. UdSSR Bd. 78 (1951) S. 299 bis 302

[22] Vgl. auch MORRIS, L. D., u. S. R. SCHOLES: J. Amer. ceram. Soc. Bd. 18 (1935) S. 359 bis 360, wonach die eutektische Schmelztemperatur bei 1551° liegen soll

[23] GREIG, J. W.: Amer. J. Sci. Bd. 13 (1927) S. 1/44

[24] D'ANS, J., u. E. LAX: Taschenbuch für Physiker u. Chemiker. Stuttgart 1943

[25] RANKIN, G. A., modifiziert durch J. W. GREIG: Amer. J. Sci. Bd. 13 (1927) S. 35/41

[26] SEGER, H. A.: Segers gesammelte Schriften, S. 181. Berlin 1908

[27] DIN 51063

[28] RIEKE, R.: Ber. DKG. Bd. 9 (1928) S. 78. — KLUG, J.: Sprechsaal Keram., Glas, Email Bd. 59 (1926) S. 21. — BRUNNER: Sprechsaal Keram., Glas, Email Bd. 59 (1926) S. 39

[29] SCHWIETE, H. E., u. G. ZIEGLER: Ber. DKG. Bd. 33 (1956) S. 184/94, 395

[30] OELSEN, W.: Arch. Eisenhüttenwes. Bd. 26 (1955) S. 519/22

[30a] OELSEN, W., K. H. RIESKAMP u. O. OELSEN: Arch. Eisenhüttenwes. Bd. 26 (1955) S. 253/66

[31] KELLEY, K. K.: Contributions to the Data on Theoretical Metallurgy, High-Temperature Heat-Content, Heat-Capacity, and Entropy-Data for Inorganic Compounds. Bureau of Mines, Bull. 476, Washington 1949.

[32] D'ANS, J., u. E. LAX: Taschenbuch für Chemiker und Physiker. Berlin 1943.

[33] KÖRBER, F., u. W. OELSEN: Mitt. Kaiser-Wilhelm-Inst. Eisenforsch., Düsseldorf, Bd. 18 (1936) S. 109/30

[34] OELSEN, W., E. SCHÜRMANN u. G. HEYNERT: Arch. Eisenhüttenwesen Bd. 26 (1955) S. 19/42

[35] TAMMAN, G., u. Mitarb.: Z. anorg. allgem. Chem. Bd. 149 (1925) S. 21

[36] LEHMANN, H.: Die Differentialthermoanalyse. Tonind.-Ztg. 1. Beiheft

[37] LINSEIS, M.: Eine verbesserte Differential-Thermoanalysenapparatur und deren Anwendung. Sprechsaal Keram., Glas, Email Bd. 85 (1952) S. 423

[38] SCHWIETE, H. E., u. G. ZIEGLER: Grundlagen und Anwendungsbereiche der dynamischen Differenzkalorimetrie. Ber. DKG. Bd. 35 (1958) S. 193/204

1.4 Struktur und Textur

1.41 Allgemeines

Bei den in Abschn. 1.33 beschriebenen Sinterprozessen entstehen Körper mit Poren verschiedener Größe und Gestalt sowie mit unterschiedlicher Porendichte pro Raumeinheit. Art und Höhe der Porosität beeinflussen alle physikalischen und chemischen Eigenschaften des Gesamtkörpers in hohem Maße, so daß ohne genaue Beschreibung dieser Erscheinungen keine Aussagen über das Verhalten des Baustoffes im Betrieb möglich sind.

In Übereinstimmung mit dem Sprachgebrauch in Mineralogie und Geologie werden diejenigen Merkmale, welche Größe, Form und gegenseitige Verbindung der Gemengteile (Körner, Poren usw.), also die skalaren Eigenschaften betreffen, als *Struktur* bezeichnet, während die Aussagen über die Anordnung der Gemengteile im Raum, also über die vektoriellen Eigenschaften, unter der Bezeich-

Tabelle 11. *Größenordnung verschiedener Strukturelemente im logarithmischen Maßstab*

cm	andere Maß-einheiten	wichtige Meßgrößen	Feinstruktur	Verteilungszustände	Korngrößen klastischer Sedimente	Korngrößen in feuerfesten Baustoffen	Poren
10^7					2 ··· 20 cm Grobkies		
10^0					2 ··· 20 mm Feinkies	3 ··· 8 mm Grobkorn	> 1mm Leerraum
10^{-1}	1 mm				0,2 ··· 2 mm Grobsand	1 ··· 3 mm Mittelkorn	
10^{-2}		Siebweite des 10 000 Maschensiebes			20 ··· 200 μ Feinsand	0,2 ··· 1 mm Feinkorn	25 μ ··· 1mm Grobporen
10^{-3}				> 0,5 μ grobe Dispersionen	2 ··· 20 μ Grobton	< 0,2 mm Feinstkorn	
10^{-4}	1 μ	300 mμ Wasserfilm um Bentonitmicellen			0,2 ··· 2 μ Feinton	untere Grenze der Mahlbarkeit	0,1 ··· 25 μ Feinporen
10^{-5}		100 mμ freie Weglänge der Gasmoleküle	25 mμ ··· 1μ Kantenlänge der Mosaikblöcke eines Realkristalls	1 mμ ··· 0,5 μ feine Dispersionen Kolloide	< 0,2 μ Kolloidton		
10^{-6}		5 mμ Wasserfilm um Kaolinitmicellen					1 ··· 100 mμ Mikroporen
10^{-7}	1 mμ		2 ··· 25 Å : Gitterkonstanten der Elementarzellen				
10^{-8}	1 Å	5,284 · 10^{-9} Radius der Grundbahn im Bohr'schen Wasserstoffmodell	0,2 ··· 2 Å : Wirkungsradien der Atome und Ionen	1 Å ··· 1 mμ Molekulardispersoide			< 1 mμ Kraftraum
10^{-9}							
10^{-10}							
10^{-11}							
10^{-12}							
10^{-13}		2,81 · 10^{-13} Elektronenradius					

nung *Textur* zusammengefaßt werden. Man spricht also von einer grobkörnigen oder grobporigen Struktur, aber von einer schiefrigen oder linearen Textur.

Nach G. F. Hüttig [1] können feuerfeste Baustoffe als Gemische zwischen Feststoff und Luft (Poren) aufgefaßt werden, deren Eigenschaften vom prozentualen Anteil beider Komponenten sowie von der Art und Güte ihrer Mischung abhängen. Diese prägt sich vor allem in der Form und Größe der Hohlräume aus, für welche folgende Einteilung vorgeschlagen wird [2]:

1. Leerraum mit Abmessungen >1 mm (Lunker, Risse usw.).
2. Kapillarraum, welcher die gesamten Poren umfaßt. Diese gliedern sich in
   a) Grobporen mit einem Durchmesser von $>25\ \mu$;
   b) Feinporen mit einem Durchmesser von 0,1 bis 25 μ;
   c) Mikroporen mit einem Durchmesser von 1 bis 100 mμ.

Die Grenze zwischen Fein- und Mikroporen entspricht hierbei der Grenze zwischen laminarer und Molekularströmung in Kapillaren.

3. Kraftraum mit Abmessungen <1 mμ.

Er umfaßt die von starken Kraftfeldern durchzogenen Hohlräume der Kristallgitter usw., die im Abschn. 1.2 (Feinstruktur) behandelt worden sind.

Einen Überblick über die Größenordnung der für feuerfeste Baustoffe wichtigen Hohlräume und Massenbestandteile gibt Tab. 11. Die Kapillarräume sind ähnlich wie die Krafträume von Feldkräften durchsetzt, die von den Wänden aus wirken, besonders an Orten kleinster Krümmungsradien. Während die Wandkräfte aber bei den Grobporen nur einen sehr kleinen Teil des Porenraumes bestreichen, wird ihre Reichweite besonders bei den Mikroporen von gleicher oder sogar höherer Größenordnung wie der Porendurchmesser. Die Wandkräfte beeinflussen daher in diesen Poren alle Strömungen und Teilchenbewegungen.

Die Zahl der Poren pro Raumeinheit nimmt mit dem Quadrat des reziproken Porenradius zu.

Ein Baustoff mit 25 % Porosität enthält pro cm³

entweder   8 Poren mit   1 mm Porenradius
oder   800 Poren mit 0,1 mm Porenradius
oder   80000 Poren mit   10 μ Porenradius
oder   8000000 Poren mit   1 μ Porenradius

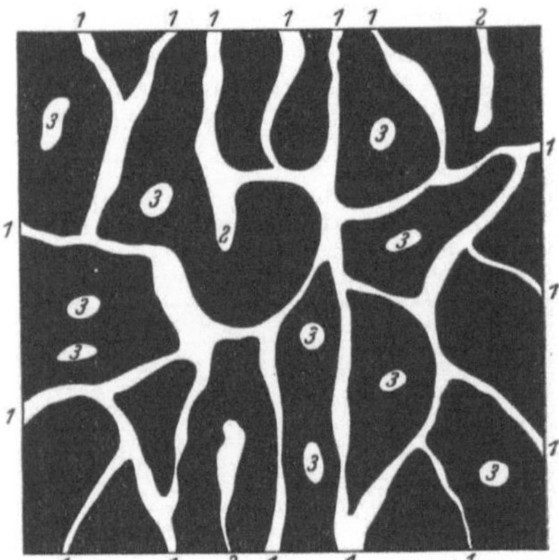

Abb. 37. Porenformen in feuerfesten Baustoffen, schematisch
1 Kanäle; 2 Säcke; 3 Blasen

Die feuerfesten Baustoffe sind praktisch Systeme mit Poren verschiedenster Größen. Für den Ablauf von Durchströmungsvorgängen in ihnen sind daher bei gleichmäßiger Verteilung der Poren sowohl die Gesamtstreuung der Porengrößen als auch ihre statistische Verteilung maßgebend.

Der Form nach können die Poren eingeteilt werden in

offene Poren (Kanäle),
einseitig offene Poren (Säcke)
und geschlossene Poren (Blasen)   (Abb. 37).

Die Querschnitte sind elliptisch oder blattförmig. Größe und Form des Querschnittes ändern sich auf kurzen Strecken, so daß eine auch nur annähernde mathematische Erfassung unmöglich ist. Daher idealisiert man für Rechnungen die Poren als kreiszylindrische Röhren, deren Radius so gewählt wird, daß eine Strömung unter den gegebenen Bedingungen mit der gleichen Geschwindigkeit erfolgt wie in der natürlichen Pore (hydraulischer Äquivalentradius).

1.42 Spezifisches Gewicht, Raumgewicht und Porosität

Die Porosität der gebrannten Baustoffe macht eine Unterscheidung zwischen dem spezifischen Gewicht (true specific gravity) s als einer Eigenschaft des Feststoffes und dem Raumgewicht (apparent specific gravity) r erforderlich, wobei das letztere die Dichte des Gesamtkörpers aus Feststoff und Porenraum angibt. Zur Bestimmung des Raumgewichtes wird das Volumen des Probekörpers entweder durch Wasserverdrängung im wassersatten Zustand oder durch Quecksilberverdrängung im trockenen Zustand oder mit Hilfe des archimedischen Prinzips bestimmt. Hierzu dient eine Wägung der wassersatten Probe in Luft und in Wasser oder in Wasser und in einer mit Wasser nicht mischbaren Flüssigkeit, beispielsweise CCl_4 (Höganäs-Methode [3]). Der prozentuale Gesamtporenraum P errechnet sich dann nach der Formel

$$P = \frac{s - r}{s} \cdot 100.$$

Der Gesamtporenraum setzt sich zusammen aus den *offenen Poren*, welche mit der Steinoberfläche in Verbindung stehen und von Flüssigkeiten oder Gasen durchströmt werden können, sowie den *geschlossenen Poren*, die von strömenden Medien nicht benutzbar sind.

Nach DIN 1065 wird die *scheinbare Porosität* (apparent porosity) P_S, welche den Raum der offenen Poren umfaßt, aus dem Wasseraufnahmevermögen W nach der Formel

$$P_S = r\,W$$

bestimmt (Umrechnung von Gewichts- in Volumenprozente). Es wird also konventionell die Eindringfähigkeit des Wassers bei Zimmertemperatur als Kriterium für die Unterscheidung von *dichten* Festkörpern und *porösen* Stoffen eingesetzt. Daß die

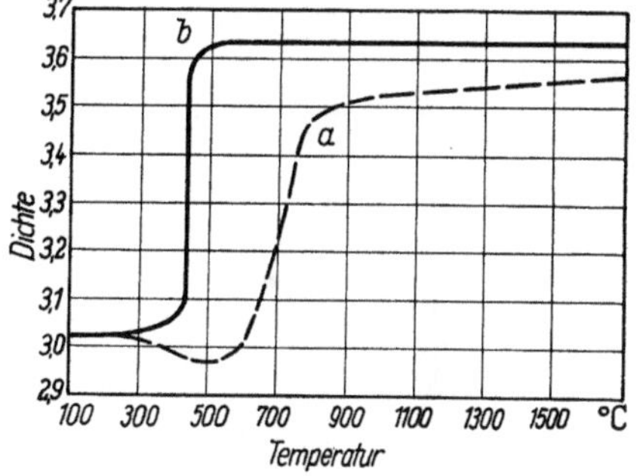

Abb. 38. Dichteänderung von $MgCO_3$ beim Übergang in MgO in Abhängigkeit von der Brenntemperatur

a Nach F. HARTMANN, Dichtebestimmung nach DIN 1065; *b* nach F. KAHLER, Dichtebestimmung mittels isothermer Kondensation von Toluol

hiermit vorgenommene Grenzziehung keine physikalische Bedeutung besitzt, ergibt sich bereits daraus, daß man für das Wasseraufnahmevermögen bei verschiedenen Bestimmungsmethoden unterschiedliche Werte erhält. Wenn der Körper erst evakuiert und dann in Wasser getränkt wird, nimmt er mehr Wasser auf als bei dem in DIN 1065 vorgeschriebenen 2stündigen Kochen in Wasser.

Auch bei der Bestimmung des spezifischen Gewichtes wird die auf eine Korngröße von max. 0,5 mm zerkleinerte Substanz im allgemeinen in Wasser, seltener in Xylol oder wenn die Substanz hydratisierbar ist, in Petroleum getränkt.

Daß hierbei nicht alle Poren ausgefüllt werden, zeigten Versuche von F. KAHLER [4] über die Dichteänderung von $MgCO_3$ beim Übergang in MgO, bei welchen die Dichte nach vorsichtiger isothermer Kapillarkondensation (s. Abschn. 1.435) der Pyknometerflüssigkeit (Toluol) in die Probesubstanz hinein bestimmt wurde, so daß auch die Mikroporen sicher ausgefüllt wurden. Es ergaben sich hierbei merklich höhere Werte, als sie F. HARTMANN [5] bei der üblichen Dichtebestimmung erreichte (Abb. 38).

Wenn die Probesubstanz auf $< 0,06$ mm zerkleinert wird, findet man bei der Bestimmung mit Wasser bereits ein höheres spezifisches Gewicht als nach der Normenmethode.

Die Ursache für die unvollständige Porenfüllung durch Wasser usw. ist darin zu suchen, daß die Flüssigkeit in die Mikroporen nur sehr langsam eindringt und daher die in der Norm vorgesehene Zeit zur Füllung nicht ausreicht. Das Eindringen wird weiterhin durch die Adsorption von Gasen an der Oberfläche und die dadurch bedingte Verengung bzw. Ausfüllung der Mikroporen erschwert.

Wenn daher in der Literatur von Dichteänderungen beim Sintern einer Substanz mit gleichbleibender chemischer Zusammensetzung gesprochen wird, so ist dieses formal richtig, es muß aber damit gerechnet werden, daß die Dichteänderung durch eine Verminderung der Mikroporosität hervorgerufen wird.

1.43 Porengröße und Porenform

Neben dem absoluten Wert der Porosität sind Größe und Form der Poren wichtige Strukturmerkmale, welche vor allem bei der Infiltration mit Schlacken und bei Gasströmungen im Stein eine Rolle spielen.

1.431 Makroskopische und mikroskopische Untersuchungen

Die makroskopische Betrachtung gibt einen ersten Überblick über die Struktureigenschaften, insbesondere über grobe Poren, Lunker, Risse sowie über Texturmerkmale. Sie kann durch Füllung der Poren und sonstigen Hohlräume mit einem Kontrastmittel erleichtert werden.

Für Tränkungsversuche mit Wasser, bei welchen die Eindringtiefe gemessen wird, die in porösen Zonen größer ist als in dichteren, eignet sich nach H. SALMANG [6] ein Zusatz von Kaliumpermanganat; Anilinfarben sind wegen ihrer Neigung zur Adsorption ungeeignet, sie dringen nicht in die Feinstporen ein.

E. LUX [7] benutzte zum Füllen der Poren ein gefärbtes Kunstharz Hostacoll C, welches bei Zimmertemperatur mit Hilfe eines Härters in kurzer Zeit polymerisiert und dadurch hart und schleifbar wird. Eine mit diesem Harz behandelte Schnittfläche wird nach dem Erhärten abgeschliffen und gibt dann ein klares Bild der Struktur- und Textureigenschaften.

Genauere Bilder über die Struktur und Textur lassen sich mit Hilfe des Mikroskops an Dünn- oder Anschliffen gewinnen. Abb. 39a u. b von Dünnschliffen eines Schamotte- bzw. Silikasteines lassen z. B. die Porenausbildung in vielen Einzelheiten erkennen. Porosität und Porengrößenverteilung können mit einem Integrationstisch an Anschliffen gemessen werden, jedoch ergeben sich dabei infolge der Beschränkung auf den ebenen Schnitt Abweichungen von den Ergebnissen der üblichen auf den Raum bezogenen Porositätsbestimmungen. Dünnschliffe können zu quantitativen Auswertungen nicht herangezogen werden, da wegen ihrer Eigendicke von 30 bis 40 μ ein großer Teil der Feinporen verdeckt bleibt.

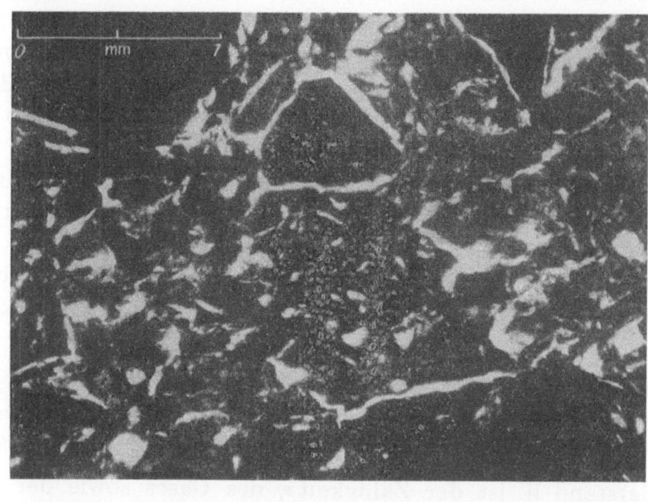

a

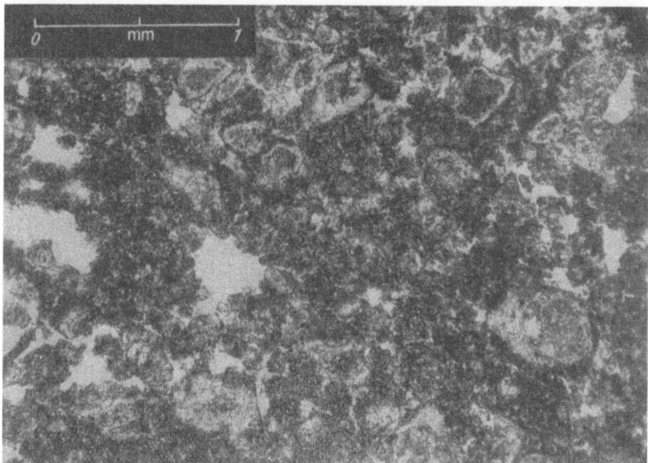

b

Abb. 39 a u. b.   a) Poren (hell) in einem Schamottestein, Dünnschliff (Vergr. 27 ×);   b) Poren in einem Silikastein, Dünnschliff (Vergr. 27 ×)

1.432 Gasdurchlässigkeit

Größere Bedeutung als die genannten direkten Verfahren zur Strukturuntersuchung besitzen die indirekten, unter ihnen vor allem die Gasdurchlässigkeitsprüfung. Eine Gasströmung durch das Porensystem eines feuerfesten Baustoffes folgt den Gesetzen der laminaren Strömung, solange ihre Geschwindigkeit nicht zu groß ist und die von Temperatur und Druck abhängige mittlere freie Weglänge der Gasmolekeln merklich kleiner als der Porenradius bleibt [8]. Bei Zimmertemperatur und Atmosphärendruck beträgt die freie Weglänge

$\sim 10^{-5}$ cm $= 0,1$ μ, so daß unter diesen Bedingungen in Poren mit 0,5 μ Radius und mehr mit Sicherheit laminare Strömung angenommen werden kann, während in Poren mit kleinerem Radius als 0,1 μ Molekularströmung oder Diffusion vorherrschen wird (s. Abschn. 1.435).

Eine weitere Voraussetzung für den laminaren Charakter der Strömung ist die Proportionalität zwischen dem Druckgefälle im durchströmten Körper und der in der Zeiteinheit durchfließenden Gasmenge. Diese Bedingung ist für feuerfeste Baustoffe nach E. Preston [9] bei Drucken unterhalb 100 mm WS, nach A. Kanz [10] bei solchen unterhalb 300 mm WS erfüllt. Bei höheren Drucken bzw. Geschwindigkeiten dürfte die Strömung turbulent werden. In diesem Falle wird die Strömungsgeschwindigkeit der Quadratwurzel aus dem Druckgefälle proportional.

Im laminaren Bereich läßt sich der Strömungsvorgang in porösen Körpern durch eine dem Ohmschen Gesetz ähnliche Beziehung beschreiben:

$$V = c \frac{\Delta p}{W} \tag{1}$$

$V =$ Strömungsgeschwindigkeit; $W =$ Widerstand;
$\Delta p =$ Druckgefälle im Probekörper; $c =$ Konstante.

Der Widerstand W ist der Zähigkeit η des Gases sowie der Probekörperlänge l (in Strömungsrichtung) direkt und dem zum Tragen kommenden Querschnitt q (senkrecht zu l) indirekt proportional:

$$W = \frac{\eta l}{q}. \tag{2}$$

Damit ergibt sich:

$$V = c \frac{q}{\eta l} \Delta p \qquad \text{D'Arcysche Gleichung [11].} \tag{3}$$

Die Zähigkeit der Gase oder ihre dynamische Viskosität η ist eine aus der kinetischen Gastheorie bekannte Größe, die unter anderem vom Stoßquerschnitt der Moleküle, ihrer Geschwindigkeit und, was nach dem oben Gesagten hier besonders interessiert, von ihrer mittleren freien Weglänge abhängt. Mit steigender Temperatur wächst sie stark an und ist nach H. Immke u. W. Miehr [12] bei 1200° C mehr als zehnmal so groß wie bei Zimmertemperatur (Abb. 40). Da sich das Gasvolumen unter gleichem Druck bei einer Temperatursteigerung von 273° C jeweils auf das Doppelte vergrößert, strömt in heißem Zustand das vergrößerte Volumen entsprechend längere Zeit durch die feuerfesten Baustoffe. Nach Untersuchungen von

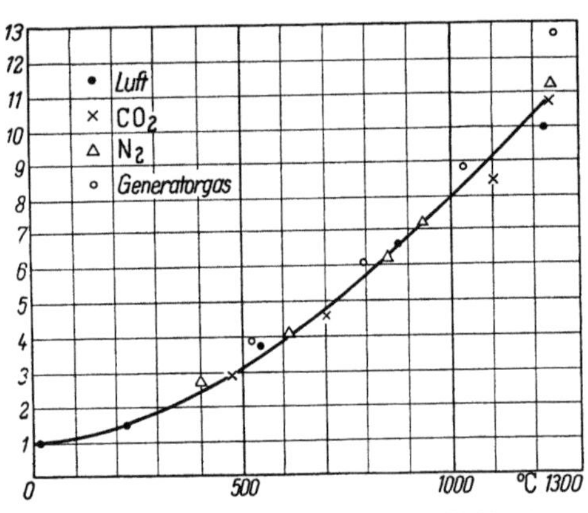

Abb. 40. Relative Zähigkeiten von Luft, Kohlensäure, Stickstoff und Generatorgas, bezogen auf Wert 1 bei 20° C (nach H. Immke u. W. Miehr)

F. H. Clews u. A. T. Green [13] sind die Gasdurchlässigkeitszahlen bei 500° C nur noch etwa halb so groß wie bei 20° C. Über die Größe der Konstanten c

können Aussagen gemacht werden, wenn man die Poren als kreisrunde, gerade Kapillaren parallel zur Strömungsrichtung idealisiert und das HAGEN-POISSEULLE-sche Gesetz anwendet, nach welchem die Strömungsgeschwindigkeit durch *eine* Kapillare

$$V = \frac{r^4 \pi \, \Delta p}{8 \eta \, l} \tag{4}$$

(r = Radius der Kapillare) ist [14]. Durch Multiplikation von v mit der Anzahl N der Kapillaren pro cm² und mit dem Querschnitt q erhält man die Strömungsgeschwindigkeit durch den Gesamtkörper

$$V = vNq = \frac{r^4 \pi N q \, \Delta p}{8 \eta \, l}. \tag{5}$$

Hierin kann die Querschnittsfläche der Poren $r^2 \pi N$ gleich der scheinbaren Porosität ε gesetzt werden:

$$V = \frac{r^2 \varepsilon}{8} \, \frac{q \, \Delta p}{\eta \, l}. \tag{6}$$

Der Vergleich von Gl. (6) mit Gl. (3) ergibt:

$$c = \frac{r^2 \varepsilon}{8} = D_S. \tag{7}$$

Die Konstante ist also nur vom Radius der Kapillaren und der scheinbaren Porosität abhängig, sie stellt eine von den Versuchsbedingungen unabhängige Stoffgröße dar, die als *spezifische Durchlässigkeit* [15] oder *spezifische Durchströmbarkeit* [2] D_S bezeichnet wird und die Dimension einer Fläche [cm²] hat.

Da die Poren in Wirklichkeit gewundene und verzweigte Systeme mit wechselndem Querschnitt darstellen, kann unter r nur ein äquivalenter hydraulischer oder effektiver Radius r_{eff} verstanden werden (s. Abschn. 1.41), und zwar ein Mittelwert des gesamten Porengrößenspektrums, der einen Anhaltswert zur Unterscheidung von Baustoffen mit vorherrschend gröberen oder feineren Poren darstellt. Auch ist nicht der ganze offene Porenraum durchströmbar. Mikroporen mit $r_{\text{eff}} < 0,1 \, \mu$ und nicht durchgehende Porensäcke müssen in Gl. (7) unberücksichtigt bleiben, daher muß bei einer Anwendung der Gl. (7) auf feuerfeste Baustoffe ε durch die *effektive* offene Porosität ε_{eff} ersetzt werden [15a]. Die Gleichung erhält dann die Form:

$$D_S = \frac{r^2_{\text{eff}} \cdot \varepsilon_{\text{eff}}}{8}. \tag{7a}$$

Die Durchlässigkeitszahl kann in verschiedenen Richtungen eines Baustoffes unterschiedliche Werte annehmen. In solchen Fällen lassen sich mit ihr zahlenmäßige Angaben über Anisotropieerscheinungen und Texturen machen.

Zur Bestimmung der spezifischen Durchlässigkeit dient die Gl. (3). Es ist:

$$D_S = \frac{V \eta \, l}{q \, \Delta p}. \tag{8}$$

Als Maßeinheiten wurden u. a. vorgeschlagen unter Vernachlässigung der Zähigkeit des Gases [16]

$$1 \text{ Bansen} = \frac{\text{m}^3/\text{h cm}}{\text{m}^2 \text{mm WS}},$$

mit der für den Techniker anschaulichen Bedeutung, daß die Durchlässigkeitszahl in Bansen die Gasmenge in m³ angibt, die in der Stunde bei der Druckdifferenz von 1 mm WS/cm durch 1 m² Wandfläche strömt. Berücksichtigt
wird die Zähigkeit [17] bei

$$1 \text{ Darcy} = \frac{\text{cm}^3/\text{sec cm Poise}}{\text{cm}^2 \text{ kg/cm}^2} \, .$$

Um einheitlich das CGS-System anzuwenden, schlug L. ŽAGAR [8] vor, den
Druck in Dyn/cm² zu messen und die Einheit der spezifischen Durchlässigkeit
als Perm (von Permeabilität) zu bezeichnen:

$$1 \text{ Perm (Pm)} = \frac{\text{cm}^3/\text{sec cm Poise}}{\text{cm}^2 \text{ Dyn/cm}^2} \, .$$

Da diese Maßeinheit sehr groß ist, werden in der Praxis vorwiegend die Teil-
einheiten 10^{-3} Perm = 1 Milliperm, 10^{-6} Perm = 1 Mikroperm und 10^{-9} Perm
= 1 Nanoperm verwandt werden. Von diesen kommt für feuerfeste Baustoffe
hauptsächlich die letzte in Betracht. Die Umrechnung der verschiedenen Einheiten ineinander ergibt[1]:

$$
\begin{aligned}
1 \text{ Bansen} \quad &= 51{,}3 \cdot 10^{-9} \text{ Perm} \\
(\text{bei } 20°\text{ C}) \quad &= 51{,}3 \text{ Nanoperm} \\
1 \text{ Darcy} \quad &= 1{,}02 \cdot 10^{-6} \text{ Perm} \\
&= 1020 \text{ Nanoperm} \\
1 \text{ Nanoperm} \quad &= 0{,}01949 \text{ Bansen} \\
&= 0{,}9871 \cdot 10^{-3} \text{ Darcy}
\end{aligned}
$$

Zur praktischen Bestimmung der Gasdurchlässigkeit sind eine Reihe von
Verfahren vorgeschlagen worden, die fast alle darauf beruhen, daß Luft oder
ein anderes Gas unter konstantem Unterdruck durch einen seitlich abgedichteten
Probekörper hindurchgesaugt wird, wobei gleichzeitig die Druckdifferenz mittels
eines Manometers und die in der Zeiteinheit durchströmende Gasmenge mittels
eines Schwebekörpers (Rotamesser), mit Kapillaren und Manometer oder auch
einfach durch Messung der aus dem Aspirator ausfließenden Wassermenge mit
Hilfe einer Stoppuhr bestimmt wird (Abb. 41). Die Probekörper sind gewöhnlich
zylinderförmig mit 50 mm Dmr. und 45 mm Höhe.

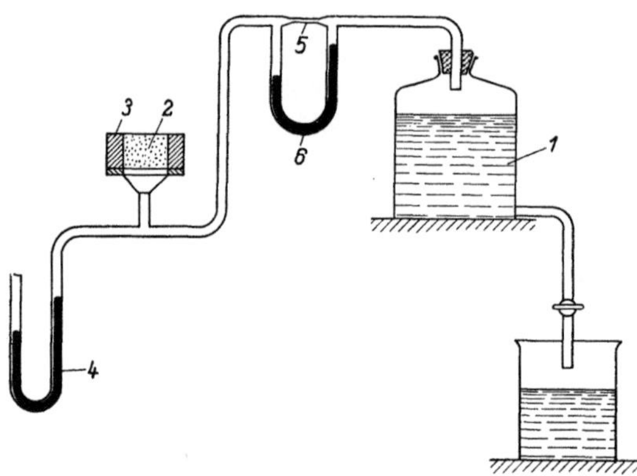

Abb. 41. Prinzipskizze einer Apparatur zur Messung der
Gasdurchlässigkeit (Permometer)

1 Aspirator; *2* Probekörper; *3* Halterung mit Seiten-
abdichtung; *4* Manometer zur Druckmessung; *5* Kapillare; *6* Manometer zur Messung der Luftmenge

---

[1] In manchen Laboratorien wird als *Darcy* eine Einheit mit der Dimension

$$\left[\frac{\text{cm}^3/\text{sec cm}}{\text{cm}^2 \text{ cm WS}} \right]$$

bezeichnet, in welcher die Zähigkeit der Luft nicht berücksichtigt ist. Zur Umrechnung in
Nanoperm ist diese Einheit mit $0{,}184 \cdot 10^{-3}$ zu multiplizieren.

Die seitliche Abdichtung wird durch einen Anstrich mit Paraffin oder Picein, durch Quecksilber oder durch Anpressen einer Gummimanschette mittels Druckluft (Gerät der Fa. Fischer, Schaffhausen) erreicht.

Bei der angegebenen Probekörpergröße und Messung mit Luft bei 20° C ($\eta = 1{,}84 \cdot 10^{-4}$ Poise) erhält die Gl. (8) die Form [8]

$$D_S = 42{,}36 \cdot 10^{-9} \frac{V}{\Delta p} \quad \text{Perm.} \tag{9}$$

Die Ergebnisse streuen bereits an einzelnen Steinen in weiten Grenzen. Die mittleren Abweichungen von 6 Messungen an einem Stein betragen nach N. Skalla u. P. Fischer [18] bei

Schamottesteinen	bis zu 20,8%,
Magnesiasteinen	bis zu 26,5%,
Chrommagnesiasteinen	bis zu 15,6%.

Aus diesem Grunde wurde von diesen Autoren die Messung an ganzen Steinen vorgeschlagen. Auch bei Steinen gleicher Fertigung muß mit starken Streuungen gerechnet werden. Skalla u. Fischer fanden bei

Silikasteinen	32,8%,
Schamottesteinen	40,9%,
Magnesiasteinen	18,7%,
Chrommagnesiasteinen	8,9%.

Diese Streuungen müssen bei der Beurteilung von Meßergebnissen berücksichtigt werden. Aus kleineren Differenzen dürfen keine Schlüsse gezogen werden, dagegen zeigen starke Erhöhungen der Gasdurchlässigkeit mit Sicherheit Strukturfehler an. S. Kienow, K. P. Breitel u. K. Heinemann [19] fanden bei Kanalsteinen deutliche Beziehungen zwischen dem Abrieb und dem Logarithmus der Gasdurchlässigkeit (vgl. Abschn. 3.554).

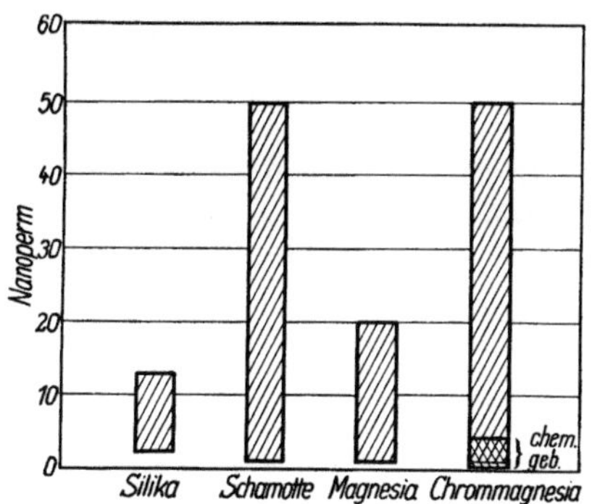

Abb. 42. Streubereich der Gasdurchlässigkeitswerte verschiedener Steinqualitäten

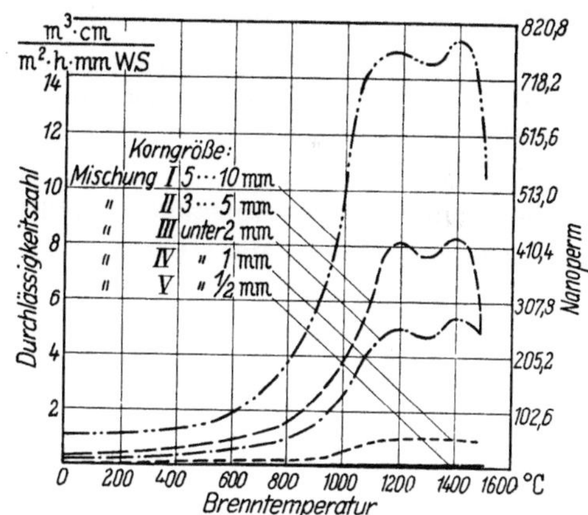

Abb. 43. Abhängigkeit der Gasdurchlässigkeit vom Kornaufbau und der Brenntemperatur bei Schamottesteinen (nach A. Kanz) (Mittelwerte aus 5 Versuchsreihen)

Die Gasdurchlässigkeitsbestimmung bietet z. Z. als einzige Untersuchungsmethode die Möglichkeit zur zerstörungsfreien Prüfung von feuerfesten Baustoffen.

Einen Überblick über die Schwankungsbereiche der Gasdurchlässigkeit bei verschiedenen feuerfesten Baustoffen gibt Abb. 42. In ihr sind die Bereiche von niedriger Durchlässigkeit bei dichten Steinen bis zu den jeweils maximalen Durchlässigkeiten bei als stark porös anzusehenden Steinen eingetragen.

Im einzelnen hängt die Größe der Gasdurchlässigkeit sowohl vom Kornaufbau ab, wie Abb. 43 nach Untersuchungen von A. KANZ [20] zeigt, als auch von der Art der Formgebung und der Brenntemperatur.

Die Gasdurchlässigkeit nimmt mit steigender Brenntemperatur zu, obwohl die Porosität geringer wird [21]. Nach A. KANZ [20] wächst sie bei gewöhnlichen Schamottesteinen bis zum Beginn der Sinterung und erreicht die höchsten Werte an zwischen 900 und 1200 °C gebrannten Proben. Bei 1300 °C Brenntemperatur wird sie etwas geringer und nimmt bei noch höher gebrannten Proben wieder stärker ab.

Aus der Gasdurchlässigkeit einzelner Steine können keine Rückschlüsse auf die Durchlässigkeit im gemauerten Verband gezogen werden, da die Mörtelfugen wesentlich stärker gasdurchlässig sind als die Steine [16].

1.433 Wassertränkung und Wasserdurchlässigkeit

Für die Durchströmung poröser Stoffe mit Wasser gelten grundsätzlich die gleichen Gesetze wie für die Gasdurchlässigkeit. Da aber die Poren bei Beginn der Prüfung mit Luft gefüllt sind, die durch das eindringende Wasser verdrängt werden muß, dauert es sehr lange, bis ein stationärer Strömungszustand erreicht ist.

Die Vorgänge, welche sich bei der Tränkung mit Wasser abspielen, folgen den Kapillargesetzen, nach welchen der kapillare Saugdruck

$$p = \frac{2\sigma \cos\varphi}{r} \qquad \text{(CANTORsche Gleichung)} \qquad (10)$$

beträgt.

σ = freie Grenzflächenenergie (Oberflächenspannung) Wasser/Luft;
φ = Randwinkel des Wassers an der Grenze Wasser/Festkörper (bei benetzenden Flüssigkeiten ist $\varphi \sim 0°$);
r = Porenradius.

Bei senkrechtem Aufsaugen wird dem Druck p durch das Gewicht des aufsaugenden Fadens das Gleichgewicht gehalten:

$$p = h_{\max}\, s, \qquad (11)$$

$h_{\max}$ = maximale Steighöhe;
s = spezifisches Gewicht des Wassers.

Aus Gl. (10) und (11) ergibt sich die Beziehung

$$h_{\max} = \frac{2\sigma \cos\varphi}{r\,s}, \qquad (12)$$

nach welcher die maximale Steighöhe der mittleren Porengröße r umgekehrt proportional ist. Je feinporiger ein Baustoff ist, desto höher kann er eine Flüssigkeit einsaugen. Mit Hilfe dieser Beziehung läßt sich allerdings die mittlere Porengröße nur sehr roh bestimmen.

Die Tränkungsgeschwindigkeit errechnet sich bei horizontalem Eindringen unter Berücksichtigung des HAGEN-POISSEUILLEschen Gesetzes nach der Formel:

$$\frac{dh}{dt} = \frac{\sigma\, r \cos\varphi}{4\eta\, h}. \qquad (13)$$

Durch Integration erhält man hieraus eine Beziehung zwischen der Eindringtiefe h und der Eindringzeit t:

$$dt = \frac{4\,\eta}{\sigma\,r\,\cos\varphi}\,h\,dh\,,$$

$$t = \frac{2\,\eta\,h^2}{\sigma\,r\,\cos\varphi} + C\,.$$

Da für $t = 0$ $h = 0$ ist, wird die Integrationskonstante $C = 0$ und es ergibt sich:

$$h = \frac{\sigma\,r\,\cos\varphi}{2\,\eta}\,\sqrt{t}\,. \tag{14}$$

Die Eindringtiefe ist also dem Porenradius, genauer dem effektiven Porenradius r_{eff} (vgl. Abschn. 1.432) und der Wurzel der Eindringzeit proportional. Die Richtigkeit dieser Beziehung wurde von L. ŽAGAR [21a] durch zahlreiche Tränkungsversuche mit Modellflüssigkeiten und Schlacken bestätigt.

Bei vertikalem Aufsteigen vermindert sich die Geschwindigkeit um ein vom Gewicht der Wassersäule abhängiges Glied [22]:

$$\frac{dh}{dt} = \left(\frac{2\,\sigma\,\cos\varphi}{r\,h} - s\right)\frac{r^2}{8\,\eta} \tag{15}$$

(η hier $=$ Viskosität der Flüssigkeit). Auch in diesem Fall wächst die Tränkungsgeschwindigkeit mit steigendem effektivem Porenradius.

Dies Ergebnis wurde von O. BARTSCH [23] durch Messung der Eindringzeit in eine 20 mm dicke Schicht verschiedener Schamottesteine bestätigt. Bei einer scheinbaren Porosität von 10,1% und einem mittleren Porenradius von 1,19 μ betrug die Eindringzeit 8250 Sekunden, bei Steinen mit 17,9% offenen Poren und 17,77 μ mittleren Porenradius dagegen nur 69 Sekunden.

O. BARTSCH [23] definierte den Tränkungswiderstand W_{Tr} als die Eindringzeit T_{20} in eine 20 mm dicke Schicht, dividiert durch die aufgenommene Flüssigkeitsmenge Q_{20}, gemessen durch die verdrängte Luftmenge:

$$W_{\text{Tr}} = \frac{T_{20}}{Q_{20}}\,. \tag{16}$$

Die bei der Tränkung eingedrungene Wassermenge erreichte nur Bruchteile des bei der Bestimmung der scheinbaren Porosität gefundenen Wertes. Der prozentuale *Sättigungsgrad*, d. h. der Quotient aus der maximalen beim Tränken aufgenommenen und der auf Grund der Porositätsmessung zu erwartenden Wassermenge betrug bei Schamottesteinen im Mittel 50% und stieg nur bei schwer sinternden tonerde- oder kieselsäurereichen Steinen auf 70 bis 84% an. Dagegen fand O. CARLSSON [24] an schwach gebrannten Ziegelsteinen Sättigungsgrade von praktisch 100%.

Diese Erscheinungen sind darauf zurückzuführen, daß besonders stark gesinterte Steine große Unterschiede in den Porengrößen aufweisen, während schwach gebrannte eine gleichmäßigere Struktur besitzen. Im ersten Fall benutzt die eindringende Flüssigkeit nur die größeren, leicht durchgängigen Kanäle und schnürt in vielen kleineren Poren die Luft ab. Die so entstehenden *Kapillarsäcke* verhindern den weiteren Wassereintritt und blockieren so einen mehr oder weniger großen Teil des Porensystems. O. BARTSCH bezeichnet eine derartige tränkungshindernde Struktur als *sperrig* im Gegensatz zu der *kontinuierlichen* Struktur, welche hohe Sättigungsgrade ermöglicht. Der Tränkungswiderstand ist also um so größer, je weniger Flüssigkeit beim Tränkungsversuch aufgenommen wird [s. Gl. (16)]. In der Ausdrucksweise von L. Žagar [*15a*] besagt dies, daß ε_{eff} kleine Werte annimmt, wenn der Tränkungswiderstand groß ist. Ähnliche Ergebnisse lieferten Tränkungsversuche mit dem zähflüssigeren Glyzerin. Gleichmäßig feinporige Steine nehmen relativ viel Glyzerin auf, während man bei *sperrigen* Strukturen nur geringe Sättigungsgrade erzielt.

Bei Durchströmungsversuchen mit Wasser im stationären Zustand erhielt O. Bartsch [*25*] erheblich kleinere spezifische Durchlässigkeitswerte nach Gl. (8) als mit Luft, und zwar wächst der Quotient

$$F = \frac{D_{s,\,\text{Luft}}}{D_{s,\,\text{Wasser}}}$$

mit steigender Brenntemperatur der Steine und mit zunehmender Feinkörnigkeit der Massen stark an. Einer nur geringen Änderung der Luftdurchlässigkeit entspricht dabei eine starke Abnahme der Wasserdurchlässigkeit. Die durch scharfe Sinterung und breite Streuung der Korngrößen entstehende sperrige Struktur bewirkt, daß nur ein Teil der Poren, nämlich die groben, vom Wasser durchströmt werden, während gleichmäßig feinporige Strukturen einen zwar langsamen, aber besser verteilten Durchfluß gestatten. Die effektive Porosität ε_{eff} ist für Wasser erheblich kleiner als für Luft. Wenn die der Wasserdurchlässigkeitsprüfung unterworfenen Platten vor dem Versuch im Vakuum getränkt werden, wobei die Kapillarsackbildung vermieden wird, steigt ε_{eff} an, die Durchlässigkeitszahlen erreichen dann 10- bis 30mal so hohe Werte wie bei der Tränkung unter Druck.

Beim Vergleich untereinander zeigen die Durchlässigkeitswerte für Wasser die gleichen Gesetzmäßigkeiten wie diejenigen für Luft. Mit zunehmender Brenntemperatur werden sie trotz abnehmender Porosität größer, bis die Sinterung erreicht ist, und nehmen dann ab. Bei grobkörnigen Massen ist dieser Einfluß wesentlich stärker als bei feinkörnigen.

Wegen ihrer langen Dauer werden Wasserdurchlässigkeitsbestimmungen nur selten als Betriebsprüfungen durchgeführt. Sie erfordern besondere Sorgfalt, insbesondere muß das verwandte Wasser scharf filtriert werden, um die Verstopfung der Poren durch Staubteilchen zu vermeiden. Umgekehrt müssen die in den Poren vorhandenen Staubteilchen herausgespült werden, wodurch sich die Einstellung der für die Bestimmung der Durchlässigkeit erforderlichen stationären Strömung zusätzlich verzögert.

1.434 Bestimmung der Porengrößenverteilung

Da die Bestimmung der mittleren Porengröße mit Hilfe der Gasdurchlässigkeit nach Gl. (7) für viele praktische Zwecke unzureichend ist, sind Verfahren zur Messung der Porengrößenverteilung ausgearbeitet worden, die sämtlich von der Cantorschen Gl. (10) ausgehen.

Es wird entweder eine benetzende Flüssigkeit verwandt, für welche $\varphi = 0$, $\cos\varphi = +1$ gilt, oder eine nicht benetzende, wie z. B. Quecksilber. Dann wird $\varphi \approx 140°$, $\cos\varphi = -0{,}766$. Im ersten Fall wird der Probekörper mit der benetzenden Flüssigkeit, meist Wasser, getränkt und dann wird diese Flüssigkeit durch eine andere, mit ihr nicht mischbare oder durch ein Gas (Luft) aus den Poren wieder verdrängt. Der hierbei aufzuwendende Druck $p = \dfrac{2\sigma}{r}$ ist umgekehrt proportional dem äquivalenten hydraulischen Porenradius r. Bei niedrigem Druck beschränkt sich dieser Verdrängungsvorgang nur auf Poren mit großem Radius r, erst durch stufenweise Steigerung des Druckes gelingt es, auch aus den kleineren Poren das Wasser hinauszudrängen. Aus der Zunahme der in der Zeiteinheit durchströmenden Menge V mit wachsendem Druck läßt sich der Gehalt an Poren verschiedener Größenklassen ermitteln. Im Diagramm Abb. 44, welches die Strömungsgeschwindigkeit als Funktion des Druckes enthält, ergibt der einfache Gas- oder Wasserdurchlässigkeitsversuch eine durch den Nullpunkt gehende Gerade bestimmter Neigung. Bei der Verdrängung einer Flüssigkeit durch eine andere beginnt die Kurve erst bei einem bestimmten Mindestdruck p_0 unter geringer Neigung zur Abszisse, da zunächst nur wenige Poren erfaßt werden, sie wird bei steigendem Druck steiler und mündet schließlich in die der reinen Durchströmung entsprechenden Gerade ein (Kurve *1*).

Wenn die Flüssigkeit durch ein Gas verdrängt wird, spielt sich der Vorgang prinzipiell in gleicher Weise ab, nur verläuft die Endgerade wegen der Kompressibilität des Gases nicht durch den Nullpunkt (Kurve *2*).

Zur Auswertung wird aus dem jeweiligen Druck der zugehörige Porenradius nach der Gleichung $r = \dfrac{2\sigma}{p}$ errechnet und bei der Verdrängung durch eine Flüssigkeit die Kurve *1* in Stufen zerlegt, so daß jedem Druckwert $p_{i,i-1}$ ein Ordinatenabschnitt $\Delta V_{i,i-1}$ entspricht. Der relative Anteil der dem Druck $p_{i,i-1}$ zugeordneten Porenklasse $r_{i,i-1}$ wird dann aus dem prozentualen Verhältnis von $\Delta V_{i,i-1}$ zur Summe aller Teilabschnitte bestimmt [24].

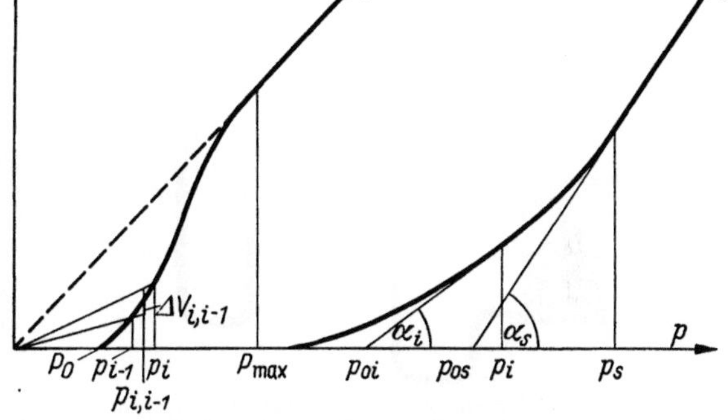

Abb. 44. Abhängigkeit der Strömungsgeschwindigkeit V vom Druck p bei Verdrängungsversuchen zur Bestimmung der Porenverteilung, Schema

Kurvenverlauf bei der Verdrängung *1* durch eine Flüssigkeit; *2* durch ein Gas

Im Falle der Verdrängung durch ein Gas (Kurve *2*) wird nach L. ŽAGAR [26] die Tangente an den dem Druck p_i zugeordneten Kurvenpunkt gezogen und die Durchlässigkeit D_i nach der Formel

$$D_i = \operatorname{tg} a_i = \frac{V_i}{p_i - p_{0i}} \qquad \text{(Bezeichnung s. Abb. 44)}$$

bestimmt. Der prozentuale Anteil der den einzelnen Druckstufen zugeordneten Porenklassen errechnet sich aus dem Verhältnis

$$\frac{D_i - D_{i-1}}{D_s},$$

wobei unter D_s die spezifische Gasdurchlässigkeit nach Verdrängung des gesamten Wassers, entsprechend dem Druck p_s (Übergang in die Gerade) verstanden wird.

Diesen Methoden liegt die vereinfachende Annahme zugrunde, daß alle Poren gleich lang sind.

Versuche nach dem Flüssigkeitsverdrängungsverfahren führte O. CARLSSON [24] an Ziegelsteinen durch, wobei er als Tränkungsflüssigkeit Wasser und als Verdrängungsflüssigkeit Isobutylalkohol verwandte. Die überwiegende Menge der Porenfläche wurde von Poren mit einem Radius von 60 bis 100 mμ eingenommen. Poren mit einem Radius über 100 mμ wurden nur in sehr geringem Umfang festgestellt.

Die ersten Versuche zur Verdrängung von Wasser durch Luft an feuerfesten
Steinen unternahm O. BARTSCH [27] mit Hilfe der von H. BECHTHOLD [28] entwickelten Blasendruckmethode, nach welcher der Radius der größten Pore
durch Messung des Druckes im Augenblick des ersten Luftaustrittes aus dem
Versuchskörper bestimmt wird. Weitere Werte werden abgelesen, wenn auf
8 cm² bzw. auf 2 cm² eine Luftaustrittsstelle kommt. Die Auswertung ergab
eine Porengröße (Durchmesser) von 2 bis 60 μ an Schamotte-Wannensteinen,
19 bis 21 μ an einem Silikastein und 26 bis 28 μ an einem Magnesiastein.

L. ŽAGAR [26] entwickelte die Blasendruckmethode weiter, indem er die
dem jeweiligen Druck entsprechende Strömungsgeschwindigkeit V bestimmte
und dadurch die Grundlagen für eine exaktere Auswertung schuf. Er bestimmte
an Schamottesteinen Porendurch-
messer von 7 bis 72 μ.

K. KONOPICKY u. W. LOHRE [29]
benutzen zur Bestimmung der
Porengrößenverteilung das von
Prof. SCHENCK, Aachen, entwickelte Porosimeter, bei welchem
Quecksilber durch stufenweise
Druckerhöhung in die Poren des
Probekörpers hineingedrückt wird.
Gemessen wird außer dem Druck
die Menge des jeweils eingedrun-
genen Quecksilbers als Maß für
das Volumen der dem herrschenden Druck entsprechenden Poren-

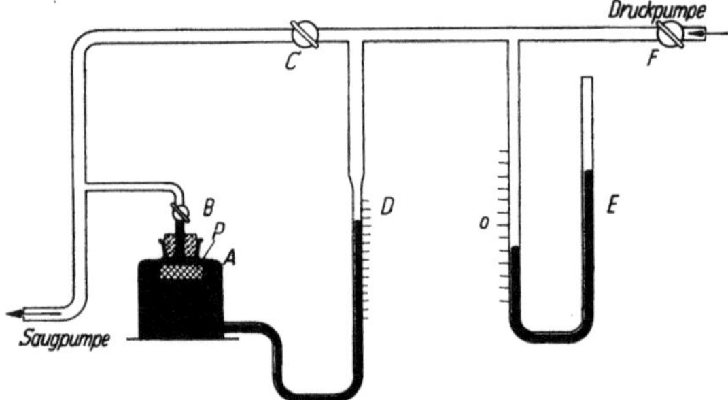

Abb. 45. Prinzipskizze eines Quecksilber-Druckporosi-
meters (nach K. KONOPICKY u. W. LOHRE)
A Druckflasche mit Probekörper *P*; *B* u. *C* Hähne zum
Absperren der Evakuierungsanlage; *D* Meßbürette;
E Manometer; *F* Hahn zum Absperren der Druckpumpe,
schwarz: Quecksilber

klasse (Abb. 45). Vor dem Aufbringen des Druckes muß der Probekörper evakuiert
werden, damit das Eindringen des Quecksilbers nicht durch eine Adsorption
von Gasen an der Porenoberfläche gestört wird.

Die Auswertung erfolgt nach der Gleichung

$$p\,r = 2\,\sigma\cos\varphi = -2 \cdot 47{,}2 \cdot 10^{-4} \cdot 0{,}766 = 72\,600\,\text{Å}.$$

Die so bestimmten Porengrößen liegen bei verschiedenen feuerfesten Steinen
zwischen 0,4 und 150 μ. Silika-Koksofensteine weisen ein Maximum in der
Klasse 0,5 bis 2 μ und ein zweites in der Klasse 15 bis 25 μ auf, bei Silika-
Gewölbesteinen liegt ein Maximum im Gebiet 1 bis 4 μ und ein zweites bei
∼20 μ. Schamottesteine weisen zwei weniger gut ausgeprägte Maxima bei 2 bis
15 μ und 25 bis 30 μ auf und eine starke Häufung oberhalb 75 μ. Auch Chrommagnesiasteine besitzen einen hohen Anteil an Grobporen mit >75 μ und
ein zweites Maximum im Bereich von 15 bis 25 μ, der Anteil der Poren <1 μ
ist variabel und hängt von der verwandten Sintermagnesia ab.

Trotz der bemerkenswerten Unterschiede der mit den einzelnen Methoden
gewonnenen Ergebnissen tritt die Tatsache deutlich hervor, daß die Porengröße der meist hochgesinterten feuerfesten Baustoffe vorwiegend über 1 μ
liegt und daß kleinere Poren nur in ganz untergeordneter Menge auftreten,
während z. B. bei niedriggesinterten Ziegelsteinen das Maximum der Porengröße unter 0,1 μ liegt.

Zur Charakterisierung der Porengrößenverteilung schlägt L. ŽAGAR [21a] die Verwendung der logarithmischen Verteilungsfunktion

$$n_r = \frac{\Sigma n}{\lg s_g \sqrt{2\pi}} \, e^{-\frac{(\lg r - \lg r_g)^2}{2 \lg^2 s_g}}$$

vor. Darin bedeuten:

$$n_r = \text{Anzahl der Poren mit dem Radius } r;$$
$$\Sigma n = \text{Anzahl aller Poren;}$$
$$r_g = \text{geometrisch mittlerer Porenradius;}$$
$$s_g = \text{geometrische Streuung.}$$

In einer graphischen Darstellung mit $\lg 2r$ als Abszisse und dem Prozentgehalt der Poren mit dem Radius r als Ordinate muß jedes Porenkollektiv mit normaler, durch die obige Gleichung ausdrückbarer Verteilung eine Gerade ergeben, die durch 2 Parameter vollständig

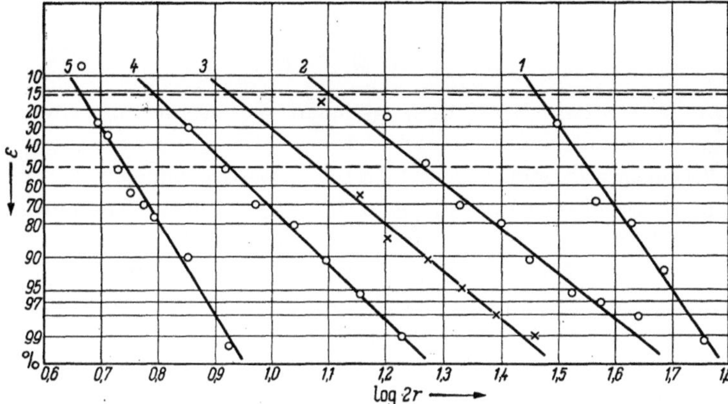

Abb. 46. Porengrößenverteilungen im logarithmischen Wahrscheinlichkeitsnetz (nach L. ŽAGAR)

Kurve 1: Magnesiastein	$r_g = 18,5\,\mu,$	$s_g = 1,20;$
Kurve 2: Schamotte-Pfannenstein	$r_g = 9,3\,\mu,$	$s_g = 1,44;$
Kurve 3: Schamotte-AI-Stein	$r_g = 6,0\,\mu,$	$s_g = 1,44;$
Kurve 4: Schamotte-AO-Stein	$r_g = 4,1\,\mu,$	$s_g = 1,35;$
Kurve 5: Glasfritte	$r_g = 2,8\,\mu,$	$s_g = 1,26$

bestimmt ist, nämlich durch r_g und s_g. r_g stellt den Schnittpunkt der Verteilungsgeraden mit der Parallelen zur Abszisse durch $\varepsilon = 50\%$ dar, s_g das Verhältnis von r_g zu dem Wert von r bei $\varepsilon = 15,87\%$ (Abb. 46). Während r_g die mittlere Porengröße charakterisiert, gibt s_g ein Maß für die Neigung der Geraden, die von der Streubreite der Porengrößen abhängig ist.

1.435 Strömungen in Mikroporen

Wenn die feuerfesten Baustoffe auch nur wenig Mikroporen enthalten, so ist doch eine Kenntnis der Strömungsvorgänge in diesen Poren, deren Weite von gleicher oder geringerer Größenordnung als die freie Weglänge der Gasmoleküle ist, von erheblicher Bedeutung, vor allem für das Studium des Gasaustausches beim keramischen Brand. In so engen Poren bewegen sich die einzelnen Moleküle diffus, bald an der einen, bald an der anderen Wand anstoßend, vorwärts. Zur Ausbildung von Schichten, die mit verschiedener Geschwindigkeit aneinander vorbeigleiten, kann es nicht kommen, daher ist diese sog. *Molekularströmung* nicht von der Viskosität, wohl aber vom Molekulargewicht des Gases abhängig. Nach M. KNUDSEN [30] ist die Strömungsgeschwindigkeit für reine Molekularströmung

$$v = \frac{4\,r^3}{3}\,\sqrt{2\,\pi}\,\sqrt{\frac{R\,T}{M}}\,\frac{\varDelta p}{l}\,, \tag{17}$$

R = Gaskonstante = $83{,}15 \cdot 10^{-6}$ Erg/Grad;
T = absolute Temperatur;
M = Molekulargewicht des Gases.

Die Strömungsgeschwindigkeit hängt also nicht von der 4. Potenz des Porenradius ab, wie beim HAGEN-POISSEUILLEschen Gesetz Gl. (4), sondern von der 3. Potenz. Bei verschiedenen Gasen ist unter gleichen Versuchsbedingungen die in der Zeiteinheit durchströmende Gasmenge umgekehrt proportional den Molekulargewichten bzw. den Gasdichten ϱ:

$$\frac{v_1}{v_2} = \sqrt{\frac{M_2}{M_1}} = \sqrt{\frac{\varrho_2}{\varrho_1}} \tag{17a}$$

(Gesetz von GRAHAM). Nach dem gleichen Gesetz spielen sich Diffusionsvorgänge in Mikroporen ab, welche durch ein Konzentrationsgefälle statt durch ein Druckgefälle hervorgerufen werden. Wird beispielsweise ein an Mikroporen reicher keramischer Hohlkörper mit Luft gefüllt und in einen mit Wasserstoff gefüllten Raum gebracht, so diffundiert der leichtere Wasserstoff schneller nach innen als die schwere Luft nach außen, und es entsteht ein Überdruck in dem Hohlkörper [31]. In ähnlicher Weise stellt sich ein Überdruck von einigen cm WS ein, wenn sich auf der einen Seite eines mikroporösen Körpers ein Gemisch von Stickstoff und Kohlensäure, auf der anderen Seite reiner Stickstoff befindet [32]. Da der Stickstoff schneller diffundiert als die Kohlensäure, entsteht der Überdruck auf der Seite des Gemisches.

Wird dagegen an Stelle eines keramischen Körpers ein solcher aus technischen Aktivkohlen verwandt, so steigt der Druck an der Seite des reinen Stickstoffes an, weil sich neben der Volumendiffusion eine Oberflächendiffusion der Kohlensäure abspielt, welche den Effekt der ersten überkompensiert. Die Oberflächendiffusion ist eine häufige Begleiterscheinung der physikalischen Adsorption und besteht in einer Parallelbewegung adsorbierter Substanzen entlang der Oberfläche. Sie ist um so stärker, je höher die Adsorptionsfähigkeit ist, daher unterliegen größere und schwerere Moleküle in höherem Maße der Oberflächendiffusion als leichte wie Wasserstoff oder Stickstoff. Für sie gilt also das Gesetz von GRAHAM nicht. Weiterhin wird die Oberflächendiffusion durch niedrige Temperaturen begünstigt. Sie kann erheblich größere Geschwindigkeiten erreichen als die Volumendiffusion nach dem GRAHAMschen Gesetz. In feuerfesten Stoffen ist allerdings nur selten mit einer merklichen Oberflächendiffusion zu rechnen, da sie nur meßbar ist, wenn die innere spezifische Oberfläche $S_0 > 10^6\,\frac{\mathrm{cm}^2}{\mathrm{cm}^3}$ ist. Nach Messungen von L. ŽAGAR [26] liegen aber die spezifischen Oberflächen feuerfester Steine meist unter $10^3\,\frac{\mathrm{cm}^2}{\mathrm{cm}^3}$.

Die Volumendiffusion kann durch Lagen adsorbierter Stoffe in den Mikroporen merklich behindert werden, da der wirksame Porenradius durch sie ver-

kleinert wird. Dieser Effekt ist um so größer, je kälter der Stoff ist. Wird ein
mit einer Adsorptionsschicht belegter Körper erhitzt, so vergrößert sich wegen
der eintretenden Desorption die Volumendiffusion stärker, als nach dem Gesetz
von GRAHAM zu erwarten ist [31].

Molekularströmungen können außer durch Druck- oder Konzentrationsgefälle auch durch ein reines Temperaturgefälle hervorgerufen werden. Dabei
verläuft die Strömung von der kalten zur heißen Seite [33]. Nach M. KNUDSEN
gilt für die Gasdichte ϱ beim stationären Strom in Mikroporen:

$$\varrho_h = \varrho_k \sqrt{\frac{T_k}{T_h}} \tag{18}$$

(Index $k =$ kalte Seite, $h =$ heiße Seite), während für größere Poren nach den
Gasgesetzen

$$\varrho_h = \varrho_k \frac{T_k}{T_h} \tag{19}$$

ist. Daher ist ϱ_h an der großen Öffnung kleiner als an der Mikropore, für ϱ_k
gilt das Umgekehrte. Es muß sich daher eine Zirkulationsströmung ausbilden,
die in den Mikroporen von der kalten zur heißen und in den größeren Poren
von der heißen zur kalten Seite gerichtet ist [2].

Ungesättigte oder gesättigte Dämpfe im unterkritischen Zustand unterliegen in Mikroporen der sog. *Kapillarkondensation*, die eine Folge der Dampf-
druckerniedrigung von konkaven Flüssigkeitsoberflächen gegenüber ebenen
Oberflächen ist. Nach dem HELMHOLTZ-THOMPSONschen Gesetz ist

$$\ln \frac{p}{p^\infty} = \frac{2\,\sigma\,M}{r\,R\,T\,\varrho_{fl}}, \tag{20}$$

$p\ \ \ =$ Dampfdruck in der Kapillare;
$p^\infty =$ Dampfdruck der ebenen Flüssigkeitsoberfläche;
$\varrho_{fl} =$ Dichte des Kondensats in flüssigem Zustand.

Der niedrige Dampfdruck in den Mikroporen ruft eine isotherme Kondensation hervor, die zu einem Adsorbat aus mehreren Moleküllagen oder sogar
zu einer Flüssigkeit mit Meniskus führt. Merklichen Umfang nimmt die Kapillarkondensation nur in Poren mit einem Radius unter 30 mμ an, da in größeren
Poren die Dampfdruckdifferenzen unmeßbar klein werden.

Der Vergleich zwischen den in Abschn. 1.42 beschriebenen Dichtemessungen
von F. KAHLER mit Hilfe der Kapillarkondensation und denjenigen von F. HART-
MANN lehrt, daß so kleine Poren im Anfang des Brennprozesses wohl vorhanden
sind, aber beim Dichtsintern verschwinden.

Die tatsächlich beobachteten Strömungsvorgänge in den Mikroporen feuerfester Baustoffe sind gemischter Natur, wobei je nach der Porengröße und
der chemischen Zusammensetzung der Steine und der strömenden Gase die
eine oder die andere Strömungsart vorherrscht.

1.436 Die Mischkörpertheorie

Die mathematische Behandlung der porösen Stoffe, die nach G. F. HÜTTIG [1]
als Mischkörper aus Feststoff und Luft bezeichnet werden können (s. Abschn. 1.41), wird durch die Unregelmäßigkeiten der Porenform und -größe erschwert.

Der Einfluß dieser Abweichungen von der ideal kreiszylindrischen Form auf irgendeine Eigenschaft des Mischkörpers kann nur durch Einführung von Form- oder Strukturfaktoren, welche statistische Mittelwerte darstellen, berücksichtigt werden. Als Eigenschaften gelten in diesem Falle elektrische- und Wärmeleitfähigkeit, Diffusionskonstante, Gasdurchlässigkeit, Schallgeschwindigkeit, Elastizitätsmodul, Druckfestigkeit usw., sie werden unter dem Sammelbegriff *Leitfähigkeiten* zusammengefaßt. Wird eine dieser *Leitfähigkeitseigenschaften* als y bezeichnet, so gilt nach K. TORKAR *[34]*

$$\frac{y - y_2}{y + K y_1} = \frac{y_1 - y_2}{y_1 + K y_1}\, x_1, \tag{21}$$

y_1 = Eigenschaftswert der besser leitenden Komponenten;
y_2 = Eigenschaftswert der schlechter leitenden Komponenten;
x_1 = Volumenanteil der Komponente *1*;
K = Strukturfaktor.

Im System Feststoff–Luft ist im allgemeinen für Luft $y_2 = 0$, in diesem Falle läßt sich Gl. (21) umformen zu

$$\frac{y}{y_1} = \frac{K x_1}{K + (1 - x_1)} = \beta. \tag{22}$$

Nach der für Mischkörpertheorie wichtigen Feststellung von G. F. HÜTTIG u. K. TORKAR *[35]* ist das Verhältnis β_1 der Eigenschaftswerte y im porösen Körper zu denjenigen im absolut dichten Material y_1 für alle genannten Eigenschaften konstant. Es genügt also, β_1 für eine leicht zu messende Eigenschaft zu ermitteln. Mit diesem β_1 und dem zugehörigen x_1 läßt sich nach Gl. (22) der Strukturfaktor K errechnen. Dieser erweist sich als weitgehend unabhängig von der Porosität ε, d. h. dann auch von x_1, er hat bei idealer Parallelschaltung aller Poren den Wert ∞ und wird bei idealer Serienschaltung gleich null. Mittels dieses K lassen sich dann auch die Eigenschaftswerte y bei geänderten Volumenverhältnissen x_1, aber sonst gleicher Struktur berechnen.

E. MANEGOLD *[36]* definierte einen *Labyrinthfaktor*

$$\chi = \frac{\varepsilon_{\mathrm{eff}}}{\varepsilon}, \tag{23}$$

worin $\varepsilon_{\mathrm{eff}}$ die effektive, bei Durchströmungsversuchen wirksame Porosität und ε die scheinbare Porosität bedeutet (vgl. Abschn. 1.432). Dieser Labyrinthfaktor χ als eine die Struktur beschreibende Größe sollte in einem Zusammenhang mit dem Strukturfaktor K stehen. Wenn man das Eigenschaftsverhältnis $\frac{y}{y_1} = \beta$ auch auf die Porosität bezieht, kann man $\beta \sim \varepsilon_{\mathrm{eff}}$ setzen, den Volumenanteil $x_1 \sim \varepsilon$ und erhält damit aus Gl. (22) die den Zusammenhang zwischen χ und K wiedergebende Beziehung

$$\chi = \frac{K}{K + 1 - \varepsilon}. \tag{24}$$

Statt des effektiven Porenradius r_{eff} kann nach F. M. LEA u. R. W. NURSE *[37]* auch der hydraulische Porenradius m_p eingeführt werden:

$$m_p = \frac{\text{Volumen aller Kapillaren}}{\text{Oberfläche aller Kapillaren}} = \frac{\varepsilon}{S_v} \tag{25}$$

($S_v =$ spezifische Oberfläche pro Volumeneinheit). Für eine kreisrunde Kapillare wird $m_p = \dfrac{r}{2}$. Das HAGEN-POISSEUILLEsche Gesetz Gl. (6) nimmt dann die Form an:

$$V_e = \frac{m_p^2\, \varepsilon\, q\, \varDelta p}{2\,\eta\, l_e} \tag{26}$$

($l_e =$ effektive Länge der Kapillaren). Da der hydraulische Porenradius nicht zwischen Kapillaren mit gleichem Querschnitt, aber verschiedener Gestalt unterscheidet, wird an Stelle des Faktors 2 im Nenner, der für den kreisförmigen Querschnitt gilt, der Gestaltfaktor k_0 eingeführt. k_0 nimmt für elliptische Querschnitte den Wert 2,13 bis 2,45, für rechteckige 1,78 bis 2,65, für Spalten 3,0 an.

Auch das als *Krummlinigkeitsfaktor ξ* bezeichnete Verhältnis l/l_e der Länge des Probekörpers zur effektiven Länge der Kapillaren kann nach LEA und NURSE zum Gestaltfaktor k_0 in Beziehung gesetzt werden:

$$\left(\frac{l}{l_e}\right)^2 = \frac{k_0}{k}\,, \tag{27}$$

worin k den sog. KOZENY-Faktor darstellt, der nach P. C. CARMAN [38] den Wert $5{,}0 \pm 10\%$ besitzt. Die spezifische Durchlässigkeit läßt sich dann ausdrücken durch

$$D_S = \frac{m_p^2}{k_0}\left(\frac{l}{l_e}\right)^2 \varepsilon = \frac{m_p^2}{k}\,\varepsilon\,. \tag{28}$$

Weiterhin wird der Labyrinthfaktor

$$\chi = \frac{\varepsilon_{\text{eff}}}{\varepsilon} = \frac{k_0}{k}\,. \tag{29}$$

Durch den Labyrinthfaktor χ, den Gestaltfaktor k_0 und den Krummlinigkeitsfaktor ξ lassen sich alle vorkommenden Porenformen mathematisch hinreichend genau beschreiben. Mit Hilfe dieser 3 Faktoren ist daher die rechnerische Behandlung der Durchströmungsvorgänge in einer für die Praxis ausreichenden Genauigkeit möglich.

Schließlich ist auch die Größe der spezifischen Oberfläche S_v von Bedeutung, welche sich aus Gl. (25) und Gl. (28) errechnet:

$$S_v = \sqrt{\frac{\varepsilon^3}{k\, D_s}}\,. \tag{30}$$

Die hier in ihren formalen Zusammenhängen gezeigten Größen sind bisher noch nicht bis in die praktische Behandlung von Problemen der feuerfesten Baustoffe vorgedrungen. Das ist aber in Zukunft zu erwarten, weil das betriebliche Verhalten der feuerfesten Baustoffe, insbesondere gegen Schlackeneinflüsse, in hohem Maße von den Struktureigenschaften abhängt.

1.44 Korngrößenverteilung und Packungsdichte

Porosität und Porengröße der feuerfesten Baustoffe hängen in erster Linie von der Korngrößenverteilung und der Packungsdichte der Körner ab. Daneben ist auch die Eigenporosität der Ausgangsstoffe, der verwandte Preßdruck und die Art und Höhe des Brandes von Einfluß.

1.441 Packungen kugelförmiger Körner

Obgleich in der Praxis der Feuerfestindustrie wegen der angestrebten Bindung durch Verhakungen splittrige und sperrige Körner für den Aufbau der Steine bevorzugt werden, hat man in theoretischen Überlegungen und Modellversuchen über die Packungsdichte der Einfachheit halber kugelige Körner benutzt. Bei Einkornpackungen von Kugeln gleicher Größe hängt der Raumanteil oder die Raumfüllung X_1 von der Zahl der Berührungsstellen jeder einzelnen Kugel ab. In der dichtest möglichen Packung hat jede Kugel 12 Berührungsstellen (Koordinationszahl 12, hexagonal oder kubisch dichteste Kugelpackung, vgl. Abschn. 1.23). Eine so hohe Dichte wird aber im allgemeinen nicht erreicht. Beim Schütten von Bleikugeln fand W. O. Smith [39] als häufigste Koordinationszahl den Wert 7. Durch Rütteln und Stoßen verschob sich diese häufigste Zahl auf den Wert 8, dabei traten dann schon in beträchtlicher Anzahl der Fälle örtlich die Koordinationszahlen 10, 11 und 12 auf.

Die erreichte Dichte hängt stark von dem Verhältnis der Korngröße zur Gefäßgröße und von der Gefäßform ab. Randbedingte Störungen treten jedoch nicht mehr auf, wenn der Schüttraum $> 1\,\mathrm{m}^3$ und der Kugelradius < 1 mm ist.

Die Hohlräume zwischen den Kugeln haben entweder 4eckige oder 3eckige Querschnitte (Abb. 47a u. b) [40], die ihre Größe von Ort zu Ort ändern. Die mittlere Größe der Querschnitte für die verschiedenen Kugelpackungen, sowie der dem mittleren Querschnitt entsprechende Äquivalentradius r und der Radius des dem kleinsten Querschnitt eingeschriebenen Kreises ϱ sind in Tab. 12 zusammengestellt.

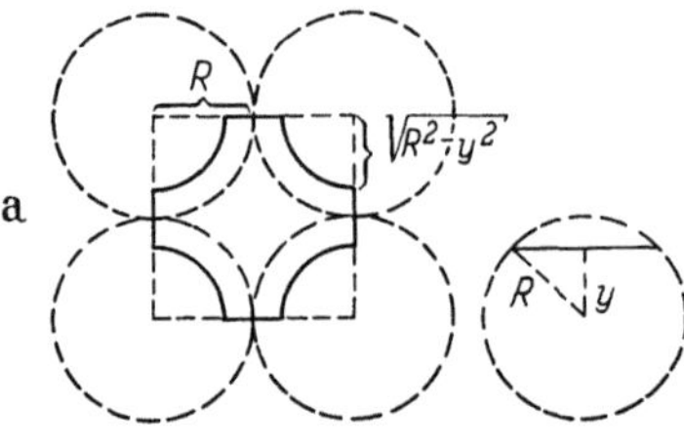

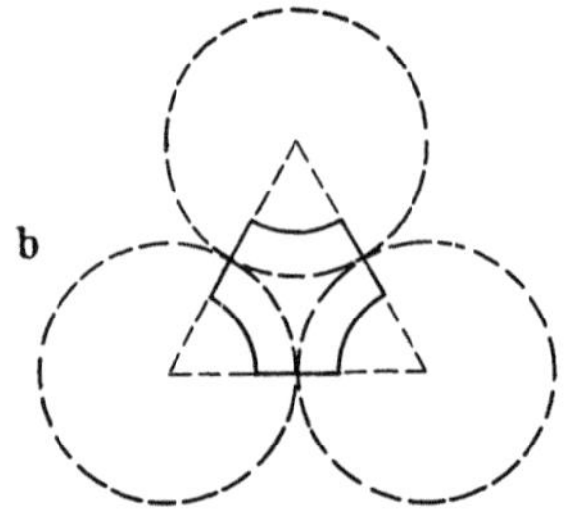

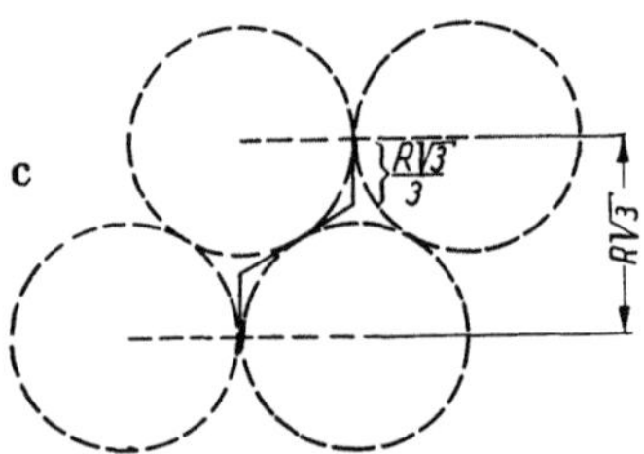

Abb. 47 a bis c
Hohlräume in Kugelpackungen
(nach E. Manegold u. K. Solf)

a) Viereckiger Querschnitt in der Äquatorialebene eines Kugelvierecks in einer Packung mit der Koordinationszahl 6;
b) dreieckiger Querschnitt in der Äquatorialebene eines Kugeldreiecks in einer Packung mit der Koordinationszahl 8;
c) Länge der Kanäle mit quadratischem Querschnitt in einer Packung mit der Koordinationszahl 8

Tabelle 12. *Größe der Hohlräume bei Ein-Kugelpackungen mit verschiedenen Koordinationszahlen* (nach E. Manegold u. K. Solf). *R = Kugelradius*

Koordi-nationszahl	Porosität %	Form des Hohlraumes	Mittl. Kanal-querschnitt	Äquivalent-radius r	Radius des kleinsten Kreises ϱ	Relative Kanallänge l_e/l
6	47,64	4eckig	$1{,}907\ R^2$	$0{,}778\ R$	$0{,}414\ R$	1
8	39,54	4eckig	$1{,}21\ R^2$	$0{,}62\ R$	$0{,}414\ R$	1,333
		3eckig	$0{,}684\ R^2$	$0{,}466\ R$	$0{,}1547\ R$	1
12 (hexag.)	25,95	3eckig	$0{,}512\ R^2$	$0{,}403\ R$	$0{,}1547\ R$	1
		3eckig	$0{,}423\ R^2$	$0{,}368\ R$	$0{,}1547\ R$	1,5
12 (kub.)	25,95	3eckig	$0{,}479\ R^2$	$0{,}390\ R$	$0{,}1547\ R$	1,25

Die Kanäle verlaufen teils gerade, teils geknickt durch die Packung (Abb. 47c), daher wurde auch die Kanallänge l_e relativ zur Dicke der Kugelpackung l in Tab. 12 aufgenommen.

Die Porosität ist als relative Größe unabhängig vom Durchmesser R der Kugeln, in die Werte für die mittleren Querschnitte und Radien der Hohlräume geht R aber bestimmend ein. Je kleiner der Kugelradius, desto enger sind die Kanäle.

Aus diesem Modell kann man für den praktischen Fall feuerfester Massen schließen, daß feinkörnig aufgebaute Massen zwar etwa die gleiche Porosität besitzen wie grobkörnig aufgebaute, daß die Porenkanäle jedoch mit zunehmender Feinkörnigkeit enger werden.

Tabelle 13. *Niedrigste Porosität und Mischungsverhältnis der dichtesten Packung bei binären Kugelmischungen mit* $\dfrac{R_1}{R_2} \sim 50$ (nach A. E. R. WESTMAN u. H. R. HUGILL)

Koordinations-zahl	Niedrigste Porosität P_{min} %	Mischungsverhältnis bei P_{min}	
		Große Kugeln %	Kleine Kugeln %
6	22,7	67,7	32,3
8	15,6	71,6	28,4
12	6,73	79,4	20,6

Verwendet man im Modell 2 Kugelgrößen, von denen die kleinere die Hohlräume zwischen den großen ausfüllen kann, so vermindert sich die Porosität der Packungen erheblich. Günstig und für die Praxis wichtig ist der Fall, daß die Radien der beiden verschiedenen Kugeln sich wie 1:50 verhalten.

Unter diesen Voraussetzungen ergaben sich für die dichtesten Packungen bei verschiedenen Koordinationen nach Berechnungen von A. E. R. WESTMAN u. H. R. HUGILL [41] die in Tab. 13 angegebenen möglichen Minimalwerte der Porosität.

In Abb. 48 sind die Porositäten für die 3 Koordinationen in Abhängigkeit vom Mischungsverhältnis der beiden Korngrößen dargestellt (gestrichelte Kurven). Daneben sind als Einzelpunkte die Porositäten bei Schüttungsversuchen mit Sandmischungen zweier definierter Korngrößenklassen eingetragen. Der Vergleich der praktischen Ergebnisse

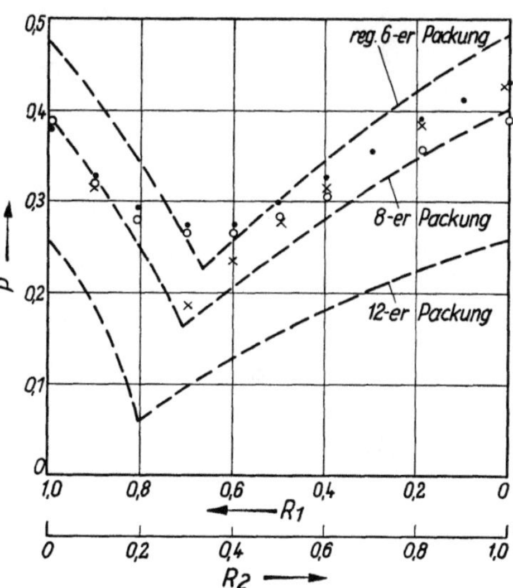

Abb. 48. Porosität P als Funktion des Mischungsverhältnisses bei binären Kugelmischungen mit $\dfrac{R_1}{R_2} \sim 50$ (nach MANEGOLD u. SOLF) [Kurven] und bei Schüttversuchen (nach A. E. R. WESTMAN u. H. R. HUGILL)

Kreuze: Versuche mit Sandmischungen mit $\dfrac{R_1}{R_2} = 50$; Kreise: desgl. $\dfrac{R_1}{R_2} = 6,3$; Punkte: desgl. $\dfrac{R_1}{R_2} = 8,0$

mit den berechneten Kurven zeigt, daß bei den Schüttversuchen Packungen erreicht wurden, wie sie den Koordinationszahlen 6 bis 8 entsprechen. Die niedrigste Porosität von $\sim 20\%$ besitzt eine Mischung von etwa 70% Grobsand mit $R_1 = 0,224$ und 30% Feinsand mit $R_2 = 0,0045 \left(\dfrac{R_1}{R_2} \sim 50\right)$, sie ist merklich dichter als die dichteste Einkornpackung mit einer Porosität von $\sim 26\%$ (Tab. 12).

Bei Verwendung von 3 Kugelgrößen mit $R_1 \gg R_2 \gg R_3$ ergibt die dichteste ternäre Mischung eine Porosität von 6,18%, wenn die Packung die Koordinationszahl 8 besitzt [42]. Diese Mischung besteht aus

$$64,45\% \text{ Kugeln } R_1,$$
$$25,25\% \text{ Kugeln } R_2,$$
$$10,07\% \text{ Kugeln } R_3.$$

Abb. 49 enthält im Dreiecksdiagramm die Linien gleicher Porosität nach den Berechnungen von E. MANEGOLD, R. HOFMANN u. K. SOLF [42] und die

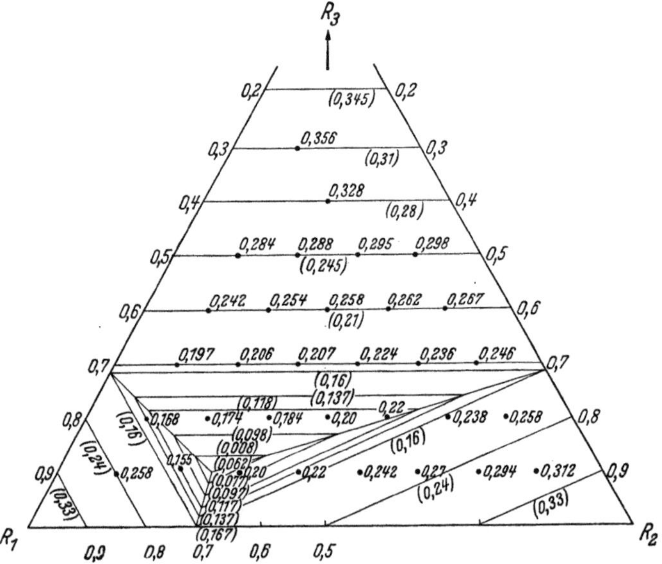

Abb. 49. Porosität als Funktion des Mischungsverhältnisses bei ternären Kugelmischungen mit $R_1 \gg R_2 \gg R_3$ (nach MANEGOLD, HOFMANN u. SOLF)
Kurven: Linien gleicher Porosität. Dazugehörige Porositätswerte in Klammern. Punkte: Ergebnisse von Schüttungsversuchen von A. E. R. WESTMAN u. H. R. HUGILL. Zahlen: Erreichte Porositätswerte

Ergebnisse der Schüttversuche von A. E. R. WESTMAN u. H. R. HUGILL [41] an ternären Sandmischungen mit $R_1 = 0,224$ cm, $R_2 = 0,036$ cm, $R_3 = 0,0045$ cm (Punkte). Die Übereinstimmung zwischen Rechnung und Versuch ist nicht sehr befriedigend. Offenbar ist die Abstufung der Radien $\left(\dfrac{R_1}{R_2} \sim 6,2 \text{ und } \right.$ $\left. \dfrac{R_2}{R_3} \sim 8 \right)$ noch zu gering, um die dichteste Packung mit der Koordinationszahl 8 zu erreichen. Die dichteste binäre Mischung besaß eine Porosität von 18,5% (theoretisch 15,6%), die dichteste ternäre Mischung eine solche von 15,5% (theoretisch 6,18%). Die bessere Übereinstimmung zwischen Rechnung und Versuch im Falle der binären Mischung war zu erwarten, da deren Radienverhältnis $\dfrac{R_1}{R_3} \sim 50$ betrug.

Um die bei Mischungen mit stark unterschiedlichen Korngrößen bestehende Entmischungsgefahr zu beheben, kann nach A. H. M. ANDREASEN [43] eine

möglichst dichte Mischung aus verschiedenen Kornstufen aufgebaut werden,
deren Korngröße nach einer geometrischen Reihe angeordnet ist. Die Stoff-

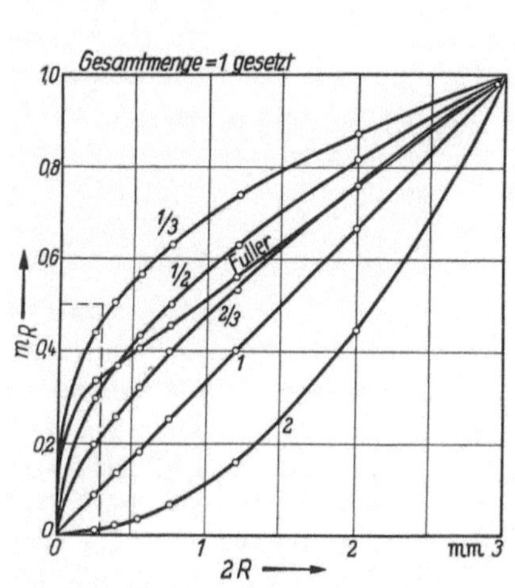

Abb. 50. Korngrößen-Summen-Kurven für dichte
Kugelpackungen (nach A. H. M. Andreasen)

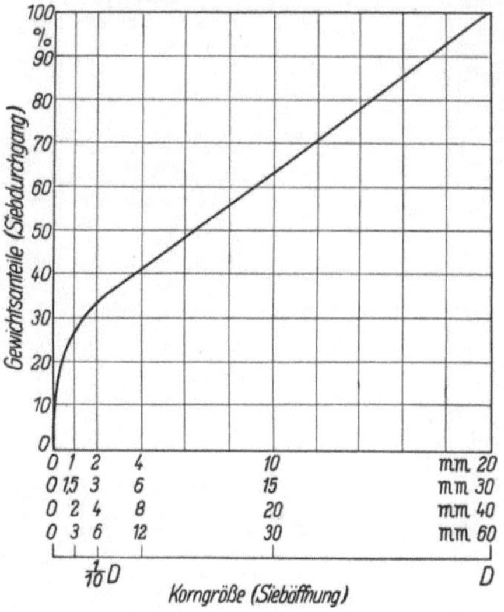

Abb. 51. Fullerkurve

menge der einzelnen Fraktionen muß dabei der Beziehung

$$\frac{dm}{m} = q\,\frac{dR}{R}$$

genügen, d. h. die relative Änderung der Stoffmenge muß in konstantem Verhältnis q zur Änderung des Radius stehen. Durch Integration ergibt sich hieraus

$$m_R = \left(\frac{R}{R_{max}}\right)^q,$$

die Verteilungskurve für dichte Kugelpackungen. Die Packung wird um so
dichter, je kleiner q ist (Abb. 50). Die von W. B. Fuller u. S. E. Thompson [44]

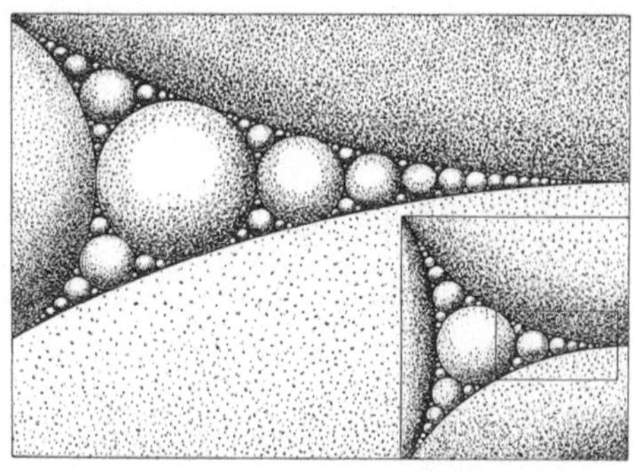

Abb. 52. Aufbau einer dichten Kugelpackung
(nach L. Burmester)

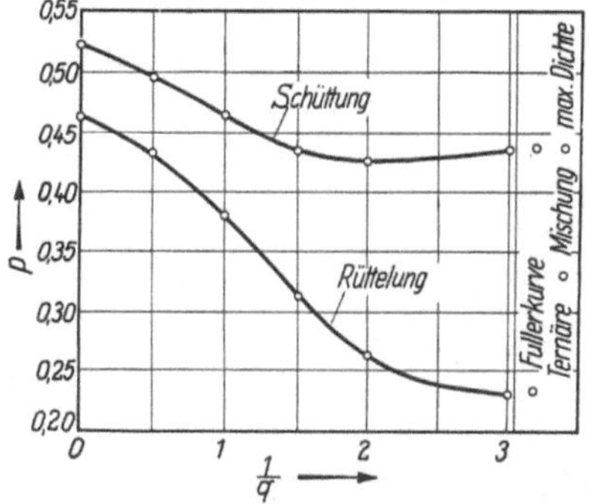

Abb. 53. Abhängigkeit der Porosität P von
Mischungen aus Flintteilchen mit verschiedenem
Kornaufbau (q-Werte) (nach A.H.M. Andreasen)

für dichte Betonpackungen errechnete sog. Fullerkurve (Abb. 51, auch in Abb. 50
eingetragen) stellt eine Verteilungskurve nach Andreasen mit $q = \frac{2}{3}$ bis $\frac{1}{3}$

dar [2]. Abb. 52 zeigt den idealen Aufbau einer derartigen dichten Kugelpakkung [45]. Die durch einfaches Schütten oder durch Rütteln erreichbare Dichte der Mischungen mit verschiedenem q zeigt Abb. 53 nach Versuchen von A. H. M. ANDREASEN [43]. Die Porositätswerte liegen dabei höher als bei binären oder ternären Mischungen.

1.442 Experimentelle Ergebnisse

Die Ausgangssubstanzen für feuerfeste Baustoffe fallen beim Mahlen meist als Körner mit sehr unregelmäßiger Gestalt an. K. LITZOW [46] versuchte daher über das Modell der Kugelpackungen hinaus die Frage der günstigsten Korngrößenverteilung für Schamotte experimentell zu klären. Bei seinen Versuchen mit 3 Korngrößenklassen, nämlich

$$\alpha = 2 \quad \text{bis } 5 \text{ mm},$$
$$\beta = 0,25 \text{ bis } 2 \text{ mm},$$
$$\gamma < 0,25 \text{ mm},$$

ergab sich ein ausgeprägtes Dichtemaximum des geschütteten Materials und der daraus unter Zusatz von 20 % Bindeton gebrannten Steine bei

$$\left(\frac{\alpha}{2} + \frac{\beta}{2}\right) \approx 70\%, \quad \gamma \approx 30\% \quad \text{(Abb. 54)}.$$

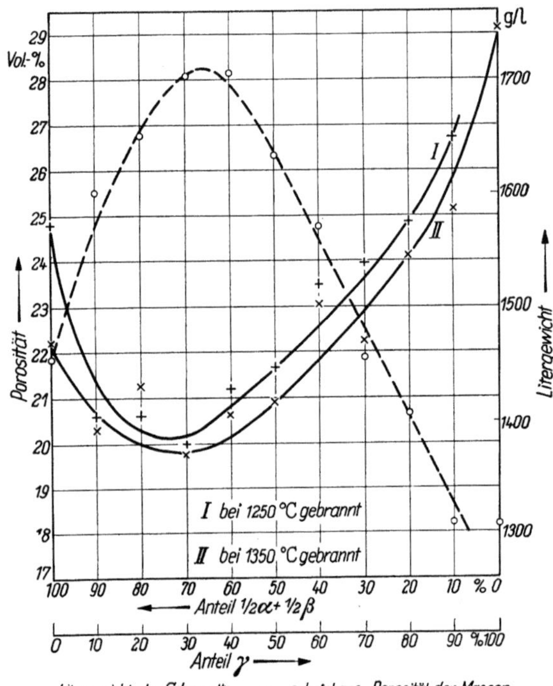

Abb. 54. Schüttgewichte verschiedener Korngemische aus Teichaer Schamotte und scheinbare Porositäten der daraus unter Zusatz von 20 % Bindeton hergestellten Steine (nach K. LITZOW)

Korngrößen: $\alpha = 2$ bis 5 mm, $\beta = 0,25$ bis 2 mm, $\gamma < 0,25$ mm

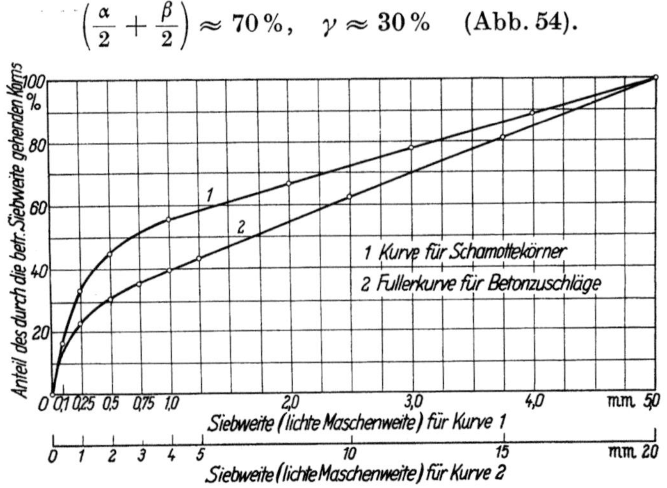

Abb. 55. Summenkurven der Korngrößenverteilung für dichte Packungen. *1* An Schamottekörnern bestimmt (nach LITZOW); *2* für Betonzuschläge (nach FULLER)

Eine Verschiebung der Korngrößenzusammensetzung in mäßigen Grenzen übt kaum einen Einfluß auf die Dichte aus. Die von K. LITZOW experimentell bestimmte Kurve für die günstigste Korngrößenverteilung ähnelt derjenigen von FULLER, mit dem Unterschied, daß der Feinkornanteil der Schamotte größer ist (Abb. 55). Zu ähnlichen Ergebnissen über die zweckmäßige Korngrößenverteilung bei Schamotte kamen BENINGA [47] und A. MÖSER [48], welche den Bindeton in die Schamottekörnung mit einbezogen. In der von BENINGA angegebenen Kurve ist daher der Feinkornanteil um einen gewissen Betrag herabgesetzt.

G. KUKOLEW [49] bestätigte die Anwendbarkeit der von LITZOW gefundenen Kurve auch für Silikamassen. Dagegen glaubt R. KLESPER [50], daß Silikasteine im Gegensatz zu Schamottewerkstoffen eine um so größere Porosität erhalten, je feiner die Grundmasse ist, weil die einzelnen kleinen Quarzkörner beim Brand nicht zu einem kompakten Korn zusammensintern können.

1.443 Der Einfluß von Betriebsmaßnahmen auf die Porosität

Beim Zerkleinern können in der Praxis nicht immer die optimalen Kornabstufungen eingehalten werden, da die verschiedenen Mahlverfahren wechselnde *Korngrößen* und *Kornformen* liefern. Maschinen mit Schlagwirkung, wie Symons- oder Prallbrecher (s. Abschn. 2.311), verleihen den Körnern eine mehr scharfkantige, splittrige Form, während Maschinen mit quetschender oder reibender Wirkung wie Walzwerke oder Kollergänge ein stärker abgerundetes Korn ergeben [51]. Die beim Zerkleinern entstehende Kornverteilung und -form hängt auch wesentlich von der Art des Mahlgutes ab. Sprödes Material, wie Quarzite oder hochgebrannte Schamotten ergeben auch auf dem Kollergang überwiegend splittrige Körner und einen höheren Feinkornanteil, zähe Stoffe liefern dagegen stets mehr rundliche Teile mit geringem Feinanteil. Nach Untersuchungen von P. ROSIN u. E. RAMMLER [52] gehorcht allerdings der Feinkornanteil bis zu einer ungefähren Korngröße von 1 mm herauf bestimmten Mahlgesetzen, die unabhängig von der Mahlart und Stoffzusammensetzung sind.

Die über einer Korngröße x (in μ) verbleibende prozentuale Restmenge R soll exponentiell von x abhängen in der Form

$$R = 100\, e^{-b\,x^n}$$

mit den beiden Konstanten b und n.

Auf dem Gesetz von ROSIN u. RAMMLER basiert eine graphische Darstellung, die eine Beurteilung der Güte der Mahlung gestattet. Durch doppeltes Logarithmieren erhält man aus der obigen Gleichung:

$$\lg\left(-\lg\frac{R}{100}\right) = n\lg x + \lg b + \lg(\lg e)$$

bzw.

$$\lg\left(\lg\frac{100}{R}\right) = C + n\lg x.$$

Zwischen $\lg\left(\lg\dfrac{100}{R}\right)$ und $\lg x$ besteht also eine lineare Beziehung. BENNET setzte für die Konstante b den Wert $b = 1/\bar{x}$ ein und erhielt:

$$R = 100\, e^{-\left(\frac{x}{\bar{x}}\right)^n}.$$

Erfahrungsgemäß ist bei Feinmahlprodukten $n \sim 1$.

Für $x = \bar{x}$ erhält man dann:

$$R = 100\, e^{-1} = 36{,}8\%\,.$$

Die Konstante $\bar{x}$ ist also die Korngröße, bei welcher der Rückstand 36,8% beträgt. Diese Korngröße und die Neigung n der Geraden in dem doppeltlogarithmischen *Bennet-Netz* charakterisieren die Korngrößenverteilung. Mit Hilfe von Tabellen kann aus diesen beiden Daten sofort die Größe der Oberfläche des Mahlgutes abgelesen werden.

Die feuerfesten Massen folgen dem ROSIN-RAMMLERschen Exponentialgesetz meist nicht und ergeben daher keine Gerade im *Bennet-Netz*. Zu ihrer Beurteilung wäre eine Darstellung wichtiger, aus welcher die Güte der Raumerfüllung abgelesen werden kann, also beispielsweise eine Kombination mit dem ANDREASEN-Gesetz. Eine derartige Untersuchung steht noch aus.

Die untere Grenze der Mahlbarkeit ist erreicht, wenn das Feinstkorn durch mikroplastisches Verkleben wieder zu größeren Sekundärteilchen anwächst [53]. Die Lage dieser Grenze hängt von der jeweiligen Stoffbeschaffenheit ab. Eine eingehende Darstellung der Kornverteilung im Bruch- oder Mahlgut und ihrer Gesetzmäßigkeiten findet sich in dem Werk von C. MITTAG [51].

Im Betrieb wird das Mahlgut häufig durch Sieben in mehrere Fraktionen geteilt und dann in bestimmten Verhältnissen wieder zusammengemischt. Die feinste durch Sieben im technischen Maßstab herstellbare Fraktion ist 0 bis 1 mm. Man kann jedoch Teile des Siebgutes weiter mahlen und Mischungen herstellen, die gewisse mittlere Korngrößen (z. B. 0,2 bis 1 mm) nicht enthalten (Ausfallkörnung). Sie ergeben besonders dichte Packungen, wie nach den erwähnten Untersuchungen an binären Kugelpackungen (s. Abschn. 1.441) vorauszusehen ist.

Die Gesamtporosität der Mischungen hängt außer von der Packungsdichte auch von der *Eigenporosität* der Ausgangsstoffe ab. Bei den porenfreien, geschmolzenen Stoffen wie Korund und Siliziumkarbid, aber auch bei den meisten Quarziten, spielt diese kaum eine Rolle. Dagegen kann die Eigenporosität in Schamottekörnern beträchtlich sein, weil sich beim Brennen von lose aneinander liegenden Tonteilchen oft Hohlräume bilden und beim Entwässern des Tones, beim Ausbrennen organischer Substanzen oder der Zersetzung anderer Substanzen, wie Schwefelkies, Schwindungsrisse entstehen [54]. Die mineralogischen Veränderungen der Tone beim Schamottebrennen, vor allem die Umwandlung des Kaolinits in Mullit, sind ebenfalls eine Ursache der Eigenporosität.

Die Porosität wird weiterhin durch Art und Menge des Bindemittels, die Menge des bei der Formung verwendeten Wassers, das Preßverfahren und den Preßdruck beeinflußt. Zur Herstellung besonders dichter Steine muß der Bindetonanteil möglichst niedrig gehalten werden.

Nach F. H. CLEWS u. A. T. GREEN [55] nimmt die Porosität bei Silikasteinen infolge Steigerung des Preßdruckes von 354 auf 1066 kg/cm² um 3,5% ab.

Handgeformte Silikasteine haben noch höhere Porositäten als mit 354 kg/cm² gepreßte Steine.

Beim Brennen tongebundener Steine wirken langsame Temperatursteigerung [56], lange Brenndauer und hohe Brenntemperatur auf eine Verringerung der Porosität hin [57]. Bei quarzreichen Schamotte-, Silika- und bei Magnesiasteinen wächst dagegen der Porenraum mit steigender Brenntemperatur.

Schrifttum

[1] HÜTTIG, G. F., u. A. VIDMAJER: Z. anorg. allg. Chem. Bd. 272 (1953) S. 40
[2] Vgl. MANEGOLD, E.: Kapillarsysteme, Bd. 1. Heidelberg 1955
[3] WESTBERG, T., u. G. WAHLBERG: Tonind.-Ztg. Bd. 59 (1935) S. 644/45 u. 655/58

[4] KAHLER, F.: Radex-Rdsch. (1947) S. 50/55

[5] HARTMANN, F.: Ber. DKG. Bd. 11 (1930) S. 52

[6] SALMANG, H.: Bull. Soc. franç. Céram. (1952) S. 2

[7] Nach WESTMARK, H.: Beitrag zur Kennzeichnung der Texturen von Schamotte-steinen. Diplomarbeit T. H. Aachen

[8] ŽAGAR, L.: Arch. Eisenhüttenwes. Bd. 26 (1955) S. 777/82

[9] PRESTON, E.: J. Soc. Glass Technol. Bd. 18 (1934) S. 336/90

[10] KANZ, A.: Arch. Eisenhüttenwes. Bd. 2 (1928/29) S. 843/49 u. Bd. 12 (1938/39) S. 247/51

[11] D'ARCY, H. P. G.: Les fontaines publiques de la ville de Dijon. Paris 1856

[12] IMMKE, H., u. W. MIEHR: Sprechsaal Keram., Glas, Email Bd. 64 (1931) S. 85/87 u. 107/09

[13] CLEWS, F. H., u. A. T. GREEN: Trans. Brit. ceram. Soc. Bd. 32 (1933) S. 295, 319, 472 u. Bd. 33 (1934) S. 21

[14] EASTER, G. J.: J. Amer. ceram. Soc. Bd. 11 (1928) S. 767

[15] ZIMENS, K. E.: Handbuch d. Katalyse, Bd. 4, I, S. 242ff. Wien 1943

[15a] MANEGOLD, E.: Kolloid-Z. Bd. 82 (1938) S. 269

[16] BANSEN, H.: Arch. Eisenhüttenwes. Bd. 1 (1927/28) S. 677/92

[17] DALLA VALLE, J. M.: Micromeritics, 2. Aufl. New York 1948

[18] SKALLA, N., u. P. FISCHER: Tonind.-Ztg. Bd. 79 (1955) S. 303/10

[19] KIENOW, S., K. P. BREITEL u. K. HEINEMANN: Stahl u. Eisen Bd. 76 (1956) S. 1416/26

[20] KANZ, A.: Arch. Eisenhüttenwes. Bd. 12 (1938/39) S. 247/51

[21] v. WIDEMANN, R.: Céramique Bd. 32 (1929) S. 185. — CASSAN, H.: Céramique Bd. 34 (1931) S. 5. — BRÉMOND, P.: Céramique Bd. 34 (1931) S. 3

[21a] ŽAGAR, L.: Habilitationsschrift Aachen 1957 (Arch. Eisenhüttenwes. im Druck)

[22] Eine ausführliche Darstellung der Beziehungen beim kapillaren Aufstieg findet sich bei MANEGOLD, E., R. HOFMANN u. K. SOLF: Kolloid-Z. Bd. 56 (1931) S. 286

[23] BARTSCH, O.: Ber. DGK. Bd. 14 (1933) S. 471/84

[24] CARLSSON, O.: Ber. DGK. Bd. 31 (1954) S. 230/39 u. 261/70

[25] BARTSCH, O.: Ber. DGK. Bd. 12 (1931) S. 619/52

[26] ŽAGAR, L.: Arch. Eisenhüttenwes. Bd. 26 (1955) S. 561/62 u. Bd. 27 (1956) S. 657/63

[27] BARTSCH, O.: Ber. DKG. Bd. 14 (1933) S. 519/30

[28] BECHTHOLD, H.: Z. physik. Chem. Bd. 64 (1908) S. 5/14

[29] KONOPICKY, K., u. W. LOHRE: Ber. DKG. Bd. 33 (1956) S. 101/08

[30] KNUDSEN, M.: Ann. Physique Bd. 28 (1909) S. 75

[31] BRÉMOND, P.: Prol. Int. Congr. Ceramies, S. 143/62. Mailand 1933

[32] WICKE, E., u. U. VOIGT: Z. angew. Chem. (B) Bd. 19 (1947) S. 94

[33] JÄGER, G.: Fortschritte der kinetischen Gastheorie. Braunschweig 1919

[34] TORKAR, K.: Ber. DKG. Bd. 31 (1954) S. 148/56

[35] HÜTTIG, G. F., u. K. TORKAR: Kolloid-Z. Bd. 115 (1949) S. 24

[36] MANEGOLD, E.: Kolloid-Z. Bd. 82 (1938) S. 269

[37] LEA, F. M., u. R. W. NURSE: Symposium on Particle Size Analysis Suppl. Trans. Inst. chem. Engr. Bd. 25 (1947) S. 47

[38] CARMAN, P. C.: Trans. Inst. chem. Engr. Bd. 15 (1937) S. 150/60

[39] SMITH, W. O.: Physics Bd. 3 (1932) S. 139

[40] MANEGOLD, E., u. K. SOLF: Kolloid-Z. Bd. 55 (1931) S. 273

[41] WESTMAN, A. E. R., u. H. R. HUGILL: J. Amer. ceram. Soc. Bd. 13 (1930) S. 767 u. Bd. 19 (1936) S. 127

[42] MANEGOLD, E., R. HOFMANN u. K. SOLF: Kolloid-Z. Bd. 56 (1931) S. 142

[43] ANDREASEN, A. H. M.: Kolloid-Z. Bd. 50 (1930) S. 217; Kolloidchem. Beih. Bd. 27 (1928) S. 349/458; VDI-Forschungsh. Nr. 399 (1939)

[44] FULLER, W. B., u. S. E. THOMPSON: Proc. Amer. Soc. Civil Engr. Bd. 33 (1907) S. 222

[45] BURMESTER, L.: Z. angew. Math. Mechan. Bd. 4 (1924) S. 33

[46] LITZOW, K.: Glastechn. Ber. Bd. 8 (1930) S. 149/53

[47] BENINGA: Tonind.-Ztg. Bd. 58 (1934) S. 651/52

[48] MÖSER, A.: Tonind.-Ztg. Bd. 58 (1934) S. 1260/62

[49] KUKOLEW, G.: Ogneupory Nr. 4 (1933) S. 4/10

[50] KLESPER, R.: Sprechsaal Keram., Glas, Email Bd. 68 (1935) S. 582

[51] Mittag, C.: Die Hartzerkleinerung, S. 180/96. Berlin/Göttingen/Heidelberg: Springer 1953
[52] Rosin, P., u. E. Rammler: Ber. DKG. Bd. 15 (1934) S. 399/416
[53] Smekal, A.: Vortrag auf dem Steine- und Erdentag. Aachen 1956
[54] Threlfall, C. R. F.: Trans. Brit. ceram. Soc. Bd. 33 (1934) S. 299/320
[55] Clews, F. H., u. A. T. Green: Trans. Brit. ceram. Soc. Bd. 34 (1935) S. 457/66
[56] Brown, G. H., u. G. A. Murray: Techn. Pap. Bur. Stand. Nr. 17, S. 20
[57] Salmang, H.: Die phys. und chem. Grundlagen der Keramik (1951)

1.5 Thermische Eigenschaften

1.51 Ausdehnung durch Wärme

Beim Erhitzen erleiden feuerfeste Baustoffe reversible oder irreversible, stetige oder sprunghafte Längen- und Volumenänderungen in Abhängigkeit von der Temperatur.

1.511 Reversible Wärmeausdehnung

Die lineare reversible Wärmeausdehnung eines festen Körpers wird durch den linearen Ausdehnungskoeffizienten α bestimmt, welcher die Zunahme der Längeneinheit bei einer Temperaturerhöhung von $1\,°\,C$ angibt und durch die Gleichung

$$\alpha = \frac{1}{l}\frac{dl}{dt}$$

(l = Länge, t = Temperatur) definiert ist. Bei Einkristallen ist α eine richtungsabhängige (vektorielle) Größe, deren Hauptachsen α_x, α_y und α_z mit denen der Kristallachsen zusammenfallen. In Kristall-

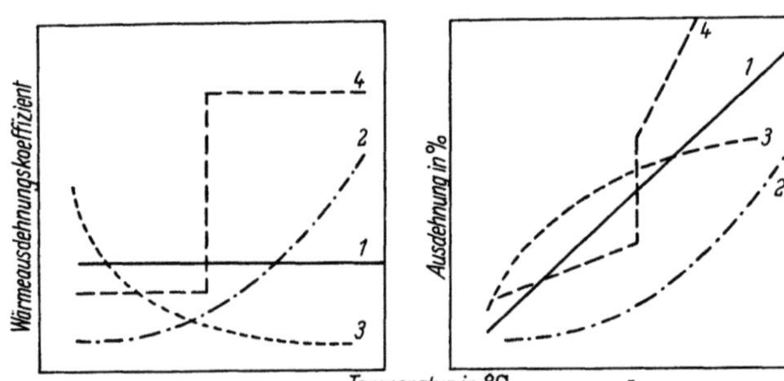

Abb. 56 a u. b. Verschiedenes Verhalten der Wärmeausdehnung als Funktion der Temperatur, schematisch (nach K. Schönert)
Kurve *1*: α unabhängig von der Temperatur; Kurve *2*: α zunehmend mit der Temperatur; Kurve *3*: α abnehmend mit der Temperatur; Kurve *4*: sprunghafte Änderung von α
a) Wärmeausdehnungskoeffizient; b) prozentuale Wärmeausdehnung

aggregaten und polykristallinen Substanzen gleichen sich die Unterschiede zwischen den verschiedenen Werten aus, so daß das Material ein quasiisotropes Verhalten mit skalarem Ausdehnungskoeffizienten zeigt. Auch glasige Stoffe verhalten sich isotrop.

Der räumliche Ausdehnungskoeffizient

$$\beta = \frac{1}{V}\frac{dV}{dt}$$

(V = Volumen) ist bei isotropen und quasiisotropen Substanzen $\beta \sim 3\alpha$ und bei Einkristallen durch die Gleichung

$$\beta = \alpha_x \cos^2 \varphi_x + \alpha_y \cos^2 \varphi_y + \alpha_z \cos^2 \varphi_z$$

bestimmt.

An Stelle der Ausdehnungskoeffizienten wird häufig die prozentuale lineare oder räumliche Ausdehnung angegeben, die sich aus α bzw. β durch Multiplikation mit der Temperatur und mit 100 ergibt, wenn die Koeffizienten weitgehend temperaturunabhängig sind. Meistens ändert sich jedoch der Ausdehnungskoeffizient mit der Temperatur stetig (Abb. 56a, Kurve *2* u. *3*), bei Modifikationsänderungen auch unstetig (Kurve *4*). Abb. 56b zeigt schematisch die prozentualen Ausdehnungen, wie sie den verschiedenen Typen in Abb. 56a entsprechen [*1*].

Zur Messung der Wärmeausdehnung dienen *Dilatometer*, welche meist vertikal oder horizontal angeordnete, elektrisch beheizte Röhrenöfen zur Erhitzung der zylindrischen Probestäbe besitzen. Die Längenänderung wird als Funktion der Temperatur entweder direkt gemessen oder als Differenz gegen einen Vergleichsprobekörper bestimmt (*Differentialdilatometer*).

Für die *direkte Messung* der Längenänderungen werden im einfachsten Fall Meßuhren verwandt. Um die Fehler zu vermeiden, welche durch die ungleichmäßige Erwärmung des aus dem Ofen (*1*, Abb. 57) herausragenden Stempels entstehen, können Probekörper (*5*)

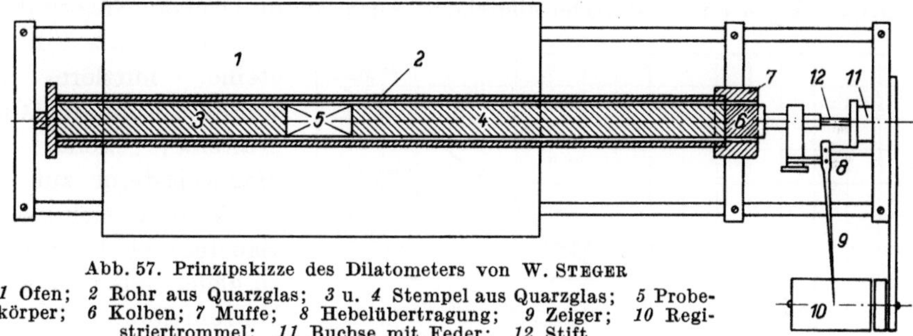

Abb. 57. Prinzipskizze des Dilatometers von W. STEGER

1 Ofen;   *2* Rohr aus Quarzglas;   *3* u. *4* Stempel aus Quarzglas;   *5* Probekörper;   *6* Kolben;   *7* Muffe;   *8* Hebelübertragung;   *9* Zeiger;   *10* Registriertrommel;   *11* Buchse mit Feder;   *12* Stift

und Stempel (*3, 4*) in ein Rohr (*2*) aus dem gleichen Material wie die Stempel fest eingebaut werden (Kompensationsschaltung). Die am Rohrende beobachtete Längenänderung besteht dann aus der Wärmeausdehnung des Probekörpers abzüglich derjenigen eines gleich langen Rohrteiles. Bei dem Dilatometer nach W. STEGER [*2*] wird die Längenänderung auf einen Zeiger (*9*) übertragen, welcher sie auf eine Registriertrommel (*10*) aufzeichnet. Als Stempel- und Rohrmaterial verwendet W. STEGER Quarzglas, welches eine sehr geringe thermische Ausdehnung besitzt, aber nur bis $\sim 1000°$ C verwendbar ist (s. Abschn. 2.115).

Das vertikal angeordnete Dilatometer von STEINHOFF u. NOPISCH [*3*] enthält keine Kompensationsschaltung, sondern überträgt die Ausdehnung des Probekörpers sowie diejenige des oberen und unteren Stempels aus Quarzglas unmittelbar auf einen mit einem Spiegel verbundenen Hebel. Die Drehung des Spiegels wird mit Hilfe eines Fernrohres in 5 m Entfernung auf einer beleuchteten Meßplatte abgelesen. Auch diese Apparatur ist wegen der Verwendung von Quarzglas nur bis $\sim 1000°$ C verwendbar, ebenso wie die auf einem ähnlichen Prinzip beruhende Apparatur von W. MIEHR, J. KRATZERT u. H. IMMKE [*4*].

Um die Übertragung der Längenänderung mit Hilfe von Stempeln zu vermeiden, können an den Enden des Probekörpers Marken, meist aus Platindraht, angebracht, und die Verschiebungen dieser Marken beim Erhitzen mit Hilfe von Fernrohren durch seitlich im Ofen angebrachte Öffnungen beobachtet werden. Zur Messung werden z. T. Kathetometer verwandt, welche ein einfaches, an einem vertikalen Meßstab verstellbar angebrachtes Fernrohr besitzen. Die Marken werden nacheinander durch Verschieben des Fernrohres anvisiert und ihre Abstände am Meßstab abgelesen. Nach diesem Verfahren arbeitet z. B. die Apparatur von HIRSCH u. PULFRICH [*5*].

Wegen der beim Kathetometer schwer vermeidbaren Parallaxenfehler wird bevorzugt das genauere Komparatorverfahren benutzt, bei dem die Marken auf dem Probekörper durch ein Doppelfernrohr mit Mikrometerokularen beobachtet werden. Jedes Fernrohr wird fest auf eine Marke eingestellt und die Längenänderung mit dem Mikrometerokular gemessen. Eine nach diesem Prinzip arbeitende Apparatur mit großer Meßgenauigkeit wurde von K. ENDELL [*6*] entwickelt.

Die direkte Beobachtung von Meßmarken ist prinzipiell an keine Temperaturgrenzen gebunden. Sie ist aber am besten im Bereich zwischen 900° und 1600° C möglich. Bei niedrigerer Temperatur reicht die Strahlung noch nicht zur Beleuchtung der Meßmarken aus und über 1600° C stört die starke Luftbewegung die Meßgenauigkeit, besonders in vertikal angeordneten Öfen.

Bei den *Differentialdilatometern* werden Vergleichskörper aus Quarzglas oder aus Siliziumkarbid bzw. Sinterkorund (für höhere Temperaturen) verwandt. Die unterschiedlichen Längenänderungen zwischen Probe und Vergleichskörper werden mechanisch durch eine Schreibvorrichtung oder optisch mit Hilfe eines drehbar angeordneten Spiegels auf einer photographischen Platte registriert. Das von der Fa. E. Leitz, Wetzlar, gebaute Differentialdilatometer nach BOLLENRATH besitzt z. B. Quarzglas als Vergleichskörper und optische Registrierung.

Die linearen zwischen der Raumtemperatur und der Temperatur $t°$ gemessenen mittleren Wärmeausdehnungskoeffizienten der feuerfesten Baustoffe schwanken bei $t = 1000°$ C zwischen $4 \cdot 10^{-6}$ und $14 \cdot 10^{-6}$, entsprechend einer Ausdehnung von 0,4 bis 1,4% (Abb. 58). Die niedrigste Ausdehnung besitzen Siliziumkarbid- und Mullit- bzw. Sillimanitsteine, mittlere Werte weisen Korund- und Chromerzsteine, hohe Werte Magnesiasteine auf.

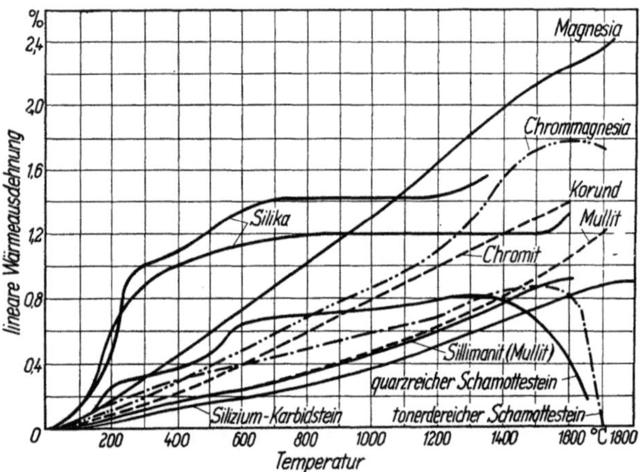

Abb. 58. Lineare Wärmeausdehnung feuerfester Baustoffe (nach A. DIETZEL u. KOPPERS Handbuch)

Während sich alle diese Baustoffe bis 1700° C nahezu gleichmäßig ausdehnen, konzentriert sich bei Silikasteinen fast die gesamte Ausdehnung auf den Temperaturbereich unterhalb 700° C und verläuft zwischen 100 und 250° C sowie zwischen 550 und 600° C infolge Modifikationsänderungen sogar sprunghaft (s. Abschn. 1.31). Zwischen 700 und 1200° C bzw. 1500° C dehnen sich Silikasteine praktisch überhaupt nicht aus, sie sind daher in diesem Bereich unempfindlich gegen Temperaturschwankungen.

Der sprunghafte Verlauf der Kieselsäureausdehnung macht sich abgeschwächt auch in quarzreichen Schamottesteinen bemerkbar. Davon abgesehen dehnen sich Schamottesteine ähnlich wie Mullitsteine nur wenig aus, ein Maximalwert von 0,8 bis 0,9% wird nicht überschritten. Der Rückgang der Ausdehnung bei höheren Temperaturen ist auf eine bleibende Schwindung infolge örtlicher Schmelzbildung zurückzuführen (s. Abschn. 1.512). Wärmeausdehnungen unter 1% werden in vielen Fällen vom Mauerwerk, insbesondere von den Mörtelfugen aufgenommen. Bei stärkeren Ausdehnungen müssen im Mauerwerk Dehnfugen vorgesehen werden, die geschlossen sein sollen, wenn die Arbeitstemperatur erreicht ist. Sie werden durchgehend (Abb. 59a) oder versetzt (Abb. 59b) angeordnet und mit brennbaren Stoffen, wie Holz oder Pappe, ausgefüllt.

Wegen der Reibung zwischen den einzelnen Steinen schließen sich die Dehnfugen häufig nicht in der vorgesehenen Weise, so daß das Mauerwerk gleichzeitig an anderen Stellen durch Druckwirkungen beschädigt wird. Es ist daher im allgemeinen richtiger, viele kleine Dehnfugen an Stelle weniger großer vorzusehen.

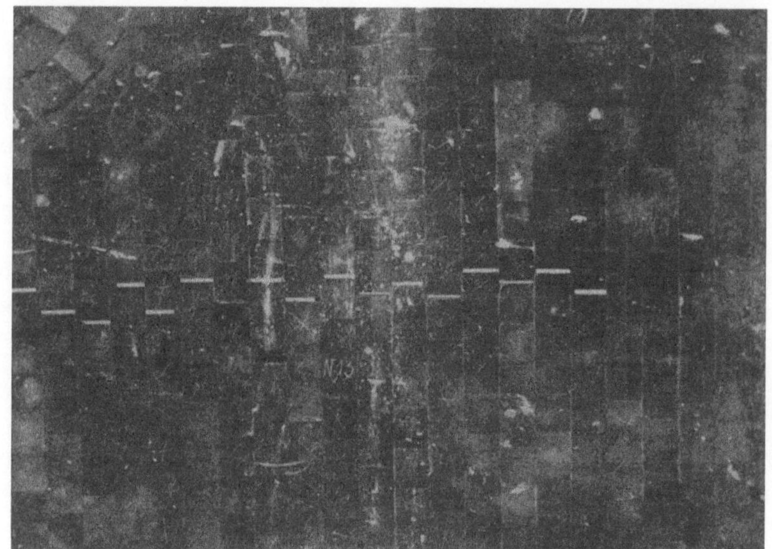

Abb. 59 a u. b. Mit Holzplättchen ausgefüllte Dehnfugen im Mauerwerk eines Roheisenmischers. a) Durchgehende Dehnfuge; b) versetzte Dehnfuge; Das helle Holz hebt sich gut von dem dunklen Steinmauerwerk ab

1.512 Bleibende Wärmeausdehnung

Da der Steinbrand meist nicht bis zur endgültigen Gleichgewichtseinstellung geführt wird, spielen sich häufig im Betrieb mit Volumenänderungen verbundene Vorgänge im Stein ab (z. B. Modifikationsänderungen, chemische Reaktionen usw.). Beispielsweise ist der Quarz in neuen Silikasteinen vielfach nur zu 60 bis 80% in Cristobalit umgewandelt, so daß mit Nachwachsen gerechnet werden muß. Umgekehrt neigen Schamottesteine wegen erhöhter Bildung örtlicher Schmelze zum Nachschwinden.

Das Nachwachsen bzw. die Nachschwindung wird durch Ausmessen von Probekörpern aus fertigen Steinen vor und nach 2stündigem Brand bei 1500 bzw. 1350° C (Schamottesteine mit geringerer Feuerfestigkeit) bestimmt [7]. Die hierbei gewonnenen Ergebnisse sind jedoch oft wegen des starken Einflusses der Ofenatmosphäre nicht reproduzierbar. Bei reduzierendem Brand ist infolge der Entstehung von viel Eisen(II)-oxyd mit erhöhter Schmelzbildung und daher in Schamottesteinen mit stärkerer Schwindung zu rechnen als bei oxydierendem Brand, bei welchem die Eisenoxyde vorwiegend in Form des reaktionsträgeren Fe_3O_4 vorliegen.

Die feuerfesten Baustoffe mit gleichmäßiger Ausdehnung (Abb. 58) besitzen im allgemeinen eine hohe Raumbeständigkeit, ihre bleibenden Längenänderungen betragen bis zu 1500° C herauf meist nur wenige Zehntelprozente.

1.52 Wärmeleitung

Unter Wärmeleitung wird der Energietransport durch ungeordnete Molekülbewegungen in Richtung zur abnehmenden Temperatur verstanden. In festen Körpern tritt nur diese Art der Wärmeübertragung auf, in flüssigen und gasförmigen kommen noch Konvektion und Strahlung hinzu. Da die feuerfesten Baustoffe Mischkörper (s. Abschn. 1.436) aus Feststoff und Luft darstellen, wird bei Messungen der Wärmeleitfähigkeit praktisch eine aus Wärmeleitung, Konvektion und Strahlung zusammengesetzte Größe ermittelt.

Zur Bestimmung der Wärmeleitfähigkeit λ wird in dem Versuchskörper ein stationärer, gleichmäßiger Wärmestrom erzeugt, für welchen die Gleichung

$$\frac{Q}{t} = \lambda\, q\, \frac{\Delta T}{x} \tag{1}$$

gilt. Darin bedeuten:

Q = Wärmemenge; $\qquad q$ = Querschnitt des Probekörpers;
t = Zeit; $\qquad\qquad x$ = Länge in der Strömungsrichtung;
ΔT = Temperaturdifferenz zwischen beiden Körperenden.

Die Wärmeleitzahl

$$\lambda = \frac{Q\, x}{t\, q\, \Delta T} \tag{2}$$

hat im physikalischen Maßsystem die Dimension

$$\left[\frac{cal\ cm}{sec\ cm^2\ °C} \right]$$

und im technischen

$$\left[\frac{kcal\ m}{m^2\, h\ °C} \right].$$

λ_{techn} errechnet sich aus λ_{phys} durch Multiplikation mit 360.

Bei Absolutmessungen müssen die in der Zeiteinheit transportierte Wärmemenge und die Temperaturdifferenz zwischen beiden Probekörperenden bestimmt werden. Dabei bereitet besonders die Bestimmung der Wärmemenge Schwierigkeiten. Sie kann entweder aus der Stromaufnahme der elektrisch beheizten Wärmequellen berechnet oder kalorimetrisch gemessen werden. Das letzte ist nur auf der kalten Seite der Probe möglich. Da als Kalorimeterflüssigkeit praktisch nur Wasser oder Wasserdampf in Frage kommt, ist der Temperaturbereich der Leitfähigkeitsmessung nach dieser Methode beschränkt. Wohl kann die Temperatur der heißen Seite unbegrenzt erhöht werden, aber bei großem ΔT wird die Zuordnung von λ zu einem bestimmten mittleren Temperaturbereich unsicher. H. Esser, H. Salmang u. M. Schmidt-Ernsthausen [8] verwandten ein Kalorimeter, bei welchem die durchfließende Wassermenge sowie die Temperatur des Wassers vor und nach der Wärmeaufnahme gemessen werden mußten. Die ungleichmäßige Temperaturverteilung im Wasser machte hierbei den zusätzlichen Einbau einer Mischvorrichtung erforderlich.

Für Messungen bei hohen Temperaturen konstruierten E. Griffiths u. A. R. Challoner [9] ein *Kalorimeter,* welches aus einem Stahlzylinder bekannter Leitfähigkeit bestand und in seinem Inneren 2 Temperaturmeßstellen besaß. Bei diesem Verfahren wird keine Absolutmessung vorgenommen, man bestimmt vielmehr eine relative Leitfähigkeit des Probekörpers bezogen auf die des Stahlzylinders [s. weiter unten Gl. (3)].

Bei der Berechnung der Wärmemenge Q aus der Stromaufnahme fallen die bei der Kalorimetermethode bestehenden Einschränkungen fort. Da auch die kalte Seite beheizt werden kann [10], ist die Einstellung jeder gewünschten Temperaturdifferenz im Probekörper möglich.

In den meisten Fällen werden *ebene Platten* als Probekörper benutzt. Bei Verwendung einzelner, einseitig beheizter Platten besteht die Schwierigkeit, die Heizquelle in den anderen Richtungen gut zu isolieren. Die spiegelbildliche Anordnung zweier gleichartiger ebener Platten zur Heizquelle vermeidet oder verringert diese Schwierigkeit. Das Hauptproblem der mit Platten arbeitenden Versuchsanordnungen liegt in dem schwer zu verhindernden seitlichen Wärmeabfluß in den Platten. R. Poensgen [11] überwand dies mittels einer zusätzlichen Randbeheizung. Weiterhin muß die Wärme genau senkrecht durch die Platten fließen, was nur im mittleren Teil der Platten zu erreichen ist. Um eine gleichmäßige Strömung mit einem für die Bestimmung der mittleren Leitfähigkeit ausreichenden Querschnitt zu erhalten, müssen die Platten sehr groß gewählt werden, das erschwert wiederum die Einhaltung gleichmäßiger Versuchsbedingungen. Nach allem ist zu erwarten, daß die großen Plattenanordnungen, die zudem lange Zeit zur Gleichgewichtseinstellung benötigen, häufig ungenau arbeiten.

Die durch seitliche Wärmeverluste entstehenden Schwierigkeiten vermindern sich oder entfallen bei zylinder- oder kugelförmigen Probekörpern. *Hohlkugelförmige Körper* mit Innenbeheizung sowie zusätzlicher Außenbeheizung wurden u. a. bei den grundlegenden, vom Bund Deutscher Fabriken feuerfester Erzeugnisse veranlaßten Untersuchungen im physikalisch-chemischen Institut der Technischen Hochschule Breslau unter Leitung von A. Eucken benutzt [10]. Der Außendurchmesser der Hohlkugeln betrug 180 mm, der Innendurchmesser 60 mm. Die mit ihnen arbeitende Apparatur gestattete Messungen bis herauf zu 1600° C. Leider sind die Hohlkugeln sehr schwer herstellbar, so daß ihre Anwendung auf wissenschaftliche Spezialuntersuchungen beschränkt bleibt.

Weniger schwierig ist die Herstellung von *Hohlzylindern,* wie sie u. a. von H. Esser, H. Salmang u. M. Schmidt-Ernsthausen [8] angewandt wurden. Da bei kleinem Innendurchmesser die Aufheizung von innen wegen der kleinen Heizfläche langwierig und schwierig ist, wurden die Zylinder von außen erhitzt und die innen abfließende Wärme kalorimetrisch durch einen Wasserstrom gemessen.

Für betriebsmäßige Untersuchungen eignet sich eine relative Bestimmungsmethode besser als die absolute, weil man dabei keine Wärmemengen zu messen braucht. Wenn die gleiche Wärmemenge Q nacheinander durch 2 Probekörper mit gleichen Abmessungen, aber verschiedener Wärmeleitfähigkeit fließt, gilt

$$\frac{Q}{t} = \lambda_1 \frac{q}{x} \Delta T_1 = \lambda_2 \frac{q}{x} \Delta T_2. \tag{3}$$

Daraus folgt

$$\lambda_1 : \lambda_2 = \Delta T_2 : \Delta T_1.$$

Ist λ_2 bekannt, kann λ_1 aus den beiden Temperaturdifferenzen ΔT_1 und ΔT_2 bestimmt werden. Dazu sind nur 4 Temperaturmessungen erforderlich. Eine auf diesem Prinzip aufgebaute Apparatur wurde von F. KLASSE u. E. GATZKE [12] entwickelt (Abb. 60).

In einem gut isolierten Gefäß befindet sich ein elektrischer Heizkörper (1). Die in ihm entwickelte Wärme strömt durch den Probekörper (2) und den Vergleichskörper (3) nach oben. Nachdem sich ein stationärer Wärmestrom eingestellt hat, wird die Temperaturdifferenz ΔT in beiden Körpern mit Hilfe der Thermoelemente (4) bestimmt.

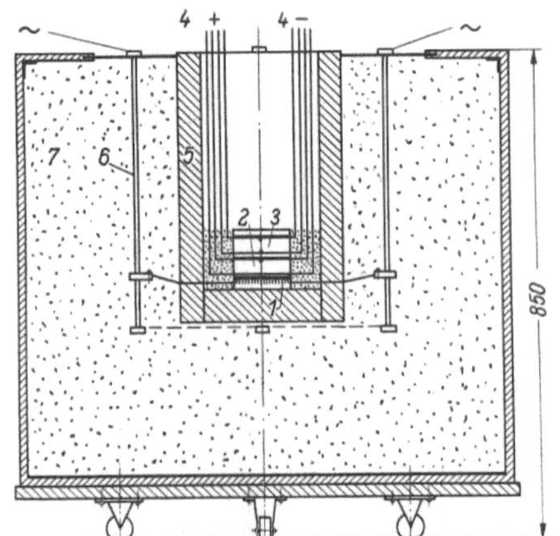

Abb. 60. Prinzipskizze einer Apparatur zur relativen Bestimmung der Wärmeleitfähigkeit im stationären Wärmestrom (nach F. KLASSE u. E. GATZKE)

1 Heizkörperwicklung; *2* Probekörper; *3* Vergleichskörper; *4* Thermoelemente; *5* feuerfeste Steine; *6* Haltestäbe mit Stromzufuhr; *7* Isolierpulver

Die Größenordnung der Wärmeleitfähigkeitszahlen λ verschiedener feuerfester Baustoffe bei 1000° C ist in Tab. 14 aufgeführt. Danach haben Schamottesteine eine relativ niedrige Wärmeleitzahl, Silikasteine, Chrommagnesia-, Zirkon- und Korundsteine erreichen mittlere Werte, reine Magnesiasteine sowie SiC-Steine leiten die Wärme sehr gut.

Angaben über die Temperaturabhängigkeit der λ-Werte finden sich in Tab. 15 und Abb. 61. Siliziumkarbid-, Silika- und Schamottesteine werden mit zunehmender Temperatur etwas besser leitend, und zwar ist der Temperaturkoeffizient bei Silika merklich größer als bei Schamotte. Bei Korund- und Sillimanitsteinen nimmt dagegen die Leitfähigkeit mit steigender Temperatur ab, wenn auch in geringem Maße.

Diesen Baustoffen mit relativ geringer Temperaturabhängigkeit von λ stehen die Magnesiasteine gegenüber, bei denen λ mit steigender Temperatur auffallend sinkt. Die Abnahme ist so stark, daß z. B. durch ein Mauerwerk aus basischen Steinen in metallurgischen Öfen bei Betriebstemperaturen keine wesentlich größere Wärmemenge abgeführt wird als durch Silikamauerwerk.

Diese Unterschiede sind teilweise auf von A. EUCKEN [13] gefundene

Tabelle 14. *Größenordnung der Wärmeleitfähigkeit verschiedener feuerfester Baustoffe bei 1000° C*

Steine	Wärmeleitfähigkeit λ (kcal/m h °C) bei 1000 °C
Schamottesteine	zwischen 0,95 und 1,1
Silikasteine	zwischen 1,4 und 1,5
Magnesiasteine (handelsüblich) ..	zwischen 3,5 und 4
Chrommagnesiasteine	etwa 1,3
Chrommagnesia-Sondersteine ...	etwa 1,7
Siliziumkarbidsteine	zwischen 4 und 12
Zirkon- und Korundsteine	etwa 1,7 bis 1,8
Isoliersteine	zwischen 0,3 und 0,9

Gesetzmäßigkeiten zurückzuführen. Danach nimmt die Wärmeleitfähigkeit in Kristallen mit steigender Temperatur stark ab. Ihr Absolutwert ist um so größer, je kleiner die Anzahl der Atome im Molekül und je größer die Feuerfestigkeit und die Härte der Kristalle sind. Bei amorphen Substanzen dagegen nimmt

Tabelle 15. *Wärmeleitfähigkeit von feuerfesten Baustoffen und Isoliersteinen*

Steinart	Wärmeleitzahl in kcal/m h °C bei °C													
	0	200	300	400	500	600	700	800	900	1000	1100	1200	1300	1400
Siliziumkarbidstein[1]	mit 50% SiC		4,14		3,92		3,74		3,56		3,35			
Siliziumkarbidstein[1]	mit 60% SiC		5,25		4,89		4,53		4,21		3,88			
Siliziumkarbidstein[1]	mit 80% SiC		11,16		9,86		8,78		7,81		6,87			
Siliziumkarbidstein[1]	mit 90% SiC		—		13,14		11,16		9,68		8,60			
Magnesiasteine[2]	(MgO 89%)		7,42		5,72		4,64		3,89	3,38				
Chromerzsteine[3]		1,22		1,33		1,40		1,44		1,44				
Chrommagnesiastein[4]			~1,85	~1,8	~1,65	~1,55	~1,5	~1,4	~1,3	~1,25				
Korundsteine[2]	$(Al_2O_3$ 81,5%)		2,0		1,90		1,84		1,8		1,79			
Sillimanitsteine[4] (Mullitsteine)			1,38	1,37	1,35	1,34	1,32	1,30	1,29	1,28	1,26			
Schamottesteine[5]	0,75	0,83		0,90		0,98		1,06		1,14		1,22		
Silikasteine[5]	0,75	0,88		1,01		1,15		1,27		1,42		1,57		
Zirkonsteine[3]		1,26		1,40		1,51		1,58		1,66		1,73		1,76
Feuerleichtsteine[5]	0,15	0,18		0,21		0,25		0,29		0,33	(0,775)			
Feuerleichtsteine[5]	0,21	0,24		0,27		0,31		0,35		0,42	(0,925)			
Feuerleichtsteine[5]	0,31	0,34		0,38		0,41		0,45		0,52	(1,100)			
Isoliersteine[5]	0,047	0,077		0,108		0,136		0,161			(0,350)			
Isoliersteine[5]	0,071	0,097		0,122		0,146		0,165			(0,450)	(Raumgew.g/cm³)		
Isoliersteine[5]	0,086	0,110		0,134		0,156		0,174			(0,550)			
Isoliersteine[5]	0,120	0,140		0,161		0,179		0,194			(0,750)			
Isoliersteine[5]	0,152	0,162		0,172		0,184		0,196			(0,900)			

[1] GOLLA u. LAUBE: Tonind.-Ztg. (1930) S. 1432. — [2] EUCKEN u. LAUBE: Tonind.-Ztg. (1929) S. 1601. — [3] NORTON: J. Amer. ceram. Soc. (1927) S. 30/52. — [4] Nach KOPPERS Handbuch S. 476 (1937). — [5] HEILIGENSTAEDT: Wärmetechnische Rechnungen für Industrieöfen S. 112 (1941).

die Wärmeleitfähigkeit mit der Temperatur zu. Diesen Gesetzmäßigkeiten entspricht die Wärmeleitung in den kristallinen Magnesia-, Korund- und Sillimanitsteinen sowie in glasreichen Schamottesteinen, nicht aber in SiC- und Silikasteinen, welche trotz ihres überwiegend kristallinen Aufbaues einen positiven Temperaturkoeffizienten der Leitfähigkeit besitzen. G. R. WILKES [14] stellte dazu fest, daß bereits ein kleiner Anteil von amorpher Zwischensubstanz genügt, um dem Temperaturfaktor ein anderes Vorzeichen zu verleihen. Als Beleg für den großen Unterschied der Leitfähigkeiten für kristallinen und amorphen Zustand sei erwähnt, daß reiner Quarz eine Leitfähigkeit von 6,2 senkrecht und 11,7 parallel zur c-Achse hat, glasige SiO_2 dagegen nur eine solche von 1,19. Für SiC fanden GOLLA u. LAUBE [10] und andere die in Tab. 15 aufgeführten, mit steigender Temperatur abnehmenden Werte. Nach neueren Untersuchungen [14a] muß jedoch damit gerechnet werden, daß die Wärmeleitfähigkeit von SiC mit wachsender Temperatur schwach ansteigt, wie in Abb. 61 dargestellt. Eine endgültige Klärung des Leitfähigkeitverhaltens von SiC steht noch aus.

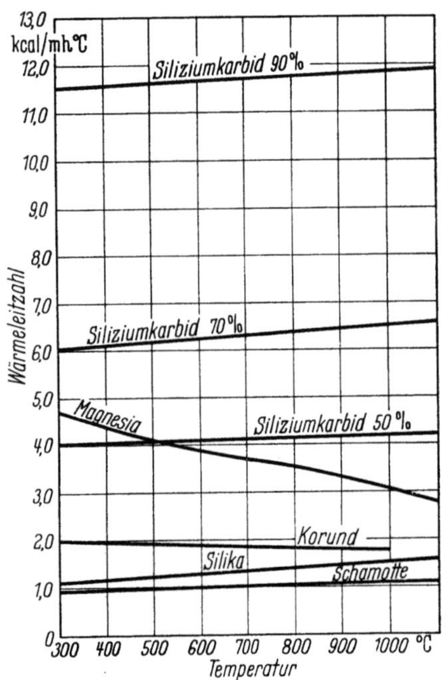

Abb. 61. Temperaturabhängigkeit der Wärmeleitzahlen (nach verschiedenen Bearbeitern)

Innerhalb der einzelnen Steinqualitäten hängt die Wärmeleitfähigkeit von der Struktur und Textur ab, insbesondere von der Porosität und der Porengröße. Bei niedrigen Temperaturen wirkt die Luft in den Poren wegen ihrer geringen Leitfähigkeit isolierend und setzt die λ-Werte des Steines dem Raumgewicht entsprechend herab. Für silikatische, lufttrockene Baustoffe nahm I. S. CAMMERER [15] eine Abhängigkeit des λ-Wertes allein vom Raumgewicht r an und stellte nachstehende Tabelle auf, von der jedoch Abweichungen bis zu 20% vorkommen sollen:

r	0,20	0,40	0,60	0,80	1,00	1,20	1,40	1,60	1,80	2,00	2,20	2,40
λ	0,057	0,070	0,10	0,14	0,19	0,24	0,30	0,37	0,46	0,60	0,82	1,12

Ein Zusammenhang zwischen Leitfähigkeit und Porosität wurde auch von M. FRITZ-SCHMIDT u. G. GEHLHOFF [16] bestätigt, welche einer Schamotte-Hafenmasse Kohlekörner zumischten, die durch ihr Ausbrennen zu Poren entsprechender Größe führten.

Bei höheren Temperaturen gewinnt jedoch die Strahlung einen ständig zunehmenden Einfluß, da die Wärme durch Strahlung und Konvektion schneller übertragen wird als durch Leitung, und zwar wächst die Wirkung mit der Porengröße. H. ESSER, H. SALMANG u. M. SCHMIDT-ERNSTHAUSEN [8] stellten

Schamottesteine her, welche infolge Verwendung bestimmter Schamottefraktionen überwiegend Poren jeweils einer Größenklasse enthielten, und maßen
ihre Wärmeleitfähigkeit (Abb. 62). Es ergab sich, daß die Leitfähigkeit von
Proben mit einer Porengröße von 0,1
bis 0,6 mm nur wenig mit der Temperatur zunahm, grobporige Proben (Porengröße 0,6 bis 1 mm bzw. 1 bis 2 mm)
aber bei niedriger Temperatur eine geringere und bei hoher Temperatur eine
viel größere Wärmeleitfähigkeit besaßen
als die feinporigen. Aus diesem Grunde
muß man bei Feuerleicht- und Isoliersteinen vor allem auf die Porengröße
achten. Die hervorragenden Isoliereigenschaften der Kieselgur, besonders
der dänischen Molererde dürften vorwiegend darauf beruhen, daß die Dia-
tomeenschalen nur sehr feine Poren besitzen. (Vgl. Abschn. 7.26).

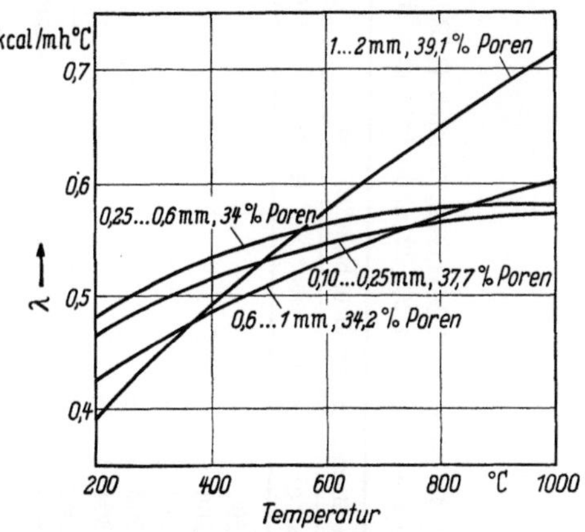

Abb. 62. Einfluß der Porengröße auf die Wärmeleitfähigkeit von Schamottesteinen (nach H. ESSER,
H. SALMANG u. M. SCHMIDT-ERNSTHAUSEN)

1.53 Temperaturleitfähigkeit und spezifische Wärme

Neben den stationären Wärmeströmungen, die mittels der *Wärmeleitfähigkeit* λ
und zeitlich unveränderten Temperaturgradienten beschrieben werden können,
sind auch zeitabhängige Wärmeverteilungsvorgänge von Bedeutung. Sie treten
beispielsweise in den Besatzsteinen von Regeneratoren (Siemens-Martin-Ofen-
kammern, Winderhitzern) auf, bei denen in periodischem Wechsel Wärme
gespeichert und abgeführt wird. Für den Temperaturverlauf wird dabei neben λ
die Speicherungsfähigkeit für Wärme wichtig, die durch *spezifische Wärme* c_p
und *Raumgewicht* r bestimmt ist. In die Differentialgleichung der Wärmeleitung, die die zeitliche Änderung der örtlichen Temperatur in Beziehung setzt
zur Änderung des Temperaturgradienten, geht als den Baustoff charakterisie-
rende Größe die *Temperaturleitfähigkeit* a ein. Sie hat die Dimension [m²/h]
im technischen Maßsystem und hängt mit den vorgenannten Eigenschaften durch

$$a = \frac{\lambda}{c_p\,r} \qquad (4)$$

zusammen.

Zur direkten Bestimmung der Temperaturleitfähigkeit kann ein von S. PYK u. B. STAL-
HANE entwickelter Apparat [17] dienen, in welchem ein plattenförmiger Versuchskörper
von $d = 7$ bis 10 mm Dicke auf einer dampfbeheizten Quecksilberschicht erhitzt wird.
Gemessen wird die Zeit t, in welcher die obere, nicht erhitzte Seite der Platte eine bestimmte
Temperatur erreicht hat. Als Temperaturanzeiger dient meist ein Kristall von Diphenyl-
amin, der bei 54° C schmilzt. Empirisch wurde festgestellt, daß

$$a = c\,\frac{d^{1,7}}{t} \left[\frac{\text{cm}^2}{\text{sec}} \right]$$

(c = Apparaturkonstante) ist. W. STEGER [17] hat den Apparat so verändert, daß er bis
400° C brauchbar ist.

Tabelle 16. *Mittlere spezifische Wärmen, 1 bis 5, 9, 10, 14 bis 16* nach W. M. Cohn, *6, 11* nach A. E. MacGee, *7* nach G. R. Wilkes, *8, 12* nach L. Bradshaw u. W. Emery, *17* nach F. Neumann, *18, 20* nach Y. Tadokoro, *19* nach A. T. Green, *21, 22* nach Intern. Critical Tables

Nr.	Material	Mittlere spezifische Wärme zwischen Zimmertemperatur (0 bis 30°C) und										
		100°C	200°C	400°C	600°C	800°C	1000°C	1200°C	1400°C	1500°C	1700°C	1800°C
1	Quarz (Norwegen)	0,190	0,206	0,228	0,256	0,260	0,267	—	—	—	—	—
2	Cristobalit	0,194	0,212	0,236	0,248	0,257	0,266	—	—	—	—	—
3	Chalzedon	0,167	0,172	0,177	0,189	0,198	0,210	—	—	—	—	—
4	kalzinierte Tonerde	0,199	0,202	0,227	0,250	0,268	0,305	—	—	—	—	—
5	Korund	0,203	0,211	0,231	0,251	0,272	0,304	—	—	—	—	—
6	Spinell	0,200	0,235	0,253	0,258	0,260	0,262	—	—	—	—	—
7	Magnesiumoxyd	0,234	—	0,253	0,264	0,273	0,280	0,285	0,289	0,291	0,294	0,295
8	Zirkonoxyd	—	—	—	—	—	0,157	0,167	0,175	—	—	—
9	Zettlitzer Kaolin	0,201	0,203	0,226	0,415	0,426	0,429	0,414	0,406	—	—	—
10	Hallischer Ton	0,189	0,195	0,223	0,349	0,331	0,334	0,368	—	—	—	—
11	China-Clay	0,430	0,435	0,463	0,557	0,506	0,487	—	—	—	—	—
12	Silikastein	—	—	—	0,228	—	0,263	0,282	0,293	—	—	—
13	Silikastein	0,189	0,210	0,236	0,248	0,258	0,266	0,272	—	—	—	—
14	Schamottestein, roh	0,191	0,194	0,211	0,347	0,311	0,343	0,384	0,414	—	—	—
15	Schamottestein, gebrannt	0,197	0,202	0,220	0,238	0,251	0,277	—	—	—	—	—
16	Sillimanitstein	0,161	0,161	0,167	0,173	0,175	0,175	0,199	0,205	—	—	—
17	Sillimanitstein	—	—	0,229	0,246	0,255	0,258	0,263	0,268	0,270	—	—
18	Magnesiastein	—	0,223	0,254	0,266	0,264	0,277	—	—	0,296	—	—
19	Magnesiastein	—	—	—	0,265	0,274	0,285	—	—	—	—	—
20	Chromerzstein	—	0,178	0,210	0,221	0,218	—	—	—	—	—	—
21	SiC-Stein	0,838	—	—	—	—	0,78	—	—	—	—	—
22	SiC-Stein	0,200	—	—	—	—	0,186	—	—	—	—	—

Die Temperaturleitfähigkeit wird im übrigen bevorzugt gemäß Gl. (4) aus den anderen Größen berechnet, von denen hier noch die Bestimmung der spezifischen Wärme c_p (vgl. Abschn. 1.352) zu besprechen ist. Sie wird meist mit Hilfe von üblichen Kalorimetern durchgeführt.

W. STEGER [17] beschreibt ein Dampfkalorimeter, bei welchem das Kondenswasser gewogen wird, das sich in einem dampferfüllten Gefäß auf dem Probekörper niederschlägt.

Die spezifische Wärme kann weiterhin durch Messung der Energie bestimmt werden, die zur elektrischen Aufheizung einer Probe auf eine bestimmte Temperatur erforderlich ist, oder mit Hilfe einer Differentialmethode durch Vergleichsmessungen relativ zu einem Material mit bekanntem c_p [18]. Die Werte der mittleren spezifischen Wärmen von feuerfesten Roh- und Baustoffen nach W. M. COHN [18], A. E. MacGEE [19], G. R. WILKES [14], L. BRADSHAW u. W. EMERY [20], F. NEUMANN [21], Y. TADOKORO [22], A. T. GREEN [23] und den International Critical Tables [24] sind in Tab. 16 zusammengestellt. Von wenigen Ausnahmen abgesehen, schwanken die Werte nur in engen Grenzen, nämlich zwischen 0,16 und 0,30. Der plötzliche Anstieg der Werte bei 600° C bei Quarz, Kaolin und Ton sowie bei rohen Schamottesteinen ist auf die Wärmetönung der Quarzumwandlung (s. Tab. 10) zurückzuführen. Nach Y. TADOKORO [22] erniedrigt sich die spezifische Wärme bei feuerfesten Baustoffen mit zunehmendem Porengehalt bis zu einem Minimum bei 37 bis 38%, um bei noch höherer Porosität wieder anzusteigen. Luft hat bei Zimmertemperatur eine spezifische Wärme von $c_p = 0{,}311$, auf die Gewichtseinheit bezogen.

1.54 Wärmeübertragung

Die Wärmeübertragung durch Strahlung von einem festen Körper auf einen anderen oder auf ein Gas bzw. eine Flüssigkeit folgt dem STEFAN-BOLTZMANNschen Gesetz, nach welchem die Gesamtstrahlung E eines schwarzen Körpers pro cm² der Oberfläche und pro Sekunde

$$E = \sigma\, T^4 \tag{5}$$

(T = absolute Temperatur) beträgt. Die Konstante σ wurde empirisch zu

$$\sigma = 5{,}675 \cdot 10^{-5}\ \mathrm{erg/cm^2\,(^\circ C)^4\,sec}$$

bestimmt. In der Wärmetechnik wird das STEFAN-BOLTZMANNsche Gesetz in der Form

$$E = C_S \left(\frac{T}{100}\right)^4$$

mit der Strahlungszahl

$$C_S = 4{,}96\ \frac{\mathrm{kcal}}{\mathrm{m^2\,h\,(^\circ K)^4}}$$

verwandt. C_S ist ungefähr um den Faktor 10^8 größer als σ.

Die Wärmemenge, die zwischen den Flächenteilen F zweier parallel stehender Wände mit den Temperaturen $T_1 > T_2$ zur kälteren übergeht, ist als Differenz der Strahlungen beider Wände gegeben durch

$$Q = C_S F \left[\left(\frac{T_1}{100} \right)^4 - \left(\frac{T_2}{100} \right)^4 \right] \quad \text{kcal/h.} \tag{6}$$

Hierin bedeuten:

C_S = die Strahlungszahl des schwarzen Körpers = 4,96 kcal/m² h (°K)⁴;
F = die Größe der Strahlungsfläche;
T_1 = absolute Temperatur der Strahlungsfläche;
T_2 = absolute Temperatur der Absorptionsfläche.

Das STEFAN-BOLTZMANNsche Gesetz bezieht sich mit E auf die Summe der den einzelnen Wellenlängen λ zugeordneten Strahlungsenergien E_λ. Mit den obengenannten Konstanten σ oder C_S gilt es nur für absolut schwarze Körper, d. h. Körper, die die gesamte auffallende Strahlung absorbieren und keinen Bruchteil derselben reflektieren. Die schwarzen Körper emittieren die Strahlung mit der jeweils größten, bei gegebener Temperatur und Wellenlänge überhaupt möglichen Intensität. Auch für nicht schwarze Strahler gilt die Regel, daß ein starkes Emissionsvermögen ein starkes Absorptionsvermögen bedingt.

Dem idealen schwarzen Körper nähern sich am meisten die *grauen Körper*. Bei ihnen ist die spektrale Verteilung der Strahlung grundsätzlich die gleiche wie beim schwarzen Körper, die auf die einzelnen Wellenlängen entfallenden Strahlungsenergien E_λ sind jedoch gegenüber denen des schwarzen Körpers im gleichen, von der Temperatur unabhängigen Verhältnis verringert. Dieses als das Emissionsvermögen ε bezeichnete, konstante Verhältnis von grauer zu schwarzer Strahlungsintensität erlaubt, die Form des STEFAN-BOLTZMANNschen Gesetzes beizubehalten und als Formel für die graue Strahlung zu schreiben:

$$E = \varepsilon \, \sigma \, T^4. \tag{7}$$

Sie geht im Grenzfall $\varepsilon = 1$ in die Formel der schwarzen Strahlung über. Als auf die Flächeneinheit bezogener Wärmeübergang zwischen grauen Wänden oder die spezifische Heizflächenleistung ergibt sich damit

$$q_S = \varepsilon \, C_S \left[\left(\frac{T_1}{100} \right)^4 - \left(\frac{T_2}{100} \right)^4 \right] \quad \text{kcal/m² h.} \tag{8}$$

Häufig wird statt der Heizflächenleistung q_S die Wärmeübergangszahl für Strahlung α_S benutzt. Der Zusammenhang zwischen den beiden Größen wird durch die Formel

$$\frac{q_S}{T_1 - T_2} = \alpha_S \quad \text{kcal/m² h °C} \tag{9}$$

wiedergegeben.

Der nicht absorbierte Teil der auf einen Körper auftreffenden Strahlung wird entweder reflektiert oder durchgelassen. Bezeichnet man mit r den reflektierten und d den durchgelassenen Anteil, so gilt

$$\varepsilon + r + d = 1. \tag{10}$$

Von den in den feuerfesten Baustoffen vorhandenen Oxyden sind die meisten in größeren Einkristallen farblos durchsichtig (SiO_2, Al_2O_3, MgO, CaO), bei ihnen ist daher d groß, ε und r klein. Beim Erhitzen beispielsweise von Quarz ist die Strahlung daher zunächst gering. Es tritt keine Rot- bzw. Gelbglut auf wie bei Metallen. Erst bei hohen Temperaturen dicht unterhalb des Schmelzpunktes setzt plötzlich eine intensive Weißglut ein, die der Strahlung eines schwarzen Körpers ähnelt. Dies Verhalten ist darauf zurückzuführen, daß die Elektronen in den Ionengittern im Gegensatz zu den Metallgittern zunächst fest gebunden sind und bei niedrigen Temperaturen keine Energie aufnehmen bzw. emittieren können. Erst wenn die Temperatur hoch genug ist, um hinreichend viele Elektronenübergänge in ein höheres Energieband zu ermöglichen, kann das entstehende Elektronengas Strahlung aussenden [25].

Die Schwermetalloxyde (Eisenoxyde, ZnO, Cr_2O_3) haben ein größeres Emissionsvermögen. Bereits kleine Beimengungen von ihnen zu den hellen Oxyden erhöhen das Gesamtemissionsvermögen beträchtlich. Bei den Eisenoxyden und ZnO steigt auch das Emissionsvermögen mit der Temperatur stärker an als bei SiO_2 und CaO [26].

Erheblichen Einfluß auf das Absorptions- bzw. Strahlungsvermögen besitzt die Korngröße und die Güte des Kristallbaues. Bereits Trübungen und Risse im Kristall erhöhen die Absorption. Bei polykristallinen Körpern wird das Absorptionsvermögen durch die zahlreichen reflektierenden Grenzflächen im Inneren stark vergrößert. Da die Bindungskräfte an den Kristalloberflächen geringer sind als im Inneren, gehen die Elektronen dort besonders leicht in ein höheres Energieband über und das Emissionsvermögen wird gegenüber Einkristallen wesentlich verstärkt [27].

Strenggenommen sind die feuerfesten Oxyde keine grauen Körper, da bei ihnen die Strahlungsenergie nicht für alle Wellenlängen λ gleichmäßig gegenüber der Strahlungsenergie des schwarzen Körpers vermindert wird. ε in den Gln. (7), (8) und (10) ist eine Funktion von λ. Bei niedrigen Temperaturen werden die Strahlen bestimmter Wellenlängen vor allem im Infrarotgebiet bis hinein ins sichtbare Licht stark absorbiert. Diese Erscheinung ist auf Eigenschwingungen der Moleküle zurückzuführen. Die sog. *Absorptionsbanden* der 2atomigen Leichtmetalloxyde (MgO, CaO, BaO) liegen im kurzwelligen Infrarot (3 bis 8 μ), die der schwereren Oxyde im langwelligen Teil des Infrarotspektrums. Zusammengesetzte Moleküle, wie z. B. Karbonate, schwingen in mehreren Frequenzen. Einmal schwingt das CO_3-Ion gegen das Metallion (äußere Schwingungen), zum anderen das CO_3-Ion in sich (innere Schwingungen). Den Schwingungszuständen entsprechen Absorptionsbanden, die für die jeweilige Molekularstruktur charakteristisch sind. Mit Hilfe der *Infrarotspektrographie* können daher Aussagen über die Bindungszustände der Stoffe gemacht werden. Diese Methode hat allerdings bisher in der organischen Chemie größere Erfolge erzielt als bei anorganischen Stoffen.

Bei höheren Temperaturen emittieren die Körper in den Wellenlängen der Absorptionsbanden eine besonders starke Strahlung, allerdings verbreitern sich die Emissionsbanden gegenüber den Absorptionsbanden zu größeren Wellenlängen hin, und das Bandenmaximum verschiebt sich in gleicher Richtung. Bei durchsichtigen Oxyden kann durch geeignete Zusätze (z. B. Chromoxyd) eine fast reine Selektivstrahlung in einem bestimmten Spektralbereich erzielt werden, bei undurchsichtigen oder getrübten dagegen meist nicht, da bei ihnen die Eigenstrahlung stark überwiegt und das Reflexionsvermögen groß ist.

7*

Im ganzen gesehen ist die Absorption der meisten Oxyde im Bereich des
sichtbaren Lichtes gering, sie nimmt aber sowohl im Infrarot wie auch im
Ultraviolett stark zu. Dementsprechend strahlen sie auch im sichtbaren Bereich
wenig. In Tab. 17 ist das Gesamtemissionsvermögen ε einiger Oxyde bei verschiedenen Temperaturen zusammengestellt. Unter den feuerfesten Baustoffen

Tabelle 17. *Gesamtemissionsvermögen ε einiger Oxyde*

Oxyd	Korngröße μ	Temperatur °C						
		800	1100	1300	1500	1600	1800	2000
Al$_2$O$_3$	1 bis 2	—	—	—	0,23	—	—	0,34
	2 bis 4	—	—	—	0,29	—	—	0,40
CeO$_2$	1 bis 3	—	—	0,28	0,58	0,85	—	—
Cr$_2$O$_3$	0,5 bis 1,5	—	0,73	—	—	0,73	—	—
	1,5 bis 6	—	0,87	0,91	—	0,97	—	—
Eisenoxyd	—	0,80	—	0,85	—	—	—	—
CaO	3 bis 5	—	0,27	0,27	—	0,27	—	—
MgO	0,5 bis 1,5	—	—	0,16	0,17	—	0,19	0,20
Quarz, gepulvert ...	3 bis 12	—	0,38	0,38	—	0,43	—	—

besitzen nach Messungen von G. NAESER u. W. PEPPERHOFF [*28*] Silika- und
Schamottesteine ein relativ hohes, Magnesia- und Chrommagnesiasteine dagegen
ein ziemlich geringes Emissionsvermögen (Tab. 18, s. Abschn. 5.614, Abb. 630).

Tabelle 18. *Gesamtemissionsvermögen ε einiger feuerfester Baustoffe*
(nach G. NAESER u. W. PEPPERHOFF)

Stoff	Temperatur °C	ε
Schamotte- und Silikasteine, neu	600 bis 1000	0,75 bis 0,80
Schamotte- und Silikasteine mit Schlackenschicht, spiegelnd	600 bis 1000	0,70 bis 0,75
Schamotte- und Silikasteine, gebraucht	600 bis 1000	0,82 bis 0,87
Magnesiasteine	1200 bis 1300	0,45 bis 0,51
Chrommagnesiasteine	1200 bis 1300	0,40
Porzellan, glasiert, Quarzglas, rauh, Ziegelstein, Glas, Asbestschiefer	25	0,92 bis 0,94

Umgekehrt ist die *Spiegelung* bzw. das Reflexionsvermögen bei Silika und
Schamotte klein, bei basischen Baustoffen dagegen hoch. Erhöht wird die
Spiegelung durch die Bindung glatter, flüssiger Schlackenüberzüge an der
Oberfläche des Mauerwerkes. Die verstärkte Spiegelung an SM-Ofen-Gewölben
aus Silikasteinen beim Auftreten von Schmelzen wurde von K. G. SPEITH u.
G. ENGELS [*29*] zur optischen Bestimmung des sog. *Tropfpunktes* benutzt
(s. a. Abschn. 2.515).
In metallurgischen Öfen wird im allgemeinen ein gut reflektierendes Mauerwerk gewünscht, damit die Flammenstrahlung möglichst vollständig auf das
Einsatzgut zurückgeworfen wird, ohne das Mauerwerk stark aufzuheizen. Ein
idealer Baustoff müßte in den Spektralbereichen der Flammenstrahlung gut
reflektieren und im Bereich der übrigen Wellenlängen stark emittieren. Für Temperaturen bis zu 1400 °C sind Anstrichmassen entwickelt worden, welche Metall-
oder Schwermetalloxyde in Plättchenform enthalten, um das Reflexionsvermögen
der Ofenwände zu erhöhen.

Für die Wärmeübertragung durch Konvektion wurde eine Wärmeübergangszahl α definiert, die aber selbst keine Materialkonstante darstellt, sondern eine Funktion der Versuchsbedingungen und mehrerer Materialkonstanten, nämlich der Wärmeleitfähigkeit λ, der spezifischen Wärme c_p, der kinematischen Viskosität ν und des Ausdehnungskoeffizienten α. Die Versuchsbedingungen gehen in Form der Temperaturdifferenz, der Strömungsgeschwindigkeit und der kennzeichnenden Länge des Systems in die Definitionsgleichung ein [30].

Schrifttum

[1] Schönert, K.: Arch. Eisenhüttenwes. Bd. 1 (1927) S. 379/86

[2] Endell, K., u. E. Pfeiffer: Bericht Nr. 91 des Werkstoffausschusses des VDEh. Düsseldorf 1926

[3] Steinhoff, E.: Tonind.-Ztg. Bd. 51 (1927) S. 1011/13

[4] Miehr, W., J. Kratzert u. H. Immke: Tonind.-Ztg. Bd. 51 (1927) S. 417/22

[5] Hirsch, H.: Bericht Nr. 93 des Werkstoffausschusses des VDEh. Düsseldorf 1926

[6] Endell, K., u. W. Steger: Arch. Eisenhüttenwes. Bd. 1 (1928) S. 721/24

[7] DIN 1066

[8] Esser, H., H. Salmang u. M. Schmidt-Ernsthausen: Sprechsaal Keram., Glas, Email Bd. 64 (1931) S. 127/29, 145/48, 165/67, 187/89 u. 205/08

[9] Griffiths, E., u. A. R. Challoner: Trans. Brit. ceram. Soc. Bd. 40 (1941) S. 40/53

[10] Golla, H., u. H. Laube: Tonind.-Ztg. Bd. 54 (1930) S. 1411/14, 1431/32 u. 1458/60

[11] Poensgen, R.: Forsch. Gebiete Ingenieurwes., herausgegeben vom VDI, Heft 130 (1912)

[12] Gatzke, Edith: Diss. Clausthal 1957

[13] Eucken, A.: Ann. Physik Bd. 34 (1911) S. 185

[14] Wilkes, G. R.: J. Amer. ceram. Soc. Bd. 17 (1934) S. 173

[14a] Granger, A.: Céram. verr. émail. Bd. 2 (1934) S. 341/344, 381/386

[15] Cammerer, I. S.: Wärme- und Kälteschutz in der Industrie, 2. Aufl. Berlin 1938

[16] Fritz-Schmidt, M., u. G. Gehlhoff: Glastechn. Ber. Bd. 8 (1930) S. 221

[17] Steger, W.: Ber. DKG. Bd. 16 (1935) S. 596/606

[18] Cohn, W. M.: Ber. DKG. Bd. 9 (1928) S. 239/99

[19] MacGee, A. E.: J. Amer. ceram. Soc. Bd. 9 (1926) S. 347/56; Ref. Ber. DKG. Bd. 7 (1926) S. 146/48

[20] Bradshaw, L., u. W. Emery: Trans. Brit. ceram. Soc. Bd. 19 (1920) S. 84/92

[21] Neumann, F.: Z. anorg. allg. Chem. Bd. 145 (1925) S. 193/285

[22] Tadokoro, Y.: Sci. Rep. Tohoku Imp. Univ. Bd. 15 (1926) S. 567/96

[23] Green, A. T.: Trans. Brit. ceram. Soc. Bd. 22 (1923) S. 393

[24] International Critical Tables II. New York: McGraw-Hill-Book Comp. 1927

[25] Pepperhoff, W.: Temperaturstrahlung, S. 108ff. Darmstadt: Steinkopff 1956

[26] Hild, K.: Mitt. Kaiser-Wilhelm-Inst. Eisenforsch. Bd. 14 (1932) S. 59

[27] Möglich, F., N. Riehl u. R. Rompe: Z. techn. Physik Bd. 21 (1940) S. 128

[28] Naeser, G., u. W. Pepperhoff: Stahl u. Eisen Bd. 69 (1949) S. 325/26

[29] Speith, K. G., u. G. Engels: Stahl u. Eisen Bd. 70 (1950) S. 861/67, 873/77, 1083 u. Bd. 71 (1951) S. 260/61

[30] Nähere Einzelheiten s. Heiligenstaedt, W.: Wärmetechnische Rechnungen, S. 76ff. Düsseldorf: Stahleisen 1941

1.6 Elektrische Eigenschaften

1.61 Widerstand und Leitfähigkeit

Die Oxyde, aus denen die feuerfesten Baustoffe zusammengesetzt sind, zählen zu den Halbleitern und sind bei niedrigen Temperaturen entweder Elektronenüberschußleiter, wie z. B. Al_2O_3 [1] oder Elektronendefektleiter, wie das FeO [2], d. h. sie besitzen einen stöchiometrischen Überschuß von

Kationen oder Anionen. Bei höheren Temperaturen verbessert sich ihre Leitfähigkeit im Gegensatz zu derjenigen der Metalle, weil der Fehlordnungsgrad
(s. Abschn. 1.26) zunimmt und sich die Ionen, die in den Zwischengitterraum
gelangt sind (FRENKELscher Fehlordnungstyp), oder aber die Leerstellen im
Gitter (SCHOTTKYscher Typ) am Elektrizitätstransport beteiligen können. Daher
sind die Oxyde bei hohen Temperaturen Ionenleiter mit bipolarem Leitvermögen.
Diese Vorstellung wird dadurch bestätigt, daß die spezifische Leitfähigkeit K
bzw. der ihr reziproke spezifische Widerstand ϱ nach E. RASCH u. F. W. HIN-
RICHSEN [3] der VAN'T HOFFschen Gleichung (s. Abschn. 1.26) folgt:

$$K = \frac{1}{\varrho} = A\, e^{-\frac{E_0}{2RT}}.$$ (1)

Die Leitfähigkeit ist danach direkt proportional der Zahl der platzwechselnden
Ionen im Gitter. Aus der Gl. (1) folgt

$$\ln K = -\ln \varrho = -\frac{E_0}{2RT} + A_1,$$ (2)

eine lineare Beziehung zwischen $\ln K$ und $1/T$. Wenn man die natürlichen oder
auch die dekadischen Logarithmen von K bzw. ϱ gegen $1/T$ aufträgt, ergeben
sich Gerade, bei Auftragung gegen T dagegen Hyperbeln. Die Werte von K
und ϱ liegen dabei so weit außerhalb des Hyperbelscheitels, daß sie auch näherungsweise auf einer Geraden liegen [4]. Häufig setzen sich die Kurven aus
2 Geraden verschiedener Neigung zusammen. Derartige geknickte Geraden
erhielten u. a. W. A. FISCHER u.
R. SCHÄFER bei Messungen von ϱ an
verschiedenen feuerfesten Stoffen [5]
(Abb. 63). Die Neigung der Geraden ist
eine Funktion der *Ablösearbeit* $E_0/2$ der
Ionen. Diese wurde von W. A. FISCHER
u. H. VOM ENDE [6] für verschiedene
Schlacken ermittelt.

Da die Größe der Leitfähigkeit bzw.
des Widerstandes von Unregelmäßigkeiten der stöchiometrischen Zusammensetzung bzw. vom Fehlordnungsgrad
abhängt, der wiederum durch den Einbau von Fremdionen in das Gitter selbst
in so kleinen Konzentrationen wie $1:10^{-6}$
stark beeinflußt werden kann, schwanken die gemessenen Leitfähigkeitswerte
an den gleichen Stoffen in sehr weiten
Grenzen, Unterschiede von 10 Zehner-

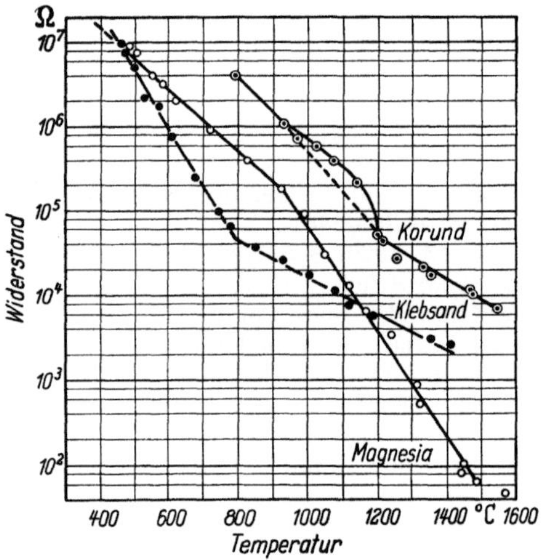

Abb. 63. Temperaturabhängigkeit des elektrischen
Widerstandes in zylindrischen Körpern von Klebsand, Magnesia und Korund bei 12 mm Elek-
trodenabstand (nach W. A. FISCHER u. R. SCHÄFER)

potenzen sind dabei keine Seltenheit. Aus diesem Grunde ist es nicht möglich, allgemeinverbindliche Werte für die Leitfähigkeit bzw. den Widerstand
anzugeben.

Der Widerstand wird meist an zylindrischen Probekörpern zwischen Graphitelektroden im Kohlegrießofen gemessen, wobei wegen des Graphitabbrandes

die Verwendung von Schutzgas (z. B. Stickstoff) zweckmäßig ist [4, 7]. Die Meßwerte werden gewöhnlich als spezifischer Widerstand

$$\varrho = \frac{W\,q}{l} \left[\Omega\,\frac{cm^2}{cm} = \Omega\,cm \right] \tag{3}$$

$W =$ Widerstand in Ohm;
$q \;=$ Querschnitt;
$l \;\;=$ Länge des Probekörpers

angegeben bzw. als spezifische Leitfähigkeit $K = \dfrac{1}{\varrho}$.

Abb. 64 enthält die von K. WERNER [4] gemessenen Werte des spezifischen Widerstandes[1] für verschiedene Roh- und Baustoffe als Funktion der Temperatur im gewöhnlichen Maßstab. Die Kurven haben die Gestalt einer e-Funktion, wie nach Gl. (1) zu erwarten ist.

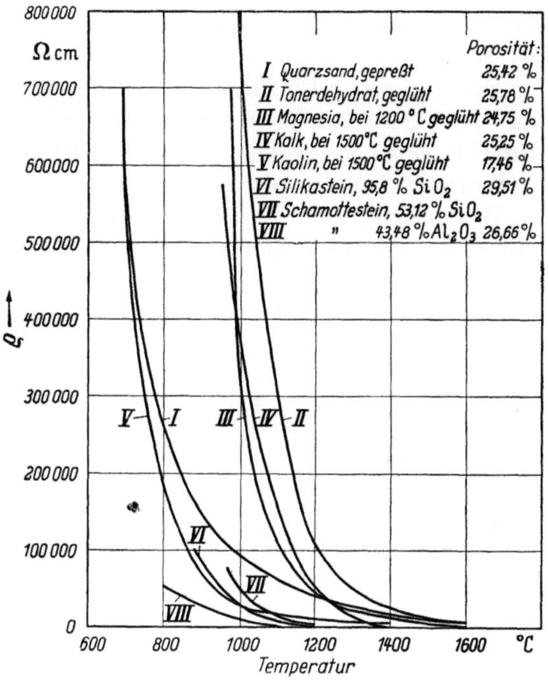

Bei gewöhnlicher Temperatur bis $\sim 500^\circ$ C besitzen die feuerfesten Roh- und Baustoffe außer Kohlenstoff und SiC-Erzeugnissen spezifische Widerstandswerte von > 1 Million Ω cm. Der Widerstand verkleinert sich mit steigender Temperatur zunächst sehr stark, dann mit immer kleiner werdender Neigung und besitzt bei 1000° C noch Werte von $10\,000$ bis $100\,000\,\Omega$ cm. Magnesiasteine, reine Tonerde und die reinen basischen Oxyde MgO und CaO erreichen bei 1000° C noch Werte von $100\,000$ bis 1 Million Ω cm, feuerfeste Tone leiten dagegen den Strom besser, ihr spezifischer Widerstand schwankt zwischen 1000 und $10\,000\,\Omega$ cm.

Bei 1500° C ist der spezifische Widerstand allgemein auf 1000 bis $10\,000\,\Omega$ cm gesunken, lediglich feuerfeste Tone und einige Schamottesteine unterschreiten den Wert von $1000\,\Omega$ cm beträchtlich. Reine Sintertonerde und Sintermagnesia gehören bei sehr hohen Temperaturen zu den besten Isolatoren, während Zirkonoxyd unter den hochfeuerfesten Oxyden den geringsten Widerstand aufweist. Dieser beträgt bei 1700° C nur noch 6 bis $7\,\Omega$ cm [8].

Erheblich verstärkt wird die Abnahme des Widerstandes durch Zusatz von Eisenoxyden, deren Ionen eine geringe Ablösearbeit $E_0/2$ benötigen. Tonige

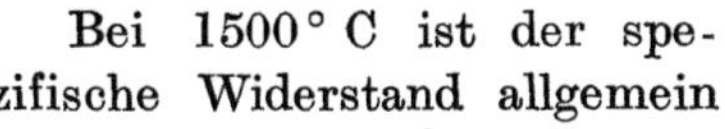

Abb. 64. Spezifischer Widerstand ϱ verschiedener feuerfester Roh- und Baustoffe als Funktion der Temperatur (nach K. WERNER)

---

[1] In der Arbeit von K. WERNER wird als Dimension des spezifischen Widerstandes fälschlich $[\Omega/cm^3]$ angegeben.

Massen mit 4% Fe_2O_3 besitzen nach J. KRATZERT u. F. KAEMPFE [7] denselben spezifischen Widerstand wie die gleichen Massen mit 0,86% Fe_2O_3 bei einer um 50 bis 150°C höheren Temperatur. Häufig ist der widerstandserniedrigende Einfluß des Eisenoxydes noch größer. Dies gilt vor allem für Magnesiasteine.

Bei Schamottesteinen spielt auch der Oxydationszustand des Eisenoxydes und die Brenntemperatur eine beträchtliche Rolle. FeO setzt den Widerstand stärker herab als Fe_2O_3, daher haben reduzierend gebrannte Steine einen geringeren Widerstand [7]. Nach W. A. FISCHER u. H. VOM ENDE [6] soll bei Gegenwart von FeO und Fe_2O_3 ein Elektronenaustausch zwischen 2- und 3wertigen Eisenionen stattfinden und dadurch die Leitfähigkeit beträchtlich erhöht werden.

Allgemein erniedrigt ein hoher Flußmittelgehalt den spezifischen Widerstand bei hohen Temperaturen, da sich gut leitende, meist dissoziierte Schmelzen im Stein bilden. Hierauf ist der meist geringe Widerstand der Schamottesteine bei hohen Temperaturen im Vergleich zu Silikasteinen zurückzuführen.

Einen gewissen Einfluß auf den Widerstand übt schließlich auch die Porosität aus. Je dichter ein Stein ist, um so geringer ist sein spezifischer Widerstand, wie Tab. 19b bis e erkennen läßt [9]. Die in den Poren enthaltene Luft ist also ein besserer Isolator als das Steinmaterial.

Wesentlich besser als die silikatischen und oxydischen feuerfesten Baustoffe leiten bei niedrigen Temperaturen kohlenstoff- und SiC-haltige Erzeugnisse. Beim Graphit wird der spezifische Widerstand mit wachsender Temperatur größer, wenn auch nur in geringem Maße, während Kohlenstoff wie die Oxyde

Tabelle 19. *Spezifischer elektrischer Widerstand in Ω cm von reiner Kieselsäure und einem Silikastein (a nach A. V. HENRY, b bis f nach K. WERNER)*

t (°C)	a	b	c	d	e	f
500	11 300 000	—	—	—	—	—
600	2 360 000	1 200 000	830 000	800 000	780 000	—
700	775 000	590 000	410 000	325 000	320 000	—
800	300 000	260 000	178 000	176 000	148 000	216 000
900	117 000	141 000	118 000	102 000	88 000	80 900
1000	49 000	89 500	61 000	57 500	42 000	32 300
1100	25 900	62 000	48 000	41 000	31 500	16 200
1200	15 700	38 000	38 000	28 200	24 600	9 080
1300	11 100	24 500	22 000	17 800	14 800	4 800
1400	8 050	17 500	17 000	13 200	10 800	2 530
1500	5 660	14 200	13 000	10 300	9 700	1 840

a Fast reine Kieselsäure mit nur wenig Flußmitteln, bei 1500°C vorgebrannt.
b Reine Kieselsäure, einige Stunden bei 1500°C vorgebrannt, 25,4% Porosität.
c Reine Kieselsäure, einige Stunden bei 1500°C vorgebrannt, 23,2% Porosität.
d Reine Kieselsäure, einige Stunden bei 1500°C vorgebrannt, 20,2% Porosität.
e Reine Kieselsäure, einige Stunden bei 1500°C vorgebrannt, 19,3% Porosität.
f Handelsüblicher Silikastein: SiO_2 95,80%; Fe_2O_3 0,92%; Al_2O_3 1,93%; CaO 1,52%.

einen negativen Temperaturkoeffizienten besitzt, der aber erheblich kleiner ist als bei diesen (Tab. 20). Bei sehr hohen Temperaturen können daher oxydische oder silikatische feuerfeste Steine unter Umständen besser leiten als Kohlenstoffsteine oder Graphitelektroden.

1.62 Sonstige Eigenschaften

Außer der Leitfähigkeit ist für Spezialfragen die Kenntnis der *Dielektrizitätskonstanten* ε von Bedeutung. Sie ist zu messen als Verhältnis der Kapazitäten eines Kondensators bei Ausfüllung der Plattenzwischenräume mit dem Dielektrikum und bei Evakuierung derselben (ε_0). Die Dielektrizitätskonstante für Quarz beträgt 4,69 bis 5,06 je nach der kristallographischen Richtung, für Sintertonerde 11,5 bis 12,3 und für Sintermagnesia 8,0 bis 8,2.

Der die Energieverluste im elektrischen Wechselfeld bestimmende *dielektrische Verlustfaktor* $\mathrm{tg}\,\delta$ ist bei Sintertonerde mit $\mathrm{tg}\,\delta = 0{,}18$ relativ hoch.

Tabelle 20. *Spezifischer elektrischer Widerstand in Ω cm von Kohlenstoff und Graphit* (nach D'ANS-LAX, Taschenbuch für Chemiker u. Physiker) *sowie von 90%igem SiC* (nach KOPPERS Handbuch)

Temperatur °C	Spezifischer Widerstand in Ω cm von		
	Graphit	Kohlenstoff	Siliziumkarbid (90%)
0	800	3500	—
500	830	2700	3100
1000	870	2100	430
2000	1000	1100	—

Schrifttum

[1] HARTMANN, W.: Z. Physik Bd. 102 (1936) S. 709/33
[2] WAGNER, C., u. E. KOCH: Z. physik. Chem. Abt. B Bd. 32 (1936) S. 439/46
[3] RASCH, E., u. F. W. HINRICHSEN: Z. Elektrochem. Bd. 14 (1908) S. 41
[4] WERNER, K.: Sprechsaal Keram., Glas, Email Bd. 63 (1930) S. 537/39, 557/59, 581/83, 599/601 u. 619/23
[5] FISCHER, W. A., u. R. SCHÄFER: Arch. Eisenhüttenwes. Bd. 24 (1953) S. 105/11
[6] FISCHER, W. A., u. H. VOM ENDE: Arch. Eisenhüttenwes. Bd. 22 (1951) S. 417/23
[7] KRATZERT, J., u. F. KAEMPFE: Ber. DKG. Bd. 16 (1935) S. 296/306
[8] RYSCHKEWITSCH, E.: Oxydkeramik. Berlin/Göttingen/Heidelberg: Springer 1948
[9] Tab. 19a nach HENRY, A. V.: J. Amer. ceram. Soc. Bd. 7 (1924) S. 764/82

1.7 Mechanische Eigenschaften

Da die feuerfesten Baustoffe beim Transport und an der Verbrauchsstelle verschiedenartigen mechanischen Beanspruchungen ausgesetzt sind, müssen sie vor dem Gebrauch einer Reihe von Festigkeitsprüfungen unterworfen werden, die möglichst genaue Voraussagen über das Verhalten im Betrieb gestatten sollen. Unter den möglichen Beanspruchungsarten steht diejenige auf Druckfestigkeit im Vordergrund, denn wegen der geringen Zug- und Biegefestigkeit der Baustoffe werden alle Öfen so konstruiert, daß im Feuerfestmaterial überwiegend Druckspannungen auftreten.

Zur Untersuchung des Einflusses hoher Ofentemperaturen auf das Festigkeitsverhalten unter Druck können 3 Wege beschritten werden, nämlich:

1. die Temperatur wird konstant gehalten und der Druck bis zum Bruch gesteigert (Heißdruckfestigkeit);

2. die Temperatur und der Druck werden konstant gehalten und die Deformation als Funktion der Zeit gemessen (Dauerstandfestigkeit);

3. der Druck wird konstant gehalten und die Temperatur mit festgelegter Geschwindigkeit bis zum Erweichen gesteigert (Druckfeuerbeständigkeit).

Von diesen Verfahren hat sich hauptsächlich das 3. durchgesetzt, weil es mit *einem* Versuch die Temperatur zu ermitteln gestattet, bei welcher der Baustoff seine mechanische Widerstandsfähigkeit gegen Druck verliert. Die Kenntnis dieser Temperatur ist auch wichtig für den wohl häufigsten Fall von Mauerwerk mit nach außen absinkender Temperatur (Öfen), das an der Außenseite noch kalt genug ist, um die auftretenden Drucke aufzunehmen; denn bei der Erweichungstemperatur entstehen relativ dünnflüssige Schmelzen im Stein, welche chemische Vorgänge ermöglichen oder begünstigen, und so die Haltbarkeit maßgebend beeinflussen.

Die *Dauerstandfestigkeitsprüfung* gewinnt zunehmende Bedeutung bei der Beurteilung der Haltbarkeit allseitig erhitzter Bauteile (Winderhitzer- oder SM - Ofenkammer-Besatzsteine, Koksofenkammerwände). *Heißdruckfestigkeitsuntersuchungen* dagegen wurden bisher nur zu wissenschaftlichen Zwecken, nicht aber als Betriebsprüfung durchgeführt.

Neben diesen auf Druckbeanspruchung beruhenden Methoden wurden auch Verfahren zur Bestimmung der *Biegefestigkeit*, des *Elastizitäts-* und *Biegemoduls* sowie der *Torsionsbeständigkeit* bei hohen Temperaturen entwickelt, deren Anwendung aber bisher auf Spezialuntersuchungen beschränkt blieb, obwohl besonders die Torsionsprüfung einen tiefen Einblick in die mechanisch wichtigen Struktureigenheiten eines Baustoffes ermöglicht. Eine gewisse Bedeutung als Betriebsprüfung hat schließlich die *Abriebuntersuchung* für solche Baustoffe erlangt, die einer starken mechanischen Erosion ausgesetzt sind.

1.71 Kaltdruckfestigkeit

Die Kaltdruckfestigkeit, in den deutschen Normen als Druckfestigkeit bei Zimmertemperatur bezeichnet, ist in DIN 1067 folgendermaßen festgelegt:

Unter Druckfestigkeit ist die Widerstandsfähigkeit eines Körpers gegen Druck im Augenblick der Zerstörung bei Zimmertemperatur zu verstehen. Die Druckfestigkeit wird in kg/cm² der gedrückten Fläche, und zwar als Durchschnitt der Bestimmungen an je einem Prüfkörper von je 10 Steinen angegeben.

Als Prüfkörper sollen Zylinder von 50 mm Dmr. und 45 mm Höhe genommen werden, die aus dem mittleren Teil der zu prüfenden Steine auszubohren sind. Diese genaue Angabe der Entnahmestelle des Prüfzylinders aus den Steinen und die verhältnismäßig große Zahl von 10 Proben für die Beurteilung eines Brandes oder einer Lieferung ist erforderlich, da Steine gleicher Art und Herstellungsweise — auch wenn sie aus dem gleichen Brande kommen — beträchtliche Unterschiede in der Kaltdruckfestigkeit aufweisen können.

Abmessungen der Probekörper: 50 mm ⌀, 45 mm Höhe

Kaltdruckfestigkeit [kg/cm²]

		Probe 1	Probe 2	Probe 3	Probe 4	Mittel
Silikastein	a	245	281	294	366	300
"	b	228	258	270	319	270
'	c	326	383	389	405	370

Abb. 65. Unterschiede in der Kaltdruckfestigkeit im gleichen Silikastein und in Steinen aus dem gleichen Brand

Wie groß solche Unterschiede in der Kaltdruckfestigkeit sein können, zeigt Abb. 65, in der die gefundenen Kaltdruckfestigkeiten von jeweils 4 Proben aus 3 Silikasteinen des gleichen Brandes wiedergegeben sind. Die Werte schwanken im 1. Stein um 120, im 2. um 90 und im 3. um 80 kg/cm² und die maximale Differenz beträgt 175 kg/cm².

Das Gesamtmittel aus den 12 gemessenen Werten von 310 kg/cm² wird um etwa 30% über- oder unterschritten.

Diese unvermeidbaren Schwankungen haben ihre Ursache in dem inhomogenen Aufbau der feuerfesten Baustoffe, d. h. in ungleichmäßiger Anordnung der Gefügebestandteile, der örtlichen Schmelzflüsse und der Porenräume.

An Stelle der in DIN 1067 vorgeschriebenen zylinderförmigen Probekörper werden vielfach wie in der Ziegelindustrie Proben in Form von zwei halben, übereinandergelegten Normalsteinen benutzt, welche zusammen ein Parallelepiped der Größe 125 × 120 × 130 mm ergeben. Bei diesen größeren Probekörpern werden wegen des Ausgleiches der Strukturunterschiede gleichmäßigere Ergebnisse erzielt, es werden aber sehr starke Pressen benötigt. Bei den häufig vorkommenden Formsteinen ist das Verfahren überhaupt nicht anwendbar.

Man hat auch versucht, einen halben Normalstein mit einem quadratischen Stempel zu pressen, dessen Kantenlänge gleich der Prüfkörperhöhe ist, in den meisten Fällen also 65 mm. Dieses Verfahren ist bei gewöhnlichen feuerfesten Erzeugnissen brauchbar, liefert aber bei stark versinterten, spröden Steinen mit hoher Kaltdruckfestigkeit niedrigere Werte als die Normenmethode, vermutlich weil sich bei diesen die Kerbwirkung der Stempelränder stärker bemerkbar macht.

Die Kaltdruckfestigkeit selbst kann mit Hilfe jeder geeichten Druckpresse ermittelt werden. Bei Feuerleichtsteinen, deren Kaltdruckfestigkeit gering ist und bei einzelnen Sondererzeugnissen nicht mehr als 5 kg/cm² beträgt, kann die Bestimmung unsicher werden, da auch bei Druckpressen mit genügend genauer Lastanzeige die Ablesungen im unteren Bereich der Anzeigeskala ungenau sind.

Die Ergebnisse werden auf volle 10 kg/cm² abgerundet und gemittelt. Stark herausfallende Werte werden bei der Mittelung außer acht gelassen. Einen Überblick über die Bereiche, in denen die Kaltdruckfestigkeit sich bei den einzelnen Steinsorten bewegt, gibt die Abb. 66. Den niedrigsten Werten ist

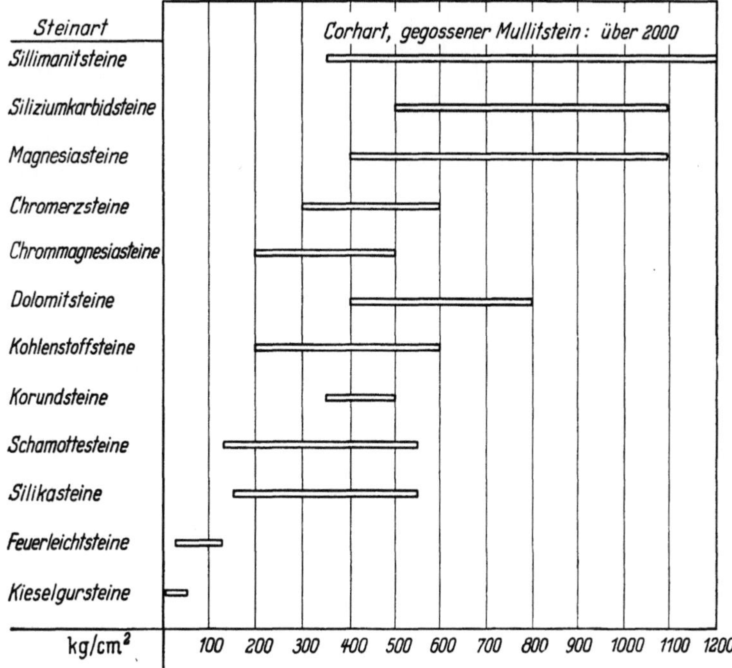

Abb. 66. Bereiche der Kaltdruckfestigkeit verschiedener feuerfester Steine

besondere Aufmerksamkeit zu schenken, da sie auf Fehlstellen im Stein hinweisen.

Die Kaltdruckfestigkeit der üblichen feuerfesten Baustoffe liegt im allgemeinen wesentlich höher als die tatsächliche Beanspruchung an der Verwendungsstelle, die meist nur wenige kg/cm² beträgt. Sie muß so hoch gewählt werden, damit die Steinkanten den Stößen beim Transport widerstehen und die Steine eine hinreichende Abriebfestigkeit besitzen. Diese Forderungen werden bei Kaltdruckfestigkeiten von 130 bis 150 kg/cm² erfüllt.

Die Kaltdruckfestigkeit gibt weiterhin einen Hinweis auf die Güte der Formung und die Stärke der Sinterung. Bei der gleichen Steinsorte ist sie um so größer, je mehr sich das Gefüge dem einer dichtesten Packung nähert und je besser Lufteinschlüsse und Entmischungen beim Pressen vermieden wurden. Andererseits hat ein stark gesinterter Stein stets eine hohe Kaltdruckfestigkeit, die aber im allgemeinen dann unerwünscht ist, wenn die Sinterung durch das Vorhandensein von größeren die Feuerfestigkeit herabsetzenden Flußmittelanteilen hervorgerufen wurde. Ein feuerfester Baustoff darf daher nie allein nach der Kaltdruckfestigkeit bewertet werden. Erst die Kombination verschiedener Prüfverfahren ermöglicht eine dem späteren tatsächlichen Betriebsverhalten entsprechende Beurteilung.

Trotz der großen Streuungen, die sich bei der Ermittlung der Kaltdruckfestigkeit ergeben, ist oft versucht worden, ihren Zusammenhang mit anderen technologischen Eigenschaften zahlenmäßig zu erfassen. Diese Bemühungen sind jedoch bis heute ohne Erfolg geblieben, insbesondere wurde kein einfacher zahlenmäßiger Zusammenhang zwischen der Porosität und der Kaltdruckfestigkeit festgestellt [1]. K. KONOPICKY u. G. ENGEL [1a] fanden jedoch, daß sich ein deutlicher Zusammenhang ergibt, wenn man statt der Gesamtporosität den Gehalt an Poren $> 35\,\mu$ bzw. $> 25\,\mu$ zur Kaltdruckfestigkeit in Beziehung setzt. Nur die groben Poren schwächen den Steinvorbrand so, daß die Festigkeit herabgesetzt wird.

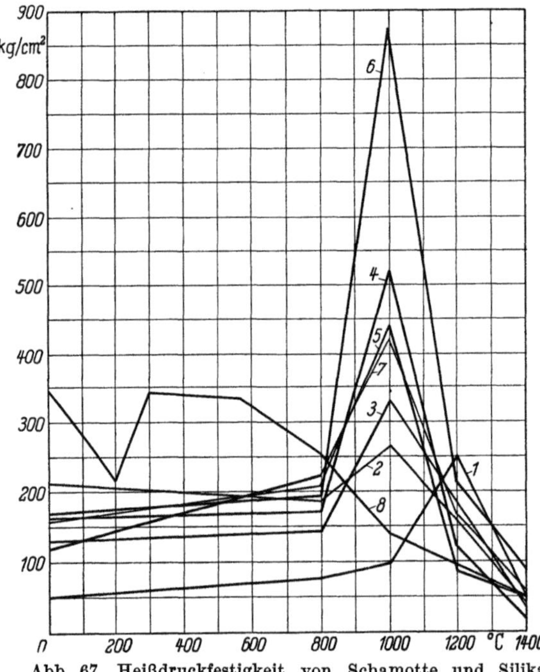

Abb. 67. Heißdruckfestigkeit von Schamotte und Silika
(nach H. HIRSCH)

1 Schamottestein mit 43,9% Al₂O₃; *2* Schamottestein mit 42,4% Al₂O₃; *3* Schamottestein mit 37,2% Al₂O₃; *4* Schamottestein mit 31,6% Al₂O₃; *5* Schamottestein mit 26,3% Al₂O; *6* Schamottestein mit 23,7% Al₂O₃; *7* Schamottestein mit 16,4% Al₂O₃; *8* Silikastein

1.72 Heißdruckfestigkeit

Zur Bestimmung der Heißdruckfestigkeit werden aus dem zu untersuchenden Baustoff mehrere Prüfkörper gebohrt, die einzeln erst auf die jeweilige Prüftemperatur erhitzt und dann steigend belastet werden, bis der

Körper zerbricht oder erweicht. Die Prüftemperatur wird während der Versuche konstant gehalten. Durch Prüfung bei einer Reihe von meist 50 bis 100 °C auseinanderliegenden Temperaturen gewinnt man ein Bild über die Temperaturabhängigkeit der Heißdruckfestigkeit.

Zum Erhitzen dient ein elektrisch beheizter vertikaler Röhrenofen. Der Druck wird durch Graphitstempel übertragen. Konstruktiv schwierig ist die Abdichtung des Ofens, die an den Durchtrittsstellen der Stempel reibungsfrei geführt werden muß.

Die ersten Heißdruckfestigkeitsprüfungen führte M. GARY [2] an Schamottesteinen durch. Er erkannte, daß ihre Festigkeit bei 1000° C größer ist als bei Zimmertemperatur. Später untersuchte H. HIRSCH [3] Schamottesteine mit verschiedenem Tonerdegehalt (Abb. 67) und stellte mit einer Ausnahme ein scharf ausgeprägtes Festigkeitsmaximum bei etwa 1000° C fest. Die Ausnahme betraf einen Stein mit fast 44% Al_2O_3, der sein Maximum erst bei 1200° C erreichte. Die Maxima waren um so ausgeprägter, je weniger Tonerde der Stein enthielt.

Die Verfestigung ist darauf zurückzuführen, daß sich bei etwa 1000° C eine anfangs sehr zähflüssige Schmelzphase im Stein bildet, welche die Gefügebestandteile fester miteinander verbindet als die spröde Glasphase bei niedrigeren Temperaturen. Je geringer der Tonerdegehalt ist, desto größer ist der Anteil an Schmelzphase und desto stärker ihr Einfluß auf die Festigkeit. Bei einer Steigerung der Temperatur über 1000° C bzw. über 1200° C hinaus sinkt dann die Festigkeit infolge einer Viskositätsverminderung der Schmelzphase rasch ab.

Ein Silikastein zeigte von 0 bis 200° C einen starken Festigkeitsabfall (Kurve 8 in Abb. 67), um bei höherer Temperatur

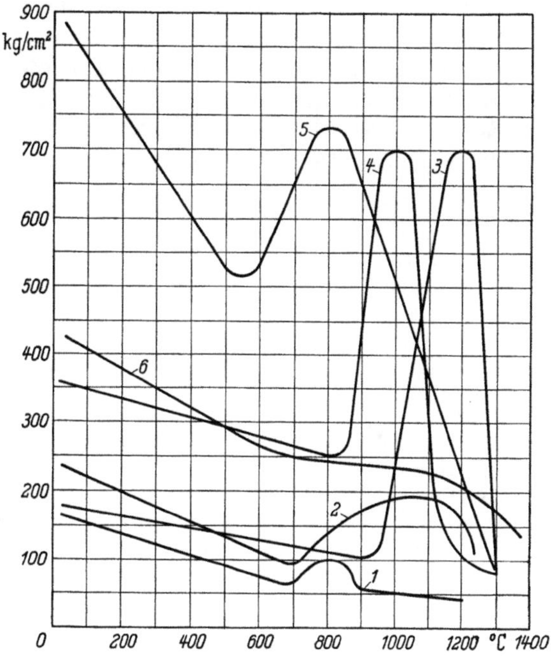

Abb. 68.   Heißdruckfestigkeit von Silika, Ton, Bauxit, Korund und Magnesit (nach BODIN u. D. PETIT)
1 u. 2 Silika;   3 Ton;   4 Bauxit, bei 1300° C gebrannt;   5 Korund;   6 Steirischer Magnesit

wieder auf seinen Ausgangswert zurückzugehen. Diese Verringerung der Festigkeit und vor allem der Wiederanstieg fällt mit der bei 180 bis 270° C stattfindenden Umwandlung von β- in α-Cristobalit zusammen (s. Abschn. 1.31). Von 575° C an, dem Gebiet der β–α-Quarzumwandlung, nimmt die Druckfestigkeit dann fast gleichmäßig ab. Im Gegensatz zu H. HIRSCH stellte V. BODIN [4] an einem Silikastein eine Festigkeitsverminderung bis zu etwa 700° C und ein zwar weniger ausgeprägtes, aber doch erkennbares Festigkeitsmaximum bei 800° C fest (Abb. 68, Kurve 1). An einem zweiten Silikastein beobachtete er den Mindestwert der Festigkeit wieder bei 700° C und dann ein Ansteigen der Festigkeit, die erst bei

1000 bis 1100° C das Maximum erreichte (Kurve *2*). Einen ähnlichen Festigkeitsverlauf mit steigender Temperatur wies D. PETIT [*4*] bei Tonen, Bauxiten und Korund nach (Abb. 68, Kurve *3* bis *5*), während steirischer Magnesit eine ziemlich gleichmäßige Festigkeitsverminderung zeigte (Kurve *6*). H.HIRSCH[*3*] beobachtete dagegen auch an Magnesiasteinen eine Festigkeitszunahme mit einem Maximum bei 1000° C. Die Ergebnisse von H. HIRSCH an Magnesia-, Silika- und Schamottesteinen wurden von H. U. HECHT [*5*] bestätigt, an Magnesiasteinen stellte dieser Autor jedoch teils eine geringe Festigkeitszunahme wie H. HIRSCH, teils eine Abnahme mit steigender Temperatur wie D. PETIT fest.

Wenn die Heißdruckfestigkeit auch wertvolle Erkenntnisse über das grundsätzliche mechanische Verhalten der einzelnen Steinsorten zu vermitteln vermag, so ist sie doch als Betriebsprüfmethode nicht geeignet, weil bei hohen Temperaturen nur unwesentliche Unterschiede zwischen hoch- und geringwertigen Steinen erkennbar sind. Schamottesteine unterscheiden sich bei 1400° C kaum noch voneinander, Silikasteine oberhalb 1200° C überhaupt nicht mehr und Ton, Bauxit und Korund liefern bei 1400° C die gleichen Festigkeitswerte. Diese Tatsache ist darauf zurückzuführen, daß bei so hohen Temperaturen bereits die Viskositätseigenschaften die Hauptrolle spielen, deren Unterschiede bei der groben Druckfestigkeitsprüfung nicht erfaßt werden können.

1.73 Dauerstandfestigkeit (Warmfestigkeit)

1.731 Versuchseinrichtungen

Die Dauerstandfestigkeit, von W. HEILIGENSTAEDT [*6*] als *Warmfestigkeit* bezeichnet, wird mit Hilfe ähnlicher Apparaturen bestimmt wie die Heißdruckfestigkeit.

W. HEILIGENSTAEDT benutzte jedoch statt des elektrischen Ofens einen gasbeheizten, weil sich in diesem die Temperatur besser konstant halten läßt, und ersetzte die Graphitstempel wegen ihres zu hohen Abbrandes in der heißen Zone durch Platten aus Magnesiasteinen, in der kälteren durch Schamotteplatten. Der Ofen war an den Durchtrittstellen der Stempel wassergekühlt. Schwierigkeiten bereitet die Messung der Längenänderungen, die mit hoher Genauigkeit ausgeführt werden muß. Bei den Versuchen von W. HEILIGENSTAEDT wurde der Abstand der Magnesiaplatten mittels wassergekühlter Fühler optisch und elektrisch aufgezeichnet. Als Probekörper wurden flachgelegte Normalsteine benutzt.

K. KONOPICKY u. W. LOHRE [*7*] schlugen die Verwendung abgewandelter Kohlerohroder Widerstandsöfen vor, wobei dem Einfluß der Ofenatmosphäre Beachtung geschenkt und gegebenenfalls Schutzgas verwandt werden muß. Bei Versuchen zur Feststellung der zweckmäßigsten Probeform wurden die gleichmäßigsten Ergebnisse an zylindrischen Körpern mit 35 mm Dmr. und 50 mm Höhe gefunden. Die Aufheizgeschwindigkeit ohne Belastung betrug dabei 4 bis 8° C/Min. Um einen für den Versuch genügenden Temperaturausgleich zu erreichen, war vor Aufgabe der Last eine Haltezeit von 1 Std. erforderlich.

1.732 Abhängigkeit der Deformation von der Zeit

Den Verlauf des Versuches an einem A I-Schamottestein bei einer Temperatur von 1250° C und einer Belastung von 0,2 kg/cm² zeigt Abb. 69 [*6*]. Beim Aufheizen dehnt sich der Probekörper zunächst aus und beginnt sich oberhalb 1000° C mit anfangs relativ hoher Geschwindigkeit zu verformen. Diese beträgt 3⁰/₀₀ pro Stunde, wenn die Versuchstemperatur von 1250° C erreicht ist. Später vermindert sich die Verformungsgeschwindigkeit auf 0,2⁰/₀₀ pro Stunde. Ob damit ein wirklich konstantes Verhältnis zwischen Druck und Verformungsgeschwindigkeit erreicht ist, kann noch nicht entschieden werden.

Die anfänglich rasche Deformation ist nach H. E. SCHWIETE [8] darauf zurückzuführen, daß sich die Probekörper bei Versuchsbeginn meist nicht im Gleichgewicht befinden und sich daher während des Versuches chemische, auf ein Gleichgewicht hinzielende Umsetzungen abspielen. Bei 5stündigem Glühen eines A I-Schamottesteines bei 1400° C verschwand beispielsweise der gesamte Cristobalitanteil (vgl. Abschn. 3.434). J. H. PARTRIDGE [9] äußerte die Ansicht, daß das anfänglich schnelle Fließen durch eine Rekristallisation von Mullit bedingt sei.

Daneben besteht die Möglichkeit, daß der Probekörper sich zu Beginn des Versuches *setzt*, d. h. unter Volumenverminderung eine dichtere Struktur annimmt. Zur Nachprüfung wurden von K. KONOPICKY u. W. LOHRE [7] seitliche Ausbauchung und Höhenabnahme der Probekörper nach beendetem Versuch gemessen. In der Tat nahm die Ausbauchung aller Schamottesteine mit ansteigender Versuchstemperatur (1250 bis 1350° C) von 0 auf 1,8% unter gleichzeitiger Volumenverminderung von 2 bis 7% zu.

Sieht man von den Änderungen des Porenaufbaues und der mineralogischen Zusammensetzung zu Anfang der Verformung ab, so findet man bei Schamottesteinen für die Zusammendrückung ε

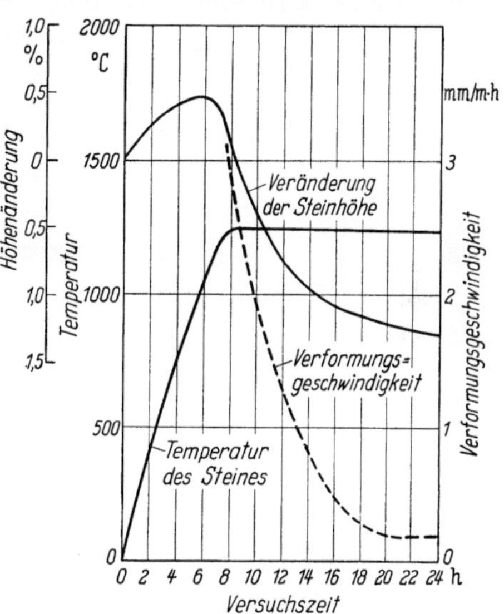

Abb. 69. Verformung und Verformungsgeschwindigkeit eines A I-Schamottesteines bei 1250° C unter 0,2 kg/cm² Belastung (nach W. HEILIGENSTAEDT)

(Höhenabnahme des Probekörpers dividiert durch Ausgangshöhe) in ihrer Abhängigkeit von der Zeit bei Auftragung in doppelt logarithmischem Maßstab bis herauf zu einer Versuchsdauer von 40 Std. nahezu eine Gerade, die durch die Gleichung

$$\varepsilon = C\,t^{0,44 \text{ bis } 0,48} \sim C\,\sqrt{t} \tag{1}$$

beziehungsweise deren Differentialquotienten

$$\frac{d\varepsilon}{dt} \approx \frac{C}{2\sqrt{t}} \tag{2}$$

beschrieben werden kann. Diese Abhängigkeit besagt, daß sich auch im späteren Verlauf des Versuches keine konstante Verformungsgeschwindigkeit einzustellen scheint, diese sich vielmehr mit fortschreitender Versuchsdauer asymptotisch, d. h. langsam fallend einem Wert ≥ 0 nähert. Es muß allerdings noch untersucht werden, ob die Beziehungen (1) bzw. (2) für jede Versuchsdauer gelten.

L. E. MONG [10] belastete einen Schamotte-Normalstein 240 Tage lang bei 900° C mit 1,765 kg/cm². Es stellte sich nach anfänglicher rascherer Deformation eine konstante Verformungsgeschwindigkeit von 0,001 17 $^0/_{00}$ pro Stunde ein. Dies dürfte der am längsten dauernde Versuch sein, über den bisher berichtet wurde. Insgesamt wurde dabei aber nur eine Deformation von 3 % erreicht.

1.733 Abhängigkeit der Deformation von der Belastung

Die Betrachtungen unter 1.732 zeigen, daß sich bei ausreichender Versuchsdauer unter konstanter Belastung durch das *Sichsetzen* des Probekörpers und durch Annäherung an ein chemisches Gleichgewicht ein Zustand des feuerfesten Baustoffes ausbildet, für den die Deformationsgeschwindigkeit zumindest nahezu unabhängig von der Versuchsdauer und allein durch die Last bestimmt wird. Dieser Zustand nähert sich somit dem der idealen *zähen Flüssigkeit* nach NEWTON, für die linearer Zusammenhang zwischen aufgebrachter Last σ und Verformungsgeschwindigkeit über den Viskositätskoeffizienten η besteht:

$$\sigma = \eta \frac{d\varepsilon}{dt}. \tag{3}$$

Der Viskositätskoeffizient η hat im physikalischen Maßsystem die Dimension

$$\left[\frac{\text{dyn sec}}{\text{cm}^2} = 1 \text{ Poise} \right].$$

Für das von W. HEILIGENSTAEDT [6] aufgeführte Beispiel (Abb. 69) würde sich eine Zähigkeit von $\eta = 3{,}56 \cdot 10^{12}$ Poise ergeben. Praktisch jedoch ist die NEWTONschen Gleichung nur selten erfüllt, so daß η keine Konstante ist, sondern von der Größe der Spannung oder der Verformung abhängt.

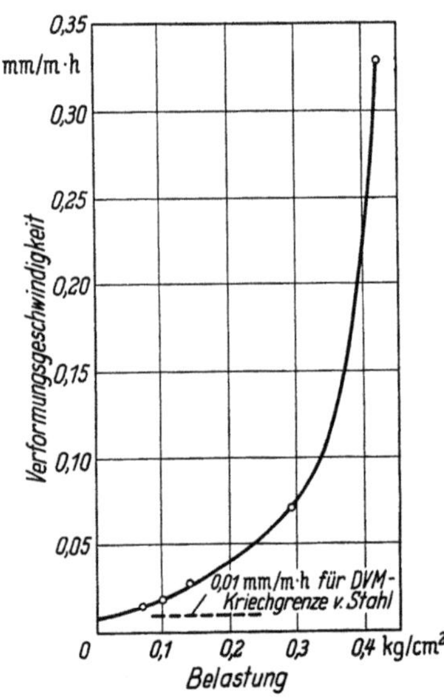

Abb. 70. Verformungsgeschwindigkeit als Funktion der Belastung gemessen an einem Isolierstein bei 1250° C (Nach F. H. NORTON)

Der Zusammenhang zwischen Belastung und Verformungsgeschwindigkeit wurde von F. H. NORTON [11] an einem Isolierstein bei 1250° C und von F. H. CLEWS, H. M. RICHARDSON u. A. T. GREEN [12] an Schamottesteinproben bei 1350° C untersucht. Dabei ergab sich, daß die Verformungsgeschwindigkeit mit wachsender Belastung stärker ansteigt, als einem linearen Verhältnis entsprechen würde (Abb. 70). Ob allerdings ihr Anwachsen allgemein durch die von F. H. NORTON [11] angegebene Beziehung

$$\frac{d\varepsilon}{dt} = \sigma^n \tag{4}$$

beschrieben werden kann, erscheint fraglich. Die Versuchsergebnisse führen nämlich zu Werten des Exponenten n, die zwischen 0,5 und 2,2 schwanken. Auf jeden Fall errechnet sich für eine höhere Belastung ein niedrigerer Viskositätskoeffizient als für eine kleinere.

Nach Gl. (3) müßte bei einer plötzlichen Entlastung die Deformation sofort beendet sein. In Wirklichkeit ist eine elastische Nachwirkung festzustellen sowie eine verzögerte Anpassung an den neuen Spannungszustand, die sich in einem allmählichen Abklingen der Spannungen äußert und von MAXWELL als

Relaxation bezeichnet wurde [13]. Diese Erscheinungen deuten darauf hin, daß sich bei hohen Temperaturen neben zähen Fließerscheinungen auch elastische Deformationen im Schamottestein abspielen. F. H. NORTON [14] und J. N. SNEDDON [15] haben zum Veranschaulichen des Fließverhaltens Modelle entworfen, bei welchen eine gedämpfte elastische Spiralfeder und ein Siebkolben, der sich durch eine sehr zähe Flüssigkeit bewegt, hintereinandergeschaltet sind.

1.734 Abhängigkeit der Deformation von der Temperatur

Die in Abschn. 1.732 und 1.733 besprochenen Fließerscheinungen spielen sich mit meßbarer Geschwindigkeit erst oberhalb einer bestimmten Temperatur ab. Bei niedriger Temperatur beginnt das Fließen nur bei einer gewissen Mindestspannung, die von W. HEILIGENSTAEDT [6] als *Grenzfestigkeit* bezeichnet wird. Er findet für die Grenzfestigkeit σ_g als Funktion der Steintemperatur ϑ bei Schamotte die empirische Formel

$$\sigma_g = 0{,}9 \left(\frac{1250 - \vartheta}{100} \right)^2 \ [\text{kg/cm}^2] \ (\vartheta \leqq 1250\,°\text{C}). \tag{5}$$

Sie besagt, daß sich ein Stein oberhalb 1250° C schon bei geringster Belastung deformiert (Grenzfestigkeit = 0).

Der Zusammenhang zwischen Belastung und Verformungsgeschwindigkeit bei verschiedenen Temperaturen ist in Abb. 71 dargestellt. Die Punkte auf der Abszisse, an welchen die Kurven beginnen, stellen die jeweiligen Grenzfestigkeiten dar. Ein Einfluß der Schamottequalität auf die Höhe der Grenzfestigkeit konnte dabei noch nicht festgestellt werden.

Untersuchungen von K. KONOPICKY u. W. LOHRE [7] ergaben, daß A 0- und A I-Steine unter einer Belastung von 2 kg/cm²

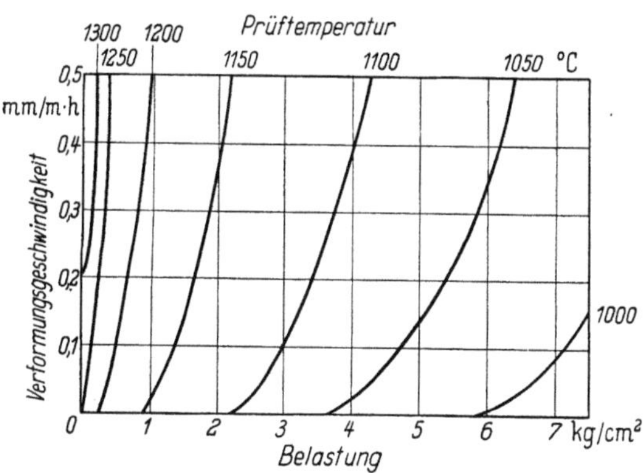

Abb. 71. Verformungsgeschwindigkeit als Funktion der Belastung bei verschiedenen Temperaturen, schematisch (nach W. HEILIGENSTAEDT)

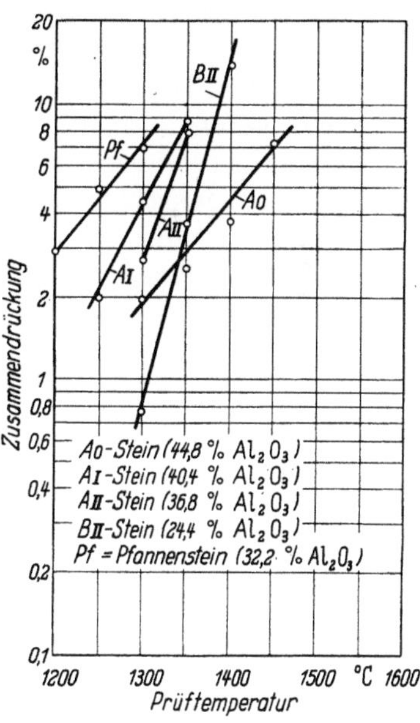

Abb. 72. Die Deformation verschiedener Schamottesteine nach 2½ stündiger Einwirkung einer Belastung von 2 kg/cm² im logarithmischen Maßstab als Funktion der Prüftemperatur (nach K. KONOPICKY u. W. LOHRE)

erst ab 1350° C merklich deformiert werden, die A II- und A III-Steine mit mittlerem Al_2O_3-Gehalt dagegen bereits ab 1300° C. Quarzreiche Schamottesteine beginnen wieder bei höherer Temperatur stärker zu fließen (1350° C), aber dann mit größerer Geschwindigkeit als die tonerdereicheren Qualitäten. In Abb. 72 ist die Deformation nach $2^1/_2$ stündiger Einwirkung der Belastung für verschiedene Steinqualitäten in logarithmischem Maßstab als Funktion der Temperatur eingetragen. Es entstehen Geraden verschiedener Neigung, von denen die der quarzreichen B II-Steine am stärksten mit der Temperatur ansteigt und die A 0-Gerade bei etwa 1350° C schneidet, d. h. unterhalb 1350° C ist der B II-Stein standfester, oberhalb dieser Temperatur der A 0-Stein. Dieses Verhalten der B II-Steine — gute Standfestigkeit bis zu hohen Temperaturen herauf und anschließend rasche Erweichung — findet man bei den Silikasteinen noch stärker ausgeprägt.

1.735 Zusammenfassung

Das komplizierte Fließverhalten der Schamottesteine, die bisher als einziger feuerfester Baustoff systematisch auf ihre Dauerstandsfestigkeit untersucht wurden, ist auf das Nebeneinander von festen Bestandteilen verschiedener Korngröße und von Schmelze zurückzuführen. Die festen Bestandteile erhöhen die Viskosität des Gesamtbaustoffes beträchtlich, können Träger elastischer Deformationen sein und dürften die Ungleichmäßigkeiten der Fließbewegungen in Abhängigkeit von Zeit und Belastungshöhe hervorrufen. Daher kann man nicht erwarten, daß sich das mechanische Verhalten dieser Baustoffe durch einfache physikalische Gesetze beschreiben läßt.

Nach A. JOURDAIN [16] preßt sich eine Schmelze bei Deformation des Steines allmählich in die Poren der festen Phase ein und verklebt deren Zugänge. Dadurch vermindert sich die Fließgeschwindigkeit entsprechend Gl. (1). K. KONOPICKY u. W. LOHRE [7] stellten fest, daß die Schmelze vor allem in die Mittel- und Feinporen unter 25 μ eindringt.

Die bisherigen Dauerstandsversuche haben maßgebend zur Aufklärung der mechanischen Eigenschaften der Schamottesteine beigetragen, zu Rückschlüssen auf das Verhalten im Betrieb sind sie jedoch vielfach noch nicht ausreichend, da eine Versuchsdauer von 50 Std. noch klein gegen die Betriebsdauer von Regeneratoren, z. B. von Winderhitzern, ist.

1.74 Druckfeuerbeständigkeit (DFB)

1.741 Historische Entwicklung

Das dritte mögliche Verfahren zur Untersuchung der Festigkeitseigenschaften unter Druck bei hohen Temperaturen, das Steigern der Temperatur unter gleichbleibender Belastung bis zum Zusammenbruch des Probekörpers geht letzten Endes auf den Biegeerweichungsversuch von E. CRAMER [17] zurück. Bei diesem wurden mit ihren Enden auf Schamotteprismen gelegte Prüfstäbe im Porzellanofen erhitzt; man mißt dann die dabei unter ihrer eigenen Last eingetretene Durchbiegung. Die Grundlagen für das heutige deutsche Verfahren zur Durchführung des Druckerweichungsversuches stammen im wesentlichen von K. ENDELL [18], in Anlehnung übrigens an die in der Hauptsache von J. W. MELLOR [19] entwickelte englische Prüfart. K. ENDELL benutzte bereits ähnlich wie M. GARY [2] zylindrische Probekörper, die unter gleichbleibendem, mäßigem Druck erhitzt wurden, bis eine bestimmte, festgelegte Zusammendrückung eingetreten ·war. Im Gegensatz zu dem amerikanischen Verfahren, bei dem lediglich die während der Prüfung eingetretene Zusammenpressung des Steines nach Beendigung der Erhitzung gemessen wird, können bei der Anordnung von J. W. MELLOR u. K. ENDELL die während des Versuches eintretenden Längenänderungen laufend aufgezeichnet werden.

In zahlreichen, sehr eingehenden und kritischen Arbeiten [20] wurden die verschiedenen Einflußgrößen auf das Ergebnis des Druckerweichungsversuches nachgeprüft. So wurde beispielsweise von H. HIRSCH festgestellt, daß eine Steigerung des Belastungsdruckes von 0,5 bis 2 kg/cm² das Versuchsergebnis nur wenig beeinflußt, daß jedoch Drucke über 3,5 kg/cm² zu niedrigeren Druckerweichungstemperaturen führen. Besondere Aufmerksamkeit ist der Erhitzung des Probekörpers gewidmet worden, sie muß ja in den wesentlichen Phasen des Versuches so langsam erfolgen, daß keine großen Temperaturdifferenzen zwischen Außenflächen des Probekörpers und seinem Kern auftreten. Nach Untersuchungen von F. H. CLEWS u. A. T. GREEN [21] wird die Druckerweichungstemperatur durch rasche Erhitzung erhöht (infolge nachhinkender Temperatur fester bleibender Kern), bzw. durch eine langsame Erwärmung herabgesetzt. Demgemäß hält ein Probekörper größeren Querschnittes bei gleicher Erhitzungsgeschwindigkeit eine höhere Temperatur aus als ein kleinerer. Diese Einflüsse sind an Schamottesteinen wegen ihrer schlechteren Wärmeleitfähigkeit deutlicher erkennbar als an den besser leitenden Silikasteinen. Bei Schamottesteinen hat die Prüfkörperhöhe nach F. H. CLEWS u. A. T. GREEN insofern einen Einfluß, als eine kurze Probe bei niedrigerer Temperatur erweicht als eine längere von gleichem Querschnitt. Bei Silikasteinen fallen dagegen Höhenunterschiede der Prüfkörper kaum ins Gewicht.

Die Druckerweichungskurve gibt natürlich außer anfänglicher Wärmeausdehnung und späterer Zusammenpressung des Prüfkörpers auch die Ausdehnung der Unterlage und des Druckstempels wieder. Den wahren Verlauf der Erweichungskurven nach Abzug der von der Apparatur herrührenden Einflüsse versuchten besonders H. HIRSCH [20] sowie F. H. CLEWS u. A. T. GREEN [21] zu ermitteln. Nach ihnen sollen im Fall der Schamottesteine erhebliche Korrekturen erforderlich sein, bei Silikasteinen dagegen nicht.

Da die bei den Versuchen meist benutzten elektrischen Röhrenöfen mit Kohlegrießwiderstandsbeheizung und ihrem verhältnismäßig langen Strahlungsraum weitgehend einem optisch schwarzen Körper entsprechen, wurde die Temperaturmessung mittels eines geeichten optischen Pyrometers allen anderen Methoden wie z. B. der mit Segerkegeln vorgezogen.

Wegen der geschilderten Einflüsse der Erhitzungsgeschwindigkeit, des Belastungsdruckes, der Prüfkörpergröße und der thermischen Ausdehnung der Apparatur auf die Druckerweichungskurve mußte vom Deutschen Normenausschuß ein in vielen Einzelheiten konventionelles Verfahren festgelegt werden [22].

1.742 Die Normvorschrift

Nach der 1930 erschienenen Norm DIN 1064 sollen die zylindrischen Prüfkörper 50 mm Dmr. und 50 mm Höhe besitzen. Sie sollen aus dem mittleren Teil der zu prüfenden Steine ausgebohrt werden, wobei eine der Grundflächen des unbearbeiteten Prüfkörpers von der *Brennhaut* (vgl. Abschn. 3.432) des Steines gebildet wird. Als Belastung werden 2 kg/cm² vorgeschrieben, Feuerleichtsteine jedoch werden allgemein nur mit 1 kg/cm² oder mit 0,5 kg/cm² belastet, weil sonst die Unterschiede zwischen den einzelnen Qualitäten zu stark verwischt werden.

Die Temperatur kann bis 1000° C herauf um 15° C/Min. gesteigert werden, darüber muß eine Aufheizgeschwindigkeit von 8° C/Min. eingehalten werden. Für die Temperaturmessung wird ein feuerfestes, unten geschlossenes Rohr in den Ofen gehängt, dessen unteres Ende sich etwa in halber Höhe des Prüfkörpers befindet. Bei der Messung selbst soll der Boden des Rohres mit einem Teilstrahlungspyrometer anvisiert werden.

Die während des Erhitzens eintretenden Längenänderungen werden durch Hebelübertragung mit 10facher Vergrößerung auf einer mit einem Uhrwerk versehenen rotierenden Trommel aufgezeichnet. Als Versuchsergebnis werden nachstehende, über 2 Versuche gemittelte Werte angegeben:

1. Die Temperatur to des höchsten Punktes der Kurve vor dem Erweichungsbeginn (Abb. 75).

2. Da dieser to-Wert oft nicht genau festgelegt werden kann, wird die Temperatur für den Punkt der Kurve angegeben, an welchem diese um 3 mm gegenüber ihrem höchsten Punkt abgesunken ist, entsprechend einer Zusammenpressung des Probekörpers um 0,3 mm = 0,6%. Dieser Wert wird konventionell als Druckerweichungsanfang ta bezeichnet (Abb. 75).

3. Die Temperatur, bei welcher die Höhe des Probekörpers um 20 mm, entsprechend 40% kleiner geworden ist. Auf der Kurve entspricht diese Deformation einer Strecke von 200 mm. Dieser Wert wird als Druckerweichungsende te bezeichnet.

4. Wenn der Probekörper nicht ganz erweicht, sondern vorzeitig zusammenbricht, wird an Stelle von te die Temperatur des Zusammenbruches tb angegeben.

Alle Temperaturwerte sollen auf volle 10° abgerundet werden. Im Falle eines vorzeitigen Zusammenbruches des Probekörpers wird die Prüfung wiederholt, da die Möglichkeit besteht, daß der Zusammenbruch eine Folge von örtlichen Fehlern im Stein ist.

1.743 Die Apparatur

Zur praktischen Durchführung der DFB-Prüfung dienen z. Z. fast ausschließlich *Kohlegrießwiderstandsöfen.*

Eine der gebräuchlichen Typen ist in Abb. 73 schematisch dargestellt. Der Strom von 80 bis 100 V und 20 bis 30 A wird durch die kreisringförmigen Elektroden zugeführt. Aufgeheizt wird die nach außen gut abisolierte Zone mit verengtem Querschnitt, in welcher der Kohlegrieß fest und gleichmäßig gestampft sein muß, um eine ungleichmäßige Erhitzung (Sonnenbildung) zu verhindern. Der Kohlegrieß wird meist in einer Körnung von 2 bis 3 mm verwandt. Auch feinere Körnungen sind im Gebrauch, sie erfordern jedoch eine besonders feste Stampfung. Bei manchen Typen liegen die Elektroden unmittelbar über bzw. unter der Heizzone und müssen dann wassergekühlt werden. Das innere Heizrohr besteht aus Korund oder Siliziumkarbid und hat einen Innendurchmesser von 80 bis 120 mm. Die Zone gleichmäßiger Temperatur, in deren Mitte der Probekörper eingesetzt wird, soll mindestens 100 mm hoch sein. Durch besondere Konstruktion kann man die Länge der Zone gleichmäßiger Temperatur auf 160 mm erhöhen.

Die beschriebenen Kohlegrießöfen können bis zu 1750° C herauf betrieben werden. Bei höheren Temperaturen ist der Abbrand unwirtschaftlich hoch, außerdem ist die Gleichmäßigkeit der Temperaturverteilung nicht mehr gewährleistet. Bei den hochfeuerfesten Steinqualitäten, wie sie in zunehmendem Maße in den Betrieben Verwendung finden, liegen die te-Werte und

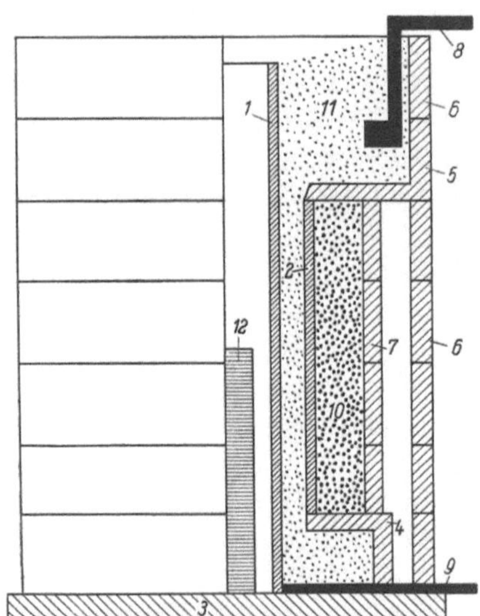

Abb. 73. Kohlegrießwiderstandsofen der Staatlichen Porzellanmanufaktur, Selb

1 u. *2* Korundrohre; *3* Grundplatte; *4* u. *5* Schamottekapseln; *6* u. *7* Schamotteringe; *8* u. *9* Elektroden; *10* Schamottekörnung; *11* Kohlegrieß; *12* Brennuntersätze

oft auch schon die *ta*-Werte oberhalb 1750° C, also außerhalb des Verwendungs-
bereiches der Kohlegrießöfen. Gelegentlich müssen daher bereits *Tammann-Öfen*
mit Spitzentemperaturen über 2000° C eingesetzt werden. Wegen der stärker
reduzierenden Atmosphäre in diesen ist
aber ein Vergleich der in beiden Ofentypen gewonnenen DFB-Werte nicht
ohne weiteres möglich. Besonders bei
eisenoxydhaltigen Baustoffen sind Differenzen zu erwarten.

Der Druck wird mittels eines möglichst
schwindungsfreien *Kohlestempels* [*23*] auf
den Probekörper übertragen. Die Belastung wird entweder durch eine Hebel-
presse nach K. ENDELL oder durch eine
neuere Presse, Bauart Tonindustrie
(Abb. 74), aufgebracht.

Die letztere besitzt eine automatische Grad-
führung, gestattet aber nicht das Arbeiten mit
kleinen Laststufen unter 1 kg/cm² und die Verwendung durchbohrter Kohlestempel, welche
eine Temperaturmessung an der Oberseite des
Probekörpers bzw. des aufgelegten Kohleplätt-
chens ermöglichen.

Die Registrierung der Längenänderung
erfolgt bei der ENDELL-Presse mittels
Hebelübertragung, bei der Tonindustrie-
presse mit Hilfe von Zahnstangen und

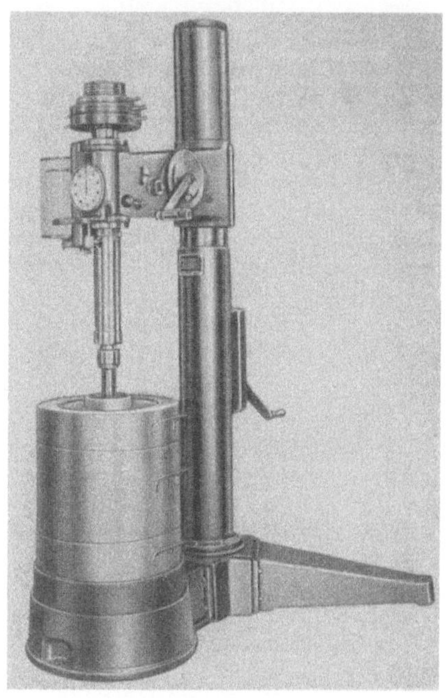

Abb. 74. Druckfeuerbeständigkeitsprüfer, Bauart Tonindustrie

Zahnrädern. Daneben ist die Ablesung auf einer *Meßuhr* möglich. Zur Tempe-
raturmessung werden neuerdings neben *Strahlungspyrometern* in zunehmendem
Umfang *Thermoelemente* Pt 18 eingesetzt, die von der Deutschen Gold- und
Silberscheideanstalt (Degussa) hergestellt werden.

Die Probekörper sollen nach dem Versuch als Beweis für richtige Erhitzung
eine gleichmäßig tonnenförmige Gestalt haben (Abb. 77). Probekörper mit
pilzförmiger Gestalt befanden sich beim Versuch nicht in der Mitte der Heizzone. Einseitige Schmelzerscheinungen deuten auf örtliche Überhitzungen hin.

1.744 Kritik und Änderungsvorschläge

Obwohl sich die Druckfeuerbeständigkeitsprüfung in der Praxis sehr schnell
durchsetzte und bald die wichtigste Untersuchungsmethode wurde, gegen welche
sogar die Segerkegelprüfung in den Hintergrund trat, war sie ständig Gegenstand scharfer Kritik.

Vor allem wurde bemängelt, daß die erforderliche Temperaturkonstanz in Prüfkörpern
mit 50 mm Dmr. bei einer Aufheizgeschwindigkeit von 8°/Min. nicht erreicht wird. Tatsächlich sind Temperaturdifferenzen zwischen innen und außen bis zu 50° C festgestellt worden.
Es sind Bestrebungen im Gange, entweder den Probekörperdurchmesser auf 35 mm zu verkleinern oder die Aufheizgeschwindigkeit auf 4° C/Min. herabzusetzen. Vorversuche haben
gezeigt, daß dann die Temperaturdifferenzen auf 10 bis 20° C absinken und der Streubereich
der gemessenen Werte geringer wird [*24*]. Von A. H. B. CROSS [*25*] wird sogar eine Aufheiz-

geschwindigkeit von 1° C/Min. bei basischen Steinen ab 1300° C, bei sauren ab 1150° C für erforderlich gehalten. Die langsamere Temperatursteigerung ermöglicht auch eine wesentlich genauere Registrierung der Verformungsvorgänge. Zur weiteren Verbesserung des Temperaturausgleiches soll entweder der Kohlegrießofen selber oder aber ein als Zwischenheizfläche über die Probe geführtes, drehbares Rohr um eine vertikale Achse gedreht werden.

Eine weitere Fehlerquelle stellt die in die Längenmessung eingehende Ausdehnung der Lastsäule dar, die sich zeitlich ändern und von Gerät zu Gerät verschieden groß sein kann. Sie beträgt nach A. H. B. Cross [25] auf die Prüfkörperhöhe bezogen etwa 0,004% pro ° C und kann offenbar die Höhe des ta-Wertes dann merklich beeinflussen, wenn die Neigung der DFB-Kurve gering ist, d. h. also, wenn einer kleinen Verschiebung in der Vertikalen ein großer Abschnitt auf der horizontalen Zeitskala bzw. eine merkliche Temperaturerhöhung entspricht (Abb. 75).

In ähnlicher Weise wirkt sich die Reibung in der Registriervorrichtung aus. Durch starke Reibung wird nämlich ein zu hoher ta-Wert vorgetäuscht, erfahrungsgemäß kann dadurch

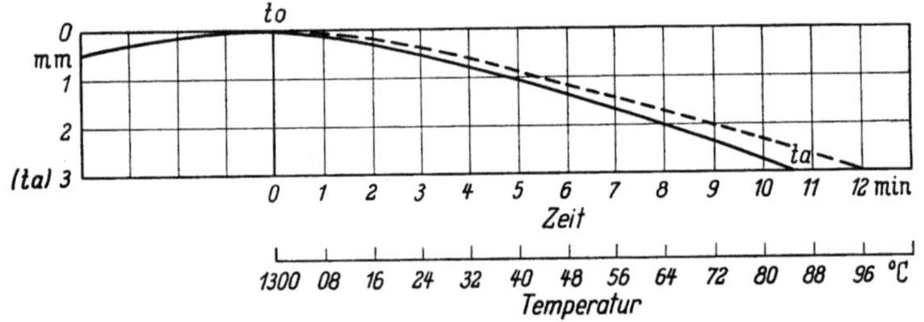

Abb. 75. Einfluß kleiner Abweichungen (0,4 mm) im Verlauf der DFB-Kurve auf die Höhe des ta-Wertes, schematisch. Ausgezogen: gemessene Kurve ta = 1380° C;   gestrichelt: korrigierte Kurve ta = 1400° C

eine Verschiebung des ta-Wertes bis zu 50° C eintreten. Derartige Fehlmessungen können durch Ablesung an einer Meßuhr oder Einführung eines potentiometrischen Meßverfahrens vermieden werden.

Um den Einfluß der Lastsäulendehnung völlig auszuschalten, müßte man die Längenmessung am Probekörper selbst vornehmen, ähnlich wie es bei der Wärmeausdehnung geschieht. Messungen dieser Art mittels eines Komparators wurden von H. E. Schwiete u. Ehrke [26] an belasteten Probekörpern im Tammann-Ofen durchgeführt.

Neben dieser Kritik an der apparativen Anordnung und der experimentellen Durchführung der DFB sind auch grundsätzliche Bedenken gegen die Methode selbst geäußert worden. Die beim Druckversuch gemessenen Längenänderungen umfassen neben der mechanischen Deformation die thermische Nachschwindung oder das Nachwachsen (vgl. Abschn. 1.512), ohne daß es möglich ist, die Wirkung beider Vorgänge exakt zu trennen. So wird bei Schamottesteinen häufig von einem niedrigen ta-Wert auf eine niedrige Brenntemperatur bzw. auf eine hohe Nachschwindung geschlossen (s. Abschn. 3.436), ein größerer Flußmittelgehalt kann aber ebensogut eine stärkere Deformation bei niedriger Temperatur und damit einen geringen ta-Wert hervorrufen. Diese Schwierigkeiten könnten beispielsweise durch Übergang zum Torsionsversuch, bei welchem nur Schubspannungen auftreten, behoben werden (vgl. Abschn. 1.76).

Schließlich wird auch der Aussagewert der Prüfmethode im ganzen in Zweifel gezogen [27]. Sicherlich ist die in Praktikerkreisen vertretene Ansicht, die DFB gäbe allgemein die Temperatur an, bis zu welcher der Baustoff noch eine Belastung von 2 kg/cm² auszuhalten vermag, insofern falsch, als diese Aussage nur für die vorgeschriebene Aufheizgeschwindigkeit gilt. Die Dauerstandversuche zeigen ja deutlich, daß eine lang andauernde Belastung bereits bei erheblich tieferer konstanter Temperatur starke Deformationen hervorrufen kann (vgl. Abschn. 1.73).

Derartige Mißverständnisse sind zumeist darauf zurückzuführen, daß die Veränderlichkeit der Verformungsgeschwindigkeit und die Tatsache nicht berücksichtigt werden, daß sich die feuerfesten Baustoffe in ihrem Verhalten bei hohen Temperaturen dem zäher Flüssigkeiten nähern (s. Abschn. 1.732). Der ta-Wert gibt diejenige Temperatur an, bei dem die Zähigkeit des Baustoffes so weit abgesunken ist, daß bereits in den durch die Versuchsführung gegebenen Zeitspannen meßbare Verformungen auftreten. Erfolgt die geringe Längenverminderung des Probekörpers um 0,6 % zwischen dem effektiven Erweichungsbeginn ta und der Temperatur to erst nach längerer Zeit, d. h. erfordert sie bei gleichbleibender Aufheizgeschwindigkeit eine erheblich über to liegende Temperatur ta, so ist die Viskosität groß, andernfalls entsprechend kleiner. Liegt z. B. zwischen dem Erreichen der Temperatur to und ta ein Zeitraum von 20 Min., so liegt die Viskosität mit $\eta \approx 4 \cdot 10^{11}$ Poise relativ hoch, aber noch um etwa eine Größenordnung niedriger als im Dauerstandsversuch. Wird dagegen die Temperatur ta wenige Sekunden später als to erreicht, wie es bei Silikasteinen der Fall ist, besitzt der Viskositätskoeffizient die Größenordnung 10^9 bis 10^{10} Poise.

Die Kenntnis der Temperaturen, bei denen die Baustoffe derart niedrige Viskositäten erreichen, hat erheblich technische Bedeutung, zumal die Viskosität nicht allein bei mechanischen Deformationen, sondern auch bei chemischen Umsetzungen und bei Stoffwanderungen eine Rolle spielt. Dem danach zu erwartenden und empirisch häufig festgestellten rohen Zusammenhang zwischen den DFB-Werten und dem Verhalten der Baustoffe im Betrieb verdankt schließlich die DFB-Prüfung ihre bevorzugte Stellung unter den Prüfmethoden feuerfester Baustoffe. Es wäre aber wünschenswert und dürfte auch möglich sein, eine Prüfmethode zu entwickeln, welche präzisere und physikalisch besser begründete Aussagen über das Zähigkeitsverhalten der feuerfesten Baustoffe bei hohen Temperaturen zu machen gestattet.

1.745 Die DFB-Kurven verschiedener Baustoffe

Abb. 76 zeigt die kennzeichnenden Erweichungskurven je eines Silika-, Schamotte-, Magnesia- und Chromitsteines üblicher Beschaffenheit. Während

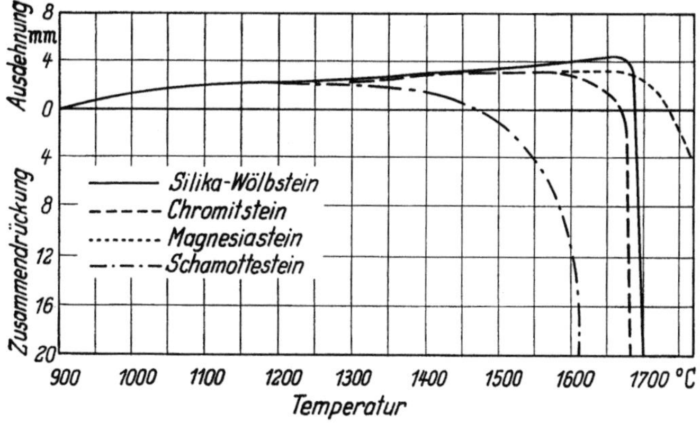

Abb. 76. Druckerweichungskurven einiger feuerfester Baustoffe

bei Schamottesteinen zwischen den *ta*- und *te*-Werten eine Differenz von 200° C und mehr auftritt, beträgt diese bei Silikasteinen nur 10° C, weil hier die entstehende Schmelzphase eine sehr geringe Viskosität besitzt. Magnesiasteine erweichen ähnlich wie Schamottesteine allmählich, vermutlich infolge plastischer Deformation der kristallinen Phasen. Chrommagnesiasteine erweichen dagegen beim DFB-Versuch nicht, sondern scheren an Bruchflächen ab, weil das schwer sinternde Chromerz die Bindung im Stein verschlechtert (Abb. 77).

Die Druckfeuerbeständigkeit der Baustoffe hängt sowohl von ihrer chemischen Zusammensetzung wie auch von ihrer physikalischen Beschaffenheit ab, wobei der Einfluß der letzteren häufig den der chemischen Zusammensetzung überdeckt. Bei physikalisch gleichwertigen Schamottesteinen wächst die Druckfeuerbeständigkeit mit steigendem Tonerdegehalt (Abb. 78), der sich aber weniger auf den *ta*-Wert als den *te*-Wert auswirkt. In Silikasteinen wird die Druckfeuerbeständigkeit in erster Linie von der Reinheit des verarbeiteten Quarzits beeinflußt.

Allgemein ist die Abhängigkeit der Druckfeuerbeständigkeit von der chemischen Zusammensetzung im Bereich des Systems SiO_2–Al_2O_3 aus Abb. 79 zu ersehen[1]. Sie enthält außer den Schmelzkurven (vgl. Abschn. 1.333, Abb. 30) die DFB-Werte von Baustoffen verschiedenen Tonerdegehaltes.

Bei allen feuerfesten Baustoffen bestehen überdies enge Zusammenhänge zwischen ihrer Druckfeuerbeständigkeit und ihrem Gehalt an Flußmitteln. Allgemein gilt die Regel, daß mit steigender Menge des Schmelzflusses besonders die *ta*-Temperatur, weit weniger der *te*-Wert absinkt.

Von den physikalischen Kennwerten hat vor allem die Porosität Einfluß auf die Druckfeuerbeständigkeit. Dichtere Steine setzen unter sonst gleichen Verhältnissen dem Zusammendrücken einen größeren Widerstand entgegen. Das zeigt z. B. Abb. 80,

Abb. 77. Vier DFB-Körper nach dem Versuch. 4. Schamottestein; 3. Silikastein; 2. Chrommagnesiastein; 1. Magnesiastein

---

[1] Die darin eingetragenen *ta*- und *te*-Werte sind Mittelwerte eigener, sich über mehrere Jahre erstreckender Beobachtungen und zahlreicher Angaben im einschlägigen Schrifttum

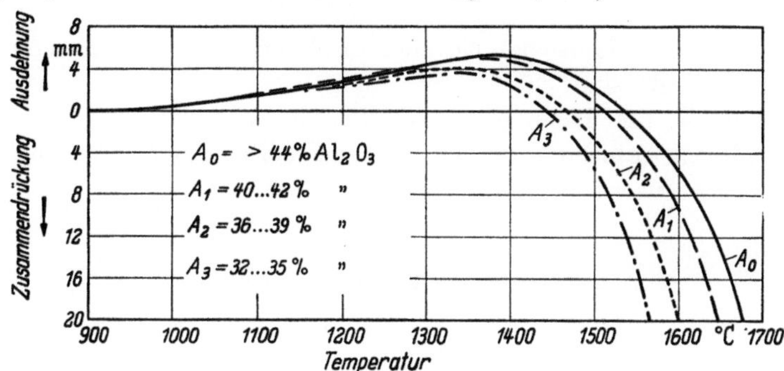

Abb. 78. Druckerweichungskurven verschiedener Schamottesteine

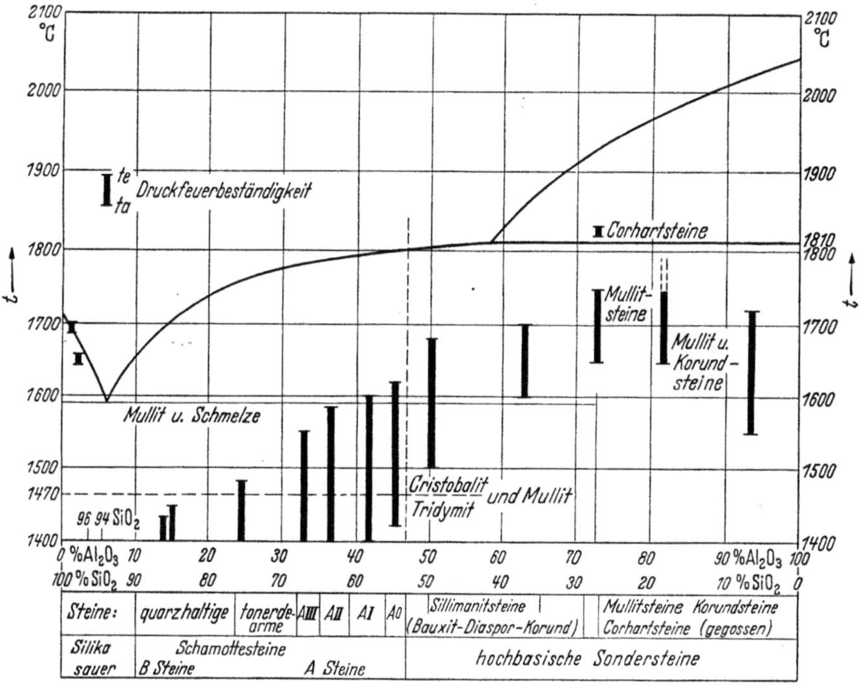

Steine:	quarzhaltige	tonerde-arme	AIII	AII	AI	A0	Sillimanitsteine (Bauxit-Diaspor-Korund)	Mullitsteine Korundsteine Corhartsteine (gegossen)
Silika sauer	B Steine	Schamottesteine			A Steine		hochbasische Sondersteine	

Abb. 79. Die Druckfeuerbeständigkeit feuerfester Baustoffe im System Al₂O₃–SiO₂

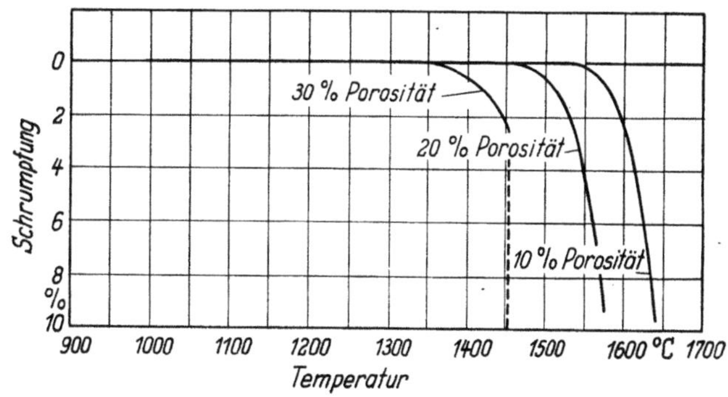

Abb. 80. Druckerweichungskurven (amerikanisches Verfahren) von Schamottesteinen aus gleichen Rohstoffen, aber mit verschiedener Porosität (nach F. H. NORTON)

in welcher nach amerikanischen Normen durchgeführte Versuche von F. H. NOR-
TON [28] dargestellt sind.

Schließlich ist die Lage des ta-Wertes oft von der Brenntemperatur abhängig, da niedrig gebrannte Steine zur Nachschwindung neigen und diese eine
Erweichung vortäuscht (s. auch Abschn. 1.744).

1.746 Ausländische Normen

In Frankreich und in England wird grundsätzlich das gleiche Verfahren
benutzt wie in Deutschland. Nach der *französischen* Norm B 49—105 von 1940
werden allerdings als Probekörper entweder Zylinder von 35 mm Dmr. und 50 mm
Höhe oder Prismen 30 × 30 × 50 mm verwandt, als Aufheizgeschwindigkeit
oberhalb 1000° C sind 4 bis 5°/Min. vorgeschrieben, als Belastung wie in DIN 1064
2 kg/cm².

Die *englische* Norm BS 1902: 1952 läßt gasgefeuerte, ölgefeuerte oder auch
Kohlegrießöfen zu, verlangt aber eine oxydierende Atmosphäre. Als Probekörper sind entweder Zylinder von 2″ = 51 mm Dmr. und 2,5″ = 63,5 mm
Höhe oder quadratische Prismen mit 1³/₄″ = 44,5 mm Kantenlänge und
2″ = 51 mm Höhe vorgesehen. Die Aufheizgeschwindigkeit soll ab 300° C
10°/Min. betragen, die Belastung bei Silika 50 lbs./sq.inch = 3,525 kg/cm²,
bei allen anderen Steinarten 28 lbs./sq.inch = 1,987 kg/cm². Angegeben wird
der dem deutschen to-Wert ent-
sprechende *Initial softening point*
und die Temperatur, bei welcher
die Stauchung 10% beträgt.

Vorarbeiten für eine einheitliche europäische Norm sind eingeleitet worden.

In *Amerika* wird nach der
ASTM-Standard-Methode C 16–49
ein Normalstein mindestens der
Größe 228 × 114 × 64 mm in einem
oxydierend betriebenen Gas- oder
elektrischen Ofen hochkant eingebaut und mit 1,765 kg/cm² belastet. Die einzuhaltenden Aufheizgeschwindigkeiten sind in
Tabellen festgelegt und richten
sich nach der Qualität der Baustoffe (Abb. 81). Der Mittelwert
liegt etwa bei 2,5°C/Min., er paßt
sich im einzelnen der wechselnden

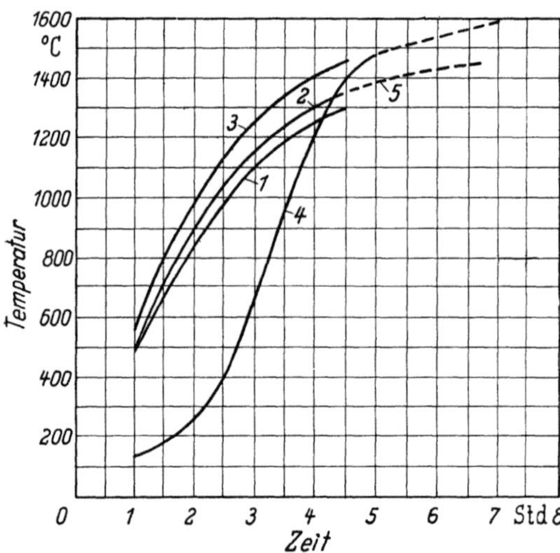

Abb. 81. Aufheizkurven für die Druckfeuerbeständigkeit
(nach der amerikanischen ASTM-Standard-Method C 16–49)

1 Intermediate heat duty fireclay bricks = A II;
2 High heat duty fireclay bricks　　　 = A I–A II;
3 Super heat duty fireclay bricks　　 = A 0;
4 Silikasteine; *5* Hochbasische und Sondersteine

Wärmeleitfähigkeit der Baustoffe an. Bei den Schamottesteinen wird die
Temperatur bis zu einer von der Qualität abhängigen Höhe gesteigert, nämlich
bei den

Intermediate heat duty fireclay bricks
entsprechend den deutschen A III-Steinen bis 1300° C;

High heat duty fireclay bricks
entsprechend den deutschen A I- und A II-Steinen bis 1350° C;

Super duty fireclay bricks
entsprechend den deutschen A 0-Steinen bis 1450° C;

Silikasteine, basische Steine und Sondersteine werden bis zum Bruch erhitzt. Nicht zerbrochene Proben bleiben beim Abkühlen bis 1000° C unter
Belastung, ihre Deformation wird nach Erkalten auf Zimmertemperatur gemessen.

1.75 Zugfeuerbeständigkeit

Über die eigentliche Zugfestigkeit feuerfester Baustoffe bei höheren Temperaturen ist bisher kaum etwas bekannt [29]. Ihre Kenntnis könnte von Wichtigkeit für das Verhalten der Glashäfen und aller anderen Hohlgefäße sein,
die geschmolzene Metalle oder Glasflüsse aufnehmen müssen und deren Wandungen vor allem auf Zug beansprucht werden.

Als Zugfeuerbeständig-
keit wird die Temperatur ermittelt, bei der ein Werk-
stoff unter gleichbleibender Last zerreißt. Derartige Bestimmungen sind von
J. F. HYSLOP, R. F. PROC-
TOR u. H. C. BRIGGS [30]
sowie besonders von F. ILL-
GEN [31] ausgeführt worden.
F. ILLGEN hat bei der Her-
stellung seiner Prüfstäbe den für die Schamotten verwandten Ton auch als

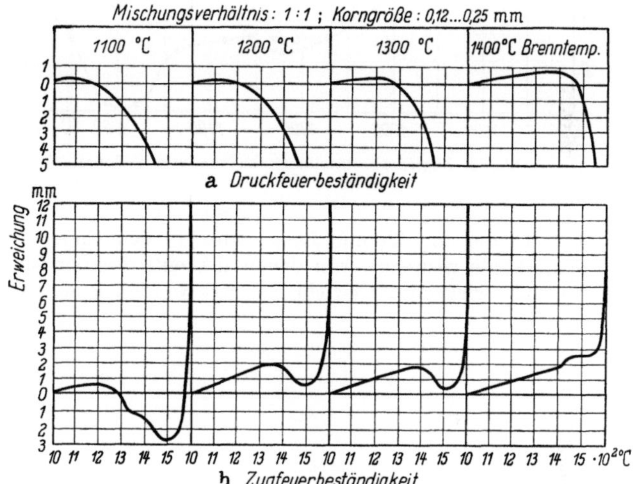

Abb. 82. Druck- und Zugfeuerbeständigkeit von verschieden hoch
gebrannten Proben aus Meißener Ton (nach F. ILLGEN)

Bindeton benutzt. Die Prüfstäbe wurden unter einer Zugspannung von 1 kg/cm²
bis zum Zerreißen erhitzt. Ihre Zugfeuerbeständigkeit wuchs mit der Brenntemperatur, der Menge des Bindetones und mit zunehmender Feinheit ihres
Kornes. Bei feinster Körnung verschwand der Einfluß von Bindetonanteil und
Brenntemperatur. Für jede Tonsorte ergab sich ein charakteristischer Höchstwert der Zugfeuerbeständigkeit, der unabhängig von dem Schamotteanteil und
der Brenntemperatur ist. Er liegt etwa im Bereich der te-Werte der zugehörigen
Druckfeuerbeständigkeit (Abb. 82 u. 83). Bei einigen Tonsorten verursacht das
Schwinden des Bindetones eine scheinbare *negative* Dehnung, wenn die Bindetonmenge eine bestimmte Grenze überschreitet und das Korn der Mischung fein
genug ist, wie z. B. bei den Proben aus Meißener Ton (Abb. 82). Aus dem Kurvenverlauf können Beginn und Ausmaß der Schwindung, Beginn der starken Dehnung,
Gesamtdehnung und die Zerreißtemperatur bei konstanter Belastung entnommen
werden. Wie weit sich diese an 4 Tonsorten getroffenen Feststellungen verallge-
meinern lassen, bleibt noch festzustellen. Nach F. ILLGEN gibt der Kurvenverlauf

der Zugfeuerbeständigkeit teilweise bessere Anhaltspunkte für die Eignung von Tonen und Schamotten als die Druckerweichungskurve. Leider wurden die Untersuchungen nicht fortgesetzt. Wir verdanken ihnen aber schon die allgemeine Erkenntnis, daß die Zugfestigkeit bei hohen Temperaturen etwa von der gleichen Größenordnung ist wie die Druckfestigkeit, während im Sprödbruchbereich unter 1000° C das Verhältnis zwischen beiden etwa den Wert 1:50 annimmt.

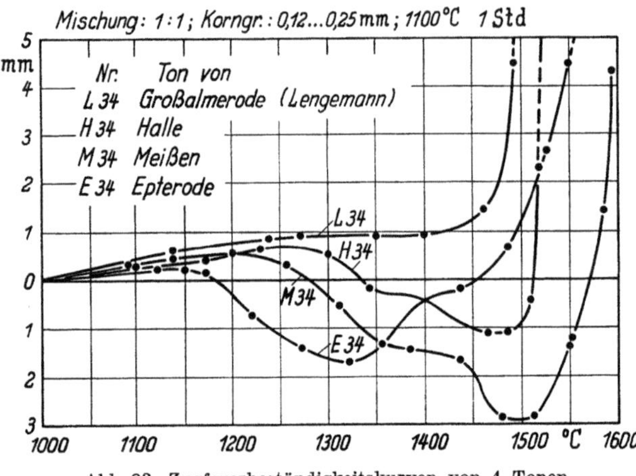

Abb. 83. Zugfeuerbeständigkeitskurven von 4 Tonen
(nach F. ILLGEN)

1.76 Torsionsfestigkeit

Eine Anordnung zur Bestimmung der Torsion unter Belastung mit einem gleichbleibenden Drehmoment bei ansteigender Temperatur wurde von K. ENDELL [32] angegeben.

Ein prismatischer Stab mit quadratischem Querschnitt von 15×15 mm und 120 mm Länge wird an den Enden in 2 wasser- oder luftgekühlte Einspannköpfe gespannt, von denen der eine drehbar angeordnet ist und durch ein auf eine Seilrolle wirkendes Gewicht belastet werden kann (Abb. 84). Der Verdrehungswinkel des

Abb. 84. Torsionsprüfer (nach K. ENDELL) mit ausgeschwenktem Heizofen, Bauart Tonindustrie

Einspannkopfes wird an einer Skala mit Hilfe eines Fernrohres abgelesen. Der Probekörper wird durch einen aus- und einschwenkbaren elektrischen Röhrenofen mit festgelegter Geschwindigkeit aufgeheizt.

H. U. HECHT [5] stellte fest, daß sich Proben aus Silikasteinen beim Erhitzen vor allem im Temperaturbereich von 180 bis 250° C (Umwandlung β–α-Cristobalit) parallel der Längsachse stark ausdehnen, so daß die Torsion behindert ist, wenn nicht der eine Einspannkopf in Längsrichtung beweglich angeordnet wird. Er änderte die Apparatur dementsprechend ab und bestimmte zusätzlich die Längsdehnung mit Hilfe einer Meßuhr.

Der Torsionsversuch besitzt gegenüber dem Druckversuch den Vorteil, daß nur reine Deformationen gemessen und diese nicht durch die thermische Ausdehnung beeinflußt wird [33]. Die Versuchsdurchführung ist wesentlich einfacher als bei der DFB-Prüfung. Andererseits herrscht in dem tordierten Körper keine gleichmäßige Spannungsverteilung. Die Schubspannungen sind an der Oberfläche am größten und nehmen bis zum Querschnittsmittelpunkt auf null ab. Wenn also an der Oberfläche bereits die Fließgrenze oder Grenzfestigkeit (s. Abschn. 1.734) erreicht ist, befindet sich der Kern des Probekörpers noch im elastischen Zustand und hemmt die Fließbewegung. Der Übergang von elastischer Torsion des Prüfstabes zum Fließen ist daher bei dieser Methode unscharf. Das macht sich bei höherer Belastung stärker bemerkbar als bei geringerer.

Wegen der ungleichmäßigen Spannungsverteilung sind die Ergebnisse der Torsionsversuche auch nicht unmittelbar mit denen der Druckversuche vergleichbar. Die wirkende Kraft wird als Drehmoment M in der Dimension [cm kg] angegeben. Aus ihr läßt sich die maximale Schubspannung τ_{max} zwischen zwei benachbarten Querschnitten [34] nach der Formel

$$\tau_{max} = \frac{4,5\,M}{h^3}$$

(h = Kantenlänge des Querschnittes) errechnen. Da die Schubspannung τ_{max} dem halben Wert der Druckspannung σ beim Druckversuch entspricht:

$$\tau_{max} = \frac{\sigma}{2}\,,$$

herrscht bei beiden Versuchsanordnungen ein vergleichbarer Spannungszustand, wenn bei $h = 15$ mm

$$M = \frac{h^3}{9}\,\sigma = 0,75 \text{ cm kg}\,,$$

entsprechend $\sigma = 2$ kg/cm² gewählt wird.

Bei den bisherigen Versuchen wurden wesentlich größere Belastungen verwandt. K. Endell u. W. Müllensiefen [34] brachten ein Drehmoment von $M = 7,5$ cm kg entsprechend $\tau_{max} = 10$ kg/cm² auf. H. U. Hecht [5] benutzte meist ein solches von 2,813 cm kg, maximal von 7,5 cm kg. Dem-

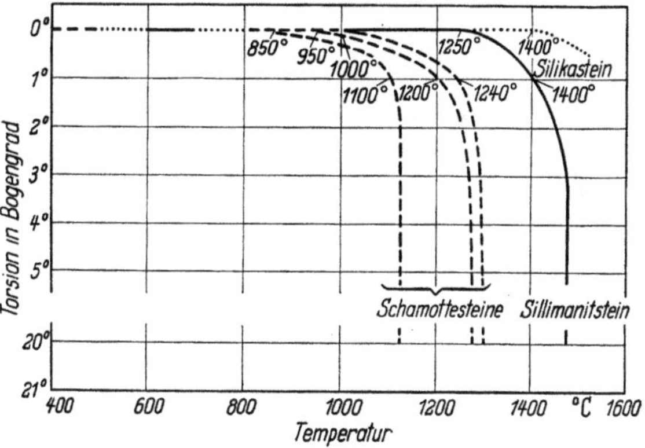

Abb. 85. Torsionserweichungskurven verschiedener feuerfester Steine bei $M = 7,5$ cm · kg (nach K. Endell u. W. Müllensiefen)

entsprechend begannen die Fließbewegungen bei um mehrere 100°C tieferen Temperaturen als beim DFB-Versuch.

Die Deformation wird als spezifische Verdrehung δ zweier Stabquerschnitte von 1 cm Kantenlänge in 1 cm Abstand im Bogenmaß angegeben, sie errechnet sich aus dem beobachteten Winkel ψ im Bogenmaß nach der Gleichung

$$\delta = \frac{h\,\psi}{1,6\,l}$$

(l = freie Länge des Versuchsstabes).

Bei Versuchen von K. ENDELL u. W. MÜLLENSIEFEN mit 3° C/Min. Aufheizgeschwindigkeit und $M = 7,5$ cm kg (Abb. 85) begannen die Schamottesteine bereits bei 850 bis 1000° C zu erweichen. Die haltlose Erweichung folgte
bei 1100 bis 1240° C. Beim Sillimanitstein lag der Erweichungsanfang bei 1250° C,
ein Silikastein hielt 1400° C ohne Erweichen aus.

Tabelle 21. *Erweichungsbeginn und -ende verschiedener feuerfester Steine beim Torsionsversuch*
(nach H. U. HECHT)

	Erweichungsbeginn °C	Erweichungsende °C
Magnesiasteine	1200 bis 1350	1265 bis 1380
Chrommagnesiasteine ...	1100 bis 1220	1370 bis 1400
Silikasteine	1380 bis 1450	1500 bis 1580
Hartschamotte A 0	1100	1350
Hartschamotte A I ...	1000	1310
trockengepreßte A II ...	1000	1250

H. U. HECHT [5] erhielt bei 10° C/Min. Aufheizgeschwindigkeit und
$M = 2,813$ cm kg die in Abb. 86 dargestellten Kurven. Die Temperaturspannen
des Erweichungsbeginns und -endes verschiedener Steinsorten sind in Tab. 21

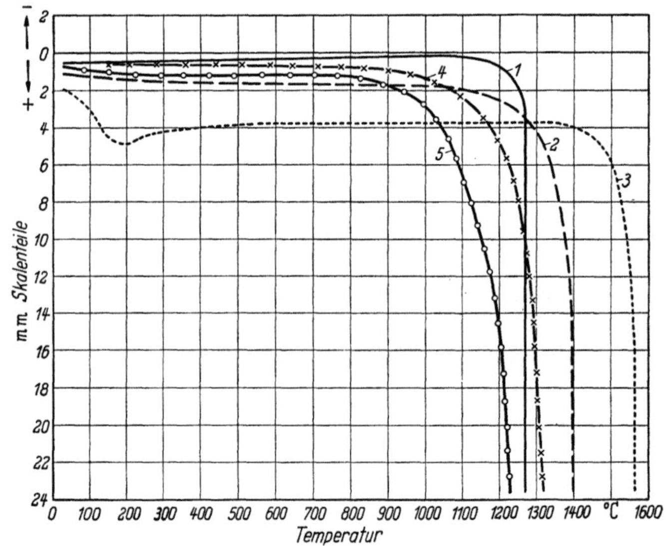

Abb. 86. Torsionserweichungskurven verschiedener feuerfester Steine bei $M = 2,813$ cm · kg
(nach H. U. HECHT)

1 Magnesiastein (ausgezogen); *2* Chrommagnesiastein (gestrichelt); *3* Silika-Gewölbestein (feingestrichelt);
4 Hartschamottestein, Qualität A 0 (Kreuze); *5* Schamottestein, Qualität A I (Kreise)

aufgeführt. Die höheren Werte für den Erweichungsbeginn der Schamottesteine
gegenüber denen in Abb. 85 dürften auf die niedrigere Belastung zurückzuführen
sein. Abb. 87 zeigt den Einfluß verschiedener Belastung auf die Torsion der
gleichen Steinqualität.

Auffällig ist, daß bei Silika- und Chrommagnesiasteinen beträchtliche Differenzen zwischen Erweichungsbeginn und -ende bestehen, nämlich 90 bis 140° C

bei Silika und 180 bis 310° C bei Chrommagnesia, während im DFB-Versuch die Differenz *te–ta* bei Silika nur 10° C und bei Chrommagnesia im Mittel 80° C beträgt. Dies dürfte auf die oben erwähnte ungleichmäßige Spannungsverteilung zurückzuführen sein. Bei den sehr standfesten und dann rasch erweichenden Steinqualitäten macht sich dieser Effekt stärker bemerkbar als bei den allmäh-

lich erweichenden, zu denen neben den Schamottesteinen auch die reinen Magnesiasteine gehören. Die Differenz zwischen Torsions-Erweichungsanfang und -ende ist bei den Schamottesteinen von gleicher Größenordnung wie im DFB-Versuch (240 bis 290° C), bei den Magnesiasteinen sogar kleiner (45 bis 140° C). — Die Silikasteinproben (Kurve *3* in Abb. 86) zeigen im Bereich der β–α-Cristobalitumwandlung eine ähnliche vorübergehende Entfestigung wie bei den Heißdruckversuchen (vgl. Abschn. 1.72).

A. Dietzel u. H. Knauer [*35*] stellten in Torsionsversuchen an vorgebrannten Kao-

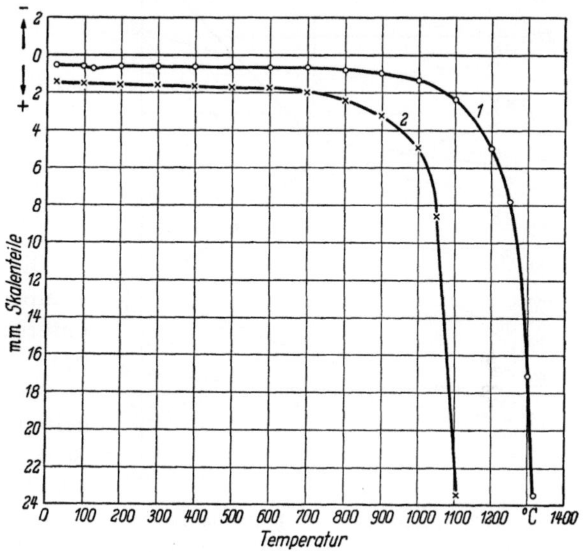

Abb. 87. Torsionserweichungskurven von Hartschamottesteinen, Qualität A 0 (nach H. U. Hecht)

1 mit 2,813 cm · kg Belastung;   *2* mit 7,5 cm · kg Belastung

lin- und Tonproben einen starken Einfluß der Vorbrenntemperatur fest. Die Fließgeschwindigkeit in Bogengrad pro Min. wurde als Funktion der Temperatur ermittelt und jeweils diejenige Temperatur als charakteristisch angesehen, bei welcher die Fließgeschwindigkeit 10 Winkelgrad pro Min. betrug (t_{10}). Bei 1000° C vorgebrannte Proben erreichten diese Fließgeschwindigkeit bei 1150° C, bei 1400° C vorgebrannte dagegen erst bei etwa 1500° C. Ein noch höherer Vorbrand verursacht wieder einen kleinen Rückgang der t_{10}-Temperatur. Die Verfestigung mit steigender Brenntemperatur wird auf eine Vermehrung des Mullitgehaltes und eine Rekristallisation der Mullitkristalle zurückgeführt. Es entsteht so ein dicht verzahnter Kristallfilz, welcher das Fließen stärker hemmt. Diese Hemmung ist am stärksten bei einer Kristallgröße von $\sim 10\ \mu$.

Ähnliche Beobachtungen über den verfestigenden Einfluß steigender Brenntemperatur bei Fließversuchen teilten Y. Letort [*36*], H. R. Lahr [*37*] und andere mit.

1.77 Biegefestigkeit

Zur Bestimmung der Biegefestigkeit werden Prüfstäbe auf 2 Schneiden gelegt und in der Mitte steigend bis zum Bruch belastet. Die Berechnung der Biegefestigkeit B erfolgt dann nach der Formel

$$B = \frac{P\,l}{4\,W} \quad [\text{kg/cm}^2],$$

wobei P die Bruchlast in kg, l die Stützweite in cm und W das Widerstandsmoment des Probenquerschnittes an der Bruchstelle bedeutet [38]. Die Prüfung
kann an runden oder Vierkantstäben
erfolgen. Das Widerstandsmoment beträgt bei Rundstäben

$$W = \frac{\pi\,d^3}{32} \sim 0{,}1\,d^3\,[\mathrm{cm}^3],$$

bei Stäben mit rechteckigem Querschnitt

$$W = \frac{b\,h^2}{6}$$

d = Durchmesser des Rundstabes;
b = Breite, h = Höhe des Rechteckstabes.

Die Biegefestigkeit bei höheren
Temperaturen ist bisher noch wenig
untersucht worden. Nur von R. A. HEIN-
DEL u. W. L. PENDERGAST [39] liegen
größere Meßreihen über Biegefestigkeiten von gebrannten Tonen und
Schamottesteinen vor. Bemerkenswert
ist, daß die Biegefestigkeiten der Tone
und Schamottesteine ähnlich wie die
Heißdruckfestigkeiten bei 1000° C vielfach höher sind als bei Raumtemperatur
(Abb. 88). Trotz mancher Abweichungen läßt sich bei den Tonen ein Zu-

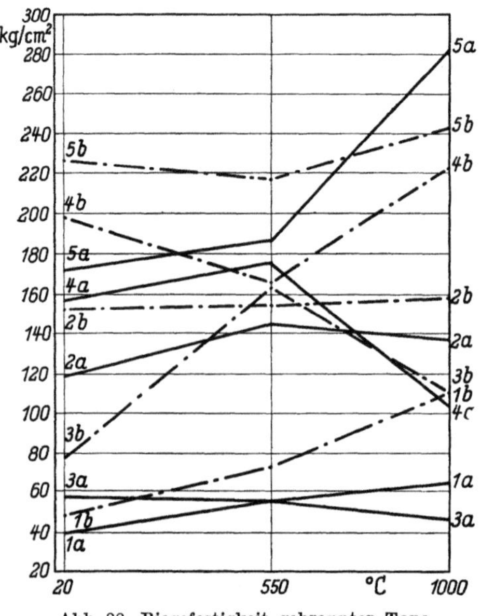

Abb. 88. Biegefestigkeit gebrannter Tone
(nach R. A. HEINDEL u. W. L. PENDERGAST)

1 Ton mit 19,5% Al₂O₃;   2 Ton mit 38,0% Al₂O₃;
3 Ton mit 39,2% Al₂O₃;   4 Ton mit 39,6% Al₂O₃;
5 Ton mit 29,9% Al₂O₃

a) Brenntemperatur 1155° C;   b) Brenntemperatur 1400° C

sammenhang zwischen Biegefestigkeit und chemischer Zusammensetzung erkennen. Tonerdeärmere Sorten erreichen in der Regel weniger hohe Werte als
tonerdereiche. Da die Brüche spröde erfolgen, streuen die Ergebnisse derartiger
Versuche sehr stark.

Bei ihren Untersuchungen an Kapseltonen bestimmten R. RIEKE u. G. MÜL-
LER [40] die Viskosität gebrannter Tone aus der bleibenden Verbiegung einseitig
eingespannter Stäbe nach der TROUTONschen Formel:

$$\eta = \frac{4\,l^3\,g\,P}{3\,u\,b\,h^3}\ \text{Poise}.$$

Darin bedeuten:

l = Länge des beanspruchten Stabteiles in cm;
u = Absackungsgeschwindigkeit des freien Stabendes in cm je Sekunde;
b = Breite, h = Höhe des Prüfstabes in cm;
P = Belastung am freien Ende des Stabes in Gramm;
g = Gravitationskonstante.

Für das Temperaturgebiet von 800 bis 1200° C ergaben sich Viskositätskoeffizienten in der Größenordnung $\eta = 10^{13}$ bis 10^{14} Poise. Ungefähr gleiche
Werte besitzen die üblichen Gebrauchsgläser an ihrem Transformationspunkt
(s. Abschn. 1.27). Auch W. STEGER [41] erhielt bei Viskositätsmessungen an
keramischen Massen bei Temperaturen von 700 bis 900° C Werte dieser Größenordnung.

Der Transformationspunkt für Schamottesteine und gebrannte Tone liegt danach etwa bei 1000° C. In diesem Temperaturgebiet ist der Bruch bei stoßartiger Beanspruchung zwar noch spröde, bei nahezu statischer Belastung stellen sich jedoch bereits zähelastische Fließbewegungen ein (s. Abschn. 1.72).

1.78 Elastizitätsmodul

1.781 Bestimmungsmethoden

Alle feuerfesten Baustoffe besitzen im Temperaturbereich des spröden Bruches (unterhalb 1000° C) elastische Eigenschaften, d. h. die unterhalb der Bruchgrenze durch Belastung hervorgerufene Verformung ist ganz oder teilweise reversibel. Der Proportionalitätsfaktor zwischen Spannung σ und reversibler Deformation $\varepsilon_{\mathrm{rev}}$ wird als Elastizitätsmodul E bezeichnet. Nach dem HOOKEschen Gesetz soll allgemein

$$\sigma = E\,\varepsilon_{\mathrm{rev}}$$

gelten. In Wirklichkeit besteht gerade bei oxydischen und silikatischen Baustoffen keine lineare Beziehung, so daß für den Elastizitätsmodul bei höherer Belastung kleinere Werte gefunden werden als bei niedrigerer. Strenggenommen ist der Elastizitätsmodul bei spröden Stoffen durch die Neigung der Tangente an die Spannungs-Verformungs-Kurve im Nullpunkt definiert (Abb. 89).

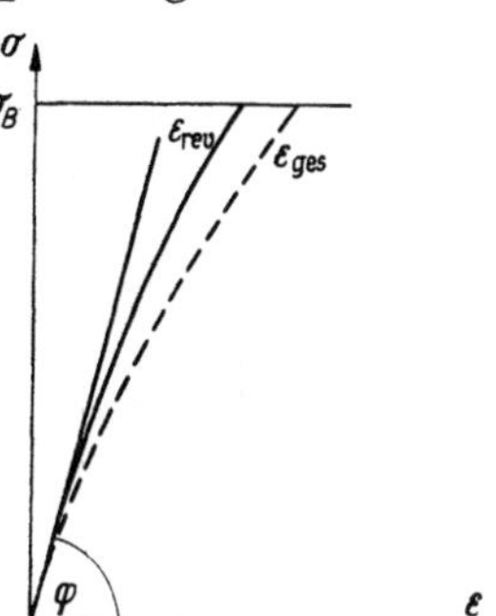

Abb. 89. Spannungs-Verformungs-Diagramm spröder Stoffe, schematisch
$\varepsilon_{\mathrm{ges}}$ = Gesamtdeformation;
$\varepsilon_{\mathrm{rev}}$ = reversible Deformation;
σ_B = Bruchspannung;
$\mathrm{tg}\,\varphi = E$

Praktisch wird der E-Modul aus der Durchbiegung belasteter Stäbe beim Biegeversuch (Abschn. 1.77) oder aus der Torsion im ENDELLschen Torsionsprüfer (Abb. 84) bestimmt. Im ersten Fall errechnet sich E aus der Durchbiegung D eines einseitig eingespannten Rundstabes nach der Formel:

$$E = \frac{4\,l_0^3\,P}{3\pi\,r^4\,D} \quad \mathrm{kg/cm^2}$$

bzw. aus der Durchbiegung D eines auf 2 Schneiden liegenden Rechteckstabes:

$$E = \frac{l^3\,P}{4\,b\,h^3\,D} \quad \mathrm{kg/cm^2}.$$

l_0 = freie Länge des Rundstabes; b = Breite, h = Höhe des Rechteckstabes, alles in cm;
l = Stützweite; P = Belastung in kg;
r = Radius des Rundstabes; D = Durchbiegung in cm.

An Stelle der oft schwierig zu messenden Durchbiegung kann auch der Neigungswinkel α an einem Prüfkörperende mit Hilfe eines Spiegels, einer Meßlatte und eines Fernrohres ermittelt werden. Mit ihm wird E dann berechnet als

$$E = \frac{3\,l^2\,P}{4\,b\,h^3\,\mathrm{tg}\,\alpha} \quad \mathrm{kg/cm^2}.$$

Bei Torsionsversuchen wird direkt der Schubmodul G nach der Gleichung [34]

$$G = \frac{\tau_{\max}}{\delta}$$

$\tau_{\max}$ = größte Schubspannung;
δ = spezifische Verdrehung zweier Stabquerschnitte von 1 cm Kantenlänge in 1 cm Abstand im Bogenmaß.

(vgl. Abschn. 1.76) bestimmt und daraus E mit Hilfe der Beziehung

$$E = \frac{13}{5} G$$

errechnet.

Die Messung wird durch die Dauer der Belastung beeinflußt. Der belastete Stab braucht eine gewisse Zeit, bis sich annähernd ein Gleichgewicht der Kräfte einstellt. Wenn diese nicht zur Verfügung steht, wird der E-Modul wegen der geringeren Durchbiegung zu groß gefunden. Andererseits stört bei zu lange dauernder Belastung die elastische Nachwirkung, welche die für die Untersuchung benötigte Zeit wegen des langsamen Rückganges der Durchbiegung nach Entfernung der Belastung sehr verlängert [40]. Geeignete Belastungszeit und das zweckmäßige Belastungsgewicht müssen deshalb im speziellen Fall durch Vorversuche festgelegt werden.

Neuerdings bestimmt man den Elastizitätsmodul mit Hilfe von Schwingungen, die mit Hilfe eines *Oszillators* auf ein Ende eines stabförmigen Probekörpers übertragen werden [42]. Als Schwingungsformen eignen sich Longitudinal-, Torsions- oder Biegungsschwingungen. Die Geschwindigkeit V, mit der sich eine *Longitudinalwelle* der Frequenz n durch den Probekörper fortpflanzt, beträgt

$$V = \sqrt{\frac{E\,g}{\varrho}}$$

E = Elastizitätsmodul;
g = Gravitationskonstante;
ϱ = Dichte des Probekörpers.

Die Wellen werden am freien Ende reflektiert, dadurch entstehen im Probekörper stehende Wellen. Wenn die halbe Wellenlänge $\lambda/2$ gleich der Probekörperlänge l ist, schwingt der Probekörper mit maximaler Amplitude in Resonanz. Es befindet sich dann in der Stabmitte ein Schwingungsknoten und an beiden Enden je ein Wellenbauch. Dieser Schwingungszustand kann leicht mit Hilfe von Oszillographen festgestellt werden.

Da $V = n\,\lambda$ und $\lambda = 2l$ gesetzt werden kann, gilt im Falle der oben beschriebenen Grundschwingung:

$$n = \frac{1}{2l} \sqrt{\frac{E\,g}{\varrho}}.$$

Nach E aufgelöst:

$$E = \frac{4l^2\,\varrho\,n^2}{g}.$$

Außer der Länge und Dichte des Probekörpers braucht zur Bestimmung von E nur die Frequenz n festgestellt zu werden, welche in dem Probekörper den Grundschwingungszustand hervorruft.

Für *Torsionsschwingungen* lautet die entsprechende Formel:

$$G = \frac{4l^2\,\varrho\,n^2}{g},$$

für *Biegungsschwingungen*:

$$E = \frac{4\pi^2\,n^2\,l^4\,W}{m^4\,g\,I},$$

hierin bedeuten:

$W =$ Gewicht pro Längeneinheit des Probekörpers;
$m = 4{,}73$ (für die Grundschwingung);
$I =$ Flächenträgheitsmoment des Querschnittes.

Es ist zu berücksichtigen, daß die Grundschwingung bei Biegungsschwingungen 2 Knoten an den Stabenden und einen Schwingungsbauch in der Stabmitte besitzt.

1.782 Der Elastizitätsmodul bei Raumtemperatur

Die Messungen von K. ENDELL u. W. MÜLLENSIEFEN [34] am Torsionsprüfer ergaben, daß Silikasteine einen relativ niedrigen Elastizitätsmodul und hohen irreversiblen Verformungsanteil besitzen (Abb. 90). Ähnlich verhielten sich handelsübliche Schamottesteine. Einen größeren E-Modul, aber eine immer noch merkliche irreversible Deformation zeigten Hartschamotte, trockengepreßte Sondersteine und hochtemperaturwechselbeständige Magnesia-Spezialqualitäten. Normale Magnesiasteine und andere sehr harte Spezialsteine (mit Ausnahme tongebundener SiC-Steine) sind vollelastisch und besitzen einen hohen E-Modul. In Tab. 22 sind die E-Moduli verschiedener Steinsorten nach Messungen von J. R. LAKIN [42] zusammengestellt.

Der E-Modul ist naturgemäß von der Güte der Sinterung (s. Abschn. 1.33), also der Brenntemperatur und von der Porosität abhängig. Er sinkt bei Zumischung schlecht einbindender Bestandteile zur Rohmasse, beispielsweise von Chromerz zur Sintermagnesia oder von grobem Quarzkies zu Schamottemasse (B-Steine). Diesen mit erhöhter plastischer Verformbarkeit gekoppelten Effekt benutzt man bei der Fertigung von Steinen erhöhter Temperaturwechselbeständigkeit, d. h. solchen, bei denen die wechselnden Spannungen leicht durch plastische Verformung abgebaut werden sollen (Abschn. 1.82).

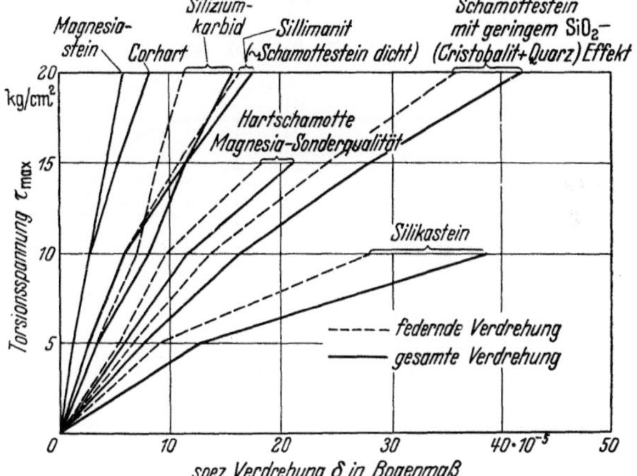

Abb. 90. Spannungs-Verformungsdiagramm verschiedener feuerfester Baustoffe (nach K. ENDELL u. W. MÜLLENSIEFEN)

Tabelle 22. *E-Moduli verschiedener Steinsorten* (nach J. R. LAKIN)

Steinsorte	E-Modul kg/cm²
Magnesiastein	$3{,}18 \cdot 10^5$
Chrommagnesiastein	$1{,}65 \cdot 10^5$
Kohlenstoffstein	$1{,}38 \cdot 10^5$
Schamottestein mit 42% Al_2O_3 ...	$3{,}11 \cdot 10^5$
Silikastein	$0{,}92 \cdot 10^5$

1.783 Der Elastizitätsmodul bei höheren Temperaturen

Mit höheren Temperaturen nimmt die irreversible Ausdehnung im Verhältnis zur reversiblen rasch zu, daher dürfen bei ihnen Messungen zur Bestimmung des E-Moduls nur mit kleinen Belastungen vorgenommen werden.

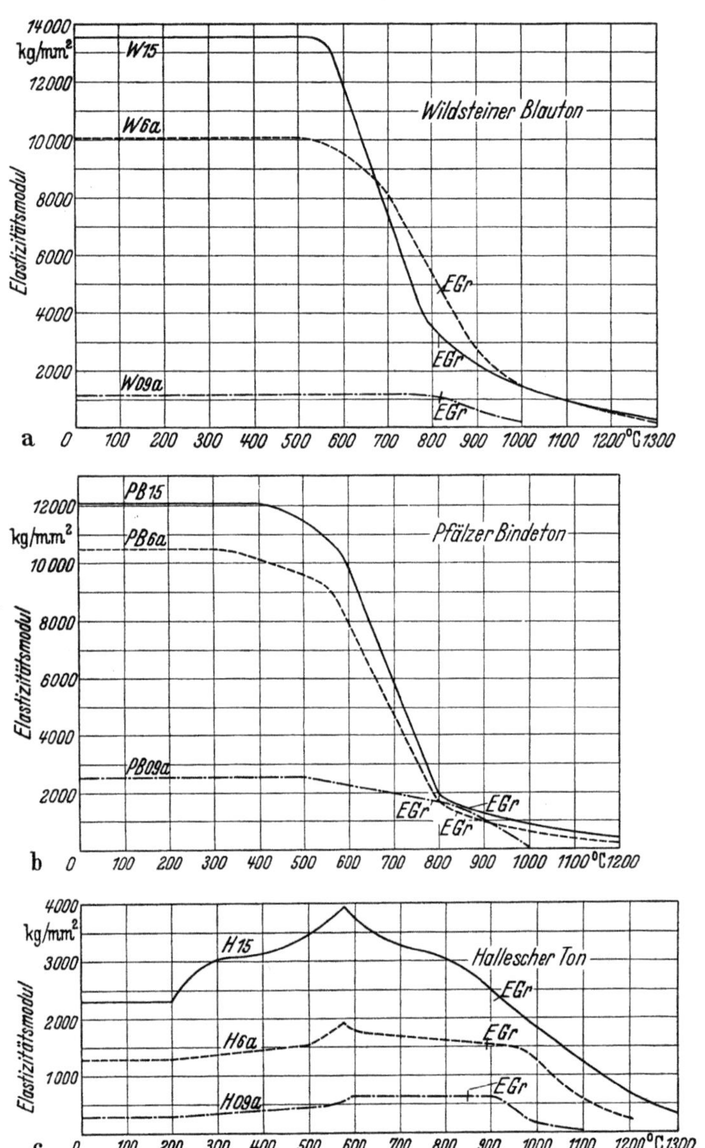

Abb. 91 a bis c. Der Elastizitätsmodul verschiedener Tone als Funktion der Temperatur
(nach R. RIEKE u. G. MÜLLER)

a) Wildsteiner Blauton;   b) Pfälzer Bindeton;   c) saurer Hallescher Ton

09 a gebrannt bei SK 09 a = 940° C;   6 a gebrannt bei SK 6 a = 1260° C;   15 gebrannt bei SK 15 = 1440° C;
EGr = Elastizitätsgrenze

Elastizitätsmodul in 10^5 kg/cm²

gebrannt bei	Mittel von 26 Tonen						Mittel von 17 Schamotte-steinen, nachgebrannt 1400 °C 5 h		
	1155 °C 3 h			1400 °C 3 h					
untersucht bei	20 °C	550 °C	1000 °C	20 °C	550 °C	1000 °C	20 °C	550 °C	1000 °C
	2,57	2,82	0,54	5,35	4,05	1,11	2,01	2,75	0,58

Aus den Untersuchungen von R. A. HEINDEL u. W. L. PENDERGAST [*39*] hat H. SALMANG [*43*] die vorstehenden Mittelwerte für die *E*-Moduli an Tonen und Schamottesteinen bei 20°, 550° und 1000° C errechnet.

Danach erreichen die *E*-Moduli im Durchschnitt ein Maximum bei 550° C und nehmen dann mit wachsender Temperatur merklich ab, obwohl die Heißdruckfestigkeit wächst. Wie bei der Biegefestigkeit ist auch hier ein Einfluß der chemischen Zusammensetzung der Tone zu erkennen. Tonerdereiche Tonsorten besitzen einen größeren *E*-Modul als tonerdeärmere.

R. RIEKE u. G. MÜLLER [*40*] haben bei Untersuchungen an Kapseltonen (s. Abschn. 3.224) und Porzellan das Maximum des *E*-Moduls bei 550° C nur einmal wiedergefunden. Es scheint nur bei Tonen mit einem größeren Anteil von freiem Quarz aufzutreten, der sich bei 575° C von der β- in die α-Modifikation umwandelt (Abb. 91). Oberhalb 400 bis 600° C vermindern sich die *E*-Moduli in jedem Falle stark. Bei 800 bis 900° C ist die Grenze des Elastizitätsbereiches erreicht (Abb. 91a u. b), es treten die oben (Abschn. 1.77) beschriebenen Fließerscheinungen auf, aus welchen R. RIEKE u. G. MÜLLER die Viskosität bestimmten.

Die von verschiedener Brenntemperatur herrührenden Unterschiede im *E*-Modul gleichen sich bei höherer Prüftemperatur, d. h. mit zunehmender Plastifizierung der Steine aus. Bei Tonen mit höherem Alkaligehalt ist der Einfluß der Brenntemperaturhöhe allgemein gering.

Oberhalb 1000° C macht sich die Elastizität nur noch in Form der elastischen Nachwirkung und der Relaxationserscheinungen beim Fließen bemerkbar (s. Abschn. 7.33).

J. R. LAKIN u. C. S. WEST [*44*] untersuchten die Änderungen des *E*-Moduls bei steigenden Temperaturen an Silika- und Chrommagnesiasteinen nach der dynamischen Methode (mit Hilfe von Schwingungen) und fanden, daß sich der *E*-Modul von Silikasteinen bei etwa 200° C merklich vermindert, eine Erscheinung, die offenbar mit der Cristobalit- und Tridymitumwandlung zusammenhängt und eine Parallele zur Verringerung der Torsionsfestigkeit im gleichen Temperaturbereich darstellt (vgl. Abschn. 1.76). Bei höheren Temperaturen steigt der *E*-Modul wieder an und überschreitet die bei Zimmertemperatur gemessenen Werte beträchtlich. Bei 700° C erreicht er 1,4 bis 1,6 · 10^5 kg/cm².

Auch bei Chrommagnesiasteinen wird der *E*-Modul mit steigender Temperatur größer und durchschreitet ein Maximum im Temperaturbereich 1000 bis 1280° C, in welchem Werte von 2,5 bis 3,5 · 10^5 kg/cm² erreicht werden. Oberhalb dieses Temperaturbereiches werden die Steine so stark viskos, daß Elastizitätsmessungen nicht mehr möglich sind.

1.79 Abrieb

Die mechanische Abnutzung feuerfester Stoffe wird durch den Substanzverlust unter der Einwirkung stoßender, schleifender oder reibender Kräfte [*45*] gemessen. Eine einheitliche verbindliche Begriffsbestimmung ist weder in Deutschland noch im Ausland vorgenommen worden. Daher sind auch für die Ausführung derartiger Prüfungen verschiedene Verfahren üblich. In Deutschland werden allgemein die Trommel-, die Schleif- oder die Sandstrahlprobe angewandt.

Bei der dem *Rattler Test* [*46*] in den angelsächsischen Ländern entsprechenden *Trommelprobe* werden fünf getrocknete Prüfwürfel ohne Zugabe von Mahlkörpern ¹/₂ Std. lang mit 45 U/Min. getrommelt. Diese Prüfung beansprucht vor allem die Kanten und Ecken der Steine. Der in ihr als Gewichtsverlust der Würfel ermittelte Abrieb kann daher nur etwas aussagen über die Beständigkeit der Steine gegenüber den Beanspruchungen beim Verladen und Transport, nicht aber über ihr Verhalten in feuerfestem Mauerwerk, in dem Kanten und Ecken weitgehend geschützt sind.

Für die *Schleifprobe* wird in Deutschland meist das Verfahren von Böhme [*47*] angewandt. Der lufttrockene Prüfkörper wird mit einem bestimmten Druck auf eine rotierende Schleifscheibe gepreßt. Die Zahl der Umdrehungen pro Minute, Menge und Körnung des aufzugebenden Schleifmittels, sowie die Dauer des Versuches sind festgelegt. Danach wird der Probekörper zurückgewogen und die Schleifrichtung bei der Fortsetzung des Versuches um 90° gedreht. Im ganzen werden 4 Versuche mit jeweils um 90° verschiedener Schleifrichtung an der gleichen Fläche durchgeführt [*45*] und der Abrieb aus den 4 Gesamtgewichtsverlusten mit Hilfe des Raumgewichtes auf das abgeriebene Volumen in cm³ umgerechnet. Die vom Materialprüfungsausschuß der Deutschen Keramischen Gesellschaft [*45*] vorgeschriebene Schleifprobe gibt den Gesamtverlust in cm³ an, bezogen auf 1 cm² der dem Abnutzungsversuch unterworfenen Fläche. In Amerika wird der *Rotating Disk Test* in ähn-Weise durchgeführt [*48*]. Der Nachteil dieser für Natursteine genormten Methode besteht darin, daß im Stein harte Stellen auftreten können, welche die weichen Stellen schützen und den Abrieb vermindern [*49*].

Bei der *Sandstrahlprüfung* wird die getrocknete Steinprobe 2 Min. lang einem Sandstrahl bestimmten Gebläsedruckes ausgesetzt. Die Einwirkung des Sandstrahles wird durch eine Blende von bestimmtem Durchmesser begrenzt und der Probekörper gleichmäßig in festgelegtem Abstand unter dem Sandstrahl bewegt [*45*]. Der Materialverlust in Gramm wird auch hier in cm³ umgerechnet. Obwohl diese Prüfung den in der Praxis gegebenen Bedingungen nahekommt, enthält das Verfahren zu viel Variable (Druck der Preßluft, Korngröße und Härte des Sandes, Blendenöffnung), um es für eine Normung geeignet zu machen.

In Amerika ist neben den vorstehend aufgeführten Prüfungen noch der *Scratching Test* gebräuchlich, bei dem ein Kristallgriffel unter bestimmtem Druck mehrere Male über die Prüfsteine gezogen wird. Die Einschnitte werden hinsichtlich ihrer Tiefe mit denen einer Standardprobe verglichen. Bei dem ebenfalls in Amerika angewandten *Emery Wheel Test* von F. A. Harvey u. A. E. McGee [*50*] wird eine Schleifscheibe mit gleichmäßiger und festgelegter Rotationsgeschwindigkeit unter einem bestimmten Druck eine gewisse Zeit gegen die Oberfläche des Prüflings gepreßt und der Materialverlust je Flächeneinheit gemessen. Weiter ist der *Rubbing Test* von W. C. Hancock u. W. E. King zu nennen [*51*], bei welchem 2 Steine gegeneinander oder der Prüfstein gegen einen Vergleichstein gerieben werden.

Bei allen diesen Verfahren wird die Prüfung bei Raumtemperatur vorgenommen. Im Betrieb, vor allem in Hochöfen, Kupolöfen und sonstigen Schachtöfen wird das feuerfeste Material jedoch bei hohen Temperaturen auf Abrieb beansprucht. In den Schmelz- oder Brennzonen dieser Öfen ist der feuerfeste Baustoff vielfach seinem Erweichungspunkt nahe.

Da aus den bei Raumtemperatur erhaltenen Prüfwerten nicht ohne weiteres auf das Verhalten der Steine bei den höheren Betriebstemperaturen geschlossen werden kann, hat es nicht an Versuchen gefehlt, Sandstrahl- und Schleifprüfungen auch bei höheren Temperaturen durchzuführen. Die Ergebnisse waren bisher unbefriedigend.

Eine Prüfmethode, die zu brauchbaren Ergebnissen geführt haben soll, ist von J. B. Shaw, G. J. Bair u. M. C. Shaw [*52*] entwickelt worden. Ein wassergekühlter Preßluftmeißel wird mehrere Male über eine auf 1350 °C erhitzte Prüfsteinreihe hin- und hergeführt und die Tiefe der dabei entstehenden Fuge gemessen. Die hierbei gewonnenen Zahlen besitzen jedoch nur relativen Wert.

Übereinstimmend wurde festgestellt, daß Steine mit guter Kaltdruckfestigkeit auch einen guten Abnutzungswiderstand aufweisen [*28, 53*]. F. Caesar [*49*] zeigte jedoch, daß die gefundene Beziehung zwischen Druckfestigkeit und Abrieb nur in großen Zügen gilt. Deutlicher scheint die Abhängigkeit des

Abriebes vom E-Modul zu sein. C. Storey u. J. Mackenzie [54] fanden bei verschiedenen Schamottesteinen eine gesicherte Beziehung zwischen dem E-Modul und der Abriebzahl nach F. H. Aldred, A. Elliot u. K. W. Corling [55]. Diese Abriebzahl wird um so kleiner, je größer der Widerstand gegen Abrieb ist. Die Kurve hat eine hyperbelartige Gestalt. Bei kleinem E-Modul steigt die Abriebzahl stark an, wenn E dagegen groß ist (4 bis $10 \cdot 10^5$ kg/cm²), ändert sie sich nur wenig. Auch bei feinkörnigen Kohlenstoffsteinen auf Koksbasis besteht ein gesetzmäßiger Zusammenhang zwischen beiden Größen, während der Abrieb grobkörniger Sorten auf Anthrazitbasis nur undeutliche Beziehungen zum E-Modul zeigt.

Mit steigender Temperatur nimmt der Abriebwiderstand im allgemeinen ab [28]. Die von J. B. Shaw, G. J. Bair u. M. C. Shaw [52] mit der Meißelprobe ermittelten Zahlen bestätigen diese Regel nicht in allen Fällen, sondern nur bei Chromerz- und Magnesiasteinen.

Wenn der Abrieb tatsächlich in enger Beziehung zum E-Modul steht, wie C. Storey u. J. Mackenzie [54] vermuten, sollte der Widerstand gegen Abrieb mit wachsender Temperatur zunächst ansteigen bis zu einem Maximum, welches bei den verschiedenen Steinsorten jeweils in anderen Temperaturbereichen liegt (vgl. Abschn. 1.783) und dann beim Übergang zum viskosen Zustand rasch abnehmen.

Feinkörnige, hochgebrannte und schamottearme Steine besitzen allgemein eine größere Abriebfestigkeit als grobkörnige, schwachgebrannte und schamottereiche [28]. J. B. Shaw, G. J. Bair u. M. C. Shaw [52] wiesen darüber hinaus auf den Einfluß des Preßdruckes bei der Formgebung der Steine hin. Mit zunehmender Porosität nimmt der Abriebwiderstand ab [53].

Der Abrieb wird im Betrieb oft von anderen Einwirkungen überdeckt. So übt beispielsweise in Kalkschachtöfen der chemische Angriff einen größeren Einfluß aus als der mechanische Abrieb. In anderen Fällen, z. B. in Zementdrehrohröfen wird der Abrieb der feuerfesten Auskleidung durch Bildung einer Schutzschicht verhindert. In Hochöfen begünstigt andererseits die Zermürbung der Schachtsteine durch infiltrierte Ofengase den mechanischen Abrieb.

Schrifttum

[1] Mirta, H. K.: J. Amer. ceram. Soc. Bd. 13 (1930) S. 85/97
[1a] Konopicky, K., u. G. Engel: Ber. DKG. Bd. 34 (1957) S. 270/73
[2] Gary, M.: Tonind.-Ztg. Bd. 34 (1910) S. 633/35; Mitt. Kgl. Materialprüfungsamt Bd. 28 (1910) S. 23
[3] Hirsch, H.: Ber. DKG. Bd. 9 (1928) S. 577/96 u. Bd. 11 (1930) S. 156
[4] Bodin, V.: La Céramique 1920, Trans. Brit. ceram. Soc. Bd. 21 (1922) S. 44/55; ferner Petit, D.: Ber. DKG. Bd. 22 (1941) S. 372/78
[5] Hecht, H. U.: Diplomarbeit Clausthal 1955
[6] Heiligenstaedt, W.: Stahl u. Eisen Bd. 74 (1954) S. 402/06
[7] Konopicky, K., u. W. Lohre: Stahl u. Eisen Bd. 76 (1956) S. 749/56
[8] Schwiete, H. E.: Fortschr. Mineralog. Bd. 33 (1955) S. 125/26
[9] Partridge, J. H.: Trans. Brit. ceram. Soc. Bd. 53 (1954) S. 731/70
[10] Mong, L. E.: J. Res. nat. Bur. Standards (1947) S. 229/40
[11] Norton, F. H.: J. Amer. ceram. Soc. Bd. 22 (1939) S. 334/36
[12] Clews, F. H., H. M. Richardson u. A. T. Green: Trans. Brit. ceram. Soc. Bd. 45 (1946) S. 161/67 u. 255/68
[13] Vgl. Clews, F. H., H. M. Richardson u. A. T. Green: Bull. Brit. Refr. Res. Assoc. Bd. 63 (1942) S. 61

[14] NORTON, F. H.: Refractories, 3. Aufl. New York, Toronto, London 1949

[15] SNEDDON, J. N.: Trans. Brit. ceram. Soc. Bd. 53 (1954) S. 697/709

[16] JOURDAIN, A.: Silicates ind. Bd. 21 (1956) S. 116/22

[17] CRAMER, E.: Tonind.-Ztg. Bd. 25 (1901) S. 706

[18] ENDELL, K.: Ber. DKG. Bd. 3 (1922) H. 4

[19] MELLOR, J. W., u. B. F. MOOVE: Trans. Brit. ceram. Soc. Bd. 15 (1916) S. 117. — MELLOR, J. W., u. W. EMERY: Trans. Brit. ceram. Soc. Bd. 17 (1918) S. 324 u. 360

[20] LITINSKY, L.: Schamotte u. Silika, S. 29ff. Leipzig: Spamer 1925. — NAVRATIEL, H.: Ber. DKG. Bd. 4 (1923/24) S. 192. — STEGER, W.: Ber. DKG. Bd. 3 (1922) S. 1. — HIRSCH, H.: Tonind.-Ztg. Bd. 49 (1925) S. 313 u. Bd. 51 (1927) S. 759/63 u. 145/46; Ber. DKG. Bd. 5 (1924) S. 65. — HIRSCH, H., u. M. PULFRICH: Tonind.-Ztg. Bd. 47 (1923) S. 104. — MIEHR, W., H. IMMKE u. J. KRATZERT: Tonind.-Ztg. Bd. 51 (1927) S. 1618. — MIEHR, W., H. KNUTH u. W. KÖNIG: Tonind.-Ztg. Bd. 50 (1926) S. 1527.— BARTSCH, O.: Sprechsaal Keram., Glas, Email Bd. 60 (1927) S. 571. — SALMANG, H.: Sprechsaal Keram., Glas, Email Bd. 60 (1927) S. 477

[21] CLEWS, F. H., u. A. T. GREEN: Spec. Rep. Iron Steel Inst. Nr. 26, S. 443

[22] Vgl. Tonind.-Ztg. Bd. 50 (1926) S. 707 u. 1527/31

[23] Vgl. LUX, E.: Ber. DKG. Bd. 13 (1932) S. 549/56

[24] Vgl. Radex-Rdsch. (1956) S. 263/71

[25] CROSS, A. H. B.: Trans. Brit. ceram. Soc. Bd. 54 (1955) S. 461/81

[26] SCHWIETE, H. E., u. EHRKE: Arch. Eisenhüttenwes. (im Druck)

[27] u. a. von H. E. SCHWIETE in Vorträgen und mündlichen Äußerungen

[28] NORTON, F. H.: Refractories, S. 330. New York u. London: McGraw-Hill Book Co., Inc. 1931

[29] PATRIDGE, J. H., u. G. F. ADAMS: J. Soc. Glass Technol. Bd. 15 (1931) S. 190

[30] HYSLOP, J. F., R. F. PROCTOR u. H. C. BRIGGS: J. Soc. Glass Technol. Bd. 12 (1928) S. 169/202

[31] ILLGEN, F.: Ber. DKG. Bd. 11 (1930) S. 649/74

[32] ENDELL, K.: Ber. DKG. Bd. 13 (1932) S. 97/124

[33] Vgl. DECKER, A. R., u. H. F. ROYAL: J. Amer. ceram. Soc. Bd. 31 (1948) S. 332/37

[34] ENDELL, K., u. W. MÜLLENSIEFEN: Ber. DKG. Bd. 14 (1933) S. 16/28

[35] DIETZEL, A., u. H. KNAUER: Ber. DKG. Bd. 32 (1955) S. 285/87

[36] LETORT, Y.: Trans. Brit. ceram. Soc. Bd. 54 (1955) S. 1/31

[37] LAHR, H. R.: Trans. Brit. ceram. Soc. Bd. 54 (1955) S. 28/31

[38] Ber. DKG. Bd. 8 (1927) S. 48

[39] HEINDEL, R. A., u. W. L. PENDERGAST: J. Amer. ceram. Soc. Bd. 12 (1929) S. 640 u. Bd. 13 (1930) S. 725

[40] RIEKE, R., u. G. MÜLLER: Ber. DKG. Bd. 12 (1931) S. 419

[41] STEGER, W.: Ber. DKG. Bd. 11 (1930) S. 133/34

[42] BAAB, K. A., u. H. M. CRANER: J. Amer. ceram. Soc. Bd. 31 (1948) S. 318. — LAKIN, J. R.: Trans. Brit. ceram. Soc. Bd. 56 (1957) S. 1/7

[43] SALMANG, H.: Die physikal. u. chem. Grundlagen der Keramik, S. 209. Berlin/Göttingen/Heidelberg: Springer 1951

[44] LAKIN, J. R., u. C. S. WEST: Trans. Brit. ceram. Soc. Bd. 56 (1957) S. 8/13

[45] Richtlinien für Festigkeitsprüfungen keram. Rohstoffe u. Erzeugnisse, Ber. DKG. Bd. 8 (1927) S. 50

[46] ASTM Bull. C 7–30 (1936)

[47] DIN 52108 (für Natursteine)

[48] J. Amer. ceram. Soc. Bd. 13 (1930) S. 430

[49] CAESAR, F.: Ber. DKG. Bd. 22 (1941) S. 229

[50] HARVEY, F. A., u. A. E. McGee: J. Amer. ceram. Soc. Bd. 7 (1924) S. 895

[51] HANCOCK, W. C., u. W. E. KING: Trans. Brit. ceram. Soc. Bd. 22 (1923) S. 317

[52] SHAW, J. B., G. J. BAIR u. M. C. SHAW: J. Amer. ceram. Soc. Bd. 13 (1930) S. 427/36

[53] McBURNEY, J. W., R. H. BRINK u. A. R. EBERLE: Amer. Soc. Test. Mat. Proc. Bd. 40 (1940) S. 1143/51

[54] STOREY, C., u. J. MACKENZIE: Trans. Brit. ceram. Soc. Bd. 56 (1957) S. 11/16

[55] ALDRED, F. H., A. ELLIOT u. K. W. CORLING: Trans. Brit. ceram. Soc. Bd. 54 (1955) S. 239

1.8 Temperaturwechselbeständigkeit (TWB)

Unter den Eigenschaften feuerfester Baustoffe ist die Widerstandsfähigkeit gegen schroffen Temperaturwechsel[1] von besonderer technischer Bedeutung. An den Türen und allen periodisch heiß und wieder kalt werdenden Teilen von Metall- und Glasschmelzöfen, Koksöfen, Winderhitzern, Regeneratoren, Feuerungen usw. treten zwischen den verschiedenen Zonen des Steines, besonders zwischen dem Steininnern und den der Feuerseite zugewandten Oberflächen periodisch veränderliche Temperaturunterschiede auf, die wechselnde innere Spannungen hervorrufen. Überschreiten die Spannungen die Festigkeitsgrenze, so lockern oder zerstören sie das Steingefüge. Es können sich Risse bilden oder ganze Stücke abplatzen. Die Temperaturempfindlichkeit ist somit eine der Hauptursachen für die Zerstörung feuerfester Ausmauerungen.

1.81 Spannungen beim Temperaturwechsel

Zur Bestimmung der durch Temperaturunterschiede hervorgerufenen Spannungen hat F. H. Norton [1] spannungsoptische Modellversuche an Bakelitkörpern durchgeführt. Die im Querschnitt etwa 37×75 mm großen Probekörper wurden an einem Ende plötzlich von 50 auf 100° C erhitzt oder von 50 auf 0° C abgekühlt. Die relative Größe der dabei auftretenden Normalspannungen σ (Zug oder Druck) sowie der maximalen Scherspannungen τ_{max} unter 45° zu den Normalspannungen konnte aus der jeweiligen Stärke der Spannungsdoppelbrechung mit Hilfe von polarisiertem Licht (Interferenzfarben) bestimmt werden. Das Ergebnis derartiger Untersuchungen ist in Abb. 92 in Form von Linien gleicher Normalspannungen und gleicher Schubspannung dargestellt.

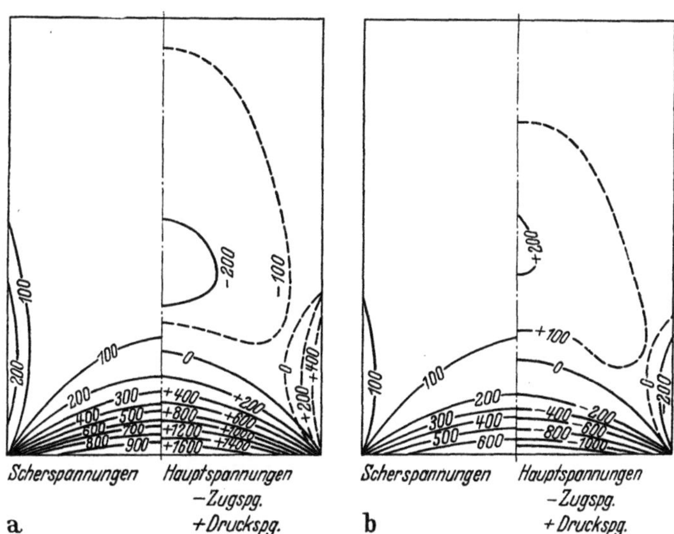

Abb. 92 a u. b. Spannungsverteilung in Bakelitkörpern bei Temperaturwechsel (nach F. H. Norton)
a) Beim plötzlichen Erhitzen;   b) beim plötzlichen Abkühlen

---

[1] Die Widerstandsfähigkeit gegen schroffen Temperaturwechsel wird im Schrifttum häufig auch als *thermischer Widerstandskoeffizient* oder *Abschreckfestigkeit* bezeichnet.

Beim plötzlichen einseitigen Erhitzen (Abb. 92 a) zeigten sich in der Mitte des erhitzten Endes starke Maxima von Schub- und Druckspannungen und längs den anschließenden Seitenwänden kleine Maxima, während in der Probemitte Zugspannungen auftraten.

Das Verständnis für diese Spannungsverteilung wird durch Überschlagsrechnungen von M. François (*1a*) erleichtert. Der Querschnitt eines einseitig erhitzten Steines nimmt durch die Wärmeausdehnung bei *stationärem* Wärmefluß die Gestalt eines Kreisringsegmentes an ($A'\,B'\,C'\,D'$ in Abb. 93). Die Krümmungsradien

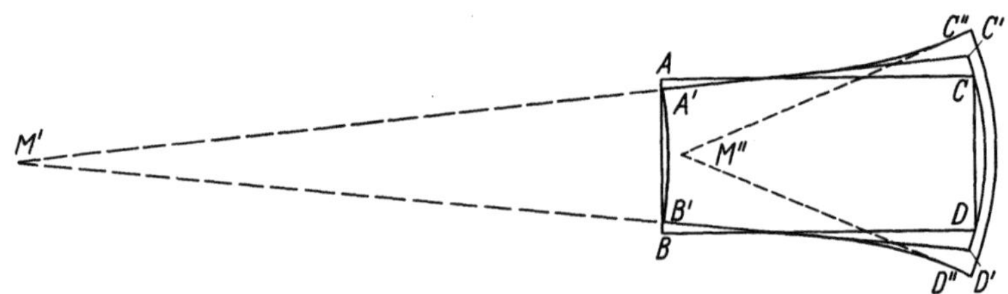

Abb. 93. Deformation eines Steinquerschnittes bei einseitiger Erhitzung
$A\,B\,C\,D$ Stein in kaltem Zustand; $A'\,B'\,C'\,D'$ Stein bei stationärem Wärmefluß; $A\,B\,C''D''$ Stein bei nichtstationärem Wärmefluß

der heißen und kalten Seite haben dabei den gleichen Mittelpunkt. Innere elastische Spannungen treten beim stationären Wärmefluß nicht auf. Ist dagegen der Wärmefluß infolge plötzlicher einseitiger Erhitzung *nicht stationär*, so erhält der Steinquerschnitt schematisch die Form $A\,B\,C''\,D''$ (Abb. 93), bei welcher die Krümmungskreise nicht mehr den gleichen Mittelpunkt besitzen. Die heiße Fläche ist

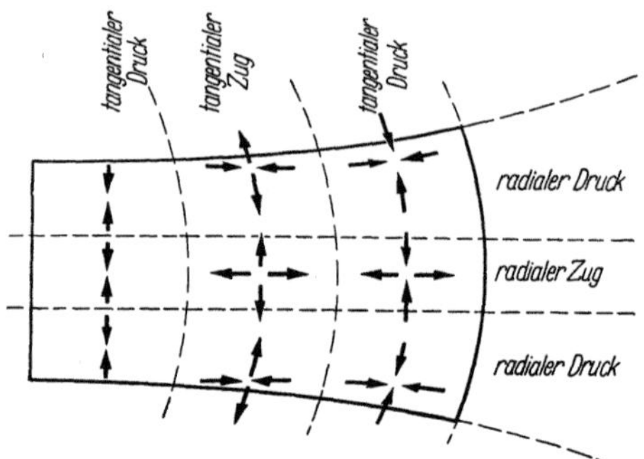

Abb. 94. Spannungsverteilung im Querschnitt eines einseitig erhitzten Steines

stärker, die kalte schwächer gekrümmt, als einem Kreisring entsprechen würde. Dadurch entstehen die in Abb. 94 schematisch angedeuteten Spannungen: In *tangentialer* Richtung liegt außen eine Zone mit Druckspannungen, dadurch hervorgerufen, daß das heiße Probekörperende durch den kälteren Mittelteil an der Ausdehnung gehindert wird. Der Mittelteil selbst gerät dabei unter Zugspannungen, weil er die stärkere Ausdehnung der Außenseite nicht mitmachen kann. Die in verschiedenen Ebenen auftretenden Druck- und Zugspannungen bilden zusammen ein Drehmoment, dem durch (meist schwache) Druckspannungen in der kalten Zone das Gleichgewicht gehalten wird. In *radialer* Richtung stehen die den beiden Seitenflächen benachbarten Zonen infolge ihrer Biegung unter Druckspannungen (kleines Maximum in Abb. 92 a), der Mittelteil unter Zug, weil die Außenzone eine stärkere Krümmung anzunehmen strebt als der Mittelteil. Eine exakte Berechnung der Spannungsverteilung liegt noch nicht vor.

Die beim plötzlichen Abkühlen (Abb. 92 b) auftretenden Spannungen sind zwar im ganzen geringer, zeigen aber im wesentlichen den gleichen Verlauf mit umgekehrten Vorzeichen. Die sich abkühlende Schale am Probekörperende wird durch den heißen Kern an der Kontraktion gehindert und gerät unter Zug, während der Kern zusammengepreßt wird.

Zugrisse können sich in den Gebieten größerer Zugspannungen senkrecht zu diesen bilden, also beim Aufheizen vorwiegend parallel, beim Abkühlen senkrecht zur erhitzten Oberfläche. *Scherrisse* entstehen am leichtesten im Übergangsgebiet von starken Druck- zu Zugspannungen, z. B. tangential zwischen der äußeren Druck- und mittleren Zugzone, ferner unter Neigung von angenähert 45° in Zonen mit verschieden gerichteten Hauptspannungen (Mitte außen und Mitte Seiten).

In der Praxis entstehen beim Aufheizen meist Risse parallel und schräg zur Oberfläche, beim Abkühlen ebenfalls schräge Risse und solche senkrecht zur Oberfläche.

Tatsächlich bildeten sich in scharf gesinterten Schamottesteinen, die bis zu $^1/_3$ ihrer Länge 3mal plötzlich bis 900° C erhitzt und jedesmal im Ofen gleichmäßig *langsam* abgekühlt worden waren, durch Scherspannungen bedingte Risse an den Steinecken, bei *plötzlichem* Abkühlen langsam erhitzter Steine senkrecht zur Steinoberfläche verlaufende Zugrisse [1]. Bei Erhitzungs- und Abkühlungsversuchen an einseitig erhitzten Steinwänden entstanden ebenfalls Risse, die von der Steinmitte aus schräg zu den Seitenflächen verliefen (Abb. 95a), gelegentlich aber auch Risse senkrecht zur Oberfläche (Abb. 95b).

J. F. HYSLOP [2] kam bei Untersuchungen an 2 Schamottesteinsorten mit sehr verschiedenen physikalischen und technologischen Eigenschaften zu dem Ergebnis, daß der Widerstand feuerfester Steine gegen schroffen Temperaturwechsel von ihrer Zug- und Scherfestigkeit (Schubfestigkeit) abhängt. Schräg zur Steinoberfläche verlaufende Risse führte er auf Schubspannungen, senkrecht zu den Wänden auftretende Spaltrisse auf Zugspannungen zurück.

Y. GODRON [3] nimmt in Übereinstimmung mit F. H. NORTON an, daß die bei steigender Temperatur auftretenden Zerstörungen feuerfester Steine vorwiegend auf Scherspannungen zurückzuführen sind.

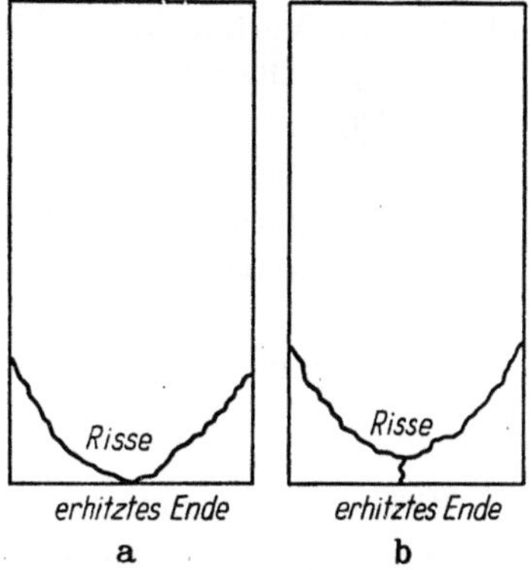

Abb. 95 a u. b. Rißbildungen an mehrfach einseitig erhitzten und abgekühlten Steinwänden (nach F. H. NORTON)
a) Nur Scherrisse; b) Scher- und Zugrisse

1.82 Der Einfluß der thermischen und mechanischen Eigenschaften auf die Temperaturwechselbeständigkeit

Die Größe der beim Temperaturwechsel auftretenden Spannungen hängt von der Wärmeausdehnung, der Festigkeit, den elastischen Eigenschaften und der Temperaturleitfähigkeit des Materials ab, die ihrerseits wieder durch den Kristallaufbau und das Steingefüge bedingt sind.

Von der Anschauung ausgehend, daß Zugspannungen für die Rißbildung von Gläsern verantwortlich sind, haben A. WINKELMANN u. O. SCHOTT [4] für die Temperaturwechselbeständigkeit (therm. Widerstandskoeffizient F) die

Formel aufgestellt:

$$F = \frac{K\,\sigma_z\sqrt{a}}{\alpha\,E}\,,\qquad(1)$$

worin

σ_z = die Zugfestigkeit;
a = die Temperaturleitfähigkeit $\lambda/r\,c_p$ (s. Abschn. 1.53);
α = den linearen Ausdehnungskoeffizienten;
E = den Elastizitätsmodul;
K = eine Konstante

bedeuten.

Danach hängt der thermische Widerstandskoeffizient außer von der thermischen Ausdehnung und der Temperaturleitfähigkeit vom Verhältnis der Zugfestigkeit zum Elastizitätsmodul ab. In einem wenig nachgiebigen Material mit hohem E-Modul muß die Zugfestigkeit σ_z groß sein, wenn Risse infolge thermischer Spannungen vermieden werden sollen. Bei einem elastisch *weichen* Material erreicht man die gleiche Temperaturwechselbeständigkeit bereits bei entsprechend niedrigerer Zugfestigkeit σ_z. Die Größe σ_z/E ist für den Fall rein elastischen Verhaltens identisch mit der relativen Dehnung ε_b, die das Material gerade aushalten kann, ohne zu reißen.

Nach Th. Haase [5] läßt sich ε_b über den linearen Ausdehnungskoeffizienten α mit dem gerade noch ohne Bruch vertragenen, nichtstationäen Temperaturgradienten (Grad T)$_{br}$ in Verbindung bringen (vgl. Abschn. 1.81). Dieser Temperaturgradient enthält implizite den Einfluß der Temperaturleitfähigkeit a, denn in gut leitenden Steinen werden sich kaum gefährliche Temperaturgradienten und Spannungen einstellen:

$$(\text{Grad } T)_{br} = \frac{\varepsilon_b}{\alpha}\ °\text{C}.\qquad(2)$$

Während Th. Haase nur die Dehnung bis zur Entstehung der 1. Risse berücksichtigte, trugen F. Klasse u. A. Heinz[6] der Tatsache Rechnung, daß zahlreiche Steinsorten bei vorsichtiger Beanspruchung auch nach Bildung der ersten Risse zunächst noch eine gewisse Festigkeit und Elastizität behalten, die den Zusammenhalt der Steine sogar nach einer Zermürbung durch Temperaturwechsel ermöglichen. Als „maximale Dehnung" ε_{max} muß in diesen Fällen ein größerer Wert eingesetzt werden. Zu seiner Bestimmung benutzen F. Klasse u. A. Heinz eine Biegefestigkeitsapparatur, bei welcher ein auf 2 Schneiden ruhender Stab von 100 mm freier Länge, 20 mm Breite und 15 mm Dicke in der Mitte mit Hilfe einer 3. Schneide belastet wird. Die Durchbiegung wird durch starren Vorschub der Schneide von jeweils 0,025 mm erzwungen. Anschließend entlastet man den Stab jedesmal und mißt die bleibende Durchbiegung mit Hilfe einer Tastuhr. Auf diese Weise wird die Durchbiegung stufenweise bis zum Bruch des Stabes gesteigert. Aus der so bestimmten maximalen Durchbiegung f (cm) errechnet sich ε_{max} nach der Gleichung

$$\varepsilon_{max} = \frac{6\,h}{l^2}\,f = 0{,}09\,f,$$

für $h = 1{,}5\ l = 10$ cm.

Der in Abb. 96 für verschiedene Steinqualitäten dargestellte Zusammenhang zwischen der gesamten und der bleibenden Durchbiegung ergibt wertvolle Hinweise auf die mechanischen Eigenschaften.

Einige Steinsorten zerreißen bereits nach geringer Durchbiegung (Kurve *2*, *4* u. *5*), bei anderen weist die Kurve einen Knick auf und verläuft mit höherem

Anteil an bleibender Deformation weiter bis zu dem relativ spät eintretenden Bruch (Kurve *1, 3* u. *6*). Dies Verhalten ist nach F. KLASSE u. A. HEINZ auf die unterschiedliche Kerbwirkung der entstehenden Risse zurückzuführen. Bei der Biegebeanspruchung treten an der Unterseite des Stabes die größten Zugspannungen auf, daher sind dort die ersten Risse zu erwarten.

Der Kerbradius am Rißende ist zunächst sehr klein und bedingt starke örtliche Spannungsspitzen am Rißende, die ihrerseits zu raschem Fortschreiten des Risses führen, wenn nicht das Material durch elastisches oder plastisches Nachgeben für den Abbau der Spannungsspitzen sorgt.

Bei homogenen, dicht gesinterten Baustoffen ist dies nicht der Fall, daher durchsetzt ein entstehender Riß sofort den ganzen Stab. In Substanzen mit inhomogener Struktur, z. B. mit hohem Anteil an Grobkorn und nachgiebigem Bindemittel, endet dagegen ein Riß bald, und es bedarf einer weiteren Deformation, damit auch in den unter schwächeren Zugspannungen stehenden Zonen in geringerer Entfernung von der neutralen Ebene Risse entstehen. Die neutrale Ebene selbst wandert dabei allmählich in die ursprüngliche Druckzone hinein nach oben, bis sie die Staboberseite erreicht hat und der Stab ganz durchreißt.

Die mit einer solchen langsam fortschreitenden Rißbildung verbundenen Deformationen sind größtenteils irreversibel, sie führen zu einer Strukturauflockerung, weil sich die Risse nicht wieder schließen. Mit dem Beginn der Rißbildung setzt der Knick in den Kurven der Abb. 96 ein.

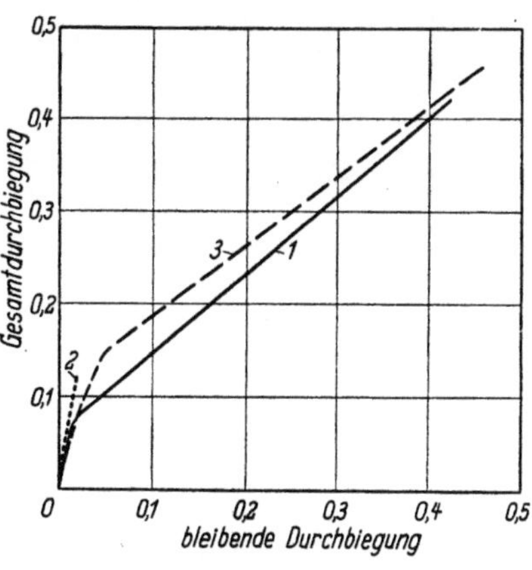

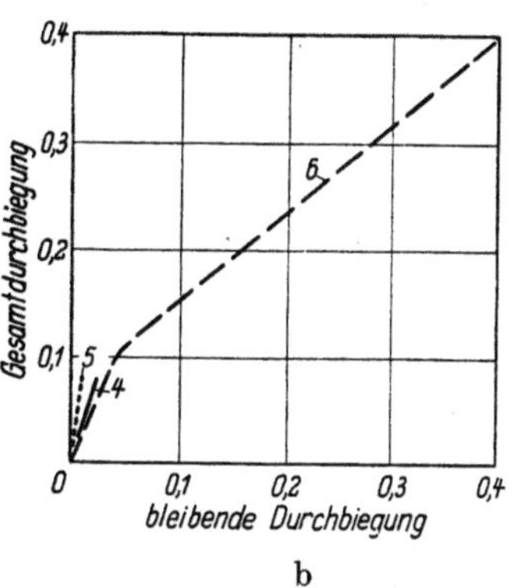

Abb. 96 a u. b
Zusammenhang zwischen bleibender und Gesamtdeformation bei Durchbiegungsversuchen an verschiedenen feuerfesten Baustoffen (nach F. KLASSE u. A. HEINZ)

a) Schamotte und Silika: *1* Spezial-Schamottestein, temperaturwechselbeständig; *2* Schamotte-Wannenstein; *3* Silika-Gewölbestein

b) Basische Steine: *4* Magnesiastein; *5* Chromerzstein; *6* Chrommagnesiastein

Besonders klar tritt der Unterschied zwischen kerbempfindlichen und kerbunempfindlichen Baustoffen in Abb. 96b hervor. Reine Magnesiasteine und reine Chromerzsteine sind kerbempfindlich, die Mischung zwischen beiden Komponenten in Form von Chrommagnesiasteinen ist dagegen unempfindlich. Auch Silikasteine gehören zu den kerbunempfindlichen Qualitäten. Nur dadurch ist es möglich, daß sie die starken Ausdehnungen bei den Modifikationsänderungen der Kieselsäure ertragen ohne zu zerplatzen.

TH. HAASE [7] wandte gegen das von F. KLASSE u. A. HEINZ benutzte Meßverfahren ein, daß die an der Meßuhr abgelesenen Durchbiegungswerte auch das Eindringen der

Tabelle 23. *Mechanische und thermische Eigenschaften verschiedener feuerfester Baustoffe und daraus errechnete Temperaturwechselbeständigkeit* (nach F. KLASSE u. A. HEINZ)

	Steinart	r	P	σ_b	ε_b	ε_{max}	E	α	ΔT_{br}	ΔT	F
		Raumgewicht	Gesamtporosität	Biegefestigkeit	Durchbiegung bei σ_b	maximale Durchbiegung	Elastizitätsmodul	lineare thermische Ausdehnung 20 bis 1000° C	maximale Bruchtemperaturdifferenz	mittlere Temperaturdifferenz beim Abkühlen	$\dfrac{\Delta T_{br}}{\Delta T}$ 10
			Vol.-%	kg/cm²	%	%	kg/cm²	%	°C	°C	
1	SiC-Stein mit 90% SiC	2,52	18,5	290	0,054	0,130	$5{,}8 \cdot 10^5$	0,42	380	8,3	457
2	Hart-Schamottestein ..	2,16	21,0	57,2	0,065	0,452	$1{,}06 \cdot 10^5$	0,50	820	68	121
3	Spezial-Magnesiastein .	2,96	19,5	92,6	0,076	0,244	$1{,}74 \cdot 10^5$	1,10	305	32	95
4	Chrom-Magnesiastein .	3,09	19,5	39,1	0,088	0,392	$0{,}58 \cdot 10^5$	0,76	585	67,5	87
5	Schamotte-Wannenstein	2,10	20,0	157	0,088	0,128	$2{,}92 \cdot 10^5$	0,35	400	76,9	52
6	Handelsüblicher Magnesiastein	2,99	19,0	235	0,051	0,087	$7{,}59 \cdot 10^5$	1,23	130	32,5	40
7	Silika-Gewölbestein, 20 bis 1000° C	1,97	19,0	27,0	0,079	0,569	$0{,}19 \cdot 10^5$	1,32	230	66,3	35
8	Chromerzstein	3,35	18,5	153	0,062	0,082	$4{,}29 \cdot 10^5$	0,76	190	57,9	33
9	Quarzhaltiger Schamotte-Wannenstein .	2,11	17,0	83,6	0,082	0,127	$1{,}13 \cdot 10^5$	0,57	180	68,6	26

Schneide in den Prüfstab mit enthalten. Er schlug zur Beseitigung dieses Fehlers vor, statt der Durchbiegung die Verdrehung eines Stabendes mit Hilfe von Spiegel und Fernrohr zu messen. Hierbei dürfte jedoch die Verschiebung der neutralen Ebene während des Versuches Fehler ergeben. Daher wurden bei einer neuen Apparatur Meßstifte verwandt, die aber nicht mit der Schneide in Verbindung stehen.

Der Einfluß der *Temperaturleitfähigkeit a* auf die Temperaturwechselbeständigkeit besteht darin, daß sich bei hohen Werten von a die Temperaturdifferenzen schnell ausgleichen und dadurch das Auftreten größerer zum Bruch führender Spannungen vermieden wird. Ein vereinfachtes Verfahren zur Bestimmung der Temperaturleitfähigkeit haben F. KLASSE u. A. HEINZ [6] entwickelt, bei welchem die mittlere Temperaturdifferenz in einer auf 1150° C erhitzten und einseitig in einen klimatisierten Raum abstrahlenden Platte des Versuchsmaterials gemessen wird. Die Meßstellen liegen 20 mm und 40 mm unter der Oberfläche der 60 mm dicken Platte. Angegeben wird die durch graphische Integration ermittelte mittlere Temperaturdifferenz ΔT zwischen beiden Meßstellen bei 2stündiger Versuchsdauer. Für die Temperaturdifferenz an der oberen abstrahlenden Fläche gilt:

$$(\Delta T)_0 = -\frac{T x}{a}$$

($x = $ Abstand der Meßstellen), d. h. die Temperaturdifferenz ist umgekehrt proportional der Temperaturleitfähigkeit.

Als konventionelle Meßgröße für die Temperaturwechselbeständigkeit schlagen F. KLASSE u. A. HEINZ den Ausdruck

$$F = \frac{(\text{Grad } T)_{\text{br}}}{\text{Grad } T} \cdot 10 \approx \frac{(\Delta T)_{\text{br}}}{\Delta T} \cdot 10$$

vor, in dem an Stelle des Temperaturgradienten Grad T die Temperaturdifferenz ΔT zwischen festgelegten Meßstellen tritt, und (Grad $T)_{\text{br}}$ durch die ohne Bruch verträgliche Temperaturdifferenz $(\Delta T)_{\text{br}}$ ersetzt ist. Die so errechneten Werte stimmen gut mit den Betriebserfahrungen überein (Tab. 23).

F. H. NORTON [8], der vor allem die Schubspannungen für die Rißbildung verantwortlich macht, hat ausgehend von Torsionsversuchen die Formel abgeleitet:

$$F = K \frac{\delta_b \sqrt{a}}{\alpha} \tag{3}$$

bzw. für die Temperaturempfindlichkeit S

$$S = \frac{1}{F} = K_1 \frac{\alpha}{\delta_b \sqrt{a}} \tag{4}$$

($\delta_b = $ größte Verdrehung beim Bruch).

Die Beziehung (3) hat dieselbe Form wie Gl. (1), nur ist an Stelle $\frac{\sigma_z}{E} = \varepsilon_b$ die Torsionsgröße δ_b getreten, die Konstanten K werden andere sein.

K. ENDELL [9] führte in der NORTONschen Formel an Stelle von δ_b den Verdrehungswinkel δ im Bogenmaß bei maximalen Torsionsspannungen (s. Abschn. 1.76) zwischen 0 und 10 kg/cm² ein und bestimmte die Temperaturempfindlichkeit S mit Hilfe des von K. ENDELL u. W. STEGER entwickelten Torsionsprüfers (s. Abb. 87), an 8 verschiedenen Steinen (Tab. 24). Bei einem Vergleich mit den nach DIN 1068A (s. Abschn. 1.83) gewonnenen Abschreckzahlen ergab sich gute Übereinstimmung, während die Abschreckzahlen mit den nach Gl. (1) von WINKELMANN und SCHOTT ermittelten Werten nicht in Einklang zu bringen waren. Dies dürfte darauf zurückzuführen sein, daß in Gl. (1) an Stelle der Zugfestigkeit σ_z die Druckfestigkeit σ_d eingesetzt wurde. Auch kommen durch den bei feuerfesten Baustoffen unnötigen Umweg über die unsicheren Festigkeitsdaten zusätzliche Fehlerquellen hinein, die durch Verwendung der maximalen Dehnung vermieden werden können. Bei seinen Untersuchungen an Chrommagnesia- und Magnesiasteinen kam A. L. ROBERTS [10] zu dem Ergebnis, daß die NORTONsche Formel besser mit seinen Versuchen übereinstimmt als die modifizierte Formel von ENDELL.

Eine Formel für die TWB von Schamottesteinen, in welcher auch der Schamottegehalt berücksichtigt wird, führte H. SALMANG [11] an:

$$F = K \frac{\sigma_z \text{ \% Schamotte in der Masse}}{E \, \alpha \, (0 \text{ bis } 250°)} \, .$$

Diese Gleichung berücksichtigt die Tatsache, daß ein höherer Schamottegehalt allgemein die Kerbunempfindlichkeit erhöht. Der Einfluß des Schamottegehaltes auf die Temperaturwechselbeständigkeit ist von R. M. HOWE u. S. M. PHELPS [12] schon früher festgestellt worden.

Tabelle 24. *Mechanische und thermische Eigenschaften verschiedener Bau-*

Nr.	Zeichen / Eigenschaften / Steinart	s Spez. Gewicht	P Porosität Vol.-%	r Raumgewicht (g/cm³)	c_p Mittlere spez. Wärme zwischen 20 u. 900° C	λ Wärmeleitvermögen bei 600 °C $\dfrac{\text{kcal}}{\text{m} \cdot \text{h} \cdot {}^\circ\text{C}}$	a Temperaturleitfähigkeit $= \sqrt{\dfrac{\lambda}{d \cdot c_p}}$	β Mittlerer linearer Wärmeausdehnungskoeffizient zwischen 20 u. 900° C ($x\,10^{-6}$)
1	Silika (nur zwischen 300 und 900° C)	2,4	24	1,8	0,26	1,1	0,08	2,5
2	Siliziumkarbid ...	3,1	20	2,5	0,26	12,2	0,228	4,5
3	Hartschamotte ..	2,6	18	1,9	0,26	0,9	0,07	4,5
4	Sillimanit	3,1	26	2,4	0,26	1,3	0,094	4,0
5	Magnesia-Spezialstein	3,5	20	2,8	0,27	2,5	0,096	10,0
6	Schamotte, dicht, 40% Al_2O_3* ...	2,6	18	1,9	0,26	0,9	0,07	4,5
7	Chromerzstein	4,0	18	3,2	0,22	2,9	0,107	7,0
8	Handelsüblicher Magnesiastein ..	3,5	18	2,9	0,27	3,6	0,113	10,6

* Dieser Stein ist für einen Schamottestein verhältnismäßig temperaturempfindlich.

Die bisher aufgeführten Formeln berücksichtigen nur zum Teil die Tatsache, daß die Zerstörung häufig nicht durch örtliche Spannungsspitzen im Stein hervorgerufen wird, sondern durch eine langsame Zermürbung bei niedrigen Spannungen weit unterhalb der Bruchgrenze.

Um diesem Verhalten besser Rechnung zu tragen, führten SEIJI KONDO u. HIROSHI YOSHIDA [13] folgende Versuche durch: Kleine Prüfkörper wurden zunächst auf ungefähr 1000° C erhitzt, um etwa vorhandene basische Karbonate in Magnesiasteinen zu zersetzen, dann wurde der E-Modul bei Raumtemperatur bestimmt [E_1]. Die Prüfkörper wurden anschließend 10 Min. auf 900° C erhitzt, im Luftstrom 6 Min. gekühlt und 15 Min. im Raum gelassen. Nach 4 maliger Wiederholung dieses Vorganges wurde wiederum der E-Modul bei Raumtemperatur gemessen [E_2]. Als Temperaturwechselempfindlichkeit wird dann die mittels der Formel $S = 100\,\dfrac{(E_1 - E_2)}{E_1}$ berechnete relative Änderung des E-Moduls empfohlen.

Von W. R. MORGAN [14] wurde die Temperaturwechselbeständigkeit zur Wechselfestigkeit in Parallele gesetzt. Dabei gehen die Festigkeitswerte häufig durch ein Maximum, was dem *Hochtrainieren* der Metalle ähnlich ist, diesem aber nicht gleichgesetzt werden darf. Mit zunehmender Lastwechselzahl nehmen die Festigkeitswerte schließlich nach einer logarithmischen Beziehung ab. Diese Abnahme ist besonders groß, wenn der Stein sehr hohe oder sehr niedrige Festigkeitswerte, also ein starres oder sehr mürbes Gefüge besitzt. Eine gewisse Schädigung des Gefüges läßt sich nach J. M. ROBITSCHEK [15] schon nach der ersten Abschreckung erkennen. Bei einigen weiteren Untersuchungen wurde der Abfall der Druckfestigkeit bei wiederholtem Abschrecken als Maß für die Temperaturwechselbeständigkeit benutzt.

An Stelle der Zug- oder Torsionsfestigkeit setzen manche Forscher die Schlagfestigkeit als maßgebend für die Zerstörung durch Temperaturwechsel an [16]. Schließlich wurden Beziehungen zwischen der Erhitzungsgeschwindigkeit und der Dicke abplatzender Schalen *stoffe und daraus errechnete Temperaturwechselbeständigkeit* (nach K. Endell)

δ_d	E	δ		F		$S = 1/F$		Erfahrung
Druck-festig-keit** bei 20 °C (kg/cm²)	Elastizitäts-modul bei 20° und zwischen 0 und 10 kg/cm² Torsionsspan-nung (kg/cm)²	Verhältnis-mäßiger Drehwinkel (in Bogenmaß) zwischen 0 und 10 kg/cm² Tor-sionsspannung		Temperatur-widerstands-koeffizient nach Winkelmann und Schott		Temperatur-empfindlichkeit nach Norton-Endell, unter Berücksichtigung		Abschreck-zahl nach DIN 1068 A, modifiziert; auftretende Risse nach x Abschrek-kungen
		gesamt $(x\ 10^{-5})$	federnd $(x\ 10^{-5})$	F	$1/F$	der ge-samten Ver-drehung	nur der federn-den Ver-drehung	
150	$1 \cdot 10^5$	38	28	48	0,022	0,11	0,08	>15
800	$4,5 \cdot 10^5$	7,8	6,6	90	0,011	0,31	0,26	etwa 10
200	$2,7 \cdot 10^5$	10	9,4	11,7	0,085	0,68	0,64	6 bis 8
600	$4,4 \cdot 10^5$	5,9	5,9	32	0,032	0,7	0,7	3 bis 4
200	$2,7 \cdot 10^5$	11,2	9,4	7,1	0,14	1,11	0,93	2 bis 4
400	$4,2 \cdot 10^5$	6,2	6,2	14,8	0,067	1,1	1,1	2 bis 4
800	$8,5 \cdot 10^5$	3,3	3,3	12,7	0,079	2,0	2,0	1 bis 2
1000	$10,14 \cdot 10^5$	2,8	2,8	11,1	0,09	3,4	3,4	1

** Statt Zugfestigkeit wurde Druckfestigkeit gesetzt.

festgestellt. Beim raschen Erhitzen von Tonkugeln werden die absplitternden Schalen um so dünner, je größer die Temperaturdifferenz und je schlechter die Temperaturwechselbeständig-keit ist. Für ein bestimmtes Material gilt

$$d \Delta T^4 = \text{const.}$$

(d = Schalendicke, T = Temperatur). Bei sehr hoher Außentemperatur entstehen zum Bruch führende Spannungen dicht unter der Oberfläche, bei geringerem Temperaturgefälle erst später in größerer Tiefe. Die Abhängigkeit der Schalendicke von der Temperatur-wechselbeständigkeit läßt sich aus der Winkelmann-Schottschen oder der Norton-Endell-schen Formel sowie aus der Theorie der Wärmeleitung ableiten. In Substanzen mit schlech-ter Temperaturleitfähigkeit und hoher Wärmeausdehnung sind die Temperaturdifferenzen und die Spannungen groß. Ist auch die Bruchfestigkeit niedrig, so reichen schon kleine Spannungen zur Rißbildung aus, und die abplatzenden Schalen sind dünner als bei weniger temperaturempfindlichem Material. T. W. Howie [17] betrachtete den Abstand der Risse von der Oberfläche einseitig erhitzter Silikasteine als ein Maß für die Temperaturwechsel-beständigkeit, M. François [1a] bei Schamottesteinen die bis zur Entstehung der ersten Risse vergehende Zeit. Die Schamottesteine wurden durch eine genau definierte Azethylen-flamme in 1 cm Abstand von der Oberfläche einseitig erhitzt und dabei die Rißbildung auf den beiden Seitenflächen beobachtet und in ihrer zeitlichen Abfolge registriert. Die Erhit-zungszeit betrug 10 Min., die Beobachtung wurde darüber hinaus auf die ersten 5 Min. der Abkühlung ausgedehnt. Zur Beurteilung verwandte François empirisch die Zeit bis zur Entstehung des ersten Risses parallel der erhitzten Oberfläche ganz, die Zeit bis zur Ent-stehung des zweiten Parallelrisses halb, des dritten zu einem Drittel und so fort. Die für schräge Risse entsprechend bestimmten Zeitwerte wurden mit dem Faktor 1/12 in die Auswertungsfor-mel eingesetzt, Risse senkrecht zur Oberfläche nicht berücksichtigt, da sie keine Abplatzungen bedingen. Die auf diese Weise aufgestellte Wertskala für verschiedene Schamottequalitäten stimmte mit den Betriebserfahrungen in Verbrennungsräumen ausgezeichnet überein, wenn das Mauerwerk seitliche Dehnungen zuließ. Bei fehlenden Ausdehnungsmöglichkeiten ergaben sich infolge unkontrollierbarer, zusätzlicher Spannungen starke Abweichungen zwischen Untersuchungsergebnis und Betriebsverhalten. Die Schwankungen der Wertzahlen innerhalb einer Schamottequalität folgen streng dem GAUSSschen Fehlergesetz, daher können aus der Größe der Schwankungsbreite Rückschlüsse auf die Gleichmäßigkeit der Produktion gezogen werden.

Die bisher durchgeführten Untersuchungen beziehen sich auf den Bereich spröden Materialverhaltens bis herauf zu etwa 1000° C, in welchem die Empfindlichkeit gegen Temperaturwechsel zweifellos am größten ist. Sobald in dem Baustoff eine merkliche Menge von Schmelzphase auftritt, gleichen sich die Spannungen durch plastische Deformationen aus, so daß Rißbildungen nicht zu erwarten sind. Ob aber nicht doch in hocherhitzten Steinen mit relativ großem Wärmeausdehnungskoeffizienten (wie z. B. Magnesiasteinen) bei ständigem Temperaturwechsel um einige 100° C das Gefüge zermürbt wird, muß noch untersucht werden.

Wenn auch die geschilderten Bemühungen, das komplexe Phänomen der Temperaturwechselbeständigkeit auf einfache mechanische und thermische Eigenschaften zurückzuführen, noch nicht zu einer vollständigen mathematisch-physikalischen Beschreibung der Vorgänge geführt haben, sind sie doch für die Praxis von erheblicher Bedeutung, weil sie Hinweise für Verbesserungsmöglichkeiten liefern. Trotz der Wichtigkeit derartiger Überlegungen stehen heute noch bei Betriebsuntersuchungen konventionelle technologische Prüfmethoden im Vordergrund, die bestenfalls sehr rohe relative Gütewerte ergeben, jedoch keine Aussagen über die Ursachen unterschiedlichen Verhaltens gestatten.

1.83 Genormte Prüfmethoden für die TWB

In *Deutschland* werden zur Prüfung auf Temperaturwechselbeständigkeit Normalsteine oder zylindrische Probekörper von 36 mm Dmr. und ~60 mm Höhe nach DIN 1068 so oft auf 950° C erhitzt und in Wasser abgeschreckt, bis ein bestimmter Zerstörungsgrad eingetreten ist. Die Normalsteine sollen dabei zu $^1/_3$ ihrer Länge frei in den Ofen hineinragen und zu $^1/_3$ der Außenluft ausgesetzt sein, sie bleiben 50 Min. lang in dieser Stellung und werden dann 3 Min. lang 5 cm tief in fließendes Wasser getaucht. Nach 5 Min. werden sie erneut in den Ofen eingesetzt. Dies Verfahren wird so lange fortgesetzt, bis 50% der Kopffläche abgeplatzt sind. Die Abschreckzahl wird als Mittel der erreichten Temperaturwechsel von 6 Normalsteinen angegeben. Abb. 97 zeigt einen Schamottestein nach 3maliger Abschreckung.

Beim Zylinderverfahren werden die Probekörper ganz auf 950° C erhitzt, 15 Min. im Ofen belassen und dann 3 Min. in fließendes Wasser getaucht. Nach dem Abdampfen werden sie erneut erhitzt. Angegeben wird die Zahl der Abschreckungen bis zum Auftreten der ersten Risse sowie diejenige bis zum Zerspringen des Probekörpers als Mittel der Ergebnisse von je 2 Prüfkörpern aus 3 Steinen.

Die bei dieser Prüfmethode auftretenden Streuungen sind meist groß [*18*] und aus ihren Ergebnissen kann nicht immer auf das Verhalten der Steine im Betrieb geschlossen werden. Im Mauerwerk wird der einzelne Stein nirgends innerhalb so kurzer Zeit von hoher Temperatur bis auf Zimmertemperatur abgekühlt wie bei der Abschreckprüfung. Bei der Wasserabkühlung muß weiterhin damit gerechnet werden, daß das in die offenen Poren eindringende Wasser verdampft und eine sprengende Wirkung ausübt, eine Beanspruchung, die von der des im Mauerwerk wechselnden Temperaturen ausgesetzten Steines stark abweicht. Diese Unterschiede können zu einer falschen Bewertung führen.

Andererseits kann im Abschreckversuch bei geeigneter Oberflächenausbildung durch das Auftreten des LEIDENFROSTschen Phänomens eine mehr oder weniger große Schutzwirkung ausgeübt werden.

Nach den *englischen* Vorschriften werden Prüfkörper der Größe $75 \times 50 \times 50$ mm auf 900° C erhitzt, jeweils 10 Min. in ruhender Luft abgekühlt und nach weiteren 10 Min. wieder aufgeheizt. In Frankreich werden Würfel von 50 mm Kantenlänge auf 1200° C erhitzt und dann in Luft abgekühlt. In den *USA* werden die Abschreckprüfungen nach den gegenwärtig[1] gültigen ASTM-Vorschriften C 38—49 (1949) (*Panel-Spalling-Test*) an kleinen Versuchswänden (aus etwa 14 Normalsteinen) vorgenommen. Nach einer 24stündigen Vorerhitzung auf Temperaturen von 1650° C bei super-duty-Steinen, 1600° C bei high-heat-duty-Steinen und 1500° C bei intermediate-heat-duty-Steinen werden diese Wände 12mal einseitig auf 1400° C, bei basischen Steinen auf 1600° C erhitzt und mit einem aufgesprühten Luft–Wasser-Nebel abgeschreckt. Danach wird die Wand auseinandergenommen und der Gewichtsverlust der einzelnen Steine festgestellt. Der lange Vorbrand soll der Anpassung des Materials an die spätere Betriebstemperatur dienen, da die Brenntemperatur meist niedriger liegt, als die Gebrauchstemperatur und die mit der höheren Erhitzung verbundene verstärkte Sinterung meist die Temperaturwechselbeständigkeit verschlechtert.

Während sich die amerikanische Methode eng an die Praxis anlehnt und eine Veränderung des Steingefüges bei der Prüfung in Kauf nimmt, streben die europäischen Prüfverfahren eine Beurteilung des unveränderten Baustoffes an.

Da bei basischen Steinen eine Abschreckung in Wasser wegen der Hydratisierungsgefahr vermieden werden muß, wurde in Österreich ein Verfahren entwickelt, nach welchem ein 50 Min. lang auf 950° C erhitzter Normalstein 10 Min. lang mit *Preßluft* an-

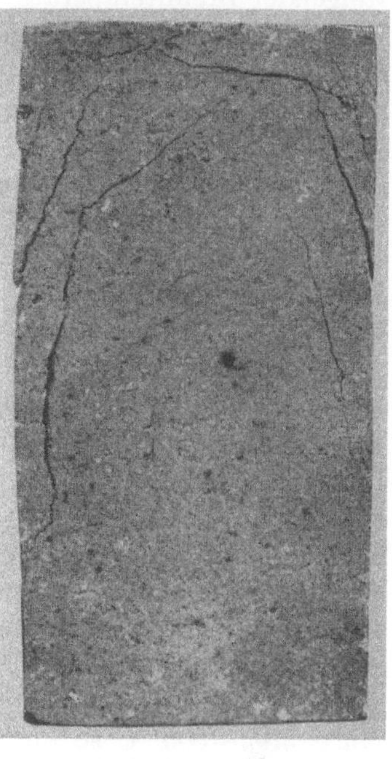

Abb. 97.   Schamotte-A III-Stein nach 3 maliger Abschreckung

geblasen wird, welche mit 1 atü Druck aus einer 150 mm entfernten 8 mm-Düse strömt. Der Normalstein liegt dabei flach auf einer 10 mm starken Eisenplatte [19]. In Kanada werden basische Normalsteine 45 Min. auf 1100° C erhitzt und dann 15 Min. von einem Tischventilator angeblasen [20]. Diese Erhöhung der Prüftemperatur hat eine merkliche Verminderung der Abschreckzahlen gegenüber der österreichischen Methode zur Folge. Schließlich führte H. POHL [21] ein der deutschen Zylindermethode nach DIN 1068 entsprechendes Verfahren ein, bei welchem die auf 950° C erhitzten zylindrischen Probekörper mit Preßluft von 0,5 atü Druck aus einer 450 mm entfernten 8 mm-Düse angeblasen werden.

Die in diesem Buch angegebenen Abschreckzahlen wurden entweder nach der deutschen Zylindermethode DIN 1068 B oder nach der Methode von H. POHL bestimmt. Wenn kein Bruch eintrat, wurde die Prüfung nach 50 Abschrekkungen abgebrochen. Nach einer Faustregel verhalten sich die Abschreckzahlen nach der deutschen Normalsteinmethode zu denen nach der Zylindermethode etwa wie 1:3.

---

[1] Nach den älteren Vorschriften der ASTM soll das untere Ende des Steines 52 Min. lang auf 1350° C erhitzt, dann 3 Min. lang 50 mm tief in Wasser eingetaucht und die Prüfung so lange wiederholt werden, bis der Stein 20% von seinem Gewicht verloren hat.

1.84 Allgemeine Erfahrungen

Nach den bisherigen Erfahrungen und den Ergebnissen zahlreicher technischer Untersuchungen wird die Temperaturempfindlichkeit aller feuerfesten Baustoffe durch die Brenntemperatur, die Korngröße und die Menge der Bindemittel [22, 12] beeinflußt.

Bei Schamotteerzeugnissen nimmt die Temperaturwechselbeständigkeit mit steigender Brenntemperatur und mit einer Verringerung der Korngröße ab [23]. F. A. Kirkpatrik [24] stellte eine Verbesserung der Temperaturwechselbeständigkeit um den 3fachen Betrag fest, wenn die Schamottekörnung von <0,8 mm auf 5 mm Dmr. vergrößert wurde. Auch Steine mit einem Aufbau aus 50 bis 70% Grobkorn und 30 bis 50% Feinkorn unter Auslassen des Mittelkornes zeigen gute Temperaturwechselbeständigkeit, weil kein starres Gefüge entsteht.

Der Einfluß der Porosität hat sich noch nicht eindeutig klären lassen [25]. H. J. Schurecht u. H. W. Donda [26] fanden, daß die günstigsten Werte bei Schamottesteinen mit einer Porosität von 15 bis 28% lagen. Hochporöse Feuerleichtsteine besitzen fast stets eine schlechte Temperaturwechselbeständigkeit.

Mit zunehmendem Gehalt an freier Kieselsäure sinkt die Temperaturwechselbeständigkeit der Schamottesteine im allgemeinen infolge der unstetigen Volumenänderungen beim Modifikationswechsel und der stärkeren Versinterung [27]. In Sonderfällen kann jedoch die Ausdehnung der Kieselsäure durch die Schwindung des Bindetones weitgehend kompensiert und die Temperaturwechselbeständigkeit verbessert werden. Günstigen Einfluß auf die TWB hat die Mullitbildung wegen des sehr niedrigen Ausdehnungskoeffizienten dieses Minerals. Große Steinformate sind im allgemeinen empfindlicher gegen Temperaturwechsel als kleine.

Silikasteine sind wegen der erwähnten Modifikationsänderungen der Kieselsäure bis ~600° C so empfindlich, daß sie nach 1 bis 2 Abschreckungen in Wasser zerstört werden. Nur durch ihre kerbunempfindliche Struktur (s. Abschn. 1.83) können die starken Volumenänderungen überhaupt aufgefangen werden. Oberhalb des kritischen Gebietes gehören die Silikasteine jedoch zu den temperaturwechselbeständigsten Steinsorten. Nach W. Miehr, J. Kratzert u. H. Immke [18] können schon verhältnismäßig geringe Mengen Tonerde im Bindemittel die Temperaturwechselbeständigkeit allgemein wesentlich erhöhen, gleichzeitig wird aber eine Reihe anderer technologischer Eigenschaften merklich verschlechtert. In ähnlicher Weise wie Tonerde setzen Titanoxyd und Eisenoxyd in Silikasteinen deren Empfindlichkeit gegen schnellen Temperaturwechsel herab.

Auch bei Magnesiasteinen hängt die wegen des meist starren Gefüges und der hohen Wärmeausdehnung im allgemeinen schlechte Temperaturwechselbeständigkeit von dem richtigen Verhältnis von Grobkorn zu Feinkorn ab. Nach J. Berlek [28] sollen dem Versatz nur soviel Anteile Mehl zugemischt werden, daß die Hohlräume ausgefüllt werden. Eine Steigerung der Abschreckfestigkeit wird durch einen Zusatz von Tonerde wegen der dadurch hervorgerufenen Spinellbildung erreicht (s. Abschn. 5.513). Daneben ist der Gehalt an Flußmitteln für die Temperaturwechselbeständigkeit von ausschlaggebender Bedeutung [29].

Mit steigender Brenn- und auch Gebrauchstemperatur nimmt nach SEIJI KONDO u. HIROSHI YOSHIDA [*30*] die Verglasung zu, und zwar bei grobkörnigen Massen allmählich und bei feinkörnigen plötzlich. Dementsprechend verschlechtert sich auch die Temperaturwechselbeständigkeit.

Chrommagnesiasteine besitzen wegen der Auflockerung ihrer Struktur durch die Einlagerung der Chromerzkörner eine erheblich bessere Temperaturwechselbeständigkeit als reine Magnesiasteine.

Sehr unempfindlich gegen Temperaturwechsel sind SiC- und Kohlenstoffsteine, die ersten wegen ihrer sehr hohen Temperaturleitfähigkeit, die letzten wegen ihrer niedrigen Wärmeausdehnung.

Einen Überblick über die für eine Reihe von Steinsorten charakteristischen Abschreckzahlen gibt Tab. 25.

Tabelle 25. *Abschreckzahlen verschiedener feuerfester Baustoffe nach DIN 1068, Zylindermethode bzw. Luftabschreckung nach* H. POHL

Steinart	Abschreckzahlen		
	Wasserabschreckung		Luftabschreckung
	Durchschnitt	Streugrenze	Durchschnitt
Silika	2	1 bis 5	—
Schamotte, handelsüblich	20	5 bis 30	—
Hartschamotte	> 50	—	—
Sillimanitsteine	> 50	—	—
Chromerzsteine	7	4 bis 10	> 50
Magnesiasteine, handelsüblich	—	—	> 50
Spezial-Magnesiasteine	—	—	> 50
Chrommagnesiasteine	—	—	> 50

Die oben angegebenen Gesetzmäßigkeiten gelten nur für chemisch unveränderte Steinsorten. Werden Struktur und Zusammensetzung durch Schlakkeninfiltration verändert, so erhöht sich gewöhnlich die Neigung zum Abplatzen beträchtlich. In der amerikanischen Literatur wird daher dem rein thermisch bedingten *thermical spalling* das unter Mitwirkung chemischer Einflüsse entstehende *structural spalling* oder *chemical spalling* gegenübergestellt.

Schrifttum

[*1*] NORTON, F. H.: J. Amer. ceram. Soc. Bd. 9 (1926) S. 446
[*1a*] M. FRANÇOIS: Chaleur et Industrie (1956), Nr. 371, S. 143/58, Nr. 372, S. 195/207
[*2*] HYSLOP, J. F.: Trans. Brit. ceram. Soc. Bd. 38 (1939) S. 304/09
[*3*] GODRON, Y.: Bull. Soc. franc. Ceram. Bd. 1 (1948) S. 39
[*4*] WINKELMANN, A., u. O. SCHOTT: Ann. Physik u. Chemie Bd. 51 (1894) S. 730
[*5*] HAASE, TH.: Silikattechnik Bd. 1 (1950) S. 5/7
[*6*] KLASSE, F., u. A. HEINZ: Tonind.-Ztg. Bd. 79 (1955) S. 296/302
[*7*] HAASE, TH.: Tonind.-Ztg. Bd. 81 (1957) S. 37/39
[*8*] NORTON, F. H.: J. Amer. ceram. Soc. Bd. 8 (1925) S. 29
[*9*] ENDELL, K.: Glastechn. Ber. Bd. 11 (1933) S. 178
[*10*] ROBERTS, A. L.: Trans. Brit. ceram. Soc. Bd. 38 (1939) S. 602
[*11*] SALMANG, H.: Die Keramik — Physikalische u. chemische Grundlagen, S. 213. 1951
[*12*] HOWE, R. M., u. S. M. PHELPS: J. Amer. ceram. Soc. Bd. 4 (1921) S. 119
[*13*] KONDO, SEIJI, u. HIROSHI YOSHIDA: Japan. Ceram. Assoc. Bd. 46 (1938) S. 640

[14] MORGAN, W. R.: J. Amer. ceram. Soc. Bd. 14 (1931) S. 913/23
[15] ROBITSCHEK, J. M.: Ceram. Age Bd. 44 (1944) S. 98
[16] BARTSCH, O.: Ber. DKG. Bd. 18 (1937) S. 465/89
[17] HOWIE, T. W.: Trans. Brit. ceram. Soc. Bd. 45 (1946) S. 45/69
[18] MIEHR, W., J. KRATZERT u. H. IMMKE: Tonind.-Ztg. Bd. 52 (1928) S. 56
[19] Radex-Rdsch. (1951) S. 72/74
[20] Radex-Rdsch. (1954) S. 296/97
[21] POHL, H.: Diss., S. 19. Stuttgart 1935
[22] PARTRIDGE, J. H., u. G. F. ADAMS: J. Soc. Glass Technol. Bd. 15 (1931) S. 59
[23] Ber. 34, Jahresvers. d. Ver. Deutsch. Fabr. ff. Produkte s. STEGER, W.: Stahl u. Eisen
     Bd. 45 (1925) S. 250/51
[24] KIRKPATRIK, F. A.: J. Amer. ceram. Soc. Bd. 19 (1917) S. 287
[25] FROMM, F.: Ber. DKG. Bd. 15 (1934) S. 58
[26] SCHURECHT, H. J., u. H. W. DONDA: J. Amer. ceram. Soc. Bd. 6 (1923) S. 1232
[27] STEGER, W.: Stahl u. Eisen Bd. 45 (1925) S. 258
[28] BERLEK, J.: Radex-Rdsch. (1950) S. 85/86
[29] KONDO, SEIJI, u. HIROSHI YOSHIDA: J. Japan. Ceram. Assoc. Bd. 47 (1939) S. 131/36
[30] KONDO, SEIJI, u. HIROSHI YOSHIDA: J. Japan. Ceram. Assoc. Bd. 46 (1938) S. 642/43

1.9 Verschlackungsbeständigkeit

Neben den durch Temperaturwechsel hervorgerufenen mechanischen Einwirkungen sind chemische Reaktionen der Baustoffe mit dem Einsatzgut der
Öfen, der Schlacke, dem Ofenstaub oder Bestandteilen der Ofenatmosphäre
die Hauptursache für den Verschleiß feuerfester Baustoffe. Sie führen zur
allmählichen Auflösung des Mauerwerkes, häufig unter gleichzeitiger Infiltration
mit flüssigen Stoffen (Schlacken, Metallen oder Reaktionsprodukten), durch
welche die mechanischen Eigenschaften des Baustoffes, insbesondere seine
Beständigkeit gegen Temperaturwechsel, verändert werden können. Der Widerstand der Steine gegen Auflösung bzw. Infiltration kann durch geeignete Maßnahmen sowohl bei der Steinherstellung, als auch bei der Ofenführung erhöht
werden.

1.91 Chemische Vorgänge

Oxydische feuerfeste Baustoffe reagieren im allgemeinen nicht mit Metallen,
es sei denn, daß sie ihren Sauerstoff an unedlere Metalle abgeben, wie es z. B.
bei der Reduktion von Kieselsäure durch Mangan der Fall ist (s. Abschn. 3.551).
Reine Metallschmelzen, die keine Oxyde oder Sulfide gelöst enthalten, dringen
daher wohl in die Poren der Baustoffe ein, verursachen aber keinen Verschleiß.
Dagegen kann eine Reaktion von aus Ionen aufgebauten Oxyden und Sulfiden
(wie sie als Hauptbestandteile der Schlacken, Aschen und des Ofenstaubes
auftreten und aus denen auch die Gläser und Zemente bestehen) mit dem
Feuerfestmaterial praktisch nicht verhindert werden. Die jeweilige Art der
Reaktion läßt sich den betreffenden Gleichgewichtsdiagrammen entnehmen
(s. Abschn. 1.333). Da aber nur die Diagramme von Dreistoffsystemen, höchstens
Vierstoffsystemen bekannt sind, an den Reaktionen stets sehr viel mehr Kom-
ponenten teilnehmen, müssen einzelne, in untergeordneter Menge vorhandene
Komponenten in den jeweiligen Betrachtungen vernachlässigt oder mehrere
Komponenten mit ähnlichen Eigenschaften zusammengefaßt werden. Daher

sind zumeist nur angenäherte Aussagen über den Verlauf der Reaktion möglich, die aber in vielen Fällen praktisch ausreichen.

Die Reaktionen spielen sich gewöhnlich zwischen einer festen und einer flüssigen Substanz oder zwischen zwei festen Stoffen bei der jeweiligen Betriebstemperatur des Ofens ab. Die Reaktionsprodukte können ebenfalls fest oder flüssig sein. Wenn eine flüssige Schlacke auf einen feuerfesten Baustoff einwirkt, so kann man sich nach R. FEHLING [1] in dem Dreistoffsystem, welches die wichtigsten Reaktionsteilnehmer enthält, einen quasibinären Schnitt gelegt denken, der durch die Analysenpunkte des Baustoffes F und der Schlacke S verläuft. Ein solcher Schnitt ist in Abb. 98a schematisch dargestellt. Die Schlacke ist dabei an dem betreffenden Feuerfestmaterial *ungesättigt* und löst unter entsprechender Veränderung ihrer chemischen Zusammensetzung so viel Feststoff auf, bis ihre Zusammensetzung derjenigen (G) der Liquiduskurve bei der Arbeitstemperatur (T) entspricht. Dann wird die Schlacke fest und die Reaktion ist praktisch beendet, da ein völliger Ausgleich der Zusammensetzung durch Reaktionen im festen Zustand so lange Zeit in Anspruch nehmen würde, daß dieser Vorgang vernachlässigt werden kann.

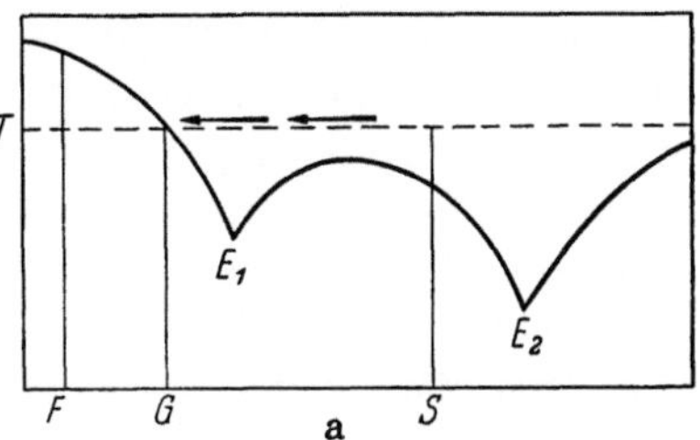

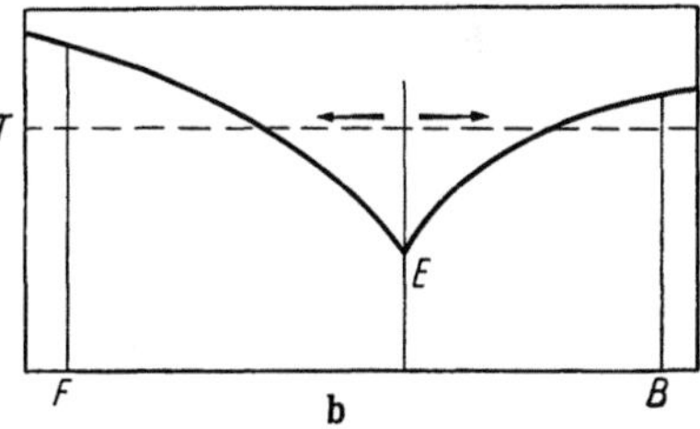

Abb. 98 a u. b.
Auflösung von Feuerfestmaterial der Zusammensetzung F bei der Temperatur T
a) Durch flüssige Schlacke der Zusammensetzung S, die Pfeile geben die Änderung der Schlackenzusammensetzung an. Bei G wird die Schlacke fest.
b) Durch festes Beschickungsgut B. Die entstehende eutektische Schmelze löst Feuerfestmaterial und Beschickungsgut auf

Der geschilderte Ablauf der Reaktion bis zum Gleichgewicht setzt voraus, daß eine begrenzte Menge Schlacke vorhanden ist und in ihr stets eine gute Ausgleichsmöglichkeit durch Konvektion und Diffusion besteht. Wird die Schlacke dagegen ständig erneuert, wie es meist der Fall ist, so geht der Lösungsvorgang immer weiter; die Lage des Gleichgewichtes ist dann nur von theoretischem Interesse. Besteht aber in der Schlacke (beispielsweise wegen hoher Zähigkeit) keine Austauschmöglichkeit, so wird die dem Gleichgewicht entsprechende Zusammensetzung nur von den unmittelbar mit dem Feststoff in Berührung stehenden Schlackenteilen erreicht. Von dort nimmt ihr Gehalt an gelöstem Feststoff kontinuierlich ab. Dieser Fall wird in der Praxis vielfach angestrebt, weil die festgewordene Schlacke an der Steinoberfläche eine Schutzschicht bildet, die das Feuerfestmaterial vor weiterem Schlackenangriff schützt. Notfalls wird die Erhöhung der Schlackenzähigkeit durch Kühlung der Ofenwand erzwungen (Hochofen).

Wenn Feuerfestmaterial mit einer festen Ofenbeschickung unter Bildung eines flüssigen Produktes reagiert (Abb. 98b), so können sich theoretisch beide Stoffe auflösen, bis einer von beiden verbraucht ist. Ist das Reaktionsprodukt jedoch sehr zähflüssig, so beschränkt sich der Lösungsvorgang wegen mangelnder Austauschfähigkeit auf eine schmale Zone längs den Berührungsflächen der Stoffe, die dann meist zusammenkleben (Ansatzringe im Zementdrehrohrofen).

Sind schließlich auch die Reaktionsprodukte bei der Betriebstemperatur fest, so spielen sich die in Abschn. 1.332 beschriebenen Reaktionen im festen Zustand ab, durch die ebenfalls beide Stoffe fest verschweißt werden können (Wachsen von Magnesiaherden durch Zunderablagerungen).

Die Gleichgewichtsdiagramme geben wohl die bei einer Reaktion entstehenden Endprodukte an, enthalten aber keine Aussagen über die Art und Geschwindigkeit des Lösungsvorganges selbst. Über diese liegen bisher nur wenige Untersuchungen vor. N. McCallum u. L. R. Barrett [2] untersuchten die Auflösungsgeschwindigkeit einzelner Korundkristalle in $CaO-Al_2O_3-SiO_2$-Schlacken mit dem Ergebnis, daß für die Geschwindigkeit dieses Vorganges die Reaktion an den Kristalloberflächen maßgebend ist, weil die Aktivierungsenergie der Auflösung kleiner ist als diejenige der Anionenwanderung, die das viskose Fließen verursacht. Allerdings wird in diesem Fall die Energie des viskosen Fließens wegen des hohen Al_2O_3-Gehaltes besonders groß. Bei Schamottesteinen sind die Aktivierungsenergien der Auflösung und des viskosen Fließens etwa gleich groß.

Im ganzen gesehen haben die Lösungserscheinungen um so geringere Bedeutung, je ähnlicher die chemische Zusammensetzung des Feuerfestmaterials derjenigen der Schlacke bzw. des Brenngutes ist, weil dann das chemische Potential für Reaktionen gering ist. Daher auch die Faustregel, daß bei sauren Schlacken saure Baustoffe und bei basischen Schlacken basische Steine verwandt werden sollen. Eine Ausnahme von dieser Regel stellt die häufige Verwendung von Silikasteinen in metallurgischen Öfen dar. Sie ist möglich wegen der Mischungslücke zwischen Kieselsäure und 2 wertigen Metalloxyden im Gebiet hoher SiO_2-Gehalte (s. Abschn. 2.14/15), bleibt aber beschränkt auf die Ofenteile, die nicht unmittelbar mit flüssiger Schlacke in Berührung stehen, sondern nur der Einwirkung des Ofenstaubes ausgesetzt sind.

1.92 Die Infiltration

Wenn man die oben beschriebenen chemischen Reaktionen einmal außer acht läßt, so müssen flüssige Schlacken oder Metalle von dem porösen Feuerfestmaterial ähnlich wie Wasser aufgesogen werden (Abb. 99).

Dieser Vorgang folgt den in Abschn. 1.433 beschriebenen Gesetzmäßigkeiten, nach welchen der kapillare Saugdruck dem Porenradius umgekehrt und der Oberflächenspannung der Schlacke bzw. des Metalls sowie dem Cosinus des Kontaktwinkels Schlacke bzw. Metall gegen Feststoff direkt proportional ist (Cantorsche Gleichung 10). Der kapillare Saugdruck bestimmt die maximale Steighöhe der Schlacke im Stein, diese wird demnach um so größer, je feinporiger der Baustoff ist.

Die Tränkungsgeschwindigkeit dagegen ist dem Porenradius direkt und der Viskosität der Schlacke umgekehrt proportional [Abschn. 1.433, Gl. (13) u. (15)]. Ein feinporiger Stein wird demnach langsamer infiltriert als ein grobporiger. In der Praxis ist die Infiltrationsgeschwindigkeit oft wichtiger als die maximale Steighöhe der Schlacke, weil die Eindringtiefe in Ofenwänden mit einem Temperaturgefälle durch die mit fallender Temperatur anwachsende Zähigkeit der Schlacke begrenzt wird. Günstig für das Betriebsverhalten ist ein *sperriges* Gefüge mit Kapillarsäcken und hohem Tränkungswiderstand [3] es beschränkt die Infiltration praktisch auf relativ wenige größere Poren, von denen aus die Schlacke nur langsam in die feinen Poren eindringt. Da die

Feinstporen bei starker Sinterung geschlossen werden und so ein *sperriges* Gefüge entsteht, sind hochgesinterte dichte Steinqualitäten besonders widerstandsfähig gegen Schlackeneinflüsse.

Die infiltrierten Schlacken reagieren in den Poren in gleicher Weise mit dem Feststoff wie an der Steinoberfläche, jedoch endet die Reaktion wegen der nur beschränkt zur Verfügung stehenden Schlackenmengen relativ schnell. Sind die Reaktionsprodukte dünnflüssiger als die Ausgangsschlacke, so dringen sie tiefer in den Baustoff ein. Das tritt häufig ein, wenn die Schlackenzusammensetzung bei der Feststoffaufnahme den Bereich eines Eutektikums durchläuft (Abb. 98a).

Abb. 99. Infiltration von metallischem Eisen in einen Magnesiastein aus einem Roheisenmischer

Zähflüssigere oder feste Reaktionsprodukte verstopfen die Poren und hemmen die Infiltration. Es können auch einzelne Komponenten der Schlacke von dem Feststoff in fester Lösung aufgenommen werden (Eisenoxyde durch Magnesia oder Chromerz), so daß die Restschlacke eine andere Zusammensetzung erhält.

In einen Wandbaustoff mit Temperaturgefälle dringen die Reaktionsprodukte bis zu einer Zone ein, in der die Tränkungsgeschwindigkeit wegen sinkender Temperatur und damit steigender Zähigkeit null wird. Das kann für die einzelnen Komponenten der Reaktionsprodukte bei verschiedenen Temperaturen eintreten, so daß eine durch Ausfrieren einer Komponente entstehende Restschmelze tiefer in den Stein eindringt, bevor auch sie erstarrt. Auf diese Weise entsteht eine zonare Gliederung des infiltrierten Bereiches,

Abb. 100. Zonenbildung in einem Silikastein aus dem Gewölbe eines SM-Ofens

A graue Cristobalitzone; *B* schwarze Tridymitzone mit Eisenoxydanreicherung; *C* rötliche Zone mit CaO–Al$_2$O$_3$-Anreicherung; *D* unverschlackter Stein (s. a. Abschn. 2513)

bei welcher in den einzelnen Zonen verschiedene Schlackenkomponenten angereichert sind (Abb. 100).

Bei der Untersuchung von Infiltrationsvorgängen muß damit gerechnet werden, daß auch ohne Schlackenzufuhr von außen Steinbestandteile, die bei

der Betriebstemperatur schmelzflüssig sind, im Porenraum des Steines von
der heißen zur kalten Seite wandern und dort fest werden, wo die Steintemperatur gleich der Erstarrungstemperatur ist. Durch diese Vorgänge vergrößert sich
der Porenraum in der heißen Zone und vermindert sich in der Erstarrungszone,
außerdem erhöht sich die Feuerfestigkeit der heißen Zone [4].

Mit fortschreitendem Abschmelzen der Steinoberfläche werden die ein-
gefrorenen Infiltrate wieder erwärmt und zu weiterer Wanderung zur kalten
Seite des Steines hin gezwungen. Die Zonen wandern also vor der abschmelzenden
Steinoberfläche her und drängen sich in einem Maße zusammen, das durch das

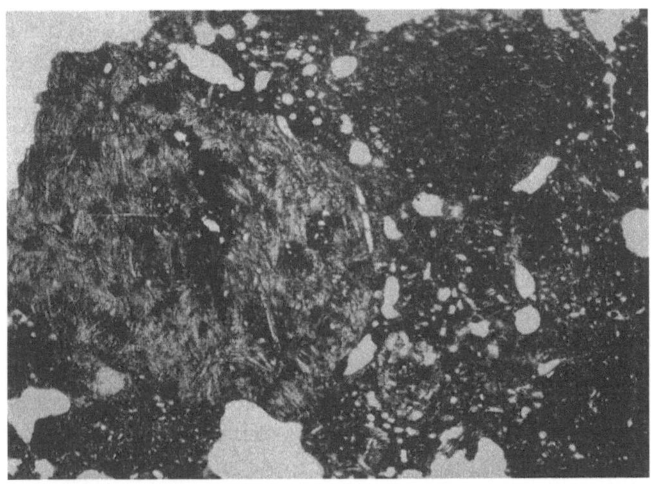

Abb. 101. Infiltrierter Sillimanitstein. Die Schlacke (schwarz mit hellen geschlossenen Poren) hat das Bindemittel und das Feinkorn aufgelöst. Das Grobkorn aus nadelförmigen Sillimanitkristallen ist erhalten geblieben. Dünnschliff (Vergr. 7,5 ×)

steigende Temperaturgefälle in dem kürzer werdenden Stein bestimmt wird.
Es ist aber auch möglich, daß die Zonen sich langsamer verschieben als der
Stein von der Oberfläche her abschmilzt und dadurch nacheinander verschwinden.
Ist die Abschmelzgeschwindigkeit von vornherein größer als die Infiltrations-
geschwindigkeit, so kommt es naturgemäß überhaupt nicht zur Infiltration.

Von den Bestandteilen des Feuerfestmaterials werden durch die infiltrierte
Schlacke in erster Linie das Bindemittel und das Feinkorn aufgelöst (Abb. 101).
Hierbei kann der Zusammenhalt des Steingefüges im ganzen gelockert werden
und die infiltrierte Zone den Charakter eines zähen Breies annehmen. Die eingedrungene Schlacke kann weiterhin das wenig angegriffene Grobkorn im Stein
auseinanderdrücken und dadurch beträchtliche Volumenvergrößerungen hervorrufen, die unter Umständen noch durch Aufblähvorgänge infolge von Gas-
entwicklungen verstärkt werden [4a] (Abb. 101). Derartige zähflüssige, aufgeblähte Zonen ertragen zwar keine Belastungen, stellen aber an Decken und
Ofengewölben einen guten Schutz gegen weitere Infiltration dar, weil sie praktisch keine offenen Poren enthalten. Ihre Entstehung ist nicht an das Vorhandensein flüssiger Reaktionsprodukte im Stein gebunden. Auch kristalline Substanzen
können unterhalb ihres Schmelzpunktes einen zähplastischen Zustand an-

nehmen, in dem sie bereits bei geringen Kräften Deformationen durch Verschiebung an den Gleitflächen im Kristallinnern (Translation) erleiden [4a].

Baustoffe ohne Bindemittel und ohne Feinkorn, wie z. B. schmelzgegossene Steine, werden praktisch überhaupt nicht infiltriert.

Wesentlich anders als der Schlackenangriff spielt sich der Angriff gasförmiger Stoffe, z. B. Alkalidämpfe, auf feuerfeste Baustoffe ab. Diese dringen wegen ihrer geringen Zähigkeit sehr tief in die Poren aller Größenklassen ein und können die Steine durch Auflösung des Bindemittels zermürben, wenn chemisch eine Einwirkung möglich ist. Der Baustoff kann dann durch Temperaturwechsel oder mechanische Beanspruchung leicht zerstört werden (Hochofenschacht).

1.93 Grenzflächeneigenschaften und Viskosität

Die Ausführungen in Abschn. 1.91 und 1.92 haben gezeigt, daß die Grenzflächeneigenschaften und die Viskosität der Schlacke bzw. der Reaktionsprodukte von maßgebender Bedeutung für das Ausmaß und die Geschwindigkeit der Verschlackungsvorgänge sind.

1.931 Oberflächenspannung

Da sich die von den Molekülen oder Ionen einer Flüssigkeit ausgehenden elektrostatischen und kinetischen Kräfte an der Oberfläche nicht im Gleichgewicht befinden, bilden sie eine Resultierende, die in das Innere der Flüssigkeit gerichtet ist. Jede Vergrößerung der Oberfläche durch Zuführung von Molekülen oder Ionen aus dem Flüssigkeitsinnern erfordert einen Arbeitsaufwand zur Überwindung der Molekularkräfte. Man bezeichnet die für einen Oberflächenzuwachs erforderliche Arbeit ΔA bezogen auf die Größe der neugebildeten Oberfläche ΔF als Oberflächenspannung σ:

$$\sigma = \frac{\Delta A}{\Delta F} \left[\frac{\text{Dyn cm}}{\text{cm}^2} = \frac{\text{Dyn}}{\text{cm}} \quad \text{oder} \quad \frac{\text{Erg}}{\text{cm}^3} \right]. \tag{1}$$

Die ins Innere gerichtete resultierende Kraft p hat die Größe

$$p = \frac{2\sigma}{r} \tag{2}$$

(r = mittlerer Krümmungsradius der Oberfläche). Unter der alleinigen Wirkung der Oberflächenspannung nehmen alle Flüssigkeiten eine kugelförmige Gestalt an, weil die Kugel die kleinste Oberfläche im Verhältnis zum Volumen hat. Durch die zusätzliche Wirkung anderer Kräfte, beispielsweise der Schwerkraft, wird die Kugelform um so stärker deformiert, je kleiner σ ist.

Die Oberflächenspannung fester Körper ist schwierig zu ermitteln, daher sind bisher nur wenige zuverlässige Messungen bekanntgeworden. Es wurden durch Rechnung u. a. gefunden [5, 6]:

$$
\begin{array}{lll}
\text{für MgO} & \sigma = 1090\,\text{Dyn/cm} \\
\text{FeO} & = 1060\,\text{Dyn/cm} \\
\text{MnO} & = 1010\,\text{Dyn/cm} \\
\text{CaO} & = 820\,\text{Dyn/cm} \\
\text{Al}_2\text{O}_3 & = 905\,\text{Dyn/cm} \\
\text{ZnO} & = 600\,\text{Dyn/cm} \\
\text{BeO} & = 1420\,\text{Dyn/cm}
\end{array}
$$

Die technischen Schlacken sind Lösungen oder Mischungen mehrerer Oxyde, Sulfide usw. mit verschiedener Oberflächenspannung. Da die freie Energie stets einem Minimum zustrebt, besteht in einer solchen Mischung die Tendenz, daß die Komponente mit der niedrigsten Oberflächenspannung allein die Oberfläche bildet. Wenn die Viskosität der Flüssigkeit hinreichend klein und die Differenz der σ-Werte der einzelnen Komponenten groß genug ist, kann es zu Entmischungen in der Schmelze kommen, durch welche die *kapillaraktivste* Komponente mit kleinstem σ an die Oberfläche gelangt, auch wenn sie spezifisch schwerer ist als die übrigen Komponenten. Die bei solchen Umschichtungen frei werdende Enegie wandelt sich in Wärme um und kann das ganze System stark erhitzen. H. JEBSEN-MARWEDEL [7] hat die turbulenten Erscheinungen an den von ihm als *dynaktiv* bezeichneten Flüssigkeitspaaren mit stark unterschiedlicher Oberflächenspannung anschaulich beschrieben.

Bei den üblichen Schlacken sind derartige Effekte zwar nicht zu erwarten, doch kann es auch bei ihnen zu Entmischungsvorgängen kommen, wenn die Oberfläche plötzlich vergrößert wird, weil sich dadurch die sehr große in der Zeiteinheit zu leistende Arbeit vermindert. H. E. SCHWIETE u. L. ŽAGAR [8] beobachteten z. B. beim Verblasen von Hochofenschlacke zu Hüttenwolle die Anreicherung von kapillaraktivem SO_3 an der Faseroberfläche.

Wenn keine derartigen Entmischungen zu erwarten sind, läßt sich die Oberflächenspannung σ einer Mischung additiv aus empirisch bestimmten sog. *Faktoren a_i* für die Komponenten und aus der Konzentration c_i der Komponenten nach der Formel

$$\sigma = \sum_i c_i a_i \tag{3}$$

mit genügender Genauigkeit errechnen [9]. Berechnungen auf dieser Grundlage von P. KOZAKEWITCH [10] und T. B. KING [11] an zahlreichen Schlacken ergaben, daß deren Oberflächenspannung oder richtiger die Grenzflächenspannung gegen Luft zwischen 300 und 500 Dyn/cm schwankt. Von den einzelnen oxydischen Komponenten wirken Al_2O_3 und die meisten Kationen erhöhend, SiO_2 und TiO_2 dagegen erniedrigend auf die Grenzflächenspannung. Im ersten Fall ist der Konzentrationskoeffizient $\Delta\sigma/\Delta c$ positiv, im zweiten negativ. Nach der Größe von $\Delta\sigma/\Delta c$ lassen sich die Komponenten zu folgender Reihe anordnen [12]:

$$\frac{\Delta\sigma}{\Delta c} \text{ positiv}$$

$$Al_2O_3 > MgO > CaO > SrO > BaO > ZnO > CdO > MnO > BeO$$
$$FeO > CoO > NiO > Li_2O > Na_2O$$

$$\frac{\Delta\sigma}{\Delta c} \text{ negativ}$$

$$SiO_2 > TiO_2.$$

Die Grenzflächenspannung von SiO_2 beträgt nach A. DIETZEL [9] bei 1300° C 324 Dyn/cm.

Der Temperaturkoeffizient der Grenzflächenspannung ist im Normalfall negativ und sehr klein. Nach A. DIETZEL [13] vermindert sich σ pro °C nur um 0,04 Dyn/cm. Nur einige Kationen, und zwar solche mit hoher spezifischer Ladung (Valenz/Ionenradius), besitzen einen positiven Koeffizienten (MgO, FeO, MnO, CaO) [14]. T. B. KING führt dies darauf zurück, daß die starken

Kationen als Netzwerkspalter (vgl. Abschn. 1.27) bei steigender Temperatur die Dissoziation der Schmelze und dadurch die Zahl der ungesättigten Restvalenzen erhöhen. Dies muß die Grenzflächenspannung vergrößern.

Im ganzen gesehen ist jedoch die Temperaturabhängigkeit von σ so gering, daß sie praktisch vernachlässigt werden kann.

1.932 Der Kontaktwinkel

Die Darstellung der Oberflächeneigenschaften in Abschn. 1.931 gilt strenggenommen nur für die Grenze einer Flüssigkeit gegen ein Vakuum. In der Praxis hat man es jedoch stets mit Grenzflächen zwischen verschiedenen Medien zu tun, von denen für Verschlackungsprobleme die Grenzflächen zwischen einem festen Körper (feuerfester Stein) und einer Flüssigkeit (Schlacke, Metall) von besonderer Bedeutung sind. Wie gut ein fester Körper von einer Flüssigkeit benetzt werden kann, hängt von der Differenz ihrer Grenzflächenspannungen gegen Luft ab. Ein Feststoff mit hoher Grenzflächenspannung wird leicht von einer kapillaraktiven Flüssigkeit mit niedrigem σ benetzt, da sich dadurch die freie Energie des Systems vermindert. Umgekehrt ist für eine Flüssigkeit mit großem σ keine Veranlassung gegeben, einen Feststoff mit niedriger Grenzflächenspannung zu benetzen, sie wird daher nach Möglichkeit ihre Kugelform bewahren und die Berührungsfläche auf ein durch die Schwerewirkung erzwungenes Minimum beschränken. Der letzte Fall ist bei Schlackeneinwirkungen auf feuerfeste Baustoffe erwünscht, da das Ausmaß der chemischen Umsetzungen in der Zeiteinheit der Größe der Berührungsfläche proportional ist. Die σ-Werte für die in feuerfesten Stoffen auftretenden Oxyde (900 bis 1400 Dyn/cm) sind durchweg höher als die für flüssige Schlacken (300 bis 500 Dyn/cm), so daß im allgemeinen mit einer Benetzung zu rechnen ist.

Der jeweilige Grad der Benetzung kann experimentell am besten durch Messung des Kontaktwinkels φ bestimmt werden, den ein Tropfen flüssiger Schlacke mit einer als Unterlage dienenden ebenen Platte aus Feuerfestmaterial bildet. Dieser Winkel geht auch in die Gl. (10), (15) (Abschn. 1.433) für die Infiltration von Flüssigkeiten in poröse Stoffe ein. φ kann zwischen 0 und 180° C schwanken. Bei 0° C wird der Feststoff vollständig, bei 180° C überhaupt nicht benetzt. Im ersten Fall zerfließt der Tropfen, im zweiten bleibt die Kugelform praktisch erhalten. Zwischen diesen beiden Extremen gibt es alle Übergänge.

Zur Messung selbst dient meist ein Erhitzungsmikroskop. Die Auswertung wird an photographischen Aufnahmen durchgeführt.

Exakte Werte sind nur zu erwarten, wenn als Unterlage sehr reine, völlig dichte und auf Hochglanz polierte Platten ohne jede Adsorptionsschicht verwandt werden. Auch wenn diese Voraussetzungen erfüllt sind, streuen die Einzelmessungen noch stark. Der zu Anfang meist große Randwinkel verkleinert sich mehr oder weniger schnell und nimmt schließlich einen konstanten Wert an, der zur Messung dienen kann. L. ŽAGAR [12] fand bei Verwendung dichter, sorgfältig polierter Platten bei 1400° C folgende Randwinkel:

Hochofenschlacke auf MgO: $\varphi = 10°$;   Kupolofenschlacke auf MgO: $\varphi = 0°$;
Hochofenschlacke auf Al_2O_3: $\varphi = 6°$;   Kupolofenschlacke auf Al_2O_3: $\varphi = 10°$.

Die Benetzbarkeit ist also wie zu erwarten praktisch vollkommen.

Wenn als Unterlagen rauhe und poröse Platten aus normalen feuerfesten Steinen benutzt werden, sind die Versuchsfehler noch wesentlich größer. In vielen Fällen stellt sich auch in längeren Zeiträumen kein konstanter Randwinkel ein, weil die Schlacke in die Poren der Unterlageplatte eindringt [15].

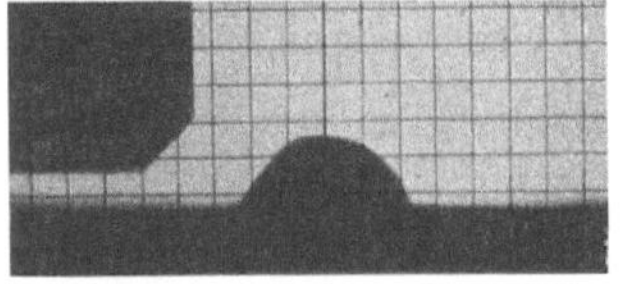

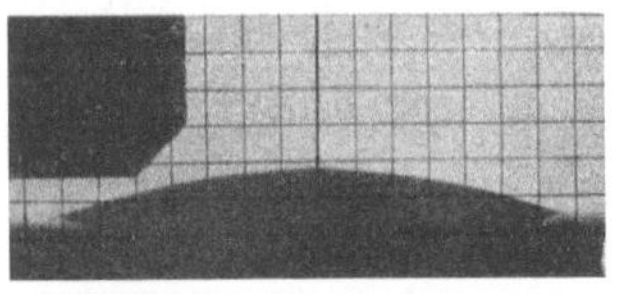

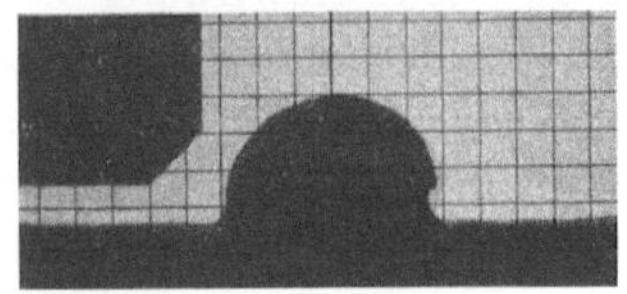

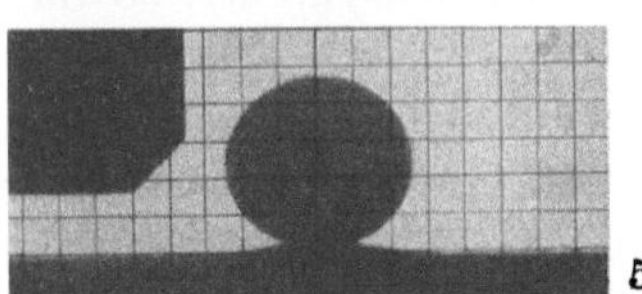

Abb. 102. Der Randwinkel von Kupolofenschlacke auf verschiedenen Unterlagen (nach L. Žagar) 1. Al 23 (Degussa); 2. Sipalox; 3. Korund; 4. Magnesia; 5. Graphit

Noch weniger reproduzierbar werden die Ergebnisse, wenn die Schlacke während des Versuches ihre chemische Zusammensetzung durch Auflösung von Feuerfestmaterial verändert, wie es u. a. bei den Versuchen von H. Lehmann u. U. S. Singh [16] der Fall war. Häufig nimmt der Randwinkel beim Vorrücken und beim Rückzug der Schmelze auf der Unterlage verschiedene Werte an, eine Erscheinung, die als *Hysterese* des Randwinkels bezeichnet wurde.

Bei Versuchen mit einer Glasschmelze und porösen Stoffen als Unterlage erhielten J. E. Comeforo u. R. K. Hursh [17] bei 1200° C Randwinkel von 5 bis 40°. Die kleinsten Werte ergaben Silika-, Korund- und Mullitsteine, mittlere Werte (20 bis 30°) handelsübliche Glaswannensteine und die größten fanden sich bei Quarzschamottesteinen sowie bei Steinen mit etwa 50% Al_2O_3. Auch K. Konopicky [18] fand bei 1200° C zwischen einer Glasschmelze und Glaswannensteinen Randwinkel von ~20°.

Abb. 102 läßt den Einfluß verschiedener Unterlagen auf den Randwinkel von Kupolofenschlacke bei 1320° C nach Versuchen von L. Žagar [12] erkennen. Das Bild zeigt deutlich die Sonderstellung, die der Graphit durch seine niedrige Grenzflächenspannung bzw. den großen Randwinkel unter den feuerfesten Stoffen einnimmt.

Allgemein lehrt die Erfahrung, daß unter sonst gleichen Bedingungen der Randwinkel mit steigender Temperatur abnimmt [16, 18], so daß bei den meisten Baustoffen ab etwa 1400° C mit vollständiger Benetzung zu rechnen ist. Dies hat nach K. Konopicky [18] zur Folge, daß in infiltrierten Steinen mit Temperaturgefälle in der heißen Zone wegen der guten Benetzung vorwiegend die feinen Poren mit Schlacke erfüllt sind, während sich die Schlacke im rückwärtigen kühleren Gebiet in den gröberen Poren zusammenzieht.

L. Žagar [12] weist darauf hin, daß sich die Grenzflächenspannung der Schlacke durch SiO_2-Aufnahme aus einem feuerfesten Stein vermindern, durch Al_2O_3-Aufnahme dagegen vergrößern muß. Im ersten Fall wird die Infiltrationsmöglichkeit in den Stein hinein besser, im zweiten schlechter. Ob sich hierdurch die Tatsache erklären läßt, daß Silikasteine leicht infiltriert werden, Schamottesteine dagegen nicht, muß durch weitere Untersuchungen geklärt werden.

Um die Benetzbarkeit der feuerfesten Baustoffe herabzusetzen, empfiehlt A. Staerker [19] einen Schutzanstrich aus einer Substanz mit besonders niedriger Grenzflächenspannung. Bis zu einer Höchsttemperatur von 1350° C hat sich Vanadiumpentoxyd V_2O_5 als solche gut bewährt. Der Randwinkel ist bei Proben mit Schutzanstrich deutlich größer als bei ungeschützten Steinen [16]. Wenn allerdings das V_2O_5 bei höheren Temperaturen von der Schlacke gelöst wird, vermindert es deren Grenzflächenspannung und verbessert sogar die Benetzbarkeit, so daß der Anstrich eher schädlich als nützlich wirkt.

1.933 Viskosität

Messungen der Viskosität von Schlacken und ihrer Reaktionsprodukte mit Feuerfestmaterial wurden von F. HARTMANN [20], K. ENDELL u. Mitarb. [21] u. a. Autoren ausgeführt.

F. HARTMANN [20] benutzte hierzu ein *Torsionsviskosimeter*, bei welchem sich die Probesubstanz in einem um die vertikale Achse drehbar angeordneten Tonerdetiegel befindet, der in einem Röhrenofen eingesetzt wird (Abb. 103). In die geschmolzene Probesubstanz taucht eine Tonerdespindel, die an einem Stahlfederdraht hängt. Bei einer Rotation des Tiegels wird die Spindel um einen bestimmten Winkel mitgenommen, der von der Viskosität der Schmelze und der bekannten Elastizität des Federdrahtes abhängt (Prinzip von COUETTE). Der Drehwinkel kann mit Hilfe eines Spiegels und eines Fernrohres gemessen werden.

K. ENDELL [21] verwandte für den Meßbereich 5 bis 10^5 Poise ein *Kugelziehviskosimeter*. Bei dieser Konstruktion wird die Probesubstanz in einem Platintiegel durch einen Röhrenofen erhitzt. Eine Platinkugel, welche an einem der beiden Balken einer Waage befestigt ist, hängt in die Schmelze hinein und wird durch Auflage eines Gewichtes auf die Schale am anderen Waagebalken nach oben gezogen. Gemessen wird die Zeit, in welcher sich die Kugel um 10 mm hebt. Sie steigt mit wachsender Viskosität der Schmelze.

Zur Viskositätsbestimmung an dünnflüssigeren Schmelzen dient ein *Schwingviskosimeter*, bei welchem eine an einem elastischen Draht hängende Platinkugel in die geschmolzene Probesubstanz getaucht und dann zum Schwingen um die vertikale Achse gebracht wird. Gemessen wird die Dämpfung der Schwingung, die Viskosität kann dann aus deren logarithmischem Dekrement errechnet werden [21a].

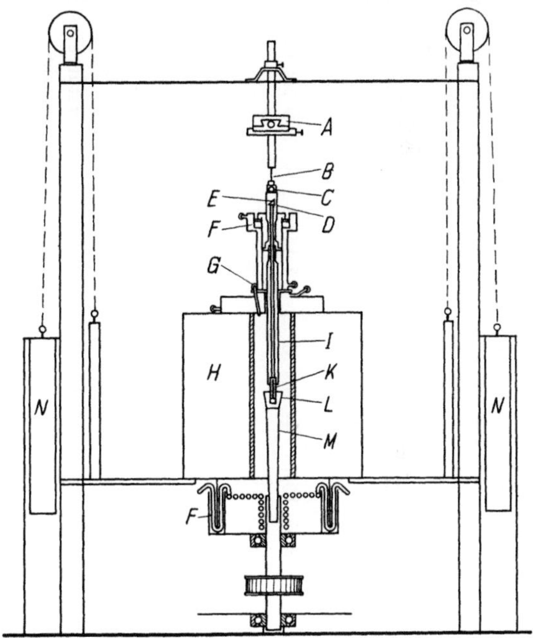

Abb. 103. Torsionsviskosimeter (nach F. HARTMANN)

A Kreuzschlitten; *B* Stahlfeder; *C* Spiegel; *D* Aluminiumrohr; *E* Prisma für Temperaturmessung; *F* Wasserkühlung; *G* Schaurohr; *H* Ofenmantel; *I* Tonerderohr; *K* Tonerdespindel; *L* Tiegel; *M* Sillimanitstempel; *N* Gegengewichte

Für einfache Relativmessungen genügt ein *Rinnenviskosimeter*, welches aus einer Platte aus Hartporzellan oder Sinterkorund besteht, die mehrere oben in einer Kugelkalotte endende Rinnen enthält. In die Kalotten wird je 1 g der Versuchssubstanzen gelegt. Die Platte wird dann unter einer Neigung von etwa 30° in einen Ofen gestellt und erhitzt. Gemessen wird die reziproke Fließgeschwindigkeit, d. h. die Zeit, in der der Schmelzfluß 1 cm Weg in der Rinne zurücklegt.

Am einfachsten würde es sein, zu Aussagen über die Viskosität den Segerkegel-Fallpunkt (vgl. Abschn. 1.34) heranzuziehen, da dessen Lage ja vom Erweichen

Tabelle 26. *Viskosität einiger Schlacken und Gläser bei verschiedenen Temperaturen* (nach K. ENDELL)

Substanz	Chemische Zusammensetzung				Schmelz-temperatur °C	Viskosität in Poise bei		
	SiO_2 %	Al_2O_3 %	$CaO + MgO$ %	Eisenoxyde %		1300° C	1400° C	1500° C
Siemens-Martin-Schlacke ...	10 bis 19	1,4 bis 1,8	51 bis 55	10 bis 19	etwa 1350	kristallin	4 bis 5	0,3 bis 3
Hochofenschlacke, basisch $\frac{CaO}{SiO_2} = 1,3$ bis $1,4$	32 bis 35	8,2 bis 15,7	44 bis 52	1 bis 2	1300 bis 1400	kristallin	4,7	2 bis 4
Hochofenschlacke, sauer $\frac{CaO}{SiO_2} = 0,4$ bis $0,9$	39 bis 48	10 bis 17	22 bis 39	2 bis 7	erstarrt glasig	28 bis 100	12 bis 44 z. T. fest	5 bis 18
Steinkohlenaschen	37 bis 51	20 bis 39	3 bis 20	6 bis 18	1300	meist kristallin	20 bis 50	10 bis 30
Fensterglas	69 bis 73	0,5	13	0,1	erstarrt glasig	180 bis 450	80 bis 200	n. b.

der Versuchssubstanz abhängt. F. HARTMANN [20] hat jedoch gezeigt, daß die mit dem Viskosimeter bestimmte Zähigkeit bei der Temperatur des Kegelfallpunktes in weiten Grenzen, zwischen 5 und 350 Poise, schwanken kann. Das ist auch nicht anders zu erwarten, wenn man bedenkt, daß der Segerkegel-Fallpunkt in einem kontinuierlichen Aufheizvorgang, die Viskosität exakt bei definierter Temperatur gemessen wird. Dem Segerkegel-Fallpunkt ist danach kein eindeutiger Wert der Viskosität zuzuordnen, er wird nicht in allen Fällen bei gleicher Viskosität, beispielsweise 35 Poise, erreicht.

Die Viskositätswerte für einige Schlacken und Gläser bei verschiedenen Temperaturen sind in Tab. 26 nach Messungen von K. ENDELL [21] zusammengestellt. Basische kristalline Schlacken sind nach dem Schmelzen sofort dünnflüssig, kieselsäurereiche glasige Schlacken sind stets zähflüssiger und erweichen allmählich. Die tonerdereichen Kohlenaschen besitzen ein mittleres Erweichungsintervall, behalten aber auch bei hohen Temperaturen eine relativ große Viskosität.

Nach F. HARTMANN [22] steigt die Viskosität der Schlacken im Temperaturbereich von 1100 bis 1500° C in folgender Reihenfolge an: Mischerschlacken, Hochofenschlacken, SM-Ofen-Schlacken, Thomasschlacken. Bei höheren Temperaturen (1450 bis 1625° C) sind dagegen die sauren Hochofenschlacken etwa 10mal so zähe wie die SM-Ofen-Schlacken [23].

Die Beziehung zwischen der Viskosität η und der Temperatur T kann in den meisten Fällen durch eine Gleichung der Form [*24*]

$$\eta = C\, e^{-\frac{E}{RT}} \qquad (4)$$

ausgedrückt werden, worin C eine Konstante und E die Aktivierungsenergie des zähen Fließens darstellt (vgl. die VAN'T HOFFsche Gleichung Abschn. 1.26). E besitzt bei basischen Schlacken niedrige, bei sauren hohe Werte. Wird $\log \eta$ als Funktion der Temperatur aufgetragen, so ergeben sich Geraden, deren Neigung E proportional ist.

Die Zunahme der Viskosität basischer Kalkaluminat-Schlacken mit steigendem SiO_2-Gehalt untersuchten K. ENDELL u. G. BRINKMANN [*21*]. Die Viskosität bei 1500° C stieg von 8,7 Poise für die Zusammensetzung 44,2% CaO und 55,8% Al_2O_3 auf ~ 6000 Poise für 68% SiO_2, 10,7% CaO und 21,3% Al_2O_3. Die Tonerde wirkt ebenso wie die Kieselsäure zähigkeitserhöhend, da sie in Form von Viererkoordinationsgruppen die $[SiO_4]$-Tetraeder im glasbildenden Netzwerk ersetzen kann (vgl. Abschn. 1.27). Das der Tonerde ähnliche Eisenoxyd Fe_2O_3 kann diese Wirkung nicht mehr ausüben, weil es wegen des großen Ionenradius keine Viererkoordination bilden kann.

Unter den basischen Oxyden setzen die der Alkalien die Viskosität einer sauren Schmelze am wenigsten herab, weil durch ihren Einbau das Netzwerk nur an einer Stelle getrennt wird. Beim Einbau von Erdalkalien in gleichen molaren Mengen entstehen wegen ihrer Zweiwertigkeit 2 Trennstellen, daher wirken sie stärker verflüssigend. Die höherwertigen basischen Eisen- und Manganoxyde schließlich rufen wegen noch stärkerer Aufteilung des Netzwerkes die stärkste Viskositätsverminderung hervor. Innerhalb der einzelnen Gruppen verflüssigt jeweils das Oxyd mit dem kleineren Ionenradius stärker, also z. B. Na_2O mehr als K_2O und Li_2O mehr als Na_2O [*21*].

Am dünnflüssigsten und daher aggressivsten sind tonerdefreie, nur aus CaO, FeO bzw. Fe_2O_3 und SiO_2 bestehende basische Schlacken. Sie erreichen auch bei höherem Kieselsäuregehalt nicht entfernt die Zähigkeit der Kalkalumosilikate.

Als Faustformel zur Errechnung der Viskosität bei 1400° C geben H. HELLBRÜGGE u. K. ENDELL [*25*] an:

$$\eta = \frac{4,9}{\dfrac{100}{SiO_2 + Al_2O_3} - 1,45}\,.$$

Diese Formel berücksichtigt die verschiedenartige viskositätsvermindernde Wirkung der einzelnen Kationen nicht.

R. S. McCAFFERY [*26*] hat seine umfangreichen Meßergebnisse an metallurgischen Schlacken in die betreffenden Dreistoffsysteme eingetragen und die Punkte gleicher Viskosität durch *Isokomen* genannte Kurven miteinander verbunden.

Für eine Reihe verschiedener Schlacken fand R. FEHLING [*1*] nachstehenden einfachen, von der chemischen Zusammensetzung der Schlacken unabhängigen Zusammenhang zwischen ihrer Viskosität η und der als Lösungsgeschwindigkeit A nach O. BARTSCH (s. Abschn. 1.94) gemessenen Stärke ihres Angriffes auf Schamottesteine:

$$A = \frac{10}{\eta}\ \text{mm/h.}$$

Nach ihr wird eine 1 cm dicke Schicht eines Schamottesteines aufgelöst werden:

durch SM-Ofen-Schlacke .... bei 1500° C in   1,4 Std.;
durch basische Hochofenschlacke .... bei 1500° C in   3   Std.;
durch saure Hochofenschlacke .... bei 1500° C in 11,5 Std.;
durch Steinkohlenschlacken .... bei 1500° C in 15   Std.;
durch Fensterglas .... bei 1400° C in 140   Std.

Wenn auch diese Beziehung in der Praxis mehrfach bestätigt wurde, dürfte sie jedoch nur beschränkte Gültigkeit besitzen, weil sie u. a. Qualität und Struktur des Schamottematerials überhaupt nicht berücksichtigt. Sie weist aber sehr eindrucksvoll hin auf den überragenden Einfluß der Viskosität beim Verschleiß feuerfester Baustoffe unter Schlackeneinwirkungen.

1.94 Technologische Prüfverfahren

Zur Prüfung der Schlackenbeständigkeit feuerfester Baustoffe sind eine Reihe von Verfahren entwickelt worden, welche die betriebsmäßige Beanspruchung mehr oder weniger zutreffend wiedergeben. In Deutschland sind in DIN 1069 das Tiegel- und das Aufstreuverfahren genormt.

Beim *Tiegelverfahren* wird aus einem Steinstück $80 \times 80 \times 65$ ein Kern von 44 mm Dmr. und 35 mm Länge ausgebohrt. Der so entstandene Tiegel wird mit 50 g des Angriffsstoffes gefüllt und in einem elektrischen Versuchsofen 2 Std. bei der vorgesehenen Betriebstemperatur gehalten. Nach dem Erkalten bestimmt man in einem diagonalen Schnitt durch den Tiegel planimetrisch die Flächen von Verschlackungs- und Durchtränkungszone und berechnet aus diesen die Rauminhalte der zugehörigen Rotationskörper. Die Löslichkeitszahl L

Abb. 104. Tiegelversuch nach DIN 1069.
Durchgeschnittener Tiegel

und die Tränkungszahl T beziehen (in %) die ermittelten Rauminhalte der entsprechenden Zonen auf den Rauminhalt des Normalsteines (2000 cm³). Die Löslichkeitszahl L errechnet sich nach der Formel:

$$L = \frac{(V_1 - J_1) \cdot 100}{2000} = \frac{V_1 - J_1}{20} \quad \text{in Vol.-\%}$$

J_1 = Rauminhalt des Tiegelraumes unterhalb der Schlackenlinie;

V_1 = Rauminhalt des durch Lösung zerstörten Prüfkörperteiles $+ J_1$.

Die Tränkungszahl T errechnet sich nach der Formel:

$$T = \frac{V_2 - L_v - J_2}{20} \quad \text{in Vol.-\%}$$

V_2 = Rauminhalt des gelösten und durchtränkten Prüfkörperteiles $+ J_2$;

L_v = gelöster Steinanteil (in cm³);

J_2 = Rauminhalt des Tiegelraumes unterhalb der Tränkungslinie.

Abb. 104 zeigt einen durchgeschnittenen Tiegel mit den von der Schlacke gelösten und infiltrierten Zonen. Diese von H. HIRSCH [26a] entwickelte Prüfmethode gibt ein Bild der chemischen Wechselwirkung zwischen dem Stein und einer begrenzten Schlackenmenge. Dabei stellt sich ein Gleichgewicht ein und damit kann sich der Einfluß der Viskosität bei den Verschlackungsvorgängen nicht unmittelbar bemerkbar machen. Ein Nachteil des Verfahrens ist es, daß die den Schlackenangriff hemmende Formhaut des Steines bei der Herstellung des Tiegels entfernt werden muß.

Diese Mängel vermeidet das von F. Hartmann [*26b*] entwickelte *Aufstreuverfahren*, bei dem durch Ausbohren aus dem zu prüfenden Stein ein Zylinder von 36 mm Dmr. und 36 mm Höhe hergestellt wird. Mit der Formhaut nach oben wird der gewogene und ausgemessene Prüfzylinder in einem elektrischen Widerstandsofen auf die erforderliche Versuchstemperatur gebracht. Durch ein Rohr aus feuerfestem Werkstoff wird eine festgelegte Menge des Angriffsstoffes — in kleinen Anteilen gleichmäßig über 15 Min. verteilt und möglichst ohne Verlust — auf die Formhautfläche der Probe gestreut. Nach Aufgabe des gesamten Angriffsstoffes wird der Ofen noch eine Viertelstunde auf Versuchstemperatur gehalten, um der aus dem Prüfkörper und dem angreifenden Stoff sich bildenden Schlacke Gelegenheit zum Abfließen zu geben. Die abfließende Schlacke wird von einem Kohleplättchen unter dem Probekörper aufgenommen. Restgewicht und Restvolumen des verschlackten Probekörpers werden bestimmt, man gibt als Ergebnis des Versuches die Gewichts- und Volumenverluste an, sofern solche eingetreten sind. Sind die Reaktionsprodukte zähflüssig oder fest, so bildet sich eine Haube auf dem Körper, welche darauf hinweist, daß sich im Betrieb eine Schutzschicht bilden oder daß ein aus der betreffenden Steinqualität hergestellter Herd wachsen wird. Je dünnflüssiger die Reaktionsprodukte werden, um so vollständiger fließen sie ab und um so größer wird der Volumenverlust. Wenn keine Infiltration stattfindet, sind Volumen- und Gewichtsverlust gleich groß. Bleibt der Gewichtsverlust kleiner als der Volumenverlust, so muß man mit Infiltration rechnen, wird er dagegen größer, mit Bläherscheinungen.

Das Aufstreuverfahren gibt die tatsächlichen Vorgänge beim Schlackenangriff im Betrieb prinzipiell richtig wieder, es hat den Nachteil, daß bei der Versuchsdurchführung leicht persönliche Fehler auftreten können. Die Ergebnisse verschiedener Laboratorien sind daher oft nicht miteinander vergleichbar. Die hier mitgeteilten Ergebnisse von Verschlackungsprüfungen sind sämtlich nach dem Aufstreuverfahren in der Hörder Versuchsanstalt der Dortmund-Hörder Hüttenunion A.G. ermittelt worden.

Ein von O. Bartsch [*27*] nach dem Vorgang von E. A. Coad-Pryar [*28*] ausgearbeitetes Verfahren, bei welchem vier 110 mm lange Stäbe von quadratischem Querschnitt mit 10 mm Kantenlänge 70 mm tief in die auf 1370° C erhitzte Schmelze des Angriffsstoffes 1 Std. lang eingetaucht werden, eignet sich vor allem für die Zwecke der Glasindustrie. Angegeben wird die Abnahme der Kantenlänge in Millimeter an einem Querschnitt 20 bis 40 mm unterhalb des Schmelzspiegels.

Bei diesem Verfahren spielt die Zähigkeit der Schmelze eine besondere Rolle, weil die gemessene Angriffsgeschwindigkeit vorwiegend dadurch bestimmt wird, ob und in welchem Ausmaß Konvektionsbewegungen zum Ausgleich der chemischen Zusammensetzung möglich sind. Daher überrascht der von R. Fehling festgestellte enge Zusammenhang zwischen der Viskosität und Angriffswerten an Schamottesteinen nach O. Bartsch nicht (vgl. Abschn. 1.93). C. J. Rose [*29*] entwickelte dieses Verfahren weiter, indem er einen Tiegel aus dem zu prüfenden Baustoff mit dem Schmelzinhalt rotieren ließ, um die Strömungsverhältnisse in einem Schmelzofen nachzuahmen. Der Einfluß der Viskosität wird dabei geringer.

Zur Prüfung von Glashäfen verwendet S. English [*30*] kleine Versuchshäfen aus den zu prüfenden Baustoffen, die mit der Glasschmelze eine bestimmte Zeit in einem Versuchsofen erhitzt werden. W. L. Pendergast u. H. Insley [*31*] und vor allem A. Dietzel [*32*] haben sich um die Prüfung großer Wannensteine bemüht.

Nach dem Vorschlag von A. Dietzel werden aus den Wannensteinen herausgesägte Prüfsteine zu einer kleinen Modellwanne zusammengesetzt (Abb. 105). Durch einen Stirnbrenner wird die Wanne von oben her auf 1450° C erhitzt und dann an der Vorderseite halbstündlich das Glasgemenge eingelegt, welches langsam schmilzt und am anderen Ende aus der Wanne wieder heraustropft. Die Betriebsdauer beträgt etwa 7 bis 14 Tage. Nach dem Abkühlen werden die Prüfsteine vorsichtig losgebrochen. Der Angriff wird durch Ausmessen der abgefressenen Steinbestandteile und der Eindringtiefe des Glasflusses bestimmt.

Um die Einwirkungen von Flugstaub und Brennstoffaschen zu erfassen, schlug R. F. Geller [33] vor, das pulverisierte Verschlackungsgut mit einer Gas-Preßluft-Flamme gegen die aus Versuchssteinen bestehenden Wände eines Ofens zu schleudern.

Einen ähnlichen Weg beschritt J. Schaefer [34], dessen Ofen in Abb. 106 schematisch dargestellt ist. Da die Versuchssteine Bestandteile der Ofenwand

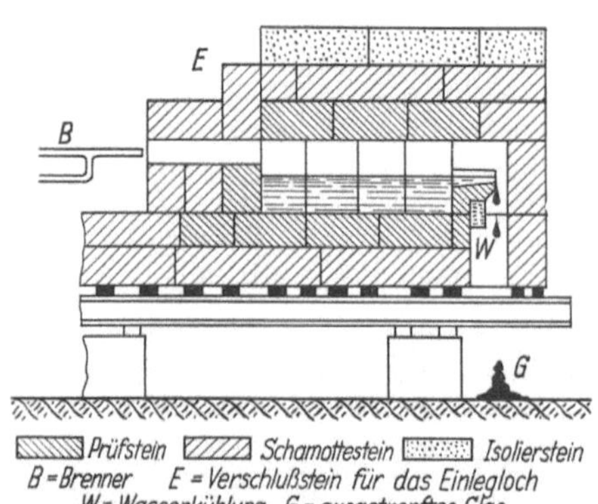

Abb. 105. Modellwanne zur Prüfung des Glasangriffes auf Wannensteine (nach A. Dietzel)

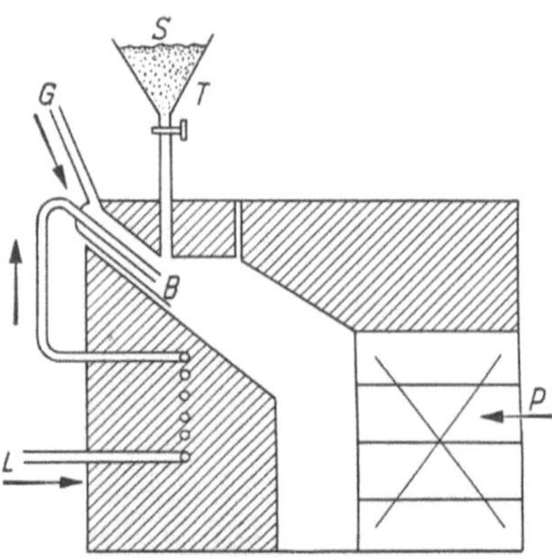

Abb. 106. Ofen zum Aufblasen von staubförmigen Schlacken (nach J. Schaefer)

P Probesteine;   S Schlackenpulver;   T Trichter;   B Brenner;   G Gaszufuhr;   L Luftzufuhr

sind, wird auch das in allen betrieblichen Öfen vorhandene Temperaturgefälle berücksichtigt. Die Reaktionsprodukte können an der vertikalen Steinoberfläche ablaufen und werden zur Untersuchung aufgefangen. Schwierigkeiten bereitet bei diesem sehr betriebsnahen Verfahren eine zahlenmäßige Bestimmung der Angriffsstärke.

1.95 Allgemeine Erfahrungen

Wegen der außerordentlich vielfältigen Möglichkeit des Schlackenangriffes (Zusammenstellung Tab. 27) können allgemeingültige Gesetzmäßigkeiten nicht aufgestellt werden. Es hat sich jedoch überall gezeigt, daß dichte und bindemittelarme Steinqualitäten dem Schlackenangriff größeren Widerstand entgegensetzen als Steine mit höherer Porosität, vor allem solche mit größeren Poren, welche die Infiltration begünstigen [35]. Die an manchen Stellen verbreitete Ansicht, daß größere Poren den kapillaren Aufstieg hemmen und dadurch die Widerstandsfähigkeit des Baustoffes erhöhen, trifft nicht zu.

Flüssige Schlacke greift im allgemeinen die Baustoffe stärker an als der Ofenstaub, der zudem nur in verhältnismäßig viel kleineren Mengen auf die Steinoberfläche einwirkt. Es können daher Steinqualitäten, die unterhalb der Schlackenlinie (dann auch beim Aufstreuverfahren) versagen, im Gewölbe und an höheren Wandteilen durchaus brauchbar sein. Dies gilt vor allem für Silikasteine in metallurgischen Öfen. Andererseits können gasförmige Agentien,

Tabelle 27. *Übersicht über die Angriffsstoffe auf feuerfeste Baustoffe in den verschiedenen Verwendungsgebieten* (nach NIEDERLEUTHNER)

I. In Feuerungen

Oxydierende Gase:	Luftsauerstoff, Kohlendioxyd.
Reduzierende Gase:	Kohlenoxyd, Schwefeldioxyd, Kohlenwasser- stoffe und deren Zersetzungserzeugnisse: Wasserstoff, Kohlenstoff.
Saure Gase:	Schwefeloxyde aus Pyritschwefel der Kohlen, Chlorwasserstoff aus Natriumchloridgehalt der Kohlen, Vanadiumpentoxyd, besonders bei Öl- feuerungen gefährlich.
Alkalische Dämpfe:	Aus der Zersetzung der Kohlenaschenbestand- teile, Flugaschen, Brennstoffschlacken, beson- ders bei Braunkohlenfeuerung gefährlich.

II. In den Öfen der Brennstoffindustrie
(Gaswerke, Kokereien, Generatoren, Ölgaserzeugung)

Die gleichen Angriffsstoffe wie unter I., mit vorherrschender Reduk- tionswirkung des festen Kohlenstoffes.

III. In den Öfen der Metallindustrie

Flüchtige und schmelzende Metalle.
Metalloxyde: Flugstaube, Krätzen, Abstiche.
sog. Steine: Sulfide.
Schlacken: saure und basische.
Silikate, Oxyde, Phosphate.
Zuschläge.

IV. In den Öfen der Baustoff- und Mörtelindustrie

Verunreinigungen.	Kalk.
Brennstoffaschen und -schlacken.	Magnesia.
Sinternder Zementklinker.	Dolomit.

V. In den Glasschmelzöfen

Alkalische Dämpfe aus	Alkalioxyde.	Kieselsäure.
dem Rohstoffgemenge.	Erdalkalioxyde.	Borate.
Fertige Glasschmelzen.	Metalloxyde.	Fluoride.
		Phosphate.
		Sulfate.

VI. In der elektrothermischen Industrie

Metalldämpfe.	Karbide.
	Nitride.
Flüchtige Chloride.	Oxyde.

VII. In den Öfen der chemischen Industrie

Erzeugnisse und Rohstoffe bzw. deren Zersetzungsstoffe wie:

Kiese.	Soda.	Sulfate, Sulfide, Chloride,
Blenden.	Pottasche.	Fluorverbindungen,
Säuredämpfe.	Strontianit.	Phosphate u. a. m.

VIII. In den Öfen der Keramik und Emailindustrie

Verflüchtigte Glasurbestandteile.
Verflüchtigtes Natriumchlorid (Steinzeugofen).
Verflüchtigte Bestandteile der Emailrohstoffgemenge.

wie Alkalidämpfe, Kohlenoxyd, Schwefeldioxyd, Eisenoxyddampf, Eisenkarbonyle usw., rasch tiefgrundige Zerstörungen hervorrufen, besonders wenn
der Ofen unter Überdruck steht. Einzelheiten über den Ablauf des Verschlak-
kungsvorganges sollen in den Kapiteln über die verschiedenen Steinqualitäten
besprochen werden.

Schrifttum

[1] FEHLING, R.: Feuerungstechnik Bd. 26 (1938) S. 33
[2] McCALLUM, N., u. L. R. BARRETT: Trans. Brit. ceram. Soc. Bd. 50 (1951)
[3] Vgl. BARTSCH, O.: Ber. DKG. Bd. 14 (1933) S. 471/84
[4] KONOPICKY, K.: Stahl u. Eisen Bd. 74 (1954) S. 943/47
[4a] Vgl. KIENOW, S.: Ber. DKG. Bd. 34 (1957) S. 51
[5] LIVEY, D. T., u. P. MURRAY: J. Amer. ceram. Soc. Bd. 39 (1956) S. 363/72
[6] JURA, J., u. C. W. GARLAND: J. Amer. chem. Soc. Bd. 74 (1954) S. 6033
[7] JEBSEN-MARWEDEL, H.: Kolloid-Z. Bd. 137 (1954) S. 118/20; Sprechsaal Keram.
    Glas, Email Bd. 84 (1951) S. 1/5 u. 21/27
[8] SCHWIETE, H. E., u. L. ŽAGAR: Arch. Eisenhüttenwes. Bd. 25 (1954) S. 195/206
[9] TILLOTSON, E. W.: Ind. Engng. Chem. Bd. 4 (1912) S. 651. — PARMELEE, C. W., u.
    C. G. HARMAN: J. Amer. ceram. Soc. Bd. 20 (1937) S. 224. — PARMELEE, C. W.,
    K. C. LYON u. C. G. HARMAN: Univ. Illinois, Bd. 36 (1939) Bull. Nr. 81. — DIETZEL, A.:
    Sprechsaal Keram., Glas, Email Bd. 75 (1942) S. 82/85
[10] KOZAKEWITCH, P.: Rev. Metallurgie Bd. 46 (1949) S. 505/16 u. 572/82
[11] KING, T. B.: Trans. Soc. Glass Technol. Bd. 35 (1951) S. 241/59
[12] ŽAGAR, L.: Habilitationsschrift. Aachen 1957
[13] DIETZEL, A.: Kolloid-Z. Bd. 100 (1942) S. 368/80
[14] KING, T. B., in „The Physical Chemistry of Melts", S. 35/45. London 1953
[15] TOWERS, H.: Trans. Brit. ceram. Soc. Bd. 53 (1954) S. 180/202
[16] LEHMANN, H., u. U. S. SINGH: Ber. DKG. Bd. 34 (1957) S. 353/62
[17] COMEFORO, J. E., u. R. K. HURSH: J. Amer. ceram. Soc. Bd. 35 (1952) S. 130/34 u.
    142/48
[18] KONOPICKY, K.: Ber. DKG. Bd. 34 (1957) S. 302/07
[19] STAERKER, A.: Tonind.-Ztg. Bd. 76 (1952) S. 93/96
[20] HARTMANN, F.: Ber. DKG. Bd. 19 (1938) S. 367/82
[21] ENDELL, K.: Ber. DKG. Bd. 19 (1938) S. 491/513. — ENDELL, K., u. G. BRINKMANN:
    Ber. DKG. Bd. 20 (1939) S. 493/507. — ENDELL, K., u. C. WENS: Glastechn. Ber.
    Bd. 13 (1935) S. 78. — LEHMANN, H., K. ENDELL u. H. HELLBRÜGGE: Sprechsaal
    Keram., Glas, Email Bd. 73 (1940) S. 307/12 u. 321/26
[21a] HELDT, K.: Brennstoff — Wärme — Kraft. Bd. 7 (1955) S. 321/24
[22] HARTMANN, F.: Stahl u. Eisen Bd. 54 (1934) S. 564/72
[23] ENDELL, K., G. HEIDTKAMP u. L. HAX: Arch. Eisenhüttenwes. Bd. 10 (1936) S. 80/90
[24] TOWERS, H.: Ber. DKG. Bd. 29 (1952) S. 101/13
[25] HELLBRÜGGE, H., u. K. ENDELL: Arch. Eisenhüttenwes. Bd. 14 (1941) S. 307/15
[26] McCAFFERY, R. S.: Stahl u. Eisen Bd. 51 (1931) S. 1030/32
[26a] HIRSCH, H.: Sprechsaal Keram., Glas, Email Bd. 45 (1912) S. 213; Stahl u. Eisen
    Bd. 32 (1912) S. 495; Keram. Rdsch. Bd. 31 (1923) S. 131 u. 142; Tonind.-Ztg. Bd. 47
    (1923) S. 143 u. 152
[26b] HARTMANN, F.: Werkstoffausschußber. VDEh. Bd. 81 (1926); Stahl u. Eisen Bd. 47
    (1927) S. 182; Ber. DKG. Bd. 9 (1928) S. 1
[27] BARTSCH, O.: Ber. DKG. Bd. 15 (1934) S. 281
[28] COAD-PRYAR, E. A.: J. Soc. Glass Technol. Bd. 2 (1918) S. 285
[29] ROSE, C. J.: J. Amer. ceram. Soc. Bd. 6 (1923) S. 1242
[30] ENGLISH, S.: J. Soc. Glass Technol. Bd. 7 (1923) S. 253
[31] PENDERGAST, W. L., u. H. INSLEY: J. Amer. ceram. Soc. Bd. 12 (1929) S. 123
[32] DIETZEL, A.: Sprechsaal Keram., Glas, Email Bd. 64 (1931) S. 828 u. 846
[33] GELLER, R. F.: Bur. Stand. Techn. Paper Nr. 279 (1925)

[*34*] SCHAEFER, J.: Tonind.-Ztg. Bd. 54 (1930) S. 1223/25
[*35*] MIEHR, W., J. KRATZERT u. P. KOCH: Tonind.-Ztg. Bd. 54 (1930) S. 840. — FROMM, F.:
Ber. DKG. Bd. 15 (1934) S. 49 u. 299. — SALMANG, H., u. O. HEBESTREIT: Feuerfest
Bd. 7 (1931) S. 1

1.10 Die Prüfung der Mörtel und Bindemittel

Die zur Herstellung eines feuerfesten Mauerwerkes verwandten Mörtel binden im allgemeinen nicht hydraulisch ab, sie verdanken ihre Festigkeit nach dem Trocknen ihrem Gehalt an plastischem Ton. Eine Ausnahme machen Magnesiamörtel, bei welchen durch Wasserglas oder Bittersalz eine zementartige Bindung hervorgerufen wird. Bei hohen Temperaturen verfestigen sich alle Mörtel durch Sintervorgänge, die vor allem auf die Entstehung eutektoider Schmelzflüsse und zu einem kleinen Teil auf Reaktionen im festen Zustande zurückzuführen sind.

Der schmelzflüssigen Phase verdanken die Mörtel auch ihre Fähigkeit zum Binden mit den Steinen. Hier beginnen aber auch die mit den Mörteln verbundenen Probleme. Gute Bindefähigkeit erfordert einen relativ hohen Gehalt an nicht zu zähflüssiger Schmelze, der aber andererseits den Erweichungspunkt so weit herabsetzen kann, daß ein Auslaufen zu befürchten ist, eine dann besonders hohe Gefahr, wenn eine weitere Erniedrigung des Schmelzpunktes durch Flugstaubanflug oder Schlackeneinflüsse möglich ist.

Ein Mörtel kann also so eingestellt werden, daß er entweder gut bindet, aber geringe Standfestigkeit besitzt, oder standfest ist, aber nicht bindet. Eine Kombination beider Eigenschaften ist vielfach möglich, z. B. durch Verwendung von Mörteln, die mit den Steinen schwach reagieren oder von solchen, welche Schmelzen mit niedrigem Randwinkel φ liefern (vgl. Abschn. 1.932). Ihre Herstellung erfordert dann aber gewöhnlich einen so hohen Aufwand, daß nur in Spezialfällen auf solche Qualitäten zurückgegriffen wird. Bei der üblichen Mauerungstechnik wird auf eine Bindung zwischen den Steinen weitgehend verzichtet, die Mörtel sollen fest sintern, damit sie nicht aus den Fugen rieseln, die Unebenheiten zwischen den Steinen ausgleichen und kleine Verschiebungen im Mauerwerk bei ungleichmäßiger Ausdehnung ermöglichen. Diese Bedingungen werden durch frühsinternde Mörtel mit großem Sinterintervall am besten erfüllt.

Weiterhin müssen die Mörtel gut verstreichbar sein und dürfen praktisch nicht schwinden. Sie müssen also einen möglichst niedrigen Wassergehalt und größtmögliche Plastizität besitzen. Dies erfordert eine hohe Feinkörnigkeit, die im übrigen die Sinterfähigkeit noch verbessert. Weiterhin müssen sie ein hohes Wasserbindevermögen besitzen, damit die Feuchtigkeit nicht vorzeitig kapillar durch die Steine aus dem Mörtel herausgezogen wird. Hierdurch würde sich die Bindung mit dem Stein verschlechtern. Die Forderung nach Volumenkonstanz kann durch Verwendung von sich in der Hitze bleibend ausdehnenden Magerungsmitteln teilweise oder ganz erfüllt werden.

Bei der Untersuchung der Mörtel muß neben der chemischen Analyse vor allem eine Siebanalyse durchgeführt werden. Nach J. G. DE VOOGD [*1*] sollen alle Mörtelbestandteile durch das 1 mm-Sieb hindurchgehen, vielfach werden noch erheblich höhere Anforderungen gestellt.

Weiterhin muß die Trockenschwindung des streichfähigen Mörtels und die Brennschwindung bestimmt werden, letztere bei einer den Betriebsverhältnissen angepaßten Atmosphäre. Die Gesamtschwindung soll $<1\%$ sein.

Zur Prüfung der Sinterfähigkeit dient vielfach der sog. Fugenversuch, bei welchem zwei 20 mm hohe Steinzylinder mit 50 mm Dmr. durch eine 10 mm dicke Fuge aus dem Versuchsmörtel verbunden und nach dem Trocknen 10 Std. lang unter 0,1 kg/cm² Belastung bei einer den Betriebsverhältnissen entsprechenden Temperatur gebrannt werden. Das Aussehen der Fuge nach dem Brand gestattet eine Beurteilung des Sinterungs- und Erweichungsgrades sowie der Bindung mit dem Steinmaterial. Statt dieses Fugenversuches wird häufig auch die übliche Druckfeuerbeständigkeitsprüfung durchgeführt an einem ähnlich wie beim Fugenversuch zusammengesetzten und bei 1450° C vorgebrannten Körper [2].

Bei gut bindenden Mörteln kann man die Abscherfestigkeit dadurch ermitteln, daß 2 Steinplatten der Größe $120\times120\times25$ mm mit der ursprünglichen Oberfläche (Formhaut) nach innen unter Einhaltung einer Fuge von 4 bis 5 mm zusammengemauert und nach dem Trocknen und Brennen bei Betriebstemperatur aufrecht so unter einer Presse eingebaut werden, daß eine der Steinplatten in einen frei neben der Maschine stehenden Rahmen eingespannt ist und die andere von oben her gedrückt werden kann, bis die Mörtelschicht abschert [2]. Ein ähnliches Verfahren schlug McMahon [3] vor. Danach soll die Bindefestigkeit während des Erhitzens dadurch ermittelt werden, daß ein halber Normalstein auf einen ganzen mit dem Versuchsmörtel aufgekittet wird. Die Steine werden dann so in einem Ofen erhitzt, daß die Fuge den halben Stein zu tragen hat. Die Prüfung wird mit einem Temperaturanstieg von 100°/Std. bis zu 1350° C durchgeführt.

Allgemeine Charakteristiken zur Bestimmung des Sinterungsgrades versuchte H. W. Thoenes [4] aufzustellen. Er bestimmte die durch Sintern bedingte relative Oberflächenverkleinerung durch Messung der Stärke einer Farbstoffadsorption. Die Temperatur, bei welcher die Sinterung so stark ist, daß die Adsorption erheblich kleiner wird, wurde als *Minimumtemperatur* bezeichnet. Erst oberhalb derselben soll nach ausreichender Brennzeit ein vollständiges Zusammenbacken möglich sein. Weiterhin wurde die Gefügefestigkeit mit Hilfe des Kleinhärteprüfers *Durimet* der Fa. Leitz, Wetzlar, bei einer Belastung von 300 g nach 3 stündiger Brenndauer gemessen. Als *Verfestigungstemperatur* wurde die Temperatur bezeichnet, bei welcher die Sinterung so weit fortgeschritten ist, daß die Härte stark anzusteigen beginnt. Eine ausreichende Sinterfestigkeit soll erreicht sein, wenn die Härte 80 kg/mm² beträgt. Alle Minimum- und Verfestigungstemperaturen der untersuchten Mörtel lagen dabei oberhalb 700° C. Das Verfahren hat sich in der Praxis noch nicht bewährt, vor allem ist die Verwendung des punktförmig arbeitenden Kleinhärteprüfers angesichts der inhomogenen Struktur feuerfester Baustoffe bedenklich.

Schrifttum

[1] de Voogd, J. G.: Het Gas (1935) S. 443/52
[2] Tonind.-Ztg. Bd. 59 (1935) S. 751/53
[3] McMahon: J. Canad. ceram. Soc. Bd. 6 (1937) S. 55/65
[4] Thoenes, H. W.: Ber. DKG. Bd. 31 (1954) S. 103/10

2. Silikaerzeugnisse

Grundstoff der Silikasteine ist das Siliziumdioxyd (SiO_2), auch als *Kieselsäureanhydrid* oder einfach als *Kieselsäure* bezeichnet. Daneben enthalten die Steine nur geringe Mengen anderer Oxyde.

Die ersten Silikasteine für Ofenzwecke wurden 1822 in England hergestellt. Als Ausgangsmaterial diente der *Ganister*, ein festes, sehr feinkörniges und hochkieselsäurehaltiges, vorwiegend aus kleinen eckigen Quarzkörnern bestehendes Gestein der Karbonformation [1] mit wenig Tonerde, welches mit 2% Kalkbrei als Bindemittel versetzt wurde. Auch Sande oder quarzitische, sog. *Dinasbrocken* [2], denen die ersten Steine ihren Namen *Dinassteine* verdankten, wurden zur Herstellung benutzt. Diese ersten Steine hatten fast die gleiche chemische Zusammensetzung wie die heutigen Qualitäten. In der deutschen Eisenindustrie verwandte man zunächst englische Steine, die jahrzehntelang eine nahezu monopolartige Stellung besaßen, bis man in den 80er Jahren damit begann, Dinassteine aus deutschen Kohlensandsteinen herzustellen. H. SEGER u. E. CRAMER [3] wiesen 1895 nachdrücklich auf die günstige Möglichkeit hin, aus den deutschen Quarziten der Tertiärformation saure Steine zu brennen, die den aus Dinas und Ganister hergestellten mindestens gleichwertig sind. Für diese aus Tertiärquarziten gebrannten Steine setzte sich die Bezeichnung Silikasteine durch.

Schrifttum

[1] SEARLE, A.: Refractory Materials, S. 170. London 1950
[2] SEARLE, A.: Refractory Materials, S. 166. London 1950
[3] SEGER, H., u. E. CRAMER: Stahl u. Eisen Bd. 15 (1895) S. 1084

2.1 Die Eigenschaften der Bestandteile

2.11 Das Einstoffsystem SiO₂

Freie Kieselsäure kommt in der Natur in 3 Kristallarten vor, nämlich als β-Quarz, β-Cristobalit und γ-Tridymit. Daneben tritt sie in amorpher bzw. submikroskopischer Form als Opal und Chalzedon auf.

2.111 Quarz

Das Hauptmineral ist der in der Natur überaus weit verbreitete β-Quarz. Er kristallisiert trigonal-trapezoedrisch, besitzt die Härte 7 der MOHSschen Härteskala (Tab. 185), ist spröde und hat keine Spaltbarkeit. Sein Bruch ist daher muschelig und folgt keiner kristallographischen Richtung. Abb. 107 zeigt eine Stufe von β-Quarz (Bergkristall) aus dem geologischen Museum des Ruhrbergbaues[1]. Das spezifische Gewicht des reinen Quarzes beträgt 2,65, es wird durch Einschlüsse fremder Mineralien, wie Rutil, sowie durch Flüssigkeits- und Gaseinschlüsse (CO_2) verändert. Derartige Einschlüsse sind sehr häufig, sie können als Flußmittel oder als Mineralisatoren eine gewisse Bedeutung für die Herstellung von Silikasteinen erlangen.

Das Kristallgitter des Quarzes besteht aus einem räumlichen Gitterwerk von [SiO_4]-Tetraedern (s. Abschn. 1.23), die an allen 4 Ecken untereinander

---

[1] Der Kustodin des geologischen Museums des Ruhrbergbaues Bochum, Frl. Dr. H. WOLANSKY, sei für die Überlassung der Aufnahme gedankt.

verbunden sind, so daß überall Bindungen der Form Si—O—Si vorhanden sind. Diese Kombination bildet beim β-Quarz einen stumpfen Winkel:

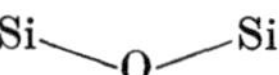

welcher die niedrige Symmetrie dieser Modifikation hervorruft. Abb. 108a zeigt die Anordnung der Si-Ionen in verschiedenen Ebenen senkrecht zur c-Achse.

Abb. 107. Quarzkristallgruppe aus den französischen Alpen.
(Aus dem Geologischen Museum des Ruhrbergbaues Bochum)

In jeder höheren Ebene sind die Si-Ionen jeweils um ~60° nach links versetzt. Durch diese Anordnung wird die Ebene des polarisierten Lichtes in gleichem

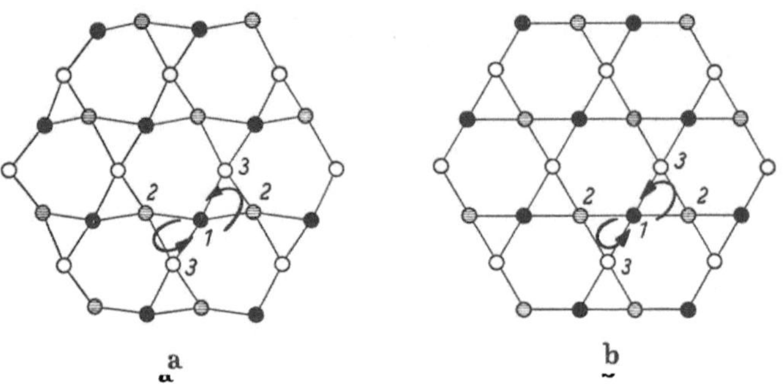

Abb. 108a u. b. Linksquarz. Si-Ionen in der Projektion auf die Basis (0001) (nach STRUNZ)
Schwarz: Ionen in der tieferen Schicht; grau: Ionen in der Zeichenebene; weiß: Ionen in der höheren
Schicht. Die Pfeile geben den Verdrehungssinn an
a) β-Quarz;   b) α-Quarz

Sinne schraubenförmig verdreht. Es existiert auch die spiegelbildliche Anordnung, so daß zwischen Rechts- und Linksquarzen unterschieden werden kann.

Bei einer Temperatur von 575°C strecken sich die Si—O—Si-Bindungen. Dadurch erhöht sich die Symmetrie zu der des hexagonalen Kristallsystems und der β-Quarz geht in die Hochtemperaturform α-Quarz über (Abb. 108b).

Die Modifikationsänderung erfolgt spontan und ist reversibel, sie ist mit einer Volumenvergrößerung von 1,30% (H. LE CHATELIER [1]) oder 0,86% (R. B. SOSMAN [2]) verbunden (Tab. 28).

Tabelle 28. *Längen- und Raumänderungen bei Modifikationsänderungen im System SiO$_2$* (nach verschiedenen Autoren)

Temperatur °C	Umwandlungsstufe	Längenänderung %	Raumänderung %
117 bis 163	$\gamma \rightleftarrows \alpha$-Tridymit	+0,17	+0,50
200 bis 210	$\beta \rightleftarrows \alpha$-Cristobalit	+1,00	+2,00 bis 2,80
575	$\beta \rightleftarrows \alpha$-Quarz	+0,26 bis 0,45	+0,86 bis 1,30
870	α-Quarz → α-Tridymit	+5,55	+14,4
1250	α-Quarz → α-Cristobalit	+6,60	+~17,4
1470	α-Tridymit → α-Cristobalit	+1,05	—
1670	α-Tridymit → Schmelze	+1,05	—
1713	α-Cristobalit → Schmelze	—	+~0,1

2.112 Cristobalit

Oberhalb 870° C wird auch der α-Quarz instabil und geht ab ~1250° C in den α-Cristobalit, die Hochtemperaturform dieses Minerals über. Die Umwandlung ist träge und irreversibel, weil der Cristobalit einen anderen Gitterbau besitzt als der Quarz. Es müssen daher Bindungen im Gitter gelöst und andere neu geknüpft werden. Beim Übergang vergrößert sich das Volumenum 17,4%.

Die Tieftemperaturform β-Cristobalit kristallisiert tetragonal-pseudokubisch und hat ein spezifisches Gewicht von 2,32. Sie kommt in der Natur selten in Form kleiner, trüber, milchig-weißer Oktaeder in Blasenräumen vulkanischer Gesteine vor. Im Temperaturbereich von 200 bis 270° C geht der β-Cristobalit unter Klarwerden spontan und reversibel in die α-Modifikation über. Die damit verbundene Volumenzunahme beträgt 2,0% nach K. ENDELL u. E. PFEIFFER [3] bzw. 2,8% nach R. B. SOSMAN [2]. Diese Umwandlung beruht ähnlich wie diejenige des Quarzes bei 575° C auf Streckung der gewinkelten Si—O—Si-Gruppen und ist daher ebenfalls mit einer Symmetrieerhöhung verbunden. Die Höhe der Umwandlungstemperatur hängt jeweils von dem Fehlordnungsgrad ab. Bei stärkerer Fehlordnung des β-Cristobalits genügen niedrigere Temperaturen zum Übergang in die Hochtemperaturform.

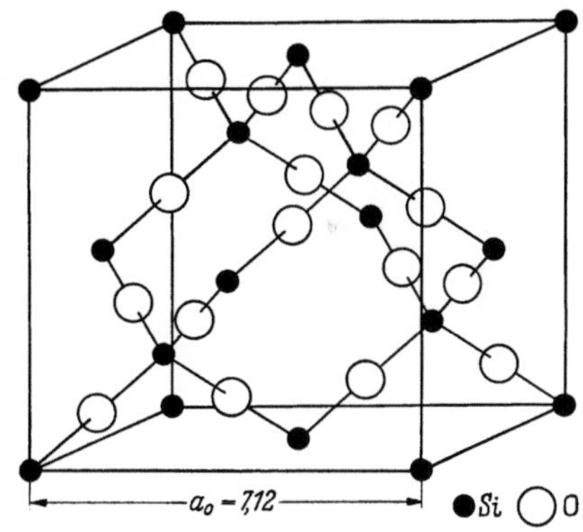

Abb. 109. Elementarzelle des α-Cristobalits (nach H. STRUNZ)

Der α-Cristobalit besitzt ein echtes kubisches Gitter mit zentrosymmetrischem Bau (schematisch in Abb. 109). Die [SiO$_4$]-Tetraeder ordnen sich zu Schichten parallel der Oktaederfläche (111). W. FLÖRKE [4] erkannte, daß idealer, nicht fehlgeordneter Cristobalit eine 3-Schichtstruktur parallel (111) besitzt, bei welcher die 2. Schicht gegen die 1. und die 3. gegen die 2. parallel etwas verschoben ist (Abb. 110).

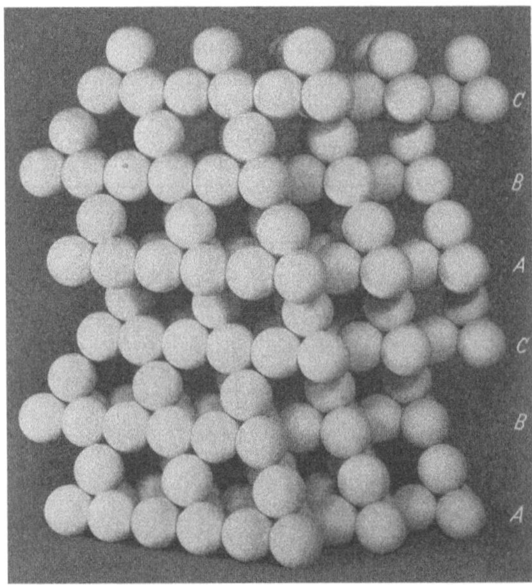

Abb. 110. α-Cristobalit, Tetraederschichten parallel (1 1 1) in der 3-Schichtstruktur (nach W. FLÖRKE)

Der Schmelzpunkt des Cristobalits liegt bei 1713 ± 10 °C. In einer Sodaschmelze von 850 ° C tritt nach 5 Std. vollständige Rückbildung des Cristobalits in Quarz ein [5].

2.113 Tridymit

Neben den beiden genannten Ausbildungsformen der Kieselsäure kommt noch eine dritte als Tridymit bezeichnete vor. Ihre Tieftemperaturform, der γ-Tridymit kristallisiert rhombisch-pseudohexagonal und hat ein spezifisches Gewicht von 2,28 bis 2,30, er ist also noch leichter als der Cristobalit. In der Natur tritt er in Form kleiner 6eckiger Blättchen als Absatz aus heißen vulkanischen Dämpfen auf (Abb. 111).

Beim Erhitzen wandelt sich der γ-Tridymit meist mit einer Zwischenstufe β-Tridymit, die aber auch ausfallen kann, in die Hochtemperaturform α-Tridymit um. Die Umwandlungstemperatur γ–β liegt bei 117 ° C, β–α bei ∼160 ° C.

Abb. 111. Tridymit im Trachyt von der Perlenhardt (Siebengebirge) (Vergr. ∼6 ×, Phot. H. STÜTZEL)

Auch diese Modifikationsänderungen verlaufen spontan und reversibel, sie werden ebenfalls durch die Streckung der Si—O—Si-Bindung hervorgerufen, sind aber verwaschener als die entsprechenden Vorgänge beim Quarz und Cristobalit. Die Volumenzunahme ist relativ gering, sie beträgt für beide Umwandlungen zusammen ∼0,5 % [6].

Der α-Tridymit kristallisiert hexagonal in tafliger Form und bildet größere Kristalle als der Cristobalit.

Im spiegelsymmetrischen Kristallgitter ordnen sich die [SiO₄]-Tetraeder senkrecht zur hexagonalen c-Achse in Schichten parallel der Basisfläche an (Abb. 112). Im Idealfall sollte der Tridymit eine 2-Schichtstruktur besitzen, bei welcher jede 2. Schicht um 60 ° um die c-Achse gegen die 1. verdreht ist (Abb. 113).

W. FLÖRKE [4] hat aber nachgewiesen, daß eine reine 2-Schichtstruktur nicht existiert, vielmehr ist der Tridymit stets eindimensional in der Richtung senkrecht zur Schichtebene fehlgeordnet.

Die Schichten folgen in unregelmäßiger Reihenfolge aufeinander, wobei cristobalitische 3-Schichtstrukturen mit tridymitischen 2-Schichtstrukturen unregelmäßig abwechseln. Häufig sind sog. Überstrukturen mit einem gewissen Rhythmus in der Anordnung parallel der c-Achse, z. B. in Form einer 10-Schichtstruktur, wie sie Abb. 114 zeigt.

Die Fehlordnung wird durch Einlagerung geeigneter Fremdionen in das Gitter, insbesondere Alkalien hervorgerufen. Sind derartige Fremdionen nicht oder in unzureichender Menge vorhanden, so bildet sich nur die 3-Schichtstruktur des Cristobalits,

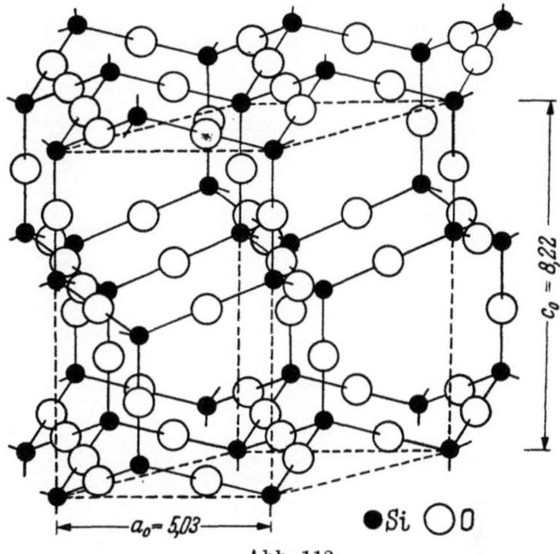

Abb. 112
Elementarzelle des α-Tridymits (nach H. STRUNZ)

die infolge Änderungen der Schichtfolge auch fehlgeordnet sein kann, aber nur durch seitliche Verschiebungen, nicht durch die für Tridymit charakteristische Drehung um 60°.

Damit steht im Einklang, daß die Umwandlung α-Quarz → α-Tridymit bzw. α-Cristobalit → α-Tridymit nur in Gegenwart sog. Mineralisatoren über eine schmelzflüssige Phase vor sich geht. Eine Liste der bekanntesten Mineralisatoren enthält Tab. 29 nach C. J. NIEUVENBURG u. C. N. J. NOOIJER [7]. Sie zeigt, daß die Umwandlung am stärksten durch Alkalisalze gefördert wird.

Der Tridymit ist danach keine echte thermodynamisch begründete Phase im Einstoffsystem SiO_2, wie C. N. FENNER [5] annahm, sondern eine durch Fremdsubstanzeinlagerung entstandene fehlgeordnete Abart des Cristobalits.

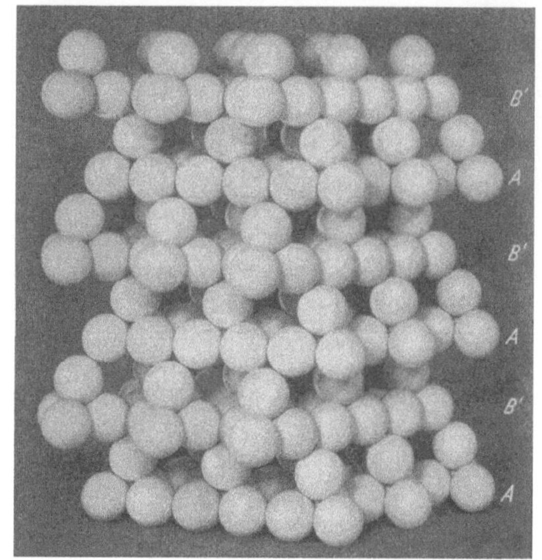

Abb. 113. Idealer α-Tridymit, Zwischenschichtstruktur der Basisfläche (nach W. FLÖRKE)

α-Tridymit entsteht aus dem α-Quarz träge und irreversibel von 870° C ab unter einer Volumenzunahme von 14,4% [8]. Wenn genügend Mineralisatoren vorhanden sind, wandelt sich also der α-Quarz schon bei erheblich tieferer Temperatur um als im *trockenen* Zustand, und zwar gleich zu Tridymit. Daher

nahm man früher an, daß der Stabilitätsbereich des Tridymits bei 870° C beginnt und versuchte die Erfahrungstatsache, daß sich ohne Vorhandensein
von Mineralisatoren stets zuerst Cristobalit bildet, mit Hilfe der OSWALDschen Stufenregel zu erklären.

Bei 1470° C geht schließlich der α-Tridymit reversibel ohne nennenswerten Volumeneffekt in den α-Cristobalit über, der damit endgültig stabil wird. Nach der Auffassung von W. FLÖRKE [4] heilen oberhalb 1470° C die Fehlordnungen infolge starker thermischer Schwingungen aus, so daß sich die 3-Schichtgliederung einheitlich durchsetzen kann. Da auch diese Umwandlung träge verläuft, kann sie durch rasches Erhitzen vermieden werden. Der α-Tridymit schmilzt dann wegen seiner lockeren Struktur bereits bei ~ 1670°C.

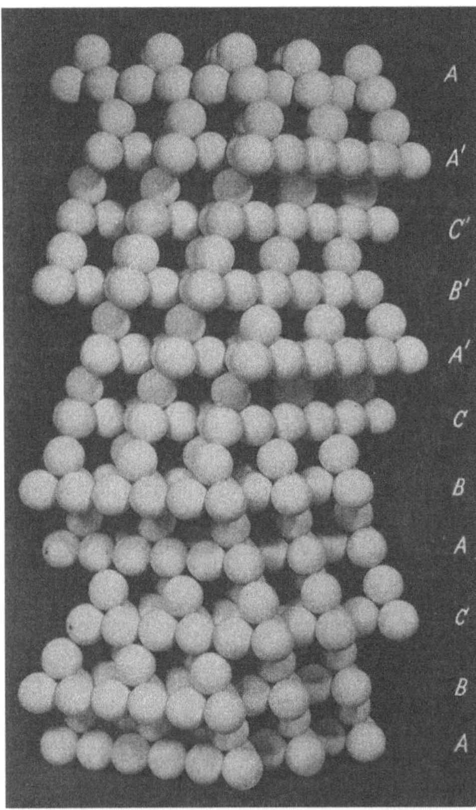

Abb. 114. Fehlgeordneter Tridymit mit einer 10-Schicht-Überstruktur (nach W. FLÖRKE). Die mit einem Strich bezeichneten Schichten (A', B', C') sind um 60° gegen die übrigen verdreht

Tabelle 29. *Förderung der Umwandlung von* SiO_2 *durch Zusatz von 1% verschiedener Mineralisatoren beim einstündigen Erhitzen auf 1300° C (nach C. J.* NIEUVENBURG *u. C. N. J.* NOOIJER*)*

Mineralisator	% umgewandelt	Mineralisator	% umgewandelt	Mineralisator	% umgewandelt
Li_2CO_3	98	B_2O_3	14	Cr_2O_3	6
K_2CO_3	92	Na_2UO_4	14	$CaSiO_3$	5
Na_2CO_3	85	Kieselgel	14	ZnO	5
Li_2SiF_6	82	PbO	12	CoO	5
Na_2SiO_3	72	MgO	12	$(NH_4)_3PO_4$ ...	5
Na_2SiF_6	63	CaO	12	NaCl	5
Na_3AlF_6	38	MoO_3	11	Al_2O_3	3
$Na_2B_4O_7 \cdot 10H_2O$	37	Chalzedon	9	TlCl	3
FeO	29	Opal	9	CaF_2	2
$Na_2HPO_4 \cdot 12H_2O$	25	CeO_2	8	$BaSiO_2$	2
Fe_2O_3	23	ZrO_2	8	TiO_2	0
$Na_2WO_4 \cdot 2H_2O$	23	WO_3	8		
MnO_2	14	BaO	6		

2.114 Zusammenfassung, Wärmeausdehnung

C. N. Fenner [5] stellte die Stabilitätsbereiche der SiO$_2$-Modifikationen in einem p–t-Diagramm dar, welches in Abb. 115 mit der Abänderung wiedergegeben wird, daß der Schmelzpunkt des Cristobalits von 1625° C auf die von J. W. Greig [9] bestimmte Temperatur von 1713 ± 10° C heraufgesetzt und derjenige des Tridymits mit 1670° C angegeben wurde. Der strenggenommen nicht vorhandene Existenzbereich des Tridymits wurde aus praktischen Gründen beibehalten. Die für das Diagramm grundlegende Erforschung der komplizierten Stabilitätsverhältnisse im System SiO$_2$ ist neben H. le Chatelier [1] vorwiegend K. Endell [8] zu verdanken.

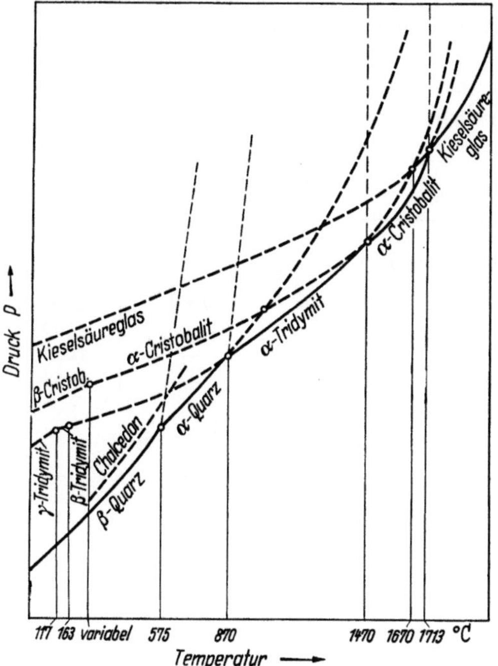

Abb. 115. Zustandsdiagramm des Einstoffsystems SiO$_2$ (nach C. N. Fenner, modifiziert)

p Dampfdruck

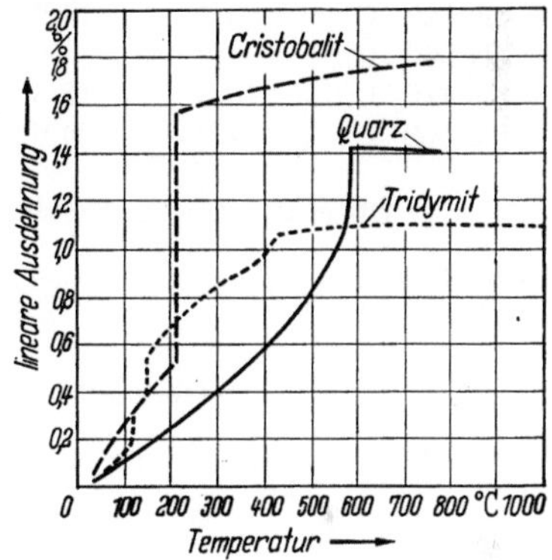

Abb. 116. Lineare Wärmeausdehnung der Kieselsäuremodifikationen

(nach A. Travers u. V. de Goloubinoff)

Abb. 116 zeigt die prozentuale lineare Wärmeausdehnung der 3 Kieselsäuremodifikationen im Gebiete des Überganges von der Tief- zur Hochtemperaturform, die für die Temperaturwechselbeständigkeit der Silikasteine unterhalb 600° C maßgebend ist [10] (vgl. auch Tab. 28). Nach ihr besitzen cristobalitreiche Steine die größte, tridymitreiche dagegen die kleinste Empfindlichkeit gegen Temperaturwechsel. Die Ausdehnungskoeffizienten außerhalb der sprunghaften Änderungen sowie die gesamten prozentualen Ausdehnungen sind in Tab. 30 zusammengestellt[1]. Die Werte zeigen, daß oberhalb 600° C keine nennenswerte Längenänderung mehr erfolgt, daß aber die Ausdehnung unterhalb dieser Temperatur besonders beim Cristobalit sehr hohe Werte erreicht, selbst wenn man von den sprunghaften Änderungen bei den Umwandlungen absieht.

---

[1] Die in C. Koeppel, Feuerfeste Baustoffe, S. 23 u. 37, Leipzig 1938, aufgeführten Ausdehnungskoeffizienten sind unrichtig. Es handelt sich um Werte der Gesamtausdehnung bis zu den betreffenden Temperaturen, die nicht auf 1° C Temperaturanstieg bezogen sind. Auf S. 23 muß außerdem mit dem Faktor 10^{-3} multipliziert werden, wie es auf S. 37 angegeben ist.

2.115 Kieselglas

Zu den 7 erwähnten SiO_2-Modifikationen kommt als 8. das durch Unterkühlung der Schmelze entstehende Kieselglas hinzu. Es besteht aus einem räumlichen Netzwerk von $[SiO_4]$-Tetraedern (vgl. Abschn. 1.27). Sein spezifisches Gewicht liegt mit 2,20 noch unter dem des Tridymits. Kieselglas zeichnet sich durch einen außerordentlich niedrigen Ausdehnungskoeffizienten aus. Dieser beträgt bei Zimmertemperatur $0,44 \cdot 10^{-6}$, Werte für höhere Temperaturen sind in Tab. 30 aufgeführt. Von 1200° C ab verkleinert sich das Volumen.

Tabelle 30. *Lineare Ausdehnungskoeffizienten der Kieselsäuremodifikationen außerhalb des Umwandlungsbereiches und gesamte prozentuale Ausdehnung*

Temperatur-bereich	Quarz			Cristobalit	Tridymit	Kieselglas
	‖ c-Achse	⊥ c-Achse	polykristallin			
Unterhalb der Umwandlungen $\frac{\alpha}{10^{-6}} \cdot \frac{1}{°C}$						
0 bis 120° C	8,7	14,2	11,8	22,3	13,0	0,50
0 bis 200° C	—	—	—	24,3	—	0,50
0 bis 410° C	10,5	18,5	14,6	—	—	0,55
0 bis 560° C	14,0	24,0	18,6	—	—	0,53
Oberhalb der Cristobalit- und Tridymit-Umwandlungen $\frac{\alpha}{10^{-6}} \cdot \frac{1}{°C}$						
210 bis 350° C	—	—	—	5,9	13,6	—
210 bis 600° C	—	—	—	5,0	10,4	—
Oberhalb der Quarzumwandlung $\frac{\alpha}{10^{-6}} \cdot \frac{1}{°C}$						
600 bis 700° C	—	—	—0,1	+2,0	—1,7	—
Gesamte prozentuale Ausdehnung %						
0 bis 700° C	—	—	1,40	1,76	1,11	0,035

Bei längerem Erhitzen auf 1200 bis 1400° C geht das Kieselglas an der Oberfläche, bei Temperaturen oberhalb 1470° C vollständig in Cristobalit über [11]. Diese Entglasung geht etwas schneller vor sich als die Umwandlung α-Quarz $\rightarrow$ α-Cristobalit, ihre Geschwindigkeit nimmt mit wachsender Verunreinigung zu. Wegen dieser Neigung zur Entglasung ist Kieselglas im technischen Dauerbetrieb nur bis $\sim 1100°$ C benutzbar. Es beginnt bei $\sim 1510°$ C zu erweichen.

2.116 Neue Kieselsäuremodifikationen

Neuerdings wurden einige weitere Kieselsäuremodifikationen entdeckt [12], von denen für die Feuerfestkunde die von AL. WEISS u. AR. WEISS [13] beschriebene *Faserkieselsäure* von Interesse ist. Sie bildet sich bei der Reoxydation von Siliziummonoxyd oder bei dessen Zerfall nach der Formel $2\,SiO \rightleftharpoons SiO_2 + Si$ in Form von mikrokristallinen Fasern, in welchen die $[SiO_4]$-Tetraeder nicht an den Ecken, sondern an den Kanten miteinander verbunden sind. Die einzelnen Ketten sind nur durch VAN DER WAALSsche Kräfte (vgl. Abschn. 1.21) miteinander verbunden. Die Faserkieselsäure kristallisiert im rhombischen System, ihr spezifisches Gewicht beträgt nur 1,98. Damit stellt sie die leichteste, bekannte Kieselsäuremodifikation dar. In Gegenwart von Wasser oder Wasserdampf ist sie nicht beständig, sondern geht in die normalen Modifikationen über.

Die weißen Fasern treten häufig an der oberen Öffnung von Tammann-öfen, in den Gaskammern von Koksöfen sowie an zahlreichen anderen Stellen auf, sie sind oft beobachtet, aber wegen ihrer Unbeständigkeit bisher nicht identifiziert worden.

Die übrigen neuen Modifikationen können nur unter hohem allseitigen Druck im Autoklaven hergestellt werden, und zwar der in Fluorwasserstoffsäure unlösliche *Coesit* [14] mit dem spez. Gew. 3,01 bei 500 bis 800° C und Drucken von 35 Kilobar und mehr mit Hilfe von Schmelzen, ferner *Keatit* [15] mit dem spez. Gew. 2,50 bei Temperaturen zwischen 380 und 585° C und einem Wasserdampfdruck zwischen 350 und 1250 Kilobar.

2.117 Physikalische Eigenschaften

Von den physikalischen Eigenschaften ist außer der bereits besprochenen Wärmeausdehnung die *Wärmeleitfähigkeit* des Quarzes und des Kieselglases bekannt, die sich etwa wie 10:1 verhalten (Tab. 31). Die Wärmeleitfähigkeit des kristallinen Quarzes nimmt mit steigender Temperatur ab, die des Kieselglases dagegen schwach zu (vgl. auch Abschn. 1.52).

In ihren *spezifischen Wärmen* unterscheiden sich die einzelnen Modifikationen nur unwesentlich. Die Werte schwanken zwischen 0,17 und 0,3 und werden mit wachsender Temperatur geringfügig größer (Tab. 31).

Die *optischen* Eigenschaften hängen eng mit dem Gitterbau zusammen. Die Lichtbrechung nimmt mit zunehmender Auflockerung des Gitters vom β-Quarz über den β-Cristobalit, γ-Tridymit bis zum Kieselglas in ähnlichem Verhältnis ab wie das spezifische Gewicht. Die schraubenförmige Anordnung der [SiO$_4$]-Tetraeder in Richtung der c-Achse ruft eine entsprechende Drehung der Schwingungsebene des polarisierten Lichtes hervor, die als *Zirkularpolarisation* bezeichnet wird.

Der Gitterbau wirkt sich auch auf die elektrischen Eigenschaften aus und ermöglicht den sog. *piezoelektrischen* Effekt, für den gerade der Quarz das klassische Beispiel bietet. Durch einen Druck in axialer Richtung oder senkrecht dazu werden die Ionen so gegeneinander verschoben, daß das Gleichgewicht der elektrischen Kräfte im Gitter (vgl. Abschn. 1.41) gestört wird. Dabei entstehen auf der Ober- und Unterseite der gedrückten Quarzplatten Flächenladungen. Umgekehrt kann der Kristall durch Anlegen eines elektrischen Wechselfeldes in Schwingungen versetzt werden (Quarzuhr). Quarz läßt sich in keiner anderen Säure als Flußsäure auflösen. Diese Tatsache wird bei der analytischen Bestimmung der Kieselsäure benutzt.

2.12 Das System Kieselsäure–Wasser

Die in Wasser gelöste Kieselsäure bildet ein sehr beständiges hydrophiles Sol und kann als solches in der Natur gut transportiert werden. In schwach alkalischer Lösung ist dieses Sol am wenigsten hydratisiert und flockt daher leicht aus. Das amorphe Kieselgel ist unter dem Namen *Opal* (Abb. 117) bekannt.

Tabelle 31. *Physikalische Eigenschaften der Kieselsäuremodifikationen* (z. T. nach C. KOEPPEL)

| Name | Kristallsystem | Härte | Spez. Gewicht | Lichtbrechung | | | Doppel-brechung | Wärmeleitfähigkeit techn. | Spez. Wärme | Besonderes | Natürlich als Mineral |
| | | | | Brechzahlen für | | mittlere | | | | | |
				ω	ε						
β-Quarz	Trigonal-trapezoedrisch und pseudo-hexagonal	7	2,65	1,5442	1,5523	1,55	+0,009 (schwach)	0°C 11,7 ‖ Achse 6,2 ⊥ Achse 70°C 4,65 ⊥ Achse 105°C 4,18	0°C 0,166 100°C 0,204 200°C 0,233 500°C 0,291 1000°C 0,282	Zirkular-polarisierend Polar pyro-elektr. und piezoelektr.	häufig
α-Quarz	Hexagonal-trapezoedrisch		2,60	1,533	1,540	—	+0,007		1300°C 0,288		—
β-Cristo-balit	Tetragonal-pseudoregulär	6$^1/_2$	2,32	1,487	1,484	1,485	0,003 sehr gering		0°C 0,170 100°C 0,211 200°C 0,262 500°C 0,271 1000°C 0,293 1300°C 0,299 1700°C 0,304	Mikroskopisch: kleine, rundliche Kristalle	selten
α-Cristo-balit	regulär		2,215	1,45?	—	—					
γ-Tridymit	Rhombisch pseudohexagonal	6$^1/_2$ bis 7	2,28	1,473	1,469	1,478	+0,004 sehr gering			Mikroskopisch: keilförmige Kristalle, häufig verzwillingt	selten
β-Tridymit	Hexagonal-trapezoedrisch		2,30								—
α-Tridymit	Hexagonal-tafelig		2,27								—
Chalzedon	Mikroskopisch: Quarzfasern, auch Cristo-balit	6$^1/_2$ bis 7	2,57 bis 2,63 meist 2,59 bis 2,61	1,530	1,538	1,535	+0,008	0,86	139°C 0,193	Mikroskopisch: radialfaserige Textur	mäßig häufig
Feuerstein = Flint	Mikroskopisch: Quarzkörnchen neben Opal	7	2,56 wechselnd	—	—	1,53	—				mancher-orts in Massen

Opal	amorph, wasserhaltig aus Lösung	5½ bis 6½	1,9 bis 2,5 meist 2,1 bis 2,2	—	—	1,3 bis 1,45	gelegentl. Spannungs-Doppelbrechung		12 bis 100°C 0,237	z. T. mit kristallinen Stellen durch Alterung	seltener
Kieselglas	amorph, aus Schmelze	7	2,204	—	—	1,46	—	60° 1,19 140° 1,24 240° 1,31	100°C 0,201 200°C 0,227 500°C 0,270 1000°C 0,292	Wärmedehnung äußerst gering	—

Es kann durch Alterung feinkristallin werden und eine feinfaserige Struktur annehmen, bei welcher die Fasern senkrecht zur Oberfläche oder Grenzfläche gerichtet sind, so daß kugelförmige Körper einen radialstrahligen Aufbau erhalten. Diese Ausbildungsform des Quarzes wird als *Chalzedon* bezeichnet (Abb. 117). Trotz gleicher Kristallform weicht der Chalzedon in seinen physikalischen Eigenschaften nicht unerheblich vom normalen Quarz ab. Seine

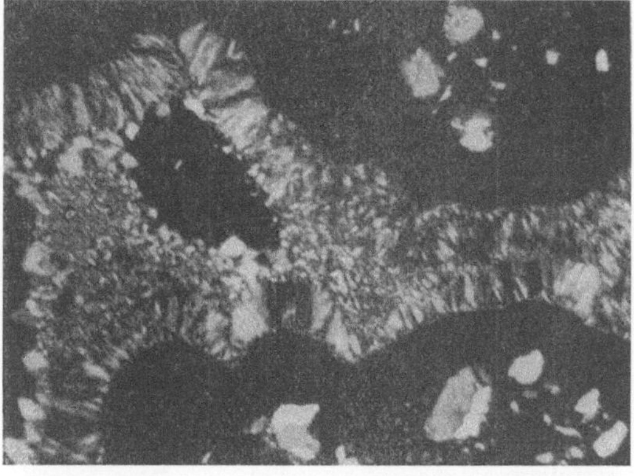

Abb. 117. Halbopal aus Opal (schwarz) mit einigen Quarzkörnern (hell), durchzogen von faserigem Chalzedon (Vergr. 36 ×, gekreuzte Nikols, Phot. H. STÜTZEL)

Härte beträgt nur 6 nach der MOHSschen Skala, das spezifische Gewicht schwankt zwischen 2,59 und 2,61, auch die Lichtbrechung ist mit 1,530 bis 1,538 geringer als beim Quarz (Tab. 31). An Stelle von faserigem Chalzedon kann jedoch auch normaler Quarz in kryptokristalliner Form aus dem Kieselgel entstehen. In vielen Vorkommen, die sich aus echten oder kolloidalen Kieselsäurelösungen gebildet haben, treten daher Opal, Chalzedon und kryptokristalliner Quarz nebeneinander auf, wobei bald diese, bald jene Komponente überwiegt oder im Grenzfall auch allein vorhanden ist.

2.13 Die Umwandlung α-Quarz → α-Cristobalit

Der Übergang von Quarz in Cristobalit beim Glühen eines Zementquarzites ist in Abb. 118 in mehreren Stadien durch Dünnschliffaufnahmen dargestellt. Je höher die Temperatur war bzw. je länger geglüht wurde, desto mehr herrscht im Dünnschliff der feinkörnige Cristobalit vor. Die restlichen Quarzkörner sind zerklüftet, auf den Rissen dringt Cristobalit in das Korninnere ein. Im Zusammenhang mit der Umwandlung entstehen infolge der damit verbundenen Ausdehnung zahlreiche offene Poren neu, vor allem in der Umgebung der Restquarzkörner.

Wegen ihrer großen technischen Bedeutung ist diese Umwandlung von verschiedenen Forschern eingehend untersucht worden. Dabei wurde zunächst

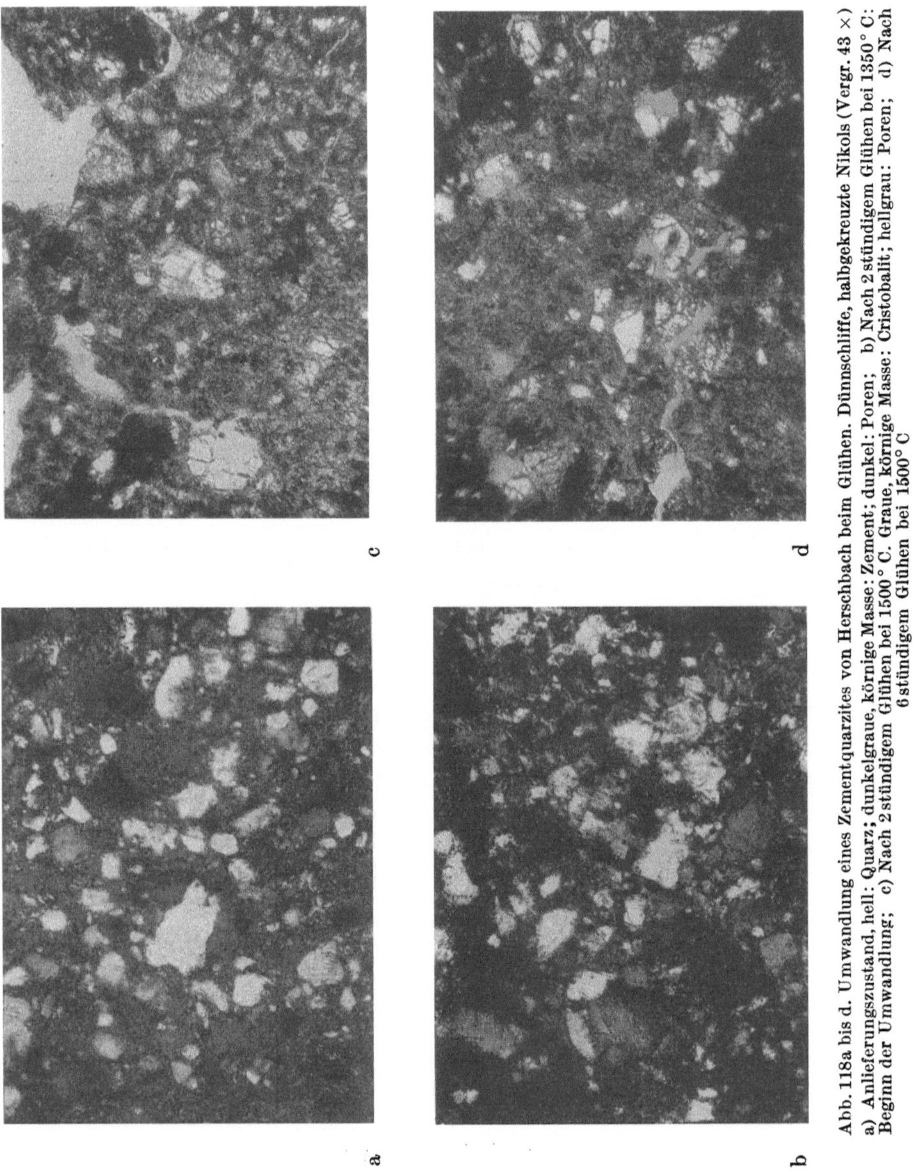

Abb. 118a bis d. Umwandlung eines Zementquarzites von Herschbach beim Glühen. Dünnschliffe, halbgekreuzte Nikols (Vergr. 43 ×) a) Anlieferungszustand, hell: Quarz; dunkelgraue, körnige Masse: Zement; dunkel: Poren; b) Nach 2 stündigem Glühen bei 1350° C: Beginn der Umwandlung; c) Nach 2 stündigem Glühen bei 1500° C. Graue, körnige Masse: Cristobalit; hellgrau: Poren; d) Nach 6 stündigem Glühen bei 1500° C

der jeweilige Grad der Umwandlung aus der Abnahme des spezifischen Gewichtes errechnet (Tab. 32). Diese Tabelle gilt strenggenommen nur für das reine System Quarz–Cristobalit. Jede Verunreinigung, besonders durch spezifisch schwere Eisenverbindungen, ruft Fehler hervor, die aber im allgemeinen gering sind und das Gesamtbild kaum verändern. Eine weitere Fehlerquelle stellt die innere Auflockerung des Quarzes durch Entstehung von feinsten Rissen dar, die bei der Bestimmung des spezifischen Gewichtes nicht mit Wasser gefüllt werden (vgl. Abschn. 1.42) und eine Umwandlung vortäuschen können. Bei der Umwandlung von opal- oder chalzedonreichen Steinsorten ist besondere Vorsicht geboten, weil neben Cristobalit stets beträchtliche Mengen des noch leichteren Tridymits entstehen, so daß Umwandlungs-grade von >100% bestimmt werden können. Diese übliche Bestimmung des Umwandlungsgrades liefert daher nur ungenaue Werte, die wohl für die betrieb-liche Praxis (vgl. Abschn. 2.21), nicht aber für wissen-schaftliche Untersuchungen ausreichen.

Tabelle 32
Beziehung zwischen dem spezifischen Gewicht und dem Umwandlungsgrad beim Übergang von α-Quarz in α-Cristobalit

Spez. Gewicht	Umwand-lungsgrad %
2,651	0
2,600	15
2,550	30
2,500	45
2,450	61
2,400	76
2,350	91
2,320	100

Gleiches gilt für eine Bestimmung des Umwand-lungsgrades mit Hilfe der Wärmeausdehnung [*16*], da diese auch von anderen Faktoren, beispielsweise von der Porosität abhängt [*17*]. Exakte Untersuchungen sind erst möglich geworden, seitdem der Mineral-bestand mit Hilfe von *Röntgenkameras* und *Zähl-rohrgeräten* quantitativ bestimmt werden kann [*18*].

Nach Untersuchungen von H. E. SCHWIETE u. H. STOLLENWERK [*18*] entsteht beim Übergang von α-Quarz in α-Cristobalit ein hoher Prozentsatz (20 bis 45%) an *röntgenamorpher Substanz*, d. h. von Substanz, welche keine Gitterstruktur besitzt oder deren Gitteraufbau so un-regelmäßig ist, daß die Reflexe der Röntgenstrahlen sich nicht mehr den in Frage kommenden Kristallgittern zuordnen lassen. Sehr wahrscheinlich handelt es sich überwiegend um bereits vorgebildeten, stark fehlgeordneten Cristobalit, der aus dem zusammengebrochenen Quarzgitter entstanden und als hochaktive Zwischensubstanz anzusehen ist.

Bei einem reinen Quarz-Einkristall kleiner Größe beginnt die Quarz-Cristo-balitumwandlung an der Oberfläche und setzt sich langsam ins Korninnere fort. Zwischen neugebildetem Cristobalit und restlichem Quarz tritt dabei eine Übergangszone mit röntgenamorpher Substanz auf. An der Oberfläche ist die Umwandlungsgeschwindigkeit naturgemäß am größten, weil hier die Gitter-bausteine am beweglichsten sind. Ein Pulver mit sehr großer spezifischer Ober-fläche wandelt sich daher sehr viel schneller um als grobe Körnungen, bei denen der Abbau des festen Quarzgitters im Korninneren eine längere Energie-zufuhr erfordert.

Als Beispiel zeigt Abb. 119 die mittels Zählrohr gemessenen Intensitäts-verteilungen der Röntgenstreustrahlen von einem bei 1500° C gebrannten Bergkristallpulver der Korngröße 0 bis 5 μ in Abhängigkeit von der Brenndauer. An ihnen ist das Abklingen der dem Quarz zuzuordnenden Interferenzlinien, gleichzeitig das Anwachsen der Cristobalitlinien mit wachsender Brenndauer zu erkennen (bei 0 Min. Brenndauer nur Quarzlinien, bei 480 Min. nur noch Cristobalitlinien). In den Zwischenstadien ist die Intensität des Strahlungs-untergrundes deutlich veränderlich, entsprechend dem Auftreten der erwähnten röntgenamorphen Zwischensubstanz. Der jeweilige Prozentgehalt an den 3 Kom-

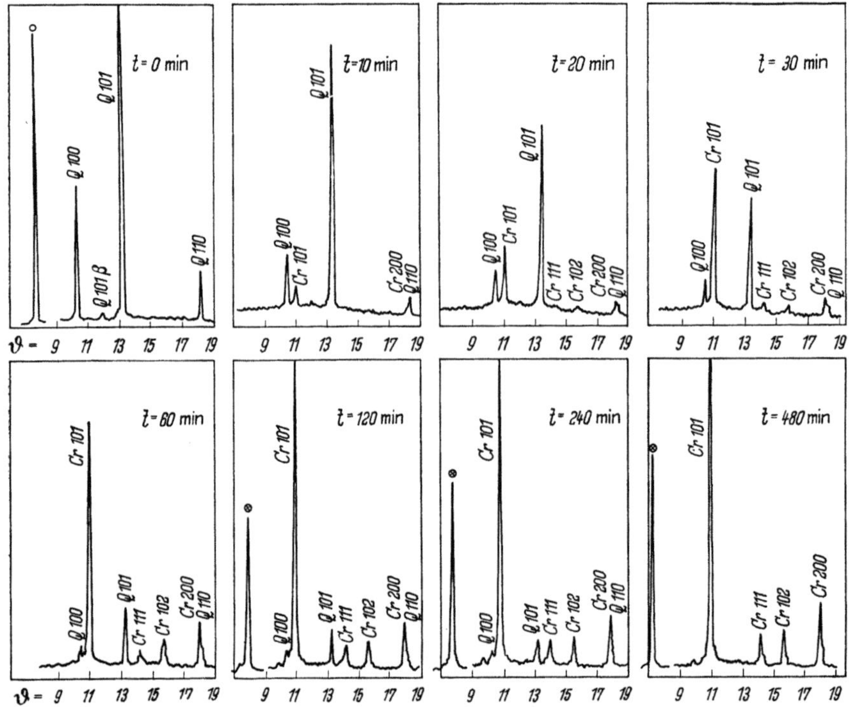

Abb. 119. Zählrohraufnahmen eines bei 1500° C gebrannten Bergkristallpulvers der Korngröße 0 bis 5 μ nach verschiedenen Brennzeiten (nach H. E. Schwiete u. H. Stollenwerk)

ponenten ist in Abb. 120 über der Brenndauer aufgetragen [19]. Nach ihr fällt der Gehalt an Quarz mit wachsender Brenndauer steil ab, um sich asymptotisch dem Wert null zu nähern. Der Anteil an Cristobalit steigt etwa entsprechend rasch an, er erreicht jedoch erst bei 480 Min. Brenndauer den Wert von ~ 70%. Der Gehalt von röntgenamorpher Zwischensubstanz wächst bis zu 20 Min. Brenndauer rasch auf ein Maximum von etwa 65% und klingt dann wieder ab auf etwa 30% bei 480 Min. Brenndauer.

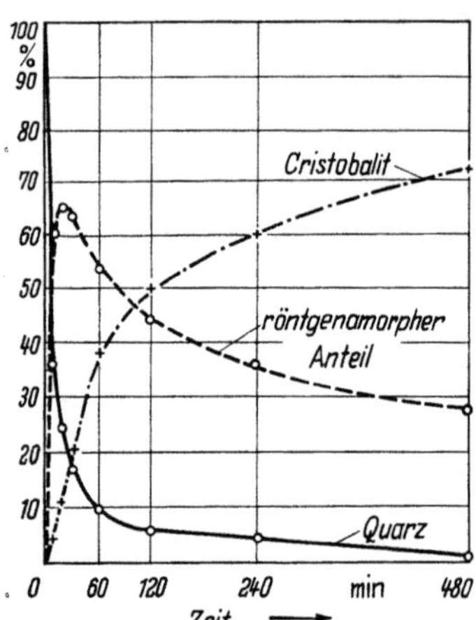

Abb. 120. Umwandlungsverlauf von Bergkristallpulver 0 bis 5 μ bei 1500° C als Funktion der Zeit (nach H. Stollenwerk)

In Abb. 121 ist schließlich die Zunahme des Cristobalitgehaltes in einem Zementquarzit bei verschiedenen Brenntemperaturen als Funktion der Zeit für die Korngrößen 0 bis 5 μ und 60 bis 100 μ dargestellt. Die Umwandlung verläuft in beiden Fällen anfangs rasch und verlangsamt sich dann, so daß eine 100%ige Umwandlung sehr lange Zeit erfordert.

Der in Abb 121 zum Ausdruck kommende starke Einfluß der Korngröße ist vorwiegend auf die umwandlungsfördernde Wirkung der in den feinen Fraktionen angereicherten Fremdoxyde zurückzuführen. Von diesen waren in der Ausgangssubstanz 1,59%, in der Fraktion 60 bis 100 μ 0,67 %, und in derjenigen von 0 bis 5 μ 4,19% vorhanden. Die Oberflächengröße spielt hier eine geringere Rolle. Die Umwandlungsgeschwindigkeit eines Findlingsquarzites von 60 bis 100 μ Korngröße war noch etwas größer als diejenige eines Bergkristalles in der Größenklasse 0 bis 5 μ.

Die gelegentlich beobachteten Unterschiede in der Umwandlungsgeschwindigkeit zwischen Zement- und Felsquarziten (vgl. Abschn. 2.12) dürften dagegen darauf zurückzuführen sein, daß das aus kryptokristallinem Quarz und Opal-Chalzedonresten bestehende Bindemittel der ersteren eine große innere Oberfläche besitzt. Nur aus Chalzedon oder Opal bestehende Gesteine wandeln sich meist explosiv um, wobei die Probe unter Knallgeräuschen zerspringt.

J. H. CHESTERS u. C. W. PARMELEE [17] geben für die Umwandlungsgeschwindigkeit v in Abhängigkeit von der Brenntemperatur T die Beziehung an:

$$v = c\, e^{-\frac{a}{T}}$$

(c und a = Konstante). Die Gültigkeit dieser

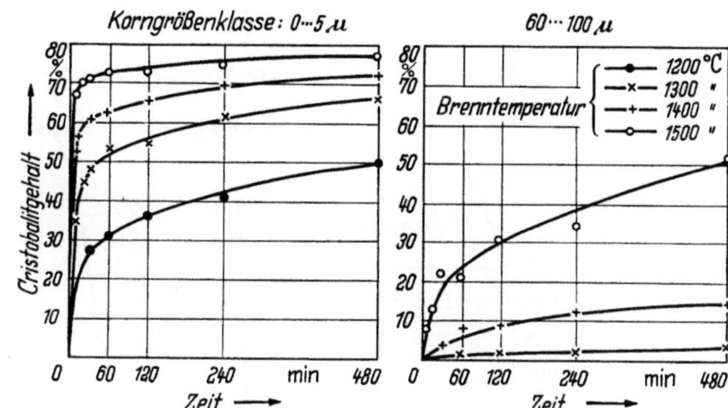

Abb. 121. Zeitlicher Verlauf der Umwandlung eines Findlingsquarzites bei verschiedenen Brenntemperaturen
(nach H. E. SCHWIETE u. H. STOLLENWERK)

Beziehung ist aber auf die ersten 20 Min. des Brennprozesses beschränkt, also die Zeit, in der sich nach den Abb. 120 u. 121 eine angenähert geradlinige Änderung der Komponentenanteile für alle untersuchten Brenntemperaturen ergibt.

J. W. MELLOR u. A. J. CAMPBELL [20] untersuchten die Dichteabnahme beim Glühen von Quarz und Flint bei 1330° C im Porzellanofen und fanden eine exponentielle Beziehung zwischen Glühdauer t und der Restmenge x des Ausgangsmaterials

$$x = e^{-kt}.$$

Die in ihr enthaltene Konstante k nimmt für Quarz und Flint verschiedene Werte an. Da es sich bei der Umwandlung um Vorgänge handelt, die von der für das Ablösen der Gitterbausteine erforderlichen Arbeit abhängen, sind derartige Zusammenhänge zu erwarten, die der VAN'T HOFFschen Gleichung entsprechen (vgl. Abschn. 1.26).

2.14 Kieselsäure und Erdalkalioxyde

Bei inniger Mischung einer geringen Menge *Kalk* mit sehr feinkörniger Kieselsäure wird deren Schmelzpunkt nur unwesentlich herabgesetzt, wie das Zweistoffsystem Abb. 122 zeigt [21]. Ursache dafür ist die *Mischungslücke* zwischen beiden Komponenten im Bereich kleiner CaO-Gehalte (vgl. Abschn. 1.333). Erst wenn der CaO-Gehalt ∼28% beträgt, beginnt der Schmelzpunkt bis zum Eutektikum E (etwa 36% CaO) bei 1436° C abzusinken. Aus diesem Grunde können Silikasteine mit Kalk gebunden werden, ohne an Feuerfestigkeit merklich einzubüßen.

Bei Kalkzugabe zu gekörntem Quarzit erhält jedes Quarzitkorn einen dünnen Überzug von $Ca(OH)_2$, das mit der Kieselsäure beim Brennen bereits im festen Zustand reagiert. Nach J. A. HEDVALL [22] kann diese Reaktion an auf 700 bis 800° C erhitzten Massen leicht festgestellt werden. Auch J. W. COBB [23]

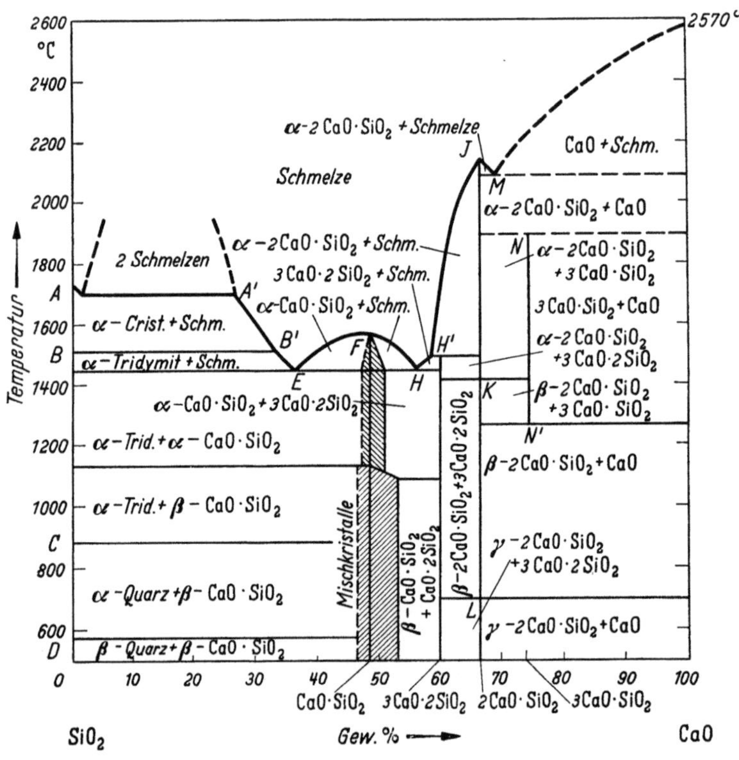

Abb. 122. System SiO_2–CaO (nach G. A. RANKIN u. J. W. GREIG)

bemerkte die ersten Anfänge nach einer Erhitzung auf 800° C. Die Reaktion selbst beginnt nach W. JANDER u. W. SCHEELE [24] mit der Entstehung einer monomolekularen, amorphen Reaktionshaut an den Berührungsstellen von Kalk und Kieselsäure, die sich durch Diffusion der Gitterbauteile allmählich auf mehrere Molekülschichten ausbreitet. Verunreinigungen wirken hierbei reaktionsbeschleunigend [25]. Die Ionen der amorphen Schicht fügen sich schließlich wieder zu neuen Kristallgittern zusammen, und zwar können je nach der Konzentration der Komponenten folgende Verbindungen entstehen:

$3CaO \cdot SiO_2$	Kurzzeichen C_3S	Schmelzpunkt 1900° C;
$2CaO \cdot SiO_2$	Kurzzeichen C_2S	Schmelzpunkt 2130° C;
$3CaO \cdot 2SiO_2$	Kurzzeichen C_3S_2	Zersetzungspunkt 1475° C;
$CaO \cdot SiO_2$	Kurzzeichen CS	Schmelzpunkt 1540° C (vgl. Abb. 122 u. auch Abschn. 5.173).

Dabei tritt zuerst stets das Orthosilikat C_2S auf, wie J. W. Cobb [23] und J. A. Hedvall [26] feststellten und W. Jander u. E. Hoffmann [27] sowie K. Hild u. G. Trömel [28] bestätigten.

Im weiteren Verlauf der Reaktion entstehen dann durch ähnliche Grenzflächenprozesse an der Kalkseite der Zwischenschicht das kalkreiche C_3S, an der Quarzitseite die kieselsäurereicheren Verbindungen C_3S_2 und CS, das Metasilikat. Da die dünne Kalkhaut bald aufgezehrt ist, endet die Reaktion an der Kalkseite vorzeitig, während sie an der Quarzitseite unbehindert weiterverläuft. Dort breitet sich das stabile Metasilikat CS auf Kosten der metastabilen bzw. instabilen Zwischenphasen C_2S und C_3S_2 immer mehr aus, bis es schließlich allein neben Cristobalit vorhanden ist (vgl. auch Abschn. 1.332). W. Jander [25] studierte an Mischungen von Kalk und Kieselsäure die Entstehung und das Vergehen der verschiedenen Phasen als Funktion der Brenndauer bei 1200° C (Abb. 123). Bei der Übertragung dieser Ergebnisse auf die Vorgänge im Silikastein ist zu berücksichtigen, daß Jander gefällte Kieselsäure benutzte und innige Mischungen herstellte, während in der Praxis der wesentlich reaktionsträgere Quarz bzw. Cristobalit vorhanden ist und die Komponenten im Kleinbereich nahezu unvermischt nebeneinanderliegen.

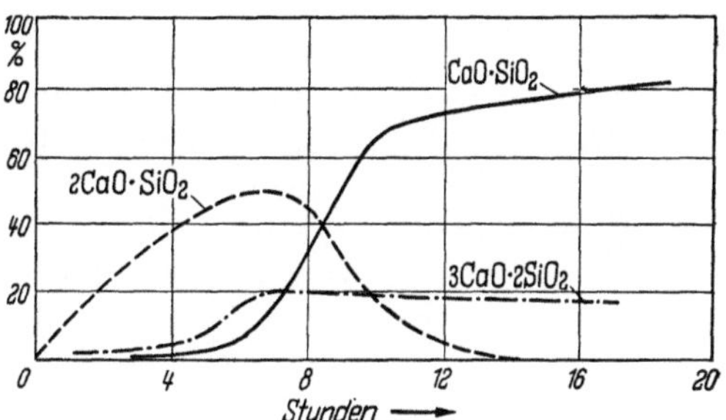

Abb. 123. Kalksilikatbildung im festen Zustand aus den Komponenten bei 1200° C (nach W. Jander), Mischungsverhältnis 1:1

Im Silikastein werden die Reaktionen daher wesentlich längere Zeit in Anspruch nehmen, lediglich beim Übergang einer Kieselsäuremodifikation in die andere (β–α-Quarz, α-Quarz $\rightarrow$ α-Cristobalit) ist mit einer erhöhten Reaktionsfähigkeit zu rechnen, wie J. A. Hedvall [29] zeigte. Jedenfalls ist nicht anzunehmen, daß sich das CS, mineralogisch als Pseudowollastonit bezeichnet, schon beim üblichen technischen Silikabrand in nennenswertem Umfang bildet, wohl aber führen Entglasungs- oder Sammelkristallisationsvorgänge, wie sie bei längerem Gebrauch der Silikasteine in der Grundmasse vorkommen, zur Entstehung von Pseudowollastonitkristallen [30]. Auch in Silikasteinen mit 4% CaO und mehr tritt der an seiner nadeligen Ausbildung, hohen Lichtbrechung und gelblichen Farbe kenntliche Pseudowollastonit auf.

Die erste Schmelze im Silikastein entsteht theoretisch bei der eutektischen Temperatur von 1436° C, praktisch aber wegen der Anwesenheit anderer Oxyde schon bei niedrigeren Temperaturen. Sie trägt wesentlich zur Verfestigung des Steines nach der Abkühlung bei.

Den Kalk setzt man der Rohmischung üblicherweise in Form von Kalkhydrat zu. Wird statt dessen *Kalziumfluorid* verwandt, so bildet sich beim Brand schon sehr früh eine Schmelzphase, da chemisch reiner Flußspat bei 1329° C schmilzt. In dieser Schmelze löst sich Kieselsäure unter Bildung von Kalziummetasilikat und dem flüchtigen Siliziumfluorid:

$$2\,CaF_2 + 3\,SiO_2 \rightleftarrows 2\,(CaO \cdot SiO_2) + SiF_4\,.$$

Das Siliziumfluorid entweicht z. T., der Rest zersetzt sich unter Abscheidung von Tridymit.

Die Reaktionen im festen Zustand werden hier weitgehend durch solche mit Beteiligung flüssiger Phasen ersetzt und dadurch die Einstellung des Gleichgewichtes und die Umwandlung des Quarzes beschleunigt sowie die Bildung von Tridymit begünstigt. Andererseits darf man nicht übersehen, daß ein Verlust an Kieselsäure eintritt, die sich an kälteren Teilen des Brennofens wieder absetzt.

Durch Zusatz von Kalk in Form von *Kalziumphosphat*, das im Thomasmehl, Superphosphat, Apatit usw. enthalten ist, soll eine besonders gute Umwandlung erzielt werden, wobei der Phosphatgehalt 0,4% nicht zu überschreiten braucht [*31*].

Mit ähnlicher Begründung wurden Kalziumchlorid [*32*], Zement [*33*] und Gips [*34*] als Zuschlagstoffe empfohlen.

Es ist zu erwarten, daß sich die übrigen Erdalkalioxyde und -salze ähnlich verhalten wie die entsprechenden Verbindungen des Kalziums, da sie ebenfalls Mischungslücken mit SiO_2 in der Schmelzphase aufweisen. Durch Versuche von J. KLEMENTZ [*35*] mit den Karbonaten von Magnesium, Kalzium, Strontium und Barium wurde festgestellt, daß *Magnesiumkarbonat* die relativ schlechteste und *Bariumkarbonat* die relativ beste Bindung ergab. Da Barium in der Natur vorwiegend als Sulfat in der Form von *Baryt* (Schwerspat) vorkommt, verwandte J. KLEMENTZ dieses Material als Zuschlagstoff und erzielte Steine mit sehr dichtem Gefüge und gegenüber normalen Silikasteinen doppelt so hoher Kaltdruckfestigkeit. Die Tridymitbildung soll außerordentlich gut gewesen sein. Danach scheinen Bariumsalze gute Umwandlungsförderer zu sein (bezüglich des Bariumsilikates siehe jedoch Tab. 29). Die Zusatzmenge des Bariumsulfates muß entsprechend seiner Dichte etwa doppelt so hoch sein wie bei Kalk.

Bariumsulfat setzt sich von etwa 1000°C ab mit Kieselsäure unter Bildung von Bariummetasilikat $BaO \cdot SiO_2$ (Schmelzpunkt 1600°C), Schwefeldioxyd und Sauerstoff um. Das Bariummetasilikat übernimmt dann die Rolle der Kalksilikate im normalen Silikastein, wobei ähnlich wie bei Flußspatzugabe mit einer frühzeitigen Entstehung von Schmelze gerechnet werden muß, da das Eutektikum zwischen $BaO \cdot 2SiO_2$ und SiO_2 bei 1325°C liegt. Die Entwicklung von SO_2 beim Brennen dürfte einer großtechnischen Auswertung des Verfahrens hinderlich sein.

2.15 Kieselsäure und Eisenoxyde

Eine ähnliche Mischungslücke wie zwischen Kieselsäure und Erdalkalien besteht auch zwischen dieser und dem Eisen(2)-oxyd (Abb. 124) [*36*]. Der Abfall der Schmelztemperatur zum Eutektikum bei 1178°C gegen Fayalit $2FeO \cdot SiO_2$ setzt erst bei einem FeO-Gehalt von $\sim 43\%$ ein. Wenn weniger FeO vorhanden ist, entsteht eine Mischung von Cristobalit- oder Tridymitkristallen einerseits und einer durch Fe_2O_3-Anteile dunkel gefärbten, sehr feinkristallinen Substanz, die etwa der eutektischen Schmelze entspricht, andererseits (Abb. 125). W. GRUM-GRJIMAJLO [*37*] berichtet, daß aus dem Probekegel

eines mit 14% Eisenoxyd durchtränkten Silikasteines die Eisensilikatschmelze
bei SK 32 unter Zurücklassung eines Tridymitskelettes auslief.

Neben FeO ist bei der Herstellung und der Verschlackung von Silikasteinen
stets Fe_2O_3 vorhanden. Reines FeO kann nur kristallisieren, wenn es ungefähr
12% Fe_2O_3 enthält (Abb. 124). In
Stickstoffatmosphäre geht Fe_2O_3
von 1150° C bis 1275° C in Fe_3O_4
über, in Gegenwart von SiO_2 setzt
sich die Dissoziation bis zum FeO
fort. In Luft beginnt die Sauerstoffabgabe erst ab 1375° C, bei
Gegenwart von SiO_2 jedoch schon
ab 1250° C.

Reines Fe_2O_3 bildet mit Kieselsäure keine Verbindungen, wohl
aber nach J. A. HEDVALL u. P. S.
SJÖMAN [38, 39] oberhalb 900° C
rot gefärbte feste Lösungen, wenn
die Kieselsäure in Form von Quarz
vorliegt. Cristobalit und Tridymit
ergeben diesen Effekt nicht, daher
muß angenommen werden, daß
die Kieselsäure nur in dem hoch

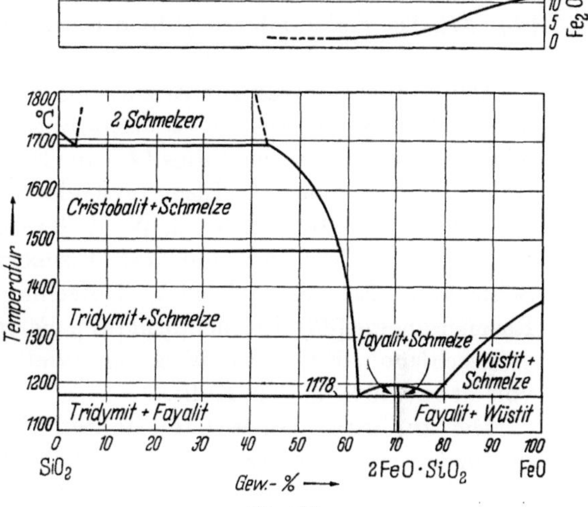

Abb. 124
System SiO_2-FeO (nach N. L. BOWEN u. J. F. SCHAIRER)

reaktionsfähigen Zustand beim Übergang α-Quarz $\rightarrow$ α-Cristobalit zur Lösungsbildung befähigt ist (vgl. Abschn. 2.13).

Auf jeden Fall erniedrigt Fe_2O_3 die Schmelztemperatur der Kieselsäure
nicht und wirkt daher nicht als Flußmittel. Nach W. J. CROOK [40], der Schmelzen wechselweise im Eisen- und
im Sandtiegel herstellte, reagiert
das FeO leichter mit Fe_2O_3 unter
Bildung von Magnetit Fe_3O_4, als
mit SiO_2 unter Fayalitbildung,
andererseits ist einmal vorhandener Fayalit gegen Oxydation
ziemlich beständig, so daß sich
aus ihm nur wenig Magnetit
bildet.

Wie Tab. 29 zeigt, fördert
Eisen(2)-oxyd — wenn auch
nicht besonders stark — die Umwandlung von Quarz in Tridymit. Vor allem russische Forscher benutzten diese Tatsache

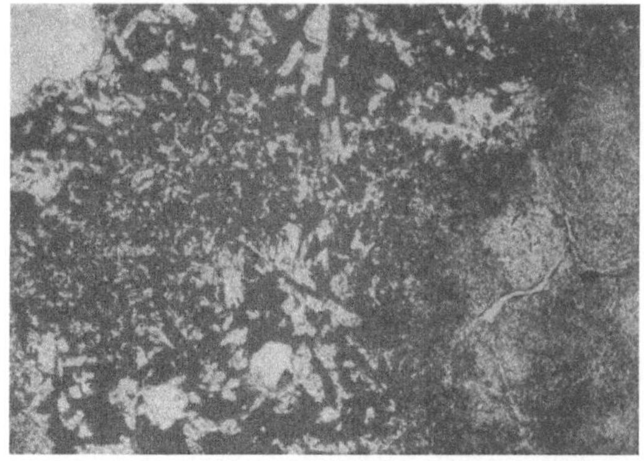
Abb. 125. Mit Eisenoxyd verschlackter Silikastein. Tridymitkristalle in dunklem, Fe_2O_3-haltigem, feinkristallinem Eutektikum. Rechts: Cristobalitreste

zur Herstellung gut umgewandelter Tridymitsteine [41]. In der Praxis zeigte
sich jedoch, daß der Zusatz von Eisen(2)-oxyd allein keine wesentliche Wirkung
auf den Stein ausübt, die Steinqualität jedoch stark verbessert wird, wenn
außerdem noch Kalk zugegeben wird. Dabei soll nach W. HUGILL u.

W. J. REES [*42*] der Kalkgehalt 1,5% nicht übersteigen. Diese Tatsache wird darauf zurückgeführt, daß der Kalk die oben beschriebenen Reaktionen im festen Zustand hervorruft, die zur Vorbereitung der Umwandlungsvorgänge wichtig zu sein scheinen. Außerdem wird etwa entstehendem *Kalziumferrit* (s. Abschn. 5.172) wegen seiner hohen Reaktionsfähigkeit ein günstiger Einfluß auf die Bindefähigkeit der Grundmasse und die Umwandlung zugeschrieben [*43, 44*]. Da Kalziumferrit jedoch Eisen(3)-oxyd enthält, dürfte sich diese Verbindung unter reduzierenden Brennbedingungen nur in geringem Umfang bilden.

Der einfachste Weg zur Erzeugung von Eisen(2)-oxyd im Silikastein besteht in der Reduktion des im Quarzit enthaltenen Eisen(3)-oxyds durch Zusatz feingemahlenen Kohlenstoffes [*45*] in Form von Holzkohlepulver oder Koksstaub. Da der normale Eisenoxydgehalt der Quarzite meist nicht ausreicht, empfahlen P. P. BUDNIKOW u. W. M. BARIS [*41*] die Zugabe von eisenschüssigem Quarzit aus dem Abraum der Eisenerzgewinnung. Auch Siemens-Martin-Schlacken, Schweißschlacken, Rotschlamm aus der Aluminiumgewinnung, Raseneisenerze [*46*], Eisenchlorid [*47*], Ferrooxalat [*48*], Gichtstaub usw. wurden vorgeschlagen. Eine gute Wirkung erzielt man mit Eisenpulver [*49*] in Mengen von etwa 1,5% neben Kalk.

Die auf diese Weise hergestellten Steine, die z. T. als *Schwarzdinas* bezeichnet werden, besitzen eine sehr hohe Kaltdruckfestigkeit, nach K. ENDELL u. R. HARR [*50*] bis zu 760 kg/cm², eine bessere Temperaturwechselbeständigkeit als normale Silikasteine und eine gute Druckfeuerbeständigkeit. Sie sollen im Siemens-Martin-Ofen-Gewölbe besser halten als übliche Steine. Ein Eisenoxydgehalt bis zu 6% verschlechtert nach ENDELL u. HARR die Eigenschaften noch nicht. Für Koksofenqualitäten dürfen Eisenoxydzuschläge allerdings nicht verwandt werden.

2.16 Kieselsäure und Tonerde

Im Gegensatz zu den bisher besprochenen Stoffen erniedrigt bereits ein kleiner Zusatz von Tonerde den Schmelzpunkt der Kieselsäure stark (Abb. 126). Noch stärker wird der Schmelzpunkt herabgesetzt, wenn außer Tonerde Kalk im Versatz vorhanden ist. Die Mischungslücke des reinen Systems SiO_2–CaO schließt sich dann, und es entstehen ternäre eutektische Schmelzen bei ∼1165 bzw. 1345° C (vgl. Abb. 31). Schon bei etwas erhöhtem Tonerdegehalt wird dadurch der Anteil an Schmelzphase in Silikasteinen so stark vermehrt, daß die Druckfeuerbeständigkeit merklich absinkt. Abb. 127 zeigt den theoretischen Anteil an Schmelzphase bei verschiedenen Temperaturen für Mischungen von Kieselsäure mit 2% Kalk und wechselnden Mengen Al_2O_3 nach H. M. KRANER [*51*] und J. MACKENZIE [*52*]. Praktisch dürfte er noch höher liegen, weil die ebenfalls als Flußmittel wirkenden, stets vorhandenen Alkalien und Eisenoxyde nicht berücksichtigt wurden.

Als weitere unerwünschte Wirkung verzögert Tonerde offenbar die Umwandlung Quarz–Cristobalit. Dafür sprechen u. a. die hohen Anteile an Restquarz sogar in lange gebrauchten, sauren Schamottesteinen. Aus diesen Gründen sollte der Al_2O_3-Gehalt der Silikasteine so niedrig wie möglich gehalten werden.

Früher wurden sog. *Tondinassteine* aus Quarzit mit Ton- oder Kaolinbindung hergestellt, welche 3 bis 3,5% [*53*], keinesfalls aber mehr als 6% plastischen Ton oder Kaolin enthielten. Zur Erhöhung der Bildsamkeit wurde das Bindemittel mit Wasserglas oder geeigneten Elektrolyten verflüssigt (vgl. Abschn. 3.123). Beim Brennen reagiert der Quarzit wegen hoher Zähigkeit der entstehenden Schmelzen nur wenig mit dem Bindemittel (vgl. Abschn. 1.333).

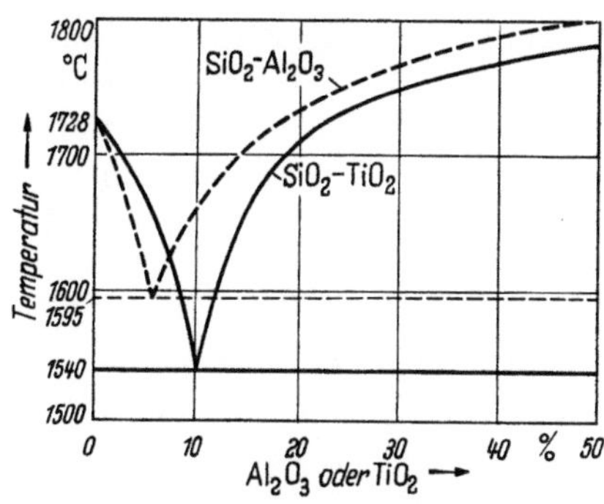

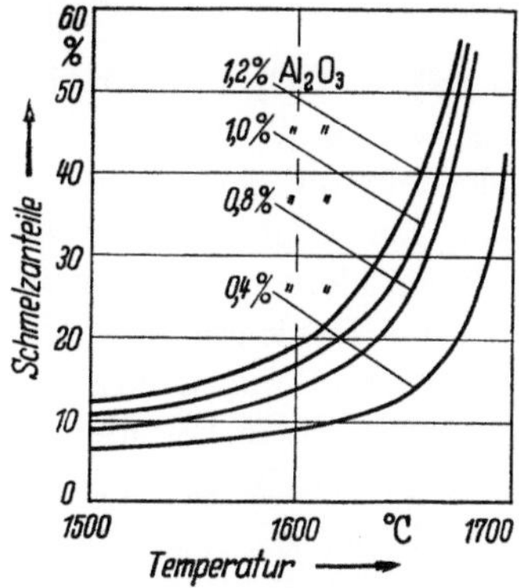

Abb. 126. System SiO_2–Al_2O_3 und SiO_2–TiO_2 für hohe SiO_2-Gehalte

Abb. 127. Prozentualer Schmelzanteil bei verschiedenen Temperaturen in Mischungen von Kieselsäure mit 2 % CaO und wechselnden Al_2O_3-Mengen (nach J. MACKENZIE)

Die Feuerfestigkeit und Druckfeuerbeständigkeit der Tondinassteine sind merklich geringer als diejenigen kalkgebundener Silikasteine, dafür sind die Kaltdruckfestigkeit, vor allem die Kantenfestigkeit (Bindung mittels plastischer Stoffe) und die Abschreckfestigkeit besser. Die tongebundenen Steine sind empfindlich gegen den Angriff eisen- und manganreicher sowie kalkreicher Schlacken, da diese Stoffe die gebrannte Tonsubstanz leicht auflösen, so daß die Bindung im Stein versagt und die Quarzitkörner fortgeführt werden. Nach Beobachtungen von E. WILL u. W. HÜLSBRUCH [54] nahmen Tondinassteine in den Gitterkammern eines SM-Ofens Schwefel aus den durchstreichenden Brenngasen auf und gaben ihn später an die Abgase wieder ab. Das Heizgas wurde dabei bis zu 75% entschwefelt.

Hochfeuerfeste Steine lassen sich aus Quarz oder Quarzit mit reinem *Aluminiumhydrat* oder *γ-Tonerde* (s. Abschn. 4.112) herstellen, da solche Mischungen praktisch alkalifrei sind und keine sonstigen Flußmittel enthalten. Die an der Grenze zwischen Quarzit und Bindemittel entstehenden eutektischen Schmelzen sind dann so zähe, daß ein fester Steinverband nur bei sehr hoher Brenntemperatur erzielt werden kann.

Neuerdings ist auch vorgeschlagen worden, *Aluminiumphosphat* $AlPO_4$ als Zuschlagstoff zu benutzen [55], weil diese Verbindung beim Erhitzen ähnliche Modifikations- und Dichteänderungen durchmacht wie Quarz, und weil Phosphorsäure überdies erfahrungsgemäß die Umwandlung fördert. Technisch können $AlPO_4$-reiche Rückstände aus der Amblygonit-Aufbereitung bei der Lithiumgewinnung benutzt oder aber Tonerde und Phosphorsäure getrennt dem Versatz zugegeben werden.

Es ist jedoch zu befürchten, daß die Kieselsäure bei hohen Temperaturen die Phosphorsäure trotz der Beständigkeit des $AlPO_4$ verdrängt und so Tonerde als unerwünschter, die Feuerfestigkeit herabsetzender Gemengeteil entsteht. Bei getrennter Zugabe von Tonerde und Phosphorsäure wäre dann mit einer Unterbindung der $AlPO_4$-Bildung zu rechnen.

2.17 Kieselsäure und Titansäure

Titansäure TiO_2 erniedrigt den Schmelzpunkt der Kieselsäure ebenfalls, aber nur etwa halb so stark wie die Tonerde (s. Abb. 126). In letzter Zeit sind Beispiele bekannt geworden, bei denen sich trotz relativ hohen TiO_2-Gehaltes nur wenig Schmelze beim Brennen bildete [52], weil die Titansäure zum großen Teil in Form kleiner *Rutilnadeln* in die Quarzkörner eingelagert war und daher nicht an der Reaktion mit der Bindesubstanz teilnahm.

Die Umwandlung Quarz → Cristobalit soll nach J. MACKENZIE [52] durch Titansäure eindeutig beschleunigt werden, ein Ergebnis, welches im Gegensatz zu älteren Feststellungen von C. J. NIEUVENBURG u. C. N. J. NOOIJER [7] steht (vgl. Tab. 29).

2.18 Kieselsäure und Alkalien

Alkalien sind die stärksten bekannten Flußmittel für Kieselsäure und gleichzeitig die stärksten Umwandlungsbeschleuniger. Die eutektischen Schmelzpunkte zwischen den Disilikaten $R_2O \cdot 2SiO_2$ bzw. $K_2O \cdot 4SiO_2$ und SiO_2

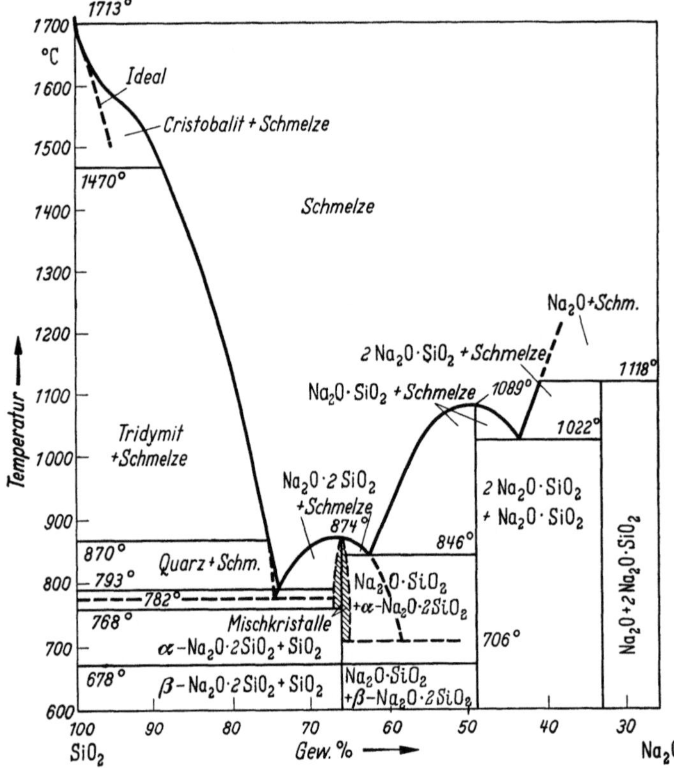

Abb. 128. System SiO_2-Na_2O (nach F. C. KRAČEK)

liegen zwischen 700 und 800° C, wie z. B. das Zweistoffsystem SiO_2–Na_2O (Abb. 128) nach Untersuchungen von F. C. Kraček [56] zeigt. Die leichte S-förmige Biegung der Liquiduskurve des Cristobalits stellt eine Andeutung des bei den Erdalkalien ausgeprägten Entmischungsgebietes dar. Die Tendenz zur Entmischung ist also auch bei den Alkalien vorhanden. In Mischungen mit Lithiumoxyd liegt der eutektische Schmelzpunkt zwischen $Li_2O \cdot 2 SiO_2$ und SiO_2 bei 1028° C [57].

Ein Zusatz von 0,5% Na_2O zum Quarz ruft bereits bei 800° C eine vollständige Umwandlung in Tridymit hervor [58]. Bei sorgfältigster Verteilung der Alkalien bewirken sogar noch geringere Mengen eine befriedigende Umwandlung [59]. Auf dieser Tatsache fußen die zahlreichen Vorschläge zur Verwendung alkalihaltiger Substanzen als Zuschlagstoffe, bei denen bewußt eine Verringerung der Feuerfestigkeit in Kauf genommen wird. Im einzelnen wurden Soda und Wasserglas, jedes allein oder beides gemischt oder in Verbindung mit Kalk, ferner Pottasche, Alaun und Feldspat empfohlen [60].

Ein wesentlicher Nachteil der Alkaliverbindungen bei ihrer Verwendung in Silikasteinen besteht darin, daß sie meistens wasserlöslich sind. Es muß dann beim Trocknen mit Wanderungen der Alkalien im Stein gerechnet werden, die zu einer ungleichmäßigen Verteilung führen und sich auf die Eigenschaften des fertigen Steines sehr nachteilig auswirken können. Um diesem zu begegnen, verwandten H. Salmang u. B. Wentz [61] das wasserunlösliche *Natriumferrit*, das außerdem noch die umwandlungsbeschleunigende Wirkung des Natriumoxydes mit der des Eisenoxydes vereinigen sollte. H. Salmang [62] schlug vor, daneben noch Kalk als Zuschlagstoff einzuführen. Da jedoch in der Stahlwerkspraxis eine möglichst hohe Feuerfestigkeit bei mittlerer Umwandlung verlangt wird, ist die Entwicklung der Tridymitsteine nicht weiter verfolgt worden.

2.19 Zusammenfassung

Der vorstehende Überblick zeigt, daß es bisher trotz vielseitiger Bemühungen nicht gelungen ist, einen besseren Zuschlagstoff für den Silikastein als Kalkhydrat zu finden. Dieses Material ermöglicht eine gute Sinterung der Quarzitmasse, ohne dabei die Feuerfestigkeit merklich zu erniedrigen und fördert die Umwandlung in ausreichendem Maße. Sein günstiges Verhalten ist offenbar durch die Kombination von Reaktionen im festen Zustand mit der Wirkung wenig viskoser Schmelzflüsse bedingt. Wirkliche darüber hinausgehende Verbesserungen konnten bisher nur durch zusätzliche Verwendung von Eisenoxyden erzielt werden, sie haben vor allem dort technische Bedeutung erlangt, wo nur schlecht umwandlungsfähige Felsquarzite zur Verfügung stehen. Aber auch in der deutschen Stahlwerkspraxis konnten sich Silikasteine mit Eisenoxydzusatz als Spezialqualitäten neben normalen kalkgebundenen Steinen behaupten.

Schrifttum

[1] le Chatelier, H.: La Silice es les Silicates. Paris 1914
[2] Sosman, R. B.: Properties of Silica. New York 1927
[3] Endell, K., u. E. Pfeiffer: Werkstoffausschußber. VDEh. Nr. 91 (1926)
[4] Flörke, W.: Ber. DKG. Bd. 32 (1955) S. 369/81
[5] Fenner, C. N.: Z. anorg. allg. Chem. Bd. 85 (1914) S. 133/97

[6] Vgl. McDowell, J. S.: Trans. Amer. Inst. Mining metallurg. Engr. Bd. 57 (1917) S. 3/61

[7] Nieuvenburg, C. J., u. C. N. J. Nooijer: Recueil Trav. Chim. Pays-Bas Bd. 47 (1928) S. 627; Ref. Ber. DKG. Bd. 9 (1928) S. 491/94

[8] Rieke, R., u. K. Endell: Z. anorg. allg. Chem. Bd. 79 (1912) S. 239/59

[9] Greig, J. W.: Amer. J. Sci. Bd. 13 (1927) S. 1/44

[10] Travers, A., u. V. de Goloubinoff: Rev. Metallurgie Bd. 23 (1926) S. 27/47 u. 100/17

[11] Kyropoulos, S.: Z. anorg. allg. Chem. Bd. 99 (1917) S. 197/200

[12] Sosman, R. B.: Trans. Brit. ceram. Soc. Bd. 54 (1955) S. 655/69

[13] Weiss, Al., u. Ar. Weiss: Z. anorg. allg. Chem. Bd. 276 (1954) S. 95

[14] Coes, L.: Science Bd. 118 (1953) S. 131

[15] Keat, P. P.: Science Bd. 120 (1954) S. 328

[16] Vgl. Cole, S. S.: J. Amer. ceram. Soc. Bd. 18 (1935) S. 149/54

[17] Vgl. Chesters, J. H., u. C. W. Parmelee: J. Amer. ceram. Soc. Bd. 17 (1934) S. 50/59

[18] Vgl. Schwiete, H. E., u. H. Stollenwerk: Arch. Eisenhüttenwes. Bd. 26 (1955) S. 583/87 u. Bd. 28 (1957) S. 17/30

[19] Stollenwerk, H.: Diss. Aachen 1955

[20] Mellor, J. W., u. A. J. Campbell: Trans. Brit. ceram. Soc. Bd. 15 (1916) S. 77/85

[21] Greig, J. W.: Amer. J. Sci. 5. Serie, Bd. 13 (1927) S. 1/44; s. auch Eitel, W.: The Physical Chemistry Of The Silicates, S. 646/47. Chicago 1954

[22] Hedvall, J. A.: Einführung in die Festkörperchemie, S. 226. Braunschweig 1952

[23] Cobb, J. W.: J. Soc. chem. Ind. Bd. 29 (1910) S. 69, 250, 335, 399, 608 u. 799

[24] Jander, W., u. W. Scheele: Z. anorg. allg. Chem. Bd. 214 (1933) S. 55/64

[25] Jander, W.: Z. anorg. allg. Chem. Bd. 47 (1934) S. 235/38

[26] Hedvall, J. A.: Z. anorg. allg. Chem. Bd. 28 (1916) S. 57/69

[27] Jander, W., u. E. Hoffmann: Z. anorg. allg. Chem. Bd. 218 (1934) S. 211/23

[28] Hild, K., u. G. Trömel: Z. anorg. allg. Chem. Bd. 215 (1933) S. 333/44

[29] Hedvall, J. A.: Z. angew. Chem. Bd. 44 (1931) S. 781/88

[30] Koeppel, C.: Feuerfeste Baustoffe, S. 150. Leipzig: S. Hirzel 1938

[31] DRP. 398578 (1924)

[32] Franz. Pat. 617049

[33] US-Pat. 1344461

[34] DRP. 69318

[35] Klementz, J.: Ber. DKG. Bd. 30 (1953) S. 257

[36] Bowen, N. L., u. J. F. Schairer: Amer. J. Sci. Bd. 24 (1932) S. 177/213

[37] Grum-Grjimajlo, W.: Feuerfest Bd. 4 (1928) S. 125

[38] Hedvall, J. A., u. P. S. Sjöman: Fortschr. Mineralog., Kristallogr. Petrogr. Bd. 20 (1936) S. 239/50

[39] Hedvall, J. A., u. P. S. Sjöman: Z. Elektrochem. Bd. 37 (1931) S. 130

[40] Crook, W. J.: J. Amer. ceram. Soc. Bd. 22 (1939) S. 322/34

[41] Budnikow, P. P., u. M. W. Baris: Tonind.-Ztg. Bd. 59 (1935) S. 65/66 u. 191

[42] Hugill, W., u. W. J. Rees: Trans. Brit. ceram. Soc. Bd. 30 (1931) S. 321/27 u. 330/36

[43] Salmang, H., u. B. Wentz: Ber. DKG. Bd. 12 (1931) S. 1/29 u. Bd. 14 (1933) S. 141/55

[44] Salmang, H., u. H. J. Lüngen: Tonind.-Ztg. Bd. 57 (1933) S. 650/51

[45] Eitel, W.: Physikalische Chemie der Silikate, 1. Aufl. S. 312

[46] DRP. 493462 (Koppers)

[47] Rees, W. J., u. W. Hugill: Trans. Brit. ceram. Soc. Bd. 25 (1926) S. 309/13

[48] Grum-Grjimajlo, W.: Feuerfest Bd. 4 (1928) S. 105/06

[49] DRP. 590295 (1930)

[50] Endell, K., u. R. Haar: Werkstoffausschußber. VDEh. Bd. 79 (1925); s. auch Glastechn. Ber. Bd. 4 (1926) S. 43/57

[51] Kraner, H. M.: Amer. Inst. Mining metallurg. Engr., Open Hearth Proceed Bd. 27 (1944) S. 203

[52] Mackenzie, J.: Trans. Brit. ceram. Soc. Bd. 51 (1952) S. 136/57

[53] Rees, J. W., u. W. Hugill: Trans. Brit. ceram. Soc. Bd. 28 (1929) S. 221

[*54*] WILL, E., u. W. HÜLSBRUCH: Mitt. Versuchsanstalt Dortmunder Union Bd. 1, S. 242
[*55*] TRÖMEL, G., u. K. H. OBST: DBP. 936620 (1955)
[*56*] KRAČEK, F. C.: J. physic. Chem. Bd. 34 (1930) S. 1583/98
[*57*] KRAČEK, F. C.: J. physic. Chem. Bd. 34 (1930) S. 2641/50
[*58*] LONGCHAMBON, L.: Céramique (1929) S. 219/23
[*59*] LONGCHAMBON, L.: Corriere dei Ceramisti Bd. 12 (1931) S. 335/41
[*60*] SEARLE, A.: Refractory Materials, Their Manufacture and Uses, S. 414ff. London:
Charles Griffin u. Comp. 1950
[*61*] SALMANG, H., u. B. WENTZ: Ber. DKG. Bd. 12 (1931) S. 1/29 u. (1933) S. 141/55
[*62*] SALMANG, H.: DRP. 555767 (1930), Zusatzpatent 556861 (1931)

2.2 Rohstoffe und Lagerstätten

Die zur Silikasteinherstellung verwandten Rohstoffe sollen hohe Feuerfestigkeit, gute Umwandlungsfähigkeit in Cristobalit, hohe Härte sowie große Festigkeit und Dichte aufweisen.

Die *Feuerfestigkeit* geht parallel der chemischen Reinheit des Rohstoffes. Forderungen nach hohen Reinheitsgraden sind jedoch dadurch Grenzen gesteckt, daß sich sehr reine Rohstoffe zu träge umwandeln. Man muß also gewisse als *Mineralisatoren* wirkende Verunreinigungen zugestehen. Außer diesen Mineralisatoren hat die Struktur der Gesteine Einfluß auf ihre Umwandlungsfähigkeit (s. Abschn. 2.13). Gesteinstypen mit sehr träger Umwandlung, wie z. B. Gangquarze, sind meist nicht geeignet für die Silikasteinerzeugung, weil bei ihnen mit beträchtlichen Nachdehnungen im Betrieb zu rechnen ist. Andererseits können haltbare Steine aus sich extrem schnell umwandelnden Rohstoffen, z. B. Achaten oder Feuersteinen, nur nach einem Vorbrand hergestellt werden.

Allgemein werden daher Rohstoffe mit einer mittleren Umwandlungsgeschwindigkeit vorgezogen, bei welchen sich die Volumenänderungen überwiegend während des ersten Brandes abspielen, aber doch so langsam, daß das Steingefüge die Ausdehnungen ohne Rißbildung aufnehmen kann. Einer solchen Forderung genügen vor allem die Quarzite, wenn sich auch die verschiedenen Typen nicht gleichmäßig verhalten. Die aus großen Quarzkörnern bestehenden Felsquarzite wandeln sich im allgemeinen langsamer um als Zement- oder Findlingsquarzite mit feinkörnigem oder kryptokristallinem Bindemittel. Die letzten zeichnen sich außerdem meist durch größere chemische Reinheit aus. Die Verwendung der Quarzitsorten muß sich daher nach den Anforderungen an die gewünschte Steinqualität richten.

Die Eigenschaften der fertigen Steine hängen besonders von ihrem *Kornaufbau* ab. Das Korn muß fest, kantig und splittrig sein, damit es durch gegenseitige Verzahnung oder Verhakung eine gut zusammenhaltende Masse ergibt. Ein solches Korn läßt sich nur aus hartem und festem Gestein durch Brechen und Mahlen gewinnen. Hierin sind die Quarzite den anderen Kieselsäuregesteinen im allgemeinen überlegen. Lockere Quarzsande können nur in geringem Prozentsatz neben Quarzit Verwendung finden. Neuerdings sind jedoch Verfahren ausgearbeitet worden, um aus Quarzsand allein durch geeigneten Kornaufbau und teilweise Feinmahlung Silikasteine herzustellen [*1*]. Sie werden aber in der Praxis noch nicht angewandt.

Schließlich sollen die Silikasteine möglichst dicht sein, d. h. geringe *Porosität* besitzen, um chemisch angreifenden Schlacken möglichst großen Widerstand leisten zu können. Voraussetzung hierfür ist, daß die Rohstoffe selbst dicht sind. Das ist bei den Quarziten gewöhnlich der Fall, nicht aber z. B. bei Sandsteinen und vielen verkieselten Kalken.

2.21 Felsquarzite

2.211 Entstehung

Die Felsquarzite sind entstanden aus Sanden unter Einwirkung eines hohen Gebirgsdruckes, durch den die Körner miteinander verschweißt wurden. Bei Anwesenheit kieselsäurehaltigen Wassers in den Poren wird dieser Verfestigungsvorgang beschleunigt und verstärkt, weil sich aus den Lösungen kolloidale Kieselsäure ausscheidet und die Quarzkörner miteinander verkittet. Die kolloidale Kieselsäure geht später in Quarz über, der kristallographisch genau so orientiert ist wie die benachbarten Körner, so daß die Grenze zwischen Korn und Zement nur selten zu erkennen ist (ergänzendes Zement s. Abb. 134). Durch diese Vorgänge und die Deformation der Quarzkörner unter Wirkung eines starken Belastungsdruckes wird der Porenraum zwischen den Körnern nahezu ausgefüllt, es entsteht das als *Pflasterstruktur* (Abb. 129) oder *kristalline Struktur* bezeichnete dichte Gefüge.

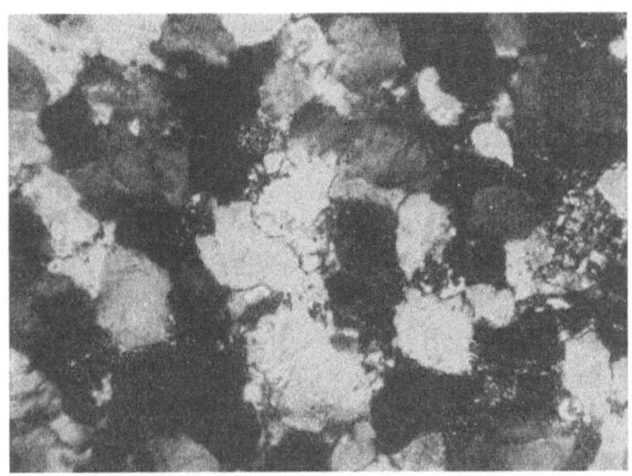

Abb. 129. Felsquarzit von Schöneberg im Hunsrück mit Pflasterstruktur. Dünnschliff, gekreuzte Nikols (Vergr. 26×)

Solange die Korngrenzen deutlich als mechanische Schwächezonen erscheinen und die einzelnen Körner nicht oder nur wenig deformiert sind, wird das Gestein als *Sandstein* bezeichnet. Erst wenn die Verbindung zwischen den einzelnen Körnern so fest ist, daß der Bruch beim Durchschlagen quer durch die Körner hindurchgeht, ist der Name Quarzit berechtigt. Gewisse als *quarzitische Sandsteine* bezeichnete Übergangstypen zwischen Sandsteinen und Quarziten werden gelegentlich zur Herstellung feuerfester Steine herangezogen.

Unter der Einwirkung sehr starker tektonischer Drucke und hoher Belastung bildet sich sog. *Quarzitschiefer* mit besonders stark deformierten Quarzen. Diese Textur tut der Verwendbarkeit der Quarzitschiefer für die Silikasteinherstellung — im Gegensatz zu einer Feinschichtung — meist keinen Abbruch, da auf den Schieferflächen im allgemeinen keine tonigen Substanzen angehäuft sind. Bei der Deformation kann ein Teil der Quarzkörner zertrümmert werden, so daß eine *Mörtelstruktur* entsteht, die an Zementquarzite mit granulösem Zement erinnert, obgleich beide Typen nichts miteinander zu tun haben (Abb. 130). Örtlich kann die zertrümmerte Masse in Chalzedon umgewandelt sein.

Durch fließendes Wasser werden gelegentlich Gerölle aus abgetragenen Felsquarzitbänken zu konglomeratischen Lagern zusammengespült (Quarzitkonglomerate). Die Gerölle liegen entweder in einem weichen, tonigen Bindemittel oder sind durch kieseliges Bindemittel wiederum zu einem festen Gestein verkittet worden. Im letzteren Fall spricht man von *Konglomeratquarziten*, die eine Zwischenstellung zwischen Fels- und Zementquarziten einnehmen (Abb. 131).

Nur selten sind die Sande, aus denen die Quarzite hervorgegangen sind, von Natur so rein, wie es für feuerfeste Zwecke erforderlich ist. Sie enthalten fast stets gewisse Beimengungen von Kaliglimmer und Serizit, oft auch solche von Feldspat und Gesteins-

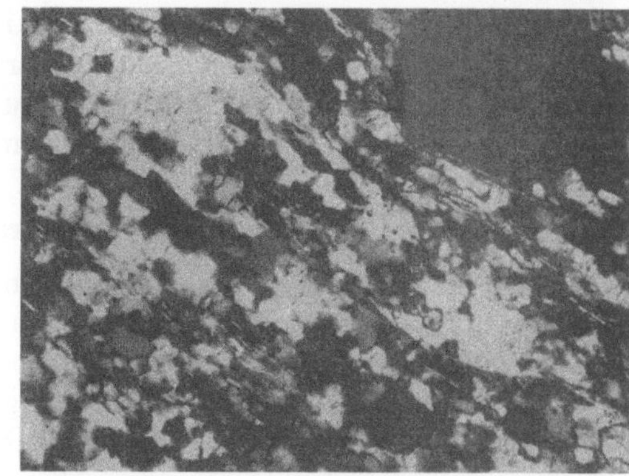

Abb. 130. Felsquarzit aus Schweden mit Mörtelstruktur. Dünnschliff, gekreuzte Nikols (Vergr. 47 ×)

bröckchen. Von den in kaum einem Faltengebirge fehlenden großen Quarzitzügen kommen daher immer nur kleine, besonders reine Partien für eine Ausbeutung zu feurfesten Zwecken in Frage.

Vielfach sind diese geeigneten Zonen erst nach der Ablagerung von unerwünschten Beimengungen gereinigt worden, und zwar entweder vor oder nach ihrer Verfestigung. Eine Reinigung vor der Verfestigung ist durch die Einwirkung organischer Substanzen in der Weise möglich, daß *Humussäuren* und *Kohlensäure* die tonhaltigen Mineralien zersetzen und das Grundwasser die Zersetzungsprodukte fortführt. Auf diese Weise soll nach W. Davies [2] der englische *Ganister* entstanden sein. Nach der Verfestigung können die Quarzite von mineralischen Lösungen, die aus vulkanischen Herden stammen und auf großen Störungen emporstiegen, durchtränkt werden.

Abb. 131. Konglomeratquarzit von Quegstein (Siebengebirge) Dünnschliff, halbgekreuzte Nikols (Vergr. 19 ×) links Geröll, rechts verkittete Quarzkörner

Wenn solche Lösungen ihren Gehalt an Metallsalzen in Form von Erzen ausgeschieden haben, enthalten sie vorwiegend Kohlensäure, die auf Glimmer und Feldspate lösend wirkt und so die Quarzite reinigen kann. Nach W. Davies [2] sind die wichtigsten, für feuerfeste Zwecke geeigneten Felsquarzitlagerstätten Großbritanniens an große Störungen gebunden, die auch vulkanischen Lösungen als Aufstiegsbahnen gedient haben.

In ihren physikalischen Eigenschaften unterscheiden sich die Felsquarzite stark voneinander. Während sich die Mehrzahl relativ träge in Cristobalit umwandelt, gibt es einige Vorkommen, die in ihrer Umwandlungsgeschwindigkeit nicht hinter guten Zementquarziten zurückstehen, ohne daß die Ursachen für das unterschiedliche Verhalten erkennbar sind. Meist dürfte es durch submikroskopische Einschlüsse in den Quarzkristallen, die als Mineralisatoren wirken, vielleicht auch durch Gitterstörungen bedingt sein, wie sie sich in undulöser Auslöschung bei der Beobachtung im polarisierten Licht äußern.

2.212 Verbreitung

Da die Felsquarzite zu ihrer Entstehung einen beträchtlichen Gebirgsdruck benötigten, treten sie vorwiegend in den Rumpfgebieten alter Faltengebirge auf, die in früheren geologischen Epochen in tiefere Zonen der Erdkruste versenkt waren und später wieder so stark gehoben wurden, daß die hangenden Schichten abgetragen werden konnten. Die Quarzite selbst sind meist stark gefaltet und verworfen.

Die ältesten Faltengebirge Europas finden sich in *Skandinavien* und *England*. In ihnen kommen neben einer Fülle von metamorphen Gesteinen (Gneis, Glimmerschiefer usw.) auch Felsquarzite und Quarzitschiefer vor. In Schweden werden derartige Quarzite gewonnen und zur Silikasteinherstellung benutzt. Sehr ausgedehnte Lager finden sich u. a. auf der Insel Valön im Wenersee (Tab. 33, Analyse 1). Sie sind sehr feinkörnig und durch den Gebirgsdruck stark gepreßt (Abb. 130).

Tabelle 33. *Analysen verschiedener Felsquarzite*

Nr.	Herkunft	SiO_2 %	Al_2O_3 %	TiO_2 %	Fe_2O_3 %	CaO %	MgO %	Alk. %	Glüh-verlust %	SK
1	Valön, Schweden	98,35	0,76		0,44	0,25		—	—	—
2	Bwlch-Gwyn, Wales	96,63	1,06	0,13	0,94	Spur	0,29	0,40	0,42	—
3	Köppern, Taunus	94,4	4,2		0,46	Spur	0,11	0,20	0,70	32
4	Friedberg, Taunus	95,9	2,9		0,1	Spur	0,4	?	0,70	34
5	Schöneberg, Hunsrück	98,04	1,21		0,31	0,14	Spur	?	0,25	—
6	Sterzhausen b. Marburg	95,7	2,4		0,4	0,4	0,1	?	1,0	—
7	Kellerwald	96,62	1,73	0,24	0,41	Spur	0,1	?	0,52	33/34
8	Weilmünster	97,89	1,04		0,73	0,10	0,15	?	0,30	35
9	Stolberg	94,83	3,23		0,46	?	?	?	1,01	33/34
10	Stolberg	96,67	1,74		0,71	0,14	0,07	—	—	33
11	Salzuflen	97,1	1,9		0,1	0,1	0,1	?	0,70	35
12	Velpke	96,2	2,0		0,2	0,2	0,1	?	1,3	35
13	Lombardei	97,5	1,06		0,75	0,60		—	—	—
14	Sharon-Konglomerat	98	0,7	0,1	0,5	—	—	0,1	?	—

In England enthalten diese alten Quarzite meist zuviel Glimmer und Feldspat, um für die Silikasteinherstellung brauchbar zu sein. Nur die Lager von Holyhead und Porthwen auf der Insel Anglesey besitzen wirtschaftliche Bedeutung.

Die wichtigsten englischen Quarzitlagerstätten sind jünger und gehören dem Flözleeren der Karbonformation, dem sog. *Millstone Grit* an. Im Neath-Tal in Glamorganshire wird der berühmte *Dinas*-Quarzit gewonnen, der etwa $^1/_2\%$ CaO, ebensoviel Fe_2O_3 und etwa 2% Al_2O_3 enthält. Er ist gelblich oder grau gefärbt und an den Ecken durchscheinend. Der Dinas-Quarzit kommt als fester Fels, als Brocken oder als lockerer Sand mit dünnen Tonlagen vor.

In Nordwales tritt ein ähnlicher Quarzitzug karbonischen Alters auf, der bei Bwlch-Gwyn gut brauchbare Bänke enthält. Der Bwlch-Gwyn-Quarzit ist einer der wichtigsten Quarzite Großbritanniens (Tab. 33, Analyse 2).

Die obersten Lagen des Millstone Grit dicht unter den ersten Kohlenflözen enthalten den *Ganister,* der bei Sheffield in großem Umfang abgebaut wurde. Diese Lager sind aber größtenteils erschöpft. Große Vorräte an Ganister finden sich noch im South-Tyne-Tal im North-Penine-Gebirge.

Die in England die wichtigsten und größten Quarzitlager bergende Karbonformation ist in *Deutschland* weniger ergiebig. Nur im Aachener Bezirk finden sich in den karbonischen Kohlensandsteinen Quarzitbänke, die aber meist neben einem beträchtlichen Eisenoxyd-gehalt auch mehrere Prozent Al_2O_3 aufweisen. Die größten dieser Lager befinden sich bei Eschweiler, Jüngersdorf und Stolberg (Tab. 33, Analysen 9 u. 10), sie sind heute teilweise erschöpft.

Wesentlich ausgedehnter sind die Quarzitlager in der darunterliegenden *Devonformation,* deren Gesteine das Rheinische Schiefergebirge und den Harz zum überwiegenden Teil zusammensetzen. Vor allem enthält der Zug des Taunusquarzites zahlreiche Vorkommen, die seit langen Jahren für die Herstellung von Koksofensteinen ausgebeutet werden. Der Quarzitzug beginnt im Westen im Idarwald, durchzieht den Hunsrück an seinem Südrand, kreuzt den Rhein bei Aßmannshausen, bildet östlich des Rheins den Kamm des Taunusgebirges und endet bei Friedberg in Hessen.

Der bei Bingen, Aßmannshausen, Köppern bei Saalburg und Oberrosbach bei Friedberg ausgebeutete Taunusquarzit hat einen relativ hohen Al_2O_3-Gehalt von 3 bis 5% und ist daher für Siemens-Martin-Ofen-Qualitäten unbrauchbar. Sein Fe_2O_3-Gehalt schwankt zwischen 0,5 und 3% (Tab. 33, Analysen 3 u. 4). Demgegenüber scheinen die erst kürzlich im Hunsrück bei Schöneberg und Stromberg erschlossenen Quarzitlager reiner zu sein, wie Tab. 33, Analyse 5, erkennen läßt. Unter dem Mikroskop zeigt der Taunusquarzit eine typische Pflasterstruktur mit Serizitschuppen auf den Korngrenzen und Serizitnestern (Abb. 129).

Von den übrigen Quarzitzügen devonischen Alters im Rheinischen Schiefergebirge ist der unterdevonische Koblenzquarzit wegen zu hohen Tonerdegehaltes für feuerfeste Zwecke nicht verwendbar, dagegen treten an der Grenze Oberdevon-Unterkarbon Quarzitbänke auf, die in ihrer Qualität dem Taunusquarzit ähneln. Hierher gehören Vorkommen von Weilmünster und Sterzhausen bei Marburg sowie der Gilsaquarzit des Kellerwaldes (Tab. 33, Analysen 6 bis 8). In ähnlicher geologischer Position tritt im Harz der Acker-Bruchbergquarzit auf.

Im *Thüringischen Schiefergebirge* und in *Schlesien* finden sich im Kambrium und in der Silurformation größere Quarzitlager, z. B. der Lobensteiner Quarzit bei Lobenstein, der Quarzit von Steinheid, vom Weißen Stein bei Hermsgrün sowie vom Hirschstein bei Greiz. Alle diese Vorkommen sind kambrischen Alters, während der hellgraue, dickbankige, sehr feinkörnige Hauptquarzit bei Schleiz, Gefell und im Saaletal dem Silur angehört. Über eine Verwendung dieser Vorkommen für feuerfeste Zwecke ist nichts bekannt geworden, lediglich der untersilurische Quarzit von Niesky in Niederschlesien wurde lange Zeit hindurch zur Silikasteinherstellung benutzt.

Eine Sonderstellung nimmt der in Gneis und Glimmerschiefer eingelagerte *Quarzschiefer* von *Krummendorf* ein, der nach Behauen und Zersägen ungebrannt als feuerfester Baustoff verwandt werden kann.

In den geologisch jüngeren Schichten sind nur in der obersten Stufe der Keuperformation *(Rhätische Stufe)* in Nordwestdeutschland neben Sandsteinen Felsquarzite vorhanden. Derartige Rhätquarzite treten in Lippe u. a. bei Salzuflen, Herford und Vlotho auf, ebenso in der Umgebung von Braunschweig bei Velpke (Tab. 33, Analysen 11 u. 12). In Lippe ist trotz günstiger Analysen einzelner Proben bisher kein Abbau zustande gekommen, da starke Eisenbeläge auf Klüften die Qualität beeinträchtigen. In Velpke treten die Quarzitbänke in einer Schichtenfolge von Werksandstein auf. Einen Überblick über die wichtigsten deutschen Quarzitlagerstätten und ihr geologisches Alter gibt die Tab. 34.

Tabelle 34. *Geologisches Alter der deutschen Felsquarzitvorkommen*

Geologische Formation	Stufe	Bezeichnung	Vorkommen	Analysen-Nr.	Bemerkungen
Trias	Keuper	Rhätquarzit	Lippe (Salzuflen, Vlotho, Herford)	11	kein Abbau
			Velpke bei Braunschweig	12	z. Z. nur Werksteinabbau
Perm		—	—		keine Quarzite
Karbon	Namur	Kohlensandstein	Stolberg, Jüngersdorf	9, 10	für Koksofensteine
Devon	Oberdevon	Gilsaquarzit	Kellerwald	7	kein Abbau
			Weilmünster	8	kein Abbau
			Sterzhausen b. Marburg	6	für Koksofensteine
		Acker-Bruchbergquarzit	Oberharz		kein Abbau
	Unterdevon	Taunusquarzit	Hunsrück bei Schöneberg und Stromberg	5	für Koksofensteine
			Kempen bei Bingen		für Koksofensteine
			Aßmannshausen		abgebaut
			Köppern	3	vorwiegend Quarzitkörnungen
			Oberrosbach	4	für Koksofensteine
Silur		Hauptquarzit	Schleiz, Gefell, Sandstal		kein Abbau
	Untersilur		Niesky, Schlesien		für Koksofenstein
Kambrium		Lobensteiner Quarzit	Lobenstein		kein Abbau
			Steinheid		kein Abbau
			Weißer Stein bei Hermsgrün		kein Abbau
			Hirschstein bei Greiz		kein Abbau
Kristallin		Krummendorfer Quarzschiefer	Krummendorf, Schlesien		ungebrannt verwendbar

In Süddeutschland finden sich keine abbauwürdigen Quarzitlagerstätten, wenn man von dem später zu besprechenden Gangquarzvorkommen des Bayrisch-Böhmischen Pfahles absieht. In den *Alpen* sind größere Felsquarzitlager vorhanden, von denen der Semmeringquarzit in den niederösterreichischen Voralpen die größte Bedeutung hat. Auch *Italien* besitzt in der Lombardei Felsquarzitvorkommen (Grignasco und Bergamo, Tab. 33, Analyse 13). Sie gehören dem Zuge der Südalpen an.

In *Frankreich* kommen Felsquarzite in den alten Massiven der Umrandung des Pariser Beckens, nämlich im Zentralplateau, in der Bretagne und der Normandie sowie in dem varistischen Gebirgszug vom Pas de Calais bis zu den Ardennen vor. Die Ardennen enthalten in *Belgien* ebenfalls brauchbare Felsquarzite, die zur Silikasteinherstellung abgebaut werden.

Rußland besitzt im Ural sowie in den alten Gebirgsrümpfen der Ukraine zur Versorgung seiner Industrie ausreichende Felsquarzitlager.

Nordamerika ist reich an Felsquarzitvorkommen, ihnen wird eine größere Aufmerksamkeit als in Deutschland geschenkt, da keine Zementquarzite vorhanden sind. Auch Silikasteine für Stahlwerkszwecke werden dort aus Felsquarziten hergestellt. Verwandt werden die Quarzite von Maryland, Colorado, Kalifornien, der Medina-Quarzit von Zentral-Pensylvanien, der Baraloo-Quarzit von Wisconsin und der Quarzit von Alabama. Besonders erwähnt sei noch das Sharon-Konglomerat, das wegen seines extrem niedrigen Tonerdegehaltes zur Herstellung der super-duty-Steine verwandt wird (Tab. 33, Analyse 14). Es besteht aus festen, durchscheinenden Geröllen aus dicht verzahntem Quarz mit Pflasterstruktur und ist reich an Einschlüssen.

2.22 Gangquarzvorkommen

Im Gegensatz zu echten Quarziten sind die Gangquarze hydrothermaler Entstehung, sie gehören also zur Familie der magmatischen Gesteine. Da sie aber strukturell und technologisch den Felsquarziten ähneln, sollen sie im Anschluß an diese besprochen werden. Gangquarze treten in Form dünner Gänge im varistischen Gebirge scharweise auf, sind aber meist wegen ihrer geringen Ausdehnung technisch bedeutungslos. Lediglich in großen Störungszonen der Erdkruste, sog. *Geofrakturen*, sind sie so ausgedehnt und mächtig, daß ein Abbau möglich ist. Wegen ihrer großen Reinheit werden die Gangquarze in der Glas- und Porzellanindustrie viel verwandt, infolge ihrer schlechten Umwandlungsfähigkeit sind sie bisher jedoch nicht zur Silikasteinherstellung herangezogen worden. Da aber die Umwandlungsgeschwindigkeit durch Zugabe geeigneter Mineralisatoren ausreichend erhöht werden kann, stellen die Gangquarzvorkommen eine wichtige Rohstoffreserve dar.

Das größte deutsche Vorkommen liegt im Gebiet des *Bayrisch-Böhmischen Pfahles,* das sich über 150 km Länge erstreckt. Der Quarz ist nach FR. HEGEMANN [*3*] örtlich nahezu chemisch rein, meist aber mit vier und mehr Prozent Eisenoxyd, Kaolin oder Serizit durchsetzt. R. KÖNIG u. L. STUCKERT [*4*] stellten fest, daß sich der Pfahlquarz bei Zusatz von 2% NaCl als Mineralisator zu Silikasteinen verarbeiten läßt, die bezüglich Umwandlungsgrad und mechanischer Festigkeit allen Anforderungen genügen. Die von KÖNIG u. STUCKERT benutzten Pfahlquarze besaßen folgende Zusammensetzung:

	SiO_2 %	$Al_2O_3 + TiO_2$ %	Fe_2O_3 %	CaO %	MgO %	Glühverlust %
Altrandsberg	95,11	1,75	1,27	0,44	0,50	—
Viechtag	95,62	2,51	0,27	Spur	Spur	0,67

Im Dünnschliff wurden etwa 0,5 mm große Quarzkörner inmitten einer feinkörnigen Grundmasse beobachtet, die aus zerdrückten Quarzen bestand und Pflastergefüge aufwies. Silikasteine aus Pfahlquarz und Kalk erreichen ein spez. Gew. von 2,41, bei Zugabe von 2% Kochsalz erniedrigt sich dieses bis 2,315. Angaben über die erzielte Druckfeuerbeständigkeit, die bei den angegebenen Ausgangsstoffen kaum höheren Ansprüchen genügen dürfte, fehlen.

Ein weiteres größeres Gangquarzvorkommen findet sich bei *Usingen* am Ostrand des Taunus auf einer Randspalte des Rheinischen Schiefergebirges gegen die Hessische Senke. Der Quarz hat hier Schwerspat verdrängt und bildet einen 5 km langen und 80 m mächtigen Gangzug.

2.23 Zementquarzite

2.231 Entstehung

Während die Felsquarzite vorwiegend durch den Gebirgsdruck verfestigt und daher nur in beträchtlicher Tiefe unter der Erdoberfläche gebildet worden sind, entstanden Zementquarzite ausschließlich dicht unter der Oberfläche, meist im Schwankungsbereich des Grundwassers. Ähnlich wie die Felsquarzite sind sie aus Sanden hervorgegangen. Ihre Verfestigung verdanken sie jedoch allein der Ausscheidung kolloidal gelöster Kieselsäure aus dem Grundwasser.

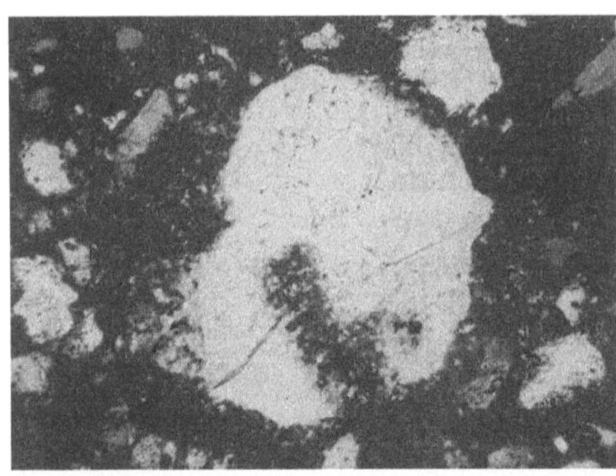

Abb. 132. Korrodiertes Quarzkorn aus dem Zementquarzit von Zimmersrode/Hessen. Dünnschliff, gekreuzte Nikols (Vergr. 43 ×)

Die Herkunft dieser Kieselsäure war lange Zeit ein Gegenstand lebhafter Diskussion, bis man nach den Untersuchungen von B. v. Freyberg [5] erkannte, daß sie vorwiegend aus den Sanden selbst stammt. Dies geht u. a. daraus hervor, daß die Quarzkörner häufig randlich angeätzt sind, daß also ein Teil der Kornsubstanz selbst gelöst worden ist (s. Abb. 132). Kieselsäure ist nur in alkalischen Wässern merklich löslich (vgl. Abschn. 3.21), die sich bei Verwitterung und Auslaugung alkalihaltiger Gesteine bilden.

Die gelöste Kieselsäure mußte dann wieder abgeschieden werden. Hierzu ist eine Verringerung der p_H-Zahl erforderlich, wie sie u. a. durch Zufuhr von Kohlensäure erreicht wird. Alkalisilikate werden von ihr zu Karbonaten und gelförmiger Kieselsäure umgesetzt. Kohlensäurereiche Wässer gelangten durch verwesende Pflanzen in den Boden. Sie laugten gleichzeitig störende Beimengungen in den Sanden, wie Eisenoxyd, Manganoxyd und vor allem Tonerde aus, wobei die Sande die für feuerfeste Zwecke erforderliche Reinheit erhielten.

Die Voraussetzungen für die Zementquarzitbildung sind in tropischen Klimazonen mit einem Wechsel von Regen- und Trockenzeiten und üppiger Vegetation gegeben. Während das alkalihaltige Grundwasser in der Trockenzeit kapillar nach oben steigt, sich durch Verdunstung an mineralischen Bestandteilen anreichert und hierdurch fähig wird, Quarz zu lösen, wandert es in der Regenzeit mit Kohlensäure aus verwesenden Pflanzen beladen nach unten. Das Grundwasser reichert sich durch diese Vorgänge allmählich an gelösten Stoffen an, bis die Konzentration so groß wird, daß sich gelförmige Kieselsäure ausscheidet und die Sande zu Zementquarziten verkittet werden.

Im Laufe der Erdgeschichte waren diese Bedingungen vor allem während der Tertiärzeit in Mitteleuropa erfüllt. Zu Beginn dieser Formation stellte Mitteleuropa eine flachgewellte Ebene dar, die unter tropischem Klima einer tiefgründigen Verwitterung ausgesetzt war. Alle färbenden Bestandteile und Alkalien wurden ausgewaschen, und es blieb reines Tonerdesilikat (Kaolin) (vgl. Abschn. 3.22) zurück. Im weiteren Verlauf der Tertiärzeit wechselten Perioden starker tektonischer Bodenbewegung, die Höhenzüge, Senken und Becken schufen und eine Umlagerung der weißen Verwitterungsprodukte veranlaßten, mit Zeiten der Ruhe und des Ausgleiches der entstandenen Niveaudifferenzen. Die Zeiten größerer tektonischer Aktivität wurden von sehr heftigen vulkanischen Eruptionen begleitet, denen große Tufflager und Basaltdecken ihre Entstehung verdanken. Zement- Quarzitlager sind in der Eozän-, Oberoligozän- und Miozän-Stufe der Tertiärformation entstanden.

Die Quarzitbildung begann in Sandschichten in Form aneinandergereihter *Linsen* mit traubig-knolliger Oberfläche, die als Verkittungszentren aufzufassen sind. Die Linsen wuchsen allmählich zu *Bänken* zusammen, die durch mürbe, schwach verkieselte Partien unterbrochen werden. Daher ist die Mächtigkeit und die Qualität der Bänke großen Schwankungen unterworfen. Im allgemeinen überschreitet ihre Mächtigkeit 1,50 m nicht, örtlich kann sie jedoch bis zu 8 m wachsen. Größe und Form der Quarzkörner sowie die relative Menge und Ausbildung des Zementes können sich ebenfalls auf kurze Entfernungen in der Horizontalen und der Vertikalen ändern, wenn auch in jedem Gebiet eine bestimmte Ausbildungsart vorherrschend ist. Daß sich der Zementquarzit im Bereich der Grundwasserschwankungen gebildet hat, wird auch durch das Auftreten von verkieselten Wurzelresten und ganzen Wurzelböden, vor allem an der Unterseite der Quarzitbänke, bestätigt (Abb. 133)[1].

Abb. 133. Zementquarzit mit verkieselten Wurzelresten, Hannoversch-Münden

Wenn nur wenig Quarz in Lösung ging und in kolloidaler Form wieder ausgeschieden wurde, entstand ein Gestein aus dicht gelagerten Quarzkörnern mit wenig *ergänzendem Zement* in den Zwickeln zwischen den Körnern (Abb. 134). Diese meist zuckerkörnig aussehenden kristallinen Quarzite unterscheiden sich in

Abb. 134. Kristallquarzit von Hannoversch-Münden mit ergänzendem Zement. Das Zement ist optisch gleich orientiert wie das von Rissen durchsetzte Quarzkorn. Dünnschliff, gekreuzte Nikols (Vergr. 82 ×)

---

[1] Wir verdanken das in Abb. 133 dargestellte Schaustück den Herren KORNFELD und Bergassessor HEEP von den Vereinigten Ton- und Quarzitwerken, Siegen.

Abb. 135. Zementquarzit von Frielendorf mit chalzedonhaltigem Bindemittel. Die Fasern stehen senkrecht auf der Kornoberfläche. Dünnschlif, gekreuzte Nikols (Vergr. 96 ×)

Abb. 136. Zementquarzit von Zimmersrode, Basalzement (dunkel) mit radialstrahligem Chalzedon. Dünnschliff, gekreuzte Nikols (Vergr. 45 ×)

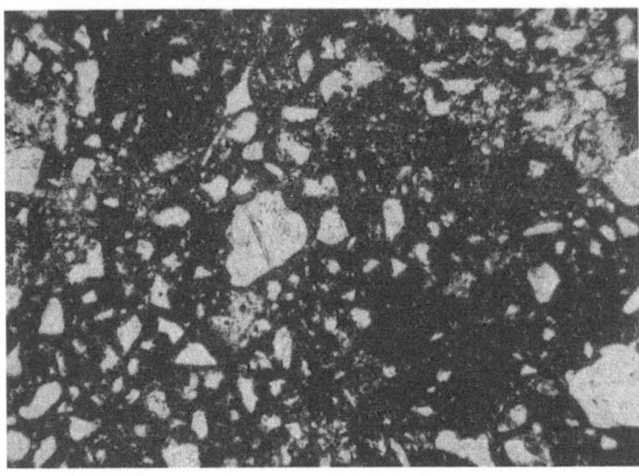

Abb. 137. Zementquarzit von Zimmersrode mit Basalzement. Dünnschliff, gekreuzte Nikols (Vergr. 29 ×)

ihrem technologischen Verhalten wenig von den Felsquarziten. Sie sind im nördlichen Hessen, in Südhannover und am Niederrhein weit verbreitet, werden aber nur selten für die Silikasteinherstellung verwandt.

Je mehr Quarz gelöst wurde, desto höher war der Anteil an Zement und desto feinkörniger wurde das Gestein als Ganzes. Bei diesen zementreichen Typen kann das Zement in seiner ursprünglichen Form als Opal oder Chalzedon erhalten geblieben sein (Abb. 135 u. 136). Dieser Fall ist im mitteleuropäischen Tertiär selten, bei den südafrikanischen *Silcretesteinen* scheint er weit verbreitet zu sein [6] (s. Abschnitt 2.232). Durch Alterung kann das Zement in feinkristallinen, mikroskopisch nicht auflösbaren Quarz umgewandelt werden, der als *Basalzement* bezeichnet wird (Abb. 136 u. 137). Wie B. v. FREYBERG [5] feststellte, wird die Bildung von Basalzement durch einen gewissen Tongehalt gefördert. Jedenfalls ist das Basalzement in den deutschen Zementquarziten gewöhnlich durch feinstverteilten Ton getrübt. Trotzdem sind diese Gesteine wegen ihres günstigen Verhaltens beim Brennen sehr begehrt. Sie treten vor allem im Westerwald und in Sachsen auf. Die sächsischen Zementquarzite enthalten in einer dichten, sehr feinkörnigen Grundmasse charakteristische gerundete Quarzkörner, die aus den benachbarten Quarzporphyrgesteinen stammen (Abb. 138). Äußerlich bildet das Gestein eine glasähnliche, dichte graue Masse mit einzelnen Quarzeinsprenglingen, die muschlig bricht und daher auch — nicht ganz zutreffend — als *amorpher Quarzit* bezeichnet wird.

Häufig bildeten sich im Zement durch Sammelkristallisation größere, mikroskopisch sichtbare Quarzkörnchen, die nach A. PLANK [7] als *granulöses Quarzzement* bezeichnet werden (Abb. 139). Der Bruch dieser Typen ist mehr oder weniger rauh. Sie sind für die Silikasteinherstellung ebenfalls brauchbar und bilden die Hauptmasse der hessischen Quarzite. Im Extremfall kann das granulöse Quarzzement so grobkörnig werden, daß es sich in der Korngröße nur wenig von den primären Quarzkörnern unterscheidet und in seinem mikroskopischen Bild sowie seinem technologischen Verhalten den kristallinen Quarziten ähnelt.

Die Verkieselung spielte sich gewöhnlich als einheitlicher Vorgang in einem bestimmten Zeitabschnitt ab. Es sind jedoch auch Vorkommen bekannt geworden, bei welchen sich zunächst Verkieselungszentren in Form größerer oder kleinerer kugel- oder nierenförmiger Quarzitknollen bildeten und später der nicht verfestigte Sand ebenfalls verkieselt wurde. Das Gestein erhält dann eine als *pseudokonglomeratisch* bezeichnete Struktur. Es ist für feuerfeste Zwecke gut brauchbar, im Gegensatz zu den echten Konglomeraten, die nur selten verwandt werden können, da die in ihnen enthaltenen Quarzgerölle eine schlechte Umwandlung bedingen.

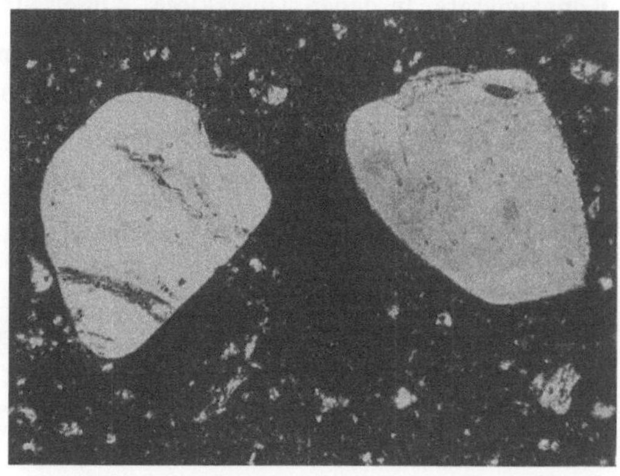

Abb. 138. Zementquarzit von Glossen mit Porphyrquarzen. Dünnschliff, gekreuzte Nikols (Vergr. 47 ×)

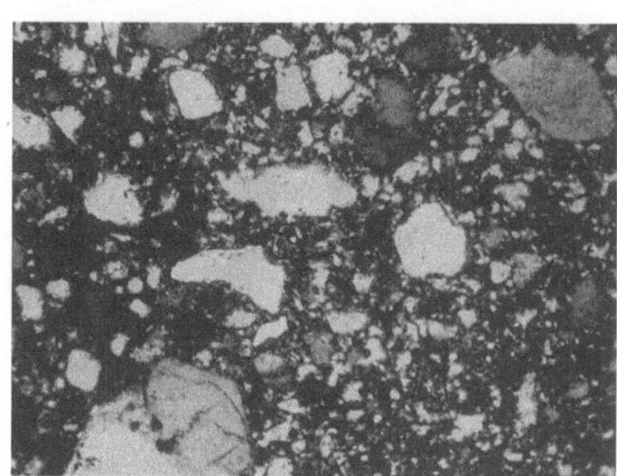

Abb. 139. Zementquarzit von Dillich/Hessen mit granulösem Quarzzement. Dünnschliff, gekreuzte Nikols (Vergr. 60 ×)

Pseudokonglomerate finden sich örtlich in Sachsen, weit verbreitet scheinen sie in Südafrika zu sein und werden dort als *Silcretekonglomerat* bezeichnet.

Die Zementquarzite können im ganzen in 4 Gruppen eingeteilt werden:

1. Quarzite mit wenig ergänzendem Zement, z. T. kristalline Quarzite.

2. Quarzite mit reichlichem Zement, aber auch vielen Quarzkörnern, wobei das Zement aus

a) Opal und Chalzedon (z. T. Silcrete),

b) Basalzement (submikroskopischen Quarzkörnern, meist mit feinverteilter Tonsubstanz),

c) granulösem Quarzzement (mikroskopisch erkennbaren Quarzkörnern, die aber wesentlich kleiner sind als die primären Körner),

d) Quarzkörnern von ähnlicher Größe wie die primären Quarzkörner (kristalline Quarzite z. T.)

besteht.

3. Quarzite, die praktisch nur aus Basalzement bestehen (*amorphe Quarzite*).

4. Quarzite mit konglomeratischer Struktur, und zwar Pseudokonglomerate, bei denen die Verkieselung in mehreren Phasen erfolgte und echte Konglomerate, in denen Quarzkiese, Kieselschiefer usw. als Geröll auftreten.

Die Quarzitbänke behielten ihre ursprüngliche Lage dicht unter der Erdoberfläche nur in den seltensten Fällen bei. Durch spätere *tektonische Bewegungen* wurden sie z. T. in Becken oder Gräben versenkt, so daß sich jüngere Schichten über ihnen ablagern konnten (Abb. 140c), z. T. gehoben, daß sie

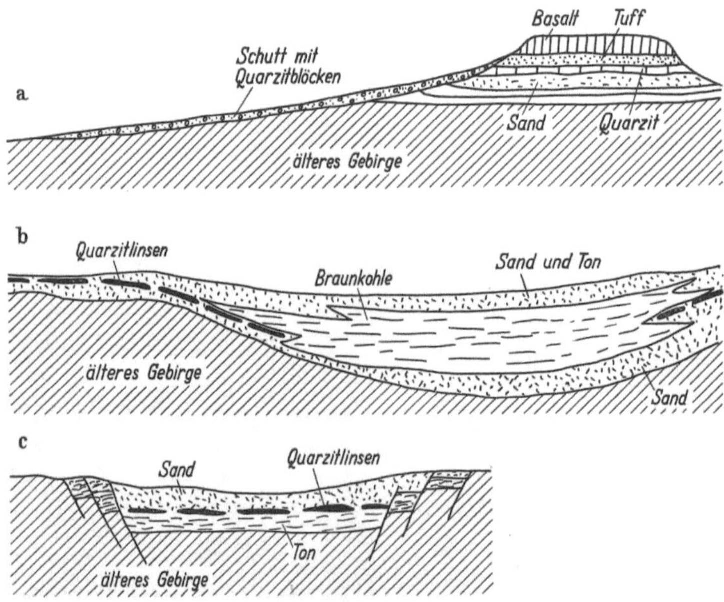

Abb. 140 a bis c. Drei Typen von Zementquarzitlagerstätten

a) Durch Basaltdecke geschützte Quarzitbank mit Blockfeld;   b) Quarzitbank am Rand einer Braunkohlenmulde;   c) tektonischer Graben mit versenkten Schichten der Tertiärformation, die eine Quarzitbank enthalten

der Abtragung anheim fallen konnten. Seltener wurden sie durch horizontalen Zusammenschub gefaltet. Einzelne hochgelegene Teile der Quarzitbänke wurden auch durch Tuffe und harte Basalte überdeckt und dadurch vor der Abtragung geschützt. Daher finden sich häufig am Hang der zahlreichen Basaltkuppen des Westerwaldes und Hessens Ausbisse von Quarzitbänken und unterhalb der Ausbißstellen große und kleinere Blöcke im Lehm, die sich durch die Abtragung von den Bänken gelöst haben und am Hang heruntergeglitten sind (Abb. 140a). Nicht selten sind auch die Bänke selbst schließlich abgetragen worden, so daß nur die losen Blöcke im Boden übriggeblieben sind. Da diese in weichen Fließböden schon bei geringem Gefälle weit wandern können, ist es oft schwierig zu entscheiden, wo sich ihre ursprüngliche Lagerstätte befand.

In größeren Becken, die im Innern meist von *Braunkohlenflözen* erfüllt werden, sind die Quarzitbänke wohl an den Beckenrändern weit verbreitet, im Beckentiefsten aber fehlen sie im allgemeinen (Abb. 140b). Dies ist darauf zurückzuführen, daß die Sande meist nahe dem Beckenrand abgelagert wurden, während ins Beckeninnere nur die feinste Tontrübe hineingelangte, aus der sich keine Quarzite bilden konnten. Außerdem müssen in den tiefsten Beckenteilen Binnenseen mit ständig hohem Grundwasserstand vorhanden gewesen sein, so daß die für die Quarzitbildung notwendige periodische Schwankung des Grundwasserspiegels fehlte. Gelegentlich in der Braunkohle vorkommende Quarzitbänke deuten jedoch darauf hin, daß bei den ständigen Klimaschwankungen vorübergehend auch im Beckeninnern die Voraussetzungen für eine Quarzitbildung erfüllt waren.

Die Zementquarzitlagerstätten sind also in ihrer Form äußerst mannigfaltig und wegen ihrer Ungleichmäßigkeit schwierig abzubauen. Bei bankförmigen Vorkommen muß stets mit dem Auftreten schlecht verkieselter Zonen gerechnet werden. In Blockfeldern, die in langen Gräben ausgebeutet werden, ist es kaum möglich, die anfallenden Mengen und die Qualität im voraus zu bestimmen.

Die Verschiedenartigkeit des Auftretens kommt auch in der Nomenklatur zum Ausdruck, da für die einzelnen Typen schon Spezialnamen geprägt wurden, bevor es überhaupt möglich war, das ganze Phänomen der Zementquarzitbildung unter einheitlichen Gesichtspunkten zu betrachten. So wurde von *Knollensteinen* gesprochen, um damit die knollige Form und Oberfläche besonders der linsenförmigen Vorkommen zum Ausdruck zu bringen, von *Braunkohlenquarziten*, um ihr häufiges Auftreten in der Nachbarschaft von Braunkohlenflözen zu kennzeichnen, oder von *Findlingsquarziten*, um ihr Vorkommen in Form von Blöcken im Acker- oder Waldboden zu charakterisieren. Diese letzte Bezeichnung hat auch in die technische Literatur Eingang gefunden und dient als Handelsname, obwohl sie nicht umfassend ist und nichts über die wesentlichen Eigenschaften des Quarzites aussagt. Im deutschen wissenschaftlichen Schrifttum wird daher mit Recht die prägnante Bezeichnung *Zementquarzit* vorgezogen, während man in England hierfür das Wort *Silcrete* geprägt hat.

2.232 Verbreitung

Regional sind die Quarzitlagerstätten über ganz Mitteleuropa, Italien, Rußland und Südafrika verbreitet. Die deutschen Vorkommen können von Westen nach Osten wie folgt eingeteilt werden (Abb. 141):

Niederrhein-Bezirk [8]. Ausschließlich kristalline Quarzite mit sehr wenig Zement. Liedberg und Büderich bei Neuß, Hückelhoven bei Erkelenz, Nievelstein bei Herzogenrath, Spich bei Troisdorf.

Eifel-Hunsrück-Bezirk [9]. Am Eifelnordrand anstehender Quarzit bei Nieder-Drove, sowie bei Sollerheide, am Wachenbach bei Antweiler, bei Stolberg und Billig. Meist gute Struktur, aber kein Abbau. In der Osteifel sind Blockfelder am Laacher See, bei Weiler im Brohltal und bei Remagen zu finden. Dieser Quarzit ist brauchbar und wird in geringen Mengen gewonnen. Die auf den Moselhöhen in der Umgebung von Trier angetroffene dünne Blockstreuung ist ohne wirtschaftliche Bedeutung.

Ruhrgebiet und Bergisches Land [10]. Eine dünne Blockstreuung ist bei Essen und bei Bergisch-Gladbach zu finden, sie wird aber nicht abgebaut.

Siebengebirgs-Bezirk [11]. Der Abbau von Zementquarziten in Deutschland begann in diesem Bezirk. Die Vorkommen sind stark ausgebeutet worden, jedoch sind im östlichen Hinterland des Siebengebirges noch größere Vorräte vorhanden, die allerdings schwierig zu gewinnen sind. Die Qualität ist z. T.

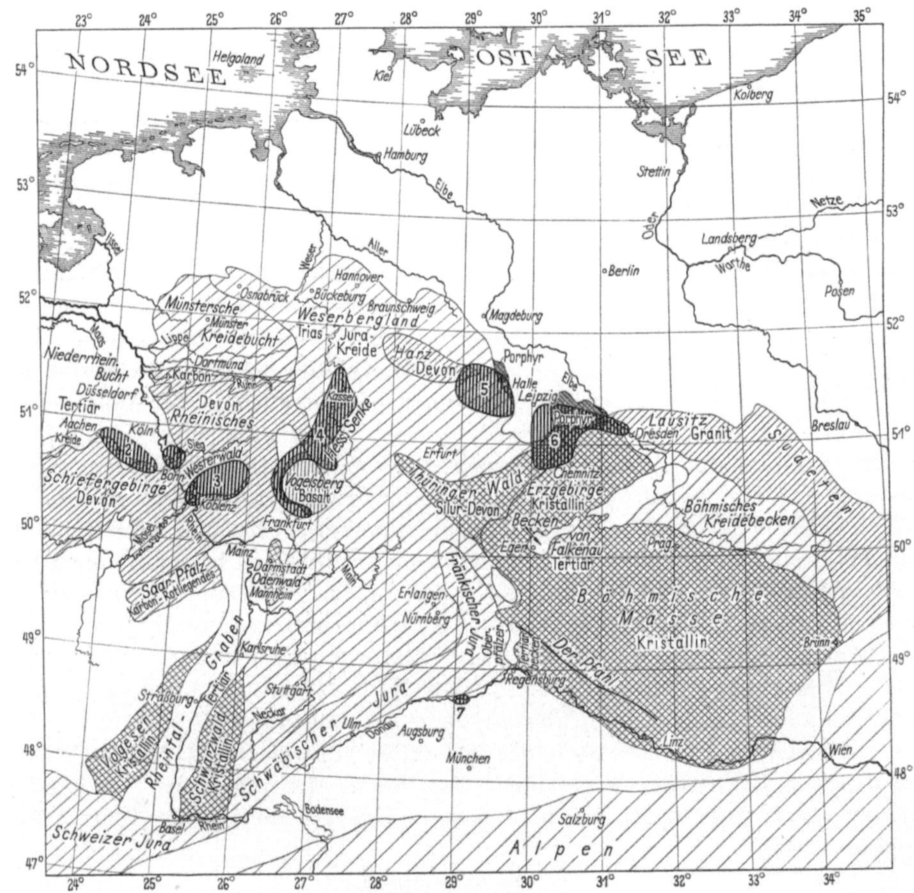

Abb. 141. Karte der Zementquarzitlagerstätten Deutschlands

1 Siebengebirgs-Bezirk,	4 Vogelsbergbezirk, Hessische Senke	6 Sächsischer Bezirk,
2 Eifelnordwand	und Südhannoverscher Bezirk,	7 Gaisit-Vorkommen bei Neu-
3 Westerwaldbezirk,	5 Thüringer Bezirk,	burg/Donau

ausgezeichnet, z. T. minderwertig. Der gute Quarzit enthält granulöses Stützzement und Basalzement in ähnlicher Verteilung wie der Herschbacher Quarzit (Analysen 1 u. 2 in Tab. 35 u. Abb. 142). Die Lagerstättenform entspricht meist dem Typ *a*, Abb. 140. Die bankförmigen Vorkommen sind gewöhnlich von Basalt oder von Trachyttuffen überlagert. In größerem Umfang wird z. Z. nur in Söven bei Honnef, bei Oberpleis, Eudenbach und Rostingen abgebaut. Weitere Vorkommen liegen bei Kalenborn, Ehrenberg, Etscheid und Neustadt/ Wied. Linksrheinisch gegenüber dem Siebengebirge wird bei Mehlem und Bad Godesberg Quarzit mit einer mehr grobkörnigen Struktur gewonnen.

Westerwald-Bezirk [12]. Der Westerwald ist derzeit das wichtigste Zementquarzitgebiet Deutschlands. Die größten Vorkommen liegen im Herschbacher Becken in Form einer 2,5 bis 4 m mächtigen Bank unter einer Tuffdecke von

Tabelle 35. *Analysen verschiedener Zementquarzite*

Nr.	Herkunft	SiO_2 %	Al_2O_3 %	TiO_2 %	Fe_2O_3 %	CaO %	MgO %	Glühverlust %	SK
	Siebengebirge								
1	Wintermühlenhof	97,46	0,46		1,00	Spur	Spur	1,13	—
2	Eudenbach	97,86	0,96		0,44	Spur	Spur	0,32	33/34
	Westerwald								
3	Herschbach	97,94	0,92		0,19	Spur	Spur	0,18	> 34
4	Selters	98,31	0,97		0,27	Spur	Spur	0,26	> 34
5	Daaden	97,78	1,47		0,24	Spur	Spur	0,26	> 34
6	Langenaubach ..	98,16	0,19	0,96	0,26	Spur	Spur	0,24	34
7	Langenaubach ..	93,87	0,27	5,71	0,26	Spur	Spur	—	> 34
8	Westerburg	98,07	1,07		0,33	Spur	Spur	0,24	> 34
9	Merenberg	96,56	2,49		0,25	0,14	0,09	0,26	—
	Vogelsberg								
10	Rainrod	98,42	0,58		0,19	0,20	0,19	0,50	34
	Hessische Senke								
11	Marienrode	97,30	0,65	0,84	0,45	Spur	Spur	0,39	> 34
12	Homberg	96,60	0,11	1,12	0,96	0,09	Spur	0,43	33/34
13	Burghasungen ...	98,27	0,11	0,73	0,33	Spur	Spur	0,29	> 34
	Süd-Hannover								
14	Kattenbühl	98,30	0,17	0,64	0,69	0,07	Spur	0,15	> 34
15	Blümer Berg ...	97,95	0,96		0,35	Spur	Spur	0,36	34
	Sachsen								
16	Glossen	98,39	0,64		0,32	0,20	Spur	0,25	34
17	*Italien*	97,9	0,36	0,64	0,06	Spur	Spur	0,85	—
18	*Südafrika*	94,20	0,29	1,72	0,76	2,01	Spur	—	—

Mächtigkeiten bis zu 16 m. Abgebaut wird in zahlreichen Gruben in den Gemarkungen Herschbach, Rückerod, Freirachdorf, Mariarachdorf und Selters. Das Zement ist z. T. feinkörnig, z. T. kryptokristallin (Analysen 3 und 4 in Tab. 35 und Abb. 142). Der Herschbacher Quarzit gilt als die Spitzenqualität in Westdeutschland.

Weitere Lagerstätten finden sich nördlich von Herschbach bei Oberdreis und Berod südlich Altenkirchen, wo ein Bankquarzit von ausgezeichneter Qualität 1,5 bis 3 m mächtig unter 2 bis 6 m Tuff ansteht, ferner bei Daaden. Dort sind 2 Quarzitbänke von etwa 1 m Mächtigkeit in den bekannten Daadener Klebsand eingebettet. Das Kernmaterial hat reichlich Basalzement und ist erstklassig, es ist jedoch auch wenig verkieselter Quarzit vorhanden (Analyse 5, Tab. 35 und Abb. 142). Östlich davon liegt die Lagerstätte von Langenaubach bei Haiger mit Quarziten wechselnder Beschaffenheit. Auffällig ist bei ihm der relativ hohe TiO_2-Gehalt bei niedrigem Al_2O_3-Anteil (Analysen 6 u. 7, Tab. 35 und Abb. 142), der aber Feuerfestigkeit und Umwandlungsgeschwindigkeit nur wenig herabsetzt. Im ganzen wird jedoch die Qualität des Herschbacher und des Daadener Quarzites nicht erreicht. Bei Beilstein kommt ein Konglomeratquarzit vor, dessen Geröll aus Quarzit besteht. Praktisch hat die Lagerstätte nur geringe Bedeutung, ebenso wie diejenige von Rotzenhahn, die

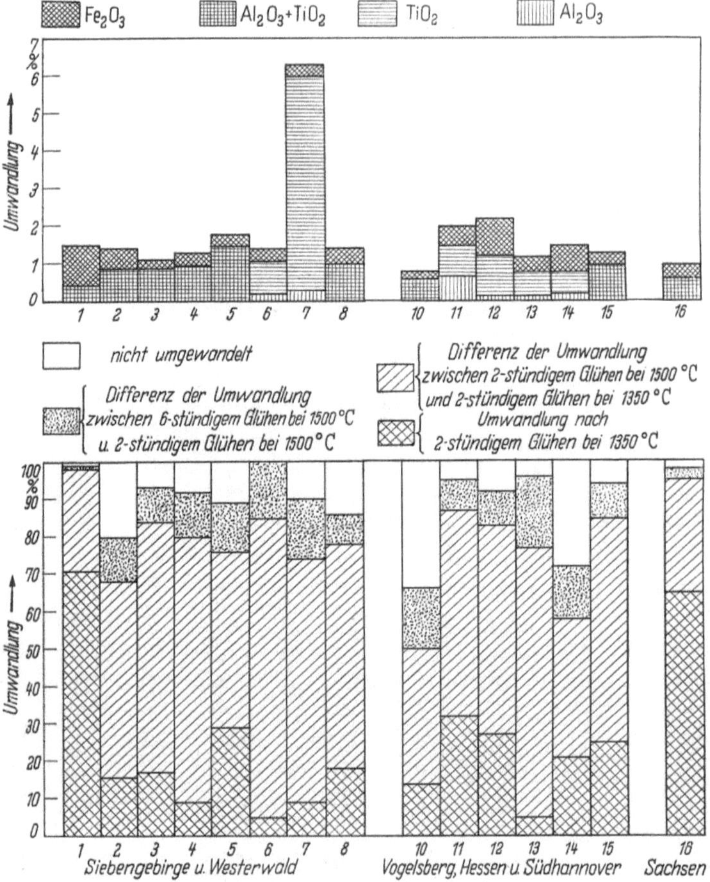

Abb. 142. Analysen und Umwandlungsverhalten einiger deutscher Zementquarzite

einen Quarzit von kristallinem Gefüge mit hohem Gehalt an Verunreinigungen enthält. Im Süden des Westerwaldes schließlich treten Zementquarzite bei Limburg, Westerburg, Obertiefenbach, Heckholzhausen, Merenberg, Lahr und Weilburg auf. Die Qualität wechselt, erstklassige Sorten sind selten, meist herrscht ein granulöses Quarzzement vor, der Tonerdegehalt schwankt zwischen 1 und 4% (Analysen 8 u. 9, Tab. 35 und Abb. 142).

Vogelsberg-Bezirk [5]. Der Vogelsberg bildet ein riesiges Basaltgebiet, an dessen Rändern rings Quarzitlagerstätten unter dem Basalt zu Tage treten. Die dortigen Quarzite sind überwiegend körnig ausgebildet und erreichen in ihrer Qualität nur selten die Westerwaldquarzite. Die wichtigsten Vorkommen liegen am Nordrandbogen. Unter ihnen gehören die Lager des Lumdatales nördlich Gießen zu den mächtigsten in Deutschland. Größere Brüche finden sich bei Mainzlar und Lollar. Das Zement ist meist körnig, Basalzement tritt stark zurück. Weiter östlich treten im Ohmtal ebenfalls mächtige Quarzitbänke von ähnlicher Beschaffenheit wie im Lumdatal auf. Sie werden bei Homburg a. d. Ohm abgebaut. Noch weiter nach Osten folgen die Vorkommen von Wahlen bei Kirdorf, welch letzteres durch ein chalzedonhaltiges Zement ausgezeichnet ist, von Arnshain, Ottrau und weiter südlich am Ostrand des Vogelsberges diejenigen von Rainrod (Analyse 10, Tab. 35 und Abb. 142) und Renzendorf. Bei den letzten überwiegt das granulöse Quarzzement, nur bei Ottrau kommen daneben auch basalzementreiche Quarzite vor.

Am Westrand des Vogelsberges, in der Wetterau, finden sich die durch die Untersuchungen von A. PLANK [7] bekanntgewordenen Quarzitlager von Münzenburg und von Rockenberg, von denen das letztere neben den vorherrschenden grobkörnigen Quarziten auch solche mit gut entwickeltem Basalzement und muschligem Bruch führt, die den besten Westerwälder Quarziten gleichkommen.

Der Südrand des Vogelsberges schließlich wird vom Kinzigtal gebildet, das reich an grobkörnigen Quarziten ist, die aber trotz des groben Kornes gute Umwandlungsfähigkeit besitzen. Die Vorkommen liegen bei Salmünster, Romsthal und Hellstein. Sie sind bislang nur wenig erschlossen worden.

Rhön-Bezirk. Es wurden bisher nur Blockstreuungen ohne wirtschaftliche Bedeutung und nicht abbauwürdige Bänke unter Basalt festgestellt.

Hessische Senke zwischen Kassel und Ziegenhain [5]. Der Nordrand des Vogelsberges geht ohne deutliche Grenze in die mit mächtigen Tertiärablagerungen erfüllte hessische Senke über. Innerhalb der Schichtenfolge kommen im Unteroligozän und im Untermiozän Quarzitbänke wechselnder Güte vor, die an zahlreichen Stellen zu Tage treten. Es überwiegen hier die mehr körnigen Typen mit geringerer Umwandlungsgeschwindigkeit, aber auch gute, basalzementreiche sind vorhanden. Guter Zementquarzit findet sich anschließend an den Vogelsbergnordrand bei Amöneberg und bei Allendorf im Kreise Kirchhain. Bei Merzhausen tritt ein Quarzit mit feinkörnigem granulösem Zement auf. Westlich des Knüllgebirges liegt das Zentrum der hessischen Quarzitgewinnung mit den Vorkommen von Ziegenhain, Leimsfeld, Wernswig, Homberg a. d. Efze (Analyse 12, Tab. 35 und Abb. 142), Frielendorf, Zimmersrode, Haarhausen, Pfaffenhausen, Dillich (Randgebiet einer Braunkohlenmulde), Verna, Marienrode (Analyse 13, Tab. 35, Abb. 142) und Borken. Östlich des Homberger Braunkohlenbeckens findet sich auch Quarzit bei Oberbeisheim.

Westlich von Kassel wird bei Burghasungen (Analyse 13, Tab. 35, Abb. 142), Zierenberg und Vellmar Quarzit gewonnen, jedoch tritt dieses Gebiet an Bedeutung gegen das Knüll-Vorland zurück. Die im Tertiärbecken von Großalmerode und im Meißner-Gebiet auftretenden Quarzite sind arm an Zement und werden nicht mehr abgebaut.

Süd-Hannoverscher Bezirk [5]. Nördlich der bei Kassel endenden zusammenhängenden Tertiärdecke der hessischen Senke besteht der Untergrund überwiegend aus Buntsandstein, in welchen zahlreiche kleine Tertiärgräben eingebrochen und dadurch von der Abtragung verschont geblieben sind. An anderen Stellen sind Tertiärsedimente durch überlagernde Basalte geschützt worden. Die Tertiärschichten enthalten auch Quarzite, die aber größtenteils kristalline Struktur besitzen oder nur in untergeordnetem Maße Zement enthalten. Die wichtigsten Vorkommen liegen bei Hannoversch-Münden, und zwar am Katten-bühl und am Blümer Berg (Analysen 14 u. 15, Tab. 35 und Abb. 142). Die ausgedehnten Lager von Dransfeld werden wegen der grobkörnigen Struktur ihres Quarzites nicht abgebaut. Gleiches gilt von den Vorkommen im Rein-hardswald und im Solling.

Helmstedter Bezirk [*13*]. Im mitteldeutschen Raum sind die Quarzitlager häufig an die Randzone der großen Braunkohlenmulden gebunden, so auch bei Helmstedt, wo indessen nur kristalline Quarzite in geringer Menge auftreten.

Thüringer Bezirk [*14*]. Im Gebiet zwischen Ost- und Südrand des Harzes und der Saale sind Quarzitvorkommen sehr häufig, wirtschaftliche Bedeutung konnte bis jetzt jedoch nur die einen der besten Zementquarzite liefernde [*5*] Lagerstätte von Corbetha gewinnen. Quarzeinsprenglinge treten in ihm zu-rück, das Gestein besteht fast ausschließlich aus Basalzement und sehr fein-körnigem Quarzzement, an Feinheit übertrifft es sogar den Herschbacher Quarzit.

Unter den übrigen, nicht erschlossenen Lagern finden sich auch Vorkommen, die neben körnigen Quarziten solche mit reichlichem Basalzement besitzen. Weiterhin treten in den Randgebieten des großen vogtländischen Braunkohlen-beckens von Altenburg–Zeitz–Weißenfels und der kleineren Becken südwestlich von diesem zahlreiche Quarzitlager auf. Sie enthalten aber vorwiegend kri-stallines, basalzementarmes Material, das für feuerfeste Zwecke nicht gewonnen wird. Einzelne Vorkommen wurden wegen der großen Härte des Quarzites zur Herstellung von Trommelmühlenfutter für die Porzellanindustrie abgebaut.

Sächsischer Bezirk. Die sächsischen Quarzite zeichnen sich durch charak-teristische, rauchgraue, speckig glänzende Quarzeinsprenglinge aus, die aus den Porphyren der Umgebung stammen und sowohl Abtragung und Verwitte-rung als auch die Verkieselung überstanden haben. Die Grundmasse ist meist porzellanartig dicht und besteht überwiegend aus Basalzement, daneben kom-men auch Reste von Opal vor (Abb. 138). Das Material steht dem Hersch-bacher Quarzit an Qualität nicht nach. Es findet sich in größeren Lagerstätten im Gebiet südöstlich von Leipzig bei Wurzen, Oschatz, Glossen, Ölschütz, Grimma, Lausigk und Kolditz (Analyse 16, Tab. 35 und Abb. 142). Das Zentrum dieser Quarzitgewinnung liegt bei Oschatz, wo Bänke bis zu 6 m Mächtigkeit auftreten. Nach Süden verschlechtert sich die Qualität, daher wird bei Lausigk und Kolditz heute kein Abbau mehr getrieben. Kleinere Vorkommen bei Moritz-burg sind ohne praktische Bedeutung. Die mächtigen Quarzitsandsteine des Lausitzer Tertiärbeckens von Bautzen und Königswartha schließlich sind für die feuerfeste Industrie nicht brauchbar.

Fichtelgebirge. In den Tertiärbecken des Fichtelgebirges treten zwar Quarzitblöcke auf, über ihre Qualität und die Größe der Vorräte ist jedoch noch nichts bekannt geworden.

Schlesisch-Posener Bezirk. In Niederschlesien und Posen finden sich nur unbedeutende Blockstreuungen.

Pommerscher Bezirk. Bei Finkenwalde südlich von Stettin sind Kreide- und Tertiär-schichten durch den diluvialen Untergrund hindurchgepreßt worden. Im Tertiär treten Quarzitlagen auf, deren Mächtigkeit aber für einen Abbau nicht ausreicht.

Der Überblick über die zahlreichen Lagerstättenbezirke zeigt, daß z. Z. nur die folgenden im Abbau stehen:

Erstklassige Quarzite mit viel Basalzement:
Westerwald, Siebengebirge, Thüringen (Corbetha), Sachsen (Oschatz, Glossen).
Vorwiegend gute Quarzite mit granulösem Quarzzement und untergeordneten Mengen an Basalzement:
Hessische Senke.
Vorwiegend Quarzite mit grobkörnigem Zement:
Vogelsberg-Nordwand (Lumda- und Ohmtal).
Vorwiegend kristalline Quarzite mit wenig Zement:
Südhannover (Hannoversch-Münden).

Die deutschen Zementquarzitvorräte gehen langsam ihrem Ende entgegen. Nach Schätzungen von sachverständiger Seite soll der Westerwälder Findlings-quarzit noch etwa 15 bis 20 im Höchstfalle 25 bis 30 Jahre reichen. Nach 30 Jahren muß damit gerechnet werden, daß auch der Quarzit von Corbetha, von Oschatz und Glossen sowie die Quarzite aus der hessischen Senke und von der Nordwand des Vogelsberges einschließlich des südhannoverschen Quarzites verbraucht sein werden. Bis dahin muß in den Kristall- und Silbersanden oder den Flintgesteinen ein vollwertiger Ersatz als Rohstoff für Stahlwerkssilika gefunden worden sein.

Außerhalb Deutschlands finden sich Zementquarzite tertiären Alters in der *Tschecho-slowakei*, und zwar im Teplitzer Becken, bei Leitmeritz, Komotau und in der Olmützer Bucht. Die Qualität der böhmischen Quarzite ist sehr wechselnd und erreicht die der deut-schen Vorkommen nicht. Bedeutendere Lager finden sich in *Rußland*, über welche aber Einzelheiten noch nicht bekannt geworden sind, kleinere in *Italien* (Analyse 17, Tab. 35), die in ihrer Qualität dem deutschen etwa entsprechen. Die Vorkommen von Quarzit-blöcken in Frankreich in den Ardennen und der Champagne sind anscheinend nicht abbau-würdig.

Außerhalb Europas sind kürzlich in *Südafrika* die als *Silcrete* bezeichneten Zement-quarzite erschlossen worden (Tab. 35, Analyse 18) [*15*]. Sie sind wesentlich jüngeren Alters als die europäischen Vorkommen und beweisen damit, daß die Zementquarzite nicht auf die Tertiärformation beschränkt sind, sondern zu allen Zeiten entstehen konnten, sofern nur die klimatischen Voraussetzungen erfüllt waren. Der Silcrete findet sich mit sehr aus-gedehnten Lagern in der Küstenebene an der Südostküste bei Swellendam, Albertina und Grahamstown. Es wird Silcretekonglomerat, quarzitischer und opaliner Silcrete unter-schieden, von denen das zähe Silcretekonglomerat von Albertina am besten zur Silikastein-herstellung geeignet ist.

2.24 Kieselgesteine

Kieselgesteine entstanden in der Natur auf mannigfache Weise und sind weit verbreitet. Ihnen allen ist gemeinsam, daß sie nicht aus körnigem Quarz, sondern aus Chalzedon, Opal oder submikroskopischem Quarz zusammen-gesetzt sind.

Folgende geologische Vorgänge führten zur Bildung von Kieselgesteinen:

1. In feinkörnigen Kalken (Kreide) gleichmäßig verteilte Kieselsäure wird durch zirkulierende Bergfeuchtigkeit gelöst und scheidet sich um Kristallisationskeime in Form von Knollen, sog. *Konkretionen*, wieder aus. Die als Feuerstein bezeichneten Konkretionen sind meist sehr rein (Tab. 36, Analyse 1).

Tabelle 36. *Analysen verschiedener Kieselgesteine*

Nr.	Art	Herkunft	SiO_2 %	Al_2O_3 %	TiO_2 %	Fe_2O_3 %	CaO %	MgO %	Alk. %	Glüh-verl. %
1	Feuerstein	Frankreich	99,01	0,08	—	0,24	0,23	Spur	—	0,33
2	metasomat. Kieselgesteine	Vaals/Holland	98,86	0,10	—	0,33	0,31	Spur	—	0,41
3	metasomat. Kieselgesteine	Warstein	95,30	3,01	—	0,15	0,10	0,22	—	1,22
4	metasomat. Kieselgesteine	Aragon/Spanien	93,74	0,39	—	0,79	4,83	—	—	0,25
5	Gaisit	Neuburg/Donau	97,77	0,98	—	0,41	0,10	Spur	—	0,70

2. Leichtlösliche Gesteine wie Kalke werden durch aus vulkanischen Lösungen stammende Kieselsäure verdrängt *(Metasomatose)*, wodurch chalzedon- und opalreiche Gesteine entstehen (Abb. 143). Metasomatische Kieselgesteine sind oft ziemlich porös und enthalten z. T. noch beträchtliche Reste von Kalk (Tab. 36, Analyse 2 u. 4).

3. Die aus Kieselsäure bestehenden Schalen gewisser einzelliger Lebewesen wie Diatomeen, Radiolarien usw. sinken auf den Boden von Binnenseen oder küstennahen Meeresbuchten und bilden nach dem Rückzug des Meeres oder dem Austrocknen der Binnenseen die als *Kieselgur* bezeichneten feinporösen Isolierstoffe (vgl. Abschn. 7.14). In küstenferneren Meeresteilen können die Radiolarienschichten durch den Druck überlagernder Schichten zu festen Gesteinen zusammengepreßt werden, die als *Radiolarite* oder *Kieselschiefer* bezeichnet werden.

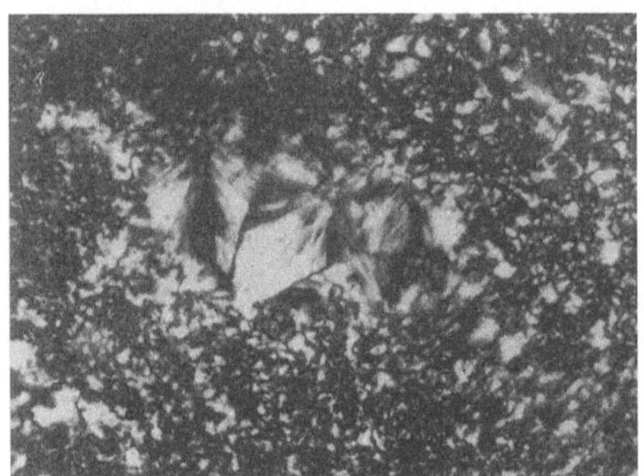

Abb. 143. Kieselgestein, „Quarzit" von Liedberg mit Chalzedon. Dünnschliff, gekreuzte Nikols (Vergr. 126 ×)

Feuersteine sind allenthalben Begleiter von Kreidegesteinen, sie kommen auf der Insel Rügen, in Dänemark und in Nordfrankreich an der Kanalküste vor. Man kann sie als Nebenprodukt beim Abbau der Kreide gewinnen oder an der Küste, wo die bei der Abtragung übrigbleibenden Feuersteinknollen zusammengeschwemmt werden, aufsammeln, wie es in größerem Maßstabe bei Dieppe (Nordfrankreich) geschieht.

Ein großes Vorkommen metasomatischer Kieselgesteine in Belgien und Südholland (Tab. 36, Analyse 2) entstand durch Verkieselung von oberkretazischen Kalken. Als eine geologisch einzigartige Bildung treten in Neuburg a. d. Donau (bei Ingolstadt) in großen taschenartigen Einsenkungen von einigen 100 m Breite, Länge und Tiefe in Malmkalken Lager von sog. Kieselroherde auf, welche vorwiegend aus Quarz in 2 Größen (0,3 mm und 0,015 mm) besteht. Der feine Quarz bildet zusammen mit Chalzedon, Resten von Mikrofossilien und unbedeutenden akzessorischen Mineralien die Grundmasse [16]. Die Roherde enthält daneben in unregelmäßiger Verteilung große gerundete Brocken eines festen Gesteines mit der Struktur und Zusammensetzung eines Zementquarzites, welches von A. GÜMBEL als *Gaisit* bezeichnet worden ist. Es besteht überwiegend aus krypto-kristallinem Chalzedon mit Nestern von gröberem Chalzedon. Eingebettet sind darin wenige größere, scharfkantige Quarzsplitter. Eine Analyse ist in Tab. 36 enthalten. Der Gaisit wandelt sich beim Brennen sehr gut, aber nicht explosionsartig in Cristobalit um, er wird trotz seiner geringen Härte zur Silikaherstellung verwandt. Durch Ausschlämmen wird aus der Kieselroherde ein sehr feinkörniges, kieselsäurereiches Material gewonnen, welches als *Kieselkreide* bezeichnet wird und unter dem Namen *Sillitin* in den Handel kommt. Es dient als Füllstoff für Gummi und Kunstharze sowie als Schleifmittel. Die Kieselkreide ist als Verwitterungsprodukt der in den Malmkalken enthaltenen SiO_2-reichen Konkretionen, sog. *Hornsteinen* entstanden, welche eine ähnliche Struktur besitzen wie der Gaisit.

Neuerdings sind in Aragon (Spanien) und in Vicalvero bei Madrid bedeutende Lager-stätten von *Chalzedongesteinen* gefunden worden, die metasomatischer Entstehung sein dürften (Tab. 36, Analyse 4). Obwohl dieses Material noch einen sehr hohen Kalkgehalt besitzt, ließen sich sehr hochwertige Silikasteine aus ihm herstellen [17]. Seine kalkreiche Kruste läßt sich durch Erhitzen bei etwa 900° C absprengen [18].

Kieselschiefer treten in der Silur-Devon- und Unterkarbonformation Mittel- und West-deutschlands auf. Abbauwürdige Vorkommen finden sich im Vogtland und im Fichtel-gebirge. Über eine Verwendung der Kieselschiefer für feuerfeste Zwecke ist noch nichts bekannt geworden.

2.25 Untersuchung der Quarzite usw. für die Silikaherstellung

Da chemische Zusammensetzung, Struktur, Festigkeit und Dichte der Quarzite in weiten Grenzen schwanken, müssen sie vor der Verwendung ein-gehend untersucht werden. Folgende Prüfungen werden im allgemeinen durch-geführt:

2.251 Makroskopische Prüfung

Durch sie werden vor allem *Farbe, Struktur* und *Bruch* festgestellt. Ein guter Quarzit soll grau gefärbt sein. Rötliche Färbung deutet auf feinverteiltes Eisenoxyd hin, schwärzliche auf Manganoxyde oder organische Verunreini-gungen. Da jedoch Eisen- und Manganoxyde schon als sehr geringe Bei-mengungen stark färben und ein gewisser Gehalt an Schwermetalloxyden nicht störend wirkt, braucht ein rötlicher oder schwärzlicher Quarzit nicht von vorn-herein verworfen zu werden. Örtliche Anreicherungen von braun oder schwarz gefärbtem Material oder von Erzen in Form kleiner Nester im Stein oder als Belag auf Klüften sind dagegen schädlich, weil sie zu Ausschmelzungen führen können. Lagen, die solche Anreicherungen aufweisen, müssen beim Abbau aus-gesondert werden.

Quarzite sollen eine derbe, massige Struktur besitzen und nach Möglich-keit keine ausgeprägte Schichtung aufweisen, da sich auf den Schichtflächen meist Ton, Letten oder Glimmerlagen befinden, die den durchschnittlichen Tonerdegehalt erhöhen. Weil dadurch ein nach Analyse und Dünnschliff als gut befundener Quarzit unbrauchbar werden kann, sollte in keinem Fall auf eine makroskopische Untersuchung verzichtet werden.

Schließlich verdient auch der Bruch besondere Beachtung. Felsquarzite haben einen rauhen, gute Zementquarzite und Flintgesteine einen glatten, muschligen Bruch. Zwischen diesen beiden Extremen sind alle Übergänge möglich. Im allgemeinen sind glasartige, durchscheinende Quarzite mit muschligem Bruch, die wegen dieser Eigenschaften auch als „amorphe" Quarzite bezeichnet werden, besonders wertvoll.

2.252 Chemische Analyse

Üblicherweise werden SiO_2, Al_2O_3, TiO_2, Fe_2O_3, CaO, MgO und Glühverlust nach den vom Chemikerausschuß des Vereins Deutscher Eisenhüttenleute festgelegten Richtverfahren [19], daneben K_2O und Na_2O mit Hilfe des Flammenphotometers bestimmt.

Der *Tonerdegehalt* soll möglichst niedrig sein. Ia-Zementquarzite dürfen nicht mehr als 1,0% Al_2O_3 enthalten. Sonderqualitäten, wie z. B. die amerikanischen super-duty-Steine werden aus Quarziten mit < 0,5% Al_2O_3 und sonstigen Flußmitteln hergestellt.

In Zementquarziten 2. Sorte werden bis 2,5% Al_2O_3 zugelassen. Für Felsquarzite, die ohnehin für thermisch weniger stark beanspruchte Silikasteine Verwendung finden, liegt der maximal zulässige Al_2O_3-Gehalt ebenfalls bei 2,5%.

Da die *Titansäure* in Quarziten eher günstig als schädlich wirkt, sind für sie bislang keine Höchstgrenzen festgelegt worden. Im allgemeinen ist das Verhältnis TiO_2:Al_2O_3 in Quarziten erheblich größer als in Tonen. Während der TiO_2-Gehalt in den Tonen etwa $^1/_{10}$ des Al_2O_3-Gehaltes beträgt, erreicht er in Quarziten $^1/_2$ bis $^2/_3$, gelegentlich sogar das 2- bis 3fache desselben.

Eisenoxydgehalte bis zu 1,5% werden in Quarziten nicht beanstandet. Dieser Wert wird jedoch von guten Quarziten nur selten erreicht.

Kleinere *Kalk-* und *Magnesiumoxydgehalte* in Quarziten wirken nicht störend, zudem wird dem Versatz ohnehin Kalkhydrat zugegeben. Gute Quarzite besitzen selten mehr als 0,3% CaO und 0,1% MgO, es sind jedoch kürzlich Chalzedone bekannt geworden, die bis zu 5% CaO enthalten und trotzdem noch gute Silikasteine ergeben [17].

Der *Alkaligehalt* der deutschen Zementquarzite schwankt zwischen 0,02 und 0,09%, bei Felsquarziten liegt er höher und kann bis zu 0,5% ansteigen. Derart hohe Alkalimengen vermehren die Menge an schmelzflüssiger Phase im Betrieb so beträchtlich, daß die Steine für höchste Beanspruchungen unbrauchbar werden.

Die Höhe des *Glühverlustes* der Quarzite hängt von ihren Gehalten an organischer Substanz und an Sulfidschwefel ab. Schwefelkies z. B. verliert beim Rösten 33% seines Gewichtes. Wenn alles Eisen im Quarzit als FeS_2 vorliegt und analytisch als 1% Fe_2O_3 bestimmt wird, würde der Glühverlust 0,33% betragen. In dieser Größenordnung liegt auch der Glühverlust der normalen Gebrauchsquarzite. Ein wesentlich höherer Glühverlust deutet auf Anwesenheit von viel organischer Substanz hin, die zur Erhöhung der Porosität des gebrannten Steines beiträgt und deshalb unerwünscht ist.

Insgesamt soll die Summe der Beimengungen in Ia-Quarziten 2,5%, in Quarziten 2. Sorte 4% nicht übersteigen.

2.253 Mineralogische Untersuchung

Da das Umwandlungsverhalten der Quarzite stark durch die Struktur beeinflußt wird, und die Wirkung der vorhandenen Flußmittel von ihrer Verteilung im Gestein und der Art ihrer Bindung abhängen, hat die mikroskopische Untersuchung für die Silikaquarzite eine größere Bedeutung erlangt als für andere feuerfeste Baustoffe. Diese Entwicklung wurde dadurch begünstigt, daß die mineralogischen Bestandteile der Quarzite meist so groß werden, daß sie bei 30- bis 100facher Vergrößerung gut erkennbar sind. Die Untersuchung wird gewöhnlich an Dünnschliffen in durchfallendem Licht oder an Anschliffen vorgenommen, die nach Ätzung mit Flußsäure Struktur und Kornaufbau bei auffallendem Licht gut erkennen lassen [20]. Bei beiden Methoden werden stoffliche Zusammensetzung, Struktur und Textur bestimmt [21].

Quarz ist der bei weitem überwiegende Bestandteil, kenntlich an seiner relativ niedrigen Lichtbrechung (1,544, ähnlich wie das Einbettungsmaterial Kanadabalsam) und geringen Doppelbrechung. In normalen Dünnschliffen von 0,03 bis 0,04 mm zeigt Quarz unter gekreuzten Nikols gelbe Interferenzfarben. Der Gitterbau ist oft durch Einwirkung von tektonischem Gebirgsdruck gestört, so daß ein Kristallquerschnitt beim Drehen des Objekttisches nicht gleichmäßig auslöscht, sondern kleine Teilbereiche des Kristalls bei verschiedenen Stellungen des Objekttisches dunkel werden. Diese sog. *undulöse Auslöschung* besitzt insofern technische Bedeutung, als die durch sie angezeigten Gitterstörungen die Umwandlung des Quarzes begünstigen. Auch feinste Poren in den Kristallen, d. h. solche, die bei etwa 150facher Vergrößerung noch zu beobachten sind, deuten auf Gitterstörungen hin. Früher bestand die Ansicht, daß undulös auslöschende Quarze bei höherer Temperatur leicht zerfallen und dadurch die Festigkeit der Silikasteine wesentlich herabsetzen [22]. Die Erfahrung hat jedoch gelehrt, daß derartige Erscheinungen bei normalen Silikasteinen nicht auftreten. Es bestehen daher keine Bedenken gegen die Verwendung von Quarziten mit undulös auslöschenden Quarzen.

Chalzedon ist ein wesentlicher Bestandteil der Feuersteine und der verkieselten Kalke, im Zement der Zementquarzite findet er sich gelegentlich in so großen Körnern, daß er mikroskopisch identifiziert werden kann. Seine Lichtbrechung ist etwas niedriger als die des Kanadabalsams, die Doppelbrechung gleicht der des Quarzes. Kenntlich ist er an seiner faserigen Struktur.

Opal tritt meist mit Chalzedon vergesellschaftet auf. Im Quarzitzement ist er selten, da er gewöhnlich in kryptokristallinen Quarz und Chalzedon übergegangen ist. Er ist farblos, seine Lichtbrechung ist mit 1,3 bis 1,45 noch niedriger als die des Chalzedons, unter gekreuzten Nikols bleibt er beim Drehen des Objekttisches dunkel, nur gelegentlich zeigt er Spannungsdoppelbrechung.

Glimmer (Muskowit, Kaliglimmer) findet sich auf Korngrenzen in Felsquarziten, er ist ein unerwünschter Bestandteil, weil er den Tonerde- und Alkaligehalt erhöht. Im Dünnschliff bildet er meist schmale, farblose, z. T. gebogene Leisten mit vielen Spaltrissen, seine Lichtbrechung ist merklich höher als bei Quarz, die Doppelbrechung ist sehr hoch, so daß der Muskowit sofort durch seine bunten Interferenzfarben unter gekreuzten Nikols auffällt. Serizit ist ein sehr feinkörniger Kaliglimmer mit ähnlichen Eigenschaften wie der Muskowit.

Chlorit ist ein glimmerähnliches Tonerdesilikat, enthält aber an Stelle von Kalium Magnesium und Eisen. Seine tafeligen, schuppigen oder radialstrahligen Querschnitte sind farblos bis grün, in der Lichtbrechung unterscheidet er sich nicht wesentlich vom Muskowit, wohl aber in der Doppelbrechung, die kleiner oder weniger höher als die des Quarzes ist.

Feldspäte sollen in Quarziten nicht auftreten. Finden sie sich doch, so ist dies ein Zeichen dafür, daß die Zersetzung der Silikate nicht weit genug fortgeschritten ist, um einen reinen Quarzit zu bilden. Die Feldspäte in Quarziten sind stets trübe und von Spaltrissen durchsetzt, Licht- und Doppelbrechung sind gering.

Schwefelkies ist undurchsichtig und bildet oft kristallographisch begrenzte Querschnitte, meist Rechtecke.

Brauneisen ist ebenfalls opak, tritt aber in unregelmäßig begrenzten Querschnitten auf.

Organische Bestandteile und amorphe Tonsubstanz sind undurchsichtig wie Brauneisen und im Dünnschliff nicht von diesem zu unterscheiden.

Weiterhin enthalten Quarzite sog. akzessorische Bestandteile, wie Zirkon, Rutil, Turmalin usw., die in geringen Mengen auftreten und die Eigenschaften der Quarzite nur unwesentlich beeinflussen. Unter ihnen ist der Rutil insofern von Bedeutung, als er Aussagen über die Verteilung des TiO_2-Gehaltes gestattet.

Ausbildung, Größe und gegenseitige Anordnung der obengenannten Mineralien bestimmen die Struktur und Textur der Quarzite, bei denen sieben verschiedene Grundtypen unterschieden werden können [5], nämlich:

Typ 1. Pflasterstruktur. Bei ihr sind die Quarzkörner alle von gleicher Größenordnung und innig miteinander verzahnt. Ein Bindemittel fehlt ganz oder ist nur in sehr geringer

Menge vorhanden. An Korngrenzen und in den Zwickeln zwischen den Körnern können Glimmer- bzw. Chloritblättchen oder auch andere Verunreinigungen auftreten. Pflasterstruktur ist besonders für Felsquarzite charakteristisch (Abb. 129).

Typ 2. Kristalline Struktur mit ergänzendem Zement. Sie enthält in der Korngröße wechselnde Quarzkörner mit Rinden oder Schalen von gleichorientiertem Quarz oder von Chalzedon. Die Rinden oder Schalen umschließen die Körner nicht gleichmäßig, sondern sind dicker oder dünner, je nach dem zwischen den angrenzenden Quarzkörnern vorhandenen Platz. Diese Struktur ist bei vielen hessischen Tertiärquarziten (Gegend von Hannov.-Münden usw.) anzutreffen (Abb. 134).

Typ. 3. Zementstruktur mit granulösem Quarzzement. Bei dieser Struktur befindet sich zwischen den Quarzkörnern ein feinkörniges Bindemittel, das ebenfalls fast ausschließlich aus kleinen Quarzkörnchen besteht. Ist der Größenunterschied zwischen Einsprenglingen und Bindemittel klein, so ähnelt die Struktur dem Typ 2, bei großem Unterschied dem nächstfolgenden Typ 4. Zwischen diesen Extremen sind alle Übergänge möglich (Abb. 139). Granulöses Quarzzement findet sich bei der Mehrzahl der hessischen und westerwälder Zementquarzite.

Typ. 4. Zementquarzitstruktur mit Basalzement. Das Basalzement besteht aus einem sehr feinkörnigen, fast staubförmigen Gemenge von winzigen, lichtmikroskopisch kaum auflösbaren Quarzpartikelchen. Als Seltenheit enthält es Opal oder Chalzedon. Häufig ist es durch feinverteilte Tonsubstanz getrübt oder ganz undurchsichtig geworden (Abb. 137). Bei starker Vergrößerung zeigt sich, daß die Tonsubstanz in Form feinen Staubes im Basalzement eingelagert ist. Die Verteilung dieser Tonsubstanz ist meist ungleichmäßig wolkig oder schlierenförmig. Basalzement findet sich bei vielen westdeutschen Findlingsquarziten entweder allein, häufiger aber in Verbindung mit granulösem Quarzzement.

Typ 5. Konglomeratstruktur. An Stelle kleiner Quarzkörner sind gröbere Quarzkiese oder Gerölle vorhanden, die durch granulöses Quarzzement oder auch durch Basalzement miteinander verkittet sind (Abb. 131). Die Gerölle haben oft mit Zement ausgefüllte Radialsprünge und bestehen z. T. auch aus Kieselschiefer, Chalzedon oder anderen Substanzen. Kieselschiefer ist dabei am Auftreten von Radiolarienskeletten kenntlich.

Typ 6. Mörtelstruktur. Bei ihr sind die Quarzkörner durch starken Gebirgsdruck z. T. zertrümmert, z. T. flachgedrückt worden, so daß große Individuen neben kleinen liegen. Diese Struktur unterscheidet sich von derjenigen der Zementquarzite nur durch das Auftreten langgestreckter, untereinander paralleler Quarzkörner, die dem Gestein eine schiefrige Textur verleihen (Abb. 130). Örtlich kann in solchen Quarziten Chalzedon auftreten.

Typ 7. Flintstruktur. Sie ist vor allem bei Flint, Feuersteinen, verkieselten Kalken und anderen chalzedonreichen Gesteinen anzutreffen. Das Gestein besteht aus einem feinkörnigen Gemenge von Chalzedon und Opal, der in kryptokristallinen Quarz umgewandelt sein kann. Größere Quarzkörner fehlen oder sind zumindest selten (Abb. 143).

Durch die mikroskopische Strukturanalyse kann man Fels- und Zementquarzite mit einiger Sicherheit voneinander unterscheiden. Bei ersteren gibt der Gehalt an Nebengemengteilen und ihre Verteilung Anhaltspunkte für die Güte. Gleichmäßig verteilte Glimmer- oder Eisenoxydeinlagerungen stören dabei weniger als örtliche Anhäufungen dieser Stoffe.

2.254 Bestimmung des spezifischen Gewichtes nach dem Glühen

Wenn auch die mineralogische Untersuchung einen guten qualitativen Überblick über die technisch wichtigen Eigenschaften gewährt, so ist es doch für eine sichere Beurteilung unerläßlich, das Umwandlungsverhalten der Rohstoffe auch zahlenmäßig zu fixieren.

Hierzu werden zweckmäßig 3 Glühungen durchgeführt [*23*], nämlich

2 Std. bei 1350° C,
2 Std. bei 1500° C,
6 Std. bei 1500° C.

Die bei ihnen erzielten Umwandlungen werden beispielsweise in der Art der Abb. 142 ausgewertet. Die Schwankungen der bei diesen Glühungen zu erwartenden Umwandlungsgrade sind in Tab. 37 aufgeführt. Ein guter Zementquarzit sollte nach der 2stündigen Glühung bei 1500° C mindestens zu 70% umgewandelt sein, wenn er für die Herstellung von Stahlwerks-Silikasteinen vorgesehen ist.

Tabelle 37. *Umwandlungsgrad von Quarziten beim Glühen*

Glühung	Umwandlungsgrad von	
	Felzquarziten %	Zementquarziten %
2 Std. 1350° C	5 bis 20	10 bis 40
2 Std. 1500° C	40 bis 60	70 bis 95
6 Std. 1500° C	70 bis 80	80 bis 100

2.255 Bestimmung der Porosität

Zunächst muß die Porosität im Anlieferungszustand geprüft werden, da eine hohe Eigenporosität diejenige der fertigen Silikasteine in unerwünschter Weise steigert. Vor allem sind aber die Porositäten nach den oben erwähnten Glühungen wichtig, da sie Anhaltspunkte für die durch die Umwandlung hervorgerufene Auflockerung liefern.

Im Anlieferungszustand schwankt die Porosität guter Quarzite normalerweise von 1 bis 3%, sie kann aber bis 17% ansteigen. Für die Beurteilung ist dann zu prüfen, ob es sich um größere Hohlräume handelt, die bei der Zerkleinerung verschwinden, oder um feine Poren, welche im Grobkorn der Silikasteine erhalten bleiben.

Tabelle 38. *Änderungen der Porosität von Quarziten beim Glühen*

	Felsquarzit (Schöneberg/ Hunsrück)	Findlingsquarzit (Homberghausen/ Hessen)
Ungeglüht	2,2%	2,7%
2 Std. 1350° C	6,4%	10,3%
2 Std. 1500° C	10,9%	10,7%
6 Std. 1500° C	15,3%	12,6%

Glühen vergrößert die Porosität stets, sie schwankt danach zwischen 4 und 18%. Im Extremfall zerspringt das Material beim Glühen in kleine Stücke, es ist dann für die Silikasteinherstellung meist unbrauchbar. Tab. 38 enthält als Beispiele die Porositätsänderungen eines Fels- und eines Findlingsquarzites beim Glühen (vgl. auch Abb. 118).

2.256 Bestimmung des Nachwachsens

Diese Bestimmung kann — die bisherige Prüfung ergänzend — an größeren Stücken in Betriebsöfen durchgeführt werden, sie soll das Ausmaß des Nachwachsens bei mehreren aufeinanderfolgenden Bränden überprüfen. Wegen ihrer langen Dauer wird sie allerdings nur selten durchgeführt. In ihr wird entweder die Längenänderung einer Strecke zwischen zwei markierten Punkten oder die Volumenzunahme gemessen. Die Größe des Nachwachsens verschiedener Quarzgesteine während eines einmaligen Brandes bei 1450° C ist in Tab. 39 zu-

Tabelle 39. *Nachwachsen verschiedener Quarzgesteine bei einmaligem Brand bei 1450°C*

Felsquarzite	4,8 bis 11,4%
Zementquarzite	6 bis 10 %
Flint	12 %
gemahlener Flint	13 %
grober Quarzsand	0,4 bis 2,8%
feiner Quarzsand	9 bis 13 %
Nordischer Quarz	4,8%
Nordischer Quarz, feinst gemahlen	11 %
Bergkristall	0 %

sammengestellt. Die Korngröße übt einen erheblichen Einfluß auf das Nachwachsen aus (vgl. Abschn. 2.13).

Zementquarzite wachsen beim ersten Brand sehr stark, vergrößern aber bei späteren Bränden ihr Volumen nur wenig, Felsquarzite verhalten sich verschiedenartig, z. T. wachsen sie bei mehreren Bränden gleichmäßig, z. T. beim ersten Brand wenig, bei späteren dagegen stark. Schließlich gibt es sogar Quarzite, die bei wiederholten Bränden eine kleine Schwindung erleiden [23]. Abb. 144 enthält die Volumenänderungen von Fels-, Zementquarzit und Kohlensandsteinen in Abhängigkeit von der Zahl der Brände.

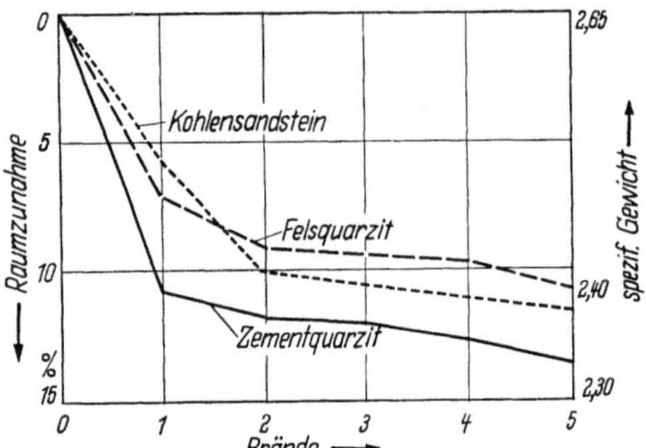

Abb. 144. Volumenänderungen verschiedener Quarzite bei mehreren Bränden (nach B. v. FREYBERG)

2.26 Sandlagerstätten

Da bei der Herstellung von Silikasteinen und anderen feuerfesten Erzeugnissen auch Sande verwandt werden, sei eine kurze Beschreibung der für feuerfeste Zwecke brauchbaren mitteleuropäischen Sandvorkommen angefügt.

2.261 Eigenschaften der Sande

Die reinsten Quarzsande enthalten weniger als 0,05% Fe_2O_3, 0,02 bis 0,05% Al_2O_3, etwa 0,005% CaO sowie Spuren von MgO und Alkalien, wobei die Gesamtsumme dieser Beimengungen 0,1% nicht überschreitet. Da in der feuerfesten Industrie derart hohe Anforderungen fast nie gestellt werden, genügen die normalen Quarzsande, auch als *Silbersande* bezeichnet, deren Gehalt an Al_2O_3 bei 0,5%, an Fe_2O_3 zwischen 0,2 und 1% liegt. Sande mit besonders klaren Quarzkörnern, wie sie in der Glasindustrie gern benutzt werden, führen die Bezeichnung *Kristallsande*. Die natürlichen Silber- oder Kristallsande werden vor der Verwendung gewaschen, um sie von den Feinanteilen zu befreien. Danach besitzen sie eine durch-

Abb. 145. Quarzsand, gewaschen (Vergr. 3,6 ×)

schnittliche Korngröße von 0,2 bis 0,5 mm. Sie sind reinweiß bis silbergrau, gelegentlich mit bläulichem Schimmer. Unter dem Mikroskop erscheinen die Körner abgerundet, gleichmäßig und nur wenig durchscheinend (Abb. 145).

Höhere Tonerdegehalte und wenig Eisenoxyd besitzen die *Kaolin-* oder *Klebsande*. Sie werden für Zwecke verwendet, bei denen nur eine mittlere Feuerfestigkeit gefordert wird und die Bindefähigkeit der Tonsubstanz ausgenutzt werden soll (Silikamörtel, Pfannenstampfungen, Gußformen usw.)

Man unterscheidet magere Klebsande mit 4 bis 8% Al_2O_3 und fette mit 8 bis 12% Al_2O_3. Die letzten gehen ohne scharfe Grenze in die sauren Tone über.

Bei Klebsanden ist neben der chemischen Analyse auch die Korngrößenverteilung und die Kornform von Bedeutung. Zu grobkörnige Sande lassen sich schlecht verarbeiten und ergeben unzureichende Bindung. Zu feinkörnige Sande dagegen haben eine geringe Feuerfestigkeit, weil ihre große Oberfläche eine rasche chemische Reaktion zwischen Quarz und Tonsubstanz unter Bildung eutektischer Schmelzen ermöglicht. Den Anforderungen der Technik werden am besten Klebsande gerecht, deren Korngrößenverteilung der Fuller- oder der Litzow-Kurve (s. Abschn. 1.44) entspricht und daher eine besonders dichte Packung gestattet. Für manche Verwendungszwecke, vor allem als Formsand, ist eine eckige Form des Sandkornes erwünscht, die wegen gegenseitiger Verzahnung der Körner einen besseren Zusammenhalt gewährleistet als die normale abgerundete Form.

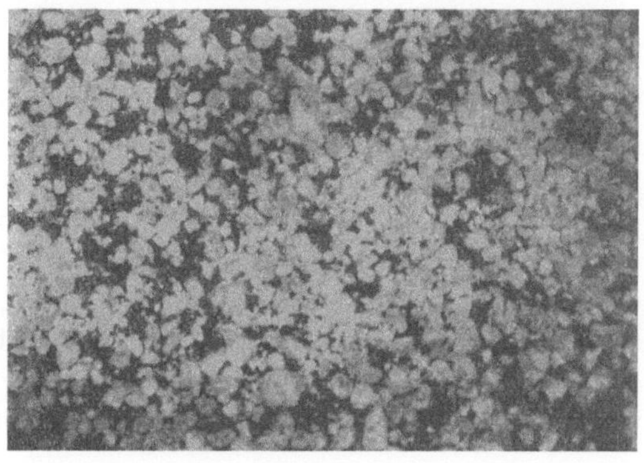

Abb. 146. Klebsand (Vergr. 3,6 ×)

In Abb. 146 sind Tonpartikel gut zu erkennen. Die einzelnen Quarzkörner sind von Tonhöfen umgeben, die besonders die gröberen zu einem Haufwerk verbinden. Da die Klebsande in der Grube meist nicht in genügender Feinheit vorliegen, müssen sie nach Vortrocknung häufig durch ein etwa 0,5 bis 1 mm weites Trommelsieb gegeben werden.

Für Gießereizwecke werden neben den eisenarmen Klebsanden vorzugsweise Sande benutzt, die außer Tonsubstanz eine gewisse Menge des Minerals *Glaukonit*, eines kalihaltigen Eisen–Aluminium-Silikates enthalten. Dieses bildet beim Erhitzen eine sehr zähe, poröse Schmelze, die dem Sand eine hohe Standfestigkeit und eine gewisse plastische Nachgiebigkeit verleiht, ohne dabei die Gasdurchlässigkeit zu vermindern. Die glaukonitischen, im frischen Zustand grünlich, im verwitterten rostbraun gefärbten Sande werden als *Formsande* bezeichnet. Sie enthalten 3 bis 4% Al_2O_3 und 4 bis 6% Fe_2O_3 und besitzen eine Feuerfestigkeit von SK 27 bis 28.

2.262 Entstehung

Die natürlichen Sandlager sind lockere oder kaum verfestigte Anhäufungen von Mineral- und Gesteinstrümmern verschiedener Korngröße und Zusammensetzung. Sie entstehen durch physikalische und chemische Verwitterung fester Gesteine, werden durch Wasser oder Wind transportiert und dort abgelagert, wo die Geschwindigkeit des jeweiligen Transportmittels so gering ist, daß die betreffenden Verwitterungsprodukte nicht mehr in der Schwebe gehalten werden können. Da die zum Transport erforderliche Mindestgeschwindigkeit von der Korngröße und dem spezifischen Gewicht der transportierten Materialien abhängt, haben sich Stoffe, die sich in dieser Eigenschaft stark voneinander unterscheiden, an verschiedenen Stellen abgesetzt. Durch den Transport tritt also eine gewisse, wenn auch meist nicht sehr scharfe Trennung nach der Korngröße und dem spezifischen Gewicht ein. Durch die während des Transportes weiterwirkende Verwitterung werden chemisch und mechanisch instabile Mineralien um so stärker zerstört, je länger der Transportweg ist. Der Transport bewirkt daher auch eine Auslese der chemisch und mechanisch widerstandsfähigsten Mineralien. Eine weitere natürliche Reinigung erfolgt durch saure, humus- oder kohlensäurehaltige Verwitterungslösungen, die von der Oberfläche her in den Boden eindringen. Daher finden sich reine Quarzsandlager häufig unter großen Braunkohlenflözen.

Für feuerfeste Zwecke sind nur Sande verwendbar, deren chemische und mechanische Auslese oder deren natürliche Reinigung so weit getrieben sind, daß die Sande praktisch nur aus dem sehr widerstandsfähigen Quarz bestehen, dem je nach dem Verwendungszweck gewisse begrenzte Mengen an Ton oder Eisenoxyd beigemengt sein dürfen oder sollen. Die klimatischen Bedingungen für die Entstehung derartiger Sande waren in Deutschland während der Tertiärzeit und z. T. auch in der oberen Kreidezeit erfüllt. Diesen Formationen gehören daher alle für die feuerfeste Technik wichtigen Sandvorkommen Deutschlands an. Sande aus älteren Formationen sind meist in darauffolgenden Zeiten zu Sandsteinen oder Quarziten verfestigt worden.

2.263 Verbreitung [24]

Aus der oberen Kreide stammende *Silbersande* finden sich in großen Mengen bei Haltern i. W., in den Borkenbergen und in der hohen Mark (Tab. 40 u. 41, Analyse 1). Meist sind sie eisenschüssig und gelb gefärbt, doch treten auch reinere Lagen auf, die für die Glas- und Stahlindustrie gefördert werden.

Silbersande tertiären Alters kommen in folgenden Gebieten vor:

Niederrheinische Bucht. Die wichtigsten Sandvorkommen dieses großen Tertiärgebietes gehören der miozänen Braunkohlenstufe an, und zwar der oberen, flözfreien Abteilung. Sie ziehen als weiße, fein- bis feinstkörnige Sande mit Einlagerungen von mächtigen Klebsandschichten am Eifelrand entlang von Satzvey nach Nordwesten bis Euskirchen. Bei Drove bilden sie den Steilrand des Roertales. Nördlich Aachen bei Herzogenrath und Nievelstein wird ein sehr mächtiges Lager reinster Glassande abgebaut.

Im Inneren der Niederrheinischen Bucht liegen ausgedehnte Sandlager über dem Braunkohlenflöz am Osthang des Vorgebirges, vor allem bei Buschbell, Großkönigsdorf und Frechen. Dem weißen, z. T. sehr reinen Sand sind auch hier Klebsandschichten zwischengelagert (Tab. 40, Analyse 2).

Dörentrup. Im vorwiegend aus mesozoischen Gesteinen aufgebauten Lippischen Bergland befindet sich bei Dörentrup ein kleiner grabenförmiger Einbruch tertiärer Sande und Tone, die wegen ihrer tiefen Lage von der Abtragung verschont geblieben sind. Die Miozänschichten enthalten hier unter einem Braunkohlenflöz feinkörnige, reinweiße Sande, die zu den eisenärmsten Deutschlands gehören und für die Glasindustrie und für feuerfeste Zwecke gewonnen werden (Tab. 40, Analyse 3).

Solling und Hils. Ähnliche tertiäre Grabeneinbrüche durchziehen auch den Solling und den Hils. Reine Quarzsande miozänen Alters finden sich bei Duingen, Neuhaus, Volpriehausen und an anderen Orten.

Tabelle 40. *Chemische Analysen verschiedener Sande*

Nr.	Fundort	geolog. Alter	SiO$_2$ %	Al$_2$O$_3$ %	TiO$_2$ %	Fe$_2$O$_3$ %	CaO %	MgO %	Alk. %	Glüh-verl. %	SK
				a) Silbersande (Kristallsande)							
1	Haltern	Oberkreide	99,55	0,12		0,24	Spur	Spur	—	—	36/37
2a	Frechen, ungewaschen	Miozän	99,18	0,45	0,05	0,03	0,12	0,05	—	0,11	—
2b	Frechen, gewaschen	Miozän	99,88	0,03	—	0,02	0,02	0,09	0,02	0,01	—
3	Dörentrup, gewaschen	Miozän	99,85	0,05	—	0,007	0,002	—	—	0,08	—
4	Walbeck, ungewaschen	Miozän	99,69	0,06	0,02	0,012	0,012	0,006	0,01	0,17	—
5	Hohenbocka	Miozän	99,92	0,022	—	0,008	0,006	0,004	0,011	0,025	—
				b) Klebsande							
6	Satzvey	Miozän	91,78	6,46	—	0,45	—	—	—	—	30
7a	Linderhausen, mager	Tertiär	95,80	2,26	—	1,84	—	—	—	—	34
7b	Linderhausen, fett	Tertiär	89,10	6,26	—	1,35	0,21	—	—	2,40	30
8	Daaden	Oligozän	92,56	5,92	—	0,52	—	—	—	—	30
9	Stallberg	Oligozän	91,61	6,01	—	0,44	Spur	Spur	—	1,44	33
10a	Grünstadt, ungewaschen ...	Pliozän	65,76	23,61	—	1,06	0,19	0,29	1,72	7,64	—
10b	Grünstadt, gewaschen	Pliozän	99,57	0,17	—	0,02	—	0,24	n. b.	—	—
11a	Eisenberg, ungewaschen	Pliozän	97,21	1,21	—	0,19	—	1,21	—	0,12	—
11b	Eisenberg, gewaschen	Pliozän	98,71	0,59	—	0,03	—	0,08	0,53	0,18	—
12	Charleroi, Belgien		89,2	6,36	—	1,94	—	—	n. b.	1,91	30
				c) Formsande							
13	Rosenthal	Oberoligozän	86,68	2,81	—	4,50	0,10	0,53	2,47	2,61	—

Tabelle 41. *Siebanalysen verschiedener Sande*

Nr.	Fundort	> 1 mm %	0,5–1 %	0,25–0,5 %	0,12–0,25 %	0,06–0,12 %	< 0,06 mm %
		a) Silbersande					
1a	Haltern H 32	—	2,0	67,5	29,9	0,5	0,2
1b	Haltern H 33	—	0,1	23,1	70,5	4,4	1,9
		b) Klebsande					
6	Satzvey	1,3	0,8	4,8	12,2	4,5	76,4
7a	Linderhausen, mager ..	0,7	0,5	4,8	16,0	17,4	60,6
7b	Linderhausen, fett	0,8	1,0	4,4	12,7	22,9	58,2
8	Daaden	3,3	0,8	1,2	10,2	4,7	79,8
9	Stallberg	—	—	0,2	7,6	33,7	58,5
12	Charleroi, Belgien	1,4	1,8	8,8	19,4	24,4	44,4

Hessen. In Hessen kommen reine Quarzsandlager größeren Umfanges bei Weiperz im Kreise Schlüchtern vor.

Braunschweig. An den Rändern der Oschersleben-Helmstedter Braunkohlenmulde treten unter der Braunkohle reine, weiße Quarzsande eozänen Alters auf, die offenbar ähnlich, wie oben bei der Quarzitbildung beschrieben, durch Sickerwässer mit niedriger p_H-Zahl von störenden Beimengungen gereinigt wurden. Sie werden vor allem bei Walbeck abgebaut (Tab. 40, Analyse 4).

Lausitz. Unter der miozänen Braunkohle der Lausitz finden sich die bekannten, ebenfalls miozänen, sehr reinen Quarzsande von Hohenbocka (Tab. 40, Analyse 5). Die Körner sind eckig mit abgerollten Kanten und sehr gleichmäßig in der Größe (0,25 bis 0,30 mm Dmr.). Sande gleicher Qualität werden bei Dobrilugk, Senftenberg und Sagan gewonnen.

Der Überblick zeigt, daß Deutschland wohl reich an reinen Quarzsanden ist, daß sich die Vorkommen von überregionaler Bedeutung aber auf wenige engbegrenzte Zonen, nämlich einmal auf die Umgebung des Rheinisch-Westfälischen Industriegebietes, weiterhin auf Südhannover-Braunschweig und schließlich auf die Lausitz konzentrieren. Neben den natürlichen Sanden, die in rohem oder in gewaschenem Zustand verarbeitet werden, finden die beim Schlämmen von Kaolin anfallenden Sande Verwendung (vgl. Abschn. 3.235). Diese Schlämmsande werden in verschiedener Korngröße und mit wechselndem Kaolingehalt geliefert. Ihre größten Mengen fallen bei Hirschau und Schnaittenbach in der Oberpfalz an. Sie sind hochfeuerfest und weißbrennend. Durch sie wird die empfindliche Versorgungslücke an natürlichen, hochwertigen Sanden in Süddeutschland ausgefüllt.

Die *Klebsande* sind wesentlich weiter verbreitet als die reinen Silbersande. Neben Silbersand kommen sie in der Niederrheinischen Bucht bei Satzvey am Eifelrand (Tab. 40 u. 41, Analyse 6), Frechen am Vorgebirge sowie bei Dörentrup in Lippe vor. Außerdem werden sie in zahlreichen weiteren Tertiärgebieten gewonnen, hauptsächlich in den folgenden Gebieten:

Linderhausen bei Schwelm. Dort hat sich ähnlich wie bei Dörentrup ein tertiärer Grabenbruch gebildet, der aber erheblich geringere Ausdehnung besitzt und nur magere und fette Klebsande sowie saure Tone enthält (Tab. 40 u. 41, Analyse 7).

Westerwald. Die miozänen Sande, das Ausgangsmaterial für die Zementquarzitbildung, werden an manchen Stellen auch als unverfestigte Klebsande gewonnen. Große Lager finden sich bei Daaden und bei Weitefeld (Tab. 40 u. 41, Analyse 8 u. 9).

Rheinpfalz. Die größten und bedeutendsten Klebsandvorkommen Deutschlands enthalten die pliozänen Schichten in der Gegend von Grünstadt und Eisenberg, wo Klebsand in einer Mächtigkeit bis zu 40 m auftritt (Tab. 40, Analyse 10 u. 11). Das Material wird z. T. gewaschen, um Quarzsand und Kaolin zu gewinnen, z. T. auch roh verarbeitet.

Belgien. Eine sehr große Lagerstätte von Klebsand, der sich besonders zum Ausstampfen von Stahlpfannen eignet (vgl. Abschn. 2.63) und für diesen Zweck in allen europäischen und vielen asiatischen Industrieländern verwandt wird, findet sich bei Charleroi. Der als Ladelit bezeichnete belgische Klebsand enthält als Tonmineral vorwiegend das hochplastische *Fireclay*mineral (vgl. 3.114) und zeichnet sich durch einen erhöhten Eisenoxydgehalt aus (Tab. 40 u. 41, Analyse 12).

Glaukonithaltige Sande sind in der Oberkreideformation und den verschiedenen Stufen der Tertiärformation und örtlich sogar in diluvialen Ablagerungen so weit verbreitet, daß eine Aufzählung aller Lagerstätten hier nicht möglich ist. Erwähnt seien lediglich die ausgedehnten Vorkommen von oberoligozänem Meeressand am Ostrand der Niederrheinischen Bucht bei Ratingen, Gerresheim, Leichlingen und Bergisch-Gladbach, die je nach dem Tonerdegehalt in verschiedene Sorten eingeteilt werden. Die wertvolleren feinkörnigen und tonigen Formsande liegen im unteren Teil der 20 bis 40 m mächtigen Schichtenfolge.

Gleichaltrige Grünsande finden sich auch im nördlichen Teil der Niederrheinischen Bucht bei Süchteln, Bistard und an anderen Orten (Tab. 40, Analyse 13). Glaukonitische Formsande von Oberkreidealter kommen in Westfalen bei Bottrop, Osterfeld, Sinsen und Erkenschwick vor.

2.27 Kalk

Den Ausgangsstoff für das zur Silikaherstellung verwandte Kalkhydrat bildet der Kalkstein, der durch Ablagerung von Organismenschalen (Muscheln, Korallen usw.) auf dem Meeresboden, seltener durch rein chemische Ausscheidung aus dem Meerwasser und durch nachträgliche Verfestigung und Umkristallisation unter dem Druck aufliegender Sedimente entstanden ist. Fester, dichter und reiner Kalkstein findet sich relativ häufig in der Natur. Das größte Vorkommen Deutschlands ist der mittel- bis oberdevonische Massenkalk im Bergischen Land und im Sauerland. Ihm gehören u. a. die Lager von Wuppertal, Dornap, Wülfrath, Iserlohn, Menden, vom Hönnetal, von Warstein und Brilon sowie diejenigen bei Attendorn und im Lahntal bei Limburg, Diez und Wetzlar an. Tab. 42 enthält einige Analysen von ungebrannten und gebrannten Kalksteinen aus den genannten Vorkommen. Massenkalk tritt auch linksrheinisch bei Aachen und in der Eifel, ferner im Harz bei Iberg und Elbingerode auf. Weitere Lagerstätten von dichtem Kalk finden sich in jüngeren Formationen, vor allem im Weißen Jura Nord- und Süddeutschlands, wie auch im Silur Schlesiens usw.

Neben dem dichten Kalkstein besitzt die aus den Schalen von Mikroorganismen aufgebaute *Kreide* Bedeutung. In der Oberkreideformation Norddeutschlands sind Kreidevorkommen an der Ostseeküste (Rügen), in Schleswig-Holstein, Lüneburg und in Dänemark verbreitet [24].

Hinsichtlich der Güte des für Feuerfestzwecke zu verwendenden Kalkes wird in den Amerikanischen Standard Specifications gefordert [25], daß er in gebranntem Zustand mindestens 92,5 % CaO und höchstens 3 % MgO enthalten soll, wobei die Summe der Eisen- und Aluminiumoxyde 1,5 %, diejenige der Kieselsäure und der anderen unlöslichen Substanzen 3 % nicht übersteigen darf. Der Kohlensäuregehalt darf nach dem Brennen bis zu

Tabelle 42. *Chemische Analysen verschiedener ungebrannter und gebrannter Kalksteine*

Herkunft		SiO_2 %	$Al_2O_3 + TiO_2$ %	Fe_2O_3 %	Mn_2O_3 %	CaO %	MgO %	$CO_2 + H_2O$ %	Org. Subst. %	SO_3 %	Glühverl. %	Summe
Binolen	ungebrannt	1,14	0,45	0,32	0,07	55,50	1,48	40,75	—	0,22	—	99,93
	gebrannt	1,90	0,75	0,53	0,11	92,34	2,46	—	—	—	1,87	99,96
Menden	ungebrannt	0,60	0,23	0,08	0,06	56,90	0,76	40,91	—	0,18	—	99,72
	gebrannt	1,01	0,39	0,14	0,10	95,60	1,28	—	—	—	1,25	99,77
Grevenbrück ..	ungebrannt	0,26	0,06	0,23	—	55,29	1,16	41,60	—	0,45	—	99,05
	gebrannt	0,45	0,11	0,40	—	95,00	1,99	—	—	—	1,10	99,05
Wülfrath	ungebrannt	1,14	0,64	0,75	—	55,15	0,52	40,42	—	0,29	—	98,91
	gebrannt	1,88	1,05	1,23	—	90,76	0,85	—	—	—	3,14	98,91
Lahngebiet ...	ungebrannt	0,89	0,95	0,49	—	54,76	0,69	41,20	—	0,36	—	99,34
	gebrannt	1,50	1,61	0,83	—	92,50	1,16	—	—	—	1,70	99,30
Mettmann	ungebrannt	1,68	0,86		—	55,78	0,70	40,67	—	0,30	—	99,99
	gebrannt	2,71	1,39		—	90,04	1,13	—	—	—	4,72	99,99
Mettmann	ungebrannt	2,10	1,50		—	53,80	0,30	40,60	1,60	0,10	—	100,00
	gebrannt	3,57	2,55		—	91,36	0,51	—	—	—	2,00	99,99

5% am Brennofen und bis zu 10% beim Empfängerwerk betragen. Weiterhin soll der Kalk frei von geschmolzenen Silikaten, Asche und Schmutz sein, er muß eine gute Abbindefähigkeit und Löschgeschwindigkeit besitzen. I. S. KAJNARSKIJ [26] fand dagegen, daß sich Kalke mit fein verteilten Verunreinigungen an Al_2O_3, Fe_2O_3 und MgO besser bewährten als reine Kalke. Er läßt daher bis 7% MgO im gebrannten Kalk zu und verlangt weiterhin, daß der Gehalt an CaO + MgO mindestens 90% und an Al_2O_3 + Fe_2O_3 + SiO_2 höchstens 5% betragen soll. Seine Ergebnisse widersprechen jedoch hinsichtlich der Tonerde allen sonstigen Erfahrungen und sollten daher nicht kritiklos übernommen werden.

In Deutschland bestehen keine Gütevorschriften für Kalke zur Silikaherstellung. Es wird besonders auf Freiheit von MgO Wert gelegt. Da der von der Brenngüte abhängige CO_2-Gehalt oft stark schwankt, ist eine laufende Kontrolle desselben zweckmäßig.

Schrifttum

[1] CRAMER, F., u. O. SAFFRAN: DBP. 858659

[2] DAVIES, W.: Trans. Brit. ceram. Soc. Bd. 47 (1948) S. 53/81

[3] HEGEMANN, FR.: Fortschr. Mineralog. Bd. 20 (1936) S. 39/43

[4] KÖNIG, R., u. L. STUCKERT: Sprechsaal Keram., Glas, Email Bd. 70 (1937) S. 527/29, 541/43, 556/57 u. 565/68

[5] v. FREYBERG, B.: Die Tertiärquarzite Mitteldeutschlands. Stuttgart 1926

[6] DAVIES, W.: Trans. Brit. ceram. Soc. Bd. 51 (1952) S. 107/12

[7] PLANK, A.: Ber. Oberhess. Ges. Natur- u. Heilkunde, Naturwiss. Abt. Bd. 4 (1910) S. 5/43

[8] FLIEGEL, G.: Die miozäne Braunkohlenformation am Niederrhein, Abh. Preuß. Geol. Landesanst. N. F. 61, 1910

[9] DITTMANN, K.: Das Tertiär am Nordostabfall der Eifel. Diss. Aachen 1912

[10] LÖSCHER, K.: Z. dtsch. geol. Ges. Bd. 68 (1916) S. 42/44

[11] BURRE, O.: Das Oberoligozän und die Quarzitlagerstätten unmittelbar östlich des Siebengebirges. Arch. Lagerstättenforsch. Bd. 47. Berlin 1930. — WILCKENS, O.: Geologie der Umgebung von Bonn. Berlin 1927

[12] HASEBRINK, A.: Stahl u. Eisen Bd. 44 (1924) S. 1018/23; Ber. DKG. Bd. 16 (1935) S. 355/72. — KLÜPFEL, W.: Sitz.-Ber. Niederrhein. Geol. Ver. Bonn (1927/28) S. 75/135. — BRAUN, W.: Ber. DKG. Bd. 8 (1927) S. 377/80. — AHRENS, W.: Z. dtsch. geol. Ges. Bd. 88 (1936) S. 438/47

[13] DIENEMANN, W.: Jb. preuß. geol. Landesanstalt (1925) S. 117

[14] v. FREYBERG, B.: Tonind.-Ztg. Bd. 52 (1928) S. 974/76

[15] Trans. Brit. ceram. Soc. Bd. 51 (1952) S. 141

[16] HOFFMANN, M., E. KEMPCKE, E. NEUWIRTH u. R. PIERUCCINI: Ber. DKG. Bd. 30 (1955) S. 297/303

[17] BILBAO-ARISTEGUI: Trans. Brit. ceram. Soc. Bd. 51 (1952) S. 160/61. — Diskussionsbemerkung REITLER, E.: Feuerungstechnik Bd. 22 (1934) S. 29/30

[18] DBP. 950832 (Didier-Werke 1956)

[19] Handbuch für das Eisenhüttenlaboratorium, Bd. 1, S. 192ff. Düsseldorf: Stahleisen 1939

[20] STÜTZEL, H.: Z. dtsch. geol. Ges. Bd. 103 (1951) S. 377/81. — SCHOUTEN, C.: Amer. ceram. Soc. Bull. Bd. 30 (1951) S. 130/36

[21] Eingehende Darstellungen der optischen Eigenschaften enthalten u. a. ROSENBUSCH, H., u. O. MÜGGE: Mikroskopische Physiographie der petrographisch wichtigen Mineralien, Bd. 1. Stuttgart 1927. — TRÖGER, W. E.: Tabellen zur optischen Bestimmung der gesteinsbildenden Mineralien. Stuttgart 1952

[22] ENDELL, K.: Stahl u. Eisen Bd. 32 (1912) S. 392/97

[23] STÜTZEL, H.: Stahl u. Eisen Bd. 70 (1950) S. 376/78

[24] DIENEMANN, W., u. O. BURRE: Die nutzbaren Gesteine Deutschlands, Bd. 1. Stuttgart 1929

[25] ASTM Standards C 49-24 (1936) S. 36

[26] KAJNARSKIJ, I. S.: Ukr. Inst. Ogneupory Kislotoup 1935

2.3 Herstellung der Silikasteine

2.31 Aufbereitung

Bei der Anlieferung von Quarzit muß besonderer Wert auf Sauberkeit gelegt werden. Die großen Stücke lagert man zweckmäßig im Freien in Haufen, damit sie durch Regen vorgewaschen werden können. Anschließend sollte der Quarzit stets gesäubert werden, da er von Natur mehr oder weniger stark mit Ton und Letten behaftet ist und beim Transport verunreinigt wird. Man verwendet dazu einen Wasserstrahl mit starkem Druck, Waschtrommeln oder neuerdings nach dem Resonanzprinzip gebaute Waschsiebe (vgl. Abschn. 3.323).

Der Quarzit wird entweder nach dem älteren, einfachen *Naßverfahren* oder dem modernen *Trockenverfahren* aufbereitet. Beim Naßverfahren gibt man die erforderliche Feuchtigkeit während des Feinmahlprozesses zu, beim Trockenverfahren erst nach dem Feinmahlen.

2.311 Naßverfahren

Die Quarzite werden zunächst in Backen- oder Kegelbrechern[1] vorzerkleinert.

In den von dem Amerikaner BLAKE erfundenen *Backenbrechern* (Abb. 147) wird der zum Zerquetschen von Quarziten erforderliche Druck mit Hilfe eines Exzenters und eines Kniehebelsystems aus der lebendigen Energie einer Schwungscheibe gewonnen. Das Kniehebelsystem überträgt die Exzenterbewegung auf eine hin- und herschwingende Brechbacke, zwischen dieser und einer feststehenden Brechbacke befindet sich der keilförmige, unten schmaler werdende Brechraum, der sich bei der Bewegung der schwingenden Backe abwechselnd verengt und erweitert. Die Verengung stellt den Arbeitsgang dar, bei der Erweiterung fällt das zerkleinerte Gut aus dem Brechraum heraus.

Die Stücke werden mehrfach zwischen fester und schwingender Backe eingespannt und so weit deformiert, daß die entstehenden Spannungen die Bruchfestigkeit überschreiten. Haarrisse und Kerben im Brechgut erleichtern die Zerkleinerung und vermindern die an sich sehr hohen Arbeitsverluste. Die Endgröße des Brechgutes richtet sich nach der Spaltbreite zwischen beiden Backen, sie ist je nach der Größe des Brechers verschieden und kann leicht in gewissem Umfang verändert werden. Quarzitblöcke werden im Backenbrecher meist auf ~30 mm zerkleinert, das Verhältnis von Anfangs- zu Endkorngröße beträgt etwa 7:1.

Die *Kegel-, Kreisel-* oder *Rundbrecher* (Abb. 148) stellen eine Fortentwicklung der Backenbrecher dar. An die Stelle der hin- und hergehenden Bewegung der schwingenden Backe tritt die taumelnde Bewegung eines schweren, steilen Brechkegels in einem ruhenden hohlkegelförmigen Gehäuse. Die taumelnde Bewegung wird durch exzentrische Lagerung der Kegelachse an ihrem unteren Ende und Rotation des Lagers um eine vertikale Achse hervorgerufen, an welcher der Kegel selbst jedoch nicht teilnimmt. Durch die taumelnde Bewegung des Brechkegels verengt und erweitert sich der ringförmige, nach unten enger werdende Brechraum. Dabei wird das Brechgut zerkleinert, bis es aus dem Brechraum herausfällt. Der Vorzug des Kegelbrechers liegt in der bei ihm möglichen kontinuierlichen Arbeitsweise und einem besseren mechanischen Wirkungsgrad gegenüber dem Backenbrecher wegen Fortfalles des Leerhubes. Das in ihm erzeugte Korn ist stärker kubisch als beim Backenbrecher. Nachteilig ist die schlechte Regulierungsmöglichkeit der Spaltbreite, die nur durch Höherstellen des Brechkegels ein wenig verändert werden kann. Bei einem Verschleiß des äußeren Kegelmantels vergrößert sich der Spalt, und die Zerkleinerungsleistung nimmt ab, während sich beim Backenbrecher die Zugstange durch Abnutzung der Kurbelwellenlager senkt, der Hub der schwingenden Backe größer und dadurch die Leistung des Brechers besser wird. Die Quarzitbrocken können im Kegelbrecher auf eine Stückgröße von 60 bis 120 mm zerkleinert werden. Bei relativ kleinem Durchsatz verdient der Backenbrecher den Vorzug, weil der Kegelbrecher dabei nicht voll ausgenutzt werden würde.

Das im Backen- oder Kegelbrecher vorzerkleinerte Gut wird häufig in einer Mittelstufe der Zerkleinerung nachgebrochen.

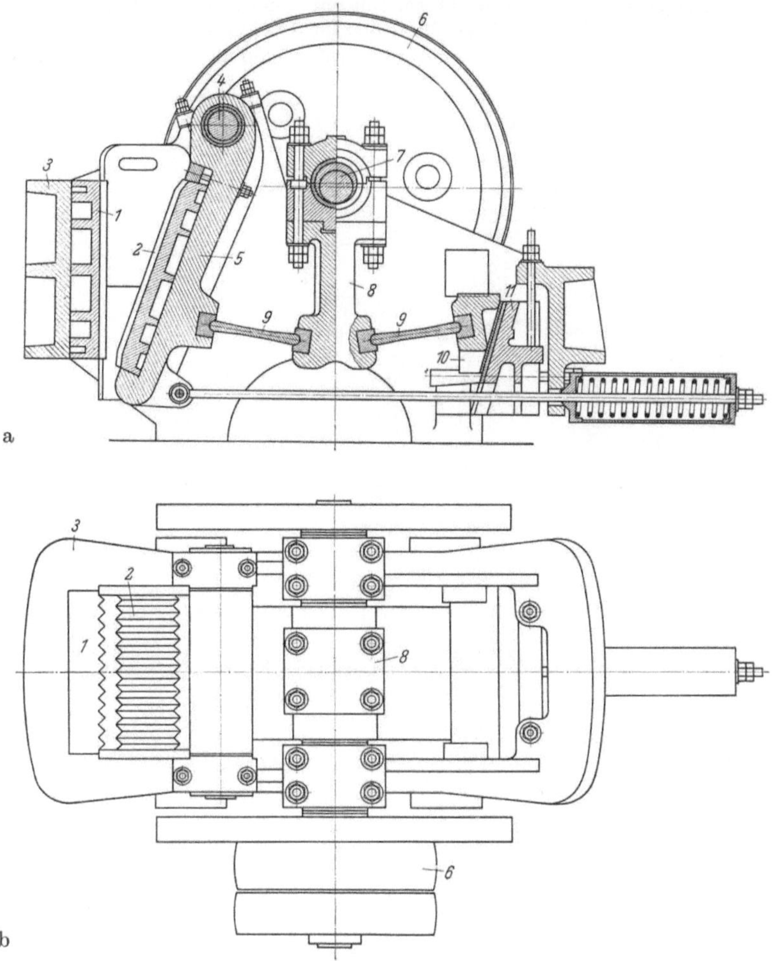

Abb. 147 a u. b. Backenbrecher (nach C. MITTAG).   a) Aufriß;   b) Grundriß

1 fest im Maschinenrahmen (*3*) sitzende Brechbacke;   *2* schwingende Brechbacke;   *3* Maschinenrahmen; *4* Achse für die Schwinge (*5*);   *5* Schwinge mit festaufsitzender Brechbacke (*2*);   *6* Riemenscheibe; *7* exzentrisch ausgebildete Antriebswelle für die Zugstange;   *8* Zugstange;   *9* Kniehebelsystem, welches durch die aufwärts und abwärts gehende Bewegung der Zugstange in eine mehr oder weniger gestreckte Lage gebracht wird;   *10* Gleitklotz, gegen den das Kniehebelsystem gelagert ist;   *11* verstellbarer Keil, durch den der Gleitklotz und damit die Spaltweite des Brechers verschoben werden kann

Hierzu dienen vor allem Symons- oder Schlagbrecher. In dem von den Gebr. Symons in Amerika entwickelten *Symons-Brecher* führt ebenfalls ein Brechkegel taumelnde Bewegungen aus, dieser hat jedoch einen erheblich flacheren Kegelmantel als beim Kegelbrecher (Abb. 149). Auch das äußere, den Brechraum begrenzende, hohlkegelförmige Gehäuse erweitert sich nach unten, nur mit etwas größerer Neigung als der innere Brechkegel. Dadurch entsteht ein schmaler, nach unten enger werdender, ringförmiger Brechraum. Die Form des äußeren Gehäuses ermöglicht eine sehr große Bewegung des inneren Kegels, seine Hubweite beträgt ein Mehrfaches der engsten Spaltbreite bzw. der Endkorngröße des Brechgutes, während sie beim Kegelbrecher stets kleiner als die Spaltbreite ist. Infolge seiner großen, schnellen Bewegung übt der Kegel keine quetschende, sondern eine mehr schlagartige Wirkung auf das Brechgut aus. Dadurch wird die aufgewandte Zerkleinerungsarbeit besser ausgenutzt; denn bei plötzlichem Schlag kommt die Kerbwirkung innerer Risse und Sprünge des Materials stärker zur Geltung, bzw. werden Haarrisse erzeugt, welche die weitere Zerkleinerung erleichtern. Das entstehende Korn ist splittrig und scharfkantig, wie es für die Silikasteinherstellung gerade erwünscht ist. Schnelle Brechkegelbewegung, weite Öffnung des Brechraumes und großer Umfang des Austrittsspaltes ermög-

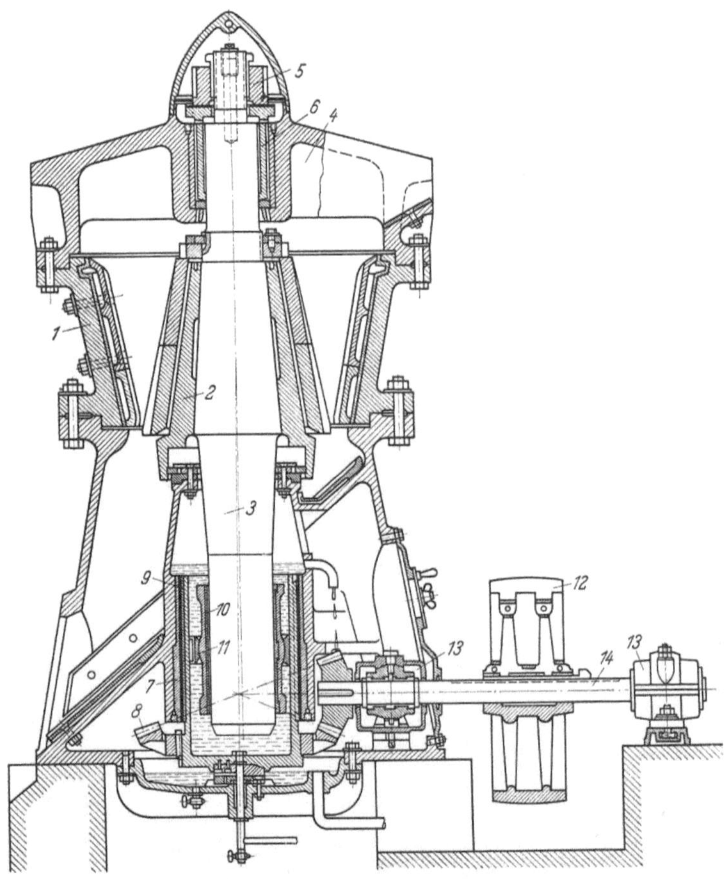

Abb. 148. Kreisel- oder Kegelbrecher (nach C. MITTAG)

1 hohlkegelförmiges Gehäuse;   *2* Brechkegel;   *3* vertikale Achse, auf der der Brechkegel sitzt;   *4* Traverse, in der die vertikale Achse gelagert ist;   *5* Stellmutter;   *6* zylindrische Büchse, auf der die vertikale Achse mittels der Stellmutter aufgehängt ist;   *7* Lagerbüchse;   *8* Kegelradpaar zum Antrieb der Antriebsbüchse;   *9* Antriebsbüchse, die in der Lagerbüchse (*7*) läuft;   *10* Hauptlagerbüchse der vertikalen Achse;   *11* Ring mit exzentrischer Bohrung, mit dem die Hauptlagerbüchse (*10*) in der Antriebsbüchse (*9*) eingesetzt ist;   *12* Antriebsscheibe;   *13* Lager für die Antriebswelle (*14*);   *14* Antriebswelle

lichen raschen Durchgang des Brechgutes ohne Anstauungen im Brechraum neben hohem Zerkleinerungsgrad, der bei größeren Brechern 15:1, d. h. das Doppelte wie bei den üblichen Kegelbrechern betragen kann. Die Endgröße liegt etwa bei 20 mm. Abb. 150 zeigt schematisch den Zerkleinerungsvorgang im Brechraum eines Symons-Brechers.

Die *Schlagbrecher* (Abb. 151) ähneln den Backenbrechern, die schwingende Backe wird jedoch am unteren Ende durch eine Druckplatte bewegt, die auf dem exzentrischen Teil einer Kurbelwelle sitzt. Der dadurch hervorgerufene Hub beträgt wie beim Symons-Brecher das Mehrfache der Spaltbreite. Infolge der starken Neigung der Backen, der gewölbten Oberfläche der Schwingbacke und der hohen Geschwindigkeit der Schwingbewegung ist der Arbeitsvorgang praktisch der gleiche wie im Symons-Brecher, d. h. die Krafteinwirkung vorwiegend schlagförmig, das Brechgut demgemäß splittrig und scharfkantig.

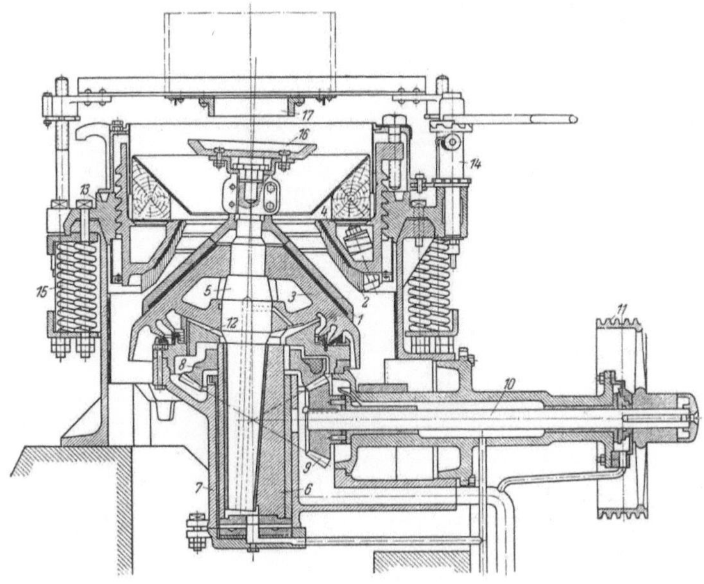

Abb. 149. Symonsbrecher (nach C. Mittag)

1 Brechkegel;   *2* Brechmantel;   *3* Tragkegel, der den Brechkegel trägt;   *4* Brechrumpf, in dem der Brechmantel sitzt;   *5* Achse, nach unten konisch verlaufend, auf der der Tragkegel befestigt ist; *6* Exzenterbüchse;   *7* Ständer;   *8* u. *9* Kegelräder;   *10* Antriebswelle;   *11* Antriebsscheibe;   *12* Kugellagerschale;   *13* Einstellring;   *14* Stellvorrichtung;   *15* Federn;   *16* Verteilteller;   *17* Trichteröffnung

Im ganzen gesehen erfordert die Hartzerkleinerung eine sehr hohe Energie und besitzt einen schlechten Wirkungsgrad, der um so geringer ist, je größere Stücke deformiert werden müssen und je langsamer der Druck aufgebracht wird. Große Stücke erfordern eine hohe elastische Verformungsarbeit, die oft mehrere Male aufgebracht werden muß und nicht wiedergewonnen werden kann. Bei schlagartiger Beanspruchung und sprödem Material ist diese Arbeit geringer als bei langsam zunehmender Belastung.

Die gesamte aufgewandte Arbeit einer Zerkleinerungsmaschine setzt sich zusammen aus:

1. der mechanischen Verlustarbeit A_m,
2. der zerkleinerungstechnischen Verlustarbeit A_z,
3. der theoretischen ideellen Nutzbarkeit A_i.

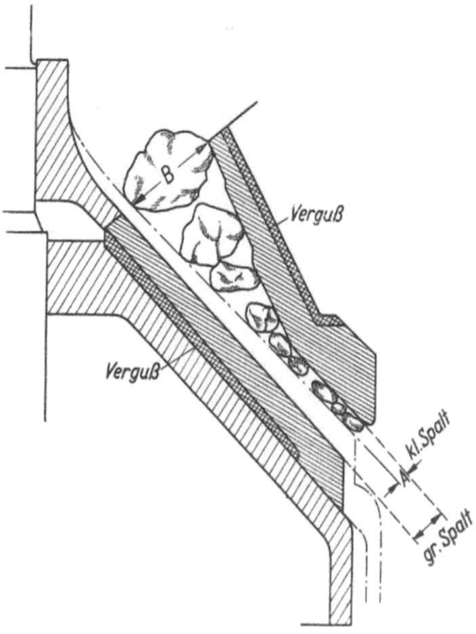

Abb. 150. Brechzone eines Symonsbrechers, schematisch (nach C. Knoche)

B maximale Korngröße;   *A* Endkorngröße

A_m umfaßt Lagerreibung, Zahnradverschleiß, Verformung und Erhitzung von Maschinenteilen usw. Sie schwankt zwischen 15 und 50% der Gesamtarbeit.

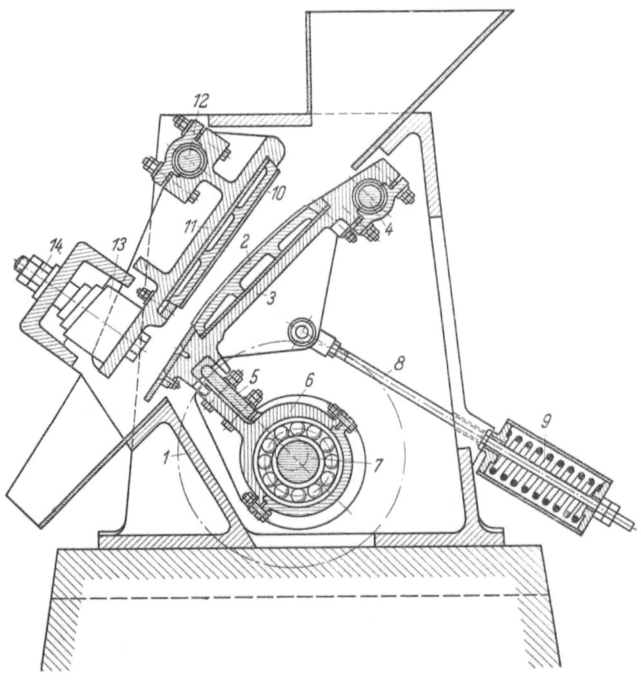

Abb. 151. Schlagbrecher (nach C. MITTAG)

1 Gehäuse; *2* gewölbte Brechbacke; *3* Schwinge; *4* durchgehender Bolzen; *5* Druckplatte; *6* Kurbelwellenlager; *7* Kurbelwelle; *8* Zugstange; *9* Zugfeder; *10* Brechbacke; *11* Gußkörper; *12* durchgehender Bolzen; *13* Pufferfeder; *14* Schraubenbolzen

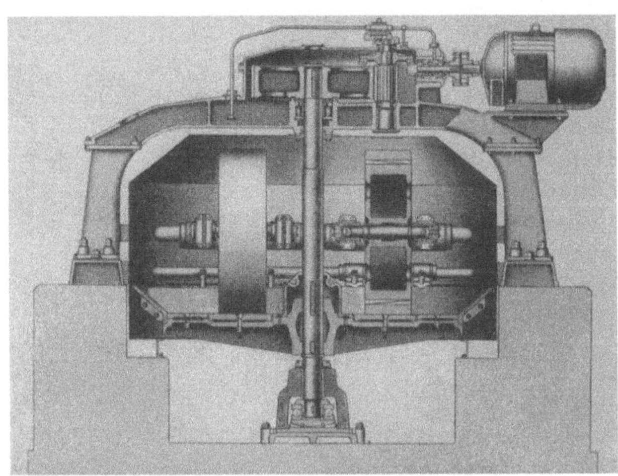

Abb. 152. Mischkollergang mit rotierender Mahlbahn, Bauart Weserhütte, Schnittbild

A_z stellt die zur nutzlosen Verformung des Brechgutes verbrauchte Arbeit dar und A_i die theoretisch geringste Arbeitsleistung, um die neuen Bruchflächen zu erzeugen.

Dieser letzte Wert beträgt stets nur wenige Prozente der Gesamtarbeit, er ist schwer exakt zu bestimmen. Um eine Bezugsgröße zum Vergleich der Wirkungsgrade verschiedener Maschinen zu bekommen, verwendet man das Gesetz von v. RITTINGER, nach welchem A_i der erreichten Oberflächenvergrößerung proportional ist. Gegen dieses Gesetz sind mit Recht Bedenken erhoben worden [2], weil es streng nur unter stark eingeschränkten Voraussetzungen und für eine zerreißende Zerkleinerungsart gilt. Aber wenn auch eine lineare Beziehung zwischen A_i und Oberflächenvergrößerung nicht besteht, so sind doch beide Größen voneinander abhängig, und die Oberflächenvergrößerung stellt eine geeignete Bezugsgröße für die Beurteilung der Zerkleinerungsleistung dar.

Aus dem v. RITTINGERschen Gesetz ergibt sich als Faustregel, daß A_i angenähert den mittleren Kantenlängen y des zerkleinerten Gutes umgekehrt proportional ist:

$$A_{i1}:A_{i2} = y_2:y_1.$$

Sie besagt, daß die Feinmahlung einen erheblich größeren Arbeitsaufwand A_i erfordert als die Grobzerkleinerung.

Der in den Brechern bis auf etwa Nußgröße zerkleinerte Quarzit wird unter Zusatz von Kalkmilch und anderen Bindemitteln (s. Abschnitt 2.32) in einem Mischkollergang (Abb. 152 u. 153) fein gemahlen.

Abb. 153
Mischkollergang, Bauart Soest-Ferrum, Außenansicht

In *Kollergängen* wird das Gut durch den Druck des Eigengewichtes schwerer Läufer zerkleinert, die mit horizontaler Achse auf einer Mahlbahn rollen. Entweder ist die Mahlbahn fest und die Läufer kreisen um die Achse einer Königswelle, an welcher die Läufer mit Schleppkurbeln angehängt sind, oder die Mahlbahn rotiert unter den Läufern, die dann mit Schwinghebeln an feststehenden horizontalen Achsen sitzen. Die Schwinghebel gestatten eine vertikale Bewegung der rollenden Läufer um einen bestimmten Betrag. Die Kollergänge mit rotierender Mahlbahn sind neuer, die schweren Läufer übertragen bei ihnen keine Zentrifugalkräfte auf die Königswelle und können einfacher gelagert werden. Das fertige Mahlgut wird bei Kollern mit fester Mahlbahn durch Schieber im Boden abgenommen, bei solchen mit rotierendem Teller mit Hilfe einer Pflugschar seitlich ausgetragen.

Im Betrieb führen die Läufer nur in der Mahlbahnmitte eine rein rollende Bewegung

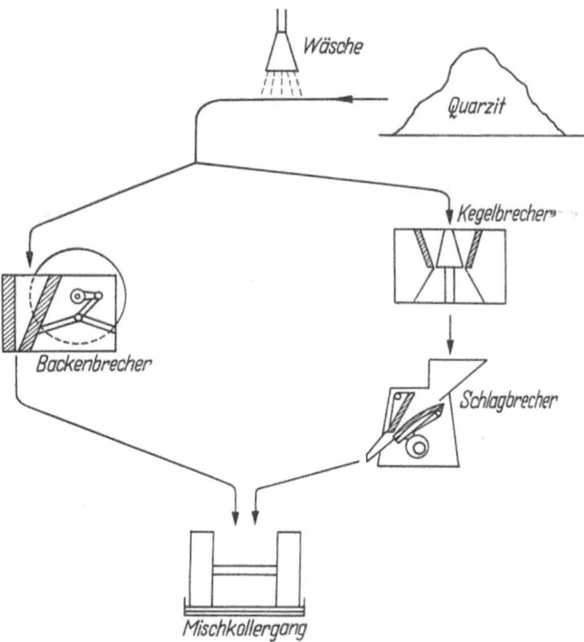

Abb. 154. Schema des Silika-Naßaufbereitungsverfahrens

aus, durch welche das körnige Mahlgut so lange zerdrückt wird, bis ausreichend Feinmehl vorhanden ist, um die Hohlräume zwischen den restlichen Körnern auszufüllen. In dem Grad, wie die Masse dichter wird, leistet sie dem Läuferdruck stärkeren Widerstand, die

Mahlwirkung wird entsprechend geringer. Nach der Außenseite hin wirken die Läufer mehr reibend auf die Masse und erzeugen dadurch einen höheren Mehlanteil.

Im Endeffekt entsteht bei sehr guten Kollern eine Mischung, welche angenähert nach den Gesetzen der dichtesten Kornpackung (vgl. Abschn. 1.44) aufgebaut ist, wie sie bei der Herstellung von Silikasteinen angestrebt wird. Wenn die Koller stärker verschlissen sind, verschlechtert sich allerdings der Kornaufbau. Durch die Kombination von reibender und zerdrückender Beanspruchung in Gegenwart von Feuchtigkeit entsteht beim Kollern ein bestimmter Anteil an kolloidalem, gelartigem *Schmand*, er verleiht der Masse gewisse plastische Eigenschaften und erleichtert die Formgebung.

Wenn das Mahlgut weniger Feinanteil enthalten soll, können die Läufer so eingestellt werden, daß sie im Leerlauf um einen kleinen Betrag über der Mahlbahn hängen. Die Mahlwirkung endet dann früher.

Das Aufgabegut wird im Kollergang auch gründlich gemischt. Bei aufgehängten Läufern ist die mischende Wirkung größer als die mahlende. Durch Anheben der Läufer mit einem hydraulischen Mechanismus während des Betriebes kann die Mahlung beendet und der Mischvorgang fortgesetzt werden, hierdurch wird gleichzeitig eine Fladenbildung beim Austragen verhindert.

Die Quarzitmischung verbleibt so lange auf dem Kollergang, bis eine gut verformbare Masse mit gewünschtem Kornaufbau entstanden ist.

Die beschriebene Aufbereitung ist schematisch in Abb. 154 zusammengefaßt.

2.312 Trockenverfahren

Beim Trockenverfahren geht der gewaschene Quarzit ebenfalls über Backenoder Kegelbrecher bzw. Schlag- oder Symons-Brecher und anschließend häufig zur weiteren Zerkleinerung über einen Granulator.

Die *Granulatoren* werden meist nach dem Symonsbrecher-Prinzip gebaut. Sie unterscheiden sich von den normalen Symonsbrechern nur durch die Formgebung des Brechkegels und -mantels (Abb. 155) und erzeugen ein splittriges, scharfkantiges Korn bis zu 3 mm herunter.

An Stelle von Granulatoren können zur Feinzerkleinerung auch *Siebkollergänge* benutzt werden. Bei ihnen ist der äußere Teil der rotierenden Mahlbahn auf etwa einem Drittel des Umfanges rund, oval oder schlitzförmig gelocht, so daß das durch die Zentrifugalkraft allmählich nach außen beförderte Mahlgut hindurchfallen kann, sobald es eine bestimmte Korngröße unterschreitet (Abb. 156/157).

Abb. 155 a u. b. Form des Brechkegels und -mantels (nach C. MITTAG)
a) beim Symonsbrecher;
b) beim Symonsgranulator

Der Feinanteil des von den Zerkleinerungsmaschinen kommenden Mahlgutes wird auf *Schwingsiebanlagen* abgesiebt und in die Bunker befördert. Meist werden die Siebanlagen den Feinmahlaggregaten vorgeschaltet, um die letzteren nicht mit dem bereits vorhandenen Feingut zu belasten. Nur das Überkorn gelangt in die Feinzerkleinerungsmaschinen. Im Normalfall wird der Quarzit so stark zerkleinert, daß er kein Korn über 7 bis 8 mm mehr enthält. Das Mahlgut wird in 2, seltener in 3 Korngrößenklassen unterteilt, beispielsweise Grobkorn 3 bis 6 mm und Feinkorn 0 bis 3 mm bzw. Grobkorn 5 bis 8 mm, Mittelkorn

2 bis 5 mm und Feinkorn 0 bis 2 mm. Die Siebweite von 1 mm kann im allgemeinen nicht unterschritten werden, weil sich feinere Siebe zu leicht verstopfen.

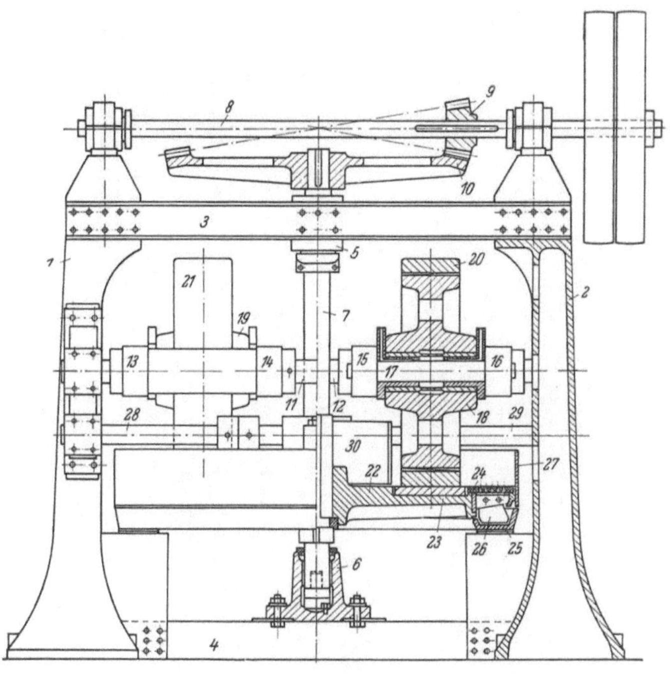

Abb. 156. Siebkollergang mit umlaufender Mahlbahn (nach C. MITTAG)

1 u. *2* Ständer;   *3* u. *4* Querträger;   *5* Halslager und *6* Hals- und Spurlager der (*7*) Königswelle; *8* Welle für Riemenantrieb;   *9* u. *10* Kegelräder;   *11* u. *12* feststehende Welle;   *13, 14, 15* u. *16* Schwinghebel;   *17* Wellen der (*18* u. *19*) gußeisernen Läufer;   *20* u. *21* Hartgußmäntel;   *22* Drehscheibe; *23* Hartgußsegmente;   *24* Siebring;   *25* feststehende ringförmige Rinne;   *26* Ausstreicher;   *27* Rand; *28* u. *29* Stangen mit (*30*) Scharrvorrichtung

Gelegentlich wird auch eine Mittelfraktion ausgesiebt, um eine Mischungslücke zu schaffen (Abschnitt 1.44).

Der klassierte Quarzit passiert in modernen Anlagen stets *Magnetscheider*, um durch Verschleiß der Zerkleinerungsmaschinen entstehende Eisenflitter abzuscheiden. Diese Maßnahme ist besonders bei Massen für Koksofensteine notwendig, da hohe Anforderungen an ihre Reinheit gestellt werden. Magnetscheider dienen auch zur Entfernung mitgeführter sperriger Eisenteile. Wenn solche trotzdem in den Betriebsgang gelangen, kann die Anlage durch elektronisch gesteuerte

Abb. 157. Siebkollergang der Dorstener Eisengießerei u. Maschinenfabrik A.G.

Anzeigegeräte automatisch stillgelegt werden. Zum Transport der Fraktionen in die Bunker dienen *Becherwerke*, meist *Gurtbecherwerke*, *Schwingrinnen*, *Transportbänder* oder geeignet geformte *Kettenförderer* (*Redler* oder *River*).

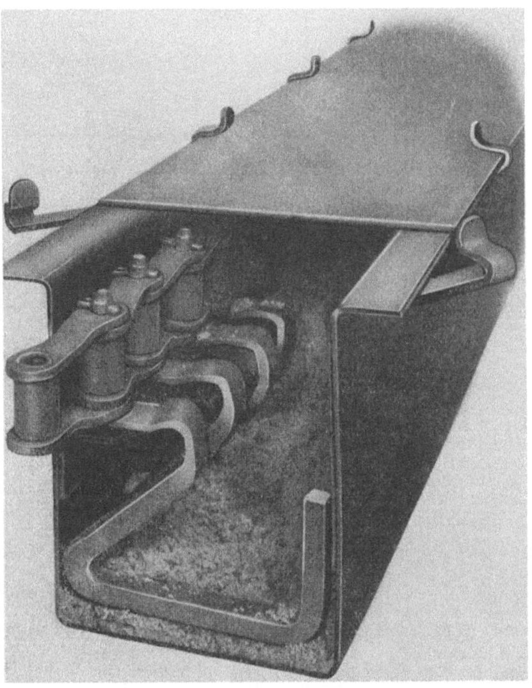

Abb. 158
River (Kettenförderer) der Firma FMW (Wilhelmshaven)

Abb. 159. Fahrbare Gefäßwaage

Abb. 158 zeigt eine der zahlreichen möglichen Ausführungsarten.

Zur Masseherstellung werden bestimmte Mengen der einzelnen Quarzitfraktionen mit Hilfe von *fahrbaren Waagen* (Abb. 159) aus den Bunkern entnommen und einem *Mischkollergang* oder *Eirichknetmischer* (s. Abschnitt 3.342.1) zugeführt, in denen sie mit Kalkmilch und Bindemitteln vermischt werden. Die vor allem in England übliche Verwendung von Eirichmischern setzt voraus, daß die Masse bereits vor der Aufgabe die richtige Kornzusammensetzung aufweist. Da häufig zu wenig Feinstmehl vorhanden ist, kann dieses dann u. a. in Form von Quarzmehl zugesetzt werden. Im Mischkollergang entsteht meist das Feinstmehl in ausreichender Menge beim Kollern (vgl. Abschn. 2.311).

Für genau dosierte Entnahmen aus den Bunkern sind neuerdings auch elektromagnetische oder mechanische *Vibratoren* entwickelt worden (Abb. 160 u. 161). Der Transport zu den Mischaggregaten erfolgt dann durch vibrierende, geschlossene *Förderrinnen* (Abb. 160 b) oder durch *Wendelförderer*, wenn kein natürliches Gefälle vorhanden ist. Die letzte Entwicklungsstufe stellen *Rundbunkeranlagen* dar, bei welchen die Bunker für alle benötigten Quarzitsorten und -fraktionen als Segmente eines Zylinders mit kreisringförmigem Querschnitt angeordnet sind.

Die Silokammern können unter Benutzung eines rundfahrbar angeordneten Vibrationssiebes beschickt werden. Die Bunkerausläufe befinden sich an den Innenseite des Bunkerturms. Durch Vibrationsrohre und Förderschnecken wird das Gut aus den Bunkern zu den unter dem Turm aufgestellten Mischanlagen befördert und dabei

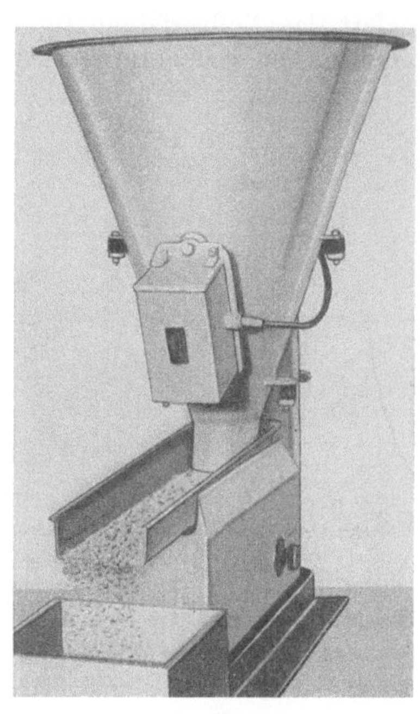

a

b

Abb. 160 a u. b. Elektromagnetischer Vibrator, System AEG
a) Dosierungsvibrator;   b) staubdicht geschlossene Förderrinnen

gleichzeitig gewogen. Bei diesen Anlagen sind fahrbare Gefäßwaagen entbehrlich. Sie werden von einem zentralen Steuerpult aus durch einen Mann bedient.

Einige Anlagen für Trockenaufbereitung sind schematisch in Abb. 162 dargestellt [*3*].

Die Frage, ob zur Herstellung erstklassiger Silikasteine eine Klassierungsanlage tatsächlich erforderlich ist, ist umstritten. Die Erfahrung lehrt, daß auch mit dem Mischkollergang allein dichte Kornpackungen erzielt werden können, die den durch Klassierung hergestellten an Güte nicht nachstehen [4]. Allerdings liefert das Naßverfahren für die heutige maschinelle Formung oft zu nasse Massen. Die Klassierung ermöglicht eine bessere Anpassung an die jeweilige

a   b

Abb. 161a u. b
Mechanischer Umwuchtvibrator, System Uhde. Die Regelung erfolgt durch Verstellen der Umwucht
a) maximale,   b) minimale Umwucht

Rohstofflage und die Wünsche der Abnehmer, und die Kornzusammensetzung ist vom Verschleißzustand der Koller unabhängig. Je nach seiner Festigkeit liefert ein Quarzit beim Kollern viel oder wenig Feinkorn. Durch eine Klassierung können die dadurch hervorgerufenen Schwankungen in der Korngrößenzusammensetzung leicht ausgeglichen werden. Sie bietet auch die Möglichkeit, den unterschiedlichen Beanspruchungsverhältnissen an den verschiedenen Gebrauchsstellen durch eine Variation des Kornaufbaues Rechnung zu tragen. Der Kornaufbau beeinflußt die sonst noch von den Gehalten an Feuchtigkeit und organischen Bindemitteln abhängige Verformbarkeit der Silikamassen. Grobkörnige Massen sind schwerer verformbar als solche mit hohem Feinanteil.

2.313 Entstaubung

Um die Belegschaft vor Silikoseerkrankung zu schützen, wird der Staubverhütung besondere Aufmerksamkeit gewidmet [5]. Alle Maschinen sollen sorgfältig gekapselt und mit *Staubabsaugungen* versehen sein, dabei muß an den unteren Teilen stärker abgesaugt werden als oben, um aufsteigende Luftströmungen, die den Feinstaub in der Schwebe halten, zu vermeiden. Ein Staubteilchen mit 2 μ Dmr. schwebt 2 Std. lang. Alle Stellen, an denen Staub aufgewirbelt werden kann, sollen unter Unterdruck gehalten werden. Wände und Oberflächen von Maschinen sollen wenig Winkel und Ecken aufweisen, in welchen sich Staub absetzen kann. Als Wandbekleidung bewähren sich helle Fliesen am besten. Um schwere körperliche Arbeit unter Staubeinfluß zu vermeiden, sollen alle Transporte mechanisch in geschlossenen Rohren und Schurren erfolgen. Durch Mechanisierung der Arbeitsvorgänge konnte die Zerkleinerungsleistung einer Anlage von 20 t/Std. mit 6 Mann auf 25 t/Std. mit 1 Mann (Aufsichtsperson) erhöht werden.

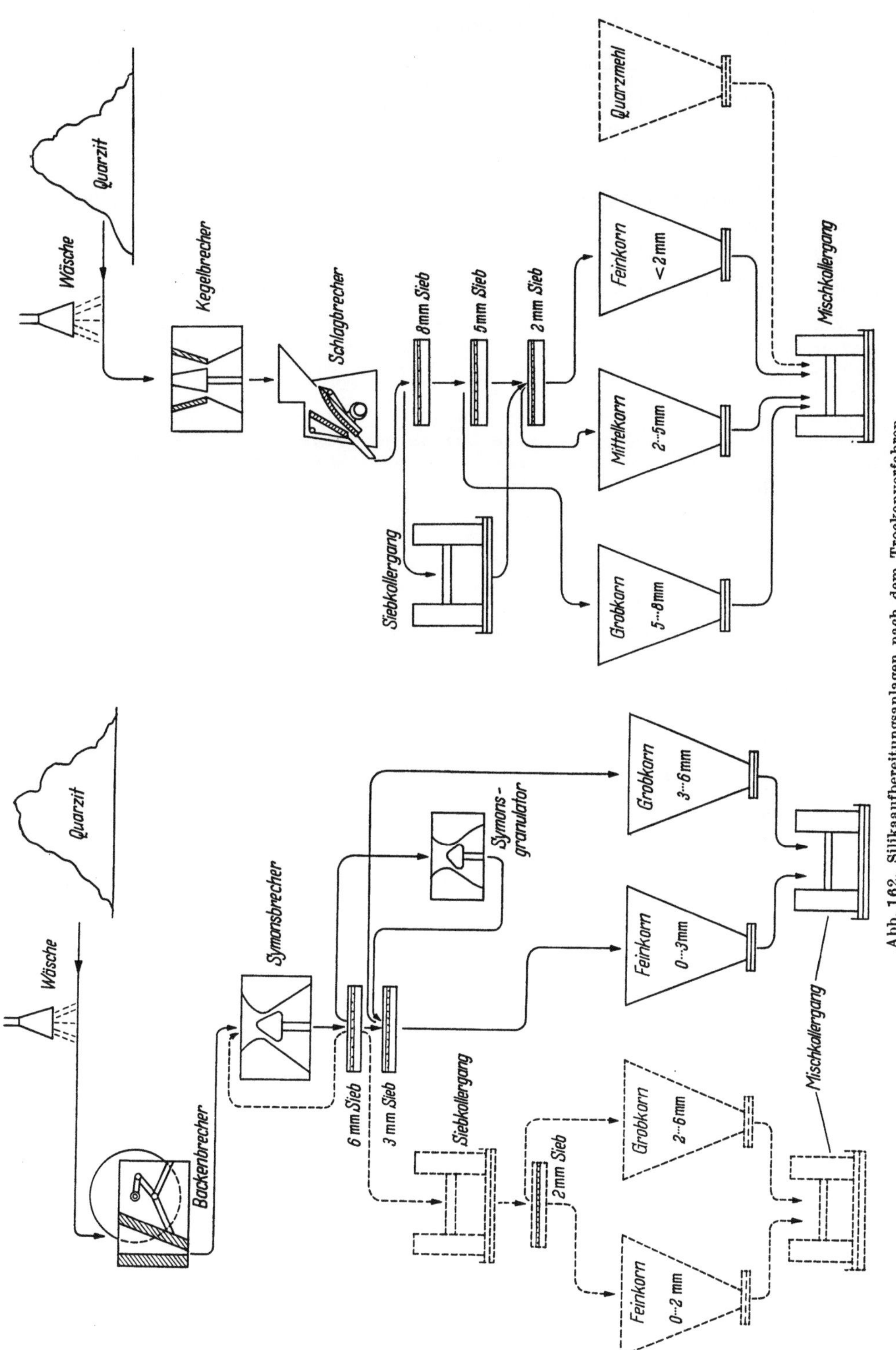

Abb. 162. Silikaaufbereitungsanlagen nach dem Trockenverfahren

2.32 Zuschlagstoffe

Der *Kalk* kann der Quarzitmasse in folgender Form zugegeben werden:

1. als trockenes Hydrat,
2. als Kalkmilch, hergestellt a) aus trockenem Hydrat, b) aus Ätzkalk,
3. als Speckkalk, hergestellt aus Ätzkalk.

Das trockene *Kalkhydrat* wird von den Kalkwerken in feinstgemahlener Form bezogen. Der zur Speckkalk- oder Kalkmilch-Herstellung verwandte *Ätzkalk* muß gleichmäßig gefärbt und frei von MgO sein (vgl. Abschn. 2.27), er darf nur Brocken bis zur Größe von 50 mm Dmr. enthalten.

Zur *Speckkalk*-Herstellung wird der Ätzkalk in Pfannen mit Wasser gelöscht und in Kalkgruben geschüttet. Nach dem Abziehen des zuviel zugegebenen Wassers wird die Masse gleichmäßig steif. Durch Anlage mehrerer Kalkgruben wird ein kontinuierlicher Betrieb möglich.

Die *Kalkmilch*-Herstellung erfordert überschüssiges Wasser beim Löschen. E. J. DOMO-RAZKIJ [6] schlug vor, die Kalkmilch nach dem Löschen zu filtrieren, um Reste nichtgelöschten und ungebrannten Kalkes zu entfernen. Da sich die Siebe hierbei leicht verstopfen, müssen sie durch Einblasen von Preßluft in die Kalkmilch ständig saubergehalten werden. Das Filtrat wird in Bunker gefüllt und dort bis zur Reife etwa 1 Woche belassen.

Es liegt nahe, statt Kalkhydrat natürlichen *Kalkstein* oder *Kreide* unmittelbar dem Versatz beizugeben, da die Kohlensäure ohnehin beim Brand entweicht. Diesen Weg beschritt I. S. KAJNARSKIJ [7]. Er verwandte gemahlene Kreide und erzielte damit bessere Steine als mit dem üblichen Kalkhydrat, offenbar weil das bei der Entsäuerung frisch entstehende CaO besonders leicht mit Kieselsäure reagiert und die Umwandlung fördert. F. RÜCKERT [8] schlug die Verwendung von kalziumkarbonathaltigem *Zuckerschlamm* vor, der bei der Zuckerraffinerie anfällt. Diese Vorschläge wurden jedoch bisher nicht weiterverfolgt.

Die Höhe des Kalkzuschlages richtet sich nach den verwendeten Quarzitsorten. In aus Zementquarzit hergestellten Versätzen soll 1,5 bis 2,0% CaO vorhanden sein, in den vorwiegend aus Felsquarziten und Sand bestehenden kann der Kalkgehalt bis zu 3,5% ansteigen [9].

Die Menge der Zusatzstoffe im Silikastein kann in gewissen Grenzen schwanken, ohne daß die technologischen Eigenschaften schlechter werden. Nach K. ENDELL u. R. HARR [10] darf der Kalkgehalt sogar bis 8% ansteigen. In Stahlwerkssilikasteinen dürfen höchstens 1,5% Al_2O_3 und 4% Fe_2O_3 vorhanden sein.

Neben dem Kalkhydrat muß dem Versatz ein organisches Klebemittel beigegeben werden, welches den Rohlingen die erforderliche Trockenfestigkeit verleiht und sich beim Brennen verflüchtigt. Hierzu wird allgemein die preiswerte *Sulfitablauge* benutzt, die im Rahmen der Zelluloseherstellung beim Aufschließen des Holzes mit Kalziumbisulfit anfällt.

Die Lauge wird in den Zellulosefabriken — um Transportkosten zu sparen — durch Kochen eingedickt, meist auf 32° Bé, und kommt in Deutschland unter dem Namen *Silikanit, Rixerit* u. a. in den Handel. Neuerdings wird Sulfitablauge für weitere Transporte im Vakuum zu Pulver getrocknet. In dieser Form beziehen sie z. B. die englischen Silikawerke aus Schweden. Außer organischen Kolloiden enthält dieses Material SO_2 sowie Reste von Kalk, die aber wegen ihrer Geringfügigkeit bei der Bemessung der Kalkzuschläge nicht berücksichtigt zu werden brauchen.

An Stelle von Sulfitablauge werden auch andere Klebstoffe, in Zuckerrohrländern (Indien) z. B. *Melasse* benutzt.

Die 400 g CaO pro Liter enthaltende Kalkmilch wird in einer Rühranlage mit Wasser und Sulfitablauge versetzt und so lange gerührt, bis eine homogene Aufschlämmung entstanden ist. Diese besteht dann aus etwa 4 Teilen Wasser mit 10% Sulfitablauge von 32° Bé auf 1 Teil festes CaO. Zur trockenen Quarzitmasse werden 5 bis 8% des Gewichtes von der Aufschlämmung zugegeben und mit ihr im Mischer oder Mischkollergang gemischt. Dabei häufig auftretende Schaumbildung kann durch Zugabe von *Entschäumungsmitteln* vermieden werden.

Trockenes Hydrat wird entweder wie Kalkmilch in einer Rühranlage mit Wasser und Sulfitablauge verrührt und als Aufschlämmung der Quarzitmasse zugemischt oder auch unmittelbar in trockenem Zustand im Mischkollergang verarbeitet. Wasser und Sulfitablauge müssen dann gesondert zugegeben werden. Dasselbe ist bei Verwendung von *Speckkalk* der Fall, der sich bei der Aufgabe schwerer dosieren läßt als Kalkmilch.

2.33 Versatz

Nach ihrer Verwendung werden die Silikasteine in vier große Gruppen eingeteilt, nämlich

Stahlwerksqualitäten, die bei höchsten Temperaturen beständig sein müssen,
Glasofenqualitäten, für welche normalerweise eine etwas geringere Druckfeuerbeständigkeit genügt,
Koksofenqualitäten, welche bei geringerer Druckfeuerbeständigkeit sehr gute Maßhaltigkeit und Volumenbeständigkeit aufweisen müssen und
Heißreparatursteine.

Für die Körnung von *SM-Ofen- und Elektroofendeckelsteinen* gibt A. Möser [*11*] die in Tab. 43 aufgeführte Zusammensetzung an. Drei erprobte Massen für

Tabelle 43. *Silikastein-Versätze* (nach A. Möser)

Steinsorte	Wassergehalt %	CaO-Gehalt %	Sulfitlauge- oder Melasse-Zusatz %	Körnung				
				7 bis 5 mm %	5 bis 3 mm %	3 bis 1 mm %	1 bis 0,5 mm %	0,5 bis 0 mm %
Martinofen-Silika, Maschinenformung	4,7 bis 5,2	1,6 bis 2,0	0,3	max. 4	16 bis 24	24 bis 29	4 bis 7	42 bis 52
Martinofen-Silika, Handformung	6,5 bis 7,5	1,6 bis 2,0	0,4	max. 3	12 bis 18	22 bis 28	4 bis 7	45 bis 55
Elektroofen-Silika, Maschinenformung	4,7 bis 5,2	1,3 bis 1,5	0,14	max. 4	16 bis 24	24 bis 29	4 bis 7	42 bis 48
Elektroofen-Silika, Handformung	6 bis 6,5	1,3 bis 1,5	0,5	max. 4	16 bis 24	24 bis 29	4 bis 7	42 bis 48

Maschinen- und Handformung zur Herstellung von Stahlwerkssilika enthält Tab. 44.

Unter den *Stahlwerksqualitäten* werden an die *Gewölbesteine* für Siemens-Martin-Öfen höchste Anforderungen hinsichtlich Druckfeuerbeständigkeit und

Porosität gestellt. Daher werden zu ihrer Herstellung allgemein nur erstklassige Zementquarzite oder auch tonerde- und alkaliarme Felsquarzite verwandt.

Wie in Abschn. 2.13 erwähnt, reichern sich beim Zerkleinern von Quarzit die Verunreinigungen im Feinmehl an. F. KLASSE u. J. KRATZERT [11a] schlugen daher zur Herstellung von Spitzenqualitäten vor, aus dem gemahlenen Quarzit das Feinmehl <0,03 oder 0,09 mm abzusieben und es durch Quarzmehl <0,09 mm zu ersetzen, welches frei von Verunreinigungen ist. Dadurch wird die Druckfeuerbeständigkeit der Silikasteine auf >1700° C erhöht.

Tabelle 44. *Versätze für Stahlwerkssilika. Masse 1 für Maschinenformung; Masse 2 für Drehtischpresse; Masse 3 für Handformung*

Körnung mm	Masse 1 %		Masse 2 %		Masse 3 %	
>5	7		—		4	
4 bis 5	7	22	2	9	4	13
3 bis 4	8		7		5	
2 bis 3	8	19	10	24	6	18
1 bis 2	11		14		12	
0,5 bis 1	7		8		7	
0,25 bis 0,5	10		15		12	
0,12 bis 0,25	8	59	12	67	15	69
0,06 bis 0,12	8		7		7	
<0,06	26		25		28	

Die Herstellung von Gewölbesteinen allein aus *Felsquarziten* erfordert nach E. LUX [12] einen relativ hohen Anteil von Feinmehl im Versatz und hohe Brenntemperatur. Mindestens 51,3% sollen kleiner als 0,5 mm sein. Für amerikanische Felsquarzite gibt J. S. McDOWELL [13] an, daß bei Normalsteinen 56,5%, bei Formsteinen 64,8% < 0,37 mm sein sollen. In England wird bei der Herstellung von SM-Ofen-Gewölbesteinen teils *Ganister* mit schwedischem Felsquarzit verschnitten, teils südafrikanischer *Silcrete* (vgl. Abschn. 2.232) verwandt.

Als Katalysator zur Beschleunigung der trägen Umwandlung vieler Felsquarzite fügt man in Schweden dem Versatz 1,5% *Eisenpulver* zu. In Frankreich, Spanien und Belgien wird zu dem gleichen Zweck *Feuerstein* verwandt [14]. Um zu verhindern, daß die Steine mürbe werden, muß der Feuerstein glasurfein gemahlen oder vorgebrannt und dann gemahlen werden [15]. Der Feuersteinanteil kann bis zu 10% betragen. An sonstigen umwandlungsfördernden Zusätzen wird gelegentlich *Quarzglas* aus Abfällen der Quarzglasindustrie

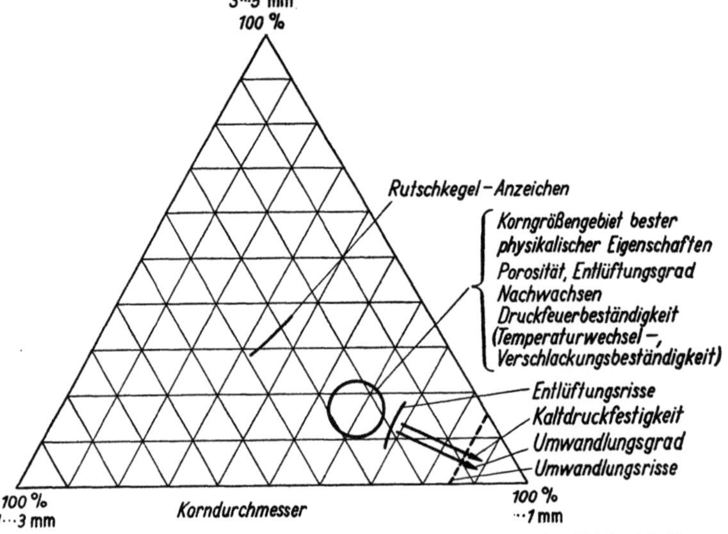

Abb. 163. Die physikalischen Eigenschaften von Silikagewölbesteinen in Abhängigkeit von der Kornzusammensetzung (nach R. FRERICH u. W. HINZ)

benutzt [*16*]. Auch Kieselgur ist zu diesem Zweck von E. STEINHOFF [*17*] empfohlen worden. Dieses Material erhöht zwar die Bildsamkeit, weil es beim Aufquellen in Gelform übergeht, und verbessert die Bindung im Stein, vergrößert aber gleichzeitig die Porosität und wird daher nicht mehr verwandt (vgl. Abschn. 7.23).

Nach Untersuchungen von R. FRERICH u. W. HINZ [*4*] liegt das Optimum der physikalischen Eigenschaften bei Steinen, welche aus Mischungen von

10 bis 25 % Grobkorn   3 bis 5 mm
15 bis 28 % Mittelkorn   1 bis 3 mm
und 55 bis 65 % Feinkorn   <1 mm

bestehen (Abb. 163). Wenn der Feinkornanteil über 68 % ansteigt, wird zwar die Kaltdruckfestigkeit und der Umwandlungsgrad höher, es bilden sich aber beim Pressen auch bei sorgfältiger Entlüftung leicht Lagenrisse (vgl. Abschnitt 2.322), außerdem nehmen Porosität und Gasdurchlässigkeit zu (Abb. 164). Andererseits wird die Bindung im Stein sehr schlecht, wenn der Feinkornanteil unter 40 % sinkt. Beim Druckfeuerbeständigkeitsversuch entstehen dann Rutschkegel statt plastischer Verformung (vgl. Abschn. 1.74).

Innerhalb des Feinkornes übt die Menge des vorhandenen Feinstmehles <0,06 mm einen beträchtlichen Einfluß auf die Steineigenschaften aus. An Feinstmehl arme Massen ergeben mürbe Steine. In den üblichen Massen schwankt der Feinstmehlgehalt zwischen 25 und 40 %.

Nach den vorstehenden Ausführungen können Silikamassen nicht nach den Regeln der dichtesten Kornpakkung (vgl. Abschn. 1.44) zusammengesetzt werden, da dann die Größe

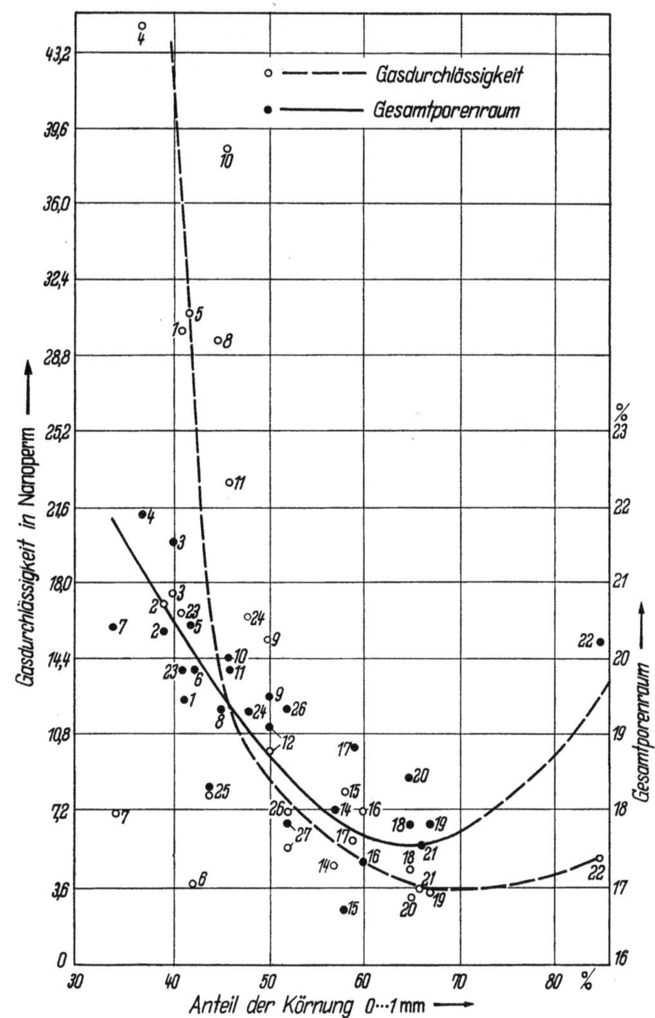

Abb. 164. Porosität und Gasdurchlässigkeit von Silikasteinen in Abhängigkeit vom Feinkornanteil in der Rohmasse

der Kornoberflächen nicht zur Herstellung einer genügenden Bindung im Stein hinreicht. Hierzu muß der Feinkornanteil entsprechend vergrößert werden.

Für die *normalen Stahlwerksqualitäten* und für *Glasofensteine* werden in Deutschland ebenfalls überwiegend Zementquarzite verwandt. Sie erhalten jedoch Zusätze von guten Felsquarziten, reinem gemahlenem Quarzsand oder Silikabruch aus neuen oder gebrauchten Silikasteinen, die von verschlackten Teilen, Mörtel u. a. Verunreinigungen befreit sind. Durch die Verwendung von billigem Silikabruch sollen die Tridymit- und Cristobalitgehalte im Stein erhöht und die Dehnungserscheinungen beim Steinbrand vermindert werden, die besonders bei großen kubischen Formaten zu Rißbildungen Anlaß geben können. Die Annahme jedoch, daß der Silikabruch durch seine hohen Gehalte an Tridymit und Cristobalit mineralisierend auf den Quarzit wirkt, also die Umwandlung beschleunigt, hat sich nach Untersuchungen von H. SALMANG u. B. WENTZ [18] nicht bestätigt. Russische und englische Forscher behaupten [19, 20], daß sich Steine aus Quarzit mit Zusätzen von Silikabruch im Gebrauch besser verhalten sollen als solche aus Quarzit allein. Nach eigenen Erfahrungen setzt Silikabruch die Druckfeuerbeständigkeit herab und erhöht die Porosität. Bei Glasofen-Gewölbesteinen ist in vielen Fällen eine höhere Porosität erwünscht.

Nach G. BERGAU [21] sollen sich großformatige Silikasteine besser herstellen lassen, wenn der Versatz neben basalzementreichen Findlingsquarziten auch Felsquarzite enthält (vgl. Abschn. 2.35). Bei Steinen mit einer Abmessung von 1400 × 700 × 200 mm erzielte er die besten Ergebnisse, wenn er 50% Zementquarzit, 25% Felsquarzit und 25% Silikabruch verwandte.

Koksofensteine werden in Deutschland vorwiegend aus Felsquarziten hergestellt. Ein Zusatz von 20 bis 25% Zementquarzit 2. Sorte verbessert die Güte der Steine. R. KLESPER [22] gibt für Koksofenmassen die in Tab. 45, 1 bis 3 aufgeführten Kornzusammensetzungen an, die Massen 4 und 5 sind heute gebräuchlich. Der Gehalt an Feinkorn <1 mm beträgt 70% und mehr, die Korngröße geht praktisch nicht über 5 mm hinaus. Um der Rißgefahr bei

Tabelle 45. *Versätze für Silika-Koksofensteine,*
1 bis 3 nach R. KLESPER, *4. Masse für Maschinenformung, 5. Masse für Handformung*

Körnung mm	Masse 1 %	Masse 2 %	Masse 3 %	Masse 4 für Maschinenformung %	Masse 5 für Handformung %
>5	0,6 ⎫	0,1 ⎫	0,1 ⎫	—	—
4 bis 5	4,2 ⎬ 12,8	3,2 ⎬ 7,7	1,9 ⎬ 10,3	—	—
3 bis 4	8,0 ⎭	4,4 ⎭	8,3 ⎭	3	3
2 bis 3	8,2 ⎫ 17,4	9,8 ⎫ 20,8	6,4 ⎫ 16,5	7 ⎫ 22	6 ⎫ 21
1 bis 2	9,2 ⎭	11,0 ⎭	10,1 ⎭	15 ⎭	15 ⎭
0,5 bis 1	6,8 ⎫	5,8 ⎫	11,7 ⎫	10 ⎫	10 ⎫
0,2 bis 0,5	22,0 ⎪	19,2 ⎪	24,8 ⎪	19 ⎪	18 ⎪
0,08 bis 0,2	8,2 ⎬ 69,8	19,9 ⎬ 71,5	⎪	16 ⎬ 75	17 ⎬ 76
0,06 bis 0,08	6,4 ⎪	3,4 ⎪	⎬ 73,2	3 ⎪	4 ⎪
<0,06	26,4 ⎭	23,2 ⎭	⎪	27 ⎭	27 ⎭
0,1 bis 0,2	—	—	8,4 ⎪	—	—
<0,1	—	—	28,3 ⎭	—	—

größeren Formsteinen vorzubeugen, werden häufig dem Versatz etwa 20 % von sauberem, tridymitisiertem, gebrauchtem Silikabruch zur Erhöhung des Feinkornanteiles, weiterhin gemahlener Quarzsand zugegeben, wobei das Mahlen zu einem splittrigen Korn wegen des festeren Verbandes im Steingefüge anzustreben ist. Der Sand dafür soll mindestens 98 % SiO_2 enthalten und beim Glühversuch nach 2stündigem Erhitzen auf 1500° C zu 60 bis 70 % umgewandelt sein.

Versuche, bei der Herstellung von Silikasteinen ganz auf Quarzite zu verzichten und nur Sand zu verwenden, sind im Prinzip gelungen [23]. Die Hauptschwierigkeit liegt hierbei darin, daß nur Steine mit richtiger Zusammensetzung aus Grob- und Feinkorn dicht und fest werden. Da Sand an sich feinkörnig ist, muß durch eine aufwendige Feinstmahlung ein Mehl hergestellt werden, das sich in seiner Korngröße zum ungemahlenen Sand so verhält, wie das Feinkorn zum Grobkorn im normalen Silikastein.

Die Herstellung von Silikasteinen nur aus Feuerstein (vgl. Abschn. 2.24) gelang kürzlich B. EICHLER, H. PRESSLEY u. J. WOOLLISCROFT [24] unter Verwendung von vorgebranntem Feuerstein. Der Vorbrand erfolgt bei dunklem, dichtem Feuerstein mit einer Aufheizgeschwindigkeit von 40 bis 60° C/Std., maximal 80° C/Std. Bei 700 bis 950° C bzw. 500 bis 700° C (poröse Feuersteinsorten) wird die Temperatur so lange gehalten, bis $^3/_4$ des gebundenen Wassers entfernt sind.

Für *Heißreparatursteine* werden entweder vorgebrannte, gut umgewandelte Quarzite bzw. Silikabruch, oder im Gegensatz dazu schwer umwandelnde Quarzite benutzt. Die Körnung ist grob ohne Feinkornanteile, um eine poröse, lockere Struktur zu erzeugen.

Im einzelnen richtet sich die Zusammensetzung der Massen nach verschiedenen, von Werk zu Werk wechselnden betrieblichen und wirtschaftlichen Faktoren, so daß es nicht möglich ist, allgemeingültige Richtlinien für die Auswahl der Quarzite aufzustellen.

2.34 Formgebung der Silikasteine

Bei der Formgebung wird zwischen Hand- und Maschinenformung unterschieden.

2.341 Handformung

Die Handformmassen besitzen eine relativ hohe Feuchtigkeit, nämlich 7 bis 8,5 %, und erschweren dadurch eine ganz exakte Formgebung. Von einer gewissen Höhe ab können sich Steine durch das sog. *Setzen* nach dem Abziehen der Formen deformieren [25]. Bei größeren Steinen kann es sogar zur Wasserabscheidung an der Oberfläche kommen. Die Feuchtigkeit muß daher dem Steinformat angepaßt werden, um zu verhindern, daß sich die Steine seitlich ausbauchen.

Die Formen werden aus widerstandsfähigen, verschleißfesten Stählen, Hartguß oder aus Holz hergestellt. Holzformen werden mit Stahlblech ausgekleidet. In den Abmessungen der Formen muß das Wachsen der Steine beim Brennen berücksichtigt werden. Weichen die Formlinge auch nur um 0,5 mm von den geforderten Abmessungen ab, so sind die Formen zu erneuern.

Vor ihrer Benutzung werden die Formen leicht mit Formöl eingepinselt und mit Sand, etwa der Korngröße 0,12 bis 0,5 mm, eingestäubt. Als Unterlage dient eine dünne und ebene eiserne Platte. Nach dem Einfüllen wird die Masse mit einem eisernen Stampfer oder einem leichten Preßlufthammer zuerst in den Ecken und Kanten gut festgestampft, erst dann wird die ganze Fläche gestampft. Mit einer Kratze wird die Oberfläche aufgerauht, neue Masse nachgefüllt und ein zweites oder drittes Mal in der gleichen Weise gestampft. Zum Schluß wird die über der Form stehende Masse mit dem Schlagholz oder -eisen in die Form eingeschlagen und der dann noch überstehende Teil mit einem Schabeisen abgestrichen.

Wenn die Masse ungleichmäßig gestampft wird, entstehen poröse Stellen im Inneren oder an den Kanten und Ecken. Das letzte Einschlagen mit dem Schlagholz- oder -eisen kann zu Schalenbildung führen, wenn es übertrieben wird. Beim Abstreichen muß die Masse vollkommen eben mit dem oberen Rand der Form abschneiden. Da die Massen etwas elastisch sind, federn sie leicht nach und reichen dann über den Rand der Form hinaus.

Bei glatten Steinflächen wird die Form nach dem Abstreichen und Absanden auf ein Absetzblech gekippt, die Unterseite wird glatt gestrichen und dann die Form nach oben abgezogen. Der fertige Formling wird an den Ecken mit einem feuchten Pinsel leicht bestrichen und mit dem Absetzblech ins Trockengerüst gelegt.

Für Steine mittleren und großen Formates werden auseinandernehmbare Rahmen benutzt, die durch Knebel- oder Schraubverschlüsse usw. zusammengehalten werden und meist aus Holz mit einer Blechauskleidung oder aus Stahl bestehen. Zum Verdichten dienen Preßluftstampfer. Die überschüssige Masse wird abgestrichen, die frische Fläche eingestäubt und schließlich die Form entfernt.

Für Formsteine mit Aussparungen benutzt man Rahmen mit Einsätzen, die auf der Bodenplatte festsitzen oder durch Zapfen oder Führungsnuten befestigt werden können.

Die Handformung läßt sich nicht vermeiden, wenn große oder schwierige Steinformate in kleiner Stückzahl hergestellt werden müssen.

2.342 Abzieh- und Handpressen

Zur Herstellung größerer Stückzahlen von maßhaltigeren und kantenfesteren Steinen mit geringer Porosität und homogenem Gefüge sind maschinelle Anlagen entwickelt worden. Einen Übergang von der Hand- zur Maschinenformung stellt die *Durchzieh- oder Abziehpresse* dar. Sie dient nur zum Abziehen der Form.

Der Formkasten steht auf einem Absetzblech und enthält die Formen im allgemeinen für zwei auf der schmalen Längsseite stehende Steine (Abb. 165). Die Masse wird wie bei Handformung eingefüllt, gestampft, geschlagen und abgestrichen. Die gefüllte Form wird mit dem Absetzblech auf den beweglichen Stempeltisch geschoben, der dann durch einen Hebel mit der daraufstehenden Form gegen die feststehenden Oberstempel bis zu einem Anschlag heraufgedrückt wird. Der Anschlag ist so eingestellt, daß dabei kein nennenswerter Druck auf die Masse einwirkt. Durch einen zweiten Hebel wird die Form nach oben über die Oberstempel abgezogen, die nun frei stehenden Steine werden mit dem Absetzblech in das Trockengerüst gefahren.

In ähnlicher Weise arbeiten auch die *Handpressen*, nur wird hier die Masse in den ebenfalls auf einem Absetzblech stehenden Formkasten fest eingeworfen und durch die beweglichen Oberstempel in die Form gepreßt (Abb. 166). Die Form wird dann wie bei der Abziehpresse hochgezogen.

Bei den beschriebenen Pressen bestehen die Formen meist aus gehärtetem Stahl, sie haben dann gegenüber Formen aus weichem Stahl etwa die 4fache Haltbarkeit.

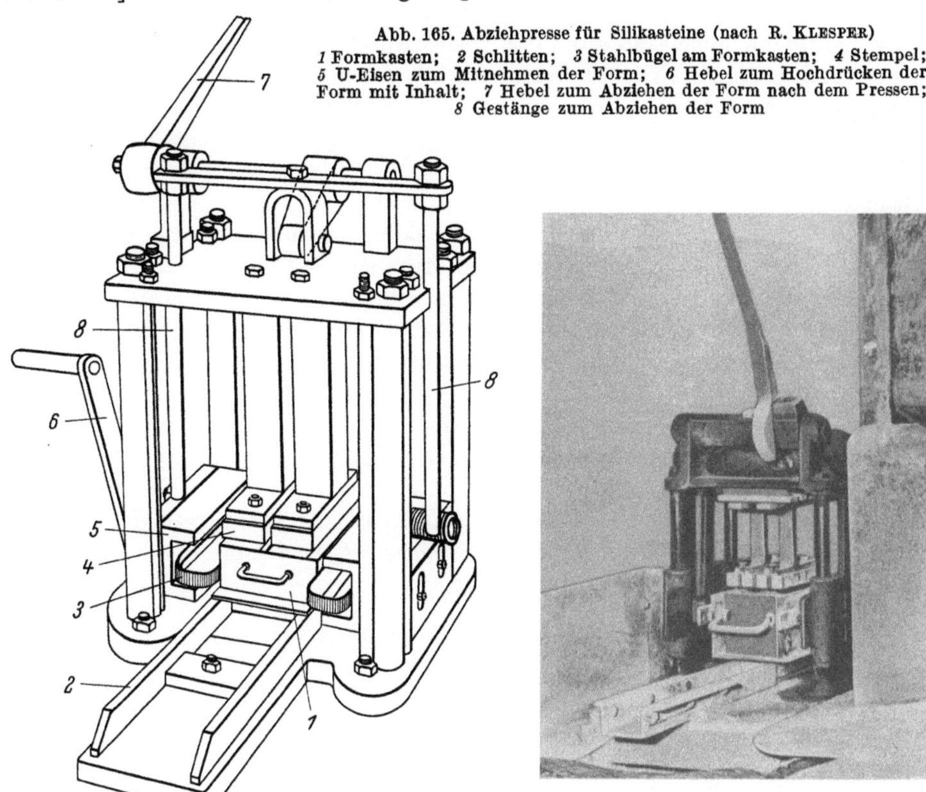

Abb. 165. Abziehpresse für Silikasteine (nach R. KLESPER)
1 Formkasten; *2* Schlitten; *3* Stahlbügel am Formkasten; *4* Stempel; *5* U-Eisen zum Mitnehmen der Form; *6* Hebel zum Hochdrücken der Form mit Inhalt; *7* Hebel zum Abziehen der Form nach dem Pressen; *8* Gestänge zum Abziehen der Form

Abb. 166. Handpresse für Silikasteine

2.343 Maschinenformung, allgemeines

An die Stelle dieser einfachen Maschinen (Abschn. 2.342) sind in neuzeitlich eingerichteten Fabriken hydraulische Pressen, Friktionsspindelpressen sowie Kniehebel- und Drehtischpressen getreten. Die in ihnen geformten Massen enthalten nur 4 bis 6% Feuchtigkeit. Sie benötigen daher hohe Preßdrucke, besonders bei der Herstellung von Wölbsteinen. Im allgemeinen ist ein Druck von 300 kg/cm² erforderlich, d. h. etwa 100 t für einen flachliegenden Normalstein. Bei der Formenherstellung muß das Wachsmaß der Steine beim Brennen, im Mittel 3%, berücksichtigt werden.

Beim Pressen besteht die Gefahr, daß die in der Masse enthaltene Luft wegen des rings geschlossenen Formkastens nicht vollständig entweichen kann und dann als Fehler die sog. *Lagenrisse* verursacht. Im Extremfall entweicht die eingeschlossene Luft beim Entlasten plötzlich und reißt die schmalen Längsseiten des Formlings auf. Besonders zu feuchte Massen neigen zur Bildung von Lufteinschlüssen, weil das Kapillarwasser zusätzlich den Luftaustritt behindert. Um solche Preßfehler zu vermeiden, muß man den Druck so langsam steigern, daß die Luft aus den Poren herausgedrückt wird und zwischen Stempel und Formkasten austreten kann. Wenn die Presse keinen diesen Erfordernissen entsprechenden Arbeitsgang besitzt, kann die erforderliche Entlüftung durch ein- oder zweimaliges Vorpressen unter schwächerem Druck erreicht werden.

Bei größeren Formaten kann der Druck durch die Reibung zwischen Formkasten und Stempel so stark vermindert werden, daß das Material ungleichmäßig gepreßt wird. Das wird vermieden, wenn der Druck von oben und unten gleichzeitig oder wenigstens rasch hintereinander aufgebracht wird. Gleiche Wirkung erreicht man durch geeignete Federung des Formkastens [26] (vgl. Abschn. 2.346).

Schließlich kann sich die Preßmasse beim Einfüllen in die Form leicht entmischen, weil sie locker und ungleichkörnig ist. Zu feuchte Massen wiederum ballen sich leicht zu Knollen zusammen. Derartige Fehler lassen sich durch Einbau eines Wabengerüstes in den Füllschlitten vermeiden.

Die Dosierung nach Volumen führt allgemein zu größeren Ungleichmäßigkeiten der Füllung als die nach Gewicht. Bereits kleine Differenzen in der Schütthöhe ergeben beträchtliche Unterschiede im Schüttgewicht. Ungleichmäßigkeiten der Füllung führen bei mit festgelegtem Druck arbeitenden Pressen zu schlechter Maßhaltigkeit, bei Pressen mit konstantem Stempelhub zu Unterschieden in der Porosität der Steine. Zur Kontrolle der Dichtigkeit der Preßlinge wird deren Raumgewicht, das sog. *Frischgewicht*, bestimmt.

2.344 Hydraulische Pressen

Die beim Pressen von Silikamassen erforderliche allmähliche Drucksteigerung läßt sich am besten mit den weich arbeitenden hydraulischen Pressen erreichen. Ihr Prinzip ist in Abb. 167 dargestellt.

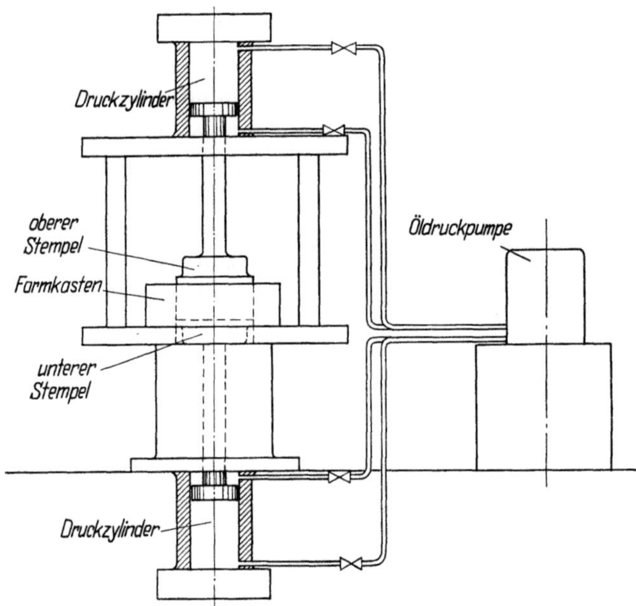

Abb. 167. Prinzipskizze einer hydraulischen Presse

Nach dem Füllen der Form mit der abgewogenen oder abgemessenen Masse und Abstreichen der Oberfläche wandern die beiden Stempel gleichzeitig von oben und unten in die Form, sie pressen die Masse mit festgelegtem Druck auf das gewünschte Maß zusammen. Schwere hydraulisch-halbautomatische Steinpressen mit > 1000 t Druck und 2 Kolben zeigt Abb. 168 a u. b. Bei der Händle-Presse (Abb. 168b) kann die Form zur Verbesserung des Gefüges während des Pressens gerüttelt werden.

Die Formen solcher Pressen sind in den Preßtisch eingelassen und auswechselbar. Die fertigen Rohlinge werden nach dem Hochgehen des Oberstempels vom Unterstempel aus der Form gedrückt und durch einen Schieber auf dem Tisch nach vorn bzw. durch einen Schwenkarm nach der Seite geschoben.

Die Formlinge sind gewöhnlich maßhaltig, gut durchgepreßt und rißfrei.

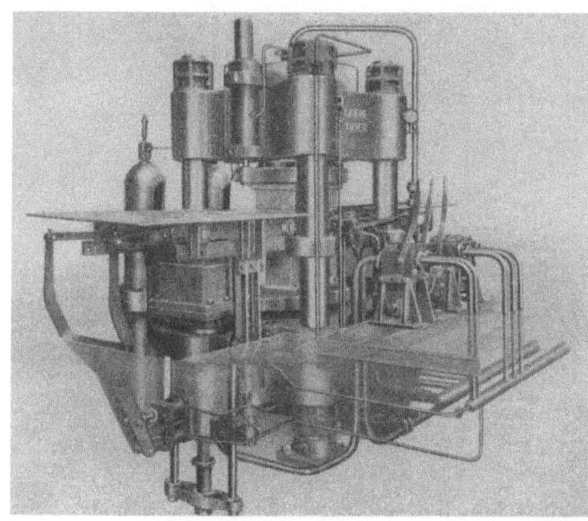

a

b

Abb. 169
Öldruck-Kniehebelpresse, Bauart Viebahn

Abb. 168 a u. b. Schwere hydraulisch-halbautomatische Steinpressen
a) System Laeis;　b) System Händle

Abb. 170 a u. b. Mechanische Kniehebelpresse, System Boyd
a) Gesamtansicht einer Presse mit 4 Formen;   b) Prinzipskizze

2.345 Kniehebelpressen

Die Kombination einer hydraulischen Presse mit einer Kniehebelpresse zeigt Abb. 169.

Der im Bilde sichtbare Kniehebel wird durch einen hinter ihm angebrachten Druckzylinder bewegt. In seiner tiefsten Stellung übt er den größten Druck aus, der relativ lange auf den Formling einwirkt. Der Kniehebel ist so eingestellt, daß er etwas über den tiefsten Punkt hinausschwingen kann. Beim Zurückgehen durchläuft er den toten Punkt noch einmal, so daß der Formling zweimal mit einer kurzen Unterbrechung stark zusammengepreßt wird. Nach dem Pressen wird der Formling durch einen im Fuß der Presse angebrachten Druckkolben nach oben herausgedrückt.

Neuerdings sind auch schwere, hydraulisch angetriebene Viersäulenpressen mit doppelseitigem Kniehebelsystem, ähnlich wie in Abb. 172, entwickelt worden (Wormatia HKP der Fa. Horn, max. Preßdruck 500 t).

Der hydraulische Druck kann bei diesen Pressentypen relativ niedrig gehalten werden, weil er über den Kniehebel wirkt. Dadurch entfallen die mit hydraulischen Hochdruckanlagen verbundenen Schwierigkeiten. Da die Presse mit konstantem Stempelhub arbeitet, ist die Steinhöhe stets gleich.

Statt durch hydraulische Druckkolben können Kniehebelpressen auch rein mechanisch mit Hilfe eines Antriebsrades und einer Zugstange betätigt werden (Abb. 170a u. b). Der Unterstempel ist dabei mit einem Druckkolben zum Ausstoßen der fertigen Preßlinge verbunden. Nach diesem Prinzip sind die großen, 4 bis 6 Formen enthaltenden Boyd-Pressen gebaut.

2.346 Friktionsspindelpressen

Bei den schneller als die hydraulischen Pressen arbeitenden Friktionsspindelpressen wird der Oberstempel durch eine rotierende Spindel nach unten gefahren (Abb. 171). Zwei senkrecht angeordnete Antriebsscheiben übertragen ihre Bewegung auf die waagerecht liegende, auf der Spindel sitzende Friktionsscheibe.

Die Spindel läuft durch eine in ein Querhaupt eingebaute Mutter und führt bei Drehung senkrechte Bewegungen aus, senkt und hebt also den Oberstempel. Der Stempel preßt die Masse in der Form zusammen. Danach wird der Formling durch den Unterstempel bis zur Tischhöhe aus der Form herausgedrückt, so daß er abgenommen werden kann.

Gewöhnlich werden gleichzeitig 2 Formlinge gepreßt. Bei den einfachen Friktionsspindelpressen be-

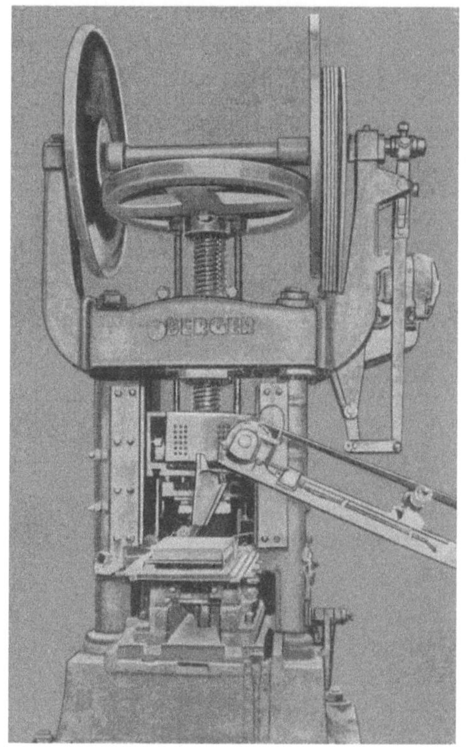

Abb. 171. Schwere Friktionsspindelpresse für Silikasteine, System Berger

wegt sich der Oberstempel bis zum Ende des Preßvorganges mit gleichbleibender oder sogar zunehmender Geschwindigkeit. Daher treten bei den Formlingen leicht Entlüftungsfehler, vor allem Lagenrisse auf. Man kann solche nur durch sehr vorsichtiges und mehrfaches Belasten vermeiden. Um sie von vorneherein

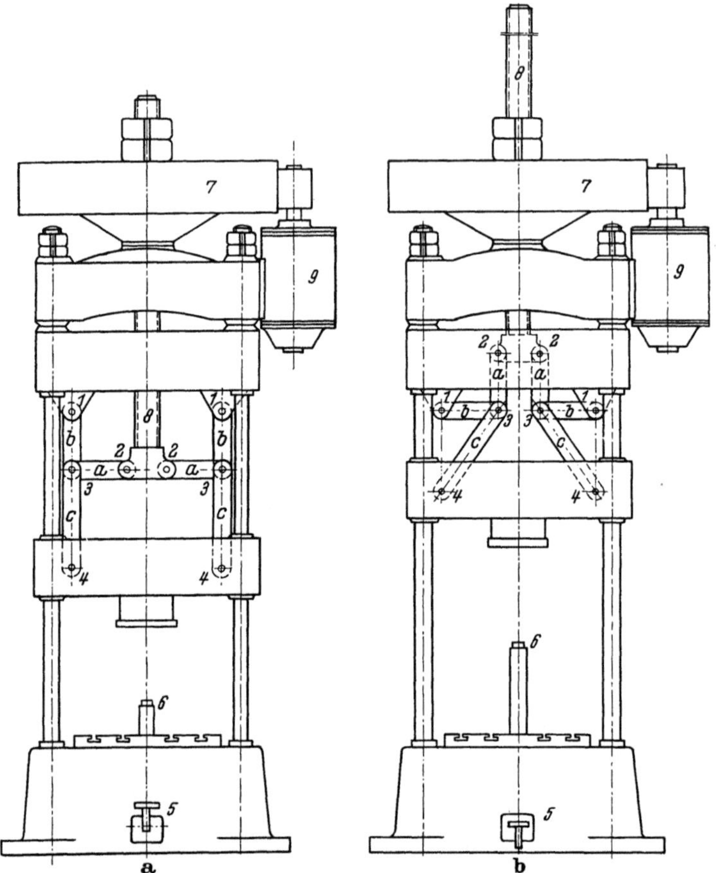

Abb. 172 a u. b. Bewegungsablauf bei der Spindel-Kniehebelverbundpresse, System Horn
a) tiefste,　b) höchste Stellung

1, 2, 3, u *4* Gelenke;　*a, b* u. *c* Hebel;　*5* Fußhebel zum Heben des Unterstempels;　*6* Unterstempel;　*7* Friktionsscheibe;　*8* Spindel;　*9* Motor

auszuschalten, wurde von der Fa. Horn, Worms, das System der Friktionsspindelpresse mit dem einer Kniehebelpresse kombiniert. Den Bewegungsablauf dieser Presse zeigt Abb. 172.

Das doppelte Kniehebelsystem wird durch die Abwärtsbewegung der Spindel *8* so zusammengedrückt, daß schließlich die Hebel *b* und *c* senkrecht stehen und *a* waagerecht liegt (Abb. 172a). Abb. 173a gibt die Stellung des Oberstempels als Funktion der Zeit wieder. Für den Preßvorgang interessieren nur die letzten 70 mm des Stempelweges, da die Masse erfahrungsgemäß um ~40% bzw. auf ~60% zusammengepreßt wird, was bei einer Enddicke des Preßlings von 100 mm 70 mm ausmacht. Innerhalb dieser Spanne steht der Oberstempel mit der Masse in Berührung. Während die Spanne durchlaufen wird, verlangsamt sich die Bewegung stark und der Stempel verharrt schließlich etwa $^1/_2$ Sek. in der Endstellung bei höchster Last.

Nach einem anderen Vorschlag [*26*] werden zur Verminderung der Preßgeschwindigkeit in den Oberstempel, den Unterstempel und den Preßkasten einer Friktionsspindelpresse Spiralfedern mit Druckvorspannung eingebaut (Abb. 174).

Beim Preßvorgang auf einer derartigen Presse wird zuerst die mit 5 t Vorspannung versehene Oberstempelfederung wirksam, sobald die Preßmasse der Spindelbewegung entsprechenden Widerstand zu leisten beginnt (Punkt A in Abb. 175). Wenn der Druck auf

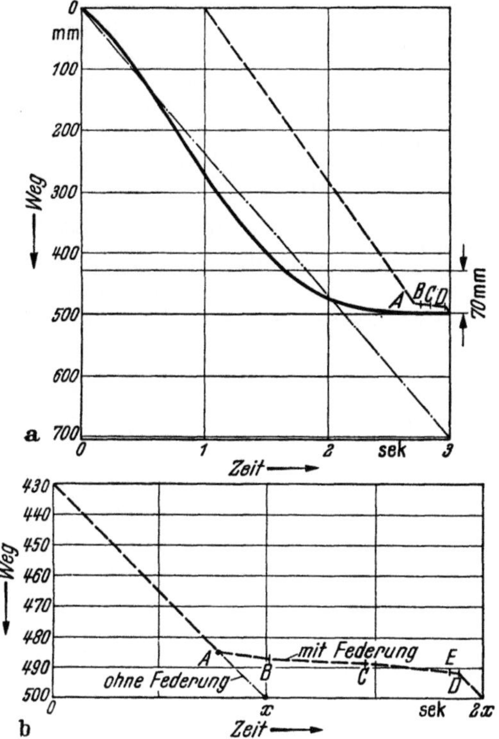

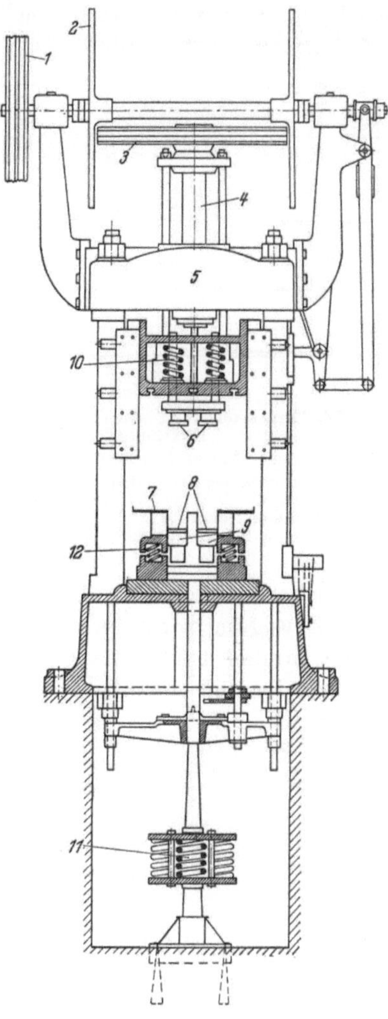

Abb. 173 a u. b. Zeit-Weg-Diagramm der Oberstempelbewegung

a) bei der Spindel-Kniehebelverbundpresse, System Horn. Strichpunktiert: Spindelbewegung. Gestrichelt: bei einer 3fach gefederten Spindelpresse im gleichen Maßstab; b) bei einer 3fach gefederten Spindel

A Einsetzen der Oberstempelfederung; B Einsetzen der Unterstempelfederung; C Ende des Oberstempelfederhubs; D Ende des Unterstempelfederhubs; E Einsetzen der Formkastenfederung

Abb. 174. Friktionsspindelpresse mit gefedertem Ober-, Unterstempel und Preßkasten

1 Riemenscheibe; *2* Antriebsscheiben; *3* Friktionsscheibe; *4* Spindel; *5* Querhaupt; *6* Oberstempel; *7* Preßtisch; *8* Formen; *9* Unterstempel; *10* Oberstempelfederung; *11* Unterstempelfederung; *12* Formkastenfederung

8 t gestiegen ist, setzt auch die Unterstempelfederung ein (Punkt B). Sobald der Hub der Oberstempel- und der Unterstempelfederung beendet ist (Punkt D), ist das Druckübertragungssystem wieder starr. Gleichzeitig wirkt aber die mit 20 t Vorspannung versehene Formkastenfederung so, daß sich der Preßling nunmehr relativ zur Form nach oben bewegt, also entgegengesetzt wie bisher. Dies erleichtert die restliche Entlüftung und wirkt auf den Preßling wie ein Druck von unten. Damit die Preßlinge immer die geforderte Höhe aufweisen, endet die Bewegung meist an einem Anschlag. Die Punkte B', C' und D' in Abb. 175,

Kurve b zeigen, wie die Drucksteigerung als Funktion der Zeit verlaufen würde, wenn keine Federung vorhanden wäre. Bereits nach der halben Zeitspanne wäre der Höchstdruck erreicht. Die Bewegung des Preßstempels als Funktion der Zeit ist in Abb. 173b dargestellt. Die Preßgeschwindigkeit wird beim Einsetzen der Ober- bzw. Unterfederung (Punkt A und B) stark vermindert. In dieser Zeit erfolgt die Entlüftung. Wenn die Hube beider Federn beendet sind (Punkt D), fährt der Stempel wieder mit der gleichen Geschwindigkeit wie vor dem Punkt A. Der Gegendruck von 5 t (Punkt A) wird erst erreicht, wenn die Masse bereits um 55 mm von dem 70 mm betragenden Gesamt-Preßweg zusammengedrückt ist. Die in Abb. 173 a gestrichelt eingetragene Kurve zeigt, daß der Preßvorgang bei der gefederten Spindelpresse wesentlich kürzere Zeit in Anspruch nimmt als bei der Spindel-Kniehebel-Verbundpresse.

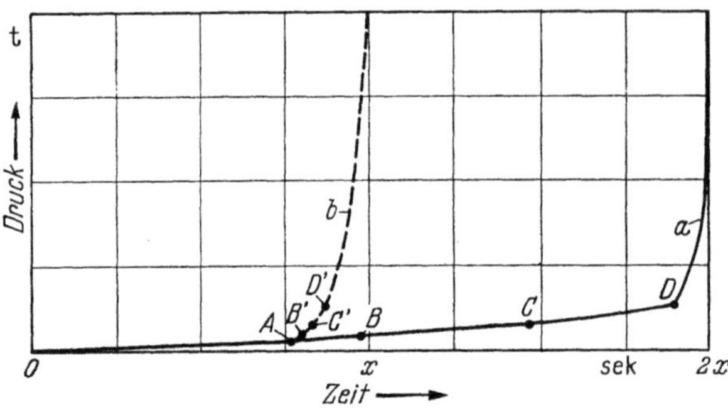

Abb. 175. Drucksteigerung als Funktion der Preßzeit bei einer Friktionsspindelpresse

a mit 3facher Federung; b ohne Federung

A Einsetzen der Oberstempelfederung; B Einsetzen der Unterstempelfederung; C Ende des Oberstempelfederhubs; D Ende des Unterstempelfederhubs; B', C' u. D' entsprechende Punkte auf der Kurve b

Die Federung hat den Vorteil, daß die Stempelbewegung nicht starr vorgeschrieben ist, sondern abhängig von der Drucksteigerung verläuft. Die langsame Bewegung setzt individuell dann ein, wenn die Hauptentlüftung stattfindet, nämlich bei relativ niedrigen Drucken, und endet, wenn der Hochdruck beginnt, der eine entlüftete Masse voraussetzt. Durch Änderung der Vorspannung in den Federn kann der Druckbereich mit langsamer Stempelbewegung dem Material entsprechend gewählt werden. Ein weiterer Vorzug ist der niedrige Verschleiß infolge weicher Be- und Entlastung der Presse.

Die Leistung einer Friktionsspindelpresse, ausgedrückt in Stückzahl pro Stunde, ist etwa doppelt so groß wie diejenige einer hydraulischen Presse.

2.347 Drehtischpressen

Zur Herstellung von einfachen Formaten in großen Mengen, insbesondere also von Normalsteinen, werden Drehtischpressen benutzt (Abb. 176).

Abb. 176. Mechanisch-hydraulische Drehtischpresse, Bauart Dorstener Eisengießerei und Maschinenfabrik A.G.

Bei ihnen dreht sich ein runder Tisch mit den eingelassenen Formen um eine starke, verhältnismäßig niedrige Achse. Diese Mittelachse trägt einen Querrahmen, der mit dem

Unterteil der Maschine verbunden ist. An ihm befindet sich unten ein beweglicher Preßholm, der oben durch eine Abscherplatte gesichert ist. Der Tisch bewegt sich schrittweise unter einem Füllwerk her, durch das die offenen Formen einzeln mit Masse aufgefüllt werden. Beim Weiterdrehen wird die Masse abgestrichen und unter dem Querrahmen durch Hebeldruck von unten her zu Steinen gepreßt, wobei die obere Formöffnung durch den feststehenden Preßholm verschlossen wird. An der nächsten Stelle wird der Boden der Form durch einen zweiten Hebeldruck bis zur Tischoberfläche heraufgehoben und so der Preßling zum Abnehmen aus der Form herausgedrückt.

Die Formen sind mit verschleißfestem oder gehärtetem Stahl ausgekleidet. Die eingesetzten Rahmen müssen mit der Oberkante vollkommen eben geschliffen werden. Da der

Abb. 177. Hydraulische Drehtischpresse, System Laeis

Verschleiß der Form in ihrem oberen Teil von der höchsten Stellung des Unterstempels aus beginnt, können die zur Auskleidung benutzten Platten gedreht und weiter benutzt werden, ehe Ersatz nötig wird.

Die Steine liegen in den Drehtischpressen meist flach und sind daher ebenflächig, aber wegen der Füllung nach dem Volumen oft nicht maßhaltig genug. Die Umlaufzeit des Tisches ist so einzustellen, daß unter allen Umständen eine Preßdauer von 4 Sek. eingehalten wird. Zu kurze Einwirkungsdauer des Unterstempels beim Pressen ergibt rissige Steine auch bei gut gewählter Masse und richtig ermitteltem Füllgrad.

Der Feuchtigkeitsgehalt der Massen für Drehtischpressen soll im allgemeinen nicht über 4 bis 5% betragen [4]. Drehtischpressen werden für größere Leistungen auch als Kniehebel- oder hydraulische Pressen ausgeführt (Abb. 177).

2.348 Rüttelmaschinen

Rüttelmaschinen sind zur Silikaformung bisher nur probeweise angewandt worden.

Eine hochkant stehende Steinform wird hierbei mit der abgewogenen Masse gefüllt, glattgestrichen und mit einer Eisenplatte oben abgeschlossen. Nach einem 5 Min. langen Rütteln durch einen Vibrator hat der Stein seine vorgeschriebene, maßhaltige Form erreicht.

Die so hergestellten Steine besitzen ungefähr die gleiche Maßhaltigkeit wie die Steine aus den Hand- und Durchziehpressen und erreichen auch im allgemeinen deren physikalische Eigenschaften.

2.35 Trocknen

2.351 Transport

Die frisch gepreßten Steine müssen wegen ihrer hohen Bruch- und Stoßempfindlichkeit mit besonderer Vorsicht transportiert werden. Dazu dienen Etagenwagen, Niederlasse oder Elevatoren. Abb. 178 zeigt einen mit Hub- und Drehvorrichtung versehenen 10-Etagenwagen beim Transport von Rohlingen auf Absetzblechen in die Trockengerüste.

Die *Niederlasse* oder *Elevatoren* bestehen aus einem festen Gerüst, in welchem Tragarme für die Absetzbleche an zwei endlosen, oben und unten durch Zahnräder geführten Ketten befestigt sind (Abb. 179). Ein Motor treibt über ein Getriebe die obere Welle so an, daß sich die Tragarmpaare gleichmäßig bewegen. Das leere Absetzblech liegt zunächst auf einer aus 2 Rahmen bestehenden Einschubvorrichtung vor dem Elevator und wird nach der Belegung mit Formlingen durch Hebelübertragung in die Tragarme des langsam hochsteigenden Elevators geschoben. Beim Zurückgehen des leeren Rahmens wird die Aufwärtsbewegung des Elevators arretiert.

Abb. 178. 10-Etagenwagen

Der Elevator nimmt z. B. zehn mit Formlingen gefüllte Bleche auf, die von der Rückseite her mit dem Etagenwagen abgehoben und in Trockenanlagen gefahren werden können. Mit Hilfe derartiger Elevatoren können die Formlinge auch in andere Stockwerke transportiert werden.

Neuerdings verwendet man zum Transport von Rohlingen bevorzugt schienenlose Gabelstapler (s. Abb. 178/79). Die Rohlinge werden dazu auf Holzpaletten geladen, die etwa 1 t aufnehmen können.

2.352 Trockenräume

Durch das Trocknen wird das bei der Aufbereitung zugefügte Wasser bis auf das im Kalziumhydroxyd chemisch gebundene aus den frisch geformten Steinen weitgehend entfernt. Der Feuchtigkeitsgehalt der Formlinge nach dem Trocknen soll zwischen 0,75 und etwa 1,5% liegen.

Zur Trocknung werden in allen Steinfabriken neben Kammertrocknern auch große, luftige Trockenräume benutzt, die meist über den Brennöfen liegen und dann deren Strahlungswärme ausnutzen, oder durch die abgesaugte Warmluft der Öfen, selten durch eigens dafür geschaffene Feuerungen beheizt werden. Die Heizzüge sind gemauert und mit Stahlblechen abgedeckt. Durch Schieber kann die Temperatur der Trockenräume reguliert werden.

Im allgemeinen liefert ein Ringofen für Silika so viel Warmluft, daß der gesamte Ofeneinsatz damit getrocknet werden kann. Die Trocknung in solchen Trockenräumen nimmt längere Zeit in Anspruch, für Silikasteine muß mit 6 bis 8 Tagen gerechnet werden.

2.353 Kammertrockner

Die Kammertrockner gestatten es, die Trockenzeit wesentlich herabzusetzen. Sie bestehen aus einer Reihe nebeneinanderliegender Kammern, die einseitig oder von beiden Seiten her befahren werden können und durch Türen verschließbar sind (Abb. 180).

Die Absetzbleche mit den Formlingen werden durch den Etagenwagen oder Gabelstapler vorsichtig in die Kammer gefahren und auf die in entsprechender Höhe angebrachten Vorsprünge abgesetzt. Die Kammerbreite ist derjenigen der Abstellbleche angepaßt, sie beträgt üblicherweise 1,20 bis 1,40 m (Abb. 181) [27]. Die Kammern werden von unten her durch mit

Abb. 179. Elevator

eisernen Rosten abgedeckte Kanäle im Boden mit der Warmluft aus den Brennöfen beheizt. Die Warmluft wird mit Ventilatoren eingeblasen, streicht durch das Trockengut, belädt sich mit Wasserdampf und verläßt die Kammer durch einen oben angebrachten Abluftkanal.

Die Kammertemperatur beträgt nach dem Einfahren der Formlinge und Schließen der Kammer zunächst 50 bis 60° C und steigt allmählich auf 80° C an, um dann langsam abzusinken. Die Trocknung dauert für Normalsteine und kleinere Formsteine 2 bis 3 Tage, für größere Formsteine 3 bis 4 Tage.

2.354 Infrarot- und Hochfrequenztrocknung

Die keramische Industrie wendet neuerdings ihr Interesse auch der Infrarot- und der Hochfrequenztrocknung zu. Bei der ersteren werden Wärmestrahlen mit etwa 0,8 µ Wellenlänge verwendet. Die Intensität der infraroten Strahlen hängt sowohl von der Temperatur

Abb. 180. Kammertrockner

als auch ihrer Wellenlänge ab [28]. Infrarote Strahlen werden bereits ab 300° C ausgesandt. Daher können schon auf 300 bis 400° C beheizte Rohre oder Platten als Strahlungsquellen verwendet werden. Da die Strahlung bei diesen Temperaturen noch sehr schwach ist, sind dann große Strahlungsflächen nötig. Die ebenfalls mit der Wellenlänge veränderliche Eindringtiefe der Strahlen hängt weitgehend von der physikalischen Beschaffenheit des bestrahlten Körpers ab. Bisher wurden in der Keramik Eindringtiefen bis zu 6 mm erreicht [29]. Die Trocknung der relativ großen Silikasteine würde daher sehr lange Zeit in Anspruch nehmen, weil das Wasser aus dem Inneren des Trockengutes nach außen in die Trocknungszone diffundieren müßte. Die technischen Möglichkeiten auf dem Gebiet der Infrarottrocknung sind jedoch noch nicht erschöpft.

Von den beiden Methoden einer Hochfrequenztrocknung, der Induktions- oder der dielektrischen Erhitzung, kommt für Trocknungszwecke in der Keramik nur die letztere in Frage. Hierbei wird der zu trocknende Gegenstand zwischen den Platten eines Kondensators der Wirkung eines starken, hochfrequenten elektrischen Feldes ausgesetzt. Die dem Felde folgende Polarisation im Inneren des Trockengutes führt zur Entwicklung der für die Verdampfung des Wassers erforderlichen Wärme. Die Hochfrequenztrocknung steht noch im Versuchsstadium, ihre Anwendungsmöglichkeiten sind daher noch nicht abzuschätzen.

Abb. 181. Kammertrockner, Bauart Keller

2.36 Brennen

Beim Brennen der Steine werden durch die eintretenden Temperatursteigerungen die in Abschn. 2.11 beschriebenen Modifikationsänderungen der Kieselsäure ausgelöst. Der Stein ändert dabei seine Größe und seinen Gefügeaufbau. Bei Steinen, welche Silikasteinbruch und damit auch β-Cristobalit bzw. γ-Tridymit enthalten, können die ersten Raumänderungen schon zwischen 100 und 300°C eintreten. Die Öfen müssen daher langsam aufgeheizt und abgekühlt werden.

Die in der Grobkeramik gebräuchlichen Brennöfen werden nach Bauform und Betriebsweise unterteilt in Öfen für periodischen, halbkontinuierlichen und kontinuierlichen Betrieb.

2.361 Periodische Öfen

Periodisch arbeiten die Einzelkammeröfen von kreisrundem oder rechteckigem Querschnitt (Rundöfen oder Rechteck- bzw. Kasseler Öfen).

Die kreisförmige Brennkammer der Rundöfen wird durch sechs oder acht einfache Rost- oder Halbgasfeuerungen von außen mit gasreichen Kohlen beheizt (Abb. 182). Im Boden liegen radial angeordnete Abzugsöffnungen für das Rauchgas, die mit einem Abzugskanal verbunden sind [30].

Durch geeignete Anordnung der Steine in einzelnen Stößen kann eine gleichmäßige Wärmeverteilung erzielt werden. Die einzelnen Steinstöße werden dabei so zwischen die Abzugsöffnungen gesetzt, daß sich eine konzentrische kreisförmige Anordnung ergibt. Um die Steine nicht der unmittelbaren Flammeneinwirkung auszusetzen, umbaut man die Feuerungen mit einem Schacht aus alten Silikasteinen (Feuerbrücke), der die Flammen gegen das Rundgewölbe leitet. Auf ihrem Wege von oben nach unten umspülen dann die Verbrennungsgase die Steinstapel (überschlagende Flamme).

Nach dem Setzen muß der Ofen sorgfältig durch Türen mit doppelter Wand geschlossen und bei kleinem Feuer langsam angeheizt werden. Nach 24 bis 48 Std. wird das Feuer aufgefüllt und der Ofen genau reguliert. Die Temperatursteigerung wird laufend durch registrierende Thermoelemente oder Pyrometer überwacht. Miteingesetzte, durch ein Schauloch in der Ofentür zu beobachtende Segerkegel gestatten

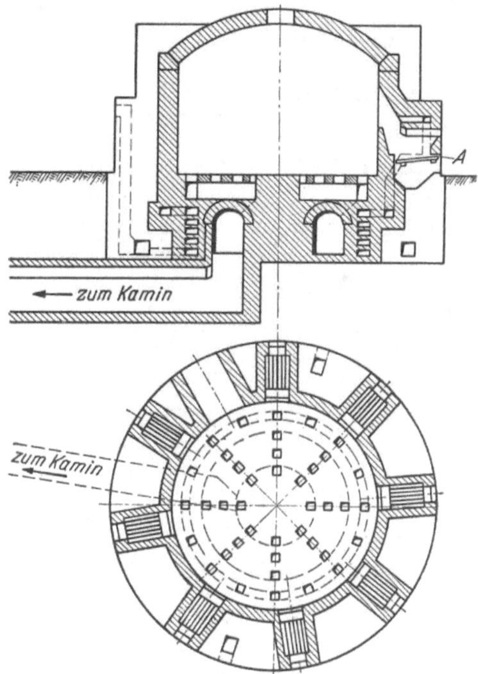

Abb. 182. Silika-Rundofen mit direkter Feuerung und geringer Zweitluftvorwärmung (nach R. KLESPER)

ebenfalls eine Kontrolle des Brandes. Wenn ~1000°C erreicht sind, wird Vollfeuer gegeben und ~$2^1/_2$ Tage lang angehalten.

Bei der Abkühlung bleiben die Türen und Schieber anfangs so lange geschlossen, bis der Ofen die helle Glut verloren hat. Danach werden die Schieber und Ofendeckel für die Abkühlung bis auf ~650° C geöffnet, schließlich die Ofendeckel wieder geschlossen, damit das folgende kritische Temperaturgebiet der Steine langsam durchschritten wird. Der Ofen soll beim Kühlen drücken. Die Abkühlung allein dauert 5 Tage, der ganze Brand 10 bis 16 Tage (s. Brennkurve Abb. 183). Die Brenntemperatur liegt je nach Steinqualität zwischen 1400 und 1500° C, in manchen Fällen reichen auch 1350° C aus. Der Rundofen liefert sehr gut gebrannte und gleichmäßige Steine, er ist aber wegen seines hohen Brennstoffverbrauches und Personalbedarfes nicht mehr rentabel. Der Brennstoffverbrauch liegt etwa bei 35 bis 50% des Einsatzgewichtes.

Die Einzelöfen mit rechteckigem Querschnitt (Kasseler Öfen) haben die Ein- und Ausfahrtöffnungen an einer oder an beiden Stirnseiten, die Feuerungen an den Längsseiten. Bei älteren Öfen sind es Schüttfeuerungen für Kohle, neue Anlagen besitzen Gasbrenner mit Mischkammern.

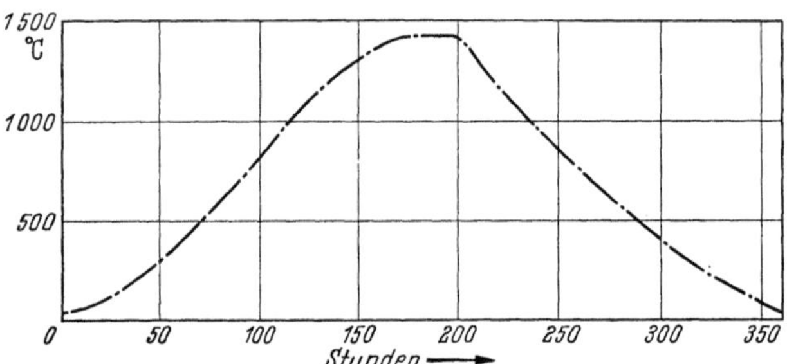
Abb. 183. Brennkurve für Silika-Koksofensteine im Einzelofen
(nach W. LEHNARTZ)

Die Abzugsöffnungen liegen wie bei den Rundöfen im Boden und laufen von einer Seitenwand zur anderen. Vor den Feuerungen befinden sich im Kreuzverband auf Lücken gesetzte oder in gleicher Weise fest aufgemauerte Feuerungswände, die die Flammen ähnlich wie die Brennschächte der Rundöfen auf den Weg nach oben zwingen. Die eingesetzten Brennstöße werden auch hier von oben her umspült, die Flammengase ziehen durch die Bodenöffnungen ab. Bei den mit festen Brennstoffen gefeuerten Öfen sind oft zur Vorwärmung der Verbrennungsluft Kanäle in die Rauchabzüge eingebaut, die durch die heißen Kammergase indirekt erwärmt werden.

Der Brennstoffverbrauch bei ihnen beträgt 30 bis 46% des Einsatzgewichtes je nach Format und Qualität. Für die Zustellung der einem starken Temperaturwechsel ausgesetzten Einzelöfen haben sich A I-Schamottesteine (vgl. Abschnitt 3.421) mit einem Zusatz von 10% Quarzkies bewährt. Diese Qualität wird im Gewölbe fast stets, für die Seitenwände häufig verwandt. Die Hintermauerung besteht aus A II- oder A III-Steinen sowie Feuerleicht- und Isoliersteinen, der Herd aus guten A I-Steinen.

Bei *halbkontinuierlichem* Betrieb verbindet man 2, 4 oder 6 Rundöfen oder rechteckige Kammeröfen zur besseren Ausnutzung der Wärme, d. h. Erhöhung der Brennleistung, so untereinander, daß die Rauchgase erst zur Vorwärmung durch einen oder mehrere neu beschickte Öfen geleitet werden, bevor sie vom Kamin abgezogen werden.

2.362 Ring- und Kammerringöfen

In den kontinuierlich betriebenen Ring-, Kammerring- und Tunnelöfen werden ohne Unterbrechung Steine eingesetzt, gebrannt und ausgefahren. In den Ring- und Kammerringöfen wandert dabei das Feuer, in Tunnelöfen das Brenngut durch den Ofen.

Die erste Anregung zum Bau der Ringöfen stammt von FRIEDR. HOFFMANN, der 1858 den ersten Ringofen für das Brennen von Ziegelsteinen baute [*31*]. Bei den neueren Brennöfen ging man von der ursprünglich kreisrunden Form ab und ersetzte sie durch langgestreckte, an den Stirnseiten abgerundete oder rechteckige Formen (Abb. 184). Den *kohlegefeuerten* Öfen wird der Brennstoff

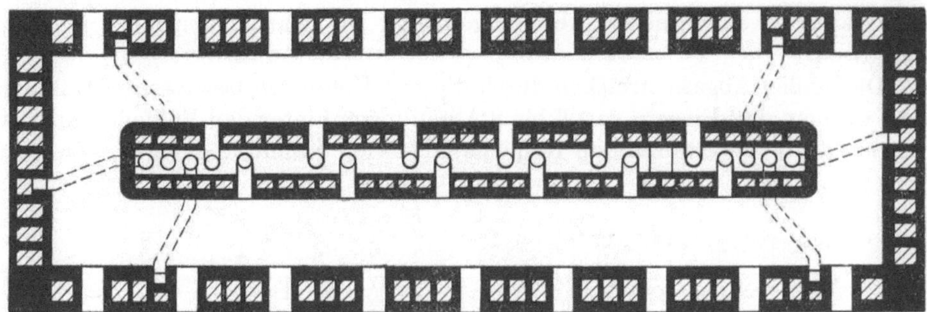

Abb. 184. Ringofen in Rechteckform, Grundriß

durch Schüttlöcher in der Ofendecke zugeführt. Abb. 185 a zeigt derartige Schüttlöcher neben einer Einrichtung für Gasbeheizung. Die Möglichkeiten der Abgasführung sind in Abb. 185 a (links) sowie 185 b und c dargestellt.

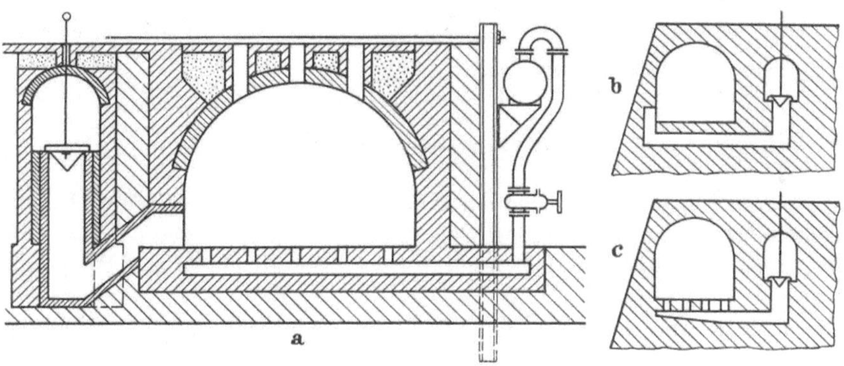

Abb. 185 a bis c. Schnitt durch die Hälfte eines Gasringofens (nach R. KLESPER)
a) Schüttlöcher und Gaszuführung im Stichkanal mit Schieberventil aus hochverlegter Reingasleitung.
Links: Abgasführung vom Brennkanal zum Abgaskanal mit Schieber;   b) Abgasführung vom Brennkanal
an der dem Abgaskanal gegenüberliegenden Seite;   c) Abgasführung im Boden des Brennkanals

Der *gasbeheizte* Ringofen besteht aus einem in sich geschlossenen Brennkanal aus hochwertigen A 0- oder A I-Steinen, der in 14 bis 20 Abteilungen oder Kammern unterteilt werden kann. Zur Hintermauerung dienen abgestuft A II- und A III-Steine sowie Feuerleichtsteine und Isolierstoffe. Durch Türöffnungen, die während des Brandes zugemauert werden, wird das Brenngut eingesetzt und ausgefahren. Für jede Abteilung ist in der inneren Mauer, welche die Rückwand der Kammern bildet, ein Rauchkanal oder Fuchs eingelassen, der zu einem mit dem Kamin in Verbindung stehenden Rauchsammler führt (Abb. 184). Das Gas wird durch Bodenöffnungen oder auf dem Boden stehende Gaspfeifen mit rundem oder quadratischem Querschnitt und kleinen Öffnungen

17*

für den Gasaustritt in die Kammern geleitet [32]. Der bei der Verbrennung entstehende Flammenschleier soll gleichmäßig den ganzen Kammerquerschnitt ausfüllen.

Die Verbrennungsluft wird zwecks Vorwärmung durch die mit abkühlendem Brenngut besetzten Kammern angesaugt, streicht dann durch die mit wenig Gas beheizten Nachfeuerabteilungen und gelangt schließlich in die Vollfeuerkammern. In allen diesen Abteilungen sind die Rauchgasschieber fest verschlossen.

Die heißen Abgase streichen durch die mit Rohlingen besetzten Abteilungen und wärmen den Einsatz vor. 6 bis 8 Abteilungen hinter den Vollfeuerkammern werden die Abgase durch den Rauchkanal in den Kamin abgezogen. Die letzte

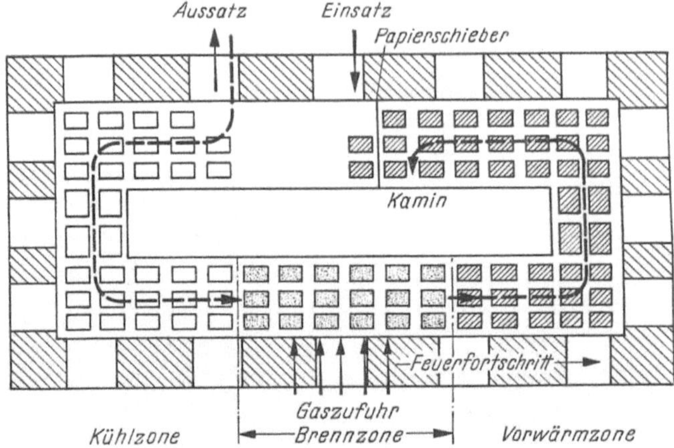

Abb. 186. Betrieb eines Gasringofens, Schema

der von den Abgasen bestrichenen Kammern wird gegen die im Einsatz befindlichen Kammern durch einen Papierschieber abgeschlossen (Abb. 186).

Als Brennstoff dient meist Generatorgas oder Mischgas aus Hochofen- und Koksgas.

Die Einzel- und Ringöfen müssen einen gleichmäßigen Zug besitzen, der in der brennenden Kammer 30 cm über dem Boden gemessen mindestens 1,5 mm, besser 2 mm betragen soll.

Die zum Besetzen der Kammern angewandten Setzweisen ändern sich je nach Format und Qualität. Man kann z. B. Normalsteine in etwa 2 cm Abstand von Stein zu Stein als Rollschichten, d. h. mit einer der schmalen Längsseiten setzen. Der obere Brennkammerraum wird mit Formsteinen, wie Ganz- und Querwölber, Widerlagersteine usw., ausgefüllt. Bei anderen Setzweisen werden die Formlinge *geschränkt*, d. h. schräg zur Flammrichtung gestellt. Nach dem Setzen wird die Tür zugemauert und mit den erforderlichen Schaulöchern versehen.

Da früher die Temperaturverteilung im durchgehenden Brennkanal zu ungleichmäßig war, teilte man ihn durch Querwände in feste Kammern ein. Die ersten *Kammerringöfen* sind etwa 1870 von GEORG MENDHEIM gebaut worden [31]. Bei ihnen sind die Kammern quer zum Brennkanal gewölbt und mit festen Wänden versehen (Abb. 187).

Das Gas wird mit der vorgewärmten Verbrennungsluft durch Feuerbrücken zur Ofendecke geführt und strömt ähnlich wie bei den Einzelöfen von oben durch den Einsatz. Es werden Öfen mit doppelseitig und einseitig überschlagender Flamme gebaut. Die Abgase werden durch Löcher im Boden abgezogen und durch einen Kanal in die nächste Kammer zum Vorwärmen geleitet. Je nach der Größe des Ofens durchstreicht das Abgas drei bis vier schon besetzte Kammern, ehe es in den Fuchs gelangt.

Abb. 187a u. b. Mendheimofen mit zweiseitig überschlagener Flamme (aus ULLMANN)
a) Querschnitt; b) Grundriß

Durch diese Konstruktion werden die Abgase und die Verbrennungsluft zu einem intensiveren Wärmeaustausch mit dem Einsatz gezwungen, als er bei streichender Flamme möglich ist, und die Temperaturverteilung in der einzelnen Kammer ist gleichmäßiger.

Dem steht als Nachteil gegenüber, daß die Wände und Feuerbrücken viel von dem sonst für das Einsatzgut zur Verfügung stehenden Platz beanspruchen. Durch das unproduktive Aufheizen und Abkühlen der Zwischenwände wird viel Wärme verbraucht [33], schließlich erschwert die Unzugänglichkeit der Kanäle unter dem Boden eine Reparatur während des Betriebes.

Bei den viel gebauten Kammerringöfen mit *streichender Flamme* sind die Kammern durch Schlitzwände miteinander verbunden, die Brenner liegen im Boden oder in den Seitenwänden. Die Schlitzwände können durch Papierschieber verschlossen werden und der Brennprozeß verläuft wie beim HOFFMANNschen Ringofen.

Neuerdings werden wieder Ringöfen ohne feste Zwischenwände gebaut, die durch sinnvolle Anordnung der Gasdüsen und Verminderung ihres gegenseitigen Abstandes eine Brenngenauigkeit von ± 1 Segerkegel erzielen.

Der Ringofen bzw. Kammerringofen ist das rentabelste Brennaggregat für Silikasteine. Der Brennstoffverbrauch beträgt 18 bis 22% Normalkohle, bezogen auf das Einsatzgut. Abb. 188 zeigt ein vereinfachtes Wärmestrombild für einen

Ringofen nach W. MIEHR. Ein Umbrand dauert in jedem Fall 2 bis 3 Wochen. Seine Dauer richtet sich nach der Kammerzahl des Ofens und kann wegen der

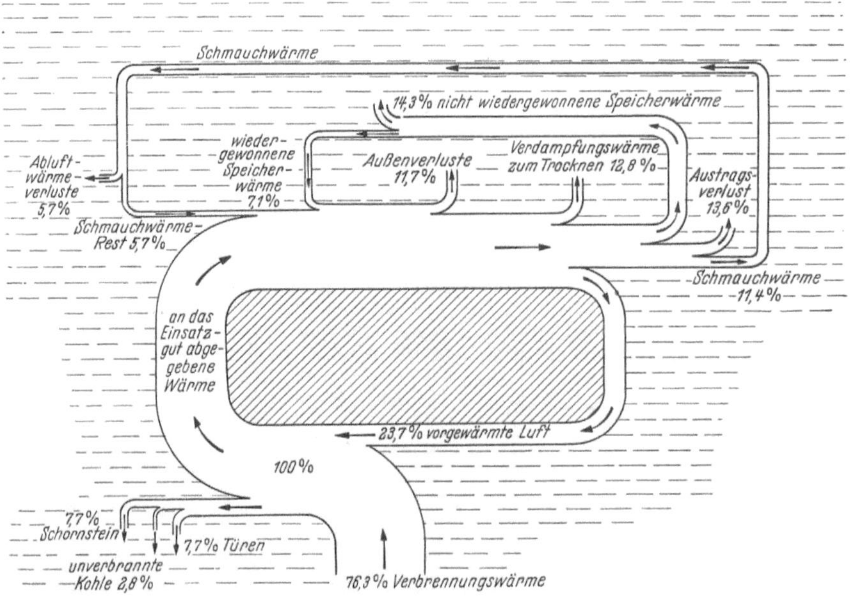

Abb. 188. Wärmestrombild für einen Ringofen (nach W. MIEHR)

Forderung nach ausreichender Auskühlung der fertigen Kammern nicht abgekürzt werden. Bereits bei normaler Brenngeschwindigkeit ist die Setzarbeit im heißen Ofen schwierig und anstrengend.

Abb. 189. Tunnelofen, System Kerabedarf

2.363 Tunnelöfen

Der Tunnel- oder Kanalofen wurde bereits 1873 von O. Bock [*34*] entworfen. Er stellt einen langgestreckten Einkammerofen mit feststehender Brennzone dar, an die sich nach der Einfahrtseite hin die Vorwärm- und an der Ausfahrtseite die Kühlzone anschließt. Die Seitenwände des Brennkanals bestehen gewöhnlich aus guten A I- oder A 0-Schamottesteinen (vgl. Abschn. 3.421), das Gewölbe aus Silikasteinen, in Zonen mit niedrigeren Temperaturen als 700° C aus halbsauren Schamottesteinen. Zur Hintermauerung und für den Unterofen werden A II- oder A III-Steine verwandt. Die Brennkammern werden vorzugsweise aus Sillimanit- oder Bauxitsteinen (vgl. Abschn. 4.33) erstellt. Zur Vermeidung von Abstrahlverlusten wird auf eine gute Isolierung vor allem der heißen Zonen mit Kieselgur (Sterchamol) oder Vermikulit Wert gelegt (vgl. Abschn. 7.26).

Die *Einfahrtöffnungen* sind durch eiserne Rolltüren zu verschließen und besitzen vielfach eine Schleuse für die Brennwagen (Abb. 189). Beim Heben der Außentür schließt eine weitere Rolltür automatisch die Schleuse gegen den Brennkanal ab, nach dem Einfahren des Wagens öffnet sich die Schleusentür wieder gleichzeitig mit dem Schließen der Außentür.

Die *Ofensohle* wird von der Oberfläche der 2 bis 2,5 m langen Brennwagen gebildet, die auf einem Gleis dicht hintereinanderfahren. Die Abdichtung wird durch Nut- und Federsteine sowie durch Einlegen von Asbeststricken erreicht. Die Tragflächen der Wagen sind entweder mit Schamottesteinen ausgemauert oder aus Stampfmassen auf Tonerde-Schmelzzementbasis hergestellt. Bewährt haben sich Stampfungen in Form von Blöcken, die durch breite Rinnen getrennt werden. Die Wagen tragen an beiden Seiten nach unten gebogene, in einer Sandrinne laufende Schutzbleche

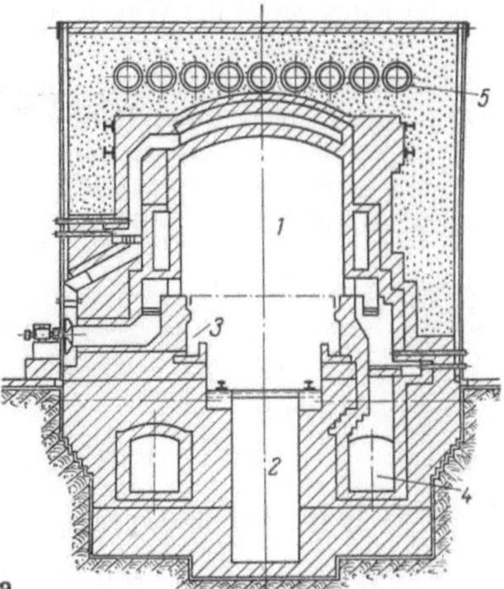

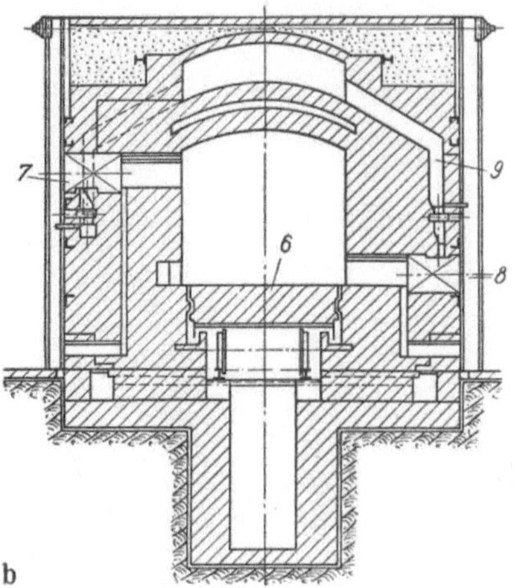

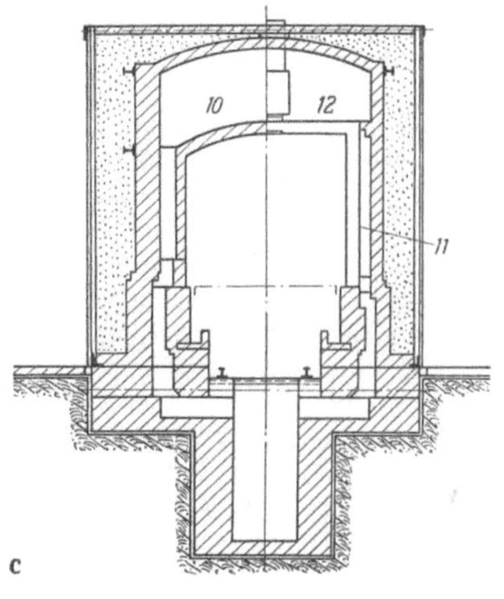

Abb. 190 a bis c. Drei Querschnitte durch einen Tunnelofen, System Kerabedarf

a) Vorwärmzone. *1* Brennkanal; *2* Begehungskanal; *3* Sandtasse; *4* Fuchs zum Absaugen der Abgase; *5* Kanäle für Kaltluft zum Kühlen des Gewölbes

b) Brennzone. *6* Brennwagen; *7, 8* Brenner; *9* Zufuhrkanal für vorgewärmte Luft

c) Kühlzone. *10* Seitenrekuperatoren zum Vorwärmen der Verbrennungsluft; *11* Blechrekuperatoren für Trockenluft; *12* Doppelte Decke

(Schürzen), die den Verbrennungsgasen den Zutritt zu den Fahrgestellen verwehren. Unterhalb der Fahrgestelle der Wagen befindet sich über die ganze Ofenlänge ein Begehungskanal, durch den auch die Luft zum Kühlen der Fahrgestelle und der Gleise streicht (Abb. 190).

Die *Brenner* der Tunnelöfen liegen an beiden Seiten, ungefähr in der Mitte des Ofens. Als Brennstoff dient Generatorgas oder Öl (Mittel- oder Schweröl). In der Brennzone soll beim Silikabrand mindestens eine Temperatur von 1500° C herrschen. Die Verbrennungsluft wird in Seitenrekuperatoren der Kühlzone durch die Wärme des sich abkühlenden Brenngutes auf 400 bis 600° C erhitzt (Abb. 190c). Durch einen Druckluftventilator mit einer Leistung von etwa 8000 m³/Std. wird hierzu Kaltluft in die Seitenrekuperatoren eingeblasen.

Ein Heißluftventilator saugt aus der doppelten Decke und aus Blechrekuperatoren am Ausfahrtende Heißluft für Trockenzwecke. Hierdurch werden 30 bis 35% der dem Brenngut zugeführten Wärme wiedergewonnen (Abb. 193).

Die heißen *Abgase* aus der Brennzone strömen durch die Vorwärmzone und geben ihre Wärme nach dem Gegenstromprinzip an das Brenngut ab. Sie werden durch Füchse abgesaugt und gehen durch den Rauchgassammelkanal zum Kamin.

In der *Vorwärmzone* herrschen meist größere Temperaturdifferenzen zwischen Decke und Kanalsohle, die 200 bis 300° C betragen können. Zur Verminderung dieser Differenzen werden häufig die Abgase durch Muffeln im unteren Abschnitt der Ofenwand geleitet oder es wird im Kanal über der Ofendecke kalte Luft eingeblasen, so daß sich der obere Ofenteil abkühlt. Auch durch *Rezirkulation*, d. h. durch Abziehen von kaltem Rauchgas und Wiedereinsetzen an einer wärmeren Stelle, kann der Temperaturausgleich verbessert werden [*35*].

In der *Brennzone* kann eine gleichmäßige Durchwärmung durch Anordnung der Brenner im unteren Teil des Brennkanals und durch Maßnahmen zur Verstärkung der Turbulenz erreicht werden.

Der Wärmeübergang erfolgt in der Brennzone vorwiegend durch Strahlung, in der Vorwärmzone durch Konvektion.

Abb. 191. Besetzen eines Tunnelofen-Brennwagens mit Silikasteinen. Koppers-A.G., Düsseldorf

Diese nimmt mit wachsender Gasgeschwindigkeit zu. Da die Rauchgase bei der Abkühlung ihr Volumen stark verkleinern, vermindert sich ihre Geschwindigkeit gerade in der Zone, in welcher ein guter Wärmeübergang durch Konvektion erwünscht ist. Um die Gasgeschwindigkeit in der Vorwärmzone zu vergrößern, werden neuerdings Tunnelöfen gebaut, bei welchen der Brennkanal in der Brennzone einen wesentlich größeren Querschnitt besitzt als in der Vorwärm- und Kühlzone [*36*].

Die Wagen werden außerhalb des Ofens beladen. Beim Setzen muß zwischen den Steinen ein kleiner Zwischenraum und in der Wagenmitte ein durchgehender Mittelschlitz von 10 bis 15 cm Breite vorgesehen werden (Abb. 191). Die Besatzdichte beträgt 900 bis 1000 kg/m³. Die beladenen Wagen werden durch eine hydraulische Einschubvorrichtung in die Einfahrtschleuse des Ofens gedrückt. Der Vorschub erfolgt kontinuierlich.

Die Schiebezeiten hängen von der erforderlichen Brennzeit sowie vom Gewicht des Einsatzes und der Größe der Steine ab. Der Verbleib in der Vorwärm- und der Feuerzone muß so geregelt sein, daß sowohl ein Temperaturausgleich als auch die α-Quarz-/α-Cristobalit-Umwandlung in dem erforderlichen Umfang stattfindet. Während der Abkühlung muß das kritische Gebiet des Cristobalit-

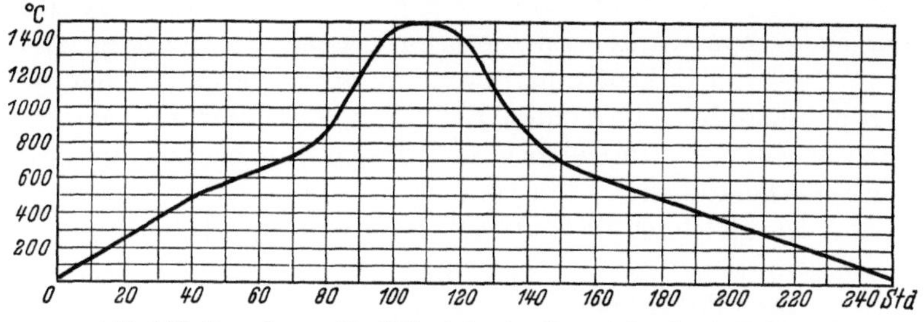

Abb. 192. Brennkurve für Silikasteine im Tunnelofen (nach W. Miehr)

und Tridymit-Effektes vorsichtig durchschritten werden. Die Temperaturen an den einzelnen Stellen im Tunnelofen werden laufend mit Thermoelementen überwacht. Die Temperaturverteilung über die Länge eines Tunnelofens für Silikasteinbrand zeigt Abb. 192 nach W. Miehr [3]. Die Ofenlängen wechseln

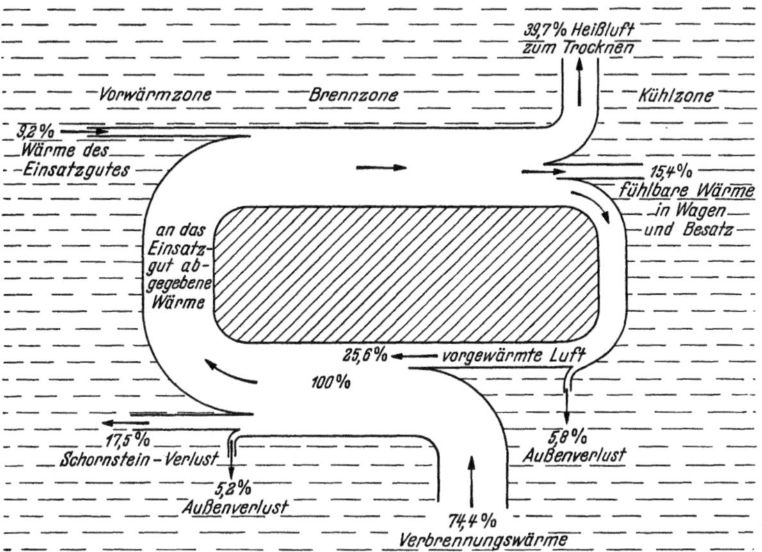

Abb. 193. Wärmestrombild eines Tunnelofens (nach W. Miehr)

stark. Für das Brennen von Silikasteinen muß man mit 120 bis 200 m rechnen. Die lichte Breite beträgt etwa 1,50 bis 1,75 m, die Höhe von der Tragfläche des Wagens bis zum Gewölbe 1,75 bis 2,00 m. Der Wärmeaufwand beträgt $\sim$1300 kcal/kg Einsatz, die Leistung $\sim$40 t/24 Std.

Der Tunnelofen eignet sich vor allem für das Brennen gleichartiger Formate bei einheitlicher Temperaturhöhe. Ein häufiger Wechsel der Brenntemperatur ist schädlich. Der Tunnelofen hat sich bevorzugt für den Schamottebrand vor allem wegen der bequemen Setzmöglichkeit ohne Hitzebelästigung außerhalb des Ofens weitgehend durchgesetzt [37]. Die schweren Steine brauchen nicht mehr hochgehoben zu werden, weil die Wagen auf versenkbaren Bühnen so eingestellt werden können, daß das Arbeitsniveau immer gleichbleibt.

Lange Zeit herrschten Zweifel, ob die gegenüber Ringöfen stark abgekürzte Brenndauer ausreichen würde, um die erforderliche Umwandlung von Silikasteinen, besonders von Koksofenqualitäten, zu gewährleisten. Auch wegen der beschleunigten Abkühlung bestanden Bedenken. Nach Erfahrungen, vor allem von der Fa. A. Koppers, Düsseldorf, lassen sich jedoch auch im Tunnelofen gute Silikasteine herstellen.

Der Brand ist gleichmäßiger als im Ringofen, ± 1 Segerkegel Maximaldifferenz wird garantiert. Der Durchsatz durch einen Tunnelofen ist aber wegen des begrenzten Brennkanalquerschnittes relativ klein, außerdem muß wegen der kürzeren Brenndauer mit hohen Brenntemperaturen gefahren werden. Die auf die Produktionsmenge bezogenen Investitionskosten liegen demnach hoch. Wärmetechnisch bietet der Tunnelofen keine Vorteile gegenüber dem Ringofen (vgl. das Wärmestrombild Abb. 193).

2.364 Kammer-Tunnelöfen

Der Gedanke, den Einsatz auf einem Wagen in den Ofen zu fahren, gleichzeitig aber den Ofen wie einen Ringofen zu beheizen, wird in der Konstruktion des Kammer-Tunnelofens (*Herdwagenofens*) verwirklicht (Abb. 194). Die Brenn-

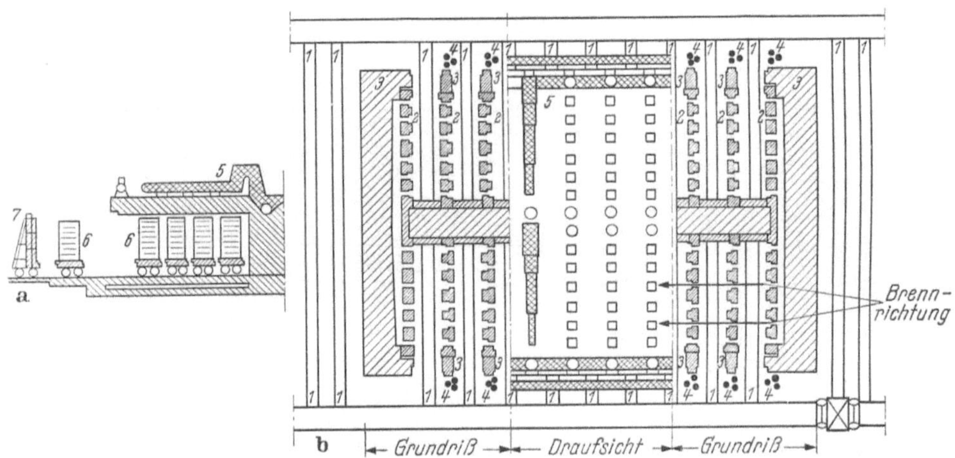

Abb. 194a u. b. Herdwagenofen, Bauart Ooms-Ittner u. Cie.
1 Gleise;   *2* Kammerwände mit Gasschlitzen;   *3* Ofenwände;   *4* Gasventile;   *5* Heißluftleitungen;
6 Brennwagen;   *7* Türwagen
a) Querschnitt;   b) Grundriß

kammern liegen an den Längsseiten des Ofens und sind mit Schienen ausgelegt. Jede Brennkammer kann etwa 5 bis 6 Wagen aufnehmen, wobei der letzte Wagen die abschließende Türwand der Kammer trägt (Abb. 195). Beim Brand dienen wie in den Ring- oder Kammerringöfen die Abgase der unter Feuer stehenden Kammern zur Vorwärmung der nächsten Kammern, die Verbrennungsluft wird in der Kühlzone vorgewärmt.

Abb. 195. Herdwagenofen (Didier-Werke)

2.37 Fabrikationsfehler

Durch Mängel bei der Steinherstellung können Formfehler, Strukturfehler,
Risse oder Ausschmelzungen auftreten.

2.371 Formfehler

Bei der Handformung entstehen gelegentlich Ausbauchungen am unteren
Steinende, wenn der Versatz nur basalzementreiche Quarzite enthält. Sie
können durch Zugabe geeigneter Felsquarzite vermieden werden, weil die
Feuchtigkeit durch deren höhere Eigenporosität beim Stampfen oder Schlagen
von den Körnern aufgesaugt werden kann, während sie bei sehr dichten Quarziten
zwischen den Körnern verbleibt und Fließerscheinungen hervorrufen kann.

2.372 Strukturfehler

Strukturfehler werden durch Ungleichmäßigkeiten im Gefüge hervorgerufen.
Sie können die Folgen von ungleichmäßiger Stampfung bei der Handformung,
besonders an den Ecken und Kanten der Steine, von Entmischungen beim
Einschütten in die Form oder von ungenügender Mischung der Masse beim
Kollern sein. Gefügeungleichmäßigkeiten rufen innere Spannungen im Stein,
eventuell Risse und ungleichmäßiges Wachsen beim Brennen hervor.

Ein mürbes, am dumpfen Klang bei der Hammeranschlagprobe erkennbares
Gefüge kann durch Mangel an Feinmehl im Versatz, durch Schwachbrand oder
durch Überbrennen hervorgerufen werden. Ungenügend lange oder zu niedrig

gebrannte Schwachbrandsteine sind hell und weißlich, sie haben ungenügende Raumbeständigkeit und wachsen beim Glühen stark nach. Überbrannte Steine besitzen ein niedriges spezifisches Gewicht, hohe Porosität und niedrige Kaltdruckfestigkeit. Sie wachsen beim Glühen nicht nach und haben meist Übermaß.

Abb. 196. Lagenrisse in Silikasteinen

2.373 Risse

Ob Risse vor oder nach dem Brand entstanden sind, kann man an ihrem Verlauf erkennen. Im ersten Fall gehen sie um die Quarzitkörner herum, im zweiten durch diese hindurch. Am häufigsten treten Lagenrisse infolge von ungenügendem Entlüften der Masse beim Pressen auf (Abb. 196). Sie entstehen durch zu hohen Feinmehlanteil im Versatz oder durch zu rasches Aufbringen der Preßlast (vgl. Abschnitt 2.346). Kleine, mehr oder weniger gleichmäßig im Stein verteilte Risse bei Handformsteinen deuten auf einen zu hohen Wassergehalt der Masse hin. Sie beeinflussen meist die Druckfeuerbeständigkeit und Kaltdruckfestigkeit der Steine nicht merklich. Überbrannte Steine zeigen oft auf allen Oberflächen feine, spinnengewebartige Risse, sie sind auf innere Spannungen durch zu rasche Ausdehnung der Quarzitkörner beim Brennen zurückzuführen (Abb. 197).

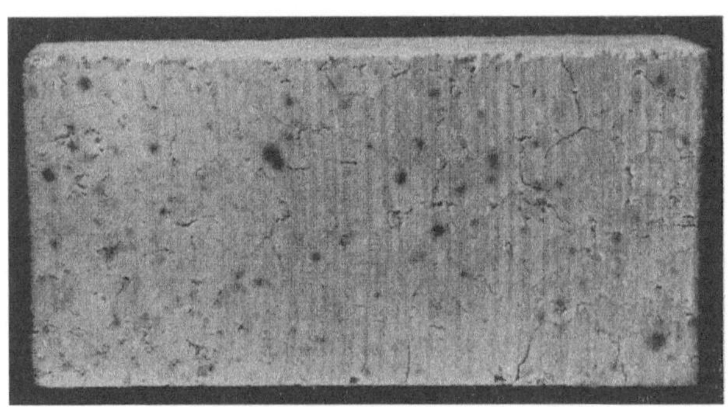

Abb. 197. Netzförmige Risse durch Überbrennen von Silikasteinen

Abb. 198. Risse durch zu rasches Abkühlen in Silikasteinen

Risse, die bei zu raschem Abkühlen der Steine durch die mit der α–β-Cristobalit-Umwandlung verbundenen Volumenkontraktion bei 200 bis 270° C entstehen, treten meist auf der langen Schmalseite der Steine angenähert senkrecht zu den Kanten auf (Abb. 198).

2.374 Ausschmelzungen

Sie werden durch Verunreinigungen des Quarzites mit tonigen oder eisenschüssigen Substanzen, durch unsaubere Silikabrocken oder durch Kalkknollen hervorgerufen. Tropfen, die von schmelzenden Gewölbeteilen des Ofens herabfallen, können die gleiche Wirkung haben.

Schrifttum

[1] MITTAG, C.: Die Hartzerkleinerung. Berlin/Göttingen/Heidelberg: Springer 1953
[2] SMEKAL, A.: Z. Phys. Bd. 103 (1936) S. 495/525
[3] MIEHR, W.: Tonind.-Ztg. Bd. 75 (1951) S. 365/70
[4] FRERICH, R., u. W. HINZ: Tonind.-Ztg. Bd. 78 (1954) S. 315/22
[5] SCHÜFFLER, J.: Ber. DKG. Bd. 30 (1953) S. 154/58
[6] DOMORAZKIJ, E. J.: Stroit Materialy (1935) S. 366/68
[7] KAJNARSKIJ, I. S.: Ogneupory (1935) S. 270/73
[8] RÜCKERT, F.: DRP. 825522
[9] ADLER, H.: Diss. Darmstadt 1933
[10] ENDELL, K., u. R. HARR: Werkstoffausschußber. VDEh. Nr. 79 (1925)
[11] MÖSER, A.: Sprechsaal Keram., Glas, Email Bd. 73 (1940) S. 216
[11a] KLASSE, F., u. J. KRATZERT: DBP.-Auslegeschr. 1017068 (1957) Didier-Werke
[12] LUX, E.: Stahl u. Eisen Bd. 41 (1921) S. 258/64
[13] McDOWELL, J. S.: Bull. Amer. Inst. Mining Engr. (1916) S. 2025
[14] HUGILL, W., u. W. J. REES: Trans. Brit. ceram. Soc. Bd. 30 (1931) S. 342/44
[15] KOEPPEL, C.: Feuerfeste Baustoffe, S. 196. Leipzig: Hirzel 1938
[16] DRP. 481472
[17] STEINHOFF, E.: Ber. DKG. Bd. 8 (1927) S. 137/74
[18] SALMANG, H., u. B. WENTZ: Ber. DKG. Bd. 14 (1933) S. 151
[19] Feuerfest Bd. 8 (1932) S. 79
[20] Engl. Pat. 387194 (1933); s. KOEPPEL, C.: Feuerfeste Baustoffe, S. 203. Leipzig 1938
[21] BERGAU, G.: Tonind.-Ztg. Bd. 60 (1936) S. 544
[22] KLESPER, R.: Sprechsaal Keram., Glas, Email Bd. 68 (1935) S. 583
[23] DRP. 858659 (1952); vgl. auch US-Pat. 852908, 1992482, 1992483, 2062005, 2068411, DRP. 696020 u. Brit. Pat. 370435
[24] EICHLER, B., H. PRESSLEY u. J. WOOLLISCROFT: DBP. 967758 (1957)
[25] KLESPER, R.: Sprechsaal Keram., Glas, Email Bd. 68 (1935) S. 581
[26] DBP. 942971
[27] NORTON, F. H.: Sprechsaal Keram., Glas, Email Bd. 85 (1952) S. 375
[28] GATZKE, H., u. H. HÖPPNER: Ber. DKG. Bd. 26 (1949) S. 43
[29] BENDA, L.: Sprechsaal Keram., Glas, Email Bd. 85 (1952) S. 398
[30] KLESPER, R.: Feuerungstechnik Bd. 25 (1937) S. 80
[31] HOFFMANN, FRIEDR.: Enzyklopädie der techn. Chemie, 2. Aufl., Bd. 10, S. 7. 1932
[32] KLESPER, R.: Feuerungstechnik Bd. 24 (1936) S. 176
[33] MAASE, E.: Ber. DKG. Bd. 28 (1951) S. 533/50
[34] GATZKE, H.: Tonind.-Ztg. Bd. 76 (1952) S. 301/05 u. 342/45
[35] LIECK, K.: Keram.-Z. Bd. 9 (1957) S. 127
[36] BARSBY, N.: Vortrag auf der Tunnelofentagung des Fachverbandes Feuerfeste Industrie in Bonn, 1957
[37] SINGER, F.: Der Tunnelofen. Berlin: Tonindustrie GmbH 1933

2.4 Eigenschaften

2.41 Äußere Beschaffenheit und Formate

Der aus dem Ofen kommende Silikastein soll von gelblich-weißer Farbe sein und einen Anflug von glasigen Bestandteilen besitzen. Die Oberflächen lassen die körnige Struktur des Steines erkennen.

Gelegentlich auftretende *Rotfleckigkeit* ist nach E. LUX u. O. KRAUSE [1] nicht auf chemische Anreicherung von Eisenoxyd zurückzuführen, sondern soll durch die Bildung von *Kalziumferrit* (vgl. Abschn. 5.172) verursacht werden. Nach anderen Untersuchungen liegt in den braunen Flecken neben Kalziumferrit auch *Wollastonit* vor [2]. Amerikanische Forscher [3] haben festgestellt, daß die Farbe von der Abkühlungsgeschwindigkeit abhängt. Langsame Abkühlung von etwa 1000° C ab soll eine braune Färbung hervorrufen. J. H. CHESTERS [4] führt die Bildung brauner Flecken auf im Anfang des Brennprozesses einwirkende schweflige oder schwefelsaure Dämpfe aus den Heizgasen zurück.

Die Kanten und Ecken der Steine sollen sauber und unbestoßen sein. Beim Anschlagen mit einem kleinen Eisenhammer müssen die Steine voll und rein klingen. Beim Durchschlagen soll der Bruch durch die Körner hindurchgehen und keine Textur in der Bruchfläche erkennbar sein. Eventuell vorhandene Haarrisse dürfen höchstens 20 bis 25 mm lang sein und keinesfalls netzartig über die ganze Oberfläche gehen. Für Koksofensteine sind sehr detaillierte Sonderbestimmungen über die zulässigen Risse sowie Kantenbeschädigungen, Eisenausschmelzungen und -flecken aufgestellt worden [5].

Über die *Formen* und *Abmessungen* der Steine liegen bisher nur für Normalsteine und sonstige beim Bau der SM- und Elektroöfen sowie der Glasöfen benutzte Steine verbindliche Normen oder Vereinbarungen zwischen den Steinerzeugern und den Verbrauchern vor. Für Koksöfen sowie für die Öfen der Nichteisenmetall- und keramischen Industrie wird das Steinformat den jeweiligen baulichen Ausführungsformen angepaßt.

Das Normblatt DIN 1081 (1929) enthielt insgesamt 16 Formate für ganze Steine, Dreiviertel- und Ausgleichssteine. Das neue Blatt DIN 1081 (1940) beschränkte sich auf 2 Normalsteine der Abmessungen 230 × 115 × 65 mm und 250 × 123 × 65 mm. Durch die 1943 erfolgte Vereinheitlichung der Steinformate für die Siemens-Martin-Öfen [6] wurde die Zahl der Rechtecksteine wieder auf 7 heraufgesetzt. Gleichzeitig wurden dabei die im Normblatt DIN 1082 nebst Beiblatt bereits angeführten Ganz-, Halb- und Querwölber neu festgelegt, ebenso Doppel-, Ring- und Schrägwölber sowie Widerlag-, Pfeilereck- und Gittersteine (Tab. 46a bis c). Die Glasindustrie verwendet von diesen Formaten für den Wannenofenbau Normal- und Verbandsteine, Plättchen, Spitzkeile, Ganz-, Doppelganz-, Halb- und Querwölber und außer diesen Formaten noch Verbandwölber (Tab. 47, S. 275). Bei Lichtbogenofendeckeln führte die Gemeinschaftsarbeit zwischen dem Stahlwerksausschuß des VDEh und der Industrie feuerfester Steine zu einer Vereinheitlichung der Silikasteinformate [7], die sich auf Kugelwölber, Widerlag- und Elektrodeneinfassungssteine bezieht (Tab. 48a bis c).

Diese Normen und Vereinheitlichungen enthalten keine Forderungen über die Maßhaltigkeit. Silikasteine bester Qualität sollen jedoch höchstens eine Maßabweichung von 0,75% haben. Bei Koksöfen sind nach DIN 1089

Tabelle 46a. *Feuerfeste Baustoffe. Formate der Silikasteine für Siemens-Martin-Öfen*

Format	Be-zeichnung	Kurz-zeichen	Maße in mm				Raum-inhalt	Bemerkungen
			a	b	h	l	dm³	
	Normal-steine	1	230	115	65	—	1,72	
		2	250	123	65	—	2,00	
	Verband-steine	1 B	230	175	65	—	2,62	
		2 B	250	187	65	—	3,04	
	Plättchen	1 bis 32	230	115	32	—	0,85	
		2 bis 32	250	123	32	—	0,98	
	Strecker	2 L	375	123	65	—	3,00	Vorderwandpfeiler Luft- und Gaszug
	Spitzkeil	1 S	132	65	230	115	2,61	Luft- und Gaszugsohlen
		2 S	132	65	250	123	3,03	
	Ganz-wölber	G 1	79	75	300	150	3,47	Ganzwölber mit Anfänger- oder Schlußstein für Herdgewölbe $r = 5,5$ m Spannweite 4 bis 7 m
		GA 1	116	112	300	150	5,14	
		G 2	80	75	375	150	4,36	
		GA 2	117	112	375	150	6,44	
		G 3	81	75	450	150	5,27	
		GA 3	118	112	450	150	7,77	
		GB 2	80	75	375	225	6,55	Gewölbeabschluß für Kippöfen
	Quer-wölber	Q 1	127	120	300	75	2,78	Querwölber mit Anfänger- oder Schlußstein für Herdgewölbe und Luftzugwände $r = 5,5$ m Spannweite 4 bis 7 m
		QA 1	190	180	300	75	4,16	
		Q 2	128	120	375	75	3,49	
		QA 2	192	180	375	75	5,23	
		Q 3	130	120	450	75	4,22	
		QA 3	195	180	450	75	6,32	
		QK 2	143	120	375	75	3,70	Luftzuggewölbe $r = 2$ m Spannweite 1,5 bis 2,5 m

Tabelle 46b. *Feuerfeste Baustoffe. Formate der Silikasteine für Siemens-Martin-Öfen*

Format	Bezeichnung	Kurzzeichen	Maße in mm				Rauminhalt dm³	Bemerkungen
			a	b	h	l		
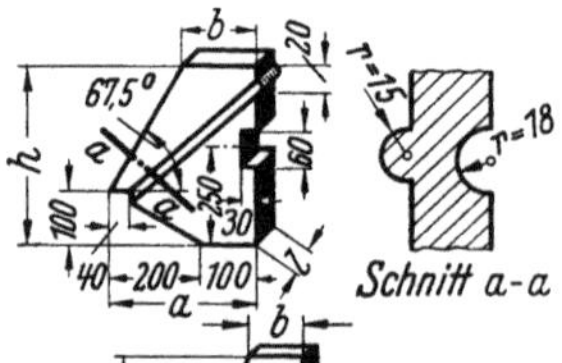	Widerlagersteine	WH 1	300	157	450	75	7,37	Herd-, Schräg- und Luftzuggewölbe *mit* Feder und Nut
		WH 2	300	157	450	75	7,37	Herd-, Schräg- und Luftzuggewölbe *ohne* Feder und Nut
	PfeilerEcksteine	V 1	300	163	375	65	5,65	Vorderwandpfeiler
		V 2	190	100	250	65	2,36	
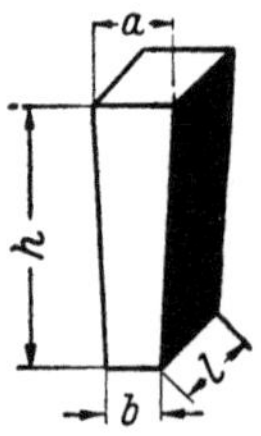	Ganzwölber	2 G 52	91	39	250	123	2,00	$r = 196$
		2 G 26	78	52	250	123	2,00	$r = 520$
		2 G 16	73	57	250	123	2,00	$r = 920$ DIN 1082
		2 G 10	70	60	250	123	2,00	$r = 1550$ DIN 1082
		2 G 6	68	62	250	123	2,00	$r = 2670$ DIN 1082
		2 G 4	67	63	250	123	2,00	$r = 4066$ DIN 1082
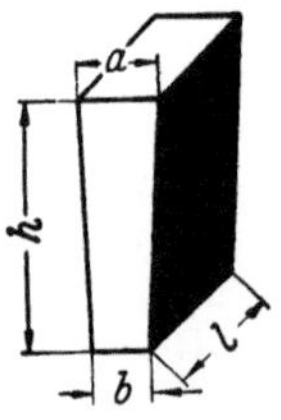	Doppelganzwölber	4 G 52	91	39	250	250	4,06	$r = 196$
		4 G 26	78	52	250	250	4,06	$r = 520$
		4 G 16	73	57	250	250	4,06	$r = 920$ Keil n. DIN 1082
		4 G 10	70	60	250	250	4,06	$r = 1550$ Keil n. DIN 1082
		4 G 6	68	62	250	250	4,06	$r = 2670$ Keil n. DIN 1082
		4 G 4	67	63	250	250	4,06	$r = 4066$ Keil n. DIN 1082
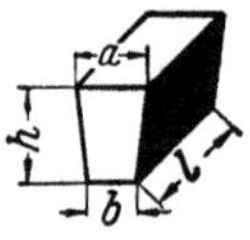	Halbwölber	2 H 26	78	52	123	250	2,00	$r = 250$
		2 H 16	73	57	123	250	2,00	$r = 455$ DIN 1082
		2 H 10	70	60	123	250	2,00	$r = 765$ DIN 1082
		2 H 6	68	62	123	250	2,00	$r = 1310$ DIN 1082
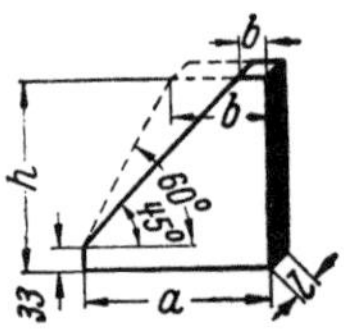	Widerlagersteine	WK 1	250	135	233	65	3,04	13% Stich Kammerwiderlager 20% Stich
		WK 2	250	52	233	65	2,50	
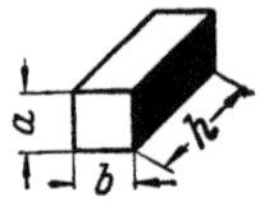	Gittersteine	K 1	123	100	320	—	3,94	Hierzu auch Normalsteine
		K 2	100	100	320	—	3,20	
		K 3	80	100	320	—	2,56	

Kammer — Schlackenkammer — Gaszug — Kanalgewölbe

Tabelle 46c. *Zugelassene Steine für Kippöfen*

Format	Kurz-zeichen	Be-zeichnung	Maße in mm *a*	*b*	*h*	*h'*	*l*	*r*	Bemerkungen
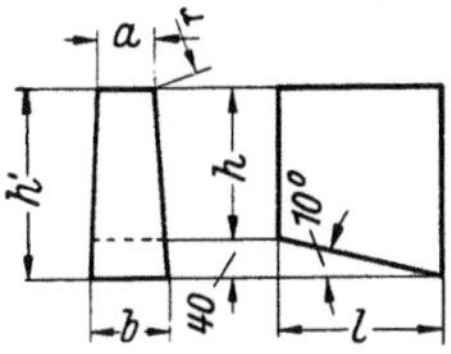	E 1	Ring-wölber	75	127	250	290	230	420	Herd- und Kopf-ring Obere Ecken
	E 2	Ring-wölber	75	97	250	290	230	920	Herdring Unten seitlich
	E 3	Ring-wölber	75	81	250	290	230	3600	Herd- und Kopf-ring Oben und unten
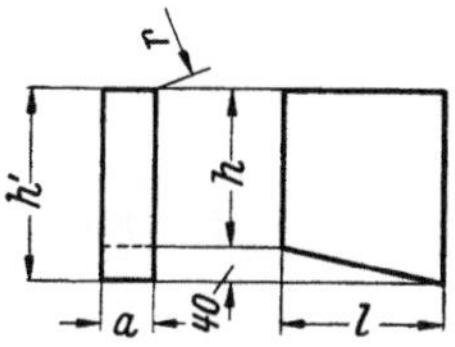	E 4	Ring-stein	75	—	250	290	230	—	Herd- und Kopf-ring Seiten und Aus-gleich
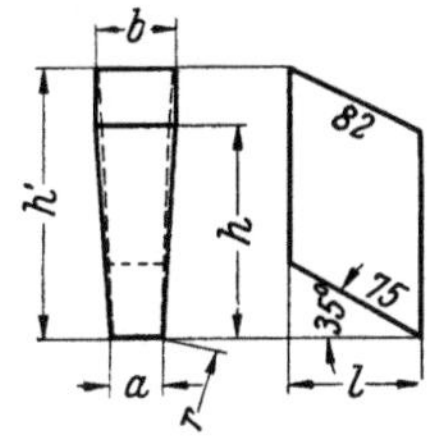	E 5	Schräg-wölber Binder	75	82	300	430	187	3600	Kopfring 2. Stein und Luftzug-gewölbe
	E 6	Schräg-wölber	75	82	300	387	125	3600	Kopf Luftzuggewölbe
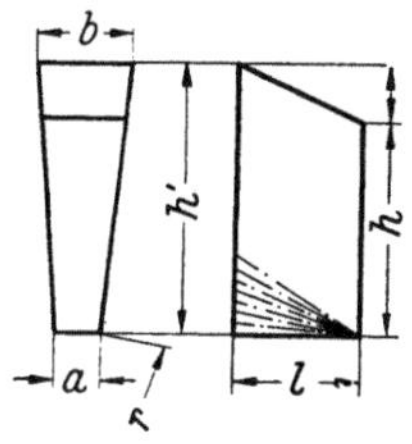	E 7	Schräg-wölber	75	152	300	430	187	420	Kopfring 2. Stein Oben seitlich (Steine auf der Baustelle wie —·— behauen) s. Zeichnung
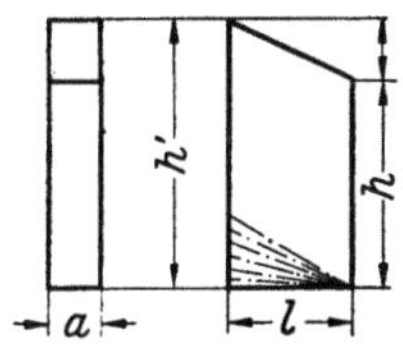	E 8	Schräg-wölber	75	—	300	430	187	—	Kopfring 2. Stein Ausgleich oben seitlich (Steine auf der Baustelle wie —·— behauen) s. Zeichnung
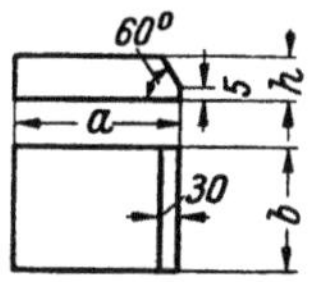	E 9	Wider-lager	250	187	65	—	—	—	Kopf Gaszuggewölbe

Tabelle 48a. *Silika-Normformate für Lichtbogenofendeckel*

Format	Be-zeichnung	Kurz-zeichen	Maße in mm					Einzel-gew. kg	Kugel-radius mm	Bemerkung
			a	b	c	d	h			
	Kugelwölber	R 3	80	75	128	120	200	3,5	3000	
		R 5	79	75	126	120	250	4,3	5000	
		R 7	78	75	124,5	120	250	4,2	7000	
		RA 5	79	75	189	180	250	6,4	5000	Anfängerstein für R 5 + R 7
		3 R 7	78	75	125	120	300	5,1	7000	
		RA 7	78	75	187,5	180	300	7,6	7000	Anfängerstein für 3 R 7
		R 9	72,5	70	145	140	300	5,5	9000	
		RA 9	72,5	70	217,5	210	300	8,2	9000	Anfängerstein für R 9

Format	Bezeich-nung	Kurz-zeichen	Außen-dmr.	Anzahl im Ring				Misch-verh.	Gewicht in kg		Bemerkung
				W 1	W 2	W 3	W 4		Einzel	Gesamt im Ring	
	Widerlagersteine	W 1	1500	60	—	—	—	—	3,2	192	Für U-förmige Deckelringe mit 1500 bis 3000 mm Dmr. für Kugelwölber R 3
		W 1+W 2	1750	50	20	—	—	5 : 2	—	230	
		W 1+W 2	2000	40	40	—	—	1 : 1	—	268	
		W 1+W 2	2250	30	60	—	—	1 : 2	—	306	
		W 1+W 2	2500	20	80	—	—	1 : 4	—	344	
		W 1+ W 2	2750	10	100	—	—	1 : 10	—	382	
		W 2	3000	—	120	—	—	—	3,5	420	
	Widerlagersteine	W 3	3000	—	—	120	—	—	5,9	708	Für U-förmige Deckelringe mit 300 bis 6000 mm Dmr. und Kugelwölber R 5, R 7, 3 R 7 und R 9
		W 3+W 4	3250	—	—	110	20	11 : 2	—	773	
		W 3+W 4	3500	—	—	100	40	5 : 2	—	838	
		W 3+W 4	3750	—	—	90	60	3 : 2	—	903	
		W 3+W 4	4000	—	—	80	80	1 : 1	—	968	
		W 3+W 4	4250	—	—	70	100	7 : 10	—	1033	
		W 3+W 4	4500	—	—	60	120	1 : 2	—	1098	
		W 3+W 4	4750	—	—	50	140	5 : 14	—	1163	
		W 3+W 4	5000	—	—	40	160	1 : 4	—	1228	
		W 3+W 4	5250	—	—	30	180	1 : 6	—	1293	
		W 3+W 4	5500	—	—	20	200	1 : 10	—	1358	
		W 3+W 4	5750	—	—	10	220	1 : 22	—	1423	
		W 4	6000	—	—	—	240	—	6,2	1488	

Tabelle 48b. *Silika-Normformate für Lichtbogenofendeckel*

Format	Bezeichnung	Kurzzeichen	Außendmr.	Anzahl im Ring				Mischverh.	Gewicht in kg		Bemerkung
				Z 3	Z 4	Z 3a	Z 4a		Einzel	f. 1 Ring	
	Widerlagersteine	Z 3	3000	120	—	—	—	—	4,5	540	
		Z 3 + Z 4	3250	110	20	—	—	11 : 2	—	587	
		Z 3 + Z 4	3500	100	40	—	—	5 : 2	—	634	
		Z 3 + Z 4	3750	90	60	—	—	3 : 2	—	681	
		Z 3 + Z 4	4000	80	80	—	—	1 : 1	—	728	
		Z 3 + Z 4	4250	70	100	—	—	7 : 10	—	775	
		Z 3 + Z 4	4500	60	120	—	—	1 : 2	—	822	
		Z 3 + Z 4	4750	50	140	—	—	5 : 14	—	869	
		Z 3 + Z 4	5000	40	160	—	—	1 : 4	—	916	
		Z 3 + Z 4	5250	30	180	—	—	1 : 6	—	963	Für Z-förmige
		Z 3 + Z 4	5500	20	200	—	—	1 : 10	—	1010	Deckelringe
		Z 3 + Z 4	5750	10	220	—	—	1 : 22	—	1057	mit 3000
		Z 4	6000	—	240	—	—	—	4,6	1104	bis 6000 mm
	Widerlagersteine	Z 3a	3000	—	—	120	—	—	4,6	552	Dmr. und Kugelwölber
		Z 3a + Z 4a	3250	—	—	110	20	11 : 2	—	602	R 5, R 7, 3 R 7
		Z 3a + Z 4a	3500	—	—	100	40	5 : 2	—	652	und R 9
		Z 3a + Z 4a	3750	—	—	90	60	3 : 2	—	702	
		Z 3a + Z 4a	4000	—	—	80	80	1 : 1	—	752	
		Z 3a + Z 4a	4250	—	—	70	100	7 : 10	—	802	
		Z 3a + Z 4a	4500	—	—	60	120	1 : 2	—	852	
		Z 3a + Z 4a	4750	—	—	50	140	5 : 14	—	902	
		Z 3a + Z 4a	5000	—	—	40	160	1 : 4	—	852	
		Z 3a + Z 4a	5250	—	—	30	180	1 : 6	—	1002	
		Z 3a + Z 4a	5500	—	—	20	200	1 : 10	—	1052	
		Z 3a + Z 4a	5750	—	—	10	220	1 : 22	—	1102	
		Z 4a	6000	—	—	—	240	—	4,8	1152	

Tabelle 47. *Formate von Silikasteinen der Glasindustrie*

Format	Bezeichnung	Kurzzeichen	Abmessungen				Rauminhalt
			a	b	h	l	dm³
	Verbandwölber	2 B 26	78	52	250	187	3,04
		2 B 16	73	57	250	187	3,04
		2 B 10	70	60	250	187	3,04
		2 B 6	68	62	250	187	3,04

Tabelle 48 c. *Silika-Normformate für Lichtbogenofendeckel*

Format	Bezeichnung	Kurzzeichen	Elektrodenöffn.	Anzahl für 1 Ring						Gewicht in kg		Bemerkung
				D 1	D 2	D 3	D 4	D 5	D 6	Einzel	f. 1 Ring	
	Elektrodeneinfassungssteine	D 1	140	14	—	—	—	—	—	2,2	31	Für kleine Deckel 200 mm stark mit kleinen Elektroden
		D 1 + D 2	160	12	3	—	—	—	—	—	33	
		D 1 + D 2	180	10	6	—	—	—	—	—	36	
		D 1 + D 2	200	8	9	—	—	—	—	—	38	
		D 1 + D 2	220	6	12	—	—	—	—	—	41	
		D 1 + D 2	240	4	15	—	—	—	—	—	43	
		D 1 + D 2	260	2	18	—	—	—	—	—	46	
		D 2	280	—	21	—	—	—	—	2,3	48	
	Elektrodeneinfassungssteine	D 3	180	—	—	12	—	—	—	5,1	61	Für mittlere Deckel 250 mm stark mit kleinen und mittleren Elektroden
		D 3 + D 4	200	—	—	11	2	—	—	—	65	
		D 3 + D 4	220	—	—	10	4	—	—	—	69	
		D 3 + D 4	240	—	—	9	6	—	—	—	73	
		D 3 + D 4	260	—	—	8	8	—	—	—	78	
		D 3 + D 4	280	—	—	7	10	—	—	—	82	
		D 3 + D 4	300	—	—	6	12	—	—	—	86	
		D 3 + D 4	320	—	—	5	14	—	—	—	90	
		D 3 + D 4	340	—	—	4	16	—	—	—	94	
		D 3 + D 4	360	—	—	3	18	—	—	—	98	
		D 3 + D 4	380	—	—	2	20	—	—	—	102	
		D 3 + D 4	400	—	—	1	22	—	—	—	106	
		D 4	420	—	—	—	24	—	—	4,6	110	
	Elektrodeneinfassungssteine	D 5	420	—	—	—	—	20	—	7,8	156	Für mittlere und große Deckel 250 und 300 mm stark mit mittleren und großen Elektroden
		D 5 + D 6	440	—	—	—	—	18	3	—	162	
		D 5 + D 6	460	—	—	—	—	16	6	—	168	
		D 5 + D 6	480	—	—	—	—	14	9	—	173	
		D 5 + D 6	500	—	—	—	—	12	12	—	179	
		D 5 + D 6	520	—	—	—	—	10	15	—	185	
		D 5 + D 6	540	—	—	—	—	8	18	—	190	
		D 5 + D 6	560	—	—	—	—	6	21	—	196	
		D 5 + D 6	580	—	—	—	—	4	24	—	202	
		D 5 + D 6	600	—	—	—	—	2	27	—	207	
		D 6	620	—	—	—	—	—	30	7,1	213	

für trockene Kammerwandsteine folgende Abweichungen vom Sollwert zugelassen:

$$\text{Steine von} < 200 \text{ mm Länge:} \quad \pm 1{,}25\%,$$

$$\text{Steine von} > 200 \text{ mm Länge:} \quad \begin{cases} +1{,}25\%, \\ -1{,}0\ \% ; \end{cases}$$

bei den übrigen trockenen Steinen:

$$\text{Steine von } <200\,\text{mm Länge:}\quad \pm 1{,}5\ \%,$$
$$\text{Steine von } >200\,\text{mm Länge:}\quad \begin{cases} +1{,}5\ \%, \\ -1{,}25\%. \end{cases}$$

Für Durchbiegung und Verkrümmung können bei Silikasteinen 0,75 bis 1% als Anhaltswerte gelten.

2.42 Chemische Zusammensetzung, physikalische und technologische Eigenschaften

Die für die Untersuchung der verschiedenen Eigenschaften erforderlichen Proben sollen nach den Vorschriften des Normblattes DIN 1061 (2. Ausgabe Okt. 1940) genommen werden.

An Stelle der als veraltet anzusehenden Werte von Silikasteinen für den SM-Ofen nach DIN 1088 haben der Verein Deutscher Eisenhüttenleute und der Fachverband Feuerfeste Industrie neue Richtwerte für die Eigenschaften der Silikasteine für Hüttenwerke vereinbart (Tab. 49) [7a]. Sorte A ist für Ofenwände, Züge usw. in SM-, Walzwerks- und Kupolöfen bestimmt. Sorte B ist die normale Qualität für SM- und Elektroofengewölbe, C und D sind Spezialqualitäten für Gewölbe. Sie zeichnen sich durch besonders niedrige Tonerdegehalte aus, D enthält zusätzlich einen höheren Anteil an Eisenoxyd (vgl. Abschn. 2.15). Die Silikasteine für Elektroofendeckel entsprechen der besten Gewölbequalität. Die zusätzlich aufgeführte Koksofenqualität KO wird neuerdings wegen ihrer besseren Volumenbeständigkeit auch für Wände von Walzwerksöfen verwandt. Koksofensteine dürfen einen um je 1% höheren Gehalt an Tonerde und Kalk aufweisen als die handelsübliche Stahlwerksqualität A. Silikasteine für Glasöfen und Heißreparatursteine haben etwa die gleiche chemische Zusammensetzung wie Sorte A.

Analysen von Silikasteinen für verschiedene Verwendungszwecke enthält Tab. 50. Die Alkaligehalte liegen bei Gewölbequalitäten zwischen 0,04 und maximal 0,4%, bei Koksofenqualitäten dürften sie wegen des hohen Felsquarzitanteiles dieser Steine merklich größer sein (vgl. Abschn. 2.252).

Der Kegelfallpunkt erreicht SK 34, er darf bei Stahlwerkssilika den Wert von SK 32/33 nicht unterschreiten. Bei Koksofensteinen kann er sich zwischen SK 31 und 33 bewegen.

Das spezifische Gewicht der Silikasteine schwankt je nach dem Grad der erreichten Umwandlung zwischen 2,32 und 2,45. Stärkere Umwandlung bedingt wegen der mit ihr verbundenen Volumenausdehnung ein geringeres spezifisches Gewicht, zugleich auch eine größere Porosität. Man konnte daher in den Richtwerten für die Steinsorten A und B der Tab. 49 zwischen einer Gruppe mit hohem spez. Gew. ($>2{,}40$) und einer mit niedrigem spez. Gew. ($<2{,}40$) und entsprechend zugeordneten Porositäten unterscheiden.

Für Koksofensteine ist nur eine Gruppe n mit einem spez. Gew. $<2{,}40$ vorgesehen, in ihr dürfen außerdem nur 5% der Steine ein spez. Gew. $>2{,}38$ aufweisen. Dafür darf aber die Gesamtporosität bis maximal 28%, in Steinen für Unteröfen sogar bis 30% ansteigen. Da sich die sehr dichten SM-Ofenqualitäten in den Gewölben von Glaswannen nicht immer bewährt haben,

Tabelle 49. *Richtwerte für die Eigenschaften von Silikasteinen für Hüttenwerke*

Stein-sorte	Chemische Eigenschaften					Physikalische Eigenschaften[2]							Verwendungszweck
	Al_2O_3 höchstens %	TiO_2 %	Fe_2O_3 %	CaO höchstens %	$(K_2O + Na_2O)$ höchstens %	Seger-kegel mindestens SK	Druck-feuer-beständigkeit mindestens $t_a\,°C$	bleibende Längenänderung nach 2h bei 1500° C höchstens %	Spezifisches Gewicht (Reingewichte)[4] g/cm³	Gesamt-porigkeit[4] Vol.-%	Gas-durch-lässigkeit[2] nPm	Kalt-druck-festigkeit[4] mindestens kg/cm²	
A	1,5	üblicherweise 0,5 bis 1,5	üblicherw. 0,5 bis 1,5	2,5	0,4	32/33	1660	2	n³ $< 2{,}40$	20 bis 24	> 15	250	Siemens-Martin-Unteröfen Siemens-Martin-Gitterwerke, Walzwerksöfen, Kupolöfen
									h³ 2,40 bis 2,45	18 bis 22			
B[1]	1,0			2,0	0,3	33	1690		n³ $< 2{,}40$	17 bis 22			Siemens-Martin-Oberöfen, einschließlich Gewölbe
									h³ 2,40 bis 2,45	16 bis 19			
C[1]	0,6			2,0	0,3	34	1700		n³ $< 2{,}40$	17 bis 22			Gewölbe für Siemens-Martin-Öfen
									h³ 2,40 bis 2,45				
D[1]	0,6		1 bis 3	1,5	0,2	34	1700		n³ $< 2{,}40$	17 bis 22			
									h³ 2,40 bis 2,45				
		SiO_2 mindestens						nach 2h bei 1450° C[5]					
KO	2,5	93		3,5			1580	80% $< 0{,}8$	95% $\leqq 2{,}38$	70% < 27 kein Wert > 28		200	Wände für Koksöfen, zum Teil auch für Walzwerksöfen
								kein Wert $> 1{,}0$	kein Wert $> 2{,}40$	70% < 28 kein Wert > 30		170	Ober- u. Unterbau für Koksöfen, zum Teil auch für Walzwerksöfen

Die quer gestellten Ziffern dienen nur zur Unterrichtung, nicht zur Sortenunterscheidung.

[1] Für die Steinsorten B, C und D werden besondere Rohstoffe und Herstellungsverfahren verwendet. — [2] Über die Gasdurchlässigkeit liegen nur Ergebnisse aus Studienversuchen vor. — [3] n = Steine mit niedrigem spezifischen Gewicht und hohem Umwandlungsgrad; h = Steine mit hohem spezifischen Gewicht u. niedrigem Umwandlungsgrad. — [4] Heißreparatur- und Elektrodeckelsteine unterscheiden sich von den Steinsorten A und B nach Rohstoff, Körnung und Brandführung. Für Heißreparatursteine beträgt die Kaltdruckfestigkeit mindestens 100 kg/cm², für Elektroofendeckelsteine mindestens 200 kg/cm². Die in dieser Tafel angegebenen Werte für das spezifische Gewicht, für die Kaltdruckfestigkeit und für die Porigkeit gelten für diese Steinsorten nicht. — [5] Vorübergehende Wärmedehnung am heißen Stein 1,3% bei 1000° C.

werden für diesen Zweck auch Qualitäten mit einer Porosität von 25 bis 28%
mit Erfolg verwandt.

Heißreparatursteine besitzen eine grobkörnige, poröse und lockere Struktur.
Es kommen 2 Typen auf den Markt, von denen der eine gut umgewandelt,
d. h. cristobalit- und tridymitreich ist. Trotzdem ist seine Temperaturwechselbeständigkeit relativ gut, weil die Steine dank ihrer mürben Struktur eine

Tabelle 50. *Chemische Zusammensetzung und Kegelfallpunkt verschiedener Silikasteine*

Steinart	SiO_2 %	$Al_2O_3 + TiO_2$ %	Fe_2O_3 %	CaO %	MgO %	$Na_2O + K_2O$ %	SK %
Silika-Gewölbestein für SM-Ofen	95,77	1,10	0,75	1,60	0,10	0,70	33/34
Densyl-Gewölbestein (aus Feuerstein hergestellt)	96,81	0,17	1,08	1,91	—	—	33/34
Koksofen-Läuferstein	92,90	2,06	1,52	3,00	0,10	—	—
Glasofen-Gewölbestein	94,5	1,5	0,9	2,6	0,1	—	33
Silikastein für Kupferindustrie	97,18	0,48	0,32	1,44	0,14	0,44	33
Silikastein für keramische Industrie	95,85	1,13	0,55	1,81	0,15	0,51	33

hohe Kerbfestigkeit aufweisen (vgl. Abschn. 1.82). Auf der anderen Seite haben
sich auch niedrig gebrannte Steine aus schwer umwandelbaren Quarziten
bewährt.

Charakteristisch für Silikasteine ist das nahezu völlige Fehlen geschlossener
Poren. Das hat seinen Grund darin, daß die Menge der Glasphase beim Brand
gering bleibt und entstehende Schmelzen so dünnflüssig sind, daß frei werdende
Gase ohne Blasenbildung entweichen können. Der Unterschied zwischen offenen
und Gesamtporen beträgt meist 0,1 bis 0,2% und übersteigt nur sehr selten
0,5%. Die Gasdurchlässigkeit von handelsüblicher Stahlwerkssilika schwankt
zwischen 4 und 13 Nanoperm, im Mittel beträgt sie 8 Nanoperm. Gewölbesteine der Gruppe B besitzen eine Gasdurchlässigkeit von 1,5 bis 6,5 Nanoperm, im Mittel 4 Nanoperm.

Die *Kaltdruckfestigkeit* soll für die Gruppe A (Tab. 49) 250 kg/cm² betragen, für die Gruppen B bis D (Gewölbesteine) werden meist 300 kg/cm²
garantiert. Bei Koksofensteinen für die Kammern werden Mittelwerte bis zu
200 kg/cm², bei Steinen für den Unterofen sogar bis 170 kg/cm² zugelassen.
Nur für die starkem Abrieb ausgesetzten Ofensohlsteine werden hohe Kaltdruckfestigkeiten über 300 kg/cm² gefordert. Die bei dieser Qualität tatsächlich
bestimmten Werte liegen meist zwischen 400 und 600 kg/cm².

Unzureichende Kaltdruckfestigkeit kann verbessert werden durch Er-
höhung des Eisenoxydgehaltes oder des Feinmehlanteiles im Versatz (vgl.
Abschn. 2.33, Abb. 163) sowie durch Verstärkung des Preßdruckes bzw. An-
passung des Preßvorganges an die Entlüftungsgeschwindigkeit der Masse
(Abschn. 2.343). Da die ersten beiden Maßnahmen andere Eigenschaften der
Silikasteine in unerwünschter Weise beeinflussen können, ist es ratsam, der
Formgebung der Steine besondere Aufmerksamkeit zu widmen. Beim *Über-
brennen* sinkt die Kaltdruckfestigkeit infolge einer Erhöhung der Porosität

und Strukturauflockerung durch zu starke Umwandlung merklich ab (vgl. weiter unten).

Die Prüfung der Kaltdruckfestigkeit darf nicht an Steinen ausgeführt werden, die längere Zeit im Freien gelegen haben. Bei Steinen, die mehr als 1 Jahr Wind und Wetter ausgesetzt waren, fiel die Kaltdruckfestigkeit von etwa 350 kg/cm² auf etwa 230 kg/cm² ab. Zu einem ähnlichen Ergebnis kam auch W. J. REES [8].

Bei der *Druckfeuerbeständigkeitsprüfung* liegt zwischen *ta*- und *te*-Wert meist nur eine Differenz von 10° C, weil der Stein beim Erweichen der kristallinen und der Glasphase wegen niedriger Viskosität der Schmelze sofort seinen Halt verliert. Normale Stahlwerks-silikasteine besitzen einen *ta*-Wert von 1670 bis 1680° C, SM-Ofen-Gewölbesteine der Gruppe B gleichmäßig einen solchen von 1690° C,

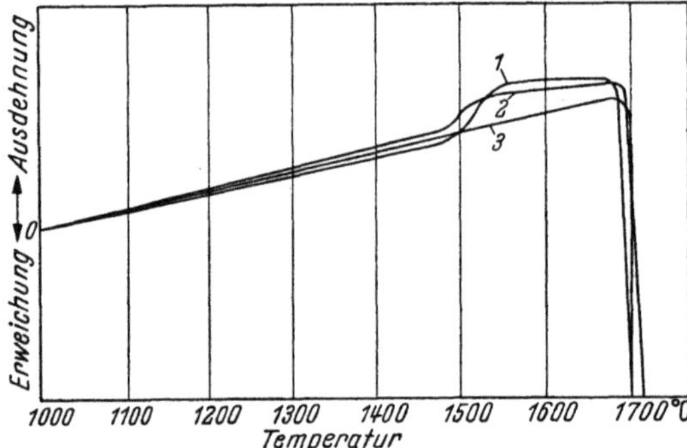

Abb. 199
Drei DFB Kurven von Hüttenwerks-Silikasteinen
1 Gewölbestein, Sorte B;   *2* Gewölbestein, Sorte C;
3 Densylstein (aus Feuerstein hergestellt)

Werte von 1700 bis 1710° C werden von Steinen der Gruppen C und D erzielt. Noch höhere Werte weisen mit *ta* = 1710 bis 1720° C die amerikanischen Super-Duty-Steine und die aus Feuerstein hergestellten englischen *Densylsteine* auf (vgl. Abschn. 2.33). In Abb. 199 sind die *DFB*-Kurven einiger Stahlwerks-qualitäten verschiedener Firmen zusammengestellt. Das plötzliche Ansteigen der Wärmeausdehnung zwischen 1500 und 1600° C bei einigen Kurven ist auf die Restumwandlung α-Quarz/α-Cristobalit zurückzuführen [9].

Für Koksofenqualitäten genügt nach DIN 1089 ein *ta*-Wert von 1580° C, praktisch liegen die gefundenen Werte jedoch meist zwischen 1620 und 1670°C (Abbildung 200). Auch für Glaswannengewölbesteine sind *ta*-Werte von 1630 bis 1660° C im allgemeinen ausreichend.

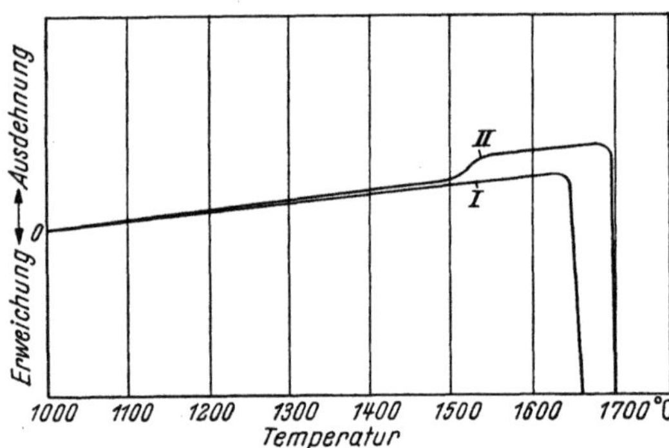

Abb. 200. DFB-Kurven von Silikasteinen
I Koksofenqualität;   *II* Stahlwerksqualität, Gruppe A

Die Höhe des *ta*-Wertes hängt vorwiegend von der Menge der schmelz-flüssigen Phase im Stein ab, die ihrerseits durch die chemische Zusammensetzung, insbesondere durch den Al_2O_3-Gehalt maßgebend beeinflußt wird (vgl. Abschn. 2.16, Abb. 127). Wenn der Tonerdegehalt von 0,4 auf 1,2% ansteigt, wächst der Anteil der Schmelzphase im Stein bei 1680° C von <20% auf ~50% [10].

Einen Vergleich der bei verschiedenen Temperaturen in einem normalen Stahlwerks-Silikastein auftretenden Schmelzmenge mit derjenigen im ameri-

kanischen Super-Duty-Stein, der noch weniger Fremdoxyde enthält als die
Sorte C nach Tab. 49 ($<0,5\%$ außer CaO) [*11*], ermöglicht Abb. 201 nach Untersuchungen von F. SINGER [*12*]. In beiden Qualitäten ist bereits bei 1200° C
eine geringe Menge an Schmelzphase vorhanden
(8 bzw. 3%). In der Praxis wird mit merklichem
Auftreten der 1. Schmelzphase in Silikasteinen
bei 1300 bis 1400° C gerechnet. Bei 1680° C beträgt deren Anteil im Super-Duty-Stein 20 bis
25%, im normalen Silikastein dagegen mehr als
40%. Damit ist dann dessen *ta*-Wert erreicht.
Im Super-Duty-Stein steigt der Schmelzanteil
bei 1700° C sprunghaft an, so daß der Stein bei
1710 bis 1720° C zusammenzubrechen beginnt.

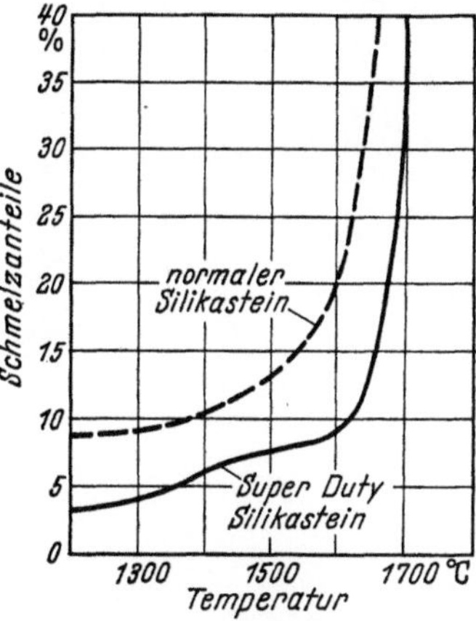

Abb. 201. Schmelzanteile in Silikasteinen bei verschiedenen Temperaturen (nach F. SINGER)

Den Verlauf der reversiblen *Wärmeausdehnung*
bei verschiedenen Silikasteinen zeigt Abb. 202
nach verschiedenen Autoren. Bei diesen gut gebrannten Steinen ist wohl der in Abschn. 2.114
beschriebene Cristobalit- bzw. Tridymiteffekt
zwischen 100 und 300° C, nicht aber der Quarzeffekt bei 575° C zu beobachten. Den mittleren
linearen Wärmeausdehnungskoeffizienten für verschiedene Temperaturbereiche
zeigt Abb. 203 nach Messungen von A. KANZ [*13*]. Bei der gestrichelten Kurve
eines schwach gebrannten Steines ist der Cristobaliteffekt relativ schwach, dafür
aber der Quarzeffekt deutlich erkennbar.

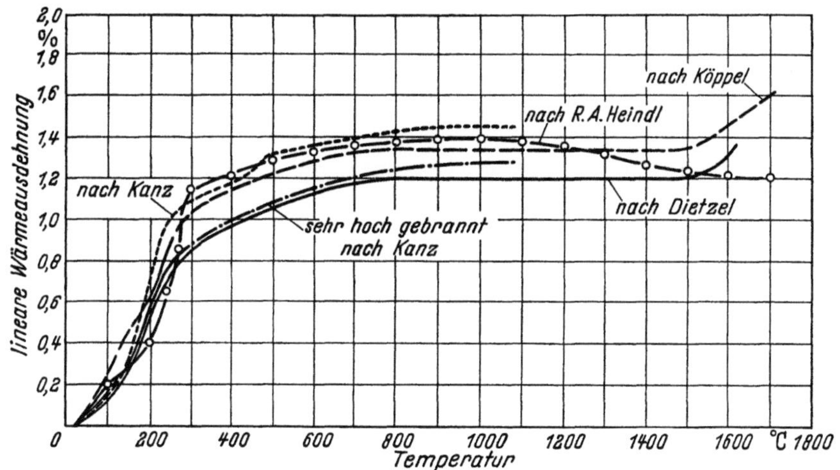

Abb. 202. Lineare Wärmeausdehnung gut gebrannter Silikasteine (nach verschiedenen Autoren)

Die *bleibende Ausdehnung* beginnt nach Untersuchungen von F. FROMM [*9*]
an Koksofensteinen oberhalb 1400° C (Abb. 204). Sie ist auf die Umwandlung
des Restquarzes in Cristobalit zurückzuführen (s. a. Abb. 199) und erreicht
wesentlich höhere Werte als die reversible Ausdehnung unterhalb 600° C.
Ihre jeweilige Größe ist eine lineare Funktion des spezifischen Gewichtes, d. h.

der beim Steinbrand erreichten Umwandlung. Die Ausdehnung ist weiterhin mit einer Zunahme der Gesamtporosität verbunden. Diese ist um so größer, je höher das spezifische Gewicht im Ausgangszustande, d. h. je geringer die Umwandlung war. In den von F. Fromm bis zu 1600° C geführten Versuchen ergab sich für Proben mit dem spez. Gew. 2,389 eine Zunahme der Gesamtporosität um 2,7%, entsprechend beim spez. Gew. 2,403 3,7% und bei 2,438 9,8% Porositätszunahme.

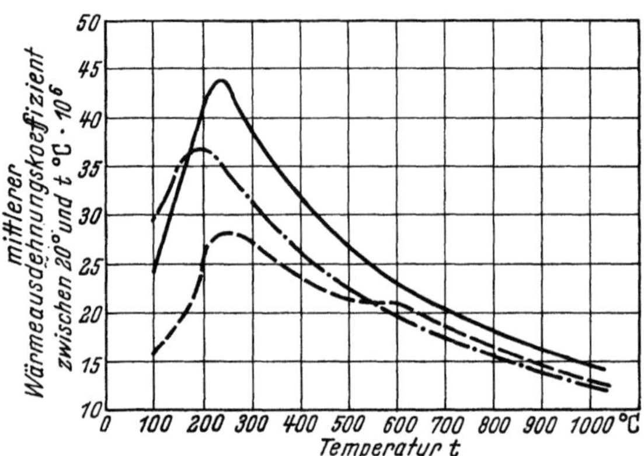

Abb. 203
Mittlerer linearer Ausdehnungskoeffizient von 3 Silikasteinen für verschiedene Temperaturbereiche (nach A. Kanz)
Ausgezogene Kurve: scharf gebrannter Stein; strichpunktierte Kurve: normal gebrannter Stein; gestrichelte Kurve: schwach gebrannter Stein

Das spezifische Gewicht nach Beendigung der Versuche schwankte zwischen 2,315 und 2,321, d. h. es war kein Quarz mehr vorhanden. Längeres Halten (10 Std.) der Temperatur bei ~1400° C oder auch Erhitzen der Steine unter Belastung verringert die bleibende Ausdehnung beträchtlich.

Auch bei wiederholtem Brennen von Silikasteinen bei SK 15 (1440° C) nahm nach H. Stollenwerk [14] die Porosität von 20% nach dem 1. Brand

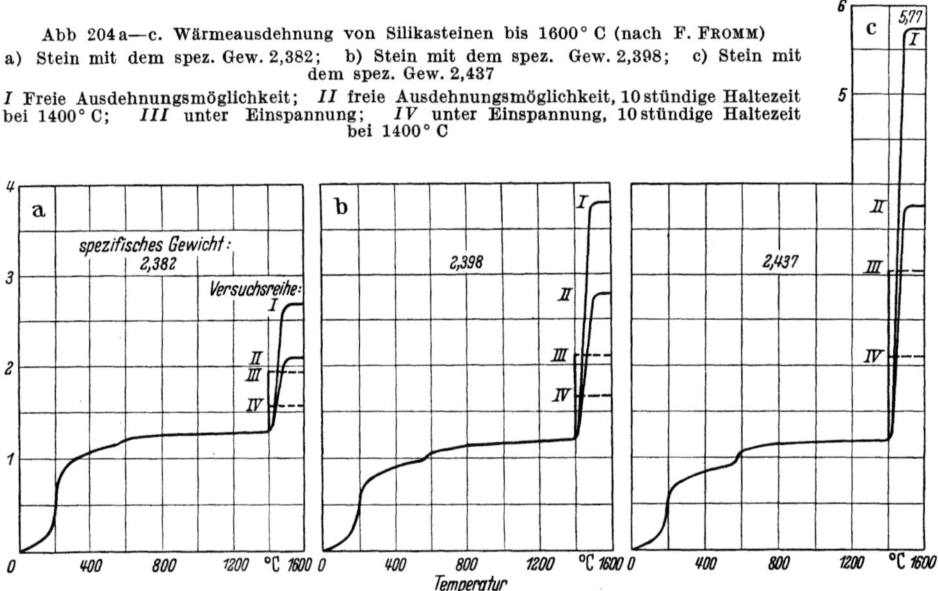

Abb 204 a—c. Wärmeausdehnung von Silikasteinen bis 1600° C (nach F. Fromm)
a) Stein mit dem spez. Gew. 2,382; b) Stein mit dem spez. Gew. 2,398; c) Stein mit dem spez. Gew. 2,437
I Freie Ausdehnungsmöglichkeit; II freie Ausdehnungsmöglichkeit, 10 stündige Haltezeit bei 1400° C; III unter Einspannung; IV unter Einspannung, 10 stündige Haltezeit bei 1400° C

auf 22% nach dem 10. Brand zu, während sich gleichzeitig die Gasdurchlässigkeit von 8 auf 15,6 Nanoperm erhöhte und die Kaltdruckfestigkeit von 345 kg/cm² auf 302 kg/cm² verringerte. Die zunehmende Umwandlung ruft also in jedem

Fall eine Auflockerung der Struktur hervor, unabhängig davon, ob die Umwandlung durch *einen* Brand bei hoher Temperatur oder wiederholte Brände bei tieferer Temperatur erzeugt wird.

Im Betriebslaboratorium wird ein Kennwert für das Nachwachsen nach 2stündigem Glühen in oxydierender Atmosphäre bestimmt, er soll bei Stahlwerksqualitäten (Glühtemperatur 1500° C) höchstens 2% betragen, bei Koksofenqualitäten darf kein Wert über 1% und 80% der Einzelwerte müssen unter 0,8% liegen (Glühtemperatur 1450° C).

Die *Temperaturwechselbeständigkeit* ist unterhalb 600° C durchweg gering, sie wird daher nicht bestimmt. W. MIEHR, J. KRATZERT u. H. IMMKE [*15*] schlugen für eine Prüfung bei höheren Temperaturen vor, die Versuchssteine als Längswände in einen kleinen Ofen einzubauen, diesen auf 1500° C zu erhitzen und die Versuchssteine durch trockene oder feuchte Preßluft wiederholt abzukühlen. Brauchbare Ergebnisse dürften auch nach der Methode von F. KLASSE u. A. HEINZ zu gewinnen sein (vgl. Abschn. 1.82).

Angaben über Wärmeleitfähigkeit, spezifische Wärme, elektrische Leitfähigkeit, Elastizitätsmodul, Heißdruckfestigkeit, Torsionsfestigkeit von Silikasteinen finden sich in den betreffenden Abschnitten des Teiles 1.

2.43 Mineralogische Beschaffenheit

Ein Silikastein enthält Quarzreste in Form meist zerklüfteter und von Sprüngen durchsetzter Körner, die als Kerne des ehemaligen Grobkornanteiles der Rohmasse anzusehen sind. Sie liegen in einer Grundmasse von feinkörnigem *Cristobalit*, der unter dem Mikroskop bei gekreuzten Nikols dunkel erscheint (Abb. 205). In dem porenreichen Feinkornanteil finden sich im allgemeinen keine Quarzkörner mehr, sondern vorwiegend Cristobalit und daneben *Tridymit* in Form von kleinen doppelbrechenden Leisten oder von keilförmigen Querschnitten mit Zwillingsstruktur

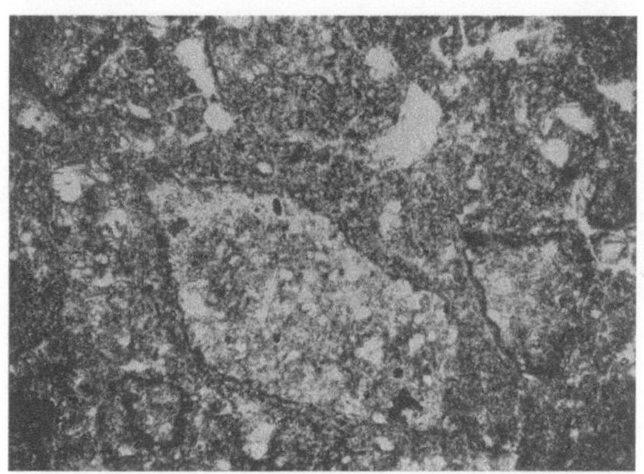

a

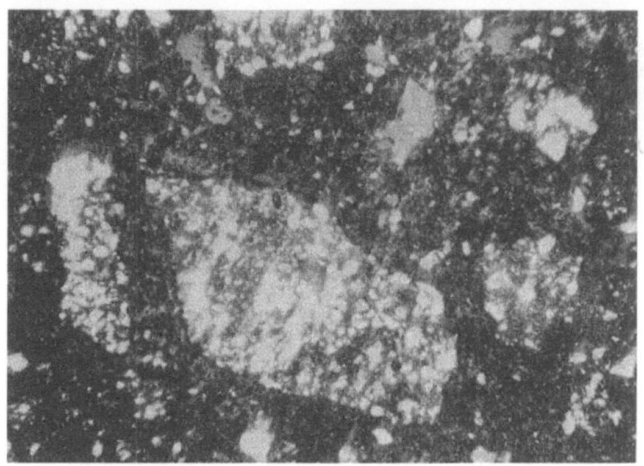

b

Abb. 205 a u. b. Silikastein, Dünnschliff (Vergr. 27 ×), Quarzreste und Cristobalit

a) Gewöhnliches Licht;　b) gekreuzte Nikols

(Abb. 206). Einen größeren Tridymitzwillingskristall aus einem Silikastein zeigt Abb. 207. Die Verbreitung der Kalksilikate kann gewöhnlich nicht durch mikroskopische Untersuchungen ermittelt werden.

Der Anteil an *Glasphase* wurde von W. HUGILL u. W. J. REES [16] an Dünnschliffen planimetriert, er betrug dabei im Mittel ~8,5%. A. J. DALE [17] extrahierte die Glasphase eines Silikasteines mit Hilfe von Fluorborsäure und untersuchte ihre Zusammensetzung. Sie besteht aus den 1-, 2- und 3wertigen Oxyden sowie aus Kieselsäure im Verhältnis $(R_2O + RO + R_2O_3) \cdot 2,5\,SiO_2$ bis $(R_2O + RO + R_2O_3) \cdot 4\,SiO_2$, enthält also 70 bis 80% SiO_2. Bei hohen Brenntemperaturen (1500° C und mehr) nimmt nach Versuchen von CROSS [18] der Glasanteil an Menge ab, was auf eine schnellere Kristallisation in heißeren, weniger viskosen Schmelzen hindeutet. Nach H. LE CHATELIER [19] bildet das Glas im Silikastein die Füllmasse zwischen einem Gerüst aus kristalliner Substanz, vor allem aus Tridymit.

Die quantitative Mineralzusammensetzung eines Silikasteines und ihre Änderung bei wiederholten Bränden wurden von W. HUGILL u. W. J. REES [16] untersucht. Sie trennten den Quarzanteil von den leichteren Komponenten durch Aufschwemmen der letzteren in einer Flüssigkeit der Dichte 2,50. Bei den leichteren Komponenten wurde zunächst 8,5% Gesamtmenge als konstanter Glasanteil gerechnet, der Rest mit Hilfe des spezifischen Gewichtes in Tridymit und Cristobalit aufgeteilt. Nach dem 1. Brand ergab sich folgende Zusammensetzung (Abb. 208):

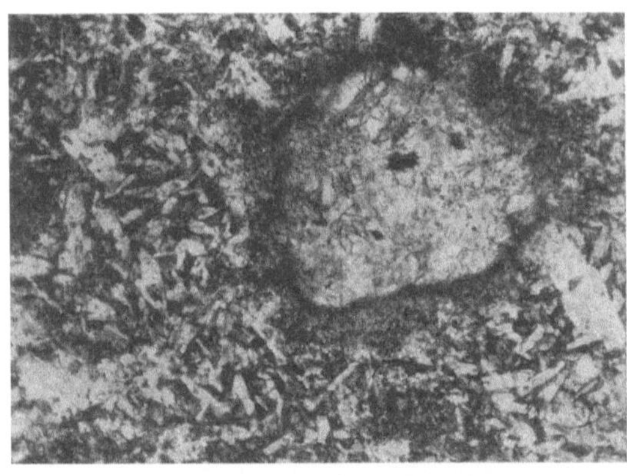

a

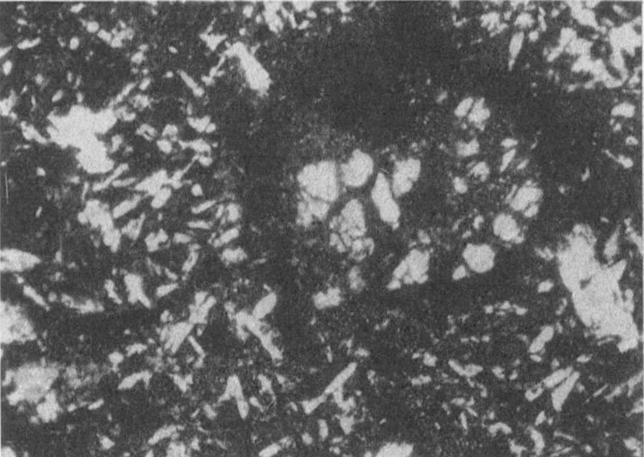

b

Abb. 206a u. b
Tridymit im Silikastein, Dünnschliff (Vergr. 60 ×)
a) Gewöhnliches Licht; b) gekreuzte Nikols

31,5% Quarz,
45 % Cristobalit,
15 % Tridymit,
8,5% Glas.

Nach dem 11. Brand waren noch ~9% Quarz neben ~4,5% Cristobalit und 78% Tridymit vorhanden.

Da die Ermittlung des Mineralbestandes nach dem spezifischen Gewicht eine Reihe von Unsicherheiten enthält (s. Abschn. 2.13), wurden von H. STOLLEN-WERK [*14*] quantitative Röntgenanalysen mit Hilfe eines Zählrohrgerätes ausgeführt. Er bestimmte nach dem 1. Brand:

    21,1% Quarz,
    20,3% Cristobalit,
    20,8% Tridymit,
    37,8% röntgenamorphe Substanz.

Der letzte Posten enthält die Glasphase und stark fehlgeordnete Cristobalitsubstanz, wie sie beim Übergang α-Quarz/α-Cristobalit entsteht (s. Abschn. 2.13). Beide Phasen sind röntgenologisch nicht zu trennen. Nach dem 10. Brand ist noch 0,6% Quarz, 22% Cristobalit, 50,7% Tridymit und 26,7% röntgenamorphe Substanz vorhanden (Abb. 209).

Daß bei diesen Untersuchungen ein höherer Tridymit- und geringerer Cristobalit-anteil gefunden wurde als von W. HUGILL u. W. J. REES, dürfte auf unterschiedliche Qualität der Versuchssteine zurückzuführen

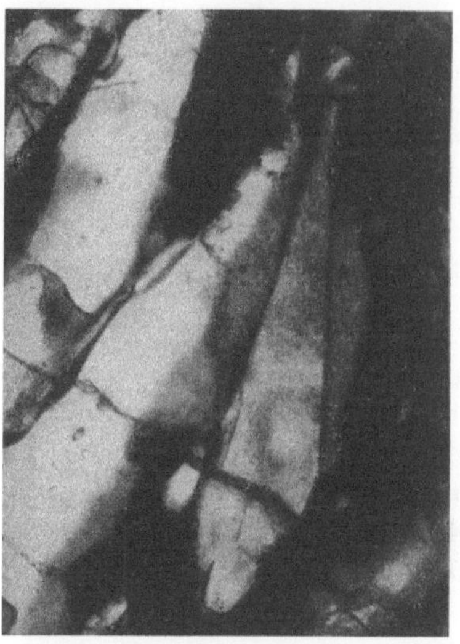

Abb. 207. Tridymitzwillingskristall in einem Silikastein, Dünnschliff (Vergr. 120 ×), gekreuzte Nikols

sein. Der Gehalt an röntgenamorpher Substanz vermindert sich im Laufe der Brände infolge einer Cristobalit-Sammelkristallisation.

Neueste Untersuchungen von W. FLÖRKE [*19a*] ergaben, daß Silikasteine praktisch überhaupt keine Glasphase enthalten. Die im Dünnschliff isotrop und

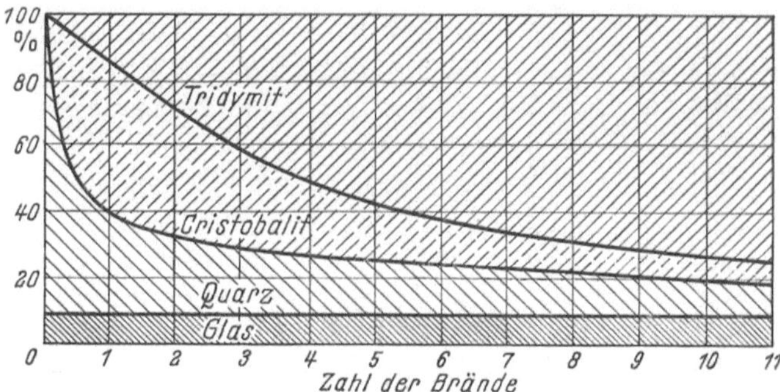

Abb. 208. Änderung des Mineralbestandes eines Silikasteines bei wiederholtem Brennen (nach W. HUGILL u. W. J. REES)

homogen erscheinende Substanz erweist sich im Phasenkontrast bei 1000facher Vergrößerung als feinstkristallin und besteht überwiegend aus fehlgeordnetem Tridymit, der unter dem Einfluß der im Bindemittel vorhandenen Fremdsubstanzen ohne Beteiligung von Schmelzphase entstanden ist und daher keine Möglichkeit zum Weiterwachsen gehabt hat. Selbst wenn Teile des Feinmehles geschmolzen und später glasförmig erstarrt sind, müßten sie bei der Abkühlung infolge hoher Kristallisationsgeschwindigkeit im Gebiet des Cristobalit-Anorthit-

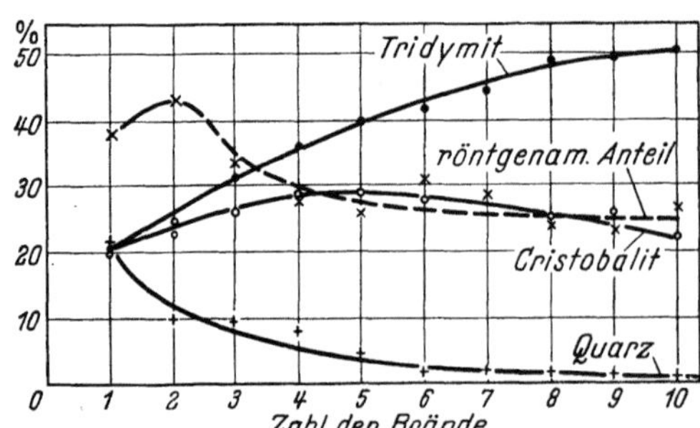

Abb. 209. Änderung des Mineralbestandes eines Silikasteines bei wiederholtem Brennen
(nach H. STOLLENWERK)

Wollastonit-Eutektikums entglast werden. Das Fehlen der Glasphase erklärt die ungewöhnlich hohe Kerbfestigkeit von Silikasteinen (vgl. Abschn. 1.81).

2.44 Verhalten bei Schlackenangriff

Unter dem Einfluß von *Alkalien* in schmelzflüssigem oder gasförmigem Zustand lösen sich die feinsten Anteile eines Silikasteines in den meisten Fällen langsam auf. Nach F. HARTMANN [20] wird ein Silikastein bei etwa 8 tägiger Einwirkung vom Dampf geschmolzener Soda, die sich in einem auf 1000 bis 1100° C erhitzten Ofen befindet, zu etwa $^1/_3$ des Volumens aufgelöst und der verbleibende Steinanteil stark angefressen. Ein dem Sodadampf 4 Std. lang bei 1200° C ausgesetzter Stein enthielt nur noch feinste Reste an Quarz, die Umwandlung in Tridymit war erwartungsgemäß vollständig abgelaufen. Die feine Grundmasse hatte sich durch Alkaliaufnahme gelbbraun gefärbt, während die Quarzkörner nur eine gelbliche Umrandung zeigten.

Ein Silikastab von 25×25 mm Querschnitt, der etwa 1 Std. bei 1250° C in geschmolzener Soda hing, verlor einen Teil seines unteren Endes und wurde seitlich stark korrodiert (Probe 1 in Abb. 210). Auch oberhalb der sehr dünnflüssigen Schmelze wurde er durch die verdampfende Soda stark angegriffen und infiltriert.

Ein anderer Versuchsstab aus demselben Stein wurde 20 Std. lang bei 1200° C der Einwirkung von Natriumsulfat ausgesetzt. Auch dabei trat starke Korrosion auf, vor allem bildete sich in Höhe des Schmelzspiegels eine scharfe Abschnürung (Probe 2 in Abb. 210). Das geschmolzene Natriumsulfat drang ebenfalls ins Steininnere ein und löste gleichmäßig die gröbsten Körner. Der Dampf griff die Oberfläche zwar nur wenig an, infiltrierte aber den Stab und machte ihn brüchig und spröde.

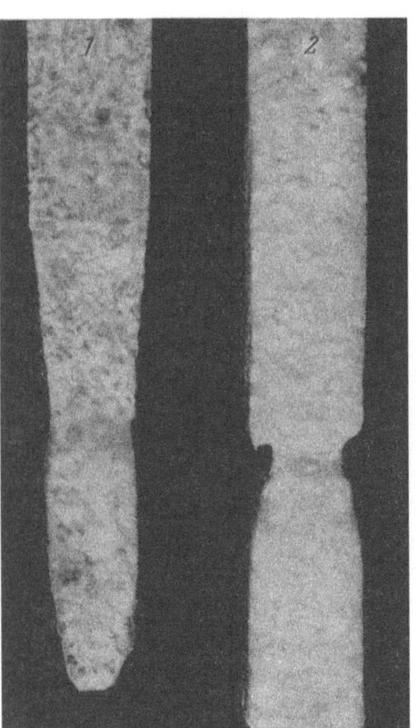

Abb. 210. Angriff geschmolzener Alkalien
auf Silikasteine
1 Silikastab nach 1 stündigem Eintauchen
in geschmolzene Soda bei 1250° C;
2 Silikastab nach 20 stündigem Eintauchen
in geschmolzenes Natriumsulfat bei 1200° C

Geschmolzenes *Glas* greift die Wandungen eines Sandtiegels während einstündigen Glühens bei 1400° C kaum an. Ein in einen Glasfluß getauchter Silikastab wird in Übereinstimmung damit nicht korrodiert, er nimmt an Gewicht und Volumen um etwa 2% zu (Abb. 211). Dies Verhalten ist darauf zurückzuführen, daß Alkalisilikatschmelzen im Gegensatz zu den Karbonaten und Sulfaten nur schwach dissoziiert und daher reaktionsträge sind [21].

Auch gegen *Kohlen-* und *Koksaschen* besitzen Silikasteine eine gute Widerstandsfähgkeit. Im Aufstreuversuch (vgl. Abschn. 1.94) bei 1400° C ist unter der Einwirkung der Aschen kein meßbarer Gewichts- und Volumenverlust festzustellen (Abb. 212a). Diese Aschen haben einen sauren Charakter und erhöhen ihre Viskosität durch Auflösen von SiO_2 aus dem Silikastein, so daß sich eine Schutzschicht gegen weiteren Angriff bildet.

Bei den sehr hohen Temperaturen im Siemens-Martin-Ofen ist der Silikastein ständig dem Angriff des festen *Flugstaubes*, auch gelegentlich durch Spritzer dem der *Ofenschlacke* ausgesetzt. Von den basischen Bestandteilen des Flugstaubes und der Schlacke wirkt der Kalk am stärksten korrodierend, Manganoxyd weniger stark und Eisenoxyd relativ am schwächsten. Bei Verschlackungsversuchen bei 1500° C wurden die Probekörper durch Kalk völlig zerstört (100% Volumen- und Gewichtsverlust, s. Tab. 51), MnO rief einen starken Volumen- und Gewichtsverlust hervor, Fe_2O_3 einen merklichen Volumenverlust, aber auch eine auf starke Infiltration hindeutende Gewichtszunahme.

Der starke Angriff reinen Kalkes ist dadurch zu erklären, daß bei dem hohen Kalkangebot die Entstehung

Abb. 211. Angriff von Glasschmelzen auf Silikasteine bei 1400° C, Silikastab nach $^1/_2$stündigem Eintauchen in geschmolzenes Glas

a

b

c

Abb. 212 a bis c
Verschlackungsversuche an Silikasteinen nach dem Aufstreuverfahren
a) Mit Kohlen- und Koksasche;
b) mit SM-Ofenstaub;
c) mit SM-Ofenschlacke

dünnflüssiger eutektischer Schmelzen außerhalb der Mischungslücke möglich ist (Abb. 122, S. 184). Für MnO gilt prinzipiell das gleiche, Fe_2O_3 greift dagegen nur wenig an, weil sich der Spinell Fe_3O_4 (Magnetit) bildet, der keinen basischen

Tabelle 51. *Verschlackung von Silikasteinen durch CaO, MnO und Fe_2O_3 bei 1500° C nach dem Aufstreuverfahren*

Verschlackungsmaterial	Gewichtsänderung	Volumenänderung
CaO	−100%	−100%
MnO	− 23%	− 20%
Fe_2O_3	+4 bis 5%	− 17%

Charakter besitzt und nur eine geringe Fayalitbildung zuläßt (vgl. Abschn. 2.15). Ein SM-Ofenstaub mit der Zusammensetzung

SiO_2 %	$Al_2O_3 + TiO_2$ %	Fe_2O_3 %	MnO %	CaO %	MgO %	P %	S %	Glühverl. %
11,20	1,94	57,20	3,11	4,99	0,77	0,30	4,76	10,33

ruft bei 1450° C eine Gewichtszunahme von 10% und einen Volumenverlust von nur 4% hervor (Abb. 212b), weil Eisenoxyd den Hauptbestandteil bildet, CaO und MnO daneben nur in geringer Konzentration auftreten.

Im Verschlackungsversuch mit kalkreicherer SM-Ofenschlacke bei 1450° C traten dagegen Gewichtsverluste zwischen 7 und 25% und Volumenverluste in Höhe von 10 bis 35% ein (Abb. 212c). Beim Tiegelverfahren ergeben sich durch den Angriff von Siemens-Martin-Schlacken auf Silikasteine niedrige Löslichkeitszahlen von 0,3 Vol.-% an aufwärts und hohe Tränkungszahlen von 3 bis 7% (Abb. 213).

Über die Widerstandsfähigkeit von Silikasteinen gegen schmelzflüssige *Metalle* ist bisher wenig bekannt geworden. Den Dämpfen und Schmelzen der *Metalle* Kadmium, Zink und Zinn widerstehen sie gut. Durch Kupfer wird der Stein

Abb. 213. Verschlackungsversuch an Silikasteinen nach dem Tiegelverfahren mit SM-Ofenschlacke
Tränkungszahl: 7,2 Vol.-%,   Löslichkeitszahl: 0,30 Vol.-%

beim Aufstreuverfahren kaum korrodiert. Flüssiges Eisen kann den Silikastein durch Reduktion der Kieselsäure unter Bildung von FeO angreifen (vgl. Abschn. 3.551). In geringer Konzentration ist das Eisen wegen der Mischungslücke mit SiO_2 unschädlich, in größeren Mengen kann es stark zerstörend wirken, besonders wenn die Bildung von Fe_3O_4 durch Gegenwart metallischen Eisens verhindert wird.

2.45 Silikamörtel

Über die zweckmäßigen Eigenschaften von Silikamörteln herrschen verschiedene Auffassungen [22], die zu folgenden divergierenden Forderungen führen:

Der Mörtel soll

1. entweder unter dem Einfluß der Ofentemperatur zu einer festen Schicht zusammensintern, ohne die Steine zu verkitten, oder

2. die Steine an der heißen Seite fest verkitten, damit die Fugen dicht werden, und an der kalten Seite nur abbinden bzw. sintern, oder

3. nur so wenig binden, daß er nicht zerrieselt und die Steine gerade in ihrer Lage hält.

In jedem Fall soll verhindert werden, daß sich feste monolithische Schalen bilden, welche die Bewegungsfähigkeit der Steine gegeneinander behindern, wenn sich diese infolge der Temperatureinwirkung ungleichmäßig ausdehnen. Es können dann leicht Risse und Abplatzungen entstehen [23].

Mörtel nach der ersten Auffassung werden aus Silbersand, gemahlenem Quarz, Silikasteinmehl oder feinkörnigem Klebsand hergestellt. Ein Mörtel aus Silbersand, Quarzitmehl oder Silikamehl [24] wird vielfach tonhaltigen Klebsanden vorgezogen. Nach dem Anrühren mit Wasser haben diese Stoffe mit Ausnahme des Klebsandes kein Bindevermögen, daher müssen ihnen anorganische Bindemittel wie Ton oder Weißkalk zugesetzt werden. Niedrigschmelzende Stoffe, besonders Soda und Wasserglas, sind ungeeignet. Organische Kolloide, z. B. Tragant, Leim, Dextrin oder Moosschleime, binden nur, solange sie noch wasserhaltig sind. Ähnlich verhält sich die Sulfitablauge. Man wendet sie an, wenn ein feuchter, magerer Mörtel gut haftend und verstreichfähig gemacht werden soll. Neuerdings ist der Zusatz von 3 bis 10% Bentonit mehrfach empfohlen worden, um einen gut vergießbaren und leicht verstreichbaren Mörtel zu bekommen.

Gute Verkittung des Mörtels an der Feuerseite im Sinne der zweiten Auffassung kann durch einen größeren Zusatz von Ton, Weißkalk oder Wasserglas erreicht werden. Ebenso sind Mischungen der 3 Stoffe untereinander oder Gemenge von Ton, Graphit und Zement in den verschiedensten Mengenverhältnissen und Zusammenstellungen anzutreffen. Bei ihrer Verwendung ist Vorsicht geboten; schon durch geringe Schwankungen in der Zusammensetzung können ihre Sinter- und Schmelztemperaturen stark herabgesetzt oder Reaktionen zwischen dem Mörtel und den Steinen ausgelöst werden, die dann den Silikastein schnell zerstören. Nur Mörtelsorten, die bei der Reaktion zwischen Flugstaub und Silikastein strengflüssige und hochschmelzende Verbindungen geben, sollten verwandt werden.

Zur Herstellung eines Mörtels nach der zweiten Auffassung wurde u. a. vorgeschlagen [22], reinen Silbersand mit 10 bis 20% Walzsinter oder Hammerschlag zu versetzen, das erhaltene Gemisch vorzusintern und zu mahlen. Ein nur aus 86% Silbersand und 14% Eisenoxyduloxyd bestehender Mörtel sintert bei rund 1200° C und schmilzt bei etwa 1700° C. Trotz des frühen Sinterbeginns ist er nach Glühversuchen bei 1600° C noch von körniger Beschaffenheit und

Tabelle 52. *Chemische Zusammensetzung und physikalische Eigenschaften von Silikamörteln*

	Chemische Zusammensetzung					Druckfeuer-beständigkeit		Siebanalyse							Feuer-festigkeit
	SiO$_2$ %	Al$_2$O$_3$ + TiO$_2$ %	Fe$_2$O$_3$ %	CaO %	MgO %	ta	te	2–3 mm %	1–2 mm %	0,5–1 mm %	0,25–0,5 mm %	0,12–0,25 mm %	0,06–0,12 mm %	<0,06 mm %	SK
1	94,44	3,84	0,88	0,05	Spur	1560	—	—	0,2	0,7	3,4	26,1	33,4	36,2	34
2	92,89	4,85	1,39	—	—	1560	—	1,5	5,0	2,3	2,0	11,1	16,1	62,0	32
3	92,90	5,14	1,46	0,07	Spur	1550	—	—	0,7	14,8	35,8	31,4	14,3	3,0	30
4	92,72	5,27	1,20	0,21	Spur	1550	—	0,2	4,6	3,1	2,0	11,5	15,9	62,7	29
5	90,99	7,70	0,61	0,18	0,18	1460	1600	0,7	1,0	4,2	36,6	17,0	6,5	34,0	—
6	91,26	8,13	0,36	0,22	Spur	1540	1620	—	—	—	—	—	—	—	33/34
7	84,73	9,27	—	—	—	1360	1410	0,5	0,5	1,8	17,0	31,0	11,5	37,7	29/30
8	89,72	9,27	0,46	0,19	0,06	1460	1610	—	—	—	—	—	—	—	—
9	78,41	14,20	—	—	—	1460	1520	0,4	0,4	1,2	12,6	30,5	15,0	39,9	32

widerstandsfähig gegen Abrieb sowie dicht und fest. Durch Zusatz von Blauton oder Lehm wird die Sintertemperatur herauf- und die Schmelztemperatur nur wenig herabgesetzt.

Mörtel nach der dritten Auffassung bestehen nur aus Silikasteinmehl oder gemahlenem Quarzit ohne anorganische Bindemittel. Sie werden gelegentlich unter Zusatz von etwas Sulfitablauge mit Wasser angemacht, um einen streichbaren, sich nicht absetzenden Brei zu erhalten. Ihr Schmelzpunkt liegt ebenso hoch wie derjenige der Steine. Zur Erhöhung der Feuerfestigkeit kann man den flußmittelreichen Feinstanteil absieben und das Restmaterial nachmahlen. Da diese Mörtelsorten im Betrieb wenig dicht werden, können die Steine sich ausdehnen oder zusammenziehen, ohne daß Risse oder Pressungen entstehen. An der Innenseite kann der Flugstaub eindringen und mit der Kieselsäure des Mörtels reagieren. Da der Mörtel aber keine Tonerde, Kalk oder Alkalien enthält, wird der Schmelzpunkt bei diesen Umsetzungen nur wenig herabgesetzt.

Von der Forderung nach einer möglichst hohen Dichte, wie sie in den beiden ersten Auffassungen vertreten sind, dürfte kaum abgegangen werden. Auch ein dichter Mörtel ist nach dem Trocknen, Sintern und Zusammenbacken immer noch viel poröser als die gebrannten Steine. Um die bei Temperaturänderung durch Ausdehnung und Kontraktion der Steine entstehenden Bewegungen unschädlich zu machen, schlägt L. Litinsky [25] die Verwendung von Mörteln vor, deren *Ausdehnungskoeffizient sich ganz genau demjenigen der Steine anpaßt.* Diese Forderung wird aber technisch wegen der verschiedenen Porosität und des unterschiedlichen Umwandlungszustandes der Kieselsäure im Stein und im Mörtel kaum zu erfüllen sein.

Dichte Fugen entstehen nur, wenn der Mörtel beim Erhitzen auf hohe Temperaturen etwas wächst. In der Hitze nachschwindende Mörtel sind ungeeignet.

Die Korngröße der Mörtel darf nur unwesentlich über 0,5 mm hinausgehen. Sie sollen beträchtliche Feinstanteile unter 0,12 mm enthalten. Ihre Druckfeuerbeständigkeit richtet sich nach dem speziellen Verwendungszweck. Analysen und physikalische Eigenschaften einiger Silikamörtel sind in Tab. 52 zusammengestellt.

Die Bestrebungen, Silikasteine für die Gewölbe im SM-Ofen in ihren Eigenschaften zu verbessern, bringen auch erhöhte Anforderungen an den Mörtel mit sich. Segerkegel-Fall-Punkt, Sinterungsbeginn und Druckfeuerbeständigkeit des Mörtels müssen gesteigert werden [26]. Um diesen Forderungen nachzukommen, werden neuerdings auch Zirkonsilikatmörtel im SM-Ofen-Gewölbe verwandt.

Schrifttum

[1] LUX, E., u. O. KRAUSE: Tonind.-Ztg. Bd. 55 (1931) S. 1405

[2] MEMMONOVA, T. V., u. L. M. ZILBERFARB: Ogneupory Bd. 5 (1937) S. 613/15

[3] PHELPS, S. M., u. R. W. LIMES: J. Amer. ceram. Soc. Bd. 26 (1943) S. 378. — TROSTEL, L. J.: J. Amer. ceram. Soc. Bd. 26 (1943) S. 368

[4] CHESTERS, J. H.: Steelplant Refractories, S. 57. Sheffield 1946

[5] Glückauf Bd. 90 (1954) S. 127/29; DIN 1089 (1956)

[6] Bericht Nr. 396 des Stahlwerksaussch. d. VDEh (1943)

[7] Bericht Nr. 414 des Stahlwerksaussch. d. VDEh (1943)

[7a] Stahl und Eisen, Bd. 78 (1958) S. 1754/55

[8] REES, W. J.: Trans. Brit. ceram. Soc. Bd. 24 (1925) S. 62 u. Bd. 25 (1926) S. 150; vgl. auch MIEHR, W., J. KRATZERT u. H. IMMKE: Tonind.-Ztg. Bd. 52 (1928) S. 56

[9] FROMM, F.: Arch. Eisenhüttenwes. Bd. 7 (1934) S. 381/89

[10] MACKENZIE, J.: Trans. Brit. ceram. Soc. Bd. 51 (1952) S. 139

[11] HARVEY, F. A., u. R. E. BIRCH: US-Pat. 2351204, Pittsburgh: Harbison-Walker Refractories Comp.

[12] SINGER, F.: Iron Coal Trades Rev. Bd. 17 (1948) S. 611

[13] KANZ, A.: Mitt. Forsch.-Inst. Verein. Stahlwerke A.G., Dortmund, 2. Lief. Bd. 5 (1931) S. 89/90

[14] STOLLENWERK, H.: Diss. Aachen 1955

[15] MIEHR, W., J. KRATZERT u. H. IMMKE: Tonind.-Ztg. Bd. 52 (1928) S. 77

[16] HUGILL, W., u. W. J. REES: Trans. Brit. ceram. Soc. Bd. 17 (1918) S. 82 u. Bd. 29 (1930) S. 384

[17] DALE, A. J.: Trans. Brit. ceram. Soc. Bd. 26 (1927) S. 217/30

[18] CROSS: Trans. Brit. ceram. Soc. Bd. 51 (1952) S. 95ff. (Diskussionsbemerkung)

[19] LE CHATELIER, H.: Kieselsäure und Silikate. Leipzig 1920

[19a] FLÖRKE, W.: Ber. DKG. Bd. 34 (1957) S. 343/53

[20] HARTMANN, F.: Stahl u. Eisen Bd. 57 (1937) S. 1017; Ber. DKG. Bd. 19 (1938) S. 370

[21] MULERT, O.: Z. anorg. allg. Chem. Bd. 75 (1912) S. 198. — ROTH, W. A., u. P. CHALL: Z. Elektrochem. Bd. 34 (1928) S. 185

[22] GREWE, H., u. F. HARDERS: Stahl u. Eisen Bd. 69 (1949) S. 378/81

[23] KLINGER, P.: Tonind.-Ztg. Bd. 44 (1920) S. 132

[24] DE VOOGD, J. G.: Het Gas (1935) S. 443/52

[25] LITINSKY, L.: Schamotte u. Silika, S. 253. Leipzig 1925

[26] Weitere Literatur über feuerfeste Mörtel: LAKE, O.: Sands, Clays Minerals Bd. 3 (1936) S. 51/52. — REINHART: Tonind.-Ztg. Bd. 63 (1939) S. 617/19. — CLEWS, F. H., H. BOOTH, H. M. RICHARDSON u. A. T. GREEN: Inst. Gas Engin. Bd. 27, Report, Refr. Mater. Joint Committee, London (1936), S. 20/31 u. 31/33; Bull. Brit. Refr. Res. Assoc. (1936) S. 41ff. — CLEWS, F. H., H. BOOTH u. A. T. GREEN: Inst. Gas Engin. Bd. 25, Report, Refr. Mater. Joint Committee, London (1934) S. 55/64. — CLEWS, F. H., H. BOOTH u. A. T. GREEN: Inst. Gas Engin. Bd. 26, Report, Refr. Mater. Joint Committee, London (1935) S. 69/80

2.5 Beanspruchung an den Verwendungsstellen

2.51 Siemens-Martin-Öfen

Trotz vieler Bestrebungen, den Silikastein im SM-Ofen durch hochwertigere Steine zu ersetzen, wurde er bis jetzt nur teilweise aus diesem, seinem Hauptverwendungsgebiet verdrängt, weil er preiswürdig ist und seine Feuerfestigkeit und Druckfeuerbeständigkeit für die üblichen Gebrauchstemperaturen ausreichen. Der Ofenstaub infiltriert zwar den Stein, jedoch unter Bildung von Schichten, deren SK-Fallpunkte und DFB-Werte nicht wesentlich tiefer liegen als die Werte des ursprünglichen Steines. Die Temperaturwechselbeständigkeit der Silikasteine oberhalb 600 bis 700° C ist außerdem so gut, daß er den während des Ofenganges auftretenden Temperaturschwankungen gewachsen ist.

2.511 Bauart und Zustellung

Siemens-Martin-Öfen können basisch und sauer betrieben werden. Beim basischen Verfahren besteht der Herd aus einer Magnesia- oder Dolomitstampfmasse oder aus Dolomitsteinen, beim sauren folgen über mehreren Schamottesteinschichten einige Lagen Silikasteine und darauf der aus einzelnen aufgeschweißten dünnen Schichten von Quarzsand bestehende eigentliche Herd (Abschn. 2.62).

Der Herdraum der SM-Öfen wird durch Rückwand, Vorderwand (Türen) und Gewölbe abgeschlossen. An den beiden Schmalseiten befinden sich die Brenner, durch welche unten Gas und oben Luft in den Herdraum einströmt. Die vertikal oder schräg angeordneten, als *Züge* bezeichneten Zufuhrkanäle für Gas und Luft aus dem Unterofen enden in den oft auswechselbar ausgeführten *Köpfen*. Der Unterofen enthält an jeder Seite eine größere Luft- und eine kleinere Gaskammer, die mit *Gitterungen* versehen sind. Vor den Gitterkammern befinden sich zum Auffangen mitgerissenen Flug- oder Ofenstaubes sog. *Schlackenkammern*. Das Gas und die Luft strömen an einer Seite in die Gitterkammern, werden dort auf etwa 1200° C vorgewärmt und gelangen durch die Züge zu den Brennern. Nach der Verbrennung im Herdraum werden die heißen Abgase an der anderen Seite abgezogen und durch die dortigen Gas- und Luftkammern geleitet.

Öfen mit Öl- oder Koksgasheizung haben nur Kammern zur Luftvorwärmung. Die Luft- und Gaszuführungen werden bei einigen Konstruktionen, z. B. bei Öfen mit Moll-Köpfen, nicht zusammen in den Brennerkopf verlegt, sondern getrennt in den Ofen geleitet. In Abb. 214 ist als Beispiel ein englischer feststehender, nach dem sauren Verfahren arbeitender 80 t-Ofen und in Abb. 215 ein deutscher 200 t-Kippofen mit basischem Herd sowie wassergekühlten Türen und Köpfen dargestellt. Die Kippvorrichtung dient zur Erleichterung und Verbesserung der Schlackenführung. Tab. 53 und 54 enthalten die zugehörigen Steinlisten. Die Gießrinne, durch die der flüssige Stahl in die Pfanne fließt, hat eine Schamotteauskleidung, die mit einer dicken Schicht Stampfsand oder Dolomit bedeckt wird (vgl. Abschn. 2.62). Das Abstichloch wird beim basischen Verfahren mit einer Dolomit- oder Magnesiamasse, beim sauren mit einem Gemisch von Quarzitsand und etwas feingepulverter SM-Schlacke verschlossen.

Im Hinblick auf die Beanspruchung des Mauerwerkes muß der Flammenführung in den SM-Öfen besondere Aufmerksamkeit gewidmet werden. Die Flammen sollen dicht über das Bad hinstreichen und nicht gegen das Gewölbe

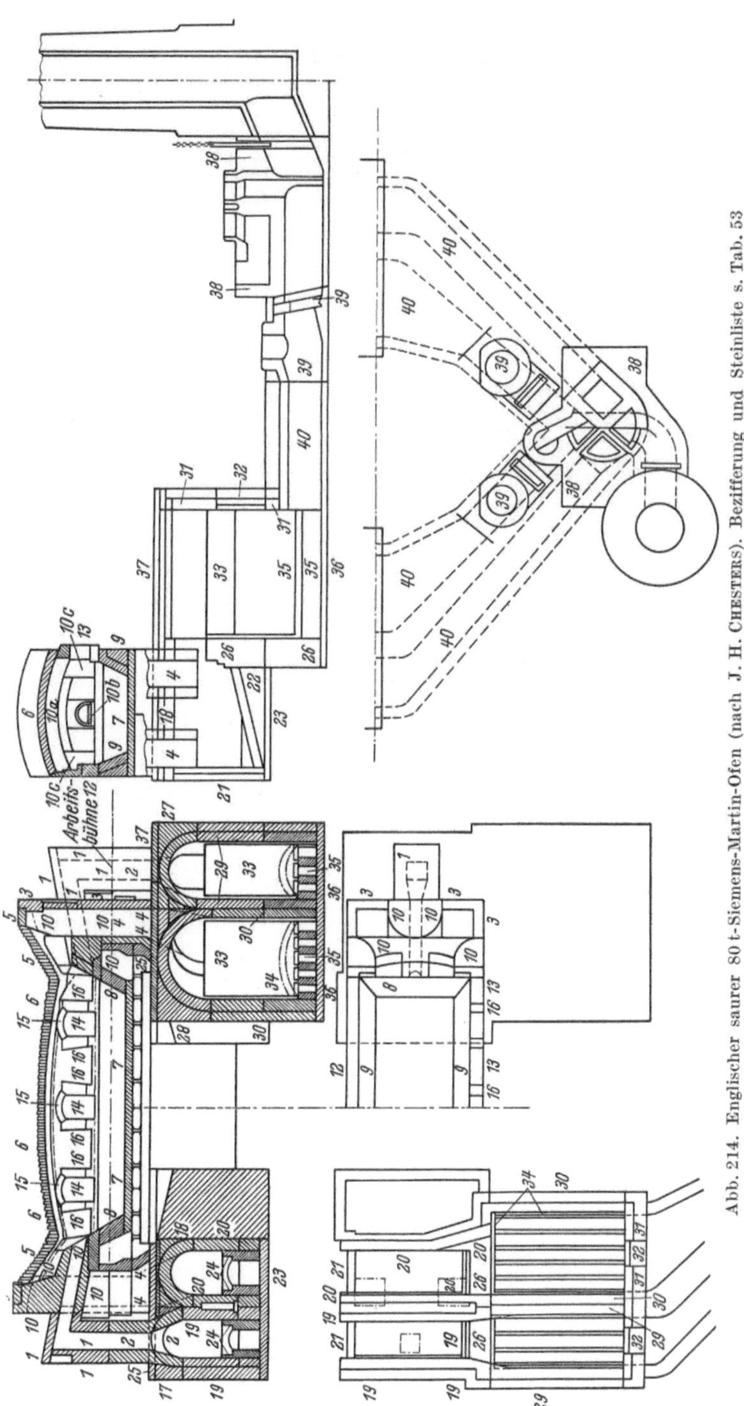

Abb. 214. Englischer saurer 80 t-Siemens-Martin-Ofen (nach J. H. Chesters). Bezifferung und Steinliste s. Tab. 53

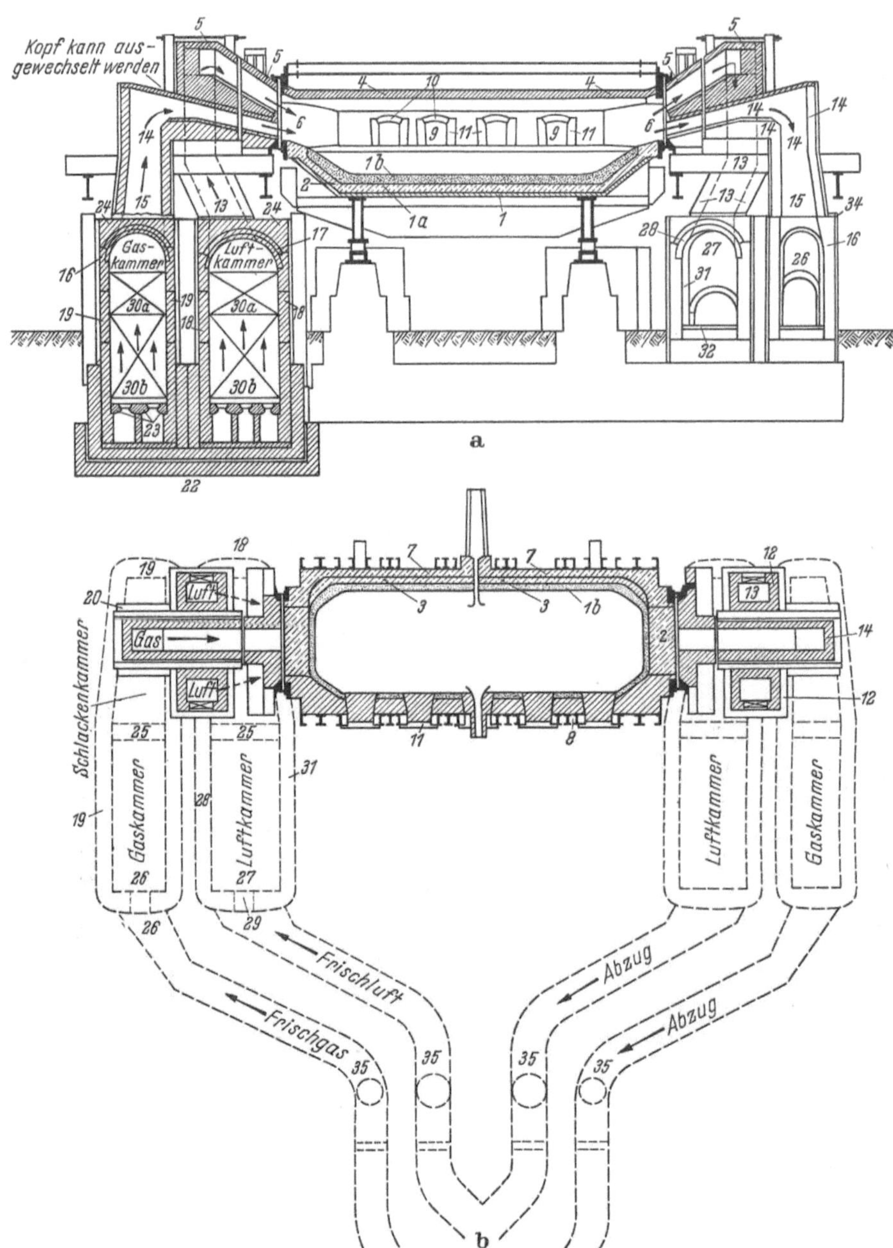

brennen. Die Abgase sollen von den der Brennseite gegenüberliegenden Zügen
möglichst glatt aufgenommen werden.

2.512 Der Ofenstaub

Während des gesamten Schmelzverlaufes führen die Abgase Ofenstaub mit
sich [1]. Er bildet sich bereits bei der Aufgabe von Schrott, festem Stahl oder

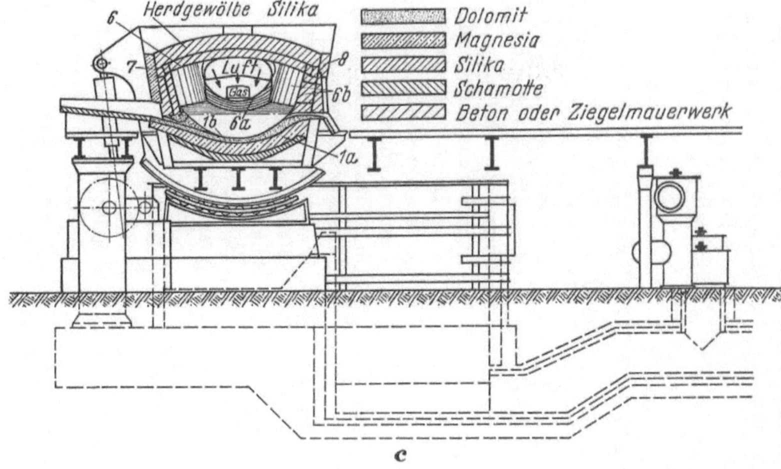

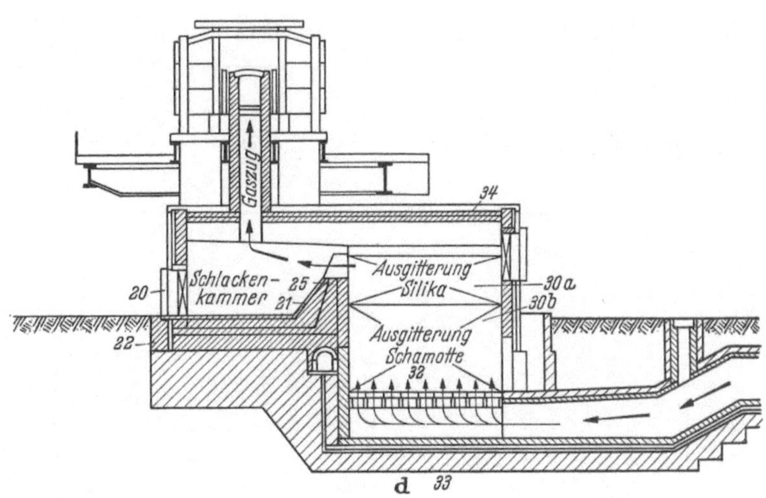

Abb. 215 a bis d. Deutscher 200 t-Kippofen. Bezifferung und Steinliste s. Tab. 54
a) Längsschnitt;   b) Aufsicht;   c) Querschnitt durch die Ofenmitte;   d) Querschnitt durch den Gaszug
und die Gaskammer

Roheisen zusammen mit Kalk und besteht aus verdampfendem Eisenoxyd und
Kalkstaub. Auch beim Einsetzen von flüssigem Roheisen, Stahleisen sowie von
Erz und Kalk enthält der Ofenstaub hauptsächlich Eisenoxyde und Kalk.

Die nach dem Niederschmelzen des Einsatzes und zu Beginn der Kochperiode u. U. zugegebenen Zuschläge sind eine weitere Quelle für Ofenstaub.
Mit der Bildung der Schlacke beginnen deren niedriger schmelzende Bestandteile zu verdampfen. Die leichter als Eisen flüchtigen Metalle und Metalloxyde
(Alkalien, Zinkoxyd usw.) sowie das Schwefeldioxyd setzen sich in den Zügen und
Kammern ab. Während der Kochperiode, in welcher das Bad lebhaft aufbrodelt
und spritzt, wird ein Teil der schäumenden Schlacke und der hochgeschleuderten

Tabelle 53. *Steinliste zum 80 t-Siemens-Martin-Ofen, Abb. 214*

Nr. in der Schnittskizze	Ofenteile	angewandte feuerfeste Baustoffe	Nr. in der Schnittskizze	Ofenteile	angewandte feuerfeste Baustoffe
1	Obere Gaszüge	Silikasteine	25	Kammerabdeckungen	Schamottesteine B II bis B III, Ziegelsteine
2	Gaszüge	Silikasteine			
3	Obere Luftzüge	Silikasteine	26	Zwischenwand zwischen Gitter und Schlackenkammer mit Brücke	Silikasteine
4	Luftzüge	Silikasteine			
5	Kopfabdeckung	Silikasteine			
6	Gewölbe	Silikasteine	27	Gaskammergewölbe	Silikasteine oder Schamottesteine A 0
7	Herdboden / Unterteil des Herdes / Oberlage des Herdes	Silikasteine und Schamottesteine A II / Quarzitsand	28	Luftkammergewölbe	Silikasteine oder Schamottesteine A 0
8	Herdwand, kurze Seite	Silikasteine	29	Gaskammerseitenwände	Oberes Drittel: Silikasteine Unteres Zweidrittel: Quarz-Schamottesteine
9	Herdwand, lange Seite	Silikasteine			
10a	Brennergewölbe	Silikasteine oder Chromsondersteine	30	Luftkammerseitenwände	Oberes Drittel: Silikasteine Unteres Zweidrittel: Quarz-Schamottesteine
10b	Gaszugsohle	Silikasteine oder Chromsondersteine			
10c	Seitenwände des Oberofens (Stirnseite)	Silikasteine	31	Kammervorderwände	Oberes Drittel: Silikasteine Unteres Zweidrittel: Quarz-Schamottesteine
12	Rückwand	Silikasteine, abgekleidet mit Sand	32	Kammeröffnungen	Silikasteine (Altware)
13	Vorderwand	Silikasteine	33	Gittersteine oben:	Silikasteine oder Schamottesteine A 0 bis A I
14	Türen	Schamottesteine A I und A II		unten:	Quarz-Schamottesteine oder Schamottesteine B I bis B II
15	Türbögen	Silikasteine			
16	Türrahmen	Silikasteine			
17	Gaskammergewölbe	Silikasteine	34	Kammerwände (innen)	Silikasteine
18	Luftkammergewölbe	Silikasteine	35	Kammertragsteine	Schamottesteine A II bis A III
19	Gaskammerwände	Silikasteine			
20	Luftkammerwände	Silikasteine	36	Kammerböden	Schamottesteine A II bis A III
21	Kammeröffnung	Silikasteine			
22	Schlackenabläufe	Silikasteine	37	Kammerdeckenauflage	Ziegelsteine
23	Kammersohle	Silikasteine	40	Gas- und Abgaskanäle	Schamottesteine A II bis A III
24	Schlackenkammerwände und Bögen	Silikasteine			

Tabelle 54. *Steinliste zum 200 t-Kippofen, Abb. 215*

Nr. in der Schnittskizze	Ofenteile	angewandte feuerfeste Baustoffe	Nr. in der Schnittskizze	Ofenteile	angewandte feuerfeste Baustoffe
1	Herdboden	Schamottesteine	20	Kammeröffnung	Silikasteine
1a	Unterteil des Herdes	Magnesia	21	Schlackenabläufe	Silikasteine
1b	Oberlage des Herdes	Dolomit	22	Kammersohle	Silikasteine
2	Herdwand, kurze Seite	Magnesia	23	Schlackenkammerwände und Bögen	Silikasteine
3	Herdwand, lange Seite	Magnesia			
4	Gewölbe	Silikasteine	24	Kammerabdeckungen	Schamottesteine B II bis B III, Ziegelsteine
5	Kopfabdeckung	Silikasteine			
6	Brennergewölbe	Silikasteine oder Chrommagnesitsteine	25	Zwischenwand zwischen Gitter und Schlackenkammer mit Brücke	Silikasteine
6a	Gaszugsohle	Silikasteine			
6b	Seitenwände des Oberofens (Stirnseite)	Silikasteine	26	Gasschlackenkammer	Oberes Drittel: Silikasteine Unteres Zweidrittel: Schamottesteine
7	Rückwand	Magnesia oder Teerdolomit			
8	Vorderwand	Silikasteine oder Chrommagnesia oder Serpex	27	Luftschlackenkammer	Oberes Drittel: Silikasteine Unteres Zweidrittel: Schamottesteine
9	Türen	Silikasteine			
10	Türbögen	Silikasteine	28	Kammervorderwände	Oberes Drittel: Silikasteine Unteres Zweidrittel: Schamottesteine
11	Türrahmen	Silikasteine			
12	Obere Luftzüge	Silikasteine			
13	Luftzüge	Silikasteine	29	Kammeröffnungen	Silikasteine
14	Obere Gaszüge	Silikasteine	30a	Gittersteine oben	Silikasteine
15	Gaszüge	Silikasteine	30b	Gittersteine unten	Schamottesteine
16	Gaskammergewölbe	Silikasteine oder Schamottesteine A	31	Kammerwände innen	Silikasteine
			32	Kammertragsteine	Schamottesteine
17	Luftkammergewölbe	Silikasteine oder Schamottesteine A	33	Kammerböden	Beton
			34	Kammerdeckenauflage	Schamottesteine B III
18	Luftkammerwände	Silikasteine	35	Gas- und Abgaskanäle	Schamottesteine A II bis A III
19	Gaskammerwände	Silikasteine			

Tabelle 55. *Analysen von Flugstaubablagerungen in Siemens-Martin-Öfen* (7 bis 10 nach B. M. LARSEN u. Mitarb.)

Nr.	Ort	SiO_2 %	$Al_2O_3 + TiO_2$ %	Fe_2O_3 %	FeO %	MnO %	CaO %	MgO %	PbO %	ZnO %	K_2O %	Na_2O %	SnO_2 %	SO_3 %	P_2O_5 %
	Ofenstaubablagerungen														
1	in den Abgaszügen	11,20	1,94	57,10	—	3,11	4,99	0,77	n.b.	n.b.	—	—	—	11,89	0,69
2	im Luftkanal	1,1	0,6	13,1	—	1,0	2,5	0,9	0,2	30,0	3,9	2,2	0,6	12,7[1]	0,3[3]
3	im Gaskanal	3,1	2,1	14,8	—	0,8	3,0	1,6	12,9	24,4	3,5	1,8	0,4	8,3	0,5
4	auf der Luftkammer-gitterung, oberste Lage .	61,5	5,7	8,3[2]	—	0,5	6,4	5,7	—	1,7	0,9	1,0	0,1	—	0,1
5	im Hauptkanal	1,5	0,9	16,0	—	0,8	3,6	1,3	5,1	28,2	0,3	0,5	0,4	11,8	0,4
6	am Kamin	2,4	1,5	18,1	—	0,9	3,7	1,0	6,2	25,1	3,7	2,2	0,5	10,8	0,5
7	in den Luftkammern	0,9	3,0[4]	88,3	0,4	0,48	2,4	1,5	0,0	0,66	—	—	—	2,4	—
8	in dem Gewölbe der Luftkammern	4,92	5,3	77,3	—	1,11	4,2	0,84	0,38	4,7	—	—	—	0,28	—
9	in den Gaskammern	4,5	4,8	70,3	0,9	1,04	8,6	5,0	0,0	0,23	—	—	—	3,7	—
10	in den Gaskammern	13,1	7,1	69,4	2,8	1,48	7,2	2,6	0,0	0,46	—	—	—	0,0	—

[1] S ges. [2] Fe ges. [3] P. [4] Al_2O_3.

Badspritzer vom Abgasstrom mitgerissen. Wenn das Bad ruhiger wird, ist der Anfall an Ofenstaub geringer.

In Tab. 55 ist die Zusammensetzung eines durch die Abgaszüge gehenden Staubes (Nr. 1) sowie von Stäuben aus Luft- und Gaskammern wiedergegeben. Von einigen Ausnahmen abgesehen, bilden Eisenoxyde den Hauptbestandteil, daneben finden sich in wechselnden Mengen aus dem Schrott stammende Schwermetalloxyde ZnO und PbO, ferner Kieselsäure. Die Gehalte an Kalk und Alkalien sind geringer, bemerkenswert hoch ist dagegen der Schwefelgehalt.

Beim sauren Verfahren bilden sich die Ofenstäube in ähnlicher Weise wie beim basischen, nur fehlt der Kalkanteil. Nach dem Niederschmelzen des Einsatzes wird an Stelle von Kalk Sand auf das sich soeben gebildete Bad geworfen.

Der heiße Ofenstaub ist die Hauptursache für den Verschleiß der Steine im SM-Ofen.

2.513 Das Gewölbe

Das den Herdraum des SM-Ofens nach oben abschließende Silikagewölbe besteht entweder aus einfachen, glatten Wölbsteinen oder wird als Rippengewölbe mit wechselndem Verhältnis der Rippenbreite zur Breite der dazwischenliegenden Gewölbefurchen ausgebildet. Die senkrecht zur Längsrichtung des Ofens verlaufenden Rippen sollen das Gewölbe versteifen, vor allem, wenn bereits ein Teil der Gewölbesteine abgeschmolzen ist, und durch ihre große Oberfläche eine bessere Kühlung hervorrufen (Abb. 216).

Um örtliches Ausknicken zu vermeiden, schlug C. KREUTZER [2] vor, die zwischen den Querrippen liegenden Gewölbefurchen durch Einziehen

von Längsrippen zu unterteilen, so daß einzelne *Gewölbekästen* entstehen
(Abb. 217). Bei Kastengewölben kann man stark verschlissene Gewölbeteile
durch Nachsetzsteine verstär-
ken. Sie werden mit einer als
trockenes Pulver unter die
Steine und in die Fugen ge-
streuten Sintermasse verlegt
und verschweißen fest mit
dem ursprünglichen Gewölbe.

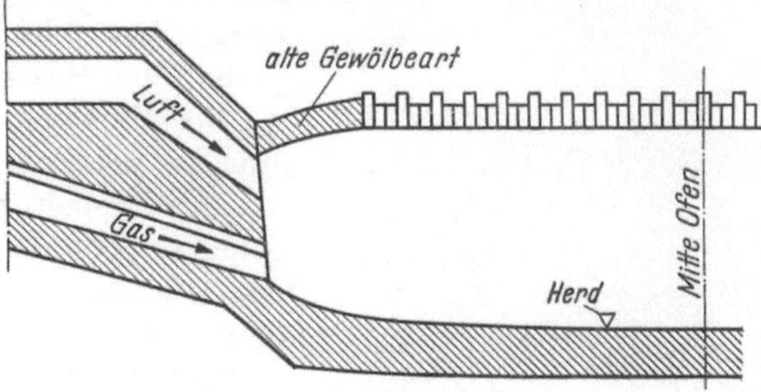

   Zum Vermauern dienen
hochwertige Mörtel. Bei trok-
kener, mörtelfreier Verlegung
kann das Gewölbe durch
die Wärmeausdehnung örtlich

Abb. 216
Silika-Rippengewölbe eines Siemens-Martin-Ofens, Längsschnitt

unter Spannungen geraten und abplatzen.

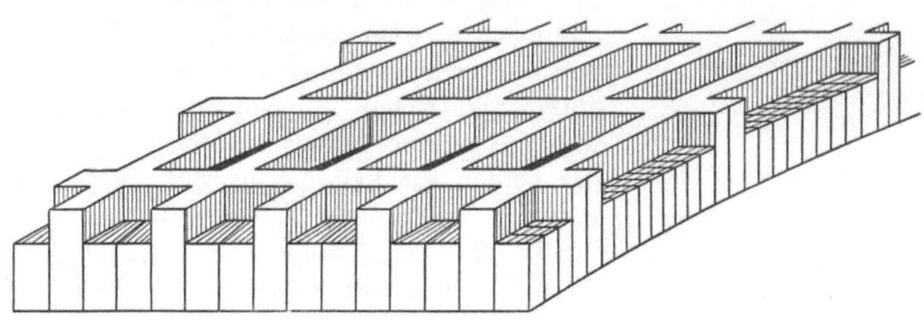

Abb. 217. Kastengewölbe für Siemens-Martin-Öfen (nach C. KREUTZER)

2.514 Zonenbildung im Gewölbe

Durch Infiltration des Ofenstaubes wird die Unterseite des Gewölbes fast
monolithisch verschweißt und reflektiert dann die Wärmestrahlen besser als
im unverschlackten Zustand (vgl. Abschn. 1.54). Im Normalfall können am
ausgebauten Gewölbestein 4 Zonen festgestellt werden [3, 4, 5] (Abb. 218, s. auch
Abb. 100), nämlich

A eine an der Ofenseite liegende graue Zone,
B mit scharfer Grenze daran anschließend eine schwarze Zone,
C eine Übergangszone, die von Schwarz über Rot in Gelb übergeht,
D der unveränderte Stein.

Die graue Zone besitzt an der Feuerseite einen geschmolzenen, nur wenige mm
dicken Überzug, von dem aus an einzelnen Stellen tiefe, ausgeschmolzene Kanäle
unter Umständen bis in die 3. Zone hineinreichen (Lochfraß) (Abb. 218).
   In Tab. 56 sind die Zonenanalysen einiger verschlackter Gewölbesteine aufgeführt, in Abb. 219 die chemischen Änderungen des Steines bei der Verschlak-
kung graphisch dargestellt. Danach ist der *Eisenoxydgehalt* in den Zonen *A* bis *C*
gegenüber demjenigen in der unveränderten Zone *D* angestiegen mit einem
deutlichen Maximum in der Zone *B*. Der überwiegende Teil des Eisenoxydes
befindet sich im 3 wertigen Zustand. Nicht immer jedoch enthält die Zone *B*

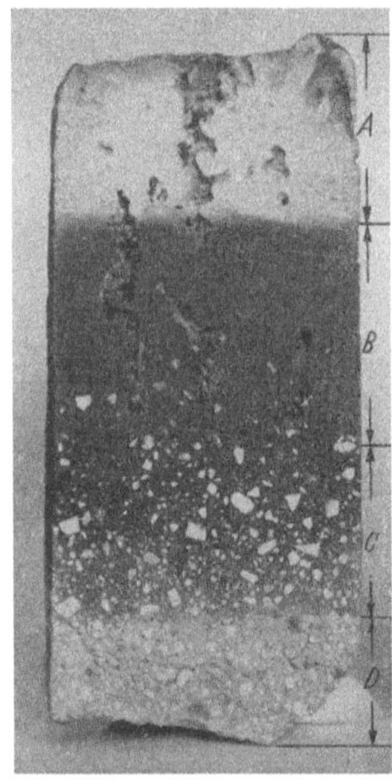

Abb. 218. Gebrauchter Silika-Gewölbestein aus einem Siemens-Martin-Ofen mit Zonenbildung
A Cristobalitzone (grau); *B* Tridymitzone (schwarz); *C* Übergangszone (rotgelb); *D* unveränderter Stein

die meisten Eisenoxyde. J. H. Chesters [3] führt Beispiele an, in denen das Maximum des Eisenoxydgehaltes in die Zone *A* verschoben ist. Derartige Abweichungen sind durch die Betriebsverhältnisse bedingt [6].

Der *Kalkgehalt* ist in der Zone *A* am niedrigsten, in der Zone *C* durchläuft er ein Maximum, das den doppelten bis 3fachen Wert des Ausgangsgehaltes (Zone *D*) erreicht. Eine Kalkzufuhr aus dem Ofenstaub kann also nicht nachgewiesen, sondern nur vermutet werden.

Gleichlaufend mit dem Kalk ändert sich auch der Gehalt an *Tonerde*. Die Zone *A* ist daran gegenüber dem unverschlackten Stein verarmt, die Maximalwerte in Zone *C* liegen ebenfalls doppelt bis 3mal so hoch wie in Zone *D*. Es ist daher damit zu rechnen, daß bereits unter reiner Temperatureinwirkung niedrig viskose Schmelzen kalkalumosilikatischer Zusammensetzung — unabhängig von einer Materialzufuhr von außen — von der heißen zur kalten Seite des Steines wandern und erst bei tieferer Temperatur fest werden als die in *B* oder *A* angereicherten, nur bei Eisenoxydzufuhr von außen entstehenden eisensilikatischen Schmelzen.

K. Konopicky [7, 8] hat die Wanderungen eutektischer Schmelzen aus CaO, Al_2O_3 und SiO_2 in Silikasteinen unter dem alleinigen Einfluß eines Temperatur-

Tabelle 56. *Zonenanalysen von 4 SM-Gewölbesteinen* (1 bis 3 aus einem basisch betriebenen, 4 aus einem sauren SM-Ofen, 2 bis 4 nach B. M. Larsen u. Mitarb.)

		SiO_2 %	Fe_2O_3 %	FeO %	$Al_2O_3 + TiO_2$ %	CaO %	MgO %	MnO %	Gesamt %
Stein 1	Zone A	91,01	4,84	—	0,79	2,21	0,46	—	99,31
	Zone B	84,94	6,98	—	1,74	4,45	0,57	—	98,68
	Zone C	86,85	3,41	—	2,23	6,17	0,44	—	99,10
	Zone D	94,23	0,72	—	1,27	2,91	0,25	—	99,38
Stein 2	Zone A	86,3	6,5	5,1	0,8	0,8	0,6	0,4	100,5
	Zone B	81,9	7,5	6,4	1,7	2,0	0,4	0,3	100,2
	Zone C	87,0	3,5	2,0	2,0	5,1	0,3	0,1	100,0
	Zone D	94,6	0,6	1,3	1,0	1,7	0,3	0,04	99,5
Stein 3	Zone A	91,7	3,7	2,7	0,7	0,8	0,18	0,22	100,0
	Zone B	83,2	7,6	3,7	2,7	1,6	0,28	0,34	99,4
	Zone C	87,1	3,4	1,3	4,4	5,4	0,28	0,14	102,0
	Zone D	94,5	1,0	0,5	1,4	1,8	0,30	Spur	99,5
Stein 4	Zone A	85,3	9,0	5,4	0,7	0,14	0,3	0,26	101,1
	Zone B	72,7	17,8	6,7	1,2	0,9	0,3	0,36	100,0
	Zone C	86,4	3,0	2,3	2,2	6,1	0,4	0,13	100,5
	Zone D	94,5	0,3	2,0	1,0	2,4	0,3	0,07	100,6

gefälles bestätigt. Mit Hilfe des Dreistoffsystems $CaO-Al_2O_3-SiO_2$ (Abb. 31, Abschn. 1.333) berechnete er die Verteilung der Flußmittel, die sich in einem Silikastein unter einem Temperaturgefälle von 1600 bis 1100° C einstellen muß,

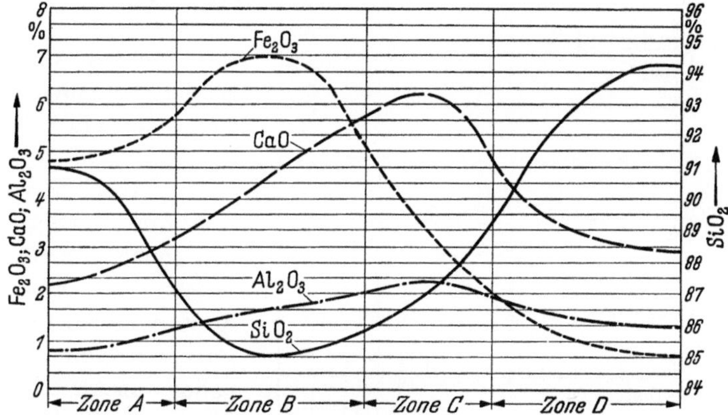

Abb. 219. Änderungen der chemischen Zusammensetzung in den 4 Zonen eines SM-Ofen-Gewölbesteines (Stein 1 aus Tab. 56)

wenn eine Gesamtschmelzmenge von 25% angenommen wird (Abb. 220). Bei Al_2O_3-armen Steinen (Beispiel 1) liegt das CaO-Maximum (a) im Temperaturbereich von 1300 bis 1400° C und das Al_2O_3-Maximum (b) bei ~1200° C. Die Erstarrung der Schmelze beginnt mit einer Ausscheidung von Kalk, bevor das ternäre Eutektikum bei 1165° C erreicht wird. Al_2O_3-reichere Steine (Beispiel 2) zeigen die höchsten Kalkwerte bei 1240° C und die höchsten Tonerdewerte bei 1200° C. In diesem Fall liegt die Schmelzzzusammensetzung nahe dem Eutektikum. Das heiße Ende des Steines wird danach auf jeden Fall stark von Flußmitteln entblößt, was örtliche Erhöhung der Feuerfestigkeit, aber auch der Porosität bedeutet. Letztere begünstigt die Infiltration aus dem Ofenraum zugeführter Flußmittel.

Bei diesen Berechnungen muß die Tatsache berücksichtigt werden, daß sich die Wanderungen und Lösungsvorgänge praktisch nur im Feinkornanteil abspielen, während das

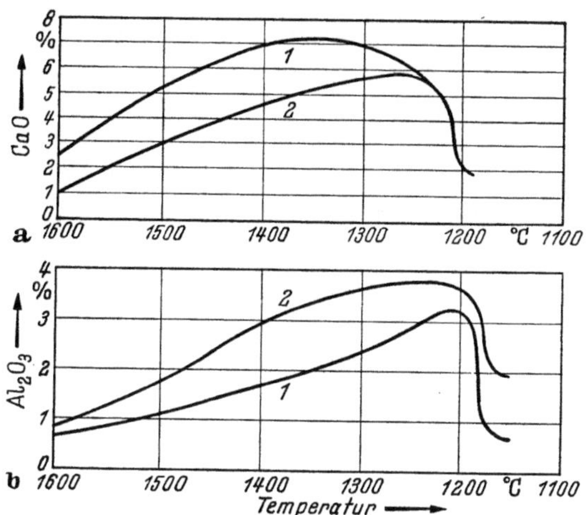

Abb. 220 a u. b. Theoretische Verteilung von Tonerde (b) und Kalk (a) in einem Silikastein bei einem Temperaturgefälle von 1600 bis 1100° C und einer Schmelzmenge von 25% (nach K. KONOPICKY)

1 Tonerdearmer Stein; 2 Tonderereicher Stein

Grobkorn, also etwa 50% des Steines, nicht an den Reaktionen teilnimmt. Im Feinkorn sind auch die Flußmittel angereichert (vgl. Abschn. 2.13); daher muß die prozentuale Gesamtschmelzmenge im Feinkornanteil etwa $1\frac{1}{2}$mal so groß angenommen werden, wie sie bei gleichmäßiger Verteilung der Flußmittel wäre. Die relativen Flußmittelgehalte der einzelnen Temperaturzonen ändern sich jedoch bei einer derartigen Erhöhung der Gesamtschmelzmenge nur unwesentlich gegenüber der Darstellung in Abb. 220.

Ein besseres, mehr ins Detail gehende Bild der Infiltrationsvorgänge erhält man, wenn man nicht die Analysendurchschnitte der äußerlich erkennbaren Zonen A bis D bestimmt, sondern die einzelnen Zonen in mehrere Streifen unterteilt. Dabei erkannte K. KONOPICKY [8], daß Kalk, Tonerde und TiO_2 häufig neben ihrem Höchstwert in der Zone C noch ein meist schwächeres Maximum an der Grenze von Zone A zu B besitzen (Abb. 221). Worauf diese Nebenmaxima zurückzuführen sind, konnte noch

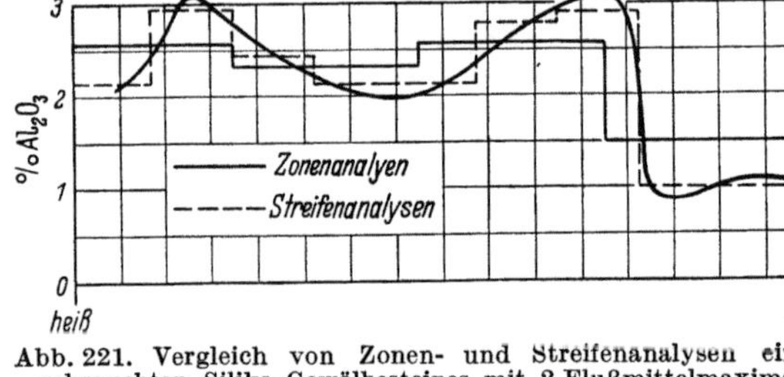

Abb. 221. Vergleich von Zonen- und Streifenanalysen eines gebrauchten Silika-Gewölbesteines mit 2 Flußmittelmaxima (nach K. KONOPICKY)

nicht mit Sicherheit geklärt werden. Empirisch wurde festgestellt, daß Steine mit einem zweiten Al_2O_3-Maximum verstärkt zu *Lochfraß* neigen.

Titansäure verhält sich bei der Flußmittelwanderung im Gewölbestein anders als Tonerde. Sie ist überwiegend gleichmäßig im Stein verteilt, also

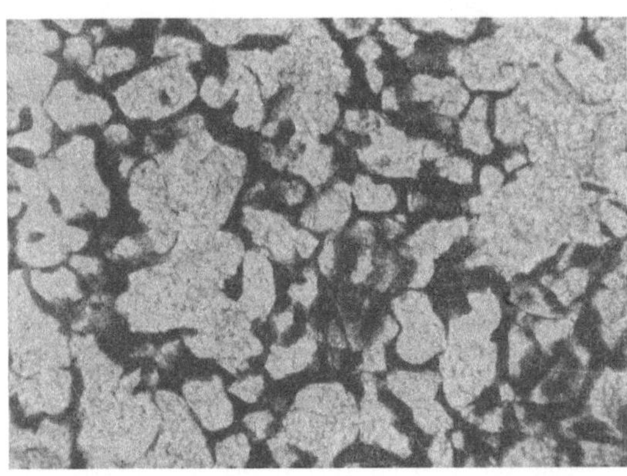

Abb. 222. Cristobalitzone in einem Silika-Gewölbestein, Dünnschliff (Vergr. 60 ×)

nicht im Feinkorn angereichert wie die Tonerde, und nimmt daher nur in schwachem Maße an der Flußmittelwanderung teil in Form titanhaltiger Kalksilikatschmelzen, aus denen sich beim Erstarren *Titanit* $CaO \cdot TiO_2 \cdot SiO_2$ (Schmelzpunkt 1382 °C) ausscheidet. Die im Grobkorn verteilte Titansäure bildet bei hohen Temperaturen eine feste Lösung mit Cristobalit. Die Angaben über die Grenze der Mischbarkeit beider Stoffe schwanken, sie soll nach neueren Untersuchungen 1 bis 2% betragen. K. KONOPICKY [8]

weist darauf hin, daß TiO_2-reiche Silikasteine weniger tief von Eisenoxyden infiltriert werden als TiO_2-arme. Er führt dies auf eine Veränderung der Grenzflächenspannung durch TiO_2 zurück (vgl. Abschn. 1.931). Vermutlich ist der Titansäure auch die gute Bewährung der aus südafrikanischem Silcrete (vgl. Abschnitt 2.232) hergestellten Silikasteine zu verdanken.

Wenn die Gewölbesteine einen erhöhten *Alkaligehalt* besitzen, was bei Mitverwendung von Felsquarziten gelegentlich eintreten kann, wird der Anteil an schmelzflüssiger Phase im Stein so stark erhöht, daß mit seinem raschen Versagen zu rechnen ist. Das Alkali nimmt bei der Flußmittelwanderung bevorzugt TiO_2 mit. In einer Steinsorte mit 0,4% Alkalien war die Zone A praktisch ganz von TiO_2 entblößt [8].

Mineralogisch besteht die Zone A aus einem Netzwerk von Cristobalit mit einer opaken Substanz aus Magnetit und erstarrter eutektischer Schmelze (Abb. 222). In der Zone B herrscht in grundsätzlich gleicher Grundmasse eingebetteter Tridymit vor. Die prismatischen Kristalle sind mit ihrer langen Kante oft senkrecht zur Steinoberfläche angeordnet (Abb. 223 b). Neben Tridymit finden sich Reste des in Cristobalit umgewandelten Grobkornes aus dem ursprünglichen Stein (Abb. 223 a). Nach der kalten Seite hin vermehren sich die Grobkornreste. Sie enthalten schließlich neben Cristobalit noch nicht umgewandelten Quarz (Abbildung 224). Die in Zone C angereicherten Kalkalumosilikate konnten mineralogisch noch nicht identifiziert werden. J. H. CHESTERS [3] stellte lediglich ein Mineral mit hoher Doppelbrechung fest (Pseudowollastonit?).

Die Grenzzone zwischen A und B muß den Stabilitätsverhältnissen im Einstoffsystem SiO_2 (vgl. Abschn. 2.11) entsprechend bei 1470° C liegen. Mit der Modifikationsänderung ist aber auch ein tiefer Einschnitt in die Struktur des Steines und seine physikalisch-chemischen Eigenschaften verbunden, deren Ursache bis jetzt noch unbekannt ist. Das lehren die mikroskopischen Bilder Abb. 222 u. 223 und die chemischen Analysen. Trotz starker Eisenoxydzufuhr von außen enthält die Cristobalit-Zone A in den meisten Fällen weniger Eisenoxyd als die Tridymit-Zone B. Im ganzen gesehen nehmen Steine mit einer Cristobalit-Zone erheblich weniger Eisenoxyd auf als solche, die wegen niedrigerer Temperaturbeanspruchung nur eine Tridymitzone besitzen. Auch die von K. KONOPICKY beobachtete Stauung der Flußmittel

a

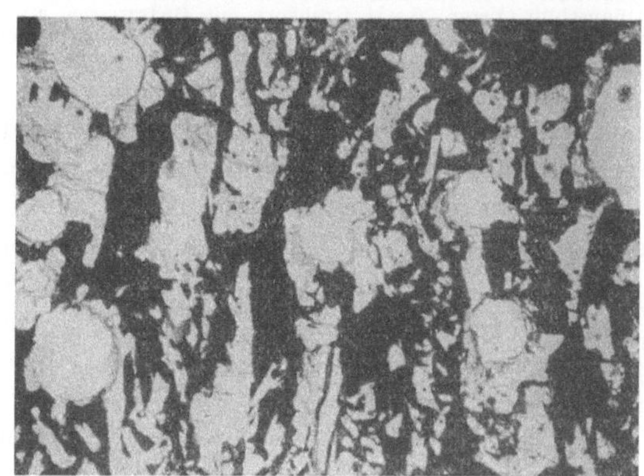

b

Abb. 223 a u. b
Tridymitzone in einem Gewölbestein, Dünnschliffe
a) Mit restlichem Cristobalitkorn (dunkelgrau) (Vergr. 27 ×);
b) Tridymitkristalle in orientierter Anordnung (Vergr. 48 ×)

.(Abb. 221) an der Cristobalit/Tridymit-Grenze deutet auf einen scharfen Einschnitt hin.

Die eisenoxydreichen Schmelzen dringen bis zu einer Temperaturgrenze von $\sim 1300\,^\circ$C vor. Ihre genaue Lage ist anscheinend von dem Verhältnis des 3wertigen zum 2wertigen Eisen unabhängig [7], Kalkalumosilikatschmelzen gelangen maximal bis zu einer Tiefe, in welcher eine Temperatur von $1050\,^\circ$C herrscht (Abbildung 225).

Nach Untersuchungen von A. E. Dodd [9] ist der Temperaturabfall im Stein nicht linear. Im Bereich der Zonengrenze A/B liegt ein Knick, der mit der im Laufe der Betriebszeit breiter werdenden Cristobalit-Zone A immer ausgeprägter wird (Abb. 225). Der nichtlineare Temperaturverlauf ist wegen sprunghafter Änderung der Wärmeleitfähigkeit bei der Tridymit/Cristobalit-Umwandlung zu erwarten.

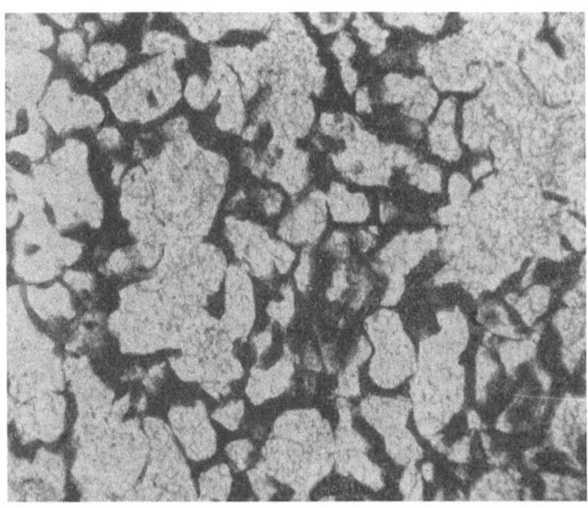

Abb. 224. Übergangszone C in einem Silika-Gewölbestein, Dünnschliff (Vergr. 70 ×): Grobkorn mit Quarzresten, stark umgeschmolzenes Feinkorn mit kleinen Tridymitkristallen und vielen Gasblasen

Die *physikalischen* Eigenschaften der einzelnen Zonen sind nach Untersuchungen von J. H. Chesters [3] an einem Gewölbestein mit relativ hoher Porosität in Tab. 57 zusammengestellt. Nach ihr ist die Feuerfestigkeit in der Zone A wegen der Auswanderung der Flußmittel größer als im unveränderten Stein, demgemäß in der Zone C mit Häufung der Flußmittel am niedrigsten, wenn auch die Schmelzpunkterniedrigung absolut gering ist. Die Porosität ist in den Zonen A und B verringert, am stärksten in der Zone B. Bemerkenswert ist die starke Zunahme der Gasdurchlässigkeit trotz Verminderung der Porosität (Vergrößerung der Porendurchmesser, Lochfraß) in Zone A und $B\,1$ sowie die fast vollständige Gasdichte der Zone $B\,2$ (Fehlen des Lochfraßes).

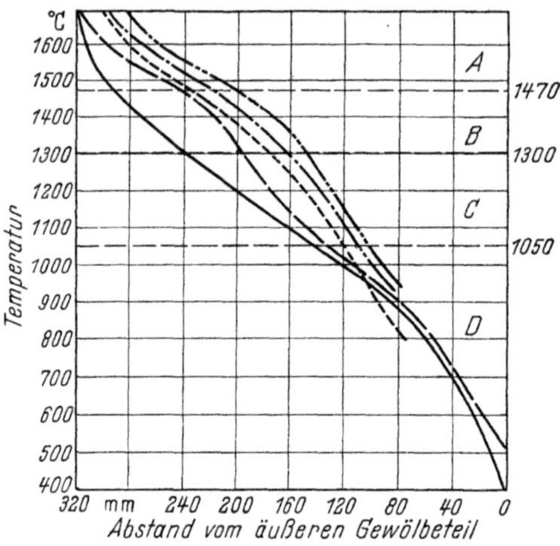

Abb. 225. Temperaturverlauf in einem Silika-Gewölbestein in verschiedenen Stadien der Ofenreise

——— vor der 1. Schmelze;   ——— während der 2. Woche; – – – – während der 8. Woche; —·— während der 14. Woche; —··— während der 19. Woche

Der durch die Infiltration bedingte Verschleiß der Steine spielt sich beim sauren und basischen Verfahren fast in der gleichen Weise ab. Die Zonen in den Steinen des Gewölbes eines sauren Ofens (s. Tab. 56, Stein 4) zeigen einen ähnlichen Aufbau wie beim basischen Verfahren, nur ist der Eisenoxydgehalt in der Zone *B* wesentlich höher, der Kalziumoxydgehalt in Zone *A* und *B* wegen fehlenden Kalkzuschlages niedriger.

Tabelle 57. *Physikalische Eigenschaften in einem gebrauchten Silika-Gewölbestein*

	Zone *A*	Zone *B* 1	Zone *B* 2	Zone *C*	Zone *D*
Dicke der Zone in mm	30	40	65	15	80
Porigkeit in %	17,9	16,3	7,5	23,5	23,7
Raumgewicht	2,09	2,04	2,10	1,81	1,81
Spezifisches Gewicht	2,55	2,44	2,28	2,37	2,37
Gasdurchlässigkeit (Nanoperm) ..	80	24	0,7	11	9,2
Schmelzpunkt mit dem Pyrometer gemessen (°C)					
a) an geschnittenen Kegeln ..	1730	1710	1700	1690	1700
b) an gepulverten Kegeln	1700	1690	1690	1680	1690

2.515 Schmelzerscheinungen an der Gewölbeoberfläche und Abplatzen

Nur ein kleiner Teil der durch Reaktion des Ofenstaubes mit dem Stein entstehenden Schmelzen dringt in den Stein ein und ruft die oben beschriebenen Veränderungen hervor. Die Hauptmasse bildet einen zähflüssigen Überzug an

Abb. 226
Teilweise eingestürztes Gewölbe eines stark überhitzten SM-Ofens mit stalaktitenförmigen Schmelzzapfen

der Steinoberfläche, der je nach der Steinqualität und der Temperatur im Ofen langsam oder schneller abtropft. Abb. 226 zeigt die Schmelze in Form von stalaktitenartigen Zapfen an dem teilweise eingestürzten Gewölbe eines stark überhitzten Ofens.

Die Analysen einiger Schmelzzapfen enthält Tab. 58. Der Eisenoxydgehalt wechselt stark. Zum Teil erreicht er (örtlich) sehr hohe Werte, z. T. unterscheiden sich die Analysen nicht wesentlich von denjenigen der Cristobalit-Zonen. Der bei allen 4 Analysen der Tab. 58 auffällig niedrige Kalkgehalt bestätigt die Abwanderung des CaO in das Steininnere. Mineralogisch enthalten die Zapfen neben der glasförmig erstarrten Schmelzphase aus ihr beim raschen

Tabelle 58
Analysen von Schmelzzapfen aus Silika-SM-Ofengewölben (nach B. M. LARSEN u. Mitarb.)

Ofentype und Art der Probenahme	Nr.	SiO_2 %	Fe_2O_3 %	FeO %	Al_2O_3 %	CaO %	MgO %	MnO %	Gesamt-basen %	Schmelz-punkt Temperatur °C
Basischer 50 t-Ofen, mittlerer Gewölbeteil ...	1	91,7	3,7	2,7	0,7	0,8	0,18	0,22	8,4	~1630
Basischer 60 t-Ofen, normale Gewölbepartie .	2	54,7	26,2	13,9	2,0	1,8	0,4	0,4	44,7	unter 1300
Basischer 50 t-Ofen, normale Gewölbepartie .	3	90,0	4,0	2,2	1,0	1,2	0,14	0,2	8,7	~1630
Gewölbe eines sauren 25 t-Ofens	4	79,8	9,7	6,4	1,4	1,4	0,3	0,64	19,74	—

Abkühlen in Skelettform ausgeschiedene Cristobalitkristalle sowie kleinere und größere ungeschmolzene Steinreste (Abb. 227).

Im Betrieb beginnen die Gewölbeoberflächen nach Beobachtungen von K. G. SPEITH u. G. ENGELS [10] bei einer bestimmten Temperatur aufzuglänzen und Tropfen zu bilden (s. Abschn. 1.54). Diese Temperatur wird als *Tropfpunkt* bezeichnet, sie ist von der Steinqualität abhängig und bleibt während der Ofenreise konstant. Bei flußmittelarmen Steinen liegt der Tropfpunkt meist unter, bei flußmittelreichen über dem *ta*-Wert. Der Tropfpunkt wurde früher laufend durch Reflexionsmessungen bestimmt, um Überhitzungen des Gewölbes verhüten zu können. Die Qualitätsverbesserungen an den Gewölbesteinen in den letzten Jahren machen jedoch diese Maßnahme in den meisten Fällen überflüssig.

Die Form der Schmelzzapfen steht in Beziehung zur Steinqualität. Gut umgewandelte

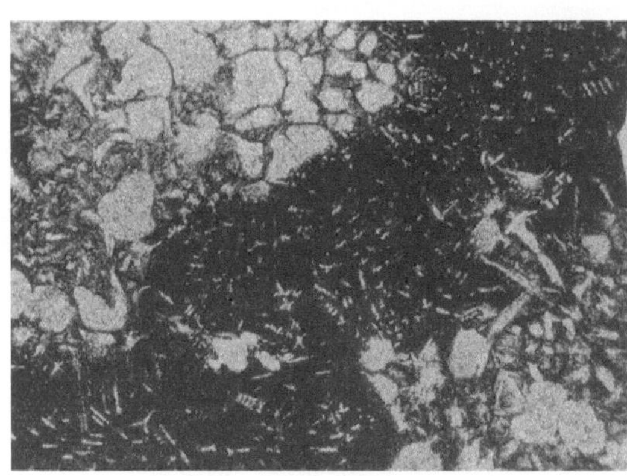

Abb. 227. Schmelzzapfen am Silikagewölbe eines Siemens-Martin-Ofens, Dünnschliff (Vergr. 27 ×)

Steine sollen meist lange, schuhriemenartige Fäden ergeben, mittelmäßig umgewandelte dagegen kurze dicke Tropfen [8]. Diese Erscheinung deutet auf Unterschiede in Oberflächenspannung und Viskosität hin.

Um die Lebensdauer des Gewölbes zu verlängern, kann die Zähigkeit der Schmelze durch Anspritzen von hochfeuerfesten Zirkonsilikatmassen erhöht werden (vgl. Abschn. 4.52).

R. Frerich [11] wies darauf hin, daß die längeren Rippensteine infolge der bei ihnen auftretenden Wärmestauungen oft schneller abschmelzen als die Furchensteine und schloß daraus, daß eine Kühlung des Gewölbes die Haltbarkeit verlängern muß.

Als weitere Verschleißform sind *Abplatzungen* infolge Temperaturwechsels zu nennen. Sie können bei zu rascher Abkühlung auch an Steinen auftreten, die noch keine ausgeprägte Zonenstruktur besitzen.

2.516 Betriebliche Erfahrungen über Gewölbehaltbarkeit und Aufheizgeschwindigkeit

Die *Haltbarkeit* eines Gewölbes wird erfahrungsgemäß stark vom Tonerdegehalt der Silikasteine beeinflußt (Abb. 228). Ob allerdings eine Verminderung desselben unter 0,5% Al_2O_3 noch weitere Verbesserungen hervorruft, ist umstritten. G. van Gijn [12] berichtete, daß in Belgien mit amerikanischen Super-Duty-Steinen nur eine Gewölbehaltbarkeit von 140 Schmelzen gegen 300 bis 400 Schmelzen bei Steinen aus belgischen Rohstoffen erzielt wurde. Vermutlich ist eine gewisse Mindestmenge an Schmelze im Stein erforderlich, um einen festen Verband hervorzurufen.

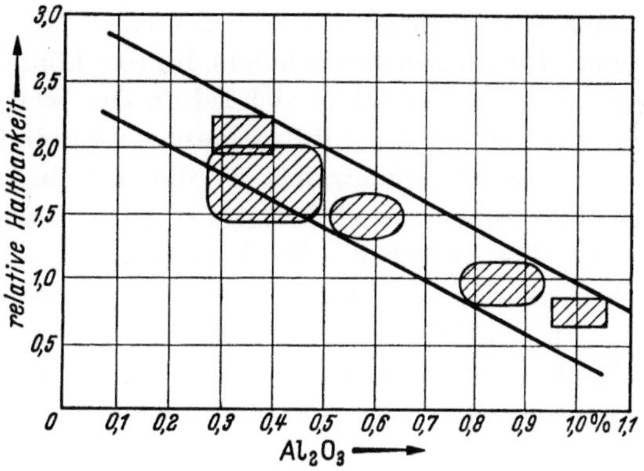

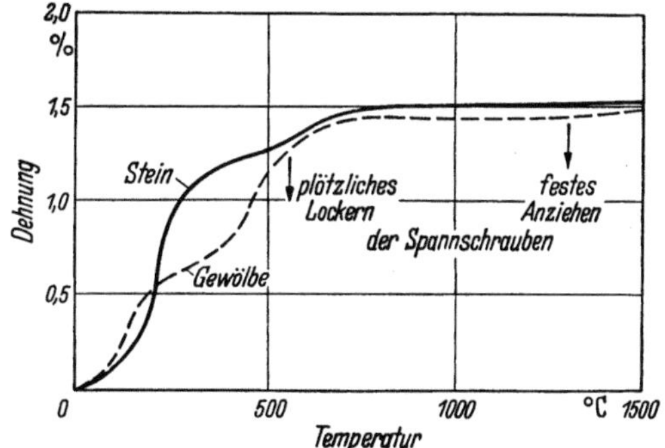

Abb. 228. Relative Haltbarkeit von Silika-SM-Ofengewölben in Abhängigkeit vom Tonerdegehalt der Steine (nach K. Konopicky)

Weiterhin ist eine deutliche Abhängigkeit von der Porosität bzw. von der Gasdurchlässigkeit festzustellen. Gewölbe aus Steinen mit einer Gesamtporosität von 25% erreichen nur etwa 60% der Haltbarkeit eines solchen aus Steinen mit 20% Porosität. Eine Erniedrigung auf 17% ergibt weitere Verbesserungen.

Der Umwandlungsgrad hat dagegen keinen ausgesprochenen Einfluß auf die Gewölbehaltbarkeit, wie durch eine großangelegte Serie von Vergleichsversuchen erwiesen wurde [8]. Mittelmäßig umgewandelte Steine scheinen jedoch in gewissem Grade den gut umgewandelten überlegen zu sein. Die letzteren besitzen bei Betriebstemperaturen allgemein einen höheren Gehalt an Schmelze.

Abb. 229. Gewölbedehnung und thermische Ausdehnung von Silikasteinen (nach K. Konopicky)

Beim *Anheizen* müssen die starken Wärmeausdehnungen bis 600° C sowie das spätere Nachwachsen durch Lockern der Spannschrauben aufgefangen werden (Abb. 229). Die Aufheizgeschwindigkeit beträgt in Deutschland durchschnittlich 10 bis 15°/Std., so daß 1000° C etwa nach 80 Std. erreicht sind. In den USA steigert man nur zu Anfang die Temperatur langsam, nämlich in 10 Std. bis 200° C, dann wird die Heizgeschwindigkeit auf etwa 150°/Std. erhöht. Diese Behandlung dürfte sich aber ungünstig auf die Gewölbehaltbarkeit auswirken, weil abgesehen von Temperaturwechselschäden keine Zeit für die oben beschriebene Abwanderung der Flußmittel aus der heißen Zone vorhanden ist.

2.517 Vorder- und Rückwand

Die Vorderwände bzw. Pfeiler zwischen den Türen werden heute überwiegend aus basischen Baustoffen hergestellt (vgl. Abschn. 5.613), in manchen Werken werden dafür jedoch noch Silikasteine verwandt. Diese besitzen nur etwa $^1/_3$ der Haltbarkeit des Gewölbes und müssen daher oft ausgeflickt werden. Der untere Teil der Wände ist verstärktem Angriff durch aufschäumende Schlacke oder Schlackenspritzer ausgesetzt, so daß sich häufig Aushöhlungen bilden, die zum Einstürzen des Pfeilers führen können. Eine regelmäßige Zonenstruktur wie im Gewölbe bildet sich selten aus, weil die Abschmelzgeschwindigkeit meist größer ist als die Infiltrationsgeschwindigkeit.

Auch die Rückwände werden nur beim sauren Verfahren überwiegend in Silikasteinen ausgeführt, sonst wird Dolomit oder Chrommagnesia verwandt (vgl. Abschn. 5.613). Ihr Verschleiß ist ebenfalls stark, besonders im unteren Teil, so daß Rückwände aus Silika einsturzgefährdet sind.

In den Ofentüren schließlich werden die Silikasteine wegen der erhöhten Abplatzgefahr durch Temperaturwechsel in steigendem Maße durch hochtonerdehaltige oder Chromerz-Stampfmassen ersetzt.

2.518 Brennergewölbe, Gas- und Luftzüge, Schlackenkammer

Einer sehr hohen thermischen und chemischen Beanspruchung sind die Enden der Gas- und Luftzüge, das sog. *Brennergewölbe*, ausgesetzt. Dieser sind die Silikasteine nur ungenügend gewachsen. Sie schmelzen daher bereits in den ersten Betriebswochen stark zurück. Das Brennergewölbe muß dann durch Auflegen von geeignetem Quarzitsand laufend geflickt werden.

Beim Abbruch des Ofens bleiben vom Brennergewölbe nur tiefinfiltrierte Steinreste von dunkelgrauer bis schwarzer Farbe mit hellen Grobkornresten übrig (Abb. 230). Die Analyse eines solchen ergab:

SiO_2	$Al_2O_3 + TiO_2$	Fe_2O_3	CaO	MgO	MnO	Glühzunahme
85,6	1,5	8,9	2,6	0,4	0,8	0,5

Der Eisenoxydgehalt ist stark, der CaO-Gehalt wenig erhöht. Die abgeschmolzenen Partien dürften noch erheblich höhere Konzentrationen an Flußmitteln aufweisen als der hier untersuchte Stein. Die mineralogische Zusammensetzung entspricht derjenigen der Zone B eines Gewölbesteines (vgl. Abb. 223).

In den Gas- und Luftzügen selber hat die auf die Oberfläche auftreffende Flugstaubmenge so weit abgenommen, daß hier die Infiltration schneller vor sich geht als das Abschmelzen. Es kann sich daher eine Zonenstruktur ähnlich der im Gewölbe ausbilden. In den oberhalb 1470° C beanspruchten Teilen der Züge, vor allem im Spiegel, entsteht eine graue Cristobalit-Zone wie bei Gewölbesteinen (Abb. 231).

K. KONOPICKY [7] untersuchte Silikasteine aus dem Luftzugspiegel nach 1-, 2-, 3- und 4wöchigem Betrieb, währenddessen an der Steinoberfläche eine Temperatur von 1500° C herrschte (Abb. 232). In der 1. Woche verarmte die heiße Seite an CaO und TiO_2, dagegen wurden einige Prozente Eisenoxyd aufgenommen. In der 2. Woche schließt sich auch Al_2O_3 der Wanderung an, in der 3. bildet sich eine Wanderungsfront aus CaO, Al_2O_3 und TiO_2

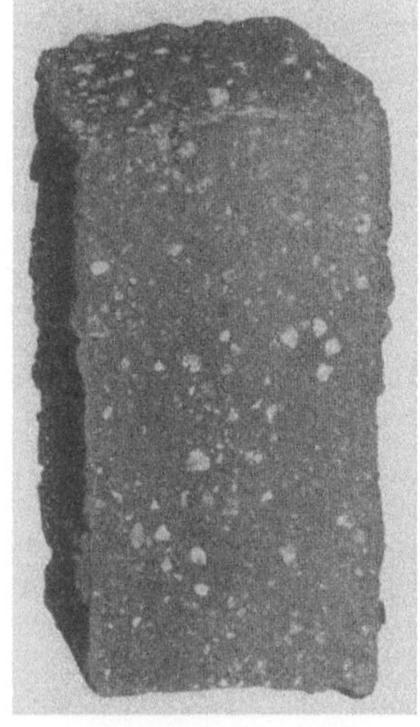

Abb. 230. Gebrauchter Silikastein aus dem Brennerkopf eines Siemens-Martin-Ofens

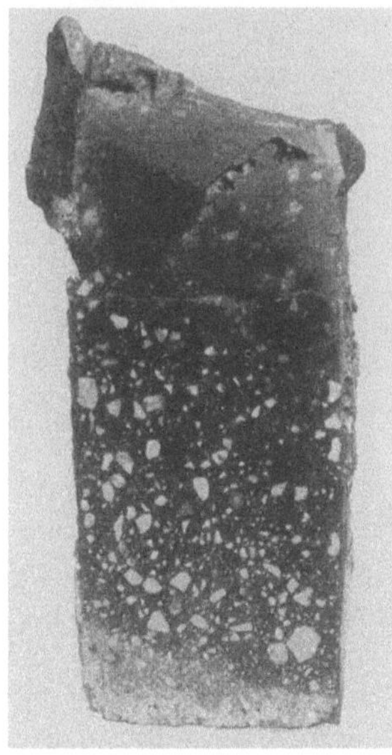

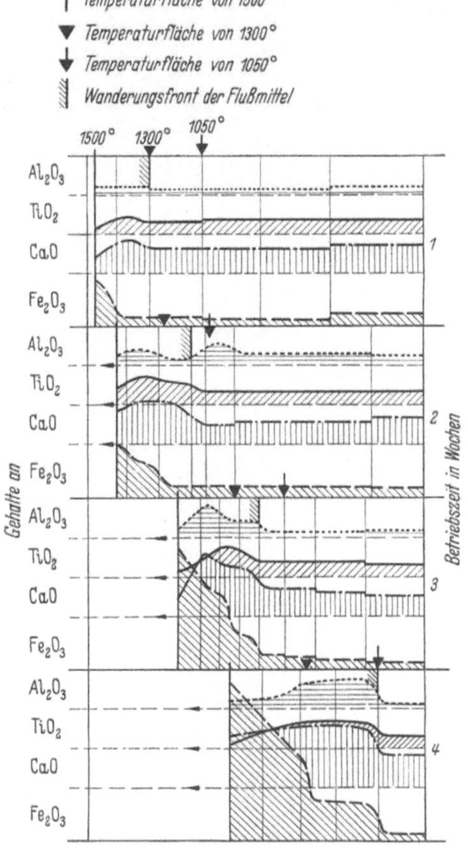

Abb. 231. Gebrauchter Silikastein mit Zonenstruktur aus dem Gaszug eines Siemens-Martin-Ofens

Abb. 232. Infiltration von Flugstaubbestandteilen in Silikasteine aus dem Luftzugspiegel eines Siemens-Martin-Ofens bei verschiedener Betriebsdauer (nach K. KONOPICKY)

heraus, welche einer 2. Front, vorwiegend aus Eisenoxyd, vorauseilt. Erst in der 4. Woche entsteht das bekannte Bild eines verschlackten Silikasteines mit einem Flußmittelmaximum in der Zone C oberhalb 1050° C und Eisenoxyd-

Abb. 233. Schlackenkammer aus Silikasteinen mit glasierter Oberfläche in einem Siemens-Martin-Ofen

Tabelle 59
6 Analysen von Luftkammerschlacken aus einem SM-Ofen mit Zügen aus Silikasteinen

Nr.	SiO_2 %	$Al_2O_3 + TiO_2$ %	Fe_2O_3 %	FeO %	MnO %	CaO %	MgO %
1	51,6	1,4	20,4	16,9	1,3	4,6	1,1
2	67,3	2,0	8,3	12,3	0,9	3,7	2,6
3	41,9	1,5	33,1	7,1	1,1	1,3	0,1
4	44,3	1,2	34,8	9,7	1,4	5,0	0,3
5	60,0	1,9	11,5	7,8	1,2	4,6	0,9
6	74,9	1,4	9,6	5,4	0,8	3,1	0,4

Nr.	PbO %	ZnO %	SnO_2 %	K_2O %	Na_2O %	S ges. %	P %
1	0,3	0,2	0,08	0,6	1,3	—	0,2
2	0,06	0,3	0,07	1,0	1,0	—	0,2
3	0,2	0,4	0,04	1,5	2,8	—	0,4
4	0,2	1,4	0,1	0,4	1,1	0,04	0,2
5	Spur	8,2	Spur	2,9	2,6	—	0,08
6	Spur	2,5	Spur	1,2	1,0	—	0,06

anreicherungen in den Zonen A und B oberhalb 1300° C. Die Wanderungsgeschwindigkeit beider Fronten beträgt ∼ 6 mm pro Tag, sie hängt vom zeitlichen Anstieg der örtlichen Temperaturen ab, der seinerseits durch die Abschmelzgeschwindigkeit geregelt wird.

Von Silikasteinen aus den Zügen abplatzende Stücke fallen in die Schlackenkammern und verunreinigen die dort aus dem Flugstaub abgesetzte Schlacke. Diese weist daher häufig hohe SiO_2-Anteile auf, die fast auf 75% ansteigen können (Tab. 59). Durch sich in diesem Gemisch bildende eutektische Schmelzen wird die Schlacke beim Abkühlen zu einem festen Block ver-

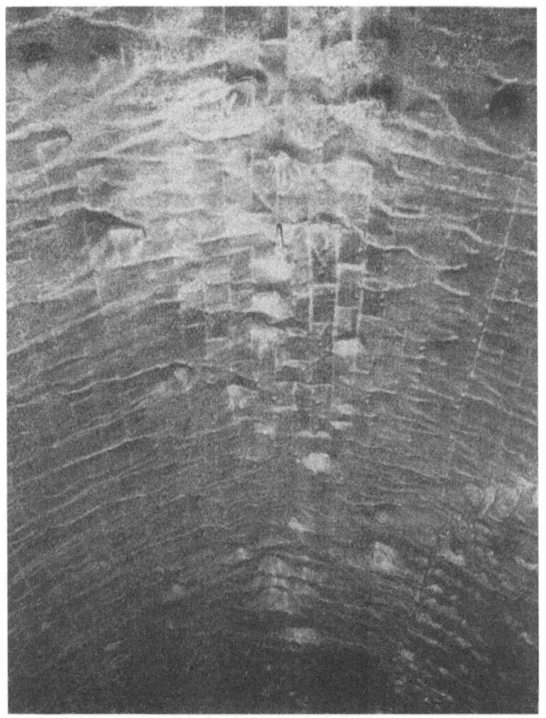

Abb. 234. Silikagewölbe der Gitterkammer eines Siemens-Martin-Ofens mit Schmelzzapfen

schweißt, der sich wegen seiner Zähigkeit nur durch Sprengarbeit oder mit dem Preßlufthammer entfernen läßt.

2.519 Die Gitterkammern

Bereits im Gewölbe der Schlackenkammern sind die Silikasteine einem Verschleiß ausgesetzt, der sich von dem bisher betrachteten dadurch unterscheidet, daß neben Eisenoxyden die *Alkalien* als Flußmittel auftreten. Bei den hohen im Oberofen herrschenden Temperaturen verdampfen diese dort sofort und greifen daher die feuerfeste Zustellung nicht an. Unterhalb $\sim 1400°$ C sind sie dagegen in silikatischen Schmelzen beständig. Durch die Bildung alkalihaltiger Silikatschmelzen erhalten die Silikasteine nach dem Abkühlen in den Kammern eine hellgraue Glasur (Abb. 233).

Das Gewölbe kann dabei abtropfen (Abb. 234) und die Kammergitterung verunreinigen und verstopfen. Auch

Abb. 235. Fließerscheinungen an der Wand aus Silikasteinen in der Gitterkammer eines Siemens-Martin-Ofens

die Oberflächen der Kammerwände können abfließen, wobei gardinenartige Platten entstehen, die an Tropfsteinhöhlen erinnern (Abb. 235). Der Gesamt-

Abb. 236. Luftkammergitterung eines basischen 200 t-Kippofens
Links: Schamotteknüppel mit 50% Al_2O_3; rechts: Silikarippensteine

Tabelle 60. *Analysen von der Wand einer Gitterkammer und einem Gitterstein aus Silika*

	SiO_2 %	Al_2O_3 %	TiO_2 %	Fe_2O_3 %	FeO %	MnO %	CaO %	MgO %	PbO %	ZnO %	SnO_2 %	K_2O %	Na_2O %	P %
Glasierte Schicht an der Wand einer Gitterkammer	82,6	0,7	0,6	4,9	n. b.	0,2	1,5	0,3	n. b.	n. b.	n. b.	3,1	2,4	n. b
Silika-Rippenstein aus der obersten Lage einer Luftkammergitterung, Oberfläche	21,7	0,3	0,2	48,5	2,6	1,8	11,7	3,6	0,05	0,3	0,1	3,0	2,6	0,3

alkaligehalt der geschmolzenen Partien beträgt 5 bis 6 % (Tab. 60).

Gittersteine aus Silika, die wegen ihrer hohen Feuerfestigkeit oft in den obersten Lagen der Gitterung verwandt werden, schmelzen unter der Wirkung von Eisenoxyden und Alkalien ebenfalls leicht ab, im Gegensatz zu hochtonerdehaltigen Steinen, die mit den Flußmitteln wesentlich zähflüssigere Schmelzen liefern und daher eher zum Anwachsen als zum Abschmelzen neigen (vgl. Abschnitt 3.592). Abb. 236 zeigt dieses unterschiedliche Verhalten an der Gitterung in der Luftkammer eines basisch zugestellten 200 t-Ofens. In ihrer linken Hälfte sind mit einem Anflug versehene Schamotteknüppel mit 50 % Al_2O_3, rechts abgeschmolzene Silika-Rippensteine zu erkennen. Die Analyse in Tab. 60 zeigt, daß neben 5 bis 6 % Alkalien örtlich sehr hohe Eisenoxydgehalte auftreten können.

2.520 Schlußbemerkungen

Der vorstehende Überblick zeigt, daß sich Silikasteine im Gewölbe eines Siemens-Martin-Ofens bewähren. Ob Silikagewölbe wirtschaftlicher sind als Chrommagnesiagewölbe, hängt von der Art des Betriebes und des Schmelzprogramms ab. In den Vorderwandpfeilern und Rückwänden unterliegen Silikasteine einem so starken Verschleiß, daß sie bereits größtenteils durch andere Baustoffe ersetzt worden sind. Auch in den Brennerköpfen ist der Verschleiß so groß, daß ein Austausch durch andere Baustoffe zweckmäßig erscheint.

In den Zügen haben sie den Nachteil, daß sie durch Abplatzungen zur Verfestigung der Kammerschlacke beitragen, und in den Kammern sind sie dem Einfluß der Alkalien ausgesetzt, mit welchen sie dünnflüssige Schmelzen bilden, die das Gitterwerk verstopfen können. Auch für den Unterofen sind daher Silikasteine nur bedingt geeignet.

2.52 Elektroöfen

In Lichtbogenöfen werden die Deckel nach wie vor aus Silikasteinen hergestellt, obwohl diese durch den Kalkstaub stark angegriffen werden und das herabtropfende und abplatzende Steinmaterial die Basizität der Schlacke erniedrigt. Die Überlegenheit der Silikasteine gegenüber basischen Baustoffen ist hier vor allem auf ihre geringe Wärmeausdehnung oberhalb 600° C zurückzuführen, welche die Konstruktion von Gewölben mit sehr kleinem Stich ermöglicht. Wegen der im Deckel

befestigten Elektroden muß das Gewölbe flach sein und darf im Betrieb nur
wenig steigen. Bei einem 10 t-Ofen beträgt die zulässige Steigung 75 mm pro m
Gewölbesehne. Die Steine sind daher nur schwach keilförmig ausgebildet. Wenn
dabei breite Dehnfugen zur Aufnahme der Wärmeausdehnung gelassen werden,
ist die Stabilität des Gewölbes gefährdet. Fehlen Dehnfugen, ist bei größerer
Wärmeausdehnung ein stärkeres Steigen nicht zu verhindern. Der die Elektroden enthaltende Mittelteil wird
als *Herzstück* bezeichnet.

Als Deckelkonstruktion hat sich die
konzentrische Anordnung der Steine
in Form von Kugelwölberringen bewährt [13] (Abb. 237). Das Gewölbe
kann ähnlich wie beim SM-Ofen durch
Rippen verstärkt werden, die dann
meist als Radialrippen, seltener als
konzentrische Rippen oder als Kombination zwischen beiden (Facettengewölbe) ausgeführt werden. Besonders
bei größeren Öfen mit Korbchargierung verwendet man häufiger Radial-
rippengewölbe [14].

Da für die konzentrische Anordnung sehr viele Formsteine benötigt
werden, ist man dazu übergegangen,
genormte Steine einzuführen (vgl. Tabelle 48), die nach F. Harms [14]
zweckmäßig in gegeneinander versetzten Quadranten (Abb. 238) verlegt
werden. Streifenförmige oder schach-
brettartige Anordnungen rufen verstärkte Abplatzungen hervor.

Die Steine werden trocken oder
unter Verwendung hochfeuerfester Mörtel verlegt. Der Deckelring wird zweckmäßig zweiteilig ausgeführt und unter
Zwischenschaltung von Holzstückchen

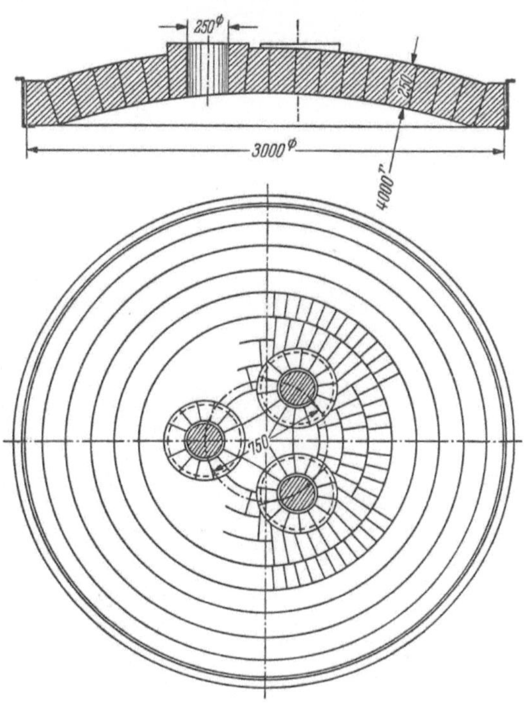

Abb. 237. Lichtbogenofendeckel mit konzentrischen Ringen
(nach L. Hütter)

verschraubt. Durch Lockerung der Schrauben können die bei der Wärmeausdehnung entstehenden Spannungen ausgeglichen werden. Die Haltbarkeit der Deckel kann durch Einführung von Kühlzylindern aus weichem Flußstahl in die Elektrodenöffnungen verbessert
werden (Verfahren von Krupp).

Die für Elektroofendeckel verwandten Silikasteine entsprechen in ihrer
Qualität den besten SM-Ofen-Gewölbesteinen, sie müssen jedoch gut um-
gewandelt sein und dürfen höchstens eine Nachdehnung von 1,25% besitzen.
Im Betrieb verschleißen sie relativ schnell unter der Einwirkung des eisenoxyd-
und kalkhaltigen Ofenstaubes und der hohen Temperatur, welche diejenige des
SM-Ofens noch übertrifft. Wegen der reduzierenden Atmosphäre wirken die
überwiegend als FeO vorliegenden Eisenoxyde stärker lösend als im SM-Ofen.
Die Steine schmelzen daher meist so rasch ab, daß es nicht zur Ausbildung einer
Cristobalit-Zone kommt, die erste Zone besteht nach J. H. Chesters [3] meist
aus Tridymit. M. P. Fedock [14a] fand bei Analysen von gebrauchten Elektroofendeckelsteinen an der Oberfläche beträchtliche Infiltrationen an MnO,
Cr_2O_3, CaO und gelegentlich auch von MgO (bis zu 14,6%). Diese Oxyde kommen

in Form von *Magnetit, Chromit* $FeO \cdot Cr_2O_3$, *Periklas, Fayalit* und gelbgrünem Glas mit dem Brechungsexponenten 1,47 bis 1,70 vor. In den hinteren Schichten (etwa 20 mm unter der Oberfläche) findet sich bei Steinen mit starker MgO-Infiltration auch *Protoenstatit* $MgO \cdot SiO_2$ (vgl. Abschn. 5.164). V. V. LAPIN [15] fand bei mineralogischen Untersuchungen an einem Lichtbogenofengewölbe auch eine graue Cristobalit-Zone, in welcher Fe_2O_3, FeO und MnO Maximalwerte erreichten. Zwischen dem Cristobalit trat Magnetit und braunes Glas mit einem Brechungsexponenten $n = 1,684$ und gelbliches mit $n = 1,673$ auf. CaO, Al_2O_3 und TiO_2 erreichten in der braunen Übergangszone (Zone C) ein Maximum, so daß die Infiltration in diesem Beispiel analog zu derjenigen im SM-Ofen-Gewölbe verlief.

Außer den Abschmelzvorgängen wirkt auch der Temperaturwechsel zerstörend auf den Stein, besonders bei Öfen mit ausfahrbaren Deckeln, die zu Abplatzungen neigen und allgemein eine geringere Haltbarkeit aufweisen als feststehende Deckel.

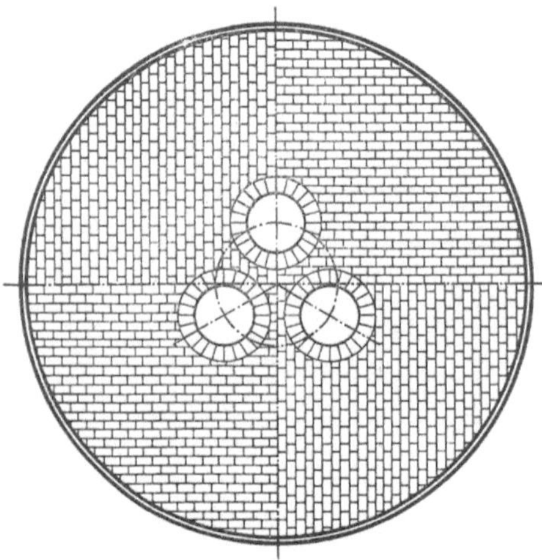

Abb. 238. Lichtbogenofendeckel aus genormten Kugelwölbern in Quadranten gegeneinander versetzt (nach F. HARMS)

2.53 Walzwerksöfen

In Tief- und Stoßöfen dienen Silikasteine als Wand- und Gewölbebaustoff. Da die Temperaturen in diesen Öfen nur selten 1350° C übersteigen und meist unter 1300° C liegen, werden die Steine unter der Einwirkung des fast ausschließlich aus Eisenoxyden bestehenden Ofenstaubes nur bis zu einer bestimmten von der Temperaturverteilung im Stein abhängigen Tiefe infiltriert (Abb. 239). Nach den Ausführungen in Abschn. 2.514 und 2.518 dringen die bei der Reaktion des Ofenstaubes mit dem Silikastein entstehenden eisenoxydreichen Schmelzen bis zur Temperaturzone von etwa 1300° C vor. Bei dieser

Abb. 239. Wand eines Tiefofens aus Silikasteinen am Ende der Ofenreise. Die innere Schicht ist infiltriert, aber nicht abgeschmolzen

Infiltration wandelt sich der Feinmehlanteil im Stein in eine der Zone B der SM-Ofen-Gewölbesteine ähnliche porenreiche Masse aus opaker Substanz und

Tridymitkristallen um, während das Grobkorn nur wenig angegriffen wird (Abb. 240). Tab. 61 enthält 2 Analysen einer solchen infiltrierten Zone. An der Oberfläche enthält der Stein $\sim 16\%$ Eisenoxyde, im Inneren noch 10%, wobei vor allem der FeO-Anteil kleiner wird. Der Porenreichtum deutet auf eine hohe Zähigkeit der schmelzflüssigen Phase hin, durch welche bei der Reaktion frei werdende Gase am Entweichen gehindert werden.

Die hohe Zähigkeit der entstehenden Schmelze ermöglicht auch die Verwendung der weniger feuerfesten Koksofensteine für Walzwerksöfen. Die größere Porosität dieser Steine vermindert die Haltbarkeit nicht merklich. Sie werden in manchen Fällen den Stahlwerksqualitäten vorgezogen, besonders wenn auf eine geringe Nachdehnung der Steine im Betrieb Wert gelegt wird.

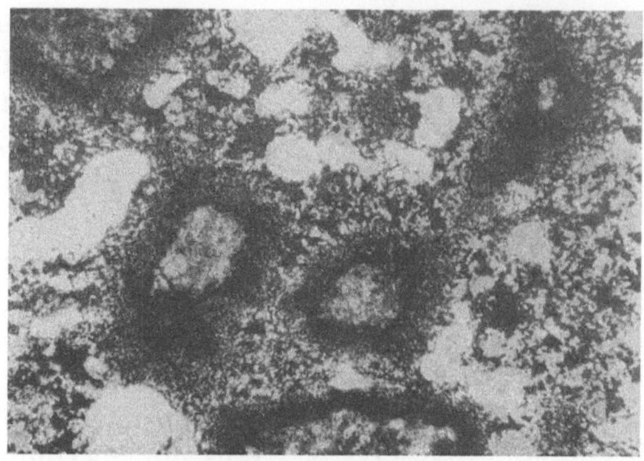

Abb. 240. Infiltrierter Silikastein aus einem Tiefofen, Dünnschliff (Vergr. 48 ×)

Wenn Silikasteine in Walzwerksöfen unmittelbar mit Zunder oder eisenoxydreicher Schlacke in Berührung kommen, bildet sich wegen der hohen Konzentration an FeO eine dünnflüssige eutektische Schmelze (vgl. Abschn. 2.15,

Tabelle 61. *2 Analysen der infiltrierten Zone eines Silikasteines aus einem Tiefofen*

	SiO_2 %	$Al_2O_3 + TiO_2$ %	FeO %	Fe_2O_3 %	CaO %	Mn_3O_4 %
Oberfläche	82,13	0,75	7,46	8,66	0,28	0,23
Inneres der verschlackten Zone ..	85,23	1,84	2,27	7,96	1,31	0,06

Abb. 124), so daß der Stein rasch zerstört wird. Silikasteine dürfen daher nicht im Herd oder im Schlackenbord, sondern ausschließlich oberhalb der Schlackenlinie verwandt werden.

2.54 Öfen der Buntmetallindustrie

In der Kupferindustrie werden Silikasteine für das Auskleiden der Schacht- und Flammöfen zum Schmelzen der Kupfersteine verwandt. In diesen ist die Temperaturbeanspruchung so gering, daß kein nennenswerter Verschleiß eintritt. Auch die Flammöfen zur Kupferraffination, welche mit Temperaturen von 1200 bis 1400° C arbeiten, werden in den meisten Fällen mit Silikasteinen zugestellt (s. auch Abschn. 5.661). Ihre Decken sind gewöhnlich ähnlich wie in SM-Öfen als Rippengewölbe ausgebildet. Auch die Steinqualität entspricht derjenigen der SM-Ofen-Gewölbe (Tab. 49).

Ein nach längerer Gebrauchszeit aus dem Gewölbe eines solchen Ofens ausgebauter Stein[1] zeigt eine grauschwarze *Infiltrationszone*, die von der Ofenseite

---

[1] Der Stein wurde von der Duisburger Kupferhütte freundlichst zur Verfügung gestellt.

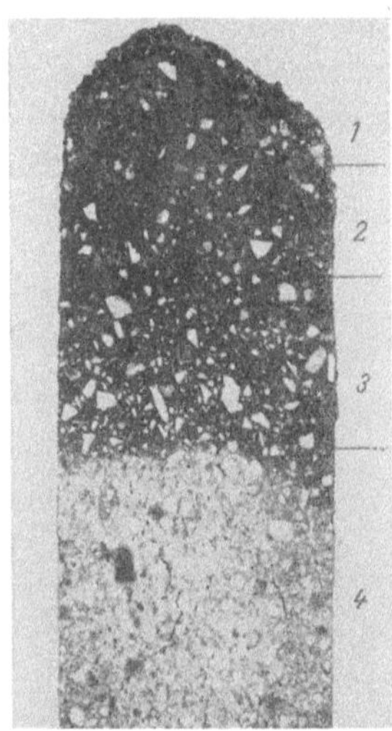

Abb. 241. Verschlackter Silikastein aus dem Gewölbe eines Kupferraffinierofens mit 4 Zonen

her etwa 70 mm tief in den Stein hinein reicht (Abb. 241, Zone 1 u. 2). Daran schließt sich eine schmale, hellere 3. Zone bis zu 95 mm Tiefe an, sie leitet zum unveränderten Stein (Zone 4) über. Von dem ursprünglich 245 mm langen Stein sind etwa 28% abgeschmolzen. In Tab. 62 und Abb. 242 sind die chemischen Veränderungen während der Betriebszeit dargestellt. Der Anteil an Kupferoxyd nimmt von seinem Maximalwert in der Zone 1 zum Steininnern hin fast gleichmäßig ab und wird in der Zone 4 praktisch gleich null. Der Abnahme des Kupferoxydgehaltes entspricht eine relative Zunahme des Kieselsäuregehaltes von Zone 1 bis Zone 4. Die Kalzium- und Aluminiumoxydgehalte sind in den ersten beiden Zonen verhältnismäßig gering und erreichen ein Maximum in der Zone 3. Der Eisenoxydgehalt unterliegt nur geringen Schwankungen, es scheint aber ebenfalls ein Maximum in der Zone 3 vorzuliegen.

Tabelle 62. *4 Analysen eines infiltrierten Silikasteines aus dem Gewölbe eines Kupferraffinierofens*

Zone	SiO_2 %	$Al_2O_3 + TiO_2$ %	Fe_2O_3 %	CuO %	CaO %	MgO %	P_2O_5 %	Glühv. %
1	75,23	0,58	0,37	22,45	0,79	0,22	0,07	+0,20
2	78,13	1,37	0,61	13,15	3,03	0,14	0,06	+0,40
3	86,18	2,38	1,16	1,90	6,02	0,14	0,12	+0,05
4	92,58	1,21	0,73	0,20	3,86	0,14	0,07	0,10

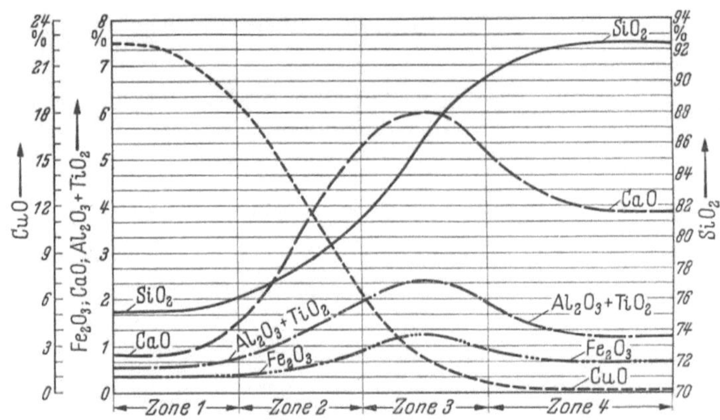

Abb. 242
Änderung der chemischen Zusammensetzung eines Silikasteines aus dem Gewölbe eines Kupferraffinierofens

Durch das Eindringen des Kupferoxydes und die Wanderung einzelner Komponenten wurde die *Gesamtporosität* des Steines in den einzelnen Zonen stark vermindert (Tab. 63). Die niedrigste Gesamtporosität herrscht in der

Zone 3. Die Abnahme betrifft vor allem die offenen Poren, von denen in den Zonen 2 und 3 nur noch etwa 25% der Ausgangswerte vorhanden sind. Die

Tabelle 63. *Spezifisches Gewicht, Raumgewicht und Porosität in den Zonen eines infiltrierten Silikasteines aus dem Gewölbe eines Kupferraffinierofens*

Zone	Spez. Gew.	Raumgewicht	offene Poren Vol.-%	geschl. Poren Vol.-%	Gesamtporen Vol.-%
1	2,659	2,30	8,5	5,0	13,5
2	2,552	2,24	4,5	7,7	12,2
3	2,498	2,24	4,5	5,9	10,4
4	2,468	1,95	20,8	0,3	21,1

geschlossenen Poren haben sich dagegen merklich vermehrt als Folge einer Gasentwicklung im Zusammenhang mit den chemischen Umsetzungen. Die

spezifischen Gewichte und Raumgewichte der Zonen 1 bis 3 sind naturgemäß durch das eingedrungene Kupferoxyd höher als die des unveränderten Steines.

Mineralogisch besteht die der Ofenhitze unmittelbar ausgesetzte Zone 1 aus einzelnen Quarzkörnern mit Cristobalitsäumen, zwischen denen ein porenreiches, dunkles Schlackenglas mit tafel- oder säulenförmigen Tridymitkristallen von zum Teil beträchtlicher Größe eingelagert ist (Abb. 243a u. b, 244). Die 2. Zone gleicht in ihrem mineralogischen Aufbau im wesentlichen der 1., nur sind hier die Cristobalitränder der Quarzkörner schmaler. Auch die 3. Zone enthält viele Quarzkörner mit schmalen Cristobalitsäumen. In dem dazwischenliegenden, bräunlichen Schlackenglas finden sich neben sehr kleinen Tridymiten noch schuppige, leistenförmige und unregelmäßige Kristallite, wahrscheinlich Kalziumaluminiumsilikate.

Der kupferoxydhaltige Ofenstaub drang in die Poren des Steines ein und löste den Feinmehlanteil unter Schmelzbildung auf. Die Schmelze wanderte bis zu einer bestimmten Temperaturzone in den Stein hinein. Das als

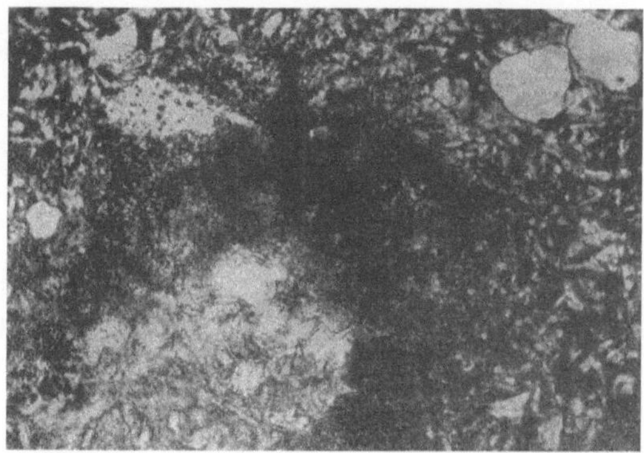

a

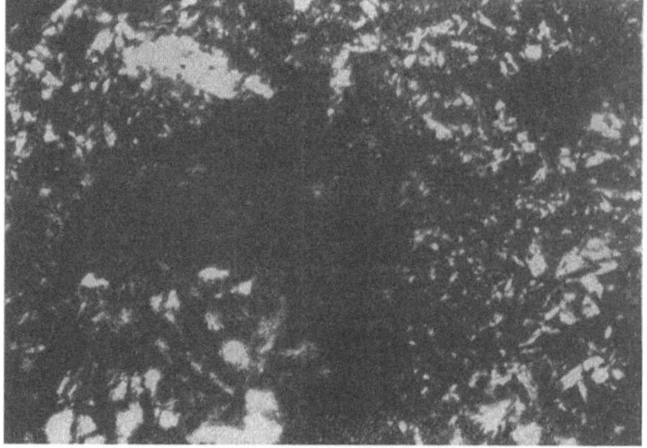

b

Abb. 243 a u. b. Infiltrierter Silikastein aus dem Gewölbe eines Kupferraffinierofens, Zone 1, Dünnschliff (Vergr. ∼ 64 ×)
a) Bei gewöhnlichem Licht;   b) unter gekreuzten Nikols

guter Mineralisator wirkende Kupferoxyd ermöglichte die Kristallisation ungewöhnlich großer Tridymitkristalle. Wenn der Cu_2O-Gehalt $\sim 23\%$ übersteigt,

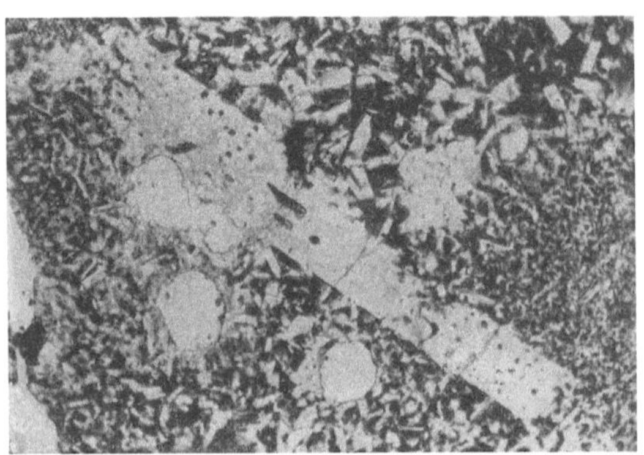

Abb. 244. Große Tridymitkristalle im Schlackenglas eines infiltrierten Silikasteines aus dem Gewölbe eines Kupferraffinierofens, Dünnschliff (Vergr. 64 ×)

wird der Schmelzanteil so groß, daß der Stein abtropft. Nach A. S. BEREZHNOI, L. J. KARYAKIN u. J. F. DUDAVSKIJ [16] existiert zwischen SiO_2 und Cu_2O eine Mischungslücke, die bis etwa 70% Cu_2O reicht. Bei noch höherem Cu_2O-Gehalt sinkt die Schmelztemperatur ab bis zu einem Eutektikum bei $\sim 92\%$ Cu_2O und 1060° C.

Ähnlich wie in Öfen der Eisenindustrie bilden die Flußmittel im Stein (CaO, Al_2O_3, TiO_2) mit SiO_2 eine eigene Wanderungsfront, die bis zu niedrigeren Temperaturen vordringt (1050° C?). Diese Schmelzphase enthält offenbar auch die geringen, im Stein vorhandenen Eisenoxyde.

2.55 Koksöfen

Ein weiteres großes Verwendungsgebiet hat sich der Silikastein im Laufe der letzten Jahrzehnte im Koksofen erworben.

Zur Verkokung der Steinkohle dienen *Horizontalkammeröfen* von etwa 12 m Länge, 4 bis 6 m Höhe und 450 mm Breite (Abb. 245). 20 bis 60 solcher Öfen sind zu *Batterien*

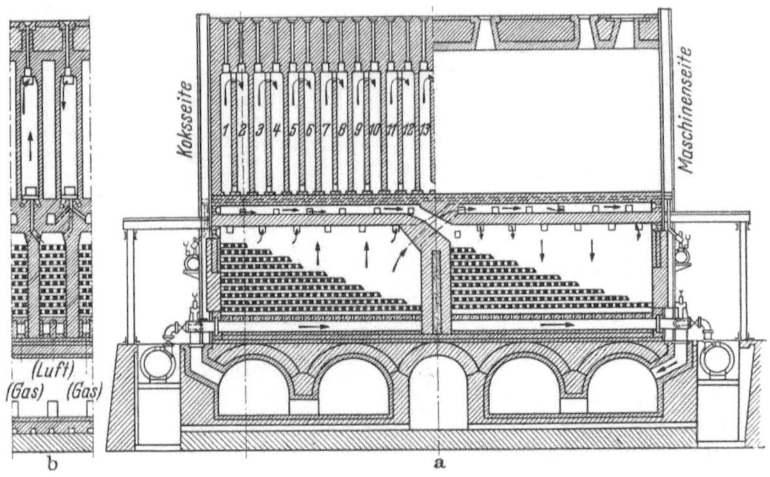

Abb. 245 a u. b. Verbund-Kreisstrom-Koksofen, Bauart Koppers
a) Längsschnitt b) Querschnitt

vereinigt. Jeder Ofen stößt in 24 Stunden bis zu 20 t Koks aus. Zwischen den schmalen Kokskammern liegen Gaskammern, durch welche brennende Heizgase auf- und absteigen. Luft und Gas, bei Starkgasbeheizung nur die Luft, werden durch Regenerativkammern angesaugt und dabei vorgewärmt. Die Abgase sammeln sich in einer Gassammelleitung, werden durch eine abgekühlte Regenerativkammer geleitet, um sie aufzuheizen, und gelangen dann in den Kamin. Die Beheizung wird alle halbe Stunde auf die andere Regenerativkammer umgeschaltet.

Durch die indirekte Beheizung wird die luftdicht abgeschlossene Kohle entgast und in einen plastischen Zustand gebracht. Dabei verbackt sie zu einer zusammenhängenden Masse. Sobald der Koks *gar* geworden ist, wird er mittels großer Ausstoßmaschinen in einen Löschwagen gedrückt.

Thermisch am höchsten beansprucht werden die Gaskammern, in welchen Temperaturen um 1350° C, örtlich sogar bis 1400° C herrschen. Die Wände der Kokskammern werden 1200° C, vorübergehend bis 1250° C heiß. Der früher in Koksöfen allgemein verwendete Schamottestein ist für die Kammern und Heizzüge sowie z. T. für den Unterofen durch den Silikastein verdrängt worden (vgl. Abschn. 3.541 und Abb. 246).

Die Wände der Heizzüge und Kammern müssen vor allem dicht sein und möglichst lange Zeit dicht bleiben. Sie müssen weiterhin bei der Betriebstemperatur so fest sein, daß sie das Gewicht der darüberliegenden Ofenteile einschließlich der Fülleinrichtungen usw. sicher tragen können.

Beim Ausdrücken des Kokses fällt die Kammertemperatur bis auf etwa 800° C ab, die neue Kohlenfüllung wird in die stark abgekühlte Kammer eingefüllt. Das Steinmaterial der Kammerwände muß daher oberhalb 700° C eine gute Temperaturwechselbeständigkeit besitzen. Da die Wärme von den Heizzügen durch die Wände in die Kammern geleitet wird, sollen die Wände gut wärmeleitend sein. Schließlich soll das benutzte Steinmaterial gegen die bei der Verkokung entstehenden Gase, welche leicht flüchtige Alkaliverbindungen und Kohlenoxyd als aggressive Bestandteile enthalten, sowie gegen die Kohlenaschen chemisch möglichst beständig sein.

Die Dichtigkeit der Kammerwände wird durch Verwendung von volumenbeständigen Steinen mit Nut und Feder (Läufern und Bindern) erreicht. Es muß

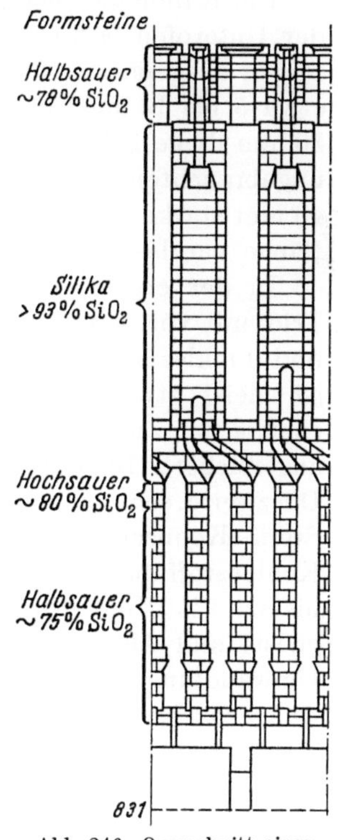

Abb. 246. Querschnitt eines Koksofens, Bauart Dr. Otto

auch auf hohe Gleichmäßigkeit in der Qualität geachtet werden; denn einzelne stärker nachwachsende Steine können Risse in ihrer Umgebung verursachen. Da Silikasteine mit höherer Maßhaltigkeit und in gleichmäßigerer Qualität hergestellt werden können und bei hohen Temperaturen unter Belastung standfester sind als Schamottesteine, eignen sie sich besonders gut als Baustoff für Koksofenkammern.

Beim Angriff durch CO-Gas werden Schamottesteine leicht zerstört, weil das Kohlenoxyd vor allem durch Eisenoxydpartikel im Steininnern katalytisch zersetzt wird und der dabei abgelagerte Kohlenstoff eine Sprengwirkung auf den Stein ausübt (vgl. Abschn. 3.445). Dieser Effekt tritt bei Silikasteinen nicht auf. Gegen Alkalidämpfe sind die letzteren beständiger als Schamottesteine, desgleichen gegen den Angriff durch die in den Kohlenadern enthaltenen basischen Oxyde, wie Eisenoxyd, Kalk und Magnesia (vgl. Abschn. 2.14, 2.15).

Das Anheizen einer neugebauten Koksofenbatterie erfordert größte Sorgfalt, damit das Ofenmauerwerk gut trocknet und die mit der Tridymit- und Cristobalitumwandlung zwischen 100 und 300° C sowie dem Übergang β-/α-Quarz bei 575° C verbundenen Volumenänderungen so langsam vor sich gehen, daß keine Risse entstehen. Nach etwa 15 Tagen sollen in den Heizzügen erst ~100° C herrschen und nach 35 bis 38 Tagen ~300° C. Am 50. bis 52. Tag kann die Temperatur etwa 750° C betragen. Dann kann das Anheizen schneller erfolgen, so daß die Heizzüge nach einer weiteren Woche etwa 1200 bis 1250° C heiß sind und mit dem Füllen begonnen werden kann [17].

Die Kammerausmauerung verschleißt im Laufe der Jahre [18, 19], während der Unterofen fast unangegriffen bleibt. Ausgebaute Läufer- und Bindersteine zeigen ausgeprägte Zonenbildung. Die der Kokskammer zugewandte Seite ist etwa 5 bis 10 mm tief verschlackt, dahinter folgt eine zweite schwarze, 10 bis 30 mm dicke Schicht. Die dritte, praktisch unveränderte Zone entspricht dem ungebrauchten Silikastein. An der Gasseite befindet sich eine etwa 10 bis 40 mm starke 4. Zone, sie ist oft an der von den Flammen bestrichenen Oberfläche verglast.

In der ersten, verschlackten Zone liegt die Kieselsäure größtenteils als Tridymit vor, daneben sind nur noch geringe Reste von Quarz und Cristobalit und dunkles eisenoxyd- und kieselsäurehaltiges Glas vorhanden. Im Eisenoxyd ist meist etwas Graphit eingeschlossen [20]. Gegenüber der ursprünglichen chemischen Zusammensetzung hat sich Eisenoxydul, Kalk, Magnesia und Alkali angereichert. Bemerkenswert ist der verhältnismäßig hohe Gehalt an Sulfat. Die zweite, schwarze Schicht besitzt eine geringere Porosität als der unveränderte Stein. Kennzeichnend sind für sie aus kohlenstoffhaltigen Gasen stammende Kohlenstoffablagerungen (etwa 1,4%). Steine mit Rissen können in Rißnähe bis zu 2% Kohlenstoff enthalten. Der Gehalt an Eisenoxyden, Kalk, Magnesia und Alkali ist in dieser Zone geringer als in der ersten, ebenso ist die Umwandlung der Kieselsäure in Tridymit weniger vollständig. Die Quarzreste sind größer, es tritt auch Cristobalit in größerer Menge auf. Daneben enthält die 2. Schicht noch Hämatit und Graphit, wenngleich in geringerem Maße als die 1. Zone.

Die 4. Zone unterscheidet sich chemisch kaum vom unveränderten Silikastein, lediglich ihr Alkaligehalt ist meist etwas größer. Sie besteht aus geringen Resten nicht umgewandelten Quarzes mit einer Cristobalithülle und dicht zusammengewachsenen Tridymitnädelchen. Sie hat eine geringere Porosität als der unveränderte Stein, aber eine höhere als die erste, verschlackte Zone [21]. Nach R. N. GOLOWATYJ [20] sind Koksofensteine mit geringerer Porosität (18 bis 20%) widerstandsfähiger gegen den Verschleiß als solche mit 22 bis 23% Porosität.

Bei längerem Betrieb werden die Kammern undicht. Man dichtet sie dann mit im wesentlichen aus Sand bestehenden Flickmassen. Dem Sand muß einmal so viel Ton zugemischt werden, daß die Massen streichbar sind, zum anderen so viel Flußmittel (hauptsächlich Alkalien), daß sie bei der Kammertemperatur dicht sintern, ohne weich zu werden. Neuerdings werden feinkörnige Spritzmassen zu dem gleichen Zweck verwandt.

2.56 Glasschmelzöfen

Zum Schmelzen von Glas werden Hafenöfen mit Unterflamm- bzw. Oberflammfeuerung oder Wannenöfen benutzt.

Bei den *Unterflammöfen* treten die in Regeneratoren vorgewärmten Verbrennungsgase durch Öffnungen im Boden in den Herdraum und überschlagen die darin stehenden Häfen.
Sie ziehen an der anderen Seite durch entsprechende Öffnungen wieder ab und geben dabei ihre restliche Wärme an die anderen Regenerativkammern ab (Abb. 247) [*22*]. Der *Oberflammofen* hat die Brenner an den beiden seitlichen Enden des Ofens, ähnlich wie der SM-Ofen. Die Flammen streichen abwechselnd von dem einen oder dem anderen Ende über die eingesetzten Häfen hinweg und verlassen den Ofen an der gegenüberliegenden Seite (Abbildung 248).

Von den *Wannenöfen* werden die kleineren, sog. *Tageswannen*, die in 24 Std. ausgearbeitet werden, diskontinuierlich betrieben. Die großen Glaswannenöfen oder *Dauerwannen* sind für einen stetigen Betrieb eingerichtet (Abb. 249) [*23*]. In ihnen wird das Ge-

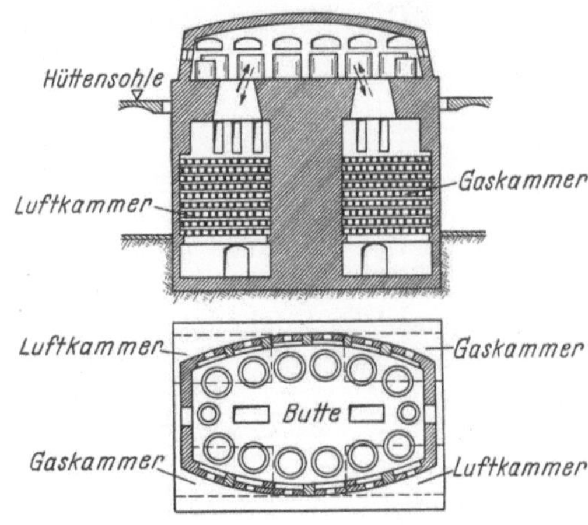

Abb. 247. Glashafenofen mit Unterflammfeuerung

menge laufend an der Aufgabeseite geschmolzen. Der sich bildende Glasfluß wird bei fallenden Temperaturen geläutert und entgast, um dann nach Durchfließen des Abstehraumes, wo die Schmelze langsam die zur Verarbeitung notwendige Temperatur annimmt, dem Entnahme- oder Ziehraum für die Verarbeitung entnommen zu werden.

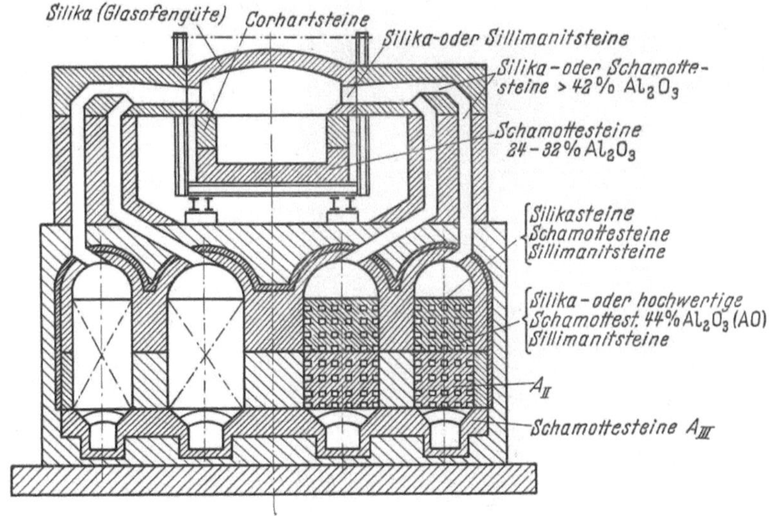

Abb. 248. Glashafenofen mit Oberflammfeuerung

Im Schmelzraum beträgt die Temperatur höchstens 1500° C. Sie sinkt beim Läutern bis auf etwa 1300° C ab, dann weiter über den Abstehraum bis auf die Arbeitstemperatur von rund 1000 bis 800° C im Entnahmeraum (Abb. 250).

Bei Hafen- und Wannenöfen wird das Ofengewölbe aus Silikasteinen hergestellt, die in ihren Eigenschaften den Gewölbesteinen für die SM-Öfen ähneln,
aber geringere Druckfeuerbeständigkeit und häufig auch höhere Porosität besitzen (vgl. Abschn. 2.42) (Abb. 248).

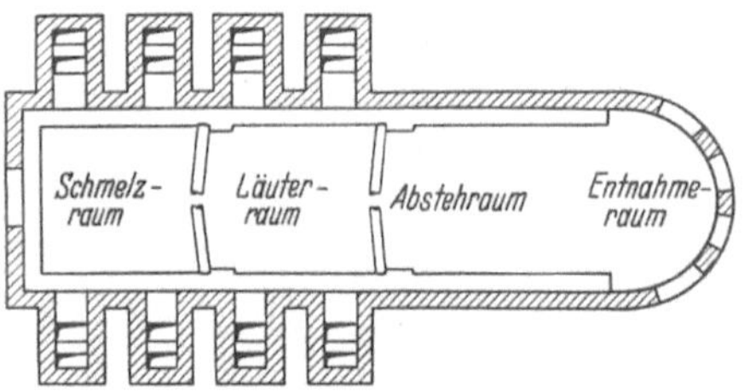

In den Gewölbesteinen der Schmelz- und Läuterwanne bilden sich im Betrieb Zonen aus. An der Feuerseite liegt eine dichte weiße, aus *Cristobalit* bestehende Zone, ihr folgt eine grünlich gefärbte *Tridymit-Zone*. Der allmähliche Übergang dieser Zone zum unbeeinflußten

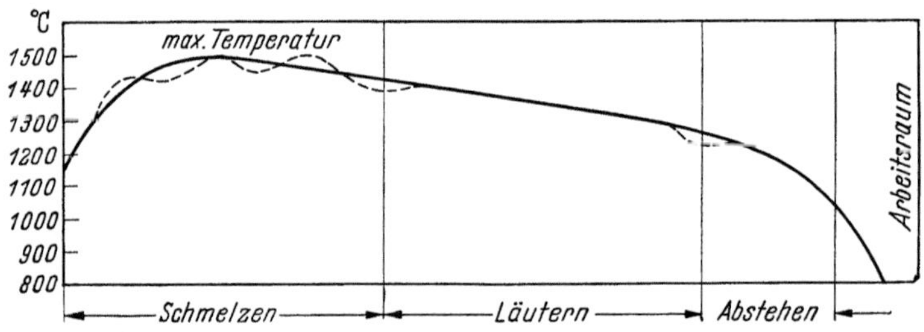

Abb. 249. Glaswannenofen, Grundriß

Stein ist an der Farbfolge gräulich nach gelblich zu erkennen. Nach A. E.
BADGER [24] besitzen die Zonen unterschiedliche Eisenoxydgehalte. Ein Silikastein, der ungefähr 1 Jahr im Gewölbe eines Glaswannenofens gesessen hatte,
besaß an der Feuerseite 0,10% Eisenoxyd und in der blaßgrünen Zone fast

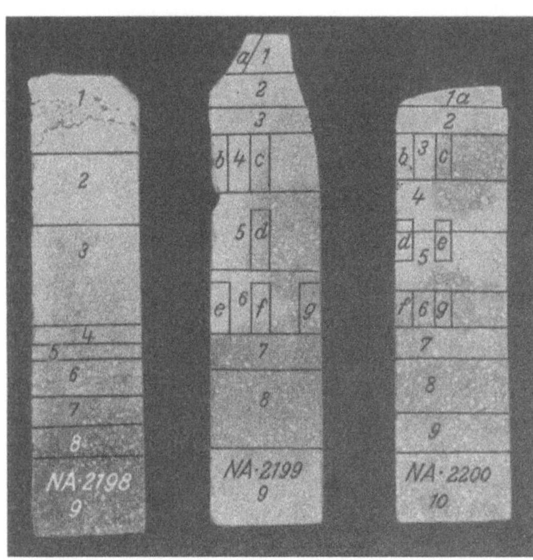

Abb. 250. Temperaturverlauf im Glaswannenofen (nach L. SPRINGER)

0,60%. In der grauen Zone erreichte der Eisenoxydgehalt mit 0,67% seinen höchsten Wert. Die daran anschließenden Zonen enthielten ungefähr gleichbleibend 0,35 bis 0,39% Eisenoxyd.

E. S. CHRZAN, E. C. PETRIE u. S. M. SWAIN [25] untersuchten die Abnutzung von Silikasteinen aus dem Gewölbe des Schmelz-, Läuterungs- und Arbeitsraumes nach einer Gebrauchszeit von $3^1/_2$ Jahren (Abb. 251). Die entstandenen Zonen waren je nach der Einbaustelle im Gewölbe verschieden stark. Von den Unterschieden ihrer chemischen Zusammensetzungen ist besonders diejenige des Alkali-

Schmelzraum   Läuterungsraum   Arbeitsraum

Abb. 251. Infiltrierte Silika-Gewölbesteine aus einem Glaswannenofen mit Eintragung der Zonenbezeichnungen
(nach E. S. CHRZAN u. Mitarb.)

gehaltes bemerkenswert. Die Steine aus dem Gewölbe des Schmelzraumes enthielten in der Zone 1 bis zu 2,6% Alkali. Dieser Prozentsatz verminderte sich
in den folgenden Zonen bis zu Zone 9 (Abb. 252a). Bei den Steinen aus dem
Läuterungsraum und dem Arbeitsraum be-
sitzt die 1. Zone einen Alkaligehalt von
4 bis 5%, der schon auf einer kurzen
Strecke, und zwar bis in die Zone 3 oder 4
auf den normalen Gehalt im Stein abfällt

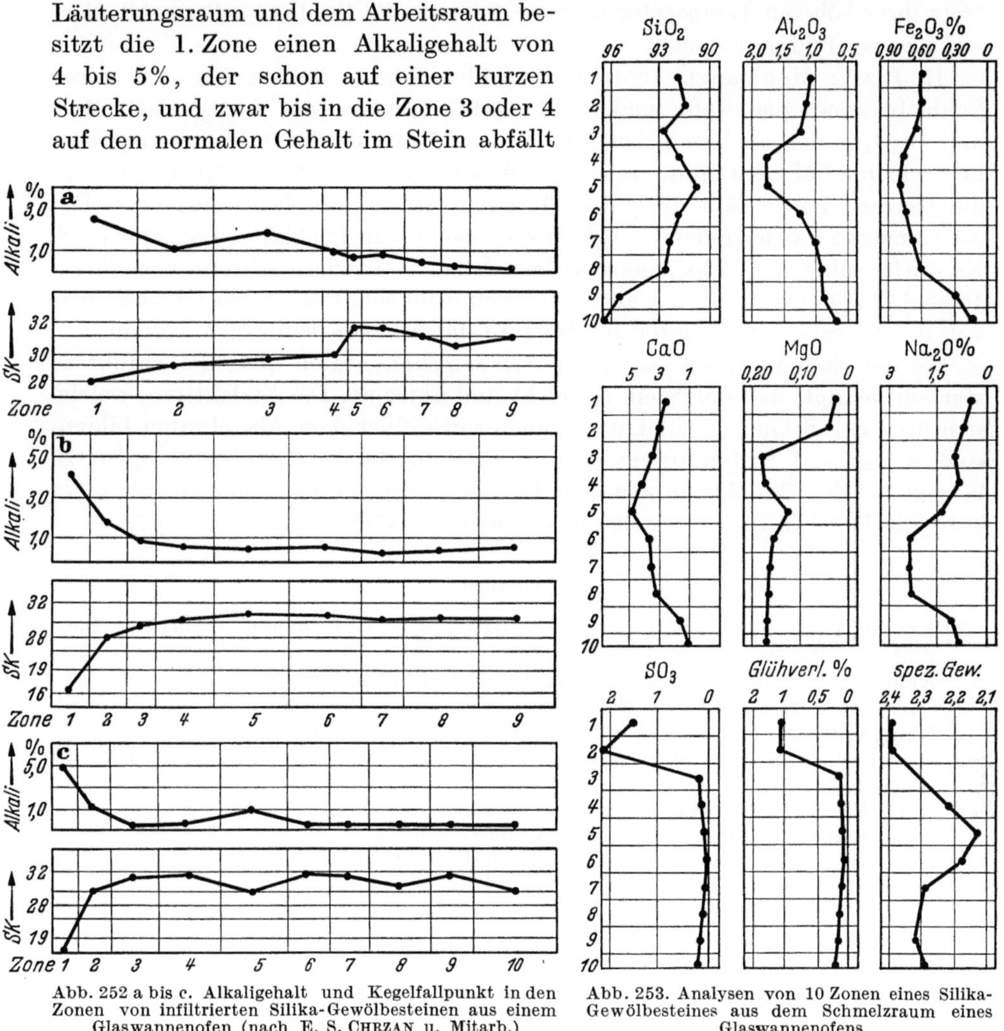

Abb. 252 a bis c. Alkaligehalt und Kegelfallpunkt in den
Zonen von infiltrierten Silika-Gewölbesteinen aus einem
Glaswannenofen (nach E. S. CHRZAN u. Mitarb.)

a) Stein aus dem Schmelzraum;　b) Stein aus dem
Läuterungsraum;　c) Stein aus dem Arbeitsraum

Abb. 253. Analysen von 10 Zonen eines Silika-
Gewölbesteines aus dem Schmelzraum eines
Glaswannenofens

(nach H. JEBSEN-MARWEDEL)

(Abb. 252 b u. c). Der Kegelfallpunkt ändert sich jeweils wie der Alkaligehalt und
sinkt dementsprechend im heißen Schmelzraum nur bis auf SK 28 = 1635° C
ab, im Läuterungs- und Arbeitsraum dagegen bis auf 1470 bzw. 1480° C, steigt
dort aber bereits in Zone 3 bis 4 wieder auf den üblichen Wert an.

Als Mineralphasen enthielt der Stein aus dem Schmelzraum in seinen beiden
ersten Zonen viel *Cristobalit*, wenig *Tridymit* und Glasphase. Daneben lagen
noch in geringer Menge prismatische Kristalle mit einem Brechungsindex von
1,51 und niedriger Doppelbrechung, vermutlich *Carnegieit* $Na_2O \cdot Al_2O_3 \cdot 2 SiO_2$.
Die nächsten Zonen bestanden überwiegend aus Tridymit. Dies Mineral bildet

auch in allen Zonen der Steine aus dem Läuterungs- und Arbeitsraum den Hauptbestandteil neben wenig glasiger Substanz. Wie im SM-Ofen-Gewölbe (vgl. Abschn. 2.513) nehmen auch hier die aus Cristobalit bestehenden Zonen trotz ihrer höheren Temperatur weniger Fremdstoffe (in diesem Falle Alkalien) auf als die Tridymit-Zonen.

H. Jebsen-Marwedel [26] untersuchte Silika-Gewölbesteine aus einer Schmelzwanne zonenweise und stellte dabei Maxima von Al_2O_3, CaO, MgO und Fe_2O_3 in den mittleren Zonen fest, die auf eine Flußmittelwanderung ähnlich wie im SM-Ofen hinweisen (vgl. Abschn. 2.514 u. 2.518) (Abb. 253). In die gleichen Zonen fällt auch das Minimum des spezifischen Gewichtes. Das Natriumoxyd wanderte tiefer in den Stein hinein bis zu den kälteren Zonen 6 bis 8. Es dürfte einer aus Alkalisilikaten bestehenden Wanderungsfront angehören. Die Schwefelsäure-Anionen drangen dagegen nicht sehr tief ein. Sie sind offenbar von der Kieselsäure aus ihrer Bindung an die Alkalien verdrängt worden.

An der Steinoberfläche wird der Schmelzpunkt durch die Alkalizufuhr so stark erniedrigt, daß der Stein erweicht und abtropft. Die Stalaktiten, welche sich über der Schmelz- und Läuterwanne sowie über dem Abstehraum bilden, sind weitgehend tridymitisiert. Die Erweichungstemperatur der Tropfspitze beträgt bei den Stalaktiten aus dem Gewölbe über der Läuterungswanne etwa 1170 bis 1180° C, ihre Schmelztemperatur etwa 1300° C.

Schrifttum

[1] Larsen, B. M., F. W. Schroeder, E. N. Bauer u. J. W. Campbell: Feuerfeste Baustoffe in SM-Öfen, S. 28ff. Leipzig 1929
[2] Kreutzer, C.: Stahl u. Eisen Bd. 72 (1952) S. 10/12 u. 1285/89
[3] Chesters, J. H.: Steelplant Refractories, S. 237ff. Sheffield 1946
[4] Harvey, F. A.: J. Amer. ceram. Soc., Ceram. Abstracts Bd. 18 (1935) S. 86/94
[5] Pierce jr., R. H. H., u. J. B. Austin: J. Amer. ceram. Soc., Ceram. Abstracts Bd. 19 (1936) S. 286/87
[6] Roll, R.: Ber. DKG. Bd. 17 (1936) S. 437/43
[7] Konopicky, K.: Stahl u. Eisen Bd. 74 (1954) S. 943/47
[8] Konopicky, K.: Stahl u. Eisen Bd. 74 (1954) S. 1402/13
[9] Dodd, A. E.: J. Iron. Steel Inst. Bd. 144 (1941) S. 218/31
[10] Speith, K. G., u. G. Engels: Stahl u. Eisen Bd. 70 (1950) S. 861/67, 873/77 u. 1083 u. Bd. 71 (1951) S. 260/61
[11] Frerich, R.: Stahl u. Eisen Bd. 70 (1950) S. 870ff.
[12] van Gijn, G.: Trans. Brit. ceram. Soc. Bd. 51 (1952) S. 161/62 (Diskussionsbemerkung)
[13] Hütter, L.: Radex-Rdsch. (1948) S. 15/26
[14] Harms, F.: Radex-Rdsch. (1950) S. 167/75
[14a] Fedock, M. P.: Electr. Furnace Steel Conf., Proc. Bd. 9 (1951) S. 140 u. Bd. 10 (1952) S. 197
[15] Lapin, V. V.: Trudy Petrograf. Inst. Akad. Nauk USSR. (1936) Nr. 7/8, S. 235/36
[16] Berezhnoi, A. S., L. J. Karyakin u. J. F. Dudavskij: Doklady Akad. Nauk USSR. Bd. 83 (1952) S. 401
[17] Shaw, H.: Refractories J. Bd. 11 (1935) S. 111/13 u. 130
[18] Cole, S. S.: J. Amer. ceram. Soc., Ceram. Abstracts Bd. 9 (1926) S. 197/202
[19] Austin, J. B., u. R. H. H. Pierce jr.: J. Amer. ceram. Soc. Bd. 16 (1933) S. 102
[20] Golowatyj, R. N.: Koks i Chimija (1937) S. 57/59
[21] Weitere Literatur über Koksofensteine: Clews, F. H., W. Hugill u. A. T. Green: Trans. Brit. ceram. Soc. Bd. 39 (1940) S. 337. — Dale, A. J., H. T. S. Swallow u. F. Wheler: Gas J. Bd. 187 (1929) S. 200. — Stuckert, L.: Sprechsaal Keram., Glas, Email Bd. 66 (1933) S. 594. — Howie, T. W.: Trans. Brit. ceram. Soc. Bd. 45 (1946) S. 45

[22] Chemische Technologie, anorganische Technologie II. München: Hanser 1950
[23] ULLMANN's Enzyklopädie der technischen Chemie, Bd. I, Chemischer Apparatebau u.
     Wärmetechnik. München/Berlin 1951
[24] BADGER, A. E.: Fuels and Furnaces Bd. 7 (1929) S. 1384
[25] CHRZAN, E. S., E. C. PETRIE u. S. M. SWAIN: J. Amer. ceram. Soc. Bd. 35 (1952)
     S. 173ff.
[26] JEBSEN-MARWEDEL, H.: Im Druck. Für die Überlassung der Analysenwerte vor der
     Drucklegung sei Herrn Direktor Dr. JEBSEN-MARWEDEL gedankt.

2.6 Verwendung und Beanspruchung feuerfester Sande und Klebsande

2.61 Feuerfeste Fabriken

Silber- und Quarzsande (s. Abschn. 2.26) werden in Steinfabriken wegen ihrer Feinheit und hohen Feuerfestigkeit zum Einstauben der Formen benutzt, um das Herauslösen der Steine zu erleichtern, ferner als Aufstreumaterial in Öfen, um das Zusammenbacken der Formlinge beim Brennen zu verhindern (Abschn. 2.321).

2.62 Siemens-Martin-Ofen

Für das saure SM-Stahlverfahren werden *Herde* aus Lagen von Quarzsand gebrannt. In Deutschland benutzt man hierfür Sande mit einer Korngröße vorwiegend zwischen 0,12 bis 0,5 mm. Vereinzelt arbeitete man auch mit Sanden gröberer Körnung bis zu 10 mm (Tab. 64) [1]. Nach J. H. CHESTERS [2] liegt die Korngröße der in England verwandten Sande zwischen 0,2 und 0,5 mm, entspricht also derjenigen der üblichen deutschen Sande (Abbildung 254). Geringe Unterschiede in den mittleren Fraktionen können kaum von Einfluß auf die Haltbarkeit der Herde sein. Die physikalischen und chemischen Eigenschaften sind in Deutschland und England gleich. J. H. CHESTERS [2] schlug vor, poröse Herde durch die Zugabe von sehr fein gemahlenem Silikamehl zu den Sanden zu verdichten und dadurch ihre Haltbarkeit zu verbessern.

Tabelle 64. *Chemische Analyse und Siebanalyse eines aufbereiteten Sandes für den sauren SM-Ofenherd* (nach H. ABKER)

Chemische Analyse		Siebanalyse	
	%	mm	%
SiO_2	98,40	über 6,5	23,0
Al_2O_3	1,10	3,5 bis 6,5	13,2
Fe_2O_3	0,5	2,0 bis 3,5	5,5
		1,0 bis 2,0	7,9
		0,3 bis 1,0	32,8
		0,2 bis 0,3	7,7
		0,09 bis 0,2	5,6
		0,05 bis 0,09	0,5
		unter 0,05	1,3

Der untere Teil eines Herdes besteht im allgemeinen aus 2 Flachschichten Schamotte und 3 Flachschichten Silikasteinen in guter Stahlwerksqualität. Darüber folgt die monolithische Sandschicht von ~ 100 mm Dicke, die Lage für Lage im heißen Ofen aufgetragen wird. Um eine Dichtsinterung zu erreichen, wird der reine Sand mit unreinem gemischt, der 2 bis 3 % Fe_2O_3 und 10 bis 12 % Al_2O_3 enthält. In den untersten Schichten beträgt das Verhältnis rein zu unrein etwa 4:1, nach oben wird es größer, in der obersten Lage schließlich wird nur reiner Sand verwandt, der mit etwas SM-Ofen-Schlacke eingebrannt wird.

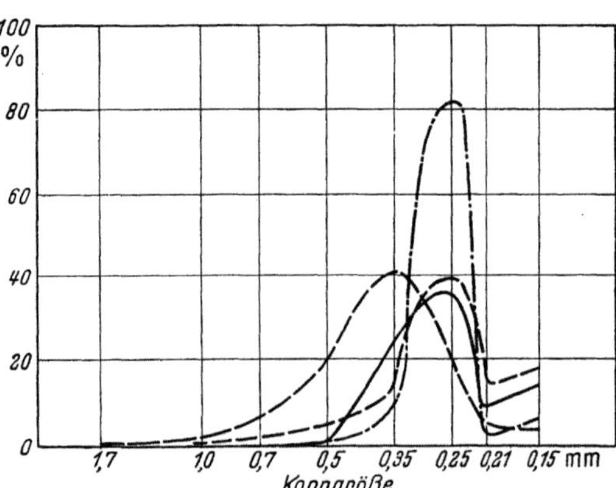

Abb. 254. Korngrößenverteilung von Sanden für den
sauren SM-Ofenherd (nach J. H. CHESTERS)
Ausgezogene Kurve: deutsche Sande;   gestrichelte
Kurve: englische Sande; strichpunktierte Kurve: belgische Sande

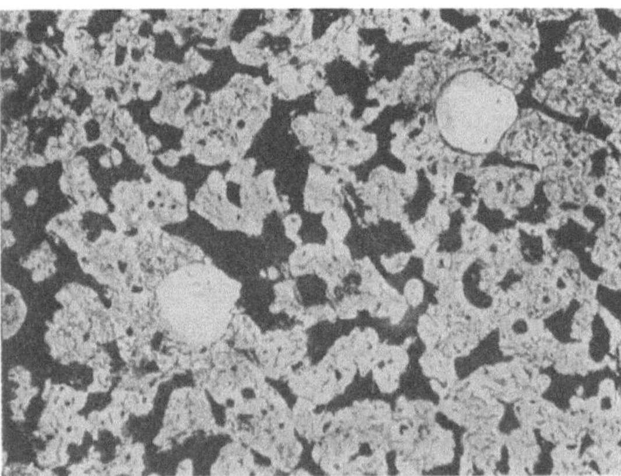

Abb. 255. Cristobalitzone eines sauren SM-Ofenherdes
(nach J. H. CHESTERS), Dünnschliff (Vergr. etwa 20 ×)

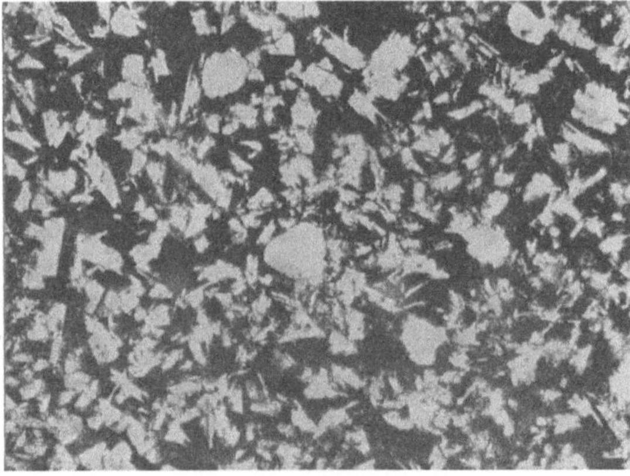

Abb. 256. Tridymitzone eines sauren SM-Ofenherdes
(nach J. H. CHESTERS), Dünnschliff (Vergr. etwa 20 ×)

Insgesamt dauert die Herstellung der monolithischen Schicht im heißen Ofen 4 bis 5 Tage. Die Erfahrung lehrt, daß die Haltbarkeit der Herde bei Verwendung derartig gemischter Sande besser ist, als wenn Natursande mittlerer Zusammensetzung benutzt werden.

Während der Ofenreise muß der Herd häufiger ausgeflickt werden. Der Verbrauch an Quarzsand ist daher im ganzen gesehen beträchtlich höher als beim ersten Herdaufbau. Neben reinem Quarzsand verwendet man zum Flicken auch Klebsand (vgl. Abschn. 2.261) oder Quarzitsand (gemahlenen Quarzit).

Der Herd nutzt sich ähnlich ab wie die Gewölbesteine. Beim Ausbrechen finden sich in ihm unter einer dünnen Schlackendecke zwei durch eine Übergangszone getrennte Zonen. In der obersten grauen Zone liegt die Kieselsäure als Netzwerk von Cristobalit vor, dessen Zwischenräume mit Magnetit und opakem Glas ausgefüllt sind (Abb. 255). In der Übergangszone tritt der Cristobalit allmählich zurück und wird in gleichem Maße durch Tridymit ersetzt. In der dritten tiefschwarzen Zone herrscht Tridymit in einer eisenoxydreichen Grundmasse vor (Abb. 256). Neben Cristobalit und Tridymit kommen in allen Zonen vereinzelte restliche Quarzkörner vor.

Die chemischen Veränderungen in der Cristobalit-Zone hat J. M. FERGUSON [3] an mehreren Herden untersucht (Tab. 65). Alle 4 Herde enthielten über 20% Eisenoxyde, wobei das Verhältnis von FeO zu Fe_2O_3 im Gegensatz zu demjenigen in Gewölbesteinen beträchtlich größer ist als im Magnetit. Außer Eisenoxyden wurde auch Tonerde und Manganoxydul aus dem Stahlbad aufgenommen. Nach J. M. FERGUSON lösen die Eisenoxyde den Cristobalit an der Herdoberfläche langsam unter Bildung eutektischer, silikatischer Schmelzen auf, die in die Schlacke gehen und den Herd korrodieren.

Tabelle 65. *Chemische Veränderungen in der Cristobalitzone von 4 sauren SM-Ofenherden* (nach J. M. FERGUSON)

Chemische Analyse %	Herd I	Herd II	Herd III	Herd IV
SiO_2	70,54	69,24	67,4	73,6
FeO	15,84	18,00	20,4	17,5
Fe_2O_3	5,51	4,44	3,96	3,44
Al_2O_3	2,29	2,65	1,06	2,06
MnO	5,28	4,05	5,02	2,27
CaO	0,08	1,04	2,10	0,84
MgO	0,72	0,86	0,44	0,21
	100,26	100,28	100,38	99,92
Betriebsdauer	12 Wochen	13 Wochen	8 Jahre	8 Jahre

Zum Ausstampfen der *Gießrinnen* am SM-Ofen dienen beim sauren und basischen Verfahren relativ grobkörnige, magere, d. h. tonerdearme Klebsande mit einem Kegelfallpunkt von SK 30 bis 34 (Tab. 66).

Tabelle 66. *Klebsand von Eisenberg zum Ausstampfen von Gießrinnen an SM-Öfen*

	Chemische Analyse					Siebanalyse					
	SiO_2 %	Al_2O_3 + TiO_2 %	Fe_2O_3 %	Glühverl. %	SK	>1 mm %	0,5 bis 1 mm %	0,25 bis 0,5 mm %	0,12 bis 0,25 mm %	0,06 bis 0,12 mm %	<0,06 mm %
1	92,8	4,6	0,4	2,0	31/32	0,6	3,0	21,8	37,6	16,0	20,8
2	90,5	6,3	0,4	2,3	33/34	0,6	2,4	19,8	35,2	15,6	26,4

2.63 Stahlpfannen

Auch Stahlpfannen werden vielfach mit Klebsand ausgestampft. So zugestellte Pfannen haben etwa die gleiche Haltbarkeit wie die mit Schamottesteinen ausgemauerten. Die hierfür verwandten Klebsande sind feinkörniger, fetter und weniger feuerfest als die Stampfsande für Gießrinnen (Tab. 67).

Zu ihrer Prüfung hat sich der Abschmelzversuch bewährt, bei welchem ein geformter Probekörper von $25 \times 25 \times 90$ mm in einem Kohlegrießofen 20 Min. lang einer Temperatur von $1560°$ C ausgesetzt wird. Er darf sich hierbei wohl leicht biegen, aber nicht zusammensacken. Diese Prüfung hat vor dem Kegelschmelzpunkt den Vorteil, daß die natürliche Struktur des Materials nicht zerstört wird.

Die Struktur der gestampften Masse ist teils unregelmäßig, teils gleichmäßig (Abb. 257). Im Betrieb sintert die Innenseite der Stampfung unter der

Tabelle 67. *Klebsande zum Ausstampfen von Stahlpfannen* (1. von Weitefeld, 2. von Dörentrup, 3. von Daaden, 4. von Charleroi/Belgien)

	Chemische Analyse				SK	Siebanalyse					
	SiO_2 %	Al_2O_3 + TiO_2 %	Fe_2O_3 %	Glühverl. %		>1 mm %	0,5 bis 1 mm %	0,25 bis 0,5 mm %	0,12 bis 0,25 mm %	0,06 bis 0,12 mm %	<0,06 mm %
1	88,5	8,2	0,5	—	28/29	0,5	0,2	2,5	17,6	23,9	55,3
2	88,2	7,9	1,0	0,7	29	0,8	2,5	24,5	38,4	3,5	30,3
3	87,7	8,6	0,9	2,5	26/27	4,8	1,0	3,2	9,6	17,2	64,2
4	84,6	8,8	2,6	3,7	28/29	1,4	1,8	8,8	19,4	24,2	44,4

b   a

Abb. 257 a u. b. Pfannenstampfungen nach dem Gebrauch

a) Gleichmäßige Struktur, keine Infiltration, glatte Schlackenhaut (Daaden);   b) ungleichmäßige Struktur, geringe Infiltration, rauhe Oberfläche (Belgien)

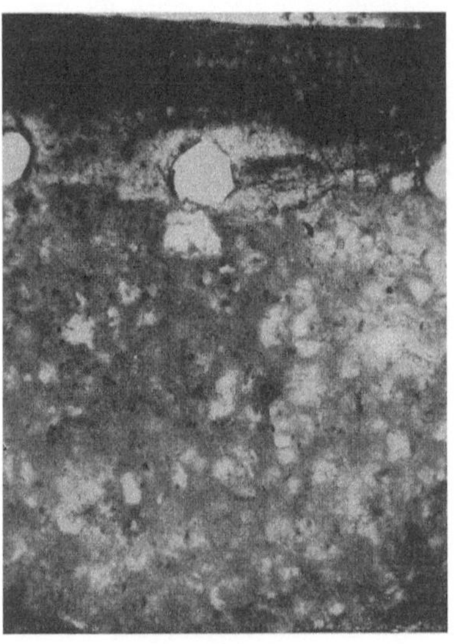 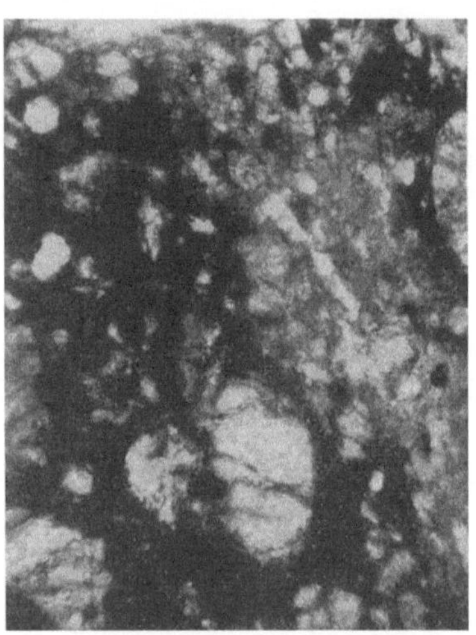

a   b

Abb. 258 a u. b. Schlackenhaut auf einer gebrauchten Pfannenstampfung, Dünnschliff (Vergr. 30 ×)
a) Westerwälder Klebsand mit Schlackenhaut;   b) belgischer Klebsand mit Infiltrationen

Hitzewirkung des flüssigen Stahles (1550 bis 1580 °C) fest zusammen und wird von der kalk- und manganoxydreichen Pfannenschlacke angegriffen. Hierbei lösen sich gewöhnlich die oberflächennahen Teile teilweise auf, ohne daß es jedoch zu einer Infiltration kommt (Abb. 258a). Nach dem Abkühlen ist dann die Oberfläche mit einer dunklen, glänzenden Schlackenhaut überzogen (Abb. 257a). In anderen Fällen dringt die Schlacke bis zu einer geringen Tiefe ein, die Oberfläche bleibt dabei rauh und körnig (Abb. 257b u. 258b). Dieser Typ scheint sich im Betrieb besser zu bewähren als der erste.

2.64 Saure Elektroöfen

Kernlose *Induktionsöfen* stellt man im allgemeinen mit sauren Stampfmassen zu, nur für kleine Öfen ist eine basische Zustellung ohne Durchbruchsgefahr möglich. Als Stampfmassen dienen:

gekörnter und vorgebrannter Zementquarzit [4],
Klebsand [2],
Ganister, z. T. schwach vorgebrannt [2].

Die üblichen Körnungen der Massen sind in Tab. 68 zusammengestellt. Um ein Nachwachsen im Betrieb zu verhindern, können in geringem Umfang gemahlene Silikasteine zugemischt werden.

Tabelle 68. *4 Siebanalysen von Stampfmassen für kernlose Induktionsöfen* [nach F. HARMS (1, 2) u. J. H. CHESTERS (3, 4)]

	>2 mm %	0,8 bis 2 mm %	0,4 bis 0,8 mm %	0,2 bis 0,4 mm %	0,1 bis 0,2 mm %	<0,1 mm %	
1	—	20	10	10	15	45	für Öfen bis 1 t
2	—	30	15	10	10	35	für größere Öfen
3	2	10	6	8	47	27	
4	2,5	10	6	8	41,5	32	

Als Sintermittel hat sich nur Borsäure oder Borax bewährt, die in Mengen von 1 bis 2% der Masse zugegeben wird. Im 2. Weltkrieg wurde anstelle der knappen Borsäure ein Siliko-Alkali-Titanat der Bayernwerke unter der Bezeichnung V 26 bzw. V 26 E eingeführt. Diese Stoffe werden auch heute noch verwandt. Beim Ausflicken kann auch Flußspat als Sintermittel benutzt werden [4].

Zur Herstellung der Tiegelstampfung wird eine Schablone aus 10 bis 12 mm starkem Blech in den Ofen eingesetzt und zentriert. Dann werden zwischen Spule und Schablone Lagen von 80 bis 100 mm Schütthöhe unter gleichzeitigem Klopfen an die Schablone eingestampft. Die Masse soll trocken und 50 bis 60 °C warm sein. Nach J. H. CHESTERS [2] ist es jedoch auch möglich, Massen mit 1% Feuchtigkeit zu verwenden, ohne daß die Isolation der Spule leidet. Ein gewisser Feuchtigkeitsgehalt ist zweckmäßig, um Entmischungen beim Einfüllen zu verhindern.

Nach dem Stampfen wird die Schablone durch Stromzufuhr 4 Std. lang auf Weißglut gehalten, um die Masse zu sintern; der Ofen ist dann gebrauchsfertig (Abb. 259). Er muß jeweils nach 20 bis 25 Chargen repariert werden. Dazu wird mittels einer Schablone von 3 bis 4 mm Stärke neue Masse an die alte angestampft. Diese Schablone wird bei der ersten Charge mit eingeschmolzen, die Charge muß dabei langsamer geführt werden als normal, damit die neue Masse gut auf der alten festsintert.

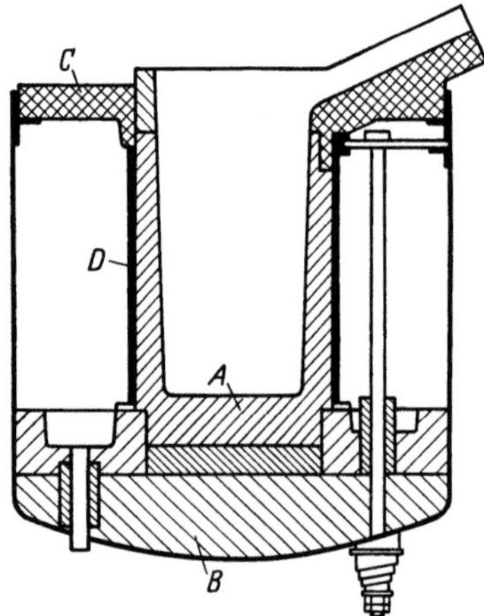

Abb. 259. Kernloser Induktionsofen mit saurer Stampfung (nach F. HARMS)
A Tiegel; *B* Untere Ofenausmauerung; *C* Abdecksteine; *D* Spule

Am stärksten wird die Ausstampfung in der Umgebung der Schlackenlinie korrodiert. Wegen des starken Temperaturgefälles in der Stampfmasse hält sich aber die Korrosion in erträglichen Grenzen. Es bildet sich innen eine Cristobalitzone, in der Mitte der Wandung eine Tridymitzone. Außen bleibt der Quarz erhalten, sofern nicht vorgebrannter Quarzit verwendet wird.

Ähnliche Stampfmassen wie für Induktionsöfen dienen auch zur Herstellung der Wände und Herde von sauren Lichtbogenöfen.

2.65 Kupol- und Schachtöfen

Die in Gießereien gebräuchlichen *Kupolöfen* werden heute fast ausschließlich mit sauren Stampfmassen auf Quarzitbasis zugestellt. Je nach Ofengröße werden die Körnungen 0 bis 15 mm, 0 bis 10 mm, 0 bis 6 mm oder 0 bis 1,5 mm verwandt. Der Tonerdegehalt der Masse muß nach der Temperaturbeanspruchung im Ofen gewählt werden.

Beim Stampfen werden gewöhnlich Holzschablonen benutzt. Die Preßluftstampfer besitzen einen rechteckigen Fuß von etwa 20 × 60 mm Querschnitt. Die Massen werden mit Wasser erdfeucht angemacht und in Lagen von ~80 mm Schütthöhe gestampft. Für die erforderlichen Dehnfugen müssen in Abständen von 150 bis 200 mm Rohre oder Latten am Innenmantel mit eingestampft werden. Damit der beim Trocknen des Ofens entstehende Wasserdampf abziehen kann, muß der Ofenmantel hinter diesen sog. *Schwadenstäben* durchbohrt werden. Unterhalb der oberen Eisensteine muß ein Zwischenraum von rund 30 mm frei gelassen werden, damit sich die Masse nach oben ausdehnen kann. Nach 2 bis 3 Betriebstagen kann der Rest dieses Zwischenraumes mit Stampf- oder Flickmasse ausgefüllt werden.

Der fertig gestampfte Ofen wird mit Warmluft getrocknet und, falls die Temperatur im Betrieb ungleichmäßig verteilt oder zu niedrig ist, eingesintert. Dazu wird der Ofen bis zu den Eisensteinen mit Koks gefüllt und nach Durchbrennen des Kokses mit dem Gebläse hochgeheizt. Die Sintertemperatur ist erreicht, wenn sich auf der Oberfläche der Masse eine Glasur zu bilden beginnt.

Zum Ausflicken werden besondere Flickmassen verwandt. Die noch warme Oberfläche der auszubessernden Stelle wird zunächst mit einem Brei aus den Feinteilen der Flickmasse und Wasser angestrichen, um die Haftung zu verbessern. Die erdfeuchte Masse wird dann in einem Arbeitsgang eingebracht (nicht in Lagen) und mit einem Holzhammer so fest wie möglich eingeschlagen.

In ähnlicher Weise werden *Schachtöfen* und *Konverter* der Buntmetallindustrie usw. mit sauren Massen ausgestampft. Die dreh- oder kippbaren *Trommelöfen* der Kupferindustrie erhalten eine 500 bis 600 mm starke Schicht aus eingebranntem Klebsand.

Schrifttum

[1] ABKER, H.: Stahl u. Eisen Bd. 56 (1936) S. 818
[2] CHESTERS, J. H.: Steelplant Refractories, S. 311. Sheffield 1946
[3] FERGUSON, J. M.: Iron Steel Inst., spec. Rep. Nr. 22 (1928) S. 41
[4] HARMS, F.: Radex-Rdsch. (1950) S. 167/75

3. Schamotteerzeugnisse

Trotz der Entwicklung zahlreicher neuer Steinqualitäten besteht der größte Teil der feuerfesten Baustoffe nach wie vor aus Schamotteerzeugnissen, bei deren Herstellung die plastischen Eigenschaften der Tone ausgenutzt werden. Ihre Haltbarkeit beruht auf dem hohen Schmelzpunkt, der chemischen Beständigkeit und der geringen thermischen Ausdehnung des beim Brennen von Ton entstehenden Minerals *Mullit*. Wegen seiner starken Neigung zum Schwinden beim Trocknen und Brennen muß ein bestimmter Prozentsatz des Tones vor der Formgebung gebrannt werden. Der weitgehend schwindungsfreie, vorgebrannte Ton wird als *Schamotte* (engl. grog) bezeichnet.

Der Ursprung dieses Wortes soll nach LUDWIG [1] in dem Ausdruck *Skarmotti* für kleingestampfte Kapselscherben liegen, welche mit Ton gemischt zur Herstellung neuer Kapseln dienen [2]. Trotz seiner italienischen Form ist ein italienischer Ursprung des Wortes nicht sicher, es ist auch in der französischen und englischen Fachliteratur nicht zu finden. Allerdings bezeichneten italienische Arbeiter in deutschen Glashütten zerkleinerte Scherben als *Skarmotti*. Andererseits ist auch eine Ableitung aus dem in thüringischer Mundart gebräuchlichen Ausdruck *Schärm* bzw. *Scharm* für *Scherben* möglich. Anfang des 19. Jahrhunderts kam die Schreibweise *Scharmotte* bzw. *Charmotte* auf. Im Laufe der Zeit verschwand das *r* und die Schreibweise Schamotte setzte sich durch.

3.1 Zusammensetzung und Eigenschaften der Tone und Kaoline

Ton ist ein Sammelbegriff für eine komplexe Gruppe von Sedimentgesteinen, die feines Korn, großes Wasserbindevermögen und beträchtliche Bildsamkeit in feuchtem Zustand gemeinsam haben. Ihre Hauptkomponenten bestehen aus kristallisierten, wasserhaltigen Aluminiumsilikaten (Tonmineralien). Der Name Ton dient auch zur Bezeichnung des Korngrößenbereiches $\leq 20\,\mu$, der weiterhin in

Grobton von 2 bis 20 µ,

Feinton von 0,2 bis 2 µ

und Kolloidton $< 0,2\,\mu$

unterteilt wird (s. Tab. 11). Diese Korngrößengruppen herrschen in den natürlichen Tonen vor.

Durch Gebirgsdruck verfestigter Ton wird als *Schieferton* bezeichnet. Unter *Kaolin* versteht man eine Abart der Tone, die äußerlich durch weiße Farbe, gröberes Korn und geringere Plastizität gekennzeichnet ist. Übergangsbildungen heißen *Kaolintone*.

3.11 Bestandteile

3.111 Überblick

Kaoline entstehen durch die Verwitterung feldspathaltiger fester Gesteine, Tone bei räumlicher Umlagerung der Verwitterungsprodukte unter Mitwirkung von fließendem Wasser. Ihren Bildungsbedingungen entsprechend lassen sich die mineralischen Bestandteile der Kaoline und Tone nach C. W. Correns [3] zu folgenden 5 Gruppen zusammenfassen:

1. *Verwitterungsreste.* Unverwitterte Restbestandteile des Ausgangsgesteines, meist aus Quarz, Feldspat oder Glimmer bestehend.

2. *Verwitterungsneubildungen.* Sie entstehen im Laufe des Verwitterungsvorganges und umfassen die Hauptmenge der eigentlichen Tonmineralien.

3. *Neubildungen im Sediment.* Diese bilden sich bei oder nach der Ablagerung des Tones aus dem Wasser (vor allem Pyrit, Dolomit usw.).

4. *Biogene Beimengungen.* Reste von Organismen, wie Kalkschalen oder Kieselschalen tierischer, organische Substanz pflanzlicher Herkunft.

5. *Amorphe Bestandteile.* Während früher angenommen wurde, daß die Hauptmasse des Tones amorph-kolloidaler Natur ist (Allophan-Ton nach H. Stremme [4]), haben die Forschungen der letzten Jahrzehnte ergeben, daß der Anteil an amorpher Substanz im Ton sehr klein und im allgemeinen schwer nachweisbar ist.

Die Grenzen zwischen den einzelnen Gruppen sind nicht immer scharf. Besonders bei den Glimmern und glimmerartigen Mineralien ist oft schwer festzustellen, ob sie Verwitterungsreste darstellen oder bei der Verwitterung neu gebildet worden sind. Die Kaoline enthalten als reine Verwitterungsprodukte nur Bestandteile der ersten beiden Gruppen, während in den Tonen alle 5 Gruppen vertreten sind.

3.112 Kaolinit

Bei feuerfesten Kaolinen und Tonen besitzt innerhalb der wichtigen Gruppe 2, *Verwitterungsneubildungen*, das Tonmineral *Kaolinit* [5] die größte Bedeutung. Seine chemische Zusammensetzung entspricht der Summenformel $Al_2O_3 \cdot 2\,SiO_2 \cdot 2\,H_2O$, d. h. 39,5% Al_2O_3, 46,6% SiO_2 und 13,9% H_2O, bzw. auf geglühte Substanz bezogen 45,9% Al_2O_3 und 54,1% SiO_2. Die Analyse eines natürlichen Kaolinits enthält Tab. 69. Es ist allerdings zweifelhaft, ob die

Tabelle 69. *Charakteristische Analysen verschiedener Tonmineralien. H_2O^+ im Gitter eingebautes Wasser, H_2O^- adsorbiertes Wasser*

Mineral	SiO_2 %	Al_2O_3 %	TiO_2 %	Fe_2O_3 %	CaO %	MgO %	K_2O %	Na_2O %	H_2O^+ %	H_2O^- %
Kaolinit	44,74	37,97	0,27	1,44	0,09	0,06	0,16	0,76	13,98	0,58
Halloysit	40,22	35,41	—	—	0,73	—	—	0,09	23,67	—
Montmorillonit .	52,30	14,43	0,20	2,00	2,12	6,15	0,52	0,50	6,55	15,78
Illit	47,21	21,47	—	10,73	0,21	3,62	5,78	—	6,17	3,80
Vermikulit	37,11	7,18	0,31	6,96	0,02	28,07	Spur	0,32	13,36	7,14

2 Wassermoleküle vollständig als Hydratwasser im Gitter eingebaut sind. Nach O. Koerner, K. Pukall u. H. Salmang [6] verliert der Kaolinit bei konstant gehaltenen Temperaturen unterhalb 400° C im Vakuum (isobarer Abbau) noch ein halbes Molekül Wasser, so daß nur 1,5 H_2O als chemisch gebundenes Hydrat-

wasser anzusprechen wären. F. W. Meyer [7] fand, daß bei schnellem Erhitzen auf 450° C sogar 1 Molekül H_2O abgegeben wird. Er schloß daraus auf die Existenz von 2 Hydraten, nämlich $Al_2O_3 \cdot 2\,SiO_2 \cdot 2\,H_2O$ und $Al_2O_3 \cdot 2\,SiO_2 \cdot H_2O$, die in wechselndem Mischungsverhältnis auftreten können.

Gelegentlich weisen Kaolinite einen um 1 bis 3% erhöhten Al_2O_3-Gehalt auf. Solche Typen werden nach C. S. Ross u. P. F. Kerr [8] als *Pholerite* bezeichnet.

Der Kaolinit ist reinweiß oder schwach gefärbt, von erdiger Beschaffenheit, fein schuppig oder dicht, er besitzt eine monokline Symmetrie und kommt meist in Form dünner Blättchen mit pseudohexago-

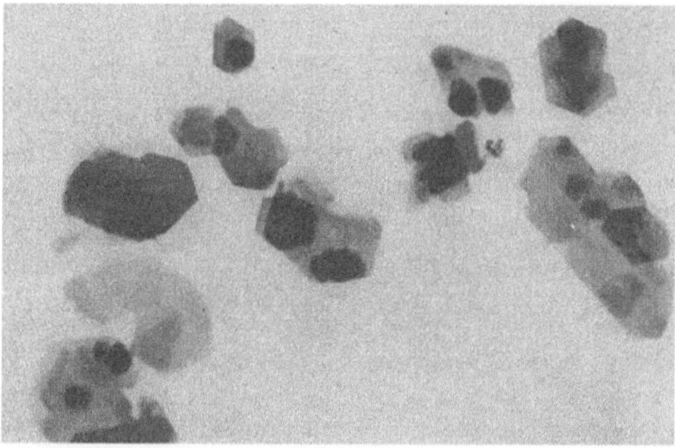

Abb. 260. Kaolinit von Niedertiefenbach b. Limburg (Vergr. 7560 ×)

naler Begrenzung vor. Parallel der Blättchenfläche ist er ausgezeichnet spaltbar. Gelegentlich tritt der Kaolinit auch in Form gerader oder wurmförmiger Prismen auf, die aus zahllosen miteinander verbackenen Blättchen bestehen (Geldröllchen). Seine pseudohexagonale Blättchenstruktur ist unter dem Elektronenmikroskop deutlich zu erkennen (Abb. 260)[1].

Das Kaolingitter ist schichtförmig aufgebaut (s. Abschn. 1.23), es wechseln Schichten aus $[SiO_4]$-Tetraedern mit solchen aus $[AlO_6]$-Oktaedern. In der tetraedrischen Schicht liegen 3 Sauerstoffionen jedes Tetraeders in einer Ebene und

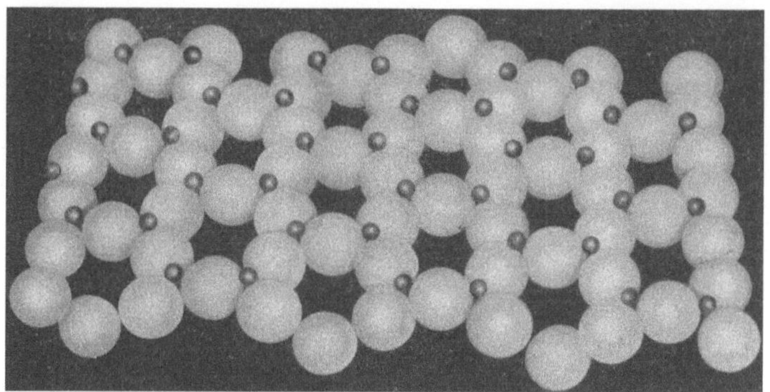

Abb. 261. Modell der Tetraederschicht eines Kaolinitkristalls. Sechsecknetz aus O-Ionen mit Si-Ionen (kleine Kugeln). Das vierte O-Ion zur Vervollständigung der Tetraeder fehlt (nach K. Jasmund)

bilden mit den Sauerstoffionen der benachbarten Tetraeder Sechseckringe, wie sie in Abb. 261 dargestellt sind. Das 4. (in Abb. 261 fehlende) Sauerstoffion

---

[1] Die elektronenoptischen Aufnahmen Abb. 260 u. 269 wurden vom Gesteinshüttenmännischen Institut der Technischen Hochschule Aachen zur Verfügung gestellt. Für die Überlassung sei Herrn Prof. Dr. H. E. Schwiete gedankt.

jedes Tetraeders liegt über den Siliziumionen und bildet die Sauerstoffbrücke zu der darüber folgenden Oktaederschicht. Ein Teil der Sauerstoffionen der $[AlO_6]$-Oktaeder gehört daher gleichzeitig den $[SiO_4]$-Tetraedern an. Die freien Valenzen der übrigen Sauerstoffionen sind durch Wasserstoffionen abgesättigt, so daß die Oktaeder z. T. O-Ionen, z. T. OH-Ionen enthalten (Abb. 262).

Eine derartige Doppelschicht wird als *Elementarschicht* bezeichnet, sie ist elektrisch neutral und besitzt die Formel $Al_2(OH)_4Si_2O_5$, welche der oben angeführten Summenformel $Al_2O_3 \cdot 2\,SiO_2 \cdot 2\,H_2O$ entspricht. Die Oberflächen der Elementarschichten sind auf der Tetraederseite mit Sauerstoffionen, auf der Oktaederseite mit (OH)-Ionen besetzt. Zwischen den einzelnen Elementarschichten bestehen trotz ihrer Elektroneutralität beträchtliche Anziehungskräfte, die auf eine Wasserstoff-Brückenbindung zwischen den O-Ionen einer

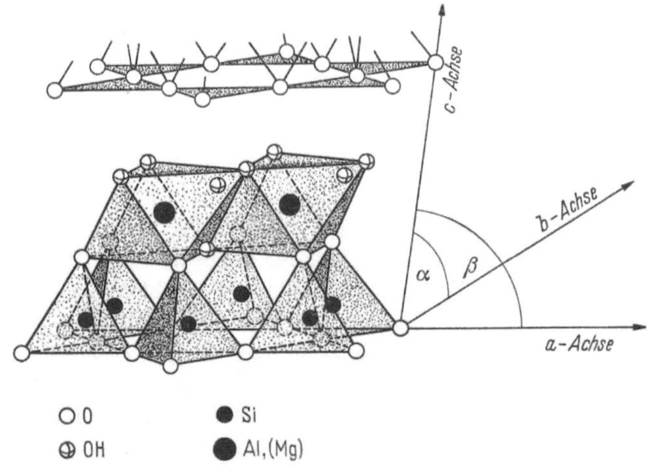

Abb. 262. Struktur des Kaolinits
Unten: Tetraederschicht; oben: Oktaederschicht
Die Kreisdurchmesser entsprechen nicht der wahren Größe der Ionen (nach K. JASMUND)

Elementarschicht und den OH-Ionen der nächsten zurückzuführen sind. Diese Anziehungskräfte vermögen mehrere Elementarschichten zusammenzuhalten, sie sind aber schwächer als die übrigen chemischen Bindungen im Gitter und rufen die gute Spaltbarkeit des Kaolinits nach der Blättchenebene hervor.

Zur Deutung des höheren Al_2O_3-Gehaltes der Pholerite nehmen C. S. Ross u. P. F. Kerr [8] sowie J. W. Gruner [9] an, daß ein Teil der Si^{4+}-Ionen in den Tetraedern durch Al^{3+}-Ionen ersetzt ist. Da dies die positive Ladung der Elementarschicht vermindern würde, muß die Oktaederschicht zur Wiederherstellung der elektrischen Neutralität überbesetzt sein.

3.113 Halloysit und Metahalloysit

Einen gegenüber dem Kaolinit erhöhten Wassergehalt weist der *Halloysit* auf. Seine chemische Zusammensetzung entspricht nach L. T. Alexander u. Mitarb. [10] der Formel $Al_2O_3 \cdot 2\,SiO_2 \cdot 4\,H_2O$ (s. Tab. 69). Die Art der Einordnung der beiden zusätzlichen Wassermoleküle, die schon bei 50° C aus dem Gitter austreten, ist noch unklar. S. B. Hendricks [11] nimmt an, daß zwischen je 2 Kaolinitelementarschichten eine H_2O-Schicht eingelagert ist. Die Wassermolekeln sollen dabei Sechsecknetze bilden, in denen noch ein Teil der Bin-

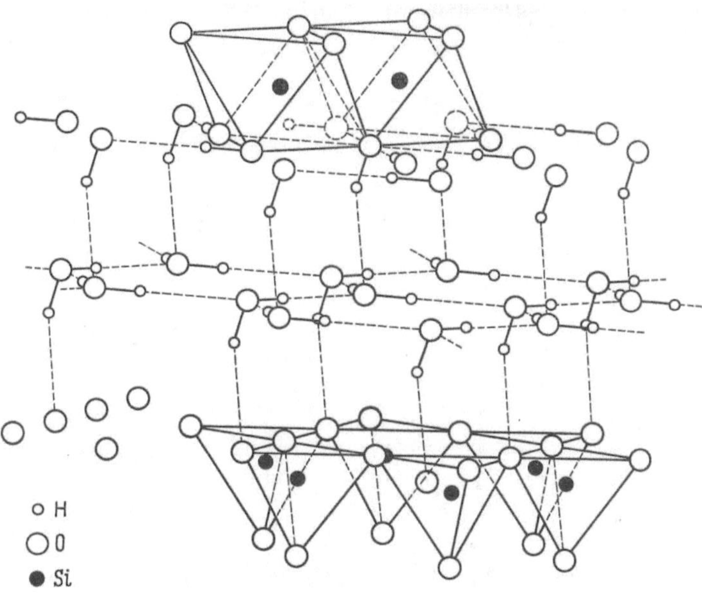

Abb. 263. In das Halloysitgitter orientiert eingelagerte Wasserschicht
Unten: Tetraederschicht; oben: Oktaederschicht des nächsten Elementarteilchens
(nach S. B. Hendricks u. E. Teller)

dungen frei ist. Mit diesen ist die Wasserschicht an die (OH)-Gruppen der Oktaederschicht bzw. die O-Ionen der Tetraederschicht gebunden (Abb. 263). Werden die Wassermoleküle durch Erhitzen vertrieben, so binden sich die Doppelschichten wie beim Kaolinit aneinander. Die Bindung ist dabei fester als vorher, so daß die Wiedereinlagerung einer Wasserschicht nicht mehr möglich ist. M. Mehmel [12] betrachtet dagegen das Halloysitgitter als eine abwechselnde Folge von $Al(OH)_3$ - und $Si_3O_2(OH)_2$ - Schichten, ein vielbeachteter Strukturvorschlag, der sich aber nicht durchsetzen konnte. Gegen ihn spricht u. a., daß 2 H_2O - Moleküle im Halloysit sehr locker gebunden sind.

Durch die Wasserabspaltung beim Erhitzen auf 50° C geht

Abb. 264. Metahalloysit von Djebel Debar, Marokko
(Vergr. 16 480 ×)

Halloysit in *Metahalloysit* über, dessen chemische Zusammensetzung der des Kaolinits gleicht. Auch im Gitterbau ähneln sich beide Mineralien so sehr, daß ihre Röntgendiagramme nur schwer voneinander zu unterscheiden sind [13]. Es bestehen aber doch charakteristische Unterschiede, die nach G. W. BRINDLEY u. J. GOODYEAR [14] darauf zurückzuführen sind, daß im Metahalloysit immer noch Reste des Zwischenschichtwassers vorhanden sind. Selbst durch Erhitzen

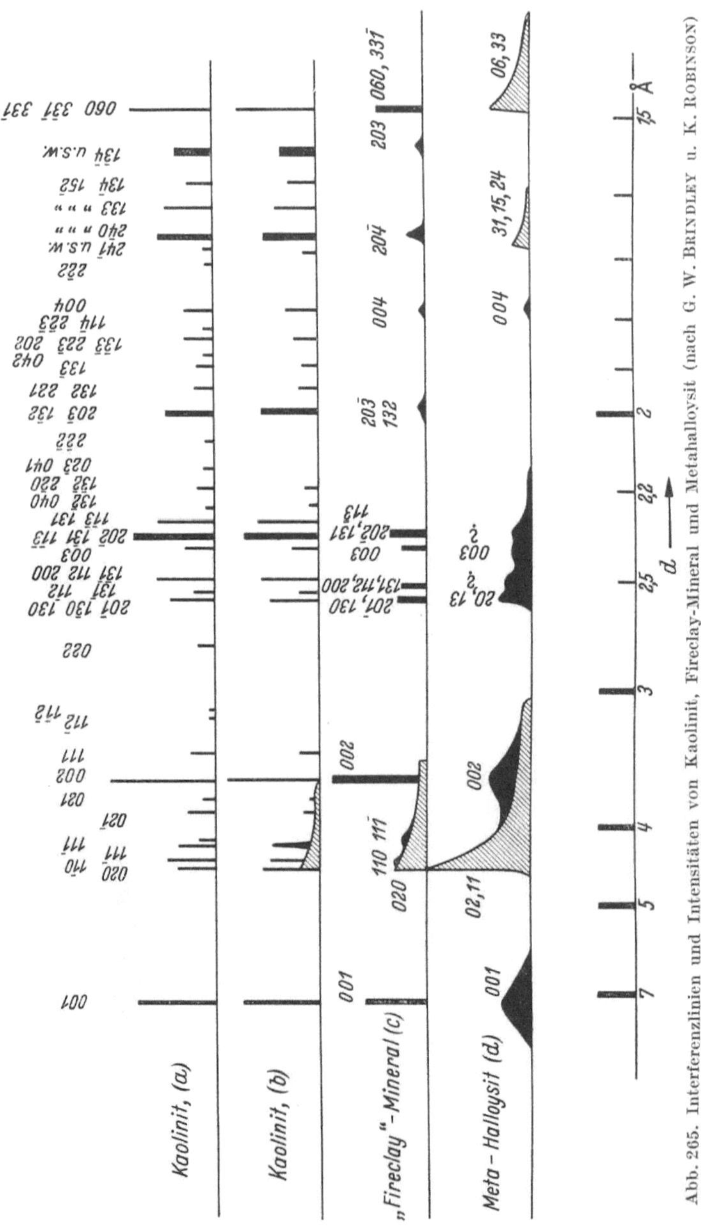

Abb. 265. Interferenzlinien und Intensitäten von Kaolinit, Fireclay-Mineral und Metahalloysit (nach G. W. BRINDLEY u. K. ROBINSON)

bis auf 400° C ist das Zwischenschichtwasser nicht quantitativ auszutreiben. Die verbleibenden Wassermoleküle sind ungleichmäßig zwischen den Schichtpaketen verteilt und rufen so eine Unordnung im Gitter hervor, die das Mineral optisch als isotrop erscheinen läßt.

Im Elektronenmikroskop erscheint der Halloysit in Form kleiner Röhrchen mit einem mittleren Außendurchmesser von 700 Å und einem Innendurchmesser von 400 Å [15] (s. Abb. 264)[1]. Diese Struktur ist nach TH. F. BATES, F. A. HILDEBRAND u. A. SWINEFORD [16] darauf zurückzuführen, daß die Schichtebenen des Gitters gekrümmt sind. In der Elementarzelle des Kaolinits ist die Oktaederschicht in der b_0-Richtung etwas kürzer als die Tetraederschicht (8,62 Å gegenüber 8,93 Å). Um eine ebene Schichtfläche zu ermöglichen, muß daher die Oktaederschicht etwas gestreckt werden. Bei den dicht aufeinander liegenden Doppelschichten des Kaolinits (Schichtabstand 3 Å) ist eine derartige Streckung fast stets möglich, beim Halloysit dagegen nicht, da hier die Schichtpakete durch Wassermoleküle um 5,74 Å voneinander getrennt sind. Die Schichtpakete rollen sich daher zu den beschriebenen Röhrchen auf.

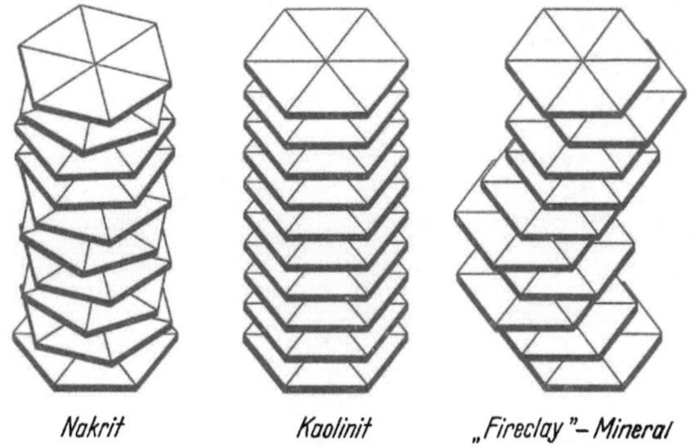

3.114 Fireclay-Mineral

Eine Zwischenstellung zwischen Kaolinit und Halloysit nimmt das in feuerfesten Tonen häufig vorkommende *Fireclay-Mineral* ein. Sein Gitter besitzt eine größere Unordnung als dasjenige des Kaolinits, ist aber besser geordnet als das Halloysitgitter. Die Al-Ionen der Oktaederschicht wechseln in ihrer Anordnung von einem Schichtpaket zum anderen, außerdem verschieben sich die Schichtpakete willkürlich gegeneinander. Der Grad der Unordnung läßt sich am besten aus den Interferenzlinien in Röntgenaufnahmen mit einer Kamera sehr großen Auflösungsvermögens ablesen. G. W. BRINDLEY u. K. ROBINSON [17] analysierten diese Interferenzen genau (Abb. 265). Beim Kaolinit sind sechs diskrete Linien zwischen den Basisinterferenzen (001) und (002) vorhanden, beim Fireclay-Mineral sind diese zu einem breiten Band verwaschen. Der Metahalloysit zeigt in diesem Bereich noch größere Unschärfen, außerdem sind selbst die Basisinterferenzen sehr unscharf.

Abb. 266. Ordnung und Unordnung in Mineralien der Kaolinitgruppe (nach C. W. CORRENS)

Abb. 267. Fireclay-Mineral vom Kaolin-Rock bei Pugu, Daressalam, Ostafrika (Vergr. 8000 ×)

---

[1] Die elektronenoptischen Aufnahmen Abb. 264, 267 u. 271 wurden vom Institut für Steine und Erden der Bergakademie Clausthal zur Verfügung gestellt. Herrn Prof. Dr. H. LEHMANN sei dafür gedankt.

Eine schematische Darstellung der verschiedenen Ordnungsgrade von Kaolinit, Fireclay-Mineral und dem ebenfalls zur Kaolinitgruppe gehörenden Mineral *Nakrit* gibt Abb. 266 nach C. W. CORRENS [18]. Unter dem Elektronenmikroskop zeigt das Fireclay-Mineral nicht die schönen 6eckigen Blättchen des Kaolinits, sondern kleine Blättchen unregelmäßiger Begrenzung (Abb. 267).

Die der Kaolinitgruppe angehörenden Minerale *Nakrit* und *Dickit* sind hydrothermaler Entstehung, sie kommen daher in normalen feuerfesten Tonen nicht vor.

3.115 Montmorillonit

Während die Elementarschichten der bisher besprochenen Tonmineralien, der sog. *Kaolinitgruppe*, aus 2 Schichten zusammengesetzt sind, bestehen diejenigen des Montmorillonits aus einer Oktaederschicht mit $[AlO_6]$-Gruppen zwischen 2 Tetraederschichten mit $[SiO_4]$-Gruppen (Abb. 268). Die Spitzen der Tetraeder weisen dabei nach U. HOFMANN, K. ENDELL u. D. WILM [19] nach innen, das an der Spitze gelegene Sauerstoffion bildet die Brücke zur zwischengelagerten Oktaederschicht. Von 6 O-Ionen der letzteren gehören also 4 gleichzeitig einer der beiden Tetraederschichten an, die restlichen 2 sind durch (OH)-Gruppen ersetzt. Demnach würde der Montmorillonit nur 2 (OH)-Gruppen in der Elementarzelle enthalten, während beim Kaolinit 4 vorhanden sind. Die Oberflächen der Elementarschicht sollen nur mit O-Ionen besetzt sein.

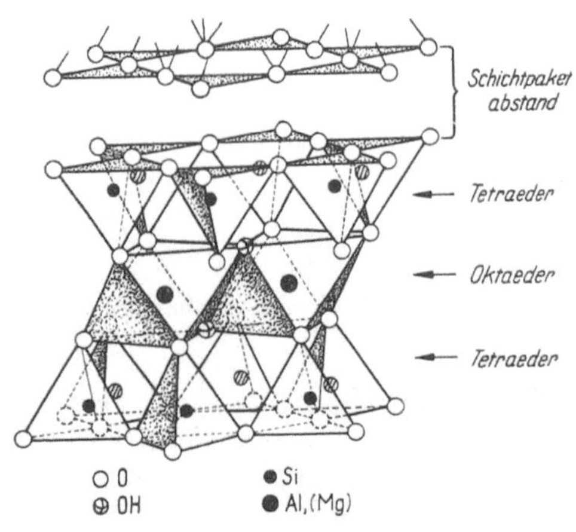

Abb. 268. Dreischichtenstruktur des Montmorillonits (nach K. JASMUND)

Die Idealformel des Montmorillonits lautet nach dieser Auffassung $Al_2(OH)_2 \cdot Si_4O_{10}$ oder als Summenformel $Al_2O_3 \cdot 4\,SiO_2 \cdot H_2O$, entsprechend 66,8% SiO_2, 28,2% Al_2O_3 und 5% H_2O bzw. in geglühtem Zustand 70,2% SiO_2 und 29,8% Al_2O_3.

Dieser Strukturvorschlag befriedigt jedoch nicht vollständig, weil er keine ausreichende Erklärung der Quellungs- und Adsorptionserscheinungen des Montmorillonits zuläßt. Hierzu ist nach C. H. EDELMANN u. J. CH. L. FAVEJEE [20] eine aktivere Grenzschicht an der Oberfläche der Elementarschichten erforderlich. Diese Autoren nehmen daher an, daß jedes zweite Tetraeder mit der Spitze nach außen gerichtet ist und an dieser Stelle mit (OH)-Ionen besetzt ist. Die Summenformel würde dann 3 Wassermoleküle an Stelle von einem enthalten. In der Tat wies G. BERGER [21] durch Methylierungsversuche mit Diazomethan nach, daß an der Montmorillonitoberfläche (OH)-Gruppen vorhanden sind.

G. FRANZEN, H. MÜLLER-HESSE u. H. E. SCHWIETE [22] nehmen einen unsymmetrischen Bau der Elementarschicht an mit der Reihenfolge Tetraederschicht, Tetraederschicht, Oktaederschicht. Ob sich dieser Vorschlag durchsetzen wird, ist fraglich. Trotz der gegen ihn erhobenen Bedenken scheint der Vorschlag von U. HOFMANN der z. Z. sicherste zu sein.

In der Natur kommt der Montmorillonit praktisch niemals rein vor (s. Tab. 69). In seinen Tetraederschichten wird das Si^{4+}-Ion in beträchtlichem Umfang isomorph durch Al^{3+} vertreten, Al^{3+} in der Oktaederschicht durch Mg^{2+}, Fe^{2+}, Fe^{3+}, Zn^{2+}, Cr^{3+} oder andere Kationen. Varietäten mit hohen Al_2O_3- und MgO-Gehalten werden als *Beidellit*, solche mit hohem Fe_2O_3-Gehalt als *Nontronit* bezeichnet. Die durch solche isomorphen Substitutionen hervorgerufenen Ladungsunterschiede gleichen sich z. T. dadurch aus, daß in der Oktaederschicht nicht alle vorhandenen Plätze besetzt sind. Überwiegen 3wertige Ionen, so sind nur $^2/_3$ der Lücken besetzt (Heptaphyllite), herrschen dagegen 2wertige Ionen vor, so werden alle Oktaederlücken ausgefüllt (Oktophyllite). Der Ausgleich der Ladungen ist aber niemals vollständig. Nach C. S. Ross u. S. B. Hendricks [23] bleiben im Mittel 0,33 Valenzanteile ungesättigt, sie ermöglichen die Anlagerung austauschfähiger Kationen.

Die Elementarschichten des Montmorillonits liegen in unvollkommener Ordnung übereinander. J. Mering [24] nimmt an, daß mehrere Elementarschichten zu einem Schichtpaket oder *Primärteilchen* vereinigt sind. Eine Anzahl derartiger Primärteilchen sind dann zu unter dem Elektronenmikroskop erkennbaren Mikroaggregaten zusammengebacken (Abbildung 269). Diese sind klein, sehr dünn und unregelmäßig begrenzt und unterscheiden sich deutlich von den gut ausgebildeten Kaolinitkristallen.

Der Montmorillonit zeichnet sich vor den übrigen Tonmineralien dadurch aus, daß Wasser oder eine organische Flüssigkeit zwischen die Elementarschichten unter Vergrößerung ihres gegenseitigen Abstandes eintreten, umgekehrt unter Verkleinerung des Abstandes wieder austreten kann. Dieser Vorgang wird als *innerkristalline Quellung* bezeichnet. Der Abstand zwischen 2 Elementarschichten kann sich dabei reversibel von 9,6 Å auf rund 20 Å ändern.

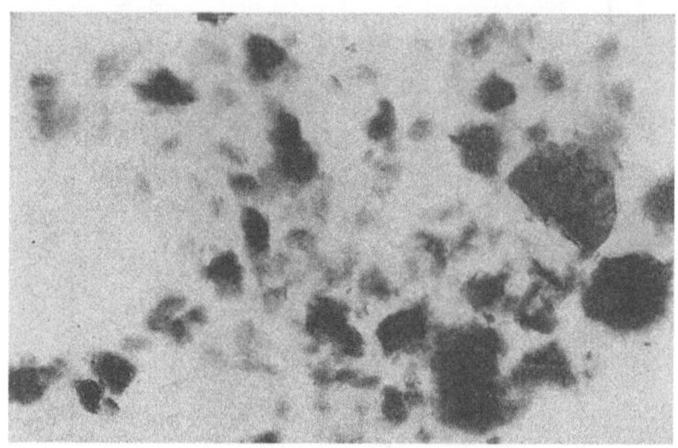

Abb. 269. Montmorillonit von Moosburg (Vergr. 15 750 ×)

J. Mering [24] verfolgte den Quellungsvorgang an einem Film aus orientierten Blättchen von Na-Montmorillonit bei wachsender relativer Luftfeuchtigkeit bis zum direkten Kontakt des Filmes mit Wasser (Tab. 70). Wenn die Feuchtigkeit von 0 auf 90 % ansteigt, vergrößert sich wohl der Abstand der Elementarschichten um 70 %, der Film als ganzes quillt aber noch nicht, weil zunächst der Leerraum in den Mikroaggregaten ausgefüllt wird. Zwischen 90 und 99 % Feuchtigkeit quillt der Film bis auf das Doppelte seines Ausgangsvolumens und wird dabei plastisch. Der Abstand zwischen den Elementarschichten wächst aber gleichzeitig nur von 16,2 auf 19,5 Å, d. h. um etwa 20 %. Der Quellvorgang ist also nur zum kleinen Teil auf die innerkristalline Wasseraufnahme zurückzuführen, im wesentlichen wird er durch eine Adsorption der Wasserschichten an der Oberfläche der Primärteilchen hervorgerufen. Bei direktem Kontakt mit Wasser verschwinden die $(00l)$-Interferenzen, d. h. der Kristall hat sich aufgeteilt, die einzelnen Silikatschichten sind frei im Wasser beweglich und nicht mehr aneinander gebunden. Der Film quillt dabei auf etwa das 20fache seiner Ausgangsdicke, vorwiegend infolge Aufnahme von Adsorptionswasser.

Tabelle 70. *Quellen eines Filmes von Na-Montmorillonit bei zunehmender Luftfeuchtigkeit* (nach J. MERING)

Relative Feuchtigkeit	Gesamtadsorption in g Wasser pro g Trockensubstanz	Mittlerer Schichtpaketabstand d in Å	Zwischenschichtwasser (mittlere Zahl der Schichten)	Wasseranteil auf der Außenfläche der Primärteilchen in g pro g Trockensubstanz	Beobachtetes Quellen
I. 0 ↓ 90%	0 ↓ 0,40	9,6 Å ↓ 16,2 Å	0 ↓ 2,2	0 ↓ 0,18	noch kein Quellen des Filmes
II. 96%	0,60	18,5 Å	3	0,3	Beginn des Quellens und der Verformbarkeit / etwa 30%iges Aufquellen
99%	1,00	19,5 Å	3,3	0,80	etwa 100%iges Aufquellen
III.	etwa 5	Der Schichtabstand bleibt unverändert bei 19,4 bis 20 Å, aber die (00*l*)-Reflexionen verschwinden langsam. Vollkommenes Verschwinden der (00*l*)-Reflexionen			Wachsendes Aufquellen bis zu etwa 20mal der Ursprungsdicke des Filmes

(Senkrechte Beschriftung in Spalte 3: Die Intensität dieser Interferenz wächst mit dem Aufquellen. — In Spalte 1/2 bei III.: Adsorption in Kontakt mit Wasser)

Der Montmorillonit besitzt weiterhin in besonderem Maße die Fähigkeit, Fremdionen, besonders Kationen in lockerer Bindung an die Oberfläche der Elementarschichten anzulagern. Die im Kristallgitter infolge isomorpher Substitution stets vorhandene negative Überschußladung von im Mittel 0,33 Valenzanteilen ermöglicht die lockere Bindung positiver Ionen [23]. Dazu kommt, daß die Randzonen der Elementarschichten ladungsmäßig nicht ausgeglichen sind, so daß auch an diesen Stellen eine Bindung von Fremdionen möglich ist [25]. Schließlich üben die O- und (OH)-Ionen der Elementarschichtoberflächen eine Kraftwirkung auf Ionen aus. Die Sauerstoffionen können Hydroxylionen adsorbieren und diese wiederum Kationen binden, so daß eine elektrische Doppelschicht entsteht, die wie ein Kondensator im Kleinen wirkt (vgl. Abschn. 3.12).

Durch die austauschfähig gebundenen Kationen werden die Eigenschaften des Montmorillonits, insbesondere seine Quellfähigkeit, stark beeinflußt. Na-Montmorillonit mit adsorbierten Na-Ionen kann wegen der starken Hydratation des Na-Ions wesentlich mehr Wasser aufnehmen und dispergiert feiner als H-Montmorillonit, der mehr krümelige Struktur besitzt und zähe Massen bildet. Der Ca-Montmorillonit nimmt eine Mittelstellung ein, die sich in der Praxis oft günstig auswirkt.

Die Anlagerung von geeigneten Kationen zur Verbesserung der Eigenschaften des Montmorillonits wird technisch in größerem Umfang durchgeführt und als *Aktivierung* bezeichnet. Derartige Produkte kommen unter der Bezeichnung *Aktivbentonite* in den Handel.

Das Adsorptionsvermögen beschränkt sich nicht auf Kationen, auch Anionen, Salze und gewisse organische Farbstoffe können angelagert werden. Eine Methode zum Nachweis von Montmorillonit beruht auf dem Farbvergleich von Proben, die mit einer übersättigten Benzidinlösung behandelt wurden.

Man bringt eine Spatelspitze voll aufbereitetem Ton auf einen sauberen Objektträger, setzt 1 bis 2 Tropfen Lösung zu und schüttelt von Hand, bis ein Ton-Farbstoffbrei entstanden ist [*27*]. Dieser färbt sich nach längerer Entwicklungszeit bei

Montmorillonit dunkelbraun,
Illit dunkelblau,
Halloysit hellbraun,
Kaolinit blaugrün.

Weiterhin entstehen beim Trocknen von montmorillonithaltigen Präparaten infolge der innerkristallinen Quellung charakteristische, scharfkantige Trockenrisse, die sich im Dünnschliff besonders nach

Tabelle 71. *Ionenumtauschfähigkeit einiger Tonmineralien*

Mineral	I. U. F. mÄ/100 g [1]	Quellverhalten
Kaolinit	3 bis 15	quillt nicht
Halloysit	1 bis 8	quillt nicht
Montmorillonit .	25 bis 150	starke Quellung
Illit	20 bis 40	quillt nicht
Vermikulit	65 bis 146	keine Quellung, aber Gitteraufweitung durch Adsorption

[1] mÄ = Milliäquivalente

Schwarzfärbung mit Nigrosinlösung beobachten und ausmessen lassen [*27a*]. Illit und Kaolinit liefern solche Risse nicht. Durch die Trockenrißbeobachtung lassen sich Montmorillonitgehalte von 25% und teilweise noch weniger nachweisen.

Die übrigen Tonmineralien besitzen auch die Fähigkeit, Kationen zu adsorbieren und adsorbierte Ionen auszutauschen, aber in weit schwächerem Maße als der Montmorillonit (s. Tab. 71 und Abschn. 3.117).

Die Größe des Adsorptionsvermögens ist stark von der Korngröße abhängig, sie kann daher durch Zerkleinern erhöht werden [*5, 26*]. Beim Mahlprozeß entstehen zusätzlich Störstellen im Gitter, welche die Anlagerung weiterer Ionen ermöglichen. Langes und intensives Mahlen kann die Kristallstruktur sogar völlig zerstören und schließlich zu einer amorphen Substanz führen.

3.116 Glimmer, Illit und Vermikulit

Ähnlich wie der Montmorillonit sind auch die Elementarschichten der *Glimmer* aus 3 Schichten aufgebaut, wobei aber regelmäßig jedes 4. Si-Ion der beiden Tetraederschichten durch Al ersetzt ist, während in den Oktaederschichten des Montmorillonits Al-Ionen in unregelmäßiger Verteilung und in wesentlich geringerer Menge vorhanden sind. Hierdurch erhalten die Glimmer *eine* negative Ladung pro 4 Tetraeder, die durch Alkali-Ionen abgesättigt wird. Die Alkalien der Glimmer sind nicht wie im Montmorillonit adsorptiv durch Restvalenzen gebunden, sie besitzen normale Ionenbindung und bilden eine feste, nicht austauschbare 4. Schicht aus Koordinationen der Form $[KO_{12}]$, welche je zwei der 3-Schichtgruppen miteinander verbindet (Abb. 270). Diese feste Verbindung der einzelnen Elementarschichten ermöglicht den Aufbau größerer Kristallindividuen, die beim Montmorillonit fehlen.

In den Tonen kommen echte Glimmer als Verwitterungsreste vor, daneben finden sich als Verwitterungsneubildungen sog. unvollständige Glimmer, die unter dem Sammelbegriff *Illit* zusammengefaßt werden. Sie enthalten weniger Alkalien, dafür aber mehr Wasser als die eigentlichen Glimmer [28]. Als Durchschnittsformel für die Illite wird von S. B. HENDRICKS u. C. S. ROSS [29] angegeben: $K_{0,58}(Al_{1,38}Fe^{3+}_{1,37}Fe^{2+}_{0,04}Mg_{0,34})(Si_{3,41}Al_{0,59})O_{10}(OH)_2$. Eine Durchschnittsanalyse ist Tab. 69 zu entnehmen.

Die Illitkristalle sind sehr klein und bleiben stets in der kolloidalen Größenordnung. Ihr elektronenoptisches Bild zeigt unscharf begrenzte Blättchen und Aggregate von wolkenartigem Aussehen (Abb. 271). Die Ionenumtauschfähigkeit ist beträchtlich und schwankt zwischen 20 und 40 mÄ (vgl. Tab. 71 und Abschn. 3.122), wobei allerdings 5% des Gesamtkaliums nicht austauschbar sind [30].

Im Gegensatz zum Montmorillonit erfährt der Illit keine innerkristalline Quellung. Der Basisabstand von 10 Å bleibt bei wechselndem Wassergehalt unveränderlich, selbst nach Erhitzen auf 600°C [31].

Der Illit verliert sein Kristallwasser bei einer etwa 100°C niedrigeren Temperatur als der Montmorillonit (vgl. Abschn. 3.13). Nach W. D. John u. E. C. JONAS [32] ist das auf die stärkere Substitution von Si-Ionen durch Al-Ionen in den Tetraederschichten zurückzuführen.

Ebenfalls zu den glimmerartigen Tonmineralien gehört der *Vermikulit*, welcher aus weißlichen bis bronzefarbenen, unregelmäßig begrenzten, weichen, talkartigen, unelastisch biegsamen Blättchen besteht, die sich bei plötzlichem Erhitzen wie eine Ziehharmonika aufblähen und in diesem expandierten Zustand als Isolierpulver Verwendung finden (s. Abschn. 7.11). Erst nach dem Erhitzen auf 700°C verliert der Vermikulit seine Fähigkeit zur innerkristallinen Wasseraufnahme. In den Tetraederschichten ist Si weitgehend durch Al und Fe ersetzt, in der Oktaederschicht Al durch Mg und Fe. Austauschbar gebunden sind vorwiegend Mg- und Ca-Ionen. Die Ionenaustauschfähigkeit des Vermikulits ist noch größer als diejenige des Montmorillonits (Tab. 71). Ähnlich dem Illit quillt er aber nicht bei der Aufnahme von Wasser.

Unter *Bravaisit* werden bestimmte Mischformen aus montmorillonitischen und kaolinitischen Gitterbestandteilen verstanden. Der *Leverrierit* soll aus einer Verwachsung von Kaolinit mit wenigen Glimmerlagen bestehen.

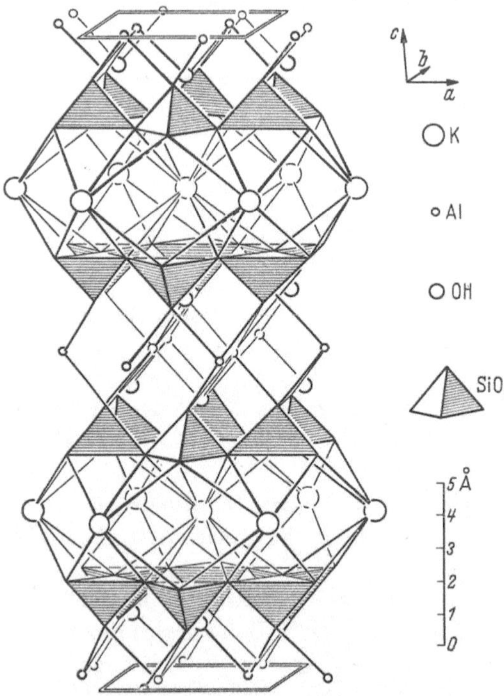

Abb. 270. Struktur von Muskowit-Glimmer (nach JACKSON u. WEST)

Im ganzen gesehen sind die Tonmineralien sehr labile Gebilde, sie können durch mechanische, chemische und thermische Eingriffe leicht verändert werden. Ihre Gitter können durch Adsorption von Ionen oder von Wasser (Montmorillonit) mehr oder weniger stark aufgeweitet bzw. zum Schrumpfen gebracht werden. Ihre chemische Zusammensetzung ist ebenfalls starken Schwankungen unterworfen, weil ein hoher Prozentsatz der Gitterplätze mit verschiedenen Ionen besetzt werden kann.

3.117 Zusammensetzung feuerfester Tone

Die feuerfesten Tone und Kaoline bestehen überwiegend aus Kaolinit, Fireclay-Mineral, Glimmer und Illit, ihre Eigenschaften beim Mischen mit

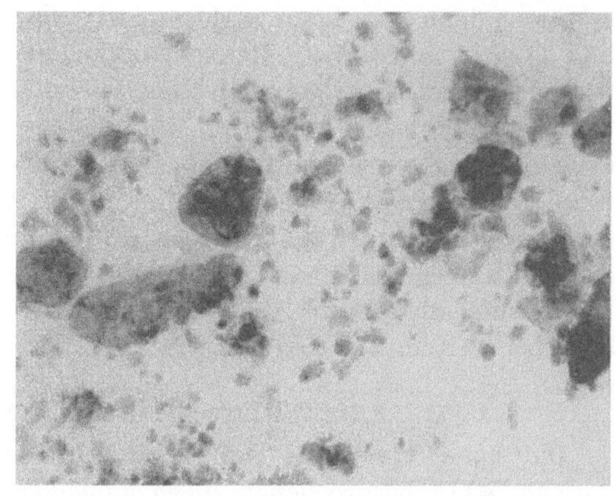

Abb. 271. Illit von Hettenleidelheim/Pfalz (Vergr. 11 600 ×)

Wasser und beim Erhitzen werden vor allem durch die Natur der in ihnen jeweils enthaltenen Tonmineralien bestimmt. Neben diesen kommt in wechselnden Mengen Quarz verschiedenen Feinheitsgrades vor, sowie eine geringe Menge von Kalzium- und Magnesiumkarbonat, seltener von entsprechenden Sulfaten. Der CaO- bzw. MgO-Gehalt übersteigt 1% im geglühten Zustand nicht.

Eisen liegt entweder als *Pyrit* bzw. *Markasit* FeS_2, als Bestandteil des Illit- oder Montmorillonitgitters oder auch als feinverteiltes *Eisenoxydhydrat* vor. Schwefelkieshaltige Tone sind schwarzblau gefärbt, in das Gitter von Tonmineralien eingebautes Eisenoxyd gibt dem Ton eine grüne, Eisenoxydhydrat eine gelbliche bis rötliche Farbe. Schwefelkies ist sehr unerwünscht, weil er häufig kleine Knötchen bildet und unregelmäßig verteilt ist. Auch Eisenoxydhydrat kommt gelegentlich in Nestern vor, meist jedoch ist es fein verteilt.

Weiterhin finden sich in Tonen *Rutilnadeln* in Mengen von 1 bis 4%, *Apatit* und verschiedene Schwermineralien in Spuren, welche die technologischen Eigenschaften nicht merklich beeinflussen. Schließlich sind manche Tone durch *Humusbestandteile* braun bis schwarz gefärbt.

3.12 Das System Ton–Wasser

3.121 Kapillarität

Feuerfeste Tone quellen beim Vermischen mit Wasser und verhalten sich plastisch. Als plastisch wird dabei der Zustand bezeichnet, in dem sich bei relativ hoher Zugfestigkeit der Masse deren einzelne Teilchen leicht gegeneinander verschieben lassen. Die hohe Zugfestigkeit des mit Wasser angemachten Tones ist durch *Kapillarkräfte* bedingt, deren Größe durch die große innere Oberfläche des Tones und die niedrige Oberflächenspannung des Wassers bestimmt wird [*33*]. Im Ton ist ein stark verzweigtes System feinster, Wasser ansaugender und festhaltender Kapillaren vorhanden. In einem feinkörnigen Ton sind Druckspannungen der Größenordnung 100 kg/cm² gemessen worden [*33, 34*].

Die Kapillarkräfte reichen aber allein nicht aus, um die Tonplastizität zu erklären; denn man kann auch unplastische Stoffe, wie z. B. Quarz, fein mahlen und so eine verformbare Masse erhalten, die aber bereits nach schwacher Verformung wegen ihres geringen Zusammenhaltes rissig wird.

Einen wesentlichen Einfluß übt die *Kornform* aus. Blättchenförmige Teilchen sind leichter verformbar als isometrische, weil ihre Kapillaren bei gleicher Korngröße kleiner werden und die glatten Oberflächen eine gegenseitige Verschiebung erleichtern [*35*]. Jedoch genügt auch die Blättchenform allein nicht zur Erklärung des Phänomens der Tonplastizität; denn andere feinkörnige, blättchenförmige Stoffe, wie Graphit, $BaSO_4$ usw., sind zwar auch bildsam, aber bei weitem nicht so gut wie Ton.

3.122 Elektrochemische Theorie der Kolloide

Die hohe Plastizität der Tone wird erst bei Berücksichtigung der in Abschn. 3.115 besprochenen *Adsorptionsfähigkeit* der Tonmineralien verständlich. An die Oberflächen der elektrisch nahezu neutralen Tonteilchen lagern sich (OH)-Ionen aus dem Wasser an und verleihen ihnen eine negative Ladung. Eine solche Anlagerung wird durch den Dipolcharakter des Wassermoleküls ermöglicht. Als Dispersionsmittel können an Stelle von Wasser auch andere Flüssigkeiten mit polarem Charakter, z. B. Alkohole, Amine, Diamine, Äther, Ketone, verwandt werden, nicht aber unpolare Flüssigkeiten, wie Benzol usw. [*36*]. Die Stärke der Adsorption hängt dabei von der Größe des Dipolmomentes der Flüssigkeitsmoleküle ab.

Beim Kaolinit wird die Adsorption begünstigt durch die angenäherte Gleichheit der Gitterabstände und der Abstände in der Ionenkonfiguration des Wasserdipols [*37*], die den Gitterabständen im Eis entsprechen. Die ungefähre Gleichheit der Gitterabstände ermöglicht eine nahezu lückenlose Überdeckung der Kaolinitoberfläche mit Wasserdipolen, so daß strenggenommen nicht mehr Adsorption, sondern kristalline Anlagerung (Epitaxie) anzunehmen ist. Die ersten Lagen von Wassermolekülen sind dabei sehr fest an die Tonoberfläche gebunden und lassen sich nur schwer wieder entfernen, Die Adsorptionsdrucke werden auf 20 bis 50 · 10⁴ kg/cm² geschätzt. Die äußeren Lagen sind weniger stark verfestigt, sie müssen einen leimartigen Charakter besitzen, der das Gleiten der Tonteilchen gegeneinander erleichtert.

Nach Messungen von F. H. NORTON u. A. L. JOHNSON [*38*] beträgt die mittlere Dicke des Wasserfilmes beim Kaolinit 5 mμ, entsprechend ≈ 60 Schichten von Molekülen bei einer Dicke der Tonteilchen von 40 mμ. H. WITTAKER [*39*] beziffert die Dicke des Wasserfilmes bei einem der optimalen Plastizität des betreffenden Tones entsprechenden Wassergehalt auf etwa 9 bis 16 mμ, bei Bentoniten auf 300 mμ.

Im Sinne von M. GOUY [*40*] und H. FREUNDLICH [*41*] bildet der Wasserfilm im ganzen eine HELMHOLTZsche Doppelschicht, deren negative Ladung an der Tonoberfläche haftet, während die positive von H-Ionen (Abb. 272a) oder hydratisierten Kationen (Abb. 272b) gebildet wird [*42*].

Tone ohne Kationenbelegung besitzen p_{H}-Werte von 4,5 bis 6,5 und können daher als schwache Säuren aufgefaßt werden. Bei der Elektrolyse einer Tonsuspension in Wasser wandern die Tonteilchen an die Anode.

Diese Tatsache wird zur Reinigung des Tones mittels der sog. *Elektrophorese* [43] ausgenutzt. Die groben Verunreinigungen fallen zu Boden, die positiv geladenen Eisenoxyde usw. wandern zur Kathode, an der Anode scheiden sich nur reine Tonteilchen ab.

Die Festigkeit der Adsorption hängt von Wertigkeit, Ionenradius und Hydratationsstärke der Kationen ab. Stark hydratisiert, d. h. mit einer relativ dicken Wasserhülle umgeben und daher relativ lose gebunden sind die Alkalien, geringen Hydratationsgrad und festere Bindung besitzen die Erdalkalien, die kleinen, nicht hydratisierten H-Ionen haften am festesten. Ionen, die zu festerer Bindung an die Tonteilchen neigen, können bei gleicher Konzentration lockerer gebundene verdrängen. Die adsorbierbaren Ionen können zur sog. *Hofmeister-Serie* angeordnet werden, in welcher jedes aufgeführte Ion bei gleicher Konzentration ein rechts von ihm stehendes austauschen kann:

$$\mathrm{H > Al > Ba > Sr > Ca > Mg > NH_4 > K > Na > Ti}.$$

Die Umtauschfähigkeit für Ionen wird in Milliäquivalentmengen (abgekürzt mÄ oder mval) austauschbarer Substanz pro 100 g Ton angegeben und nach dem Vorschlag von J. D. Hissink [44] dadurch gemessen, daß man eine Standardlösung von NH_4Cl oder NH_4-Azetat mit dem Ton digeriert und dadurch $(NH_4)^+$-Ionen gegen die am Ton adsorbierten Ionen austauscht. Die Abnahme des ursprünglichen NH_4-Gehaltes auf den der abfiltrierten Lösung ergibt die Ionenaustauschfähigkeit. Die Methode ist von U. Hofmann u. K. Giese [45] verbessert worden.

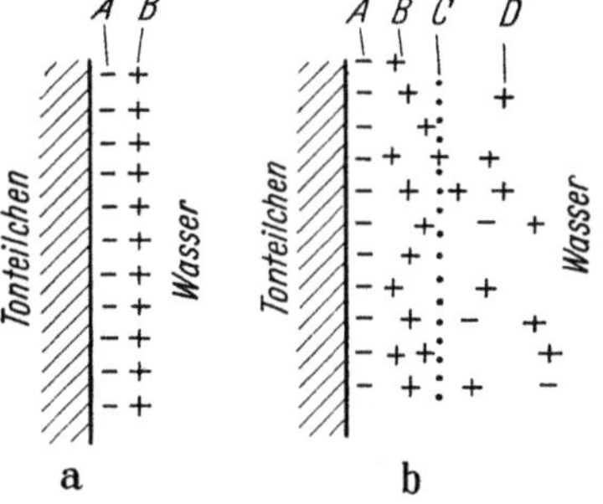

Abb. 272 a u. b. Helmholtzsche Doppelschicht an der Oberfläche eines Tonteilchens (nach W. Eitel)

a) In reinem Wasser;　b) in Wasser mit Kationenzusatz

A Adsorbierte Anionenschicht;　*B* Kationenschwarm;　*C* Grenze der Tonmizelle;　*D* diffuse Ionen im Wasser

Wegen der hohen Konzentration der Versuchslösung an NH_4-Ionen können mit ihrer Hilfe auch die in der Hofmeister-Serie links vom NH_4 stehenden Ionen mit Ausnahme von H und Al ausgetauscht werden. Die Summe der durch NH_4-Ionen austauschbaren, sorptiv gebundenen Basen (Na, K, Ca, Mg usw.) wird mit S bezeichnet. Durch Hinzufügen der Werte für die sorptiv gebundenen H- und Al-Ionen sowie der Fe-Ionen ergibt sich nach K. Endell u. P. Vageler [46] die als *totale Sorptionskapazität* bezeichnete Größe $T = S + \mathrm{H} + \mathrm{Al} + \mathrm{Fe}$, die in enger Beziehung zum Plastizitätsverhalten der Tone steht. H + Al kann durch Kochen mit Natriumazetatlösung und Titration des Filtrates mit Natronlauge bestimmt werden.

Da das Wasser nur in dynamischem Gleichgewicht mit den Makroionen der Tonteilchen steht, sind die Kationen innerhalb gewisser Grenzen frei beweglich. Sie bilden einen Ionenschwarm, der zusammen mit dem Makroion das *Tonsalz*-Molekül des Kolloidelektrolyten (*Mizelle*) darstellt [47]. Dieses ist um so größer, je mehr Kationen vorhanden und je stärker sie hydratisiert sind. Die Mizellen können untereinander durch Kationenbrücken verbunden sein

(Abb. 273), wodurch Stabilität und Festigkeit wasserärmerer Systeme, vor allem ihre Trockenfestigkeit erhöht werden.

Unter den Tonmineralien haben Montmorillonite die größten Mizellen und die stärkste Wasserbindung. Ihre Eigenschaften werden stark durch die Art und Stärke der Kationenbelegung bestimmt (Na-, Ca- und H-Montmorillonite) (vgl. Abschn. 3.115). Die kaolinitischen Tone bilden kleinere Mizellen mit weniger Schwarmwasser zur Aufnahme von Ionen und werden wegen ihrer geringeren Sorptionskapazität weniger stark durch die Art der Kationenbelegung beeinflußt. Nach K. ENDELL, U. HOFMANN u. D. WILM [48] besitzen jedoch mit Na-Ionen belegte Tone größere Trockenschwindung als die in der Natur vorherrschenden Ca-Tone. Die geringste Plastizität und Trockenschwindung weisen Tone auf, die mit H- oder 3- bzw. 4wertigen Ionen, wie Fe, Al oder Ti, belegt sind.

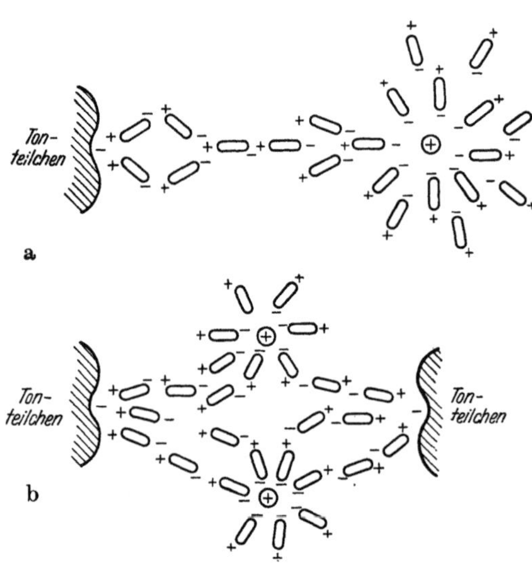

Abb. 273 a u. b. a) Mizelle mit Wasserdipolen und einem adsorbierten Kation; b) 2 Mizellen, durch Kationenbrücke miteinander verbunden

3.123 Tonverflüssigung

Durch Zugabe von Elektrolyten läßt sich die Viskosität einer Tonsuspension verändern. Nach Forschungen von A. L. JOHNSON u. F. H. NORTON [49] und anderen sind diese Erscheinungen auf die Stärke des elektrischen Potentials im Ionenschwarm der Mizelle zurückzuführen.

Für ein kugelförmiges Tonteilchen besteht der von der Doppelschicht im Sinne von M. GOUY [40] und H. FREUNDLICH [41] gebildete Kondensator aus zwei konzentrischen Schalen, zwischen denen das Potential

$$\zeta = \frac{n\,e\,\delta}{\varepsilon\,r\,(r + \delta)}$$

herrscht. Dabei bedeuten: e = elektrische Elementarladung, n = Zahl der freien Valenzen auf der inneren Schale oder der ihnen äquivalenten Ionen auf der äußeren, ε = Dielektrizitätskonstante, r = Radius der inneren Schale, δ = Abstand der äußeren von der inneren Schale. Dieses Potential hat eine Größe von 16 bis 100 Millivolt.

Wenn ein Elektrolyt, beispielsweise Natronlauge, hinzugefügt wird, wächst die Zahl der Ladungen n in der Doppelschicht sowie die dem Schalenabstand δ proportionale Dicke der Schwarmwasserhülle, während gleichzeitig die Dielektrizitätskonstante ε abnimmt. Alle diese Änderungen erhöhen das Potential ζ und damit die Stabilität der Suspension, weil die auf die angelagerten Ionen wirkenden Anziehungskräfte und vor allem die Abstoßungskräfte zwischen den negativ geladenen Tonteilchen (Mizellen) größer werden. Die mittlere freie Weglänge der Mizellen ist proportional dem Potential ζ, mit seiner Erhöhung vermindert sich die Viskosität der Suspension. Die geschilderte Viskositätsabnahme wird technisch als *Verflüssigung* bezeichnet. Die Tonverflüssigung durch Alkalien wendet man bei der Herstellung von Gießschlickern für Glashäfen und andere dünnwandige Schamotteerzeugnisse in großem Maßstab an (vgl. Abschn. 3.346).

Als Verflüssigungsmittel benutzt man statt Natronlauge üblicherweise *Sodalösung* oder *Wasserglas*, da Natronlauge die Gipsformen angreift und so unerwünschte Ca-Ionen in den Schlicker hineingeraten. Bei Zugabe von Na_2CO_3 werden dagegen auch austauschfähig gebundene Ca-Ionen zu schwerlöslichem Karbonat umgesetzt und Na-Ionen nehmen die Plätze der Ca-Ionen im Ionenschwarm ein. Alkalien dürfen nur in den geringen Mengen von 0,1 bis 0,2% (als NaOH gerechnet) zugegeben werden.

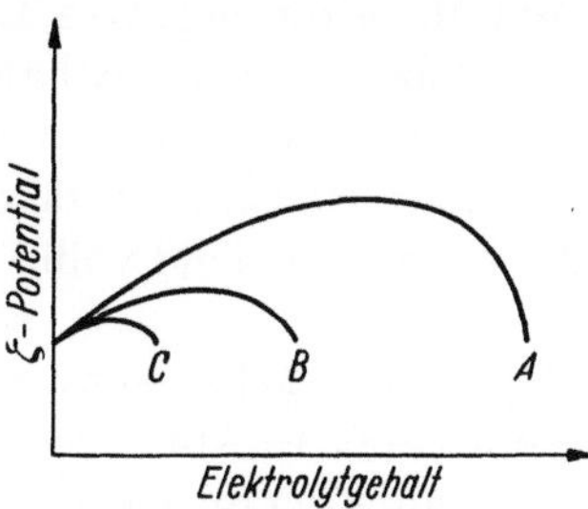

Abb. 274. ζ-Potential von Tonsuspensionen als Funktion des Elektrolytgehaltes

A Für einwertige; *B* für zweiwertige und *C* für dreiwertige Ionen (nach W. EITEL)

Die verflüssigende Wirkung von Alkalien auf die verschiedenen Tone ist sehr ungleich. Nach K. SPANGENBERG [50] lassen sich Tone mit beträchtlichen Gehalten (0,5 bis 2,5%) an alkalilöslichem Humus am besten verflüssigen. Durch Zusatz von Humussäure (Kasseler Braun) usw. können daher schwer zu verflüssigende Tone leichter zum Fließen gebracht werden. Die Humussäure wirkt als Schutzkolloid, sie vergrößert die negative Ladung der Tonteilchen und damit die Möglichkeit zur Aufnahme von Na-Ionen in die Schwarmwasserhüllen. Noch bessere Ergebnisse als mit Humussäure erzielt man mit einem als „Quebracho" bezeichneten Gerbstoff-Extrakt [50a]. K. DIETZ, R. GAUGLITZ u. H. E. SCHWIETE [50b] fanden, daß sich gewisse polysaure Salze sehr gut zum Verflüssigen von Tonen eignen. Nach G. KEPPELER u. H. GOTTHARDT [51] spielt der Dispersionsgrad der Tone neben ihrem Humusgehalt eine wesentliche Rolle. Feinkörnige Tone mit großer spezifischer Oberfläche benötigen zur optimalen Verflüssigung einen höheren Anteil an Peptisationsmitteln als Tone mit relativ viel Grobton [51a].

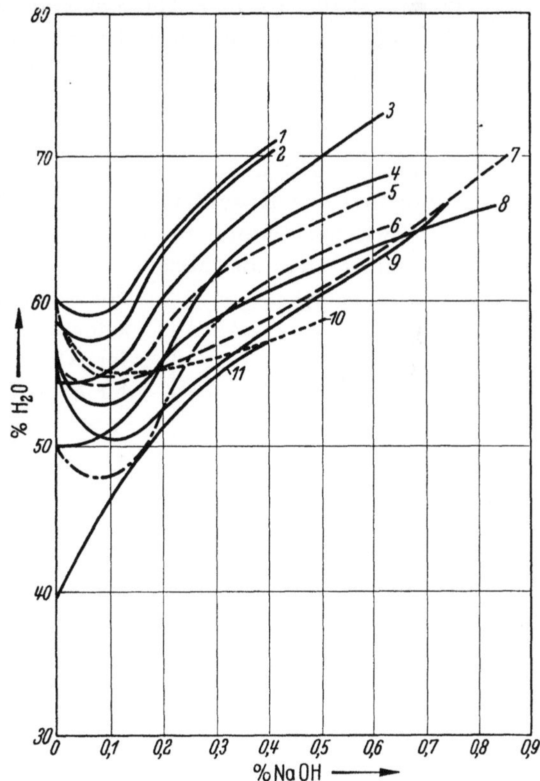

Abb. 275. Zur Verflüssigung erforderlicher Wassergehalt als Funktion des Alkalizusatzes für verschiedene Tone (nach G. KEPPELER u. H. GOTTHARDT)

1 Ransbacher Ton Hasengrube; *2* Siershahner Ton Straubinger; *3* Speicherer Ton; *4* Preschener Ton; *5* Saarauer Ton; *6* Grünstädter Ton; *7* Mühlheimer Blauton; *8* Siershahner Ton „Lieblich"; *9* Klingenberger Ton; *10* Münsterberger Oberton; *11* Großalmeroder Ton

Wenn die Alkalikonzentration einen bestimmten Schwellenwert überschreitet, dringen die Kationen in die Doppelschicht ein und kompensieren in steigendem Maße die negative Ladung des Tonteilchens. Das Potential ζ vermindert sich dabei, weil der Schalenabstand δ so stark abnimmt, daß die auf Vergrößerung des ζ gerichtete Wirkung gleichzeitig steigender Anzahl n der Ionen und fallender Dielektrizitätskonstante ε überkompensiert wird. Schließlich bricht das elektrische Feld völlig zusammen, die abstoßenden Kräfte zwischen den Tonteilchen verschwinden, so daß diese zu Boden sinken und koagulieren. Die Viskosität wächst entsprechend der Abnahme des ζ-Potentials (*Ansteifen* des Schlickers). In Abb. 274 ist die Größe des ζ-Potentials als Funktion des Elektrolytgehaltes der Suspension für 1-, 2- und 3wertige Kationen nach W. EITEL [52] dargestellt. Danach tritt die Koagulation bei Zugabe 2wertiger Kationen, wie Ca^{2+} oder Mg^{2+}, sehr viel früher ein als bei Zugabe 1wertiger; im ersten Falle kommt es daher im allgemeinen überhaupt nicht zu einer Verflüssigung. Die Koagulation durch Kalkhydrat kann dazu verwandt werden, um Tonkörper gegen die abspülende Wirkung fließenden Wassers beständig zu machen [53]. Für verschiedene Tone ist der zum Erreichen des flüssigen Zustandes erforderliche Wassergehalt in seiner Abhängigkeit von der Höhe des Alkalizusatzes in Abb. 275 aufgetragen. Bei dem jeweils niedrigsten Wassergehalt wirkt das Alkali am stärksten verflüssigend.

3.124 Thixotropie

Zwischen den Zuständen der stabilen Suspension mit vorherrschenden Abstoßkräften und der Koagulation mit stark überwiegenden Anziehungskräften gibt es ein Zwischenstadium, in welchem sich beide Kräfte etwa die Waage halten. In ihm können sich die Mizellen bei kleinen gegenseitigen Abständen der Tonteilchen anziehen, bei größeren Abständen jedoch abstoßen. Man erkennt das am Schema der Abb. 276 [53a], in welcher die Potentiale der anziehenden und abstoßenden Kräfte für verschiedene Suspensionen, sowie die entsprechenden Summenpotentiale (gestrichelt) als Funktion des Abstandes r zweier Tonteilchen aufgetragen sind. Das Summenpotential einer der Kurve 3 entsprechenden Suspension bildet einen flachen Potentialtrog. Eine derartige Suspension soll in ruhendem Zustand bei geringen Teilchenabständen fest werden und eine Struktur aufbauen, in bewegtem Zustand aber bei geringer Viskosität leicht fließen. Das in der Ruhe entstandene Gefüge muß beim Übergang zur Bewegung mit einem gewissen Kraftaufwand zerstört werden. Diese Erscheinung wird als *Thixotropie* bezeichnet. Ist der Potentialtrog zu tief, wie in Kurve 4, Abb. 276, so kann man die Anziehungskräfte durch einfaches Schütteln nicht überwinden.

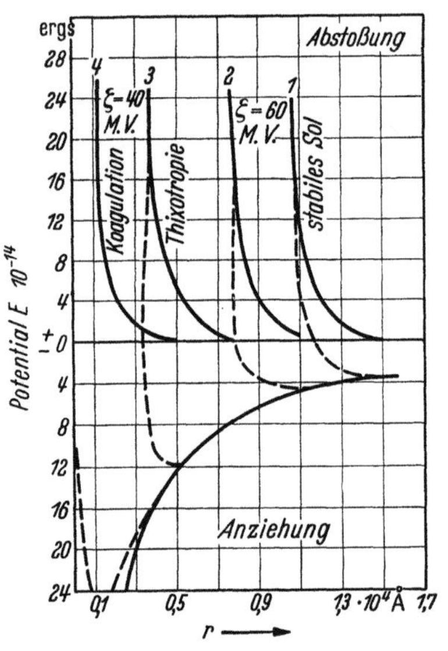

Abb. 276. Der Potentialverlauf der Anziehung und Abstoßung als Funktion des Teilchenabstandes bei Betonitsuspensionen mit verschiedenem ζ-Potential (nach H. FREUNDLICH)

Gegen diese von FREUNDLICH angegebene Theorie wurde eingewandt [54], daß nach ihr die Thixotropie auf einen engen Konzentrationsbereich beschränkt sein müßte, während sie in Wirklichkeit bei sehr verschiedenen Konzentrationen auftritt. Die auf der Wirkung elektrochemischer Potentiale basierenden Betrachtungsweisen vernachlässigen den Einfluß der meist von der Kugelform stark abweichenden Korngestalt. R. FAHN, A. WEISS u. U. HOFMANN [54a] nehmen an, daß die thixotrope Versteifung eines Gels als Bildung eines kartenhausähnlichen Gerüstes aus den blättchen- oder stäbchenförmigen festen Teilen zu verstehen ist (schematische Beispiele dazu Abb. 277). Die mechanische Bewegung des Schüttelns zerlegt diese Gerüste in ihre dann frei beweglichen Einzelteilchen. Es gelang, derartige Gerüste durch Absublimieren der Flüssigkeit aus gefrorenen, thixotrop versteiften Gelen im Hochvakuum zu isolieren.

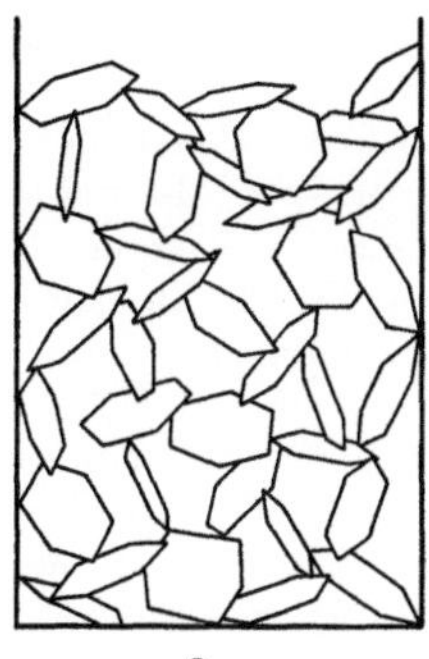 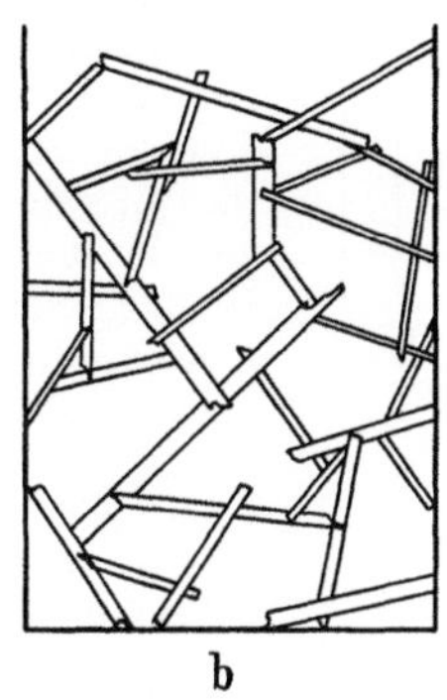 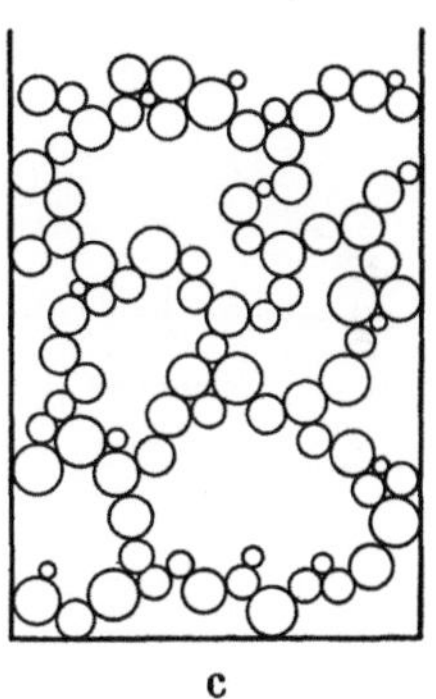

a   b   c

Abb. 277 a bis c. Schematische Darstellung der Gerüste von thixotrop versteiften Gelen bei verschiedener Gestalt der festen Teilchen (nach R. FAHN, A. WEISS u. U. HOFMANN)
a) Kartenhaus aus Plättchen (Betonit, Kaolinit, Graphit); b) Gerüst aus Leisten oder Röhren (Halloysit); c) lockere Kugelpackung (Ruß usw.)

Thixotropie tritt besonders deutlich bei alkalihaltigen Gießschlickern und Bentonitsuspensionen auf, ist aber auch in schwächerer Form weit verbreitet. Starke Thixotropie ist in der Keramik teils erwünscht, weil sie das Ansetzen von Gießschlickern an die Gießform erleichtert (vgl. Abschn. 3.346), teils unerwünscht, weil sie den Massetransport und die Formung erschwert.

3.125 Viskosität

Mechanisch gesehen existieren im System Ton–Wasser 3 Zustände: der feste bei geringem, der plastische bei mittlerem und der flüssige bei hohem Wassergehalt. Die Grenze zwischen fest und plastisch wird nach A. ATTERBERG [55] als *Ausrollgrenze* bezeichnet und dadurch charakterisiert, daß der Ton beim Ausrollen mit der Hand zu zerkrümeln beginnt. Die Grenze zwischen plastisch und flüssig heißt *Fließgrenze*, sie besagt, daß der Ton gerade so weich ist, daß eine mit dem Spachtel gezogene Furche von selbst verschwindet.

Oberhalb der Fließgrenze enthält der Ton so viel Wasser, daß die Poren des Tonbreies mindestens mit einer Wasserschicht bedeckt sind. Dadurch werden die in Abschn. 3.121 erwähnten, durch Kapillarkräfte in den Poren hervorgerufenen Druckspannungen aufgehoben, die den Zusammenhalt der Masse bedingen. Die Masse verhält sich in diesem Zustand wie eine *zähe Flüssigkeit mit Strukturviskosität* im Sinne von E. C. BINGHAM [*56*], d. h. es besteht ein gesetzmäßiger Zusammenhang zwischen Spannung und Verformungsgeschwindigkeit, der aber nicht linear sein kann, weil zunächst die vorhandene Struktur zerstört werden muß (Abb. 278a) [*57*]. In vielen Fällen erfordert die Strukturzerstörung eine als *Anlaßwert*[1] bezeichnete Mindestspannung (Abb. 278b) [*58*]. Die bleibende Deformation beginnt hierbei erst dann, wenn der Druck bzw. die Spannung den Anlaßwert überschritten hat. Viskosität und Anlaßwert können relativ leicht mit Hilfe von Ausfluß- oder Rotationsviskosimetern gemessen werden.

H. LEHMANN u. G. MARX [*51a*] entwickelten ein Rotationsviskosimeter nach dem *Couette*-Typ (vgl. Abschn. 1.933 Viskosimeter von HARTMANN), welches die Messung der Schubspannungen in der kreiszylinderförmigen Probe ohne Reibungsverluste auch bei kleinen Rotationsgeschwindigkeiten gestattet. Thixotrope Suspensionen liefern in diesem Gerät nach dem Überschreiten des Anlaßwertes ein ausgeprägtes Anfangsmaximum der Schubspannung, dessen Größe als ein halbquantitatives Maß für die Stärke der Thixotropie angesehen werden kann. Im Geschwindigkeitsgefälle-Schubspannungsdiagramm verlaufen die Kurven meist bei ansteigendem Geschwindigkeitsgefälle anders als bei abnehmendem, so daß sich Hysterese-Schleifen ergeben, aus deren Form auf die Stabilität der Suspension geschlossen werden kann. Ist die Schubspannung bei abnehmendem Geschwindigkeitsgefälle τ_2 merklich geringer als bei ansteigendem τ_1, ist also $\tau_1 - \tau_2 = \Delta\tau > 0$, so deutet dies auf eine Tendenz zur Koagulation hin, umgekehrt ist $\Delta\tau < 0$ für stabile Suspension charakteristisch.

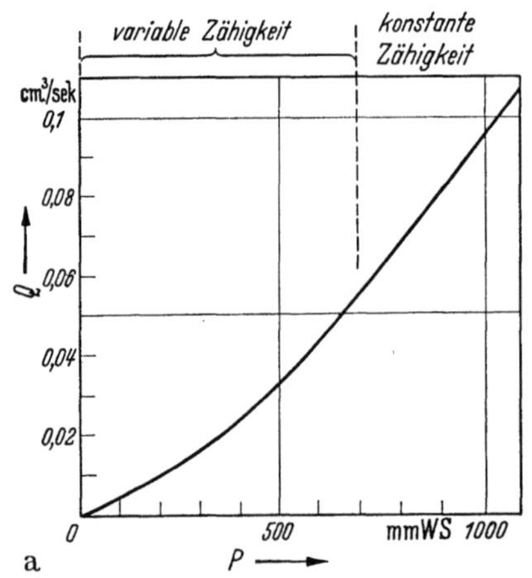

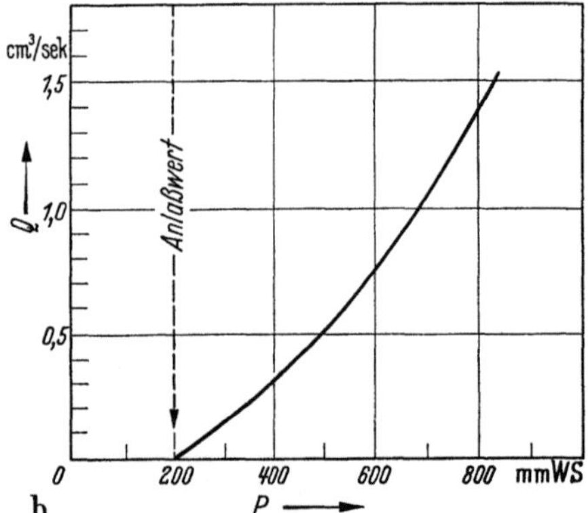

Abb 278. a u. b. Fließkurven von Tonsuspensionen, im Kapillarviskosimeter bestimmt
p Druck; *Q* Ausflußgeschwindigkeit
a) 5%ige Montmorillonitsuspension mit Strukturviskosität (nach W. v. ENGELHARDT);
b) 25%ige Kaolinitsuspension mit Anlaßwert und Strukturviskosität
(nach R. RIEKE u. L. TSCHEISCHWILI)

3.126 Plastizität

Im sog. plastischen oder bildsamen Zustand unterhalb der ATTERBERGschen Fließgrenze besteht neben dem Zusammenhang zwischen Spannung und Verformungsgeschwindigkeit ein solcher zwischen der Spannung und der Deformation selbst, der für die Beurteilung des Plastizitätsgrades von entscheidender Bedeutung ist.

F. H. NORTON [*59*] führte Torsionsversuche an röhrenförmigen Probekörpern durch und bestimmte die Torsionsspannung in Abhängigkeit vom Verdrehungswinkel. Das in Abb. 279 dargestellte Spannungsverdrehungsdiagramm zeigt,

---

[1] An Stelle von Anlaßwert ist auch der Ausdruck *Fließgrenze* oder *Fließfestigkeit* gebräuchlich. Wegen der Verwechslungsmöglichkeit mit der Fließgrenze im Sinne von ATTERBERG werden diese Ausdrücke hier vermieden.

ähnlich wie entsprechende Diagramme von Metallen, nur in anderen Größenordnungen einen Bereich elastischer, dann plastischer, mit Verfestigung verbun-
dener Verformung und schließlich die Bruchgrenze bei starker Deformation.
Das rein elastische Verhalten zu Beginn der Verformung ist z. T. darauf zurückzuführen, daß die ungeordneten blättchenförmigen Tonteilchen ähnlich wie im
Thixotropiemodell Abb. 277 ein relativ festes Gerüst bilden, welches der Deformation bis zu seinem plötzlichen Zusammenbrechen einen gewissen Widerstand
entgegengesetzt [60]. Danach ordnen sich die Tonteilchen parallel der Richtung
größter Relativverschiebung und ermöglichen so ein plastisches Fließen, bis
infolge Verminderung der Kohäsion die Festigkeit absinkt. Der Zusammenbruch des festen Gerüstes bei Überschreiten der Elastizitätsgrenze erfolgt nicht
gleichmäßig in der ganzen Tonmasse, vielmehr bilden sich schmale Bewegungszonen aus, auf welche sich die Deformation konzentriert. Die Abb. 280a bis e
zeigen diese den MOHRschen oder LÜDERsschen Gleitflächen in Metallen ent-

sprechenden Bewegungszonen an
mehreren Tonkuchen, deren eine
Hälfte durch Bewegung der
Unterlage gegen die andere verschoben wurde [61]. Derartige
Gleitzonen sind bei thixotropem
Bentonit so scharf und schmal
ausgebildet, daß in ihnen gleich
nach Durchschreiten des Bereiches elastischer Verformung die
Bruchgrenze erreicht wird (Abbildung 280e). Bentonit verhält
sich also ausgesprochen spröde.
Ein zäher Schamotteton (Ab-

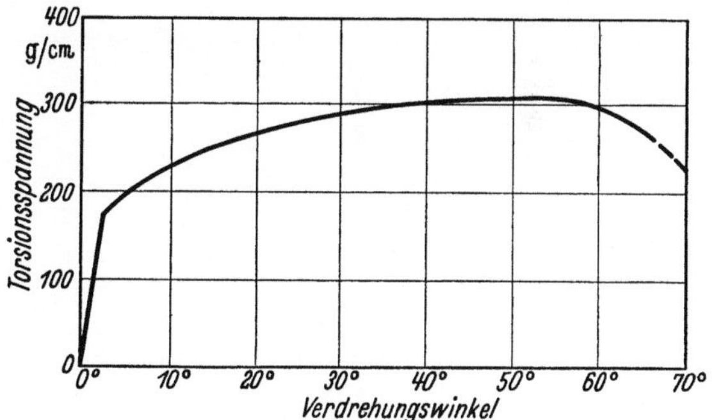

Abb. 279. Elastisch-plastische Deformation von Ton bei
Torsionsversuchen (nach F. H. NORTON)

bildung 280c) zeigt dagegen kaum Zonen bevorzugter Verformung, er wird
ziemlich gleichmäßig über seinen Querschnitt deformiert.

　　Zwischen diesen beiden Extremen liegen die Verformungsbilder des quarz-
freien Bindetones (Abb. 280b) und des quarzhaltigen halbsauren Tones
(Abb. 280a). Der letztere ist spröder, er zeigt daher deutlichere Gleitflächen.
Auch mit Schamotte gemagerter Ton (Abb. 280d) ergibt bei der Deformation
Gleitflächen. Diese treten aber nicht deutlich hervor, weil sie durch die ein-
gelagerten groben Schamottekörner abgelenkt werden.

　　Die Gleitflächen verlaufen nicht genau parallel zur Verschiebungsrichtung,
sondern schließen mit dieser einen spitzen Winkel ein. Diese Erscheinung ist
auf die hohe innere Reibung der Tonmasse zurückzuführen. Scherbewegungen
infolge eines Spannungszustandes sind nur an Flächen möglich, deren Normal-
spannung unterhalb einer gewissen Grenze liegt, bei höberen Normalspannungen
würde die sich bewegende Masse den Unebenheiten der Fläche nicht ausweichen
können. Normal- und Tangentialspannung auf einer Gleitfläche müssen daher
wie im Falle der COULOMBschen Reibung in einem bestimmten Verhältnis
zueinander stehen. Die Gleitflächen entstehen nicht in der Richtung größter
Schubspannungen, sondern in der Richtung mit passendem Verhältnis von
Normal- zu Schubspannung. Mit steigender innerer Reibung wächst der Winkel

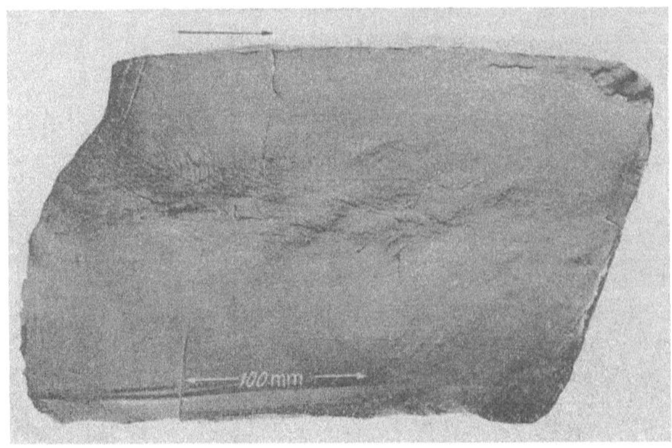

Abb. 280 a

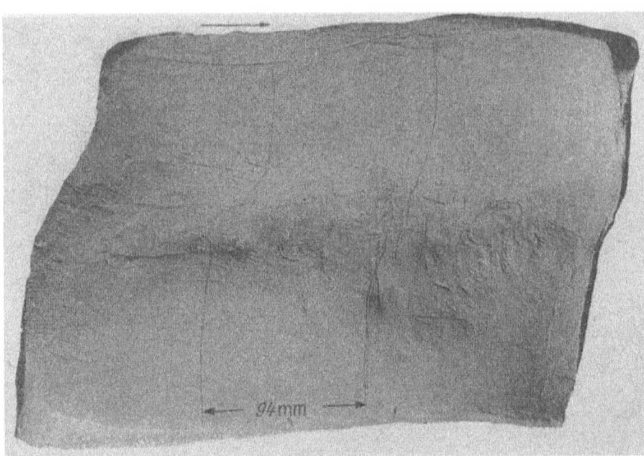

Abb. 280 b

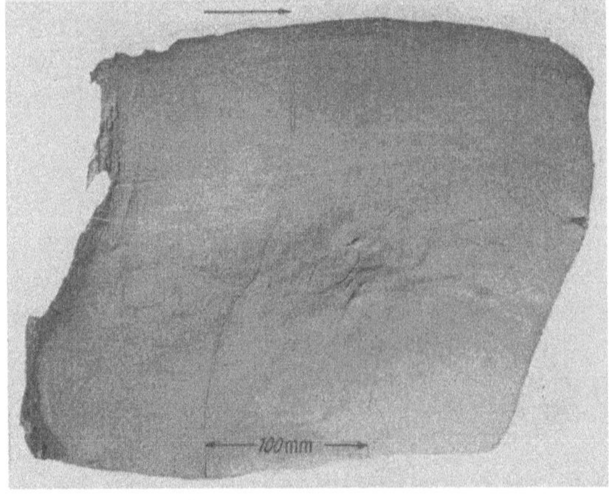

Abb. 280 c

zwischen Verschiebungs- und Gleitflächenrichtung, werden die Gleitzonen ausgeprägter und damit das Material spröder. Im Bentonit setzt die feste Bindung des Wassers zwischen den Mizellen die gegenseitige Verschiebbarkeit der Teilchen stark herab, daher seine sehr hohe innere Reibung. Die kaolinitischen Tone verhalten sich plastischer, weil bei ihnen nur ein Teil des Wassers fest adsorbiert ist, ihre innere Reibung wird durch unplastische Beimengungen, wie z. B. Quarz, hervorgerufen. Besonders große Plastizität besitzen Tone mit einem hohen Anteil an Fireclay-Mineral und Illit, weil diese Mineralien sehr feinkörnig sind und kein sperriges Gefüge besitzen.

Der Charakter der Deformation wird auch durch die Verformungsgeschwindigkeit beeinflußt [62]. Langsame Verformung verläuft unter Bildung ausgesprochener Gleitzonen, d. h. der Ton verhält sich spröde wie in Abb. 280 e. Bei rascher Deformation sind die Verformungen homogen, das Material plastisch (Beispiel Abb. 280 c).

Dieses unterschiedliche Verhalten in Abhängigkeit von der Verformungsgeschwindigkeit ist recht gut zu erkennen in Abb. 281 nach S. Kienow [63], in der die Beziehungen zwischen Spannung und Verformung für vier verschiedene Verformungsgeschwindigkeiten aufgetragen sind. Ihr entnimmt man, daß die gleiche Verformung bei höherer Geschwindigkeit größere Spannung erfordert und bei größeren Verformungsgeschwindigkeiten erheblich größere bruchlose, plastische Gesamtdeformationen erzeugt werden können. Die Ursache dieses unterschiedlichen Verhaltens ist darin zu sehen, daß rasch wachsende, große Spannungen die Tonblättchen in gleichmäßiger Verteilung parallel ausrichten, während die geringen Spannungen bei langsamer Verformung das feste Gerüst nur in einzelnen Scherzonen zerstören können. TH. HAASE [62] bestimmte die Zähigkeit der Tone mit Hilfe eines Rotationsviskosimeters (Bauart COUETTE) als Funktion der Verformungsgeschwindigkeit und stellte fest, daß der Viskositätskoeffizient η mit wachsender Geschwindigkeit trotz des höheren Kraftbedarfes abnimmt und einem Grenzwert zustrebt (Abb. 282).

Beim Formen der Steine in der Praxis muß man die Verformungsgeschwin-

Abb. 280 d

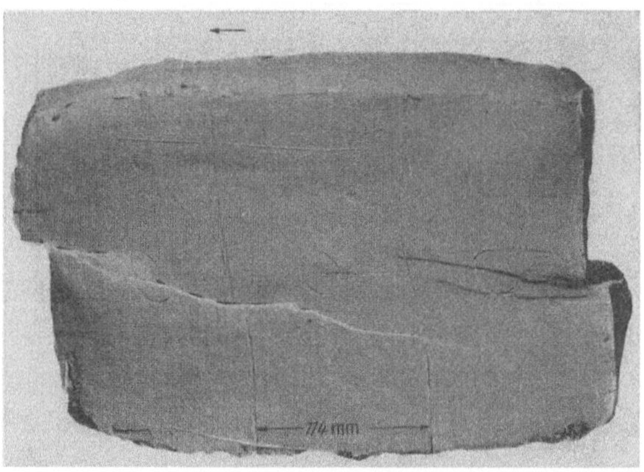

Abb. 280 e

Abb. 280 a bis e. Deformation von plastischem Ton durch Relativverschiebung der Unterlage des Tonkuchens (nach S. KIENOW)

	Wassergehalt	Stärke der Verschiebung
	%	mm
a) halbsaurer Ton von Ahrweiler	33,9	35
b) quarzfreier Bindeton von Holzhausen 40/42	35,4	40
c) quarzfreier Schamotteton von Heckholzhausen 40/42	36,2	56
d) 50% Schamotte, 50% Ton von Holzhausen 40/42	—	43
e) amerikanischer Na-Bentonit	79,3	20

digkeit so hoch wählen, daß die Deformation der jeweiligen Masse homogen und plastisch erfolgt, andernfalls hat man mit Texturfehlern in den Formlingen zu rechnen. Solche Fehler können nur durch Kneten wieder beseitigt werden, d. h. durch häufig wechselnde Beanspruchung, welche die Masse verschweißt und eine statistische Unordnung in der Orientierung der Tonblättchen wiederherstellt.

Endet die Verformung im plastischen Stadium, so tritt eine elastische Nachwirkung ein, durch die ein Teil der erreichten Deformation wieder zurückgeht.

Diese Erscheinung wird als *Gedächtnis* des Tones bezeichnet, sie kann zu unerwünschten Verzerrungen der Formlinge führen. Diese Erfahrung steht im

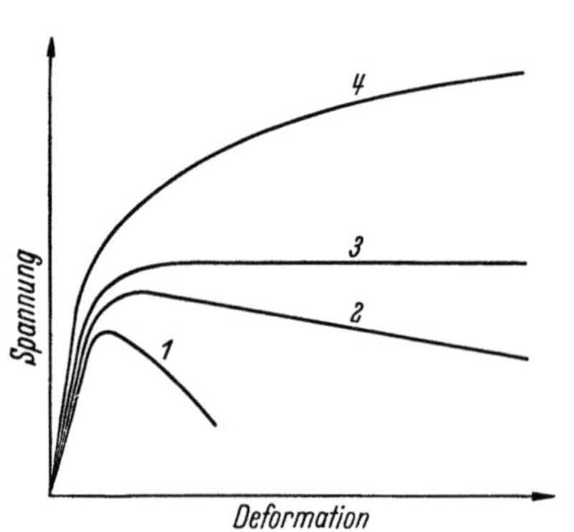

Abb. 281. Spannungs-Dehnungs-Diagramm von Ton, schematisch (nach S. KIENOW)

1 Kleine Verformungsgeschwindigkeit, sprödes Verhalten; *2* mittlere Verformungsgeschwindigkeit; *3* höhere Verformungsgeschwindigkeit; *4* hohe Verformungsgeschwindigkeit, ideal-plastisches Verhalten

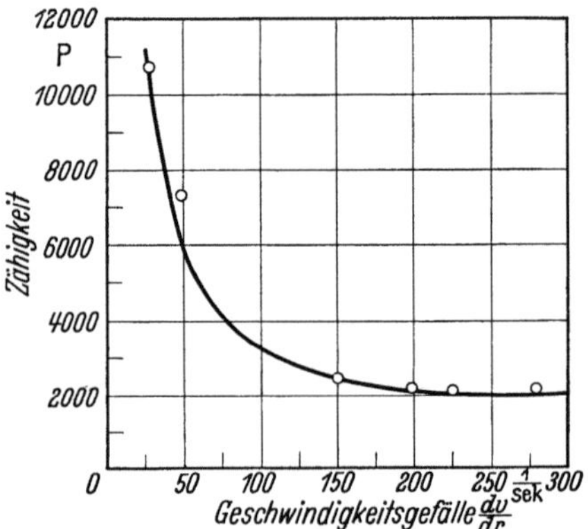

Abb. 282. Viskosität von Wildsteiner Blauton als Funktion der Verformungsgeschwindigkeit (nach TH. HAASE)

Widerspruch zu der Annahme F. K. TH. ITERSONS [*64*], daß die Deformation des Tones rein plastisch verläuft und keinen elastischen Bereich aufweist.

3.127 Bestimmung der Plastizität

Der Deformationsmechanismus plastischer Tone ist so kompliziert, daß es bisher noch nicht gelungen ist, eine eindeutige Definition und Meßmethode für eine als *Plastizität* zu bezeichnende Vergleichsgröße zu finden. A. ATTERBERG [*55*] betrachtete die Differenz zwischen den Wassergehalten an der Fließgrenze und der Ausrollgrenze als Maß für die Plastizität, in der Annahme, daß ein Ton mit großer Differenz sehr viele kolloidale Bestandteile enthalten und daher auch gut plastisch sein müsse. Bei unplastischen Stoffen, wie Quarzpulver, fallen Fließ- und Ausrollgrenze praktisch zusammen. Weil die Fließgrenze schlecht zu bestimmen ist, setzte R. RIEKE [*65*] an Stelle des Wassergehaltes an der Fließgrenze den Gehalt an Anmachwasser ein. Die RIEKEsche Plastizitätszahl stellt also die Differenz zwischen dem benötigten Anmachwassergehalt und dem Wassergehalt an der Ausrollgrenze dar. Sie ist um so größer, je niedriger der Wassergehalt an der Ausrollgrenze liegt und je mehr Wasser der Ton beim Anmachen benötigt. Die so definierte Plastizitätszahl ist deutlich von der totalen Sorptionskapazität (vgl. Abschn. 3.122) abhängig. Das zeigen die Abb. 283a u. b, in denen die Plastizitätszahl nach RIEKE in Abhängigkeit von der totalen Sorptionskapazität keramischer Tone und Bentonite aufgetragen ist. Den Bentoniten wird dabei eine hohe Plastizitätszahl zugeordnet, weil sie sehr viel Anmachwasser benötigen (Abb. 283a). Die in Abschn. 3.126 erwähnten Versuche haben jedoch gezeigt, daß Bentonite oft trotz ihrer hohen Wasseraufnahme geringe Plastizität besitzen.

Eine genauere Bestimmung des Wasserbindevermögens ermöglicht das ENSLIN-Gerät [*66*] (Abb. 284). Die Kapillare *M* und das U-Rohr werden bis zur Glasfritte F luftfrei mit Wasser gefüllt. Die Wasseraufnahme der auf die Glasfritte aufgebrachten Probe wird an der Skala der Kapillare M abgelesen. Auch der ENSLIN-Wert wird zur Plastizität der Tone in Beziehung gesetzt.

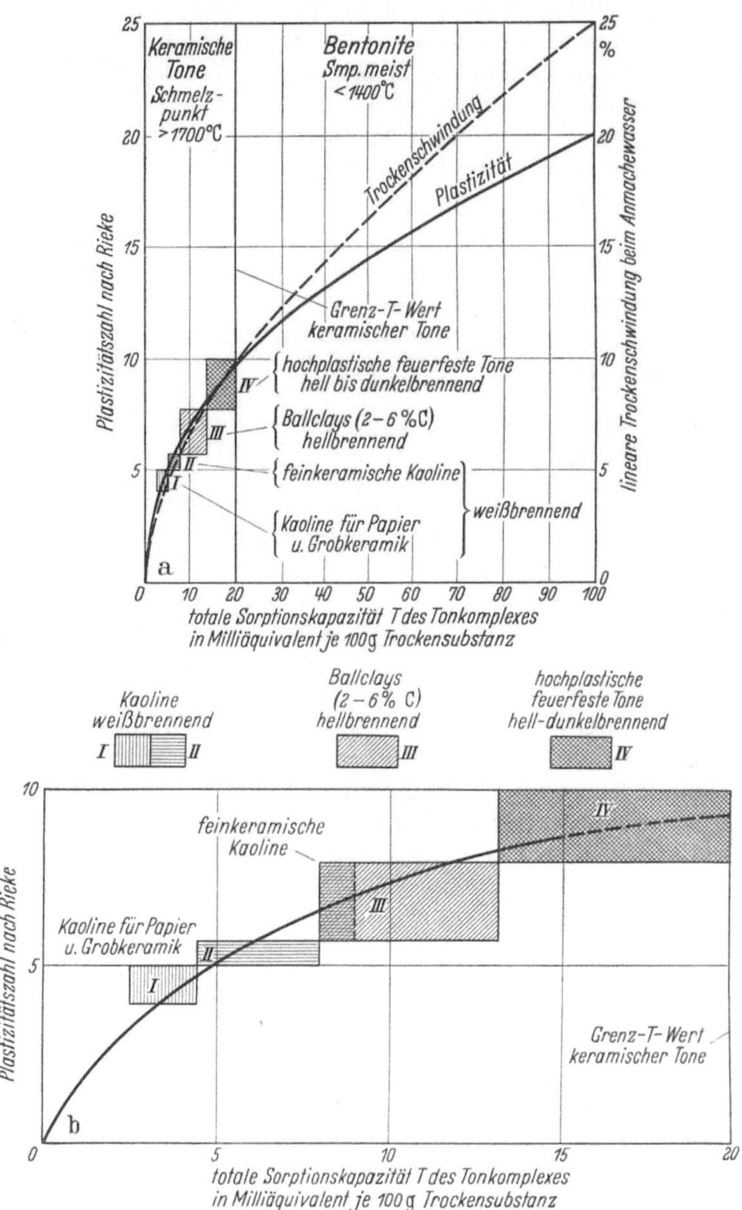

Abb. 283 a u. b. Plastizität und Trockenschwindung von Tonen und Bentoniten als Funktion der totalen Sorptionskapazität (nach K. ENDELL, U. HOFMANN u. D. WILM)
a) Gesamtüberblick; b) keramische Tone

M. A. BIGOT [67] zieht die Schwindung zur Beurteilung des Plastizitätsgrades heran, da die Erfahrung lehrt, daß die plastischen, kolloidalen Bestandteile des Tones am stärksten schwinden. Seine Definition der *Plastizität* lautet:

$$\text{Plastizität} = \frac{\text{Schwindungswasser}}{\text{Gesamtwasser}} \cdot \times \text{lineare Trockenschwindung}.$$

K. PFEFFERKORN [68] führt an Stelle der ATTERBERGschen Grenzwerte das Maß der Stauchung eines Tonzylinders durch ein Gewicht bei bestimmter Fallhöhe ein. Als Plastizitätszahl wird die Differenz der Wassergehalte angegeben, bei welchen eine Stauchung um 0 bzw. 40 mm erfolgt.

Mittels der bisher besprochenen Prüfmethoden wird eine *Plastizität* indirekt gemessen, ihnen stehen die Verfahren gegenüber, die eine direkte Bestimmung der plastischen Verformbarkeit anstreben. H. SALMANG u. J. KIND [69] wenden

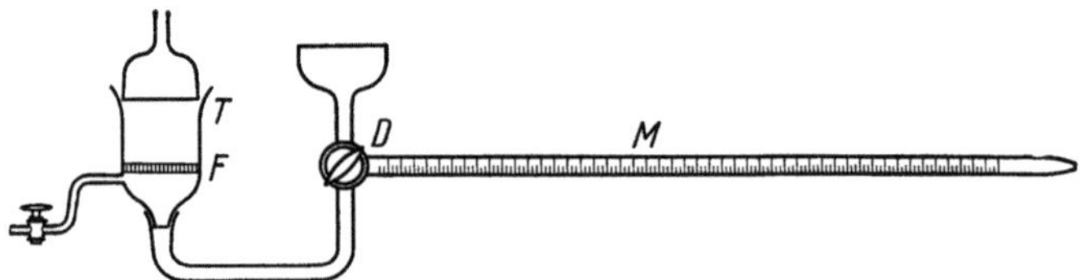

Abb. 284. ENSLIN-Gerät zur Bestimmung des Wasserbindevermögens (nach H. LEHMANN)
T Behälter für Probesubstanz;   *F* Glasfritte;   *D* Dreiwegehahn;   *M* Kapillare mit Skala

die PFEFFERKORNsche Stauchmethode auf sich in ihrem bildsamsten Zustand befindende Tone an und betrachten die gemessene Stauchhöhe als Grad der Plastizität.

Nach der durch M. ROSENOW [70] verbesserten Methode von H. ZSCHOKKE [71] werden Zugfestigkeit und Dehnung eines aus einer kleinen Strangpresse austretenden, mit Wasser angemachten Tonstranges gemessen. Das Produkt aus der Zugfestigkeit und der Dehnung beim Zerreißen (Formänderungsarbeit) ergibt ein Maß für die Bildsamkeit. M. LINSEIS [72] verbindet diese Methode mit einer Messung des Scherwiderstandes. Als solchen betrachtet er die Kraft, die erforderlich ist, um den Ton durch eine Düse von 6 mm Dmr. zu pressen. Diagramme mit der Zugfestigkeit als Funktion dieses Scherwiderstandes ergeben für jeden Ton eine charakteristische Kurve, die seine Bildsamkeit kennzeichnet und vom Wassergehalt unabhängig ist.

H. LEHMANN u. H. DUTZ [72a] beschreiben einen *Torsionsplastographen*, bei welchem die Verdrehung eines kreiszylindrischen, an den Enden eingespannten Probekörpers als Funktion eines aufgebrachten Drehmomentes gemessen wird. Die aufgenommenen Kurven ähneln derjenigen in Abb. 279. Durch eine sinnvolle Auswertung der Meßergebnisse des Torsionsplastographen könnten physikalisch einwandfreie und für technische Belange ausreichende Kenngrößen der Plastizität oder *Bildsamkeit* gefunden werden.

Vorläufig wird bei der Fertigung feuerfester Steine der Ton nach wie vor mit dem Daumen auf seine Bildsamkeit geprüft. Die Erfahrungen der Meister sind auf diesem Gebiet noch unentbehrlich.

3.128 Verbesserung der Plastizität

Eine hohe Plastizität ist erforderlich, um

1. die Masse gut verarbeiten zu können,
2. die Magerungsmittel gut einzubinden.

Gut verarbeitbare Massen lassen sich mit mäßiger Kraft stark verformen, ohne Risse oder Lunker zu bilden. Gute Einbindefähigkeit setzt leichte Verformbarkeit in kleinsten Bereichen ohne Störung des Zusammenhanges voraus. Der Ton muß sich in die kleinsten Zwischenräume zwischen den Schamottekörnern hineindrücken lassen, eine dünne Tonhaut muß ausreichen, daß sich die Körner mit geringer Reibung gegeneinander verschieben können. Als Maß für die Güte der Einbindung dient in der Feinkeramik die Biegefestigkeit eines geformten und getrockneten Stabes [73].

Die obengenannten Bedingungen werden um so besser erfüllt, je feinkörniger der Ton ist. Bei einem feinkörnigen Ton sind die Kapillaren enger als bei einem grobkörnigeren, daher genügt eine geringere Wassermenge, um das Material bildsam zu machen. Weiterhin ist die Textur feinkörniger Tone weniger sperrig, so daß ein geringerer Anlaßwert (vgl. Abschn. 3.125) genügt, um eine plastische Verformung einzuleiten. Auf diesen Tatsachen beruht die höhere Plastizität von Illit- und Fireclay-Mineral-reichen Tonen (vgl. Abschn. 3.126).

Nach S.R. HIND [74] wird die Bildsamkeit durch höheren Preßdruck verbessert, weil die Kapillaren dann enger werden. Diese Tatsache erleichtert die Anwendung des Trockenpreßverfahrens unter hohem Druck (vgl. Abschn. 3.343/44).

Die Bildsamkeit wird weiterhin verbessert durch *Mauken* oder *Wettern*. Man läßt den feuchten Ton einige Wochen oder Monate in einer Grube liegen, um ihn *aufzuschließen*, d. h., um dem Wasser Gelegenheit zu geben, in die feinsten Poren einzudringen, sich gleichmäßig in der Masse zu verteilen und zusammenhaftende Körner zu trennen. Frieren und Wiederauftauen fördert diesen Aufschließvorgang. In der feinkeramischen Industrie werden fast alle Tone gemaukt, in der feuerfesten Industrie nur solche für Spezialerzeugnisse, z. B. Stopfen und Ausgüssen (s. Abschn. 3.342.5).

Die Wirkung des Maukens wird verstärkt durch Zugabe organischer Kolloide, die z. T. die Wirkung von Schutzkolloiden haben, z. T. das Wachstum von Bakterien und Algen fördern [75]. Auch solche selbst aus Gelen bestehende Mikroorganismen tragen erheblich zum Aufschließen des Tones bei. Gute Wirkung haben Fäkalien und Urin, was bereits die Chinesen erkannt haben, die ihre Kaoline von alters her auf diese Weise aufschließen.

Plastizitätserhöhend wirkt auch das heute in der feuerfesten Industrie weitverbreitete Mahlen des Tones, es darf jedoch nicht so weit getrieben werden, daß die blättchenförmige Gestalt der Tonmineralien verlorengeht, und damit die Plastizität wieder merklich schlechter wird. Besonders bildsam ist der durch Windsichten des Mahlgutes gewonnene *Sichtton* (vgl. Abschn. 3.332/33).

Schließlich kann die Plastizität durch Entfernen der in der Tonmasse enthaltenen Luft erhöht werden. Luftbläschen stören den Verband zwischen den Tonteilchen und wirken als Magerungsmittel [76]. Technisch wird die Luft bis zu einem gewissen Grade durch Schlagen der Masse oder durch Verwendung von Vakuumpressen entfernt.

3.13 Verhalten beim Trocknen bis 110° C

Wie die Tone beim Anfeuchten quellen, so schwinden sie beim Trocknen. Die Schwindung endet, wenn ein als *Schwindungswasser* bezeichneter Teil des Wassers ausgetrieben worden ist [77]. Schwindungswasser und das an der

Schwindungsgrenze im Ton verbleibende *Porenwasser* ergeben zusammen das gesamte Wasser:

$$\text{Gesamtwasser} = \text{Schwindungswasser} + \text{Porenwasser [78]}.$$

Dabei ist das fest an den Tonteilchen absorbierte Wasser vernachlässigt, welches erst oberhalb 110° C ausgetrieben werden kann. Dieser Restwassergehalt beträgt 1 bis 5% auf Trockensubstanz bezogen.

Die Schwindung wird entweder als lineare s_l oder als Volumenschwindung s_v gemessen. Ist die Schwindung in allen Richtungen gleich groß, können beide Größen nach den Formeln

$$s_v = 100 \left[\left(\frac{s_l}{100} - 1 \right)^3 + 1 \right] \approx 3\, s_l ,$$

$$s_l = 100 \left[\sqrt[3]{\frac{s_v}{100} + 1} + 1 \right] \approx \frac{s_v}{3}$$

ineinander umgerechnet werden.

Die Schwindung ist eine nahezu lineare Funktion des Wasserverlustes, die Schwindungsgrenze ist als scharfer Knick in der Schwindungskurve markiert (Abb. 285 für verschiedene Tone). Je plastischer und feinkörniger ein Ton ist,

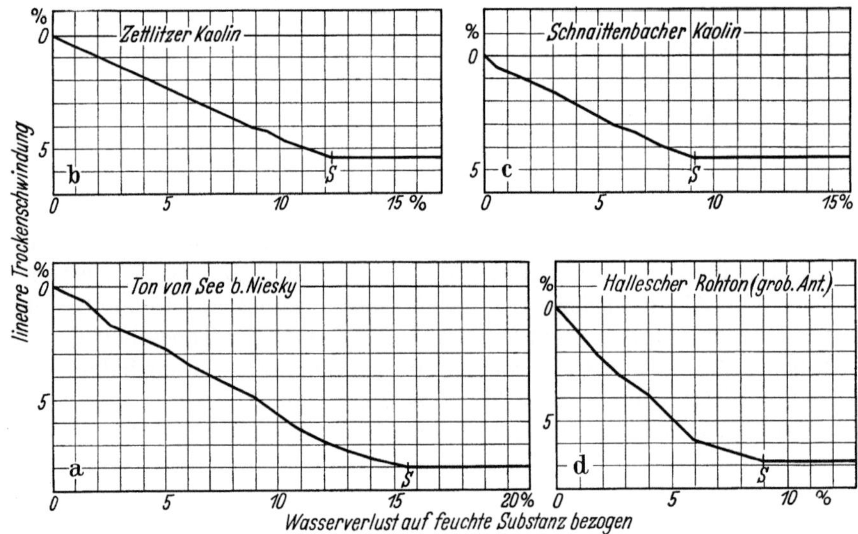

Abb. 285 a bis d. Lineare Trockenschwindung von Tonen und Kaolinen als Funktion des Wasserverlustes (nach R. RIEKE u. J. GIETH)

S Schwindungsgrenze

a) Ton von Niesky mit 31% Ausgangswassergehalt;   b) Zettlitzer Kaolin mit 31,3% Ausgangswassergehalt;   c) Schnaittenbacher Kaolin mit 30,9% Ausgangswassergehalt;   d) Kaolin von Halle mit 19,7% Ausgangswassergehalt

um so größer sind der Anteil an Schwindungswasser und seine Trockenschwindung. Diese Erkenntnis liegt der Plastizitätsbeurteilung nach BIGOT [67] (siehe Abschn. 3.127) zugrunde.

Die Verdunstungsgeschwindigkeit bei bestimmter Temperatur ist nach E. BOURRY [79] bis zur Schwindungsgrenze nahezu konstant, verringert sich dann allmählich und nähert sich schließlich asymptotisch dem Wert 0 (Abb. 286).

Im 1. Abschnitt des Trocknungsvorganges verdunstet nur das Schwindungswasser, im 2. Abschnitt Schwindungs- und Porenwasser gleichzeitig, so daß sich
bereits trockene Porenräume bilden. Im 3. Abschnitt, nach dem Überschreiten
der Schwindungsgrenze, trocknet
das restliche Porenwasser aus,
ohne daß sich das Volumen weiter verringert. An der Schwindungsgrenze fühlt sich der Ton
bereits trocken an, die weitere
Verdampfung erfolgt aus dem
Inneren der Masse heraus.

Denkt man sich den Körper
parallel zur Oberfläche in eine
Anzahl Schichten zerlegt, so
befindet sich die äußerste möglicherweise schon an der Schwindungsgrenze, während die tieferen wenig oder gar nicht

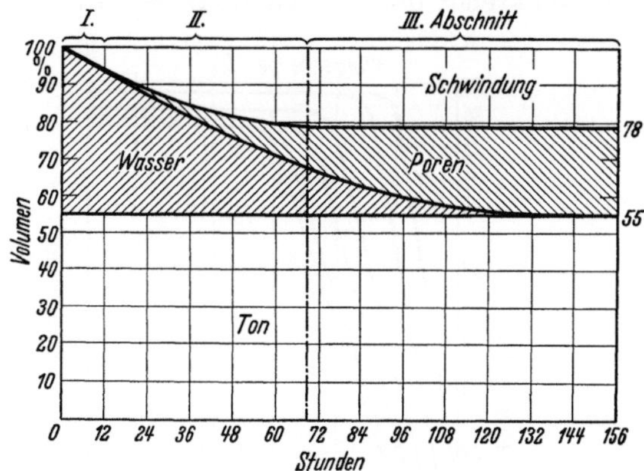

Abb. 286. Trocknung von Ton (nach E. BOURRY)

geschwunden sind. So entstehen Spannungen in der Masse, die zum Reißen
oberflächennaher Schichten führen können. Diese Rißgefahr erschwert das
Trocknen aller Tonwaren, sie zwingt zu einer sorgfältigen Überwachung des
Trockenprozesses. Dieser muß so geführt werden, daß die inneren Spannungen
der Formlinge unterhalb gewisser Grenzen bleiben (vgl. Abschn. 3.35).

Die Differenzen im Wassergehalt der einzelnen Schichten sind um so größer,
je geringer die Diffusionsgeschwindigkeit des Wassers in den Poren ist, d. h. je
kleiner die Poren sind. Die Abb. 287 nach R. RIEKE u. J. GIETH [77] enthält
die Wassergehalte als Funktion des Abstandes von der Oberfläche nach verschiedenen Trocknungszeiten (1, 2, . . . 6 Std.) für verschiedene Tonqualitäten. Beim
hochplastischen, dichten Klingenberger Ton sind die Differenzen im Wassergehalt auch nach 6 Std. noch sehr groß, während sie bei dem relativ grobkörnigen
Schnaittenbacher Kaolin von Anfang an sehr gering sind. Die Rißanfälligkeit
ist daher bei hochplastischen Tonen besonders groß.

Beim Verdunsten entsteht ein beträchtlicher Unterdruck in dem restlichen
Porenwasser, der durch die saugende Wirkung ausgetrockneter Kapillaren
erzeugt wird.

W. PUKALL [80] maß diesen Unterdruck, indem er einen wassergefüllten, porösen
Kolben mit feuchtem, plastischem Ton umgab und in den verschlossenen Kolben von unten
her ein 780 mm langes Glasrohr einführte, welches in ein mit Quecksilber gefülltes Gefäß
tauchte. Beim Trocknen saugte der Ton Wasser aus dem Kolben, wobei das Quecksilber
bis 721 mm hoch stieg. Es herrschte also ein Unterdruck von etwa 0,9 at.

Der Unterdruck hat zur Folge, daß sich eingeschlossene Luftblasen stark
ausdehnen, den kapillaren Zusammenhang unterbrechen und sogar einzelne
Partien ganz abschnüren [81], so daß der Körper uneinheitlich austrocknet.
Die Existenz von feinverteilten Luftbläschen läßt sich aus der Tatsache folgern,
daß feuchte Tone fast stets ein größeres Volumen einnehmen, als sich additiv
aus Trockensubstanz und Wassergehalt errechnet [77]. Die bis zu 3% aus-
machende Differenz ist auf eingeschlossene Luft zurückzuführen.

Ungleichmäßige Schwindungserscheinungen können außerdem durch Texturen in der Masse hervorgerufen werden. Bei parallel angeordneten blättchenförmigen Tonteilchen ist die lineare Schwindung parallel zur Schichtung größer als senkrecht dazu. Nach H. H. MACEY u. F. G. WILDE [82] schwindet ein auf

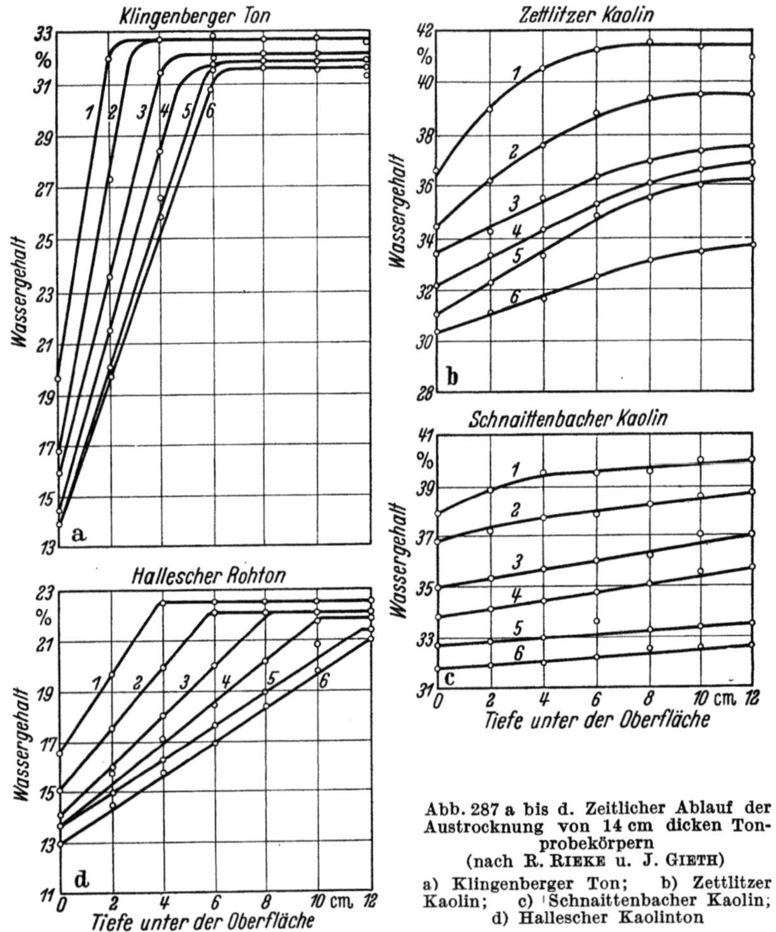

Abb. 287 a bis d. Zeitlicher Ablauf der Austrocknung von 14 cm dicken Tonprobekörpern (nach R. RIEKE u. J. GIETH) a) Klingenberger Ton; b) Zettlitzer Kaolin; c) Schnaittenbacher Kaolin; d) Hallescher Kaolinton

der Strangpresse verarbeiteter Formkörper parallel zur Preßrichtung um etwa 1% stärker als senkrecht dazu.

Wegen der geschilderten Ungleichmäßigkeiten lassen sich naßgepreßte Steine nur mit geringerer Maßhaltigkeit herstellen als trocken gepreßte (vgl. Abschn. 3.431).

Die Höhe der am getrockneten Ton gemessenen Porosität ist von der Menge des Porenwassers und auch, wie Abb. 288 zeigt, vom Gesamtwassergehalt abhängig. Wird ein Ton mit viel Wasser angemacht, bleiben die Poren größer als bei einer wasserärmeren Probe des gleichen Materials. Diese Abhängigkeit prägt sich bei grobkörnigen Kaolinen stärker aus als bei hochplastischen Tonen, dementsprechend sind in Abb. 288 die Kurven für die Kaoline stärker geneigt als diejenigen der Tone. In der keramischen Praxis wirken sich danach Schwankungen im Wassergehalt stark auf die Porosität der Massen aus im Falle magerer, wenig plastischer Tone, wenig dagegen im Falle hochplastischer Tone.

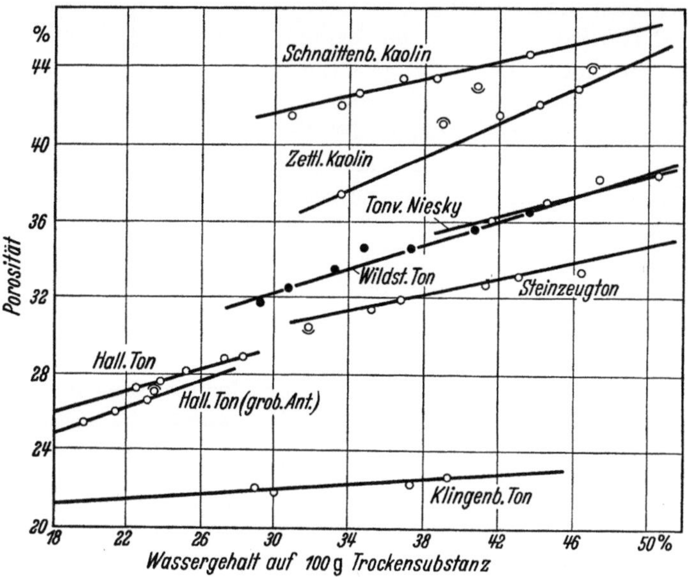

Abb. 288. Abhängigkeit der Porosität verschiedener Tone nach dem Trocknen bei 110° C vom Ausgangswassergehalt (nach R. RIEKE u. J. GIETH)

Die Festigkeit des Tones nimmt im Laufe des Trockenvorganges zu, sie steigt besonders stark an beim Erhitzen bis auf etwa 250° C, wie H. KOHL durch Messung der Biegefestigkeit [73] nachgewiesen hat (Abb. 289). Nach ihm erfährt der Ton bereits von 80° C aufwärts eine in Veränderung der kolloidalen Substanzen bestehende irreversible Umwandlung.

F. BLOSCHIES, K. GIESEN u. H. E. SCHWIETE [83] haben gefunden, daß der Ton in der Schwebetrockenanlage nach BARTHELMESS (vgl. Abschnitt 3.333) selbst bei den höchsten, in der Anlage erreichbaren Temperaturen von etwa 800° C keine die Plastizität herabsetzende Veränderung erleidet. Das Trockengut wird nur so kurze Zeit den Heizgasen ausgesetzt, daß seine Tem-

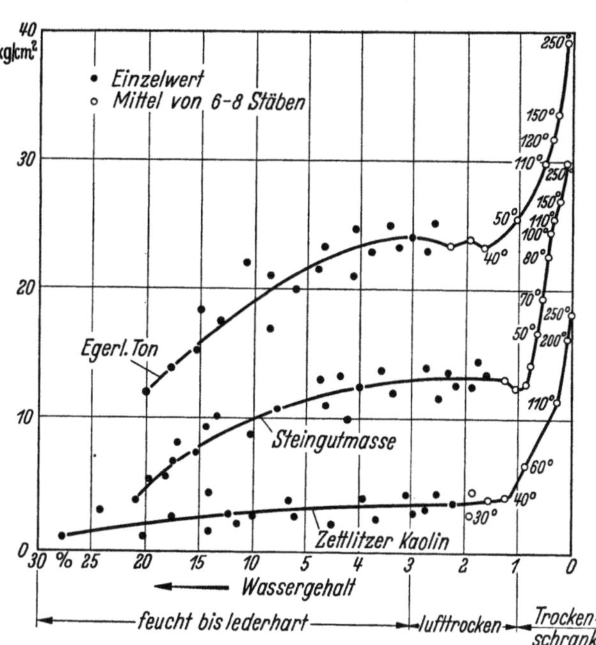

Abb. 289. Trockenbiegefestigkeit verschiedener Tone als Funktion der Trockentemperatur (nach H. KOHL)

peratur nicht über 65 bis 75° C steigt. Wegen der bisher unvollkommenen Methoden der Plastizitätsbestimmung ist das Ergebnis von F. BLOSCHIES u. Mitarbeitern allerdings nicht gesichert.

Bis 110° C kann das gesamte mechanisch gebundene Wasser ausgetrieben werden. Die oberhalb dieser Temperatur einsetzende, mittels Dilatometer (Abschn. 3.14) festzustellende Schwindung ist auf eine Schrumpfung von Gelhäutchen auf den Tonteilchen infolge des Verdampfens von Adsorptionswasser zurückzuführen. Diese Schwindung endet nach H. SALMANG u. A. RITTGEN [84] bei 250° C. Damit verliert der Ton die Fähigkeit, mit Wasser eine plastische Masse zu bilden.

3.14 Verhalten beim Erhitzen bis 1100° C

Im Temperaturbereich von 100 bis 1100° C verlieren die Tonmineralien ihr Kristallwasser und gehen in wasserfreie Verbindungen über. Zur Verfolgung der einzelnen Phasen dieses Umwandlungsprozesses stehen drei Methoden zur Verfügung, nämlich

Bestimmung der Gewichtsabnahme mit Hilfe der Thermowaage (Abb. 290);

Bestimmung der Längenänderungen mit Hilfe des Dilatometers (vgl. Abschn. 1.51);

Bestimmung der Wärmetönungen mit Hilfe der Differential-Thermoanalyse (vgl. Abschn. 1.354 u. Abb. 35).

Die Umwandlungstemperaturen hängen stark von Erhitzungsgeschwindigkeit, Druck und Korngröße ab, sie liegen tiefer, wenn langsam aufgeheizt wird, die Versuche im Vakuum durchgeführt werden oder feingemahlener Ton verwandt wird. Bei der Beurteilung verschiedener Tone können daher nur unter gleichen Bedingungen durchgeführte Versuche miteinander verglichen werden.

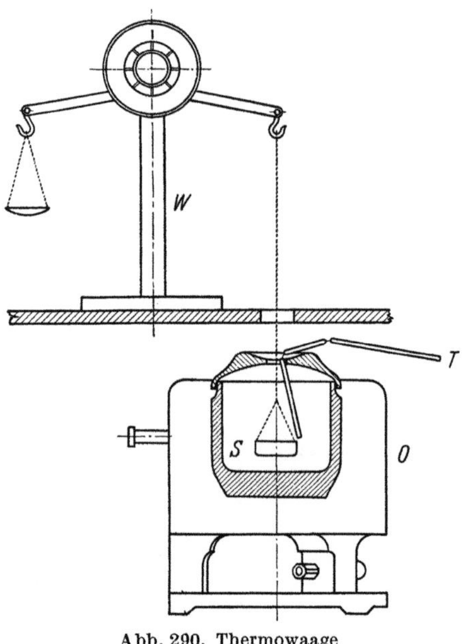

Abb. 290. Thermowaage
(nach O. E. RADCZEWSKI u. R. RATH)

3.141 Kaolinit

Beim Kaolinit ergibt die thermische Analyse nach O. E. RADCZEWSKI u. R. RATH [85] bei hoher Aufheizgeschwindigkeit (2 Std. auf 800° C) einen starken Wasserverlust zwischen 500 bis 600° C (Abb. 291, Kurve 1). Bei kleineren Aufheizgeschwindigkeiten liegen die Entwässerungstemperaturen bis zu 60° C niedriger. Erhitzt man im Vakuum mittels des Tensi-Eudiometers von G. F. HÜTTIG [86], so beginnt der Zerfall etwa 30° C niedriger als bei gewöhnlichem Druck [87]. Allgemein wird heute 440 bis 450° C als Zerfallstemperatur des Kaolinits angenommen.

Die Entwässerung ist mit einer Schwindung verbunden, die nach Messungen im Differentialdilatometer bei etwa 500° C einsetzt und bei 880° C endet [88]

(Abb. 292, Kurve a). Sie weist eine starke negative Wärmetönung auf, die sich in der Differentialthermoanalyse durch einen tiefen Ausschlag im Temperaturbereich 500 bis 600° C bemerkbar macht [89] (Abb. 293a, 2). Eine schwache endotherme Reaktion, die von der Verdampfung des restlichen Adsorptionswassers herrührt, spielt sich im Kaolinit zwischen 100 und 200° C ab (Abb. 293a, 1).

Die starke Schwindung des Kaolinits oberhalb 500° C deutet auf eine Annäherung der Gitterteilchen nach dem Wasseraustritt hin. Die Frage, ob die entwässerte Substanz in Form einer innigen Mischung der Oxyde SiO_2 bzw. Al_2O_3 oder als definierte Verbindung *Metakaolinit* vorliegt, ist noch nicht entschieden. Vermutlich handelt es sich um einen Zwischenzustand mit defekter Kristallstruktur, in welchem noch Reste des ursprünglichen Kaolinitgitters vorhanden sind [90].

Auf jeden Fall aber ist die Mischung der Oxyde so innig, daß sie mechanisch nicht zu trennen sind und die an sich in Soda leichtlösliche Kieselsäure durch Sodalösung nicht extrahiert werden kann [91]. Nur die Tonerde ist in verdünnter HCl löslich [92]. Im Röntgenbeugungsdiagramm fand F. RINNE [93] an Stelle der Interferenzlinien des Quarzes zwei verwaschene Banden, die auf eine gewisse, wenn auch unvollkommene Gitterbildung hindeuten.

Die äußerst feine Verteilung und lockere Bindung der Oxyde bedingen die hohe Reaktionsfähigkeit des Metakaolinits. An der Luft nimmt er energisch Wasser auf, wobei die Tonerde teilweise in HCl unlöslich wird. Kaolinit bildet sich allerdings nicht zurück, vielmehr entstehen Gele von Al_2O_3 und SiO_2.

Durch 30stündige Erhitzung im Autoklaven bei 300° C und 90 at

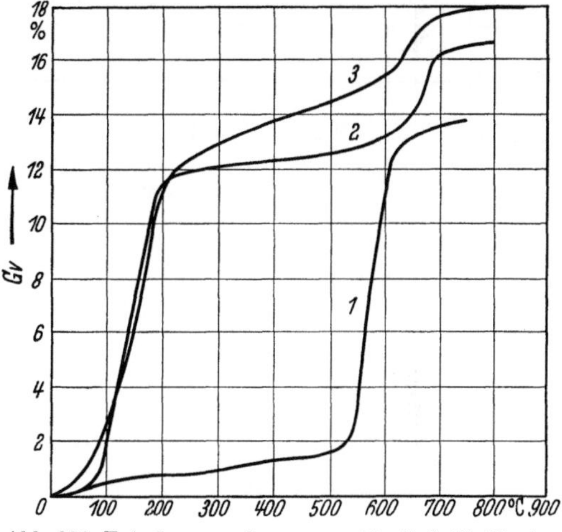

Abb. 291. Entwässerungskurven von Kaolinit (1), Montmorillonit (2) und Illit (3) (nach O. E. RADCZEWSKI u. R. RATH)

Wasserdampf kann das Kaolingitter wiederhergestellt werden [94], jedoch wird die alte Ordnung nicht erreicht. H. SAALFELD [94] erhielt bei seinen Versuchen einen dem Fireclay-Mineral (vgl. Abschn. 3.114) entsprechenden Gitterbau. Die neugebildeten Kristallite enthielten 13 bis 14% H_2O und waren erheblich kleiner sowie feiner zerteilt als im ursprünglichen Kaolinit. Massen aus dieser Substanz besaßen deswegen eine wesentlich höhere Plastizität als solche aus normalem Kaolinit.

Beim Erhitzen über 700° C trennen sich die Oxyde so weit, daß mit Sicherheit oberhalb 870° C im Röntgenbeugungsdiagramm [95] und oberhalb 700° C im Elektronenbeugungsdiagramm [96] die Linien von γ-Al_2O_3 erscheinen (Abb. 21). Unter dem Elektronenmikroskop läßt sich an auf 700° C erhitzten Kaolinitproben der Zerfall des Gitters durch eine Aufrauhung der Kristalloberflächen erkennen (vgl. Abschn. 1.32).

Die zweite große Brennschwindung beginnt bei 890° C und endet bei 950° C (Abb. 292a). Sie steht nach H. INSLEY u. R. H. EWELL [97] mit der Bildung von γ-Tonerde in Verbindung.

Ab 900° C treten die Oxyde wieder zusammen, sie bilden den *Mullit* $3\,Al_2O_3 \cdot 2\,SiO_2$, nach N. L. BOWEN u. J. W. GREIG [98] die einzige im System SiO_2–Al_2O_3 stabile Verbindung. Die Mullitkristalle sind zunächst so klein, daß sie nur in Röntgen- bzw. Elektronenbeugungsdiagrammen festgestellt werden können, und bleiben klein, solange ihre Bildung nur durch Reaktionen im festen Zustand erfolgt. Nach Beobachtungen unter dem Elektronenmikroskop bleiben die 6eckigen Blättchen des Kaolinits bis etwa 1100° C erhalten, erst dann werden sehr feine Mullitnadeln erkennbar [96, 99].

Die Differentialthermoanalyse des Kaolinits zeigt bei 960 bis 990° C eine stark exotherme Reaktion an (s. Abbildung 293a, 3). Es kann sich hierbei um die Umwandlung von γ- zu α-Al_2O_3 handeln [97], die bei $\sim$1000° C unter starker Wärmeentwicklung verläuft, oder um

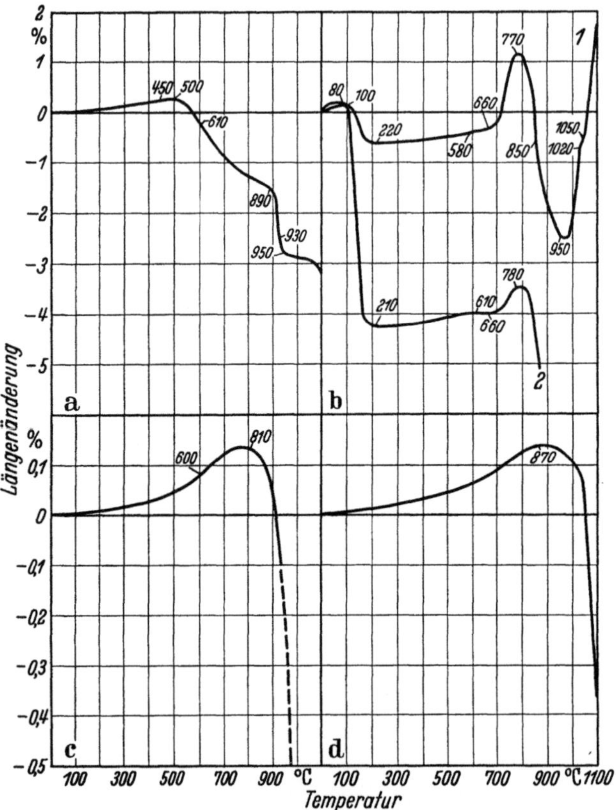

Abb. 292 a bis d. Dehnungs-Schwindungskurven verschiedener Tonmineralien (nach W. STEGER)
a) Hirschauer Kaolin;   b) amerikanischer Bentonit, *1* bei 110° C getrocknet, *2* mit natürlichem Wassergehalt;   c) Illit von Sarospatak; d) schwedischer Glimmer von Forshammer

die ebenfalls exotherme Mullitbildung (vgl. Abschn. 1.352) bzw. eine Kombination beider Prozesse.

Eine dritte schwächere Brennschwindung erleidet der Kaolinit zwischen 950° C und 1070° C, sie dürfte mit der Mullitbildung in Zusammenhang stehen.

Im ganzen gesehen spielen sich beim Übergang von Kaolinit zu Mullit folgende chemische Vorgänge ab:

$$450 \text{ bis } 550°\,C:\quad Al_2O_3 \cdot 2\,SiO_2 \cdot 2\,H_2O \;\rightarrow\; Al_2O_3 \cdot 2\,SiO_2 + 2\,H_2O$$
Metakaolinit

$$700 \text{ bis } 870°\,C:\quad Al_2O_3 \cdot 2\,SiO_2 \qquad\quad \rightarrow\; \gamma\text{-}Al_2O_3 + 2\,SiO_2$$

$$\text{ab } 900°\,C:\quad 3\,\gamma\text{-}Al_2O_3 + 6\,SiO_2 \;\rightarrow\; 3\,Al_2O_3 \cdot 2\,SiO_2 + 4\,SiO_2.$$
Mullit

Die an der Bildung des Mullits nicht beteiligte Kieselsäure geht ab etwa 1100°C in Cristobalit über.

Das Fireclay-Mineral verhält sich ähnlich wie der Kaolinit, nur liegen die Wärmetönungen bei der Differentialthermoanalyse nach H. LEHMANN [89] infolge der Unordnung im Gitter bei etwas niedrigeren Temperaturen, außerdem ist bei ~100° C ein deutlicher endothermer, bei Kaolinit fehlender Effekt zu beobachten. Halloysit zeigt diesen endothermen Effekt bei 140° C noch stärker.

3.142 Montmorillonit

Der Montmorillonit unterscheidet sich in seinem Entwässerungsverhalten wesentlich vom Kaolinit. Wie Abb. 291, Kurve *2*, zeigt, erleidet er seinen größten Wasserverlust zwischen 100 und 200° C, ohne daß dabei die Kristallstruktur zerstört wird. Im gleichen Temperaturbereich setzt eine starke Schwindung ein (Abb. 292, Kurve b, *2*) und die Differentialthermoanalyse zeigt einen kräftigen endothermen Effekt an (Abb. 293 b, *1*). Diese Erscheinungen sind eine Folge des Austreibens von Adsorptions- und Zwischenschichtwasser.

Das Kristallwasser wird unter Aufweitung des Gitters erst ab 600° C abgegeben. Dieser Vorgang spiegelt sich

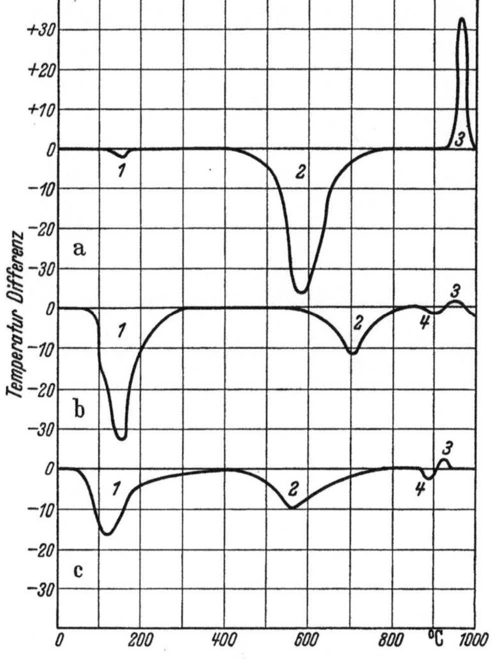

Abb. 293 a bis c. Differential-Erhitzungskurven von Tonmineralien (nach H. SALMANG)

a) Kaolinit;   b) Montmorillonit;   c) Illit

1 endothermer Effekt;   *2* endothermer Effekt;
3 exothermer Effekt;   *4* endothermer Effekt

in einem zweiten Gewichtsverlust oberhalb 600° C auf der Thermowaage wider, er ist mit einer Ausdehnungsperiode im Dilatometer (Abb. 292, Kurve b, *1* u. *2*) und einem schwächeren endothermen Effekt (*2* der Kurve b, Abb. 293) bei ~700° C verbunden.

Ab 850° C zerfällt das Gitter unter starker Schwindung und Neubildung von *Spinell* $MgO \cdot Al_2O_3$ oder $FeO \cdot Al_2O_3$ (vgl. Abschn. 5.15). Die beiden basischen Oxyde liegen mit der Tonerde zusammen in der Mittelschicht des Montmorillonitgitters (vgl. Abschn. 3.115) und können wegen der dadurch gegebenen geringen gegenseitigen Abstände mit dem Al_2O_3 zum Spinellgitter zusammentreten. Die äußeren tetraedrischen Schichten gehen in Cristobalit über oder bilden in Gegenwart von Alkali ab 950° C eine Alkalisilikatschmelze [100]. Bei der Differentialthermoanalyse macht sich die Spinellbildung durch einen schwachen exothermen Effekt (*3* in Abb. 293 b) bemerkbar. Erst ab 1050° C erscheint Mullit unter gleichzeitiger Ausdehnung der Masse. Bei 1300° C löst sich der Spinell wieder in der Schmelze auf, so daß dann nur Mullit und Schmelze, eventuell auch Cristobalit vorhanden sind.

3.143 Illit und Glimmer

Der Illit ähnelt in seinem Verhalten beim Erhitzen stark dem Montmorillonit, was angesichts der mineralogischen Verwandtschaft zwischen beiden nicht wunder nimmt. Die Hauptentwässerung spielt sich auch beim Illit zwischen 100 und 200° C ab, sie ist durch eine negative Wärmetönung (Abb. 293 c, *1*) gekennzeichnet, die jedoch bei der Differentialthermoanalyse einen kleineren Ausschlag hervorruft als diejenige des Montmorillonits. Beim weiteren Erhitzen verliert der Illit ab 300° C Wasser, wie das langsame Ansteigen der Entwässerungskurve (Abb. 291, Kurve *3*) erkennen läßt. Zwischen 600 und 700° C liegt bei rascherem Aufheizen eine zweite Periode stärkerer Gewichtsabnahme, die auf die den Zerfall des Gitters vorbereitende Austreibung des Kristallwassers zurückzuführen ist. Der zweite endotherme Effekt (Abb. 293, *c*, *2*) tritt bei Illit bereits zwischen 500 und 600° C auf, also etwa 150° C tiefer als beim Montmorillonit. Das optische Verhalten läßt erkennen, daß das entwässerte Gitter einen niedrigeren Brechungsindex als das Mineral mit unversehrten (OH)-Gruppen und eine etwas größere Höhe der Einheitszelle aufweist. Oberhalb 700° C wird es langsam zerstört.

Bis 810° C dehnt sich der Illit aus, am stärksten zwischen 500 und 600° C (Abb. 292 c). Nach dem mit starker Schwindung verbundenen Zerfall des Gitters bei 850° C bildet sich auch hier Spinell. Diese Neubildung ist mit einem schwachen exothermen Effekt (*3* in Abb. 293 c) in der Differentialthermoanalyse bei 900° C verbunden. Alkalisilikatschmelzen entstehen ab 950° C, Mullit ab 1100° C und bei 1300° C lösen sich die Spinelle wieder auf.

Die vollständigen Glimmer, wie z. B. *Muskowit*, erleiden bei 100 bis 200° C keine Entwässerung, sie dehnen sich wie die Illite von 20 bis ~870° C aus, am stärksten zwischen 700 und 800° C (Abb. 292 d). Erst oberhalb 870° C setzt eine starke, mit dem Gitterzerfall verbundene Schwindung ein. Es entsteht dabei an Stelle von Spinell das Mineral *Leuzit* $K_2O \cdot Al_2O_3 \cdot 4\,SiO_2$ neben γ-Tonerde und schmelzflüssiger Phase.

3.144 Natürliche Tone

Einen zusammenfassenden Überblick über das Erhitzungsverhalten der wichtigsten Tonmineralien gibt Tab. 72. Alle Tonmineralien gehen nach Abgabe des Kristallwassers und nach Zerfall des Gitters in eine mullithaltige Schmelze über. Während aber der Mullit beim reinen Kaolinit im festen Zustand entsteht — lange Zeit vor dem Erscheinen der ersten Schmelze — treten bei den flußmittelreichen Montmorilloniten und Illiten bereits vor der Mullitbildung Teilschmelzen auf, die frühe Sinterung und daher dichte Scherben hervorrufen.

In den natürlichen Tonen überlagern sich die in den einzelnen Komponenten auftretenden Vorgänge additiv. Daher ist es möglich, die Zusammensetzung eines Tones halbquantitativ aus den Entwässerungskurven, den Wärmetönungen und dem Dehnungs-Schwindungsverhalten zu ermitteln. Illite vergrößern z. B. die geringe Wärmedehnung des Kaolinits und wirken der Schwindung oberhalb 500° C entgegen [*88*] (Kurve *2* in Abb. 294 a). Dies kann so weit gehen, daß der Ton überhaupt nicht mehr schwindet. Für Glimmerbeimengungen gilt das gleiche, nur erhalten die Dehnungs-Schwindungskurven wegen der unterschiedlichen Lage des Ausdehnungsmaximums eine andere Form (Abb. 294 b).

Ein Montmorillonitgehalt macht sich in einer mehr oder weniger starken Schwindung des lufttrockenen Tones bei 80 bis 200° C bemerkbar, welche nach einer Trocknung bei 120° C nicht mehr auftritt (Abb. 294 c).

Tabelle 72. *Verhalten der wichtigsten Tonmineralien beim Erhitzen*

Temperatur °C	Kaolinit		Montmorillonit		Illit	
	Vorgänge	Thermische Effekte	Vorgänge	Thermische Effekte	Vorgänge	Thermische Effekte
100	Abgabe von Rest-Adsorptionswasser	—	Abgabe von Adsorptions- und Zwischenschichtwasser	— — —	Abgabe von Adsorptions- und Zwischenschichtwasser	— —
200						
300						
400						
500	Abgabe des Kristallwassers	— — —				
550					Abgabe des Kristallwassers	— —
600						
650						
700	„Metakaolin"		Abgabe des Kristallwassers	— —		
750						
800						
850	Zerfall in γ-Al_2O_3 u. SiO_2		Zerfall des Gitters.	—	Zerfall des Gitters.	
900	Beginn der Mullitbildung		Beginn der Spinellbildung		Beginn der Spinellbildung	—
950			Alkalisilikat-Schmelzen	+	Alkalisilikat-Schmelzen	+
1000	Übergang γ-α-Al_2O_3	+ + +	Beginn der Mullitbildung			
1050					Beginn der Mullitbildung	
1100						
1200						
1300			Auflösung des Spinells		Auflösung des Spinells	
1400						
1500	Eutektische Schmelze					

<table>
<tr><td>— schwacher</td><td rowspan="3">} endothermer Effekt</td><td>+ schwacher</td><td rowspan="3">} exothermer Effekt</td></tr>
<tr><td>— — mittlerer</td><td>+ + mittlerer</td></tr>
<tr><td>— — — starker</td><td>+ + + starker</td></tr>
</table>

Unter den Magerungsmitteln beeinflußt vor allem der Quarz das Dehnungs-Schwindungsverhalten. Ähnlich wie die Glimmer vermindert er die Brennschwindung, und zwar hauptsächlich im Existenzbereich des β-Quarzes bis 575° C und im Gebiete der Umwandlung β–α-Quarz bei 575° C (vgl. Abschn. 2.114). Beim Großalmeroder Hafenton mit 49,5% Quarz wird dadurch der Scheitelpunkt der Dehnungs-Schwindungskurve von 500° C bis zu 580° C verschoben (Abb. 294 d). Oberhalb 580° C ist der Einfluß des Quarzes kleiner, entsprechend der geringen Wärmeausdehnung der α-Modifikation, er macht sich aber doch in einer Verminderung der Schwindungen bis 1100° C bemerkbar. Humusstoffe dagegen vergrößern die Schwindung und verlegen den Scheitelpunkt der Kurve zu niedrigeren Temperaturen, beim Wildsteiner Ton Nero F mit 9,3% Humus beispielsweise bis zu 380° C herab (Abb. 294e).

Schiefertone verhalten sich beim Erhitzen ähnlich wie Tone. Nach W. STEGER [*100a*] schwinden jedoch überwiegend kaolinitische Schiefertone nach

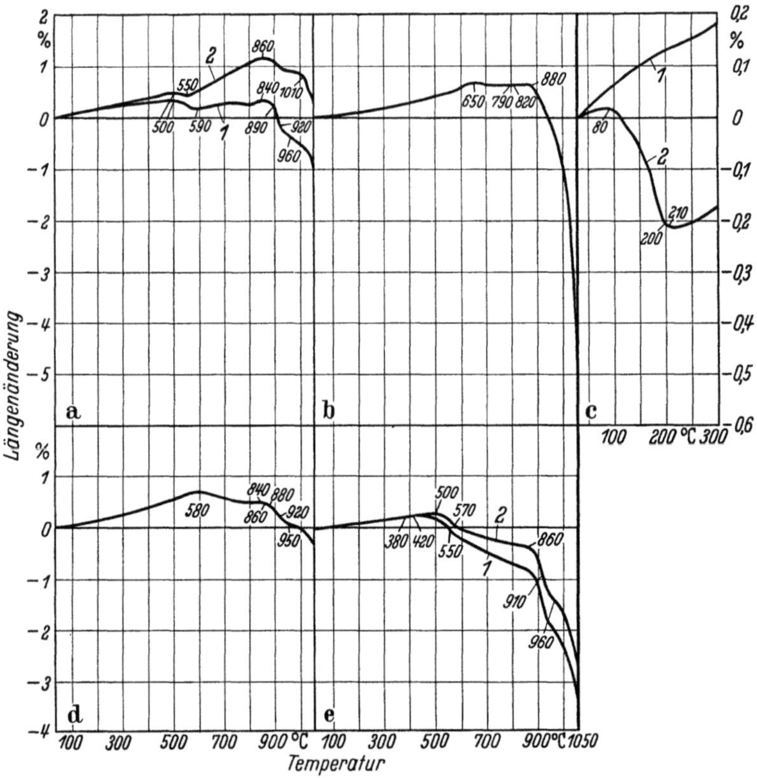

Abb. 294a bis e. Dehnungs-Schwindungskurven verschiedener Tone (nach W. STEGER)
a) Ton Wildenstein M, *1* im Anlieferungszustand, *2* nach Anreicherung des Illitanteiles;   b) Ton von Siershahn/Westerwald;   c) Ton von Kärlich, *1* nach Tocknung bei 120° C, *2* im Anlieferungszustand; d) Großalmeroder Hafenton;   e) Ton Wildstein Nero F., *1* im Naturzustand, *2* nach Entfernung der Humusstoffe

der Zerkleinerung unter 0,09 mm zwischen 460° und 840° C zwei- bis dreimal so stark wie Kaoline und die kennzeichnenden Grenztemperatur zwischen den einzelnen Schwindungsabschnitten (s. Abb. 292 u. 294) liegen um 10—40° C tiefer als bei diesen.

3.15 Mullit und Sillimanit

Der beim Brennen der Tonmineralien (ausgenommen vollständiger Glimmer) als einzige stabile Mineralphase entstehende Mullit $3Al_2O_3 \cdot 2SiO_2$ hat die chemische Zusammensetzung 71,8% Al_2O_3 und 28,2% SiO_2 und ist dem Sillimanit $Al_2O_3 \cdot SiO_2$ mit 62,9% Al_2O_3 und 37,1% SiO_2 mineralogisch außerordentlich ähnlich. Mullit hat ein spezifisches Gewicht von 3,02, Sillimanit von 3,24. Beide Mineralien kristallisieren rhombisch, ihre optischen Achsenebenen liegen parallel (010), $n_\gamma \| c$, jedoch beträgt der Winkel zwischen den Ebenen 110 und 1$\overline{1}$0 beim Mullit 89°13′ und beim Sillimanit 88°15′.

Der Mullit besitzt eine etwas niedrigere Licht- und Doppelbrechung als der Sillimanit (Tab. 73). Unter dem Mikroskop zeigt er farblose Nadeln mit mittelhoher Doppelbrechung ($\Delta = +0,012$), die an ihren charakteristischen,

Tabelle 73. *Mineralogische Eigenschaften von Mullit und Sillimanit*

	Mullit	Sillimanit
Kristallsystem	Orthorhombisch	Orthorhombisch
Prismenwinkel	89° 13′	88° 15′
Spaltungsebene	// 010	// 010
Optische Orientierung	$c = \gamma$ und $b = \alpha$	$c = \gamma$ und $b = \alpha$
Brechungsindizes n_α	1,642	1,657
n_β	1,644	1,658
n_γ	1,654	1,677
Doppelbrechung Δ	0,012	0,028
Achsenwinkel $2V$	$+45$ bis 50°	$+25°$

rhombenförmigen Querschnitten zu erkennen sind (Abb. 295). Eisenoxyd- und titansäurehaltige Varietäten sind pleochroitisch blaß-lila-rosa bis farblos. Der lineare Ausdehnungskoeffizient des Mullits beträgt $\alpha = 4{,}5 \cdot 10^{-6}$ im Temperaturbereich von 20—1000° C, $5{,}3 \cdot 10^{-6}$ von 20—1500° C. Über die Wärmeleitfähigkeit von reinem kristallinen Mullit sind noch keine zuverlässigen Werte bekannt geworden.

Bei der Untersuchung von sog. Sillimanit aus der Gewölbedecke eines Glasofens stellten N. L. Bowen u. J. W. Greig [98] fest, daß der mineralogische Charakter der gefundenen Kristalle durch geringe Gehalte an Eisenoxyd, Titanoxyd und Magnesiumoxyd so geändert worden war, daß chemisch einwandfrei nachgewiesener Mullit

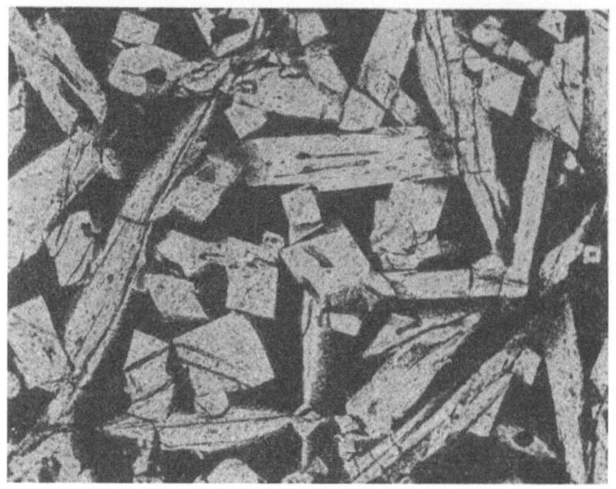

Abb. 295. Mullitkristalle in opaker Grundmasse aus einem verschlackten Brennerstein. Dünnschliff (Vergr. 50 ×)

in seinen Brechungsindizes fast denen des Sillimanits $n_\alpha = 1{,}653$ und $n_\gamma = 1{,}672$ gleichkam. Neben der üblichen rhombischen Form des Mullits beschrieb W. Hugill [101] eine zweite Form mit geringerer Lichtbrechung ($n_\alpha = 1{,}600$, $n_\gamma = 1{,}610$) und $n_\gamma \| a$.

Erfahrungsgemäß enthält der Mullit oft mehr Tonerde als ihm nach der Idealformel zukommt (s. A. B. Peck [102]). E. Posnjak u. J. W. Greig [103] fanden Mullitkristalle mit einem Al_2O_3-Gehalt bis zu 75%, K. Konopicky [104] unterscheidet 2 Gruppen von Mulliten, neben der normalen mit 72% eine solche mit 78% Al_2O_3, letztere soll sich bei höheren Temperaturen und größerem Flußmittelgehalt bilden. G. Trömel u. Mitarb. [113] bestätigten die Existenz zweier Mullitkomponenten mit verschiedenem Al_2O_3-Gehalt durch Bestimmung des Brechungsindexes und der Gitterkonstanten in a-Richtung in Abhängigkeit vom Tonerdegehalt. Zwischen 72 und 78% Al_2O_3 ändern sich beide Größen kontinuierlich und deuten dadurch die Existenz von Mischkristallen an. Der Brechungsindex und die Gitterkonstante für Sillimanit liegen in geradliniger Fortsetzung der die Änderungen dieser Eigenschaften im Mischbarkeitsgebiet kennzeichnenden Geraden. Dies spricht dafür, daß sich bei hohen Drucken die Mischkristallreihe bis zum Sillimanit (63% Al_2O_3) hin ausdehnt. Nach Versuchen von G. C. KENNEDY [104a] nimmt der Mullit bei $\sim$1000 kg/cm² Druck die Zusammensetzung des Sillimanits an.

Die Frage, ob der Mullit eine selbständige Kristallart mit eigenem Gitterbau oder eine feste Lösung von überschüssiger Tonerde im Sillimanit darstellt, konnte W. H. TAYLOR [110] dahingehend beantworten, daß der Mullit durch teilweise Substitution von [SiO₄]- durch [AlO₄]-Gruppen aus dem Sillimanit

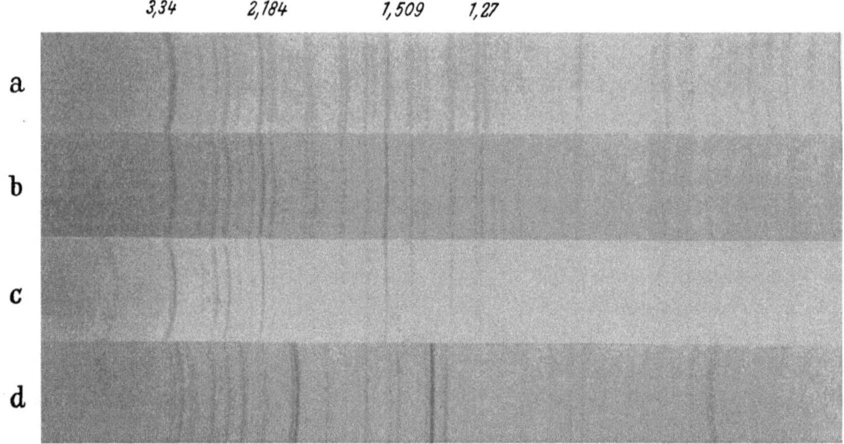

Abb. 296a bis d. DEBYE-SCHERRER-Aufnahmen von verschiedenen Aluminiumsilikaten (nach G. TRÖMEL)
a) Sillimanit von Südafrika;   b) Mullit, durch Reaktion im festen Zustand hergestellt;   c) Mullit aus
einem Corhartstein   d) Cyanit aus Indien

hervorgeht. Der Sillimanit besteht aus parallelen Ketten von [AlO₆]-Oktaedern in Richtung der c-Achse, die durch tetraedrisch koordinierte [SiO₄]- und [AlO₄]-Gruppen verbunden sind. Beim Übergang vom Sillimanit zum Mullit verringert sich wegen der im Verhältnis zu [SiO₄] geringeren Ladung der [AlO₄]-Gruppen nur die Lichtbrechung. Da die Substitutionen der Si^{4+}- durch Al^{3+}-Ionen statistisch verteilt sind, ist keine genaue Aussage über ihre Anordnung im Gitter möglich. Eine geordnete Verteilung müßte das Auftreten von *Überstruktur-Linien* zur Folge haben, solche sind aber nicht in den Röntgendiagrammen zu erkennen. Das Mullitgitter besitzt danach geringeren Ordnungsgrad als das Sillimanitgitter [111].

Wegen der häufigen stöchiometrischen Abweichungen schlug bereits O. KRAUSE [105] für die mullitähnlichen Aluminiumsilikate die Bezeichnung *Keramit* vor, ohne jedoch damit durchzudringen. H. P. ROOKSBY u. J. H. PARTRIDGE [106] bezeichneten die normale, von BOWEN u. GREIG gefundene Form als α-Mullit, diejenige mit einem Überschuß an Tonerde als β-Mullit. Als dritte

Form wird schließlich ein γ-Mullit mit geringen Beträgen von gelöstem Eisenoxyd und Titandioxyd definiert. Diese Bezeichnungsweise widerspricht dem üblichen Brauch, nach dem Unterscheidungen durch griechische Buchstaben den Modifikationen mit definiertem Existenzbereich vorbehalten bleiben sollen.

Tabelle 74. *Netzebenenabstände d und Intensitäten nach* DEBYE-SCHERRER-*Aufnahmen mit Co-Strahlung und Eisenfilter von* G. TRÖMEL

a		b		c		d	
Sillimanit		Mullit (10 Tg. gebr.)		Mullit aus Corhartstein		Cyanit	
						s	4,3609
s	5,3393	st	5,2714	st	5,2714	s	4,2202
s	4,4069					s	3,7061
s	3,7061					s	3,3858
sst	**3,3405**	sst	**3,3537**	sst	**3,3432**	st	3,2990
s	2,8525	m	2,8506	s	2,8506	ss	3,2046
st	2,6449	st	2,6629	st	2,6694	st	3,1432
st	2,5168	st	2,5197	st	2,5197		
s	2,3947	m	2,4026	s	2,4012	s	2,9832
s	2,2615	m	2,2730	s	2,2730	s	2,9064
ss	2,2132					st	2,6645
sst	**2,1841**	sst	**2,1862**	st	**2,1852**	s	2,5838
m	2,0928	st	2,1025	m	2,1025	st	2,4840
m	1,8560	m	1,8784	s	1,8777	st	2,3303
m	1,8199	m	1,8284	s	1,8299		
s	1,7720					ss	2,2500
m	1,6965	st	1,6870	m	1,6912	s	2,1916
st	1,6712					s	2,1435
st	1,5867	st	1,5913	m	1,5893	s	1,9877
m	1,5593	s	1,5726	ss	1,5741	st	1,9447
sst	**1,5097**	sst	**1,5156**	sst	**1,5169**	sst	1,9149
		s	1,4528	s	1,4565	m	1,7524
m	1,4340	st	1,4340	m	1,4340	s	1,6638
s	1,4121	ss	1,4166	s	1,4174	s	1,6110
m	1,3863	s	1,3997	s	1,4031	st	1,5826
				ss	1,3658		
						s	1,4942
		s	1,3420	s	1,3426	st	1,4664
st	1,3245	st	1,3277	st	1,3277		
s	1,3029					ss	1,4440
st	**1,2675**	st	**1,2714**	st	**1,2708**	ss	1,4060
m	1,2507	st	1,2584	st	1,2597	m	1,3855
		m	1,2358			sst	1,3693
						st	1,3338

Reihenfolge: ss = sehr schwach
s = schwach
m = mittel
st = stark
sst = sehr stark

Die ersten Röntgenuntersuchungen ergaben keine Unterschiede zwischen Mullit und Sillimanit [*98*]. Als erste fanden aber L. NAVIAS u. W. P. DAVY [*107*] durch Vergleich mehrerer Filme, daß im Wellenlängenbereich von etwa 2,0 Å bis 1,57 Å deutliche Unterschiede vorhanden sind.

In Abb. 296 sind die Debye-Scherrer-Aufnahmen[1] von Sillimanit (a), durch Reaktionen im festen Zustand hergestelltem Mullit[2] (b), aus dem Schmelzfluß entstandenem Mullit (Corhart-Stein) (c) und von Cyanit (d), der triklinen Modifikation von $Al_2O_3 \cdot SiO_2$ (vgl. Abschn. 4.111) zusammengestellt. Tab. 74 enthält die Netzebenenabstände und die geschätzten Intensitäten, die aus diesen Aufnahmen ermittelt wurden. Zwischen den ersten 3 Aufnahmen bestehen tatsächlich sehr große Ähnlichkeiten, bei näherer Untersuchung zeigen sich jedoch zwischen Sillimanit (a) einerseits und den beiden Mulliten (b u. c) andererseits Abweichungen, die aus den Fehlergrenzen herausfallen und eine Unterscheidung ermöglichen. Erst 1951 [108] gelang es, beide Mineralien sicher voneinander zu unterscheiden. Charakteristische Unterschiede fand neuerdings auch H. Schulze [109] an Pulveraufnahmen mit einer stark auflösenden Röntgenkamera.

Nach N. L. Bowen u. J. W. Greig [98] schmilzt Mullit inkongruent bei 1810° C unter Zerfall in α-Korund und Schmelze. N. A. Toropow u. F. Y. Galakow [112] erhielten bei im Hochvakuum rasch von 1850° C abgekühlten Schmelzen mit 72% Al_2O_3 nur Mullit und schlossen daraus auf einen kongruenten Schmelzpunkt. G. Trömel, K. H. Obst, K. Konopicky, H. Bauer u. J. Patzak [113] bestätigten bei Versuchen mit sehr reinen (alkalifreien) Ausgangssubstanzen und langen Glühzeiten die Ergebnisse von Bowen u. Greig, bei schnellem Erhitzen schmolz der Mullit dagegen wie bei Toropow u. Galakow kongruent, offenbar weil die Zeit nicht zu seiner Zersetzung in Korund und Schmelze, d. h. zur Gleichgewichtseinstellung ausreichte. Durch

Tabelle 75. *Einlagerung verschiedener Oxyde in das Mullitgitter* (nach G. Gelsdorf u. H. E. Schwiete)

Oxyd	Gitter-kontraktion		keine Veränderung		Gitteraufweitung		
	B_2O_3	BeO	Al_2O_3	V_2O_5	Cr_2O_3	TiO_2	Fe_2O_3
Radius der Kationen	0,20	0,34	0,57	0,59	0,64	0,64	0,67
% Einlagerung bei 1200°C	—	—	3	—	—	—	2
1300°C	—	—	4	—	—	—	6
1400°C	—	—	5	—	2	1,5	6 bis 8
1500°C	—	—	6	—	4	1,5	6 bis 8
1600°C	—	—	10	—	8	2,0 bis 2,5	—
1700°C	—	—	15	—	8 bis 9	2,0 bis 2,5	—
Höchstmengen %	n. b.	1,5	26	$\sim$6	8 bis 9	2,0 bis 2,5	6 bis 8 oxydierende Atmosphäre

Alkalispuren (0,2% Na_2O) wird der Schmelzprozeß und die Gleichgewichtseinstellung beschleunigt, daher erhielten Bowen u. Greig mit nicht alkalifreien Rohstoffen auch bei schnellem Erhitzen inkongruente Schmelzpunkte des Mullits.

---

[1] Die Debye-Scherrer-Aufnahmen stellte freundlicherweise Herr Prof. Dr. G. Trömel (Max-Planck-Institut für Eisenforschung, Düsseldorf) her. Er bestimmte auch die Netzebenenabstände (Tab. 74).

[2] Brand 10 Tage bei 1500° C aus kalz. Tonerde und wasserfrei gefällter Kieselsäure (Merck) in der Versuchsanstalt der DHHU.

G. Gelsdorf u. H. E. Schwiete [*114*] stellten bei Einlagerungsversuchen an synthetischem Mullit fest, daß dieser

Ionen mit einem Radius von 0,2 bis 0,4 Å wie B_2O_3 und BeO unter Gitterkontraktion,

Ionen mit einem Radius von 0,4 bis 0,6 Å wie Al_2O_3 und V_2O_3 — ohne Veränderung,

Ionen mit einem Radius von 0,6 bis 0,7 Å wie Cr_2O_3, TiO_2 und Fe_2O_3 unter Gitteraufweitung

bis zu bestimmten Höchstbeträgen einlagern kann. Durch Ionen mit einem größeren Radius als 0,7 Å wird das Gitter zerstört. Bei einer Ionen-Einlagerung unter Gitteraufweitung wird die Reaktionsfähigkeit des Mullits vermutlich erhöht, bei einer solchen unter Gitterkontraktion herabgesetzt. Tab. 75 enthält die Mengen einzelner Oxyde, welche bei verschiedenen Temperaturen vom Mullit aufgenommen werden können. K. Zimmermann u. Ch. L. Favejee [*115*] gaben an, daß Fe_2O_3 bei oxydierendem Brand in Mengen bis zu 12% ins Mullitgitter aufgenommen werden kann und dort eine Gelbfärbung hervorruft. Diese Annahme dürfte durch die exakteren Untersuchungen von G. Gelsdorf u. H. E. Schwiete überholt sein.

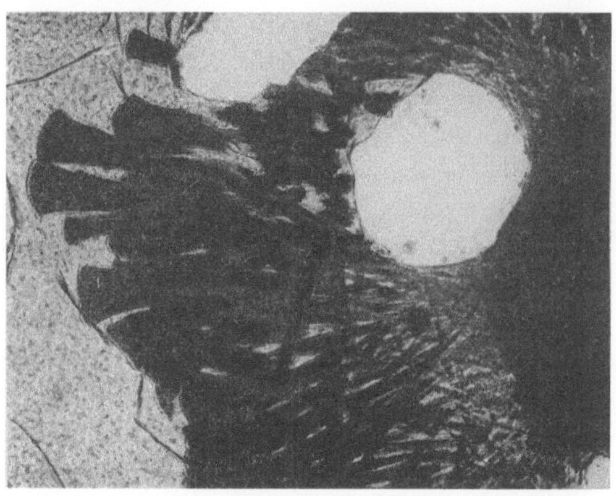

a

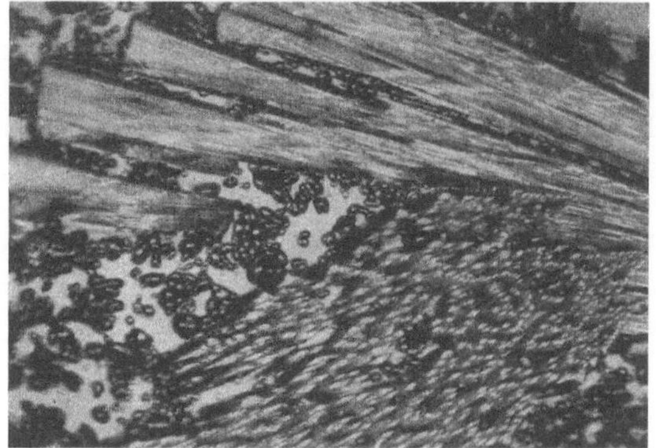

b

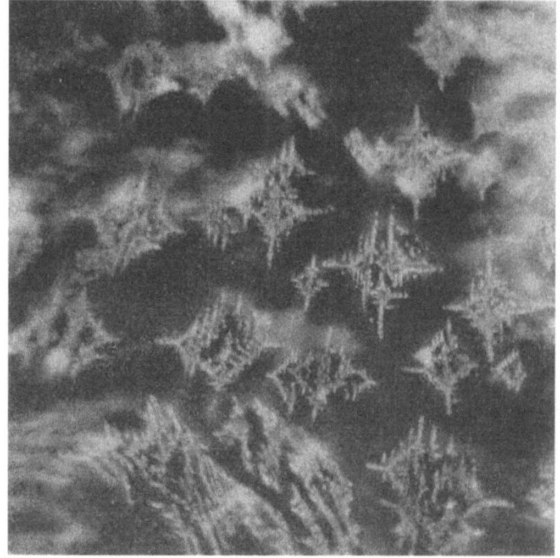

c

Abb. 297a bis c. Mullit, mit Magnetit gesetzmäßig verwachsen

a) Im Durchlicht (Vergr. 60×);   b) im Auflicht, geätzt mit HF (Vergr. ~90×);   c) im Auflicht, Querschnitte, geätzt mit HF (Vergr. 300×)

Wird dem Mullit mehr Eisenoxyd zugesetzt als aufgenommen werden kann, so bilden sich bei Temperaturen oberhalb 1200° C Magnetit und unter Glasabscheidung ein Spinell der Zusammensetzung $FeO \cdot Al_{1,5}/Fe^{3+}_{0,5}O_3$, in welchem jedes vierte Al^{3+}-Ion durch ein Fe^{3+}-Ion ersetzt ist (vgl. Abschn. 5.15). S. Kienow [116] beobachtete gesetzmäßige Verwachsungen von Mullit mit Magnetit, in denen sich die Mullitkristalle entsprechend der Verwachsungsstärke fächerartig verbreitern (Abb. 297a bis c). Die opaken fächerförmigen Kristalle in Abb. 297a sind mit ihrer Wurzel auf einem Schamottestein (rechts) aufgewachsen. Sie ragen links in eine Schlackenschmelze hinein. Die Wurzeln bestehen aus normalen, farblosen Mullitkristallen, sie nehmen mit wachsendem Abstand von der Steinoberfläche Magnetite in Gitterebenen auf, werden dabei undurchsichtig und verbreitern sich. Abb. 297b zeigt die Fächer im Auflicht. Die hellen Streifen stellen die Magnetiteinlagerungen dar. Die in Abb. 297c auftretenden Querschnitte lassen die hellen, gesetzmäßig orientierten Eisenoxydeinlagerungen und -anlagerungen an die Oberfläche deutlich erkennen.

Durch Zusatz geringer Mengen bestimmter Metalloxyde wie ZnO, Li_2O, MgO, Fe_2O_3, MnO, Cr_2O_3 und MoO_3 wird die Mullitbildung nach C. W. Parmelee u. A. Rodriguez [117] katalytisch beschleunigt. Der mineralisierende Einfluß von Eisenverbindungen auf die Mullitbildung wurde u. a. von P. P. Budnikow u. Mitarb. [118] festgestellt. Nach V. V. Kraft u. T. A. Gerwich [119] wirken auch geringe Alkalimengen im Ton beschleunigend. Diese katalytische Wirkung der Nebenbestandteile hat zur Folge, daß sich die überwiegende Menge des Mullits in den verschiedenen Tonen entsprechend ihrem Gehalt an Mineralisatoren bei unterschiedlichen Temperaturen zwischen 1100 und 1600° C bildet.

3.16 Verhalten beim Brennen

3.161 Reine kaolinitische Tone

Das Brennverhalten der Tone würde nur von ihrer chemischen Zusammensetzung abhängen, wenn sich innerhalb der üblichen Brennzeiten Gleichgewicht einstellen würde. Das ist jedoch nur ausnahmsweise der Fall. Fast rein kaolinitisches Material, beispielsweise Zettlitzer Kaolin (s. Tab. 78), verhält sich so, wie es nach dem Zweistoffsystem Al_2O_3–SiO_2 (Abb. 30) zu erwarten ist. Die erste eutektische Schmelze mit der Zusammensetzung 94,5% SiO_2, 5,5% Al_2O_3 entsteht bei 1595° C, es geht vorwiegend Cristobalit und wenig von den im festen Zustand gebildeten submikroskopischen Mullitkeimen in Lösung. Die Schmelze ist sehr zähflüssig, so daß eine Diffusion in ihr nur sehr langsam vonstatten geht und die Mullitkristalle praktisch nicht wachsen. Oberhalb des eutektischen Schmelzpunktes besteht also das kaolinitische Material aus einer Art Suspension kleinster Mullitkristalle in einer sehr zähflüssigen Schmelze. Bei Erhöhung der Temperatur nimmt der Schmelzanteil zu, bis bei etwa 1790° C alles geschmolzen ist.

3.162 Der Einfluß von erhöhtem Kieselsäuregehalt

Ist dem kaolinitischen Material Quarz beigemengt, so bleibt zwar die eutektische Schmelztemperatur die gleiche, die jeweilige Schmelzmenge sollte theoretisch jedoch größer werden und damit die Temperatur völligen Aufschmelzens der Substanz niedriger liegen. Der Quarz löst sich aber erfahrungsgemäß nur dann vollständig in der Schmelze auf, wenn er äußerst feinkörnig und sehr gleichmäßig in der Masse verteilt ist, wie z. B. im Großalmeroder Hafenton. In den normalen feuerfesten Tonen liegt der Quarz in einer solchen Größenklasse vor, daß sich beim Brennen nur an der Oberfläche der Körner eine zähflüssige, eutektische Schmelze bildet, die das Restkorn vor weiterer Auflösung schützt. Daher sind gewöhnlich in Schamottesteinen selbst nach langer Betriebszeit noch unaufgelöste Quarzkörner zu finden (Abb. 28). Während die Steinzeugindustrie auf eine möglichst feine Verteilung des Quarzes Wert legt, um den erwünschten gleichmäßigen und dichten Scherben zu erhalten, werden in der feuerfesten Industrie oft Tone mit gröberem Quarz vorgezogen, weil sie eine höhere Feuerfestigkeit und wegen ihres geringeren Anteiles an Schmelzphase eine bessere Temperaturwechselbeständigkeit besitzen (s. jedoch Abschnitt 3.551).

Enthält der Ton einen hohen Prozentsatz an kieselsäurereichen Dreischichtmineralien (Illit oder Montmorillonit), so bildet sich beim Brennen sehr fein verteilte Schmelze, die frühzeitige Sinterung hervorruft und die Erweichungstemperatur herabsetzt (Steinzeugtone).

3.163 Brennschwindung und Sintern

Die Brennschwindung ist nicht allein Folge des Gitterzerfalles der Tonmineralien, z. T. ist sie durch die mit einer Abnahme der Porosität gekoppelten Verdichtung des Tones bedingt. An Kurven für Porosität und Schwindung in ihrer Abhängigkeit von der Brenntemperatur zeigt Abb. 298 (nach G. H. BROWN u. G. A. MURRAY [120]) die gegenläufigen Änderungen dieser Größen bei einem Klinkerton. Die Porosität durchschreitet ein Minimum, die Schwindung gleichzeitig ein Maximum. Der Wiederanstieg der Porosität bei höheren Temperaturen beruht auf Neubildung geschlossener Poren infolge Gasentwicklung in der schmelzenden Masse. Durch die vorausgegangene Verminderung der offenen Poren nämlich ist die Masse so dicht geworden, daß sich beim Brenn-

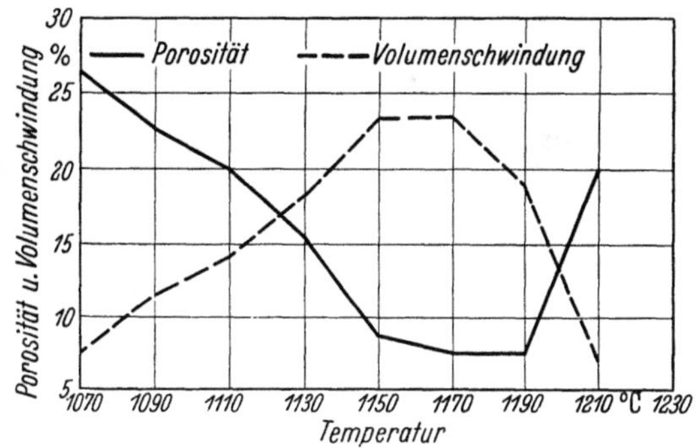

Abb. 298. Porositätsänderung und Schwindung eines Klinkertones bei steigender Brenntemperatur (nach G. H. BROWN u. G. A. MURRAY)

prozeß bildende Gase nicht entweichen können, sondern zu Bläherscheinungen führen. Erhöhter Quarzgehalt kompensiert einen Teil der Brennschwindung, besonders beim Übergang α-Quarz $\rightarrow$ α-Cristobalit (vgl. Abschn. 2.114). Im Extremfall sehr quarzreicher Tone tritt eine Gesamtausdehnung an die Stelle der Schwindung.

Beim Minimum der Porosität ist ein Ton gesintert und besitzt seine für die meisten technischen Zwecke optimalen Eigenschaften. Die ungeschmolzenen Substanzen sind dann durch Schmelzflüsse so gut verkittet, daß ein aus dem Ton hergestellter Stein ausreichende Kaltdruckfestigkeit aufweist, ohne daß seine Temperaturwechselbeständigkeit durch einen zu hohen Schmelzanteil leidet. Eine Steigerung der Temperatur über die Dichtbrenntemperatur hinaus hat zunächst eine weitere Erhöhung der Kaltdruckfestigkeit, aber auch eine Versprödung des Materials zur Folge, sie bringt außerdem die Gefahr des Verziehens von Formkörpern durch Aufblähen oder durch Belastung mit sich. Wird andererseits die Dichtbrenntemperatur nicht erreicht, so ist mit stärkeren Nachschwindungen zu rechnen, Kaltdruckfestigkeit und Abriebfestigkeit bleiben gering.

Die Dichtbrenntemperatur hängt u. a. von der Erhitzungsgeschwindigkeit ab. Da die Schmelzbildung eine gewisse Zeit braucht, liegt die Dichtbrenntempe-

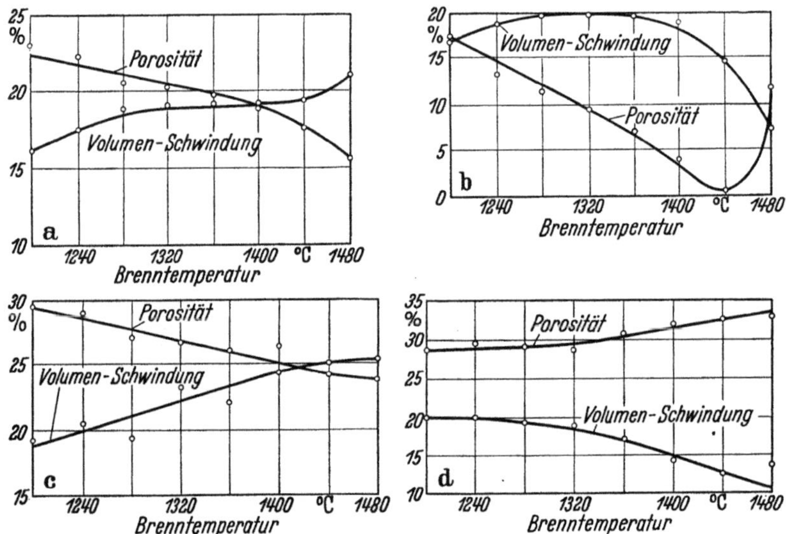

Abb. 299 a bis d. Porositätsänderung und Schwindungsverhalten verschiedener amerikanischer Tone (nach F. H. Norton)

a) Plastischer Ton von Cambria County; b) plastischer Ton von Süd-Ohio; c) Flintclay von Missouri; d) Flintclay von Maryland

ratur um so höher, je rascher der Ton erhitzt wird. Nach G. H. Brown u. G. A. Murray [120] steigt z. B. die Dichtbrenntemperatur des in Abb. 298 dargestellten Klinkertones von 1150° C auf 1190° C, wenn die Erhitzungsgeschwindigkeit von 20° C/Std. auf 42,5° C/Std. wächst.

Die Abb. 299 geben nach F. H. Norton [121] als weitere Beispiele den Verlauf von Schwindung und Porosität in Abhängigkeit von der Brenntemperatur für vier verschiedene amerikanische Tone und Schiefertone. Porositätsänderungen und das Schwindungsverhalten sind von so vielen Faktoren abhängig, daß sich keine allgemeingültigen Gesetzmäßigkeiten für sie aufstellen lassen.

3.164 Der Einfluß von Flußmitteln

Die im Ton enthaltenen Flußmittel vermehren die Schmelzmenge beim Brennen. Unter ihnen spielen die *Alkalien* die Hauptrolle. Sie treten vorwiegend als K_2O mit einer durchschnittlichen Menge von 2 % in deutschen feuerfesten Tonen auf und sind hauptsächlich im Illit, Glimmer und Montmorillonit enthalten. Weitere Träger von Alkalien sind Feldspate als Verwitterungsreste (nur in Kaolinen) und lösliche Salze, die aber in guten feuerfesten Tonen nicht vorkommen dürfen.

Im Dreistoffsystem SiO_2–Al_2O_3–K_2O [*122*] (Abb. 300) existiert ein ternäres Eutektikum bei $985 \pm 20°$ C mit der Zusammensetzung 86,4% SiO_2, 7,0% Al_2O_3, 6,6% K_2O. Im System SiO_2–Al_2O_3–Na_2O liegt das entsprechende Eutektikum bei $1050 \pm 10°$ C. Die erste Schmelze entsteht also bereits bei etwa $1000°$ C, sie kann rund $^1/_3$ der gesamten Substanz umfassen, wenn der Ton 2,2% Alkalien enthält, und ist so zähflüssig, daß bei Erhitzen bis zu $1500°$ C herauf weder merkliche Diffusion noch Sammelkristallisation der Mullite erfolgen.

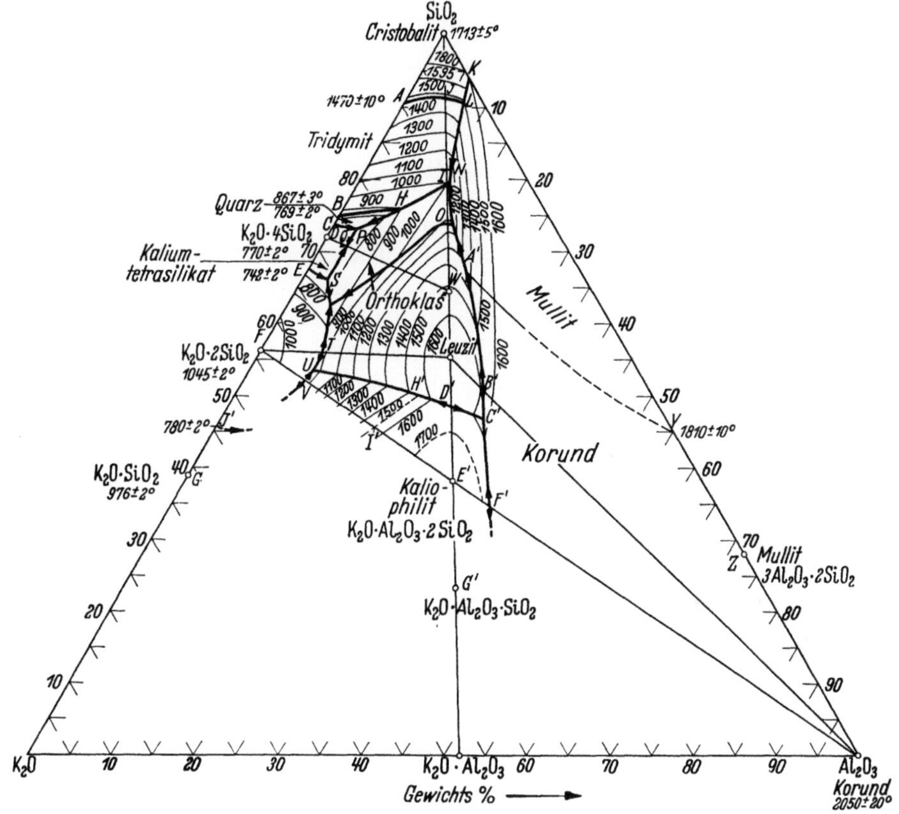

Abb. 300. Dreistoffsystem SiO_2–Al_2O_3–K_2O (nach J. F. Schairer u. N. L. Bowen)
$H = 867 \pm 3°$C; $I = 990 \pm 20°$C; $J = 1470 \pm 10°$C; $L = 1470 \pm 10°$C; $M = 985 \pm 20°$C; $N = 1140 \pm 20°$C; $O = 1150 \pm 20°$C; $P = 710 \pm 20°$C; $R = 810 \pm 5°$C; $S = 695 \pm 5°$C; $T = 918 \pm 5°$C; $U = 905 \pm 10°$C; $V = 923 \pm 5°$C; $W = 1180$ (zers. P.); $X = 1686 \pm 5°$C; $A' = 1315 \pm 10°$C; $B' = 1588 \pm 5°$C; $C' = 1553 \pm 5°$C; $D' = 1615 \pm 10°$C; $F' = 1680 \pm 10°$C; $H' = 1540°$C; $I' = 1540°$C

Alkalireiche Tone brennen bei niedrigen Temperaturen dicht, sie werden daher als *frühsinternd* bezeichnet. Besonders viel und auch relativ dünnflüssige Schmelzen bilden sich in Tonen, die neben viel Alkali noch feinverteilten Quarz enthalten (Steinguttone).

Reiner Mullit wird bereits durch 2 bis 4% Alkalien bei niedriger Temperatur unter Bildung von Korund und Glasphase zersetzt [*123*]. Bei höherem Alkaligehalt entsteht dabei auch der hochfeuerfeste *Kaliophilit* $K_2O \cdot Al_2O_3 \cdot 2SiO_2$ (Schmelzpunkt $\sim 1800°$ C) oder α-*Carnegieit* $Na_2O \cdot Al_2O_3 \cdot 2SiO_2$ (Schmelzpunkt $1527°$ C). Steigender Kieselsäuregehalt setzt den zur Zersetzung des

Mullits erforderlichen Alkaligehalt herauf, wie der Verlauf der Grenzlinie zwischen den Stabilitätsbereichen von Korund und Mullit in Abb. 300 zeigt.

In Gegenwart von freier Kieselsäure wird zuerst diese durch alkalireiche Schmelzen angegriffen und der Mullit bleibt weitgehend geschont. In feuerfesten Tonen trifft man daher auch bei Alkaligehalten von 6% noch 20 bis 30% Mullit an, sofern keine anderen Flußmittel vorhanden sind [124]. Die Mullitmenge fällt bei jeder Brenntemperatur ungefähr linear mit steigendem Alkaligehalt ab. Bei jedem Alkaligehalt entsteht der jeweils meiste Mullit bei $\sim 1350^\circ$ C. Bei 1450° C ist der Mullitgehalt merklich geringer, offenbar, weil das Alkali den Mullit stärker angreift, bei 1550° C dagegen vermehrt sich die Mullitmenge wieder, weil die Alkalien in diesem Temperaturbereich bereits stark verdampfen.

Von den *Erdalkalien* reagiert der Kalk mindestens von 900° C ab — also bereits im festen Zustand — mit den Komponenten des Tones unter Bildung äurelöslicher Kalkalumosilikate. Diese besitzen nach R. RIEKE u. E. VÖLKER [125] zunächst die Zusammensetzung $2\,CaO \cdot Al_2O_3 \cdot 2\,SiO_2$ und werden mit steigender Temperatur kalkärmer, um bei etwa 1100° C die Zusammensetzung des *Anorthits* $CaO \cdot Al_2O_3 \cdot 2\,SiO_2$ (Schmelzpunkt 1550° C) anzunehmen. In den DEBYE-SCHERRER-Diagrammen bis herauf zu 1400° C gebrannter, kalkhaltiger Massen fand O. KRAUSE [126] allerdings keine Anorthitlinien.

Bariumoxyd bildet mit quarzfreien Tonen den hochfeuerfesten Bariumfeldspat *Celsian* $BaO \cdot Al_2O_3 \cdot 2\,SiO_2$ (Schmelzpunkt 1715° C) [126a], der in 2 Modifikationen auftritt [126b] und eine hohe Beständigkeit gegen Borsäure und Bleioxyddämpfe besitzt.

Die genannten Reaktionen im festen Zustand erhöhen die Kaltdruckfestigkeit merklich ohne wesentliche Änderung des Porenraumes.

Die Temperatur der ersten Schmelzbildung wird durch Kalk und BaO in ähnlicher Weise herabgesetzt wie durch die Alkalien, das ternäre Eutektikum liegt aber bei höheren Temperaturen, nämlich für CaO bei 1170° C mit der Zusammensetzung 62,2% SiO_2, 14,7% Al_2O_3, 23,3% CaO (s. Abb. 31) und für BaO bei 1175° C, 61% SiO_2, 28% BaO und 11% Al_2O_3.

Magnesiumoxyd reagiert mit Ton erheblich träger als Kalk. Erst ab etwa 1000° C bilden sich schwer säurelösliche Alumosilikate [127] (*Cordierit* $2\,MgO \cdot 2\,Al_2O_3 \cdot 5\,SiO_2$), ab 1345° C sind im reinen Dreistoffsystem $SiO_2–Al_2O_3–MgO$ (s. Abb. 558) die ersten Schmelzen mit der Zusammensetzung 61,4% SiO_2, 18,3% Al_2O_3, 20,3% MgO zu erwarten.

Reiner Mullit wird durch CaO oder MgO unter Bildung von Anorthit und Korund bzw. *Sapphirin* $4\,MgO \cdot 5\,Al_2O_3 \cdot 4\,SiO_2$ und Kieselglas zerstört. Zur vollständigen Zersetzung sind 11,5% CaO bzw. 18,6% MgO notwendig [114].

Im Ton enthaltener *Pyrit* oder *Markasit* wird bei etwa 700° C geröstet und geht in Fe_2O_3 über. Bei rund 850° C ist die Verbrennung des Schwefels zu SO_2 beendet. Alle Eisenverbindungen des Tones werden beim Brennen bis zu 1000° C herauf in rotes $\alpha\text{-}Fe_2O_3$ (*Hämatit*) übergeführt, welches die Ziegelsteine rot färbt. Von etwa 1100° C ab beginnt auch in oxydierender Atmosphäre eine Reduktion des Hämatits zu Fe_3O_4, dem die Klinker ihre dunkelbraune bis schwarzbraune Farbe verdanken.

Der bei der Spaltungsreaktion frei werdende Sauerstoff kann nach O. KRAUSE [128] nicht immer restlos entweichen, so daß sich in zähflüssigen

Massen unter Bläherscheinungen mit Sauerstoff gefüllte, geschlossene Poren bilden. Besonders sind frühsinternde Tone dieser Gefahr ausgesetzt. Nach O. KRAUSE kann aus 100 g eines Tones mit 1% Fe_2O_3 0,1 g Sauerstoff frei werden, der bei 760 mm Hg und 0° C 70 cm³ Raum einnehmen würde, bei 1250° C schon 390 cm³. In den Poren einer bei 1400° C oxydierend gebrannten Porzellanmasse wurde gasanalytisch fast reiner Sauerstoff nachgewiesen.

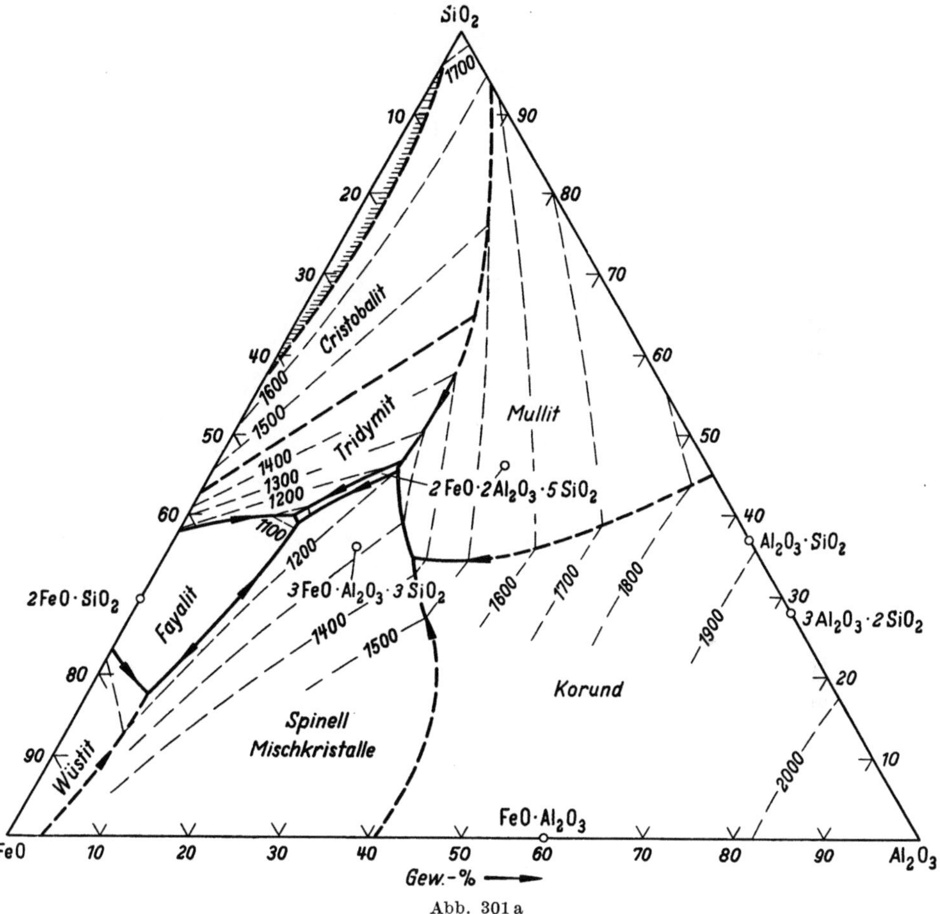

Abb. 301 a

In reduzierender Atmosphäre geht die Umwandlung rascher vonstatten, sie verläuft bis zum FeO, dem aber stets noch Fe_2O_3 beigemengt ist [*129*]. Das basische FeO bildet an sich farblose Eisensilikatschmelzen, die durch Beimischungen von Fe_2O_3 dunkel gefärbt sein können. Nach F. KRAUSS [*130*] soll die häufig beobachtete Dunkelfärbung dieser Schmelzen auf die Bildung des tiefschwarzen Spinells FeO · Ti_2O_3 zurückzuführen sein. In der Praxis dürfte jedoch der *Titan-magnetit* FeO · $(FeTi)_2O_3$ häufiger vorhanden sein.

Im quasi-quaternären System SiO_2–Al_2O_3–FeO–Fe_2O_3[1] bestimmt der Sauerstoffpartialdruck das Verhältnis FeO/Fe_2O_3 und die Phasenverteilung [*131*].

____

[1] Das System ist nicht vollständig quaternär, weil bei bestimmten Zusammensetzungen auch metallisches Eisen als Phase auftritt.

Unter extrem reduzierenden Bedingungen (O_2-Partialdruck $\sim 10^{-13}$ at) tritt reines FeO (*Wüstit*) und eine praktisch nur aus $FeO \cdot Al_2O_3$ (*Hercynit*, vgl. Abschn. 5.15) bestehende Spinellphase auf (Abb. 301a) [131a]. Als Verbindungen kommen *Fayalit* $2 FeO \cdot SiO_2$ und der inkongruent schmelzende *Eisenkordierit* $2 FeO \cdot 2 Al_2O_3 \cdot 5 SiO_2$ vor. Die Begrenzungen des Eisenkordieritfeldes

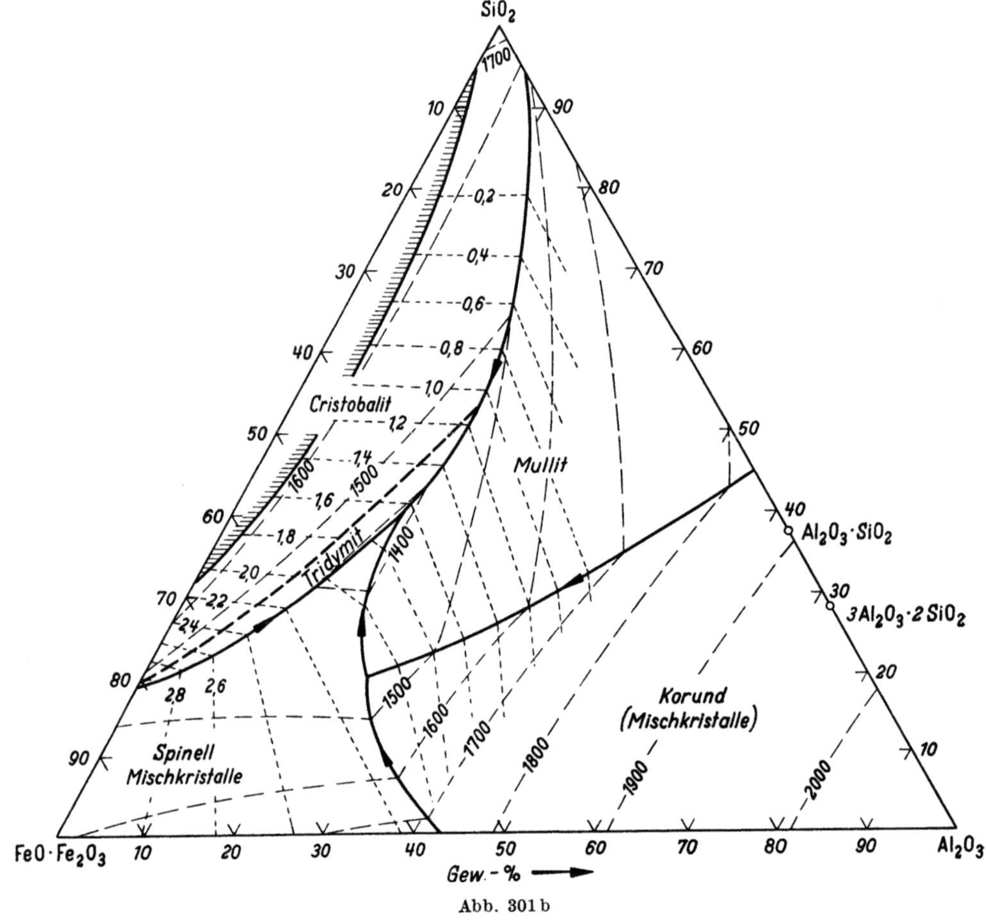

Abb. 301 b

sind ungenau, weil sich die Zusammensetzung der Schmelzen unter so niedrigen Sauerstoffdrucken stets durch Legierungsbildung zwischen Eisen und dem Platin des Tiegels merklich verändert. Das ternäre Eutektikum zwischen Fayalit, Eisenkordierit und Hercynit hat die Zusammensetzung 42% SiO_2, 13% Al_2O_3, 45% FeO, es liegt bei 1073 $\pm$ 5° C.

Bei höherem Sauerstoffdruck (10^{-10} at) werden Fayalit und Eisenkordierit instabil, und an die Stelle des Hercynits tritt eine feste Lösung der Spinelle Hercynit und Magnetit, deren Existenzbereich die Fayalit- und Eisenkordieritfelder mitumfaßt. Auch das Wüstitfeld verkleinert sich zugunsten der Spinellphase. Wird der Sauerstoffdruck so groß wie in der Luft (0,2 at), ist an der Eisenoxydecke Magnetit als Endglied der Mischungsreihe $FeO \cdot Fe_2O_3$—FeO $\cdot$

Al_2O_3 stabil, und es existiert nur *ein* ternäres Eutektikum der Zusammensetzung 40% SiO_2, 19% Al_2O_3, 16% FeO und 25% Fe_2O_3 bei 1380° C (Abb. 301 b).

Bereits bei geringer weiterer Steigerung des Sauerstoffdruckes wird in der Umgebung dieses Eutektikums Hämatit (Fe_2O_3) beständig. Das Hämatitfeld wächst mit zunehmendem Sauerstoffdruck auf Kosten des Spinellfeldes, und

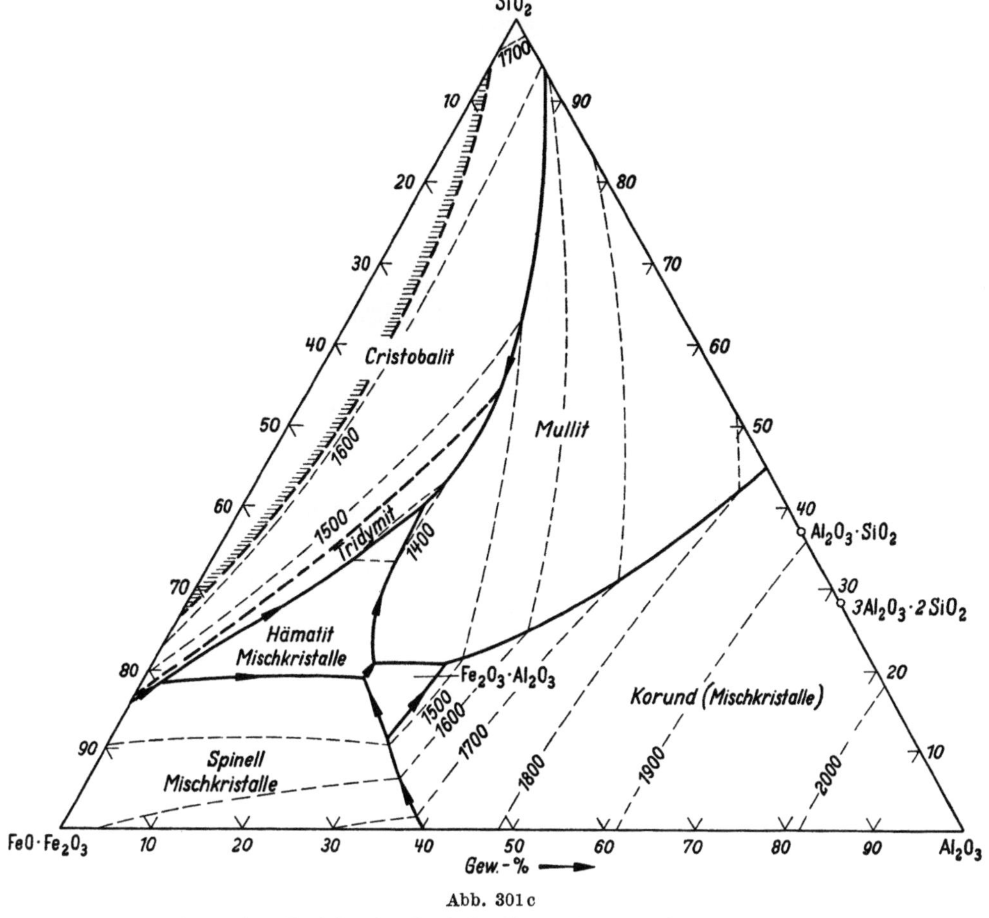

Abb. 301 c

Abb. 301 a bis c. Drei Schnitte durch das Vierstoffsystem SiO_2–Al_2O_3–FeO–Fe_2O_3 (nach J. F. Schairer, K. Jagi u. A. Muan)

a) Sauerstoffpartialdruck 10^{-3} at;   b) Sauerstoffpartialdruck 0,2 at (-------- Linien gleicher Werte des Fe_2O_3/FeO-Verhältnisses an der Liquidusfläche); c) Sauerstoffpartialdruck 1 at

es entsteht eine neue Verbindung $Fe_2O_3 \cdot Al_2O_3$. In reiner Sauerstoffatmosphäre (O_2-Druck 1 at, Abb. 301 c) existieren sechs ternäre Eutektika, nämlich

1. Tridymit, Mullit, Hämatit bei 1390° C;
2. Mullit, Hämatit, $Al_2O_3 \cdot Fe_2O_3$ bei 1440° C;
3. Hämatit, $Al_2O_3 \cdot Fe_2O_3$, Spinell bei 1445° C;
4. Hämatit, Spinell, Tridymit bei 1452° C;
5. Mullit, Korund, $Al_2O_3 \cdot Fe_2O_3$ bei 1470° C;
6. Korund, $Al_2O_3 \cdot Fe_2O_3$, Spinell bei 1495° C.

Bei noch höheren O_2-Drucken wird schließlich das Spinellfeld immer weiter zurückgedrängt, bis außer Tridymit, Mullit und Korund nur noch Hämatit und $Fe_2O_3 \cdot Al_2O_3$ beständig sind. Mullit und Korund sind in allen diesen Teilsystemen nicht rein, sondern enthalten wechselnde Mengen Eisenoxyd in fester Lösung (vgl. Abschn. 3.15).

In der Praxis muß im allgemeinen mit Abb. 301 b entsprechenden Zuständen gerechnet werden, es stellt sich aber beim Brennen von Ton nicht sofort das Gleichgewicht ein.

Nach röntgenologischen Untersuchungen von A. K. Bose [124] an 2 Std. oxydierend gebrannten Proben sind die Hämatitlinien noch bei einer Brenntemperatur von 1150° C deutlich erkennbar. Bei 1250° C ist bereits der größte Teil des Eisenoxydes in der Schmelze gelöst oder in das Mullitgitter eingebaut (vgl. Abschn. 3.15). Das vom Mullit in Mengen bis zu 3,5% aufgenommene Eisen(3)-oxyd bleibt dabei vor der Reduktion geschützt. Bei 1350° C erreicht die Menge von eisenhaltigem Mullit und von Cristobalit maximale Werte. Ein höherer Eisenoxydgehalt (5,3 und 7,7%) beeinflußt die Mullitbildung nicht, vermindert aber die Cristobalitmenge, weil mehr SiO_2 in die Schmelze geht. Bei 1450° C wird die Fe_2O_3-Einlagerung in das Mullitgitter wieder schwächer, die Eisenoxydmenge in der Schmelzphase nimmt entsprechend zu. Der Cristobalit verschwindet dann fast ganz in der Schmelze. Auch bei dieser Temperatur hat ein höherer Eisenoxydgehalt von 6 bis 8% keinen Einfluß auf die Mullitmenge, erst bei 1550° C wirkt Eisenoxyd in größerer Konzentration zersetzend auf Mullit. Geringe, gleichmäßig verteilte Mengen von Eisenoxyd fördern demnach die Sinterung, ohne die Feuerfestigkeit wesentlich zu erniedrigen — besonders wenn der Brand oxydierend geführt wird.

Ein ständiger Begleiter der natürlichen Tone ist *Titandioxyd*, das in Form sehr kleiner *Rutil*nadeln gleichmäßig im Ton verteilt ist und meist 1 bis 4% des Gewichtes ausmacht. Kaoline enthalten allgemein weniger Titandioxyd, überwiegend unter 1%. *Rutil* selbst ist ein feuerfester Stoff mit einem Schmelzpunkt von 1825 $\pm$ 5° C [132], er bildet mit Kieselsäure ein binäres Eutektikum mit 10,5% TiO_2 bei 1540 $\pm$ 10° C. Über das Dreistoffsystem SiO_2–Al_2O_3–TiO_2 sind bisher keine Daten bekannt geworden, erfahrungsgemäß wirkt jedoch TiO_2 in Tonen als Flußmittel. Einige Prozent TiO_2 setzen allerdings die Feuerfestigkeit noch nicht merklich herab. Bei reduzierendem Brand ist mit dem Auftreten niedrigerer Oxydationsstufen, mindestens mit Ti_2O_3 zu rechnen, das mit FeO leicht dunkel gefärbte Spinelle bildet (s. oben). Weiterhin wird eine von geringen Fe_2O_3-Mengen hervorgerufene Gelbfärbung durch Titanoxyde verstärkt.

Die übrigen in den Tonen enthaltenen Mineralien, zu denen vor allem der *Apatit* $Ca_3Cl(PO_4)_2$ zählt, treten in so geringer Menge auf, daß sie keinen merklichen Einfluß auf das Brennverhalten ausüben.

Einen Überblick über die Wirkung der wichtigsten Flußmittel gibt Tab. 76. Nach ihr wird die Bildung von Schmelzflüssen in erster Linie durch die Alkalien hervorgerufen, die übrigen Flußmittel tragen nur wenig dazu bei, setzen aber die Viskosität der Schmelzen herab. In der Praxis liegen die Schmelztemperaturen tiefer als sie nach Tab. 76 zu erwarten sind, weil die Tone alle Flußmittel gleichzeitig enthalten und daher mit der Existenz polynärer Eutektika gerechnet werden muß.

Wegen der sehr unterschiedlichen Wirkung der Flußmittel rufen kleinere Differenzen in der chemischen Zusammensetzung oft sehr erhebliche Unterschiede im Brennverhalten hervor, die noch durch die Verschiedenartigkeit der Korngrößenverteilung und der vorhandenen Tonmineralien vermehrt werden. Praktisch besitzt daher jedes Tonvorkommen individuelle Eigenschaften.

Tabelle 76. *Einfluß der wichtigsten Flußmittel auf das Brennverhalten der Tone*

RO	Reaktionen im festen Zustand	tiefste eutektische Schmelztemperatur °C	% RO bei der Schmelztemperatur	% Schmelzfluß bei der Schmelztemperatur pro % RO	Charakter der Schmelze
K_2O	—	985	6,6	15,2	sehr viskos
Na_2O	—	1050			sehr viskos
CaO	intensiv	1170	23,3	4,3	relativ dünnflüssig
MgO	träge	1345	20,3	4,9	relativ dünnflüssig
FeO	—	1073	45	2,2	relativ dünnflüssig

3.165 Der Einfluß organischer Substanzen

Von wesentlicher Bedeutung sind schließlich die organischen Substanzen, die in den Tonen vorwiegend als Humusstoffe und in den Schiefertonen als Kohlen auftreten. Sie beginnen von etwa 500° C ab in Kohlenoxyd und Kohlenwasserstoffe zu zerfallen. Die letzteren gehen bei steigender Temperatur in feinverteilten Kohlenstoff, Wasserstoff und Sauerstoff über. Der Wasserstoff verbrennt restlos zu Wasserdampf, der Kohlenstoff wird durch Sauerstoff und das CO_2 der Verbrennungsgase oberhalb 700° C in CO übergeführt.

Im Inneren von Körpern aus humusreichem Ton verläuft dieser Verbrennungsvorgang oft nicht vollständig, da Sauerstoff nur sehr langsam in das Innere der Körper hineindiffundiert. Reste von feinverteiltem Kohlenstoff bleiben zurück, die in ungünstigen Fällen erst beim Erweichen des Tones verbrennen, was ähnlich wie beim Zerfall des Eisenoxydes zu Bläherscheinungen führen kann. Nichtverbrennender Kohlenstoff stört den Zusammenhalt der Partikel und hindert die Sinterung, so daß die Körper mürbe und bröcklig werden. Man muß daher durch oxydierenden Brand für frühzeitige und vollständige Verbrennung sorgen. Ein hoher Gehalt organischer Bestandteile kann die Porosität der gebrannten Tone merklich heraufsetzen, besonders wenn diese flußmittelarm sind und schwer sintern.

3.17 Erweichen

Wie das Auftreten der ersten Schmelze wird auch die Erweichung durch chemische Zusammensetzung und Korngrößenverteilung bestimmt. Reinste Tone und Kaoline ohne freien Quarz haben einen Segerkegel-Fallpunkt bis zu 36 = 1805° C. Der rund 1,2% Flußmittel enthaltende Zettlitzer Kaolin steht bis zu SK 35 = 1780° C. Freier Quarz setzt den Segerkegel-Fallpunkt herab (Abb. 302), um so stärker, je feiner er ist. Gröberer Quarz löst sich nur teilweise auf, ungelöst bleibender Quarz kann nicht zur Erniedrigung des Kegelfallpunktes beitragen.

Auch die unter der Sammelbezeichnung *Flußmittel* zusammengefaßten Oxyde der Alkalien, Erdalkalien und Schwermetalle erniedrigen den Kegelfallpunkt,

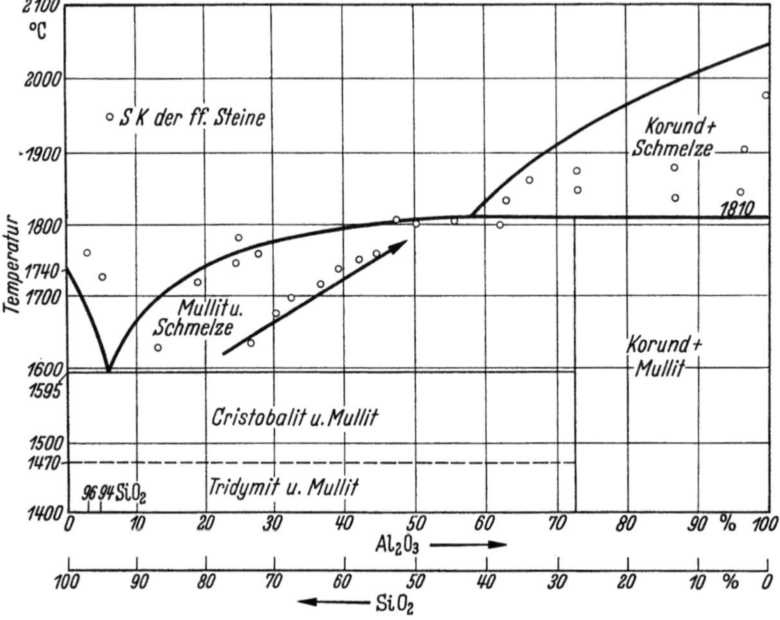

Abb. 302. Segerkegelfallpunkte im System SiO₂–Al₂O₃

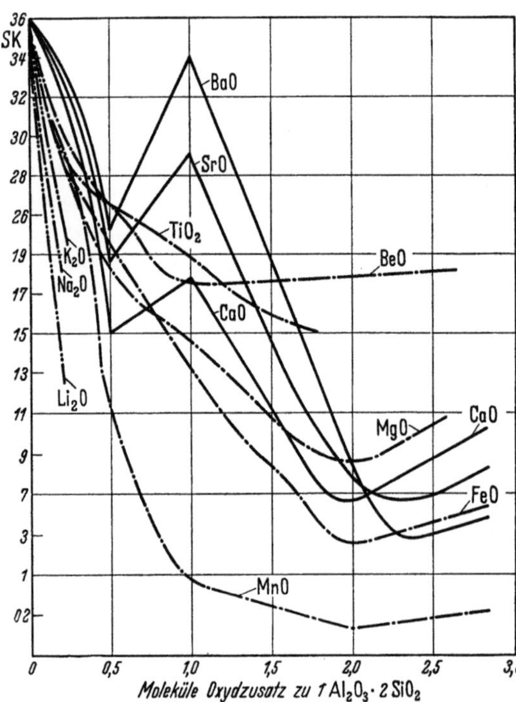

Abb. 303. Segerkegelfallpunkte von Mischungen von Kaolin mit verschiedenen Oxyden (nach R. RIEKE)

nach R. RIEKE [*133*] und C. J. VAN NIEUVENBURG [*134*] für 1 % Anteil an der Gesamtmasse um nachstehende Beträge:

K₂O	0,56 SK,	FeO	0,69 SK,
CaO	0,83 SK,	MnO	0,68 SK.
MgO	0,67 SK,		

Obwohl die *Alkalien* bereits bei sehr niedrigen Temperaturen zu schmelzen beginnen, setzen sie nach diesen Werten den Kegelfallpunkt schwächer herab als die übrigen Flußmittel. Das Schmelzintervall wird also durch geringe Alkalimengen vergrößert, ohne daß die Feuerfestigkeit wesentlich leidet. Auf dieser Tatsache beruht die gute Sinterfähigkeit alkalihaltiger Tone.

Die *Erdalkalien* verringern dagegen den Abstand zwischen Schmelzbeginn und haltlosem Erweichen. Bei höherem Erdalkaligehalt steigt allerdings der Kegelfallpunkt wieder an, er erreicht ein Maximum bei einem Gehalt von 1 Mol Erdalkali auf 1 Mol $Al_2O_3 \cdot 2\,SiO_2$ (Abb. 303). Diese Erscheinung ist auf die Bildung von Feldspäten der Formel $RO \cdot Al_2O_3 \cdot 2\,SiO_2$ zurückzuführen, z. B. Anorthit $CaO \cdot Al_2O_3 \cdot 2\,SiO_2$ (Schmelzpunkt 1550° C) oder Celsian $BaO \cdot Al_2O_3 \cdot 2\,SiO_2$ (Schmelzpunkt 1715° C). Mit Magnesiumoxyd existiert eine entsprechende Verbindung nicht, dementsprechend beobachtet man bei ihm kein Maximum des Kegelfallpunktes.

Bei geringen Gehalten an Flußmitteln, die praktisch allein von Interesse sind, sind die Differenzen in der Wirkung zwischen den einzelnen Oxyden so gering, daß die von W. Schuen [135] aufgestellten Formeln zur Errechnung des Segerkegels aus dem Tonerde- und Flußmittelgehalt:

$$\text{Kegelfallpunkt} = \frac{113 + Al_2O_3 - RO}{4{,}48}\ SK$$

$$= \frac{360 + Al_2O_3 - RO}{0{,}228}\ °C$$

(Al_2O_3 und RO in Gewichtsprozent) bis auf 1 SK richtige Ergebnisse liefern, wenn die Wirkungen der verschiedenen Korngrößen und der Porosität bei der Ermittlung des Kegelfallpunktes durch langsame Temperatursteigerung ausgeglichen werden.

Dieser Berechnungsmethode liegt — wie auch den älteren von C. Bischof [136] und H. Seger [137] — die durch die modernen physikalisch-chemischen Untersuchungen bereits überholte, von Richters [138] eingeführte Auffassung zugrunde, daß äquivalente Mengen Flußmittel die Feuerfestigkeit um gleiche Beträge herabsetzen. In die betriebliche Praxis haben sich derartige Berechnungsformeln nicht einführen können, weil der Kegelfallpunkt schnell und sicher bestimmt werden kann, die Vollanalyse dagegen mühevoll und zeitraubend ist.

Schrifttum

[1] Ludwig: Tonind.-Ztg. Bd. 30 (1906)
[2] Weber: Die Kunst, das echte Porzellan zu machen. Hannover 1798
[3] Correns, C. W.: Die Sedimentgesteine. Berlin: Springer 1939
[4] Stremme, H.: Z. dtsch. geol. Ges. (1910)
[5] Eine ausführliche Beschreibung der Tonmineralien findet sich in Jasmund, K.: Die silikatischen Tonmineralien. 2. Aufl., Weinheim: Chemie 1955
[6] Koerner, O., K. Pukall u. H. Salmang: Z. anorg. allg. Chem. Bd. 225 (1935) S. 69
[7] Meyer, F. W.: Sprechsaal Keram., Glas, Email Bd. 73 (1940) S. 61
[8] Ross, C. S., u. P. F. Kerr: U. S. Geol. Survey, Prof. Paper Bd. 165 E (1930) S. 151/76
[9] Gruner, J. W.: Z. Kristallogr., Mineralog. Petrogr. Bd. 83 (1932) S. 75/88
[10] Alexander, L. T. u. Mitarb.: Amer. Mineralogist Bd. 28 (1943) S. 1/18
[11] Hendricks, S. B.: Amer. Mineralogist Bd. 23 (1938) S. 295/301
[12] Mehmel, M.: Z. Kristallogr., Mineralog. Petrogr. Bd. 90 (1935) S. 35/43
[13] Hofmann, U., K. Endell u. D. Wilm: Z. anorg. allg. Chem. Bd. A 77 (1934) S. 541. — Mehmel, M.: Fortschr. Mineralog., Kristallogr. Petrogr. Bd. 21 (1937) S. 80/83; Z. Kristallogr., Mineralog. Petrogr. Bd. 90 (1935) S. 35/43. — Noll, W.: Neues Jb. Mineralog., Geol. Paläontol., Beilage-Bd. 70 [Abh.] Abt. A (1935) S. 104f.
[14] Brindley, G. W., u. J. Goodyear: Mineralog. Mag. J. mineralog. Soc. Bd. 28 (1948) S. 393/406
[15] Behne, W., u. W. Müller: Naturwissenschaften Bd. 41 (1954) S. 138
[16] Bates, Th. F., F. A. Hildebrand u. A. Swineford: Amer. Mineralogist Bd. 35 (1950) S. 463/84
[17] Brindley, G. W., u. K. Robinson: Trans. Faraday Soc. Bd. 42 B (1946) S. 198/205
[18] Correns, C. W.: Ordnung und Unordnung in den Kristallen in „Das Problem der Gesetzlichkeit". Hamburg 1949
[19] Hofmann, U., K. Endell u. D. Wilm: Z. Kristallogr., Mineralog. Petrogr. Bd. 86 (1933) S. 340/48
[20] Edelmann, C. H., u. J. Ch. L. Favejee: Z. Kristallogr., Mineralog. Petrogr. Bd. 102 (1940) S. 417/31

[21] BERGER, G.: Chem. Weekbl. Bd. 38 (1941) S. 42

[22] FRANZEN, G., H. MÜLLER-HESSE u. H. E. SCHWIETE: Naturwissenschaften Bd. 42 (1955) S. 176

[23] ROSS, C. S., u. S. B. HENDRICKS: U. S. Geol. Survey, Prof. Paper Bd. 205 B (1945) S. 1/77

[24] MERING, J.: Trans. Faraday Soc. Bd. 42 B (1946) S. 205/19

[25] HOFMANN, U., u. W. BILKE: Kolloid-Z. Bd. 77 (1936) S. 238/51

[26] Vgl. HARMAN, C. G., u. F. FRAULINI: J. Amer. ceram. Soc. Bd. 23 (1940) S. 252

[27] VAHL, F.: Tonind.-Ztg. Bd. 80 (1956) S. 397/98

[27a] VAHL, F.: Tonind.-Ztg. Bd. 80 (1956) S. 180/82

[28] Eine ausführliche Darstellung der Illitgruppe gab MÄGDEFRAU, E.: Sprechsaal Keram., Glas, Email Bd. 74 (1941) S. 369/72, 381/83, 393/96 u. 399/401

[29] HENDRICKS, S. B., u. C. S. ROSS: Amer. Mineralogist Bd. 26 (1941) S. 683/708

[30] NAGELSCHMIDT, G.: Imp. Bur. Soil Sci., techn. Commun. Bd. 42 (1944)

[31] GRIM, R. E., R. H. BRAY u. W. F. BRADLEY: Amer. Mineralogist Bd. 22 (1937) S. 813/29

[32] JOHN, W. D., u. E. C. JONAS: J. Geology Bd. 62 (1954) S. 163/71

[33] TERZAGHI, K.: Erdbaumechanik. Wien 1924

[34] WESTMAN, A. E. R.: J. Amer. ceram. Soc. Bd. 12 (1929) S. 585; Bd. 15 (1932) S. 552; Bd. 16 (1933) S. 256 u. Bd. 17 (1934) S. 128

[35] RÖSLER, H.: Neues Jb. Mineralog., Geol. Paläontol. Bd. 15 (1902) S. 252. — LE CHATELIER, H.: Kieselsäure und Silikate. Leipzig 1920. — WILSON, E. O.: J. Amer. ceram. Soc. Bd. 19 (1936) S. 117

[36] GRUNER, E.: Z. anorg. allg. Chem. Bd. 215 (1933) S. 1/18; Z. angew. Chem. Bd. 46 (1933) S. 747; Ber. DKG. Bd. 27 (1950) S. 81/99

[37] MACEY, H. H.: Trans. Brit. ceram. Soc. Bd. 42 (1942) S. 73/121. — WINTERKORN, H.F.: Soil Sci. Bd. 6 (1943) S. 109/16

[38] NORTON, F. H., u. A. L. JOHNSON: J. Amer. ceram. Soc. Bd. 27 (1944) S. 77/80

[39] WITTAKER, H.: J. Amer. ceram. Soc. Bd. 22 (1939) S. 16/23

[40] GOUY, M.: J. Physique Radium Bd. 9 (1910) S. 457/68

[41] FREUNDLICH, H.: Kapillarchemie, 4. Aufl. Leipzig 1930/32

[42] Nach der heute allgemein anerkannten elektrochemischen Theorie der Kolloide von PAULI, W., u. E. VALKO: Elektrochemie der Kolloide. Wien 1929

[43] Graf SCHWERIN: DRP. 253429 (1911). — FUNK, W.: Rohstoffbetrieb der Feinkeramik, S. 58/61. Berlin: Springer 1933. — LAUBENHEIMER, A.: Die Rohstoffbetriebe der keramischen Industrie, S. 130 (1934)

[44] Vgl. VAGELER, P.: Kationen- und Wasserhaushalt des Mineralbodens. Berlin 1932

[45] HOFMANN, U., u. K. GIESE: Kolloid-Z. Bd. 87 (1939) S. 21/36

[46] ENDELL, K., u. P. VAGELER: Ber. DKG. Bd. 13 (1932) S. 382ff.

[47] ENDELL, K., u. U. HOFMANN: Ber. DKG. Bd. 15 (1934) S. 480

[48] ENDELL, K., U. HOFMANN u. D. WILM: Ber. DKG. Bd. 14 (1933) S. 429

[49] JOHNSON, A. L., u. F. H. NORTON: J. Amer. ceram. Soc. Bd. 24 (1941) S. 189/203; s. auch COUGHANOUR, L. W., u. F. H. NORTON: J. Amer. ceram. Soc. Bd. 32 (1948) S. 129/32

[50] SPANGENBERG, K.: Diss. Darmstadt 1910

[50a] WHITE, Th.: Ber. DKG. Bd. 29 (1952) S. 302/10; Tonind.-Ztg. Bd. 77 (1953). S. 193/97

[50b] DIETZ, K., R. GAUGLITZ u. H. E. SCHWIETE: Ziegelind. Bd. 10 (1957) S. 353/59

[51] KEPPELER, G., u. H. GOTTHARDT: Sprechsaal Keram., Glas, Email Bd. 64 (1931) S. 968/69

[51a] LEHMANN, H., u. G. MARX: Tonind.-Ztg. Bd. 82 (1958) S. 354/64

[52] EITEL, W.: The Physical Chemistry Of The Silicates. Chicago, Illinois 1954

[53] BUDNIKOW, P. P.: Tonind.-Ztg. Bd. 52 (1928) S. 1329

[53a] FREUNDLICH, H.: Thixotropie. Paris 1935

[54] PETER, S.: Kolloid-Z. Bd. 113 (1949) S. 29

[54a] FAHN, R., A. WEISS u. U. HOFMANN: Ber. DKG. Bd. 30 (1953) S. 21/25

[55] ATTERBERG, A.: Kolloid-Z. Bd. 20 (1917) S. 1

[56] BINGHAM, E. C.: Fluidity and Plasticity. New York: McGraw-Hill 1922

[57] v. ENGELHARDT, W.: Oel u. Kohle Bd. 40 (1944) S. 619/34

[58] RIEKE, R., u. W. TSCHEISCHWILI: Ber. DKG. Bd. 17 (1936) S. 1/45

[59] NORTON, F. H.: J. Amer. ceram. Soc. Bd. 21 (1938) S. 33/36

[60] Vgl. FLEROFF, H. W.: Ber. DKG. Bd. 16 (1935) S. 453

[61] Die bei der Deformation von plastischem Ton entstehenden Gleitflächen beobachtete erstmalig H. CLOOS. Er benutzte sie zur Demonstration tektonischer Vorgänge in der Natur. Vgl. CLOOS, H.: Grundzüge der Geologie. Berlin 1936

[62] HAASE, TH.: Ber. DKG. Bd. 34 (1957) S. 27/33

[63] KIENOW, S.: Diskussionsbeitrag zu Ber. DKG. Bd. 34 (1957) S. 32

[64] ITERSON, F. K. TH.: Plasticiteitsleer, S. 183. Deventer-Lüttich 1945

[65] RIEKE, R.: Ber. DKG. Bd. 4 (1923) S. 182; ferner RIEKE, R., u. J. GIETH: Ber. DKG. Bd. 12 (1931) S. 572

[66] LEHMANN, H.: Ber. DKG. Bd. 20 (1939) S. 2/11

[67] BIGOT, M. A.: C. R. hebd. Séances Acad. Sci. Bd. 172 (1921) S. 755/58

[68] PFEFFERKORN, K.: Sprechsaal Keram., Glas, Email Bd. 57 (1924) S. 297, Bd. 58 (1925) S. 183, Bd. 59 (1926) S. 457

[69] SALMANG, H., u. J. KIND: Ber. DKG. Bd. 15 (1934) S. 351

[70] ROSENOW, M.: Diss. Hannover 1911

[71] ZSCHOKKE, H.: Bull. de la soc. d'encouragement pour l'industrie nationale 1902

[72] LINSEIS, M.: Sprechsaal Keram., Glas, Email Bd. 83 (1950) Nr. 18/23 u. Bd. 84 (1951) S. 259/63

[72a] LEHMANN, H. u. H. DUTZ: Tonind.-Ztg. Bd. 82 (1958) S. 364/68

[73] KOHL, H.: Ber. DKG. Bd. 7 (1926) S. 19/31 u. Bd. 11 (1930) S. 325/33

[74] HIND, S. R.: Trans. Brit. ceram. Soc. Bd. 29 (1930) S. 177

[75] GLICK, D. P.: J. Amer ceram. Soc. Bd. 19 (1936) S. 169 u. 241

[76] Vgl. SPURRIER, H.: J. Amer. ceram. Soc. Bd. 9 (1926) S. 535

[77] RIEKE, R., u. J. GIETH: Ber. DKG. Bd. 12 (1931) S. 556/95

[78] ARON, J.: Notizblatt Bd. 3 (1873) S. 167/204

[79] BODIN, V., u. P. GAILLARD: La Chemique, S. 206/17. 1927

[80] PUKALL, W.: Sprechsaal Keram., Glas, Email Bd. 59 (1926) S. 367

[81] BRAND, F.: J. Amer. ceram. Soc. Bd. 9 (1926) S. 189

[82] MACEY, H. H., u. F. G. WILDE: Trans. Brit. ceram. Soc. Bd. 38 (1939) S. 331

[83] BLOSCHIES, F., K. GIESEN u. H. E. SCHWIETE: Mitt. aus dem Inst. f. Gesteinshüttenkunde der T. H. Aachen und des Forsch.-Inst. der feuerfesten Ind., Aachen 1953

[84] SALMANG, H., u. A. RITTGEN: Sprechsaal Keram., Glas, Email Bd. 64 (1931) S. 447

[85] RADCZEWSKI, O. E., u. R. RATH: Ber. DKG. Bd. 29 (1952) S. 247/52

[86] HÜTTIG, G. F.: Z. anorg. allg. Chem. Bd. 114 (1920) S. 161

[87] CALSOER, G.: Chem. der Erde Bd. 2 (1925/26) S. 415. — BOEGE, H.: Chem. d. Erde Bd. 3 (1927/28) S. 341

[88] RITTGEN, A.: Ber. DKG. Bd. 29 (1952) S. 143/58. — STEGER, W.: Ber. DKG. Bd. 23 (1942) S. 46/92, 157/75, 359/80 u. 391/408. — ZWETSCH, A.: Ber. DKG. Bd. 32 (1955) S. 317/23

[89] LEHMANN, H.: Die Differentialthermoanalyse, Tonind.-Ztg. 1. Beiheft (1954). — GRIMSHAW, R. W., E. HEATON u. A. L. ROBERTS: Trans. Brit. ceram. Soc. Bd. 44 (1945) S. 82

[90] HEDVALL, J. A., u. M. BLOMQVIST: Ark. Kem., Mineralog. Geol., Stockholm Bd. 19 A (1944) Nr. 22. — HÜTTIG, G., u. E. HERMANN: Kolloid-Z. Bd. 92 (1940) S. 9/35; Z. Elektrochem. angew. physik. Chem. Bd. 47 (1941) S. 282/86. — SPANGENBERG, K., u. J. RHODE: Keram. Rdsch. Bd. 35 (1927) S. 398

[91] VESTERBERG, K. A.: Ark. Kem., Mineralog. Geol., Stockholm Bd. 9, Nr. 14

[92] SACHSSE u. BECKER: Landw. Versuchsstation, Stockholm Bd. 40 (1892) S. 246

[93] RINNE, F.: Z. Kristallogr., Mineralog. Petrogr. Bd. 61 (1924/25) S. 119

[94] SAALFELD, H.: Naturwissenschaften Bd. 41 (1954) S. 372/73; Ber. DKG. Bd. 32 (1955) S. 150

[95] HYSLOP, J. F.: Trans. Brit. ceram. Soc. Bd. 24 (1925) S. 402. — HYSLOP, J. F., u. H. P. ROOKSBY: Trans. Brit. ceram. Soc. Bd. 27 (1928) S. 93 u. 299

[96] EITEL, W., u. H. KEDESDY: Abh. preuß. Akad. Wiss., math.-naturwiss. Kl., Nr. 5 (1943) S. 39/41

[97] INSLEY, H., u. R. H. EWELL: Nat. Bur. Stand. Res. Paper Bd. 792 (1935)

[98] BOWEN, N. L., u. J. W. GREIG: J. Amer. ceram. Soc. Bd. 7 (1924) S. 238/54

[99] COMEFORO, J. E., R. B. FISCHER u. W. F. BRADLEY: J. Amer. ceram. Soc. Bd. 31 (1948) S. 254

[100] GRIM, R. E., u. W. F. BRADLEY: J. Amer. ceram. Soc. Bd. 23 (1940) S. 242/48; Sprechsaal Keram., Glas, Email Bd. 74 (1941) S. 418/19

[100a] STEGER, W.: Ber. DKG. Bd. 24 (1943) S. 351/64

[101] HUGILL, W.: Trans. Brit. ceram. Soc. Bd. 39 (1940) S. 121

[102] PECK, A. B.: Amer. Mineralogist Bd. 9 (1924) S. 123/29

[103] POSNJAK, E., u. J. W. GREIG: J. Amer. ceram. Soc. Bd. 16 (1933) S. 569/83

[104] KONOPICKY, K.: Silikattechnik Bd. 5 (1954) S. 530

[104a] WINKLER, H. G. F.: Fortschr. Mineralog. Bd. 35 (1957) S. 30

[105] KRAUSE, O.: Ber. DKG. Bd. 15 (1934) S. 14

[106] ROOKSBY, H. P., u. J. H. PARTRIDGE: J. Soc. Glass Technol. Bd. 23 (1939) S. 338

[107] NAVIAS, L., u. W. P. DAVY: J. Amer. ceram. Soc. Bd. 8 (1925) S. 640/47

[108] LETORT, Y.: Bull. Soc. franç. Céram. Bd. 13 (1951) S. 1

[109] SCHULZE, H.: Ber. DKG. Bd. 32 (1955) S. 381/85

[110] TAYLOR, W. H.: Trans. Brit. ceram. Soc. Bd. 32 (1933) S. 7/13

[111] EITEL, W.: Ber. DKG. Bd. 18 (1937) S. 4

[112] TOROPOW, N. A., u. F. J. GALACHOW: Dokl. Akad. Nauk UdSSR (N. S.) Bd. 78 (1951) S. 299/302

[113] TRÖMEL, G., K. H. OBST, K. KONOPICKY, H. BAUER u. J. PATZAK: Ber. DKG. Bd. 34 (1957) S. 397/402

[114] GELSDORF, G., u. H. E. SCHWIETE: Arch. Eisenhüttenwes. Bd. 27 (1956) S. 807/11

[115] ZIMMERMANN, K., u. J. CH. L. FAVEJEE: Ber. DKG. Bd. 22 (1941) S. 277/86

[116] KIENOW, S.: Tonind.- Ztg. Bd. 82 (1958) S. 523

[117] PARMELEE, C. W., u. A. RODRIGUEZ: J. Amer. ceram. Soc. Bd. 25 (1942) S. 1

[118] BUDNIKOW, P. P.: Ber. DKG. Bd. 10 (1929) S. 445. — BUDNIKOW, P. P., u. B. A. HIRSCH: Zhur. Prikladnoi Klum. Bd. 3 (1930) S. 21/24 (Ref. J. Amer. ceram. Soc. Bd. 13 [1930] S. 942). — BUDNIKOW, P. P., u. V. G. POPOW: Feuerfest Bd. 7 (1931) S. 145/46

[119] KRAFT, V. V., u. T. A. GERWICH: Ogneupory Bd. 3 (1935) S. 675/80 (Ref. J. Amer. ceram. Soc. Abstracts Bd. 19 [1936] S. 152)

[120] BROWN, G. H., u. G. A. MURRAY: Bur. Standards, Techn. Pap. Nr. 17

[121] NORTON, F.: Refraktories, S. 204, 206 u. 207. New York u. London: McGraw-Hill Book Comp. 1931

[122] BOWEN, N. L., u. J. F. SCHAIRER: Amer. J. Sci. Bd. 45 (1947) S. 199/203

[123] GAD, G. M., u. L. R. BARRET: Trans. Brit. ceram. Soc. Bd. 49 (1950) S. 470/91

[124] BOSE, A. K.: Diss. Aachen 1956

[125] RIEKE, R., u. E. VÖLKER: Ber. DKG. Bd. 11 (1930) S. 608/15

[126] KRAUSE, O.: Ber. DKG. Bd. 11 (1930) S. 379/94

[126a] YOSHIKI, B., u. K. MATSUMOTO: J. Amer. ceram. Soc. Bd. 34 (1951) S. 283/86

[126b] PLANZ, E.: Dipl. Arbeit T. H. Aachen 1958

[127] RIEKE, R., u. O. WIESE: Ber. DKG. Bd. 9 (1928) S. 109/55

[128] KRAUSE, O.: Tonind.-Ztg. Bd. 58 (1934) S. 803/04

[129] EITEL, W.: The Physical Chemistry Of The Silicates, S. 674. Chicago-Illinois 1954

[130] KRAUSS, F.: Ber. DKG. Bd. 17 (1936) S. 125

[131] MUAN, A.: J. Amer. ceram. Soc. Bd. 40 (1957) S. 420/31

[131a] SCHAIRER, J. F., u. K. YAGI: Amer. J. Sci., Bowen-Bd., Teil 2 (1952) S. 471/512

[132] BUNTING, E. N.: Z. angew. Chem. UdSSR Bd. 21 (1948) S. 717/31

[133] RIEKE, R.: Sprechsaal Keram., Glas, Email Bd. 40 (1907), Nr. 17, 45 u. 46; Bd. 41 (1908) S. 405 u. 579; weiterhin SIMONIS, R.: Sprechsaal Keram., Glas, Email Bd. 40 (1907) Nr. 29 u. 30; Bd. 43 (1910) S. 230

[134] VAN NIEUVENBURG, C. J.: Feuerfest Bd. 4 (1928) S. 138/41 u. 156

[135] SCHUEN, W.: Tonind.-Ztg. Bd. 50 (1926) S. 1643

[136] BISCHOF, C.: Die feuerfesten Thone. 2. Aufl., S. 116. Leipzig 1895

[137] SEGER, H.: Tonind.-Ztg. Bd. 1 (1877) Nr. 34/39

[138] RICHTERS: Dinglers polytechn. J. Bd. 191 (1869) S. 59

3.2 Entstehung und Lagerstätten der Tone und Kaoline

3.21 Verwitterungsvorgänge

Wie bereits in Abschn. 3.11 erwähnt wurde, sind die Tone und Kaoline durch Verwitterung feldspathaltiger, fester Gesteine entstanden. Dabei wandelt sich der Feldspat $K_2O \cdot Al_2O_3 \cdot 6\,SiO_2$ unter Einwirkung von Wasser nach der schon 1835 von FORCHHAMMER [1] angegebenen Formel in Kaolinit um:

$$\begin{array}{l} \text{Orthoklas} \quad K_2O \cdot Al_2O_3 \cdot 6\,SiO_2 \\[2pt] \underline{\quad - K_2O \qquad - 4\,SiO_2 + 2\,H_2O \quad} \\[2pt] \qquad\qquad Al_2O_3 \cdot 2\,SiO_2 \cdot 2\,H_2O \end{array}$$

Daß diese Umwandlung tatsächlich stattfindet, ist durch zahlreiche Versuche erwiesen worden. Es konnte aber bis jetzt keine völlige Klarheit darüber erzielt werden, wie sie vonstatten geht. Früher wurde angenommen, daß K_2O und SiO_2 einfach ausgelaugt werden und das Feldspatgitter in dasjenige des Kaolinits übergeht, wobei als Zwischenstufen bei unvollständiger K_2O-Abfuhr Kaliglimmer (Muskowit) [2] bzw. ein hydratisierter Glimmer der Illitgruppe namens Hydromica auftreten soll [3]. Dieses Mineral kommt häufig eng mit Kaolinit verwachsen vor.

In neuerer Zeit gelang W. NOLL [4] sowie R. H. EWELL u. H. INSLEY [5] die Synthese verschiedener Tonmineralien aus Tonerde- und Kieselsäuregel im Autoklaven. Wenn auch die Druck- und Temperaturbedingungen ihrer Versuche bei Verwitterungsvorgängen in der Natur niemals erfüllt sein können, so war damit doch grundsätzlich die Möglichkeit der Bildung von Tonmineralien aus ihren Komponenten erwiesen. Nach diesen und anderen experimentellen Untersuchungen wurde angenommen, daß sich die Feldspäte bei der Verwitterung in ihre Komponenten auflösen und die gelösten Ionen wieder zu Tonmineralen zusammentreten, wobei es vom p_H-Wert des Wassers und der Art der vorhandenen Ionen abhängt, welches der möglichen Mineralien sich bildet. Diese Ansicht vertreten vor allem R. SCHWARZ und seine Mitarbeiter [6].

Die Löslichkeit der wichtigsten Tonmineralkomponenten in Abhängigkeit vom p_H-Wert zeigt Abb. 304. Danach

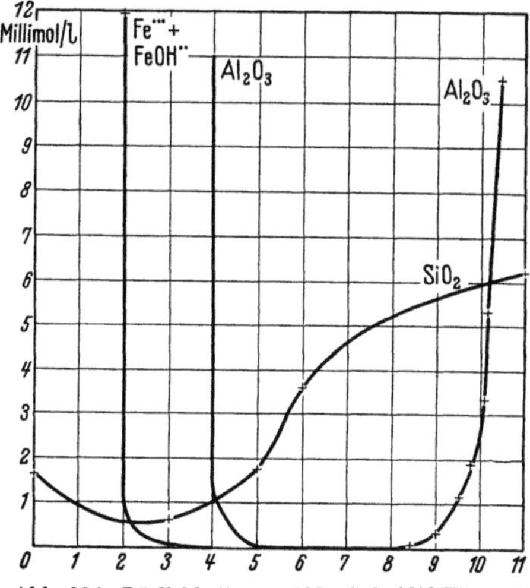

Abb. 304. Löslichkeit von SiO_2-Gel, $Al(OH)_3$ und $Fe(OH)_3$ in Abhängigkeit vom p_H-Wert (nach C. W. CORRENS)

ist SiO_2 im sauren Bereich (niedriger p_H-Wert) wenig, im basischen dagegen beträchtlich löslich, Al_2O_3 zeigt in stark sauren und stark basischen·Medien eine ausgezeichnete Löslichkeit, in der Umgebung des isoelektrischen Punktes (p_H 5 bis 8) ist es jedoch praktisch unlöslich. Fe_2O_3 schließlich löst sich nur in sehr stark sauren Wässern. Eine erheblich höhere Löslichkeit als die in Abb. 304 angeführten Oxyde besitzen die Alkalien, dementsprechend werden sie zuerst fortgeführt.

Nur Wässer mit den p_H-Werten 4 bis 5 und 8 bis 10 können SiO_2 und Al_2O_3 gleichzeitig lösen, wobei im ersten Bereich Kieselsäure nur in wenig höherer Konzentration als Tonerde auftreten kann, im zweiten Bereich jedoch die Tonerde an Menge stark übertreffen muß. Im ersten Fall (saure Wässer) entstehen aus den Verwitterungslösungen bei Erreichen des Löslichkeitsproduktes bevorzugt kaolinitische Mineralien [7], im zweiten Fall (basische Wässer) vorwiegend die kieselsäurereichen Montmorillonite [8].

Saure Wässer bilden sich in der Natur durch Aufnahme von CO_2, das entweder aus magmatischen Herden oder aus zersetzten Humussubstanzen stammen kann. So entstehen in der Umgebung von Erzgängen und Spalten, auf denen CO_2-haltige hydrothermale Wässer aufsteigen, kaolinisierte Zonen, die jedoch nur selten praktische Bedeutung besitzen [9]. Die früher verbreitete, auf H. RÖSLER [10] und E. WEINSCHENK [11] zurückgehende Annahme, daß auch große Kaolinlager auf diese Weise entstehen können, hat sich nicht bestätigt [12].

Für die Lagerstättenbildung wichtiger sind die von der Erdoberfläche aus in den Boden eindringenden CO_2-haltigen Wässer. Ob dabei die Bodenlösungen sauer bleiben oder basisch werden, hängt vom Charakter des verwitternden Gesteines und vom Klima ab.

Basenarme, saure Gesteine, die überwiegend Alkalifeldspat enthalten, also Granite, Porphyre, Gneise usw. vermögen den sauren Charakter der Bodenwässer nicht zu verändern, sie bilden daher bei der Verwitterung überwiegend *kaolinitische* Mineralien. Aus basischen Gesteinen, d. h. solchen mit Hornblenden, Augiten, Glimmern und Plagioklasen, entstehen dagegen meist *montmorillonitische* Verwitterungsprodukte, wobei die anfallenden Mg^{2+}-, Fe^{2+}- und Fe^{3+}-Ionen teils in das Gitter eingebaut, teils adsorbiert werden. Insbesondere sind die feinkörnigen und leicht zersetzbaren vulkanischen Aschen und Tuffe basischer Zusammensetzung zur Montmorillonitbildung prädestiniert. Deren Verwitterungsprodukte werden als *Bentonite, Walkerden, Fullererden* oder *Bleicherden* bezeichnet. Als Zwischenprodukte bei der Verwitterung von Glimmern zu Montmorilloniten treten nach G. NAGELSCHMIDT [13] häufig *Illite* auf.

Der Einfluß des Klimas macht sich darin geltend, daß in einem regenreichen, humiden Klima stets kohlensäurereiches Wasser im Boden von oben nach unten wandert und das anstehende Gestein relativ schnell zu kaolinitischen Silikaten zersetzen kann, wobei die Zersetzung durch eine erhöhte Temperatur beschleunigt wird. Gegenwärtig ist diese Kaolinisierung auf die feuchten Tropen und Subtropen beschränkt [14].

In semiariden tropischen Klimazonen mit ihren wechselnden Regen- und Trockenzeiten dagegen wandert das Grundwasser teils von oben nach unten, teils in umgekehrter Richtung und reichert sich dabei an Basen an (vgl. auch Abschn. 2.231). Unter diesen Umständen kann die Kieselsäure so stark gelöst und fortgeführt werden, daß mehr oder weniger reine Tonerdehydrate zurückbleiben und sich *Bauxitlager* oder *Laterite* bilden. Dieser Vorgang wurde von H. L. F. HARRASSOWITZ [15] als *allitische* Verwitterung der *siallitischen* gegenübergestellt, bei der die Kieselsäure nur teilweise fortgeführt wird und daher Aluminiumsilikate entstehen.

Gesteinsverwitterung und Mineralneubildung führen nicht immer zu abbauwürdigen Lagerstätten. Dazu ist noch erforderlich, daß das gewünschte Produkt in ausreichender Menge und Reinheit vorkommt. Störende Komponenten des Ausgangsgesteines, vor allem die als Flußmittel wirkenden Alkalien, Erdalkalien und Eisenoxyde, dürfen nur noch in geringen Mengen vorhanden sein. Von diesen werden Alkalien und Erdalkalien durch saure Wässer leicht gelöst und fortgeführt. Eisenoxyde sind zwar in reinem Wasser schwer löslich (s. Abb. 304), in sauren Humuslösungen dagegen infolge Reduktion zu 2wertigem Eisen leicht. Man nahm daher lange Zeit an, daß die Kaolinlager unter Mooren gelegen haben, deren humushaltige Wässer etwa vorhandenes Eisenoxyd fortführten [16]. Die Tatsache, daß häufig Braunkohlenflöze über den Kaolinlagern auftreten, schien diese Ansicht zu bestätigen. Neuerdings hat man jedoch erkannt, daß kein ursächlicher Zusammenhang zwischen Kaolin- und Moorbildung besteht [17]. Moorwässer begünstigen nämlich die Bildung von Eisensulfiden, solche werden aber in Kaolinlagern nur selten angetroffen [12]. Die Auslaugung der Eisenoxyde bei der erhöhten Temperatur feuchter tropischer oder subtropischer Klimazonen soll nach neuerer Ansicht allein durch CO_2-reiche Wässer möglich sein. Heute sind offenbar noch nicht alle zur Bildung der fast eisenfreien Kaolinlager führenden Vorgänge bekannt, denn in der Tertiärzeit war diese sog. *Weißverwitterung* über ganz Mitteleuropa verbreitet, während sie in der Gegenwart in Gebieten fehlt, in denen die oben angeführten Voraussetzungen erfüllt sind.

3.22 Lagerstättenbildung

3.221 Kaolinlagerstätten

Die Verwitterungsprodukte können entweder am Ort ihrer Bildung liegenbleiben oder durch fließendes Wasser fortgeschwemmt und an Stellen geringer Wasserbewegung (z. B. in Seen oder Mooren) wieder abgesetzt werden. Nicht umgelagerte Produkte einer siallitischen Weißverwitterung werden als *Kaoline* bezeichnet. Sie enthalten als Hauptmineral meist Kaolinit, daneben finden sich in wechselnden Mengen Glimmer bzw. Illit und Feldspat, außerdem viel Quarz, der aus dem Ausgangsgestein stammt und bei der Verwitterung nicht entfernt werden konnte. Dies muß daher durch Schlämmen oder elektroosmotische Prozesse nachgeholt werden. Es gibt auch Kaoline, die praktisch nur feinsten Glimmer neben Quarz enthalten, z. B. den als Petun-tse[1] bezeichneten Porzellankaolin der Chinesen.

Die Entstehung mächtiger Kaolinlager ist an eine tiefgründige, d. h. sich bei tiefen Grundwasserständen abspielende Verwitterung gebunden. Solche Lager (bis zu 60 m stark) entstanden während der Tertiärzeit in Mitteleuropa. Sie sind z. T. flächenhaft auf Granit, Porphyr oder anderen feldspathaltigen Gesteinen ausgebreitet, z. T. füllen sie Mulden und Nester, z. T. sind sie auch an

---

[1] Petun-tse heißt weißer Ton. Er entspricht unserem Kaolin. Mit *Kaoling* bezeichnen die Chinesen die Flußmittel. Daß dieser Name auf die Porzellanerde übertragen wurde, beruht auf einer Verwechslung.

größere Talzüge oder tektonische Spalten gebunden und besitzen dann langgestreckte Formen mit trichterförmigen, sich nach unten verengenden Querschnitten (Abb. 305).

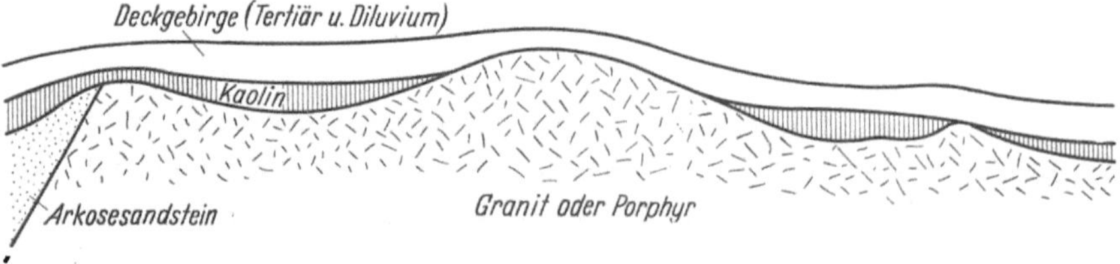

Abb. 305. Schematisches Profil durch eine Kaolinlagerstätte

Durch Wasser umlagerte Kaoline werden als *Kaolintone* bezeichnet. Sie nehmen eine Zwischenstellung zwischen echten Kaolinen und· Tonen ein.

3.222 Tonlagerstätten

Während die Kaoline meist aus einheitlichen Ausgangsgesteinen entstanden sind, bestehen die *Tone* aus den Verwitterungsprodukten verschiedener Gesteine, die im Einzugsgebiet der Gewässer zutage treten, aus denen sich das Tonlager abgesetzt hat. Daher ist der Mineralbestand der Tone mannigfaltiger als derjenige der Kaoline. Die Tone besitzen ein feineres Korn als Kaoline und enthalten vermutlich amorphe Bestandteile (Allophane). Ihr Korn kann nicht bei einfachem

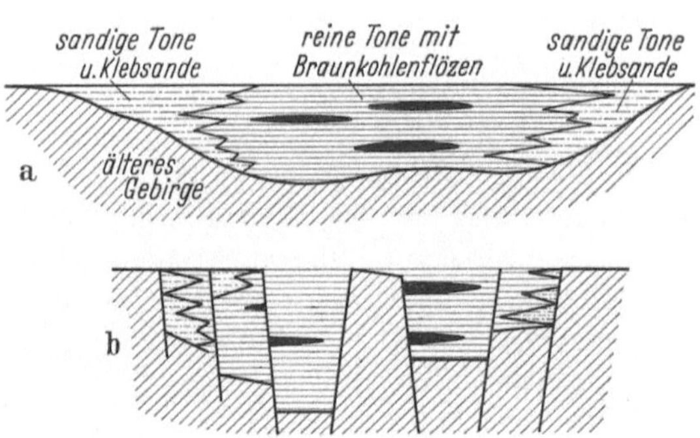

Abb. 306 a u. b. Schematisches Profil durch Tonlagerstätten
a) ungestört; b) durch Verwerfungen zerstückelt

Umlagern von Kaolinvorkommen zerkleinert worden sein [18], weil zwischen Kaolinen und Tonen grundsätzliche, in ihren Ursachen noch nicht erkannte Unterschiede bestehen, z. B. unterscheiden sich die Tone durch das in ihnen häufig vorkommende Fireclay-Mineral (vgl. Abschn. 3.114) von den Kaolinen.

Die keramisch verwendbaren Tone haben sich überwiegend in Süßwasserseen gebildet, Meeresabsätze besitzen nur ausnahmsweise die für keramische Zwecke erforderliche Reinheit. Die Tonlager sind meist gut geschichtet und in vertikaler wie horizontaler Richtung einem starken Wechsel unterworfen. Der vertikale Wechsel wird hierbei durch die zeitlichen Änderungen des Klimas, der Verwitterung und der Bodensenkung hervorgerufen, der horizontale durch räumliche Änderungen der Ablagerungsbedingungen. Beispielsweise enthalten die Randpartien der Tonbecken mehr Schluff (Grobton 2 bis 20 μ) und sind daher meist SiO$_2$-reicher und grobkörniger als Tone aus zentralen Beckenteilen.

Voraussetzung für größere Tonmächtigkeit ist eine Senkung des Beckens während der Ablagerung. Ungleichmäßigkeiten in der Senkungsgeschwindigkeit

spiegeln sich in dem Charakter der Sedimente wider. Häufig rufen die Senkungen
Verwerfungen hervor, die das Becken zerstückeln und in einzelne Schollen zerlegen (Abb. 306).

3.223 Schiefertonlagerstätten

Tone aus älteren geologischen Formationen als Tertiär sind im allgemeinen
durch den Druck überlagernder Schichten verfestigt worden, wobei der Kaolinit
als solcher erhalten blieb, Montmorillonit und Illit dagegen ganz oder teilweise
in feine Glimmer (Serizit) übergingen, und das Gestein als Ganzes eine fein-
schichtige Textur erhielt. Derartig verfestigte Tone werden als *Schiefertone*
bezeichnet. Sie sind größtenteils mariner Herkunft und für keramische Zwecke
ungeeignet. In aus brackischen
oder limnischen Gewässern abgesetzten Sedimenten finden
sich jedoch auch Lagen, die
überwiegend aus Kaolinit bestehen, nahezu frei von Alkalien, Erdalkalien und Eisenoxyden sind und daher eine
hohe Feuerfestigkeit besitzen.
Solche feuerfesten Lagen treten
stets in Verbindung mit Kohlenflözen, meist von Mattkohlen
(Kännelkohlen) auf, sie liegen
entweder unter den Flözen oder
innerhalb derselben [*19*]. Die
Schiefertone im keramischen
Sinne, neuerdings als *Kaolinit-
Schiefertone* bezeichnet, sind
unter feuchtwarmem Klima ent-

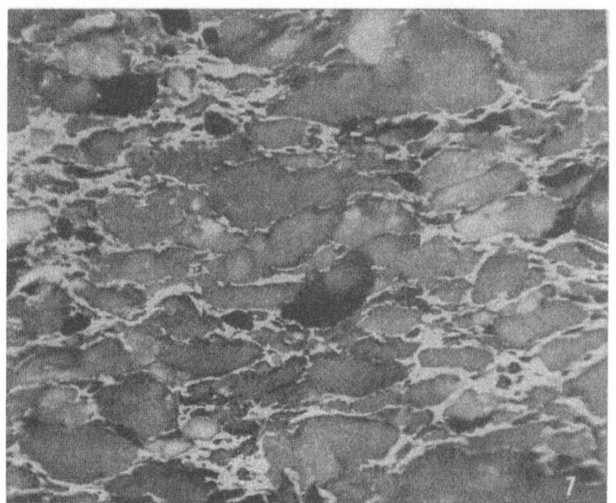

Abb. 307. Kaolinitgraupen im Tonstein von Flöz Grauweck
der Grube Carolus Magnus bei Aachen
(nach R. TEICHMÜLLER u. Mitarb.)
Anschliff, Ölimmersion 190 ×. Weiß: Vitrinit, grau: Kaolinit

standene Verwitterungsprodukte. Sie lagern, wie die *Fireclays oder Flintclays*[1]
aus dem englischen oder amerikanischen Karbon, am Orte ihrer Entstehung,
können aber auch durch Wasser umgelagert sein (Schieferton von Neurode) oder
sich aus Lösungen in offenen Mooren abgesetzt haben, z. B. die bisher als *Tonsteine* bezeichneten Kaolinit-Schiefertone des Ruhrreviers und des Saargebietes.

Die Tonsteine besitzen eine kristalline, dichte oder graupenförmige Struktur,
die anzeigt, daß sich der Kaolinit aus einem Gel gebildet hat, welches unter dem
Einfluß saurer, humusreicher Moorwässer ausgeflockt worden ist. Die Kaolinit-
graupen liegen bei ihnen meist in einer Grundmasse von vitritischer Kohle
(Abb. 307). Eine früher mehrfach geäußerte Ansicht [*20*], daß die Tonsteine durch
Verwitterung vulkanischer Aschenlagen entstanden sind, hat sich nicht bestätigt.

Die keramischen Schiefertone sind z. T. völlig unplastisch, stets aber weniger
plastisch als normale Tone. Sie sind dicht und fest, beim Brennen schwinden sie
in kompaktem Zustand wenig (vgl. aber Abschn. 3.144).

Einen zusammenfassenden Überblick über die technisch wichtigen Verwitterungsprodukte dieser Art aus der geologischen Vergangenheit gibt Tab. 77, S. 394.

---

[1] Das *Fireclay*-Gestein ist nicht zu verwechseln mit dem *Fireclay*-Mineral (Abschn. 3.114),
welches als eine Komponente in dem Gestein enthalten ist.

3.224 Namensgebung

Der Vielfalt ihrer Entstehungsbedingungen entsprechend unterscheiden sich die einzelnen Tonlager stark in ihrem Mineralbestand, ihrer chemischen Zusammensetzung und ihren physikalischen Eigenschaften. Diese Verschiedenartig-

Tabelle 77. *Tonige Verwitterungsprodukte warmer Klimazonen*

	Unverfestigt	Durch Gebirgsdruck verfestigt
A. *Siallitische Produkte der Weißverwitterung unter feucht-warmem Klima*		
1. auf primärer Lagerstätte		
a) aus kalifeldspatreichen Gesteinen entstanden	Kaoline	Fireclay Flintclay
b) aus basischen Gesteinen und Tuffen entstanden	Bentonit Bolus, Walkerde	—
2. durch Wasser umgelagert	Kaolinton	Kaolinit-Schiefertone z. T.
3. sedimentär gebildet		
a) vorwiegend aus Kaolinit oder Fireclay-Mineral	feuerfeste Tone	Kaolinit-Schiefertone z. T., bisher Tonsteine
b) aus Kaolinit und Illit	Steingut-Tone	—
c) vorwiegend aus Illit	Steinzeug-Tone	—
d) vorwiegend aus Montmorillonit	Bentonit-Tone	—
B. *Allitische Verwitterungsprodukte unter semiaridem warmen Klima*		
1. auf primärer Lagerstätte		
a) aus kalkreichen Gesteinen entstanden	Bauxite	
b) aus silikatischen Gesteinen entstanden	Laterite	
2. durch Wasser umgelagert	Bauxittone	

keit prägt sich in einer umfangreichen Nomenklatur aus, welcher als Einteilungsprinzipien [21] die Farbe (*Blauton, Braunton, Gelbton, Grünton, Grauton, Weißton*), die Plastizitätseigenschaften (*Ballclay, Bindeton, Magerton* usw.), die vorherrschenden Mineralkomponenten (*Glimmerton, Illitton* usw.), der Verwendungszweck (*Steingutton, Hafenton, Plattenton, Fayenceton, Kapselton, Pfeifenton, Schamotteton* usw.) zugrunde liegen. Für feuerfeste Zwecke werden überwiegend kaolinit- oder Fireclay-Mineral-reiche Sorten mit Tonerdegehalten von 16 bis 45% verwandt, die nach ihrer chemischen Zusammensetzung in

saure[1] Tone   mit 16 bis 22% $Al_2O_3 + TiO_2$;
halbsaure Tone   mit 22 bis 30% $Al_2O_3 + TiO_2$;
feuerfeste Tone   mit 30 bis 40% $Al_2O_3 + TiO_2$;
hochfeuerfeste Tone mit 40 bis 45% $Al_2O_3 + TiO_2$

eingeteilt werden. Nach der Verformbarkeit wird zwischen plastischen *Bindetonen* und weniger plastischen *Schamottiertonen* unterschieden.

3.23 Die mitteleuropäischen Kaolinlagerstätten [22] (s. Abb. 308)

3.231 Böhmen und Schlesien

Auf den Graniten und Gneisen der böhmischen und schlesischen Sudeten treten zahlreiche, auch für die feuerfeste Industrie wichtige Kaolinlager auf, die des nordwestböhmischen Braunkohlenbeckens von Falkenau spielen dabei die größte Rolle. Die bedeutendsten Vorkommen liegen in der Nähe von *Zettlitz*,

---

[1] Der Ausdruck *sauer* bezieht sich auf den hohen Gehalt an Kieselsäure.

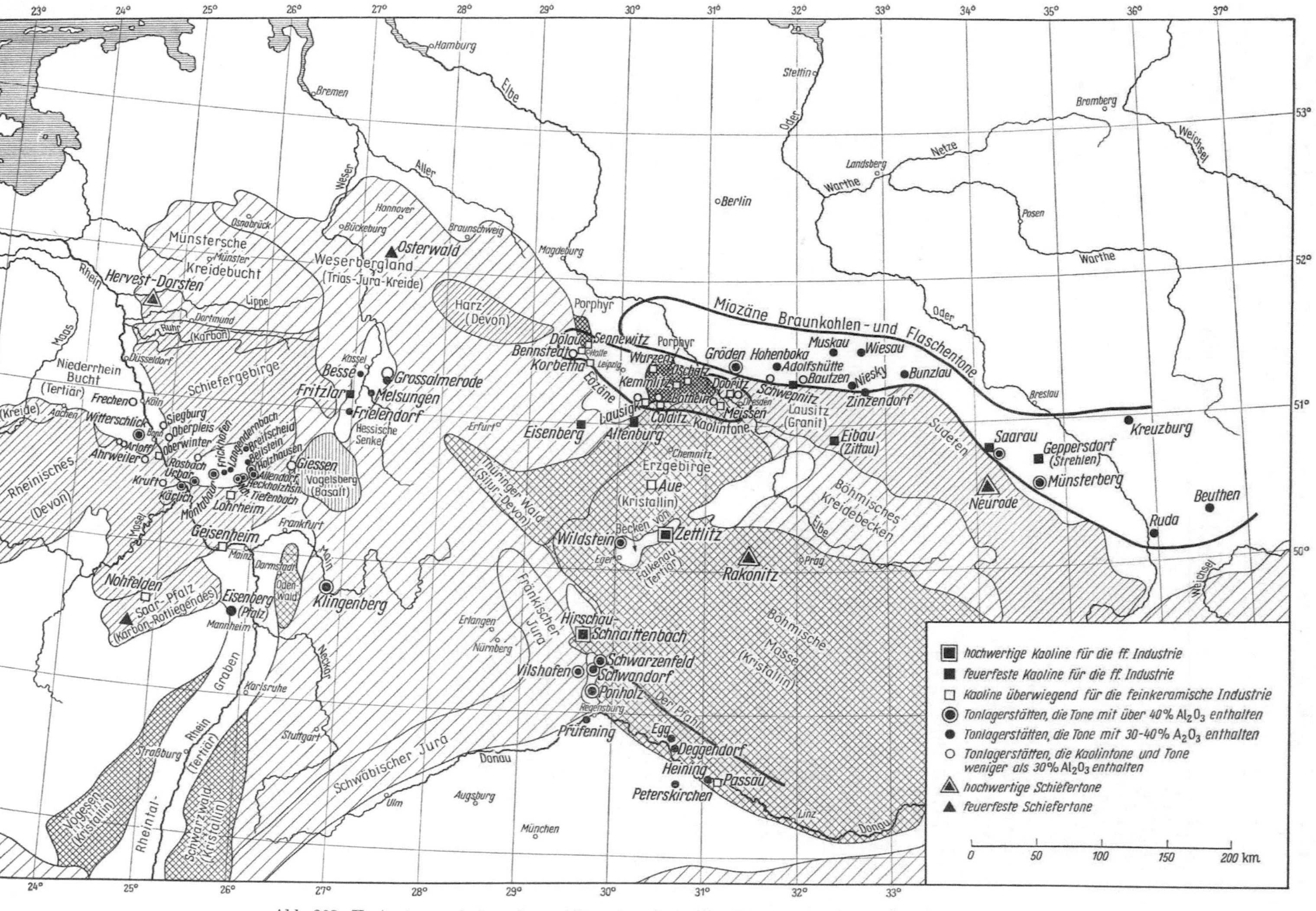

Abb. 308. Karte der deutschen Lagerstätten feuerfester Kaoline und Tone (Maßstab 1:5000000)

Tabelle 78. *Analysen einiger Kaoline*

	SiO₂ %	Al₂O₃ %	TiO₂ %	Fe₂O₃ %	CaO %	MgO %	Alkalien %	Glühv. %	SK
reiner Kaolinit	46,6	39,5						13,9	
Zettlitzer Kaolin I. Qualität	46,25	39,28	0,14	0,64	0,14	Spur	0,15	13,40	36
Saarauer Kaolin geschlämmt	48,27	36,30		1,16		1,70		32,57	35
Kaolin von Seilitz	56,49	30,66		0,57	0,25	0,30	0,96	10,84	—
Kaolin von Kemmlitz	56,47	30,58		0,81	0,11	0,06	0,64	11,39	34
Kaolin von Kemmlitz elektro-osmotisch gereinigt	45,96	38,43		0,67	—	—	—	13,26	—
Kaolin von Dölau (Halle)............	53,48	32,53		0,76	0,05	—	0,71	11,57	34/35
Kaolin von Gösen	52,95	32,65		1,27	0,09	0,61	1,55	10,96	34
Rohkaolin von Geisenheim........	70,65	19,27		1,31	0,37	0,32	5,83	2,40	26
Schnaittenbacher Rohkaolin.........	84,58	11,32		0,52	—	—	0,24	3,34	33/34
Schnaittenbacher Kaolin III. Qualität	52,11	35,20	0,39	0,69	—	0,12	0,40	11,09	
II. Qualität	50,63	36,06	0,38	0,61	0,13	Spur	—	12,30	
I. Qualität	47,90	38,20	—	0,45	Spur	Spur	0,25	13,48	36

sie werden in zahlreichen Gruben im Tage- und Tiefbau gewonnen. Der Zettlitzer Kaolin gilt in der keramischen Industrie wegen Reinheit, Feinkörnigkeit und hoher Feuerfestigkeit als Standardkaolin (Analyse s. Tab. 78). Er übertrifft die meisten anderen Kaoline an Plastizität und Sorptionskapazität. Eine Korngrößenanalyse von Zettlitzer Kaolin ist in Abb. 309 zu finden.

In Schlesien finden sich Kaolinlager auf dem Striegauer Granitmassiv bei Guhlau, in der Saarauer Mulde bei *Saarau* (Tab. 78) und auf dem Strehlener Granitmassiv bei *Geppersdorf*. Sie werden

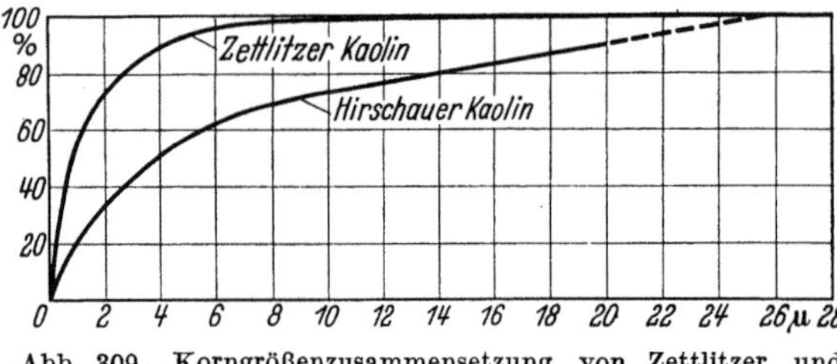

Abb. 309. Korngrößenzusammensetzung von Zettlitzer und Hirschauer Kaolin (nach A. ZWETSCH)

hauptsächlich in der feuerfesten Industrie verwandt, da ihr erhöhter Fe₂O₃-Gehalt einer Verwendung in der feinkeramischen Industrie entgegensteht. Am größten und wichtigsten ist das Vorkommen von Saarau.

3.232 Sachsen und Thüringen

Auf dem Lausitzer Granit sind die Kaolinlager bei *Adolfshütte* und *Margarethenhütte* von Bedeutung für die feuerfeste Industrie. Im Erzgebirge geht kein Kaolinabbau mehr um. Historisches Interesse hat das Lager von *Aue*, weil aus dem dort gewonnenen Kaolin von BÖTTGER das erste Porzellan hergestellt wurde und weil dieses Vorkommen Anlaß zu der Hypothese der hydrothermalen Entstehung der Kaolinlager gab (vgl. Abschn. 3.21).

In der Umgebung von Meißen sind bei *Löthain, Dobritz, Schletta, Kaschka* und *Seilitz* (Tab. 78) Kaolinlager über Graniten, Quarzporphyren und anderen magmatischen Gesteinen vorhanden, die überwiegend zur Porzellanherstellung verwandt werden.

Nicht weniger bedeutend für die feinkeramische Industrie sind die Kaolinlager im Mügeln-Oschatzer Becken bei *Wurzen, Oschatz, Kemmlitz, Börtewitz, Baderitz, Colditz* und *Lausigk* (Tab. 78). Der Kaolin ist dort durch Verwitterung von großen Quarzporphyrdecken entstanden.

Das dritte große Kaolinvorkommen in Sachsen liegt in der Umgebung von *Halle* [23] bei *Dölau, Sennewitz* (Tab. 78) und am *Fuchsberg*, an welchem z. Z. am stärksten abgebaut wird. Auch diese Kaoline verdanken ihre Entstehung der Verwitterung mächtiger Quarzporphyrlager.

In Thüringen werden bei *Altenburg, Corbetha* und bei *Eisenberg-Gösen* (Tab. 78) sowie an anderen Orten kaolinisierte Sandsteine des Rotliegenden abgebaut und ausgeschlämmt. Der dort gewonnene Kaolin wird teils zur Porzellanherstellung, teils für feuerfeste Zwecke benutzt.

3.233 Westdeutschland

Im Rheinland finden sich Kaolinlagerstätten z. T. auf Porphyren im Rheingau bei *Geisenheim* (Tab. 78) und im Nahegebiet bei *Nohfelden*, z. T. als kaolinisierte feldspathaltige Sandsteine des Devons bei *Oberwinter*. Diese Kaoline sind alkalireich und wenig plastisch, sie finden vorwiegend in der Papierindustrie Verwendung.

In der Pfalz wird aus den pliozänen Klebsanden der Gegend von Eisenberg (vgl. Abschn. 2.263) bei *Mensheim* und *Kriegsheim* durch Schlämmen ein für die feinkeramische Industrie geeigneter Kaolin gewonnen. Die Produktion ist allerdings so gering, daß der Bedarf dieses Raumes nicht gedeckt werden kann.

3.234 Oberpfalz

In der bayrischen Oberpfalz ist in der Gegend von *Hirschau-Schnaittenbach* bei Weiden ein feldspathaltiger Sandstein der Keuperformation bis zu erheblichen Teufen (etwa 40 m) kaolinisiert worden [24]. Die Verwitterungszonen sind an Störungen gebunden. Schwächer umgewandelte Sandsteine werden als *Pegmatite*[1], vollständig verwitterte als *Kaoline* bezeichnet. Die Kaolinlager treten nur dort auf, wo die Verwitterungszone besonders ausgedehnt ist. Die Hirschau-Schnaittenbacher Vorkommen haben den größten deutschen Kaolin-Bergbau ins Leben gerufen, der z. Z. auch den Bedarf der feuerfesten Industrie zum größten Teil deckt. Der Hirschauer und Schnaittenbacher Kaolin steht dem Zettlitzer an Reinheit nur wenig nach (s. Tab. 78), ist aber grobkörniger (s. Abb. 309) und daher weniger plastisch.

3.235 Aufbereitung der Kaoline

Alle Rohkaoline enthalten neben der Tonsubstanz viel Quarz und merkliche Mengen an Feldspat. Daher eignen sie sich nur in Spezialfällen zur unmittelbaren Verwendung in feuerfesten Massen; für die meisten Zwecke muß der Kaolin geschlämmt werden.

In Schnaittenbach [25] beispielsweise wird die aus

28% Tonsubstanz,
1% Feldspat
und 71% Quarz

bestehende Roherde zunächst in große, senkrechte Rühraggregate (s. Abb. 310) gebracht und mit der 3fachen Wassermenge durchgequirlt. Der sich absetzende grobe Sand wird abgezogen, gewaschen, fraktioniert und verkauft.

---

[1] Die Bezeichnung *Pegmatit* für verwitterte Feldspatsandsteine ist mißverständlich. In der Petrographie wird mit Pegmatit ein grobkörniges Ganggestein magmatischen Ursprungs, bestehend aus Quarz, Feldspat, Glimmer und wechselnden Nebenbestandteilen bezeichnet.

Die Kaolin–Feinsand-Suspension wird in sog. Feinsandfängern — langgestreckte, halbzylindrische Kästen mit einer sich entgegen dem Lauf der Suspension drehenden Transportschnecke — von $^2/_3$ des Feinsandes befreit. Dieser abgeschlämmte Feinsand enthält noch etwa 4% Kaolin und wird in der keramischen Industrie verwandt.

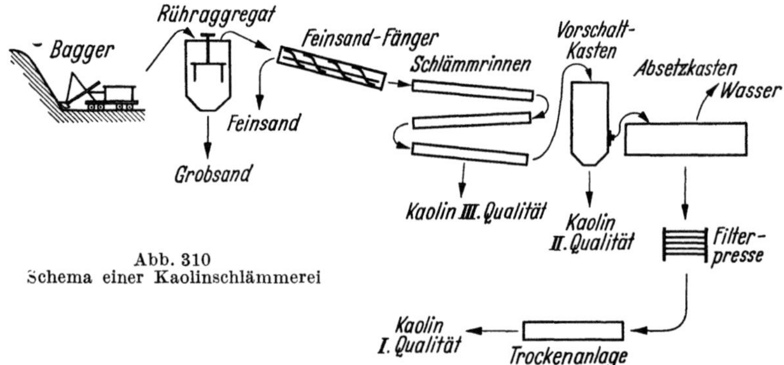

Abb. 310
Schema einer Kaolinschlämmerei

Die Kaolinaufschlämmung wird dann mit einer Geschwindigkeit von 0,15 m/Sek. durch Rinnensysteme von 150 m Länge geleitet und setzt in diesen den Restsand und Feldspat ab. Die Absatzprodukte werden homogenisiert und als Keram-Kaolin III. Qualität mit

$$78\%\ \text{Tonsubstanz,}$$
$$2\%\ \text{Feldspat}$$
$$\text{und}\ 20\%\ \text{Quarz}$$

in den Handel gebracht (Analyse s. Tab. 78).

Die aus den Rinnen austretende Kaolintrübe gelangt sodann in Beton-Vorschaltkästen und wird dort durch senkrecht eingehängte Bretter beruhigt. Hier setzt sich der Rest Feldspat und gröberer Kaolin ab, sie bilden den Keram-Kaolin II. Qualität mit der Zusammensetzung

$$91,5\%\ \text{Tonsubstanz,}$$
$$0,7\%\ \text{Feldspat}$$
$$\text{und}\ 7,8\%\ \text{Quarz.}$$

Die Restsuspension wird in große Absetzkästen mit 2500 m³ Fassungsvermögen geleitet. Nach dem Absetzen wird das klare Wasser abgesaugt, die dickflüssige Kaolinmasse durch Filterpressen gedrückt. Trocknung der Filterkuchen führt zum Keram-Kaolin I. Qualität mit

$$94,5\%\ \text{Tonsubstanz,}$$
$$0,6\%\ \text{Feldspat}$$
$$\text{und}\ 4,9\%\ \text{Quarz.}$$

Andere Kaolinschlämmereien arbeiten nach gleichem Prinzip mit den durch die örtlichen Verhältnisse bedingten Modifikationen. Eine noch weitere Steigerung der Reinheit ist durch Elektro-Osmose (Abschn. 3.122) möglich. Anlagen dieser Art bestehen beispielsweise in Kemmlitz in Sachsen (Analyse Tab. 78).

3.24 Deutsche Lagerstätten feuerfester Tone

3.241 Schlesien

Die schlesischen feuerfesten Tone gehören der braunkohlenführenden Miozänformation an und treten am Sudetenrand bei *Rauske* und *Saarau* zutage. Die weichen Tonschichten sind dort durch das diluviale Inlandeis zusammengeschoben und emporgepreßt worden, so daß die Vorkommen teilweise eine sehr große Mächtigkeit (bis 20 m) besitzen, aber seitlich nicht sehr weit aushalten.

Der Ton ist blaugrau bis schwarz (Blauton) und hochplastisch, daher als Bindeton vorzüglich geeignet. Er sintert früh und besitzt ein großes Sinterintervall. Sein auf geglühte Substanz bezogener Tonerdegehalt schwankt von

Tabelle 79. *Analysen einiger schlesischer, mitteldeutscher und hessischer Tone*

	SiO_2 %	Al_2O_3 %	TiO_2 %	Fe_2O_3 %	CaO %	MgO %	Alkalien %	Glühverlust %	SK
Blauton von Saarau	47,9	36,4		1,8	0,8	0,4	n. b.	12,3	34
Blauton von Rauske	50,4	34,8		2,1	0,6	0,5	n. b.	11,4	34/35
Glashafenton von Wiesau	51,3	33,7		1,8	0,9	0,5	2,2	9,7	32
Edelton von Zinzendorf ..	47,6	36,8		1,8	0,03	Spur	0,3	13,4	34
Ton von Groß-Saubernitz	57,0	28,0		3,5	—	0,6	1,9	9,2	31
Ton von Schwepnitz	48,8	35,3		1,9	0,03	—	1,0	12,9	34
Hohenbockaer-Edelton ...	48,8	34,0		1,3	0,15	0,3	1,8	13,6	33
Grödener Kapselton......	51,3	33,9		1,4	0,08	0,04	n. b.	11,7	33/34
Hallischer Kapselton	60,2	26,8		0,85	0,24	0,18	1,3	10,4	—
Meißener Hafenton	51,7	33,3		1,5	0,1	1,0	0,6	11,8	33
Großalmeroder Hafenton..	72,8	16,4	2,0	1,8	—	0,1	0,4	5,3	28/29
Großalmeroder Fetton....	48,1	35,1	1,4	2,2	—	—	n. b.	12,3	33
Ton von Besse (geglüht)..	55,9	33,8		2,7	0,6	0,9	n. b.	—	32/33
Blauton von Melsungen ..	51,8	32,5		1,5	0,2	0,1	2,2	11,8	—
Ton von Fritzlar	55,2	31,3		2,3	0,3	0,1	n. b.	10,6	—

32 bis >40% (s. Tab. 79). Der hohe Glühverlust dieses Tones deutet auf einen beträchtlichen Humusgehalt hin.

Ein weiteres bedeutendes Tonvorkommen liegt bei *Münsterberg*.

In Oberschlesien finden sich kleinere Vorkommen miozäner Tone bei *Kolanowitz*, *Kreutzburger Hütte*, *Beuthen* und *Ruda*.

Große Lagerstätten gleichen Alters treten in der schlesischen Lausitz bei *Muskau*, *Wiesau*, *Bunzlau* und *Niesky* auf. Die tertiären Braunkohlenschichten bilden bei Muskau eine hufeisenförmige Aufpressungszone, die durch eine diluviale Gletscherzunge entstanden ist. Meist kommen Steinzeugtone vor, die zur Entstehung einer blühenden Industrie geführt haben (Bunzlauer Geschirr). Es sind aber auch gute feuerfeste Tone vorhanden, vor allem bei *Wiesau*, *Zinzendorf*, *Niesky* und *Groß-Saubernitz*. Der Wiesauer Ton schwindet stark (15,17% bei SK 9), sintert leicht bei relativ hoher Feuerfestigkeit und eignet sich für säurefeste Erzeugnisse und Glashäfen [26] (Tab. 79). Der Zinzendorfer Edelton wird zur Herstellung dicht brennenden Qualitätssteinzeuges verwandt, er sintert bei SK 2 und brennt bei SK 8 dicht. Der Ton von Groß-Saubernitz gehört zur Klasse der feuerfesten Tone mit 32/35% Al_2O_3.

3.242 Sachsen

Die miozänen Braunkohlentone ziehen von der schlesischen Lausitz weiter nach Westen und bilden die zahlreichen Lager bei *Bautzen*, *Kamenz*, *Margarethenhütte* usw. Es handelt sich um Kaolintone, die durch Umlagerung des Lausitzer Kaolins (s. Abschn. 3.232) [27] entstanden sind. Sie sind hochplastisch, relativ eisenreich, enthalten sehr viel Tonsubstanz und besitzen daher eine hohe Brennschwindung. Sie finden vorwiegend in der Steinzeugherstellung, aber auch für feuerfeste Zwecke Verwendung, z. B. der Glashafenton von Schwepnitz (s. Tab. 79).

Weiter nördlich erstrecken sich die Vorkommen des ebenfalls miozänen Flaschentones von *Spremberg* und *Hoyerswerda* im Osten über *Senftenberg*, *Finsterwalde*, *Kirchhain*,

Dobrilugk bis in die Gegend von *Wittenberg, Gräfenhainichen, Bitterfeld* im Westen. Wie in Schlesien sind auch hier die Tonlager vielfach durch Eisdruck im Diluvium faltenförmig emporgepreßt worden. Sie sind ständige Begleiter der großen Braunkohlenvorkommen dieser Gegend. Der Flaschenton eignet sich in erster Linie zur Herstellung hochwertiger Ziegeleiprodukte und Steinzeugröhren, feuerfeste Lagen finden sich bei *Leippe* westlich Hoyerswerda, wo sie von den Hohenbockaer Glassandwerken (s. Abschn. 2.263) abgebaut und als *Hohenbockaer Edelton* in den Handel gebracht werden, und bei *Gröden* südlich Elsterwerder. Der Grödener Ton brennt bei SK 6 dicht und besitzt eine Feuerfestigkeit von SK 34 [*28*].

Südlich der miozänen Tonlager treten die älteren Braunkohlentone des Eozäns in großen Flächen zutage. Sie erstrecken sich von der Elbe bei *Meißen* über *Leipzig* und *Halle* bis an den Harzrand. Es handelt sich um feinkörnige, hochplastische, früh dicht brennende Kaolintone mit 22 bis 35% Al_2O_3, deren Entstehung in engem Zusammenhang mit der Kaolinisierung der sächsischen Quarzporphyre steht (s. Abschn. 3.232). Wegen ihrer Eignung zur Kapselherstellung werden sie auch als Kapseltone bezeichnet. Sie sind arm an Fe_2O_3, ihre Farbe ist überwiegend weißlichgrau, doch kommen auch braune bis schwarze, humushaltige Tone vor, die beim Brennen weiß werden.

Das Zentrum ihrer Gewinnung liegt bei *Bennstedt* westlich *Halle*, am Nordrand des *Nietlebener Braunkohlenbeckens*. Der Kapselton bildet 2 Flöze in Sanden unter der hier nicht mehr bauwürdigen Braunkohle, er wird teils in flachen Tagebauen, teils im Tiefbau (unteres Flöz) gewonnen. Der Tiefbau wird durch ungünstige Wasserverhältnisse sehr erschwert. 50% des Tones müssen aus Sicherheitsgründen stehenbleiben, die Vorräte sind bald erschöpft. Weitere Gewinnungsstätten liegen bei *Brandis östlich Leipzig, Lausigk, Colditz* und *Meißen*.

Ähnliche geologische Verhältnisse wie bei Bennstedt herrschen am Nordrand der Braunkohlenmulde südlich *Bernburg*. Schamotteton tritt bei *Peißen, Leau* und *Preußlitz* auf, nach Süden geht er in Schluffe und Sande über. Die Vorräte sind begrenzt, der Abraum ist groß (bis zu 17 m).

Der Kaolinisierung des Buntsandsteines verdanken die hochwertigen Schamottetone von *Luckenau* im *Zeitzer Braunkohlenbecken* ihre Entstehung. Sie bilden ein Flöz im Liegenden der Braunkohle von 1,5 bis 5 m Mächtigkeit und können erst nach dem Abbau der Braunkohle gewonnen werden. Zur Zeit sind Tongruben bei *Grana* im Südosten des Beckens und im Braunkohlentagebau *Reußen* in Betrieb.

3.243 Hessische Senke

Eozäne, feuerfeste Tone finden sich wieder weiter westlich in dem großen Grabenbruch der Hessischen Senke bei *Großalmerode-Epterode* [*29*]. Dort wird im Tiefbau der magere *Hafenton* abgebaut, der sich hervorragend zur Herstellung von Glashäfen eignet (s. Abschn. 3.366) und den Ruf der Großalmeroder Hafenindustrie begründet hat, außerdem der mit Graphit zu Schmelztiegeln verarbeitbare Fetton. Der *Fetton* besitzt 36/39% Al_2O_3 (s. Tab. 79). Der Hafenton gehört dagegen zu den halbsauren Tonen, er sintert früh und brennt bereits bei 1000° C dicht, weil er den Quarz in sehr feiner Verteilung enthält. Mineralogisch besteht er aus 46% Kaolinit, 6% Illit und 48% Quarz.

Die hessische Senke enthält auch miozäne Tone, zu ihnen gehören die Tone von *Besse* mit 32/35% Al_2O_3, von *Frielendorf, Melsungen, Unshausen* und *Fritzlar*. Bei Frielendorf werden am Nordfuß des Knüll halbsaure Glashafentone und feuerfeste Tone der Qualität 32/35% Al_2O_3 zusammen mit Braunkohle abgebaut. Bei *Melsungen* treten Glashafenton und Blauton in schmalen Grabenzonen des Buntsandsteines auf.

Anhangsweise sei erwähnt, daß miozäne Tone in ähnlicher geologischer Position (Grabenfüllungen im Buntsandstein) auch wesentlich weiter nördlich im Weserbergland, vor allem im Solling vorkommen. Obwohl sich auch feuerfeste Qualitäten darunter befinden, konnten diese Tone bisher nur örtliche Bedeutung als Töpferton gewinnen.

In der Umgebung von *Gießen* treten sehr reine, weiße Kaolintone auf. Sie haben eine bedeutende baukeramische Industrie ins Leben gerufen, werden aber nicht für feuerfeste Zwecke abgebaut.

Im ganzen gesehen, herrschen in der Hessischen Senke saure und halbsaure Tone vor, Qualitäten mit höheren Al_2O_3-Gehalten als 35% werden selten gefunden.

3.244 Der Westerwald

Der westlich an die Hessische Senke anschließende Westerwald enthält die größten und wichtigsten Tonlager Deutschlands *[30]*. Ihre Tone gehören überwiegend dem Oligozän an, wurden also in einer Zeit gebildet, während der andere Gebiete Deutschlands weitgehend vom Meere überflutet waren. Nach einer

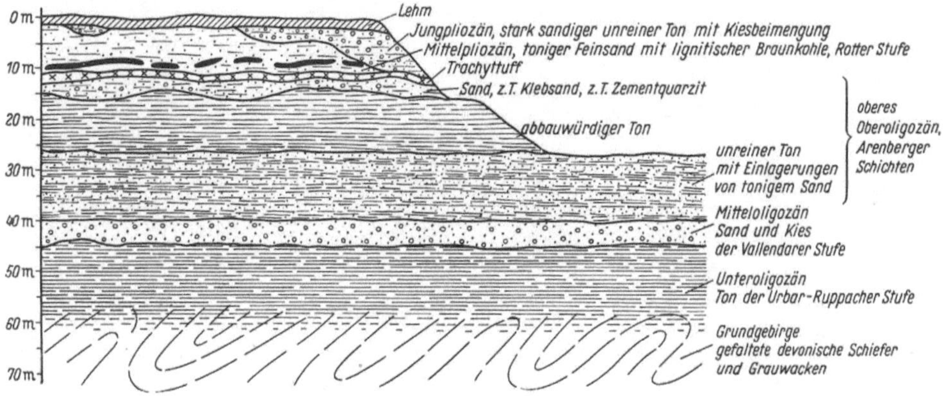

Abb. 311. Schichtenaufbau des Tertiärs in der weiteren Umgebung von Siershahn (nach W. AHRENS)

unteroligozänen Periode der Tonbildung (Urbar-Ruppacher Stufe) hob sich der Westerwald ungleichmäßig heraus, so daß Aufwölbungen und flache Becken entstanden. In den infolge starker Erosion entstehenden Rinnen und Senken setzten sich Sande und Quarzschotter ab (Vallendarer Stufe).

Bei den weitgehend ausgeglichenen Höhenunterschieden der Oberoligozänzeit entstanden große Binnenseen, in denen sich die Hauptmasse der Westerwälder Tone bildete (Arenberger Stufe, s. geologisches Profil Abb. 311). Aus den Seen ragten Höhenzüge aus hartem Quarzit heraus, z. B. die Höhe von Montabaur, in deren Umgebung Quarzkies und sandige Tone abgelagert wurden *[30]*. Mit zunehmender Entfernung von den Strandzonen dieser Seen werden die Tone reiner und enthalten z. T. Braunkohle. Später drangen auf Brüchen Tuffe und Basaltlaven hervor und bildeten eine ausgedehnte Decke über den Tonlagern bzw. dem devonischen Untergrund. Die Tonlager treten heute im Liegenden des Basaltes am Südabfall des Westerwaldes zum Lahntal zutage (Abb. 312).

Die Vorkommen beginnen im Osten bei *Breitscheid, Langenaubach, Beilstein, Holzhausen* und *Allendorf* (Ulmtal) und liefern dort z. T. hochfeuerfeste Bindetone, z. T. normale feuerfeste Tone mit 30 bis 40% Al_2O_3 (s. Tab. 80). Sie sind häufig kohleführend, ihre Tone besitzen einen relativ geringen Alkaligehalt und sintern spät.

Nach Westen folgen die Lager westlich Weilburg bei *Heckholzhausen, Niedertiefenbach* und *Dehrn* mit guten Schamottiertonen, weiterhin die Lager nördlich *Limburg* bei *Frickhofen* und *Langendernbach*. Die letzteren gehen nach Westen in die großen Vorkommen der Umgebung von *Montabaur* über, nämlich die Lager von *Holzhausen, Meudt, Ruppach, Ransbach, Hillscheid, Mogendorf, Nentershausen, Siershahn* usw. Die dort vorkommenden Tone sind alkalireicher und

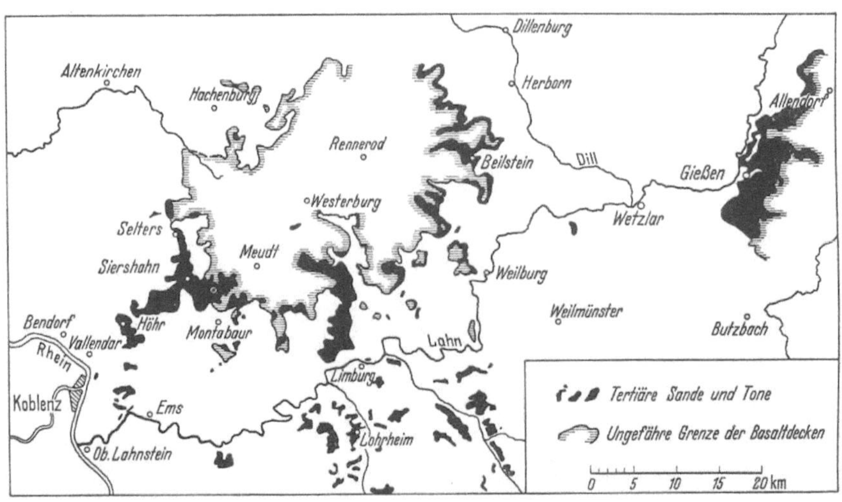

Abb. 312. Verbreitung der tertiären Tone und Sande im Westerwald (nach W. AHLBURG)

sintern früher als die der östlichen Lagerstätten. Sie sind daher auch als Steinzeugtone geeignet und bilden die Rohstoffbasis für die bekannte Industrie des Kannebäcker Landes. Etwas abseits und nördlich dieses Gebietes liegt bei *Roßbach* die Grube Guter Trunk Marie mit sauren Tonen, ganz im Westen die Grube *Urbar* unmittelbar am Steilabfall zum Rhein. Ihre dunklen, oft schokoladenbraunen Tone besitzen vermutlich wie die Tone von Ruppach unteroligozänes Alter, sie enthalten viel Humus, gelegentlich auch Schwefelkies. Ihr Tonerdegehalt ist meist hoch, in geringmächtigen Schichten übersteigt er sogar 42% (geglüht).

Die oberoligozänen Tonlager enthalten helle, blaue, rötliche und gelbe hochplastische Tone wechselnder Beschaffenheit. Relativ häufig sind die Qualitäten mit 36 bis 39% und 32 bis 35% Al_2O_3, doch kommen auch Tone mit 40 bis 42% Al_2O_3 vor. Mineralogisch bestehen sie aus Kaolinit bzw. Fireclay-Mineral und Illit in wechselnden Verhältnissen sowie aus Quarz. Beispielsweise enthält der feinkeramische Stoßton von Langenaubach mit 13,3% Al_2O_3 und 1,35% Alkalien etwa   25% Kaolinit,
                                          15% Illit
                                   und 60% Quarz.

Die Mächtigkeit aller Tonarten zusammen überschreitet stellenweise 40 m. Nach ihrer Ablagerung sind die Tone stark durch Verwerfungen zerstückelt worden

Tabelle 80. *Analysen verschiedener Westerwälder Tone*

	SiO_2 %	Al_2O_3 %	TiO_2 %	Fe_2O_3 %	CaO %	MgO %	Alkalien %	Glüh-verlust %	S K
Ton von Breitscheid	56,4	30,1		1,0	—	0,07	0,6	12,0	31/32
Ton von Beilstein, geglüht	62,0	31,0	2,25	1,7	0,3	0,5	1,7	—	32
Ton von Holzhausen, geglüht	54,3	39,0	2,2	2,0	0,5	0,7	1,7	—	33
Ton von Heckholzhausen, geglüht	51,7	39,0	3,6	2,9	0,3	0,5	n. b.	—	33
Ton von Dehrn, geglüht	48,9	41,6	5,0	1,7	0,3	0,5	n. b.	—	34
Ton von Frickhofen	54,9	30,6		1,3	0,7	0,5	2,1	8,9	32/33
Ton von Goldhausen ...	52,3	33,1	0,3	1,8	0,7	0,06	2,2	9,3	—
Ton von Ruppach	55,0	40,9		2,0	0,2	0,08	2,5	9,1	34
Ton von Guter Trunk Marie	69,8	19,2	2,2	0,8	0,6	0,4	n. b.	5,1	29
Braunton von Urbar ...	44,9	35,5		1,2	0,3	0,6	n. b.	15,4	34

und bilden Becken, die gegen das devonische Grundgebirge durch Störungen abgegrenzt sind. Die geologische Karte der Umgebung von *Girod* (Abb. 313)

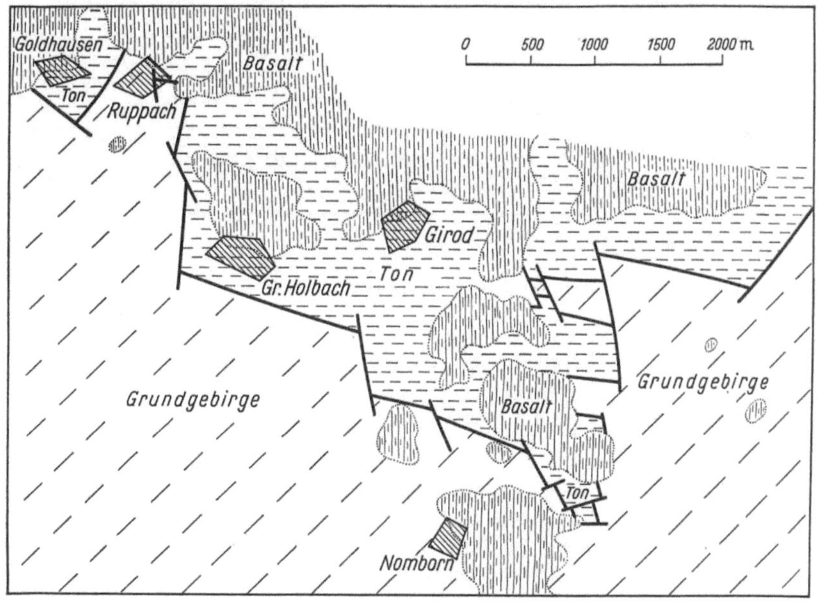

Abb. 313. Der Südwestrand des Westerwälder Tongebietes (nach W. AHRENS)

mag dafür ein Beispiel geben. Die Grenzen gegen den jüngeren Basalt sind meist nicht gestört.

Eine Gliederung in einzelne Becken ist besonders im Kannebäcker Land deutlich. Dort lassen sich unterscheiden:

das Becken von Mogendorf-Selters,
südlich davon   das Becken von Wirges,
weiter westlich   die Ransbacher Mulde
und noch weiter südlich die kleine Hillscheider Mulde bei Höhr-Grenzhausen.

Eine Sonderstellung nehmen die nördlich Koblenz auf der linken Rheinseite bei *Kärlich, Mülheim* und *Kettig* auftretenden Tonlager ein. In den Kärlicher Ton sind montmorillonitische Verwitterungsprodukte eingeschwemmt worden, die ihm besonders hohes Wasserbindevermögen verleihen. Sein höherer Eisenoxydgehalt (s. Tab. 81) bewirkt, daß er beim Brennen eine sehr dichte Schamotte ergibt. Er eignet sich vor allem für Stahlformmassen und ist für diesen Zweck sehr begehrt.

Die Tone werden im Westerwald meist im Tagebau, hochwertige Qualitäten auch im Tiefbau gewonnen. Die früher benutzten Glockenschächte sind inzwischen durch moderne Anlagen ersetzt worden. Beim Schachtbau wurden in manchen Fällen — wie bei *Nentershausen* — mehrere Meter fester Basalt durchteuft.

3.245 Niederrhein

Am Nordrand der Eifel treten bei *Ahrweiler, Antweiler, Satzvey* und *Arloff* gute saure Tone alttertiären Alters auf [*31*] (Tab. 81). Sie dienen vielfach zur Herstellung von Stahlwerksverschleißmaterial und anderen sauren Schamottequalitäten, z. B. Koksofensteinen (vgl. auch Abschn. 2.263). In diesem Bezirk liegen die deutschen Hauptwerke dieser Produktionszweige.

Tabelle 81. *Analysen von rheinischen Tonen*

	SiO$_2$ %	Al$_2$O$_3$ %	TiO$_2$ %	Fe$_2$O$_3$ %	CaO %	MgO %	Alkalien %	Glühverl. %	SK
Blauton von Witter-schlick	54,2	39,5		1,1	0,13	0,06	1,8	10,2	33
Ton von Ahrweiler	63,9	22,5	1,1	1,5	0,2	0,7	2,5	6,8	29/30
Ton von Kottenforst bei Bonn	52,5	32,6		2,4	1,8	—	0,2	10,6	—
Magerton von Satzvey ..	79,5	14,8		0,6	0,2	0,04	0,5	4,2	29
Sibylla-Ton	62,4	23,2	0,8	2,8	0,1	0,09	3,1	7,6	27
Blauton von Kärlich ...	47,3	34,3		3,0	0,6	0,25	0,5	13,1	32

Ähnliche Tone finden sich in der Umgebung von Bonn, weiterhin zusammen mit Braunkohle im Vorgebirge zwischen Köln und Bonn. Die besten Tone treten im Liegenden der Braunkohle auf. Die Grube *Sybilla* bei *Frechen* dürfte die größte unter ihren Abbaustellen sein. Ihr fetter und plastischer Ton deckt in erster Linie den Bedarf der ausgedehnten Steinzeugindustrie von *Frechen, Horrem, Königsdorf* und *Hermülheim*, daneben wird er zur Herstellung feuerfester Stampfmassen benutzt. Seine Sinterungstemperatur liegt einem hohen Alkaligehalt entsprechend niedrig bei 1080 bis 1100° C.

Alttertiäres Alter besitzen auch die Tone in der Umgebung des Siebengebirges. Sie sind z. T. kaolinische Zersetzungsprodukte der devonischen Schiefer und nur wenig umgelagert. Bei hoher Plastizität sind sie sehr rein, ihre Farbe ist grau bis graublau. Fundstellen liegen bei *Oberpleis*, an der *Dollendorfer Haardt*, südlich *Geistingen*, bei *Siegburg* und *Römlinghoven*. Die Tone dienen zur Herstellung von Steinzeug und feuerfesten Stampf-massen.

Hochfeuerfeste, sehr plastische Bindetone miozänen Alters kommen bei *Witterschlick* vor (s. Tab. 81). Sie werden dort in großem Umfang im Schachtbau gewonnen. Die Lager erstrecken sich bis in den Kottenforst bei Bonn und werden auch dort ausgebeutet. Der Witterschlicker Blauton ist einer der besten und begehrtesten Bindetone Westdeutschlands, er besitzt einen merklichen Gehalt an Montmorillonit.

Miozäne Tonlager finden sich dann noch südlich Bonn auf den Höhen der östlichen Eifel am *Herchenberg*, bei *Burgbrohl* und bei *Kruft*. Sie finden haupt-sächlich Verwendung bei der Herstellung von Stahlwerk-Verschleißmaterial.

3.246 Pfalz

In der Rheinpfalz konzentrieren sich die Lager feuerfester Tone auf die Umgebung von *Eisenberg* und *Hettenleidelheim*. Im Gegensatz zu allen bisher besprochenen Tonen sind sie pliozänen Alters, also geologisch erheblich jünger [32].

Tabelle 82. *Eigenschaften und Verwendung pfälzer Tone* (nach W. Hüppe)

Name	Al_2O_3-Gehalt %	Eigenschaften	Verwendung
Pfälzer Blauton	36 bis 39	sehr feinkörnig, hoch-plastisch (bester Bindeton), frühe Sinterung, hohe DFB	Stopfen, Ausgüsse, Glashäfen, Schleif-scheiben
Schamotte-Ton	36 bis 39	weniger plastisch, dicht-brennend, schiefrige Textur	Schamotte, Brenn-kapseln, Steinzeug
Ton 32 bis 35	etwa 34	sehr plastisch, früh sinternd, nicht blähend	Schamottesteine, Kapseln, Stahlwerk-Verschleißmaterial
Ton 28 bis 32	etwa 30	sandfrei, früh sinternd, gleichmäßige Schwindung	Schamottesteine, Kapseln, Stahlwerk-Verschleißmaterial
MS-Ton	etwa 25	früh sinternd (SK 5), sehr dicht, säure-beständig	säurefeste Platten
grüner und gelber Ton ..	23 bis 25	dicht, bildsam, isolierend, eisenreich (7 bis 9% Fe_2O_3)	Stahlwerkschamotte, Isolierung und Abdichtung

Die aus Ton (unten) und Klebsand (oben) bestehenden Pliozänschichten liegen über Buntsandstein und fallen flach nach N ein. Eine große Störung schneidet sie nördlich Eisenberg ab und begrenzt das Vorkommen nach Norden. Der unter dem Klebsand liegende Ton ist grün und eisenreich, er verzahnt sich mit

Tabelle 83. *Analysen verschiedener pfälzer und bayerischer Tone*

	SiO$_2$ %	Al$_2$O$_3$ %	TiO$_2$ %	Fe$_2$O$_3$ %	CaO %	MgO %	Alkalien %	Glüh-verlust %	S K
Pfälzer Bindeton aus Eisenberg, geglüht	56,5	36,0	1,15	2,0	0,4	0,8	3,0	—	32
Pfälzer Bindeton aus Eisenberg, ungeglüht ..	50,6	31,9	0,9	2,2	0,8	1,0	2,9	9,6	—
Klingenberger Ton	49,5	32,8		1,5	0,8	0,2	1,0	14,3	32/33
Ponholzer Ton	·44,5	33,1	1,0	2,3	0,3	0,5	1,1	17,1	33/34
Schwarzenfelder Ton	44,9	37,6	0,7	1,4	0,3	0,5	1,2	14,4	35
Ton von Deglhof bei Vils-hofen	46,3	36,2	0,5	2,0	0,4	0,5	1,7	12,4	33/34

dem Klebsand. Im Westteil der Lagerstätte ist der Klebsand mächtig (etwa 30 m), im Ostteil der grüne Ton. Unter diesem Ton folgen die abbauwürdigen Lager mit einer Gesamtmächtigkeit von rd. 10 m über dem Buntsandstein.

Die im Abbau stehenden Qualitäten sind in Tab. 82 zusammengestellt, Analysen von Pfälzer Tonen finden sich in Tab. 83. Sie zeichnen sich durch einen hohen Illitgehalt aus. Der Mineralgehalt des Tones 32/35 z. B. wurde zu

55% Kaolinit,
40% Illit
und   2 bis 3% Quarz

bestimmt [*33*]. Der hohe Illitgehalt bedingt den Alkalireichtum und die hohe Plastizität der Pfälzer Tone, damit ihre günstigen Form- und Brenneigenschaften.

Sie werden durch Bruchbau (Abb. 314[1]) in modernen, etwa 50 m   tiefen   Schachtanlagen gewonnen.

Da das Gebirge sehr druckhaft, außerdem im Liegenden und Hangenden stark wasserführend ist, muß das Lager von zahlreichen Schächten aus mit kurzen Strecken rasch ausgebeutet werden. Nach beendetem

Abb. 314. Moderner Ton-Schachtbau mit ringförmigem Ausbau aus Steinen

Abbau werden die Hölzer geraubt, die Decke geht nieder und die plastischen Decktone verschließen die Hohlräume völlig. Durch den Bruchbau hat sich die Oberfläche im Bergbau-

---

[1] Abb. 314 wurde uns freundlicherweise von Herrn Dir. REINDL von der Fa. Didier-Werke AG. überlassen.

gebiet schon beträchtlich gesenkt. Um Erschütterungen durch Sprengen zu vermeiden, versucht man in neuester Zeit, den Ton durch Schrämmaschinen und Tonschneider zu lösen.

Die Tonförderung im Eisenberger Gebiet beträgt z. Z. rd. 200 000 t/Jahr. Bei dieser Abbaugeschwindigkeit werden die Vorräte noch für 50 bis 60 Jahre reichen.

Hochwertige, pliozäne Tone liegen weiterhin in einem tektonischen Graben im Buntsandstein bei *Klingenberg* (Main) [*34*] südlich Aschaffenburg und den umliegenden Orten (*Schippach*). Der Klingenberger Ton ist montmorillonitreich, hochplastisch und feuerfest. Er besitzt eine ungewöhnlich große Bindefähigkeit. Seine Rohbruchfestigkeit erreicht mit rd. 36 kg/cm² einen Spitzenwert. Er ist bei 1100° C vollständig gesintert und hat eine Feuerfestigkeit bis zu SK 33. Seiner hohen Plastizität entsprechend schwindet er beim Trocknen stark (10%) (Analyse s. Tab. 83). Klingenberger Ton wird vorwiegend für feinkeramische Zwecke verwandt.

3.247 Oberpfalz

In der südlichen Oberpfalz kommen nördlich Regensburg bei *Schwarzenfeld* und *Ponholz* große Mengen hochwertiger miozäner Tone in Verbindung mit Braunkohle vor [*35*]. Sie sind plastisch und hochfeuerfest, ihr Tonerdegehalt erreicht 44%. Wegen ihres Gehaltes an organischer Substanz haben sie teilweise hohen Glühverlust. Da ihr Alkaligehalt niedrig und dementsprechend die Sintertemperatur hoch ist (s. Analyse Tab. 83), ergeben die Tone vielfach eine poröse Schamotte.

Mineralogisch ist der Schwarzenfelder Ton aus

etwa 90% Fireclay-Mineral,
5 bis 10% Glimmer (Illit?)
und 1% Quarz

zusammengesetzt [*33*].

Die Tonlager treten in drei mit tertiären Schichten erfüllten Senken auf, nämlich

dem Schwarzenfeld-Schmidgadener Becken,
dem Schwandorf-Wackersdorfer Becken und
dem Burglengenfeld-Regensburger Becken.

Bei Schwarzenfeld werden die Tone zu feuerfesten Steinen verarbeitet. Im Schwandorfer Becken ist die Förderung relativ gering. Im Regensburger Becken brennt man bei Ponholz in großem Maße Schamotte und gewinnt daneben auch Bindetone.

Keine Verbindung zur Braunkohle hat der hochwertige Ton von *Deglhof* bei *Vilshofen* (Analyse s. Tab. 83). Die Jahresförderung der Oberpfalz an feuerfesten Tonen beträgt rd. 200 000 t.

Zwischen *Passau* und *Straubing* liegen am Südrande des Bayrischen Waldes in kleineren Einsenkungen braunkohlenführende Miozänschichten aus feuerfesten Kaolintonen, die aus den kaolinischen Verwitterungsprodukten der Gneise und Granite umgelagert wurden, sowie unreine Braunkohlentone. Derartige Vorkommen treten bei Passau nördlich und südlich der Donau bei *Heining* (der sog. *Tegel von Heining* wird schon seit mehr als 100 Jahren abgebaut) und bei *Deggendorf* und Umgebung (*Egg, Peterskirchen* usw.) auf. Schließlich finden sich auch südwestlich *Regensburg* bei *Prüfening* miozäne Braunkohlentone. Diese kleineren Tonvorkommen benutzt man vorwiegend zur Herstellung von Glashäfen.

Tabelle 84. *Die wichtigsten deutschen Lagerstätten feuerfester Kaoline und Tone, nach dem geologischen Alter geordnet*

	Eozän	Oligozän	Miozän	Pliozän
Schlesien............	Kaolin	—	Rauske/Saarau 30 bis 42% Al_2O_3	—
Lausitz und Sachsen..	Kaolin und Kaolinton von Halle, Meißen usw.	—	Muskau/Niesky, Kaolinton v. Kamenz, Flaschenton	—
Hessische Senke	Großalmerode	—	Besse, Frielendorf, Fritzlar 32 bis 35% Al_2O_3	—
Westerwald	—	Westerwälder Tone 30 bis 42% Al_2O_3, Kärlich 32 bis 40% Al_2O_3	—	—
Niederrhein	Saure Tone: Satzvey, Ahrweiler usw., Braunkohlentone im Vorgebirge, Siebengebirge	—	Witterschlick 32 bis 42% Al_2O_3, Brohltal, Kruft	—
Pfalz	—	—	—	Eisenberg, Hettenleidelheim 32 bis 42% Al_2O_3, Klingenberg
Oberpfalz	Kaolin von Hirschau-Schnaittenbach	—	Schwarzenfeld, Ponholz, Deglhof 32 bis 44% Al_2O_3	—

3.248 Zusammenfassung

Die wichtigsten deutschen Lagerstätten feuerfester Tone und Kaoline sind in Tab. 84 nach ihrem geologischen Alter zusammengestellt. Im Eozän treten überwiegend saure Kaolintone als unmittelbare Umlagerungsprodukte der Kaoline auf. Die Hauptmenge der hochwertigen feuerfesten Tone entstammen der Miozänstufe, mit Ausnahme derjenigen des Westerwaldes, in welchem sich infolge der Hebungstendenzen des Gebietes Tonlager bereits früher ausbilden konnten, und der Pfalz, in der die Bedingungen für die Bildung von Tonlagerstätten noch zur Pliozänzeit erfüllt waren. Das veränderte Klima im Pliozän macht sich in einer Änderung des Mineralbestandes bemerkbar, nämlich in einer starken und technisch erwünschten Vermehrung des Illit- und Montmorillonitgehaltes.

3.25 Mitteleuropäische Kaolinit-Schiefertonlagerstätten

Der beste Kaolinit-Schieferton in Deutschland stammt aus dem Karbon von *Neurode* (Schlesien). Er enthält rd. 47% $Al_2O_3 + TiO_2$ (geglüht), dabei sehr wenig Flußmittel (s. Tab. 85) und tritt in Flözform an der Basis des Oberkarbons auf. Er soll nach O. E. RADCZEWSKI [36] an Stelle von Kaolinit das gleich zusammengesetzte, aber nur in hydrothermalen Bildungen vorkommende Mineral *Dickit* enthalten. Die Existenz von Dickit wird allerdings in neuester Zeit angezweifelt.

Tabelle 85. *Analysen verschiedener Schiefertone und Tonsteine*

	SiO_2 %	Al_2O_3 %	TiO_2 %	Fe_2O_3 %	CaO %	MgO %	Alkalien %	Glühverlust %	SK
Schieferton von Neurode..	49,7	47,1	1,4		0,8	0,06	0,4	0,9	35/36
Schieferton von Blosdorf..	51,1	47,1	1,2			0,4		0,2	35
Schieferton von Rakonitz	51,7	46,9	0,5		—	0,2	—	0,7	36
Tonstein aus dem Saargebiet	49,6	35,2	0,3		0,5	0,3	1,1	13,7	—
Tonstein aus Flöz Erda (Ruhrgebiet)	53,5	43,7	0,9		0,9	0,5	0,5	1,4	—
Schieferton von Osterwald, geglüht	60,8	34,7	1,3	1,7	0,4	0,9	n. b.	—	—

Daneben findet sich reines Aluminiumhydrat als *Böhmit* und *Diaspor* (vgl. Abschn. 4.113) und andererseits reiner Quarz, beide in solchen Mengen, daß sich in der Summe wieder das der Tonsubstanz $Al_2O_3 \cdot 2\,SiO_2$ entsprechende Verhältnis ergibt. Der Neuroder Schieferton soll nach E. KIJAK [37] entstanden sein durch Zersetzung eines benachbarten Gabbros (magmatisches Tiefengestein der chemischen Zusammensetzung von Basalt) und Umlagerung der Verwitterungsprodukte, möglicherweise mit späterer Umwandlung der Mineralien unter hydrothermalen Einflüssen.

Der Schieferton wird in der Rubengrube in Neurode abgebaut.

Das bergmännisch gewonnene, sehr harte, muschelig brechende, dunkelblaue Rohgut wird nach E. GOEBEL [38] in Schachtöfen geröstet, um das im Schieferton enthaltende Eisenoxyd in eine magnetische Form zu überführen. Das Röstprodukt wird abgesiebt, das grobe Material mit mehr als 7 mm Korngröße von Hand geklaubt und dann das Feinkorn durch ein Sieb mit 3 mm Maschenweite weiter getrennt. Das Feinkorn ($<$ 3 mm) wird mittels Windsichter vom Staub befreit, schließlich werden alle 3 Kornklassen durch große Magnetscheider von Eisenoxyden gereinigt.

Im *Ruhrgebiet* finden sich in den Flözen Erda und Hagen der Gasflamm-Kohlengruppe des Oberkarbons sog. Tonsteine, die bis zu 20 cm mächtige Lagen in oder über den Flözen bilden. Sie bestehen aus Kaolinit in kohliger Grundmasse [*19*] (Abb. 307) und enthalten 40 bis 45% Al_2O_3 (geglüht) (Analyse s. Tab. 85).

Das schwarz gefärbte, harte, muschelig brechende Rohgut wird bei *Hervest-Dorsten* im Ring- oder Schachtofen bei etwa 1000° C vorgebrannt. Die kohlige Substanz verbrennt dabei, die kaolinitische wird weiß, so daß taubes und verunreinigtes Material ausgelesen werden kann.

Die Produktion ist beschränkt und reicht nicht zur Versorgung der deutschen keramischen Industrie aus.

Ähnliche Tonsteine kommen im Karbon des *Saargebietes* vor, sie besitzen jedoch meist einen niedrigen Tonerdegehalt.

Kaolinit-Schiefertone treten außerdem an der Basis der Kreideformation auf, ebenfalls in Verbindung mit Kohlenflözen. Sehr hochwertige Kreideschiefertone werden in Böhmen bei *Rakonitz, Blosdorf* und *Briesen* abgebaut.

In Deutschland wurden nach dem Kriege bei *Osterwald* (Hannover) in ähnlicher geologischer Position Schiefertone gefunden, die aber nach den bisherigen Aufschlüssen überwiegend niedrigeren Tonerdegehalt besitzen. Mit fortschreitendem Abbau wird jedoch die Qualität besser. Während anfänglich nur Schiefertone mit 28/32% Al_2O_3 anfielen, werden neuerdings u. a. solche mit etwa 36% Al_2O_3 (Analyse s. Tab. 85) geliefert, nach F. DAHLGRÜN, H. LEHMANN u. F. SCHMELING [*39*] sollen auch Schiefertone mit mehr als 40% Al_2O_3 vorkommen.

Die Lagerstätte gehört der Wealden-Formation an, sie besteht aus einer Schichtenfolge von wechsellagernden Schiefertonen, Sandsteinen, Konglomeraten und Kohleflözen, die in der Küstenregion des brackischen Wealdenmeeres gebildet wurde. Die Osterwälder Schiefertone bestehen aus:

40 bis 65% Fireclay-Mineral[1],
20 bis 45% glimmerartigem Mineral,
10 bis 30% Quarz oder Opal,

sie sind hochplastisch und eignen sich für feuerfeste und feinkeramische Zwecke.

Ihre Gewinnung erfolgt im Stollenbau, sie werden z. T. direkt verarbeitet, z. T. mit eigener Kohle in Schachtöfen zu Schamotte gebrannt.

Die z. Z. in Deutschland im Abbau stehenden Kaolinit-Schiefertonlagerstätten können den durch die derzeitige Abtrennung der Ostgebiete sowie durch unzureichenden Warenaustausch mit der Tschechoslowakei bedingten Mangel an hochwertigen Schiefertonen und Schieferschamotten nicht beheben. Ein vollwertiger Ersatzrohstoff wurde für sie bisher nicht gefunden. Schiefertone und -schamotten werden daher z. Z. vor allem aus Afrika importiert.

---

[1] Das Mineral wurde anfangs auf Grund von DEBYE-SCHERRER-Untersuchungen für Kaolinit gehalten. Erst mit Hilfe der Differential-Thermoanalyse gelang die Unterscheidung von Kaolinit und Fireclay-Mineral; s. LEHMANN, H.: Tonind.-Ztg., 1. Beiheft, S. 44/46.

3.26 Die Untersuchung der Tone und Kaoline

3.261 Makroskopische Prüfung

In der auch bei Tonen und Kaolinen notwendigen makroskopischen Prüfung muß vor allem auf gute *Homogenität* des Materials geachtet werden. Einschlüsse von Pyrit oder Schwefelkies sowie von Kalk können beim Brennen Ausschmelzungen hervorrufen, da sie beim Aufbereiten nicht immer gleichmäßig verteilt werden.

Die *Farbe* gibt wertvolle Hinweise auf die Art der Beimengungen. Flußmittelarme Kaoline sind an ihrer weißen Farbe kenntlich. Die bei feuerfesten Tonen weitverbreitete blaue Farbe deutet auf einen geringen Gehalt an Eisensulfiden hin. Dunkelbraun oder schwarz gefärbte Tone enthalten meist bedeutendere Mengen an organischen Substanzen, sofern die Farbe nicht von Manganoxyden herrührt. Gelbe Tone besitzen erhöhten Gehalt an 3wertigen Eisenoxyden, bei roten oder rotbraunen Tonen ist er gewöhnlich so hoch, daß sie nicht mehr für feuerfeste Zwecke in Frage kommen. Grüne Farbtöne bedeuten, daß 2wertige Eisenionen in das Gitter der Tonminerale eingelagert sind, man findet sie besonders häufig bei illit- und montmorillonitreichen Tonen (vgl. Abschn. 3.117).

Ausblühungen sind die Anzeichen für lösliche Salze im Ton. Derartige Tone scheiden im allgemeinen für feuerfeste Zwecke aus.

Freier Quarz läßt sich am Knirschen beim Kauen des Tones erkennen. Erfahrene Fachleute können allein mit der Kauprobe die Qualität eines Tones erstaunlich genau bestimmen.

3.262 Chemische Analyse

Da für die Verwendungsfähigkeit eines feuerfesten Tones in erster Linie das Sinterungs- und Erweichungsverhalten maßgebend ist, steht die chemische Pauschalanalyse nach wie vor im Mittelpunkt der Untersuchungen: der Tonerdegehalt ist für die Klassierung entscheidend. Während bisher aus analysentechnischen Gründen die Gehalte an Tonerde und Titandioxyd gemeinsam bestimmt wurden und ihre Summe als *handelsübliche Tonerde* bezeichnet wurde [40], gestatten heute verbesserte analytische Methoden ohne übermäßigen Aufwand eine getrennte Bestimmung beider Oxyde. Der TiO_2-Gehalt schwankt zwischen 1 und 4%. Von den Flußmitteln soll Fe_2O_3 höchstens bis zu 2,5% im Ton vorhanden sein. Erdalkalien kommen meist nur in geringer Menge vor, gewöhnlich werden 1% CaO und 1% MgO nicht überschritten. Der Alkaligehalt liegt im Mittel bei 2%, er steigt selten über 3%. Manganoxyd tritt normalerweise in Mengen von wenigen zehntel Prozent auf.

Insgesamt soll der Flußmittelgehalt der feuerfesten Tone nicht mehr als 6% betragen. Die außer den genannten Stoffen stets vorhandenen Spurenelemente beeinflussen das Brennverhalten nicht wesentlich, können daher außer Betracht bleiben.

3.263 Bestimmung des Mineralbestandes

Da das Brennverhalten der Tone stark von ihrem Mineralbestand abhängt, hat man sich schon frühzeitig um eine Aufklärung der mineralischen Zusammensetzung bemüht. Man benutzte dabei die verschiedenartigen Reaktionen der

eigentlichen Tonmineralien, dann auch die des Quarzes und Feldspates gegen
konzentrierte Säuren und Laugen.

Man löst die Tonmineralien in heißer Schwefelsäure, in Phosphorsäure oder
in geschmolzener $KHSO_4$ und raucht den in diesen Stoffen unlöslichen Quarz
mit Flußsäure ab. Der Alkaligehalt im Rückstand des Schwefelsäureaufschlusses
wird auf Feldspat umgerechnet [41]. Diese sog. *rationelle Analyse* hat große
Fehlerquellen, vor allem, weil das Alkali vorwiegend an Glimmer oder Illite
und nur in sehr geringem Umfange an Feldspat gebunden ist.

Auch die verbesserte, den bei 750° C erfolgenden Zerfall des Kaolinits in die
Oxyde ausnutzende Methode von KALLAUNER [42] berücksichtigt den Glimmergehalt nicht. Man löst bei diesem Verfahren die Tonerde mit verdünnter HCl
aus der bei 750° C geglühten Probe und bestimmt sie analytisch. Aus ihr kann
die Menge der sog. *Tonsubstanz*, d. h. der kaolinitischen Mineralien, errechnet
werden. Der Rückstand wird nach Bestimmung seines Al_2O_3-Gehaltes auf
Quarz und Feldspat umgerechnet. Da die glimmerartigen Mineralien bei 750°C
noch nicht zerfallen, geht ihre Tonerde in den Feldspatgehalt ein.

Nach G. KEPPELER [43] kann man den Glimmer berücksichtigen, wenn man
ihn aus dem bei der Behandlung nach KALLAUNER entstandenen Rückstand
mit heißer konzentrierter Schwefelsäure löst. Der dann noch verbleibende Rückstand wird wie oben auf Quarz und Feldspat umgerechnet.

Eine Glühung bei 700 bis 800° C treibt aus dem Kaolinit 2 Mol Wasser aus,
nicht aber aus dem Glimmer. In einer Variante der rationellen Analyse benutzen
H. u. H. J. HARKORT [44] diese Tatsache, um mittels des so ausgetriebenen
Wassers auf den Gehalt an Kaolinit zu schließen. Von dem durch Aufschluß
mit heißer konzentrierter H_2SO_4 bestimmten Gesamtgehalt an Tonerde kommen
sie durch Subtraktion dieses Kaolinitgehaltes auf den Glimmergehalt.

Wesentlich differenziertere Resultate über den Mineralbestand liefern
Röntgen-Feinstrukturuntersuchungen mit der DEBYE-SCHERRER-Kamera oder
mit einem Zählrohr-Gerät. Auch die *Differentialthermoanalyse* (vgl. Abschn. 3.14
u. 1.354) ist in den letzten Jahren soweit ausgebaut worden, daß sie zu halb-
quantitativer Mineralbestimmung benutzt werden kann [45].

Für die laufende Betriebsüberwachung eignet sich die *Thermowaage* nach
O. E. RADCZEWSKI u. R. RATH [46] (vgl. Abschn. 3.14). Versuche, auch das
Dilatometer zur quantitativen Mineralanalyse heranzuziehen, sind noch nicht
abgeschlossen.

Trotz der relativ großen apparativen Möglichkeiten sind bis jetzt nur wenige
Tonvorkommen befriedigend erforscht. Systematische Untersuchungen auf
diesem Gebiete wurden erst in neuester Zeit begonnen.

3.264 Segerkegel-Fallpunkt

Neben der chemischen Analyse spielt die Bestimmung des Segerkegel-
Fallpunktes die größte Rolle.

Mit steigendem Tonerdegehalt wächst auch der Kegelfallpunkt der Tone.
Dieser Zusammenhang ist lose, er zeigt sich aber in der nachstehenden Gegen-
überstellung von Bereichen der Gehalte an $Al_2O_3 + TiO_2$ mit den zugehörigen,
sich aber teilweise überdeckenden Bereichen des Segerkegel-Fallpunktes.

% $Al_2O_3 + TiO_2$	SK	% $Al_2O_3 + TiO_2$	SK
>42	33 bis 35	35 bis 39	32/33 bis 33/34
40 bis 42	33 bis 34	32 bis 35	31 bis 32/33
		28 bis 32	30 bis 32

Bei noch niedrigerem Al_2O_3-Gehalt sinkt der Segerkegel bis auf SK 26 ab. Eine von dem obigen Schema stark abweichende Feuerfestigkeit deutet auf Besonderheiten in der chemischen oder mineralogischen Zusammensetzung hin. Da mit derartigen Abweichungen gerechnet werden muß, kann auf die Segerkegelbestimmung nicht verzichtet werden, wenn auch in Abschn. 3.17 eine Behelfsformel für den Zusammenhang beider Größen gegeben wurde.

3.265 Korngrößenverteilung

Da Sinterungsverhalten und Plastizitätsgrad der Tone stark von der Korngrößenverteilung abhängig sind, ist deren Kenntnis bei allen eingehenderen Untersuchungen der Toneigenschaften unerläßlich.

Die Korngröße der Tone und Kaoline liegt meist unterhalb 20 μ. Die *Siebmethode* ist für ihre Ermittlung nicht geeignet, denn Korngrößen unter 60 μ lassen sich durch Sieben nicht mit Sicherheit trennen. Man kann aber dafür die unterschiedlichen Fallgeschwindigkeiten verschieden großer Teilchen in wäßriger oder alkoholischer Suspension ausnützen. Nach dem STOKESschen Gesetz ist diese Fallgeschwindigkeit v bei kugelförmigen Teilchen dem Quadrat des Teilchenradius r und der Differenz zwischen den spezifischen Gewichten des Teilchens ϱ_1 und der Flüssigkeit proportional:

$$v = \frac{s}{t} = \frac{2g(\varrho_1 - \varrho)}{9\,\eta}\,r^2$$

s = Fallweg (cm); g = Gravitationskonstante;
t = Fallzeit (sec); η = Viskosität der Flüssigkeit (Wasser bei 20° C: $\eta = 0,01$ Poise).

Handelt es sich etwa um blättchenförmige Teilchen (wie meist bei Tonen), so wird aus der Fallgeschwindigkeit nicht die wahre Teilchengröße bestimmt, vielmehr der Durchmesser einer Kugel, die ebenso schnell fallen würde wie das Teilchen.

Beim *Sedimentieren* fällt jede Korngröße in einer gewissen Zeit um eine bestimmte Strecke; die Suspension wird um so rascher arm an aufgeschlämmten Teilchen, je größer der Anteil der groben Kornfraktionen ist.

Man kann nun nach bestimmten Zeitabschnitten messen:

1. die Menge der noch aufgeschlämmten Teilchen, indem man mittels einer Pipette Proben in bestimmter Höhe der Flüssigkeitssäule entnimmt und auf ihren Trockenrückstand untersucht (Pipette-Methode nach A. H. M. ANDREASEN [47]). Die mittlere Korngröße d [mm] in Wasser von 20° C aufgeschlämmter Kaoline mit $\varrho_1 = 2,6$ beträgt dabei in der nach der Zeit t entnommenen Probe:

$$d^2 = 1,145 \cdot 10^{-3}\,\frac{s}{t},$$

2. die Änderung des spezifischen Gewichtes der Suspension mit Hilfe einer MOHRschen Waage [48], eines Aräometers [49] oder des Wasserstandes in einer Kapillaren [50].

Mit Hilfe dieser Sedimentationsmethoden, von denen sich diejenige von ANDREASEN besonders gut in der keramischen Industrie eingeführt hat, können Korngrößen von 20 bis 2 μ in 12stündiger Versuchsdauer bestimmt werden. Der Hauptanteil der Tonmineralien hat aber Korngrößen unterhalb 2 μ, d. h. er fällt in die Größenordnung der Fein- und Kolloidtone hinein (vgl. Abschn. 3.11).

Die Gehalte an Mineralien mit einer Korngröße $< 2\ \mu$ betragen z. B. bei:

Zettlitzer Kaolin . . . . 57 %
Hirschauer Kaolin . . . . 30 %
Großalmeroder Ton . . . . 54 %
hochplastischem Klingenberger Ton . . . 67 %
Satzveyer Ton . . . . 28 %

Eine weitere Aufteilung der Fraktion $< 2\ \mu$ ist mit Hilfe einer Zentrifuge möglich. Die für diese Zwecke entwickelten Superzentrifugen weisen Umdrehungszahlen von 20000 bis 50000 pro Minute auf, die Fliehkraft erreicht in ihnen den 10 fachen Wert der Schwerkraft [51]. Mit ihrer Hilfe lassen sich Korngrößen bis zu 0,036 μ sauber trennen, allerdings verringert sich die Dichte der Tonpartikelchen durch die Quellung, wodurch ein höherer Anteil an feinsten Fraktionen vorgetäuscht wird, als in Wirklichkeit vorhanden ist [52].

Den tatsächlichen Verhältnissen näherkommende Werte wird man durch Auswertung übermikroskopischer Aufnahmen gewinnen [53]. Bei einer solchen wurde die Fraktion $< 0,06\ \mu$ im Großalmeroder Hafenton zu 8,3 % bestimmt, mit der Superzentrifuge dagegen zu 47,6 %.

Alle Sedimentierverfahren erfordern sorgfältige Aufbereitung des Prüfgutes. Die im trockenen Zustand zusammenklebenden Teilchen bilden auch nach der Aufschlämmung in Wasser zusammenhängende Aggregate, die sich schwer zerteilen lassen, ohne die Teilchen selbst zu zerstören. Am besten hat sich das Dispergieren des Tones in 0,01 n Ammoniakwasser unter Rühren und langem Schütteln bewährt [54]. Auch $Na_4P_2O_7$ wird mit Erfolg als Peptisationsmittel benutzt [55].

Für spezifisch schwere Stoffe wie Korund reicht die Fallhöhe des normalen Andreasengerätes nicht aus, die Entnahmezeiten folgen zu kurz aufeinander. Deshalb wurde das sog. Andreasen-MSO-Gerät mit 1m langem Fallrohr entwickelt. Die Aufschlämmung wird dabei durch von unten eingeblasene Luft homogenisiert. Ein Nachteil des Gerätes ist das Auftreten turbulenter Strömungen.

Bei den älteren mit von unten nach oben strömendem Wasser arbeitenden *Schlämmverfahren* hebt die Strömungsgeschwindigkeit die Tendenz zum Absinken für eine bestimmte Teilchengröße auf. Durch Verwendung von Gefäßen mit verschiedenen Querschnitten variiert man die Strömungsgeschwindigkeit, so daß in jedem Gefäß eine andere Fraktion in der Schwebe gehalten wird, deren Menge durch Eindampfen und Wägen bestimmt wird. Gleiches läßt sich mit einem sich stufenförmig nach oben erweiternden Gefäß erreichen. Jede Querschnittsstufe enthält dann eine andere Korngrößenfraktion, von grobem Korn in den kleinen Querschnitten bis zu feinem Korn bei den großen. Die gebräuchlichsten Schlämmapparate stammen von E. SCHÖNE [56] und von SCHULZE, verbessert durch H. HARKORT [57]. Die Umrechnung von der Strömungsgeschwindigkeit auf die Korngröße wurde von R. RIEKE u. H. MAUWE [58] angegeben. Diese Apparate eignen sich zur Fraktionierung der Korngrößen zwischen 20 und 200 μ, nicht aber zur Trennung der eigentlichen Tonsubstanz

Neuere Geräte verwenden Luft statt Wasser, sie eignen sich auch zur Trennung sehr feiner Fraktionen.

Um Ergebnisse der Korngrößenanalysen für die Beurteilung des Plastizitätsgrades auswerten zu können, verglich M. LINSEIS [59] die Korngrößen-Verteilungskurve der untersuchten Tone mit der eines *Idealtones*, d. h. einer durch Mittelung über die Kurven möglichst vieler Tone mit guten Eigenschaften gewonnenen Verteilungskurve (Abb. 315). Die Abweichungen des speziellen Falles von dieser Idealkurve werden durch schraffiert gezeichnete Flächen dargestellt. Ihr Inhalt dient als Maß für die Güte der Korngrößenverteilung, er soll um so kleiner sein, je besser die Verformbarkeit ist.

Die *mineralogische Zusammensetzung* der einzelnen Fraktionen ist sehr verschieden. Quarz z. B. ist meist in den gröberen Fraktionen angereichert, er unterschreitet nur selten in größeren Mengen eine Korngröße von 2 μ, wie es ausnahmsweise beim Großalmeroder Hafenton der Fall ist. Bei einer eingehenden Untersuchung müßte die mineralogische Zusammensetzung jeder Korngrößenfraktion für sich bestimmt werden. Leider ist das bisher nur in wenigen Fällen geschehen [60]. In der Praxis des feuerfesten Laboratoriums werden genaue Korngrößenbestimmungen an Tonen selten durchgeführt, da sie nur indirekt zur Lösung betrieblicher Probleme beitragen können.

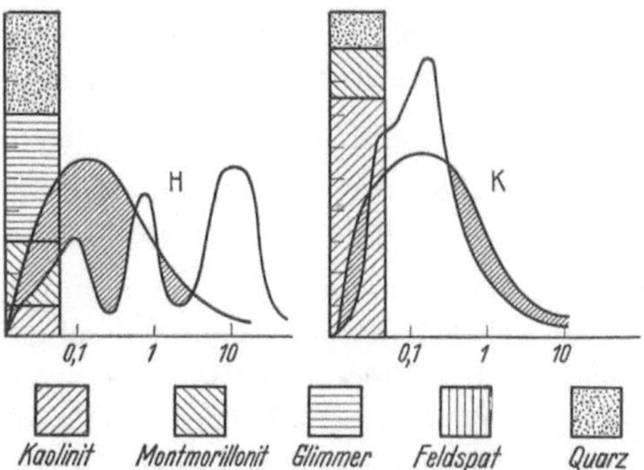

Abb. 315. Mineralzusammensetzung und Korngrößenverteilung zweier Tone im Vergleich mit einem „Idealton" (nach M. LINSEIS)
Schraffiert: Differenzflächen
H Hebertsfeldener Ton;   K Schwarzenfelder Ton

3.266 Schwindungs- und Sinterungsverhalten

Unerläßlich ist die Feststellung des *Schwindungsverhaltens*, getrennt nach Trockenschwindung und Brennschwindung. Die erste wird nach 6stündigem Erhitzen auf 110° C, die letzte nach 2stündigem Brennen bei 1500° bzw. 1350°C (bei Tonen mit geringerem Kegelfallpunkt) durch Messung der Längenänderung eines Probekörpers bestimmt. Die Trockenschwindung schwankt zwischen 2 und 6%, die Brennschwindung zwischen 4 und 10%, bei humusreichen Tonen kann sie bis zu 15% ansteigen. Bei quarzreichen Tonen wird die Brennschwindung der Tonminerale ganz oder teilweise durch das Wachsen des Quarzanteiles kompensiert (vgl. Abschn. 3.162). Die Gesamtschwindung (Trockenschwindung und Brennschwindung) normaler feuerfester Tone soll 12% nicht übersteigen.

Das *Sinterungsverhalten* muß durch Probebrände von Versuchskörpern bei verschiedenen Temperaturen und anschließende Bestimmung ihrer Porosität ermittelt werden. Die günstigste Brenntemperatur ist durch ein Minimum der Gesamtporosität festgelegt.

3.267 Plastizität und Bindevermögen

Die Bestimmung der *Plastizität* beschränkt sich bei feuerfesten Tonen im allgemeinen auf die Feststellung, ob eine Verwendung als Bindeton möglich ist oder nicht. Darüber hinaus werden gelegentlich Plastizitätszahlen, meist nach

RIEKE oder nach PFEFFERKORN-BOWMAKER (vgl. Abschn. 3.127) bestimmt. Zur Charakterisierung des *Bindevermögens* dient die Trockenbiegefestigkeit, die aber mit den oben genannten Plastizitätszahlen nicht parallel läuft.

3.268 Zusammenfassung

Für die Beurteilung der Tone zieht man in erster Linie die Ergebnisse folgender Prüfungen heran:

Makroskopische Prüfung; chemische Pauschalanalyse; Segerkegel-Fallpunkt; Schwindungsverhalten; rohe Beurteilung der Plastizität.

Bei eingehenderen Untersuchungen kommen hinzu:

Mineralgehaltsbestimmung; Korngrößenanalyse; Bestimmung der Plastizität; Probebrände zur Feststellung der Brenneigenschaft.

Der Ton ist einer der mannigfaltigsten natürlichen Rohstoffe. Wegen der stark wechselnden Bedingungen seiner Entstehung hat jede Lagerstätte ihren eigenen Charakter, es dürfte keine zwei genau gleiche Tone liefernde Lagerstätte auf der Welt geben. Die obengenannten Prüfungen können trotz ihrer Vielseitigkeit den speziellen Ton nur unvollkommen charakterisieren. Bei der Auswahl der Tone für einen bestimmten Verwendungszweck ist daher die Erfahrung des Fachmannes nicht zu entbehren.

Schrifttum

[1] FORCHHAMMER: Poggendorfs Annalen Bd. 35 (1835) S. 331

[2] LE CHATELIER, H.: Kieselsäure und Silikate. Leipzig 1920

[3] GALPIN, L.: Trans. Amer. ceram. Soc. Bd. 10 (1952) S. 301

[4] NOLL, W.: Chem. d. Erde Bd. 10 (1936) S. 129

[5] EWELL, R. H., u. H. INSLEY: Bur. Standards J. Res. Pap. 819, Bd. 15 (1935) S. 173

[6] SCHWARZ, R., u. R. WALKER: Z. anorg. allg. Chem. Bd. 145 (1925) S. 304/10. — SCHWARZ, R., u. G. TRAGESER: Z. anorg. allg. Chem. Bd. 215 (1933) S. 190/200

[7] FOLK, R. L.: Amer. J. Soc. Bd. 245 (1947) S. 388. — ROSS, C. S.: J. Amer. ceram. Soc. Bd. 28 (1945) S. 181

[8] EDELMANN, C. H.: Verre Silikates ind. Bd. 12 (1947) H. 6, Anh. S. 3

[9] Das Kaolinlager von Aue und Schneeberg im Erzgebirge dürfte auf diese Weise entstanden sein; vgl. STAHL, A.: Die Verbreitung der Kaolinlagerstätten in Deutschland, Arch. Lagerstättenforsch. H. 17. Berlin 1912

[10] RÖSLER, H.: Neues Jb. Mineralog., Geol. Paläontol., Beilage-Bd. 15 (1902) S. 231

[11] WEINSCHENK, E.: Grundzüge der Gesteinskunde, 1. Teil. Freiberg 1902

[12] Vgl. VASEL, A.: Zbl. Mineralog. Geol. Paläontol., Abt. A (1936) S. 290/316

[13] NAGELSCHMIDT, G.: Mineralog. Mag. J. mineralog. Soc. Bd. 27 (1944) S. 59/61

[14] LANG, R.: Jb. d. Hallischen Verb. f. d. Erforschung d. mitteldeutschen Bodenschätze, Heft 2 (1920) S. 88

[15] HARRASSOWITZ, H. L. F.: Fortschr. Geol. u. Pal. Bd. 14. Berlin 1926

[16] Vgl. LANG, R.: Jb. d. Hallischen Verb. f. d. Erforschung d. mitteldeutschen Bodenschätze, Heft 2 (1920) S. 65/92

[17] VETTER, H.: Sprechsaal Keram., Glas, Email Bd. 84 (1951) S. 237/39. — PRIEHÄUSER, M.: Sprechsaal Keram., Glas, Email Bd. 85 (1952) S. 119/21. — BRAUN, W.: Ber. DKG. Bd. 28 (1951) S. 385/93. — HARRASSOWITZ, H. L. F.: Fortschr. Geol. u. Pal. Bd. 14. Berlin 1926

[18] DRAGSDORF, R. D., H. E. KISSINGEN u. A. T. PERKINS: Soil Sci. Bd. 71 (1951) S. 439

[19] Literatur über feuerfeste Schiefertone: HOEHNE, K.: Glückauf Bd. 81/84 (1948) S. 422/29. — SCHÜLLER, A.: Neues Jb. Mineralog., Geol. Paläontol., Mh. (1951) S. 97/109. — TEICHMÜLLER, M. u. R., H. MEYER u. H. WERNER: Geol. Jb. d. Amtes f. Bodenforsch. Bd. 66 (1952) S. 723/36

[20] STACH, E.: Glückauf Bd. 86 (1950) S. 41/50

[21] Eine vereinfachte Klassifikation der Tone gab MUNIER, P.: Bull. Soc. franç. Céram. (1950) S. 1/5; Keram-Z. Bd. 3 (1951) S. 31/32

[22] Literatur über Kaolinlagerstätten: DIENEMANN, W., u. O. BURRE: Die nutzbaren Gesteine Deutschlands, Bd. 1. Stuttgart 1928. — FUNK, W.: Rohstoffe der Feinkeramik. Berlin: Springer 1935. — ZWETSCH, A.: Tonind.-Ztg. Bd. 74 (1950) S. 166/71, 196/98, 283/90, 313/17 u. Bd. 75 (1951) S. 138/42 u. 171/77. — STAHL, A.: Arch. Lagerstättenforsch. H. 17. Berlin 1912

[23] Vgl. BEHR, J.: Ber. DKG. Bd. 9 (1928) S. 408/10. — BLEY, F.: Ber. DKG. Bd. 9 (1928) S. 410/15

[24] PRIEHÄUSER, M.: Keram-Z. Bd. 2 (1950) S. 191/93. — LAUBENHEIMER, A.: Ber. DKG. Bd. 9 (1928) S. 521/25. — BLEY, F.: Ber. DKG. Bd. 9 (1928), S. 525/33

[25] GMEY, E.: Keram-Z. Bd. 2 (1950) S. 194/95

[26] MÄKLER: Tonind.-Ztg. Bd. 18 (1894) S. 42

[27] URBSCHAT-URBAN, E.: Tonind.-Ztg. Bd. 48 (1924) S. 607/08

[28] HIRSCH, H.: Tonind.-Ztg. Bd. 49 (1925)

[29] UDLUFT, H.: Tonind.-Ztg. Bd. 75 (1951) S. 263/69. — GOTTHARDT, H.: Tonind.-Ztg. Bd. 75 (1951) S. 269/72

[30] Literatur über die Westerwälder Tonlagerstätten: AHRENS, W.: Z. dtsch. geol. Ges. Bd. 88 (1936) S. 438/47. — BERDEL, E.: Tonind.-Ztg. Bd. 49 (1925) S. 916/22. — BRAUN, W.: Glas-Email-Keramo-Techn. Bd. 3 (1952) S. 292/94; Ber. DKG. Bd. 8 (1927) S. 377/80. — HASEBRINK, A.: Ber. DKG. Bd. 16 (1935) S. 355/72. — KREIBURG, A.: Rhein. Tonind. Bd. 1 (1951) S. 26/29. — MORDZIOL, C.: Tonind.-Ztg. Bd. 74 (1950) S. 222/26. — KLÜPFEL, W.: Geologische Übersicht über den Westerwald. Neuwied 1922/24. — SCHNEIDER, G.: Tonind.-Ztg. Bd. 50 (1926) S. 996/97

[31] FLIEGEL, G.: Der Untergrund der niederrheinischen Bucht, Abh. Preuß. Geol. Landesanstalt, N. Folge Bd. 92 (1922). — FLIEGEL, W.: Miozäne Braunkohlenformation am Niederrhein, Abh. Preuß. Geol. Landesanstalt, N. Folge Bd. 61 (1910). — HASEBRINK, A.: Ber. DKG. Bd. 16 (1935) S. 553/62

[32] SPUHLER, L.: Tonind.-Ztg. Bd. 75 (1951) S. 65/69. — LUCKHARDT, K.: Tonind.-Ztg. Bd. 75 (1951) S. 69/73. — HÜPPE, W.: Tonind.-Ztg. Bd. 75 (1951) S. 73/75

[33] Nach Gemeinschaftsuntersuchungen des Tonmineralausschusses der Deutschen Mineralogischen Gesellschaft (Prof. U. HOFMANN)

[34] HIRSCH, H.: Tonind.-Ztg. Bd. 48 (1924) S. 615/16. — STÜRMER, C.: Tonind.-Ztg. Bd. 50 (1926) S. 134/36

[35] PRIEHÄUSER, M.: Keram-Z. Bd. 2 (1950) S. 191/93 u. 196/200

[36] RADCZEWSKI, O. E.: Ber. DKG. Bd. 28 (1951) S. 119/38

[37] KIJAK, E.: Chem. d. Erde Bd. 8 (1933) S. 58/166

[38] GOEBEL, E.: Diss. Freiberg 1928

[39] DAHLGRÜN, F., H. LEHMANN u. F. SCHMELING: Tonind.-Ztg. Bd. 76 (1952) S. 189/96, 228/31 u. 258/63

[40] Handbuch für das Eisenhüttenlaboratorium, Bd. 1. Düsseldorf: Stahleisen 1939

[41] SEGER, H.: Notizblatt Bd. 12, S. 248. — GREWE, H.: Arch. Eisenhüttenwes. Bd. 3 (1929/30) S. 43

[42] KALLAUNER u. MATEJKA: Sprechsaal Keram., Glas, Email Bd. 47 (1914) S. 423

[43] KEPPELER, G.: Ber. DKG. Bd. 10 (1929) S. 503

[44] HARKORT, H. u. H. J.: Sprechsaal Keram., Glas, Email Bd. 65 (1932) S. 705

[45] LEHMANN, H.: Die Differentialthermoanalyse — Tonind.-Ztg. 1. Beiheft — dort auch ausführliches Literaturverzeichnis

[46] RADCZEWSKI, O. E., u. R. RATH: Ber. DKG. Bd. 29 (1952) S. 247/52

[47] ANDREASEN, A. H. M.: Zement Bd. 19 (1930) S. 698; vgl. LEHMANN, H.: Chem. Fabrik Bd. 5 (1932) S. 149

[48] NIEUVENBURG, C. J., u. W. SCHOUTENS: J. Amer. ceram. Soc. Bd. 11 (1928) S. 696/705; Ber. DKG. Bd. 10 (1929) S. 2/5

[49] CASAGRANDE, A.: Die Aräometermethode zur Bestimmung der Kornverteilung in Böden. Berlin 1934

[50] Methode von WIEGNER-LORENZ. LORENZ, R.: Z. angew. Chem. Bd. 46 (1933) S. 1375; Ber. DKG. Bd. 13 (1932) S. 124/39

[51] JASMUND, K.: Heidelberger Beitr. Mineralog. Petrogr. Bd. 1 (1948) S. 341

[52] LINSEIS, M.: Sprechsaal Keram., Glas, Email Bd. 83 (1950) S. 433. — GOTTHARDT, H.: Tonind.-Ztg. Bd. 75 (1951) S. 271

[53] EITEL, W., u. C. SCHUSTERIUS: Naturwissenschaften Bd. 28 (1940)

[54] CORRENS, C. W., u. W. SCHOTT: Kolloid-Z. Bd. 61 (1932) S. 68/80

[55] Fachausschußbericht Nr. 3 der DKG. „Vorläufige Richtlinien für die Bestimmung der Korngrößen durch Sedimentation" 1953. Entwurf DIN 51033

[56] SCHÖNE, E.: Über die Schlämmanalyse und einen neuen Schlämmapparat. Berlin 1867

[57] HARKORT, H.: Ber. DKG. Bd. 8 (1927) S. 6

[58] RIEKE, R., u. H. MAUWE: Ber. DKG. Bd. 8 (1927) S. 209/24

[59] LINSEIS, M.: Sprechsaal Keram., Glas, Email Bd. 83 (1950) S. 456ff.; Tonind.-Ztg. Bd. 75 (1951) S. 277/80

[60] CORRENS, C. W.: Die Sedimentgesteine. Berlin: Springer 1939

3.3 Herstellung

3.31 Brennen der Tone zu Schamotte

Als *Schamotte* wird ein bis zum angenäherten oder vollständigen Wasserverlust, meist bis zur Sinterung vorgebrannter Ton bezeichnet. Er wird den plastischen Tonen in gekörnter Form als Magerungsmittel zugesetzt, um ihre Trocken- und Brennschwindung auf ein technisch tragbares Maß herabzusetzen.

3.311 Allgemeines

Nach A. T. GREEN [1] lassen sich beim Schamottebrand folgende 3 Perioden unterscheiden:

Die *Schmauchperiode* von Raumtemperatur bis etwa 250° C (Austreiben des adsorbierten Wassers).
Die *Oxydationsperiode* von 500 bis 850° C (Austreiben des gebundenen Wassers).
Die *Dichtbrandperiode* ab 850° C aufwärts.

Während der Oxydationsperiode verbrennen organische Substanzen. Eisen-, Schwefelverbindungen usw. nehmen Sauerstoff auf [2]. Da jedoch die Eisenverbindungen in der Hauptsache erst bei ~1000° C oxydiert werden, eignet sich zur Charakterisierung dieser 2. Periode besser der auf den Zerfall der Tonminerale hinweisende Ausdruck *Zersetzungsperiode* (vgl. Abschn. 3.14).

Die Dauer der einzelnen Perioden hängt von der Art und Stückgröße des Tones sowie der benutzten Ofensysteme ab. Nach der Endtemperatur des Brandes werden unterschieden:

1. *Schwachbrand-* oder *Glühschamotte.* Sie wird bei 800 bis 900° C gebrannt und als Magerungsmittel für Tonsteine gebraucht (vgl. Abschn. 3.345).
2. *Normalschamotte.* Ihre Brenntemperatur liegt bei 1200 bis 1400° C. Sie dient als Zuschlag für plastisch geformte oder trockengepreßte Steine (vgl. Abschn. 3.342/43).
3. *Hochbrand-* oder *Hartschamotte.* Sie wird bei Temperaturen über 1400° C bis dicht unterhalb des Erweichungsbeginns gebrannt und zeichnet sich vor allem durch großen Mullitgehalt und höchste Raumbeständigkeit aus (vgl. Abschn. 3.344).

3.312 Aufbereitung

Für den Schamottebrand vorgesehene Tone werden entweder unmittelbar als grubenfeuchte, mit dem Preßluftspaten gewonnene Schollen eingesetzt, oder mit einem Tonhobel (vgl. Abschn. 3.331) bzw. Tonwolf auf etwa Walnußgröße zerkleinert, oder in einem Siebkneter (Abb. 316) bzw. anderen Mischanlagen mit etwas Wasser, u. U. auch geringen Mengen Bindeton gemischt und aufgeschlossen, dann in einer Strangpresse (vgl. Abschn. 3.342.2) zu sog. *Batzen* geformt. Zähplastische Schamottiertone mit hohem Verformungswiderstand (vgl. Abschn. 3.126) werden dabei mit feingemahlener Schamotte oder Kaolin gemagert. Beim Brennen reißen die Tone infolge Schwindung oder zerfallen sogar in kleine Stücke. In Form grubenfeuchter Schollen können daher nur solche Tone verwandt werden, die plötzliches Erhitzen in feuchtem Zustand ohne Zerfallserscheinungen vertragen (z. B. Pfälzer Tone).

Hochwertige Kaolinit-Schiefertone und dichte Tone, wie z. B. Flintclay, sollen nach Möglichkeit nicht aufbereitet oder gemahlen werden, weil dadurch

Abb. 316. Siebkneter, System Soest-Ferrum

ihre erwünschte natürliche, dichte Packung zerstört werden würde. Der bei 1200° C gebrannte, unzerkleinerte Schieferton von Briesen (Böhmen) z. B. besitzt eine Gesamtporosität von nur 3%. Diese Dichte kann nach Feinmahlung und Verziegelung des Tones selbst bei hohem Brand nicht annähernd erreicht werden, die Schamotte besitzt dann sogar nach einem Brand bei SK 16/17 (1480° C) noch eine Gesamtporosität von ~15%[1].

3.313 Brennöfen

Grundsätzlich können alle keramischen Öfen zum Schamottebrand benutzt werden, erfahrungsgemäß wirken sich jedoch die durch die Eigenart des speziellen Rohtones bedingten Schwierigkeiten beim Brennen in den einzelnen Ofensystemen verschieden aus [3]. Grubenfeuchte Schollen bis zu Kopfgröße setzt man gelegentlich noch in *Einzelkammeröfen*, wie Rechteck- oder Rundöfen (vgl. Abschn. 2.361) ein. Die Schollen dürfen dabei nur etwa 1,50 bis 2,00 m hoch gepackt werden, sonst werden die unteren durch den Belastungsdruck deformiert und backen so

---

[1] Mitteilung von Herrn Dr. KLASSE, Didier-Werke, Wiesbaden.

zusammen, daß sie von den Brenngasen nicht mehr gleichmäßig umspült werden können. Wegen dieser geringen Einsatzhöhe wird die Ofenkapazität nie ganz ausgenutzt, der Brennstoffaufwand in Einzelöfen ist u. a. auch aus diesem Grunde im Verhältnis zur Schamotteausbeute recht hoch. Vielfach wird nur die der Feuerseite zugewandte Ofenwand mit Tonschollen oder Batzen ausgesetzt, der übrige Ofenraum für den Steinbrand ausgenutzt.

Abb. 317. Schachtofenanlage zum Schamottebrennen in Ponholz, System Kerabedarf

In *Tunnelöfen* können nur vorgezogene Batzen ohne Schwierigkeiten gebrannt werden. Bei Tonschollen hemmen entstehender Staub und abbröckelnde Stücke leicht den Vorschub des Brennwagens und führen so zu unangenehmen Betriebsstörungen.

Heute werden für das Brennen von Tonschollen oder Batzen meistens gas- oder ölgefeuerte, mechanisch beschickte *Schachtöfen* benutzt [4]. Sie haben einen oben meist kreisrunden Schacht, der sich nach unten bis kurz unterhalb der Brennzone erweitert, einen quadratischen Querschnitt annimmt und auf einem gemauerten Sockel ruht (Abb. 317).

Der Ton wird durch einen Kübelaufzug aufgegeben. Den oberen Schachtabschluß bilden 2 Eisenplatten, die sich durch das Gewicht des Aufgabegutes öffnen und nach dem Einrutschen durch Kontergewichte wieder schließen. Neuere Öfen haben anstatt dessen Flachschieber mit Einhängezylinder als Schleuse (Abb. 318).

Im Schacht unterscheidet man von oben nach unten:

die *Nachfüllzone* (Regulierzone [5]),   die *Brennzone* (in Höhe der Brenner),
die *Vorwärmzone*,   die *Kühlzone*.

In der Nachfüllzone gibt der Ton die anhaftende Feuchtigkeit ab, in der Vorwärmzone wird er vollständig entwässert, in der meist mit Sillimanitsteinen ausgekleideten Brennzone erhält die Schamotte ihre Festigkeit. Die Brenner liegen meist gegeneinander versetzt in verschiedenen Ebenen. Die Verbrennungsluft strömt von unten durch die Kühlzone ein und wird durch eine oben am Schacht angebrachte Absaugvorrichtung (Saugventilator) reguliert. Durch Stochlöcher oberhalb und unterhalb der Brennzone können etwa gebildete Brücken und festgebackene Klumpen (Bären) mit Eisenstangen eingestoßen werden. Den unteren Abschluß des Schachtes bildet bei neueren Öfen ein stark gebauter *Drehrost* (Abb. 319), der das Brenngut gleichmäßig verteilt und sehr große Stücke zerdrückt. Er verhindert dadurch und durch seine ständige langsame Bewegung örtliche Ungleichmäßigkeiten in der Temperaturverteilung und die Bildung von Brücken und Hohlräumen. Seine Einführung bedeutete einen wesentlichen Fortschritt in der Schachtofentechnik.

Zum Austragen des Brenngutes dient ein durch Klappen verschließbarer Schütt-Trichter. Öfen ohne Drehrost haben statt dessen oft zwei seitliche Austragerutschen.

Moderne Schachtöfen sind 14 bis 15 m hoch, ihr unterer Durchmesser beträgt etwa 1,80 m, ihr oberer 1,00 m. Im Mittel werden 20 t/Tag, bei Verwendung von Drehrosten bis zu 30 t/Tag durch-

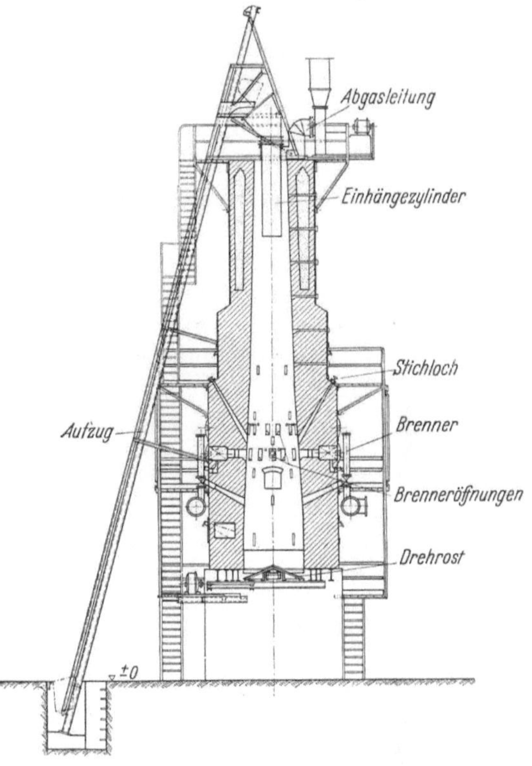

Abb. 318. Schachtofen mit Drehrost zum Schamottebrennen, System Kerabedarf

Abb. 319. Drehrost für Schachtöfen zum Schamottebrennen, System Kerabedarf

gesetzt. Beim Brand suchen sich die Brenngase vorwiegend durch die jeweils größten der immer noch ungleichmäßig verteilten Hohlräume ihren Weg. Gewisse Ungleichmäßigkeiten im Brennzustand sind daher unvermeidbar. Schachtofenschamotten haben selten weniger als 5% Schwachbrand.

Für das Brennen von Schiefertonen und ähnlichen unplastischen Tonen, die genügend organische Substanz zum Selbstbrennen enthalten, werden gelegentlich noch Schachtöfen einfachster Art benutzt. Sie werden bis etwa zu $^1/_4$ ihrer Höhe mit Steinbrocken und Brennstoff, darüber mit Schieferton gefüllt. Nach dem Anzünden beginnt langsam der Brand des Schiefertones und die Ofenfüllung rutscht nach. Die gebrannten Stücke werden unten abgezogen, oben wird entsprechend Brenngut nachgefüllt.

Drehrohröfen eignen sich zum Brennen kleinstückiger oder im Tonhobel zerkleinerter Tone. Sie liefern eine sehr gleichmäßige Schamotte, bei flußmittelreicheren Tonen besteht jedoch die Gefahr des Zusammenbackens zu größeren Klumpen, die an den Ofenwandungen festkleben können und schwer zu entfernen sind. Eisenoxyd- oder schwefelhaltige Tone, die beim Brennen Gase entwickeln, neigen zum Nachblähen, wenn die Oberfläche dichtbrennt, bevor die Entgasung beendet ist.

In Neurode werden die hochwertigsten, flußmittelarmen Schiefertone (D.-Schiefer) in Drehrohröfen gebrannt [6]. Sie kommen zunächst in einen 20 m langen Drehrohrröstofen zur Oxydation der Eisenverbindungen, werden nach Entfernen des Staubes und Absieben durch einen Magnetscheider gereinigt und schließlich in einem zweiten, 30 m langen Drehrohrofen bei 1450 bis 1550° C zu Schieferschamotte gebrannt.

Drehrohröfen benötigen hohe Anlagekosten und haben große Wärmeverluste durch Strahlung und Abgas.

Einen Überblick über den Brennstoffverbrauch verschiedener Schamotte-Brennofensysteme gibt Tab. 86 nach W. MIEHR [3].

Tabelle 86. *Wärmeverbrauch beim Schamottebrennen*

Ofenbezeichnung	Mittlere Garbrand-Temperatur in °C	kcal/kg Rohton	Wasser % im Rohton	kcal/kg Schamotte
Einzelkammerofen	1350	1250 bis 1300	16 bis 20	1490 bis 1625
Gekuppelte Kammeröfen	1350	900 bis 1200	16 bis 20	1070 bis 1500
Ringöfen mit Schüttfeuerung	1350	550	12	625
Gaskammerofen	1350	650	12	738
Tunnelofen	1350	600	12	680
Drehrohrofen-Anlage für Neuroder D-Schieferton	1500	1250	etwa 8	1300
Schachtofen mit Streufeuerung	1350	560 bis 600	12	636 bis 680
Schachtofen mit Gasfeuerung	1350	560 bis 700	12	636 bis 818
desgl.	1350	860 bis 900	24	1130 bis 1185

3.314 Eigenschaften der Schamotte

Der Brenngrad der Schamotten ist schon an ihrem Aussehen zu erkennen. Gut gebrannte Schamotten mit normalem Eisen- und Titangehalt, außer Schieferschamotten, sind hellgelb bis weißlichgelb gefärbt, stark zerklüftet oder splittrig und besitzen viele dicht gesinterte, dunklere Stellen (Abb. 320a u. b).

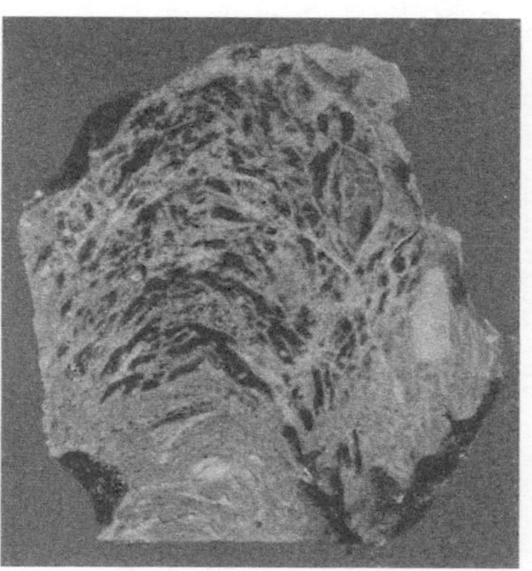

Abb. 320 a bis e. Anschliffe verschiedener Schamotten

a) Normalgebrannte Schamotte mit 27 bis 30% Al_2O_3; b) normalgebrannte Schamotte mit $\sim 40\%$ Al_2O_3; c) schwachgebrannte Schamotte mit 27 bis 30% Al_2O_3; d) schwachgebrannte Schamotte mit $\sim 40\%$ Al_2O_3; e) schwachgebrannte eisenoxydreiche Schamotte mit 27 bis 30% Al_2O_3

Schieferschamotten sind fast weiß, dicht und splittrig, sie zeigen oft schichtige Textur (vor allem die aus Neuroder und Blosdorfer Schiefer).

Schwachbrandschamotte ist hell, mürbe und weniger rissig (Abb. 320c u. d).

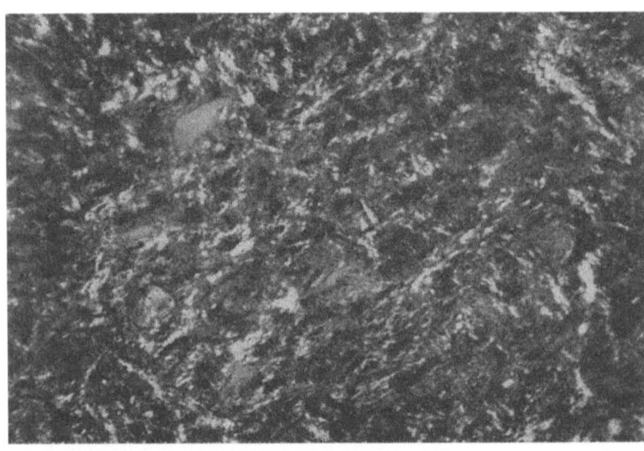

Abb. 321. Dichte Schamotte. Dünnschliff, gekreuzte Nikols
(Vergr. 50 ×)

Dunkel: Glasphase; hell: Filz von Mullitnadeln. Diffuse Aufhellung infolge statistisch ungeordneter Verteilung der optischen Achsen; grau: Poren

Eisenreiche Schamotten haben mehr rötliche bis rotbräunliche Färbung, oft sogar metallisch glänzende, eisenoxydreiche Brennhäute (Abbildung 320e).

Im Dünnschliff zeigen normal- und hochgebrannte Schamotten dichtes, porenarmes Gefüge (Abb. 321), während in Schwachbrand- bzw. Glühschamotten neben vielen Poren auch nicht umgewandelte Quarzkörner zu finden sind, wenn sie weniger als 40% Al_2O_3 enthalten (Abbildung 322). Das beim Brande entstehende mehr oder weniger dichte Netz feiner Mullitnadeln mit eingelagerten kleinen Cristobalit- und Tridymitkriställchen läßt sich mit Sicherheit nur im Röntgen- bzw. Elektronenbeugungsdiagramm erkennen (vgl. Abschn. 1.32 u. 3.15).

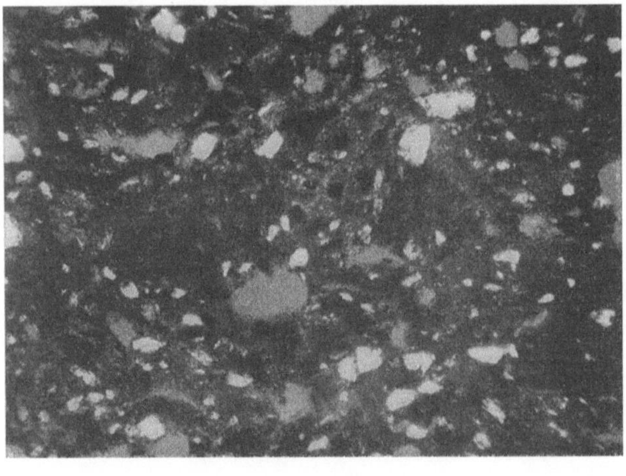

Die Schamotte darf nicht *tot*, d. h. bis zur vollständigen Gleichgewichtseinstellung gebrannt werden. Sie soll noch eine gewisse Restporosität und rauhe Bruchflächen besitzen, damit der Bindeton bei der Masseherstellung gut haftet. Andererseits darf sie (ausgenommen Glühschamotte) beim Steinbrand nicht nachschwinden (vgl. Abschnitt 3.37). Ihr Brand wird häufig, besonders bei der Herstellung von

Abb. 322. Schwachbrandschamotte. Dünnschliff, viertelgekreuzte Nikols
(Vergr. 60 ×)

Helle Körner: Quarz; hellgrau: Poren; dunkelgrau: Mullitfilz; dunkel: Glasphase

Glaswannensteinen, um 2 SK niedriger geführt als der Steinbrand. Ein ungefähres Maß für die Güte gibt die Bestimmung des offenen Porenraumes bzw.

des Wasseraufnahmevermögens, es soll bei gut gebrannter Schamotte 3 bis 5% nicht überschreiten.

Genauere Angaben über den Brennzustand erhält man durch Bestimmung der Saugfähigkeit nach P. SCHULZ, K. KONOPICKY u. E. KÖHLER [7].

Eine auf 2 bis 5 mm gekörnte Schamotteprobe wird nach gründlichem Trocknen mit 2 Gew.-% Wasser versetzt und in einem luftdichten Reaktionsgefäß 2 Min. lang geschüttelt. Danach gibt man eine Ampulle mit Kalziumkarbidpulver zu und schüttelt wieder. Der durch die Azetylenentwicklung ansteigende Druck im Reaktionsgefäß wird alle 15 Sek. gemessen. Nach 75 Sek. wird die Prüfung beendet und die Werte werden in einem Diagramm eingetragen (Abb. 323). Die Extrapolation auf die Zeit 0 ergibt den durch Reaktion mit dem nicht von der Schamotte aufgesaugten Oberflächenwasser hervorgerufenen Druck, er ist bei gut gebrannter Schamotte hoch, bei Schwachbrandschamotte niedrig. Die Steilheit des Kurvenanstieges ist ein Maß für die Haftfähigkeit des Wassers in den Poren, die umgekehrt proportional dem mittleren Porendurchmesser zunimmt. Gut gebrannte Schamotte hat kleine Poren, die Saugfähigkeitskurve ist daher flach, bei Schwachbrandschamotte läßt sich das Wasser dagegen leicht aus den Poren herausziehen, das ergibt eine steil ansteigende Kurve.

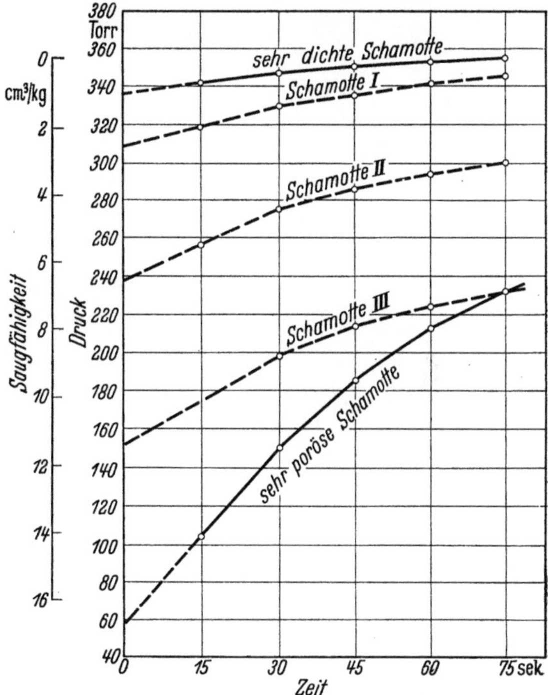

Abb. 323. Saugfähigkeit verschiedener Schamotten (nach P. SCHULZ u. Mitarb.)

3.32 Zerkleinerung und Klassierung der Schamotte

Zur Verwendung in formbaren Massen muß die stückige Schamotte zerkleinert, für hochwertigere Erzeugnisse außerdem in mehrere Fraktionen aufgeteilt werden. Die Zerkleinerung wird gewöhnlich in 2 bis 3 Stufen durchgeführt.

3.321 Grobzerkleinerung

Schamotte kann man wie Quarzit mit *Backenbrechern, Kegelbrechern* oder *Symonsbrechern* (vgl. Abschn. 2.311) zerkleinern, Backenbrecher finden jedoch am häufigsten Verwendung. Ein etwa erforderliches Nachbrechen besorgen *Granulatoren* (vgl. Abschn. 2.312). Da Schamotte zu den mittelharten Rohstoffen zählt, ist zum Vorbrechen auch der in Deutschland kurz vor Beginn des zweiten Weltkrieges eingeführte *Prallbrecher* verwendbar [8] (Abb. 324).

Dem durch den Aufgabetrichter *1* zugeführten Brechgut wird im Prallraum *5* durch die an dem Rotor *2* starr befestigten Schlagbalken *4* eine Beschleunigung erteilt, durch die es gegen die Prallplatten *6* bis *8* geschleudert und dabei zerkleinert wird. Die zurückfallenden Stücke werden erneut gegen die Platten geworfen und so fort, bis die Stücke so klein geworden sind, daß sie durch einen Austrittsspalt in den Auslauftrichter *9* fallen. Ein Teil der Stücke trifft bei manchen Konstruktionen im Prallraum aufeinander und zerschlägt sich gegenseitig, ohne daß dabei Metallteile abgenutzt werden. Die zu erreichende Korngrößenverteilung hängt u. a. von dem Abstand zwischen dem Rotor und den verstellbaren Prallplatten sowie von der Umfangsgeschwindigkeit der Schlagbalken ab. Diese beträgt 25 bis 40 m/Sek. Das Fertiggut wird um so feinkörniger, je näher die Prallplatten an dem Walzenkörper liegen und je schneller dieser rotiert.

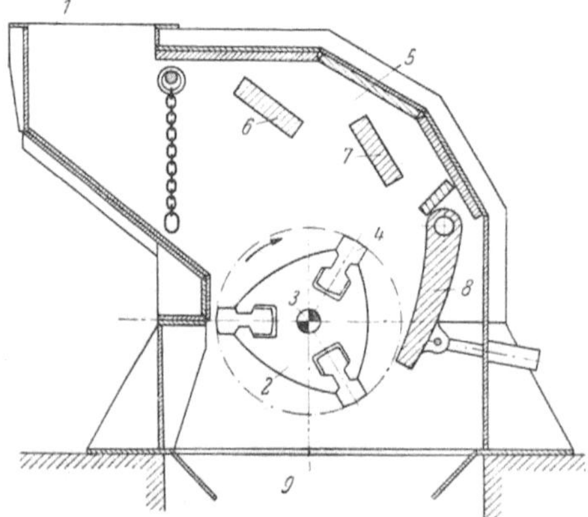

Abb. 324. Einwalzen-Prallbrecher (nach C. MITTAG)
1 Aufgabetrichter;　*2* Walzenkörper;　*3* Achse;
4 Schlagbalken;　*5* Gehäuse;　*6, 7* u. *8* Prallplatten;　*9* Auslauftrichter

Außer dem beschriebenen Einwalzenbrecher werden auch solche mit zwei gegeneinander rotierenden Walzen gebaut. Der zerkleinerungstechnische Wirkungsgrad der Prallbrecher ist wegen der starken Schlagwirkung relativ günstig, der mechanische ebenfalls, weil die Maschine nur 2 Rollenlager besitzt, an denen Reibung auftritt. Andererseits unterliegen die Prallplatten und Schlagbalken hohem Verschleiß, besonders bei schnellem Lauf. Der Zerkleinerungsgrad ist so hoch, daß meist kein Nachbrechen erforderlich ist, das Brechgut enthält allerdings relativ wenig Feinmehl.

3.322 Feinzerkleinerung

Die klassischen Maschinen zur Feinzerkleinerung der vorgebrochenen Schamotte sind Feinwalzwerke, Kollergänge (vgl. Abschn. 2.311), Kugelmühlen und Rohrmühlen. Neuerdings werden daneben Ringwalzenmühlen (System *Maxecon* der Fa. Dr. Laeger, Berlin, und *Rema* der Büttner-Werke, Krefeld-Uerdingen), Doppelhartmühlen der Fa. Pfeiffer, Kaiserslautern, oder Mulden-Schwingmühlen der Fa. Siebtechnik, Mülheim/Ruhr, verwandt. Schamotten werden wie praktisch alle feuerfesten Rohstoffe fast stets trocken gemahlen.

In *Walzwerken* wird das Mahlgut zwischen zwei mit 6 bis 8 m/sec Geschwindigkeit gegeneinander rotierenden, horizontalen Walzen zerquetscht. Sie liefern beim Vermahlen hartgebrannter Schamotte erfahrungsgemäß zu wenig Feinmehl $<0{,}09$ mm. Nach R. RASCH [9] ergeben Walzwerke mit zwei angetriebenen Walzen ein günstigeres Korngrößenverhältnis als solche mit einer Antriebs- und einer Schleppwalze. Walzwerke haben einen ungünstigen Wirkungsgrad, sind aber einfach und betriebssicher.

Siebkollergänge werden nicht häufig zum Schamotte-Feinmahlen benutzt, weil die Siebbleche schnell verschleißen [9] und ihr häufiges Auswechseln Betriebsstörungen hervorruft. Das durch die Löcher in der Mahlbahn herausfallende Mahlgut wird sofort abgesiebt, das Überkorn durch eine Rutsche dem Kollergang wieder zugeführt (Umlaufgut).

In *Kugel- und Rohrmühlen* rotiert das vorgebrochene Gut in der Mahltrommel zusammen mit Mahlkugeln aus Flint oder Stahl um eine horizontale oder schwach geneigte Achse.

Die Drehzahl muß so eingestellt sein, daß Kugeln und Mahlgut unter der Wirkung der Reibung an der Trommelwand und der Zentrifugalkräfte am Umlauf der Trommel zunächst teilnehmen, dann aber in den Trommelraum zurückfallen (Abb. 325). Dabei üben die Kugeln neben ihrer reibenden Wirkung eine das Mahlgut weiter zerkleinernde Schlagwirkung aus.

Die Kugeln laufen mit der Trommelwand bis zu einem Punkt mit, an dem die in Richtung des Trommelradius r genommene Komponente ihres Gewichtes $m\,g$ der Zentrifugalkraft gleich wird. Das ist bei der Geschwindigkeit v der Fall, wenn

$$\frac{m\,v^2}{r} = m\,g\,\cos\alpha \qquad (1)$$

wird.

α ist dabei der Neigungswinkel des durch den Kugelschwerpunkt gelegten Trommelradius gegen die Vertikale.

Erfahrungsgemäß ist die Zerkleinerungsleistung bei $\alpha = 55°30'$ am günstigsten. Bei diesem Wert von α errechnet sich aus v als günstigste Umdrehungszahl

$$n = \frac{32}{\sqrt{2\,r}}\ \frac{\mathrm{U}}{\min} \qquad (r \text{ in Metern}). \qquad (2)$$

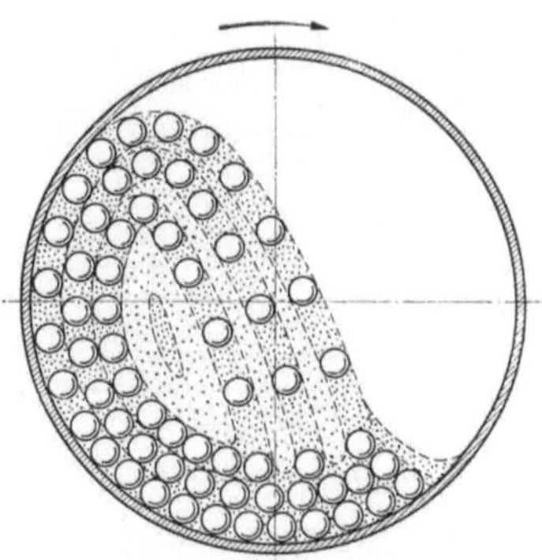

Abb. 325. Bewegung der Mahlkugeln in einer Kugel- oder Rohrmühle (nach C. MITTAG)

Mit dieser Beziehung (2) werden die Drehzahlen für alle Kugel- oder Rohrmühlen berechnet.

Bei kleinerer Umdrehungsgeschwindigkeit, als Gl. (2) ergibt, werden die Kugeln nicht hoch genug mitgenommen, damit wird die Schlagwirkung der fallenden Kugeln zu gering. Liegt andererseits die Drehzahl höher als

$$n = \frac{42{,}3}{\sqrt{2\,r}}\ \frac{\mathrm{U}}{\min} \qquad (\text{kritische Drehzahl}), \qquad (3)$$

so lösen sich die Kugeln nicht mehr von der Trommelwand und üben überhaupt keine Schlagwirkung mehr aus.

Das Gesagte gilt jedoch nur bis zu einer bestimmten Maximalgröße des Kugeldurchmessers und einem bestimmten Füllungsgrad. Sehr große und schwere Kugeln werden nicht an der Trommelwand mitgenommen, sie rollen vielmehr — selbst bei überkritischer Drehzahl — im unteren Trommelsegment ab. Die üblichen Kugeln haben sorgfältig abgestufte Durchmesser von 25 bis 150 mm. Eine Kugelmühle mit 2 m Trommeldurchmesser enthält z. B.

30 Kugeln mit 150 mm Dmr.,
30 Kugeln mit 120 mm Dmr.,
25 Kugeln mit 100 mm Dmr.,
45 Kugeln mit 80 mm Dmr.,
80 Kugeln mit 60 mm Dmr.

im Gesamtgewicht von etwa 900 kg. Bei geringem Füllungsgrad ist die Schlagwirkung, bei höherem die reibende Zerkleinerung ausschlaggebend. Im allgemeinen sind 25 bis 45% des Rauminhaltes mit Kugeln ausgefüllt.

Kugel- und Rohrmühlen werden kontinuierlich betrieben. Um dies zu erreichen, wird den sog. *Siebkugelmühlen* das Mahlgut durch einen im Gleitlager laufenden Hohlzapfen zugeführt, das Fertiggut verläßt die Mühle durch Siebe am Umfang der Mahltrommel (Abb. 326).

Der eigentliche Mahlraum wird nach außen durch geeignet angeordnete Mahlplatten mit konischen Löchern zum Austritt des Mahlgutes begrenzt. Das auf den äußeren, das Fertiggut durchlassenden Sieben zurückbleibende Überkorn wird durch Leitbleche in den Mahlraum zurückbefördert. Die Durchmesser der Löcher in den Mahlplatten (Vorsiebe) sind 3- bis 4mal so groß wie die der äußeren Siebspannung.

Die Feinheit des Fertiggutes ist durch die Möglichkeiten der Feinsiebung begrenzt. Die kleinste erreichbare Korngröße beträgt 0 bis 0,5 mm. Die Siebe, besonders feinmaschige, sind starkem Verschleiß ausgesetzt.

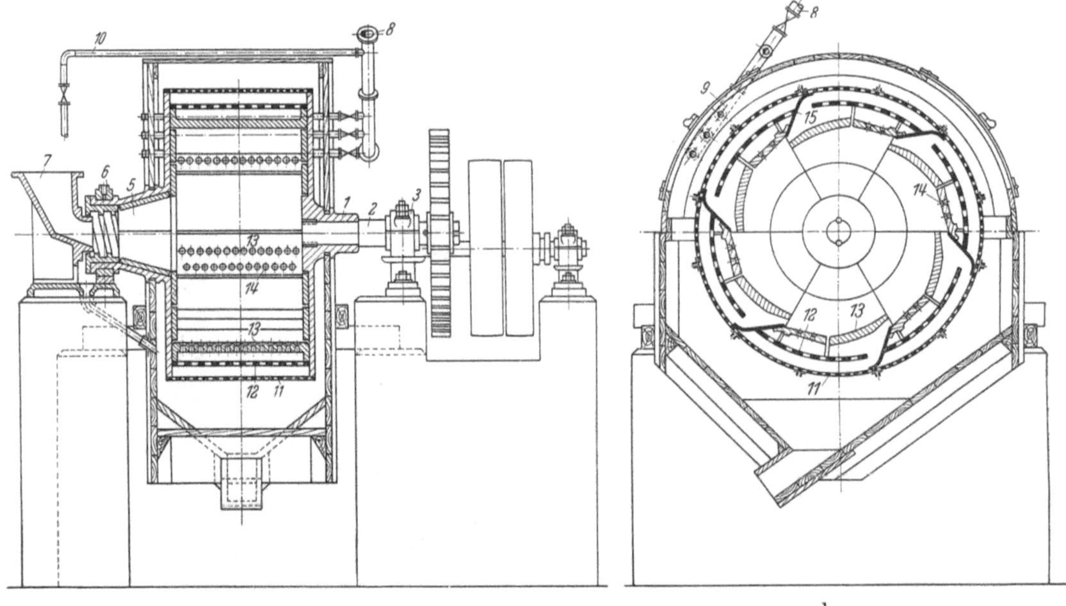

a   b

Abb. 326a u. b. Siebkugelmühle (nach C. Mittag)
a) Längsschnitt; b) Querschnitt

1 Nabe; *2* fest eingesetzter Zapfen; *3* Lager; *5* Hohlzapfen; *6* Gleitlager; *7* Trichter; *8* Wasseranschluß; *9* Brauserohre; *10* Rohr zum Trichter; *11* Feinsieb; *12* Grobsieb; *13* Mahlplatten; *14* Löcher in den Mahlplatten; *15* Leitbleche

Bei einem Aufgabegut von 0 bis 20 mm liefert eine Siebkugelmühle mit 2 m Trommeldurchmesser 750 kg/Std. Feingut von 0 bis 0,5 mm. Die Leistung ist bei geringerem Zerkleinerungsgrad größer. Aus dem gleichen Aufgabegut erhält man pro Stunde 2500 kg Mahlgut von 0 bis 2,0 mm bzw. 4500 kg von 0 bis 4,0 mm. Andererseits vermindert sich die Leistung, wenn gröberes Gut aufgegeben wird. Eine Schamotte von 0 bis 40 mm ergibt

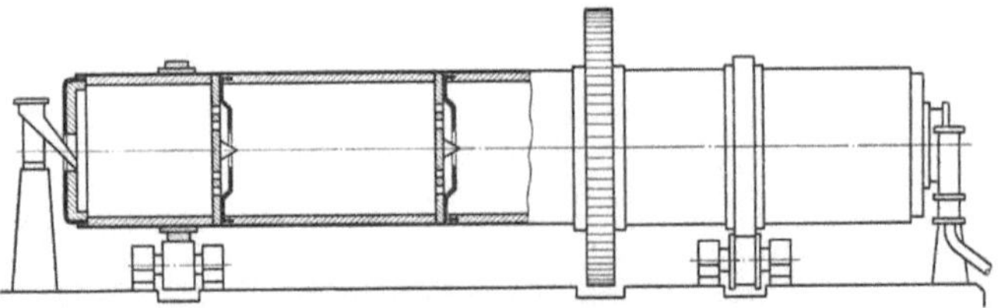

Abb. 327. Schema einer Verbund-Rohrmühle (nach C. Mittag)

z. B. pro Stunde 600 kg, eine solche von 0 bis 60 mm nur 500 kg Feingut 0 bis 0,5 mm (Angaben der Fa. Dr. C. Otto u. Comp., Bochum). Die Feinheit des Fertiggutes kann durch Kombination mit einem Windsichter (vgl. Abschn. 3.32) erhöht werden (z. B. auf 0 bis 0,2 mm). Das grießige Überkorn aus dem Windsichter wird dabei erneut der Kugelmühle zugeführt.

In *Rohrmühlen* wird der hohe Zerkleinerungseffekt durch eine Verlängerung der Mahltrommel erreicht. Da in den einzelnen Abschnitten des Mahlvorganges die beste Leistung mit verschiedenen Mengen und Größen der Mahlkugeln erreicht wird, ist die Mahltrommel häufig durch Querwände in mehrere Kammern unterteilt. Das Mahlgut wird durch einen Hohlzapfen zugeführt, wandert durch Löcher in den Querwänden von einer Kammer in die nächste und verläßt die Mühle wieder durch einen anderen Hohlzapfen oder am Umfang der Mahltrommel, wo es durch ein Sammelgehäuse aufgefangen wird (Abb. 327). In England werden bevorzugt kurze, doppelkonische Rohrmühlen, sog. *Hardingmühlen* verwandt.

Die Mahlfeinheit kann durch die Mahldauer reguliert werden. Bei üblicher Betriebsweise kann ein Feinkorn $<0{,}2$ bis $0{,}3$ mm erreicht werden. Die Mahldauer verschieden großer Mühlen ist bei gleichem Füllungsgrad und entsprechender Umdrehungsgeschwindigkeit [s. Gl. (2)] proportional $\sqrt{2r}$:

$$L_1 : L_2 = I_1 \sqrt{2r_1} : I_2 \sqrt{2r_2} \qquad (4)$$
$$= \sqrt{2r_1^5} : \sqrt{2r_2^5}.$$

$I_1, I_2 =$ Inhalt, $L_1, L_2 =$ Leistung der Mühlen

Mit Hilfe dieser Gleichung lassen sich die Ergebnisse von Probemahlungen auf Betriebsmühlen übertragen.

Rohrmühlen brauchen im Verhältnis zu ihrer Leistung viel Kraft und verchleißen stark. Ein merklicher Teil der aufgewandten Energie wird in Schallwellen umgewandelt, die Belästigung durch Lärm ist daher beträchtlich. Das in den vorderen Zonen der langen Mahlbahn bereits feingemahlene Gut belastet die hinteren Abschnitte, erhöht den nutzlosen Energieverbrauch und behindert die Schlagkraft der Mahlkörper.

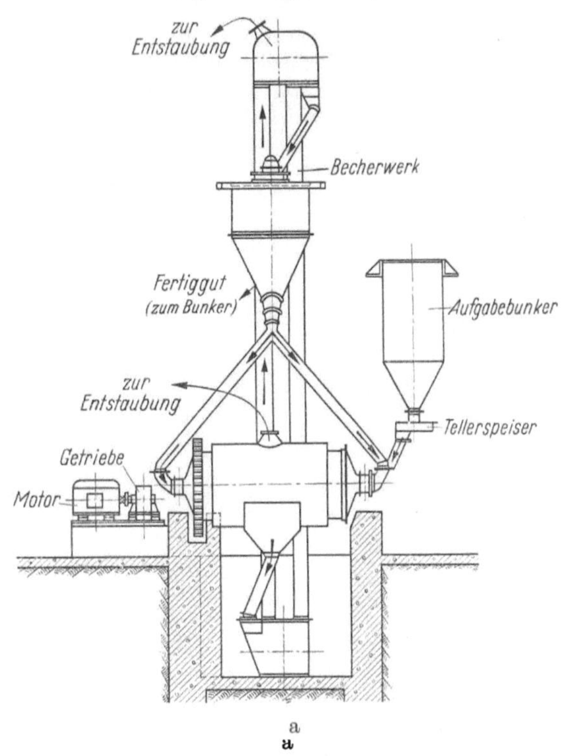

b

Abb. 328 a u. b. Doppelhartmühle der Barbarossa-Werke, Gebr. Pfeiffer, Kaiserslautern

a) Prinzipskizze;   b) Mahltrommel mit Austragschlitzen (ohne Staubmantel)

Diese Nachteile werden in der mit einem Windsichter (siehe Abschn. 3.332) verbundenen *Doppelhartmühle* der Barbarossawerke A.G., Gebr. Pfeiffer, Kaiserslautern, weitgehend vermieden.

Sie arbeitet nach dem Prinzip der Kugelmühlen, das Mahlgut wird wie bei diesen durch einen Hohlzapfen zugeführt. Auch das gegenüberliegende Lager ist als Hohlzapfen ausgebildet, durch ihn wird das vom Windsichter abgeschiedene grießige Material zur weiteren Verarbeitung aufgegeben (Abb. 328a). Das gemahlene Gut verläßt die Mahltrommel durch mit Schiebern verschließbare Schlitze im Trommelmantel (Abb. 328b). Durch Öffnen oder Schließen einzelner Schlitze kann man den Austrag mehr in die Trommelmitte oder in die Nähe der Stirnwände verlegen und so Aufenthaltsdauer und Durchlaufgeschwindigkeit des Mahlgutes in der Trommel, damit dessen Kornaufbau beeinflussen. Das ausgetragene, Grieß und Feinmehl enthaltende Gut gelangt in den hohlzylindrischen Raum zwischen der rotierenden Mahltrommel und dem außen angebrachten feststehenden Staubmantel; es fällt in den unteren Austragtrichter und wird durch ein Becherwerk zum Windsichter befördert. Die Feinheit des Endproduktes kann durch Einstellung des Windsichters reguliert werden.

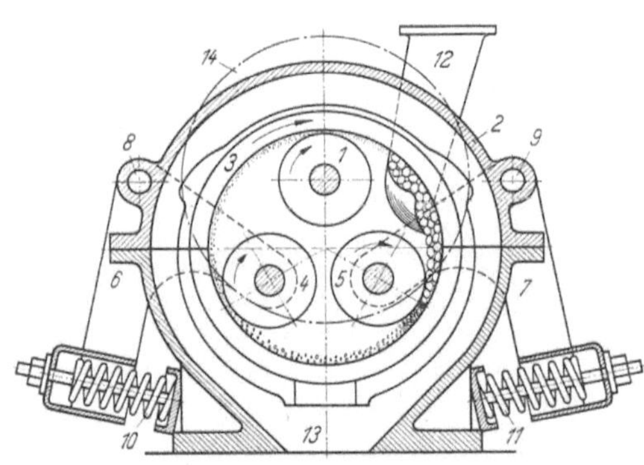

Abb. 329. Ringwalzenmühle (nach C. MITTAG)
1 Mahlwalze (Antriebswalze); *2* staubdichtes Gehäuse; *3* Mahlring; *4* u. *5* durch Federdruck an den Mahlring gedrückte Mahlwalzen; *6* u. *7* Schwinghebel zum Andrücken der Mahlwalzen; *8* u. *9* Schwinghebelachsen; *10* u. *11* Federn; *12* Einlauftrichter; *13* Auslauf; *14* Riemenscheibe

Eine Doppelhartmühle mit 2 m Durchmesser und 3,5 m Länge liefert pro Std. bei einem Aufgabegut von 0 bis 40 mm 10 bis 14 t Schamottefeinmehl 0 bis 0,09 mm und benötigt dafür ~ 12 kW/t bzw. 18 bis 20 t Schamottegrieß 0 bis 0,5 mm mit einem Kraftaufwand von 7 bis 8 kW/t. Bei eisenfreier Mahlung mit Flintkugeln darf das Aufgabegut höchstens erbsengroß sein, die Leistung beträgt dann 3 bis 4 t/Std. Schamottefeinmehl 0 bis 0,09 mm, der Kraftbedarf 17 bis 18 kW/t bzw. 6 bis 8 t/Std. Schamottegrieß 0 bis 0,5 mm mit 10 kW/t (Werksangaben).

Ringwalzenmühlen, z. B. die nach dem Umlaufprinzip arbeitenden Maxeconmühlen (Abb. 329), enthalten einen Mahlring *3* und drei Mahlwalzen, von denen eine *1* angetrieben wird. Die beiden anderen *4* u. *5* rollen unter dem Druck von Federn *10* u. *11* auf der Innenfläche des Mahlringes, der seinerseits durch die Antriebswalze *1* in Rotation versetzt wird. Das Mahlgut wird durch einen Trichter *12* aufgegeben und durch die Zentrifugalkraft an den Mantelring gedrückt. Nach etwa einer Umdrehung wird es durch die Rückwand der Einlaufschurre abgeschoben, fällt aus dem Mahlraum und gelangt durch den Auslauf in eine Sieb- oder Sichtanlage. Das Überkorn wird durch ein Becherwerk zum Aufgabetrichter zurückbefördert. Die Maxeconmühle mahlt bei Feinstmahlung auf 0 bis 0,2 mm in einem Durchgang nur etwa den zehnten Teil des Aufgabegutes, bei Mahlung auf 0 bis 0,5 mm den fünften Teil. Das Mahlgut muß daher sehr lange umlaufen, bis es ausreichend zerkleinert worden ist. Siebanlage und Becherwerk müssen reichlich dimensioniert werden, und der Umlauf erfordert beträchtlichen Energieaufwand. Das Mahlprodukt ist zwar nicht so feinkörnig wie bei einer Rohrmühle, hat aber eine mehr splittrige Form.

Die *Muldenschwingmühle* nutzt die lebendige Energie von durch 2 Unbalancewellen in kreisförmige Schwingungen versetzten Mahltrögen aus. Die Mahltröge befinden sich in einem Schwingrahmen, der mit Schraubenfedern auf einem ebenfalls schwingfähig gelagerten Grundrahmen befestigt ist (Abb. 330a). Die beiden synchronisierten Unwuchtwellen *10* werden durch Keilriemen angetrieben. Die

a

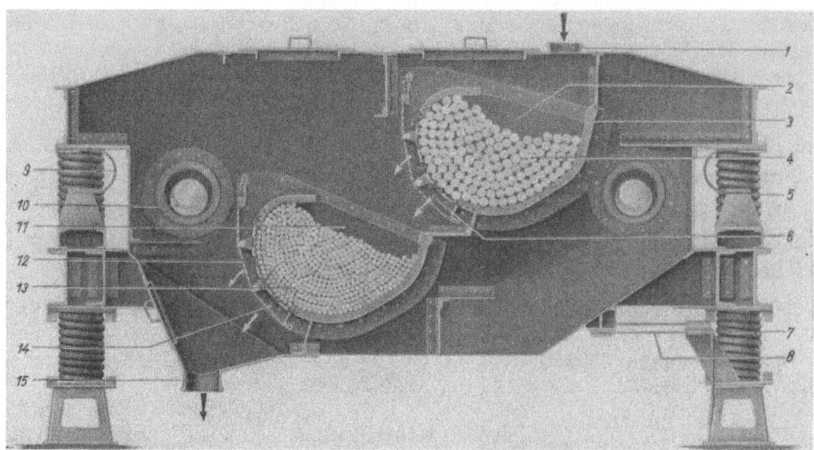

b

Abb. 330a u. b. Muldenschwingmühle (Werkstattaufnahmen Siebtechnik GmbH., Mühlheim/Ruhr)
a) Außenansicht; b) Prinzipskizze

1 Einfüllstutzen; *2* Vormulde; *3* Verschleißschutz; *4* Mahlkörper; *5* Stützfedern; *6* Siebwand; *7* Schwingungsisolierung; *8* Lenkerfeder; *9* Schlingerschutz; *10* Unwuchtwelle; *11* Feinmahlmulde; *12* Austragsieb; *13* Mahlkörper; *14* Siebwand; *15* Austragschurre

Schwingungsamplitude ist klein, sie beträgt ~ 2 mm. Die Mahltröge sind mit Verschleißplatten aus Gummi ausgekleidet und enthalten Mahlstäbe oder -kugeln aus Stahl (Abb. 330b).

Das Mahlgut wird in der Korngröße 0 bis 15 mm aufgegeben und gelangt zunächst zur Vorzerkleinerung in die sog. *Vormulde 2*. Durch ein auswechselbares Sieb *6* fällt es in die

Feinmahlmulde 11, die es ebenfalls durch eine Siebwand *14* verläßt. Die Muldenschwingmühle arbeitet also kontinuierlich und kann in Verbindung mit einem Sieb oder Windsichter und einem Becherwerk als Umlaufmühle betrieben werden.

Der Inhalt der Mahltröge nimmt an den Schwingungen in der Vertikalen so lange passiv teil, wie die Vertikalbeschleunigung nach unten kleiner ist als die Erdbeschleunigung. Ist sie aber größer als diese, so heben sich die Mahlkörper von der Unterlage ab und fliegen durch die Luft, bis sie wieder auftreffen. Wenn r der Schwingungsradius der Trogmasse ist und w seine Winkelgeschwindigkeit, so ist die Zentrifugalbeschleunigung $b = r w^2$ und $b_v = r w^2 \sin\beta$ ihre Vertikalkomponente (β = Winkel der Verbindungslinie Schwingungsmittelpunkt — Schwerpunkt der Trogmasse gegen die Horizontale). Die Mahlkörper lösen sich von der Unterlage, wenn

$$r\, w^2 \sin\beta_0 = g \quad \text{(Erdbeschleunigung)}, \tag{5}$$

bzw.

$$\sin\beta_0 = \frac{g}{r\, w^2} \tag{6}$$

ist. Mit wachsendem $r\, w^2$ wird β_0 kleiner, d. h. die Körper fliegen früher ab, gleichzeitig wird der Auftreffwinkel β_1 größer, d. h. die Körper bleiben länger in der Luft. $\alpha = \beta_1 - \beta_0$ sei der vom Trogschwerpunkt in *der* Zeit durchlaufene Winkel, in der sich die Mahlkörper in der Luft befinden. Für $\alpha = 360°$ wird $\beta_1 = \beta_0$, die Mahlkörper treffen dann in der gleichen Schwingungsphase auf, in der sie abgeschleudert wurden, und werden sofort wieder hochgeworfen. In diesem als *Mahlresonanz* (nicht zu verwechseln mit *Antriebsresonanz*) bezeichneten Schwingungszustand erreicht die Mühle ihre optimale Leistung, weniger günstig sind die *Oberschwingungen* mit $\alpha = n \cdot 360°$ ($n = 2, 3 \ldots$).

Die Horizontalkomponente der Zentrifugalbeschleunigung ruft mahlend wirkende Druck- und Schubkräfte hervor. Der gesamte Troginhalt rotiert langsam entgegen dem Drehsinn der Trogschwingung angenähert um seinen Schwerpunkt. Außerdem drehen sich die einzelnen Mahlkörper um ihre eigene Achse, ebenfalls entgegen dem Drehsinn der Tragschwingung. Diese Umlaufbewegungen erreichen bei Mahlresonanz, die bei $r\, w^2 = 32$ oder $64\ \mathrm{m/sec^2}$ eintritt, Höchstwerte, sie hören dagegen auf, wenn $r\, w^2 = 48\ \mathrm{m/sec^2}$ wird [*10*].

Die Muldenschwingmühle hat einen guten Wirkungsgrad, weil der Antrieb nach dem Anlaufen nur Reibungskräfte zu überwinden braucht. Der spezifische Arbeitsbedarf pro Tonne Mahlgut liegt bei hohem Zerkleinerungsgrad wesentlich niedriger als bei Kugel- und Rohrmühlen. Wegen des vollständigen Masseausgleiches sind keine verstärkten Fundamente erforderlich.

Die Muldenschwingmühle liefert pro Stunde maximal 1300 kg Schamottefeinmehl von 0 bis 0,09 mm und benötigt dafür 20 kW/t. Bei einer Mahlfeinheit von 0 bis 0,5 mm steigt die Leistung auf maximal 2500 kg/Std., der Energiebedarf sinkt auf 11 kW/t (Werksangaben Siebtechnik, Mülheim).

3.323 Klassierung

Die maximale Korngröße der gekörnten Schamotte richtet sich nach Verwendungszweck und Format der herzustellenden Steine. Im allgemeinen beträgt sie 4 mm, für dünnwandige Steine 2 mm, für sehr große Formsteine bis zu 10 mm. Diese Korngrößen können meist in den Grobzerkleinerungsaggregaten (Backenbrecher und Symonsgranulator, Prallbrecher usw.) erreicht werden, jedoch besitzt das in ihnen entstehende Mahlgut fast stets für Schamottesteine zu wenig Feinmehl. Man sieht daher das bereits vorhandene feine Gut, z. B. 0 bis 1 mm ab, um die Feinzerkleinerungsmaschinen nicht damit zu belasten, und mahlt einen Teil des Überkornes in einer der oben beschriebenen Mühlen nach. Auf diese Weise entstehen 3 Fraktionen, z. B. Grobkorn 1 bis 6 mm, Feinkorn 0 bis 1 mm und Mehl 0 bis 0,2 mm (Rohrmühle) bzw. 0 bis 0,5 mm (Kugelmühle). Das Grobkorn kann im Bedarfsfall in 2 Fraktionen (z. B. 1 bis 3 und 3 bis 6 mm) aufgeteilt werden. Man kann auch das Überkorn eines 4 mm-Siebes feinmahlen und den Durchlauf dieses Siebes in 2 Fraktionen (z. B. 0 bis 2 mm und 2 bis 4 mm) zerlegen.

Zum Sieben wurden früher einfache *Siebtrommeln* mit gelochter Innentrommel zur Schonung der Siebe verwandt. Wirtschaftlicher als diese arbeiten die mit Wuchtmassen- oder Exzenterantrieb versehenen *Schwingsiebe*. Das zur Aufnahme der Schwingungen des Rahmens durch weiche Bügelfedern gestützte *Turboschwingsieb* wird z. B. durch eine Wuchtmasse in kreisende Bewegungen versetzt (Abb. 331). Bei einer solchen Konstruktion sind die Lagerdrucke bedeutend, das Fundament ist aber nur geringen Schwingungswirkungen ausgesetzt.

Das *Universalschwingsieb* nach Abb. 332 wird durch einen Exzenter in zwangsläufig vorgeschriebener Bahn kreisförmig bewegt.

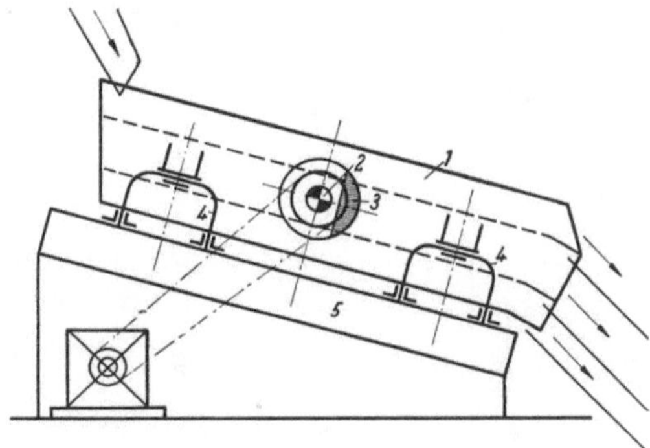

Abb. 331. Turboschwingsieb (nach C. MITTAG)
1 Siebkasten;   *2* Welle;   *3* Unbalance;   *4* weiche Bügelfedern;   *5* Grundrahmen

Der Siebkasten *a* ruht auf vorgespannten Gummipuffern *b*, die auf zwei starren Achsen befestigt sind. Der bei der raschen Bewegung des Siebkastens auftretende Rückdruck der Gummipuffer wird durch die Fliehkraft der Gegengewichte *d* weitgehend ausgeglichen, so daß nur schwache Erschütterungen auf das Fundament übertragen werden.

Das Sieb führt bei hohen Drehzahlen einen Hub von 3 bis 4 mm aus, es eignet sich gleich gut für grobe und feine Siebungen. Der Kasten kann je nach der Siebweite und der Art des Siebgutes um 6 bis 38° gegen die Horizontale geneigt werden.

Die *Resonanzschwingsiebe* werden ebenfalls durch Exzenter angetrieben. Durch Federn mit geeigneter Federkonstante *c* wird die Bewegung so eingestellt, daß das Sieb in seiner Eigenfrequenz

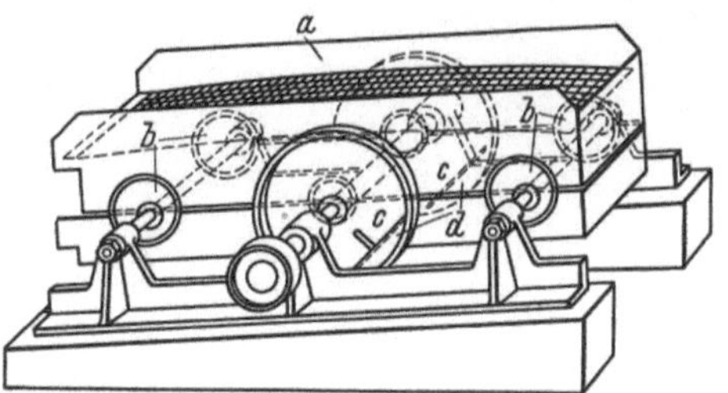

Abb. 332. Universalschwingsieb
a Siebkasten; *b* Gummipuffer; *c* Schwungscheiben;
d Gegengewichte

$$f = \sqrt{\frac{c}{m}} \; \frac{1}{\sec} \qquad (7)$$

schwingt (m = Masse des Siebes). Die kritische Drehzahl errechnet sich daraus zu [*8*]

$$n = \frac{30}{\pi} \sqrt{\frac{c}{m}} \; \frac{U}{\min} \cdot \qquad (8)$$

Resonanzschwingsiebe benötigen nur geringe Antriebskräfte, da praktisch nur die Maschinenreibung überwunden zu werden braucht. Um die starken Massenkräfte nicht auf das Fundament zu übertragen, muß man bei größeren Anlagen auf einen Massenausgleich achten, z. B. dadurch, daß man 2 Rahmen gegeneinander schwingen läßt. Siebe mit Massenausgleich können mit sehr hohen Beschleunigungen (bis zum 6fachen der Erdbeschleunigung) betrieben werden. Abb. 333 zeigt ein Resonanzschwingsieb mit zwei hintereinandergeschalteten Siebkästen und Exzenterantrieb an einem Ende. Als Resonanzfedern dienen Gummipuffer, die lange Lebensdauer besitzen und keine Störungen durch Federbrüche hervorrufen.

Die Wurfbahnen der Siebe werden flach gehalten, wenn lange Splitter (Fische) zurückgehalten werden sollen. Bei steiler Wurfbahn ist die Siebwirkung größer. Als Wurfweite wählt man zweckmäßig die halbe Siebweite oder ein ungerades Vielfaches davon, weil dann die bei einem Wurf auf den Draht fallenden Körner beim nächsten sicher auf ein Loch treffen.

Zum Transport der anfallenden Schamottefraktionen in die vorgesehenen Bunker dienen je nach den örtlichen Bedingungen Gummibänder mit muldenförmigem Querschnitt, Becherwerke, Schneckenförderer, Vibrationsförderer (vgl. Abschn. 2.312) oder die stark verschleißenden pneumatischen Förderer. In den *Bunkern* besteht stets Entmischungsgefahr, sie kann durch den Einbau von vertikalen Blechen zur Unterteilung in kleinere Kammern verringert werden. Die Bunker liegen meistens erhöht, um die nachfolgenden Misch- und Formgebungsmaschinen möglichst mit natürlichem Gefälle beschicken zu können.

Wie bei der Silikaaufbereitung setzen staubdichte Abkapselung aller Maschinen und Förderanlagen sowie Entstaubungsanlagen die Belästigung der Bedienungsmannschaft durch Staub auf ein Mindestmaß herab (vgl. Abschnitt 2.313).

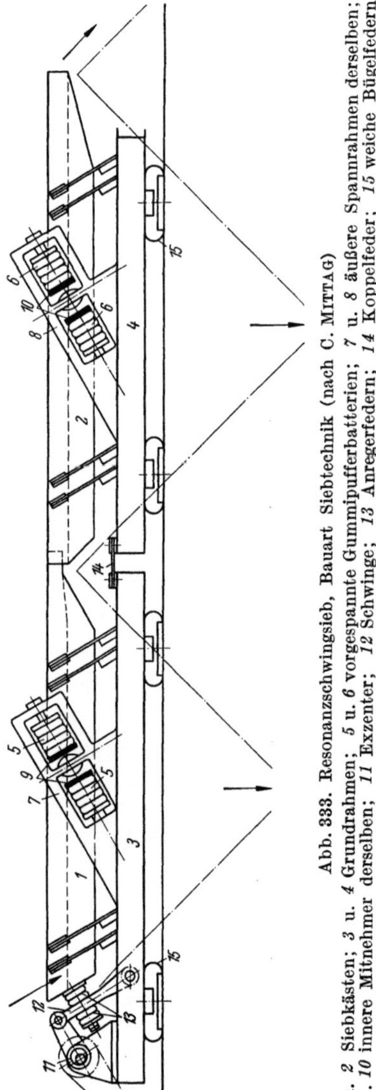

Abb. 333. Resonanzschwingsieb, Bauart Siebtechnik (nach C. MITTAG)

1 u. *2* Siebkästen; *3* u. *4* Grundrahmen; *5* u. *6* vorgespannte Gummipufferbatterien; *7* u. *8* äußere Spannrahmen derselben; *9* u. *10* innere Mitnehmer derselben; *11* Exzenter; *12* Schwinge; *13* Anregerfedern; *14* Koppelfeder; *15* weiche Bügelfedern

3.33 Aufbereitung der Bindetone

Der Bindeton wird in Form großer Schollen oder kleinerer Brocken mit von der Jahreszeit abhängigen Wassergehalten von 15 bis 25%, im Mittel 20%, gewonnen. Bei seiner Verarbeitung muß er einen bestimmten, genau eingestellten Feuchtigkeitsgehalt besitzen, es muß ihm daher je nach Anfangswassergehalt und vorgesehenem Formgebungsverfahren Wasser gleichmäßig entzogen oder zugeführt werden. Beide Prozesse lassen sich am feuchten Ton wegen der geringen Diffusionsgeschwindigkeit des Wassers in ihm nur schwer und mit großem Zeitaufwand durchführen. Daher wählte man bis jetzt den dem Laien schwer verständlichen Umweg, den Ton erst zu trocknen und dann bei der Verarbeitung selber wieder anzufeuchten.

3.331 Trockenanlagen

Am einfachsten trocknet man grubenfeuchte Tonschollen auf *Darren* durch die Abhitze der Brennöfen.

Die Abhitze kann mittels eines Ventilators unter die etwa 70 cm hoch aufgeschichteten Tonschollen geleitet werden und nimmt beim Durchstreichen der Hohlräume die Tonfeuchtigkeit mit sich. Tonschollen von 40 cm Länge, 20 cm Breite und etwa 10 cm Dicke werden in einer derartigen Anlage bei etwa 60 bis 80° C Lufttemperatur in 36 Std. für die Weiterverarbeitung ausreichend trocken.

Dieses Verfahren ist aber nur in dem seltenen Fall wirtschaftlich, daß überschüssige Abhitze vorhanden ist. Meist wird diese vollständig zum Trocknen der

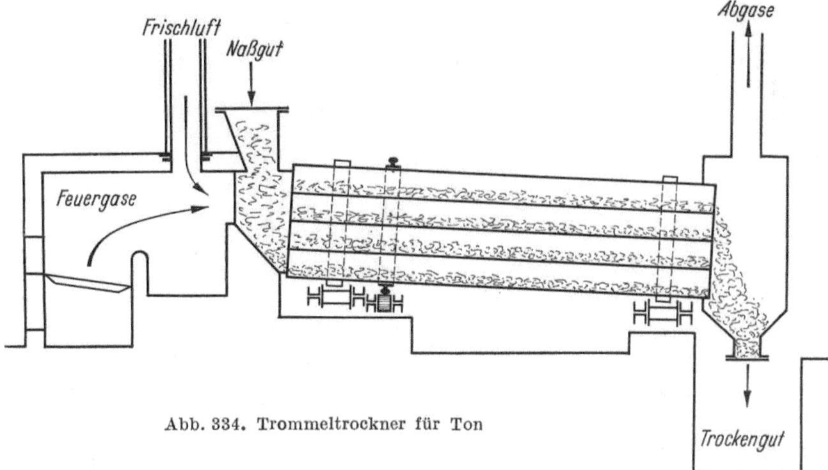

Abb. 334. Trommeltrockner für Ton

geformten Ware benötigt. Tontrocknung auf Darren erfordert viel Raum und verhältnismäßig lange Zeit.

Moderner sind die aus schräg liegenden, rotierenden Trommeln bestehenden *Heißlufttrockner* (Abb. 334).

Der Ton muß ihnen in Stücken von 10 bis 20 mm aufgegeben werden, man zerkleinert ihn daher mit Tonhobeln, Tonraspelern oder Stachelwalzen. Im Tonhobel (Abb. 335a u. b) wird der Schollenton z. B. durch Spezialhobelmesser fein aufgeschnitzelt, durch einen Abstreifer vom Sammelteller abgestrichen und der Trockenanlage zugeführt. Die Schnitzel durchwandern die Trommeln zusammen mit der Heißluft nach dem Gleichstromprinzip, d. h., die heißen Gase kommen mit dem feuchten Ton in Berührung, der bereits getrocknete Ton nur mit den abgekühlten Gasen. Auf diese Weise wird eine Überhitzung des Tones, damit eine Verminderung seiner Plastizität vermieden (vgl. Abschn. 3.13). Selbst wenn die Heizgase 700 bis 800° C heiß sein sollten, steigt die Temperatur des trocknenden Tones nicht über 60° C und die Abgastemperatur beträgt etwa 100 bis 120° C. Weiter darf die Temperatur in den Trommeln nicht absinken, da sich sonst Kondenswasser auf dem trockenen Ton niederschlagen kann.

Trockentrommeln besitzen solche Länge und Neigung, daß die Tonschnitzel in ungefähr 30 Min. hindurchwandern. Angenähert gleich große Schnitzel trocknen dabei gleichmäßig bis auf 7 bis 8% Feuchtigkeit. Bei stärkerer Trocknung wird der Staubanfall zu groß. 12 m lange Trommeltrockner mit einem

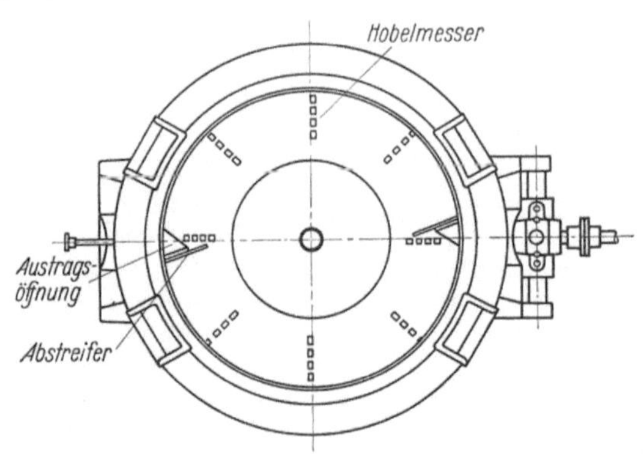

Abb. 335 a u. b. Tonhobel, Bauart Soest-Ferrum.   a) Gesamtansicht;   b) Prinzipskizze

Durchmesser von 2,2 m leisten bis zu 15 t/Std. Der Kraftbedarf beläuft sich nach P. P. BUDNIKOW [11] auf 15 kW, der Wärmeverbrauch je kg aus dem Ton verdampften Wassers nach J. S. CHERNYSSCHEV [12] auf 1700 bis 1790 kcal, nach P. P. BUDNIKOW [11] auf 850 bis 1100 kcal.

3.332 Mahlanlagen

Zur Feinzerkleinerung des getrockneten Tones dienen Kugelmühlen (vgl. Abschn. 3.322), Hammermühlen, Schleudermühlen oder Siebkollergänge (vgl. Abschnitt 2.311).

Hammermühlen (Abb. 336) zerkleinern das Aufgabegut durch die Wirkung schnell rotierender Schläger, die am Umfang eines

Abb. 336
Hammermühle, Bauart Laeis, mit aufgedecktem Gehäuse

horizontalen Rotors gelenkig um Zapfen schwenkbar angeordnet sind und im
Betrieb unter dem Einfluß der Fliehkraft eine radial gestreckte Lage einnehmen. Der obere Teil des Gehäuses ist als Prallplatte ausgebildet, der untere
als Rost mit veränderlicher Spaltweite, durch welchen das zerkleinerte Gut

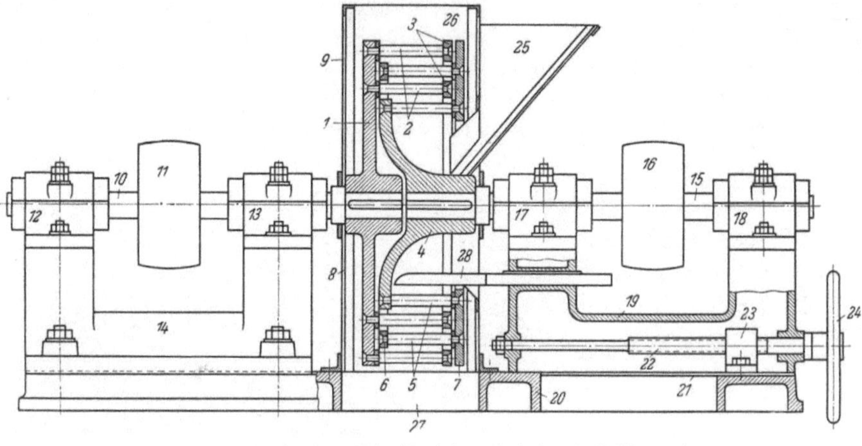

Abb. 337. Schleudermühle (Desintegrator) (nach C. MITTAG)

1 Umlaufscheibe	*10* Welle		*21* Führung
2 Stahlstäbe	*11* Riemenscheibe	zu	*22* Spindel
3 Verbindungsringe	*12* u. *13* Lager	Mahlkorb *I*	*23* Mutter
4 Umlaufkörper	*14* Bock		*24* Handrad
5 Stahlstäbe	*15* Welle		*25* Trichter
6 u. *7* Verbindungsringe	*16* Riemenscheibe	zu	*26* Ringraum
8 Gehäuseunterteil	*17* u. *18* Lager	Mahlkorb *II*	*27* Öffnung
9 Gehäuseoberteil	*19* Bock		*28* Messer
	20 Grundplatte		

hindurchfallen kann. 6 Schläger
am Umfang erteilen bei einer
Umdrehungsgeschwindigkeit
von ∼1500 U/min dem Mahl-
gut 150 Schläge pro Sekunde.

Ähnlich gebaut sind die
Schlagkreuz- oder *Schlagnasen-
mühlen,* bei ihnen wird die schla-
gende Wirkung durch kreuz-
förmig angeordnete, gebogene
Leisten oder Arme hervor-
gerufen. Sie arbeiten mit Um-
fangsgeschwindigkeiten von
∼40 m/sec.

Schleudermühlen (Desinte-
gratoren) besitzen zwei oder
mehrere gegeneinander kreisende, horizontale Rotoren mit
konzentrisch angeordneten
Stahlstäben (Abb. 337). Das
aus Tonstücken von 25 bis
35 mm bestehende Mahlgut mit

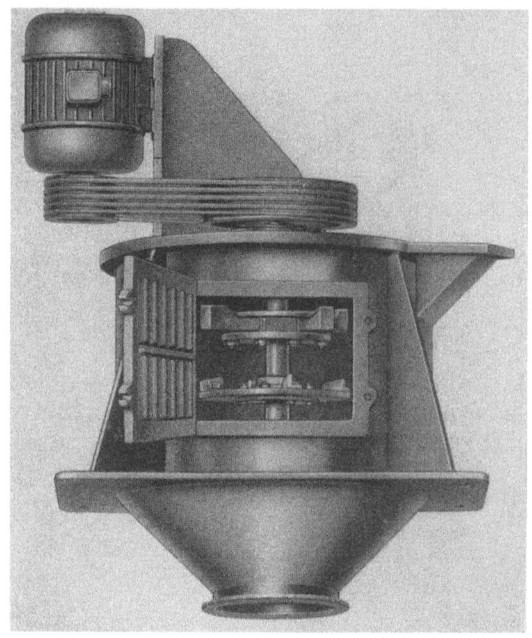

Abb. 338. Schleudermühle der Fa. Neumann u. Esser, Aachen

6 bis 10% mittlerer Feuchtigkeit wird zwischen den sich schnell bewegenden Stäben zerkleinert und durch die Zentrifugalkraft nach außen geschleudert. Die gleichzeitige Zerkleinerung durch Schlag und Prall hat einen günstigen Wirkungsgrad, das Mahlgut wird dabei gut homogenisiert. Die Mahlfeinheit hängt von der Anzahl der Mahlkreise und der Drehzahl der Maschine ab. Die Umfangsgeschwindigkeit derartiger Schleudermühlen schwankt zwischen 20 und 40 m/sec. Bei höheren Geschwindigkeiten wird zuviel Kraft für die Überwindung des Luftwiderstandes verbraucht. Quarzreiche Kaolintone eignen sich nicht für Schleuder- und Schlagkreuzmühlen, weil sie stark schmirgeln und daher die Schlagstäbe rasch zerstören.

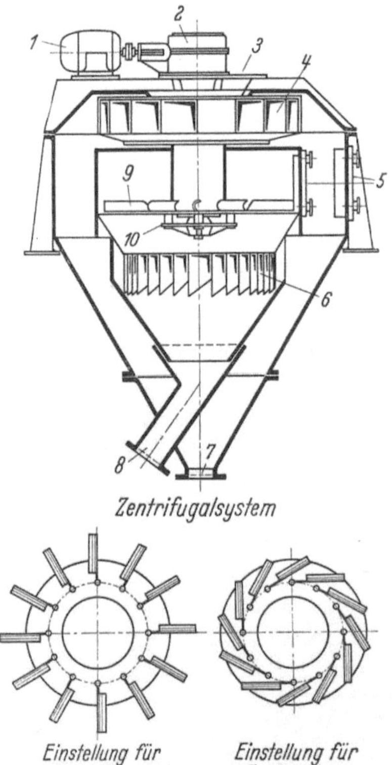

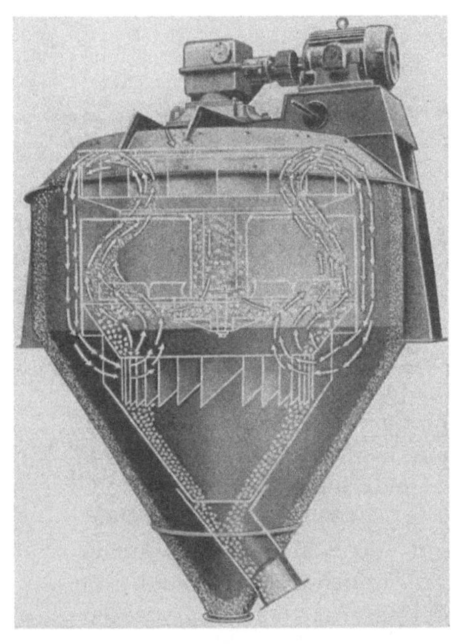

Abb. 339 a u. b. Zentrifugalwindsichter (Turbosichter) der Fa. Westfalia-Dinnendahl-Gröppel A.G., Bochum
a) Prinzipskizze. *1* Antriebsmotor; *2* Ölgetriebe; *3* Einlauf; *4* Lüfterrad; *5* Türen; *6* Rückluftjalousie; *7* Auslaufschurre für Feinmehl; *8* Auslaufschurre für Grieß; *9* Zentrifugalsystem; *10* Streuteller
b) Schema der Arbeitsweise eines Sichters

Die Schleudermühle der Fa. Neumann u. Esser, Aachen (Abb. 338), besitzt eine vertikale Achse mit mehreren Schleudertellern und Schlagbalken.

Das gegen die Gehäusewand geschleuderte Mahlgut wird durch Leitbleche wieder zur Mitte zurückgeführt, fällt auf den nächsttieferen Schleuderteller, verläßt die Mühle durch die unten angebrachte Auslaufschurre und wird dann abgesiebt. Die Mühle leistet 2 bis 3 t/Std. und liefert ähnlich wie die Hammer- und Schlagkreuzmühlen ein grießiges Tonmehl von etwa 0 bis 1 mm Feinheit, das in den meisten Fällen zur Masseherstellung ausreicht.

Das für hochwertigere Massen benötigte Feinmehl 0 bis 0,2 mm stellt man u. a. in Kugelmühlen mit Windsichtung her. Aus der Kugelmühle austretendes, grießiges Mehl wird dabei in einem *Zentrifugal-Windsichter* nach Feinmehl und Grieß getrennt.

Der Grieß wird dem Sichter (Abb. 339a) von oben zentral zugeführt und durch den Streuteller *10* gleichmäßig verteilt. Der durch das Lüfterrad *4* erzeugte Luftstrom reißt das Feinmehl mit nach oben, während der Grieß nach unten fällt und durch die Schurre *8* in die Kugelmühle zurückbefördert wird. Das Feinmehl wird vom Lüfterrad durch die Fliehkraft in den Raum zwischen äußerem und innerem Gehäuse geschleudert, es fällt nach unten und verläßt den Sichter durch die Schurre *7*. Der Luftstrom wird durch die feststehende Rückluftjalousie *6* in das Innere des Sichters zurückgeführt. Der Grad der Sichtfeinheit wird durch die Stärke der vom Zentrifugalsystem *9* hervorgerufenen Turbulenz des Feinmehl-Luft-Gemisches im inneren Sichtergehäuse bestimmt. Für gröbere Sichtung werden die Flügel des Zentrifugalsystems eingezogen, für feinere gestreckt (Abbildung 339a, unten). Abb. 339b zeigt schematisch die Wirkungsweise eines Windsichters.

3.333 Kombinierte Mahltrockenanlagen

In modernen Mahltrockenanlagen wird vorzerkleinerter Ton kurze Zeit einer hohen Temperatur ausgesetzt, gleichzeitig gemahlen und gegebenenfalls auch windgesichtet.

Bei der von der Firma Soest-Ferrum, Düsseldorf, entwickelten Anlage (Abb. 340) fällt der im Tonhobel *2* geschnitzelte Ton in den durch heiße Gase im Gleichstrom auf etwa 250° C erhitzten Trockenschacht und wird anschließend in

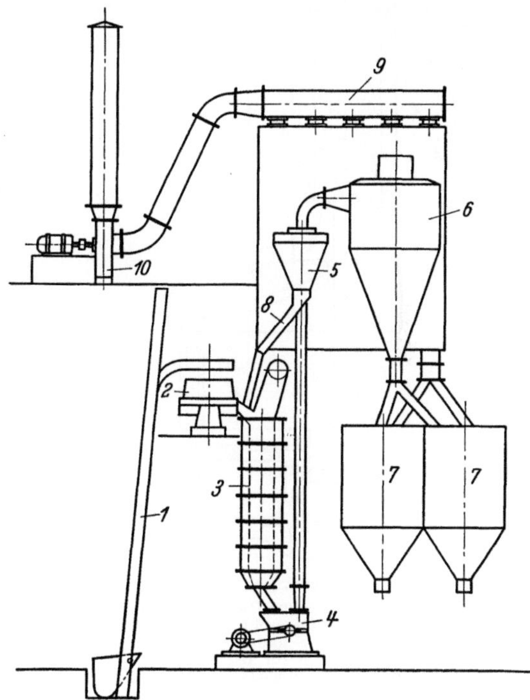

Abb. 340
Mahltrockenanlage für Ton, Bauart Soest-Ferrum

1 Kübelaufzug; *2* Tonhobel; *3* Trockenschacht; *4* Hammermühle; *5* Windsichter; *6* Zyklon; *7* Bunker; *8* Rücklauf; *9* Entstaubungsanlage; *10* Ventilator

einer Hammer- oder Kugelmühle *4* feingemahlen. Die angeschlossene Windsichtanlage *5* kann ein Tonmehl von Zementfeinheit (15% >0,1 mm) abscheiden. Noch feineres Mehl hält hartnäckig Luft zurück und wird dadurch voluminös und wasserabweisend, die Anfeuchtung bereitet dann Schwierigkeiten.

Nach dem System von Berger-Barthelmess (Fontänentrockner Abb. 341) wird der feuchte, geschnitzelte Ton in einer Schleuderprallmühle *3* (vgl. Abb. 324) fein zerkleinert und dann senkrecht nach oben in einen Trockenturm *5* geschleudert, in dessen oberen Teil heiße Gase so eingeblasen werden, daß eine spiralig verlaufende Strömung entsteht (Gegenstromprinzip).

Beim Einschleudern fliegen die gröberen Teilchen in die obere heiße Zone des Trockenturmes, die kleineren bleiben in der kälteren Zone. Dadurch wird der Ton unabhängig von der Korngröße gleichmäßig getrocknet. Der vom Vibrationssieb *10* durchgelassene, feinkörnige Anteil des Trockengutes gelangt mittels pneumatischer Förderung *11* direkt in ein Silo oder wird durch Windsichtung weiter getrennt, das Überkorn geht zur Schleudermühle zurück und pudert den feuchten Ton ein, der dadurch besser mahlbar wird.

Das entstehende Tonmehl ist je nach Siebgröße 0 bis 1 mm bzw. 0 bis 2 mm, der Sichtton 0 bis 0,2 mm fein. Trotz der hohen Heiztemperatur im Trockenturm wird der Ton maximal nur 75° C warm und soll nach Untersuchungen von F. BLOSCHIES, K. GIESEN u. H. E. SCHWIETE [13] seine Plastizität behalten (vgl. Abschn. 3.13).

Die kombinierten Mahl- und Trockenanlagen leisten bei einem Kraftbedarf von 4 bis 5 kWh/t und einem Wärmeaufwand von 1000 bis 1250 kcal/kg verdampftes H_2O bis zu 7 t/Std. Die wichtigsten technischen Daten über die derzeit gebräuchlichen Trockenanlagen [14] sind der Tab. 87 zu entnehmen.

3.334 Aufbereitung grubenfeuchter Tone

Sehr magere Rohstoffe, z. B. Rohkaoline und hochsaure Tone, können ohne Trocknung und Mahlung im Versatz verwandt werden, weil sie sich leicht in der Masse verteilen. In neuester Zeit sind auch Anlagen entwickelt worden, in denen sich grubenfeuchte, plastische Tone ohne vorherige Trocknung aufbereiten lassen.

Die von der Fa. *Hazemag*, Münster i. W., entwickelte *Novorotormühle* arbeitet nach dem Prinzip der Prallbrecher. Zu nasser Ton kann dabei durch Beimischung trockenerer Tonsorten auf eine bestimmte, für die Weiterverarbeitung günstige Feuchtigkeit gebracht werden (wie in der Barthelmess-Anlage). In der Tonaufschlußmaschine der Fa. *Eirich*, Hardheim (Baden), durchläuft ein Ton mit 4 bis 25% Feuchtigkeit einen Vorzerkleinerer und wird dann durch eine um eine vertikale Achse schnell umlaufende Arbeitsscheibe in Rotation versetzt.

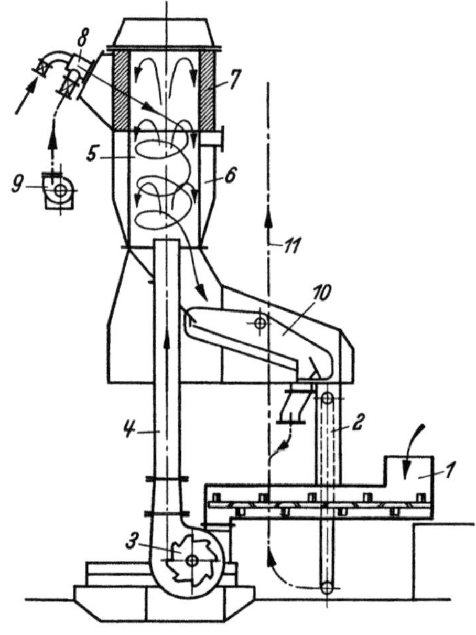

Abb. 341. Fontänen-Trockner, System Barthelmess
1 Aufgabe; *2* Material- und Gasumlauf; *3* Schleuder-Prallmühle; *4* Steigerohr; *5* Trockenturm; *6* Lufterhitzer; *7* Schamotte-Auskleidung; *8* Brenner; *9* Gebläse für Brenner; *10* Vibrationssieb; *11* pneumatische Förderung

Durch Leitschaufeln auf einem Kegelmantel wird der Ton zunächst einer Vor- und dann einer Feinknetzone zugeführt und dort durch nach Größe und Richtung schnell wechselnde Massenkräfte immer wieder auseinandergerissen, abgeschert und zusammengeschlagen [15]. Dabei entstehen ständig neue, benetzbare Oberflächen, so daß man sogar durch Wassernebel die Feuchtigkeit des Tones gleichmäßig erhöhen kann. Durch die Fliehkraft wird das aufgeschlossene Material schließlich gegen eine Zylinderwand geworfen und von dieser in Form einer Tonpaste mit langsam rotierenden Ausräumschaufeln über einen Austragteller der Austragschurre zugeführt.

Umfangreichere Erfahrungen mit diesen Maschinen in der feuerfesten Industrie liegen z. Z. noch nicht vor, sie dürften aber einen Fortschritt in der Aufbereitung grubenfeuchter Tone ermöglichen.

Tabelle 87. *Technische Daten verschiedener Trockenanlagen* (nach F. BLOSCHIES, K. GIESEN u. H. E. SCHWIETE)

System	Rohmaterial	Ausgangs-feuchtigkeit %	End-feuchtigkeit %	Brennstoff-verbrauch %	Stromverbrauch kWh/t	Leistung	Wärmebedarf WE/kg verdampftes H_2O	Feinheit des Trockengutes
Darrentrocknung	Tonschollen	15 bis 22	—	3,56 Steinkohle	—	853 t/Monat = 2,8 t/Tag	—	Schollen
Turmtrockenofen 6 m hoch	Tonbrocken	20	2	2,0 Koks	—	13 bis 15 t/Tag	etwa 815	Brocken
Trommeltrockner	Kaolin, feinstückig	20,4	0,6	5 Kohle	—	4,3 t/h	1790	feinstückig
Mahltrocknung, Humboldt-Hammermühle mit Windsichtung	Tonschollen	16,6	2,0	—	16,4 kWh/t	—	—	Mehl, 24% Rückstand auf 4900 Maschensieb
Mahltrocknung, Soest-Ferrum-Anlage mit Windsichtung	Tonschollen	12 bis 15	2,0	—	—	5 t/h	1000	Mehl, 10% Rückstand auf 4900 Maschensieb
Fontänentrockner	Tonschollen	16	2 bis 3	3,5 Braunkohlen-briketts	4 bis 5 kWh/t	5 bis 6 t/h	1000 bis 1250	0 bis 2 mm

3.34 Formgebung

3.341 Überblick

Bei der Formgebung wurde früher so viel gekörnte Schamotte mit plastischem Bindeton gemischt, daß die Schwindung der Steine beim Trocknen und Brennen in erträglichen Grenzen blieb. Derartige Massen sind plastisch und leicht zu formen. Aus ihnen werden noch heute in erheblichem Umfang Schamotteerzeugnisse nach dem sog. *Naßknetverfahren* hergestellt.

Das Streben nach höherer Maßhaltigkeit und Festigkeit der Steine führte zur Entwicklung des *Halbtrockenpreßverfahrens* (bisher als Trockenpreßverfahren bezeichnet). Bei ihm werden Massen von ähnlichem Schamotte–Ton-Verhältnis wie beim Naßknetverfahren, jedoch mit so geringer Feuchtigkeit verarbeitet, daß der Ton nur schwach quillt, aber nicht plastisch wird. Die Trockenpreßmassen lassen sich daher nur mit schweren Maschinen verformen. Das beim Naßknetverfahren übliche Vorziehen kann eingespart, die Trockenzeit der Formlinge wesentlich verkürzt werden. Trockenpreßsteine verdrängen mehr und mehr die nach dem Naßknetverfahren hergestellten Steinsorten, sie schwinden weniger als diese und enthalten weniger Bruch.

Für Spezialzwecke wird der Schamotteanteil der Masse auf mehr als 80 % erhöht. Dabei muß der Kornaufbau besonders beachtet werden; denn der geringe Tonanteil kann nur dann die Lücken zwischen den Schamottekörnern ausfüllen, wenn die Körner an sich schon dicht gepackt sind. Bei dieser als *Trockenpreß-* oder *Hartschamotteverfahren* bezeichneten Weiterentwicklung verarbeitet man vorzugsweise dicht gebrannte Schamotte und besonders fein gemahlenen oder durch Elektrolytzusätze verflüssigten Bindeton (vgl. Abschn. 3.123).

Andererseits wird auch — vor allem in England und Amerika — der Schamotteanteil bis auf 8 bis 10 % vermindert und die Schamotte durch die unplastischen und wenig schwindenden Flintclays ersetzt. Da solche Rohstoffe auf dem europäischen Kontinent nicht vorkommen, verwendet man in Rußland, neuerdings auch in Deutschland, an Stelle der Flintclays Glühschamotte (s. Abschn. 3.31). Beim Brand schwindet diese etwa gleichmäßig mit dem Ton, so daß Relativverschiebungen an den Korngrößen vermieden werden. *Ton-und Glühschamottesteine* haben eine höhere Dichte als normale Schamottesteine, aber meist wegen hoher Schwindung geringere Maßhaltigkeit.

Dünnwandige Gefäße, Tiegel oder Rohre sowie komplizierte Steinformate werden nach dem *Gießverfahren* hergestellt. Ein Schlicker aus 50 bis 30 % verflüssigtem Ton (s. Abschn. 3.123) und 50 bis 70 % feingekörnter Schamotte wird dabei in Gipsformen gegossen. Gegossene Schamotteerzeugnisse schwinden mittelmäßig (4 %) und sind befriedigend maßhaltig.

Einen zusammenfassenden Überblick über die verschiedenen Formgebungsverfahren für Schamotteerzeugnisse enthält Tab. 88. Nach diesen Verfahren können Schamotten und Tone jeder chemischen Zusammensetzung verarbeitet werden. Während das Herstellungsverfahren besonders Schwindung, Maßhaltigkeit, Temperaturwechselbeständigkeit, Kaltdruckfestigkeit und Dichte beeinflußt, hängen Feuerfestigkeit und Druckfeuerbeständigkeit in erster Linie von der chemischen Zusammensetzung der verwandten Rohstoffe, weniger vom Verfahren ab. Jedoch besitzen Hartschamottesteine einen höheren ta-Wert als plastisch hergestellte Steine gleicher Zusammensetzung, weil sie weniger schwinden. Neben der Einteilung nach dem Formgebungsverfahren steht diejenige nach der chemischen Zusammensetzung, auf der die heutige konventionelle Klassifizierung der Schamotteerzeugnisse aufgebaut ist (s. Tab. 93, Abschn. 3.41).

3.342 Naßknet- oder plastisches Verfahren

3.342.1 Masseherstellung. In den Schamottemassen für das Naßknetverfahren werden 50% (saure Massen) bis 65% (Standard-Versätze) gekörnter Schamotte mit 50 bis 35% zerkleinertem Bindeton und zusätzlich 17 bis 19% Wasser vermischt. Die Schamotte kann teilweise durch gemahlene Steinbrocken, gemahlenen Quarzkies (B-Qualitäten), Klebsand oder guten Rohkaolin (vgl. Abschn. 3.23) ersetzt werden. Die weiche Tonmasse muß sich beim Mischen gleichmäßig zwischen die Schamottekörner verteilen, sie umhüllen und einbinden.

Die Schamotte wird meist in der Körnung 0 bis 4 mm mit einem wechselnden Zusatz an Schamottemehl verwandt (vgl. Abschn. 3.323). Hoher Feinmehlanteil vermindert die Porosität der fertigen Steine, erhöht ihre mechanische Festigkeit (nach E. K. KELER u. V. P. ZEGZDHA [21] bis auf das Fünffache) und in geringem Maße ihren ta-Wert, setzt andererseits die Temperaturwechselbeständigkeit herab und vergrößert die Brennschwindung. Die Vermehrung des Feinmehlanteiles wirkt sich um so stärker aus, je reicher der Versatz an

Tabelle 88. *Formgebungsverfahren für Schamotteerzeugnisse*

	Schamotteanteil %	Feuchtigkeit %	Formgebung	Trockenschwindung %	Brennschwindung %	Maßhaltigkeit
Naßknetverfahren .... (Plastisches Verfahren)	50 bis 65	17 bis 19	mit Strang- und Nachpressen oder von Hand	3 bis 6	3 bis 5	mäßig
Halbtrockenpreßverfahren	50 bis 80	8 bis 9	mit schweren Pressen	0,5 bis 1	1 bis 2	gut
Trockenpreßverfahren .... (Hartschamotteverfahren)	80 bis 95	3 bis 5	a) mit schweren Pressen b) durch Stampfen c) durch Rütteln	0 bis 0,1	0 bis 1	sehr gut
Tonsteinverfahren a) Flint-clays (engl. u. amerik.) b) Glühschamotte	7 bis 10	7 bis 9 18	mit schweren Pressen	1 bis 2 1 bis 2	3 bis 4 10 bis 12	mäßig
Gießverfahren	50 bis 70	12 bis 20	in Gipsformen	2 bis 3	2 bis 4	mäßig bis gut

Kieselsäure ist, weil dann beim Brennen mehr Schmelze von geringerer Viskosität entsteht. Die Höhe des Feinmehlzusatzes richtet sich nach dem Verwendungszweck der Steine, er wird jeweils empirisch ermittelt.

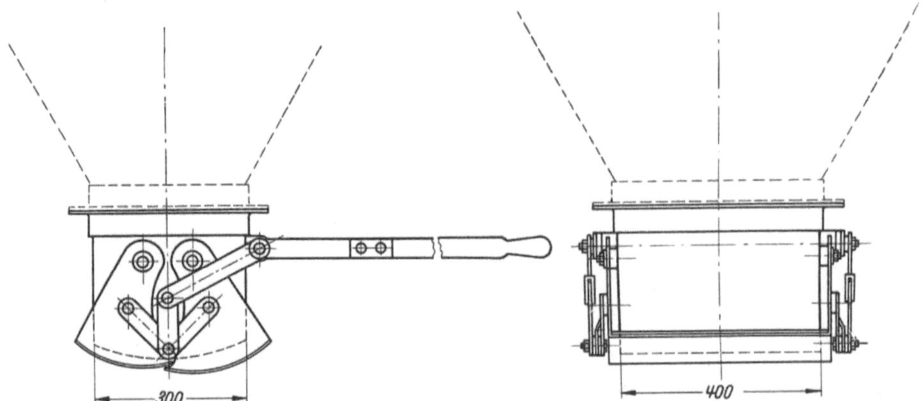

Abb. 342. Staubdichter Bunkerverschluß, Bauart Berger

Über die Zweckmäßigkeit einer Feinmehlzugabe sind in der Literatur verschiedene Ansichten geäußert worden. Nach V. SKOLA [16] ergibt eine der relativ feinmehlarmen Fuller kurve (vgl. Abschn. 1.441) angepaßte Kornverteilung aus 7 Korngrößen eine besonders dichte Packung, BENINGA [18] entwarf eine Körnungskurve für Naßpreßmassen mit stark herabgesetztem Feinkornanteil in der Annahme, daß dessen Rolle vom Bindeton übernommen

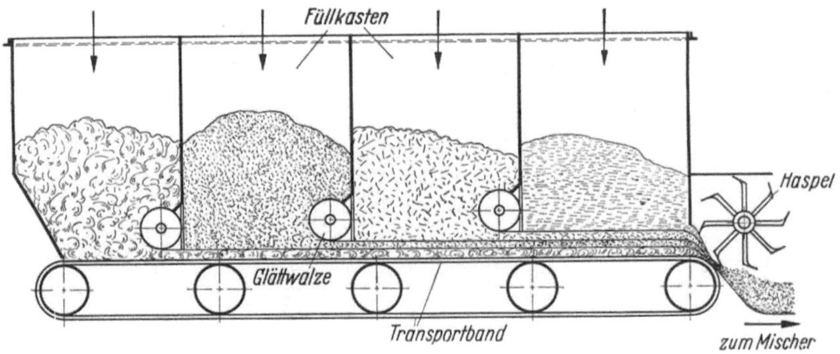

Abb. 343. Kastenbeschicker

würde. In seiner Kritik an dieser Arbeit wies A. MÖSER [19] darauf hin, daß eine dichtgepackte Masse an sich noch keinen dichten Stein ergibt, weil der Ton beim Brennen schwindet und dadurch die Porosität vergrößert wird. Er empfahl zur Bestimmung des günstigsten Masseversatzes die Messung des Leerraumes beim Schütten der gekörnten Schamotte und Berechnung der zum Ausfüllen des Leerraumes erforderlichen Tonmenge unter Berücksichtigung der Schwindung. Diese Methode aber sagt nichts über den zweckmäßigen Kornaufbau der Schamotte selbst aus. Nach S. M. SWAIN u. S. M. PHELPS [17] kann das Mittelkorn der Schamotte ohne Nachteile für die Schüttdichte weitgehend vermindert oder ganz herausgelassen werden. Ein Bindetonzusatz bis zu 12,5% lockert die Packungsdichte nur wenig auf. H. G. SCHURECHT, R. B. BURDICK und G. A. JONES [20] benutzten im Gegensatz zu Beninga mit gutem Erfolg Korngrößenverteilungen mit höherem Feinkornanteil als der Fuller- und Litzowkurve (vgl. Abschn. 1.442) entsprechen würde, ohne den Bindetongehalt einzubeziehen.

Zum Abmessen der für die Mischung erforderlichen Menge der Bestandteile dienen meist Gefäßwaagen (Abschn. 2.312, Abb. 159) oder Kastenbeschicker. Die Ton- und Schamottefraktionen werden durch staubdichte Verschlüsse (Abb. 342) aus den Bunkern in die *Gefäßwaagen* abgefüllt und zur Mischanlage gefahren. Automatische *Kastenbeschicker* (Abb. 343) arbeiten ungenauer und

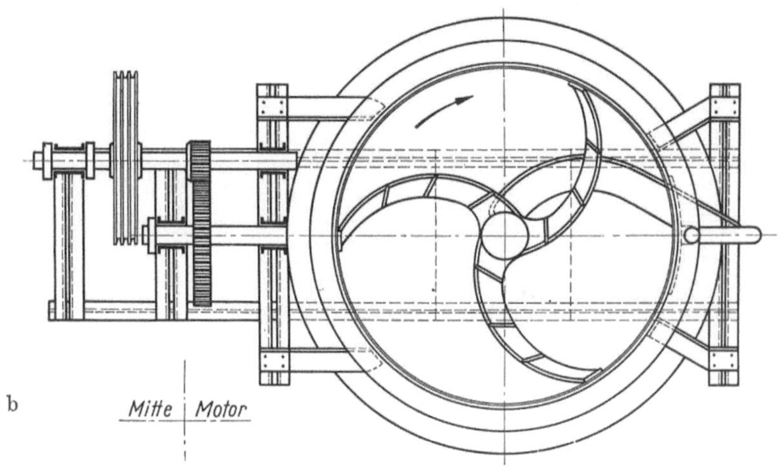

Abb. 344 a u. b. Rundbeschicker. a) Ansicht, Bauart Soest-Ferrum; b) Grundriß, Bauart Berger

werden bei Massen eingesetzt, die keine exakte Dosierung der Komponenten verlangen.

Kastenbeschicker nehmen in mehreren, fest nebeneinander montierten Kästen die verschiedenen Schamotte- und Tonanteile auf. Ein den Kastenboden bildendes, langsam umlaufendes Schuppenband nimmt aus jedem Kasten entsprechend der Einstellung vertikal verstellbarer Wandschieber die erforderlichen Anteile von Ton oder Schamotte mit. Vielfach sind an den Schiebern der Füllkästen langsam rotierende Glättwalzen angebracht. Am Auslauf des Kastenbeschickers wird die Masse durch ein Schaufelrad in die Mischanlage befördert.

An Stelle von Gefäßwaagen bzw. Kastenbeschickern werden in neuester Zeit die in Abschn. 2.314 beschriebenen *mechanischen* oder *elektromagnetischen Dosier-* und *Förderanlagen* oft in Verbindung mit Rundsiloanlagen benutzt.

Die Mischanlage soll die Masse homogenisieren, gegebenenfalls den angefeuchteten Bindeton aufschließen und ihm dadurch möglichst hohe Plastizität und Bindefähigkeit verleihen. Vollständiger Aufschluß des Tones erfordert allerdings lange Zeit, die im modernen Fabrikationsbetrieb selten zur Verfügung steht. Im allgemeinen begnügt man sich daher mit einer kurzen, dann aber

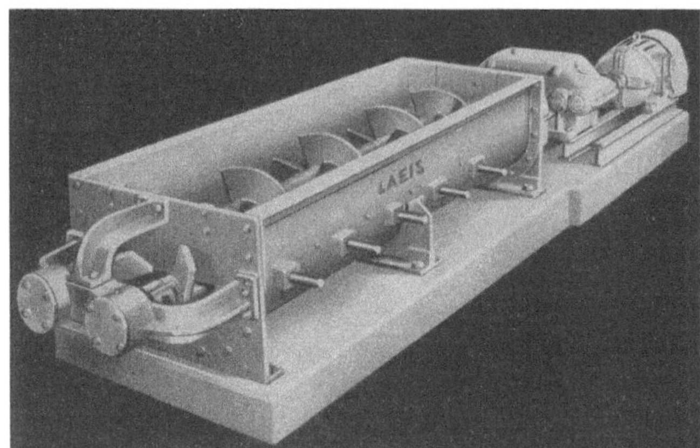

a

b

Abb. 345 a u. b. Doppelwellenmischer.　a) System Laeis;　b) System Berger

gründlichen Durcharbeitung der Masse in sogenannten Doppel- bzw. Doppelwellenmischern, Tonwölfen oder Gegenstrommischern. Doppel- bzw. Doppelwellenmischer arbeiten kontinuierlich, Gegenstrommischer diskontinuierlich, in ihnen kann also jeweils nur ein bestimmter Einsatz verarbeitet werden. In solchen Fällen kann der Anschluß an den kontinuierlichen Betrieb durch Nachschaltung von Teller- oder Rundbeschickern (Abb. 344 a und b) wieder hergestellt werden.

Der *Doppelmischer* besteht aus zwei nebeneinanderliegenden Walzen, von denen die eine direkt angetrieben und die andere durch ein Zahnradgetriebe in

entgegengesetzter Richtung gedreht wird. Durch Schneidemesser oder Rührflügel auf den Walzen wird die Masse in einer Richtung durch den Mischer hindurch bewegt. Beim *Tonwolf* und *Doppelwellenmischer* sind die Schneidemesser oder Rührflügel durch sektoren-
artige Ausschnitte von Scheiben ersetzt
(Abb. 345a u. b).

Im *Gegenstrommischer* wird die voll-
kommene Mischung durch viele und
möglichst weiträumige Lageverände-
rungen aller Mischgutteilchen erreicht.
Auf dem rotierenden Mischteller drehen
sich ein oder zwei aus mehreren Rühr-
armen bestehende, exzentrisch angeordnete Mischsterne entgegengesetzt zur
Bewegungsrichtung des Tellers (Abbildung 346). Rand- und Tellereck-

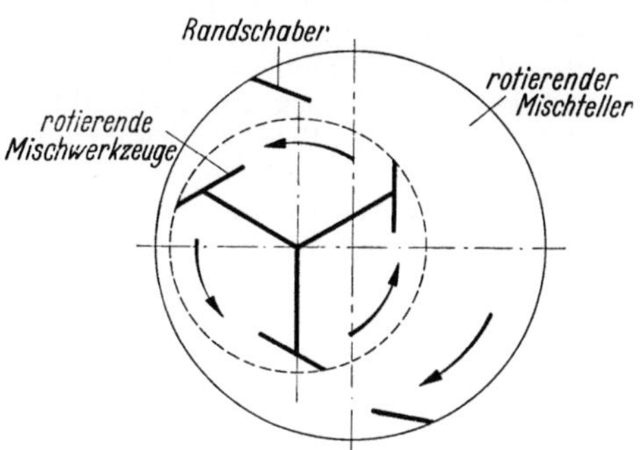

Abb. 346. Prinzipskizze eines Erich-Mischers

schaber befördern das Gut immer wieder in den Mischstern zurück. Durch die
unterschiedliche Tourenzahl von Teller und Mischwerkzeugen wird die Durch-
mischung verbessert. Neben dem Mischstern enthalten die Mischer einen Reibkoller. Für übliche Schamottemassen werden meist Mischer mit 500 bis 1000 l
Inhalt und bis zu 700 kg schweren Kollern benutzt. An leichteren Kollern klebt
der Ton rasch fest und behindert dadurch den Mischvorgang erheblich.

Zur besseren Umhüllung der Schamottekörner mit Bindeton feuchtet man
neuerdings die Schamotte mit wenig Tonschlicker oder Wasser an. Je nach der
Eigenporosität der Schamotte wird dabei die Feuchtigkeit mehr oder weniger
stark angesaugt, der Schlicker steift sich an und bildet eine plastische, fest-
klebende Hülle um die Körner. Dies Korngemisch wird zuerst allein in den
Mischer gefüllt, während des Mischvorganges werden dann die übrigen Massebestandteile – Schamottefeinmehl und restlicher Bindeton – zugegeben. Um die
getrennte Aufgabe zu erleichtern, verwendet man Gefäßwaagen mit mehreren,
einzeln entleerbaren Fächern.

Neben dem üblicherweise kalten Anmachwasser benutzt man gelegentlich
auch *warmes Wasser* oder *Wasserdampf*, die erfahrungsgemäß den Ton besser
aufschließen und damit plastischer machen. Das Vorziehen auf Strangpressen
wird dadurch erleichtert und die Trockenzeit der Formlinge wegen rascher Verdampfung des heißen Wassers verkürzt. Nachteilig ist jedoch die ständige Belästigung der Bedienungsmannschaft durch den Dampf.

In Sonderfällen werden die gemischten Massen dadurch fertig aufgeschlossen,
daß man sie – feucht und mit feuchten Tüchern abgedeckt – mehrere Wochen
in großen Gefäßen oder in Maukkellern lagert (vgl. Abschn. 3.342.5).

3.342.2 Strangpressen. Strangpressen verdichten die gut durchgemischte
Schamottemasse und bringen diese auf einen bestimmten Querschnitt. Sie bestehen aus einem meist horizontal liegenden Zylinder, der sich an der Austrittsseite des Stranges zu einem Preßkopf *6* verjüngt (Abb. 347). Vor diesem
sitzt ein auswechselbares Mundstück, dessen Form – rechteckig oder rund –
sich nach den herzustellenden Steinen richtet (Abb. 348a u. b). Für Hohlwaren

wird in der Mitte des Mundstückes ein durch Bügel an den Seitenwänden befestigter Dorn angebracht (Abb. 348 c).

Die Masse wird im Aufgabetrichter *1* eingefüllt. Zur Beschleunigung der Aufgabe dienen Knetflügel *2* oder Speisewalzen [*22*]. Im Inneren des zylindrischen Teiles wird die Masse durch die einseitig gelagerte Schneckenwelle *3* vorangeschoben, dann von der ebenfalls auf der Welle montierten Doppel- oder Druckschnecke *5* erfaßt und in den Preßkopf *6* gedrückt. Zum Schutz gegen rasche Abnutzung versieht man die Schneiden der Schnecken mit verschleißfesten Belägen. Bewährte Beläge werden vor allem von der Fa. Göbel, Remscheid, unter der Bezeichnung *Umguß* hergestellt.

Der Druck in der Presse wird durch die Reibung der bewegten Masse an den Wänden des Zylinders und vor allem des konischen Preßkopfes erzeugt. Je länger der Zylinder bzw. der Preßkopf und je stärker konisch der letztere ist, um so größer wird die Wandreibung. Starke Reibung erfordert große Antriebskräfte für die Druckschnecke und erzeugt hohen Innendruck, der wiederum stark verdichtend auf die Masse wirkt. Die Reibung hängt

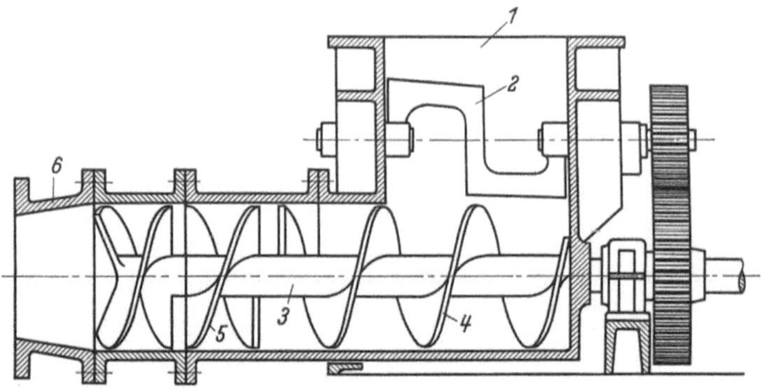

Abb. 347. Strangpresse
1 Aufgabetrichter;   *2* Knetflügel;   *3* Welle;   *4* Aufgabeschnecke;   *5* Doppelschnecke;   *6* Preßkopf

weiterhin von der Geschwindigkeit des Massevorschubs ab (vgl. Abschn. 3.126), die Druckverhältnisse in der Presse können daher durch Änderung der Tourenzahl beeinflußt werden [*23*]. Zu hohe Reibung führt zu anomaler Erwärmung des Preßkopfes und starken Verschleißerscheinungen bzw. zu einer Überbeanspruchung der Welle und der Antriebsaggregate. Bei jeder Strangpresse müssen daher Länge und Konizität des Preßkopfes, Steigung und Tourenzahl der Druckschnecke sowie der Zylinderquerschnitt im richtigen Verhältnis zueinander stehen [*23*]. Normalerweise muß der letztere 1,2 bis 1,5mal so groß sein wie der Endquerschnitt des Mundstückes. Die Zylinderdurchmesser schwanken zwischen 300 und 800 mm. Pressen mit Zylindern von mehr als 500 mm Durchmesser haben vielfach Doppelmundstücke. Der Kopf ist gewöhnlich 200 bis 300 mm lang, das Mundstück 100, maximal 250 mm — hochplastische Massen benötigen kurze, magere Massen längere Mundstücke. Mehr als 250 mm lange Mundstücke erhöhen den Energieverbrauch und vermindern die Leistung der Presse. Die Seitenwände des Mundstückes sind gewöhnlich mit 12 bis 15 %, die obere und untere Wand mit 10 bis 12 % geneigt. Zur Verminderung der Reibung am Mundstück werden dessen Innenflächen bewässert oder geölt. Dazu sind im Mundstück um die ganze Austrittsöffnung herum lamellenartig übereinanderliegende, als Wasser- oder Ölzuführer dienende Rippenbleche oder breite Filzstreifen angebracht. Bei nicht ausreichender Ölung oder Bewässerung wird die Reibung so groß, daß der Strang an seinen Rändern in etwa gleichmäßigen Abständen einreißt, eine als *Drachenzähne* bezeichnete Erscheinung (Abb. 349). Der aus dem Mundstück austretende Strang vergrößert seinen Querschnitt infolge elastischer Nachwirkung (vgl. Abschn. 3.126) um im Mittel 1 %. Diese Vergrößerung muß bei Berechnung des Schwindmaßes gegebenenfalls einkalkuliert werden.

Die beim Zerteilen der Masse durch die Messer der Schnecke und die Welle entstehenden Unstetigkeiten verschwinden im Preßkopf fast nie vollständig, da

sich die einmal getrennten Masseteilchen selbst bei dem hohen Druck im Preßkopf nicht mehr so fest miteinander verbinden wie in der ungestörten Masse.
Der Strang enthält also stets gewisse, oft mit bloßem Auge sichtbare Ungleich-

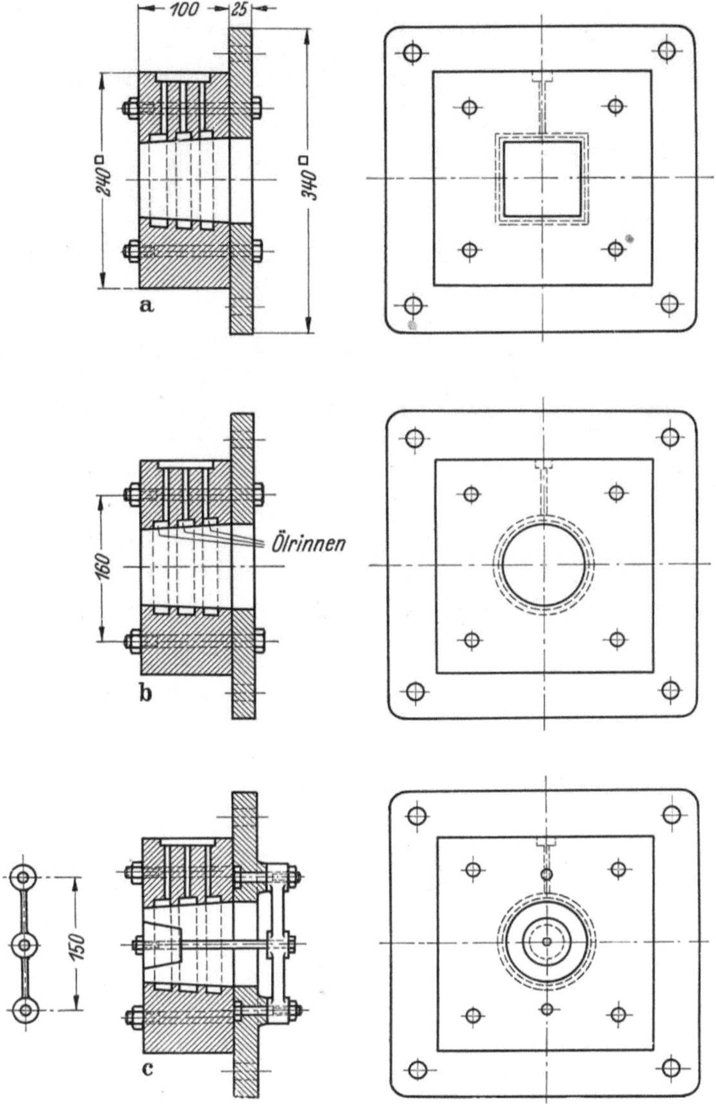

Abb. 348 a bis c. Mundstücke für Strangpressen
a) mit quadratischer Öffnung;   b) mit runder Öffnung;   c) mit runder Öffnung und Dorn

mäßigkeiten in seiner Textur. Auf alle Fälle wirken sich diese Texturen beim
Abschreckversuch (Abb. 97) oder bei der Verschlackung des Steines im Betrieb
aus (vgl. Abb. 352). Es handelt sich um

1. *Schichttexturen (Spiraltexturen)*, parallel zur Strangrichtung, hervorgerufen durch die
auf die Reibung zurückzuführende Geschwindigkeitsdifferenz zwischen Strangmitte und

Rand. Die dabei entstehenden Scherrisse (vgl. Abschn. 3.126) in Form konzentrischer Zylinder werden der Gestalt des Mundstückes entsprechend deformiert (Abb. 350a).

2. *S-Risse*, parallel zur Strangrichtung in Strangmitte, entstanden durch Zusammendrücken des durch die Welle am Wellenende hervorgerufenen Loches und spätere S-förmige Verbiegungen als Folge der sich fortsetzenden Rotationsbewegung. S-Risse sind in guten feuerfesten Erzeugnissen selten (Abb. 350b).

3. *Schalenbildung*, senkrecht zur Strangrichtung. Diese weniger bekannte Erscheinung soll nach R. KLESPER [24] dadurch verursacht werden, daß das letzte Flügelpaar der Druckschnecke einen flachen Streifen von dem Massestrang abschneidet, der später wieder angedrückt wird, ohne daß sich der Riß vollständig schließt (Abb. 350c).

Am häufigsten treten schichtförmige Texturen auf (Abb. 351). In dem Pfannenstein der Abb. 352 sind die Schichttexturen durch verschieden starken Angriff der Pfannenschlacke herausgearbeitet worden.

Die geschilderten Texturen werden durch eingeschlossene Luft verstärkt. Diese gerät bei der Aufgabe in die Masse hinein, verteilt sich während des Vorschubs mehr oder weniger gleichmäßig in ihr, sammelt sich in Rissen, Schwächezonen und dgl. an und ver-

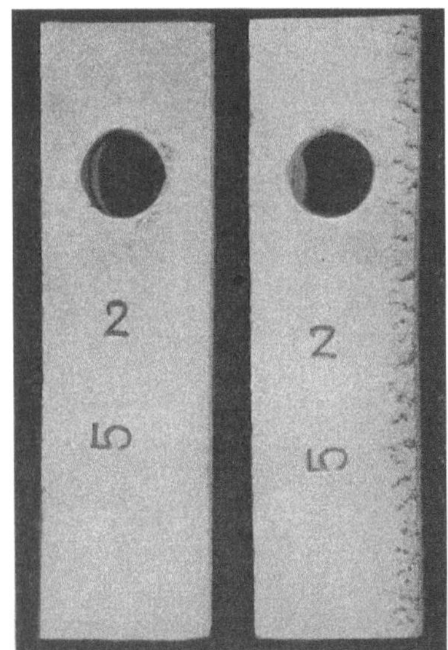

Abb. 349
Drachenzähne an Kanalstein-Rohlingen

hindert dadurch, daß sich einmal entstandene Risse wieder völlig schließen.

Entlüftete und weitgehend texturfreie Stränge stellt man auf *Vakuumstrangpressen* (Abb. 353) her. Da nur kleine Massestücke wirksam entlüftet werden können, muß der Strang beim Eintritt in die Vakuumkammer *5* zerteilt werden. Dies geschieht durch Lochscheiben *4* und umlaufende Schneidarme *6*, durch

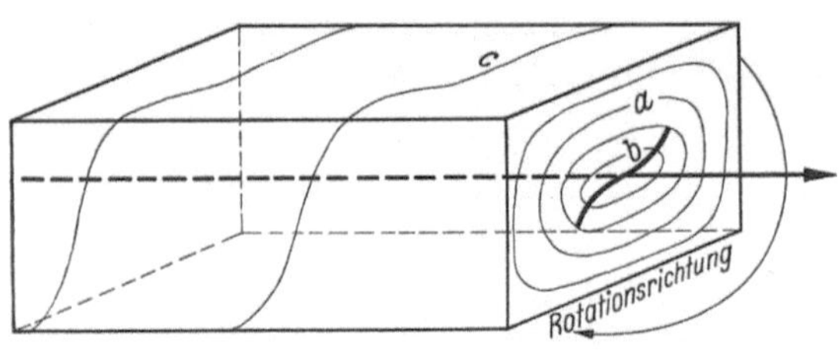

Abb. 350. Texturen in einem Strang
a Schichttexturen; *b* S-Risse; *c* Schalenbildung

Fräsmesser auf den Flügelkanten der Druckschnecke (System Soest-Ferrum, Abb. 354) oder durch schnell rotierende Schneidemesser (System Händle, Abbildung 355).

Die Vakuumkammer ist im 1. Fall seitlich am Zylinder angeordnet, im 2. Fall (Abb. 354) ist sie konzentrisch mitten im Zylinder eingebaut und äußerlich stromlinienförmig gestaltet. Der Massestrang wird durch die Förderschnecken in den Hohlraum zwischen Zylinderwandung und Vakuumkammer hineingedrückt und erhält dabei ringförmigen Querschnitt. Vor der Vakuumkammer wird der Massering von den Fräsmessern in lockere, leicht zu entlüftende Schnitzel zerteilt. Deren rauhe Oberfläche ermöglicht eine leichte Wiedervereinigung zu einem Strang nach der Entlüftung.

Bei der Händle-Presse ist die Vakuumkammer zwischen zwei auf verschiedenem Niveau liegenden Schnecken angeordnet. Der im oberen Aufgabezylinder gebildete Strang wird dort geschnitzelt und entlüftet, die Schnitzel vereinigen sich im unteren Preßzylinder erneut zu einem Strang (Abb. 355).

Wegen des in der Vakuumkammer herrschenden Unterdruckes wird die Masse an der Eingangsseite leicht in die Kammer hineingesaugt, an der Austrittsseite dagegen in ihrer Bewegung gehemmt. Der so entstehende Rückstau bringt die Gefahr mit sich, daß die Unterdruckkammer so stark mit Masse angefüllt wird, daß eine gleichmäßige Entlüftung nicht mehr erfolgen kann [25].

Die Entlüftung hat sich nach anfänglichen Schwierigkeiten besonders bei der Herstellung von Hohlwaren gut bewährt, wenn sie gleichmäßig erfolgt und später nicht durch ungeeignete Behandlung wieder Luft aufgenommen wird. Der entlüftete Strang wirkt mit erhöhter Reibung auf die Preßkopfwandungen und ruft durch die scharfkantigen Schamottekörner einen verstärkten Verschleiß hervor.

Texturen im Strang können auch durch die sog. *Aufreibemaschinen* der Fa. Laeis, Trier, vermieden werden, bei dem der Massestrang zerteilt und dann wieder zu einem neuen, senkrecht zum ersten gerichteten Strang zusammengepreßt wird. Dies Verfahren hat sich zum Vorziehen bindetonreicher Massen bewährt.

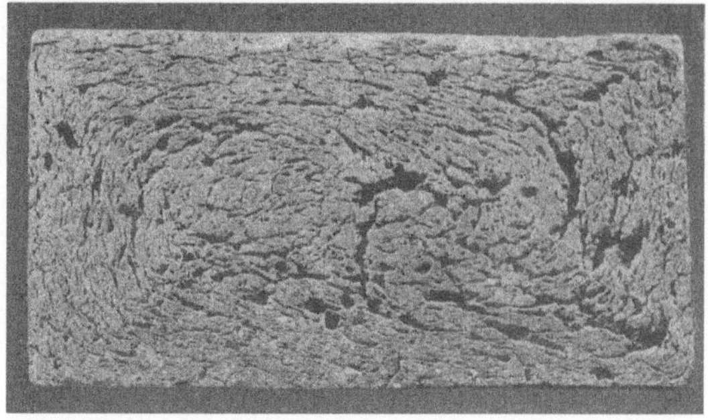

a

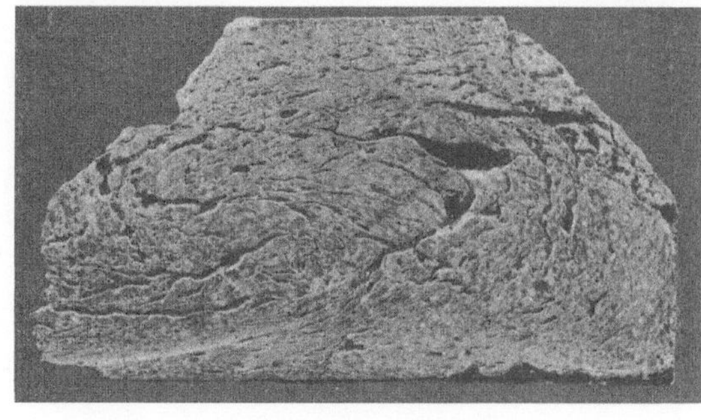

b

Abb. 351 a u. b. Durch die Strangpresse hervorgerufene Texturen
a) Schicht- oder Spiraltextur;   b) ungleichmäßige Textur

Der aus den verschiedenen Pressen austretende Strang wird mit einer einstellbaren, automatisch arbeitenden *Abschneidevorrichtung* in die für das Nachpressen erforderlichen Stücke zerteilt.

3.342.3 Nachpressen. Das Nachpressen gibt dem vorgezogenen Material die endgültige Form. Bei den plastischen, leicht verformbaren Massen genügt hierzu im allgemeinen ein Druck von 60 bis 80 kg/cm², für übliche Steinformate (rd. 300 cm²

Abb. 352. Verschlackter Pfannenstein mit Schichttexturen

Oberfläche) entspricht dies einem Gesamtdruck von weniger als 30 t.

29*

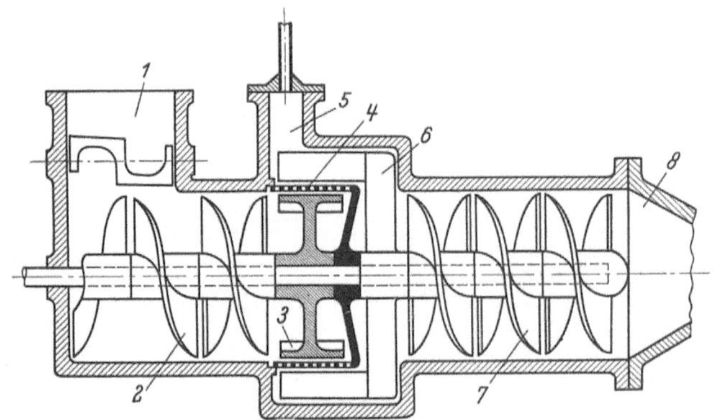

Abb. 353. Vakuum-Strangpresse

1 Aufgabetrichter mit Rührflügeln;   *2* Vortriebschnecke;   *3* umlaufendes Schaufelrad; *4* feste Siebwandungen;   *5* Vakuumraum;   *6* umlaufende Schneidarme;   *7* Druckschnecke;   *8* Preßkopf

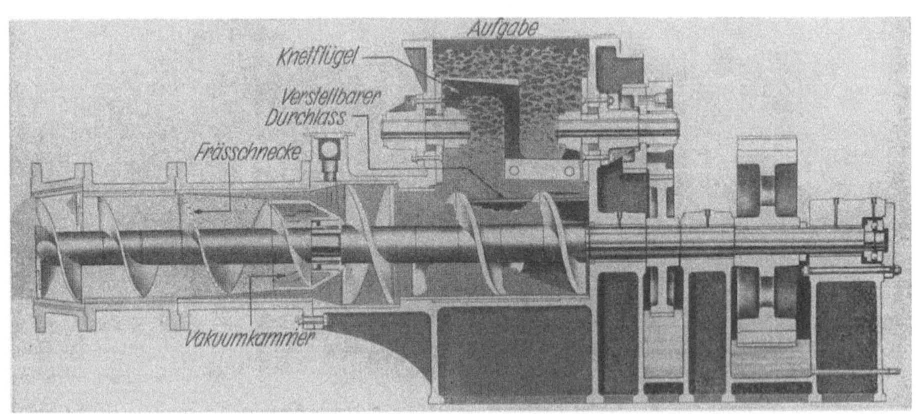

Abb. 354. Vakuum-Strangpresse, Bauart Soest-Ferrum

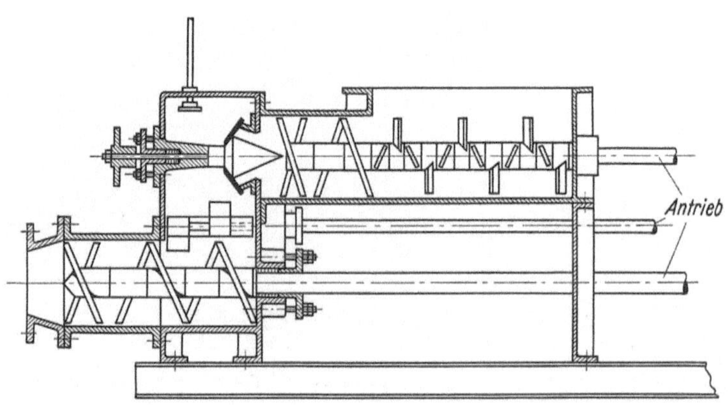

Abb. 355. Vakuum-Strangpresse, Bauart Händle

Die für diesen Arbeitsgang vorgesehenen Pressen sind daher meist leicht gebaut, z. T. sogar fahrbar. Das einfachste Arbeitsprinzip besitzen die sogenannten *Schlaghebel-* oder *Handschlagpressen* (Abb. 356) [26].

Die Bodenplatte *5* paßt sich bei ihnen in die auf einem Tisch aufgeschraubte Form *4* so ein, daß sich ihre Oberfläche in Ruhestellung in Höhe der Formoberkante befindet. Das auf Maß geschnittene Strangstück wird auf die Bodenplatte gelegt, beim Umwerfen des mit einem Gegengewicht *1* versehenen, auf einen Exzenter *2* wirkenden Schlaghebels senkt sich die Bodenplatte, damit das Strangstück in die Form rutschen kann, gleichzeitig bewegt sich der an der Traverse *3* befestigte Oberstempel nach unten und drückt in die feststehende Form. Durch Zurückdrücken des Schlaghebels geht der Oberstempel in seine Ausgangslage zurück, und der fertige Formling wird durch Heben der Bodenplatte ausgestoßen. Das abgeschnittene Strangstück muß etwa das gleiche Volumen besitzen wie der zu pressende Stein, weil nur selten Spritzlöcher zur Abgabe der überschüssigen Masse vorhanden sind und beim Naßpressen keine Verdichtung erreicht wird.

Die Schlaghebelpressen oder die ähnlich gebauten Handradpressen leisten bis zu 7000 Normalsteine in einer 8stündigen Schicht. Abb. 357 zeigt eine fahrbare, elektrische Nachpresse, Bauart Berger.

Moderne *Exzenter-* oder *Kurbelpressen* (Abb. 358 und 359a u. b) arbeiten halbautomatisch.

Der Formtisch mit eingelassener Form steht fest, beim Pressen senkt sich auch hier die Bodenplatte zur Aufnahme des Strangstückes (*Batzen*), gleichzeitig fährt der Oberstempel nach unten und drückt in die Form. Die Batzen können etwas größer sein als die Form. Zuviel eingebrachte Masse wird durch Spritzlöcher herausgedrückt, die Form ist daher stets voll ausgefüllt. Der Exzenter besitzt kurz vor der tiefsten Stellung des Oberstempels eine kleine Aussparung. Der Oberstempel wird dadurch vor Erreichen des vollen Enddruckes kurz angehoben und gibt der in der Masse eingeschlossenen Luft Gelegenheit zum Entweichen [26].

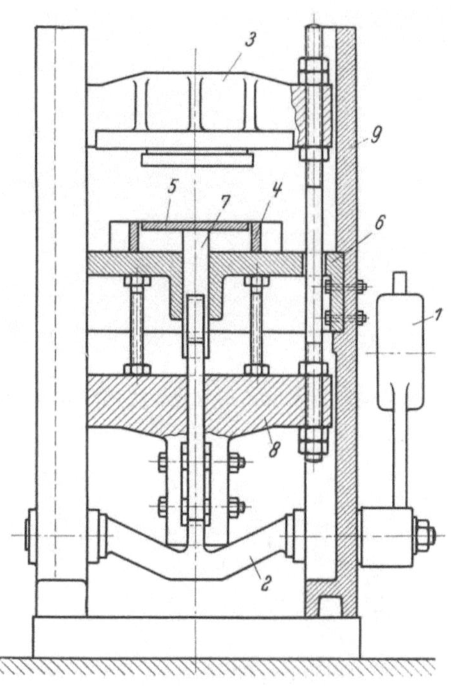

Abb. 356. Schlaghebelpresse
1 Gegengewicht;　　*2* Zungenwelle;　　*3* Traverse;
4 Formkasten;　　*5* Bodenplatte;　　*6* Formtisch;
7 Ausstoßdorn;　　*8* Kreuzstück;　　*9* Ständer

Bevor die Batzen in die Presse gelangen, werden sie mit *Formöl* bestrichen, um die Reibung in der Form zu vermindern und das Festkleben zu vermeiden. Dies geschah früher von Hand, moderne Pressen besitzen eine Ölzerstäubungsanlage, die einen gleichmäßigen Ölfilm an der Oberfläche des Batzens erzeugt, oder Walzen zum Auftragen des Öles (Abb. 359a, *1*). Zur Zuführung des Batzens und zum Fortschieben der gepreßten Formlinge dienen Schwenkarme mit einem Mitnehmer (Abb. 359a, *2*).

Die fertigen Formlinge können automatisch von der Presse abgenommen werden (Abb. 359b). Vor dem Preßtisch liegt dann auf einem Rollgang ein Absetzblech, auf das man die Formlinge mit leichtem Handdruck schiebt. Ist

Abb. 357
Fahrbare elektrische Nachpresse, System **Berger**

Abb. 358. Große Exzenterpresse, Bauart **Berger**

das Blech voll belegt, rollt es durch eine Transportanlage zum Niederlaß und wird von dort in einem 10-Etagenwagen oder Gabelstapler zur Trocknerei gefahren (vgl. Abschn. 2.351).

Derartige Schamottesteinpressen können bis zu 19 bis 20 Hübe pro Minute ausführen und leisten dann in einer Schicht 15000 Normalsteine, wenn – wie üblich – zwei Steinformen nebeneinander eingesetzt werden.

Außer Vollware werden auf den schwereren Schamottepressen auch große und komplizierte Formsteine, z. B. Winderhitzer- oder Gittersteine, geformt. Für Hohlwaren benutzt man Strangprofile mit zylindrischen Durchbohrungen. Am Oberstempel befestigte, lange Dorne greifen beim Formen in diese Löcher ein.

Die mechanisch stark beanspruchten Formen stellt man aus naturhartem, verschleißfestem Stahl, Schalenhartguß oder zementierten, evtl. auch nur gehärteten Stahlplatten bzw. -blechen her. Besonders hat sich die Stahlqualität *Bova 12* der Edelstahlwerke Krefeld bewährt. Formenbeläge aus diesem Material halten bis zu 650000 Pressungen aus, sie können anschließend bei hinreichender Dicke noch gewendet werden. Nach R. KLESPER [*26*] schweißt man besonders harte Metalle (hochlegierte Wolframstähle oder Schneidemetalle) auf Weicheisenplatten elektrisch auf. Die Formplatten werden in automatisch arbeitenden Maschinen auf Maß geschliffen, anschließend poliert. Ober- und Unterstempel werden so in die Form eingepaßt, daß sie saugend anliegen und sich gleichmäßig in ihr bewegen, jede Undichtigkeit hat Formfehler und stärkeren Verschleiß zur Folge.

In den Abmessungen der Formen muß die Trocken- und Brennschwindung berücksichtigt werden (vgl. Abschn. 3.13 u. 3.14), d. h.

die Formen müssen um das sog. *Schwindmaß*, im Mittel 5 bis 6% größere Abmessungen besitzen, als das Fertigprodukt aufweisen soll.

3.342.4 Pressen für Hohlwaren und Verschleißmaterial [27]. Für das Formen von Stopfenstangenrohren, Trichterhauben, Trichterrohren, Königsteinen und Kanalsteinen verwendet man Spezialpressen.

Einfache zylindrische Hohlwaren wie *Stopfenstangen-* und *Trichterrohre* werden als Hohlkörper, d. h. mit einem Dorn auf der Strangpresse, vorgezogen. Die Strangstücke schiebt man über einen horizontal liegenden Dorn, der einseitig an einem auf einer Schiene laufenden Druckstempel befestigt ist, fährt den Druckstempel mit aufgezogenem Strangstück in einen Preßzylinder und preßt ihn gegen einen zweiten freien, ebenfalls auf der Schiene befestigten Druckstempel. Die Profilierung mit Nut und Feder wird den Rohrenden durch die Druckstempel aufgeprägt. Nach dem Zurückfahren wird das fertige Rohr vom Dorn abgenommen. Der Antrieb kann von Hand mit einer Kurbel oder elektrisch erfolgen.

Neben diesen horizontal arbeitenden Pressen sind auch solche mit vertikaler Preßeinrichtung nach dem Prinzip der Kniehebelpressen arbeitende sog. *Stanzen* in Betrieb (Abb. 360).

Das vorgezogene Strangstück wird über einen vertikalen Dorn

a

b

Abb. 359 a u. b. Vollautomatisch arbeitende Kurbelpresse, Bauart Giebeler
a) Aufgabeseite
1 Beölungsanlage; *2* Schwenkarm;
b) Abnahmeseite mit automatischem Transport der Absetzbleche

geschoben, bis es auf der unteren, mit dem Dorn festverbundenen Stempelplatte steht. Dann wird von unten die Form darübergezogen, ihre Lage mit Bajonettverschluß gesichert, der Oberstempel daraufgesetzt und mit der Kniehebelkonstruktion nach unten gedrückt, bis etwas Masse aus den Spritzlöchern ausgetreten ist. Hierauf wird der Oberstempel entfernt, die Form nach unten gedrückt und der Formling vom Dorn abgehoben. Dies erfordert Kraft und muß vorsichtig geschehen, um den Formling nicht zu beschädigen. Aus diesem Grunde werden vielfach horizontal arbeitende Pressen vorgezogen.

Neuerdings wurden automatische Rohrpressen mit vertikaler Preßeinrichtung entwickelt.

Kleinere Kniehebelpressen dienen zur Herstellung von *Königsteinen*. Wegen der komplizierten Form dieser Steine muß die Masse besonders weich gehalten werden. Zum Pressen genügt ein Druck von $\sim$20 kg/cm² gegenüber 30 bis 50 kg/cm² bei einfacheren Formsteinen.

Kanalsteine stellt man meist auf horizontal arbeitenden Pressen her (Abb. 361).

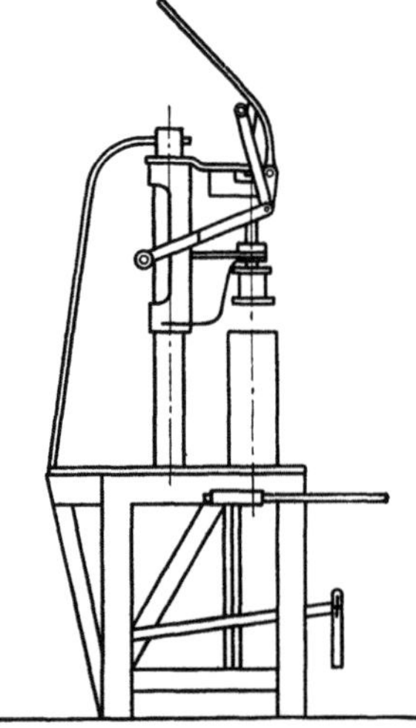

Abb. 360. Kniehebelpresse (Stanze), Bauart Giebeler

Die Stempel laufen auch hier auf Schienen, der Druckzylinder hat entsprechend der Kanalsteinform quadratischen Querschnitt. Beide sind auswechselbar, Steine verschiedener Länge, aber mit gleichem Querschnitt, können auf derselben Presse hergestellt werden. An einem der beiden Preßköpfe ist der zum Formen des Kanals dienende Dorn *3* befestigt. Beim Preßvorgang fährt der Stempel *1* zusammen mit dem Formkasten *4* gegen den ruhenden Stempel *2*. Nach dem Formen wird der Formling durch Verschieben des Preßstempels *1* vom Dorn abgestreift.

Für die Herstellung von Endsteinen wird ein kurzer Dorn in die Form eingesetzt, das Strangstück etwas länger abgeschnitten und der freie, sonst die Feder eindrückende Stempel *2*

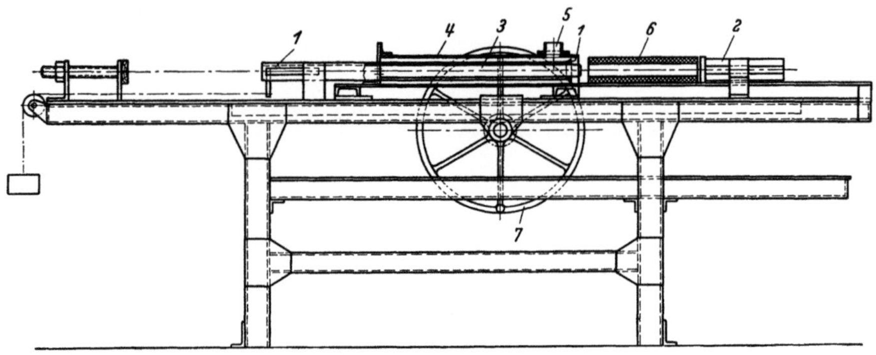

Abb. 361. Handradpresse für Kanalsteine

1 Preßstempel in Ausstoßstellung;   *2* Preßstempel;   *3* Dorn;   *4* Formkasten;   *5* Öffnung für Steiglochbohrer;   *6* Formling;   *7* Antriebsrad

durch einen glatten ersetzt. Beim Einschieben in den Preßzylinder drückt der glatte Stempel die zuviel abgeschnittene Masse zusammen und verschließt so das Loch. Es kann vorkommen, daß die Ölhaut an der Strangoberfläche Preßfalten hervorruft, die den Verschluß undicht machen. In solchen Fällen kann man die Endsteine durch pfropfenartige Verschlußstücke abdichten. Zur Entfernung von überschüssiger Masse und eingeschlossener Luft versieht man die Form, die Stempel und den Dorn mit Spritzlöchern. Das Steigloch markiert man entweder nach der Abnahme von der Presse von Hand mit Hilfe einer Schablone und stößt es mit einem Rohr aus dünnem, scharfem Blech aus oder führt den Ausstoßer in eine dafür vorgesehene, sonst verschlossene Öffnung 5 im Preßzylinder ein, wenn sich der Formling noch in der Presse befindet.

Nach neueren, verbesserten Verfahren verwendet man um die Längsachse rotierende, einseitig abgeflachte Dorne. Dadurch wird die Formgebung verbessert und beschleunigt, außerdem kann die bei der Endstein-Herstellung im hinteren Teil eingeschlossene Luft leicht entweichen. Auf Putztischen werden schließlich anhaftende Grate von Hand oder besser durch leichtes Andrücken gegen entsprechend geformte, rotierende Scheiben beseitigt.

Trichterartige Steinformen wie *Trichterhauben* oder *Ausgüsse* werden aus vollen Strangstücken meist auf Pressen mit rotierendem Oberstempel ähnlich

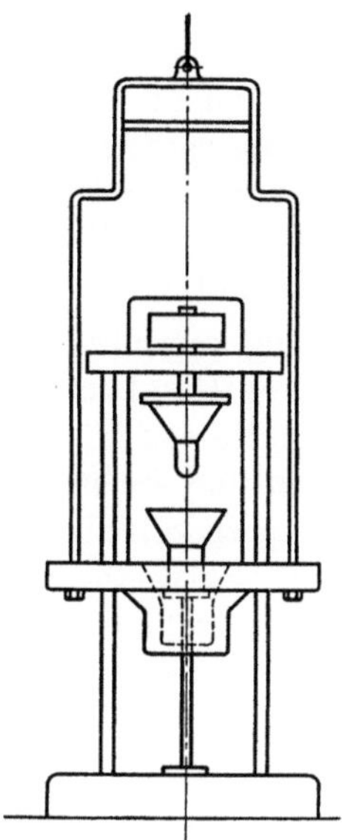

Abb. 362. Presse für Trichterhauben

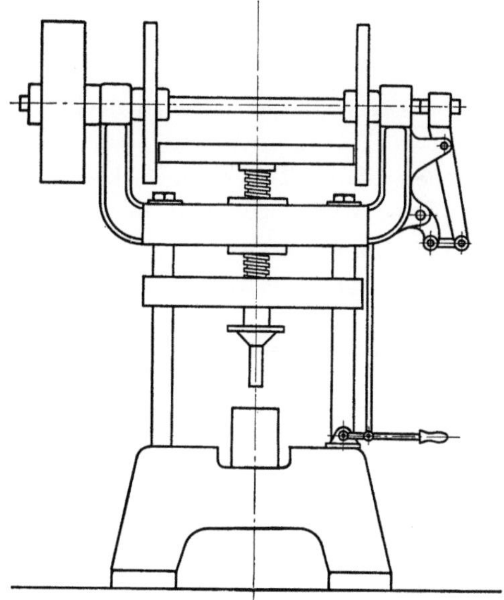

Abb. 363. Friktionsspindelpresse für Ausgüsse

den *Blumentopfpressen* hergestellt (Abb. 362). Bei der Rotation verteilt sich die Masse wegen der starken plastischen Verformung gleichmäßig.

Man wirft den — wie bei Königsteinen — besonders weichen Batzen mit Schwung in die Form und drückt diese durch Hebelübertragung oder mit einem Flaschenzug kräftig nach oben gegen den rotierenden Oberstempel. Herausgepreßte überschüssige Masse wird mit der Hand abgestrichen. Die Form wird anschließend mit dem Formling wieder gesenkt, und zwar der kegelförmige Teil etwas tiefer als der waagerechte Formboden. Der Formling steht dann frei auf dem Formboden und kann leicht abgenommen werden.

Vorwiegend für Ausgüsse verwendet man leichte *Friktionsspindelpressen* mit in vertikaler Richtung beweglichem, aber nicht rotierendem Oberstempel und feststehender Form (Abb. 363).

Die Masse wird in die Form geworfen, dann der Oberstempel nach unten in die Masse gepreßt. Beim Zurückfahren klebt der Formling meist am Oberstempel und wird vorsichtig abgenommen. Für Ausgüsse mit Absatz entsprechend Abb. 364b werden Ringe entsprechender Größe in die Form eingelegt.

Stopfen (Abb. 364a) formt man üblicherweise auf kleinen *Handspindel-pressen* [27] (Abb. 365).

Man wirft einen Batzen in die Form, drückt mit einem konischen Holz eine Vertiefung für die Schraubspindel ein und dreht dann die Spindel mit der mitrotierenden oberen Stempelplatte und Gewindespindel herunter, bis die Stempelplatte saugend eingepaßt ist. Überschüssige Masse wird wie üblich durch Spritzlöcher in Form und Stempelplatte herausgedrückt. Die Gewindespindel schneidet das Stopfengewinde mit der anschließenden Durchbohrung für das Entlüftungsloch im Stopfenkopf ein.

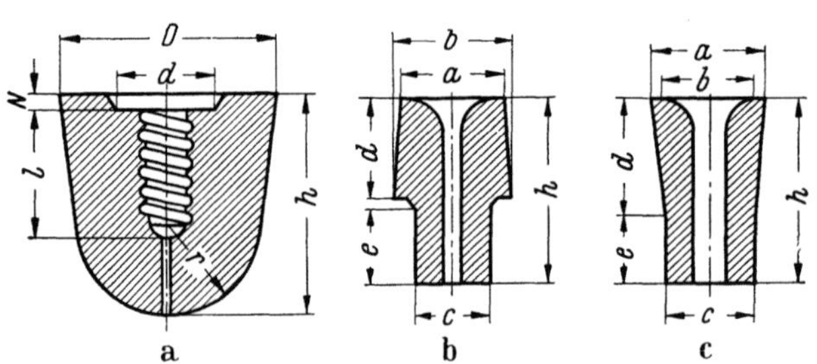

Abb. 364a bis c. Stopfen und Ausgüsse
a) Stopfen;   b) Ausguß, von unten (außen) her einzusetzen;
c) Ausguß, von oben (innen) her einzusetzen

Massen für Stopfen und Ausgüsse werden in Deutschland vorwiegend aus hochplastischen Pfälzer Tonen (vgl. Abschn. 3.246) hergestellt, mehrere Male auf der Strangpresse vorgezogen und mindestens 3 Wochen gemaukt.

3.342.5 Handformung [28]. Maschinell nicht herstellbare, komplizierte Steinformate und nur in geringer Stückzahl benötigte werden von Hand geformt. Die dafür benutzten Massen müssen leicht verformbar sein und enthalten daher meist mehr Feuchtigkeit als Preßmassen, sie werden entweder auf einer Strangpresse mit großem Mundstück (einfacher Eisenrahmen) vorgezogen oder sofort nach dem Mischen verarbeitet. Beim Formen mit *vorgezogenen Batzen* ist weniger Handarbeit erforderlich, weil die Massen schon vorverdichtet sind. Lunker, Texturen, Quetschfalten und andere Formfehler lassen sich daher leichter vermeiden, der Feuchtigkeitsgehalt kann geringer, der Schamotteanteil höher sein als bei nicht vorgezogenen Massen.

Die Formen bestehen aus innen mit Blech ausgeschlagenem Holz und sind auseinandernehmbar (Abb. 366). Für große Formate benutzt man zusammengesetzte Formen aus einer äußeren Mutterform und einem mit Keilen festgeklemmten Einsatz (Abbildung 367). Sie ermöglichen das Entformen ohne Deformation der Rohlinge.

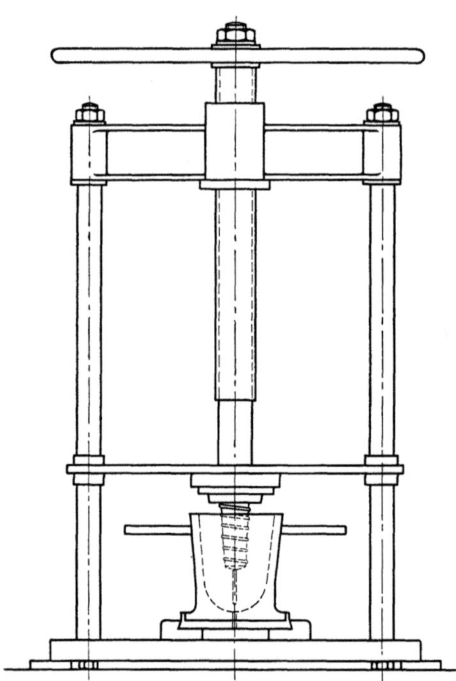

Abb. 365. Handspindelpresse für Stopfen

Vor Gebrauch ölt man die Formen ein und bestreut sie leicht mit Sand, damit die Masse nicht anklebt. Der Former schneidet dann mit einem Draht ein Stück des Batzens ab,

knetet es durch, um die eingeschlossene Luft wenigstens teilweise zu entfernen, wirft es
kräftig in die auf dem Tisch stehende Form und stampft die Ecken mit einem Stampfer
fest. Er stößt dann die Form fest auf, schneidet überschüssige Masse mit dem Draht ab
und glättet die Oberfläche mit einem Abstreicheisen. Zum Lösen lockert er den Formling
durch leichtes Aufstoßen der hochkant gestellten Form an den Ecken, wendet die Form
und zieht sie nach oben ab. Um das Aufstoßen der Form zu erleichtern, sind von der

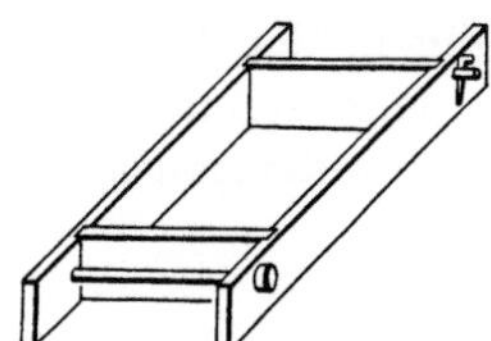

Abb. 366. Handform für Schamottesteine

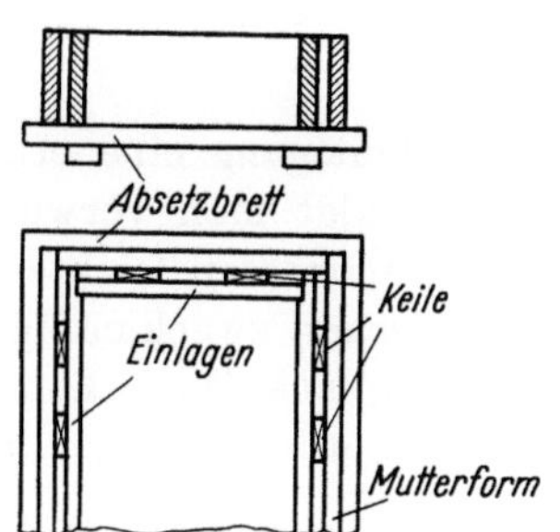

Abb. 367
Handform mit Einsatz für Schamottesteine

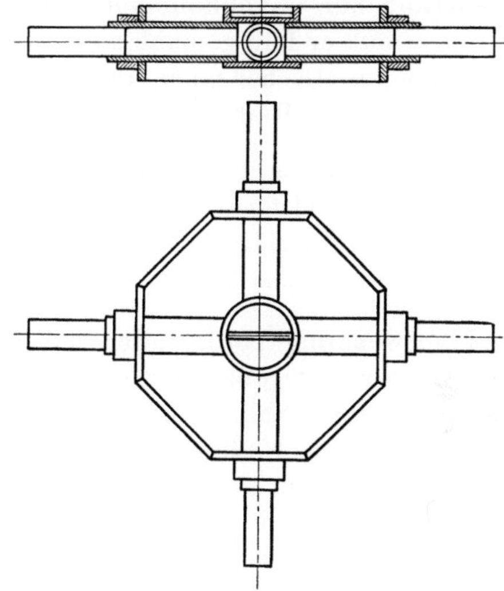

Abb. 368
Handform für Königsteine

Fa. Horn, Worms, mit Exzenter betriebene *Falltische* entwickelt worden. Bei zusammengesetzten Formen zieht man die Mutterform nach oben ab, löst die Einlagen vorsichtig vom
Rohling, drückt sie leicht wieder an und entfernt sie schließlich.

Seltener arbeitet man bei der Handformung nach dem *Einwerfverfahren*. Der Former
drückt dabei den Batzen mit der linken Hand gegen seine Brust, löst mit der rechten Stücke
ab und wirft sie kräftig in die eingeölte Form, bis
der Boden mit einer Lage bedeckt ist. Er stampft
die Lage mit einem Handstampfer fest, rauht die
Oberfläche mit einem Kratzer auf und bringt weitere
Lagen in gleicher Weise ein, bis die Form gut gefüllt
ist. Schließlich wird die überstehende Masse (ver-
lorener Kopf) abgeschnitten, der Formling geglättet
und aus der Form gelöst.

Beim Herstellen von *Königsteinen* verwendet man Matrizen aus Stahl, wie sie Abb. 368
als Beispiel für einen einfachen, vierläufigen
Königstein zeigt.

Nach Einfüllen der Masse und Aufdrücken der
Deckplatte werden die losen Laufrohre herausgezogen, Mittelstück und Seitenwände gelöst und die
fertigen Formlinge abgenommen. Massen für Königsteine sind meist sehr feinkörnig
(vgl. Tab. 89).

Tabelle 89
*Siebanalyse und Feuchtigkeitsgehalt
einer Schamottemasse für Königsteine*

Körnung mm	Masse %	Feuchtigkeit %
über 3	—	
über 2	3	
über 1	12	
über 0,5	11	
über 0,25	9	20—25
über 0,12	8	
über 0,06	1	
<0,06	56	

Allgemein verlangt die Handformung besonders hohe Sorgfalt, Gewissen-
haftigkeit und handwerkliches Können.

3.343 Halbtrockenpreßverfahren
(früher Trockenpreßverfahren)

Halbtrockenpreßmassen enthalten 50 bis 80% Schamotte, 50 bis 20% Bindeton und zusätzlich zur Trockensubstanz nur 8 bis 9% Feuchtigkeit. Der Ton entwickelt seine plastischen Eigenschaften und Bindekraft bei so geringen Feuchtigkeitsgehalten nur unvollkommen. Um ihn gleichmäßig in der Masse verteilen zu können, muß er fein gemahlen sein, außerdem ist eine getrennte Aufgabe der Bestandteile im Mischer noch notwendiger als beim Naßpreßverfahren. Sie wird gewöhnlich in der Reihenfolge vorgenommen:

1. Schwach angefeuchtetes Schamottekorn;
2. Hälfte des Bindetones;
3. Schamottefeinmehl;
4. Rest Bindeton und Wasser.

Bei Verwendung poröser Schamotte muß im 1. Arbeitsgang eine erhöhte Menge Wasser zugegeben werden. Zum Mischen verwendet man vorwiegend *Gegenstrommischer* (Abb. 346). Obwohl sich Halbtrockenpreßmassen leichter verarbeiten lassen als Naßformmassen, rüstet man die Mischer zweckmäßig mit schweren, aber leicht angehobenen Kollern (bis zu 700 kg) aus. Die Schamottekörner dürfen durch die Koller nicht so stark zerdrückt werden, daß der Kornaufbau verschlechtert wird.

Wegen ihrer geringeren Plastizität müssen Halbtrockenpreßmassen mit erheblich höherem Druck geformt werden, als ihn die für das Naßpreßverfahren üblichen Nachpressen liefern. Die Kapillaren in der Masse sind nur teilweise mit Wasser gefüllt, enthalten also stets Luft. Beim Pressen schließen sich viele Poren, die Luft wird verdrängt und die Feuchtigkeit verteilt sich gleichmäßiger, daher wird die Masse leichter verformbar, wenn die eingeschlossene Luft entweichen kann. Um dies zu ermöglichen, muß der Druck wie bei Silikamassen (vgl. Abschn. 2.344/46) langsam oder in mehreren Stufen aufgebracht werden. Außerdem ist es zweckmäßig, den Druck von beiden Seiten gleichzeitig wirken zu lassen.

Infolge der Reibung an den Seitenflächen der Form verringert sich der auf eine Oberfläche der Masse aufgebrachte Druck mit steigendem Abstand von dieser Oberfläche, ist also an der ihr gegenüberliegenden Oberfläche merklich niedriger. Gleichlaufend vermindert sich die Verdichtung des Materials – zu erkennen am entsprechenden Anstieg der Porosität.

Nach P. P. Budnikow [*29*] z. B. nehmen die offenen Poren bei einer Ziegelmasse mit 6,2% Feuchtigkeit innerhalb eines Rohlings von 28,4% an der Druckseite auf 31,2% an der gegenüberliegenden, mithin um 2,8% zu. Bei einer Masse mit 9,3% Feuchtigkeit ergeben sich als entsprechende Zahlen 24,6% bzw. 26,2% mit der geringeren Differenz 1,6%.

Mit wachsendem Feuchtigkeitsgehalt nähert sich demnach das Verhalten der Masse unter Druck dem einer Flüssigkeit, in der überall der gleiche Druck herrscht, die Wandreibung also keinen Einfluß hat. Das ist der Fall etwa beim Nachpressen der wenig komprimierbaren plastischen Massen. Diese werden erst durch die Trockenschwindung verdichtet, ohne allerdings die Dichte halbtrockengepreßter Massen zu erreichen.

Nach anderer Ansicht [*30*] hängt die Ungleichmäßigkeit der Struktur bei einseitigem Pressen primär von den verschieden starken Verschiebungen innerhalb der Masse sowie zwischen Masse und Form ab. Diese Verschiebungen sind am größten an der Druckseite (größte Verdichtung), während der ruhende Teil, besonders bei grobkörnigen Massen an Ecken und Kanten bröcklig bleibt. Dieser Auffassung liegt die früher erwähnte Tatsache zugrunde, daß die innere Reibung in einer bewegten Masse geringer ist als in einer ruhenden (Strukturviskosität, vgl. Abschn. 3.125/26).

Um ausreichende Bewegungen innerhalb der Masse hervorzurufen, genügt es bereits, an der ruhenden Seite einen zusätzlichen geringen Druck von $\sim$10 kg/cm^2 aufzubringen. Von der anderen Richtung kann dann stark gepreßt werden, ohne daß Ungleichmäßigkeiten in der Struktur zu befürchten sind. Der gleiche Effekt läßt sich durch eine Federung des Formkastens erzielen (vgl. Abschn. 2.346).

Da alle Steine gleiche Abmessungen und Dichte haben sollen, muß streng darauf geachtet werden, daß stets die gleichen Mengen an Masse in die Form gelangen und gleichmäßig in ihr verteilt werden. Die Masse kann entweder mit Hilfe einer Schnellwaage (gewichtsmäßig) oder von Füllkästen (volumenmäßig) zugeteilt werden. Die Bemessung nach dem Volumen fügt sich zwar dem Arbeitsgang besser ein, ist aber weniger genau als diejenige nach dem Gewicht. Über der Form hin und her bewegte Füllkästen ohne Boden müssen immer gleich hoch gefüllt sein, damit die Masse unter stets gleichen Bedingungen gepreßt wird, andernfalls treten die bereits in Abschn. 2.343 erwähnten Fehler auf. Beim Einlaufen in die Form kann sich die Masse entmischen, beim Glattstreichen wird sie häufig in der Streichrichtung zusammengepreßt. Dadurch entstehen besonders dann Dichteunterschiede, wenn mehrere Steinformen nebeneinanderliegen. Im ganzen gesehen bereitet der scheinbar so einfache Vorgang des Einfüllens und Abmessens der Masse technisch beträchtliche Schwierigkeiten.

Für das Formen eignen sich u. a. *hydraulische Pressen*, wie sie auch bei der Silikasteinherstellung benutzt werden (vgl. Abschn. 2.344, Abb. 167 u. 168). Da der Druckverlauf bei ihnen regulierbar ist, arbeiten sie weich und langsam, allerdings bei relativ geringer Leistung. Sie sind meist so konstruiert, daß der Druck doppelseitig ausgeübt wird.

Gute Ergebnisse liefern auch *Kniehebel-* und *Friktionsspindel-Pressen* (vgl. auch Abschn. 2.345/46). Besonders schnell arbeiten die Boydpressen. Sie führen 8 bis 9 Hübe in der Minute aus, bei 6 Formen produzieren sie demnach rd. 3000 Steine pro Stunde.

Für Normal- und einfache Formsteine werden meist mechanisch oder hydraulisch arbeitende *Drehtischpressen* benutzt (vgl. Abschn. 2.347). Bei ihrer Konstruktion müssen zwei einander widerstrebende Prinzipien vereinigt werden. Da sie für die Massenproduktion eingesetzt werden, müssen sie schnell arbeiten, auf der anderen Seite muß gerade bei der Herstellung von Halbtrockenpreßsteinen auf langsame Drucksteigerung geachtet werden. Um diese Gegensätze zu überbrücken, teilt man häufig den Preßvorgang in zwei Arbeitsgänge auf. Die Masse wird zunächst zwecks Entlüftung leicht vorgepreßt und erhält im zweiten Arbeitsgang den eigentlichen Formdruck.

Die anzuwendenden Preßdrucke betragen 300 kg/cm² und mehr. Für die Formen und Stempel müssen beste verschleißfeste Werkstoffe verwandt werden (vgl. Abschn. 2.347 u. 3.342.3).

Die Preßstempel werden in manchen Fällen durch Dampf oder elektrisch beheizt. Dadurch wird die eingeschlossene Luft stark verdünnt und die für das Pressen zunächst notwendige Feuchtigkeit so weit gesenkt, daß die Preßlinge nur kurze Zeit oder überhaupt nicht getrocknet zu werden brauchen. Der gleiche Effekt wird durch Vorwärmung der Masse auf 90 bis 100° C vor dem Einfüllen in die Form erreicht [31, 32].

Zum Halbtrockenpressen werden zwar größere und schwerere Maschinen benötigt als zum Verarbeiten plastischer Massen, dafür fällt aber das Vorziehen auf der Strangpresse fort und die Formlinge benötigen nur sehr kurze Trockenzeit. Sie sind so fest, daß sie zum Trocknen sofort auf Tunnelofenwagen gesetzt und nach Durchgang durch den Tunneltrockner ohne Umsetzen in den Tunnelofen geschoben werden können. Verteuernd wirken beim Halbtrockenpreßverfahren die hohen Formkosten, der starke Formenverschleiß und die meist geringere Leistung der Pressen. Im ganzen gesehen ist dieses etwas aufwendiger als das Naßpreßverfahren.

3.344 Trockenpreß- oder Hartschamotteverfahren

Die Verarbeitung von wenig nachschwindenden Massen mit hohem Schamotteanteil (80% und mehr) wurde bereits im DRP 468798 der Dynamidon-Werke vorgeschlagen. Die geringe Bindetonmenge läßt sich dabei nur dann gleichmäßig in der Masse verteilen, wenn sie sehr fein gemahlen ist [33] oder wenn sie durch Zugabe von Wasser und geeigneten Elektrolyten [34] in Mengen von 1,0 bis 1,5 %, bezogen auf die Trockensubstanz des Bindetones, in einen gießfähigen Schlicker umgewandelt wird (S.- und G.-Konstant-Verfahren der Fa. Scheidhauer u. Gießing, später Didier-Werke). Als verflüssigende Elektrolyte verwendet man zweckmäßig Alkalikarbonate (Soda), Alkalisilikate (Wasserglas), Ammoniak, hochmolekulare Schutzkolloide (Kasseler Braun) u.s.w. (vgl. Abschn. 3.123). Der Wassergehalt ist noch niedriger als bei Trockenpreßmassen, er beträgt gewöhnlich 3 bis 5%, auf die Gesamtmasse bezogen.

Die Schamottekörner müssen gleichmäßig von der Bindesubstanz umhüllt sein. Dies erreicht man u. a. dadurch, daß man den Gießschlicker mit Schamottefeinmehl versetzt und ihn dann unter die gröbere Schamottekörnung mischt [35]. Man hat auch vorgeschlagen, die Bindemittel in Form einer Nebel- oder Staubwolke mittels Druckluft auf die im Mischer befindliche Schamottekörnung aufzuspritzen [36], oder eine trockene Rohmischung aus Schamotte, Ton und festen Elektrolyten herzustellen und dann Wasser zuzugeben, so daß sich der Schlicker erst im Mischer bildet [37]. Schließlich kann auch Ton und Wasser zu einer trockenen Mischung von Schamotte und Elektrolyt zugegeben werden [38].

Die Schamotte wird meist hart und schwindungsfrei gebrannt (bei ∼SK 14 = 1410° C, vgl. Abschn. 3.311) und ist sehr dicht. Porösere Schamotte, z. B. Schieferschamotte, verwendet man nur als Feinmehl. Porenarme Steine lassen sich aber nur herstellen, wenn die Schamotte in ihrer Körnung so zusammengesetzt ist, daß sie eine dichte Packung bilden kann. Die in Abschn. 1.44 abgeleitete Kornzusammensetzung aus

65% Grobkorn,
5% Mittelkorn,
30% Feinkorn

mit dem Verhältnis 50 : 1 für die mittleren Durchmesser des Grobkornes zum
Mittelkorn bzw. des Mittelkornes zum Feinkorn läßt sich wegen zu geringen
Feinanteiles schwer formen und ergibt einen unzureichenden Zusammenhalt im
Stein. Ein zu hoher Feinkorngehalt entzieht andererseits dem Schlicker infolge
Oberflächenvergrößerung zuviel Feuchtigkeit. Die theoretisch mögliche Aus-
siebung des Mittelkornes erhöht die Entmischungsgefahr. In der Praxis muß
die theoretisch abgeleitete Kornzusammensetzung diesen Erfahrungen entsprechend modifiziert werden, man kann z. B. einen Kornaufbau der Art verwenden:

30 bis 35% Grobkorn   3 bis 6 mm,
15 bis 20% Mittelkorn   1 bis 3 mm,
~50% Feinkorn   0 bis 0,5 mm, davon etwa die Hälfte
0 bis 0,1 mm.

Bei billigen Hartschamottequalitäten aus poröserer Schamotte kann man
auf sorgfältige Klassierung verzichten und muß dann wegen der geringeren
Schüttdichte den Bindetonanteil auf 15 bis 25% erhöhen.

Zum Mischen von Hartschamottemassen verwendet man meist *Gegenstrommischer* mit mittelschweren, aufgehängten Kollern. Durch schwere, voll wirkende
Koller würde der mühsam geschaffene Kornaufbau erheblich verändert werden.
Beim sog. *Kollerverfahren* wird andererseits eine nicht klassierte Schamottekörnung von 0 bis 8 mm in schweren *Mischkollern* verarbeitet. Dabei werden
die gröberen Körner so lange zertrümmert, bis eine sehr dichte, den künstlich
aufgebauten ebenbürtige Mischung entsteht (ähnlich dem Naßverfahren bei der
Silikaherstellung, Abschn. 2.311).

Die meist krümeligen, unplastischen, wenig Zusammenhang zeigenden Massen
werden mit *Preßluftstampfern* oder durch *schwere Pressen* geformt. Beim Stampfen
erniedrigt die vibrierende Bewegung der Masse die Viskosität des oft thixotropen
Schlickers (vgl. Abschn. 3.124) und erleichtert dadurch die Verdichtung. Die
Steinformen müssen wegen des hohen Stampfdruckes sehr stabil sein, sie bestehen
aus verstellbaren, durch Rippen oder Wülste verstärkten Dauerformen aus Stahlplatten, sog. *Doppeltürformen* [39], mit Einlagen aus Stahl oder Hartholz, das mit
5 mm-Eisenblech beschlagen ist (Abb. 369a u. b)[1]. Der Formenpark erfordert erhebliche Investitionen, daher ist das Hartschamotteverfahren nur bei zweckmäßiger Gestaltung und vielseitiger Verwendbarkeit der Formen wirtschaftlich.

Vor dem Stampfen ölt man die Form ein und füllt sie dann gleichmäßig mit Masse.
Während des Stampfens läßt man die Masse kontinuierlich zurieseln. Die Stampfer haben
keilförmige oder profilierte Füße mit abgerundeten Kanten [40], die sich besonders gut zum
Feststampfen der Ecken eignen. Auch die Mitte muß sorgfältig bearbeitet werden, sonst
werden die Steine nicht gleichmäßig dicht. Zum Glätten der Oberfläche legt man ein sog.
Polierbrett mit einer Schutzschicht aus Kunststoffmasse auf und stampft dieses vorsichtig an.

---

[1] Die Abb. 369a u. b wurden freundlicherweise von den Didier-Werken-A.G. zur Verfügung gestellt.

a

b

Abb. 369a u. b
Stampfform für Hartschamottesteine
(Werksaufnahmen der Didier-Werke-A.G.)
a) Stampfarbeit, links: Stampfer, rechts:
Einfüller;
b) Entfernen des fertigen Rohlings

Zur Kontrolle der Verdichtung wird das *Frischgewicht* des Steines bestimmt, es soll etwa 12% über dem Sollgewicht des gebrannten Steines liegen.

Hartschamottesteine können auch durch *Rütteln* geformt werden. Man verwendet dazu pneumatische, elektromagnetische oder mechanische Rüttler mit einer Frequenz von 3000 bis 4000 Schwingungen pro Minute. Die Masse verliert beim Rütteln ihre innere Reibung, wird dadurch beweglich wie eine Flüssigkeit und füllt die Ecken gut aus. Die Verdichtung ist aber nicht gleichmäßig, weil die Masse beim Rütteln schraubenförmige Rotationsbewegungen ausführt und eine entsprechende Textur annimmt. Die Leistung eines solchen Verfahrens ist relativ gering; denn die erforderliche Rüttelzeit beträgt je nach Größe der Form und der Zusammensetzung der Masse 4 bis 7 Min.

Bessere Ergebnisse erzielt man mit dem *Rüttelschlagverfahren.* Die Masse wird dabei mit geringer Frequenz gerüttelt und gleichzeitig mehrere Male kräftig mit einem schweren Fallhammer geschlagen. So hergestellte Steine gleichen in ihrer Qualität etwa den preßluftgestampften.

Hartschamottesteine sind Spitzenprodukte der Schamotteindustrie. Sie zeichnen sich aus durch hohe Dichte, hohe Kaltdruckfestigkeit und sehr gute TWB. Ihre Trockenschwindung ist so gering, daß nur kurze Trockenzeit erforderlich ist. Infolge niedriger Brennschwindung sind die fertigen Steine sehr maßhaltig.

3.345 Tonstein- und Glühschamotteverfahren[1]

Zur Herstellung schamottearmer oder -freier Tonsteine wird in England und Amerika der unplastische, beim Trocknen nicht schwindende Flintclay (vgl. Abschn. 3.223) in der Körnung 0 bis 4 mm mit sehr fein gemahlenem, hochplastischem Ballclay gemischt. Bis zu 10% normalgebrannter Schamotte können zugesetzt werden. Die Massen enthalten 7 bis 9% Feuchtigkeit.

Nach einem deutschen Verfahren [41] verwendet man zu dem gleichen Zweck feuerfesten Ton mit einem der Schwindungsgrenze entsprechenden Wassergehalt (vgl. Abschn. 3.13). Ton mit dieser Feuchtigkeit läßt sich besonders gut granulieren. Man stellt daher Granulate her und preßt diese mit mäßigem Druck zu Steinen.

Durch Zusatz von Elektrolyten (Tonerdesalze organischer Säuren) kann feuerfester Ton koaguliert und dadurch in einen körnigen, zur Herstellung von Tonsteinen geeigneten Zustand versetzt werden [42].

Schließlich wird Glühschamotte (vgl. Abschn. 3.31) z. B. in Körnungen 0 bis 3 mm etwa im Verhältnis 1 : 1 mit Bindeton gemischt [43] und zu Steinen verarbeitet. Die Glühschamotte muß dabei wegen ihrer hohen Porosität im Mischer vor Zugabe des Tones mit Wasser gesättigt werden. Die Gesamtfeuchtigkeit von Glühschamottemassen beträgt bis zu 18%.

Alle genannten Verfahren haben gemeinsam, daß die Rohlinge beim Trocknen wenig (1 bis 2%), beim Brennen dagegen stark (5 bis 7%) schwinden. Die geringen Schwindungsdifferenzen zwischen den Magerungsmitteln (Flintclay oder Glühschamotte), sofern solche überhaupt vorhanden sind, und dem Bindeton ermöglichen eine besonders feste Bindung, gleichmäßige Struktur und wesentlich höhere Dichte (Porosität 11 bis 13%), als sie bei den sonst üblichen Verfahren erreicht wird. Die Temperaturwechselbeständigkeit der Ton- und Glühschamottesteine ist gut, ihre Maßhaltigkeit dagegen mäßig. Wegen der hohen Brennschwindung entstehen leicht Risse.

3.346 Gießverfahren [44]

Die zur Herstellung dünnwandiger Häfen, Tiegel und Rohre, komplizierter Rekuperatorsteine sowie großer Steinformate – z. B. Wannensteine und Bankplatten – gebräuchlichen Gießmassen bestehen aus etwa 50 bis 70% Schamotte mit abgestuftem Kornverhältnis und 30 bis 50% gemahlenem, plastischem Ton <1 mm. Die Schamotte kann ganz oder teilweise durch gemahlenen Korund, Sillimanit oder Siliziumkarbid ersetzt werden. Die Trockenmasse erhält so viel Wasser, daß ihre Feuchtigkeit 12 bis 20%, maximal 25% beträgt, als Verflüssigungsmittel kommen Soda oder Wasserglas in Mengen von etwa 0,03 bis 0,3% der verwandten Tonmenge hinzu. Von diesen wirkt das Wasserglas stärker ver-

---

[1] R. KLESPER [24] schlug bereits 1935 die Bezeichnung Halbtrockenpreßverfahren vor. Er schloß darin auch das Tonstein- und Glühschamotteverfahren ein.

flüssigend, während die Soda die Viskosität erhöht und die Stabilität des Gießschlickers vergrößert (vgl. Abschn. 3.123). Kleine Konzentrationsänderungen
können die rheologischen Eigenschaften des Gießschlickers stark beeinflussen.
Für dünnwandige Formlinge benutzt man einen wasserreicheren, weniger viskosen Schlicker als für dickwandige.

Der Gießschlicker darf keine starke Thixotropie (vgl. Abschn. 3.124) aufweisen. Während des Gießens saugt nämlich der poröse Gips der Formen das An-

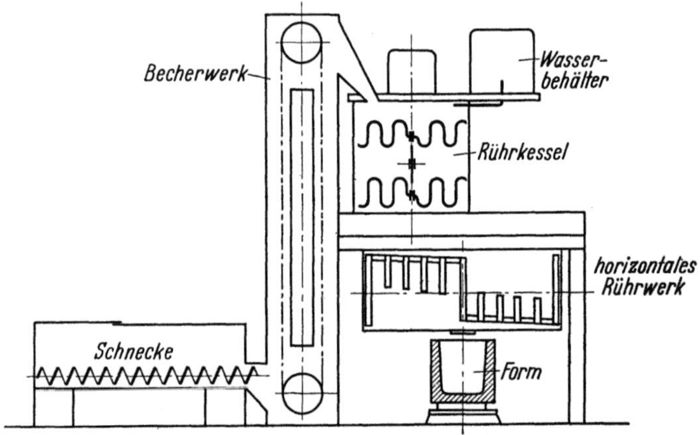

Abb. 370. Schamottegießanlage (nach E. WEBER)

machwasser aus dem Schlicker heraus, so daß eine gewisse Schwindung eintritt,
die durch Nachfließen von Schlicker ausgeglichen werden muß. Ein infolge hoher
Thixotropie rasch ansteifender Schlicker kann nicht mehr nachfließen, der
Formling erhält daher innere Spannungen oder wird rissig. Nach E. WEBER [44]
soll eine richtig zubereitete Gießmasse von zäher Konsistenz, aber doch leicht
flüssig und völlig tropfbar sein. Die Magerungsmittel müssen dauernd in der
Schwebe gehalten werden, auch wenn es sich
um spezifisch schwere grobe Körner z. B. von
Korund oder Siliziumkarbid handelt. Eine
etwa vorhandene Tendenz zur Entmischung
kann durch Erhöhung des Sodaanteiles im
Verflüssigungsmittel beseitigt werden [45].

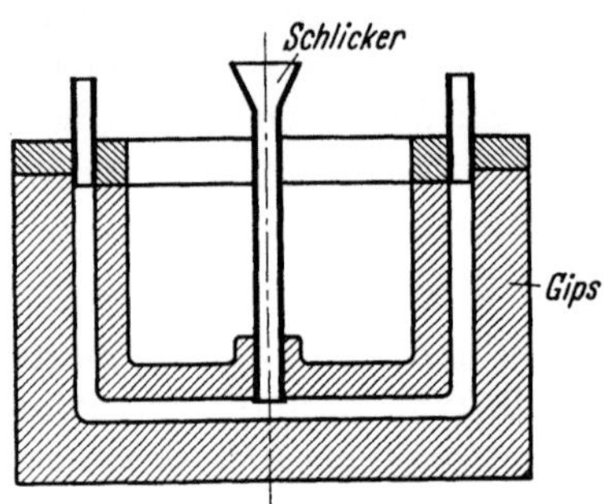

Das Ton—Schamotte-Gemisch wird in einem
Rührkessel mit dem schon das Verflüssigungsmittel
enthaltende Wasser angemacht und gut durch-
gerührt (Abb. 370). Der entstehende Gießschlicker
wird zur endgültigen Durcharbeitung in einen zweiten Rührkessel gebracht, dann in die Formen gegossen. Bei *Hohlguß* [46] füllt man die Form vollständig und gießt den überschüssigen Schlicker aus,

Abb. 371. Doppelwandige Gipsform (Kernguß) (nach F. H. NORTON)

sobald sich eine hinreichend dicke Wandschicht an der Gipsform abgesetzt hat. Wenn der
Formling an Außen- und Innenseite exakt gestaltet sein muß, wendet man *Kernguß*
(Abb. 371) [46] an. Bei dünnwandigen Stücken ist es zweckmäßig, die Form während des
Gießens zu schütteln, damit sich der Schlicker sofort gleichmäßig verteilt [47]. Etwa
$1^1/_2$ Min. nach dem Gießen wird Schlicker nachgefüllt, falls die Oberfläche eingesunken
ist. Nach 35 bis 45 Std. kann die Form abgehoben werden, sie muß sich bei richtig ein-
gestellter Gießmasse leicht vom Formling lösen. Dieser wird dann bearbeitet und geglättet.

Es läßt sich nicht immer vermeiden, daß der Scherben an den Oberflächen stärker verdichtet ist als in der Mitte (Abb. 372). Die besonders im unten abgebildeten Scherben erkennbare Dunkelfärbung der Mittelpartie ist eine Folge

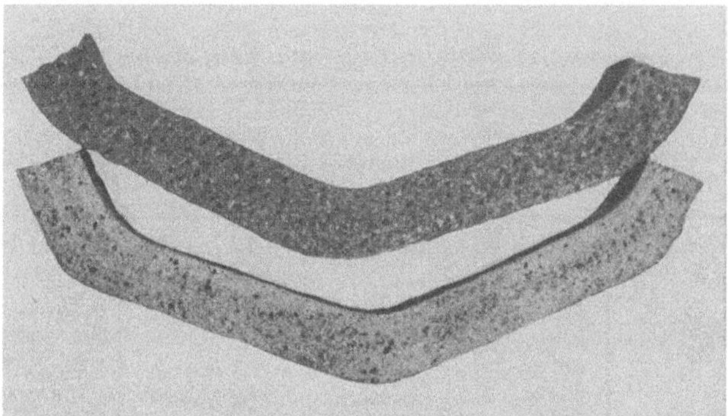

Abb. 372. Durch **Kernguß** hergestellte Schamotte-Rohrstücke mit 13 mm Wandstärke. Besonders das untere Stück ist an den Rändern deutlich dichter als in der Mitte

höherer Porosität. Davon abgesehen treten meist keine Texturen bei gegossenen Steinen auf und ihre Struktur ist gleichmäßiger als bei naßgepreßten Steinen. Sie sind etwas weniger porös als plastisch geformte Erzeugnisse, ihre Maßhaltigkeit ist jedoch mäßig.

3.35 Trocknung

Die geformten Rohlinge müssen vor dem Brennen bis auf etwa 2 bis 3 % Restfeuchtigkeit getrocknet werden, um ihnen die für das Setzen im Ofen erforderliche Festigkeit zu geben, um Fehler durch zu rasche Trocknung im Brennofen zu vermeiden und die Brennöfen nicht mit der Trocknung zu belasten. Dadurch würde bei Tunnelöfen der Ofengang, vor allem die Einstellung des richtigen Zuges, gefährdet werden.

Plastisch geformte und gegossene Rohlinge mit ihrem relativ hohen Wassergehalt müssen wegen der Gefahr der Schwindrißbildung bis zur Schwindungsgrenze (s. Abschn. 3.13), die bei etwa 3 bis 4 % Restfeuchtigkeit erreicht ist, vorsichtig getrocknet werden.

Bei Verwendung von trockener Warmluft schwinden die Außenzonen der Rohlinge stärker als der Kern. Sie geraten dabei unter Zugspannungen und reißen, wenn die Spannungen eine gewisse Größe überschreiten. Der feuchte Kern ist gleichzeitig Druckspannungen ausgesetzt. Später wird die Restfeuchtigkeit durch hohe Kapillarkräfte aus dem Kern herausgesaugt. Dabei entstehen innen Zugspannungen (vgl. den PUKALLschen Versuch, Abschn. 3.13) und außen Druck. Diese inneren Spannungen beeinträchtigen die Festigkeit der Rohlinge, sie sind in Rohlingen mit hochplastischem Bindeton wesentlich größer als in solchen mit mageren, sauren Tonen.

In mit Warmluft beheizten *Großraumtrocknern* (s. Abschn. 2.352) soll die Temperatur 25 bis 35° C nicht übersteigen. Die Rohlinge trocknen darin je nach Format bis zu 8 Tagen, sehr große Formstücke, wie Glaswannensteine, Glashäfen, Ziehherde, Zinkmuffeln usw. sogar mehrere Monate [*48*] (Tab. 90).

Sie werden in Sonderfällen mit feuchten Tüchern bedeckt, damit das Wasser langsam abgegeben wird.

Die Trocknung bei höheren Temperaturen wird durch die *Thermodiffussion* erschwert. Die Feuchtigkeit soll von der kalten Innenzone zur warmen Oberfläche

Tabelle 90. *Trockenzeiten für Wannensteine und Bankplatten* (nach J. H. PARTRIDGE)

Herstellungsverfahren	Versatz		Wassergehalt	Trockenzeit	Schwindung
	Schamotte %	Bindeton %	%		%
Naßpreßverfahren ...	50 bis 65	35 bis 50	17 bis 22	3 bis 4 Monate	4 bis 6
Halbtrockenpreß-verfahren	60 bis 80	20 bis 40	7 bis 10	3 Tage	2 bis 5
Hartschamotte-verfahren	80 bis 95	5 bis 20	5 bis 8	4 bis 5 Tage	0,2 bis 2
Gießverfahren	60	40	16 bis 20	2 bis 3 Monate	3 bis 4

wandern. In mit Wasser gefüllten Kapillaren besteht jedoch die Tendenz zur Wanderung von der warmen zur kalten Seite. Diese sog. Thermodiffusion wirkt also der Trocknung entgegen und hemmt sie merklich. Man kann die Hemmung dadurch beseitigen, daß man die Rohlinge vor Beginn des Trocknens ganz auf etwa 70 bis 80°C erhitzt.

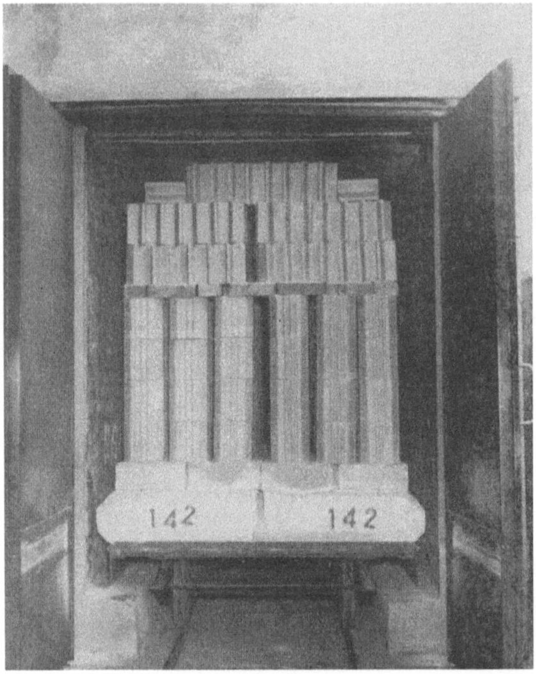

Dies geschieht in *Kammertrocknern* (vgl. Abschn. 2.353) *mit Luftumwälzung*. Die 60 bis 80°C warme Trockenluft wird so lange nur umgewälzt, bis sie mit Feuchtigkeit gesättigt ist und die Rohlinge ganz erwärmt sind. Dann vermindert man den Feuchtigkeitsgehalt der Luft durch dosierte Zugabe von Trockenluft und leitet dadurch den eigentlichen Trockenprozeß ein. Diese sog. *Klimatrocknung* wendet man meist nur für besonders empfindliche Erzeugnisse (z. B. Feuerleichtsteine, vgl. Abschnitt 7.21) an, für gewöhnliche Schamottesteine genügt einfache Luftumwälzung mit Hilfe eines Ventilators.

142   142

Abb. 373. Tunneltrockner der Fa. Dr. C. Otto u. Comp., Bochum

Tunneltrockner (Abb. 373) werden häufig für Halbtrockenpreß- und Hartschamottesteine benutzt, weil diese schon vor dem Trocknen so standfest sind, daß sie in gleicher Höhe auf die Wagen gesetzt werden können, wie für den Tunnelofenbrand erforderlich. Sie brauchen daher nach dem Trocknen nicht mehr umgesetzt zu werden. Tunneltrockner bestehen aus einem langen, gut isolierten Kanal mit Einstoßvorrichtung und Eingangsschleusen, ähnlich wie Tunnelöfen (vgl. Abschn. 2.363). Sie arbeiten nach dem Gegenstromprinzip, d. h. die frischen Rohlinge treffen zuerst auf abgekühlte und angefeuchtete Luft und durchwandern dann Zonen mit immer wärmerer und trockenerer Luft, dadurch wird ihnen ihre Feuchtigkeit gleichmäßig entzogen.

Moderne Trockenanlagen arbeiten mit *Druckheißwasser*. An geeigneten Stellen in Tunnelöfen werden wasserdurchströmte Schlangen angebracht. Das überhitzte, unter hohem Druck stehende Wasser wird den Trockenanlagen zugeführt und läuft nach der Abkühlung zum Ofen zurück. Durch diese Anordnung werden die Wärmeverluste auf ein Minimum herabgedrückt.

3.36 Brennen [1]

3.361 Vorgänge beim Steinbrand und Brenntemperatur

Beim Steinbrand wird der getrocknete Rohling durch Sinterung verdichtet und verfestigt (vgl. Abschn. 3.163). Ein weit oberhalb der Sintertemperatur gebrannter Stein kann durch zu hohen Schmelzanteil spröde werden oder infolge Gasentwicklung aufblähen. Außerdem kann er sich wegen zu niedriger Zähigkeit der entstehenden Schmelze deformieren bzw. verziehen. Die Brenntemperatur sollte daher nicht mehr als 50° C über der Sintertemperatur liegen.

Der Verlauf der Brennschwindung hängt qualitativ vom Charakter der verwandten Tone, quantitativ vom Gehalt der Masse an Magerungsmittel ab. Massen mit höherem Tonerdegehalt und kaolinitischen Tonen beginnen früher zu schwinden als kieselsäurereichere und solche mit illitreichem Ton (vgl. Abschn. 3.14).

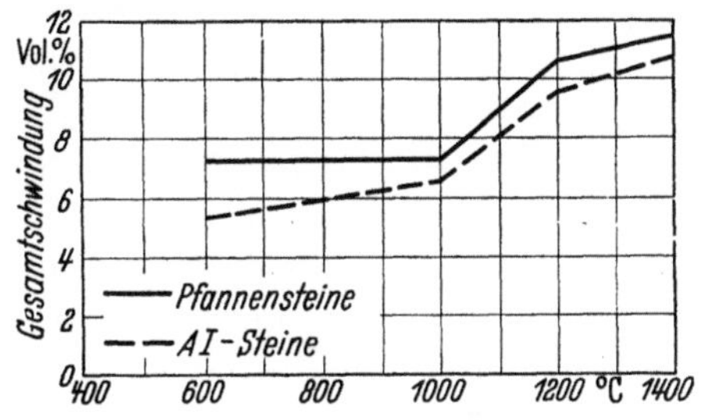

Abb. 374. Gesamt-Volumenschwindung von Schamottesteinen während des Brandes

Abb. 374 zeigt als Beispiel die Schwindungen von quarzhaltigen Pfannensteinen und tonerdereichen Steinen mit 40 bis 42% Al_2O_3. Beim Pfannenstein wird die Schwindung zwischen 600 und 1000° C durch die gleichzeitige Ausdehnung vollständig kompensiert. Massen mit noch höherem Kieselsäuregehalt dehnen sich im ganzen schwach aus, sehr quarzreiche lassen sogar den Übergang von β- zu α-Quarz bei 575° C sowie denjenigen von α-Quarz zu α-Cristobalit ab 1200° C an Ausdehnungseffekten erkennen [49].

Mit der Schwindung ist eine bei ~1000° C beginnende Porositätsänderung verbunden. Der Gehalt an offenen Poren

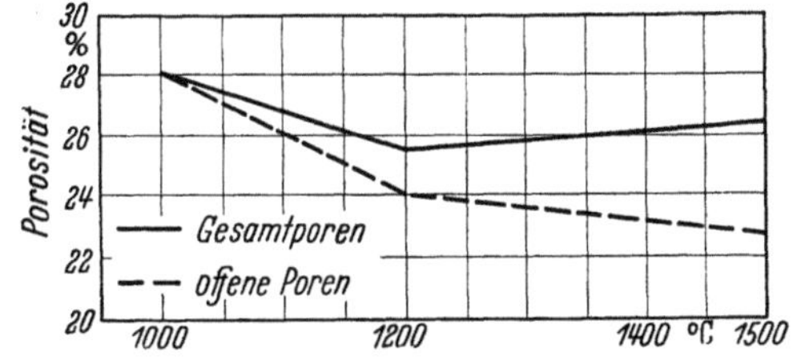

Abb. 375. Veränderungen der Porosität in A I-Schamottesteinen während des Brandes

nimmt stetig ab, die Gesamtporosität erreicht im Temperaturbereich des Dichtbrandes ein Minimum, weil sich geschlossene Poren bei höheren Temperaturen neu bilden (Abb. 375).

---

[1] Eine Einzelbeschreibung der keramischen Brennöfen befindet sich im Abschn. 2.36.

Geringe Änderungen erleidet das spez. Gewicht, oberhalb ~1200° C steigt es infolge stärkerer Mullitbildung an (Abb. 376). Auch das Raumgewicht schwankt nur in engen Grenzen. Die Porositätsverminderung zwischen 1000 und 1200° C bei etwa gleichbleibendem spez. Gew. bedingt eine entsprechende Zunahme des Raumgewichtes. Oberhalb 1200° C zeigt es dagegen leicht fallende Tendenz, weil der Gesamtporenraum zunimmt.

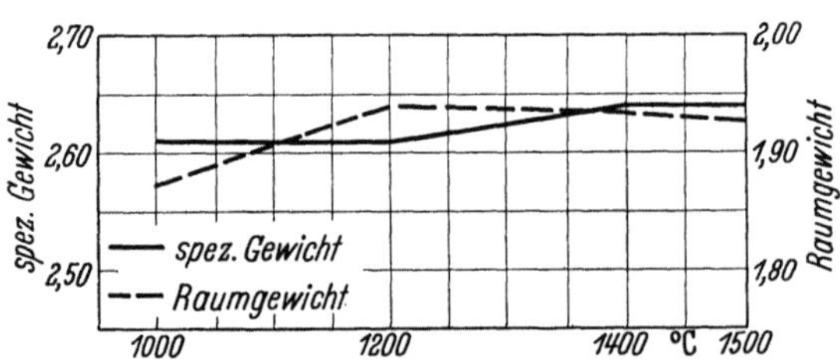

Abb. 376. Veränderungen des spezifischen Gewichtes und des Raumgewichtes in A I-Steinen während des Brandes

Saure und halbsaure Massen (z. B. für Stahlwerksverschleißmaterialien) werden bei SK 4a–8 (etwa 1220–1295° C) gebrannt, hochwertige Schamottewaren aus deutschen flußmittelreicheren Rohstoffen bei maximal SK 12–13 (1375–1395° C). Noch höhere Brenntemperaturen rufen bei ihnen schon Deformationen der unteren Steinlagen in den Brennöfen hervor. Flußmittelarme Flintclay-Massen vertragen Temperaturen bis zu SK 18 (1520° C).

3.362 Benutzte Brennöfen

Schamottewaren werden in *Ring-, Gaskammerring-* oder *Tunnelöfen*, seltener in *Einzelöfen* gebrannt. Wegen der Schwindung des Einsatzes bildet sich in Ringöfen mit horizontaler Flammenführung zwischen Gewölbe und Einsatz ein leerer Raum aus, durch welchen die Brenngase hindurchströmen können, ohne Widerstand zu finden. Um diese die Gleichmäßigkeit des Brandes beeinträchtigende Strömung zu unterbrechen, baut man unter dem Gewölbe des Brennkanals in bestimmten Abständen Gurtbögen ein [*50*].

Wenn größere Temperaturdifferenzen im Brennofen nicht zu vermeiden sind, setzt man an heißen Stellen z. B. in Brennernähe tonerdereiche Steine, an kühlen Stellen z. B. in Türnähe halbsaure Qualitäten bzw. leicht erweichende Hohlwaren.

3.363 Aufheizen

In *Einzelöfen* mittlerer Größe (etwa 100 t) beträgt die übliche Aufheizgeschwindigkeit beim Brennen normaler Formate und von Hohlwaren 25 bis 35° C/Std. Der Brand dauert insgesamt 50 bis 70 Std., eine besondere Haltezeit ist nicht erforderlich. Wenn der vorgesehene Segerkegel gefallen ist, wird der Brand beendet. Der Brand sehr großer Formstücke, wie z. B. Glaswannensteine, Bankplatten und dgl. zieht sich teilweise über mehrere Wochen hin, wobei auf die genaue Einhaltung der vorgesehenen Temperatursteigerung geachtet werden muß. Das Anheizen erfordert etwa 7 Tage, in einigen Fällen 10 Tage und mehr, die Dichtbrandtemperatur muß bei diesen Steinen bis zu 4 Tagen gehalten werden [*51*]. Glühschamotte- oder Tonsteine sollen wegen ihrer hohen Schwindung im Intervall von 1000 bis 1200° C nach P. P. BUDNIKOW [*29*] nur um 5 bis 10° C/Std. aufgeheizt werden. Hochschamottierte und daher wenig schwindende Qualitäten können andererseits schneller gebrannt werden als normale Schamottesteine.

Zu rasches Aufheizen führt zur Entstehung von Schwindrissen und zur Erhöhung der Dichtbrenntemperatur und dadurch zu starker Vermehrung der Glasphase, wie dies u. a. von G. H. BROWN u. G. A. MURRAY [52] an einem Klinkerton festgestellt wurde (Abschn. 3.163). Schnell gebrannte Schamottesteine besitzen daher zwar oft hohe Kaltdruckfestigkeit, aber dafür niedrige Temperaturwechselbeständigkeit. Bei sehr schnellem Temperaturanstieg schließen sich die Poren in der Außenzone von Rohlingen so früh, daß vorhandene organische Bestandteile nicht ausbrennen können, sondern nur verkoken. Der gebrannte Stein behält dann einen kohlehaltigen, mürben und bröckligen Kern. Ähnliche Erscheinungen treten bei ungenügend getrockneten Formlingen auf. Im kühlbleibenden Kern werden die durch die Poren eindringenden kohlenoxydreichen Brenngase dem BOUDOUARDschen Gleichgewicht entsprechend unter Kohleabscheidung zersetzt.

In *Ringöfen* bzw. *Gaskammerringöfen* richtet sich die Aufheizgeschwindigkeit nach der Dauer des Umbrandes, sie beträgt im Mittel 10 bis 20° C/Std. (Abb. 377). Die Rauchgase werden dabei so stark wie möglich gekühlt. Bei Kaminzug müssen sie so warm bleiben, daß sie noch den erforderlichen Auftrieb besitzen, die modernen Saugzuganlagen erfordern diese Einschränkung nicht.

Bei zu niedriger Abgastemperatur kann sich allerdings Wasserdampf auf den kalten Formlingen kondensieren und diese an der Oberfläche aufweichen. Beim Wiederaustrocknen entstehen dann Risse, außerdem setzen sich gelöste, aus den Brenngasen oder dem Steininnern stammende Salze ab, die beim Brennen Ausschmelzungen hervorrufen. Wenn der Taupunkt der Abgase erreicht wird, muß die betreffende Kammer *geschmaucht*, d. h. heiße Luft aus den dahinterliegenden Kammern durch den sog. Schmauchkanal eingeführt werden.

Im ganzen gesehen ist der Brand im Ringofen wegen seiner langen Aufheizdauer milde und sehr geeignet für die Schamotteerzeugung.

In *Tunnelöfen* ist die Aufheizgeschwindigkeit wegen des Zwanges zu raschem Durchsatz am höchsten, nämlich 30 bis 40° C/Std. Um trotz der raschen Erwärmung eine ausreichende Sinterung zu erreichen, brennt man bei höheren Temperaturen als in Einzel- oder Ringöfen. Die oben geschilderten Folgen raschen Aufheizens treten daher besonders beim Tunnelofenbrand auf.

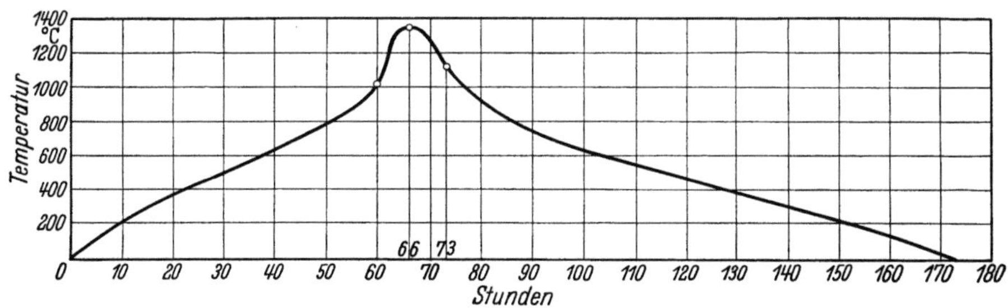

Abb. 377. Temperaturkurve eines Mendheimofens für Schamottesteine (Temperaturmessung an der Gasseite)

3.364 Abkühlung

Wegen ihrer im Vergleich zu anderen feuerfesten Baustoffen hohen Temperaturwechselbeständigkeit vertragen Schamotteerzeugnisse eine relativ schnelle Abkühlung. Besonders oberhalb des Transformationspunktes (vgl. Abschn. 1.27) sind sie sehr unempfindlich gegen rasche Temperaturschwankungen. Unterhalb des Transformationspunktes kann man sie ohne Gefahr mit 50° C/Std. abkühlen. In Einzelöfen setzt man die sehr langen natürlichen Kühlzeiten durch Einblasen von Kaltluft auf 35 bis 70 Stunden herab. Nur großformatige Steine, wie Wannensteine usw. vertragen eine derartige Behandlung nicht, ihre Abkühlung nimmt 10 bis 12 Tage in Anspruch.

In Ringöfen kühlen Schamottesteine mit nur 10° C/Std. im Mittel, in Tunnelöfen mit 32 bis 42° C/Std., Abkühlungsfehler sind in beiden Fällen nicht zu befürchten.

Einen Überblick über die Brenn- und Kühlzeiten in verschiedenen Ofensystemen gibt Tab. 91.

Tabelle 91. *Brenndauer von Schamottesteinen in verschiedenen Ofensystemen*

	Aufheizdauer Std.	Kühlzeit Std.	Gesamt-Brenndauer Std.
Kasseler Ofen	45 bis 50	40 bis 70	85 bis 120
Rechteckofen (100 t)	60 bis 70	35 bis 50	95 bis 120
Einzelofen mit Graphitschamotte	etwa 120	etwa 230	etwa 350
Ringofen....................	65 bis 120	100 bis 150	165 bis 270
Tunnelofen	30 bis 40	30 bis 40	60 bis 80

3.365 Leistung der Brennöfen

Der Brennstoffverbrauch gasgefeuerter Einzelöfen beträgt beim Schamottebrand 20 bis 30% des Einsatzgewichtes, derjenige kohlegefeuerter Rundöfen bis zu 40%, auf normale Steinkohle mit 8000 WE umgerechnet. Ringöfen verbrauchen an Brennstoff 8 bis 12%, Tunnelöfen 12 bis 16% ihres Einsatzgewichtes.

Die Brennkanäle mittlerer Ringöfen haben Rauminhalte von 300 bis 1000 m³, ihre Besatzdichte beträgt 900 bis 950 kg/m³, die Öfen können also 270 bis 950 t Schamottesteine aufnehmen. Da ein Umbrand 10 bis 14 Tage dauert, erzeugen Ringöfen 600 bis 2800 t im Monat.

Tunnelöfen sind in Deutschland 100 bis 120 m lang, ihre Brennkanäle haben bei Querschnitten von 1,0 × 1,5 m² bis 1,5 × 1,5 m² Rauminhalte von 150 bis 270 m³, die Besatzdichte der Wagen ist etwa 850 kg/cm³ groß. Die Öfen enthalten also insgesamt 130 bis

Abb. 378. Entladen eines Bahnwagens mittels Gabelstapler, Bauart Credé, Kassel

230 t. Da die Durchlaufzeit 60 bis 80 Stunden beträgt, liefern Tunnelöfen 1100 bis 2800 t im Monat.

Im Ausland zieht man kürzere Tunnelöfen vor, deren Länge näherungsweise der Faustformel: Erzeugung in t/Tag = Meter Ofenlänge entspricht. Ein Tunnelofen mit einer Monatserzeugung von 2000 t würde also danach nur eine Länge von rd. 70 m haben. Man erreicht die Verkürzung durch Querschnittserweiterung in der Brennzone (vgl. Abschn. 2.363) und durch einen Temperatursturz unmittelbar nach der Brennzone oberhalb des Transformationspunktes der Steine.

3.366 Brennen von Glashäfen und Ziehherden

Der Brand von Glashäfen und Ziehherden unterscheidet sich wesentlich von dem normaler Schamottesteine.

Er wird überwiegend in den Glashütten selbst vorgenommen, weil es vorteilhaft ist, die gegen Temperaturwechsel sehr empfindlichen Häfen und Ziehherde ohne Abkühlung nach dem Brand in Gebrauch zu nehmen. Zum Brennen dienen sog. *Temperöfen*, ähnlich einfachen, gasbefeuerten Rechtecköfen [53]. Zum Schutze der Häfen gegen direkte Flammenwirkung sind Feuerbrücken vorgesehen.

Abb. 379. Stapelung von beladenen Paletten im Steinlager mittels Gabelstapler, Bauart Credé, Kassel

Die gut und rißfrei getrockneten Glashäfen werden langsam und sehr gleichmäßig innerhalb von 5 bis 6 Tagen auf 800 bis 900° C getempert. Diese Temperatur wird etwa 1 Tag gehalten. Danach bringt man die Häfen in den Glashafenofen [54] und heizt diesen vor Einbringen des Gemenges langsam auf 1400° C auf [55].

3.367 Sortierung und Transport

Nach dem Aussetzen aus den Brennöfen werden die Schamottesteine sortiert und mit einer Lehre auf Maßhaltigkeit geprüft. In Sonderfällen, z. B. bei Cowper- und Wannensteinen, werden sie *kalibriert*, d. h. in verschiedene, besonders zu kennzeichnende Größenklassen eingeteilt. Bei besonders hohen Anforderungen an die Maßhaltigkeit, z. B. bei Hochofensteinen oder Glaswannensteinen, müssen die Steine einzeln nachgeschliffen werden.

Zur Stapelung der Steine dienen in der feuerfesten Industrie vorwiegend *Holzpaletten* der Größe 800 × 1000 mm, die dann mit *Hub- oder Gabelstablern* transportiert werden (Abb. 378, 379).

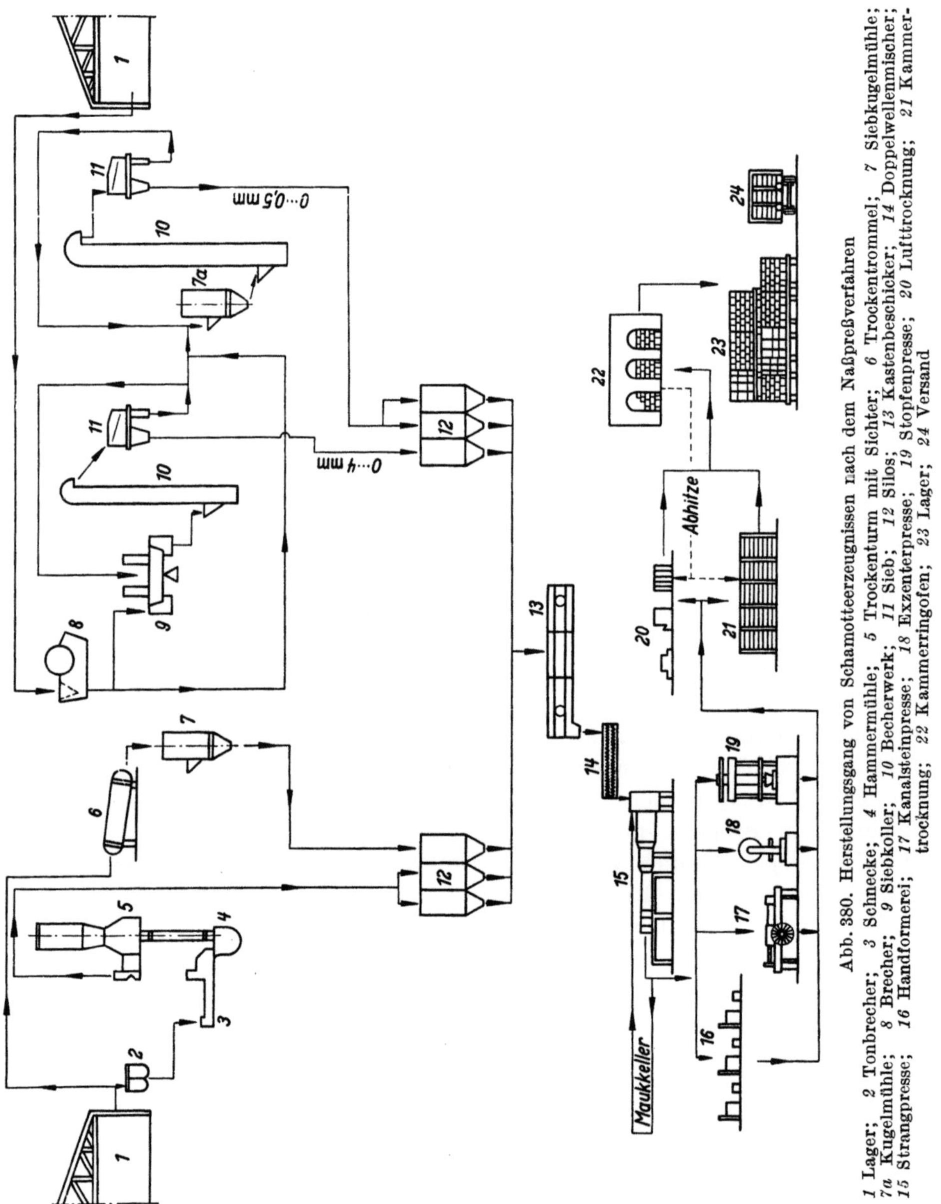

Abb. 380. Herstellungsgang von Schamotteerzeugnissen nach dem Naßpreßverfahren

1 Lager; *2* Tonbrecher; *3* Schnecke; *4* Hammermühle; *5* Trockenturm mit Sichter; *6* Trockentrommel; *7* Siebkugelmühle; *7a* Kugelmühle; *8* Brecher; *9* Siebkoller; *10* Becherwerk; *11* Sieb; *12* Silos; *13* Kastenbeschicker; *14* Doppelwellenmischer; *15* Strangpresse; *16* Handformerei; *17* Kanalsteinpresse; *18* Exzenterpresse; *19* Stopfenpresse; *20* Lufttrocknung; *21* Kammertrocknung; *22* Kammerringofen; *23* Lager; *24* Versand

3.37 Überblick

Beispiele für Herstellungsgänge von Schamottesteinen geben die Abb. 380 u. 381. Für das Naßpreßverfahren (Abb. 380) ist eine einfache Schamottezerkleinerung, bestehend aus Backenbrecher *8* und Siebkollergang *9*, sowie eine

Kugelmühle zur Feinmehlherstellung *7a* vorgesehen. Der Ton wird entweder
nach älteren Verfahren in einer Trommel *6* getrocknet und in einer Siebkugel-

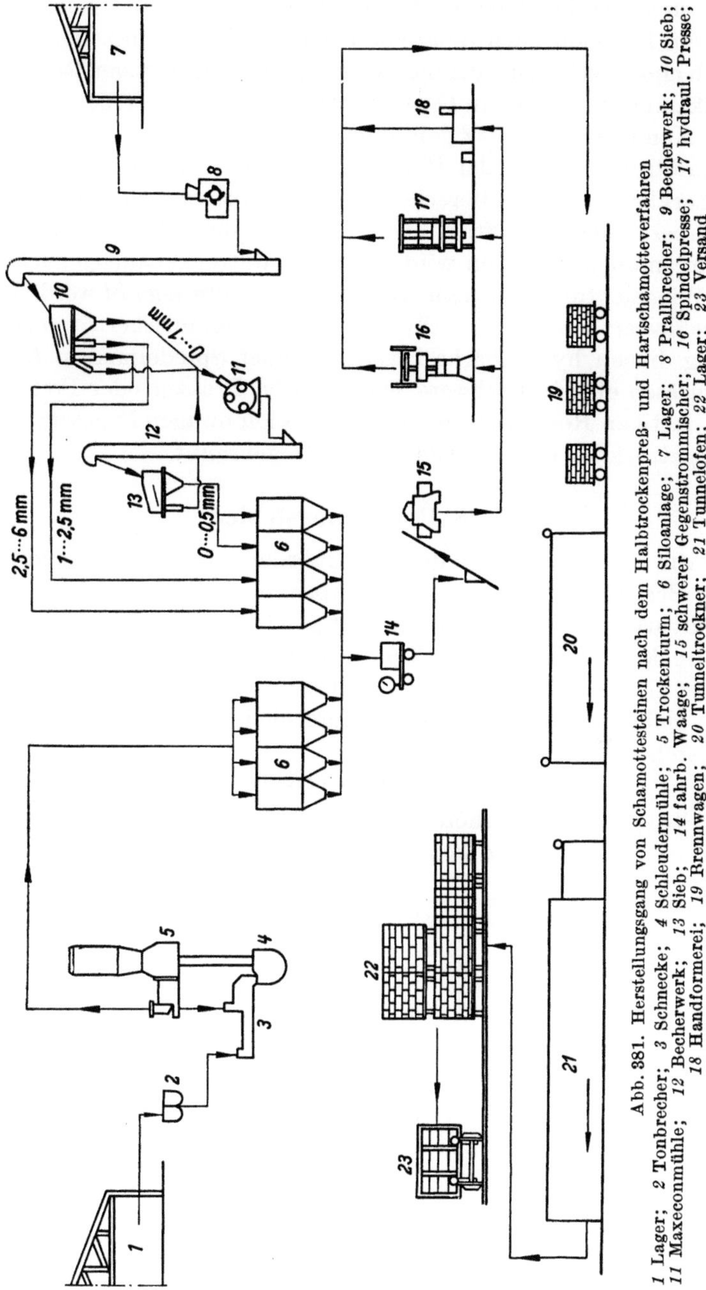

Abb. 381. Herstellungsgang von Schamottesteinen nach dem Halbtrockenpreß- und Hartschamotteverfahren

1 Lager; *2* Tonbrecher; *3* Schnecke; *4* Schleudermühle; *5* Trockenturm; *6* Siloanlage; *7* Lager; *8* Prallbrecher; *9* Becherwerk; *10* Sieb; *11* Maxeconmühle; *12* Becherwerk; *13* Sieb; *14* fahrb. Waage; *15* schwerer Gegenstrommischer; *16* Spindelpresse; *17* hydraul. Presse; *18* Handformerei; *19* Brennwagen; *20* Tunneltrockner; *21* Tunnelofen; *22* Lager; *23* Versand

mühle *7* auf 0 bis 2 mm gemahlen oder in einer modernen Mahltrockenanlage *5*
zerkleinert. Dabei kann für Spezialmassen auch Sichtton hergestellt werden.

Die Massebestandteile werden einem Kastenbeschicker *13* aufgegeben, zum Mischen dient ein Doppelwellenmischer *14*, für Spezialmassen zusätzlich ein Gegenstrommischer. Die durchgearbeiteten Massen werden auf der Strangpresse vorgezogen und anschließend nachgepreßt oder von Hand geformt (*16—19*). Spezialmassen kommen nach dem Vorziehen in den Maukkeller und werden danach noch einmal durch die Strangpresse gegeben. Die fertigen Rohlinge werden in Trockenkammern *21* oder in Großraumtrocknern *20* über dem Ofen getrocknet und im Kammerringofen *22* gebrannt.

Beim Halbtrockenpreß- oder Hartschamotteverfahren (Abb. 381) sind für die Schamottezerkleinerung Prallbrecher *8* und Maxeconmühle *11* angenommen worden. Dabei sollen die Fraktionen 2,5 bis 6 mm, 1 bis 2,5 mm und Mehl 0 bis 0,5 mm anfallen. Der Ton wird in einer Mahltrockenanlage nach BARTHELMESS *5* mit Windsichtung gemahlen. Durch eine Gefäßwaage *14* werden die Massebestandteile dosiert und einem schweren Gegenstrommischer *15* zugeführt. Zur Formgebung dienen hydraulische Pressen *17* oder Spindelpressen *16*, für Hartschamottemassen ebenfalls schwere hydraulische Pressen oder Preßluft-Stampfer *18*. Die fertigen Rohlinge werden auf Tunnelofenwagen *19* gesetzt, im Tunneltrockner *20* getrocknet und im Tunnelofen *21* gebrannt.

3.38 Herstellungsfehler

Fehlerhafte Steine werden in den Steinfabriken vor dem Versand weitgehend aussortiert. Beanstandungen seitens der Abnehmer sollten sich nur auf größere, die Verwendbarkeit der Steine beeinträchtigende Fehler, nicht aber auf kleinere Mängel erstrecken, die als *Schönheitsfehler* keine Störungen im Gebrauch hervorrufen. Selbst für den Fachmann ist es oft schwierig, die Fehlerursache zu erkennen, da gleichaussehende Fehler an verschiedenen Stellen des Produktionsganges entstehen können.

3.381 Strukturfehler

Zu den Strukturfehlern gehören mürbe Beschaffenheit und schlechte Kantenfestigkeit (s. Abb. 382a). Sie können auf falsche Zusammensetzung der Masse

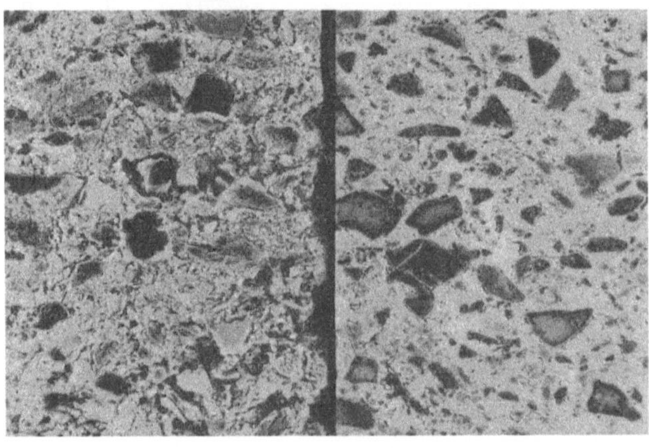

a   b

Abb. 382a u. b. Struktur zweier Hochofensteine. Anschliff (Vergr. 2 ×)
a) DH I-Stein mit mürber Struktur und schlechter Kantenfestigkeit; b) fehlerfreier DH III-Stein

(zu wenig Schamottefeinmehl
oder Bindeton, zu steifer, ungleichmäßig verteilter Schlik-
ker), auf schwachen Brand oder
bei trockengepreßten Steinen
auf unzureichenden Wassergehalt oder zu geringen Preßdruck (nicht ausreichend gefüllte Formkästen) zurückzuführen sein. Nur stellenweise
mürbe Struktur ist meist die
Folge von Entmischungen oder
einseitig aufgebrachtem Preßdruck. Mürbe Steine geben beim
Anschlagen mit einem leichten
Eisenhammer ein dumpfes,
klapperndes Geräusch. Im ganzen feste Steine mit unzureichend eingebundenen Scha-
mottekörnern brechen beim
Durchschlagen nicht im Korn
(kein *schneidender Bruch*).

In Steinen aus nicht schwindungsfrei gebrannter Schamotte
entstehen beim Steinbrand
Risse an der Grenze Schamotte-
Bindeton, die von R. RASCH [9]
als *Bindungsrisse* bezeichnet
werden (Abb. 383). Dadurch

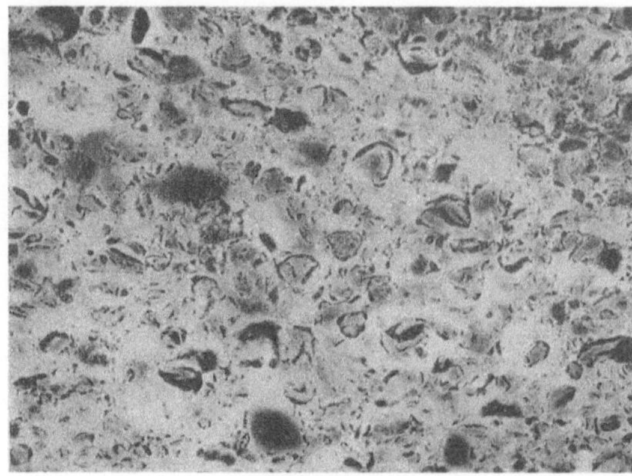

Abb. 383
Bindungsrisse in einem A 0-Stein. Anschliff (Vergr. 2 ×)

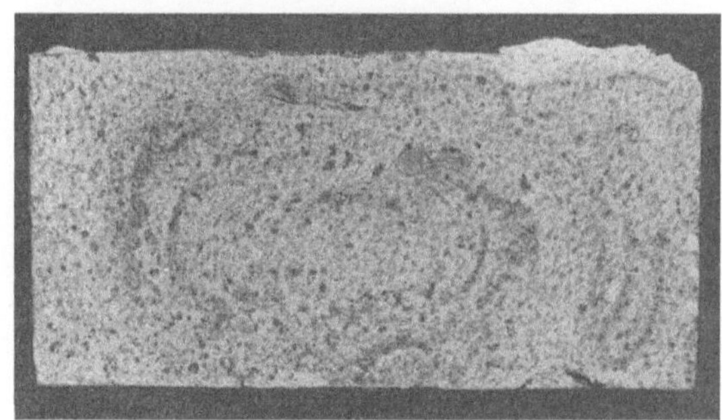

Abb. 384
Texturen und Knollenbildung infolge schlechter Mischung

wird die Porosität und vor allem die Porengröße erhöht und die Steine
werden anfälliger gegen Verschlackung. Auf die beim Vorziehen auf der Strangpresse entstehenden Tex-
turen wurde bereits in
Abschnitt 3.342.2 hin-
gewiesen.

Knötchen und Knol-
len im Stein sind eine
Folge ungenügender
Mischung oder ungleich-
mäßiger Durchfeuchtung
der Masse (Abb. 384). Sie
sind meist schlecht ein-
gebunden und verur-
sachen wegen unter-
schiedlicher Schwindung
Risse in der Umgebung.
Schwefelkiesreiche Kno-

Abb. 385. Dunkle Ausschmelzungen eisenreicher Knoten in rissigen
Kanalsteinen

Abb. 386. Pfannenstein mit einem Kern aus Feuerleichtsteinmasse

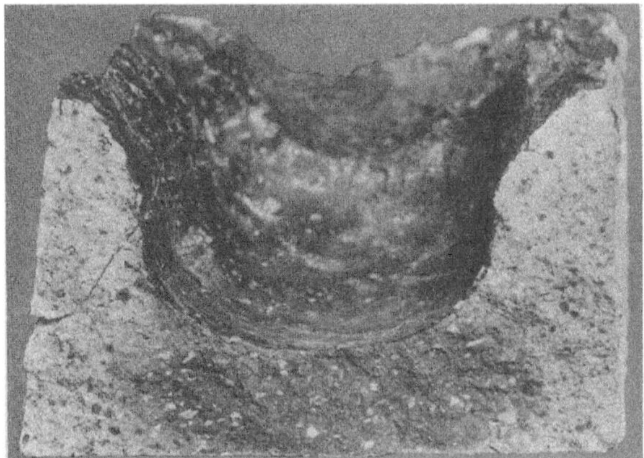

Abb. 387. Durch Schlackenangriff ausgehöhlter Pfannenstein mit Kern aus Feuerleichtsteinmasse

Abb. 388. Handgeformter Schamottestein mit dunklem Kern infolge unzureichender Trocknung

ten rufen beim Steinbrand dunkel gefärbte Ausschmelzungen hervor (Abb. 385). Kleinere Eisenflecken (bis zu ~ 2 mm Dmr.) fehlen in Schamottesteinen selten, sie beeinträchtigen die Qualität nicht. Größere Ausschmelzungen sind jedoch als Materialfehler anzusprechen, davon betroffene Steine müssen aussortiert werden.

Steine mit verschiedenartiger Beschaffenheit von Kern und Außenzone stammen gewöhnlich aus dem Übergang beim Massewechsel einer Strangpresse. Der Pfannenstein in Abb. 386 enthält einen Kern aus Feuerleichtsteinmasse. Abb. 387 zeigt den verstärkten Verschleiß derartiger Steine im Betrieb.

Im Aussehen ähnliche Unterschiede zwischen Kern und Außenzone können beim Brennen ungenügend getrockneter Rohlinge entstehen (Abb. 388). Der Kern wird dabei durch Kohlenstoffabscheidungen dunkel gefärbt (vgl. Abschnitt 3.363).

3.382 Risse

Netzförmig über die Oberfläche verteilte, nicht tief reichende Risse sind eine Folge der Brennschwindung. Die durch Parallelstellung der blättchenförmigen Tonminerale beim Formen an der Steinoberfläche entstandene sog.

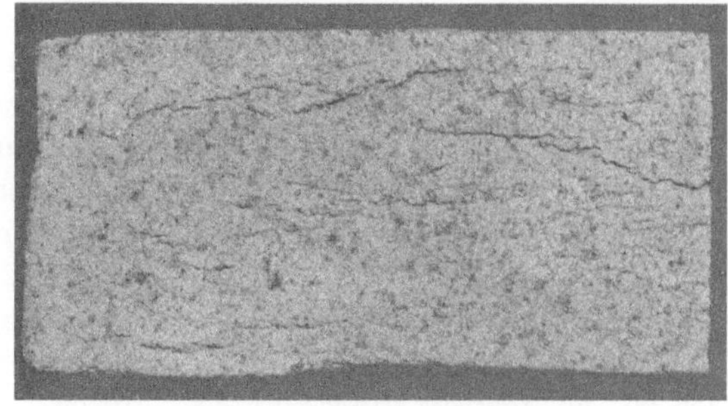

Abb. 389. Netzförmig verteilte Oberflächenrisse in einem Schamottestein

Formhaut [56] ist wegen ihrer hohen Dichte besonders empfindlich gegen Schwindung und reißt daher leicht. Derartige Oberflächenrisse sind nur Schönheitsfehler, sie treten an naßgepreßten Schamottesteinen häufig auf. Tiefer

Abb. 390. Winderhitzer-Besatzstein mit Schwindungsrissen an den Ecken

reichende Schwindungsrisse, wie die in Abb. 389, machen den betreffenden Stein unbrauchbar.

Besonders leicht bilden sich Schwindungsrisse an einspringenden Ecken komplizierter Formsteine (Abb. 390). Scharfe, einspringende Ecken sollte man daher nach Möglichkeit vermeiden und durch allmähliche Übergänge mit großen

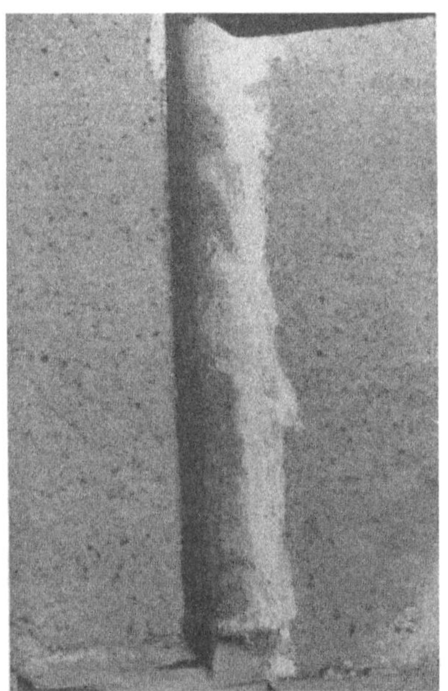

Abb. 391. Mit Wasserglas verschmierter Riß in einem Schamottestein

Abb. 392
Querrisse infolge Deformation des feuchten Rohlings

Abb. 393. Rissiger und verzogener Pfannenstein (oben aufgelegt ein Maßstab)

Krümmungsradien ersetzen. Auf keinen Fall dürfen die Risse nach dem Brennen mit Tonmehl oder gar mit Wasserglas ausgeschmiert werden, wie es bei dem Stein der Abb. 391 geschehen ist.

Querrisse können durch Deformation der noch feuchten Rohlinge beim Entformen oder auf dem Transport entstehen. Beim Steinbrand werden solche Risse durch Schwindung vergrößert (Abb. 392). Auch beim Brennen ungenügend getrockneter Rohlinge können sich Querrisse bilden, weil sich der Rohling verzieht (Abb. 393).

Längsrisse (Lagenrisse) in trockengepreßten Steinen sind ähnlich wie bei Silikasteinen auf unzureichende Entlüftung beim Pressen zurückzuführen (vgl. Abschnitt 2.373). Schalenförmige Ablösungen an gestampften Hartschamottesteinen deuten auf schlechte Stampfarbeit hin (z. B. durch ungleichmäßiges Nachfüllen der Masse hervorgerufene Lagenbildung).

Eingerissene Kanten (Drachenzähne, Abb. 349) entstehen durch zu hohe Reibung am Strangpressen-Mundstück (vgl. Abschn. 3.342.2). Lunker in Handformsteinen bilden sich bei schlechter Knet- oder Formarbeit, Trennschichten durch Einkneten von Streusand.

Preß- oder Quetschfalten an Steinoberflächen (Abb. 394) werden dadurch hervorgerufen, daß sich beim Nachpressen die ölbedeckte Oberfläche von Strangstücken örtlich übereinanderschiebt. Man findet sie häufig an Kanal-Endsteinen und keilförmigen Pfannensteinen. Kleinere Preßfalten sind nur Schönheitsfehler.

3.383 Deformationen

Steine mit beträchtlicher Schwindung, vor allem Glüh-

schamotte- und Tonsteine verziehen sich leicht beim Brennen.
Deformationen können aber auch
die Folge zu starker oder ungleichmäßiger Belastung im Brennofen sein.

Auftreibungen entstehen, wenn
eingeschlossenes Gas durch eine
bereits gesinterte Steinoberfläche
am Entweichen gehindert wird.
Hierbei kann es sich um Reste
von Wasserdampf oder um das
bei verspäteter Verbrennung von

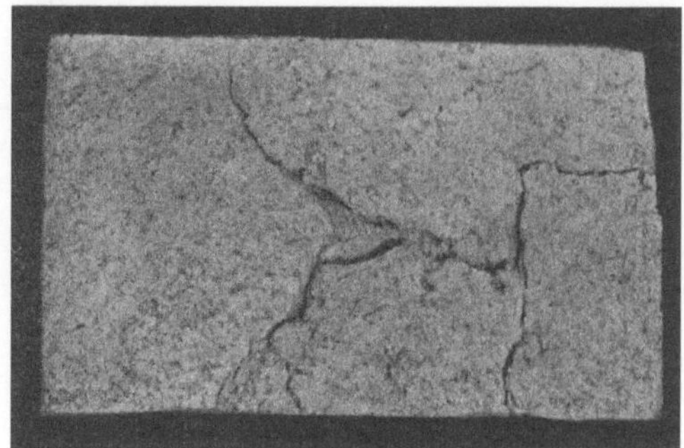

Abb. 394. Preßfalten auf einem Pfannenstein

Kohlenstoffeinschlüssen gebildete Kohlenoxyd handeln. Diese Fehler können
durch Herabsetzung der Aufheizgeschwindigkeit vermieden werden.

Eine zusammenfassende Übersicht der besprochenen Fabrikationsfehler findet
sich in Tab. 92.

Tabelle 92. *Fehler bei der Schamottesteinherstellung und ihre Ursachen*

Art des Fehlers	Ursache	Bedeutung
Mürbe Beschaffenheit, schlechte Kantenfestigkeit	Schlechte Einbindung infolge a) falscher Massezusammensetzung b) Schwachbrand c) ungenügenden Preßdruckes	Aussortierung erforderlich
Bindungsrisse	verschieden starke Schwindung von Schamotte und Bindeton, Ansaugen des Schlickers beim Gießen	kein Reklamationsgrund
Texturen Schichttexturen Lagenrisse Schalenbildung	schlechte Strangpresse schlechte Entlüftung schlechte Formarbeit	} Aussortierung erforderlich
Drachenzähne	zu starke Reibung am Mundstück der Strangpresse	Aussortierung erforderlich
Trockenrisse	ungenügende Trocknung	Aussortierung erforderlich
Dunkle Kerne	ungenügende Trocknung	Aussortierung erforderlich
Schwindungsrisse	starke Schwindung, ungünstige Formgebung	Aussortierung nur bei großen Rissen
Oberflächenrisse	Schwindung der Formhaut	Schönheitsfehler
Verformungsrisse	Deformation des feuchten Rohlings	Aussortierung erforderlich
Knollenbildung	schlechte Mischung oder Massewechsel in der Strangpresse	Aussortierung erforderlich

Tabelle 92. (Fortsetzung)

Art des Fehlers	Ursache	Bedeutung
Eisenausschmelzungen	ungenügende Zerkleinerung und Mischung eisenreicher Tone	Aussortierung bei größeren Ausschmelzungen erforderlich
Lunker und Trennschichten	schlechte Knet- oder Formarbeit	Aussortierung nur bei großen Lunkern
Preßfalten	Stauchung in der Nachpresse	Aussortierung nur bei großen Preßfalten
Deformationen	ungleichmäßige Schwindung, Gasentwicklung beim Sintern, ungenügende Trocknung, unvorsichtige Behandlung der feuchten Rohlinge, Setzfehler im Brennofen	Maßtoleranz: 1,5%, Halbtrockengepreßte Steine: keine Toleranz
Schlechte Maßhaltigkeit, starke Gratbildung	Formenverschleiß	Aussortierung erforderlich

Schrifttum

[1] GREEN, A. T.: Trans. Brit. ceram. Soc. Bd. 25 (1926) S. 110/31

[2] Vgl. NORTON, F. H.: Refractories, S. 194. New York u. London 1931

[3] Über geeignete Brennöfen für den Brand verschiedener Tonarten siehe MIEHR, W.: Tonind.-Ztg. Bd. 76 (1952) S. 65/70

[4] Über die Entwicklung des Schachtofens siehe KABUS, C.: Tonind.-Ztg. Bd. 65 (1941) S. 365, 376, 396 u. 406

[5] DECLAY: La sucverie belge, S. 55. 1896

[6] RADEMACHER, R., u. E. GOEBEL: Feuerfester Ofenbau Bd. 8 (1932) S. 1/6

[7] SCHULZ, P., K. KONOPICKY u. E. KÖHLER: Tonind.-Ztg. Bd. 82 (1958) S. 8/12

[8] MITTAG, C.: Die Hartzerkleinerung. Berlin/Göttingen/Heidelberg: Springer 1953

[9] RASCH, R.: Der Schamottestein. Berlin: Chem. Laboratorium für Tonindustrie 1940

[10] BACHMANN, D.: Z. Ver. dtsch. Ing., Beih. Verfahrenstechn. Bd. 2 (1940)

[11] BUDNIKOW, P. P.: Technologie der keramischen Erzeugnisse, S. 199. Berlin: Technik 1950

[12] CHERNYSSCHEV, J. S.: Mineral'. Syr'c Bd. 1 (1938) S. 51/58, Ref.: Refractories Bibliography, S. 303c. Columbus, Ohio, USA: Amer. Iron Steel Inst. 1928—1947

[13] BLOSCHIES, F., K. GIESEN u. H. E. SCHWIETE: Mitt. a. d. Inst. Gesteinshüttenk. T. H. Aachen u. Forsch. Inst. Feuerfestindustrie

[14] ROCHELSBERG, C.: Sprechsaal Keram., Glas, Email Bd. 83 (1950) S. 106/07; Brit. Pat. 293765 (1929); Brit. Clayworker Bd. 46 (1937/38) S. 148/50. — NASKE, C.: Zement Bd. 26 (1937) S. 539/45; Tonind.-Ztg. Bd. 75 (1951) S. 90

[15] Ber. DKG. Bd. 34 (1957) S. 109

[16] SKOLA, V.: Feuerfest Bd. 6 (1930) S. 84

[17] SWAIN, S. M., u. S. M. PHELPS: J. Amer. ceram. Soc. Bd. 14 (1931) S. 884ff.

[18] BENINGA: Tonind.-Ztg. Bd. 58 (1934) S. 651/52

[19] MÖSER, A.: Tonind.-Ztg. Bd. 58 (1934) S. 779/81 u. 1260/62

[20] SCHURECHT, H. G., u. R. B. BURDICK u. G. A. JONES: Bull. Amer. ceram. Soc. Bd. 24 (1945) S. 6/8

[21] KELER, E. K., u. V. P. ZEGZDHA: Ogneupory Bd. 19 (1940) S. 41

[22] MANFRED, O.: Ber. DKG. Bd. 18 (1937) S. 24/31

[23] Eine umfassende Darstellung der Vorgänge in einer Strangpresse findet sich bei KLESPER, R.: Sprechsaal Keram., Glas, Email Bd. 70 (1937) S. 325ff.

[24] KLESPER, R.: Tonind.-Ztg. Bd. 59 (1935) S. 265/67

[25] WELZEL, G.: Ber. DKG. Bd. 19 (1938) S. 138 ff.

[26] KLESPER, R.: Sprechsaal Keram., Glas, Email Bd. 70 (1937) S. 351/53

[27] KLESPER, R.: Sprechsaal Keram., Glas, Email Bd. 68 (1935) S. 731/34, 747/49, 761/63 u. 777/79

[28] KLESPER, R.: Sprechsaal Bd. 70 (1937) S. 323/25

[29] BUDNIKOW, P. P.: Technologie der keram. Erzeugnisse, S. 59. Berlin: Technik 1953

[30] Persönliche Mitteilung von Dr. F. KLASSE, Didier-Werke A.G., Wiesbaden

[31] KLESPER, R.: Sprechsaal Keram., Glas, Email Bd. 70 (1937) S. 364 u. 372/74

[32[HELM, G.: Ber. DKG. Bd. 14 (1933) S. 288

[33] HOCHHUT, J.: DRP. 485757 (1930)

[34] SCHEIDHAUER u. GIESSING AG.: DRP. 487110 (1929), mit mehreren Zusatzpatenten

[35] DRP. 487784 (1929), Zusatz zu DRP. 487110

[36] SCHONDORFF, A.: DRP. 590924 (1934)

[37] DRP. 602827 (1934) Didier-Werke

[38] DRP. 630131 (1936) Didier-Werke

[39] DRP. 459457 (1928), 463626 (1930), 527138 (1931), 568494 (1933), sämtlich H. ACKERMANN u. Scheidhauer u. Gießing AG.

[40] KLESPER, R.: Sprechsaal Keram., Glas, Email Bd. 70 (1937) S. 363

[41] REICH, H.: DBP. 967208 Dr. C. Otto u. Comp.

[42] DRP. 633920 Didier-Werke

[43] DRP. 590207 Didier-Werke

[44] E. WEBER in BISCHOF, C.: Die feuerfesten Tone, 4. Aufl., S. 130 ff. Leipzig 1923

[45] HALLER, P.: J. Soc. Glass Technol. Bd. 15 (1931) S. 99

[46] NORTON, F. H.: Refractories, S. 108/09. New York u. London 1931

[47] PHILIPP, O.: Feuerfest Bd. 8 (1932) S. 102

[48] PARTRIDGE, J. H.: Refractory Blocks for Glass Tank Fournaces, S. 34. Sheffield 1935

[49] GREEN, A. T., u. L. S. THEOBALD: Trans. Brit. ceram. Soc. Bd. 24 (1925) S. 133

[50] KLESPER, R.: Feuerungstechnik Bd. 24 (1936) S. 177

[51] RASCH, R.: Sprechsaal Keram. Glas, Email Bd. 83 (1950) S. 222

[52] BROWN, G. H., u. G. A. MURRAY: Techn. Pap. Bur. Stand. Nr. 17, S. 20

[53] EHINGER, O.: Sprechsaal Keram., Glas, Email Bd. 73 (1940) S. 72/73

[54] GUSS, S.: Keram. Rdsch. Bd. 43 (1928) S. 807/09

[55] RASCH, R., u. G. SKORNIA: Feuerfeste Baustoffe in der Glasindustrie. Dresden: Die Glashütte 1951

[56] Nach H. E. SCHWIETE, persönliche Mitteilung

3.4 Eigenschaften

3.41 Einteilung und Formate

Die beschriebenen Möglichkeiten, Eigenschaften der Schamottesteine durch Verwendung verschiedener Tone und Schamotten oder durch Austausch der Schamotte gegen Quarz bzw. andere Magerungsmittel zu beeinflussen, werden in der Praxis vielfach ausgenutzt. Neben den handelsüblichen Steinen sind zahlreiche Spezialqualitäten entwickelt worden, die den Anforderungen des jeweiligen Verwendungszweckes in besonderem Maße gerecht werden. Über die *Einteilung* dieser verschiedenen Steinsorten sind zwischen dem Fachverband Feuerfeste Industrie, Bonn, und den Verbänden der Abnehmerindustrien die in Tab. 93 auszugsweise zusammengestellten Vereinbarungen getroffen worden. Die Tabelle gibt gleichzeitig einen Überblick über die verschiedenartigen Anwendungsgebiete der Schamotteerzeugnisse.

Die A- und B-Qualitäten werden in der Hüttenindustrie und im Kessel- bzw. Generatorenbau benutzt. Die handelsüblichen A-Steine werden durch Tonerdegehalt und Feuerfestigkeit gekennzeichnet, die Vereinbarungen über die sonstigen Eigenschaften werden in

Tabelle 93. *Konventionseinteilung der Schamottequalitäten*

Steinart	Konventions-Bezeichnung	Tonerdegehalt	Seger-kegel
Reine Schamottesteine	A 0	über 44%	34
	A I Spezial	garantiert 42 bis 44%	33/34
	A I	40 bis 42%	33
	A II	36 bis 39%	32
	A III	32 bis 35%	30/31
Quarzhaltige tongebundene Steine ...	B I		32/33
	B II		30/31
	B III		28/29
Hochofensteine	DH I Spezial	42 bis 44%	33/34
	DH I	39 bis 42%	33
	DH II	35 bis 39%	32
	DH III	32 bis 35%	31
Winderhitzersteine	DWO	>44	34
	DW I Spezial	42 bis 44%	33/34
	DW I	39 bis 42%	33
	DW II	35 bis 39%	32
	DW III	30 bis 35%	>30
Stahlwerksbedarf			
Pfannensteine	D 12		
Pfannenlochsteine	D 13		
Stopfenstangenrohre ohne Falz	D 14		
Stopfenstangenrohre mit Falz	D 15		
Trichterrohre	D 16		
Kanalsteine	D 17		
Königsteine	D 18		
Kupolofensteine	D 19 bis 21		
Stopfen und Ausgüsse in Schamotte-qualität........................	D 22a		
Stopfen und Ausgüsse in Graphit-qualität........................	D 22b		
Koksofensteine			
Hochsaure Qualität	E 1	75 bis 80% SiO_2-Gehalt	29
Halbsaure Qualität	E 2	70 bis 75% SiO_2-Gehalt	28
Verkehrsindustrie			
Feuerschirmsteine für Lokomotiven	F 1 bis 2		
Dübelsteine für Schiffskessel	F 3		
Glas- und Emaille-Industrie			
Wannenblöcke, Hafenbankplatten ..	G 1		
Streckplatten	G 2		
Muffelplatten	G 3		
Muffeln	G 4		

Tabelle 93. (Fortsetzung)

Steinart	Konventions-Bezeichnung	Tonerdegehalt	Seger-kegel
Säurefeste Steine			
Normalsteine	K 1		
Formsteine	K 2 bis 4		
Leuchtgasöfen			
Retorten, Retortenköpfe usw.	L 1		
Kammerkopf- und Fußsteine	L 2		
Rekuperatorsteine	L 3		
Backofenmaterial	M		
Zimmeröfen und Herde	Z		
Mörtel	C I　passend für Steinqualität A I, A II, DH I, DH II, DW I, DW II C II　für A III, B I, B II, DH III, DW III C III　für B III		

Abschn. 3.43 besprochen. Bei den quarzhaltigen B-Steinen ist auf eine Festlegung der chemischen Zusammensetzung verzichtet worden, allein ihre Feuerfestigkeit ist vorgeschrieben, wird aber in der Praxis selten eingehalten. Die Einteilung der Hochofen- und Winderhitzersteine entspricht bis auf kleine Abweichungen derjenigen der A-Steine, so daß diese Spezialgliederung nicht unbedingt notwendig erscheint.

Für die Eigenschaften des Stahlwerksbedarfsmaterials konnten bisher keine allgemein verbindlichen Richtlinien ausgearbeitet werden, da noch keine hinreichende Klarheit über die Verschleißvorgänge in diesen Steinen besteht. Auf die besondere Betriebsbeanspruchung dieser Steine wird in Abschn. 3.56 ausführlich eingegangen werden.

Die Qualität der besonders für Koksunteröfen bestimmten, kieselsäurereichen E-Steine wird durch den Kieselsäuregehalt bestimmt, da dieser den größten Einfluß auf ihre Feuerfestigkeit ausübt.

Es sind Bestrebungen im Gange, die Eigenschaften sämtlicher auf dem Markt befindlichen Qualitäten in einer Steinliste festzulegen, die dann als Unterlage für Bestellung und Abnahme der Steine dienen soll.

Für die *Formate* galten bis zum 2. Weltkrieg die bereits bei den Silikasteinen angeführten Normblätter DIN 1081 und DIN 1082 mit Beiblatt, in denen zwei Normalsteine (DIN 1081) sowie Ganz- und Halbwölber (DIN 1082) in ihren Abmessungen festgelegt waren. Zwischen Steinherstellern und Erbauern von Industrieöfen und Kesselanlagen wurden inzwischen neue Einheitsformate für Schamottesteine vereinbart [1]. Tab. 94 gibt diese Einheitsformate in den Blättern 1 und 2 wieder, sie enthalten die am meisten gebrauchten Steinformate. In den übrigen hier nicht abgedruckten Blättern sind Formate für Türpfeiler-, Widerlag-, Schauloch-, Meßloch-, Kopfschräg- und Hängedeckensteine aufgeführt. Neben den Merkblättern für die Einheitsformate sind Ergänzungsblätter [1] für den Bau von Gewölben, Türöffnungen und Hängedecken entworfen worden, ihnen sind die Anwendungsmöglichkeiten für die oben erwähnten Formate zu entnehmen.

Tabelle 94. *Einheitsformate für Schamottesteine*

Format	Be-zeichnung	Kurz-zeichen	Maße in mm				Raum-inhalt dm³	Bemerkung
			a	b	h	l		
	Normal-stein	2	250	123	65		2,0	
	Verband-stein	2 B	250	187	65		3,04	Mit Kerbe zur Unter-teilung
	Plättchen	2 bis 30	250	123	30		0,92	
		2 bis 20	250	123	20		0,61	
	Doppel-normal-stein	4	250	250	65		4,07	
	Platten	P 1	500	375	40		7,5	
		P 2	500	625	40		12,5	
		P 3	250	500	65		8,1	
		P 4	250	375	65		6,1	
		P 5	375	500	65		12,2	
		P 6	500	500	65		16,2	
		P 7	375	500	100		18,8	
		P 8	375	750	100		28,2	
		P 9	500	500	100		25,0	
		P 10	500	750	100		37,5	
		P 11	500	1000	100		50,0	
		P 12	250	375	133		12,5	
	Ganz-wölber	2 G 4	67	63	250	123	2	$R = 4060$　Alle Radien
		2 G 6	68	62	250	123	2	$R = 2670$　bei 2 mm
		2 G 10	70	60	250	123	2	$R = 1550$　　Fuge
		2 G 16	73	57	250	123	2	$R = 920$
		2 G 26	78	52	250	123	2	$R = 520$
		2 G 38	84	46	250	123	2	$R = 315$
		2 G 52	91	39	250	123	2	$R = 200$
	Doppel-ganz-wölber	4 G 4	67	63	250	250	4,07	$R = 4060$
		4 G 6	68	62	250	250	4,07	$R = 2670$
		4 G 10	70	60	250	250	4,07	$R = 1550$
		4 G 16	73	57	250	250	4,07	$R = 920$
		4 G 26	78	52	250	250	4,07	$R = 520$
		4 G 38	84	46	250	250	4,07	$R = 315$
		4 G 52	91	39	250	250	4,07	$R = 200$
	Halb-wölber	2 H 6	68	62	123	250	2	$R = 1310$
		2 H 10	70	60	123	250	2	$R = 760$
		2 H 16	73	57	123	250	2	$R = 450$
		2 H 26	78	52	123	250	2	$R = 255$
		2 H 38	84	46	123	250	2	$R = 155$

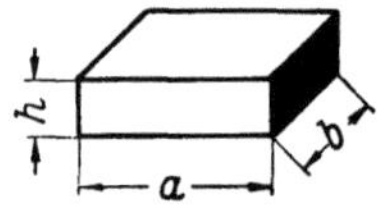

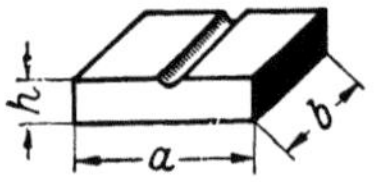

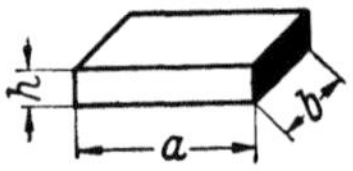

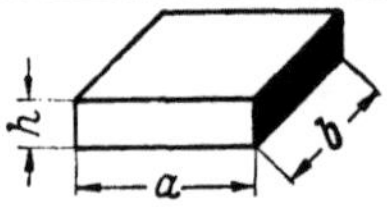

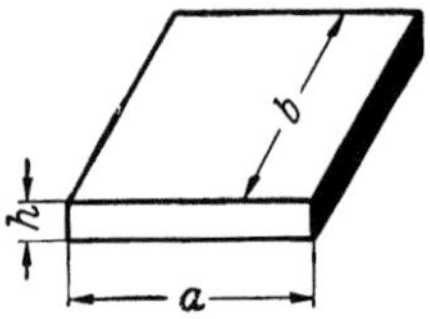

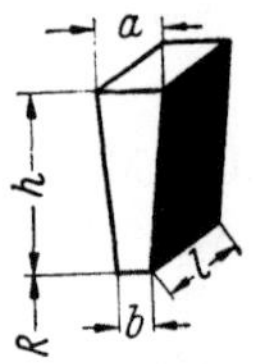

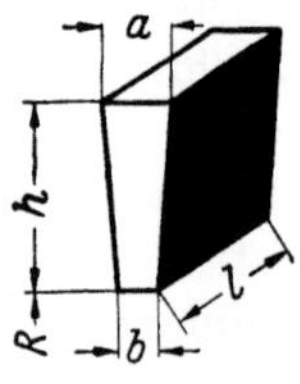

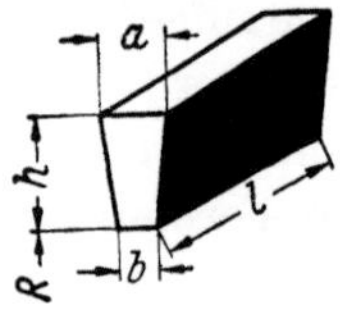

Tabelle 94 (Fortsetzung)

Format	Be-zeichnung	Kurz-zeichen	Maße in mm				Raum-inhalt dm³	Bemerkung
			a	b	h	l		
Quer-wölber		Q 8	127	119	250	65	2	$R = 3800$
		Q 10	128	118	250	65	2	$R = 3000$
		Q 14	130	116	250	65	2	$R = 2100$
		Q 28	137	109	250	65	2	$R = 1000$
		Q 50	148	98	250	65	2	$R = 500$
		Q 84	165	81	250	65	2	$R = 250$

Die Abmessungen von Kupolöfen und der bei ihrem Bau zu verwendenden Steine sind noch nicht in endgültiger Fassung im Normblatt DIN 1083 enthalten. Für Stahlwerksverschleiß- und Gießmaterial wurden Steinformate in einer Vereinbarung zwischen dem Stahlwerksausschuß des VDEh und Vertretern der feuerfesten Industrie festgelegt [2].

Die Abmessungen müssen nach den genannten Richtlinien bzw. Normblättern bei naßgepreßten Steinen bis auf $\pm 2\%$, bei halbtrockengepreßten bis auf $\pm 1\%$ und bei Hartschamottesteinen bis auf 0,75% eingehalten werden. Verkrümmungen und Durchbiegungen sind bei naßgepreßten Steinen bis zu 1,5% zulässig [3]. Nach den Richtlinien für die Einmauerung von Hochleistungsdampfkesseln [4] darf die Durchbiegung bei einem Tonstein mit SK 26 bis 28 (Anwendungsgrenze 800°C) 2% betragen.

3.42 Zusammensetzung

3.421 A-Qualitäten

Die in Tab. 93 zusammengestellten A-Qualitäten müssen den jeweils festgelegten Tonerdegehalt haben. Da die Tone als natürliche Rohstoffe gewissen Schwankungen in ihrer Zusammensetzung unterworfen sind, werden oft bei der Fertigung der Steine mehrere Tonsorten miteinander gemischt, um eine nahezu gleichmäßige chemische Zusammensetzung zu erreichen.

Gewisse Schwierigkeiten für die Massezusammensetzung von AO- und Al-Steinen ergeben sich daraus, daß Rohstoffe mit hohem Tonerdegehalt selten sind. Tone der Qualität 40/42 kommen zwar in Deutschland in erheblichen Mengen vor (vgl. Abschn. 3.24), nach langjähriger Untersuchungen liegen aber ihre Tonerdegehalte häufiger zwischen 39 und 41 als zwischen 40 und 42%. Man hat daher die Grenzen der Al-Qualität entsprechend geändert (vgl. Abschn. 3.43). Der Gehalt von 42% Tonerde wird nur von wenigen Tonsorten überschritten, z. B. von Oberpfälzer Tonen und dem Ton der Grube Rasselstein im Westerwald.

Für Al-Spezial- und AO-Steine wurden daher bis zum zweiten Weltkrieg vorwiegend böhmische und Neuroder Schiefertone bzw. -Schamotten verwandt (vgl. Abschn. 3.25). Diese Rohstoffe sind seit Kriegsende schwer erhältlich und die neu aufgeschlossenen Schiefertone des Ruhrgebietes können den Ausfall mengenmäßig nicht ersetzen.

Als weitere hochwertige Magerungsmittel dienen geschlämmte Kaoline, deren beste Qualität, der Zettlitzer Kaolin, ebenfalls schwer zugänglich geworden ist. In der Bundesrepublik steht als Ersatz für ihn der hochwertige Schnaittenbacher

Kaolin (vgl. Abschn. 3.234/5) zur Verfügung. Schließlich werden Bauxite aus Brit.-Guayana [5], kalzinierte Tonerde oder Elektrokorund (vgl. Abschn. 4.12/3) zum Erhöhen des Tonerdegehaltes verwandt. Auch südafrikanische Schiefertone mit 56% Al_2O_3 und SK 37 oder Diaspor – Pyrophyllit – -reiche Rohstoffe haben sich als tonerdereiche Zuschlagstoffe bewährt. Bei Verwendung von kalzinierter Tonerde, die mit Bindeton leicht Mullit bildet, besteht die Gefahr einer merklichen Schwindung, gröberer Korund löst sich nur schwer in dem zähflüssigen Bindemittel, er trägt daher relativ wenig zur Erhöhung der Feuerfestigkeit bei. Aus diesem Grunde wird Korund überwiegend in sehr feiner Körnung verwandt.

Rohstoffe für A II- und A III-Steine stehen in Deutschland ausreichend zur Verfügung. Unter ihnen zeichnen sich die Pfälzer Tone durch hohe Plastizität und Bindefähigkeit besonders aus (vgl. Abschn. 3.246), sie werden unter anderem zur Herstellung von Stopfen und Ausgüssen benutzt (Tab. 93, D 22a).

An weniger stark beanspruchten Stellen können Steine verwandt werden, in denen die Schamotte teilweise durch Schamottebruch ersetzt ist. Die verschlackten Partien des Bruchmaterials müssen dabei aussortiert, die verschiedenen Steinsorten nach Möglichkeit getrennt werden, um ausreichende Gleichmäßigkeit der Masse zu gewährleisten.

3.422 B-Qualitäten und Stahlwerksbedarfsmaterial

Die B-Qualitäten enthalten neben Schamotte Quarz als Magerungsmittel. Je nach der für den vorgesehenen Verwendungszweck erforderlichen Dichte der Steine wird der Quarz als gebrochener Kies, reiner Sand, Silikabruch, Rohkaolin oder Klebsand eingeführt. Bindetone für B-Steine enthalten 28 bis 42% Al_2O_3, aber auch mitteldeutsche Kaolintone werden benutzt (s. Abschn. 3.242). Als bewährter Versatz für B I-Steine wird angegeben [6]: 40% Sand, 20% Silikasteinbruch und 40% Bindeton mit 40 bis 42% Al_2O_3.

Bei Stahlwerksbedarfsmaterial wird hohe Dichte angestrebt, ihr Versatz besteht daher meist aus sauren und flußmittelreichen Rohstoffen. Besonders für Pfannensteine gebraucht man sehr dicht gebrannte Schamotten mit 28 bis 30% Al_2O_3, im Handel unter der Bezeichnung *Pfannensteinschamotte* bekannt. Zum Binden werden Tone mit ähnlichen Tonerdegehalten, beispielsweise aus den Vorkommen am Nordabfall der Eifel (s. Abschn. 3.245), mitteldeutsche Kaolintone oder auch Tone mit 30 bis 33% Tonerde benutzt. Für die beim Guß besonders stark beanspruchten Königsteine, die als handgeformte Steine an sich stets höhere Porositäten aufweisen als die übrigen Verschleißwerkstoffe, für Stopfen, Ausgüsse und Stopfenstangenrohre mit größerer Wandstärke verwendet man statt halbsaurer Versätze solche mit 32 bis 37% Al_2O_3.

3.423 Graphitschamotte (vgl. a. Abschn. 6.5)

Zur Benutzung für heiße Schmelzen und sehr große Pfannen setzt man den Stopfen und Ausgüssen häufig feingemahlenen Graphit in Mengen von 10 bis 20% zu. Die fertigen Erzeugnisse enthalten dann 5 bis 12% Kohlenstoff.

Noch stärker graphitiert werden Schmelztiegel. Man verwendet dazu gut gereinigte Graphite in Mengen von 45 bis 50%. Außerdem enthalten solche Versätze dichte, feingekörnte Schamotte in Mengen bis zu 30% und 22 bis 30%

Tabelle 95. *Chemische Analysen und Kegelfallpunkte von Schamotteerzeugnissen*

Gruppe	Konventions-Bezeichnung	Soll-Tonerde-gehalt %	Chemische Zusammensetzung						Segerkegel	
			SiO_2 %	$Al_2O_3 + TiO_2$ %	Fe_2O_3 %	CaO %	MgO %	$Na_2O + K_2O$ %	Konventions-festlage	gefunden
Reine Schamottesteine ..	A 0	über 44	51,55	45,23	1,32	0,23	0,34	0,92	34	35
	A I Spezial	42 bis 44	53,49	42,61	1,76	0,46	0,47	1,02	33/34	34
	A I	40 bis 42	54,55	41,30	1,43	0,37	0,50	1,05	33	34
	A II	36 bis 39	56,25	38,65	2,17	0,55	0,61	1,30	32	32
	A III	32 bis 35	63,41	32,42	1,43	0,51	0,63	1,20	30/31	32
Quarzhaltige Schamotte und tongebundene Steine	B I	—	81,61	16,32	0,95	0,27	0,26	—	32/33	32/33
	B II	—	82,24	13,97	1,45	0,49	0,53	0,47	30/31	31/32
	B III	—	85,37	10,80	1,55	0,42	0,67	0,42	28/29	28/29
Hochofensteine	DH I Spezial	42 bis 44	53,46	43,00	1,94	0,53	0,59	0,47	33/34	33/34
	DH I	40 bis 42	55,03	40,86	1,87	0,60	0,65	0,82	33	33/34
	DH II	36 bis 39	57,82	36,92	2,24	0,62	0,65	1,81	32	32/33
	DH III	32 bis 35	60,66	35,03	2,34	0,37	0,58	—	31	31/32
Winderhitzersteine	DW I Spezial	42 bis 44	54,00	42,95	1,60	0,34	0,40	0,82	33/34	34
	DW I	39 bis 42	55,46	41,40	1,68	0,40	0,42	0,60	33	33/34
	DW II	35 bis 39	56,32	38,36	2,08	0,37	0,49	2,05	32	32/33
	DW III	30 bis 35	58,63	34,73	2,88	0,49	0,79	1,90	>30	32
Stahlwerksbedarf Pfannensteine	D 12	—	69,16	26,08	2,12	0,39	0,69	1,26	—	29
Pfannenlochsteine	D 13	—	66,65	28,47	1,78	0,49	0,67	1,76	—	29/30
Stopfenstangenrohre ..	D 14 u. D 15	—	65,31	29,45	1,99	0,52	0,64	1,61	—	29/30

Tabelle 95. (Fortsetzung)

Gruppe	Konventions-Bezeichnung	Soll-Tonerde-gehalt %	Chemische Zusammensetzung						Segerkegel	
			SiO_2 %	$Al_2O_3 + TiO_2$ %	Fe_2O_3 %	CaO %	MgO %	$Na_2O + K_2O$ %	Konventions-festlage	gefunden
Trichterrohre	D 16	—	69,70	25,75	1,49	0,46	0,51	1,40	—	31
Kanalsteine	D 17	—	68,45	26,37	2,52	0,57	0,52	1,39	—	30
Königsteine	D 18	—	64,93	29,91	2,15	0,71	0,38	1,55	—	31/32
Stopfen — Ausgüsse										
Schamottequalität	D 22a	—	56,59	38,54	1,70	0,58	0,72	1,95	—	33/34
Graphitqualität	D 22b	—	50,86	33,68	2,40	0,65	0,71	C = 11,20	—	34/35
Koksofenstein hochsauer	E 1	SiO_2 % 75 bis 80	78,12	16,54	1,95	n. b.	n. b.	n. b.	29	28/29

plastische, früh dichtbrennende Bindetone mit sehr feinkörnigem Quarzanteil, z. B. den Großalmeroder Fetton (s. Abschn. 3.243). Der Kohlenstoffgehalt der fertigen Tiegel schwankt zwischen 20 und 45%.

3.424 Schamottesteine für die Glasindustrie

Für Glashäfen ist der Großalmeroder Hafenton an Qualität nicht zu übertreffen. Glaswannensteine werden aus eisenarmen Schamotten mit Bindetonen wechselnder Qualität hergestellt. Der Bindeton soll dabei im Tonerdegehalt höher liegen als die Schamotte. In einigen Werken wird aber auch ein Bindeton mit 2 bis 3% niedrigerem Al_2O_3-Gehalt verwandt. Nach A. MÖSER [7] werden Bankplatten und Büttensteine für die Glasindustrie aus tonerdereichen Rohstoffen, d. h. Schieferschamotten mit 42 bis 45% oder Schamotten mit 38 bis 42% Al_2O_3 und Bindetonen mit einer Feuerfestigkeit von mindesten SK 30 gefertigt.

3.425 Spezialqualitäten

Neben den beschriebenen Steinsorten sind für besondere Verwendungszwecke geeignete Spezialqualitäten entwickelt worden, von denen hier nur die von F. SINGER [7a] vorgeschlagenen, gegen Bor- und Bleioxyddämpfe beständigen bariumoxydhaltigen Steine erwähnt werden sollen. Ihre Widerstandsfähigkeit beruht auf der Bildung des hochfeuerfesten Bariumfeldspats *Celsian* $BaO \cdot Al_2O_3 \cdot 2\,SiO_2$ (vgl. Abschnitt 3.164). Das Bariumoxyd wird zweckmäßig in Form von Bariumkarbonat, nicht Bariumsulfat, eingeführt [7b], die Schamotte und der Bindeton soll keine freie Kieselsäure enthalten, die mit PbO niedrigschmelzende Verbindungen bilden kann. Mit Bariumsteinen werden die Gewölbe in der Feuerzone von Tunnelöfen für Steingut und Sanitärkeramik zugestellt.

3.426 Chemische Analysen

Eine Zusammenstellung vollständiger Analysen sowie der tatsächlich beobachteten

Feuerfestigkeit der wichtigsten in der Stahlindustrie gebräuchlichen Qualitäten gibt Tab. 95. Ihre Analysendaten sind jedoch nur Anhaltswerte. Allgemein soll in guten Schamottesteinen der Gehalt an Eisenoxyd 2,5% nicht überschreiten, sein maximaler Wert liegt bei 3%. Alkalien sind im Schamottestein gewöhnlich bis zu 2%, gelegentlich aber auch 3% vorhanden. Der Gesamtflußmittelgehalt der Steine beträgt etwa 5% [8].

3.43 Physikalische und technologische Eigenschaften

3.431 Überblick

Die Eigenschaften von Schamottesteinen der Klasse A wurden in Vereinbarungen des Fachverbandes Feuerfeste Industrie mit dem Verein Deutscher Eisenhüttenleute durch Richtwerte festgelegt (Tab. 96) [8a]. In jeder Konventionsklasse werden dabei 3 Sorten unterschieden, nämlich

1. Standardsorte, bezeichnet p. Sie wird nach dem plastischen Verfahren hergestellt (vgl. Abschn. 3.342);
2. halbtrockengepreßte Sonderklasse, bezeichnet h (vgl. Abschn. 3.343);
3. Hartschamotte-Sorte, bezeichnet t (vgl. Abschn. 3.344).

Bei gleicher chemischer Zusammensetzung der drei Sorten treten in ihren physikalischen Eigenschaften beträchtliche Unterschiede auf.

Von den übrigen in Tab. 93 aufgeführten Qualitäten werden die Hochofensteine DH I Spezial bis DH III nach dem Hartschamotteverfahren, die Winderhitzersteine DWO Spezial bis DW III teils nach dem plastischen, teils nach dem Halbtrockenpreßverfahren hergestellt. Auch für die Glasofenqualitäten G 1 bis G 4 wendet man Halbtrockenpreß- und Hartschamotteverfahren neben dem plastischen an. Die Steine aller anderen Gruppen (B-Qualitäten, Stahlwerksbedarfsmaterial, Koksofensteine usw.) formt man fast ausschließlich plastisch.

3.432 Äußere Beschaffenheit

Schamotteerzeugnisse sind im allgemeinen gelblich bis bräunlich gefärbt, die Farbe ist um so intensiver, je mehr Eisenoxyd der Stein enthält und je höher und je stärker reduzierend er gebrannt wird. Die Verfärbung bei reduzierender Ofenatmosphäre soll vor allem auf eingelagerten Kohlenstoff zurückzuführen sein, der mit den Eisensilikaten eine feste Lösung eingeht.

Bei Ferngasbeheizung werden die Steine stets wesentlich heller als in kohlebeheizten Brennöfen, ihre helle Farbe wird oft zu Unrecht als Anzeichen von Schwachbrand angesehen und beanstandet. Um derartige Fehlurteile zu vermeiden, wird das Ferngas in manchen Steinfabriken karburiert, der zusätzliche Kohlenstoff bewirkt dann die übliche Steinfarbe.

Die Oberfläche besteht aus der dünnen, festen *Formhaut*, früher als Brennhaut bezeichnet, die der Parallelstellung der plättchenförmigen Tonminerale beim Formen ihre Entstehung verdankt. Sie ist oft von feinen, netzförmigen Rissen durchzogen (Abb. 389). Ein sicherer Hinweis auf die Güte des Brandes ist der *Klang* beim Anschlagen der Steine mit einem kleinen Eisenhammer. Gut gebrannte und fehlerfreie Steine klingen hell und rein.

Tabelle 96. *Richtwerte für die Eigenschaften von Schamottesteinen der Klasse A*

Steinsorte	Segerkegel SK mindestens	Chemische Zusammensetzung $(Al_2O_3+TiO_2)$ %	Fe_2O_3 % höchstens	$(CaO+MgO)$ %	(K_2O+Na_2O) % höchstens	Spezifisches Gewicht (Reinwichte) g/cm³	Raumgewicht (Rohwichte) g/cm³	Gesamtporigkeit** Vol.-%	Kaltdruckfestigkeit** kg/cm²	Temperaturwechselbeständigkeit	Druckfeuerbeständigkeit t_a °C mindestens	t_s °C	Ungefährer oberer Temperaturbereich der Anwendung ohne chemische Beeinflussung °C	Verwendungsbeispiele
A 0 p								25 bis 30	100 bis 200		1400			
A 0 h	34	>44	3,0		2,5			21 bis 25	150 bis 250		1430		1400	innere Ofenmauerwerke, Brenner, Kesselfeuerungen, hochbeanspruchte SM-Gitterwerke
A 0 t								18 bis 24	>250		1450			
A IS p								25 bis 30	130 bis 250		1370			
A IS h	33/34	42 bis 44	2,5		2,8			21 bis 25	200 bis 300		1400		1350 bis 1400	
A IS t								18 bis 24	>300		1420			
A I p				etwa 0,5 bis 1,0		2,5 bis 2,7	p: 1,8 bis 2,0; h: 1,9 bis 2,1; t: 2,0 bis 2,2	25 bis 30	130 bis 250	Im Anlieferungszustand im allgemeinen bei den Sorten A O bis A I besser als bei den Sorten A II bis A III, desgleichen bei t besser als bei p und h	1350	für alle Sorten etwa 200° höher als t_a		innere Ofenmauerwerke, Feuerzonen, Unteröfen und Gitterwerke im SM-Ofen, Wärmöfen, Kesselfeuerungen
A I h	33	39 bis 42	2,5		3,0			21 bis 25	200 bis 300		1380		1300 bis 1350	
A I t								18 bis 24	>300		1400			
A II p								23 bis 30	130 bis 250		1330			
A II h	32	35 bis 39	2,5		3,0			20 bis 24	200 bis 300		1350		1250 bis 1300	Unteröfen und Gitterwerke im SM-Ofen, Wärm- und Glühöfen, Kesselfeuerungen
A II t								18 bis 24	>300		1370			
A III p								22 bis 30	150 bis 400		1300			
A III h	30	32 bis 35	3,0		3,0			20 bis 24	250 bis 400		1320		1200 bis 1250	weniger beanspruchte Feuerungsteile, Rauchgaskanäle, Gitterwerke im SM-Ofen
A III t								18 bis 24	>300		1340			

Die quergestellten Ziffern dienen nur zur Unterrichtung, nicht zur Sortenunterscheidung.
Für zulässige Abweichungen auch von den im Einzelfall als verbindlich vereinbarten Gütewerten gilt DIN 1086.

p = Standardsorte nach dem plastischen Verfahren   Kennzeichen: zulässige Maßabweichung ±2%, jedoch nicht geringer als ±2 mm, Durchbiegung bis zu 1,5% des größten Maßes

h = halbtrockengepreßte Sorte   Kennzeichen: zulässige Maßabweichung ±1%, jedoch nicht geringer als ±1,5 mm, Durchbiegung bis zu 1,0% des größten Maßes

t = Hartschamotte-Sorte   Kennzeichen: zulässige Maßabweichung ±0,75%, jedoch nicht geringer als ±1,25 mm, Durchbiegung bis zu 0,75% des größten Maßes

* Über die Raumbeständigkeit liegen nur Ergebnisse aus Studienversuchen vor.
** Für Steine in Hängedeckengüte (Steine mit besonders guter Temperaturwechselbeständigkeit) gelten Sonderwerte.

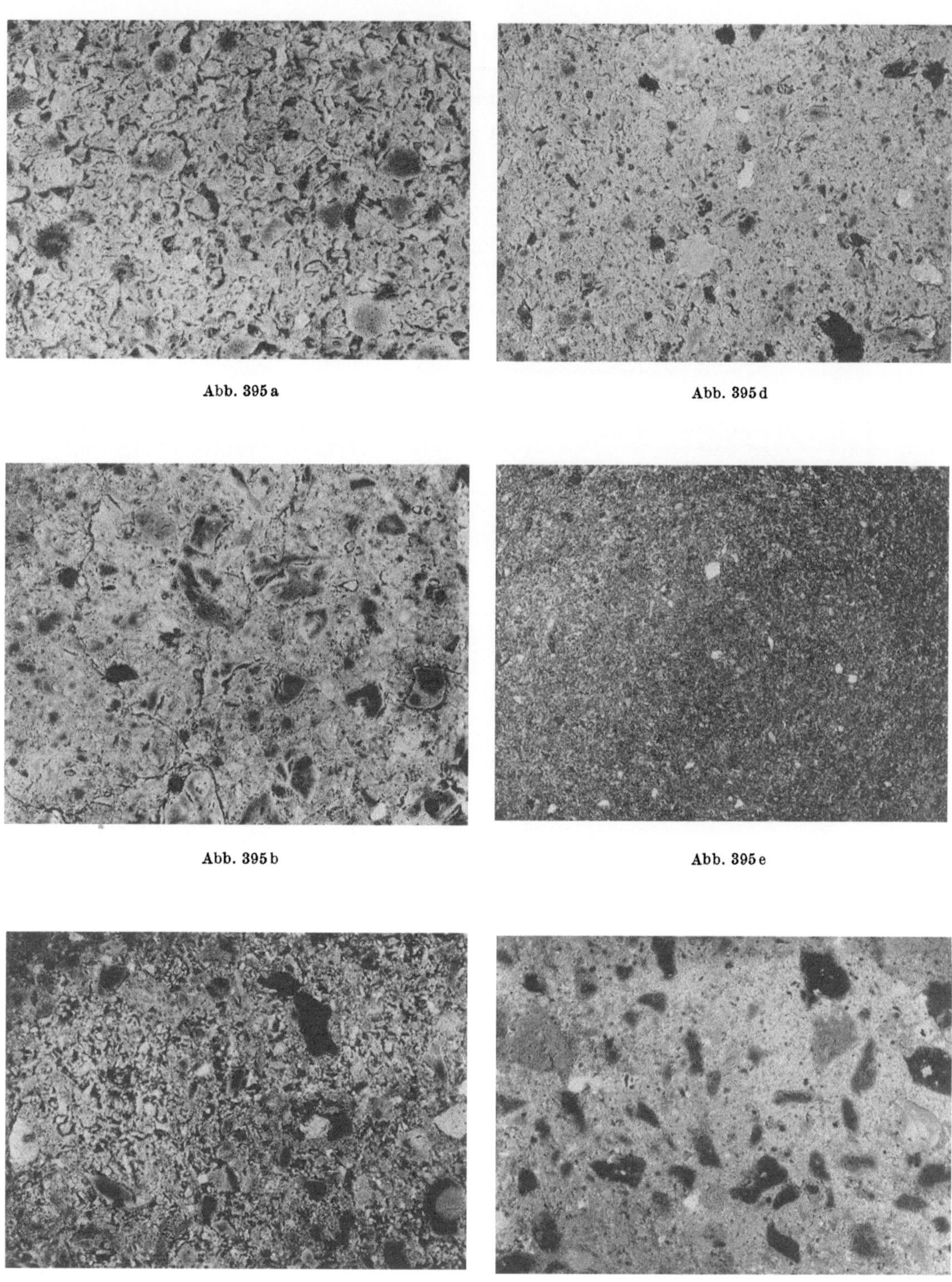

Abb. 395a

Abb. 395d

Abb. 395b

Abb. 395e

Abb. 395c

Abb. 395f

3.433 Struktur

Weitere Hinweise auf die Güte der Schamotteerzeugnisse liefern Strukturbilder nach der Art der Abb. 395a bis h.

Schnittflächen der Steine werden glatt geschliffen (nicht poliert) und mit Hilfe einer Ringbeleuchtung unter dem Mikroskop in etwa 3facher Vergrößerung betrachtet. In der Glasindustrie werden zu gleichem Zweck polierte Dünnschliffe ohne Deckgläschen einmal im Auflicht, dann im kombinierten Auf- und Durchlicht und schließlich im polarisierten Licht beobachtet. Auf diese Weise kann man Quarzkörner, Schamottekörner und Poren einwandfrei voneinander unterscheiden [9].

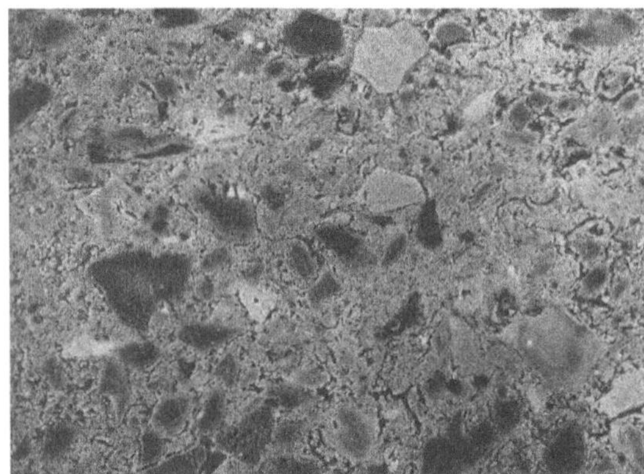

Abb. 395g

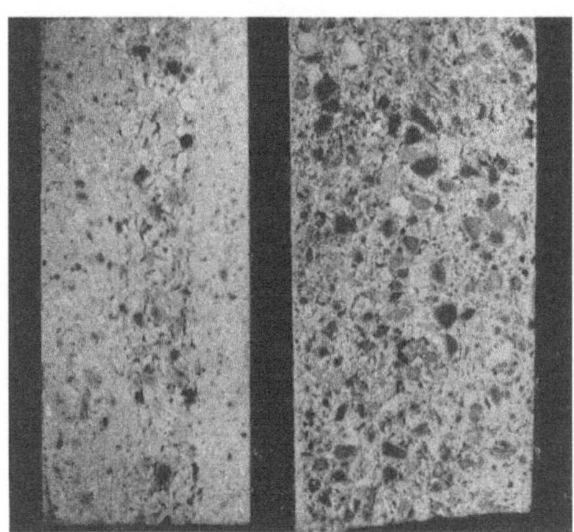

Abb. 395h

Abb. 395a bis h
Anschliffe verschiedener Schamottesteine (Vergr. 2 ×)
a) A I-Standardqualität „p";   b) A II-Standardqualität „p";
c) A III-Standardqualität „p";   d) Pfannenstein, plastisch
geformt;   e) Graphitstopfen;   f) A I-Sonderklasse „h";
  g) A I-Hartschamottestein „t";   h) A I-Rohr, gegossen

In den Strukturbildern *handelsüblicher plastisch* hergestellter Steine, Abb. 395a bis c, sind die beim plastischen Verfahren unvermeidlichen groben Poren des Bindetones zu erkennen. Die Schamottekörner des A I-Steines sind darüber hinaus fein porös, weil sich seine hochfeuerfeste Schamotte nur schwer dichtbrennen läßt. Im Gegensatz dazu sind die weniger feuerfesten Schamottekörner des A II- und A III-Steines dicht, was an ihrer dunklen Farbe zu erkennen ist. Auch der Bindeton dieser beiden Qualitäten ist dichter gesintert als beim A I-Stein. Der A III-Stein zeigt außerdem einige hell gefärbte Quarzkörner, die in den tonerdereichen Qualitäten fehlen.

Der ebenfalls plastisch geformte *Pfannenstein* (Abbildung 395d) ist sehr stark gesintert und daher porenarm. Die größere Anzahl von Quarzkörnern deutet auf sauren Versatz hin. Besonders feine und dichte Struktur besitzt der *Graphitstopfen* (Abb. 395e), in ihm ist der Graphit fein zwischen dem Bindeton verteilt, Graphitnester treten nicht auf. Die Schamottekörner heben sich hier hell von dem dunklen Untergrund ab. Die dichte Struktur des Steines zeigt deutlich den Einfluß des Maukprozesses (vgl. Abschn. 3.128), d. h. der gründlichen Aufschließung des Tones, auf die Qualität der Steine. Die Abb. 395f u. g beziehen sich auf nach dem *Halbtrockenpreß-* bzw. *Hartschamotteverfahren* hergestellte Steine. Ihre gegenüber den naßgepreßten Steinen dichtere Struktur ist unverkennbar. Der hydraulisch gepreßte Stein (Abb. 395f) hat eine höhere Dichte erreicht als der gestampfte (Abb. 395g). Bei beiden Massen ist offenbar das Mittelkorn herausgelassen worden, da neben den groben Schamottekörnern nur Schamottemehl und wenig Bindeton zu erkennen ist.

Abb. 395h schließlich zeigt die Struktur von zwei *gegossenen* Scherben in A I-Qualität. Die größere Feinkörnigkeit der dichtgebrannten Schamotte gegenüber deren Korngröße in gepreßten Steinen tritt deutlich hervor. Im linken Bild ist die Mittelzone deutlich poröser als die Randzonen eine Erscheinung, die auf das Ansaugen der Feuchtigkeit durch die Gipsform zurückzuführen ist (vgl. Abschn. 3.346).

3.434 Mineralogische Beschaffenheit

Im Dünnschliff erscheinen Schamottesteine gewöhnlich trübe und ohne deutliche Doppelbrechung. Die neu gebildeten *Mullit*kristalle (s. Abschn. 3.15) liegen in ihrer Größe meist unter der Auflösung des Mikroskops. Bei gekreuzten Nikols zeigt sich eine diffuse, in allen Azimuten gleich starke Aufhellung,

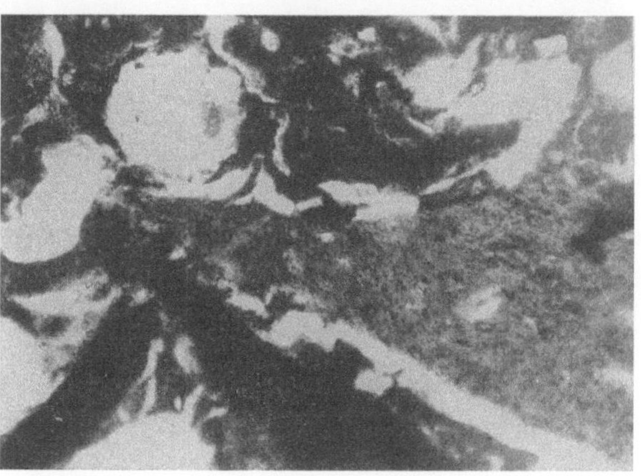

a

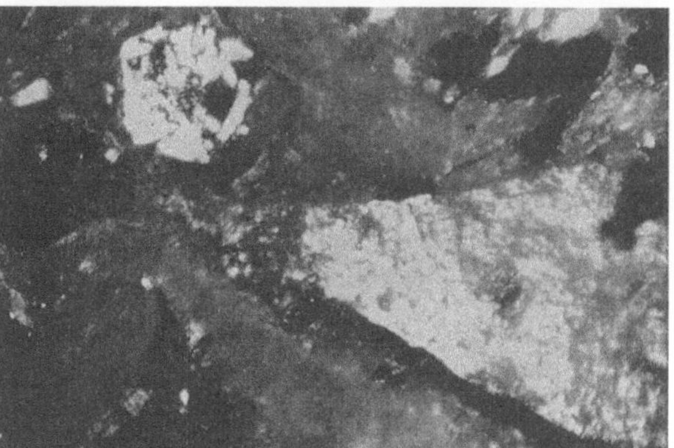

b

Abb. 396a u. b. A I-Schamottestein. Dünnschliff (Vergr. 122 ×)
a) gewöhnliches Licht; b) gekreuzte Nikols

sie wird durch submikroskopische, regellos verteilte Mullitkristalle hervorgerufen. Ist jedoch ein Schamottekorn stark versintert, so treten in ihm größere parallel angeordnete Mullitnadeln auf, die unter gekreuzten Nikols zusammenhängende, aber unregelmäßig begrenzte Gebiete gleicher Auslöschung bilden. Kristallographisch gut ausgebildete Mullite kommen in unverschlackten Schamottesteinen nicht vor.

Neben dem submikroskopischen, aber röntgenologisch noch einwandfrei zu identifizierenden Mullit enthalten die Schamottesteine *Quarz* bzw. dessen Umwandlungsprodukte *Cristobalit* und *Tridymit* sowie eine *Glasphase* (röntgenamorphe Substanz). Diese kann 30 bis 60% der Schamottesteinsubstanz ausmachen. Die Umwandlung von größerem Quarz in Cristobalit ist bei den meisten Schamottesteinen recht unvollkommen, lediglich in hochgebrannten Steinen ist ein merklicher Teil von ihm umgewandelt. Sehr feinkörniger Quarz dagegen dürfte vollständig in Cristobalit übergegangen sein. Dieser Cristobalit läßt sich wie der beim Zerfall der Tonmineralien entstandene (vgl. Abschn. 3.14) wegen seines isotropen Verhaltens im Dünnschliff nicht von der amorphen Grundmasse unterscheiden.

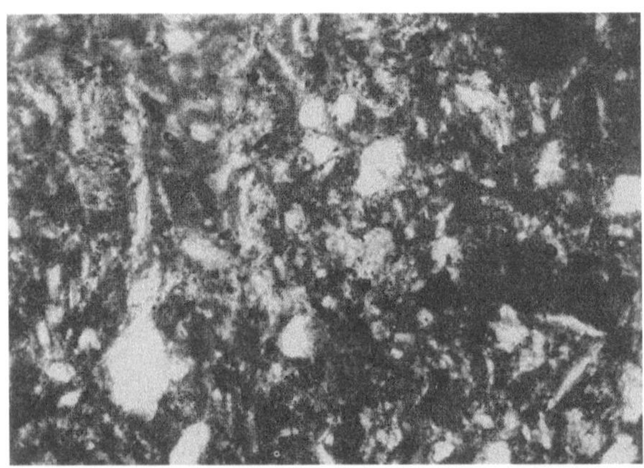

a

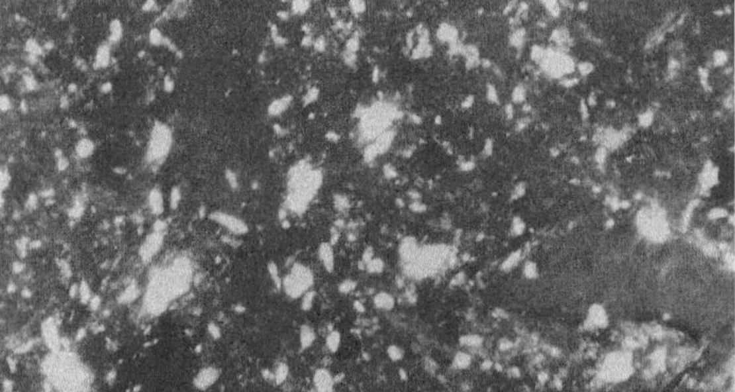

b

Abb. 397 a u. b. Saurer Schamottestein. Dünnschliff (Vergr. 122 ×)
a) gewöhnliches Licht;   b) gekreuzte Nikols

Abb. 396 a zeigt den Dünnschliff eines A I-Steines. Rechts ist ein spitzwinklig begrenztes Schamottekorn zu erkennen, das von dem umgebenden Bindeton durch Bindungsrisse (vgl. Abschn. 3.17) getrennt ist und unter gekreuzten Nikols (Abb. 396 b) deutlich die oben beschriebenen Anisotropie-Effekte infolge stärkerer Mullitisierung zeigt. Links oben befindet sich ein Quarzkorn, das allerdings erst bei gekreuzten Nikols von den runden Poren zu unterscheiden ist. Abb. 396 b läßt erkennen, daß es in zahlreiche kleine Körner zerfallen ist.

Im Dünnschliff eines sauren Schamottesteines (Abbildung 397 a) tritt der Quarz deutlicher aus der trüben Masse hervor, er ist nur wenig umgewandelt, seine Körner zeigen im allgemeinen noch keine Zerfallserscheinungen. Die Mullitisierung der Schamotte ist schwächer als in Abb. 396; denn unter gekreuzten Nikols ist keine Aufhellung zu beobachten (Abb. 397 b).

In letzter Zeit hat man versucht, die mineralogische Zusammensetzung eines Schamottesteines mit Hilfe des Dreistoffsystems SiO_2–Al_2O_3–K_2O (Abb. 300) zu berechnen [10]. Das ist jedoch nur unter der selten erfüllten Voraussetzung möglich, daß sich das Gleichgewicht eingestellt hat. Außerdem müssen Al_2O_3 mit TiO_2, K_2O mit Na_2O und CaO mit MgO zusammengefaßt werden, um die erforderliche Vereinfachung auf 3 Komponenten zu erreichen.

Für einen Glaswannenstein, z. B. mit der Zusammensetzung 35% Al_2O_3, 61% SiO_2 und 4% K_2O ergaben sich bei 1450° C: 44% Mullit, 22% Cristobalit und Tridymit und 34% Glassubstanz.

Quantitativ wurde der tatsächlich vorhandene Mineralbestand durch Röntgenanalysen mit der Zählrohrkamera sowie durch Lösungsversuche mit Flußsäure bestimmt [11, 12]. A. K. BOSE [12] wies auf die Schwierigkeiten einer röntgenologischen Bestimmung des Mullitgehaltes neben Quarz hin, da die Hauptinterferenzen beider Mineralien nahezu zusammenfallen.

Bei den Lösungsversuchen wurde von K. KONOPICKY u. Mitarbeitern [11] 40%ige Flußsäure verwandt. Da diese jedoch außer Glasphase und SiO_2-Modifikationen auch den feinen Mullit auflöst und nur den sog. *Grobmullit* übrigläßt, wurden die Rückstandsmengen nach verschiedenen Einwirkungszeiten (1, 2, 4, 7, gelegentlich auch 15 Stunden) bestimmt. Der auf die Zeit 0 extrapolierte Wert dieser Lösungskurve soll dem wahren Mullitgehalt entsprechen.

A. K. BOSE, H. MÜLLER-HESSE u. H. E. SCHWIETE [12] stellten fest, daß bei 2stündiger Behandlung der Schamottesubstanz mit 9,5 bis 10%iger Flußsäure (180 cm³ pro g Substanz) Glasphase und SiO_2 nahezu vollständig gelöst werden, der Mullit dagegen fast unangegriffen bleibt. Da sich jedoch Ende der SiO_2- und Beginn der Mullitauflösung überschneiden, sind exakte Werte der Mineralzusammensetzung nur durch die Röntgenanalyse zu erwarten. Die Lösungsversuche eignen sich jedoch gut zur Ermittlung der Zusammensetzungen des Mullits und der Glasphase.

Abb. 398 zeigt die so gewonnene Mineralzusammensetzung verschiedener Schamottesteine in Abhängigkeit von der Erhitzungstemperatur im quasi-binären System SiO_2-Al_2O_3 [11]. Die Glasphase vergrößert sich mit zunehmender Temperatur vorwiegend auf Kosten der SiO_2-Mineralien, bis schließlich keine feste SiO_2-Phase mehr vorhanden ist. Das System nähert sich so dem Gleichgewicht. Die Glasphase wird dabei mit steigender Temperatur reicher an Kieselsäure. Bei niedrigen Temperaturen ist um so mehr Glasphase im Stein vorhanden, je mehr Kieselsäure er enthält.

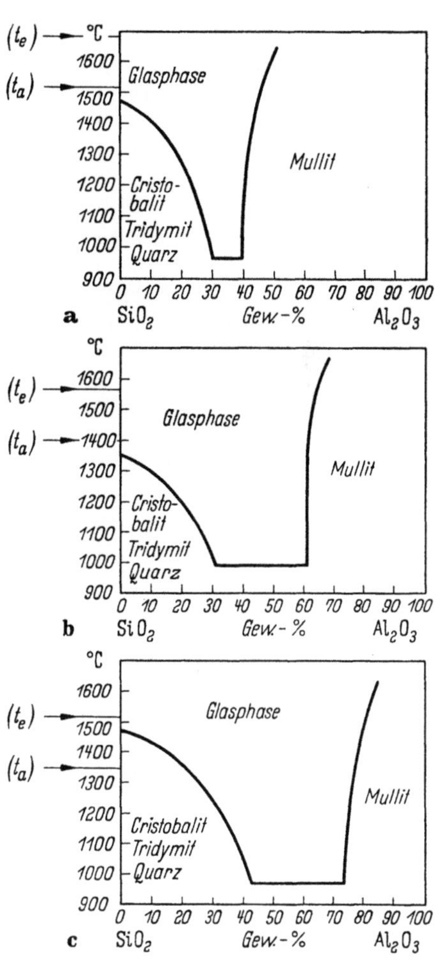

Abb. 398 a bis c. Die mineralogische Zusammensetzung von 3 Schamottesteinen als Funktion der Erhitzungstemperatur (nach K. KONOPICKY) a) Schamottestein mit 54,4% SiO_2 und 41,0% Al_2O_3; b) Schamottestein mit 63,5% SiO_2 und 30,4% Al_2O_3; c) Schamottestein mit 72,5% SiO_2 und 22,5% Al_2O_3

Die mittlere Zusammensetzung des Mullits und der Glasphase eines A II-Schamotte-steines ist in Tab. 97 aufgeführt. Danach sind im Gitter des Mullits 3,5% Fe_2O_3 und ~1,1% TiO_2 eingebaut (vgl. Abschn. 3.15 u. 3.164). Nach K. KONOPICKY [*11*] soll das Mullitgitter

Tabelle 97. *Zusammensetzung der Glasphase und des Mullits in einem A II-Schamottestein*
(nach A. K. BOSE)

	SiO_2 %	Al_2O_3 %	Fe_2O_3 %	TiO_2 %	CaO %	MgO %	K_2O %	Na_2O %
Gesamt-Stein	56,19	36,76	2,43	1,51	0,37	Spur	2,54	0,30
Glasphase	80,82	10,40	1,57	1,74	0,40	—	4,21	0,84
Mullit	28,14	66,42	3,58	1,13	0,025	—	0,096	0,06

auch 0,3 bis 0,4% Na_2O aufnehmen, A. K. BOSE konnte dies aber nicht bestätigen. Bei höheren Brenntemperaturen geht ein Teil des eingebauten Eisenoxyds wieder in die Glas-phase über.

In den Schamottekörnern dürfte das Gleichgewicht im allgemeinen erreicht sein, nicht dagegen im Bindeton, der ja noch im Betrieb merkliche, mit Schwin-dungserscheinungen verbundene Veränderungen erleidet.

3.435 Spezifisches Gewicht, Porosität und Gasdurchlässigkeit

Das *spezifische Gewicht* der Schamottesteine schwankt je nach ihrem Gehalt an den verschiedenen mineralischen Komponenten zwischen 2,5 und 2,8. Der Mullit hat das größte spezifische Gewicht (3,02,) der Quarz ein mittleres (2,65), der Cristobalit das geringste (2,32), das der Glasphase ändert sich mit ihrer Zusammensetzung. Die Schamottesteine müssen demnach ein um so höheres spezifisches Gewicht besitzen, je mehr Mullit bzw. je mehr Tonerde sie enthalten.

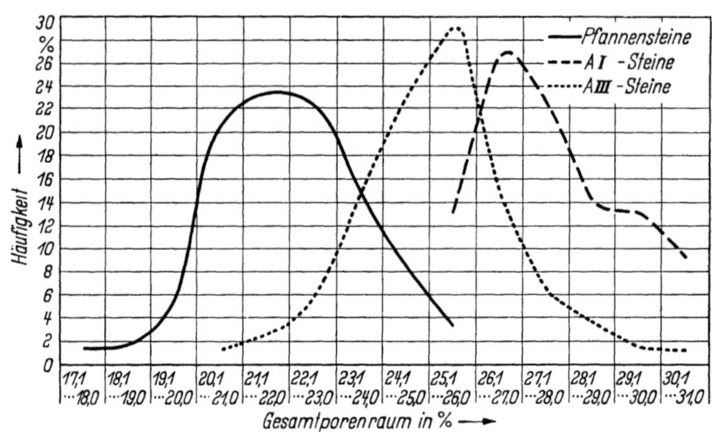

Abb. 399. Häufigkeit der Gehalte an Gesamtporen von Pfannensteinen, A III- und A I-Steinen

Ein Stein mit über 36% Al_2O_3 soll ein spezifisches Gewicht von >2,6 aufweisen. Wenn diese Bedingung nicht erfüllt ist, muß mit Fehlern in der Analyse oder im Herstellungsgang der Steine gerechnet werden.

Das *Raumgewicht* hängt im allgemeinen wenig von der chemischen Zu-sammensetzung ab, deutlich aber von dem angewandten Formgebungsverfahren. Bei naßgepreßten Steinen schwankt es zwischen 1,9 und 2,0, bei halbtrockengepreßten liegt es stets über 2,0 und erreicht bei Hartschamottesteinen etwas höhere Werte als 2,1.

Der *Porenraum* von Schamottesteinen setzt sich aus offenen und geschlossenen Poren zusammen. Die letzteren machen im Mittel 2 bis 5% des Gesamtraumes aus und steigen selten bis auf 6 oder 7% an. Zu hoher Gehalt an geschlossenen Poren deutet auf sehr hohe Brenntemperatur oder großen Flußmittelgehalt im Stein hin. Der gesamte Porenraum beträgt bei naßgepreßten A 0- bis A I-Qualitäten 26 bis 30%, bei A II- und A III-Steinen sinkt er meist auf 23 bis 28%.

Stahlwerksverschleißmaterial besitzt Porositäten von 22 bis 25%. Auf besonders dichte Struktur wird bei Pfannensteinen Wert gelegt, die auch bei plastischer Herstellung Porositäten von 20 bis 24% aufweisen. In Abb. 399 ist die Häufigkeit der Gehalte an Gesamtporen für A I-, A III- und Pfannensteine nach Untersuchungen der Dortmund-Hörder Hüttenunion AG. über den Zeitraum von 1951 bis 1955 dargestellt. Graphitzusatz verdichtet die Schamotteerzeugnisse merklich. Graphitstopfen z. B. weisen Porositäten von nur 20 bis 22% auf.

Halbtrockengepreßte Steine sind stets erheblich dichter als entsprechende Qualitäten aus plastischen Massen. Auch bei A I-Steinen werden dann ohne Schwierigkeit Porositäten

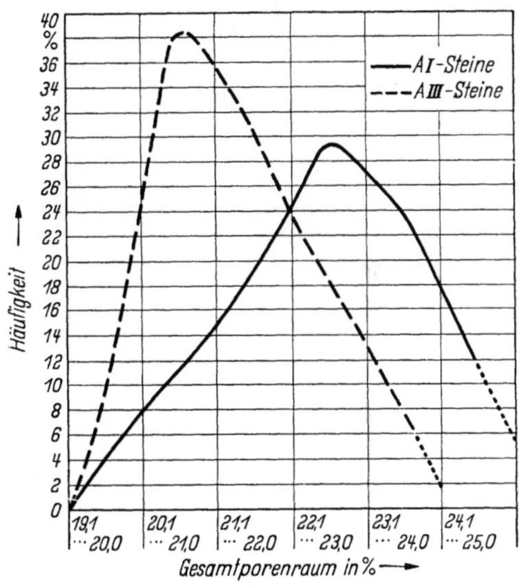

Abb. 400. Häufigkeit der Gehalte an Gesamtporen von halbtrockengepreßten oder gestampften A I- und A III-Steinen

von 20 bis 23% erreicht. Das Maximum ihrer Häufigkeit liegt – wie Abb. 400 zeigt – zwischen 22 bis 23%, für A III-Steine sogar bei 20 bis 21%. Am dichtesten sind Glühschamotte- oder Tonsteine, ihre Porosität läßt sich unter 10% herunterdrücken.

Die Gütenorm DIN 1090 für Glaswannensteine schreibt auch für Steine mit höheren Tonerdegehalten einen maximalen Gesamtporenraum von 24 bis 25% vor.

Da bei einer Beurteilung des Verschlackungsverhaltens neben dem absoluten Porenraum auch die Porengröße interessiert, legt man in steigendem Maße Wert auf die Bestimmung der *Gasdurchlässigkeit* (vgl. Abschn. 1.432). Zusammenfassende Auswertungen von Betriebsuntersuchungen liegen hier noch nicht vor. Die Häufigkeitskurven Abb. 401 a u. b, nach Bestimmungen der Dortmund-Hörder Hüttenunion AG. geben aber einen Überblick über die Größenordnung der Gasdurchlässigkeit von Pfannen- und A III-Steinen. Während die meisten Werte der Pfannensteine unter 2 Nanoperm fallen, liegt das Häufigkeitsmaximum für die A III-Steine zwischen 6 und 18 Nanoperm. Tab. 98 zeigt, daß die Gasdurchlässigkeit mit höheren Tonerdegehalten weiter zunimmt. Ein gesetzmäßiger Zusammenhang zwischen Porosität und Gasdurchlässigkeit ist aber nicht zu erkennen. Auch in der graphischen Darstellung Abb. 402 kommt ein solcher nur sehr undeutlich zum Ausdruck.

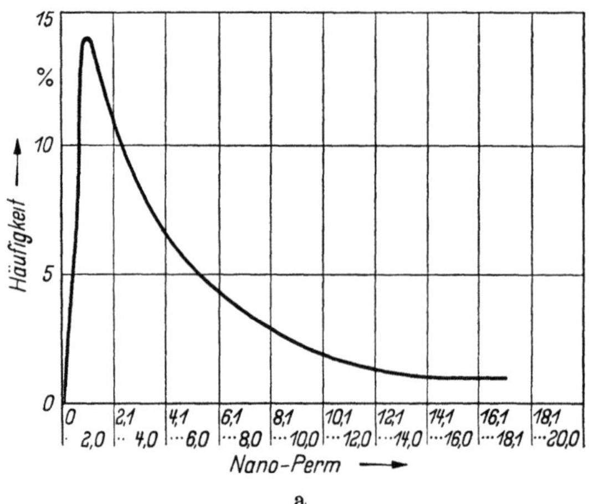

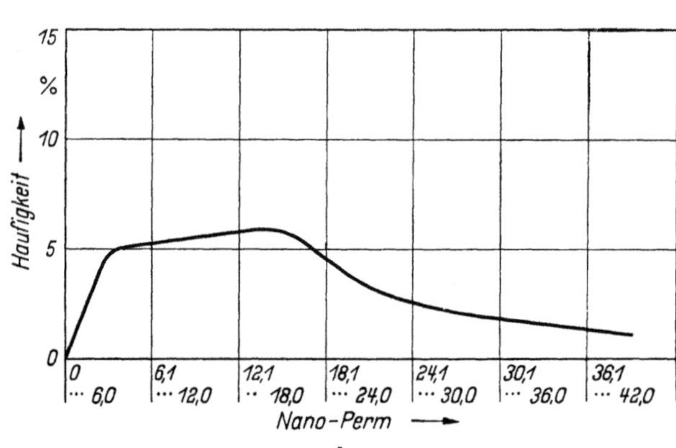

Abb. 401 a u. b. Häufigkeit der Gasdurchlässigkeitswerte
a) von Pfannensteinen; b) von A III-Steinen

Tabelle 98. *Gasdurchlässigkeiten, Porositäten und spezifisches Gewicht einiger Schamottesteine*

Steinqualität	Gas-durchlässigkeit in Nanoperm	Offene Poren Vol.-%	Gesamt-poren Vol.-%	Raum-gewicht	Spezifisches Gewicht
Naßgepreßte Steine					
A I	17	23	28	1,83	2,68
A II	12	22	27	1,90	2,60
A III	8	21	26	1,90	2,59
Pfannensteine	2,5	16	19	2,06	2,56
Halbtrockengepreßte Steine					
Al_2O_3 in %					
42/44	8	20	23	2,05	2,71
40/42	8	10	23	2,05	2,69
38/40	6	20	22	2,05	2,67

Halbtrockengepreßte Steine haben eine erheblich niedrigere Gasdurchlässigkeit als plastisch geformte, da zunehmender Preßdruck die Körner dichter packt und die Porenräume verkleinert. An ihnen beobachtete Werte liegen zwischen 0,1 und 10 Nanoperm (vgl. Tab. 98).

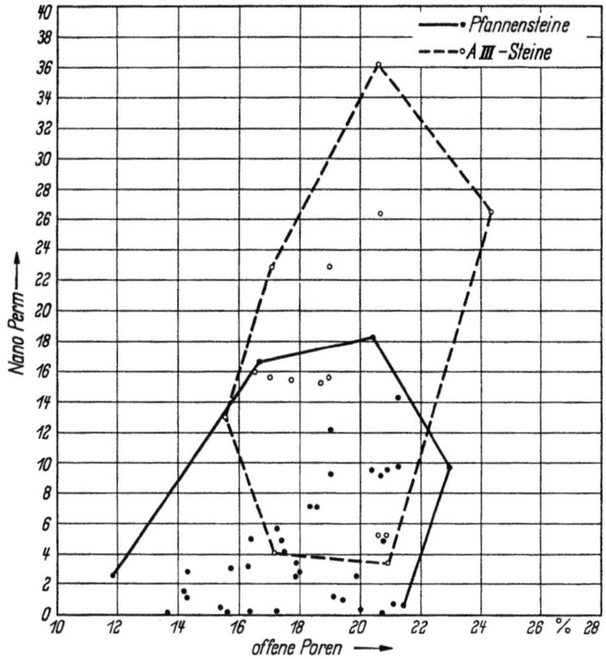

Abb. 402. Abhängigkeit der Gasdurchlässigkeit vom Gehalt an offenen Poren bei Pfannen- und A III-Steinen

3.436 Festigkeitseigenschaften

Wie in Abschn. 1.78 ausgeführt wurde, schwankt der *Elastizitätsmodul* von Schamottesteinen zwischen 2 und $4 \cdot 10^5$ kg/cm², er liegt also in gleicher Größenordnung mit denen von Beton und von Natursteinen, z. B. Granit oder Sandsteinen. Messungen des E-Moduls werden nur selten ausgeführt, da sie nicht zu

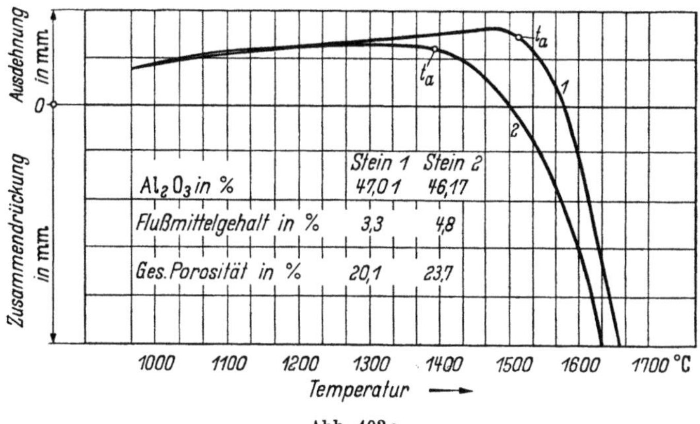

Abb. 403a

den betriebsmäßigen Prüfungen gehören [*13*]. Bei mechanischer Beanspruchung (Zug, Druck, Torsion oder Biegung) verformen sich die Schamottesteine sowohl

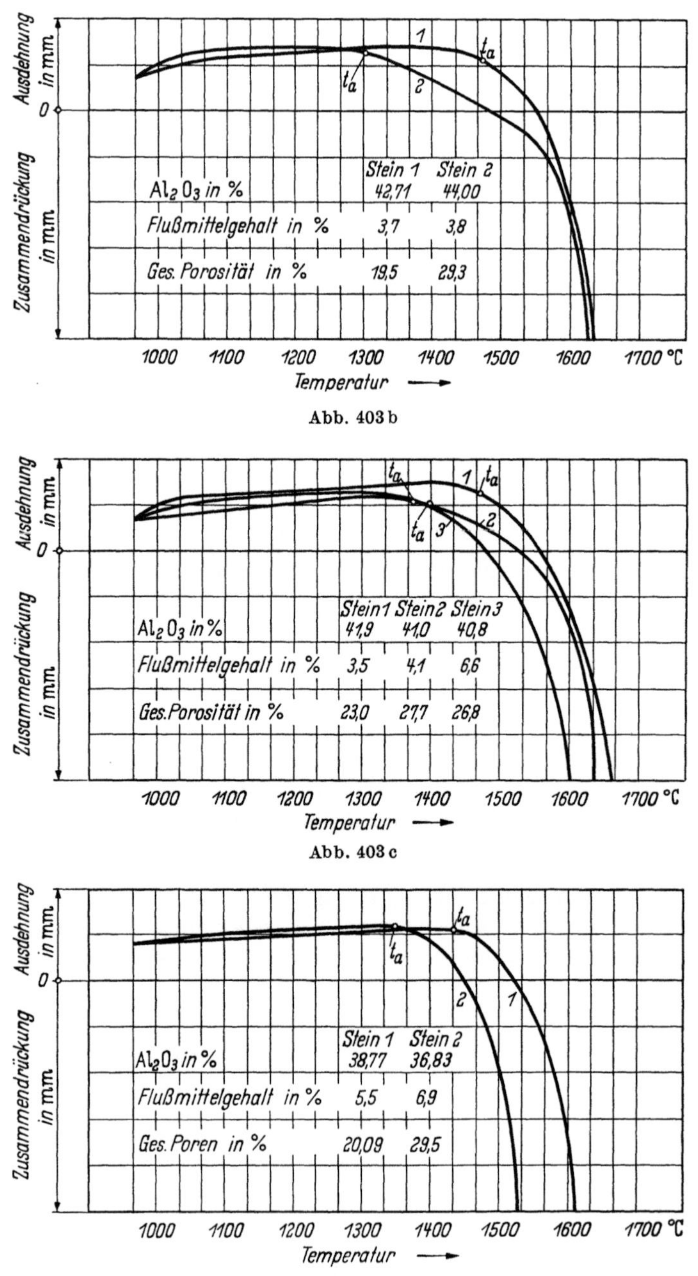

Abb. 403 b

Abb. 403 c

Abb. 403 d

elastisch als auch plastisch, d. h. bleibend. Plastische Deformationen treten bereits bei niedrigen Temperaturen auf, bei höheren Temperaturen machen sie den überwiegenden Anteil der Gesamtdeformation aus [*14*]. Da die bleibenden

Verformungen geschwindigkeitsabhängig sind, gelten für sie angenähert die für zähe Flüssigkeiten abgeleiteten Gesetzmäßigkeiten [*15*], nach denen sich auch

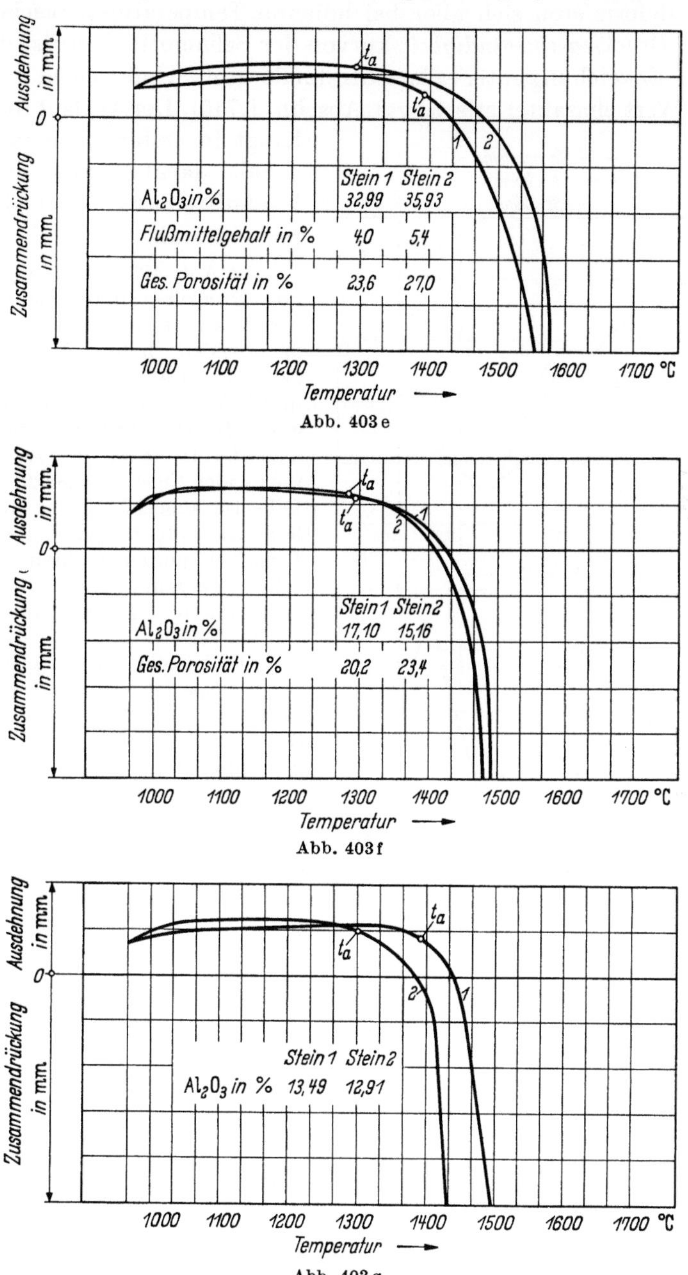

Abb. 403 e

Abb. 403 f

Abb. 403 g

Abb. 403 a bis g. Druckerweichungskurven verschiedener Schamottesteine
a) A 0-Steine;   b) A I-Spezialsteine;   c) A I-Steine;   d) A II-Steine;   e) A III-Steine;   f) Pfannensteine;
g) BI-Steine

für die Schamottesteine im zutreffenden Zustand ein Zähigkeitskoeffizient η bestimmen läßt (vgl. Abschn. 1.73).

Nach Untersuchungen von K. Konopicky u. W. Lohre [16] sind B-Steine bei niedrigeren Gebrauchstemperaturen den A-Qualitäten an Standfestigkeit überlegen, deformieren sich aber bei höheren Temperaturen rascher als diese.

Für die *Druckfeuerbeständigkeits*kurven der Schamottesteine ist der als Folge des breiten Erweichungsintervalls auftretende große Unterschied zwischen dem *ta*- und *te*-Wert charakteristisch (vgl. Abschn. 1.745). Der Verlauf dieser Kurven hängt in erster Linie vom Tonerdegehalt, daneben aber auch von der Flußmittelmenge und der Gesamtporosität ab.

Die Abb. 403a bis g zeigen eine Reihe von Druckerweichungskurven verschiedener Schamottesteinqualitäten. Die Kurven der beiden halbtrockengepreßten A O-Steine (Abb. 403a) weisen verschiedene *ta*- und *te*-Werte auf, Stein 1 entspricht einem guten Durchschnitt, bei Stein 2 ist besonders der *ta*-Wert zu niedrig. Die unzureichenden Eigenschaften des Steines 2 sind teilweise, aber sicher nicht allein auf seinen höheren Flußmittelgehalt und seine größere Porosität zurückzuführen. Da der Stein schwach gebrannt war, dürfte der *ta*-Wert auch durch Nachschwindung erniedrigt worden sein.

Gleiches gilt für den plastisch geformten A I-Spezialstein 2 in Abb. 403b, dessen *ta*-Wert mit 1300°C erheblich zu tief liegt, während die Kurve des halbtrockengepreßten Steines 1 einen normalen Verlauf mit *ta* = 1470°C und *te* = 1635°C zeigt. Zum Teil sind solche Unterschiede im Verlauf der Kurven auf erhebliche Differenzen in der Porosität zurückzuführen.

Von den A I-Steinen (Abb. 403c) ist der mit 1 bezeichnete halbtrockengepreßt, die beiden übrigen wurden nach dem Naßknetverfahren hergestellt. Die durch die verschiedene Porosität hervorgerufenen Unterschiede in Kurvenverlauf und *ta*-Werten sind deutlich zu erkennen. Der Stein mit dem höchsten Flußmittelgehalt

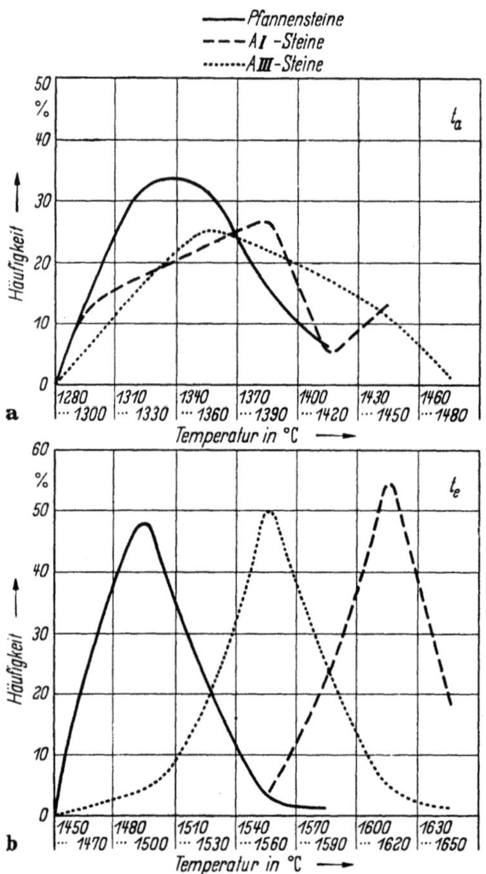

Abb. 404 a u. b. Häufigkeit der Druckfeuerbeständigkeitswerte von Pfannensteinen, A I- und A III-Steinen

(Nr. 3) besitzt mit 1600°C den niedrigsten *te*-Wert. Im allgemeinen weisen A I-Steine *ta*-Werte von 1380 bis 1400°C und *te*-Werte von 1600 bis 1650°C auf.

Auch die A II-Steine (Abb. 403d) zeigen die charakteristischen Unterschiede im Kurvenverlauf zwischen halbtrockengepreßten (Nr. 1) und plastisch hergestellten Sorten (Nr. 2). Die beiden Kurven der A III-Steine (Abb. 403e) unterscheiden sich dadurch wesentlich voneinander, daß Kurve 1 einen hohen *ta*-Wert (1390°C) und einen niedrigen *te*-Wert (1560°C) besitzt, während bei Kurve 2 der *ta*-Wert niedrig (1290°C) und der *te*-Wert hoch (1570°C) liegt. Derartige Differenzen in der Breite des Erweichungsintervalls dürften auf unterschiedlichen Einfluß der Kieselsäure zurückzuführen sein. Liegt diese in Form von relativ grobkörnigem Quarz vor, ist das Erweichungsintervall groß, bei sehr feinkörnigem Quarz hingegen klein (vgl. Abschn. 3.162).

Abb. 403f u. g enthalten schließlich DFB-Kurven von Pfannen- bzw. B I-Steinen mit relativ kleinem Erweichungsintervall.

Um einen Überblick über die in der Produktion erreichten DFB-Werte zu gewinnen, wurden Häufigkeitskurven verschiedener Meßwerte an A I-, A III- und Pfannensteinen nach den Unterlagen der Dortmund-Hörder Hüttenunion AG. zusammengestellt (Abb. 404). Die Kurven der ta-Werte zeigen ziemlich breite, die der te-Werte sehr scharfe Maxima. Man entnimmt daraus, daß die ta-Werte wesentlich stärker von der Vorgeschichte des Materials abhängen als die letzteren, die durch Brennhöhe und Porosität nicht wesentlich beeinflußt werden. Bei halbtrockengepreßten Steinen (Abb. 405) liegen die ta-Werte höher, ihre Maxima sind schärfer ausgeprägt als bei den naßgepreßten. Auch die te-Werte sind bei ihnen teilweise höher als bei naßgepreßten Steinen.

Graphitzusatz erhöht die DFB von Schamotteerzeugnissen um durchschnittlich 50° C, Graphitstopfen mit einem Tonerdegehalt von etwa 35%, entsprechend der A II- bis A III-Qualität besitzen ta- und te-Werte von 1430 bzw. 1680° C.

Die zylindrischen Schamotteprobekörper werden im DFB-Versuch tonnenförmig ausgebaucht, sie sind nahezu ausschließlich plastisch deformiert (Abb. 406 an 2 Proben von A 0-Qualität). Die an Silika- oder Chrommagnesiaproben bekannten Abscherungen oder Längsrisse treten bei den Schamotteerzeugnissen wegen ihres hohen Gehaltes an Schmelze kaum auf.

Neben ihrem elastischen bzw. plastischen Verhalten spielt die *Kaltdruckfestigkeit* der Schamottesteine eine beträchtliche Rolle, sie läßt Rückschlüsse auf die Güte der Bindung zu und macht auf eventuelle Strukturfehler aufmerksam. Sie soll bei plastisch geformten Schamottesteinen 130 kg/cm² nicht unterschreiten[1]. Einzelne Verwendungszwecke, z. B. Glaswannensteine mit 22 bis 45% Al_2O_3 (Gruppe 2 u. 3 s. DIN 1090), fordern Mindestwerte von 200 kg/cm². Einen Überblick über die nach DIN 1067 bestimmten Kaltdruckfestigkeiten für verschiedene Schamottesteinqualitäten und ihre Häufigkeit gibt Abb. 407. Danach liegt das Verteilungsmaximum für die Werte der A I-Steine im Bereich von 200

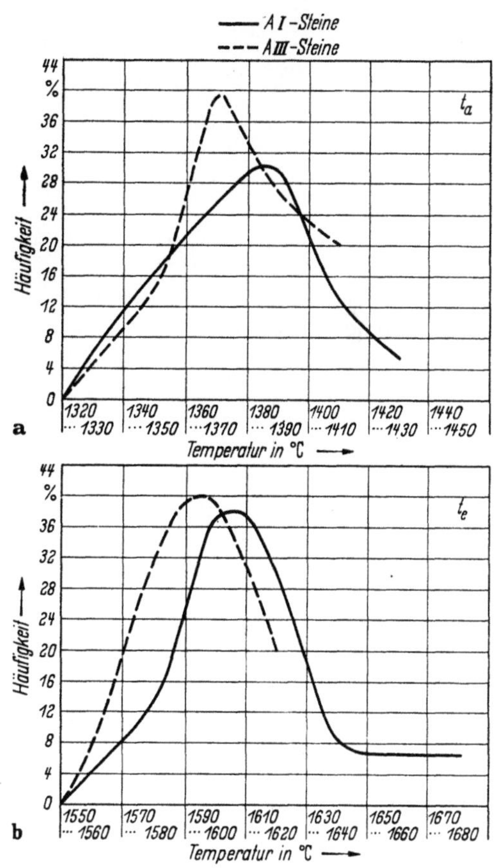

Abb. 405 a u. b. Häufigkeit der Druckfeuerbeständigkeitswerte von halbtrockengepreßten oder gestampften A I- und A III-Steinen

---

[1] Vgl. DIN 1087: Niedrigere Angaben im Normenblatt 1088 (SM-Ofen) sind als veraltet anzusehen.

bis 250 kg/cm², das der A III- und vor allem der sauren Pfannensteine beträchtlich über 200 kg/cm². Halbtrockengepreßte Steine sind im ganzen merklich druckfester als plastisch geformt. Nach W. MIEHR [17] lassen sich beim Trockenpreßverfahren Steine mit Kaltdruckfestigkeiten von 250 bis 600 kg/cm² herstellen.

Abb. 406. Druckerweichungskörper von A 0-Steinen

Die Druckfestigkeit bleibt nach den Untersuchungen von H. HIRSCH [18] bis etwa 800° C nahezu konstant und erreicht einen Maximalwert bis etwa 1000° C. der das 3- bis 5fache der Kaltdruckfestigkeit unter normalen Bedingungen aus-

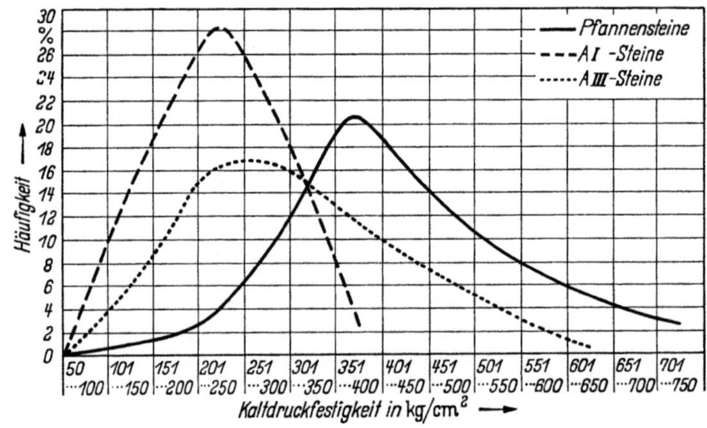

Abb. 407. Häufigkeit der Kaltdruckfestigkeitswerte von Pfannensteinen, A I- und A III-Steinen

macht. Erst oberhalb 1000° C verringert sie sich rasch, in diesem Temperaturbereich nimmt der Zähigkeitskoeffizient bereits meßbare Werte an (vgl. Abschnitt 1.72).

3.437 Thermische Eigenschaften

Die reversible Wärmeausdehnung von Schamottesteinen ist gering (s. Abb. 58, Abschn. 1.511). Abb. 408 enthält die Kurven der linearen Wärmeausdehnung von 3 Schamottesteinen mit verschiedenen Tonerdegehalten [19]. Nach ihnen nimmt die Wärmeausdehnung höher tonerdehaltiger Steine langsamer mit der Temperatur zu als die mit größerem Quarzgehalt. Die letzteren zeigen den Übergang von β- zu α-Quarz (575° C) deutlich in einem Anstieg der Kurve. Der Wärmeausdehnungskoeffizient α schwankt bis 1050° C zwischen 4 und $8 \cdot 10^{-6}$.

Der mittlere Ausdehnungskoeffizient von Schamottesteinen entspricht dem der beiden Hauptkomponenten, nämlich 4 bis 6 · 10^{-6} für Mullit und 4,6 · 10^{-6} für Quarz. Oberhalb 1200° C wird die reversible Ausdehnung von einer irreversiblen

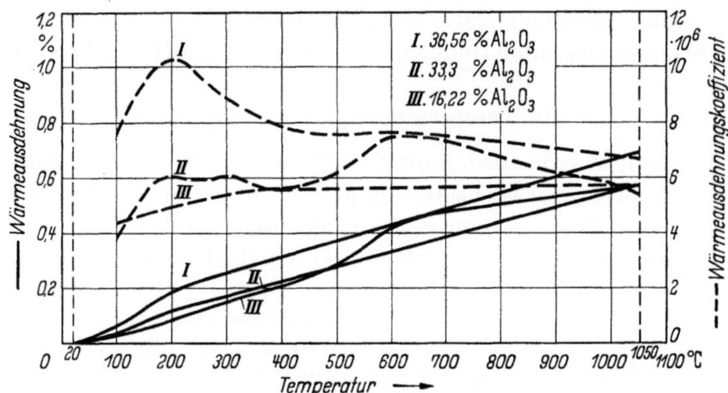

Abb. 408. Wärmeausdehnung von drei verschiedenen Schamottesteinen (nach A. Kanz)

Schwindung überlagert. Insgesamt bleibt die lineare Ausdehnung < 0,9%, ihr Maximum liegt je nach dem Tonerdegehalt zwischen 1300 und 1500° C.

Die zulässige Größe der bleibenden Längenänderungen ist in verschiedenen Gütenormen festgelegt worden [20]. Üblicherweise prüft man die Raum-

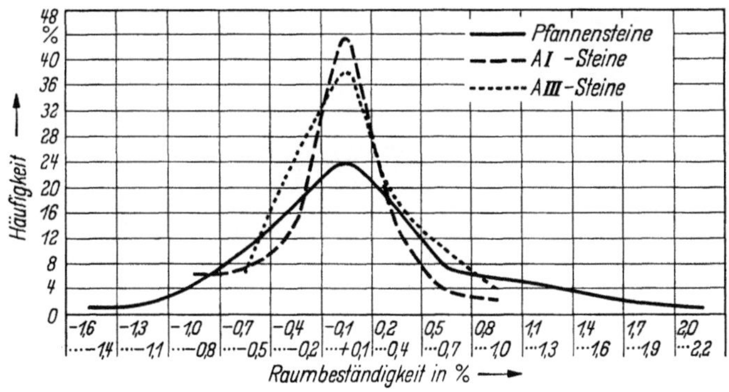

Abb. 409. Häufigkeit der Raumbeständigkeitswerte von Pfannensteinen, A I- und A III-Steinen

beständigkeit tonerdereicherer Steine (bis A II-Qualität) bei 1500° C, tonerdeärmerer bei 1350° C durch 2 stündiges Glühen. Dabei sollen plastisch geformte Steine mit > 35% Al_2O_3 keine größeren Längenänderungen als ± 0,7%, mit < 35% Al_2O_3 höchstens ± 0,8% aufweisen. Für Koksofensteine (Qualität E 1 und E 2) liegt die Grenze der zulässigen Längenänderung bei ± 0,5% [21].

Abb. 409 zeigt die Häufigkeitsverteilungen betrieblich gemessener Werte von A I, A III und von Pfannensteinen. Bei allen 3 Qualitäten liegt das Maximum der Häufigkeit im Gebiet von −0,1 bis +0,1%, die Mehrzahl der Steine ist also tatsächlich so hoch gebrannt, daß sie bei den vorgeschriebenen Prüftemperaturen keine Nachschwindungen zeigen, Abweichungen zur positiven wie zur negativen Seite hin kommen in gleichem Umfang vor.

Bei trockengepreßten Steinen überschreitet die Längenänderung selten $\pm 0,2$ bis $\pm 0,3\%$. Die genannten Werte wurden beim Erhitzen in oxydierender Atmosphäre bestimmt. Unter reduzierenden Bedingungen sind stärkere Schwindungen zu erwarten (vgl. Abschn. 1.512).

Angaben über Wärmeleitfähigkeit, spezifische Wärme und Emissionsvermögen von Schamottesteinen finden sich in den Abschnitten 1.52, 1.53 und 1.54.

3.438 Temperaturwechselbeständigkeit

Seiner geringen Wärmeausdehnung entsprechend besitzt der Schamottestein stets eine gute Temperaturwechselbeständigkeit, er gehört zu den wenigen Steingruppen, die dem Wasserabschreckversuch ausgesetzt werden können (vgl. Abschn. 1.83). Besonders abschreckfest sind die Hartschamottesteine mit ihrem

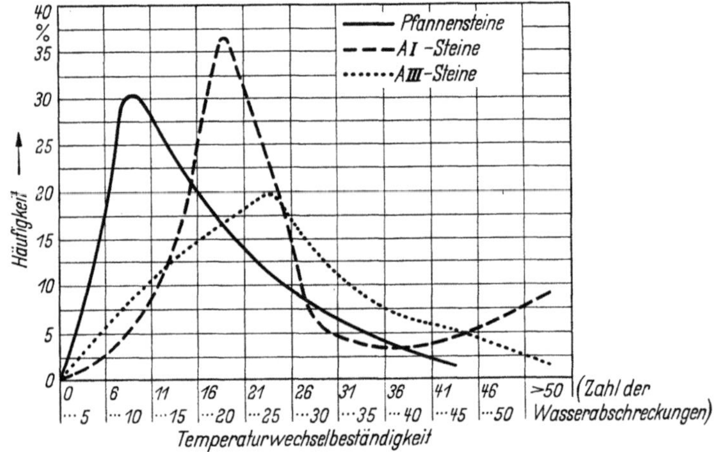

Abb. 410. Häufigkeit der Abschreckzahlen nach der Zylindermethode von Pfannensteinen, A I- und A III-Steinen

verhältnismäßig geringem Anteil an glasiger Substanz. Auch die halbtrockengepreßten Steine sind den plastisch geformten an Abschreckfestigkeit überlegen. Weiterhin zeichnen sich gewöhnlich die B-Qualitäten durch erhöhte Temperaturwechselbeständigkeit aus. Sie werden bei wiederholtem Abschrecken zwar rissig, verlieren aber ihren Zusammenhalt wegen hoher Kerbfestigkeit nicht [22].

Die Abb. 410 enthält die Häufigkeitsverteilungen der ausgehaltenen Wasserabschreckungen (Zylindermethode DIN 1068) für naßgepreßte Schamottequalitäten A I, A III und Pfannensteine.

3.44 Chemische Eigenschaften bei Gebrauchstemperaturen

3.441 Einwirkung von Erdalkali-, Schwermetalloxyden und Schlacke

Die meisten basischen Oxyde bilden mit den Komponenten der Schamottesteine bei hohen Temperaturen an den Berührungsstellen niedrigschmelzende Eutektika, die je nach der Viskosität der entstehenden Schmelzflüsse mehr oder weniger starke Korrosion hervorrufen. Dreiwertige saure Oxyde wie Al_2O_3 greifen dagegen wenig oder gar nicht an.

An einem A I-Stein nach dem Aufstreuverfahren (Abschn. 1.94) durchgeführte Verschlackungsversuche mit den wichtigsten in metallurgischen Schlakken vorkommenden Oxyden hatten die in Tab. 99 zusammengestellten Ergebnisse.

Tabelle 99. *Verschlackungsversuche mit A I-Schamottesteinen nach dem Aufstreuverfahren*

Verschlackung mit	bei °C	Einwirkungs-zeit Min.	Gewichts-verlust %	Volumen-verlust %	Gewichts-zunahme %	Volumen-zunahme %
Manganoxyd	1500	30	23	35	—	—
Eisenoxyd	1500	60	46	56	—	—
Kalk	1500	40	37	45	—	—
Magnesiumoxyd ..	1500	30	14	25	—	—
Kupferoxyd	1400	45	5	20	—	—
Zinkoxyd	1500	60	—	5	14	—
Nickeloxyd	1500	40	—	—	14	0,25
Tonerde	1500	60	Kein Schlackenangriff, Häubchen a. d. Körper			
Bleioxyd	1400	40	—	2	13	—
Glas	1400	30	—	—	11	4
Koksasche	1400	40	—	—	10	8
Steinkohlenasche..	1400	40	—	—	8	10
Hochofenschlacke inkl. 10% Soda	1400	35	16	29	—	—
Soda	1400	30	24	29	—	—

Die Probekörper erleiden bei der Verschlackung mit den ausgesprochen basischen Oxyden MnO, FeO, CaO und MgO einen starken Gewichts- und Volumenverlust, weil die Reaktionsprodukte dünnflüssig sind, also schnell abfließen (Abb. 411,

Abb. 411. Nach dem Aufstreuverfahren verschlackte Probekörper von A I-Steinen
1 MnO; *2* FeO; *3* CaO; *4* MgO; *5* Al_2O_3; *6* Cu_2O; *7* NiO; *8* Glas; *9* Koksasche; *10* Steinkohlenasche

Körper 1 bis 4). Die mit Kupferoxyd entstehenden Reaktionsschmelzen infiltrieren den Probekörper und fließen langsamer ab. Daher ist besonders der Gewichtsverlust gering (Körper 6). Zinkoxyd greift wegen seiner starken Neigung zur Bildung des in den Reaktionsschmelzen bei 1500°C bereits festen Spinells

Gahnit ZnO·Al$_2$O$_3$ (vgl. Abschn. 5.15) A I-Schamottesteine nur wenig an, die Probekörper erleiden aber infolge Infiltration eine Gewichtszunahme. Ähnlich verhält sich Nickeloxyd, welches den Spinell NiO·Al$_2$O$_3$ bildet. Das Probekörpervolumen bleibt bei der Verschlackung mit NiO praktisch unverändert (Körper 7). Auch Bleioxyd wirkt weniger korrodierend, als allgemein angenommen wird. Es entstehen wohl dünnflüssige Reaktionsschmelzen, die z. T. in den Probekörper eindringen, z. T. außen eine farblose Glasur bilden; der Volumenverlust bleibt aber bei allen Temperaturen gering. Relativ am größten ist er zwischen 900 und 1000° C (5 bis 7%), mit steigender Temperatur vermindert er sich bis auf 2% bei 1400° C. Auch die durch Infiltration hervorgerufene Gewichtszunahme erreicht bei niedrigen Temperaturen (900 bis 1000° C) mit 36 bis 38% die größten Werte. Bei 1200 bis 1300° C werden nur noch 23 bis 25%, bei 1400°C 13% des Probekörpergewichtes aufgenommen. Dieses unerwartete Verhalten ist auf die mit steigender Temperatur rasch zunehmende Verdampfung des Bleioxyds zurückzuführen.

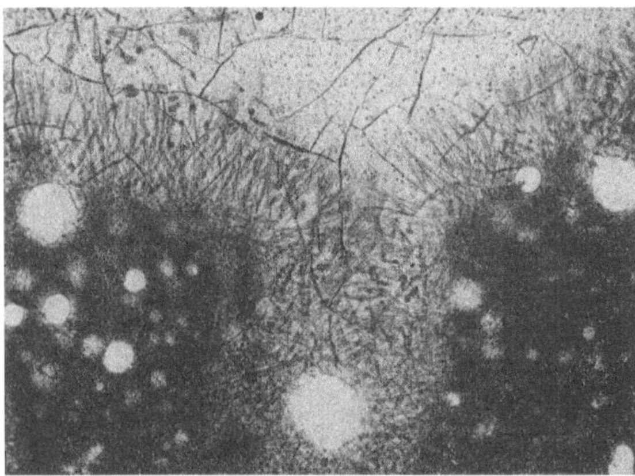

a

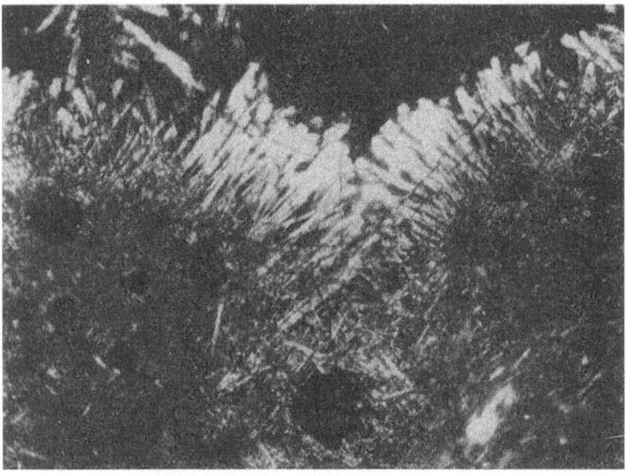

b

Abb. 412a u. b. Mit MnO$_2$ verschlackter A I-Stein. Dünnschliff (Vergr. 60 ×)
a) mit gewöhnlichem Licht; b) unter gekreuzten Nikols

Reine Tonerde wirkt erwartungsgemäß überhaupt nicht ein, das aufgestreute Pulver bildet daher eine Haube auf dem Probekörper (Körper 5). Saure Schmelzen, wie Koksasche und Steinkohlenasche (Körper 9 und 10), dringen in die Poren des Steines ein, ohne diesen wesentlich anzugreifen, sie können dabei die einzelnen Körner des Probekörpers auseinanderdrücken, so daß sowohl das Gewicht als auch das Volumen der Probe zunimmt. Schlacken gemischter Zusammensetzung, beispielsweise Hochofenschlacke mit 10% Soda, wirken ähnlich wie basische Oxyde, d. h., sie rufen merklichen Gewichts- und Volumenverlust hervor.

Bei nahezu allen Verschlackungsversuchen bildet sich farbloses oder gefärbtes Glas. Seine Grenze gegen den nicht aufgelösten Schamottesteinrest wird durch

einen Saum von annähernd senkrecht auf der Grenzfläche stehenden Mullitkristallen gebildet. Diese Erscheinung ist darauf zurückzuführen, daß sich die
Reaktionsschmelze in Nähe der Schamottesubstanz àn Tonerde anreichert. Dort
scheiden sich die großen Mullitkristalle aus, der Rest der Schmelze erstarrt glasförmig.

Abb. 412 zeigt Mikroaufnahmen vom Grenzgebiet Stein-Schlackenglas eines
mit MnO verschlackten Probekörpers in gewöhnlichem und polarisiertem Licht
mit diesem deutlich zu erkennenden Mullitsaum. Die noch nicht aufgelösten
Schamotteteilchen enthalten eine Reihe von Schmelzherden und kleinen Gasblasen als Anzeichen des beginnenden Auflösungsvorganges. Die angenäherte

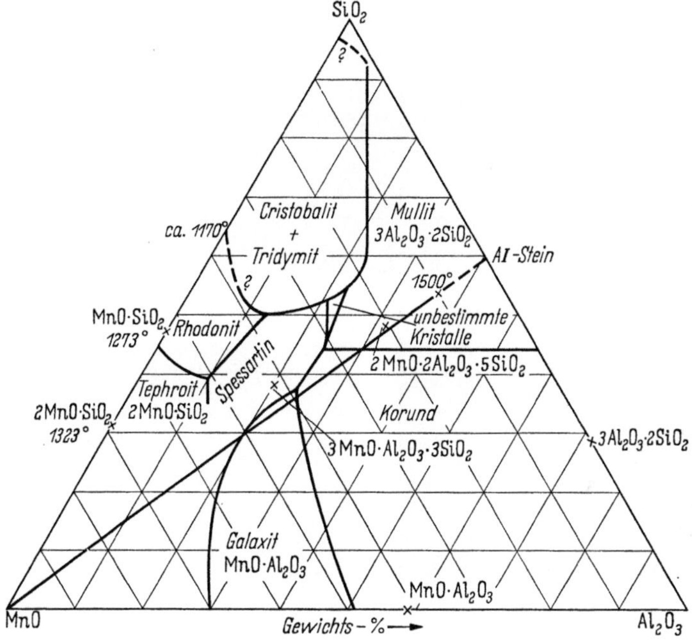

Abb. 413. System MnO–Al₂O₃–SiO₂ (nach R. B. Snow, modifiziert)

Zusammensetzungen entsprechender Schmelzen kann dem Dreistoffsystem MnO–
Al₂O₃–SiO₂ [24] (Abb. 413) entnommen werden. Sie müssen nämlich auf der
Verbindungslinie von MnO mit dem Punkt für den A I-Stein (auf der Seite
Al₂O₃–SiO₂) liegen. In unmittelbarer Nähe der Schamottesubstanz bzw. in den
Schamottekörnern selbst liegt die Zusammensetzung der Schmelze im Mullit-
gebiet, und zwar bis zum Durchstoßpunkt der Verbindungsgerade MnO–A I
durch die Liquidusfläche in einer der Temperatur von 1500° C (Verschlackungstemperatur) entsprechenden Höhe. Mit zunehmender Entfernung vom Schamottekorn erhöht sich der MnO-Gehalt in der glasig erstarrenden Restschmelze.

Bei der Verschlackung mit *Eisenoxyd* treten im Mullitsaum statt der farb-
losen Nadeln opake Verwachsungskristalle aus Mullit und Magnetit auf (vgl.
Abschn. 3.15, Abb. 297). Die Stärke der Eisenoxydeinlagerung nimmt mit der
Entfernung vom nicht aufgelösten Schamottekorn zu.

Auch im Dünnschliff eines mit *Kalk* verschlackten A I-Steines sind in Auflösung befindliche Schamottekörner mit Schmelzherden, Mullitsaum und reines
Glas zu erkennen. Der Hauptteil des Glases ist aber offenbar wegen geringer

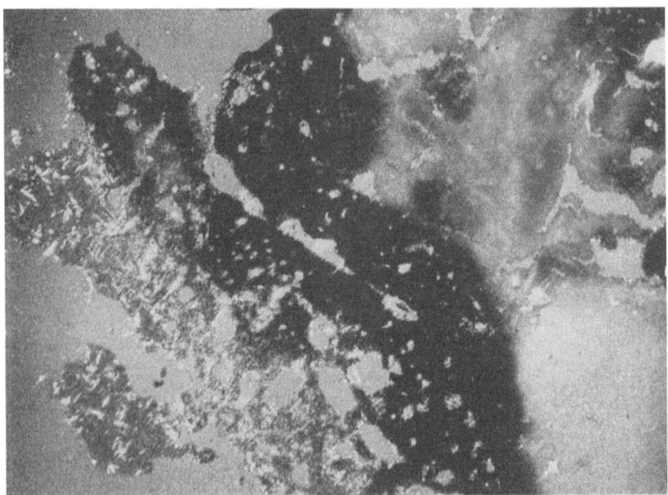

Abb. 415. Mit Koksasche verschlackter A I-Stein. Dünnschliff, gekreuzte Nikols (Vergr. 24 ×)

oben: Glas mit Mullitkristallen; Mitte: Infiltrationszone mit
Eisenoxyden; unten: unverschlackte Schamottesubstanz

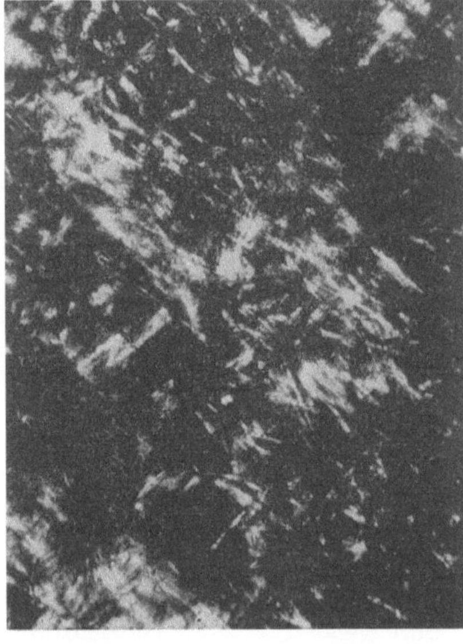

Abb. 414a u. b

Mit CaO verschlackter A I-Stein. Dünnschliff (Vergr. 110 ×)
a) in gewöhnlichem Licht; b) unter gekreuzten Nikols

Viskosität abgeflossen. Abb. 414 zeigt Schmelzherde mit Mullitnadeln in einem
sich auflösenden Schamottekern.

Bei dem mit MgO verschlackten Probekörper ist der Anteil an reiner Glasphase größer als bei kalkhaltigen Reaktionsschmelzen.

Die Verschlackung mit *Kupferoxyd* führt zu einer sehr dunkel gefärbten,
glasförmig erstarrten Schmelze mit zahlreichen Gasblasen. Der Mullitsaum ist

sehr schmal und liegt in braun gefärbtem Glas. Bei *Nickeloxyd* entsteht keine
glasige Reaktionsschmelze. Die Schamottekörner werden von einer offenbar sehr
zähflüssigen, durch Spinellbildung grün gefärbten Schmelze durchtränkt und
durch Gasblasen schwach aufgebläht. Am Rande von Poren und Spalten treten sehr schmale Mullitsäume auf.

Beim Angriff zusammengesetzter Stoffe, wie *Glas*, *Aschen* oder *Schlacken*, überlagern sich die Einflüsse der verschiedenen Komponenten. Die Mikroaufnahme Abb. 415 stammt von einer mit Koksasche der Zusammensetzung

SiO$_2$	Al$_2$O$_3$	Fe$_2$O$_3$
50,6	24,3	16,5

CaO	MgO
2,7	2,3 %

verschlackten Probe. Die Reaktionsschmelze war so reich an Tonerde, daß sie zu ganz von Mullitkristallen durchsetztem Glas erstarrt ist. Eine eisenoxydreiche Teilschmelze drang in die restlichen Schamottekörner ein und bildete dort beim Abkühlen einen dunklen Saum, vermutlich infolge Verwachsung mit Mullit.

Hochofenschlacke mit 10 % Soda (etwa 40 % CaO, 30 % SiO$_2$, 10 % Al$_2$O$_3$, 5 bis 6 % Alkalien) ergibt mit A I-Schamotte eine an Kalk, Alkalien und Kieselsäure reiche Schmelze mit starkem Tonerdegefälle nahe der restlichen Schamottekörner. Es bildet sich daher ein Mullit-saum wie in Abb. 416, dessen äußere Enden jedoch mit Eisenoxyd verwachsen sind. Der geringe Eisenoxydgehalt der Schlacke lagert sich dort an den Mullit an, wo die Konzentrationsverhältnisse dies zulassen.

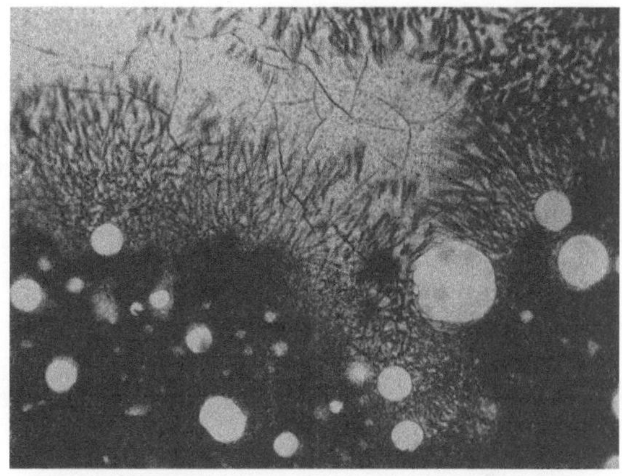

a

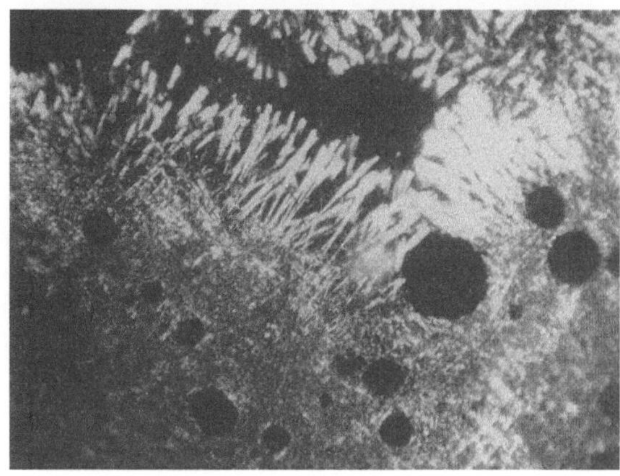

b

Abb. 416 a u. b. Mit Hochofenschlacke + 10 % Soda verschlackter A I-Stein. Dünnschliff (Vergr. 110 ×)
a) in gewöhnlichem Licht; b) unter gekreuzten Nikols

3.442 Einwirkung von Alkalischmelzen

Als *Silikat* im Glas vorhandenes Alkali greift Schamottesteine kaum an, wie
z. B. der Verschlackungsversuch mit einem 12 % Na$_2$O enthaltenden Glas lehrt
(Tab. 99 und Abb. 411, Probekörper 8). Es kommt nur zu einer Infiltration des

Probekörpers unter gleichzeitiger schwacher Volumenvergrößerung. Auf den geringen Angriff an Kieselsäure gebundener Alkalien auf Schamotteerzeugnisse wies bereits H. SALMANG [23] hin. Er führte diese Erscheinung auf die hohen Bindungswärmen der Alkalisilikate zurück, welche eine Dissoziation dieser Verbindungen im Schmelzfluß verhindern. Nur freie oder dissoziierte Oxyde wirken auf Schamottesteine lösend.

Die Reaktion zwischen Na_2CO_3 und SiO_2 wird bei 900° C lebhaft, zwischen Na_2SO_4 und SiO_2 beginnt sie bei 1130° C. *Alkalikarbonate* greifen daher unterhalb 900° C nur wenig an. Bei höheren Temperaturen verlieren Schamotteprobekörper unter der Einwirkung von *Soda* merklich an Gewicht und Volumen (vgl. Tab. 99 und Abb. 417, Probekörper 1). Bei stärkerer Vergrößerung unter dem Mikroskop ist nur eine sehr geringe Infiltration zu erkennen. Lediglich nahe

Abb. 417. Nach dem Aufstreuverfahren bei 1400° C verschlackte Probekörper von A I-Steinen
1 mit Soda;   *2* mit Hochofenschlacke + 10% Soda

Abb. 418. Mit schmelzflüssigem Natriumsulfat ($^1/_2$ Std. bei 1200° C) verschlackter Schamottestein (nach F. HARTMANN)

der Oberfläche sind kleine Risse mit mullithaltigem Glas ausgefüllt. Es wird nicht bevorzugt der Bindeton aufgelöst, wie bei dem mit Hochofenschlacke und 10 % Soda verschlackten Probekörper 2 in Abb. 417, die eindringende Soda löst vielmehr bei 1400° C die Schamottesubstanz rasch und gleichmäßig unter Bildung sehr dünnflüssiger Schmelzen auf.

Schmelzflüssiges *Natriumsulfat* ruft bei 950° C nur eine geringe Infiltration hervor, bei 1200° C bläht sich ein Schamottestein nach F. HARTMANN [25] infolge höherer Viskosität der Reaktionsschmelzen bis zum doppelten Rauminhalt auf (Abb. 418). Die groben Schamottekörner bleiben daher erhalten, sie schwimmen mit weiten Abständen in einer glasklaren Schmelze. O. BARTSCH [26] stellte fest, daß die sehr dünnflüssigen Natriumsulfatschmelzen bei 1200° C leicht in die Poren der Steine eindringen. Bei 1250° C entwickelt sich sehr heftig SO_2-Gas und sprengt den Stein auseinander. In Gegenwart von Kohlenstoff entsteht beim Zerfall des Natriumsulfates Kohlenoxyd, welches die Zerstörung des Steines beschleunigt [27].

3.443 Einwirkung von Alkalidämpfen

F. HARTMANN [25] untersuchte weiterhin den Angriff von Sodadämpfen auf Schamottesteine. Nach 8tägigem Glühen bei 1000 bis 1100° C hatte der Stein eine Außenglasur aus alkalireichem Glas, seine Kanten waren etwas angeschmolzen, der Stein schwach verbogen. Bei 4stündiger Behandlung mit Sodadampf bei 1200° C entstand an der Oberfläche ein sodareiches Glas, offenbar mit Mullitkristallen. Darauf folgte zunächst eine Schicht aus Alkalialuminiumsilikatglas, dann eine dunkle eisenoxydreiche Zone, schließlich der nicht angegriffene Stein. Das Auftreten der eisenoxydreichen Zone deutet auf Wanderung von Teilschmelzen hin, wie sie oben beim Verschlackungsvorgang mit Koksasche beschrieben wurden (vgl. Abb. 415). Im ganzen halten jedoch Schamottesteine der Einwirkung von Sodadämpfen besser stand als Silikasteine (vgl. Abschn. 2.44).

Über den Angriff trockner und feuchter Kaliumchloriddämpfe auf Schamottesteine berichten A. T. GREEN u. Mitarbeiter [28]. Er führte zu einem Nachwachsen um maximal 3% und zur Bildung von Rissen. In Gegenwart von Wasserdampf verstärkte sich der Angriff. Die Tiefenwirkung von Alkalichloriddämpfen geht aus der starken Verminderung der Zugfestigkeit nach vorhergehender Behandlung mit ihnen bei 1000° C hervor. Die Porosität soll die Stärke des Angriffes wesentlich weniger beeinflussen als die chemische Zusammensetzung.

Bei höheren Temperaturen und starker Alkalizufuhr kann es zur Bildung der feuerfesten Alkalialuminiumsilikate *Kaliophilit* $K_2O \cdot Al_2O_3 \cdot 2\,SiO_2$ (Schmelzp. $\sim 1800°$ C) oder α-*Carnegieit* $Na_2O \cdot Al_2O_3 \cdot 2\,SiO_2$ (Schmelzp. 1526° C) kommen. Bei 1248° C geht der kubische Carnegieit in den hexagonalen *Nephelin* über. In Steinen mit höherem Kieselsäuregehalt können der Feldspatvertreter *Leuzit* $K_2O \cdot Al_2O_3 \cdot 4\,SiO_2$ (Schmelzp. $\sim 1680°$ C) bzw. die Feldspäte *Orthoklas* $K_2O \cdot Al_2O_3 \cdot 6\,SiO_2$ (Zersetzungsp. 1180° C) oder *Albit* $Na_2O \cdot Al_2O_3 \cdot 6\,SiO_2$ (Schmelzp. 1118° C) gebildet werden. Kaliophilit- oder Carnegieit-reiche Reaktionsschichten schmelzen nicht mehr ab, sie bilden oft feste Schutzschichten gegen weiteren Angriff und mechanischen Abrieb.

Wenn jedoch in der Reaktionsschicht nicht mehr genügend Schmelzphase vorhanden ist, wie es bei quarzarmen Schamottesteinen der Fall sein kann, löst sich die Reaktionsschicht infolge Volumenausdehnung bei der Mineralneubildung vom Stein ab und ermöglicht einen erneuten Angriff auf den ungeschützten Reststein (*Alkalibursting*).

Der Korrosionsvorgang verläuft bei gasförmigen Stoffen grundsätzlich ähnlich wie bei Einwirkung flüssiger Phasen. Wegen ihrer geringen Zähigkeit können Gase jedoch tiefer in die Poren des Steines eindringen als flüssige Stoffe, so daß die Reaktionszonen einen größeren Teil des Steines umfassen. Zum Schutze gegen derartige Infiltrationen können die Schamottesteine mit einer geeigneten Anstrichmasse überzogen werden, die mit den Alkalidämpfen eine abdichtende Glasur bildet.

Oberhalb des *Alkali-Taupunktes*, bei welchem das Gas gerade an dampfförmigen, kondensierbaren Alkalien gesättigt ist, scheiden sich keine Alkalien mehr auf den Ofenwänden ab und rufen keine Korrosionswirkungen hervor. Der Alkali-Taupunkt liegt in SM-Öfen bei $\sim 1400°$ C.

3.444 Einwirkung von Säuredämpfen

Der Angriff von Säuredämpfen auf Schamotteerzeugnisse wurde von L. R. BARRETT u. Mitarbeitern [29] untersucht. Dämpfe von schwefeliger Säure wirken auch bei höherer Temperatur kaum ein, dagegen ruft dissoziierende Schwefelsäure oder Schwefeldioxyd + Sauerstoff bei 600° C erhebliche Gewichtserhöhungen hervor, da sich im Inneren der Steine an den Porenwandungen Sulfate bilden. Gleichzeitig wird dadurch die Porosität vermindert, die Zugfestigkeit vergrößert. Beim Erhitzen so behandelter Schamottesteine führen die Sulfate jedoch zu Blähungen, die schließlich den Stein sprengen können. Ähnliche Ergebnisse erhielt V. SKOLA [30] bei der Prüfung eines Schamottesteines mit siedender konzentrierter Schwefelsäure bei 110 bis 120° C. Die sich hauptsächlich bildenden Aluminiumsulfate füllten den Porenraum des Steines teilweise aus und bewirkten eine erhebliche Steigerung der Druckfestigkeit.

Chlorgas oberhalb 1000° C verändert die chemische Zusammensetzung von Schamottesteinen langsam durch Bildung flüchtiger Chloride. Zunächst greift es das Eisenoxyd an, später die übrigen Oxyde in der Reihenfolge MgO, CaO, TiO_2, Al_2O_3 und SiO_2 [31].

Dem Alkali-Taupunkt (s. Abschn. 3.443) entsprechend gibt es einen *Säure-Taupunkt*, oberhalb dessen die Säuredämpfe nicht auf feuerfeste Baustoffe einwirken. Die Temperaturhöhe des Säure-Taupunktes hängt von verschiedenen Faktoren (Gaszusammensetzung, Wassergehalt, Feststoffgehalt, Sauerstoffgehalt usw.) ab. Bei Schwefelsäure wird der Taupunkt durch das Gleichgewicht:

$$2\,SO_2 + O_2 \rightleftarrows 2\,SO_3$$

beeinflußt. Bei hohen Temperaturen ($>900°$ C) verläuft die Reaktion von rechts nach links, bei tieferen (400 bis 800° C) in Richtung verstärkter SO_3-Bildung, bei sehr tiefen Temperaturen ($<400°$ C) verlangsamt sich die Reaktion, so daß bei mittleren Temperaturen die stärksten Einwirkungen durch Schwefelsäure zu erwarten sind. Die SO_3-Bildung wird durch Sauerstoffüberschuß, sowie durch Katalysatoren wie V_2O_5 oder Fe_2O_3, begünstigt.

3.445 Einwirkung von Borsäure und Boraten

Reine Borsäure greift Schamottesteine bei 900 bis 1200° C wegen ihrer sehr hohen Viskosität nur wenig an [26], dagegen wirken *Natrium-* und *Bleiborate* mit steigender Konzentration der Kationen stark lösend. Bei *Zink-* und *Kalziumboraten* wächst die Stärke des Angriffs mit steigender Kationen-Konzentration bis zur Zusammensetzung $ZnO \cdot B_2O_3$ (Schmelzp. 1000° C) bzw. $CaO \cdot 2\,B_2O_3$ (Schmelzp. etwa 980° C), bleibt in diesen Konzentrationsbereichen gleich groß und wird bei noch höheren ZnO- bzw. CaO-Gehalten wieder größer. Bei *Eisen-* und *Magnesiumboraten* vermindert sich die Angriffsstärke, wenn der Kationengehalt größer ist als der Verbindung $FeO \cdot B_2O_3$ bzw. $MgO \cdot B_2O_3$ (Zersetzungspunkt 988° C) entspricht. Umgekehrt ist bei *Bariumboraten* der Angriff gerade im Bereich der Verbindung $BaO \cdot B_2O_3$ (Schmelzp. 1105° C) besonders gering. Diese Beobachtung führte zur Entwicklung bariumhaltiger Steine für Öfen, in welchen blei- und borsäurehaltige Dämpfe auftreten (vgl. Abschn. 3.164 und 3.425). Gemische von Borsäure und Eisen(3)-oxyd bilden bei $\sim$1000° C eine zähe, gummiartige Schmelze, welche Schamottesteine nur wenig angreift. In reduzierender Atmosphäre entsteht daraus ein klarer, aggressiver Schmelzfluß von Eisen(2)-boraten.

Ähnlich wie bei Kieselsäure treten in Schmelzen von Borsäure mit 2wertigen Kationen im Bereich kleiner Kationengehalte größere Mischungslücken auf.

3.446 Einwirkung von Vanadiumoxyd

Von den Oxyden des Vanadiums enthält das technische Heizöl vor allem das stabilste Oxyd V_2O_5 (Schmelzp. 685 $\pm$ 5° C). Die sauerstoffärmeren, feuerfesten Oxyde V_2O_4 (Schmelzp. 1640° C) und das mit Korund Mischkristalle bildende V_2O_3 sind nur bei niedrigen Temperaturen bzw. unter reduzierenden Bedingungen beständig, der Wechsel des Oxydationszustandes geht allerdings leicht vonstatten. V_2O_5 wirkt ähnlich wie P_2O_5 als Säure und bildet mit basischen Oxyden meist niedrigschmelzende *Vanadate*, z. B. mit Na_2O (*31a*).

$$Na_2O \cdot V_2O_5 \quad \text{Schmelzpunkt} \quad 630° \text{ C}$$
$$2\,Na_2O \cdot V_2O_5 \quad \text{Schmelzpunkt} \quad 632° \text{ C}$$
$$3\,Na_2O \cdot V_2O_5 \quad \text{Schmelzpunkt} \quad 850° \text{ C}$$

Mit CaO existieren die Vanadate:

$$CaO \cdot V_2O_5 \quad \text{Zersetzungspunkt} \quad 778° \text{ C}$$
$$2\,CaO \cdot V_2O_5 \quad \text{Zersetzungspunkt} \quad 1015° \text{ C}$$
$$3\,CaO \cdot V_2O_5 \quad \text{Zersetzungspunkt} \quad 1380° \text{ C.}$$

Das tiefste Eutektikum im System $CaO–V_2O_5$ liegt bei 618° C und 92% V_2O_5, 8% CaO (*31b*).

Vanadiumpentoxyd ist ein starkes Flußmittel für Schamottesteine, besonders in Verbindung mit Alkalien. Nach Untersuchungen von K. Konopicky (*31c*) liegt die Bildungstemperatur einer flüssigen Schlacke in Mischungen aus Tonerdesilikaten mit 10 bis 30% Na_2O und 20 bis 50% V_2O_5 bei 900 bis 1200° C.

Wegen seiner extrem niedrigen Oberflächenspannung (vgl. Abschn. I.931) und seinen hohen Dampfdruckes ($36 \cdot 10^{-3}$ mm Hg bei 900° C, 0,39 mm Hg bei 1100° C, 0,83 mm Hg bei 1200° C) kriecht das Vanadiumpentoxyd an Ofenwänden entlang und dringt leicht in poröse Baustoffe ein. Es gibt nach der Abkühlung Anlaß zur Bildung harter, fester Krusten auf den Steinen, besonders in Verbindung mit Natriumsulfat.

3.447 Einwirkung von Kohlenoxyd

Kohlenoxyd kann Schamottesteine zerstören, wenn diese freies Eisen(3)-oxyd enthalten. Fe_2O_3 beschleunigt den Zerfall des Kohlenoxydes in Kohlensäure und Kohlenstoff entsprechend der Boudouardschen Reaktion im Temperaturbereich 400 bis 800° C katalytisch. Der frei werdende Kohlenstoff lagert sich in den Poren der Steine ab und ruft starke Sprengwirkungen hervor. Nach C. E. Nesbitt u. M. L. Bell [*32*] soll der durch die Kohlenstoffablagerung erzeugte Innendruck 1000 kg/cm² übersteigen können. Wie R. P. Heuer [*33*] erstmalig feststellte und später mehrfach bestätigt wurde [*34*], übt das Eisenoxyd keine katalytische Wirkung mehr aus, wenn es als Ferroaluminiumsilikat gebunden bzw. in der glasigen Grundmasse des Schamottesteines gelöst ist. Man erreicht dies immer, wenn es in den zur Steinherstellung verwandten Rohstoffen nicht pigmentartig angehäuft ist, der Stein außerdem hinreichend hoch gebrannt wird (vgl. Abschn. 3.164). Durch Behandlung der Steine mit Aluminumsulfatlösung kann der Zerfall verhindert werden.

An mehreren Schamottesteinen konnte nach 45tägiger Einwirkung von Kohlenoxyd bei 425° C keine Zerstörung festgestellt werden. Nachdem man jedoch die Probestücke im

Vakuum mit Eisenchlorid getränkt, getrocknet und schwach nachgebrannt hatte, zerfiel
die Schamotte bereits nach einer 20stündigen Einwirkungszeit des Kohlenoxydes (Abb.419).
In früheren Jahren muß die Anfälligkeit der Schamottesteine gegen die Sprengwirkung des
CO wesentlich stärker gewesen sein als heute; denn bei Versuchen von B. Osann [35] zer-
fielen Schamottestücke im Kohlenoxydstrom bereits nach 17 Tagen.

Der Widerstand von Schamottesteinen gegen Zersetzung durch Kohlenoxyd wird nach
dem British Standard Test Nr. 10 (1902:1952) an kleinen Prüfkörpern gemessen. Nach der
amerikanischen Methode ASTM C 288–56 prüft man an ganzen Normalsteinen, da die
Eisenoxydeinschlüsse oft sehr ungleichmäßig verteilt sind. Die Prüftemperatur ist $495\pm5°$ C.
Die Probesteine werden 200 Stunden lang einem getrockneten und gereinigten CO-Strom

Abb. 419. Einfluß von Kohlenoxyd auf Schamottesteine bei 425° C
obere Reihe: Unbehandelte Proben nach 45tägiger Lagerung im Kohlenoxydstrom; untere Reihe: im
Vakuum mit Eisenchlorid getränkte Proben nach 20stündiger Lagerung im Kohlenoxydstrom

ausgesetzt, nachdem der Ofen vorher abgedichtet, evakuiert und mittels Durchleiten von
Stickstoff ($^1/_2$ Stunde) von Feuchtigkeitsresten befreit worden ist. Nach dem Versuch
werden die Proben nach dem Augenschein beurteilt und in 5 Gruppen eingeteilt (Höganäs-
Methode):

1. Völliger Zerfall;
2. Große Risse, Stein zerbrechlich;
3. Größere Absprengungen, Risse;
4. Kleine Absprengungen unter 10 mm,
   kleine Blasen und Risse;
5. Keine Veränderungen außer Verfärbung.

Eine ähnliche Wirkung wie Kohlenoxyd übt Methan aus [36], Leuchtgas
dagegen nur dann, wenn vorher Wasserdampf und CO_2 entfernt worden sind.
Diese Stoffe hindern die Zersetzung der Gase, weil sie die Gleichgewichte zur
CH_4-Seite hin verschieben.

3.448 Die pyrochemische Spannungsreihe

Nach den vorstehenden Versuchsergebnissen hängt das Ausmaß der Korrosion in erster Linie von Art und Geschwindigkeit der auftretenden Reaktionen
sowie der Zähigkeit der Reaktionsprodukte ab. Angesichts der Vielfältigkeit dieser Reaktionen dürfte es kaum möglich sein, allgemeine Gesetzmäßigkeiten für
die Stärke der chemischen Korrosion aufzustellen.

H. SALMANG u. Mitarbeiter [37] haben die in Schlacken hauptsächlich auftretenden Oxyde nach der Stärke ihres Angriffes auf Schamottesteine zu einer als *pyrochemische Spannungsreihe* bezeichneten Reihe geordnet: CaO, MgO, FeO, MnO–Al_2O_3, SiO_2, Fe_2O_3, P_2O_5. Die Stärke des Angriffes vermindert sich von links nach rechts, die vier rechts stehenden Oxyde wirken verschlackungshindernd. Der Ausdruck *Spannungsreihe* ist mißverständlich, weil die chemische Korrosion weder von mechanischen noch elektrischen Spannungen abhängt, lediglich die Grenzflächenspannung hat einen gewissen, aber nicht maßgebenden Einfluß (vgl. Abschn. 1.931).

Die Reihenfolge wurde dadurch ermittelt, daß das jeweils zu prüfende Oxyd in wechselnden Mengen einer Schlacke bestimmter Zusammensetzung zugefügt und der Angriff dieser gemischten Schlacken auf Schamottesteine nach der Tiegelmethode DIN 1069 bestimmt wurde. Bei der Verwendung von basischer Kalkaluminosilikatschlacke als Grundsubstanz und einer Verschlackungstemperatur von 1500° C erhielten H. SALMANG u. Mitarbeiter für die Reaktionsfähigkeit (K) der Oxyde – gemessen in mm Eindringtiefe – empirisch die Formel:

$$K_{1500°} = 1,8 \frac{7\,CaO + 4\,MgO + 4\,FeO + 3\,MnO}{Al_2O_3 + 2\,SiO_2 + 0,5\,Fe_2O_3 + 2,5\,P_2O_5}.$$

Wenn auch die Zahlenwerte in dieser Beziehung nur für eine bestimmte Schlackengrundsubstanz und eine bestimmte Schamottesteinsorte gelten, so hat doch die in der Formel zum Ausdruck kommende Einteilung der Oxyde in verschlackungsfördernde (im Zähler) und verschlackungshemmende (im Nenner) eine allgemeine Berechtigung und wird durch die vorstehenden Versuchsergebnisse bestätigt. Unter Berücksichtigung der Sonderstellung der nicht dissoziierten Alkalisilikate läßt sich folgende Beziehung für die Angriffsstärke der wichtigsten Oxyde aufstellen:

$$K = \frac{\Sigma\,(R_2O - R_2O') + \Sigma\,(RO)}{\Sigma\,R_2O_3 + \Sigma\,(RO_2 - SiO_2') + \Sigma\,R_2O_5}.$$

In dieser Beziehung soll R_2O' das silikatgebundene Alkali und SiO_2' die alkaligebundene Kieselsäure darstellen[1]. Die Formel gibt die Wirkungsweise der Oxyde allerdings nur allgemein richtig wieder. Der verschlackungshemmende Charakter des ZnO wird u. a. nicht berücksichtigt.

ZnO wirkt unter Bildung von Zinksilikaten bzw. Aluminaten als Base. Von diesen Verbindungen verbessert Zinkaluminat (Zinkspinell) die feuerfesten Steine in ihren thermischen Eigenschaften und ihrer chemischen Widerstandsfähigkeit, wie an gebrauchten Zinkmuffeln mit höherem Al_2O_3-Gehalt festgestellt wurde (vgl. Abschn. 3.60). Man hat sogar auf Grund dieser Beobachtung versucht, Steine mit Zinkspinellzusatz herzustellen [38].

3.449 Einfluß der Porosität, des Tonerdegehaltes und der Temperatur

Chemische Reaktionen zwischen Schlacke und Schamottestein gehen um so schneller vor sich, je größer die Berührungsfläche zwischen beiden Phasen ist. Daher nimmt der Schlackenangriff mit steigender Porosität zu, wie u. a. von W. MIEHR, J. KRATZERT u. P. KOCH [39] sowie von F. HARTMANN [40] festgestellt wurde. Die Stärke der Verschlackung in Abhängigkeit von der Porosität ist

---

[1] Verändert nach H. SALMANG [37].

in Abb. 420a nach den Versuchen von W. MIEHR u. Mitarbeitern dargestellt. Ob auch ein Zusammenhang zwischen dem Tonerdegehalt der Schamottesteine und

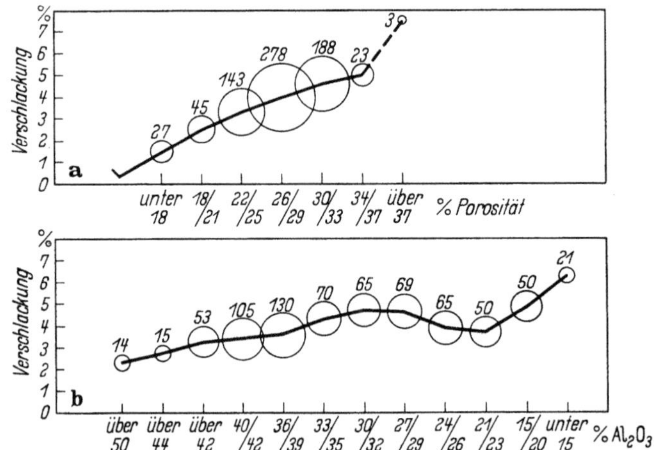

Abb. 420a u. b. Die Stärke der Verschlackung von Schamottesteinen (707 Versuche) (nach W. MIEHR,
J. KRATZERT u. P. KOCH)
a) Als Funktion der Porosität; b) als Funktion des Tonerdegehaltes
Die Größe der Kreise ist der Zahl der Versuche proportional, die durch einen Punkt der Kurve re-
präsentiert werden

der Stärke der Verschlackung besteht, konnte noch nicht mit Sicherheit entschieden werden, doch läßt Abb. 420b einen solchen Zusammenhang vermuten. Die
kieselsäurereichen Schamottesteine haben einen höheren Gehalt an Schmelz-

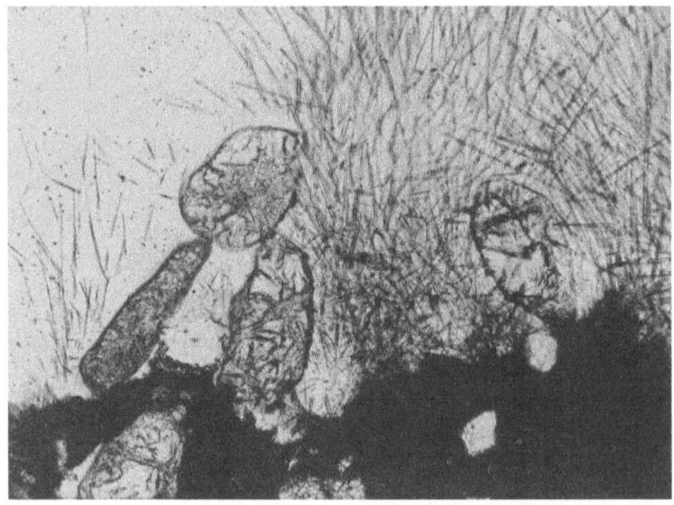

Abb. 421. Mit SM-Pfannenschlacke verschlackter Pfannenstein. Dünnschliff (Vergr. 200 ×). Restquarzkörner neben neugebildeten Mullitnadeln

phase, die leichter aufgelöst werden kann als kristalline Bestandteile. Andererseits
sind sie im allgemeinen dichter als die tonerdereicheren Qualitäten und bieten
der angreifenden Schlacke eine kleinere Oberfläche. Welche der beiden Einfluß-

größen im Einzelfall die größere Wirkung ausübt, hängt von der Schlackenzusammensetzung und der Betriebstemperatur ab.

Unter den kristallinen Bestandteilen sind gröbere Quarzkörner besonders widerstandsfähig gegen den Angriff basischer Schlacken. Abb. 421 zeigt das Mikrobild eines von SM-Pfannenschlacke angegriffenen Pfannensteines an der Grenze des festen Steines (dunkel) gegen das glasförmige Reaktionsprodukt (hell). Neben neu gebildeten Mullitnadeln sind nicht aufgelöste Quarzkornreste zu erkennen, während Schamottereste nicht mehr vorhanden sind. Auch bei Verschlackungsversuchen von F. HARTMANN [40] mit SM-Schlacke nahm das Ausmaß der Verschlackung vom normalen Schamottestein über einen Pfannenstein zum Quarzschamottestein deutlich ab (Tabelle 100).

Tabelle 100. *Verschlackung verschiedener Schamottesteine mit 20 g Siemens-Martin-Schlacke bei 1450° C* (nach F. HARTMANN)

	Verschlackungsverlust	
	Gew.-%	Vol.-%
Schamottestein	33,4	44,4
Pfannenstein	24,8	28,5
Quarzschamottestein	19,0	28,9

Die größere Widerstandsfähigkeit des Quarzes dürfte auf die Mischungslücke zwischen Kieselsäure und den zweiwertigen basischen Oxyden bei hohen Kieselsäuregehalten zurückzuführen sein (vgl. Abschn. 2.14/2.15).

Wenige Untersuchungen liegen über die Temperaturabhängigkeit der Verschlackungsvorgänge vor. Im allgemeinen rufen Stoffe, welche die Schamottesteine angreifen, bei niedrigen Temperaturen *Schwindungen* hervor, weil die geringe Menge entstehender Schmelzphase die stets vorhandene Neigung zur Schwindung und Verdichtung begünstigt. Bei höheren Temperaturen wird die Schwindung durch eine *Aufblähung* abgelöst, weil in der dann reichlich vorhandenen, aber zähflüssigen Schmelze entstehende Gase nicht entweichen können. Erst wenn die Reaktionsschmelzen dünnflüssig werden, kommt es zu den oben beschriebenen *Abschmelzungen*. Die Grenzen zwischen Schwindungs-, Aufbläh- und Abschmelzbereich liegen für die verschiedenen Steinqualitäten und angreifenden Stoffe bei wechselnden Temperaturen. Für AI-Steine und Eisenoxyd gelten bei angenähert neutraler Atmosphäre etwa folgende Grenzen:

Schwindung ...... < 1300° C
Aufblähung ...... 1300° bis 1400° C
Abschmelzen ..... > 1400° C

Wenn ein chemischer Angriff unvermeidlich ist, werden die Steinqualitäten oft zweckmäßig so gewählt, daß der Verschlackungsvorgang in den Aufblähbereich hineinfällt, weil die geblähte Zone einen wirksamen Schutz gegen weitere Schlackeninfiltrationen bildet.

Grundsätzlich unterscheidet sich die chemische Korrosion der Schamottesteine von derjenigen der Silikasteine dadurch, daß die letzteren sehr viel tiefer infiltriert werden. Makroskopisch sichtbare Zonenbildungen, wie sie bei Silikasteinen häufig beobachtet werden, sind bei Schamotteerzeugnissen selten, weil Reaktionsprodukte mit Aluminosilikaten eine wesentlich größere Zähigkeit besitzen als rein silikatische, nach K. KONOPICKI [41] sind auch Differenzen der Grenzflächenspannung von Einfluß. Weiterhin wird die Verschlackung der

Tabelle 101. *Chemische Zusammensetzungen, Kegelfallpunkte und Siebanalysen einiger Schamottemörtel*

		Chemische Analyse								SK	Siebanalyse					
		SiO_2 %	$Al_2O_3 + TiO_2$ %	Fe_2O_3 %	CaO %	MgO %	Na_2O %	K_2O %	C %		>1 mm %	0,5—1 %	0,25—0,5 %	0,12—0,25 %	0,06—0,12 %	<0,06 %
1	C I-Mörtel	52,56	37,54	3,29	n. b.	n. b.	n. b.	n. b.	—	32	2,0	7,2	9,6	15,0	1,6	64,6
2	C II-Mörtel	53,80	33,23	2,77	n. b.	n. b.	n. b.	n. b.	—	31/32	2,0	13,0	19,2	8,2	1,8	55,8
3	Schiefertonmörtel	44,83	16,13	6,01	8,60	1,79	n. b.	n. b.	6,44	14/15	18,0	18,4	16,5	8,6	4,2	34,3
4	Spezialmörtel	72,00	21,72	1,24	0,63	1,05	0,39	1,27	—	26/27	0,2	0,6	2,2	14,0	18,6	64,6
5	Spezialmörtel	61,21	30,19	2,64	0,93	1,66	n. b.	n. b.	—	28/29	—	—	—	—	—	—
6	Hochtemperaturmörtel	50,83	38,02	2,45	0,93	0,65	n. b.	n. b.	Gl. V. 5,90	34	3,9	7,8	25,4	37,6	9,1	16,2
7	Zusatzmörtel	65,88	4,18	1,48	0,29	0,07	4,60	0,50	C 17,53	—	—	—	—	—	—	—

Silikasteine durch die bereits erwähnte Mischungslücke gehemmt, bei Schamottesteinen ist ein solcher Effekt nur an einzelnen Quarzkörnern, mithin sehr schwach zu beobachten.

3.45 Schamottemörtel

Die Mörtel für Schamottestein-Mauerwerk bestehen aus Schamotte und Ton. Sie besitzen im allgemeinen ähnliche Zusammensetzung wie die Rohmassen der zu vermauernden Steine, sind aber stets feiner gekörnt. Ihr Bindetongehalt schwankt zwischen 30 und 40%.

Nach J. G. DE VOOGD [42] sollen alle Mörtelbestandteile durch das 1 mm-Sieb hindurchgehen. In ihrem Kieselsäure- und Tonerdegehalt sollen sich die Mörtel um nicht mehr als 3%, im Flußmittelgehalt um 1% von den Steinmassen unterscheiden. Die wichtigen Eigenschaften der feuerfesten Schamottemörtel, Bindefähigkeit bei Raumtemperatur und Festigkeit nach dem Trocknen, beruhen auf dem Vorhandensein plastischer Tone. Ihre Festigkeit bei hohen Temperaturen und die Fähigkeit zur Verbindung mit den Steinen erhalten sie durch Sintervorgänge. Um guten Verband mit den Steinen zu erreichen, sollen die Kegelfallpunkte der Mörtel etwa 2 Segerkegel (40 bis 50° C) unter demjenigen der zu vermauernden Steine liegen [43].

In der Konventionseinteilung (Tab. 93) faßt man die üblichen Mörtelqualitäten in der Gruppe C zusammen. In Tab. 101 sind unter Nr. 1 und 2 chemische Analysen und Siebanalysen von C I- und C II-Mörteln angeführt.

Diese Qualitäten erfüllen ihre Aufgabe, ein dichtes und festes Mauerwerk zu schaffen, häufig nur unvollkommen. Die Mörtel müssen, um gut streichfähig zu sein, mit viel Wasser angemacht werden, schwinden daher bei Trocknen und Brennen beträchtlich. Der Verbund mit

den Steinen ist daher oft locker, am Ende der Ofenreise sitzt der gesinterte
Mörtel lose in den Fugen. In Öfen mit starken Temperaturschwankungen wird
der Mörtel bei wechselnder Ausdehnung und Kontraktion der Steine zerdrückt,
er rieselt dann als Pulver aus den Fugen. So entstehende Undichtigkeiten im
Mauerwerk führen zu hohen Brennstoffverlusten und verkürzen die Lebensdauer der Öfen.

Wegen der genannten Schwierigkeiten entwickelte man zahlreiche, den jeweiligen Betriebsbedingungen gut angepaßte Mörtel. Eine frühe Sinterung läßt
sich am einfachsten durch Vermehrung der Flußmittel erreichen (s. z. B. Analyse 3 in Tab. 101 mit ihren hohen Gehalten an Kalk und Magnesia). Derartige
Mörtel können aber zu weich werden und aus den Fugen herauslaufen. Fluß-
mittelreiche Mörtel sind daher nur für thermisch niedrig beanspruchte Öfen

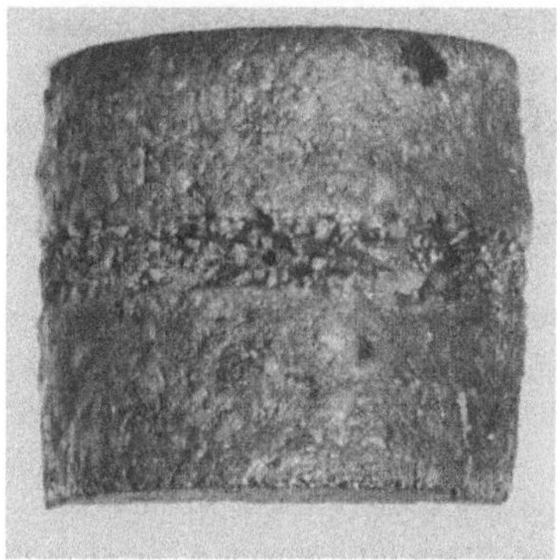

a   b

Abb. 422 a u. b. Durch Spezialmörtel verbundene Schamotteprobekörper nach dem Fugenversuch
a) Außenansicht;   b) Schnitt

brauchbar (1000 bis 1100° C). Für diesen Temperaturbereich werden auch sog.
feuerfeste Zemente, z. B. *Tonerdezement* mit Schamottemehl als Magerungsmittel
benutzt, besonders wenn auf eine hydraulische Bindung Wert gelegt wird. Fluß-
mittelreiche Schamottemörtel dienen u. a. zum Vermauern von Rauchkanälen
mit ihren stets niedrigen Temperaturen. Kalkhaltige Mörtel sind dafür allerdings
wegen der Gefahr ihrer Zersetzung durch die schweflige Säure der Abgase unzweckmäßig.

Der Zusatzmörtel Nr. 7 (*Meteormörtel* der Fa. Schwarz, Ratingen) in Tab. 101
enthält als Flußmittel *Wasserglas*, er kann nur nach Vermischung mit Magerungsmitteln verwandt werden. Art und Menge der Magerungsmittel bestimmen seinen
Sinterbereich. Der vorhandene Graphit erhöht seine Feuerfestigkeit und Beständigkeit gegen Schlackeneinflüsse.

Abb. 422 zeigt als Beispiel einen Schamotteprobekörper, der mit einem Mörtel der
Zusammensetzung

$$\begin{aligned}
&\text{Schamottemehl (32/35\% Al}_2\text{O}_3)\ldots\ldots \quad 50 \text{ Teile}\\
&\text{Halbsauerer Ton} \ldots\ldots\ldots\ldots\ldots \quad 10 \text{ Teile}\\
&\text{Meteormörtel} \ldots\ldots\ldots\ldots\ldots\ldots \quad 30 \text{ Teile}
\end{aligned}$$

verbunden und etwa 10 Stunden bei 1350° C gebrannt worden ist (vgl. Abschn. 1.10).

Nach P. P. BUDNIKOW [44] ruft der Zusatz von 1 bis 1,5% Na_2O (als Wasserglas) schon bei 300 bis 800° C eine gute Bindung des Mörtels mit dem Stein hervor. Wasserglas in Verbindung mit *Tonerdehydrat* (z. B. Bauxit) ergibt einen an der Luft erhärtenden Mörtel [45]. Diese Härtung wird mit der Bildung von Natriumaluminat aus dem Wasserglas und der Tonerde erklärt.

Um ein breiteres Sinterintervall zu erhalten, ersetzt man zweckmäßig das Na_2O durch K_2O durch Verwendung glimmer- oder illitreicher Tone (vgl. Abschnitt 3.116 u. 3.143). In illitischen Tonen wird die Sinterung bereits bei 950° C durch Alkalisilikatschmelzen gefördert.

Mörtel für halbsaure Schamottesteine und Stahlwerksverschleißmaterial enthalten Klebsand neben oder statt Schamottemehl. Sie sintern frühzeitig, haben aber ein kleines Sinterintervall.

Für hochbeanspruchte Mörtel benutzt man an Stelle von Schamottemehl *Sillimanit* verschiedener Körnung. Dieses Material dehnt sich bei hoher Temperatur aus und kompensiert so zumindest einen Teil der Schwindung der Bindetone. Beim Auflösen erhöht es die Zähigkeit der entstehenden Schmelze, damit die Feuerfestigkeit. Versuche mit Sillimanit als Magerungsmittel für Mörtel in Verbindung mit Wasserglas wurden von F. H. CLEWS, H. BOOTH u. A. T. GREEN [46] durchgeführt.

Die übliche Fugenbreite bei Schamottemauerwerk schwankt zwischen 3 und 5 mm, im Koks- und Gasofenbau wird verschiedentlich mit Fugen bis zu 7 mm gearbeitet. Durch Maßdifferenzen kann sich stellenweise die Fugenbreite weiter erhöhen. Wenn *knirsch* vermauert wird – wie beim Hochofenschacht (vgl. Abschn. 3.562) – sollen die Fugenbreiten nur 0,5 mm betragen. Der Mörtel muß dann plastischer sein als gewöhnlich, ein Überschuß wird seitlich herausgedrückt. Bei den normalen 3 mm-Fugen wird mit einem mittleren Verbrauch von 10% Trockenmörtel (bezogen auf das Steingewicht) gerechnet.

Schrifttum

[1] Betriebstechn. Merkblätter, Gruppe feuerfeste Baustoffe, Bl. 1/9 u. 10/21. München: Franzis-Verlag 1949/51

[2] Ber. 397b des Stahlwerksausschusses des VDEh Neuaufl. Nov. 1955. Düsseldorf: Stahleisen

[3] RASCH, R.: Der Schamottestein, S. 123. Berlin 1940

[4] Vereinigung der Großkesselbesitzer 1951

[5] Vgl. Ausführungen von JOCHUM: Tonind.-Ztg. Bd. 27 (1903) S. 764ff.

[6] Dieser Versatz wurde in der Steinfabrik der Dortmund-Hörder Hüttenunion verwandt

[7] MÖSER, A.: Tonind.-Ztg. Bd. 60 (1936) S. 1086

[7a] SINGER, F.: Trans. Brit. ceram. Soc. Bd. 35 (1936) S. 398/400, DBP. 536799 (1926)

[7b] PLANZ, E.: Dipl. Arbeit T. H. Aachen 1958

[8] Nach den Lieferbedingungen für hochwertige Schamottesteine in Wanderrostfeuerungen und in Gaserzeugern. Dampfkesselüberwachungsverein Ww. 40 u Ww. 41

[8a] Stahl u. Eisen, Bd. 78 (1958) S. 1754/55

[9] JEBSEN-MARWEDEL, H.: Verr. Refract. Bd. 1 (1947) S. 319; s. auch Fachausschußber. Nr. 51 Deutsche Glastechn. Ges. (1954) S. 396/99

[10] KONOPICKY, K., A. DIETZEL u. R. GÜNTHER: Fachausschußber. Nr. 51 Deutsche Glastechn. Ges. (1954) S. 402/04. — KONOPICKY, K.: Ber. DKG. Bd. 32 (1955) S. 257/61

[*11*] KONOPICKY, K., U. HOPMANN u. P. KAMPA: Ber. DKG. Bd. 33 (1956) S. 52/59. — KONOPICKY, K.: Atti del IV° Congresse Internat. della Ceramica, S. 299/302. Florenz 1954

[*12*] BOSE, A. K., H. MÜLLER-HESSE u. H. E. SCHWIETE: Arch. Eisenhüttenwes. Bd. 27 (1956) S. 665/71. — BOSE, A. K.: Diss. Aachen 1956

[*13*] HEINDL, R. A., u. W. L. PENDERGAST: J. Amer. ceram. Soc. Bd. 12 (1929) S. 640 u. Bd. 13 (1930) S. 725

[*14*] ENDELL, K.: Ber. DKG. Bd. 13 (1932) S. 97

[*15*] RIEKE, R., u. G. MÜLLER: Ber. DKG. Bd. 12 (1931) S. 419

[*16*] KONOPICKY, K., u. W. LOHRE: Stahl u. Eisen Bd. 76 (1956) S. 749/56

[*17*] MIEHR, W.: Keram-Z. Bd. 3 (1951) S. 423

[*18*] HIRSCH, H.: Ber. DKG. Bd. 9 (1928) S. 584

[*19*] KANZ, A.: Mitt. Forsch.-Inst. Verein. Stahlwerke A.-G. Dortmund, 2. Lieferung Bd. 5 (1931)

[*20*] Vgl. DIN 1087, 1088 u. 1090

[*21*] DIN 1089

[*22*] KLASSE, F., u. A. HEINZ: Tonind.-Ztg. Bd. 79 (1955) S. 296/302

[*23*] SALMANG, H.: Z. angew. Chem. Bd. 44 (1931) S. 908/12

[*24*] SNOW, R. B.: J. Amer. ceram. Soc. Bd. 26 (1943) S. 11/22, verändert nach GLASER, O.: Zbl. Mineralog. Geol. Paläontol. Abt. A (1926) S. 81/96 u. DOERINCKEL, F.: Metallurgie Bd. 8 (1911) S. 201

[*25*] HARTMANN, F.: Stahl u. Eisen Bd. 57 (1937) S. 1017

[*26*] BARTSCH, O.: Glastechn. Ber. Bd. 4 (1926/27) S. 260; s. auch TURNER, W. E. S.: J. Soc. Glass Technol. Bd. 1 (1923) S. 207

[*27*] BUDNIKOW, P. P.: Feuerfest Bd. 5 (1929) S. 181

[*28*] CLEWS, F. H., A. GREEN u. A. T. GREEN: Trans. Brit. ceram. Soc. Bd. 34 (1935) S. 46; Bd. 36 (1937) S. 217, 225; Bd. 39 (1940) S. 124, 136, 289, 297 u. 304; Bd. 40 (1941) S. 415 u. Bd. 42 (1943) S. 209

[*29*] BARRETT, L. R., F. H. CLEWS u. A. T. GREEN: Trans. Brit. ceram. Soc. Bd. 43 (1944) S. 155 u. 170

[*30*] SKOLA, V.: Ber. DKG. Bd. 12 (1931) S. 136

[*31*] BARRETT, L. R., F. H. CLEWS u. A. T. GREEN: Trans. Brit. ceram. Soc. Bd. 41 (1942) S. 191 u. Bd. 43 (1944) S. 179

[*31a*] CANNERI, C.: Ga. 77 chim. ital. Bd. 58 (1928) S. 6

[*31b*] MOROSOW: Metallurgist (russ.) Bd. 13 (1938) S. 21

[*31c*] KONOPICKY, K.: Brennstoff-Chemie, Bd. 36 (1955) S. 151/55

[*32*] NESBITT, C. E., u. M. L. BELL: Brick Clay Rec. Bd. 62 (1923) S. 1042

[*33*] HEUER, R. P.: J. Amer. ceram. Soc. Bd. 12 (1929) S. 30

[*34*] HUGILL, W., H. ELLERTON u. A. T. GREEN: Trans. Brit. ceram. Soc. Bd. 32 (1933) S. 533 u. Bd. 37 (1938) S. 1 u. 12

[*35*] OSANN, B.: Stahl u. Eisen Bd. 27 (1907) S. 1626

[*36*] ROUDEN, E., u. A. T. GREEN: Trans. Brit. ceram. Soc. Bd. 37 (1938) S. 75; Bd. 38 (1939) S. 418 u. Bd. 43 (1944) S. 105

[*37*] SALMANG, H.: Z. angew. Chem. Bd. 44 (1931) S. 908/12. — SALMANG, H., u. F. SCHICK: Arch. Eisenhüttenwes. Bd. 4 (1930/31) S. 229. — SALMANG, H., u. J. KALTENBACH: Feuerfest Bd. 7 (1931) S. 161

[*38*] Mitteilung von Dr. F. KLASSE, Didier-Werke, Wiesbaden

[*39*] MIEHR, W., J. KRATZERT u. P. KOCH: Tonind.-Ztg. Bd. 54 (1930) S. 928

[*40*] HARTMANN, F.: Werkstoffausschußber. VDEh. Nr. 81 (1925)

[*41*] KONOPICKY, K.: Stahl u. Eisen Bd. 74 (1954) S. 943/47

[*42*] DE VOOGD, J. G.: Het Gas (1935) S. 443/52

[*43*] Baumarkt Bd. 40 (1941) S. 5/6

[*44*] BUDNIKOW, P. P.: Technologie der Keram. Erzeugnisse, S. 383. Berlin: Technik 1953

[*45*] PIROGOW, A. P.: Ogneupory Bd. 15 (1950) S. 29/38

[*46*] CLEWS, F. H., H. BOOTH u. A. T. GREEN: Inst. Gas Engin. 26 Report Refr. Mater. Joint. Committee, S. 69/80. London 1935; Bull. Brit. Refr. Res. Assoc. (1935) Nr. 38

3.5 Beanspruchung an den Hauptverwendungsstellen

3.51 In Feuerungen

Die Einmauerungen von Dampfkesseln dienen zur Herstellung eines geschlossenen Feuerraumes, um Verbrennung und Wärmeübergang lenken zu können, andererseits Wärmeverluste auf ein Mindestmaß zu beschränken.

3.511 Das Mauerwerk

Sein Bau wurde früher in *Schwerbauweise* ausgeführt, bei welcher das feuerfeste Mauerwerk ohne Kühlung der Einwirkung von Flammen und Schlacken ausgesetzt ist, daher zwecks Vermeidung von Wärmeverlusten eine große Wandstärke besitzen muß (Abb. 423a). In neuerer Zeit wird die *Leichtbauweise* bevorzugt. Das Mauerwerk ist dabei durch eine dichte Berohrung vor direkter Hitze- und Schlackeneinwirkung geschützt und besteht praktisch nur aus einer dünnen, aber wirksamen Wärmeisolierschicht (Abb. 423c). Zwischen beiden Typen gibt es Übergänge mit einer schützenden Berohrung und verminderter Wandstärke der feuerfesten Schichten (Abb. 423b) [1].

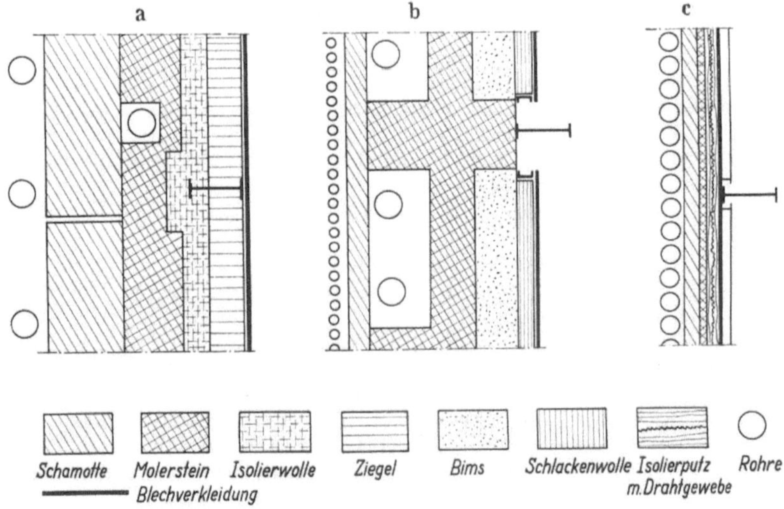

Abb. 423a bis c. Brennkammerwände von Kesselfeuerungen (nach R. RASCH)
a) Schwerbauweise;   b) Zwischenform;   c) Leichtbauweise

Als feuerfester Wandbaustoff für die Schwerbauweise hat sich der Schamottestein wegen seiner guten Temperaturwechselbeständigkeit und relativ kleinen Wärmeleitfähigkeit bewährt, er wird auch verhältnismäßig wenig durch die meist kieselsäurereichen Aschen und Flugstäube angegriffen. Die Steinsorte des Einzelfalles richtet sich nach der Temperatur der Betriebsstelle und der Stärke der mechanischen Beanspruchung. Im allgemeinen besteht folgende Zuordnung:

        Betriebstemperatur von 1400° C .... A 0-Steine
        Betriebstemperatur von 1350 bis 1400° C ... A I-Spezialsteine
        Betriebstemperatur von 1300 bis 1350° C ... A I-Steine
        Betriebstemperatur von 1250 bis 1300° C ... A II-Steine
        Betriebstemperatur von 1200 bis 1250° C ... A III-Steine

Bei höheren Temperaturen als 1400° C, wie sie vor allem in Ölfeuerungen auftreten, oder wenn stärker aggressive Schlacken auftreten, sind hochtonerdehaltige Sondersteine vorzuziehen (vgl. Abschn. 4.3). Diese werden auch allgemein als Brennersteine benutzt.

Alle A-Schamottesteine schwinden bei längerer Betriebsdauer nach, selbst dann, wenn bei Raumbeständigkeitsprüfungen nach DIN 1066 keine nennenswerten Volumenänderungen festgestellt wurden. Die Nachschwindung läßt sich vermindern oder ganz vermeiden durch Verwendung von Quarzschamottesteinen (B-Qualitäten). Diese haben sich besonders in Kesselanlagen mit Vorfeuerungen für Rohbraunkohle bewährt.

Hohem Abrieb unterliegende Wandteile werden in Hartschamottequalität ausgeführt. Beispiele dafür sind Feuerbrücken in handbeschickten Feuerungen, Seitenmauerwerke an nach Art der Schmiedefeuer arbeitenden Unterschubfeuerungen oder an Wanderrostfeuerungen mit einem am Mauerwerk vorbeistreichenden Glühbett.

Zur Auskleidung von Schmelzkammern, in welchen die Flugasche in Form von flüssiger Schlacke abgeschieden wird, eignen sich Schamottesteine nicht. In diesem Sonderfall haben sich Siliziumkarbid- oder Chromerzmassen besser bewährt (vgl. Abschn. 6.63 u. 5.515).

Für die Ausmauerung der Züge und Rauchkanäle genügen meist Schiefertonsteine mit einem Kegelfallpunkt von SK 8 bis 10. Da die Rauchgase SO_3 enthalten, muß man darauf achten, daß die verwandten Steine kalkfrei sind, sonst können sie unter Gipsbildung zerstört werden.

Im Rauchkanal eines Tiefofens wurde eine aus Ferrosulfat bestehende, tropfsteinähnliche Masse mit einem leuchtendroten, klebrigen Überzug beobachtet. Das Ferrosulfat hatte sich aus den Eisenoxyden des Flugstaubes und dem Schwefelgehalt des Abgases gebildet. Bei höheren Temperaturen zersetzte es sich unter Oxydation zu rauchender Schwefelsäure und Ferrioxyd, das letztere rief die rote Farbe hervor.

Bei der Schwerbauweise kann sich das Schamottemauerwerk durch die einseitige Erwärmung von der Hintermauerung lösen und sich in den Feuerraum hinein ausdehnen. Um dies zu vermeiden, verankert man die Schamotteschicht durch horizontal im feuerfesten Mauerwerk und der Hintermauerung eingebaute Schamotteplatten. Hohe Wände werden auf diese Weise in einzelne Schüsse von etwa 5 m Höhe aufgeteilt.

Im Mauerwerk werden etwa 3 mm breite Dehnfugen in Abständen von 2 bis 3 m vorgesehen, sie werden zum Schutz gegen Falschlufteintritt mit Asbestschnüren oder Schlackenwolle abgedichtet [2]. Die Dehnfugen sollen eine Ausdehnung des Mauerwerkes um 1% gestatten. Richtige Verankerung und Entlastung können die Eigenbewegungen im Mauerwerk so leiten, daß sich die Dehnfugen im Betrieb schließen.

3.512 Hängedecken

Da Feuerräume mit großer Rostbreite nicht mehr durch frei tragende Gewölbe überdeckt werden konnten, wurden Hängedecken entwickelt. Bei ihnen werden die einzelnen Steine mittels Halteeisen an Trägern befestigt oder unmittelbar auf Halteschienen aufgezogen. Die Hängedeckensteine stehen nicht wie im Gewölbe unter Spannung und neigen daher weniger zum Abplatzen. Sie wurden ursprünglich in Doppellagen gebaut, wegen der besseren Kühlung ist man jedoch allgemein zu Einfachdecken übergegangen.

Zur Vereinheitlichung der zahlreichen Konstruktionen sind die Hängedeckensteine genormt worden [3]. Ihre Normung umfaßt 2 Systeme, nämlich

1. eine Hängedecke mit Steinen, die mittels Klammern befestigt sind,

2. eine Hängedecke nach dem Dreiblocksystem, deren Steine in Schienen hängen.

Für Krümmungen sind Steine mit 400, 500, 600 und 900 mm Krümmungsradius vorgesehen.

Neben den Einheitsformaten sind auch Spezialkonstruktionen im Gebrauch, von denen sich u. a. die Detrick-Decke (Abb. 424a) und die Karrena-Decke (Abb. 424b) bewährt haben [1]. Die Detrick-Decke besitzt keramische, also nicht verzundernde Aufhängekörper. Die gerippte Oberfläche der Steine gewährleistet eine gute Fugenabdichtung. Bei der Karrena-Decke wird die Dichtung durch winklige Form der Fugen erreicht. Abb. 425 zeigt eine moderne, in Schwerbauweise ausgeführte Kesselfeuerung mit Hängedecken.

Für Deckensteine werden vielfach grobkörnige Schamottequalitäten mit erhöhter Porosität (bis 32%), niedriger Kaltdruckfestigkeit und geringer Schwindung verwandt [4]. Diese Sorten zeichnen sich durch besonders hohe Temperaturwechselbeständigkeit aus. In vielen Fällen, besonders

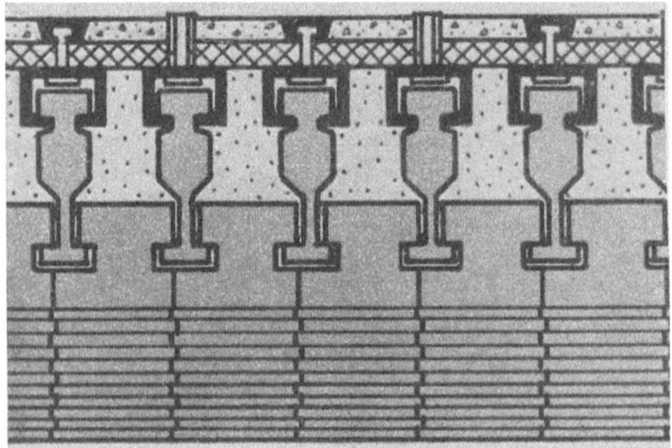

a

b

Abb. 424a u. b. Hängedecken
a) Bauart Detrick (schematisch);   b) Bauart Karrena

in Feuerräumen und Öfen mit hohem Flugstaubanfall bewähren sich jedoch dichte und feste Hartschamottequalitäten mit etwa 20 bis 22% Porosität besser, weil sie dem Eindringen des Flugstaubes größeren Widerstand entgegensetzen [5].

3.513 Schlacken- und Flugstaubeinwirkungen

Die Flugstäube bestehen im wesentlichen aus den Aschen der Brennstoffe, sie enthalten Kieselsäure und Tonerde sowie als Flußmittel wechselnde Mengen von Alkalien, Eisenoxyden, Kalk und Schwefel, Ölaschen daneben auch Vana-

---

[1] Die Abb. 424a u. b verdanken wir der liebenswürdigen Vermittlung von Herrn Dipl.-Ing. E. Raulf, Techn. Überwachungsverein, Essen.

dinpentoxyd. In Tab. 102 sind die Grenzwerte einiger Brennstoffe verschiedener Herkunft zusammengestellt.

Die *Steinkohlenaschen* sind sämtlich auf Tonbasis aufgebaut, sie bestehen, ähnlich wie die Schamottesteine, überwiegend aus Kieselsäure und Tonerde. Der Kalkgehalt ist ge-

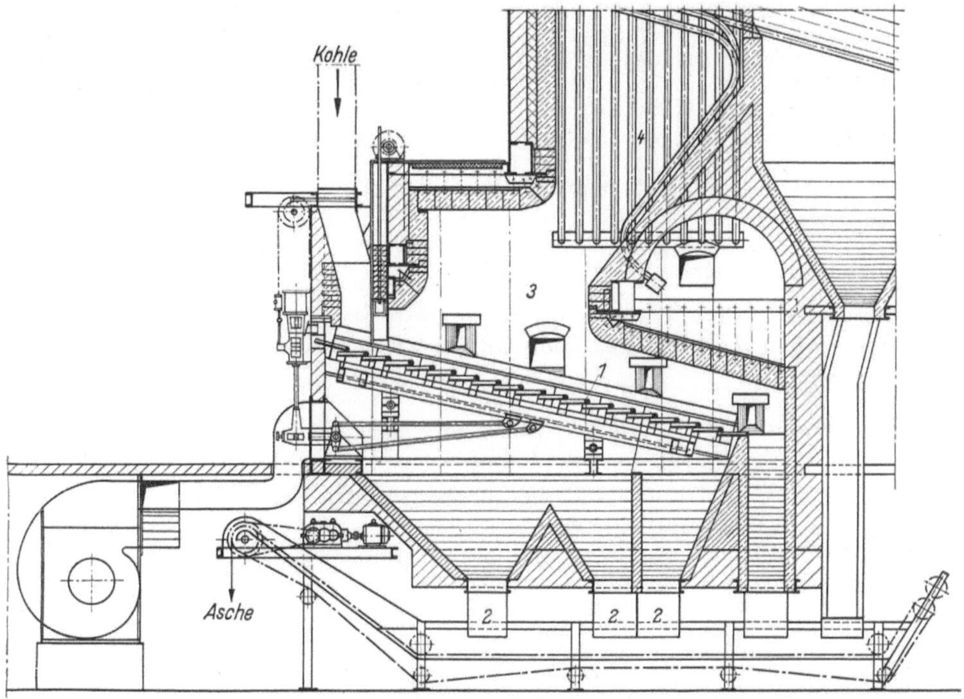

Abb. 425. Kesselfeuerung in Schwerbauweise mit Gegenschubrost für Braunkohle der Fa. Keller, Leverkusen
1 Rost;   *2* Aschentrichter;   *3* Verbrennungskammer;   *4* Strahlungsteil mit berohrten Wänden

legentlich hoch und drückt dann den Erweichungspunkt herab. Dieser schwankt zwischen 1200 und 1600° C, manche Steinkohlenaschen (vor allem amerikanische) sind also feuerfeste Stoffe. Der Schwefelgehalt ist mäßig.

Tabelle 102. *Grenzwerte von Aschenanalysen verschiedener Brennstoffe in %*

	SiO_2	Al_2O_3	TiO_2	Fe_2O_3	CaO	MgO	Alkalien	SO_3	V_2O_5	NiO
Steinkohlen										
Deutschland	32—43	27—37	—	12—27	2—9	1—4	1—6 (vorw. K_2O)	0,5—9 (selten)	—	—
England ...	25—50	20—40	0—3	2—30	1—10	0,5—5	1—6	1—12	—	—
USA	20—60	10—35	0,5—2,5	5—35	1—20	0,5—4	1—4	0,1—12	—	—
Braunkohlen										
Deutschland	8—50	5—30	0,3—3	2—8	3—30	0,1—6	2—4	0—40	—	—
Heizöle										
Amerika ...	2—8	0,1—4	0—0,3	0,3—10	0,1—7	0,5—7	9—28 (vorw. Na_2O)	13—46	7—65	2—11

Braunkohlenaschen zeichnen sich meist durch hohen Kalk- und Schwefelgehalt (von Pyrit) aus, sie erweichen bei niedrigeren Temperaturen und sind aggressiver als die Steinkohlenaschen.

Ganz anders sind die *Heizölaschen* aufgebaut. Ihre Hauptbestandteile sind Vanadinpentoxyd, Schwefeloxyde, Alkalien und Nickeloxyd. Kieselsäure und Tonerde spielen daneben eine untergeordnete Rolle. Der V_2O_5-Gehalt ist bei nordamerikanischen Ölaschen gering, bei den Aschen von Mittelost-Ölen mittelhoch, von Venezuela-Ölen sehr groß (bis 80%). Die deutschen Öle enthalten meist sehr wenig V_2O_5. Häufig, aber nicht immer, sind vanadiumreiche Ölaschen auch reich an Schwefel. Das Natriumoxyd rührt z. T. von Verschmutzungen durch Seewasser her, weil die Tanker bei Leerfrachten Wasserballast nehmen. Ölaschen schmelzen bei sehr niedrigen Temperaturen und sind äußerst aggressiv.

Steinkohlenaschen bilden meist *Ansätze* oder harte Krusten auf den Schamottesteinen, die zur Verschmutzung der Feuerräume beitragen und nach Möglichkeit entfernt werden. Im Bereich niedriger Temperaturen, z. B. in Abgaskanälen, sind die Ansätze reich an Natriumsulfat, Alaun, Kalziumsulfat oder Eisen(3)-sulfat. Diese Verbindung zerfällt allerdings oberhalb 500° C in Fe_2O_3 und SO_3. In den verschiedenen Temperaturbereichen sind folgende Verbindungen zu erwarten:

400 bis   600° C Alaun, Alkali-Eisensulfate, Alkaliphosphate, Kalzium- und
                 Magnesiumsulfate und -phosphate, Silikate
600 bis   800° C Kalzium- und Magnesiumsulfate und -phosphate (zurücktretend), Silikate
800 bis 1000° C Kalzium- und Magnesiumsulfate (zurücktretend), Silikate
   > 1000° C Silikate.

Die Ansatzbildung soll nach W. GUMZ, H. KIRSCH u. M.-T. MACKOWSKY [5a] durch leicht haftende, feinstkörnige Sublimate, wie z. B. SiO-Dampf (vgl. Abschnitt 2.116), begünstigt werden. Braunkohlenaschen können neben einer Ansatzbildung auch merkliche Korrosionen hervorrufen.

Ölaschen korrodieren Schamottesteine meist so stark, daß diese in Kesselfeuerungen nicht verwandt werden können. An ihrer Stelle verwendet man hochtonerdehaltige Steine und Massen oder Zirkonsteine (vgl. Abschn. 4.3 bis 4.5). Im Strahlungsteil der Kessel überwiegt der Angriff durch das V_2O_5, es wurden stark doppelbrechende Kristallnadeln aus Vanadium-Natriumoxyd- Mischkristallen (Schmelzp. ~ 600° C) beobachtet [5a]. In den kälteren Teilen (Konvektionsteil, Ekonomiser, Luftvorwärmer) bilden sich Infiltrate oder Ansätze vorwiegend aus Sulfaten und Eisenoxyden. Im Bereich hoher Gas- und niedriger Wandtemperaturen entsteht u. a. das emailleartige, komplexe Sulfat $Na_3Fe \cdot (SO_4)_3$, bei niedrigen Gastemperaturen Eisen(2)- und Eisen(3)-sulfat.

Um die starke Korrosionswirkung der Ölasche herabzusetzen, fügt man dem Öl Zusätze, sog. *Additive*, zu. Als solche dienen MgO, Dolomit, ZnO, Vermikulit, Al_2O_3, Kieselgur u. a. in Korngrößen von max. 1 μ.

3.52 In Glühöfen, Stoßöfen und Krupp-Rennanlagen

Wand- und Deckenmauerwerk von Glüh- und Stoßöfen werden nach den gleichen Prinzipien erstellt wie dasjenige von Feuerungen nach der Schwerbauweise. Kleinere Öfen besitzen Gewölbe, größere Hängedecken.

Um eine allseitige, gleichmäßige Erwärmung des Einsatzgutes zu ermöglichen, haben moderne Stoßöfen keine durchgehenden Herde. In der Vorwärmzone liegt das Gut auf wassergekühlten Gleitschienen aus Stahlrohren, es wird dort von oben und unten beheizt.

Abb. 426. Wand aus A I-Steinen in einem Stoßofen nach 2jährigem Betrieb

Lediglich in der Ausgleichzone ist ein Herd meist mit nicht gekühlten Gleitbrammen aus feuerfestem Stahl vorhanden.

Wegen des starken Angriffes durch metalloxydreiche Flugstäube bei Betriebstemperaturen oberhalb 1250° C werden für die eigentliche Glühzone von

Abb. 427. Schwindungserscheinungen an der Zwischenwand zwischen 2 Tieföfen aus A II-Steinen

Stoßöfen Silikasteine oder hochtonerdehaltige Baustoffe (vgl. Abschn. 2.53 bzw. 4.3) vorgezogen und Schamottesteine lediglich in den Vorwärmzonen eingebaut. Die Herde werden aus Magnesiasteinen, Chromerzmassen oder Forsteritsteinen erstellt (vgl. Abschn. 5.64).

Im Betrieb lockert die durch die erhöhte Flußmittelwirkung infiltrierter Flugstaubbestandteile vermehrte Schwindung (vgl. Abschn. 3.449) den Verband des Mauerwerkes, dabei werden Wände und Gewölbe undicht. Abb. 426 zeigt als Beispiel die Wand eines

Stoßofens aus A I-Steinen nach 2 jährigem Betrieb. Eine in Abb. 427 wiedergegebene, mit A II-Steinen ausgefüllte Zwischenwand zwischen 2 Tieföfen ist infolge von Schwindungserscheinungen beträchtlich abgesunken, was zu betrieblichen Störungen führte.

Abb. 428. Sandrinnenstein in Hartschamotte A I-Qualität aus einem Tiefofen. Rißbildung infolge Schwindung infiltrierter Steinschichten

Den Einfluß der Infiltration eisenoxydreicher Flugstäube auf die Schwindung sogar von hochwertigen Hartschamottesteinen zeigen die Abb. 428 u. 429. In ihnen sind ein Sandrinnenstein (Abb. 428) und ein Deckel in Hängekonstruktion (Abb. 429) aus einem bei 1300 bis 1350° C betriebenen Tiefofen dargestellt. Die durch die starke Schwindung hervorgerufene Kontraktion der infiltrierten Zone des Sandrinnensteines führte zur Entstehung von kräftigen Rissen an der nichtinfiltrierten Seite des Steines. Die Deckelsteine sind an der heißen Seite geschwunden und haben sich teilweise aus ihrer Halterung gelöst.

Die geschilderten, nur bei Dauerbeanspruchung auftretenden Folgen von Schlackeninfiltrationen sind durch Verschlackungsversuche nicht feststellbar.

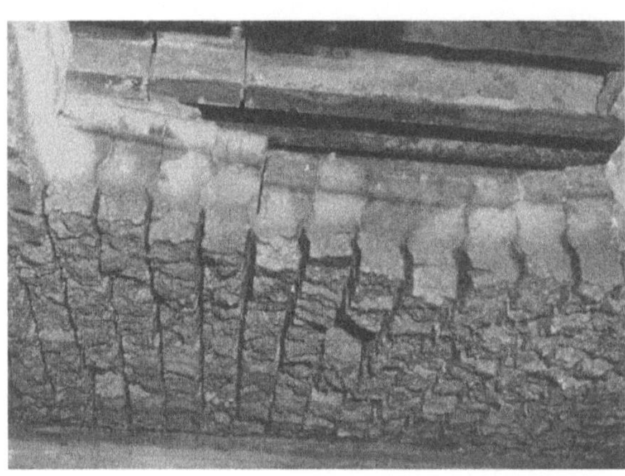

Abb. 429. Deckel eines Tiefofens aus A 0-Hartschamottesteinen nach einer Betriebszeit von 26 Monaten

Sie beruhen auf der erhöhten Bildung eutektischer, relativ zähflüssiger Schmelzen im Stein.

Wegen ihrer geringeren Neigung zum Schwinden werden statt der A-Qualitäten bei niedrigeren Betriebstemperaturen häufig B-Steine, bei höheren Silikasteine in Glüh- und Stoßöfen verwandt.

In den *Krupp-Rennanlagen* zur Vorreduktion kieselsaurer Erze treten sehr dünnflüssige, eisensilikatische Schlacken auf, welche das Wandmauerwerk stark korrodieren. Vor dem Kriege stellte man diese Anlagen mit Krummendorfer Quarzschiefern zu (vgl. Abschn. 2.212). Da diese nicht mehr erhältlich sind, verwendet man jetzt saure Schamottesteine mit ∼20% Al_2O_3. Ihre Haltbarkeit ist mäßig. Besser dürften sich hochtonerdehaltige Steine bewähren.

3.53 In Kupolöfen

Bis vor kurzer Zeit wurden Kupolöfen überwiegend mit B-Steinen ausgemauert, sofern keine Natursteine aus Krummendorfer Quarzschiefern (vgl. Abschnitt 2.212) zur Verfügung standen, die sich auch für diesen Zweck besonders eignen. Die Betriebstemperatur der Kupolöfen liegt über dem ta-Wert der halbsauren Steine, so daß die ofenwärts gerichtete Ofenfläche ständig zähflüssig ist. Wegen des großen Temperaturgefälles in der Wand bleiben die Steine jedoch standfest.

Die Kupolofenschlacke enthält 1 bis 25% Eisenoxyde, vorwiegend in Form von FeO. Der zur Entschwefelung zugesetzte Kalk drückt den FeO-Gehalt herab, dafür wird aber der CaO-Gehalt stark erhöht [6]. Er schwankt zwischen 20 und 55%. Neben FeO und CaO kommen noch Manganoxyde oder -sulfide in wechselnden Mengen vor. Einer derart aggressiven Schlacke leisten auch halbsaure Schamottesteine nur kurze Zeit Widerstand. In der Schlackenzone der Kupolöfen bilden sich daher sehr bald Aushöhlungen. Sie müssen laufend mit quarzreichen Flickmassen ausgebessert werden [7]. In vielen Kupolöfen ist tägliche Reparatur der feuerfesten Zustellung erforderlich.

W. J. REES [8] hat festgestellt, daß die Schlacken besonders stark an den Fugen angreifen. Man muß daher auf gute Maßhaltigkeit der Steine Wert legen, außerdem soll der Mörtel viel Magerungsmittel besitzen, damit er beim Anheizen des Ofens in den Fugen nicht schwindet. Der gleiche Autor konnte auch die Überlegenheit halbsaurer Schamottesteine im Kupolofen gegenüber tonerdereichen nachweisen. Nach J. ROBITSCHEK [9] erzielt man durch Verwendung tonerdereicher Schamottesteine bei überlasteten Öfen mit Leistungen von etwa 40 t Guß in 8 Stunden keinerlei Ersparnisse an Feuerfestmaterial. Auch Quarzschamottesteine mit an sich guter Schlackenbeständigkeit werden im Betrieb rasch zerstört, wenn man sie in Form sehr großer Radialsteine verwendet, die bei Temperaturwechseln der Quarzumwandlung wegen leicht reißen.

Neuerdings nimmt man in der Schmelz- und Schlackenzone von Kupolöfen, hauptsächlich von Heißwindkupolöfen, in wachsendem Umfang Dolomit- oder Kohlenstoffsteine an Stelle von halbsauren Steinen oder sauren Stampfmassen (vgl. Abschn. 5.723 u. 6.42). Lediglich die oberen Teile des Schachtes werden wie bisher ausschließlich mit halbsauren Schamottesteinen zugestellt.

3.54 In Koksöfen und Gaserzeugern

3.541 Koksöfen

Die für Koksöfen bestimmten Quarzschamottesteine wurden in der DIN 1089 (1932) in Gruppe D für den Oberofen (mindestens 75% SiO_2 und Segerkegel 29), Gruppe E für den Unterofen (Segerkegel 28, ohne Angabe des SiO_2-Gehaltes), Gruppe F für niedrig beanspruchte Teile, wie Decken-, Gittersteine, Rauchkanäle (Segerkegel 27) sowie Gruppe G für Türen eingeteilt. Für Gruppe G wurden nur genügende mechanische Festigkeit und gute Temperaturwechselbeständigkeit verlangt.

Die später (1944) vereinbarte Einteilung sieht nur noch die Klassen E 1 mit einem SiO_2-Gehalt von 75 bis 80% und SK 29, sowie E 2 mit einem SiO_2-Gehalt von 70 bis 75% und SK 28 vor (vgl. auch Tab. 93). Diese vereinfachte Gliederung wurde bei einer Neuauflage der DIN 1089 im Prinzip beibehalten, es wurden jedoch für die Qualität E 1 $ta = 1370°$ C und $te = 1450°$ C und für E 2 $ta = 1350°$ C und $te = 1450°$ C gefordert (vgl. Abschn. 3.43).

Von den Gittersteinen für den hochbeanspruchten Teil von Koksofenregeneratoren wird lediglich ein Kegelfallpunkt von mindestens SK 29, von denjenigen für weniger beanspruchte Teile ein solcher von SK 28 verlangt, über die Qualität der Türsteine bestehen keine Vorschriften.

In der Praxis wird sogar häufig auf die Unterscheidung von E 1- und E 2-Steinen verzichtet, man verwendet dann eine einheitliche, dem E 1-Stein entsprechende hochsaure Qualität.

Über Bau, Anheizen und Betrieb von Koksofenbatterien wurde bereits in Abschn. 2.55 berichtet, da die Kammerwände heute ausschließlich aus Silikasteinen erstellt werden.

Die aus dem Gichtstaub stammenden Alkalien und Eisenoxyde dringen von der Gasseite her längs den Poren in die Kammersteine ein. Bei Quarzschamottesteinen treten dabei keine

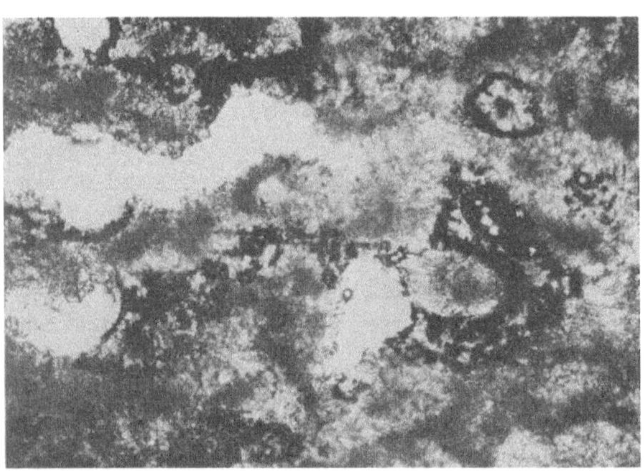

Abb. 430. Schmelzherde aus braun gefärbtem Glas mit Eisenoxydausscheidungen am Rand in einem Quarzschamottestein nahe der Gasseite einer Kokskammer. Dünnschliff (Vergr. 60 ×)

Schwindungen ein wie bei A-Steinen, vielmehr bilden sich Schmelzherde, die nach ihrem Abkühlen aus braun gefärbtem Glas bestehen und an ihren Rändern Eisenoxydausscheidungen haben (Abb. 430). In heißen, d. h. oberflächennahen Zonen fließen die Schmelzen im Laufe der Zeit aus diesen Herden aus, dabei entstehen große Poren und Löcher. Das Gerüst aus Quarzkörnern schützt den Stein vor dem Schwinden. Er erhält an der Gasseite folgende Zonengliederung (Abb. 431):

1. löchrige gebleichte Zone (etwa 10 mm dick) mit wenig Eisenoxyd und Alkalien,

2. löchrige braun gefärbte Zone (10 bis 15 mm dick) mit teilweise ausgelaufenen Schmelzherden,

3. braun gefärbte, relativ dichte Zone (10 bis 15 mm dick) mit zahlreichen Schmelzherden und erhöhtem Eisenoxydgehalt,

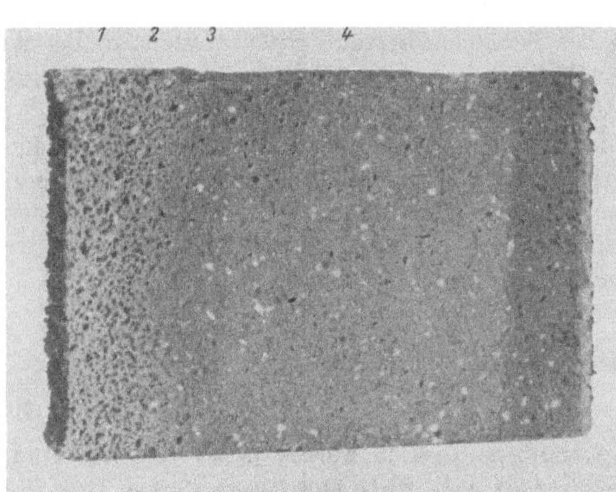

Abb. 431. Quarzschamottestein aus den Gaszügen einer Koksofenbatterie. Der Stein hat beiderseits unter Gaseinwirkung gestanden

4. wenig veränderter Stein mit in der Entwicklung begriffenen Schmelzherden.

Die Oberfläche der Gaszüge ist gewöhnlich mit einer Lage braun gefärbter, glasiger Körner bedeckt (in Abb. 431 am linken Außenrand des Steines), ihr Tonerdegehalt ist wesentlich höher als derjenige des unverschlackten Steines

(31,84% Al_2O_3 gegenüber 18,93% Al_2O_3). Man muß annehmen, daß ein Teil der Kieselsäure unter Einwirkung der Flammengase zu Siliziummonoxyd reduziert wurde und dann verdampfte. An anderen Stellen der Züge, vorwiegend ihren Ecken, fand sich ein weißer zu etwa 84% aus SiO_2 bestehender Ansatz. Er dürfte die von der Schamottesteinoberfläche stammende Kieselsäure enthalten.

Während die Gasseite vornehmlich thermisch beansprucht wird, chemisch nur in den beschriebenen örtlichen Ausschmelzungen, überwiegt für die Koksseite der chemische Einfluß. Unter ihm schmilzt das Schamottematerial – besonders in Kammermitte – flächenhaft ab, es kommt dabei in der Nähe der Steinoberflächen zu ähnlichen Lochbildungen wie an der Gasseite. Abb. 432

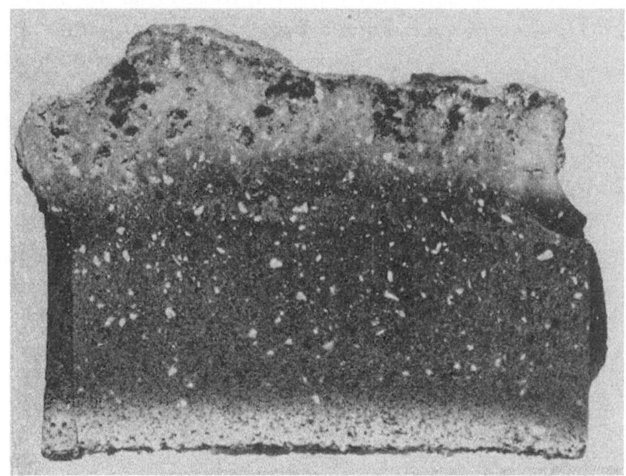

Abb. 432. Kammerwandstein aus Quarzschamotte, durch Abschmelzung von der Koksseite her auf die Hälfte seiner ursprünglichen Dicke reduziert
Oben: Koksseite; unten: Gasseite

zeigt einen auf die Hälfte seiner ursprünglichen Dicke abgeschmolzenen Stein. Die Zone an der Oberfläche ist in ihrer Zusammensetzung gegenüber dem ursprünglichen Stein kaum verändert, da alle Teile des Steines, die Schlackenmaterial aufgenommen haben, bereits abgeflossen sind.

3.542 Gaserzeuger

Gaserzeuger werden im allgemeinen mit A I- und A II-Steinen zugestellt, in ihnen muß mit Gasinfiltrationen und chemischer Beeinflussung durch Kohlenasche gerechnet werden. Wegen starken mechanischen Verschleißes, besonders beim Arbeiten mit der Schlackenstange, sollen die Gaserzeugersteine große Festigkeit besitzen. Sie werden daher mit hohem Feinkorngehalt hergestellt. Steine mit Schichttexturen (vgl. Abschn. 3.37) neigen in Gaserzeugern zum Auftreiben, dabei entstehen dann charakeristische, kreisförmige Risse [10]. Ungleichmäßige Betriebsweise führt zu örtlichen Überhitzungen und Schlackenansätzen, beide setzen die Lebensdauer des Feuerfestmaterials herab.

3.55 Vergießwerkstoffe im Stahlwerk

Beim Vergießen des Stahles über die Pfanne werden überwiegend Schamotte-erzeugnisse benutzt. Die Pfanne selbst enthält an feuerfesten Baustoffen (Abbildung 433):

1. Pfannensteine; 2. Stopfenstangenrohre; 3. Stopfen; 4. Ausgüsse.

Erfolgt der Guß über Gespann, d. h. steigend, kommen dazu:

5. Trichterhauben; 6. Trichterrohre; 7. Königsteine; 8. Kanalsteine.

Der Stahl läuft in diesem Fall vom Pfannenausguß in die Trichterhaube und weiter durch die Trichterrohre in den Königstein, dieser verteilt den Fluß auf die verschiedenen Kanalstränge. Die jeweils letzten Kanalsteine sind als End-steine ausgebildet, sie besitzen ein Steigloch, durch das der flüssige Stahl in die Kokille gelangt. Die Steinsorten 5 bis 8 werden in dem Sammelbegriff *Unterguß-steine* zusammengefaßt. Alle Ver-gießwerkstoffe – mit einziger Aus-nahme der Pfannensteine – können nur einmal benutzt werden. Die Pfanne selber soll aber möglichst viele Güsse überstehen, die Pfan-nensteine müssen daher eine beson-ders gute Haltbarkeit besitzen.

Der Verbrauch an Vergieß-material ist demgemäß wesentlich höher als der sonstiger feuerfester Erzeugnisse.

Nach einer Berechnung von L. Pom-pei [11] werden in einem italienischen Martinwerk pro Tonne zu erschmelzen-den Stahles nachstehende Mengen an Vergießmaterial benötigt:

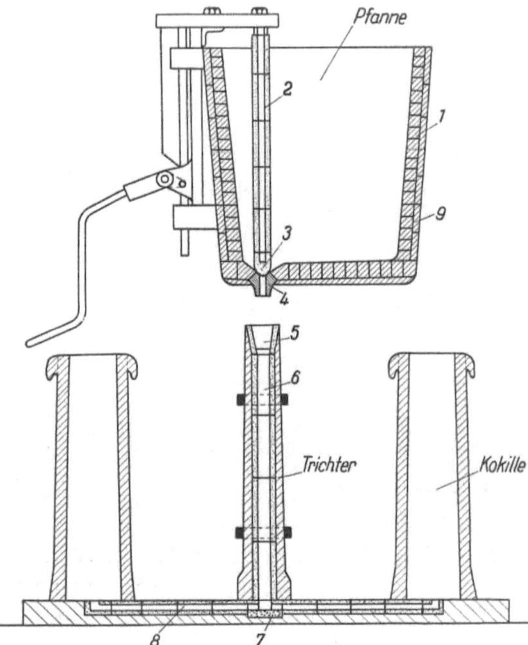

Abb. 433. Feuerfeste Baustoffe beim Gießen von Stahl durch ein Blockgespann
1 Pfannensteine; *2* Stopfenstangenrohre; *3* Stopfen; *4* Ausguß; *5* Trichterhaube; *6* Trichterrohre; *7* König-stein; *8* Kanalsteine; *9* Sandhinterfüllung

Pfannensteine	4,7 kg
Stopfenstangenrohre	1,58 kg
Stopfen und Ausgüsse	0,20 kg
Untergußsteine	17,09 kg
	23,57 kg/t

Nach Schätzungen von K. O. Zim-mer [12] schwankt der Verbrauch an Pfannensteinen bei weichem Stahl und 75 t-Pfannen zwischen 5,7 und 9,7 kg/t Stahl. In England wird mit einem mitt-leren Verbrauch von 10 kg Pfannensteinen pro Tonne gerechnet, in Frankreich mit 4 bis 8 kg bei 25 bis 40 t-Pfannen, während Pfannen mit 50 bis 70 t Inhalt 10 bis 14 kg und solche mit 80 bis 100 t Inhalt sogar 16 kg/t Stahl benötigen [13].

3.551 Pfannensteine

Die modernen Stahlpfannen haben ein Fassungsvermögen bis zu 200 t. Ihre feuerfeste Zustellung besteht aus keilförmigen Steinen mit einer Dicke von 90 bis 250 mm je nach Größe der Pfanne [14]. Der aus dem SM-Ofen in die Pfanne einlaufende Stahl hat eine Temperatur von 1600 bis 1650° C und bleibt $^1/_2$ Std. bis zu $1^1/_4$ Std., in Sonderfällen noch länger, in der Pfanne. Über dem Stahl bildet sich eine *Schlackendecke*, die durch Anpassung des Fassungsvermögens der Pfanne an das Chargengewicht so klein wie möglich gehalten wird. Die Hauptmenge der Schlacke läuft aus der Stahlpfanne sofort in eine besondere Schlackenpfanne. Bei SM-Kippöfen (vgl. Abschn. 2.511) wird die Schlacke vor dem Abstich abgegossen, so daß hier praktisch nur Rohstahl in die Pfanne gelangt.

Die Zusammensetzung der Pfannenschlacke ähnelt der SM-Ofenschlacke, aus der sie durch Aufnahme von Desoxydationsprodukten entsteht. Eine normale basische Pfannenschlacke enthält z. B.:

SiO_2 %	Al_2O_3 %	FeO %	MnO %	CaO %	MgO %
24,55	4,44	10,41	10,49	42,09	5,37

Ihr Kalkgehalt kann zwischen 37 und 47%, der Gehalt an Kieselsäure zwischen 7 und 25% und an Eisenoxydul zwischen 9 und 33% schwanken. Derartige Schlacken wirken bei den hohen Temperaturen in der Pfanne stark lösend auf das Schamottematerial. Wie Abb. 434 zeigt, bilden sich dabei an der Wand horizontale, als *Schlackenstandsmarken* anzusprechende Rillen aus.

Der Angriff durch im Stahl selbst vorhandene Oxyde tritt gegen den der Schlacke zurück, er wechselt in seiner Stärke mit der Stahlqualität. Unberuhigte Schmelzen mit hohen Mangan- und Eisenoxydulgehalten wirken stärker ein als beruhigte. Insbesondere greifen die mit Aluminium beruhigten Feinkornstähle ihres hohen Tonerdegehaltes wegen die Steine nur wenig an.

Stähle mit hohem Mn/Si-Verhältnis können die Kieselsäure der Schamottesteine entsprechend

$$2Mn + SiO_2 = 2MnO + Si$$

reduzieren. Nach F. KÖR-

Abb. 434. Pfannenausmauerung nach dem Gebrauch

BER u. W. OELSEN [15] erfolgt diese Reduktion so lange, bis sich im Stahl ein bestimmtes, vom Kohlenstoffgehalt des Stahles und der Temperatur abhängiges Mn/Si-Verhältnis eingestellt hat (Abb. 435). Die dort angegebenen Gleichgewichtslinien gelten jedoch nur im reinen System Fe–Mn–Si–O. Sind andere Stoffe, wie CaO, Al_2O_3 usw., in dem mit Stahl in Berührung stehenden Stein vorhanden, verschieben sich die Gleichgewichtslinien in Richtung auf kleinere Mn/Si-Verhältnisse, in Wirklichkeit kann dann mehr Kieselsäure reduziert werden, als nach dem Diagramm Abb. 435 zu erwarten ist. Bei aluminiumberuhigten Stählen ist dazu noch mit der reduzierenden Wirkung nicht oxydierten Aluminiums zu rechnen. Welchen Einfluß die Reduktionserscheinungen durch Mn oder Al in der Praxis besitzen, konnte noch nicht festgestellt werden, weil die Pfannen meist für verschiedene Stahlsorten in unregelmäßigem Wechsel benutzt werden. Von C. B. Post u. G. V. Luersen [16] wurde jedoch bestätigt, daß die Zahl der aus feuerfestem Material stammenden Einschlüsse im Stahl bei mit beruhigtem Stahl (0,65 bis 0,9% Mn; 0,2 bis 0,35% Si) beschickten Pfannen mit dem Mn/Si-Verhältnis des Stahles wuchs.

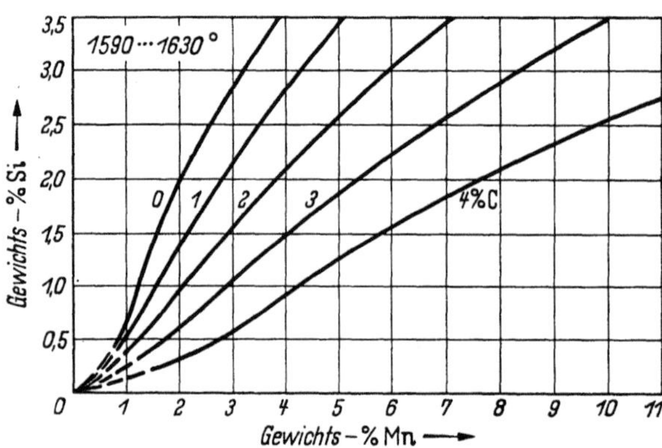

Abb. 435. Gleichgewichtslinien des Mn/Si-Verhältnisses im System Fe–Mn–Si–O für verschiedene Kohlenstoffgehalte bei einer mittleren Temperatur von 1600°C (nach F. Körber u. W. Oelsen)

Nach dem Gebrauch sind die kalten Pfannensteine mit einem dunkel gefärbten, *glasigen Überzug* bedeckt, der meist nur wenige zehntel Millimeter dick ist, örtlich jedoch bis zu einigen Millimetern anschwellen kann.

glänzende, hellgrau gefärbte, stark versinterte Zone von 3 bis 10 mm Stärke. Da die Betriebstemperaturen etwa dem *te*-Wert der Steine entsprechen, teilweise noch merklich darüber hinausgehen, muß man mit Schmelzerscheinungen in Nähe der Berührungsfläche mit dem Stahl auch dort rechnen, wo keine unmittelbare Schlackeneinwirkung vorhanden ist. Häufig kommt es dabei auch zu Aufblähungen. Die stark gesinterte Schicht geht allmählich in den unverschlackten Stein über. Wegen des großen Temperaturgefälles in der Pfannenwand bleibt die Versinterungszone auf einen schmalen Bereich beschränkt.

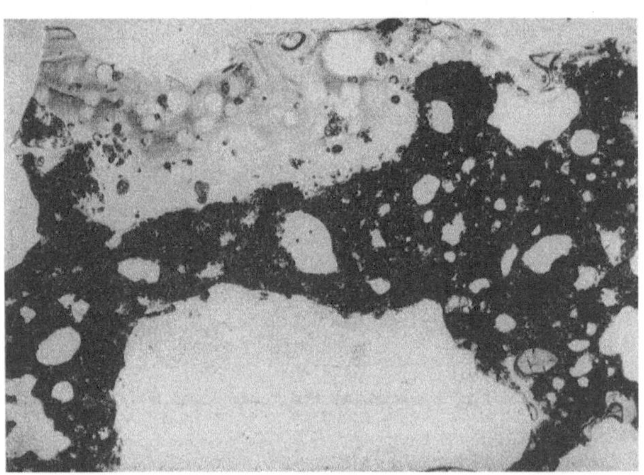

Abb. 436. Verschlackter Pfannenstein. Dünnschliff (Vergr. 7 ×)
Oben: Dunkler, glasiger Überzug mit Schlieren und Gasblasen; unten: stark gesinterte Zone mit Gasblasen (im Dünnschliff dunkel, makroskopisch hellgrau)

Unter dem Mikroskop ist der glasige Überzug farblos oder schwach braun gefärbt. Er besteht aus reinem Glas und enthält häufig kleine Gasblasen und Schlieren (Abb. 436). Ähnliche glasige Substanzen finden sich auch in den größeren Poren nahe der Oberfläche (Abb. 437), dringen aber nicht tiefer in den Stein ein. Sie sind ein Reaktionsprodukt zwischen Stein und Schlacke mit so hoher Zähigkeit, daß es an der Steinoberfläche klebenbleibt, während die weniger viskosen Schlackenteile abfließen. In den Pfannenbodensteinen, deren Oberfläche nach dem Guß langsamer abkühlt als die der Wandsteine, treten an der Grenze Stein-Schlacke häufig Mullitkristalle auf (Abb. 438), so daß ähnliche Bilder entstehen wie bei Verschlackungsversuchen (Abschn. 3.441).

Die Frage nach der optimalen Schamottesteinqualität für die Pfannenausmauerung kann noch nicht endgültig beantwortet werden. Übereinstimmend stellen verschiedene Autoren [12, 13, 17] fest, daß die Porosität einen beträchtlichen Einfluß auf die Pfannenhaltbarkeit ausübt. Dichtere Steine mit meist auch höherer Kaltdruckfestigkeit ergeben bessere Haltbarkeitszahlen. Weiterhin sollen Pfannensteine um so besser halten, je niedriger ihr Tonerdegehalt ist [12].

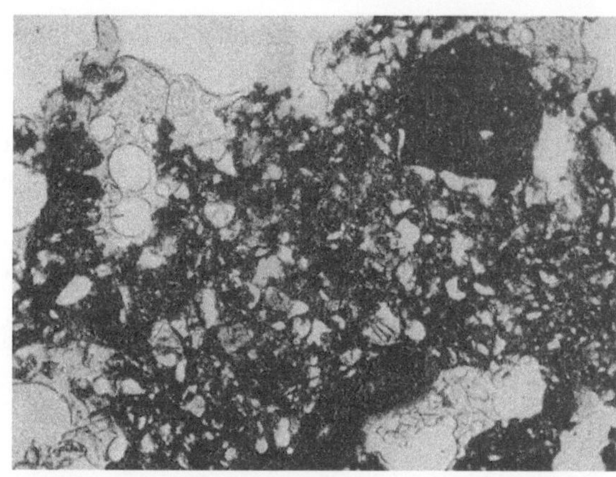

Abb. 437. Verschlackter Pfannenstein. Dünnschliff (Vergr. 20 ×). Glasige Substanz an der Oberfläche und in größeren Poren

G. van Gijn [18] schreibt auf Grund von Betriebsbeobachtungen dem Kornaufbau und der Feuerfestigkeit des Bindemittels den größten Einfluß zu. Von Bedeutung scheint auch die Struktur und vor allem die Korngröße der Quarze im Stein zu sein. Nach K. G. Speith u. K. Kobusch [19] bewähren sich Pfannensteine mit feinen Quarzkörnern besser als solche mit groben.

In einem Stahlwerk ergaben handelsübliche Pfannensteine eine Haltbarkeit von 7 bis 9 Chargen, Glühschamottesteine mit hoher Dichte (10 bis 12 % Porosität) bei einem Tonerdegehalt von 36 bis 38 % eine solche von 12 bis 14 Chargen, saure Glühschamottesteine gleicher Dichte, aber mit nur 24 bis 28 % Al_2O_3 hielten dagegen 16 bis 19 Chargen aus[1].

Offenbar kommt es darauf an, daß sich im Stein rasch eine stark versinterte

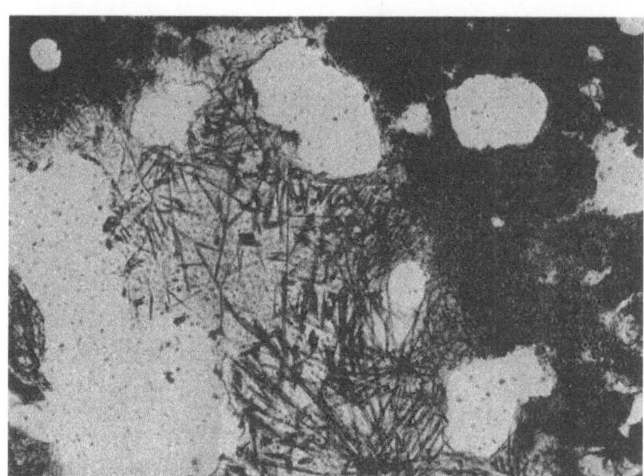

Abb. 438
Verschlackter Pfannenbodenstein. Dünnschliff (Vergr. 60 ×). Mullitkristalle an der Grenze Stein-Schlackenglas

Schicht bildet und ein weiteres Eindringen der Schlacke verhindert. Darauf deutet auch der Erfolg des sog. Dando-Steines in Amerika hin.

---

[1] Mitteilung von Dr. F. Klasse, Didier-Werke, Wiesbaden.

Der Dando-Stein besitzt einen Kegelfallpunkt von SK 16 bis 19, ist also nicht mehr als feuerfest anzusprechen, seine Porosität beträgt maximal 16%, im Mittel 14%. Bereits beim Erhitzen auf 1300° C blähen die Steine thermoplastisch um 15% auf. Dadurch werden die Fugen ausgefüllt, und die Steine verschweißen zu einer monolithischen, bei Betriebstemperaturen kautschukartigen, zähflüssigen Masse, in die weder Stahl noch Schlacke eindringen können.

Pfannensteine müssen auch den *Temperaturschock* beim Einfließen des Stahles in die Pfanne aushalten. Im allgemeinen vertragen sie diese Belastung, ohne abzuplatzen, ihre Abschreckfestigkeit darf jedoch nicht durch zu scharfen Steinbrand verringert werden. In vielen Stahlwerken ist es üblich, die Pfanne nach dem Guß zur Beschleunigung der Abkühlung mit Wasser auszuspritzen. Der Einfluß dieses Verfahrens auf die Haltbarkeit der Pfannenauskleidung wird oft zu hoch eingeschätzt.

Die Pfannensteine müssen nach dem Einbau gut getrocknet werden, Feuchtigkeitsreste können ein Abplatzen der Steine fördern und Wasserstoffblasen im Stahl bilden.

Viele vorzeitige Zerstörungen des Wandmauerwerkes rühren aber auch von schlechter

Abb. 439
Loch in der Pfannenwandung, durch einen „Bär" hervorgerufen

Vermauerung her. Die *Mörtelfugen* müssen so eng wie möglich gehalten werden, deshalb die Forderung nach guter Maßhaltigkeit der Steine. Auch der Mörtelqualität muß man genügende Aufmerksamkeit widmen. Vielfach werden feinkörnige Klebsande, für die besonders stark beanspruchten unteren Ringe auch Zirkonmörtel verwandt. Bei unsachgemäßem Vermauern kann flüssiger Stahl in den Raum zwischen Außen- und Innenfutter gelangen und dort zu sogenannten *Bären* erstarren. Der eingedrungene Stahl kann verstärkte Schmelzerscheinungen an den Schamottesteinen hervorrufen (Abb. 439).

Die Pfannenhaltbarkeit wird merklich größer, wenn man die Schlacke nach Füllen und Entleeren der Pfanne rasch abgießt. Die Pfannenzustellung in basisch arbeitenden SM-Werken wird nach etwa 10 bis 20 Chargen erneuert, in sauer arbeitenden dagegen erst nach 75 und mehr Chargen.

Die Pfannensteine werden neuerdings in steigendem Maße durch gestampften Klebsand verdrängt (vgl. Abschn. 2.63). Bei geringerem Preis halten die Klebsandstampfungen ebensogut wie Steinzustellungen, jedoch ist bei ihnen die Gefahr der Entstehung feuerfester Einschlüsse im Stahl größer. Weiterhin hat man versucht, die Pfannenhaltbarkeit durch Verwendung hochtonerdehaltiger Steine [*13*] ($> 54\%$ Al_2O_3) zu verbessern, jedoch widersprechen die bisherigen Ergebnisse solcher Versuche einander. Es wurden auch basische Steine (insbesondere Dolomitsteine und Dolomitstampfmassen (vgl. Abschn. 5.723)) für Pfannenauskleidungen verwandt, um die Stahlqualität zu verbessern. Deren Anwendung im großen scheiterte daran, daß sich starke Ansätze an den Wandungen bildeten, die nach wenigen

Chargen entfernt werden mußten. Bei dieser Operation litt das Mauerwerk so, daß eine Weiterbenutzung gefährlich erschien.

Schließlich wurden in England [20] Graphitsteine mit gutem Erfolg als Pfannenauskleidung verwandt. Wegen des hohen Preises der Graphiterzeugnisse kommen sie aber nur für Spezialzwecke in Frage.

3.552 Stopfenstangenrohre

Die Stopfenstangenrohre schützen die aus Stahl bestehende Stopfenstange gegen Abschmelzen, sie werden nach jeder Charge erneuert. Ihre Wandstärke beträgt je nach Größe der Pfanne und Höhe der Gießtemperatur 50 bis 110 mm [14], ihre Länge 280 bis 330 mm. Um ein Eindringen des Stahles längs den Fugen zu verhindern, greifen die einzelnen Rohre mit Nut und Feder ineinander. Die Fugen werden mit Ton, Mörtel, Klebsand oder Wasserglaslösung verschmiert.

Da die Stopfenstangenrohre neben der chemischen Schutzwirkung auch eine thermische ausüben sollen, werden sie allgemein mit höherer Porosität hergestellt als die übrigen Vergießwerkstoffe. Ihre Gesamtporosität schwankt von 24 bis 32%. Ihr Tonerdegehalt zwischen 25 und 36% besitzt keinen entscheidenden Einfluß auf die Güte. Große Bedeutung hat dagegen gute Maßhaltigkeit und Fehlen von Rissen und Beschädigungen, die das Eindringen von flüssigem Stahl oder von Schlacke erleichtern könnten. Die Feuerfestigkeit der Stopfenstangenrohre soll dem Segerkegel 29 bis 30, bei sehr heißem Stahl und sehr aggressiver Schlacke dem Segerkegel 32 entsprechen. Da die Stopfenstangenrohre auch einen heftigen Temperaturschock aushalten müssen, ist eine ausreichende Temperaturwechselbeständigkeit erforderlich. Schließlich muß die Nachschwindung sehr gering sein, da stärkeres Schrumpfen das Eindringen von Stahl begünstigen würde. Für den chemischen Angriff im Betrieb gilt das gleiche wie bei Pfannensteinen: Der Hauptangriff geht von der Schlacke aus, die Einwirkung des Stahles tritt dagegen zurück.

An Stelle von Schamotterohren wurden in den USA gelegentlich solche aus hochtonerdehaltigen Massen [13] verwandt, in England sind Stopfenstangenrohre aus stabilisiertem Dolomit in Gebrauch [21]. Die Dolomitrohre werden praktisch nicht von der Schlacke angegriffen, unterliegen aber einer Erosion durch den Stahl.

3.553 Stopfen und Ausgüsse

Der Stopfen bildet in Verbindung mit dem Ausguß ein Ventil, durch das der flüssige Stahl die Pfanne verläßt. Die erste Vorbedingung für ein einwandfreies Arbeiten dieses Ventils ist passender Sitz des Stopfens auf dem Ausguß. Bei geschlossenem Stopfen dürfen beide Teile nicht zusammenkleben, damit der Stopfen ohne Schwierigkeiten abgehoben werden kann. Die Bohrung des Ausgusses darf sich während des Abgießens nicht zu stark erweitern, damit der Stahl in einem zusammenhängenden Strahl aus der Pfanne ausfließt, schließlich soll sich der Stahl beim Durchfluß nicht so stark abkühlen, daß er einfriert.

Um guten Sitz zu erreichen, werden häufig relativ *weiche* Ausgüsse, d. h. solche mit geringerer Feuerfestigkeit zusammen mit *harten* Stopfen, z. B. Graphitstopfen, verwandt. Bei einer derartigen Anordnung können sich Unebenheiten und kleine Risse an der Kontaktfläche leicht ausgleichen, die Erosionswirkung in der Ausgußbohrung wird jedoch größer. In vielen Stahlwerken verwendet man auch gewöhnliche Schamotteausgüsse mit Stopfen gleicher Qualität, ohne daß Schwierigkeiten beim Gießen entstehen.

Während Pfannensteine und Stopfenstangenrohre in erster Linie durch die Pfannenschlacke angegriffen werden, spielt diese beim *Verschleiß* der Stopfen und Ausgüsse nur eine untergeordnete, aber nicht ganz zu vernachlässigende Rolle. In der Hauptsache wirkt der schnell vorbeifließende Stahl mechanisch und chemisch auf Stopfen und Ausgüsse ein. Die jeweilige Art des Angriffes hängt ebensosehr von der Stahlqualität wie von der Steinsorte ab.

Bei *unberuhigten Stählen* oder Stählen mit hohem Mangangehalt bilden sich an der Steinoberfläche eutektische Schmelzen zwischen den Mangan- und Eisenoxyden des Stahles und dem Steinmaterial. Die Schmelzen werden laufend vom fließenden Stahl mitgerissen und entstehen immer wieder neu. Beim Abkühlen

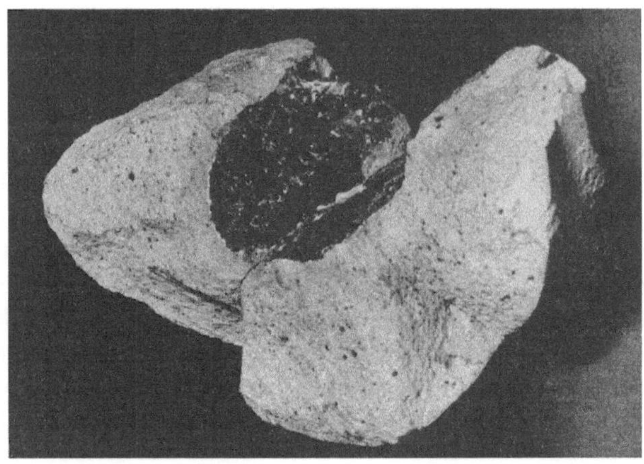

Abb. 440. Gebrauchter Ausguß
Dunkel: Glasurschicht; heller Streifen: dicht gesinterte Zone; grau: unveränderter Stein

erstarren sie glasförmig zu einem dunkel gefärbten, glänzenden Überzug von 1 bis 2 mm Stärke (Abb. 440). Hinter der Glasur folgt eine hell gefärbte, stark versinterte Zone von 1 bis 4 mm Dicke, in ihr sind die offenen Poren zum großen Teil verschwunden und geschlossene neu entstanden. Diese Sinterzone schützt den restlichen Stein gegen eine tiefere Infiltration. Die Glasurschichten gleichen chemisch und mineralogisch weitgehend den unten ausführlich zu besprechenden Glasurschichten auf Kanalsteinen, nur mit dem einen Unterschied, daß sie meist infolge größeren Einflusses der Pfannenschlacke einen höheren CaO-Gehalt aufweisen.

Beruhigte Stähle enthalten nur sehr wenig Mangan- und Eisenoxyde, weil ihr Sauerstoff größtenteils an die Desoxydationsmittel, z. B. Silizium oder Aluminium, gebunden ist. Bei hohem Al-Gehalt entsteht daher statt der Glasurschicht ein körniger, aus Korund und einem Bindemittel aus Mangan-Aluminiumsilikaten bestehender Belag. Nicht an Sauerstoff gebundenes Aluminium und Mangan können außerdem die Kieselsäure der Schamottesteinsubstanz zu Silizium reduzieren und so den Abrieb des Steinmaterials vergrößern (vgl. Abschn. 3.561).

Unberuhigte Schmelzen rufen vielfach höheren *Abrieb* an den Ausgußwänden hervor als beruhigte. Die Größe des Abriebes hängt daneben vom Tonerdegehalt und der Porosität der Ausgüsse ab. R. B. SNOW u. J. A. SHEA [22] erhielten bei umfangreichen Messungen nachstehende Werte:

Al_2O_3-Gehalt der Ausgüsse %	Abrieb in mm Wandstärke[1] beim Gießen von	
	unberuhigten Stählen	Al-beruhigten Feinkornstählen
29,3	3,5	5,8
35,0	6,2	3,5
57,4	9,6	1,8

Die Zunahme des Abriebes mit wachsendem Al_2O_3-Gehalt bei unberuhigten Stählen wird auf das Fehlen einer die Infiltration hemmenden Sinterschicht zurückgeführt. Am Scherben hochtonerdehaltiger, gebrauchter Ausgüsse wurde nur eine 2,5 mm starke, dunkel gefärbte Infiltrationszone beobachtet. Bei beruhigten Stählen sind die entstehenden, oxydischen Reaktionsschmelzen so zähflüssig, daß sie auch bei fehlender Sinterschicht nicht tief in den Scherben eindringen können. An der Oberfläche von Ausgüssen mit 57,4% Al_2O_3 erzeugten beruhigte Stahlschmelzen nur einen lockeren Belag aus pulverförmigem Korund in einem Netzwerk kleiner Stahlkügelchen. Die von SNOW und SHEA gemessenen hohen Abtriebwerte sind zwar bei Verwendung von Ausgüssen neuerer Produktion nicht mehr zu erwarten, sie geben aber die Vorgänge im Prinzip richtig wieder.

Abriebmessungen an Ausgüssen mit verschiedenen Tonerdegehalten nach dem Durchfluß von Feinkornstählen nahmen auch D. J. CARNEY u. E. C. RUDOLPHY [23] vor mit dem Ergebnis, daß Ausgüsse aus Sillimanitmaterial den geringsten Abrieb zeigten und besonders einer Blöcke ergaben. Der mittlere Abrieb an Schamotteausgüssen ergab einen Austrag von 0,2 kg pro Schmelze.

Tab. 103 enthält die an Ausgüssen mit rd. 34% Al_2O_3 und einer Porosität von 21 bis 22% gemessenen Abriebwerte neben den Analysen der durchgelaufenen Schmelzen nach Beobachtungen der Dortmund-Hörder Hüttenunion AG. Die Abriebwerte schwanken bei ähnlich zusammengesetzten Schmelzen in weiten Grenzen und sind bei unberuhigten Stählen von gleicher Größenordnung wie bei beruhigten. Die größten Abriebswerte finden sich jedoch eindeutig bei Schmelzen mit hohem Mangangehalt. Daraus kann geschlossen werden, daß der chemische Angriff der Hauptsache nach auf das MnO zurückzuführen ist.

Weiche Stähle greifen wegen ihrer größeren Oxydgehalte die Ausgußwandungen stärker an als harte. Das günstige Verhalten graphitierter Stopfen dürfte darauf zurückzuführen sein, daß die mit dem Stein in Berührung kommenden Oxyde durch den Kohlenstoff reduziert werden und daher keine Verbindung mit dem Steinmaterial eingehen können. Prinzipiell der gleiche Effekt kann etwas schwächer dadurch hervorgerufen werden, daß Stopfen und Ausgüsse, insbesondere die ersteren, vor dem Einbau in heißem Teer getränkt werden. In diesem Falle wirkt der bei Erhitzen entstehende Teerkoks als Reduktionsmittel.

Die oben geschilderte Bedeutung der Sinterzone als Schutz gegen Infiltration der Schlacke veranlaßte die amerikanische Industrie, auch Ausgüsse ähnlich wie Pfannensteine aus einem niedrigschmelzenden, beim Erhitzen aufblähenden Material herzustellen (*low*

---

[1] Diese Abriebwerte wurden aus der Arbeit von R. B. SNOW u. J. A. SHEA in mm pro 45 t Durchflußmenge Stahl umgerechnet. Der Abrieb wurde dabei aus der mittleren Zunahme des Bohrungsradius bestimmt.

Tabelle 103. *Abrieb an Ausgüssen handelsüblicher Qualität*

| Stahlqualität | Stahlanalyse | | | | | Mittlerer Abrieb |
| | C | Mn | Si | Al | Sonstige | |
	%	%	%	%	%	mm
St. 37	0,08 bis 0,11	0,35 bis 0,43	0,25 bis 0,35	0,005 bis 0,01	—	13,6
SM-Stahl St. 42 unberuhigt	0,16 bis 0,20	0,40 bis 0,55	—	—	—	11,6
SM-Stahl St. 42 beruhigt	0,08 bis 0,11	0,40 bis 0,50	0,25 bis 0,30	0,03 bis 0,04	—	10,6
C 10 Einsatzstahl	0,11	0,44	0,32	0,005	—	9,2
CK 35	0,32	0,54	0,32	0,01	—	4,5
Baustahl mit 44/59 kg Festigkeit ...	0,25	0,65	0,30	0,01	—	7,9
Baustahl mit 60/70 kg Festigkeit ...	0,40	0,74	0,37	0,02	—	2,0
VTE 1/2	0,64	0,74	0,38	—	0,37 Cr 0,20 Mo	10,6
CK 53	0,52 bis 0,56	0,85 bis 0,70	0,3 bis 0,4	0,01 bis 0,02	—	11,9
St. 52	0,16	1,19	0,51	0,035	—	16,4
U 36	0,16 bis 0,20	1,45 bis 1,25	0,4 bis 0,5	0,03 bis 0,05	—	16,9

heat duty nach dem Manual of ASTM Standards). Wie L. HALM [13] festgestellt hat, ist jedoch der Abrieb bei derartigen Steinen besonders stark, damit die Gefahr der Verunreinigung des Stahles durch mitgerissenes Steinmaterial groß. Wenn auch ein gewisses Aufblähen für die Haltbarkeit des Steines günstig sein mag, so ist es bei den europäischen Rohstoffen nicht möglich, Ausgüsse mit so geringer Feuerfestigkeit zu verwenden.

Die Ausgüsse werden in einen viereckigen *Pfannenlochstein* eingemauert, der den Anschluß an die üblichen Pfannenbodensteine herstellt.

Beim *Zusammensetzen* der Stopfeneinrichtung werden zunächst die Stopfenstangenrohre mit Mörtelzwischenlagen bis auf eine solche Höhe auf die Stopfenstangen aufgesetzt, daß sie nach dem Einbau über den Schlackenspiegel herausragen. Ihren oberen Abschluß bildet eine etwa 25 mm dicke Weichholzscheibe. Sie kann einen Teil der Rohrdehnung beim Erhitzen aufnehmen [24]. Schließlich wird unten der Stopfen aufgeschraubt. Die ganze Einrichtung muß unter einer bestimmten, vom Stopfenmacher nach Gefühl einzustellenden Spannung stehen. Die fertigen Stangen werden in einem Trockenofen etwa 48 Std. auf 200° C gehalten und sind dann einsatzbereit.

Die *lichte Weite* des Ausgusses wird der jeweils zu vergießenden Stahlqualität angepaßt. In Deutschland sind Weiten von 20 bis 80 mm Durchmesser gebräuchlich, für aggressive Schmelzen, z. B. hochmanganhaltige, verwendet man kleine, für zähflüssige, insbesondere Cr–Si-reiche Schmelzen größere Durchmesser. In den USA gießt man im Durchschnitt schneller und verwendet Ausgüsse mit größerem Durchmesser als in Deutschland. Nach M. J. FORSYTH [25] ist die Benutzung von weiten Ausgüssen für weiche Stahlsorten und heißvergossene Schmelzen sehr schädlich.

Der Aufwand für notwendige Putzarbeiten war bei einem Kostenvergleich über 50000 t Knüppel merklich höher, wenn Ausgüsse mit 76 mm statt mit 44,5 mm Weite benutzt worden waren.

Für den Guß *schwerer Brammen* von oben (direkt in die Kokille) aus großen Pfannen haben sich Ausgüsse mit nach unten konisch erweitertem ovalem Durch-

lauf bewährt. Sie ergeben einen geschlossenen, bandförmigen Gießstrahl. Schwere
Schmiedeblöcke werden gelegentlich durch zwei in einen Zwillingslochstein ein-
gesetzte Ausgüsse vergossen.

Zum Gießen *heißer* und *sehr aggressiver Stähle* verwendet man Ausgüsse aus
Sillimanit oder Bauxit. Bei heißen, unberuhigten Stählen und langen Gießzeiten
zieht man Magnesiaausgüsse vor. Neuentwickelte Schamotteausgüsse mit Einsätzen von Ringen aus Magnesia verbinden die Verschleißfestigkeit der Magnesiaausgüsse mit der geringen Wärmeleitfähigkeit der Schamotteausgüsse.

Der zeitliche Ablauf des *Ausfließvorganges* wurde von E. C. HITE u. E. E. CALLINAN [26]
untersucht. Nach ihnen nimmt die Ausflußgeschwindigkeit bei normalen Stopfen infolge
Vergrößerung des Ausgusses zunächst zu bis zu einem Maximum, das z. B. bei 100 t-Pfannen
nach einem Durchfluß von 50 bis 80 t Stahl erreicht wird und vermindert sich dann wieder
entsprechend der Abnahme des ferrostatischen Druckes. Bei hochwertigen Ausgüssen ohne
nennenswerten Abrieb verringert sich die Ausfließgeschwindigkeit linear bis zum völligen
Leerlaufen der Pfannen.

Die durch chemische Reaktionen von Stahl und Schlacke mit dem Feuerfestmaterial in den Stahl getragenen *Einschlüsse* steigen während der Abhängezeit
in der Pfanne auf und gehen in die Pfannenschlacke hinein. Nach M. P. FE-
DOCK [27] werden jedoch beim Gießen nichtmetallische Teilchen mitgerissen, die
aus einem Umkreis von 0,5 m um den Ausguß herum stammen.

Er konnte dies dadurch nachweisen, daß er die Pfannenbodensteine mit Kobaltnitrat
imprägnierte und den Blockschaum spektralanalytisch auf Kobalt prüfte. M. P. FEDOCK
fand hierbei auch Teilchen von Pfannensteinen mit aus früheren Schmelzen stammenden
Verschlackungen.

Daß an der Zusammensetzung des Blockschaumes die Pfannenauskleidung
und vor allem der Ausguß beteiligt sind, stellten auch D. J. CARNEY u. E. C. RU-
DOLPHY [23] fest.

3.554 Untergußsteine

Wie die feuerfesten Steine in der Pfanne reagieren auch die Untergußsteine
mit dem durchfließenden Stahl und den Desoxydationsprodukten. Der Einfluß
der Pfannenschlacke tritt dagegen zurück, u. U. fehlt er auch vollständig.

Im Trichterrohr beträgt die Strömungsgeschwindigkeit des Stahles 75 cm/sec.,
wenn durchschnittlich 1,7 t pro Min. vergossen werden. Da in ruhender Schmelze
Schlackentröpfchen von 5 mm Dmr. nach der STOKESschen Formel in 1 Sek.
nur 1,45 cm aufsteigen würden [28], werden abgerissene Schlackenteilchen selbst
bei sehr langsamem Gießen in die Kokille mitgerissen. Im Kanalstein ist die Durchflußgeschwindigkeit meist noch höher, sie beträgt im Mittel etwa 1 m/sec. Bei
dieser Geschwindigkeit und einer Temperatur von 1595° C beträgt die REYNOLDS-
sche Zahl rd. 14000, wenn für die kinematische Zähigkeit $v = 0,3 \cdot 10^{-2}$ Stokes
eingesetzt wird. Dieser Wert ist etwa 6mal so groß wie die kritische REYNOLDSsche
Zahl. Die Strömung ist also in den Kanalsteinen, ebenso den Trichterrohren und
Königsteinen, auf jeden Fall turbulent. Der chemische Angriff ist dabei sehr
intensiv, weil sehr viele Teilchen der Schmelze mit den Steinoberflächen in Berührung kommen und eine starke mechanische Erosion wirksam ist.

Beim Einlaufen des Stahles werden die Steine einem starken *Temperaturschock* ausgesetzt, der im allgemeinen zu Rissen in den Kanalsteinen führt. Der

flüssige Stahl dringt in diese Risse bis zu seiner Erstarrung, gewöhnlich bis zu einer Tiefe von rd. 10 mm ein. Die meisten Risse verlaufen horizontal, daher entstehen seitliche Grate an den Gießknochen (Abb. 441 a u. b). Gelegentlich reißt der Kanalstein auch an der Oberseite, sehr selten dagegen an der Unterseite.

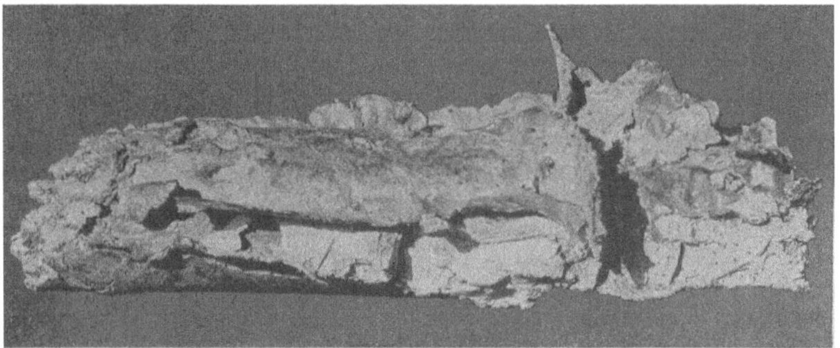

a

b

Abb. 441 a u. b
Gießknochen aus Kanalsteinen mit starker Gratbildung und Kanalsteinresten von einer heißvergossenen, unberuhigten Schmelze
a) Gesamtansicht;   b) Querschnitt

Das Ausmaß der Rißbildung – gemessen an der Flächengröße der Grate am Knochen – nimmt mit steigendem Tonerdegehalt der Kanalsteine ab, es ist außerdem beim Guß beruhigter Schmelzen wesentlich geringer als bei unberuhigten (Abb. 442) [29]. Zwischen der nach DIN 1068 bestimmten Temperaturwechselbeständigkeit und der Stärke der Gratbildungen bestehen keine Beziehungen.

Mit der Steighöhe des Stahles in der Kokille wächst der *ferrostatische Druck* im Gespann, er erreicht am Ende des Gusses bei einer Blockhöhe von 2 m die Größe von etwa 1,6 kg/cm². Dieser ferrostatische Druck beansprucht die Kanalsteine radial auf Druck und tangential auf Zug. Die Zugspannungen erreichen bei einem Stein mit der Wandstärke 20 mm einen Maximalwert von etwa 3 kg/cm². Dieser Wert ist um 1 bis 2 Größenordnungen geringer als die Zugfestigkeit der Kanalsteine, so daß ein Platzen unter der Wirkung des ferrostatischen Innendruckes nicht zu befürchten ist.

Nach dem Temperaturschock zu Beginn des Gusses nähert sich die *Temperaturverteilung* in der Kanalsteinwand einem stationären Zustand, wie er idealisiert als Gerade in Abb. 443 zusammen mit den *ta*- und *te*-Werten verschieden zusammengesetzter Kanalsteine und der Ausdehnungskurve von Schamotte dargestellt ist. Danach überschreitet die Temperatur an der Innenwand (Lauffläche) den *te*-Wert der Steine bzw. erreicht ihn nahezu. Von der Lauffläche ab nimmt die Temperatur nach außen so rasch ab, daß der *ta*-Wert in einer Tiefe von 4 bis 5 mm erreicht wird. Der Stein wird also bis zu einer Tiefe von etwa 1 mm weich, in 1 bis 5 mm Tiefe ist mit starker Versinterung zu rechnen, wie sie z. B. in Abb. 444 an der hellen Färbung zu erkennen ist. In der versinterten Zone

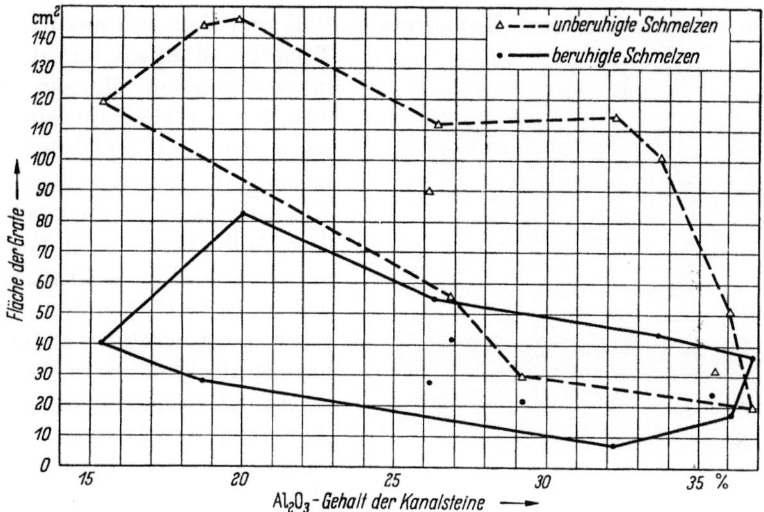

Abb. 442. Flächen der Grate an Gießknochen in Abhängigkeit vom Al₂O₃-Gehalt der Kanalsteine

nimmt der Gehalt an offenen Poren ähnlich wie bei Pfannensteinen und Ausgüssen stark ab, der Stein beginnt zu blähen, so daß seine Durchlässigkeit sinkt und eine Schlackeninfiltration praktisch verhindert wird. Die hellgraue Färbung der versinterten Zone ist vermutlich eine Folge der Reduktion der Eisenoxyde des Steines durch aus dem Stahl eingedrungenes Kohlenoxydgas. Sonst hat diese Zone keine weiteren chemischen Veränderungen erlitten.

Das Steinmaterial unmittelbar an der Lauffläche reagiert jedoch mit dem Stahl bzw. seinen oxydischen Bestandteilen. Art und Zusammensetzung der entstehenden *Reaktionsprodukte* hängen in erster Linie von der Qualität des Stahles, daneben auch von der des Steines ab. Unberuhigte Stähle mit relativ viel MnO und FeO greifen das Steinmaterial stärker an als beruhigte Schmelzen, die in ihrer Oxyd-

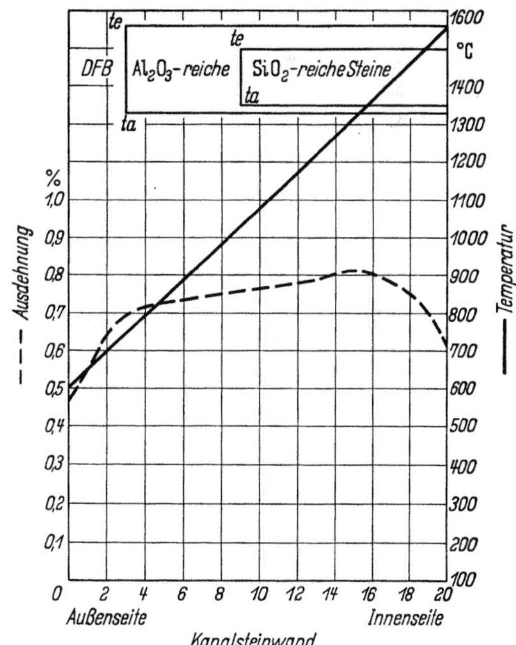

Abb. 443. Temperaturgefälle und thermische Ausdehnung einer Kanalsteinwand

phase vorwiegend hochschmelzende Oxyde, wie Kieselsäure oder Tonerde, enthalten.

Im einzelnen entsteht beim Vergießen *unberuhigter Schmelzen* ein fast vollkommen geschmolzenes Reaktionsprodukt, das an festen Bestandteilen nur noch einige Quarzkörner aus dem Kanalstein enthält und chemisch aus Kieselsäure, Tonerde, Mangan- und Eisenoxyd in wechselnden Mengen besteht. Tab. 104 a, 1 bis 4 enthält die Analysen von 4 beim Vergießen unberuhigter Stähle entstandenen Glasuren, sie zeigen, daß in jedem Falle überwiegend das Schwermetalloxyd MnO auftritt. Das Verhältnis Si_2O/Al_2O_3 ist in den Glasuren meist erheblich anders als im unverschlackten Stein, es sind sowohl relative Zunahmen des Kieselsäuregehaltes (Analyse 1 u. 2) als auch Anreicherung der Tonerde (Analyse 4) zu beobachten. Die Art der eintretenden Veränderungen hängt von den Desoxydationsmit-

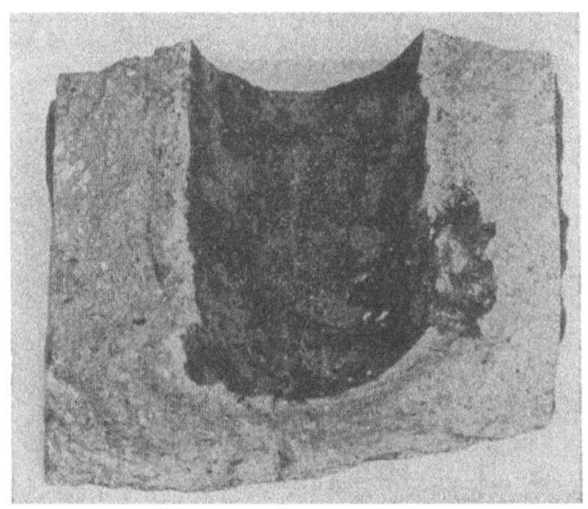

Abb. 444. Gebrauchter Kanalstein
Dunkle Glasur auf der Lauffläche; heller Streifen:
versinterte Zone

Tabelle 104. *Glasuren auf Kanalsteinresten nach dem Vergießen verschiedener Stahlqualitäten*

a) *Analysen der Glasuren*

		Gießart	SiO$_2$ %	Al$_2$O$_3$ + TiO$_2$ %	Fe$_2$O$_3$ %	FeO %	MnO %	CaO %	MgO %	SiO$_2$/Al$_2$O$_3$
1.	Glasur	unberuhigt	59,70	16,84	0,39	2,94	15,38	0,69	0,32	3,55
	Stein		66,18	28,29	1,56	—	—	0,25	0,58	2,34
2.	Glasur	unberuhigt	54,27	20,22	4,49	3,79	10,96	0,98	1,27	2,70
	Stein		56,68	37,94	2,40	—	—	0,21	0,29	1,49
3.	Glasur	unberuhigt	56,68	23,98	—	0,46	8,95	n. b.	n. b.	2,37
	Stein		66,18	28,29	1,56	—	—	0,25	0,58	2,34
4.	Glasur	unberuhigt	51,56	26,19	4,8		13,4	n. b.	n. b.	1;97
	Stein		67,08	27,95	1,56	—	—	0,18	0,36	2,40
5.	Glasur	Al–Si-	23,66	59,29	5,02	4,28	6,38	0,29	0,14	0,45
	Stein	beruhigt	66,18	28,29	1,56	—	—	0,25	0,58	2,34
6.	Glasur	Al–Si-	52,35	28,04	0,25	2,67	10,89	3,12	0,85	1,87
	Stein	beruhigt	66,18	28,29	1,56	—	—	0,25	0,58	2,34
7.	Glasur	Al–Si-	47,34	32,67	4,43	1,62	9,73	0,47	0,65	1,45
	Stein	beruhigt	56,68	37,94	2,40	—	—	0,21	0,29	1,49
8.	Glasur	Al–Si-	45,70	36,90	3,4		8,70	1,50	0,80	1,24
	Stein	beruhigt, Mn-reich	66,18	28,29	1,56	—	—	0,25	0,58	2,34

b) Analysen der Stähle

	Bezeichnung	Stahlanalysen								
		C %	Mn %	P %	S %	Si %	Al %	Cu %	Cr %	Ni %
1.	37/44 F.	0,15	0,57	0,032	0,037	—	—	—	—	—
2.	37/44 F.	0,10	0,39	0,012	0,018	—	—	—	—	—
3.	SEL 50	0,09	0,41	0,016	0,023	—	—	—	—	—
4.	42/49 F.	0,22	0,50	0,018	0,024	—	—	—	—	—
5.	W I	0,07	0,33	0,016	0,026	0,07	0,015	0,25	0,06	0,05
6.	60/70 F.	0,45	0,66	0,026	0,020	0,43	0,010	0,20	0,09	0,04
7.	CK 53	0,51	0,75	0,020	0,023	0,36	0,025	—	—	—
8.	U 40	0,21	1,58	0,014	0,020	0,57	0,040	0,19	0,06	0,05

teln ab. Wird beispielsweise in der Pfanne Ferrosilizium zugegeben, enthält die Schmelze viel Mangansilikat, das den Kieselsäuregehalt der Glasurschicht erhöhen kann. Umgekehrt führt eine Zugabe von Aluminium zu einer Erhöhung des Tonerdegehaltes der Glasur.

Die flüssige Glasurschicht auf der Lauffläche der Steine vermischt sich in geringem Ausmaß mit dem vorbeiwirbelnden Stahl, dabei werden sehr feine Stahltröpfchen in die Glasur aufgenommen und in ihr schlierenartig verteilt. Die Schlieren sind häufig wirbelartig angeordnet (Abb. 445). Zwischen den Zähigkeiten von Stahlschmelze und Glasur bestehen so erhebliche Unterschiede, daß die letztere nur sehr unvollkommen an der Bewegung des Stahles teilnimmt. Laufend werden kleine Tröpfchen von der Glasur abgerissen und im vorbeifließenden Stahl mitgeführt. Der Materialzufuhr durch die Oyxde steht also ein ständiger Materialverlust der Steine gegenüber. Der resultierende Verlust führt

zu einer Verminderung der Wandstärke, dem *Abrieb* des Kanalsteines. Sind die Kanalsteine gut gebrannt, so ist der Abrieb im allgemeinen gering. Bei unberuhigten Stählen schwankt er etwa zwischen 1 und 5 mm bei einem Durchfluß von rd. 3 t Stahl. Das ergibt eine Substanzmenge von rd. 85 bis 400 g pro Tonne Stahl und Meter Kanallänge, sie findet sich zum großen Teil im Blockschaum, zum Teil aber als Einschluß im Stahl wieder.

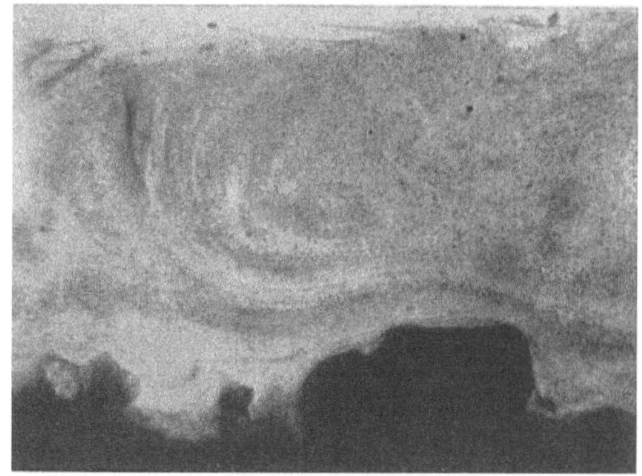

Abb. 445. Glasur auf der Kanalstein-Lauffläche nach Durchfluß einer unberuhigten Schmelze. Wirbelartige Anordnung von Schlieren

Im Trichterrohr und im Königstein spielen sich grundsätzlich die gleichen Vorgänge ab, die Abriebzahlen sind hier jedoch im allgemeinen geringer. Nach Schätzungen an Hand von Abriebmessungen stammen etwa $^2/_3$ aller aus den Untergußsteinen ausgetragenen Teilchen von den Kanalsteinen [28].

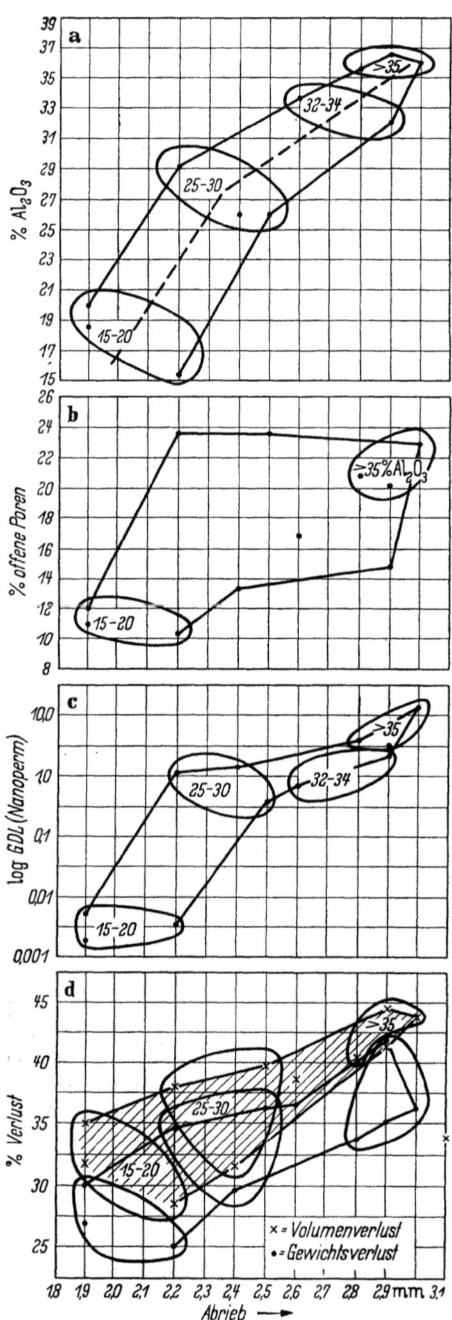

Abb. 446 a bis d. Abrieb von Kanalsteinen durch unberuhigte Schmelzen (nach S. Kienow u. Mitarb.) a) In Abhängigkeit vom Tonerdegehalt; b) in Abhängigkeit vom Gehalt an offenen Poren; c) in Abhängigkeit von der Gasdurchlässigkeit; d) in Abhängigkeit von der Verschlackung durch MnO Umkreiste Felder: Gruppen von Kanalsteinen; Zahlen: Tonerdegehalte der Kanalsteingruppen

Die Stärke des Verschleißes wird durch verschiedene Faktoren beeinflußt. Von überragender Bedeutung ist die *Gießtemperatur*. Nach K. Nitschke [28] bedingt die Erhöhung der am Pfannenausguß gemessenen Temperatur von 1580 auf 1610° C nahezu eine Verdoppelung des Verschleißes. J. G. Mravec [30] fand jedoch, daß eine Senkung der Gießtemperatur nicht zu größerer Reinheit des Stahles führt, da in den kälteren Schmelzen verhältnismäßig mehr nichtmetallische Teilchen als in heißeren Schmelzen festgehalten und am Aufstieg in den Blockschaum behindert werden.

Die *Gießgeschwindigkeit* ist dann von Einfluß, wenn sie geringer ist als rd. 0,5 t/Min. Bei einer Gießgeschwindigkeit von 0,5 t/Min. wurde ein Verschleiß von 45 g/mt gemessen, er stieg bei 0,25 t/Min. auf 80 g/mt an. Der Verschleiß nimmt im übrigen – wie zu erwarten – linear mit der absoluten Durchflußmenge zu, der relative Verschleiß pro Tonne Stahl kann mithin als konstanter Wert angesehen werden.

Neben diesen Faktoren des Gießbetriebes besitzt die chemische Zusammensetzung der Stahlschmelze, insbesondere ihr Kohlenstoff- und Mangangehalt, Einfluß auf die Stärke des Abriebs. Höherer Kohlenstoffgehalt im Stahl vermindert ihn indirekt, weil harte Schmelzen weniger MnO und FeO enthalten als weiche. Manganreiche Schmelzen greifen dagegen besonders stark an. K. Nitschke [28] konnte zeigen, daß mit dem Mn-Gehalt unberuhigter Stähle auch der MnO-Gehalt in den Kanalsteinglasuren gesetzmäßig ansteigt. Bei beruhigten Schmelzen besteht ein solcher Zusammenhang nicht.

Schließlich ist auch die *Steinqualität* von Einfluß. Ist die Bindung im Stein schlecht oder der Bindeton zu wenig feuerfest, so besteht die Gefahr, daß das Bindemittel wesentlich schneller durch Mangan- und Eisenoxyd aufgelöst wird als die Schamottekörner. So gelangen feste Körner in die Glasur und können im ganzen vom Stahl mitgerissen werden. Sie sind als grobe Einschlüsse im Stahl erheblich schädlicher als flüssige Glasurbestandteile. Auf die Rolle des Bindemittels im Kanalstein wiesen vor allem G. van Gijn u. K. Kooij [31] hin. Erstes Gebot bei der Kanalsteinherstellung ist daher ein guter scharfer Brand. Schwachbrandstücke müssen auf jeden Fall aussortiert werden. Ungünstig auf den Verschleiß wirkt auch eine hohe Porosität, die Schlacke kann rasch in die Poren eindringen und dabei ganze Schamottekörner herauslösen, so daß – ähnlich wie bei schlechter Bindung – grobe Einschlüsse in den Stahl gelangen.

Abb. 447. Kieselsäurereiche Glasur auf einem Kanalstein nach dem Durchlauf einer unberuhigten Schmelze

Im Gegensatz zu der herrschenden Ansicht schlägt jedoch G. G. Aristov [32] vor, hochporöse Kanalsteine zu verwenden, die oxydische Bestandteile der Stahlschmelzen kapillar aufsaugen sollen und so den Stahl reinigen. Dieser Vorschlag hat sich nicht in der Praxis durchgesetzt.

Über die zweckmäßige Höhe des Tonerdegehaltes der Kanalsteine sind die Meinungen geteilt. Während J. R. Rait [33], A. M. C. Kendrick [34] sowie J. H. Chesters u. T. W. Howie [35] und andere hohe Tonerdegehalte für günstig ansehen, fanden H. Golla u. K. Köhler [36], R. Klesper [37] und andere, daß kieselsäurereiche Versätze geringeren Abrieb ergeben als tonerdereichere. Dieses Ergebnis wurde von S. Kienow, K. P. Breitel u. K. Heinemann [29] bestätigt (Abb. 446a bis d). Wegen der höheren Porosität tonerdereicherer Versätze besteht jedoch die Möglichkeit, daß es nicht so sehr auf den Tonerdegehalt, als vielmehr auf die Größe des Porenvolumens ankommt. Besonders klare Abhängigkeiten wurden zwischen Verschleiß und Gasdurchlässigkeit (Abb. 446c) sowie Verschlackungsbeständigkeit (Abb. 446d) festgestellt.

Beim Abkühlen erstarrt die Schlackenschicht auf dem Kanalstein zu einem grünlichen oder bräunlichen Glas. Da sich der Knochen beim Erstarren stärker zusammenzieht als der Kanalstein, entsteht ein Hohlraum zwischen Glasur und und Knochen. Die zähflüssige Glasur klebt örtlich am Knochen, zieht sich bei der Kontraktion des Stahles auf kleinere Bereiche zusammen, so daß Bilder wie in Abb. 447 entstehen. Die Größe der Ansammlungen hängt von der Oberflächenspannung der Glasur ab. Kieselsäurereiche Glasuren bilden wenige große, tonerdereichere viele kleine Ansammlungen. Die Knochen unberuhigter Stahlblöcke haben im allgemeinen glatte, glänzende Oberflächen, Vertiefungen an ihrer Oberseite dürften von Gasblasen herrühren.

Bei *beruhigten Schmelzen* tritt die Reduktionswirkung des metallischen Mangans im Sinne der Körber-Oelsenschen Gleichgewichte (vgl. Abschn. 3.551)

stärker hervor, worauf J. R. Rait [33] sowie H. Wentrup u. F. W. Linder [38] hinwiesen. Nach R. L. Morton u. P. T. Carter [39] bildet sich sowohl auf beruhigten wie unberuhigten Stahlschmelzen wechselnder Mn-Gehalte in Tiegeln aus Kanalsteinmasse selbst unter Vakuum nach wenigen Minuten eine Schlacke, die nur durch Reaktion des Stahles mit der Steinsubstanz entstanden sein kann.

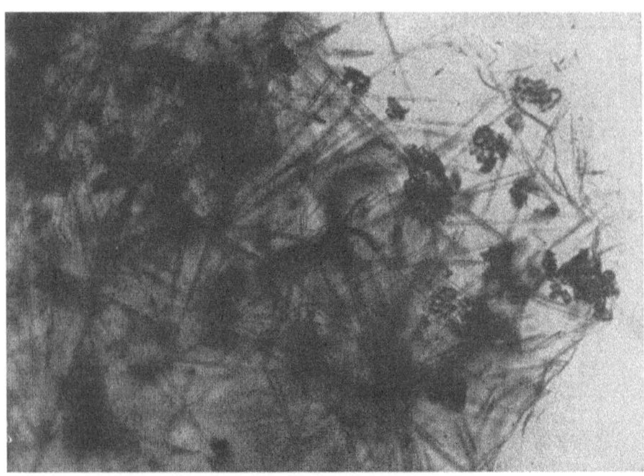

Abb. 448. Glasurschicht auf einem Kanalstein mit Mullitnadeln und Korundkörnern (dunkel infolge hoher Lichtbrechung). Dünnschliff (Vergr. 48 ×)

Eine besondere Rolle spielt das Aluminium bzw. die daraus bei der Desoxydation entstandene Tonerde. Sie beeinflußt die Bildung der Glasurschicht auf den Kanalsteinen dadurch, daß sie den Tonerdegehalt und damit die Zähigkeit der Glasur vergrößert. Das Verhältnis SiO_2/Al_2O_3 nimmt daher bei von Al-haltigen Schmelzen stammenden Kanalsteinglasuren gegenüber den im unverschlackten Stein gefundenen Werten mehr oder weniger stark ab, wie die Analysen 5 bis 8 in Tab. 104 zeigen. Diese Tonerdezufuhr hat zur Folge, daß sich beim Abkühlen der Glasur Mullitkristalle ausscheiden. Abb. 448 zeigt Mullitnadeln und noch nicht aufgelöste Korundkörner in einem grau gefärbten Glas. Je größer der Tonerdegehalt wird, um so mehr Korundkörner bleiben unaufgelöst zurück, schließlich verliert das Reaktionsprodukt den Charakter der Glasur und geht in ein körniges Material über, das durch wenig mangansilikatische Schmelze verkittet wird (Analyse 5 in Tab. 104). Einen solchen *sandigen Belag* der Lauffläche zeigt Abb. 449. Die Tonerde ist meist ungleichmäßig in den Belägen verteilt, *sandige* Stellen liegen neben glasigen. Ursache dafür ist die geringe Diffusionsgeschwindigkeit in den zähen Schmelzen. An der oberen Lauffläche ist der Tonerdegehalt meistens höher als an der unteren, weil die Tonerde in der Stahlschmelze nach oben steigt. Nicht selten beobachtet man helle, mürbe

Abb. 449. Sandiger Belag auf der Lauffläche zweier Kanalsteine nach dem Durchlauf von beruhigten Schmelzen

Ablagerungen aus feinem Korund oder klumpenförmigen Ansammlungen von Tonerde.

Das Auftreten von Korund und Mullit in Kanalsteinbelägen wurde erstmalig von H. Grewe u. R. Rückert [40] beobachtet[1]. Sie führten die Entstehung des Korundes jedoch auf eine Reduktion der Kieselsäure im Steinmaterial zurück. H. Grewe u. R. Rückert fanden auch Spinellkristalle mit der wahrscheinlichen Zusammensetzung $FeO \cdot Al_2O_3$ (Hercynit) bzw. $MnO \cdot Al_2O_3$ (Galaxit) (Abb. 450) (vgl. Abschn. 5.15). Es ist anzunehmen, daß sich die Spinelle bereits in der Stahlschmelze gebildet haben und am Kanalstein hängengeblieben sind.

Die Glasurschicht auf den Kanalsteinen wird in jedem Falle so stark durch die Tonerdeaufnahme verfestigt, daß der Abrieb allgemein geringer ist als bei

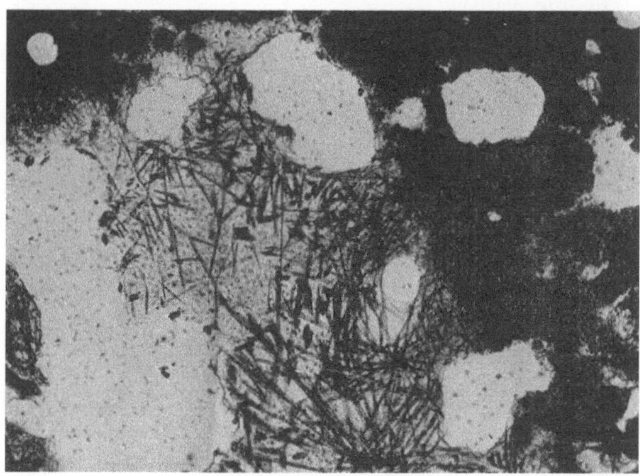

Abb. 450. Spinellkristall im Kanalsteinbelag nach dem Durchfluß einer Al-beruhigten Schmelze. Dünnschliff (Vergr. 140 ×)

unberuhigten Schmelzen. Er schwankt zwischen 0,5 und 2,5 mm entsprechend einer Austragsmenge von 25 bis 200 g/mt. Der Aluminiumzusatz zum Stahl wirkt also auf den Kanalsteinverschleiß in entgegengesetzter Richtung wie der von Mangan, im einzelnen lassen sich jedoch gesetzmäßige Beziehungen nicht aufstellen.

Die Steinqualität übt grundsätzlich den gleichen Einfluß auf den Verschleiß aus wie bei unberuhigten Schmelzen, er ist aber nicht so klar zu erkennen, weil er teilweise durch den Einfluß der Desoxydationsmittel überlagert wird.

Beim *Zusammensetzen der Gespanne* werden die Kanalsteine in Aussparungen der aus Hämatit gegossenen Gespannplatte eingelegt und außen, sowie in den Fugen mit Lehm verschmiert. Zwecks Abdichtung des Kanals sind die Kanalsteinenden außerdem mit Nut und Feder versehen. Obwohl die zusammengebauten Kanäle mittels Preßluft von Lehm- oder Steinbrocken gesäubert werden, findet man gelegentlich doch gebrannte Lehmstücke als Einschlüsse im Stahl [40]. Solche Funde weisen auf mangelnde Sorgfalt beim Gespann-aufbau hin. Von A. N. Kossogowskij [41] wurde vorgeschlagen, an Stelle von Lehm mit Wasserglas angemachten Graphit zum Verschmieren der Fugen zu verwenden.

Der Königstein wird in die Mitte der Gespannplatte eingebaut und mit den Kanal-strängen verbunden. Trichterrohre und Aufsatz werden ebenfalls mit Nut und Feder

---

[1] Bei den von H. Grewe u. R. Rückert noch als Sillimanit bezeichneten Kristallen handelt es sich um Mullit (vgl. Abschn. 3.15).

zusammengesetzt, teilweise sogar mit Draht umwickelt, um ein Aufplatzen zu verhindern, zusätzlich außen von einem gußeisernen Rohr gehalten und geführt. Den Übergang zum Königstein bildet häufig ein dickwandiger, kegelförmiger Trichterfuß aus Schamottematerial.

3.56 In Hochöfen

3.561 Steinqualitäten und Formate

Die Hochöfen wurden früher mit halbsauren Schamottesteinen ausgemauert. Es stellte sich jedoch heraus, daß tonerdereichere Sorten wegen ihrer höheren Feuerfestigkeit besser geeignet sind. DIN 1087 legte folgende Qualitäten für die verschiedenen Verwendungsstellen in Hochöfen fest:

Bodenstein und Gestell	Steine mit mindestens 36% oder mindestens 40% Al_2O_3;
Rast, Kohlensack und unteres Drittel des Schachtes	Steine mit mindestens 36% Al_2O_3;
Oberer Teil des Schachtes und Gicht	Steine mit mindestens 33% Al_2O_3.

Die Porosität durfte bis zu 27% bzw. 28% betragen. Diese Steine befriedigten jedoch nicht, weil das aus ihnen gebaute Mauerwerk sehr rasch korrodiert wurde und es im Gestell bzw. im Herd häufig zu Durchbrüchen kam.

Einen wesentlichen Fortschritt brachte die Erfindung der *Hartschamottesteine* (vgl. Abschn. 3.344), deren verbesserte Eigenschaften den Ansprüchen im wesentlichen gerecht wurden [42]. Die höhere Maßhaltigkeit dieser Steine ermöglichte die Erstellung eines fugengerechten Mauerwerkes, das wegen der geringen Nachschwindung auch im Betrieb dicht blieb. Ihre niedrige Porosität erschwerte das Eindringen der unter relativ hohem Innendruck stehenden Brenngase, ihre hohe Abriebfestigkeit verminderte die Erosion durch die niedergehende Beschickung. Auch im Unterofen bewährten sich Hartschamottesteine – vor allem wegen ihrer geringen Schwindung – erheblich besser als handelsübliche Steine. Trotzdem wurden die Schamottesteine in Herd, Gestell und Rast vielfach durch Kohlenstoffsteine oder -stampfmassen verdrängt. Diese Qualitäten schwinden noch weniger und sind gegen chemischen Angriff und Abrieb widerstandfähiger (vgl. Abschn. 6.431).

In der Umgebung des Stichloches und der Blasformen werden jedoch in manchen Hochofenwerken nach wie vor Schamottesteine mit hohem Tonerdegehalt eingesetzt, um den Zutritt von Luft und Wasser und damit eine Oxydation des Kohlenstoffes zu verhindern. Auch die in der Stichlochmasse stets enthaltene Feuchtigkeit kann zerstörend auf Kohlenstoffsteine wirken. Versuche, Kohlenstoffsteine auch im Schacht einzusetzen, haben bis jetzt keinen Erfolg gehabt.

Die heute üblichen Hartschamottesteine entsprechen den A-Qualitäten der Tab. 96 wie folgt:

DH I-Spezial	etwa A I-Spezial	(t),
DH I	etwa A I	(t),
DH II	etwa A II	(t),
DH III	etwa A III	(t).

Die Qualitäten DH I bzw. DH I-Spezial werden im Herd, im Gestell und in der Rast, teilweise auch im Kohlensack und unteren Schachtteil verwandt, also an den Stellen höchster Betriebstemperaturen. Für das mittlere Schachtdrittel sind DH II- oder DH III-Steine und für das obere DH III-Steine oder solche mit noch geringeren Tonerdegehalten (30 bis 32 %) vorgesehen. Ein moderner Hochofen deutscher Bauart mit einer Zustellung von Kohlenstoffstampfmasse im Unterofen und DH I- bis DH III-Steinen im Schacht ist in Abb. 451 dargestellt.

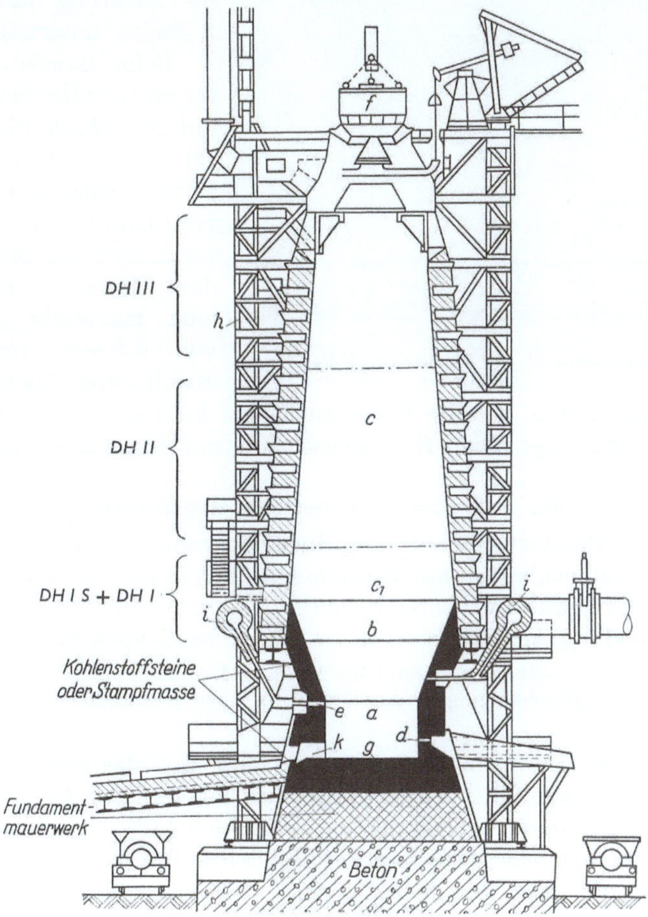

Abb. 451. Prinzipskizze eines neuzeitlichen Hochofens
a Gestell; *b* Rast; *c* Schacht; *c₁* Kohlensack; *d* Schlackenform; *e* Windform; *f* Kübel; *g* Herd; *h* Traggerät; *i* Heißwindring; *k* Stichloch.
Die neue Bezeichnung für D I S ist DH I S, für D I ist DH I, für D II ist DH II, für D III ist DH III

In den USA hat man in letzter Zeit besonders hochgebrannte, als High-Duty-Brick-Cone-18 und Super-Duty-Brick bezeichnete Hartschamottesteine mit 1490° C Brenntemperatur und 15% Porosität entwickelt [43]. Auch in England und Frankreich werden ähnlich hochwertige Steine unter Verwendung eisenarmer Kaoline hergestellt [44]. In Deutschland sind derart hohe Brenntemperaturen wegen des Flußmittelgehaltes der Rohstoffe nicht möglich.

Die *Formate* für die Hochofensteine wechselten in den letzten Jahrzehnten stark. Anfänglich wurden die Steine von Hand geformt, daher große Formate bevorzugt. Mit der Entwicklung des Maschinenpressens ging man zu kleineren Formaten über. Bei den modernen preßluftgestampften Steinen macht sich wieder die Tendenz zu größeren Formaten bemerkbar. Ein Mauerwerk aus großen Steinen hat zwar wenig Fugen, ist aber empfindlich gegen Wärmespannungen.

Abb. 452. Hochofenschacht mit Kühlkästen im Bau

Um Risse zu vermeiden, muß man das Mauerwerk in radialer Richtung mindestens in 2 Steine unterteilen.

Beim Mauern des Schachtes und des Herdes muß streng auf gute Maßhaltigkeit geachtet werden. Unebene Steinflächen werden nachgeschliffen. Die Fugen sollen nicht mehr als 2 mm breit sein. Bei den Herden wird teilweise eine maximale Fugenbreite von 0,5 mm verlangt. An Kühlkästen können größere Fugen gelassen werden, da ihre Umgebung stets kühl bleibt und weniger verschleißt. Abb. 452 zeigt einen Hochofenschacht mit Kühlkästen im Bau.

3.562 Aufheizen und Betriebstemperaturen

Man trocknet den fertiggemauerten Hochofen möglichst 4 Wochen lang bei geöffneten Explosionsklappen mit Hochofengas, das durch eine Ringleitung mit Spezialbrennern zugeführt wird. Nach dem Trocknen beschickt man ihn zunächst nur mit Koks und fügt später einen immer größer werdenden Erzanteil hinzu.

In einigen Werken stellt man zuerst 1 bis 2 Wagen Laubholz aufrecht in den Schacht, um den Herd gegen Beschädigungen durch die von oben herabfallende Beschickung zu schützen.

Der Ofen ist bereits nach 24 Stunden so heiß, daß das erste Roheisen abgestochen werden kann. Das rasche Aufheizen beansprucht die feuerfeste Zustellung stark und kann Abplatzungen hervorrufen [42].

An der Gicht herrschen während des Betriebes Temperaturen von 200 bis 300° C und im Kohlensack von maximal 1000° C. Wenn heiße Gase schnell durch die Beschickung strömen, kann der Schacht örtlich auf 1200 bis 1300° C überhitzt werden. In der Rast steigt die Temperatur bis auf ~1400° C. Die höchsten Durchschnittswerte von ~1700° C werden in der Windformebene erreicht, in unmittelbarer Umgebung der Windformen selbst kann die Temperatur sogar auf mehr als 2000° C ansteigen. Die flüssige Schlacke im Gestell ist 1380 bis 1450° C heiß, das Roheisen 1280 bis 1350° C.

Da das Mauerwerk bei den europäischen Hochöfen meist fast ganz von Kühlkästen durchsetzt ist (vgl. Abb. 451), seltener durch Berieselung von außen gekühlt wird, ist es stets wesentlich kühler als das Innere des Schachtes.

3.563 Ansatzbildung und Zerstörung des Schachtmauerwerkes

Zwischen 400 bis 1000° C reduziert das bei der Verbrennung des Kokses in der Formebene gebildete Kohlenoxyd die aufgegebenen Eisenerze (indirekte Reduktion) oder es zerfällt nach dem BOUDOUARDschen Gleichgewicht in Kohlen-

Tabelle 105. *Analysen von 3 Belägen aus verschiedenen Höhen eines Hochofenschachtes*

Belag	SiO_2 %	$Al_2O_3+TiO_2$ %	Fe_2O_3 %	FeO %	MnO %	CaO %	MgO %	ZnO %	PbO %	Fe met. %	Na_2O %	K_2O %	CO_2 %	C %	S ges. %	KCN %	H_2O %
6. Bühne	1,13	0,83	1,79	1,52	0,88	2,10	0,72	7,9	4,5	1,96	3,0	38,5	29,9	2,6	0,45	0,80	1,4
3. Bühne	1,68	1,38	0,80	0,22	0,96	1,22	0,36	0,3	0,5	1,47	2,4	12,4	9,95	56,64	n. b.	1,10	2,32
2. Bühne	1,20	0,78	0,50	0,06	0,40	1,05	0,14	5,5	0,3	0,23	2,25	24,6	23,79	27,68	n. b.	0,50	6,78

stoff und Kohlensäure. Wie bereits in Abschn. 3.445 ausgeführt, wird dieser Zerfall durch die Anwesenheit an freiem Fe_2O_3 katalytisch beschleunigt. Da Kohlenoxyd durch den

Abb. 453. Zerstörung von größeren Schachtsteinen durch Kohlenstoffausscheidungen (nach F. HARTMANN)

Abb. 454. Ansatz an der Innenseite eines Hochofenschachtes

hohen Innendruck tief in die Poren des Schachtmauerwerkes hineingepreßt wird, können sich dort den Stein sprengende Kohlenstoff-Ablagerungen von 1 bis 20 mm Dicke bilden (Abb. 453) [45].

Im Hochofenschacht verbinden sich aus dem Erz oder der Koksasche stammende Alkalidämpfe mit Kohlenstoff und dem Stickstoff des Heißwindes zu Alkalicyaniden und mit dem bei der Kohlenoxydspaltung entstehenden CO_2 zu Alkalikarbonaten. Nach H. W. HIBBOTT u. W. J. REES [46] verlangsamt Stickstoff den Kohlenoxydzerfall, während ihn das Cyan schon von einem Gehalt von 0,2% an merklich beschleunigt. Die Alkalisalze bilden zusammen

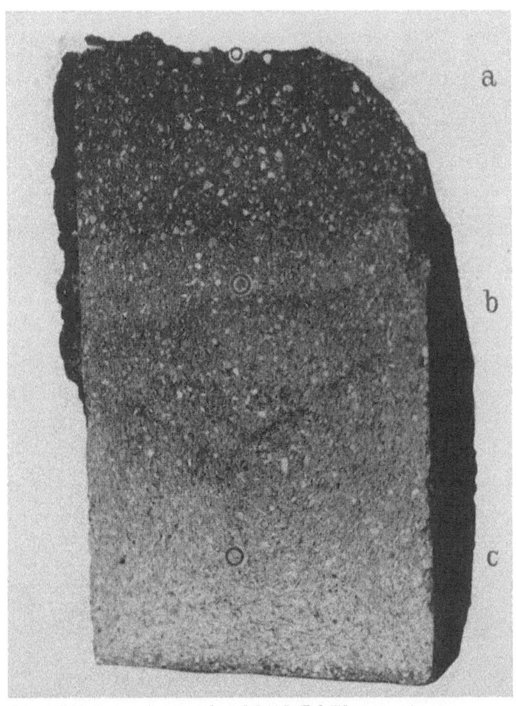

Abb. 455. Schnittfläche eines gebrauchten Hochofenschachtsteines. Nach außen abnehmende Infiltration. Kreise: Analysenpunkte

mit freiem Kohlenstoff sowie den aus dem Einsatzschrott und Erzagglomeraten stammenden Buntmetalloxyden wie ZnO, PbO, SnO_2, Sb_2O_3 usw. bzw. mit deren Sulfiden einen dunklen *Ansatz* auf der Innenseite des Schachtmauerwerkes (Abb. 454) [47]. Erfahrungsgemäß fördert besonders Zinkoxyd die Ansatzbildung. Bei der Abkühlung oxydieren sich die Cyanide größtenteils zu den in den Belägen überwiegend auftretenden Karbonaten bzw. Bikarbonaten (Tab. 105). In allen bisher untersuchten Hochöfen herrscht Kaliumoxyd gegenüber Natriumoxyd vor.

Zink- und Bleioxyd, Alkalien, Cyanide (Schmelzp. v. KCN 623° C) und Karbonate (Schmelzp. v. K_2CO_3 897° C) dringen zusammen mit dem Kohlenoxyd auch in die Poren der

Tabelle 106. 3 Analysen eines Hochofenschachtsteines aus dem unteren Drittel eines Schachtes (vgl. Abb. 455)

Analysenstelle	SiO_2 %	$Al_2O_3 + TiO_2$ %	Fe_2O_3 %	FeO %	MnO %	CaO %	MgO %	ZnO %	PbO %	Fe met. %	Na_2O %	K_2O %	CO_2 %	C %	H_2O %	Glühverlust %
a) Oberfläche	44,46	28,55	1,30	0,40	—	0,70	0,72	5,2	Spur	0,11	1,80	10,00	2,34	1,31	0,95	10,15
b) Mitte	49,06	31,75	1,37	0,10	—	0,73	0,67	4,0	0,1	0,06	1,90	6,00	0,63	0,36	0,47	6,75
c) Kalte Seite ..	56,53	36,34	1,46	0,06	—	0,66	0,72	0,1	Spur	0,09	0,35	3,35	—	0,05	0,47	0,60

Steine ein und greifen vor allem das Bindemittel an [*48*]. Zuerst lagert sich
meist Zinkoxyd ab, das vermutlich als metallischer Zinkdampf in die Stein-
poren gelangt und dort unter Einwirkung des Luftsauerstoffes verbrennt. Es
ruft grünliche bis bläuliche Verfärbungen hervor. Später folgen Alkalisalze und
zerfallendes Kohlenoxyd. Abb. 455 zeigt die Schnittfläche eines gebrauchten
Steines aus dem unteren Drittel eines mit Kühlkästen versehenen Schachtes,
in der die nach außen abnehmende *Infiltration* an der Dunkelfärbung zu erkennen ist. Nahe der Ofeninnenseite (oben im Bild) sind nur noch einige hell
gefärbte Schamottekörner in einer dunklen Grundmasse vorhanden. Mit zu-

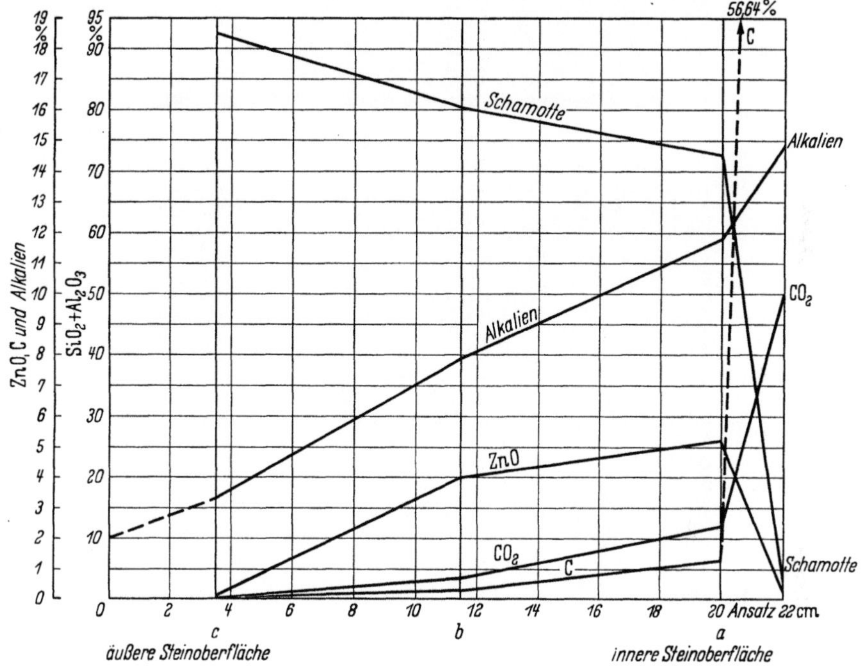

Abb. 456
Änderung der Zusammensetzung eines Hochofensteines aus dem unteren Schachtdrittel (vgl. Tab. 106)

nehmender Entfernung von der Innenfläche wird der Stein heller, an der Außenseite sind makroskopisch keine Spuren einer Infiltration mehr zu erkennen.
Selbst in dieser Zone deutet jedoch die Rissigkeit auf die ätzende Wirkung
der heißen Alkalien hin. Tab. 106 enthält die Analysen der in Abb. 455 mit *a*, *b*, *c*
gekennzeichneten Stellen, in Abb. 456 sind die Gehalte an ZnO, Alkalien, CO_2
und Kohlenstoff graphisch dargestellt.

Die Dünnschliffbilder Abb. 457a bis c zeigen 3 Stadien der Infiltration eines
Schachtsteines. Im Anfangsstadium sind die Poren von dunklen Ringen umgeben
(Abb. 457c). In fortgeschrittenem Stadium ist der größte Teil des Bindemittels
dunkel gefärbt und von kleinen Rissen durchsetzt, die Schamottekörner sind
aber praktisch unverändert (Abb. 457b), schließlich werden auch diese stark
angegriffen (Abb. 458a). Vom Bindeton ist dann nur noch eine rissige, dunkel
gefärbte Substanz übriggeblieben. Nahe der inneren Steinoberfläche kommt es
im unteren Schachtteil oft zu Mineralneubildungen (Abb. 458a, am Rande der

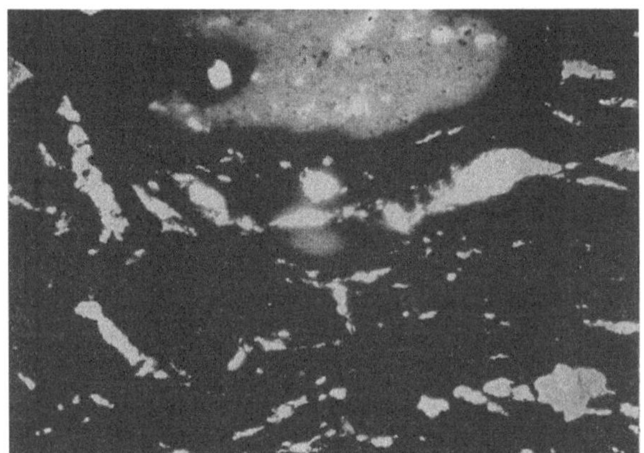

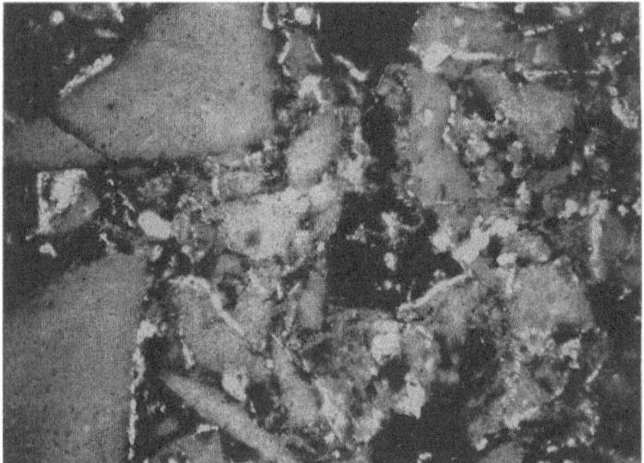

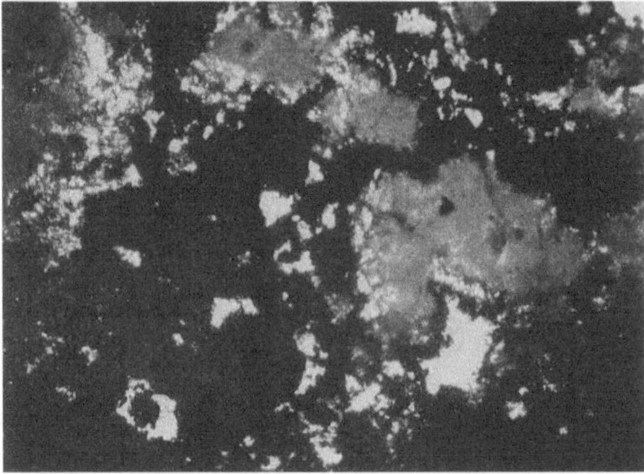

Abb. 457 a bis c. Drei Stadien der Infiltration eines Hochofenschachtsteines. Dünnschliff (Vergr. 20 ×)
a) Bindemittel und Schamottekörner angegriffen;   b) nur Bindemittel angegriffen;   c) Anfangsstadium.
Infiltration in der Umgebung einer Pore

stark zerfressenen Schamottekörner) und zur Ausscheidung von Roheisen (Abb. 458b). Die Schachtsteine werden durch die beschriebene Infiltration zermürbt und verlieren ihre Abriebfestigkeit.

An den Wänden des Hochofenschachtes wechselt örtlich und zeitlich die Tendenz zur Ansatzbildung mit derjenigen zur Erosion durch die niedergehende

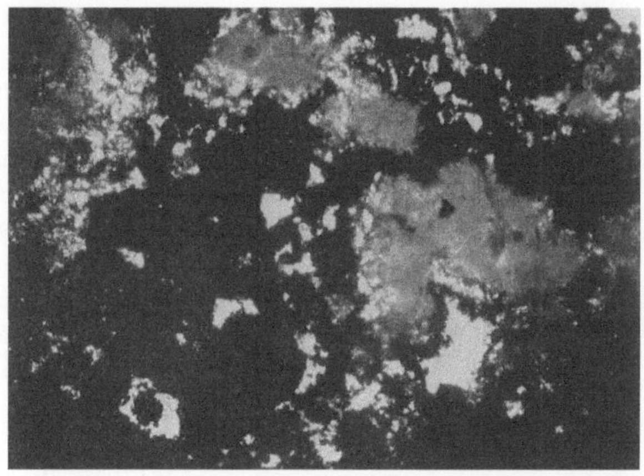

a

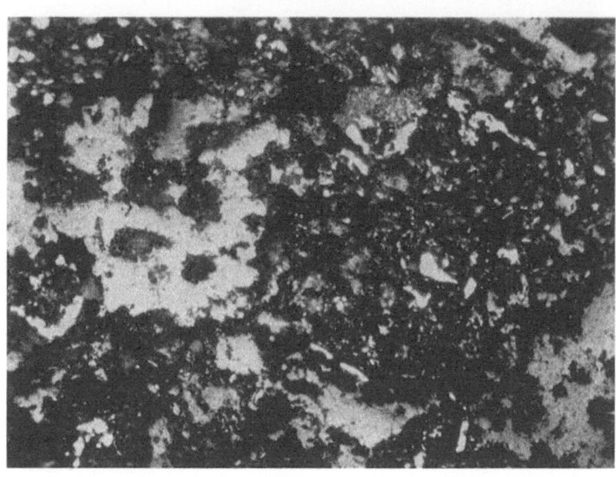

b

Abb. 458a u. b. Infiltrierter Hochofenschachtstein. Dünnschliff (Vergr. 20 ×)
a) Durchlicht. Grau: Schamottekörner, dunkel: infiltrierte Substanz, helle Kristalle am Rande der Schamottekörner: Mineralneubildungen;   b) Auflicht. Hell: Roheisentropfen

Beschickung, so daß der Schacht sein Profil ständig ändert. Je stärker die Schachtsteine zermürbt sind, um so leichter werden sie erodiert, bis die abriebfesten, in den Schacht hineinragenden Kühlkästen dem Verschleiß Halt gebieten. Die Ansatzschicht bildet über den Kühlkästen buckelförmige Erhebungen (Abb. 459). Ansatzschicht und Kühlkästen sind meist durch Hohlräume getrennt, die teilweise mit einem hellen Belag aus zerriebenen *Kalksilikaten* gefüllt sind

(Abb. 460) und ein Abplatzen der Buckel erleichtern. Die Analyse eines hellen Belages ergab:

SiO$_2$ %	Al$_2$O$_3$ + TiO$_2$ %	Fe$_2$O$_3$ %	MnO %	CaO %	MgO %	Na$_2$O %	K$_2$O %	Glühverl. %
24,2	6,7	13,1	3,2	33,4	4,3	1,4	6,2	3,3

Abb. 461 zeigt einen Ansatz aus hellen und dunklen Partien an der Innenseite eines im Abbruch befindlichen Schachtes.

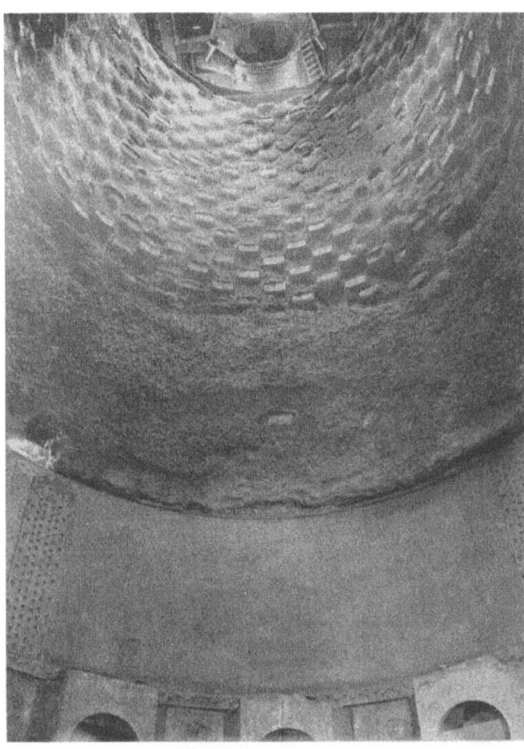

Abb. 459. Ausgeblasener Hochofenschacht

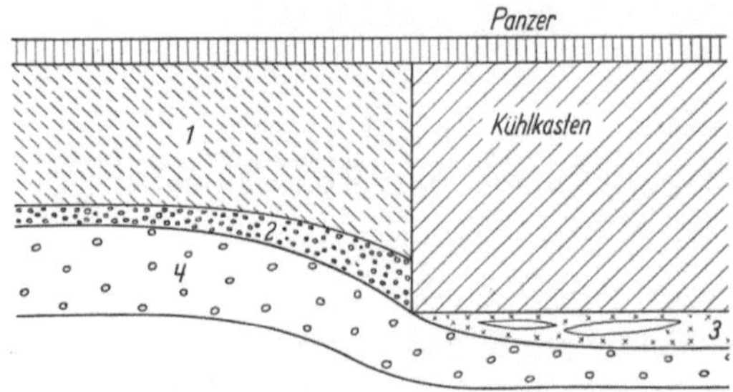

Abb. 460. Horizontalschnitt durch das Schachtmauerwerk nach dem Ausblasen

1 Wenig verschlackter Schamottestein; *2* infiltrierte und zermürbte Zone; *3* weißer Belag mit Hohlräumen und Rissen; *4* Ansatz

Allgemein werden die Steine im unteren Schachtteil erheblich stärker angegriffen als in den oberen Abschnitten, wie die nach 15- bis 16jähriger Betriebszeit aufgenommenen Profile dreier Hochöfen mit auf Tragringen ruhenden Schächten erkennen lassen [49] (Abbildung 462).

R. MINTROP u. E. ROEMER [49a] bauten in die feuerfeste Zustellung eines Hochofens in verschiedenen Abständen von der Außenwand nach dem Vorgang von E. W. VOICE [49b] radioaktive Kobalt-60-Präparate (Halbwertzeit 5,2 Jahre) mit einer Aktivität von 1 bis 150 mC (Millicurie) ein und bestimmten mit Hilfe eines Zählrohres die Zeit bis zum Verschwinden des Präparates infolge Korrosion des Steinmaterials. Dabei ergab sich, daß in der durch die Außenberieselung nur unvollkommen gekühlten Rast das Wandmauerwerk innerhalb weniger Tage stark korrodiert wurde. Bereits nach 40 Tagen war ein stabiler Zustand erreicht, bei welchem das Mauerwerk von 740 mm auf 200 mm abgenommen hatte.

Auch im unteren Schachtteil verminderte sich die Wandstärke schnell. Innerhalb von 30 bzw. 60 Tagen war der über die Kühlkästen nach innen hin-

Abb. 461. Ansatz in einem ausgeblasenen Hochofenschacht

ausreichende Teil der Wand (500 mm) zerstört. Erst die Kühlkästen boten der Korrosion Einhalt. Im mittleren Schachtteil waren die Zerstörungen geringer (Wanddickenabnahme in 200 Tagen ~ 300 mm), im Gestell war nach 200 Tagen noch keine Wanddickenabnahme feststellbar.

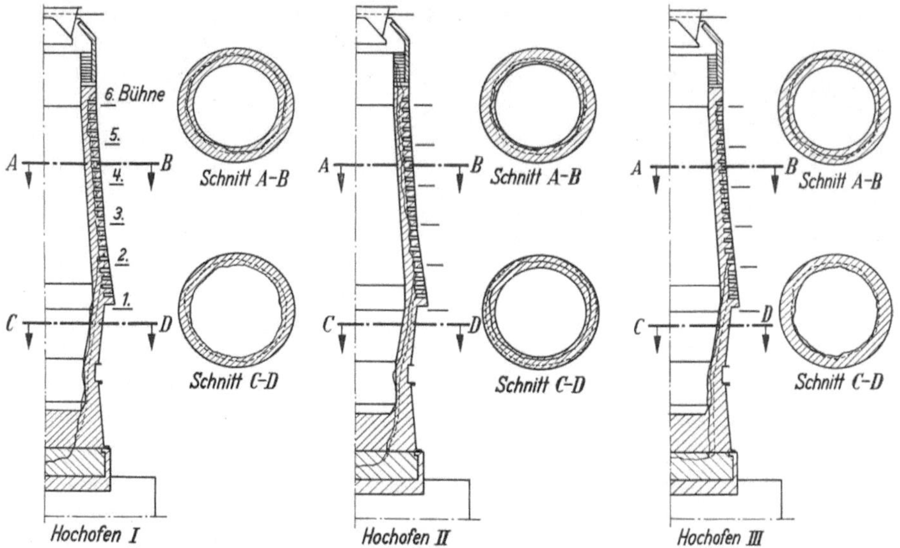

Abb. 462. Drei Hochofenprofile nach 15- bis 16 jähriger Betriebszeit (nach H. Kahlhöfer u. A. Send)

3.564 Zerstörungen am Schachtmauerwerk ohne Kühlkästen

Hochofenschächte brauchen nicht gekühlt zu werden, wenn die Öfen nur mit Erzen beschickt werden, die eine stark wärmeverbrauchende Schachtarbeit

Tabelle 107. *Analysen der Ausmauerung eines ausgeblasenen Hochofens ohne Schachtkühlung* (nach L. H. van Vlack)

Lage der Steine im Ofen (vgl. Abb. 463)	SiO_2 %	Al_2O_3 %	TiO_2 %	CaO %	MgO %	MnO %	FeO %	Fe_2O_3 %	K_2O %	Na_2O %	CO_2 %	Ges. Met. %	Ges. Fe %	met. Fe %	C %	N %	S %	Mn %
oberer Schachtteil, Oberfläche 8₁	41,66	34,36	—	1,46	—	—	1,84	0,84	19,20		—	—	—	—	0,25	—	—	—
oberer Schachtteil, etwa 200 mm unter der Oberfläche .. 8₂	49,77	37,31	—	0,73	0,09	—	1,89	0,45	8,69		—	—	—	—	0,32	—	—	—
mittlerer Schachtteil 10	34,16	30,79	—	1,22	0,04	—	1,18	1,47	30,74		—	—	—	—	—	—	—	—
unterer Schachtteil 14	8,62	0,84	—	11,86	—	—	0,19	0,06	24,80		14,31	—	—	—	36,30	0,42	0,05	—
Rast, Belag 1₁	6,82	2,38	—	2,34	—	—	0,22	0,20	33,10		26,90	—	—	—	24,30	—	0,05	—
Rast, Steinoberfläche 1₂	26,12	20,22	—	0,02	—	—	0,85	0,26	42,50		1,94	—	—	—	3,28	—	0,10	—
Herd, Seite 20	20,14	35,52	—	13,20	0,72	0,41	10,33	—	0,70		—	—	—	13,31	2,18	—	—	—
Herd, Mitte 30	45,76	37,61	2,20	—	—	—	—	—	—		—	—	11,86	—	—	—	—	0,48
imprägniertes Fundament 31	45,79	18,61	0,22	0,04	—	0,03	2,97	0,66	—		—	20,52	—	—	0,53	—	—	—

erfordern, wie z. B. Minette oder Eisenspat. Dies ist u. a. in Lothringen und z. T. in den USA der Fall. L. H. van Vlack [50] untersuchte die Ausmauerung eines ganz mit Schamottesteinen zugestellten und nur in der Rast durch Spritzdüsen gekühlten Hochofens nach einem Durchsatz von 2,3 Millionen Tonnen Roheisen. Die höheren Temperaturen an den Schachtinnenwänden ließen in größerem Umfange Reaktionen zwischen den Alkalien, den Ofengasen und den Schamottesteinen des Mauerwerkes zu. An den Steinoberflächen bildete sich eine helle, *verglaste Zone* von 2 bis 15 mm Dicke, die in unmittelbarer Nähe der Oberfläche vorwiegend das Mineral *Kaliophilit* ($K_2O \cdot Al_2O_3 \cdot 2\,SiO_2$), in etwas tieferen Lagen *Leuzit* ($K_2O \cdot Al_2O_3 \cdot 4\,SiO_2$) enthielt. Beide Mineralien haben einen hohen Schmelzpunkt (Kaliophilit ~1800° C, Leuzit ~1680° C, s. Abb. 300, Abschnitt 3.164). Die verglaste Oberflächenzone der Schachtsteine wies Alkaligehalte von 19 bis über 30% auf (Tab. 107, Analyse 8₁, 10 u. 14), sie dürfte wegen ihrer Härte und Feuerfestigkeit das Mauerwerk gegen Abrieb geschützt haben.

Kohlenstoffablagerungen fand van Vlack im oberen Schachtteil nur als Beläge auf den Steinen, im unteren Schachtteil dagegen vorwiegend im Steininneren. Das Hochofenprofil Abb. 463 zeigt dort dementsprechend stärkere Zerstörungen (Umgebung von Punkt 14). Erst in der Nähe der Außenwand hatten sich die in die Steine eindringenden Gase so stark abgekühlt, daß das Kohlenoxyd zerfallen konnte.

3.565 Zerstörungen an Schamottesteinen in Rast, Gestell und Herd

In der *Rast* des von VAN VLACK untersuchten Hochofens waren die außen gekühlten Schamottesteine überraschend gut erhalten. Sie waren von einem Belag aus Alkalikarbonat und Kohlenstoff bedeckt (vgl. Analyse 1_1 in Tab. 107) und hatten an ihrer Oberfläche Alkali und wenig Kohlenstoff aufgenommen (Analyse 1_2, Tabelle 107). J. MACKENZIE [44] berichtete jedoch, daß beim Ausblasen von Hochöfen in der Rastzone gewöhnlich nur sehr brüchiges Steinwerk zurückbleibt. Ein Teil der Beschikkung befindet sich dort in teigigem Zustand. Schlacke und Roheisen trennen sich und die kalkreiche Schlacke reagiert mit der feuerfesten Zustellung. Hierdurch würde bei den hohen Temperaturen der Rast das Mauerwerk rasch zerstört werden, wenn sich nicht durch intensive Kühlung eine Schutzschicht bildete.

Im *Gestell* findet sich in der verglasten Oberflächenzone als Reaktionsprodukt von Schlacke mit Schamotte neben Kaliophilit der Kalkfeldspat *Anorthit* ($CaO \cdot Al_2O_3 \cdot 2\,SiO_2$). Der *Herd* wird stark ausgefressen, es bildet sich eine mehrere Meter dicke Bodensau, wie sie in jedem Hochofen auftritt (Abbildung 463). Darunter folgt noch eine bis ins Fundament hinabreichende verdichtete Zone (Analyse 20, 30 u. 31 in Tabelle 107). Der starke, zwischen 1,4 [42] und 3,5 kg/cm² [44] schwankende ferrostatische Druck preßt bei den zwischen *ta*- und *te*- Werten liegenden Herdtemperaturen von 1450 bis 1500°C die Poren zusammen. Die Reste der Herdsteine sind dort stark verglast und enthalten neben Quarzresten und Tridymit große Mullite. Nahe ihrer Oberfläche werden die Steine von einem Netzwerk feiner Eisenadern durchzogen (Abb. 464).

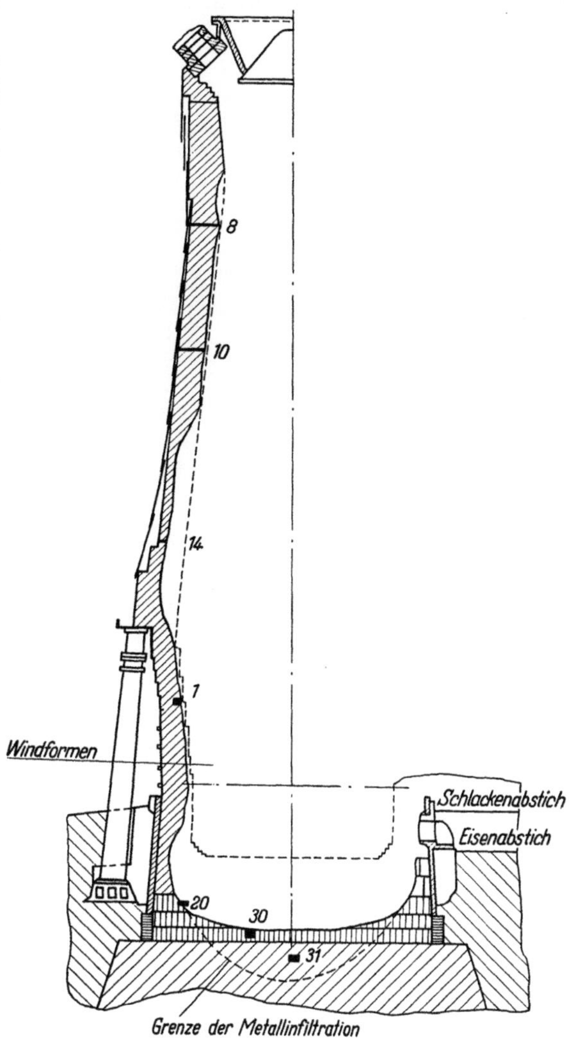

Abb. 463
Profil eines ausgeblasenen Hochofens ohne Schachtkühlung (nach L. H. VAN VLACK). (Die Zahlen verweisen auf Tab. 107)

Van Vlack fand in den verglasten Herdsteinen, vor allem in den SiO_2-reichen Partien kleine opake Metallkügelchen, die sehr wahrscheinlich aus reinem, unter Reduktion der Kieselsäure mittels Fe bzw. Mn nach der Gleichung

$$SiO_2 + 2Fe \rightarrow 2FeO + Si$$

gebildetem Silizium bestanden. Flüssiges Eisen übt nach F. Körber u. W. Oelsen [51] so lange einen reduzierenden Einfluß auf die relativ leicht zersetzbare Kieselsäure aus, bis das Eisen an Silizium gesättigt ist (vgl. Abschnitt 3.551). Einen weiteren Hinweis auf Reduktionswirkungen liefert die beobachtete Ausscheidung von Korundkristallen an der Grenze Schamottestein–Ofensau, die erst durch eine Verminderung des SiO_2-Gehaltes möglich wird.

Gelockerte Schamottekörnchen steigen im Eisenbad auf und wandern in die Schlacke.

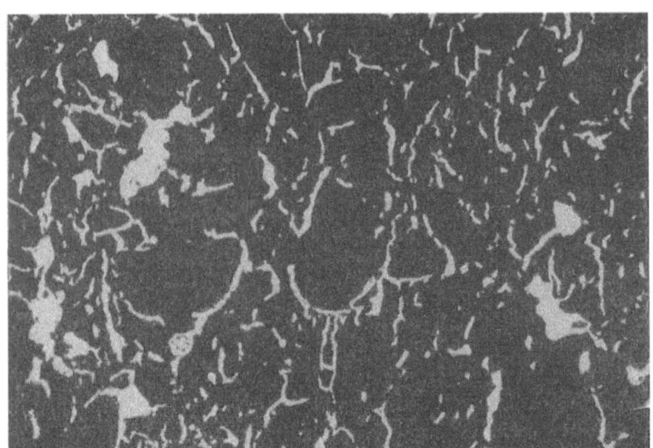

Abb. 464. Eisenadern in einem Schamottestein aus einem Hochofenherd (nach J. Mackenzie). Anschliff. Hell: Roheisen; dunkel: Schamotte

Statt Schamotte wurden im Herd auch hochtonerdehaltige Qualitäten (60 bis 70%, vgl. Abschn. 4.33) verwandt. Da sie weniger Schmelze enthalten, haben sie bessere Dauerstandfestigkeit und schwinden weniger nach. Auch Kohlenstoffsteine oder -stampfmassen haben sich für den Herd bewährt (vgl. Abschn. 6.431).

3.57 In Schacht- und Drehrohröfen

Ein weiteres Anwendungsgebiet für handelsübliche Schamottesteine in A-Qualität sind die Drehrohröfen und Schachtöfen der Kalk- und Zementindustrie. In *Drehrohröfen* beschränkt sich allerdings die Verwendung von Schamottesteinen auf die Vorwärm- und die Kühlzonen, da sich in der Sinterzone mit ihren hohen Temperaturen ($\sim$1400° C) dünnflüssige Reaktionsprodukte zwischen dem kalkreichen Sintergut und den Schamottesteinen bilden. Die entstehenden Schmelzen begünstigen zwar die Bildung eines Ansatzes (ohne den ein Drehrohrofen nicht betrieben werden kann), wegen ihrer Dünnflüssigkeit fallen aber die Ansatzringe leicht ab und verursachen starken Verschleiß.

Dieser wird noch durch das häufige Auftreten von Alkalisalzdämpfen gefördert. Nach F. Köberich [52] wird in solchen Fällen das Ofenfutter durch die Wechselwirkung zwischen Zementmasse, Alkalisulfat und Ofenfutter zerstört. H. Kühl, H. Lorenz u. F. Thilo [53] fanden am Übergang zwischen Ofenfutter und Ansatz einen Alkaligehalt von etwa 12 bis 19%. Die Schamottesteine wurden daher schon sehr bald durch hochtonerdehaltige Steine (s. Abschn. 4.33) oder durch Magnesiasteine (s. Abschn. 5.671) aus der Sinterzone verdrängt [54]; in der Vorwärm- und Kühlzone halten sie sich dagegen wegen ihrer besseren Wärmedämmfähigkeit gegenüber Magnesiasteinen, sie vermindern die beim Drehrohrofen hohen Abstrahlverluste.

Da in *Schachtöfen* der chemische Angriff auf das Ofenfutter geringer ist als in Drehrohröfen, haben sich in ihnen die Schamottesteine auch in der Kalzinier- und Sinterzone nicht verdrängen lassen. Gewöhnlich werden an diesen Stellen handelsübliche A 0- oder A I-Steine oder Hartschamottesteine, gelegentlich aber auch hochtonerdehaltige Qualitäten eingebaut.

3.58 In Glasschmelzöfen

3.581 Formate und Steinqualität

In Glaswannenöfen werden Schamottesteine für die Zustellung der Wände und des Wannenbodens und als Gittersteine der Regeneratoren (s. Abschn. 3.593) verwandt, in Hafenöfen als Bankplatten und Büttensteine. Auch die Häfen selbst werden aus Schamottematerial hergestellt, wie in Abschn. 3.366 beschrieben wurde. Damit das Mauerwerk möglichst wenig Fugen enthält, werden die Abmessungen der Wannensteine, Bankplatten und Büttensteine möglichst groß gehalten.

Die *Formate* für Wannensteine wurden 1942 in dem Blatt 29 der *Einheitsformate für Glaswannensteine* [55] festgelegt. Danach erreicht die Länge bei Wannensteinen 1000 mm, bei Bankplatten 1200 mm, ihre Dicke schwankt zwischen 200 und 300 mm, ihre Breite zwischen 400 und 800 mm. Allgemein verbindliche Normen bestehen jedoch noch nicht. Auf die Schwierigkeit der Herstellung großer Formate wurde in Abschn. 3.35 u. 3.363 hingewiesen.

Wannensteine besitzen *Tonerdegehalte* von 18 bis 45%. Am meisten kommen z. Z. Qualitäten mit 21 bis 31% Al_2O_3 vor. Diese lassen im Weißglasbetrieb bei mäßiger Beanspruchung und relativ niedriger Betriebstemperatur Ofenreisen bis zu 1 Jahr zu, bei Grünglas sogar $1^1/_2$ Jahre. Auch Hütten, die hohe Ansprüche an die Schlierenfreiheit ihres Glases stellen, verwenden die Sorten mit niedrigem Tonerdegehalt, weil sie sich gleichmäßiger auflösen als tonerdereichere Steine. Qualitäten mit 32 bis 42% Al_2O_3 werden für hochbelastete, heißgehende Wannen verwandt, sind aber dort teilweise durch hochtonerdehaltige Sonderqualitäten (vgl. Abschn. 4.4) verdrängt worden.

Die in den Gütenormen DIN 1090 für Wannensteine festgelegten Eigenschaftswerte sind heute als überholt anzusehen. Nach einer Untersuchung von K. Konopicky, A. Dietzel u. R. Günther [56] soll die Porosität von Steinen für höhere Ansprüche möglichst unter 22% liegen. Diese Dichte wird von den Hartschamottequalitäten erreicht.

Unter den sonstigen physikalischen Eigenschaften hat sich die *Gasdurchlässigkeit* als besonders wichtig erwiesen, sie ermöglicht eine Kontrolle der Herstellungsbedingungen und gibt einen Anhaltspunkt über die Porengröße (Abschn. 3.435).

Nach O. Bartsch [57] soll die mittlere Porengröße nicht mehr als 10 μ betragen, das entspricht einer Gasdurchlässigkeit von 30 Millidarcy, für dünnflüssige Gläser nicht mehr als 5 μ bzw. 3 Millidarcy (vgl. Abschn. 1.432).

Besonderen Einfluß auf die Bewährung der Wannensteine im Betrieb haben *Struktur* und *Textur*. Vor allem spielt die Einbindung der Magerungsmittel eine

Rolle, z. B. können lose gebundene Schamottekörner im ganzen vom Glasfluß herausgelöst werden und die gefürchteten *Steinchen* im Glase bilden [58] (Abbildung 465). Zur Überprüfung der Struktur dienen in erster Linie Schliffbilder (vgl. Abschn. 3.433 u. Abb. 395). Indirekt spiegelt sich die Güte der Einbindung im *ta*-Wert der Druckfeuerbeständigkeitsprüfung wider. Dieser Wert liegt bei Glaswannensteinen im allgemeinen höher als bei normalen Steinen, je nach Tonerdegehalt schwankt er zwischen 1380 und 1550° C. Hochwertige Wannensteine mit $> 40\%$ Al_2O_3 und $< 1\%$ Alkali erreichen sogar *ta*-Werte bis 1600° C. Einen Überblick über die wichtigsten Eigenschaften verschiedener Glaswannensteine mit Angaben ihrer relativen Haltbarkeit gibt Tab. 108 [56].

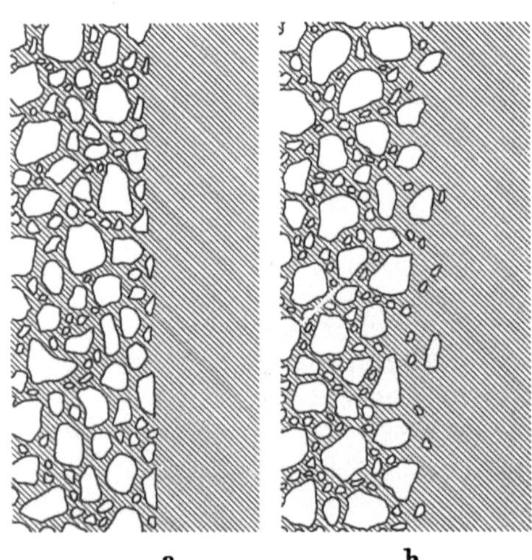

a   b

Abb. 465a u. b. Verhalten von Schamottesteinen gegen Glasflüsse (nach H. JEBSEN-MARWEDEL)
a) Festes Bindemittel; b) steinchenbildende Auflösung

Der schnelle Verschleiß des Steines *3* dürfte auf seine hohe Gasdurchlässigkeit zurückzuführen sein. Die gegenüber *4* geringere Haltbarkeit der Steine *5*, *6* und *7* erklärt sich durch ihren höheren Alkaligehalt und z. T. durch höhere Gasdurchlässigkeit und Porosität. Stein *8* zeichnet sich gegenüber Stein *9* nur durch niedrigere Gasdurchlässigkeit aus, seine bessere Haltbarkeit ist im Betrieb mehrfach bestätigt worden. Schließlich zeigt der Vergleich der Steine *10* und *11* wiederum den Einfluß der Gasdurchlässigkeit und des Alkaligehaltes.

Tabelle 108. *Eigenschaften und relative Haltbarkeit verschiedener Glaswannensteine* nach (K. KONOPICKY, A. DIETZEL u. R. GÜNTHER)

Lfd. Nr.	1	2	3	4	5	6	7	8	9	10	11
$Al_2O_3 + TiO_2$ %	32,7	39,8	39,1	31,5	33,0	23,3	26,5	33,8	30,3	22,6	23,5
$K_2O + Na_2O$ %	1,05	1,92	2,24	1,00	3,15	2,20	2,85	2,13	2,86	0,60	2,50
Porosität Vol.-%	21,6	14,8	25,9	21,4	19,5	22,5	25,0	19,9	19,4	32,4	20,4
Permeabilität 10^{-3} CGS-Einheiten	3	2	169	25	5	87	51	7	26	6	51
DFB (*ta*-Wert) °C	1520	1580	1390	1480	1390	1400	1410	1430	1420	1470	1335
Relative Haltbarkeit											

3.582 Bau und Betrieb von Glaswannen

Beim Bau einer Glasschmelzwanne werden die passend zugerichteten Blöcke so dicht wie möglich ohne Verwendung von Mörtel aneinandergefügt. Die Fugen dichten sich im Betrieb durch eingedrungenes, in ihnen erstarrendes Glas.

Abb. 466 zeigt das Innere einer neu gebauten englischen Wanne zur Auszieh-
öffnung hin [59]. Die verwandten Blöcke sind hier nur $8'' = 203,2$ mm dick[1].

In der neuen Wanne werden an geeigneten Plätzen Kohle- oder Koksfeuer-
stellen errichtet, sie sollen den Ofen langsam bis zu schwacher Rotglut (700 bis
800 ° C) antempern, dann erst wird Gas zum *Aufheizen* des Ofens auf die Schmelztemperatur zwischen 1360 und 1470 ° C eingelassen. Die Aufheizzeit eines Wan-
nenofens variiert mit seiner Größe zwischen einigen Tagen und einem Monat.

Gelegentlich setzt man schon beim ersten Anheizen Glasscherben ein, um die Wannen-
blöcke vor direktem Flammenangriff zu schützen und ihre Erhitzung zu verlangsamen.
Dieses Verfahren darf jedoch nicht angewandt werden, wenn das Wannenmauerwerk schwach

Abb. 466. Das Innere eines neuzugestellten Glaswannenofens vor dem Gebrauch (nach J. H. PARTRIDGE)

gebrannte Blöcke enthält. Erst nach ausreichender Sinterung durch den keramischen Brand
oder notfalls beim Aufheizen der Wanne dürfen die Steine mit Glasschmelze in Berührung
gebracht werden, andernfalls ist rasche Korrosion unvermeidbar.

Unvorsichtiges Aufheizen kann Risse zur Folge haben, die Ansatzpunkte für
eine Zerstörung der Steine bieten. Besonders gefährlich sind dabei horizontale
Risse (siehe weiter unten).

Zur Verlängerung der Lebensdauer des Ofens können Wannenblöcke mit
Luft gekühlt werden. Im allgemeinen kühlt man jedoch erst gegen Ende der
Ofenreise, nur in einigen Glashütten von Anfang an. Hierdurch kann die Auflösung der Blöcke beschleunigt werden [60]. Lediglich stark erweichte Partien
der Wanne sollten durch Kühlung geschützt werden.

3.583 Korrosion der Glaswannensteine

An der Grenzzone zwischen Glasschmelze und Wannenstein bildet sich im
Betrieb eine 0,5 bis 1,5 mm dicke, hell gefärbte *Reaktionsschicht* aus, die bei
den kurzfristigen Verschlackungsversuchen nicht zu beobachten ist. Sie ist von
E. STEINHOFF [61] an verschiedenen Steinen und Gebrauchsgläsern zonenweise
analytisch untersucht worden. Dabei ergab sich, daß Alkalien, aber praktisch
keine Erdalkalioxyde in die Reaktionszone eingedrungen sind. Bei kalireichen

---

[1] Über die Konstruktion und Arbeitsweise der wichtigsten Ofentypen in der Glasindustrie s. Abschn. 2.56.

Gläsern, z. B. Brillengläsern, wandert K_2O bevorzugt ein, die Reaktionszone
weist dann stellenweise höheren Kaligehalt auf als die Glasschmelze selbst
(Abb. 467). E. STEINHOFF führt die Anreicherung des Kaliumoxydes in der Grenzzone auf seine geringere Oberflächenspannung zurück. Kaliarme Gläser laugen
dagegen das Schamottematerial aus. Alkalizufuhr und Austausch der Alkalien
untereinander kann nur durch Diffusion erfolgen. K. KONOPICKY [62] hat der-

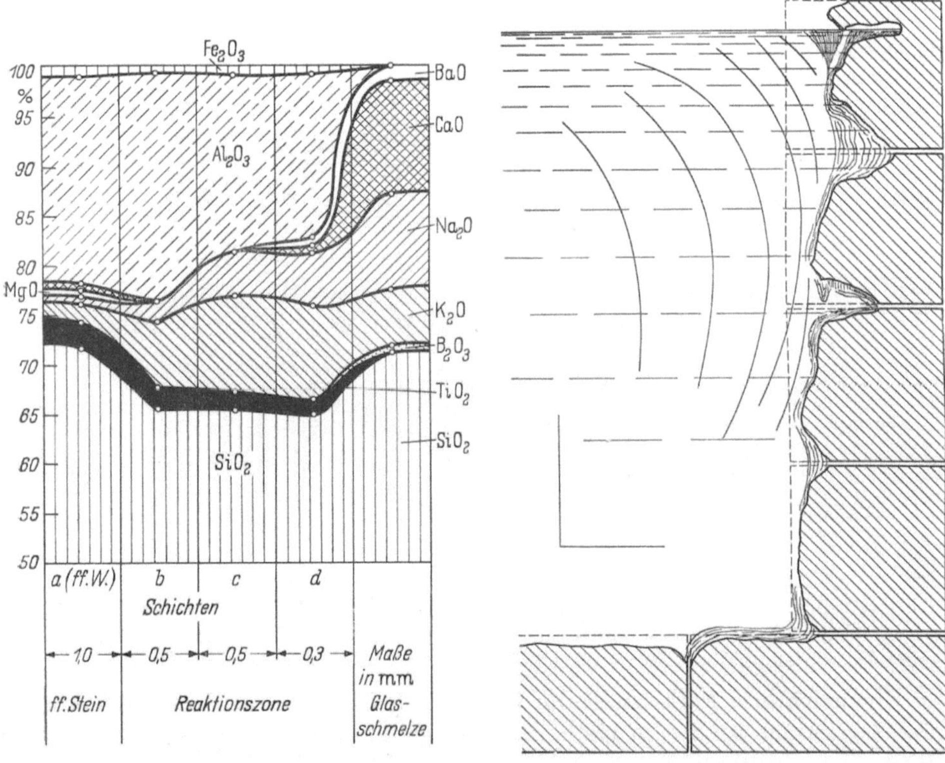

Abb. 467
Angriff einer Glasschmelze mit 9,7 % Na_2O und 6,0 %
K_2O auf einen Wannenstein (nach E. STEINHOFF)

**Abb. 468. Korrosionsprofil der Wandung einer Glas-
schmelzwanne** mit Schlierennestern und Erosions-
rillen in den Fugen (nach H. JEBSEN-MARWEDEL)

artige Diffusionserscheinungen bis in große Tiefen der Steine (50 bis 60 mm) –
natürlich mit der Tiefe abklingend – als Austausch von Kaliumoxyd gegen
Natriumoxyd beobachtet.

Mineralogisch besteht die Reaktionszone im allgemeinen aus größeren Mullitkristallen in isotropem Glas. Die Alkalien zersetzen jedoch häufig den Mullit
unter Abscheidung von Korund (vgl. Abschn. 3.164). Nach dem Dreistoffsystem
SiO_2–Al_2O_3–K_2O (Abb. 300) reicht das Ausscheidungsgebiet des Korundes bis
zu einem Tonerdegehalt von 20 % herab, sofern der Alkaligehalt 10 bis 20 %
beträgt[1].

Zwischen Reaktionszone und Glasschmelze befindet sich noch eine glasurartige *Übergangszone* mit hohem Alkaligehalt, in ihr sinkt der Tonerdegehalt

---

[1] Das Dreistoffsystem SiO_2–Al_2O_3–Na_2O unterscheidet sich im Gebiete geringerer
Alkaligehalte nicht wesentlich von dem Diagramm SiO_2–Al_2O_3–K_2O.

allmählich auf den der Glasschmelze ab [63]. Die in den Schamottestein diffundierenden Alkalien erniedrigen fortschreitend den Schmelzpunkt des Steines, bis er sich schließlich nur noch unwesentlich von dem der Glasschmelze unterscheidet. Auf diese Weise schmelzen immer neue Teile des Steines auf, die oben beschriebenen Zonen wandern entsprechend weiter. Der *Auflösungsvorgang* geht um so schneller vor sich, je höher der ursprüngliche Alkaligehalt des Steines liegt. Die Auflösung soll gleichmäßig erfolgen, d. h. es sollen keine festen Teilchen zurückbleiben, die dann als *Steinchen* oder *Schlieren* die Glasqualität beeinträchtigen. Auch Eisenoxydanreicherungen im Schamottestein können störende Verunreinigungen in der Glasschmelze hervorrufen.

Besonders stark ist der Verschleiß am *Glasspiegel*, weil hier die Schmelze am meisten bewegt ist, d. h. flüssige Reaktionsprodukte am schnellsten ausgetauscht werden. Auf dem Glasspiegel ent-

Abb. 469
Auflösung von Glaswannensteinen von innen aus (nach J. H. PARTRIDGE)

steht im Gegensatz zur Stahlschmelze keine Schlackenschicht. Geringfügige Ausscheidungen aus dem Bade werden durch sogenannte Schamottebrücken oder auch ein gegeneinander versetztes Gitterwerk vom Vorherd ferngehalten.

An den *Fugen* schreitet die Auflösung schneller vor als an den übrigen Steinteilen [58] (Abb. 468). Risse, deutliche Texturunterschiede, auch Verunreinigungen im Stein können zu Hinterspülungen der Steinoberfläche führen. So entstehende Höhlen sind unliebsame Nester für Ansammlungen von Reaktionsprodukten und Steinchen, die dann beim Abschmelzen der Oberfläche plötzlich in die Glasschmelze hineingelangen [64]. Im Extremfall kann es dazu kommen, daß ganze Steine vom Inneren aus aufgelöst werden und nur noch Teile der Oberflächen erhalten bleiben (Abb. 469).

Eine besondere Form der Auflösung geht von horizontalen Fugen oder Rissen aus. Die oben erwähnte glasurartige Übergangszone an der Oberfläche der Wannensteine vermischt sich nicht immer mit der Glasschmelze, da sie infolge höheren Al_2O_3-Gehaltes eine größere Oberflächenspannung besitzt als das Glas. Sie wird dann am Stein entlang nach unten fließen und an überstehenden Fugenkanten Tropfen bilden, deren Größe und gegenseitiger Abstand von ihrer Grenzflächenspannung gegen Glas abhängen [65, 58] (Abb. 470a). Diese an Schamottematerial weitgehend gesättigten Tropfen schützen den von ihnen berührten Teil des Steines vor weiterem Angriff, in ihrer Nachbarschaft schreitet die Auflösung jedoch weiter fort (Abb. 470b). An den vorstehenden Kuppen sammeln sich nunmehr die Glasurtropfen bevorzugt (weil spezifisch schwerer als die Glasschmelze) und schützen diese Teile weiter vor Auflösung; in den Vertiefungen dagegen läuft die entstehende Glasur schnell ab und wird durch frisches Glas ersetzt (Abb. 470c). So entstehen charakteristische *Zapfenbildungen*, wie sie sich vorwiegend an der Unterseite der Wannensteine oberhalb von horizontalen Fugen finden (Abb. 471). Bei der Entstehung der Zapfen dürften Gasblasen, die sich unter vorragenden Steinkanten sammeln, eine wichtige Rolle spielen (Lochfraß) [*66*]. Abb. 472 zeigt an einer englischen Glaswanne nach J. H. PARTRIDGE [*59*] die Ausbildung der von horizontalen Rissen ausgehenden Zapfen.

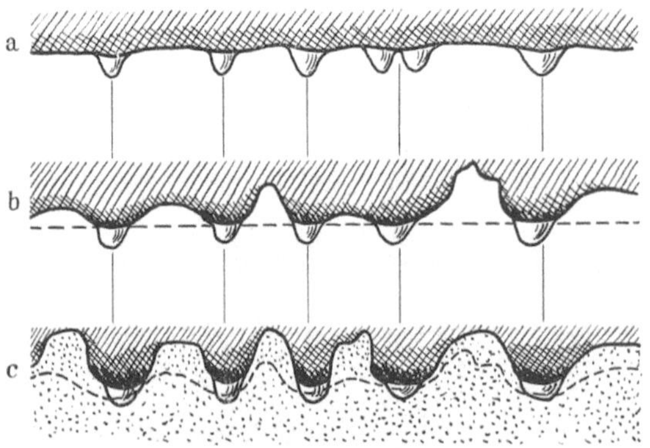

Abb. 470 a bis c. Zapfenbildung an Schamottesteinen unter der Schutzwirkung von Glasurtropfen an kleinen Kanten unterhalb des Glasspiegels

a) Hängen der Tropfen an kleinen Kanten; b) Vertiefung der Zwischenräume durch Korrosion; c) Zapfenbildung

Das jeweils voraufgegangene Profil ist gestrichelt eingetragen

Sulfate als Ersatz für Soda im Gemenge verstärken den chemischen Angriff wesentlich. Nicht durch Kohlenstoff reduziertes Natriumsulfat befindet sich bei den Temperaturen der Glasschmelze im Gleichgewicht mit *Natriumsulfit* (Na_2SO_3). Beide Verbindungen bilden dünnflüssige, auf der Glasschmelze schwimmende Schmelzen, die sogenannte *Galle*. Sie dringt wegen ihrer geringen Zähigkeit schnell und tief in die feuerfesten Steine ein, greift dabei stärker an als Silikatschmelzen (s. Abschn. 3.442). Nach R. RASCH [*67*] erfolgt die Umsetzung von Natriumsulfat und Natriumsulfit mit dem Schamottestein unter Bildung von *Siliziumdisulfid* (SiS_2), das Aufblähungen im Stein hervorruft. Das Auftreten von Galle ist eine der Hauptschwierigkeiten beim Übergang von Soda auf Natriumsulfat.

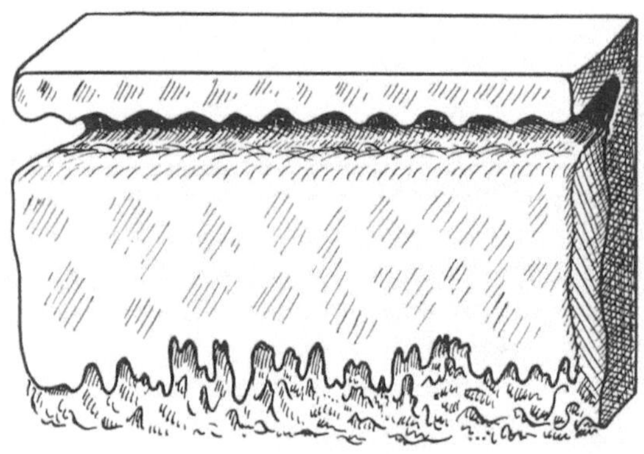

Abb. 471. Wannenblock mit glatter Auflösungsfläche und Tropfenbildungen an der Spülhaube und in der Auflagefuge

Wegen ihrer stärkeren Abnutzung werden die Blöcke nahe des Glasspiegels während der Ofenreise durch neue Steine ersetzt.

Dazu muß man den Spiegel vorübergehend senken, die Ersatzblöcke werden von außen in die Wand eingeschoben, die verschlackten Reststeine in das Bad gedrückt. Man fischt sie später mit Hilfe von Spezialwerkzeugen heraus.

Die *Ersatzblöcke* wählt man poröser und lockerer als die Blöcke der Erstausstattung, sie müssen dem Temperaturschock beim Einschieben in das Ofenmauerwerk widerstehen.

Der chemische Angriff beschränkt sich nicht auf die Badzone. Alkalireicher Flugstaub aus den Gemengebestandteilen greift die höheren Wandteile und das Gewölbe an (vgl. Abschn. 2.56). Dabei entstehende Schmelzen laufen als Tropfen

Abb.472
Angriff von Wannenblöcken mit Zapfenbildung von horizontalen Fugen aus (nach J. H. PARTRIDGE)

an den steil stehenden Wänden herunter oder gelangen durch Abtropfen bzw. Fadenziehen in die Glasschmelze. Lösen sie sich dort nicht auf, verursachen sie die als Glasfehler bekannten *Knoten*.

3.59 In Regeneratoren

Mit Schamottesteinen besetzte Regeneratoren nach dem Prinzip von Siemens werden als Winderhitzer (Cowper) für Hochöfen, als Gitterkammern für Siemens-Martin-Öfen und Glaswannenöfen verwandt.

3.591 Winderhitzer

Winderhitzer werden mit gereinigtem Gichtgas beheizt und führen den Hochöfen heißen Gebläsewind von 700 bis 1000° C zu. Sie bestehen aus Brennschacht, Kuppel und Gitterwerk (Abb. 473). Das vom Hochofen kommende Gichtgas wird durch einen Brenner dem unteren Schachtende zugeführt und im Schacht verbrannt. Die entstehenden Gase steigen zur Kuppel hoch, werden dort umgelenkt und streichen durch den Besatz des Gitterwerkes, diesen vorwärmend, nach unten zum Abzug.

Nach dem Umschalten wird Kaltluft durch die Gitterung hindurchgedrückt und nimmt dabei die dort gespeicherte Wärme auf. Die so entstandene Heißluft gelangt durch die Kuppel in den Brennschacht und verläßt den Winderhitzer durch den Stutzen der Heißwindleitung.

Große Hochöfen haben mindestens 2, häufig 3 Winderhitzer. Die Umschaltperiode richtet sich nach den örtlichen Bedingungen. Vielfach beträgt sie 2 Std. (1 Std. Gas, 1 Std. Heißwind), bei Hochöfen mit 3 Winderhitzern 3 Std. (2 Std. Gas, 1 Std. Wind).

Die Wirtschaftlichkeit eines Winderhitzers hängt in erster Linie von der Gestaltung des *Besatzes* ab. Allgemein muß dieser große Oberflächen für raschen Wärmeübergang und hohes Gewicht zur Speicherung von viel Wärme besitzen.

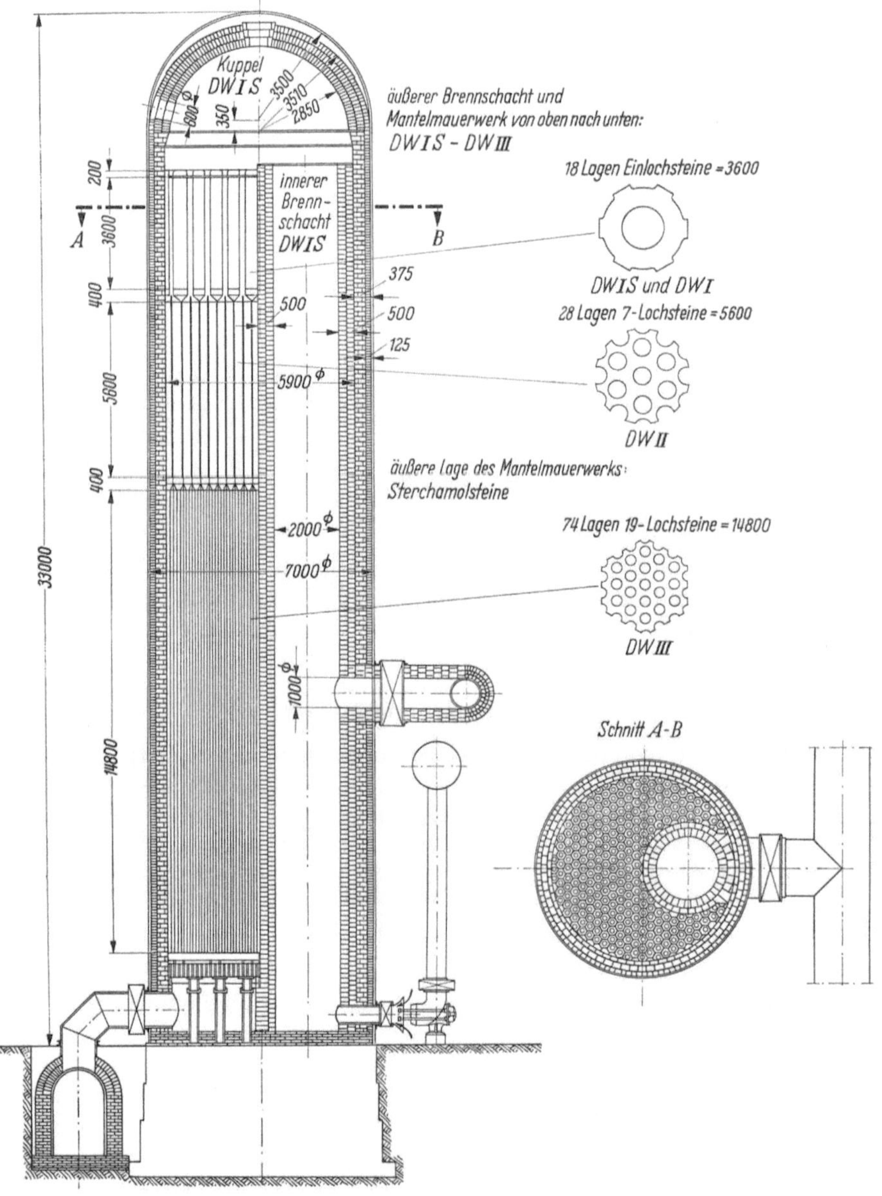

Abb. 473. Schnitt durch einen Winderhitzer
Die neue Bezeichnung für D IV S ist DW I S, für D IV ist DW I, für D V ist DW II, für D VI ist DW III, für D VII ist DW III

Diese Forderungen führten zunächst zur Entwicklung des Einzonenwinderhitzers mit einheitlichen Steinformen von oben bis unten. Die Verbrennungswärme wurde in ihm nur unvollkommen ausgenutzt. Die Brenngase verließen den Winderhitzer noch mit Tempera-

turen von nahezu 300 bis 400° C. Erst später erkannte man, daß der Wärmeübergang in
den einzelnen Zonen des Besatzes sehr verschieden ist.

In den oberen heißen Zonen ist der *Wärmeübergang* in der Gaszeit sehr gut,
weil die Wärme vorwiegend durch Strahlung übertragen wird und Konvektion
nur eine geringere Rolle spielt. Die Besatzsteine müssen dort große Wandstärke
mit ausreichender Speicherfähigkeit haben. Wie A. SCHACK [68] berechnete,
genügt bei der üblichen 1stündigen Umstellzeit und der Wärmeleitfähigkeit
von Schamottesteinen (vgl. Abschn. 1.52) eine Wandstärke von 60 mm. Die
Strömungsgeschwindigkeit der Heizgase muß groß sein, damit nicht zuviel Wärme
an den Stein abgegeben, dieser also nicht überhitzt wird.

In der Windzeit, d. h. während des Durchströmens von kaltem Wind, ist
in der oberen Besatzzone der Wärmeübergang wesentlich schlechter als in der
Gaszeit, weil der Wind keine Strahlungswärme aufnimmt und nur durch Konvektion erwärmt wird. Die mittlere Steintemperatur ist daher sehr hoch und
nähert sich der Gastemperatur. Zur Verbesserung des Wärmeüberganges auf
den Wind sollten die Besatzsteine in den oberen Zonen enge Kanäle haben. Es
ist aber ein gewisser Mindest-Kanalquerschnitt erforderlich, um unwirtschaftlich
hohe Druckverluste zu vermeiden und andererseits der Gefahr einer Verstopfung
der Kanäle durch abgebrochene Steinstücke zu begegnen.

In den tieferen, kälteren Zonen wird die Wärme auch in der Gaszeit ausschließlich durch Konvektion übertragen. Daher müssen die Besatzsteine dort
besonders große Oberfläche pro Raumeinheit besitzen, aber keine große Wandstärke, weil nur wenig Wärme aufgenommen wird.

Die Bedingungen für den idealen Wärmeaustausch sind in der Praxis bei
den üblichen zylindrischen Winderhitzern nicht erfüllbar, man muß einen
Kompromiß zwischen wärmetechnischen Anforderungen und bautechnischen
Möglichkeiten schließen. Meist haben die Kanäle in der oberen Zone einen für
den idealen Wärmeübergang zu großen Durchmesser.

Die Besatzsteine haben runde, dreieckige oder viereckige Löcher, mit glatten
oder profilierten Oberflächen, teilweise auch mit Einrichtungen zur Erhöhung
der Turbulenz der Gasströmung [69], um besonders den Wärmeübergang in den
unteren Zonen zu verbessern. Am günstigsten verhalten sich jedoch Steine
mit runden Lochquerschnitten, da in der Umgebung von scharfen einspringenden Kanten eine größere Reibung auftritt, welche die Gasströmung bremst
und dadurch den Wärmeübergang verschlechtert. Kanäle mit derartigen
Kanten ergeben wohl rechnerisch eine große Oberfläche, diese wirkt sich aber
nicht aus, weil die Gasströmung nur in den mittleren Zonen der Kanäle die
errechnete Geschwindigkeit erreicht, während die Randzonen tote Winkel
bilden. Alle modernen Besatzsteine haben in den oberen Zonen wenig Löcher,
aber große Wandstärke (Abb. 474), in den unteren viele Löcher bei geringer
Wandstärke (Abb. 475).

Die Abgastemperaturen der modernen Winderhitzer betragen 80 bis 125° C
[70], ihr Wirkungsgrad erreicht 90% und mehr. Die höchsten Temperaturen
(1250 bis 1350° C) treten in der Kuppel auf [70].

Besatzsteine und übriges Steinmaterial im Winderhitzer wurden bisher nach
dem Naßpreßverfahren hergestellt. Neuerdings bestehen Wandmauerwerk und
Teile des Besatzes aus halbtrockengepreßten Steinen. Diese haben ihrem höheren

Raumgewicht entsprechend größere Wärmekapazität, schwinden weniger stark und neigen weniger zu viskosen Kriechbewegungen.

Nach DIN 1087 sollen für das obere Drittel des Gitterwerkes, die Kuppel, den Brennschacht, auch teilweise für die innere Mantelausmauerung Steine mit 35—42% Al_2O_3 und

Abb. 474. Obere Besatzzone eines im Bau befindlichen Winderhitzers, Bauart Martin u. Pagenstecher

einem Kegelfallpunkt von SK 32—33 verwandt werden. Sie werden mit DW I (39—42% Al_2O_3) und DW II (35—39% Al_2O_3) bezeichnet. Für die unteren zwei Drittel des Gitterwerkes sind Steine mit 30—35% Al_2O_3 und mindestens SK 30 vorgesehen (DW III), für das äußere Mantelmauerwerk sowie den Unterbau Steine mit weniger als 30% Al_2O_3 und mindestens SK 28.

Später sind für die Kuppel und die unmittelbarer Flammenwirkung ausgesetzte innere Schicht des Brennschachtes DW I-Spezialsteine mit 42 bis 44% Al_2O_3 hinzugekommen.

Abb. 475. Tiefere Besatzzone eines im Bau befindlichen Winderhitzers, Bauart Steuler

Heute setzt man in der Kuppel und den oberen Besatzzonen sowie dem inneren Brennschacht Steine von A 0-Qualität (DWO) oder mit Korund angereicherte Steinsorten (vgl. Abschn. 4.32) ein. Für das übrige Mauerwerk, wie äußeren Brennschacht, Mantel und Besatzsteine verwendet man den von oben nach unten abnehmenden Temperaturen entsprechend DW I-Spezialsteine in den obersten Teilen, DW I-Steine im Rest der heißen Zone DW II-Steine im mittleren Abschnitt und DW III- bzw. Steine in den unteren Zonen. Die Eigenschaften sind etwa die gleichen wie bei den entsprechenden naß- oder halbtrockengepreßten A-Steinen (vgl. Tab. 96). Die äußere Schicht des Mantels einschließlich der Kuppel besteht aus Isoliersteinen auf Kieselgurbasis (z. B. Sterchamol) (vgl. Abbildung 473).

Im Betrieb können die oberen Lagen des Besatzes *plastisch deformiert* werden, wenngleich die thermische Beanspruchung dort rd. 200° C unter dem *ta*-Wert

Abb. 476. Oberfläche der Gitterung und des Brennschachtes eines gebrauchten Winderhitzers

der verwandten Steine liegt. Wie in Abschn. 1.73 ausgeführt wurde, sind Schamottesteine wegen ihres hohen Anteiles an Schmelzphase bei Betriebstempera-

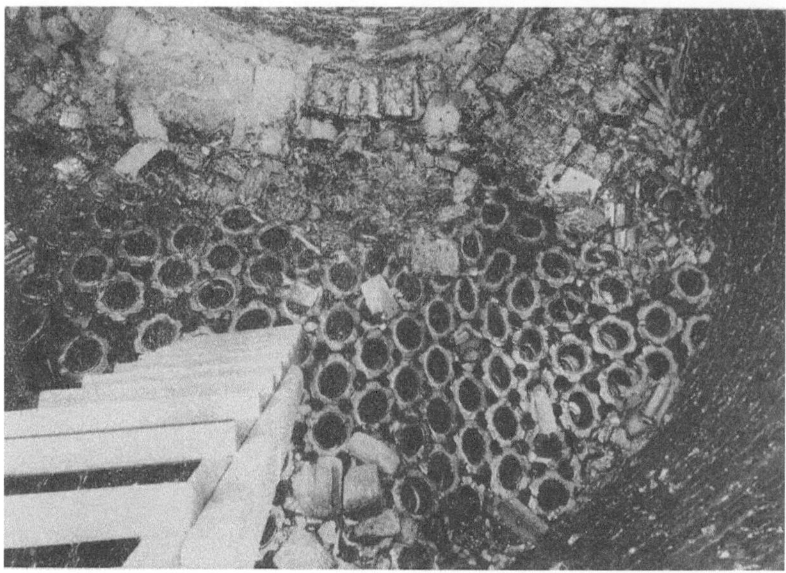

Abb. 477. Stark deformierte Besatzsteine aus der oberen Zone eines Winderhitzers

turen von über 1000° C als zähe, einer mechanischen Dauerbeanspruchung langsam nachgebende Flüssigkeiten aufzufassen. Bei einer üblichen Lebensdauer der Zustellung von 15 bis 20 Jahren können die plastischen Deformationen ein beträchtliches Ausmaß erreichen. Abb. 476 zeigt die noch relativ schwach verformte Besatz- und Brennkanaloberfläche eines gebrauchten Winderhitzers. Die tieferen Lagen der heißen Zone waren wesentlich stärker deformiert (Abb. 477). Sich dabei berührende Rohre können nahtlos miteinander verschweißen (Abb. 478).

Die Scherben der Besatzsteine sind oft wie Steinzeug dicht versintert und haben speckigen Glanz. Ihr Raumgewicht steigt bis auf 2,47, dementsprechend sinkt ihre Porosität auf etwa 3,0 % offene Poren bzw. 6,0 % Gesamtporen. Die Erhöhung des Raumgewichtes ist mit Schwindungserscheinungen verbunden, daher sind die Scherben

Abb. 478. Miteinander verschweißte Besatzsteine aus einem gebrauchten Winderhitzer

meist von mehr oder weniger starken Schwindrissen durchsetzt (Abb. 478). Im Extremfall kann die Schwindung den völligen Zerfall der Besatzsteine zu faustgroßen Stücken hervorrufen (*Scherben-Cowper* Abb. 479).

Die freien Oberflächen der Bruchstücke sind mit einer dunklen, durch Aufnahme von Eisenoxyd und Alkalien aus den Brenngasen entstandenen *Schlackenschicht* bedeckt (Abb. 480).

Abb. 479. Durch Schwindung zu Stücken zerfallene Besatzsteine in einem gebrauchten Winderhitzer (Scherben-Cowper)

Abb. 480. Gebrauchter Winderhitzer-Besatzstein mit dunkler Schlackenkruste und heller Glaszone

Seitdem die Winderhitzer mit gereinigtem Gichtgas beheizt werden, sind die Schlackenschichten auf den Steinen nur wenige mm stark, setzen daher deren Haltbarkeit nicht merklich herab. Bei ungereinigtem Gichtgas bildeten sich dicke Ansätze, die zu einer Verstopfung der Gitterkanäle führten und dadurch die Lebensdauer der Winderhitzerzustellung stark verminderten.

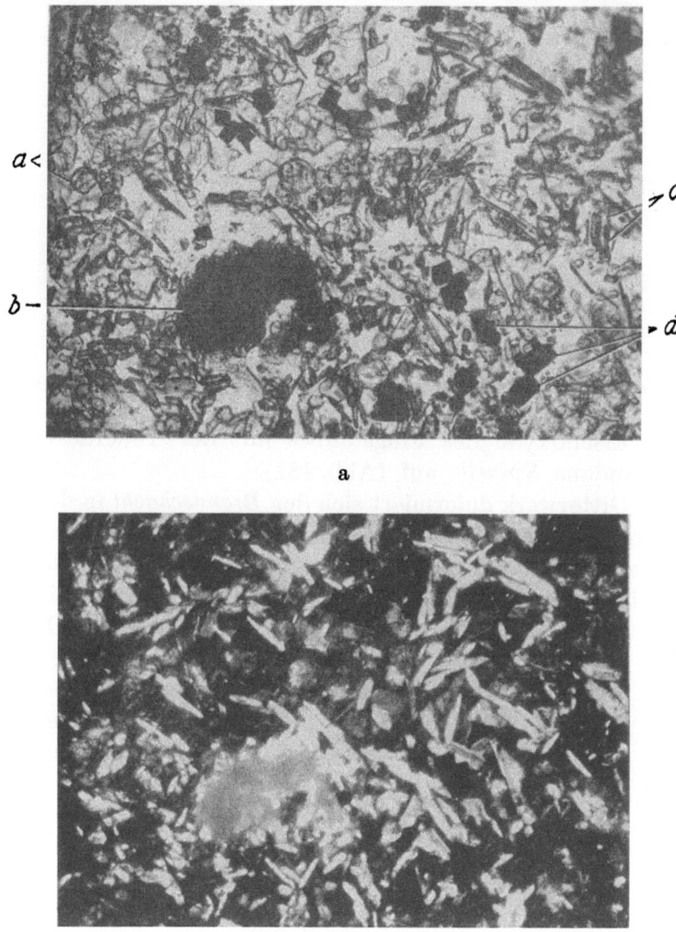

Abb. 481 a u. b. Schlackenhaut eines gebrauchten Winderhitzer-Besatzsteines. Dünnschliff (Vergr. 60 ×)
a) In gewöhnlichem Licht; b) unter gekreuzten Nikols
a Kaliophilit; b nicht aufgelöstes Schamottekorn; c Mullitnadeln; d grünlich bis braun gefärbte Spinelle

Die Analyse einer dunklen Schlackenhaut ergab:

SiO_2 %	Al_2O_3 %	Fe_2O_3 %	MnO %	CaO %	MgO %	Na_2O %	K_2O %	Glühverlust %
46,46	35,93	4,42	0,32	1,08	2,21	1,16	6,44	0,15

Unter dem *Mikroskop* zeigt sich, daß das ganze Steinmaterial stark verglast ist. Nahe der Oberfläche sind fast alle Schamottekörner aufgelöst worden, es hat sich eine hell gefärbte, praktisch nur aus Mullit und Glas bestehende Zone gebildet (vgl. Abb. 480, angeschliffene Fläche). Mit Annäherung an die Schlackenschicht treten im Glas neben Mullitnadeln Kristalle von *Kaliophilit* ($K_2O \cdot Al_2O_3 \cdot 2\,SiO_2$) (vgl. Abschn. 3.164) und braun bis grün gefärbte, durch

Abb. 482. Kuppel eines gebrauchten Winderhitzers mit Schwindungserscheinungen und Schmelzzapfenbildung

Reaktion der Eisenoxyde des Flugstaubes mit der Tonerde der Schamottesubstanz entstandene *Spinelle* auf (Abb. 481).

Außer dem Gitterwerk deformiert sich der *Brennschacht* in der Weise, daß er sich in Richtung auf das Gitterwerk hin neigt, weil das Brennschachtmauerwerk an der Gitterseite höheren Temperaturen ausgesetzt ist als in Nähe der Außenwand und damit dort stärker schwindet. In Abb. 476 sind durch dieses Schwinden entstandene Risse im Brennschachtmauerwerk zu erkennen. Die *Kuppelsteine* schwinden ebenfalls unter der Dauereinwirkung der Temperatur und der Flußmittelzufuhr. An ihrer Oberfläche kommt es zur Bildung von Schmelzzapfen (Abb. 482).

3.592 Gitterkammern von Siemens-Martin-Öfen

In den durch Brenngase aufgeheizten, zur Vorwärmung des Gases und der Verbrennungsluft dienenden Gitterkammern der SM-Öfen

Abb. 483
Gitterung einer SM-Ofen-Luftkammer (nach J. H. CHESTERS)

bestehen die obersten Gitterlagen (etwa 7) entweder aus Silikasteinen (vgl. Abschn. 2.518) oder – bei heiß betriebenen Öfen mit basischen Gewölben – aus Steinen mit $\sim 50\% \; Al_2O_3$ (vgl. Abschn. 4.32). Unter diesen Qualitäten folgen üblicherweise Schamottesteine in den Qualitäten A 0, A I und A II.

Die Gitterung in den Luftkammern eines ganzbasischen 50 t-Kaltgasofens z. B. kann nach folgendem Schema aufgebaut werden:

etwa 10 Lagen ...... Steine mit 50% Al_2O_3
5 Lagen ...... A 0-Steine
8 Lagen ...... A I-Steine
25 Lagen ...... A II-Steine

An Formaten werden für die oberen Lagen oft rechteckige Knüppel verwandt, deren Abmessungen in den Einheitsformaten für Silikasteine festgelegt sind [71]

Abb. 484
Rippenstein für SM-Ofen-Gitterkammern

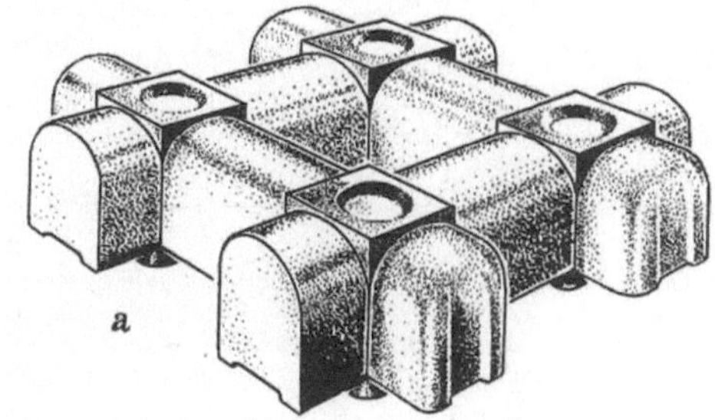
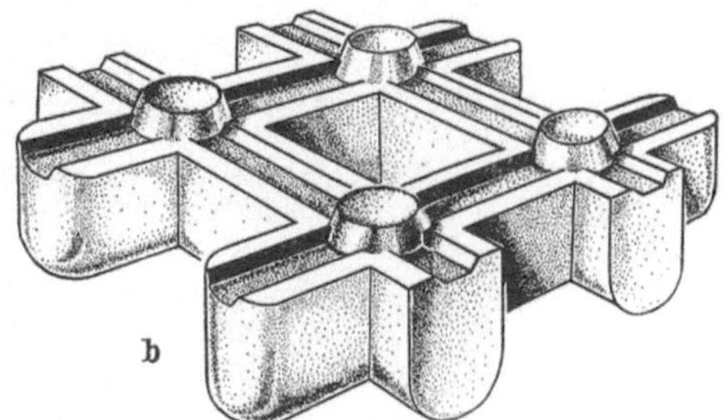

Abb. 485 a u. b. Wabenstein-Gitterung für SM-Ofen
Kammern, Bauart Lüngen
a) Oberseite; b) Unterseite

(Abb. 483, vgl. Abschn. 2.41, Tab. 46 b). Für die tieferen Lagen haben sich Rippensteine bewährt (Abb. 484). Die Rippen vergrößern die Oberfläche und sollen dadurch den Wärmeübergang auf die Steine verbessern. Daneben werden u. a. Wabensteine (Abb. 485a u. b) oder ovale Steine (Abb. 486) verwandt. Die ovale Form verbessert den Wärmeübergang, weil ein größerer Teil der Steinoberfläche von den Brenngasen bzw. der Luft bestrichen wird. Außerdem lagert sich auf den ovalen Steinen weniger Staub ab, so daß sich die Züge nicht so schnell verstopfen (siehe weiter unten).

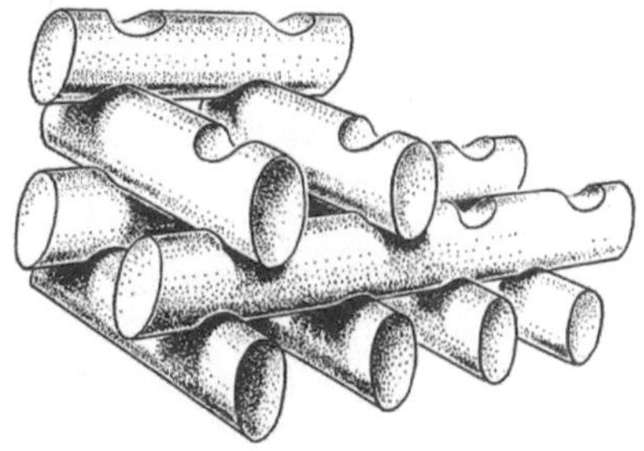

Abb. 486. Gitterung für SM-Ofen-Kammern
Bauart Hagenburger-Schwalb

Der *wärmetechnische Nutzeffekt* der Gitterkammern hängt von der Größe des Besatzgewichtes und der Gitterwerksoberfläche ab. Daneben spielt nach W. HEILIGENSTAEDT [72] der *Schlankheitsgrad* der Kammern, d. h. das Verhältnis von Höhe zur Breite eine Rolle. Es soll ~1,49 betragen. Nach H. VOIGT u. G. SCHMALHAUS [72a] ergeben aber diese Kenngrößen allein keine richtigen Vergleichswerte. Einen maßgebenden Einfluß hat der Strömungswiderstand in der Gitterung. Besitzt diese kleine Kanäle und ermöglicht sie turbulente Strömungen, so ist der Wärmeaustausch besser als in Gitterungen mit großen, glatten Kanälen, durch welche die Gase laminar hindurchströmen.

Die Kammern sind in ihrer Größe richtig bemessen, wenn sich das Verhältnis des Gittervolumens in m³ zur Größe der Herdfläche in m² 4 bis 5 beträgt.

Die obersten Gitterlagen ganzbasischer Öfen erreichen Temperaturen von 1400 bis 1500 ° C, diejenigen weniger heiß betriebener Öfen mit Silikagewölben etwa 1350° C (Abb. 487 a u. b).

Die *Abgase* führen feinkörnigen Staub mit sich; er besteht überwiegend aus Eisenoxyd, enthält daneben aber auch nicht unbeträchtliche Mengen an Kalk oder Kieselsäure (abhängig vom Schmelzverfahren und der Gewölbezustellung), und aus dem Schrott stammenden Zinkoxydstaub und Bleioxyddämpfe (Verdampfungstemperatur 1470° C), (s. dazu Abschnitt 2.512, Tab. 55).

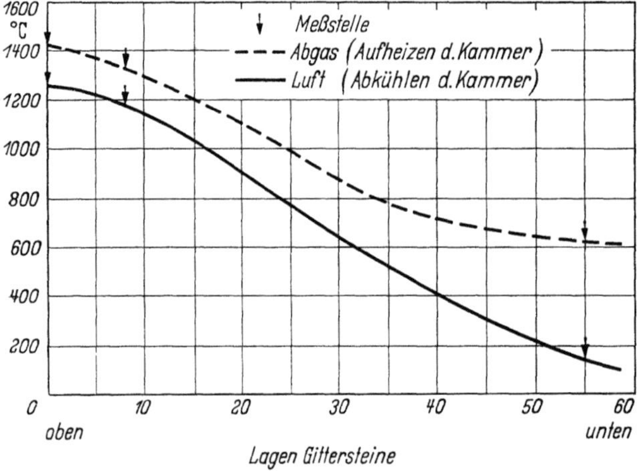

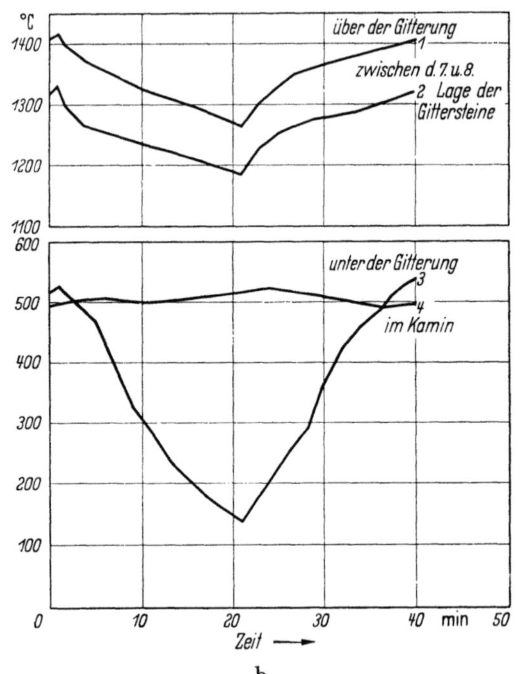

Abb. 487 a u. b. Temperaturverteilung in der Luft-Gitter-Kammer eines 200 t-Ofens mit basischem Gewölbe (nach W. AMELUNG) a) Als Funktion der Höhe; b) als Funktion der Zeit

Außerdem kommen Alkalien (meist Sulfate) in Mengen von 3 bis 10 % vor. Nach N. SKALLA [73] sollen bei Flugstaubanalysen sogar Alkaligehalte bis herauf zu 22 % gefunden worden sein. Als Quelle für die Alkalien kommt in erster Linie die Asche der zur Gaserzeugung verwandten Brennstoffe in Frage. Die Zusammensetzung der Flugstäube ist im übrigen von Stahlwerk zu Stahlwerk verschieden, sogar im gleichen Ofen kann sich ihre Analyse mit der Beschaffenheit des Einsatzschrottes stark verändern.

Der Flugstaub greift die Schamottesteine der oberen Gitterlagen entweder unter Bildung dünnflüssiger Schmelzen an oder bildet Ansätze auf ihnen. Die Schmelzen tropfen von den Steinen ab und hinterlassen eine dunkel gefärbte Kruste (Abb. 488 u. Tab. 109, Analyse 1). E. C. PETRIE u. D. P. BROWN [74] zeigten, daß die Steine vor allem dann abschmelzen, wenn die Flugstäube viel Alkalien enthalten. Bei stärkerer Staubzufuhr setzen sich an die wie Leim wirkenden Schmelzflächen weitere Staubteil-

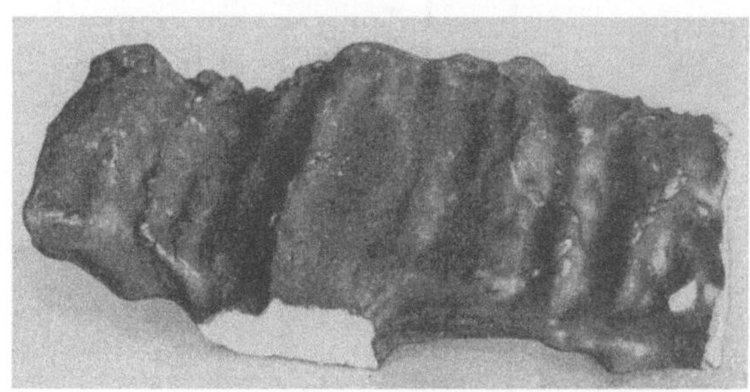

Abb. 488. Abgeschmolzener Kammergitterstein ($\sim 50\%$ Al$_2$O$_3$) mit dunkler Schlackenkruste

chen an und bilden einen den Stein immer stärker überkrustenden Pelz. Bei ungünstigen Zähigkeitsverhältnissen können die Ansätze so stark werden, daß sie die Züge weitgehend verstopfen (Abb. 489).

Abb. 489. Durch Ansatzbildung verstopfte SM-Ofen-Gitterung (Knüppel mit $\sim 50\%$ Al$_2$O$_3$)

Chemische Analysen von Schlackenkrusten und Ansätzen aus verschiedenen Gitterungen sind in Tab. 109 zusammengestellt. Sie zeigen, daß die Flußmittel, vor allem ZnO und Fe$_2$O$_3$, in weiten Gehaltsgrenzen schwanken. In unteren Gitterungsabschnitten treten neben den in Tab. 109 aufgeführten Komponenten *Sulfate* (Alaun, Na$_2$SO$_4$ usw.) in merklichen Mengen auf. Der SO$_3$-Gehalt kann bis 10% erreichen.

Abb. 490 zeigt die Änderungen der chemischen Zusammensetzung von Ansätzen in Abhängigkeit von ihrer Lage im Gitter bei a) aus der Luftkammer eines 200 t-Kippofens mit basischem Gewölbe, deren obere Gitterlagen aus Steinen mit 50% Al$_2$O$_3$ bestehen, bei b) aus der mit Silikasteinen gegitterten Luftkammer eines 60 t-Standofens mit Silika-

Tabelle 109. *Analysen von Schlacken und Ansätzen in SM-Ofen-Kammergitterungen*

Nr.	Steinqualität	Lage im Gitterwerk	Art	SiO$_2$ %	Al$_2$O$_3$ + TiO$_2$ %	Fe$_2$O$_3$ %	FeO %	MnO %	CaO %	MgO %	ZnO %	PbO %	SnO$_2$ %	Cr$_2$O$_3$ %	Na$_2$O %	K$_2$O %	P %	S %
1	50% Al$_2$O$_3$	oben	Schlacken-haut	14,7	19,1	33,2		1,5	2,8	2,0	14,4	—	—	1,3	6,4		0,2	—
2	50% Al$_2$O$_3$	oben	Schlacken-haut	32,4	36,1	8,3	2,7	1,1	2,3	0,8	0,2	Spur	0,4	—	3,4	6,2	0,04	—
3a	50% Al$_2$O$_3$	oberste Lage	Ansatz	27,5	25,1	8,1	—	1,2	1,4	0,6	27,5	Spur	0,5	—	4,7	4,3	0,3	—
3b	A 0	15. Lage	Ansatz	28,3	7,7	10,9	0,6	0,6	1,1	0,7	37,8	0,4	0,5	—	2,2	4,9	0,3	—
3c	—	unter Gitterung	getropftes Material	63,1	2,5	5,8	4,7	0,7	3,7	0,9	7,8	0,04	0,1	—	4,9	5,0	—	—
4a	A 0	12. Lage	Ansatz	49,1	4,6	22,8	3,1	1,1	4,9	1,5	8,3	0,05	0,2	—	2,2	2,5	0,8	—
4b	A II	25. Lage	Ansatz	31,8	2,4	5,8	0,7	0,4	1,2	0,5	33,8	3,9	0,2	—	2,9	4,4	0,1	0,4
5	50% Al$_2$O$_3$	oben	Ansatz	14,4	11,2	55,6		2,1	5,0	1,1	4,0	0,07	0,3	—	6,4		0,2	—
6	A II	unten	Ansatz	46,3	3,0	7,8		0,8	2,1	2,2	18,9	4,8	0,1	—	10,0		0,9	—

gewölbe. Im Fall a) ist der Al_2O_3-Gehalt in den oberen Lagen noch relativ hoch, wenn er auch durch Silikatschmelzen, die von der Silikadecke herabtropfen (vgl. Abschn. 2.518), vermindert wird. Nach unten wird er rasch sehr klein, weil sich dort die Gittersteine wegen der niedrigen Temperaturen nur wenig an den Reaktionen beteiligen.

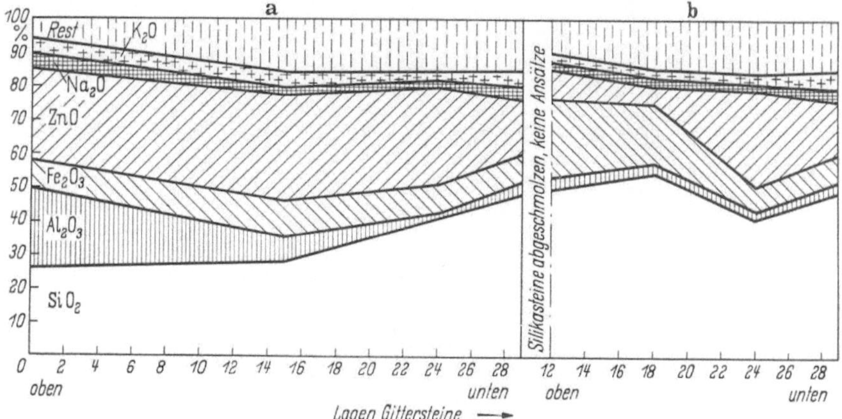

Abb. 490 a u. b. Änderung der chemischen Zusammensetzung von Ansätzen in SM-Ofen-Gitterungen als Funktion der Höhe
a) Oberste Lagen aus Steinen mit ~50% Al₂O₃; b) oberste Lagen aus Silikasteinen

Wenn die obersten Gitterlagen aus Silikasteinen bestehen (Abb. 490 b), ist die SiO_2-Vormacht in den Reaktionsprodukten noch stärker. Es entstehen dünnflüssige Schmelzen, welche keinen Ansatz bilden. Die Silikasteine werden stark korrodiert, und die unteren Gitterungslagen setzen sich noch leichter zu als bei einer Verwendung von hochtonerdehaltigen Steinen (vgl. Abb. 236).

Die tonerdearmen Silikatschmelzen erstarren in den tieferen Lagen des Gitterwerkes oft zu würstelförmigen Gebilden, die sich wie Vogelnester miteinander verflechten und das Gitterwerk verstopfen. Eine Analyse derartig abgetropften Materials ist in Tab. 109 unter Nr. 3 c aufgeführt. Es besteht vorwiegend aus SiO_2, Eisenoxyden, ZnO und Alkalien. Der ähnlich zusammengesetze Ansatz Nr. 6 in Tab. 109 beginnt bei 1030° C zu erweichen und wird bei 1250° C flüssig.

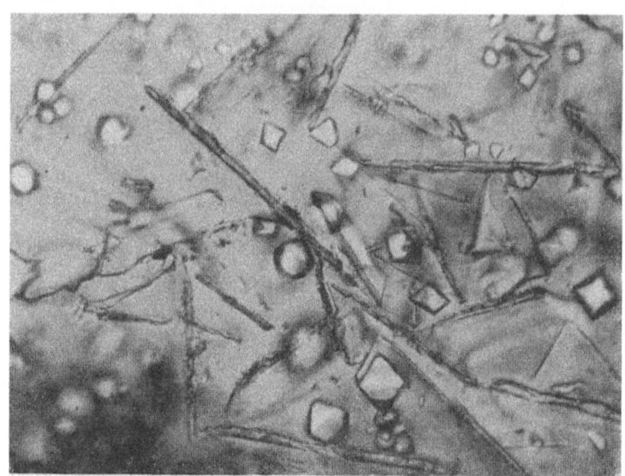

Abb. 491. β-Korund-Tafeln (schräg liegend) und Spinelle (hell) in der glasigen Zone des Ansatzes an einen Gitterstein mit ~50% Al₂O₃ aus einer SM-Ofen-Luftkammer. Auflicht, geätzt (Vergr. ~285 ×)

Unter dem *Mikroskop* beobachtet man an der Oberfläche von Steinen mit ~50% Al_2O_3 zunächst eine hell gefärbte, stark verglaste Zone von einigen Zehntel mm Dicke, die vorwiegend Mullitkristalle, daneben β-*Korund* (s. Abschn. 4.112) in Form sechseckiger Tafeln enthält (Abb. 491 u. 492). Der Korund entsteht durch Zersetzung des Mullits unter der Einwirkung alkalihaltiger Schmelzen (vgl. Abschn. 3.164). LIANG-HO SU [74a] fand in der glasigen Zone außerdem *Kalk-Natron-Feldspäte, Melilith, Devitrit* sowie *Alkaliaugite* (Akmit) und *Kalkaugite* (Hedenbergit) (vgl. Abschn. 5.173). In

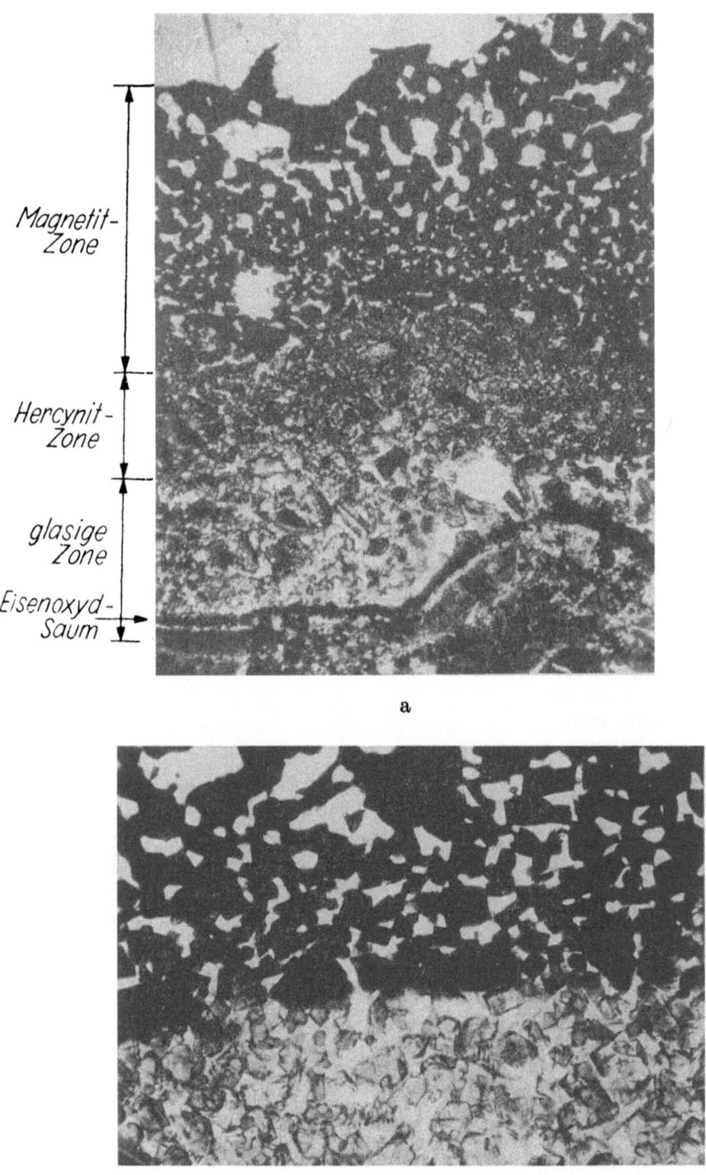

a

b

Abb. 492a u. b
Schlackenansatz an einem Gitterstein mit ~50% Al_2O_3 aus einer SM-Ofen-Luftkammer. Dünnschliff
a) Gesamtaufnahme (Vergr. 24 ×);   b) Grenze Hercynit-Magnetitzone (Vergr. 77 ×)

zinkoxydreichen Ansätzen treten auch nadelförmige Kristalle des *Zinksilikates* $(2\,ZnO \cdot SiO_2)$ auf (vgl. Abschn. 3.60).

An die glasige Schicht schließt sich außen eine Zone an, die in ebenfalls glasiger Grundmasse Tonerde-Spinelle, wie z. B. *Hercynit* $FeO \cdot Al_2O_3$, *Galaxit* $MnO \cdot Al_2O_3$ und *Gahnit* $ZnO \cdot Al_2O_3$ enthält (vgl. Abschn. 5.151). Diese Mineralien entstehen durch Aufnahme der im Flugstaub enthaltenen 2-wertigen Metalloxyde in das Korundgitter (vgl. Abschn. 1.23). Die Metalloxyde können – den örtlichen Bedingungen folgend – entweder eine silikatische oder eine aluminatische Bindung eingehen, wenn zuvor der Mullit unter Einwirkung der Alkalien in seine Komponenten zerfallen ist.

Noch weiter außen folgt eine Zone, in der mangels Tonerde ferritische Spinelle, vor allem *Magnetit* $FeO \cdot Fe_2O_3$ und *Franklinit* $ZnO \cdot Fe_2O_3$ vorherrschen. Die Grenze zwischen beiden Zonen ist oft scharf (Abb. 492b). Gelegentlich – bei geringeren Alkaligehalten – sind in der glasigen Grundmasse der Magnetitzone noch Mullitkristalle vorhanden (Abb. 493). Bei Steinen mit sehr hohem Tonerdegehalt ($\sim 80\%$) kann sich der Ansatz infolge Volumenvergrößerung bei der Spinellbildung vom Stein ablösen. Tonerdeärmere Steine ($\sim 50\%$) enthalten im Ansatz mehr silikatische Schmelze, in welcher sich die durch die Ausdehnungen hervorgerufenen Spannungen ausgleichen können.

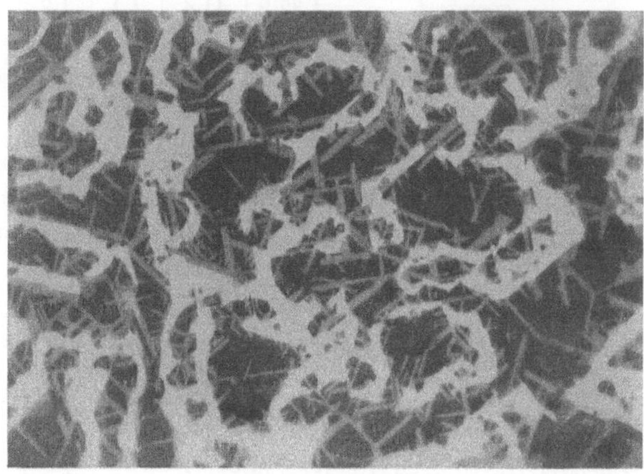

Abb. 493. Ansatz an einem Gitterstein mit $\sim 50\%$ Al_2O_3 aus der Luftkammer eines Siemens-Martin-Ofens. Anschliff (Vergr. 240 ×)
Hell: Magnetit;   grau: Mullit;   dunkel: Silikatglas

In den Gittersteinen selbst bewirken eingedrungene Flußmittel eine Mullitsammelkristallisation. Abb. 494 und Tab. 110 zeigen die Änderung der chemischen Zusammensetzung eines Steines mit 50% Al_2O_3 von der verschlackten Oberfläche in den Stein hinein. Die Alkalien sind tief in den Stein eingedrungen, haben das Bindemittel angegriffen und den Stein zermürbt (vgl. Abschn. 3.443). Diese Erscheinungen treten meist nur in tieferen Lagen des Gitterwerkes auf, weil dort die Poren nicht durch eine Schlackenkruste geschlossen sind.

F. TROJER [75] fand bei Anschliffen alkaliinfiltrierter Gittersteine in den Randzonen der Schamottekörner Mineralneubildungen von *Kalsilit* $K_2O \cdot Al_2O_3 \cdot 2SiO_2$ mit Entmischungen von *Nephelin* $Na_2O \cdot Al_2O_3 \cdot 2SiO_2$ und von *α-Kaliophilit* mit polysynthetischer Zwillingsbildung. Der verzwillingte rhombische α-Kaliophilit ist oberhalb 1540° C stabil. Kalsilit kristallisiert hexagonal, er ist eine Modifikation von Kaliophilit mit noch unbekanntem Existenzbereich. Außerdem trat tafelig ausgebildeter Korund auf, von F. TROJER für α–Al_2O_3 angesehen. Die Kristallbildungen waren nach Ätzung mit alkoholischer H_2SO_4 deutlich erkennbar. Im Zusammenhang mit diesen Neubildungen vergrößerte sich das Volumen der Schamottekörner, eine Erscheinung, die als *Alkalibursting* bezeichnet wurde.

Stärkere Verdichtungen des Steingefüges – wie bei Winderhitzersteinen – und Rißbildungen werden an Kammergittersteinen bei starker thermischer Bean-

Tabelle 110. *Chemische Zusammensetzung eines gebrauchten Gittersteines aus der Luftkammer eines SM-Ofens*

Abstand von der Oberfläche mm	Beschaffenheit	SiO₂ %	Al₂O₃+ TiO₂ %	Fe₂O₃ %	CaO %	MgO %	ZnO %	PbO %	SnO₂ %	Na₂O %	K₂O %
5	weißlich, ohne feste Bindung .	36,0	37,8	1,8	2,1	0,4	2,8	Spur	0,12	3,9	8,4
25	braun, infiltriert, gesintert	37,9	41,4	1,1	1,7	0,4	0,4	Spur	0,15	3,9	8,4
40	graubraun, nicht verändert	44,8	48,7	2,1	0,4	0,4	0,2	Spur	0,12	0,4	1,3

spruchung gelegentlich beobachtet. Die Knüppel reißen dann in der Längsrichtung auf; die Risse verbreitern sich durch Korrosion zu Längsfurchen.

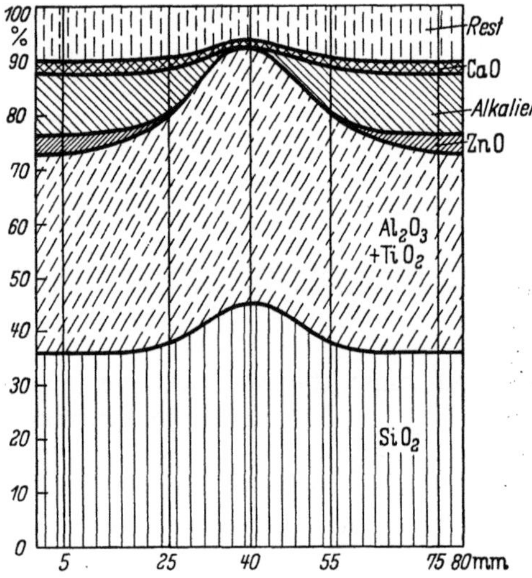

Abb. 494. Chemische Zusammensetzung eines gebrauchten Gittersteines aus der Luftkammer eines Siemens-Martin-Ofens

Größere plastische Deformationen treten nicht auf, weil die Betriebsdauer der Gitterkammern wesentlich kürzer ist als die der Winderhitzer (¹/₂ bis 1 Jahr gegenüber 15 bis 20 Jahre). Die Kammergittersteine werden eher chemisch unter Flugstaubeinwirkung zerstört als mechanisch unter Dauerwirkung hoher Temperaturen.

Die Ansätze verschlechtern den Wärmeübergang und vermindern dadurch den wärmetechnischen Nutzeffekt. In den meisten Fällen setzen sich die Luftkammern stärker zu als die Gaskammern. In den letzteren werden die Eisenoxyde teilweise zu FeO und das Zinkoxyd überwiegend zu leicht verdampfendem Zink reduziert. FeO begünstigt das Abschmelzen der Ansätze, und mit dem Zinkoxyd verschwindet eine wichtige ansatzbildende Komponente aus dem Flugstaub. Durch Einleiten von Gas in die Luftkammern kann man diese von störenden Ansätzen befreien [75a]. Das Gitterwerk kann auch bei Sonntagsreparaturen durch Abstoßen oder Abblasen der Schlackenschichten gereinigt werden.

Wegen steigender Schmelztemperaturen in den SM-Öfen werden neuerdings auch Gittersteine aus Magnesiachrom verwandt. Diese Qualität ist gegen Alkalien beständig (vgl. Abschnitt 5.616).

3.593 Gitterkammern von Glasöfen

In den Regeneratoren der Glasöfen werden ebenfalls Schamottesteine verschiedener Qualitäten eingesetzt. In die obere Zone baut man meist hochtonerdehaltige Steine ein (Sillimanit oder mit Tonerde angereicherte Schamottesteine, s. Abschn. 4.32/3), in die mittlere ebenfalls Sillimanit oder A 0-Schamottesteine, in die untere A II-Steine (vgl. Abb. 248).

Nach J. LAMORT [76] sind dichte Steine wegen ihrer höheren Wärmeleitfähigkeit und Wärmespeicherfähigkeit vorzuziehen. Die Gittersteine sollen daher gut gebrannt werden.

Aus dem gleichen Grunde bieten Sillimanit-, Mullit- und Korundsteine einen Vorteil gegenüber reinen Schamottesteinen. Wärmetechnisch ähnlich günstig verhalten sich Chromerz-, Zirkon-, Siliziumkarbid- und Magnesiasteine. Insgesamt sollen Spezialsteine bei Normalformaten und halbstündiger Umsteuerung eine Mehrleistung von rd. 20% gegenüber gewöhnlichen Schamottesteinen ergeben.

Bei geringeren Steindicken, z. B. 30 mm, verringert sich der Einfluß der Wärmeleitfähigkeit auf die Leistung, andererseits erhöht sich jedoch der Einfluß der Speicherwirkung. Die Überlegenheit von Siliziumkarbid geht damit fast ganz verloren, Magnesia-, Chromerz- und Zirkonsteine gewinnen an Bedeutung.

Ein *chemischer Angriff* wird durch die an Alkalistaub reichen Ofengase hervorgerufen, sie enthalten beim Glasofen im Gegensatz zum SM-Ofen bzw. Winderhitzer meist mehr Natrium- als Kaliumverbindungen. In der Reaktionszone mit dem Schamottestein bilden sich daher anstelle des Kaliophilits die entsprechenden, in 2 Modifikationen vorkommenden Natrium-Aluminiumsilikate $Na_2O \cdot Al_2O_3 \cdot 2\,SiO_2$, oberhalb 1248° C der kubische *Carnegieit* mit dem Schmelzpunkt 1526° C, unter 1248° C der hexagonale *Nephelin*.

Nach D. S. BELJANKIN u. M. A. BESBORODOW [77] treten in der Reaktionszone *Carnegieit* neben *Nephelin*, *Leuzit* ($K_2O \cdot Al_2O_3 \cdot 4\,SiO_2$) und *Orthoklas* ($K_2O \cdot Al_2O_3 \cdot 6\,SiO_2$), schließlich *Mullit* und *Rutil* in glasiger Grundmasse auf. Die Analyse einer derartigen (etwa 1 cm starken) glasigen Kruste auf einem Schamottegitterstein mit 38,9% $Al_2O_3 + Fe_2O_3$ ergab:

SiO_2 %	$Al_2O_3 + Fe_2O_3$ %	$Na_2O + K_2O$ %	CaO %
55,5	23,38	16,75	1,12

Außer Alkali ist auch Kieselsäure zugeführt worden.

H. INSLEY [78] beobachtete an hochtonerdehaltigen Gittersteinen neben einer Oberflächenschicht mit Carnegieit, Nephelin und Korund eine dahinterliegende weiße Schicht mit großen Mulliten und wenig Korund. Die Alkalizufuhr beschränkte sich also im wesentlichen auf die Oberflächenschicht, während sie in der weißen Schicht nur teilweise für eine Umkristallisation des Mullites ausreichte. Wegen seines relativ hohen Schmelzpunktes wirkt der Carnegieit als Schutzschicht gegen weiteren Verschleiß. Die gleiche Mineralkombination mit zusätzlichem Auftreten von *Spinellen* und *Gehlenit* ($2\,CaO \cdot Al_2O_3 \cdot SiO_2$) fand auch L. BOR [79].

Untersuchungen von E. C. PETRIE u. D. P. BROWN [74] an hochtonerdehaltigen Gittersteinen ergaben, daß unterhalb 1200° C eine merkliche *Absorption* von *Alkalien* stattfindet, die schließlich zu Rißbildungen im Stein führt. Die Risse können so stark werden, daß die Steine ihren Wert als Wärmeaustauscher verlieren. Werden mit Alkalien imprägnierte Steine höheren Temperaturen als

1200°C ausgesetzt, so bläht sich die äußere imprägnierte Zone auf (vgl. Abschnitt 3.442). W. L. FABIANIC [*80*] stellte fest, daß die Tiefe der Infiltration in normale Schamottesteine hinein weitgehend vom Brenngrad, damit von der Dichte dieser Steine abhängt. In bei Segerkegel 12 (1375°C) gebrannten Steinen fand er Nephelin noch in etwa 12 mm Tiefe, bei Segerkegel 17 (1490°C) gebrannte zeigten nur eine sehr geringe Alkaliinfiltration.

Bei zu hohem Tonerdegehalt kann der Staub, ähnlich wie in den Kammern von SM-Öfen, festkleben und das Gitterwerk verstopfen [*81*]. Die Gitterung kann sich auch durch Herabtropfen von Schmelzen vom Kammergewölbe zusetzen, worüber z. B. R. G. ABBEY [*82*] berichtete.

3.60 In Zinkmuffeln

Für das ältere Verfahren der Reduktion des Zinkoxydes in Öfen mit liegenden Muffeln stellen die Zinkhütten ihre Muffeln aus A I-Schamotte und Bindeton meist selbst her. Zum Teil erhält die Masse einen Zusatz von gemahlenem Koks bis zu 10%. Bei Verarbeitung basischer Erze soll der Muffelbaustoff keine freie Kieselsäure enthalten, bei sauren Erzen dagegen ist ein geringer Gehalt an freiem Quarz unschädlich [*83*].

Eisenoxyde dürfen in den Erzen nur in geringen Mengen vorkommen, da sie unter dem Einfluß der stark reduzierenden Atmosphäre in FeO übergehen und die feuerfeste Zustellung verschlacken. In Belgien und Spanien stellt man Retorten aus SiO_2-reichen Rohstoffen her, diese sind aber weniger widerstandsfähig gegen chemische Angriffe als Retorten mit höherem Al_2O_3-Gehalt [*84*]. In manchen Fällen glasiert man die Innenflächen der Retorten, um sie so undurchlässig für Zinkdämpfe zu machen.

Die in Europa üblichen *rheinischen Muffeln* haben 150 bis 180 mm Breite, 350 mm Höhe und 1250 bis 1900 mm Länge. Ihre Wandstärke beträgt 25 bis 30 mm, am Boden 45 mm. Sie werden in Öfen mit Regenerativ- oder Rekuperativfeuerung unter Neigung nach außen eingebaut (Abb. 495) und mit Chargen von etwa 50 kg beschickt. Die Beschickung besteht aus Röstblende (gerösteter Zinkblende) mit etwa 35% feiner Magerkohle oder Anthrazit und sog. *Krätzen* (zinkhaltige Abfallprodukte aus den Vorlagen oder Allongen). Sie muß gut durchgemischt und angefeuchtet sein.

Die Ofentemperatur beträgt 1300 bis 1500°C. Die entstehenden Zinkdämpfe werden durch den Überdruck in der Muffel in die Vorlage gedrückt und dort kondensiert. Nicht kondensiertes Zink wird in den als *Allongen* bezeichneten Staubabscheidern als Zinkstaub aufgefangen.

Die Lebensdauer der Muffeln beträgt etwa 30 Chargen. Sie unterliegen mechanischer und chemischer Beanspruchung. Bei Einwirkung von ZnO auf Schamottesubstanz entsteht nach Untersuchungen von R. RIEKE u. W. PASCHE [*85*] das trigonal kristallisierende Zinkorthosilikat *Willemit* $2\,ZnO \cdot SiO_2$ (Schmelzpunkt 1512°C) und der Zinkspinell *Gahnit* $ZnO \cdot Al_2O_3$ (Schmelzpunkt 1950°C) (vgl. Abschn. 3.441 und 5.15). Zinkmetasilikat $ZnO \cdot SiO_2$ wurde nicht festgestellt. Der Zinkspinell kann 1% FeO in feste Lösung nehmen.

Die Reaktion zwischen ZnO und SiO_2 setzt praktisch bei 1000°C ein und nimmt mit steigender Temperatur rasch an Intensität zu. Die Umsetzung mit Al_2O_3 beginnt etwa gleichzeitig, sie besitzt in jedem Fall und bei allen Temperaturen den Vorrang vor der Silikatbildung. Bei geringem ZnO-Gehalt wird daher das gesamte ZnO als Aluminat gebunden. Erst bei ZnO-Überschuß kommt es zur Silikatbildung und damit zur Verminderung der Feuerfestigkeit. Das Minimum des Kegelfallpunktes liegt nach R. RIEKE u. W. PASCHE bei einer Zusammensetzung der Masse von 47% ZnO, 24,3% Al_2O_3, 28,7% SiO_2 und 1320° C. Das tiefste Eutektikum im Dreistoffsystem Al_2O_3–SiO_2–ZnO tritt nach E. N. BUNTING [86] bei 1305° C auf.

Bereits nach einer Aufnahme von 20 bis 25% ZnO versagen die Schamottemuffeln wegen ihrer zu stark erniedrigten Standfestigkeit. Ihre Haltbarkeit ist

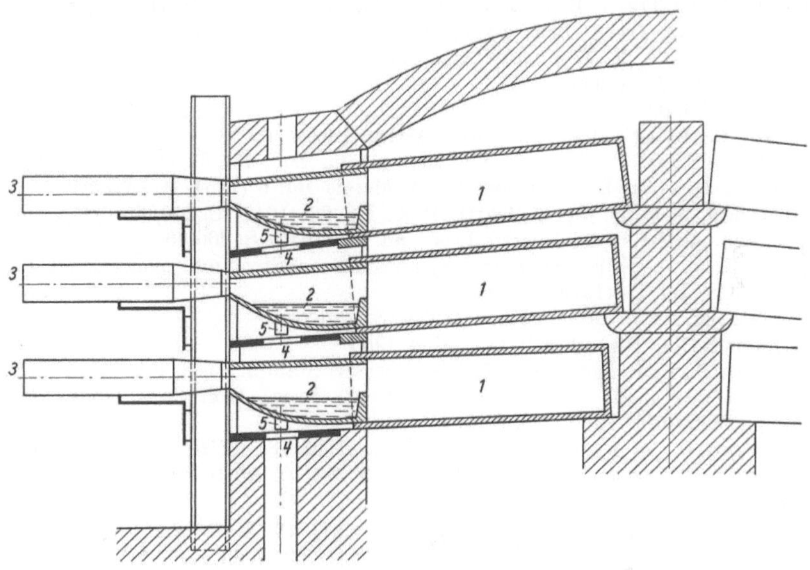

Abb. 495. Liegende Schamottemuffel in einem Ofen zur Reduktion von Zinkoxyd (nach EUCKEN-JAKOB)
1 Muffel;　*2* Vorlage;　*3* Staubabscheider (Allonge);　*4* Öffnung für Räumaschen;　*5* Stützbügel

um so besser, je höher ihr Tonerdegehalt ist; denn der Zinkspinell ruft praktisch keine Verminderung der Feuerfestigkeit hervor (vgl. Abschn. 3.441).

Da sich Zink leicht verflüchtigt, sind beide Verbindungen (Zinkspinell und Zinkorthosilikat) empfindlich gegen Reduktion. Eine dabei eintretende Zersetzung trägt leicht zur Zerstörung des Schamottematerials bei.

Schrifttum

[1] RASCH, R.: Energie Bd. 7 (1955) u. Bd. 8 (1956)

[2] Betriebstechn. Merkblätter Nr. 54. München: Franzis-Verlag

[3] Betriebstechn. Merkblätter Nr. 5/12. München: Franzis-Verlag 1942

[4] DÜV-Merkblatt Ww. 40. Zentral-Verb. Preuß. Dampfkesselüberwachungsvereine. Betriebstechn. Merkblätter Nr. 24. München: Franzis-Verlag

[5] MÜLLER-NEUGLÜCK, H. H., u. E. RAULF: Arch. Eisenhüttenwes. im Druck

[5a] GUMZ, W. u. H. KIRSCH u. M.-T. MACKOWSKY: Schlackenkunde. Springer Berlin/ Göttingen/Heidelberg 1958

[6] GREEN, J. C.: Refractories J. Bd. 8 (1934) Heft 1, S. 22

[7] CROSS, A. H. B.: Foundry Trade J. Bd. 85 (1948) S. 215/23; vgl. auch Ref. von W. MAGERS in „Die neue Gießerei" Bd. 36 (1949) S. 211/13

[8] REES, W. J.: Foundry Trade J. Bd. 53 (1935) S. 47/48; Refractories J. Bd. 11 (1935) S. 423/24, 427 u. 428; Brit. Clayworker Bd. 44 (1935/36) S. 188/90

[9] Robitschek, J.: Almanach mezinárodního sjezdu slévárenského, S. 385/98. Prag 1933

[10] Rasch, R.: Der Schamottestein, S. 67. Berlin 1940

[11] Pompei, L.: Associazione d'Italia Metallurgia (1953)

[12] Zimmer, K. O.: Stahl u. Eisen Bd. 73 (1953) S. 411/15

[13] Halm, L.: Silicates ind. (1954) S. 189/206

[14] Ber. Nr. 397b des Stahlwerksausschusses des Vereins Deutscher Eisenhüttenleute. Düsseldorf: Stahleisen, Neuaufl. Nov. 1955

[15] Körber, F., u. W. Oelsen: Mitt. Kaiser-Wilhelm-Inst. Eisenforsch. Düsseldorf Bd. 15 (1933) S. 271/311

[16] Post, C. B., u. G. V. Luersen: J. Metals Bd. 1 (1949) S. 15/26, 840/41.

[17] Lahr, H. R.: Trans. Brit. ceram. Soc. Bd. 53 (1954) S. 621/34

[18] van Gijn, G.: Trans. Brit. ceram. Soc. Bd. 53 (1954) S. 635/53

[19] Speith, K. G. u. K. Kobusch: Aussprache zum Bericht von Zimmer, K. O.: Stahl u. Eisen Bd. 73 (1953) S. 415

[20] Foundry Bd. 83 (1955) S. 138

[21] Bacon, C. H.: Brit. Iron Steel Res. Assoc. (1952)

[22] Snow, R. B., u. J. A. Shea: J. Amer. ceram. Soc. Bd. 32 (1949) S. 187/94

[23] Carney, D. J., u. E. C. Rudolphy: J. Metals Bd. 6 (1954) S. 1391/95

[24] McMahon, J. P. C.: Open Hearth Proc. Bd. 28 (1945) S. 256/60

[25] Forsyth, M. J.: Open Hearth Proc. Bd. 28 (1945) S. 260/66

[26] Hite, E. C., u. E. E. Callinan: Symposium on Steel mill pouring pit refractories Bull. ACS. Bd. 18 (1939) S. 79/92

[27] Fedock, M. P.: J. Metals Bd. 6 (1954) S. 125/27

[28] Nitschke, K.: Dipl.-Arbeit Clausthal 1955

[29] Kienow, S., K. P. Breitel u. K. Heinemann: Stahl u. Eisen Bd. 76 (1956) S. 1416/26

[30] Mravec, J. G.: Electr. Furnace Steel Conf., Proc., Iron Steel Divis., Amer. Inst. Mining metallurg. Engr. Bd. 5 (1947) S. 22

[31] van Gijn, G., u. K. Kooij: Silicates ind. (1953) S. 317/25

[32] Aristov, G. G.: Ogneupory Bd. 17 (1952) S. 364/70; Abstr. Brit. ceram. Soc. Bd. 64 A (1953) S. 442

[33] Rait, J. R.: Trans. Brit. ceram. Soc. Bd. 42 (1943) S. 57/94

[34] Kendrick, A. M. C: Refractories J. Bd. 13 (1937) S. 63 u. 143

[35] Chesters, J. H., u. T. W. Howie: Trans. Brit. ceram. Soc. Bd. 38 (1939) S. 131/46

[36] Golla, H., u. K. Köhler: Stahl u. Eisen Bd. 56 (1936) S. 796

[37] Klesper, R.: Sprechsaal Keram., Glas, Email Bd. 68 (1935) S. 731

[38] Wentrup, H., u. F. W. Linder: Techn. Mitt. Krupp Heft 19 (1942) S. 313/38

[39] Morton, R. L., u. P. T. Carter: J. West Scotland Iron Steel Inst. Bd. 59 (1951/52) S. 96/120

[40] Grewe, H., u. R. Rückert: Arch. Eisenhüttenwes. Bd. 11 (1937/38) S. 421/29

[41] Kossogowskij, A. N.: Uralskij Metallurgist (1937) S. 43/45

[42] Klesper, R.: Stahl u. Eisen Bd. 64 (1944) S. 774/81

[43] Pierce, J. A., u. R. E. Birch: Blast Furnace, Coke Oven, raw Mater. Comittee Iron Steel Divis., Amer. Inst. Mining metallurg. Engr., Proc. Bd. 11 (1952) S. 145/57. — Heuer, R. P., u. C. E. Grigsby: Steel Bd. 127 (1950) Nr. 10, S. 99/100, 102 u. 104, Nr. 11, S. 100, 102 u. 105, Nr. 12, S. 126, 128, 131 u. 134. — Rice, O. R.: Blast Furnace Steel Plant Bd. 40 (1952) S. 513/21, 657/62, 787/92 u. 926/27

[44] J. Mackenzie in: Green, A. T., u. G. H. Steward: Ceram. Abstracts Sympos., Stoke-on-Trent (1953) S. 651/53

[45] Hartmann, F.: Stahl u. Eisen Bd. 52 (1932) S. 1061/66

[46] Hibbott, H. W., u. W. J. Rees: Trans. Brit. ceram. Soc. Bd. 32 (1933) S. 253/69; Ceram. Abstracts (1933) S. 20

[47] Chesters, J. H., I. M. D. Halliday u. J. Mackenzie: J. Iron Steel Inst. Bd. 159 (1948) S. 23. — Rigby, G. R.: J. Iron Steel Inst. Bd. 161 (1949) S. 295

[48] Clews, F. H., A. T. Green u. Mitarb.: Trans. Brit. ceram. Soc. Bd. 34 (1935) S. 425

[49] Kahlhöfer, H., u. A. Send: Stahl u. Eisen Bd. 74 (1954) S. 1697/1713. — Kahlhöfer, H., A. Send u. W. Himsel: Stahl u. Eisen Bd. 74 (1954) S. 1714/23

[*49a*] Mintrop, R. u. E. Roemer: Techn. Mitt. Hüttenwerk Rheinhausen Heft 4 (1955
S. 218/24

[*49b*] Voice, E. W.: J. Iron Steel Inst. Bd. 167 (1951) S. 157/61

[*50*] van Vlack, L. H.: J. Amer. ceram. Soc. Bd. 31 (1948) S. 220/31

[*51*] Körber, F., u. W. Oelsen: Mitt. Kaiser-Wilhelm-Inst. Eisenforsch. Düsseldorf
Bd. 15 (1933) S. 271/311

[*52*] Köberich, F.: Zement Bd. 30 (1941) S. 439 u. 451

[*53*] Kühl, H., H. Lorenz u. F. Thilo: Zement Bd. 20 (1931) S. 866 u. 884

[*54*] Kühl, H.: Zement Bd. 30 (1941) S. 583

[*55*] Einheitsformate für Glaswannensteine, Bl. 29

[*56*] Konopicky, K., A. Dietzel u. R. Günther: Fachausschußber. dtsch. Glastechn. Ges.
(1954) Nr. 51, S. 387/414

[*57*] Bartsch, O.: Fachausschußber. dtsch. Glastechn. Ges. (Juni 1936) Nr. 38

[*58*] Jebsen-Marwedel, H.: Glastechn. Fabrikationsfehler. Berlin: Springer 1936

[*59*] Partridge, J. H.: Refractory Blocks for Glass Tank Furnace. Cheffield 1935

[*60*] Fachausschußber. dtsch. Glastechn. Ges. (1932) Nr. 23

[*61*] Steinhoff, E.: Glastechn. Ber. Bd. 27 (1954) S. 309/19

[*62*] Konopicky, K.: Glastechn. Ber. Bd. 27 (1954) S. 219/321

[*63*] Löffler, J.: Glastechn. Ber. Bd. 25 (1952) S. 405/11

[*64*] Jebsen-Marwedel, H.: Radex-Rdsch. (1950) S. 180/88

[*65*] Sprechsaal Keram., Glas, Email Bd. 68 (1935) S. 540/42

[*66*] Sprechsaal Keram., Glas, Email Bd. 85 (1952) S. 378/79

[*67*] Rasch, R.: Chemiker-Ztg. Bd. 75 (1951) S. 581/82

[*68*] Schack, A.: Stahl u. Eisen Bd. 71 (1951) S. 773/76

[*69*] Hansen, M.: Stahl u. Eisen Bd. 71 (1951) S. 941/46

[*70*] Kessels, K.: Stahl u. Eisen Bd. 75 (1955) S. 958/74

[*71*] Gittersteine K 1, K 2 und K 3: Ber. Stahlwerksaussch. VDEh Nr. 396 (1943) Blatt 2

[*72*] Heiligenstaedt, W.: Wärmetechn. Rechnungen für Industrieöfen, 2. Aufl. Düsseldorf: Stahleisen 1941

[*72a*] Voigt, H. u. G. Schmalhaus: Stahl u. Eisen Bd. 79 (1959), S. 80/88

[*73*] Skalla, N.: Radex-Rdsch. (1951) S. 25/28

[*74*] Petrie, E. C., u. D. P. Brown: J. Amer. ceram. Soc. Bd. 31 (1948) S. 14/20

[*74a*] Liang-Ho Su: Trans. Brit. ceram. Soc. Bd. 49 (1950) S. 420

[*75*] Trojer, F.: Radex-Rdsch. (1956) S. 189/96

[*75a*] Därmann, O.: Im Druck

[*76*] Lamort, J.: Glashütte Bd. 66 (1936) S. 32/35, 51/55, 94/96, 109/10 u. 132/34

[*77*] Beljankin, D. S., u. M. A. Besborodow: J. Amer. ceram. Soc. Bd. 13 (1930) S. 346

[*78*] Insley, H.: J. Amer. ceram. Soc. Bd. 9 (1926) S. 635/38

[*79*] Bor, L.: J. Soc. Glass Technol. Bd. 34 (1950) S. 134/52

[*80*] Fabianic, W. L.: J. Amer. ceram. Soc. Bd. 22 (1939) S. 337/42

[*81*] Fabianic, W. L.: Amer. Refr. Inst. Techn. Bull., Nr. 54 (1934)

[*82*] Abbey, R. G.: Radex-Rdsch. (1952) S. 275/82

[*83*] Brit. Clayworker Bd. 35 (1926/27) S. 302

[*84*] Searle, A. B.: Refractories J. Bd. 4 (1929) S. 344/48

[*85*] Rieke, R., u. W. Pasche: Ber. DKG. Bd. 16 (1935) S. 49/62

[*86*] Bunting, E. N.: J. Research Nat. Bur. Stand. Bd. 8 (1932) S. 286

3.6 Stampf- und Gießmassen

Aus Schamotte und Ton allein können wegen der Schwindungsgefahr keine
Stampfmassen hergestellt werden. Für Stampfzwecke eignen sich nur kieselsäurereiche oder hochtonerdehaltige Massen (vgl. Abschn. 2.6 und 4.5), die so eingestellt
werden können, daß sich ihr Volumen beim Brennen nicht merklich ändert.

Schwindungsfrei sind auch Gießmassen, die Tonerdeschmelzzement als
Bindemittel und Schamotte oder Quarz als Magerungsmittel enthalten. Sie haben

Tabelle 111

Chemische Zusammensetzung, Siebanalyse, Kegelfallpunkt und Druckfeuerbeständigkeit mehrerer Stampf- und Gießmassen auf Tonerdezementbasis

Nr.	Art	Chemische Zusammensetzung								SK	DFB		Siebanalyse					
		SiO_2 %	$Al_2O_3 + TiO_2$ %	Fe_2O_3 %	CaO %	MgO %	Na_2O %	K_2O %	Glühverl. %		ta °C	te °C	>5 mm	3—5 mm	1—3 mm	0,25—1 mm	0,06—0,25 mm	<0,06 mm
1	Stampfmasse Fixoplanit 348	46,1	40,5	1,9	5,5	0,7	n. b.	n. b.	1,95	27/28	1360	1390	4,2	6,3	22,8	22,6	12,8	31,3
2	Gießmasse Rapidobloc G14	55,5	31,2	1,7	7,0	1,1	0,4	1,5	1,4	18	1240	1340	9,6	13,6	21,6	16,8	8,5	29,9
3	Gießmasse Rapidobloc G17	38,5	49,9	0,8	4,2	0,3	0,5	1,0	4,0	32/33	1480	1570	1,2	4,3	18,7	35,7	22,3	17,8

Abb. 496 a

den Vorzug, daß sie schon in der Kälte abbinden und wasserfest werden. Wegen ihres Kalkgehaltes erreichen sie jedoch nur Kegelfallpunkte unter 1500° C, sind daher lediglich für Glüh- und Stoßöfen, Tunnelofenwagen, Ofentüren usw. zu gebrauchen (Tab. 111, Nr. 1). Massen mit hochtonerdehaltigen Magerungsmitteln haben höhere Feuerfestigkeit (Tab. 111 Nr. 3).

Man vergießt die Massen ähnlich wie Beton und kann so ohne zeitraubende und schwierige Stampfarbeit monolithische Ofenwände herstellen. In Glühöfen mit Betriebstemperaturen von 1000 bis 1100° C sind gegossene Wände (Abbildung 496) oft widerstandsfähiger gegen mechanische Beschädigungen als Steinmauerwerk. Die Körnung wird so grob gehalten, daß das Bindemittel gerade ausreicht, die Hohlräume zwischen dem Schamottekorn auszufüllen (bis 15 mm).

Abb. 496 b

Abb. 496a u. b. Herstellung der Wand eines Glühofens aus Schamotte-Gießmasse
a) Einfüllen der Masse in die Verschalung; b) fertige Wand

4. Hochtonerde- und zirkonhaltige Baustoffe

Da Feuerfestigkeit und Schlackenbeständigkeit der Schamottesteine für viele Verwendungszwecke nicht ausreichen, verwendet man zur Steinherstellung auch Rohstoffe höheren Tonerdegehaltes als Kaolinit (47% Al_2O_3, geglüht). In der Natur kommen dafür geeignete Rohstoffe als Tonerdesilikate der Formel $Al_2O_3 \cdot SiO_2$ und der theoretischen Zusammensetzung 62,9% Al_2O_3 und 37,1% SiO_2 vor, sie treten in 3 Modifikationen auf: als *Cyanit* (*Disthen*), *Andalusit* und *Sillimanit*. Außerdem wird synthetisch gewonnener *Korund* und *Mullit* für hochtonerdehaltige feuerfeste Steine benutzt. Schließlich können Tonerdehydrate als Ausgangsmaterialien benutzt werden, die in der Natur als

$$\textit{Diaspor} \text{ und } \textit{Böhmit } Al_2O_3 \cdot H_2O,$$
$$\textit{Bauxit}\dots\dots\dots\dots\ Al_2O_3 \cdot 2H_2O,$$
$$\textit{Hydrargillit} \ (\textit{Gibbsit}) \ Al_2O_3 \cdot 3H_2O$$

vorkommen. Bauxit ist kein einheitliches Mineral, sondern eine Mischung von Diaspor und Hydrargillit. Darüber hinaus erzeugt die chemische Industrie gereinigtes Tonerdehydrat (*Bayerit* $Al_2O_3 \cdot 3H_2O$) und kalzinierte Tonerde.

Die Feuerfestigkeit läßt sich durch Zusatz von zirkonhaltigen Rohstoffen noch weiter steigern. Spezialsteine wurden aus reinem Zirkonsilikat und wechselnden Mengen an Fremdzusätzen entwickelt.

4.1 Hochtonerdehaltige Rohstoffe

4.11 Physikalisch-chemische und mineralogische Eigenschaften

4.111 Tonerdesilikate

Unter den Tonerdesilikaten der Formel $Al_2O_3 \cdot SiO_2$ ist der *Cyanit* (Disthen) am weitesten verbreitet. Er besitzt eine dichteste Packung von Sauerstoffionen; in diese sind die Si-Ionen in Viererkoordination und die Al-Ionen in Sechserkoordination eingelagert (Abschn. 1.23). Die Kristallform des Cyanits ist triklin.

Seine dichte Packung prägt sich im hohen spezifischen Gewicht von 3,5 bis 3,6 (s. Tab. 112) aus. Der Cyanit ist bei hohen Drucken beständig, daher kommt er vorwiegend in kristallinen Schiefern der Kata- und Mesozone vor.

Tabelle 112. *Umwandlung der Mineralien der Sillimanitgruppe beim Erhitzen in Mullit*

Minerale	Krist.-System	Spezifisches Gewicht vor dem Brennen	Volumenvergrößerung in %	Anfangstemperatur der Mullitkristallisation in °C
Cyanit	triklin	3,5 bis 3,6	16 bis 18	1325
Andalusit	rhombisch	3,1 bis 3,2	3 bis 6	1350
Sillimanit	rhombisch	3,23 bis 3,25	7 bis 8	1530

Im Gitter des *Andalusits* sind die Aluminiumionen je zur Hälfte von 6 bzw. 5 O-Ionen umgeben. Diese Modifikation ist lockerer gebaut als der Cyanit, sie besitzt nur ein spezifisches Gewicht von 3,1 bis 3,2. Der Andalusit kristallisiert rhombisch-bipyramidal. Er tritt in der Natur häufig in kontaktmetamorphen Schiefern auf.

Im *Sillimanit* schließlich sind die $[SiO_4]$-Tetraeder in kettenförmiger Anordnung vorhanden, wobei ein Teil der $[SiO_4]$-Gruppen durch $[AlO_4]$-Gruppen ersetzt ist. Diese Ketten sind durch $[AlO_6]$-Gruppen quer miteinander verbunden (vgl. Abschn. 3.15). Die Al-Ionen besitzen hier also Vierer- und Sechserkoordination. Das spezifische Gewicht des Sillimanits beträgt im Mittel 3,24. Seine Kristallform ist wie beim Andalusit rhombisch-bipyramidal, der Habitus stengelig bis faserig parallel der Richtung der $[SiO_4]$-Ketten. Sillimanit ist bei hohen Temperaturen und niedrigeren Drucken stabil und findet sich daher in den kristallinen Schiefern höherer Zonen. Seine Struktur, seine optischen und kristallographischen Eigenschaften ähneln weitgehend denen des Mullits, man hat deshalb beide Mineralien lange Zeit miteinander verwechselt.

Alle Modifikationen der Verbindung $Al_2O_3 \cdot SiO_2$ sind nur in metamorphen Zonen der Erdkruste stabil, d. h. unter erhöhten Drucken, hohen Temperaturen und möglicherweise bei Gegenwart flüchtiger Stoffe. Aus diesem Grunde erscheinen sie nicht in dem bei Normaldruck geltenden Zustandsdiagramm Al_2O_3–SiO_2 (s. Abschn. 1.333, Abb. 30). Die einzige nahezu stabile Verbindung ist der *Mullit* $3\,Al_2O_3 \cdot 2\,SiO_2$, in ihn gehen alle 3 Modifikationen von $Al_2O_3 \cdot SiO_2$ beim Brennen über. Die Umwandlung beginnt für Cyanit bei 1325° C, für Andalusit bei 1350° C und erstreckt sich über einen größeren Temperaturbereich. Zur Überführung von Sillimanit in Mullit ist eine Temperatur von 1530° C erforderlich. Da die mittlere Dichte des Mullits (3,02) wesentlich geringer ist als die der Ausgangsstoffe, wird das Volumen beim Brennen größer. Seine Zunahme ist beim sehr dichten Cyanit mit 16 bis 18% am größten, beim Andalusit beträgt sie 3 bis 6% und beim Sillimanit 7 bis 8% (mittlere Werte). Da dieses Wachsen zu Rissen im Stein führen kann, muß der Cyanit in jedem Falle vorgebrannt werden. Bei Andalusit und Sillimanit kann auf den Vorbrand verzichtet werden. Beim Übergang in Mullit nach der Formel

$$3\,(Al_2O_3 \cdot SiO_2) \rightarrow 3\,Al_2O_3 \cdot 2\,SiO_2 + SiO_2$$

wird Kieselsäure frei, die sich als Cristobalit oder in amorpher Form als Glas ausscheidet. Theoretisch beträgt die Ausbeute an Mullit 86% des Ausgangsmaterials an $Al_2O_3 \cdot SiO_2$, dieser Wert wird jedoch in der Praxis nicht erreicht. Nach C. KOEPPEL [1] ist für vollständige Umwandlung ein Zusatz von reiner Tonerde erforderlich. Am vorteilhaftesten dafür sind diasporhaltige Tone.

Der Zerfall von Cyanit und Andalusit beginnt an der Kornoberfläche; die Mullitnadeln wachsen allmählich senkrecht zur Oberfläche in die Kristalle hinein (Abb. 497). Sillimanit wandelt sich plötzlich um, die Mullitnadeln liegen dabei parallel zur Erstreckung der ursprünglichen Sillimanitleisten.

Als weitere praktisch wichtige Mineralien sind *Pyrophyllit* ($Al_2O_3 \cdot 4\,SiO_2 \cdot H_2O$), *Dumorthierit* ($9\,Al_2O_3 \cdot 6\,SiO_2 \cdot B_2O_3 \cdot H_2O$) und *Topas* ($Al_2(OH, F)_2 \cdot SiO_4$) zu nennen.

Von diesen ähnelt *Pyrophyllit* in seiner Struktur den Glimmern (vgl. Abschnitt 3.143, Dreischichtstruktur). Die Elementarschichten werden nur durch VAN DER WAALSsche Kräfte zusammengehalten, daher ist die Spaltbarkeit nach der Basis (001) noch vollkommener als beim Glimmer. Pyrophyllit kristallisiert monoklin, hat eine mittlere Lichtbrechung von $n_\beta = 1{,}588$ und hohe negative Doppelbrechung ($\varDelta = -0{,}048$). Er bildet perlmutterglänzende, biegsame, fettige, durchscheinende Spaltblättchen von weißer, grüner oder goldgelber Farbe, sein spezifisches Gewicht beträgt 2,8. Beim Glühen gibt Pyrophyllit sein Kristallwasser ab, dabei blättert er ähnlich wie Vermikulit wurmförmig

Abb. 497
Gebrannter indischer Cyanit. Mullitnadeln senkrecht zur Kristalloberfläche. Dünnschliff, gekreuzte Nikols (Vergr. 475 ×)

auf. Dichte Varietäten werden als *Agalmatolith* oder *Bildstein* bezeichnet. Pyrophyllit ist hydrothermaler Entstehung und findet sich auf Gängen mit Quarz, Andalusit oder Disthen. Wegen dieser Paragenese wurde er trotz seines niedrigen Tonerdegehaltes (28%) an dieser Stelle erwähnt.

Dumorthierit ist strukturverwandt mit dem Andalusit, er kristallisiert im rhombischen System, hat ein spezifisches Gewicht von 3,31 und geht durch Glühen bei 1230° C unter Abscheidung von Wasser und Borsäure in Mullit über [2].

Der *Topas* kristallisiert rhombisch-bipyramidal. Sein Kristallgitter besteht aus einer dichtesten Kugelpackung der O-Ionen; in ihre oktaedrischen Lücken sind Al-Ionen und in ihre tetraedrischen Lücken Si-Ionen eingebaut. Das einwertige Fluor-Anion ist koordinativ an die Al-Ionen gebunden. Die Dichte des Topases beträgt 3,5 bis 3,6. Da er im Fluor seinen eigenen Mineralisator enthält, geht er bereits bei 1090° C unter Austritt von SiF_4 in Mullit über [3]. Hierbei verliert die Substanz 5% SiO_2. Der gesamte Gewichtsverlust beträgt 23%, das Volumen vergrößert sich beim Brennen um maximal 13,5% bei 1150° C, die Ausdehnung geht aber bis 1650° C auf 9% zurück. Wegen dieser starken Volumenänderungen muß der Topas vor seiner Verwendung bei etwa 1485° C vorgebrannt werden.

4.112 Korund

Korund kommt in 2 Modifikationen vor, als trigonal kristallisierende Hochtemperaturform *α-Korund* mit der Dichte 3,96 und als kubisch kristallisierender *γ-Korund* mit der Dichte 3,65. γ-Korund geht bei 750 bis 1000° C, im Mittel bei 930° C in α-Korund über. Die monotrope Umwandlung ist mit einer Schwindung von ~13% verbunden. γ-Tonerde besitzt ein Spinellgitter (s. Abschn. 1.23), das aber statt 24 Kationen pro Zelle nur $21^1/_3$ enthält, durchschnittlich bleiben $2^2/_3$ Kationenplätze frei, statistisch auf die 24 möglichen Plätze verteilt. γ-Tonerde ist daher locker gebaut und säurelöslich. Sie wird als *aktive* oder amorphe Tonerde bezeichnet, besitzt große Oberfläche, Adsorptionsfähigkeit und Reaktionsgeschwindigkeit. Aus diesen Gründen eignet sie sich als Katalysatormasse.

Beim α-Korund oder Korund schlechthin bilden die Sauerstoffionen eine dichteste Kugelpackung. Die Kristalle sind isometrisch oder haben die Form dicker hexagonaler Tafeln mit Rhomboeder- und Pinacoidflächen. Reiner α-Korund ist farblos. Durch eine Einlagerung von geringen Mengen FeO und TiO_2 wird er blau gefärbt (Saphir), durch Einlagerung von Cr_2O_3 rot (Rubin). Mit Fe_2O_3 bildet er unter Gitteraufweitung braun gefärbte Mischkristalle, die bis zu 24% Fe_2O_3 enthalten können [3a]. Umgekehrt kann Fe_2O_3 unter Gitterkontraktionen bis 28% Al_2O_3 in fester Lösung aufnehmen. Korund ist chemisch schwer angreifbar und reagiert träge. Sein Wärmeausdehnungskoeffizient beträgt $8,6 \cdot 10^{-6}$ im Temperaturbereich von 20 bis 1750° C, ist also etwa doppelt so groß wie der des Mullits [4] (vgl. Abschn. 3.15). α-Korund hat eine hohe Lichtbrechung ($n_\alpha = 1,769$, $n_\gamma = 1,761$) und eine niedrige Doppelbrechung ($\Delta = -0,009$, ähnlich Quarz, aber negativ).

Neben diesen beiden Modifikationen werden noch β- und ζ-Korund sowie $\varkappa$-Al_2O_3, δ-Al_2O_3, ϑ-Al_2O_3 und χ-Al_2O_3 [5] unterschieden.

Der *β-Korund* hat keinen definierten Existenzbereich. Nach neueren Forschungen [6] stellt er ein Natriumaluminat etwa der Formel $Na_2O \cdot 12\,Al_2O_3$ dar. Das Natrium ist analytisch schwer zu bestimmen, da es von der Tonerde sehr festgehalten wird. Nach J. GALLUP [7] geht der β-Korund in einer Tiegelofenatmosphäre bei ~1600° C unter Abscheidung von Alkali in α-Korund über. β-Korund ist mikroskopisch an seiner ausgezeichneten Spaltbarkeit nach der Basis und seiner hohen Doppelbrechung zu erkennen ($\Delta = -0,025$ bis 0,045). Seine Lichtbrechung beträgt $n_\alpha = 1,670$, $n_\gamma = 1,640$, sie ist also merklich niedriger als diejenige des α-Korunds. Wegen seiner Spaltbarkeit ist er spröde und leicht zerreibbar, daher in Sintertonerdemassen unerwünscht [8], aber nicht immer zu vermeiden. Das Austreten der Alkalien bei 1600° C erniedrigt die Druckfeuerbeständigkeit der Sinterprodukte. Da sein spezifisches Gewicht nur rd. 3,3 beträgt, ruft er beim Auskristallisieren aus der Schmelze eine geringere Schwindung

hervor als α-Korund. Man nutzt diese Tatsache bei der Herstellung schmelzgegossener Korundsteine aus (s. Abschn. 4.43).

Dem β-Korund ähnelt die von N. E. FILONENKO u. J. V. LAVROV [8a] entdeckte Verbindung $CaO \cdot 6Al_2O_3$. Sie schmilzt inkongruent bei 1850 $\pm$ 10° C
und bildet sehr dünne hexagonale Tafeln mit deutlich entwickelten Pinacoidflächen. Die übereinandergeschichteten Lagen ergeben an den Oberflächen die
Form gleichseitiger Dreiecke. $CaO \cdot 6Al_2O_3$ hat die Brechungsindizes $n_\alpha = 1{,}758$,
$n_\gamma = 1{,}752$, die Doppelbrechung ist also ähnlich wie beim α-Korund gering
($\varDelta = -0{,}006$). Das Röntgenbeugungsdiagramm gleicht dagegen dem des β-Korun-
des.

ζ-Korund ist dem γ-Korund in seinen Eigenschaften sehr ähnlich [9]. Bei
den übrigen erwähnten Tonerdemodifikationen dürfte es sich um fehlgeordnete Übergangsformen bei der Umwandlung der Tonerdehydrate zu wasserfreier
Tonerde handeln.

In der Natur kommt nur α-Korund vor, vorwiegend in Gneisen, metamorphen Kalksteinen und Bauxiten, auch auf pegmatitischen Gängen.

4.113 Tonerdehydrate

Diaspor ($Al_2O_3 \cdot H_2O$) ist das Hydrat des α-Korundes, *Böhmit* ($Al_2O_3 \cdot H_2O$)
das Monohydrat der γ-Tonerde und *Hydrargillit* oder *Gibbsit* ($Al_2O_3 \cdot 3H_2O$)
deren Trihydrat. *Diaspor* kristallisiert rhombisch-bipyramidal, er ist blättrig
bis stenglig entwickelt und sehr spröde, sein spezifisches Gewicht beträgt 3,36.
Er läßt sich aus dem Korund ableiten durch Einbau von Hydroxylgruppen in
das Gitter der zu leicht deformierten Oktaedern geordneten $[AlO_6]$-Gruppen. Die
Stellung der H-Ionen ist bei ihnen nicht eindeutig geklärt, wahrscheinlich liegen
sie in den Ecken der Oktaeder. *Böhmit* kristallisiert ebenfalls rhombisch, besitzt
aber ein ausgesprochenes Schichtgitter mit oktaedrischer Koordination. Zwischen
den einzelnen Schichten besteht Wasserstoffbindung. Sein spezifisches Gewicht
beträgt 3,01.

Auch *Hydrargillit* ist schichtig gebaut, hat aber ein monoklines, pseudohexa-
gonales Gitter. Er ähnelt äußerlich weitgehend dem Kaliglimmer Muskowit, ist
vollkommen spaltbar, perlmutterglänzend und silbrigweiß, gelblich oder grünlich.
Der Aufbau des Gitters entspricht der oktaedrischen Schicht des Glimmergitters
(vgl. Abschn. 3.116). Die an Stelle der beiden tetraedrischen Silikatschichten
tretenden Schichten aus Hydroxylionen sind nur durch VAN DER WAALSsche
Kräfte miteinander verbunden, daher die gute Spaltbarkeit des Hydrargillits.
Sein spezifisches Gewicht erreicht nur den Wert 2,3 bis 2,4.

Die Tonerdehydrate sind unplastisch, lassen sich aber durch Zitronensäure
als Komplexsalze in Lösung halten. Hydrargillit läßt sich besonders leicht durch
Natriumzitrat verflüssigen.

Bauxit besteht aus Mischungen von Diaspor, Böhmit und Hydrargillit in
schwankenden Verhältnissen, er enthält als weiteren Bestandteil ein amorphes,
helles und sehr weiches Hydrat namens Alumogel ($Al_2O_3 \cdot xH_2O$).

Beim *Erhitzen* verlieren die Tonerdehydrate ihr Wasser unter gleichzeitiger
starker Schwindung. Diaspor (Tab. 113) geht bei etwa 450° C direkt in α-Korund
über. Böhmit verliert sein gebundenes Wasser bei 280° C [10] im Übergang zu
γ-Tonerde. Seine theoretische Schwindung beträgt hierbei 33%. Hydrargillit

wandelt sich bei 150° C [11] zunächst in das Monohydrat der γ-Tonerde (Böhmit) um und bei rd. 300° C in wasserfreie γ-Tonerde [10]. Die Gesamtschwindung beträgt in diesem Falle theoretisch 60%. Das künstlich hergestellte Aluminiumhydrat Bayerit ($Al_2O_3 \cdot 3\,H_2O$) entspricht in seinem Erhitzungsverhalten dem natürlichen Hydrargillit.

Da die Tonerdehydrate ihr Wasser sehr träge abgeben, dauert die Gleichgewichtseinstellung sehr lange Zeit [12]; daher sind in der Literatur häufig

Tabelle 113. *Eigenschaften und Erhitzungsverhalten der Tonerdehydrate*

Bezeichnung	Formel	Al_2O_3-Gehalt (theoretisch) %	Wassergehalt (theoretisch) %	Spezifisches Gewicht	Schwindung %	Umwandlungstemperatur °C	Umwandlung in
Diaspor ...	α-$Al_2O_3 \cdot H_2O$	85,0	15,0	3,36	—	450	α-Al_2O_3
Böhmit ...	γ-$Al_2O_3 \cdot H_2O$	85,0	15,0	3,01	33	280	γ-Al_2O_3
Hydrargillit (Gibbsit)	γ-$Al_2O_3 \cdot 3\,H_2O$	64,5	34,6	2,3 bis 2,4	60	150	Böhmit
Bayerit ...	$Al_2O_3 \cdot 3\,H_2O$	64,5	34,6	—	60	150	Böhmit

höhere Zersetzungstemperaturen angegeben. So fand F. H. NORTON [13] bei differentialthermoanalytischen Untersuchungen für Hydrargillit einen endothermen Effekt bei rd. 350° C, für Diaspor bei rd. 510° C.

Bauxite als Mischungen verschiedener Hydrate, außerdem häufig durch beträchtliche Mengen an Eisenoxyd oder Kieselsäure verunreinigt, verlieren ihr Wasser gestuft bei verschieden hohen Temperaturen, eine allgemeine Regel für ihre Entwässerung kann nicht gegeben werden. A. BIGOT [14] stellte fest, daß Bauxite mit mehr als 14% Hydratwasser dieses in 2 Stufen bei 300 und 500° C verlieren, Bauxite mit weniger als 14% Wasser jedoch nur eine Entwässerungsperiode oberhalb 500° C haben. Die ersteren enthalten offenbar merkliche Anteile an Hydrargillit, die letzteren vorwiegend Diaspor. Bei allen Bauxiten scheint die Wasserabgabe bis auf kleine Reste oberhalb 600° C beendet zu sein. Hierauf weisen auch die Untersuchungsergebnisse von H. S. HOULDSWORTH u. J. W. COBB [15] hin, nach denen sich an irischen Bauxiten endotherme Reaktionen bei 490 und 565° C bzw. an anderen Proben bei 180° C, 300 bis 365° C und 510 bis 620° C fanden. Derartige Effekte dürften auf Entwässerungsvorgänge zurückzuführen sein, wohingegen die exothermen Reaktionen bei 1000 bis 1070° C bzw. 940 bis 965° C der Umwandlung des γ- in α-Korund entsprechen dürften. Die letzten Reste des Hydratwassers halten sich in den Bauxiten bis zu etwa 1200° C.

Mit der Entwässerung ist die Schwindung des Bauxites nicht abgeschlossen. Diese setzt sich in wechselnden Temperaturstufen bis zu 1920° C fort [13]. Die Schwindung ist mit Abnahme der Porosität und Erhöhung des spezifischen Gewichtes verbunden, wobei die Dichtezunahme als Maß für die Verminderung der Mikroporosität anzusehen ist (vgl. Abschn. 1.42). HOWE u. FERGUSON [16] beobachteten an Bauxiten eine durchschnittliche Schwindung von 22,6% für Temperaturen von 1140 bis 1500° C, davon sollen 15% auf Verringerung der Porosität, der Rest von 7,6% auf Erhöhung des spezifischen Gewichtes zurückzuführen sein. Eine auf 1600° C erhitzte Tonerde ist noch porös.

Die ungünstigen Schwindungsverhältnisse zwingen dazu, die Bauxite vor der Verwendung im Steinversatz vorzubrennen. Da selbst der Vorbrand der Bauxite keine Gewähr für ausreichende Volumenbeständigkeit des fertigen Steines bietet, wurden Bauxite bis vor kurzem nur als Zusatzstoffe in den Steinversatz hereingenommen. Die neuerschlossenen Bauxite aus Guayana jedoch können praktisch schwindungsfrei gebrannt werden; sie dienen daher als Rohstoffe für die Erzeugung reiner Bauxitsteine (vgl. Abschn. 4.121).

4.12 Lagerstätten
4.121 Tonerdesilikate und Korund

Lagerstätten der verschiedenen Tonerdesilikate und des Korundes treten ausschließlich in kristallinen Schiefern, vor allem in Gneisen (Sillimanitgneise), Glimmerschiefern, Granuliten, metamorphen Quarziten usw. auf. In diesen Gesteinen führen gelegentliche Tonerdeanreicherungen zur Ausscheidung Al_2O_3-reicher Mineralien. Die größten und wichtigsten Lagerstätten von Aluminiumsilikaten finden sich in *Indien*. Sehr große Vorkommen von Cyanit in Glimmerschiefern liegen in Bihar [*17*] und in Nagpur. Der massive Cyanit ist mit Cyanit-Quarzfels oder Granulit verbunden. In diesen Lagerstätten findet man auch zu gleichen Zwecken verwendbaren Topas.

In der Provinz Assam kommen Cyanitlagerstätten in den Khasi-Hills vor. In Assam findet sich auch Sillimanit und Korund zusammen mit Cordierit-Biotit-Quarzschiefern. Die Hauptmasse dieser Lagerstätten besteht aus massivem Sillimanit mit wenig Korund, als seltene Verunreinigungen treten Rutil, Eisenoxyd und Biotit auf. Die hochwertigste und teuerste Cyanit-Qualität wird in Lapso-Hill gewonnen, sie kommt in Form von faust- bis kopfgroßen Geröllen vor (Tab. 114, Abb. 498). Dieses Material wird in der feuerfesten Industrie bevorzugt, ist aber in Europa außerordentlich knapp. Etwas niedriger im Tonerdegehalt ist das Material von Lapso-Buru, es weist zudem maximal 1 % Fe_2O_3 auf. Beide Qualitäten werden in Kalkutta verladen. Dort werden auch Glaswannensteine mit Diamantscheiben aus großen Blöcken von Natursillimanit der Khasi-Hills

Tabelle 114. *Analysen einiger hochtonerdehaltiger Rohstoffe*

	SiO_2 %	Al_2O_3 %	TiO_2 %	Fe_2O_3 %	CaO %	MgO %	Alkalien %	Glühverl. %
Südafrikanischer Sillimanit .	14,43	82,97	—	0,52	0,38	0,16	—	1,35
Indischer Sillimanit	35,13	62,00	—	0,95	0,17	0,12	—	1,30
Indischer Cyanit, vorgebrannt	31,61	67,68	—	0,35	0,14	0,13	—	0,05
Französischer Bauxit	16,5	73,0	—	1,5	—	—	—	9,0 (H_2O)
Oberhessischer Bauxit	3,2	50,6	3,0	16,4	—	—	—	27,1
Bauxit von Belje Poljane . .	24,7	55,7		3,7	0,3	0,4	n. b.	14,8
Sinterbauxit von Guayana	4,76	89,72	4,27	0,99	0,05	0,04	0,08	0,29
Bauxit von Katni bei Jubbulpure/Indien	1,85	59,22	6,46	2,32	0,46	0,05	0,22	29,55
Gebrannter Bauxit von Saurestra/Indien	4,89	83,86	4,83	4,63	0,78	—	0,86	0,78
Diaspor von Missouri	6,56	72,72	3,65	2,37	—	—	1,0	13,88
Brasilianischer Gibbsit	0,20	63,81	—	0,49	Spur	Spur	—	35,85
Naturkorund	bis 3	93 bis 98	—	bis 1	—	—	—	—
Elektrokorund, braun	—	96 bis 97	—	—	—	—	—	—
Elektrokorund, weiß	—	99,5	—	—	—	—	—	—
Dynamidon	20	70	1 bis 4	4	—	—	—	—

ausgeschnitten. Der dabei entstehende Abfall wird unter den Bezeichnungen *Off cuts* oder *Chips* als Rohstoff für keramisch hergestellte Sillimanitsteine preiswert angeboten.

Bedeutende Cyanitlagerstätten liegen bei Rewah und Jubbulpore in Zentralindien.

In Südindien kommt grobblättriger Cyanit bei Chundi in Madras, neben Korund in Mysore [18] und neben Sillimanit in Travancore vor. Der Cyanit von Madras ist ziemlich unrein, er wird an sich nicht hoch geschätzt. Man reichert ihn durch Aufbereitung an und verschiffte ihn in der Nachkriegszeit mangels geeigneter Cyanite auch nach Europa. Schließlich wird Sillimanit im südlichen Burma, Korund auf der Malaien-Halbinsel gewonnen [19].

In West-*Australien* kommt Cyanit in den östlichen Goldfeldern vor. Er tritt dort in hochmetamorphen Sedimenten auf und bildet den Teil eines Horizontes von gebändertem, eisenschüssigem Quarzit [20]. Außerdem wurden reiche Vorkommen von feinkörnigem Sillimanit (0,01 bis 0,1 mm) bei Toodyay gefunden [21].

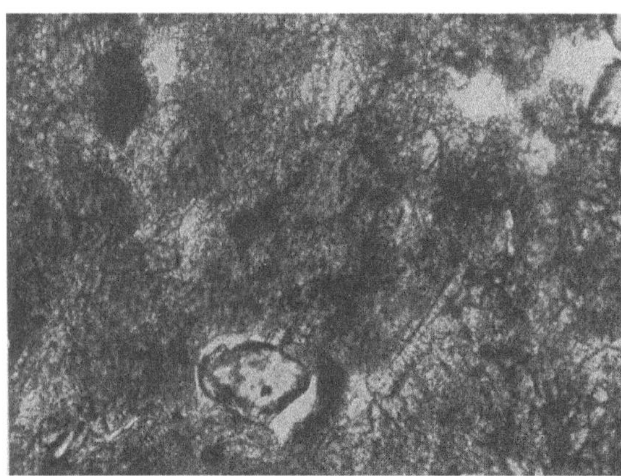

Abb. 498. Gebrannter indischer Cyanit mit Korundkorn
Dünnschliff (Vergr. 50 ×)

Die wichtigsten Sillimanit- und Cyanitlagerstätten Südaustraliens finden sich bei Mt. Crawford und im Bezirk von Broken Hill. Diese Lagerstätten wurden während des zweiten Weltkrieges stark ausgebaut [22]. Sillimanit und Andalusit treten auch im Bezirk Olary auf. Eine Verwendung des australischen Sillimanits in der europäischen feuerfesten Industrie kommt kaum in Frage, er wird in Australien selbst als Zuschlag für hochwertige Schamottesteine benutzt.

Auch *Afrika* ist reich an Tonerdesilikaten und an Korundlagerstätten. In *Kenya* [23] tritt Cyanit 20 km von Taveta entfernt in den Murka-Hills auf Scherungszonen im Gneis auf. Der Cyanitgehalt schwankt stark, in Kontaktzonen findet sich Sillimanit. Als Begleiter kommen Topas und Korund vor. In den Jahren 1944 bis 1951 wurden hier 78000 t Cyanit gefördert [24]. Die Kenya-Cyanite zerfallen leicht, so daß sich gekörntes Material schwer aus ihnen herstellen läßt. Sie werden an Ort und Stelle vorgebrannt. Der Versand erfolgt fast nur nach den USA, weil die europäische feuerfeste Industrie dieses Material wegen Brüchigkeit und mangelnder Kornfestigkeit ablehnt.

In Tanganjika kommen Korundlagerstätten bei Dedoma vor, die bereits in geringem Umfange abgebaut werden [25]. Auch in Njassaland finden sich Korundlagerstätten als eluviale Verwitterungsprodukte von Nephelin-Syenit in den Tambani Hills [26].

Die Südafrikanische Union besitzt Lagerstätten von Korund [27], Andalusit [28], Cyanit, Sillimanit und Topas. Besonders reich an diesen Rohstoffen sind *Transvaal* und *Rhodesien* [29]. Der Korund ist zum Teil durch Pegmatite zugeführt worden, er wird in pegmatitischen Riffen und in Seifen abgebaut und enthält ~ 92% Al_2O_3. Andalusit und Cyanit treten in Verbindung mit Diaspor und Pyrophyllit in SW-Afrika auf. Andalusit, genauer kohlehaltiger *Chiastolit*, kommt auch im westlichen Transvaal in Schiefern und in Flußsanden vor, die durch Eisenkiesel verunreinigt sind [30].

Der Andalusit wird nur in England verwandt. Bei der Steinherstellung entstehen Schwierigkeiten, weil er nur in feinen Körnungen geliefert werden kann. Die Steine sind nach dem Brand mit stecknadelkopfgroßen Eisenausschmelzungen übersät, daher äußerlich unansehnlich. Zur Qualitätsverbesserung wäre eine Sink-Schwimmeraufbereitung und eine Magnetscheidung erforderlich.

Der südafrikanische Sillimanit wird hauptsächlich bei Windhuk (SW-Afrika) und bei Pella (Kapland) in großen, schwer zu zerkleinernden Blöcken gewonnen. An der Lagerstätte hat man dafür eigene Brechanlagen errichten müssen. Diese Sillimanite enthalten beträchtliche Mengen von Korund (Abb. 499), daher etwa 80% Al_2O_3 (Tab. 114). Um eisenreiche Partien erkennen und ausscheiden zu können, wird er neuerdings an Ort und Stelle bei etwa 800°C vorgebrannt.

In Betschuanaland wurden 20000 t Cyanit nachgewiesen [23], $^1/_3$ der Menge soll hochwertig sein, in Angola 5000 bis 6000 t noch unbekannter Qualität. Schließlich finden sich an der Goldküste große Lagerstätten von Andalusit und Cyanit in der Nähe von Bekwai und Ashanti, Cyanit außerdem reichlich im Bole-District und stellenweise zwischen Shama und Tarkwa [31].

In den *USA* liegen zahlreiche Sillimanitvorkommen im präkambrischen Gürtel der Südost-Staaten (Georgia,

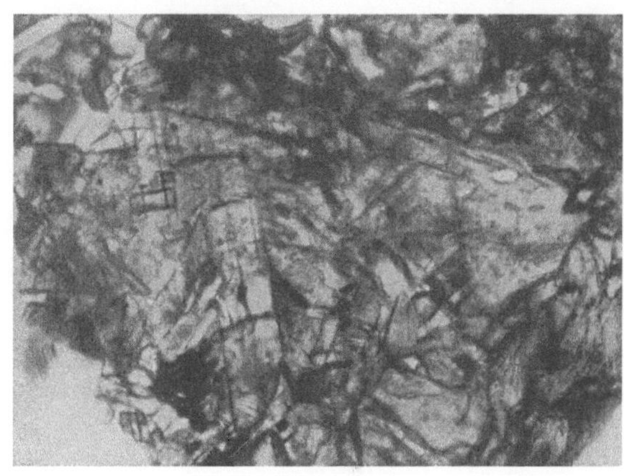

Abb. 499
Südafrikanischer Sillimanit von Pella. Dünnschliff (Vergr. 50 ×)

Nord- und Süd-Carolina und Virginia). Die bedeutendsten Lagerstätten finden sich im Hart-Elbert-Madison County in Georgia, im Anderson-Spartanburg-Greenville County (S.-Carolina) und in Cliffside Elkin (N.-Carolina) [32]. Bei Henry Knob (S.-Carolina) – 5 km westlich Clover – kommt Cyanit in Wechsellagerung mit Quarzit vor [33].

Geröllartige Ablagerungen von Cyanit finden sich in Nord-Carolina [34]. In Ost-Alabama wird in der Piedmont-Provinz Cyanit in Schiefern und auf Gängen gefunden [35]. Zahlreiche kleinere Cyanitlagerstätten finden sich auch in Virginia [36]. Schließlich kommen Sillimanit-, Andalusit- und Cyanit-Lagerstätten in den Glimmerschiefern von New Hampshire vor [37].

Ein für feuerfeste Zwecke benutztes Lager von Topas findet sich in S.-Carolina [3].

An der Westküste Nordamerikas wird ein wirtschaftlich wichtiges Andalusitvorkommen in der Mono County Mine abgebaut [38].

In *Canada* befindet sich bei Craigmont, Renfew County (100 km westlich Ottawa) die größte bisher bekannte Einzellagerstätte von Korund [39]. Der Korund wird dort aus dunklen Gneisen des Kambriums gewonnen.

Die *UdSSR* besitzt zahlreiche große Andalusitlager in Kasakstan bei Karaganda, Karkaralinsk und Kounrad.

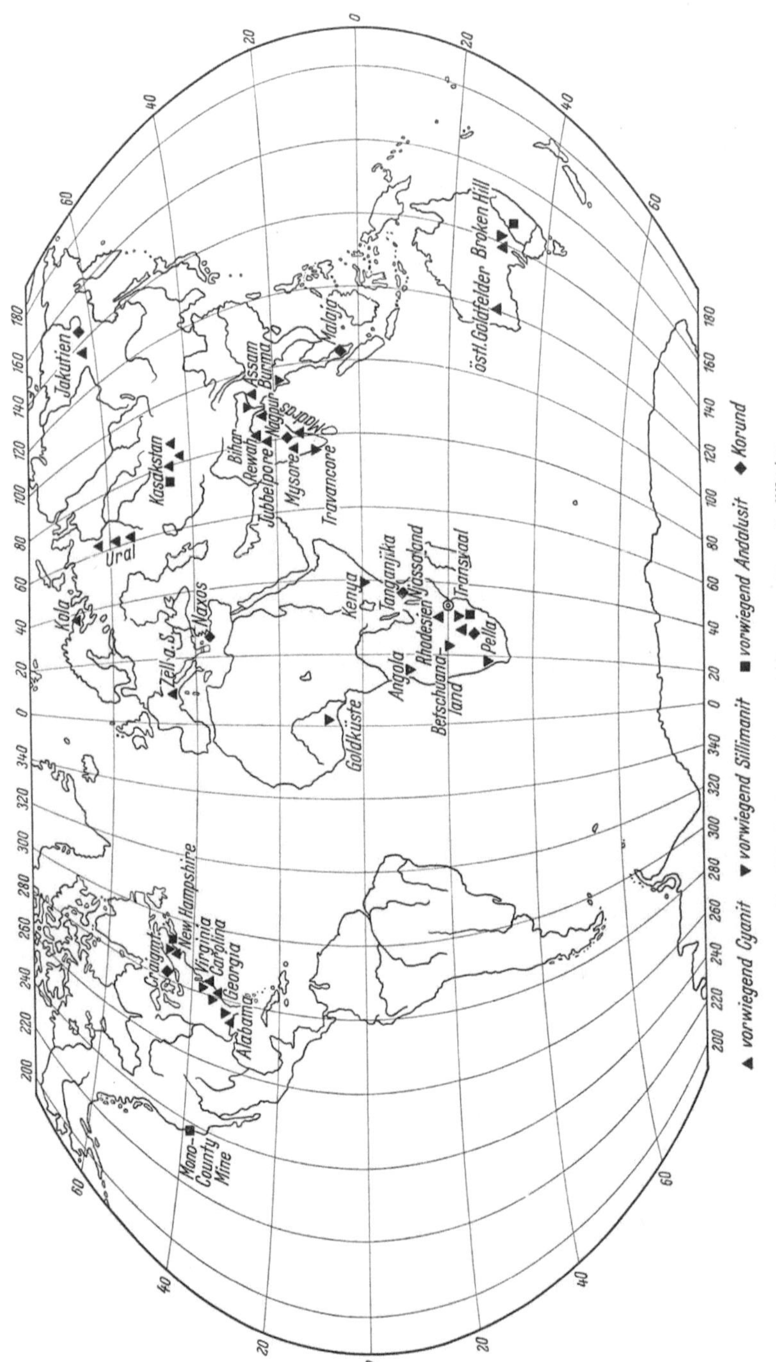

Abb. 500. Karte der Lagerstätten von Tonerdesilikaten

▲ vorwiegend Cyanit   ▼ vorwiegend Sillimanit   ■ vorwiegend Andalusit   ◆ Korund

Am größten ist die Lagerstätte von Semiz-Bugu, ihre Vorräte an Andalusit werden auf 100000 t geschätzt [40]. Das Rohmaterial enthält 30 bis 81% Andalusit und 12 bis 51% Pyrophyllit. Die reichen Qualitäten besitzen 52% Al_2O_3, weniger als 2% Fe_2O_3 und weniger als 6% Alkalien. Andere Lagerstätten enthalten neben 60 bis 70% Andalusit 15% Kaolinit. Im Altai tritt auch Cyanit neben Andalusit auf. Der Gehalt des Rohmaterials an Andalusit und Cyanit beträgt dort zusammen 20 bis 55%. Man schätzt die Vorräte auf einige Millionen Tonnen. Die Herstellung von Konzentraten mit mehr als 56% Al_2O_3 ist bei ihnen wegen der Anwesenheit von Eisen und Titan nicht möglich. Bei Ak-Togai findet sich neben 10 bis 35% Andalusit 5 bis 15% Korund und Diaspor sowie 30 bis 50% Alunit. Diese reichen Lagerstätten sind wegen ihrer ungünstigen Verkehrsverhältnisse noch wenig erschlossen.

Cyanit und Korund treten auch in der ostsibirischen Provinz Jakutien auf [41]. Der dortige Cyanit soll dem indischen gleichen. Im Ural wurden ebenfalls zahlreiche Cyanitlagerstätten erschlossen [42].

Schließlich finden sich auf der Halbinsel Kola Cyanitvorkommen, die man zu den größten der Welt rechnet. Die Cyanit enthaltenden Kejwyfelsen erstrecken sich im zentralen Teil der Halbinsel über eine Länge von 150 km [43]. Der Rohstoff enthält 40 bis 50% schwarzen und weißen Cyanit und ist mit Quarzschiefern vergesellschaftet [44]. Die Vorräte übersteigen 15000000 t. Ihr Abbau ist wegen Transportschwierigkeiten noch nicht aufgenommen worden.

Im *westlichen Europa* treten — soweit bisher bekannt — nur kleinere Vorkommen von Tonerdesilikaten auf, Sillimanit im französischen Zentralplateau (Auvergne) [45], Andalusit und Cyanit in der Silvretta (Schweiz) [46]. Kürzlich wurde im Untersulzbachtal bei Zell a. See (Österreich) ein abbauwürdiger Cyanitquarzit entdeckt, der bei 7 m mittlerer Mächtigkeit durchschnittlich 26 bis 27% Cyanit enthält. Die sicheren Vorräte dieses Lagers werden auf 85000 t, die wahrscheinlichen auf 2 Mill. Tonnen geschätzt. Durch Flotation läßt sich ein Konzentrat mit 62,6% Al_2O_3 gewinnen [46a].

Abschließend sei das Korundvorkommen von Naxos erwähnt. Der Naxos-Korund wird als *Smirgel* bezeichnet, er findet nur als Schleifmaterial Verwendung, weil er für feuerfeste Zwecke zu unrein ist.

Die wichtigsten Aluminiumsilikat-Lagerstätten der Welt sind der Abb. 500 zu entnehmen. Der deutsche Jahresbedarf an Cyanit und Sillimanit beläuft sich z. Z. auf 4000 bis 6500 t/Jahr.

4.122 Tonerdehydrate

Eine zweite wichtige Tonerdequelle findet sich unter den Verwitterungslagerstätten. Wie bereits in Abschn. 3.21 ausgeführt wurde, wandeln sich die festen Gesteine in tropischem Klima unter Abfuhr von Alkali- und Eisenoxyd in Kaolinit um. Unter gewissen, noch nicht eindeutig geklärten Klimabedingungen, wahrscheinlich aber unter tropischem Wechselklima bilden sich an Stelle von Kaolinit durch Hydrolyse in leicht alkalischem Medium reine Tonerdehydrate einerseits, freie Kieselsäure andererseits. Werden beide Komponenten ganz oder wenigstens fast ganz getrennt, so entstehen Lager von Tonerdehydraten. Diese enthalten allerdings häufig erhöhte Prozentsätze an Eisenoxyd, weil geochemische Verwandtschaften zwischen Tonerde- und Eisenoxydhydraten bestehen.

Für feuerfeste Zwecke sind in erster Linie *Diasporlager* von Bedeutung; denn Diaspor besitzt den geringsten Wassergehalt und schwindet daher beim Brennen am wenigsten (Tab. 113). Er ist meist grobkörniger als die übrigen Tonerdehydrate, weil für seine Entstehung eine leichte Metamorphose typisch sein soll [47] und besitzt häufig oolithische Struktur, wie z. B. der griechische Diaspor (Abb. 501) [48]. Die größten Diasporvorkommen liegen in *Arkansas* und in

Ost-Mittel-*Missouri* (USA) (Tab. 114). Das Rohmaterial tritt dort in 3 Varietäten auf:

1. sog. mehlige Varietät, die aus großen Diasporkristallen besteht,
2. Diaspor-Oolith,
3. poröser Diasporton, bestehend aus Oolithen mit zahlreichen kleinen Löchern und Poren [*49*].

Ihre Kegelfallpunkte liegen bei SK 39 und höher [*50*]. Die Diasporlagerstätten treten ähnlich denen der Flint-clays und plastischen Tone des gleichen Bezirkes vorwiegend in Dolinen auf [*51*]. Sie werden stark abgebaut und vorwiegend zur Herstellung hochfeuerfester Steine verwandt [*52*].

Weitere Diasporvorkommen finden sich in *Rußland* am Westhang des südlichen Urals [*53*] als Diaspor-Chamositerz (maximale Mächtigkeit 2,2 m) an der Basis der Mittel- und Oberdevonformation. Bei Aktasch kommt ein für feuerfeste Zwecke ausgebeuteter Kaolin-Diaspor vor [*54*]. Seine Aufbereitung liefert ein Konzentrat mit 70 bis 72% Al_2O_3, 20% SiO_2, 3 bis 3,5% Flußmittel und einem Kegelfallpunkt von SK 38/39 [*55*].

In *Japan* findet sich Diaspor bei Nagano, Okayama und Hiroshima. Sein Tonerdegehalt schwankt zwischen 60 und 78%, der Kieselsäuregehalt zwischen 4 und 7%, bei Hiroshima beträgt der letztere jedoch 25%. Der Fe_2O_3-Gehalt liegt meist unter 1%. Außerdem tritt Diaspor im Toei-Bezirk als gräulichweißes oder rötlichbraunes feinkristallines, stark glänzendes Material auf. Der Tonerdegehalt beträgt dort etwa 68%, Kieselsäure sind 6 bis 7%, an Eisenoxyd 1 bis 2% vorhanden. Sein Kegelfallpunkt liegt bei SK 37 [*56*]. In Mitsuishi wird *Agalmatolith*, eine dichte Varietät von Pyrophyllit bergmännisch gewonnen. Der Agalmatolith enthält Gerölle von Diaspor mit Durchmessern von 3 mm bis 30 cm. Diese Bildung ist das Produkt einer Metamorphose von *Lipariten* (Eruptivgestein granitischer Zusammensetzung) durch magmatische Gase. Der Agalmatolith ist also nicht wie die übrigen Diasporvorkommen durch Verwitterung entstanden. Das Rohmaterial schwankt in seinem Segerkegel-Fallpunkt von SK 28 bis SK 41, man stellt aus ihm die feuerfesten *Agalmatolithsteine* her [*57*].

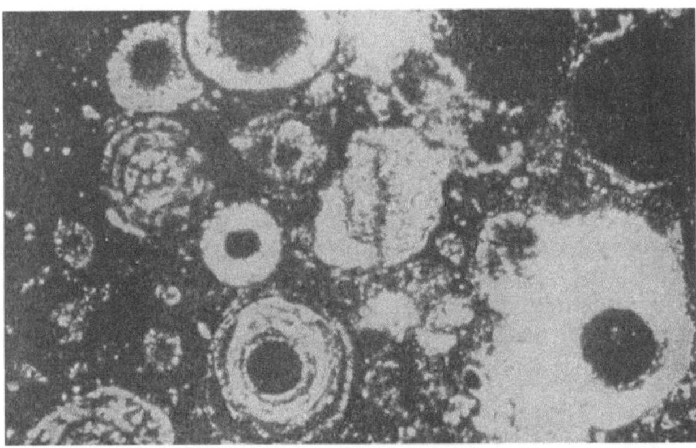

Abb. 501. Diaspor-Bauxit mit oolithischer Struktur (nach H. INSLEY u. VAN DERK FRÉCHETTE). Dünnschliff, gekreuzte Nikols (Vergr. 40 ×)

Reiner *Hydrargillit* (Gibbsit) findet sich in einem großen Lager bei *Marianna* (Brasilien). Er enthält 50 bis 70% Al_2O_3 und 25 bis 40% H_2O, seine Durchschnittsanalyse ist in Tab. 114 enthalten. Auch in der Provence (Frankreich) kommen gibbsitreiche Bauxite vor.

Die übrigen Lagerstätten von Tonerdehydraten sind gemischter Zusammensetzung, ihr Rohmaterial wird deshalb als *Bauxit* bezeichnet. Je nach der Gesteinsart, aus welcher die Bauxite durch Verwitterung hervorgegangen sind, wird zwischen *Silikatbauxiten* (Lateriten) und *Kalkbauxiten* unterschieden (siehe Tab. 77, S. 394). Laterite entstehen aus kieselsäurehaltigen Gesteinen, sie enthalten stets mehr Kieselsäure als Kalkbauxite. Eisenoxyd ist dem Gestein gewöhnlich in Form kleiner Knollen und Knoten (Pisolithen) eingelagert. Mineralogisch herrscht vielfach noch Kaolinit neben Tonerdehydraten vor [58]. Kalkbauxite dagegen bilden sich in Karstgebirgen aus den tonigen Beimengungen massiger Kalksteine auf dem Wege über Roterden (Terra rossa). Sie treten daher meist nicht als zusammenhängende Lager, sondern in isolierten Taschen und Dolinen auf. Da die Bodenwässer in Kalkgebirgen alkalisch sind, geht die hydrolytische Zersetzung des Kaolinits dort leichter und vollständiger vonstatten.

Die chemische Zusammensetzung der Bauxite schwankt in folgenden Grenzen:

$$SiO_2 \ldots\ldots\ 2 \text{ bis } 45\% \qquad Fe_2O_3 \ldots\ldots\ 0 \text{ bis } 25\%$$
$$Al_2O_3 \ldots\ldots\ 50 \text{ bis } 70\% \qquad H_2O \ldots\ldots\ 12 \text{ bis } 40\%$$

Sie sind reich an TiO_2, sofern sie aus basischen Eruptivgesteinen wie Diabasen, Basalten u. a. entstanden sind. Ihr TiO_2-Gehalt schwankt dann zwischen 3 und 12%.

Für die Herstellung feuerfester Erzeugnisse sind nur Bauxite mit niedrigem Eisengehalt ($< 4\%$) brauchbar. Ein gewisser Kieselsäuregehalt kann in Kauf genommen werden, er darf aber nicht zu groß werden, weil sonst die Bauxite keine Vorteile mehr gegenüber normalen feuerfesten Tonen bieten.

Deutschland verfügt über eine kleine lateritische Bauxitlagerstätte am Vogelsberg (Oberhessen). Der dortige Rohstoff kann jedoch wegen seines hohen Eisenoxydgehaltes (s. Tab. 114) nicht für feuerfeste Zwecke verwandt werden.

Sehr bedeutende Bauxitlagerstätten finden sich in den *südfranzösischen* Departements Ariège, Herault, Bouche du Rhône und Var (Abb. 502). Die Lagerstätten ziehen sich dort vom Nordfuß der Pyrenäen an der Mittelmeerküste entlang bis zur Provence. Der Bauxit tritt in Kreidemulden und Taschen, z. T. in tektonisch verdoppelter Lagerung auf, die mittlere Mächtigkeit der Lager beträgt 6 m [59]. Nach J. DE LAPPARENT [60] kommt der Bauxit bei Montagne de Regaignas im Departement Bouche du Rhône in 3 Lagen im Jura-Dolomit vor. Er ist hier durch Wasser umgelagert und in Hohlräume des Dolomits hineingespült worden. Die gewonnenen Roherze können nach rotem, grauem, weißem und silikatischem Bauxit unterschieden werden. Für feuerfeste Zwecke sind nur die weißen und kieselsäurereichen Qualitäten geeignet. Der weiße Bauxit hat folgende Zusammensetzung: 57 bis 62% Al_2O_3, 3 bis 5% Fe_2O_3, 15 bis 20% SiO_2 und bis zu 18% Glühverlust. Qualitäten mit 2 bis 3% Fe_2O_3 und 6 bis 10% SiO_2 kommen auch vor, sind aber sehr selten. Die kieselsäurereichen Sorten mit 25 bis 45% SiO_2 sind ebenfalls nicht weit verbreitet [61].

Der Schmelzpunkt des weißen Bauxits mit 2% Fe_2O_3 liegt etwa bei 1800° C (SK 36/37) [62]. In der Provence wird vorwiegend trihydratischer Bauxit (mit viel Hydrargillit) in Schachtöfen zu hochwertiger Schamotte gebrannt.

In *Italien* treten nur kleinere Bauxitlagerstätten im Apennin und in Apulien auf. Sehr groß sind dagegen die Bauxitvorkommen der *Balkanhalbinsel*. Istrien, Jugoslawien und Ungarn besitzen bedeutende Kalkbauxitvorkommen mit niedrigen Kieselsäuregehalten, sie weisen jedoch meist hohe Prozentsätze an Eisenoxyd auf und sind größtenteils für die Feuerfestindustrie nicht brauchbar. Weißer, eisenarmer Bauxit wird in Belo Poljane (Montenegro) gewonnen und in Schachtöfen vorgebrannt (Tab. 114).

Die *griechischen* Bauxite kommen für feuerfeste Zwecke kaum in Frage.

Unter den *russischen* Bauxitlagerstätten enthalten, soweit bisher bekannt, nur diejenigen im Upa-Becken [63], 30 bis 40 km von Tula entfernt, und die Lagerstätte von Alpaj im Ural eisenarme Qualitäten [64]. Hell gefärbte Bauxite feinpisolithischer Struktur lagern

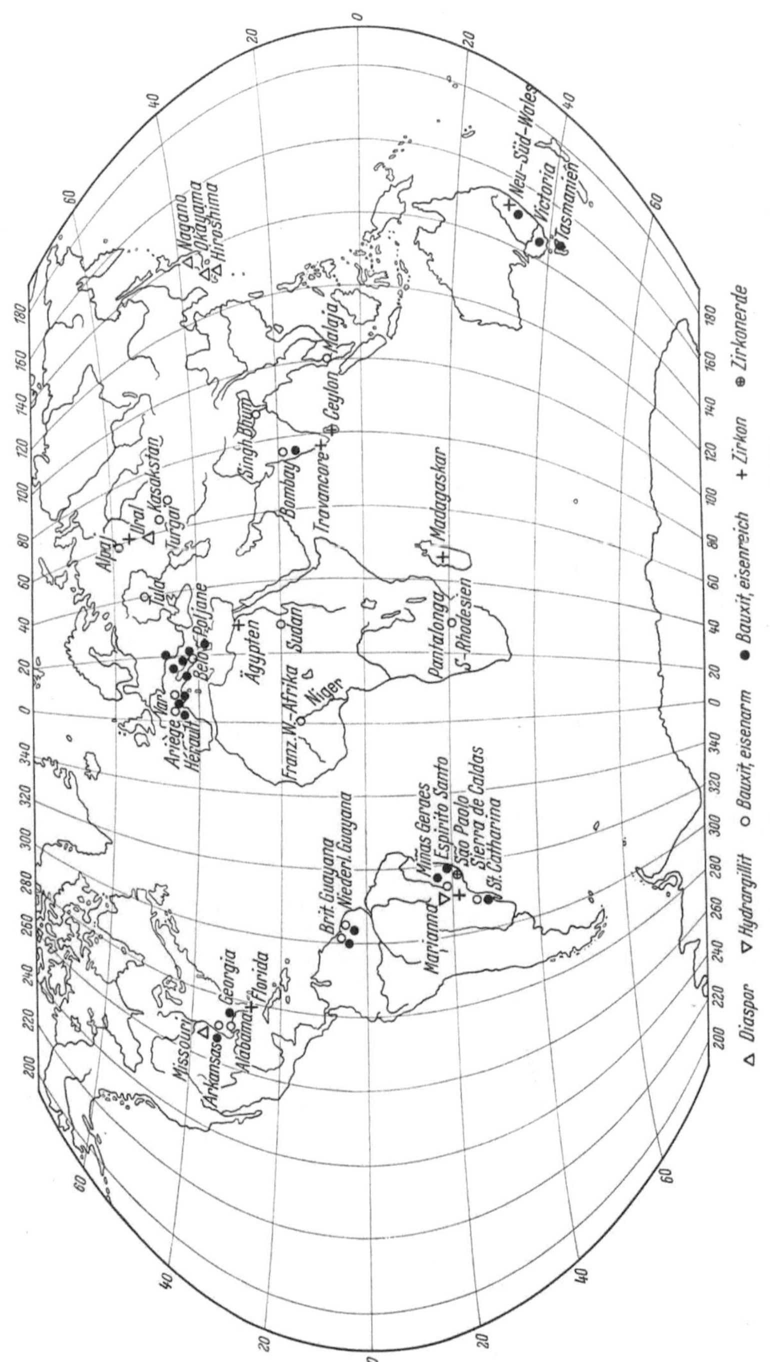

Abb. 502. Karte der Lagerstätten von Tonerdehydraten und Zirkonerzen

über karbonischen Kalken in Schichten der Juraformation des Turgai-Beckens in Kasakstan [65].

Die größten Silikatbauxit-Lagerstätten der Erde befinden sich in *Indien* auf den mächtigen Basaltdecken des Dekkan-Plateaus. Ihr Bauxit ist auf der Basaltoberfläche größtenteils abgetragen, findet sich aber umgelagert in alten Talrinnen am Rande des Plateaus. Für die indischen Bauxite ist meist ein hoher Titansäuregehalt kennzeichnend. Sie werden hauptsächlich im Staate Bombay gewonnen. Da bei ihnen die trihydratische Komponente stark überwiegt, enthalten sie ~30% Hydratwasser; sie werden nur als Rohbauxite versandt. Auch in Singh-Bhum treten Bauxitlager auf. Wegen der hohen Seefrachtkosten ist die Verwendung aller dieser Bauxite außerhalb Indiens beschränkt. Ähnlich liegen im übrigen die Verhältnisse in Malaya, dort kommt ein vorwiegend trihydratischer Bauxit mit Eisenoxydgehalten bis zu 2% vor.

Über eine keramische Nutzung der bedeutenden *australischen* Bauxitvorkommen in Tasmanien, Victoria und Neu-Südwales ist noch nichts bekannt geworden.

Die *afrikanischen* Bauxitvorkommen sind bisher wenig erschlossen. Soweit bekannt, befindet sich unter ihnen eine relativ große Anzahl von Lagern mit eisenoxydarmen Qualitäten. In Franz. West-Afrika wurden im Nigertal weiße Bauxite mit 72% Al_2O_3 gefunden [66]. Im Sudan gibt es ebenfalls teils kristalline, teils amorphe Bauxite mit 69 bis 75% Al_2O_3, 1 bis 3,5% SiO_2, 1 bis 5% Fe_2O_3, 0,4 bis 3% TiO_2 und 20 bis 26% H_2O [67]. In Südrhodesien liegt bei Pantalonga ein hochwertiger Bauxit mit 65% Al_2O_3, 6% SiO_2 und 1,1% Fe_2O_3 [68]. In Nord-Transvaal wird bei Belfast ein durch Selbstentzündung von Kohle aus der Ekka-Serie (Karrooformation) zu Glühschamotte gebrannter Ton mit 50—54% Al_2O_3 gewonnen und in beträchtlichen Mengen in Deutschland verarbeitet.

In den *USA* werden etwa 95% des gewonnenen Bauxits in Arkansas gefördert, er wird jedoch nur zu einem geringen Teil für feuerfeste Zwecke verwandt. Eine dafür geeignete Qualität enthält neben Al_2O_3 6 bis 7% SiO_2 und sehr wenig Eisenoxyd. Geringere Sorten enthalten noch 55 bis 60% Al_2O_3 [69]. Weitere Bauxitlagerstätten finden sich in einem 100 km langen Zug von Taschen und Lagern auf dem kambrischen Knox-Dolomit in Alabama und Georgia.

Für die feuerfeste Industrie brauchbare Bauxite gibt es in *Holl.-Guayana.* Sie enthalten 89% Al_2O_3, 1 bis 2% Fe_2O_3, TiO_2 und Alkalien nur in Spuren [70]. Auch *Brit.-Guayana* besitzt Lagerstätten in Form von Linsen in einer Sand-Tonzone am Demerara-Fluß [71]. Sie enthalten in rohem Zustande ~2,5% Fe_2O_3 und TiO_2 und sind überwiegend trihydratisch. Diese Bauxite werden in ölgefeuerten Drehrohröfen bei sehr hoher Temperatur vorgebrannt und gewinnen dadurch eine hohe Volumenbeständigkeit, aus ihnen hergestellte Steine haben sogar Tendenz zum Wachsen. Diese Guayana-Bauxite haben sich in Europa gut eingeführt.

Schließlich besitzt *Brasilien* in den Provinzen Miñas Geraes, Espirito Santo und St. Catharina ausgedehnte, jedoch wenig erschlossene Bauxitlagerstätten. Der Bauxit von Laginha Conceicao de Muqui hat 59 bis 61% Al_2O_3, 7 bis 8% SiO_2 und 2 bis 3% Fe_2O_3, TiO_2 in Spuren und 30% flüchtige Bestandteile. Damit dürfte er sich für feuerfeste Zwecke eignen.

Der Jahresverbrauch an eisenarmen Bauxiten beträgt in Deutschland z. Z. 2000 bis 5000 t.

4.13 Synthetische Herstellung
4.131 Tonerdehydrate und kalzinierte Tonerde

Bei der synthetischen Herstellung von Tonerdehydraten und kalzinierter Tonerde geht man von Bauxit aus, der aber für diesen Zweck nicht eisenarm zu sein braucht. Von den bisher entwickelten zahlreichen Verfahren besitzen nur wenige praktische Bedeutung. Sie führen alle über das Zwischenprodukt Natrium-aluminat ($NaAlO_2$). Der Bauxit kann mit Hilfe von Soda im Drehrohrofen bei 1200° C *pyrogen aufgeschlossen* werden:

$$Al_2O_3 + Na_2CO_3 \rightarrow 2\,NaAlO_2 + CO_2$$

Aus Eisenoxyd bildet sich dabei gleichzeitig Natriumferrit, das sich dann beim Auslaugen mit Wasser unter Bildung von sogenanntem *Rotschlamm* zersetzt. Dieser enthält auch die Kieselsäure des Bauxits. Aus dem Filtrat rührt man Ton-erdehydrat aus und kalziniert es gegebenenfalls bei 1000° C.

Statt mit Soda kann der pyrogene Aufschluß auch mit Natriumsulfat und Kohle durchgeführt werden:

$$Al_2O_3 + Na_2SO_4 + C \rightarrow 2\,NaAlO_2 + SO_2 + CO$$

Das Aufschlußprodukt wird wie oben weiterverarbeitet.

Beim *Bayer-Verfahren* wird der Bauxit bei 4 atü und 160 bis 170° C im Auto-klaven mit konzentrierter Natronlauge aufgeschlossen. Das sich bildende Na-triumaluminat wird wie oben zur Ausscheidung des Eisenoxydes mit Wasser behandelt und filtriert.

Vor dem letzten Kriege wurden im Rahmen des damaligen Strebens nach Autarkie Verfahren entwickelt, Tonerde durch Zersetzung von Ton oder Kaolin zu gewinnen. Die Mineralien der Kaolinitgruppe in diesen Stoffen zerfallen durch Glühen bei 790 bis 820° C in Kieselsäure und säurelösliche Tonerde (s. Ab-schnitt 3.141). Nach dem *Goldschmidt-Verfahren* (Sulfit-Tonerdeverfahren) wird po-röser kalzinierter Ton oder Kaolin auf Haselnußgröße zerkleinert und in geschlosse-nen Türmen der Einwirkung aufwärts strömender wäßriger schwefliger Säure bei 6 atü und 50 bis 60° C ausgesetzt. Dabei entsteht das einbasische Sulfit $Al_2O_3 \cdot 2\,SO_2 \cdot 5\,H_2O$, aus dem sich das SO_2 durch stufenweises Erhitzen auf etwa 160° C bei 4 bis 5 atü austreiben läßt. Das zurückbleibende Hydrat hat kristalline Struktur, läßt sich leicht filtrieren bzw. auswaschen. Zur Reinigung von Eisen-oxyd wird es bei 60 bis 70° C in Natronlauge gelöst und nach Klärung vom eisen-haltigen Rückstand wie beim *Bayer-Verfahren* ausgerührt.

4.132 Elektrokorund

Zur Herstellung von Schmelzkorund wird Bauxit im *Lichtbogenofen* unter reduzierender Atmosphäre geschmolzen. Durch die Kohleelektroden werden dabei die Verunreinigungen SiO_2, Fe_2O_3 und TiO_2 z. T. zu Metallen reduziert, so daß praktisch nur die Tonerde in oxydischer Form übrigbleibt. Die flüssigen Metalle sammeln sich im unteren Teil der Schmelze und bilden dort eine Schicht von titanhaltigem Ferrosilizium. Die obere Schicht enthält die oxydischen Phasen in Form von Al_2O_3 mit geringen Mengen von Cr_2O_3, FeO, TiO_2, SiO_2 usw. Das Ferrosilizium wird in Pfannen abgestochen, so daß der Korund übrigbleibt. Er besitzt 95 bis 97% Al_2O_3 und ist braun, rosa oder schwarz gefärbt. Dieser Korund wird unter verschiedenen Namen, wie Abrasit, Alorit, Alundum usw., als Schleifmaterial in den Handel gebracht.

Die flüssige Tonerde kann beim Abstich mittels eines Dampfluftstrahles in eine Kammer geblasen werden, wo sie in Form hohler Pillen von mehreren mm Dmr. und 0,1 bis 0,2 mm Wandstärke erstarrt. Durch die Pillen läßt man 8- bis 10%ige Schwefelsäure bei 60° C hindurchsickern und erreicht dadurch eine weitere Reinigung von SiO_2, Fe_2O_3 und CaO. Der Korund enthält dann immer noch merkliche Mengen von TiO_2 und von Ferrosilizium; die ausgelaugten Korundpillen werden daher im Kollergang zerkleinert und durch Magnetscheider vom Eisen befreit.

Die noch verbleibenden Verunreinigungen, wie met. Eisen, Karbide, Silizide, Sulfide usw., können durch Oxydation beim Steinbrand unangenehme Treiberscheinungen hervorrufen. Man muß daher die Elektrokorunde dann bei 900 bis 1000°C oxydierend *vorbrennen*.

Ihre Volumenbeständigkeit kann durch Wärmeausdehnungsmessungen kontrolliert werden. Dabei beginnen die anormalen Ausdehnungen allgemein bei 450° C. Wenn der Unstetigkeitssprung 1% übersteigt, sind Gefügestörungen und Zermürbungserscheinungen beim Steinbrand oder im Betrieb zu erwarten.

Der gereinigte Korund als Endprodukt ist farblos, er hat einen Tonerdegehalt von über 99% (vgl. Tab. 114).

Für viele feuerfeste Zwecke genügt es, einen eisenoxyd- und kieselsäurereichen Bauxit nach einem von den *Dynamidon-Werken* entwickelten Spezialverfahren mit geringem Stromaufwand zu schmelzen. Das dabei gewonnene korundhaltige Material weist noch ~20% SiO_2 und ~4% Fe_2O_3 auf [*72*] (vgl. Tab. 114).

Außerdem tritt Korund als Nebenprodukt bei der Herstellung von Legierungselementen, wie Mangan, Chrom, Titan, Ferrovanadin usw. aus ihren Oxyden nach dem GOLDSCHMIDTschen *Thermitverfahren* auf. Die Metalloxyde werden dabei durch das zugegebene Aluminium reduziert, z. B.

$$Cr_2O_3 + 2Al \rightarrow 2Cr + Al_2O_3 + 130\ kcal$$

Die frei werdende größere Wärmemenge verflüssigt sowohl die Metalle als auch die als Schlacke abzuziehende Tonerde. Sie enthält meist geringe Verunreinigungen durch die Ausgangsmaterialien und wird nach Brechen und Mahlen als Chromschlacke, Manganschlacke, Titanschlacke usw. für hochfeuerfeste Erzeugnisse (Stampfmassen) oder als Schleifmittel verwandt.

An Stelle der genannten Korundsorten benutzt man gelegentlich auch Schleifscheibenbruch mit 70 bis 80% Al_2O_3 für die Herstellung minderwertigerer Steine und Stampfmassen. Der verunreinigte Schleifscheiben-Korund ist jedoch nicht zu empfehlen; denn die aus ihm gefertigten Steine sind wenig widerstandsfähig gegen Schlackeneinwirkung.

4.133 Sinterkorund

Neben den in Abschn. 4.132 beschriebenen Schmelzprozessen werden auch Sintervorgänge zur Herstellung von Korund benutzt. Als Ausgangsprodukt dient bei 1450 bis 1500° C vorgebrannte kalzinierte Tonerde. Da sie sehr fein zerkleinert sein muß, wird sie nach P. P. BUDNIKOW [*10*] am zweckmäßigsten naß in Kugelmühlen oder Schwingmühlen mit Stahlkugeln gemahlen. Die maximale Korngröße darf nach dem Mahlen nicht größer als 2μ sein, damit die große Oberflächenenergie des feinkörnigen Pulvers beim späteren Brennen die Sammelkristallisation ausreichend fördert (vgl. Abschn. 1.331). Die Sinterung wird zudem durch stets vorhandene Reste nicht umgewandelter aktiver γ-Tonerde begünstigt. Eine Erhöhung der Vorbrandtemperatur über 1500° C hinaus ist unzweckmäßig, sie würde die nachfolgende Mahlung erschweren und die Zahl der γ-Tonerdekeime zu stark vermindern. Der eigentliche Sinterbrand erfolgt bei 1700 bis 1750° C. Die Sintertemperatur kann durch geringen Zusatz von Flußmitteln erniedrigt werden, allerdings unter gleichzeitiger Verminderung der Druckfeuerbeständigkeit. Die rekristallisierte Sintertonerde besitzt ein Raumgewicht von 3,75 bis 3,8 und weniger als 1% Poren.

4.134 Synthetischer Mullit

Auch Mullit wird durch Sintern oder Schmelzprozesse hergestellt. Der Kunstmullit besteht meist aus stückigen Massen, die ähnlich wie Schamotte durch Brechen und Mahlen gekörnt werden können.

Nach dem Verfahren von N. E. BOGUSLAVSKY [73] wird kalzinierte Tonerde 15 Min. lang in der Kugelmühle bis auf 5% Rückstand auf dem 1000-Maschensieb gemahlen und dann 2 Std. mit 25% trockenem Mahlton in einem der Mullitzusammensetzung entsprechenden Verhältnis gemischt. Die angefeuchtete Mischung wird 2mal durch die Strangpresse geschickt. Die Batzen werden 4 Std. bei 600° C und anschließend 12 Std. bei 1550° C gebrannt. Je feiner die Komponenten gemahlen und je sorgfältiger sie gemischt werden, desto vollständiger und rascher erfolgen Mullitisierung und Sinterung.

Nach E. LUX [74] werden als Rohstoffe reaktionsfähige Tonerde, Kaolin und feingemahlener Sinterkorund verwandt.

Die beiden ersten Stoffe sollen gemischt einen Tonerdegehalt von 50 bis 60% haben, damit schon beim Vorbrand auf 1600° C Mullit und eine zur Sammelkristallisation des Mullits ausreichende Schmelzmenge entsteht. Sie soll sich im fertigen Stein mit dem schwer reaktionsfähigen Korund zu weiterem Mullit umsetzen. Auf diese Weise strebt E. LUX eine dicht verfilzte, nur aus Mullit bestehende Masse an.

Zugabe verschiedener Stoffe beschleunigt die Mullitbildung beim Sintern katalytisch (vgl. Abschn. 3.15).

A. G. SHORTER [75] nannte in diesem Zusammenhang MoO_3, WO_3, Borax, B_2O_3, $AlPO_4$, CaF_2, $Ca_3(PO_4)_2$, Cr_2O_3 und Na_2WO_4. Unter ihnen wirken die beiden letzteren günstig, weil sie die Druckfeuerbeständigkeit nur wenig senken. Nach K. G. SKINNER [76] begünstigt auch TiO_2 die Mullitbildung, ohne die physikalischen Eigenschaften der Steine zu verschlechtern.

C. JONES [77] stellte synthetischen Mullit durch Brennen von Mischungen aus Al_2O_3, Aluminiumsilikat und Äthylsilikat mit mittleren Tonerdegehalten von 72 bis 78% bei 1500 bis 1800° C her.

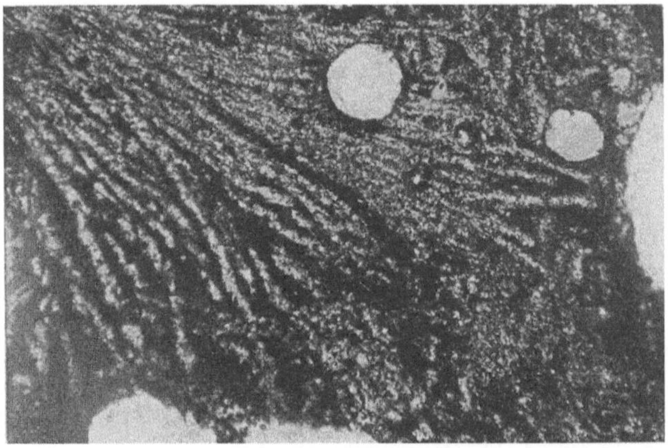

Synthetische Mullite werden neuerdings auch nach dem Verfahren der Lurgi-Gesellschaft in Frankfurt a. M. oder in Sinterpfannen bzw. -bändern erzeugt. Abbildung 503 zeigt den Dünnschliff eines derartigen Produktes. Obwohl die Masse nur teilweise geschmolzen ist, haben sich bereits große Mullitnadeln ausgeschieden, in denen aber noch ungeschmolzene Körner als Raster zu erkennen sind.

Abb. 503. Kunstmullit, auf dem Sinterband hergestellt. Dünnschliff (Vergr. 20 ×)

Vollständig aus dem Schmelzfluß erstarrte Mullite können schließlich auch nach dem in Abschn. 4.41 beschriebenen Verfahren im Lichtbogenofen hergestellt werden. Bei der Produktion schmelzgegossener Steine fallen nach W. A. RYB-NIKOW [78] etwa 50% Abfallscherben an, die nach Zerkleinern als Kunstmullit Verwendung finden.

Schrifttum

[1] KOEPPEL, C.: Feuerfeste Baustoffe, S. 121/22. Leipzig: Hirzel 1938
[2] AIME Committee on Industrial Minerals: „Industrials Minerals and Rocks" Amer. Inst. Min. Met. Engrs. 2. Aufl., S. 926/93. New York 1949
[3] BRADLEY, R., F. W. SCHROEDER u. W. D. KELLER: J. Amer. ceram. Soc. Bd. 23 (1940) S. 265/70
[3a] NOWOTNY, H, u. R. FUNK: Radex-Rdsch. (1951) S. 334/40
[4] U. S. Bur. Stand. Techn. News Bull. Nr. 158 (1930) S. 55
[5] BARLETT, H. B.: J. Amer. ceram. Soc. Bd. 15 (1932) S. 361/64. — ROY, R., V. J. HILL u. E. F. OSBORN: Ind. Engng. Chem. Bd. 45 (1953) S. 819
[6] RIDGWAY, R. R., A. A. KLEIN u. W. J. O'LEARY: Trans. elektrochem. Soc. Bd. 70 (1936) S. 71/86. — BEEVERS, C. A., u. S. BROHULT: Z. Kristallogr., Mineralog. Petrogr., Abt. 4, Bd. 95 (1936) S. 472/74
[7] GALLUP, J.: J. Amer. ceram. Soc. Bd. 18 (1935) S. 144/48
[8] RYSCHKEWITSCH, E.: Oxydkeramik, S. 79/80. Berlin/Göttingen/Heidelberg: Springer 1948
[8a] FILONENKO, N. E., u. J. V. LAVROV: Z. angew. Chem. (UdSSR) Bd. 23 (1950) S. 1040/46; Ceram. Abstracts (1951) S. 94c
[9] BELJANKIN, D.: Zbl. Mineralog. Geol. Paläontol., Abt. A (1933) S. 300/02
[10] BUDNIKOW, P. P.: Technologie der keramischen Erzeugnisse, S. 245. Berlin: Technik 1953
[11] DAY, M. K. B, u. V. J. HILL: Nature (London) Bd. 170 (1952) S. 539
[12] FRICKE, R., u. H. SEVERIN: Z. anorg. allg. Chem. Bd. 205 (1923) S. 287/308
[13] NORTON, F. H.: J. Amer. ceram. Soc. Bd. 22 (1939) S. 54/63; s. auch Sprechsaal Keram., Glas, Email Bd. 75 (1942) S. 125/30 u. 144/46
[14] BIGOT, A.: Refer. Keram. Rdsch. Bd. 31 (1923) S. 197
[15] HOULDSWORTH, H. S., u. J. W. COBB: Trans. Engng. ceram. Soc. Bd. 22 (1922/23) S. 111
[16] HOWE u. FERGUSON: J. Amer. ceram. Soc. Bd. 6 (1923) Nr. 3
[17] DUNN, J. A.: J. Sci. Ind. Res. (India) Bd. 5 (1946) S. 128/30
[18] KRISHNACHAR, T. P.: Mysore Geol. Dept. Records Bd. 38 (1939) S. 84/92
[19] Mining J. Bd. 236 (1951) S. 30/31
[20] MILES, K. R.: J. Roy. Soc. Western Australia, Inc. Bd. 27 (1940/41) S. 9/25
[21] SIMPSON, E. S.: J. Roy. Soc. Western Australia, Inc. Bd. 18 (1931/32) S. 75/82
[22] NYE, P. B., I. C. H. CROLL u. D. R. DICKINSON: Mineral Ind. Australia Proc. 4th Empire Min.-Met. Congr., S. 39/55. London 1949
[23] SINCLAIR, W. E.: Mining J. Bd. 238 (1952) S. 94
[24] TEMPELY, B. N.: Geol. Surv. Kenya Mem. Nr. 1 (1953)
[25] SINCLAIR, W. E.: Mining Mag. Bd. 83 (1950) S. 337/39
[26] BEARD, E. H.: Proc. 4th Empire Min.-Congr. Tl. 1 (1949) S. 167/89
[27] Mining J. Bd. 242 (1954) S. 672
[28] Mining J. Bd. 242 (1954) S. 576/77
[29] Mineral Resources of the Union of South-Africa, Dept. of Mines Union of South-Africa (1941), veröffentlicht vom Geological Survey of South-Africa
[30] PARTRIDGE, F. C.: Andalusite sands of the Western Transvaal Union of South-Africa, Dept. Mines, Geol. Survey Dir. Bull. Nr. 2 (1934)
[31] JUNNER, N. F.: Bull. Imp. Inst. Bd. 44 (1946) S. 44
[32] TEAGUE, K. H.: Mining Engng. Trans. Bd. 187 (1950) S. 785/89
[33] SMITH, L. L., u. R. NEWCOME: Econ. Geol. Bd. 46 (1951) S. 757/64
[34] BRYSON, H. J.: Rock Products Bd. 33 [19] (1930) S. 53/55

[35] BOWLES, E.: Bull. Amer. ceram. Soc. Bd. 18 (1939) S. 316

[36] JONAS, A. I.: Virginia Geol. Survey Bull. Bd. 38 (1932) S. 55 ff.

[37] BANNERMANN, H. M.: New Hampshire State Planning Development Comm., S. 7 (1941)

[38] JEFFERY, J. A., u. C. D. WOODHOUSE: Bur. Mines, Rept. Bd. 27 (1931) S. 459/64; Mining J. Bd. 15 (1932) S. 5/6 u. 43/44

[39] MOYD, L.: Proc. Geol. Assoc. Canada Bd. 2 (1950) S. 51/56

[40] KOSHURNIKOV, M. N., u. A. E. ZYRYANOV: Ogneupory Bd. 10 (1945) S. 23/26

[41] OZEROW, K. N., u. N. A. BYKHOVER: Ogneupory Bd. 3 (1935) S. 706/12

[42] IGUMOV, A. N., u. K. E. KOZHEVNIKOV: Trans. all. Union Sci. Res. Inst. Econ. Min. (UdSSR) Nr. 90 (1935) S. 3/68

[43] BORISOV, P. A.: Proizvod. Sily Kol-skogo Poluostrowa Bd. 1 (1940) S. 153/81

[44] GUNDLACH, K.: Z. prakt. Geol. Bd. 50 (1942) S. 79

[45] Rev. Matér. Construct. Trav. publ. Nr. 336 (1937) S. 136/38

[46] SPÄNHAUER, F.: Schweiz. mineralog. petrogr. Mitt. Bd. 13 (1933) S. 323/45

[46a] KARL, F.: Tonind.-Ztg. Bd. 80 (1956) S. 380/89

[47] DE LAPPARENT, J.: Bull. Soc. franç. Minéralog. Bd. 58 (1935) S. 246/52

[48] INSLEY, H., u. VAN DERCK FRÉCHETTE: Microscopy of Ceramics and Cements. New York 1955

[49] McQUEEN, H. S., u. P. G. HEROLD: Missouri Geol. Survey and Water Resources Biennal. Rept. 28, S. 250 ff. (1943)

[50] WARD, C. J.: J. Canad. ceram. Soc. Bd. 7 (1938) S. 19/21

[51] McQUEEN, H. S.: J. Amer. ceram. Soc. Bd. 12 (1929) S. 687/897

[52] BUEHLER, H. A.: Ceramist (New Jersey) Bd. 7 (1926) S. 261/66

[53] BELOUSOV, A. K.: Trans. All-Union Sci., Res. Inst. Econ. Mineral. (UdSSR) Nr. 112 (1937) S. 70/105, in Englisch S. 105/06

[54] BAZILEVICH, A. S.: Ogneupory Bd. 8 (1940) S. 359/66

[55] BUDNIKOW, P. P.: Technologie d. keramischen Erzeugnisse, S. 246. Berlin: Technik 1953

[56] AKIZUKI, T.: Centrallab. Rept. Korea Bd. 8 [4] (1925) S. 9/16

[57] KIMIZUKA, K.: J. Jap. ceram. Assoc. 47 Suppl. (1939) S. 1/13

[58] KÖSTER, H. M.: Heidelberger Beitr. Mineralog. Petrogr. Bd. 5 (1955) S. 23/64

[59] Nähere Einzelheiten siehe PETRASCHECK, W., u. W. E. PETRASCHECK: Lagerstätten-lehre, S. 146/52. Wien: Springer 1950

[60] DE LAPPARENT, J.: C. R. somm. Séances Soc. géol. France (1934) S. 64/66

[61] Ciment Bd. 34 (1930) S. 69/73 u. 120/23

[62] CHARRIN, V.: Rev. Matér. Construct. Trav. publ., Edit. B Nr. 274 (1932) S. 127/28

[63] BELOUSOV, A. K.: Trans. All-Union Sci., Res. Inst. Econ. Mineral. (UdSSR) Nr. 151 (1939) S. 45/101, in Englisch S. 101

[64] SHCHERBAKOW, I. G., u. A. B. SHCHERBAKOW: Ural Tekhnik Nr. 10 (1931) S. 31/39

[65] VELIKOVSKAYA, E. M.: Trans. All-Union Sci., Res. Inst. Econ. Mineral. (UdSSR) Nr. 151 (1939) S. 3/42, in Englisch S. 42/44

[66] CHARRIN, V.: Céram., Verrerie, Emaillerie Bd. 2 (1934) S. 69

[67] Ind. chimique Bd. 21 (1934) S. 709

[68] South African Mining Engng. J. Bd. 52 (1941) S. 739 u. 741/42

[69] SCHULZ, E. H., u. A. KANZ: Mitt. Forsch.-Inst. Verein. Stahlwerke A.-G., Dortmund B 1 Liefer. Bd. 2 (1928) S. 32

[70] JORDT, H.: Tonind.-Ztg. Bd. 55 (1931) S. 1377

[71] EMORY, L. T.: Mining and Metallurgy Bd. 9 (1928) S. 8/11. — ABREN, S. F.: Mineração e Metallurg. (Rio de Janeiro) Bd. 8 (1945) S. 335/38

[72] ENDELL, K.: Chemiker-Ztg. (1915) S. 422

[73] BOGUSLAVSKY, N. E.: Ogneupory Bd. 17 (1952) S. 206

[74] LUX, E.: DBP. 855674

[75] SHORTER, A. G.: Refractories J. Bd. 30 (1954) S. 246

[76] SKINNER, K. G.: J. Amer. ceram. Soc. Bd. 36 (1953) S. 349/56

[77] JONES, C.: US-Pat. 2678282

[78] RYBNIKOW, W. A.: Steklo Keram. Bd. 6 (1949) S. 19/20

4.2 Zirkonhaltige Rohstoffe

Zirkondioxyd oder Zirkonerde (ZrO_2) ist eines der Oxyde mit höchster Feuerfestigkeit, sein Schmelzpunkt liegt etwa bei 2700° C [*1*]. Dieser Rohstoff erregte daher gleich nach der Entdeckung seiner brasilianischen Lagerstätten im Jahre 1892 das Interesse der Feuerfest-Industrie.

Seine Verwendung in feuerfesten Baustoffen erwies sich jedoch anfangs als so außerordentlich schwierig, daß eine lange Zeit verging, ehe sich zirkonhaltige Erzeugnisse in die Praxis einführen konnten. Großenteils wird Zirkonerde oder das häufiger vorkommende Zirkonsilikat ($ZrO_2 \cdot SiO_2$) zusammen mit tonerdereichen Rohstoffen verarbeitet. Aus diesem Grunde scheint eine gemeinsame Behandlung der hochtonerde- und zirkonhaltigen Baustoffe zweckmäßig.

4.21 Physikalisch-chemische und mineralogische Eigenschaften

4.211 Zirkonerde (ZrO_2)

Das Element Zirkonium gehört wie Silizium zur 4. Gruppe des periodischen Systems. Die Oxyde dieser Gruppe neigen stark zur Polymorphie, wie sie besonders deutlich bei der Kieselsäure hervortritt (vgl. Abschn. 2.11). ZrO_2 hat nach W. M. COHN u. S. TOLKSDORF [*2*] 3 Modifikationen:

1. den bei gewöhnlicher Temperatur stabilen, monoklinen *Baddeleyit* mit dem spez. Gew. 5,56, auch als C-Modifikation bezeichnet;
2. die tetragonal kristallisierende *B-Modifikation* mit dem spez. Gew. 5,74, sie ist etwa zwischen 1000 und 1900° C stabil;
3. die rhombisch-pseudohexagonale *A-Modifikation*, bei längerem Erhitzen über 1900° C entstehend. A_1 ist über, A_2 unter 625° C stabil.

ZrO_2 kristallisiert – wie bereits in Abschn. 1.23 ausgeführt – im sog. Fluorittyp. In ihm ist jedes Zr^{4+}-Ion von 8 O^{2-}-Ionen in Würfelform umgeben, jedes O^{2-}-Ion grenzt an 4 Zr^{4+}-Ionen. Das an sich hochsymmetrische Gitter ist in der C-Modifikation wegen seines relativ geringen Anteiles an Ionenbindung (59% nach L. PAULING [*3*]) so stark deformiert, daß nur eine monokline Symmetrie entstehen kann (Tab. 115). In der B-Modifikation ist die Gitterstörung durch Atombindung geringer, daher die Symmetrie höher. Auch nach A. DIETZEL u. H. TOBER [*4*] ist der Bindungstyp stärker heteropolar als bei der C-Modifikation. Die ideale kubische Symmetrie kann aber erst bei Mischkristallen aus ZrO_2 und geringen Mengen von anderen kubischen Oxyden, wie z. B. MgO oder CaO, verwirklicht werden.

Der Übergang von der C- zur B-Modifikation zeigt nach A. DIETZEL u. H. TOBER [*4*] starke Hysterese in Abhängigkeit vom Fehlordnungsgrad des verwandten Rohstoffes und damit von seiner Vorbehandlung. Beim Aufheizen treten daher monoklines und tetragonales ZrO_2 im Temperaturbereich von 1000° C bis ~1140° C nebeneinander auf, beim Abkühlen dagegen beginnt die Umwandlung in die C-Modifikation erst bei 940° C und ist bei ~720° C beendet. Die Umwandlung ist mit einer Volumenänderung von 3,2% verbunden, daher werden aus Baddeleyit hergestellte Steine so rissig und mürbe, daß man sie zwischen den Fingern zerreiben kann.

Tabelle 115. *Eigenschaften von Zirkonerde und Zirkonsilikat (Zirkon)*

Bezeichnung	Kristallsystem	Stabilitätsbereich °C	Spezifisches Gewicht	Wärmeausdehnung Grad⁻¹	Wärmeleitfähigkeit kcal/m h °C	Spezifische Wärme	E-Modul kg/cm²
ZrO₂							
C-Modifikation (Baddeleyit)	monoklin	bis etwa 1000	5,56	$8,3 \cdot 10^{-6}$	1,3	0,12	$1,7 \cdot 10^6$
B-Modifikation	tetragonal	etwa 1000 bis 1900	5,74	—	—	0,175 (1400° C)	$1,0 \cdot 10^6$ (1300° C)
A-Modifikation	rhomb.-pseudo-hexagonal	über 1900	—	—	—	—	—
Mischkristall	kubisch	über 1400	—	—	—	—	$2,3 \cdot 10^6$
ZrO₂ · SiO₂ Zirkon	tetragonal	20 bis 1800	4,6 bis 4,8	$4,5 \cdot 10^{-6}$	14,4 bis 2,6	—	$1,0 \cdot 10^6$ (1150° C)

Glücklicherweise kann die Zirkonerde durch Zusatz geringer Mengen von MgO, CaO oder anderen kubischen Oxyden *stabilisiert* werden. Die bei Aufnahme von MgO entstehenden Mischkristalle bilden sich beim Glühen oberhalb 1425° C mit einem Gehalt an MgO von 13 bis 14 Mol %, entsprechend 4,2 bis 4,6 Gew.-%. Im Zustandsdiagramm ZrO_2–MgO (Abb. 504) ist der Stabilitätsbereich der kubischen MgO–ZrO_2–Mischkristalle eingetragen. Er verbreitet sich mit wachsender Temperatur, so daß beispielsweise bei 1600 °C bereits 9 bis 10 Mol-% MgO genügen, um das ZrO_2 quantitativ in die Mischkristallphase überzuführen. Das Diagramm Abb. 504 ist jedoch kein Gleichgewichtssystem. Die Umwandlungen gehen nämlich so langsam vor sich, daß das Gleichgewicht in den für Versuche zur Verfügung stehenden Zeiten nicht erreicht werden kann. Man hat daher in das Diagramm auch die Bereiche aufgenommen, in denen mehrere Phasen nebeneinander auftreten. Mit Rücksicht auf die bereits erwähnten Hystereseerscheinungen gilt das Diagramm nur für Phasenänderungen beim Erhitzen. Ein weiterer Unsicherheitsfaktor ist die durch den wechselnden Fehlordnungsgrad entstehende Unschärfe, ihr wurde durch Eintragung eines Übergangsbereiches zwischen dem Feld für kubische Mischkristalle und tetragonales ZrO_2 einerseits und dem für reine kubische Mischkristalle andererseits Rechnung getragen.

Unterhalb 1400° C wird der kubische Mischkristall instabil, er zerfällt – allerdings sehr langsam – in ZrO_2 und MgO. Da seine Zerfallsgeschwindigkeit bei Temperaturen von 700 bis 800° C unmeßbar klein ist, galten die kubischen Mischkristalle früher als bis zu Zimmertemperatur beständig, erst A. Dietzel u. H. Tober [4] konnten ihre Instabilität feststellen.

Das System CaO–ZrO_2 ähnelt dem System MgO–ZrO_2, die Stabilitätsbereiche der einzelnen Phasen liegen aber bei anderen Temperaturen.

Die Zirkonerde ist unter oxydierenden Brennbedingungen außerordentlich stabil, bei 2000° C besitzt sie erst einen Dampfdruck von 0,6 mm Hg, unter reduzierenden Einflüssen jedoch beginnt eine merkliche Dissoziation bereits oberhalb 1900° C. Kohlenstoff wirkt ab 1200 °C unter Karbidbildung ein. Da ZrC aber höchstfeuerfest ist, beschränkt sich die Reaktion auf Bildung einer Schutzschicht an der Oberfläche, die die chemische Widerstandsfähigkeit nicht weiter beeinträchtigt.

Der mittlere thermische Ausdehnungskoeffizient der Zirkonerde beträgt $\alpha = 8,3 \cdot 10^{-6}$ für den Bereich zwischen 20 und 200° C. Ältere, wesentlich niedrigere Werte (pyknometrisch in Glyzerin bestimmt) haben sich als zu niedrig erwiesen. W. M. Cohn [5] fand den Ausdehnungskoeffizienten als stark von der Vorbrenntemperatur des Zirkonoxydes abhängig. Aus dem Schmelzfluß erstarrtes ZrO_2 hatte parallel der langen Kristallachse $\alpha = 8,1 \cdot 10^{-6}$, senkrecht dazu $\alpha = 7,3 \cdot 10^{-6}$. Bei höheren Temperaturen stören die Modifikationsänderungen die Bestimmung der Ausdehnungskoeffizienten. Sie liegen in etwa der gleichen Größenordnung wie die des Korundes.

Die Wärmeleitfähigkeit der Zirkonerde ist niedrig, sie wird mit $\lambda_{techn} = 1,3$ angegeben. Geringe Wärmeleitfähigkeit bei relativ hohen Ausdehnungskoeffizienten bedingt eine mäßige Temperaturwechselbeständigkeit, zumal gleichzeitig der Elastizitätsmodul $E = 1,7 \cdot 10^6$ kg/cm² groß ist (vgl. Abschn. 1.82).

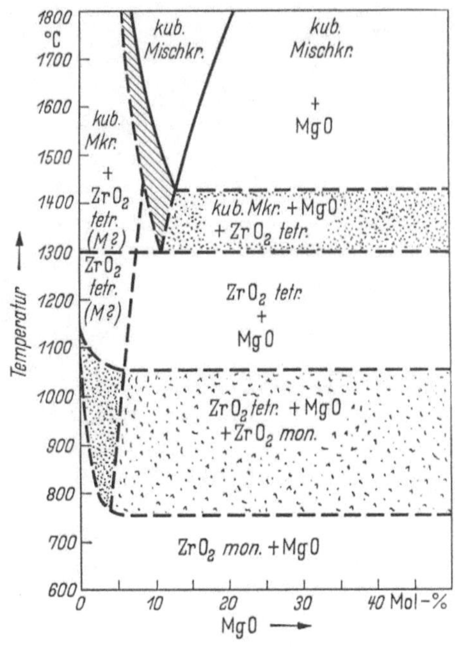

Abb. 504
„Zustandsdiagramm" des Systems ZrO_2–MgO beim Aufheizen (nach A. Dietzel u. H. Tober) Punktiert: Bereiche, in welchen mehrere Phasen auftreten; schraffiert: Übergangsbereiche infolge wechselnden Fehlordnungsgrades

Die spezifische Wärme der Zirkonerde ist ungewöhnlich gering, sie beträgt nur 0,12 bei Zimmertemperatur gegenüber einem Mittelwert von 0,20 bei anderen feuerfesten Produkten und steigt bis 1400° C auf 0,175 an. Unter den hochfeuerfesten Oxyden besitzt ZrO_2 die größte elektrische Leitfähigkeit. Bei 1700° C hat es einen spezifischen Widerstand von nur 6 bis 7 $\Omega \cdot$ cm. Zirkonerde besitzt eine sehr hohe Härte, Zähigkeit und Druckfestigkeit – auch bei hohen Temperaturen. Nach E. Ryschkewitsch [6] beträgt die Druckfestigkeit von Sinterzirkonerde bei Zimmertemperatur 21 000 kg/cm², bei 1500 °C immer noch 200 kg/cm².

4.212 Zirkonsilikat ($ZrO \cdot SiO_2$)

Zirkondioxyd und Kieselsäure gehen die Verbindung $ZrO_2 \cdot SiO_2$ ein, die bei 1800 °C und höher wieder in ihre Komponenten zerfällt. Während man früher annahm, daß $ZrO_2 \cdot SiO_2$ kongruent schmilzt [7], wurde von R. F. Geller u. S. M. Lang [8] die Inkongruenz seines Schmelzens nachgewiesen (Abb. 505).

N. Zhirnowa [7] erreichte bei ihren Versuchen wegen zu hoher Erhitzungsgeschwindigkeit kein stabiles Gleichgewicht und erhielt scheinbar einen kongruenten Schmelzpunkt. Untersuchungen im System SiO_2–ZrO_2 sind bei hohen Temperaturen wegen des beträchtlichen Dampfdruckes der Kieselsäure schwierig. Ab 1800° C muß man mit hohen SiO_2-Verlusten durch Sublimation rechnen [9].

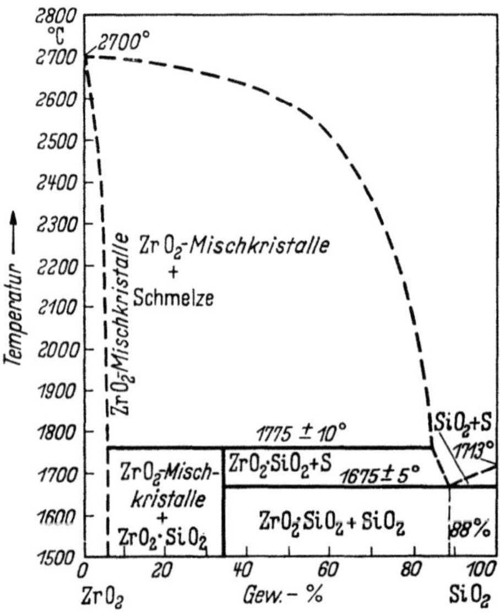

Abb. 505. Zustandsdiagramm des Systems SiO_2–ZrO_2 (nach R. F. Geller u. S. M. Lang)

Zirkonsilikat – im Gegensatz zur Zirkonerde = ZrO_2 auch schlicht als Zirkon bezeichnet – enthält 67,2% ZrO_2 und 32,8% SiO_2. Es kristallisiert tetragonal und besitzt in reinen Varietäten ein spezifisches Gewicht von 4,6 bis 4,8 (vgl. Tab. 115). Unter dem Einfluß radioaktiver Bestrahlung (Thorium) werden die Zirkone isotrop, ihre Dichte kann dadurch bis unter 4 sinken. Die isotropen Zirkone werden als *Malacon* bezeichnet. Bis zum Zersetzungspunkt bei 1800° C erleidet Zirkonsilikat keinerlei Modifikationsänderungen. Eine Dissoziation beginnt allerdings bereits unterhalb der Zerfallstemperatur. Bei Untersuchungen von G. M. Gad [10] an ägyptischen Zirkonen zeigten sich bereits bei 1400 und 1450° C Anzeichen eines Zerfalles in SiO_2 und ZrO_2. Er wird im Mikroskop auf

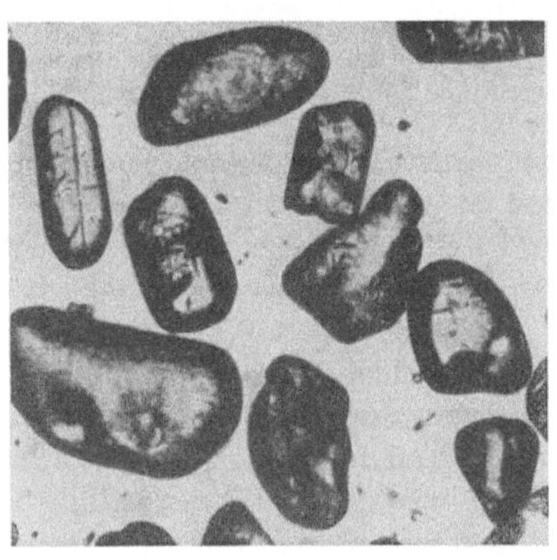
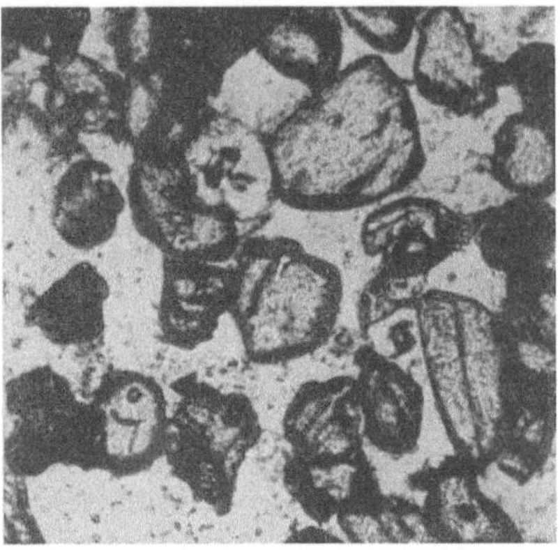

a　　　　　　　　b

Abb. 506 a u. b. Ägyptischer Zirkonsand (nach G. M. Gad)
a) Ungebrannt; b) bei 1400° C gebrannt

den Kornoberflächen sichtbar und verursacht die Entwicklung einer Spaltbarkeit (Abb. 506). Bei 1650° C sind nach E. Ryschkewitsch [6] etwa 10% zersetzt. Die Dissoziation bringt naturgemäß eine Verringerung der Festigkeit mit sich.

Kann diese in Kauf genommen werden, sind Zirkonsilikatsteine bis etwa 1750° C brauchbar. Beim Erhitzen schwindet Zirkonsilikat merklich. Seine lineare Brennschwindung nimmt zwischen 1280° C und 1410° C von 8 auf 27% zu, wobei der E-Modul von $0{,}36 \cdot 10^6$ auf $2{,}1 \cdot 10^6$ kg/cm² ansteigt [11].

Der mittlere Wärmeausdehnungskoeffizient bis 1400° C beträgt $\alpha \sim 4{,}5 \cdot 10^{-6}$ [6], ist also etwas kleiner als derjenige von Mullit ($5{,}2 \cdot 10^{-6}$). Die Wärmeleitfähigkeit [12] ist mit $\lambda_{\text{techn}} = 2{,}7$ bis $14{,}4$ merklich größer bei der Zirkonerde. Trotz ihres hohen Elastizitätsmoduls ($2{,}3 \cdot 10^6$ kg/cm²) haben Zirkonsilikaterzeugnisse wegen ihres geringen Wärmeausdehnungskoeffizienten und ihrer erhöhten Wärmeleitfähigkeit sehr gute Temperaturwechselbeständigkeit. Härte und Zähigkeit von Zirkonsilikat sind so groß wie die der Zirkonerde. Die Kaltdruckfestigkeit erreicht 1500 kg/cm². Die Biegefestigkeit bei hohen Temperaturen liegt höher als bei allen normalen feuerfesten Baustoffen auf Silikatbasis.

4.22 Lagerstätten

In der Natur kommt Zirkonium am häufigsten als *Zirkonsilikat* vor. Dieses Mineral findet sich fein verteilt in fast allen magmatischen Gesteinen, vor allem in Graniten, Syeniten usw., meist aber nur als praktisch unbedeutender Nebenbestandteil.

Eine gewisse Anreicherung tritt in manchen Alkalisyeniten auf. Das Zirkon konzentriert sich dort auf das Restmagma und auf pegmatitische Gänge. Derartige Zirkonsyenite wurden in Südnorwegen und in Sierra de Caldas bei Sao Paolo im Staate Miñas Geraes (Brasilien) gefunden, aber auch diese primären Vorkommen haben keine praktische Bedeutung.

Zu gewinnen ist Zirkon erst dann, wenn es eine natürliche Aufbereitung durch Verwitterungsvorgänge oder durch Wind- bzw. Wassertransport erlitten hat.

Man findet Zirkon auf so entstandenen sekundären Seifenlagerstätten in Brasilien, auf der Halbinsel Florida (USA), in Madagaskar, Ägypten, Travancore (Indien), Ceylon, Neu-Südwales (Australien) und im Ural (UdSSR). Gewöhnlich tritt es zusammen mit anderen Mineralien hoher Härte und Widerstandsfähigkeit auf, so daß die Sande *aufbereitet* werden müssen. Analysen einiger aufbereiteter

Tabelle 116. *Analysen einiger Zirkon-Rohstoffe*

Bezeichnung	SiO₂ %	ZrO₂ %	Al₂O₃ %	TiO₂ %	Fe₂O₃ %	CaO %	MgO %	Alkalien %	Glühverl. %
Zirkon von Madagaskar	33	66			1				—
Zirkon von Ceylon ..	33,86	64,25	—	—	1,08	—	—	—	—
Sand von Florida, gereinigt	98,5		1,5			—	—	—	—
Brasilianischer Baddeleyit	0,70	96,52	0,43	—	0,41	0,55	0,10	0,42	0,39
Zirkonfavas	0,48	97,19	0,40	0,48	0,92	Spur	—	—	0,38
Zirkonfavas, hellbraun	15,35	81,64	0,90	0,51	1,10	—	—	—	0,63

Zirkonsande enthält Tab. 116. Häufiger Begleiter des Zirkons ist der *Monazit*. Bei Rashid nahe Alexandrien (Ägypten) wird Zirkon aus schwarzen Sanden durch Magnetscheidung separiert [10]. An zahlreichen Stellen der Küste von Neu-Südwales kommt Strandsand aus 45 bis 75% Zirkon, 10 bis 30% Rutil und

10 bis 20% Ilmenit vor [13]. Die Zirkonrohstoffe aus dem Ural enthalten nach G. PIRUMOV [14] 7,6 bis 24,8% Zirkon und werden für feuerfeste Zwecke benutzt. Verhältnismäßig wenig verunreinigt ist der Zirkonsand von Travancore in Indien.

An der Oberfläche des Zirkonsyenites der Sierra de Caldas hat sich ZrO_2 (Zirkonerde) durch Zersetzung angereichert. Das Zersetzungsprodukt ist teilweise mikrokristallin, teilweise glaskopfartig ausgebildet. Es enthält im Mittel 80%, örtlich sogar bis über 90% ZrO_2, danach muß es zum überwiegenden Teil aus Baddeleyit bestehen. Daneben treten wechselnde Mengen an Zirkonsilikat und oxydischen Verunreinigungen, wie Fe_2O_3, Al_2O_3, CaO usw., auf (Tab. 116). Dieses Material kommt unter der Bezeichnung *Zirkonfavas* in den Handel. Die Lagerstätte der Sierra de Caldas stellt das einzig wichtige Zirkonerdevorkommen der Welt dar, sie wurde 1892 von HUSSAK [15] entdeckt. Alle Zirkonerze enthalten gewisse Beimengen von *Hafnium* – im Mittel 2% – gelegentlich bis zu 4% ansteigend. Das Hafnium läßt sich von Zirkonium sehr schwer trennen, ist daher analytisch schlecht zu bestimmen.

Schrifttum

[1] D'ANS, J., u. E. LAX: Taschenbuch für Chemiker u. Physiker, S. 274. Berlin: Springer 1943
[2] COHN, W. M., u. S. TOLKSDORF: Z. physik. Chem. Bd. 38 (1930) S. 331/56; s. auch RUFF, O., u. F. EBERT: Z. anorg. allg. Chem. Bd. 180 (1929) S. 19/40
[3] PAULING, L.: The Nature of the chemical Bond, Oxford Univers. Press., 2. Aufl. London 1948
[4] DIETZEL, A., u. H. TOBER: Ber. DKG. Bd. 30 (1953) S. 47/61 u. 71/82
[5] COHN, W. M.: Ber. DKG. Bd. 9 (1928) S. 16/18
[6] RYSCHKEWITSCH, E.: Oxydkeramik, S. 229. Berlin/Göttingen/Heidelberg: Springer 1948
[7] ZHIRNOWA, N.: Z. anorg. allg. Chem. Bd. 218 (1934) S. 193/20
[8] GELLER, R. F., u. S. M. LANG: Nat. Bur. Stand. Phasendiagramm aus HALL, F. P., u. H. INSLEY: Amer. ceram. Soc. Suppl. Nr. 1 (1949) S. 157
[9] MATIGNON, C.: Compt. Rend. Bd. 177 (1923) S. 1296
[10] GAD, G. M.: Keram-Z. Bd. 7 (1955) S. 15/19
[11] MIEHR, W.: Keram-Z. Bd. 4 (1952) S. 273/74 u. 319/23
[12] COMSTOCK, C. F.: J. Amer. ceram. Soc. Bd. 16 (1933) S. 12/35
[13] Bull. Imp. Inst. Bd. 37 (1939) S. 428
[14] PIRUMOV, G.: Ogneupory Bd. 5 (1937) S. 134/38
[15] HUSSAK: Tschermaks mineralog. petrogr. Mitt. Bd. 18 (1898) S. 334

4.3 Keramisch gebundene Baustoffe

4.31 Herstellung und Übersicht

Hochtonerdehaltige Baustoffe stellt man grundsätzlich nach den gleichen Verfahren her wie Schamottesteine (Abschn. 3.3). Durch Grob- und Feinzerkleinerung werden die in Abschn. 4.1 beschriebenen, stets unplastischen Rohstoffe so gekörnt, daß durch Pressen dichtes Gefüge entsteht (vgl. Abschn. 1.44). Dieses Verfahren stößt auf Schwierigkeiten, wenn der Rohstoff nur in feinen Fraktionen verfügbar ist.

Die *Formgebung* kann nach dem Naßpreß-, Halbtrockenpreß- oder Hartschamotteverfahren durchgeführt werden. Beim ersten ist ein Bindetongehalt von 30% und mehr erforderlich. Da die Bindetone meist nur ~40% Al_2O_3 enthalten, ist das Naßpreßverfahren für die Formgebung sehr hochtonerdehaltiger Steine ungeeignet. Es wird auch nur selten angewandt, weil es Steine mit hoher Porosität und relativ niedriger Kaltdruckfestigkeit ergibt. Die hohe Porosität hebt die günstige Wirkung des hohen Tonerdegehaltes wenigstens z. T. wieder auf.

Die meisten Steine werden daher halbtrocken gepreßt (Abschn. 3.343) oder gestampft (Abschn. 3.344). Im letzten Fall sind nur 10% oder noch weniger Bindeton erforderlich. Für Qualitäten mit höchsten Tonerdegehalten verwendet man an Stelle der Bindetone organische Klebstoffe, wie Sulfitlauge (vgl. Abschn. 2.32), Dextrin, Methylzellulose usw., sie verleihen der Masse eine zum Pressen oder Stampfen hinreichende Bildsamkeit.

Eine chemische Bindung beim Brennen kann durch Zugabe geeigneter Substanzen wie Al-Pulver, Si-Pulver, Phosphorsäure o. a. erreicht werden, ihre Wirkung ist aber bei den einzelnen Rohstoffen verschieden. Für jede Steinqualität wurden daher besondere Zusatzstoffe vorgeschlagen, die bei der Einzelbeschreibung besprochen werden sollen.

Sinterkeramische Erzeugnisse werden im Gegensatz zu den normalen feuerfesten Baustoffen aus gleichmäßig feingemahlenen Rohstoffen mit einer Korngröße von einigen Mikron geformt (vgl. Abschn. 4.133). Aus den pulverförmigen Massen stellt man durch Zusatz geeigneter Verflüssigungsmittel gießfähige Schlicker her und gießt diese in Gipsformen (vgl. Abschn. 3.346) oder man gibt organische Bindemittel, sog. *Plastifikatoren*, zu und spritzt die Massen in die Formen oder formt sie mittels Strangpressen. Komplizierte Werkstücke werden auf hydrostatischen Pressen geformt. Bei diesen liegt die Masse in einer durch eine durchlochte Blechform gehaltenen Gummihülle und wird in einer hydraulischen Kammer allseitig gedrückt.

Im Normalfall brennt man die Steine in üblichen keramischen Brennöfen, ihre *Brenntemperaturen* liegen jedoch höher als bei Schamotteerzeugnissen, sie betragen selten weniger als 1500° C und liegen häufig wesentlich darüber.

Für die *Eigenschaften* hochtonerdehaltiger Erzeugnisse ist nicht allein die chemische Pauschalanalyse maßgebend. Die Erhöhung des Tonerdegehaltes soll ja die Mullit- oder Korundmenge im Stein vermehren und den Glasgehalt vermindern. Nach dem Diagramm Al_2O_3–SiO_2 (s. Abschn. 1.333, Abb. 30) ist bei einem Tonerdegehalt von 71,8% und mehr unterhalb 1810° C keine flüssige Phase zu erwarten. Dies gilt jedoch nur für ideale Mischungen, die in keramischen Produkten nicht zu verwirklichen sind, weil die Massen aus verschiedenen Kornklassen aufgebaut sind. Dabei sind Unterschiede in der chemischen Zusammensetzung der Komponenten im Stein unvermeidlich, sie gleichen sich erfahrungsgemäß auch bei langem Gebrauch der Steine nicht aus. Erst wenn eine größere Menge an Schmelze durch Infiltration von Schlackenbestandteilen entsteht, kann mit einer Homogenisierung gerechnet werden.

Aus diesen Gründen üben die zur Steinherstellung benutzten Ausgangsmaterialien einen wesentlichen Einfluß auf die Eigenschaften und das Verhalten der Steine im Betrieb aus. Vor allem unterscheiden sich die auf Sillimanit- oder Mullitbasis hergestellten Produkte wesentlich von denen vorzugsweise aus Tonerde oder Korund bestehenden. Für zirkonhaltige Steine gilt sinngemäß das gleiche. Um Schwierigkeiten durch unterschiedliche mechanische, thermische oder chemische Eigenschaften der einzelnen Komponenten zu vermeiden, sollen die Massen möglichst homogen zusammengesetzt sein. Ungünstig ist beispielsweise eine gemeinsame Verarbeitung von Korund in gröberen Fraktionen und Schamotte.

Den zahlreichen Kombinationen der Rohstoffe entspricht eine Fülle verschiedener Qualitäten, die sich grob zu folgenden Gruppen zusammenfassen lassen:

1. mit Tonerde angereicherte Schamottesteine mit 50% Al_2O_3 im Mittel;

2. Sillimanit- bzw. Mullitsteine mit 65 bis 75% Al_2O_3;

3. Diaspor- und Bauxitsteine mit 70 bis 90% Al_2O_3;

4. Korundsteine mit 80 bis 99% Al_2O_3;

5. zirkonhaltige Steine;

6. Sintertonerde-Erzeugnisse.

Die wichtigsten Eigenschaften der Steine dieser Gruppen sollen in den folgenden Abschnitten besprochen werden.

4.32 Mit Tonerde angereicherte Steine

Zur Erhöhung des Al_2O_3-Gehaltes über den des gebrannten Tones hinaus gibt man dem aus Schamotte und Bindeton bestehenden Versatz kalzinierte Tonerde oder Elektrokorund zu. Kalzinierte Tonerde ist vorzuziehen, weil sie sich in der Schmelzphase unter Mullitbildung auflöst und damit die Menge der Schmelzphase herabsetzt. Ihrer Verwendung ist durch die Neigung zum Schwinden eine Grenze gesetzt. Man führt daher in vielen Fällen Korund in mög-

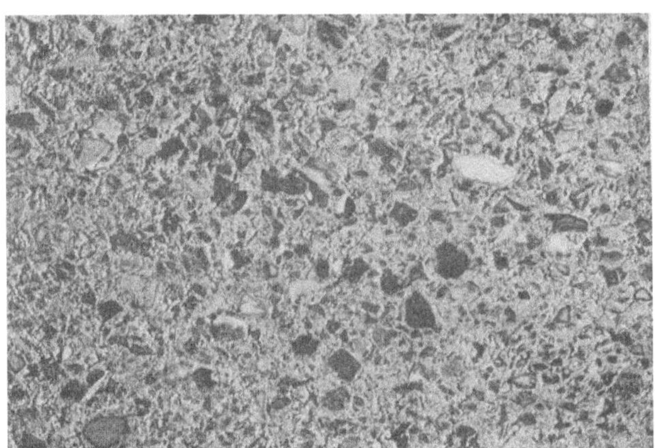

Abb. 507 a. Halbtrockengepreßter Stein mit ~50% Al_2O_3

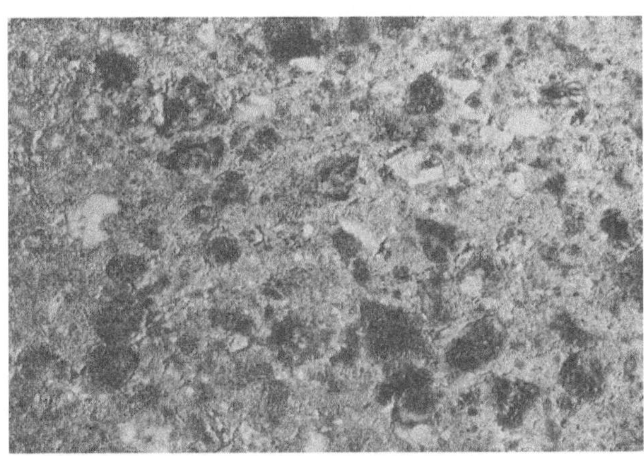

Abb. 507 b. Sillimanitsteine

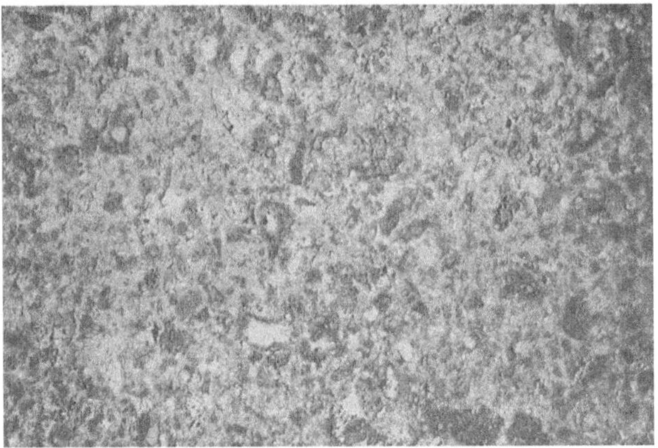

Abb. 507 c. Mullitstein aus synthetischem Mullit

Abb. 507 a bis f. Anschliffe verschiedener

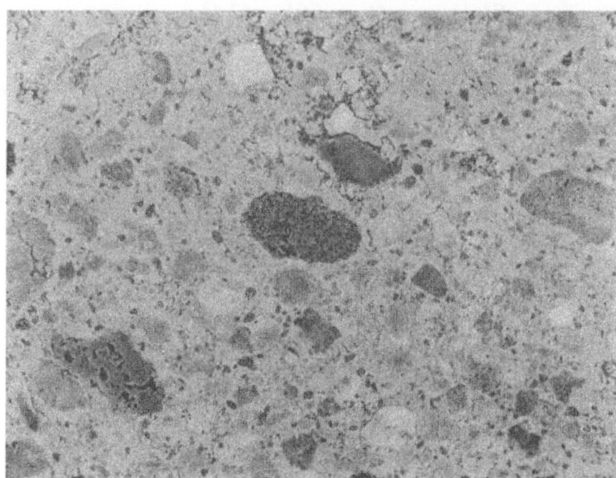

Abb. 507 d. Bauxitstein

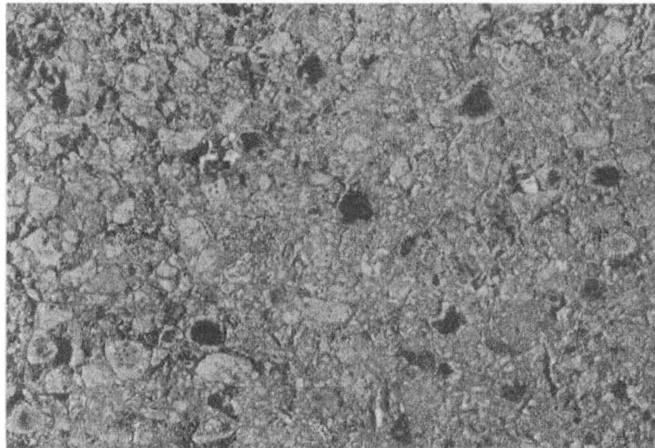

Abb. 507 e. Tongebundener Elektrokorundstein

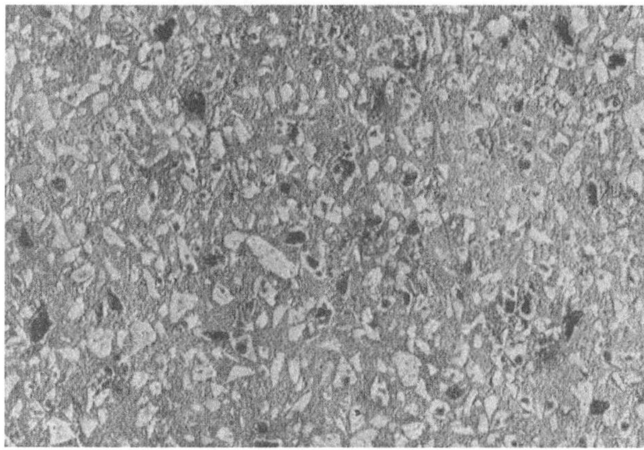

Abb. 507 f. Tongebundener Elektrokorundstein
hochtonerdehaltiger Steinsorten (Vergr. 2 ×)

lichst kleiner Körnung (< 0,2 mm) ein, um durch große Oberfläche eine beschleunigte Auflösung zu erreichen. Die Brenntemperatur derartiger Steine liegt bei ~1400 °C oder höher.

Der durchschnittliche Tonerdegehalt von Steinen dieser Gruppe liegt bei 50% (Tab. 117). Ihr Gesamtgehalt an Flußmitteln soll nicht mehr als 3% betragen, ihre Kegelfallpunkte liegen zwischen SK 35 und SK 37, im Mittel bei SK 36. Abb. 507 a zeigt die Struktur eines solchen halbtrockengepreßten Steines. Durch geeignete Körnungsmaßnahmen wurde eine dichte, porenarme Struktur erzielt. Die Schamottekörner erscheinen im Bild teils hell, teils dunkel.

Der Tonerdezusatz bedingt ein höheres spezifisches Gewicht als bei üblichen Schamottesteinen, es übersteigt stets den Wert 2,8. Die Porosität schwankt bei halbtrockengepreßten und gestampften Steinen zwischen 16 und 24%, bei plastisch geformten (Tab. 117, Stein 5) liegt sie über 25%. Der Gehalt an geschlossenen Poren ist wesentlich geringer als bei reinen Schamottesteinen, er beträgt 1 bis maximal 3% gegenüber 2 bis 6% bei Schamottesteinen. Die Gasdurchlässigkeit schwankt zwischen 1 und 8 Nanoperm.

Tabelle 117. *Eigenschaften von Steinen mit* $\sim 50\% \, Al_2O_3$

a) Chemische Analysen

	SiO_2 %	$Al_2O_3 + TiO_2$ %	Fe_2O_3 %	CaO %	MgO %	SK
1	44,35	52,77	1,57	0,45	Spur	36/37
2	n. b.	50,8　1,3	1,2	0,24	0,36	35/36
3	45,08	49,59	2,19	n. b.	n. b.	n. b.
4	43,13	52,39	1,94	0,76	0,36	n. b.
5	44,53	51,72	1,89	0,54	0,72	n. b.

b) Technologische Eigenschaften

	Spezifisches Gewicht	Offene Poren Vol.-%	Gesamtporen Vol.-%	Gasdurchlässigkeit Nanoperm	DFB ta °C	te °C	TWB 950°/Wasser	KDF kg/cm²
1	2,860	18,7	20,9	6	1530	1700	34	530
2	2,849	20,2	21,7	1,1	1500	1680	>50	430
3	2,820	18,5	21,9	n. b.	1500	1670	36	n. b.
4	2,844	17,7	18,5	n. b.	1460	1700	26	480
5	2,830	23,6	26,7	n. b.	1480	1700	n. b.	280

Der ta-Wert liegt etwa bei 1500° C und te bei 1700° C. Die Temperaturwechselbeständigkeit entspricht derjenigen guter Schamottesteine.

Abb. 508. Hängedecke eines Stoßofens, System Detrick, aus Steinen mit 50% Al_2O_3 im Bau

Die Kaltdruckfestigkeit halbtrockengepreßter Steine beträgt 400 bis 600 kg/cm², diejenige plastisch geformter 200 bis 300 kg/cm². Die bleibende Schwindung ist geringer als bei Schamottesteinen, weil weniger Glasphase vorhanden ist, Korund zudem zum Wachsen neigt. Gegen Schlacken sind die Steine mit 50% Al_2O_3 beständiger als gute Schamottesteine, ihr höherer Mullitgehalt bedingt geringere Löslichkeit.

Die obere Anwendungsgrenze liegt bei 1450 bis 1500° C. Sie werden daher in der Stahlindustrie für die obersten Lagen der Kammergitterung in heißgehenden SM-Öfen verwandt (s. Abschn. 3.592), auch als Gewölbe- bzw. Hängedeckensteine in Stoßöfen (Abb. 508) und anderen hochbeanspruchten Stellen derartiger Öfen. In der Glasindustrie dienen sie als Besatzsteine in den Regenerativkammern (s. Abschn. 3.593), in der Zementindustrie als Futtersteine für Drehrohr- und Schachtöfen.

4.33 Sillimanit- und Mullitsteine

Sillimanitsteine wurden anfänglich von der Firma H. KOPPERS aus vorgebranntem indischen Cyanit hergestellt, der als P. B. Sillimanit bezeichnet wurde [1]. In Amerika ist hierfür der Ausdruck *Vitrox* gebräuchlich. In der Folgezeit ist der Name *Sillimanitsteine* auf alle aus natürlichen tonerdereichen Aluminiumsilikaten hergestellten Erzeugnisse übertragen worden.

4.331 Vorbrand

Wie bereits in Abschn. 4.111 ausgeführt, müssen unter den natürlichen Aluminiumsilikaten vor allem die Cyanite, ferner Dumortierit und Topas vorgebrannt werden. Cyanit wird hierzu üblicherweise bei 1500° C in Drehrohr-, Schacht- oder Tunnelöfen erhitzt. Liegt das Ausgangsprodukt in Form eines sehr feinkörnigen Konzentrates vor, wie es etwa bei der Aufbereitung ärmerer Vorkommen anfällt, muß es vor dem Brennen mit Hilfe von Bindeton brikettiert oder granuliert werden.

Gelegentlich werden auch Sillimanite bei SK 20 (1540° C) vorgebrannt, vor allem dann, wenn auf besonders gute Volumenkonstanz Wert gelegt wird. Andalusit erfordert keine thermische Vorbehandlung. Seine geringe Ausdehnung beim Brennen wird im allgemeinen durch die Schwindung des Bindetones ausgeglichen.

4.332 Bindemittel

Als Bindemittel für die Steinherstellung dienen bei Standard-Qualitäten etwa 10% plastischer Ton mit $\sim 40 Al_2O_3$, bei Sonderqualitäten 1 bis 2% geschlämmter Kaolin, wobei noch organische Bindemittel zugesetzt werden müssen, um preßfähige Massen zu erzielen. Nach V. D. SVIKES [2] kann auch Aluminiumphosphat oder Phosphorsäure als Bindemittel für feingemahlenen Cyanit benutzt werden. Dieser braucht dann u. U. nicht vorgebrannt zu werden.

Eine als *Alkophos-B* bezeichnete Mischung aus 15,8% Al_2O_3 und 61,0% P_2O_5 mit 23,2% Glühverlust (Mol-Verhältnis $Al_2O_3 : P_2O_5 = 1:3$) macht die Versätze plastischer und ergibt höhere Trockenfestigkeit.

Die Feuchtigkeit der preßfähigen Masse soll 4 bis 5% betragen. Der Steinbrand erfolgt üblicherweise bei SK 18 bis SK 20 (1520 bis 1540° C).

4.333 Eigenschaften

Da viele natürliche Tonerdesilikate etwa 63% Al_2O_3 enthalten, ist im Bindemittel wie im Grobkorn des fertigen Sillimanitsteines neben Mullit noch eine gewisse Menge Glasphase enthalten. Werden Kaolin oder Ton als Bindemittel verwandt, ist die Glasphase in der Bindesubstanz etwas angereichert, wenn keine kalzinierte Tonerde zugegeben wird. Die Mullitkristalle der keramisch hergestellten Steine sind gewöhnlich submikroskopisch klein und nicht in der Lage,

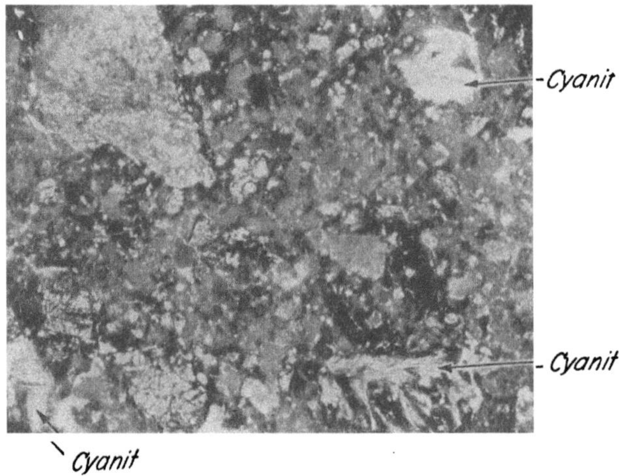

Abb. 509
Sillimanitstein. Dünnschliff (Vergr. 7 ×). In einigen Körnern Reste von leistenförmigen Cyanitkristallen

durch ihr Wachstum die Bindung im Stein zu verbessern, wie das häufig angenommen wird. Abb. 509 zeigt den Dünnschliff eines Sillimanitsteines. Die in einigen Körnern sichtbaren leistenförmigen Kristalle stellen Reste von Cyanit

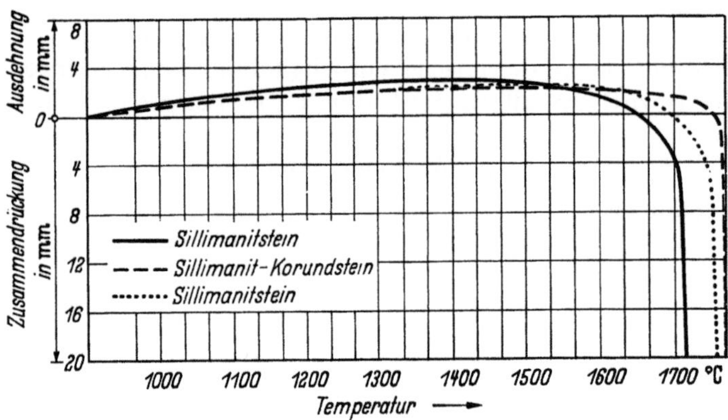

Abb. 510. Druckfeuerbeständigkeitskurven verschiedener Sillimanitsteine

dar. Größere neugebildete Mullitkristalle sind in diesem Bild und auch bei stärkerer Vergrößerung nicht zu erkennen.

Um den Tonerdegehalt auf über 63% zu erhöhen, verwendet man korundhaltige Rohstoffe, wie südafrikanischen Sillimanit (s. Tab. 114), oder setzt der Masse Korund bzw. Kunstmullit (vgl. Abschn. 4.134) zu.

Abb. 507b zeigt die Struktur eines vorwiegend aus natürlichen Aluminiumsilikaten hergestellten Sillimanitsteines mit guter Packungsdichte, Abb. 507c die eines Mullitsteines mit Körnern aus synthetischem Mullit, kenntlich an den beim Schmelzen entstandenen geschlossenen Poren.

Die chemische Zusammensetzung und *Eigenschaften* einiger Sillimanit- und

Tabelle 118. *Eigenschaften keramisch hergestellter Sillimanit- bzw. Mullitsteine*

a) Chemische Analysen

		SiO_2 %	$Al_2O_3 + TiO_2$ %	Fe_2O_3 %	CaO %	MgO %	SK %
1	Sillimanitstein	34,48	64,01	1,10	n. b.	n. b.	n. b.
2	Sillimanitstein	n. b.	65,79	n. b.	n. b.	n. b.	n. b.
3	Sillimanitstein mit Korund	23,48	72,86	1,07	0,32	0,25	n. b.
4	Sillimanitstein mit Korund	16,08	81,89	0,83	0,69	0,11	38
5	Mullitstein mit künstl. Mullit ...	28,3	67,2	1,96	0,8	0,9	36/37

b) Technologische Eigenschaften

	Spezifisches Gewicht	Offene Poren Vol.-%	Gesamtporen Vol.-%	DFB ta °C	DFB te °C	TWB 950°/ Wasser	KDF kg/cm²	Verschlackung mit Fe_2O_3/1500° C % Vol.-Änderung	Verschlackung mit Fe_2O_3/1500° C % Gew.-Änderung
1	3,028	17,8	17,9	1590	>1740	>50	—	— 23	— 17
2	3,176	14,8	15,1	1550	1720	—	—	— 14	— 5
3	3,277	18,2	18,2	1640	>1730	—	630	± 0	+ 10
4	3,385	17,9	17,9	1600	>1730	>50	1010	+ 1	+ 13
5	3,098	21,2	24,0	1665	>1750	37	980	kein Angriff	

Mullitsteine sind in Tab. 118 zusammengestellt. Ihr Kegelfallpunkt schwankt zwischen SK 36 und SK 38, das spezifische Gewicht liegt stets über 3 und erreicht bei Steinen mit Korundzusatz 3,4. Die Porosität der guten Qualitäten liegt meist niedrig, sie bewegt sich zwischen 15 und 24%, im Mittel 18 bis 20%. Ge-

Abb. 511. Verschlackungsversuche nach dem Aufstreuverfahren mit Fe_2O_3 bei 1500° C an fünf verschiedenen Sillimanit- bzw. Mullitsteinen. (Die Numerierung entspricht derjenigen in Tab. 118)

schlossene Poren fehlen fast ganz. Lediglich der aus synthetischem Mullit hergestellte Stein Nr. 5 in Tab. 118 (Abb. 507c) enthält etwa 3% geschlossene Poren. Die Gasdurchlässigkeit ist bei gut gepreßten Qualitäten mit 1 bis 2 Nanoperm sehr gering.

Die Druckfeuerbeständigkeit liegt merklich höher als bei Steinen mit 50% Al_2O_3. Der *ta*-Wert schwankt zwischen 1550 und 1660° C, im Mittel beträgt er

1600° C, der *te*-Wert liegt gewöhnlich über 1730° C und kann daher mit der
üblichen DFB-Apparatur nicht genau bestimmt werden (Abb. 510). Die Temperaturwechselbeständigkeit ist meist ausgezeichnet, da sich die niedrige Wärmedehnung des Mullits voll auswirken kann, ohne durch eine stark entwickelte
Glasphase beeinträchtigt zu werden. Die Kaltdruckfestigkeit übersteigt fast
stets 400 kg/cm², ihre Spitzenwerte gehen über 1000 kg/cm² hinaus. Sillimanit-
und Mullitsteine besitzen zudem ausgezeichnete Raumbeständigkeit – auch im
Dauerbetrieb – und sind darin allen Qualitäten mit hohem Anteil an Glasphase

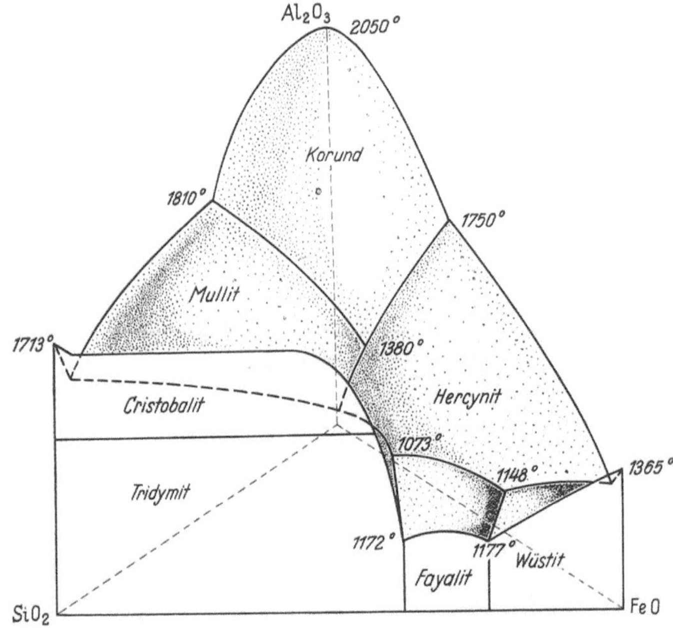

Abb. 512. Schematisches Raumbild des Systems Al₂O₃–SiO₂–FeO

überlegen. Aus diesem Grunde werden Sillimanit- und Mullitsteine überall da
verwandt, wo eine gute Volumenbeständigkeit verlangt wird.

Bei der Verschlackung mit Fe_2O_3 nimmt der Volumen- und Gewichtsverlust mit zunehmendem Tonerdegehalt merklich ab (Tab. 118, Abb. 511).
Am stärksten wird der Stein mit 64% Al_2O_3 korrodiert, aber bereits erheblich
weniger als ein A I-Schamottestein (vgl. Abschn. 3.441, Tab. 99 – Volumenverlust 56%, Gewichtsverlust 46%). Die Korund enthaltenden Steine (Nr. 3
u. 4 in Tab. 118) erleiden durch Abschmelzen überhaupt keinen Substanzverlust, es ist nur eine Gewichtszunahme durch Infiltration festzustellen. Schließlich wird der aus künstlichem Mullit hergestellte Stein Nr. 5 praktisch überhaupt
nicht angegriffen, die aufgestreute Schlacke bildet eine Haube auf dem Probekörper.

Die Ursachen der Verbesserung des Verschlackungsverhaltens mit zunehmendem Tonerdegehalt lassen sich im Diagramm Al_2O_3–SiO_2–FeO erkennen (Abb. 512
u. Abb. 301a bis c). Unter extrem reduzierenden Bedingungen liegt im Randsystem FeO–Al_2O_3 (Abb. 513) das Eutektikum zwischen FeO und Al_2O_3 bereits

bei sehr niedrigen Al_2O_3-Gehalten [2a][1]. Von diesem Punkt aus steigt die Liquiduskurve steil an, so daß die bei der Berührung von hocherhitztem Eisenoxyd mit

Tonerde entstehende flüssige
Schlacke schon bei relativ
niedrigen Tonerdegehalten an
Al_2O_3 gesättigt ist. Der Auflösungsvorgang kommt daher
rasch zum Stillstand.

Je höher der Kieselsäure-
gehalt, desto weiter tritt die
Liquidusfläche von der FeO-
Ecke zurück. Es muß daher bis
zur Sättigung eine erheblich
größere Menge an Steinmaterial
aufgelöst werden. Dazu kommt,
daß Mullit chemisch weniger
träge ist als Korund, das Gleichgewicht sich also bei ihm wesentlich schneller einstellt.

Bei normalem O_2-Druck
(0,2 at) existiert kein Eutektikum, die Spinellphase schmilzt

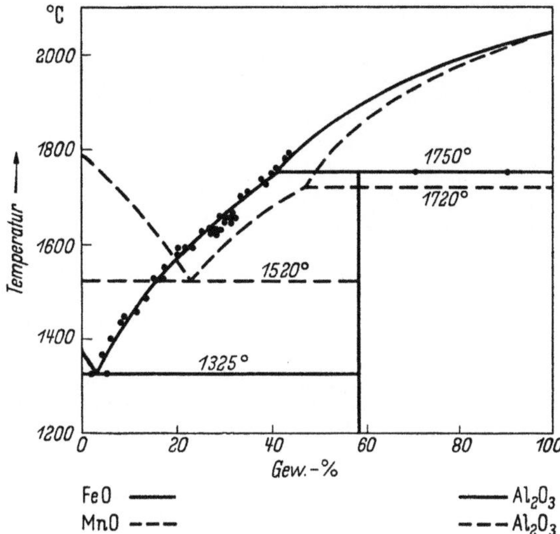

Abb. 513. Zustandsdiagramm FeO–Al₂O₃ (ausgezogene Kurve) und MnO–Al₂O₃ (gestrichelt) (nach G. Heynert)

bei um so höherer Temperatur, je mehr Tonerde sie enthält und geht ohne
scharfe Grenze in Korund über.

Das Reaktionsprodukt erscheint im Dünnschliff wegen seines Fe_2O_3-Gehaltes
dunkel und blasig (Abb. 514). Häufig scheiden sich Mullite aus, was auf hohen

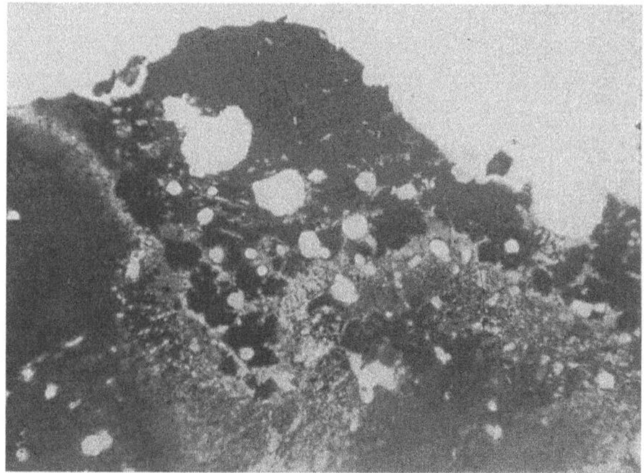

Abb. 514. Sillimanitstein, mit Fe₂O₃ verschlackt. Dünnschliff (Vergr. 20 ×)

---

[1] In Abb. 513 wurde in Übereinstimmung mit W. Oelsen u. G. Heynert [2a] ein inkongruenter Schmelzpunkt für Hercynit angenommen. W. A. Fischer u. A. Hoffmann [2b]
fanden dagegen einen kongruenten Schmelzpunkt und ein Eutektikum zwischen Hercynit
und Korund. Trotzdem sie die Oxydgemische 5 Stunden bei 1750—1800° C hielten, konnten
sie keinen peritektischen Zerfall des Hercynits beobachten. Zu dem gleichen Ergebnis kam
Galachow [2c].

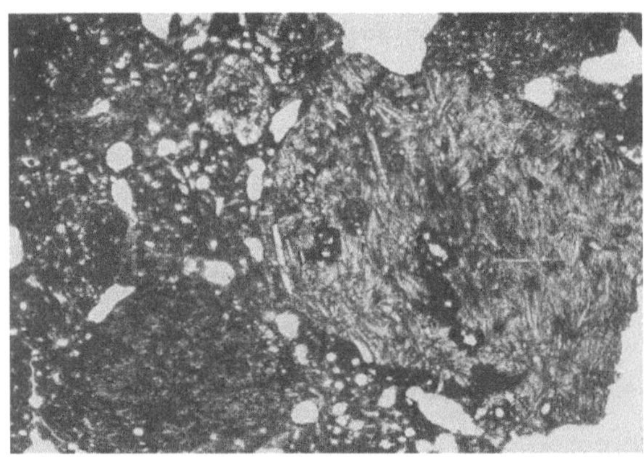

Abb. 515. Mit Korund angereicherter Sillimanitstein, mit Roheisenmischerschlacke verschlackt. Eindringen der Schlacke längs der Korngrenzen (dunkle Farbe: geschlossene Poren) Dünnschliff (Vergr. 7 ×)

Sättigungsgrad an Kieselsäure und Tonerde hindeutet. Zwischen Infiltrationszone und unverschlacktem Stein befindet sich oft eine Übergangszone aus hellbraunem, an kleinen Mulliten sehr reichem und an Eisenoxyden ärmerem Glas.

Für die Schlackeninfiltration erweist sich das Bindemittel oft als ausgesprochene Schwächezone. Abb. 515 zeigt das Eindringen dunkler Schlacke entlang den Korngrenzen.

Tabelle 119

Verschlackungsversuche nach dem Aufstreuverfahren mit Kalk und Zement bei 1500° C an Sillimanit- und A I-Schamottesteinen

Verschlackung mit	Sillimanitstein mit Korundzusatz		A I-Stein	
	Volumenverlust %	Gewichtsverlust %	Volumenverlust %	Gewichtsverlust %
CaO	50	46	64	59
Zement	kein Angriff, Haube auf dem Körper		44	38

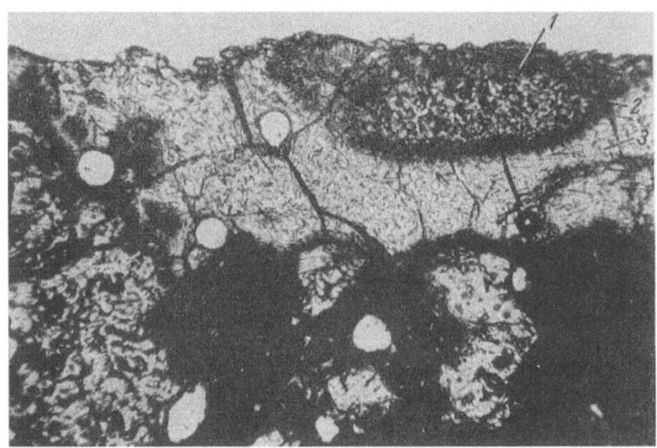

Abb. 516. Sillimanitstein, mit CaO verschlackt. Dünnschliff (Vergr. 50 ×)

1 Korund;　*2* Randzone;　*3* Glas

Sillimanit- bzw. Mullitsteine sind auch gegen *Kalk* beständiger als normale Schamottesteine (Tab. 119), ein Angriff erfolgt aber doch, weil reiner Mullit durch 11,5% CaO unter Bildung von *Anorthit* zersetzt wird (vgl. Abschn. 3.164). Hierbei bildet sich farbloses Glas und an den Rändern stehengebliebener Korundkörner eine Zone mit kleinen faserigen Anorthit-Kristallen (Abb. 516). Noch günstiger ist das Verhalten der Sillimanitsteine gegen Zement (Tab. 119). Bei Verschlackungsversuchen wurde kein Angriff festgestellt, lediglich nahe der Oberfläche konnte eine gewisse Infiltration beobachtet werden. Die Geringfügigkeit des Angriffs ist auf den hohen Gehalt des Zementes an Kieselsäure und Tonerde zurückzuführen, die die Wirkung des Kalkes abstumpfen.

S. M. BRISBANE u. R. E. SEGNIT [3] untersuchten die Einwirkung von K_2CO_3 auf Sillimanitsteine mit 15% Bindeton in Zementdrehrohröfen. Sie kamen zu dem Schluß, daß ein höherer Tonerdegehalt des Bindemittels die Menge der im Stein gebildeten Schmelze herabsetzen und damit dessen Haltbarkeit verbessern würde.

4.334 Beanspruchung an den Verwendungsstellen

Sillimanit- und Mullitsteine eignen sich in der Stahlindustrie wegen ihrer hohen Feuerfestigkeit, Schlacken- und Volumenbeständigkeit als Brennersteine (Abbildung 517), ferner für besonders hochbeanspruchte Stellen in Tief- und Stoß-

Abb. 517. Sillimanitsteine als Brennerdüsen in einem Stoßofen. Unten: Hängedecke

öfen und die Zustellung von Elektroofendeckeln. Für heiße, legierte Siemens-Martin-, Elektro- und Hartmanganstähle benutzt man in Stahlpfannen Stopfen und Ausgüsse aus Sillimanit (vgl. Abschn. 3.553). Die Sillimanit-Stopfen neigen beim Stahleinlauf weniger zum Platzen als Schamottestopfen. Neuerdings hat man auch mit Erfolg versucht, kleine Roheisenmischer mit Sillimanitsteinen auszukleiden [4]. In der Glasindustrie werden Sillimanitsteine als Brennersteine, im Vorherd [5] und in Wannen für Fluoropal- und Borsilikatglas [6], sowie an sonstigen

Abb. 518. Sillimanitstein aus einem Tiefofen. Infiltration mit eisenoxydreicher Schlacke, von einem Riß ausgehend

hochbeanspruchten Stellen verwandt (vgl. Abb. 248, Abschnitt 2.56). In Zementdrehrohröfen haben sie sich als Auskleidung der Sinterzone bewährt.

Im Betrieb kommt es bei geringer Schlackenzufuhr im Laufe der Zeit zu einer Sammelkristallisation von Mullit, die zur Entstehung großer, in glasiger Grundmasse schwimmender Kristallindividuen führt. Abb. 295, Abschn. 3.15 zeigt derartige Mullitkristalle aus einem Brennerstein.

Bei stärkerer Zufuhr eisenoxydreicher Schlacken treten tiefe, dunkel gefärbte Infiltrationen auf, wie sie in Abb. 518 von einem Riß ausgehend zu erkennen sind.

Die Risse entstanden im Betrieb an den Pfeilersteinen eines bei 1300 bis 1350° C betriebenen *Tiefofens* (Abb. 519). Die äußerste Schlackenschicht ist dabei blasig ausgebildet, sie enthält opake Magnetitkristalle mit einem Saum aus feinen Mullitnadeln in einer Grundmasse aus farblosem Glas. Diese Zone besitzt folgende chemische Zusammensetzung:

SiO_2 %	$Al_2O_3 + TiO_2$ %	Fe ges. %	MnO %	CaO %	MgO %	Glühzunahme %
32,36	48,05	12,77	0,33	0,22	0,34	1,15

Abb. 519
Sillimanitstein als Pfeilermaterial zwischen den Abzugslöchern eines Tiefofens. Risse und Abplatzungen

Die Analyse des Ausgangsmaterials ist der Tab. 118, Nr. 3 zu entnehmen. Außer den Eisenoxyden wurden mithin Kieselsäure und Tonerde zugeführt, sie stammen aus Kohlenaschen und verändern das ursprüngliche Verhältnis $SiO_2 : Al_2O_3$ stark.

Wesentlich stärker wurden Brenner- und Deckensteine in einem *heißgehenden Stoßofen* **(1420 bis 1450° C) von den mit Eisenoxydstaub durchsetzten Gasen angegriffen.**

Bereits nach etwa 2 monatiger Betriebszeit platzten mit Eisenoxyd durchsetzte Stücke ab. Am Ende der 10 bis 14 Mon. dauernden Ofenreise war die infiltrierte Zone der Reststeine stark aufgebläht und porös wie ein Schwamm (Abb. 520). Die zarten Wände zwischen den Poren ließen sich mit der Hand leicht abstreifen.

Unter dem Mikroskop zeigen die Steinreste nahe der Oberfläche eine opake, eisenoxydreiche Grundmasse, aus der sich blau gefärbte Korundkristalle neu ausgeschieden haben (Abb. 521). Die Analyse dieser Zone (Tab. 120, Nr. 1) zeigt, daß neben den fast 60% ausmachenden Eisenoxyden noch Tonerde vorhanden ist, die Kieselsäure jedoch in ihrem Gehalt stark reduziert worden ist. Das Verhältnis $Al_2O_3 : SiO_2$ beträgt hier 6,5, weiter zum Steininnern zu vermindert sich dieser Wert auf 3,6 bzw. 3,0 unter gleichzeitiger rascher Abnahme des Eisenoxydgehaltes (Tab. 120, Nr. 2 u. 3). In der mittleren Zone sind neben neugebildeten Korunden noch Reste der ursprünglichen Korundkörner vorhanden. Teilweise sind die neugebildeten Korunde orientiert auf den alten Körnern aufgewachsen (Abb. 522).

Noch tiefer im Stein finden sich neugebildete Mullitkristalle neben Korunden, ein Zeichen dafür, daß die Schmelze hier auch an Kieselsäure gesättigt war (Abb. 523). Am scharfen Rand der Infiltrationsfront sind unverschlackte Grobkornreste vorhanden, die in farbloses Glas mit Mullitkristallen eingebettet sind (Abb. 524). Eine Analyse des unverschlackten Steines ist in Tab. 118 unter Nr. 4 aufgeführt.

Abb. 520
Verschlackter Sillimanitstein aus einem heißgehenden Stoßofen mit schwammartig aufgeblähter Infiltrationszone

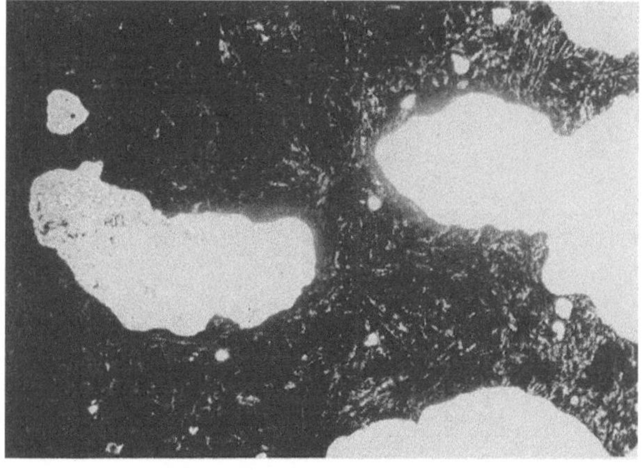

Abb. 521. Schwammartige Oberflächenzone eines verschlackten Sillimanitsteines mit neugebildeten Korundkristallen (hellgrau, im Original blau). Dünnschliff (Vergr. 7 ×)

Tabelle 120. *Drei Analysen eines verschlackten Sillimanitsteines aus einem heißgehenden Stoßofen*

	Bezeichnung	SiO_2	$Al_2O_3 + TiO_2$	Fe_2O_3	FeO	Fe met.	MnO	CaO	MgO	Glüh-zunahme
		%	%	%	%	%	%	%	%	%
1	Oberfläche ...	5,08	32,80	47,65	12,74	0,22	0,56	0,46	0,22	1,83
2	Mitte	22,33	67,18	6,93	1,82	0,13	0,16	1,02	0,35	0,30
3	Ende der infil-trierten Zone	18,96	69,02	9,79	—	0,20	0,29	1,34	0,42	0,13

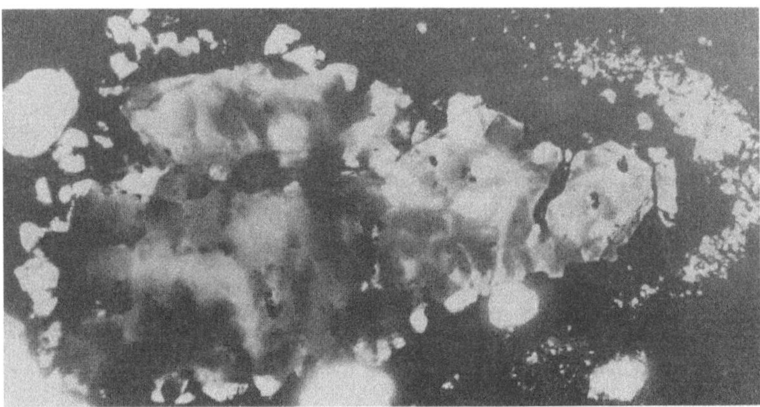

Abb. 522. Verschlackter Sillimanitstein aus einem Stoßofen. Neugebildete Korunde (hellgrau, im Original blau), teilweise auf alten Körnern orientiert aufgewachsen. Dünnschliff (Vergr. 35 ×)

Die Unterschiede der Betriebsergebnisse im Vergleich zu den Verschlackungs-versuchen (s. Abschn. 4.333) erklären sich durch die lang andauernde Einwirkung des infiltrierten Eisenoxydstaubes.

Die starke Abnahme der Kieselsäure in den infiltrierten Zonen ist vermutlich auf eine Reduktion derselben zu gasförmigem SiO zurückzuführen (vgl. Abschn. 3.54). SiO kann neben der Reduktion von Fe_2O_3 zu FeO die beschriebenen Bläh-erscheinungen hervorgerufen haben, die einen Schutz gegen weitere In-filtration bieten, weil die geblähte Zone keine offenen Poren mehr hat (vgl. Abschn. 3.449). Die starke Widerstandsfähigkeit des Korundes gegen metallur-gische Schlacken ergibt sich aus dem Auftreten von Korundkristallen auch in der am stärksten infiltrierten Zone.

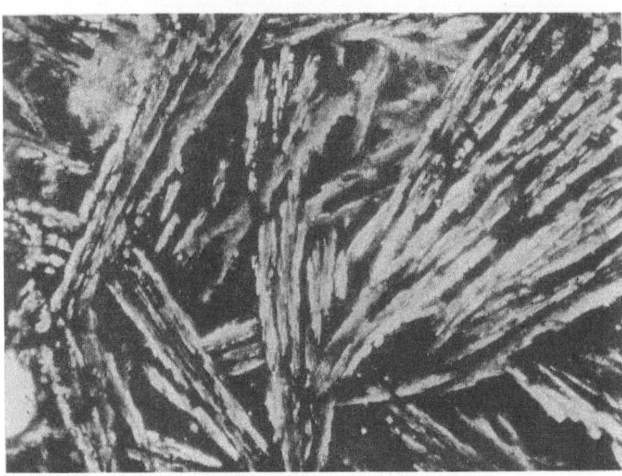

Abb. 523. Mullitkristalle in einem verschlackten Sillimanitstein. Dünnschliff (Vergr. 100 ×)

In *Glaswannen* zersetzt sich der Mullit in Tonerdesilikatsteinen unter dem Einfluß der alkalihaltigen Atmosphäre oberhalb des Badspiegels in Korund und Silikatglas (vgl. Abschn. 3.164) [7]. An senkrechten Oberflächen bleibt nur ein Korundskelett übrig, an waagerechten sowie oberhalb des Spiegels bilden sich *Plagioklas* ($Na_2O \cdot Al_2O_3 \cdot 6\,SiO_2$) und *Nephelin* ($Na_2O \cdot Al_2O_3 \cdot 2\,SiO_2$) aus den Alkalien und den Komponenten des zersetzten Mullites neu [8].

Über den Angriff auf hochtonerdehaltige Steine in *Zementdrehrohröfen* berichtet J. FAUNER [9]. Danach destillieren in der heißesten Zone unter der dort stark reduzierenden Flamme Kieselsäure und Alkalien aus dem Stein heraus und setzen sich an kühleren Partien

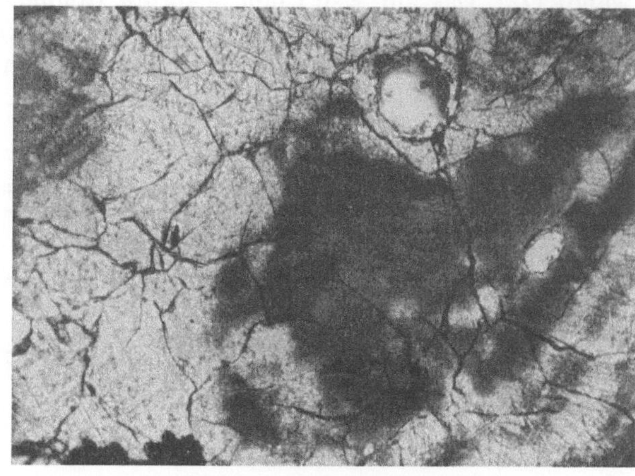

Abb. 524. Stark verglaster Sillimanitstein unmittelbar vor der Infiltrationsfront. Dünnschliff (Vergr. 50 ×)
Dunkel: In Auflösung befindliches Grobkorn; hell: farbloses Glas mit Mullitnadeln

des Ofens wieder ab. An der Oberfläche bildet sich infolge Erweichung des Steines durch den Kalkgehalt des Klinkers eine Schutzschicht, die einen weiteren Angriff verhindert. Am günstigsten ist eine Verlegung der Steine ohne Mörtel, sie setzt allerdings sehr gute Maßhaltigkeit der Steine voraus.

4.34 Diaspor- und Bauxitsteine

4.341 Diasporsteine

Unter den Tonerdehydraten findet der in Missouri vorkommende Diaspor (vgl. Abschn. 4.122) unmittelbare Verwendung zur Herstellung feuerfester Erzeugnisse. Ein Teil des Diaspors wird bei etwa 1500° C vorgebrannt und dann zerkleinert. Das fraktionierte Material wird mit wechselnden Mengen von rohem Diaspor und Bindeton gemischt, zu Steinen geformt und schließlich bei ~1500° C gebrannt. Diasporsteine haben den Vorzug des einheitlichen Rohmaterials und besitzen daher homogene Struktur. Ihre Temperaturwechselbeständigkeit ist besonders gut. Da der Missouri-Diaspor beträchtliche Mengen an Kieselsäure enthält (vgl. Tab. 114), bildet sich beim Brennen vorwiegend Mullit, die Eigenschaften der Diasporsteine ähneln daher stark denen der Sillimanit- und Mullitsteine (Tab. 121, Nr. 1). E. J. WACHUSKA u. G. A. BOLE [10] schlugen vor, dem Diaspor 20% und mehr an Cyanit zuzusetzen, um so seine sowohl beim Brennen als auch im Betrieb störende Schwindung zu kompensieren. Nach S. M. PHELPS [11] kann dafür auch Phosphatgestein (Trikalziumphosphat) in Mengen bis zu 10% verwandt werden. Die Rohstoffe müssen fein gemahlen, gründlich gemischt, unter hohem Druck gepreßt und bei SK 18 bis 20 (1520 bis 1540° C) gebrannt werden. Die Ofenatmosphäre hat maßgeblichen Einfluß auf die Schwindung.

In Rußland wird das Diasporkonzentrat von Aktasch (Abschn. 4.122) mit einer Zusammensetzung von 70 bis 72% Al_2O_3 und 3 bis 3,5% Flußmitteln verwandt [12]. Das auf < 0,1 mm gekörnte Rohmaterial wird mit Bindeton brikettiert und bei 1500° C vorgebrannt. Die gekörnte Diaspor-Schamotte wird dann mit 10 bis 15% Bindeton geformt und – wiederum bei 1500° C – gargebrannt.

Tabelle 121

Chemische Analysen und technologische Eigenschaften von Steinen auf Tonerdehydratbasis

a) Chemische Analysen

		SiO_2 %	$Al_2O_3 + TiO_2$ %	Fe_2O_3 %	CaO %	MgO %	Alkalien %	SK
1	Amerikanischer Diasporstein	22,61	74,03	1,86	0,24	0,29	—	37
2	Russischer Diasporstein ...	—	60 bis 65	| 3,5 bis 4			—	37
3	Stein aus Guayana-Bauxit	12,35	84,09	1,84	0,21	0,14	0,69	37/38

b) Technologische Eigenschaften

	Spezifisches Gewicht	Offene Poren Vol.-%	Gesamt-poren Vol.-%	DFB ta °C	DFB te °C	TWB 950°/ Wasser	KDF kg/cm²	Verschlackung mit Fe_2O_3 bei 1500° C % Vol.-Änderung	Verschlackung mit Fe_2O_3 bei 1500° C % Gew.-Änderung
1	3,243	24,8	26,5	1520	>1730	>50	450	− 2	+17
2	—	—	20 bis 25	1500 bis 1650		—	—	—	—
				1550 bis 1700					
3	3,498	18,7	18,8	1560	>1730	>50	910	+15	+25

Die Porosität liegt dabei relativ hoch, die übrigen Eigenschaften sind nicht besser als diejenigen von Sillimanitsteinen (Tab. 121, Nr. 2). A. ORLOVSKII u. D. S. RUT-MAN [13] berichten über die Verwendung eines sehr feinkörnigen Diasporkonzentrates (70% < 0,04 mm) mit 74% Diaspor und 26% Quarz, Kaolin und Pyrophyllit.

4.342 Bauxitsteine

Für die Herstellung reiner Bauxitsteine wurde vorgeschlagen, weißen Bauxit mit weißem Kaolin und Ton fein zu vermahlen, zu Batzen zu formen und diese bei 1560° C vorzubrennen. Die Bauxitschamotte wird gebrochen, 60 Teile von ihr werden mit 40 Teilen ungebrannter Rohmischung der gleichen Zusammensetzung gemischt, zu Steinen gepreßt und gebrannt (1560° C) [14]. Die so gefertigten Steine sollen bis zu 1800° C brauchbar sein.

Im allgemeinen mußte man bisher bei reinen Bauxitsteinen mit starken Schwindungen rechnen. Man hat daher vorgeschlagen, diese Schwindung durch Zusatz von Sulfaten, Chloriden [15], Alkali-Fluoriden oder Fluor-Silikaten in Mengen von 0,5 bis 2% [16] bzw. Natrium- oder Kaliumnitrat bzw. -borat in Mengen von etwa 1% [17] herabzusetzen, gleichzeitig dadurch die Kristallisation katalytisch zu beschleunigen.

Die Einführung des hochvorgebrannten Guayana-Bauxites machte es möglich, hochwertige Bauxitsteine mit guter Raumbeständigkeit auch ohne solche Maßnahmen herzustellen (Tab. 121, Nr. 3, Abb. 507 d).

Ein schlacken- und hochtemperaturbeständiger Stein läßt sich aus Bauxit mit einem Mindestgehalt von 80% Al_2O_3 und einem Zusatz von 3 bis 5% CaO oder MgO herstellen. Der Vorbrand derartiger Rohmischungen soll bei 1500 bis 1550° C erfolgen. Das zerkleinerte, vorgebrannte Gut wird mit 3 bis 5% kolloidalem Ton vermischt und in üblicher Weise zu Steinen verarbeitet [18]. Beim Brennen einer mit MgO hergestellten Mischung dürfte es zur Bildung von Spinellen kommen, diese Steinqualität leitet damit zu den Spinellsteinen über.

4.35 Korundsteine

Die große Beständigkeit des Korundes gegenüber basischen Schlacken und alkalihaltigen Gläsern veranlaßte die Herstellung hochtonerdehaltiger Steine mit Sinter- oder Schmelzkorund als Hauptbestandteil. Bei solchen muß jedoch eine schlechtere Temperaturwechselbeständigkeit in Kauf genommen werden; denn der Korund besitzt eine merklich höhere Wärmeausdehnung als der Mullit (s. Abschn. 4.112). Als Bindemittel verwendet man in den Standardqualitäten feuerfeste Tone bzw. Kaoline. Die Brenntemperatur derartiger Steine liegt bei etwa 1500° C. Die bei dieser Temperatur erreichte Bindung ist meist nicht sehr fest wegen der schon erwähnten Reaktionsträgheit des Korundes. Eine merkliche Reaktion zwischen Korund und Bindemittel (Mullitbildung) setzt erst bei 1600 bis 1650° C ein.

Abb. 507e u. f zeigen die Struktur zweier tongebundener Elektrokorundsteine. Der Unterschied zwischen den harten Korundkörnern und dem weicheren Bindemittel ist in Abb. 507e (Reliefbildung beim Schleifen) deutlich zu erkennen.

Tabelle 122. *Chemische Analysen und technologische Eigenschaften einiger Korundsteine*

a) Chemische Analysen

	Bezeichnung	SiO_2 %	$Al_2O_3 + TiO_2$ %	Fe_2O_3 %	CaO %	MgO %	SK
1	Dynamidon-Korundstein	25,68	68,69	2,47	0,25	0,25	
2	Dynamidon-Korundstein, verdichtet	17,93	78,24	2,61	0,35	0,21	36
3	Elektrokorundstein	5,65	91,92	0,82	0,47	Spur	
4	Elektrokorundstein	4,63	92,17	0,82	0,40	0,43	

b) Technologische Eigenschaften

	Spezifisches Gewicht	Offene Poren Vol.-%	Gesamt- poren Vol.-%	DFB ta °C	DFB te °C	TWB 950°/Luft	KDF kg/cm²	Verschlackung mit Fe_2O_3 % Vol.- Änderung	% Gew.- Änderung
1	3,163	24,6	27,9	1550	1640	34	420	kein Angriff	
2	3,349	19,1	24,0	1530	1690	29	1030	+8	+25
3	3,731	20,6	20,6	1630	>1730	31	650	+1	+20
4	3,797	13,4	15,1	1540	1630	43	n. b.	kein Angriff	

Tab. 122 enthält Analysen und technologische Eigenschaften einiger Korundsteine, geordnet nach steigendem Tonerdegehalt. Das spezifische Gewicht schwankt zwischen 3,1 bei Steinen mit ~70% Al_2O_3 und 3,8 bei solchen mit mehr als 90% Al_2O_3. Die Porosität liegt im allgemeinen um 20%, wobei zu berücksichtigen ist, daß die Eigenporosität der Korundkörner praktisch 0 ist, so daß sich der ganze Porenraum auf das Bindemittel konzentriert. Die Druckfeuerbeständigkeit ist im allgemeinen niedriger als die der Sillimanit- und Mullitsteine, die ta-Werte

Abb. 525. Verschlackungsversuche nach dem Aufstreuverfahren bei 1500° C an Korundsteinen
1 Mit Fe_2O_3;   *2* mit Zement;   *3* mit CaO

liegen zwischen 1500 und 1630°C, te zwischen 1650 und 1700° C. Als Temperaturwechselbeständigkeit nach der Zylindermethode findet man im Mittel 30 Abschreckungen. Die Kaltdruckfestigkeit beträgt 400 bis 1000 kg/cm². Als obere Gebrauchstemperaturen gelten 1500 bis 1600° C, es sei denn, daß chemischer Angriff sie herabsetzt.

Bei *Verschlackung* mit Eisenoxyd entsteht ähnlich wie an korundangereicherten Sillimanitsteinen kein Materialverlust, sondern eine tiefe Schlackeninfiltration, die häufig zu einer Volumenvergrößerung der infiltrierten Zone führt. Die Abstände der einzelnen Korundkörner werden dabei durch die zähflüssige Schlacke aufgeweitet (Abbildung 525, Nr. 1). Eine Dünnschliffaufnahme dieser Probe (Abb. 526) zeigt die zwischen im wesentlichen unveränderte Korundkörner eingedrungene opake Schlacke.

Abb. 526
Mit Fe_2O_3 verschlackter Korundstein. Dünnschliff (Vergr. 7 ×)

Zement und Kalk greifen Korundsteine merklich an; dabei löst der Kalk vor allem das Bindemittel (vgl. Tabelle 123, Abb. 525 Nr. 2 u. 3). Die entstehenden Schmelzen sind dünnflüssiger als die bei Eisenoxyd-Verschlackung auftretenden, laufen daher vom Probekörper ab und lassen die nur wenig angegriffenen Korundkörner zurück. Die Neigung tongebundener Korundsteine zur Schlackeninfiltration bringt die Gefahr mit sich, daß durch Infiltration weich gewordene Partien abschmelzen oder ihre statische Festigkeit verlieren. In solchen Fällen kommt die an sich gute chemische Widerstandsfähigkeit des Korundes nicht zur Geltung.

Es hat daher nicht an Bemühungen gefehlt, die Bindung im Korundstein durch andere Stoffe als Ton zu erreichen. Soweit es sich bei den Vorschlägen um Zugabe relativ niedrig schmelzender Stoffe handelte, ist ihnen kein wesentlicher Erfolg beschieden gewesen.

Gute Eigenschaften, vor allem aber sehr hohe Druckfeuerbeständigkeit besitzen Korundsteine mit Kalkbindung. Auch solche mit Quarzitsand und 1 bis 2% CaO im Feinmehl haben sich bewährt. Von Bedeutung sind auch Zuschläge, die beim Brennen Spinelle bilden, vor allem MgO. Nach DRP. 606 801 (1934) werden beispielsweise Korund, Spinell oder Mullit mit organischen Klebstoffen und feinen Asbestfasern gebunden. Weiterhin wird Mullit als Bindemittel vorgeschlagen [19].

Die hochwertigsten Produkte erhält man mit Tonerde selbst als Bindemittel [20]. Dafür muß die Tonerde bei 1450 bis 1500° C vorgebrannt und fein

Tabelle 123. *Verschlackungsversuche nach dem Aufstreuverfahren mit Kalk und Zement bei 1500° C an Korundsteinen*

Verschlackung mit	Volumenverlust %	Gewichtsverlust %
CaO	29	27
Zement	15	8

gemahlen werden (s. Abschn. 4.133). Beim Garbrand entsteht dann rekristallisierter Sinterkorund zwischen Schmelzkorundkörnern. In anderen Fällen wird unvorbehandelte kalzinierte Tonerde verwandt. Schließlich wurden organische Aluminiumsalze als Bindemittel genannt, die beim Steinbrand Tonerde ergeben [21].

Bindung mit reiner Tonerde erfordert eine Brenntemperatur von mindestens 1700° C. Derartige Korunderzeugnisse enthalten ~99% Al_2O_3, sie besitzen sehr hohen Kegelfallpunkt (~SK 42), sehr große mechanische Festigkeit und gute Schlackenbeständigkeit, aber nur mäßige Temperaturwechselbeständigkeit. Ihre Porosität beträgt 20 bis 24%. Sie lassen sich bis zu Temperaturen von 1850 bzw. 2000° C verwenden.

Korundsteine benutzt man an den gleichen Stellen wie Sillimanit- und Mullitsteine, ganz besonders haben sie sich als Auskleidung der Sinterzonen von Zementdrehrohr- und Schachtöfen bewährt. Außerdem werden sie für die Auskleidung von Kesselfeuerungen und für besonders hochbeanspruchte Stellen in der Glasindustrie außerhalb der Wanne verwandt. Nach N. V. SOLOMIN [22] ist ihre Verschlackungsbeständigkeit gegen Glas 20- bis 40mal so groß wie die von Schamotte, sogar noch ein Mehrfaches der Beständigkeit von Mullit.

Wegen ihrer hohen mechanischen Abriebfestigkeit dienen sie weiterhin zur Auskleidung von Kühlern und Trockentrommeln. Tonfreie Korundsteine sind auch ein wichtiger Baustoff zur Auskleidung von Hochtemperaturöfen. Schließlich werden sie als Buckelsteine für nicht wassergekühlte Gleitschienen in Stoßöfen eingesetzt.

4.36 Zirkonhaltige Steine

Für die keramische Steinherstellung werden praktisch nur Zirkonsilikate (Zirkone) verwandt, gegebenenfalls müssen diese zwecks Entfernung von Verunreinigungen mit konzentrierter Salzsäure behandelt werden. Nach M. SHEPPARD [23] wird der Rohstoff zweckmäßig bei 1450° C kalziniert und dann zerkleinert; der Härte der Brennprodukte wegen muß die Zerkleinerung durch Abschrecken eingeleitet werden.

Das gekörnte Zirkon wird mit $\sim30\%$ feingepulvertem Rohzirkon gemischt und angefeuchtet. Nach Zugabe organischer Klebstoffe werden aus der Masse nach dem Halbtrockenpreßverfahren Steine geformt und bei SK 18 (1520° C) gebrannt. In vielen Fällen sind keine weiteren Bindemittel neben den organischen Klebstoffen erforderlich, die restlichen Verunreinigungen gewährleisten eine ausreichende Sinterung. Man kann jedoch nicht immer auf chemische Zusätze zur Erleichterung des Sinterprozesses verzichten. Als solche wurden Kalk und Wasserglas [24] bzw. Kalkhydrat [25] vorgeschlagen. Daneben bewährt sich Phosphorsäure als Bindemittel; ihre Benutzung ist in zahlreichen Patenten für diesen Zweck geschützt worden [26]. Nach W. M. DUMMETT u. H. H. YORK [27] bildet sich beim Brennen derart mit P_2O_5 versetzter Zirkonmassen zunächst Zirkonphosphat, das sich bei 1700° C wieder zersetzt. Es entsteht dabei ein Gemisch von ZrO_2 und SiO_2, das frei werdende Phosphorsäureanhydrid wird ausgetrieben. Als zweckmäßige Mengenbegrenzung für die Phosphorsäure wird 4 bis 6% angegeben. Neben reiner Phosphorsäure wird auch Zugabe von kleinen Mengen Fluorsilikat $+$ Phosphat empfohlen [28]. Borsäure soll sich ebenfalls als Bindemittel bewähren [29]. Darüber hinaus wurden in den USA Zirkonsteine mit Silikonen als Bindemittel hergestellt. Sie sollen geringe oder gar keine Schwindung und hohe Schlackenbeständigkeit besitzen [30]. Die Zugabe von 1% Vanadiumoxyd und 1% Metalloxyd fördert die Verdichtung der Steine [31].

Steine mit Tonbindung haben sich nicht bewährt. Tongebundene Zirkonsteine mit oder ohne Schamottezusatz sollen keine besseren technologischen Eigenschaften aufweisen als normale Schamottesteine [32].

V. H. STOTT u. A. HILLIARD [33] stellten fest, daß die Druckfeuerbeständigkeit bei 1500° C gebrannter, flußmittelfreier Zirkonsteine zwischen 1510 und 1750° C schwankte. Mit 1,1% MgF_2 sank die Druckfeuerbeständigkeit auf 1470° C, stieg aber auf 1750° C an, wenn die Brenntemperatur 1700° C betrug. Als Ursache dafür wird angenommen, daß die Glasphase bei der Zersetzung des Zirkonsilikates ZrO_2 und SiO_2 aufnimmt, dadurch strengflüssiger wird. Als Optimum der Brenntemperatur für solche Steine wird 1650° C angegeben.

Reine Zirkonsteine konnten sich erst in letzter Zeit merklichen Eingang in die Praxis verschaffen. Chemische Zusammensetzung und Eigenschaften eines

Tabelle 124. *Chemische Analysen und technologische Eigenschaften von Zirkonsteinen*
a) Chemische Analysen

Stein Nr.	Steinart	SiO_2 %	$Al_2O_3 + TiO_2$ %	Fe_2O_3 %	CaO %	MgO %	ZrO_2 %	SK
1	Reiner Zirkonstein (1954)	30,48	1,00	0,48	0,35	6,65	60,51	
2	Zirkonstein mit Quarzgut (1956)	50,68	0,15	0,45	0,14	Spur	47,86	>41

b) Technologische Eigenschaften

| | Spezifisches Gewicht | Offene Poren Vol.-% | Gesamtporen Vol.-% | DFB | | TWB 950°/ Wasser | KDF kg/cm² | Verschlackung mit Fe_2O_3 bei 1500° C | |
				ta °C	te °C			% Vol.- Änderung	% Gew.- Änderung
1	4,500	22,2	22,6	1460	1490	>50	580	—3	—8
2	3,645	26,4	27,5	1700	>1730	11	320	—	—

reinen Zirkonsteines neuerer Fertigung sind der Tab. 124, Nr. 1, zu entnehmen. Seine Zusammensetzung kommt der des reinen Zirkonsilikates ziemlich nahe, auch sein spezifisches Gewicht entspricht nahezu dem theoretischen Wert des Rohstoffes (4,6 bis 4,8). Er hat die übliche Porosität halbtrockengepreßter Steine aus unplastischen Stoffen. Seine Druckfeuerbeständigkeit ist relativ niedrig, die geringe Differenz zwischen ta- und te-Wert erinnert an Silikasteine. Sehr gut ist

die Temperaturwechselbeständigkeit, wie es bei extrem niedriger Wärmeausdehnung des Zirkonsilikates zu erwarten ist (s. Abschn. 4.212).

Beim Verschlackungsversuch auftretende Volumen- und Gewichtsverluste zeigen, daß die Zirkonsteine nicht unempfindlich gegen Eisenoxyd sind.

Das bestätigte auch ein Betriebsversuch, der Zirkonsteine dem Einfluß von Walzzunder (Fe_3O_4) bei Temperaturen von etwa 1300° C aussetzte. Bereits nach 5- bis

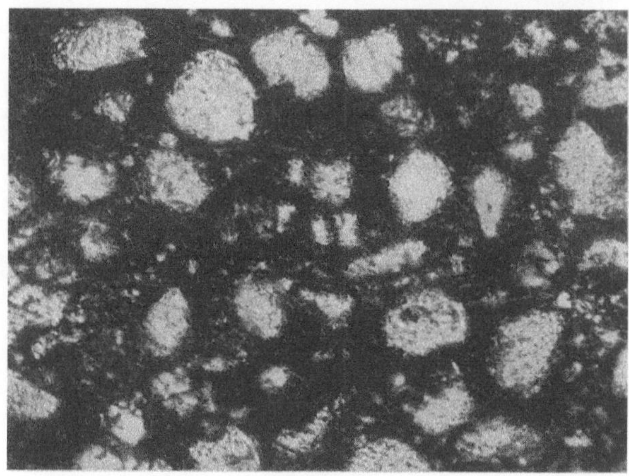
Abb. 527
Infiltrierter Zirkonstein aus einem bei 1300° C betriebenen Herdofen. Verschlackung durch Walzzunder. Dünnschliff (Vergr. 56 ×)

6tägigem Betrieb mußte man den Ofen absetzen, da die Zirkonsteine weich wurden. Nach dem Ausbau zeigten sie eine ungewöhnlich tiefe Infiltration (mehr als 150 mm) mit einer opaken Schlacke. Dabei wurde besonders das Bindemittel in Mitleidenschaft gezogen, die Zirkonkörner selbst weisen nur geringe Spuren eines Angriffes auf (Abb. 527). Nahe der Oberfläche hatte sich jedoch eine 1 bis 2 mm dicke, geschmolzene Schlackenhaut gebildet, aus der die Kieselsäure praktisch ganz verdampft ist. Das Zirkonoxyd hat keine Mengeneinbuße erlitten, obwohl die Zirkonkörner verschwunden sind. Da die gesamte Schlackenhaut im Betrieb schmelzflüssig gewesen sein muß, wird sich ein niedrigschmelzendes Eutektikum zwischen Eisenoxyd und Zirkonoxyd gebildet haben (Tab. 125). Die Tiefe

Tabelle 125. *Chemische Analysen eines verschlackten Zirkonsteines aus einem bei 1300° C betriebenen Herdofen*

	SiO_2 %	$Al_2O_3 + TiO_2$ %	Fe_2O_3 %	CaO %	MgO %	ZrO_2 %	Glühzunahme %
Schlackenhaut	1,78	0,42	34,61	0,22	Spur	62,61	0,85
dicht unter der Schlackenhaut	25,88	0,63	13,19	0,11	0,29	59,92	—
Mitte infiltrierte Zone	30,88	1,43	7,49	0,43	0,43	59,36	—
unverschlackte Zone	32,00	0,73	0,44	0,42	Spur	65,87	0,09

der Infiltration deutet auf sehr geringe Zähigkeit der durch Verschlackung entstandenen Schmelzen hin. Nach H. v. WARTENBERG u. W. GURR [34] liegt das Eutektikum zwischen ZrO_2 und mit Fe_3O_4 verunreinigtem Fe_2O_3 bei 1520° C. Andere in der Schlacke vorkommende Verunreinigungen dürften diesen Schmelzpunkt noch weiter erniedrigt haben.

Wenn die Zirkonsteine auch bei unmittelbarer Berührung mit eisenoxydhaltigen Schlacken nicht standhalten, so bewähren sie sich doch als Zustellung solcher Ofenteile, die nicht direkt mit flüssiger Schlacke in Berührung stehen, z. B. für die Ausmauerung von Elektroofendeckeln. Ihr Haupteinsatzgebiet liegt jedoch in der Glasindustrie wegen ihrer bemerkenswerten Beständigkeit gegen Opalglas- und Borosilikatglasschmelzen. Als Wannensteine für Kalknatron- und Grünglas sind Zirkonsteine allerdings nicht geeignet. Außerdem werden sie in Aluminium- und Edelmetallschmelzöfen, Schmelzöfen für Emaillefritte und Elektroöfen für die Schmelzzement-Industrie verwandt [35].

Zirkonsilikatsteine sind nach C. E. CURTIS u. D. LAURIE [36] im Verband mit Korundsteinen haltbar, Schamottesteine mit 40% Al_2O_3 werden dagegen im Verband mit Zirkonsteinen angegriffen, so daß sie nicht mit diesen zusammen vermauert werden dürfen.

Man hat mehrfach versucht, Zirkonsteine durch Beimischung von Tonerde oder Magnesiumoxyd zu verbessern. Tonerdezusatz soll erreichen, daß sich die oberhalb 1500° C frei werdende Kieselsäure (s. Abschn. 4.212) mit Tonerde zu Mullit verbindet [37], durch den Zusatz von MgO wird die Bildung von Forsterit ($2MgO \cdot SiO_2$, vgl. Abschn. 5.163) angestrebt [38]. Nach US-Patent 1923003 (1933) sollen schließlich Zirkon und Kieselsäure im elektrischen Ofen zu einer Schmelze der Zusammensetzung $7ZrO_2 \cdot 2SiO_2$ geschmolzen werden. Das Schmelzgut wird dann gebrochen und in üblicher Weise zu Steinen verarbeitet, die hohe mechanische Festigkeit und niedrige Porosität aufweisen sollen.

Im DBP. 934280 (1955) [25] wird vorgeschlagen, geschmolzenes Quarzgut in der Körnung 0,5 bis 4 mm mit Zirkonsilikat von 0 bis 0,1 mm Korngröße zu vermischen und dann mit Kalkhydrat als Bindemittel zu Steinen zu verarbeiten. Analyse und technologische Eigenschaften eines mit Quarzgut verarbeiteten Zirkonsteines sind in Tab. 124 unter Nr. 2 aufgeführt.

Die Zirkon-Quarzgutsteine haben eine kerbfeste Struktur (vgl. Abschn. 1.82) und daher eine hervorragende Temperaturwechselbeständigkeit, die nur von Siliziumkarbidsteinen und reinen Quarzgutsteinen übertroffen wird [40]. Die thermische Ausdehnung erreicht bis 1000° C nur 0,65%, die Wärmeleitfähigkeit beträgt bei zwischen 500 und 1000° C im Mittel $\lambda_{techn} = 1,65$. Im Betrieb geht das Quarzgut (Kieselglas) ohne Nachwachsen in Cristobalit über (vgl. Abschnitt 2.115). Die sich oberhalb 1720° C bildende Schmelze ist außerordentlich zähflüssig. Erst oberhalb 1850° C ist sie tropfbar. Beim Abkühlen erstarrt sie wieder zu Quarzgut.

Zirkon-Quarzgutsteine bewähren sich vor allem in Deckeln von Lichtbogenöfen (vgl. Abschn. 2.52) [41]. Sie nehmen dort Flußmittel aus dem Ofenstaub, vor allem Eisenoxyde auf und bilden an der Oberfläche eine zähflüssige Reaktionsschicht aus, die nicht abtropft. In ihr wird ZrO_2 angereichert, offenbar, weil SiO_2 verdampft. In der dahinter folgenden Infiltrationszone werden die Zirkonsilikatkörner nicht, die Cristobalitkörner nur randlich angegriffen.

Steine aus geschmolzenem ZrO_2 mit einer Feuerfestigkeit von 2540° C werden von der Norton-Co., Worcester, Massachusetts (USA) hergestellt [39]. Sie sollen sehr geringe Wärmeleitfähigkeit, gute Temperaturwechselbeständigkeit und feste, aber poröse Struktur besitzen. Der Preis dieser Erzeugnisse ist allerdings $4^{1}/_{2}$ mal so hoch wie derjenige von Korundsteinen.

Schrifttum

[1] FRITZ, W.: Glastechn. Ber. Bd. 7 (1930) S. 576/81

[2] SVIKES, V. D.: Canada, Dep. Mines techn. Surv. Nr. 168 (1954) S. 455

[2a] OELSEN, W., u. G. HEYNERT: Archiv Eisenhüttenwes. Bd. 26 (1955) S. 567/75

[2b] FISCHER, W. A., u. A. HOFFMANN: Archiv Eisenhüttenwes. Bd. 27 (1956) S. 343/46

[2c] GALACHOW: Iswesstija Akad. Nauk UdSSR, Otd. chimit. Nauk (1957) S. 525/31

[3] BRISBANE, S. M., u. E. R. SEGNIT: Austral. J. appl. Sci. Bd. 4 (1953) S. 158/64

[4] Anonym: Use of Sillimanite in an Hot-Metal-Mixer (Review 1949) Advantages over High-Heat Firebrick. Iron and Coal Trades

[5] KNAUFT, R. W.: Amer. ceram. Soc. Bull. Bd. 29 (1950) S. 47/51

[6] KNAUFT, R. W.: Glass Ind. Bd. 30 (1949) S. 477/86

[7] BAUMANN JR., H. N.: Amer. ceram. Soc. Bull. Bd. 27 (1948) S. 267

[8] INSLEY, H.: J. Washington Acad. Sci Bd. 35 (1945) S. 156/61. — FABIANIC, W. L.: J. Amer. ceram. Soc. Bd. 27 (1944) S. 330/50. — SEAL, K. E.: J. Soc. Glass Technol. Bd. 32 (1948) S. 46/61

[9] FAUNER, J.: Cement and Cement Manufact. Bd. 6 (1933) S. 113/23

[10] WACHUSKA, E. J., u. G. A. BOLE: J. Amer. ceram. Soc. Bd. 10 (1927) S. 761/73

[11] PHELPS, S. M.: J. Amer. ceram. Soc. Bd. 15 (1932) S. 96/106; US-Pat. 1788123

[12] BUDNIKOW, P. P.: Technologie der keram. Erzeugnisse, S. 246. Berlin: Technik 1953

[13] ORLOVSKII, A., u. D. S. RUTMAN: Ogneupory Bd. 16 (1951) S. 435

[14] US-Pat. 1893313 (Hartfort-Empire Co.) 1933

[15] Brit. Pat. 352915 (1930

[16] Brit. Pat. 294179 (1929)

[17] US-Pat. 2311228 (1943)

[18] US-Pat. 1942431 (1934)

[19] Harbison-Walker: Ceram. Ind. Bd. 32 (1939) S. 52

[20] POLUBOJARINOW, D. N., u. W. L. BALKEWITSCH: Ogneupory Bd. 14 (1949) S. 538/46

[21] Engl. Pat. 367828 (1930)

[22] SOLOMIN, N. V.: Stekol Keram. Bd. 5 (1947) S. 20/21

[23] SHEPPARD, M.: J. Amer. ceram. Soc. Bd. 6 (1923) S. 294/96

[24] MEYER, C. H.: Met. Chem. Engng. Bd. 12 (1914) S. 791 u. Bd. 13 (1915) S. 263; Feuerfest Bd. 3 (1927) S. 79/80

[25] STEINHOFF, E.: DBP. 934280 (1955) Didier-Werke

[26] Zum Beispiel US-Pat. 1811242 (1931) u. 1872876 (1932); Franz. Pat. 792687 (1936); US-Pat. 2179982 (1939)

[27] DUMMETT, W. M., u. H. H. YORK: Austral. Pat. 117668 (1943)

[28] Brit. Pat. 545239 (1942)

[29] US-Pat. 1602273 (1926)

[30] Ceramics, Jan. (1952) III S. 581/85

[31] US-Pat. 2338209 (1944)

[32] SCHULZ, E. H., u. A. KANZ: Mitt. Forsch.-Inst. Verein. Stahlwerke A.-G., Dortmund Bd. 1, Lief. 2 (1928) S. 23/63

[33] STOTT, V. H., u. A. HILLIARD: Trans. Brit. ceram. Soc. Bd. 48 (1949) S. 133/43

[34] von WARTENBERG, H., u. W. GURR: Z. anorg. allg. Chem. Bd. 196 (1931) S. 374

[35] MIEHR, W.: Keram.-Z. Bd. 4 (1952) S. 322

[36] CURTIS, C. E., u. D. LAURIE: J. Amer. ceram. Soc. Bd. 33 (1950) S. 198/207

[37] DRP. 664943 (1938)

[38] Franz. Pat. 800779 (1936)

[39] Materials and Methods Bd. 33 (1951) S. 84

[40] STEINHOFF, E.: Stahl u. Eisen Bd. 78 (1958) S. 893/99

[41] THEIS, A.: Stahl u. Eisen Bd. 78 (1958) S. 891/92

4.4 Schmelzgegossene Steine

Um bei der keramischen Fertigung auftretende Mängel zu vermeiden, stellt man hochtonerde- und zirkonhaltige Baustoffe auch aus dem Schmelzfluß her. Solche Produkte zeichnen sich durch sehr hohe mechanische Festigkeit und Feuerfestigkeit aus. Ihre niedrige, meist unter 1% liegende Porosität bedingt eine außerordentlich kleine innere Oberfläche, daher sehr geringe Angreifbarkeit durch Schlacken.

Diesen Vorzügen steht die geringe Temperaturwechselbeständigkeit gegenüber, die sich besonders bei Steinen mit hohem Glasgehalt sehr störend bemerkbar macht. Die Herstellung schmelzgegossener Erzeugnisse muß daher auf glasarme, hochtonerdehaltige Massen beschränkt bleiben. Zudem macht die Zähflüssigkeit der Schmelzen eine Lunkerbildung nahe der Eingußseite unvermeidbar. Schließlich sind die Oberflächen gegossener Steine stets etwas verzogen und rauh; ein Vermauern mit engen Fugen wird daher unmöglich. Trotz ihres hohen Preises werden schmelzgegossene Steine in großen Mengen an hochbeanspruchten Stellen (vor allem in Glasöfen) verwandt.

Zur Steinherstellung werden die Rohstoffe in gut gemischtem Zustand unter Zusatz von ∼1,5% Alkalien im Widerstandsofen oder neuerdings im Lichtbogenofen (2000 bis 2200° C) geschmolzen. Die Verunreinigungen an Eisen werden durch den Kohlenstoff der Elektroden zu Ferrosilizium reduziert und sammeln sich am Boden des Ofens (vgl. auch Abschn. 4.132). Als Ofenfutter dient dabei die erstarrte Schmelze selbst. Das Schmelzen einer Charge von 250 bis 300 kg dauert etwa 1,5 Stunden, an Energie werden 3,5 kWh pro kg benötigt. Um die notwendige Stromdichte zu erzeugen, gibt man bei Widerstandsöfen im Anfang des Schmelzprozesses Graphit zu.

Die Schmelze wird in Formen aus mit dem Kernbindemittel Xenol gebundenem Sand, seltener aus Graphit abgegossen. Der Guß größerer Stücke muß wegen der Gefahr der Lunkerbildung – wie bei Metallen – durch mehrere Angüsse erfolgen. Zur Verringerung der Lunkerbildung kann man auch kleine Brocken des Schmelzmaterials in die Formen einlegen. Sie wirken dort als Kristallisationskeime, so daß die Kristallisation an Rand und Mitte etwa gleichzeitig beginnt [1]. Die Gußstücke müssen zur Ausbildung einer guten Kristallstruktur in mit Kieselgur isolierten Kästen langsam abkühlen (Dauer etwa 10 Tage).

Der Ausschuß liegt bei dieser Fertigung relativ hoch. Als Fehler können auftreten: zu grobe Kristallstruktur, zu hoher Glasgehalt, Schwindungsrisse, abgeplatzte Kanten usw.

4.41 Mullitsteine

Gegossene Steine mit einer dem Mullit entsprechenden Zusammensetzung werden nach dem Vorschlag von G. S. Fulcher [2] aus Bauxit, Diaspor oder aus calc. Tonerde und Ton hergestellt. Unter Verwendung von Bauxit erschmolzene Steine enthalten etwa 4% TiO_2. Ihr bekanntester Vertreter ist der *Corhart-Standardstein*[1], er wird in Europa von der Firma L'Electro-Réfractaire in Le Pontet (Vauclouse) in den französischen Alpen erzeugt. Diese Produktionsstätte

---

[1] Die Bezeichnung *Corhart* ist aus den Anfangssilben der Namen der Herstellerwerke: Corning Glass Works und Hartford Empire Comp. gebildet worden.

liegt in der Nähe der französischen Bauxitlager (s. Abschn. 4.122). Außerdem
steht dort billiger Strom zur Verfügung. In Deutschland kommt das gleiche
Produkt unter der Bezeichnung *Magmalox* aus Mannheim-Waldhof.

Der Corhart-Standardstein enthält $\sim$72% Al_2O_3, er besteht mineralogisch
überwiegend aus dicht verfilzten, tafelförmigen *Korundkristallen* von $\sim$1 mm
Länge (Abb. 528). Daneben finden sich *Mullit, Titanoxyd* und etwa 20% Glasphase der ungefähren Zusammensetzung[1] in Gew.-%:

SiO_2	Al_2O_3	CaO	Alkalien	ZrO_2
60	21	2	9	4

ZrO_2 wird als Mineralisator zugegeben.

Beim Abkühlen der $\sim$1950° C heißen Schmelze scheidet sich zunächst Korund aus,
der unterhalb 1810° C unter Mullitbildung wieder resorbiert werden sollte. Diese Umsetzung
geht aber nur unvollständig vonstatten, daher bleibt eine SiO_2-reiche Restschmelze übrig,
die erst bei $\sim$1100° C glasförmig
erstarrt. Wenn die Schmelze zu
lange heiß bleibt, sind Entmischungen zu befürchten, die zu einer
Trennung von Korund und Glasphase führen kann. Der Ablauf der
Kristallisation hängt von vielen
Faktoren ab und ist schwer zu
lenken.

Die Eigenschaften des Cor-
hart-Standardsteines sind in
Tab. 126, Nr. 1, zusammengestellt. Sein spezifisches Gewicht übersteigt wegen seines
Gehaltes an Korund das des
reinen Mullits. Seine Porosität liegt im allgemeinen bei
1%, sämtliche Poren sind

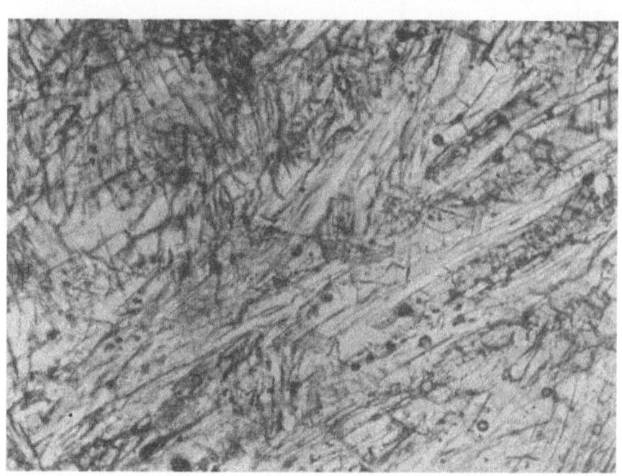

Abb. 528. Gefüge eines Corhartsteines. Dünnschliff (Vergr. 60 ×)

geschlossen. Die Druckfeuerbeständigkeit ist wesentlich größer als die keramisch
gebundener Steine ($ta = 1790°$ C, $te = 1840°$ C). Seine Kaltdruckfestigkeit übersteigt 2000 kg/cm². Die Temperaturwechselbeständigkeit ist mäßig, aber wegen
des niedrigen Ausdehnungskoeffizienten von $5{,}5 \cdot 10^{-6}$ noch tragbar. Die Wärmeleitfähigkeit ist mit $\lambda_{techn} = 2{,}9$ relativ hoch. Der chemische Angriff durch Eisenoxyde geht wegen geringer Porosität und relativ grobkristalliner Struktur so
langsam vor sich, daß man bei den üblichen Verschlackungsversuchen im Laboratorium keine Volumen- oder Gewichtsänderung feststellen kann. Im Betrieb
muß natürlich im Laufe der Zeit mit einer Korrosion, vor allem der SiO_2-reichen
Glasphase, gerechnet werden. Titanoxyde begünstigen die Korrosion durch Eisenoxyde. Auch Glasschmelzen greifen Corhartsteine im Betrieb an, jedoch wesentlich
langsamer als die keramisch gebundenen Sillimanit- oder gar Schamottesteine.

Corhartsteine werden überwiegend in der Glasindustrie verwandt als Doghaussteine, Nasen-, Brücken- und Durchflußsteine. In vielen Fällen mauert
man auch die hochbeanspruchten oberen Lagen der Wannenseitenwände aus

---

[1] Nach Untersuchungen des Hüttenwerks Rheinhausen AG.

Corhart. Für Wannenböden sollen sie jedoch wegen ihrer hohen Wärmeleitfähigkeit nicht benutzt werden, da dort Gefahr besteht, daß der Stein sehr heiß wird und das Glas durch die Fugen ausläuft [3]. Beim Einbau muß man die lunkerige Eingußseite der Steine an die Außenseite der Wanne legen, niemals dagegen in die Horizontal- oder Vertikalfuge oder gar die Innenseite, da sonst die Zerstörungen durch die Lunker stark beschleunigt werden würden. Corhartsteine dürfen

Tabelle 126
Chemische Analysen und technologische Eigenschaften von schmelzgegossenen Steinen
a) Chemische Analysen

Nr.	Bezeichnung	SiO_2 %	Al_2O_3 %	TiO_2 %	Fe_2O_3 %	$CaO+$ MgO %	Al-kalien %	ZrO_2 %	SK
1	Corhart-Standard..	18 bis 21	70 bis 75	3,0 bis 4,5	2,5 bis 4,0	0,1	1,5	—	>40
2	Jargal (Corhart ZED)	8 bis 12	65 bis 75	1 bis 3	1 bis 3	0,5	1,5	15 bis 20	—
3	Corhart ZAC	15,11	48,94	0,44	0,73	0,36	1,89	32,51	39
4	Monofrax H	—	>90	—	—	—	5	—	40
5	Monofrax MH	—	97	2,7	0,12 bis 0,18	—	—	—	40/41
6	Monofrax K	—	85 bis 87	—	>6	—	—	Cr_2O_3 >12	40

b) Technologische Eigenschaften

Nr.	Spezifisches Gewicht	Offene Poren Vol.-%	Gesamt-poren Vol.-%	DFB ta °C	DFB te °C	TWB 700°/Luft	KDF kg/cm²
1	3,3 bis 3,4	0	1 bis 3	1790	1840	—	>2000
2	—	—	—	—	—	—	—
3	3,83	1,6	8,4	—	1740	—	—
	Raumgewicht						
4	2,8	—	—	>1700	—	40	—
5	3,12	—	—	>1700	—	5	—
6	3,2	—	—	>1700	—	3	—

nicht mit Silika- oder Schamottesteinen mit einem Tonerdegehalt $< 24\%$ vermauert werden, weil die an den Berührungsstellen bei Betriebstemperaturen entstehenden eutektischen Schmelzen die Steine vorzeitig zerstören würden.

Das Aufheizen einer mit Corhart zugestellten Wanne dauert nicht länger als bei Verwendung normaler Schamottewannensteine (s. Abschn. 3.58). Man muß dabei aber den Temperaturbereich von 600 und 800° C langsam durchschreiten. Oberhalb 800° C ist ein rascherer Temperaturanstieg unbedenklich. Bei der Abkühlung ist besondere Vorsicht geboten.

Abb. 529a u. b zeigen eine französische Glaswanne nach der Ofenreise; in ihr bestanden Vorbau, Durchfluß, Brücke und die obersten beiden Seitenwandlagen aus Corhart. Die genannten Partien sind wesentlich weniger angegriffen als die Schamottesteine im unteren Teil der Seitenwände.

Neuerdings dient Corhart in der Stahlindustrie zur Herstellung von *Buckel-steinen* für Gleitschienen in Stoßöfen. Wegen ihrer hohen Feuerfestigkeit und Abriebfestigkeit kann man Wasserkühlung und damit verbundene Wärme-

a

b

Abb. 529 a u. b. Flaschenglaswanne nach 25 Monaten Betriebszeit (nach H. KNUTH)
a) Einlegevorbau;   b) Brücke und Seitenwand.   Oben: Corhartsteine; unten: Schamottesteine

verluste sparen (s. Abschn. 4.35). Auch Ausgleichsherde in Stoßöfen werden aus Corhart- bzw. Magmaloxsteinen gemauert. Auf ihnen klebt der Zunder bis 1400° C nicht fest.

4.42 Zirkonhaltige Steine

Bereits FULCHER [2] schlug in seiner ersten Patentanmeldung vor, den gegossenen Steinen auf Mullitbasis Zirkon zuzusetzen. Das kann in Form von Zirkonoxyd oder auch von billigerem Zirkonsilikat geschehen. Zirkonsilikat zersetzt sich dann bei 1775° C in ZrO_2 und Schmelze (vgl. Abschn. 4.212). Überschüssiges SiO_2 verflüchtigt sich bei den hohen Schmelztemperaturen und der reduzierenden Atmosphäre [4]. Mit Al_2O_3 bildet ZrO_2 nach H. VON WARTENBERG, H. LINDE u. R. JUNG [5] eine eutektische Schmelze bei etwa 1900° C. Dieses Eutektikum ist sehr flach, Mischungen mit ZrO_2-Gehalten bis zu ~70% befinden sich bei den üblichen Schmelztemperaturen von 2000 bis 2200° C in vollständig flüssigem Zustand. Bei ihrem Abkühlen scheiden sich vorwiegend *Korund* und *Baddeleyit* (s. Abschnitt 4.211) aus, daneben wenig *Mullit*. Ein Teil des Zirkonoxydes verbleibt auch in der Glasphase. Durch Zirkonzusatz wird der Glasphase ein Teil der Kieselsäure entzogen. Der gelöste Zirkonoxydgehalt erniedrigt

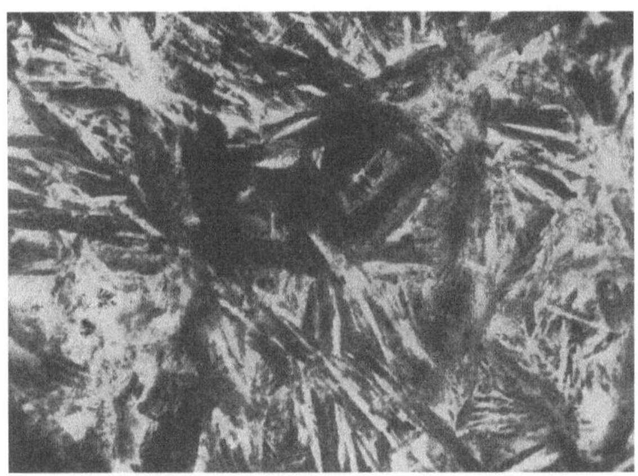

Abb. 530
Corhart-ZAC-Stein. Dünnschliff, gekreuzte Nikols (Vergr. 60 ×)
Helle Leisten: Querschnitte von Korundtafeln

zwar die Druckfeuerbeständigkeit des Steines gegenüber der des Corhart-Standard, erhöht aber dafür die Zähigkeit des glasigen Anteiles und bewirkt feinere Kristallisation. Die Neigung zur Rißbildung soll durch kleine Zugaben von Soda, Pottasche, Kalk, Magnesia oder Eisenoxyd vermindert werden [6]. Wegen ihrer günstigeren Struktureigenschaften und der höheren Zähigkeit der Glasphase besitzen zirkonhaltige Steine trotz geringerer Feuerfestigkeit eine noch bessere Korrosionsbeständigkeit als die Standard-Qualität.

In Rußland wird ein Stein mit 7 bis 8% ZrO_2 hergestellt, der 16 Vol.-% Korund, 68 Vol.-% Mullit, 6 Vol.-% Baddeleyit und 17 Vol.-% Glas enthält [7]. In Frankreich und den USA wurde eine Qualität mit 15 bis 20% ZrO_2 entwickelt die unter dem Namen *Jargal* (Frankreich) bzw. ZED (USA) 1934 in den Handel kam (Tab. 126, Nr. 2).

Am besten bewährt sich jedoch der sogenannte *Corhart-ZAC-Stein* (Abb. 530) mit 33 bis 34% ZrO_2, der seit 1947 auf dem Markt ist [8] (Tab. 126, Nr. 3). Diese Qualität hat die Mineralzusammensetzung [8]:

45% Korund,
27% Baddeleyit,
3% Mullit,
25% Glasphase.

Die Glasphase enthält:

SiO$_2$ %	ZrO$_2$ %	Al$_2$O$_3$ %	Fe$_2$O$_3$ %	TiO$_2$ %	Na$_2$O %
44	28.	17,2	2,8	2,8	5,2

Wie bei der Standard-Qualität lassen sich auch beim ZAC-Stein größere Gießlunker nicht vermeiden (Abb. 531).

Abb. 531. Corhart-ZAC-Stein mit Lunkern und rauher Oberfläche

Die Anwendung der zirkonhaltigen Steine beschränkt sich auf die Glasindustrie. Sie bewähren sich an den gleichen Stellen besser als die Corhart-Standardsteine. Nach F. DAY u. J. P. AMBROSONE [9] wurde ein Probekörper aus Corhart-ZAC sogar weniger stark durch eine Glasschmelze angegriffen als ein Saphir-Einkristall.

4.43 Korundsteine

Ausgehend von der Erkenntnis, daß Korund widerstandsfähiger gegen chemische Korrosion ist als Mullit, wurden von der Carborundum-Comp., Niagara Falls, New York, schmelzgegossene Korundsteine entwickelt, die in mehreren Typen in den Handel gekommen sind. Sie führen die Bezeichnungen *Monofrax* H, MH und K [10] sowie L [11]. Die chemischen Analysen und die wichtigsten technologischen Eigenschaften der ersten drei Qualitäten sind in Tab. 126 unter Nr. 4 bis 6 zusammengestellt.

Monofrax H besteht aus tafelförmig ausgebildeten Kristallen von nahezu reiner β-Tonerde (s. Abschn. 4.112) mit weniger als 0,5% Beimengungen außer Na$_2$O. Die relativ großen Kristalle sind miteinander verzahnt und bilden eine schwach biegsame, helle, durchscheinende Masse mit sehr guter Temperaturwechselbeständigkeit, da praktisch keine Glasphase vorhanden ist (Abb. 532) [12]. Die Entstehung von β-Tonerde wird durch Zusatz natriumhaltiger Stoffe absichtlich hervorgerufen, weil diese Modifikation wegen ihrer geringen Dichte die Lunkerbildung im Stein weitgehend verhindert. Obwohl β-Tonerde spröde und leicht zerreibbar sein soll, hat sie sich innerhalb eines weiten Spielraumes von Ofenbedingungen als recht dauerhaft erwiesen.

Monofrax MH enthält neben 60% β-Korund 38% α-Korund und 2% einer durch Zusatz von Soda, Kieselsäure und Kalk hervorgerufenen Glasphase.

Der Glasgehalt setzt die Temperaturwechselbeständigkeit gegenüber Monofrax H stark herab, erhöht Kaltdruckfestigkeit und Dichte dagegen merklich.

Der dritte Typ – Monofrax K – besteht aus 85 bis 87% Al_2O_3 und $\sim$13% Chromit. Neben α-Korund und Chromit ist eine glasige Grundmasse vorhanden, sie bedingt ebenfalls mäßige Temperaturwechselbeständigkeit des Steines.

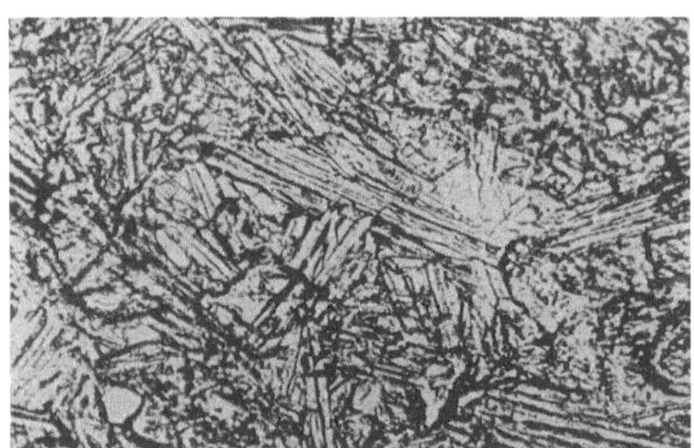

Abb. 532. Gegossener Korundstein Monofrax H (nach H. N. BAUMANN). Dünnschliff (Vergr. 60 ×)

In dem weniger bekannten Typ Monofrax L herrscht α-Tonerde vor, daneben enthält der Stein kleine Mengen von Kieselsäure, Titanoxyd und Erdalkalien. Diese Beimengen setzen die Zähigkeit der Schmelze herab und verändern dadurch ihre Gießeigenschaften. Monofrax L ist dicht (ohne Poren), bildet aber häufig Lunker.

Frei von Lunkern und Rissen soll dagegen ein nach dem US-Patent 2 474 544 hergestellter Stein sein. Dieser enthält neben Tonerde kleine Mengen Alkalien, ferner CaO, $BaSO_4$, SrO sowie SiO_2 und TiO_2 in solcher Menge, daß die Summe der Zuschläge 4 bis 7% beträgt. Der Stein soll dann $\sim$1,5% Glasphase und genügend β-Tonerde enthalten, um der Schwindung der α-Tonerde entgegenzuwirken.

Auch die schmelzgegossenen Korundsteine werden fast ausschließlich in der Glasindustrie verwandt. Unter den drei erstgenannten Typen besitzt Monofrax K die größte Widerstandsfähigkeit gegen Glasangriff. Trotz seines hohen Chromoxydgehaltes wird die Glasschmelze nur ganz unbeträchtlich durch diese Stoffe verunreinigt.

Das in einer englischen mit Monofrax K-Blöcken zugestellten Wanne erschmolzene Glas besaß einen Cr_2O_3-Gehalt von nur 0,0008% [11]. Der Widerstand der Monofrax-Qualitäten gegen Glasangriff wächst in der Reihe H — MH — K, wie die nachstehenden Vergleichswerte für die Stärke des Angriffes nach 100 stündigem Eintauchen in vier verschiedene Glasschmelzen von 1500° C zeigen [10]:

	H	MH	K
Natron — Kalk — Glas .	130	100	65
Opalglas	183	100	29
Borsilikatglas	286	100	50
Bleiglas	304	100	75

Die Qualität H wird daher vorwiegend oberhalb des Glasspiegels, MH und K dagegen an unmittelbar mit der Glasschmelze in Berührung stehenden Stellen eingebaut. Die Temperaturwechselbeständigkeit der Monofrax-Steine reicht aus, um eine Glaswanne aus ihnen mit der üblichen Erhitzungsgeschwindigkeit auf Arbeitstemperatur zu bringen.

Schrifttum

[1] TATINCLOUX, R.: Verre Refr. Bd. 1 (1947) S. 12/18
[2] FULCHER, G. S.: US-Pat. 1615751 (1926), DRP. 548055 (1926)
[3] KNUTH, H.: Glastechn. Ber. Bd. 13 (1935) S. 116/25
[4] TATINCLOUX, R.: DBP. 828671 (1950)
[5] VON WARTENBERG, H., H. LINDE u. R. JUNG: Z. anorg. allg. Chem. Bd. 176 (1928) S. 349/62
[6] Corning Glass Works: Brit. Pat. 623174 (1949)
[7] LITWAKOWSKI, A. A.: Ref. Chem. Zbl. (1951) S. 2348
[8] TATINCLOUX, R.: Verre Refr. Bd. 4 (1950) S. 20/25
[9] DAY, F., u. J. P. AMBROSONE: J. Amer. ceram. Soc. Bd. 34 (1951) S. 163
[10] McMULLEN, J. C., u. A. P. THOMPSON: Amer. ceram. Soc. Bull. Bd. 29 (1950) S. 12/15
[11] BAUMANN, H. N., u. A. A. TURNER: J. Amer. ceram. Soc. Bd. 23 (1940) S. 334/38. — Vgl. Sprechsaal Keram., Glas, Email Bd. 75 (1942) S. 101/04
[12] INSLEY, H., u. VAN DERCK FRÉCHETTE: Microscopy of Ceramics and Cements, S. 147. New York: Academic Press Inc. 1955

4.5 Massen

Die relativ gute Raumbeständigkeit vieler hochtonerdehaltiger Stoffe bei hohen Temperaturen erlaubt ihre Verwendung als Ofenbaustoffe ohne vorherigen Brand. Die Verfestigung kann dabei durch Sintervorgänge bei den Betriebstemperaturen oder durch hydraulisches Abbinden in kaltem Zustand erfolgen. Im letzten Fall wird die Erhärtung der Kalkaluminate infolge Wasseraufnahme ins Kristallgitter ausgenutzt (LAFARCHE-Zement, Tonerdeschmelzzement). Die Formgebung kann durch Stampfen oder Gießen (vgl. Abschn. 3.6) erfolgen. Man unterscheidet zwischen

1. normalen Stampfmassen. Sie werden in trockenem Zustand geliefert und an der Verwendungsstelle mit einem Bindemittel, z. B. Wasser, angemacht.

2. Plastics. Man liefert sie in gebrauchsfertigem Zustand (also mit Bindemittel) in Blechtrommeln.

3. Feuerbetone (Gießmassen, Castables). Sie erhärten nach dem Anmachen mit Wasser hydraulisch.

4. Spritzmassen. Diese werden in trockenem oder nassem Zustand durch Düsen in den heißen Ofen eingespritzt und dienen hauptsächlich als Reparaturmassen.

4.51 Stampfmassen

Die Stampfmassen enthalten als tonerdereichen Bestandteil gewöhnlich Elektrokorund, Sillimanit oder Kunstmullit in verschiedenen Qualitäten, ferner Schamotte und Bindeton in einer Menge, die ausreicht, um die Masse gut verarbeiten zu können. Ihre chemische Zusammensetzung wird vielfach so gewählt, daß die Pauschalanalyse Tonerde und Kieselsäure im Verhältnis des Mullits enthält, nämlich $\sim 72\,\%\,Al_2O_3$ und $\sim 28\,\%\,SiO_2$. Die Sinterung beim Erhitzen soll durch eine Mullitbildung aus den Komponenten unter Auflösung des Korundes gefördert werden, im Endzustand soll theoretisch reiner Mullit vorhanden sein. Die Glasphase, die zunächst zur Förderung der Mullitbildung und der Sinterung erforderlich ist, soll durch die chemischen Reaktionen allmählich aufgezehrt werden. Da die Ofenbaustoffe beim Aufheizen sehr rasch fest werden müssen, wird auf eine bereits bei relativ niedriger Temperatur erfolgende Versinterung Wert gelegt. Diese kann durch Zusatz von Phosphaten, Phosphorsäure oder Mineralisatoren gefördert werden, wie sie in Abschn. 3.15 u. 4.134 angegeben sind. Die Korngröße der Massen muß sorgfältig auf den jeweiligen Verwendungszweck abgestimmt werden. In relativ grobkörnigen Massen spielt sich der chemische Ausgleich

Tabelle 127. *Chemische Zusammensetzungen und Siebanalysen von Stampf- und Spritzmassen*
a) Chemische Analysen

Nr.	Bezeichnung	SiO_2 %	$Al_2O_3 + TiO_2$ %	Fe_2O_3 %	CaO %	MgO %	Alkalien %	ZrO_2 %	SK
1	Korundstampfmasse, feinkörnig	20,35	74,70	1,34	0,32	Spur	n. b.	—	39
2	Korundstampfmasse, grobkörnig	24,03	72,69	2,03	0,44	0,46	n. b.	—	—
3	Korundstampfmasse, hydraulisch bindend	10,48	78,71	1,17	5,21	3,51	n. b.	—	32/33
4	Zirkonspritzmasse ...	41,29	3,84	0,59	0,10	0,14	1,61	50,12	—

b) Siebanalysen

Nr.	>3 mm %	1 bis 3 mm %	0,5 bis 1 mm %	0,12 bis 0,5 mm %	0,06 bis 0,12 mm %	<0,06 %
1	2,1	11,2	3,8	34,9	3,8	44,2
2	19,9	41,6	8,8	19,9	2,6	7,2
3	0,1	26,3	14,8	19,8	6,9	32,1
4	—	0,2	0,1	26,5	36,9	36,3

zwischen den Komponenten nur sehr langsam ab, es sind also während des Betriebes noch lange Zeit Schwächezonen mit niedrigem Tonerdegehalt in der Masse vorhanden. Je feinkörniger die Masse, desto schneller gehen Versinterung und Mullitisierung vor sich. Der Feinkörnigkeit ist andererseits dadurch eine Grenze gesetzt, daß ein zur Erzielung dichter Packungen geeigneter Kornaufbau vorhanden sein muß (vgl. Abschn. 1.44). In Tab. 127 sind unter Nr. 1 bis 3 die chemischen Zusammensetzungen und die Siebanalysen einiger bewährter Stampfmassen auf Korundbasis zusammengestellt. Von diesen sind die Massen 1 und 3 relativ feinkörnig, Masse 2 besitzt gröberen Kornaufbau. Die hydraulisch abbindende Masse Nr. 3 enthält Tonerdezement, zu erkennen an

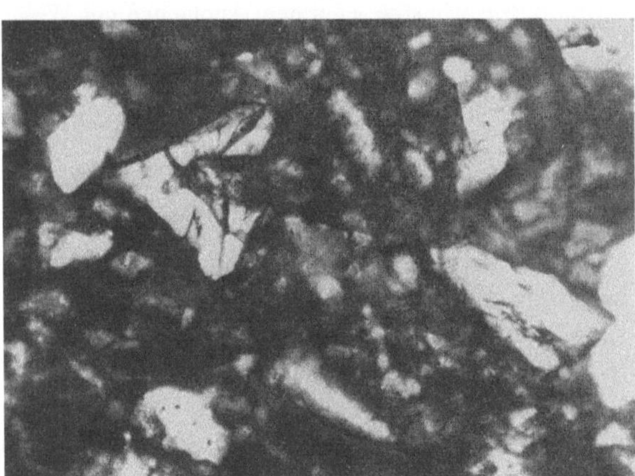

Abb. 533. Struktur einer Stampfung nach einjährigem Betrieb in einem Stoßofen. Dünnschliff (Vergr. 20 ×)
Helle Körner: Korund;
dunkel: Schamottekörner und Bindemittel

den höheren Gehalten von CaO und MgO. Ihr Kegelfallpunkt beträgt dafür nur SK 32/33 gegenüber SK 39 bei einer kalkfreien Korundmasse.

Bewährte Stampfmassen verfestigen sich im Betrieb bei ∼1300° C so stark, daß sie nach der Ofenreise einen ta-Wert von 1630° C aufweisen, ihr te-Wert liegt dann über 1740° C. Ihre Temperaturwechselbeständigkeit ist meist gut, die Porosität schwankt je nach der Güte der Stampfung zwischen 18 und 25%. Schwindungs- oder Nachwachserscheinungen sind bei richtig eingestellten Massen praktisch nicht zu beobachten.

Abb. 533 zeigt die Struktur einer grobkörnigen Stampfung, die sich ungefähr 1 Jahr im Gewölbe eines Stoßofens befand, ohne mit Schlacken in Berührung zu kommen. Der ursprüngliche Kornaufbau ist noch deutlich zu erkennen. Chemische Reaktionen haben sich ausschließlich an den Kornrändern abgespielt, dazu noch in so geringem Umfange, daß sie unter dem Mikroskop kaum sichtbar sind. Sie haben andererseits zur Verfestigung der Masse beigetragen.

Abb. 534. Verschlackte Stampfung aus einem Stoßofen
1 Aufgeblähte Oberflächenzone; *2* verdichtete Zone; *3* unverschlackter Stein

Starke Umkristallisation erfolgt erst bei unmittelbarer Berührung mit Schlacke (Vermehrung der flüssigen Phase).

Tabelle 128. *Drei Analysen einer verschlackten Stampfung aus einem Stoßofen*

Nr.	Zone	Dicke mm	Farbe	Struktur	SiO_2 %	Al_2O_3 $+TiO_2$ %	Fe_2O_3 %	CaO %	MgO %	Glühzunahme %
1	Oberfläche ..	50 bis 60	schwarz	schwammartig porös	7,53	30,71	61,50	0,31	—	1,35
2	Infiltrationszone	30 bis 60	schwarzbraun	dicht	31,38	54,65	12,74	0,49	—	1,10
3	unverschlackter Stein..	—	gelbbraun	porös	26,83	70,02	1,56	0,42	—	—

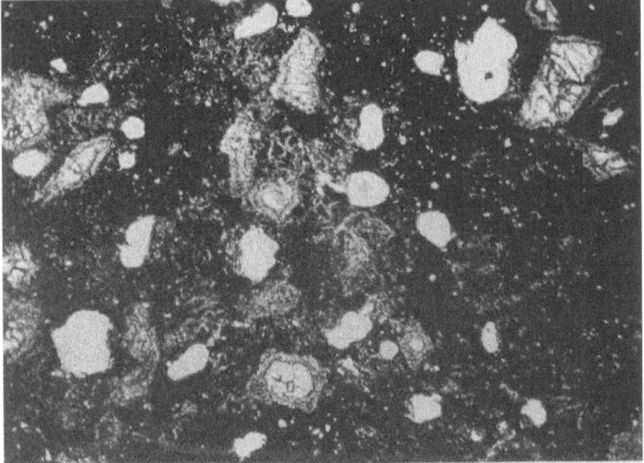

a

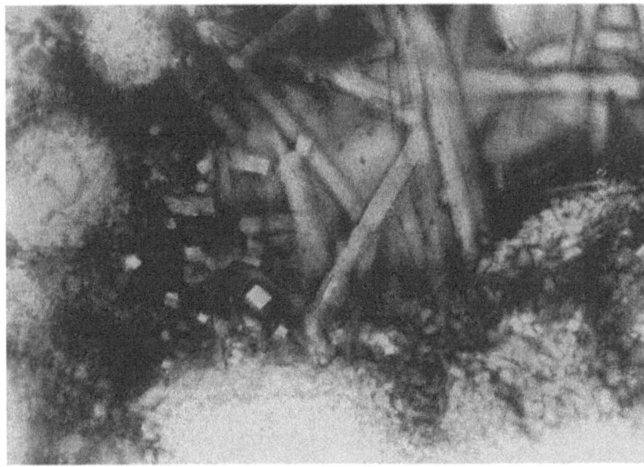

b

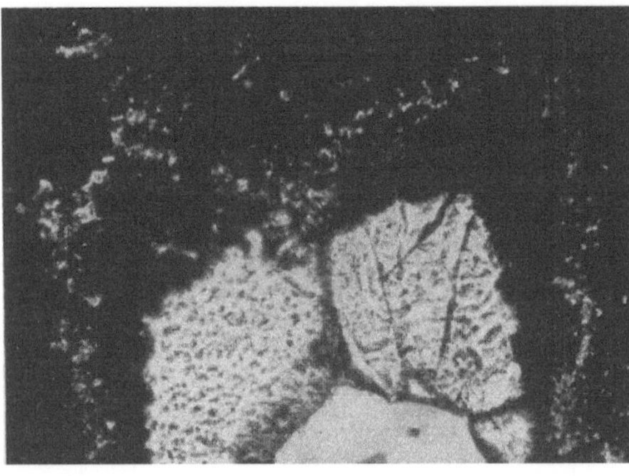

c

Die in Abb. 534 dargestellte verschlackte Stampfung stammt aus einem bei ~1450° C betriebenen Stoßofen, dessen Ofengase viel Eisenoxydstaub enthielten. Die Oberfläche (Zone 1) ist bis zu 50 bis 60 mm Tiefe schwammig-porös ausgebildet, ähnlich wie die entsprechende Zone an dem verschlackten Sillimanitstein Abb. 520. Dahinter folgt eine dunkle, stark verdichtete Zone von 30 bis 60 mm Dicke (Zone 2), sie ist scharf gegen das nicht verschlackte Material (Zone 3) abgesetzt. Die chemischen Analysen dieser 3 Zonen sind in Tab. 128 zusammengestellt. In ihr werden die Eisenoxyde insgesamt als Fe_2O_3 aufgeführt. Die Gewichtszunahme beim Glühen läßt aber erkennen, daß ein Teil derselben als FeO vorliegt.

Wie bei dem verschlackten Sillimanitstein hat auch hier die Kieselsäure in der Zone 1 stark abgenommen, das Verhältnis $Al_2O_3 : SiO_2$ beträgt dort 4,1 gegenüber 2,6 in der unverschlackten Zone 3, andererseits ist in der verdichteten Zone 2 eine relative Kieselsäurezunahme festzustellen, da das Verhältnis $Al_2O_3 : SiO_2$ hier auf 1,7 abnimmt. Bei der Verschlackung mit Eisenoxyd dürften sich relativ kieselsäurereiche, eutektische Schmelzen bilden, welche durch Thermodiffusion zum kälteren Teil der Masse abwandern und dort Verfesti-

Abb. 535 a bis c. Verschlackte Stampfung aus einem heißgehenden Stoßofen. Dünnschliffe

a) Korundkristalle mit schmalen Mullitsäumen in opaker Grundmasse (Zone 2, Abb. 534), (Vergr. 20 ×); b) Mullitnadeln in dunkelbraunem Glas zwischen Korundkörnern (Vergr. 400 ×); c) teilweise aufgelöstes Korundkorn mit Säumen aus neugebildetem blauem Korund (Saphir) (Vergr. 156 ×)

gungen hervorrufen. Ein Teil der Kieselsäure kann auch zu SiO reduziert und verdampft sein.

Nach mikroskopischen Untersuchungen besteht Zone 1 aus opakem Schlackenglas mit restlichen Korundkristallen. In Zone 2 sind die Korundkristalle mit einem schmalen aus Mullit bestehenden Reaktionssaum umgeben (Abb. 535a). Das zwischen den Körnern befindliche dunkelbraun gefärbte Glas enthält ebenfalls örtlich große Mullitnadeln (Abb. 535b). In fortgeschrittenem Stadium der Verschlackung werden die Korundkörner teilweise oder sogar ganz aufgelöst. Beim Abkühlen während Betriebsstillständen scheidet sich aus der Schmelze wieder Korund an der Oberfläche alter Korundkörner aus. Nach dem Wiederaufheizen geht die Korrosion der alten Korunde weiter, der neugebildete Korund bleibt als Saum erhalten (Abb. 535c).

Die Tiefe der Infiltrationszone hängt stark von der Betriebstemperatur des Ofens ab. In dem oben besprochenen Beispiel aus einem heißgehenden Stoßofen

Abb. 536
Brennerwand aus Stampfmasse mit Schlackenkruste in einem Stoßofen

beträgt sie 100 bis 200 mm, die gleiche Masse war in einem bei 1300 °C betriebenen Stoßofen nur 40 mm tief infiltriert worden. Die infiltrierten Zonen neigen wegen ihrer veränderten thermischen Ausdehnung zu Abplatzungen, andererseits üben sie wegen ihrer starken Verdichtung auch eine Schutzwirkung aus, wie Abb. 536 erkennen läßt.

Die Brennerwand ist mit einer Verschlackungskruste überzogen, hinter der sich in Nähe der Brenneröffnungen starke Aushöhlungen gebildet haben. Die unverschlackte Stampfmasse wurde stärker angegriffen als die verschlackte Kruste.

Hochtonerdehaltige Stampfmassen setzt man in der Stahlindustrie an den gleichen Stellen ein wie Sillimanit- und Korundsteine. Sie dienen vor allem zur Herstellung von Seitenwänden, Gewölben und Brennwänden in Herd-, Stoß- und Tieföfen und sind den Steinen an allen Stellen vorzuziehen, wo Fugen zu Störungen führen können.

4.52 Spritz- und Anstrichmassen

Zur Verlängerung der Lebensdauer feuerfesten Mauerwerks wendet man in steigendem Maße Spritzmassen an. Sie werden mit Spritzpistolen oder Torkretierapparaten und Preßluft auf beschädigte Stellen heißer Öfen gespritzt. Zum Aufbringen verwendet man wassergekühlte Rohre. Die Massen werden gewöhnlich in Wasser aufgeschlämmt, z. T. aber auch im trocknen Zustand verspritzt. Da sie gut versintern sollen, darf man sie nur in dünnen Schichten und die aufeinanderfolgenden Lagen erst in längeren Zeitabständen ($\sim 1/2$ Std.) auftragen.

Die Spritzmassen müssen in ihrer chemischen Zusammensetzung und Wärmeausdehnung dem zu reparierenden Mauerwerk angepaßt sein. Außerdem sollen sie feinkörnig sein, damit sie die engen Spritzdüsen nicht verstopfen. Meist enthalten sie geringe Mengen niedrigschmelzender Flußmittel, die die Verbindung mit dem Mauerwerk erleichtern und die Sinterung beschleunigen. Für diesen Zweck eignen sich u. a. Borsäure oder das Siliko-Alkali-Titanat V 26 der Bayerwerke (s. Abschn. 2.64). Viele feinkörnige hochtonerdehaltige Stampfmassen lassen sich ohne weiteres als Spritzmassen verwenden.

Bei der Heißreparatur von Silika-SM-Ofengewölben haben sich zirkonhaltige Spritzmassen gut bewährt. Als Beispiel sind chemische Zusammensetzung und Siebanalyse einer derartigen Masse in Tab. 128, Nr. 4, aufgeführt.

5. Basische und neutrale feuerfeste Baustoffe

Basische und neutrale Baustoffe sind wegen ihrer hohen Feuerfestigkeit und Beständigkeit gegen basische Schlacken ein unentbehrliches Hilfsmittel der Stahlindustrie geworden.

Vom Jahre 1879 an wurden für die bis dahin sauer zugestellten Herde und Seitenwände von SM-Öfen Naturblöcke aus *Chromeisenstein* verwandt. Man konnte dadurch die Ofentemperatur erheblich steigern und so die Schmelzleistung der Öfen sowie die Güte des Stahles verbessern. Später wurde das Chromerz durch Magnesit- und Dolomiterzeugnisse verdrängt, bis schließlich die Verbindung von Magnesit mit Chromerz in Form von *Chrommagnesia*steinen als Gewölbebaustoff einen weiteren Fortschritt brachte.

Das von BESSEMER erfundene Windfrischverfahren konnte als Thomasprozeß für phosphorreiches Roheisen in Deutschland seinen Aufschwung erst dann nehmen, als die Konverter mit basischem Futter aus gebranntem *Dolomit* zugestellt wurden.

Als weiterer magnesiumhaltiger Rohstoff wurde außerdem der aus Magnesiumsilikat bestehende *Olivinfels* eingeführt, der sich aber bisher nur auf wenigen Spezialgebieten durchsetzen konnte.

Die heute hochentwickelten basischen und neutralen Baustoffe haben sich auch im Metallhüttenwesen und in der Zementindustrie gut bewährt. Sie unterscheiden sich von den sauren Baustoffen auf SiO_2- oder Al_2O_3-Basis vor allem dadurch, daß sie zum größten Teil aus nicht zur Glasbildung neigenden Stoffen mit überwiegender Ionenbindung bestehen. Beim Erhitzen entstehende Schmelzen sind wenig viskos, sie erstarren beim Abkühlen in kristalliner Form, während bei sauren Systemen mit hohen Anteilen an Atombindung glasartige Zustände eine wesentliche Rolle spielen.

Die Neigung zu kristalliner Erstarrung und die große Zahl von Komponenten bedingen eine schwer überschaubare Vielfältigkeit der entstehenden Phasen, deren gegenseitige Beziehungen durch Erforschung von Zwei- und Dreistoffsystemen in mühseliger Kleinarbeit großenteils aufgeklärt worden sind. Zum Verständnis der bei der Herstellung und Verwendung basischer Steine auftretenden Erscheinungen ist die Kenntnis dieser Systeme notwendig, sie gestattet aber nicht die exakte Behandlung der in der Praxis auftretenden Fünfstoffsysteme. Da jedoch in den Baustoffen nur Verbindungen aus höchstens 3 Komponenten vorkommen, lassen sich mit den Zwei- und Dreistoffsystemen wenigstens alle auftretenden Phasen erfassen.

5.1 Mineralogische und physikalisch-chemische Eigenschaften der Bestandteile

5.11 Magnesiumoxyd

Die wichtigste Komponente der basischen Baustoffe ist der im kubischen System kristallisierende *Periklas* MgO. Sein Kristallgitter entspricht dem Kochsalztyp mit einer Gitterkonstanten von 4,2 Å (vgl. Abschn. 1.23), seine Spaltbarkeit nach den Würfelflächen ist an gut ausgebildeten Kristallen sehr deutlich (Abb. 537). Die Kristalle selbst sind gewöhnlich klar und farblos – sofern sie nicht durch Verunreinigungen getrübt oder bräunlich gefärbt sind – und besitzen die hohe Lichtbrechung von $n = 1,736$. Das Periklasgitter ist keine dichteste Kugelpackung der O-Ionen, da die Mg-Ionen zwischen zwei O-Ionen eingebaut sind, es ist daher sehr locker und besitzt ein verhältnismäßig hohes reduziertes Mol-Volumen (vgl. Abschnitt 1.23).

Beim Erhitzen erleidet der Periklas keinerlei Modifikationsänderungen. Sein Schmelzpunkt liegt sehr hoch, er wird von O. W. Kanolt mit 2800 $\pm$ 13° C [1] und von K. K. Kelley mit 2915° C [2] angegeben. Nach O. Ruff und Mitarbeitern [3, 4]

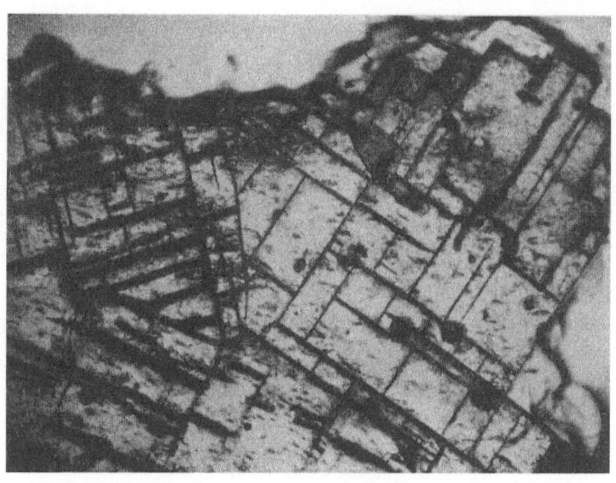

Abb. 537. Periklas mit Spaltbarkeit nach dem Würfel in Schmelzmagnesia. Dünnschliff (Vergr. 28 ×)

schmilzt MgO jedoch bereits oberhalb 2580° C, im Taschenbuch für Chemiker und Physiker von J. D'Ans u. E. Lax [5] findet sich der Wert 2642° C.

Der Periklas ist bei Zimmertemperatur außerordentlich stabil – seine Bildungswärme beträgt 145,8 kcal/Mol – er läßt sich aber bei hohen Temperaturen verhältnismäßig leicht reduzieren. Bei 1900° C erreicht der Dampfdruck in Gegenwart von Kohlenstoff 1 at. Fehlt dagegen freier Kohlenstoff, ist der Periklas bis weit über 2000° C stabil.

Für das spezifische Gewicht reiner Einkristalle von Periklas wurde der Wert von 3,576 ermittelt, er stimmt gut mit theoretischen, aus der Gitterkonstanten berechneten Werten überein. An technischem Magnesiumoxyd findet man wegen der Verunreinigung durch Eisenoxyde meist höhere Werte. Nach J. H. Chesters [6] erhöht 1% Fe_2O_3 das spezifische Gewicht ungefähr um 0,01 Gew.-%, an Periklasen mit 8% Fe_2O_3 wird also der Wert 3,65 gefunden. Nach J. W. Mellor [7] nimmt das spezifische Gewicht beim Brennen in Abhängigkeit von Brenndauer und Temperatur zu. Ein konstanter Endwert von 3,60 stellt sich nach fünfmaligem, zweistündigem Brennen bei 1300 bis 1350° C ein. Die Änderung des spezifischen Gewichtes dürfte auf Abnahme der Mikroporosität zurückzuführen sein (vgl. Abschn. 1.42).

Der thermische Ausdehnungskoeffizient von Periklas besitzt unter denen gebräuchlicher feuerfester Oxyde die höchsten Werte, nämlich bei Zimmertemperatur $6{,}7 \cdot 10^{-6}$, bei $1000°$ C $14 \cdot 10^{-6}$ und bei $1800°$ C $16 \cdot 10^{-6}$ [8]. Die spezifische Wärme schwankt von $\sim 0{,}23$ kcal/kg °C bei $100°$ C bis $\sim 0{,}29$ kcal/kg °C bei $1800°$ C, sie ist im Temperaturbereich von 1300 bis $1800°$ C annähernd konstant (s. Tab. 16, Abschn. 1.53). Seine Wärmeleitfähigkeit wurde von A. EUCKEN [8] an Reinstkristallen zu $\lambda_{techn} = 36$ bei Zimmertemperatur und zu $\lambda_{techn} = 5{,}0$ bei $1000°$ C bestimmt. Technisches MgO hat erheblich niedrigere Wärmeleitfähigkeit, die aber immer noch höher liegt als bei den meisten anderen feuerfesten Oxyden ($\lambda_{techn} = 5$ bei Zimmertemperatur, $2{,}3$ bei $1000°$ C).

Wegen ihrer großen Wärmeausdehnung ist die Temperaturwechselbeständigkeit der Magnesiaerzeugnisse gering. Sie würde noch schlechter sein, wenn nicht gleichzeitig ihr Elastizitätsmodul infolge der lockeren Gitterstruktur des Periklases relativ klein wäre. Dieser beträgt nach M. A. DURAND [9] nur $8{,}75 \cdot 10^5$ kg/cm² gegenüber $3{,}82 \cdot 10^6$ kg/cm² bei Sintertonerde.

Magnesiumoxyd ist selbst bei hohen Temperaturen einer der besten elektrischen Isolatoren (vgl. Abschn. 1.61).

In der Natur kommt Periklas nur selten vor und bildet niemals Lagerstätten, daher müssen zur Herstellung feuerfester Erzeugnisse aus MgO die natürlich vorkommenden Hydroxyde, Karbonate, Sulfate oder Chloride herangezogen werden.

5.12 Magnesiumhydrat

Das einzige Hydrat des Magnesiums ist der *Brucit* $Mg(OH)_2$. Er kristallisiert ditrigonal-skalenoedrisch in einem typischen Schichtgitter, ähnlich demjenigen des Hydrargillits (s. Abschn. 4.113). Die Magnesiumionen sind oktaedrisch von 6 polarisierten (OH)-Ionen umgeben, die unter sich fest gebunden sind (Hydroxylbindung). Die einzelnen 2-dimensional vernetzten $Mg(OH)_2$-Schichten sind nur durch VAN DER WAALSsche Kräfte, also relativ schwach verbunden. Kristalle spalten daher sehr vollkommen nach der Schichtebene (0001). Die elastisch biegsamen Spaltblätter sind perlmutterglänzend, farblos oder grünlich, durchsichtig bis durchscheinend. Das spezifische Gewicht des Brucites beträgt 2,34. In der Natur gelegentlich in abbauwürdigen Mengen vorkommend (s. Abschn. 5.242), ist er ein wichtiges Zwischenprodukt bei der synthetischen Herstellung von MgO aus Magnesiumsalzen (s. Abschn. 5.3).

Brucit geht beim Erhitzen unter Wasserabgabe und Schwindung in Periklas über; nach W. EITEL u. H. KEDESDY [10] beginnt diese Umwandlung bereits bei $310°$ C.

Nach zweistündigem Halten bei dieser Temperatur zeigen die Brucitblättchen bei elektronenoptischen Beobachtungen an ihrer Oberfläche deutliche Körnung und Aufrauhung. Die Blättchenpakete lockern sich und zerfallen in dünnere Lagen. Bei 450 bis $600°$ C sind die Periklas-Kristalle in den äußerlich noch gut erhaltenen Brucitblättchen so weit gewachsen, daß sich ihre Würfelform unter dem Elektronenmikroskop gut erkennen läßt (Abb. 538a). Die Rekristallisation verstärkt sich mit weiterem Temperaturanstieg, bei $1000°$ C erreicht die Korngröße der Periklase ~ 56 mμ; dabei bleibt jedoch immer noch die Brucitform als Pseudomorphose bestehen (Abb. 538b).

Die Gesamt-Volumen-Schwindung beim Übergang Brucit-Periklas beträgt maximal 35%. Umgekehrt wandelt sich der Periklas bei Berührung mit Wasser unter Ausdehnung um 53 Vol.-% und einem mittleren Wärmeverbrauch von

5,4 kcal/Mol. wieder in Magnesiumhydrat um. Die Geschwindigkeit dieser Hydratation hängt sehr stark von der Korngröße des Periklases ab, die ihrerseits eine Funktion der Brenntemperatur ist.

Besonders aktiv sind bei möglichst niedrigerer Temperatur gebildete MgO-Präparate, die noch stärkere Gitterstörungen enthalten und keine Rekristallisation durchgemacht haben. Nach R. FRICKE u. J. LÜCKE [11] ist die Erhöhung des Energiegehaltes jedoch nicht sosehr durch die Teilchengröße als durch eine Gitterdehnung bedingt, wie sie beim Aufwachsen des Brucites auf Periklas vor sich geht. Diese Autoren fanden an MgO-Präparaten, die sie durch vorsichtiges Brennen aus $Mg(OH)_2$ hergestellt hatten, um 2,7 kcal/Mol größere Hydratationsenergien als an inaktivem MgO. W. TREFFNER [12] stellte MgO durch Brennen aus

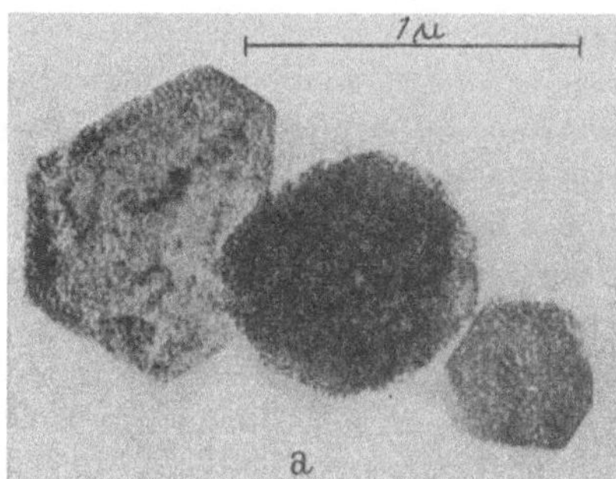
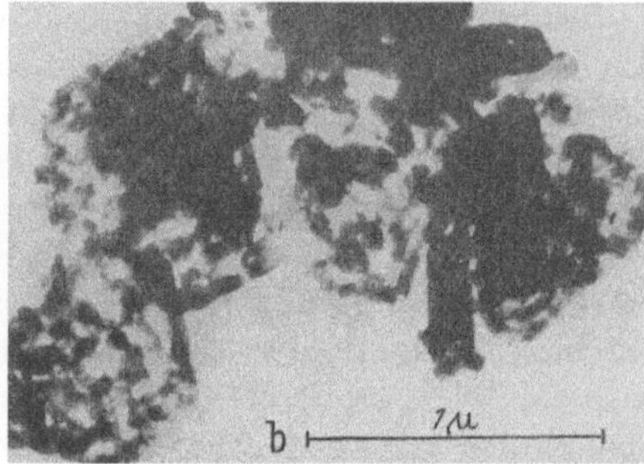

Abb. 538a u. b. Der Übergang von Brucit in Periklas beim Erhitzen (nach W. EITEL u. H. KEDESDY)
a) Bei 600° C geglüht; b) bei 1000° C geglüht

Magnesiumkarbonat her und fand bei Messungen der Hydratationswärme ein Aktivitätsmaximum an bei 550° C gebrannten Proben. Die Energiedifferenz betrug hier 4,1 kcal/Mol.

Nach elektronenoptischen Unteisuchungen von L. BACHMANN [13] fällt dieses Aktivitätsmaximum mit einem Minimum der Korngröße des Periklases zusammen. Die Korngröße nimmt mit steigender Zersetzungstemperatur zunächst bis zu einem Minimalwert ab und steigt dann erst wieder infolge zunehmender Rekristallisation an. Die bei der Zersetzung von Magnesiumkarbonat entstehenden Periklaskristallite zeigten keine Gitterstörungen, so daß die Aktivität hier nur von der Korngröße abhängt.

Nach E. M. KAMPBELL [14] geht bei 600 bis 800° C kalziniertes MgO innerhalb von 3 Tagen vollständig in das Hydrat über, nach V. RODT [15] vollzieht sich in mit Wasser zu Brei angemachter, kaustisch vorgebrannter Magnesia die Hydratation bei gewöhnlicher Temperatur in den ersten Stunden rasch, später langsam; nach Wochenfrist ist erst die Hälfte umgesetzt. Gesättigter Wasserdampf von 70° C wandelt kalziniertes MgO schnell und vollständig in Hydrat um, bei 1450° C gebrannter Periklas dagegen wird innerhalb eines Monats zu 20% und in einem Jahr erst zu 60% hydratisiert [14]. Dicht gesinterter Periklas hydratisiert noch wesentlich langsamer, immerhin noch so rasch, daß bei einer Bestimmung des spezifischen Gewichtes mit Hilfe von Wasser kleine Fehler entstehen können.

P. LANSER u. N. SKALLA [14a] gelang es, die Hydratationsneigung durch Blockieren von reaktionsfähigen Stellen der Periklasoberfläche mit CO_2 oder SO_2 stark herabzusetzen (vgl. Abb. 5.41). H. SCHREINER [14b] stellte mit Hilfe radioaktiver Isotopen fest, daß die Hydratbildung an den reaktionsfähigen Zentren beginnt und dann an den Phasengrenzflächen zwischen Periklas und Bindemitteln weiterverläuft.

5.13 Karbonate

Der technisch wichtigste Rohstoff zur Herstellung von Magnesiumoxyd ist der *Magnesit* $MgCO_3$. Er kristallisiert ditrigonal-skalenoedrisch und ist dem *Kalkspat* und dem *Eisenspat* isomorph. Mit Eisen- oder Manganspat bildet er durchlaufende Mischkristallreihen, deren Glieder je nach der Höhe des Eisengehaltes verschiedene Namen führen. Magnesit mit geringen $FeCO_3$-Gehalten wird z. B. als *Breunnerit* bezeichnet.

Zwischen Kalkspat und Magnesit besteht dagegen eine große Mischungslücke, es existiert aber eine im Aufbau dem Magnesit sehr ähnliche Doppelverbindung, der *Dolomit* $CaMg(CO_3)_2$. In seinem Kristallgitter ist die Hälfte der Mg-Ionen gesetzmäßig durch Ca-Ionen ersetzt. Dolomit ist tatsächlich eine definierte Verbindung und keine feste Lösung, wie röntgenologische Untersuchungen von A. L. BRADLEY u. A. H. JAI [16] bestätigten.

Im Dolomitgitter können die Mg-Ionen teilweise oder überwiegend durch Eisen- oder Mangan-Ionen ausgetauscht werden. So entstehende Mischkristalle $Ca(Fe, Mg, Mn)[CO_3]_2$ werden als *Ankerite* bezeichnet. Die leichte Austauschbarkeit der Mg-Ionen gegen Mn- oder Fe-Ionen beruht auf den geringen Größenunterschieden der Ionenradien dieser Stoffe (vgl. Abschn. 1.22), die merklich kleiner sind als der Radius des nicht austauschbaren Ca-Ions.

Magnesit zersetzt sich beim Erhitzen in MgO und Kohlensäure unter Verbrauch von ~ 24 kcal/Mol. (s. Tab. 10, S. 53). Für diesen Dissoziationsvorgang werden in der Literatur sehr unterschiedliche Temperaturbereiche angegeben, bedingt z. T. durch langsame Einstellung des Gleichgewichtes, z. T. durch geringe Abweichungen in der Zusammensetzung der verwandten Rohstoffe und wechselnden CO_2-Gehalt der Atmosphäre. Die entstehenden MgO-Kristallite wachsen unter sonst gleichen Bedingungen mit zunehmendem CO_2-Partialdruck [13]. Nach Berechnungen von E. CREMER u. F. GATT [17] erreicht der Partialdruck der Kohlensäure bei 350° C 1 Atmosphäre. Praktisch werden die Zersetzungstemperaturen meist höher gefunden. Für den Zersetzungsbeginn werden Temperaturen zwischen 323 [18] und 490° C [19] angegeben. F. KAHLER [20] verfolgte den Entsäuerungsvorgang mit Hilfe elektronenoptischer Untersuchungen und stellte fest, daß sich bei 400° C feine MgO-Teilchen von 10 bis 70 mμ Durchmesser bilden. L. BACHMANN [13] beobachtete bei 480 bis 580° C Kristalle von 5 bis 100 mμ Größe.

Da sich das Molvolumen beim Übergang vom Karbonat in das Periklasgitter stark vermindert, die Karbonatform äußerlich jedoch pseudomorph erhalten bleibt, müssen sich Mikroporen von der Größenordnung der Kristallite, also von 5 bis 100 mμ bilden. Daneben haben die pseudomorphen Kristalle größere Hohlräume mit Durchmessern bis zu einigen μ, die auf Wassereinschlüsse im Karbonat zurückzuführen sind. Insgesamt beträgt das Porenvolumen des so gewonnenen Periklases mehr als 50%. Seine Porensysteme ermöglichen einen raschen Gastransport in den Kristallen, er erfolgt so schnell, daß sich in den Mikroporen kein erhöhter CO_2-Partialdruck einstellt. Die Diffusionsgeschwindigkeit des freigesetzten CO_2 bestimmt daher nicht den Fortschritt der thermischen Zersetzung.

Die pseudomorph nach ihrer Muttersubstanz auftretenden kleinen Teilchen rekristallisieren mit steigender Temperatur und wachsen zu immer größeren sekundären, stark porösen Aggregaten zusammen. Die ersten Anzeichen eines mit Porositätsverminderung vor sich gehenden Sintervorganges wurden bei 900° C beobachtet, die Korndurchmesser des Sekundärkorns gehen dabei allerdings kaum über 5 μ hinaus. Die von G. Hüttig u. Mitarbeitern [19] angenommenen intermediären Verbindungen dürften in Wirklichkeit nicht existieren, vielmehr treten beim Übergang von Karbonat zu MgO die in Abschn. 5.12 geschilderten hochaktiven Zwischenzustände auf.

Die Ergebnisse der Untersuchungen von J. Wuhrer [21] über das Brennen von Kalk lassen sich auf Magnesit und Dolomit übertragen. Danach spielt sich die Entsäuerung in einer schmalen, von außen nach innen wandernden Front ab. Der gesamte Wärmenachschub wird dabei als Reaktionswärme verbraucht. In der Oxydschicht bildet sich ein Temperaturgefälle von der Ofentemperatur außen zur Zersetzungstemperatur innen aus. Man darf daher nicht unmittelbar von der ersten auf die letztere schließen [22].

Bei Abbauversuchen unter verschiedenen CO_2-Partialdrucken zeigte sich, daß dieses Gas die Zersetzung hemmt [17] und die Größe der entstehenden MgO-Kristallite heraufsetzt [13]. In CO_2-Atmosphäre gebildetes MgO ist daher weniger reaktionsfähig als in CO_2-freier Umgebung entstandenes. Die hohe Porosität der neugebildeten pseudomorphen Kristalle läßt allerdings beim Entsäuern im Inneren der Körner keinen höheren CO_2-Druck entstehen. In der Praxis beeinflußt die Zersetzungstemperatur die Korngröße der Periklase mehr als der CO_2-Gehalt der Atmosphäre. Die katalytische Einwirkung verschiedener Gase auf den Ent-

säuerungsvorgang bei Magnesit wurde von F. Bischoff [23] untersucht. Die von ihm verwandten Fremdgase verursachten nach 1 stündiger Überleitung über einen auf 500° C erhitzten Magnesitprobekörper zunehmenden Zersetzungsgrad in folgender Reihenfolge: CO_2, CO, O, Luft, N, NH_3, feuchte Luft bei 25° C, H, feuchte Luft bei 80° C, Wasserdampf.

Eine Rückkarbonatisierung des entsäuerten MgO erfolgt im trockenen System nicht, vermutlich deshalb, weil sich eine monomolekulare Schutzschicht bildet[1]. Es stellt sich daher kein Gleichgewichtszustand ein, wie es beim Entsäuern von $CaCO_3$ der Fall ist. In Gegenwart geringer Mengen Feuchtigkeit geht

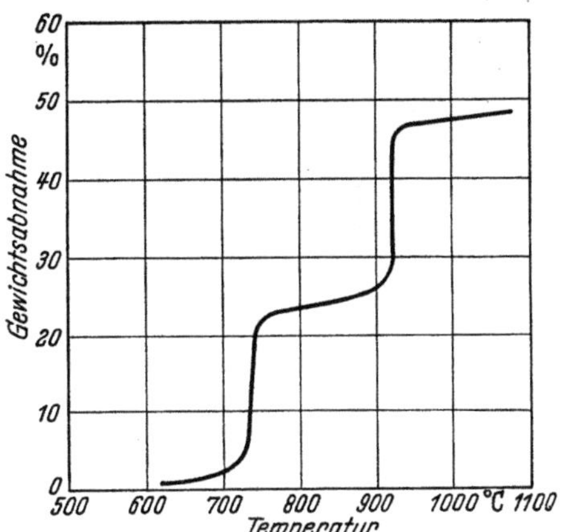

Abb. 539. Gewichtsabnahme von Dolomit beim Brennen (nach A. F. Gill)

jedoch die Karbonatisierung des MgO rasch vonstatten. G. Jantsch u. F. Zemek [24] gelang die Herstellung von sehr reinem $MgCO_3$ aus angesäuerter $MgCl_2$-Lösung unter CO_2-Überdruck von 5 bis 6 atü.

Die thermische Zersetzung des *Dolomits* geht in zwei Stufen vor sich. Der Magnesiumkarbonatanteil verliert dabei seine Kohlensäure im Temperaturbereich zwischen 600 und 750° C, also bei merklich höherer Temperatur als der reine Magnesit [25] (Abb. 539). H. Saito [26] fand, daß die Zersetzung des Magnesit-

---

[1] Persönliche Mitteilung von Herrn Dr. F. Bischoff, Hagen-Halden

anteiles praktisch erst bei 973° C beendet ist. Im einzelnen dürfte sich die Zersetzung so abspielen, daß sich zunächst in einem Teil des Kristalls CaO und MgO bilden und dann $CaCO_3$ neu entsteht. Dafür spricht, daß der Kalkspat des halbentsäuerten Dolomits aus felderweise gleich orientierten Kristallen besteht[1]. Dies wäre unverständlich, wenn der Kalkspat ein Restgitter bilden würde.

Da die Kalkentsäuerung schon beginnt, bevor die des $MgCO_3$ ganz abgeschlossen ist, läßt sich kein Material brennen, das neben MgO ausschließlich $CaCO_3$ enthält. Im übrigen hängen Entsäuerungstemperatur und -geschwindigkeit wie beim Magnesit stark von der Korngröße und der Porosität des Rohmaterials ab.

Nach vollständiger Entsäuerung besteht das Brennprodukt aus einem innigen Gemenge kleiner CaO- und MgO-Kristalle, die beim Sintern grobkörniger werden. Bei idealer dolomitischer Zusammensetzung enthält die Mischung 62,3% CaO und 37,7% MgO. Das Schmelzdiagramm des Systems MgO–CaO (Abb. 27) zeigt nur ein Eutektikum bei 2300° C. Beide Komponenten sind praktisch unmischbar und bilden keine Verbindung miteinander. Lediglich CaO besitzt eine geringe Löslichkeit für MgO, aber nicht umgekehrt [27].

5.14 Sulfate und Chloride

Magnesiumsulfate und -chloride kommen in der Natur in Salzlagerstätten und im Meerwasser vor (Abschn. 5.2). Das Magnesiumsulfat bildet viele Hydrate, unter ihnen sind *Bittersalz* $MgSO_4 \cdot 7H_2O$ und *Kieserit* $MgSO_4 \cdot H_2O$ von großer Bedeutung.

Kieserit findet sich in großen Mengen in Kalisalzlagern, kristallisiert monoklin und ist im Gegensatz zum leicht löslichen Bittersalz schwer in Wasser auflösbar. Bei 200 bis 280° C verliert Kieserit sein Kristallwasser; das dabei entstehende wasserfreie Magnesiumsulfat zerfällt ab $\sim$900° C in MgO, SO_2, O_2 und SO_3. Bei 1000° C ist die Zersetzung in 3 Stunden praktisch vollständig, bei 1150° C erreicht der Zersetzungsdruck nach LE CHATELIER [28] 1 Atmosphäre. In Gegenwart von Kohle beginnt die Reaktion unter Bildung von MgO, SO_2 und CO bereits bei 650° C, sie verläuft dann bei 750° C quantitativ. Sehr rasch erhitzt schmilzt $MgSO_4$ ohne Zersetzung bei 1124° C [28a].

Von den Chloriden kommt in der Natur das monoklin kristallisierende Hexahydrat $MgCl_2 \cdot 6H_2O$, *Bischofit*, vor, außerdem tritt Magnesiumchlorid als Komponente mehrerer Doppelsalze auf; unter ihnen ist der rhombische *Carnallit* $KCl \cdot MgCl_2 \cdot 6H_2O$ das wichtigste. Beim Erhitzen verlieren diese Verbindungen Wasser, die Entwässerung ist aber an der Luft unvollständig, weil sich das Chlorid bei höherer Temperatur in rasch steigendem Maße unter Bildung der Verbindung MgOHCl hydrolytisch nach der Formel

$$MgCl_2 + H_2O \rightarrow MgOHCl + HCl$$

spaltet. Die Herstellung von wasserfreiem $MgCl_2$ durch Entwässern ist daher schwierig. Man kann es nach dem I. G.-Verfahren aus MgO oder Magnesiumoxychlorid mit Kohle im Chlorstrom gewinnen:

$$MgO + C + Cl_2 \rightarrow MgCl_2 + CO + 34{,}55 \text{ kcal}$$

oder

$$2MgO + C + 2Cl_2 \rightarrow 2MgCl_2 + CO_2 + 109{,}85 \text{ kcal}$$

---

[1] Persönliche Mitteilung von Herrn Dr. F. TROJER, Radenthein

$MgCl_2$ schmilzt bei 718° C zu einer wenig viskosen Flüssigkeit. Diese scheidet an wasserdampfhaltiger Luft MgO unter Bildung von Chlorwasserstoffsäure ab und bildet mit Oxyden, teilweise unter Mitwirkung des Luftsauerstoffes, Spinelle, die dann aus der Schmelze auskristallisieren. Beispielsweise entstehen beim Schmelzen mit Fe_2O_3 zahlreiche Oktaeder von *Magnesioferrit* $MgO \cdot Fe_2O_3$. Der Siedepunkt des $MgCl_2$ wurde aus Dampfdruckmessungen zu 1412° C extrapoliert.

Von praktischer Bedeutung sind die bei der Einwirkung wäßriger $MgCl_2$-Lösungen auf MgO entstehenden Produkte. Bei großem Überschuß einer verdünnten Lösung entsteht $Mg(OH)_2$ als Bodenkörper. Ist die Lösung konzentrierter, bildet sich die Verbindung $MgCl_2 \cdot 3MgO \cdot 11H_2O$, bei einem Überschuß von MgO entsteht schließlich eine allmählich erhärtende homogene Masse, die mit Füllstoffen versehen als *Sorel-Zement* oder *Steinholz* bezeichnet wird. Ihre Erhärtung soll auf der Bildung des Komplexsalzes Magnesiumoxychlorid $MgCl_2 \cdot 5MgO +$ Wasser beruhen. Gewöhnlich werden dabei MgO und $MgCl_2$ im Verhältnis 5 : 1 verwandt. V. Rodt [15] fand, daß stets $MgCl_2$ aus abgebundenen Sorel-Zementen herausgelöst werden kann. Er schloß daraus, daß Magnesiumoxychlorid, wenn überhaupt, nur in geringem Umfang am Erhärtungsvorgang teilnimmt. Die Erhärtung kommt im wesentlichen so zustande, daß im Überschuß vorhandenes MgO dem kolloidalen $Mg(OH)_2$ in steigendem Maße Wasser entzieht. Für diese Ansicht spricht, daß sich auch aus 8 Teilen MgO und 1 Teil $MgCl_2$ sehr feste Zemente herstellen lassen, und daß Massen aus 7 Teilen MgO und 5 Teilen gelförmigem $Mg(OH)_2$ ohne $MgCl_2$-Zusatz ebenfalls erhärten, sofern der Brei so lange feucht gehalten wird, bis sich eine zur Abbindung ausreichende Menge von $Mg(OH)_2$ gebildet hat.

Der Einfluß des $MgCl_2$ beruht nach W. Feitknecht [29] darauf, daß dieses Salz sehr viel MgO in übersättigter Lösung aufnehmen kann, aus der sich dann je nach Temperatur, Konzentration und Standzeit $Mg(OH)_2$ oder basisches Chlorid in Gelform ausscheidet. Diese Gele wirken als Kitt. Auch sich ausscheidende verfilzte Kristallnadeln des basischen Salzes verfestigen die Masse. Ihre anfänglich vorhandene Feuchtigkeitsempfindlichkeit wird mit der Zeit geringer, weil das $Mg(OH)_2$ Kohlensäure aufnimmt, wobei sich eine Schutzschicht basischen Karbonats bildet [30].

An Stelle von $MgCl_2$ kann man auch andere Salzlösungen, wie $MgSO_4$ oder $CaCl_2$, verwenden. Ihre Wirksamkeit nimmt nach W. Feitknecht [31] in der Reihenfolge Chlorid, Bromid, Sulfat, Nitrat ab. Bei der Einwirkung von Sulfatlösungen auf Magnesiumoxyd steht bei Temperaturen von 80° C $Mg(OH)_2$ mit den Lösungen im Gleichgewicht, wenn diese weniger als 1,2 Mol $MgSO_4$ enthalten, das basische Sulfat $MgSO_4 \cdot 3MgO \cdot 11H_2O$ dagegen mit Lösungen von mehr als 2 Mol $MgSO_4$. Im Zwischengebiet treten beide Verbindungen gemeinsam als Bodenkörper auf [32]. Bereits M. L. Delyon stellte fest, daß die Gleichgewichtseinstellung stark durch die Aktivität des verwandten MgO beeinflußt wird. Diese Abhängigkeit wurde von F. Kiessewetter [33] eingehend untersucht. Er fand, daß $Mg(OH)_2$ bei inaktivem MgO (950° C Brenntemperatur) erst nach Erreichen der Sättigungskonzentration ausfällt, während bei aktiven Präparaten die Ausflockung gleich zu Beginn des Lösungsvorganges einsetzt. Die Fähigkeit des $Mg(OH)_2$, mit MgO in Gegenwart verschiedener solcher Salzlösungen zu erhärten, wird bei der Herstellung von Magnesiamörteln und chemisch gebundener Steine ausgenutzt.

Die Zemente gehen beim Erhitzen in MgO über, sie verlieren dabei z. T. ihre Festigkeit, erlangen diese jedoch durch das Sintern bei hohen Temperaturen zurück.

Eine Zusammenstellung der wichtigsten magnesiumhaltigen Rohstoffe und ihrer Zerfallstemperaturen in MgO ist in Tab. 129 enthalten.

Tabelle 129. *Magnesiumhaltige Rohstoffe und ihr Verhalten beim Erhitzen*

Bezeichnung	Formel	Kristallsystem	Entwässerungs-temperatur °C	Zerfallstemperatur in MgO °C
Brucit	$Mg(OH)_2$	trigonal	ab 310	
Magnesit	$MgCO_3$	trigonal	—	~ 400
Dolomit	$MgCO_3 \cdot CaCO_3$	trigonal	—	1. Stufe ~ 720
				2. Stufe ~ 900
Bittersalz (Epsomit) ...	$MgSO_4 \cdot 7H_2O$	rhombisch	200 bis 280	ab 900
				mit Kohle ab 650
Kieserit	$MgSO_4 \cdot H_2O$	monoklin	200 bis 280	ab 900
				mit Kohle ab 650
Bischofit	$MgCl_2 \cdot 6H_2O$	monoklin	im Chlor-strom 270	—

5.15 Spinelle

Bei hohen Temperaturen bilden sich zwischen MgO und dreiwertigen Oxyden, wie Al_2O_3, Fe_2O_3, Cr_2O_3 usw., kubisch kristallisierende Verbindungen der Formel $R^{2+}O \cdot R_2^{3+}O_3$ aus, die als *Spinelle* bezeichnet werden. Das MgO kann in ihnen beliebig durch andere zweiwertige Oxyde mit ähnlichem Ionenradius, wie FeO, MnO, ZnO usw., nicht aber durch CaO ersetzt werden. Eine Zusammenstellung der für feuerfeste Zwecke wichtigen Spinelle gibt Tab. 130.

Wie bereits in Abschn. 1.23 (Abb. 10) ausgeführt, bestehen die Spinelle aus einer annähernd dichtesten kubischen Kugelpackung, deren tetraedrische Lücken durch zweiwertige Ionen ausgefüllt sind. Aus stöchiometrischen Gründen kann aber nur jede 8. der tetraedrischen und jede 2. der oktaedrischen Lücken mit Kationen besetzt werden. Das Spinellgitter ist somit in der Lage, beträchtliche Mengen anderer Oxyde mit geeignetem Ionenradius in feste Lösung zu nehmen. Die Aufnahme derartiger Oxyde kann mit einer erheblichen Ausweitung des Gitters verbunden sein.

Die Elementarzelle des Spinellgitters enthält 8 Formeleinheiten, also 8 zweiwertige, 16 dreiwertige Kationen und 32 Sauerstoffionen. Die Kantenlänge einer solchen Zelle schwankt zwischen 8 und 8,5 Å. Nach Tab. 130 und Abb. 540 sind die Gitterkonstanten der Tonerdespinelle am kleinsten, der Eisenspinelle am größten, die der Chromspinelle haben mittlere Werte. Bei Mischkristallen aus verschiedenen Spinellen ist die Gitterkonstante additiv, sie ändert sich linear mit dem molekularen Prozentgehalt jeder Komponente (VEGARDsches Gesetz).

Neben dem Normaltyp, bei welchem sämtliche 16 dreiwertige Kationen oktaedrische Lücken besetzen und der durch die Formel $R^{2+}R_2^{3+}O_4$ beschrieben werden kann, kommt ein *inverser* Typ vor, bei dem die Hälfte – also 8 – der dreiwertigen Kationen in tetraedrischen Lücken sitzt, dafür die 8 zweiwerti-

Tabelle 130. *Mineralogische und physikalische Eigenschaften einiger Spinelle*

Bezeichnung	Formel	Kurz-zeichen	Gitterkonstante		Farbe		Spezifisches Gewicht	Wärme-ausdehnungs-koeffizient·10^{-6} (25 bis 900 °C)	Schmelz-temperatur °C	Löslichkeit
			normal oder invers	Å	makrosk.	Dünnschl.				
echter Spinell ..	$MgO \cdot Al_2O_3$	MA	n	8,09 bis 8,10	weiß	farblos	3,55	6,7 bis 8,9	2135 kongr.	löst Al_2O_3 und Fe_3O_4
Hercynit	$FeO \cdot Al_2O_3$	fA	n	8,12 bis 8,13	graugrün	grün	4,05 bis 4,35	8,2 bis 9,0	1750 inkongr.	Mischkristalle mit
Galaxit	$MnO \cdot Al_2O_3$	—	n	8,26	creme	gelb	3,57 bis 4,23	—	1720 inkongr.	$MgO \cdot Al_2O_3$
Gahnit	$ZnO \cdot Al_2O_3$	—	n	8,08 bis 8,09	dunkel-grün	tief-grün	4,58	—	1925 kongr.	
Magnesioferrit ..	$MgO \cdot Fe_2O_3$	MF	i	8,36	schwarz-braun	rot-braun	4,20 bis 4,49	12,7 bis 12,8	1750 kongr.	löslich in MgO bei hohen Tempera-turen
Magnetit	$FeO \cdot Fe_2O_3$	fF	i	8,40 bis 8,41	schwarz	opak	5,14 bis 5,2	14,5 bis 15,3	1594 kongr.	löslich in $FeO \cdot Cr_2O_3$
Titanomagnetit .	$FeO \cdot Ti_2O_3$	—	i	8,47	dunkel-violett	opak	—	—	?	löslich in $FeO \cdot Cr_2O_3$
Jakobsit	$MnO \cdot Fe_2O_3$	—	i	8,40 bis 8,42	—	—	5,03	—	?	
Magnesiochromit (Picrochromit)	$MgO \cdot Cr_2O_3$	MK	n	8,32	grün	grün	4,40 bis 4,43	5,7 bis 8,55	etwa 2350	völlig mischbar mit $MgO \cdot Al_2O_3$
Chromit	$FeO \cdot Cr_2O_3$	fK	n	8,36	rotbraun	tiefrot	4,88 bis 5,08	7,5 bis 9,03	2180	völlig mischbar mit Fe_3O_4

gen Kationen oktaedrische Plätze einnehmen. Die allgemeine Formel dieses Typs lautet dann: $R^{3+}(R^{2+}, R^{3+})O_4$. Zum normalen Typ gehören die Tonerdespinelle und die Chromite, wobei allerdings die Stellung des echten Spinells $MgO \cdot Al_2O_3$ unsicher ist. Invers sind u. a. zahlreiche ferritische Spinelle [34]. Der Ferromagnetismus von Magnetit und Magnesioferrit scheint an das Vorhandensein von Fe^{3+}-Ionen in den Tetraeder-Lücken gebunden zu sein; denn er findet sich ausschließlich bei inversen Spinellen. Nach L. Néel [35] ist der Ferromagnetismus auf Wechselwirkung dreiwertiger Eisenionen in Oktaeder-Lagen mit solchen auf Tetraederplätzen zurückzuführen.

Im ganzen besitzt das Spinellgitter trotz seiner lockeren Struktur und seiner Beweglichkeit, die sich in großer Toleranz beim Austausch verschiedener Ionen äußert, eine bemerkenswerte chemische Stabilität. Die Bildung der Spinelle aus ihren Komponenten geht bereits unterhalb der Schmelztemperaturen in beträchtlichem Umfange durch Reaktionen im festen Zustand (Abschn. 1.332) vonstatten. Spinelle aus Komponenten, die ihren Oxydationszustand leicht ändern, sind weniger stabil

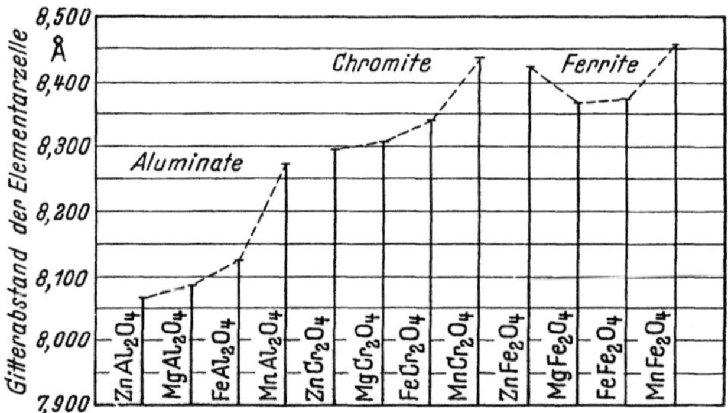

Abb. 540. Gitterabstände synthetischer Spinelle (nach C. W. Parmelee u. Mitarb.)

als die aus nur in einer Oxydationsstufe vorkommenden Oxyde. So geht beispielsweise *Magnesioferrit* ($MgO \cdot Fe_2O_3$) durch Reduktion oder Dissoziation leicht in MgO-FeO-Mischkristalle über, umgekehrt kann Chromit ($FeO \cdot Cr_2O_3$) ebenso leicht zu einem Gemisch von Sesquioxyden (Fe_2O_3 und Cr_2O_3) oxydiert werden.

Die typische äußere Kristallform der Spinelle ist das Oktaeder. Andere Flächeneinheiten treten daneben nur selten und in geringerer Ausdehnung auf (Abb. 450, Abschn. 3.554).

Bei der Herstellung von Magnesiasteinen spielt der *Magnesioferrit* eine bedeutende Rolle, bei Chrommagnesia- und Chromerzsteinen tritt *Chromit* $FeO \cdot Cr_2O_3$ neben *Magnesiochromit* $MgO \cdot Cr_2O_3$, echtem Spinell und *Hercynit* $FeO \cdot Al_2O_3$ hinzu. *Hercynit, Galaxit* $MnO \cdot Al_2O_3$ und *Gahnit* $ZnO \cdot Al_2O_3$ entstehen außerdem bei der chemischen Korrosion schamotte- und hochtonerdehaltiger Steine (vgl. Abschn. 3.554, 3.591, 3.592, 2.360). Im Folgenden sollen die für basische und neutrale Steine wichtigsten spinellbildenden Systeme beschrieben werden.

5.151 Das System $MgO-Al_2O_3$

Als einzige Verbindung im System $MgO–Al_2O_3$ tritt der echte Spinell $MgO \cdot Al_2O_3$ mit dem kongruenten Schmelzpunkt 2135° C auf (Abb. 541) [36]. Das Eutektikum gegen MgO liegt bei 2030° C, dasjenige gegen Al_2O_3 bei 1925° C. Der Spinell vermag beträchtliche Mengen von Tonerde unter Bildung von Mischkristallen in feste Lösung zu nehmen, wie es der Verlauf der Soliduskurve in Abb. 541 erkennen läßt. Die Tonerde scheidet sich bei der Mischkristallbildung als γ-Tonerde ab. Diese bildet nämlich eine kubische Kugelpackung, die sich vom Spinellgitter nur durch Zahl und Art der Kationen unterscheidet. In den Mischkristallen sind die Mg-Ionen des Spinells teilweise durch Al-Ionen ersetzt [37]. MgO ist im Spinell unlöslich. Die Spinellbildung aus den festen Komponenten verläuft mit meßbarer Geschwindigkeit ab $\sim 1500^\circ$ C; aber schon im Gebiete der Umwandlung von γ- zu α-Al_2O_3, also etwa bei 1000°C, geht sie vorübergehend schneller vonstatten (HEDVALL-Effekt).

Spinell hat das spez. Gew. 3,55. Sein thermischer Ausdehnungskoeffizient wurde von R. RIEKE u. K. BLICKE [38] im Bereich von 25 bis 800° C zu $6{,}7 \cdot 10^{-6}$ im Mittel bestimmt. Er wächst ebenso wie die bei gewöhnlicher Temperatur nur 0,194 betragende spezifische Wärme etwa proportional mit der Temperatur. Die Wärmeleitzahl des Spinells ist sehr gering, sie gehört zu den kleinsten unter denen der feuerfesten Oxyde, vermutlich im Zusammenhang

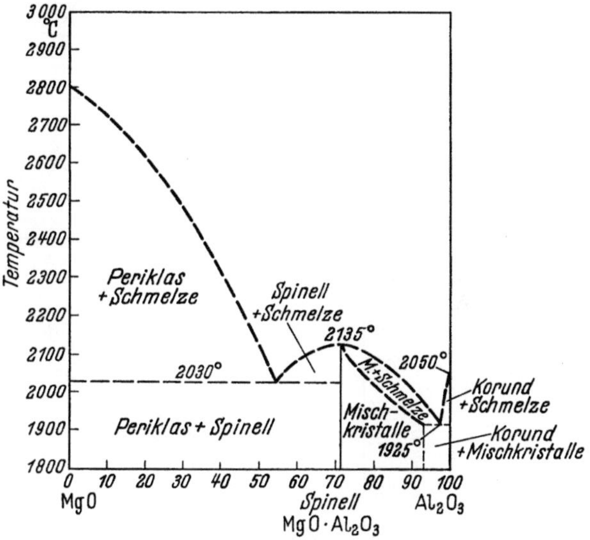

Abb. 541. System MgO–Al_2O_3
(nach E. S. SHEPHERD, G. A. RANKIN u. F. E. WRIGHT)

mit dem lockeren Bau des Spinellgitters. Der Elastizitätsmodul sinkt von $2{,}3 \cdot 10^6$ kg/cm² bei Zimmertemperatur auf $0{,}9 \cdot 10^6$ bei 1250° C. Alle diese Daten lassen erkennen, daß die Temperaturwechselbeständigkeit der Spinellmassen besser sein muß als die der überwiegend aus Periklas oder Korund bestehenden Baustoffe.

5.152 Das System MgO–Fe_2O_3–FeO

Mit FeO bildet das Magnesiumoxyd eine lückenlose Reihe farbloser Mischkristalle (vgl. Abb. 29). Diese entstehen nach R. SCHENCK u. TH. DINGMANN [39] bereits bei niedrigen Temperaturen (~ 800 °C), wenn festes Eisenoxyd mit Periklas unter reduzierenden Bedingungen in Berührung tritt. Der Abbau vom Fe_2O_3 zum FeO geht dann nicht über Fe_3O_4 und Wüstit (feste Lösung von Fe_3O_4 in FeO) vor sich, das gebildete FeO wird vielmehr sofort vom MgO aufgenommen. Auch in metallischem Eisen gelöstes Eisenoxyd vermag MgO unter Gleichgewichtseinstellung aufzunehmen und so das Eisen zu desoxydieren.

Unter oxydierenden Bedingungen erleidet die Mischkristallreihe jedoch starke Veränderungen, die an den Systemen MgO–Fe_2O_3 (Abb. 542b) und MgO–Fe_2O_3–FeO (Abb. 542a) erkennbar sind [40].

Die im System MgO–FeO glatt verlaufende Soliduskurve erhält in Abb. 542b die Form des Kurvenzuges IV, II, VII und VI. Aus MgO-reichen Schmelzen entstehen beim Abkühlen zunächst komplexe, bis zur Kurve I stabil bleibende Mischkristalle. Diese Kurve trennt den Stabilitätsbereich der einheitlichen Mischkristalle von einem Gebiet, in welchem 2 Mischkristalle nebeneinander auftreten, nämlich solche aus MgO und dem Spinell $MgO \cdot Fe_2O_3$ (Phase A), und Mischkristalle, deren Zusammensetzung etwa der Kurve III (nahezu reiner Magnesioferrit, Endglied der Phase B) entspricht. Bei weiterer Abkühlung ändert sich die Zusammensetzung der Phase längs der Kurve I, d. h. sie wird immer reicher an MgO, dabei scheidet sich Magnesioferrit unter Vermehrung der Phase B aus. Unterhalb 1000° C ist reiner Periklas neben Magnesioferrit stabil.

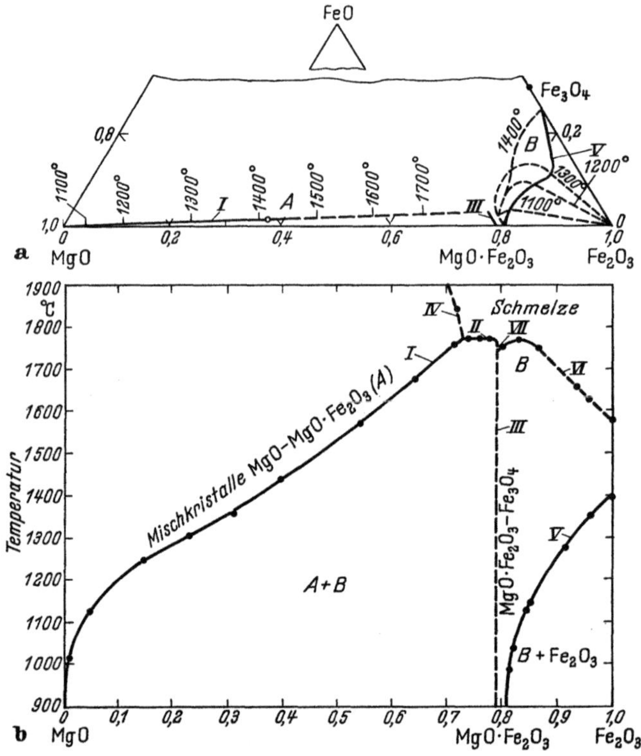

Abb. 542 a u. b.   a: System MgO–FeO–Fe_2O_3;   b: Teilsystem nach Oxydation von allem Fe in den dreiwertigen Zustand (nach H. S. ROBERTS u. H. E. MERWIN)

Die bei der Entmischung entstehenden Magnesioferritkeime verteilen sich gleichmäßig über den ganzen Periklas. Bei langsamer Abkühlung wachsen die größeren Keime auf Kosten der kleineren zu dünnen Lamellen mit Spannungsdoppelbrechung parallel (100) im Periklas. Die Natur dieser Entmischungskörper als Magnesioferrit hat zuerst B. TAVASCI erkannt [41]. Abb. 543 zeigt Entmischungsspindeln von Magnesioferrit in den Periklaskörnern einer technischem Sintermagnesia. Umgekehrt bilden sich beim Aufheizen die Mischkristalle zurück, sobald die Kurve I erreicht ist. Diese Mischkristallbildung fördert das Kristallwachstum und die innige Verwachsung der Periklase, eine Erscheinung, die in der Fertigung von Sintermagnesia ausgenutzt wird.

Mischungen mit der stöchiometrischen Zusammensetzung des Magnesioferrits (20,2% MgO und 79,8% Fe_2O_3) erleiden beim Erhitzen nur eine schwache Dissoziation, sie schmelzen bei 1750 ± 25° C kongruent. Wahrscheinlich ist in einer Mischung, die etwa 1% mehr MgO enthält, als dem Magnesioferrit entspricht

(Kurve III), bei 1770° C nicht mehr als 10% FeO enthalten. Nach K. KONOPICKY u. F. TROJER [42] dissoziiert Magnesioferrit bei 1650° C auch im Periklas merklich unter Entstehung von Magnetit und FeO.

Wesentlich stärker ist die Dissoziation bei den eisenoxydreichen Mischungen des Feldes B, wie Abbildung 544 zeigt. Der FeO-Gehalt der Mischungen 2 bis 4 steigt mit wachsender Temperatur um so mehr, je höher der Fe_2O_3-Gehalt der Ausgangsmischung ist, während in der dem reinen Magnesioferrit entsprechenden Mischung 1 nur eine geringe Zunahme des FeO-Gehaltes festgestellt werden kann [40]. Der Magnesioferrit übt also stabilisierende Wirkung auf

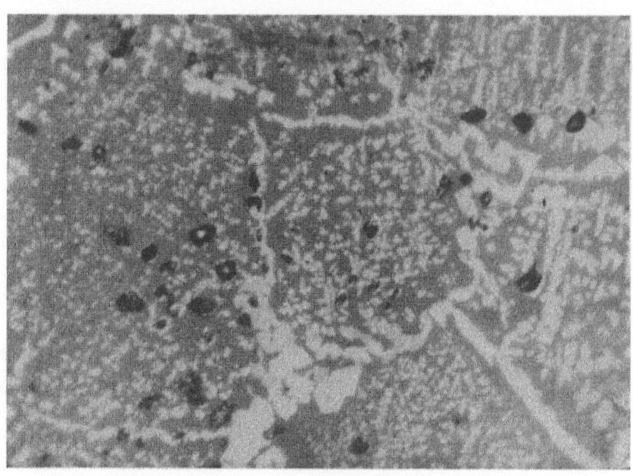

Abb. 543
Periklaskörner (dunkelgrau) mit spindelförmigen Entmischungsausscheidungen von Magnesioferrit (hell). Anschliff (Vergr. 280 ×)

das Fe_2O_3 aus und verlangsamt dessen Dissoziation, wenn auch unter reduzierenden Bedingungen die Dissoziation des Eisenoxydes infolge Mischkristallbildung bei Anwesenheit von MgO beschleunigt wird [39].

Abkühlen einer Fe_2O_3-reichen Schmelze unter oxydierenden Bedingungen führt zu Mischkristallen aus Magnesioferrit und Magnetit (Phase B), die bis zur Kurve V stabil sind (Abb. 542). Die Kurve V stellt – ähnlich wie die Kurve I – die Grenze gegen ein Entmischungsgebiet dar, in welchem Mischkristalle B und Fe_2O_3 (Hämatit) nebeneinander auftreten. Die Zusammensetzung der Phase B ändert sich hierbei gemäß dem Verlauf der Kurve V, sie wird beim Abkühlen MgO-reicher, scheidet also immer mehr Fe_2O_3 aus.

Reines Fe_2O_3 geht unter oxydierenden Bedingungen bei 1386 ± 5° C [38] in Magnetit über, welches etwa bei 1594° C schmilzt, während reines FeO bereits bei 1360° C flüssig wird. Bei gleichem Eisenoxydgehalt besitzen Mischkristalle aus MgO und Fe_2O_3 höhere Feuerfestigkeit als solche aus MgO und FeO. Die Unterschiede in der Feuerfestigkeit werden um so größer, je mehr Eisenoxyde die Mischungen enthalten.

Reiner Magnesioferrit besitzt das spez. Gew. 4,20 bis 4,49, er kristallisiert

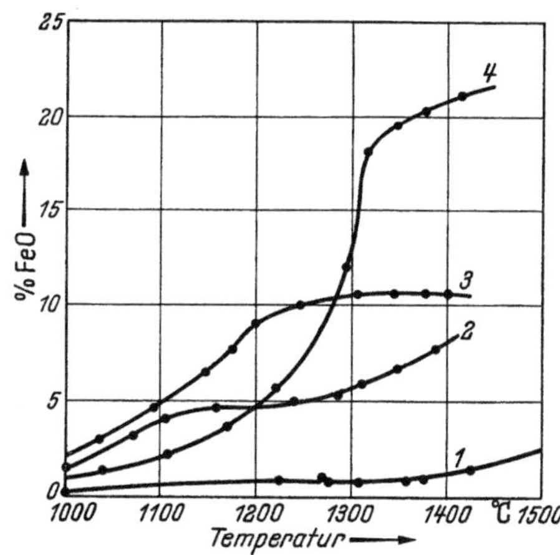

Abb. 544. Der FeO-Gehalt als Funktion der Temperatur in 4 Mischungen des Feldes B, Abb. 542b
(nach H. S. ROBERTS u. H. E. MERWIN)

Kurve 1	80,0% Fe_2O_3	20,0% MgO
Kurve 2	82,9% Fe_2O_3	17,1% MgO
Kurve 3	86,8% Fe_2O_3	13,2% MgO
Kurve 4	94,1% Fe_2O_3	5,9% MgO

in schwarzglänzenden Oktaedern und ist im Dünnschliff mit rotbrauner Farbe durchsichtig. Mischkristalle der Phase B sind dagegen opak. Das Reflexionsvermögen des Magnesioferrits im Auflicht ist ziemlich groß. Von Magnetit läßt er sich durch seine höhere Beständigkeit gegen Ätzung mit konz. HCl unterscheiden.

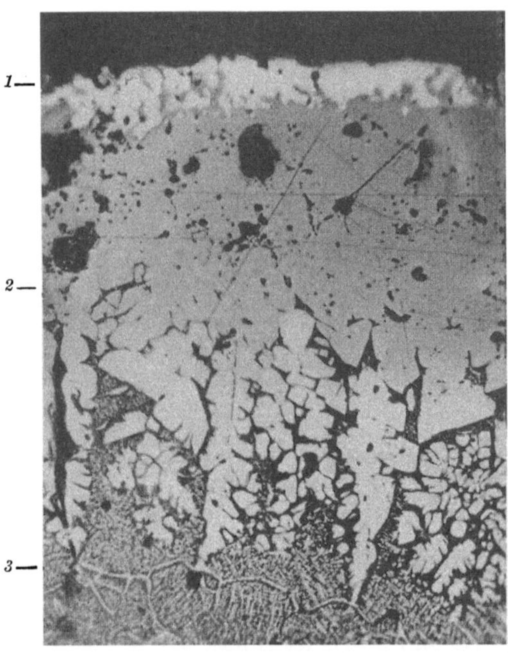

Abb. 545
Bei 1500° C mit Fe_2O_3 verschlackter Magnesiastein
1 An der Oberfläche (oben) im Relief stehend: restliches Fe_2O_3; *2* grau: Phase B; *3* dunkelgrau: Periklas mit Entmischungsstrukturen von Magnesioferrit. Anschliff (Vergr. 112 ×)

Abb. 545 zeigt den Anschliff eines mit Fe_2O_3 bei 1500° C verschlackten Magnesiasteines unmittelbar an der Berührungsstelle mit Eisenoxyd. Das restliche Fe_2O_3 (1 in Abb. 545) ist an seiner starken Reflexion und seiner großen Härte zu erkennen. Der hellgraue Teil des Bildes besteht aus Phase B (2), sie ist zum Steininnern hin mit unregelmäßiger Grenze, doch scharf gegen Periklas (3) mit reichlichen Entmischungsstrukturen von Magnesioferrit (Phase A) begrenzt. Das Bild läßt erkennen, daß Eisenoxyd auch in festem Zustand rasch verhältnismäßig tief in Magnesiasteine zu diffundieren und dort Mischkristalle zu bilden vermag. Die Grenze Phase B gegen Periklas in Abb. 545 ist ∼0,8 mm von der Steinoberfläche entfernt.

Der Magnesioferrit verleiht den Magnesiasteinen makroskopisch ihre bekannte schwarzbraune Farbe. Unter reduzierenden Bedingungen können die Steine hellgraue Farbe annehmen, wenn die Mischungen $MgO–MgO \cdot Fe_2O_3$ in farblose Mischkristalle $MgO–FeO$ übergehen. Dieser Vorgang ist mit keiner merklichen Volumenänderung verbunden. Beim Erhitzen in Wasserstoffatmosphäre kann die Reduktion bis zur Bildung metallischen Eisens neben MgO weitergetrieben werden. Zu vollständiger Reduktion genügt dabei zweistündiges Erhitzen auf 200° C [*43*].

Der mittlere Wärmeausdehnungskoeffizient des Magnesioferrits im Temperaturbereich von 25 bis 900° C wurde zu 12,7 bis $12,8 \cdot 10^{-6}$ bestimmt (s. Tab. 130), er liegt also in derselben Größenordnung wie derjenige des Periklases. Die größten Werte unter den Wärmeausdehnungskoeffizienten der Spinelle erreicht der Magnetit mit 14,5 bis $15,3 \cdot 10^{-6}$. Die magnetitreiche B-Phase (Abb. 542) unterscheidet sich daher in ihren thermischen Eigenschaften wesentlich vom reinen Periklas, was zu den häufigen Abplatzungen verschlackter Teile von Magnesia- und Chrommagnesiasteinen beitragen dürfte.

5.153 Chromspinelle

Die natürlich vorkommenden Chromerze bestehen in erster Linie aus *Chromit* $FeO \cdot Cr_2O_3$, sie enthalten daneben *Magnesiochromit* $MgO \cdot Cr_2O_3$ und *Hercynit* $FeO \cdot Al_2O_3$ und haben gelegentlich einen geringen Al_2O_3-Überschuß in fester

Lösung. Nach Untersuchungen von W. HUGILL, A. WATTS u. J. VYSE [44] kann Chromspinell bis zu 30% Al_2O_3 aufnehmen, ohne daß die Spinellstruktur zerstört wird. Ein Teil des Cr_2O_3 oder Al_2O_3 kann durch Fe_2O_3 ersetzt sein. Alle diese Komponenten bilden gewöhnlich einheitliche Mischkristalle. In dem von R. ZOJA [45] untersuchten System $FeO-Cr_2O_3$ tritt der Chromit mit der Zusammensetzung 32,1% FeO und 67,9% Cr_2O_3 als einzige Verbindung auf. Mit FeO und Cr_2O_3 bildet er Eutektika. Mischkristalle mit den reinen Oxyden sind nicht zu erwarten.

Chromit schmilzt bei 2180° C, seine Farbe ist rotbraun-schwarz, im Dünnschliff tiefrot. Das spezifische Gewicht beträgt 4,88 bis 5,08. Seine Härte nach MOHS ist mit 5,5 wesentlich geringer als diejenige des echten Spinells (H = 8). Der Wärmeausdehnungskoeffizient hat mittlere Werte von 7,5 bis $9,0 \cdot 10^{-6}$ (vgl. Tab. 130).

Im System $MgO-Cr_2O_3$ existiert als einzige Verbindung der kongruent schmelzende *Magnesiochromit* oder *Picrochromit* mit 20,9% MgO und 79,1% Cr_2O_3. Zwischen ihm und den beiden Ausgangskomponenten bilden sich Eutektika, von denen das zwischen Cr_2O_3 und Picrochromit bei 2120° C liegt. *Magnesiochromit* ist in reinem Zustand dunkelgrün gefärbt und zeigt auch im Dünnschliff grüne Farbtöne. Als Schmelzpunkt wurde von H. v. WARTENBERG u. E. PROPHET [46] ∼2350° C, von W. T. WILDE u. W. J. REES [47] 2200° C und von M. L. KEITH [48] 2180° C ermittelt. Seine Härte beträgt 7,5 bis 8, sie ist also wesentlich höher als diejenige des Chromits und kommt der des echten Spinells nahe. Das spezifische Gewicht liegt bei 4,40 bis 4,43, der Wärmeausdehnungskoeffizient zwischen 5,7 und $8,5 \cdot 10^{-6}$.

Auch der *Hercynit* ist an der grünen Färbung massiger Stücke und im Dünnschliff zu erkennen. Sein Schmelzpunkt wurde von G. HEYNERT [49] bei 1750° C gefunden (vgl. Abb. 513, Abschn. 4.333). Er hat das spez. Gew. 4,05 bis 4,35 und den Wärmeausdehnungskoeffizienten 8,2 bis $9,0 \cdot 10^{-6}$.

Wie bereits erwähnt, ist der Chromit gegen *Oxydation* sehr empfindlich. Das FeO geht dabei in Fe_2O_3 über und bildet nach Beendigung der Oxydation eine feste Lösung mit Cr_2O_3, in der auf 1 Mol Fe_2O_3 2 Mole Cr_2O_3 kommen (aus 2 Molen FeO entsteht 1 Mol Fe_2O_3). Mit der Oxydation müßte eine Volumenverminderung verbunden sein, da die Oxyde dichter sind als die Spinelle. Nach K. KONOPICKY u. F. CAESAR [50] beginnt die Oxydation bereits bei 320° C, sie ist bei 1000° C so intensiv, daß in einer Stunde konstante Verhältnisse erreicht werden. Ein Restwert von ∼3% FeO kann allerdings auch nach langem Glühen im Sauerstoffstrom nicht oxydiert werden. G. R. RIGBY [51] gab den Beginn der Oxydation zu 450° C an, sie soll nach zweistündigem Glühen bei 850° C beendet sein.

Wenn der oxydierte Chromit anschließend *reduzierend* gebrannt wird, bildet sich die Spinellphase unter beträchtlicher Volumenvergrößerung zurück. Dieses *Nachwachsen* ist erheblich größer als sich theoretisch aus der Gitterauflockerung beim Übergang der Sesquioxyde in die Spinellphase ergibt. Theoretisch ist eine Volumendehnung nur von 3% zu erwarten, in Wirklichkeit beträgt sie ∼33% (linear ∼10%) [51]. In Tab. 131, Nr. 1 sind die von G. R. RIGBY, G. H. B. LOVELL u. A. T. GREEN [52] gemessenen und von J. R. RAIT [53] berechneten linearen Ausdehnungen einer $Fe_2O_3-Cr_2O_3$-Mischung nach 5 stündigem Glühen in Wasserstoffatmosphäre aufgeführt. Der auffällige Unterschied zwischen gemessenen und berechneten Werten ist auf gleichzeitiges starkes Anwachsen der Porosität zurückzuführen. Das große Porenvolumen macht die oxydierten und dann wieder reduzierten Chromerze spröde und brüchig. Merkliche Ausdehnung wird bereits bei $\sim 750°$ C beobachtet, bei $1050°$ C ist sie praktisch beendet.

Tabelle 131. *Lineare Ausdehnung von festen Lösungen verschiedener Sesquioxyde beim Erhitzen in reduzierender Atmosphäre* (nach J. R. RAIT)

Lfd. Nr.	Zusammensetzung der festen Lösungen in %			Prozentuale Ausdehnung nach 5 Std. in Wasserstoff					Berechnete Ausdehnung in %
	Fe_2O_3	Cr_2O_3	Al_2O_3	650° C	750° C	850° C	950° C	1050° C	
1	34,48	65,52	—	0,06	3,38	9,82	10,35	10,35	1,00
2	43,96	—	56,04	2,89	2,53	2,41	2,89	2,77	1,28

Hercynit verhält sich bei oxydierendem und reduzierendem Brennen ähnlich wie Chromit. Die Oxydation führt zu einem Gemisch der Zusammensetzung $Fe_2O_3 + 2 Al_2O_3$, das bei nachfolgender Reduktion unter Volumenvergrößerung wieder in Spinell übergeht. Abweichend vom Chromit ist jedoch seine tatsächliche Ausdehnung nur etwa doppelt so groß wie die theoretische (Tab. 131, Nr. 2). Hercynitreiche Chromerze werden also durch abwechselnd oxydierend und reduzierend geführten Brand wesentlich weniger aufgelockert als chromitreiche. Der Magnesiochromit $MgO \cdot Cr_2O_3$ schließlich ist gegen Redoxeinflüsse unempfindlich.

In der Praxis hängt daher das Verhalten der Chromerze stark von ihrer Zusammensetzung ab. FeO-reiche Erze zeigen die stärksten Volumenänderungen.

Einige Chromerztypen behalten jedoch ihren Spinellcharakter bei oxydierendem Brand bei; die Ursache dafür konnte noch nicht mit Sicherheit festgestellt werden. J. R. RAIT [*53*] nimmt an, daß ein relativ hoher Al_2O_3-Gehalt die Oxydation stark verzögert, da Hercynit beständiger gegen Sauerstoffeinwirkung ist als Chromit.

Tab. 132 gibt die von G. R. RIGBY u. Mitarb. [*52*] nach 5 stündigem Glühen in Wasserstoffatmosphäre bestimmten Ausdehnungswerte von Chromerzen verschiedener Herkunft wieder. Nach dieser Zusammenstellung dehnen sich griechisches, türkisches, cubanisches und shet-

Tabelle 132. *Lineare Ausdehnung von oxydierten Chromerzen nach reduzierendem Brand* (nach G. R. RIGBY u. Mitarb.)

Erz zerkleinert auf 0,5 mm und 2 Std. bei 1450° C geglüht	Ausdehnung in % nach 5 Std. in Wasserstoff bei							Berechnete Ausdehnung in % nach J. R. RAIT
	450° C	550° C	650° C	750° C	850° C	950° C	1050° C	
Shetland................	0,0	0,0	0,0	0,0	0,2	0,2	0,3	0,46
Indien	0,1	0,1	0,6	3,9	4,2	4,4	4,6	0,64
Rhodesien...............	0,0	0,0	0,0	0,3	1,8	1,9	2,1	0,44
Transvaal, braun	0,0	0,2	0,6	3,3	5,7	>5,9	>6,9	0,64
Transvaal, schwarz	0,0	0,1	0,6	3,1	4,4	4,6	5,0	0,58
Rußland, bröckelig	0,1	0,2	0,3	2,5	3,4	3,6	3,8	0,51
Rußland, dicht	—	—	Zum Messen zu bröckelig					0,80
Griechenland	—	—	0,0	0,0	0,0	0,0	—	0,49
Türkei..................	—	—	0,0	0,2	0,2	0,3	—	0,30
Kuba	—	—	0,1	0,1	0,1	0,2	—	0,62

ländisches Erz nicht aus, rhodesisches nur wenig, Transvaal-Erze, russische und indische Erze zeigen dagegen große Volumenänderungen. Die theoretischen Werte in der rechten Spalte von Tab. 132 wurden aus dem FeO-Gehalt der Erze ermittelt.

Magnesiumoxyd ist nach Untersuchungen von W.T.WILDE u. W.J.REES [*47*] im Chromerz nicht löslich. Die Reaktion beider Stoffe bei hoher Temperatur beschränkt sich auf eine Bildung von Magnesioferrit, der vom Periklas in feste Lösung genommen wird und so zur Sammelkristallisation und Sinterung beiträgt. Abb. 546 zeigt ein poröses Chromitkorn im Anschliff. An seinem Rand hat sich ein großer, an den typischen Spaltflächen kenntlicher Periklaskristall mit starken Magnesioferritausscheidungen gebildet. Der Anschliff stammt von einem Chrommagnesiastein aus einem SM-Ofen mit 1650 bis 1700° C Betriebstemperatur. Besitzen die Chromerze eine magnesiumsilikathaltige Gangart, so wird der Forsterit $2\,MgO \cdot SiO_2$ derselben leicht in Protoenstatit $MgO \cdot SiO_2$ und Magnesioferrit übergeführt (vgl. Abschn. 5.16).

Kalk greift Chromerz bei Temperaturen von 1600 bis 1760° C unter Bildung niedrigschmelzender Kalziumaluminate bzw. von $CaO \cdot Cr_2O_3$ und Kalziumferrit (s. Abschn. 5.171/72) beträchtlich an. Das Eutektikum zwischen CaO und $CaO \cdot Cr_2O_3$ liegt bei 1022° C [*53a*]. Mit zunehmendem MgO-Gehalt steigt jedoch die Widerstandsfähigkeit des Erzes [*54*].

Kieselsäure und Chromoxyd (Cr_2O_3) gehen keine Verbindungen ein, beide Komponenten sind nur sehr

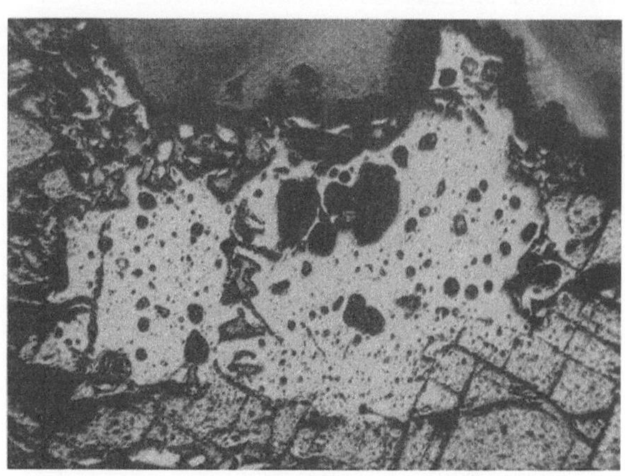

Abb. 546. Poröses Chromitkorn (hellgrau). Am Rand Periklaskristall mit Spaltbarkeit nach dem Würfel und Magnesioferritausscheidungen. Anschliff (Vergr. ~35 ×)

wenig ineinander löslich. Im flüssigen Zustand liegen zwei sich nicht mischende Schmelzen vor [*48*]. Kieselsäure oder Silikate greifen daher Chromerze auch bei hohen Temperaturen nicht an.

Magnetit (Fe_3O_4) bildet mit den Spinellen des Chromerzes Mischkristalle, ein Vorgang, der unter oxydierender Atmosphäre häufig mit starker Volumenvergrößerung des Chromerzes verbunden ist. Bei der Einwirkung von FeO auf Chromerze wird keine entsprechende Volumenänderung beobachtet, daher müssen bei der Untersuchung dieses Effektes stets oxydierende Bedingungen eingehalten werden. Äußerlich gleicht die Erscheinung der oben beschriebenen, bei Reduktion voroxydierter Chromerze auftretenden Volumenzunahme.

Trifft fester oder flüssiger Magnetit auf Chromit, bildet sich an der Berührungsfläche zunächst eine Zone, die im Anschliff stärker reflektiert als das normale Chromitkorn und so eine Aufnahme von Magnetit erkennen läßt (Abb. 547). Die mit der Mischkristallbildung verbundene Volumenzunahme gibt sich durch Treibrisse zu erkennen [*55*]. Diese als *Bursting* bezeichnete Erscheinung tritt praktisch nur bei Mischkristallen von Magnetit mit Chromit, Magnesiochromit

Tabelle 133. *Bursting verschiedener Spinellgemische beim Erhitzen auf 1400° C*
(nach G. R. RIGBY)

Spinellgemisch	$FeO \cdot Al_2O$ %	$FeO \cdot Cr_2O_3$ %	$FeO \cdot Fe_2O_3$ %	$MgO \cdot Al_2O_3$ %	$MgO \cdot Cr_2O_3$ %	$MgO \cdot Fe_2O_3$ %
$MgO \cdot Al_2O_3$	0,0	0,0	1,4	—	0,5	0,0
$FeO \cdot Al_2O_3$	—	0,2	2,4	0,0	0,1	1,7
$MnO \cdot Al_2O_3$	0,8	0,2	2,1	0,0	0,3	0,0
$MgO \cdot Fe_2O_3$	1,7	7,6	0,0	0,0	1,2	—
$MgO \cdot Cr_2O_3$	0,1	0,0	7,0	0,5	—	1,2
$FeO \cdot Cr_2O_3$	0,2	—	6,7	0,0	0,0	7,6
$MnO \cdot Cr_2O_3$	—	0,0	5,7	0,1	0,1	0,3

und Manganchromspinell, in schwächerem Maße mit Hercynit, Galaxit und echtem Spinell auf. Mischkristalle aus Magnesioferrit und Magnetit bersten nicht. Tab. 133 enthält nach Untersuchungen von G. R. RIGBY [51] die maximalen linearen Ausdehnungen der Probekörper aus Mischungen von gleichen Volumina

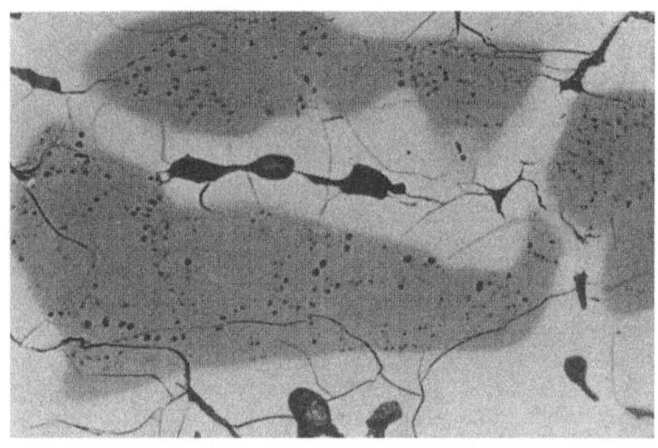

verschiedener feingepulverter Spinelle bei zweistündigem Erhitzen im Temperaturbereich zwischen 800 und 1400° C. Am stärksten dehnten sich Körper aus Magnesiochromit mit Magnetit aus, dicht gefolgt von solchen aus Chromit und Magnetit. Magnetitfreie Mischungen zeigten merkliche Ausdehnungen nur dann, wenn sie Magnesioferrit enthielten.

Das Bursting beginnt nach RIGBY mit der Mischkristallbildung bei ~1000 bis 1200° C.

Abb. 547. Chromitkorn, randlich infolge Magnetitaufnahme stärker reflektierend. Zahlreiche Treibrisse. Anschliff, Ölimmersion (Vergr. 60 ×) (nach F. TROJER)

Zwischen 1300 bis 1400° C soll es seinen Höhepunkt erreichen und bei höherer Temperatur teilweise durch eine schwache Schwindung gemildert werden. Die

Praxis zeigt aber, daß der Burstingeffekt merkliches Ausmaß erst bei Temperaturen von 1500 bis 1650° C erreicht.

Die Stärke des Burstings ist bei Chromerzen verschiedener Herkunft sehr unterschiedlich, zweifellos bedingt durch die chemische Zusammensetzung. An chromit- und picrochromitreichen Erzen findet man höhere Ausdehnungswerte als an ton-

a   b

Abb. 548 a u. b. Burstingeffekt an 2 Chrommagnesiakörpern
a) Schwaches Bursting; b) starkes Bursting

erdereichen. Einen weit größeren Einfluß übt jedoch nach F. Trojer [*56*] die von Ort zu Ort stark wechselnde tektonische Beanspruchung der Erze aus. Der Burstingeffekt geht stets von den Kornoberflächen aus, hängt also von der Größe dieser Oberflächen ab. Tektonische Beanspruchung zertrümmert die Körner, sie sind dann von später nur unvollkommen ausheilenden Rissen durchsetzt. Ihre für das Bursting in Frage kommende Oberfläche wird somit vergrößert. Abb. 547 zeigt, daß die Mischkristallbildung tatsächlich von Klüften des Chromitkornes ausgeht. Bei Verwendung von feingemahlenem Chromerz mit 0 bis 0,2 mm Korngröße fand F. Trojer in Chrommagnesiasteinen wesentlich höheres Bursting als an normalen Qualitäten mit Chromerz in der Körnung 1 bis 4 mm. Eine künstliche Vergrößerung der Oberfläche hat also die gleiche Wirkung auf das Bursting wie die natürliche.

Man hat verschiedene Methoden entwickelt, um die Stärke des Burstings zu messen. Unter ihnen kommen den Betriebsbedingungen die am nächsten, bei welchen man Magnetit auf die Oberflächen der Probe aufbringt.

F. Trojer [*56*] z. B. legt 20 g-Pastillen aus Hammerschlag auf zylindrische Probekörper mit 50 mm Durchmesser und 50 mm Höhe und brennt diese 3 Stunden lang in oxydierender Atmosphäre bei 1575° C. Die prozentuale Zunahme des oberen Durchmessers gilt ihm als Maß für das Bursting (Abb. 548a u. b).

Bei der Reaktion von Chromerz mit Eisenoxyd diffundiert auch Cr_2O_3 und MgO in das Eisenoxyd hinein.

J. F. Hyslop [*54*] glühte einen Fe_2O_3-Würfel 10 Minuten lang bei 1640° C auf einer Unterlage von Magnesiochromit. Das Fe_2O_3 dehnte sich dabei beträchtlich aus unter Bildung von Lamellen, die aus einer festen Lösung von Spinellen im Eisenoxyd bestanden. Es hatte dabei 41,2 Gew.-% Cr_2O_3 + MgO aus dem Magnesiochromit aufgenommen.

Die Löslichkeit von Fe_2O_3 in Chromerz ist beschränkt. Röntgenologisch konnte man in Mischungen von Magnesiochromit mit Fe_2O_3 die Eisenoxydphase bei einem Fe_2O_3-Gehalt von über 40% nachweisen. Überschüssiges Fe_2O_3 scheidet sich in Form von Hämatitlamellen parallel der Oktaederfläche (111) im Chromerz aus (Abb. 549).

Abb. 549
Hämatitlamellen im Chromit parallel (1 1 1). Anschliff (Vergr. 300 ×)

Chromoxyd Cr_2O_3 (Sp. 1990° C) neigt bei höheren Temperaturen zur Verdampfung.

I. Warshaw u. M. L. Keith [*57*] konnten aus Mischungen von 10% Al_2O_3, 2 bis 18% Cr_2O_3, Rest MgO und SiO_2 durch 3stündiges Erhitzen auf 1450° C nahezu das gesamte Cr_2O_3 verdampfen.

Der Cr_2O_3-Dampfdruck steigt etwa linear mit der Temperatur an, er ist geringer, wenn das Chromoxyd in Spinellstruktur vorliegt, daher ist der Chromoxydverlust unter zur Zerstörung des Chromitgitters führenden oxydierenden Bedingungen größer als bei reduzierenden. Da der Periklas gewissermaßen als

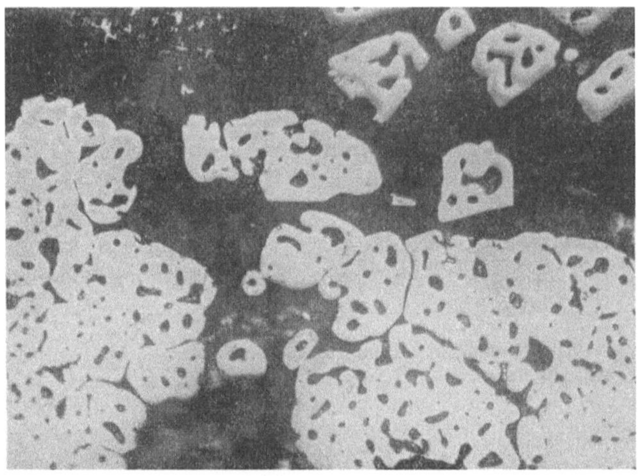

Abb. 550. Löchriger Chromspinell in einem Forsteritstein aus dem Vorderpfeiler eines SM-Ofens. Auflicht, Immersion (Vergr. ~ 200 ×)

basische Vorlage das verdampfende Chromoxyd beim Brand von Chrommagnesiasteinen auffängt, ist deren Chromverlust analytisch nicht zu bestimmen. Das verdampfende Chromoxyd hinterläßt gelegentlich im Chromspinell Löcher von 2—$20\,\mu$ Dmr. Möglicherweise sind die Löcher im Chromerz der Abb. 550 auf diese Weise entstanden. Man findet zuweilen in Tunnelöfen Grünfärbungen, die von kondensiertem Chromoxyd herrühren.

5.16 Magnesiumsilikate

5.161 Das System MgO–SiO₂

Das von N. L. Bowen u. O. Anderson [58] untersuchte und später von J. W. Greig [59] verbesserte Zweistoffdiagramm MgO–SiO_2 (Abb. 551) enthält zwei Verbindungen, das bei 1890° C kongruent schmelzende Orthosilikat *Forsterit* $2\,MgO \cdot SiO_2$ mit 57,2% MgO und 42,8% SiO_2 und das bei 1557° C inkongruent schmelzende Magnesiummetasilikat *Protoenstatit* $MgO \cdot SiO_2$ mit 40,2% MgO und 59,8 SiO_2. Daß Protoenstatit,

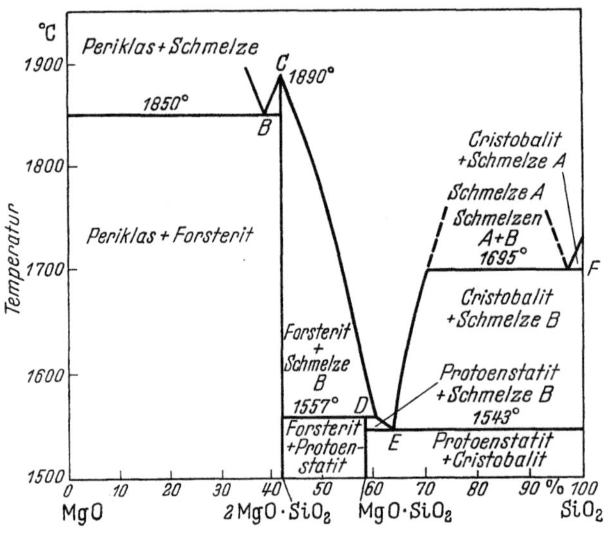

Abb. 551. System MgO–SiO₂ (nach N. L. Bowen u. O. Anderson, verbessert von J. W. Greig)

nicht aber Klinoenstatit, als stabile Hochtemperaturphase des Metasilikates auftritt, erkannte W. R. FOSTER [60] auf Grund röntgenologischer Untersuchung mit der Hochtemperaturkamera (s. a. Abschn. 5.164). Bei 1557° C zersetzt sich der Protoenstatit in Forsterit und kieselsäurereichere Schmelze. Umgekehrt scheidet sich beim Abkühlen einer Schmelze mit metasilikatischer Zusammensetzung zunächst Forsterit aus, der sich unterhalb 1557° C mit der Restschmelze zu Protoenstatit umsetzen sollte. Diese Reaktion verläuft aber meist unvollkommen, so daß man häufig nach der Erstarrung noch Forsteritrestkristalle finden kann. Diese als BOWEN-ANDERSON-*Effekt* bezeichnete Erscheinung spielt bei der Bildung magnesiumreicher magmatischer Gesteine eine Rolle.

Das Diagramm $MgO-SiO_2$ enthält außerdem 2 Eutektika, nämlich zwischen MgO und Forsterit bei 1850° C und zwischen Forsterit und Kieselsäure bei 1543° C. Im kieselsäurereichen Teil des Diagramms besteht ähnlich wie in den Systemen der übrigen zweiwertigen Metalloxyde (FeO, MnO, CaO usw.) eine *Mischungslücke*, die den sehr steilen Anstieg der Liquiduskurve vom Eutektikum ab zur Folge hat (vgl. Abschn. 2.14). MgO-Zusätze bis zu etwa 30% setzen daher den Schmelzpunkt der Kieselsäure nur sehr wenig herab.

5.162 Das System $MgO-FeO-SiO_2$

Das Zweistoffsystem $FeO-SiO_2$ (vgl. Abb. 124, Abschn. 2.15) enthält als einzige Verbindung das bei 1205° C schmelzende Orthosilikat *Fayalit* $2FeO \cdot SiO_2$, ein Metasilikat existiert im reinen System $FeO-SiO_2$ nicht. Es gibt aber Mischkristalle mit Magnesiummetasilikat, die bis zu $\sim 90\%$ $FeO \cdot SiO_2$ enthalten können. Die Neigung der Oxyde MgO, FeO und MnO, Mischkristalle zu bilden

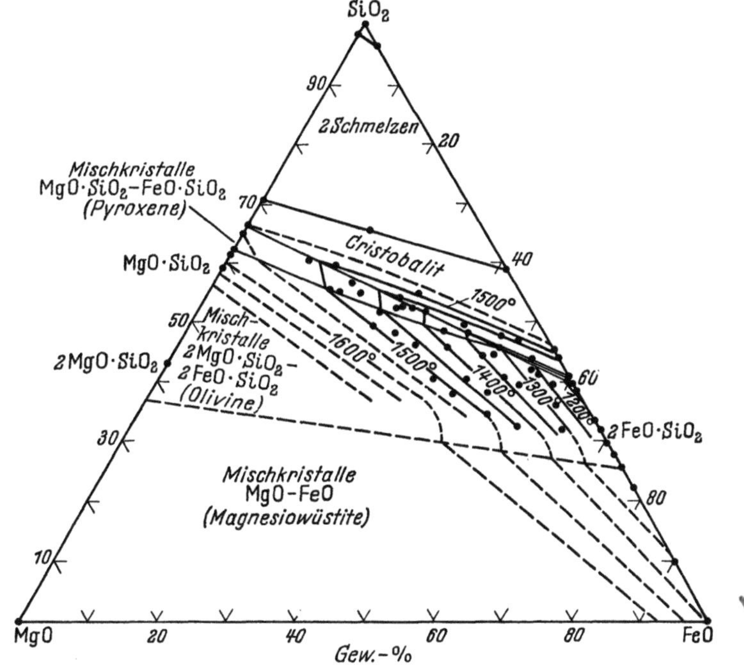

Abb. 552. Isothermen des Systems $MgO-FeO-SiO_2$ (nach N. L. BOWEN u. J. F. SCHAIRER)

hängt damit zusammen, daß sich die Ionenradien von Mg^{2+}, Fe^{2+} und Mn^{2+} nur wenig voneinander unterscheiden (vgl. Abb. 29, Abschn. 1.333), sie besteht auch für die Orthosilikate und die Metasilikate dieser Metalle (Abb. 552) [61]. In den beiden letzten Gruppen können die Kationenplätze auch mit Ca^{2+}-Ionen besetzt werden; das hat aber eine Verminderung der Stabilität zur Folge (Modifikations-änderungen des Kalkolivins). Man bezeichnet die Mischkristallreihe der Ortho-silikate als *Olivingruppe*, die der Metasilikate als *Pyroxengruppe*.

5.163 Olivine

Die Olivine kristallisieren im rhombischen System. Nach ihrer Gitterstruktur gehören sie zu den Inselsilikaten (vgl. Abb. 3, Abschn. 1.23), d. h. die SiO_4-Tetraeder sind durch einfache Kationenbrücken miteinander verbunden. Die Sauerstoffionen bilden eine verzerrte hexagonal dichteste Kugelpackung mit Si-Ionen in den tetraedrischen, Kationen in den oktaedrischen Lücken. Diese pseudohexagonale Anordnung stellt eine gewisse Verwandtschaft mit dem Spi-nellgitter her. Das Olivingitter ist jedoch offener als dieses, d. h., es können leicht Fremdstoffe, wie Kieselglas oder Eisenoxyde, parallel Gitterebenen, vor allem (010), eingelagert werden.

Im Kalziummagnesiumolivin *Monticellit* ($CaO \cdot MgO \cdot SiO_2$) bedingen die Ca-Ionen wegen ihres größeren Raumbedarfes eine Aufweitung der Sauerstoff-packung. Die Olivine mit Ausnahme des Kalkolivins (vgl. Abschn. 5.173) er-leiden beim Erhitzen keine Modifikationsänderungen, eine Tatsache, die ihre Verwendung als feuerfeste Baustoffe begünstigt.

Einen Überblick über die Zusammensetzung und Eigenschaften der wichtig-sten Olivine gibt Tab. 134. Die größte Bedeutung für die Feuerfestindustrie

Tabelle 134. *Zusammensetzung und Eigenschaften von Olivinen*

Name	Formel	Kurz-zeichen	Spezi-fisches Gewicht	Schmelz-temperatur °C	Löslichkeit
Forsterit	$2MgO \cdot SiO_2$	M_2S	3,21	1890	unbegrenzte
Fayalit	$2FeO \cdot SiO_2$	F_2S	4,33	1205	isomorphe
Tephroit	$2MnO \cdot SiO_2$	—	4,04	1323	Mischbarkeit
Monticellit	$CaO \cdot MgO \cdot SiO_2$	CMS	3,03	1498 inkongruent	
Ferromonticellit ..	$CaO \cdot FeO \cdot SiO_2$	CFS	3,33	1208	

besitzt der *Forsterit*, der in der Natur in großen Lagerstätten vorkommt (siehe Abschn. 5.231). Er bildet stets Mischkristalle mit Fayalit. Mit wachsendem Fayalit-anteil sinkt der Schmelzpunkt der Olivine, wie man dem Diagramm Abb. 553 [61] entnehmen kann. Für feuerfeste Zwecke eignen sich noch Mischkristalle mit Fayalitgehalten bis zu 10% entsprechend ~5,4% FeO. Die Feuerfestigkeit derartiger Olivine übersteigt noch 1800° C.

Der Forsterit ist grün bis gelbgrün gefärbt, im Dünnschliff erscheint er als praktisch farblos. Unter dem Mikroskop ist er an den bei gekreuzten Nikols auftretenden hohen Interferenzfarben leicht zu erkennen. Eingelagertes Kiesel-glas kann die Doppelbrechung allerdings stark herabsetzen (bis zum Grau 1. Ord-nung). Die Spaltbarkeit ist unvollkommen, der Bruch meist glasig. Das spezifische Gewicht des reinen Forsterits beträgt 3,21. Er dehnt sich beim Erhitzen gleichmäßig (ohne sprunghafte Änderungen) aus, sein mittlerer Wärmeausdehnungskoeffizient zwischen 20 und 1500° C liegt bei $11 \cdot 10^{-6}$ [62], hat also die gleiche Größenordnung wie der des Periklases. Die Wärmeleitfähigkeit ist jedoch geringer als beim Periklas, sie wurde im Temperaturbereich herauf bis 1316° C zu $\lambda_{\text{techn}} = 1{,}277$ bestimmt [62].

Bei oxydierendem Brennen zersetzt sich der Fayalitanteil des Forsterits bereits ab 700° C in Fe_2O_3 und SiO_2. Das Eisenoxyd scheidet sich entlang von Spaltflächen und Korngrenzen aus. Abb. 554 zeigt die Anschliffaufnahme eines 12 Stunden bei 870° C erhitzten Olivins mit zahlreichen Entmischungsspindeln aus Fe_2O_3. Mit weiter ansteigender Temperatur sammelt sich das Fe_2O_3 in kubischen Kristallen, die oberhalb 1150° C in Fe_3O_4 übergehen.

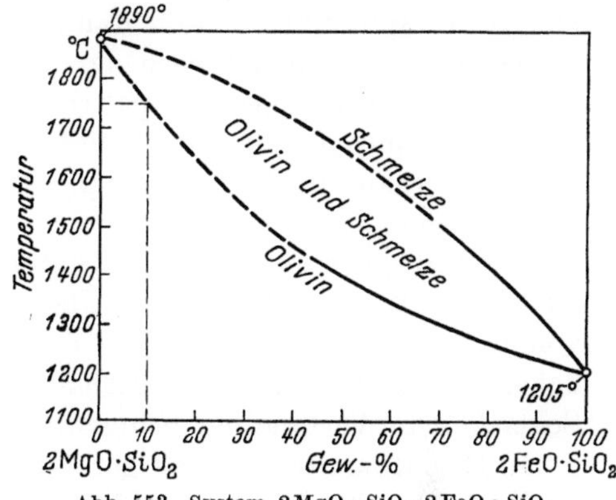

Abb. 553. System $2MgO \cdot SiO_2$–$2FeO \cdot SiO_2$ (nach N. L. Bowen u. J. F. Schairer)

Reduzierender Brand läßt die Eisenoxydeinlagerungen wieder unter Rückbildung von Fayalit verschwinden.

Kommt Olivin bei hohen Temperaturen mit *Eisendampf* in Berührung, so wird das Magnesium im Forsterit durch Eisen ersetzt, es bildet sich Fayalit unter Austritt von Magnesiumdampf:

$$2Fe + 2MgO \cdot SiO_2 = 2FeO \cdot SiO_2 + 2Mg$$

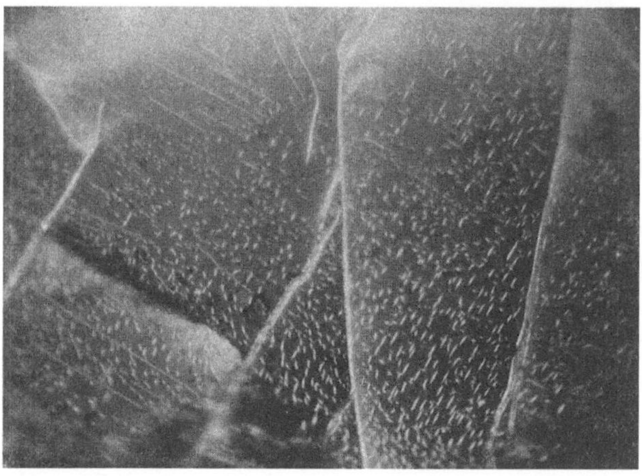

Abb. 554. Norwegischer Olivin, 12 Std. oxydierend bei 870° C gebrannt
Dunkelgrau: Forsterit; hell: Hämatitlamellen. Anschliff, Ölimmersion (Vergr. 490 ×)

Diese Beobachtung machte V. M. Goldschmidt [62, S. 368] an Steinen aus der Rückwand eines SM-Ofens. Mit *Eisen*(3)-*oxyd* reagiert Forsterit oberhalb 1400° C unter Bildung von Magnesioferrit und Protoenstatit nach der Gleichung:

$$2MgO \cdot SiO_2 + Fe_2O_3 = MgO \cdot Fe_2O_3 + MgO \cdot SiO_2$$

worauf erstmalig W. HUGILL u. A. T. GREEN [62a] hinwiesen. Mit Fe_3O_4 spielen sich die Reaktionen

bzw.
$$2MgO \cdot SiO_2 + Fe_3O_4 \rightarrow MgO \cdot FeO \cdot SiO_2 + MgO \cdot Fe_2O_3$$
$$MgO \cdot FeO \cdot SiO_2 + Fe_3O_4 \rightarrow 2FeO \cdot SiO_2 + MgO \cdot Fe_2O_3$$

ab. Als Endprodukt entsteht dann neben Magnesioferrit der ebenfalls niedrigschmelzende Fayalit[1]. Wegen der offenen Kristallstruktur der Olivine können Eisenoxyde leicht längs den Spaltrissen einwandern (s. Abb. 607, Abschn. 5.516).

Bei Berührung mit *Kohlenstoff*, beispielsweise mit Kohleelektroden, wird Olivin oberhalb 1650° C zu Magnesiumdampf und gasförmigem Siliziumoxyd SiO reduziert.

Mit *Kalk* geht Forsterit bereits ab 1400° C in den bei $\sim$1500° C schmelzenden Kalkolivin *Monticellit* über. Ein Überschuß von CaO führt dabei zur Entstehung von *Dikalziumsilikat* (s. Abschn. 5.173) unter Freisetzung von MgO. Man darf daher Forsteriterzeugnisse oberhalb 1400° C nicht mit CaO oder kalkreichen Schlacken in Verbindung bringen.

In Gegenwart tonerdehaltiger Stoffe bildet sich oberhalb 1250° C verhältnismäßig leicht der bereits bei 1460° C schmelzende *Cordierit* ($2MgO \cdot 2Al_2O_3 \cdot 5SiO_2$). Forsterithaltige Baustoffe dürfen also auch nicht mit schamotte- oder hochtonerdehaltigen Steinen in Berührung gebracht oder mit Ton gebunden werden (vgl. auch Abschn. 5.516.2).

Olivine bilden sich – wie Spinelle – leicht durch *Reaktionen im festen Zustand*. Forsterit beispielsweise entsteht bereits ab 1000° C aus Magnesiummetasilikat (Enstatit oder Speckstein) und Magnesiumoxyd, insbesondere kalzinierter Magnesia nach der Formel

$$MgO \cdot SiO_2 + MgO = 2MgO \cdot SiO_2$$

Im Temperaturbereich von 1300 bis 1450° C verläuft diese Reaktion so schnell, daß sich Forsterit technisch herstellen läßt [63].

Umgekehrt geht Forsterit in Gegenwart von Kieselsäure verhältnismäßig leicht in Enstatit über. Ist andererseits ein Überschuß von MgO über die zur Bildung von Forsterit notwendige Menge vorhanden, so wird vorhandenes Eisenoxyd in Form von Magnesioferrit gebunden und vom Periklas in feste Lösung genommen. Auf diese Weise kann man niedrigschmelzende Eisenverbindungen, wie Fayalit, in höher schmelzende überführen und so die Feuerfestigkeit des Materials erhöhen [64]. Die Affinität des Eisenoxydes zu MgO ist bei hohen Temperaturen so groß, daß sich so lange kein Fayalit neu bildet, als freies MgO vorhanden ist.

5.164 Pyroxene

Unter den kalkfreien Magnesium-Eisenpyroxenen existieren 2 Mischkristallreihen, eine rhombische mit Endgliedern *Enstatit* und *Ferrosilit* (in der Metallurgie auch *Grünerit* genannt) und eine monokline mit den Endgliedern *Klinoenstatit* und *Klinoferrosilit* (Tab. 135). Die Metasilikate besitzen Kettenstruktur. Wie Abb. 5, Abschn. 1.23, zeigt, steht in der Elementarzelle die *a*-Richtung nicht senkrecht auf der parallel den Ketten verlaufenden *c*-Richtung. Dementsprechend kristallisiert ein Teil der Metasilikate im monoklinen System. Die rhombische

---

[1] Mitteilung der Veitscher Magnesitwerke A.G., Wien

Reihe soll dadurch entstehen, daß jeweils 2 Elementarzellen spiegelbildlich zur b–c-Ebene aneinandergereiht sind. Die Elementarzelle würde dann in der a-Richtung doppelte Breite erhalten (Abb. 555) [65]. Diese Auffassung wird neuerdings von W. LINDEMANN [65a] bestritten.

Tabelle 135. *Zusammensetzung und Eigenschaften einiger Pyroxene*

Name	Formel	Kurz-zeichen	Spezi-fisches Ge-wicht	Umwandlung		Schmelz-punkt °C
				Tempe-ratur °C	in	
1. Rhombische Reihe						
Enstatit	$MgO \cdot SiO_2$	MS	3,18	1260	Protoenstatit	1557 inkongr.
Bronzit	$(MgO, FeO)SiO_2$ mit 5 bis 13% FeO	—	—	—	—	—
Hypersthen	$(MgO, FeO)SiO_2$ mit 13 bis 22% FeO	—	—	—	—	—
Ferrosilit	$FeO \cdot SiO_2$	FS	3,90	?	Quarz + Olivin	1180 inkongr.
2. Monokline Reihe a) kalkfrei						
Klinoenstatit	$MgO \cdot SiO_2$	MS	3,18	1100	Protoenstatit	1557 inkongr.
Klinoferrosilit	$FeO \cdot SiO_2$	FS	3,90	?	Quarz + Olivin	1180 inkongr.
b) kalkhaltig						
Diopsid	$CaO \cdot MgO \cdot 2\,SiO_2$	CMS_2	3,25	—	—	1391
Hedenbergit	$CaO \cdot FeO \cdot 2\,SiO_2$	CFS_2	3,62	965	Mischkristalle Wollastonit – Ferrosilit	1202
3. Trikline Silikate						
Rhodonit	$MnO \cdot SiO_2$ Fe- und Ca-haltig	—	3,6	—	—	1215

Ihrer Kettenstruktur gemäß bilden die Pyroxene meistens säulige oder tafelige Kristalle und besitzen gute Spaltbarkeit nach (110). Die magnesiumreichen Pyroxene sind grau bis grün durchscheinend und im Dünnschliff farblos, die eisenreicheren bräunlich bis schwarz, im Dünnschliff pleochroitisch hellgrün bis rötlichbraun.

Enstatit geht bei Erhitzen auf etwa 1260° C in die Hochtemperaturmodifikation Protoenstatit über. Diese Umwandlung verläuft träge, daher ist bei langem Halten der Temperatur der Übergang schon bei tieferer Temperatur zu erwarten. Nach L. M. ATLAS [60] beginnt die Umwandlung in Gegenwart des Mineralisators *Lithiumfluorid* bereits bei 985° C. Früher nahm man an, daß sich Protoenstatit mit steigender Temperatur in eine weitere Hochtemperaturform, den monoklinen Klinoenstatit umwandelt, der dann bei

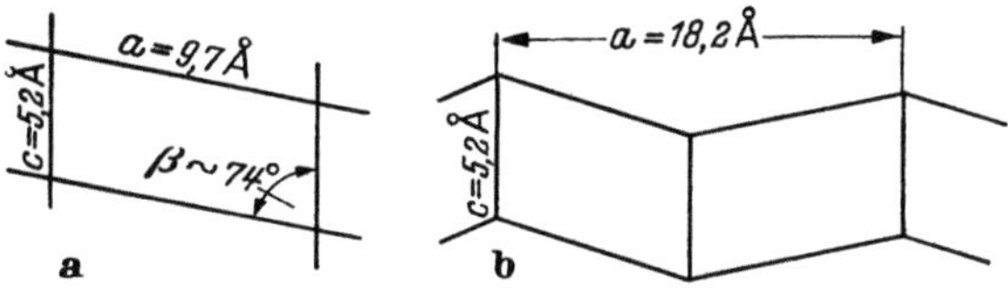

Abb. 555 a u. b
Elementarzelle der Pyroxene (nach F. MACHATSCHKI)
a) Monokline Reihe; b) rhombische Reihe

1557° C inkongruent schmelzen soll. W. R. Foster [60] erkannte jedoch auf Grund seiner Untersuchungen mit der Röntgen-Hochtemperaturkamera, daß Klinoenstatit in Wirklichkeit eine unterhalb 700° C aus dem Protoenstatit entstehende Tieftemperaturphase ist. Auch die Umwandlung in ihm ist träge, man findet daher häufig im kalten Zustand instabilen Protoenstatit neben stabilem Klinoenstatit. Sie ist mit einer beträchtlichen Volumenzunahme verbunden, die einen Zerfall des Materials, ähnlich dem beim Übergang $\beta \rightarrow \gamma$-Dikalziumsilikat (s. Abschn. 5.173) zur Folge hat. Erfahrungsgemäß kann man die Umwandlung stark fördern, wenn man eine die Kristalle gewöhnlich umgebende, ihre Umwandlung hemmende Glashülle z. B. durch Mahlen zerstört [66].

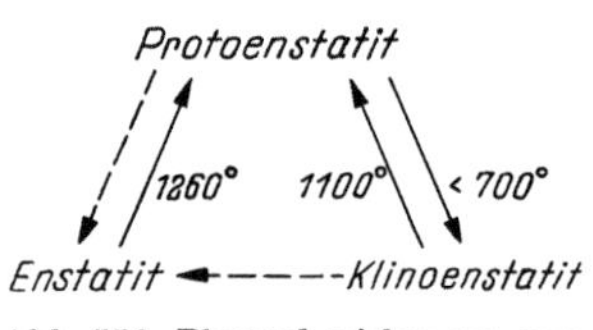

Abb. 556. Phasenbeziehungen von MgO · SiO₂ (nach W. R. Foster)

Beim Wiederaufheizen wandelt sich Klinoenstatit bei ~1100° C in Protoenstatit zurück. Wie sich Klinoenstatit zu rhombischem Enstatit verhält, ist noch nicht geklärt. W. R. Foster [60] deutet in seinem Schema (Abb. 556) die Möglichkeit einer Umwandlung Klinoenstatit–Enstatit an, sie konnte aber bisher experimentell nicht bestätigt werden.

Das Verhalten der Mischkristallglieder mit höherem Eisengehalt beim Erhitzen ist noch nicht bekannt. Sicher ist, daß ihre Stabilität mit zunehmendem

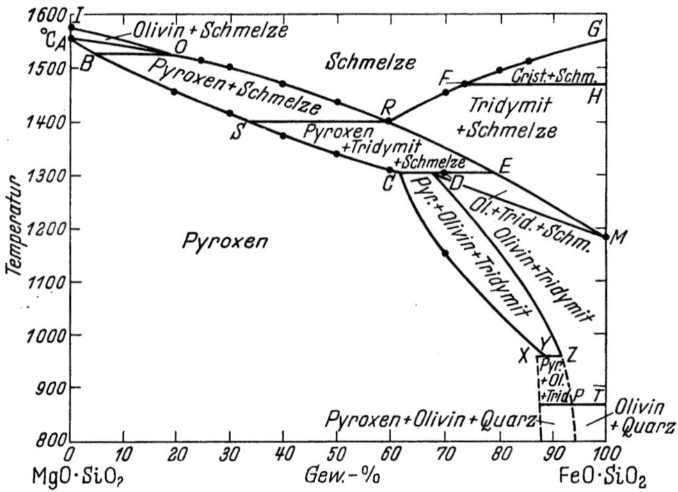

Abb. 557. Binäres System MgO · SiO₂–FeO · SiO₂ (nach N. L. Bowen u. J. F. Schairer), vereinfacht

Eisenoxydgehalt abnimmt und reines Ferrosilit bzw. Klinoferrosilit nicht existieren, da sie nach dem binären Diagramm MgO · SiO₂–FeO · SiO₂ in Olivin und SiO₂ zerfallen (Abb. 557) [61].

Kalkhaltige Pyroxene kristallisieren nur im monoklinen System, sie bilden eine lückenlose Mischkristallreihe mit den Endgliedern *Diopsid* (CaO · MgO · 2SiO₂) und *Hedenbergit* (CaO · FeO · 2SiO₂), von denen das letztere bereits bei 965° C zerfällt (vgl. Tab. 135). Diese niedrigschmelzenden Verbindungen treten praktisch nur in Schlacken auf.

Das Mangansilikat *Rhodonit* ($MnO \cdot SiO_2$) kristallisiert triklin, es kommt – ähnlich wie Eisenmetasilikat – nicht in reiner Form vor, meist bildet es FeO- und CaO-haltige Mischkristalle.

5.165 Wasserhaltige Magnesiumsilikate

Olivin geht durch Verwitterung oder hydrothermale Einflüsse in *Serpentin* über. Dieser besteht aus zwei monoklin kristallisierenden Varietäten, Blätterserpentin (*Antigorit*) und Faserserpentin (*Chrysotil*). Blätterserpentin hat ein dem Kaolinit entsprechendes Zweischichtgitter (vgl. Abschn. 3.112, Abb. 262), in ihm sind die $2Al^{3+}$-Ionen der Kaolinit-Oktaederschicht durch $3Mg^{2+}$-Ionen ersetzt, seine Summenformel lautet demnach $3MgO \cdot 2SiO_2 \cdot 2H_2O$. Faserserpentin entsteht aus dem Blätterserpentin durch Einrollen der Doppelschichten zu Hohlfasern, ähnlich wie dies auch beim Übergang von Halloysit in Metahalloysit stattfindet (vgl. Abschn. 3.113). In ihren Eigenschaften unterscheiden sich die beiden Serpentinvarietäten nur wenig. Im reinen Serpentin ist das Verhältnis MgO zu SiO_2 kleiner als im Forsterit.

Auf Vorschlag von V. M. GOLDSCHMIDT [67] benutzt man eisenarmen Serpentin neben Olivin als Rohstoff für die Herstellung von Forsteritsteinen. Bei 800 bis 900° C geht Serpentin unter Wasserabspaltung in Forsterit und Kieselsäure über, die sich leicht in das Forsteritgitter einlagert [67a]. Mischt man feingemahlenem Serpentin Magnesiumoxyd oder Magnesit zu, so reagiert die Kieselsäure im festen Zustand bereits bei 900 bis 1100° C für technische Zwecke ausreichend rasch unter Bildung von Forsterit.

Als weiteres wasserhaltiges Magnesiumsilikat findet sich in der Natur in abbauwürdigen Mengen der ebenfalls monoklin kristallisierende *Talk* oder *Speckstein* (Steatit). Dieses Mineral entsteht in metamorphen Zonen; es besitzt eine dem Glimmer entsprechende Dreischichtstruktur (vgl. Abschn. 3.116, Abb. 270). Wie beim Serpentin sind auch hier $2Al^{3+}$-Ionen der Oktaederschicht durch $3Mg^{2+}$-Ionen ersetzt, die Si-Ionen der Tetraederschichten werden aber nicht durch andere Kationen substituiert. Die Elementarzelle ist daher ladungsmäßig ausgeglichen, sie braucht keine Alkalien aufzunehmen. Die Summenformel des Talkes lautet also $3MgO \cdot 4SiO_2 \cdot H_2O$. Das Mg ist nur in geringem Umfange durch Fe ersetzt. Die einzelnen Elementarschichten sind lediglich durch VAN DER WAALSsche Kräfte miteinander verbunden, die Spaltbarkeit parallel der Schichtebene ist somit ausgezeichnet. Dieser guten Spaltbarkeit und der Biegsamkeit der feinen Blättchen verdankt der Talk seine charakteristische Eignung als Glättmittel. Feinschuppige, dichte Massen werden als Speckstein oder Steatit bezeichnet, sie ähneln dem *Agalmatolith* (vgl. Abschn. 4.111).

Das Verhalten des Talkes beim Erhitzen wurde von W. EITEL u. H. KEDESDY [10] durch elektronenmikroskopische Aufnahmen und Beugungsdiagramme untersucht.

Bis herauf zu 700° C zeigten sich noch keine Veränderungen, bei 800° C begann sich der Talk ziemlich plötzlich unter gleichzeitiger Mineralneubildung zu entwässern. Oberhalb 900° C setzte eine Um- und Sammelkristallisation ein, die zur Entstehung von *Protoenstatit*-kristallen pseudomorph nach Talk führte. Bei 1150° C machte sich bereits eine Sinterung unter Entstehung schmelzflüssiger Phase bemerkbar, ab 1200° C schließlich entstanden Fließstrukturen infolge Vermehrung der kieselsäurereichen flüssigen Phase. Ein bei noch höherer

Temperatur beobachteter Übergang in *Klinoenstatit* dürfte nach schon erwähnten Untersuchungen von W. R. Foster [60] erst bei der Abkühlung erfolgt sein.

Wie Serpentin können auch Talk und Speckstein durch Zumischung von Magnesiumoxyd und Erhitzen in Forsterit übergeführt werden, dabei erreicht jedoch nach V. M. Goldschmidt [63, 67] die Reaktion technisch ausreichende Geschwindigkeit erst zwischen 1200 und 1300° C.

5.166 Das System $MgO-Al_2O_3-SiO_2$

Neben Kieselsäure besitzt auch Tonerde wesentlichen Einfluß auf die Eigenschaften der basischen feuerfesten Steine. Im bereits besprochenen System $MgO-Al_2O_3$ (Abb. 541) ist als binäre Phase der Spinell enthalten, der an Feuerfestigkeit den Korund noch übertrifft. Nach dem von G. A. Rankin u. H. E. Merwin [68] aufgestellten und von J. W. Greig [69] modifizierten Dreistoffdiagramm $MgO-Al_2O_3-SiO_2$ (Abb. 558) sinken die Schmelztemperaturen mit steigendem

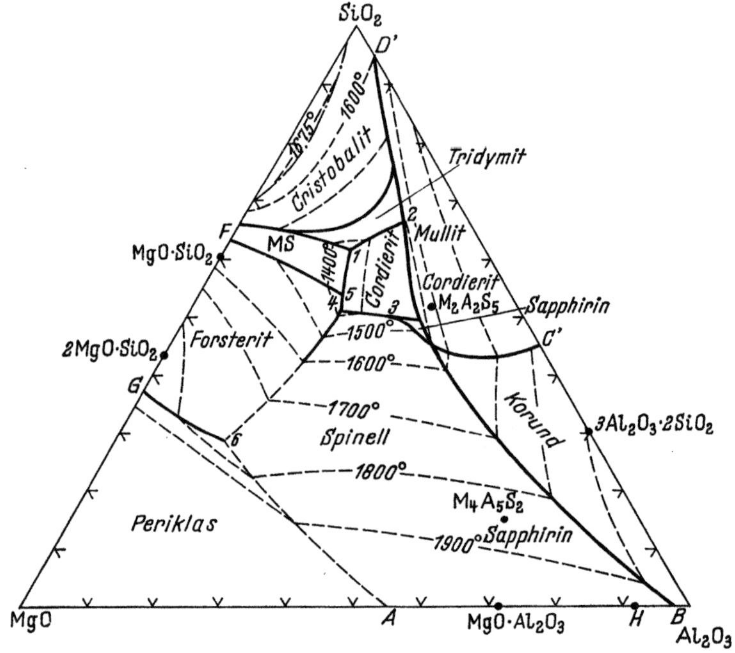

Abb. 558. System $MgO-Al_2O_3-SiO_2$ (nach G. A. Rankin u. H. E. Merwin, verbessert nach J. W. Greig, J. F. Schairer u. W. R. Foster)

Punkt	Kristallisierte Phasen	MgO	Al_2O_3	SiO_2	Temperatur	Punkt	Kristallisierte Phasen	MgO	Al_2O_3	SiO_2	Temperatur
1[1]	$MS-S-M_2A_2S_5$	20,3	18,3	61,4	1345	*A*	M–MA	45,0	55,5		2030
2	$S-A_3S_2-M_2A_2S_5$	10,0	23,5	66,5	1425	*B*	MA–A	2,0	98,0		1925
3	$A_3S_2-M_4A_5S_2-M_2A_2S_5$	16,1	34,8	49,1	1460	*C'*	A–AS		55,0	45,0	1810
4	$MA-M_2S-M_2A_2S_5$	25,7	22,8	51,5	1370	*D'*	AS–S		5,5	94,5	1545
5	$M_2S-MS-M_2A_2S_5$	25,0	21,0	54,0	1360	*E*	S–MS	35,0		65,0	1543
6[1]	$M_2S-M-MA$	56,0	16,0	28,0	1700	*F*	$MS-M_2S$	37,5		62,5	1557
7	$A-MA-A_3S_2$	15,2	42,0	42,8	1575	*G*	M_2S-M	63,0		37,0	1850
	MA	28,4	71,6		2135	*H*	MA–A	8,0	92,0		1925
	M_2S	57,1		42,9	1890		Periklas	100,0			2800
	$M_2A_2S_5$	13,7	34,9	51,4			Korund		100,0		2050
	A_3S_2		71,8	28,2	1810[2]		Cristobalit			100,0	1713
	MS	40,0		60,0	1557[2]						

[1] Eutektikum   [2] Inkongruenter Schmelzpunkt $M = MgO$, $A = Al_2O_3$, $S = SiO_2$

SiO_2-Gehalt stark ab. Als ternäre Phasen treten die inkongruent schmelzenden Verbindungen *Cordierit* ($2MgO \cdot 2Al_2O_3 \cdot 5SiO_2$) und *Sapphirin* ($4MgO \cdot 5Al_2O_3 \cdot 2SiO_2$) auf.

Cordierit zersetzt sich bei 1460° C unter Bildung von Mullit und Schmelze. Er tritt in 2 Modifikationen auf, der stabilen Hochtemperaturform *α-Cordierit*, die rhombisch-pseudohexagonal mit interessanter Zwillingsbildung kristallisiert und viel Kieselsäure in fester Lösung aufnehmen kann (Mischkristalle mit $MgO \cdot Al_2O_3 \cdot 3SiO_2$?), und der instabilen Tieftemperaturform *μ*-Cordierit, die bei 925 bis 1150° C monotrop in α-Cordierit übergeht. Nach K. Sugiura [70] soll jedoch *μ*-Cordierit in Wirklichkeit mit Mullit identisch sein.

Cordierit zeichnet sich dadurch aus, daß sein Wärmeausdehnungskoeffizient praktisch als null anzusetzen ist. Man strebt seine Bildung daher in Erzeugnissen an, die hohe Temperaturwechselbeständigkeit besitzen sollen, aber keine hohe Feuerfestigkeit zu haben brauchen. Die ternären Eutektika zwischen dem Cordieritausscheidungsgebiet und den verschiedenen binären Phasen liegen sämtlich im Temperaturbereich von 1345 bis 1460° C (Punkt *1* bis *5* in Abb. 558). Sind also in magnesiareichen Mischungen merkliche Mengen von Al_2O_3 neben SiO_2 vorhanden, so ist bereits bei relativ niedrigerer Temperatur mit dem Auftreten größerer Schmelzmengen zu rechnen. SiO_2-arme Mischungen dagegen weisen hohe Feuerfestigkeitswerte auf.

Tabelle 136. *Zusammensetzung und Eigenschaften der Kalziumaluminate und -ferrite*

Name	Formel	Kurzzeichen	Zusammensetzung			Kristallsystem	Schmelzpunkt °C
			CaO %	Al_2O_3 %	Fe_2O_3 %		
Trikalziumaluminat	$3CaO \cdot Al_2O_3$	C_3A	62,2	37,8	—	regulär	1535 inkongr.
	$12CaO \cdot 7Al_2O_3$	$C_{12}A_7$	48,6	51,4	—	regulär	1455
Kalziumaluminat	($5CaO \cdot 3Al_2O_3$) $CaO \cdot Al_2O_3$	CA	35,4	64,6	—	monokl. oder triklin	1600
Kalziumdialuminat	$CaO \cdot 2Al_2O_3$	CA_2	21,7	78,3	—	monoklin	1765 inkongr.
Kalziumhexaaluminat	($3CaO \cdot 5Al_2O_3$) $CaO \cdot 6Al_2O_3$	CA_6	8,4	91,6	—	hexagonal	1850 $\pm$ 10 inkongr.
Dikalziumferrit	$2CaO \cdot Fe_2O_3$	C_2F	41,3	—	58,7	niedrigsymmetrisch	1435
Monokalziumferrit	$CaO \cdot Fe_2O_3$	CF	26,0	—	74,0	tetragonal oder hexagonal	1216 inkongr.
Kalziumdiferrit	$CaO \cdot 2Fe_2O_3$	CF_2	14,9	—	85,1	?	~1220 inkongr.
Brownmillerit	$4CaO \cdot Al_2O_3 \cdot Fe_2O_3$	C_4AF	37,9	24,2	37,9	?	1415

5.17 Kalkhaltige Verbindungen
5.171 Kalziumaluminate

Das Ca-Ion unterscheidet sich vom Mg-Ion durch seinen größeren Ionenradius und durch stärkere Aktivität bei hohen Temperaturen. Der große Ionenradius verhindert den Eintritt des Kalziums in das Spinellgitter und erschwert die Aufnahme in das Olivingitter. Die starke Aktivität führt dazu, daß sich das Magnesiumoxyd der feuerfesten Erzeugnisse nur wenig an den Reaktionen mit Tonerde und Kieselsäure beteiligt, solange eben noch freier Kalk vorhanden ist.

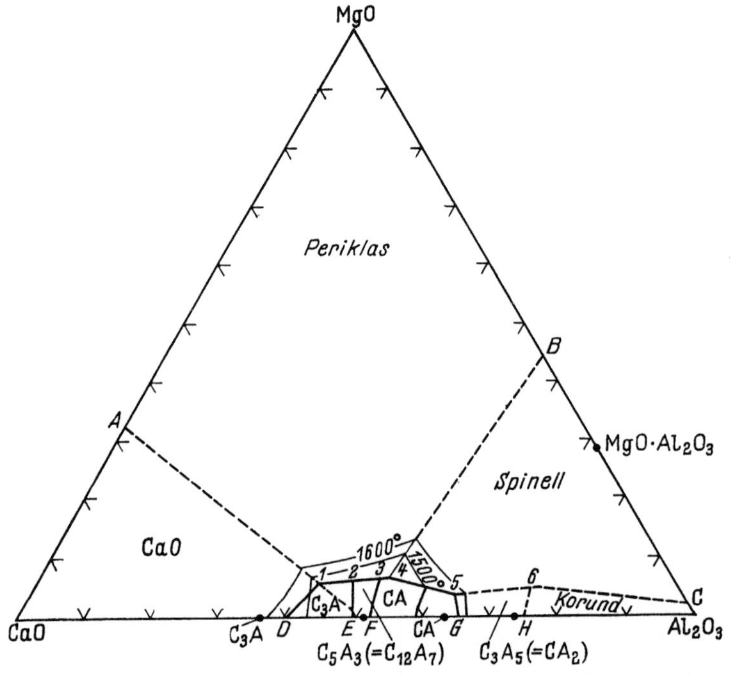

Abb. 559. System CaO–MgO–Al$_2$O$_3$ (nach G. A. Rankin u. H. E. Merwin)

Punkt	Kristallisierte Phasen im System CaO—Al$_2$O$_3$	CaO	Al$_2$O$_3$	Temperatur	Punkt	Ternäre kristallisierte Phasen	CaO	MgO	Al$_2$O$_3$	Temperatur
D	C–C$_3$A	59,0	41,0	1535	1	M–C–C$_3$A	51,5	6,2	42,3	1450
E	C$_3$A–C$_{12}$–A$_7$	50,0	50,0	1395	2[1]	M–C$_3$A–C$_{12}$A$_7$	46,0	6,3	47,7	1345
F	C$_{12}$A$_7$–CA	47,0	53,0	1400	3[1]	M–C$_{12}$A$_7$–CA	41,5	6,7	51,8	1345
G	CA–CA$_2$	33,5	66,5	1590	4	M–MA–A	45,7	6,9	52,4	1370
H	CA$_2$–A	24,0	76,0	1700	5	MA–CA–CA$_2$	33,3	3,5	63,2	1550
					6	C$_2$A–MA–A	21,0	5,0	74,0	1680

[1] Eutektikum   C = CaO,   M = MgO,   A = Al$_2$O$_3$

Diese Tatsache kommt deutlich im Dreistoffsystem CaO–MgO–Al$_2$O$_3$ [71] zum Ausdruck; in ihm reicht das Periklasfeld bis dicht an die CaO—Al$_2$O$_3$-Seite heran (Abb. 559). Während im Randsystem MgO–Al$_2$O$_3$ der hochfeuerfeste Spinell MgO · Al$_2$O$_3$ als einzige Verbindung auftritt, existieren im System CaO–Al$_2$O$_3$ (Abb. 560) [72] nicht weniger als 5 Verbindungen (Tab. 136):

1. 3CaO · Al$_2$O$_3$ mit einem inkongruenten Schmelzpunkt von 1535° C und dem spez. Gewicht 3,00. Es kristallisiert regulär und hat den Brechungsindex $n = 1,710$. Nach

W. Eitel [75] soll es eine feste Lösung von CaO in $12\,CaO \cdot 7Al_2O_3$ darstellen und in Gegenwart von Mineralisatoren bereits bei ~1100° C in diese Komponenten zerfallen.

2. $12\,CaO \cdot 7Al_2O_3$ mit einem Schmelzpunkt von 1455° C und dem spez. Gewicht 2,70 [73]. Es kristallisiert ebenfalls regulär und hat den Brechungsindex $n = 1,608$. Früher wurde ihm die Formel $5\,CaO \cdot 3Al_2O_3$ zugeschrieben. Neben der stabilen, kristallinen Form

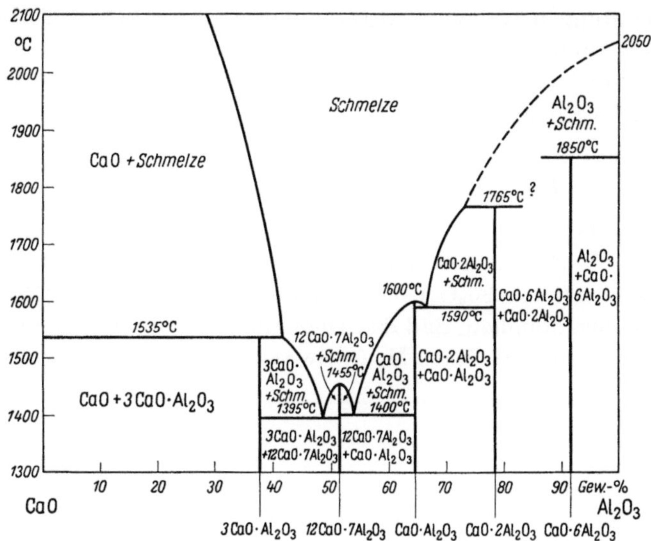

Abb. 560. System CaO–Al₂O₃ (nach E. S. Shepherd, G. A. Rankin u. F. E. Wright ergänzt)

existiert in schnell gekühlten Schmelzen eine instabile, die aus Faseraggregaten und Sphärolithen besteht, sowie eine glasige Form mit größerer Dichte und höherer Lichtbrechung als die kristalline.

3. $CaO \cdot Al_2O_3$ mit dem Schmelzpunkt 1600° C. Es kristallisiert monoklin oder triklin, die Lichtbrechung beträgt $n_\beta = 1,655$, die Doppelbrechung $\varDelta = -0,020$. (Abb. 561) [76]. $CaO \cdot Al_2O_3$ kann bis zu 15% Monokalziumferrit in fester Lösung aufnehmen.

4. $CaO \cdot 2Al_2O_3$ mit dem inkongruenten Schmelzpunkt 1765° C, bei welchem sich Korund abscheidet [74]. Es kristallisiert monoklin (nicht tetragonal, wie früher angenommen), hat die Lichtbrechung $n_\beta \approx 1,635$ und die Doppelbrechung $\varDelta = +0,035$. Von E. S. Shepherd u. Mitarb. [72] wurde ihm ursprünglich die Formel $3\,CaO \cdot 5Al_2O_3$ und der kongruente Schmelzpunkt 1720° C zugeschrieben.

5. $CaO \cdot 6Al_2O_3$ mit dem ebenfalls inkongruenten Schmelzpunkt 1850° $\pm$ 10° C. Diese Verbindung gehört zur Gruppe des β-Korundes (vgl. Abschn. 4.112).

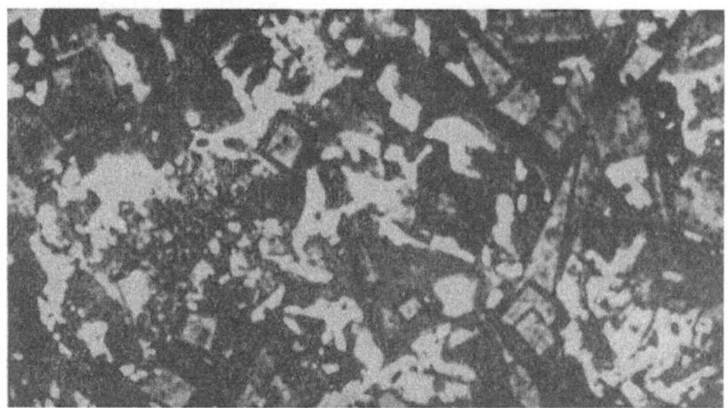

Abb. 561. Zementklinker mit prismatischen Kristallen von $CaO \cdot Al_2O_3$ (grau). Anschliff (Vergr. 400 ×), 1 Std. mit Wasser geätzt (nach H. Insley u. van Derk-Fréchette)

Es wird auch die Formel $3\,CaO \cdot 16Al_2O_3$ angegeben.

Das tiefste Eutektikum im Zweistoffsystem liegt bei 1395° C zwischen $3\,CaO \cdot Al_2O_3$ und $12\,CaO \cdot 7Al_2O_3$ (Punkt E in Abb. 559). In Gegenwart von MgO tritt ein ternäres Eutektikum bei 6,3% MgO und 1345° C auf (Punkt 2,

Abb. 559). Die Liquidusfläche steigt von diesem Eutektikum sehr steil zum Periklas hin an, so daß der Schmelzpunkt bei einem MgO-Gehalt von etwa 15% bereits über 1600° C liegt. In einer Masse aus Kalk, Magnesia und Tonerde bilden sich demnach schon bei relativ niedrigen Temperaturen Schmelzen, die jedoch nur sehr wenig MgO enthalten.

Die Verbindungen 12CaO · 7Al$_2$O$_3$, CaO · Al$_2$O$_3$ und CaO · 2Al$_2$O$_3$ stellen die Hauptkomponenten des *Tonerde-Schmelzzementes* (LAFARCHE-Zement) dar. Wegen der hohen Schmelztemperatur der tonerdereichen Kalkaluminate besitzen mit Kalk gebundene Korundsteine (vgl. Abschn. 4.35) beträchtliche Feuerfestigkeit

5.172 Kalziumferrite und -aluminatferrite

Im Zweistoffsystem CaO–Fe$_2$O$_3$ (Abb. 562) [77] existieren nach neueren Forschungen 3 Verbindungen, nämlich das *Dikalziumferrit* (2CaO · Fe$_2$O$_3$), das *Monokalziumferrit* (CaO · Fe$_2$O$_3$) und das *Kalziumdiferrit* (CaO · 2Fe$_2$O$_3$) (Tab.136). Früher wurde angenommen, daß das Dikalziumferrit inkongruent unter Bildung von freiem Kalk schmilzt. Nach M. A. SWAYZE [77] schmilzt es jedoch unzersetzt

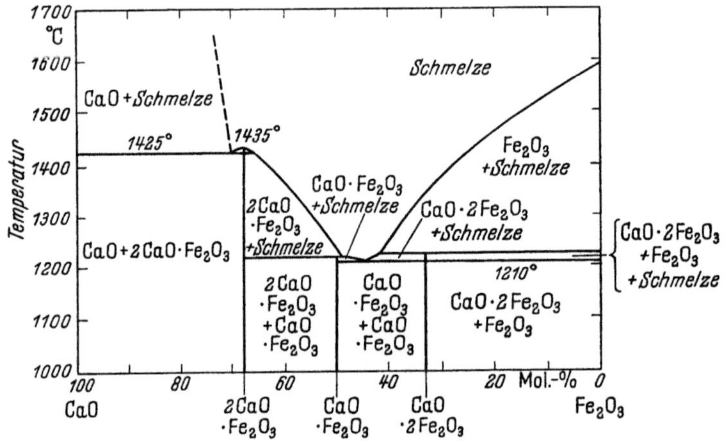

Abb. 562. System CaO–Fe$_2$O$_3$ (nach R. B. SOSMAN u. H. E. MERWIN, J. WHITE, R. GRAHAM u. R. HAY, verbessert nach B. TAVASCI u. M. A. SWAYZE)

bei 1435° C und bildet bei 1425° C ein Eutektikum mit CaO. Das Monokalziumferrit geht bei 1216° C in Dikalziumferrit und Schmelze über, schließlich hat auch das von B. TAVASCI [77] entdeckte Kalziumdiferrit einen inkongruenten Schmelzpunkt.

Dikalziumferrit ist trotz seines Gehaltes an Eisen(3)-oxyd auch unter reduzierenden Bedingungen stabil. Überschüssiger Kalk reagiert mit FeO unter Bildung von metallischem Eisen und Dikalziumferrit.

Die Kalziumferrite sind dunkel gefärbt, im Dünnschliff scheinen sie tiefrot bis braunrot durch. Im Anschliff sind die stark reflektierenden Kristalle leicht daran zu erkennen, daß sie sich beim Ätzen mit Natriumsulfid, Ammoniumsulfid oder Schwefelwasserstoff in 5 Sekunden orangegelb bis rot färben [78].

Im Dikalziumferrit läßt sich die Hälfte des Fe$_2$O$_3$ durch Al$_2$O$_3$ ersetzen; damit entsteht die als *Brownmillerit* bezeichnete Verbindung 4CaO · Al$_2$O$_3$ · Fe$_2$O$_3$

(Tab. 136). Sie bildet eine lückenlose Reihe von Mischkristallen mit dem strukturverwandten Dikalziumferrit (Abb. 563) [77]. Im einzelnen sind die komplizierten Phasen und Mischkristallbildungen des Systems $CaO-Al_2O_3-Fe_2O_3$ noch nicht hinreichend erforscht.

Der Brownmillerit schmilzt bei 1415° C, er ist dunkel gefärbt, im Dünnschliff braun durchscheinend. Im Anschliff reflektiert er stark (Abb. 564) [76]. Beim

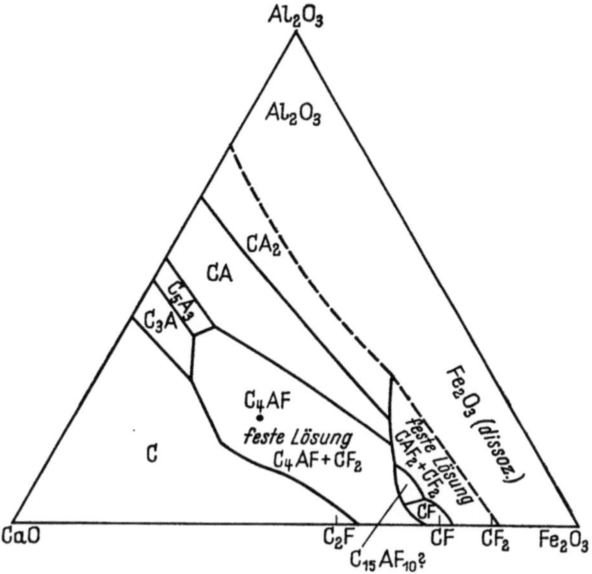

Abb. 563. System $CaO-Al_2O_3-Fe_2O_3$ (nach B. Tavasci). Bedeutung der Kurzzeichen: $C = CaO$; $A = Al_2O_3$; $F = Fe_2O_3$; $C_4AF = $ Brownmillerit; $C_2F = $ Dikalziumferrit usw.

Ätzen verhält er sich wie die reinen Kalziumferrite, unterscheidet sich aber von diesen durch häufiges Auftreten lamellarer Zwillinge.

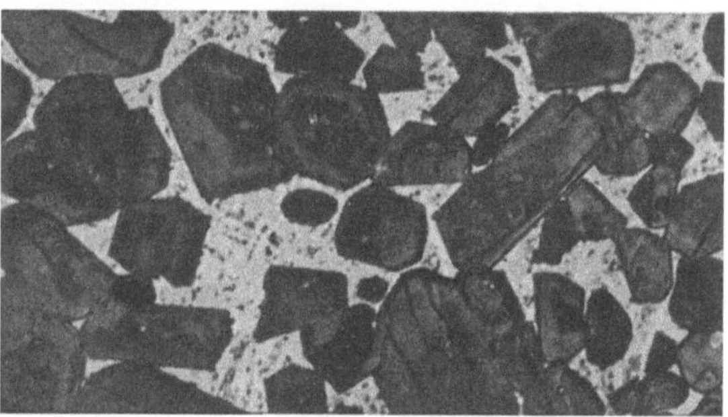

Abb. 564. Brownmillerit (hell) in den Kornzwischenräumen von Zementklinkern. Anschliff (Vergr. 400 ×) geätzt mit Wasser + 1%iger HNO_3 (nach H. Insley u. van Derk-Fréchette)

Im Diagramm $CaO-MgO-Fe_2O_3$ tritt keine ternäre Verbindung auf. Ähnlich wie im System $CaO-MgO-Al_2O_3$ nimmt das Periklasausscheidungsgebiet einen sehr großen Raum ein, er reicht bis dicht an das Randsystem $CaO-Fe_2O_3$ heran, wie es das räumliche Bild Abb. 565 anschaulich zeigt [79]. Im kalkfreien Rand-

system MgO–Fe$_2$O$_3$ treten die in Abschn. 5.152 beschriebenen Mischkristallbildungen zwischen Periklas und Magnesioferrit auf. Bei geringen Kalkgehalten
kommt es daneben zur Ausscheidung von Dikalziumferrit 2CaO · Fe$_2$O$_3$ (Ma-

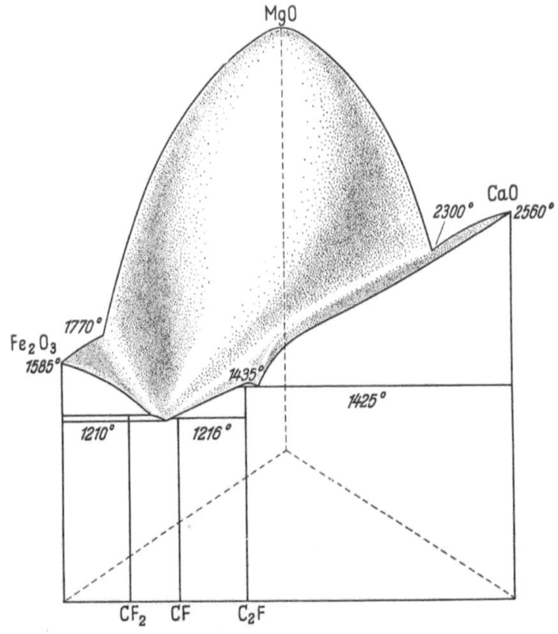

Abb. 565. Schematisches Raumbild des Systems CaO–MgO–Fe$_2$O$_3$ (nach R. HAY u. J. WHITE, verändert
nach B. TAVASCI u. M. A. SWAYZE)

gnesiasteine). Übersteigt das Molverhältnis CaO : Fe$_2$O$_3$ den Wert 2, so ist freier
Kalk neben Periklas und Dikalziumferrit stabil, sofern keine Kieselsäure vorhanden ist (Abb. 566) [53]. Bei hohen Fe$_2$O$_3$-Gehalten, wie sie jedoch normaler-
weise in feuerfesten Erzeugnissen nicht vorkommen, bildet sich schließlich CaO · Fe$_2$O$_3$ bzw. CaO · 2Fe$_2$O$_3$ (in Abb. 566 nicht aufgeführt) und MgO · Fe$_2$O$_3$. Außerdem existieren Mischkristalle zwischen Magnesioferrit und Kalziumferrit.

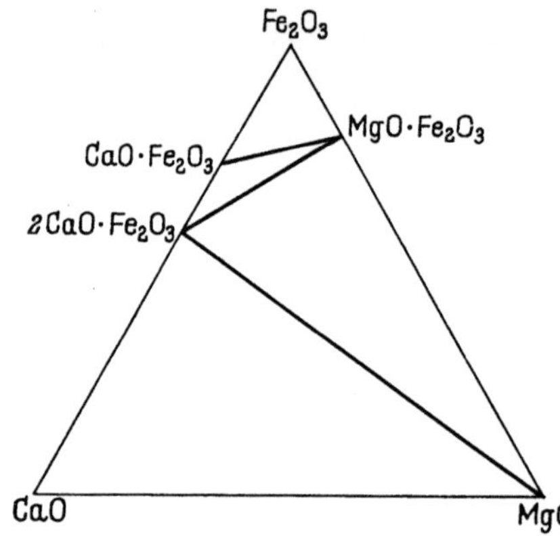

Abb. 566. Phasenverteilungsdiagramm des
Systems CaO–MgO–Fe$_2$O$_3$ (nach J. R. RAIT)

5.173 Kalziumsilikate

Im System CaO–SiO$_2$ kommen die bereits in Abschn. 2.14, Abb. 122 aufgeführten 4 Verbindungen vor, deren Eigenschaften in Tab. 137 zusammengestellt sind. *Trikalziumsilikat* 3CaO · SiO$_2$ besitzt die gleiche Gitterstruktur wie das α-Dikalziumsilikat 2CaO · SiO$_2$, hat jedoch ein zusätzlich eingebautes, relativ locker gebundenes CaO-Molekül. Es zerfällt daher oberhalb 1900 °C und unterhalb 1250 °C wieder in seine Komponenten 2CaO · SiO$_2$ und CaO. Die untere Umwandlungsgrenze läßt sich leicht unterkühlen, von 1150° C abwärts geht die Zersetzung so langsam vor sich, daß das Trikalziumsilikat erhalten bleibt. Bei Raumtemperatur ist es praktisch unbegrenzt haltbar. Trikalziumsilikat kann bis zu 7% Al_2O_3 und 1 bis 1,5% MgO in feste Lösung nehmen [80]. Derartige verunreinigte Kristalle sind als *Alit* ein Hauptbestandteil des Portlandzementes.

Trikalziumsilikat ist im Dünnschliff farblos und zeigt häufig eine durch wechselnde Anteile an gelösten Stoffen hervorgerufene Zonarstruktur (Abb. 567) [76]. Vermutlich existiert eine zweite β-Modifikation des $3CaO \cdot SiO_2$, die etwa von 1350 bis 1175° C beständig ist und nach F. TROJER [81] aus Kristallen mit Zwillingslamellierung besteht. Im Anschliff färbt sich Trikalziumsilikat bei Ätzung mit Ammonsulfid in 5 Sek. intensiv blau [82].

Dikalziumsilikat $2CaO \cdot SiO_2$ hat unter allen Kalksilikaten die größte Bedeutung für die feuerfesten Baustoffe. Es besitzt eine starke, noch nicht völlig aufgeklärte Polymorphie. Das von M. A. BREDIG [83] entworfene, von K. SPANGENBERG [84] ergänzte $p\text{-}t$-Diagramm (Abb. 568) gibt den derzeitigen Stand der Forschung am klarsten wieder. Nach ihm ist die hexagonale α-Modifikation vom Erstarrungspunkt bis 1450° C stabil, sie geht bei weiterem Abkühlen in die pseudohexa-

Tabelle 137. *Zusammensetzungen und Stabilitätsbereiche der Kalksilikate und Kalkmagnesiasilikate*

Name	Formel	Kurzzeichen	Chemische Zusammensetzung			Kristallsystem	Stabilitätsbereich °C	Schmelzpunkt °C
			CaO %	MgO %	SiO_2 %			
Trikalziumsilikat	$3CaO \cdot SiO_2$	C_3S	73,6	—	26,4	trigonal	1250 bis 1900	1900 inkongr.
α-Dikalziumsilikat	$2CaO \cdot SiO_2$	α-C_2S	65,0	—	35,0	hexagonal	1450 bis 2130	2130
α'-Dikalziumsilikat ...	$2CaO \cdot SiO_2$	α'-C_2S	65,0	—	35,0	pseudohexagonal-rhombisch	850 bis 1450	—
β-Dikalziumsilikat	$2CaO \cdot SiO_2$	β-C_2S	65,0	—	35,0	monoklin	<675	—
γ-Dikalziumsilikat	$2CaO \cdot SiO_2$	γ-C_2S	65,0	—	35,0	rhombisch	<850	—
Trikalziumdisilikat ...	$3CaO \cdot 2SiO_2$	C_3S_2	58,2	—	41,8	rhombisch	bis 1464	1464 inkongr.
Pseudowollastonit	$CaO \cdot SiO_2$	α-CS	48,2	—	51,8	pseudohexagonal	1150 bis 1540	1540
Wollastonit	$CaO \cdot SiO_2$	β-CS	48,2	—	51,8	monoklin	<1150	—
Merwinit	$3CaO \cdot MgO \cdot 2SiO_2$	C_3MS_2	51,1	12,2	36,7	monoklin	<1575	1575 inkongr.
Åkermanit	$2CaO \cdot MgO \cdot 2SiO_2$	C_2MS_2	41,2	14,7	44,1	tetragonal	1325 bis 1458	1458
	$5CaO \cdot 2MgO \cdot 6SiO_2$	$C_5M_2S_6$	38,9	11,1	50,0	rhombisch?	<1365	1365 inkongr.
Diopsid	$CaO \cdot MgO \cdot 2SiO_2$	CMS_2	26,0	18,5	55,5	monoklin	<1391	1391
Monticellit	$CaO \cdot MgO \cdot SiO_2$	CMS	34,6	25,6	39,8	rhombisch	<1498	1498 inkongr.

44*

gonal- rhombisch kristallisierende α'-Modifikation über. Diese soll sich nach
G. Trömel u. H. Möller [85] (Untersuchungen mit der Hochtemperatur-Röntgenkamera) bei 675° C reversibel in die monokline β-Modifikation umwandeln. Die Stellung der rhombischen, stark aufgelockerten γ-Modifikation, die das gefürchtete Zerrieseln des Dikalziumsilikates hervorruft, ist noch nicht einwandfrei geklärt. G. Trömel u. H. Möller [85] beobachteten eine einseitige Umwandlung von γ–α' bei steigender Temperatur oberhalb 850° C. Der umgekehrte Übergang von α' in γ konnte beim Abkühlen nicht festgestellt werden, in der Praxis ist er zweifellos unter gewissen, noch nicht ermittelten Bedingungen möglich. Vermutlich ist dabei die Aufnahme bestimmter Stoffe in feste Lösung Vorbedingung.

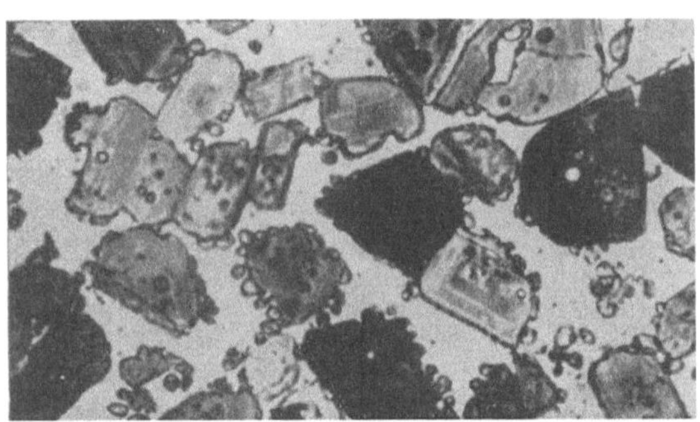

Abb. 567. Korrodierte Kristalle von $3\,CaO \cdot SiO_2$ mit Zonarstruktur, umgeben von gerundeten Körnern von $2\,CaO \cdot SiO_2$ (dunkel). Anschliff (Vergr. 400 ×), geätzt mit 1%iger alkoholischer HNO_3 (nach H. Insley u. van Derk-Fréchette)

Erfahrungsgemäß kann man durch Zugabe sog. *Stabilisatoren* (wie Phosphate, Borate, chromoxydhaltige Verbindungen, Zirkonoxyd, Eisenoxyd und Vanadinpentoxyd) den Übergang zur γ-Modifikation und damit seine störenden Folgen verhindern. Nach K. Spangenberg [84] kann sich auch die α-Modifikation bei

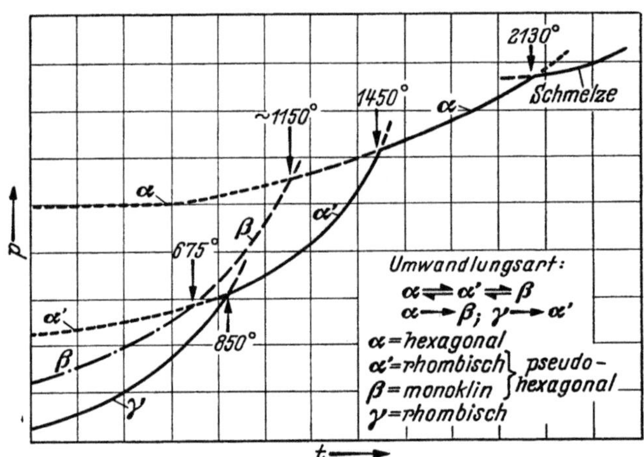

Abb. 568. Schematisches p-t-Diagramm für das System $2\,CaO \cdot SiO_2$ (nach M. A. Bredig) mit Ergänzung für $\alpha \to \beta$ nach K. Spangenberg)

$\sim 1150°$ C unter Umgehung von α' in die β-Phase umwandeln, sofern der α-Kristall 2,8% Na_2O + 3,8% Al_2O_3 in fester Lösung aufgenommen hat. Fe_2O_3 löst sich bis zu 0,5% im C_2S.

Die spezifischen Gewichte, die von K. Spangenberg errechneten Mol-Volumina und die sich aus ihnen ergebenden Volumenänderungen sind in Tab. 138 zusammengestellt. Danach nimmt das Volumen bei den Übergängen α'–γ und

β–γ sehr stark zu, eine Erscheinung, die als Ursache des Zerrieselns von Dikalziumsilikat betrachtet wird. Der Übergang von α' zu γ ist mit einem beträchtlichen Umbau der Gitterstruktur verbunden. Während in der α- und α'-Modifikation Koordinationen $[CaO_{12}]$, $[CaO_{11}]$ und $[CaO_9]$ vorherrschen, treten in der stärker aufgelockerten γ-Modifikation mit ihrer Olivinstruktur nur $[CaO_6]$-Koordinationen auf.

Wegen dieser starken Strukturänderungen kann die α'-Modifikation relativ leicht so weit unterkühlt werden, daß sie bei 675° C in die unstabile β-Phase übergeht.

Tabelle 138

Spezifische Gewichte, Molvolumina und Volumenänderungen der Dikalziumsilikat-Modifikationen (nach K. SPANGENBERG)

Modifikationen	Spezifisches Gewicht	Temperatur °C	Molvolumen	Volumenänderung
α	3,07	1500	56,10	$\alpha \rightarrow \alpha' - 7,3\%$
α'	3,31	700	52,03	$\alpha \rightarrow \beta - 6,4\%$
				$\alpha' \rightarrow \beta + 0,9\%$
β	3,28	20	52,51	$\alpha' \rightarrow \gamma + 11,5\%$
γ	2,97	20	57,99	$\beta \rightarrow \gamma + 10,4\%$

Dikalziumsilikat bildet farblose Kristalle, deren optische Eigenschaften wegen der verschiedenen Art und Menge der in fester Lösung vorhandenen Stoffe stark wechseln. Die hexagonale α-Phase ist unverzwillingt, die meist auftretende β-Phase zeichnet sich dagegen durch intensive polysynthetische Zwillingsbildung in einer oder mehreren Richtungen aus (Abb. 569).

Mit *Fayalit* bildet β-Dikalziumsilikat eine niedrigschmelzende Mischkristallreihe von *Kalk-Eisenolivinen* [85a]. Das markanteste Glied dieser Reihe ist der *Eisenmonticellit* $CaO \cdot FeO \cdot SiO_2$ (inkongruenter Schmelzpunkt 1208° C, s. Tab. 134, S. 678). Die übrigen Glieder der Mischkristallreihe schmelzen inkongruent unter Abscheidung von metallischem Eisen. Ein Eutektikum liegt bei ~80% Fayalit und 1117° C. Die Schmelzen enthalten ~3% Fe_2O_3. Die Mischbarkeit ist unvollkommen. Wenn mehr als 50 Gew.-% Dikalziumsilikat vorhanden sind,

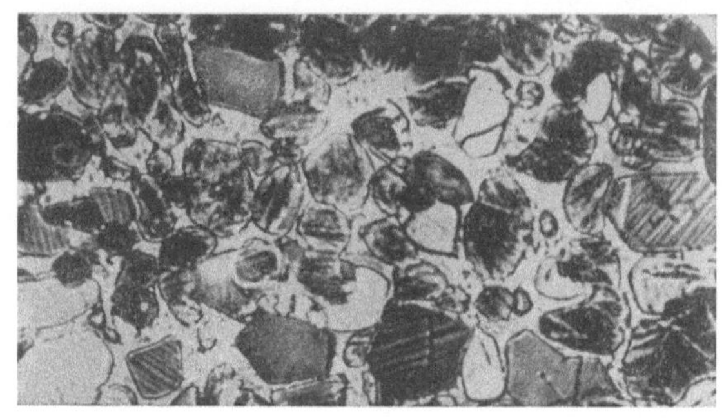

Abb. 569. Verzwillingte Kristalle von Dikalziumsilikat im Portlandzementklinker, abgeschreckt von 1340° C. Anschliff (Vergr. 584 ×) (nach H. INSLEY u. VAN DERK-FRÉCHETTE)

koexistiert dieses unterhalb 1230° C mit Mischkristallen. Bei höheren Temperaturen tritt festes Dikalziumsilikat neben Schmelze auf. Dikalziumsilikat wird also durch fayalithaltige Schlacken merklich angegriffen.

Auch mit Fe_2O_3 bilden alle Kalksilikate eutektische Schmelzen [85b]. Zwischen Trikalziumsilikat und Dikalziumferrit liegen die Eutektika bei 1411° bzw. 1414° C.

Das als *Rankinit* bezeichnete Trikalziumdisilikat $3CaO \cdot 2SiO_2$ zerfällt bei $1464 \pm 3°$ C in Dikalziumsilikat und Schmelze. In feuerfesten Erzeugnissen kommt es praktisch ebensowenig vor wie das Metasilikat $CaO \cdot SiO_2$. Dieses tritt in 2 Modifikationen auf, dem oberhalb 1150° C stabilen α-$CaO \cdot SiO_2$ oder

Pseudowollastonit und der Tieftemperaturform β-CaO · SiO$_2$ oder *Wollastonit*. Der Pseudowollastonit schmilzt kongruent bei 1540° C. Der Wollastonit kann bis zu 75% Ferrosilit (s. Abschn. 5.164) in feste Lösung nehmen.

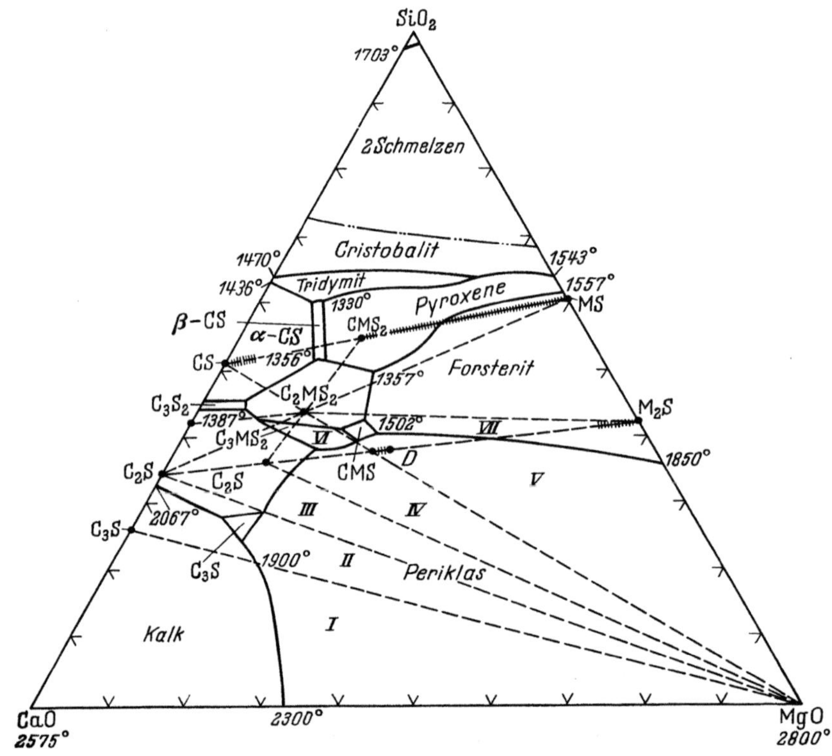

Abb. 570. System CaO–MgO–SiO$_2$ (nach E. F. OSBORN)

⊬⊬⊬⊬⊬⊬⊬ = Mischkristallreihen. Bedeutung der Kurzzeichen: C = CaO; S = SiO$_2$; M = MgO. Die durch römische Ziffern gekennzeichneten Dreiecke geben die möglichen Mineralkombinationen im Gleichgewichtszustand an

Im Dreistoffsystem CaO–MgO–SiO$_2$ (Abb. 570) [86] existieren die in Tab. 137 zusammengestellten ternären Verbindungen *Merwinit* 3CaO · MgO · 2SiO$_2$, *Åkermanit* 2CaO · MgO · 2SiO$_2$, *Diopsid* CaO · MgO · 2SiO$_2$ und *Monticellit*

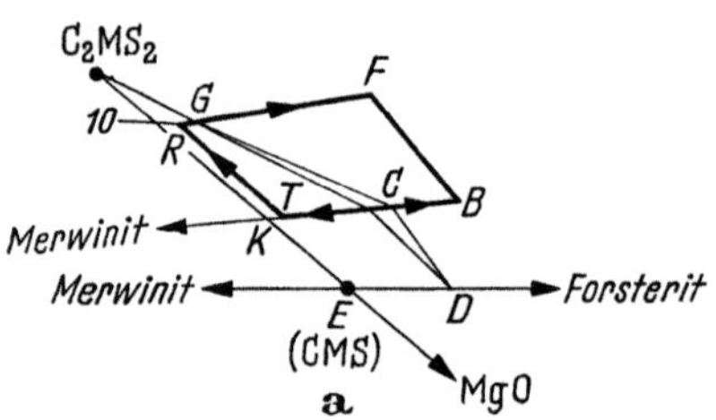

Abb. 570a. Das Monticellitfeld im System CaO–MgO–SiO$_2$ (nach J. R. RAIT)

CaO · MgO · SiO$_2$. In magnesiahaltigen feuerfesten Erzeugnissen treten nur die kieselsäurearmen Phasen Merwinit und Monticellit auf, beide schmelzen inkongruent. Der *Merwinit* zersetzt sich bei 1575° C in Dikalziumsilikat, Periklas und Schmelze. Wegen seiner Ähnlichkeit mit Dikalziumsilikat wurde er lange Zeit mit diesem verwechselt [87]. Nach F. TROJER [88] nimmt der Merwinit bei Kristallisationstemperatur 19% Dikalziumsilikat in feste Lösung, während bei Raumtemperatur beide Phasen ineinander praktisch unlöslich sind. Beim Abkühlen scheidet sich daher Dikalziumsilikat lamellar im Merwinit aus. Diese charakteristischen Ent-

mischungsstrukturen ähneln polysynthetischen Zwillingsbildungen. Nach F. Trojer [*88*] lassen sich Merwinit und Dikalziumsilikat in Anschliffen mit Hilfe
verschiedener Ätzmittel unterscheiden. H. E. Schwiete u. H. zur Strassen [*89*]
stellten Merwinit durch Reaktionen der festen Oxyde her.

Der zur Olivingruppe gehörige *Monticellit* kommt nie rein vor, er enthält
stets bis zu 10% Forsterit in fester Lösung.

Es ist auch nicht gelungen, reinen Monticellit durch Schmelzen einer Masse seiner Zusammensetzung herzustellen; eine solche Schmelze (Punkt *E*, Abb. 570a) kristallisiert
stets zu Merwinit und einer festen Lösung Monticellit-Forsterit. Aus der Schmelze scheidet
sich beim Abkühlen zunächst Periklas ab bis der Punkt *K* erreicht ist, dann bildet sich unter
Resorption des ausgeschiedenen Periklases Merwinit und am eutektischen Punkt *T* schließlich kristallisieren Merwinit und eine Monticellit-Forsteritlösung mit einer Zusammensetzung,
die einem Punkt zwischen *E* und *D* in Abb. 570a entspricht. Der Punkt *D* gibt die Zusammensetzung des Mischkristalls mit größtmöglichem Forsteritgehalt an [*53*].
Zwischen Dikalziumsilikat und Monticellit existieren keine Mischkristalle.

Monticellit bildet farblose rhombische Kristalle, welche sich im Dünnschliff
durch ihre niedrige Doppelbrechung ($\Delta = 0,011$; mit 20% Ferromonticellit
$= 0,020$) vom Forsterit unterscheiden. Sein Ätzverhalten im Anschliff ist von
K. Konopicky u. F. Trojer [*82*] eingehend studiert worden.

Unter den übrigen Kalziummagnesiumsilikaten ist *Åkermanit* eines der End-
glieder der *Melilith*-Mischkristallreihe, welche den Hauptbestandteil der Hochofenschlacke bildet. Man findet sie gelegentlich auch in verschlackten Dolomitsteinen. Der *Diopsid* $CaO \cdot MgO \cdot 2 SiO_2$ gehört zur Gruppe der Pyroxene
(s. Abschn. 5.164); er bildet eine lückenlose Mischkristallreihe mit *Klinoenstatit*
$MgO \cdot SiO_2$. Die Schmelzpunkte dieser Reihe steigen mit zunehmendem MgO-
Gehalt von $1391° C$ für reinen Diopsid bis $1557° C$ für reinen Klinoenstatit an.
Auch diese, meist noch *Hedenbergit* $CaO \cdot FeO \cdot 2 SiO_2$ in wechselnden Mengen
enthaltende Pyroxenkristallreihe findet sich nur in metallurgischen Schlacken
und stark verschlackten basischen Steinen.

Im Gleichgewichtszustand sind bei Erstarrung des Schmelzflusses magnesiumreicher Mischungen des Systems $CaO - MgO - SiO_2$ nur gewisse Mineralkombinationen möglich. Sie sind durch die römisch bezifferten, von den gestrichelten Linien und den Seitenabschnitten gebildeten Dreiecke in Abb. 570 festgelegt. Bei sehr niedrigem SiO_2-Gehalt sind danach CaO, MgO und Trikalziumsilikat miteinander im Gleichgewicht (Dreieck *I*). Steigt der SiO_2-Gehalt etwas
an, so verschwindet CaO und als neue Phase tritt Dikalziumsilikat neben MgO
und Trikalziumsilikat auf (Dreieck *II*). Bei weiterer Zunahme des SiO_2-Gehaltes
verschwindet auch Trikalziumsilikat und MgO wird erstmalig unter Bildung von
Merwinit angegriffen (Dreieck *III*). Überwiegt MgO das CaO stärker bei etwa
gleichbleibendem SiO_2-Gehalt, so sind Merwinit, Monticellit und Periklas nebeneinander stabil (Dreieck *IV*), bei geringem Kalkgehalt Monticellit, Forsterit
und Periklas (Dreieck *V*). Weiteres Ansteigen der Kieselsäure führt zu bereits
niedrigschmelzenden Systemen, in ihnen sind Merwinit, Åkermanit und Monticellit nebeneinander beständig (Dreieck *VI*), bzw. Monticellit, Åkermanit und
Forsterit (Dreieck *VII*). Alle übrigen Mineralkombinationen sind für die Herstellung feuerfester Erzeugnisse ohne Interesse.

Wie bereits in Abschn. 2.14 ausgeführt wurde, bilden sich die Kalksilikate
in festem Zustand aus ihren oxydischen Komponenten zwischen 1000 und $1200° C$

mit einer für technische Prozesse ausreichenden Geschwindigkeit. Als erste Phase entsteht stets das Dikalziumsilikat, im weiteren Verlauf der Reaktion gewinnt bei Kieselsäureüberschuß Wollastonit, bei hohem Kalküberschuß Trikalziumsilikat die Oberhand. Der bewegliche Teil ist bei diesen Vorgängen stets das Kalziumoxyd, wobei noch nicht geklärt ist, ob es in molekularer Form auf Korngrenzen bzw. durch den Porenraum wandert oder ob Ca-Ionen auf Fehlstellen durch das Kristallgitter diffundieren [90].

Für die Betrachtungen im Rahmen basischer feuerfester Erzeugnisse ist auch das in Abb. 31 dargestellte System $CaO-Al_2O_3-SiO_2$ von Bedeutung. Es

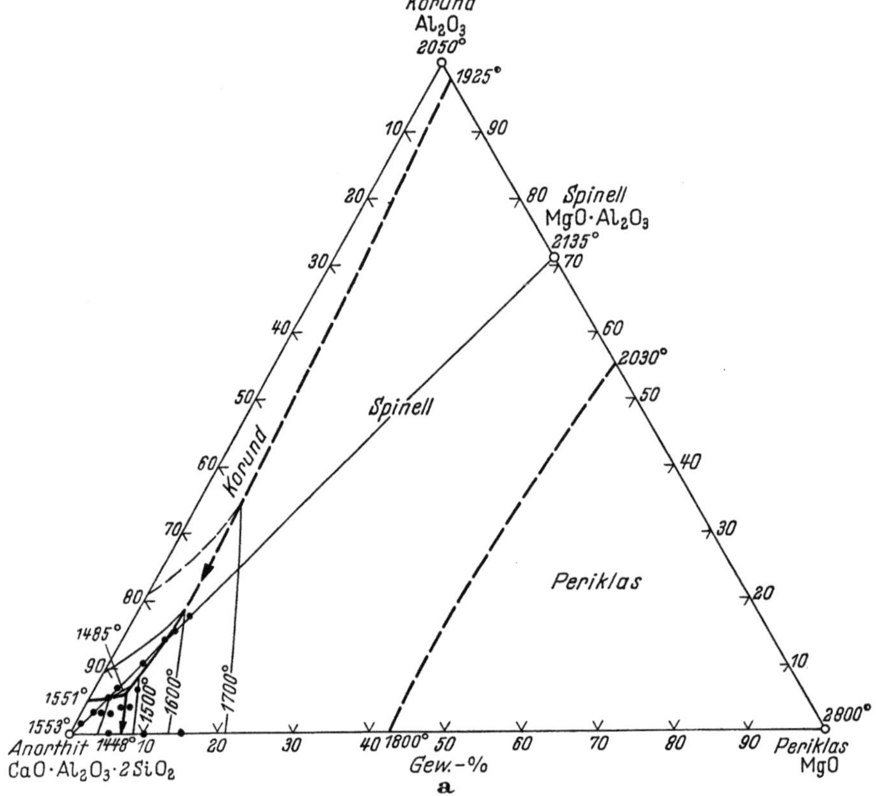

Abb. 571a. System Anorthit–MgO–Al_2O_3 (nach R. C. DE VRIES u. E. F. OSBORN)

enthält außer den bereits bekannten binären Verbindungen der Randsysteme (vgl. Abb. 30, Abb. 122 u. Abb. 560) zwei ternäre Verbindungen, nämlich:

   1. Gehlenit

      $2CaO · Al_2O_3 · SiO_2$ (41,0% CaO, 37,2% Al_2O_3 u. 21,8% SiO_2)　Sp. 1590° C

   2. Anorthit

      $CaO · Al_2O_3 · 2SiO_2$ (20,1% CaO, 36,6% Al_2O_3 u. 43,3% SiO_2)　Sp. 1553° C

Im Vergleich zu den bisher betrachteten Dreistoffsystemen liegen die Schmelzpunkte im Mittelfeld dieses Systems sehr niedrig. Die tiefsten Eutektika treten

bei 1165° C (S–CS–CAS$_2$)[1] und bei 1265° C (CS–CAS$_2$–C$_2$AS) auf. Nur in der
Umgebung der Eckpunkte sind hochfeuerfeste Phasen vorhanden. Aus diesem
Grunde werden bei der Herstellung basischer feuerfester Erzeugnisse Zusammensetzungen mit annähernd gleichen Prozentsätzen an Kalk, Kieselsäure und Tonerde nach Möglichkeit vermieden.

Dem Anorthit oder Gehlenit entsprechende Zusammensetzungen kommen aber häufiger in Schlacken vor, daher sind die Reaktionen dieser Verbindungen mit hochtonerde- oder hochmagnesiahaltigen Stoffen von Bedeutung.
R. C. DE VRIES u. E. F. OSBORN [91] untersuchten eine Reihe von quasiternären

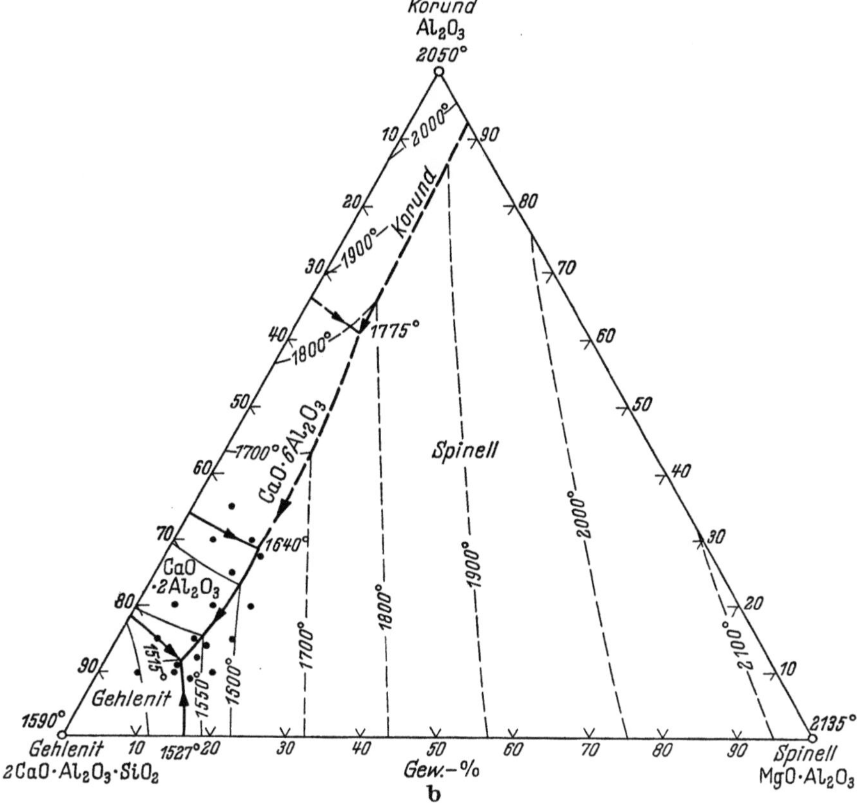

Abb. 571b. System Gehlenit-MgO · Al₂O₃–Al₂O₃ (nach R. C. DE VRIES u. E. F. OSBORN)

Schnitten des Vierstoffsystems CaO–MgO–Al$_2$O$_3$–SiO$_2$, u. a. das System
Anorthit–MgO–Al$_2$O$_3$ (Abb. 571a) und Gehlenit–Spinell–Al$_2$O$_3$ (Abb. 571b).
Anorthit kann mit Spinell koexistieren, aber nur unterhalb 1485° C. Bei höheren
Temperaturen wird er unter Bildung von Korund und Schmelze zersetzt. Erst
bei Anorthitgehalten von 93% und mehr treten oberhalb 1485° C Anorthit-
kristalle neben Schmelze auf. Neben Periklas ist Anorthit überhaupt nicht
beständig. Bei der Zersetzung bildet sich Spinell, Forsterit und Schmelze.

---

[1] Die in den folgenden Aufstellungen verwandten Kurzzeichen bedeuten: C = CaO,
M = MgO, A = Al$_2$O$_3$, F = Fe$_2$O$_3$, S = SiO$_2$

Der gegenüber Anorthit kalkreichere Gehlenit bildet mit Al_2O_3 Kalkaluminate (CA_6 und CA_2), das ternäre Eutektikum Gehlenit–CA_2–Spinell liegt bei
1515° C. In allen von DE VRIES u. OSBORN untersuchten Systemen dominiert
das Spinellfeld der hohen chemischen Stabilität dieser Verbindung entsprechend,
während Anorthit bzw. Gehlenit auf sehr kleine Stabilitätsgebiete beschränkt
sind.

5.18 Mehrstoffsysteme

Mit Hilfe der in den letzten Abschnitten dargestellten Zwei- und Dreistoffsysteme läßt sich die Mannigfaltigkeit der an basischen feuerfesten Erzeugnissen
zu erwartenden Erscheinungen nicht erschöpfend behandeln, man müßte dazu
das Fünfstoffsystem MgO–CaO–SiO_2–Al_2O_3–Fe_2O_3 kennen. Für derartige
Systeme gibt es keine geeignete, einfache Darstellung. Gewisse Untersuchungen liegen über die Vierstoff-Randsysteme und über Vierkomponentenschnitte im Fünfstoffsystem vor. Mit ihrer Hilfe konnte J. R. RAIT [53] die möglichen Mineralkombinationen bei verschiedenen Mischungszusammensetzungen ermitteln und die theoretisch gefundenen Ergebnisse durch röntgenographische Untersuchungen bestätigen. Im Vierstoffsystem MgO–CaO–Al_2O_3–SiO_2 können nach seinen Untersuchungen die folgen-

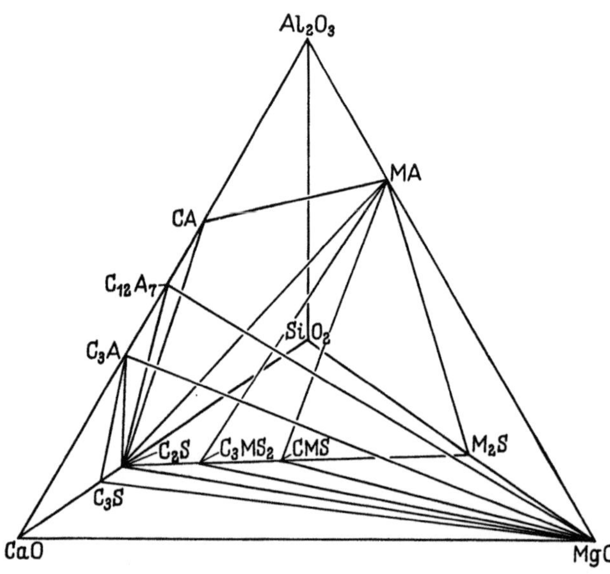

Abb. 572. Phasenverteilung im Vierstoffsystem CaO–MgO–Al₂O₃–SiO₂
(nach J. R. RAIT)

den Verbindungskombinationen mit freiem MgO zusammen existieren[1].

1. M–C–C_3S–C_3A	5. M–C_3MS$_2$–CMS (Monticellit)–MA
2. M–C_3S–C_2S–C_3A	6. M–CMS–M_2S (Forsterit)–MA
3. M–C_2S–C_3A–$C_{12}A_7$	7. M–C_2S–$C_{12}A_7$–CA
4. M–C_2S–C_3MS$_2$ (Merwinit)–MA	8. M–C_2S–CA–MA

Diese Kombinationen sind mit Ausnahme von 7 und 8, die wegen ihres hohen
Tonerdegehaltes in basischen Steinen praktisch nicht vorkommen, in die Tetra-
ederdarstellung Abb. 572 eingetragen. Quaternäre Verbindungen sind in diesem
System bisher nicht bekannt geworden.

Das Vierstoffsystem MgO–CaO–Al_2O_3–Fe_2O_3 ist durch das Auftreten zahlreicher fester Lösungen charakterisiert. Auch in ihm existieren keine quaternären
Verbindungen, als einzige ternäre Verbindung tritt der Brownmillerit C_4AF auf,

---

[1] Siehe Fußnote 1, S. 697.

der eine bemerkenswerte Stabilität besitzt und daher in allen Kombinationen mit freiem MgO vorkommt. Theoretisch können folgende Mineralkombinationen mit freiem MgO zusammen auftreten [53]:

1. M–C–feste Lösung (C_4AF–C_2F)
2. M–C–C_4AF–C_3A
3. M–C_4AF–C_3A–$C_{12}A_7$
4. M–MF (Magnesioferrit)–feste Lösung (C_4AF–C_2F)
5. M–feste Lösung (MF–MA)–C_4AF
6. M–C_4AF–$C_{12}A_7$–CA
7. M–C_4AF–CA–MA

(Abb. 573). Die beiden letzten von ihnen treten wegen ihres hohen Al_2O_3-Gehaltes in der Praxis nicht auf.

Im kalkfreien Vierstoffsystem

MgO–SiO_2–Al_2O_3–Fe_2O_3

schließlich existiert nur eine Verbindungskombination zusammen mit freiem MgO, nämlich

M–M_2S–feste Lösung (MF–MA)

Daneben kann noch die Kombination

M_2S–MS–feste Lösung (MF–MA)

eine Rolle spielen. Dieses Beispiel zeigt, daß die Mannigfaltigkeit der Kombinationen vor allem durch den Kalk hervorgerufen wird.

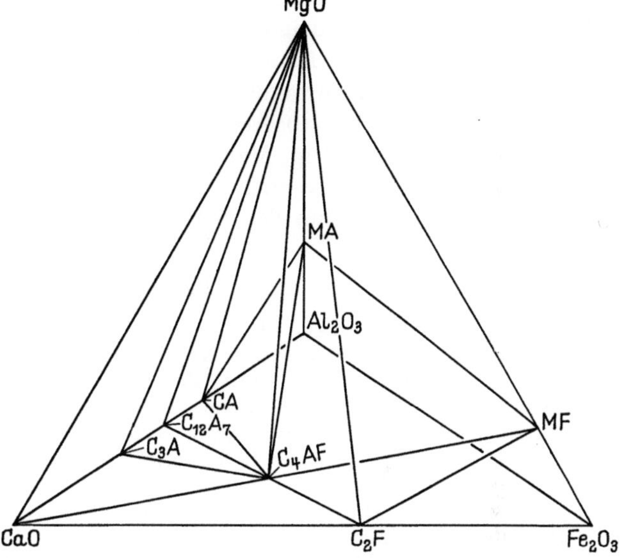

Abb. 573. Phasenverteilung im Vierstoffsystem CaO–MgO–Al_2O_3–Fe_2O_3 (nach J. R. RAIT)

Durch Extrapolation der an den Vierstoff-Randsystemen gefundenen Ergebnisse bestimmte J. R. RAIT [53] weiterhin die im Fünfstoffsystem zusammen mit freiem MgO gemeinsam auftretenden Mineralkombinationen. Es sind dies:

	Temperatur der ersten Schmelzbildung
1. M–C–C_3S–feste Lösung (C_4AF–C_2F)	$< 1280°$ C
2. M–C–C_3S–C_3A–C_4AF	$< 1300°$ C
3. M–C_3S–C_2S–feste Lösung (C_4AF–C_2F)	$< 1280°$ C
4. M–C_3S–C_2S–C_3A–C_4AF	$< 1280°$ C
5. M–C_2S–C_3A–$C_{12}A_7$–C_4AF	$< 1280°$ C
6. M–MF–C_2S–feste Lösung (C_4AF–C_2F)	$< 1300°$ C
7. M–feste Lösung (MF–MA)–C_2S–C_4AF	$< 1300°$ C
8. M–feste Lösung (MF–MA)–C_2S–C_3MS_2	1300 bis 1400° C
9. M–feste Lösung (MF–MA)–C_3MS_2–CMS	1300 bis 1400° C
10. M–feste Lösung (MF-MA)–M_2S–CMS	$> 1400°$ C
11. M–C_2S–$C_{12}A_7$–CA–C_4AF	$< 1300°$ C
12. M–MA–C_2S–CA–C_4AF	$< 1300°$ C

Von diesen Kombinationen finden sich die ersten fünf vorwiegend in Dolomitsteinen, die zweiten fünf (also Nr. 6 bis 10) in Magnesiasteinen. Die letzten beiden
tonerdereichen Kombinationen kommen in feuerfesten Steinen üblicherweise
nicht vor. Beim Erhitzen derartiger Mineralkombinationen bilden sich die ersten
Schmelzen noch unterhalb der Schmelztemperatur der niedrigstschmelzenden
Verbindung, weil zwischen den einzelnen Komponenten Eutektika auftreten.
Beispielsweise liegt das Eutektikum zwischen $M\text{–}C_2S$ und Brownmillerit bei
1320° C, das zwischen $MA\text{–}C_2S$ und Brownmillerit bei 1290° C. Wenn 5 Komponenten vorhanden sind, entstehen flüssige Phasen noch früher. Die auf Grund
dieser Überlegung zu erwartenden Temperaturen des Schmelzbeginns sind in
der obigen Aufstellung mit angegeben.

In 9 der 12 Modifikationen tritt Brownmillerit C_4AF auf und ruft durch
seinen an sich schon niedrigen Schmelzpunkt (1415° C) frühen Schmelzbeginn
hervor. Die entstehende flüssige Phase hat dabei sehr geringe Viskosität. Die
feuerfesten Eigenschaften werden günstiger, wenn kein Brownmillerit vorhanden
ist (Kombinationen 8 bis 10). Auch die Kalziumaluminate halten die Temperatur
des Schmelzbeginns niedrig. Man kann in feuerfesten Erzeugnissen nicht ganz
auf örtliche Schmelzen verzichten, weil sonst die Sinterung unvollkommen
bleiben würde, der Beginn des Schmelzens sollte aber nicht bei zu niedrigen
Temperaturen liegen.

Schrifttum

[1] KANOLT, O. W.: Z. anorg. allg. Chem. Bd. 85 (1914) S. 1/19
[2] KELLEY, K. K.: Bl. Bur. Mines Nr. 393 (1936) S. 73
[3] RUFF, O., H. SEIFERT u. J. SUDA: Z. anorg. allg. Chem. Bd. 82 (1913) S. 381
[4] RUFF, O., u. G. LAUSCHKE: Z. anorg. allg. Chem. Bd. 97 (1916) S. 83
[5] D'ANS, J., u. E. LAX: Berlin 1943, S. 241
[6] CHESTERS, J. H.: Steelplant Refractories, S. 70. Sheffield 1946
[7] MELLOR, J. W.: Trans. Brit. ceram. Soc. Bd. 16 (1917) S. 85
[8] RYSCHKEWITSCH, E.: Oxydkeramik der Einstoffsysteme, S. 170/72. Berlin/Göttingen/
　　　Heidelberg: Springer 1948
[9] DURAND, M. A.: Physic. Rev. Bd. 50 (1936) S. 453/54
[10] EITEL, W., u. H. KEDESDY: Abh. preuß. Akad. Wiss., math.-naturwiss. Kl. Nr. 5 (1943)
[11] FRICKE, R., u. J. LÜCKE: Z. Elektrochem. angew. physik. Chem. Bd. 41 (1935) S. 174
[12] TREFFNER, W.: Radex-Rdsch. (1950) S. 125/31
[13] BACHMANN, L.: Radex-Rdsch. (1957), S. 564/77
[14] KAMPBELL, E. M.: J. ind. Engng. Chem. Bd. 1 (1909) S. 665
[14a] LANSER, P., u. N. SKALLA: Radex-Rdsch. (1953), S. 40/43
[14b] SCHREINER, H.: Radex-Rdsch. (1952), S. 255/60.
[15] RODT, V.: Tonind.-Ztg. Bd. 65 (1941) S. 61/62
[16] BRADLEY, A. L., u. A. H. JAI: Iron Steel Inst., spec. Rep. Nr. 33 (1946) S. 48
[17] CREMER, E., u. F. GATT: Radex-Rdsch. (1949) S. 144/45
[18] CREMER, E., u. K. ALLGEUER: Radex-Rdsch. (1953) S. 54/57
[19] HÜTTIG, G., W. NESTLER u. O. HNEVKOVSKY: Berliner Ber. chem. Ges. Bd. 67 II
　　　(1934) S. 1378 (häufig falsch zitiert: nicht Ber. DKG.)
[20] KAHLER, F.: Radex-Rdsch. (1947) S. 50/55
[21] WUHRER, J.: Zement-Kalk-Gips Bd. 6 (1953) S. 354/68
[22] WUHRER, J., G. RADERMACHER u. W. LAHL: Tonind.-Ztg. Bd. 80 (1956) S. 100
[23] BISCHOFF, F.: Radex-Rdsch. (1950) S. 141/47
[24] JANTSCH, G., u. F. ZEMEK: Radex-Rdsch. (1949) S. 110/11
[25] GILL, A. F.: Canad J. Res. Bd. 10 (1934) S. 705
[26] SAITO, H.: Sci. Rep. Tohoku Imp. Univ. Bd. 16 (1927) S. 37
[27] TROJER, F., u. K. KONOPICKY: Radex-Rdsch. (1949) S. 161

[28] LE CHATELIER: Bull. Soc. Chim. France Bd. 47 (1887) S. 302
[28a] NACKEN, R.: Nachr. Göttinger Ges. d. Wiss. (1907) S. 603.
[29] FEITKNECHT, W.: Helv. chim. Acta Bd. 9 (1926) S. 1018
[30] HAYCK, E.: Radex-Rdsch. (1949) S. 54/59
[31] FEITKNECHT, W.: Helv. chim. Acta Bd. 10 (1927) S. 140
[32] DELYON, M. L.: Bull. Soc. Chim. France Bd. 3 (1936) S. 1632/38 u. 1811. — DELYON, M. L.: Contribution a l'etude des sulfates basique de Magnesium, les Press Moderne. Paris 1937
[33] KIESSEWETTER, F.: Radex-Rdsch. (1953) S. 117/25
[34] VERWEY, E. J. W., P. W. HAAYMANN u. E. L. HEILMAN: Philips' techn. Rdsch. Bd. 9 (1947) S. 185. — RICHARDSON, H. M.: Iron Steel Inst., spec. Rep. Bd. 32 (1946) S. 170
[35] NÉEL, L.: Z. anorg. allg. Chem. Bd. 262 (1950) S. 175
[36] SHEPHERD, E. S., G. A. RANKIN u. F. E. WRIGHT: Amer. J. Sci. Bd. 28 (1909) S. 293. — RANKIN, G. A., u. H. E. MERWIN: J. Amer. chem. Soc. Bd. 38 (1916) S. 568
[37] BILTZ, W., u. A. LEMKE: Z. anorg. allg. Chem. Bd. 186 (1930) S. 373/86. — VERWEY, E. J. W.: Z. Kristallogr. Mineralog. Petrogr., Abt. A Bd. 91 (1935) S. 65/69
[38] RIEKE, R., u. K. BLICKE: Ber. DKG. Bd. 12 (1931) S. 181
[39] SCHENCK, R., u. TH. DINGMANN: Z. anorg. allg. Chem. Bd. 166 (1927) S. 150/53
[40] ROBERTS, H. S., u. H. E. MERWIN: Amer. J. Sci. 5. Serie Bd. 21 (1931) S. 145
[41] TAVASCI, B.: Chim. e Ind. (1941) S. 255/62
[42] KONOPICKY, K., u. F. TROJER: Radex-Rdsch. (1947) S. 3/15
[43] RIGBY, G. R., G. H. B. LOVELL u. A. T. GREEN: Iron Steel Inst., spec. Rep. Bd. 32 (1946) S. 81
[44] HUGILL, W., A. WATTS u. J. VYSE: Trans. Brit. ceram. Soc. Bd. 40 (1941) S. 363
[45] ZOJA, R.: Radex-Rdsch. (1950) S. 207/14
[46] von WARTENBERG, H., u. E. PROPHET: Z. anorg. allg. Chem. Bd. 208 (1932) S. 379
[47] WILDE, W. T., u. W. J. REES: Trans. Brit. ceram. Soc. Bd. 42 (1943) S. 123
[48] KEITH, M. L.: J. Amer. ceram. Soc. Bd. 37 (1954) S. 490/96
[49] HEYNERT, G.: Arch. Eisenhüttenwes. Bd. 26 (1955) S. 567/75
[50] KONOPICKY, K., u. F. CAESAR: Ber. DKG. Bd. 20 (1939) S. 367/72
[51] In GREEN, A. T., u. G. H. STEWART: Ceramics, A Symposium published by the British Ceram. Soc., S. 488 u. 497. Stoke-on-Trent 1953
[52] RIGBY, G. R., G. H. B. LOVELL u. A. T. GREEN: Iron Steel Inst., spec. Rep. Bd. 32 (1946) S. 43; s. auch S. 81, 93, 101, 153, 175 u. 211; ferner Trans. Brit. ceram. Soc. Bd. 45 (1946) S. 137 u. Bd. 46 (1947) S. 200
[53] RAIT, J. R.: Basic Refractories, published by Iron and Steel Iliffe and Sons, Ltd. London, Birmingham, Coventry, Manchester u. Glasgow 1950, besonders S. 223
[53a] FORD, W. F., u. J. WHITE: Trans. Brit. ceram. Soc. Bd. 48 (1949) S. 423
[54] HYSLOP, J. F.: Trans. Brit. ceram. Soc. Bd. 52 (1953) S. 554/64. — FORD, W. F., u. W. J. REES: Trans. Brit. ceram. Soc. Bd. 48 (1949) S. 291/321 u. 417/27
[55] TROJER, F.: Radex-Rdsch. (1956) S. 189/96
[56] TROJER, F.: Radex-Rdsch. (1951) S. 160/64
[57] WARSHAW, I., u. M. L. KEITH: J. Amer. ceram. Soc. Bd. 37 (1954) S. 161/68
[58] BOWEN, N. L., u. O. ANDERSON: Amer. J. Sci. Bd. 37 (1917) S. 487
[59] GREIG, J. W.: Amer. J. Sci. Bd. 13 (1927) S. 1/44 u. 133/54
[60] FOSTER, W. R.: J. Amer. ceram. Soc. Bd. 34 (1951) S. 255/59
[61] BOWEN, N. L., u. J. F. SCHAIRER: Amer. J. Sci. Bd. 29 (1935) S. 151/217
[62] SINGER, F.: Sprechsaal Keram., Glas, Email Bd. 86 (1953) S. 342/44, 365/88 u. 392/98
[62a] HUGILL, W., u. A. T. GREEN: Trans. Brit. ceram. Soc. Bd 37 (1938) S. 279/95.
[63] GOLDSCHMIDT, V. M.: DRP. 583194 (1926)
[64] GOLDSCHMIDT, V. M.: DRP. 631010 (1927)
[65] MACHATSCHKI, F.: Spezielle Mineralogie auf geochemischer Grundlage, S. 36. Wien: Springer 1953
[65a] LINDEMANN, W.: Ber. DKG. Bd. 36 (1959) S. 55
[66] BÜSSEM, W., C. SCHUSTERIUS u. K. STUCKARD: Wiss. Veröff. Siemens-Werken Bd. 17 (1938) S. 59/89
[67] GOLDSCHMIDT, V. M.: DRP. 591747 (1927) u. 746717 (1936)

[*67a*] Hay, M. H., u. F. A. Bannister: Mineral. Magaz. Bd. 28 (1948), S. 333/37
[*68*] Rankin, G. A., u. H. E. Merwin: Amer. J. Sci. 4. Serie Bd. 45 (1918) S. 301/25
[*69*] Greig, J. W.: Amer. J. Sci. 5. Serie Bd. 13 (1927) S. 1/44
[*70*] Sugiura, K.: J. Japan ceram. Assoc. Bd. 59 (1951) S. 323/28.
[*71*] Rankin, G. A., u. H. E. Merwin: J. Amer. chem. Soc. Bd. 38 (1916) S. 568; Z. anorg. allg. Chem. Bd. 96 (1916) S. 309
[*72*] Shepherd, E. S., G. A. Rankin u. F. E. Wright: Amer. J. Sci. Bd. 28 (1909) S. 293; s. auch Hall, F. P., u. E. Insley: J. Amer. ceram. Soc. Bd. 16 (1933) S. 488
[*73*] Büssem, W., u. A. Eitel: Z. Kristallogr., Mineralog. Petrogr. Bd. 95 (1936) S. 175/88
[*74*] Goldschmidt, J. R.: J. Geology Bd. 56 (1948) S. 80/81
[*75*] Eitel, W.: Fortschr. Mineralog., Kristallogr. Petrogr. Bd. 23 (1938) S. 114
[*76*] Insley, H., u. van Derck Fréchette: Microscopy of Ceramics and Cements. New York: Academic Press Inc. 1955
[*77*] Sosman, R. B., u. H. E. Merwin: J. Washington Acad. Sci. Bd. 6 (1916) S. 532. — White, J., R. Graham u. R. Hay: J. Iron Steel Inst. Bd. 131 (1935) S. 91. — Tavasci, B.: Amer. chim. appl. Bd. 26 (1936) Nr. 7. — Swayze, M. A.: Proc. Amer. Soc. Testing Mater. Bd. 44 (1946) S. 1/30 u. 65/94
[*78*] Konopicky, K., u. F. Trojer: Radex-Rdsch. (1947) S. 3/15
[*79*] Hay, R., u. J. White: J. West Scotland Iron Steel Inst. Bd. 48 (1940/41) S. 75
[*80*] Jander, W., u. J. Wuhrer: Zement Bd. 27 (1938) S. 377/79
[*81*] Trojer, F.: Radex-Rdsch. (1952) S. 267/69
[*82*] Konopicky, K., u. F. Trojer: Radex-Rdsch. (1947) S. 3/15
[*83*] Bredig, M. A.: J. Amer. ceram. Soc. Bd. 33 (1950) S. 188/92
[*84*] Spangenberg, K.: Tonind.-Ztg. Bd. 75 (1951) S. 378/84
[*85*] Trömel, G., u. H. Möller: Fortschr. Mineralog. Bd. 28 (1949) S. 80/82
[*85a*] Bowen, N. L., J. F. Schairer u. E. Posnjak: Americ. J. of Sci. Bd. 25 (1933) S. 273/97
[*85b*] Burdick, M. D.: J. Research Nat. Bur. Stand. Bd. 25 (1940) S. 475/88
[*86*] Greig, J. W.: Amer. J. Sci. 5. Serie Bd. 13 (1927) S. 1/44. — Osborn, E. F.: J. Amer. ceram. Soc. Bd. 26 (1943) S. 321
[*87*] Phemister, J.: Mining Mag. Bd. 26 (1942) S. 225/30
[*88*] Trojer, F.: Radex-Rdsch. (1949) S. 22/29
[*89*] Schwiete, H. E., u. H. zur Strassen: Zement Bd. 25 (1936) S. 49/51
[*90*] Vgl. hierzu: Hauffe, K.: Reaktionen in und an festen Stoffen, S. 610/13. Berlin/Göttingen/Heidelberg: Springer 1955
[*91*] de Vries, R. C., u. E. F. Osborn: J. Amer. ceram. Soc. Bd. 40 (1957) S. 6/15

5.2 Lagerstätten

5.21 Genetischer Überblick

Die zur Herstellung basischer und neutraler feuerfester Erzeugnisse erforderlichen Rohstoffe finden sich in verschiedenen Lagerstättenbezirken. Die *Chromerze* scheiden sich aus flüssigen, hochbasischen bis ultrabasischen Magmen vorwiegend durch gravitative Differentiation nahe der unteren Grenze der Magmaherde aus. Sie gehören zu den liquidmagmatischen Lagerstätten. Gleiches gilt für die *Olivin*-Vorkommen, welche ultrabasische magmatische Gesteine der praktisch nur aus Olivin bestehenden Dunitgruppe darstellen. Einen Überblick über die Zusammensetzung der wichtigsten basischen Gesteinstypen gibt Tab. 139. Da Chromerzlagerstätten meist an derartige hochbasische Gesteine gebunden sind, besteht zwischen ihnen und den Olivinlagerstätten ein enger genetischer Zusammenhang.

Aus den hochbasischen Tiefengesteinen wie Duniten, Noriten oder Gabbros entsteht der *Serpentin* durch eine vermutlich auf flüchtige Restmagmen zurückzuführende Hydratation. Diese erfolgt meist im Zusammenhang mit tektonischen Vorgängen. Serpentin tritt daher in tektonisch stark gestörten Gebieten fast immer als Nebengestein des Chromerzes auf. Er kann durch Karbonatisierung weiter in *dichten Magnesit* umgewandelt werden. Dabei ist es häufig unsicher, ob die Kohlensäure von unten aus magmatischen Herden oder von oben durch Verwitterungsvorgänge zugeführt wurde.

Die Lagerstätten *kristalliner Magnesite* sind überwiegend metamorph-metasomatischer Entstehung. Magnesiumreiche Lösungen wandern in tief in der Erdkruste liegende Kalkvorkommen ein und verdrängen dort das Kalzium. Woher diese Lösungen stammen, ist oft schwer zu entscheiden. Im allgemeinen dürften sie mit basischen, magnesiumreichen Magmaherden in Verbindung stehen, die oft weit entfernt sein können, weil die Lösungen in den sich ständig verformenden Gesteinen der metamorphen Zonen leicht wandern können. MgO wird außerdem beim Übergang von Olivin $2\,MgO \cdot SiO_2$ in Serpentin $3\,MgO \cdot 2\,SiO_2 \cdot 2\,H_2O$ frei, sofern keine Kieselsäure zugeführt wird. Die von verschiedenen Forschern angenommene sedimentäre Entstehung der kristallinen Magnesitlagerstätten ist nach neueren Erkenntnissen über Ausscheidungsvorgänge in salzreichen Meeres-

Tabelle 139. *Mineralbestand und chemische Zusammensetzung der wichtigsten ultrabasischen Tiefengesteine sowie metamorpher Mg-reicher Gesteine*

Name	Mineralbestand				Mittlere chemische Zusammensetzung					
	Olivin	rhomb. Augit	monokl. Augit	Ca-Na-Feldspat	SiO_2 %	Al_2O_3 %	FeO %	CaO %	MgO %	Alkalien %
Dunit ⎫	×××	×	—	—	40 bis 45	—	5 bis 10	—	45 bis 50	—
Harzburgit ⎬ Peridotite	××	××	—	—	38 bis 45	3 bis 6	5 bis 10	2 bis 5	34 bis 42	—
Wehrlit ⎭	××	—	××	—	38 bis 50	3 bis 6	10 bis 15	4 bis 6	20 bis 30	1 bis 3
Pyroxenit	×	×××	—	—	40 bis 55	0 bis 20	5 bis 10	5 bis 20	18 bis 28	0 bis 1
	×	—	×××	—						
Olivin-Norit	××	×	—	×	45 bis 50	15 bis 20	5 bis 10	10 bis 15	10 bis 15	1 bis 2
Olivin-Gabbro	××	—	×	×						
Norit	—	××	—	××	45 bis 50	15 bis 25	5 bis 10	10 bis 15	5 bis 12	2 bis 3
Gabbro	—	—	××	××	45 bis 50	15 bis 25	5 bis 15	10 bis 15	5 bis 10	2 bis 4
Anorthosit	×	×	—	×××	50 bis 55	25 bis 30	0 bis 3	etwa 10	0 bis 1	5 bis 8
										Wasser
Serpentin	Olivin, Chrysotil, Antigorit				35 bis 45	0 bis 5	5 bis 15	0 bis 5	30 bis 45	5 bis 15
Talkschiefer	vorherrschend Talk				50 bis 60	4 bis 10	1 bis 10	0 bis 12	20 bis 30	2 bis 5

××× hoher, ×× mittlerer, × kleiner Gehalt

gebieten und wegen Form und geologischer Stellung der Lagerstätten unwahrscheinlich.

In den höheren Zonen der metamorphen Region (Epizone) können Magnesiumsilikatgesteine in Form von *Talkschiefern* oder *Speckstein* (Steatit) durch Zufuhr aus größeren Tiefen stammender Magnesiumlösungen entstehen.

Die *Dolomite* bilden sich durch metasomatische Verdrängung von Kalkstein, die gewöhnlich von Störungen oder Klüften im Gestein ausgeht. Auch hier wird Magnesiumoxyd durch Lösungen zugeführt, die ihren Ursprung in magmatischen

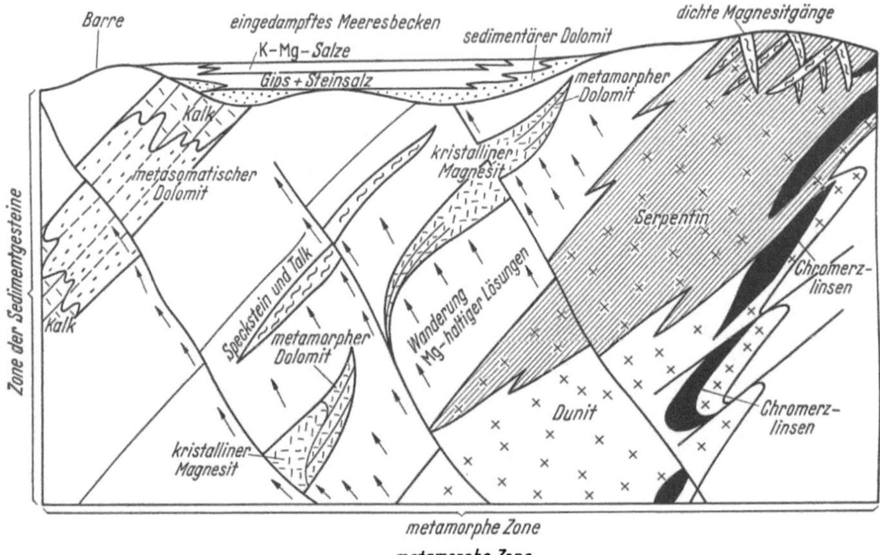

Abb. 574. Geologische Stellung von Chromerz und magnesiumhaltigen Rohstoffen

Herden haben dürften. Dolomite können sich aber auch unmittelbar im Meere absetzen, also echte Sedimentgesteine bilden, was bei Magnesiten vermutlich nicht zutrifft. Voraussetzung für den Dolomitabsatz ist hoher Salzgehalt des Meeres, Dolomitschichten bilden daher sehr häufig die Basis von Salzlagerstätten.

In der letzten Phase der Bildung von Salzlagerstätten scheiden sich schließlich leicht wasserlösliche, *magnesiumreiche Salze* aus. Einen Überblick über die Gliederung der magnesiumreichen Rohstoffe in der Natur gibt die schematische Skizze Abb. 574.

5.22 Chromerzlagerstätten

Die meisten technisch wichtigen Chromitlagerstätten liegen in tektonisch beanspruchten metamorphen Zonen, sie sind daher ganz oder teilweise von Serpentin begleitet. Gewöhnlich haben sie ihre ursprüngliche Form durch die Gesteinsdeformation verloren und bilden unregelmäßig geformte Linsen, deren Randzonen sich mit dem Nebengestein verzahnen. Der Kern dieser Linsen enthält dann hochwertiges *Derberz*, während in den Randzonen das mehr oder weniger minderwertige, stark von silikatischer Gangart durchsetzte *Sprengelerz* gefördert wird. Werden große einheitliche Lagerstätten tektonisch zerrissen, können zu einer Kette aneinandergereihte Linsen entstehen. Eine wichtige Ausnahme bilden die stark eisenhaltigen, tektonisch ungestörten Lagerstätten von Transvaal.

Mineralogisch bestehen die Chromerze aus folgenden Komponenten:

1. primäre Mineralien	Chromit $FeO \cdot Cr_2O_3$
	Magnesiochromit $MgO \cdot Cr_2O_3$
	Hercynit $FeO \cdot Al_2O_3$
	echter Spinell $MgO \cdot Al_2O_3$
	Magnesioferrit $MgO \cdot Fe_2O_3$
2. sekundäre Mineralien (Gangart)	Klinoenstatit bzw. Enstatit $MgO \cdot SiO_2$
	Hypersthen $(MgO, FeO) \cdot SiO_2$
	Forsterit $2\,MgO \cdot SiO_2$
	Serpentin (Antigorit, Chrysotil)
	$3\,MgO \cdot 2\,SiO_2 \cdot 2\,H_2O$
	Talk $3\,MgO \cdot 4\,SiO_2 \cdot H_2O$
3. akzessorische Mineralien	Kalzit $CaCO_3$
	Dolomit $(Ca,Mg) \cdot CO_3$
	Quarz SiO_2

Von diesen Komponenten sollen die akzessorischen Mineralien praktisch fehlen, die sekundären stark zurücktreten. Die primären Komponenten (Spinelle) sollen möglichst grobkristallin ausgebildet und nicht tektonisch zertrümmert sein.

Die chemische Natur der Chromite hängt nach T. P. THAYER [1] stark von der Zusammensetzung des Nebengesteines ab. In mit Gabbros verbundenen Peridotiten kommen Chromite mit vielen aluminatischen Spinellen vor, während in feldspatfreien Peridotiten reine Chromite, in pyroxenreichen Gesteinen magnesiochromit-reiche Erze vorherrschen.

Der Cr_2O_3-Gehalt handelsüblicher Chromerze schwankt zwischen 48 und 52%, er kann sogar bis auf 42% heruntergehen. Erze mit weniger als 40% Cr_2O_3 kommen für feuerfeste Zwecke nur dann in Frage, wenn sie daneben hohen Al_2O_3-Gehalt (23 bis 30%) aufweisen. In den tonerdeärmeren Chromerzen sind 11 bis 18% Al_2O_3 neben 8 bis 20% MgO enthalten. Der FeO-Gehalt soll 15%, der SiO_2-Gehalt 5% und der CaO-Gehalt 1% nicht überschreiten.

H. PARNHAM [2] schlägt zur praktischen Bewertung der Chromerze ein Punktsystem nach ihrer chemischen Analyse vor. Er teilt dem Erz maximal 400 Punkte zu, von denen je 100 Punkte für die Bewertung der Cr_2O_3-, SiO_2-, FeO- und CaO-Gehalte nach dem in Tab. 140 zusammengestellten Schlüssel zur Verfügung stehen. Die besten Erze erhalten danach 390 bis 400 Punkte. Erze mit weniger als 300 Punkte sollen nach Möglichkeit in der feuerfesten Industrie nicht verwandt werden.

Für die Beurteilung der Erze sind außerdem ihr Verhalten

Tabelle 140. *Punktsystem zur Bewertung von Chromerzen* (nach H. PARNHAM)

	Bewertung mit je 100 Punkten, wenn	Punktabzug für 1%	Demnach Bewertung mit 0 Punkten, wenn
Cr_2O_3	mind. 40%	10	30%
SiO_2	max. 5%	20	10%
FeO	max. 15%	50	17%
CaO	max. 1%	40	3,5%

gegen Fe_3O_4 bei hohen Temperaturen (Bursting, vgl. Abschn. 5.153) und die Volumenkonstanz bei reduzierendem bzw. oxydierendem Brennen von Wichtigkeit. Die Erze werden in stückiger bis feinkörniger Form geliefert, stückige Erze mit wenig Feinmehl sind vorzuziehen. Einen Überblick über die wichtigsten Chromerzvorkommen der Welt gibt Abb. 575.

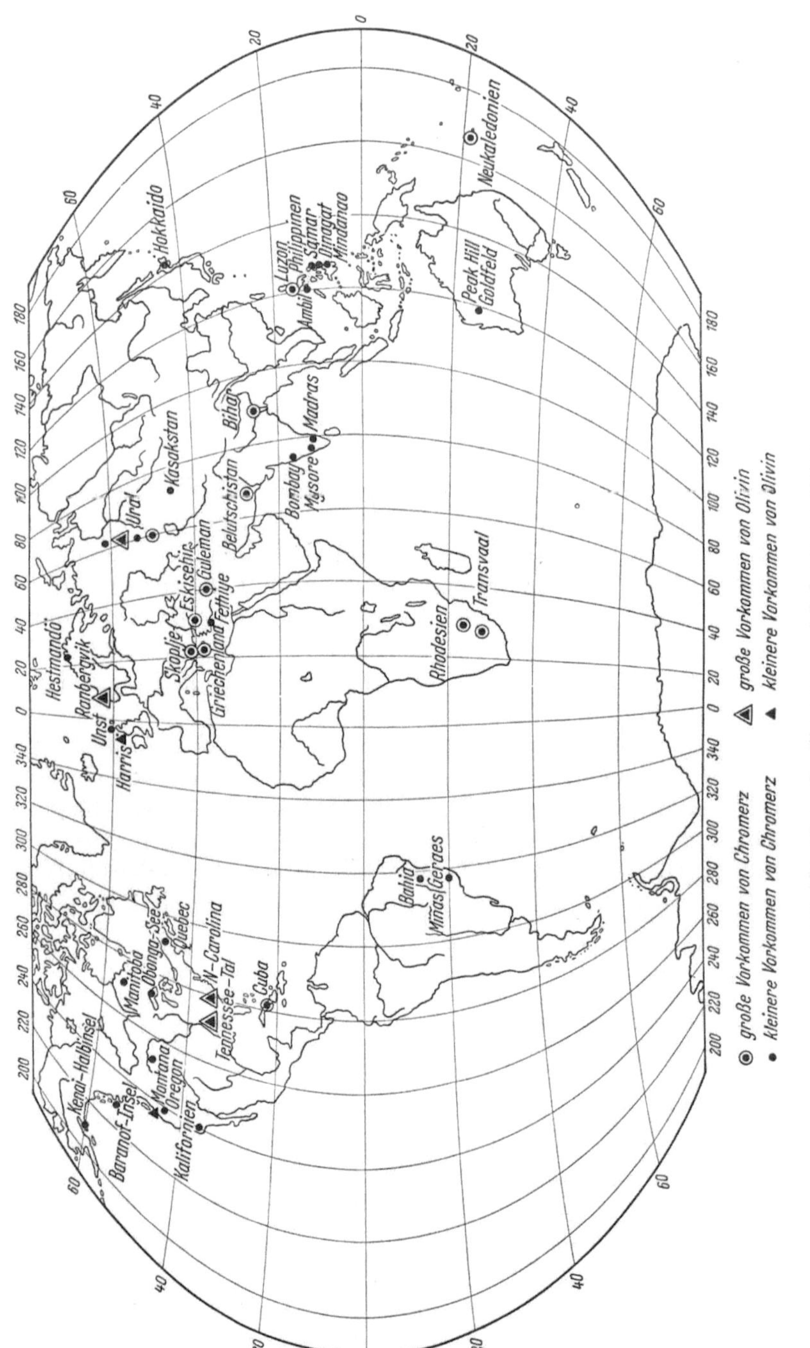

Abb. 575. Karte der Chromerz- und Olivin-Lagerstätten

Europäische Chromerze wurden früher in Norwegen und in Schottland gewonnen. Auf der Insel Hestmandö in Nord-Norwegen treten über 100 kleine Olivinstöcke auf, von denen die meisten Chromerze führen, und auf der Shetlandinsel Unst finden sich zahlreiche Chromitlinsen in Serpentingestein. Seit der Entdeckung der großen türkischen und überseeischen Lagerstätten wurde der Abbau dieser Erze unrentabel.

Große Bedeutung haben dagegen heute noch die Chromerzlagerstätten auf dem Balkan [3]. In *Jugoslawien* kommen Chromerzlinsen guter Qualität in Serpentinen und anderen basischen Gesteinen westlich von Skoplje zwischen Vardar- und Lepenac-Tal, bei Dubostica (nördlich von Sarajewo) und bei Čačak am Nordfuß des Jelica-Gebirges vor. Kleinere Chromitvorkommen finden sich im rumänischen Banat.

In Nord-*Griechenland* liegen die größten Chromerzbergwerke bei Xinca nordwestlich Lamia, ferner bei Karditza, Isagli, Saloniki und Bourdaly, in Mittel-Griechenland in Böotien, außerdem auf den Inseln Euböa und Skyros. Qualität der Erze und geologische Verhältnisse ähneln denen der jugoslawischen Lagerstätten. Die Erze sind teils hart (Karditza), teils brüchig (Böotien). Chromerzvorkommen werden auch auf Cypern abgebaut.

Die Balkanlagerstätten werden jedoch an Größe und Bedeutung von den *türkischen* [4] weit übertroffen. Die Türkei war daher lange Zeit der größte Chromerzlieferant der Welt. Auch in den türkischen Vorkommen spielt die tektonische Deformation eine große Rolle, man findet dort das Erz in zahlreichen stark deformierten Linsen im Serpentin. Die ältesten Lagerstätten bei Bursa und Dagardi in der Nordwest-Türkei sind inzwischen abgebaut. Seit 1936 besitzen die Guleman-Minen bei Dag, östlich des oberen Euphrat in der Ost-Türkei, größte Bedeutung, sie fördern eines der hochwertigsten Erze der Welt mit 52% Cr_2O_3. Es ist sehr grobkörnig und an eine große Überschiebung über Oberkreidegesteine gebunden. Bei der Überschiebungsbewegung zerbrach der Erzkörper in zahlreiche Linsen verschiedener Größe.

Noch später begann der Abbau der wichtigen Lagerstätten nördlich von Eskisehir bei Kavak (kugelförmig ausgebildetes Erz neben Derberz) und bei Basören sowie bei Tastepe. In der Südwest-Türkei finden sich Chromerzlagerstätten mit 40 bis 50% Cr_2O_3 bei Fethiye und Marmaris, gegenüber der Insel Rhodos. Weiter von der Küste entfernt liegen bei Denizli und Tefenni Vorkommen, welche 50 bis 54% Cr_2O_3 [5] enthalten. Die türkischen Lagerstätten erstrecken sich nach Osten bis nach *Persien* und werden auch dort abgebaut.

Rußland kann als einziges der großen Stahlindustrieländer seinen Bedarf an Chromerzen aus eigener Förderung decken, mit seiner Förderung steht es z. Z. an der Spitze der Weltproduktion. Die größten Vorkommen liegen im Ural bei Saranow. Die Chromerze treten dort in Form von Nestern, Schlieren und Gängen im Serpentin und Peridotit auf. Sie entstanden im Zusammenhang mit der Apapaessk-Intrusion, die sehr große Mengen ultrabasischer Gesteine gefördert hat. Ihr mittlerer Gehalt an Cr_2O_3 beträgt $\sim$37% [6], die Vorräte belaufen sich auf $\sim$9 Millionen Tonnen. Auch noch an zahlreichen anderen Stellen im Ural finden sich bedeutende Chromerzlagerstätten.

Sehr reiches Chromerz kommt in Kasakstan (Sibirien) vor, und zwar im Südteil des Dunitmassivs von Kempirsaî. Man gewinnt dort pulverförmige Erze mit 59 bis 61% Cr_2O_3, poröse Erze mit 45 bis 59% und harte Erze mit 45 bis

55% Cr_2O_3. Der ungewöhnlich hohe Cr_2O_3-Gehalt dieser Erze ist auf Anreicherungen im Zusammenhang mit fossilen Verwitterungsvorgängen zurückzuführen. Ihre Vorräte werden auf 2,5 Millionen Tonnen geschätzt [7]. Im Baschartow-Distrikt wurden Chromerzlagerstätten mit 23 bis 55% Cr_2O_3 gefunden [8].

Geringere Bedeutung haben *Indien* und *Pakistan* als chromerzgewinnende Länder. Größere Lagerstätten finden sich im Zhobtal (Belutschistan). Weitere Vorkommen werden in Jojohatu bei Singhbhum und Keonjhar in der Provinz Bihar abgebaut, ihre Erze werden vorwiegend nach England verschifft. Lagerstätten geringerer Bedeutung befinden sich in Mysore, Madras und bei Ratnagiri (Bombay).

In *Japan* wurden 1943 Chromerze mit 50% Cr_2O_3 im Sarugan-Distrikt auf der Insel Hokkaido entdeckt, sie werden bereits ausgebeutet [9].

Australien hat eine größere Lagerstätte mit 48% Cr_2O_3 in Form von Gängen und Linsen im Serpentin bei Coobina (Peak Hill Goldfelder).

Wesentlich bedeutender ist aber die Lagerstätte von Tiebaghi im Nordteil von *Neu-Kaledonien*. Dort wurde Chromerz im Serpentin zunächst im Tagebau abgebaut, dabei entstand ein ~100 m tiefes Loch mit 200 m Durchmesser. Auf dem Boden dieses Loches wurde dann 1929 ein noch heute betriebener Schacht abgeteuft. Das Erz enthält 50 bis 55% Cr_2O_3 und wird hauptsächlich für metallurgische Zwecke nach den USA und Frankreich exportiert. Die Vorräte sind unermeßlich.

Große, erst teilweise erforschte Chromitvorräte besitzen die *Philippinen*. Die größte und bekannteste Lagerstätte liegt bei Candelairia in der Provinz Zambales auf Luzon. Sie enthält ~10 Millionen Tonnen Chromerz mit einem durchschnittlichen Cr_2O_3-Gehalt von 35%. Man verwendet es vorwiegend für feuerfeste Zwecke und verschifft es im Hafen von Masinloc meist nach Amerika [10]. Das Philippinen-Erz enthält stets viel Tonerde (~27%). Es tritt in Form isolierter Körper in hochserpentinisierten Duniten und Peridotiten auf. In einer kleinen Lagerstätte bei Acoje wird reicheres Erz (>46% Cr_2O_3) überwiegend für metallurgische Zwecke abgebaut. Weitere Chromitvorkommen liegen im Nordteil der Mindanaoinsel, auf der Dinagatinsel und im Südteil der Samarinsel. Auf der Ambilinsel wurden nordwestlich Mindoro ebenfalls Chromerze entdeckt. Die Gewinnung erfolgt gewöhnlich im Tagebau.

Eine weitere wichtige Quelle zur Deckung des Chromerzbedarfes in den USA ist *Kuba*. Auch hier liegen die linsenförmigen Lagerstätten im Serpentingestein. Die größte Produktion hat der Camaguey-Distrikt, in ihm wird ein Erz mit 30 bis 32% Cr_2O_3, 28 bis 32% Al_2O_3 und ~5% SiO_2 gefördert. Das kubanische Erz ist also auch relativ arm an Cr_2O_3 und reich an Al_2O_3. Die Vorräte dieses Bezirkes sollen $1/2$ Million Tonnen betragen. Kleinere, überwiegend für metallurgische Zwecke verwandte Vorkommen liegen im östlichen Teil der Provinz Oriente und in der Provinz Matanzas.

In den *USA* selbst kommen nur arme Chromerze in kleinen Lagerstätten vor. Sie müssen fast überall aufbereitet und angereichert werden. Dadurch wird die Gewinnung so verteuert, daß die meisten Produkte der Konkurrenz reicher Importerze nicht gewachsen sind. Insgesamt werden in den USA selbst nur ~1% der benötigten Erze gewonnen. Die Abbaustellen liegen zum größten Teil in Kalifornien[11], Montana und Oregon. Die in Montana gewonnenen Konzentrate enthalten ~45% Cr_2O_3 [12], diejenigen von Oregon nur 20 bis 25% [13].

Auch *Kanada* ist nicht sehr reich an Chromerzlagerstätten. Die Hauptmasse liegt in der Provinz Quebec am Südwestende eines sich von der Gaspé-Halbinsel bis zur Grenze gegen Vermont (USA) hinziehenden Serpentinzuges [14]. Die Förderung ist zwar erheblich größer als in den USA, reicht aber knapp zur Befriedigung des kanadischen Bedarfes aus. Weitere Vorkommen armer Erze liegen am Obonga-See (Ontario) und in Manitoba.

Alaska besitzt eine bedeutende Chromerzlagerstätte auf der Kenai-Halbinsel [15] an der Südküste bei Claim Point und Red-Mountain. Das Chromerz bildet dort ebene, gut geschichtete Körper in Duniten und Serpentinmassen. Ihre Serpentinisierung ist jedoch nicht so stark wie in anderen Vorkommen. Die Vorräte belaufen sich auf ~150000 t. 70000 t sind hochwertig, 170000 t armer Erze können durch Anreicherungsprozesse in hochwertige Konzentrate verwandelt werden. Weniger wichtige Vorkommen liegen auf der Baranofinsel (Süd-ost-Alaska) an der Red-Bluff-Bay.

In *Südamerika* wurde Chromerz bei Compo Formoso in der Provinz Bahia (Brasilien) gefunden. Auch hier tritt das Erz schichten-förmig wechsellagernd mit Serpentin auf. Die Schicht-mächtigkeit schwankt von wenigen Millimetern bis zu 1 m und mehr. Ein Vorkommen bei Piui in Miñas Geraes soll 57% Cr_2O_3 enthalten [16].

Wesentlich bedeutender als die amerikanischen Chromitlagerstätten sind diejenigen von Südafrika in Transvaal und Rhodesien. In *Transvaal* liegen die Chromerze als ebene, horizontale, kilometerweit aushaltende Schichten von wenigen Zentimetern bis zu Dezimetern Mächtigkeit inmitten des aus magmatischen Gesteinen

Tabelle 141. *Zusammensetzung verschiedener Chromerze* (nach J. R. Rait u. J. H. Chesters)

Chromerze		Analyse								Glühverlust	Taubes Gestein	Bearbeiter
		SiO_2 %	TiO_2 %	Al_2O_3 %	FeO %	CaO %	MgO %	MnO %	Cr_2O_3 %	%	%	
Shetland	A	14,08	0,10	12,24	12,20	0,16	26,39	0,08	27,72	8,27	42,10	
	B	—	—	17,52	18,35	—	14,21	—	49,92	—	—	
Griechenland	A	3,78	0,26	23,01	14,67	1,46	17,73	0,18	37,75	2,51	—	
Türkei	A	2,12	0,20	16,75	14,54	0,62	16,01	0,15	49,17	1,91	10,01	W. Hugill u. A. T. Green
	B	—	—	14,04	15,92	—	16,19	—	53,85	—	—	
Rußland	A	3,26	0,33	7,56	15,07	0,94	12,61	0,17	56,04	3,20	12,35	
	B	—	—	9,00	13,57	—	13,20	—	64,23	—	—	
Indien	A	1,24	0,36	12,44	21,67	0,56	13,19	0,18	44,27	5,20	16,26	
	B	—	—	13,67	23,51	—	9,47	—	53,35	—	—	
Philippinen	A	5,31	—	27,61	13,00	1,05	18,18	—	32,09	—	?	
Kuba	A	3,11	—	31,11	13,07	Spur	17,61	—	33,83	1,12	—	G. L. Clark u. A. Ally
Transvaal, hellbraun	A	1,04	0,74	16,20	25,42	0,46	9,44	0,21	45,60	2,18	7,44	
	B	—	—	14,44	27,32	—	9,72	—	48,52	—	—	W. Hugill u. A. T. Green
Rhodesien	A	3,62	0,11	14,02	14,99	1,02	15,05	0,13	48,19	4,90	13,50	
	B	—	—	11,00	17,30	—	13,72	—	58,02	—	—	

A = Ladungsproben; B = reine Chromit-Körner

aufgebauten Bushveldkomplexes. Der Charakter der Gesteine wechselt sehr stark. Die Chromerze liegen an der Basis einer Gabbroserie und sind durch gravitative Differentiation abgeschieden worden. Eine tektonische Beeinflussung und eine Serpentinisierung hat hier im Gegensatz zu den meisten anderen Lagerstätten der Erde nicht stattgefunden. Das Erz enthält neben Chromit Bronzit–Augit und Plagioklas. Seine Pauschalanalyse ergibt $\sim$46% Cr_2O_3, 25% FeO, 17% Al_2O_3, 11% MgO und 1% SiO_2 [17]. Die Förderung begann im Jahre 1924 mit 5000 t/Jahr und entwickelte sich sprunghaft, 1938 erreichte sie $\sim$174000 t/Jahr, 1947 bereits 340000 t/Jahr. Das Erz bereitet bei Verwendung für feuerfeste Zwecke Schwierigkeiten wegen seiner Volumenänderung beim Brennen (s. Abschnitt 5.153).

Vom Bushveld zieht sich ein als *Great Dyke* bezeichneter, mit vulkanischen Gesteinen erfüllter Gangzug nach Norden bis zum Vredefortmassiv in *Rhodesien*. Dieser ungeheure Gang enthält u. a. große Chromerzlager in serpentinisiertem Harzburgit, ferner in Peridotiten und Duniten. Der Abbau erfolgt hauptsächlich am Nordende des Ganges, auch bei Selukwe $\sim$5 km westlich von ihm. Der Cr_2O_3-Gehalt schwankt zwischen 40 und 54%, eine typische Analyse ergibt 51% Cr_2O_3, 11% FeO, 15% Al_2O_3, 13% MgO und 5% SiO_2. Gelegentlich auftretende Magnetiteinschlüsse können durch Magnetsichtung ausgesondert werden [18].

Tabelle 142. *Fördermengen von Chromerzen im Jahre 1954 nach dem Statistischen Jahrbuch Deutschlands 1956*

Südafrikanische Union	641000 t
UdSSR	600000 t (1953, geschätzt)
Türkei	562000 t
Philippinen	451000 t
Südrhodesien	401000 t
USA	140000 t
Jugoslawien	124000 t
Albanien	116000 t
Neu-Kaledonien	84000 t
Indien	66000 t (1953)
Kuba	63000 t
Griechenland	40000 t
Japan	32000 t
Pakistan	22000 t
Sierra Leone	20000 t
Welt	3450000 t

Weiterhin treten Chromerzlagerstätten mit $\sim$52% Cr_2O_3 in den Umwukwe-Bergen nördlich Salisbury in serpentinisiertem Enstatit–Olivin-Fels auf. Auf je 30 m Teufe sollen 200000 t Vorräte vorhanden sein [19]. Wie weit sich diese Lagerstätte in die Tiefe erstreckt, ist noch nicht bekannt. Außer den erwähnten schicht- oder gangförmig auftretenden Vorkommen finden sich in Rhodesien auch linsenförmige, unregelmäßig begrenzte Lager in Serpentinen und Talkschiefern, ihre Erze werden im Tagebau gewonnen.

In Sierra Leone (Nordwestafrika) hat man neuerdings mit der Gewinnung von Chromerzen begonnen.

Die Analysen von Proben der wichtigsten Chromerzlagerstätten, getrennt nach Durchschnittsmustern und gangartfreien Chromitkörnern, sind in Tab. 141 zusammengestellt [20]. Wie sich die Gewinnung auf die Hauptförderländer verteilt, geht aus der Aufstellung in Tab. 142 hervor, sie enthält die Fördermengen des Jahres 1954. Die persische Gewinnung, die in letzter Zeit größere Bedeutung erlangt hat, ist darin nicht berücksichtigt, da keine Zahlen vorliegen. 1953 betrug die Weltförderung 3880000 t. Der Rückgang von 11% im Jahre 1954 ist inzwischen wieder aufgeholt worden. Von den gewonnenen Erzen werden ~45% für metallurgische Zwecke und ~40% für feuerfeste Zwecke verwandt.

5.23 Olivin-, Serpentin- und Specksteinlagerstätten

5.231 Olivin

Die Lagerstätten von magnesiumreichen, eisenarmen Olivinen (Duniten), welche überwiegend aus Forsterit bestehen, sind so zahlreich, daß hier nur die für die feuerfeste Industrie wichtigsten aufgeführt werden können. Das größte europäische Vorkommen liegt an der Westküste von *Norwegen* bei Björkedalen, Ranbergvik, Yttertal und Almeklovdalen zwischen Drontheim und Bergen [*21*]. Die Gesamtausdehnung des Olivingebiets beträgt 8 km² bei einer Mächtigkeit von mehreren 100 m über dem Meeresspiegel. Die Vorräte an hochwertigen Qualitäten betragen ~2 Milliarden Tonnen. Die Gewinnung erfolgt in Steinbrüchen nahe der Küste. Das Rohmaterial kann unmittelbar in Küstenschiffe verfrachtet werden.

Ein kleineres Lager von Olivin mit höheren Eisengehalten findet sich auf der Halbinsel Harris in Schottland.

Unermeßlich groß sollen die Olivinlager des *Ural* sein, die örtlich bereits für feuerfeste Verwendungszwecke abgebaut werden.

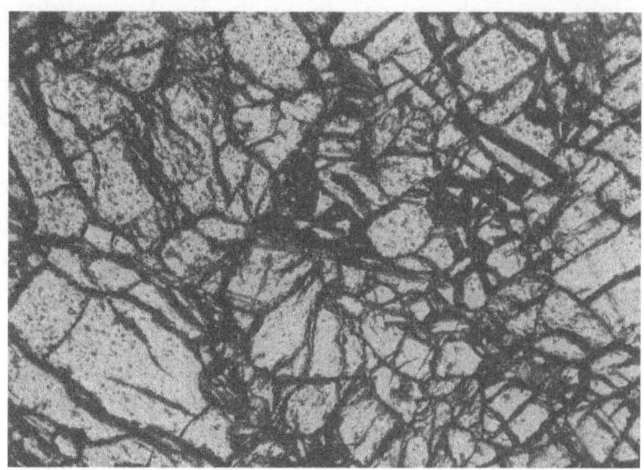

Abb. 576. Norwegischer Olivin. Dünnschliff (Vergr. 20 ×)

Auch die *USA* verfügen über sehr ausgedehnte Olivinvorkommen in Nord-Carolina, im Tennessee-Tal und an der pazifischen Westküste (Washington und Oregon). Die Lagerstätte von Nord-Carolina und Georgia enthält mehr als 230 Millionen Tonnen unveränderten und nahezu 1 Billion Tonnen serpentinisierten Olivins mit einem Glühverlust von mehr als 2% [*22*].

Tabelle 143. *Analysen verschiedener Olivine*

	SiO_2 %	Al_2O_3 %	Fe_2O_3 %	FeO %	Cr_2O_3 %	CaO %	MgO %	MnO %	NiO %	CoO %	Alkalien %	Glühverlust %
Norwegen	41,81	0,22	0,25	5,83	0,37	—	50,31	0,12	0,38	0,02	0,01	0,49
Schottland ...	39,25	0,60	2,67	7,69	1,81	0,05	45,15	0,80	—	—	—	1,80
Rußland ..... (Chabosersk)	37,40	0,23	6,21	7,18	0,46	1,00	47,00	0,22	0,02	—	—	—
N-Carolina .... (USA)	41,10	0,16	0,18	5,79	0,16	0,30	49,27	0,18	n.b.	—	—	0,50
Washington ... (USA)	44,87	0,81	7,68		2,20	—	42,99	—	—	—	—	0,33

Außer den genannten Vorkommen dürfte es in industriell weniger erschlossenen Gebieten noch zahlreiche andere geben. Sie wurden bisher nicht abgebaut, da der Bedarf anderweitig gedeckt wird.

Als Nebenbestandteile treten in den Olivinfelsen Enstatit, Magnetit, Chromerz, Glimmer, Chlorite und Serpentin auf. Abb. 576 zeigt das Dünnschliffbild eines norwegischen Olivins von guter Qualität, er ist praktisch frei von Verunreinigungen. Die Durchschnittsanalysen der wichtigsten Olivinlagerstätten der Welt sind in Tab. 143 enthalten. Für feuerfeste Zwecke brauchbare Olivine sollen nicht wesentlich mehr als 5% Eisenoxyde enthalten.

5.232 Serpentin und Speckstein

Häufiger noch als Olivin kommt Serpentin auf der Erde vor, wie bereits der Ausführung über die Chromerzlagerstätten zu entnehmen ist. Eine Aufzählung auch nur der wichtigsten Weltvorkommen ist daher im Rahmen dieses Buches nicht möglich, zumal ja auch die Verwendung des Serpentins für feuerfeste Zwecke sehr beschränkt ist. In Deutschland gewinnt man *Serpentin* im *Eulengebirge*, bei *Frankenstein* und am *Zobten* (Schlesien) vorwiegend für Schmucksteinzwecke. Kleine Vorkommen finden sich im *Erzgebirge*, vor allem bei Zöblitz. Im *Fichtelgebirge* liegen zwei größere Züge von Serpentin als Linsen im Gneis. Die bedeutendsten dieser Vorkommen liegen bei Zell (Oberfranken) und an der Wojaleite bei Wurlitz. Es handelt sich dabei um ein zähes, festes, blaugrünes Gestein. Als Hartserpentin wird es hauptsächlich als Gleisschottermaterial verwandt. Bedeutendere Serpentinvorkommen finden sich in der *Steiermark*. In der englischen Industrie werden vorwiegend *schottische* Serpentine zur Herstellung von Forsteritsteinen (sog. Serpexsteinen, Abschn. 5.516) verwandt, in der russischen solche aus dem nördlichen Kaukasus.

Speckstein kommt in Deutschland in technisch nutzbarer Form nur bei *Göpfersgrün* im Fichtelgebirge vor, er wird dort ausschließlich für feinkeramische Zwecke gewonnen. Talklagerstätten (unreine Qualitäten) finden sich im Bayrischen Wald, bessere Vorkommen werden in der Steiermark abgebaut.

5.24 Magnesitlagerstätten

5.241 Dichte Magnesite

Serpentin oder verwandte Gesteine können sich bei Zufuhr von meist aus vulkanischen Herden stammender Kohlensäure unter Abgabe ihrer Kieselsäure in Magnesiumkarbonat umwandeln. Diese Form der Magnesitbildung ist eine zweite Phase der Umwandlung olivinreicher Gesteine, wenn man ihre Serpentinisierung als erste Phase betrachtet [23]. Unterhalb 250° C ist die Verdrängung der Kieselsäure durch Kohlensäure stets möglich, da CO_2 in diesem Temperaturbereich die stärkere Säure ist, höhere Temperaturen begünstigen dagegen die Silikatbildung.

Die so entstandenen Magnesite sind dicht, chemisch sehr rein und feinkörnig, jedoch nicht gelartig, wie man früher wohl annahm. Die Bezeichnungen *Gelmagnesit* bzw. *amorpher Magnesit* sind daher für sie nicht berechtigt. Als einzige wesentliche Verunreinigung enthalten die dichten Magnesite wechselnde

Mengen von SiO_2. Sie sind kreideweiß, ziemlich fest und weisen muscheligen Bruch auf. In der Natur treten sie fast stets in Gängen unterschiedlicher Mächtigkeit auf. Diese haben als Zufuhrspalten für die Kohlensäure gedient und finden sich nur bis zu einer gewissen Teufe in oberflächennahen Zonen. In 170 bis 180 m Tiefe pflegen die Magnesitgänge zu vertauben.

Das klassische Vorkommen von dichtem Magnesit liegt bei *Kraubath* in der Steiermark, wo im Serpentin zwei sich kreuzende Gangsysteme mit einer Mächtigkeit von wenigen Zentimetern bis zu maximal 5 m auftreten. Das in Stollen gewonnene Fördergut enthält $< 1\%$ Fe_2O_3, $< 1\%$ CaO und im Mittel 10 bis 13% Unlösliches, meist aus Serpentinresten bestehend (Tab. 144). Es wird ausschließlich in Form von kaustischer Magnesia zur Steinholzherstellung verwandt. Ein ähnliches, kleines Vorkommen liegt als einzige Magnesitlagerstätte Deutschlands am *Zobten* in Niederschlesien.

Sehr bedeutend sind die Lagerstätten dichten Magnesits in *Jugoslawien*, dort sind drei größere Bezirke bekannt geworden:

1. in Bosnien bei Maglaj,
2. in Sumadia bei Užiče, Valjewo und Kraljewo nahe Čačak. Dieser Zug reicht bis Avala südlich Belgrad,
3. auf dem Amselfeld zwischen Raška und Skoplje,

In Sumadia treten zahlreiche, weit verstreute, kleinere Magnesitlagerstätten in einem Raum von 400 km² auf Gängen in Serpentinen auf. Das dort geförderte Rohmaterial hat gute Qualität, die Summe seiner CaO- und SiO_2-Gehalte liegt unter 2%, oft sogar unter 1% [*24*].

Auf dem Amselfeld findet sich ein größeres Vorkommen bei Galica-Dubovac, etwa 8 bis 10 km WSW der Eisenbahnstation Vučitren, dort setzen zahlreiche Magnesitgänge auf Scherspalten in tiefgründig zersetztem Serpentin auf. Die Gangfüllungen sind 50 bis 300 m lang und 1 bis 3 m, örtlich bis zu 20 m mächtig. Sie besitzen den Charakter von Linsen. Der MgO-Gehalt dieser Magnesite schwankt zwischen 44 und 46%, ihre mittleren CaO-Gehalte liegen unter 1% und steigen nur örtlich bis auf 1,9%. SiO_2 ist in unregelmäßigen Nestern angereichert und kann dann 2% übersteigen. Die Reserven an Magnesit betragen mehr als 1 Million Tonnen.

Weiter südlich findet sich die größte jugoslawische Lagerstätte bei Goleš. Dieses Vorkommen ähnelt in seiner Entstehung demjenigen von Galica-Dubovac. Der geförderte Magnesit enthält nach dem Klauben von Hand 0,4% CaO und 1,3 bis 2,1% SiO_2. Eine Aufbereitung unreinerer Partien mit Hilfe des Sink-Schwimmverfahrens ist möglich (vgl. Abschn. 5.42). Die Gänge erstrecken sich bis zu mindestens 300 m Teufe unter der Oberfläche. Die Vorräte betragen einige Millionen Tonnen.

Erst 1951 wurde durch Zufall das Vorkommen von Bela Stena, nördlich Raška, entdeckt, es hat im Gegensatz zu den bisher besprochenen Lagerstätten sedimentären Charakter und tritt eng gefaltet zwischen tonig-sandigen Mergeln auf. Das Rohmaterial hat den typischen Charakter dichter Magnesite. Es dürfte aus einem See abgesetzt worden sein, dem auf Spalten magnesiumreiche Lösungen aus tiefer liegenden Serpentinen zugeführt wurden. Die Bildung ist also als hydrothermal-sedimentär zu betrachten.

Das Rohmaterial wird dort aus den Tagebauen mit reichlich Wasser in Rinnen nach unten gespült. Dabei zersetzt sich der vorhandene Kalk, der harte Magnesit

Tabelle 144. *Analysen verschiedener dichter und kristalliner Magnesite*

Fundort %	SiO$_2$ %	Al$_2$O$_3$ %	Fe$_2$O$_3$ %	CaO %	MgO %	CO$_2$ %	H$_2$O %
Dichte Magnesite							
Kraubath	0,21	$<$1		$<$1	48,11	50,87	n. b.
Jugoslawien	0,14 bis 3,30	0,33 bis 1,52		0,03 bis 1,6	44,6 bis 46,4	48,7 bis 52,3	0,15 bis 0,50
Euböa	0,20	0,70	0,45	1,39	46,10	50,35	n. b.
Elba	11,00	0,50	0,90	0,5	40,30	44,7	2,10
Ural	0,5	0,4		1,62	46,0	51,47	n. b.
Salem (Indien)	—	—		—	47,42	—	—
Kaapmuiden (Südafrika)	1,44	0,67		—	45,30	51,71	0,40
Kristalline Magnesite							
Veitsch							
rein	0,5	0,3	4,0	1,50	44,0	etwa 50	n. b.
Durchschnitt	0,5	0,3	4,0	2,50	42,0	etwa 50	n. b.
Breitenau	0,2 bis 0,3 max. 0,5	0,6	3,0	1,0 bis 1,5	45 bis 46	etwa 50	n. b.
Trieben	$<$1	—	2,25	2,25 bis 3	43,5 bis 44,5	etwa 50	n. b.
Radenthein	2 bis 2,5	0,5	1,8	2 bis 3	43 bis 44	etwa 50	n. b.
Tux	2,19	0,33	0,77	0,60	45,79	50,12	n. b.
Kaschau (Slowakei)	3 bis 4	1,2	3,5 bis 4	1,1 bis 1,7	38 bis 42,5	45 bis 50	n. b.
Urepel (Pyrenäen)	3,6	1,2	2,9	4,5	37,9	etwa 50	n. b.
Satka (UdSSR)	0,20	0,07	0,54	0,40	46,90	51,73	0,16

bleibt stückig. Auf diese Weise wird der CaO-Gehalt des Materials unter 2% herabgedrückt und der Bau einer Sink-Schwimmanlage eingespart. Die bei Bela Stena verfügbaren Mengen übersteigen 3 Millionen Tonnen. Die Gesamtvorräte Jugoslawiens sollen mehr als 6 Millionen Tonnen Magnesit betragen. Die vor dem Kriege mit ~30000 t anzusetzende Jahreserzeugung Jugoslawiens an Rohmagnesit betrug im Jahre 1953 bereits mehr als 100000 t (vgl. Tab. 146). Das Rohmaterial wird z. T. kalziniert, z. T. bei hohen Temperaturen (bis zu 1900° C) gesintert und zu feuerfesten Steinen verarbeitet.

Von Jugoslawien setzen sich die Vorkommen nach *Griechenland* hinein fort. Sie werden auf der Chalkidike bei Saloniki abgebaut. Die wichtigsten und reinsten Magnesitlagerstätten Griechenlands befinden sich jedoch auf den Inseln Euböa und Mitylene. Der Euböa-Magnesit ist ruhig gelagert und frei von Störungen. Der größte Teil des dort abgebauten Rohmaterials wird in kalzinierter Form exportiert, nur kleine Mengen werden gesintert.

Italien kann seinen Magnesitbedarf teilweise aus Gängen im Serpentingebirge der Toscana decken. Auch auf der Insel Elba kommt dichter, aber relativ stark verunreinigter Magnesit vor. In *Spanien* sind dichte Magnesite südlich der Sierra Nevada bei Almeria bekannt.

Rußland besitzt zahlreiche kleine Vorkommen dichten Magnesits in der Gegend von Orsk (südlicher Ural). Die Magnesitgänge treten dort in serpentinisiertem Peridotit auf, das Rohmaterial wird im Tagebau gewonnen [25].

Alle *indischen* Magnesitvorkommen sind dichter Natur, sie bilden ein Netzwerk von Gängen in serpentinisierten basischen Gesteinen, vor allem in den Chalk Hills bei Salem in Madras. Die dortigen Vorräte betragen zwischen 5 und 15 Millionen Tonnen. Weniger wichtige Vorkommen liegen in Mysore. Die indische Jahresförderung beläuft sich auf rd. 75000 t. *Australien* besitzt gewisse Vorräte an dichtem Magnesit im Serpentin bei Malborough in Queensland. Dieser soll 46 bis 48% MgO und bis zu 25% Serpentin enthalten [26].

Die *südafrikanischen* Vorkommen an dichtem Magnesit sind schon länger bekannt, werden aber erst seit dem letzten Weltkrieg in größerem Umfang abgebaut. Sie liegen im östlichen Transvaal bei Baberton ~15 km östlich Kaapmuiden und bei Burghersdorp [27]. Die Lagerstätten treten sporadisch als starkem Wechsel unterworfene Gänge mit Mächtigkeiten bis zu 30 cm und mehr auf. Die Förderung belief sich 1939 auf ~4400 t und stieg 1940 auf 13 100 t an. In 30 m Tiefe ist noch kein Anzeichen einer Vertaubung zu erkennen. Der Abbau erfolgt teils im Tagebau, teils bergmännisch

Schließlich treten auch in den Staaten *Kalifornien* und *Nevada* (USA) Lagerstätten dichter Magnesite auf. Die kalifornischen Vorkommen sind zwar sehr zahlreich, größtenteils aber zu klein oder zu unrein, um wirtschaftlichen Wert zu besitzen. Es wird daher nur an einigen wenigen Stellen abgebaut. Bedeutender sind die Lagerstätten der Paradise-Range in Nevada. Hier treten 50 bis 60 m breite Gangzonen auf, die teilweise neben gewöhnlichem Magnesit *Hydromagnesit* ($5 MgO \cdot 4 CO_2 \cdot 5 H_2O$) und *Brucit* ($Mg(OH)_2$) enthalten. Das Vorhandensein dieser Verbindungen deutet auf die Zufuhr hydrothermalen Wassers neben Kohlensäure hin.

Die dichten Magnesite benutzt man überwiegend zur Herstellung kaustischer Magnesia, für feuerfeste Zwecke jedoch nur ungern, weil sie in reinem Zustand eine sehr hohe Sintertemperatur benötigen. Bei den üblichen Temperaturen ist die Sinterung nur unter Zusatz von Flußmitteln möglich.

5.242 Kristalline Magnesite

Die Hauptmasse des bisher in der feuerfesten Industrie verarbeiteten Magnesits ist makroskopisch an der kristallinen Natur zu erkennen. Ein kleiner Teil des $MgCO_3$ ist gewöhnlich durch $FeCO_3$ ersetzt worden (Abschn. 5.13). Der Eisenoxydgehalt ermöglicht mit den übrigen vorhandenen Verunreinigungen, wie CaO, SiO_2 usw., ein Sintern bei üblichen Temperaturen ohne besondere Zusätze.

Der größte Teil der technisch wichtigen kristallinen Magnesitlager ist metasomatischer Entstehung. Die Verdrängung erfolgte dabei fast überall im metamorphen Bereich der Erdkruste, d. h. in größeren Tiefen. Die wichtigsten und bestuntersuchten Vorkommen dieser Art liegen in der *Steiermark* und in *Kärnten*

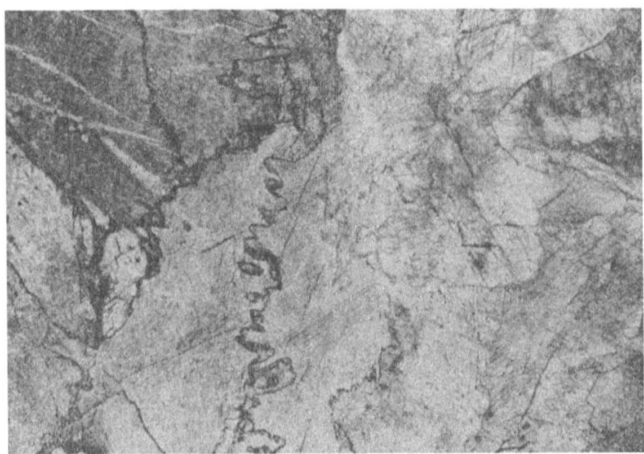

Abb. 577. Dolomitkörner im Magnesit von Trieben mit eng verzahnten Korngrenzen (Amöbenform). Dünnschliff (Vergr. 20 ×)

(Ostalpen). Dort wurden in größerem Umfang palaeozoische Kalklinsen der sog. Grauwackenzone metasomatisch in Magnesite umgewandelt [28]. Wie die Untersuchungen von F. ANGEL u. F. TROJER [29] zeigten, entstand bei der Verdrängung des Kalkes zunächst Dolomit, der sich von den in höheren Krustenteilen gebildeten diagenetisch-metasomatischen Dolomiten strukturell deutlich unterscheidet. Während die letzteren eine einfache Pflasterstruktur mit glatten Kornrändern besitzen, sind die Korngrenzen bei den ersten eng miteinander verzahnt und weisen zapfenförmige Fortsätze auf (Amöbenform, Abb. 577). Weitere Zufuhr von $MgCO_3$ wandelte diese Dolomite I in Magnesite um, wobei die farblosen Neubildungen häufig in sog. *Pinolienform* in das Gestein hineinsprossen (Abb. 578). Neben diesen Pinolienmagnesiten kommen auch große Partien gleichmäßig kristallisierten Magnesits vor, der nur

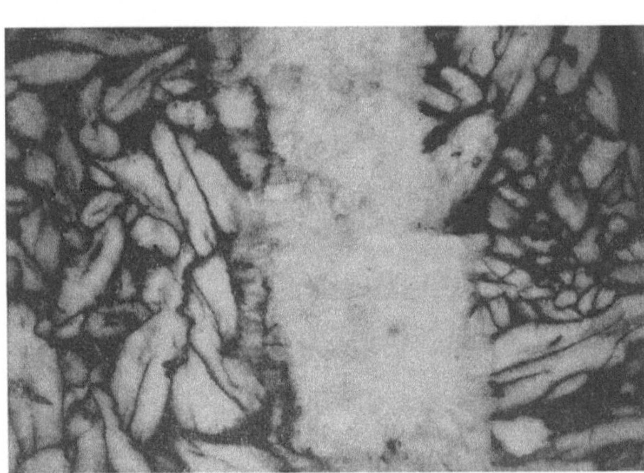

Abb. 578. Magnesit von Trieben in Pinolienform mit einem Gang von Dolomit II. Anschliff (Vergr. 2,8 ×)

wenige Relikte von Dolomit I enthält. Stellenweise besitzen dabei die Magnesitkristalle eine beträchtliche Größe.

In einer dritten Phase der Umwandlung wurden die Magnesite wieder teilweise redolomitisiert zu dem sog. Dolomit II. Dieser tritt aber gewöhnlich nur in geringen Mengen in Form von Gängen oder großen Einzelkristallen, sog.

Roßzähnen, auf. Abb. 578 zeigt einen derartigen sekundären Dolomitgang. In einigen Fällen kann man dann noch eine kalzitische Schlußphase beobachten, in welcher das $MgCO_3$ des Dolomites II wieder durch $CaCO_3$ verdrängt wurde. Dieser Vorgang hat indessen keine praktische Bedeutung. Der Ablauf dieser Metasomatose ist im Schema der Tab. 145 zusammengestellt.

Tabelle 145. *Ablauf der Magnesit-Metasomatose in den Ostalpen* (nach F. ANGEL u. F. TROJER)

Phase	Zugeführt	Gesteins-vorlage	Verdrängt und teilweise abgeführt	Entstandenes Gestein	Bemerkungen
1.	$Mg''CO_2''$	Kalkstein	$Ca''CO_2''$	Dolomit I	größte Ausdehnung
2.	$Mg''CO_2''$	Dolomit I	$Ca''CO_2''$	Magnesit	Höhepunkt der Umwandlung
3.	$Ca''CO_2''$	Magnesit	$Mg''CO_2''$	Dolomit II	geringe Mengen
4.	$Ca''CO_2''$	Dolomit II	$Mg''CO_2''$	Verdrängungs-kalkspat	praktisch unbedeutend

Einige Forscher [*30*] nehmen im Gegensatz zu obigen Ausführungen an, daß sich der Magnesit bereits bei der Sedimentation primär aus dem Meerwasser abgesetzt hat und nicht erst durch spätere Verdrängung entstanden ist. Ein derartiger Sedimentationsvorgang wäre nur in sehr stark salzigem Meerwasser möglich. Nach F. v. RAUPACH [*31*] bilden sich z. Z. im Kaspischen Meer und im Karabugas-Meerbusen an dessen Ostufer Kalksedimente bei Salzgehalten des Wassers von weniger als 7%, Dolomitsedimente bei Gehalten von 7 bis 18%, Magnesitsedimente bei mehr als 18%.

Derart hohe Salzgehalte sind seltene Ausnahmen. In den freien Meeren der Jetztzeit reicht der Salzgehalt nach C. W. CORRENS [*32*] nicht einmal aus, Dolomit, geschweige Magnesit zu bilden. Wenn in früheren Erdperioden örtlich die Bedingungen für Magnesitsedimentation erfüllt gewesen sind, dann nur in engem Zusammenhang mit salinären Bildungen. Solche sind aber im Gebiet der metamorphen Magnesitlagerstätten nicht vorhanden. Nach F. LOTZE [*33*] entsteht bei der Meerwassereindampfung überhaupt keine Magnesitphase, weil der Mg-Gehalt zu gering ist, sondern nur Dolomit. SENARMONT [*34*] konnte 1879 die unmittelbare Ausscheidung von wasserfreiem Magnesit aus Lösungen erst bei Temperaturen von mindestens 150° C erreichen, also bei Temperaturen, die in der Natur höchstens bei örtlichen Katastrophen zu erwarten sind. Magnesitlagerstätten größerer Mächtigkeit können aber nicht durch kurzfristige Katastrophen gebildet worden sein. Schließlich deutet auch die mikroskopische Struktur der Lagerstätten eindeutig auf metamorphe, nicht auf sedimentäre Entstehung hin.

Die österreichischen Lagerstätten können in 3 Gruppen eingeteilt werden:

1. Eisenreiche, grobspätige Magnesite mit $> 3\%$ FeO, bezogen auf Rohmagnesit: Veitsch; Breitenau; Lassing; Leogang; alle Lagerstätten im Dientner Schiefergebirge; St. Oswald, Stangalpe und Tragail in Kärnten (z. Z. kein Abbau),

2. eisenärmere, grobspätige Magnesite mit max. 3% FeO: Hohentauern bei Trieben; Millstätter Alpe bei Radenthein; Tux,

3. eisenärmere, feinkristalline Magnesite mit 2 bis 3% FeO: Fieberbrunn.

Die Lagerstätten bilden zwei ungefähr von Ost nach West verlaufende Züge, der nördliche zieht sich von Eichberg am Semmering und Veitsch im Osten über Trieben, Lassing, Saalfelden, Leogang bis Fieberbrunn im Westen hin, der südliche von Breitenau südlich Bruck a. d. Mur über die Millstätter Alpe bei Radenthein bis nach Tux im Zillertal (Abb. 579). Die Lager bilden mehr oder weniger stark geneigte Linsen, die in dem bergigen Gebiet in großen, terassenförmig angelegten Brüchen abgebaut werden (Abb. 580 u. 581). Das

geologische Profil durch die Lagerstätte Sunk bei Trieben ist in Abb. 582, dasjenige durch die Millstätter Alpe in Abb. 583 dargestellt [*35*]. In diesen beiden

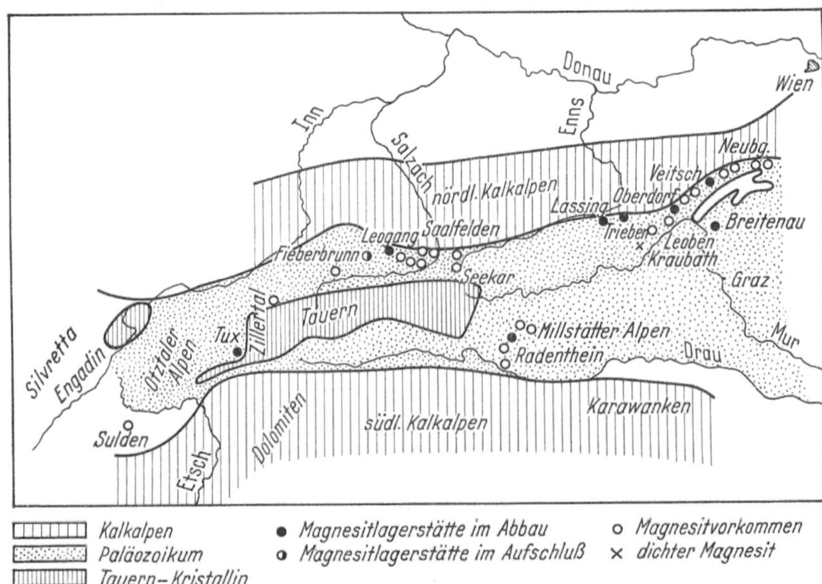

Abb. 579. Magnesitlagerstätten in Österreich

Abb. 580. Magnesitbruch Veitsch mit terrassenförmigem Abbau (Phot. Veitscher Magnesitwerke A. G.)

z. Z. wichtigsten Lagerstätten Österreichs bildet der Magnesit steilstehende,
gebogene Bänke zwischen Schiefern und Marmoren. Die überwiegend tektonisch

entstandenen Randzonen der Lager sind meist stark mit Talk verunreinigt, der bei der Aufbereitung soweit wie möglich entfernt werden muß. In neuerer Zeit

Abb. 581. Magnesitbruch Millstätter Alpe bei Radenthein (Phot. Österreichisch-Amerikanische Magnesit-A. G.)

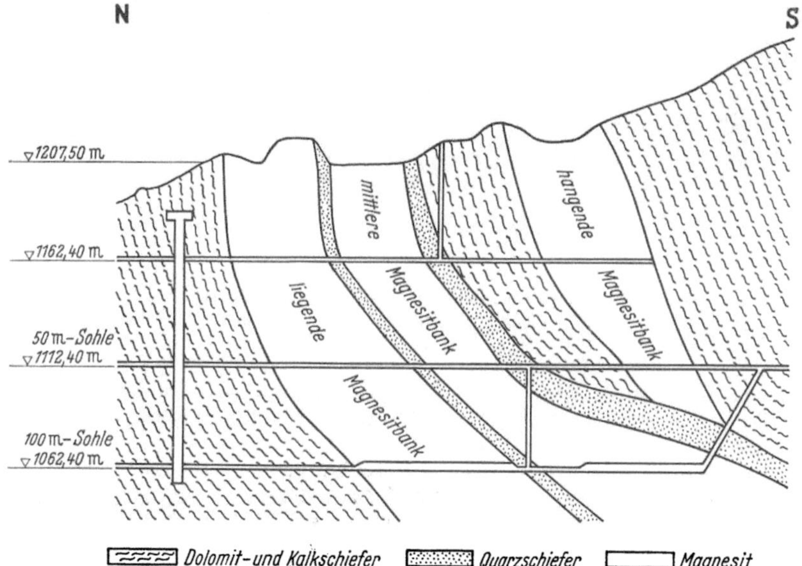

Abb. 582. Geologisches Profil durch die Magnesitlagerstätte Sunk bei Trieben nach Aufnahmen der Veitscher Magnesitwerke A. G. mit Eintragung der bergmännischen Aufschlüsse

wird der Magnesit auch im Stollen- bzw. Tiefbau gewonnen, da die oberflächlich erreichbaren Vorräte teilweise erschöpft sind.

Der Abbau erfolgt dabei vielfach in Form des Blockbruchbaues, bei welchem Blöcke von ~ 50 × 50 m Grundfläche und 70 bis 100 m Höhe aus dem Gesteinsverband herausgeschnitten und durch Unterhöhlen zum Nachbrechen gebracht werden [*36*]. Dabei übrigbleibende Erzreste werden durch Etagenbruchbau gewonnen.

Neben den Lagerstätten der obengenannten Typen findet sich bei Oberdorf in der Steiermark ein durch hydrothermale Verdrängung von devonischem Kalk entstandenes

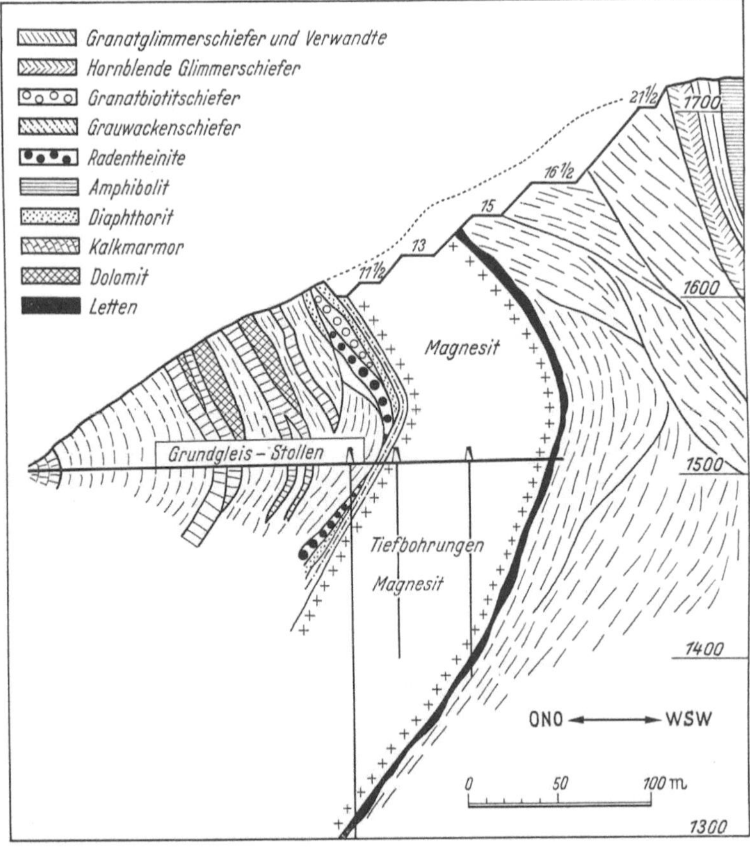

Abb. 583. Geologisches Profil durch die Magnesitlagerstätte Millstätter Alpe bei Radenthein
(nach A. Awerzger u. F. Angel)

Vorkommen. Der dortige Magnesit ist abgesehen von seinem wechselnden Restkalkgehalt sehr rein; er zeichnet sich durch einen ungewöhnlich niedrigen Eisengehalt aus. Man verarbeitet ihn zu kaustischer Magnesia.

Die Magnesitgewinnung begann im Jahre 1881 kurze Zeit nach der Entdeckung der Veitscher Lagerstätte durch den Kaufmann Karl Später aus Koblenz. 1898 betrug die Produktion ~75000 t, 1909 wurde das Vorkommen auf der Millstätter Alpe erschlossen. Bis 1913 war die Förderung auf 420000 t gestiegen, zwischen den Weltkriegen erreichte sie im Jahre 1929 einen Höhepunkt mit 438000 t. Diese Höhe wurde erst 1948 wieder erreicht. Die Förderung stieg dann bis 1955 auf rd. 1 Million Tonnen. z. Z. werden zusätzlich die Vorkommen bei Saalfeden in Salzburg und bei Fieberbrunn in Tirol vorgerichtet. Fieberbrunn dürfte mit einem Vorrat von ~100 Millionen Tonnen die größte Einzellagerstätte Europas sein. Die Gesamtvorräte Österreichs werden auf 500 Millionen Tonnen verwertbaren Rohmagnesits geschätzt.

Die Förderung erfolgt zum überwiegenden Teil für feuerfeste Zwecke. Man muß jedoch berücksichtigen, daß beim Sintern ein Gewichtsverlust von rd. 50% eintritt, die auf Sintermagnesit oder fertige Steine bezogenen Produktionszahlen also nur halb so groß sind wie die der Rohmagnesitgewinnung. Die chemische Zusammensetzung der wichtigsten österreichischen Rohmagnesite ist in Tab. 144 S. 714 aufgeführt. Die Analysen zeigen, daß neben $MgCO_3$ merkliche Mengen von $FeCO_3$ und $CaCO_3$ vorhanden sind und daß stets gewisse Mengen SiO_2 auftreten, die von Verunreinigungen durch Talk, Vermikulit und anderen silikatischen Mineralien herrühren.

Hochwertiger Rohmagnesit kann ohne besondere Aufbereitung gesintert werden. Nach dem Sintern werden noch vorhandene Berge durch Magnetscheidung abgetrennt. Kalk- und kieselsäurereiches Material muß jedoch vor dem Sintern einem besonderen Aufbereitungsprozeß unterworfen werden. Hierfür eignet sich das Sink-Schwimmverfahren (vgl. Abschn. 5.42). Neuerdings ist es gelungen, sehr innig verwachsene, feinkristalline Magnesite durch Flotation aufzubereiten.

Die Lagerstättenzüge vom Typ Veitsch besitzen eine unmittelbare Fortsetzung im *slowakischen Erzgebirge* (Abb. 584). Dort erstreckt sich eine ungefähr ostwestlich verlaufende Zone kristalliner Magnesite von Lubenec über Lovino-Banya, Ratkova, Jolsva, Kaschau, Ochtina bis nach Bankov. Der dort auftretende Magnesit hat praktisch die gleiche Qualität wie der österreichische (Tab. 144). Die größten Steinbrüche liegen bei Rucina, wo der Magnesit einen palaeozoischen Kalk verdrängt hat. Die Gesamtvorräte werden auf rd. 100 Millionen Tonnen Magnesit und Dolomit geschätzt. Die Förderung betrug 1952 insgesamt 350000 t Rohmagnesit. Sie soll auf 1,5 Millionen Tonnen gesteigert werden.

Abbauwürdige Magnesitvorkommen vom eisenreichen, grobspätigen Typ wurden weiterhin in den *spanischen Pyrenäen* bei Eugunie, San Miguel und in den französischen Pyrenäen bei Urepel entdeckt [37] (Tab. 144). Es handelt sich um feinschichtig gebänderte Bänke zwischen Schiefern und Grauwacken palaeozoischen Alters. Der SiO_2- und CaO-Gehalt dieser Magnesite ist stärkeren Schwankungen unterworfen. Es wird z. Z. versucht, die Rohmagnesite so aufzubereiten, daß ein gleichmäßiges, für feuerfeste Zwecke brauchbares Gut entsteht. Die Vorkommen werden von J. G. DE LLARENA entsprechend der Auffassung von H. LEITMEIER [30] für sedimentär gehalten, es dürfte sich jedoch ebenfalls um eine metasomatische Bildung handeln. Die Umwandlung in Magnesit ist wahrscheinlich am Ende der alpidischen Gebirgsbildung erfolgt.

Ein anderes Vorkommen von kristallinem Magnesit liegt in triadischen Kalken bei Reinosa, im Hinterland von Santander. Dieses Rohmaterial ist eisenreich und stark drusig.

Bei den Vorkommen von Snarum in *Norwegen* handelt es sich offenbar um kontaktmetamorphe Bildungen neben basischen Eruptivgesteinen. Die Lagerstätte hat wirtschaftlich kaum Bedeutung. Ähnlicher Entstehung dürften die *schwedischen* Vorkommen im Tarrelaisse-Massiv (Norbotten) sein. Gangförmige Magnesitlager treten bei Kuikkjokk und nördlich von Sulitjälma in kristallinen Schiefern auf. Sie wurden während des zweiten Weltkrieges abgebaut.

Zu den größten Lagerstätten der Welt an kristallinem Magnesit gehört diejenige von Satka im Bezirk Slatoust im südlichen *Ural*. Der Magnesit bildet einen 8 km langen Zug von ~30 m Mächtigkeit in devonischem Dolomit; er ist metasomatischer Entstehung (Typ Veitsch, aber grobkörniger als die österreichischen Vorkommen). Etwa 40% des ausgebrachten Rohgutes ist erste Wahl. Die kalkreichere zweite Wahl wird als Dolomit verwandt. Die Vorräte werden von L. Loch [38] auf 68 Millionen Tonnen geschätzt. Die Jahresförderung betrug 1937 80000 t, dürfte aber seitdem stark angestiegen sein. Ein weiteres Vorkommen liegt bei Shapilow im Orenburg-Distrikt, 1931 wurden hier ~6000 t gefördert. In *Sibirien* kommen kristalline Magnesite im Gebiet von Krasnojarsk und bei Karaganda in Kasakstan vor. Große Lager sind auch in der Umgebung des Baikalsees gefunden worden. Die russische Förderung hat sich zwischen den Weltkriegen sehr stark entwickelt. Im Jahre 1929 betrug sie noch 130000 t, stieg aber bis zum Ausbruch des zweiten Weltkrieges auf 1 Million Tonnen an [39].

Die Lagerstätten der südlichen *Mandschurei* sollen etwa die gleiche Größe haben wie die russischen. 5 km südöstlich Taschikiau zwischen Mukden und Dairen tritt eisenarmer, grobkristalliner, oft mit Talk durchsetzter, daher SiO_2-reicher Magnesit in einer etwa 900 m mächtigen Sedimentgruppe auf, die diskordant auf hochmetamorphem Algonkium liegt. Der Magnesit bildet einen etwa 15 km langen Zug, er wechsellagert mit Dolomit und Talkschiefern. Die Entstehung wird von manchen Forschern für sedimentär, von manchen für metasomatisch gehalten. Ob die Schätzung der Vorräte auf 200 Millionen Tonnen richtig ist, wird bestritten, da der Anteil des brauchbaren Magnesits in der Schichtenfolge nicht sicher bekannt ist [40]. In *Korea* kommen ähnliche linsenförmige Lager geringerer Ausdehnung vor.

Die *Türkei* besitzt neben zahlreichen Lagerstätten dichter Magnesite kristallinen Magnesit im Dolomit von Stensga [41], er ist dort in Schiefer und Quarzite eingebettet. Die Lagerstätten haben unregelmäßige Form. Sie sollen ungefähr 2 Mill. Tonnen Vorräte enthalten, wurden bisher jedoch nicht ausgebeutet. Eine Analyse weist ~40% MgO und 5% CaO auf.

Außer der großen Lagerstätte in der Mandschurei und den kleineren Vorkommen in der Türkei wurden bisher im nahen und fernen Osten, auch in Afrika keine bedeutenden kristallinen Magnesitvorkommen entdeckt, obgleich dieses Gebiet überwiegend aus metamorphen Gesteinen besteht. Lediglich im Sudan wurden tektonisch stark deformierte, mit Talk und Chromit durchsetzte Magnesite gefunden, die in Sheffield zu feuerfesten Steinen verarbeitet wurden.

Das ebenfalls an metamorphen Gesteinen reiche *Brasilien* besitzt dagegen in der Provinz Ceara und im Staate Bahia sehr bedeutende Lagerstätten. Der Ceara-Magnesit besitzt ~47% MgO, 0,4 bis 0,5% SiO_2 und 0,5 bis 0,8% $(Fe_2O_3 + Al_2O_3)$. Die Förderung in diesem Bezirk betrug 1942 ~18000 t/Jahr [42]. Die Lagerstätten von Bahia sollen zu den größten der Welt gehören. Sie enthalten 4 Varietäten:

1. Weißes und rotes eisenschüssiges Material,
2. schneeweißes Material mit zuckerförmiger Struktur,
3. weißes, dichtes Material,
4. durchscheinend kristallines Material [43].

Eine weitere in der Entwicklung begriffene Magnesitlagerstätte ist auf der Insel *Margarita* (gegenüber der Küste von Venezuela) vorhanden.

In *Nordamerika* treten grobkristalline, eisenärmere Magnesite als massive Körper in Dolomiten im Staate Washington bei Chewelah auf. Sie sind hellgrau bis rötlichbraun

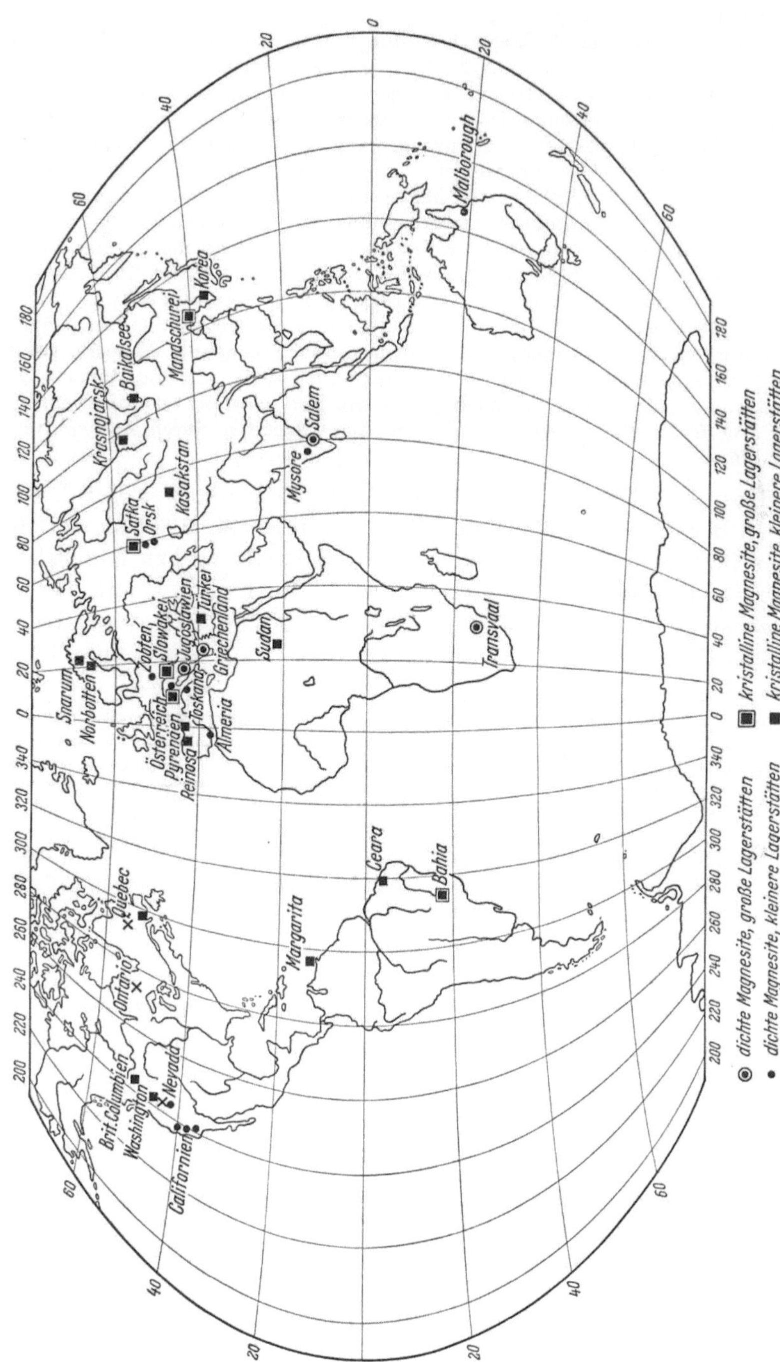

Abb. 584. Die Magnesitlagerstätten der Welt

46*

gefärbt, abhängig von ihren wechselnden Gehalten an Eisenoxyd, Kalk und Kieselsäure. Obgleich das Vorkommen bereits 1902 erwähnt wurde, begann erst 1916 sein Abbau als Rohstoff für feuerfeste Steine [44].

In *Kanada* finden sich große Lager kristallinen Magnesits in Britisch-Columbien im östlichen Kootenay-Gebiet und bei Marysville. Das Rohmaterial soll dort im Durchschnitt 40% MgO enthalten. Neben wasserfreiem Magnesit kommt auch *Hydromagnesit* in beträchtlichen Mengen vor. Da es schwierig ist, dieses Material ohne große Staubverluste zu kalzinieren, haben diese Lagerstätten z. Z. nur geringe wirtschaftliche Bedeutung. Kalkreiche Magnesite finden sich außerdem im Gebiet von Argenteuil und Greenville (Quebec) [45]. Diese kristallinen, weißen, zuckerkörnigen Magnesite stehen in enger Beziehung zu Serpentin, sie sind wahrscheinlich kontaktmetamorpher Entstehung, ähnlich wie die norwegischen Vorkommen von Snarum. Ihr mittlerer Kalkgehalt beträgt nach dem Sintern 17%, der Kieselsäuregehalt wegen der Beimischungen von Serpentin ~5%. Trotz dieser starken Verunreinigungen wird das Vorkommen in größerem Umfang abgebaut [46].

Außer Magnesit wird in Kanada (als einzigem Land der Erde neben USA) *Brucit* (Mg(OH)$_2$) gewonnen. Dieses nach dem kanadischen Forscher BRUCE genannte Material kommt in präkambrischen Kalksteinen bei Rutherglen (Ontario), bei Wakefield und Bryson (Quebec) vor. Die Kalksteine enthalten 25% und mehr Brucit. Man gewinnt aus ihnen eine für die Herstellung feuerfester Steine geeignete hochwertige Magnesia durch Aufbereitung und Kalzination [46].

Einen Überblick über die wichtigsten Magnesitlagerstätten der Erde gibt Abb. 584. In der Höhe der Förderung lag Österreich bis 1930 an der Spitze, mußte aber 1931 seine führende Stellung an Rußland abgeben und behauptet seitdem die zweite Stelle in der Weltproduktion. Im Export konnte Österreich seine Spitzenstellung aufrechterhalten. Tab. 146 gibt Zahlen über die Weltförderung von Rohmagnesit in den Jahren 1951 bis 1955[1]. Von einigen Ländern,

Tabelle 146. *Weltförderung von Rohmagnesit in t nach amerikanischen Quellen*

Jahr	Griechenland	Österreich	Jugoslawien	Indien	USA	Australien	Welt
1951	63 900	666 500	90 000	119 300	608 000	39 800	3 720 000
1952	81 500	743 000	37 700	90 500	463 000	42 800	3 720 000
1953	107 000	811 000	122 500	94 100	735 000	47 200	4 170 000
1954	76 500	840 000	108 000	71 600	341 000	43 800	3 990 000
1955	60 700	995 000	117 000	75 400	596 000	54 800	4 440 000

wie Canada, China, Mexiko, Nordkorea, Polen, CSR, UdSSR, liegen keine Zahlen vor. Ihr Anteil an der Weltproduktion wurde nach Schätzungen eingesetzt. Die großen brasilianischen Vorkommen sind auf dem Weltmarkt noch nicht in Erscheinung getreten.

5.25 Dolomitlagerstätten

Während es in der Natur nur relativ wenige Vorgänge gibt, die zur Entstehung von Magnesitlagerstätten führen, können sich Dolomitlagerstätten auf sehr verschiedene Arten bilden. Aus diesem Grunde sind abbauwürdige Dolomitvorkommen viel reichlicher vorhanden als solche von Magnesit. Im Rahmen dieses Buches können daher nicht einmal die wichtigsten Dolomitlagerstätten der Welt aufgeführt werden. Es sollen nur die deutschen Vorkommen behandelt

---

[1] Die Zahlenangaben wurden uns freundlicherweise von den Veitscher Magnesitwerken überlassen.

werden, die mengenmäßig den Bedarf der deutschen Industrie vollkommen decken können.

Dolomit kann durch metasomatische Vorgänge und als Sediment entstehen (vgl. Abschn. 5.21). Die Metasomatose kann

1. im metamorphen Raum stattfinden und örtlich bis zum reinen Magnesit weitergehen,
2. im normalen, nicht metamorphen Kalkstein vor sich gehen; die Mg-haltigen Lösungen werden dann hydrothermal durch Spalten zugeführt,
3. bei der Berührung von Kalk mit dem Meerwasser erfolgen, wobei ein Teil der Ca-Ionen herausgelöst und durch Mg-Ionen aus dem Meerwasser ersetzt wird.

Es ist meist schwer zu entscheiden, ob die sog. sedimentären Dolomite sich tatsächlich unmittelbar aus dem Meere abgesetzt haben oder durch die unter 3. beschriebene Art der Metasomatose entstanden sind.

Für feuerfeste Zwecke kann man nur Dolomite hoher Reinheit brauchen. Verunreinigungen durch Kieselsäure, Tonerde und Eisenoxyd wirken sich bei Dolomiten wegen ihres Kalkgehaltes viel stärker schmelzpunkterniedrigend aus als bei Magnesiten (vgl. Abschn. 5.17). Eine normenmäßige Vereinbarung über die zulässigen Verunreinigungen existiert noch nicht. Das Verhältnis CaO : MgO soll nicht wesentlich von dem des reinen Dolomits (1,392) abweichen. Dolomite mit CaO : MgO größer als 1,7 werden im allgemeinen nicht zur Steinherstellung verwandt, höchstens als Aufstreumaterial für SM- und Elektroofenherde.

Die größten und reinsten Dolomitlagerstätten Deutschlands sind sehr wahrscheinlich hydrothermal-metasomatisch entstanden und an den devonischen Massenkalk des Rheinischen Schiefergebirges gebunden. Der Zusammenhang der Dolomitbildung mit größeren Spaltenzonen ist deutlich zu erkennen. Die Dolomitisierung ist in der Nähe der Spalten am stärksten und wird mit zunehmendem Abstand von diesen schwächer. Außer Magnesiumkarbonat wurden auch geringe Mengen von Kieselsäure aus den Spalten zugeführt, die sich in Form von Quarzdrusen im Dolomit findet.

Der Abbau dieser Dolomite erfolgt bei *Halden* in der Nähe von Hagen i. W., bei *Gruiten* im Bergischen Land und bei *Grevenbrück* im Lennetal (Abb. 585). Linksrheinisch kommt dolomitisierter Massenkalk bei *Stolberg* am Nordrand der Eifel vor. Die SiO_2-Gehalte der genannten Dolomite erreichen höchstens 2%, ihre Al_2O_3- bzw. Fe_2O_3-Gehalte max. 1% (Tab. 147). Das Verhältnis CaO : MgO schwankt bei ihnen zwischen 1,42 und 1,7, es handelt sich also um Dolomite mit merklichem Kalküberschuß.

Großen Umfang besitzen auch die mitteldevonischen Dolomitvorkommen in den Eifelkalkmulden in der Umgebung von Gerolstein, vor allem bei Büdesheim und Lissendorf, geringeres Ausmaß haben diejenigen von Limburg a. d. Lahn.
In den verschiedenen Stufen der Zechsteinformation sind Dolomite weit verbreitet. Diese Formation tritt in größerer Breite am Harzrand zutage und überlagert dort devonische und karbonische Gesteine diskordant. Abgebaut wird vor allem der Hauptdolomit des mittleren Zechsteines bei *Scharzfeld*, er hat wie die meisten sedimentären Dolomite ein Verhältnis CaO : MgO, das ziemlich genau dem Idealwert von ~1,4 entspricht. Die Zechsteindolomite sind sehr arm an Verunreinigungen und sintern schwer. Man bevorzugt sie für die Herstellung von metallischem Magnesium. Auch die in den östlichen Randgebieten des Rheinischen Schiefergebirges zutage tretenden Zechsteinschichten enthalten abbauwürdige Dolomitlagen, vor allem in der Gegend von *Korbach* (Analyse siehe Tab. 147).

Schließlich kommen noch in der Muschelkalkformation dolomitische Lagen vor, besonders in den Randzonen der Trierer Bucht. Diese hauptsächlich im oberen Muschelkalk auftretenden Lager werden in *Wellen* bei Trier abgebaut und zur Versorgung des Saargebietes und Lothringens verwandt. Auch bei diesen Dolomiten entspricht CaO:MgO angenähert dem Idealwert (Tab. 147).

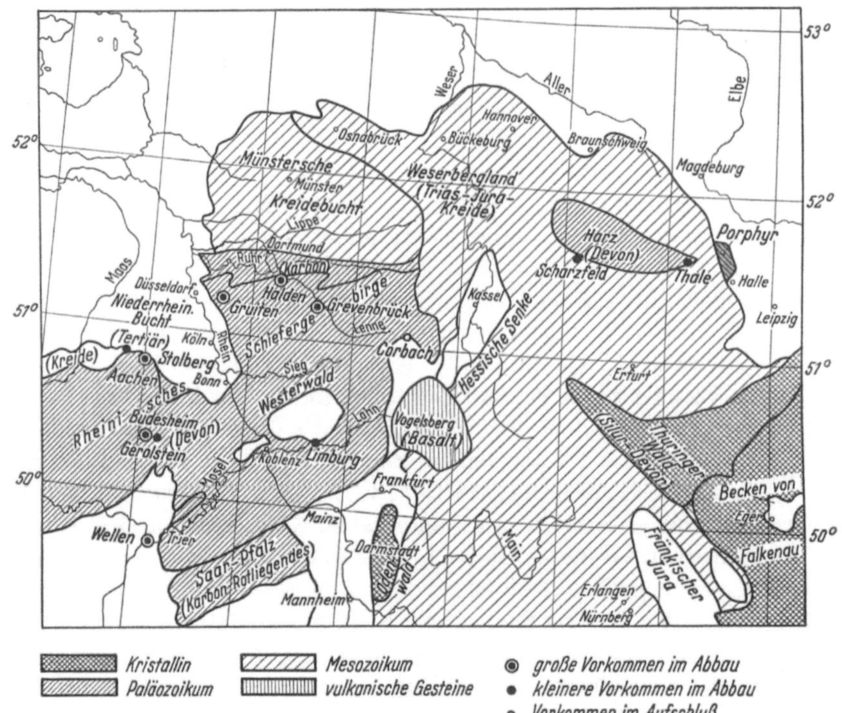

Abb. 585. Karte der westdeutschen Dolomitvorkommen

Tabelle 147. *Chemische Analysen einiger westdeutscher Rohdolomite*

	SiO_2 %	$Al_2O_3 + TiO_2$ %	FeO %	MnO %	CaO %	MgO %	CO_2 %
Halden	0,6	0,3	0,37	0,05	32,2	19,7	47,7
Gruiten	1,4	0,4	1,05	0,21	32,0	18,5	46,0
Grevenbrück ..	2,0	1,1	0,80	0,21	29,1	20,8	45,5
Stolberg	2,0	1,0	0,87	—	30,5	19,6	45,5
Korbach	0,6	0,08	0,65	0,46	29,9	21,3	47,0
Wellen	1,3	0,18	0,62	0,18	29,5	21,0	47,2

5.26 Lagerstätten von magnesiumhaltigen Salzen

Da magnesium- und kaliumhaltige Salze in Wasser leichter löslich sind als Natriumsalze, scheiden sie sich unter ariden Klimabedingungen beim Eindampfen von Meeren als letzte Gruppe aus. Unter den sich so bildenden Salzen besitzen für die synthetische Herstellung von Magnesia praktische Bedeutung:

$$\text{Kieserit} \quad MgSO_4 \cdot H_2O$$
$$\text{Bittersalz} \quad MgSO_4 \cdot 7\,H_2O$$
$$\text{Bischofit} \quad MgCl_2 \cdot 6\,H_2O$$
$$\text{Carnallit} \quad KCl \cdot MgCl_2 \cdot 6\,H_2O$$

Sie kommen in beträchlichen Mengen in den mitteldeutschen Zechstein-Salzlagerstätten vor und werden häufig zusammen mit den Kalisalzen gefördert, ohne daß bisher ausreichende technische Verwendungsmöglichkeit für sie bestand. Die Salzindustrie ist daher bemüht, Verfahren zu entwickeln, die einen Absatz der magnesiumhaltigen Abraumsalze gewährleisten. Zu diesen Verfahren gehört auch die Gewinnung von Magnesiumoxyd bzw. -hydroxyd (s. Abschn. 5.33).

Schließlich können diese Stoffe auch aus dem Salz des Meerwassers selbst gewonnen werden (Abschnitt 5.32). Tab. 148 enthält die Hauptbestandteile des Meerwassers bei einem Gesamtsalzgehalt von $35^0/_{00}$ [*32*]. Nach Natrium ist von den Kationen Magnesium am stärksten im Meerwasser vertreten.

Tabelle 148. *Hauptbestandteile des Meerwassers bei* $35^0/_{00}$ *Salzgehalt* (nach C. W. Correns)

Kationen	g/kg	Anionen	g/kg
Natrium	10,75	Chlor	19,345
Kalium	0,39	Brom	0,066
Magnesium	1,295	SO_4	2,701
Kalzium	0,416	HCO_3	0,145
Strontium	0,013	BO_3	0,027

Schrifttum

[*1*] Thayer, T. P.: Econ. Geol. Bd. 41 (1946) S. 202

[*2*] Green, A. T., u. G. H. Stewart: Ceramics A Symposium, S. 513/35. Stoke-on-Trent 1953

[*3*] Hiessleitner, G.: Serpentin- u. Chromerz-Geologie der Balkanhalbinsel und eines Teiles von Kleinasien. Geol. Bundesanst. Wien 1951/52

[*4*] Schmidt, J.: Montan-Rdsch. (1954) S. 258/61

[*5*] Brazeau, W. F.: Mineral Industries Bd. 47 (1938) S. 65/78

[*6*] Dolitskii, Ya. I.: Ogneupory Bd. 5 (1937) S. 874/84

[*7*] Tatarinow, P. M.: Radzvedka Nedr. (1939) S. 9/16

[*8*] Morder, V.: Mineral' Syr'e Bd. 6 (1931) S. 492/94

[*9*] Chem. Age (London) Bd. 51 (1944) S. 21

[*10*] Frasche, D. F.: Mining Congr. J. Bd. 25 (1939) S. 22/27

[*11*] Allen, J. E.: Calif. J. Mines Geol. Bd. 37 (1941) S. 101/67

[*12*] Peoples, J. W., u. A. L. Howland: USA, geol. Surv., Bull. Nr. 922 (1940) S. 371/416

[*13*] Tayer, T. P.: USA, geol. Surv., Bull. Nr. 922-D (1940) S. 38ff.

[*14*] Bull. Imp. Inst. Bd. 42 [2] (1944) S. 109/12

[*15*] Guild, P. W.: USA, geol. Surv., Bull. Nr. 931-G (1942) S. 36ff.

[*16*] Johnston jr., W. D., u. H. C. A. de Souza: Econ. Geol. Bd. 38 (1943) S. 287/97. — Guimaraes, G. B., u. J. M. Oliveira: Neues Jb. Mineralog., Geol. Paläontol., Ref., Teil II (1939) S. 220

[*17*] Kupferburger, W., u. B. V. Lombaard: Union South Africa, Dep. Mines, geol. Surv., Bull. Nr. 10 (1937) S. 1/48

[*18*] Musgrave, J.: Bull. Inst. Mining Metallurgy Nr. 410 (1938) S. 1/16

[*19*] Keep, F. E.: Geol. Survey, S. Rhodesia, Bull. Short Rept. Nr. 23 (1928) S. 10ff.

[*20*] Rait, J. R.: Basic Refractories, S. 194ff. London, Birmingham, Coventry, Manchester u. Glasgow: Iliffe u. Sons, Ltd. 1950

[*21*] Singer, F.: Sprechsaal Keram., Glas, Email Bd. 86 (1953) S. 344

[*22*] Hunter, C. H.: N. Carolina Dept. Conserv. and Development Bull. Nr. 41 (1941) S. 117ff.

[*23*] Redlich, K.: Z. prakt. Geol. Bd. 42 (1934) S. 156/59

[*24*] Donath, M.: Tonind.-Ztg. Bd. 79 (1955) S. 267/74

[*25*] Loch, L., u. K. Redlich: Z. prakt. Geol. Bd. 43 (1935) S. 1/10

[*26*] Ridgway, J. H.: U. S. Dep. Commerce, Bur. Mines, Inform. Circ. Nr. 6886 (1936) S. 11ff.

[27] van Zyl, J. S., L. G. Boardman, J. W. Brandt u. J. de Villiers: Union South Africa, Dep. Mines, geol. Surv., Mem. Nr. 82 (1942) S. 82ff.; South African Mining Engng. J. Bd. 53 (1942) S. 145, 147, 167, 169 u. 171

[28] Redlich, K.: Z. prakt. Geol. (1913)

[29] Angel, F., u. F. Trojer: Radex-Rdsch. (1953) S. 315/34

[30] Leitmeier, H.: Cbl. Mineralog. Geol. Paläontol. (1917) Nr. 21/22. — Rohn, Z.: Montan-Ztg. Bd. 66 (1950) S. 96/98 u. 109/10

[31] von Raupach, F.: Z. Gesamtgebiet der Geologie usw. Berlin (1952) Nr. 1/2

[32] Correns, C. W.: Einführung in die Mineralogie, S. 230 u. 253. Berlin: Springer 1949

[33] Lotze, F.: Cbl. Mineralog. (1955) S. 336 (Referat)

[34] Doelter, C.: Handbuch d. Mineralchemie, Bd. 1, S. 241. Steinkopff

[35] Awerzger, A., u. F. Angel: Radex-Rdsch. (1948) S. 91/95. — Angel, F., A. Awerzger u. A. Kuschinsky: Carinthia II 143, S. 98/118. Klagenfurt 1953

[36] Awerzger, A.: Radex-Rdsch. (1953) S. 354/62

[37] de Llarena, J. G.: Berg- u. hüttenmänn. Mh. Bd. 96 (1951) S. 221/27

[38] Loch, L.: Berg- u. hüttenmänn. Jb. montan. Hochschule Leoben Bd. 85 (1937) S. 350/61

[39] A. E. Dodd in: Green, A. T., u. G. H. Stewart: Ceramics A Symposium, S. 483. Stoke-on-Trent 1953

[40] Petraschek, W. A., u. W. E. Petraschek: Lagerstättenlehre, S. 180ff. Berlin/Göttingen/Heidelberg: Springer 1950

[41] Bennet, W. A. G.: Wash. Dept. Conserv. Dev., Rept. Invest. Nr. 7 (1943) S. 1/23

[42] Chem. Age (London) Bd. 46 (1942) S. 257

[43] Merz, J. A.: Rock Products Bd. 48 [11] (1945) S. 92/94

[44] Siegfus, S. S.: Engng. Mining J. Bd. 124 [22] (1927) S. 853/57

[45] Wilson, M. E.: Canad. Mining J. Bd. 55 [5] (1934) S. 239/41

[46] Goudge, M. F.: Trans. Canad. Inst. Mining Metallurgy Mining Soc. Nova Scotia Bd. 45 (1942) S. 191/207

5.3 Synthetische Herstellung von Magnesia [1]

5.31 Aus Dolomit

Bei der Trennung der Oxyde CaO und MgO in gebranntem Dolomit werden ihre unterschiedlichen chemischen Eigenschaften ausgenützt. Im einfachsten Fall löst man Dolomit mit *Salzsäure* zu einer Mischung von $MgCl_2$ und $CaCl_2$ und versetzt diese Lauge mit gebranntem und gelöschtem Dolomit:

$$MgCl_2 + CaCl_2 + Mg(OH)_2 \cdot Ca(OH)_2 \rightarrow 2\,Mg(OH)_2 + 2\,CaCl_2 \tag{1}$$

Dabei setzt sich das Kalkhydrat mit Magnesiumchlorid zu schwer löslichem Magnesiumhydroxyd und Kalziumchlorid um. Auf dieser Reaktion beruhen die meisten Verfahren für eine synthetische Herstellung von Magnesia.

Man kann auch eine Aufschlämmung aus gebranntem Dolomit mit so viel HCl versetzen, daß $Ca(OH)_2$ zu $CaCl_2$ umgesetzt wird, $Mg(OH)_2$ jedoch unangegriffen bleibt. Das letztere kann dann ausgewaschen und abfiltriert werden. Dabei müssen aber sehr verdünnte Lösungen verwandt werden, sonst wird $Mg(OH)_2$ doch teilweise in $MgCl_2$ umgewandelt.

Bei dem Salzsäureverfahren stört der Anfall großer Mengen des schwer zu beseitigenden, außerdem nicht absetzbaren $CaCl_2$. O. Kippe [2] schlug daher vor, *Salpetersäure* an Stelle von Salzsäure zu verwenden und so statt $CaCl_2$ *Kalksalpeter* $Ca(NO_3)_2$, ein bewährtes Düngemittel, zu erzeugen. Dabei fallen auf 1 t MgO etwa 4,1 t wasserfreier Kalksalpeter an. Dies Verhältnis ist jedoch wirtschaftlich so ungünstig, daß sich bisher keine Firma entschlossen hat, die Produktion aufzunehmen.

Das sog. PATTINSON-*Verfahren* [3] beruht auf der Überführung des MgO im gebrannten Dolomit in lösliches Bikarbonat durch Einwirkung von CO_2, wobei gleichzeitig CaO in eine schwer lösliche Mischung von $CaCO_3$ und Kalziumbikarbonat übergeht, die in Filterpressen abgeschieden werden kann. Bei kurzem Aufkochen scheidet sich aus dem Filtrat das schwer lösliche, gut filtrierbare Trihydrat $MgCO_3 \cdot 3H_2O$ ab. Dieses kann abfiltriert, getrocknet und kalziniert werden.

Da sich das Magnesiumkarbonat aber nur mäßig in Wasser löst, verwendet man besser die gut löslichen, beim Kochen zerfallenden Doppelverbindungen mit Alkali- oder Ammonkarbonaten. Die Zerfallsprodukte, also einfache Alkali- oder Ammonkarbonate, können im Kreislauf erneut benutzt werden, wie es im Verfahren von HAMBLOCH u. GELLERI geschieht (Abb. 586).

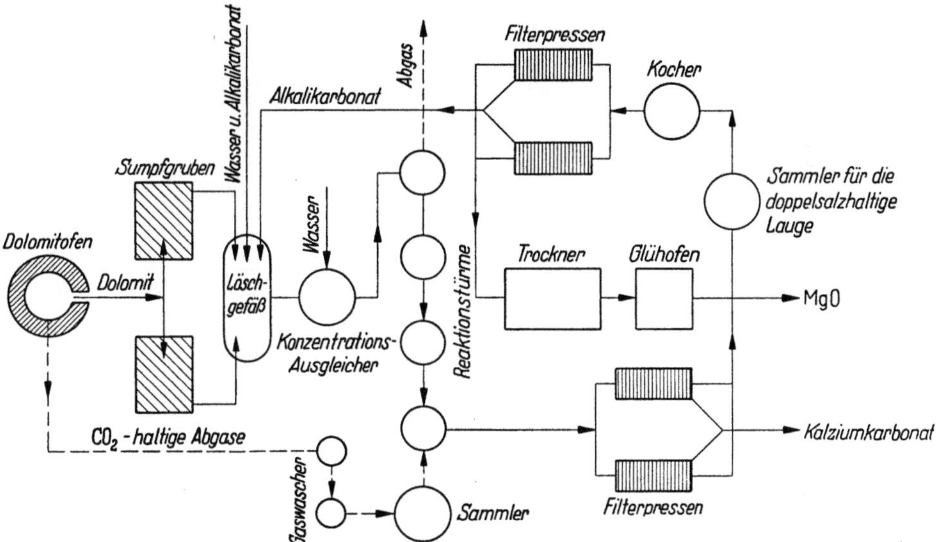

Abb. 586. Herstellung von Magnesiumoxyd aus Dolomit (nach dem Verfahren von HAMBLOCH u. GELLERI). Großversuchsanlage der Rhein.-Westf. Kalkwerke AG., Dornap

In der Großversuchsanlage der Rhein.-Westf. Kalkwerke AG., Dornap, wurde gebrannter Dolomit aus dem Drehrohrofen mit Wasser und Alkalikarbonat gelöscht und dann in Reaktionstürmen der Einwirkung CO_2-haltiger Abgase des Drehrohrofens ausgesetzt. Man entfernte das entstehende Kalziumkarbonat mittels Filterpressen und kochte die doppelsalzhaltige Lauge in einem Kocher auf. Der entstehende Niederschlag wurde abfiltriert, getrocknet und zu kalziniertem MgO weiterverarbeitet, das alkalikarbonathaltige Filtrat wieder dem Dolomitlöschgefäß zugeführt. In dieser Versuchsanlage konnten täglich 0,8 t MgO gewonnen werden.

Auch ohne Säureeinwirkung kann das schwer lösliche $Mg(OH)_2$ durch Zugabe von Ammoniumchlorid abgeschieden werden, es darf nur kein Überschuß an Ammoniumchlorid vorhanden sein:

$$Ca(OH)_2 \cdot Mg(OH)_2 + 2NH_4Cl \rightarrow Mg(OH)_2 + CaCl_2 + 2NH_3 + 2H_2O \qquad (2)$$

Bei einem Überschuß löst sich auch das MgO auf. Die Weiterverarbeitung der dann $MgCl_2$ und $CaCl_2$ enthaltenden Lösung gemäß Formel (1) führt dann zu einem körnigen, gut zu filtrierenden Magnesiumhydroxyd.

Die zu dem Verfahren nach Formel (1) benötigte Magnesiumchloridlösung braucht nicht unbedingt durch Behandeln von Dolomit mit Säuren oder Ammoniumchlorid erzeugt zu werden. An ihrer Stelle kann man auch unmittelbar eine aus den Abraumsalzen der Kali-Industrie gewonnene $MgCl_2$-Lauge verwenden. Solche Laugen enthalten neben 370 g/l $MgCl_2$ etwa 25 g/l Alkalichloride und 20 g/l $MgSO_4$.

Die Alkalichloride stören bei der Weiterverarbeitung nicht, das Sulfat wird aber zweckmäßig durch Zugabe der bei dem Verfahren anfallenden Kalziumchloridlauge (s. unten) als Gips gefällt und abfiltriert. Das Filtrat wird auf 90 bis 95° C erhitzt und mit einer Aufschlämmung von gebranntem und gelöschtem Dolomit versetzt. Das $Mg(OH)_2$ wird auf Drehfiltern mit Zwischenaufschlämmung in Wasser abgetrennt, der Filterkuchen auf Band- oder Tellertrocknern getrocknet, das $CaCl_2$-haltige Filtrat erneut zur Ausfällung von $MgSO_4$ verwandt.

Zur Bindung des bei der Reaktion entstandenen $CaCl_2$ kann das Endfiltrat auch mit gebranntem und gelöschtem Dolomit behandelt und anschließend mit CO_2 karbonatisiert werden. Es bildet sich dann nach der Formel

$$CaCl_2 + Mg(OH)_2 \cdot Ca(OH)_2 + 2CO_2 \rightarrow MgCl_2 + 2CaCO_3 + 2H_2O \qquad (3)$$

im Kreislauf wiederzuverwendendes Magnesiumchlorid, so daß überhaupt nur

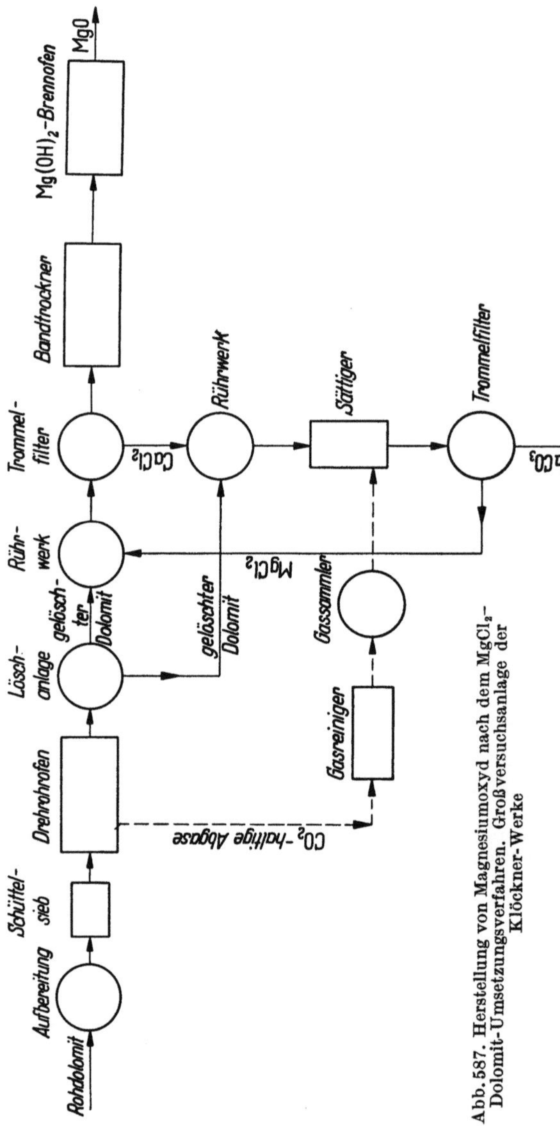

Abb. 587. Herstellung von Magnesiumoxyd nach dem $MgCl_2$–Dolomit-Umsetzungsverfahren. Großversuchsanlage der Klöckner-Werke

gebrannter Dolomit eingebracht und Magnesiumhydroxyd neben Kalziumkarbonat gewonnen wird. Das Schema einer nach diesem Verfahren arbeitenden Großversuchsanlage, die von den Klöckner-Werken in Zusammenarbeit mit O. KIPPE 1936 errichtet wurde, ist in Abb. 587 dargestellt [1]. In den USA wurde von der Northwest Magnesite Company ein Werk zur Magnesiagewinnung aus Dolomit bei Cape May (N. Y.) errichtet, hier wird an Stelle von Magnesiumchloridlaugen filtriertes Meerwasser verwendet.

5.32 Aus Meerwasser

Man kann heute auch das Meerwasser selbst wirtschaftlich als Rohstoff für die Magnesiumoxydgewinnung ausnutzen, wenn in ihm mindestens 0,14% Mg vorhanden sind. Diese Voraussetzung ist im freien Weltmeer an zahlreichen Stellen erfüllt. Bei allen solchen Verfahren wird das als $MgCl_2$ vorliegende Magnesium mit gebranntem und gelöschtem Kalk oder Dolomit in das schwer lösliche $Mg(OH)_2$ übergeführt, dieses scheidet sich auch aus sehr verdünnten Lösungen nahezu quantitativ ab. Als Kalkquelle dienen oft die Muschelschalen am Strande.

Das durch Gittersiebe in große Vorfluter gepumpte Meerwasser [4] muß zunächst vom Kalziumkarbonat befreit werden. In der Anlage der Marine Chemical Co., südlich von San

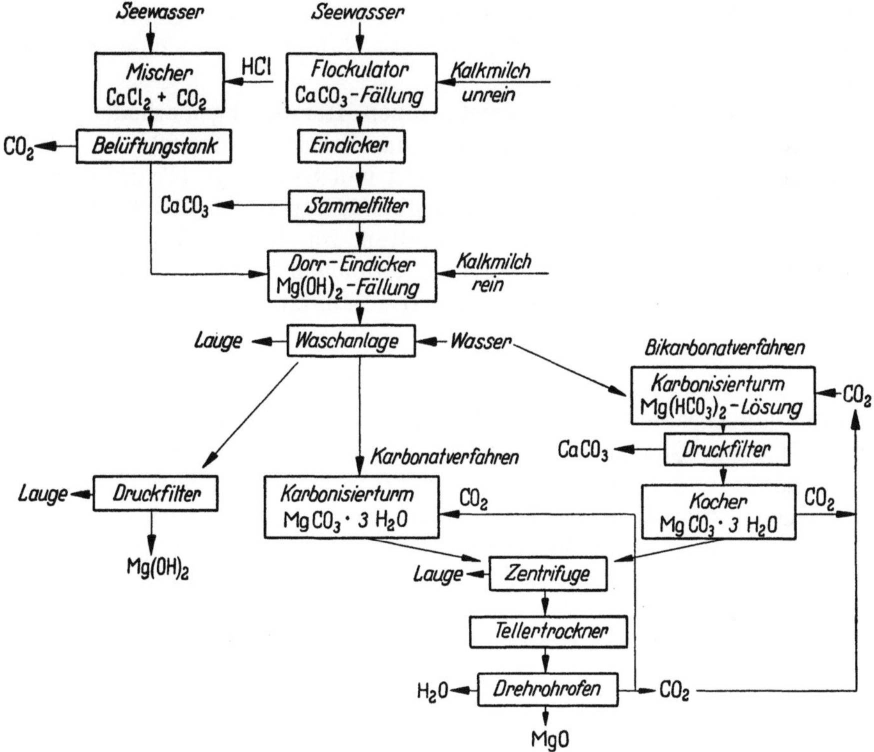

Abb. 588. Herstellung von MgO bzw. $Mg(OH)_2$ aus dem Meerwasser

Franzisko, geschieht dies durch Fällung mit Kalkmilch in einem sogenannten Dorr-Flockulator mit langsam laufenden Rührwerken, in der Anlage der I. G.-Farbenindustrie in Norwegen durch Zugabe von Salzsäure. Im zweiten Fall muß das in Lösung bleibende CO_2 durch Belüften des Seewassers vom Boden aus entfernt werden. Die eigentliche Ausfällung des $Mg(OH)_2$ mit reiner Kalkmilch wird in einem Fälltank oder unmittelbar in Dorr-Eindickern vorgenommen. Die $CaCl_2$-reiche Lauge wird wieder ins Meer gepumpt. Dabei muß darauf geachtet werden, daß sie nicht durch Meeresströmungen wieder an die Entnahmestelle transportiert wird.

Das Magnesiumhydroxyd wird als sogenannter Dickschlamm mit 40 bis 50 g/l MgO in einem Diffusionswaschverfahren von dem größten Teil der Kalziumsalze befreit. Weitere Konzentration erreicht man durch Filtration in besonders hierfür konstruierten Druckfiltern.

Statt dieses Reinigungsprozesses kann auch der $Mg(OH)_2$-Schlamm aus dem Dorr-Eindicker einem Waschturm zugeführt und anschließend nach dem Karbonat- oder Bikarbonat-(PATTINSON-) Verfahren gereinigt werden.

Beim Karbonatverfahren wird das $Mg(OH)_2$ in Karbonisierungstürmen unter Druck mit CO_2 in das leicht filtrierbare $MgCO_3 \cdot 3H_2O$ umgewandelt. Die Reaktion muß bis zum genauen Endpunkt durchgeführt werden, Bikarbonat darf nicht vorhanden sein. Das Magnesiumkarbonattrihydrat wird schließlich durch Zentrifugen von der Mutterlauge getrennt, getrocknet und kalziniert.

Das bereits erwähnte PATTINSON-Verfahren trennt umgekehrt das gut lösliche Magnesiumbikarbonat vom schwer löslichen $CaCO_3$. Die Karbonatisierung wird hier also bis zum Bikarbonat getrieben. Das nach dem Aufkochen des Bikarbonates sich bildende Trihydrat wird, wie beschrieben, weiterverarbeitet. Während das Karbonatverfahren nur bei Verwendung reiner Kalkmilch durchgeführt werden kann, gestattet das Bikarbonatverfahren auch die Benutzung stärker verunreinigter Kalkvorkommen.

Einen Überblick über die verschiedenen Herstellungsmethoden von MgO bzw. $Mg(OH)_2$ aus dem Meerwasser gibt das Schema Abb. 588.

In den USA benutzt man an der Bucht von San Diego (Pazifikküste) beim Eindampfprozeß für Steinsalz zurückbleibende Mutterlaugen, die noch Brom, Gips und Magnesiumverbindungen enthalten, für die Gewinnung von Magnesiumoxyd. Die Verarbeitung erfolgt nach ähnlichen Verfahren, wie sie zur Verarbeitung der Endlaugen der Kali-Industrie benutzt werden.

5.33 Aus Abraumsalzen

Unter den Abraumsalzen der Kali-Industrie eignet sich vor allem der Kieserit $MgSO_4 \cdot H_2O$ zur Gewinnung von Magnesia. Dieses Salz war bis jetzt lästiges Abfallprodukt und beanspruchte große Haldenräume. Während des zweiten Weltkrieges wurde in Hattorf a. d. Werra eine Anlage errichtet, welche die *thermische Dissoziation* des $MgSO_4$ zur Gewinnung von MgO (vgl. Abschn. 5.14) ausnutzt [5]. Die Betriebstemperatur der Anlage betrug $\sim 1100°$ C. Bei dieser Temperatur wirkt das bei der Dissoziation entstehende Schwefeldioxyd stark korrodierend, so daß mit einem hohen Materialverschleiß gerechnet werden muß. In Aken a. d. Elbe (bei Dessau) werden Kieseritabbrände mit 60—65 % MgO mit einem Hydrocyklon aufbereitet und zu Sintermagnesia verarbeitet.

Größeren Erfolg verspricht ein von der *Wintershall A.G.* ausgearbeitetes Verfahren: Magnesiumhydroxyd wird mittels Ammoniak gefällt, gleichzeitig Ammonschönit $(MgSO_4 \cdot NH_4)_2SO_4 \cdot 6H_2O$ als stickstoff- und magnesiahaltiges Düngemittel gewonnen:

$$2MgSO_4 + 2NH_4OH \rightarrow Mg(OH)_2 + MgSO_4 \cdot (NH_4)_2SO_4 \qquad (4a)$$

Praktisch löst man den Kieserit in Wasser zu einer Bittersalzlösung und bringt diese zusammen mit der doppelt äquivalenten Menge Ammoniak bei $\sim 80°$ C in eine ammonsalzhaltige Vorlage so ein, daß die Reaktionsteilnehmer stets in der gleichen Konzentration vorliegen [6] (Abb. 589)[1]. Durch Zugabe

---

[1] Die Skizze Abb. 589 wurde uns freundlicherweise von der Wintershall-Aktiengesellschaft, Kassel, zur Verfügung gestellt.

einer größeren Menge Ammoniak kann die Umsetzung bis zur Bildung einer reinen Ammonsulfatlösung weitergetrieben werden:

$$MgSO_4 + 2NH_4OH \rightarrow Mg(OH)_2 + (NH_4)_2SO_4 \qquad (4\,b)$$

Die Reaktionsprodukte gelangen aus dem Fällungsgefäß in ein Klärbecken, in dem sich das Magnesiumhydroxyd in feinkristalliner, gut filtrierbarer Form absetzt. Die überstehende Lauge wird dekantiert, das Magnesiumhydroxyd durch Schleudern von Laugenresten befreit und getrocknet. Aus der Lauge

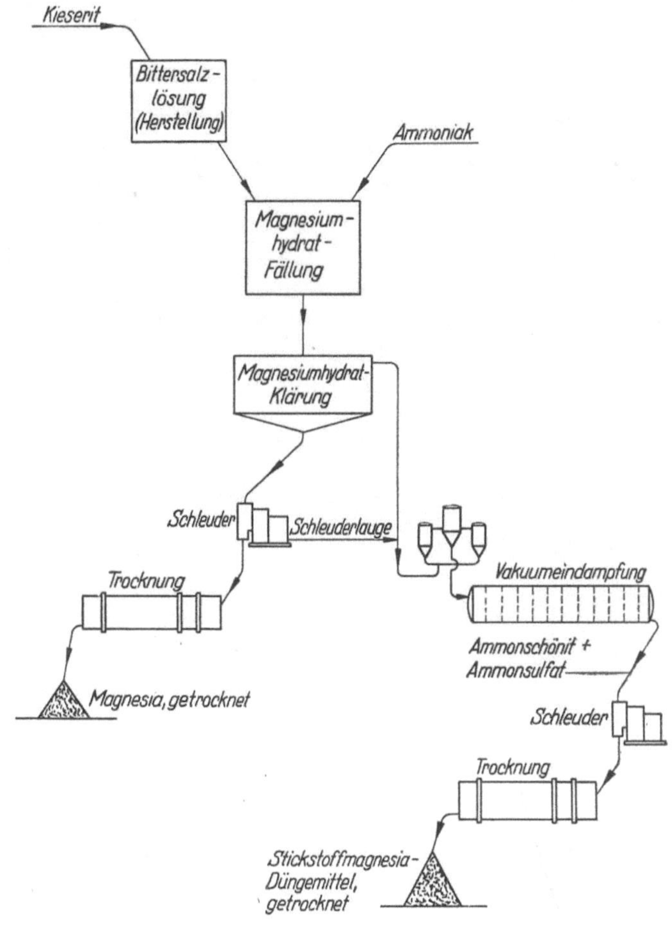

Abb. 589
Wintershall-Verfahren zur Herstellung von Magnesia und Ammonschönit aus Kieserit

werden durch fraktionierte Vakuumeindampfung Ammonschönit und Ammonsulfat gewonnen. Das bei dem Wintershall-Verfahren anfallende $Mg(OH)_2$ enthält ~6% $MgSO_4$, das vermutlich als Komplexsalz gebunden ist, sich daher schwer entfernen läßt. Von dieser Beimengung abgesehen ist das Rohmaterial ungewöhnlich rein und praktisch frei von CaO, SiO_2 und Al_2O_3.

Schrifttum

[1] Eine ausführliche Darstellung der wichtigsten Verfahren zur Herstellung von synthetischer Magnesia geben HARDERS, F., u. H. GREWE: Stahl u. Eisen Bd. 70 (1950) S. 134/45

[2] KIPPE, O.: DRP. 606538 (1932), Klöckner Werke A. G.

[3] Engl. Pat. 9102 (1841)

[4] MOSCHEL, W.: Z. angew. Chem. Bd. 63 (1951) S. 387f. — MOSCHEL, W., u. A. SCHMIDT in Chemische Technologie, S. 116/22, v. K. WINNACKER, E. WEINGAERTNER. München: Carl Spaeter 1953

[5] VAN THIEL, H.: Technik Bd. 2 (1947) S. 105/06

[6] DBP. 908014 u. 913535 (Wintershall A.G.)

5.4 Sinter- und Schmelzmagnesia

5.41 Allgemeines

Weder die aus Magnesiten durch Kalzination hergestellte, noch die synthetisch erzeugte Magnesia ist unmittelbar für feuerfeste Zwecke verwendbar, weil sie wegen ihrer großen Oberfläche chemisch sehr aktiv ist und beim Brennen stark schwindet. Zudem wird zur Steinherstellung ein hartes, stückiges Material benötigt, das sich durch Brechen, Mahlen und Klassieren auf den jeweils angestrebten Kornaufbau zerkleinern läßt. Magnesit bzw. Magnesia müssen daher bis zur Sinterung gebrannt werden.

Da die sehr hohe Sintertemperatur des reinen MgO in den meisten technischen Öfen nicht erreicht werden kann, verwendet man zur Sinterherstellung vorzugsweise Magnesite, die von Natur aus genügende Mengen sinterungsfördernder

Tabelle 149. *Die wichtigsten Mineralien in der Sintermagnesia* (nach K. KONOPICKY)

Mineral	Formel	Kurzzeichen	Schmelz- oder Zersetzungspunkt °C
Periklas	MgO	M	2640
Magnesiumferrit	$MgO \cdot Fe_2O_3$	MF	~1750
Spinell	$MgO \cdot Al_2O_3$	MA	2135
Forsterit	$2MgO \cdot SiO_2$	M_2S	1890
Monticellit	$CaO \cdot MgO \cdot SiO_2$	CMS	~1500
Merwinit	$3CaO \cdot MgO \cdot 2SiO_2$	C_3MS_2	1577
Dikalziumsilikat	$2CaO \cdot SiO_2$	C_2S	2130
Trikalziumsilikat	$3CaO \cdot SiO_2$	C_3S	1900
Dikalziumferrit	$2CaO \cdot Fe_2O_3$	C_2F	1435
Brownmillerit	$4CaO \cdot Al_2O_3 \cdot Fe_2O_3$	C_4AF	1415
freier Kalk	CaO	C	2570

Stoffe, wie Fe_2O_3, CaO und SiO_2, enthalten. Das ist bei den kristallinen Magnesiten der Fall (vgl. Tab. 144). Dichten Magnesiten und der synthetisch hergestellten Magnesia müssen im allgemeinen eisenoxyd- und kalkhaltige Sintermittel zugegeben werden.

Beim Sintern bilden sich die in Abschn. 5.15 bis 5.18 beschriebenen Verbindungen; unter ihnen haben die in Tab. 149 zusammengestellten die größte Bedeutung [1]. Diese Mineralkomponenten treten stets in einer durch das jeweilige Verhältnis der oxydischen Beimengungen bestimmten Vergesellschaftung auf (vgl. Abschn. 5.18). Ein Gleichgewicht wird zwar beim Sinterbrand im allgemeinen nicht erreicht, stellt sich aber beim Gebrauch der Steine an ihrer Verwendungsstelle allmählich ein. Der vom Periklas bei hohen Temperaturen leicht in feste Lösung genommene *Magnesioferrit* wirkt in hohem Maße kristallisationsfördernd, er unterstützt das Kristallwachstum der sich bereits beim Kalzinieren unterhalb 1000° C bildenden Periklaskristalle. Ist Kalk neben Fe_2O_3 vorhanden, so entsteht zunächst das bei etwa 1435° C schmelzende *Dikalziumferrit* [2]. Das in der dünnflüssigen und den Periklas gut benetzenden C_2F-Schmelze vorhandene Eisenoxyd verbindet sich z. T. mit Periklas zu Magnesioferrit [3]. Dikalziumferrit erleichtert die Verkittung der Periklaskristalle und durchtränkt als Schmelze auch größere Körner relativ schnell, so daß vorhandene Ungleichmäßigkeiten der chemischen Zusammensetzung ausgeglichen werden. Das ist wichtig vor allem beim Sintern gröberer Magnesitstücke, die nur an ihrer Oberfläche mit dem Sintermittel in Berührung stehen.

Die in der Sintermagnesia unerwünschte Kieselsäure verbindet sich bei Abwesenheit von Kalk mit dem MgO zu *Forsterit*, in Gegenwart von Kalk hängt die Mineralkombination vom Verhältnis $CaO:SiO_2$ ab. Ist dieses z. B. >1,87, so entstehen vorwiegend die hochschmelzenden Phasen *Trikalzium-* und *Dikalziumsilikat*. Sie fördern die Sinterung wenig, außerdem neigt Dikalziumsilikat bei der Abkühlung zum Zerfall (vgl. Abschn. 5.173). Bei einem CaO/SiO_2-Verhältnis <1,87 bilden sich vor allem die bei niedriger Temperatur schmelzenden Verbindungen *Monticellit* und *Merwinit*, die die Feuerfestigkeit des Sinters herabsetzen [4].

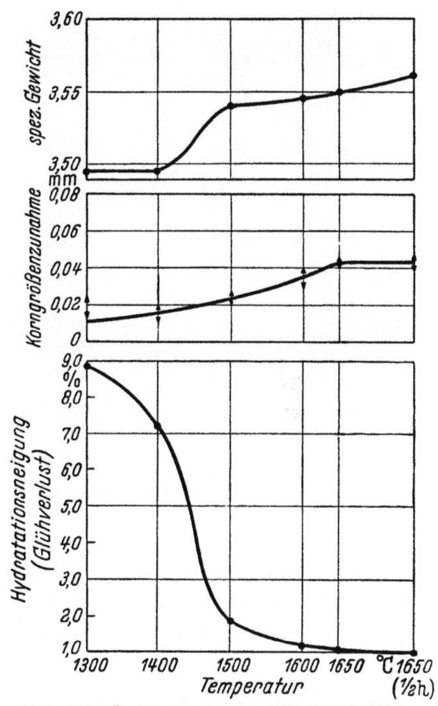

Abb. 590. Änderung des spezifischen Gewichtes, der Hydratationsneigung und der Korngröße beim Sintern von indischem Magnesit (nach J. H. Chesters)

Etwa vorhandene Tonerde verbindet sich mit Dikalziumferrit zu niedrigschmelzendem *Brownmillerit*. Echter *Spinell* entsteht durch Reaktionen im festen Zustand aus Magnesia und Tonerde nur dann, wenn die SiO_2- und CaO-Gehalte sehr niedrig sind. Man strebt häufig die Bildung von Spinellen an, weil diese die Temperaturwechselbeständigkeit erhöhen (vgl. Abschn. 5.151). T. Noda u. M. Oka [5] fanden ferner, daß *Alkalichlorid*, insbesondere Kochsalzdämpfe das Kornwachstum der Periklase stark fördern. Nach der Deutschen Patentanmeldung 1014912 wirken Lithiumverbindungen, besonders *Lithiumchlorid*, beim Sinterbrand verdichtend. Da LiCl bei 1300—1400° C verdampft, bleiben im fertigen Sinter nur Spuren davon zurück.

Abb. 590 zeigt nach Angaben von J. H. Chesters [6] die Abhängigkeit der Hydratationsneigung, des spezifischen Gewichtes und der Korngröße der Periklaskristalle von der Sintertemperatur für einen indischen Magnesit (90,8% MgO; 0,7% Fe_2O_3; 2,6% CaO; 5,4% SiO_2; 0,4% Al_2O_3). Mit steigender Sintertemperatur sinkt die Hydratationsneigung, spezifisches

Gewicht und Korngröße steigen an. In diesem Fall wäre eine Sintertemperatur von mindestens 1650° C erforderlich, um dichtgebrannte, reaktionsträge Sintermagnesia zu erzeugen. Im allgemeinen liegen die Sintertemperaturen zwischen 1600 und 1700° C, ausnahmsweise werden auch Temperaturen von ~1900° C angewandt (vgl. Abschn. 5.241).

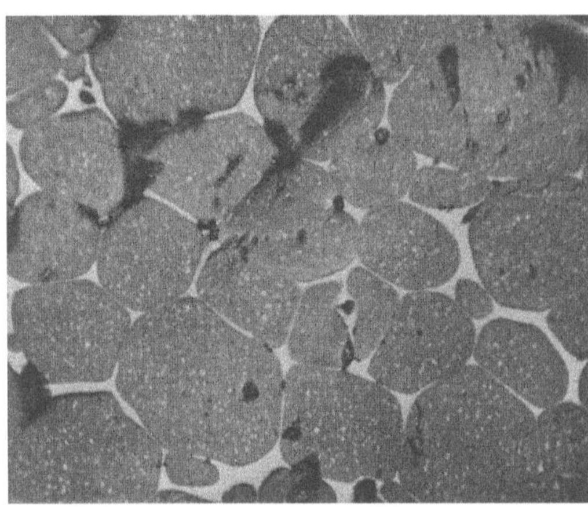

Abb. 591. Magnesiasinter für feuerfeste Steine. Periklasballen mit Magnesioferritentmischungen. An den Korngrenzen Kalziumferrit (hell). Anschliff (Vergr. 300 ×)

Die Sintermagnesia ist meist schwarzbraun gefärbt, sie zeigt im Anschliff Periklasballen mit hellen Entmischungsspindeln von Magnesioferrit. Zwischen den Körnern liegen Kalziumferrit, Brownmillerit und silikatische Mineralien (Abb. 591 u. 592).

In der Praxis unterscheidet man Stahlwerkssinter und Sinter zur Herstellung feuerfester Steine, der erstere soll relativ viele Flußmittel besitzen, um gute Versinterung in metallurgischen Öfen zu gewährleisten, der Sinter für Magnesiasteine muß dagegen möglichst flußmittelarm sein. Vereinbarungen über Maximal- bzw. Minimalwerte der chemischen Zusammensetzung bestehen nicht. Die Gehalte an Flußmitteln liegen im allgemeinen für Stahlwerkssinter bei ~4% Fe_2O_3; 4 bis 8% CaO; < 6% SiO_2, für Steinsinter bei 3 bis 8% Fe_2O_3; 2 bis max. 3,5% CaO; 0,4 bis max. 3% SiO_2. Bei beiden Qualitäten darf der Glühverlust 0,3%, die Wasseraufnahmefähigkeit 3% nicht übersteigen.

Die Güte des Brandes kann auch beurteilt werden durch die relative Neigung des Sinters, beim Erhitzen im Autoklaven zu zerfallen. Den Vorgang der Hydratbildung bei der Lagerung von Sintermagnesia hat H. SCHREINER [7] mit Hilfe radioaktiver Isotope untersucht. Die Hydratbildung beginnt an reaktionsfähigen Zentren und läuft dann an den Phasengrenzflächen zwischen Periklaskristallen und Bindemitteln weiter. Infolge des großen Raumbedarfes der $Mg(OH)_2$-Phase genügt bereits die Aufnahme von 2% Wasser, um Risse in Steinen hervorzurufen.

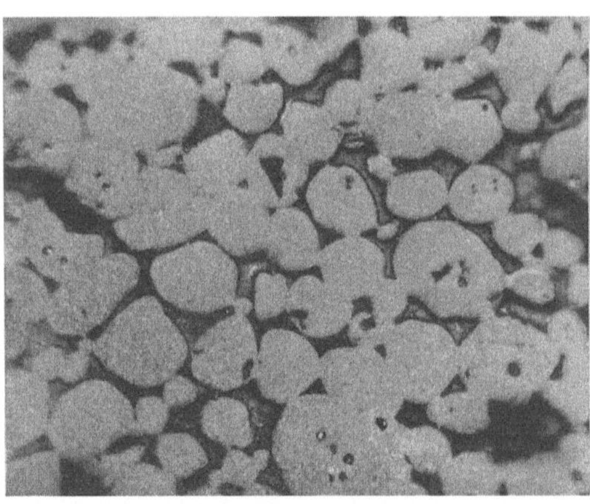

Abb. 592. Stahlwerkssinter. Periklasballen mit Magnesioferritentmischungen. Zwischen den Periklasen silikatische Mineralien (grau) und Kalziumferrit (hell) Anschliff (Vergr. 300 ×)

Nach Untersuchungen von P. LANSER u. N. SKALLA [8] kann die Hydratationsneigung durch Behandeln mit feuchter CO_2, am besten unter Druck von 2 bis 3 atü im Autoklaven, oder auch mit feuchter SO_2 stark herabgesetzt werden. Dabei werden durchschnittlich nur 0,4 Gew.-% CO_2 bzw. 5 Gew.-% SO_2 aufgenommen, sie blockieren die reaktionsfähigen Stellen an der Oberfläche. Bei einer Behandlung mit trockener CO_2 werden dagegen nur 0,03% CO_2 vom Sinter aufgenommen, auch diese geringe Menge verbessert bereits die Widerstandsfähigkeit gegen Hydratation beträchtlich. Die Schutzwirkung an dem mit CO_2 behandelten Sinter geht bei 600° C und mehr verloren, mit SO_2 behandelter Sinter behält dagegen seine Widerstandsfähigkeit, selbst wenn er auf 950° C erhitzt wird.

Die Korngröße von Stahlwerkssinter beträgt max. 10 mm, die feinen Fraktionen werden meistens abgesiebt. Die Siebanalyse eines typischen Stahlwerkssinters ergab

>3mm 46,8%; 1 bis 3mm 20,9%; 0,12 bis 1mm 30,2%; <0,12mm 3,9%.

Die Korngrößenverteilungen für Steinsinter richten sich nach der jeweiligen Steinqualität, das Maximalkorn liegt gewöhnlich bei 2 bis 3 mm.

5.42 Sinter aus kristallinem Magnesit

Das Rohmaterial wird an der Gewinnungsstelle vorsortiert, d. h. man nimmt die überwiegend aus Dolomit und Silikaten bestehenden Stücke heraus. Dolomit besitzt nicht den typischen fettigen Glanz des Magnesits und ist dadurch erkennbar. Der Magnesit wird dann im Brecher (vgl. Abschn. 2.311) vorgebrochen und — falls erforderlich — auf dem Leseband zwecks Entfernung quarz-, kalk- und dolomitreicher Partien noch einmal geklaubt. Gute Magnesitqualitäten gehen dann unmittelbar in die Sinteröfen, kalkreichere müssen einer Aufbereitung (Sink-Schwimmanlage oder Flotation) unterworfen werden.

Im Werk Radenthein der Österreichisch-Amerikanischen Magnesit-A. G. wird die durch Sieben abgetrennte Fraktion 4 bis 40 mm mittels einer FeSi-Aufschlämmung in spezifisch leichtere dolomitische *Floats* und spezifisch schwere magnesitreiche *Sinks* getrennt. Die ersteren verarbeitet man zu kaustischer Magnesia für die Bindung von Heraklitplatten, die *Sinks* werden der Sinteranlage zugeführt.

Im Werk Lassing wird das sortierte Rohgut durch Siebroste in 3 Fraktionen aufgeteilt. Von diesen wird das an Silikaten reichste Feingut < 20 mm verworfen, die Mittelfraktion dem groben Material > 60 mm in solchem Verhältnis zugesetzt, daß später im Schachtofen der richtige Zug herrscht.

Zum Sintern dienen Schacht- oder Drehrohröfen. Der erste dafür brauchbare *Schachtofen* wurde von H. Lenzius in Breslau [9] entwickelt. Er arbeitet mit Halbgasfeuerung und gepreßtem Unterwind. Aus ihm wurden die heute noch stellenweise benutzten Schachtöfen mit Kohlefeuerung entwickelt [10].

Sie sind 12 bis 15 m hoch und haben einen Durchmesser von 2 bis 2,5 m. Auf den Rosten verbrennt die Kohle bei einem Unterwind von etwa 500 mm WS. Wegen des hohen Winddruckes müssen Feuer- und Aschentüren, Stich- und Ziehöffnungen winddicht verschlossen sein. Die Feuergase ziehen zusammen mit der Kohlensäure aus dem Brenngut durch die Gicht ab. Der Magnesit wird in Stücken von ~60 bis 150 mm Durchmesser in die Gicht gestürzt. Er wird beim Abwärtssinken entsäuert und gelangt dann in die 0,60 bis 1 m hohe Sinterzone mit einer Temperatur von ~1600° C. Die Sintermagnesia bildet einen zusammenhängenden Stock, der bis zum Herd reicht und alle 4 Stunden nach Abstellen des Unterwindes mit Hilfe eiserner Stangen (Zieheisen) bei einer Temperatur von 1100 bis 1200° C seitlich ausgetragen wird. Die Leistung eines derartigen Ofens beträgt 15 bis 20 t Sinter in 24 Stunden bei einem Wärmeverbrauch von etwa 2000 kcal je Tonne Sintermagnesia.

Der Brand in diesen Schachtöfen ist meist etwas ungleichmäßig, man muß mit einem gewissen Prozentsatz Schwachbrand rechnen. Der Magnesit neigt abweichend vom Dolomit nicht zum Festsetzen, erzeugt daher keine Schutzschicht an den Ofenwänden.

Neuerdings baut man nur noch *gas-* oder *ölgefeuerte Schachtöfen*, bei denen das Gas unter hohem Druck in die Sinterzone gepreßt wird (Abb. 593). Wegen der hohen Temperatur im Ofen können keine Drehroste eingebaut werden. Die Sinterzone wird daher als schwach geneigter (etwa 18%) Herd, sog. *Schwanenhals*, ausgebildet. Die Verbrennungsluft wird durch den etwa 3,5 m tiefen Kühlschacht mit Hilfe eines Gebläses zugeführt. Die Temperaturverteilung im Ofen und damit die Qualität des Sinters sind bei den gasbeheizten Öfen gleichmäßiger als bei kohlegefeuerten. Die Brenntemperatur kann bei Verwendung von Starkgas oder Schweröl bis auf 1800° C gesteigert werden [*11*]. Schweröl wird mit überhitztem Wasserdampf von etwa 350° C und 4 atü durch Düsen zerstäubt. Zum Austragen am unteren Ende des Kühlschachtes werden häufig noch Zieheisen benutzt, es sind jedoch bereits automatische Austragevorrichtungen entwickelt worden. Die Leistung solcher periodisch arbeitender Öfen beträgt im Mittel 25 t Sinter in 24 Std., ihr Energiebedarf 1200 bis 1500 kcal/t Sintermagnesia.

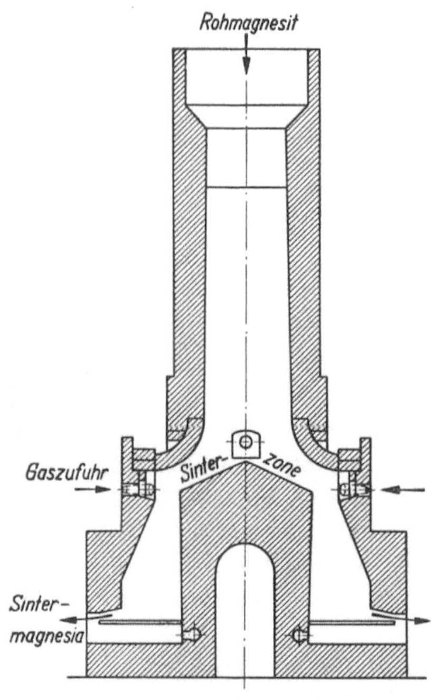

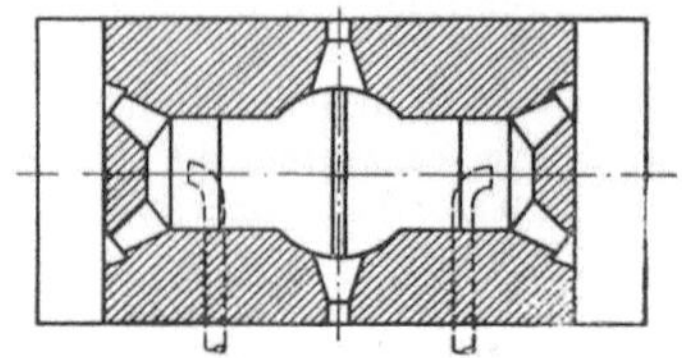

Abb. 593. Gasbeheizter Magnesit-Schachtofen der Veitscher Magnesit-Werke, A.G., Schema

Die ebenfalls zum Sintern von Magnesit benutzten *Drehrohröfen* (Abb. 594) bestehen aus einer geneigten, mit Magnesiasteinen ausgekleideten, langsam auf Rollenlagern rotierenden Brenntrommel *h* (Länge bis zu 100 m, Durchmesser bis zu 3 m). Der Antrieb wird durch Zahnräder auf Zahnkränze übertragen. Das Brenngut fällt aus der Brenntrommel in eine ebenfalls geneigt angeordnete, langsam rotierende Kühltrommel *i* und wird an deren Ende kontinuierlich ausgetragen. Die Beheizung erfolgt durch Brenner am Kopf der Brenntrommel; als Brennmaterialien werden Gas, Kohlenstaub oder Öl benutzt. Die Brennstoffe werden teilweise unter hohem Druck (bis zu 25 atü) eingepreßt. Beim Lepol-Ofen ist der Brenntrommel eine Wanderrostanlage vorgeschaltet, die mit den Abgasen beheizt wird und eine starke Verkürzung der Brenntrommel bei gleicher Leistung gestattet. Die Granuliertrommel *e* ist nicht erforderlich, wenn der Ofen mit stückigem Magnesit beschickt wird, wohl aber bei einer Beschickung mit einer Mischung von feingemahlenem, dichtem Magnesit mit Sintermitteln (vgl. Abschn. 5.43).

Im Drehrohrofen können die erforderlichen Sintertemperaturen ohne Schwierigkeiten erreicht werden, der Brand ist schärfer und gleichmäßiger als im Schachtofen. Der spezifische Brennstoffverbrauch beträgt bei einer Beheizung mit Kohlenstaub 0,4 t für 1 t Sinter. Die Asche des Kohlenstaubes kann den SiO_2-Gehalt des Sinters selbst im Falle aschenarmer Kohle um fast 1% erhöhen. Bei geeigneter Aufbereitung von Feinkohle mit 4% Asche kann die Gesamt-SiO_2-Aufnahme des Brenngutes auf ~0,2% herabgedrückt werden.

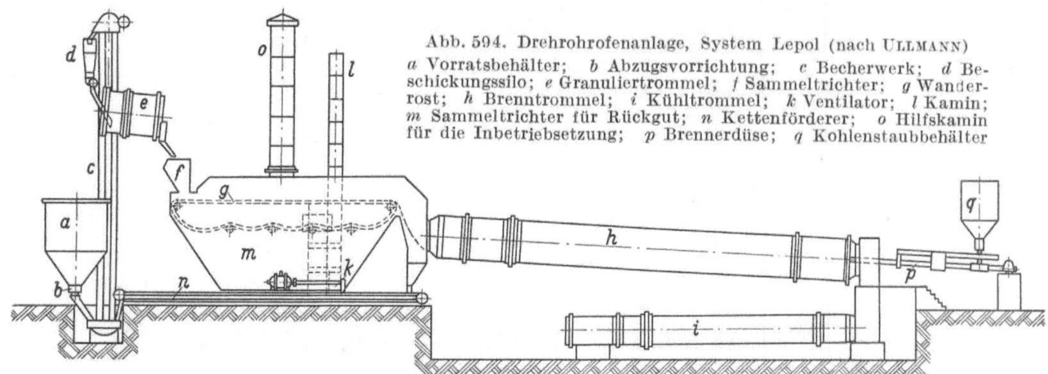

Abb. 594. Drehrohrofenanlage, System Lepol (nach ULLMANN)
a Vorratsbehälter; *b* Abzugsvorrichtung; *c* Becherwerk; *d* Beschickungssilo; *e* Granuliertrommel; *f* Sammeltrichter; *g* Wanderrost; *h* Brenntrommel; *i* Kühltrommel; *k* Ventilator; *l* Kamin; *m* Sammeltrichter für Rückgut; *n* Kettenförderer; *o* Hilfskamin für die Inbetriebsetzung; *p* Brennerdüse; *q* Kohlenstaubbehälter

In Drehrohröfen werden meist kleinere Stücke verarbeitet als in Schachtöfen, ihre Maximalkorngröße liegt bei 40 bis 60 mm. Bei stärkeren Verunreinigungen mit silikatischem Material können sich während des Sinterns mehrere Stücke zu größeren Klumpen zusammenballen [12].

Der aus den Öfen ausgetragene Sinter wird in manchen Fällen 2 bis 3 Wochen gelagert und mit Wasser abgespritzt, damit die kalkreichen Partien hydratisiert werden und zerfallen. Der entstehende kalkreiche Staub wird abgesiebt und der restliche Sinter gebrochen und fraktioniert. Zur Herstellung des Feinmehles werden an Stelle der früher üblichen Rohr- oder Kugelmühlen in steigendem Maße die nach dem Prinzip der Ringwalzenmühlen gebauten Maxecon-Mühlen verwandt (vgl. Abschn. 3.322).

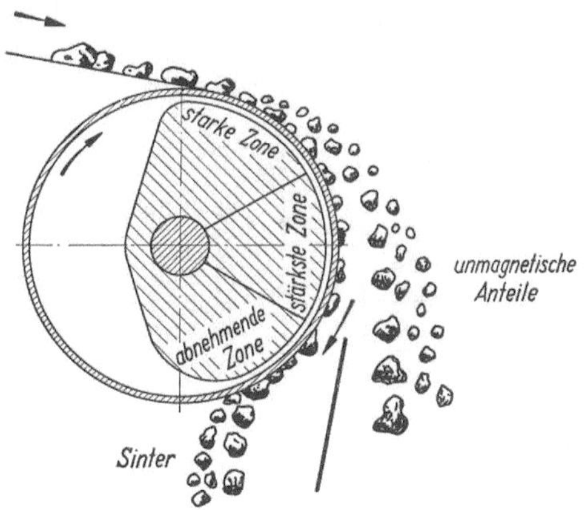

Abb. 595. Schema der Arbeitsweise eines magnetischen Trommelscheiders für Sintermagnesia

Der Sinter kann durch *Magnetscheider* weiter gereinigt werden; in ihnen wird der durch Magnesioferrit magnetisch gewordene Sinter von den unmagnetischen, kalk- und kieselsäurereichen *Bergen* getrennt (Abb. 595). Bei eisenreichen Sintern wendet man dies Verfahren häufig an, es kann eine Aufbereitung nach dem Sink-Schwimmverfahren vor dem Sintern ersetzen.

Die Magnetscheidung ist leichter, wenn Kalk und Quarz noch frei sind. Bei starkem Brand bilden sich mehr Kalksilikate und im Zusammenhang damit stärkere, die Magnetscheidung erschwerende Infiltrationen und Verwachsungen. Magnetisch geschiedener Drehrohrofensinter ist daher meist schwächer gebrannt als vor dem Brennen aufbereiteter. Um diesen Mangel zu vermeiden, röstet man den Rohmagnesit bei ~900° C, führt dann die Magnetscheidung und erst danach den Sinterbrand durch [12a].

Tabelle 150. *Chemische Zusammensetzung von Sintermagnesia verschiedener Herkunft*

Herkunft	Art der Rohstoffe	SiO₂ %	Al₂O₃ %	Fe₂O₃ %	CaO %	MgO %
Österreich						
Veitsch, sortiert	krist.	0,4 bis 1,4	0,5 bis 1,0	4 bis 8	2,5 bis 2,8	87 bis 91
Veitsch, unsortiert	krist.	0,6 bis 1,7	0,5 bis 1,0	4 bis 8	4 bis 6	84 bis 89
Radenthein, Steinfabrik-Sinter	krist.	1,5 bis 2,2	0,8 bis 1,2	6 bis 8	3 bis 3,5	87 bis 88
Steinfabrik-Sinter	krist.	2,5 bis 3,0	0,8 bis 1,0	3,5 bis 4	1,5 bis 2,0	89 bis 91
Radenthein, Stahlwerks-Sinter	krist.	5 bis 7	2,0	4,0	6 bis 8	Rest
Slowakei						
Steinsinter Kaschau	krist.	3,7	1,2	5,3	2,3	87,5
Steinsinter Lubenek	krist.	1,1	1,5	6,0	3,1	86,3
Stahlwerks-Sinter	krist.	2,7	1,5	7,0	5,8	83,0
Spanien	krist.	2,7	1,2	3,9	3,1	88,7
Rußland	krist.	4,7	1,1	2,7	5,7	85,2
Mandschurei	krist.	2,8 bis 5,0	2,3	1,9	1,8	90,8
Indien	dicht	5,4	0,4	0,7	2,6	90,8
Kanada	krist.	7,9	0,2	7,8	19,5	64,5
Washington	krist.	3,2	3,2	3,2	2,0	91,6
England						
Seewassermagnesia	synth.	0,8 bis 2,0	0,03 bis 0,7	0,2 bis 7,2	1,4 bis 2,9	89 bis 97
Schmelzmagnesia von Radenthein	synth.	1,63	0,46	3,5	2,05	91,5

5.43 Sinter aus dichtem Magnesit und synthetischer Magnesia

Wie bereits erwähnt, müssen den dichten Magnesiten und der synthetischen Magnesia Sintermittel zugeführt werden, damit die Sinterung bei den in üblichen Brennöfen (Schacht- oder Drehrohröfen) erreichbaren Temperaturen erfolgt. K. KONOPICKY [13] stellte durch umfangreiche Versuche fest, daß guter, gleichmäßiger Sinter durch Zugabe von Kalk und Eisenoxyd im Molverhältnis des *Dikalziumferrits* entsteht [3]. Die beim Sintern auftretende Schmelzphase durchdringt dann auch größere Magnesitstücke vollständig und bewirkt dadurch eine gleichmäßige Sinterung (vgl. Abschn. 5.41). Die Wirkung ist noch besser, wenn an Stelle der einzelnen oxydischen Komponenten die Verbindung Dikalziumferrit selbst als Sintermittel verwandt wird.

In der Krefelder, z. Z. stilliegenden Sinteranlage der Martin u. Pagenstecher-A.G. wurden daher die Oxyde zur Herstellung von Dikalziumferrit zunächst bei 1000 bis 1100° C gefrittet, dann feingemahlen und in Mengen von maximal 10% dem ebenfalls gemahlenen Rohmagnesit zugesetzt. Die Mischung wurde windgesichtet, mit Wasser zu einer Paste angerührt und in einer Granuliertrommel zu Granalien von 5 bis 10 mm Durchmesser geformt. Die Granalien wurden in Lepol-Drehrohröfen bei über 1600° C gebrannt. Der so hergestellte Sinter war demjenigen aus kristallinem Magnesit gleichwertig.

Da Rohmagnesite oder synthetische Magnesia gewisse Verunreinigungen wie Kalk, Kieselsäure und Tonerde enthalten, muß man diese bei der Einstellung des Sintermittels berücksichtigen. Insbesondere muß Kieselsäure durch Erhöhung des Kalkgehaltes als *Dikalziumsilikat* gebunden werden. Nach K. KONOPICKY [14] sollen die Zuschlagstoffe zusammen mit den Verunreinigungen des Rohmaterials eine Zusammensetzung aufweisen, die einer bestimmten Zone des Dreistoffsystems $CaO–Al_2O_3–SiO_2$ (vgl. Abb. 31, Abschn. 1.333) entspricht. Ihre Eckpunkte sind ungefähr durch die Verbindungen C_3S; C_2S; C_3A und CA festgelegt. Ist mehr Kalk vorhanden, als dieser Zone entspricht, kann der Sinter durch Hydratation zerfallen; liegt die Zusammensetzung dagegen im Gebiet höherer SiO_2- und Al_2O_3-Gehalte, sind Feuerfestigkeit und Verschlackungsbeständigkeit des Sinters zu gering, wobei Al_2O_3 besonders schädlich wirkt (vgl. Abschn. 5.41).

Das Verhältnis der Nebenbestandteile zueinander ist somit für die Qualität des Sinters von größerer Bedeutung als ihre absolute Menge, wenn auch diese die im Abschn. 5.41 aufgeführten Grenzen nicht überschreiten darf.

Einen Überblick über die chemische Zusammensetzung verschiedener Magnesiasinter aus kristallinen und dichten Magnesiten sowie aus Seewassermagnesia gibt Tab. 150. Sie zeigt, daß die österreichischen Sinter der Qualität nach an der Spitze stehen. Unter den übrigen fallen der aus dichtem Magnesit hergestellte indische durch hohen SiO_2-Gehalt, der kanadische durch sehr hohe Gehalte an Kalk und Kieselsäure auf (s. auch Abschn. 5.242).

5.44 Schmelzmagnesia

Die Erzeugung von geschmolzener Magnesia in elektrischen Lichtbogenöfen wurde in Amerika während des ersten Weltkrieges begonnen, da Mangel an europäischen Magnesiten herrschte und die in Kalifornien und Washington gefundenen Magnesite zunächst nur in geschmolzenem Zustand verwandt werden konnten [15]. In Deutschland wurde kalk- und eisenarmer Magnesit von 1923

ab in den Dynamidon-Werken in Mannheim in Lichtbogen- oder Widerstands-
öfen erschmolzen [*16*]. Die eisenhaltigen Anteile sortierte man dabei mit Hilfe
von Magnetscheidern aus dem abgekühlten und zerkleinerten Material aus. Die
Verwendung von Schmelzmagnesia an Stelle von Sintermagnesia gab den
Magnesiasteinen eine wesentlich bessere Beständigkeit gegen Temperaturwechsel
und Schlackeneinflüsse, außerdem höhere Druckfeuerbeständigkeit. Ihre höhere
Verschlackungsbeständigkeit ist auf den fehlerfreien Kristallbau, also geringe
Reaktionsfähigkeit zurückzuführen. Trotz dieser günstigen Eigenschaften wurde
jedoch die Herstellung von Schmelzmagnesia als unwirtschaftlich eingestellt und
erst kürzlich nach einem verbesserten Verfahren der Österreichisch-Amerikanischen Magnesit-A.G., Radenthein, wieder aufgenommen [*17*].

Rohmagnesit oder Sintermagnesia wird dabei mit so viel Zuschlagstoffen
versetzt, daß Kalk und Kieselsäure insgesamt im gleichen stöchiometrischen
Verhältnis vorliegen wie im Dikalziumsilikat. Während des Schmelzprozesses
im Lichtbogenofen wird CaO zu Ca-Dampf und SiO_2 zu SiO reduziert, beide wan-
dern in dieser Form nach außen. Zwischen dem reinen, aus Periklas bestehenden
Schmelzblock und der nur teilweise schmelzenden Kruste entsteht durch Reoxy-
dation Dikalziumsilikat. Beim Abkühlen zerrieselt diese die Hauptmasse der
Verunreinigungen enthaltende Zwischenschicht und gestattet so eine leichte
Trennung des reinen Schmelzgutes von der Kruste, die ihrerseits wieder als
Aufgabegut verwandt werden kann.

In der Praxis hat sich kontinuierliches Schmelzen bewährt. Das Schmelzgut befindet sich
dabei in einem um eine waagerechte Achse drehbaren Ofen und kann durch die Rotation
kontinuierlich durch die feststehende Schmelzzone hindurchgeführt werden, ähnlich wie
es bei einem von HORRY [*18*]
für die Herstellung von Kalziumkarbid konstruierten
Ofen der Fall ist. Der auf
der Austrittsseite wach-
sende Schmelzmagnesia-
block wird von Zeit zu Zeit
mit Hilfe einer Winde ab-
gebrochen. Das Ausbringen
an Schmelzmagnesia bester
Qualität beträgt bei die-
sem Verfahren ~60%.

Die im elektrischen
Ofen erschmolzene Ma-
gnesia ist weiß bis grün-
lich. Beim Rösten
nimmt das grünliche
Material eine braune
Farbe an, weil das in
ihm zunächst 2-wertige
Eisen in 3-wertiges über-

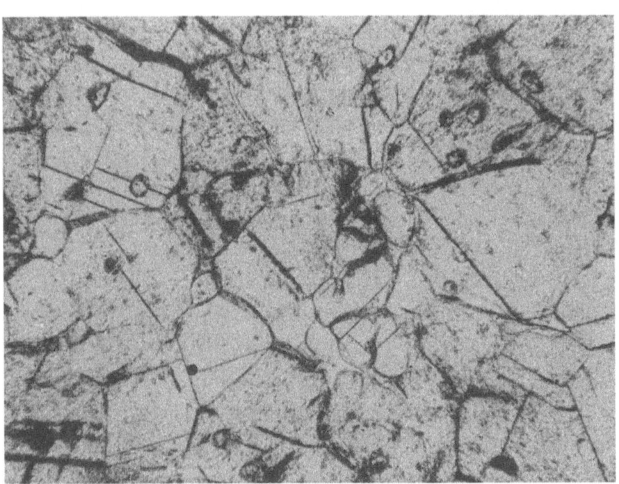

Abb. 596. Schmelzmagnesia von Radenthein. Dünnschliff (Vergr. 20 ×)

geht. Eine gelegentlich vorkommende Graufärbung ist auf Kohlenstoffeinschlüsse
zurückzuführen. Die Hauptverunreinigung besteht aus Dikalziumsilikat. Die
Periklase zeigen eine gute Spaltbarkeit nach dem Würfel, die häufig zur Entstehung säulenförmiger Spaltstücke führt. Abb. 596 zeigt die Dünnschliffauf-

nahme einer nach dem Radenthein-Verfahren hergestellten Schmelzmagnesia. Ihre Analyse ist in Tab. 150 (letzte Zeile) aufgeführt.

Die Schmelzmagnesia wird gebrochen, gemahlen, klassiert und ähnlich wie Sintermagnesia zu Steinen verarbeitet. Nach dem gleichen Verfahren kann auch eine Mischung aus Magnesia und Chromit im Lichtbogen erschmolzen werden [19]. Die Mischung soll 80 bis 90% Sintermagnesia und 10 bis 20% Chromit enthalten, den Magnesiaanteil in grober (3 bis 15 mm), den Chromitanteil in feiner ($<$ 0,5 mm) Körnung.

Schrifttum

[1] KONOPICKY, K.: Radex-Rdsch. (1948) S. 107
[2] KONOPICKY, K.: Ber. DKG. Bd. 18 (1937) S. 419/27
[3] DRP. 617305 (Alterra A.G.) (1931); DRP. 646859 (Alterra A. G., Erfinder K. KONO-PICKY)
[4] RAIT, J. R.: Basic Refractories, S. 266/92. London, Birmingham, Coventry, Manchester u. Glasgow: Iliffe u. Sons, Ltd. 1950
[5] NODA, T., u. M. OKA: J. Soc. chem. Ind., Japan, suppl. Binding Bd. 41 (1938) S. 743
[6] CHESTERS, J. H.: Steelplant Refractories, S. 77. Sheffield 1946
[7] SCHREINER, H.: Radex-Rdsch. (1952) S. 255/60
[8] LANSER, P., u. N. SKALLA: Radex-Rdsch. (1953) S. 40/43; Oesterr. Pat. 174570 u. 177369
[9] LENZIUS, H.: Oesterr. Privilegium v. 22. 4. 1887
[10] Vgl. hierzu: HÖRHAGER, J.: Stahl u. Eisen Bd. 31 (1911) S. 958
[11] ULLMANN's Enzyklopädie der techn. Chemie Bd. 1, S. 799. München: Urban u. Schwarzenberg 1951
[12] BUDNIKOW, P. P.: Technologie der keram. Erzeugnisse, S. 298. Berlin: Technik 1953
[12a] Oesterr. Pat. 175204
[13] KONOPICKY, K. (teilweise mit H. KASSEL): Ber. DKG. Bd. 17 (1936) S. 465/83 u. Bd. 18 (1937) S. 97/109 u. 419/27
[14] KONOPICKY, K.: DRP. 660485 (1933)
[15] WHITE, H. W.: J. Amer. ceram. Soc. Bd. 21 (1938) S. 216/28
[16] DRP. 437106 (1923)
[17] LANSER, P.: Radex-Rdsch. (1948) S. 96/97; DBP. 855220 (1943) u. 862722 (1951); Oesterr. Pat. 158208 u. 172679 (J. BERLEK, P. LANSER u. N. SKALLA)
[18] HORRY: DRP. 98974
[19] Oesterr. Pat. 177108 (P. LANSER u. N. SKALLA)

5.5 Herstellung und Eigenschaften basischer und neutraler Baustoffe (außer Dolomiterzeugnissen)

5.51 Keramisch gebundene Steine

5.511 Allgemeiner Herstellungsgang

Vor der Steinherstellung wird die Sintermagnesia gewöhnlich noch einmal gelagert und mehrfach mit Wasser übergossen, um so noch vorhandene Kalkanteile und Schwachbrandmagnesia durch Hydratation zum Zerfall zu bringen. Die sich beim Lagern bildenden Hydrate haben z. T. kolloidale Eigenschaften und verbessern dadurch das Bindevermögen der Masse. Bei zu langem Liegen altern diese Kolloide allerdings, dabei verschlechtert sich die Qualität des Sinters wieder. Um den Ablauf der Hydratationsvorgänge in der Hand zu haben, empfiehlt sich eine häufige Kontrolle der Temperatur in der Masse.

Zur Steinherstellung wird der Sinter zunächst *zerkleinert*. Hierbei haben sich für die gröberen Fraktionen schwere *Siebkollergänge* (s. Abschn. 2.312), für das Feinmehl *Ringwalzenmühlen* (s. Abschn. 3.322) bewährt. In manchen Werken wird die *Prallmühle* (s. Abschn. 3.321) bei der Grobzerkleinerung vorgezogen, ihre Mahlwirkung ist wegen der Kleinstückigkeit des Sinters milde, daher fällt wenig Feinmehl an.

Der zerkleinerte Sinter wird entweder direkt den Mischaggregaten zugeführt oder vorher durch *Schwingsiebe* klassiert und gebunkert (z. B. auf 0 bis 0,8 mm und 0 bis 3 mm). Auch Chromerz wird in Brechern bzw. Prallmühlen zerkleinert, durch Sieben klassiert und auf Bunker gefüllt. Die Entnahme aus den Bunkern erfolgt meist durch automatisch arbeitende Gefäßwaagen oder durch moderne Vibrationsaustragevorrichtungen (vgl. Abschn. 2.312). Zum *Mischen* des Versatzes aus Sintermagnesia sowie evtl. beizugebenden Bindemitteln und Zusatzstoffen werden entweder *Mischkollergänge* oder *Eirichmischer* benutzt (vgl. Abschn. 3.343). Die Feuchtigkeit der Masse soll je nach Kornaufbau 3,5 bis 4,5 % betragen.

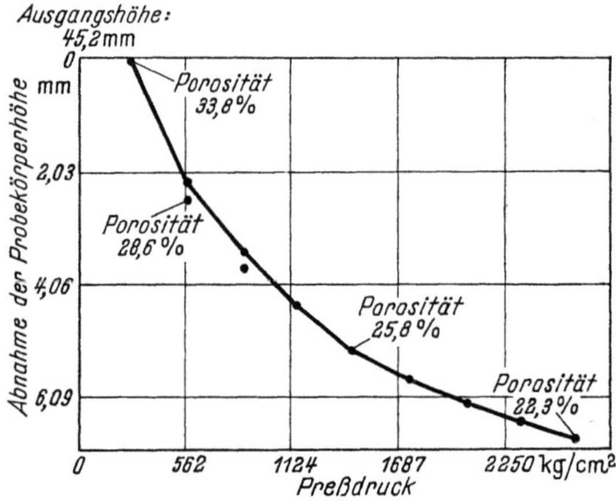

Abb. 597. Der Einfluß des Preßdruckes auf die Porosität von Körpern aus österreichischer Magnesia mit 5 % Wasser (nach J. H. CHESTERS u. C. W. PARMELEE)

Die Steine werden allgemein nach dem *Trockenpreßverfahren* hergestellt, man benutzt meist schwere *hydraulische Pressen* mit Fertigdrucken bis zu 1000 kg/cm² (vgl. Abschn. 2.344). Zur Entlüftung der Masse wird häufig ein Preßhub mit einem Druck von ~ 300 kg/cm² vorgeschaltet. Friktionsspindelpressen sind zur Herstellung erstklassiger Steine nicht geeignet. Manche Werke benutzen für einfache Formate und Normalsteine schwere *Kniehebelpressen* (s. Abschn. 2.345). Große und komplizierte Formate werden ähnlich wie Hartschamotte mit Preßluft gestampft (s. Abschn. 3.344).

Der Einfluß des Preßdruckes auf Porosität und Brennschwindung der Steine wurde von J. H. CHESTERS u. C. W. PARMELEE [1] untersucht. Die prozentuale Porosität sinkt danach um 5,2 Einheiten, wenn der Preßdruck von 281 auf 562 kg/cm² gesteigert wird, eine weitere gleiche Abnahme kann aber erst durch Steigerung des Preßdruckes auf 2250 kg/cm² erzielt werden (Abb. 597).

Ein wesentlich höherer Preßdruck als 1000 kg/cm² verbessert die Steinqualität nur wenig, bewirkt andererseits aber eine merkliche Zerkleinerung der Körner, die den Kornaufbau störend beeinflussen kann.

Ausreichende Gleichmäßigkeit der Steine in Gewicht und Porosität erzielt man, wenn die Massefüllung für die Preßform jeweils abgewogen wird. Eine Füllung nach Volumen ist auch möglich, setzt aber hohe Gleichmäßigkeit des Schüttgewichtes voraus. Bei der Herstellung von Normalsteinen mit hydraulisch arbeitenden *Drehtischpressen* (s. Abschn. 2.347) werden die Formen z. B. nach dem Volumen gefüllt.

Die Rohlinge müssen vorsichtig *getrocknet* werden, weil die Neigung des Periklases zu Hydratation mit steigender Temperatur zunimmt.

Bei Trocknungsversuchen von D. A. KISSIN [2] besaßen Probekörper mit einem Glühverlust von 0,8 bis 1% und hygroskopischer Feuchtigkeit von 0,7 bis 2,8% nach 8 bis 12stündigem Trocknen bei 40 bis 50° C einen Glühverlust von 1,1 bis 1,6% und einen Feuchtigkeitsgehalt von 0,2 bis 0,6%.

Das anhaftende Wasser war also zum größten Teil in Magnesiumhydrat übergegangen, das etwa das doppelte Volumen wie Periklas besitzt. Dementsprechend wurden die Probekörper rissig.

Trocknung bei zu hoher Temperatur bringt die Gefahr des Reißens für die Steine mit sich, besonders dann, wenn es sich um große Formate handelt. Bei niedrigen Temperaturen erfordert die Trocknung andererseits große Mengen an Luft. In *Tunneltrocknern* für Magnesiasteine herrscht daher ein statischer Überdruck von 10 bis 25 mm WS. Die Gefahr einer Hydratation wird vergrößert, wenn die Masse freien Kalk, schwachgebrannte Sintermagnesia oder erhöhten Anteil an Feinmehl besitzt [3]. Scharf gesinterte Magnesia ohne nennenswerte Mengen an freiem Kalk kann dagegen bei 80 bis 90° C getrocknet werden. In *Kammertrocknern* beträgt die Trockenzeit rd. 24 Std. Die getrockneten Rohlinge dürfen nicht mehr als 0,1 bis 0,2% Feuchtigkeit enthalten, weil sie sonst beim Brennen hydratisieren und damit rissig werden.

Man hat auch versucht, den Trockenprozeß durch eine Kohlensäurebehandlung zu ersetzen [4]. Die Zufuhr von CO_2 soll das Hydrat in das Karbonat überführen, das keine Treiberscheinungen hervorruft und sogar die Kaltdruckfestigkeit der gebrannten Steine erhöhen, ihre Porosität vermindern soll. Nach Untersuchungen von K. ALLGEUER u. F. v. KAHLER [5] entsteht jedoch bei der Karbonatisierung feuchter Sintermagnesia kein wasserfreies Magnesiumkarbonat, sondern das Trihydrat $MgCO_3 \cdot 3H_2O$ (s. Abschn. 5.13), erst beim Erhitzen auf 130° C geht dieses in ein Produkt mit dem Verhältnis $H_2O/CO_2 = 0,6$ über.

Chrommagnesia- und Chromerzsteine können bei höheren Temperaturen (120 bis 130° C) getrocknet werden als reine Magnesiasteine.

Die getrockneten Rohlinge werden in *Kammerring-* oder in *Tunnelöfen* *gebrannt* (vgl. Abschn. 2.362/63). Beim Setzen in den hohen Kammern der Ringöfen muß berücksichtigt werden, daß Magnesiasteine im Temperaturintervall zwischen ~600 und 1200° C eine Entfestigung durchmachen, weil die durch Hydratation oder Sorelzement bewirkte Bindung zerstört wird, bevor eine Bindung durch Sinterprozesse erfolgt. Reine Magnesiarohlinge vertragen daher keine starke Belastung.

Manche Werke vermeiden zu hohe Belastung dadurch, daß sie wabenförmige Gerüste aus Silikasteinen aufbauen, in deren Felder nur jeweils 3 Lagen Magnesiasteine übereinandergesetzt werden. Um ein Ankleben der Steine an der Silikaunterlage (Bildung eutektischer Schmelzen) zu verhindern, bestreut man die Silikasteine mit feinem *Quarzsand-* oder *Chromerzmehl.*

In Tunnelöfen kann die Standfestigkeit des Besatzes durch gemeinsames Setzen von Magnesia- und Chrommagnesiasteinen erhöht werden.

Der Brand im Tunnelofen dauert etwa 1 Woche: $2^1/_2$ Tage werden zum Aufheizen, $3^1/_2$ Tage zum Abkühlen benötigt. Das Vollfeuer wird etwa 12 Std. gehalten. Die Brenntemperaturen liegen bei 1550 bis 1600° C, in einzelnen Werken z. T. sogar kurzfristig bei SK 31/32, entsprechend 1700° C. Die Brennschwindung der Magnesiasteine beträgt im Mittel 0,5 bis 3% (linear), die Porosität nimmt beim Brennen schwach *zu*. Die Verfestigung beruht auf der Verbindung der Sintermagnesiakörner durch silikatische Schmelzflüsse. Die Brenntemperatur sollte so hoch liegen, daß eine dafür ausreichende Menge an Schmelze, aber auch nicht mehr, gebildet wird. Steine mit hochfeuerfesten Silikaten, wie Forsterit oder Di- bzw. Trikalziumsilikat, erfordern daher höhere Brenntemperatur als solche mit Gehalten an Monticellit bzw. Merwinit.

Um Spannungen in den Steinen zu vermeiden, dürfen sie nicht der unmittelbaren Flammeneinwirkung ausgesetzt werden. Heiße Ölflammen in Tunnelöfen dürfen nur in Zwischenräume der Steinstapel (zwischen 2 Wagen) gerichtet sein. Während der Schiebezeiten werden die Brenner zum Schutz der Steine abgestellt. Der Brand soll schwach oxydierend geführt werden, da Fe_2O_3 eine bessere Sinterwirkung besitzt als FeO.

Brennfehler treten als Risse (besonders an den Kanten) oder als Verziehungen auf. Häufig sind Kühlrisse die Folge der mäßigen Temperaturwechselbeständigkeit. Die Steine müssen daher nach dem Brand vorsichtig gekühlt werden.

5.512 Handelsübliche Magnesiasteine

5.512.1 Versatz. In den Anfängen der Magnesiasteinerzeugung benutzte man als *Bindemittel* für die einfach gekollerte Sintermagnesia Ton, Tonschiefer oder Schlacke. Bereits 1883 wurde jedoch von O. JUNGHANS-UELSMANN [6] eine Bindung mit Erdalkalichloriden (Sorelverfahren) vorgeschlagen. Die Anregung, $MgSO_4$ an Stelle von $MgCl_2$ zu verwenden, stammt von GRESLER [7]. In den zwanziger Jahren wurden als Zuschläge zwecks Erhöhung der Plastizität der Preßmassen Natronlauge [8], kolloide Titansäure [9], Sulfitlauge bzw. Melasse oder Teer [10] angegeben. Bei dem letzten Verfahren sollte zur Verbesserung der Bindung 10 bis 20% der Sintermagnesia durch kaustische Magnesia ersetzt und die Masse mit $MgSO_4$ bzw. $MgCl_2$ gebunden werden.

Neuerdings wurden auch talk- oder gelförmige Magnesiumsilikate als Bindemittel bzw. Plastifikatoren empfohlen [11]. Diese Zusätze führen bei fast vollständiger Abwesenheit von CaO und Al_2O_3 zu typischer Forsteritbildung.

Für handelsübliche Magnesiasteine wird allerdings meist nur Sulfitablauge allein oder in Verbindung mit Magnesiumsulfat bzw. Schwefelsäure als Bindemittel benutzt.

Parallellaufend mit der skizzierten Entwicklung der Bindemittel[1] wurde der *Kornaufbau* der Steine verbessert, denn die aus einfachen Kollermassen ohne Klassierung hergestellten Erzeugnisse weisen keine befriedigende Temperaturwechselbeständigkeit auf. Ein zweckmäßiger Kornaufbau besitzt bei den Magnesiasteinen eine größere Bedeutung als bei anderen feuerfesten Erzeugnissen mit geringerer Wärmeausdehnung. Der Aufbau soll eine gute Verzahnung aufweisen, die wegen der hohen Wärmeausdehnung des Periklases (Abschn. 5.11) eine besonders leichte, gegenseitige Verschiebung der Körner zulassen muß.

Zahlreiche Versuche haben bewiesen, daß die für Magnesiasteine günstigste Verteilungskurve keineswegs mit den für andere Erzeugnisse anzustrebenden Fuller- oder Andreasenkurven (Abschn. 1.441) übereinstimmt [12].

Ein erster Versuch zur Herstellung temperaturwechselbeständiger Magnesiasteine wurde von den Dynamidon-Werken, Mannheim [13], unternommen. Danach sollte einer

---

[1] Eine ausführliche Darstellung der Entwicklung der Magnesiastein-Herstellung findet sich bei K. KONOPICKY, Radex-Rdsch. (1948) S. 107/15

reinen, eisenoxydarmen, gekörnten Schmelz- oder Sintermagnesia eine Menge von 10 bis 20%
Feinstmehl aus der gleichen Magnesia oder auch aus kaustisch gebrannter Magnesia zugesetzt
werden.

Im weiteren Verlauf der Entwicklung ergab sich, daß im Versatz zweck-
mäßigerweise neben Grobkorn von 1 bis 3 oder auch >3 mm ein Feinkorn mit
max. 0,1 mm Durchmesser verwandt wird. Mittelkorn von 0,1 bis 1 mm soll
dagegen entweder ganz fehlen oder nur in geringer Menge vorkommen.

Nach dem Vorschlag der Alterra-G. m. b. H. [14] soll das Grobkorn über 3 mm in
Mengen von mehr als 50%, mindestens aber von 30% und das Feinkorn in Mengen von weniger
als 20% vorhanden sein. Die Österreichisch-Amerikanische Magnesit-A.G. [15] empfiehlt
Grobkornanteile von 35 bis 65% neben 20 bis 40% Feinkorn unter gleichzeitigem Tonerdezusatz. Die Veitscher Magnesit-Werke [16] fertigen ihre Ankritsteine mit 80% Grobkorn
und nur 10 bis 20% Feinmehl.

Die prinzipielle Richtigkeit aller dieser Vorschläge wurde von W. HUGILL u. W. J. REES [17]
bestätigt. Bei Körnungsversuchen mit Schmelzmagnesia, 5% Wasser und 1% Gummiarabikum erhielten sie die dichtesten Mischungen mit 21,0% Porosität, wenn sie 70% Grobkorn von 3,59 mm Dmr., 10% Mittelkorn von 0,55 mm Dmr. und 20% Feinkorn von
0,09 mm Dmr. verwandten. Zu nur wenig abweichenden Resultaten kam P. P. BUDNIKOW [18].
Er erkannte eine Mischung aus 50 bis 55% Grobkorn von 0,8 bis 2 mm und 30 bis 35%
Feinkorn von max. 0,1 mm Dmr. als die günstigste. Wegen der Schwierigkeiten, in technischem Maßstab auf 0,1 mm abzusieben, sollte die Grenze des Feinkornes auf 0,2 mm
heraufgesetzt werden.

Tabelle 151. *Vorschläge zum Kornaufbau temperaturwechselbeständiger Magnesiasteine*

	0–0,1 mm %	0,1–1 mm %	1–3 mm %	>3 mm %
Dynamidon	10 bis 20	—	—	—
Alterra A.G.	20	—	—	>50 mind. 30
Radenthein	20 bis 40	15 bis 25	35 bis 65	
Veitsch	10 bis 20	—	80	
Magnesital GmbH.	eisenreich	—	50 bis 70 (eisenarm)	
W. HUGILL u. W. J. REES	20	10	70	
P. P. BUDNIKOW	30 bis 35	—	50 bis 55 (0,8 bis 2 mm)	
S. N. MYSCHKIN	40 (<0,2 mm)	—	60 (2 bis 3 mm)	

Einen Überblick über die bisherigen Vorschläge für den Kornaufbau temperaturwechselbeständiger Magnesiasteine gibt Tab. 151.

Während handelsübliche Magnesiasteine anfänglich aus unklassierten Massen
hergestellt wurden, besitzen sie heute zum großen Teil einen den obigen Erfahrungen entsprechenden Kornaufbau. Dadurch sind ihre Porosität, Temperaturwechselbeständigkeit und auch Druckfeuerbeständigkeit ständig verbessert
worden. Die Zunahme der Druckfeuerbeständigkeit ist aber auch — mindestens
teilweise — auf die laufende Verbesserung der Sintermagnesia durch Verwendung
reinerer Rohstoffe und höheren Brand zurückzuführen.

5.512.2 Äußere Beschaffenheit und Normen. Die handelsüblichen Magnesiasteine sind ebenflächig und scharfkantig, sie besitzen eine dunkelbraune bis
schwarzbraune *Farbe* und geben beim Anschlagen mit einem kleinen Stahlhammer
einen hellen, metallischen Klang. Eine hellere Färbung der Steine braucht kein
Anzeichen für eine mindere Qualität zu sein, sie kann durch reduzierende

Führung des Brandes oder durch niedrigeren Eisenoxydgehalt hervorgerufen werden. Aus der Farbe allein lassen sich daher keine Schlüsse auf die Gesteinsqualität ziehen. Fleckige Steine sollten allerdings aussortiert werden, da sie auf

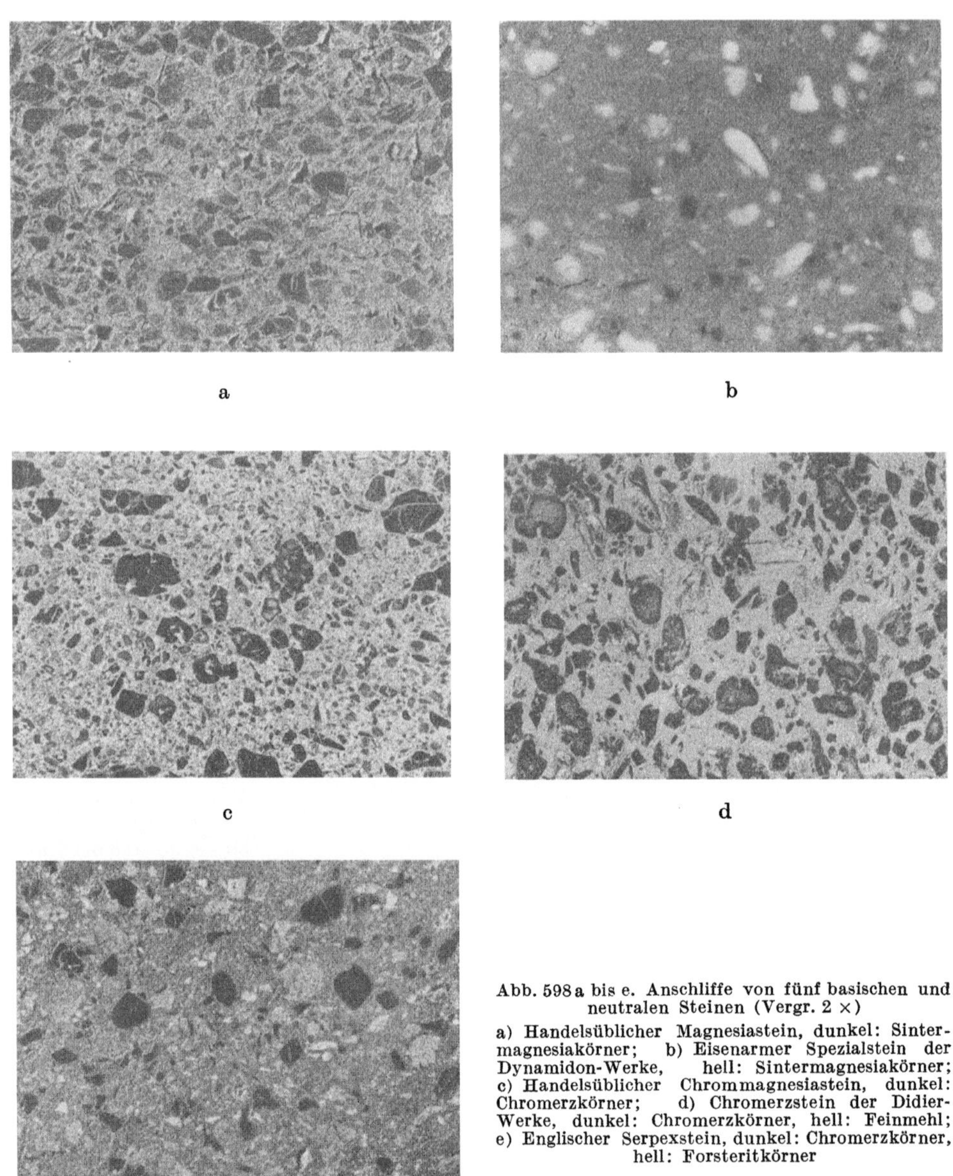

Abb. 598a bis e. Anschliffe von fünf basischen und neutralen Steinen (Vergr. 2 ×)

a) Handelsüblicher Magnesiastein, dunkel: Sinter-magnesiakörner; b) Eisenarmer Spezialstein der Dynamidon-Werke, hell: Sintermagnesiakörner; c) Handelsüblicher Chrommagnesiastein, dunkel: Chromerzkörner; d) Chromerzstein der Didier-Werke, dunkel: Chromerzkörner, hell: Feinmehl; e) Englischer Serpexstein, dunkel: Chromerzkörner, hell: Forsteritkörner

ungleichmäßigen Brand hinweisen. Magnesiasteine dürfen keine Risse aufweisen, ihre Oberfläche muß glatt und dicht sein.

Für Normalsteine, Ganz-, Halb- und Querwölber, Widerlagsteine, Pfeilerecksteine, Plättchen usw. werden im allgemeinen die gleichen Maße wie für Silika- und Schamottesteine eingehalten (vgl. Abschn. 2.41 u. 3.41). Für Roheisenmischer sind von den österreichischen Magnesiasteinherstellern [*19*] einheitliche Formate entwickelt worden, die sich aber bis jetzt nicht allgemein durchsetzen konnten.

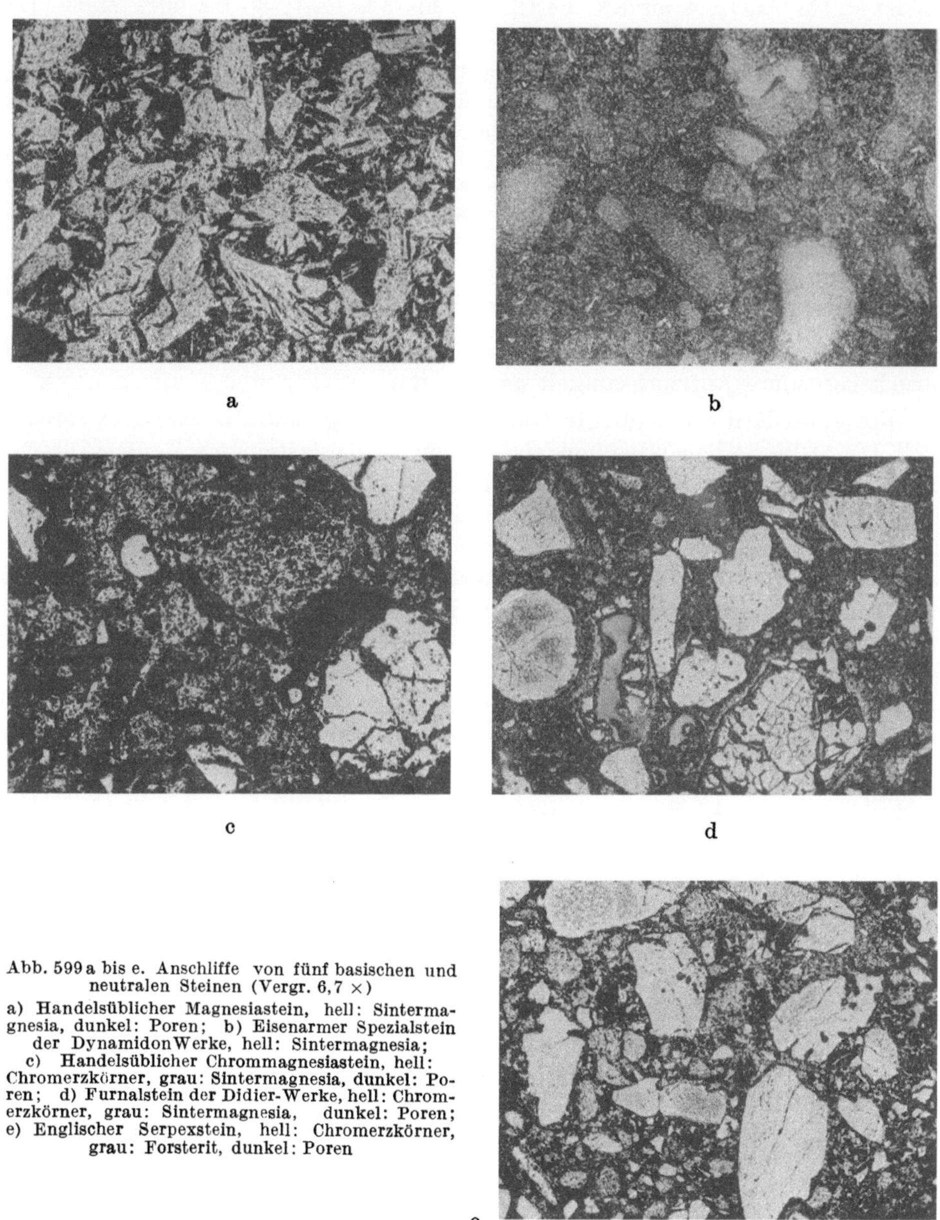

Abb. 599 a bis e. Anschliffe von fünf basischen und neutralen Steinen (Vergr. 6,7 ×)

a) Handelsüblicher Magnesiastein, hell: Sintermagnesia, dunkel: Poren; b) Eisenarmer Spezialstein der Dynamidon Werke, hell: Sintermagnesia; c) Handelsüblicher Chrommagnesiastein, hell: Chromerzkörner, grau: Sintermagnesia, dunkel: Poren; d) Furnalstein der Didier-Werke, hell: Chromerzkörner, grau: Sintermagnesia, dunkel: Poren; e) Englischer Serpexstein, hell: Chromerzkörner, grau: Forsterit, dunkel: Poren

5.512.3 Eigenschaften. Die Güte der Bindung handelsüblicher Magnesiasteine richtet sich nach dem Kornaufbau, dem angewandten Preßdruck und der chemischen Zusammensetzung der Sintermagnesia. Abb. 598a zeigt die *Struktur*

eines Magnesiasteines bei 2facher Vergrößerung. Der starke Einfluß der Poren auf die Struktur tritt bei 6,7facher Vergrößerung deutlicher hervor (Abb. 599a).

Die *chemische* Analyse bewegt sich in folgenden Grenzen: 0,8 bis 2,7% SiO_2; meist <1% Al_2O_3; 4 bis 8% Fe_2O_3; 1,5 bis 3% CaO; 85 bis 90% MgO. Das spezifische Gewicht liegt zwischen 3,55 und 3,65. Das Raumgewicht soll nicht kleiner als 2,8 sein, es erreicht in der Spitze Werte von 3,0. Die *Porosität* beträgt bei den dichtesten Qualitäten ∼18%, sie steigt bis zu 24% an. Eine Porosität von 20 bis 21% kann als guter Mittelwert angesehen werden.

Von 23 untersuchten Steinen verschiedener Firmen lag die Gesamtporosität bei einem Stein unter 18%, bei 5 Steinen zwischen 18 und 20%, bei 6 Steinen zwischen 20 und 22%, bei 7 Steinen zwischen 22 und 24 und bei 4 Steinen über 24%.

Die *Gasdurchlässigkeit* von Magnesiasteinen ist normalerweise niedrig, ihre Werte schwanken zwischen 1 und 12 Nanoperm. Bei Mischersteinen wird der Dichte durch sorgfältige Rohstoffauswahl, guten Kornaufbau und hohen Preßdruck besondere Aufmerksamkeit gewidmet.

Ein gutes Kriterium für die Güte des Steines gibt die *Druckfeuerbeständigkeit*. Die *ta*-Werte liegen bei handelsüblichen Magnesiasteinen z.Z. über 1650°C, meist sogar über 1700°C, *ta*-Werte von weniger als 1600°C deuten auf Herstellungsfehler oder ungeeignete Rohstoffe hin. Unter den oben erwähnten 23 Steinen verschiedener Herkunft hatten 3 *ta*-Werte von weniger als 1600°C, 4 solche von 1600 bis 1650°C, 5 von 1650 bis 1700°C und 11 von über 1700°C. Die Temperatur haltlosen Zusammenbruches liegt heute allgemein über 1730°C, meist noch über 1800°C. Den typischen Verlauf der Druckerweichungskurve eines Magnesiasteines zeigt Abb. 76, Abschn. 1.745. Dem haltlosen Zusammenbruch geht eine Periode langsam zunehmender Deformation voraus, die auf Gleitverschiebungen nach kristallographisch bevorzugten Ebenen innerhalb der Periklaskristalle zurückzuführen sein dürfte [20]. Der endgültige Zusammenbruch erfolgt erst, wenn das Bindemittel erweicht.

Der *Kegelfallpunkt* der Magnesiasteine liegt, soweit er überhaupt bestimmt wird, bei SK 42 (1980°C) und höher. Die *Temperaturwechselbeständigkeitsprüfung* nach H. POHL (s. Abschn. 1.83) an handelsüblichen Magnesiasteinen ergibt erste Risse nach 1 bis 31 Abschreckungen, Zerstörung tritt gewöhnlich erst nach mehr als 50 Abschreckungen ein. Bei den Magnesiasteinen früherer Fertigung hielten die Probekörper nur 5 bis 10 Abschreckungen aus.

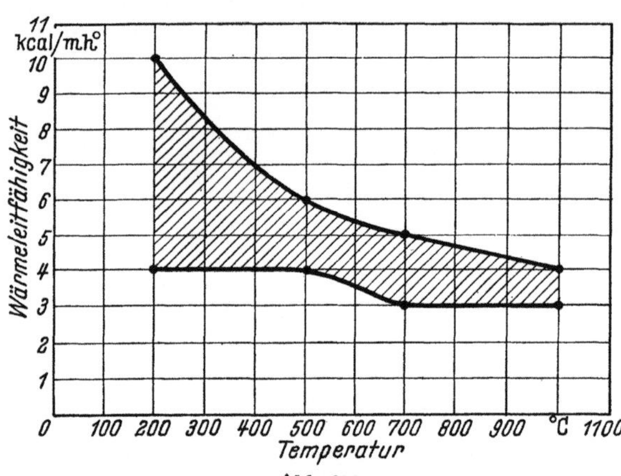

Abb. 600
Streubereich der Wärmeleitfähigkeit von Magnesiasteinen

Magnesiasteine sind im allgemeinen sehr *raumbeständig*. Nach 2stündigem Glühen bei 1500°C wurden Längenänderungen von max. 0,5% festgestellt. Die

meisten Qualitäten zeigen überhaupt keine meßbare Längenänderung. Die Kaltdruckfestigkeit wird werksseitig zu 700 bis 1200 kg/cm² angegeben, man findet
jedoch häufig auch niedrigere Werte bis zu 500 kg/cm² herunter.

Der *Wärmeausdehnungskoeffizient* unterscheidet sich nur wenig von dem
der reinen Magnesia, für handelsübliche Steine liegt er im Mittel über dem
Temperaturbereich von 20 bis 1500° C bei 13,9 · 10⁻⁶ (vgl. Abb. 58, Abschn. 1.511).
Die *Wärmeleitfähigkeit* liegt bei 200° C zwischen 4 und 10 kcal/m h° C und fällt
bis 1000° C auf etwa 3 bis 4 kcal/m h° C
ab (Abb. 600, s. auch Abschn. 1.52).

Magnesiasteine sind *elektrische
Leiter* zweiter Klasse. Bei niedrigen
Temperaturen leiten sie den Strom
schlecht, verlieren aber ihre isolie-
rende Wirkung oberhalb 900° C (vgl.
Abschn. 1.61).

Bei *Verschlackungsversuchen* mit
Eisenoxyd werden Magnesiasteine
nicht angegriffen. Das aufgestreute
Eisenoxydpulver bildet nach dem Abkühlen eine Haube auf dem Probekörper, nur ein kleiner Teil wird
unter Magnesioferritbildung aufgenommen (Abb. 601, Probekörper 1).

Abb. 601. Verschlackung von Magnesiasteinen nach
dem Aufstreuverfahren

1 Mit Fe₂O₃;   *2* mit Roheisenmischerschlacke

Ein stärkerer Angriff wird durch Mischerschlacke hervorgerufen. Sie kann wegen
ihrer Dünnflüssigkeit bei 1500° C leichter in die Poren eindringen und wegen
ihres hohen Kieselsäuregehaltes auf Periklas bzw. vorhandene Silikate lösend
wirken (Abb. 601, Probekörper 2). Beim Verschlackungsversuch nach dem Aufstreuverfahren stellt man daher allgemein Gewichtszunahmen von 7 bis 15%
fest, die von infiltrierter Schlacke herrühren, daneben geringe Volumenverluste von 0 bis 4% durch Lösungsvorgänge. Bei starker Infiltration kann der
Volumenverlust dadurch kompensiert werden, daß der Stein durch die Schlacke
auseinandergedrückt wird und so an Volumen zunimmt. Dieser Vorgang ist ein
Anzeichen unzureichender Bindung im Stein.

Gegen basische Stoffe, wie Alkalien oder Alkalikarbonate ist der Magnesiastein unempfindlich, von Säuren dagegen wird er stark angegriffen. Mit Salz-,
Schwefel- und Salpetersäure bildet er sofort wasserlösliche Salze. Kohlenstoff,
Silizium, Aluminium und Titan reduzieren Magnesiasteine bei hohen Temperaturen (vgl. Abschn. 5.11), trockener Wasserstoff dagegen nicht. Das gleiche gilt
von den Metallen Eisen, Zink, Blei, Kupfer und Nickel, sie können daher in
Öfen aus Magnesiabaustoffen erschmolzen werden.

In Tab. 152 sind unter 1 bis 4 Analysen und physikalische Eigenschaften
von handelsüblichen Magnesiasteinen und Mischersteinen aufgeführt.

5.513 Spezialmagnesiasteine

Neben den handelsüblichen Magnesiasteinen sind Spezialqualitäten auf dem
Markt, die sich durch besonders gute Temperaturwechselbeständigkeit oder hohe

Tabelle 152. *Chemische Zusammensetzungen und Eigenschaften von basischen und neutralen Steinen außer Dolomit*

		SiO_2	Al_2O_3	Fe_2O_3	Cr_2O_3	CaO	MgO	Mn_3O_4	MnO	DFB	Spez. Gew.	Raum-gew.	Ges.-poren	TWB Zahl der Abschr.	Verschlackung mit Mischerschlacke bei 1500° C		KDF	SK
															Gewichts-änderung	Volumen-änderung		
		%	%	%	%	%	%	%	%	°C			Vol.-%	950°/Luft	%	%	kg/cm²	
1	Handelsüblicher Magnesiastein ...	0,9	0,1	5,5	—	2,5	90,2	—	0,6	ta >1730 te >1730	3,74	2,98	20,3	9/>50	+ 7	— 2	710	>42
2	Handelsüblicher Magnesiastein ...	1,2	0,7	6,1	—	2,8	88,1	—	—	ta 1720 te >1730	3,70	2,87	22,3	5/>50	+ 7	— 2	580	—
3	Mischerstein	1,9	0,8	6,1	—	4,0	86,2	—	—	ta 1650 te >1720	3,66	2,86	21,8	31/>50	+ 7	— 4	770	—
4	Mischerstein	1,1	0,6	6,3	—	3,8	87,6	—	—	ta >1730 te >1730	3,77	2,89	23,4	10/>50	+10	— 3	500	—
5	Magnesiastein aus Seewasser-magnesia	2,49	1,36	1,50	—	2,64	91,66	0,29	—	ta 1610 te >1720	3,59	2,92	18,8	>50	—	—	557 718	>40
6	Ankritstein Veitsch	1,82	0,41	8,16	—	2,74	85,1	—	0,6	ta 1700 te 1765	3,65	2,83	23	>50	geringer Angriff		350	>40
7	Radex-A-Stein	2,1	5,8	4,5	—	0,7	86,4	—	—	ta 1670 te 1710	3,56	2,92	18	>70	+10	— 1	—	>40
8	Ankralstein	2,03	1,84	8,35	5,01	3,05	76,47	—	0,61	ta 1570 te 1620	3,69	2,91	21,2	>50	+ 6 Verschlackung mit Fe_2O_3	— 6	~300	>40
9	Chrommagnesiastein	4,2	10,2	10,4	22,4	1,0	50,7	—	0,4	ta 1600 tb 1660	3,89	2,98	23,3	6/>50	Bursting 1,4%		250	>42
10	Ankromstein	3,2	9,6	10,9	21,4	1,9	52,3	—	0,5	ta 1660 tb 1730	3,89	3,07	21,0	41/>50	Bursting 1,6%		240	—
11	Furnalstein	4,3	19,7	15,3	39,7	1,4	19,5	—	—	ta 1600 tb 1630	4,03	3,29	20,3	4/10	—		590	—
12	Forsteritstein	32,9	8,3	6,8	—	0,8	57,8	—	—	ta 1660 te >1730	3,33	2,79	16,4	4/>50	kein Angriff		320	—
13	Serpexstein	22,7	4,1	8,8	9,3	1,1	53,5	—	—	ta 1670 te 1700	3,50	2,70	22,6	5/>50	kein Angriff		400	—

Verschlackungsfestigkeit auszeichnen. Ihre guten Eigenschaften sind bedingt durch:

1. besonderen Kornaufbau, insbesondere Eliminierung des Mittelkornes,
2. Ersatz der Sintermagnesia durch Schmelzmagnesia,
3. Zusatz von Korund oder anderer hochtonerdehaltiger Stoffe,
4. Zusatz von Chromerz.

Allein dem Kornaufbau verdankt z. B. der Ankritstein der Veitscher Magnesitwerke seine hohe Temperaturwechselbeständigkeit (vgl. Tab. 152, Nr. 6). Schmelzmagnesia an Stelle von Sintermagnesia enthält die in vier verschiedenen Körnungen mit unterschiedlicher Temperaturwechselbeständigkeit lieferbare Qualität Radex-B. Abb. 598b bzw. 599b zeigen die Struktur eines unter Verwendung sehr eisenarmer Sintermagnesia hergestellten Spezialsteines der Dynamidon-Werke, Mannheim.

Über Versuche, die Eigenschaften von Magnesiasteinen durch Bauxitzusätze zu verbessern, berichtet S. N. MYSCHKIN [21]. Er fand die besten Werte der Temperaturwechselbeständigkeit bei Massen aus 90% Sintermagnesia und 10% Bauxit. Bei einem Bauxitzusatz von 40% wurden die Probekörper rissig.

Die Österreichisch-Amerikanische Magnesit-A.G. schlug die Zugabe von 2 bis 6% kalzinierter Tonerde, Bauxit, Al-Pulver usw. vor [15].

Der auf Grund dieses Verfahrens hergestellte Radex-A-Stein (Tab. 152, Nr. 7) wurde von K. ENDELL [20], B. TAVASCI [22] und F. TROJER [23] mikroskopisch untersucht. B. TAVASCI erkannte, daß die bei Anschliffuntersuchungen von K. ENDELL entdeckten und als Spaltrisse angesprochenen hellen Streifen im Periklas in Wirklichkeit *Magnesioferrit*-Entmischungen sind. Der Magnesioferrit bildet zunächst gleichmäßig im Kristall verteilte Keime, die sich bei der Abkühlung, etwa zwischen 1200 und 1000° C, zu Lamellen parallel (100) sammeln. Nach F. TROJER [23] verändert sich das Mikrogefüge des Steines selbst nach 1000 Luftabschreckungen kaum, wenn man von geringen Auflockerungen in der Nähe der beim Abschrecken entstandenen netzförmigen Risse absieht. Der Stein enthält weiterhin beträchtliche Mengen an *Spinell* $MgO \cdot (Al, Fe)_2 \cdot O_3$ in Nestern mit poröser, feinkörniger Struktur. Die gute Temperaturwechselbeständigkeit des Steines dürfte z. T. auf die hohe Elastizität dieser Spinellnester zurückzuführen sein. Neben Spinellen sind im Radex-A-Stein geringe Mengen an Forsterit und Monticellit vorhanden, so daß nicht von reiner Spinellbindung gesprochen werden kann.

Nach einem anderen Verfahren [14] werden an Stelle feinkörniger Tonerde 10% Grobkorund zur Erhöhung der Temperaturwechselbeständigkeit zugesetzt. Statt Korund kann auch Al-Folie oder -Pulver verwandt werden [24].

Neben echtem Spinell werden auch andere Glieder der Spinellgruppe als Zusätze empfohlen. So schlug O. KRAUSE [25] vor, TiO_2 beizumischen, um beim Brennen *Titanspinell* zu erhalten. Durch Zusatz geringer Mengen *Chromerz* erreicht man ebenfalls eine Verbesserung der Temperaturwechselbeständigkeit. Der Ankralstein der Veitscher Magnesitwerke A.G. enthält z. B. ~15% Chromerz entsprechend ~5 bis 6% Cr_2O_3, er hat sich besonders in Auskleidungen von Zementdrehrohröfen und Ausgüssen von Roheisenmischern bewährt (Tab. 152, Nr. 8).

5.514 Chrommagnesiasteine

5.514.1 Versatz. Die günstige Wirkung einer Kombination von Sintermagnesia mit Chromerz ist schon seit langem bekannt, wenn auch Chrommagnesiasteine in größerem Umfang erst in den dreißiger Jahren hergestellt

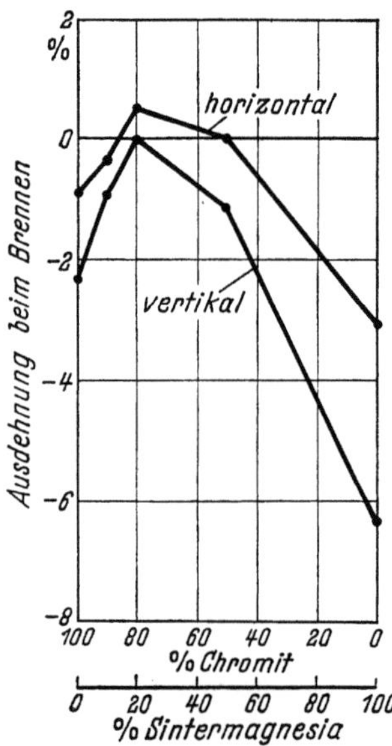

Abb. 602
Schwindung und Ausdehnung
von Chromerz- und Sintermagnesia
enthaltenden Massen
beim Brennen
(nach J. H. CHESTERS
u. C. W. PARMELEE)

wurden. J. H. CHESTERS u. C. W. PARMELEE [26] bemerkten bei der Untersuchung wechselnder Mischungen aus Sintermagnesia und Chromerz, daß 20 bis 40% Sintermagnesia neben 60 bis 80% Chromerz enthaltende Massen beim Brennen eine deutliche, wenn auch geringe Ausdehnung zeigen, die reinen Komponenten dagegen schrumpfen (Abbildung 602). Damit war eine Reaktion zwischen beiden Komponenten bewiesen, sie wurde von J. H. CHESTERS u. C. W. PARMELEE als eine in der Umgebung der Chromitkörner stattfindende Bildung von Forsterit aus deren Gangart und der Sintermagnesia aufgefaßt. Die Forsteritkristalle sollten dabei die Chromite auseinandertreiben und so der natürlichen Brennschwindung entgegenwirken. L. J. TROSTEL [27] setzte afrikanischen und kubanischen Chromerzen 10 bis 20% MgO zu und glaubte, die Bildung von Mischkristallen aus Chromspinell und Magnesia feststellen zu können, es dürfte sich jedoch um Magnesioferrit und dessen Auflösung im Periklas gehandelt haben.

Nach J. H. CHESTERS [28] reichen ~15% MgO als Zusatz zum Chromerz aus, um alle silikatischen Komponenten in Forsterit überzuführen. S. N. MYSCHKIN [21] sowie T. R. LYNAM u. W. J. REES [29] erkannten, daß ein beträchtlicher, die Spinellbildung fördernder Gehalt an Bauxit die Steineigenschaften, besonders die Temperaturwechselbeständigkeit, weiterhin verbessert.

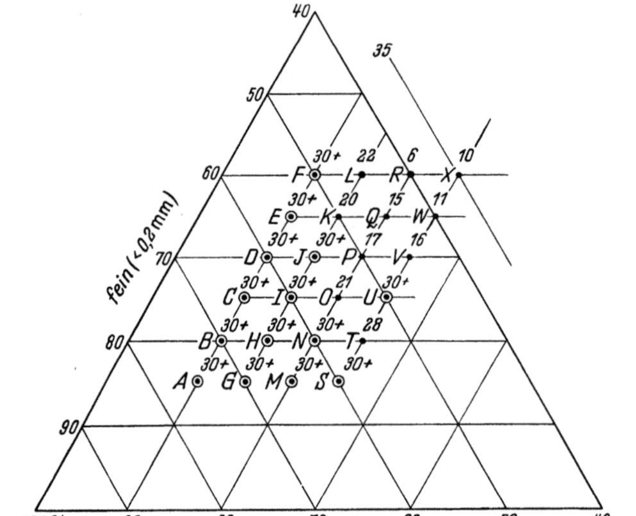

Zahlreiche Untersuchungen wurden der Frage nach dem zweckmäßigen *Kornaufbau* der Chrommagnesiasteine gewidmet.

F. HARTMANN u. E. H. SCHULZ [30] schlugen vor, einem innigen Gemisch von feingemahlenem Chromerz oder Magnesiumoxyd von maximal 0,85 mm Korngröße gröberes Chromerz oder Magnesiumoxyd von mehr als 2 mm Korngröße zuzusetzen. Nach einem Verfahren der Didier-Werke [31] soll Schmelzmagnesia mit Chromerz fein vermahlen, ein Teil dieser Mischung gebrannt und in gekörnter Form mit dem

Abb. 603. Einfluß der Kornverteilung auf die Temperaturwechselbeständigkeit von Chrommagnesiasteinen (nach J. H. CHESTERS). Die Zahlen geben die Anzahl der erreichten Luftabschreckungen an (30 + bedeutet > 30 Abschreckungen)

Rest zu Steinen verarbeitet werden. Die Österreichisch-Amerikanische Magnesit-A.G. [*32*] ließ sich ein Verfahren schützen, nach welchem die Hauptmasse der Magnesia als Feinmehl mit < 0,2 mm Korngröße verwandt wird und die Summe des Feinanteils und des Grobkornes mit >1 mm Korn über 55% der Masse betragen soll. In einem weiteren Patent [*33*] wird ausdrücklich vorgeschlagen, feingemahlenen Chromit zu vermeiden, den größten Teil des Magnesiumoxydes dagegen als Feinmehl einzuführen. Das Chromerz soll auf 0 bis 3 mm gebrochen und der Anteil von 0 bis 0,1 mm abgesiebt werden.

In der Praxis hat sich der zuletzt beschriebene Weg, das Chromerz vorwiegend in grobkörniger Form zu verwenden, am besten bewährt, da feingemahlenes Erz die Druckfeuerbeständigkeit herabsetzt [*34*] und die Neigung zum Bursting erhöht [*35*] (vgl. Abschn. 5.153). Die untere Korngrößengrenze des Chromerzes schwankt bei den verschiedenen Qualitäten zwischen 0,1 und 3 mm, die obere zwischen 3 und 6 mm. Die Korngrößen der Magnesia wechseln zwischen 0 bis 1 mm und 0 bis 4 mm. Der Einfluß der Gesamt-Kornverteilung auf die Temperaturwechselbeständigkeit wurde von J. H. CHESTERS [*28*] untersucht. Bei Eintragung seiner Ergebnisse in ein Dreieckdiagramm grob–mittel–fein (Abb. 603) liegen die besten Abschreckwerte längs der Seite grob–fein, sie nehmen in Richtung mittel ab. Damit ist die Schädlichkeit des Mittelkornes für die Temperaturwechselbeständigkeit auch an Chrommagnesiasteinen nachgewiesen.

Das Mischungsverhältnis von Chromerz zu Sintermagnesia schwankt in den weiten Grenzen von 20 bis 70% Chromerz und 80 bis 30% Sintermagnesia. Nach P. P. BUDNIKOW [*18*] verschiebt sich das Maximum der Temperaturwechselbeständigkeit mit der Vergröberung der Kornzusammensetzung nach der Seite der hohen Chromitgehalte.

5.514.2 Eigenschaften. Die Analysen und wichtigsten technologischen Eigenschaften zweier Chrommagnesiasteine sind in Tab. 152 unter Nr. 9 und 10 aufgeführt. Die chemische Zusammensetzung schwankt in folgenden Grenzen:

SiO_2 .... 3 bis 6%	Cr_2O_3 ... 20 bis 30%, max. 35%	
Al_2O_3 ... 8 bis 20%, meist 8 bis 10%	CaO ..... 0,5 bis 2%	
Fe_2O_3 ... 6 bis 13% (teilweise noch als FeO vorliegend)	MgO .... 25 bis 55%	

J. R. RAIT [*36*] untersuchte die chemische und mineralogische Zusammensetzung der *Matrix*, d. h. der feinkörnigen Grundmasse einiger Chrommagnesiasteine nach Abtrennung der Chromerzkörner. Aus der Zusammensetzung des gesamten Steines und der isolierten Chromerzkörner wurde die der Matrix als Differenz errechnet, das Ergebnis durch mineralogische und röntgenologische Untersuchungen überprüft. Ein Stein mit der chemischen Zusammensetzung:

SiO_2 %	Al_2O_3 %	Fe_2O_3 %	Cr_2O_3 %	CaO %	MgO %
6,0	9,0	13,1	33,6	3,0	35,2

enthielt 41,3% Matrix aus:

SiO_2 %	Al_2O_3 %	Fe_2O_3 %	Cr_2O_3 %	CaO %	MgO %
14,5	6,3	4,5	—	7,4	67,2

mit dem errechneten Mineralbestand

$$\left.\begin{array}{ll} \text{Periklas} \dots\dots & 49,5\% \\ \text{Monticellit} \dots\dots & 20,7\% \\ \text{Forsterit} \dots\dots & 15,4\% \\ \text{Magnesioferrit} \dots & 5,6\% \\ \text{echter Spinell} \dots & 8,8\% \end{array}\right\} \text{feste Lösung}$$

Bei den verschiedenen Sorten schwanken Menge und Zusammensetzung der Matrix in weiten Grenzen. J. R. RAIT [36] fand Gehalte an Periklas zwischen 49,5 und 86,6%, Monticellit 6,7 und 20,7%, Forsterit 0,5 und 19,7%, Magnesioferrit 3,6 und 14,9% und an echtem Spinell zwischen 0,3 und 11%, jeweils bezogen auf die Menge der Matrix. Die Temperatur der Entstehung einer flüssigen Phase hängt im wesentlichen von der Höhe des Monticellitgehaltes ab.

Handelsübliche Chrommagnesiasteine sind schwarzbraun gefärbt, sie besitzen wegen ihrer grobkörnigen *Struktur* eine rauhere Oberfläche als reine Magnesiasteine, auch ihre Kantenfestigkeit ist merklich geringer. Die Struktur eines Chrommagnesiasteines bei 2facher Vergrößerung zeigt Abb. 598c. Die groben Chromerzkörner heben sich deutlich von der feinkörnigen Sintermagnesia ab. Abb. 599c läßt erkennen, daß die Einbindung der Chromerzkörner trotz der oben beschriebenen Reaktionen mit der Sintermagnesia nicht vollkommen ist. Häufig ist das Chromerzkorn von der Sintermagnesia durch einen Hohlraum getrennt.

Die relativ schlechte Einbindung macht sich in den *Festigkeitseigenschaften* bei gewöhnlichen und hohen Temperaturen deutlich bemerkbar. So beträgt die Kaltdruckfestigkeit nur 200 bis 300 kg/cm² und die Druckfeuerbeständigkeit liegt mit $ta = 1550$ bis $1650°$ C und $tb = 1600$ bis $1730°$ C merklich unter derjenigen reiner Magnesiasteine. Der haltlose Zusammenbruch geht nicht durch plastische Verformungen, sondern durch Verschiebungen längs Brüchen vonstatten (daher tb statt te, vgl. Abschn. 1.742). Die Gesamtporosität schwankt zwischen 20 und 24% und erreicht damit die Spitzenwerte reiner Magnesiasteine nicht. Auch die Gasdurchlässigkeit liegt höher, und zwar im allgemeinen zwischen 9 und 75 Nanoperm. Geringere Werte bis zu 1,5 Nanoperm herab sind selten.

Das *spezifische Gewicht* hat Werte von 3,8 bis 3,9, das Raumgewicht solche von 2,9 bis 3,1; Chrommagnesiasteine sind also noch etwas schwerer als reine Magnesiasteine.

Der mittlere lineare *Wärmeausdehnungskoeffizient* bis $1200°$ C beträgt $9,2 \cdot 10^{-6}$, der Verlauf der prozentualen Wärmeausdehnung als Funktion der Temperatur ist aus Abb. 58, Abschn. 1.511, zu entnehmen. Die *Wärmeleitfähigkeit* ist mit $\lambda_{\text{techn}} = 1,65$ bei $500°$ C und $\lambda_{\text{techn}} = 1,25$ bei $1000°$ C bedeutend geringer als diejenige reiner Magnesiasteine (vgl. Tab. 14, Abschn. 1.52). Beträchtlich sind auch die Unterschiede im E-Modul zwischen beiden Steinsorten. Er beträgt bei Chrommagnesiasteinen nach Messungen von A. L. ROBERTS [37] nur $2 \cdot 10^4$ kg/cm². Die Elastizität geht im Gegensatz zu den Chromerzsteinen (s. Abschn. 5.515) erst bei Temperaturen von 1000 bis $1200°$ C verloren. Die starke elastische Nachgiebigkeit ermöglicht rißfreie Aufnahme von thermischen Spannungen, trotzdem infolge der relativ geringen Wärmeleitfähigkeit starkes Temperaturgefälle im Stein auftreten kann.

Die *Temperaturwechselbeständigkeit* ist der *kerbfesten* Struktur (vgl. Abschn. 1.82) entsprechend relativ gut, so daß praktisch alle Proben bei der in Abschn. 1.83 beschriebenen Prüfmethode nach POHL 50 Abschreckungen aushalten. Die ersten Risse treten dabei nach 3 bis 35 Abschreckungen auf.

Chrommagnesiasteine sind raumbeständig. Nach 2stündigem Glühen bei 1500° C werden nur Ausdehnungen bzw. Schwindungen von max. 0,4% beobachtet. Der Kegelfallpunkt liegt allgemein über SK 40 (~1900° C), stellenweise sogar höher als SK 42 (~1980° C).

Bei *chemischen Angriffen* wirkt vor allem das durch Eisenoxydaufnahme hervorgerufene Bursting störend (vgl. Abschn. 5.153). Nach der Bestimmungsmethode von F. TROJER [35] wurden an Chrommagnesiasteinen Werte von 0 bis 10% gefunden. Steine höheren Chromerzgehaltes ergeben selbstverständlich höheres Bursting, wie das Diagramm Abb. 604 nach H. PARNHAM [38] zeigt.

Sintermagnesia nimmt Eisenoxyd, ähnlich wie bei reinen Ma-

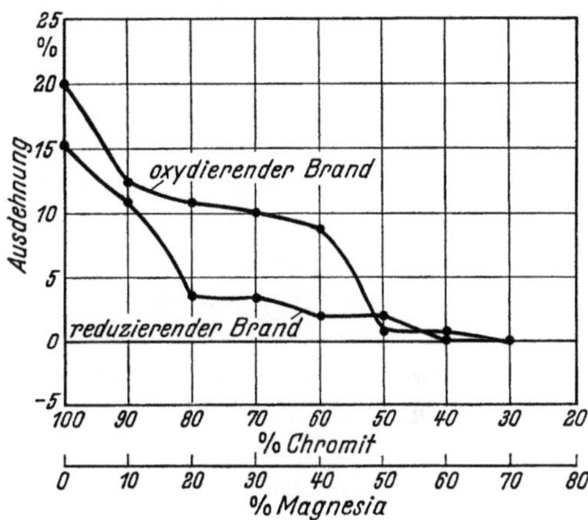

Abb. 604
Die Stärke des Burstings bei Chrommagnesiasteinen mit verschiedenen Chromerzgehalten (nach H. PARNHAM)

gnesiasteinen, in Form von Magnesioferrit auf. Ist alles MgO auf diese Weise gebunden, kann Forsterit zu niedrigschmelzendem Protoenstatit bzw. Fayalit und weiterem Magnesiumferrit zersetzt werden (vgl. Abschn. 5.163) [39].

Kalk greift Chrommagnesia bei höheren Temperaturen unter Entstehung von weiterem Monticellit sowie Kalziumaluminat, -ferrit und -chromit beträchtlich an, jedoch nimmt die Widerstandsfähigkeit gegen Kalk mit wachsendem Periklasgehalt zu [40]. Auch mit *Kieselsäure* kann unter Umständen eine Reaktion erfolgen. Bei 1700° C reagieren Chrommagnesia und reine Kieselsäure zwar nur wenig miteinander, aber durch schmelzflüssige SiO_2-haltige Schlacke wird die Bildung dünnflüssiger Magnesiumsilikate beschleunigt. Besonders stark ist der Angriff beim Zusammenwirken von Eisenoxyd und Kieselsäure. Nach Bestimmungen von J. F. HYSLOP [40] sind Chrommagnesiasteine bis zu den nachstehenden Temperaturen gegen verschiedene Stoffe beständig:

°C
1760 ..... gegen Schlacke aus 90% Fe_2O_3 + 10% CaO
1550 ..... gegen Schweißofenschlacke
1500 ..... gegen Tiefofenschlacke, Tonerde- oder Portlandzement
1450 ..... gegen Gläser
1410 ..... gegen Zinnschlacke
1300 ..... gegen Emaillefritten
1100 ..... gegen Bleischlacken

Trotz ihrer relativ niedrigen Druckfeuerbeständigkeit können Chrommagnesiasteine im SM-Ofen bis zu Temperaturen von über 1700° C verwandt werden (vgl. Abschn. 5.614).

5.515 Chromerzsteine

5.515.1 Versatz. Chromerz ist neben Ton und Quarzit einer der am längsten benutzten feuerfesten Rohstoffe. Es wurde zunächst in Form von Natursteinen verwandt, jedoch stellte sich bald heraus, daß keramisch hergestellte Steine im Gebrauch vorzuziehen sind. Die Güte der Chromerzsteine hängt — wie bei allen übrigen unplastischen Rohstoffen — stark vom *Kornaufbau* ab. Nach T.R. LYNAM u. W. J. REES [*41*] erzielt man die niedrigste Porosität mit einer Mischung aus 45% Grobkorn, 10% Mittelkorn und 45% Feinkorn.

Die *Bindung* des gekörnten Materials bereitet Schwierigkeiten, weil die an sich erwünschte chemische Indifferenz des Chromerzes Reaktionen mit zugesetzten Bindemitteln behindert. Versuche, Steine allein durch hohen Druck ohne Zusätze herzustellen, sind nur bei gangartreichen Chromerzen erfolgreich und führen gewöhnlich nicht zu gleichmäßiger Produktion.

Der einfachste Weg zur Herstellung fester Steine ist der Zusatz von plastischem Ton, dieser bildet jedoch bereits bei niedriger Temperatur mit den Mg-Silikaten der Gangart eutektische, z.T. glasartig erstarrende Schmelzen. Aus diesem Grunde besitzen ton- oder kaolingebundene Chromerzsteine niedrige Druckfeuerbeständigkeit und unzureichende Temperaturwechselbeständigkeit.

Bessere Ergebnisse wurden mit Kalk (meist als Kalkmilch) oder Gips erzielt, die beim Brennen vorwiegend Monticellit ergeben, der dann die Sinterung hervorruft. Der niedrigen Schmelztemperatur des Monticellits entsprechend ist jedoch die Druckfeuerbeständigkeit solcher Steine ebenfalls unbefriedigend.

Bewährt haben sich als Zusatzstoffe Bauxit oder andere hochtonerdehaltige Substanzen, wie Diaspor [*42*], Korund, kalzinierte Tonerde bzw. Tonerdehydrat. Wie A. G. MARANZ [*34*] feststellte, verbreitert der Tonerdezusatz das Intervall der Druckerweichung besonders stark unter Erhöhung des *te*-Wertes. Die Tonerde wirkt hier als Spinellbildner (s. Abschn. 5.15), so daß die Sinterung mindestens teilweise durch Reaktionen im festen Zustand erfolgt.

Schließlich werden Sintermagnesia oder kalzinierte Magnesia, gelegentlich auch Magnesiumkarbonat mit Erfolg als Bindemittel verwandt, man strebt dabei eine Umwandlung der vorwiegend aus Magnesiummetasilikaten bestehenden Gangart in Forsterit an. Da MgO teilweise mit dem FeO des Chromits reagiert, muß ausreichender Überschuß an MgO vorhanden sein, um das frei werdende, in Fe_2O_3 übergehende FeO zu Magnesioferrit zu binden. Andernfalls würde der Forsterit vom Eisenoxyd unter Rückbildung von Magnesiummetasilikat wieder zersetzt werden. Die jeweils benötigte Magnesiamenge muß experimentell bestimmt werden, im allgemeinen sind 5 bis 10% ausreichend. An Stelle von Magnesia kann auch gebrannter Dolomit verwandt werden.

Nach Versuchen von A. G. MARANZ [*34*] werden besonders gute Ergebnisse erzielt durch Zusatz von 20% eines Gemisches mit 2 Mol-Teilen Al_2O_3 auf 1 Mol-Teil MgO. Hierbei sollen sich feste Lösungen von Tonerde und echtem Spinell sowie von Spinell und Chromit bilden und dadurch gute Bindungen hervorrufende Kristallverwachsungen entstehen.

Als weiteres Bindemittel wurde von T. R. LYNAM u. W. J. REES [*41*] Bariumsulfat vorgeschlagen. Außerdem werden Chromsalze, insbesondere Kaliumbichromat oder Alkalisalze, z. B. Soda oder Pottasche, erwähnt [*43*]. Chromsalze geben für sich allein keinen Effekt, sie müssen mit anderen Bindemitteln kombiniert werden [*44*]. Auch heißer Teer wurde gelegentlich verwandt. Dabei scheidet sich an den Berührungsstellen des Teeres mit Chromit leicht Eisen aus, das dann mit der Gangart niedrigschmelzende Verbindungen bildet [*44*].

Nicht bewährt hat sich eine Bindung mit Kieselsäure oder SiO_2-haltigen Stoffen. Zwar ist im Chromerzstein ein gewisser SiO_2-Gehalt erforderlich, da kieselsäurefreie Chromite nach R. RIEKE u. A. UNGEWISS [*45*] in rissige und lockere Massen zerfallen, für die Sinterung reicht aber stets die in der Gangart vorhandene Kieselsäure aus. Ein Überschuß daran hat die Bildung niedrigschmelzender Eutektika zur Folge.

Nach A. S. FRENKEL u. A. S. BERESCHNOJ [*44*] wird die Feuerfestigkeit der Chromerzmassen durch Zusatz von 20% Wasserglas bis auf SK 16 (1470° C) herabgesetzt. Außerdem geht bei erhöhtem SiO_2-Zusatz die chemische Neutralität der Chromerzsteine verloren, sie werden dann durch basische Schlacken angegriffen.

Aus diesen Gründen haben sich *Chrom-Silikasteine* in Hochtemperaturöfen nicht bewährt. T. R. LYNAM u. W. J. REES [*46*] stellten zwar fest, daß Quarzit–Chromerz-Mischungen im Verhältnis 3:1 bis 1:1 bei hohen Temperaturen größere Druck- und Zugfestigkeit als reine Chromerzsteine, einen kleineren Ausdehnungskoeffizienten als Silikasteine sowie bessere Temperaturwechselbeständigkeit als die beiden reinen Qualitäten besitzen, ihre Feuerfestigkeit und Beständigkeit gegen kalkreiche Schlacken reichen jedoch nicht für eine Verwendung im SM-Ofen aus.

Gleiches gilt für Chromerzsteine mit einem Zusatz von 2,5% Quarzit. Derartige Qualitäten sollen zwar gegen eisenreiche Schlacke, nicht aber gegen kalkreiche beständig sein [*47*].

5.515.2 Herstellung und Eigenschaften. Die Herstellung der Chromerzsteine gleicht derjenigen der Magnesia- und Chrommagnesiasteine (vgl. Abschn. 5.511). Beim Brennen durchlaufen Chromerzsteine eine Periode geringer Festigkeit und ertragen daher keine starke Belastung. Die Brenntemperatur darf nicht geringer als 1460° C sein, sie soll 1700° C möglichst übersteigen, um eine ausreichende Versinterung zu sichern. Die chemische Zusammensetzung eines handelsüblichen Chromerzsteines und seine technologischen Eigenschaften zeigt Nr. 11 der Tab. 152. Im ganzen gesehen besitzen Chromerzsteine die nachstehende chemische Zusammensetzung:

SiO_2 ...... 4%, max. 6%		Cr_2O_3 ..... 35 bis 44%	
Al_2O_3 ..... 10 bis 20%		CaO ...... $<$2%	
Fe_2O_3 ..... 12 bis 17%		MgO ...... 10 bis 25%	

Sie sind schwarzbraun gefärbt und haben eine rauhe Oberfläche. Die Chromerzkörner sind stets deutlich zu erkennen, da sie auch bei hoher Brenntemperatur nur mäßig versintern (Abb. 598d u. 599d). Die *Kaltdruckfestigkeit* der Steine schwankt zwischen 300 und 600 kg/cm². Ihre *Druckfeuerbeständigkeit* ist in den letzten Jahren stark verbessert worden. Während früher keine höheren *ta*-Werte als 1450° C erreicht wurden, weisen die neueren Chromerzsteine solche von 1560 bis 1620° C auf. Die Temperatur des haltlosen Zusammenbruches (*tb*) liegt nur 10 bis 40° C über dem *ta*-Wert, so daß die Druckfeuerbeständigkeitskurve in ihrer Form Ähnlichkeiten mit derjenigen von Silikasteinen aufweist (vgl. Abb. 76, Abschn. 1.745). Dem haltlosen Zusammenbruch geht nur eine relativ kurze plastische Deformation an den Korngrenzen voraus. Es bilden sich dann Brüche aus, an welchen sich die Teile des Probekörpers gegeneinander verschieben (daher *tb* statt *te*). Die *Raumbeständigkeit* ist gut. Nach

2stündigem Glühen bei 1500° C werden im allgemeinen keine Längenänderungen festgestellt.

Das *spezifische Gewicht* beträgt rd. 4,0, das Raumgewicht 3,0 bis 3,3 und die Gesamtporosität 16 bis 25%. Der Unterschied zwischen offenen und Gesamtporen ist ähnlich wie bei den Silikasteinen sehr gering, er liegt fast stets unter 1%. Die *Gasdurchlässigkeit* liegt in derselben Größenordnung wie bei den Chrommagnesiasteinen (vgl. Abschn. 5.514.2), die *Temperaturwechselbeständigkeit* niedriger. Chromerzsteine halten im Durchschnitt 10 bis 30 Luftabschreckungen nach POHL aus. Schon ein geringer Zusatz von Sintermagnesia verbessert die Temperaturwechselbeständigkeit merklich.

Die *Wärmeausdehnung* ist durchweg hoch. Der mittlere Ausdehnungskoeffizient beträgt nach F. H. NORTON [48] zwischen 0 und 1000° C $11{,}4 \cdot 10^{-6}$. Die prozentuale Wärmeausdehnung hat eine ähnliche Größe wie diejenige von Korund (vgl. Abb. 58, Abschn. 1.511). Die *Wärmeleitfähigkeit* liegt zwischen 800 bis 1100° C bei $\sim 1{,}44$ kcal/m h° C (vgl. Tab. 15, Abschn. 1.52). Der *Elastizitätsmodul* beträgt nach Messungen von A. L. ROBERTS [37] 4 bis $9 \cdot 10^4$ kg/cm². Die Chromerzsteine verlieren aber bereits ab 600° C stark an Elastizität, weil plastisches Fließen einsetzt.

Bei Berührung mit *Eisenoxyd* unterliegen die Chromerzsteine wegen ihres höheren Anteiles an Chromerzfeinkorn einem stärkeren Bursting als die Chrommagnesiasteine. Da sie jedoch im allgemeinen bei Temperaturen von nicht mehr als 1500° C benutzt werden, wirkt es sich im Betrieb meist nicht zerstörend auf den Stein aus. Die von T. R. LYNAM, T. W. HOWIE u. J. H. CHESTERS [49] geäußerte Vermutung, daß die Chromerzsteine ähnlich wie Schamottesteine im Temperaturbereich von 400 bis 900° C bei reduzierendem Brand durch Kohlenstoffablagerungen zerstört werden können, wurde bisher nicht bestätigt.

Vom Bursting abgesehen, sind Chromerzsteine gegen basische *und* saure Schlacken beständig. In Berührung mit Silikasteinen oder Martinofenschlacke reicht ihre Beständigkeit nach R. M. HOWE [50] bis zum Schmelzpunkt der Kieselsäure. Alkalibisulfit ruft schnelle Zersetzung hervor. Kalk, Tonerde und Alkalien können Chromerzsteine langsam zerstören, wenn sie in großen Mengen in der Schlacke vorhanden sind.

5.516 Forsteritsteine

5.516.1 Herstellung und Versatz. Überwiegend aus Forsterit $2MgO \cdot SiO_2$ bestehende feuerfeste Steine werden hauptsächlich nach den Vorschlägen von V. M. GOLDSCHMIDT aus Olivingesteinen [51] (vgl. Abschn. 5.231), Serpentin oder Talk [52] (vgl. Abschn. 5.232) hergestellt. Am besten eignet sich eisenarmer Olivin, weil er keinen Vorbrand benötigt und wegen seiner von Natur aus dichten Struktur Steine mit geringerer Porosität ergibt als solche aus den wasserhaltigen Magnesiumsilikaten Serpentin und Talk. Um die im Olivin stets vorhandenen Serpentin- und Chloritmineralien ebenfalls in Forsterit überzuführen und das Eisenoxyd als Magnesioferrit zu binden, wird dem zerkleinerten Rohmaterial Magnesiumoxyd zugegeben. Wenn nur geringe Mengen MgO benötigt werden, verwendet man die aktivere kaustische Magnesia, bei höherem MgO-Bedarf dagegen Sintermagnesia oder Mischungen von Sinter- und kaustischer Magnesia, um Schwindung und Porosität klein zu halten.

Zur Masseherstellung wird *Olivin* bis auf eine maximale Korngröße von meist 3 mm zerkleinert, das Feinmehl < 0,3 mm oder auch < 1 mm abgesiebt. Das gröbere Material wird in der gewünschten Körnung (1 bis 3 mm oder 0,3 bis ~3 mm) mit einem Feinmehl < 0,2, vorwiegend < 0,1 mm gemischt. Das letztere besteht entweder aus reinem Olivin (Forsteritstein A) oder aus Magnesia bzw. einer Mischung von Magnesia und Olivin (normale Qualität) oder schließlich aus einer Mischung von Magnesia mit feingemahlenem Chromerz (Forsteritstein B). Das Verhältnis von Grobkorn zu Feinmehl schwankt dabei zwischen 50 zu 50% und 85 zu 15%. Die Masse wird mit 3 bis 6% Wasser (mit oder ohne Klebstoffzusätzen, wie Sulfitablauge) versetzt und unter einem Druck von mindestens 210 kg/cm², besser jedoch 350 kg/cm² oder mehr zu Steinen gepreßt. Die Rohlinge werden nach dem Trocknen bei SK 20 (1540° C) bis SK 32 (1710° C) gebrannt. Die hohe Brenntemperatur ist guter Sinterung wegen erforderlich. Diese erfolgt vorwiegend durch Reaktionen im festen Zustand (s. Abschn. 5.163). Der Brand muß oxydierend geführt werden, damit das Eisen(2)-oxyd des Olivins in Fe_2O_3 umgewandelt wird und sich in dieser Form mit MgO verbinden kann.

Serpentine oder *Talke* müssen im allgemeinen vorgebrannt werden, sonst sind starke Schwindungen zu befürchten. Das Rohmaterial wird dazu auf 1,0 bis 0,2 mm Korngröße gemahlen und mit einer entsprechenden Menge Sintermagnesia gleicher Körnung versetzt. Der Vorbrand muß zwecks Erreichen der maximal möglichen Dichte bei 1350 bis 1450° C vorgenommen werden. Die Entwässerung bzw. Umsetzung mit der Magnesia ist bereits bei ~1100° C beendet (s. Abschn. 5.165). Aus Serpentin hergestellter Sinter ist besser als solcher aus Talk, weil der letztere einen größeren MgO-Zusatz benötigt. Je weiter die chemische Zusammensetzung des Rohmaterials von derjenigen des Forsterits entfernt ist, desto eingreifendere chemische Reaktionen sind erforderlich und desto schwieriger ist es, ein hochwertiges Produkt herzustellen.

Abb. 605. Forsteritstein. Dünnschliff (Vergr. 50 ×)
Hell: Forsteritkristalle; dunkel: Periklas mit Magnesioferrit in fester Lösung

Das vorgebrannte Material wird wie beim Olivin zu Steinen weiterverarbeitet. Als Zusatz zum Feinmehl wird zwecks Verbesserung des Sinters und Förderung der Rekristallisation feingemahlener Quarz verwandt [*53*]. Neuerdings werden auch Steine mit einem Zusatz von grobkörnigem Chromerz (1 bis 3 mm) unter der Bezeichnung *Serpexsteine* hergestellt.

5.516.2 Eigenschaften. Forsteritsteine sind je nach Zusammensetzung und Brandführung grünlich bis braun gefärbt, also heller als Magnesiasteine. Abb. 598e u. 599e zeigen die Struktur eines chromerzhaltigen Serpexsteines im Anschliff, Abb. 605 die eines normalen Forsteritsteines mit MgO-Zusatz im Dünnschliff. Das Bild zeigt die gute Rekristallisation des letzteren; es ist praktisch kein Feinmehl mehr vorhanden.

Die *chemische Zusammensetzung* geht aus Tab. 152, Nr. 12 u. 13 hervor. Gegenüber dem rohen Olivingestein erhöht die MgO-Zugabe das Verhältnis $MgO:SiO_2$ von $\sim 1,2$ auf mindestens 1,7. Der CaO-Gehalt soll möglichst gering sein, desgleichen der Al_2O_3-Gehalt bei chromerzfreien Steinen; denn diese Stoffe bilden niedrigschmelzenden Monticellit bzw. Cordierit (vgl. Abschnitt 5.166). Der Fe_2O_3-Gehalt soll bei chromerzfreien Steinen 7% nicht übersteigen.

Der *Kegelfallpunkt* der Forsteritsteine beträgt mindestens SK 37 ($\sim 1830\,^{\circ}C$), er kann bis über SK 41 (1940° C) ansteigen. Die *Druckfeuerbeständigkeit* liegt höher als bei Chrommagnesiasteinen, der *ta*-Wert schwankt zwischen 1650 und 1700° C, *te* übersteigt 1700° C. Die Forsteritsteine sind *volumenbeständig*, nach 2stündigem Glühen bei 1500° C liegt die bleibende lineare Schwindung unter 0,5%. Ihre *Kaltdruckfestigkeiten* entsprechen mit 200 und 400 kg/cm² denen der Chrommagnesiasteine.

Das *spezifische Gewicht* beträgt bei chromerzfreien Qualitäten $\sim 3,3$ bis 3,4, ist also wenig höher als das des reinen Forsterits, chromerzhaltige Qualitäten besitzen spezifische Gewichte von 3,5 bis 3,6. Das Raumgewicht schwankt bei beiden Qualitäten zwischen 2,65 und 2,8, ihre Gesamtporosität liegt zwischen 16 und 25%, dabei macht der Gehalt an geschlossenen Poren 0,5 bis 3% aus. Die *Gasdurchlässigkeit* wurde zu 4 bis 10 Nanoperm bestimmt, sie fällt damit in den Bereich handelsüblicher Magnesiasteine hinein. Bei Prüfung der *Temperaturwechselbeständigkeit* nach der Luftabschreckmethode von POHL erreicht man 50 Abschreckungen sicher, bei Abschreckung in Wasser werden die Probekörper nach 10 bis 20 Temperaturwechseln zerstört. Die Temperaturwechselbeständigkeit liegt daher etwa in der gleichen Größenordnung wie bei plastisch geformten Schamottesteinen. Zusatz von Chromerz zum Feinmehl (Forsteritstein B) verbessert die Temperaturwechselbeständigkeit nach Versuchen von V. M. GOLDSCHMIDT [54] wesentlich.

Der *Wärmeausdehnungskoeffizient* beträgt im Temperaturbereich von 20 bis 1500° C rd. $10 \cdot 10^{-6}$ [55], ist also um etwa 30% kleiner als derjenige von Magnesiasteinen, die lineare Wärmeausdehnung erreicht bei 1000° C 0,9 bis 1%. Die *Wärmeleitfähigkeit* besitzt bis $\sim 1300\,^{\circ}C$ herauf den mittleren Wert 1,28 kcal/mh° C. Sie ist wesentlich geringer als die der Magnesiasteine.

Die Beständigkeit der Forsteritsteine gegen *Eisenoxyd* ist z. T. gut. Ähnlich wie bei Magnesiasteinen ergibt die Prüfung bei 1500° C eine Haube auf dem Probekörper (Aufstreuverfahren). Bei längerer Einwirkung und höherer Temperatur muß man damit rechnen, daß sich Eisenoxyd mit einem Teil des Magnesiumoxyds aus dem Forsterit zu Magnesioferrit und Protoenstatit bzw. Fayalit verbindet (vgl. Abschn. 5.163). In einen Forsteritstein eindringendes Eisenoxyd bildet häufig an den Korngrenzen der Forsteritkristalle Magnetitausscheidungen in Form von Skelettkristallen, die an Eisblumen erinnern (Abb. 606). Diese Kristallisationsart deutet auf die Entstehung von Schmelzen hoher Viskosität hin.

Auch in die Forsteritkristalle hinein können Eisenoxyddämpfe diffundieren. Sie kondensieren dann längs den Spaltrissen nach (0 1 0) (Abb. 607). Die Beständigkeit gegen Eisenoxyde wird durch Chromerz- und Sintermagnesiazusätze erhöht.

Nicht beständig ist Forsterit gegen *kieselsäurereiche* Steinqualitäten und Schlacken [*55*], bei der Berührung mit diesen bilden sich leicht Metasilikate, insbesondere Protoenstatit:

$$2\,MgO \cdot SiO_2 + SiO_2 \rightarrow 2\,[MgO \cdot SiO_2].$$

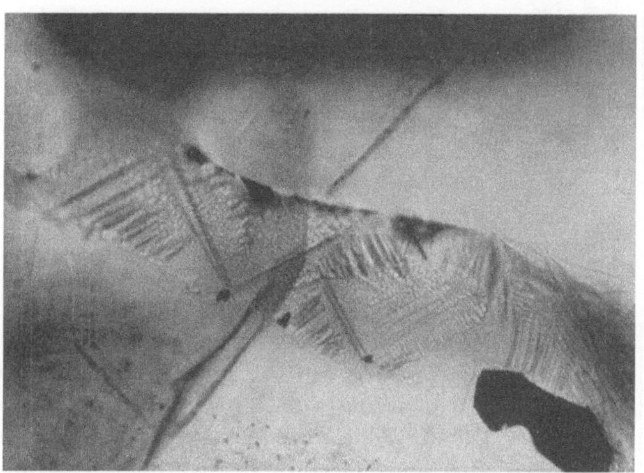

Abb. 606. Skelettkristalle von Magnetit auf den Korngrenzen zwischen Forsteritkristallen in einem Forsteritstein aus dem Vorderpfeiler eines SM-Ofens. Durchlicht, Immersion, Vergr. ~470×

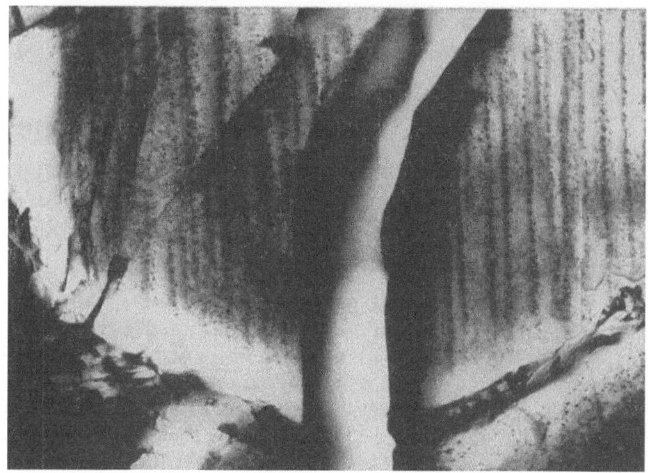

Abb. 607. In einen Forsteritkristall eindiffundiertes Eisenoxyd, auf den Spaltrissen nach (0 1 0) abgelagert. Forsteritstein aus dem Vorderpfeiler eines SM-Ofens. Durchlicht, Vergr. 240 ×

Silikasteine zerstören Forsterit über 1400° C, flüssige kieselsäurereiche Schlacken bereits bei ~1300° C.

Noch stärker als von Kieselsäure werden Forsteritsteine durch *tonerdehaltige* Stoffe, wie Schamotte-, Sillimanit- oder Korundsteine bzw. Tonerdezemente und Al_2O_3-haltige Schlacken, angegriffen [*55*], wobei der bei 1460° C schmelzende *Cordierit* $2\,MgO \cdot 2\,Al_2O_3 \cdot 5\,SiO_2$ entsteht.

Tabelle 153. *Schmelzgegossene und reaktionsthermische Steine*

Nr.	Bezeichnung	Chemische Analyse						SK	DFB		Spez. Gew.	Raum-gew.	Gesamt-poren	GDL
		SiO_2 %	Al_2O_3 %	Fe_2O_3 %	Cr_2O_3 %	CaO %	MgO %		ta °C	te °C			Vol.-%	Nano-perm
1	Jakobit	39,26	3,47	0,27	—	3,16	53,39	—	1680	1690	—	—	—	—
2	Siemensit	6,80	65,25	2,40	5,74	1,55	22,93	>40	1740	1830	3,46	2,90	10 bis 15	—
3	Corhart 104	4,93	3,93	11,17	17,77	0,88	60,40	>40	>1740	—	3,87	3,40	12,2	7
4	Reaktherm F 20 ...	0,93	1,30	0,32	36,55	1,10	59,55	>40	1700	>1730	3,94	3,01	23,9	—

Auch *Kalk* und basische Kalkschlacken wirken bei Temperaturen über 1400° C zerstörend auf Forsterit, da dieser unter Aufnahme von CaO in Monticellit übergeht. Bei Kalküberschuß kann sich zudem das leicht zerrieselnde Dikalziumsilikat bilden.

Forsterit ist weiterhin gegen *Kohlenstoff* empfindlich. Kohleelektroden zersetzen ihn bei Temperaturen über 1650° C unter Bildung von Magnesiumdampf und Siliziummonoxyd. Ähnliche Reaktionen spielen sich bei Berührung des Forsterits mit Ferrosilizium, Kalziumkarbid usw. unter hohen Temperaturen ab. Nicht angegriffen wird Forsterit jedoch durch alkalireiche Staube und Ofengase.

Trotz ihrer geringen chemischen Beständigkeit haben sich Forsteritsteine als Ofenfutter für Drehrohröfen zum Brennen von Dolomit, Zement usw. sowie als Gewölbebaustoff von Kupferraffinerieöfen und als Auskleidung von Induktionsöfen zum Schmelzen von Nichteisenlegierungen bewährt. Gute Ergebnisse werden auch in stark beanspruchten keramischen Brennöfen und in Regeneratorkammern von Glasöfen erzielt. In der Stahlindustrie werden Forsteritsteine mit Chromerzzusatz (Serpexsteine) mit Erfolg im SM-Ofen (vgl. Abschn. 5.616) und normale Forsteritsteine als Herdmaterial in Stoßöfen verwandt.

5.52 Schmelzgegossene Steine

In ähnlicher Weise wie schmelzgegossene Steine mit hohem Tonerdegehalt (s. Abschn. 4.4) sind auch solche mit neutraler oder basischer Zusammensetzung entwickelt worden.

Die ersten Versuche auf diesem Gebiet wurden von J. JAKOB [56] im Jahre 1924 unternommen. Er stellte einen Stein durch Zusammenschmelzen von *Magnesiumsulfat* bzw. *Dolomit* mit feinem *Quarzsand* im stöchiometrischen Mengenverhältnis des Forsterits her. Bereits bei 1000 bis 1500° C entsteht dabei eine dünnflüssige reaktionsfähige Schmelze, deren Feuerfestigkeit durch Verdampfen von SO_3 ständig bis zum Schmelzpunkt des reinen Forsterits ansteigt. Die niedrige Schmelztemperatur hat weiterhin den Vorteil, daß die Verdampfungsverluste an MgO gering sind. Der vollständig aus kristallisiertem Forsterit bestehende sogenannte *Jakobit-Stein* (vgl. Tab. 153, Nr. 1) hat sich jedoch wegen unzureichender Schlackenbeständigkeit und Abschreckfestigkeit nicht bewährt.

Später wurde vorgeschlagen, Nord-Karolina-Olivin im Lichtbogenofen zu schmelzen [57]. Das MgO/SiO_2-Verhältnis änderte sich dabei nicht, da beide Komponenten gleichmäßig verdampft wurden.

Weiterhin sollten einem Forsteritschmelzfluß Zirkonerde und gegebenenfalls Periklas in solcher Menge zugesetzt werden, daß der Forsteritanteil im gegossenen Stein noch mindestens 21% beträgt [58]. Reine Zirkonerde-Periklas- und Zirkonerde-Spinellschmelzen ergeben poröse und rissige Formstücke. Aus Schmelzen mit mindestens 11% SiO_2 konnten jedoch porenfreie und nicht spröde Steine hergestellt werden, wenn sie sehr vorsichtig gekühlt wurden.

Ein gegossener Stein auf Spinellbasis wurde 1928 unter der Bezeichnung *Siemensit* von der Friedrich Siemens-A.G., Berlin, auf den Markt gebracht [59]. Bei seiner Herstellung wurde zunächst die bei der Ferrochromerzeugung anfallende Schlacke, die Spinellcharakter besitzt, in Formen gegossen. Um die Eigenschaften der Steine den Bedürfnissen besser anpassen zu können, erzeugte man später Siemensitsteine durch reduzierendes Schmelzen von Chromit, Magnesit und Bauxit im Lichtbogenofen und Vergießen der Schmelze in Eisenkokillen. Zur Beseitigung von Kühlspannungen und Erhöhung des kristallinen Anteiles wurden die Steine in einem Tunnelofen getempert. Die chemische Zusammensetzung der Steine bewegte sich in folgenden Grenzen:

$$20 \text{ bis } 40\% \quad Cr_2O_3$$
$$25 \text{ bis } 45\% \quad Al_2O_3$$
$$18 \text{ bis } 30\% \quad MgO$$
$$5 \text{ bis } 12\% \quad SiO_2$$
$$\text{Rest FeO und CaO}$$

Sie bestehen danach zu 85 bis 90% aus Spinellen. Von den übrigen Komponenten setzen CaO und SiO_2 die Feuerfestigkeit herab, SiO_2 auch die ohnehin schlechte Temperaturwechselbeständigkeit.

Die Siemensitsteine (vgl. Tab. 153, Nr. 2) waren außerordentlich hart und dicht bis auf die unvermeidlichen Lunker. Sie hatten sehr hohen Kegelfallpunkt (SK > 40), hohe Druckfeuerbeständigkeit ($ta > 1740°$ C) sowie sehr gute Schlackenbeständigkeit, aber schlechte Abschreckfestigkeit. Man hat sie mit gutem Erfolg im Brennerkopf und der Rückwand von SM-Öfen der Mitteldeutschen Stahlwerke in Brandenburg verwandt [59], die starken Abplatzerscheinungen störten jedoch. Daher konnten sich diese Steine trotz ihrer sonstigen guten Eigenschaften nicht durchsetzen.

Weiterentwicklungen, vor allem in bezug auf das molekulare Verhältnis der Komponenten zueinander, wurden von HAGLUND [60] und SPRENGER [61] vorgenommen. Nach einer Patentanmeldung der Corhart Refractories Comp., Louisville, soll das molekulare Verhältnis der zweiwertigen Oxyde (MgO + FeO) zu den dreiwertigen (Al_2O_3 + Cr_2O_3) 2,4 bis 10 betragen, d. h. man hält einen starken Überschuß von Magnesiumoxyd über das Spinellverhältnis hinaus für zweckmäßig. Der SiO_2-Gehalt soll 9%, der CaO-Gehalt 3% nicht übersteigen.

Die nach dem letzten Vorschlag hergestellten, als *Corhart 104* bezeichneten Steine [62] (Tab. 153, Nr. 3), sind ähnlich wie die Siemensitsteine sehr hart, hochfeuerfest und schlackenbeständig, sie besitzen aber merkliche Porosität und Gasdurchlässigkeit, beide dürften auf kleine Lunker im Stein zurückzuführen sein. Die Temperaturwechselbeständigkeit der Steine ist mäßig.

Während Corhartstein 104 MgO-Überschuß enthält, schlägt eine schweizerische Patentschrift [63] ausgeglichenes Spinellverhältnis zwischen den zwei- und dreiwertigen Oxyden vor, eine deutsche Patentschrift [64] sogar einen Überschuß an dreiwertigen Oxyden, die feste Lösungen mit hoher chemischer Widerstandsfähigkeit und Feuerfestigkeit bilden sollen. Als zweiwertiges Oxyd tritt in diesem Falle allerdings nur FeO auf.

Neben den obengenannten spinellbildenden Komponenten werden oft auch Zusätze von Zirkonoxyd [65] oder von Alkalien [66] empfohlen. Zirkonoxyd setzt den Schmelzpunkt der Masse herab, ohne die Feuerfestigkeit der Steine merklich zu erniedrigen [67]. Gegossene Steine aus Chromit und Zirkonerde neigen allerdings beim Erhitzen in sauerstoffhaltiger oder neutraler Atmosphäre zum Wachsen und Reißen [68]. Die Alkalien sollen u. a. die

Bildung von β-Korund begünstigen. Alkalihaltige Steinsorten stellen daher einen Übergang zwischen schmelzgegossenen Spinell- und Korundsteinen (vgl. Abschn. 4.43) dar.

Trotz der großen bisher aufgewandten Entwicklungsarbeit auf dem Gebiete schmelzgegossener Spinell- oder Forsteritsteine ist es bis heute noch nicht gelungen, eine Qualität auf den Markt zu bringen, deren technologischen Eigenschaften den hohen Preis für solche Erzeugnisse vollauf rechtfertigen.

5.53 Reaktionsthermische Erzeugnisse

Eine Zwischenstellung zwischen schmelzgegossenen und keramisch gesinterten Erzeugnissen nehmen die reaktionsthermischen Produkte ein, bei deren Herstellung die durch Diffusion in festem Zustand hervorgerufene Sinterung durch exotherm verlaufende chemische Prozesse verstärkt wird (vgl. Abschn. 1.331 u. 1.35). Als geeignete chemische Reaktionen kommen die Oxydation von Metallen oder der Übergang der Sauerstoffionen von einem edleren auf ein unedleres Metall (beispielsweise von Chrom auf Aluminium) in Frage. Im Gegensatz zum GOLDSCHMIDTschen Thermitverfahren darf keine Entmischung der Reaktionsprodukte in Form von Metallreguli auftreten, die Komponenten müssen stets die anfängliche, gleichmäßige Verteilung

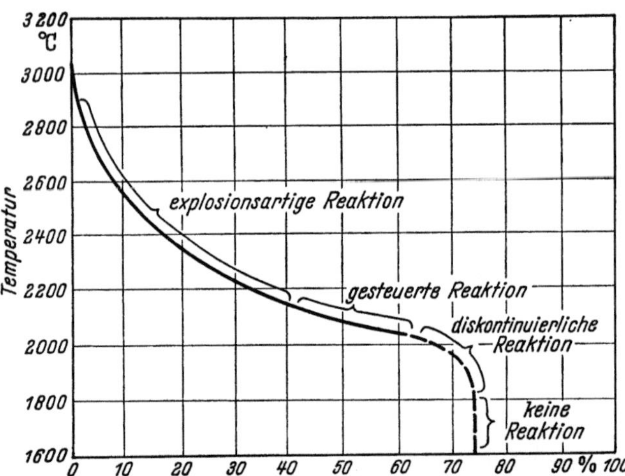

Abb. 608. Der Reaktionsablauf beim reaktionsthermischen Verfahren als Funktion des Gehaltes an Ballaststoffen (nach S. KRAPF)

behalten. Man erreicht das durch Zugabe sog. Ballaststoffe [69]. Sie halten die Reaktionstemperatur so niedrig, daß nur lokale Schmelzerscheinungen möglich sind. Als solche kommen in erster Linie die bei der Reaktion selber entstehenden Oxyde — in obigem Beispiel also Tonerde — in Frage. Abb. 608 zeigt die Erniedrigung der Reaktionstemperatur mit steigendem Zusatz von Ballaststoffen nach S. KRAPF [70]. Beim Zusetzen von mehr als 72% Ballaststoffen findet keine Reaktion mehr statt, zwischen 60 und 72% hat der Reaktionsverlauf einen diskontinuierlichen, bei Zusätzen von weniger als 40% einen explosionsartigen Charakter. Zwischen 40 und 60% Zusatz ist eine Steuerung möglich. Wie bereits in Abschn. 1.35 ausgeführt wurde, verlaufen die exothermen Reaktionen erst oberhalb einer *Verpuffungs-* oder *Aktivierungstemperatur* von selbst. Um diese zu erreichen, muß man das Reaktionsgemisch entweder im Ofen erhitzen oder aber mit Hilfe von Explosivstoffen (wie *Nitrosylperchlorat*) zünden. Bei der Verbrennung der Zündstoffe dürfen keine festen Bestandteile zurückbleiben, die als Flußmittel wirken könnten. Das letzte Verfahren ermöglicht die Formgebung während der Reaktion selber durch Eindrücken eines

Stempels in die das Reaktionsgemisch enthaltende Form (Abb. 609). Auf diese
Weise ist hohe Verdichtung bei gleichzeitig starker Versinterung möglich. Man
kann die Aktivierungstemperatur erniedrigen durch Zusatz von Katalysatoren,
die während der Reaktion vollständig verdampfen, wie z. B. Jod oder Queck-
silberchlorid für Aluminium. Die Reaktion kann auch so geführt werden, daß
entweder Mischungen von Metallen und Oxyden entstehen (Cermets) oder reine
Oxydgemische, die für feuerfeste Steine natürlich in erster Linie in Frage
kommen. Es können auch nach diesem
Verfahren dünne Schutzschichten auf
metallische oder oxydische Unterlagen
aufgesintert werden.

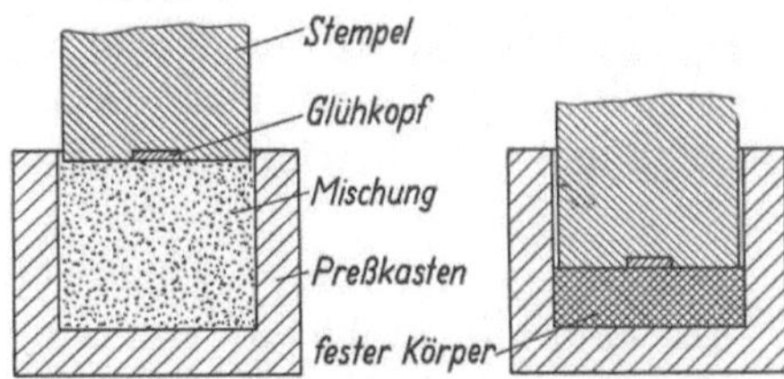

Neben Mischungen von Chromsäureanhydrid und Aluminium, die gemäß

$$2\,CrO_3 + 2\,Al \rightarrow Cr_2O_3 + Al_2O_3 + m\ kcal$$

zu einem Erzeugnis aus Chromoxyd und
Tonerde führen, sind auch Gemische
aus Chromsäureanhydrid und Magne-

Abb. 609. Der Preßvorgang beim reaktionsthermischen Verfahren (nach S. KRAPF). Links vor, rechts
nach der Reaktion

sium verwendbar, aus ihnen entsteht der Spinell Magnesiochromit. Wenn eine
gewisse Menge von metallischem Chrom im Reaktionsprodukt vorhanden sein
soll, was für die Verbesserung der Bearbeitbarkeit zweckmäßig ist, kann statt
Chromsäureanhydrid Chromoxyd Cr_2O_3 benutzt werden:

$$Cr_2O_3 + 3\,Mg \rightarrow 2\,Cr + 3\,MgO + m\ kcal.$$

Erzeugnisse mit metallischem Chrom sollen sich durch besonders hohe Dichte
(Porosität 1 bis 2%), große mechanische Festigkeit auch bei hohen Temperaturen
und guten Wärmeüber-
gang auszeichnen. Wird an
Stelle reinen Chroms eine
Legierung aus Chrom und
Molybdän eingesetzt, pas-
sen sich thermische Leit-
fähigkeit und Ausdeh-
nungskoeffizient besser den
für Tonerde geltenden
Werten an, die Warmfestigkeit wird erhöht [71].

Die Eigenschaften eines als
Reaktherm F 20 bezeichneten,
von den Westerwerken, Spich
bei Troisdorf, hergestellten
Spinellsteines sind in Tab. 153,
Nr. 4 aufgeführt. Die Analyse
weist einen über das Spinellverhältnis hinausgehenden

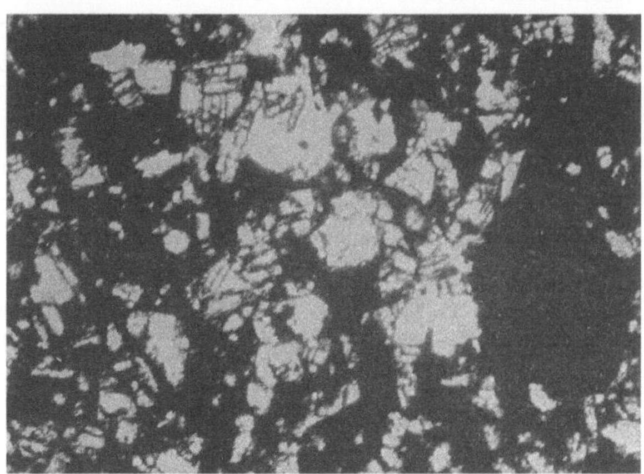

Abb. 610. Reaktherm F 20. Dünnschliff (Vergr. 18 ×)
Hell: Periklas, opak: Magnesiochromit

Überschuß an MgO auf. Porosität und Druckfeuerbeständigkeit entsprechen den an
keramisch gebrannten Erzeugnissen bestimmten Werten. Die Abschreckfestigkeit ist dagegen besser als bei den letzteren. Seine Verschlackungsbeständigkeit gegen Eisenoxyd
und metallisches Eisen ist gut. Abb. 610 zeigt die Struktur des Reaktherm-Steines im
Dünnschliff. Die durchsichtigen Kristalle mit guter würfelförmiger Spaltbarkeit sind

Periklase, die opaken Partien Magnesiochromit. Häufig kann man beobachten, daß die Chromoxydkörner von einem Kranz von Periklasen umgeben sind.

Der Vorteil des reaktionsthermischen Verfahrens vor anderen Herstellungsmethoden beruht auf seiner kurzen Dauer. Auf der anderen Seite ist aber ihre Herstellung überaus kostspielig, da als Ausgangsstoffe teure Produkte der chemischen Industrie oder Buntmetalle verwandt werden müssen. Die auf natürlichen Rohstoffen aufbauenden keramischen Erzeugnisse werden in den meisten Fällen wirtschaftlicher sein. Daher können reaktionsthermische Erzeugnisse nur dort eingesetzt werden, wo jene nicht ausreichen. Das trifft beispielsweise zu bei Schaufeln und Düsen für Gasturbinen. Die Entwicklung dieser Stoffe wurde vor allem in den USA betrieben.

5.54 Chemisch gebundene Steine

Da geformte Rohlinge von Magnesia- und Chrommagnesiasteinen durch Sorelbindung (vgl. Abschn. 5.14) mit $MgCl_2$ bzw. $MgSO_4$ hohe Kaltdruckfestigkeit und Bruchfestigkeit erhalten, können sie ohne keramischen Brand als Baustoffe benutzt werden. Hierauf machte R. P. HEUER (General Refractories, Baltimore) [72] erstmalig aufmerksam. Die Herstellung der chemisch gebundenen Steine begann in den USA [73], wurde aber sehr bald von allen anderen Industrieländern übernommen. Sie unterscheidet sich grundsätzlich nicht von derjenigen gebrannter Erzeugnisse, es wird lediglich eine höhere Trockentemperatur (130 bis 140°C) angewandt. Der Preßdruck beträgt im allgemeinen 1000 kg/cm². Bei ihrer Verwendung vermindert sich im Temperaturbereich von $\sim$800 bis 900°C wegen Zerstörung der Sorelzementbindung die Festigkeit. Die keramische Bindung durch Versinterung beginnt erst ab 1300 bis 1400°C. Chemisch gebundene Steine sollen daher nicht in Öfen verwandt werden, die mit geringeren Temperaturen als 1400°C betrieben werden. Man hat versucht, die Sintertemperatur durch Zusatz von Flußmittel auf 1000 bis 1100°C herabzusetzen, um so die kritische Temperaturzone zu verkleinern. Diese Verfahren werden jedoch nicht allgemein angewandt.

Chemisch gebundene Steine erleiden *Glühverluste* von 2 bis 4% bei 1050 bis 1100°C. Die Entwässerung des Magnesiumhydroxyds bzw. Magnesiumoxychlorids hat häufig eine stärkere *Schwindung* im Betrieb zur Folge. Ein chemisch gebundener Magnesiastein schwand bei 2stündigem Glühen bei 1500°C um 1,4%. Nach F. A. FITZGERALD [74] sollen jedoch unter mindestens 700 kg/cm² Druck gepreßte Steine mit gut abgestimmtem Kornaufbau ihr Volumen beim Glühen nicht ändern. Auch chemisch gebundene Magnesiachromsteine mit etwa 20% Chromerz schwinden nicht nach.

Die *Kaltdruckfestigkeit* chemisch gebundener Steine erreicht Werte von 300 bis 500 kg/cm². Ihre *Porosität* ist meist geringer als bei gebrannten Steinen, sie schwankt zwischen 11 und 18% bei einem Raumgewicht von 2,8 bis 2,9 (reine Magnesiasteine) bzw. 3,1 bis 3,3 (Chrommagnesiasteine), ihre *Gasdurchlässigkeit* liegt bei 0,1 Nanoperm. Trotz hoher Dichte ist die Temperaturwechselbeständigkeit besser als bei gebrannten Erzeugnissen, weil die relativ lockere Bindung eine kerbfeste Struktur bedingt.

Diese lockere Bindung macht sich auch bei *Verschlackungsversuchen* bemerkbar. Dünnflüssige Mischerschlacke dringt bei 1500°C tief in die Probekörper ein, drückt die einzelnen Körner auseinander und ruft dadurch eine starke Ausdehnung hervor. Bei der Verschlackung mit Eisenoxyden tritt diese Erscheinung jedoch nicht auf, weil sich keine dünnflüssige Schlacke bildet. Ungebrannte Steine können daher unbedenklich dort eingesetzt werden, wo sich der Angriff vorwiegend auf Eisenoxyde beschränkt. Man benutzt die chemisch gebundenen Steine vorwiegend für Rückwände und Pfeiler von SM-Öfen, für Seitenwände von Tief-, Stoß- und Elektroöfen und als Futter von Zementdrehrohröfen. Besonders bewährt haben sich Magnesiachromsteine mit einem Chromerzgehalt von 15 bis 20%.

Außer Magnesiumchlorid bzw. -sulfat wurden auch verschiedene organische Stoffe, Mischungen aus Ton und Borax [75], Wasserglas (5 bis 10% Trockenwasserglas + Wasser) [76] sowie Teer (Mischungen von wasserfreiem Steinkohlenteer und Hartpech) als Bindemittel vorgeschlagen.

Teermagnesiasteine eignen sich besonders für die Seitenwände von Lichtbogenöfen, da der Teer in der reduzierenden Atmosphäre verkokt, die Poren verschließt und so die Schlackeninfiltration verhindert. Auch für die Zustellung von Blasstahlkonvertern haben sich Teermagnesiasteine bewährt (vgl. Abschn. 5.65).

5.55 Blechummantelte Steine

Wie die chemisch gebundenen Steine, so wurden auch blechummantelte zuerst in den USA, dann in England hergestellt. Der Blechmantel verzundert beim Erhitzen im Ofen, das entstehende Eisenoxyd bildet mit der Sintermagnesia der eingepreßten Masse sinterungsfördernden Magnesioferrit (vgl. Abschn. 5.152). Die Fugen zwischen den Steinen wachsen auf diese Weise vollständig zu, es entsteht eine monolithische Masse ohne Schwächezonen für etwaigen Schlackenangriff.

Bei den sog. *Steelklad*-Steinen[1] der General Refractories Co. wird die Verbindung des Blechmantels mit der Masse dadurch hergestellt, daß sich ein in die Form eingelegtes Blech von ∼1 mm Stärke mit nach innen gerichteten Krallen beim Pressen in die Masse eindrückt. Die Steelklad-Steine haben außerdem einen aufgepreßten Deckel mit Krallen (Abb. 611). Bei Steelklad-Zellensteinen wird die Masse durch am Boden oder am Deckel angeschweißte Bleche in mehrere Zellen unterteilt. Diese werden im Betrieb so angeordnet, daß sie senkrecht zur inneren Oberfläche der Steine verlaufen. Die Zellenwände rufen im Betrieb auch Versinterungen im Steininneren hervor und

Abb. 611. Steelklad-Stein

---

[1] Die orthographisch unrichtige Schreibweise der Markenbezeichnung (an Stelle Steelclad) wurde von der Herstellerfirma eingeführt. Mitteilung der Veitscher Magnesitwerke A.G., Wien.

verlängern dadurch die Lebensdauer der Steine. Zur Verwendung als Hängedeckenstein wird der Blechmantel mit einem Bügel zum Aufhängen versehen (Ferroclip-Steine, vgl. Abschn. 5.614). Zahlreiche Patentschriften befassen sich mit der zweckmäßigen Gestaltung der Dorne und Krallen zur Verbindung von Blech und Steinmaterial.

Metalcase-Steine bestehen aus fertigen, chemisch gebundenen Steinen, die erst nach dem Preßvorgang in eine Blechform eingelegt werden. Sie besitzen daher keinen Deckel. An Stelle von Blechen wird gelegentlich auch Drahtgeflecht als Mantelmaterial verwandt. In England werden stellenweise auch Eisenrohre mit eingepreßter Sintermagnesia als Baustoff für SM-Ofenwände benutzt.

Blechummantelte Steine besitzen ähnliche Eigenschaften wie chemisch gebundene, ihre Porosität ist niedrig, die Temperaturwechselbeständigkeit relativ gut. Die letztere dürfte sich aber im Betrieb durch die Bildung magnesioferritreicher Zonen merklich verschlechtern.

Diese Steine werden in erster Linie für die Wände sowie für das Gewölbe von SM-Öfen verwandt. Besonders gut haben sie sich für die Seitenwände von Elektroöfen bei Herstellung chromfreier Stähle bewährt. Außerdem finden sie in den Gewölben und Wänden von Kupferöfen Verwendung. Blechummantelte Steine können schnell und ohne Mörtel verlegt werden.

5.56 Mörtel

Zur nassen Vermauerung von *Magnesia*- oder *Chrommagnesiasteinen* dienen mit Wasserglas oder Bittersalzlösung angemachte Sintermagnesiamehle, deren Korngröße zu 60 bis 80 Gew.-% unter 0,1 mm liegt. Neben handelsüblicher Sintermagnesia verwendet man für Spezialzwecke ein mit Flußmitteln, wie Eisenoxyd, Eisenpulver usw., versetztes, bei relativ niedriger Temperatur sinterndes Material. Besonders weit muß der Sinterpunkt erniedrigt werden bei Mörteln für die bei 900 bis 1000° C betriebenen Öfen der Leichtmetallindustrie. Diese Mörtel dürfen keine durch Al-Schmelzen reduzierbare Kieselsäure enthalten.

Nach einem alten Patent (1913) der Veitscher Magnesitwerke sollen 77 Teile Sintermagnesia, 3 Teile Kalkstaub und 25 Teile Eisenfeilspäne mit 20 Teilen Wasser zu einem Mörtel gemischt werden. Als weitere den Sinterpunkt herabsetzende Zusätze werden Ton, Sand, Hochofenschlacke, Kochsalz und Borax vorgeschlagen.

Um Hydratationserscheinungen im Mauerwerk zu vermeiden, werden diese Mörtel nicht mehr mit reinem Wasser angemacht, sondern meist mit *Wasserglas* handelsüblicher Qualität (36 bis 40° Bé), und zwar nimmt man gewöhnlich 4 Eimer Wasserglas auf 5 Eimer Mörtel. Zur Vermeidung von Knötchen gibt man das Mehl dem Wasserglas unter ständigem Umrühren bei. Da dieser Mörtel rasch erhärtet, sollte jeweils nur der Bedarf für 1 bis 2 Arbeitsstunden hergestellt werden. Seine Abbindezeit kann durch Zusatz von Öl (Leinöl oder Schmieröl) verlängert werden. Kann die Feuchtigkeit leicht aus dem Mauerwerk entweichen, darf das Wasserglas mit Wasser bis zu einer Konzentration 1 : 1 verdünnt werden. Die Kieselsäure des Wasserglases bildet mit der Sintermagnesia beim Erhitzen Forsterit, der dann als Bindesubstanz dient.

An Stelle von Wasserglas kann auch *Bittersalzlösung* als Anmacheflüssigkeit benutzt werden, sie ergibt einen Mörtel mit besserer Streichfähigkeit. Die Bittersalzlösung soll ~22% $MgSO_4$ enthalten und 20° Bé (Dichte 1,241) besitzen. Wasserüberschuß kann zur Hydratation, $MgSO_4$-Überschuß zu Treiberscheinungen im Mauerwerk beim Aufheizen Anlaß geben. In der Praxis wird allgemein 1 kg $MgSO_4$ in einem Liter Wasser aufgelöst. Dieser

Salzlösung gibt man ~4,25 kg Mörtelmehl pro Liter unter ständigem Rühren zu, bis die richtige Konsistenz erreicht ist. Auch dieser Mörtel erhärtet schnell, so daß nur der Bedarf von 1 bis 2 Arbeitsstunden auf einmal hergestellt werden sollte. Bittersalzmörtel ist immer dann vorzuziehen, wenn das Mauerwerk mit flüssigen Metallen (Al, Pb, Sn, Zn usw.) oder mit SiO_2-haltigen Schlacken in Berührung kommt.

Wenn es nicht auf hohe Dichtigkeit des Mauerwerkes ankommt, verlegt man Magnesia- und Chrommagnesiasteine trocken unter Zwischenlegen von Eisenblechen oder Drahtgeflecht. Ähnlich wie bei blechummantelten Steinen erfolgt hierbei die Versinterung durch Bildung von Magnesioferrit. Es werden Bleche mit 0,7 bis 1 mm Dicke benutzt bzw. Drahtgeflechte mit 1 mm Drahtstärke und 4 mm Maschenweite.

Vermauerung mit Drahtgeflecht *und* Mörtel nach einem alten Patent der Veitscher Magnesitwerke hat den Vorteil, daß in kaltem und heißem Zustand gute Verbindung und Abdichtung hergestellt werden. Das Drahtgeflecht wird dabei in die weiche Mörtelschicht hineingedrückt, der damit belegte Stein durch Anklopfen mit dem Hammer angemauert. Auf Vorschlag von F. CONSOLATI u. N. SKALLA [77] werden an Stelle plastischer Mörtel feste, plattenförmige Einlagen aus erhärtetem feuerfestem Mörtel zwischen die Steine gelegt. Als Trägermaterial für die Platten kann Pappe (Asbestpappe) verwandt werden.

Chromerzsteine werden mit einem vorwiegend aus feinkörnigem Chromerz bestehenden Mörtel vermauert. Seine Korngröße soll nicht über 0,5 mm liegen, andererseits darf aber auch kein Staub vorhanden sein, da der Mörtel sonst im Gebrauch rissig werden würde. Im Bedarfsfalle können geringe Mengen Flußmittel, wie Feldspat, zugefügt werden, normalerweise aber reichen die natürlichen Verunreinigungen des Chromerzes zur Versinterung aus. Als Bindemittel können Ton und Wasser oder Wasserglas benutzt werden. Es ist auch möglich, durch Zugabe von kalzinierter Magnesia und Magnesiumchlorid bzw. -sulfat eine Sorelbindung zu erzeugen.

Forsteritsteine werden in ähnlicher Weise durch Mörtel aus feinkörnigem Olivin gebunden. Das Olivinpulver kann geringe Zusätze an Ton erhalten, der allerdings als sehr starkes Flußmittel wirkt (Cordieritbildung, vgl. Abschn. 5.166). Zum Anmachen verwendet man nur Wasser oder Wasserglas, durch Zusatz von kaustischer Magnesia und Magnesiumchlorid kann eine Sorelzementbindung erreicht werden.

5.57 Massen

Die systematische Verwendung ungebrannter basischer und neutraler Massen in metallurgischen Öfen ging von den USA aus, wo man mangels geschulter Arbeitskräfte und wegen hoher Lohnkosten frühzeitig auf die Entwicklung vereinfachter Arbeitsverfahren gedrängt wurde.

In Steinfugen können eingedrungene Zunder- oder Schlackenteile Treibwirkungen ausüben, die zu vorzeitiger Zerstörung des Ofens führten. Dies ist oft in den Herden von Stoß- und Tieföfen der Fall; es sind dann Stampfmassen den gebrannten Steinen vorzuziehen.

Die Entwicklung der Massen ging von den SM-Ofenherden aus, die man gerne stampft, weil gebrannte Steine leicht aufschwimmen. Man verwandte zunächst Gemische aus Sintermagnesia und SM-Ofenschlacke (vgl. Abschn. 5.612) und entwickelte dann ganz auf die jeweilige chemische und mechanische Beanspruchung der betreffenden Verwendungsstelle eingestellte Massen.

Tabelle 154. *Basische und neutrale Massen*

| Nr. | Bezeichnung | Chemische Analyse | | | | | | | | Siebanalyse | | | | |
		SiO$_2$ %	Al$_2$O$_3$ %	Fe$_2$O$_3$ %	Cr$_2$O$_3$ %	CaO %	MgO %	Alk. %	Glüh-verlust %	> 3 mm %	1–3 mm %	0,25–1 mm %	0,06–0,25 mm %	< 0,06 mm %
1	Chromerz-Plastic	3,9	17,9	13,8	35,0	1,1	15,1	0,7	13,3	48,6	16,4	8,4	9,6	17,0
2	Spritzmasse *Pergunit* ..	2,2	10,9	34,4	16,2	5,1	25,4	0,6	3,6	—	0,2	5,7	36,5	57,6
3	Spritzmasse für Roheisenmischer ...	6,9	4,6	5,7	4,3	14,1	55,4	2,5	5,0	—	0,5	1,4	3,8	94,3

Nach ihrer Verarbeitungsmöglichkeit werden die basischen Massen ähnlich wie die hochtonerdehaltigen (s. Abschn. 4.5) in normale Stampfmassen, Plastics, Feuerbetone und Spritzmassen eingeteilt.

Normale *Stampfmassen* bestehen meist aus Sintermagnesia in verschiedenen Körnungen und Qualitäten mit wechselnden Zusätzen an Eisenoxyd und Chromerz. Vor allem Sinter mit erhöhtem CaO-Gehalt (6 bis 20%) haben sich bewährt, sie leiten zu den Dolomitmassen über. Als Bindesubstanz dient Ton, Trockenwasserglas oder Magnesiumsulfat. Die Menge der Zusatzstoffe wird so bemessen, daß sich die Masse bei der vorgesehenen Betriebstemperatur gut verfestigt. In der Kornzusammensetzung sind bei Stampfmassen für Herde grobkörnige Fraktionen bis zu 15 mm enthalten, bei Massen für Ofenwände zieht man eine Körnung von 0 bis 2 mm vor.

Zum Stampfen dienen meist langhubige Preßluftstampfer (Gießereistampfer) mit flachem oder leicht konvexem Stampfkopf von ~100 mm Dmr. [78]. Bei dicken Schichten werden jeweils Lagen von 100 bis 120 mm Stärke gestampft, die Oberflächen vor Aufbringen der nächsten Lage 6 bis 12 mm tief aufgerauht. Jeder Abschnitt soll mehrmals überstampft werden, bis die maximale Dichte erreicht ist. Zu langes Stampfen ist schädlich, weil die Masse dadurch wieder aufgelockert wird.

Plasticmassen werden vor allem auf Chromerzbasis hergestellt (Tab. 154, Nr. 1). Sie dienen zum Ausstampfen von Schmelzofentüren und von Herden für Stoß-, Glüh-, Schmiedeöfen usw. Ihre Körnung ist meist grob, als Bindemittel dient vorwiegend Wasserglas.

Die Verdichtung wird entweder mit Handstampfern mit einer Fläche von ~150 × 150 mm oder ebenfalls mit langhubigen Preßluftstampfern erreicht [78]. Herde von 120 bis 150 mm Stärke werden zweckmäßig von der Seite her eingestampft. In diesem Falle werden Schalungsbretter auf die Oberfläche gelegt. Die wasserglasgebundenen Massen erhärten schnell an der Oberfläche und bilden eine luftundurchlässige Schicht, die das Austrocknen der übrigen Stampfung verhindern kann. Um diesem Fehler zu begegnen, sticht man zweckmäßig mit Drahtstücken von 4 bis 6 mm Dmr. Löcher im Abstand von 60 bis 100 mm in die gestampfte Masse.

Chromerzplasticmassen mit Wasserglasbindung besitzen nach dem Einbrennen *ta*-Werte von 1250 bis 1300° C und geringe Differenzen zwischen *ta*- und *te*-Werten (10 bis 20° C). Sie sollen bei möglichst hohen Temperaturen eingesintert werden und können nur in Öfen mit Betriebstemperaturen unter 1400° C verwandt werden.

Die *Spritzmassen* unterscheiden sich von den Stampfmassen durch feineres Korn (Tab. 154, Nr. 2 u. 3) und durch höheren Gehalt an Flußmitteln, weil sie in sehr kurzer Zeit versintern müssen.

Basische oder neutrale *Feuerbetone* befinden sich erst in der Entwicklung. Über ihre Zusammensetzung und Verwendung können daher noch keine näheren Angaben gemacht werden.

Schrifttum

[1] CHESTERS, J. H., u. C. W. PARMELEE: Trans. Brit. ceram. Soc. Bd. 34 (1935) S. 203/18
[2] KISSIN, D. A.: Ogneupory Bd. 5 (1937) S. 547/51
[3] CHESTERS, J. H.: Steelplant Refractories, S. 85/86. Sheffield 1946
[4] BJELOWODSKIJ, W., L. KOTSCHENKO u. L. BUBNOWA: Ogneupory Bd. 5 (1937) S. 471/76
[5] ALLGEUER, K., u. F. v. KAHLER: Radex-Rdsch. (1955) S. 563/70
[6] JUNGHANS-UELSMANN, O.: DRP. 10411
[7] GRESLER: DRP. 24108
[8] US-Pat. 1713580 (1925) (H. M. WILLIAMS)
[9] DRP. 486856 (1925) (Aussiger Chem.-Werke)
[10] US-Pat. 1444527 (1921)
[11] MARANZ, A. G.: Ogneupory Bd. 6 (1938) S. 1507/18; Engl. Pat. 571751 (1945); US-Pat. 2406910 (1943)
[12] MYSCHKIN, S. N.: Ogneupory Bd. 5 (1937) S. 545/47
[13] DRP. 437106 (1923) u. 466418 (1923)
[14] DRP. 742738 (1941) (K. KONOPICKY)
[15] Oesterr. Pat. 158208 (1932)
[16] Oesterr. Pat. 168077 (1940); DBP. 830472
[17] HUGILL, W., u. W. J. REES: Trans. Brit. ceram. Soc. Bd. 30 (1931) S. 337
[18] BUDNIKOW, P. P.: Technologie der keram. Erzeugnisse, S. 304. Berlin: Technik 1953
[19] Radex-Handbuch d. Oesterr.-Amer. Magnesit-A.G., Radenthein; Handbuch d. Veitscher Magnesitwerke G., A.Wien
[20] RYSCHKEWITSCH, E.: Oxydkeramik, S. 190 u. 191. Berlin/Göttingen/Heidelberg: Springer 1948. — ENDELL, K.: Stahl u. Eisen Bd. 52 (1932) S. 762/63
[21] MYSCHKIN, S. N.: Ogneupory Bd. 2 (1934) S. 243/48
[22] TAVASCI, B.: Chim. e Ind. (1941) Nr. 7, S. 255/62
[23] TROJER, F.: Radex-Rdsch. (1948) S. 98/101
[24] DRP. 685021 (1939)
[25] KRAUSE, O.: Oesterr. Pat. 158500 (1940)
[26] CHESTERS, J. H., u. C. W. PARMELEE: J. Amer. ceram. Soc. Bd. 18 (1935) S. 94/100
[27] TROSTEL, L. J.: J. Amer. ceram. Soc. Bd. 22 (1939) S. 46/50
[28] CHESTERS, J. H.: Steelplant Refractories, S. 142. Sheffield 1946
[29] LYNAM, T. R., u. W. J. REES: Trans. Brit. ceram. Soc. Bd. 36 (1937) S. 152
[30] HARTMANN, F., u. E. H. SCHULZ: DRP. 664044 (1929)
[31] DRP. 679915 (1939)
[32] Brit. Pat. 435448 (1935)
[33] Franz. Pat. 837165 (1939)
[34] MARANZ, A. G.: Ogneupory Bd. 4 (1936) S. 547/52
[35] TROJER, F.: Radex-Rdsch. (1951) S. 160/64
[36] RAIT, J. R.: Basic Refractories, S. 224/28. London, Birmingham, Coventry, Manchester u. Glasgow: Iliffe u. Sons Ltd. 1950
[37] ROBERTS, A. L.: Trans. Brit. ceram. Soc. Bd. 38 (1939) S. 602
[38] H. PARNHAM in: GREEN, A. T., u. G. A. STEWARD: Ceramics, A Symposium, S. 530. Stoke-on-Trent 1953
[39] HUGILL, W., u. A. T. GREEN: Trans. Brit. ceram. Soc. Bd. 37 (1938) S. 279/95
[40] HYSLOP, J. F.: Trans. Brit. ceram. Soc. Bd. 52 (1953) S. 554/64
[41] LYNAM, T. R., u. W. J. REES: Trans. Brit. ceram. Soc. Bd. 37 (1938) S. 481/504
[42] JONES, H. G.: J. Amer. ceram. Soc. Bd. 12 (1929) S. 734
[43] SEARLE, A. B.: Refractory Materials, S. 521. London 1950

[44] Frenkel, A. S., u. A. S. Bereschnoj: Ogneupory Bd. 3 (1935) S. 449/55

[45] Rieke, R., u. A. Ungewiss: Ber. DKG. Bd. 16 (1935) S. 484

[46] Lynam, T. R., u. W. J. Rees: Trans. Brit. ceram. Soc. Bd. 35 (1936) S. 138/52

[47] Lynam, T. R., u. W. J. Rees: Trans. Brit. ceram. Soc. Bd. 35 (1936) S. 153/65

[48] Norton, F. H.: J. Amer. ceram. Soc. Bd. 8 (1925) S. 799/828

[49] Lynam, T. R., T. W. Howie u. J. H. Chesters: Trans. Brit. ceram. Soc. Bd. 44 (1945) S. 63/67

[50] Howe, R. M.: J. Amer. ceram. Soc. Bd. 6 (1923) S. 442/73

[51] DRP. 582893 (1928), 583194 (1926), 650371 (1927), 618094 (1927), 700416 (1936) u. 715715 (1936)

[52] DRP. 591747 (1927) u. 746717 (1936)

[53] Budnikow, P. P.: Technologie der keram. Erzeugnisse, S. 321. Berlin: Technik 1953

[54] Goldschmidt, V. M.: Ind. Engng. Chem. Bd. 30 (1938) S. 27 u. 32/34

[55] Singer: Sprechsaal Keram., Glas, Email Bd. 86 (1953) S. 342/44, 365/68 u. 392/98, s. besonders hier S. 393

[56] Jakob, J.: DRP. 417360 (1925)

[57] J. Amer. ceram. Soc. Bd. 26 (1943) S. 405/13

[58] DBP. 804083

[59] Greiner, E.: Rev. univ. Mines, Métallurg., Trav. publ., Sci. Arts appl. Ind. Bd. 11 (1935) S. 502/06

[60] Haglund: DRP. 539682 u. andere

[61] Sprenger: DRP. 270827 u. andere

[62] Baque, H. W.: Amer. ceram. Soc. Bull. Bd. 33 (1954) S. 176/79

[63] Schweiz. Pat. 270189

[64] Field, Th. Estes: DBP. 807192

[65] Field, Th. Estes: DBP. 802622 (1949) u. 807192 (1949)

[66] Field, Th. Estes: DBP. 825523

[67] Haddan, R.: Brit. Pat. 542550 (1942)

[68] Reinhart, F.: Glas-Email-Keramo-Technik Bd. 3 (1952) S. 35/38

[69] Meyer-Hartwig, E.: Ber. DKG. Bd. 33 (1956) S. 85/91

[70] Krapf, S.: Ber. DKG. Bd. 31 (1954) S. 18/21

[71] Shevlin, Th. S., u. Ch. A. Hauck: J. Amer. ceram. Soc. Bd. 38 (1955) S. 450/54

[72] US-Pat. 1859512 (1926), 1992482 (1935) u. 2087107 (1937). — Vgl. auch Chesters, J. H., u. W. J. Rees: J. Iron Steel Inst. Bd. 123 (1931) S. 479/500

[73] Harders, F.: Stahl u. Eisen Bd. 58 (1938) S. 1081/85

[74] Fitzgerald, F. A.: Metals and Alloys Bd. 3 (1932) S. 25

[75] Klyucharev, Ya. V., u. S. A. Levenstein: Ogneupory (1938) S. 3/4

[76] Schlotterer, G. K., u. R. H. Youngman (Harbison-Walker Refractories Co.): US-Pat. 1643181 (1927)

[77] Consolati, F., u. N. Skalla: Oesterr. Pat. 180579

[78] Zahlbruckner, H.: Radex-Rdsch. (1955) S. 400/05, 473/75 u. 518/22

5.6 Verwendung basischer und neutraler Baustoffe (außer Dolomiterzeugnissen)

5.61 Im SM-Ofen

5.611 Allgemeines

Beim basischen Siemens-Martin-Verfahren stellt man die Herde der Öfen aus Sintermagnesia oder -dolomit her, weil diese Stoffe die Benutzung einer kalkreichen Schlacke und damit weitgehendere Befreiung der Schmelze von Phosphorsäure und Schwefel ermöglichen als beim sauren Verfahren (vgl. Abschn. 2.511). Auch für Rückwände und Pfeiler zwischen den Türen der Vorderwand verwendet man basische Steine (keramisch gebrannte, chemisch gebundene oder blechummantelte Magnesiasteine, in der Rückwand auch Teerdolomitsteine s. Abschn. 5.733).

Häufig werden die nicht in unmittelbare Berührung mit der Schlacke oder dem Bad kommenden Ofenteile ebenfalls basisch ausgekleidet. Diese Entwicklung begann mit dem Ersatz der Silikasteine in den Brennerköpfen durch Magnesiaspezial- bzw. Chrommagnesiasteine. Dadurch wurde die Geschwindigkeit des Rückbrandes der Brenner wesentlich verringert, die Brenner selbst konnten stark verkürzt werden. Durch diese Erfolge ermutigt, erstellte man kurz darauf auch das Herdgewölbe aus Chrommagnesiasteinen und erzielte damit für den ganzen SM-Ofenprozeß einen wesentlichen Fortschritt. Weil nämlich die basischen Steine bei der Reaktion mit dem Ofenstaub nicht erweichen, konnte man die Betriebstemperatur um 30 bis 50° C erhöhen, ohne daß geschmolzene Steinbestandteile die Basizität der Schlacke verminderten. Diese Temperaturerhöhung gestattete eine Abkürzung der Einschmelz- und Kochzeit und bessere Entschwefelung, sie ermöglichte weiterhin die Herstellung mancher Stahlqualitäten im SM-Ofen, die bis dahin dem Elektroofen vorbehalten waren, und steigerte schließlich die Wärmeausnutzung, da sich die durch Strahlung auf das Bad übertragene Nutzwärme vergrößerte [1] (vgl. Abschn. 1.54).

Der Übergang zum basischen Gewölbe erforderte eine Umgestaltung der Gewölbekonstruktion, weil die Chrommagnesiasteine schwerer sind als Silikasteine, ein anderes Wärmeausdehnungsverhalten aufweisen und nicht zu einer einheitlichen Masse versintern. Diesen Tatsachen wurde in den Hängestützgewölben Rechnung getragen.

Die erhöhten Betriebstemperaturen hatten einen stärkeren Verschleiß der mit Silikasteinen zugestellten Gas- und Luftzüge und der mit Silika- und Schamottesteinen ausgegitterten Kammern zur Folge. Um die Lebensdauer des Unterofens der des Oberofens besser anzupassen, schlug man vor, auch diese Ofenteile mit basischen Steinen auszukleiden und so den Übergang zum ganzbasischen Ofen zu vollenden. Die bisherigen Erfahrungen mit basischen Ausgitterungen sind jedoch unterschiedlich. In vielen Fällen wächst die Gitterung durch Ansatzbildung rasch zu, so daß keine Verbesserung gegenüber Schamottesteinen bzw. hochtonerdehaltigen Steinen erreicht wird.

Die Vorzüge der basischen Steine werden z. T. durch ihren höheren Preis aufgewogen; dieser fällt um so mehr ins Gewicht, als basische Steine wesentlich höheres Raumgewicht besitzen als Silikasteine (rd. 3 gegenüber rd. 2,4). Bei der Produktion von Massenstählen entscheiden daher die jeweiligen Betriebsbedingungen darüber, ob die basische oder saure Zustellung von Gewölben und Brennerköpfen wirtschaftlicher ist.

5.612 Der Herd

Der Unterbau des Herdes besteht üblicherweise aus 1 bis 2 Flach- oder Rollschichten[1] von Schamottesteinen, welche auf die Bodenplatte gelegt werden. Darüber folgen 2 bis 3 Flachschichten und 1 bis 2 Rollschichten von Magnesia-

---

[1] Unter *Rollschichten* versteht man Lagen von Normalsteinen, die auf der langen, schmalen Fläche stehen. Sie sind 120 mm hoch.

steinen (Abb. 612). In Amerika werden teilweise an Stelle der Magnesia- auch
Chromerzsteine verwandt, weil diese dort billiger sind und außerdem keiner
Hydratationsgefahr unterliegen. Bei Berührung mit dem Bad selber hat sich
jedoch der Magnesiastein als widerstandsfähiger erwiesen [2]. Die Herdseiten-
wände werden aus Magnesiasteinen schräg aufgemauert, um so die Wannenform
des Stampf- oder Sinterherdes vorzubilden [3].

In manchen Werken werden noch Isoliersteine unter den Schamottesteinen verlegt.
Der Herd wird dann im ganzen heißer, die gestampften Teile versintern besser, andererseits
wird die Durchbruchgefahr größer [4].

Der eigentliche über dem Unterbau folgende Herd besteht aus Dolomit
(s. Abschn. 5.721.3) oder Sintermagnesia. In Deutschland und England werden

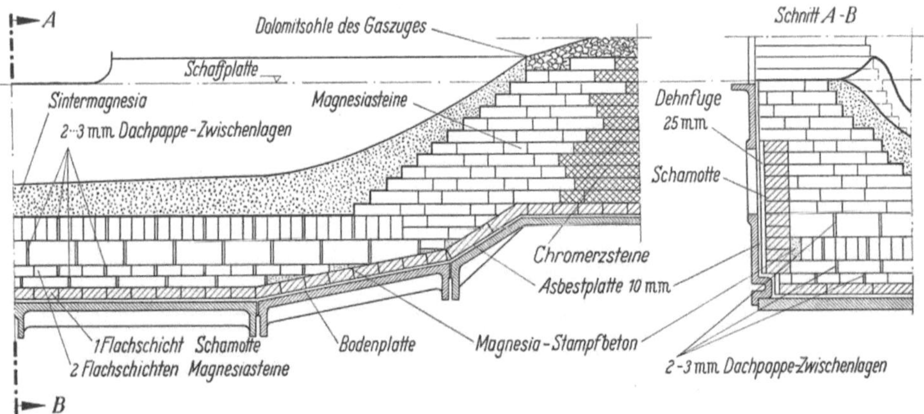

Abb. 612. Basischer SM-Ofenherd (nach L. HÜTTER)

fast ausschließlich Dolomitherde benutzt, in Amerika hat sich der *Magnesiaherd*
durchgesetzt. Er wird gewöhnlich aus Sintermagnesia mit einem Zusatz von
SM-Ofenschlacke durch *Einbrennen* hergestellt. Die Korngröße beträgt häufig
0 bis 9 mm, in letzter Zeit wird auch feinkörniges Material von 0 bis 3 mm verwandt. Bewährt hat sich folgende Korngrößenverteilung [5]:

$$30\% \; 0 \text{ bis } 0{,}3 \text{ mm}$$
$$20\% \; 2 \text{ bis } 3 \quad \text{mm}$$
$$50\% \; 3 \text{ bis } 6 \quad \text{mm}$$

Gute Versinterung erzielt man mit Schlackenzusätzen von 10 bis 15% bei
gröberer, von 10% bei feinkörniger Sintermagnesia.

Zum Einbrennen des Herdes streut man in den auf Betriebstemperatur (~1600° C)
befindlichen Ofen zunächst eine dünne Schicht feingemahlener SM-Ofenschlacke, sie soll
die Fugen der Magnesiasteine dichten und gute Bindung mit der Sintermagnesia herstellen.
Dann erst wird Sintermagnesia in Lagen von 10 bis 15 mm Dicke aufgeworfen und die
Ofentemperatur pro Lage für 3 bis 4 Std. erhöht. Da die gesamte Dicke der Sinterschicht
150 bis 600 mm beträgt, benötigt man 15 bis 40 Lagen für die Fertigstellung des Herdes,
mithin 3 bis 6 Tage. Um die Herdoberfläche vollständig zu verdichten, streut man anschließend etwa 1 t feingemahlene SM-Ofenschlacke auf, die nach dem Schmelzen in den Herd
einzieht. Die Lebensdauer eines derartig gesinterten Magnesiaherdes beträgt 5 Jahre und mehr.

Während des letzten Krieges kamen in den USA Herde aus *gestampfter Sintermagnesia* auf (vgl. Abschn. 5.4). Stampfherde benötigen keinen Schlackenzusatz, besitzen also eine höhere Feuerfestigkeit als Sinterherde und können in wesentlich kürzerer Zeit hergestellt werden. Die Magnesiamassen für sie werden mit 6 bis 7% Wasser angemacht und in Schichten von 50 bis 100 mm Dicke eingestampft. Die Stampfherde erreichen jedoch nicht die gute Haltbarkeit der Sinterherde. Die oberen Magnesiaschichten nehmen sehr bald Eisenoxyd auf, z. B. wurde festgestellt, daß ihr FeO-Gehalt nach 231 Chargen von 8 auf 30% angestiegen war [2]. Heute ist man daher vielfach dazu übergegangen, nur den unteren Teil des Herdes ($\sim$ 150 mm) zu stampfen und darüber eine 150 bis 200 mm dicke Schicht unter Zusatz von SM-Ofenschlacke einzusintern.

Als Bindemittel für die Magnesia bei der Stampfherdherstellung kann auch heißer, wasserfreier Teer in Mengen von 8 bis 12% verwandt werden. Grobkörniger Sinter erfordert geringeren Teerzusatz als feinkörniger.

Die Verarbeitung erfolgt in heißem Zustand (möglichst mit vorgewärmten Stampfern) in Schichten von 20 bis 50 mm Dicke, die Schichtoberfläche muß vor Einbringen der nächsten Schicht aufgerauht werden. Der Herd ist je nach Ofengröße insgesamt 200 bis 350 mm stark. Die letzten Schichten werden, wie bei der Herstellung von Sinterherden, im heißen Ofen eingebrannt. Nach N. SKALLA [6] können Stampfherde aus Sintermagnesia mit 5 Gew.-% wasserlöslichem *Zellpech*, dem Trockenrückstand der Sulfitablauge, hergestellt werden. Solche Herde bilden eine verdichtete, hartklingende Trockenmasse mit einem Raumgewicht von 2,55 g/cm³.

Um den Herd vor Beschädigungen zu schützen, chargiert man zweckmäßig zunächst eine Lage von feinem Eisenschrott [7]. Der *Verschleiß* besteht in mechanischen Beschädigungen beim Chargieren und Infiltrationen oxydischer Stoffe, insbesondere von FeO und MnO. Im Verlauf des SM-Prozesses herrschen oxydierende Einflüsse vor. Nur beim Schmelzvorgang ist die Atmosphäre vorübergehend reduzierend. Mit dreiwertigem Eisenoxyd entsteht im Periklas löslicher Magnesioferrit (vgl. Abschn. 5.152). O. ANDERSEN [8] stellte fest, daß ein neuer Sinterherd $\sim$ 9% und ein alter Herd in den oberen Lagen $\sim$ 50% Fe_2O_3 enthält (Ausgangsgehalt 3% Fe_2O_3). Die Periklaskörner wachsen dabei stark durch Sammelkristallisation. Durch FeO-reiche, weiche Schmelzen entsteht eine feste Lösung von MgO + FeO bzw. MnO. Bei starker Eisenaufnahme schmelzen diese Mischkristalle und steigen in der Stahlschmelze empor. Weiche Schmelzen greifen den Herd daher besonders stark an. Durch siliziumreiche Schmelzen wachsen Magnesiaherde unter der versinternden Wirkung des entstehenden Forsterits auf.

Der Herd verschleißt erfahrungsgemäß ungleichmäßig, die Zusammenwirkung von mechanischem und chemischem Angriff führt zu Löchern, die während der Schmelzpausen mit Magnesia- oder Dolomitmassen wieder ausgefüllt werden müssen. Besonders bewährt hat sich dabei gebrannter dolomitischer Magnesit mit etwa 20% CaO; er sintert wegen seines Kalkgehaltes leichter zu einer festen Masse zusammen als reine Sintermagnesia und benötigt daher keine Zusätze an Flußmitteln. Größere Ausfressungen im Herd werden vor dem Flicken durch Preßluft mit 5 bis 7 atü Druck von Stahl und Schlacke gereinigt. Dieses Verfahren beeinträchtigt jedoch die Haltbarkeit der Gewölbe wegen starker Entwicklung von Schlackenstaub.

5.613 Rückwand und Pfeiler

Rückwand und Türpfeiler der Vorderwand, die in gleicher Weise der Einwirkung von Schlacken- und Badspritzern und des Ofenstaubes ausgesetzt sind, werden an ihrer Feuerseite aus verschiedenen Qualitäten basischer oder neutraler Steine aufgemauert. Bewährt haben sich dafür blechummantelte oder chemisch gebundene Magnesiachromsteine (vgl. Abschn. 5.54).

Nach H. S. ROBERTSON [9] hielten in den *Rückwänden* von SM-Öfen im Pittsburgh-District blechummantelte Steine 176 Schmelzen aus, normale Magnesiasteine waren dagegen nach 150, Silikasteine nach 30 bis 50 Schmelzen verbraucht. Ein blechummantelter Magnesiachromstein aus der Rückwand eines basischen Kippofens der Dortmund-Hörder Hüttenunion hat im Betrieb nachstehende chemische Veränderungen erfahren:

	Tiefe mm	SiO_2	Al_2O_3	Fe_2O_3	FeO	Fe met.	Cr_2O_3	MnO	CaO	MgO
Verschlackte Zone ...	0 bis 5	8,0	1,3	9,3	0,2	0,1	0,7	3,1	25,9	49,1
Infiltrierte Zone (Riß)	5 bis 45	1,4	3,8	14,1	4,3	0,1	11,5	1,4	14,6	47,3
Kaltes Ende	160	2,4	5,0	6,4	4,3	0,2	12,7	0,6	2,3	65,1

Die verschlackte Zone – offenbar aus angespritztem Dolomit bestehend – ist mineralogisch aus von den Rändern her in Silikate umgewandelten und daher im durchfallenden Licht doppelbrechend erscheinenden Periklasballen zusammengesetzt. In den Zwickeln der pseudomorphen Periklase treten reichlich Dikalziumferrit und Dikalziumsilikat auf. Das Dikalziumferrit ist auch in beträchtlichen Mengen in den Stein selbst eingewandert, neben einer starken Sammelkristallisation des Periklases die einzige Veränderung des Steines. Der Verschleiß dürfte in diesem Fall überwiegend durch Abplatzen fortschreiten.

In weniger heißgehenden Öfen genügt eine Rückwandvermauerung mit Teerdolomitsteinen (vgl. Abschn. 5.733.1). Schließlich haben sich dort auch Forsteritsteine mit oder ohne Chromerzzusatz gut bewährt.

In einem Ofen erreichten z. B. Forsteritsteine 274 Schmelzen, Silikasteine dagegen nur 50 bis 75 Schmelzen. Die Dicke des Mauerwerkes nahm dabei von 500 auf 100 mm ab [10]. Während der Ofenreise bildete sich eine dichte Zone bis zu einer Tiefe von 200 bis 250 mm, die gegen die zerstörende Wirkung des Ofenstaubes besonders widerstandsfähig war [11].

Zur Hintermauerung benutzt man in den Rückwänden Schamotte, seltener Silika, in Stärke von $^1/_2$ Normalstein. Die Rückwand wird nach jedem Abstich zum Ausflicken von Löchern mit trockenem Dolomit beworfen, wozu besonders in Amerika fahrbare Schleudermaschinen verwandt werden [2]. Stark verbrauchte Rückwände können auch mit Spritzmassen ausgeflickt werden (vgl. Abschn. 5.57).

In den *Pfeilern* zwischen den Türen der Vorderwand verwendet man zur Erhöhung der Stabilität möglichst große Steinformate. Die Pfeiler enthalten stets Kühlrohre, in letzter Zeit nicht mehr hinter einer Steinlage, sondern unmittelbar an der Feuerseite [12]. Diese exponierte Lage der Kühlrohre vergrößert zwar den Wärmeverlust, zögert aber den Verschleiß der Pfeiler hinaus (Abb. 613a u. b). Auch seitlich der Türöffnungen bringt man oft Kühlrohre an, die neben ihrer Kühlwirkung die Pfeiler vor mechanischen Beschädigungen beim Chargieren schützen sollen (Korbkühlung).

Die Pfeiler sind in Deutschland allgemein 700 bis 750 mm, in Amerika meist nur 375 mm dick. Die amerikanische Bauweise geht auf die Beobachtung zurück, daß

ein dicker Pfeiler anfangs ziemlich rasch verschleißt, aber noch relativ lange hält, wenn er dünner geworden ist [2]. Abb. 614 zeigt die Querschnitte durch je einen Pfeiler europäischer (b) und amerikanischer Bauart (a)[3]. Die dünnen Pfeiler setzen sich z. Z. auch in Europa durch. Ihre Haltbarkeit ist nicht sehr groß, sie lassen sich aber nach amerikanischem Verfahren in wenigen Stunden er-
neuern.

Die Verwendung gegossener Chrommagnesiasteine (vgl. Abschnitt 5.52) gestattet es, die Pfeiler-
stärke weiter zu vermindern und auf Kühlung überhaupt zu verzichten. Die dabei aufgetretenen Halt-
barkeiten sind jedoch unterschied-
lich, z. T. sind die gegossenen Steine wegen ihrer mäßigen Temperaturwechselbeständigkeit nicht halt-
barer als blechummantelte.

In einigen Werken versucht man, die Widerstandsfähigkeit der Pfeiler gegen Beschädigungen durch sperrigen Schrott dadurch zu erhöhen, daß man die Pfeiler aus einem bei Betriebstemperatur pla-

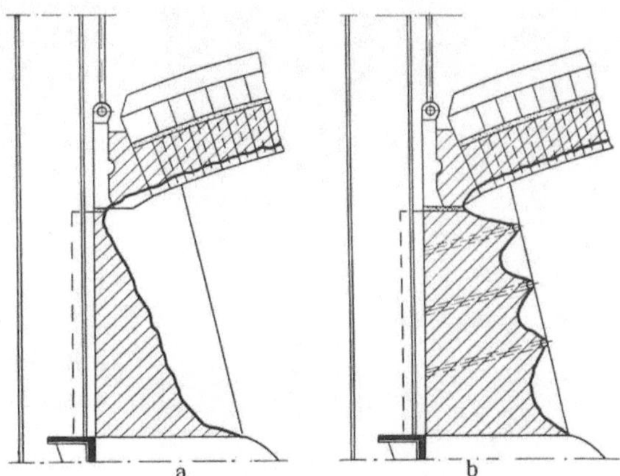

Abb. 613 a u. b. SM-Ofen-Pfeiler nach dem Gebrauch
(nach L. Hütter), Schema
a) Ohne Kühlung; b) mit Kühlrohren

stisch verformbaren Material herstellt, z. B. wird die Außenschicht aus Silikasteinen, der tragende Kern aus Magnesiasteinen gemauert. Gelegentlich flickt man auch handelsübliche Magnesiasteine mit tonhaltigen Schmiermassen aus. Alle diese Verfahren führen aber letzten Endes zu beschleunigtem Verschleiß des feuerfesten Materials.

Pfeiler aus Magnesia- oder Magnesiachromsteinen verschleißen unter der Wirkung von Eisenoxyd, das den Periklas allmählich über Magnesioferrit in Mischkristalle aus Magnesioferrit und Magnetit umwandelt (vgl. Abschn. 5.152).

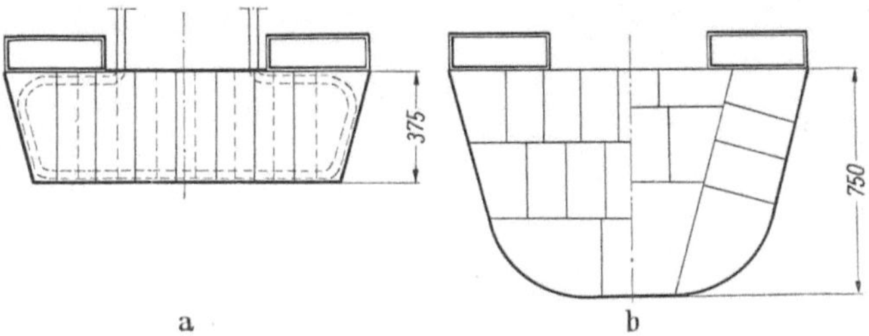

Abb. 614 a u. b. Querschnitt durch SM-Ofen-Pfeiler (nach L. Hütter)
a) Amerikanische Bauart; b) europäische Bauart

An der Oberfläche derart infiltrierter Steine wurden Fe_3O_4-Gehalte bis zu 90% bestimmt. Durch die hohe Eisenoxydaufnahme gerät das Steinmaterial allmählich in einen plastischen Zustand und fließt unter der Wirkung der Schwer-
kraft auseinander (Abb. 615).

Die besonders stark der Wirkung von Schlacken- und Badspritzern aus-
gesetzten Unterlagen der Pfeiler und Rückwände werden am Übergang zum Herd häufig in Spezialmagnesiasteinen (Abschn. 5.513) mit besonders hoher DFB und Verschlackungsbeständigkeit ausgeführt.

Abb. 615
SM-Ofen-Pfeiler aus Magnesiasteinen nach dem
Gebrauch, mit vorstehendem Kühlrohr

Abb. 616
Hängestützgewölbe für Siemens-Martin-Öfen,
System Radenthein, von oben gesehen

Den oberen Abschluß der Pfeiler bildet eine Rollschicht von Normalsteinen. Zwischen Pfeiler und Gewölbe läßt man eine 30 bis 50 mm breite Fuge frei; sie soll verhindern, daß die sich beim Anheizen dehnenden Pfeilersteine das unabhängig aufgehängte Gewölbe anheben. Diese Dehnfuge füllt man mit einer Mischung aus Magnesiamehl und Sägespänen aus.

Früher wurden die Türöffnungen oben durch ein Gewölbe abgeschlossen, neuerdings verwendet man sehr flache, durch Kühlrohre gestützte Stürze. Die Türen selbst können statt mit Silikasteinen auch mit Chromerzstampfmassen (Abschn. 5.57) ausgekleidet werden.

5.614 Das Gewölbe

Als basische Gewölbematerialien haben sich Chrommagnesiasteine und blechummantelte Magnesiachromsteine am besten bewährt. Wegen seiner hohen Wärmeausdehnung muß man im Gewölbe mit starken Verspannungen und Vertikalbewegungen rechnen. Die einzelnen Steine der Gewölberippen werden daher mit Draht an einem der Gewölbekrümmung entsprechend gebogenen Träger — der Tragrippe — aufgehängt (Abb. 616). Diese Tragrippen (Abb. 617, Ziffer 2) hängen ihrerseits mittels Hängeeisen an einem eisernen Rahmen (4). Bei den amerikanischen Hängestützgewölben liegen die Rahmen hoch über dem eigentlichen Gewölbe, die Steine müssen durch lange Hängeeisen gehalten werden. Das Gewölbe wird seitlich durch Widerlager (6) gestützt, die federnd durch vertikale Träger (5) gehalten werden [13]. Der Stützdruck kann während des Betriebes durch Verstellungen der Federn (7) verändert werden.

Derartige Federn können aber nur horizontale Bewegungen des Gewölbes auffangen. Man hat daher vor allem in Amerika Konstruktionen entwickelt, bei denen die Pufferfedern tangential zum Gewölbe gerichtet sind, um auf diese Weise die Gesamtbewegungen aufnehmen zu können [2]. Weil sich die Steine aber beim Erhitzen an der Feuerseite stärker ausdehnen als an der Oberseite, außerdem durch Eisenoxydaufnahme wachsen, verändert sich die Spannungsverteilung im Gewölbe während des Betriebes auch bei dieser tangentialen Feder-

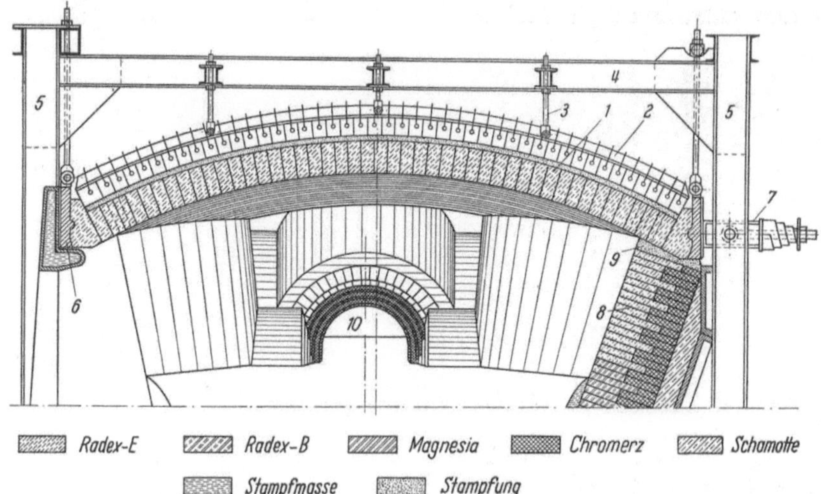

Abb. 617. Schema eines Hängestützgewölbes für Siemens-Martin-Öfen, System Radenthein (nach L. HÜTTER)
1 Gewölbesteine;   *2* Tragrippe;   *3* Hängeeisen;   *4* Profileisen des Rahmens;   *5* Träger;   *6* Widerlager;   *7* Federn;   *8* Pfeiler;   *9* Masse zwischen Pfeiler und Gewölbe;   *10* Brenner

anordnung ständig. Neuerdings ordnet man daher die Pufferfedern drehbar an, um ihre Lage stets der Richtung der resultierenden Gewölbebewegung anpassen zu können (*Automatisches Gewölbe*) [*14*].

Zwecks Befestigung an den Tragrippen sind die sog. *Rippensteine* entweder in ihrem oberen Teil durchbohrt (Abb. 616 u. 623) oder aber sie besitzen seitliche Nasen, um die ein Draht geschlungen wird (Abb. 618). Im ersten Fall liegt der Draht zur besseren Druckübertragung vom Draht auf den Stein in eisernen Röhrchen (s. Abb. 623). Die in den USA überwiegend benutzten blechummantelten Wölbsteine enthalten im oberen Teil des Blechmantels einen eingepreßten Bügel, an dem die Steine aufgehängt werden können. Diese von den General Refractories entwickelte Konstruktion wird als *Ferroclip* bezeichnet [2].

Die zwischen den Tragrippen befindlichen Furchen werden mit als Querwölber ausgebildeten *Furchensteinen* ausgefüllt (s. Abb. 616). Bei der Vermauerung mit gebrannten Steinen füllt man die quer zum Gewölbe liegenden Lagerfugen mit Drahtgeflecht aus, um dem Gewölbe eine gewisse Elastizität zu verleihen, die parallel verlaufenden Stoßfugen dagegen mit Eisenblechen. Für

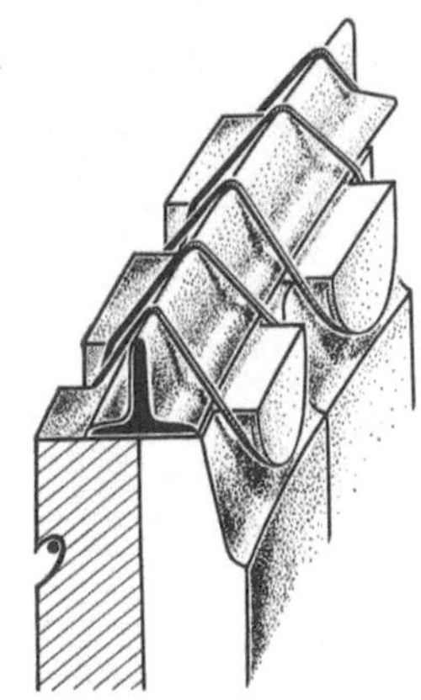

Abb. 618. Aufhängung der Rippensteine an den Tragrippen, System Veitsch

die Rippensteine haben sich Längen von 500 mm, für die Furchensteine von 300 bis 375 mm bewährt. Bei längeren Rippen platzen die feuerseitigen Köpfe stärker ab, die Steine werden außerdem tiefer vom Schlackenmaterial infiltriert (schlechtere Kühlung). Die Furchen enthalten gewöhnlich

4 Bögen von je 76 mm Breite. Bei nur 2 oder 3 Furchensteinen zwischen den Rippen verschlechtert sich die Haltbarkeit, weil Wärmestauungen auftreten.

Ein besonderer Vorteil des Hängestützgewölbes besteht in der Möglichkeit, seine Lebensdauer durch Einbau von *Nachsetzsteinen* zu vergrößern. Diese

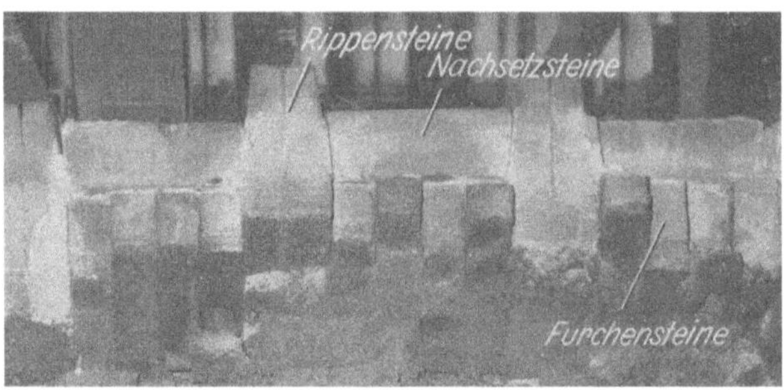

Abb. 619
Basisches SM-Ofen-Gewölbe bei der Reparatur. Über den Furchensteinen sind Nachsetzsteine eingebaut

nehmen die ganze Breite zwischen 2 Rippen (305 mm) ein, sie sind konisch, ungefähr 100 mm dick und finden an den abgeschrägten Seitenflächen Halt. Abb. 619 zeigt Nachsetzsteine an einem in Reparatur befindlichen Gewölbe. Ihr Einbau erfolgt, wenn die Furchensteine bis auf ~50 mm abgenutzt sind.

Abb. 620. SM-Ofen-Hängedecke im Bau. Blick vom Brennerkopf in Ofenlängsrichtung

Sie werden dann in eisenhaltigen Wasserglas-Magnesia-Mörtel getaucht und verlegt.

Die jeweilige Gewölbestärke kann durch Anbohren, Einbau von Thermoelementen oder Beobachtung der Rötungen an der Gewölbeoberfläche gemessen bzw. geschätzt werden [15]. Zur Helligkeitsprüfung bläst man die betreffende Gewölbestelle mit Preßluft an und mißt die bis zum Verschwinden der Rotglut erforderliche Zeit. Diese Methode erfordert Übung und Erfahrung.

Die Außenflächentemperatur eines neuen Gewölbes beträgt in den Furchen ~350° C, mit dem allmählichen Abnehmen der Gewölbedicke bis auf etwa

30 mm steigt sie auf $\sim 850°$ C an. Nach Auflegen der Nachsetzsteine erhöht sich die Temperatur in der Berührungsschicht mit den Reststeinen von 780° C auf $\sim 1320°$ C. Die Gewölbespannung geht dabei auf die Nachsetzsteine über, die verbrauchten Furchensteine sacken durch und fallen ab. Bei Gewölben aus Chrommagnesiasteinen ist Wärmeisolation der Furchen grundsätzlich möglich. Sie darf aber nicht zu stark sein, da sonst Wärmestauungen auftreten und das Gewölbe schneller abschmelzen würde.

An Stelle der Hängestützgewölbe baut man neuerdings einfache *Hängedecken.* Die Steine, — meist blechummantelte Zellensteine (s. Abschn. 5.55), besitzen an der Oberseite Ösen, mit deren Hilfe sie an den in Längsrichtung des Ofens angeordneten und an Querträgern befestigten Tragrippen aufgehängt werden. Abb. 620 zeigt eine Hängedecke im Bau, Abb. 621 die Aufhängevorrichtung, Abb. 622 schließlich die fertige Decke von unten. Die er-

Abb. 621. Siemens-Martin-Ofen mit Hängedecke.
Blick von oben auf die Aufhängevorrichtung

Abb. 622. Siemens-Martin-Ofen mit Hängedecke

forderlichen Dehnfugen werden mit Pappe ausgefüllt (Abb. 621). Die Montage benötigt erheblich weniger Zeit als diejenige eines Hängestützgewölbes. Durch Fortfall der Gewölbespannungen wird die Haltbarkeit verbessert, andererseits die Dichtigkeit vermindert. Gewölbereparaturen können während des Betriebes leicht durch Nachsetzen einzelner Steine ausgeführt werden.

Die Gewölbesteine verschleißen durch mechanisches Abplatzen infolge Wärmespannungen (spalling) und chemische Einwirkung des Ofenstaubes. Beide Vorgänge hängen zusammen, weil die infiltrierten Zonen wegen ihrer veränderten Wärmeausdehnung bevorzugt zum Abplatzen neigen (chemical spalling, vgl. Abschn. 1.84). Abb. 623 zeigt die Rippensteine eines abgesetzten Gewölbes. Ihre feuerseitigen Oberflächen sind durch chemischen Angriff korrodiert. Einzelne Steine zeigen Risse, andere dagegen haben glatte Oberflächen, weil das durch den Riß abgetrennte Stück bereits abgeplatzt ist.

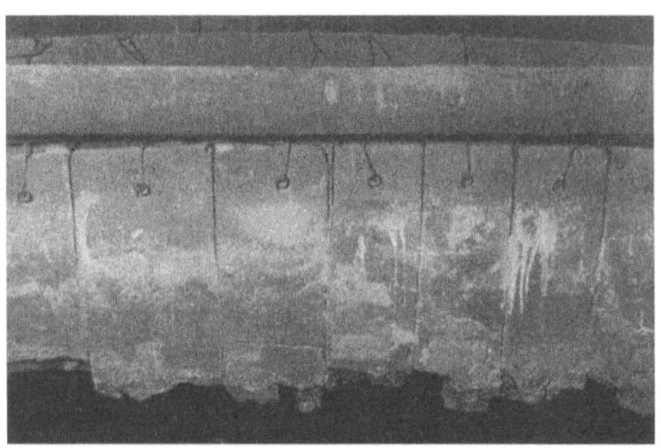

Abb. 623. SM-Ofen-Gewölbe bei der Reparatur. Die Rippensteine sind z. T. chemisch korrodiert, z. T. rissig, z. T. bereits am unteren Ende abgeplatzt

Beim *chemischen Verschleiß* gebrannter Chrommagnesiasteine entsteht an der Oberfläche gewöhnlich ein bröseliger, poröser, schwarzer Pelz, der sich leicht abstreifen läßt (Abb. 624); er ähnelt den bei der Verschlackung von Sillimanitsteinen oder -stampfmassen mit Eisenoxyd auftretenden Bläherscheinungen (s. Abschn. 4.334, Abb. 520 u. Abschnitt 4.51, Abb. 534). Nach L. HÜTTER [16] vermindert ein gut ausgebildeter Pelz den Verschleiß und erhöht so die Gesamthaltbarkeit des Gewölbes.

Der *Pelz* entsteht durch Zufuhr von Eisenoxyd und Kalk, gegebenenfalls auch von Kieselsäure aus dem Ofenstaub. Die Mengen der aufgenommenen Stoffe sowie ihr relatives Verhältnis sind mit der jeweiligen Ofenbeschaffenheit und Betriebsführung verschieden. Je geringer der Abstand zwischen Gewölbe und Herd, um so stärker ist die Verschlackung. Beim Arbeiten mit feinkörnigem und staubhaltigem Kalk ist die Kalkzufuhr größer als bei Verwendung von stückigem und gesiebtem Material.

Abb. 624. SM-Ofen-Gewölbesteine (Furchenstein) mit Spalling und Pelzbildung an der Oberfläche

Zugeführtes *Eisenoxyd* wird z. T. vom Periklas als Magnesioferrit aufgenommen, z. T. bildet es mit Chromerz feste Lösungen. Nach den mikroskopischen Reflexionsmessungen von F. TROJER schwankt die vom Chromerz aufgenommene Fe_3O_4-Menge zwischen 6 und 40 Mol.-% [17]. Abb. 625 zeigt den Zerfall am Rande eines Chromerzkornes durch Bursting und die *Abdrift* von Bruchstücken in eine

Silikatmasse hinein. Die Periklase liegen nach der Eisenoxydinfiltration nicht mehr in Form der bekannten kleinen Ballen vor (vgl. Abb. 591 u. 592), sie bilden vielmehr große, einheitliche Kristalle mit reichlichen Magnesioferritentmischungen und deutlicher Spaltbarkeit nach dem Würfel.

Die im Zusammenhang mit der Eisenoxydaufnahme erfolgten starken Umkristallisationen setzen beträchtliche örtliche Materialwanderungen voraus. Die Mischkristalle aus Periklas und Magnesioferrit dürften sich bei den nur wenig unter dem Schmelzpunkt (1750 °C) des reinen Magnesioferrits liegenden Betriebstemperaturen (∼ 1700 ° C) in zähplastischem Zustande befinden [18]. Sie verschieben sich dann leicht durch Translation // (110) gegeneinander [19].

Außer den nicht durch Bursting zerstörten Chromerzkörnern bildet daher der ganze oberflächennahe, stark degenerierte Teil der Gewölbesteine eine plastische Masse, die entstehende Gase nicht entweichen läßt. Werden Gase im Inneren dieser Masse frei, beispielsweise verdampfendes Chrom-

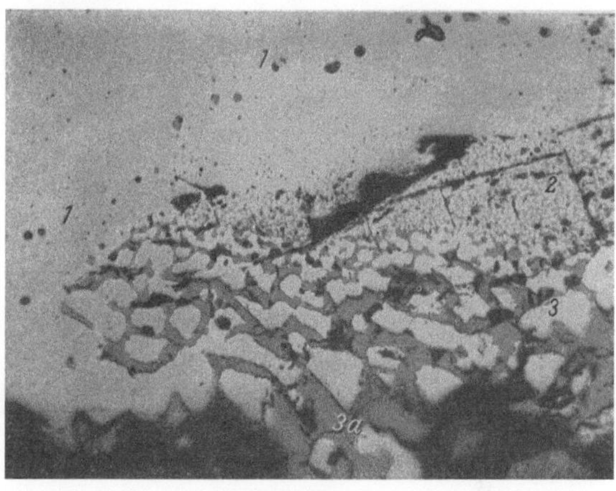

Abb. 625
Chromerzkorn im Pelz eines Chrommagnesia-Gewölbesteines mit randlichen Auflösungserscheinungen. Anschliff (Vergr. 100 ×)
1 Chromerz; *2* Periklas mit reichlichen Magnesioferritmischungen und würfelförmiger Spaltbarkeit; *3* Chromerzbruchstücke (hell) in einer Silikatmasse (grau) schwimmend

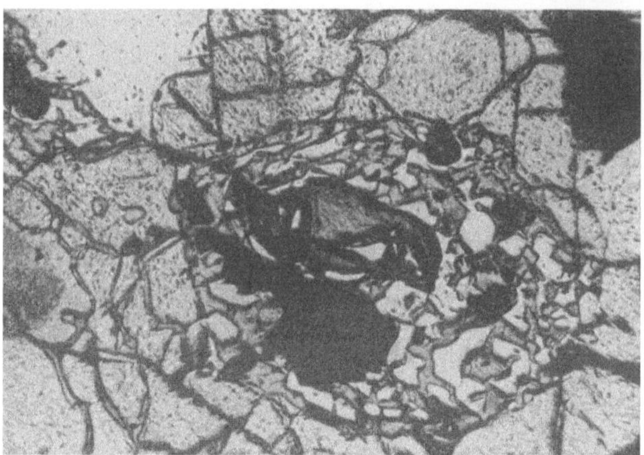

Abb. 626. Porenbildung im Chromitkorn eines Chrommagnesia-Gewölbesteines. Anschliff (Vergr. ∼ 37 ×)

oxyd (vgl. Abschn. 5.153) oder Sauerstoff beim Übergang von Eisen(3)-oxyd zu Eisen(2)-oxyd, so müssen sie Bläherscheinungen hervorrufen und die beschriebene pelzartige Struktur erzeugen [18]. Abb. 626 zeigt die Entstehung einer Pore im zerfallenden Chromerzkorn, Abb. 627 einen größeren Ausschnitt aus einer

Pelzzone mit großen Poren, zerfallenden Chromerzkörnern, rekristallisierten Periklasen und Silikaten. Meist finden sich Blähporen im Grenzgebiet zwischen infiltrierten und nicht infiltrierten Chromerz.

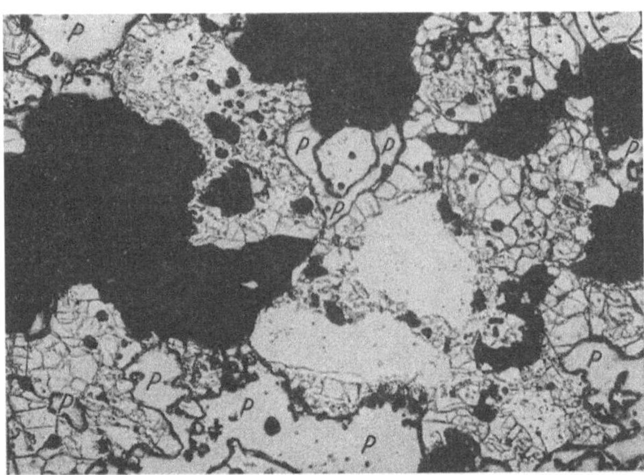

Abb. 627. Pelzzone eines Chrommagnesiasteines aus einem SM-Ofen-Gewölbe. Anschliff (Vergr. 7 ×)
Weiß: Chromerzkörner, randlich zerfallend; grau mit Spaltrissen: Periklas mit MF-Entmischungen; dunkelgrau: Silikate; schwarz und mit *P* bezeichnete graue Gebiete: Poren

N. Skalla u. F. Trojer [20] nehmen an, daß sich die Poren bei Abwanderung silikatischer Schmelzen zum kalten Ende des Steines hin bilden. Derartige Wanderungen finden zweifellos statt. Ein großer Teil der Poren besitzt aber mehr als 2 mm Dmr., kann also nicht auf diese Weise entstanden sein; denn im ursprünglichen Stein gibt es nur selten so große Silikatanhäufungen.

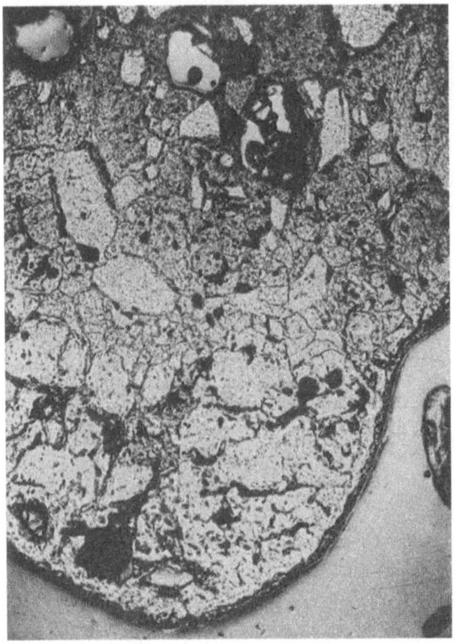

Im Extremfall kann ein Gewölbestein so viel Eisenoxyd aufnehmen, daß die Masse relativ dünnflüssig wird und an Stelle eines Pelzes Schmelzzapfen entstehen (Abb. 628). F. Trojer [17] fand nahe der Oberfläche eines derartigen Gewölbesteines starke Anreicherungen der Spinellphase (Magnesioferritbildung), die den Periklas vollständig verdrängte und neben Magnetit mit Chromit feste Lösungen bildete.

Derartige Verschlackungszonen ohne größere Blähporen sind meist nur wenige mm dick, nach innen klingt die Eisenoxydinfiltration ziemlich unvermittelt ab und geht in eine Zone mit Anreicherungen der verdrängten Silikate über. Man findet solche Strukturen vor allem an blechummantelten Magnesiachrom-

Abb. 628. Schmelzzapfen an einem Chrommagnesiastein aus einem SM-Ofen-Gewölbe Anschliff (Vergr. 5 ×)

steinen, sie fehlen aber auch an gebrannten Steinen mit hohen Chromerzgehalten nicht.

Kalk greift vor allem die Gangart an, er bildet mit Forsterit Schmelzen monticellitischer bis merwinitischer Zusammensetzung (vgl. Abschn. 5.173).

Bei hoher Kalkzufuhr tritt bevorzugt Dikalziumsilikat statt Monticellit auf,
es bildet häufig mit dem gleichzeitig entstehenden Dikalziumferrit eutektische
Strukturen. Sehr große Kalkmengen lösen die Chromitkörner unter Bildung von
Kalziumferrit und $CaO \cdot Cr_2O_3$ auf (vgl. Abschn. 5.153).

Tab. 155 enthält die Analysen von Pelzzonen aus verschiedenen SM-Ofen-
Gewölben. Trotz großer Unterschiede in der chemischen Zusammensetzung

Tabelle 155. *Analysen verschiedener Pelzzonen an der Oberfläche von Chrommagnesiasteinen
aus SM-Ofen-Gewölben*

	SiO_2 %	Al_2O_3 %	Fe_2O_3 %	Cr_2O_3 %	MnO %	CaO %	MgO %	Bearbeiter
1	6,5	10,4	12,8	22,2	0,4	4,0	42,1	Kienow
2	5,9	12,7	18,8	22,4	1,3	3,6	33,9	Kienow
3	0,5	5,7	27,0	17,5	3,2	3,5	41,7	Kienow
4	2,8	9,4	21,2	20,2	0,6	2,3	42,9	Kienow
5	1,0	3,3	37,3	14,9	1,6	2,0	39,1	Kienow
6	5,0	11,4	23,5	18,4	0,6	5,0	35,7	Rait
7	0,6	3,5	63,0	10,5	—	1,1	9,7	Skalla-Trojer

besitzen alle untersuchten Steine ähnliche Struktur. Der Eisenoxydgehalt kann
um 0 bis 50% größer sein als im unverschlackten Chrommagnesiastein. Kieselsäure ist teils mehr, teils wesentlich weniger vorhanden als im Ausgangszustand,
CaO meist mehr. Die Gehalte an MgO und Al_2O_3 sind nur wenig verändert, wenn
sie sich nicht wegen hoher Eisenoxydzufuhr relativ verkleinern. Der Cr_2O_3-Gehalt
verringert sich meist infolge Verdampfung.

Kalksilikatische Schmelzen diffundieren zum kalten Teil des Steines hin,
solange in der Pelzzone offene Poren vorhanden sind. Mit Einsetzen des Bläh-
vorganges werden die Diffusionswege versperrt. In der Pelzzone dann noch
gefundene Silikate können Reste aus dem ursprünglichen Stein darstellen, mit
dem Ofenstaub zugeführt oder durch Diffusion aus bereits zerstörten Steinteilen
eingewandert sein. Das letzte ist vor allem dann der Fall, wenn der Verschleiß
relativ schnell vonstatten geht und die Wanderungsfront der Silikate von der
Pelzbildung eingeholt wird. In solchen Fällen enthält die Pelzzone viel SiO_2 und
CaO. Bei langsamem Verschleiß dagegen haben die Silikate Zeit abzuwandern.

Die *Silikate* erstarren in einer 20 bis 60 mm von der Oberfläche entfernten
Zone, die dadurch dicht, kompakt und porenarm wird. Sie lagern sich vor allem
rings um die Chromerzkörner ab und füllen die durch schlechte Einbindung
entstandenen Hohlräume aus. F. Trojer [17] fand neben zugewandertem
Monticellit Reste des durch diesen verdrängten, ursprünglich vorhandenen
Forsterits. Tab. 156 mit den Analysen der einzelnen Zonen eines Gewölbesteines
und Abb. 629 lassen erkennen, daß die SiO_2- und CaO-Gehalte in der beschriebenen Zone Maximalwerte erreichen.

In Abb. 629 wurde bei den in ihrer Menge gewachsenen Oxyden die Differenz ihrer
Prozentgehalte im verschlackten und unverschlackten Stein eingetragen. Die Mate-

rialzufuhr wirkt als Verdünnung, der Prozentgehalt der übrigen Komponenten wird geringer, auch wenn ihre absolute Menge konstant bleibt. Diese sog. scheinbare Abnahme wurde errechnet und zum Ausgleich den Analysenwerten des verschlackten Steines zugefügt. Ergibt

Tabelle 156
Zonenanalysen eines verschlackten Chrommagnesiasteines aus einem SM-Ofen-Gewölbe

Zone	Entfernung v. d. verschlackten Seite mm	SiO_2 %	Al_2O_3 + TiO_2 %	Fe_2O_3 %	Cr_2O_3 %	MnO %	CaO %	MgO %	Na_2O %	K_2O %	Glühverlust %
1	2,5	0,53	5,73	27,00	17,45	3,21	3,45	41,71	0,25	0,12	—
2	7,5	2,85	10,61	18,77	19,20	1,55	4,59	42,00	0,36	0,12	+ 0,15
3	30	5,33	10,41	11,26	17,88	0,51	7,99	45,48	0,45	0,12	+ 0,37
4	100	2,93	12,07	12,71	23,89	0,59	1,34	45,62	0,24	0,12	0,30

die Differenz zwischen diesem korrigierten Wert und dem Prozentgehalt der betreffenden Komponenten im unverschlackten Stein negative Werte, so ist tatsächlich ein Teil der Komponente abgewandert. Es handelt sich dabei um Mindestwerte der echten Mengenabnahme, sie wurden in das Diagramm eingetragen (Cr_2O_3, Al_2O_3; SiO_2 nur in der Pelzzone).

In der schwarz gefärbten, speckig glänzenden, verdichteten Zone mit Kalk- und Kieselsäureanreicherungen entstehen die oben erwähnten Risse und damit die unvermeidlichen *Abplatzungen*. Der Stein verliert durch die Ablagerung der Silikate seine Kerbfestigkeit und wird empfindlicher gegen Temperaturwechsel. In vielen Fällen dürfte die Ausdehnung der durch Eisenoxydinfiltration degenerierten äußeren Zone und ihr vom Reststein abweichendes mechanisches Verhalten

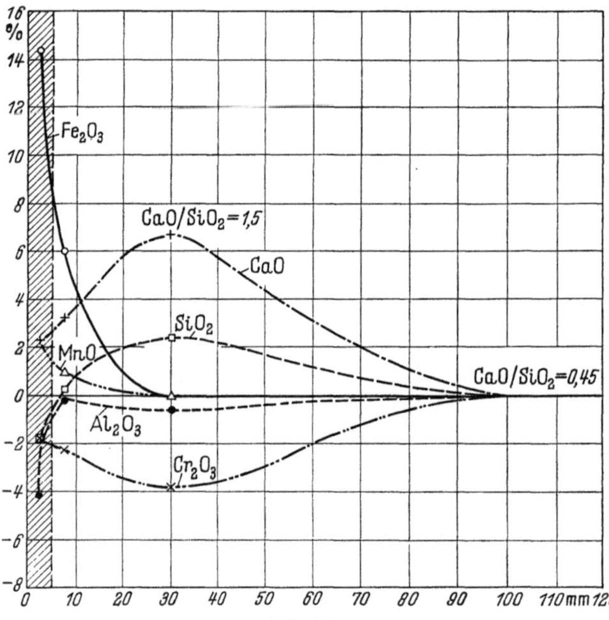

Abb. 629
Änderung der chemischen Zusammensetzung von Chrommagnesiasteinen beim Gebrauch im Gewölbe eines Siemens-Martin-Ofens
Schraffiert: Pelzzone

zur Rißbildung beitragen. Hinter der schwarzen verdichteten Zone erleidet der Chrommagnesiastein keine mineralogischen Veränderungen, wenn man von geringfügigen Infiltrationen durch Silikate absieht. Platzen an der Feuerseite des Steines Teile ab, so beginnt der beschriebene chemische Verschleiß an den Reststeinen von neuem.

Die Haltbarkeit der Chrommagnesiasteine hängt stark vom Bursting der Chromerzkörner ab. Große, nicht zerfallende Restkörner schützen den Stein vor raschem Verschleiß. Durch *Ölfeuerung* werden die Gewölbesteine erfahrungsgemäß

Tabelle 157. *Spiegelungsvermögen von feuerfesten Steinen und SM-Ofenschlacke*
(nach G. NAESER u. W. PEPPERHOFF)

	Durchsichtige Flamme		Leuchtende Flamme		Änderung des Spiegelungsvermögens nichtleuchtend (= 100) gegenüber leuchtend %
	Spiegelung in %	Unterschied gegen Schlacke	Spiegelung in %	Unterschied gegen Schlacke	
	I	II	III	IV	V
Silika	18	− 10	46	+ 26	+155
Schamotte	20	− 8	46	+ 26	+130
Magnesia	46	+18	47	+ 27	+ 2
Chrommagnesia .	61	+33	48	+ 28	− 21
Siemens-Martin- Schlacke	28	−	20	−	− 29

stärker angegriffen als durch Gasflammen. Dies dürfte vorwiegend auf den Gehalt der Ölaschen an V_2O_5 zurückzuführen sein (vgl. Abschn. 3.513, Tab. 102) z. T. wird auch die Bildung leicht zerfallender *Eisenkarbonyle* als Ursache vermutet. Die Verwendung von *Sauerstoff* anstelle von Luft vermindert dagegen die Gewölbehaltbarkeit meist nicht, weil im Ofenstaub weniger FeO auftritt.

Die *Lebensdauer* basischer Gewölbe schwankt je nach Betriebsbedingungen zwischen 400 und 2000 Schmelzen. Eine Untersuchung über die Gewölbehaltbarkeit in Abhängigkeit von Ofengröße und Herdflächenleistung hat L. HÜTTER [*12*] durchgeführt. Bei Überschreitung der normalen Gebrauchstemperatur bilden sich die hinter der sichtbaren Oberfläche entstehenden, das Abplatzen einleitenden Risse schneller. Chrommagnesiasteine ermöglichen wohl im Gegensatz zu Silikasteinen einen forcierten Betrieb, re-

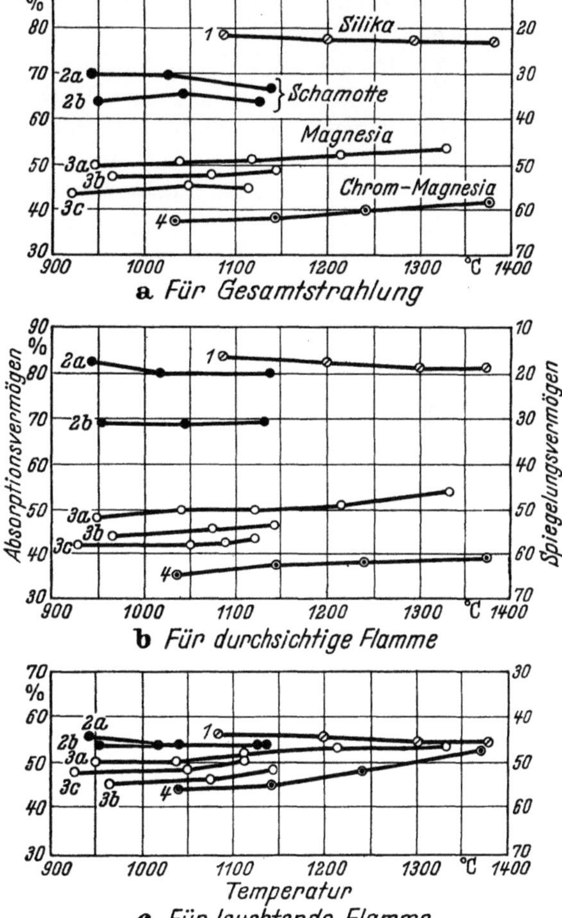

Abb. 630a bis c. Temperaturabhängigkeit des Wärme-Absorptions- und Spiegelungsvermögens verschiedener feuerfester Steine (nach G. NAESER u. W. PEPPERHOFF)

agieren darauf aber mit verstärktem Abplatzen und geringerer Lebensdauer.

Neben reinen Chrommagnesiagewölben werden — vor allem in Amerika — Mischgewölbe aus Chrommagnesia und Silikasteinen, sog. *Zebra-Gewölbe* hergestellt, bei denen Streifen von basischen und sauren Steinen in regelmäßiger oder unregelmäßger Aufeinanderfolge abwechseln. Diese Bauweise soll die Haltbarkeit von Silikagewölben so weit verbessern, daß sie der Lebensdauer der übrigen Ofenteile angepaßt wird. Gelegentlich führt man besonders stark beanspruchte Gewölbeteile, z. B. nahe der Rückwand oberhalb des Abstiches in *Schwarz-Weiß* aus mit dem Ziel, die Gesamthaltbarkeit zu verlängern. Die gegenseitige chemische Beeinflussung von Silika- und Chrommagnesiasteinen ist an vertikalen Berührungsflächen so gering, daß die zu erwartenden Reaktionen keinen nennenswerten Einfluß auf das Ausmaß des Verschleißes haben. Die nach kurzer Betriebszeit vorstehenden Chrommagnesiasteine sollen die Silikasteine vor der Zufuhr von Ofenstaub teilweise schützen; die letzteren schmelzen dann langsamer ab als im reinen Silikagewölbe. In Deutschland liegen bisher nur wenig Erfahrungen mit Zebra-Gewölben vor [*21*].

Das Gewölbe soll auch durch *Rückstrahlung* die Wärmeübertragung auf das Bad verstärken. Die Spiegelung bzw. Rückstrahlung ist um so vollkommener, je weniger Wärme vom Stein absorbiert wird (vgl. Abschn. 1.54). Nach G. Naeser u. P. Pepperhoff [*22*] absorbieren basische Steine grundsätzlich weniger Wärme als saure. Bei leuchtender Flamme fallen die Unterschiede nicht ins Gewicht, bei nichtleuchtender jedoch um so mehr. Im letzten Fall reflektieren Silikasteine 18%, Chrommagnesiasteine dagegen 61% der eingestrahlten Wärme. Tab. 157 enthält Werte für das Spiegelungsvermögen, Abb. 630 für das Absorptions- bzw. Spiegelungsvermögen als Funktion der Temperatur für verschiedene feuerfeste Steine. In der Frage der Reflexion bzw. Wärmeübertragung auf das Schmelzgut haben demnach die Chrommagnesiasteine Vorzüge gegenüber den Silikasteinen.

5.615 Brennerköpfe

Die Brennerköpfe sind die konstruktiv schwierigsten Teile des SM-Ofens. Unter den zahlreichen Vorschlägen für ihre Gestaltung haben sich mehrere im Stahlwerksbetrieb gut bewährt, z. B. die Maerz-, Moll- und Venturi-Köpfe. Die basische Zustellung beseitigte eine Reihe von Schwierigkeiten, die höchstbeanspruchten Teile wurden haltbarer. Als solche gelten das Gaszuggewölbe, die von oben und unten der Temperatur und dem Verschleiß ausgesetzte Zunge zwischen Gas- und Luftzug und der Luftzugspiegel, auf den die Abgase nach der Umschaltung aufprallen. Bei Venturiöfen kommt noch der Führungsbogen hinzu, der den Vorverbrennungsraum vom Herdraum abteilt. Zum Schutze der *Gaszugmündung* gegen einen Rückbrand, der die gelenkte Flammenführung erschweren würde, dienen meist Kühlschlangen (Abb. 631), außerdem werden häufig vorn an der Gaszugmündung besonders widerstandsfähige Spezialsteine aus Schmelzmagnesia eingebaut.

Das *Gaszuggewölbe* besteht gewöhnlich aus Chrommagnesiasteinen. Die *Gaszugsohle* basisch zugestellter Köpfe ist schwer rein zu halten. Bei Silikaköpfen bilden sich dünnflüssige, daher leicht abfließende Schmelzen, in basischen entstehen dagegen am Gewölbe, den Seitenwänden und vor allem auf der Gaszugsohle feste Ansätze. Sie können allmählich den Gaszug verengen und so die

Flammenführung ändern. Die Ansätze enthalten überwiegend den bei Betriebstemperaturen zähflüssigen Magnetit (vgl. Abschn. 5.152).

Die Analyse eines Schmelzzapfens vom Gasgewölbe ergab:

SiO_2 %	Al_2O_3 %	Fe_3O_4 %	MnO %	CaO %	MgO %	Cr_2O_3 %	P_2O_5 %
1,65	0,88	85,1	4,99	3,42	1,45	0,26	0,27

Zur Verhinderung des Anwachsens kann man auf die Gaszugsohle Quarzkies oder eine
feinkörnige Masse aus Silikabrocken, Soda und Flußspat im Verhältnis 3 : 1 : 1 legen. Ent-

Abb. 631. Brennerkopf eines 200 t-Kippofens mit Kühlschlangen. Oben: Luftzug; unten: Gaszug

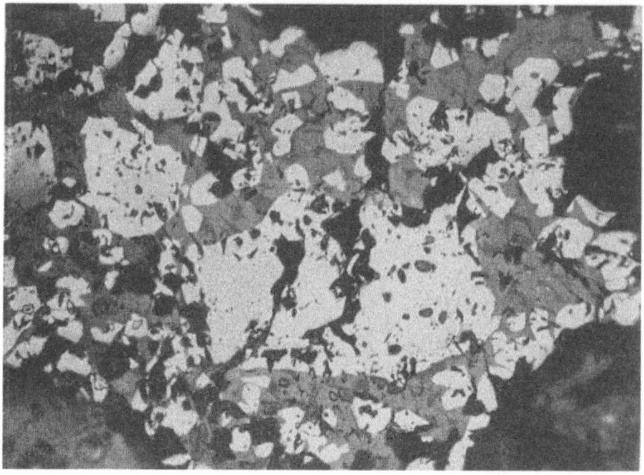

Abb. 632. Chromerzhaltiger Forsteritstein aus dem Spiegel eines Siemens-Martin-Ofens, verschlackte Zone.
Anschliff (Vergr. 119 ×) — Hell: Chromerzkörner mit eisenoxydreichen Säumen (stärkere Reflexion);
grau: Periklas mit Magnesioferrit;   dunkelgrau: Silikate

stehende Ansätze erweichen dann und können mit einer Krücke entfernt werden [23]. Auch Thermitpulver oder Ferrosilizium wird zum Aufschmelzen der Ansätze benutzt.

Am *Spiegel* des Gas- und Luftabzuges verwendet man normale Magnesiasteine oder Magnesiachromsteine, gebrannt oder blechummantelt, auch chromerzhaltige Forsteritsteine haben sich dort gut bewährt.

Die letzteren hielten bei einem Versuch 101 Chargen aus, in gleicher Position eingebaute Magnesiasteine mußten bereits nach 61 Chargen erneuert werden. Nach dem Ausbau zeigte sich, daß der Forsteritstein in seiner äußersten Zone Magnesiumoxyd und Kieselsäure verloren, sich aber an Eisen- und Chromoxyd angereichert hatte. Auch sein Kalkgehalt war in geringem Maß gestiegen, wie nachstehende Zusammenstellung zeigt:

	SiO_2	$Al_2O_3 + TiO_2$	Fe_2O_3	Cr_2O_3	MnO	CaO	MgO	Alk.
Verschlackte Zone, 22 mm	17,69	5,05	29,74	14,86	1,44	2,08	28,62	0,27
Dunkle, infiltrierte Zone, 15 mm	24,82	4,09	11,09	9,63	0,64	3,17	45,55	0,35
Unverschlackter Stein ..	22,71	4,14	8,80	9,33	0,30	1,09	53,52	

Bei der Zufuhr von Eisenoxyd und Kalk, eventuell auch von Kieselsäure, entstanden aus dem Forsterit Schmelzen monticellitischer oder enstatitischer Zusammensetzung; sie flossen ab, das zurückbleibende Chromerz wurde angereichert. Abb. 632 zeigt einen Anschliff durch die verschlackte Zone.

Tabelle 158

Zonenanalysen eines gebrauchten Chrommagnesiasteines aus dem Kopf eines SM-Ofens

Zone Nr.	Tiefe unter der Oberfläche mm	SiO_2 %	Al_2O_3 %	Fe_2O_3 %	Mn_3O_4 %	Cr_2O_3 %	CaO %	MgO %	Offene Poren Vol.-%	Geschlossene Poren Vol.-%
1	0 bis 10	6,5	10,4	12,8	0,4	22,2	4,0	42,1	25,0	
2	25 bis 35	6,3	11,2	12,6	0,3	23,0	4,6	40,8	20,8	7,7
3	45 bis 55	9,1	9,8	10,9	0,2	20,8	6,2	41,4	13,1	1,9
4	70 bis 80	8,9	9,7	11,3	0,2	21,4	6,3	40,6	13,8	3,9
5	100 bis 110	4,6	10,5	11,4	0,2	24,6	1,8	45,6	28,1	
6	140 bis 150	4,3	11,9	11,4	0,2	25,2	1,8	43,9	31,1	

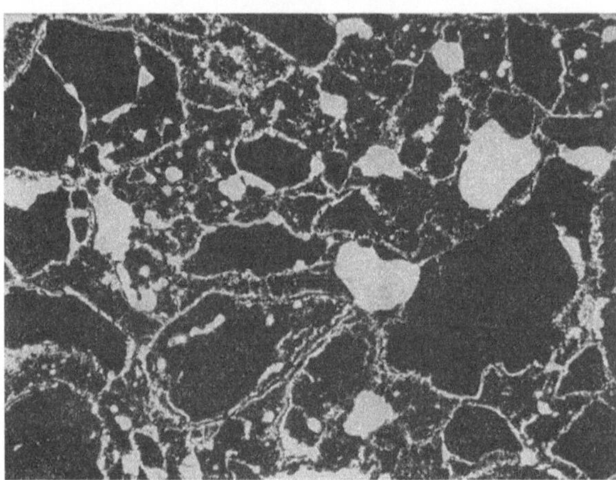

Abb. 633. Verschlackter Chrommagnesiastein aus dem Kopf eines Siemens-Martin-Ofens, schwarze, verdichtete Zone. Dünnschliff (Vergr. 7 ×)
Dunkle Körner: Chromerz; feinkörnige, dunkle Substanz: Periklas mit Magnesioferrit; weiß: Poren; hellgraue Substanz in der Umgebung der Chromerzkörner: Silikate

Die gute Haltbarkeit der Forsteritsteine ist daher in erster Linie dem in diesem Falle wenig zerfallenden Chromerz zu danken, das nach Ausscheiden der Silikate eine verschleißfeste Schicht bildete. Stark berstendes Chromerz kann dagegen den Verschleiß nicht aufhalten.

An den *Seitenwänden* der Brennerköpfe herrschen ähnliche Verschleißerscheinungen wie im Gewölbe. Auch hier besitzt die Oberfläche häufig pelzartige Struktur (vgl. Abschn. 5.614).

Tab. 158 enthält Analysen der verschiedenen Zonen eines verschlackten Chrommagnesiasteines, der wenig Eisenoxyd, aber relativ viel Kalk und Kieselsäure aufgenommen hat. Die deutliche Anreicherung dieser Komponenten in den Zonen 3 und 4 weist auf Wanderungen von Schmelzen etwa monticellitischer Zusammensetzung hin. In diesen Zonen sinkt auch die Porosität auf Minimalwerte ab. Der Dünnschliff (Abb. 633) läßt erkennen, daß sich die Sili-

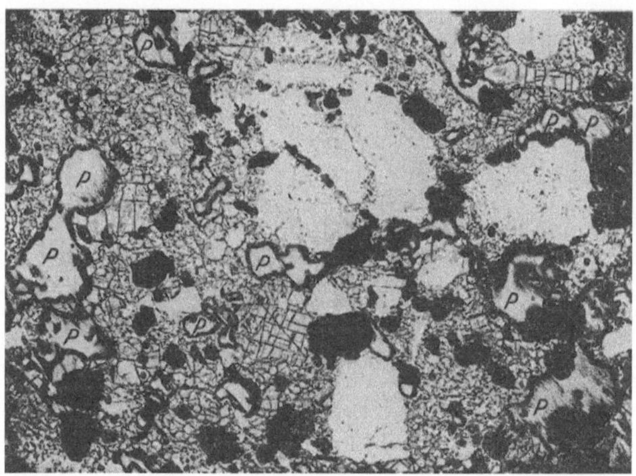

Abb. 634. Verschlackter Chrommagnesiastein aus dem Kopf eines Siemens-Martin-Ofens, Pelz. Anschliff (Vergr. 7 ×)
Weiß: Chromerz; grau mit Spaltrissen: Periklas mit Magnesioferrit; schwarz und mit P bezeichnete Gebiete: Poren

kate vorwiegend an den Oberflächen der Chromerzkörner abgesetzt haben. Die starke Versinterung des Steines nahe der feuerseitigen Oberfläche ist mit Bläherscheinungen und Korngrößenwachstum der Periklase verbunden (Abb. 634).

5.616 Schächte, Schlackenkammern und Gitterung

Um die Lebensdauer des Unterofens der eines basischen Oberofens anzupassen, erstellt man häufig auch das Schacht- und Schlackenkammer-Mauerwerk aus Magnesia- oder Magnesiachromsteinen. Der Übergang von den Schächten zur Schlackenkammer wird bei modernen Öfen in Hängedeckenkonstruktionen [24] ausgeführt, um so eine aerodynamisch günstige, allmähliche Erweiterung des Schachtes nach unten hin zu erreichen (*Trompete*, Abb. 635). Als Wände für die *Schlackenkammern* haben sich sehr dichte Chrommagnesia-, Magnesiachrom- oder Forsteritsteine bewährt. So zugestellte Kammern halten 2 Ofenreisen eines basischen Oberofens aus. Die sich absetzende Schlacke bleibt krümelig und kann daher leicht ausgeräumt werden, bei sauer zugestellten Kammern bilden sich dagegen Schmelzflüsse, die beim Erstarren sehr fest werden und nur durch Sprengen entfernt werden können [16].

Auch zur *Ausgitterung* der oberen Lagen von Gas- und Luftkammern können basische Steine verwandt werden. Wegen ihrer größeren Feuerfestigkeit gegenüber Silika- oder Schamottesteinen gestatten sie höhere Vorwärmtemperaturen, außerdem besitzen sie wegen ihres höheren Raumgewichtes bessere Wärmespeicherfähigkeit. Wegen ihrer besseren Wärmeleitfähigkeit nehmen sie die Wärme aus den Abgasen schneller auf und geben sie umgekehrt leichter an die vorzuwärmende Luft bzw. das Gas wieder ab. Werden Steine gleicher Stärke wie bei Silika bzw. Schamotte verwandt, so steigt die Wärmedurchgangszahl des Gitterwerkes um 7 bis 14%, d. h. Gas und Luft werden während der Einschmelzperiode heißer.

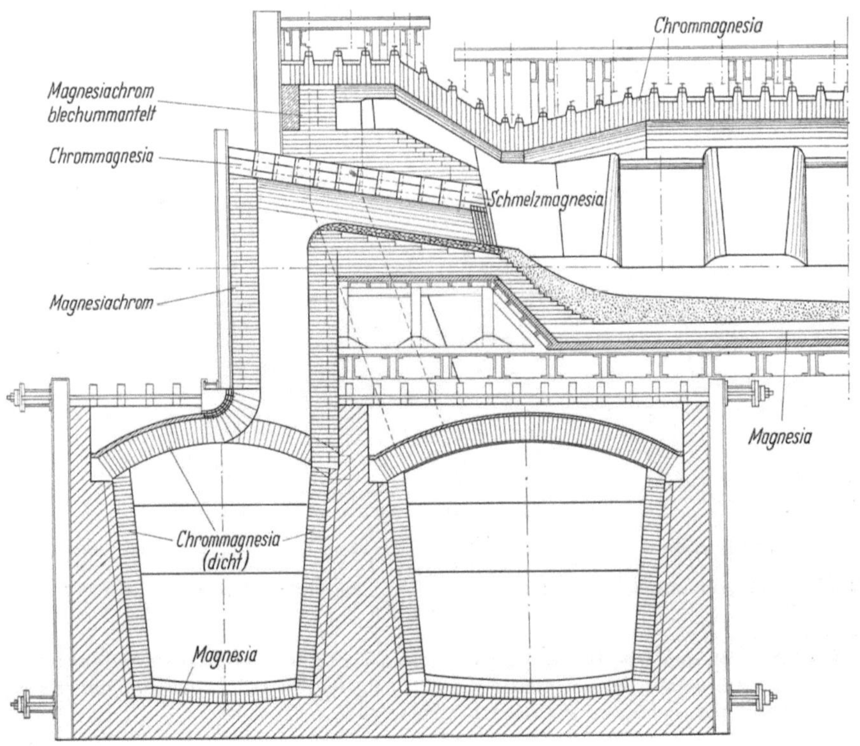

Abb. 635. Basische Zustellung einer SM-Ofen-Schlackenkammer mit Hängedecke (nach L. HÜTTER)

Bei Verminderung der Steinstärke kann man andererseits die Zahl der Gittersteine vermehren, d. h. die Heizfläche bei gleicher Speicherfähigkeit und gleichem Gesamtkanalquerschnitt vergrößern. Schließlich kann man bei gleichbleibender Oberfläche und Speicherfähigkeit das Steingewicht herabsetzen, d. h. den Kanalquerschnitt erweitern, wodurch die Druckverluste im Gitterwerk abnehmen.

Da basische Steine unempfindlich gegen Alkalien sind, ist ihr Verschleiß im Gitterwerk gering, bei hohem Eisenoxydgehalt im Ofenstaub bilden sich jedoch infolge Entstehung von Magnesioferrit Ansätze, die zu einer Verstopfung führen können. Die Ansatzbildung wird durch herabtropfendes Steinmaterial von Silikagewölben gefördert. Man muß daher bei basischer Gitterung auch Gewölbe und

Wände der Kammern basisch oder mit tonerdeangereicherten Steinen zustellen (vgl. Abschn. 4.32).

Die Frage nach den dort am besten geeigneten Gittersteinen ist noch nicht geklärt. Bewährt haben sich bisher chemisch-gebundene Magnesiachromsteine mit $\sim 15\%$ Cr_2O_3, Spezialmagnesiasteine und z. T. Forsteritsteine. Normale Chrommagnesiasteine werden mürbe und zerbröckeln leicht [23].

Nach N. SKALLA [25] zieht man zweckmäßig den basischen Teil der Gitterung in der Kammermitte tiefer nach unten als an den Rändern. Diese Maßnahme soll den Strömungsverhältnissen im Gitterwerk am besten Rechnung tragen.

5.617 Inbetriebnahme des ganzbasischen Ofens

Da sich basische Steine mit steigender Temperatur gleichmäßig ausdehnen, kann man die Ofentemperatur beim Anheizen kontinuierlich steigern, ohne daß Schädigungen des Mauerwerks zu befürchten sind. Eine stündliche Steigerung von 25° C hat sich als tragbar erwiesen, damit erreicht der Ofen nach ~ 64 Std. die Betriebstemperatur (Abb. 636, Kurve *1*). Bei vollständig ausgekühltem Unterofen werden allerdings die Kammern nach dieser Zeit noch nicht heiß genug sein. Man beginnt daher zweckmäßig mit der Beheizung der Kammern schon dann, wenn am Oberofen noch gearbeitet wird.

Ist im Unterofen Silikamauerwerk vorhanden, muß die Temperatur bis $\sim 800°$ C langsamer gesteigert werden. Die Anheizgeschwindigkeit darf in diesem Falle 11 °C/h nicht überschreiten [26] (Abb. 636, Kurve *2*).

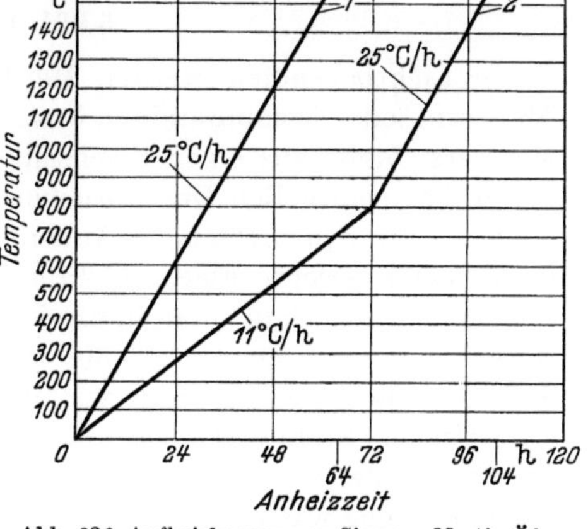

Abb. 636. Aufheizkurven von Siemens-Martin-Öfen (nach L. HÜTTER)

1 Ganzbasische Öfen; *2* Öfen mit Silika-Mauerwerk im Unterofen

Angeheizt wird mit Düsenfeuer, gegebenenfalls mit Holz, Koks oder Kohle, bis im Oberofen Temperaturen bis $\sim 500°$ C erreicht sind. Es muß nach Möglichkeit vermieden werden, daß die Temperatur beim darauffolgenden Gaseinlaß sprunghaft ansteigt. Die Flamme darf nicht gegen das Gewölbe schlagen.

Damit sich das Gewölbe beim Anheizen ausdehnen kann, soll der Scheitel vor dem Gaseinlaß um etwa 5 mm gesenkt werden. Später werden die Muttern der Federschrauben in einem dem Anstieg des Gewölbes entsprechenden Maße weiter gelöst. Nach dem Umsteuern wiederholt man diese Manipulationen auf der anderen Ofenseite. Nach 6 bis 8 Wochen steigt das Gewölbe wieder merklich (Treiberscheinungen). In dieser Zeit wird die Spannung der Anker erneut nachgelassen.

Will man die Abplatzungen am Gewölbe in erträglichen Grenzen halten, werden basisch zugestellte Öfen in den Zeiten vorübergehender Betriebsruhe zweckmäßig auf Weißglut gehalten (1200 bis 1300° C).

5.618 Schlußbemerkungen

Der ganzbasische SM-Ofen, d. h. ein solcher mit basisch zugestelltem Oberofen, dessen Luft- und Gaskammern aber saure oder basische Steine enthalten können, hat sich in Mitteleuropa am stärksten durchgesetzt. Das ist vor allem auf die Nähe der österreichischen Magnesitvorkommen und die starke Aktivität der magnesitverarbeitenden Firmen zurückzuführen. In England sind die Ergebnisse mit ganzbasischen Öfen bisher ungünstiger. Als Rohstoffquelle dient dort vorwiegend Seewassermagnesia. Auch in Amerika konnte sich der ganzbasische Ofen noch nicht so einführen wie in Mitteleuropa. Dort werden chemisch gebundene und blechummantelte Steine sowie Stampfmassen den gebrannten Steinen vorgezogen. Wegen des weitgehend durchgeführten Überganges zur Ölfeuerung wurde das bis dahin in Amerika vorherrschende Venturiprinzip für die Gestaltung der Brennerköpfe aufgegeben. Die neuen Köpfe haben nur glatte Stirnwände mit Öffnungen für die Brenner.

Insgesamt ist die Wärmeausnutzung im SM-Ofen noch unvollkommen. Nur 30% der zugeführten Wärme werden für die Schmelzarbeit ausgenutzt. 40% gehen durch Abgase und 30% durch Leitung und Strahlung an die Umgebung verloren.

5.62 In Elektroöfen

5.621 Lichtbogenöfen

In Lichtbogenöfen werden Herd und Wand stets basisch, und zwar mit Magnesia- oder Dolomitsteinen bzw. -stampfmassen zugestellt. Der *Herd* besteht zuunterst meist aus einer Flachschicht von Schamottesteinen. Um Schwierigkeiten bei eventuellen Durchbrüchen zu vermeiden, verzichtet man gelegentlich auch auf die Schamottelage. Außerdem enthält der Herd drei bis vier trocken im Verband verlegte Flachschichten handelsüblicher Magnesiasteine. Zur besseren Abdichtung klopft man in die Fugen vorgewärmtes Sintermagnesiamehl ein. Rollschichten sind unzweckmäßig, weil sie die Zahl der Fugen vermehren würden. Auf die gemauerte Unterlage wird der Herd aus Sintermagnesia mit etwa 10% wasserfreien Stahlwerksteers als Bindemittel gestampft. Auch Wasserglas, Bittersalz, Melasse oder Sulfitablauge kann man als Bindemittel verwenden. Bei Benutzung wasserhaltiger Stoffe kann jedoch die Hydratisierung der Sintermagnesia, damit Treiben des Herdes und seine vorzeitige Zerstörung nicht ganz vermieden werden. Die Stampfarbeit wird wie bei SM-Ofenherden ausgeführt (vgl. Abschn. 5.612). Der Stampfherd soll mindestens 200 mm stark sein. Bei geringeren Dicken kann die Stampfmasse in ungünstigen Fällen unterspült werden und dann ganz oder teilweise in der Schmelze aufschwimmen. Die obersten Lagen werden mit Zusätzen von SM-Ofenschlacke versehen und eingebrannt.

Dazu bringt man Koks und Elektrodenabfälle auf den Herd und erhitzt sie mit Hilfe des elektrischen Stromes auf Weißglut.

Sintermagnesiaherde haben vor Dolomitherden den Vorzug höherer Feuerfestigkeit, andererseits kann die Ofenschlacke bei den ersteren infolge hoher Aufnahme von MgO zu zähflüssig werden. Beschädigte Stellen im Herd werden zweckmäßig mit einer Mischung von Sintermagnesia mit gebranntem Kalk oder mit gebranntem dolomitischem Magnesit ($\sim 20\%$ CaO) ausgeflickt.

Proben von verschlackten Magnesiaherden zeigten folgende Zusammensetzung [27]:

SiO_2 %	Al_2O_3 %	FeO %	MnO %	CaO %	MgO %
16,0	1,0	2,6	Spur	20,0	60,0

Die *Seitenwände* werden unterhalb der Schlackenzone mit handelsüblichen Magnesiasteinen, oberhalb derselben mit Magnesiaspezialsteinen hoher Feuerfestigkeit und Verschlackungsbeständigkeit zugestellt. Als Hintermauerung dient eine Lage von Schamotte- oder Feuerleichtsteinen. Zwischen der mindestens 300 mm starken Magnesiawand und den Schamottesteinen bleibt ein 40 bis 50 mm breiter, mit Sintermagnesiamehl ausgefüllter Raum. Diese Zwischenschicht dient zur Isolierung und nimmt den infolge Wärmeausdehnung auftretenden Radialschub auf [*28, 29*].

Um vorzeitiges Einstürzen der Wände zu verhindern, werden die Steine mit einer Neigung nach außen ($\sim15°$) vermauert. Als Mörtel dient eisenhaltige

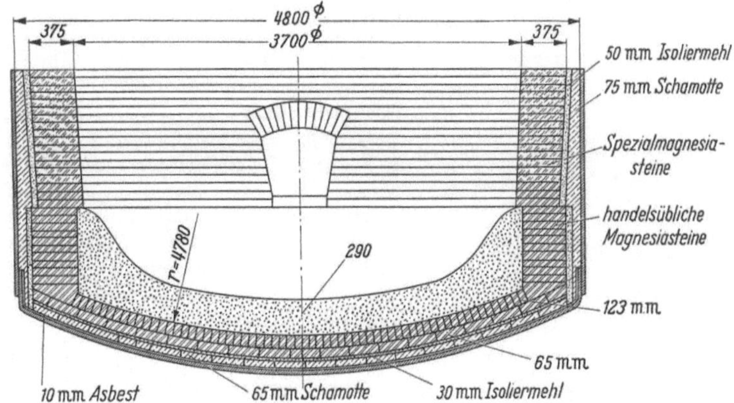

Abb. 637. Querschnitt durch einen Lichtbogenofen mit gemauerten Wänden (nach L. HÜTTER)

Sintermagnesiamasse mit Wasserglas (vgl. Abschn. 5.56). Bittersalzmörtel erhärtet zwar sehr rasch und gibt daher einen guten Steinverband, verliert aber bei $\sim1100°$ C seine Bindekraft.

Der Querschnitt durch einen mit Magnesiasteinen zugestellten Lichtbogenofen ist in Abb. 637 dargestellt. Chrommagnesiasteine sind für die Wände von Lichtbogenöfen nicht verwendbar, weil die Schmelze u. U. unerwünschte Mengen an Chrom aufnehmen würde. Blechummantelte Magnesiasteine haben sich jedoch im Wechsel mit gebrannten Steinen gut bewährt [*30*]. An Stelle gebrannter Steine kann man auch Stampfmassen aus Magnesia mit niedrigem Eisenoxydgehalt (vgl. Abschn. 5.57) oder aus Dolomit (vgl. Abschn. 5.733.1) zur Wandzustellung benutzen.

Die Wände nutzen sich in Höhe der Schlackenzone besonders stark ab. Sie werden während der Oxydationsperiode vorwiegend durch Eisenoxydaufnahme, in der stark reduzierenden Feinungsperiode durch Eindiffusion von Kalk zerstört.

Die Feinungsschlacke ist sehr kalkreich und frei von Eisenoxyden, sie enthält *Kalziumsulfid* CaS als Entschwefelungsprodukt und *Kalziumkarbid* CaC_2 als Reaktionsprodukt mit den Elektroden, außerdem ist sie wegen ihrer hohen Temperatur sehr reaktionsfähig. Sie frißt ringförmige Vertiefungen in das Wandmauerwerk hinein, die u. U. die darüberliegenden Wandteile zum Einsturz bringen können.

Tabelle 159. *Zonenanalysen von 2 Magnesiasteinen aus einem Lichtbogenofen* (nach J. R. RAIT)

Zone	Tiefe unter der Oberfläche mm	Analyse								
		SiO_2 %	Al_2O_3 %	Fe_2O_3 %	FeO %	MnO %	CaO %	MgO %	P_2O_5 %	Glüh-verlust %
Magnesiastein, normaler Verschleiß										
1	90	17,50	7,18	16,70	0,90	1,19	6,40	50,13	—	+0,10
2	90	6,00	6,99	4,80	—	0,20	7,50	74,54	—	—0,26
3	90	3,20	6,91	3,76	—	0,20	3,00	82,69	—	—0,24
Magnesiastein in der Nähe eines halbstabilisierten Dolomitsteines										
1	0 bis 6	4,52	3,13	5,06	5,90	0,81	15,60	65,33	0,07	+0,60
2	6 bis 19	3,20	2,86	5,10	1,70	0,37	15,92	71,14	0,10	+0,34
3	19 bis 32	3,28	3,13	5,92	—	0,33	16,32	70,94	0,10	+0,08
4	32 bis 70	5,28	2,89	8,64	—	0,43	12,92	70,40	0,07	—0,10
5	70 bis 95	3,12	2,38	7,52	—	0,40	7,80	78,40	0,38	—0,04

J. R. RAIT [31] führte die Zerstörung mehrerer verschlackter Magnesiasteine aus den Seitenwänden eines Lichtbogenofens vorwiegend auf unregelmäßiges Abplatzen infolge Wärmespannungen (spalling) zurück. Er beobachtete außerdem eine Wanderung von Schmelzen, welche die Neigung zum Abplatzen wesentlich vergrößert haben dürfte.

Typische Zonenanalysen eines verschlackten Magnesiasteines sind in Tab. 159 aufgeführt. Zugeführt wurden Eisenoxyd, Kieselsäure, Kalk und in geringem Maße Manganoxyd. Die äußere Zone war dunkel und verschlackt, sie enthielt größere Periklaskristalle mit FeO, Magnesioferrit und echten Spinell in fester Lösung. Die Silikate lagen in Form von Forsterit und Monticellit vor. Die zweite graue Zone war dicht und enthielt neben festen Lösungen von Periklas und Magnesioferrit Merwinit und Monticellit. Der Kalkgehalt erreichte in dieser Zone ein Maximum. Die dritte Zone entspricht nahezu dem unverschlackten Stein. Aufgetretene Risse lagen an der Grenze zwischen Zone 2 und 3.

Sehr viel stärkere Wanderungen — bedingt durch hohe Kalkaufnahme — beobachtet man in Magnesiasteinen, die in Nähe oder unter Berührung mit halbstabilisierten Dolomitsteinen (Abschn. 5.722.2) liegen.

J. R. RAIT stellte 5 Zonen fest (vgl. Tab. 159). Die drei äußeren enthielten Trikalziumsilikat, Dikalziumsilikat und Brownmillerit neben festen Lösungen von Periklas mit Spinellen. In den Zonen 4 und 5 fehlte Trikalziumsilikat, Dikalziumsilikat fand sich noch in geringen Mengen, Brownmillerit nur in Spuren. Die Zonen 2 und 3 sind dicht und grau gefärbt, zeigen Anreicherungen der Silikate, außerdem höhere Kalkgehalte als die übrigen Zonen, Der relativ hohe Phosphorsäuregehalt der Zone 5 wird auf Wanderung von Schmelzen zurückgeführt, die in ihrer Zusammensetzung dem *Nagelschmidtit* ($7\,CaO \cdot P_2O_5 \cdot 2\,SiO_2$) entsprechen und erst bei niedriger Temperatur fest werden. Für die in Zone 3 erstarrte Schmelze errechnete J. R. RAIT einen Erstarrungspunkt von 1320° C, für diejenige von Zone 4 einen solchen von 1280° C.

Neben den beschriebenen Wanderungen von Schmelzen spielen sich in Wänden und Herden der Lichtbogenöfen mit ihrer stark reduzierenden Atmosphäre Vorgänge ab, die zur Entstehung weißer zerrieselnder Schichten etwa 20 bis 60 mm unter der Oberfläche (Gebiet der Risse) führen. Im Herd zerrieseln die Magnesiasteine beim Erkalten, selbst wenn sie durch eine Dolomitstampfung gegen unmittelbare Schlackeneinwirkung geschützt sind. Die zerrieselnden Zonen haben etwa folgende Zusammensetzung [20]:

	SiO_2	Al_2O_3	Fe_2O_3	FeO	CaO	MgO	CaO/SiO_2
Weiße zerrieselnde Schicht	4,2	1,0	—	5,1	11,0	78,6	2,6
Zerrieselnder Magnesiastein aus einem Elektroofenherd	8,7	4,8	3,9	—	21,6	60,6	2,5

Nach N. SKALLA u. F. TROJER [20] handelt es sich dabei um Ablagerungen von Dikalziumsilikat. Dieses kann aber wegen seines hohen Schmelzpunktes nicht im schmelzflüssigen Zustand zugewandert sein, es muß sich vielmehr an Ort und Stelle aus Ca-Dampf und gasförmigem Siliziummonoxyd gebildet haben (vgl. auch Abschn. 5.44).

Im *Gewölbe* des Elektroofens konnten sich die basischen Steine bisher gegenüber Silika nicht durchsetzen (vgl. Abschn. 2.52). Wohl hatten Magnesiasteine die bessere Haltbarkeit, sie sind aber gegen den Temperaturwechsel so empfindlich, daß sie für Öfen mit ausfahrbarem Deckel (Korbchargierung) nicht verwendet werden können. Bei Chrommagnesiasteinen besteht auch noch die Gefahr der Ausdehnung bei stark reduzierender Ofenatmosphäre (vgl. Abschn. 5.153). Außerdem kann die Schmelze durch Chrom aus abgeplatzten Steinstücken verunreinigt werden. Auf der anderen Seite wäre eine basische Zustellung des Deckels durchaus erwünscht, weil Silikadeckel durch Kalkstaub stark angegriffen werden und die Basizität der Schlacke durch herabtropfendes und abplatzendes Steinmaterial erniedrigt wird. Ist der Deckel ungewöhnlich schroffem Temperaturwechsel ausgesetzt, können Sillimanitsteine an Stelle von Silika verwandt werden [32]. Häufig stellt man die äußersten 2 bis 3 Ringe der Deckelausmauerung mit Chrommagnesiasteinen zu, den Deckelkern nach wie vor aus Silikasteinen. Man versucht so das Ablaufen geschmolzenen Silikamaterials an den Wänden zu verhindern. Basische Deckel bieten den Vorteil, daß man sie ohne merkliche Beschleunigung ihres Verschleißes isolieren kann.

5.622 Induktionsöfen

Induktionsöfen konnten bisher nur bis zu einem Fassungsvermögen von ~2000 kg basisch zugestellt werden. Für größere Öfen bestand wegen Schwindung der Sintermagnesia erhöhte Durchbruchsgefahr. Um dieser entgegenzuwirken, benutzt man vorwiegend Spezialstampfmassen aus porenarmer *Schmelzmagnesia* (s. Abschn. 5.44) mit wenig Kieselsäure und Magnesioferrit [33], teilweise mit Zusätzen von Korund.

Eine dichte, gut versinterte Stampfung läßt sich nach J. H. CHESTERS [34] durch Verwendung einer Kornverteilung aus Grob-, Mittel- und Feinkorn im Verhältnis 45:10:45 erreichen. Bei geringerem Feinkorngehalt ist die Sinterung unvollkommen. Die maximale Korngröße soll $^1/_3$ bis $^1/_6$ der Wandstärke betragen. Bei Untersuchungen über das Schwindungsverhalten von Stampfmassen fanden J. H. CHESTERS, L. LEE u. J. MACKENZIE [35], daß Massen ohne Sintermittel oder mit nur 1% Borsäure von 1200° C ab schwinden, solche mit Borsäure und Sand sich dagegen bis 1400° C schwach ausdehnen und erst dann zu schwinden beginnen. Bewährte handelsübliche Massen mit 7,5% Bindemittel (Borax und Sand) wachsen schließlich im Temperaturbereich von 1100 bis 1200° C sogar um mehr als 1,5% (Abb. 638). Der Sand löst sich dabei im Borax, die dann kieselsäurereiche Schmelze reagiert mit dem Periklas unter *Forsterit*bildung. Der Forsterit umhüllt die Periklaskörner und drückt sie unter Porositätszunahme auseinander. Bei höherer Temperatur löst sich Forsterit wieder unter Schwindung in der Schmelze.

Nach Betriebsversuchen führt gerade eine frühzeitige Schwindung bei $\sim$1200° C zu störenden Rißbildungen, die Schwindung bei $\sim$1600° C ist dagegen nicht schädlich, wenn ihr eine Ausdehnung von 1,5% oder mehr vorausgegangen ist. Diese bedingt Druckspannungen in der Zustellung und erhöht so deren Festigkeit.

Nach W. BOTTENBERG u. P. BARDENHEUER [36] kann auch *Glaspulver* als Bindemittel benutzt werden. Es führt bereits bei relativ niedrigen Temperaturen zu guter Sinterung von Magnesiamassen, verringert deren Tendenz zum Abplatzen und vergrößert ihren Widerstand gegen mechanische Spannungen. Damit solche Massen nicht schrumpfen, sollen die ersten Chargen bei möglichst niedriger Temperatur geschmolzen werden. Nach C. BOOTH

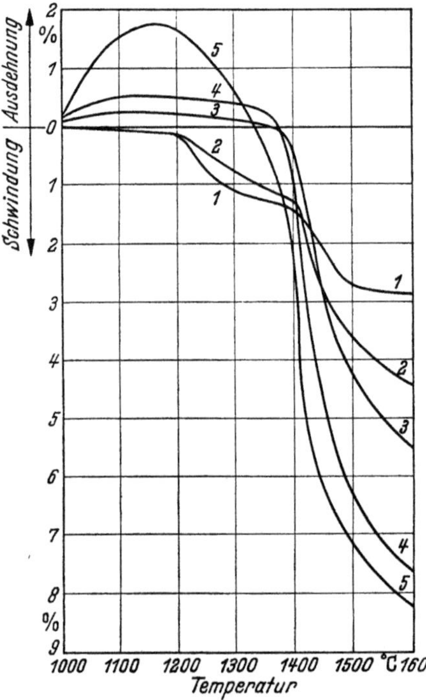

Abb. 638. Einfluß von Borsäure und Sand auf das Schwindungsverhalten von englischer Seewassermagnesia (nach H. J. CHESTERS u. Mitarb.)
1 Ohne Zusätze; *2* mit 1% Borsäure; *3* mit 1% Borsäure und 2,5% Sand; *4* mit 1% Borsäure und 5% Sand; *5* mit 7,5% Bindemittel

u. W. J. REES [37] sind *Flußspat* (CaF_2) und *Kalziumphosphat* ($3\,CaO \cdot P_2O_5$) die besten Bindemittel für elektrisch geschmolzene Magnesia. J. E. PRIESTLEY u. W. J. REES [38] fanden, daß der obere, kälter bleibende Teil des Futters mechanisch am wenigsten widerstandsfähig ist. Dort sollen daher besonders niedrigschmelzende Bindemittel wie Wasserglas oder aber Melasse bzw. teergebundenes Magnesiamehl verwandt werden.

W. BOTTENBERG u. P. BARDENHEUERS [36] Untersuchungen ergaben, daß nur wenige Magnesite dem Angriff der FeO-reichen Schlacken weicher Stähle, viele dagegen den eisenoxydarmen Schlacken harter Stähle widerstehen. Gegen reduzierende Schlacken ist die Beständigkeit von Magnesiastampfmassen im kontinuierlichen Betrieb ausreichend, im periodischen werden jedoch alle basischen Zustellungen vollständig zerstört.

Erforderlich ist eine basische Zustellung beim Schmelzen hochlegierter Chrom-Manganstähle, weil ein saures Futter dabei durch Reduktion der Kieselsäure zerstört werden würde.

Bei mikroskopischer Untersuchung zweier basischer gestampfter Futterzustellungen fanden J. E. PRIESTLEY u. W. J. REES [*38*] eine sehr poröse Struktur und eine nur ~6 mm tiefe Schmelzzone an der Oberfläche. Die Periklaskörner liegen dort in einer Grundmasse von Forsterit und Klinoenstatit, was auf ein auch analytisch bestätigtes Eindringen von Kieselsäure hindeutet. Der SiO_2-Gehalt betrug im gebrauchten Futter 12%, im ungebrauchten Futter dagegen 3,35%.

H. STÜTZEL [*39*] schlug die Verwendung von *Forsteritmassen* für die Zustellung von Induktionsöfen vor. In der orthosilikatischen Bindung des Forsterits wird die Kieselsäure nicht durch Chrom oder Mangan reduziert. Bei Versuchsschmelzen blieb das Futter rißfrei, seine Lebensdauer war immer höher als die von Magnesia-Zirkonerdemassen und die Tiegel waren weniger stark durchgefrittet als bei Magnesiazustellungen.

In den USA werden vielfach Massen aus Korund und Sintermagnesia verwandt, die beim Sintern *Spinelle* bilden. Diese Reaktion geht bis 1600° C unter beträchtlicher Ausdehnung und Porositätszunahme vor sich [*40*]. Am stärksten wächst eine Mischung von 70% Korund und 30% Sintermagnesia. Ihr Volumen nimmt nach 1 stündigem Glühen bei 1600° C um 7,4%, nach 2 stündigem Glühen um 9,4% zu. Grob- und Mittelkorn (0,6 bis 2,5 mm bzw. 0,2 bis 0,6 mm) bestehen bei diesen Massen aus Korund, das Feinmehl <0,2 mm aus Sintermagnesia und dem Rest des Korundanteiles. Das umgekehrte Mischungsverhältnis (30% Korund und 70% Sintermagnesia) liefert ähnliche Ergebnisse.

Zustellungen aus *Dolomit* mit Borsäure als Bindemittel ergaben geringere Haltbarkeiten als reine Magnesiastampfmassen.

5.63 Im Roheisenmischer

Die zur Speicherung, Homogenisierung und Entschwefelung von Roheisen dienenden Mischer — meist Rollmischer, seltener Flachherdmischer — werden in Bad- und Schlackenzone überwiegend mit handelsüblichen Magnesiasteinen

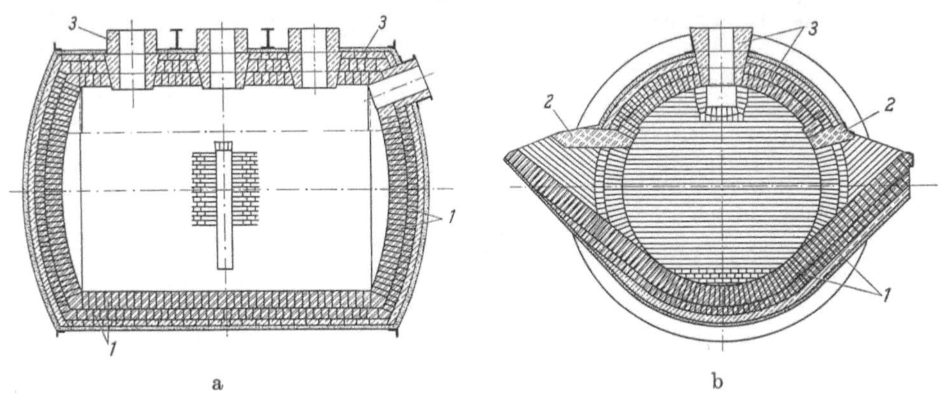

Abb. 639 a u. b. Roheisen-Rollmischer
a) Längsschnitt;   b) Querschnitt. Links: Einguß; rechts: Ausguß.
1 Handelsübliche Magnesiasteine;   *2* Magnesia-Spezialsteine;   *3* Schamottesteine

zugestellt. Die Wandung eines Rollmischers (Abb. 639) besteht im unteren Teil aus 2 Lagen Magnesiasteinen, nämlich einem inneren Verschleiß- und äußeren Dauerfutter. In großen Mischern von mehr als 1000 t Fassungsvermögen kommt noch ein Hintermauerungsfutter aus Schamottesteinen hinzu. Zwischen Eisenmantel und Futter wird als Isolierung im Boden gekörntes, an den übrigen Stellen gestampftes Sterchamolmaterial eingefüllt. Für die einzelnen Schichten haben sich folgende Dicken bewährt [40a]:

Magnesia-Verschleißfutter ...... normal 350 mm, in Sonderfällen 275 oder 425 mm
Magnesia-Dauerfutter .... normal 200 mm, in Sonderfällen 120 oder 250 mm
Schamotte-Hintermauerungsfutter ..... 125 mm
Isolierfutter .... 125 mm

Gesamte Futterstärke .... 800 mm

Der obere Teil des Mischers enthält meist ein durch eiserne Konsolen gestütztes Schamottegewölbe, da dort kein chemischer Angriff zu befürchten ist.

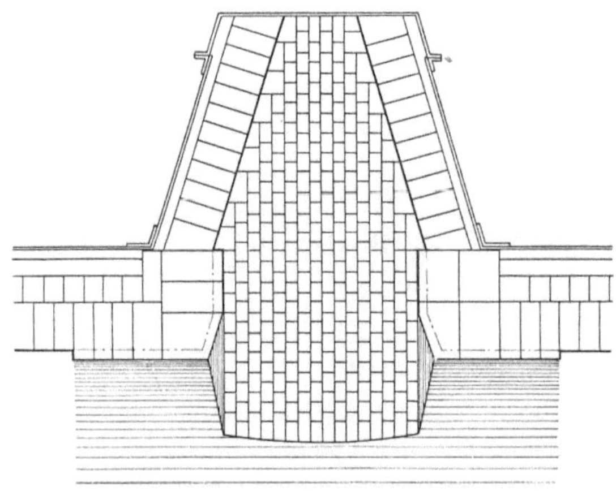

Abb. 640. Ausbildung der Ausgußöffnung eines Rollmischers (nach C. BRUCHHAUSEN)

Besonders stark beansprucht ist die Übergangszone vom zylindrischen Gefäß in den Ausguß. Die dort benutzten Ecksteine haben große Formate, um die Zahl der den chemischen und mechanischen Angriff fördernden Fugen zu vermindern [41] (Abb. 640). Für den Ausguß selbst sowie für den Einguß werden häufig temperaturwechselbeständige Spezial-Magnesiasteine (z. B. aus Schmelzmagnesia) verwandt; denn diese nur vorübergehend mit flüssigem Roheisen in Berührung kommenden Stellen sind starkem Temperaturwechsel ausgesetzt [42]. Die beiden Böden des Zylindergefäßes werden üblicherweise mit Lagerkugelwölbern, neuerdings auch mit Rechtecksteinen gewölbt oder flach gemauert [42].

In manchen Fällen wird der Mischer durch eine vertikale, mit einem Durchlaß versehene Zwischenwand in 2 Kammern geteilt. In die eine Kammer mündet der Einguß. Die Zwischenwand hält die Schlacke zurück, in die andere Kammer gelangt also nur das Roheisen. In ihr ist der Angriff auf das Mauerwerk wesentlich schwächer als in der Schlackenkammer, man kommt daher dort mit geringeren Futterstärken aus.

Da die Zustellung gegen flüssiges Roheisen dicht sein muß, können nur Steine hoher Maßhaltigkeit und guter Kantenfestigkeit verwandt werden. Diese werden meist ohne Mörtel knirsch vermauert. Lediglich größere Fugen und die Zwischenräume zwischen den einzelnen Futterringen werden mit trockenem Sintermagnesiamehl ausgefüllt.

Wegen der großen Wärmedehnung und mäßigen Temperaturwechselbeständigkeit der Magnesiasteine müssen die Roheisenmischer so langsam *aufgeheizt* werden, daß sich stets ein stationärer Wärmefluß einstellt und das innere Mauerwerk nicht durch örtliche Erhitzung unkontrollierbar hohen Spannungen ausgesetzt wird.

Nach A. Latour u. J. Schoop [43] soll ein 1000 t-Mischer innerhalb von 4 Tagen langsam auf 200° C erhitzt und anschließend mit einer durchschnittlichen Aufheizgeschwindigkeit von 100° C pro Tag innerhalb von rund 8 Tagen auf die sog. Spültemperatur von 1200° C gebracht werden. Die früher übliche Aufheizzeit von insgesamt 4 bis 7 Tagen wird heute als zu kurz angesehen. H. Parnham [44] hält sogar eine 15tägige Aufheizzeit für erforderlich.

Die Dehnung des Verschleißfutters beträgt bei 1300° C etwa 1,4%. Von diesen werden aufgenommen [40a]:

0,1% durch Ausdehnung des Blechmantels,
0,4% durch Zusammendrücken des Isoliermaterials,
0,2% durch die normalen Fugen,
0,7% durch Dehnfugen.

Dehnfugen werden unterschiedlich angeordnet (s. Abschn. 1.511, Abb. 59). Beim Zusammenpressen des Isoliermaterials durch die Dehnung der Futterringe entsteht nach H. Parnham [44] ein Druck von etwa 70 kg/cm^2.

Die Betriebstemperatur eines Roheisenmischers beträgt im Mittel nur 1300° C. Trotzdem verschleißen die Magnesiasteine in der mit der Schlacke in Berührung kommenden Zone stark. Die Zusammensetzung der *Mischerschlacke* hängt weitgehend davon ab, ob im Hochofen mit Soda entschwefelt wird oder nicht.

A. Latour u. J. Schoop [43] gaben folgende Analysen an:

	SiO_2	FeO	MnO	CaO
1. ohne Soda-Entschwefelung	28,0	7,8	54,1	1,4
2. ohne Soda-Entschwefelung	37,7	18,3	41,1	2,6
3. mit Soda-Entschwefelung	47,2	11,8	5,6	3,1

Zum Abstumpfen des hohen SiO_2-Gehaltes wird die Schlacke häufig mit Kalkstaub versetzt.

Gekalkte Schlacken besitzen etwa folgende Zusammensetzungen:

	SiO_2	Al_2O_3	Fe_2O_3	FeO	Fe met.	MnO	CaO	MgO	Alk.
1. nach Latour u. Schoop	36,3	—	—	8,1	—	2,2	39,5	3,7	3,2
2. Schlacke im Werk Hörde der DHHU	42,5	7,9	2,0	2,6	0,6	11,8	20,9	6,2	n. b.

Der hohe Kalkgehalt steift die Schlacke an, sie kann dann weniger leicht in die Futtersteine eindringen, läßt sich andererseits aber auch schwieriger von der Badoberfläche entfernen. Ihre Viskosität muß daher ständig beobachtet werden.

Zur Verminderung der Gesamt-Schlackenmenge schlackt man zweckmäßig die Roheisenpfannen vor dem Eingießen in den Mischer ab.

Der *Angriff* auf das Futter setzt hauptsächlich in den Steinfugen ein; er erweitert diese unter gemeinsamer Wirkung von mechanischer Erosion (Bewegung des Roheisens) und chemischem Angriff durch die Schlacke. Abb. 641 zeigt, daß der Verschleiß vornehmlich auf die Schlackenzone beschränkt ist, da Roheisen allein die Magnesiasteine nicht auflöst. Dementsprechend wird der untere Teil der Wandung nur wenig beschädigt, und zwar durch Schlackeneinwirkung bei leer gefahrenem Mischer.

Während die Steine in der Schlackenzone glatte Oberflächen besitzen, sind sie oberhalb des Badspiegels mit einer rauhen Schicht von Schlackenspritzern

Abb. 641. Zylindrischer Teil eines Roheisenmischers nach dem Gebrauch. Das Verschleißfutter ist bis auf kleine Reste am Gefäßboden zerstört und das Dauerfutter ist angegriffen worden. Stärkere Fugenauswaschungen in der Schlackenzone

Abb. 642. Wand eines Roheisenmischers nach dem Gebrauch

Oben: Mit Schlackenspritzern bedeckte Zone; unten: Schlackenzone mit glatter Oberfläche

Abb. 643. Starke Auswaschungen am Ausguß eines Roheisenmischers

bedeckt (Abb. 642). Die durch starke Erosion beim Ausgießen und die Temperatureinwirkung von 2 Seiten hervorgerufene trichterförmige Ausweitung der Ausgangsmündung zeigt Abb. 643.

Abb. 644. Wand eines gebrauchten Roheisenmischers mit örtlich schwach angegriffenem Dauerfutter. Rillenförmige Auswaschungen

Abb. 645. Wand eines gebrauchten Roheisenmischers mit Unterspülungen der Magnesiasteine

Beim *Verschleiß* bilden sich an der Steinoberfläche zunächst vertikal angeordnete Rillen. Diese sind in Abb. 644 auf dem nach Entfernung des Verschleißfutters erst kurze Zeit angegriffenen Dauerfutter zu erkennen. Später weiten sich die Rillen zu tiefen Furchen aus, die einzelnen Steinköpfe nehmen pyramidenförmige Gestalt an, wie sie in Abb. 642 klar hervortritt. Oft werden die Steine auch durch eine mittlere Rinne in der Fortsetzung einer Fuge der nächsttieferen Lage geteilt. Diese Erscheinung beweist den starken Einfluß mechanischer Erosion auf den Verschleißvorgang.

Viele Magnesiasteine werden beim chemischen Angriff unterspült, so daß Bilder in der Art der Abb. 645 entstehen. Die unterspülten festen Krusten sind nur noch an wenigen Stellen mit dem Stein verbunden, sie können im Betrieb durch die Erosion leicht abgerissen werden.

Gebrauchte Steine sind meist ähnlich wie Gewölbesteine aus dem SM-Ofen (vgl. Abschn. 5.614) von Rissen durchsetzt (Abbildung 646). Beim Mischer sind diese

Abb. 646. Gebrauchter Magnesiastein aus dem Ausguß eines Roheisenmischers. Mit Roheisen und Schlacke gefüllte Risse. In die Vertikalfugen ist Schlacke eingedrungen

Risse häufig mit Schlacke oder Roheisen gefüllt. Abb. 647 zeigt, daß die Risse bereits in größerer Tiefe unter der Steinoberfläche angelegt werden. Ihr Verlauf entspricht angenähert der Form der Steinoberfläche.

S. Kienow [45] vermutet, daß die Risse durch den häufigen schwachen Temperaturwechsel beim Kippen des Mischers entstehen. Wegen der Gasbeheizung des Mischers ist die Lufttemperatur bis zu 80° C höher als die Badtemperatur. Das kältere Roheisen wirkt dann wegen seiner guten Wärmeleitfähigkeit abschreckend auf die durch Strahlung erhitzten Steine. Das führt in den Steinen zu wechselnden Spannungen und im Laufe der Zeit zu Ermüdungsrissen.

Die Steine selbst werden von Schlacke *infiltriert*.

Tab. 160 enthält die Analysen von 5 Zonen des in Abb. 646 dargestellten Steines aus dem wenig angegriffenen Dauerfutter eines Ausgusses. Die Änderungen der einzelnen Komponenten, bezogen auf den unverschlackten Stein, sind in Abbildung 648 graphisch aufgetragen. Danach klingt die Aufnahme der basischen Oxyde Fe_2O_3 bzw. MnO verhältnismäßig schnell ab. Bereits 40 mm unter der Oberfläche ist keine Zunahme dieser Oxyde mehr festzustellen. Die Infiltration mit SiO_2 ist stärker als diejenige mit basischen Oxyden, sie reicht wesentlich tiefer in den Stein hinein. Das dürfte auf zur kalten Seite des Steines gerichtete Wanderungen von CaO-, Al_2O_3- und SiO_2-reichen Schmelzen zurückzuführen sein; denn die Gehalte an CaO und Al_2O_3 durchlaufen in Zone 3 ein Maximum. Die Infiltrationen sind mit starker Abnahme der Porosität, vor allem der offenen Poren verbunden. Während der unverschlackte Stein 20,7% offene Poren enthielt,

Abb. 647
Gebrauchter Magnesiastein aus der Badzone eines Roheisenmischers mit Rißbildungen. Die Risse sind mit Roheisen gefüllt

Tabelle 160. *Zonenanalysen eines verschlackten Magnesiasteines aus dem Dauerfutter des Ausgusses eines Roheisenmischers*

Zone Nr.	Tiefe unter der Oberfläche mm	SiO_2 %	Al_2O_3 %	Fe_2O_3 %	Fe met. %	Mn_3O_4 %	CaO %	MgO %	Glühzunahme %	Offene Poren Vol.-%	Geschlossene Poren Vol.-%	Gesamtporen Vol.-%
1	0 bis 5	13,5	2,3	9,4	—	6,2	3,8	63,6	1,6	6,9	15,3	22,2
2	5 bis 15	8,6	1,7	16,2	2,1	3,4	3,1	64,5	1,9	3,7	7,2	10,9
Riß	16 bis 18											
3	40 bis 50	5,9	3,1	6,6	—	0,8	5,5	78,1	0,2	4,6	7,0	11,6
4	75 bis 85	2,4	1,2	7,3	—	0,7	3,4	84,9	0,1	21,7	2,9	24,6
5	130 bis 140	2,0	0,8	7,3	—	0,8	3,1	86,5	0,2	20,7	5,2	25,9

konnten in Zone 2 nur noch 3,7 und in Zone 3 4,6% festgestellt werden. Umgekehrt hatten die geschlossenen Poren der Zone 1 infolge der Reaktion zwischen Schlacke und Stein von 5,2% auf 15,3% zugenommen.

Die Aufnahme von Eisen- und Manganoxyden führt ähnlich wie im SM-Ofen zur Bildung von *Magnesioferrit* und festen Lösungen mit Periklas. Dieser

sinterungsfördernde Vorgang verfestigt die äußere Steinkruste mechanisch und
macht die in Abb. 645 ersichtlichen Unterspülungen möglich. In Abb. 649 sind
die durch die Eisenoxydzufuhr hervorgerufenen Veränderungen im Anschliff zu
erkennen. Nur ein Teil der Eisenoxyde konnte von den Periklasen aufgenommen

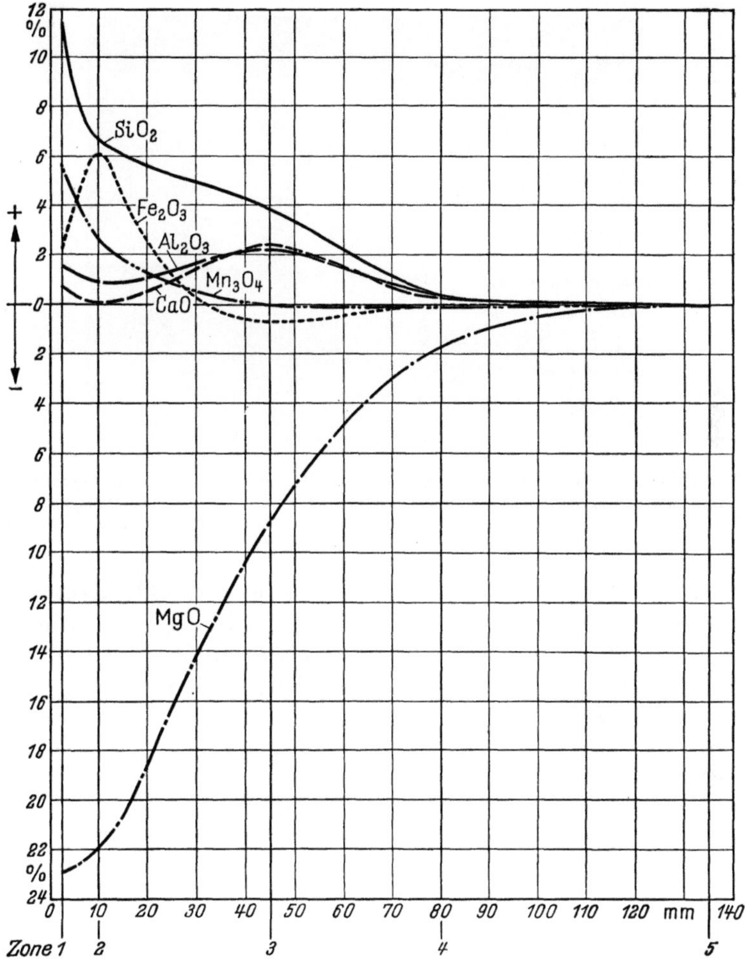

Abb. 648. Zonenweise Änderung der chemischen Zusammensetzung eines Magnesiasteines
aus einem Roheisenmischer

werden und bildet die bekannten Entmischungsstrukturen. Im Dünnschliff sind
die Periklase an der Steinoberfläche dunkel gefärbt. Abb. 650 läßt die höhere
Festigkeit der durch Eisenaufnahme dunkel gefärbten Oberflächenschicht erkennen (Vorstehen an der linken Kante).

Die zugeführte Kieselsäure bildet mit dem Periklas zunächst *Forsterit* und
weiter eisenoxydhaltige *Magnesiummetasilikate*. Diese sind in Dünnschliffen an
ihrer bräunlichen bis grünlichen Farbe und ihrem Pleochroismus zu erkennen.
Sie liegen gewöhnlich in der Mitte größerer Forsteritnester (Abb. 651). Wegen
ihrer niedrigen Schmelzpunkte dürften die Metasilikate bei der Betriebstemperatur größtenteils flüssig sein. Die chemische Auflösung des Magnesiasteines voll-

zieht sich daher mit dem Übergang vom Forsterit zum Metasilikat. Wegen der beschriebenen Wanderung silikatischer Schmelzen in das Steininnere sind die tiefer liegenden Zonen leichter löslich als die durch Eisenoxyd stark versinterte Oberfläche. Dieser Umstand ermöglicht die Unterspülungen.

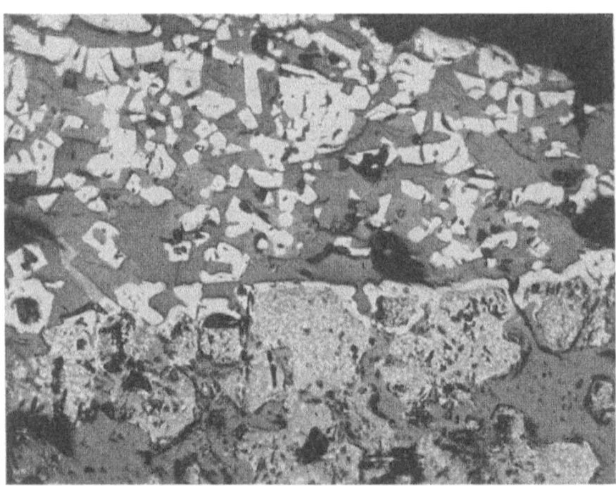

Abb. 649. Eisenoxydinfiltrationen an der Oberfläche eines Magnesiamischersteines. Anschliff (Vergr. 112 ×)
Oben: Schlacke; hell: Magnetitkristalle; grau: Silikate. Unten: Magnesiastein. Periklasballen mit Entmischungen von Magnesioferrit durchsetzt und randlich von Magnesioferrit umgeben. Dazwischen Silikate (grau). Schwarz: Poren

Während die Steine aus der Schlackenzone eine dunkle Kruste aufweisen, sind diejenigen aus der *Badzone* des Mischerbodens infolge Reduktion des Eisenoxydes hellgrau gefärbt. Außerdem sind sie bis in große Tiefen stark mit Roheisen getränkt, welches Poren und Risse ausfüllt (Abb. 652).

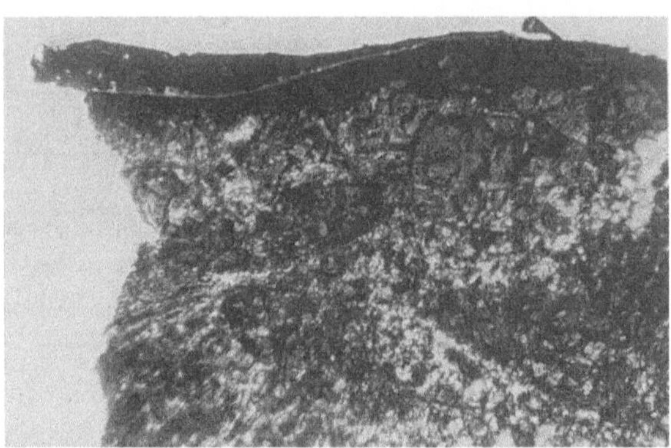

Abb. 650. Verschlackter Magnesiastein aus einem Roheisenmischer. Dünnschliff (Vergr. 20 ×)
Oben: stark gesinterte, feste Kruste mit Eisenoxydinfiltrationen (dunkel). Unten: Weichere Zone mit zahlreichen Silikateinlagerungen (hell)

Die Analyse einer Probe aus der Mitte eines Bodensteines ergab:

SiO_2 %	Al_2O_3 %	Fe_2O_3 %	FeO %	Fe met. %	Mn_3O_4 %	CaO %	MgO %	P_2O_5 %	S ges. %
2,3	1,0	0,6	3,5	13,5	0,9	3,9	72,9	1,2	0,05

Neben der Eisenaufnahme aus dem Bad sind die im Stein vorhandenen Eisenoxyde größtenteils zu metallischem Eisen reduziert worden.

Ein Roheisenmischer soll nur bis zur Abnutzung des Verschleißfutters betrieben werden. Die Neuzustellung erfolgt abhängig von Mischergröße und

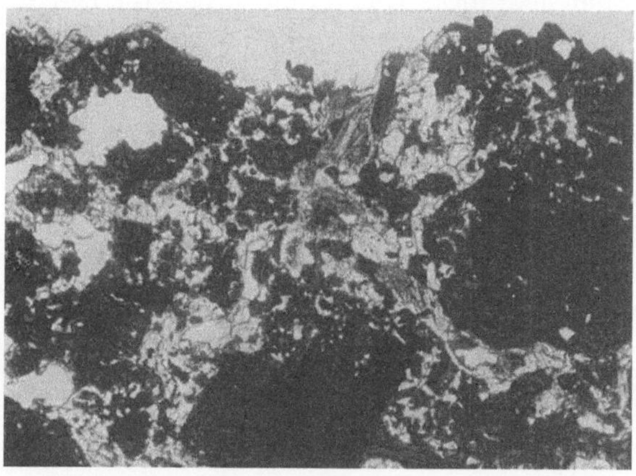

Abb. 651. Verschlackter Magnesiastein aus einem Roheisenmischer. Dünnschliff (Vergr. 20 ×)
Dunkel: Sintermagnesia mit Magnesioferrit; grau: Forsterit; dunkelgraue Gebiete (in der Natur braun, pleochroitisch): Klinoferrosilit (Metasilikat); weiß: Poren

Betriebsweise nach einem Durchsatz von 0,5 bis 1,5 Millionen Tonnen Roheisen [41, 43]. Der Verbrauch an Magnesiasteinen schwankt zwischen 0,20 und 0,99 kg/t Roheisen.

Man hat versucht, chemisch gebundene Steine an Stelle gebrannter Magnesiasteine für die Wandzustellung zu verwenden. Dabei muß mit tiefen Schlackeninfiltrationen gerechnet werden, weil die Bindung in einem chemisch gebundenen Stein bei 1300° C gering ist. Tiefe Infiltrationen können zu einem vorzeitigen Verschleiß des Materials führen. In einer Reihe von Fällen zeigten chemisch gebundene Steine jedoch gute Haltbarkeit [46]. Auch Dolomitsteine wurden versuchsweise in Roheisenmischern verwandt [47] (vgl. Abschnitt 5.723.2).

5.64 In Tief-, Stoß- und Glühöfen

Für Herde und Schlackenborde der bei Temperaturen zwischen 1200 und 1300° C betriebenen Tief- und Stoßöfen werden häufig Magnesia

Abb. 652
Magnesiastein aus der Badzone eines Roheisenmischers mit Infiltrationen von Roheisen

steine benutzt. Bei Temperaturen über 1300° C und reduzierender Ofenatmosphäre klebt jedoch der Zunder leicht an Periklas fest, die Herde wachsen daher und können nur mit großer Mühe saubergehalten werden.

Da der Zunder bei $\sim$1300° C mit Chromerz- oder Forsteritsteinen weniger stark reagiert, zieht man diese Qualitäten in neuerer Zeit oft den reinen Magnesiasteinen vor. Bei der Verwendung von Normalsteinen kann der Zunder in die Fugen des Mauerwerkes eindringen, den Herd auftreiben und die Ofenwände

Abb. 653. Schlackenbord aus Magnesiasteinen in einem Tiefofen mit Schmelzzapfen

beschädigen. Man verwendet daher oft an Stelle der Steine fugenlose Stampfungen aus Chromerz- oder Forsteritmassen in Stärke von $\sim$150 mm. Zum Schutze der Herde gegen Festkleben von Zunder bedeckt man diese zweckmäßig mit einer 20 bis 30 mm dicken Schicht grobkörniger Sintermagnesia, die in regelmäßigen Abständen erneuert wird.

Die Temperatur in Tieföfen mit flüssiger Schlackenführung wird zwecks Verflüssigen der Schlacke durch Zugabe von Ferrosilizium oder ähnlicher Mittel oft so stark erhöht, daß die mit Eisenoxyd infiltrierten Magnesiasteine des Schlackenbordes erweichen und unter Bildung von Schmelzzapfen abtropfen (Abb. 653). Das Bild zeigt außerdem die bei verschiedenen Ständen des Schlackenspiegels in den Schlackenbord hineingefressenen Hohlkehlen.

Die Schmelzzapfen besaßen folgende Zusammensetzung:

SiO_2	Al_2O_3	Fe_2O_3	FeO	Fe met.	MnO	CaO	MgO	Na_2O	K_2O
6,7	1,0	55,0	17,3	1,3	0,3	0,8	16,9	0,7	0,2

und einen Schmelzpunkt von 1530° C.

5.65 In Blasstahlkonvertern

Bei dem neuentwickelten Blasstahlverfahren werden Roheisen und Schrott in einen Konverter chargiert und Sauerstoff mittels einer wassergekühlten Kupferlanze senkrecht von oben auf das Bad geblasen. Die Konverter werden teils mit Teermagnesia (Linz), teils mit gebrannten Magnesiasteinen (Donawitz), teils mit Teerdolomit (Schweden) zugestellt.

Beim Kippen der Charge bildet sich am untenliegenden Teil der Konverterwandung über den Steinen eine Schicht aus Schlacke und Stahleisen. Wird der Konverter beim Chargieren und Kippen nach der gleichen Seite umgelegt, so treffen Schrott und Roheisen auf die Schlackenschicht, diese schützt dann den Stein vor Beschädigungen. Wird aber — was transportmäßig günstiger ist — von der einen Seite chargiert, nach der anderen gegossen, so trifft der Schrott unmittelbar auf die Steine auf. Dieser hohen Schlagbeanspruchung in der als *Teppich* bezeichneten Auftreffzone ist z. Z. der Ankritstein der Fa. Veitsch (vgl. Abschn. 5.513) besonders gut gewachsen. Für die übrigen Konvertersteine genügen gute handelsübliche Magnesiasteine (vgl. Abschn. 5.512).

Die 30 t-Konverter halten bei Zustellung mit Teermagnesia 200 bis 300 Chargen, bei Verwendung gebrannter Magnesiasteine rd. 400 Chargen aus.

5.66 In der Nichteisenmetallindustrie

5.661 Kupferindustrie

Die Konverter zum Erblasen von Schwarzkupfer (Rohkupfer) werden heute fast ausschließlich mit Magnesiasteinen zugestellt. In den Flammöfen für die Kupferraffination und in den modernen dreh- und kippbaren Trommelöfen setzt sich die basische Zustellung allmählich durch. Die Schacht- und Flammöfen zum Schmelzen der Kupfersteine werden jedoch nach wie vor überwiegend mit Silikasteinen oder sauren Stampfmassen ausgekleidet (vgl. Abschn. 2.54), die Temperaturbeanspruchung in ihnen ist so gering, daß auch diese Baustoffe gute Haltbarkeiten ergeben. In Rhodesien wurden jedoch neuerdings große Kupfererz-Flammöfen von 30 m Länge und 8 m Breite mit Hängedecken aus gebrannten Chrommagnesia- oder aus Steelkladsteinen erstellt. Die Brennerwände und Seitenwände bestehen dabei aus Spezialmagnesiasteinen, Sohle, Schlackenzone und Abstich aus handelsüblichen Magnesiasteinen.

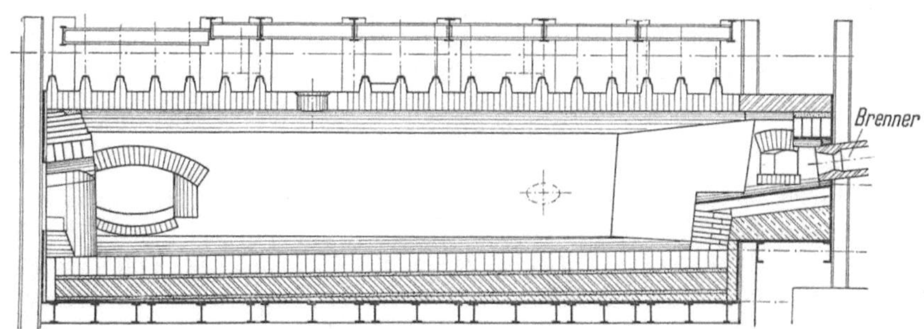

Abb. 654. Kupferraffinier-Flammofen (nach einer Zeichnung der Veitscher Magnesit-Werke A.G.)

In *Raffinierflammöfen* (Abb. 654) werden die *Herde* aus handelsüblichen Magnesiasteinen gemauert. Kupfer ist wegen seiner guten Wärmeleitfähigkeit an der Sohle des Bades sehr dünnflüssig und dringt wegen seines hohen spezifischen Gewichtes leicht in die Fugen ein und kann dabei lockere Steine hochdrücken. Die Steine müssen daher besonders exakt verlegt, die Dehnfugen genau berechnet werden. Es hat sich bewährt, die Herde als umgekehrte Gewölbe auszuführen. Zwischen die einzelnen Steinlagen werden zweckmäßig Schichten von Sintermagnesiamehl gebracht, die eventuelle Durchbrüche auffangen. An Stelle gemauerter Herde benutzt man häufig monolithische Herde aus Magnesiastampfmassen.

Als Seitenwände dienen handelsübliche Magnesia- oder Spezialmagnesiasteine mit hoher TWB oder blechummantelte Steine. Eine Verstärkung des Mauerwerkes in der Schlackenzone ist zweckmäßig. Wie bei den SM-Öfen müssen auch hier ausreichende Dehnfugen zwischen Seitenwänden und Gewölbe gelassen werden (vgl. Abschn. 5.613). Aus der Schlacke stammender *Magnetit* wächst auf den Magnesiasteinen fest und bildet eine dichte Schutzschicht gegen die Infiltration von Kupferoxyden [51].

Die basischen Hängestützgewölbe bestehen aus aufgehängten Rippensteinen und konisch ausgebildeten Furchensteinen (vgl. Abschn. 5.614) und besitzen drehbar angeordnete Pufferfedern als Widerlager. Ihre Haltbarkeit kann durch Nachsetzsteine und Isolierung mit einer Vermikulitschicht von etwa 200 mm Dicke [48] verlängert werden. Als Gewölbebaustoff dienen Chrommagnesiasteine in SM-Ofenqualität oder blechummantelte Steine.

Die Gewölbetemperatur von Raffinierflammöfen schwankt zwischen 1200 und 1400° C. Trotz dieser relativ niedrigen Betriebstemperatur verschleißen die Magnesiasteine chemisch, weil im System $MgO–Cu_2O$ ein Eutektikum bei der Zusammensetzung von $\sim 80\%$ Cu_2O bzw. 20% MgO und einer Temperatur von $\sim 1200°$ C existiert [49]. Im System $CaO–Cu_2O$ liegt das entsprechende Eutektikum bei 73% CaO bzw. 27% Cu_2O und 1160° C [50]. Zufuhr von Kupferoxyd setzt daher die Schmelztemperatur der Magnesiasteine stark herab, bei sehr hohen Cu_2O-Gehalten ist mit Schmelzerscheinungen an der Steinoberfläche zu rechnen.

Nach Untersuchungen von F. Trojer [51a] treten bei der Verschlackung von basischen Steinen in Kupferschmelzöfen folgende Mineralphasen auf:

Cuprit Cu_2O, kubisch, Schmelzpunkt 1232° C,
Tenorit   CuO, monoklin, Schmelzpunkt 1336° C,
Delafossit CuO · FeO, trigonal, Dissoziationstemperatur bei 1 Atm. 1105° C,
Güggenit CuO · MgO, monoklin, über 1105° C hinaus beständig,
Spinelle $(Mg, Cu)O · Al_2O_3$, kubisch,

ferner *Forsterit, Monticellit* und *Hedenbergit* (Abschn. 5.163/4). Cuprit ist neben Periklas beständig. Bei oxydierender Atmosphäre entsteht jedoch oberhalb 500° C das von F. Trojer entdeckte Doppeloxyd Güggenit, welches bei Temperaturen über 900° C Mischkristalle mit Periklas bildet. Beim Abkühlen treten im Periklas lamellare Entmischungen, wahrscheinlich parallel (320) auf. Bei niedrigem O-Partialdruck zerfällt Güggenit in Cuprit und Periklas.

In Öfen mit ständig wechselnder Atmosphäre, z. B. Anoden- oder Wirebaröfen, ändert sich die Oxydationsstufe des Kupfers häufig von metallischem Cu über Cu_2O zu CuO unter beträchtlichen Volumenänderungen. 1 cm³ Cu entspricht dabei $\sim 1{,}75$ cm³ CuO. Das dadurch hervorgerufene lineare Steinwachstum erreicht bis zu 5%, es wird von F. Trojer [51b] als *Kupferbursting* bezeichnet.

Ein gebrauchter Magnesiareststein[1] aus einem Raffinierofen besaß glatt abgeschmolzene Oberfläche und deutliche Verschlackungszonen. Die erste, 15 mm tief reichende Zone war gebläht und dunkel gefärbt, die zweite (15 bis 70 mm) sehr dicht, rotbraun und metallisch glänzend, dabei von mehreren Rissen durchsetzt. Die dritte Zone (70 bis 85 mm) war ebenfalls dicht gesintert, glänzte aber nur matt, als vierte Zone folgte der unverschlackte Magnesiastein.

Die chemische Zusammensetzung dieser Zonen ist in Tab. 161 wiedergegeben. Der Stein hat vor allem Kupferoxyd und Kieselsäure aufgenommen. SiO_2 stammt dabei aus dem der Schmelze zum Binden der Eisenoxyde zugegebenen Sand. Kalk und Eisenoxyd sind in den

Tabelle 161
Zonenanalysen eines verschlackten Magnesiasteines aus einem Kupfer-Raffinierofen

Zone Nr.	Tiefe unter der Oberfäche mm	SiO_2 %	Al_2O_3 %	Fe_2O_3 %	Mn_3O_4 %	CaO %	MgO %	CuO %	SnO_2 %	PbO %	Alk. %	Offene Poren Vol.-%	Geschlossene Poren Vol.-%
1	0 bis 15	12,0	1,3	2,1	0,3	0,7	57,7	24,9	0,2	0,04	0,31	3,8	4,9
2	15 bis 70	3,1	1,2	3,5	0,4	1,3	57,7	32,0	0,2	0,08	0,25	1,8	6,9
3	70 bis 85	1,0	0,3	8,8	0,5	3,7	64,9	20,2	0,03	0,07	0,24	2,4	4,4
4	85	1,3	0,3	7,8	0,5	2,9	83,7	2,7	Spur	Spur	0,13	16,3	3,3

äußeren Zonen stark vermindert, reichern sich aber in der dritten Zone an. Diese Erscheinung läßt auf die Wanderung kalziumferritischer Schmelzen vom heißen zum kalten Teil des Steines schließen. Die Porosität, insbesondere der Gehalt an offenen Poren ist durch die Infiltration bis auf einen Minimalwert von 1,8% in der zweiten Zone vermindert worden.

Die Kieselsäure der Zone 1 ist fast ausschließlich als Forsterit $2MgO \cdot SiO_2$ gebunden, der in Dünnschliffen breite, zusammenhängende Zonen einnimmt. In Poren und Zwickeln an Korngrenzen hat sich Rotkupfer (Cu_2O) mit rötlichen Infiltrationssäumen abgesetzt (Abbildung 655).

Neben dem chemischen Angriff spielen auch Abplatzungen eine beträchtliche Rolle. Im Gewölbe von Flammöfen mit periodischem Betrieb sind sie stärker als der an diesen Stellen geringe chemische Verschleiß [52]. Die Haltbarkeit basischer Gewölbe beträgt 140 bis 300, die von Silikagewölben nur 30 bis 80 Schmelzen [53].

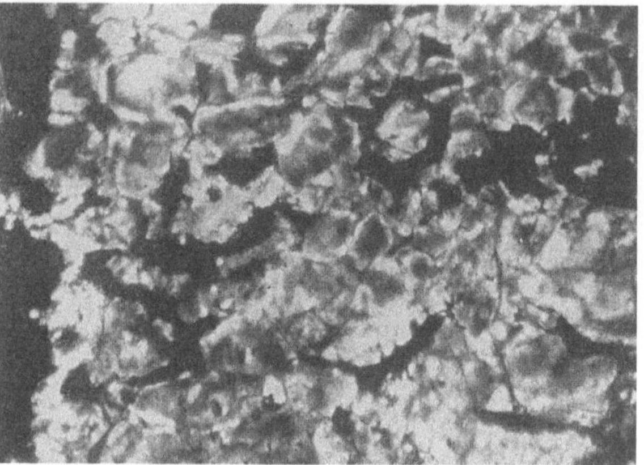

Abb. 655. Verschlackter Magnesiastein aus dem Gewölbe eines Kupferraffinierofens. Dünnschliff (Vergr. 30 ×)
Grau: Forsterit; dunkel: Rotkupfer

Die heute allgemein in Trommelform ausgeführten *Konverter* werden mit Magnesiasteinen in 300 bis 400 mm Stärke zugestellt. Als Isoliermaterial dienen 30 bis 65 mm dicke Schamottesteine. Besonders starker mechanischer und thermi-

---

[1] Der Kupferhütte Duisburg sei für Überlassung dieses Steines gedankt.

Tabelle 162
Die wichtigsten Anwendungsgebiete basischer Steine in der Buntmetallindustrie nach einer Zusammenstellung der Veitscher Magnesitwerke A.G.

		Handelsübliche Magnesiasteine	Spezialmagnesiasteine	Chrommagnesiasteine
Aluminium-industrie	Warmhalteöfen Raffinier-, Legierungs- und Um-schmelzöfen	Bad- und Schlackenzone	Auskleidung der Badzone Bad- und Schlackenzone	
	Elektrolyseöfen für Reinstalu-minium	Seitenwände		
Blei- und Antimon-industrie	Schachtöfen	Wanne, Abstichzone und Vor-herd		
	Erzschmelzöfen (Reduktions-öfen) Flammöfen Elektroöfen	Sohle und Abstichzone	Seitenwände und Gewölbe	
	Raffinier-Flammöfen	Sohle (Untermauerung)	Sohle, Seitenwände und Feuer-brücke vollständige Auskleidung	
	Trommelöfen Silbertreiböfen		Sohle	
Kupfer- und Nickelindustrie	Schachtöfen (waterjacket)	Sumpf, Abstichzone und Vor-herd		
	Konverter für Schwarzkupfer und Nickelstein	vollständige Auskleidung ohne Düsenzone	vollständige Auskleidung, allen-falls auch Düsensteine	Düsensteine, allenfalls vollstän-dige Auskleidung
	Warmhalte- und Gießöfen	vollständige Auskleidung	vollständige Auskleidung	
	Erzschmelz-Flammöfen	Sohle, Schlackenzone und Ab-stich	Seitenwände mit Sohle	Brennerwand und Teile der Sei-tenwände Hauptgewölbe*
	Flammöfen Verfahren Outo-kumpu	Sohle, Schlackenzone und Ab-stich	Reaktionsschächte und Seiten-wände der Wanne	Schacht-Trichter der Reak-tionsschächte Hauptgewölbe*
	Elektrische Reduktionsöfen	Sohle	Gewölbe, Seitenwände	
	Raffinier-(Kathoden-)Öfen: Elektrische und Flammöfen	Sohle	Sohle, Seitenwände und Tür-pfeiler Hauptgewölbe vollständige Auskleidung	Brennerwand und Teile der Sei-tenwände Hauptgewölbe*
	Trommelöfen Anodenschlammöfen	Sohle	vollständige Auskleidung und Gewölbe	

scher Beanspruchung ist die Düsenwand ausgesetzt, die nicht wie beim Thomaskonverter am Boden, sondern seitlich angebracht ist. Ihre Haltbarkeit ist nur $^1/_4$ so groß wie die der übrigen Zustellung. Im allgemeinen benutzt man Düsensteine von max. 500 mm Länge, größere Steine schmelzen sehr rasch ab und würden daher unwirtschaftlich sein. Sie bestehen aus hochwertiger Sintermagnesia mit oder ohne Chromerz. In die Düsen müssen zusätzlich Eisenrohre eingeführt werden, weil sie leicht durch den von Fugen ausgehenden Verschleiß undicht werden. Auch Magnesiastampfmassen werden zur Auskleidung von Kupferkonvertern verwandt.

Zinn als Verunreinigung des Kupfers bildet im Konverter eine zur Ansatzbildung neigende zähe, basische Schlacke. *Bleistein* und *Zink* greifen den Stein stärker an, das letztere, weil es sich bei der Oxydation stark erhitzt. Die Höchsttemperatur im Konverter beträgt 1500 bis 1550° C. Die Einführung des basischen Futters war wegen seiner höheren Lebensdauer ein wesentlicher Fortschritt in der Kupferherstellung.

5.662 Sonstige Metallindustrie

Für den unteren Teil und den Herd der zum reduzierenden Schmelzen gerösteter *Bleierze* dienenden *Schachtöfen* sowie für die ihnen vorgeschalteten Vorherde haben sich handelsübliche Magnesiasteine bewährt. Für Sohle, Seitenwände und Feuerbrücken von Raffinier- und Umschmelzöfen werden sie ebenfalls mit gutem Erfolg verwandt. Dem Angriff der dünnflüssigen, hauptsächlich aus FeO, ZnO und SiO_2 im Ortho- oder Metasilikatverhältnis bestehenden Bleischlacken leisten Magnesiasteine am besten Widerstand.

Die zum Schmelzen von Garnieritnickelerzen zu *Nickelstein* benutzten *Trommelkonverter* werden heute ebenso wie die Konverter der Kupferindustrie überwiegend basisch ausgekleidet. Die der Charge zuzugebende Sandmenge muß hierbei genau dosiert werden, damit ein chemischer Angriff auf das basische Futter vermieden wird. *Elektrische Lichtbogenöfen* zum Schmelzen von Garnierit werden mit Chromerzsteinen ausgekleidet, ebenso die großen *Vorherde* der Schachtöfen zum Vorschmelzen nickelhaltiger Magnetkiese. Diese Vorherde dienen zur Scheidung von Stein und Schlacke: Die Schlacke fließt ab, der Stein wird in den ebenfalls basisch zugestellten Trommelkonverter gefüllt.

Schließlich werden auch in der Leichtmetallindustrie Magnesiasteine für die Auskleidungen von *Aluminium-* und *Magnesium*-Schmelzöfen verwandt, hier aber nicht ihrer Feuerfestigkeit wegen (die Öfen gehen bei niedrigen Temperaturen), sondern weil die Magnesiasteine die Schmelzprodukte am wenigsten verunreinigen.

Tab. 162 gibt einen Überblick über die wichtigsten Anwendungsgebiete basischer Steine in der Buntmetallindustrie.

5.67 In der Zement- und Kalkindustrie

5.671 Drehrohröfen

Während Vorwärm- und Kühlzonen der Zementdrehrohröfen meist mit Schamottesteinen zugestellt werden (vgl. Abschn. 3.57), verwendet man in der Sinterzone hochtonerdehaltige Steine oder temperaturwechselbeständige Spezialmagnesiasteine mit besonderem Kornaufbau oder Chromerzzusatz bis zu 15% (Radex A bzw. Ankral oder entsprechende Qualitäten [54]), in neuerer Zeit auch chemisch gebundene Magnesiasteine. Basische Steine sind hochtonerdehaltigen vorzuziehen, weil sie nur so wenig mit dem Klinker reagieren, daß

Abb. 656. Verlegung von Steelklad-Steinen mit Dehnfugen in einem Drehrohrofen.
(Aufnahme der Veitscher Magnesit-Werke A.G.)

gerade die erwünschten Ansätze von 10 bis 20 cm Dicke, aber nicht die gefürchteten Ringe entstehen.

Die Magnesiasteine werden entweder mit *Wasserglasmagnesiamörtel* (vgl. Abschn. 5.56) oder mit *Blechzwischenlagen* vermauert. Der Wasserglasmörtel wurde hauptsächlich für die Verwendung im Zementdrehrohrofen entwickelt; er bleibt während der ersten Anheizperiode genügend elastisch, um die bei 1500°C etwa 2% betragenden Wärmedehnungen so aufzunehmen, daß in den Steinen keine großen Druckspannungen entstehen. Die erforderlichen Dehnfugen müssen in ihrer Dicke genau berechnet werden (Abb. 656).

Durch Blechzwischenlagen wird ähnlich wie in SM-Öfen ein monolithisches Mauerwerk hoher mechanischer Festigkeit erzeugt.

Um die Bleche in ihren elastischen Eigenschaften dem Wasserglasmörtel anzunähern, baut man in normale Fugen gerippte Plättchen, in Dehnfugen U-förmig gebogene Bleche von 0,7 bis 1 mm Stärke ein. Die Fugen in axialer Richtung (Lagerfugen) sollen 2,5 bis 3 mm, die Transversalfugen (Stoßfugen) 3 bis 5 mm breit sein. Man hat auch vorgeschlagen, nur in die Lagerfugen Bleche einzulegen, die Stoßfugen dagegen zu vermörteln [55] oder aber in ihnen Mörtel und Drahtnetze zusammen zu verwenden. Die Zusammendrückbarkeit der

Netzknoten erhöht dabei die Elastizität. Die letzte Vermauerungsart wird besonders für Drehrohröfen großen Durchmessers empfohlen. Die Drahtdicke der Netze soll 0,8 bis 1 mm, die Maschenweite 5 bis 6 mm betragen.

C. H. Sonntag [56] macht Angaben über die Sinterzone eines Drehrohrofens, deren Magnesiasteine zur Hälfte mit Blecheinlagen versehen waren. Dieser Teil war haltbarer als der blechfreie, weil er einen dickeren schützenden Ansatz erhielt.

Beim *Anheizen* wird der Ofen mit kräftigem Holzfeuer auf über 200° C gebracht, um die Mörtelfeuchtigkeit auszutreiben, dann innerhalb 6 Std. mit Hilfe des Brenners gleichmäßig steigend auf Betriebstemperatur geheizt. Damit sich der gewünschte haltbare Ansatz bilden kann, darf das Rohmaterial erst bei heller Glut in die Sinterzone eintreten. Bei Stillständen soll die Temperatur unter Abschluß aller den Durchzug von Kaltluft ermöglichenden Öffnungen langsam und gleichmäßig gesenkt werden. Vor dem Wiederaufheizen sollen etwa im Mauerwerk vorhandene Risse mit Magnesiamehl ausgefüllt werden.

Die Reaktionen mit dem Klinker bestehen nach K. Spangenberg [57] einmal in der Bildung des Spinells MgO · (Al, Fe)$_2$O$_3$ und seiner Zersetzung durch Kalk zu Kalziumaluminaten bzw. Brownmillerit, zum anderen in der Umwandlung von Monticellit und Forsterit in Dikalziumsilikat. Das frei werdende MgO reagiert mit dem Klinkermaterial weiter. Daneben kann sich die Brennstoffasche mit Magnesiasteinen unter Bildung eutektischer Schmelzflüsse umsetzen [58].

Nach F. Köberich [59] sollen aus der Zementmasse stammende Alkalisulfatdämpfe die Rekristallisation des Periklases stark fördern und durch die damit verbundene Strukturvergröberung die Festigkeit der Steine vermindern. Daß die Steineigenschaften dabei verschlechtert werden, ist jedoch unwahrscheinlich [60].

Wohl aber können an der Außenseite durch Alkalichloride sowie komplexe Alkalisulfate und -chromate stärkere Zerstörungen des Mantels hervorgerufen werden. Diese Stoffe dringen durch das Mauerwerk bis in Zonen tiefer Temperatur hinein vor. Die Zerstörungen werden durch Vanadiumpentoxyd, das möglicherweise katalytische Wirkungen ausübt, beschleunigt [61].

Die an die Reduktion des Eisenoxydes durch kohlenoxydreiche Brenngase geknüpften Befürchtungen dürften übertrieben sein. Die bei der Reduktion entstehenden MgO–FeO-Mischkristalle haben zwar gegenüber Fe$_2$O$_3$-reichen Systemen einen niedrigeren Schmelzpunkt, sie enthalten aber so wenig FeO, daß die Feuerfestigkeit des Steines nur geringfügig herabgesetzt wird.

Falls sich von selbst kein Ansatz bildet, kann er durch betriebliche Maßnahmen, z. B. vorübergehende Erniedrigung des Kalksättigungsgrades oder des Silikat- und Tonerdemoduls, aber auch durch Zusatz von etwas Eisenoxyd zur Rohmischung erzeugt werden.

Dem günstigen Verschlackungsverhalten der Magnesiasteine stehen jedoch auch Nachteile gegenüber. Ihre große Wärmeleitfähigkeit bedingt hohe Abstrahlung, der man durch Einbau einer Isolierschicht aus Schamotte- oder Feuerleichtsteinen von 30 bis 50 mm Stärke begegnen kann.

Das basische Mauerwerk der Drehrohröfen wird hauptsächlich durch *Abplatzen* von 40 bis 50 mm starken Steinköpfen zerstört.

Nach Rechnungen von F. Kraus [62] ist dieser Vorgang in erster Linie auf die beim plötzlichen Abkühlen auftretenden Spannungen im Stein zurückzuführen, während beim Aufheizen entstehende Spannungen ohne Rißbildung aufgenommen werden können.

H. GIGY [63] weist darauf hin, daß das Drehrohrofenfutter in der Sinterzone einem ständigem Temperaturwechsel mit 200 bis 300° C Differenz ausgesetzt ist, weil das Futter nur zeitweise von Klinkermasse bedeckt, in der übrigen Zeit aber der Flamme unmittelbar ausgesetzt ist. Gute Ansatzbildung verringert diese Temperaturschwankungen. Wahrscheinlich tragen die durch Infiltrationen von Reaktionsschmelzen bedingten Veränderungen der thermischen Eigenschaften auch hier maßgeblich zur Entstehung der Abplatzungen bei (chemical spalling, vgl. Abschn. 1.82) [55]. Das Problem der Abplatzungen im Zementdrehrohrofen ist ebensowenig gelöst wie bei SM-Ofengewölben und Roheisenmischern.

5.672 Schachtöfen

In Schachtöfen werden basische Steine nur in der Brennzone eingebaut. Das basische Futter soll dann so weit hochgezogen werden, daß die Temperatur in der betreffenden Zone des Ofens nicht mehr für Reaktionen mit den benachbarten Schamottesteinen ausreicht. Im oberen Teil des Schachtes bewähren sich basische Steine wegen der Hydratationsgefahr nicht.

Im Betrieb bildet sich auf Magnesiasteinen in Schachtöfen ein weißer bis grauer Belag, der nach Untersuchungen von F. MATOUSCHEK [64] besonders in den höheren Zonen des Schachtes Anreicherungen von Alkali enthält. Davon abgesehen entstehen normalerweise keine Ansätze, so daß eine höhere Ofenleistung möglich wird als bei Schamotte- oder Tonerdezustellungen. Ansätze können durch plötzliches Abfallen Betriebsstörungen hervorrufen.

Abplatzungen treten beim Anheizen oder Abstellen auf. Der mechanische Verschleiß im Betrieb ist bei Magnesiasteinen geringer als bei Schamottesteinen. In 500 Betriebstagen wurden von den ersteren nur 10 mm, von Schamottesteinen im Mittel 35, örtlich bis 55 mm abgetragen. Neuerdings zieht man Magnesiasteine auch zur Auskleidung von Kalkschachtöfen heran.

5.68 In der Glasindustrie

Die Verwendung basischer Steine in Glasöfen wird dadurch erschwert, daß deren Eisenoxydgehalt die Glasqualität beeinträchtigt, andererseits die Kieselsäure des Glases den Periklas unter Silikatbildung angreift. Diesen Nachteilen steht als besonderer Vorzug ihre Beständigkeit gegen Alkalien und alkalihaltige Dämpfe gegenüber. Schon frühzeitig [65] wurden auf dem *Boden* von Flaschenglaswannen 1 bis 2 Flachschichten handelsüblicher Magnesiasteine trocken verlegt. Diese schwimmen dank ihres hohen Raumgewichtes in der Schmelze nicht auf und schützen die darunterliegenden Schamottesteine vor der Korrosion durch die Glasschmelze.

Neuerdings hat man auch den Boden einer heißgehenden Weißglaswanne versuchsweise mit eisenarmen Magnesiasteinen ($Fe_2O_3 < 3\%$) belegt [66]. Dabei bildete sich über dem Wannenboden eine Grünglasschicht, die an der thermischen Quellzone der Wanne ~ 200 mm dick war und nach den Wänden zu dünner wurde.

In diesem Grünglas war MgO um $\sim 6\%$, Al_2O_3 um $\sim 7\%$ und Fe_2O_3 um 0,74% gegenüber dem weißen Mutterglas angereichert. MgO und Fe_2O_3 stammten dabei zweifellos aus den Magnesiasteinen, die während einer siebenmonatigen Betriebsdauer 17 bis 20 mm an Dicke verloren hatten. Die Tonerde dagegen dürfte von den Seitenwänden der Wanne durch thermosyphonische Strömungen zugeführt worden sein. An der Grenze zwischen Grünglasschicht und Stein hatte sich ein Rasen von Forsteritkristallen und darunter eine sehr dünne Schicht von Magnesioferrit gebildet, der vom Glas nicht gelöst wird und daher bei der Reaktion zwischen Glas und Periklas zurückbleibt [67] (Abb. 657). Diese beiden letztgenannten Schichten schützten den Reststein vor weiterer Reaktion mit der Glasschmelze, die im übrigen in der Grünglasschicht wegen der Aufnahme von Steinbestandteilen ihre Aggressivität teilweise eingebüßt hat. Die Grünglasschicht nahm wegen ihres höheren spezifischen Gewichtes und ihrer niedrigeren Temperatur nur wenig an den Konvektionsbewegungen der Schmelze teil,

beeinflußte daher die Qualität des Glases praktisch nicht, übte vielmehr eine zusätzliche Schutzwirkung auf den Wannenboden aus.

Am *Durchfluß*, wo ständig neues Glas mit den Steinen in Berührung kommt, konnten sich die erwähnten Schutzschichten nicht ausbilden, die Steine mußten daher an dieser Stelle stark verschleißen. Aus dem gleichen Grunde sind alle Versuche gescheitert, Magnesiasteine als Wandbaustoff in den Wannen zu verwenden.

An den *Wänden* oberhalb des Glasspiegels, im *Gewölbe*

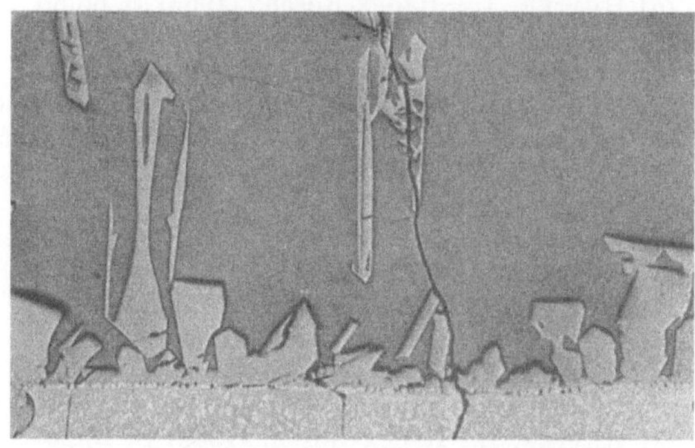

Abb. 657. Grenzzone Magnesiastein-Grünglasschicht in einer Weißglaswanne (nach F. TROJER). Anschliff (Vergr. 130 ×) Unten: Magnesiastein mit Magnesioferritentmischungen, darüber dünne Schicht aus Magnesioferrit (hell). Grau: Forsteritkristalle; dunkelgrau: Grünglas

und in den *Brennern* jedoch haben sich basische Steine bei Versuchen bewährt, dabei mußten für die Brenner temperaturwechselbeständige Spezialqualitäten verwandt werden [68]. In ihrer Beständigkeit beim Angriff durch alkalihaltigen Gemengestaub sind sie besser als Silika, sie dürften aber wegen ihres hohen Preises nur bei sehr heißgehenden Wannen wirtschaftlich sein.

Schließlich werden temperaturwechselbeständige Spezialqualitäten oder Magnesiachromsteine auch zur Ausgitterung der obersten Lagen von *Regenerativkammern* benutzt, wo sie wärmetechnisch die gleichen Vorteile bieten wie in den Kammern der SM-Öfen (Abschn. 5.616). Der Staub aus den Abgasen lagert sich in lockerer Form auf der basischen Gitterung ab und kann mit einer Schaufel vorsichtig entfernt werden [69]. Sind die Kammergewölbe jedoch mit Silika- oder Schamottesteinen zugestellt, so können herabtropfende Steinschmelzen starke Verstopfungen hervorrufen. Basische Zustellung auch der Kammergewölbe ist daher notwendig.

Schrifttum

[1] RAPATZ, F.: Radex-Rdsch. (1948) S. 9/14
[2] BARTU, F.: Radex-Rdsch. (1951) S. 102/16
[3] HÜTTER, L.: Radex-Rdsch. (1953) S. 503/37
[4] CHESTERS, J. H.: Steelplant Refractories Sheffield 1946, S. 264
[5] Radex-Rdsch. (1949) S. 158/60
[6] SKALLA, N.: Oesterr. Pat. 174931
[7] DEMENT'EV, V.: Stal Bd. 12 (1939) S. 27/31

[8] ANDERSEN, O.: J. Amer. ceram. Soc. Bd. 17 (1934) S. 221/35

[9] ROBERTSON, H. S.: Iron Steel Ind. Bd. 101 (1937) S. 99/102; Ind. Heating Bd. 4 (1937) S. 685

[10] EGOROW, P.: Stal Bd. 7 (1940) S. 47/48

[11] GULYAEV, V. S., L. G. UGRINOVICH, A. M. OSTROUMOV u. V. M. AVVAKUMOV: Metall-urgia Bd. 15 (1940) S. 44/48

[12] HÜTTER, L.: Stahl u. Eisen Bd. 72 (1952) S. 1285/98; Radex-Rdsch. (1953) S. 66/85

[13] HÜTTER, L.: Radex-Rdsch. (1950) S. 91/124

[14] MUND, A.: Stahl u. Eisen Bd. 74 (1954) S. 197/207, besonders S. 204

[15] HÜTTER, L.: Radex-Rdsch. (1954) S. 36/57

[16] HÜTTER, L.: Radex-Rdsch. (1953) S. 66/85

[17] TROJER, F.: Radex-Rdsch. (1954) S. 214/24

[18] KIENOW, S.: Ber. DKG. Bd. 34 (1957) S. 51

[19] MÜGGE, O.: Neues Jb. Mineralog., Geol. Paläontol (1920) S. 24

[20] SKALLA, N., u. F. TROJER: Radex-Rdsch. (1955) S. 506/17

[21] MARTIN, W.: Diskussionsbeitrag zu HÜTTER, L.: Stahl u. Eisen Bd. 72 (1952) S. 1927

[22] NAESER, G., u. P. PEPPERHOFF: Stahl u. Eisen Bd. 69 (1949) S. 325/26

[23] HÜTTER, L.: Radex-Rdsch. (1953) S. 503/37

[24] BARTU, F.: Radex-Rdsch. (1953) S. 86/91

[25] SKALLA, N.: Oesterr. Pat. 174931

[26] Radex-Rdsch. (1953) S. 36/38

[27] ZAMORUEV, V. M.: Metallurgia Bd. 14 (1939) S. 46/55

[28] HÜTTER, L.: Radex-Rdsch. (1948) S. 15/26

[29] HARMS, F.: Radex-Rdsch. (1950) S. 167/75

[30] ARTHUR, J. E., u. Mitarb.: Electr. Furnace Steel Bd. 2 (1944) S. 72/76

[31] RAIT, J. R.: Basic Refractories, S. 337/42. London 1950

[32] BOTTENBERG, W.: Stahl u. Eisen Bd. 59 (1939) S. 713

[33] SELLNER, F.: Radex-Rdsch. (1951) S. 355/60

[34] CHESTERS, J. H.: Trans. Brit. ceram. Soc. Bd. 48 (1949) S. 263/90

[35] CHESTERS, J. H., L. LEE u. J. MACKENZIE: Trans. Brit. ceram. Soc. Bd. 48 (1949) S. 263

[36] BOTTENBERG, W., u. P. BARDENHEUER: Mitt. Kaiser-Wilhelm-Inst. Eisenforsch. Düsseldorf Bd. 24 (1942) S. 7/22

[37] BOOTH, C., u. W. J. REES: Iron Steel Inst., Carnegie Scholarship Mem. Bd. 26 (1937) S. 57/122

[38] PRIESTLEY, J. E., u. W. J. REES: Trans. Brit. ceram. Soc. Bd. 33 (1934) S. 177/99

[39] STÜTZEL, H.: Stahl u. Eisen Bd. 69 (1949) S. 403/05

[40] CHESTERS, J. H., u. C. W. PARMELEE: J. Amer. ceram. Soc. Bd. 17 (1934) S. 50

[40a] HÖNING, F.: Stahl u. Eisen Bd. 73 (1953) S. 1466/67

[41] BRUCHHAUSEN, C.: Stahl u. Eisen Bd. 73 (1953) S. 1453/57

[42] HÜTTER, L.: Stahl u. Eisen Bd. 73 (1953) S. 1465/66

[43] LATOUR, A., u. J. SCHOOP: Stahl u. Eisen Bd. 73 (1953) S. 266/72

[44] PARNHAM, H.: Trans. Brit. ceram. Soc. Bd. 55 (1956) S. 339

[45] KIENOW, S.: Stahl u. Eisen Bd. 73 (1953) S. 1467/68, Erörterungsbeitrag

[46] MAYER, K., u. H. KNÜPPEL: Stahl u. Eisen Bd. 73 (1953) S. 1463/64

[47] MAYER, K., F. GAREIS, S. KIENOW, H. KNÜPPEL u. G. TRÖMEL: Stahl u. Eisen Bd. 73 (1953) S. 1457/62

[48] DENNIS, W. H.: Metal Treatment Bd. 12 (1945) S. 147/58

[49] v. WARTENBERG, H., u. E. PROPHET: Z. anorg. allg. Chem. Bd. 208 (1932) S. 369/79, besonders S. 378

[50] REUSCH, H. J., u. H. v. WARTENBERG: Heraeus Vakuumschmelze Ann. (1933) S. 350

[51] HEUER, R. P., u. A. E. FITZGERALD: Metals u. Alloys Bd. 19, S. 1133/36, 1405/07 u. Bd. 20 (1944) S. 68/72

[51a] TROJER, F.: Radex-Rdsch. (1958) S. 365/74

[51b] TROJER, F.: Vortrag VI. Intern. Keram. Kongr. Wiesbaden 1958

[52] JAHNCKE, E.: Radex-Rdsch. (1953) S. 475/79 u. (1954) S. 19/25

[53] Hütter, L.: Radex-Rdsch. (1950) S. 230/42
[54] Steiner, D.: Zement Bd. 25 (1936) S. 619/24 u. 747. — Schurecht, H. G.: Brick Clay Rec. Bd. 90 (1937) S. 174 u. 176
[55] Dodukowskij, A. S.: Zement (Moskau) (1935) S. 30/37
[56] Sonntag, C. H.: Rock Products Bd. 35 (1932) S. 48/54
[57] Spangenberg, K.: Zement-Kalk-Gips (1951) S. 317/22
[58] Berlek, J.: Zement Bd. 25 (1936) S. 865/66
[59] Köberich, F.: Zement Bd. 30 (1941) S. 439 u. 451
[60] Kühl, H.: Zement Bd. 30 (1941) S. 583/90
[61] Konopicky, K.: Brennstoffchem. Bd. 36 (1958) S. 151/55
[62] Kraus, F.: Radex-Rdsch. (1949) S. 208/19
[63] Gigy, H.: Diss., Zürich 1939
[64] Matouschek, F.: Radex-Rdsch. (1952) S. 161/65
[65] Lamort, J.: Feuerungstechnik Bd. 24 (1936) S. 40/41
[66] Guss, S.: Radex-Rdsch. (1955) S. 320/26
[67] Trojer, F.: Radex-Rdsch. (1955) S. 327/32
[68] Radex-Rdsch. (1953) Heft 6 (Für den Praktiker)
[69] Abbey, R. G.: Radex-Rdsch. (1952) S. 275/82

5.7 Dolomiterzeugnisse

Die Verwendung von gebranntem Dolomit wird durch die starke Hydratationsneigung und hohe chemische Aktivität des in ihm enthaltenen Kalkes erschwert. Aus diesem Grunde versuchte man schon frühzeitig, den freien Kalk durch Kieselsäure oder andere saure Oxyde zu binden, um so ein hydratationsbeständigeres Produkt zu erhalten. Da das bei der Reaktion zwischen Kalk und Kieselsäure bevorzugt entstehende Dikalziumsilikat beim Abkühlen leicht zerfällt (vgl. Abschn. 5.173), mußte man solchen Mischungen geringe Mengen zerfallverhindernder Stoffe zugeben, die den Dolomit also *stabilisieren*. Später wurde der Ausdruck *Stabilisierung* auf alle Verfahren übertragen, die dem Schutz der Dolomitsteine vor rascher Hydratation dienen. Dazu gehört neben der ganzen oder teilweisen chemischen Bindung des Kalkes auch die Umhüllung der Körner mit Teer, Öl oder anderen organischen Stoffen. Erreichen solche Maßnahmen nur einen unvollkommenen, zeitlich befristeten Schutz, spricht man von *halbstabilisierten* Steinen. Um vorhandene Unklarheiten in der Nomenklatur zu vermeiden, sollen hier folgende Bezeichnungen verwandt werden:

1. Reine Sinterdolomitsteine, ohne Zusätze hergestellt,

2. teergeschützte Sinterdolomitsteine, nach dem Brennen in Teer getaucht,

3. halbstabilisierte Dolomitsteine mit teilweise abgebundenem CaO (bevorzugt durch 4 bis 10% SiO_2),

4. stabilisierte Dolomitsteine mit vollständig abgebundenem CaO (vorzugsweie durch ~11 bis 16% SiO_2).

Neben diesen gebrannten Qualitäten werden in den Stahlwerken aus Sinterdolomit und Stahlwerksteer hergestellte Teerdolomiterzeugnisse als Konverterböden, Steine und Stampfmassen verwandt.

Die teergeschützten Dolomiterzeugnisse haben sich in Deutschland, den nordischen Ländern, Holland, Belgien, der Schweiz usw. weitgehend durchgesetzt, stabilisierte Dolomitsteine dagegen spielen vor allem in England eine erhebliche Rolle.

5.71 Dolomitsinter

5.711 Reiner Dolomit

5.711.1 Allgemeines. Der im Steinbruch gewonnene Rohdolomit wird für die Sinterung mit Kegelbrechern (vgl. Abschn. 2.311, Abb. 148) zerkleinert. Bei diesem Arbeitsgang zerfällt Kalkstein, der den Dolomit etwa in Form kleiner Gänge oder Trümmerzonen durchsetzt, wegen seiner Sprödigkeit überwiegend zu Feinmehl. Dieses muß vor der Weiterverarbeitung abgesiebt werden. Das gröbere Korn über 5 mm wird — falls erforderlich — in einer Waschanlage (Schwerterwäsche) gereinigt und in geeigneter Korngröße den Schacht- oder Drehrohröfen zugeführt.

Nach Abb. 658 erniedrigt sich das Raumgewicht des Rohdolomits beim Brennen zunächst von 2,73 auf ∼1,5 bei 800° C, weil der Dolomit durch die Abgabe von Kohlensäure aufgelockert wird. Oberhalb 1200° C beginnt dann das Raumgewicht wegen einsetzender Sinterung wieder zu steigen. Das für Sinterdolomit als Mindestwert angestrebte Raumgewicht von 2,9 wird bei ∼1500° C erreicht. Mit etwa dieser Temperatur arbeiten die Schachtöfen.

Höherer Brand verdichtet den Dolomit weiter unter starker Sammelkristallisation, die G. TRÖMEL [1] anschaulich gezeigt hat, bis zu einem Raumgewicht von 3,16 bei 1800° C [2]. So dicht gesinterte

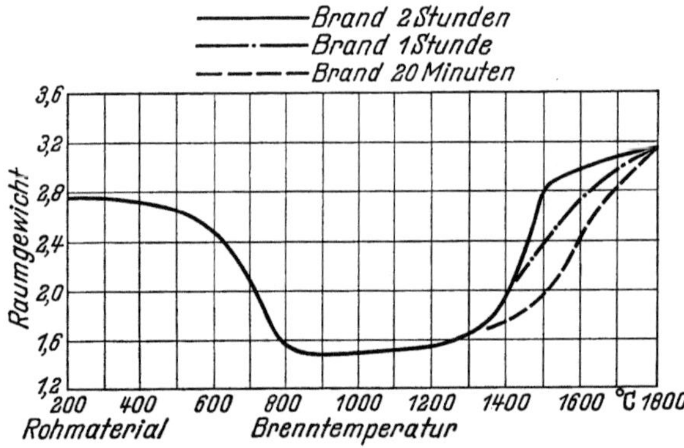

Abb. 658. Das Sinterverhalten von Dolomit, dargestellt durch die Änderung des Raumgewichtes (nach F. HARTMANN)

Dolomite können praktisch nur in Drehrohröfen gebrannt werden. Ein dem spez. Gew. 3,4 bis 3,5 des Oxydgemisches entsprechendes Raumgewicht fordert eine Brenntemperatur von mehr als 2000° C (Porosität = 0).

Die genannten Werte gelten für eine Brenndauer von jeweils 2 Std. Bei kürzerer Brenndauer ist die Sinterung entsprechend schwächer (gestrichelte und strichpunktierte Kurven in Abb. 658) [2].

Nach Abb. 658 – auch nach G. VIE [3] – erreicht das Raumgewicht des bei etwa 1500° C gebrannten Dolomites wieder den Wert des nichtentsäuerten Rohdolomits (Ausgangszustand). VIE schloß daraus, daß man Rohdolomit unmittelbar zur Steinherstellung benutzen könnte. In der Praxis dürfte man aber wegen der vorübergehend eintretenden Schwindung kaum so arbeiten können.

Je dichter der Dolomit gebrannt wird, um so geringer ist seine Tendenz zur Hydratation. Gut gebrannter Drehrohrofendolomit verändert sich längere Zeit nicht, wird allerdings bei Verletzung der Oberflächenhaut rasch hydratisiert.

Wegen seiner Verunreinigungen, insbesondere Kieselsäure, Tonerde und Eisenoxyd, läßt sich natürlicher Dolomit ohne Fremdzusätze sintern. Wie schon in Abschn. 5.17 ausgeführt, entstehen beim Brennen von Dolomit mit geringen Verunreinigungen dieser Art (neben Periklas und Kalk) Trikalziumsilikat und eine feste Lösung von Brownmillerit und Dikalziumferrit (Kombination 1 in Abschn. 5.18) oder Trikalziumsilikat, Trikalziumaluminat und Brownmillerit (Kombination 2). Welche dieser beiden Kombinationen auftritt, hängt von dem jeweiligen molaren Verhältnis Al_2O_3 zu Fe_2O_3 ab. Für Kombination 1 muß dieses Verhältnis <1, bzw. das Gewichtsverhältnis beider Oxyde $<0,64$ sein, für Kombination 2 >1 bzw. $>0,64$. Die ersten Schmelzen treten schon unterhalb 1280° C bzw. 1300° C auf. Reaktionen im festen Zustand bereiten die Sinterung vor, bei 900 bis 1000° C bilden sich $CaO \cdot Al_2O_3$ und $2CaO \cdot Fe_2O_3$, später bis 1300° C Brownmillerit. Dikalziumsilikat entsteht bei 1100 bis 1200°C, die Einlagerung eines weiteren CaO-Molekels zu $3CaO \cdot SiO_2$ (C_3S) beginnt bei 1400° C und erreicht oberhalb 1600° C höhere Geschwindigkeiten. Anwesenheit von Schmelze beschleunigt die C_3S-Bildung stark.

Die Geschwindigkeit der oben beschriebenen Reaktionen in festem Zustand hängt sehr von der jeweiligen Kristallgröße, der Struktur und der Oberflächenbeschaffenheit des Aufgabegutes, außerdem von der Verteilung der Beimengungen ab. Die Sinterung wird gefördert durch die in den Brennstoffen enthaltenen Aschebestandteile, die ebenfalls überwiegend aus Kieselsäure, Tonerde und Eisenoxyd bestehen und an der Oberfläche der Dolomitkörner eine Zone erhöhten Flußmittelgehaltes erzeugen. Dieser Effekt ist vor allem im Drehrohrofen wirksam. Der Sinter erhält dabei eine dunklere, graubraun gefärbte Kruste, welche die Wetterbeständigkeit erhöht, solange der Sinter nicht gebrochen wird (Abb. 659).

Sinterdolomit besteht aus Periklasballen und CaO-Kristallen neben geringen Mengen von Silikaten und Ferriten, dabei

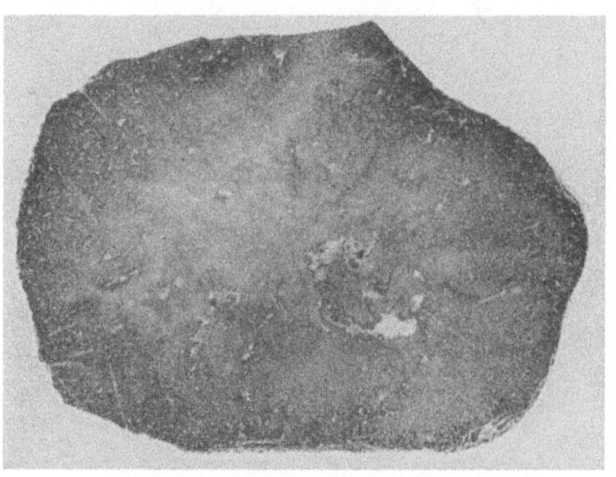

Abb. 659. Sinterdolomit aus einem Drehrohrofen mit flußmittelreicherer Kruste. Anschliff (Vergr. 3 ×)

herrschen im Drehrohrofensinter die Silikate, im Schachtofensinter die Ferrite vor (Abb. 660a u. b). Die absolute Menge der Verunreinigungen sollte möglichst gering sein (vgl. Abschn. 5.25). Es werden jedoch stellenweise Dolomite mit höheren Gehalten an Kieselsäure, Tonerde und Eisenoxyd zur Herstellung halbstabilisierten Sinters verwandt.

Die russischen Normen teilen die Sinterdolomite in 2 Klassen ein, die durch nachstehende Begrenzungen charakterisiert sind [4]:

	I. Klasse	II. Klasse
% Gehalt an MgO (geglüht) über	32	28
% Gehalt an SiO_2 unter	9	12
Glühverlust in % unter	2	1,5

Diese SiO_2-Werte sind für deutsche Verhältnisse viel zu hoch, guter Sinterdolomit soll 1 bis 2%, keinesfalls aber über 4% SiO_2 enthalten.

In manchen Fällen gibt man flußmittelarmen Dolomiten Zusätze zwecks Herabsetzung der Sintertemperatur, vorwiegend stückigen *Magnetit* bei [4, 5]. Der sinterungsfördernde Einfluß verschiedener Oxyde nimmt in folgender Reihenfolge ab: $Mn_2O_3 > Fe_3O_4 > Al_2O_3 > Cr_2O_3$. Durch Feinmahlung wird die Sinterung ebenfalls verbessert. In Deutschland wird von diesen Hilfsmitteln zur Herabsetzung der Sintertemperatur kaum Gebrauch gemacht.

5.711.2 Drehrohrofendolomit. Die zum Dolomitsintern verwandten Drehrohröfen (vgl. Abb. 594, Abschn. 5.42) werden meist mit Kohlenstaub beheizt, der unter einem Druck von ~ 350 bis 400 mm WS in den Ofen eingeblasen wird. Die Verbrennungsluft wird in der Kühltrommel vorgewärmt. Als Ofenfutter werden in der Sinterzone Dolomitsteine oder andere basische hochfeuerfeste Erzeugnisse, wie z. B. Chrommagnesiasteine benutzt. Das Brenngut wird in einer Korngröße von 5 bis 30 mm aufgegeben. In Sonderfällen kann auch nasser, feingemahlener Schlamm verwandt werden, jedoch nur von sehr reinen Dolomiten mit max. 0,5% SiO_2 oder von porösen Rohstoffen mit mehr als 8% offenen Poren. Auch wenn mehrere Rohstoffe kombiniert oder mit Flußmitteln

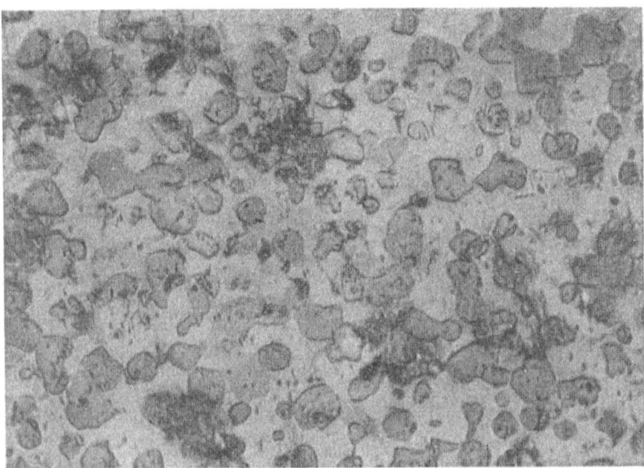

a

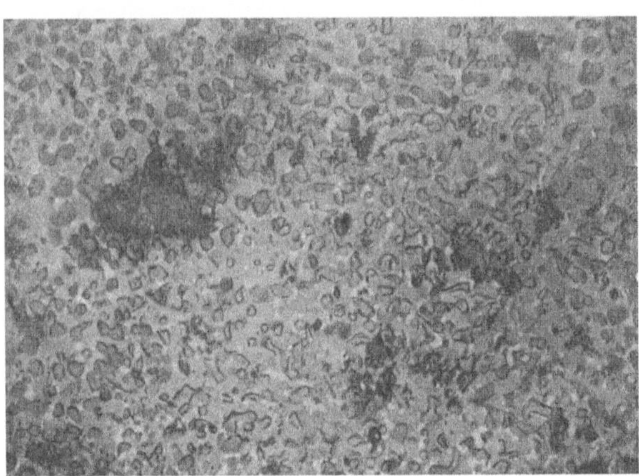

b

Abb. 660a u. b
Gefüge von 2 Sinterdolomiten. Anschliffe (Vergr. 245 ×)
a) Drehrohrofensinter. Dunkelgrau: Periklas; hellgrau: CaO + Silikat. b) Schachtofensinter. Dunkelgrau: Periklas; grau: CaO + Silikat; hell: Kalziumferrit

versetzt werden sollen, muß das Sintergut fein gemahlen werden.

Das Brenngut durchläuft nach dem Trocknen und Kalzinieren zwischen 1200 und 1500° C einen Temperaturbereich exothermer Reaktion, in dem sich die Silikate, Ferrite und Aluminate bilden. Diese Zone hebt sich im Ofen durch ihre größere Helligkeit von der dunklen Kalzinierzone ab. An die exotherme Zone schließt sich die Sinterzone mit intensiver Schwindung und Verdichtung des

Materials sowie zunehmendem Korngrößenwachstum an. Die Sinterzone ist wesentlich länger als in Zementdrehrohröfen, sie nimmt in einem 100 m-Ofen z. B. etwa 25 m ein [6]. Die Neigung zur Ansatzbildung ist beim Dolomitbrennen wegen der hohen Brenntemperatur besonders stark, Ringbildungen lassen sich daher nur bei großer Aufmerksamkeit verhindern. In der Entstehung begriffene Ringe werden durch Schießen oder mit Hilfe eines Wasserstrahles entfernt. In LEPOL-Öfen können die Roste durch Einwirkung der sehr hohen, 1000° C übersteigenden Abgastemperatur verzundern, sie müssen daher besonders geschützt werden.

Die Öfen haben etwa 3 m Außendurchmesser, ihre Leistung beträgt je nach der Ofenlänge 100 bis 400 t Sinter pro Tag. Der Wärmeverbrauch schwankt zwischen 1500 bis 2500 kcal/kg Sinter. Die Sinterqualität ist sehr gleichmäßig (Tab. 163).

5.711.3 Schachtofendolomit. Die zum Brennen von Dolomit verwandten Schachtöfen werden mit Koks oder Gas gefeuert und mit Unterwind betrieben, der unter hohen Überdrucken von 400 bis 1500 mm WS in der Nähe des drehbaren Rostes eingepreßt wird (Abb. 661) [7]. Das Schachtmauerwerk wird in der Sinterzone mit Dolomit- oder Spezialmagnesiasteinen zugestellt. Die Öfen werden meist durch Glockenverschlüsse beschickt, das Aufgabegut wird dabei so an die Ofenwand geschüttet, daß sich ein zum Ofenmittelpunkt geneigter Beschickungskegel ausbildet. Die gröberen Stücke rollen nach der Mitte, das kleinstückige Material dichtet den Rand ab. Man gibt eine Mischung aus Rohdolomit mit 150 mm mittlerer Korngröße und 22 bis 25% Gießereikoks etwa gleicher Körnung auf.

Die Sinterzone liegt 3 bis 4 m über dem Rost, kann sich aber auch weiter nach oben verlagern. Der zugeführte Wind erwärmt sich in der Kühlzone unterhalb der Sinterzone. Die Beschickungssäule ruht auf dem mit Zähnen versehenen und mit 0,65 bis 2,5 Umdrehungen pro Stunde rotierenden Rost. Dieser dient auch zum gleichmäßigen Austrag des Sintergutes durch automatisch arbeitende Dreikammerschleusen (s. Abb. 661), deren Verschlußklappen in gleichmäßigen Abständen mechanisch, magnetisch oder hydraulisch betätigt werden. Zu Ansatzbildungen kommt es in den Schachtöfen wegen der niedrigen Betriebstemperatur selten. Bei ungleichmäßiger Brennstoffverteilung oder örtlicher Anreicherung von Flußmitteln können sich große Sinterklumpen, sog. Ofen-

Tabelle 163. *Spezifische Gewichte, Raumgewichte und Porositäten verschiedener Sinterdolomite*

Nr.	Sinterdolomit aus	Herkunft	Spez. Gewicht	Raumgewicht		Offene Poren		Gesamtporen	
				Schwankungsbreite	Mittelwert	Schwankungsbreite Vol.-%	Mittelwert Vol.-%	Schwankungsbreite Vol.-%	Mittelwert Vol.-%
1	Drehrohrofen	Halden	3,344	3,157 bis 3,180	3,168	—	1,3	4,8 bis 5,4	5,1
2	Schachtofen	Halden	3,312	2,14 bis 3,02	2,604	11,7 bis 31,8	23,6	13,6 bis 32,6	24,6
3	Schachtofen	Gruiten	3,354	2,65 bis 2,75	2,711	—	15,8	17,9 bis 20,9	19,0

wölfe, bilden. Auch zu niedrige Umdrehungsgeschwindigkeit des Rostes begünstigt die Entstehung solcher Zusammenballungen.

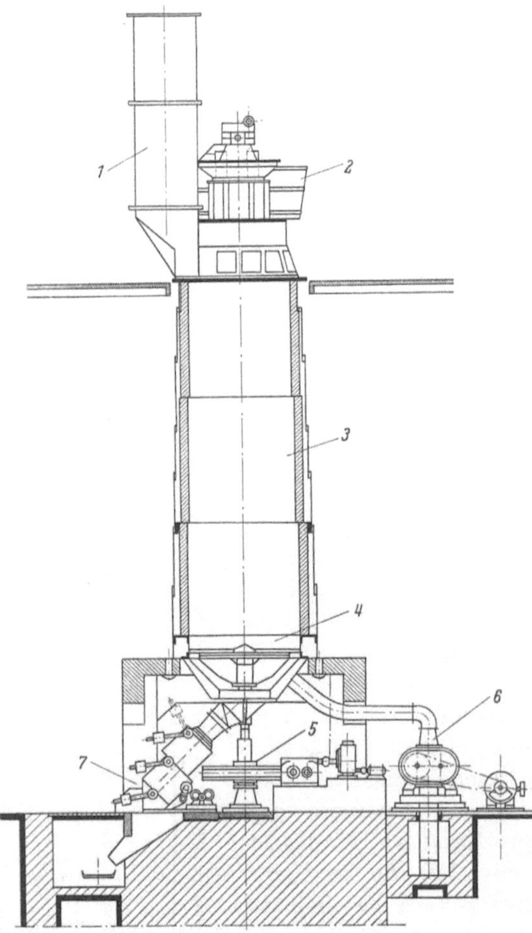

Abb. 661. Drehrostschachtofen zum Sintern von Dolomit,
Bauart C. v. GRUEBER

1 Kamin; *2* Eintragvorrichtung; *3* Schacht; *4* Drehrost;
5 Antriebsvorrichtung für den Drehrost; *6* Gebläse für den
Unterwind; *7* Dreikammerschleuse

Ein Schachtofen mit ~ 17 m Höhe und $\sim 2,5$ m Innendurchmesser liefert pro Tag 75 bis 120 t Sinter. Sein auf Normalkohle umgerechneter Brennstoffverbrauch liegt bei 15 bis 30% des Sintergewichtes. Neuerdings baut man die Schachtöfen höher, mit verlängerter Kühlzone und verbesserter Luftvorwärmung.

Wie beim Brennen von Magnesit können auch für Dolomit gasbeheizte Schachtöfen verwandt werden (vgl. Abschnitt 5.42), Gas und Luft werden ihnen ähnlich wie bei modernen Kalkschachtöfen unter hohem Druck seitlich durch Düsen zugeführt.

Die Qualität des Schachtofensinters ist ungleichmäßig. Sein Raumgewicht schwankte bei der Untersuchung von sieben gleichzeitig entnommenen Proben zwischen 2,14 und 3,02 um einen Mittelwert von $\sim 2,6$, entsprechend einer Gesamtporosität von 13,6 bis 32,6% gegenüber 4,8 bis 5,4% beim Drehrohrofendolomit (Tab. 163). Infolge geringerer und ungleichmäßigerer Sinterung neigt Schachtofendolomit wesentlich

Tabelle 164. *Analysen einiger Sinterdolomite*

Vorkommen	SiO$_2$ %	Al$_2$O$_3$ + TiO$_2$ %	Fe$_2$O$_3$ %	Mn$_3$O$_4$ %	CaO %	MgO %	Glühverl. %
Halden	1,11	0,63	0,80	0,20	60,09	36,65	0,34
Gruiten	2,57	0,75	2,24	0,48	58,75	34,36	0,70
Grevenbrück ..	3,68	1,96	1,62	0,41	53,31	37,58	1,05
Stolberg	3,55	1,73	1,68	—	55,42	37,01	0,49
Korbach	1,13	0,15	1,23	0,87	56,47	40,25	—
Wellen	2,48	0,34	1,17	0,34	55,77	39,77	—

stärker zu Hydratation als der letztere. Schützende Krusten entstehen bei ihm im allgemeinen nicht. Er ist grau gefärbt und teils fest, teils mürbe.

Die von der Brennart unabhängigen chemischen Analysen einiger deutscher Sinterdolomite sind in Tab. 164 enthalten.

5.712 Stabilisierter Dolomit

Zur Stabilisierung wird dem Dolomit die zum Binden des gesamten Kalkes als Silikat erforderliche Kieselsäure zugeführt. Die dadurch entstehenden Mineralkombinationen sind in Abschn. 5.18, S. 699, unten, unter Nr. 3 bis 5, aufgeführt. Für feuerfeste Zwecke kommt aber nur die Kombination 3 aus Trikalziumsilikat, Dikalziumsilikat und einer festen Lösung von Brownmillerit mit Dikalziumferrit in Frage, weil die hohen Tonerdegehalte der Kombinationen 4 und 5 die feuerfesten Eigenschaften sehr verschlechtern würden. Den Kieselsäurezusatz kann man so wählen, daß sich entweder vorwiegend *Dikalziumsilikat* (C_2S) oder aber überwiegend Trikalziumsilikat (C_3S) bildet. Im ersten Fall müssen geringe Prozentsätze an Phosphaten, Boraten, Cr_2O_3, ZrO_2, Eisenoxyden oder Tonerde–Eisenoxyd-Mischungen als Stabilisatoren zugesetzt werden (vgl. Abschn. 5.173). Solche Dolomit-Silikatklinker haben sich besonders in England und den USA eingeführt, sie sind in diesen Staaten durch eine Unzahl sich überschneidender und miteinander verfilzter Patente abgedeckt. Im Sinter mit vorwiegendem C_2S-Gehalt kann sich zusätzlich niedrigschmelzender *Monticellit* (CMS) bilden, der in geringen Mengen als Bindemittel erwünscht ist, in höheren Prozentgehalten aber die Feuerfestigkeit merklich herabsetzt.

In den USA wurde ein monticellithaltiger Sinter unter Zugabe von Sand erzeugt [8]:

$$5\,(CaCO_3 \cdot MgCO_3) + 3\,SiO_2 \rightarrow CaO \cdot MgO \cdot SiO_2 + 2\,(2\,CaO \cdot SiO_2) + 4\,MgO + 10\,CO_2$$

Der Monticellitgehalt soll hierbei nicht mehr als 1 bis 2% betragen.

Trikalziumsilikat (C_3S) hat den Vorteil, daß es 6 bis 7% Trikalziumaluminat (C_3A) in feste Lösung nehmen kann, wodurch sich die Menge der entstehenden Schmelzflüsse vermindert. Zur C_3S-Bildung muß die Masse gewichtsmäßig 2,8mal so viel Kalk wie Kieselsäure enthalten. An Tonerde kann C_3S max. $^1/_{12}$ der vorhandenen Kieselsäure lösen [9]. Soll bei der träge verlaufenden Bildung des C_3S ein Gleichgewicht erreicht werden, so ist hohe Sintertemperatur erforderlich. Die Reaktionsgeschwindigkeit kann jedoch durch Zusatz von Al_2O_3, besonders aber von Fe_2O_3, wesentlich gesteigert werden. Der unterhalb 1250° C erfolgende Zerfall des C_3S in C_2S und Kalk kann durch rasche Abkühlung vermieden werden.

Mit betriebsmäßiger Herstellung stabilisierten Dolomits begann man in England 1934 auf der Grundlage der Arbeiten von W. H. TYLER u. W. J. REES [10].

Diese Forscher hatten 75% Dolomit mit 25% eines aus Magnesit und Talk bestehenden, aus dem Sudan stammenden Gesteines namens *Sudanit* gemischt und gebrannt (vgl. Abschnitt 5.242). Später wurde der Sudanit durch *Serpentin* ersetzt, der noch heute bevorzugt zur Herstellung stabilisierten Sinters verwandt wird [11]:

$$6\,(CaCO_3 \cdot MgCO_3) + 3\,MgO \cdot 2\,SiO_2 \cdot 2\,H_2O \rightarrow 2\,(3\,CaO \cdot SiO_2) + 9\,MgO + 2\,H_2O + 12\,CO_2$$

Häufig gibt man einen kleinen Überschuß an Serpentin zu, dann wird aber die Verwendung von Stabilisatoren zur Verhinderung des C_2S-Zerfalles erforderlich.

Im Serpentin bzw. Rohdolomit enthaltenes Eisenoxyd bildet Dikalziumferrit bzw. Brownmillerit. Auf Vorschlag von K. SPANGENBERG [9] soll das Fe_2O_3 durch reduzierenden Brand in FeO umgewandelt werden, das mit CaO keine Verbindung eingeht, aber von MgO gelöst wird. Auf diese Weise soll die Bildung niedrigschmelzender Kalkferrite eingeschränkt bzw. ganz verhindert werden. Es muß aber berücksichtigt werden, daß CaO mit FeO unter Bildung von Dikalziumferrit und metallischem Eisen reagiert (vgl. Abschn. 5.172).

Neben diesen bereits in die Technik eingegangenen Verfahren sind zahlreiche andere Stoffe zum Stabilisieren vorgeschlagen worden, nämlich Tonerde, Ton, Kaolin, Metalloxyde und -chloride, verschiedene Silikate, Hochofenschlacke, Thomasschlacke, Borsäure, Wasserglas, Portlandzement, Eisenerz, Feldspäte, Phosphorite usw. in wechselnden Verhältnissen. Die meisten dieser Zusätze führen zu den oben besprochenen Mineralkombinationen.

Einen davon abweichenden Weg beschritten P. P. BUDNIKOW [12] sowie A. A. CHADEYRON u. W. J. REES [13], indem sie dem Dolomit gemahlenes *Chromerz* zumischten. Dabei bildet sich die hydratationsbeständige Verbindung $CaO \cdot Cr_2O_3$. Der Gehalt an freiem Kalk sinkt mit steigender Zugabe von

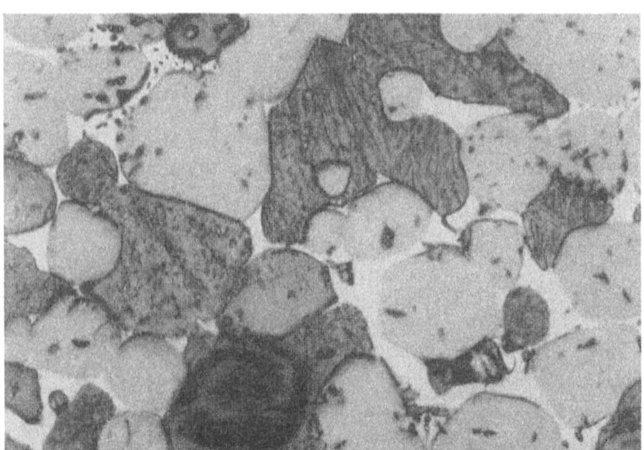

Abb. 662. Stabilisierter Dolomitsinter auf Trikalziumsilikatbasis. Anschliff (Vergr. 280 ×)
Hell: Dikalziumferrit; hellgrau: Periklas; dunkelgrau: Trikalziumsilikat; dunkel: Poren

Chromerz bis auf 1% bei einem Chromerzgehalt von 20%. Zur Erhaltung der Feuerfestigkeit ist nach P. P. BUDNIKOW [4] eine Zugabe von nur 5 bis 6% zweckmäßig (vgl. Abschn. 5.153).

Die Rohstoffe werden für die Herstellung von stabilisiertem Dolomitsinter unter Zusatz von Silikaten usw. in einer Kugel- oder Rohrmühle bis zu einem Siebrückstand von nicht über 4% auf dem 4900-Maschensieb feucht gemahlen, zu einem Brei mit 27 bis 31% Wasser gemischt und so in einem Drehrohrofen bei 1550 bis 1700° C und darüber gebrannt.

Abb. 662 zeigt die Dünnschliffaufnahme eines auf Trikalziumsilikatbasis hergestellten stabilisierten Sinters der folgenden chemischen Zusammensetzung:

SiO_2 %	Al_2O_3 %	Fe_2O_3 %	Mn_3O_4 %	Cr_2O_3 %	CaO %	MgO %	SO_3 %
14,8	1,5	3,8	0,2	0,1	41,4	38,5	0,4

5.72 Dolomitsteine und -massen

5.721 Reine und teergeschützte Steine[1] und Massen

5.721.1 Herstellung. Der Sinterdolomit — in England einfach als *Basic* bezeichnet — wird gebrochen, gekörnt und gekollert. Die einzelnen Arbeitsgänge

---

[1] Die teergeschützten Steine wurden bislang vielfach als halbstabilisiert bezeichnet. Um Verwechslungen mit den in Abschn. 5.722/23 beschriebenen Steinen auszuschließen, wird dieser Ausdruck hier vermieden.

müssen rasch aufeinanderfolgen; denn der vom Sinterbrand noch heiße Dolomit
darf nicht so weit abkühlen, daß er durch die Luftfeuchtigkeit hydratisiert wird.
Die *Kornzusammensetzung* der Masse wechselt mit dem Verwendungszweck der
Steine. P. P. BUDNIKOW [4] gibt hierfür z. B. an:

$$4 \text{ bis } 7 \text{ mm} \ldots \ldots \ldots \ldots 16 \text{ bis } 24\%$$
$$1 \text{ bis } 4 \text{ mm} \ldots \ldots \ldots \ldots 25 \text{ bis } 34\%$$
$$0 \text{ bis } 0,12 \text{ mm} \ldots \ldots \ldots 24 \text{ bis } 30\%$$

Wie bei Herstellung anderer Steinqualitäten wird auch hier eine dichte Packung
durch Korngrößenlücken im Bereich des Mittelkornes erzielt. Bei hohen Anforderungen an die Temperaturwechselbeständigkeit der Steine läßt man das Feinmehl ganz aus der Masse heraus, um ein kerbfestes Gefüge zu erhalten. Der
gebrochene Sinter wird dazu mit Hilfe eines Windsichters entstaubt. Das anfallende Feinmehl kann zur Mörtelbereitung benutzt werden.

Die aus scharfkantigen Körnern bestehende Steinformmasse wird auf *hydraulischen Pressen* trocken geformt.

Nach einem der S. A. des Hauts-Fourneaux de la Chiers, Longwy, geschützten Verfahren [14] kann man feingepulverten Sinterdolomit mit geringen Mengen von Eisen- oder
Chromoxyd oder von sonstigen gebräuchlichen Sintermitteln trocken pressen. Zahlreiche
andere Bindemittel, wie Ton, Kieselsäure, Eisenoxyd usw. [15], ferner Monokalziumferrit [16]
oder Talkum bzw. Dolomithydrat [17] sind ebenfalls vorgeschlagen worden. Der Erhöhung
der Plastizität beim Pressen sollen weiterhin kleine Mengen von Öl, Teer, Tannin u. dgl.
dienen [18].

In der Praxis hat sich jedoch gezeigt, daß man die gekörnte Steinformmasse
auch ohne Zusätze unter einem Druck von 700 bis 1400 kg/cm² formen kann [19].
Dabei muß sich der jeweilige Preßdruck nach der Härte des benutzten Rohstoffes richten. Die Körner sollen zusammenbacken, aber nicht zerquetscht
werden.

Die immer noch warmen Formlinge werden unverzüglich im Tunnelofen
gebrannt. Um eine Hydratisierung durch das in den Brenngasen enthaltene
Wasser auszuschließen [20], werden sie sofort auf eine Temperatur zwischen
350 und 500° C gebracht. Das Einsatzgut wird anschließend in etwa 60 Std. auf
1500 bis 1600° C erhitzt und bei dieser Temperatur 8 bis 20 Std. gehalten. In
den Brenngasen enthaltene Asche kann ähnlich wie beim Sinterbrand auf den
Kornoberflächen einen dünnen Silikatsaum erzeugen, der einen gewissen Schutz
gegen Hydratisierung bildet (vgl. Abb. 663 b).

Wegen ihrer guten Temperaturwechselbeständigkeit kann man Dolomitsteine ziemlich rasch abkühlen. Die heiß aus dem Ofen kommenden Steine
werden entweder ohne weitere Verarbeitung benutzt oder zur Erhöhung ihrer
Wetterbeständigkeit in ein auf ~150° C erwärmtes Teerbad getaucht. Der Teer
durchtränkt den ganzen Stein und füllt einen erheblichen Teil des Porenraumes
aus. Ungeteerte Steine können einige Wochen auf Lager genommen werden,
teergeschützte sind sogar mehrere Monate haltbar, im Winter länger als im
Sommer.

5.721.2 Eigenschaften. Reine oder teergeschützte Dolomitsteine sind dunkelbraun bis schwarz und besitzen körnige Struktur (Abb. 663a u. b). Sie sind hart

und klingen metallisch. Ihre chemische Zusammensetzung schwankt in folgenden Grenzen:

SiO_2 .... 1 bis 2 % CaO .... 58 bis 60 %
Al_2O_3 ...... 0,5 bis 0,8 % MgO .... 32 bis 36 %
Fe_2O_3 ...... 0,6 bis 1,2 %

Das *spezifische Gewicht* liegt zwischen 3,15 und 3,4, das *Raumgewicht* zwischen 2,6 und 2,9. Ihre *Gesamtporosität* beträgt im ungeteerten Stein etwa 15 bis 20 %, beim teergeschützten 10 bis 12 %, der Teer füllt also knapp die Hälfte des Porenraumes.

Die *Kaltdruckfestigkeit* der Dolomitsteine erreicht 400 bis 700 kg/cm². Bei der *Druckfeuerbeständigkeitsprüfung* mißt man ta-Werte von 1710 bis 1760° C, te liegt stets über 1800° C (Tab. 165, Nr. 1). Beim *Abschrecken* in Luft nach der Zylindermethode halten Dolomitsteine mehr als 50 Abschreckungen aus. Ihre *Nachschwindung* bei zweistündigem Glühen auf 1500° C ist gering, es wurden ∼0,2 % bestimmt.

Bei *Verschlackungsversuchen* nach dem Aufstreuverfahren greift SM-Ofenschlacke bei 1450° C den Prüfkörper nur wenig an, es bildet sich eine glatt geschmolzene Haube auf dem Prüfkörper. Nach Untersuchungen von B. YA. PINES u. G. P. KUSHTA [21] reagieren Mischungen von Dolomit mit SM-Ofenschlacke bei Temperaturen von 1380 bis 1650° C unter Bildung von Dikalziumsilikat, Dikalzium-

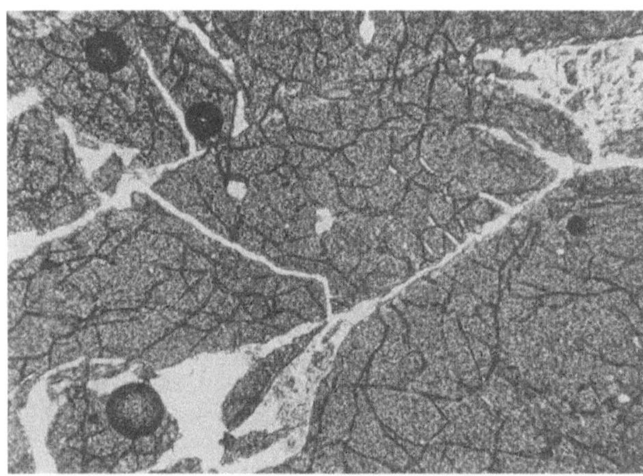

a

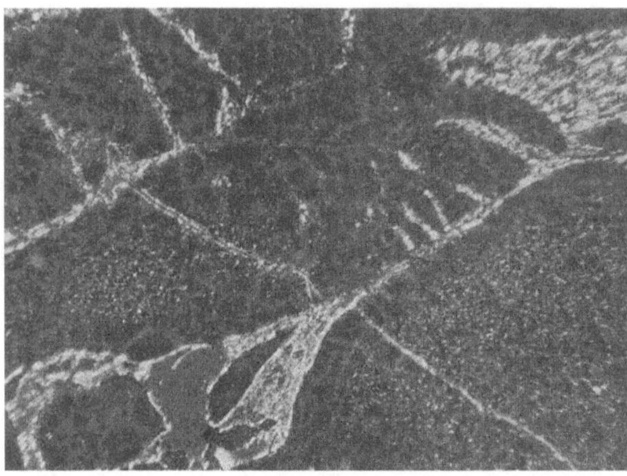

b

Abb. 663 a u. b. Gefüge eines teergeschützten Dolomitsteines nach dem Ausbrennen des Teers. Dünnschliff (Vergr. 25 ×)
a) Gewöhnliches Licht. Grobe, miteinander verbackene Sinterdolomitkörner. b) Gekreuzte Nikols. Doppelbrechender Silikatsaum an den Kornoberflächen und Rissen

ferrit, Monticellit, Spinell und Magnesioferrit. Diese Stoffe erhöhen zunächst als Bindemittel die Feuerfestigkeit der Mischungen. Bei größeren Schlackenzugaben (über 30%) werden die Probekörper jedoch durch Überführung von Dikalziumsilikat und -ferrit in die entsprechenden niedrigschmelzenden Monoverbindungen zerstört.

Mischerschlacke verursacht beim Aufstreuversuch einen merklichen Gewichts- und Volumenverlust, wobei der letztere größer ist als der erste, weil der Reststein teilweise von Schlacke infiltriert wird. Unter dem Mikroskop zeigt sich, daß die einzelnen Dolomitkörner an ihren Rändern angegriffen und die Zwickel zwischen den Körnern von dunklem Schlackenglas mit Kristallen verschiedener Kalksilikate gefüllt werden (Abb. 664). Neben Dikalziumsilikat bildet sich der bei 1540°C schmelzende *Pseudowollastonit* CS (vgl. Abschn. 5.173).

5.721.3 Verhalten im Betrieb.

Reine oder teergeschützte Sinterdolomitsteine werden an folgenden Stellen eingesetzt:

Herde von SM- und Lichtbogenöfen,

Rückwände und Gießrinnen von SM-Öfen,

Seitenwände von Lichtbogenöfen,

Äußere Ringe von Lichtbogenofendeckeln,

Sinterzone von Drehrohröfen für Zement und Sinterdolomit.

Weiterhin hat man versucht, Sinterdolomitsteine im Roheisenmischer und im Thomaskonverter einzusetzen.

Im Stahlwerk Corby in England z. B. wurde der untere Teil eines *Konverters* mit Dolomitsteinen, der obere mit Kohlenstoffsteinen zugestellt. Die Futterhaltbarkeit erhöhte sich durch

Tabelle 165. *Analysen und Eigenschaften verschiedener Dolomiterzeugnisse*

Nr.		SiO₂ %	Al₂O₃ %	Fe₂O₂ %	CaO %	MgO %	Glüh- verl. %	Druckfeuerbeständigkeit		Spez. Gewicht	Raumgewicht	Gesamtporen Vol-%	Kaltdruck- festigkeit kg/cm²
								ta °C	*te* °C				
1	Reiner Sinterdolomitstein von Halden	1,5	0,7	0,8	58,6	37,3	1,0	1730	>1730	3,38	2,68	20,8	680
2	Englischer halbstabilisierter Dolomitstein	9,17	4,02	0,99	52,5	33,2	n. b.	n. b.	n. b.	3,27	2,52	22,8	—
3	Englischer halbstabilisierter Dolomitstein	5,33	2,09	1,07	54,5	32,7	3,7	1510	1660	—	—	—	—
4	Englischer stabilisierter Dolomitstein *Dolofer*	15,2	1,3	3,4	39,5	40,0	0,3	1650	>1730	3,53	2,67	24,3	650
5	Deutscher stabilisierter Dolomitstein	14,8	1,7	3,4	40,3	39,1	0,2	1660	>1730	3,48	2,94	15,6	830

Siebanalyse

Nr.		SiO₂ %	Al₂O₃ %	Fe₂O₂ %	CaO %	MgO %	Glüh- verl. %	>3 mm	1 bis 3	0,5 bis 1	0,25 bis 0,5	0,06 bis 0,25	<0,06 mm
6	Englische Stampfmasse *Doloset*	18,2	1,7	3,3	36,8	38,8	1,0	5,0	30,0	6,0	17,0	21,0	21,0

diese Auskleidungsart von 196 auf 265 Schmelzen [22], außerdem wurde der Konverterraum vergrößert und daher ruhigeres Blasen möglich.

Bei *SM-Ofenherden* wird über eine Flachschicht von Schamottesteinen und zwei Flachschichten Dolomit- oder Magnesiasteinen ∼200 mm Teerdolomit (vgl. Abschn. 5.73) gestampft, darüber eine Hochkantschicht aus Dolomitsteinen von ∼375 mm Länge trocken vermauert. Im laufenden Betrieb streut man nach jeder Charge eine Schutzschicht von Dolomitsinter auf. Ein solcher Herd läßt sich rascher herstellen als gestampfte oder gesinterte Herde, er hält je nach Schmelzprogramm 1000 und mehr Chargen aus und benötigt dabei wenig Flickarbeit bzw. Zwischenreparaturen.

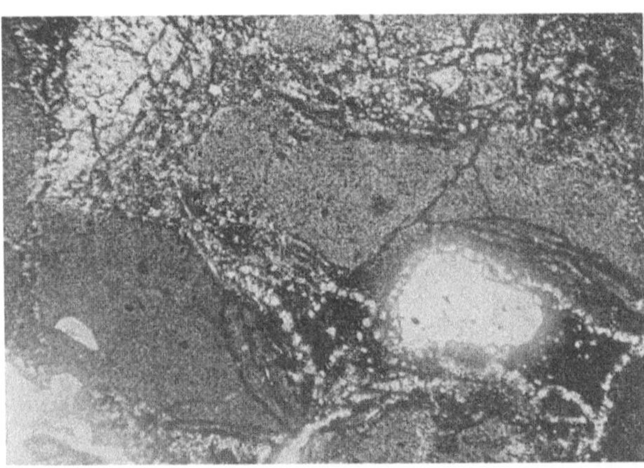

Abb. 664. Mit Mischerschlacke verschlackter Dolomitstein. Dünnschliff (Vergr. 22 ×)
Schlackenglas (dunkel) mit perlschnurartig ausgeschiedenen Kalksilikatkristallen (hellgrau) in den Zwickeln der Sinterdolomitkörner. Weiß: Poren

An Stelle fertig gebrannter Dolomitsteine läßt sich nach dem Vorschlag von G. B. Crespi [23] reiner Sinterdolomit in Reiskorn- und Mehlform zur Herdherstellung verwenden. Der Dolomit wird zu diesem Zweck in einer Korngröße von 0 bis 5 mm ($^1/_3$ in Reiskorngröße, $^2/_3$ als Mehl) ohne alle Zusätze in 150 bis 250 mm dicken Lagen mit langen Eisenstampfern eingestampft.

Die Körnungen werden im Betrieb durch eine Handprobe auf ihre Eignung zum Stampfen geprüft. Eine Überwachung durch Siebanalysen hat sich nicht bewährt, weil die zweckmäßige Korngrößenzusammensetzung jeweils vom Brenngrad des Dolomits mit abhängt.

Gewöhnlich werden für Crespi-Herde gleiche Mengen Drehrohrofen- und Schachtofensinter verwandt. Die Herde sind im Durchschnitt insgesamt 900 mm dick, sie bilden bei gründlichem Stampfen flußmittelfreie, fast monolithische Blöcke, die erhöhte Sicherheit gegen Durchbruch bieten, müssen aber zuverlässig gepflegt werden und verbrauchen mehr Material als Dolomitsteinherde.

Nach W. Lister [24] zieht man in England einen aus Sinterdolomit mit 5% feingemahlener basischer SM-Ofenschlacke *eingebrannten* Herd dem gestampften vor. Er wird wie ein eingebrannter Sintermagnesiaherd hergestellt (vgl. Abschn. 5.612). Für seine unteren Lagen verwendet man vorteilhaft den leichter zusammenfrittenden Schachtofendolomit. Schließlich wird in Deutschland vielfach *Teerdolomit* zum Stampfen von SM-Ofenherden verwandt (vgl. Abschn. 5.73).

Im Betrieb wird zuerst der Kalk des Sinterdolomits angegriffen, der Periklas bleibt dabei unverändert. Mit Eisenoxyd bilden sich Schmelzen etwa kalziumferritischer Zusammensetzung, mit Kieselsäure Kalksilikate, mit Tonerde

Brownmillerit und mit P_2O_5 Trikalziumphosphat. Mit fortschreitender Auflösung der Kalkkomponente entsteht auch Magnesioferrit, dessen wachstum-

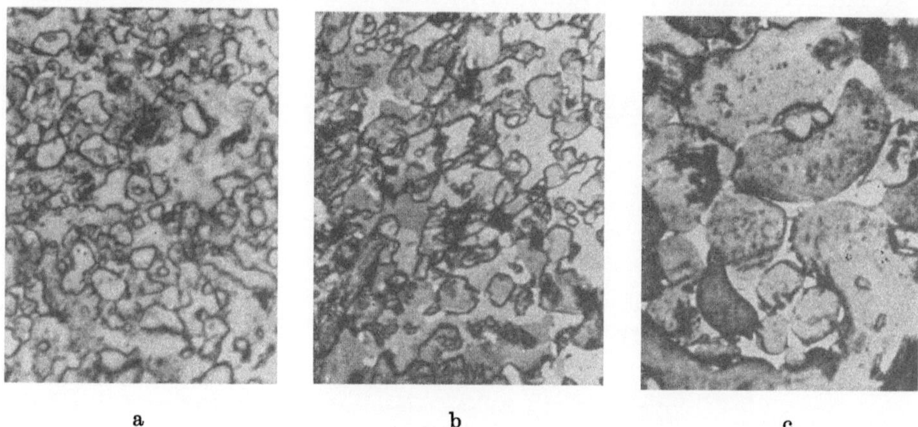

a   b   c

Abb. 665a bis c
Dolomitstein aus dem Herd eines Siemens-Martin-Ofens (nach G. Trömel). Anschliffe (Vergr. 370 ×)
a) Ursprüngliches Gefüge; b) infiltrierte, dichte Zone; c) Oberfläche

fördernde Wirkung die Periklaskristalle auf ein Mehrfaches ihrer ursprünglichen Größe anschwellen läßt (Abb. 665a bis c) [1]. Auf diese Weise reichert sich in der Außenzone MgO relativ zum Kalk an und bildet eine Schutzschicht gegen weiteren Angriff.

Silizium- und FeO-reiche Schmelzen korrodieren Dolomitherde stark, bei phosphorsäurereichen beteiligt sich das Herdmaterial merklich an der Entphosphorung und Entschwefelung ähnlich wie im Thomaskonverter (vgl. Abschn. 5.732.4), der Herd wird dabei *weich*, d. h. zähflüssig.

An den anderen Verwendungsstellen in Stahlwerken verlaufen die Verschleißvorgänge ähnlich.

Bei einem Versuch mit Sinterdolomitsteinen im *Roheisenmischer* ging der Verschleiß im Gegensatz zu dem von Magnesiasteinen gleichmäßig, d. h. ohne Auswaschung der Fugen vor sich [25]. Die grobporigen Dolomitsteine nahmen viel Roheisen auf. In der Schlackenzone bildete sich eine ~30 mm starke Reaktionszone (Abb. 666), in der neben Dolomitresten und Periklaskristallen mit Magnesioferrit große Mengen von Tri- und Dikalziumsilikat auftraten (Abb. 667).

Unter der Einwirkung der kieselsäurereichen Mischerschlacke mit

Abb. 666. Dolomitstein aus einem Roheisenmischer
Oben: Dichte Reaktionszone mit Neubildungen von Kalksilikaten; unten: von Roheisen infiltrierter Reststein

$\sim$33% CaO und 42% SiO$_2$ spielen sich mithin die gleichen Vorgänge ab wie bei der Stabilisierung des Dolomits. Die kalksilikatreiche Reaktionszone ist aber mit der Schlacke noch nicht im Gleichgewicht, sie wird daher allmählich aufgelöst (vgl. Abschn. 1.91). Im ganzen gesehen geht der Verschleiß erheblich schneller als bei Magnesiasteinen vor sich, ein Nachteil, der aber durch die Gleichmäßigkeit der Auflösung z. T. kompensiert wird (vgl. Abschnitt 5.63). Eine merkliche Wanderung der Silikate zur kalten Seite hin tritt wegen der niedrigen Betriebstemperatur und des hohen Schmelzpunktes von C$_3$S und C$_2$S nicht ein.

In *Zement-Drehrohröfen* spielen sich wegen der chemisch ähnlichen Zusammensetzung von Brenngut und Dolomitbaustoffen nur verhältnismäßig geringe chemische Reaktionen ab. Der Verschleiß erfolgt wie bei Magnesiasteinen vorwiegend durch Abplatzungen (vgl. Abschn. 5.671).

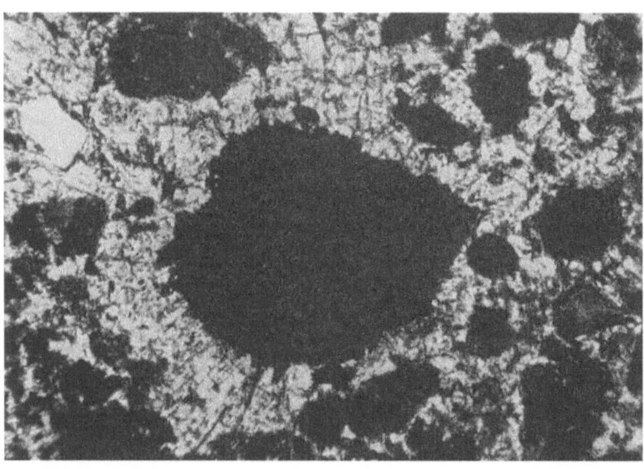

Abb. 667. Reaktionszone eines Dolomitsteines aus dem Roheisenmischer. Dünnschliff (Vergr. 28 $\times$)

Dunkel: Dolomitreste und Periklaskristalle mit Magnesioferrit; hellgrau: Tri- und Dikalziumsilikat, z. T. in radialstrahliger Anordnung um Periklaskörner; weiß: Poren

Sinterdolomitsteine werden mit Mörtel aus Sinterdolomitmehl und Öl vermauert oder wie bei Dolomitherden trocken verlegt. Die Fugen können dann nachträglich mit einem gut rieselnden Spezialmörtel ausgefüllt werden.

5.722 Halbstabilisierte Steine

5.722.1 Herstellung. Die hauptsächlich in England hergestellten halbstabilisierten Dolomitsteine, dort abgekürzt als S.S.D.-Steine (Semi-Stabilised Dolomite) [26] bezeichnet, enthalten 4 bis 10% SiO$_2$. Diese Zusammensetzung kann dadurch erreicht werden, daß man

1. unreine Dolomite zur Sinterherstellung verwendet,
2. dem feingemahlenen Rohdolomit *vor* dem Sintern Zusätze in entsprechender Menge beigibt (vgl. Abschn. 5.712),
3. reinen Sinterdolomit verwendet und der Rohsteinmasse Zusätze beigibt, die beim Steinbrand eine hydratationsbeständige Kruste um die einzelnen Sinterkörner erzeugen (Bottled Brick).

Bei diesen Verfahren bleibt die hohe Feuerfestigkeit des Kalkes größtenteils erhalten, die Stabilisierung ist aber unvollkommen und muß daher häufig durch Tränkung mit Teer verbessert werden [5].

Nach Laboratoriumsuntersuchungen von M. E. Holmes, W. J. McCaughey u. G. A. Bole [27] wird ein Klinker mit <5% SiO$_2$ leicht hydratisiert, bei 8 bis 11% SiO$_2$ zerfällt das gebildete C_2S. Klinker mit 5 bis 8% SiO_2 sollen beständig sein, sie sind es aber nicht vollständig, wie Großversuche zeigten.

Nach der zweiten Methode arbeitete W. J. REES [28], er brannte eine Mischung von 95% gemahlenem Rohdolomit mit 2,5% Ballclay und 2,5% Hammerschlag bei 1500° C. Dieser Sinter wurde gekörnt, geformt und bei 1520 bis 1550° C zu Steinen gebrannt.

Die unter 3. aufgeführte Methode scheint die besten Resultate zu ergeben. Beim Brennen entstehen jedoch oft Schwierigkeiten, weil bei relativ niedrigen Temperaturen Tendenz zu abnormen Volumenänderungen besteht. Als Zusätze zur Steinrohmasse kommen die gleichen Stoffe in Frage, wie bei der Herstellung stabilisierten Sinters.

H. E. MOON [29] ź. B. schlägt Kalk, Kaolin und Feldspat in einer Gesamtmenge von max. 10% vor. Die Rohmasse wird mit etwa 7% Mineralöl, z. B. Gasöl, angemacht und bei hohem Druck hydraulisch gepreßt.

Nach dem Brand bei 1500 °C oder mehr enthalten die Steine hauptsächlich C_3S, C_3A und Brownmillerit neben immerhin noch beträchtlichen Mengen von freiem CaO.

5.722.2 Eigenschaften und Verwendung.

Analysen und Eigenschaften von zwei halbstabilisierten Dolomitsteinen englischer Herkunft sind unter Nr. 2 u. 3 in Tab. 165 aufgeführt. J. R. RAIT [26] errechnete für Stein Nr. 2 die Mineralzusammensetzung:

33,2%	Periklas	34,9%	C_3S	3,0%	Brownmillerit
19,9%	freies CaO	9,0%	C_3A		

Allgemein liegt das spezifische Gewicht des halbstabilisierten Dolomits bei 3,2 bis 3,3. Seine Porosität hat ähnliche Werte wie bei reinen Dolomitsteinen, seine Druckfeuerbeständigkeit liegt dagegen vor allem wegen seines Gehaltes an Brownmillerit niedriger. Auch die Kaltdruckfestigkeit weist kleinere Werte auf. Die Beständigkeit gegen SiO_2-haltige Schlacken dürfte geringer sein als die reiner Dolomitsteine, weil ein Teil der zu erwartenden Reaktionen schon vorweggenommen ist.

Halbstabilisierte Dolomitsteine werden an den gleichen Stellen verwandt wie reine Dolomitsteine, soweit sich ihre geringere Druckfeuerbeständigkeit nicht störend bemerkbar macht. Besonders haben sie sich in *Lichtbogenöfen* bewährt, weil die dort auftretenden Schlacken kieselsäurearm sind.

Bei einer gründlichen Untersuchung von Wandsteinen fanden E. C. BRAMPTON, H. PARNHAM u. J. WHITE [30], daß der Verschleiß ähnlich wie bei Chrommagnesiasteinen im Zusammenhang mit einer Wanderung von Schmelzen im Stein zur kalten Seite hin durch Abplatzen von 25 bis 50 mm dicken Schichten vor sich geht. Es ließen sich 6 Zonen unterscheiden, von denen die erste stark erhöhten Gehalt an Eisenoxyd und Verlust an Kalk aufwies (Tab. 166). In der 2. Zone erreichte Kieselsäure ein Maximum, Kalk hatte stark zugenommen, ohne allerdings den Normalwert im unverschlackten Stein zu erreichen. Der Eisenoxydgehalt war immer noch erhöht, aber schon wesentlich geringer als in Zone 1 (vgl. Tab. 166). In beiden Zonen war der freie Kalk vollständig durch Kieselsäure und Eisenoxyd abgesättigt, in Zone 1 herrschte *Kalziumferrit* vor, in Zone 2 *Dikalziumsilikat*. Ab Zone 3 war die chemische Beeinflussung gering, in ihr hatten sich die größten Risse gebildet.

Bemerkenswert ist die Verteilung des Schwefelgehaltes. In der Nähe der heißen Fläche war die Konzentration an Sulfiden gering, in den Zonen 4 und 5 erreichte sie Maximalwerte. Die sulfidhaltigen Schmelzen sind offenbar wegen ihres tieferen Erstarrungspunktes weiter in den Stein hineingewandert.

Tabelle 166. *Zonenanalysen eines gebrauchten, halbstabilisierten Dolomitsteines aus der Wand eines Lichtbogenofens* (nach E. C. BRAMPTON u. Mitarb.). *Abgespaltene Steinstücke nach oxydierendem bzw. reduzierendem Brand*

Zone	SiO_2 %	Al_2O_3 %	TiO_2 %	Fe_2O_3 %	FeO %	MnO %	CaO %	MgO %	Cr_2O_3 %	SO_3 %
Nach Oxydation										
1	6,12	1,54	0,14	30,48	6,60	3,74	12,78	31,42	7,30	0,09
2	15,39	0,78	0,33	8,38	6,46	1,55	35,99	29,98	0,69	0,45
3 A	6,84	1,32	0,12	3,99	6,30	0,36	53,00	27,65	Spur	0,43
3 B	5,05	3,09	0,19	4,14	4,27	0,08	53,70	28,98	Spur	0,72
Nach Reduktion										
1	10,24	1,52	0,26	10,27	17,80	1,86	14,46	42,90	1,00	0,18
2	15,20	1,23	0,11	5,45	8,94	1,47	35,33	31,73	0,18	0,20
3 A	6,78	1,83	0,16	2,88	6,55	0,45	53,30	27,38	0,02	0,40
3 B	5,56	4,95	0,39	1,22	2,46	0,08	51,40	31,93	n. b.	1,21

Im ganzen gesehen entsteht infolge der Kalkabwanderung aus den äußeren Zonen ähnlich wie bei SM-Ofenherden eine gewisse Schutzschicht (vgl. Abschn. 5.721.3, Abb. 665). J. R. RAIT [*26*] weist darauf hin, daß Zusatz von MgO zum Dolomitstein keine merkliche Verbesserung der Haltbarkeit bringt, da sich bei hohen Kalkgehalten die niedrige Bildungstemperatur der ersten Schmelzflüsse durch Erhöhung des MgO/CaO-Verhältnisses nicht ändert. Die Haltbarkeit hängt jedoch nicht allein von der Bildungstemperatur der Schmelzflüsse, sondern in viel höherem Maße von ihrer prozentualen Menge im Stein ab. Diese wird durch einen MgO-Zusatz in den meisten Fällen vermindert.

5.723 Vollstabilisierte Dolomiterzeugnisse

5.723.1 Herstellung. Vollstabilisierte Dolomitsteine werden allgemein aus einem mit Serpentinzusatz gebrannten, vorwiegend aus C_3S bestehenden Sinter hergestellt (vgl. Abschn. 5.712). Die bei der Steinfabrikation üblichen Methoden ähneln denjenigen der Magnesiasteinherstellung. Der Sinter wird gekörnt und wie folgt klassiert [*31*]:

Grobkorn	~55 bis 75%
Mittelkorn	~ 5 bis 15%
Feinkorn	~20 bis 40%

Die Masse wird mit 4% Wasser angemacht und unter Drücken von 700 bis 1100 kg/cm² zu Steinen gepreßt.

Schwierigkeiten bereitet das *Trocknen* der Formlinge. Als bester Weg hat sich die Trocknung im Strom reiner Luft bei niedrigen Temperaturen herausgestellt. Da sich ähnlich wie bei dem ebenfalls überwiegend aus C_3S bestehenden Zement eine hydraulische Bindung entwickelt, weisen die getrockneten Rohlinge beträchtliche Festigkeiten auf.

Die beim Abbinden entstehenden Kalziumsilikathydrate haben Zusammensetzungen von $CaO \cdot SiO_2 \cdot xH_2O$ bis $1{,}5\,CaO \cdot SiO_2 \cdot xH_2O$. Sie ordnen sich in ein Schichtgitter, in das die überschüssigen Kalziumionen eingelagert sind.

Beim *Brennen* bildet sich bei $\sim 800°\,C$ *Wollastonit* $CaO \cdot SiO_2$, der bei höherer Temperatur unter Kalkaufnahme in die kalkreicheren Silikate übergeht. Der Brand muß daher so geführt werden, daß diese Reaktionen bis zu Ende verlaufen. Die Brenntemperatur von $\sim 1450°$ C wird zu diesem Zweck 48 Std. lang gehalten [*32*]. Die Brennschwindung der Steine beträgt etwa 2%.

Den stabilisierten Dolomitsteinen kann man Sintermagnesia in Mengen von $\sim 20\%$ zumischen [*33*] und dadurch die Verschlackungsbeständigkeit erhöhen. Umgekehrt hat man auch versucht, einen Teil der Sintermagnesia von Magnesiasteinen durch stabilisierten Dolomitsinter zu ersetzen. Zugabe von 20% stabilisertem Dolomit soll zu einer Qualität führen, die in den Rückwänden von SM-Öfen die gleiche Lebensdauer besitzt wie Chrommagnesiasteine. Beimischung von 40% stabilisiertem Dolomit setzt jedoch die Verschlackungsbeständigkeit deutlich herab.

5.723.2 Eigenschaften und Verhalten im Betrieb. Die hauptsächlich von der Steetley-Co., Ltd. in Cumberland hergestellten stabilisierten Dolomitsteine sind grünlich-schwarz, hart und dicht. Ihre chemische Analyse und technologischen Eigenschaften sind in Tab. 165, Nr. 4, aufgeführt. Da der CaO-Gehalt der stabilisierten Steine das 2,8fache des SiO_2-Gehaltes sein soll, darf der SiO_2-Gehalt bei etwa 40% CaO höchstens $\sim 15\%$ ausmachen. Das *spezifische Gewicht* der Steine liegt bei 3,4, ihre *Porosität* zwischen 18 und 24%. Bei der *Druckfeuerbeständigkeits*prüfung werden ta-Werte von 1650 bis 1700° C erreicht, te liegt über 1800° C. Die *Kaltdruckfestigkeit* schwankt ähnlich wie bei Magnesiasteinen zwischen 500 und 700 kg/cm².

Ihre *Temperaturwechselbeständigkeit* ist im allgemeinen noch geringer als die der Magnesiasteine. Das bedeutet einen wesentlichen Nachteil gegenüber den im allgemeinen gegen Wärmestöße ziemlich widerstandsfähigen reinen Dolomitsteinen. Der lineare *Ausdehnungskoeffizient* stabilisierter Dolomitsteine beträgt zwischen 20 und 1000° C $13 \cdot 10^{-6}$. Die *Wärmeleitfähigkeit* wurde zu $\lambda = 1,87$ kcal/m h°C bestimmt. Sie ist also erheblich kleiner als die der Magnesiasteine (~ 5 kcal/m h°C) und liegt in der Größenordnung derjenigen von Chrommagnesiasteinen ($\sim 1,85$ kcal/m h°C). Stabilisierte Dolomitsteine isolieren daher relativ gut.

Von *Eisenoxyden* werden sie beim Verschlackungsversuch nach dem Aufstreuverfahren bei 1500° C kaum angegriffen. An der Berührungsfläche reichern sich durch Magnesioferritaufnahme stark gewachsene Periklaskristalle an. Als Bindemittel tritt *Dikalziumferrit* auf, Silikate fehlen an der Außenseite wegen Abwanderung in das Steininnere fast vollständig. Bei längerer Einwirkung von Eisenoxyden tritt Erweichung ein, weil C_2F mit C_3S ein niedrigschmelzendes Eutektikum bildet (vgl. Abschn. 5.173). *Mischerschlacke* ruft infolge Bildung niedrigschmelzender Monosilikate starke Korrosion hervor.

Hauptverwendungsgebiet für stabilisierte Dolomitsteine sind die *Herde* von feststehenden SM- und von Elektroöfen. Nach englischen Erfahrungen sollen sie sich dort genauso gut bewähren wie reine Dolomitsteine oder Sintermagnesia. Wegen ihrer Empfindlichkeit gegen silikathaltige Schlacken sollten diese Steine in SM-Öfen aber nicht oberhalb der Schlackenlinie eingesetzt werden.

Mit Erfolg werden stabilisierte Dolomitsteine für die Zustellung von *Pfannen* für Sodaprozeß-Roheisen verwandt. Sie entschwefeln das Roheisen und sind den Schamottesteinen an Lebensdauer erheblich überlegen. Auch ungebrannte Steine wurden für diesen Zweck vorgeschlagen [*34*].

Stabilisierter Dolomit hat sich gut bewährt für *Stopfenstangenrohre* in Pfannen für sehr weiche Stähle. Der hohe Eisenoxydgehalt solcher Stähle führt bei den üblichen Schamotterohren zu starkem Angriff. Außerdem benutzt man

stabilisierte Dolomitsteine zur Zustellung basischer *Kupolöfen* und als Herdmaterial für *Walzwerksöfen*.

5.723.3 Dolomitzemente. Wegen seiner Fähigkeit zu hydraulischer Abbindung verwendet man stabilisierten Dolomit auch in feingekörntem Zustand als
Zement oder mit einem der Steinzusammensetzung ähnlichen Kornaufbau als
Stampfmasse (Tab. 165, Nr. 6). Wie Portlandzemente dehnen sich diese Massen
beim Abbinden merklich aus, wenn sie mit 18 bis 20% Wasser vermischt werden.

Um Volumenbeständigkeit auch bei hohen Temperaturen zu erreichen, können auf
50 Teile Dolomitmasse entweder 1 Teil Bittersalz ($MgSO_4 \cdot 7H_2O$) und 4 Teile Wasser oder
0,75 Teile $NaHCO_3$, 0,5 Teile Salmiak (NH_4Cl) und 4 Teile Wasser zugegeben werden [35],
letzteres, wenn der Schwefelgehalt des Bittersalzes unerwünscht ist.

So hergestellte Stampfungen dehnen sich beim Erhitzen thermisch normal
um ~1,5% bis 1000° C aus. Kleinere Stampfungen sollen mindestens 25 Std.,
größere 48 bis 72 Std. bei Raumtemperatur trocknen, um hohe Grünfestigkeit
zu erreichen. Dann sollen sie mindestens 12 Std. auf 150° C gehalten werden,
bevor der Einbrand erfolgt.

Stampfmassen aus stabilisiertem Dolomit braucht man zum Flicken von
SM- und Lichtbogenofen-Herden und zur Herstellung von Gießrinnen am SM-
Ofen. Auch für die Auskleidung kleinerer Pfannen haben sie sich bewährt [32].
Als Zustellung in basischen Kupolöfen erniedrigen sie ähnlich wie stabilisierte
Dolomitsteine den Schwefel- und Phosphorgehalt des Roheisens durch Bindung
als Kalziumsulfid bzw. Trikalziumphosphat [33].

5.73 Teerdolomiterzeugnisse

5.731 Stahlwerksteer

Die Verwendung von Teer als Bindemittel für Sinterdolomit geht auf die
Anfänge des Thomasverfahrens zurück. S. G. THOMAS schlug in seinem ersten
Patent Wasserglas vor [36]. Wegen sich bildender Alkalikalksilikate führte das
aber zu ungenügender Haltbarkeit. Nach zahlreichen Versuchen mit den verschiedensten Bindemitteln empfahl er schließlich die Verwendung wasserfreien
Steinkohlenteeres. Dieser ist bis heute das einzige wirklich brauchbare Bindemittel für Dolomit geblieben.

5.731.1 Chemische Zusammensetzung. Steinkohlenteer entsteht als Nebenprodukt bei der Verkokung der Steinkohle. Er bildet ein mehr oder weniger
zähflüssiges Destillat mit eigentümlichem, hauptsächlich von Naphthalin und
Karbolsäure herrührendem Geruch und besteht aus einer Mischung unzähliger
organischer Verbindungen, vor allem von Ölen und Harzen mit verschiedenen
Molekulargewichten. Zur Charakterisierung seiner chemischen Zusammensetzung
wird allgemein die *Destillationsanalyse* verwandt. Man unterscheidet zwischen

    1. Leichtölen, Destillationsbereich <170° C,
    2. Mittelölen (Naphthalinrestöl), Destillationsbereich 170 bis 230 °C,
    3. Schwerölen, Destillationsbereich 230 bis 270° C,
    4. Anthrazenrestölen, Destillationsbereich 270 bis 360° C,
    5. Pech als Destillationsrückstand bei 360° C.

Eine für Stahlwerkszwecke verbesserte Destillationsmethode wurde von
H. J. VAN ROYEN, H. GREWE und K. QUANDEL [37] beschrieben. Neben der

Destillationsanalyse gewinnen die auf der verschiedenen Löslichkeit der einzelnen Verbindungsgruppen beruhenden *Extraktionsverfahren* immer mehr an Bedeutung. H. MALLISON [*38*] unterscheidet zwischen

1. H-Harzen, hochmolekularen Rußharzen, unlöslich in Pyridin-Anthrazenöl,
2. M-Harzen, mittelmolekularen Quell- oder Gelharzen, löslich in Pyridin-Anthrazenöl, unlöslich in Benzol,
3. N-Harzen, niedrigmolekularen Harzen, löslich in Benzol, unlöslich in Methanol,
4. M-Ölen, harzigen Teerölen (Anthrazenöl), löslich in Methanol, unlöslich in verdünntem Methanol und
5. N-Ölen, dünnflüssigen Teerölen, löslich in verdünntem Methanol.

Da die üblichen Steinkohlenteere nicht in ihrer ursprünglichen Zusammensetzung als Bindemittel für Sinterdolomit benutzbar sind, werden sie zunächst bis auf 360° C abdestilliert, danach wieder mit öligen bzw. harzigen Komponenten bis auf eine für die Teerdolomitherstellung geeignete Viskosität versetzt (gefluxt).

Über die ideale Zusammensetzung eines derartigen *präparierten* Teeres (Stahlwerksteeres) besteht noch keine Übereinstimmung. Wahrscheinlich hat das zu den Mittelölen (N-Ölen) gehörende *Naphthalin* schädliche Wirkungen [*39*], weil es beim Erhitzen ohne Rückstand verdampft und dadurch die Porosität der Masse erhöht, ohne eine bindende Wirkung auszuüben. Die *Phenole*, ebenfalls Bestandteile der Mittelöle, teils schon der Schweröle, sollen nach J. WAGNER [*40*] mit dem Kalk leicht zerstörbare Verbindungen ergeben, die bei der Zersetzung Kohlenstoff zurücklassen und dadurch zur Verbesserung der Bindung beitragen. Auch nach A. ROSENGREN [*41*] haben die Phenole eine gewisse chemische Aktivität gegenüber gebranntem Dolomit, sie sollen aber bei der Spaltung Wasser abgeben und sich daher ungünstig auswirken. J. MASSINON [*42*] fand, daß die Druckfestigkeit gebrannter Teerdolomitkörper bei einem Phenolgehalt von nur 0,5% bereits um 14%, bei 2% sogar um 27% abnimmt.

Das hochmolekulare *Anthrazenöl* ist unentbehrlicher Bestandteil des Stahlwerksteeres, vermutlich, weil es die Grenzflächenspannung gegen Dolomit herabsetzt und so die Bindefähigkeit erhöht. Anthrazenöl hinterläßt bei der Verkokung einen kohligen Rückstand, der allerdings beim Tiegelversuch nach E. HERZOG [*43*] nur 1 bis 1,5% beträgt.

Das bei der Destillation zurückbleibende *Pech* ist eine Mischung verschiedener Harze. Die in Benzol unlöslichen mittel- und hochmolekularen unter ihnen werden nach DIN 1995 (1941) als *freier Kohlenstoff* bezeichnet. Nach dem vom Chemikerausschuß des VDEh ausgearbeiteten Richtverfahren [*37*] wird freier Kohlenstoff als unlöslicher Rückstand in Anilin bestimmt. Der Gehalt an Harzen, insbesondere an niedrigmolekularen Harzen, bedingt die Klebkraft des Teeres.

Beim Erhitzen des Peches entstehen beträchtliche Mengen von Kohlenstoff. Tab. 167 enthält die bei der Destillationsanalyse einiger gebräuchlicher Stahlwerksteere gefundenen Werte. Die Dickteere werden meist zur Herstellung von Teerdolomitsteinen, die Dünnteere für Konverterböden verwandt. Viele Werke benutzen aber für beide Zwecke eine einheitliche Teerqualität mittlerer Zusammensetzung. Die Analysen zeigen, daß Mittel- und Leichtöle nur in untergeordneten Mengen auftreten oder sogar ganz fehlen. Schweröle sind in den Dickteeren wenig, in den Dünnteeren in merklicher Menge vorhanden. Die Haupt-

Tabelle 167
Zusammensetzung verschiedener Stahlwerksteere der Dortmund-Hörder Hüttenunion A.G.

	°C	Dickteere			Dünnteere		
		1 %	2 %	3 %	1 %	2 %	3 %
Leichtöl	bis 170	0	0	0	0	0	0,1
Mittelöl	170 bis 230	0,1	0	0	2,5	0,6	0,9
Schweröl ...	230 bis 270	1,7	4,6	0	13,4	14,8	14,2
Anthrazenöl .	270 bis 360	25,9	21,7	19,3	28,3	30,1	24,5
Pech		71,6	73,5	80,4	55,4	54,0	59,8
Pech-Erweichungspunkt in °C		64	75	57	60	59	59

masse besteht in allen Fällen aus Pech und Anthrazenöl. Der Dickteer enthält 70 bis 80%, der Dünnteer nur 55 bis 60% Pech. Die Extraktionsanalyse (Tab. 168)[1] zeigt, daß in Stahlwerksteeren vorwiegend N-Harze, M- und N-Öle vorkommen.

Tabelle 168
Extraktionsanalyse (nach MALLISON) *von 2 Stahlwerksteeren der Dortmund-Hörder Hüttenunion A.G.*

	Dünnteer %	Dickteer %
H-Harze	2,58	2,80
M-Harze	4,06	6,47
N-Harze	23,36	35,23
M-Öle (Anthrazene) ...	36,8	41,4
N-Öle	33,2	14,1
Erweichungspunkt	flüssig	21° C

5.731.2 Physikalische Eigenschaften.

Das *spezifische Gewicht* wird mit der Aräometerspindel oder mit dem Pyknometer bestimmt [*37*], es liegt bei Dickteeren zwischen 1,21 und 1,23, bei Dünnteeren um 1,18. Die Werte hängen sehr stark von der Vorgeschichte des Teeres ab, können daher nicht unmittelbar zur Kennzeichnung des Stahlwerksteeres dienen. Auf Vorschlag von T. H. BLAKELEY u. J. G. MITCHELL [*44*] soll daher das spezifische Gewicht mit der Viskosität kombiniert werden:

Das gemessene spezifische Gewicht wird an Hand einer in der genannten Arbeit enthaltenen Tafel auf diejenige Temperatur zurückgeführt, bei der die Viskosität (im 10 mm-Standard-Auslauf-Viskosimeter für Straßenteer gemessen) 50 Sek. beträgt. Im allgemeinen wird diese Temperatur zu 30° C angenommen. Das auf diesen Viskositätsgrad bezogene spezifische Gewicht wird als *Standardgewicht* bezeichnet [*41*].

Die für die Beurteilung des Teeres wichtige *Viskosität* ist eine Funktion der Temperatur. Die Beziehung zwischen beiden Größen wurde von C. WALTER [*45*] auf die Formel gebracht:

$$\log \log (\nu_2 + 0.8) = \log \log (\nu_1 + 0.8) + m (\log T_1 - \log T_2).$$

Hier bedeuten ν_1 und ν_2 die in cSt gemessenen kinematischen Viskositäten bei den absoluten Temperaturen T_1 und T_2, m eine Konstante. Diese Formel gilt innerhalb eines sehr großen Bereiches mit einer für die Praxis ausreichender Genauigkeit. W. EILÄNDER u. J. SCHOOP [*46*] bestimmten die Temperaturabhängig-

---

[1] Die Extraktionsanalysen wurden freundlicherweise vom Institut für Brennstoffchemie der Bergakademie Clausthal, Dir. Prof. Dr. HOCK, durchgeführt.

keit der Viskosität verschiedener Dünnteere mit 59% Pechgehalt (Abb. 668).
Verarbeitbar waren die Teere nur bis einer Mindesttemperatur von 60 bis 75° C
entsprechend einer Viskosität von 4 bis 7 Englergraden bzw. 30 bis 53 cSt.

Nach A. ROSENGREN [*41*] darf die Viskosität den Wert 100 cSt nicht überschreiten. Daher soll ein Stahlwerksteer nicht durch die Viskositätswerte selbst
charakterisiert werden, sondern durch die *Temperatur*, bei der die Viskosität
gerade 100 cSt wird. Sie gibt für den Praktiker unmittelbar die niedrigste Ver-
arbeitungstemperatur an.

Einen Richtwert für die Viskosität liefert auch die vom Chemikerausschuß
des VDEh vorgeschlagene Messung der *Eindringzeit* einer Aräometerspindel in
den auf 40° C erwärmten Teer. Mit
wachsender Eindringzeit (höherer
Viskosität) steigt die Bindefähigkeit des Teeres [*37*].

Neben der Viskosität wird auch
häufig die *Erweichungstemperatur*
des *Peches* als Merkmal für die
Teerbeschaffenheit angegeben (vgl.
Tab. 167). Diese schwankt gewöhnlich zwischen 55 und 75° C. Höhere
Erweichungspunkte werden durch
schonende Weiterdestillation des
Teeres erreicht, weil diese den
Harzgehalt erhöht. Nach E. HER-
ZOG [*39*] soll der Pecherweichungspunkt höchstens bei 100 bis 110° C
liegen. E. EICKWORTH [*47*] gibt
dagegen als günstigsten Bereich
60 bis 65° C, keinesfalls aber

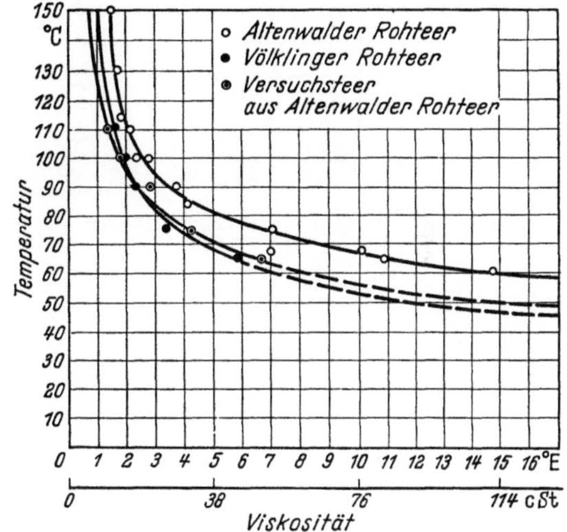

Abb. 668. Abhängigkeit der Viskosität von der Temperatur
bei Stahlwerksteer (nach W. EILÄNDER u. J. SCHOOP)

mehr als 70° C an. Die früher üblichen Umrechnungen des Pechgehaltes auf
Normalpech mit einem Erweichungspunkt von 67° C sind durch die Verbesserungen des Destillationsverfahrens entbehrlich geworden [*37*].

Nach A. ROSENGREN [*41*] besteht zwischen Teer und Pech nur eine konventionelle Grenze. Pech ist ein Teer mit so hoher Viskosität, daß er bei Zimmertemperatur starr erscheint. Dem Pecherweichungspunkt wird von A. ROSENGREN
keine Bedeutung zuerkannt, da er die Viskositätsverhältnisse im Stahlwerksteer
nur ungenau wiedergibt.

5.731.3 Verhalten in Dolomitmischungen. Bei Mischung mit Sinterdolomit
wird ein Teil des Teeres kapillar in die Poren des Dolomits gesaugt, der Rest
befindet sich zwischen den Körnern bzw. Brocken. P. METZ [*48*] bezeichnet den
Teer in den Poren als *intra*granular, den zwischen den Körnern liegenden als
*inter*granular. Da das Aufsaugen des Teeres in die Poren längere Zeit in Anspruch
nimmt, muß man entweder die Mischung hinreichend lange kollern [*43*] oder
aber die grobe Dolomitkörnung bereits vor der Mischung auf dem Kollergang
in heißem Teer tränken [*47*]. Wenn nach der Formung noch merkliche Teer-
mengen von den Poren aufgesaugt werden, reicht der verbleibende Teil des inter-
granularen Teeres nicht immer zu vollständiger Einbindung aus.

Die niedrig viskosen Bestandteile dringen leichter in die Poren ein als das Teerpech, daher wird der intragranulare Teer an Ölen reicher als der Ausgangsteer, der intergranulare entsprechend ärmer.

Die *Menge* des intragranularen Teeres hängt vom Porenvolumen des Dolomits und der Temperatur ab. Niedriggebrannte Schachtofendolomite nehmen wesentlich mehr Teer auf als dicht gesinterte Drehrohrofendolomite. Im Thomaswerk

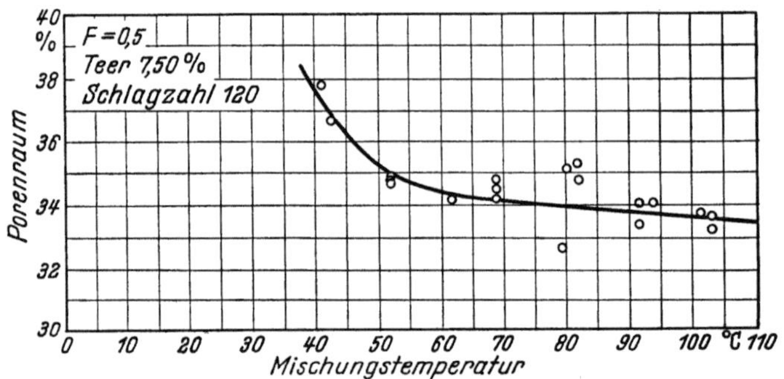

Abb. 669. Einfluß der Mischungstemperatur auf den Porenraum von Teerdolomitmischungen mit 7,5% Teer (nach W. EILÄNDER u. J. SCHOOP)

zieht man allgemein Schachtofendolomit vor, weil hoher Anteil an intragranularem Teer die Bindung in der Masse verbessert. Um diesen Anteil zu vergrößern, strebt man besonders bei der Bodenherstellung möglichst hohe Mischtemperaturen von 70 bis 100 °C an. Die Abhängigkeit des Restporenraumes von der Mischungstemperatur wurde von W. EILÄNDER u. J. SCHOOP [46] untersucht (Abb. 669). Der nicht von Teer erfüllte Porenraum vermindert sich zunächst rasch, oberhalb 60 bis 70° C langsam.

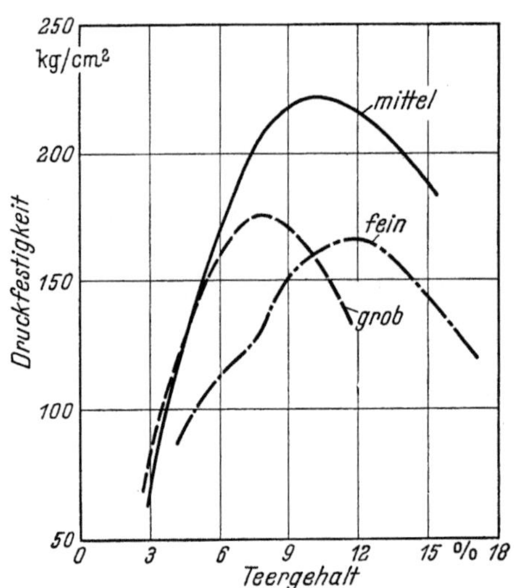

Abb. 670. Abhängigkeit der Druckfestigkeit gebrannter Teerdolomitmischungen verschiedener Körnung vom Teergehalt (nach J. MASSINON)

Jedes Dolomitkorn soll von einer Teerhülle umgeben sein, die das Korn gegen Witterungseinflüsse schützt und die Gleitung der Körner gegeneinander beim Pressen oder Stampfen erleichtert. Je größer die Oberfläche des Dolomits, d. h. je höher der Feinanteil der Mischung ist, desto mehr Teer muß zugegeben werden. Zu geringer Teeranteil führt leicht zu Entmischungen, erschwert die Formung und verschlechtert die Bindung. Teerüberschuß erhöht die Porosität nach dem Brand und verringert die Kohäsion, weil die Bindekräfte innerhalb des Kohlenstoffes schwächer sind als zwischen Kohlenstoff und Dolomit [49].

Abb. 670 zeigt die Druckfestigkeit gebrannter Dolomitkörper verschiedener Körnung in Abhängigkeit vom Teergehalt. Die Maxima der drei Druckfestigkeitskurven verschieben sich mit abnehmender Korngröße, d. h. wachsender Oberfläche des Dolomits zu höheren Teergehalten. Den Zusammenhang zwischen der für gute Einbindung erforderlichen Mindestmenge an Teer und der Viskosität des Teeres untersuchte W. L. KERLIE [50] mit dem Ergebnis, daß die benötigte Teermenge mit der Viskosität sinkt (in den Versuchen von 7 auf 4%).

Beim *Erhitzen* auf Temperaturen von 200 bis 300° C spielen sich im Teer vermutlich Polymerisationsvorgänge ab, die den Siedepunkt heraufsetzen und die vorzeitige Verdampfung der Schweröle verhindern [48]. Bei höherer Temperatur verkracken die Öle unter Koksabscheidung. Die Verkokung wird hier, im Gegensatz zur Verkrackung zwecks Benzingewinnung, gewünscht. Bei der letzteren bringt man die hochmolekularen Stoffe schnell aus dem Temperaturbereich der Spaltung heraus, um die Verkokung zu verhindern.

Nach dem Erhitzen unter Stickstoffatmosphäre bei 700° C hatte Dickteer einen Restkohlenstoffgehalt von 31%, Dünnteer von nur 23,5% [51].

Die hochmolekularen Kohlenwasserstoffe stellen auf eine noch nicht geklärte Art den Zusammenhang zwischen den Dolomitkörnern her. G. NAESER [52] vermutet zwischen beiden eine Wechselwirkung, die sich einer chemischen Bindung nähert. Wahrscheinlicher sind Epitaxie-Beziehungen, die ihre Ursache in ähnlichen Gitterabständen haben (vgl. Abschn. 3.15). Jedenfalls kann mit anderen organischen Stoffen, wie Harz, Paraffin oder Bitumen keine ähnlich feste Bindung erreicht werden. G. NAESER erkannte bei mikroskopischen Untersuchungen, daß der Kohlenstoff kein festes Koksgerüst bildet, wie früher angenommen wurde, er zerfällt vielmehr bei Lösungsversuchen mit verdünnten Säuren in zusammenhanglose amorphe Teilchen.

Während teerfreier Dolomit erst bei 1300 bis 1400° C sintert, setzt in geteerten Dolomitproben die keramische Sinterung bereits bei ~1000° C ein. Dies ergibt sich daraus, daß auf 1000° C erhitzter Teerdolomit nach dem Ausbrennen des Kohlenstoffes in oxydierender Atmosphäre eine merkliche Festigkeit behält, während bei 700° C gebrannte Proben nach dem Ausbrennen zerfallen.

Bei *raschem* Aufheizen von Teerdolomitmischungen auf ~1300° C bildet sich nach P. METZ [48] an Stelle von hochmolekularen Kohlenwasserstoffen graphitähnlicher Kohlenstoff, der wegen seiner höheren Festigkeit die Widerstandsfähigkeit gegen mechanische Abnutzung und Abplatzungen erhöht und infolge seiner höheren Temperaturleitfähigkeit örtliche Überhitzungen verhindert.

Tabelle 169. *Restkohlenstoffgehalt einer Teerdolomitmischung mit 12,7% Teer nach dem Brennen bei Zugabe verschiedener Mengen von Braunstein oder Ferrisulfat* (nach P. METZ)

Zusatzstoff	Menge des Zusatzstoffes in %				
	0	1	2	3	4
	Restkohlenstoffgehalt in %				
MnO_2	4,75	5,73	5,80	6,58	—
$Fe_2(SO_4)_3$ ..	4,75	5,75	6,04	6,56	6,92

Nach Y. DARDEL [53] beträgt die Leitfähigkeit des Graphites bei 1000° C $\lambda_{\text{techn.}} = 60$ gegenüber 2,3 beim amorphen Kohlenstoff.

Schnelleres Aufheizen verhindert weitgehend die Destillation der öligen Bestandteile und führt zu größerer Restkohlenstoffmenge.

Nach P. METZ [48] weist eine Teerdolomitmischung mit 12,7% Teer nach 96stündigem Brennen bei 750° C einen Restkohlenstoffgehalt von 4,5%, nach 10stündigem Brennen bei 1300° C dagegen von 7,2% auf.

Teerdolomitmischungen sollten daher so schnell wie möglich erhitzt werden. Ist das wegen der Größe der Körper (z. B. Konverterböden) nicht möglich, soll man die Temperatur längere Zeit bei 250 bis 300 ° C halten, um durch die beschriebenen Polymerisationsprozesse die Ölverluste möglichst niedrig zu halten. Die Bildung von Restkohlenstoff läßt sich bei langsamer Erhitzungsgeschwindigkeit durch Zusatz geringer Mengen kondensierender oder polymerisierender Stoffe, wie Braunstein oder Ferrisulfat verstärken. Tab. 169 enthält die Ergebnisse der von P. METZ [48] mit wechselnden Gehalten an Zusatzstoffen durchgeführten Versuche.

5.731.4. Verhalten von Teerdolomit bei Schlackenangriff[1]. Teerdolomitmischungen sind gegen Thomasschlacke weitgehend beständig.

Verschlackungsversuche im TAMMANN-Ofen unter Stickstoffatmosphäre bei 1600 °C ergaben nur geringe Gewichts- und Volumenzunahmen wegen Schlackeninfiltrationen und Bläherscheinungen beim Verbrennen des Kohlenstoffes zu CO. Die Infiltrationszone war nur 3 bis 8 mm dick, der Restkörper erlitt keine Veränderung.

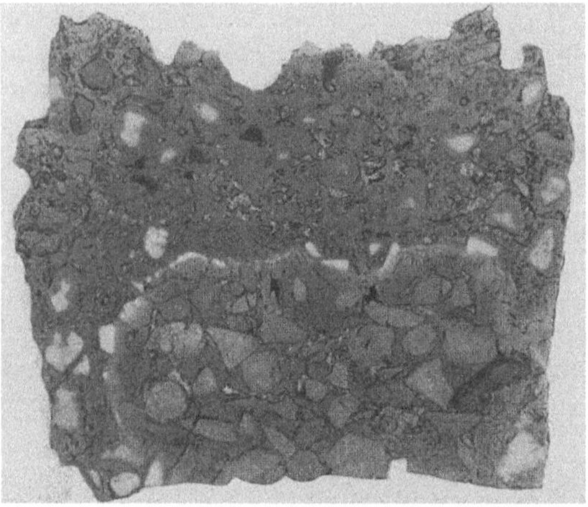

Die gute Beständigkeit ist darauf zurückzuführen, daß Thomasschlacke zu $\sim 50\%$ aus den gleichen Stoffen (CaO und MgO) besteht wie der Dolomit. Die Phosphorsäure der Schlacke bildet mit CaO vorwiegend das hochfeuerfeste *Trikalziumphosphat* $3\,CaO \cdot P_2O_5$ (Schmelzpunkt 1730 ° C). Aggressiv wirken nur Eisenoxyde, MnO und Al_2O_3, die insgesamt mit 20

Abb. 671. Mit Fe_2O_3 bei 1600 ° C verschlackter Probekörper aus Teerdolomit. (Haldener Drehrohrofendolomit mit 9 % Dickteer)

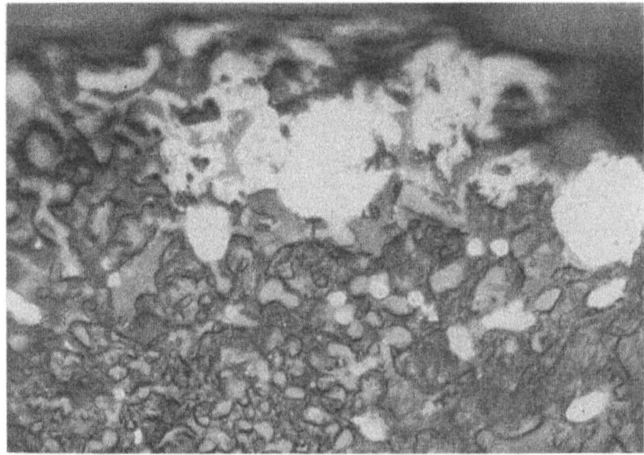

Abb. 672. Mit Eisenoxyd verschlackter Teerdolomit. Heller Saum zwischen der infiltrierten und unverschlackten Zone. Anschliff (Vergr. 300 ×)
Weiß: Roheisen;　hellgrau: Wüstit;　dunkelgrau: Periklas;　dunkel: Kalk

---

[1] Ergebnisse der in der Metallurgischen Abteilung der Dortmund-Hörder Hüttenunion A.G., Werk Hörde, durchgeführten Diplomarbeit von G. RÖLL.

bis 25% in der Schlacke vertreten sind und daher nur geringe Lösungserscheinungen an den Dolomitkörnern hervorrufen können.

Wesentlich stärker greift reines Fe_2O_3 den Teerdolomit an. Bei 1600° C in Stickstoffatmosphäre verschlackte Probekörper werden stark infiltriert und aufgebläht.

Abb. 671 zeigt den Schnitt durch einen Probekörper mit nicht angegriffenem Kern (viele Sinterdolomitkörner) und einer porösen, infiltrierten Außenzone mit wenigen, mehr oder

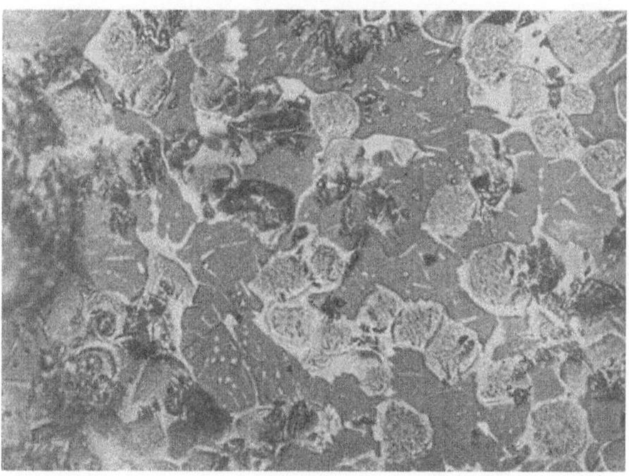

a

b

Abb. 673 a u. b. Mit Eisenoxyd verschlackter Teerdolomit, infiltrierte Zone nahe der Oberfläche. Anschliffe
a) Hellgrau: Kalziumferrit; graue Ballen: Periklas mit Magnesioferrit; dunkelgrau: Kalk (Vergr. 350 ×)
b) Lamellenartige Ausscheidungen von Dikalziumferrit (hell) im Kalk (dunkel) (Vergr. ~600 ×)

weniger angegriffenen Dolomitkörnern. Die Grenze zwischen beiden Zonen wird durch einen hellen Saum markiert, den Abb. 672 in stärkerer Vergrößerung zeigt. Die in ihr erkennbaren Eisenreguli sind bei der Reduktion des FeO durch Restkohlenstoff aus dem Teerdolomit entstanden:

$$FeO + C \rightarrow Fe + CO.$$

Das sich gleichzeitig bildende Kohlenoxyd bläht die zähflüssige Masse auf. Das übrige FeO liegt als *Wüstit* vor.

Die Hauptmasse der infiltrierten Zone besitzt die chemische Zusammensetzung:

SiO_2	Fe_2O_3	FeO	CaO	MgO
1,0	6,1	20,3	37,6	34,7

Das aufgestreute Eisen-(3)-oxyd ist also größtenteils zu FeO reduziert worden. Der Kegelfallpunkt der Masse liegt bei SK 27 = 1605° C.

In der Nähe der Probekörper-Oberfläche ist die Reduktion schwächer, daher treten dort Ferrite auf, und zwar *Magnesioferrit* $MgO \cdot Fe_2O_3$ als Entmischungsspindeln im Periklas und

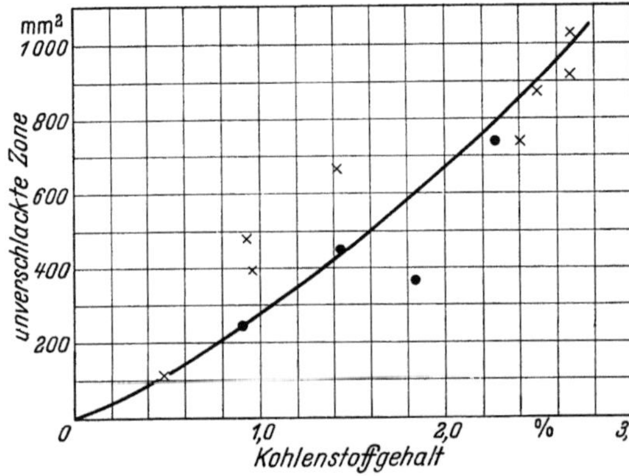

Abb. 674. Die Größe der unverschlackten Zone bei Verschlackungsversuchen an Teerdolomitmischungen mit Fe_2O_3 bei 1600° C als Funktion des Restkohlenstoffgehaltes
Punkte: Drehrohrofendolomit;
Kreuze: Schachtofendolomit

Dikalziumferrit $2\,CaO \cdot Fe_2O_3$ auf Korngrenzen und Spaltrissen im Kalk (Abb. 673 a). Es wurden auch helle, lamellenförmige Ausscheidungen im Kalk beobachtet, die auf Entmischungen von gelöstem $2\,CaO \cdot Fe_2O_3$ im CaO bei der Abkühlung hindeuten (Abb. 673 b).

Die Infiltrationsfront dringt langsam in dem Maße gegen den Kern des Probekörpers vor, wie der Kohlenstoff oxydiert wird. An der Grenze bildet sich dabei vorübergehend Roheisen, das sich später wieder zu Wüstit bzw. Ferriten aufoxydiert. Die wüstitreichen Partien besitzen bei Betriebstemperatur die geringste

Viskosität. Je mehr Kohlenstoff vorhanden ist, desto langsamer rückt die Infiltrationsfront vor. Abb. 674 und Tab. 170 zeigen, daß der nicht angegriffene Kern

Tabelle 170. *Größe der unverschlackten Zone bei Verschlackungsversuchen von verschiedenen Teerdolomitmischungen mit Fe_2O_3 bei 1600° C. Die Größe der Zone wurde durch Ausplanimetrieren einer Schnittfläche bestimmt*
D = Drehrohrofen, S = Schachtofen

Dolomit-herkunft	Gesintert im	C-Gehalt %	Unverschlackte Zone mm²
Halden	D	2,27	736
Halden	D	1,82	365
Halden	D	1,44	447
Halden	D	0,91	244
Halden	S	2,64	1029
Halden	S	2,49	870
Halden	S	0,93	478
Halden	S	0,49	116
Gruiten	S	2,67	918
Gruiten	S	2,40	740
Gruiten	S	1,42	668
Gruiten	S	0,96	394
Gruiten	S	0,0	0

bei höheren Restkohlenstoffgehalten deutlich größer bleibt. Im ganzen gesehen verhalten sich Schachtofendolomite günstiger als Drehrohrofendolomite, weil sie höheren Anteil an intragranularem, die einzelnen Körner vor Auflösung schützendem Kohlenstoff besitzen.

Die Schutzwirkung hohen Kohlenstoffgehaltes in Dolomitmischungen haben auch R. GREGOIRE u. A. DECKER [54] erkannt.

5.732 Konverterböden

5.732.1 Masseherstellung. Schachtofensinter soll wegen Hydratationsgefahr möglichst bald verarbeitet werden. Nach Untersuchungen von H. GREWE [55] nehmen die kleinen Fraktionen erheblich schneller Wasser auf als grobe. Beim Gruitener Schachtofensinter vermehrte sich der Glühverlust der feinsten Fraktion innerhalb von 7 Tagen von 2 auf 7%, derjenige der gröbsten (10 bis 20 mm) in der gleichen Zeit nur von 0,1 auf 0,2% (Abb. 675). Bei der Lagerung im Silo ist die Wasseraufnahme des meist grobstückig angelieferten Sinters sehr gering.

Stärkere Hydratation soll die Menge des Restkohlenstoffgehaltes nach dem Brennen herabsetzen und dadurch die Konverterhaltbarkeit beeinträchtigen. P. METZ [48] konnte jedoch bei langsam gebrannten Proben (mit Haltezeit bei 200 bis 300°C, s. Abschn. 5.731.3) keinen nennenswerten Einfluß des Hydratwassers auf den Restkohlenstoffgehalt feststellen.

Der Sinterdolomit wird zunächst in einer Glocken- oder Tellermühle (Abb. 676) zerkleinert. Diese vorwiegend abscherend arbeitenden, den Kegelbrechern (vgl. Abschn. 2.311) ähnelnden Mahlaggregate haben sich für diesen Zweck am besten bewährt. Das Feinmehl <0,5 mm siebt man in manchen Werken vom Mahlgut ab. Für Konverterböden bevorzugt man ein möglichst grobes Korn, weil es langsamer hydratisiert und den Schlackeneinflüssen größeren Widerstand entgegensetzt. Die Körner dürfen aber nicht so groß sein, daß sie unter Wärmespannungen reißen und Entmischungen begünstigen. Die zweckmäßig einzuhaltende obere Grenze der Korngröße beträgt 20 mm (Ausnahme 25 mm). Ein Beispiel für die in einer Tellermühle entstehenden Kornzusammensetzungen gibt Tab. 171 a. Der zerkleinerte Dolomit wird dann gewöhnlich zusammen mit etwa 6% Stahlwerksteer (Dünnteer) bei Temperaturen von 70 bis 90°C in einem Mischkollergang (vgl. Abschn. 2.311) 20 bis 30 Min. lang gekollert.

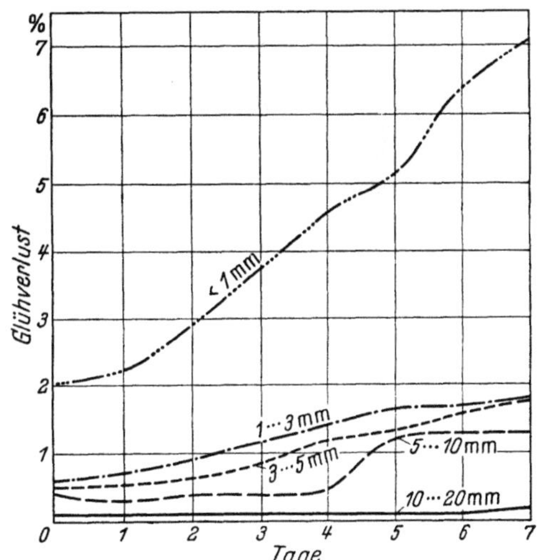

Abb. 675. Glühverlust verschiedener Fraktionen von Gruitener Schachtofendolomit in Abhängigkeit von der Lagerzeit

Bei wesentlich feineren Kornmischungen als die in Tab. 171 a angegebenen ist höherer Teerzusatz erforderlich. Der Anteil an intergranularem Teer soll so niedrig wie möglich gehalten werden, damit das Material nach dem Brennen möglichst dicht ist. Gründliches Kollern kann allerdings auch teerärmere Mischungen in ausreichend bildsamen Zustand bringen. Die zur guten Raumerfüllung erforderliche Menge Feinmehl wird durch die Mahl- und Knetwirkung

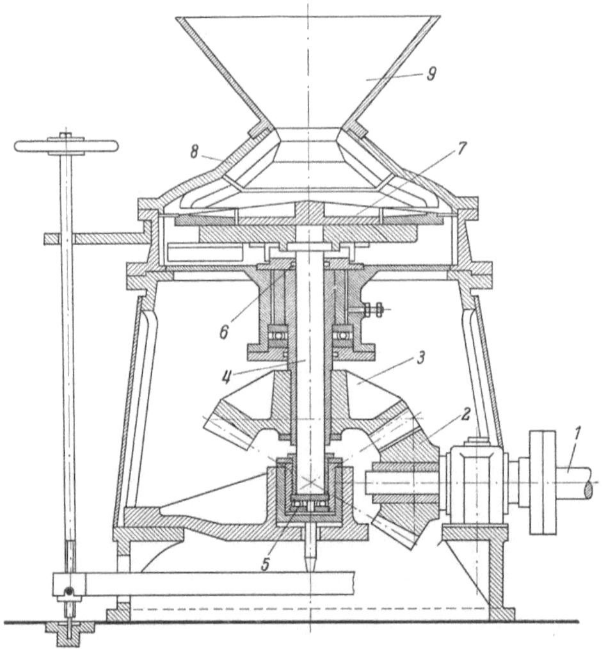

Abb. 676. Tellermühle (nach C. MITTAG)

1 Antriebswelle;   *2* u. *3* Kegelräder;   *4* vertikale Mühlenachse;   *5* unteres Spurlager;   *6* oberes Spurlager;   *7* Mahlkegel;   *8* Mahlgehäuse;   *9* Trichter

Tabelle 171. *Siebanalysen von Gruitener Sinterdolomit für Konverterböden und Teerdolomitsteine nach Zerkleinerung auf einer Tellermühle und nach dem Kollern mit Stahlwerksteer*

	Kornfraktionen in %							
	15 bis 20 mm	10 bis 15 mm	5 bis 10 mm	4 bis 5 mm	3 bis 4 mm	2 bis 3 mm	1 bis 2 mm	< 1 mm
a) Konverterbodenmasse								
nach dem Mahlen	42,6	6,2	31,3	3,7	3,8	2,7	2,4	7,3
nach dem Kollern	28,1	4,5	21,7	2,9	3,2	3,2	3,9	32,5
b) Dolomitsteinmasse								
nach dem Mahlen	—	—	4,6	8,5	12,4	12,3	17,8	44,4
nach dem Kollern	—	—	3,5	6,5	10,1	11,8	17,5	50,6

des Kollers erzeugt (Tab. 171a u. Abb. 677). Der vor dem Kollern sehr geringe Feinkornanteil vermehrt sich beim Mischprozeß so stark, daß er die Werte der FULLER-Kurve angenähert erreicht (vgl. Abschn. 1.442, Abb. 55).

Nach Untersuchungen von A. H. B. CROSS, D. F. MARSHALL u. R. J. SARJANT [*56*] über die Kornzusammensetzung von Dolomitmischungen für SM- und Lichtbogenöfen nimmt die Packungsdichte beim Kollern zunächst rasch bis zu einem Maximum zu und vermindert sich bei längerer Mahldauer wieder wegen zu starker Vergrößerung des Feinanteiles. Die Lage des Maximums hängt dabei von den Eigenschaften des benutzten Kollerganges (insbesondere vom Läufergewicht) und der Festigkeit des verwandten Dolomits ab. Zu ähnlichen Ergebnissen kam J. Massinon [49]. Er erreichte die größte Dichte mit einer Mischung aus 40% Grobkorn, 25% Mittelkorn und 35% Feinkorn. W. Eiländer u. J. Schoop [46] fanden mit dem in der Zementindustrie üblichen Verfahren von R. Grün [57] zur Bestimmung der dichtesten Pakkung als günstigste Kornzusammensetzung:

> 10　mm 30%
1,5 bis 10　mm 30%
< 1,5 mm 40%

Eine ähnliche Zusammensetzung schlägt auch M. Backheuer [58] vor: 25% Grobkorn, 25 bis 30% Feinkorn und 45% Dolomitmehl.

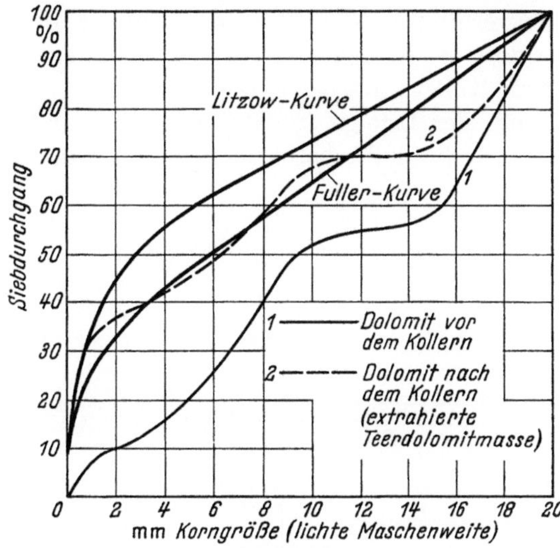

Abb. 677
Siebkurven von Gruitener Sinterdolomit für die Herstellung von Konverterböden vor und nach dem Kollern

Diese Ergebnisse lassen erkennen, daß entsprechend den Erfahrungen der Zementindustrie die zulässige Streubreite für die Korngrößenklassen ziemlich groß ist.

P. Metz [48] kam bei gründlichen Untersuchungen zu dem Schluß, daß eine Masse, die nur aus 56,5% Grobkorn 2 bis 10 mm und 43,5% Feinkorn < 0,5 mm besteht, zu besseren Konverterhaltbarkeiten führt als die üblichen Massen mit stetigem Kornaufbau (Abb. 678). Bereits ein Zusatz von 10% Feinmehl zum normalen Glokkenmühlengut soll die Bodenhaltbarkeit erhöhen. Die Herstellung derartiger *synthetischer* Mischungen erfordert eine Kornklassierungsanlage. Eine solche wurde auf die Ergebnisse der Metzschen Versuche hin im Stahlwerk Belval aufgestellt. Damit sich die einmal hergestellte Kornzusammensetzung beim nachfolgenden Kollern nicht verändert, benutzt

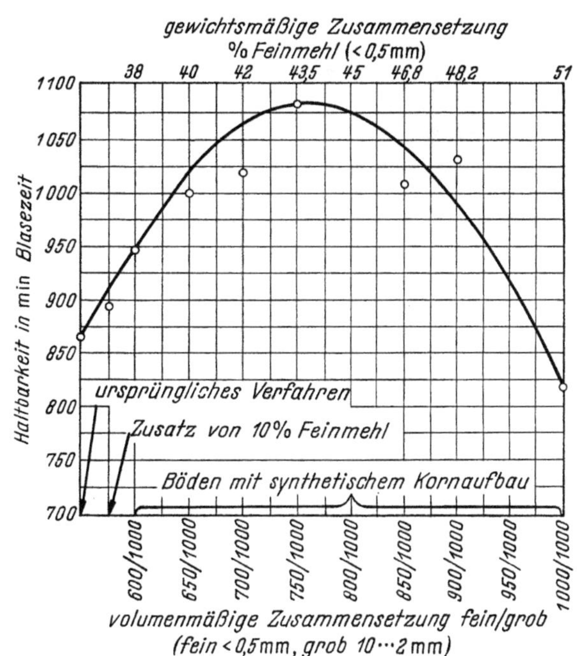

Abb. 678. Abhängigkeit der Bodenhaltbarkeit vom Kornaufbau der Böden (nach P. Metz)

METZ Kollergänge, deren Läufer durch eine pneumatisch oder hydraulisch arbeitende Aufhängung entlastet werden können (vgl. Abschn. 2.311). Um die bei unstetig zusammengesetzten Massen leicht auftretenden Entmischungen zu verhindern, die Teermenge besser dosieren zu können und einen hohen Anteil an intragranularem Teer zu erhalten, kann der Grobkornanteil vor dem Kollern in Teer getaucht werden (vgl. Abschn. 5.731.3).

Trotz der Erfolge im Stahlwerk Belval kann noch nicht entschieden werden, ob sich durch die beschriebenen Maßnahmen allgemein so große Verbesserungen der Bodenhaltbarkeit erzielen lassen, daß sich der Bau einer Klassierungsanlage lohnt.

Der zur Mischung erforderliche Stahlwerksteer wird in Vorwärmern auf Temperaturen von 120 bis 150° C gehalten. Die Mindesttemperatur von 120° C gewährleistet Wasserfreiheit des Teeres und ausreichende Mischungstemperaturen im Koller. Höhere Temperaturen als 150° C sind unzweckmäßig, da sonst mit einer Veränderung der Teerzusammensetzung durch Destillation zu rechnen ist.

5.732.2 Formen der Böden. Zum Formen der Konverterböden wird die gekollerte Teerdolomitmischung dicht gestampft oder mittels stoßfrei arbeitenden Rüttlern bzw. Vibratoren verdichtet.

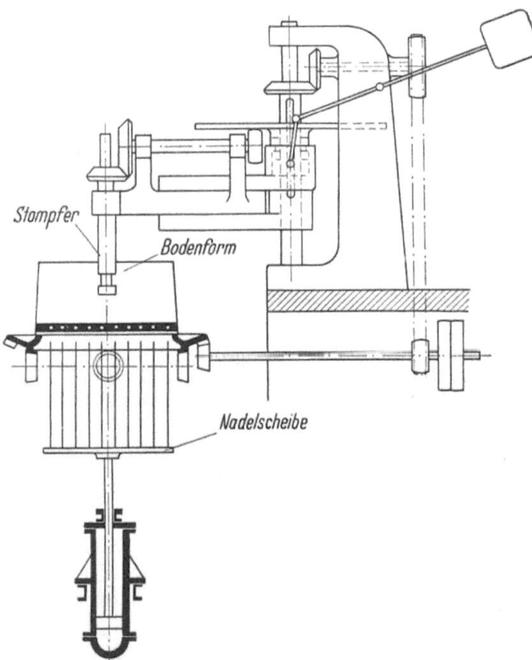

Abb. 679. VERSENsche Bodenstampfmaschine

In vielen Thomaswerken benutzt man die VERSENsche *Bodenstampfmaschine* (Abb. 679).

Die Teerdolomitmasse wird dabei in einzelnen, etwa 10 cm hohen Lagen in die vorgerichtete Bodenform gefüllt. Diese besteht aus der mit den Windöffnungen versehenen Konverterbodenplatte und der aufgesetzten zylinderförmigen Schablone. Die Bodenform rotiert um eine vertikale Achse. Gleichzeitig wird die eingefüllte Masse durch einen oder mehrere mittels Exzenter angehobene und frei fallende Stampfer verdichtet. Diese verschieben sich in radialer Richtung von außen nach innen und umgekehrt. Nach etwa $^1/_2$ Std. gibt man die neue Schicht auf und hebt die Scheibe mit Stahlnadeln zum Formen der Winddüsenöffnungen von unten her so weit, daß sich die Nadelköpfe wieder dicht unter der Oberfläche befinden. Die neu aufgegebene Masse wird dann ebenfalls festgestampft und so fort. Die erste Lage wählt man gewöhnlich höher als die übrigen, sie wird entsprechend länger gestampft. Die letzte Schicht durchstößt man nach dem Stampfen mit den Nadeln, dreht die Nadelscheibe zurück und setzt Holzstäbe in die Löcher ein, die später herausbrennen.

Für den Normalboden sind gewöhnlich 8 Lagen erforderlich, die eine Stampfzeit von ~8 Std. benötigen. Die Löcher sind in konzentrischen Kreisen oder

Quadraten angeordnet. Der mittlere Teil des Bodens bleibt frei, damit das Bad beim Blasen in wirbelförmige Bewegungen versetzt wird.

Man hat auch vorgeschlagen, die äußeren Löcher zur Mitte hin zu neigen, um die Badbewegung zu verbessern. Dieser Vorschlag hat sich aber wegen der Schwierigkeiten bei Herstellung solcher Böden nicht durchgesetzt.

In eine Anzahl Löcher (meist 16) führt man Eisennadeln statt Holznadeln ein, die den Boden in sich zusammenhalten und ihn mit der Bodenplatte verbinden sollen.

Mit der VERSENschen Maschine hergestellte Böden neigen zu Lagenrissigkeit, die ihrerseits zu Abplatzungen im Betrieb führen kann. Es sind daher Vorrichtungen entwickelt worden, die die Oberflächen der einzelnen Lagen nach dem Stampfen aufkratzen und so einen guten Verband mit der nächsten Schicht gewährleisten.

K. E. MAYER [59] berichtet über eine verbesserte Bodenstampfmaschine (Abb. 680) mit mehreren Kränzen feststehender, pneumatisch betriebener Stampfer. Nur die außen liegenden Stampfer lassen sich dabei etwas verschieben, um kleine Unterschiede im Innendurchmesser der Schablone ausgleichen zu können. Die äußeren Stampfer arbeiten mit 950, die nächsten mit 500 und die am weitesten innen gelegenen mit 300 Schlägen pro Minute. Die vertikal verschiebbare Bodenplatte wird zunächst mit der Schablone in die höchste Stellung gefahren, so daß die feststehenden Nadelspitzen nur um einige Millimeter über die Bodenplatte hinausragen. Die Dolomitmischung wird kontinuierlich mit einem Kippkübel aufgegeben. Ist die Teerdolomitschicht genügend hoch, setzt man die Schablone gemeinsam mit der Bodenplatte in Rotation und beginnt mit dem Stampfen. Dabei wird die Bodenplatte langsam in dem Maße gesenkt, wie neues Material aufgetragen wird. Zum Schluß senkt man den Boden so weit, daß die Nadelspitzen durchstoßen.

Auf diese Weise hergestellte Böden haben keine ausgesprochenen

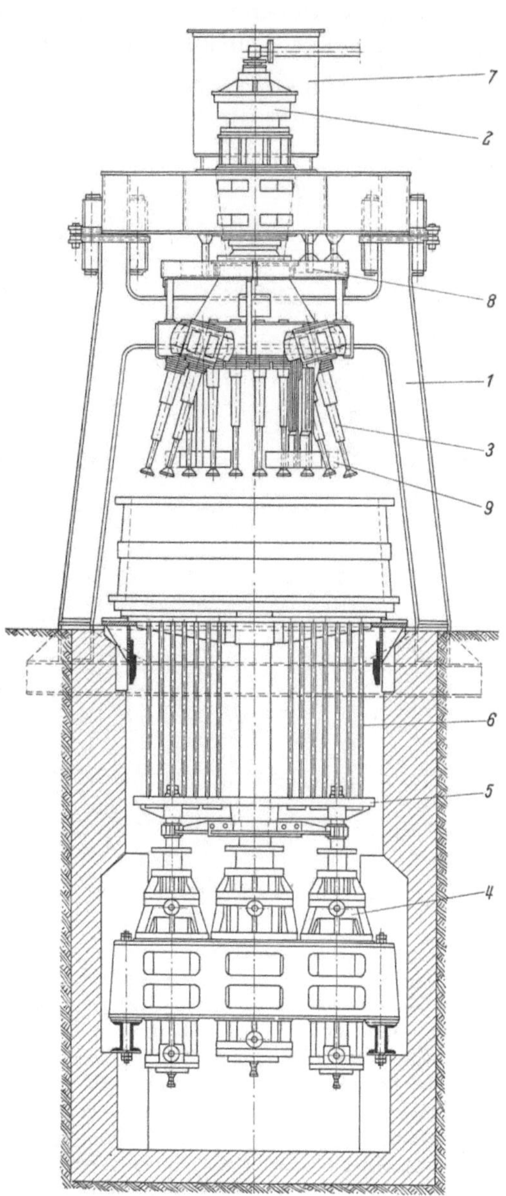

Abb. 680. Bodenstampfmaschine, Bauart Bamag (nach K. E. MAYER)

1 Ständer; 2 Drehwerk; 3 Stampfer; 4 drei Zylinder. Der Kolben des mittleren Zylinders trägt die Bodenplatte mit Schablone, die der beiden äußeren die Nadelplatte; 5 Nadelplatte; 6 Nadelsystem; 7 Vorratsbunker; 8 Verteilerteller; 9 Verteilereisen

Lagen, sie neigen daher wenig zum Abplatzen. Die Stampfzeit kann auf etwa 4 Std. pro Boden eingestellt werden.

Neben dem Stampfen hat auch das *Rüttelverfahren* [*60, 61, 62*] Eingang in die Praxis gefunden. Die Rüttelmaschinen bestehen in der Hauptsache aus dem von einem Kolben getragenen Rütteltisch, dem Amboß und dem Gestell (Abb. 681). Der Amboß ist durch starke Federn mit dem Gestell verbunden.

Beim Betrieb wird Preßluft von 6 bis 8 atü unter den Kolben geleitet, der Tisch dadurch gehoben und gleichzeitig der Amboß gesenkt, so daß sich die Federn zusammendrücken.

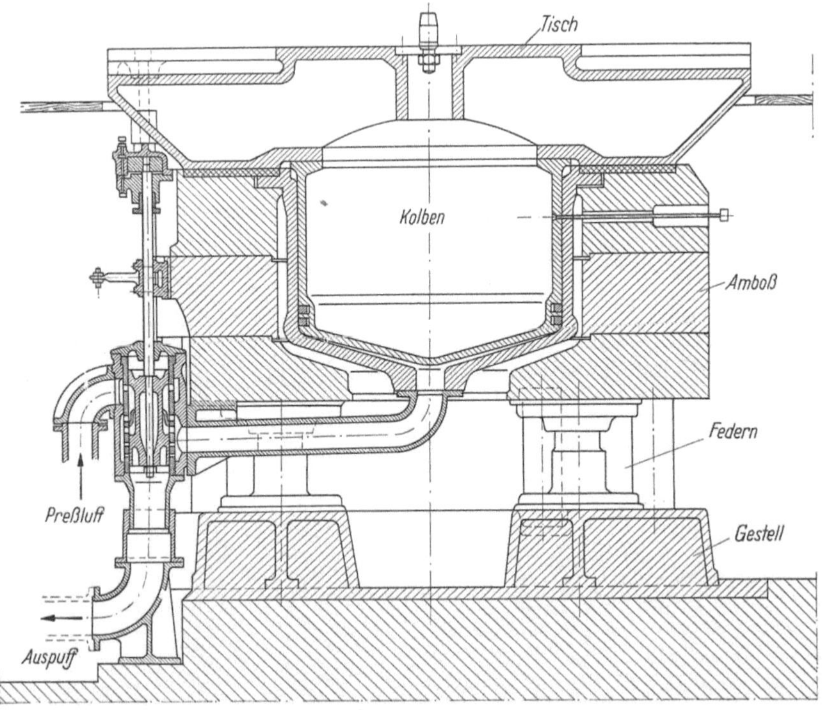

Abb. 681. Stoßfreier Rüttler zur Herstellung von Konverterböden

Beim größtmöglichen Abstand zwischen Tisch und Amboß entweicht die Druckluft plötzlich. Der Tisch fällt nach unten, der Amboß wird durch die Federkraft nach oben gedrückt, bis sich beide Teile mit scharfem Schlage treffen. Diese Rüttelstöße werden in der Maschine selbst aufgenommen und übertragen sich nicht auf das Fundament, daher verläuft das Rütteln stoßfrei. Moderne Rüttler können ~40 bis 45 t heben.

Bei der Herstellung gerüttelter Böden werden zunächst die Holznadeln in die Windöffnungen der Bodenplatte eingesetzt und an ihrem oberen Ende durch einen auf die Schablone aufgesetzten *Nadelhalterost* gehalten. In diese Form wird die ganze Teerdolomitmasse gleichmäßig über den Querschnitt verteilt durch den Rost eingefüllt. Am Rande muß die Masse etwas höher aufgefüllt werden als in der Mitte, da bei gleichmäßiger Füllung der gerüttelte Boden oft so stark gewölbt ist, daß am Rande nachgestampft werden muß [*61*]. Nach dem Einfüllen zieht man den Nadelrost ab, setzt die gefüllte Form auf den Rütteltisch und rüttelt 3 bis 4 Min. lang.

Schon nach 1,5 Min. Rüttelzeit ist der Boden so dicht, daß die Oberfläche kaum mehr absinkt, sie bleibt etwa 4 bis 5 Min. unverändert. Bei zu langem

Rütteln wird die Mischung besonders bei hohem Teergehalt wieder aufgelockert. In manchen Werken setzt man zur Verdichtung der Oberfläche nach dem Rütteln noch eine *Vibrationsplatte* auf, was jedoch Schwierigkeiten bereitet, weil die vorstehenden Holzstäbe in entsprechende Aussparungen der Platte eingepaßt werden müssen.

Während der eigentliche Rüttelvorgang nur wenige Minuten erfordert, ist das gleichmäßige Einbringen der Masse in die Bodenform sehr zeitraubend. Insgesamt muß man für die Herstellung des Bodens mit etwa 8 Std. rechnen, man hat also gegenüber dem Stampfboden keinen merklichen Zeitgewinn. Der Hauptvorteil der gerüttelten Böden liegt darin, daß sie wegen ihrer Freiheit von Lagen gegen mechanische Beanspruchungen widerstandsfähiger sind.

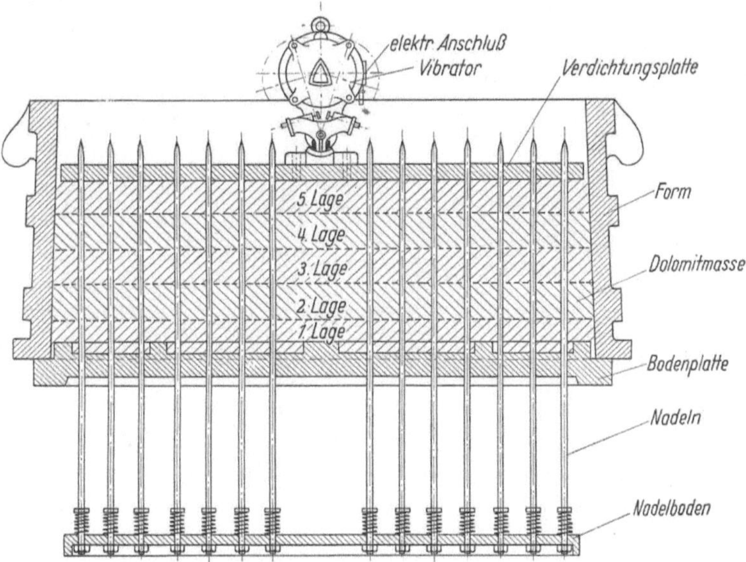

Abb. 682. Verdichten von Konverterböden durch einen Vibrator

Seit 1949 werden erfolgreiche Versuche zur Verdichtung der Böden mit Hilfe von *Vibratoren* durchgeführt [*63, 64*]. Die Verwendung eines Vibrationstisches, ähnlich dem beschriebenen Rütteltisch, hat sich nicht bewährt, weil dabei erhebliche Teile der aufgewandten Energie durch unnötige Vibration der Bodenform verlorengehen. Dagegen wurden gute Erfolge mit einer die ganze Bodenoberfläche bedeckenden, durch einen aufgeschraubten Vibrator in Schwingung versetzten Stahlplatte erzielt. Dabei ergibt die hohe Schwingungszahl von etwa 3000 pro Minute eine gute Verdichtung. Die aufgelegte Platte muß beim Vibrieren gleichmäßig schwingen und darf nicht *flattern*. Sie soll dicht auf der Masseoberfläche aufliegen und muß daher mit einem in die herausragenden Nadeln passenden Lochsatz versehen sein (Abb. 682).

Die Vibration erfaßt jedoch nur Schichten relativ geringer Dicke. Deshalb muß die Masse (ähnlich wie bei der VERSENschen Stampfmaschine) lagenweise eingefüllt und vibriert werden. Man läßt ∼20 Min. vibrieren. Die Höhe der zu verdichtenden Masse nimmt zunächst stark ab, nach etwa 7 Min. ist der Verdichtungsvorgang beendet, längeres Vibrieren scheint die Masse nicht wieder aufzulockern (Abb. 683). Die Verdichtung hängt weitgehend von der Energie des Vibrators ab.

Nach Beobachtungen von A. LATOUR u. J. SCHOOP [63] erreichen mit einem 400 Watt-Vibrator hergestellte Böden etwa die gleiche Haltbarkeit wie gerüttelte. Bei Verwendung von Vibratoren mit einer Leistung von 2000 Watt stieg die durchschnittliche Bodenhaltbarkeit von 55 auf 65 Chargen. Neuerdings verlangt man für kleine Böden eine Mindest-Vibrator-Leistung von 3000 Watt, für große Böden ab 2300 mm Durchmesser eine solche von 6000 Watt.

Einen anderen Weg ging P. METZ [48], indem er 3 Vibratoren seitlich einer auf 12 cm dicken Gummipuffern ruhenden Bodenform anbrachte. Nach dem Füllen der Form und Hochfahren der Nadeln wurde 1 Std. lang vibriert. Dieses Verfahren hat den Vorteil der Einfachheit, insbesondere braucht das Material nicht in einzelnen Lagen aufgegeben zu werden.

Die Einführung der Vibrationsverfahren führt bei den einzelnen Werken zu unterschiedlichen Erfolgen gegenüber der jeweiligen früheren Arbeitsweise. Im ganzen gesehen läßt sich mit allen drei beschriebenen Verfahren eine ausreichende und wirtschaftliche Bodenverdichtung erreichen, wenn neuzeitliche und richtig dimensionierte Maschinen zur Verfügung stehen.

An Stelle der Holznadeln benutzt man gelegentlich auch *Metallröhren* von ~0,4 bis 0,5 mm Wandstärke zum Schutz der Winddüsen [39, 65]. Sie werden

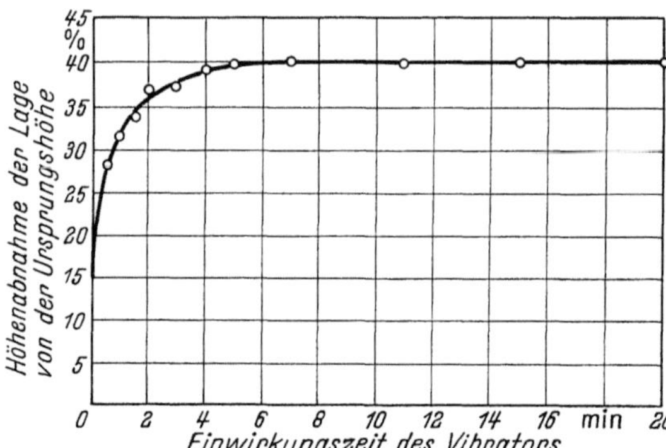

Abb. 683. Höhenabnahme der Lagen eines Konverterbodens bei der Vibration in Abhängigkeit von der Vibrationsdauer (nach A. LATOUR u. J. SCHOOP). 2000 Watt-Vibrator

entweder über die Stahlnadeln gezogen und bei der Bodenverdichtung mit eingebaut oder erst nach der Verdichtung in den Boden eingesteckt. In den glatten Röhren ist der Reibungswiderstand der Luft geringer, die Windführung wird dadurch gleichmäßiger, die Blasezeit kürzer, auch fällt das zeitraubende Ausbohren der Holznadelreste fort. Andererseits kommt es im oberen Teil bei der Temperatur des Bades leicht zu Verschlackungserscheinungen durch Reaktionen mit dem Dolomit, die eine trichterförmige Erweiterung der Windlöcher zur Folge haben. Das ist besonders bei Verwendung von Röhren mit größerer Wandstärke (0,6 bis 0,7 mm) der Fall. Außerdem stören die Reste der Röhren beim Ausbau gebrauchter Konverterböden. Beim Blasen mit reinem Sauerstoff oder mit Wasserdampfzusatz müssen *Kupferröhren* benutzt werden. Neuerdings werden Röhren aus *Aluminium* oder *Magnesium* empfohlen, weil diese bei der Oxydation feuerfeste Oxyde liefern und dadurch den Angriff durch Eisen- und Manganoxyde vermindern [65a].

Seit der Einführung des Thomasverfahrens sind die Versuche nicht abgerissen, an Stelle einfacher Windlöcher im Konverterboden geformte und gebrannte *Düsen* einzuführen. Man hoffte, die Windführung durch Änderung der Zahl, der

Verteilung und des Durchmessers der Windkanäle verbessern und dadurch die Bodenhaltbarkeit erhöhen zu können [*66*].

In der ersten Zeit benutzte man Tondüsen, die aber wegen zu geringer Feuerfestigkeit nicht ausreichten. Die bereits von S. G. THOMAS vorgeschlagenen Düsen aus Sintermagnesia konnten damals noch nicht in ausreichender Qualität hergestellt werden. Dies gelang erst im Jahre 1890 den Veitscher Magnesitwerken A.G. E. BRÜHL [*66*] berichtete 1915 über zusammengesetzte Böden mit Magnesiadüsen. J. POSTINET [*67*] schlug an Stelle der teuren Magnesiadüsen die Verwendung von unter hohem Druck gepreßten Teerdolomitdüsen vor, die im Stahlwerk selbst hergestellt werden könnten. Nach J. WELTER [*68*] erreichten Böden mit solchen Dolomitdüsen etwas größere Haltbarkeit (~8%) als normale Nadelböden.

Magnesiadüsenböden haben sich in erster Linie beim Stahlwerk Hayingen [*69*] eingeführt. Die mit 9 Löchern versehenen Düsen haben einen unteren Durchmesser von 185 mm, einen oberen von 150 mm. Sie werden in die Bodenplatte eingesetzt, der freie Raum zwischen ihnen wird mit Teerdolomit ausgefüllt, der dann durch Stampfen oder Vibrieren verdichtet wird. Da es oft nicht gelingt, durch Brennen eine dichte Verbindung zwischen Düsen und Teerdolomit zu erzielen, setzt man die fertigen Böden häufig in grünem Zustand in den Konverter ein.

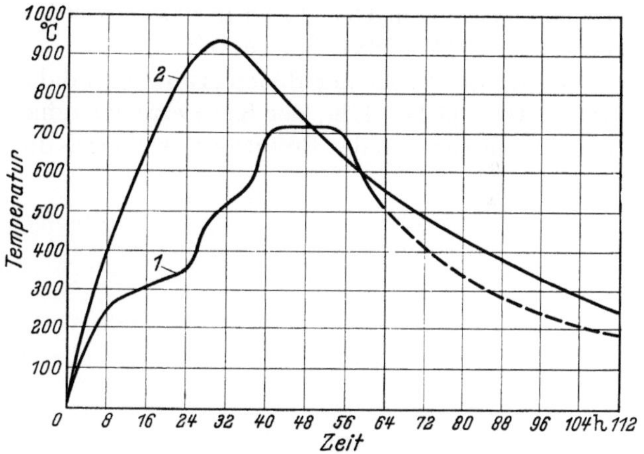

Abb. 684. Brennkurven von Konverterböden
1 Langsames Aufheizen, Durchlaufofen der Dortmund-Hörder Hüttenunion A.G.; *2* schnelles Aufheizen

In manchen Stahlwerken werden jedoch die Düsenböden genauso gebrannt wie gewöhnliche Nadelböden [*70*].

Durch die Magnesiadüsen wird wohl eine Erhöhung der Haltbarkeit erzielt, wegen der erhöhten Gestehungskosten werden sie jedoch meist nur bei forciertem Betrieb wirtschaftlich [*70*]. Da sie sich leicht zusetzen, muß man zur Sauberhaltung höheren Winddruck verwenden [*39*].

5.732.3 Brennen und Einbau der Böden. Die geformten Böden werden mit Bodenplatte und Schablone bei 600 bis 800° C geglüht. Man benutzt dafür Einzelöfen oder kanalartige Durchlauföfen verschiedener Länge, durch welche die auf Wagen gesetzten Böden langsam hindurchgestoßen werden. Neuerdings findet man auch normale keramische Tunnelöfen für das Brennen von Konverterböden. Ältere Öfen werden durch seitlich angebrachte Rostfeuerungen mit Kohle beheizt, neuere mit Gichtgas. Die Brenner sind dann entweder schräg nach oben gerichtet (*Gewölbebrenner*) oder unter dem Boden angeordnet (*Unterbrenner*). Besonders bewährt haben sich *Injektorbrenner*, mit deren Hilfe sich unmittelbare Rauchgasumwälzung erreichen läßt [*71*]. Zum Schutz gegen Oxydationseinflüsse müssen die grünen Böden mit reduzierenden Mitteln, wie

Koksgrus oder leicht verbrennendem *Torfkoks* bedeckt werden. Vielfach verwendet man dazu den aus den Winddüsen ausgebohrten *Holzkoks*.

Das *Brennen* der Böden ist eigentlich ein Schwelvorgang, bei dem ein Teil des Teeres ab 600° C mit leuchtender Flamme ausbrennt und als Heizmaterial wirkt. Bei Leerlaufversuchen verbrauchen daher derartige Öfen mehr Gas als im normalen Betrieb. Nach H. WÜBBENHORST bringt der Teer $\sim ^1/_3$ der benötigten Wärme auf, vorausgesetzt, daß $\sim 5\%$ des Einsatzteeres verbrennen [71].

Die Böden werden zweckmäßig langsam aufgeheizt, dabei mindestens 10 Std. zwischen 200 und 300° C gehalten. Die Temperatursteigerung von 300 bis 600° C dauert etwa 24 Std. Die eigentliche Brenntemperatur von 600 bis 800° C läßt man etwa 20 Std. einwirken (Abb. 684, Kurve *1*). Früher wurden und in manchen Werken werden heute noch die Böden rasch aufgeheizt. Man bringt dabei deren Oberfläche in etwa 16 Std. auf 600° C bzw. in 24 Std. auf max. 900° C (Abb. 684, Kurve *2*).

Wegen der Größe der Böden erhitzt sich dabei der Kern erheblich langsamer als die Oberfläche, d. h., der Kern erreicht seine Maximaltemperatur erst nach dem Durchschreiten der Brennzone, wenn sich die Oberfläche bereits abzukühlen

Abb. 685. Stück eines gebrauchten Konverterbodens

beginnt. Der fertig gebrannte Boden muß sehr vorsichtig im Ofen abgekühlt werden, man rechnet mit einer Kühldauer von 5 bis 10 Tagen. Die großen Unterschiede zwischen den von den einzelnen Werken eingehaltenen Brennkurven lassen sich z. T. auf betriebliche Verhältnisse zurückführen, z. T. sind sie aber dadurch bedingt, daß man über den Brennvorgang selbst noch keine genügende Klarheit gewinnen konnte.

In dem 44 m langen Tunnelofen eines Thomaswerkes beträgt die Gesamtbrennzeit 16,5 Tage, der Vorschub 100 mm/Std. Bei schnellerem Brand werden die Böden rissig [72]. P. METZ [48] schlägt Haltezeiten von 60 Std. bei 250 bis 300 °C vor, er will dadurch verhindern, daß sich das Gefüge infolge zu rascher Destillation der Teeröle auflockert (vgl. Abschn. 5.731.3).

Nach dem Brand sind die Dolomitkörner durch — überwiegend amorphen — Kohlenstoff verbunden. Beim Auflösen eines gebrannten Bodenstückes in Salzsäure fand sich ein unlöslicher Rückstand von 4,9%, der neben Kieselsäure 61,4% C enthielt. Das Röntgenbild des Rückstandes entsprach dem eines üblichen Schwelkokses [71], eine Graphitisierung wird mithin nicht erreicht. Die Porosität eines Konverterbodens schwankt zwischen 13 und 24%. Abb. 685 zeigt die Struktur eines mit hohem Grobkornanteil hergestellten gebrauchten Bodens.

Vor dem *Einbau* in den Konverter bohrt man die verkohlten Reste der Holzstäbe aus, nimmt die Schablone ab und schiebt den Boden mit der Bodenplatte durch einen Teleskopwagen von unten durch den Windkasten in den Konverter. Die Bodenplatte wird mit der Konverterwand gut verkeilt, die Fugen zwischen Wandung und Boden werden von oben her durch die Konverteröffnung mit einer dünnen Teerdolomitmasse aus mehlfeinem Sinterdolomit und etwa 15% Dünnteer ausgegossen (*verdichtet*).

Der Boden muß während einer Konverterreise mehrere Male erneuert werden. Als erster wird ein sog. *kurzer Boden* von halber Dicke eingesetzt. Im ersten Boden setzen sich die Düsenlöcher erfahrungsgemäß schnell zu, er wird daher zweckmäßig rasch ausgewechselt. Auch zum Schluß der Konverterreise wird häufig noch ein kurzer Boden verwandt, wenn das Wandmauerwerk einen normalen Boden nicht überdauern würde.

5.732.4 Verhalten der Böden im Betrieb.

Während des Betriebes werden die Böden mechanisch durch die heftige Wirbelbewegung des Bades erodiert, chemisch von der Schlacke angegriffen und aufgelöst. Zunächst brennt der Kohlenstoff in mehr oder weniger tiefen Zonen aus, wodurch der Schlacke das Eindringen ermöglicht wird. Ausbrenn- und Verschleißerscheinungen nehmen mit der Porosität zu.

Ein Boden mit 19,5% Porenvolumen verlor 0,6 mm/Min., ein solcher mit 27,3% Poren dagegen 0,955 mm/Min. [*46*].

Abb. 686. Stück eines gebrauchten Konverterbodens mit breiter Ausbrennzone

Unterhalb der Ausbrennzone liegt eine Zone niedriger Temperatur, in der die beim Verbrennen entstehende Kohlensäure mit CaO wieder Karbonate zu bilden vermag [*48*]. Weil dabei das Volumen zunimmt, können dicke Schichten abspringen, was aber bei dichten und lagenfreien Böden nur selten vorkommt.

Tabelle 172. *Zonenanalysen eines verschlackten Konverterbodens*

	SiO_2	$Al_2O_3 + MnO$	Fe_2O_3	FeO	CaO	MgO	P_2O_5	Alkal.	Glühverlust	C	CO_2
	%	%	%	%	%	%	%	%	%	%	%
1. Schlackenzone	1,58	1,0	4,50	2,73	56,3	29,7	3,30	0,3	1,18	—	0,1
2. Helle Zone ..	1,11	0,78	—	0,94	59,5	34,9	0,06	—	2,14	—	0,36
3. Graue Zone ..	1,14	0,35	—	0,75	56,9	33,8	—	—	6,93	—	4,78
4. Schwarze Zone	1,01	0,61	—	0,75	57,1	33,9	—	—	6,63	4,12	0,96
Dolomit	1,30	—	—	0,77	59,1	36,2	—	—	2,04	—	1,02

Abb. 686 zeigt ein Stück gebrauchten Konverterbodens mit vier deutlichen Zonen:

1 dunkel gefärbte Schlackenzone mit den Reaktionsprodukten zwischen Schlacke und Dolomit,

2 helle, kohlenstofffreie Zone, sie ist in Abb. 686 wesentlich breiter als normal,

3 karbonathaltige graue Zone,

4 schwarze Zone aus unverändertem Teerdolomit, in Abb. 686 nicht bezeichnet.

Die Analysen der einzelnen Zonen sind in Tab. 172 aufgeführt. Danach sind der Schlackenzone (1) vor allen Dingen Eisenoxyd und Phosphorsäure zugeführt worden, gleichzeitig hat sich ihr MgO-Gehalt verringert. Der Kalk wurde in seinem prozentualen Anteil nicht wesentlich verändert, weil die Thomasschlacke an Kalk gesättigt ist. Abb. 687 [*1*] zeigt die in die Poren des Bodens eingedrungene Schlacke (hell), die im wesentlichen aus Kalziumferrit und Kalziumphosphat bestehen dürfte. Die infiltrierte Zone wird durch sie bei Betriebstemperatur zähflüssig und kann durch die Erosionswirkung des wirbelnden Bades abgespült werden (vgl. Abschn. 5.731.4).

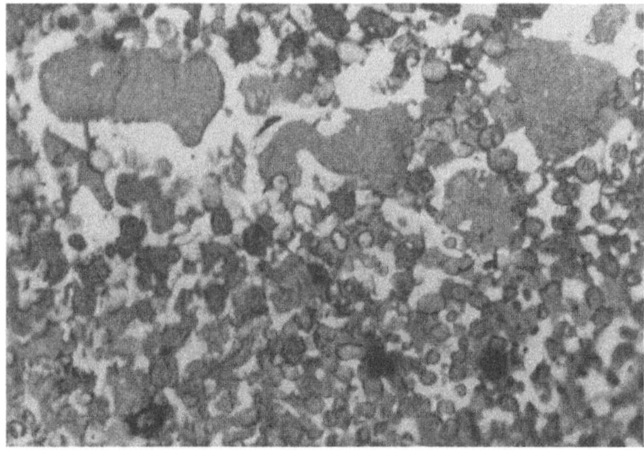

Abb. 687. Konverterboden mit eingedrungener Schlacke (hell) (nach G. TRÖMEL). Anschliff (Vergr. 400 ×)

Das Roheisen selbst wirkt chemisch nicht auf den Dolomit ein, jedoch lehrt die Erfahrung, daß Si-reiche Chargen indirekt zu erhöhtem Bodenverschleiß führen, weil bei ihnen der Blasdruck wegen des starken Auswurfes reduziert werden muß und daher das Bad stärker am Boden klebt. Auch führt Si-reiches Roheisen zu einer aggressiveren, kieselsäurereicheren Schlacke. Der Mn-Gehalt des Roheisens hat nach W. L. KERLIE [*73*] keinen Einfluß auf den Bodenverschleiß. Dagegen wirkt sich die Temperatur des Roheisens stark aus. Heißes, direkt vom Hochofen kommendes Roheisen ruft stärkeren Verschleiß hervor als das bis zu 24 Std. im Mischer liegende Sonntagseisen.

Die Einmündungsstellen der Blaselöcher in den Konverter erweitern sich bei niedrigem Winddruck und am Boden klebendem Bad trichterförmig. Sobald ein Boden zu *trichtern* beginnt, müssen die schon erweiterten Löcher mit trockener, feinkörniger Teerdolomitmasse zugestopft werden. Auch wenn der Wind infolge hoher Porosität der Böden Wege seitlich der Blasedüsen findet, muß man mit starken Verschleißerscheinungen rechnen. Das *Abblättern* kann jedoch nicht nur hierauf zurückgeführt werden; denn auch Röhrenböden zeigen diese Erscheinung [*46*].

Die Bodenhaltbarkeit wird durch längere Liegezeiten verkürzt. Der ruhende Konverter muß daher sorgfältig abgedichtet werden. Die durchschnittliche Bodenhaltbarkeit konnte in letzter Zeit durch betriebliche Maßnahmen wesentlich gesteigert werden. Sie beträgt im Mittel 60 bis 80 Schmelzen für einen ganzen Boden. Im Stahlwerk Hayingen halten Magnesiadüsenböden sogar bis zu 200 Schmelzen aus [*69*].

5.733 Teerdolomitsteine und Stampfmassen

5.733.1 Herstellung. Die Massen für Teerdolomitsteine und Stampfmassen werden grundsätzlich in gleicher Weise aufbereitet wie diejenigen für Konverterböden. Die Korngröße übersteigt jedoch 8 bis 10 mm nicht und der Feinkornanteil ist wesentlich größer als bei Bodenmassen (Tab. 171 b). Der gekörnte Sinterdolomit wird im Kollergang mit 7 bis max. 10% Dickteer versetzt und 25 bis 30 Min. lang bei $\sim 70^\circ$ C gekollert. Die fertige Teerdolomitmasse verwendet man entweder unmittelbar zum Ausstampfen basischer SM-Ofenherde oder preßt sie auf Drehtischpressen (vgl. Abschn. 2.347) in warmem Zustand mit einem Druck von 300 bis 400 kg/cm² zu Steinen. Kalte Massen sind so hart, daß sie nicht mehr verpreßt werden können.

J. SITTARD [74] schlägt vor allem für Rückwände von SM-Öfen Steine aus Sinterdolomit in einer Körnung von 1 bis 2 mm vor, die mit $\sim 4\%$ Teer gekollert und auf einer Steinpresse mit Drücken bis zu 2000 kg/cm² gepreßt werden sollen. Zum Schutz gegen Hydratation sollen sie in ein Teerbad getaucht und dann dicht in Papier eingepackt werden. Nach beendeter Ofenreise waren derartige Steine eisenhart zusammengesintert und hatten einen ta-Wert von 1750° C.

Teerdolomitmassen werden auch zum Stampfen der Seitenwände von Lichtbogenöfen verwandt.

Abb. 688. Doloblöcke der Rhein.-Westf. Kalkwerke, Wülfrath, für einen Elektroofen. Die Wandung ist aus 6 Segmenten zusammengesetzt

Zur Abkürzung der Reparaturzeiten kann man die Stampfarbeit in Steinfabriken verlegen, es werden dann fertiggestampfte, segmentförmige, unmittelbar in den Ofen einsetzbare Körper geliefert [75] (Abb. 688).

Die Stampfarbeit erfolgt in Schablonen aus 6 bis 8 mm starken Stahlblechen mit Versteifungsrippen. Um die Schablonenplatten nach dem Stampfen gut ablösen zu können, werden sie auf der Innenseite mit Staufferfett, Rohparaffin oder ähnlichem eingerieben. Der Sinterdolomit wird in einer Körnung von

$\sim 30\%$	3 bis 8 mm
30%	1 bis 3 mm
40%	< 1 mm

verwandt und mit 7 bis 10% Dickteer gekollert. Die Mischung wird auf $\sim 100^\circ$C angewärmt und soll beim Stampfen nicht kälter als 70 bis 85° C sein. Die Segmente werden um so fester, je wärmer die Mischung ist, jedoch lassen sich zu heiße Massen nicht verstampfen, weil die Masse schwimmt und daher keine Verfestigung erzielt wird.

Es werden jeweils Lagen von 50 bis 60 mm Höhe durch Preßluftstampfer mit 60 × 60 mm großer, ebener Arbeitsfläche 17 bis 20 Min. lang verdichtet. Zur Erhöhung der Transportfestigkeit stampft man häufig in die Segmente Stahlarmierungen mit oben herausragenden Haken oder Ösen ein. Für diesen Zweck haben sich Rundeisen besser bewährt als Flacheisen. Am unteren Ende tragen die Armierungsstäbe Fußplatten von ~100 × 150 mm Fläche, sie sollen das Auftreten größerer Scherkräfte im Inneren der Blöcke beim Transport vermeiden. In Mitteldeutschland sollen eingestampfte Eisen auch das Herausreißen der Blöcke nach dem Gebrauch erleichtern.

Für eine Wandzustellung der Lichtbogenöfen benötigt man 3 oder 6 Segmente mit einem mittleren Gewicht von je ~1 t. Zur Verhinderung der Hydratation bestreicht man sie äußerlich mit Teer.

Vor dem Einsatz in den Ofen müssen die Auflageflächen sorgfältig geebnet werden. Vielfach schüttet man eine Ausgleichsschicht auf und verdichtet sie leicht mit Preßluftstampfern. Der Einbau der Segmente selbst erfordert nur ~30 bis 50 Min. Auch für die Rückwände von SM-Öfen verwendet man gelegentlich große, gestampfte Dolomitblöcke.

Gewöhnlich werden Teerdolomiterzeugnisse in grünem Zustand eingebaut. Neben im Stahlwerk selbst hergestellten Steinen verwendet man neuerdings Steine, die in Teer getränkt und anschließend 24—50 Stunden lang auf 200—300 °C erhitzt werden, um eine ausreichende Polymerisation der Kohlenwasserstoffe zu erreichen [76]. Für besonders beanspruchte Stellen können Teerdolomitsteine auch vorgebrannt werden. Das geschieht üblicherweise im Bodenbrennofen, wobei die Steine der Erweichungsgefahr wegen mit einer Schablone umgeben werden müssen.

Nach einem anderen, von P. P. BUDNIKOW [4] mitgeteilten Verfahren setzt man die Formlinge in einzelnen Etagen auf Herdwagen und fährt sie in die auf ~1000° C vorgewärmte Kammer eines meist halbkontinuierlich arbeitenden Ofens ein. Die dabei erzielte schnelle Verkokung führt zu sofortiger Verfestigung (vgl. Abschn. 7.313). Der eigentliche Brand erfolgt dann 6 bis 10 Std. in stark reduzierender Atmosphäre bei 1300 bis 1600° C. Anschließend wird langsam auf 1000° C abgekühlt, der Wagen dann in eine Kühlkammer gefahren.

5.733.2 Teerdolomitsteine im Thomaskonverter.

Im Thomaskonverter bestehen die Seitenwände aus Teerdolomitsteinen (Abbildung 689). Als Hinterstampfmasse dient häufig eine Mischung aus ~45% Sinterdolomit, ~45% gebrauchten Dolomitbrocken und ~10% Dünnteer; sie wird nach dem Aufmauern der Seitenwände lagenweise eingestampft. Einige Stahlwerke verwenden grüne und im Bodenbrennofen gebrannte Steine im

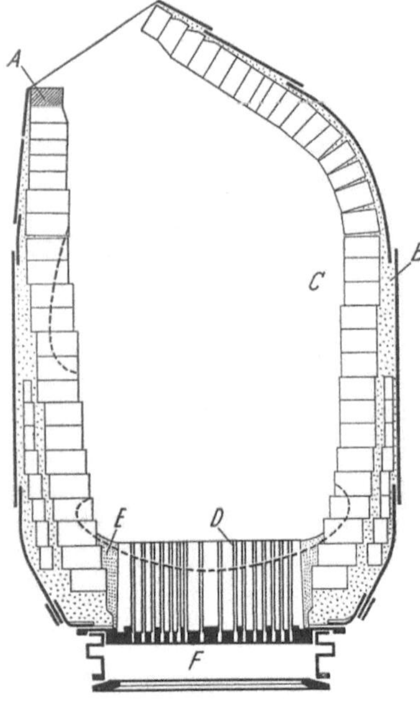

Abb. 689. Thomaskonverter

A Schamotte-Mündungsstein; *B* Hinterstampfmasse; *C* Teerdolomitsteine; *D* Boden; *E* Dichtungsmasse; *F* Windkasten Die gestrichelten Linien bezeichnen die Bereiche verstärkten Futterverschleißes

Kreuzverband. An der Konvertermündung wird ein Schamotte-Mündungsstein in Pfannensteinqualität mit eingesetzt, der die Entfernung der als *Mündungsbären* bezeichneten Stahl- und Schlackenansätze erleichtern soll. Der saure Schamottestein bildet mit der basischen Schlacke niedrig schmelzende, glasig erstarrende Verbindungen, die leicht losgestoßen werden können.

Beim Einbrennen muß man die Temperatur möglichst rasch steigern, sonst würde der Teer erweichen und das Mauerwerk einstürzen. Der Konverter wird entweder sofort mit glühendem Koks beschickt oder mit Holz oder Gas angeheizt. Dann wird vorsichtig frischer Koks nachgegeben. Die Einbrenntemperatur beträgt 1100 bis 1400° C, sie wird 3 bis 10 Std. gehalten.

Anschließend soll der Konverter sofort in Betrieb genommen werden, weil jede Wartezeit seine Haltbarkeit herabsetzt. In manchen Betrieben legt man allerdings die Konverter erst um und hält sie längere Zeit mit glühendem Koks warm. Bei dieser Maßnahme soll das Mauerwerk besser erhärten.

Abb. 690. Gebrauchter Konverterwandstein

Die Konvertersteine erhalten beim Einbrand eine gegen Verschlackung widerstandsfähige Kruste mit Kohlenstoff in vorwiegend graphitoider Form [48]. Die Krusten sind naturgemäß an den Kanten besonders fest, so daß die Steine oft in der Mitte ihrer Fläche stärker angegriffen werden als an den Kanten. Je höher der C-Gehalt, desto langsamer schreitet die Entkohlung in das Steininnere fort, desto geringer ist auch der Angriff der Schlacke (vgl. Abschn. 5.731.4). Abb. 690 zeigt einen verschlackten Wandstein mit einer ähnlichen Zonengliederung, wie sie die Konverterböden

Tabelle 173. *Zwei Analysen eines verschlackten Teerdolomitsteines aus einem Thomaskonverter*

	SiO_2 %	Al_2O_3 %	Fe_2O_3 %	MnO %	CaO %	MgO %	P_2O_5 %	C %	CO_2 %
Verschlackte Zone	1,55	0,58	17,89	2,47	45,55	27,52	4,29	0,44	0,31
Unverschlackter Stein .	1,18	0,67	1,35	0,21	56,61	34,91	—	4,41	0,43

aufweisen: dunkle Schlackenzone, helle entkohlte Zone und schwarzen, unveränderten Stein. Die einzelnen Zonen besitzen aber erheblich geringere Dicken als in Konverterböden. Bei guten Steinen soll die entkohlte Zone nur wenige Millimeter dick sein. In der verschlackten Zone sind Eisenoxyd, Manganoxyd und Phosphorsäure auf Kosten von MgO und CaO zugeführt worden (Tab. 173). Auch der SiO_2-Gehalt hat eine leichte Steigerung erfahren. Der Verschlackungsvorgang selbst dürfte sich in ähnlicher Weise abgespielt haben wie im Boden. Am stärksten angegriffen wird die in Höhe des Schlackenspiegels gelegene Partie des Konverters (Abb. 689).

Konverterwände halten im Durchschnitt 300 bis 320, als Spitze mehr als 500 Chargen aus.

Schrifttum

[1] Trömel, G.: Arch. Eisenhüttenwes. Bd. 24 (1953) S. 449/56
[2] Hartmann, F.: Ber. DKG. Bd. 11 (1930) S. 47/62
[3] Vie, G.: Ind. céram. (1953) Nr. 439, S. 40/42

[4] Budnikow, P. P.: Technologie der keram. Erzeugnisse, S. 357. Berlin: Technik 1950

[5] Chesters, J. H.: Steelplant Refractories, S. 109. Sheffield 1946

[6] Kjehlsen, C.: Tonind.-Ztg. Bd. 57 (1933) S. 533/34

[7] Ullmann's Enzyklopädie der Technischen Chemie, 1. Bd., S. 801. München: Urban u. Schwarzenberg 1951

[8] Seil, G. E.: J. Amer. ceram. Soc. Bd. 21 (1941) S. 1/22; Franz. Pat. 832239 (1938); Ceram. Abstracts Bd. 19 (1940) S. 273/93

[9] Spangenberg, K.: DRP. 752067 (1939)

[10] Tyler, W. H., u. W. J. Rees: Trans. Brit. ceram. Soc. Bd. 33 (1934) S. 104/27

[11] Swinden, T., u. J. H. Chesters: J. Iron Steel Inst. Bd. 144 (1941) II S. 105/B; s. auch Chesters, J. H.: Steelplant Refractories, S. 111. Sheffield 1946

[12] Budnikow, P. P., u. M. S. Fejgin: Ber. DKG. Bd. 21 (1940) S. 278/83; Ogneupory Bd. 10 (1945) S. 26/36; C. R. Acad. Sci. URSS Bd. 51 (1946) S. 615/17

[13] Chadeyron, A. A., u. W. J. Rees: Bull. Brit. Refract. Res. Assoc. Nr. 47 (1938) S. 26 u. 35

[14] Franz. Pat. 799930 (1936) u. 799931 (1936); DRP. 670193 (1939)

[15] Franz. Pat. 685049 (1930); Engl. Pat. 440011 (1935)

[16] Konopicky, K.: DBP. 839923 (1952)

[17] Konopicky, K.: DBP. 856573 (1952)

[18] Buntenbach, F.: DBP. 874268 (1953)

[19] DBP. 849820 (S. A. Chiers); Österr. Patentschrift 147817 (1936)

[20] Vgl. auch DRP. 715521 (1941) (Dynamidon-Werke)

[21] Pines, B. Ya., u. G. P. Kushta: Stal (1936) S. 47/59

[22] Bird, D.: Stahl u. Eisen Bd. 73 (1953) S. 1337/38

[23] Crespi, G. B.: DRP. 750650 (1945); Brit. Pat. 507715 (1938)

[24] Lister, W.: Metallurgia Bd. 9 (1934) S. 145/47; s. auch Meyer, H. J.: Stahl u. Eisen Bd. 56 (1936) S. 815/18

[25] Mayer, K., F. Gareis, S. Kienow, H. Knüppel u. G. Trömel: Stahl u. Eisen Bd. 73 (1953) S. 1457/62

[26] Rait, J. R.: Basic Refractories. London, Birmingham, Coventry, Manchester u. Glasgow: Iliffe u. Sons, Ltd. 1950

[27] Holmes, M. E., W. J. McCaughey u. G. A. Bole: Rock Products Bd. 32 (1929) S. 59/67

[28] Rees, W. J.: Bull. Brit. Refract. Res. Assoc. Bd. 56 (1940) S. 268

[29] Moon, H. E.: DBP. 855516 (1952)

[30] Brampton, E. C., H. Parnham u. J. White: J. Iron Steel Inst. Bd. 152 (1945) S. 341/72; Stahl u. Eisen Bd. 71 (1951) S. 946/48

[31] Eisermann, F.: Stahl u. Eisen Bd. 64 (1944) S. 536/39

[32] Iron u. Steel (London) Bd. 18 (1945) S. 110/15, 119, 147/49 u. 159

[33] Chesters, J. H.: Steelplant Refractories, S. 121/22. Sheffield 1946

[34] Evans, N. L.: J. Iron Steel Inst. Bd. 149 (1944) S. 171/91

[35] Werksangaben aus dem Katalog der Oughtibridge Silika Firebrick, Ltd.

[36] Thomas, S. G.: DRP. 6080

[37] van Royen, H. J., H. Grewe u. K. Quandel: Arch. Eisenhüttenwes. Bd. 8 (1934/35) S. 479/90

[38] Mallison, H.: Teer u. Bitumen Bd. 42 (1944) S. 63 u. 113; Bitumen, Teere, Asphalte, Peche verwandte Stoffe Bd. 1 (1950) S. 313 u. Bd. 2 (1951) S. 1

[39] Herzog, E.: Vertraul. Ber. VDEh Nr. 82 (1944) S. 2

[40] Wagner, J.: Stahl u. Eisen Bd. 35 (1915) S. 1289/96

[41] Rosengren, A.: Arch. Eisenhüttenwes. Bd. 25 (1954) S. 11/18

[42] Massinon, J.: Stahl u. Eisen Bd. 76 (1956) S. 331/33

[43] Herzog, E.: Stahl u. Eisen Bd. 43 (1923) S. 1063/73

[44] Blakeley, T. H., u. J. G. Mitchell: J. Soc. chem. Ind., Trans. and Commun. Bd. 62 (1943) S. 179/81

[45] Walter, C.: Oel u. Kohle Bd. 11 (1935) S. 684/90

[46] Eiländer, W., u. J. Schoop: Stahl u. Eisen Bd. 72 (1952) S. 1513/21

[47] Eickworth, E.: Meinungsaustausch zu Eiländer, W., u. J. Schoop: Stahl u. Eisen Bd. 72 (1952) S. 1520

[48] METZ, P.: Stahl u. Eisen Bd. 74 (1954) S. 11/24
[49] MASSINON, J.: Rev. techn. luxembourg. Bd. 43 (1951) S. 13/30
[50] KERLIE, W. L.: Iron Steel Inst., spec. Rep. Nr. 35 (1946) S. 34/48
[51] RÖLL, G.: Diplomarbeit Bergakademie Clausthal 1957
[52] NAESER, G.: Vertraul. Ber. VDEh Nr. 82 (1944) S. 7
[53] DARDEL, Y.: Rev. Metall, Mem. Bd. 48 (1951) S. 205/18; vgl. Stahl u. Eisen Bd.72 (1952) S. 513/15
[54] GREGOIRE, R., u. A. DECKER: Stahl u. Eisen Bd. 74 (1954) S. 24/26
[55] GREWE, H.: Vertraul. Ber. VDEh Nr. 82 (1944) S. 7
[56] CROSS, A. H. B., D. F. MARSHALL u. R. J. SARJANT: Iron Steel Inst., spec. Rep. Bd. 33 (1946) S. 52/92
[57] GRÜN, R.: Der Beton, 2. Aufl., S. 117. Berlin 1937
[58] BACKHEUER, M.: Stahl u. Eisen Bd. 41 (1921) S. 954/56
[59] MAYER, K. E.: Stahl u. Eisen Bd. 73 (1953) S. 1341/42
[60] DIESFELD: Stahl u. Eisen Bd. 45 (1925) S. 259/61
[61] WEISS, H., u. PH. RÖLLER: Stahl u. Eisen Bd. 48 (1928) S. 1737/43
[62] BADING, W.: Stahl u. Eisen Bd. 75 (1955) S. 1300/10
[63] LATOUR, A., u. J. SCHOOP: Stahl u. Eisen Bd. 73 (1953) S. 81/84
[64] KÖHLER, W.: Stahl u. Eisen Bd. 73 (1953) S. 1340/41
[65] JUNG, A.: Stahl u. Eisen Bd. 52 (1932) S. 1285/88
[65a] REISCH, H.: Am 31.10.1957 bekanntgemachte Deutsche Patentanmeldung Nr. 1018442. (Veitscher Magnesitwerke A.G.)
[66] BRÜHL, E.: Stahl u. Eisen Bd. 35 (1915) S. 941/45
[67] POSTINET, J.: DRP. 524195; s. auch Stahl u. Eisen Bd. 52 (1932) S. 405/09
[68] WELTER, J.: Stahl u. Eisen Bd. 57 (1937) S. 202/05
[69] REMY, R.: Stahl u. Eisen Bd. 76 (1956) S. 879/81
[70] LATOUR, A.: Stahl u. Eisen Bd. 76 (1956) S. 882/86
[71] WÜBBENHORST, H.: Stahl u. Eisen Bd. 75 (1955) S. 1310/17
[72] DANKER, W.: Erörterung zu WÜBBENHORST, H.: Stahl u. Eisen Bd. 75 (1955) S. 1317
[73] KERLIE, W. L.: Iron Steel Inst., spec. Rep. Nr. 35 (1946) S. 127/36
[74] SITTARD, J.: Stahl u. Eisen Bd. 57 (1937) S. 1305/06
[75] SCHICK, O.: Metallurgie u. Gießereitechn. Bd. 4 (1954) S. 198/205. — CRESPI, G.: Am 26. 2. 1953 bekanntgegebene deutsche Patentanmeldung C 4018/18b
[76] BOHNE, W.: Am 3.10.1957 bekanntgegebene Deutsche Patentanmeldung Nr. 1017067

6. Kohlenstoffhaltige Baustoffe

Neben den bisher besprochenen oxydischen Baustoffen wurden in den letzten Jahrzehnten Steine auf Kohlenstoffbasis entwickelt, deren Eigenschaften durch die hohe Feuerfestigkeit und chemische Widerstandsfähigkeit sowie die gute Wärmeleitfähigkeit und niedrige Grenzflächenspannung des Kohlenstoffes bestimmt werden. Ihre Verwendungsmöglichkeit wird nur durch die hohe Affinität des Kohlenstoffes zum Sauerstoff eingeschränkt. Wo Oxydationseinflüsse mit Sicherheit ausgeschlossen werden können, sind die Kohlenstoffsteine anderen feuerfesten Erzeugnissen überlegen. Sie haben sich vor allem als Baustoff für Hochöfen und als säurefeste Steine in der chemischen Industrie durchgesetzt.

Neben dem reinen Kohlenstoff haben sich auch die *Karbide* verschiedener Elemente, z. B. Silizium, Bor, Kalzium, Titan, Zirkonium, Molybdän, Wolfram usw. als hochfeuerfest erwiesen. Meist sind sie den ihnen entsprechenden Oxyden an Feuerfestigkeit weit überlegen. Da sie aber in der Natur nicht in abbauwürdigen Mengen vorkommen, müssen sie durch aufwendige thermische Prozesse hergestellt werden und eignen sich daher nicht als Rohstoffe für Massen-

Tabelle 174. *Physikalische Eigenschaften der Kohlenstoffmodifikationen und von Siliziumkarbid*

	Spezifisches Gewicht	Härte (nach MOHS)	Wärmeausdehnungs-koeffizient	Spezifische Wärme	Wärmeleitfähigkeit $(\lambda_{techn}) \frac{kcal}{m\,h\,°C}$				Temperatur des Oxydations-beginns °C	Entflammungs-temperatur °C
					Zimmertemp.	400 °C	1000 °C	1400 °C		
Diamant	3,52	10	—	0,10	119	—	—	—	—	—
Achesongraphit ..	2,25	1	$(0,16 \text{ bis } 3,7) \cdot 10^{-6}$	0,48	144	123	—	101	—	—
Graphit[1]	—	—	—	—	—	80	60	—	450	620 bis 690
amorpher Kohlenstoff ...	1,7 bis 1,8	wechselnd	etwa $4 \cdot 10^{-6}$	0,16 bis 0,25	$+0,14$ $-1,68$	—	—	7,2	—	—
amorpher Kohlenstoff ...	—	—	—	—	—	3,0	2,3	—	300	300 bis 480
SiC	3,22	9,5	$2,34 \cdot 10^{-6}$	0,176 bis 0,27	6 bis 15,5	—	6,5	—	~1000	—

[1] Nach DARDEL, Y.: Rev. Metallurgie Bd. 48 (1951) S. 205/18

produkte. Lediglich *Siliziumkarbid* konnte in größerem Umfang in die feuerfeste Industrie Eingang finden. Wegen seiner hohen Wärmeleitfähigkeit wird es besonders zur Herstellung von Muffeln benutzt, und seine große mechanische Festigkeit ermöglicht die Verwendung für bewegte Teile in Öfen, wie z. B. Rührarme. Die übrigen Karbide werden nur in geringem Umfang als feinkeramische Erzeugnisse für Spezialzwecke hergestellt, sie sollen daher hier ebensowenig behandelt werden wie die hochfeuerfesten Nitride.

6.1 Mineralogische und physikalisch-chemische Eigenschaften der Rohstoffe

6.11 Kohlenstoff

Der Kohlenstoff kommt in der Natur in 3 Modifikationen vor:

1. kubisch kristallisierender Diamant mit dem spez. Gew. 3,52,
2. hexagonal kristallisierender Graphit mit dem spez. Gew. 2,25,
3. amorpher Kohlenstoff mit dem spez. Gew. 1,7 bis 1,8.

Graphit ist die stabile Phase. Der nur in tiefen Schichten der Erdkruste entstehende *Diamant* geht unter Luftabschluß im Lichtbogen bei ungefähr 2000 °C in Graphit über. Auch der amorphe, sich bei Inkohlungsvorgängen von Pflanzen bildende Kohlenstoff wird durch metamorphe Prozesse in der tieferen Erdkruste in Graphit umgewandelt und nimmt bei der Verkokung graphitähnliche Kristallstruktur an.

Die wichtigsten Eigenschaften der Kohlenstoffmodifikationen sind in Tabelle 174 zusammengestellt. Die geringe Härte des *Graphites* ist auf seinen Kristallbau zurückzuführen. Er besitzt ein ausgesprochenes Schichtgitter mit Atombindung (vgl. Abschn. 1.25). Die einzelnen Schichten sind nur durch lose verankerte Elektronen miteinander verbunden, wodurch die ausgezeichnete Spaltbarkeit und Translationsfähigkeit nach der Schichtebene (0001) hervorgerufen wird. Graphit glänzt metallisch, er ist auch in dünnen Schichten undurchsichtig und im Anschliff an seinem enorm hohen Reflexionspleochroismus und den ungewöhnlich starken Anisotropieeffekten bei gekreuzten Nikols zu erkennen. Seine Wärmeleitfähigkeit ist ausgezeichnet.

Amorpher Kohlenstoff leitet die Wärme merklich schlechter als Graphit, nämlich etwa ebensogut wie oxydische, feuerfeste Stoffe (vgl. Tab. 14, Abschn. 1.52). Mit steigender Temperatur wird die Leitfähigkeit von Graphit schlechter, von amorphem Kohlenstoff dagegen besser.

Die *thermische Ausdehnung* ist bei allen Kohlenstoffmodifikationen gering, ihre Werte liegen unter denen von Mullit. Niedrige Wärmeausdehnung bei guter Wärmeleitfähigkeit verleiht den Kohlenstofferzeugnissen eine hervorragende Temperaturwechselbeständigkeit, welche auch die mullitreicher Steine bei weitem übertrifft.

Über Messungen der Wärmeausdehnung von Elektrodenkohle und Koks berichtete E. Lux [1].

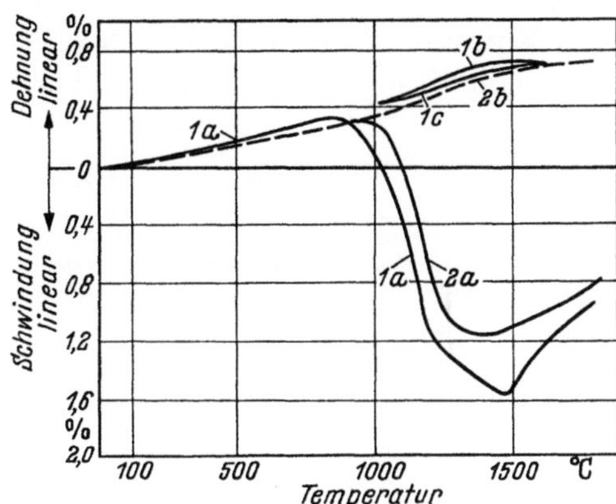

Abb. 691. Wärmedehnung und Schwindung von Hochtemperaturkoks (nach E. Lux)

1a Probe I: 1. Glühung
1b Probe I: 2. Glühung
1c Probe I: 3. Glühung
2a Probe II: 1. Glühung
2b Probe II: 2. Glühung

Die Kurven der Elektrodenkohle zeigten eine leichte Zunahme des Ausdehnungskoeffizienten mit steigender Temperatur. Beim ersten Erhitzen setzte eine geringe Schwindung bei ungefähr 1400° C ein, die auf Graphitisierungsvorgänge zurückzuführen sein dürfte und beim zweiten Erhitzen nicht mehr auftrat. Wesentlich stärker waren die Schwindungen von Hochtemperaturkoks oberhalb der Herstellungstemperatur (Abb. 691). Sie erreichten je nach Art des Kokses bis zu 9% linear. Oberhalb 1500° C wurde die Schwindung wieder von einer Ausdehnung abgelöst. Bei einer zweiten Glühung verlief die Ausdehnungskurve infolge fortgeschrittener Graphitisierung geradlinig ohne Schwindungen. Das spezifische Gewicht erhöhte sich bei zweimaligem Glühen von 1,88 auf 2,07, der Aschegehalt nahm infolge Verdampfung von 8,58% auf 6,54% ab.

H. Salmang u. F. Gareis [2] fanden bei wiederholtem Glühen von Elektrodenkohle ein Anwachsen des Ausdehnungskoeffizienten um etwa 25% (Abb. 692).

Beim ersten Brand setzte die Schwindung bei 1500° C, während des zweiten bei 1800° C und des dritten Brandes bei 2100° C ein. Diese Erscheinung wird von H. Salmang u. F. Gareis auf *Sinterungsvorgänge* zurückgeführt. Eine bei 2500° C vorgebrannte, stark graphitisierte Probe schwindet nicht mehr.

Die *Schmelztemperatur* des Graphites konnte noch nicht mit Sicherheit bestimmt werden, sie liegt annähernd bei 3500° C. Graphit beginnt jedoch schon bei 2500° C zähflüssig zu werden. Amorpher Kohlenstoff erweicht unter Belastung bei 1900 °C.

Gasförmiger Sauerstoff greift alle Kohlenstoffmodifikationen bei relativ niedriger Temperatur an. Die Oxydation des Graphites beginnt bei ungefähr

$450\,^\circ$ C, die des amorphen Kohlenstoffes schon bei etwa $350\,^\circ$ C. Ihre Stärke hängt jeweils von Korngröße, Dichte und Oberflächenbeschaffenheit des Materials ab. Neben Sauerstoff greift auch Kohlensäure oberhalb $600\,^\circ$ C unter starkem Wärmeverbrauch den Kohlenstoff an entsprechend der BOUDOUARD-schen Reaktion

$$CO_2 + C \rightleftarrows 2\,CO - 3046 \text{ kcal}$$

Wasserdampf wird bei der Berührung mit glühendem Kohlenstoff zu CO und H_2 zersetzt:

$$C + H_2O \rightleftarrows CO + H_2 - 29 \text{ kcal}$$

Die Korrosion durch CO_2 wird bei Anwesenheit von Wasserdampf und feinverteiltem Eisen katalytisch beschleunigt. Die jeweilige Geschwindigkeit der

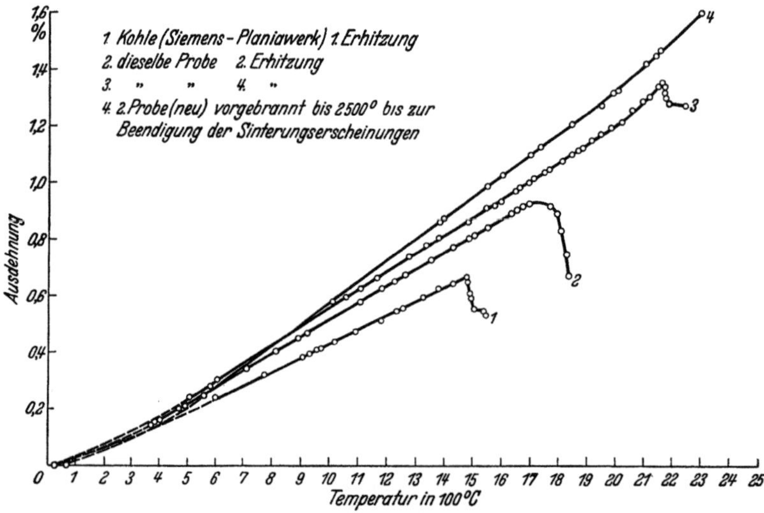

Abb. 692

Ausdehnungsverhalten von Elektrodenkohle bei mehrfachem Glühen (nach H. SALMANG u. F. GAREIS)

Korrosion verschiedener Kohlenstoffarten durch CO_2 wird als *Reaktionsfähigkeit* bezeichnet, sie wird durch 10 Min. langes Überleiten von CO_2 über die feinkörnige Prüfsubstanz bei $950\,^\circ$ C gemessen.

Enthält das Gasgemisch nach dem Überleiten a Vol.-% CO_2 und b Vol.-% CO, so ist die Reaktionsfähigkeit $R = \dfrac{b}{a + 1/2\,b} \cdot 100\%$ [3]. Sie wird als Mittelwert über 5 Versuche bestimmt.

Tab. 175 enthält die Reaktionsfähigkeiten einiger Brennstoffe. Die höchsten Werte besitzt die nahezu aus reinem amorphem Kohlenstoff bestehende Holzkohle, die niedrigsten der Graphit. Die verschiedenen Kokse weisen Mittelwerte auf, deren Höhe von der Menge der beim Verkoken entstandenen graphitähnlichen Substanz abhängt.

Oxydierend wirkende Säurelösungen wie $HNO_3 + KClO_3$, $H_2SO_4 + KMnO_4$, $H_2SO_4 + K_2Cr_2O_7$ greifen Kohlenstoff schon bei niedrigen Temperaturen an, mit reiner HNO_3 und H_2SO_4 reagiert er beim Kochen. Feuerfeste Oxyde werden erst bei hohen Temperaturen reduziert, SiO_2 bei $1450\,^\circ$ C, Al_2O_3 bei $1800\,^\circ$ C

und MgO bei 1900° C, Silikate wirken oberhalb 1400° C auf Kohlenstoff ein.
Gegen viele geschmolzene Metalle wie Zink, Cadmium, Thorium, Blei, Kupfer,
Quecksilber, Antimon, Silber und Gold, auch gegen geschmolzene Salze und
Schlacken ist die chemische
Beständigkeit des Kohlenstoffes
ideal, eine Reihe von Metallen
bilden jedoch bei hohen Tem-
peraturen Karbide, z. B. Eisen,
Mangan, Nickel, Kobalt, Chrom,
Molybdän, Wolfram und Silizium.
Eine dadurch hervorgerufene
Aufkohlung stört bei zahlreichen
metallurgischen Prozessen. Sie
ist geringer, wenn Graphit statt Koks verwandt wird.

Tabelle 175. *Reaktionsfähigkeit verschiedener Kohlenstoffarten* (nach H. KOPPERS)

Graphit	12%
Hochtemperaturkoks aus Fettkohlen	25%
Hochtemperaturkoks aus Gasflammkohlen	60%
Mitteltemperaturkoks	40%
Tieftemperaturkoks	80%
Holzkohle	95%

Kohlenstoff bildet mit Chlor in der Hitze CCl_4, mit Fluor CF_4. Fluorit-
schmelzen oxydieren amorphen Kohlenstoff, nicht aber Graphit.

6.12 Siliziumkarbid (Karborund)

Das künstlich hergestellte Siliziumkarbid enthält 29,8% C und 70,2% Si,
es kristallisiert meist hexagonal und besitzt eine ungewöhnliche *Polytypie* (vgl.
Abschn. 1.31) [4] u. [4a], die durch häufiges Auftreten von eindimensionalen Fehlordnungen in Richtung der c-Achse bedingt ist. Die verschiedenen Modifikationen
haben gleiche Werte für a_0, und die c_0-Werte bilden stets ganzzahlige Vielfache
der Grundkonstanten 2,5. In c-Richtung entstehen durch die Fehlordnung Überstrukturen mit Wiederholungen nach 4, 6 oder maximal 15 Schichten, ähnlich wie
beim Tridymit (vgl. Abschn. 2.113). Am häufigsten kommt SiC II mit Sechs-
schichtenstruktur vor. Im Gegensatz zu den sonstigen Polytypie-Erscheinungen
haben die SiC-Modifikationen keine definierten Existenzbereiche, sie treten vielmehr unter gleichen Druck- und Temperaturbedingungen nebeneinander auf.
Neben dem hexonalen SiC existiert weiterhin von 1150° bis etwa 2000° C eine
kubische Varietät, das β-SiC [5], welches in hexagonalem SiC II gelöst enthalten
sein kann. In der Natur findet sich Siliziumkarbid unter dem Namen *Moissanit*
in Meteoriten.

Die meist schön ausgebildeten, metallisch glänzenden, hexagonalen Kristalle
besitzen das spez. Gew. 3,22 und die Härte 9,5 nach MOHS (vgl. Tab. 174).
Ihre Härte wird nur von Diamant und Borkarbid übertroffen, daher ist es fast
ausgeschlossen, Dünnschliffe von Siliziumkarbiderzeugnissen herzustellen.

Siliziumkarbid schmilzt nicht, dissoziiert aber in reduzierender Atmosphäre
oberhalb 2000° C. Bei 2000° C lassen sich röntgenographisch Graphitinter-
ferenzen nachweisen. Die Dissoziation ist bei 2200 bis 2500° C merklich und
bei 2700° C nach O. RUFF [6] schon sehr beträchtlich.

Die lineare Wärmeausdehnung des Siliziumkarbids ist mit $\alpha = 2{,}34 \cdot 10^{-6}$
halb so groß wie die des Mullits, seine spezifische Wärme schwankt zwischen
0,176 ($<100°$ C) und 0,27 (1000° C), die Wärmeleitfähigkeit ist außerordentlich hoch. Die in der Literatur für Zimmertemperatur angegebenen Werte

schwanken zwischen 6 und 25 kcal/m h°C. Mit steigender Temperatur wird die Leitfähigkeit teils kleiner, teils auch größer (vgl. Tab. 14 u. Abb. 58, Abschn. 1.52 u. 1.511).

In oxydierender Atmosphäre verbrennt SiC ungefähr ab 1000° C zu SiO_2 und CO:

$$SiC + 3O \to SiO_2 + CO$$

Bei dieser Reaktion nimmt das Volumen zu. Das Gefüge von SiC-Steinen wird daher bei einer Oxydation aufgelockert. Die Oxydierbarkeit des SiC wird durch Verunreinigungen, wie Reste von Si und C und Eisenoxyd vergrößert. Es bildet sich zunächst ein dünner Überzug von SiO_2 auf den Kristallen, der diesen ihren opalisierenden Glanz verleiht und den Restkristall vor weiterem Angriff schützt. Reines Siliziumkarbid kann normalerweise bis ungefähr 1500° C in oxydierender Atmosphäre benutzt werden, bei unreinem Material beginnt merkliche Oxydation bereits ab 1220° C.

Gegen *Wasserdampf* ist SiC empfindlich und wird von ihm unter Bildung von Methangas zersetzt:

$$SiC + 2H_2O \to SiO_2 + CH_4$$

Der Angriff wird durch die Gegenwart von Kalk und durch Zusatz von Schwefelwasserstoff zum Wasser beschleunigt [7]. An Sauerstoff gebundener Schwefel verhält sich gegen SiC indifferent, der an Wasserstoff gebundene wirkt dagegen zerstörend.

Mit *Kieselsäure* reagiert SiC auch bei höheren Temperaturen nicht, es ist daher gut beständig gegen saure Schlacken, nicht aber gegen basische Oxyde. Die Reaktion zwischen *Kalk* und SiC beginnt nach H. HOFMANN [7] bereits bei 525° C und wird bei ungefähr 1000° C merklich. Auch MgO greift bei dieser Temperatur an. *Eisenoxyd* reagiert mit SiC ab 1000 bis 1200° C, bei 1300° C sind stärkere Zerstörungen zu beobachten. *Manganoxyde* beginnen bei 1360° C zerstörend zu wirken. Mit *Kupferoxyd* sind stärkere Reaktionen bereits bei ungefähr 800° C zu erwarten. *Chlor* zersetzt SiC zu $SiCl_4$. Schmelzende *Alkalien* zerstören SiC bei Rotglut, es ist daher gegen Borax, Kryolith, Wasserglas, Pottasche usw. nicht beständig. Oxydfreie Metallschmelzen greifen SiC bei 1000 bis 1200° C an, eine Ausnahme bilden *Zink* und *Blei*, gegen sie ist es so widerstandsfähig, daß Siliziumkarbidsteine eines der gebräuchlichsten feuerfesten Materialien in Zinkhütten ist.

6.2 Lagerstätten

Unter den natürlichen Kohlenstoffvorkommen sollen hier nur die Graphitlagerstätten behandelt werden. Die Kohlelagerstätten können als bekannt vorausgesetzt werden, und Diamanten finden in der Feuerfestindustrie keine Verwendung.

Graphit entsteht in der Natur durch Umwandlung von Kohle unter hohem Druck und hoher Temperatur. Er findet sich daher ausschließlich in kristallinen Gesteinen, aber dort relativ häufig, allerdings in stark wechselnder Reinheit. Beimengungen sind Quarz, Feldspat, Glimmer u. a. silikatische Mineralien, ferner Kalkspat und Schwefelkies. Die beiden letzten stören seine Verwendung in der Feuerfestindustrie besonders stark. Der Graphit selbst tritt in blättrigen, schuppigen Aggregaten auf, die als *Flinz* bezeichnet werden. Je nach Größe dieser Aggregate wird von *großflinzigem, kleinflinzigem* oder dichtem (fälschlich amorphem) Graphit gesprochen. Die einzelnen Graphitblättchen besitzen nur in Ausnahmefällen einen größeren Durchmesser als 1 mm.

Die größten und reinsten Vorkommen finden sich auf *Ceylon*, sie enthalten als Verunreinigungen Quarz, Rutil und Schwefelkies. Nach der Aufbereitung besitzt die beste Sorte nur etwa $^1/_2$% Asche, mittlere Sorten bis zu 3%, gewöhnliche 20 bis 50% Verunreinigungen [8]. Weitere Graphitvorkommen werden auf *Korea* abgebaut. Die ebenfalls bedeutenden Lager von *Madagaskar* sind frei von Kalk und Schwefelkies, enthalten aber größere Mengen von Quarz und von Glimmer, der mit dem Graphit so innig verwachsen ist, daß er durch keine Aufbereitung entfernt werden kann.

In den USA gibt es viele Graphitlagerstätten, die wichtigste liegt in *Alabama*. Der Graphit ist dort teils kristallin, teils dicht. In New Jersey kommt ein grobflinziger und in New York ein sog. Flockengraphit vor. *Kanada* verfügt in Quebec und Ontario über grobflinzigen Graphit. Auch in Mexiko wird Graphit gewonnen.

In *Sibirien* liegen ausgedehnte Vorkommen von dichtem Graphit mit 6 bis

Tabelle 176. *Analysen einiger natürlicher Graphite*

Herkunft	C %	SiO$_2$ %	Al$_2$O$_3$ %	Fe$_2$O$_3$ %	CaO %	MgO %	K$_2$O %	Na$_2$O %	S %	H$_2$O %	Asche %
Ceylon ..	50,13	24,0	—	10,1	0,8	1,5	1,3	1,5	—	12,3	39,2
Sibirien..	33,2	43,2	15,4	3,1	1,1		—	—	—	4,0	62,8
Böhmen .	69,0	14,2	6,9	4,0	0,8	0,5	0,9	—	0,6	2,9	28,0
Böhmen .	43,0	49,2	7,0	0,8	—	—	—	—	—	—	58,5
Passau ..	42,0	26,4	25,1	6,5	—	—	—	—	—	—	59,4

60% Asche, die vor allem bei Jennisseisk abgebaut werden. Ebenfalls dicht sind die Graphite der *Steiermark* und aus *Niederösterreich*, die für die Tiegelherstellung Verwendung finden.

Die *böhmischen* Graphite aus Mugrau usw. und die *deutschen* aus der Gegend von *Passau*, hauptsächlich von Kropfmühl, sind flinzig oder flockig ausgebildet. Sie sind zwar nicht so rein wie die Ceylongraphite, durch Aufbereitung können aber Sorten nahezu gleichwertiger Qualität hergestellt werden [8a]. Der Aschegehalt der bayrischen Rohgraphite schwankt zwischen 15 und >80%. Die chemischen Analysen einiger Graphitvorkommen sind in Tab. 176 zusammengestellt. Für den üblichen Gebrauchsgraphit nimmt man einen durchschnittlichen C-Gehalt von 50% an.

Die Rohgraphite werden auf trockenem oder nassem Wege aufbereitet. Beim *Trockenverfahren* läßt sich die Trennung von den Verunreinigungen wegen unterschiedlicher Mahlbarkeit durchführen. Graphit ist trotz geringer Härte wegen seiner Schmeidigkeit schwerer mahlbar als die spröden Beimengungen. Das Mahlgut muß mehrfach gesiebt und windgesichtet werden. Dabei sind hohe Staubverluste nicht zu vermeiden. Der Staub wird aber aufgefangen und naß aufbereitet.

Beim *Naßverfahren* erfolgt eine Trennung nach dem spezifischen Gewicht durch Schlämmen, neuerdings auch nach der Oberflächenspannung durch Flotation. Beim Flotieren ist die Ausbeute gut, wenn auch die Trennung vom Glimmer Schwierigkeiten bereitet.

Der Aufbereitungsprozeß reichert den Graphit zwar an, reinigt ihn aber nicht vollständig. Dazu ist eine chemische Behandlung erforderlich, die aber wegen ihrer Kosten bei dem für keramische Zwecke vorgesehenen Graphit nicht angewandt wird.

Im Handel befindlicher Graphit wird gelegentlich durch Zusatz von *Ruß* oder *Retortengraphit* verfälscht.

Ruß gibt beim Ausziehen mit Petroläther eine schwach gelbe, fluoreszierende Lösung, die beim Abdunsten einen teerigen Rückstand hinterläßt, Retortengraphit reduziert ebenso wie Kokspulver geschmolzenes Natriumsulfat zu Natriumsulfid, das mit Bleiazetat nachweisbar ist [9]. Graphit wirkt auf die Na_2SO_4-Schmelze nicht ein.

6.3 Synthetische Herstellung der Rohstoffe

6.31 Siliziumkarbid und Graphit

Siliziumkarbid wird im Lichtbogenofen bei 2000° C aus Kieselsäure und Kohle hergestellt:

$$SiO_2 + 3C \rightarrow SiC + 2CO - 1120 \text{ kcal}$$

Entdeckt wurde es 1891 von E. G. ACHESON [10] beim Schmelzen von Kohle mit Ton zwischen Kohleelektroden. ACHESON glaubte, eine Verbindung von Kohle und Ton entdeckt zu haben und bezeichnete sie als *Karborund*. Das von

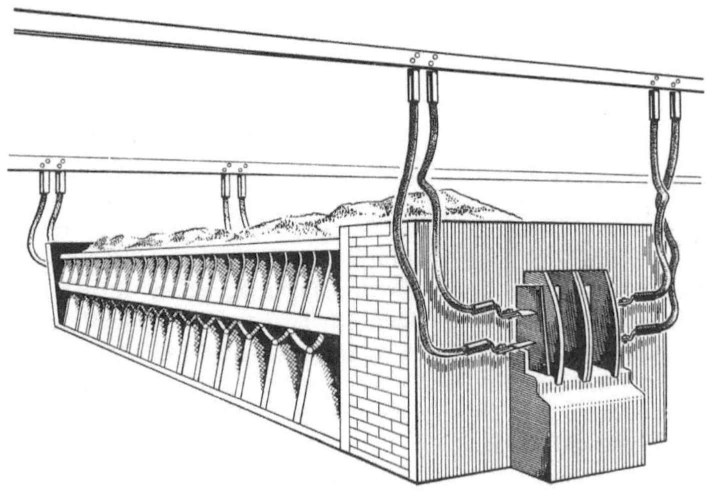

Abb. 693. Siliziumkarbidofen (nach F. A. J. FITZGERALD)

ihm ausgearbeitete Verfahren wird in seinen Grundzügen heute noch angewandt. Ein moderner Ofen besitzt zwei feststehende Köpfe aus hochwertigen Schamottesteinen mit eingebauten Elektroden (Abb. 693) [11].

Der Boden besteht aus Beton und mehreren Ziegelschichten. Die Seitenwände werden erst nach der Beschickung lose aus Schamottesteinen aufgesetzt, ein Deckel ist nicht vorhanden.

Als Beschickung dient ein gleichkörniges, staubfreies Gemisch aus reinem Sand und aschearmem Koks angenähert im stöchiometrischen Verhältnis, häufig auch mit einem kleinen Koksüberschuß. Der Mischung setzt man Sägemehl zur Auflockerung beim Brand sowie 2% NaCl zu, welches Verunreinigungen, wie Fe_2O_3, Al_2O_3 usw., in leicht verdampfende Chloride überführen soll.

Man stampft das Brenngut zunächst nur bis zur Höhe der unteren Elektroden gleichmäßig ein, bringt dann zwischen den Elektroden den eigentlichen Heizwiderstand ein, der aus einem $1/_2$ m dicken Strang von 20 mm großen Kohlestücken und feinem Kohlepulver in einer Umhüllung aus Pappe oder Holz besteht, und stampft schließlich den Rest des Brenngutes konzentrisch um den Strang herum (Abb. 694, I).

Beim Betrieb des Ofens entweicht CO an Oberfläche und Seitenwänden und verbrennt

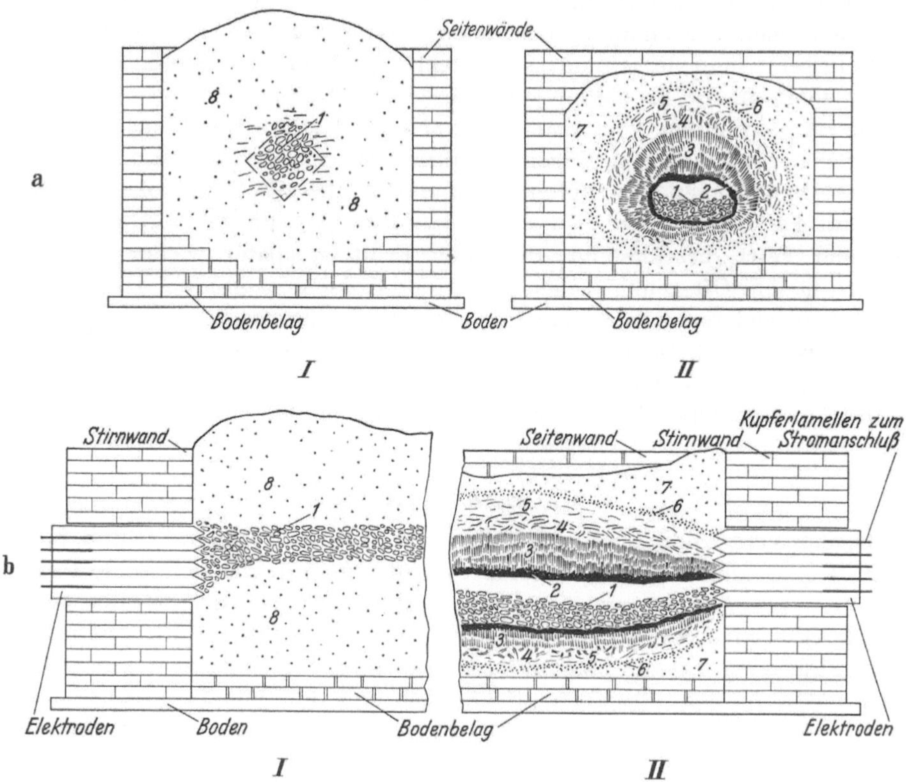

Abb. 694. Siliziumkarbidofen vor und nach dem Betrieb
a) Querschnitt *I* vor, *II* nach dem Betrieb; b) Längsschnitt *I* vor, *II* nach dem Betrieb
1 Kern; *2* Graphit; *3* SiC, grobkristallin; *4* SiC, feinkristallin; *5* Siloxikon; *6* Kruste; *7* unverbrauchte Mischung; *8* frische Mischung

mit meterhoher, weißglühender Flamme. Strömt das Gas mit zu hohem Druck aus, reißt es Löcher in die Beschickung und stört dadurch den gleichmäßigen Ofengang.

Moderne Öfen werden mit 1000 bis 3000 kW betrieben. Ein 1000 kW-Ofen ist 6 m lang und 3 m breit und kann eine Beschickung von 2,5 m Höhe aufnehmen. Die Anfangsspannung beträgt etwa 240 V, sie sinkt während des Betriebes auf 70 bis 100 V ab. Die Stromstärke schwankt zwischen 2000 und 14000 Amp., im Mittel werden etwa 8,5 kWh für 1 kg SiC verbraucht.

Die SiC-Bildung beginnt ab 1650° C und endet bei 1900 bis 2000° C. Es entsteht z. T. zunächst amorphes SiC, das bei hinreichend langer Einwirkung von Temperaturen zwischen 1900 und 2000° C in die kristallisierte Form übergeht (Bildungstemperatur von kristallisiertem SiC 1840° C). Oberhalb 2200° C zersetzt sich das SiC wieder zu Kieselsäure und Graphit [6]. Um den Strang herum entsteht eine schwarze Rinde aus Graphit (Abb. 694, II, *2*), nach außen folgen Schichten aus grobkristallinem SiC (*3*) und aus feinkristallinem (*4*) sowie eine Lage eines hellgrünen, amorphen, als *Siloxikon* bezeichneten Produktes (*5*), wahrscheinlich einer Mischung aus SiC und SiO_2.

Die SiC-Blöcke werden auf Kollergängen gemahlen und klassiert. Die reinsten Sorten werden zur Entfernung der letzten Verunreinigungen mit verdünnter Schwefelsäure oder Laugen und Wasser gewaschen und gegebenenfalls in großen Absetzbottichen geschlämmt. Um beim Steinbrand eine braune Glasur zu erhalten, setzt man der Rohmasse absichtlich eisenhaltige Stoffe zu und verzichtet dann auf die Reinigung mit Säuren und Laugen.

Die zur Herstellung von *Acheson-Graphit* verwandten Öfen ähneln den oben beschriebenen, nur haben sie wegen der höheren Wärmeleitfähigkeit des Graphites größere Abmessungen. Als Rohgut gibt man Anthrazit, Petrolkoks oder Holzkohle auf. Die Umwandlung in Graphit wird katalytisch durch Oxyde, vor allem SiO_2 und Fe_2O_3 beschleunigt, die beim Erhitzen später wieder zerfallende Karbide bilden. Oft genügt schon die in der Kohle enthaltene Asche als Mineralisator, in anderen Fällen muß man bis zu 4% Eisenoxyd zusetzen. Die Betriebstemperatur übersteigt 2000° C. Je höher und länger erhitzt wird, um so vollständiger verdampfen die Verunreinigungen.

Der ACHESON-Graphit ist sehr rein, er besitzt 99 bis 99,8% C.

6.32 Koks

Bei der Verkokung bleiben die Einsatzkohlen unter Luftabschluß bis ungefähr 370° C äußerlich unverändert, es entweichen lediglich gelbweiße Dämpfe. Bei weiterer Temperatursteigerung erweicht die Kohle, und die Beschickung gerät in Bewegung. Die weiche Kohle wird durch austretende Gase aufgebläht, die entstehenden Blasen platzen unter Ausstoßen gelbbrauner Dämpfe und fallen wieder in sich zusammen. Schließlich läßt die Bewegung nach und die Masse beginnt zu erstarren. Der Erweichungsbereich hat eine Breite von 25 bis 125° C, in ihm wandelt sich das Kohlen- in das Koksgefüge um. Der Koks liegt bereits bei 500° C in seiner endgültigen Struktur vor (Tieftemperaturkoks, *Halbkoks*). Weitere Erhitzung soll nur noch die restlichen flüchtigen Bestandteile austreiben. Bei 1100 bis 1200° C ist der Gehalt an diesen auf weniger als 0,7% gesunken. Der Koks ist dann *gar*, er besitzt hohe Druck- und Abriebfestigkeit bei einer Gesamtporosität von etwa 50% und dem spezifischen Gewicht von 1,90 bis 2,00. Ein besonders harter, dichter und schwer reaktionsfähiger Koks wird durch langes Garen für Gießereizwecke erzeugt. Solche Qualitäten eignen sich besonders für die Herstellung von Kohlenstoffsteinen.

Die Fähigkeit, zu Koks zusammenzubacken, ist auf Kohlen mittleren Gasgehaltes (Fett- und Gaskohlen) beschränkt. Kohlen mit hohem Gasgehalt (Gasflammkohlen) und mit niedrigem (Eß- und Magerkohlen) werden nicht plastisch, sie bilden inerte Bestandteile in der aus einer Dispersion von ungelösten Bauelementen der Pflanzenzellwände in geschmolzenem Bitumen bestehenden Schmelze. Die als *Mizellen* bezeichneten Bauelemente haben Durchmesser von 0,3 bis 0,8 μ.

Der fertige Koks zeigt unter dem Mikroskop bei gekreuzten Nikols ähnliche
Anisotropieerscheinungen wie Graphit (vgl. Abschn. 6.11). Er wurde daher
auch von P. RAMDOHR [12] als stark *graphitisiert* bezeichnet. Spätere Untersuchungen [13] lehrten, daß es sich um ein stark fehlgeordnetes Graphitgitter
handelt. In ihm liegen die Schichtebenen zwar in etwa gleichen Abständen
voneinander einander parallel, sie können aber stark gegeneinander verdreht
oder verschoben sein [14]. Zwischen den Schichten können bis zu 30% Fremdatome (vor allem Wasserstoff) eingelagert und die Kohlenstoffatome des Gitters

selbst können teilweise
durch Sauerstoff und
Stickstoff ersetzt sein.
Dieser Kristallbau geht
nach JODL [15] aus dem
hochkondensierten aro-
matischen Kern des Hu-
minsäuremoleküls hervor,
dessen Bauprinzip dem
des Graphites weitgehend
entspricht.

Die Anisotropieerschei-
nungen hängen stark vom
Inkohlungsgrad (umge-
kehrt proportional dem
Gehalt an flüchtigen
Stoffen) der Einsatzkoh-
len ab. Gasflammkohlen

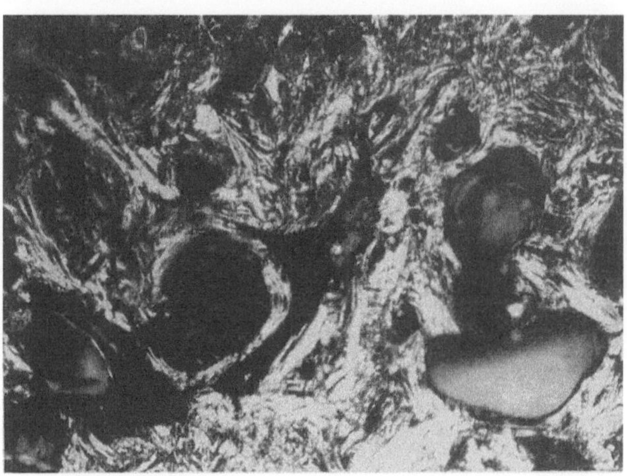

Abb. 695. Anisotropieerscheinungen der graphitähnlichen Substanz
in Fettkohlenkoks. Anschliff, gekreuzte Nikols (Vergr. 160 ×)

nehmen keine Anisotropie an, Gaskohlen erhalten kleine, Fettkohlen größere
Anisotropiebereiche (Abb. 695). Aus Eß- und Magerkohlen schließlich entstehen Kokse mit großen zusammenhängenden Anisotropiezonen. Die mikroskopische Untersuchung der Kokse ermöglicht daher Rückschlüsse auf die Art
der Einsatzkohlen und damit auf die Reaktionsfähigkeit [16].

Bei höheren Temperaturen werden aus dem fehlgeordneten, graphitähnlichen
Gitter die Fremdatome ausgetrieben, so daß allmählich das echte Graphitgitter
entsteht [17] (vgl. auch Abschn. 6.11).

6.33 Teer

Zum Binden von Kohlenstoffsteinen benutzt man den gleichen Stahlwerksteer wie zur Herstellung von Teerdolomitsteinen (vgl. Abschn. 5.731.1/2).

6.4 Kohlenstoffsteine und -Stampfmassen

6.41 Herstellung

Als Ausgangsmaterial für die Herstellung von Kohlenstoffsteinen dient allgemein Gießereikoks oder Petrolkoks mit nicht mehr als 8% Asche [18]. Normaler Hochofenkoks ist wegen seiner hohen Reaktionsfähigkeit weniger
geeignet. Nach Untersuchungen von M. A. URALOW u. R. RYSHIK [19] können

bis zu 50% des Kokses durch Anthrazit ersetzt werden, ohne daß die mechanische Festigkeit der Steine wesentlich leidet.

Koks mit mehr als 0,2% Feuchtigkeit muß getrocknet werden [20]. Dazu dienen meist vertikal angeordnete Kalzinieröfen. Der trockene Koks wird gewöhnlich mit Hammer- und Rohrmühlen so stark zerkleinert, daß das gesamte Mahlgut das 36-Maschensieb (1 mm Maschenweite) passiert. M. A. URALOW u. A. S. BEREZHNOI [20] geben folgende Korngrößenzusammensetzung an:

$$25 \text{ bis } 30\% \quad \ldots \quad 0,12 \text{ bis } 0,2 \text{ mm}$$
$$70 \text{ bis } 75\% \quad \ldots \quad <0,12 \text{ mm}$$

Man verwendet jedoch auch Korngrößen >1 mm, nach P. P. BUDNIKOW [21] sogar bis zu 15 mm.

Der zerkleinerte Koks wird in einem mit Dampf beheizten Mischkollergang oder Doppelwellenmischer bei 90 bis 130° C mit etwa 20% wasserfreiem Stahlwerksteer (Dickteer) gemischt. Zur Erhöhung der Schmelztemperatur kann man dem Teer Asphalt in Mengen bis zu 10% beimischen [18]. Versuche mit anderen Bindemitteln, wie feuerfestem Ton, Kalk, Stärke, Wasserglas usw., haben keine

Abb. 596. Flächen-Schleifmaschine für Kohlenstoffsteine
Martin u. Pagenstecher A.G., Köln-Mühlheim

Erfolge gehabt [19]. Nach dem Kollern wird die grießartige, leicht schneidbare, warme Masse in Strangpressen zu Strängen von 1 bis 2 m Dicke vorgezogen und nach dem Erkalten zu Formstücken geschnitten oder in Holz- oder heizbaren Metallformen von Hand oder mit Hilfe hydraulischer Pressen mit 200 bis 400 kg/cm² Druck geformt. Bei der Handformung benutzt man Preßlufthämmer mit angewärmten, keilförmig ausgebildeten und geriffelten Schneiden. Die Rohlinge müssen etwa 7 Tage, große Formstücke bis zu 10 Tagen bei 20 bis 24° C vor Feuchtigkeit und Frost geschützt getrocknet werden. Dabei erhalten sie Druckfestigkeiten von 55 bis 60 kg/cm², weil der Teer bei niedrigen Temperaturen

erstarrt. Die Formen können erst entfernt werden, wenn sich die Rohlinge nicht mehr unter ihrem Eigengewicht deformieren.

Zum Brennen setzt man die Rohlinge in dichtschließende Schamottemuffeln ein und umgibt sie sorgfältig mit feinem Koksgrus. Wenn die Steine nicht rissig werden sollen, muß man die Zwischenräume zwischen ihnen auf 50 bis 100 mm bemessen, ihr Abstand von den Muffelwänden soll 100 mm (an den Feuerseiten 200 mm) betragen. Die Muffeln werden dann in keramischen Öfen, z. B. in Gaskammer-Ringöfen oder Einzelöfen mit überschlagender Flamme auf 1300 bis 1450° C erhitzt. Die Innentemperatur der Muffel liegt erfahrungsgemäß bei 120 mm Wandstärke um etwa 200° C niedriger als die Außentemperatur, die zu brennenden Steine werden also 1100 bis 1250° C heiß. Damit die flüchtigen Bestandteile langsam entweichen können und die Steine nicht durch Treiben zerstört werden (vgl. Abschn. 5.731.3), bringt man die Muffeln vorsichtig in 40 bis 45 Std. auf Rotglut und hält sie dann 50 Std. im Vollfeuer. Dabei bildet sich fester Teerkoks als Bindung zwischen den einzelnen Kokskörnern. Je höher die Brenntemperatur und je länger der Brand, desto stärker wird der Teerkoks graphitisiert, desto fester und chemisch widerstandsfähiger wird der Stein.

Die fertigen Steine kühlen wegen ihrer Einbettung in die Muffeln sehr langsam ab. Da Selbstentzündungsgefahr besteht, dürfen die Kammern erst dann geöffnet werden, wenn die Temperatur der Steine auf weniger als 40 bis 60° C gesunken ist.

Wegen der hohen Anforderungen an die Maßhaltigkeit müssen die meisten Steine mit Flächenschleifmaschinen nachgeschliffen werden (Abb. 696).

6.42 Eigenschaften

Kohlenstoffsteine sind schwarz mit gräulicher Schattierung, scharfkantig und ebenflächig, sie haben dunklen bis silberfarbenen Bruch, hellen Klang und müssen frei von Rissen sein. Abb. 697 zeigt die Struktur eines Steines mit Kokskörnern von max. 5 mm Dmr, die durch ein poröses Teerkoksgerüst verbunden sind.

Der Aschegehalt soll 9% nicht übersteigen. Das spezifische Gewicht beträgt 1,9 bis 2,1; das Raumgewicht 1,45 bis 1,50; Kohlenstoffsteine sind also erheblich leichter als andere feuerfeste Erzeugnisse. Ihre Porosität schwankt zwischen 15 und 25%. Höhere Dichten erzielt man durch Zugabe von Anthrazit oder Elektrodenkoks. Der letztere erhöht allerdings die Kosten beträchtlich. Die Gasdurchlässigkeit wurde zu 70 bis 80 Nanoperm bestimmt, ist also im Vergleich zu anderen Steinqualitäten hoch, was auf beträchtlichen Anteil an größeren Poren hindeutet. Trotzdem sind Kohlenstoffsteine weitgehend dicht gegen Schmelzflüsse, weil sie sehr niedrige Oberflächenspannung besitzen und daher von Schmelzen schlecht benetzt werden. Ihre Kaltdruckfestigkeit erreicht 300

Abb. 697. Kohlenstoffstein. Anschliff (Vergr. 7 ×)

bis 400 kg/cm², also höhere Werte als Schamottesteine (vgl. Abschn. 3.436). Bei Kohlenstoffsteinen englischer Herkunft liegt sogar die Kaltdruckfestigkeit zwischen 400 und 1000 kg/cm² mit Durchschnittswerten von ungefähr 700 kg/cm² [22]. Die Biegefestigkeit ist mit etwa 170 kg/cm² ziemlich groß, der E-Modul hat den relativ niedrigen Wert von ungefähr $1,3 \cdot 10^5$ kg/cm². Die Kombination von hoher Festigkeit mit niedrigem Elastizitätsmodul führt zu großer Abriebbeständigkeit, diese ist sogar besser als bei Hartschamottesteinen.

Hohe Wärmeleitfähigkeit, niedrige Wärmeausdehnung und kleiner E-Modul bedingen die hervorragende Temperaturwechselbeständigkeit der Kohlenstoffsteine. Die Wärmeleitfähigkeit beträgt nach englischen Messungen [22]

$$\text{bei } 300°\,\text{C} \ldots\ldots 23,7 \ \frac{\text{kcal}}{\text{m h °C}}$$

$$600°\,\text{C} \ldots\ldots 30,7 \ \frac{\text{kcal}}{\text{m h °C}}$$

$$800°\,\text{C} \ldots\ldots 35,7 \ \frac{\text{kcal}}{\text{m h °C}}$$

$$1000°\,\text{C} \ldots\ldots 40,5 \ \frac{\text{kcal}}{\text{m h °C}}$$

Sie liegt also zwischen der des Graphites und des amorphen Kohlenstoffes (vgl. Tab. 174). Die lineare Wärmeausdehnung beträgt bis 1000° C 0,55%, sie entspricht also etwa den für Mullit gefundenen Werten.

Kohlenstoffsteine sind gegen Temperatureinwirkung sehr widerstandsfähig. Ihre Nachschwindung beim 2stündigen Glühen bei 1500° C ist allgemein geringer als 1%, ihre Feuerfestigkeit so hoch, daß sie mit Hilfe der Segerkegel nicht bestimmt werden kann. Der ta-Wert ist größer als 1730° C, also mit den üblichen Apparaturen nicht meßbar.

Die hervorragende chemische Widerstandsfähigkeit gegen Metall- und Salzschmelzen sowie zahlreiche Schlacken und Alkalien (s. Abschn. 6.11) macht die Kohlenstoffsteine zu einem der hochwertigsten feuerfesten Baustoffe. Wegen ihrer Empfindlichkeit gegen Sauerstoff, Wasserdampf und Kohlensäure sind sie jedoch in oxydierender Atmosphäre oberhalb 400° C nicht verwendbar.

6.43 Verwendung

6.431 Im Hochofen

Die Verwendung von Kohlenstoffsteinen im Hochofen geht auf F. Burger [23] zurück. Er beobachtete in der Rast eines Hochofens eine durch Druck verdichtete und bei hoher Temperatur gebrannte Schutzschicht aus Koks, Erz, Staub und Ruß mit steinartiger Beschaffenheit. Daraus zog er den später durch die Erfahrung bestätigten Schluß, daß ein ähnlich zusammengesetzter Stein im unteren Teil des Hochofens keinem chemischen Verschleiß unterliegen würde.

Nach anfänglichen Rückschlägen werden in Deutschland Kohlenstoffsteine oder Kohlenstoff-Stampfmassen im Herd, Gestell und der Rast eingebaut. In England und Amerika begann diese Entwicklung erst im 2. Weltkrieg. Die englischen Hochöfner waren zunächst durch mehrere erfolglose Versuche mit Herden aus Kohlenstoff-Stampfmassen abgeschreckt worden, die im Betrieb starke Schwindungsrisse zeigten [24], die amerikanischen hatten lange Zeit wegen der ausgezeichneten Qualität ihrer Fireclay-Schamottesteine keine Ver anlassung zu einer Umstellung. In England vollzog sich dann die Entwicklung sehr rasch, die Anwendung der Kohlenstoffsteine bzw. -massen wurde sogar versuchsweise auf den ganzen Hochofen ausgedehnt.

Bei der *Herdzustellung* mit Kohlenstoffsteinen besteht die Gefahr, daß einzelne Steine wegen ihres geringen Raumgewichtes in der Schmelze aufschwimmen. Man begegnet ihr durch Verwendung großformatiger Steine oder aber kleinerer Steine mit gewellten Profilen. In Deutschland vermauert man vorzugsweise auf Maß geschliffene, großformatige, konische Steine (mittlere Abmessungen 700 × 500 × 250 mm) und gießt die Fugen mit einer Mischung aus Teer und feinem Kohlenstaub aus. Die amerikanischen Blöcke sind noch größer, sie haben die Form von etwa 600 × 600 × 5000 mm großen Balken. Sie werden mit ~50 mm breiten Fugen vermauert, die mit einer Koks-Teer-Masse ausgestampft werden [*25*]. Damit soll bessere Dichtung erreicht werden als mit dem deutschen Verfahren. In England bevorzugt man Steine im Format 250 × 250 × 500 mm mit gewelltem Profil [*26*] (Abb. 698). Der Bodenstein ist 1800 bis 1900 mm dick, er ruht auf einem Sockel aus sauren Schamottesteinen.

Im *Gestell* und in der *Rast* beträgt die Wandstärke 500 bis 700 mm. Beide Teile sind gepanzert, zwischen Panzer und Mauerwerk wird eine Kohlenstoffmasse mit etwa 14% Teer eingestampft. Die ursprünglichen Hoffnungen F. Burgers, daß die Verwendung von Kohlenstoffsteinen die Wasserkühlung entbehrlich machen würde, haben sich allerdings nicht erfüllt. Ohne kräftige Kühlung verschleißt auch diese Steinqualität schnell.

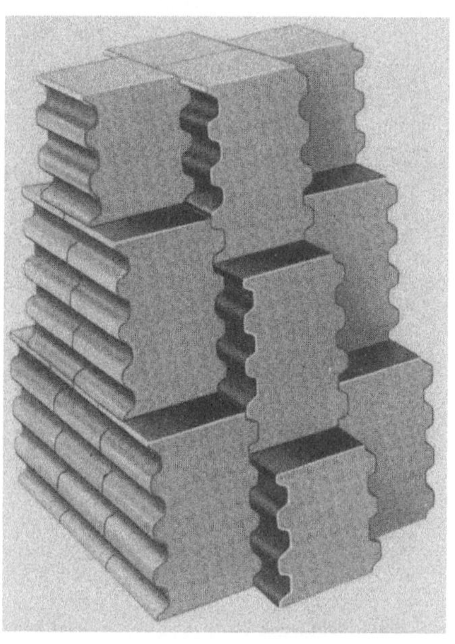

Abb. 698. Englische Kohlenstoffsteine für den Hochofenherd mit gewelltem Profil (nach J. H. Chesters u. G. D. Elliot)

In einigen Hochofenbetrieben werden auf Vorschlag von A. Junius [*27*] *Stampfmassen* an Stelle von Kohlenstoffsteinen verwandt. Diese bestehen aus trockenem, aschearmem Koks mit einem spezifischen Gewicht von >1,95 und einer Kornabstufung von

ungefähr 15% > 1 mm
ungefähr 85% < 1 mm

und 12 bis 16% wasserfreiem Stahlwerksteer, der mindestens 65% Pech mit einem Erweichungspunkt von ≧55°C enthält (vgl. Abschn. 5.731.1, Tab. 167). Das hohe spezifische Gewicht ist erforderlich zur Vermeidung von Schwindungen beim Anheizen, die zu gefährlichen Durchbrüchen führen können. Ein zu geringer Pechgehalt oder ein zu niedriger Pecherweichungspunkt würde weiche Massen mit unzureichender Kaltdruckfestigkeit ergeben.

Dem mit 2 bis 4% Nässe angelieferten Koks wird in einer Trockentrommel die Feuchtigkeit bis auf 0,1 bis 0,2% entzogen. Er wird dann im Kollergang 25 bis 30 Minuten gemahlen und mit Teer gemischt, erwärmt und mit ungefähr 60 bis 80° C im Ofen aufgeschüttet. Die Masse muß vorsichtig erwärmt werden, sonst verdampfen Teerbestandteile und die Bindung wird verschlechtert. Zum Erhitzen eignen sich auf 120°C erwärmte Eisenplatten oder Wärmeöfen mit Wasserbad [28]. Die ungefähr 120 mm dick geschütteten Lagen werden mit Handstampfern auf 70 bis 80 mm Stärke heruntergearbeitet. Bevor die nächste Schicht aufgebracht wird, muß die fertige Schicht sauber gefegt und mit einer Harke aufgerauht werden.

Neuerdings mauert man an die Außenseite einen Ring von Kohlenstoffsteinen, der wegen seiner größeren Wärmeleitfähigkeit die Kühlwirkung verbessert und die beim Anheizen aus dem Teer entweichenden flüchtigen Bestandteile in seinem Porenraum aufzunehmen vermag. Die innere Oberfläche wird

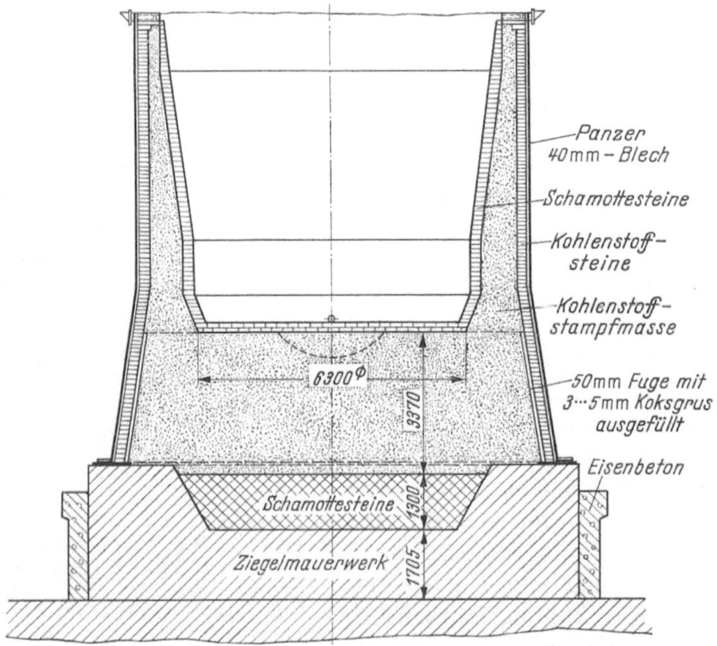

Abb. 699. Gestampftes Hochofengestell der Dortmund-Hörder Hüttenunion A.G.

mit einer Schicht halbsaurer Schamottesteine verkleidet, um die Stampfmasse während des Anheizens vor Oxydation und Beschädigungen zu schützen. Der gestampfte Bodenstein wird zweckmäßig so dick ausgeführt, daß das Verhältnis von Gestelldurchmesser zur Stampfhöhe ungefähr 2 : 1 beträgt. Abb. 699 zeigt den Querschnitt eines modernen, gestampften Hochofengestelles der Dortmund-Hörder Hüttenunion A.G. Damit die Stampfmasse gut durchbrennen kann, darf die Kühlung zu Beginn des Anheizens nicht eingeschaltet werden. Man beginnt vielmehr erst dann langsam mit der Außenberieselung, wenn außen eine Temperaturerhöhung fühlbar wird.

Gestampfte Zustellungen haben den Vorteil, daß sich Beschädigungen oder Durchbrüche leicht reparieren lassen und keine Fugenläufer auftreten können. Die Stampfarbeiten müssen aber im Interesse einer guten Haltbarkeit sehr sorgfältig ausgeführt werden.

Nach Versuchen von J. C. HAYMAN [29] läßt sich durch Stampfen eine größere Dichte erreichen als gebrannte Steine aufweisen. Die Masse schwindet bei 1450° C um ungefähr 1%.

Untersuchungen der Didier-Werke A.G. an älteren Stampfmassen mit einer Korngröße bis zu 5 mm (1944) ergaben bei 8 stündigem Erhitzen bis 700 °C zunächst eine schwache Ausdehnung von max. 0,5 % linear (bei 250 °C) und anschließend eine gleichmäßig zunehmende Schwindung, die bei 1500 °C knapp 1 % erreichte. Den größten Gewichtsverlust erlitten die Massen bis 250 °C (∼9 %), bei weiterem Erhitzen stieg dieser langsam auf ∼15 % bei 1500 °C. Die Kaltdruckfestigkeit erlangte Höchstwerte (250 bis 260 kg/cm²) nach 8 stündigem Glühen bei 150 bis 250° C. Höher geglühte Proben hatten Druckfestigkeiten von rd. 200 kg/cm². Erst nach dem Glühen bei über 1200° C verloren die Proben an Druckfestigkeit, bei 1500° C geglühte erreichten noch 130 bis 140 kg/cm².

Schnell aufgeheizte Stampfmassen werden durch austretende Teerdämpfe nicht beschädigt, wenn sie durch eine Lage von Schamottesteinen geschützt sind.

Im Betrieb werden Kohlenstoffsteine bzw. -stampfmassen in *Rast* und *Gestell* von flüssiger Schlacke und Roheisen, vor allem aber von Alkalien infiltriert. Eingedrungene flüssige Substanzen können eine Sprengwirkung auf den Stein ausüben, Risse hervorrufen oder auch kleine Steinstücke abtrennen. Diese Art des Angriffes würde zu

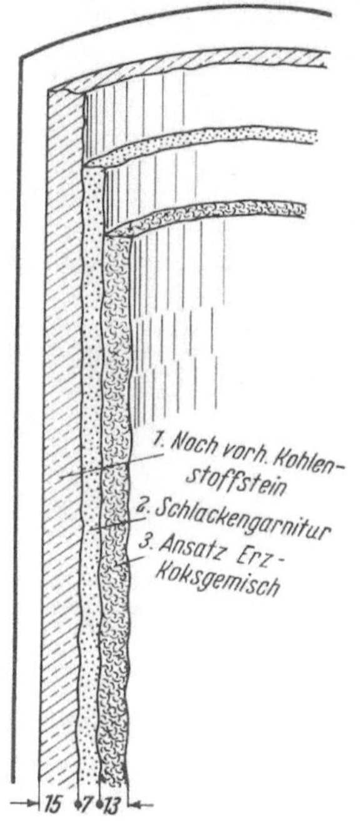

Abb. 700. Rastmauerwerk aus Kohlenstoffsteinen nach 16¹/₂ Jahren Betriebszeit (nach H. KAHLHÖFER u. A. SEND)

rascher Zerstörung des Mauerwerkes führen, wenn die infiltrierten Schmelzen nicht durch die Außenkühlung zum Erstarren gebracht werden würden. Dabei bildet sich eine aus Schlacke, Roheisen und Steinresten bestehende Schutzschicht der mittleren Zusammensetzung:

SiO.	Al O₃	FeO	Fe met.	CaO	MgO	Alk.	C
8 bis 22	1 bis 10	8 bis 44	0 bis 18	10 bis 20	1 bis 3	7 bis 9	9 bis 42

Über ihr liegt in der Rast meist noch der übliche Ansatz aus Erz–Koks-Gemisch (Abb. 700) [*30*].

Im *Schacht* entsteht im allgemeinen kein Ansatz auf Kohlenstoffsteinen. Alkalien diffundieren jedoch tief in die Poren des kühleren Mauerwerkes hinein, sie durchtränken nahezu den ganzen Stein und setzen so dessen Feuerfestigkeit stark herab. Unter dem Erhitzungsmikroskop bläht sich ein mit Alkalien getränkter Probekörper oberhalb 1000 °C unter Alkaliverdampfung auf und schrumpft oberhalb 1200 ° C wieder merklich zusammen. Im Schacht eingebaute Kohlenstoffsteine werden leicht aufgetrieben und daneben durch mechanischen Abrieb beschädigt.

Bei Versuchen der Westfalenhütte in Dortmund floß während des Treibens eine beträchtliche Menge Zyankali aus den Fugen aus. Der Alkaligehalt der Steine betrug in 200 bis 250 mm Tiefe von außen max. 12,8%, in 500 mm Tiefe dagegen nur ungefähr 3%.

Die Alkalien scheiden sich demnach vorwiegend in den kälteren Zonen des Steines ab und rufen dort das Treiben hervor.

An Undichtigkeitsstellen aus den Kühlgefäßen eindringender Wasserdampf wirkt zerstörend, (vgl. Abschn. 6.11). In höheren Ofenteilen wäre an sich auch eine Oxydation durch das Erz zu befürchten. Sie ist aber meist unbedeutend, weil der heißere Koks der

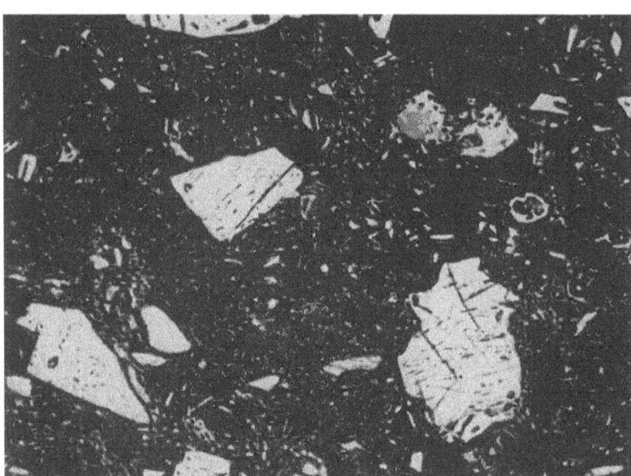

Abb. 701. Kohlenstoffsteine aus dem Gestell nach 16¹/₂ jähriger Betriebszeit. Der Stein hat FeO aufgenommen und enthält Spaltungskohlenstoff. Anschliff (Vergr. 12 ×) (nach H. KAHLHÖFER, A. SEND u. W. HIMSEL

Beschickung erheblich rascher mit dem Erz reagiert als die Kohlenstoffsteine. Aus dem gleichen Grunde nehmen die Steine auch nur in unbedeutendem Maß an der Reduktion der Kohlensäure zu Kohlenoxyd teil. In kälteren Steinzonen soll sich jedoch gelegentlich Spaltungskohlenstoff ablagern, sofern die Steine stärker als üblich mit Eisenoxyd durchtränkt sind [31].

Abb. 701 zeigt die Zerstörung der Bindesubstanz durch Spaltungskohlenstoff in einem gebrauchten Kohlenstoffstein aus dem Gestell. Die in Abb. 697 an einem ungebrauchten Kohlenstoffstein erkennbare poröse Bindesubstanz ist hier durch eine nicht reflektierende, amorphe Masse ersetzt worden.

Tab. 177 gibt die Analysen der verschlackten Zonen einiger Kohlenstoffsteine aus dem Hochofen wieder.

Tabelle 177. *Analysen von verschlackten Kohlenstoffsteinen aus einem Hochofen* (nach H. KAHLHÖFER u. A. SEND)

	C %	SiO_2 %	Al_2O_3 %	FeO %	MnO %	CaO %	MgO %	Na_2O %	K_2O %	Fe met. %	Zn %	CO_2 %	Cl %	H_2O geb. %
Ungebrauchter C-Stein	92,3	2,9	1,4	1,0	—	—	0,7	—	—	—	—	—	—	—
Gebrauchter C-Stein aus:														
Rast	55,8	0,4	1,4	1,9	2,5	3,5	0,5	1,2	7,6	1,0	0,6	7,0	—	6,9
Gestell	68,4	1,3	0,3	1,2	0,1	1,1	Spur	1,2	7,6	—	0,7	6,6	0,6	7,4
Bodenstein	78,1	1,5	0,6	3,2	0,4	1,7	0,1	0,5	1,0	4,7	0,7	—	0,3	2,8

Im *Herd* bildet sich ähnlich wie bei Schamottesteinen eine Bodensau (vgl. Abschn. 3.565) im Gewicht von mehreren hundert Tonnen, die 2 bis 3 m tief in den Bodenstein hineinreicht. Sie entsteht durch Aufkohlung des an Kohlenstoff ungesättigten Roheisens an der Berührungsstelle mit dem Kohlenstoffstein. Nach Versuchen von R. KLESPER [28] nimmt ein Roheisen mit ungefähr 3,5% C bei 1350° C noch etwa 1% C auf, nach H. KAHLHÖFER u. A. SEND [30] bei 1450° C 1,6%. Das kohlenstoffgesättigte Roheisen steigt wegen seines geringeren spezifischen Gewichtes im Bad auf und wird durch die Schlacke gefrischt, wobei FeO, MnO und SiO_2 unter CO-Bildung zu Metallen reduziert werden. Das weichere Eisen sinkt wieder zu Boden und wird erneut aufgekohlt. Der so durch Auflösung von Kohlenstoff hervorgerufene Verschleiß beträgt nach Angaben von H. KAHLHÖFER u. A. SEND [30] rd. 1 mm/1000 t Roheisen. Der mittelbar auf den Herd einwirkende Frischvorgang durch Schlacke und nicht reduziertes Erz ist bei den modernen Hochöfen mit großen Gestelldurchmessern von 8 m und mehr besonders stark. Aus diesen Gründen werden in neuester Zeit oft wieder Schamottesteine als Herdbaustoff vorgezogen, vor allem für den Mittelteil des Herdes.

6.432 Im Elektroofen für Stahl

Mehrfache Versuche, Elektroofendeckel mit Kohlenstoffsteinen auszukleiden, sind nur örtlich von Erfolg begleitet gewesen [32]. Wohl können derart zugestellte Deckel wegen der hohen Feuerfestigkeit gut isoliert werden, die Kohlenstoffsteine werden aber durch Schwindung leicht locker und fallen heraus.

V. ZSAK [33] erreichte bei mit Kohlenstoffstampfmasse ausgekleideten Ofendeckeln in kleinen, sauer zugestellten Öfen (1 t) Haltbarkeiten von 80 bis 100 Schmelzen. Bei entsprechender basischer Auskleidung wurden dagegen nur 30 Schmelzen erreicht, vermutlich wirkten die Dämpfe der basischen Schlacken oxydierend. Für die 4 obersten Steinreihen des Mantels wurden Kohlenstoffsteine mit Erfolg eingesetzt, sie hielten zwei- bis dreimal länger als Silikasteine.

6.433 In Elektroschmelzöfen für Metalle und Legierungen

Elektroöfen zum Erschmelzen hochgekohlter Ferrolegierungen, wie Ferrosilizium, Ferrochrom, Ferrovanadin und Ferromolybdän nach dem *carbothermischen* Verfahren (Reduktion durch Kohlenstoff) werden ausschließlich mit Kohlenstoffsteinen bzw. -stampfmassen ausgekleidet. Auch Öfen zur Reduktion von Magnesiumoxyd nach dem carbothermischen Verfahren der Permanent Metals Corp. stellt man mit Kohlenstoff zu. Er ist in diesen Öfen allen anderen feuerfesten Baustoffen wegen seiner außerordentlichen Feuerfestigkeit, Temperaturwechselbeständigkeit, chemischen Beständigkeit und guten elektrischen Leitfähigkeit stark überlegen. Kohlenstoffsteine verwendet man weiterhin zur Zustellung von *Kalziumkarbidöfen* und *Aluminiumschmelzöfen* [34]. Ob dabei gebrannte Steine oder aber Stampfmassen vorzuziehen sind, ist noch umstritten. C. KUHLMANN [35] sieht die ersten für geeigneter an, R. MAIRE [36] bevorzugt monolithische Auskleidungen, vor allem für Herde von Aluminiumschmelzöfen.

6.434 In der chemischen Industrie

Böden und Wände großer *Säurebehälter* werden aus Kohlenstoffsteinen hergestellt (Abb. 702). Diese sind beständig gegen

HCl	bis 200° C
H_2SO_4	bis 200° C
HF	bis 400° C
$HF + H_2SO_4$	bis 150° C
NaOH u. KOH	in allen Konzentrationen.

Gegen geschmolzenes NaOH und KOH sind Kohlenstoffsteine bedingt und gegen HNO_3 nicht beständig. Für Kühltürme zur *Phosphorsäureherstellung* sind sie der einzige haltbare Baustoff, auch die entsprechenden Leitungs- und Reaktionsrohre werden aus Kohlenstoff hergestellt.

Ein weiteres wichtiges Anwendungsgebiet sind *Zellstoffkocher*, in denen sie dem Angriff von schwefliger Säure und schroffen Temperaturwechseln ausgesetzt sind. Sie bewähren sich dort besser als die üblichen säurefesten Baustoffe auf Schamottebasis [37].

Abb. 702. Boden eines Säurebehälters aus Kohlenstoffsteinen der Fa. Martin u. Pagenstecher A.G., Köln-Mühlheim

Die Verwendung in der chemischen Industrie setzt eine ausreichende Dichte gegen Flüssigkeiten voraus. Diese ist vorhanden, wenn die durchgehenden Kapillaren zu eng für eine ständige Strömung sind. Wegen ihrer geringen Oberflächenspannung können Kohlenstoffsteine schon gegen Flüssigkeiten dicht sein, wenn sie noch beträchtliche Gasdurchlässigkeit besitzen.

Für besonders hohe Beanspruchungen stellt man Spezialqualitäten mit einem Aschegehalt von <1% und einer Gesamtporosität von 20% her.

6.5 Graphithaltige Erzeugnisse

Wegen seiner geringen Härte wird Graphit nicht als Hauptbestandteil feuerfester Massen verwandt, obwohl er sich in vielen Fällen wegen seiner geringeren Verbrennbarkeit besser eignen würde als Koks oder Kohle. Er läßt sich jedoch gut mit Schamotte und Ton zusammen verarbeiten, weil sich Graphit und Mullit nur wenig in ihrem Wärmeausdehnungsverhalten unterscheiden. Graphitzusatz verbessert die Struktur und praktisch alle technologischen Eigenschaften von Schamotteerzeugnissen, wie Kegelfallpunkt, Druckfeuerbeständigkeit, Temperaturwechselbeständigkeit, Verschlackungsbeständigkeit usw. Die in Abb. 395e, Abschn. 3.433, deutlich erkennbare Gleichmäßigkeit und Feinporigkeit dürften u. a. auch durch plastizitätserhöhende Eigenschaften des Graphites, wie niedrige Oberflächenspannung und blättchenförmige Gestalt, bedingt sein. Die Umhüllung der Graphitteilchen mit Ton schützt diese vor rascher Verbrennung bei hohen Temperaturen, andererseits üben die entstehenden Verbrennungsgase in Tiegelwandungen Schutzwirkungen aus, indem sie den Sauerstoffzutritt zu geschmolzenen Metallen hindern. Die Schmelzen enthalten dann wenig Oxyde, die mit dem Feuerfestmaterial reagieren könnten. Auf diese Weise erhöht der Graphitzusatz auch indirekt die chemische Beständigkeit feuerfester Baustoffe.

Graphitschamottemassen benutzt man zur Herstellung von Schmelztiegeln sowie von Stopfen und Ausgüssen für Stahlpfannen, außerdem dienen sie als Formmassen für den Stahlguß.

6.51 Tiegel

Zur Graphittiegel-Herstellung wird guter, gereinigter, grobflinziger Graphit verwandt. Besonders der Ceylongraphit, der böhmische und bayrische sowie der Graphit von Rottenmann (Steiermark) haben sich für diesen Zweck als geeignet erwiesen [8a]. Als Magerungsmittel gibt man dichte Schamotte von max. 0,5 mm Korngröße zu, als Bindemittel hochplastischen, niedrig sinternden Ton, z. B. Fetton von Großalmerode (vgl. Abschn. 3.243). Die Massen sind wie folgt zusammengesetzt:

$$
\begin{aligned}
&\text{Schamotte} \ldots\ldots \quad 0 \text{ bis } 40\% \\
&\text{Graphit} \ldots\ldots\ldots \quad 20 \text{ bis } 60\% \\
&\text{Ton} \ldots\ldots\ldots\ldots \quad 20 \text{ bis } 60\%
\end{aligned}
$$

Ihr Kohlenstoffgehalt schwankt zwischen 20 und 50% je nach Menge und Qualität des Graphitzusatzes. Die plastizitätserhöhende Wirkung des Graphites macht auch Massen mit niedrigen Tongehalten verarbeitbar. Graphit kann bis zu 6% durch *Koksgrus* ersetzt werden. Als Zusatzstoff zur Erhöhung der Druckfeuerbeständigkeit hat sich *Siliziumkarbid* in Mengen von 10 bis 20% bewährt.

Die Masse wird zunächst mit Wasser angemacht, gründlich gemischt und gekollert, dann 15 bis 20 Tage *gemaukt* und ein- bis zweimal auf der Strangpresse gezogen (vgl. Abschn. 3.342.2). Die Tiegel werden durch Pressen in Stahlformen, Gießen in Gipsformen ähnlich wie bei Glashäfen (vgl. Abschn. 3.346) oder durch Drehen auf der Töpferscheibe geformt.

Wegen der Feinkörnigkeit und hohen Dichte des Scherbens müssen die Formlinge langsam und vorsichtig *getrocknet* werden, zunächst 3 bis 5 Tage bei 20 bis 30° C, dann 8 bis 10 Tage bei 30 bis 40° C und bewegter Luft, große Formate schließlich noch 3 bis 5 Tage bei 50° C. Die Tiegel werden unter Einbettung in Koksgrus in Kapseln bei 900 bis 1000° C *gebrannt*, die Aufheizgeschwindigkeit darf 12 bis 15° C/Std. betragen [38].

Graphittiegel benutzt man bei der Herstellung von *Tiegelstahl*, der bis Mitte des vorigen Jahrhunderts die einzige Flußstahlqualität war und durch das Blockgußverfahren von Fr. Krupp, Essen, und das Formgußverfahren von Jakob Meyer, Bochum, zu einem Massenprodukt wurde.

Wegen der überragenden Bedeutung der Tiegel für den metallurgischen Prozeß errichteten die meisten Tiegelstahlwerke eigene Anlagen für ihre Erzeugung. Heute ist der Tiegelstahl fast vollständig durch Elektrostahl verdrängt worden. Zum Stahlschmelzen werden die 30 bis 40 kg Einsatz fassenden Tiegel mit Deckeln verschlossen und in Gasöfen mit Regenerativfeuerung ähnlich den SM-Öfen erhitzt.

Tabelle 178. *Zusammensetzungen und Eigenschaften von Graphitstopfen im Vergleich zu einem Schamotteausguß* (nach F. HARDERS)

Nr.		Chemische Analyse				Spez. Gew.	Raum-gew.	Gesamt-poren	SK		DFB		Verschlackung mit MnO bei 1400° C	
		SiO_2	Al_2O_3	Fe_2O_3	C				Tammann-ofen	Kohle-grieß-ofen	ta	te	Gewichts-verlust	Volumen-verlust
		%	%	%	%			Vol.-%			°C	°C	%	%
1	Schamotteausguß	55,7	39,6	2,7	—	2,61	1,99	24	32/33	32	1390	1625	39	45
2	Graphitstopfen ...	54,9	38,7	2,9	2,1	2,57	2,06	20	32/33	32/33	1475	1645	23	20
3	Graphitstopfen ...	50,5	34,8	2,7	9,7	2,54	1,93	24	34	—	1500	1730	2	2
4	Graphitstopfen ...	50,9	33,6	2,4	11,3	2,54	1,92	24	34/35	—	1460	1660	1	1
5	Graphitstopfen ...	49,4	32,7	2,5	13,9	2,52	1,92	24	34	32	1425	1635	2	1
6	Graphitstopfen ...	51,1	28,3	2,3	17,2	2,50	1,84	26	35/36	>33	1430	1695	3	3

Enthält die Tiegelmasse 20% C, so vermindert sich der C-Gehalt des Stahles etwas, bei 30% C im Tiegel bleibt er annähernd gleich und bei 40 bis 45% wird der Stahl um etwa 0,2% aufgekohlt. Außerdem reduziert das Mangan im Stahl die Kieselsäure des Tiegels, damit steigt der Si-Gehalt des Stahles um einige Zehntelprozent an (sog. *Tiegelreaktion*, vgl. Abschn. 3.551 u. 3.554). Stahlschmelztiegel halten 4 bis 6, max. 20 Schmelzen aus.

Graphittiegel werden auch zum Schmelzen von *Kupfer, Aluminium, Antimon, Messing* usw. verwandt. Sie halten dabei 20 bis 80 Chargen aus, bei hohem Antimongehalt der Schmelze weniger. Die Graphittiegelscherben sind ein gesuchter Rohstoff für die Herstellung von Stahlformmassen.

6.52 Stopfen, Ausgüsse und Pfannensteine

Wie bereits ausgeführt, werden die am stärksten beanspruchten Verschleißstoffe beim Vergießen von Stahl, nämlich Stopfen und Ausgüsse für heißgehende und aggressive Schmelzen, mit einem Graphitzusatz versehen. (vgl. Abschn. 3.423). Der Versatz besteht aus

Schamotte ...... 40 bis 50%
Graphit .... 10 bis 30%
Bindeton .... etwa 40%

Die Schamotte soll dabei eine Korngröße von max. 2 mm aufweisen, der Graphit weniger als 10% Asche enthalten und die Asche möglichst hohen Schmelzpunkt ($\sim$1400° C) besitzen. Die Masse muß mit der gleichen Sorgfalt hergestellt werden wie Graphittiegel-Massen. Die Formgebung unterscheidet sich nicht von derjenigen normaler Stopfen und Ausgüsse (vgl. Abschnitt 3.342.4), der Brand wird wie bei Tiegeln in Muffeln oder Kapseln unter Einbettung in Koksgrus durchgeführt, die Brenntemperatur beträgt 1320 bis 1350° C. Da große Muffeln nur langsam durchwärmt werden, dauert der Brand länger bei gewöhnlichen Schamottewaren. Das Anheizen bis zur Dichtbrenntemperatur dauert $\sim$5 Tage, das Abkühlen mindestens 10 Tage (vgl. Tab. 91).

Die *Eigenschaftswerte* verschiedener Graphitstopfen im Vergleich mit reinem Schamottematerial sind in Tab. 178 nach Untersuchungen von F. HARDERS [39] zusammengestellt. Während Stopfen mit einem Kohlenstoffgehalt von

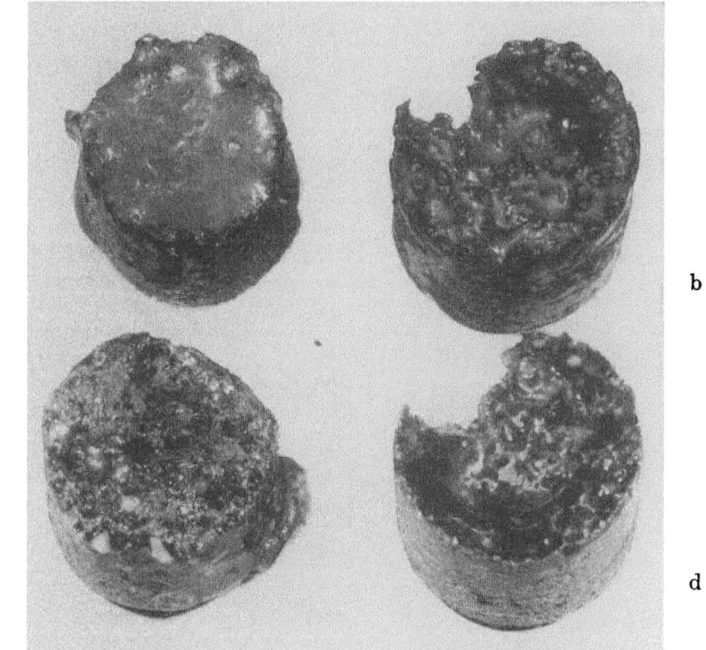

Abb. 703a bis d. Mit FeO und MnO bei 1450° C verschlackte Probekörper von Graphitschamotte und reiner Schamotte (nach F. HARDERS)
a) Graphitstopfen mit FeO;   b) Schamotteausguß mit FeO;
c) Graphitstopfen mit MnO;   d) Schamotteausguß mit MnO

2 bis 3% in ihren Eigenschaften nur wenig besser sind als reine Schamottequalitäten, erhöht ein etwa dem Kohlenstoffgehalt von 10% oder mehr ent-

Tabelle 179. *Verschlackungsbeständigkeit von Graphitschamotte und reiner Schamotte gegen FeO und MnO* (nach F. HARDERS)

	Verschlackung mit MnO		Verschlackung mit FeO	
	Gew.-%	Vol.-%	Gew.-%	Vol.-%
Graphitstopfen	− 5	− 8	− 8	−10
Schamottestopfen .	−25	−29	−21	−29

sprechender Graphitzusatz Kegelfallpunkt, Druckfeuerbeständigkeit und Verschlackungsbeständigkeit beträchtlich. Dabei macht sich die ungefähr 2 SK betragende Erhöhung des Kegelfallpunktes praktisch nur in der reduzierenden Atmosphäre des TAMMANN-Ofens bemerkbar. Die starke Verbesserung der chemischen Widerstandsfähigkeit wird auch bei der Verschlackung mit FeO und MnO augenfällig (Tab. 179 u. Abb. 703).

Bei höheren Graphitzusätzen fand F. Harders [39] wieder eine leichte Verschlechterung der Verschlackungsbeständigkeit, die er auf zunehmende Flußmittelwirkung der Graphitasche zurückführte. Der optimale Kohlenstoffgehalt soll bei etwa 10% liegen.

Die Temperaturwechselbeständigkeit von Graphitstopfen ist 6- bis 7mal so hoch wie von entsprechend hergestellten reinen Schamottewaren.

In England stellt man mit gutem Erfolg kleinere Pfannen für Grauguß und Kupferlegierungen mit graphithaltigen Formsteinen zu [40].

6.53 Teergetränkte und gasgraphitierte Schamotteerzeugnisse

Nach einem Verfahren von F. Hartmann u. F. Harders [41] wird der durch Graphitzusatz hervorgerufene Effekt in etwa auch durch eine Tränkung der gebrannten Schamottesteine in wasserfreiem *Stahlwerksteer* bei 50 bis 100° C und anschließende Verschwelung (Verkracken der flüchtigen Kohlenwasserstoffe) in neutraler oder reduzierender Atmosphäre bei 500 bis 800° C erreicht. Die Porosität wurde durch derartige Tränkung von 27 auf 5 bis 7, in anderen Fällen von 23 auf 12% erniedrigt. Bei der Schwelung entsteht ein Pechkoks mit starken, auf graphitähnlichen Gitterbau hindeutenden Anisotropieerscheinungen (vgl. Abschn. 6.32). Abb. 704 zeigt einen bei 650° C verschwelten Teerschamottestein mit graphitartiger Substanz in den Poren.

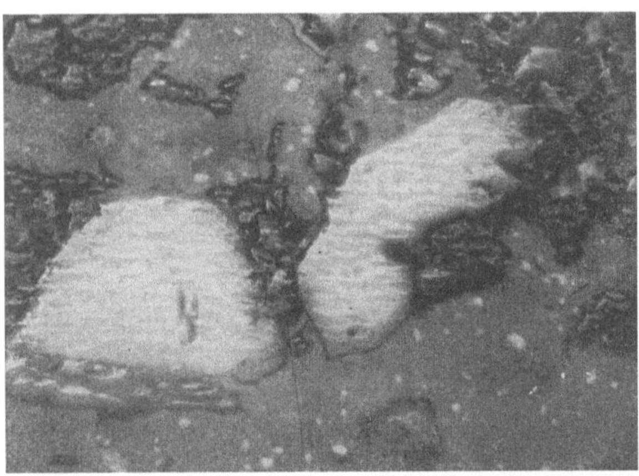

Abb. 704. Teergetränkte Schamotte, bei 650° C verschwelt. Anschliff, gekreuzte Nikols (Vergr. 18 ×). Hell: Graphitähnliche Substanz

Der Teerzusatz verändert den Kegelfallpunkt nicht, erhöht aber die Druckfeuerbeständigkeit etwa um 40° C. Der Schlackenangriff vermindert sich auf etwa die Hälfte gegenüber ungetränkten Schamottesteinen. Trotz dieser Vorteile konnte sich die Teertränkung bisher nicht allgemein einführen, wurde aber gelegentlich zur Verbesserung geringwertiger Kanalsteine angewandt, wenn infolge der Wirtschaftslage bessere Sorten nicht erhältlich waren.

Eine behelfsmäßige Graphitierung von Schamottesteinen kann auch mit *Leuchtgas* bei 1150° C erreicht werden. Bereits die Ablagerung von 2 bis 2,5% Kohlenstoff in den Poren erhöht die Druckfeuerbeständigkeit merklich und vermindert die Neigung der Stopfen zum Kleben. Wegen seiner Aufwendigkeit wird dieses Verfahren jedoch nur ausnahmsweise angewandt.

6.6 Siliziumkarbiderzeugnisse

6.61 Herstellung

Siliziumkarbidsteine werden meist mit 5 bis 10% Ton gebunden. Das Siliziumkarbid wird nach den gleichen Regeln gekörnt wie Schamotte (vgl. Abschn. 3.323). Die Körner sind max. 3 bis 4 mm, teilweise sogar nur 1 mm groß, bei tonarmen, den Hartschamotteerzeugnissen entsprechenden Qualitäten wird das Mahlgut in 2 oder 3 Fraktionen klassiert (vgl. Abschn. 3.344).

Der Feinmehlanteil wird sehr niedrig gehalten, damit das SiC beim Steinbrand möglichst wenig oxydiert wird. W. SSAWTSCHENKO [*42*] gibt als Korngrößenzusammensetzung für eine mit 15 bis 20% Ton versetzte Masse an:

>1 mm	0,2 bis 1 mm	0,09 bis 0,2 mm	<0,09 mm
5%	14%	57%	24%

Die meisten Steinfabriken beziehen das SiC in den gewünschten Körnungen von den Herstellerwerken, weil es wegen seiner großen Härte in den üblichen Mahlanlagen nicht zerkleinert werden kann.

In Deutschland stellt man jetzt überwiegend Standardqualitäten mit 90, 70 und 50% SiC her. Die beiden letzten Sorten enthalten neben SiC und Bindeton Schamottekorn >0,2 mm, 50%ige SiC-Steine auch Schamottefeinmehl. Zum Binden verwendet man meist feinkörnige, eisenoxyd- und alkaliarme Steinzeugtone mit 28 bis 32% Al_2O_3.

Der Bindeton soll das Siliziumkarbid gut umhüllen, um es vor Oxydation zu schützen. Man gibt dazu einen Teil (etwa die Hälfte) des Bindetones als Schlicker zu dem angefeuchteten Grobkorn, fügt dann in einem Zwangsmischer oder Kollergang das Feinmehl und schließlich den Rest des Bindetones zu. Sehr magere Massen versetzt man mit einem Klebmittel, z.B. 2 bis 4% Sulfitablauge.

Siliziumkarbidsteine werden meist trockengepreßt oder gestampft (vgl. Abschn. 3.343 u. 3.344), dünnwandige Rekuperatorrohre usw. auch gegossen (vgl. Abschn. 3.346) [*43*].

Die Formlinge werden bei ungefähr 80° C getrocknet, was wegen der Porenarmut der SiC-Körner schnell vonstatten geht, und bei SK 16/17 (1480° C) in absolut oxydierender Atmosphäre in Kammer- oder Tunnelöfen *gebrannt*. Dabei wird ein gewisser Abbrand durch Oxydation (5 bis 6%) in Kauf genommen. Diese Brennmethode ergibt festere und chemisch widerstandsfähigere Steine als die früher übliche in reduzierender Ofenatmosphäre (koksgefüllte Kapseln). Als qualitätsverbessernd wird die beim oxydierenden Brand entstehende *braune Glasur* an der Steinoberfläche betrachtet. Eisenhaltiges SiC (vgl. Abschn. 6.31) verstärkt die Glasurbildung und erzeugt auf frischen Bruchflächen bei wiederholtem Brand neue Glasuren.

Als häufige Brennfehler entstehen *schwarze Kerne* mit dunklem, mattglänzendem Aussehen im Bruch und verminderter Festigkeit. Ihre Bildung wird auf einen Zerfall des bei der Oxydation von SiC entstehenden CO in CO_2 und C zurückgeführt. Diese Erklärung ist jedoch unwahrscheinlich, weil CO nur bei niedrigen Temperaturen zerfällt ($\sim$ 400° C, vgl. Abschn. 3.445), SiC aber erst bei höheren Temperaturen oxydiert wird. Nach neuesten, noch nicht abgeschlossenen Versuchen soll in den schwarzen Kernen elementares Silizium enthalten sein.

Man vermeidet die Entstehung von schwarzen Kernen durch langsames Aufheizen (Temperaturanstieg etwa 15° C/Std.), um zu ermöglichen, daß Oxydationsprodukte aus dem Steininneren entweichen, bevor die Außenzonen dicht geworden sind.

Wenn sich Formstücke aus SiC im Brennofen berühren, werden sie an der Berührungsstelle leicht fleckig, daher schiebt man *Distanzleisten* aus

Schamotte zwischen die einzelnen Formstücke. Zur Verbesserung der Glasurbildung taucht man in Amerika SiC-Steine nach dem Brand in ein Bad aus
kochender Boraxlösung [44].

Neben plastischem Ton werden auch *Bentonit* oder *Kalk* ($\sim 2\%$) als Bindemittel für SiC-Steine verwandt.

Zum Schutz gegen *Oxydation* sind zahlreiche Maßnahmen vorgeschlagen worden. Ein
Zusatz von feinkörnigem *Mullit* oder *Cyanit* (Korngröße $< 0{,}15$ mm) in Höhe von 40% soll
beim Brennen durch Reaktion mit oxydiertem SiC eine Schutzschicht hoher Feuerfestigkeit
erzeugen [45]. Ein Teil der Schutzmittel ruft gleichzeitig eine ausreichende Bindung im
Stein hervor, so daß kein Ton mehr zugegeben werden muß oder darf. C. F. GEIGER [46]
empfiehlt für feinkörniges SiC von 1,4 bis 0,15 mm feinverteilte *Tonerde*, die beim Brand
mit dem SiC unter Mullitbildung reagiert. R. H. MARTIN [47] erzeugt durch Zusatz von MgO
mit 10% Fe_2O_3 oder MgO $+$ Al_2O_3 *Forsterit*, eventuell daneben Mullit. Die Wirkung eines
Schutzüberzuges kann nach A. ABBEY [48] durch zusätzliche Einführung von 0,5 bis 10%
reduzierend wirkenden Metallegierungen, z. B. *Ferromangan* oder *Ferrosilizium* erhöht
werden.

Niedriger schmelzende Schutzüberzüge entstehen durch Zugabe von halbfeuerfestem
Ton [49], einer Mischung aus kalz. Tonerde (85%) und Flußspat (15%) [50] oder von 0,5 bis
10% Bariumsalz [51]. Auch ein Zusatz von ungefähr 11% CuO zum Bindemittel wurde vor-
geschlagen [52].

Um die Bildung von eutektischen Schmelzen zwischen Bindemittel und durch
Oxydation entstandener Kieselsäure zu vermeiden [53], benutzt man feinverteilte
Kieselsäure selbst als Bindemittel [54]. K. H. OBST [55] schlägt Tränkung des gekörnten Siliziumkarbids mit flüssigen organischen Kieselsäureverbindungen (besonders *Kieselsäureester*) in Gegenwart von wenig Wasser vor.

Reine SiC-Erzeugnisse stellt man durch Zugabe von Kohlenstoff als *Graphit*
und metallischem *Silizium* in dem für die SiC-Bildung erforderlichen Verhältnis
zum gekörnten SiC her. Die Mischung wird nach dem Formen bis zur Neubildung
von SiC erhitzt [56]. Die Neukristallisation verbindet dann die älteren SiC-
Körner fest miteinander (*rekristallisiertes SiC*). Beim Brennen von Körpern
aus Kohlenstoff bzw. Graphit, SiC und Sand verdampft die Kieselsäure (vermutlich als SiO) und bildet bei der Kondensation mit dem Kohlenstoff eine
feste, als *Silundum* bezeichnete Masse [57]. Wegen der hohen Rekristallisations-
fähigkeit des SiC können SiC-Steine durch Einstreuen kleiner Mengen von
losem SiC-Pulver in die Fugen und Erhitzen auf ungefähr 1800° C fest miteinander verbundene werden [58]. Die Rekristallisation kann auch durch Erhitzen
mittels elektrischen Stromes erreicht werden [59].

Der Masse müssen dazu kleine Mengen von Graphit zugesetzt werden, um sie auch bei
niedrigen Temperaturen leitend zu machen. Die Masse wird dann mit 140 bis 180 kg/cm² zu
Steinen gepreßt und – um Risse bei ungleichmäßiger Erwärmung zu vermeiden – mit einer
gut leitenden Schicht aus Graphitbrei umgeben. Die so präparierten Rohlinge setzt man 70 bis
80 Min. lang der Wirkung eines Stromes aus, der von 2,5 kW auf ungefähr 12 kW ansteigt.

6.62 Eigenschaften

Siliziumkarbidsteine sind fest, extrem hart und grauschwarz oder dunkelbraun gefärbt. Abb. 705 zeigt die Struktur eines 80%igen SiC-Steines im Anschliff bei 7facher Vergrößerung. Zwischen den hellen, stark reflektierenden
SiC-Körnern ist das aus gebranntem Ton bestehende Bindemittel zu erkennen.

Das *spezifische Gewicht* 90%iger SiC-Steine liegt zwischen 2,9 und 3,1, ihr Raumgewicht im Durchschnitt bei 2,65, rekristallisierte Spitzenqualitäten erreichen 2,7. Die *Porosität* schwankt zwischen 14 und 20%, sie kann jedoch auf 12% herabgedrückt werden, weil das SiC-Korn selbst praktisch dicht ist. Der *Kegelfallpunkt* ist schwer zu bestimmen, er ist fast stets höher als SK 40. Der *ta*-Punkt liegt nach F. Niebling [60] bei 1860° C. Eine *Nachschwindung* ist bei 1500° C nicht zu erwarten. Die *Kaltdruckfestigkeit* erreicht bei Qualitäten mit 50 bis 70% SiC mehr als 500 kg/cm², mit mehr als 70% SiC 800 kg/cm², bei Spitzenqualitäten liegt sie über 1500 kg/cm². Der *Elastizitätsmodul* beträgt ungefähr $10,2 \cdot 10^5$ kg/cm², er ist damit ungefähr 5mal so groß wie bei Schamottesteinen bzw. 8mal größer als bei Kohlenstoffsteinen.

Der lineare *Wärmeausdehnungskoeffizient* wurde im Temperaturbereich 20 bis 1000° C von E. H. Schulz u. A. Kanz [61] zu $5,0 \cdot 10^{-6}$ im Mittel bestimmt, Schwankungen im Tonerdegehalt ergaben keine merklichen Änderungen. Nach Abb. 58, Abschn. 1.511, beträgt dagegen die Ausdehnung bei 1000° C weniger als 0,4%, der Ausdehnungskoeffizient ist also kleiner als $4 \cdot 10^{-6}$. Zwischen diesen Grenzen dürften die Werte für die verschiedenen Qualitäten liegen.

Die *Wärmeleitfähigkeit* wird außer vom SiC-

Abb. 705. 80%iger SiC-Stein. Anschliff (Vergr. 7 ×)

Gehalt stark durch Korngrößenverteilung, Porosität, Porengröße und -verteilung beeinflußt. J. Kratzert [62] fand bei 500° C folgende Leitfähigkeitswerte:

SiC Gehalt %	Porosität %	$\lambda_{techn.}$ bei 500° C
86	13	ungefähr 23
82	17	ungefähr 16
81	28	ungefähr 10

Bisher nahm man an, daß die Wärmeleitfähigkeit mit steigender Temperatur abnimmt. F. H. Norton [63] bestimmte $\lambda = 9,36$ bei 1400° C gegenüber 15,84 bei 600° C. Weitere, von H. Golla u. H. Laube [64] gemessene Werte finden sich in Tab. 15, Abschn. 1.52. Zu ähnlichen Ergebnissen kam F. Holler [65]. Neuerdings fand man an SiC-Steinen eine geringe, aber deutlich kenntliche Zunahme der Wärmeleitfähigkeit.

Wegen ihrer großen Wärmeleitfähigkeit und niedrigen thermischen Ausdehnung haben SiC-Steine trotz ihres hohen *E*-Moduls die höchste Temperaturwechselbeständigkeit unter allen feuerfesten Steinen.

Zur Prüfung der Empfindlichkeit gegen *Oxydation* setzten F. H. Riddle u. A. B. Peck [*66*] 90%ige SiC-Steine in einem Dressler-Tunnelofen 18 Monate lang verschiedenen Temperaturen aus:

a) 600 bis 1000° C

b)   ~1300° C

c)   ~1450° C

Die Probesteine a) hatten ihr Volumen unter Cristobalitbildung fast auf das Doppelte vergrößert und waren praktisch zerstört. Die Proben b) waren oberflächlich verglast und dadurch vor weiterer Zersetzung geschützt. Im Inneren enthielten sie ebenfalls Cristobalit, der offenbar aus dem Feinmehl entstanden war. Von den der höchsten Temperatur ausgesetzten Proben c) war z. T. gar nichts, z. T. nur noch eine versinterte hohle Schale aus Cristobalit übriggeblieben. Der bei der mittleren Temperatur erkennbare Schutz durch die Glasur verlor also bei ungefähr 1450° C seine Wirkung.

Der starke Substanzverlust dürfte auf die Bildung von CO und SiO als Zwischenprodukte bei der Oxydation und deren Verdampfung zurückzuführen sein.

R. Klesper [*67*] erhitzte einen 80%igen SiC-Stein im gut abgedichteten elektrischen Versuchsofen bis 1600° C und beobachtete die ununterbrochene Entwicklung von Blasen, die sich bis zu einem Durchmesser von 10 bis 20 mm aufblähten und dann platzten. Auch hier dürfte es sich um Entwicklung von CO und SiO handeln[1], von denen sich das letztere am kälteren Teil des Probekörpers als puderzuckerartige Kieselsäure niederschlug.

Zur quantitativen Bestimmung der Zersetzung erhitzte R. Klesper [*67*] SiC-Steine dreimal hintereinander 130 Std. lang in einem Silikaofen auf 1460° C (entsprechend ~ SK 16). Nach dem 1. Brand war der SiC-Gehalt von 77,25% auf 75,45%, nach dem 2. auf 70,00% und nach dem 3. auf 59,78 gesunken. J. Kratzert [*62*] fand bei ähnlichen Versuchen an 50%igen SiC-Steinen, daß die Stärke der Oxydation sehr wesentlich durch die SiC-Sorte, die Brennbedingungen und die Auswahl der Zuschläge beeinflußt wird. Nach 3 Bränden bei SK 15 bis 16 betrug der SiC-Verlust im günstigsten Fall 2,5%, im ungünstigsten 8,9%.

SiC-Steine sind gegen Wasserdampf, Alkalien, kalk- und eisenoxydreiche Schlacken, ferner gegen viele geschmolzene Metalle (außer Zink) so empfindlich, daß sie bereits bei 1000 bis 1200° C zerstört werden (vgl. Abschn. 6.12). Bei Verschlackungsversuchen mit Eisenoxyd bildete sich bei 1480° C eine dünnflüssige, laufend vom Probekörper abfließende Schmelze. Gut beständig sind SiC-Steine nur gegen Kieselsäure und saure Schlacken.

6.63 Anwendung

Wegen ihrer weitgehenden chemischen Unbeständigkeit konnten sich die SiC-Steine nicht so gut einführen, wie es auf Grund ihrer sonst hervorragenden feuerfesten Eigenschaften zu erwarten gewesen wäre. Trotz mehrfacher Versuche [*68*] gelang es nicht, eine Verwendungsmöglichkeit für sie in der *Eisen- und Stahlindustrie* zu finden, nur als Gleitschienen in den kühleren Zonen von Stoß- und Tieföfen haben sich SiC-Steine bewährt. In keramischen Rekuperatoren werden tongebundene SiC-Rohre wegen ihrer hohen Wärmeleitfähigkeit verwandt.

Im *Metallhüttenwesen* hat sich Siliziumkarbid vor allem als Baustoff für stehende Retorten zur *Rohzinkdestillation* nach dem durch die New Jersey-

---

[1] Klesper vermutete nur CO, da ihm die Existenz des SiO noch nicht bekannt war.

Zinc-Co. verbesserten Verfahren von RoITZHEIM u. REMY [*69*] bewährt (Abbildung 706).

Diese Retorten werden aus 90%igen SiC-Steinen mit Nut und Feder gasdicht hergestellt und von außen mit Gas auf 1300° C geheizt. Sie werden mit glühenden, hochporösen Briketts aus geröstetem Erz und gasreicher, vorher in Koksöfen bei 800° C verschwelter Kohle beschickt. Die bei der Reduktion nach der Gl.

$$ZnO + C \rightleftarrows Zn + CO - 56{,}4 \text{ kcal}$$

entstehenden Zinkdämpfe werden in einer Vorlage unter Abscheidung von metallischem Zink kondensiert. Das mitverdampfte Blei schlägt sich bereits im kälteren Teil der Retorte auf den Erzbriketts nieder.

Die Retorten sind innen ungefähr 8,5 m hoch, 1,9 m lang und 1,3 m breit. Sie halten mehrere Jahre und werden vorwiegend durch den von den absinkenden Erzbriketts hervorgerufenen Abrieb zerstört. Bei der Verbrennung der Heizgase wird Sauerstoffüberschuß sorgfältig vermieden, um eine Oxydation von außen zu verringern.

Auch bei der Herstellung liegender *Muffeln* in älteren Muffelöfen werden SiC-Steine neben Schamotte verwandt (vgl. Abschn. 3.60). In Erzröstöfen dienen sie als Baustoffe für *Kratzer* und *Rührer*. Weiterhin bestehen die *Überlaufschüsseln* in den Raffiniersäulen zur *Feinzinkherstellung* nach dem New Jersey-Verfahren aus Siliziumkarbid (Abb. 707).

Dabei werden durch fraktionierte Destillation mit Rückflußkühlung zunächst Zink und Cadmium bei 1220° C abdestilliert, während sich unten blei- und eisenhaltiges Zink ansammelt, in einer zweiten Säule wird dann Cadmium bei 1140° C als Staub abgeschieden. Das unten ablaufende Feinzink enthält bis 99,995% Zn. Die Siliziumkarbidschüsseln halten viele Jahre.

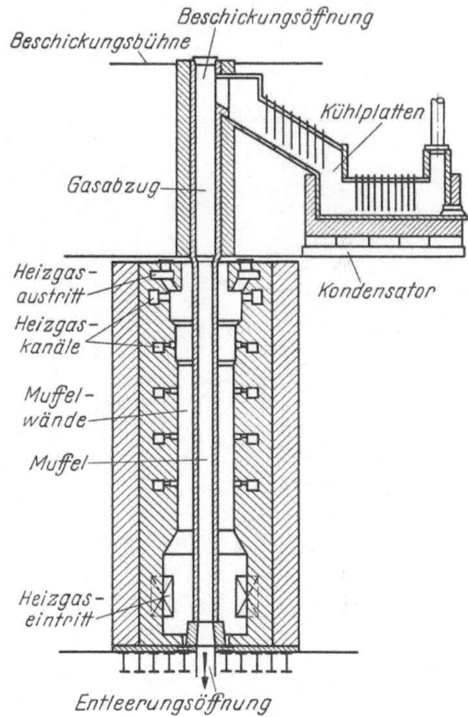

Abb. 706. **Stehende Retorte zur Zinkdestillation** (nach RoITZHEIM u. REMY)

Tiegel zum Schmelzen von *Goldlegierungen* können aus 90%igem SiC hergestellt werden.

Hierbei hatte in die Wandung eingedrungenes Gold nach Untersuchungen von C. R. RoESEN [*70*] 0,14% Si aufgenommen, es war nach dem Umschmelzen grauviolett gefärbt und sehr brüchig.

In der *Email-* und der *keramischen Industrie* dient SiC als Baumaterial für *Muffeln*. Auch hier wird deren Haltbarkeit durch falsche Gas- und Luftzufuhr stark herabgesetzt. Wasserstoffreiches Gas zersetzt die Muffeln wegen der Wasserdampfbildung rascher als Generatorgas (vgl. Abschn. 6.12). Nach

J. Kratzert [62] beginnt die Zerstörung mit leichter Deformation und Volumenzunahme, später entstehen Risse und schließlich zermürbt und zerrieselt der Stein unter SiO_2-Abscheidung.

R. Klesper [67] beobachtete an einer Muffel nach 18 monatigem Gebrauch bei einer Innentemperatur von 900 bis 1000° C 3 Schichten. Außen war unter der Einwirkung der Flammengase eine bräunliche, porige Glasur von 10 mm Dicke entstanden, in der Mitte waren restliche SiC-Kristalle und weißes Cristobalitpulver in eine stark versinterte Grundmasse eingebettet, an der Innenseite schließlich hatte sich eine sehr mürbe Schicht aus zersetzten SiC-Restkristallen und Cristobalit gebildet. An einer bei 1350° C betriebenen Muffel fand der gleiche Autor einen Längsriß mit weißen Cristobalitablagerungen, die offenbar durch Verdampfung von SiO an der heißen Seite und Kondensation als SiO_2 in der kälteren Zone entstanden waren.

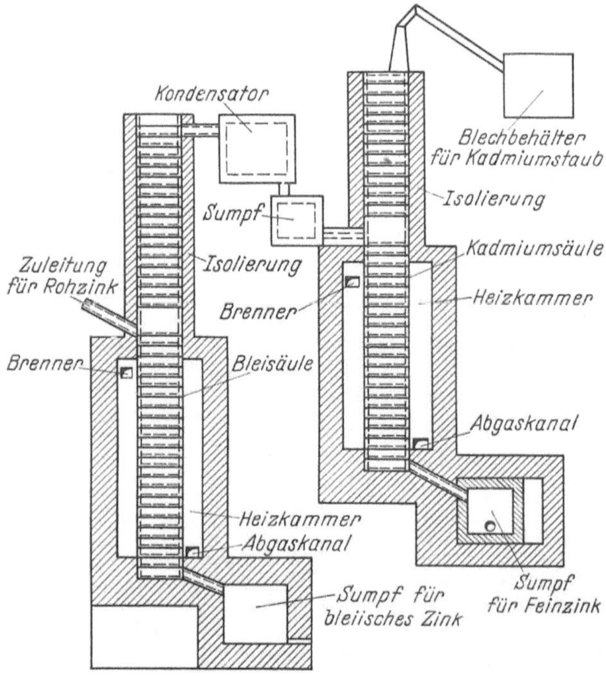

Nach F. A. Fitzgerald [71] bewährt sich rekristallisiertes SiC, hergestellt aus körnigem und feingemahlenem SiC bei ungefähr 1800° C Brenntemperatur gut als Muffelbaustoff für heißgehende elektrische Porzellanöfen, die bei ungefähr 1570° C, teilweise sogar mit oxydierender Atmosphäre betrieben werden.

In hochbeanspruchte Kesselfeuerungsanlagen kann man SiC-Steine mit Erfolg einbauen, sofern Steinkohlen mit alkaliarmer Asche als Brennstoff dienen.

Abb. 707. Zink-Destillationskolonne nach dem New-Jersey-Verfahren

Bei Versuchen der Carborundum-Co., Niagara-Falls [72], bedeckten sich SiC-Steine in wasser- und luftgekühlten Kesselfeuerungen mit einer dünnen Schicht poröser Schlacke, die den eigentlichen Stein schützt und gelegentlich abblättert. Der größte Teil der Schlacke bestand aus grobem Sand und brüchigen, leicht zerdrückbaren Stücken. Das Fehlen harter, fester Schlacke ist auf sehr rasche Wärmeabfuhr durch die SiC-Steine zurückzuführen.

Schließlich sind SiC-Steine für *Generatoren* zur Vergasung alkaliarmer Kohlen geeignet. Mit SiC zugestellte Generatoren halten viel länger als solche mit Schamottesteinen, sie haben außerdem größere Kapazität, leiden nicht unter Klinkerbildung und arbeiten wirtschaftlicher [73]. In Wassergasgeneratoren haben sich SiC-Steine ebenfalls bewährt. Sie widerstehen der stärkeren Abrasion durch die erhöhten Aschemengen minderwertiger Brennstoffe [74]. Die Wandstärke kann wegen der hohen Festigkeit niedrig gehalten werden. Mit einer 62 mm dicken SiC-Zustellung erreichte ein Wassergasgenerator 1740 Betriebs-

stunden neben 2000 Std. Reservedienst [75]. In den obersten Lagen des Gitterwerkes von Regeneratoren für Wassergaserzeuger erreichten SiC-Steine wenigstens die doppelte Lebensdauer wie Schamottesteine [76].

Schrifttum

[1] Lux, E.: Ber. DKG. Bd. 13 (1932) S. 549/56
[2] Salmang, H., u. F. Gareis: Sprechsaal Keram., Glas, Email Bd. 68 (1935) S. 457
[3] Nach Koppers' Handbuch der Brennstofftechnik, 3. Aufl. Essen: H. Koppers 1953
[4] Ramsdell, L. S., u. J. A. Kohn: Acta crystallogr. Bd. 4 (1951) S. 75
[4a] Baumhauer, H.: Z. Kristallogr. Bd. 55 (1915/20) S. 249/59
[5] Taylor, A., u. D. S. Leidler: Brit. J. appl. Physics Bd. 1 (1950) S. 174
[6] Ruff, O.: Trans. elektrochem. Soc. Bd. 68 (1935) S. 87/109
[7] Hofmann, H.: Diss. Braunschweig 1934
[8] Nach Niederleuthner, R.: Unbildsame Rohstoffe keramischer Massen. Wien:
    Springer 1928
[8a] Buchholtz, E.: Ber. DKG. Bd. 16 (1935) S. 19/26
[9] Nach Ullmann: Enzyklopädie der technischen Chemie, 2. Aufl. Bd. 6. Berlin u. Wien
    1930
[10] Acheson, E. G.: J. Franklin Inst. (1893); US-Pat. 402767 (1893)
[11] Nach Ullmann: Enzyklopädie der technischen Chemie, 2. Aufl. Bd. 9, S. 488. Berlin
    u. Wien 1932
[12] Ramdohr, P.: Arch. Eisenhüttenwes. Bd. 1 (1928) S. 669/72
[13] Persönliche Mitteilung von E. Daub.
[14] Hofmann, U., u. D. Wilm: Z. Elektrochem. angew. physik. Chem. Bd. 42 (1936)
    S. 504/22
[15] Jodl: Brennstoff-Chem. Bd. 23 (1942) S. 165
[16] Vgl. Freund, H.: Handbuch der Mikroskopie in der Technik, Bd. II, Teil 1. Frank-
    furt a. M. 1952
[17] Vgl. Wilde, G., u. E. Daub: Stahl u. Eisen Bd. 60 (1940) S. 322/24
[18] Tonind.-Ztg. Bd. 59 (1935) S. 978/80, 1007/08 u. 1031/32
[19] Uralow, M. A., u. R. Ryshik: Ogneupory Bd. 1 (1933) S. 4/10
[20] Uralow, M. A., u. A. S. Berezhnoi: Ukr. Inst. Ogneup. Kislotoup Nr. 31. Charkow
    1934
[21] Budnikow, P. P.: Technologie der keram. Erzeugnisse, S. 380. Berlin: Technik 1950
[22] Mackenzie, J.: in: Ceramics, a Symposium, S. 659. Hrsg. von Green, A. T., u.
    G. H. Stewart. Stoke-on-Trent 1953.
[23] Burger, F.: Stahl u. Eisen Bd. 10 (1890) S. 112
[24] Vgl. Chesters, J. H.: in: Ceramics, a Symposium, S. 657. Hrsg. von Green, A. T.,
    u. G. H. Stewart Stoke-on-Trent 1953.
[25] Send, A.: Stahl u. Eisen Bd. 71 (1951) S. 1361/65
[26] Chesters, J. H., u. G. D. Elliot: Iron Age Bd. 164 (1949) S. 89/96
[27] Junius, A.: DRP. 408802 (1923); vgl. auch Weinges, F.: Stahl u. Eisen Bd. 56 (1936)
    S. 845/47
[28] Vgl. Klesper, R.: Stahl u. Eisen Bd. 64 (1944) S. 779/81
[29] Hayman, J. C.: Trans. Brit. ceram. Soc. Bd. 42 (1943) S. 185/98
[30] Kahlhöfer, H., u. A. Send: Stahl u. Eisen Bd. 74 (1954) S. 1697/1713
[31] Kahlhöfer, H., A. Send u. W. Himsel: Stahl u. Eisen Bd. 74 (1954) S. 1714/23
[32] Vgl. Klesper, R.: Feuerungstechnik Bd. 24 (1936) S. 44/46
[33] Zsak, V.: Stahl u. Eisen Bd. 53 (1933) S. 92/93
[34] Vgl. Clergeot, A.: Électricité Bd. 23 (1939) S. 1/4 u. 49/53
[35] Kuhlmann, C.: Stahl u. Eisen Bd. 53 (1933) S. 306
[36] Maire, R.: Céramique Bd. 40 (1937) S. 93/98
[37] Hoffmann, F.: Chem. Fabrik Bd. 9 (1936) S. 96/97
[38] Nach Budnikow, P. P.: Technologie der keram. Erzeugnisse, S. 376. Berlin: Technik
    1950
[39] Harders, F.: Stahl u. Eisen Bd. 60 (1940) S. 475/78 u. 502/08

[40] Foundry Bd. 83 (1955) S. 138
[41] HARTMANN, F., u. F. HARDERS: DRP. 692652 (1940)
[42] SSAWTSCHENKO, W.: Ogneupory Bd. 2 (1934) S. 38/40
[43] DRP. 630131 (1936) Didier-Werke
[44] Die amerikanische Industrie feuerfester Stoffe. Reichskuratorium für Wirtschaftlichkeit, Heft 18
[45] US-Pat. 2314758 (1943) Electro Refractories and Alloys Corp.
[46] GEIGER, C. F.: US-Pat. 1546833 (1925) Carborundum Co.
[47] MARTIN, R. H.: US-Pat. 1653918 (1927) u. 1818904 (1931) Norton Co.
[48] ABBEY, A.: Brit. Pat. 581528 (1946) Carborundum Co.
[49] US-Pat. 1528352 (1925) Internat. Coal Products Co.
[50] BENNER, R. C., u. H. N. BAUMANN JR.: US-Pat. 1975000 (1934), 2004595 (1935) u. 2004594 (1935) Carborund. Co.
[51] Brit. Pat. 575318 (1946) Carborund. Co.
[52] Brit. Pat. 492215 (1937) Carborund. Co.
[53] Belg. Pat. 447949 (1942) Martin u. Pagenstecher
[54] Schwed. Pat. 60902 (1926) Höganaes
[55] OBST, K. H.: DBP. 898267 (1953) H. Koppers
[56] Brit. Pat. 513265 (1939) Carborundum Co. u. 348149 (1930) Morgan Crucible Co.
[57] Chem. Age Bd. 51 (1944) S. 302
[58] KELLEHER, J.: US-Pat. 1588473 (1926) Harper Electric Fournace Co.
[59] BENNER, R. C., G. J. EASTER u. J. A. BOYER: US-Pat. 2015778 (1935) Carborundum Co.
[60] NIEBLING, F.: Tonind.-Ztg. Bd. 53 (1929) S. 227/28
[61] SCHULZ, E. H., u. A. KANZ: Mitt. Forsch.-Inst. Verein. Stahlwerke A.-G., Dortmund Bd. 1, Lief. 2 (1928). — Vgl. auch MIEHR, W., IMMKE u. J. KRATZERT: Tonind.-Ztg. Bd. 51 (1927) S. 417/22
[62] KRATZERT, J.: Sprechsaal Keram., Glas, Email Bd. 73 (1940) S. 211/13
[63] NORTON, F. H.: J. Amer. ceram. Soc. Bd. 10 (1927) S. 30/52
[64] GOLLA, H., u. H. LAUBE: Tonind.-Ztg. Bd. 54 (1930) S. 1432
[65] HOLLER, F.: Sprechsaal Keram., Glas, Email Bd. 69 (1936) S. 733/35, 745/47 u. 761/62
[66] RIDDLE, F. H., u. A. B. PECK: J. Amer. ceram. Soc. Bd. 9 (1926) S. 1/21 u. 1296
[67] KLESPER, R.: Sprechsaal Keram., Glas, Email Bd. 68 (1935) S. 385/88
[68] Vgl. KUKLA, O.: Stahl u. Eisen Bd. 50 (1930) S. 800/04. Versuche mit SiC im Deckel von Elektroöfen
[69] ROITZHEIM u. REMY: Metall u. Erz Bd. 33 (1936) S. 285, 489 u. Bd. 35 (1938) S. 531
[70] ROESEN, C. R.: Great Brit. Mint. Ann. Rep. Bd. 60 (1929) S. 132
[71] FITZGERALD, F. A.: Trans. Amer. elektrochem. Soc. Bd. 50 (1926) S. 6ff.
[72] Power Bd. 68 (1928) S. 839/41
[73] BAUMGARTNER, H. H.: Amer. Gas J. Bd. 125 (1926) S. 255/58 u. 280/83
[74] HALL, A. S.: Gas Age Bd. 91 (1943) S. 24/26; Amer. Gas Assoc., Proc. annu. Meeting Bd. 25 (1943) S. 244/49
[75] HORN, R. J.: Amer. Gas Assoc. Monthly Bd. 24 (1942) S. 216/17
[76] PARMELEE, C. W., A. E. R. WESTMAN u. W. H. PFEIFFER: Univ. Illinois, Engng. Exp. Stat., Bull. Ser. Bd. 179 (1928) S. 87ff.

7. Feuerleicht- und Isoliersteine

Die zur Wärmeisolierung von Öfen und Feuerungen aller Art dienenden Steine nutzen die geringe Wärmeleitfähigkeit und Wärmekapazität der Luft aus. Sie sind daher hoch porös und besitzen Raumgewichte unter 1,3. Die porenreiche Struktur wird erzeugt durch Verwendung von porösen Rohstoffen, wie Vermikulit, Kieselgur usw., oder durch Zufügung von brennbaren, verdampfenden, gasbildenden oder schäumenden Stoffen zu den Rohmassen, die im übrigen den normalen, in Kap. 2 bis 5 besprochenen Massen für feuerfeste Steine ähneln.

7.1 Rohstoffe

7.11 Vermikulit

Vermikulit gehört zur Gruppe der dreischichtigen Tonminerale (vgl. Abschn. 3.143) und steht dem Biotit nahe. Reiner Vermikulit hat die Formel [1]

$$(Mg_3,\ Al_2,\ Fe_2)O_3 \cdot 4(Si,\ Al,\ Fe)O_2 \cdot H_2O \cdot [x\ H_2O \cdot y\ Mg \cdot z\ Ca]$$

| Oktaederschicht | Tetraederschichten | Kristallwasser | Zwischenschichtbesetzung |

In der Oktaederschicht herrschen Mg-Ionen vor (beim Montmorillonit Al-Ionen), von den vorhandenen 3 Ionen bestehen im Mittel [1]

$$2{,}272 \text{ aus } Mg^{2+}$$
$$0{,}258 \text{ aus } Al^{3+}$$
$$0{,}291 \text{ aus } Fe^{3+}$$
$$0{,}048 \text{ aus } Fe^{2+}$$

der Rest 0,031 aus Ni^{3+} und Mn^{2+}.

Die 4 Ionen der Tetraederschichten enthalten im Mittel

$$2{,}781 \quad Si^{4+}$$
$$1{,}200 \quad Al^{3+}$$
$$0{,}012 \quad Fe^{3+}$$

Die Zwischenschichten bestehen aus

$$0{,}15 \text{ bis } 0{,}36\ Mg^{2+}$$
$$0{,}005 \text{ bis } 0{,}17\ Ca^{2+}$$

sowie etwa 4,6 Molekülen H_2O, die in 2 Schichten von verzerrten und gegeneinander verschobenen Sechsecknetzen angeordnet sind. Die Kationen liegen in der Mitte zwischen den Schichtpaketen, ihre Lage wird durch elektrostatische Kräfte der benachbarten Tetraederschichten bestimmt, die induzierten H_2O-Molekeln dienen dabei als Brücken.

Vermikulit besteht aus weichen, biegsamen, unelastischen, weißlichen, gelblichen oder grünlichen, talkartigen Blättchen, die in nassem Zustand plastisch werden. Er besitzt eine höhere Ionenumtauschfähigkeit als Montmorillonit (vgl. Tab. 71). Der Austausch der Zwischenschichtionen beginnt an den Blättchenenden und kann in einigen Fällen an der fortschreitenden Änderung des Farbtones im Mikroskop verfolgt werden. Durch Sättigung mit K-Ionen erhält Vermikulit sehr ähnliche Eigenschaften wie *Biotit*. Umgekehrt wandeln sich Biotit und Hydrobiotit bei Behandlung mit $MgCl_2$-Lösung in Vermikulit um. Die Geschwindigkeit dieser Reaktionen ist weitgehend unabhängig von der Korngröße des Vermikulits.

Bereits bei 100° C verliert der Vermikulit die Hälfte seines Zwischenschichtwassers [2], die andere Hälfte gibt er in mehreren Stufen bis 750° C ab. Die
Differentialthermoanalyse (vgl. Abschn. 3.14) ergibt zwei endotherme Effekte
bei 170 und 260° C. Die Fähigkeit zur innerkristallinen Wasseraufnahme verliert Vermikulit erst oberhalb 700° C, das entwässerte Kristallgitter ähnelt weitgehend dem des *Talkes* (vgl. Abschn. 5.165) [3]. Oberhalb 1300° C beginnt er
zu schmelzen.

Bei schnellem Erhitzen (4 bis 8 Sek.) blättert sich Vermikulit durch den
Druck des verdampfenden Zwischenschichtwassers bis zum 20- bis 30fachen
seiner ursprünglichen Dicke zu ziehharmonika- oder wurmförmigen Gebilden auf.
Das ursprünglich spezifische Gewicht von 2,3 bis 2,8 erniedrigt sich dabei im
Normalfall auf 0,9, maximal auf 0,087. Dieser sog. *expandierte* oder *exfoliierte*
Vermikulit (s. Abb. 708) ist ein guter Wärmeisolator und dient als Rohstoff zur
Herstellung von Isolierstoffen.

Technisch wird der getrocknete, in einer Hammermühle (vgl. Abschn. 3.332)
gemahlene und abgesiebte Rohvermikulit zum Zwecke der *Expansion* in einem
Wärmeofen durch eine Gas-, Öl- oder Kohlenstaubflamme oder durch elektrisch

Abb. 708. Expandierter Vermikulit

beheizte Platten auf 800 bis 900° C erhitzt [4]. Auch geneigte, im Gleichstrom beheizte Drehrohröfen mit Transportschnecken sind zum Expandieren vorgeschlagen worden [5]. Auf chemischem Wege ohne Erhitzung kann Vermikulit mit 20%igem Wasserstoffsuperoxyd expandiert werden.

Neben reinem Vermikulit kommen auch aus wechsellagernden Schichtpaketen von Vermikulit und Hydrobiotit bestehende sog. *Vermikulitglimmer* vor, die ebenfalls
expandiert werden können [3]. Reiner Biotit geht bei der Verwitterung durch
Auslaugung von Fe und anderen Kationen und Wasseraufnahme in Gelb gefärbten *Katzengold*-Glimmer über [6]. Dieser als *Baueritisierung* bezeichnete
Prozeß liefert auch ein expandierbares Produkt, das im technischen Sprachgebrauch in den Sammelbegriff *Vermikulit* mit einbezogen wird. Nicht alle
unter dieser Bezeichnung angebotenen Rohstoffe bestehen also aus Vermikulit
im mineralogischen Sinne. *Pyrophyllit* kann durch Erhitzen auf 1050 bis 1100° C
(2 bis 3 Min.) expandiert werden. Dabei entstehen rosettenartige Körper.

In der Natur kommt Vermikulit in der Kontaktzone von Pegmatitgängen mit
basischen oder ultrabasischen Gesteinen (vgl. Abschn. 5.23) vor [7]. Begleitminerale
sind Korund, Apatit, Asbest, Chlorit und Talk. Er entsteht dort als Absatz aus
hydrothermalen Lösungen oder durch Verwitterung von Biotit oder Hornblende.

Lagerstätten von mehreren 100 m Mächtigkeit finden sich in Libby, Montana. Bei Bare Hills, Baltimore, und bei Webster, Nordkarolina, tritt Vermikulit zusammen mit Serpentin auf. In ähnlicher geologischer Position findet er sich am Bohrberg bei Böhringen, Sachsen, als Verwitterungsprodukt von Biotit bei Zöblitz im Erzgebirge. Weitere große Vorkommen sind in Südafrika bei Palabora, in Brasilien, in Westaustralien, Japan und im Ural erschlossen worden.

Die meisten Vermikulite werden in den USA und in Südafrika gewonnen. Eine typische Analyse enthält Tab. 180.

Als Bindemittel für Vermikulitsteine verwendet man u. a. das magnesiumreichste, praktisch kein Al enthaltende Tonmineral *Hektorit*. Es gehört zur Montmorillonitgruppe und hat eine mit Mg^{2+}-Ionen voll belegte Oktaederschicht. Seine Strukturformel lautet

$$3\,MgO \cdot 4\,SiO_2 \cdot H_2O$$

0,33 Mg^{2+}-Ionen können durch Na^+ oder Li^+ vertreten sein. Hektorit kommt in gelblich weißen, tonigen Massen als Umwandlungsprodukt von Tuffen vor (Analyse s. Tab. 180).

Tabelle 180. *Analysen von wärmeisolierenden Rohstoffen*

	Bezeichnung	SiO_2	Al_2O_3	TiO_2	Fe_2O_3	FeO	CaO	MgO	NiO	H_2O
1	Vermikulit von Webster	36,5	16,9	—	2,8	1,0	0,1	19,8	2,3	20,4
2	Hektorit von Montreal .	46,5	3,3	—	0,4	0,7	—	25,9	—	22,6
3	Kieselgur, Lüneburger Heide (geglüht)	92,7	3,0	—	2,5	—	1,1	0,6	—	—
4	Molererde (geglüht)	78,4	11,4	—	5,9	—	2,5	1,0	—	—
									Alk.	**P_2O_5**
5	Reisasche	96,5	—	—	—	—	2,2	—	0,9	0,2

7.12 Asbest

Die häufig als Zusatzstoff zu Isoliermaterialien verwandten faserförmigen Asbeste bilden 2 Gruppen verschiedener Zusammensetzung und Struktur. Die erste besteht aus dem bereits in Abschn. 5.165 u. 5.232 besprochenen Serpentinasbest *Chrysotil* mit eingerollter Schichtstruktur, die zweite aus den in 3 Untergruppen aufgegliederten *Hornblendeasbesten* mit Kettenstruktur (vgl. Abschn. 1.23). Zu den letzten gehören:

1. der rhombische *Anthophyllit*

$$H_2(Mg,\ Fe^{2+})_7 \cdot [Si_2O_6]_4 = 7\,(Mg,\ Fe^{2+})O \cdot 8\,SiO_2 \cdot H_2O$$

2. die monoklin kristallisierenden Asbeste *Tremolit*

$$H_2Ca_2Mg_5 \cdot [Si_2O_6]_4 = 2\,CaO \cdot 5\,MgO \cdot 8\,SiO_2 \cdot H_2O$$

und *Actinolith* (Strahlstein), bei dem ein beträchtlicher Teil des Mg^{2+} durch Fe^{2+} ersetzt ist.

3. der monokline *Krokydolith* (Blauasbest)

$$H_2Na_4(Fe^{2+},\ Fe^{3+})_5 \cdot [SiO_2]_4 = 2\,Na_2O \cdot 5\,(Fe^{2+},\ Fe^{3+})O \cdot 8\,SiO_2 \cdot H_2O$$

Serpentinasbestfasern sind grünlich bis grauweiß gefärbt, sehr biegsam, gut verspinnbar und zerreißfest. Bei hohen Temperaturen werden sie spröde und schmelzen bei 1550° C. Sie sind gegen Alkalien gut beständig, in Säuren dagegen bis zu 57% ihres Gewichtes löslich.

Von den Hornblendeasbesten ist Tremolit ebenfalls grünlich oder gelblich gefärbt, mäßig biegsam, schlecht verspinnbar und wenig zerreißfest. Er schmilzt bereits bei 1320° C, ist aber gegen Alkalien und Säuren beständig. Actinolith hat ähnliche Eigenschaften, schmilzt jedoch erst bei 1390° C und ist weniger alkali- und säurebeständig.

Der rhombische Anthophyllit ist gelblich braun gefärbt, rauh und hart, unbiegsam, nicht verspinnbar und sehr wenig zerreißfest. Sein Schmelzpunkt nähert sich mit 1480° C dem des Serpentinasbestes, seine Beständigkeit gegen Alkalien und Säuren ist gut.

Im Gegensatz zu diesen spröden Hornblendeasbesten ist der alkalihaltige, blau bis grünlich gefärbte Krokydolithasbest gut biegsam und verspinnbar. Seine Zerreißfestigkeit übertrifft noch die des Serpentinasbestes, er schmilzt aber bereits bei 1200° C. Gegen Alkalien und Säuren ist er gut beständig.

Serpentinasbest wird in Rhodesien, Transvaal, USA, Kanada, Brasilien, Cypern, Australien und UdSSR gewonnen, Krokydolithasbest in Kapland, Transvaal, Kalifornien, Bolivien und Westaustralien. 90% der Förderung bestehen aus Serpentinasbesten, die auch für Isolierstoffe ganz überwiegend benutzt werden.

7.13 Perlit, Pechstein und Obsidian

Glasförmig erstarrte, saure Eruptivgesteine rhyolitischer Zusammensetzung (chemisch etwa dem Granit entsprechend) enthalten lose durch Adsorption gebundenes Wasser, das bei der Bildung der Gesteine unter hohem Wasserdampfdruck vom Magma aufgenommen wurde. Bei raschem Erhitzen verdampft das Wasser und bläht die Gesteine zu bimssteinartigen Produkten mit extrem dünnen Porenwänden auf, die sich als Wärmedämmstoffe eignen [8]. Von diesen vulkanischen Gläsern enthält

Pechstein ...... 5 bis 9% Wasser,
Perlit   ...... 3 bis 4% Wasser,
Obsidian .... wenig Wasser.

Perlit besitzt eine kryptokristalline, radialstrahlige Sphärolithstruktur, ähnlich wie Chalzedon (vgl. Abschn. 2.231, Abb. 135). Beim Erhitzen entweicht die sehr lose gebundene Hauptmenge des Wassers sofort, das fester gebundene Restwasser (etwa 1,2%) wird später frei und verursacht die Aufblähung [9]. Diese tritt aber nur bei sehr schneller Erhitzung ein. Man muß Perlit in 8 bis 10 Min. auf ~ 350 °C vorerhitzen und anschließend max. 50 bis 60 Sek. der bei ~ 1150 °C liegenden Blähtemperatur aussetzen (z. B. in einem im Gleichstrom betriebenen Drehrohrofen) [9a]. Wegen des Zwanges zu rascher Erwärmung können nur kleine Körner (bis ~ 1,2 mm Durchmesser) gebläht werden. Sie ergeben ein Korn von max. 5,0 mm.

Größere Perlitlagerstätten finden sich in den USA und in Ungarn im Tokaj-Gebirge bei Pálháza und Telkibánya.

7.14 Kieselgur (Diatomeenerde)

Kieselgur besteht überwiegend aus den mikroskopisch kleinen Schalen einzelliger Kieselalgen, einer Gruppe von vorwiegend in kalten, kalkfreien Meeren oder Süßwasserseen lebenden, als *Diatomeen* bezeichneten Pflanzenarten, daneben aus den Schalen von *Radiolarien*, einer einzelligen Tiergruppe. Die Größe der mannigfaltig gestalteten Schalen schwankt zwischen 5 und 400 μ, sie besitzen eine Unzahl kleinster Poren, deren Raum früher von lebender Zellsubstanz eingenommen wurde (Abb. 709). Die erdigen oder halbverfestigten kreideartigen oder festen, schieferartigen Massen sind daher sehr leicht und haben eine extrem große Oberfläche. Ihr Raumgewicht beträgt 0,241, nach der

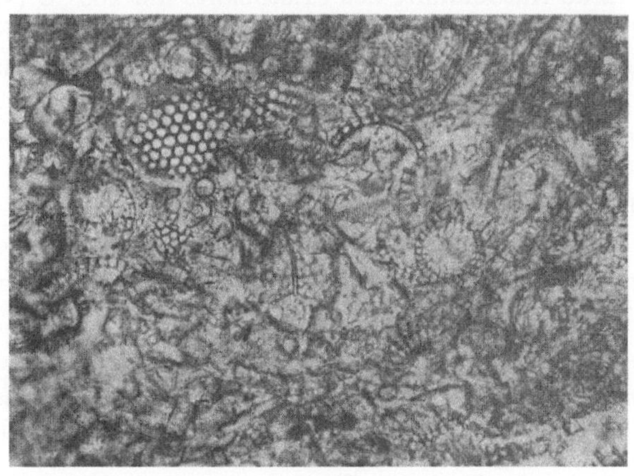

Abb. 709
Diatomeen in dänischer Molererde. Dünnschliff (Vergr. 240 ×)

Kalzination 0,377. Die Kieselsäure der Schalen ist amorph und wasserhaltig, sie hat den Charakter von Opal (spez. Gew. 1,9 bis 2,3, vgl. Abschn. 2.115) und läßt sich leicht in einen gelförmigen Zustand überführen. Reibt man reine, bei 100° C getrocknete Kieselgur (96 bis 97 % SiO_2) in einer Porzellanschale mit

wenig Wasser, so entsteht eine kittartige, klebrige Masse mit thixotropen Eigenschaften (vgl. Abschn. 3.124), die durch fortgesetztes Reiben und Kneten verflüssigt werden kann und beim Erstarren ein festes, beim Anschlagen klingendes Produkt liefert [*10*]. Kieselgur ist daher als Bindemittel für Silikasteine vorgeschlagen worden (vgl. Abschn. 2.33). Die Mikrostruktur der Massen wird beim Kneten und Mahlen nicht merklich verändert.

Beim *Erhitzen* dehnen sich gut getrocknete Kieselgurkörper zwischen 50 und 250° C je nach Restwassergehalt und Alterungsgrad der Gele um 0,1 bis 0,3% aus, weil die schwach deformierbaren Gele durch die Wasserabgabe leicht aufgetrieben werden (vgl. Abschn. 7.13). Oberhalb 800° C beginnen sie infolge Zusammensinterns der Diatomeen zu

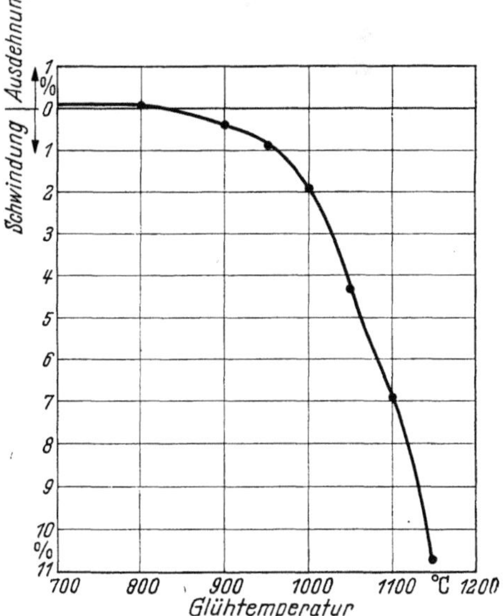

Abb. 710. Längenänderungen von Kieselgurkörpern nach 3stündigem Glühen bei verschiedenen Temperaturen (nach E. STEINHOFF)

schwinden. Bei Temperaturen über 1000° C wird die Schwindung so stark, daß die Diatomeenstruktur verlorengeht und die Probekörper rissig werden (vgl. Abb. 710). Oberhalb 1100° C wandelt sich die Diatomeen-Kieselsäure in Cristobalit um. Nach dem Brennen bei mindestens 1150° C zeigen Probekörper die starke Ausdehnung des Cristobalits um 200° C (vgl. Abschn. 2.112). Der Kegelfallpunkt von sehr reiner Kieselgur liegt bei SK 33. Ihre Wärmeleitfähigkeit ist naturgemäß sehr gering, an losen Kieselgurmassen wurde bestimmt:

bei	0° C	50° C	100° C	200° C	300° C
$\lambda =$	0,052	0,060	0,066	0,074	0,078

Die spezifische Wärme zwischen 17 und 100° C beträgt 0,21.

Die bedeutendsten deutschen Kieselgurvorkommen liegen in zwischeneiszeitlichen Diluvialablagerungen der *Lüneburger Heide* bei Munster, Ohe, Wiechel und im Luhetal.

Schwierigkeiten bereitet die Entwässerung der offenen Gruben, die Förderung ist daher nur bei trockenem Wetter möglich und muß häufig unterbrochen werden.

Die sehr wasserreiche Rohgur wird in Schuppen an der Luft getrocknet. Nicht verwitterte Lagen enthalten noch viel bituminöse Stoffe als Restprodukt der organischen Zellsubstanz. Sie färben die Gur schwarzgrün (grüne Gur). Unter einer Decke von durchlässigen Sanden sind die obersten Lagen durch Oxydation des Bitumens teilweise oder ganz gebleicht (graue bzw. weiße Gur).

Die grüne Gur mit mehr als 10% Bitumen wird nach Art der Meiler zu Haufen aufgeschüttet und mit Reisig in Brand gesteckt. Sie schwelt dann etwa 5 Wochen lang, bis das Bitumen restlos ausgebrannt ist, die Brenntemperatur darf dabei 800° C nicht überschreiten. Nach diesem sog. *Kalzinieren* wird die Gur zur Entfernung von Verunreinigungen (Ton, Sand, Eisenoxyd) geschlämmt oder windgesichtet und gemahlen.

Eine Analyse der kalzinierten Heidegur enthält Tab. 180, ihr Kegelfallpunkt beträgt SK 30.

Die *oberhessische* Kieselgur eignet sich wegen ihres hohen Gehaltes an Verunreinigungen (18,5% Al_2O_3, 5,6% Fe_2O_3, 2,4% CaO) nicht gut für Isolierzwecke, wohl aber die *dänische Molererde*. Dieser Rohstoff ist im Alttertiär entstanden, er besteht aus mehreren Schichten, die verschiedene Beimengungen, u. a. Ton, Flintstücke oder vulkanische Aschen, enthalten. Die reinste Molererde bildet die tieferen Lagen, sie ist frei von Asche, Tonschieferadern, Sand und organischen Stoffen und wird auf den Inseln Mors und Fur im Limfjord abgebaut. Eine Analyse ist in Tab. 180 aufgeführt [11]. Der Tonerdegehalt von 10 bis 12% verleiht der Rohmasse beim Formen gerade die erforderliche Plastizität, sie kann daher ohne Zusätze verarbeitet werden, während der Heidegur Bindemittel zugefügt werden müssen. Die Molererde hat einen Kegelfallpunkt von SK 14.

Weitere Lagerstätten von erdiger Kieselgur werden in Algier, Portugal, Nordirland und UdSSR abgebaut.

Sehr große, halbverfestigte Diatomeengesteine kommen bei *Whitehills* in *Kalifornien* vor. Die Mächtigkeit erreicht stellenweise 305 m, die abbauwürdigen Vorräte werden auf 33 Millionen Tonnen geschätzt. Aus den Schichten werden große Blöcke herausgesägt und getrocknet. Die Blöcke werden dann zur Gewinnung von Isoliersteinen in die gewünschten Formate zerschnitten [12]. Ähnliche Lagerstätten finden sich in Kleinasien [13].

7.15 Reisasche (Silex)

Reisasche oder Silex ist der aus mehr als 96% Kieselsäure in Tridymitform bestehende Rückstand bei der Destillation von Reisspelzen (s. Tab. 180). Sie enthält sehr viele Mikroporen, die gleichmäßigere Gestalt besitzen als die Poren der Kieselgur. Ihr spezifisches Gewicht beträgt 2,42, das Raumgewicht 0,224, die Porosität rd. 80 Vol.-%. Wegen ihrer Freiheit von Wasser schwindet die Reisasche nicht wie Kieselgur oberhalb 800° C und ist daher bei erheblich höheren Temperaturen verwendbar als jene, ohne ihre Isoliereigenschaften zu verlieren. Ihr Kegelfallpunkt liegt bei SK 33. Da sie aus Tridymit besteht, ist sie auch weniger empfindlich gegen Temperaturwechsel als cristobalitreiche Substanzen.

Reisasche wird nur in Ländern mit hoher Reisproduktion, vor allem in Indien und Italien hergestellt und zu hochfeuerfesten Isoliersteinen verarbeitet.

7.2 Steinherstellung

Die im Abschn. 7.1 aufgeführten Rohstoffe können wegen ihrer relativ geringen Feuerbeständigkeit großenteils nur für Isoliersteine mit einem Anwendungsbereich bis ~1100° C verwandt werden. Die bei höheren Temperaturen beständigen sog. *Feuerleichtsteine* sind künstlich porös gemachte feuerfeste Baustoffe auf Schamotte-, Silika- oder Sillimanitbasis. Sie müssen einen Kegelfallpunkt von mindestens SK 18 (1520° C) besitzen. Auch basische Massen können zu Feuerleichtsteinen verarbeitet werden.

7.21 Schamotte-Feuerleichtsteine

Massen für Schamotte-Feuerleichtsteine werden meist plastisch geformt. Zur Porenbildung in den Steinen dienen

1. organische Ausbrennstoffe,   3. gasentwickelnde Stoffe,
2. verdampfende Stoffe,   4. schaumbildende Stoffe.

7.211 Zumischung von Ausbrennstoffen

Als Ausbrennstoffe dienen Sägemehl, vor allem von harten Hölzern, wie Buche, Eiche, Walnuß oder Kirsche, Braunkohlen- oder Torfkoksabrieb, Petrolkoks, Holzkohle, Paranußschalen, Häcksel und andere organische Stoffe. Das *Sägemehl* muß wenig Asche enthalten, da diese meist reich an Alkalien ist. Schwefel und andere störende Beimengungen können durch trockene Destillation entfernt werden [14].

Braunkohlenabrieb ergibt stets relativ viel gips- und schwefelhaltige Asche (vgl. Abschn. 3.513), er kann daher nur in geringen Mengen der Rohmasse zugesetzt werden und gestattet lediglich die Herstellung von Leichtsteinen mit geringerer Porosität (Raumgewicht ~0,9 bis 1,1).

Hochwertige Leichtsteine erhält man bei Verwendung von *Torfkoks* (2 bis 3% Asche) oder Petrolkoks. Diese Stoffe werden in verschiedener Körnung und Qualität angeboten.

Korkabrieb ist der hochwertigste Ausbrennstoff, wird aber wegen seines hohen Preises nur noch selten verwandt. Er kann durch Erhitzen expandiert werden, damit er in den feuchten Rohlingen nicht quillt und Risse hervorruft.

Poröse Ausbrennstoffe, wie Sägemehl usw., nehmen viel Wasser auf und müssen daher vor dem Einbringen in die Masse angefeuchtet werden. Um die Wasseraufnahme zu vermindern, können die Ausbrennstoffe mit wasserabweisenden Mitteln, wie Mineral- oder Pflanzenölen, behandelt werden [15]. Zur Beschleunigung des Ausbrennens setzt man den organischen Stoffen auch leicht entflammbare Bitumenöle zu.

Nach P. P. Budnikow [16] ergibt Sägemehl weniger feste, sich beim Brennen verwerfende Steine, Holzkohle brennt dagegen schwer aus, die damit hergestellten Baustoffe sind aber fest und formbeständig. Die besten Resultate soll man mit einer Mischung beider Ausbrennstoffe im Verhältnis Sägemehl (Korngröße 0 bis 2 oder 0 bis 3 mm) zu Holzkohle (0 bis 1,5 oder 0 bis 2,5 mm) wie 1 : 7 bis 1 : 5 erzielen.

Die Massen für Schamotte-Feuerleichtsteine werden nach den in Abschn. 3.342 besprochenen Verfahren z. B. aus

30 bis 35 Gew.-% (60 bis 70 Vol.-%) Ausbrennstoffen,
15 bis 20 Gew.-% Schamotte 0 bis 2 oder 0 bis 3 mm
und etwa 50 Gew.-% halbsaurem Ton

gemischt. Man hat auch Massen aus 80 bis 87,5 Vol.-% Koksabrieb und 20 bis 12,5 Vol.-% feuerfestem Ton zur Leichtsteinherstellung vorgeschlagen [17].

Abb. 711. Feuerleichtsteine mit schwarzen Kernen durch unvollständige Verbrennung der Ausbrennstoffe

Die fertig gemischte Rohmasse wird auf der *Strangpresse* geformt, gegebenenfalls nachgepreßt und scharf getrocknet. Auch geringe, von den Ausbrennstoffen festgehaltene Feuchtigkeitsreste können beim Steinbrand Verbiegungen, Rißbildungen und dunkle Kerne hervorrufen (vgl. Abschnitt 3.361). Der *Brand* wird allgemein oxydierend geführt, jedoch muß die Luftzufuhr im Ausbrennstadium zwischen 500 und 1100° C sehr sorgfältig dosiert werden. Bei zu großer Luftzufuhr kann die Ofentemperatur durch plötzliches Ausbrennen so schnell gesteigert werden, daß der Ofen *durchgeht*, und die Steine rissig werden oder schmelzen. In Tunnelöfen führt man häufig einen Teil der Rauchgase in die Ausbrennzone zurück, um die Verbrennungsluft zu verdünnen, und hält die Temperatur bis zur Beendigung des Ausbrennens. Unvollständiger Ausbrand führt zur Entstehung von schwarzen Kernen (Abb. 711), die eine mürbe Struktur hervorrufen und die Isolierwirkung vermindern. Die Brennschwindung beträgt linear 8 bis 15%.

Statt die Ausbrennstoffe der Steinmasse zuzusetzen, kann man auch poröse Leichtschamotten herstellen, z. B. aus 2 Teilen Kaolin, 2 Teilen SiC und 1 Teil Sägemehl. 4 Teile der gebrannten und gemahlenen Leichtschamotte werden dann mit 1 Teil Kaolin und 1 Teil Sägemehl gemischt, die Massen geformt und zu Steinen gebrannt [18].

Um Feuerleichtsteinmassen zum Trockenpressen geeignet zu machen, fügt man dem Versatz Gips ($\sim 10\%$) zu [19]. Der Gips verbraucht beim Abbinden einen erheblichen Teil des zugesetzten Wassers, verfestigt die Masse und vermindert die Schwindung.

Durch Ausbrennstoffe können Leichtsteine mit einem Raumgewicht bis zu 0,7 herunter hergestellt werden.

7.212 Zumischung von verdampfenden Stoffen

Mit Hilfe verdampfender Stoffe wie *Naphthalin* (Verdampfungspunkt 218 °C) hergestellte Leichtsteine erhalten besonders feine Poren und hohe Festigkeit bei relativ niedrigem Raumgewicht (bis 0,5). Die nach den in Abschn. 7.211 beschriebenen Methoden hergestellten Rohlinge sollen in einer Feuchtraumanlage getrocknet werden (vgl. Abschn. 3.35), damit die das Naphthalin umhüllenden Tonhäute nicht reißen [20]. Das Verfahren ist nur dann wirtschaftlich, wenn das verdampfende Naphthalin zum größten Teil zurückgewonnen wird. Dies erreicht man u. a. durch eine unter Unterdruck stehende Kammer, in welcher sich das Naphthalin sammelt [20]. Die nach dem Verdampfen im bereits verfestigten Rohling zurückbleibenden Hohlräume bilden die Poren, ihr Durchmesser hängt von der Korngröße des Naphthalins ab.

7.213 Zumischung von gasentwickelnden Stoffen

Durch gasentwickelnde Stoffe wird die Masse schon im plastischen oder viskosen Zustand aufgetrieben. Hierzu werden verwandt oder vorgeschlagen:

1. metallisches *Aluminiumpulver* [21], das mit schwach alkalischem Wasser unter Bildung feinverteilter Tonerde Wasserstoff entwickelt,

2. *Ammonkarbonat* [22], welches bei 58° C in CO_2 und NH_3 zerfällt,

3. *Wasserstoffsuperoxyd* [22], das in Gegenwart von Katalysatoren (z. B. Manganverbindungen) Sauerstoff abgibt,

4. *Dioxodisiloxan* $H_2Si_2O_3$ [23], das unter Einwirkung der in geringer Menge im Ton vorhandenen Alkalien oder von gelöschtem Kalk in SiO_2 und Wasserstoff zerfällt,

5. *Dolomit* und Schwefelsäurelösung,

6. metallisches *Kalzium* oder *Zink*, *Karbide* [24].

Die Massen kann man im plastischen oder verflüssigten Zustand (Gießschlicker, vgl. Abschn. 3.346) verwenden. Durch *Aluminiumpulver* wird der Tonerdegehalt der Steine merklich erhöht. Aus 0 bis 25% Schamotte, 8 bis 12% Sägemehl, 2 bis 5% Al als Aluminiumkrätze und 45 bis 50% Kaolin kann man beispielsweise plastisch geformte und gebrannte Steine mit $Al_2O_3 : SiO_2$ = 2:1 herstellen.

Besonders fein verteilte und gleichmäßige Poren ergibt *Wasserstoffsuperoxyd* als Treibmittel. Zur Regulierung der Porengröße kann die Oberflächenspannung von Gießmassen durch Zusatz von Saponine, Albumin, Xylose oder Methylzellulose erniedrigt werden. Damit die poröse Struktur der Masse erhalten bleibt, setzt man der Masse oft Verfestigungsmittel, z. B. Gips, zu [25].

Rechtzeitige Verfestigung erreicht man auch durch Verwendung von *Tonerdeschmelzzement* (vgl. Abschn. 4.51) als Bindemittel. Dabei muß zur richtigen gegenseitigen Abstimmung des Treibens und Erhärtens eine bestimmte Arbeitstemperatur eingehalten werden. Die mit dem Treibmittel (meist Wasserstoffsuperoxyd) versetzte Masse wird in Formen gefüllt und ist nach dem Treiben, Glätten und Abbinden ohne keramischen Brand gebrauchsfertig.

Massen zur Herstellung von Leichtsteinen mit *Dolomit* als Treibmittel besitzen etwa die Zusammensetzung [*16*]:

85% Schamotte,	3% feingemahlener Rohdolomit,
6% Ton,	6% Gips.

Die gut gemischte Trockenmasse schüttet man schnell in eine Schwefelsäurelösung von 11 bis 28° Bé (Menge 40% des Gewichtes der Trockenmasse), rührt gut durch und füllt mit dem entstehenden Schlicker hölzerne Formen zur Hälfte. Durch Treiben vergrößert die Masse ihr Volumen, füllt die Form ganz aus und wird schließlich fest. Nach dem Trocknen werden die Rohlinge bei 1250 bis 1300° C gebrannt und schwinden dabei um $\sim 4\%$. Die gebrannten Steine werden schließlich durch Sägen oder Schleifen formatisiert.

Nach dem Gastreibverfahren hergestellte Steine erreichen Raumgewichte von $\sim 0{,}6$.

7.214 Erzeugung von Schaum

Als Schaumbildner verwendet man Kolophoniumseife, Saponine, alkoholisches Sulfonat oder ähnliches.

Zur Herstellung von *Kolophoniumseife* behandelt man geschmolzenes Kolophonium mit 15% NaOH oder 20% Pottasche (K_2CO_3) in 10%iger Lösung bis zur vollständigen Verseifung und wäscht die Seife mehrere Male mit Kochsalzlösung aus [*16*].

Zur Erhöhung der Zähigkeit setzt man dem Schaum gelösten Tischlerleim oder Sulfitablauge zu. Die schaumbildende Emulsion besteht beispielsweise aus 0,5% Kolophoniumseife, 0,5% Tischlerleim und 99% Wasser, sie wird in einem Schaumschläger so lange geschlagen, bis ein feinporiger, homogener Schaum entsteht.

Der Schamotteschlicker wird getrennt von der Schaumemulsion hergestellt. Er besteht aus 15 bis 90% Schamotte <1 mm, 85 bis 10% Ton und zusätzlich 25 bis 30% Wasser, bezogen auf Trockensubstanz. Um nach dem Schäumen das überschüssige Wasser zu binden, setzt man dem Schlicker 2 bis 5% Sägemehl <1,5 mm mit 12 bis 15% Feuchtigkeit und Gips oder Alaun zu. Je höher der Tongehalt im Schlicker ist, um so kleiner ist das erzielbare Raumgewicht, um so größer aber auch die Trocken- und Brennschwindung der Steine. Bei Massen mit 85% Ton steigt die Schwindung bis auf insgesamt 25% an.

Schamotteschlicker und Schaumemulsion werden im *Wellenmischer* (vgl. Abschn. 3.342.1) in einem dem gewünschten Raumgewicht entsprechenden Verhältnis gemischt und in Formen aus Eisenblech oder aus Holz eingefüllt. Die Rohlinge werden dann mit den Formen in einem *Kammertrockner* mit hoher Anfangstemperatur (etwa 80° C) 36 bis 48 Std. getrocknet, um durch rasche Verfestigung ein Zusammenfallen der Poren zu vermeiden. Nach dem Trocknen entformt man die Rohlinge und brennt sie bei etwa 1300° C. Wegen der geringen Grünfestigkeit dürfen nur 2 bis 3 Lagen Rohlinge übereinandergesetzt werden (obere Lagen in Brennöfen).

Die Zellwände können nach dem Schäumen wie beim Gastreibverfahren auch durch Gipszusatz rasch verfestigt werden. Gelöschter Kalk erfüllt den gleichen Zweck, indem er den Schlicker zur Koagulation bringt. CaO-haltige Leichtsteine härtet man im Autoklaven durch Dampfeinwirkung.

Nach einer anderen Methode werden Schaumsteine durch Zugabe von *Wasserglas* zum Schlicker und Koagulation des Schaumes mit Hilfe von *Säuren*, z. B. CO_2-Gas, verfestigt. Derartige Massen bestehen z. B. aus

> 7 Teilen Schamotte 0 bis 0,5 mm,
> 3 Teilen fettem Ton,
> 5 Teilen Wasserglas von 8° Bé,
> 0,02 Teilen Saponine.

Nach dem Schäumen leitet man CO_2 durch die Masse, formt, trocknet und brennt sie [26]. Umgekehrt kann man einen sauer reagierenden Schlicker durch langsame Zugabe von Trockenwasserglas zur Koagulation bringen.

Schaumstoffe ermöglichen die Herstellung besonders leichter Steine mit einem Raumgewicht bis zu 0,4 herab. Zur Erhöhung der Temperaturwechselbeständigkeit können gebrannte Schaummassen auf 0 bis 7 mm zerkleinert, mit etwa 40% Ton gebunden, geformt, getrocknet und bei etwa 1400° C gebrannt werden.

7.22 Hochtonerdehaltige Feuerleichtsteine

Massen für hochtonerdehaltige Feuerleichtsteine enthalten nur wenig Ton und sind daher nicht plastisch formbar. Die Rohstoffe (Korund, kalz. Tonerde, Mullit, Cyanit, Bauxit usw., vgl. Abschn. 4.1) eignen sich jedoch in feingemahlenem Zustand (z. B. auf kleiner als 12 µ) zur Verschlickerung und werden als *Schlicker* nach dem Gastreib- oder Schaumverfahren (Abschn. 7.213/14) verarbeitet. Einen Teil der Stoffe kann man dabei in gröberer Körnung zugeben. Durch Verwendung von Rohcyanit, der sich beim Brennen ausdehnt (vgl. Abschn. 4.111), wird die Porosität der Leichtsteine zusätzlich erhöht. Zum Verfestigen des Schlickers dienen Sägemehl oder Gips. Die Formlinge werden in üblicher Weise getrocknet und gebrannt.

Hochtonerdehaltige Leichtsteine können auch aus feingemahlener Tonerde oder Bauxit (<50 µ) unter Zumischung von *Naphthalin* hergestellt werden [27]. Die getrockneten Rohlinge werden bei 1300 bis 1500° C gebrannt. Um eine gute Versinterung zu erzielen, setzt man Flußmittel (Kieselsäure, Borate, Erdalkalisalze) hinzu.

Häufig verwendet man auch die beim Verblasen von im Lichtbogen geschmolzener Tonerde entstehenden *Hohlkügelchen* (vgl. Abschn. 4.132) als Ausgangsmaterial für die Leichtsteinherstellung. Die Hohlkugeln werden mit windgesichtetem Kaolin oder kalz. Tonerde und einem organischen Bindemittel gebunden, trocken gepreßt, getrocknet und bei ~1500° C gebrannt.

Da Tonerde die Wärme relativ gut leitet, hat man Verfahren entwickelt, durch die auch Stoffe mit geringer Wärmeleitfähigkeit, wie Mullit oder Spinell, in Hohlkugelform gebracht werden können.

Zu diesem Zweck stellt man Gießschlicker mit Gastreibmitteln (z. B. Peroxyden) her, läßt sie austropfen oder verbläst sie im Luftstrom zu feinen Tröpfchen [28]. Die Tröpfchen werden auf Bändern oder Trommeln aufgefangen, getrocknet und gebrannt.

Nach einem anderen Verfahren werden kugelförmige, brennbare Stoffe durch Granulieren mit einer feinkörnigen Masse aus hochtonerdehaltigen Rohstoffen umhüllt [29]. Beim Brennen entstehen aus den Granalien Hohlkugeln.

Die gebrannten Tröpfchen oder Hohlkugeln kann man als lockere Isoliermassen benutzen oder auf keramischem Wege zu Steinen verarbeiten. Damit die meist dünnen Kugelwandungen beim Pressen nicht eingedrückt werden, füllt man sie mit einem brennbaren Stoff, z. B. Stärkemehlschlicker.

7.23 Silika-Feuerleichtsteine

Silika-Feuerleichtsteine werden aus feinkörnigen Silikamassen mit *Ausbrennstoffen* gefertigt. Der Quarzit wird auf eine Korngröße unter 1 mm mit ~55% Feinmehl unter 0,09 mm gemahlen. Silikabruch kann bis zu 20% der Gesamttrockenmasse als Feinmehl zugegeben werden. Als Ausbrennstoffe dienen u. a. 30 bis 45 Gew.-% Anthrazit mit < 10% Asche in der Körnung 0,2 bis 1 mm oder Torfkoks. Kalk oder Gips und Sulfitablauge werden wie bei normalen Silikamassen zugegeben (vgl. Abschn. 2.32/33), die Feuchtigkeit ist jedoch mit 10 bis 12% höher als bei diesen. Die Massen werden wie üblich geformt und getrocknet. Der Brand wird oxydierend mit Haltezeiten zum Ausbrennen bei 800 bis 900° C geführt, die Brenntemperatur beträgt 1270 bis 1300° C. So hergestellte Leichtsteine haben Raumgewichte von 0,7 bis 1,0.

Bei einem englischen Verfahren werden in *geschmolzener Kieselsäure* durch Gasentwicklung kleine Blasen erzeugt [30]. Man erhitzt Quarzsand schnell auf ~1700° C und kühlt wieder ab. Der Sand besteht dann aus Cristobalit und Tridymit und ist durch die Volumenausdehnung porös geworden. Er wird mit Schellacklösung getränkt, geformt und langsam auf ~400° C erhitzt. Dabei verdampft das Lösungsmittel, und der Schellack verkohlt. Werden diese Körper rasch auf ~1750° C gebracht, so bläht sich die geschmolzene Kieselsäure zu einer schaumartigen Masse mit geschlossenen Poren und einem Raumgewicht von 0,6 und weniger auf.

Gute Silika-Feuerleichtsteine erhält man durch Mischen von *Reisasche* (Abschn. 7.15) mit kolloidalen Bindemitteln und Ausbrennstoffen. Die Mischung wird auf der Strangpresse geformt, leicht vorgetrocknet, nachgepreßt und 18 bis 24 Std., bei großen Formaten bis 36 Std., gründlich getrocknet. Die Formlinge werden dann bei ~1200° C gebrannt.

7.24 Zirkon-Leichtsteine

Leichtsteine mit höchster Feuerbeständigkeit (bis über 2000° C) kann man aus feingemahlenem Zirkonoxyd und Zirkonsilikat herstellen. Als Bindemittel dient fast stets *Phosphorsäure*, die *Zirkonphosphat* $5ZrO_2 \cdot 4P_2O_5 \cdot 8H_2O$ bildet. Zur Erhöhung der Plastizität werden Gelatine oder Leim zugesetzt. Poren erzeugt man mit Hilfe von Ausbrennstoffen, meist Petrolkoks, oder metallischem Aluminium [31].

Als weitere Zusätze werden Tonerdehydrat, Cr_2O_3 [*32*] oder Doppelzirkonsilikate, z. B. $2(2CaO \cdot SiO_2) \cdot 3(ZrO_2 \cdot SiO_2)$, bzw. entsprechende Verbindungen mit MgO, BaO, ZnO, Na_2O oder K_2O statt CaO vorgeschlagen [*33*], die bei hohen Temperaturen eine keramische Bindung ergeben.

Als typische Massezusammensetzung wird angegeben [*34*]:

1000g Zirkonoxyd 0 bis 0,09 mm,

500 g Zirkonsilikat 0 bis 0,2 mm,

500 g kalzinierter Petrolkoks 0,5 bis 1,5 mm,

35 ccm 87%ige Phosphorsäure,

125 ccm Gelatinelösung.

Die Masse wird geformt, getrocknet und bei $\sim 1000°\,C$ gebrannt. Sie ergibt Leichtsteine mit 70 bis 75% Porosität.

7.25 Neutrale und basische Feuerleichtsteine

Ähnlich wie hochtonerdehaltige Leichtsteine stellt man auch solche neutraler oder basischer Zusammensetzung durch *Verschlickern* der unplastischen Rohstoffe Sintermagnesia, Chromerz oder Forsterit in feingemahlenem Zustand, Porenerzeugung durch Gastreiben oder Schäumen, Formen, Trocknen und Brennen der Rohlinge her. Auch die Verwendung von *Ausbrennstoffen* und Formgebung nach dem Trockenpreßverfahren wie bei Silikaleichtsteinen ist möglich.

Bei der Herstellung basischer Leichtsteine kann man weiterhin die Volumenverminderung beim *Entsäuern* von Rohkarbonaten zur Porenerzeugung ausnutzen. Um die Schwindung in tragbaren Grenzen zu halten, stellt man dabei ein feuerfestes Traggerüst aus feingemahlenem Forsterit oder Chromerz her [*35*]. Dieses die Grundmasse bildende feinkörnige Traggerüst kann $\sim 50\%$ Rohmagnesit oder Dolomit enthalten. Das Grobkorn besteht aus den gleichen Rohkarbonaten. Durch Formen und Brennen derartiger Massen erhält man Leichtsteine mit $\sim 50\%$ Poren.

Erdalkalioxyde setzen die Brennschwindung tonhaltiger, keramischer Massen sehr stark herab. Erst nahe dem Schmelzpunkt beginnen erdalkalioxydhaltige Massen plötzlich und stark zu schwinden. Beim Brennen reagieren die entstandenen Oxyde nach dem Austreiben der Kohlensäure mit Tonerde unter Bildung von Aluminaten, die nicht wie die freien Oxyde zur Hydratation neigen. Die Volumenverminderung ohne merkliche Schwindung ermöglicht die Herstellung von Leichtsteinen mit einem Raumgewicht bis zu 0,5 [*36*].

Massen aus ~ 60 Teilen plastischem Ton, 40 Teilen feinkörnigem Dolomit und 18 Teilen Torf liefern nach dem Formen auf der Strangpresse und Brennen bei etwa $1000°\,C$ Steine mit dem Raumgewicht 0,9.

7.26 Isoliersteine

Als Isoliersteine werden Baustoffe bezeichnet, die hervorragend gegen Wärme isolieren, aber nur bis zu Temperaturen von 900 oder $1100°\,C$ beständig sind und daher ausschließlich zur Hintermauerung verwandt werden können.

Sie enthalten als Porenträger meist Kieselgur, Vermikulit, Perlit usw. Zur weiteren Erhöhung der Porosität werden den Massen Ausbrenn- oder Treibstoffe zugefügt.

Die sog. *Molersteine* werden aus der ohne Tonzusatz verarbeitbaren dänischen Molererde (vgl. Abschn. 7.14) mit wechselnden Mengen Korkschrott oder Sägemehl hergestellt. Man mischt die Molererde mit Wasser auf dem Naßkollergang und formt sie in der Strangpresse. Die Rohlinge werden nach dem Trocknen oxydierend bei 1000° C gebrannt. Bei 500 bis 600° C hält man die Temperatur so lange, bis die Ausbrennstoffe *ausgegast* sind. Die Brenntemperatur muß genau eingehalten werden. Die Brennschwindung beträgt 21 bis 22%.

Bei der Herstellung von *Cristobalitleichtsteinen* aus reiner Kieselgur (Heidegur) nutzt man nach Vorschlägen von E. STEINHOFF [*37*] die Fähigkeit der Kieselgur zur Gelbildung aus. Die Kieselgur wird mit 0,8 bis 1 l Wasser pro kg trockener Gur im Kollergang gemischt. Während der ersten Minuten verändert sich die Masse nicht, weil die geringe Wassermenge nicht zur Durchfeuchtung ausreicht. Allmählich entsteht eine krümlige Masse, später bilden sich immer plastischer werdende Schollen und schließlich wird die Masse gleichmäßig plastisch. Man fügt dann Ausbrennstoffe hinzu, formt in Holz- oder Eisenformen, trocknet und brennt bei SK 9 (1315° C). Die Steine schwinden beim Trocknen um 2%, beim Brennen um 6 bis 7%. Sie sollen wegen der Empfindlichkeit des Cristobalits gegen Temperaturwechsel leicht zerfallen und werden deshalb nicht mehr hergestellt.

Nach einem amerikanischen Verfahren [*38*] wird Kieselgur mit Magnesiumkarbonat, Bentonit, Asbestfasern und Wasser gemischt. Die Mischung wird in Formen mit als Filter ausgebildeten Wänden gefüllt und nach dem Entwässern unter niedrigem Dampfdruck gehärtet. Das binäre Magnesiumkarbonat Mg_2CO_3 geht dabei in das basische Karbonat $Mg(HCO_3)_2$ über, das die Verfestigung hervorruft. So hergestellte Steine sind bis $\sim 1100°$ C beständig. Auch mit Kalk oder Kalk und Wasserglas kann Kieselgur gebunden werden. Die Rohlinge werden dann durch Dampfdruck im Autoklaven gehärtet. Dieses Verfahren verwendet man vor allem zur Herstellung von Isoliersteinen aus den Abfällen verfestigter Kieselgurlagerstätten (z. B. von Whitehills, vgl. Abschn. 7.14).

Steine mit Raumgewichten bis zu 0,3 kann man aus ~ 50 Gew.-% (90 bis 95 Vol.-%) expandiertem *Vermikulit* und 50 Gew.-% (10 bis 15 Vol.-%) saurem Ton herstellen. Statt des sauren Tones können auch plastische Tone mit Magerungsmitteln, wie Mikroasbest oder Na-Bentonit [*39*] oder Hektorit [*40*] (25%) (vgl. Abschn. 7.11), als Bindemittel verwandt werden. Da Hektorit praktisch reines Magnesiumsilikat darstellt, sind mit ihm gebundene Steine besonders temperaturbeständig, sie schwinden bis 1150° C nicht.

Bei Verwendung von Bentonit kann der Bindemittelanteil auf $\sim 17\%$ herabgesetzt und gesponnener Asbest als Magerungsmittel zugegeben werden. Durch Auftreiben mit Gas oder Schäumen wird die Porosität zusätzlich vergrößert [*41*].

Um die empfindlichen Zellwände des Vermikulits vor Zerstörung zu schützen, mischt man diesen mit Tonerdehydrat oder leichtem Magnesit und fügt einen gallertbildenden Stoff zu, z. B. ein Gemenge aus Wasserglas, Magnesiumfluorsilikat, Harnstoff und Wasser [*42*]. Diese Substanz dringt nicht in die Zellen ein, verschließt sie aber von außen. Bei weiterer Zugabe von plastischem Ton entsteht eine auf der Strangpresse verformbare Masse.

Ungebrannte, nur chemisch gebundene Isoliersteine stellt man aus Vermikulit (50 Gew.-%) und Portland- oder Tonerde-Schmelzzement (50 Gew.-%) mit der gleichen Menge Wasser (100%) her [43]. Asbest, feinverteilte Tonerde oder Ton können zugefügt werden. Die Mischung wird durch leichtes Stampfen geformt und bindet dann ab. Das Raumgewicht von 0,5 vermindert sich durch Zugabe von Saponine und Schaumbildung noch weiter. Auch mit Sorelzement (kalz. Magnesia und Magnesiumsulfat, vgl. Abschn. 5.14) kann Vermikulit gebunden werden [44]. Derartige Steine oder Massen sollen bis 1650° C beständig sein. Schließlich sind Wasserglas oder Pech [45] als Bindemittel für Vermikulit vorgeschlagen worden.

Nach einem anderen Verfahren [46] wird expandierter Vermikulit auf Korngrößen unter 0,25 mm gemahlen, mit Asbestfasern und einem Kalziumsilikate bildenden Bindemittel aus Kalkhydrat und Kieselgur versetzt und mit viel Wasser in einen dünnflüssigen Schlicker übergeführt. Diesen gießt man in Formen mit gelochtem und mit einem Filtertuch bedeckten Boden, durch welchen das Wasser ausläuft. Die Formen werden mit einem dicht schließenden Deckel verschlossen, der mit dem Wasserspiegel absinkt und Luftzutritt und Wirbelbewegungen verhindert. Am Boden der Formen entstehen dann filzartige Massen, die sich bei Wasserdampfeinwirkung durch Bildung von Kalziumhydrosilikaten verfestigen. Die Massen bestehen beispielsweise aus 65 Gew.-% Vermikulit, 6% Asbestfasern, 16% Kieselgur und 13% Kalkhydrat.

7.27 Schutzschichten

Zum Schutz gegen Schlackeninfiltration und Verminderung der Gasdurchlässigkeit versieht man Feuerleicht- und Isoliersteine gelegentlich mit aus Cyanit oder Schamotte, Ton und Wasserglas bestehenden Schutzschichten von 3 bis 4 mm Dicke [47]. Sie werden durch Tauchen, Aufsprühen oder Spachteln auf die Rohlinge aufgebracht. Es werden auch zweischichtige Leichtsteine aus einer dichten, verschleißfesten und einer porösen, isolierenden Schicht hergestellt.

7.3 Eigenschaften

7.31 Struktur

Die verschiedenen Sorten der Feuerleicht- und Isoliersteine unterscheiden sich in ihrer Struktur durch Zahl, Größe und Form der Poren. In Abb. 712 sind Strukturbilder einiger charakteristischer Steintypen zusammengestellt. Der Kieselgur-Asbeststein in Abb. 712a ist so fein porös, daß er in der Wiedergabe bei 2facher Vergrößerung nahezu dicht erscheint. Der Molerstein in Abb. 712b besitzt neben sehr feinen, im Bilde nicht zu erkennenden Poren auch gröbere bis zu 1 mm Dmr., die durch Ausbrennen von Sägemehl entstanden sind. Abb. 713 zeigt den gleichen Stein bei stärkerer Vergrößerung im Durchlicht. Relativ grobporig ist der Vermikulitstein in Abb. 712c. Abb. 712d zeigt einen typischen, mit Ausbrennstoffen hergestellten Feuerleichtstein mit einer mittleren Porengröße von 1 bis 2 mm. Sehr gleichmäßig ist das Gefüge des Feuerleichtsteines Abb. 712e, dessen Poren durch Verdampfungsmittel erzeugt

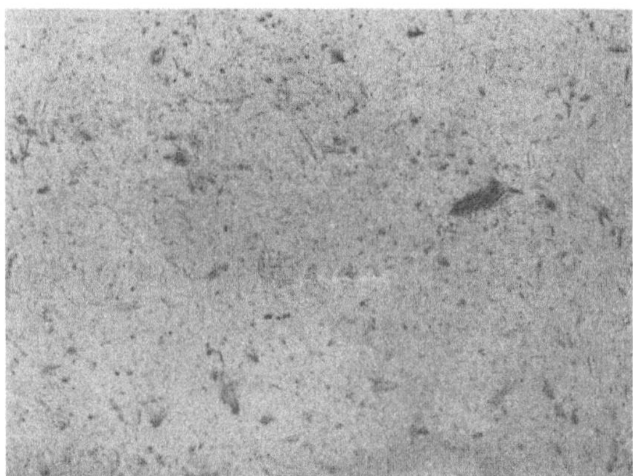

Abb. 712 a. Superexstein der Fa. Johns-Manville (Raumgewicht 0,38)

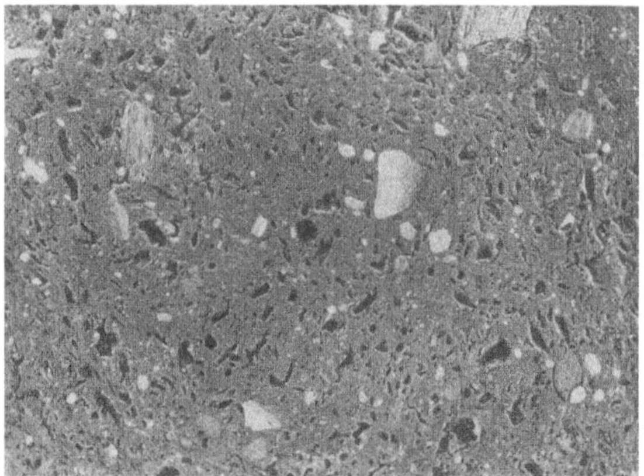

Abb. 712 b. Sterchamol 21 (Raumgewicht 0,7)

Abb. 712 c. Vermikulitstein der Fa. Koppers (Raumgewicht 0,35)

Abb. 712 a bis f. Struktur verschiedener Feuerleicht-

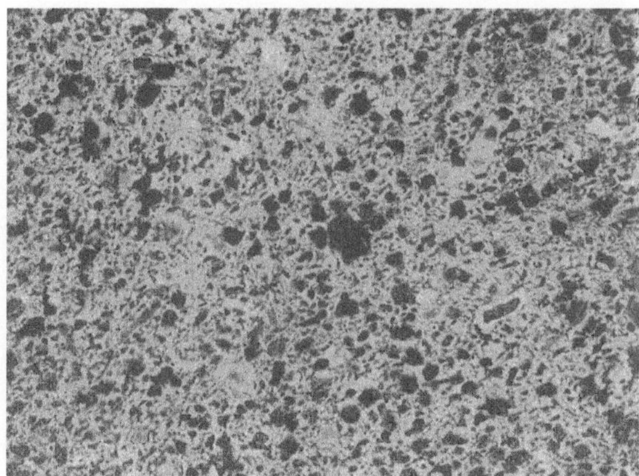

Abb. 712 d. Feuerleichtstein Poral 10 der Didier-Werke (Raumgewicht 1,0)

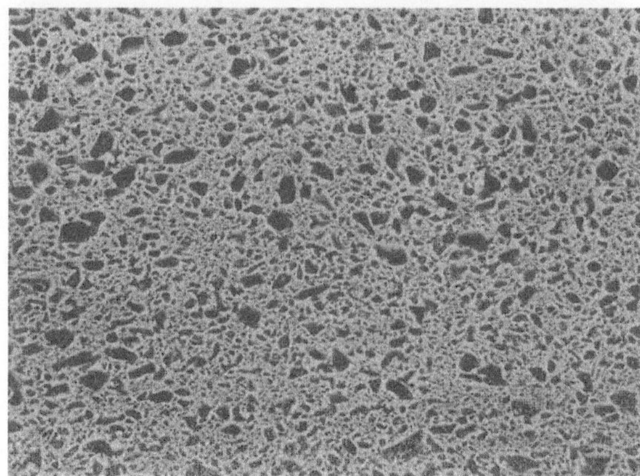

Abb. 712 e. Feuerleichtstein OFL 64 der Fa. Dr. C. Otto u. Comp., mit Verdampfungsmitteln hergestellt
(Raumgewicht 0,55)

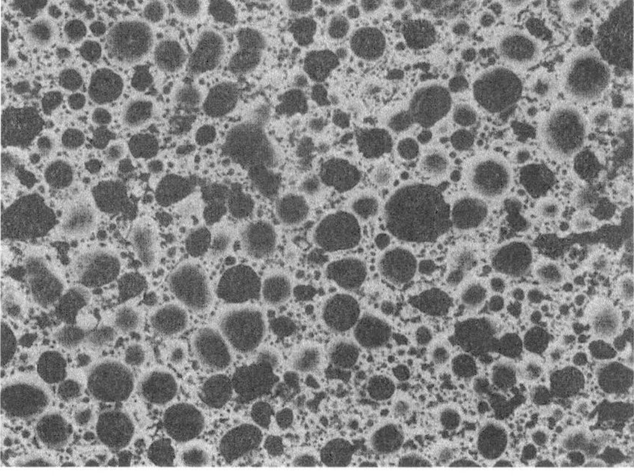

Abb. 712 f. Zementgebundener Leichtstein „Burimal" der Fa. Schiefertonwerke Buer, mit Treibmitteln
hergestellt (Raumgewicht 0,6)

und Isoliersteine. Auflicht (Vergr. 2 ×)

worden sind. Der zementgebundene Leichtstein Abb. 712f hat geschlossene, durch Treibmittel hervorgerufene, bis 4 mm große Poren.

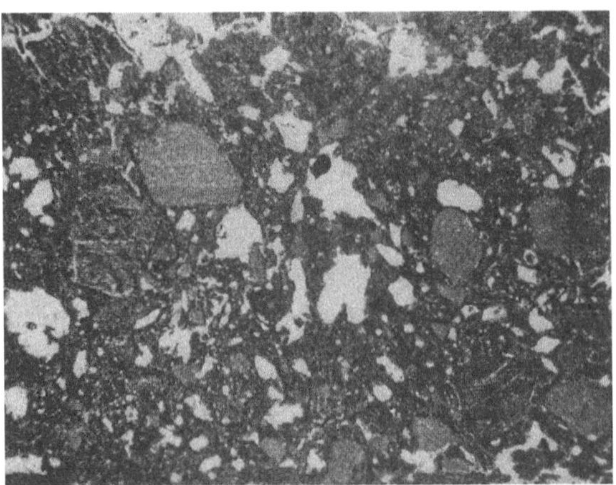

Abb. 713. Sterchamol 21. Durchlicht (Vergr. 7 ×)

7.32 Wärmeleitfähigkeit

Die Wärmeleitfähigkeit der Feuerleicht- und Isoliersteine hängt überwiegend von ihrer Struktur ab. Da der größte Teil der Leichtbaustoffe aus Aluminium-

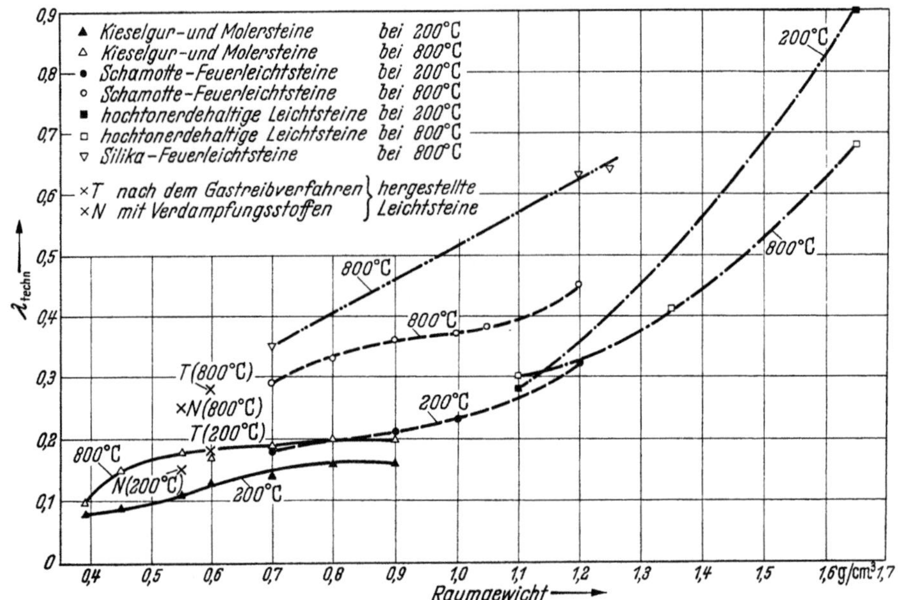

Abb. 714. Wärmeleitfähigkeiten von Feuerleicht- und Isoliersteinen bei 200 und 800° C in Abhängigkeit vom Raumgewicht

silikaten besteht und im spezifischen Gewicht nur wenig schwankt, ist das Raumgewicht angenähert eine Funktion der Porosität. Dieses dient daher allgemein als Hauptkennzeichen für die Qualität von Feuerleicht- und Isoliersteinen (vgl. Abschn. 1.52). Steine mit gröberen Poren isolieren bei höheren Temperaturen wegen des zunehmenden Strahlungseinflusses schlechter als solche mit gleichem Raumgewicht, aber feineren Poren. Darauf beruht die Überlegenheit der Isoliersteine aus Kieselgur gegenüber Feuerleicht- und Vermikulitsteinen. Geschlossene Poren ergeben bessere Isolationswirkungen als offene, weil sie die Gaszirkulation und damit die Wärmeübertragung durch Konvektion hemmen. Daher sind nach dem Gastreib- oder Schaumverfahren hergestellte Steine meist besser wärmedämmend als andere mit gleicher Porosität und Porengröße.

Abb. 714 zeigt die Abhängigkeit der Wärmeleitfähigkeit verschiedener Leicht- und Isoliersteine vom Raumgewicht, Abb. 715 von der Temperatur. Die Kurven für die sehr feinporigen Kieselgur- und Molersteine bei 200 und 800° C liegen in Abb. 714 viel dichter beieinander als die entsprechenden Kurven für Schamotte-Feuerleichtsteine, in Abb. 715 steigen die Kurven der Feuerleichtsteine steiler an als die der Isoliersteine.

Auch die Wärmeleitfähigkeit von Silika-Feuerleicht-

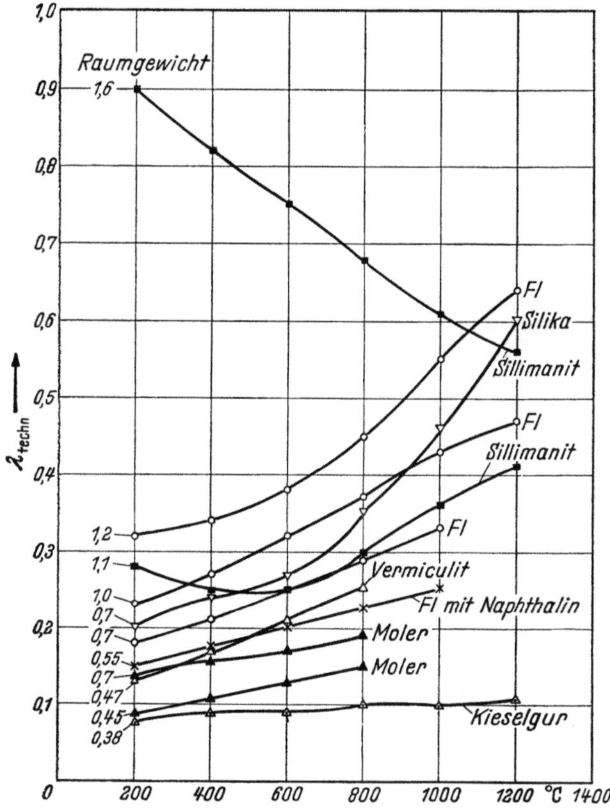

Abb. 715. Wärmeleitfähigkeiten verschiedener Feuerleicht- und Isoliersteine in Abhängigkeit von der Temperatur

steinen nimmt mit steigender Temperatur relativ rasch zu, die der Sillimanit-Leichtsteine wird dagegen vielfach geringer, besonders bei dichteren Sorten mit Raumgewichten um 1,6. Diese nähern sich in ihrem Verhalten den normalen Sillimanitsteinen (vgl. Abschn. 1.52). Porösere Sillimanit-Leichtsteine leiten die Wärme mit wachsender Temperatur zunächst schlechter, dann wieder besser, weil bei hoher Temperatur der Einfluß der Wärmeübertragung durch Strahlung in den Poren überwiegt.

7.33 Kaltdruckfestigkeit

Infolge der Strukturauflockerung durch die Poren sind Feuerleicht- und Isoliersteine wesentlich weniger druckfest als dichte Steinsorten. Um die Leichtsteine als tragende Bauelemente verwenden zu können, strebt man hohe Druckfestigkeiten bei niedrigen Raumgewichten und guter Isolierfähigkeit an. Dies gelingt bei den unterschiedlichen Herstellungsverfahren und Rohstoffen verschieden gut. Die erreichten Werte schwanken daher in weiten Grenzen (Abb. 716). Maßgebend ist dabei die Festigkeit der Porenwände, die durch die Güte der Versinterung und die Art der Ausbrennstoffe beeinflußt wird.

Die Erzeugnisse der einzelnen Firmen zeigen vielfach einen deutlichen Zusammenhang zwischen Kaltdruckfestigkeit und Raumgewicht, der sich durch eine Kurve im Diagramm Abb. 716 darstellen läßt. Die Kurven für die Steine verschiedener Firmen weichen aber stark voneinander ab.

Isoliersteine mit Raumgewichten bis 0,5 aufwärts besitzen stets Kaltdruckfestigkeiten von weniger als 10 kg/cm², bei Feuerleicht- und Isoliersteinen mit

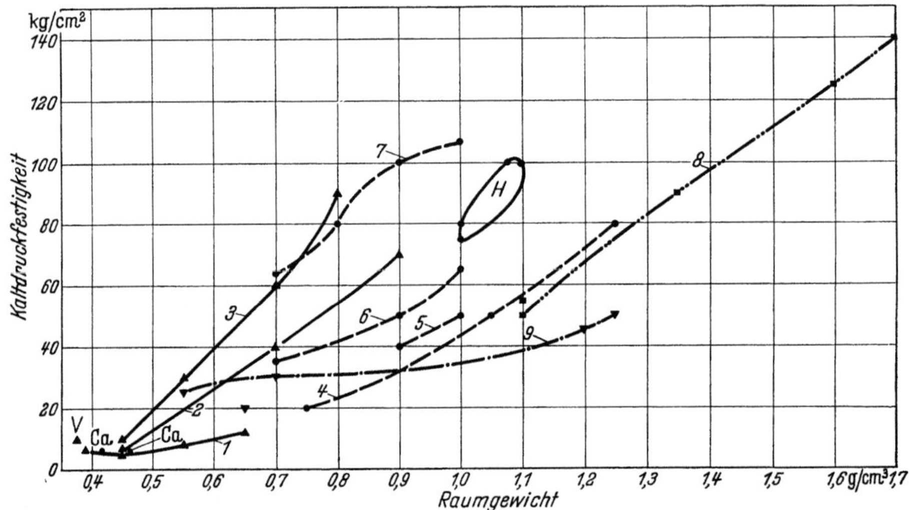

Abb. 716. Kaltdruckfestigkeiten verschiedener Feuerleicht- und Isoliersteine in Abhängigkeit vom Raumgewicht

Kurve *1*: Kieselgursteine der Fa. Johns-Manville
Kurve *2*: Sterchamolsteine
Kurve *3*: Molersteine der Fa. Kempf, Düsseldorf
Kurve *4*: Feuerleichtsteine der Fa. Didier-Werke
Kurve *5*: Feuerleichtsteine der Fa. Dr. C. Otto u. Comp.
Kurve *6*: Feuerleichtsteine der Fa. Koppers
Kurve *7*: Feuerleichtsteine der Fa. Kempf
Kurve *8*: Sillimanit-Leichtsteine
Kurve *9*: Silika-Leichtsteine

H Feuerleichtsteine der ehemaligen Steinfabrik Hörde der Dortmund-Hörder Hüttenunion
V Vermikulitstein der Fa. Koppers; *Ca* Französische Leichtsteine mit Tonerdezementbindung

einem Raumgewicht von 0,7 bis 1,2 schwankt die Kaltdruckfestigkeit zwischen 20 und 110 kg/cm², Sillimanitleichtsteine mit höheren Raumgewichten erreichen Werte bis zu 140 kg/cm².

7.34 Verhalten bei höheren Temperaturen

Die Verwendungsfähigkeit der Isoliersteine wird durch die bei 800 bis 1100° C einsetzende Schwindung begrenzt (s. Abb. 717). Die Feinstporen schließen sich bei diesen Temperaturen durch Versinterung, die Steine verlieren ihre Isolierfähigkeit und werden rissig.

Nach der amerikanischen Norm ASTM C 93—34 T mißt man die Schwindung an Probekörpern der Größe 230 × 115 × 64 mm. Diese werden in einem Ofen in mindestens 3 Stunden auf die Versuchstemperatur erhitzt, ohne der unmittelbaren Flammeneinwirkung oder lokalen Überhitzungen ausgesetzt zu werden. Die Maximaltemperatur wird 24 Stunden gehalten und die Probe so lange im Ofen belassen, bis die Temperatur auf mindestens 260° C gefallen ist. Die Schwindung bestimmt man durch Messung der Längenänderungen in den 3 Hauptrichtungen des Körpers und gibt sie als mittlere lineare oder als Volumenschwindung an (vgl. Abschn. 1.511).

Bei der Gebrauchstemperatur soll die so ermittelte lineare Schwindung nicht mehr als 1% betragen.

Die Gebrauchstemperatur richtet sich in erster Linie nach der chemischen Zusammensetzung. Einen Anhalt gibt die Druckfeuerbeständigkeit, die an Leichtsteinen mit einer Belastung von 1 kg/cm², z. T. sogar nur mit 0,5 oder

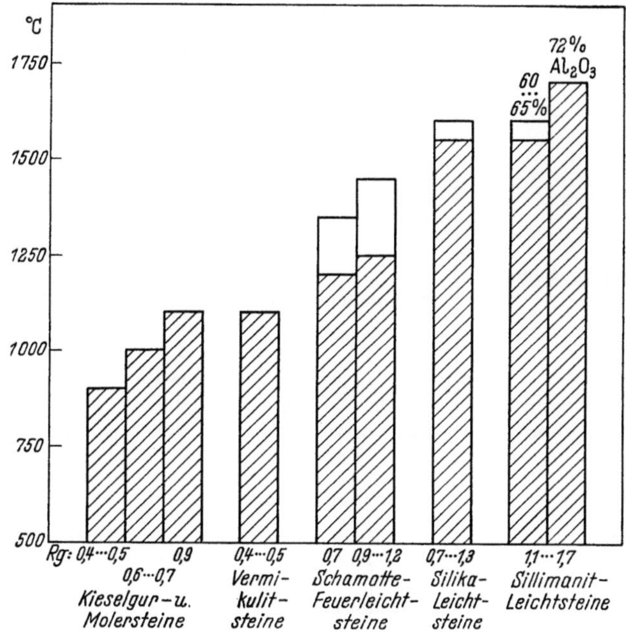

Abb. 717. Gebrauchstemperaturen verschiedener Isolier- und Feuerleichtsteine
Weißes Feld: Schwankungsbreite der Gebrauchstemperaturen

0,25 kg/cm² bestimmt wird. Die ta-Werte sind bei 1 kg/cm² Belastung bis zu 100° C kleiner als die der entsprechenden Vollsteine (s. Tab. 181). Besonders widerstandsfähig gegen hohe Temperaturen sind die Silika- und Sillimanitleichtsteine, ihre Gebrauchstemperaturen schwanken zwischen 1550 und 1700° C. (Abb. 717).

Feuerleicht- und Isoliersteine sind im allgemeinen wenig temperaturwechselbeständig, weil sie keine kerbfeste Struktur besitzen. Kleine, beim Temperaturwechsel entstehende Risse durchsetzen die ganzen Zellwände, mechanische Spannungen können dann nicht von intakt gebliebenen Zonen in der Nachbarschaft der Risse aufgenommen werden, es bilden sich neue Risse und der Stein wird nach wenigen Temperaturwechseln zerstört. Durch geeignete Materialauswahl, durch Körnungsmaßnahmen und Herabsetzung der Brenntemperatur kann die Beständigkeit gegen Temperaturwechsel jedoch erhöht werden, sie erreicht aber nicht die Werte entsprechend zusammengesetzter Vollsteine.

Tabelle 181. *Physikalische Eigenschaften*

Nr.	Bezeichnung	Hersteller	Raum-gewicht	Wärmeleitfähigkeit λ_{techn} bei		
				200 °C	400 °C	600 °C
	Isoliersteine					
1	Superex (Kieselgur-Asbest)	Johns-Manville	0,39	0,08	0,09	0,09
2	Sterchamol 22	Sterchamol G.m.b.H.	0,45	0,09	0,11	0,13
3	Sterchamol 21		0,7	0,14	0,16	0,17
4	Sterchamol 20		0,9	0,16	0,17	0,18
5	Vermikulit	Koppers	0,35 bis 0,47	0,14	0,17	0,21
6	Li 20	Savoie	0,44		500° C: 0,14	
	Schamotte-Feuerleichtsteine					
7			0,7	0,18 bis 0,20	0,21 bis 0,22	0,25 bis 0,26
8	Handelsübliche Feuer-leichtsteine	verschiedene Firmen	0,9	0,21 bis 0,22	0,26 bis 0,27	0,31 bis 0,32
9			1,0 bis 1,1	0,23	0,27	0,32 bis 0,33
10			1,2 bis 1,3	0,32	0,34	0,38 bis 0,43
11	OFL 64 (Naphthalin) . . .	Dr. C. Otto	0,55	0,15	0,17	0,20
12	Burimal (Gastreibmittel)	Schiefersteinwerke Buer	0,6	0,18	0,21	0,25
	Silika-Leichtsteine					
13	Zepp 39	Koppers	0,7	0,20	0,24	0,27
14	Siporal	Didier	1,25	—	—	0,51
	Sillimanit-Leichtsteine					
15	P 30	Koppers	1,1	—	0,25	0,25
16	P 31		$<$1,1	—	desgl.	
17	P 16		$<$1,7	—	0,82	0,75
18	P 32		$<$1,6		desgl.	

7.4 Verwendung

Feuerleicht- und Isoliersteine dienen meist zur Hintermauerung in Ofenwänden. Feuerleichtsteine mit ausreichender Druckfestigkeit können darüber
hinaus als tragende Bauelemente an der Feuerseite von Glüh- und Stoßöfen
mit Betriebstemperaturen von max. 1200 °C verwandt werden. Ofenwände aus
Leichtsteinen haben gegenüber solchen aus Vollsteinen neben besserer Wärmeisolierung die Vorteile, daß sie wegen ihrer geringen Wärmekapazität beim Aufheizen weniger nutzlose Wärme aufnehmen und daß sie die unteren Ofenteile
statisch geringer belasten.

Zur Berechnung des stationären Wärmeflusses (Wandverlust) und der Temperaturverteilung in Ofenwänden aus einer oder mehreren Steinschichten geht

einiger Feuerleicht- und Isoliersteine

Wärmeleitfähigkeit λ_{techn} bei			Kaltdruckfestigkeit	SK	Druckfeuerbeständigkeit (1 kg/cm² Bel.)		Schwindung		Chemische Zusammensetzung
800 °C	1000 °C	1200 °C	kg/cm²		*ta* °C	*te* °C	bei °C	% lin.	
Isoliersteine									
0,10	0,10	0,11	6,5	26/27	—	—	1000	1,8	SiO_2 77 %
0,15	—	—	7	—	1030	1270	—	—	
0,19	—	—	40	14/15	1080	1270	900	1,0	
0,20	—	—	70	—	1130	—	—	—	
0,25	—	—	10	7/8	—	—	1000	0,6	
			5	16	1150	1170	1060	0,1	Al_2O_3 38 % CaO 16 %
Schamotte-Feuerleichtsteine									
0,28 bis 0,29	0,30 bis 0,34	0,33 bis 0,38	20 bis 60	—	1180	1310	—		$Al_2O_3 < 30\%$
0,36 bis 0,37	0,41 bis 0,44	0,47	50 bis 100	—	1190	1290	—	—	$Al_2O_3 < 30\%$
0,37 bis 0,38	0,43 bis 0,44	0,50	55 bis 110	30/31	1250	1450	1350	0,1 bis 0,4	Al_2O_3 36 bis 39 %
0,45 bis 0,48	0,54 bis 0,55	0,61 bis 0,64	80 bis 120	31/32	—	—	—	—	Al_2O_3 38 %
0,23	0,25	—	30	33	—	—	—	—	
0,28	—	—	24	—	1180	—	—	—	hydraulisch gebunden
Silika-Leichtsteine									
0,35	0,46	0,60	30	—	1610	1630	—	—	SiO_2 92 %
0,64	0,73	0 84	50	—	1640	1680	—	—	
Sillimanit-Leichtsteine									
0,30	0,36	0,41	55	—	1530	1650	—	—	Al_2O_3 62 %
			50	—	1590	>1720	—	—	Al_2O_3 72 %
0,68	0,61	0,56	140	—	1530	1660	—	—	Al_2O_3 65 %
				—	1645	>1720	—	—	Al_2O_3 72 %

man von Gl. (1) in Abschn. 1.52 aus:

$$Q_x = \frac{Q}{t\,q} = \frac{\lambda}{x}\,(T_i - T_a).\tag{1}$$

Q = Wärmemenge in kcal, t = Zeit in Stunden, q = Querschnitt in m², λ = Wärmeleitzahl im technischen Maßsystem, x = Dicke der Schicht in m, T_i = Temperatur der Innenwand, T_a = Temperatur der Außenwand in °C.

Für den Wärmeübergang von der Außenwand mit der Temperatur T_a zur umgebenden Luft mit der Temperatur T_0 gilt außerdem nach W. HEILIGENSTAEDT [*48*]:

$$Q_x = \frac{Q}{t\,q} = \alpha\,(T_a - T_0).\tag{2}$$

Für gemauerte Wände kann $\alpha = 6,8 + 0,046\ T_a$ gesetzt werden.

Bei Ofenwänden aus einer Schicht ist T_i, T_0, λ und x bekannt, gesucht wird T_a und der in Gl. (1) und (2) gleich große Wert von Q_x. Ein einfaches graphisches Bestimmungsverfahren hat J. Körting [49] angegeben.

Man errechnet mehrere Wertepaare aus Gl. (2) und zeichnet mit deren Hilfe eine Wärmeübergangskurve im Q_x-T-Diagramm (Abb. 718). Sodann zeichnet man eine im Punkt T_i auf der Ordinate beginnende Gerade, die unter einem Winkel β zur negativen Ordinatenrichtung geneigt ist. β wird dabei nach Gl. (1) aus der Beziehung

$$\operatorname{tg}\beta = \frac{Q_x}{T_i - T_a} = \frac{\lambda}{x} \qquad (3)$$

bestimmt. In der Praxis trägt man von T_i ausgehend λ in horizontaler, x in vertikaler Richtung in geeignetem Maßstab auf und gewinnt dadurch einen Punkt der gesuchten

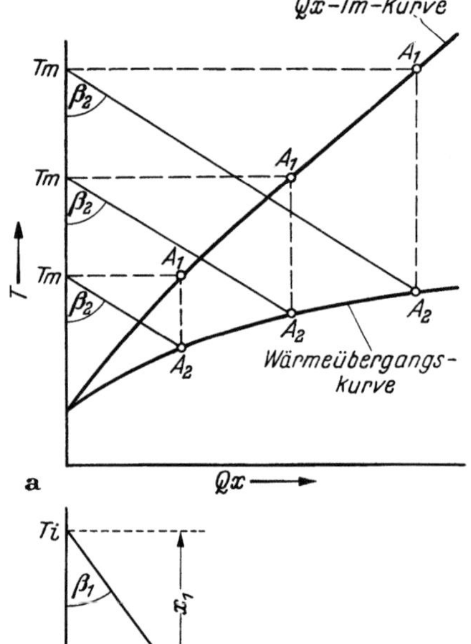

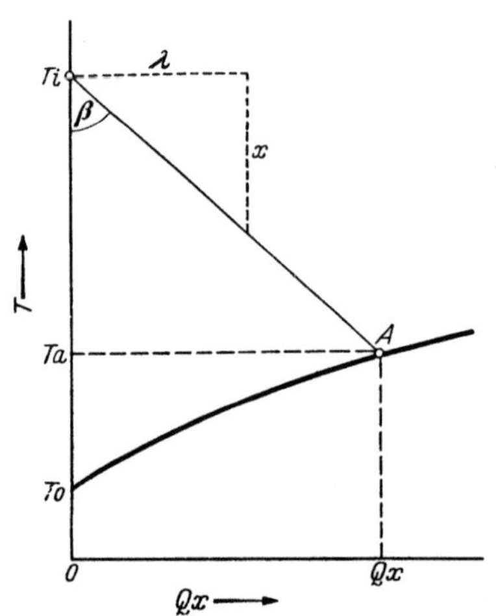

Abb 718
Graphische Bestimmung der stationären Wandverluste und Temperaturverteilung in einer einschichtigen Ofenwand (nach J. KÖRTING)

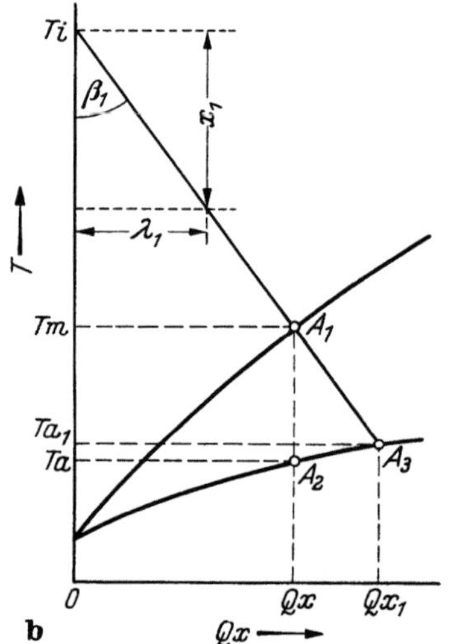

Abb. 719 a u. b
Graphische Bestimmung der stationären Wandverluste und Temperaturverteilung in einer zweischichtigen Ofenwand (nach H. BRUNKLAUS)
a) Konstruktion der Q_x-T_m-Kurve; b) Ermittlung von T_m, T_a und Q_x

Geraden, welche die durch die Ofenwand strömende Wärmemenge Q_x als Funktion der Temperaturdifferenz $(T_i - T_a)$ angibt. Die Koordinaten des Schnittpunktes A dieser Geraden mit der Wärmeübergangskurve sind dann die gesuchten Werte Q_x und T_a.

Besteht die Ofenwand aus 2 Schichten verschiedener Dicken x_1, x_2 und Wärmeleitfähigkeiten λ_1, λ_2, so gilt [50]

$$Q_x = \frac{\lambda_1}{x_1}(T_i - T_m) = \frac{\lambda_2}{x_2}(T_m - T_a) = \alpha(T_a - T_0). \qquad (4)$$

Als zusätzliche Unbekannte kommt die Temperatur T_m der Grenzfläche zwischen beiden Schichten hinzu. Für beide Schichten lassen sich Geraden zeichnen, die mit der negativen

Ordinatenrichtung die Winkel

$$\beta_1 = \frac{\lambda_1}{x_1} \quad \text{bzw.} \quad \beta_2 = \frac{\lambda_2}{x_2}$$

einschließen und von den Ordinatenpunkten T_i bzw. T_m ausgehen. T_m ist ebenso wie T_a zunächst unbekannt. Man konstruiert daher eine Q_x-T_m-Kurve in der Weise, daß man an mehreren willkürlich angenommenen Ordinatenpunkten T_m Geraden unter dem Winkel β_2 anträgt und sie zum Schnitt mit der Wärmeübergangskurve bringt (A_2). Die angenommenen T_m-Werte und die den Schnittpunkten A_2 entsprechenden Q_x-Werte sind dann Koordinaten von Kurvenpunkten A_1 der gesuchten Q_x-T_m-Kurve (Abb. 719a). Zeichnet man nun vom Ordinatenpunkt T_i ausgehend die Gerade unter dem Winkel β_1, so geben die Koordinaten des Schnittpunktes A_1 mit der Q_x-T_m-Kurve die Werte für Q_x und T_m der zu berechnenden Ofenwand an. Die Temperatur T_a findet man als Ordinate des Schnittpunktes A_2 der Vertikalen durch A_1 mit der Wärmeübergangskurve (Abb. 719b). Verlängert man die Gerade $T_i - A_1$ bis zum Schnittpunkt A_3 mit der Wärmeübergangskurve, so geben dessen Koordinaten die Q_x- und T_a-Werte für eine einschichtige Wand der Dicke x_1 ohne Hintermauerung an (Q_{x_1}, T_{a_1} in Abb. 719b). Einer Änderung der λ-Werte mit der Temperatur kann man durch Verwendung verschiedener Werte für β_2 bei der Konstruktion der Q_x-T_m-Kurve Rechnung tragen.

In ähnlicher Weise lassen sich Wandverluste und Temperaturverteilung für Ofenwände aus drei und mehr Schichten ermitteln.

Bei einer Ofentemperatur von 1300° C betragen die Wärmeverluste durch eine 250 mm dicke Wand aus Schamottesteinen mit $\lambda_{\text{techn}} = 1{,}0$ z. B. $Q_x = 3780\,\dfrac{\text{kcal}}{\text{m}^2\,\text{h}}$, die Außenwand erwärmt sich dabei auf 235° C. Durch eine Isolierung mit einer 125 mm dicken Schicht Feuerleichtsteine mit $\lambda = 0{,}4$ erniedrigt sich der Wärmeverlust auf $Q_x = 1656\,\dfrac{\text{kcal}}{\text{m}^2\,\text{h}}$ und die Außentemperatur auf 186° C. Verwendet man statt der Feuerleichtsteine eine gleich dicke Isolierschicht mit $\lambda = 0{,}12$, so sinken die Wärmeverluste auf $Q_x = 965\,\dfrac{\text{kcal}}{\text{m}^2\,\text{h}}$, die Außentemperatur auf 100° C, die Temperatur an der Grenze zwischen Schamotte- und Isolierstein beträgt allerdings 1060° C. Eine 65 mm dicke Isoliersteinschicht mit gleichem λ-Wert läßt $Q_x = 1450\,\dfrac{\text{kcal}}{\text{m}^2\,\text{h}}$ durch, die Außenwand erwärmt sich auf 128° C, die Grenzschicht auf 940° C.

Diese Beispiele zeigen, welche Wärmemengen durch die Verwendung von Isolierstoffen eingespart werden können.

Schrifttum

[1] BARSHAD, J.: Amer. Mineralogist Bd. 33 (1948) S. 655/78
[2] WALKER, G. F.: Nature Bd. 163 (1949) S. 726/27
[3] GRUNER, J. W.: Amer. Mineralogist Bd. 19 (1934) S. 557/75
[4] REINHART, F.: Sprechsaal Keram., Glas, Email Bd. 85 (1952) S. 170/72
[5] Franz. Pat. 922678
[6] MEHMEL, M.: Chem. d. Erde Bd. 11 (1937) S. 307/332
[7] VARLEY, F. R.: Vermiculite, Colonial Geol. Surveys. London 1952
[8] ENDELL, K., u. M. GOLDSCHLAG: Zbl. Mineralog., Geol., Paläontol., Abt. A (1915) S. 69 u. 665ff.
[9] KING, E. G., S. S. TODD u. K. K. KELLEY: U. S. Dep. Interior, Bur. Mines, Rep. Invest. Nr. 4394 (1948)
[9a] ALBERT, J.: Silikattechnik Bd. 9 (1958) S. 453/57
[10] STEINHOFF, E.: Ber. DKG. Bd. 8 (1927) S. 137/74

[11] FISCHER-MÖLLER: Tonind.-Ztg. Bd. 34 (1910) S. 680/84 u. 711/13
[12] Chem. metallurg. Engng. Bd. 31 (1924) S. 973/74
[13] Tonind.-Ztg. Bd. 44 (1920) S. 719
[14] DBP. 829420
[15] Oesterr. Pat. 164265
[16] BUDNIKOW, P. P.: Technologie der keram. Erzeugnisse. Berlin: Technik 1953
[17] ALLEN, H. V.: Brit. Pat. 234538 (1925)
[18] HARTMANN, M. L.: US-Pat. 1545559 (1925) Carborundum Co.
[19] US-Pat. 2420863
[20] CRAMER, FR.: DBP. 965987 Dr. C. Otto u. Comp.
[21] Franz. Pat. 1064760
[22] DBP. 828521
[23] Pat. d. Sowjetzone 558
[24] Brit. Clayworker Bd. 38 (1930) S. 142
[25] Brit. Pat. 661607
[26] US-Pat. 1944007 (1934)
[27] HEANY, J. A.: US-Pat. 2399225 (1946)
[28] DBP. 828521
[29] US-Pat. 2553759
[30] Brit. Pat. 295628 (1928) British Thomson-Houston Co.
[31] MORGAN, J. D.: US-Pat. 1873014 (1932)
[32] MORGAN, J. D.: US-Pat. 2243219 (1941)
[33] NORTON, C. L.: Brit. Pat. 533910 (1941),
[34] KINZIE, C. J., u. E. WAINER: US-Pat. 2341561 (1944)
[35] Oesterr. Pat. 175535
[36] CRAMER, FR.: DBP. 898269
[37] STEINHOFF, E.: Werkstoffausschußber. VDEh Nr. 95 (1926)
[38] KIESELBACH, H. A., u. E. R. WILLIAMS: US-Pat. 2388549 (1945) Johns-Manville Corp.
[39] DBP. 818749
[40] US-Pat. 2509315 (1950)
[41] DBP. 927260
[42] US-Pat. 2481391
[43] LUX, E.: DRP. 832567
[44] JONES, O. L.: US-Pat. 2081935 (1937)
[45] US-Pat. 2103463 (1937)
[46] US-Pat. 2538236
[47] FORD, W. F., J. VYSE, L. R. BARRETT u. A. T. GREEN: Bull. Brit. Refr. Res. Assoc. Nr. 72 (1946)
[48] HEILIGENSTAEDT, W.: Wärmetechnische Rechnungen für Industrieöfen, S. 135/39 Düsseldorf: Stahleisen 1951
[49] KÖRTING, J.: Gas- u. Wasserfach Bd. 85 (1942) S. 37/39
[50] BRUNKLAUS, H.: Allg. Wärmetechnik Bd. 2 (1951) S. 231/34

Schlußwort

Die vorstehenden Ausführungen haben gezeigt, daß die feuerfeste Industrie im Bestreben, allen Industriezweigen den jeweiligen Bedürfnissen angepaßte Baustoffe zu liefern, durch Zusammenwirken von wissenschaftlicher Forschungsarbeit, technischer Erfindungsleistung, industriellem Unternehmermut und ständigem Erfahrungsaustausch mit den Verbraucherindustrien eine außerordentliche Fülle von Steintypen entwickelt hat, die sich mit der Vertiefung unserer Kenntnisse von den Verschleißvorgängen am Verwendungsort noch vergrößern wird. Durch die Vielseitigkeit der Produktion werden die Herstellerwerke oft vor schwer zu lösende organisatorische und technisch-wissenschaftliche Aufgaben gestellt. Dies gilt besonders für die in der Feuerfestindustrie vorherrschenden Werke mittlerer Größe, die sich wegen der erstrebten Stabilität gegen Konjunkturschwankungen nicht auf wenige Steintypen spezialisieren können.

Trotz dieser Schwierigkeiten hat die Feuerfestindustrie einen oft unterschätzten Anteil am technischen Fortschritt in der Hütten- und Glasindustrie. Ob ein Verfahren großtechnisch verwertet werden kann, hängt in vielen Fällen von der Güte und Haltbarkeit der feuerfesten Baustoffe ab. Es ist allerdings häufig noch nicht gelungen, die Bestwerte der Haltbarkeit zu erreichen. So ist das oft festzustellende Abplatzen basischer Steine im Betrieb z. B. ein Zeichen für Mängel in der Steinqualität, die im Augenblick nicht behoben werden können.

Neben den erst in letzter Zeit systematisch aufgenommenen Forschungsarbeiten über die Verschleißvorgänge in feuerfesten Baustoffen macht in den Herstellerwerken die Rationalisierung der Fertigung rasche Fortschritte. Die arbeitsintensiven, von gesundheitsschädlichen Stäuben erfüllten Steinfabriken werden durch saubere, halb- oder vollautomatisch arbeitende Anlagen ersetzt, in denen Erzeugnisse hoher Qualität und Gleichmäßigkeit hergestellt werden können.

Die rasch fortschreitende Entwicklung der Feuerfestkunde macht eine in allen Punkten moderne Darstellung des Standes der Forschung und Technik fast unmöglich. Auch das vorliegende Werk dürfte nicht frei von Unzulänglichkeiten und nicht dem letzten Stand der Technik entsprechenden Auffassungen sein. Es hat jedoch seinen Zweck erfüllt, wenn es den im Betrieb und Laboratorium arbeitenden Menschen Anregungen und Kenntnisse vermittelt, die sie befähigen, ihre Arbeit im Dienste der Forschung und Technik erfolgreicher zu gestalten.

Tabelle 182. *Seger- und Ortonkegel*

Segerkegel Erhitzungsgeschwindigkeit 5–10 min von Kegel zu Kegel			*Ortonkegel* Erhitzungsgeschwindigkeit für Kegel 1–20: 150 °C/h	
Nr.	Normalkegel °C	Laborkegel °C	Nr.	°C
022	595	605		
021	640	650		
020	660	675		
019	685	695		
018	705	715		
017	730	735		
016	755	760		
015a	780	785		
014a	805	815		
013a	835	845		
012a	860	890		
011a	900	900		
010a	920	925		
09a	935	940		
08a	955	965		
07a	970	975		
06a	990	995		
05a	1000	1010		
04a	1025	1055		
03a	1055	1070		
02a	1085	1100		
01a	1105	1125		
1a	1125	1145	1	1160
2a	1150	1165	2	1165
3a	1170	1185	3	1170
4a	1195	1220	4	1190
5a	1215	1230	5	1205
6a	1240	1260	6	1230
7	1260	1270	7	1250
8	1280	1295	8	1260

Segerkegel Erhitzungsgeschwindigkeit 5–10 min von Kegel zu Kegel			*Ortonkegel* Erhitzungsgeschwindigkeit für Kegel 1–20: 150 °C/h Kegel 2–38: 100 °C/h	
Nr.	Normalkegel °C	Laborkegel °C	Nr.	°C
9	1300	1315	9	1285
10	1320	1330	10	1305
11	1340	1350	11	1325
12	1360	1375	12	1335
13	1380	1395	13	1350
14	1400	1410	14	1400
15	1425	1440	15	1435
16	1445	1470	16	1465
17	1480	1490	17	1475
18	1500	1520	18	1490
19	1515	1530	19	1520
20	1530	1540	20	1530
23		1560	23	1580
26		1585	26	1595
27		1605	27	1605
28		1635	28	1615
29		1655	29	1640
30		1680	30	1650
31		1695	31	1680
32		1710	32	1700
33		1730	32$^1/_2$	1722
34		1755	33	1745
35		1780	34	1760
36		1805	35	1785
37		1830	36	1810
38		1855	37	1820
39		1875	38	1835
40		1900		
41		1940		
42		1980		

Tabelle 183
Temperatur-Farbskala

Temp. °C	Farbe der Strahlung
500	dunkelrot, gerade sichtbar
600	dunkelrot
700	dunkelrot
800	kirschrot
900	hellkirschrot
1000	orangerot
1100	hellorange bis gelb
1200	hellgelb
1300	hellgelb bis weiß
1400	weiß
1500	weiß bis blendendweiß
1600	blendendweiß

Tabelle 184
Mohssche Härteskala

Nr.	Mineral
1.	Talk
2.	Gips
3.	Kalkspat
4.	Flußspat
5.	Apatit
6.	Feldspat (Orthoklas)
7.	Quarz
8.	Topas
9.	Korund
10.	Diamant

Tabelle 185. *Wärmeausdehnung und Dehnfugen verschiedener Steinsorten*

Steinsorte	Wärmeausdehnung (10–1000° C) %/in.	Breite der Dehnfugen mm/m
Silika	1,2 bis 1,4	10 bis 15
Schamotte ..	0,5 bis 0,7	5 bis 8
Forsterit ...	1,1	20
Chromerz ...	0,8 bis 0,9	13
Chrom-magnesia .	0,8 bis 0,9	15
Magnesia ...	1,3 bis 1,4	20

Tabelle 186. *Genormte Siebe*

Lichte Maschenweite mm	Maschen pro cm²	DIN 1171		British Standard		ASTM E 11–39	
		Draht-Dmr. mm	bis-herige Nr.	Draht-Dmr. mm	Nr.	Draht-Dmr. mm	Nr.
8,00						2,16	2¹/₂
6,73						1,74	3
6,00		2,5					
5,66						1,60	3¹/₂
5,00		2,0					
4,76						1,59	4
4,00		1,6				1,08	5
3,36				1,727	5	0,87	6
3,00		1,2				0,80	7
2,81				1,422	6		
2,50		1,0					
2,41				1,219	7		
2,38						0,74	8
2,06				1,118	8		
2,00		1,0				0,68	10
1,68				0,864	10	0,62	12
1,50	16	1,0	4				
1,41				0,711	12	0,56	14
1,20	25	0,8	5	0,610	14		
1,19						0,50	16
1,00	36	0,65	6	0,584	16	0,43	18
0,85				0,559	18		
0,84						0,38	20
0,75	64	0,5	8				
0,71						0,33	25
0,70				0,457	22		
0,60	100	0,4	10	0,417	25		
0,59						0,29	30
0,54*	121		11				
0,50	144	0,34	12	0,345	30	0,26	35
0,43	196	0,28	14				
0,42				0,284	36	0,23	40
0,40	256	0,24	16				
0,35				0,224	44	0,20	45
0,34*	324		18				
0,30	400	0,20	20	0,193	52	0,17	50
0,25	576	0,17	24	0,173	60	0,15	60
0,21				0,142	72	0,13	70
0,20	900	0,13	30				
0,177*	1225		35	0,122	85	0,114	80
0,152				0,102	100		
0,150	1600	0,10	40				
0,149						0,096	100
0,125						0,079	120

*) Selten gebrauchte Siebe

Tabelle 186. (Fortsetzung)

Lichte Maschenweite mm	Maschen pro cm²	DIN 1171		British Standard		ASTM E 11–39	
		Draht-Dmr. mm	bis-herige Nr.	Draht-Dmr. mm	Nr.	Draht-Dmr. mm	Nr.
0,124				0,086	120		
0,120	2500	0,08	50				
0,105						0,063	140
0,104				0,066	150		
0,100	3600	0,065	60				
0,090	4900	0,055	70				
0,089				0,061	170		
0,088						0,054	170
0,076				0,051	200		
0,075	6400	0,050	80				
0,074						0,045	200
0,066*	8100	0,045	90	0,041	240		
0,062						0,039	230
0,060	10000	0,040	100				
0,053*	12100		110	0,030	300	0,035	270
0,044						0,031	325
0,040*	16900	0,036	130				
0,037						0,023	400

Namenverzeichnis

Abbey, A. 888, 894
Abbey, R. G. 590, 593, 819, 821
Abker, H. 325, 331
Acheson, E. G. 870, 893
Ackermann, H. 463, 483
Adams, G. F. s. Partridge, J. H.
Adler, H. 238, 269
Ahlburg, W. 402
Ahrens, W. 207, 225, 401, 403, 417
Akizuki, T. 606, 614
Albert, J. 898, 919
Aldred, F. H., A. Elliot u. K. W. Corling 135 f.
Alexander, L. T. u. Mitarb. 334, 385
Allen, H. V. 902, 920
Allen, J. E. 708, 727
Allgeuer, K., u. F. v. Kahler 745, 773
Allgeuer, K. s. Cremer, E.
Ally, A. s. Clark, G. L.
Ambrosone, J. P. s. Day, F.
Amelung, E. 582
Andersen, O. 777, 820
— s. Bowen, N. L.
Andreasen, A. H. M. 80ff., 85, 413 f., 417
Angel, F., A. Awerzger u. A. Kuschinsky 718, 728
—, u. F. Trojer 716 f., 728
— s. Awerzger, A.
Arben, S. F. 609, 614
Aristov, G. G. 551, 592
Aron, J. 358, 387
Arthur, J. E. u. Mitarb. 797, 820
Atlas, L. M. 681, 701
Atterberg, A. 349 f., 354, 356
Austin, J. B., u. R. H. H. Pierce jr. 320, 324
— s. Pierce jr., R. H. H.
Avvakumov, V. M. s. Gulyaev, V. S.
Awerzger, A. 720, 728

Awerzger, A., u. F. Angel 718, 720, 728
— s. Angel, F.

Baab, K. A., u. H. M. Craner 130, 136
Bachmann, D. 432, 482
Bachmann, L. 659 ff., 700
Backheuer, M. 849, 863
Bacon, C. H. 541, 592
Badger, A. E. 322, 325
Bading, W. 852, 863
Bair, G. J. s. Shaw, J. B.
Balkewitsch, W. L. s. Polubojarinow, D. N.
Bannermann, H. M. 603, 614
Bannister, F. A. s. Hay, M. H.
Bansen, H. 65, 68, 85
Baque, H. W. 765, 774
Bardenheuer, P. s. Bottenberg, W.
Baris, M. W. s. Budnikow, P. P.
Barlett, H. B. 598, 613
Barrett, L. R., F. H. Clews u. A. T. Green 515 f., 525
— s. Ford, W. F.
— s. Gad, G. M.
— s. McCallum, N.
Barsby, N. 264, 269
Barshad, J. 895, 919
Barth, T. W. F. s. Machatschki, F.
Bartsch, O. 69 f., 72, 85, 115, 136, 144, 150, 153, 161, 163, 166, 514, 516, 525, 567, 593
Bartu, F. 776 ff., 781, 793, 819 f.
Bates, Th. F., F. A. Hildebrand u. A. Swineford 337, 385
Bauer, E. N. s. Larsen, B. M.
Bauer, H. s. Trömel, G.
Baumann, H. N. jr., 635 643
—, u. A. A. Turner 649 ff.,
Baumgartner, H. H. 892, 894

Baumhauer, H. 867, 893
Bazilevich, A. S. 606, 614
Beard, E. H. 602, 613
Bechthold, H. 72, 85
Becker s. Sachsse
Beevers, C. A., u. S. Brohult 598, 613
Behne, W., u. W. Müller 337, 385
Behr, J. 397, 417
Beljankin, D. S. 599, 613
—, u. M. A. Besborodow 589, 593
Bell, M. L. s. Nesbitt, C. E.
Belousov, A. K. 606 f., 614
Benda, L. 256, 269
Beninga 83, 85, 444, 482
Benner, R. C., G. J. Easter u. J. A. Boyer 888, 894
Bennet, J. G. 83 f.
Bennet, W. A. G. 722, 728
Berdel, E. 401, 417
Berezhnoi, A. S., L. J. Karyakin u. J. F. Dudavskij 318, 324
— s. Frenkel, A. S.
— s. Uralow, M. A.
Bergau, G. 242, 269
Berger, E. 25, 27
Berger, G. 338, 385
Berlek, J. 148, 150, 817, 821
—, P. Lanser u. N. Skalla 742 f.
Besborodow, M. A. s. Beljankin, D. S.
Bigot, A. 355, 358, 387, 600, 613
Bilbao-Aristegui 213 f., 225
Bilke, W. s. Hofmann, U.
Biltz, W., u. A. Lemke 667, 701
Bingham, E. C. 350, 386
Birch, R. E. s. Harvey, F. A.
— s. Pierce, J. A.
Bird, D. 832, 862
Bischof, C. 385, 388
Bischoff, F. 661, 700
Biscoe, I, u. B. E. Warren 26 f.

Bjelowodskij, W., L. Kotschenko u. L. Bubnowa 745, 773
Blake 226
Blakeley, T. H., u. J. G. Mitchell 840, 862
Bley, F. 397, 417
Blicke, K. s. Rieke, R.
Blomqvist, M. s. Hedvall, J. A.
Bloschies, F., K. Giesen u. H. E. Schwiete 361f., 387, 440f., 482
Boardman, L. G. s. van Zyl, J. S.
Bock, O. 263
Bodin, V. 109, 135
— u. P. Gaillard 358, 387
Boege, H. 362, 387
Boguslavsky, N. E. 612, 614
Bohne, W. 860, 863
Bole, G. A. s. Holmes, M. E.
— s. Waschuska, E. J.
Booth, C., u. W. J. Rees 800, 820
Booth, H. s. Clews, F. H.
Bor, L. 589, 593
Borisov, P. A. 605, 614
Bose, A. K. 378, 382, 388, 497f., 525
—, H. Müller-Hesse u. H. E. Schwiete 497, 525
Bottenberg, W. 799, 820
—, u. P. Bardenheuer 800, 820
Bourry, E. 358f.
Bowen, N. L. 42
—, u. O. Andersen 676, 701
—, u. J. W. Greig 41ff., 58, 364, 369ff., 388
—, u. J. F. Schairer 39, 41, 58, 186f., 192, 377, 388, 677ff., 682, 701
—, J. F. Schairer u. E. Posnjak 693, 702
—, s. Schairer, J. F.
Bowles, E. 603, 614
Bowmaker, E. C. J. s. Pfefferkorn, K.
Boyer, J. A. s. Benner, R. C.
Bradley, A. L, u. A. H. Jai 660, 700
Bradley, F. W. s. Comeforo, J. E.
— s. Grim, R. E.
Bradley, R., F. W. Schroeder u. W. D. Keller, 598 613

Bradshaw, L., u. W. Emery 96f., 101
Brampton, E. C., H. Parnham u. J. White 835f., 862
Brand, F. 359, 387
Brandt, J. W. s. van Zyl, J. S.
Braun, W. 207, 225, 391, 401, 416f.
Bray, R. H. s. Grim, R. E.
Brazeau, W. F. 707, 727
Bredig, M. A. 691f., 702
Breitel, K. P. s. Kienow, S.
Brémond, P. 68, 74f., 85
Briggs, H. C., s. Hyslop, J. F.
Brill, R., C. Hermann u. Cl. Peters 19f., 26
Brindley, G. W., u. J. Goodyear 336, 385
—, u. K. Robinson 337, 385
Brink, R. H. s. McBurney, J. W.
Brinkmann, G. s. Endell, K.
Brisbane, S. M., u. R. E. Segnit 631, 643
Brohult, S. s. Beevers, C. A.
Brown, D. P. s. Petrie, E. C.
Brown, G. H., u. G. A. Murray 84, 86, 375f., 388, 471, 483
Bruchhausen, C. 802, 809, 820
Brühl, E. 855, 863
Brunklaus, J. H. 917, 920
Brunner 44, 58
Bryson, H. J. 603, 613
Bubnowa, L. s. Bjelowodskij, W.
Buchholtz, E. 869, 893
Budnikow, P. P. 348, 374, 386, 388, 436, 460, 470, 482f., 514, 524f., 599f., 606, 611, 613f., 636, 643, 739, 743, 747, 755, 761, 773f., 823f., 828f., 860, 862, 874, 883, 893, 902, 920
—, u. M. W. Baris 187f., 192
—, u. M. S. Fejgin 828, 862
—, u. B. A. Hirsch 374, 388
—, u. V. G. Popow 374, 388
Buehler, H. A. 605, 614
Buntenbach, F. 829, 862
Bunting, E. N. 382, 388, 591, 593
Burdick, M. D. 693, 702
Burdick, R. B. s. Schurecht, H. G.
Burger, F. 876f., 893

Burmester, L. 81f., 85
Burre, O. 206, 225
— s. Dienemann, W.
Büssem, W., u. W. Eitel 687 702
—, C. Schusterius u. K. Stukkard 682, 701
Bykhover, N. A. s. Ozerow, K. N.

Caesar, F. 134, 136
— s. Konopicky, K.
Callinan, E. E. s. Hite, E. C.
Calsoer, G. 362, 387
Cammerer, I. S. 94, 101
Campbell, A. J. s. Mellor, J. W.
Campbell, J. W. s. Larsen, B. M.
Canneri, C. 517, 525
Carlsson, O. 69, 71, 85
Carman, P. C. 77, 85
Carney, D. J., u. E. C. Rudolphy 543, 545, 592
Carter, P. T. s. Morton, R. L.
Casagrande, A. 413, 418
Cassan, H. 68, 85
Chadeyron, A. A., u. W. J. Rees 828, 862
Chall, P. s. Roth, W. A.
Challoner, A. R., u. Griffiths, E.
Charrin, V. 607, 609, 614
le Chatelier, H. 171, 175, 191, 284, 291, 344, 386, 389, 416, 662, 701
Chernysschev, J. S. 436, 482
Chesters, J. H. 270, 291, 293, 299f., 303f., 313, 324ff., 329, 333, 580, 657, 700, 709, 735, 743, 745, 754f., 773, 776, 779, 819f., 824, 827, 834, 837f., 862, 876, 893
—, u. G. D. Elliot 881, 893
—, u. I. M. D. Halliday 558, 592
—, u. T. W. Howie 551, 592
—, L. Lee u. J. Mackenzie 181, 183, 192, 799f., 820
—, u. C. W. Parmelee 744, 754, 773, 801, 820
—, u. W. J. Rees 768, 774
—, s. Lynam, T. R.
—, s. Swinden, T.
Chiers, S. A. 829, 862
Chrzan, E. S., E. C. Petrie u. S. M. Swain 322f., 325
Clark, G. L., u. A. Ally 709

Clergeot, A. 881, 893
Clews, F. H.
—, H. Booth u. A. T. Green
　291, 524f.
—, H. Booth, H. M. Ri-
　chardson u. A. T. Green
　291
—, A. Green u. A. T. Green
　515, 525
—, u. A. T. Green 64, 84ff.,
　115, 136
—, A. T. Green u. Mitarbeiter
　558, 592
—, W. Hugill u. A. T. Green
　320, 324
—, H. M. Richardson
　u. A. T. Green 112f., 135
—, s. Barrett, L. R.
Cloos, H. 351, 387
Coad-Pryar, E. A. 163, 166
Cobb, J. W. 184f., 192
—, s. Houldsworth, H. S.
Coes, L. 177, 192
Cohn, W. M. 96f., 101, 617,
　620
—, u. S. Tolksdorf 615, 620
Cole, S. S. 181, 192, 320, 324
Comeforo, J. E., R. B. Fischer
　u. W. F. Bradley 364, 388
—, u. R. K. Hursh 158, 166
Compstock, C. F. 619f.
Consolati, F., u. N. Skalla
　771, 774
Corling, K. W. s. Aldred, F. H.
Correns, C. W. 14f., 17, 32,
　57, 332, 337f., 385, 389,
　415, 418, 717, 727f.
—, u. W. Schott 414, 418
Coughanour, L. W.,
　u. F. H. Norton 346, 386
Cramer, E. 114, 136
— s. Seger, H.
Cramer, F. 903, 907, 920
—, u. O. Saffran 193, 225
Craner, H. M. s. Baab, K. A.
Cremer, E., u. K. Allgeuer
　660, 700
—, u. F. Gatt 660f., 700
Crespi, G. B. 832, 859, 862f.
Croll, I. C. H. s. Nye, P. B.
Crook, W. J. 187, 192
Cross, A. H. B. 117f., 136,
　284, 291, 533, 591
—, D. F. Marshall u. R. J. Sar-
　jant 848, 863
Curtis, C. E., u. D. Laurie
　642f.

Dahlgrün, F., H. Lehmann
　u. F. Schmeling 410, 417
Dale, A. J. 284, 291
—, H. T. S. Swallow u.
　F. Wheeler 320, 324
Dalla Valle, J. M. 66, 85
Danker, W. 856, 863
D'Ans, J., u. E. Lax 42, 49,
　58, 105, 615, 620, 657,
　700
D'Arcy, H. P. G. 64, 85
Dardel, Y. 843, 863f.
Därmann, O. 588, 593
Daub, E. 873, 893
— s. Wilde, G.
Davies, W. 195, 202, 225
Davy, W. P. s. Navias, L.
Day, F., u. J. P. Ambrosone
　649, 651
Day, M. K. B. u. V. J. Hill
　600, 613
Decker, A. s. Gregoire, R.
Decker, A. R., u. H. F. Royal
　125, 136
Declay 420, 482
Dement'ev, V. 777, 820
Dennis, W. H. 812, 820
van Derk Fréchette s. Ins-
　ley, H.
Deylon, M. L. 663, 701
Dickinson, D. R. s. Nye, P. B.
Dienemann, W. 210, 225
—, u. O. Burre
　220, 223, 225, 394, 417
Diesfeld, F. 852, 863
Dietz, K., R. Gauglitz u.
　H. E. Schwiete 347, 386
Dietzel, A. 18ff., 25f., 88,
　156, 163f., 166
—, u. H. Knauer 127, 136
—, u. H. Tober 615ff., 620
— s. Konopicky, K.
Dingmann, Th. s. Schenck, R.
Dittmann, K. 205, 225
Dodd, A. E. 304, 324, 722, 728
Dodukowskij, A. S. 816, 818,
　821
Doelter, C. 717, 728
Doerinckel, F. 511, 525
Dolitskii, Ya. L. 707, 727
Domorazkij, E. J. 238, 269
Donath, M. 713, 727
Donda, H. W. s. Schu-
　recht, H. J.
Dragsdorf, R. D., H. E. Kis-
　singen u. A. T. Perkins
　392, 416

Dudavskij, J. F. s. Berezh-
　noi, A. S.
Dummett, W. M.,
　u. H. H. York 640, 643
Dunn, J. A. 601, 613
Durand, M. A. 658, 700
Dutz, H. s. Lehmann, H.

Easter, G. J. 65, 85
— s. Benner, R. C.
Eberle, A. R. s. McBur-
　ney, J. W.
Ebert, F. s. Ruff, O.
Edelmann, C. H. 390, 416
—, u. J. Ch. L. Favejee 338,
　385
Egorow, P. 778, 820
Ehinger, O. 473, 483
Ehrke, U. s. Schwiete, H. E.
Eichler, B., H. Pressley
　u. J. Woolliscroft 243,
　269
Eickworth, E. 841, 862
Eiländer, W., u. Schoop, J.
　840ff., 849, 857f., 862
Eisermann, F. 836, 862
Eitel, W. 183, 188, 192, 347f.,
　370, 379, 386, 388, 687,
　702
—, u. H. Kedesdy 28ff., 57,
　363f., 387, 658f., 683, 700
—, u. C. Schusterius 414, 418
— s. Büssem, W.
Ellerton, H. s. Hugill, W.
Elliot, A. s. Aldred, F. H.
Elliot, G. D. s. Chesters, J. H.
Emery, W. s. Bradshaw, L.
— s. Mellor, J. W.
Emory, L. T. 609, 614
vom Ende, H. s. Fischer,
　W. A.
Endell, K. 114f., 117, 124,
　129, 136, 143, 145, 149,
　159f., 166, 215, 225, 502,
　525, 611, 614, 750, 753,
　773
—, u. G. Brinkmann 159, 161,
　166
—, u. M. Goldschlag 898, 919
—, u. R. Harr 188, 238, 269
—, u. U. Hofmann 345, 386
—, U. Hofmann u. D. Wilm
　346, 355, 386
—, G. Heidtkamp u. L. Hax
　160, 166
—, u. W. Müllensiefen 125f.,
　129, 131, 136

Endell, K., u. E. Pfeiffer 87, 101, 171, 191
—, u. W. Steger 87, 101
—, u. P. Vageler 345, 386
—, u. C. Wens 159, 166
— s. Hellbrügge, H.
— s. Hofmann, U.
— s. Lehmann, H.
— s. Rieke, R.
Engelhardt, W. 350, 386
Engels, G. s. Konopicky, K.
— s. Speith, K. G.
English, S. 163, 166
Esser, H., H. Salmang u. M. Schmidt-Ernsthausen 91, 94f., 101
Eucken, A. 91f., 101, 658
—, u. H. Laube 93
Eucken-Jakob 591
Ewell, R. H., u. H. Insley 389, 416
— s. Insley, H.

Fabianic, W. L. 590, 593, 635, 643
Fahn, R., Ar. Weiss u. U. Hofmann 346, 386
Fauner, J. 635, 643
Favejee, J. Ch. L. s. Edelmann, C. H.
— s. Zimmermann, K.
Fedock, M. P. 313, 324, 545, 592
Fehling, R. 151, 161, 163, 166
Feitknecht, W. 663, 701
Fejgin, M. S. s. Budnikow, P. P.
Fenner, C. N. 172f., 175, 193
Ferguson, J. M. 326f., 331
Ferguson, R. F. s. Howe, R.M.
Field, Th. Estes 765, 774
Filonenko, N. E., u. J. V. Lavrov 599, 613
Fischbeck, H. 36, 58
Fischer, P. s. Skalla, N.
Fischer, R. B. s. Comeforo, J. E.
Fischer, W. A. u. H. vom Ende 102, 104f.
—, u. A. Hoffmann 629, 643
—, u. R. Schäfer 102, 105
Fischer-Möller 900, 920
Fitzgerald, A. E. s. Heuer, R. P.
Fitzgerald, F. A. 765, 774, 870, 892, 894
Fleroff, M. W. 351, 387
Fliegel, G. 205, 225, 404, 417

Flörke, W. 171ff., 191, 285, 291
Folk, R. L. 390, 416
Forchhammer 389, 416
Ford, W. F., u. W. J. Rees 673, 701
—, J. Vyse, L. R. Barrett u. A. T. Green 909, 920
—, u. J. White 673, 701
Forsyth, M. J. 544, 592
Foster, W. R. 677, 682ff., 701
François, M. 138, 145, 149
Franzen, G., H. Müller-Hesse u. H. E. Schwiete 338, 386
Frasche, D. F. 708, 727
Fraulini, F. s. Harman, C. G.
Frenkel, A. S., u. A. S. Berezhnoi 759, 774
Frenkel, J. 23, 26, 102
Frerich, R. 307, 324
—, u. W. Hinz 236, 240f., 253, 269
Freund, H. 873, 893
Freundlich, H. 344, 346, 348, 386
v. Freyberg, B. 200, 202, 208ff., 215, 218, 225
Fricke, R., u. J. Lücke 659, 700
—, u. H. Severin 600, 613
Fritz, W. 625, 643
Fritz-Schmidt, M., u. G. Gehlhoff 94, 101
Fromm, F. 148, 150, 164, 167, 280ff., 291
Fulcher, G. S. 644, 648, 651
Fuller, W. B. 82f.
—, u. S. E. Thompson 81, 85
Funk, R. s. Nowotny, H.
Funk, W. 345, 386, 394, 417

Gad, G. M. 618ff.
—, u. L. R. Barrett 377, 388
Gaillard, P. s. Bodin, V.
Galachow, F. J. 629, 643
— s. Toropow, N. A.
Gallup, J. 538, 613
Galpin, L. 389, 416
Gareis, F. s. Salmang, H.
— s. Mayer, K.
Garland, C. W. s. Jura, J.
Gary, M. 109, 114, 135
Gatt, F. s. Cremer, E.
Gatzke, E. 101
— s. Klasse, F.
Gatzke, H. 263, 269

Gatzke, H., u. H. Höppner 256, 269
Gauglitz, R. s. Dietz, K.
Gehlhoff, G. s. Fritz-Schmidt, M.
Geiger, C. F. 888, 894
Geller, R. F. 164, 166
—, u. S. M. Lang 617f., 620
Gelsdorf, G., u. H. E. Schwiete 372f., 378, 388
Gerwich, T. A. s. Kraft, V. V.
Giese, K. s. Hofmann, U.
Giesen, K. s. Bloschies, F.
Gieth, J. s. Rieke, R.
Gigy, H. 818, 821
van Gijn, G. 307, 324, 539, 592
—, u. K. Kooij 551, 592
Gill, A. F. 661, 700
Glaser, O. 511, 525
Glick, D. P. 357, 387
Gmey, E. 397, 417
Godron, Y. 139, 149
Goebel, E. 409, 417
— s. Rademacher, R.
Goldschlag, M. s. Endell, K.
Goldschmidt, J. R. 687, 702
Goldschmidt, V. M. 679f., 683f., 701, 760, 762, 774
Golla, H., u. K. Köhler 551, 592
—, u. H. Laube 91, 93f., 101, 889, 894
de Goloubinoff, V. s. Travers, A.
Golowatyj, R. N. 320, 324
Goodyear, J. s. Brindley, G. W.
Gotthardt, H. 400, 414, 417f.
— s. Keppeler, G.
Goudge, M. F. 724, 728
Gouy, M. 344, 346, 386
Graham, R. s. White, J.
Granger, A. 94, 101
Green, A. s. Clews, F. H.
Green, A. T. 96f., 101, 418, 482
—, u. L. S. Theobald 469, 483
— s. Barrett, L. R.
— s. Clews, F. H.
— s. Ford, W. F.
— s. Hugill, W.
— s. Rigby, G. R.
— s. Rouden, E.
Green, C. J. 533, 591
Gregoire, R. u. A. Decker 847, 863
Greig, J. W. 42f., 58, 175, 183f., 192, 676, 684, 694, 701f.

Greig, J. W. s. Bowen, N. L.
— s. Posnjak, E.
Greiner, E. 765, 774
Gressler 746, 773
Grewe, H. 412, 417, 847, 863
—, u. F. Harders 289, 291
—, u. R. Rückert 553, 592
— s. Harders, F.
— s. van Royen, H. J.
Griffiths, E., u. A. R. Challoner 91, 101
Grigsby, C. E. s. Heuer, R. P.
Grim, R. E., u. W. F. Bradley 365, 388
—, R. H. Bray u. W. F. Bradley 342, 386
Grimm, H. G. 20f.
Grimshaw, R. W., E. Heaton u. A. L. Roberts 363, 387
von Grueber, C. 826
Grum-Grjimajlo, W. 186, 188, 192
Grün, R. 849, 863
Gruner, E. 344, 386
Gruner, J. W. 334, 385, 896, 919
Guild, P. W. 709, 727
Guimaraes, G. B., u. J. M. Oliveira 709, 727
Gulyaev, V. S., L. G. Ugrinovich, A. M. Ostroumov u. V. M. Avvakumov 778, 820
Gümbel, A. 213
Gumz, W., H. Kirsch u. M.-T. Mackowsky, 530f., 591
Gundlach, K. 605, 614
Günther, R. s. Konopicky, K.
Gurr, W. s. von Wartenberg H.
Guss, S. 473, 483, 818, 821

Haase, Th. 140f., 149, 352ff., 387
Haaymann, P. W. s. Verwey, E. J. W.
Haddan, R. 765, 774
Haglund 765, 774
Halm, L. 536, 539ff., 544, 592
Hall, A. S. 892, 894
Hall, F. P., u. H. Insley 617, 620
Haller, P. 466, 483
Halliday, I. M. D. s. Chesters, J. H.
Hancock, W. C., u. W. E. King 134, 136

Hansen, M. 575, 593
Harders, F. 768, 774, 884ff., 893
—, u. H. Grewe 728, 730, 734
— s. Hartmann, F.
— s. Grewe, H.
Harkort, H. 414, 418
—, u. H. J. Harkort 412, 417
Harkort, H. J. s. Harkort, H.
Harman, C. G., u. F. Fraulini 341, 386
— s. Parmelee, C. W.
Harms, F. 313f., 324, 329ff., 797, 820
Harr, R. s. Endell, K.
Harrassowitz, H. L. F. 390f., 416
Hartmann, F. 61f., 75, 85, 159f., 163, 166, 286, 291, 350, 514, 519, 521, 525, 557, 822, 861
—, u. F. Harders 886, 894
—, u. E. H. Schulz 754, 773
Hartmann, M. L. 903, 920
Hartmann, W. 101, 105
Harvey, F. A. 299, 324
—, u. R. E. Birch 281, 291
—, u. A. E. McGee 134, 136
Hasebrink, A. 207, 225, 401, 404, 417
Hauck, Ch. A. s. Shevlin, Th. S.
Hauffe, K. 17, 35f., 57, 696, 702
Hax, L. s. Endell, K.
Hay, M. H., u. F. A. Bannister 683, 702
Hay, R., u. J. White 689f., 702
— s. White, J.
Hayck, E. 663, 701
Hayman, J. C. 878, 893
Heany, J. A. 905, 920
Heaton, E. s. Grimshaw, R. W.
Hebestreit, O. s. Salmang, H.
Hecht, H. U. 110, 124ff., 135
Hedvall, J. A. 28, 35ff., 57, 184f., 192, 667
—, u. M. Blomqvist 363, 387
—, u. P. S. Sjöman 187, 192
Heep, H.-W. 201
Hegemann, F. 199, 225
Heidtkamp, G. s. Endell, K.
Heiligenstaedt, W. 93, 101, 110ff., 135, 581, 593, 917, 920

Heilman, E. L. s. Verwey, E. J. W.
Heindl, R. A., u. W. L. Pendergast 128, 133, 136, 502, 525
Heinemann, K. s. Kienow, S.
Heinz, A. s. Klasse, F.
Heldt, K. 159, 166
Hellbrügge, H., u. K. Endell 161, 166
— s. Lehmann, H.
Helm, G. 462, 483
Hendricks, S. B. 334, 385
—, u. C. S. Ross 342, 386
—, u. E. Teller 335
— s. Ross, C. S.
Henry, A. V. 104f.
Hermann, C. s. Brill, R.
Hermann, E. s. Hüttig, G. F.
Herold, P. G. s. McQueen, H. S.
Herzog, E. 839, 841, 854f., 862
Heuer, R. P. 517, 525, 768, 774
—, u. A. E. Fitzgerald 812, 820
—, u. C. E. Grigsby 555, 592
Heynert, G. 671, 701
— s. Oelsen, W.
Hibbot, H. W., u. W. J. Rees 558, 592
Hiessleitner, G. 707, 727
Hild, K. 99, 101
—, u. G. Trömel 185, 192
Hildebrand, F. A. s. Bates, Th. F.
Hill, V. J. s. Day, M. K. B.
— s. Roy, R.
Hilliard, A. s. Stott, V. H.
Himsel, W. s. Kahlhöfer, H.
Hind, S. R. 357, 387
Hinrichsen, F. W. s. Rasch, E.
Hinz, W. s. Frerich, R.
Hirsch, H. 108ff., 115, 135f., 162, 166, 400, 407, 417, 506, 525
—, u. M. Pulfrich 87, 101, 115, 136
Hirsch, B. A. s. Budnikow, P. P.
Hissink, J. D. 345, 386
Hite, E. C., u. E. E. Callinan 545, 592
Hnevkovsky, O. s. Hüttig, G. F.
Hochhut, J. 462, 483
Hock, H. 840

Hoehne, K. 393, 410, 417
Hoffmann, A. s. Fischer,W.A.
Hoffmann, E. s. Jander, W.
Hoffmann, F. 882, 893
Hoffmann, Friedrich 259ff.,
269
Hoffmann, M., E. Kempcke,
E. Neuwirth u. R. Pieruc-
cini 213, 225
Hofmann, H. 868, 893
Hofmann, R. s. Manegold, E.
Hofmann, U. 406f., 417
—, u. W. Bilke 340, 386
—, K. Endell u. D. Wilm 335,
338, 385
—, u. K. Giese 345, 386
—, u. D. Wilm 873, 893
— s. Endell, K.
— s. Fahn, R.
Holler, F. 889, 894
Holmes, M. E., W. J. McCaug-
hey u. G. A. Bole 834, 862
Höning, F. 802f., 820
Hopmann, U. s. Kono-
picky, K.
Höppner, H. s. Gatzke, H.
Hörhager, J. 737, 743
Horn, R. J. 893f.
Horry 742f.
Houldsworth, H. S.,
u. J. W. Cobb 600, 613
Howe, R. M. 760, 774
—, u. R. F. Ferguson 600, 613
—, u. S. M. Phelps 143, 148f.
Howie, T. W. 145, 150, 320,
324
— s. Chesters, J. H.
— s. Lynam, T. R.
Howland, A. L.
s. Peoples, J. W.
Hugill, H. R. s. West-
man, A. E. R.
Hugill, W. 369, 388
— H. Ellerton u. A. T. Green
517, 525
—, u. A. T. Green 680, 701,
709, 757, 773
—, u. W. J. Rees 187f., 192,
240, 269, 284f., 291, 743,
773
—, A. Watts u. J. Vyse 671,
701
— s. Clews, F. H.
— s. Rees, W. J.
Hülsbruch, W. s. Will, E.
Hunter, C. H. 711, 727
Hüppe, W. 405, 417

Hursh,R.K.s.Comeforo, J.E.
Hussak 620
Hütter, L. 313, 324, 776,
778ff.,784,789,792 ff.,
797, 802, 813, 819ff.
Hüttig, G. F. 362, 387
—, u. E. Hermann 363, 387
—, W. Nestler u. O. Hnev-
kovsky 660f., 700
—, u. K. Torkar 76, 85
—, u. A. Vidmajer 60, 75, 84,
Hyslop, J. F. 139, 149, 363,
387, 673, 675, 757, 773
—, R. F. Proctor u.
H. C. Briggs 123, 136
—, u. H. P. Rooksby 363, 387

Igumov, A. N., u. K. E. Kozhevnikov 605, 614
Illgen, F. 123f., 136
Immke, H., u. W.Miehr 64, 85
—, s. Miehr W.
Insley, H. 589, 593, 635, 643
—, u. R. H. Ewell 364, 387
—, u. van Derk Fréchette
605f., 614, 649, 651
— s. Ewell, R. H.
— s. Hall, F. P.
— s. Pendergast, W. L.
Itersons, F. K. Th. 354, 387

Jaeger, G., u. R. Krasemann
32f., 57
Jäger, G. 75, 85
Jagitsch, R. 35, 37
Jahnke, E. 813, 820
Jai, A. H. s. Bradley, A. L.
Jakob, J. 764, 774
Jander, W. 32, 57, 184f., 192
—, u. E. Hoffmann 36, 58,
185, 192
—, u. W. Scheele 184, 192
—, u. J. Wuhrer 691, 702
Jantsch, G., u. F. Zemek 661,
700
Jasmund, K. 332ff., 338, 341,
385, 414, 418
Jebsen-Marwedel, H. 156,
166, 323ff., 494, 524, 568,
570f., 593
Jeffery, J. A., u. C. D. Wood-
house 603, 614
Jochum 488, 524
Jodl 873, 893
John, W. D., u. E. C. Jonas
342, 386
Johnson, A. L., u. F. H. Nor-
ton 346, 386

Johnson, A. L. s. Norton,F.H.
Johnston jr. W. D.,
u. H. C. A. de Souza
709, 727
Jonas, A. I. 603, 614
Jonas, E. C. s. John, W. D.
Jones, C. 612, 614
Jones, G. A. s. Schu-
recht, H. G.
Jones, H. G. 758, 773
Jones, O. L. 909, 920
Jordt, H. 609, 614
Jost, W. 22, 26
Jourdain, A. 114, 136
Jung, A. 854, 863
Jung, R. s. v. Wartenberg, H.
Junghans-Uelsmann, O. 746,
773
Junius, A. 877, 893
Junner, N. F. 603, 613
Jura, J., u. C. W. Garland
155, 166

Kabus, C. 420, 482
Kaempfe, F. s. Kratzert, J.
v. Kahler, F. 61f., 75, 85,
660, 700
— s. Allgeuer, K.
Kahlhöfer, H., u. A. Send
562f., 592, 879ff., 893
— — u. W. Himsel 562, 592,
880, 893
Kajnarskij, I. S. 225,238, 269
Kallauner u. Matejka 412,
417
Kaltenbach, J. s. Salmang,H.
Kampa, P. s. Konopicky, K.
Kampbell, E. M. 659, 700
Kanolt, O. W. 657, 700
Kanz, A. 64, 67f., 85, 281f.,
291, 506f., 525
— s. Schulz, E. H.
Karl, F. 605, 614
Karyakin, L. J.
s. A. S. Berezhnoi
Kassel, H. s. Konopicky, K.
Keat, P. P. 177, 192
Kedesdy, H. s. Eitel, W.
Keep, F. E. 710, 727
Keith, M. L. 671, 673, 701
— s. Warshaw, I.
Keler, E. K., u. V. P. Zegzhda
443, 482
Kelleher, J. 888, 894
Keller, W. D. s. Bradley, R.
Kelley, K. K. 49ff., 58, 657,
700
— s. King, E. G.

Kempcke, E. s. Hoffmann, M.
Kendrick, A. M. C. 551, 592
Kennedy, G. C. 370, 388
Keppeler, G. 412, 417
—, u. H. Gotthardt 347, 386
Kerlie, W. L. 843, 858, 863
Kerr, P. F., s. Ross, C. S.
Kessels, K. 575, 593
Kienow, S. 154f., 166, 352ff., 374, 387f., 785, 787, 806, 820
— K. P. Breitel u. K. Heinemann 67, 85, 546, 550f., 592
— s. K. Mayer
Kieselbach, H. A., u. E. R. Williams 908, 920
Kiessewetter, F. 663, 701
Kijak, E. 409, 417
Kimizuka, K. 606, 614
Kind, J. s. Salmang, H.
King, E. G., S. S. Todd u. K. K. Kelley 898, 919
King, T. B. 156, 166
King, W. E. s. Hancock, W. C.
Kinzie, C. J., u. E. Wainer 907, 920
Kippe, O. 728, 730, 734
Kirkendall, E. O. 36
— s. Smigelskas, A. D.
Kirkpatrik, F. A. 148, 150
Kirsch, H. s. Gumz, W.
Kissin, A. D. 745, 773
Kissingen, H. E. s. Dragsdorf, R. D.
Kjehlsen, C. 825, 862
Klasse, F. 419, 461, 483, 519, 525, 539
—, u. E. Gatzke 92
—, u. A. Heinz 140ff., 149, 283, 508, 525
—, u. J. Kratzert 240, 269
Klein, A. A. s. Ridgway, R. R.
Klementz, J. 186, 192
Klesper, R. 83, 85, 242f., 245, 257, 259f., 269, 448, 450, 453ff., 458, 462f., 465, 470, 482f., 551, 554, 556, 565, 592, 878, 881, 890, 892ff.
Klinger, P. 289, 291
Klug, J. 44, 58
Klüpfel, W. 207, 225, 401, 417
Klyucharev, Ya. V., u. S. A. Levenstein 769, 774
Knauer, H. s. Dietzel, A.

Knauft, R. W. 631, 643
Knoche, C. 229
Knudsen, M. 74f., 85
Knuth, H. 646f., 651
— s. Miehr, W.
Knüppel, H. s. Mayer, K.
Köberich, F. 566, 593
Kobusch, K. s. Speith, K. G.
Koch, E. s. Wagner, C.
Koch, P. s. Miehr, W.
Koeppel, C. 175, 178, 185, 192, 240, 242, 269, 597, 613
Koerner, O., K. Pukall u. H. Salmang 332, 385
Kohl, H. 357, 361, 387
Köhler, E. s. Schulz, P.
Köhler, K. s. Golla, H.
Köhler, W. 853, 863
Kohn, J. A. s. Ramsdell, L. S.
Kondo, S., u. H. Yoshida 144. 148ff.
König, R., u. L. Stuckert 199, 225
König, W. s. Miehr, W.
Konopicky, K. 154, 158, 166, 300ff., 306f., 309, 324, 369, 388, 496ff., 517, 521, 524f., 570, 593, 734f., 741, 743, 746f., 753, 773, 817, 821, 829, 862
—, u. F. Caesar 671, 701
—, A. Dietzel u. R. Günther 496, 524, 567f., 593
—, u. G. Engels 108, 135
—, U. Hopmann u. P. Kampa 497, 525
—, u. H. Kassel 741, 743
—, u. W. Lohre 72, 85, 110f., 113f., 135, 504, 525
—, u. F. Trojer 669, 688, 691, 695, 701f.
— s. Schulz, P.
— s. Trojer, F.
— s. Trömel, G.
Kooij, K. s. van Gijn, G.
Koppers, H. 88, 93, 105, 625, 866, 893
Körber, F., u. W. Oelsen 52ff., 58, 537f., 551, 566, 592f.
Körberich, F. 817, 821
Kordes, E. 34, 57
Körner, O., H. Salmang u. W. Lerch 26, 27
Kornfeld 201

Körting, J. 917, 920
Koshurnikow, M. N., u. A. E. Zyryanov 605, 614
Kossogowskij, A. N. 553, 592
Köster, H. M. 607, 614
Kotschenko, L. s. Bjelowodskij, W.
Kozakewitch, P. 156, 166
Kozhevnikov, K. E. s. Igumov, A. N.
Kraček, F. C. 190f., 193
Kraft, V. V., u. T. A. Gerwich 374, 388
Kraner, H. M. 188, 192
Krapf, S. 36, 58, 766f., 774
Krasemann, R. s. Jaeger, G.
Kratzert, J. 889f., 892, 894
—, u. F. Kaempfe 103ff.
— s. Klasse, F.
— s. Miehr, W.
Kraus, F. 817, 821
Krause, O. 370, 378f., 388, 753, 773
— s. Lux, E.
Krauss, F. 379, 388
Kreiburg, A. 401, 417
Kreidl, N. J. 26f.
Kreutzer, C. 298f., 324
Krishnachar, T. P. 602, 613
Kühl, H. 566, 593, 817, 821
—, H. Lorenz u. F. Thilo 566, 593
Kuhlmann, C. 881, 893
Kukla, O. 890, 894
Kukolew, G. V. 83, 85
Kupferburger, W., u. B. V. Lombaard 710, 727
Kuschinsky, A. s. Angel, F.
Kushta, G. P. s. Pines, B. Ya.
Kyropoulos, S. 176, 192
Lahr, H. R. 127, 136, 539, 592
Lahl, W. s. Wuhrer, J.
Lake, O. 291
Lakin, J. R. 130f., 136
—, u. C. S. West 133, 136
Lamort, J. 589, 593, 818, 821
Lang, R. 390f., 416
Lang, S. M. s. Geller, R. F.
Lanser, P. 742f.
—, u. N. Skalla 659, 700, 736, 743
— s. Berlek, J.
Lapin, V. V. 314, 324
de Lapparent 605, 607, 614

Larsen, B. M., F. W. Schroeder, E. N. Bauer
u. J. W. Campbell 294, 298, 300, 306, 324
Lartour, A. 855, 863
—, u. J. Schoop 803, 809, 820, 853f., 863
Laube, H. s. Eucken, A.
— s. Golla, H.
Laubenheimer, A. 345, 386, 397, 417
Laurie, D. s. Curties, C. E.
Lauschke, G. s. Ruff, O.
Lavrov, J. V.
s. Filonenko, N. E.
Lax, E. s. D'Ans, J.
Lea, F. M., u. R. W. Nurse 76f., 85
Lee, L. s. Chesters, J. H.
Lehmann, H. 56, 58, 337, 354, 356, 363, 365, 387, 410, 412f., 417
—, u. H. Dutz 356, 387
—, K. Endell u. H. Hellbrügge 159, 166
—, u. G. Marx 347, 350, 386
—, u. U. S. Singh 158f., 166
— s. Dahlgrün, F.
Lehnartz, W. 258
Leidler, D. S. s. Taylor, A.
Leitmeier, H. 717, 721, 728
Lemke, A. s. Biltz, W.
Lenzius, H. 737, 743
Lerch, W. s. Körner, O.
Letort, Y. 127, 136, 372, 388
Levenstein, S. A. s. Klyucharev, Ya. V.
Liang-Ho Su 583, 593
Lieck, K. 264, 269
Limes, R. W. s. Phelps, S. M.
Linde, H. s. von Wartenberg, H.
Lindemann, W. 681, 701
Linder, F. W. s. Wentrup, H.
Linseis, M. 56, 58, 356, 387, 414f., 418
Lister, W. 832, 862
Litinsky, L. 115, 136, 290f.
Litwakowski, A. A. 648, 651
Litzow, K. 82f., 85
Livey, D. T., u. P. Murray 155, 166
de Llarena, J. G. 721, 728
Loch, L. 722, 728
—, u. K. Redlich 715, 727

Löffler, J. 571, 593
Lohre, W. s. Konopicky, K.
Lombaard, B. V. s. Kupferburger, W.
Longchambon, L. 191, 193
Lorenz, R. 413, 418,
— s. Kühl, H.
Löscher, K. 205, 225
Lovell, G. H. B. s. Rigby, G. R.
Lotze, F. 717, 728
Lücke, J. s. Fricke, R.
Luckhardt, K. 405, 417
Ludwig 331, 385
Luersen, G. V. s. Post, C. B.
Lüngen, H. J. s. Salmang, H.
Lux, E. 62, 117, 136, 240, 269, 612, 614, 865, 909, 920
—, u. O. Krause 270, 291
Lyor, K. C. s. Parmelee, C. W.
Lynam, T. R., T. W. Howie u. J. H. Chesters 760, 774
—, u. W. J. Rees 754, 758f., 773f.

Maase, E. 261, 269
Macey, H. H. 344, 386
—, u. F. G. Wilde 360, 387
Machatschki, F. 681, 701
— T. W. F. Barth u. E. Posnjak 17
Mackenzie, J. 188f., 192, 280, 291, 555, 565f., 592, 876, 893
— s. Chesters, J. H.
— s. Storey, C.
Mackowsky, M.-T.
s. Gumz, W.
Mägdefrau, E. 342, 386
Magers, W. 533, 591
Maire, R. 881, 893
Mäkler, 399, 417
Mallison, H. 839f., 862
Manegold, E. 60, 65, 75f., 82, 84
—, R. Hofmann u. K. Solf 69, 80, 85
—, u. K. Solf 78f., 85
Manfred, O. 448, 482
Maranz, A. G. 746, 755, 758, 773
Marshall, D. F.
s. Cross, A. H. B.
Martin, R. H. 888, 894
Martin, W. 790, 820
Marx, G. s. Lehmann, H.

Massinon, J. 839, 842, 849, 862f.
Matejka s. Kallauner
Matignon, C. 618, 620
Matouschek, F. 818, 821
Matsumoto, K. s. Yoshiki, B.
Mauwe, H. s. Rieke, R.
Mayer, K. 851, 863
—, F. Gareis, S. Kienow, H. Knüppel u. G. Trömel 809, 820, 833, 862
—, u. H. Knüppel 809, 820
McBurney, J. W., R. H. Brink u. A. R. Eberle 134ff.
McCaffery, R. S. 161, 166
McCallum, N., u. L. R. Barrett 152, 166
McCaughey, W. J. s. Holmes, M. E. 172, 192
McDowell, J. S. 172, 192, 240, 269
McGee, A. E. 96f., 101
— s. Harvey, F. A.
McMahon, J. F. 168
McMahon, J. P. C. 544, 592
McMullen, J. C.,
u. A. P. Thompson 649ff.
McQueen, H. S. 606, 614
—, u. P. G. Herold 606, 614
Mehmel, M. 32, 335, 385, 896, 919
Mellor, J. W. 657, 700
—, u. A. J. Campbell 183, 192
—, u. W. Emery 114f., 136
—, u. B. F. Moove 114f., 136
Memmonova, T. V.,
u. L. M. Zilberfarb 270, 291
Mering, J. 339f., 386
Merwin, H. E. s. Rankin, G. A.
— s. Roberts, H. S.
— s. Sosman, R. B.
Merz, J. A. 722, 728
Metz, P. 841, 843f., 847, 849f., 854, 856f., 861, 863
Meyer, C. H. 640, 643
Meyer, H. s. Teichmüller, M.
Meyer, H. J. 832, 862
Meyer, F. W. 333, 385
Meyer-Hartwig, E. 766, 774
Miehr, W. 235, 262, 265, 269, 419, 422, 482, 506, 525, 619f., 642f.
—, H. Immke u. J. Kratzert 115, 126, 889, 894

Miehr, W., H. Knuth u.
W. König 115, 136
—, J. Kratzert u. H. Immke
87, 101, 146, 148, 150,
283, 291
—, J. Kratzert u. P. Koch
164, 167, 519f., 525
— s. Immke, H.
Miles, K. R. 602, 613
Mintrop, R., u. E. Roemer
562, 593
Mirta, H. K. 108, 135
Mitchell, J. G. s. Blake-
ley, T. H.
Mittag, C. 83f., 86, 226ff.,
232f., 269, 425ff., 430,
433f., 437, 482, 848
Möglich, F., N. Riehl
u. R. Rompe 99, 101
Möller, H. s. Trömel, G.
Mong, L. E. 111, 135
Moon, H. E. 835, 862
Moove, B. F. s. Mellor, J. W.
Morder, V. 708, 727
Mordziol, C. 401, 417
Morgan, J. D. 906f., 920
Morgan, W. R. 144, 150
Morosow 517, 525
Morris, L. D., u. S. R. Scholes
42, 58
Morton, R. L., u. P. T. Carter
552, 592
Moschel, W. 731, 734
—, u. A. Schmidt 731, 734
Möser, A. 83, 85, 239, 269,
444, 482, 490, 524
Moyd, L. 603, 614
Mravec, J. G. 550, 592
Muan, A. 380f., 388
Mügge, O. 785, 820
— s. Rosenbusch, H.
Mulert, O. 287, 291
Müllensiefen, W.
s. Endell, K.
Müller, G. s. Rieke, R.
Müller, W. s. Behne, W.
Müller-Hesse, H. s. Bose, A. K.
— s. Franzen, G.
Müller-Neuglück, H. H.,
u. E. Raulf 528, 591
Mund, A. 781, 820
Munier, P. 394, 417
Murray, G. A. s. Brown, G. H.
Murray, P. s. Livey, D. T.
Musgrave, J. 710, 727
Myschkin, S. N. 746f., 753f.,
773

Nacken, R. 662, 701
Naeser, G. 843, 863
—, u. W. Pepperhoff
100f., 789f., 820
Nagelschmidt, G. 342, 386,
390, 416
Naske, C. 440, 482
Navias, L., u. W. P. Davy
371, 388
Navratiel, H. 115, 136
Néel, L. 666, 701
Nesbitt, C. E., u. M. L. Bell
517, 525
Nestler, W. s. Hüttig, G. F.
Neumann, F. 96f., 101
Neuwirth, E. s. Hoffmann, M.
Newcome, R. s. Smith, L. L.
Niebling, F. 889, 894
Niederleuthner, R. 165, 869,
893
van Nieuvenburg, C. J. 384,
388
—, u. C. N. J. de Nooijer
173f., 190, 192
—, u. W. Schoutens 413, 418
Nitschke, K. 545, 549f., 592
Noda, T., u. M. Oka 735, 743
Noll, W. 335, 385, 389, 416
de Nooijer, C. N. J.
s. van Nieuvenburg, C. J.
Nopisch 87, 101
Norton, C. L. 907, 920
Norton, F. H. 93, 112f., 121f.,
134ff., 139, 143, 145, 149,
255, 269, 350f., 376, 387f.,
418, 466, 482f., 600, 613,
760, 774, 889, 894
—, u. A. L. Johnson 344, 386
— s. Coughanour, L. W.
— s. A. L. Johnson
Nowotny, H., u. R. Funk
598, 613
Nurse, R. W. s. F. M. Lea
Nye, P. B., I. C. H. Croll
u. D. R. Dickinson 602,
613

Obst, K. H. 888, 894
— s. Trömel, G.
Oelsen, O. s. Oelsen, W.
Oelsen, W. 45, 49, 52f., 56, 58
—, u. G. Heynert 629, 643
—, K. H. Rieskamp u. O. Oelsen 49, 58
—, E. Schürmann u. G. Heynert 56, 58
— s. Körber, F.
Oka, M. s. Noda, T.

O'Leary, W. J.
s. Ridgway, R. R.
Oliveira, J. M. s. Guima-
raes, G. B.
Orlovskii, A., u. D. S. Rut-
man 636, 643
Osann, B. 518, 525
Osborn, E. F. 694, 702
— s. Roy, R.
— s. de Vries, R. C.
Ostroumov, A. M. s. Guly-
aev, V. S.
Ozerow, K. N., u. N. A. Bykhover 605, 614

Parmelee, C. W., u. C. G. Harman 156, 166
—, K. C. Lyon u. C. G. Harman 155, 166
—, u. Mitarbeiter 666
—, u. A. Rodriguez 374, 388
—, A. E. R. Westman
u. W. H. Pfeiffer 893f.
— s. Chesters, J. H.
Parnham, H. 705, 727, 757,
773, 803, 820
— s. Brampton, E. C.
Pasche, W. s. Rieke, R.
Partridge, F. C. 603, 613
Partridge, J. H. 111, 135,
467f., 483, 569, 571ff.,
593
—, u. G. F. Adams 123, 136,
148, 150
— s. Rooksby, H. P.
Patzak, I. s. Trömel, G.
Pauli, W., u. E. Valko 344,
386
Pauling, L. 20, 26, 615, 620
Peck, A. B. 369, 388
— s. Riddle, F. H.
Pendergast, W. L., u. H. Insley 163, 166
— s. Heindl, R. A.
Peoples, J. W., u. A. L. Howland 708, 727
Pepperhoff, W. 99ff.
— s. Naeser, G.
Perkins, A. T. s. Drags-
dorf, R. D.
Peter, S. 349, 386
Peters, Cl. s. Brill, R.
Petit, D. 109f., 135
Petrascheck, W., u. W. E. Petrascheck 607, 614, 722,
728
Petrascheck, W. E. s. Pe-
trascheck, W.

Petrie, E. C., u. D. P. Brown 583, 589, 593
— s. Chrzan, E. S.
Pfefferkorn, K. 356, 387
Pfeiffer, W. H. s. Endell, K.
— s. Parmelee, C. W.
Phelps, S. M. 635, 643
—, u. Limes, R. W. 270, 291
— s. Howe, R. M.
— s. Swain, S. M.
Phemister, J. 694, 702
Philipp, O. 466, 483
Pierce, J. A., u. R. E. Birch 555, 592
Pierce jr., R. H. H., u. J. B. Austin 299, 324
— s. Austin, J. B.
Pieruccini, R. s. Hoffmann, M.
Pines, B. Ya., u. G. P. Kushta 830, 862
Pirogow, A. P. 524f.
Pirumov, G. 620
Plank, A. 203, 209, 225
Planz, E. 378, 388, 490, 524
Poensgen, R. 91, 101
Pohl, H. 147, 149f., 750, 757
Polubojarinow, D. N., u. W. L. Balkewitsch 639, 643
Pompei, L. 536, 592
Popow, V. G. s. Budnikow, P. P.
Posnjak, E., u. J. W. Greig 369, 388
— s. Bowen, N. L.
— s. Machatschki, F.
Post, C. B., u. G. V. Luersen 538, 592
Postinet, J. 855, 863
Pressley, H. s. Eichler, B.
Preston, E. 64, 85
Priehäuser, M. 391, 397, 407, 416f.,
Priestley, J. E., u. W. J. Rees 800f., 820
Proctor, R. F. s. Hyslop, J. F.
Prophet, E. s. von Wartenberg, H.
Pulfrich, M. s. Hirsch, H.
Pukall, W. 359, 387
Pukall, K. s. Koerner, O.
Pyk, S., u. B. Stålhane 95
Quandel, K. s. van Royen, H. J.

Radczewski, O. E. 409, 417
—, u. R. Rath 362f., 387, 412, 417
Rademacher, R., u. E. Goebel 422, 482
Radermacher, G. s. Wuhrer, J.
Rait, J. R. 551f., 592, 671f., 690, 694f., 698f., 701, 709f., 727, 735, 743, 755f., 773, 787, 798, 820, 834ff., 862
Ramdohr, P. 873, 893
Rammler, E. s. Rosin, P.
Ramsdell, L. S., u. J. A. Kohn 867, 893
Rankin, G. A. 42f., 58, 184
—, u. H. E. Merwin 38, 58, 666, 684, 686, 701f.
— s. Shepherd, E. S.
Rapatz, F. 775, 819
Rasch, E., u. F. W. Hinrichsen 102, 105
Rasch, R. 426, 470, 477, 482f., 487, 524, 526, 535, 572, 591ff.
—, u. Skornia, G. 473, 483
Rath, R. s. Radczewski, O. E.
Raulf, E. 528
— s. Müller-Neuglück, H. H.
von Raupach, F. 717, 728
Redlich, K. 712, 716, 727f.
— s. Loch, L.
Rees, W. J. 280, 291, 533, 591, 835, 862
—, u. W. Hugill 188, 192
— s. Booth, C.
— s. Chadeyron, A. A.
— s. Chesters, J. H.
— s. Ford, W. F.
— s. Hibott, H. W.
— s. Hugill, W.
— s. Lynam, T. R.
— s. Priestley, J. E.
— s. Tyler, W. H.
— s. Wilde, W. T.
Reich, H. 465, 483
Reindl, H. 406
Reinhart, F. 291, 765, 774, 896, 919
Reisch, H. 854, 863
Remy, R. 855, 858, 863
Reusch, H. J., u. H. v. Wartenberg 812, 820
Rhode, J. s. Spangenberg, K.
Rice, O. R. 555, 592
Richardson, H. M. 666, 701

Richardson, H. M. s. Clews, F. H.
Richters 385, 388
Riddle, F. H., u. A. B. Peck 890, 894
Ridgway, J. H. 715, 727
Ridgway, R. R., A. A. Klein u. W. J. O'Leary 598, 613
Riehl, N. s. Möglich, F.
Rieke, R. 44, 58, 354, 384, 387f., 416
—, u. K. Blicke 667, 669, 701
—, u. K. Endell 173, 175, 192
—, u. J. Gieth 354, 357ff., 387
—, u. H. Mauwe 414, 418
—, u. G. Müller 128, 130, 132f., 136, 503, 525
—, u. W. Pasche 590, 593
—, u. L. Tscheischwili 350, 387
—, u. A. Ungewiss 759, 774
—, u. E. Völker 378, 388
—, u. O. Wiese 378, 388
Rienäcker, R. s. Staudinger, H.
Rieskamp, K. H. s. Oelsen, W.
Rigby, G. R. 558, 592, 671, 674, 701
—, G. H. B. Lovell u. A. T. Green 670ff., 701
Rinne, F. 363, 387
Rittgen, A. 362, 366, 387
— s. Salmang, H.
Roberts, A. L. 143, 149, 756, 760, 773
— s. Grimshaw, R. W.
Roberts, H. S., u. H. E. Merwin 667ff., 701
Robertson, H. S. 778, 820
Robinson, K. s. Brindley, G. W.
Robitschek, J. M. 144, 150, 533, 592
Rochelsberg, C. 440, 482
Rodriguez, A. s. Parmelee, C. W.
Rodt, V. 659, 663, 700
Roemer, E. s. Mintrop, R.
Roesen, C. R. 891, 894
Rohn, Z. 717, 728
Röll, G. 843f., 863
Roll, R. 300, 324
Röller, Ph. 852, 863
Rompe, R. s. Möglich, F.

Rooksby, H. P.,
   u. J. H. Partridge 370,
   388
— s. Hyslop, J. F.
Rose, C. J. 163, 166
Rosenbusch, H., u. O. Mügge
   215, 225
Rosengreen, A. 839ff., 862
Rosenow, M. 354, 387
Rosin, P., u. E. Rammler 83f.,
   86
Rösler, H. 344, 386, 390, 416
Ross, C. S. 390, 416
—, u. S. B. Hendricks 339f.,
   386
—, u. P. F. Kerr 333f., 385
— s. S. B. Hendricks
Roth, W. A., u. P. Chall 287,
   291
Rouden, E., u. A. T. Green
   518, 525
Roy, R., V. J. Hill
   u. E. F. Osborn 598, 613
Royal, H. F. s. Decker, A. R.
van Royen, H. J., H. Grewe
   u. K. Quandel 838ff., 862
Rückert, R. 238, 269
— s. Grewe, H.
Rudolphy, E. C. s. Car-
   ney, D. J.
Ruff, O. 867, 872, 893
—, u. F. Ebert 615, 620
—, u. G. Lauschke 657, 700
—, u. H. Seifert u. J. Suda
   657, 700
Rutman, D. S. s. Orlovskii, A.
Rybnikow, W. A. 613f.
Ryschkewitsch, E. 31, 33f.,
   57, 103, 105, 598, 613,
   617ff., 658, 700, 750, 773
Ryshik, R. s. Uralow, M. A.

Saalfeld, H. 363, 387
Sachsse u. Becker 363, 387
Saffran, O. s. Cramer, F.
Saito, H. 661, 700
Salmang, H. 62, 84ff., 115,
   133, 136, 143, 149, 191,
   193, 365, 514, 519, 529
—, u. F. Gareis 865f., 893
—, u. O. Hebestreit 164, 167
—, u. J. Kaltenbach 518, 525
—, u. J. Kind 354, 387
—, u. H. J. Lüngen 188, 192
—, u. A. Rittgen 362, 387
—, u. F. Schick 518, 525
—, u. B. Wentz 188, 191ff.,
   242, 269

Salmang, H., s. Esser, H.
— s. Koerner, O.
Sarjant, R. J.
   s. Cross, A. H. B.
Schack, A. 575, 593
Schaefer, J. 164, 167
Schäfer, R. s. Fischer, W. A.
Schairer, J. F. 41f., 58, 684
—, u. K. Yagi 380f., 388
— s. Bowen, N. L.
Scheele, W. s. Jander, W.
Schenck, H. 72
Schenck, R., u. Th. Ding-
   mann 667, 669, 701
Schick, F. s. Salmang, H.
Schick, O. 859, 863
Schlotterer, G. K.,
   u. R. H. Youngman 769,
   774
Schmalhaus, G. s. Voigt, H.
Schmeling, F. s. Dahl-
   grün, F.
Schmidt, A. s. Moschel, W.
Schmidt, J. 707, 727
Schmidt-Ernsthausen, M.
   s. Esser, H.
Schneider, G. 401, 417
Scholes, S. R. s. Morris, L. D.
Schondorff, A. 462, 483
Schöne, E. 414, 418
Schönert, K. 86f., 101
Schoop, J. s. Eiländer, W.
— s. Latour, A.
Schott, O. s. Winkelmann, A.
Schott, W. s. Correns, C. W.
Schottky, W. 23f., 26, 102
— s. Wagner, C.
Schouten, C. 215, 225
Schoutens, W. s. van Nieu-
   venburg, C. J.
Schreiner, H. 659, 700, 736,
   743
Schroeder, F. W. s. Brad-
   ley, R.
— s. Larsen, B. M.
Schuen, W. 385, 388
Schüffler, J. 236, 269
Schüller, A. 393, 410, 417
Schulz, E. H., u. A. Kanz
   609, 614, 640, 643, 889, 894
— s. Hartmann, F.
Schulz, P., K. Konopicky
   u. E. Köhler 425, 482
Schulze, H. 372, 388
Schurecht, H. G. 816, 821
Schurecht, H. G., R. B. Bur-
   dick u. G. A. Jones 444, 482

Schurecht, H. J.,
   u. H. W. Donda 148, 150
Schürmann, E. s. Oelsen, W.
Schusterius, C. s. Büssem, W.
— s. Eitel, W.
Schwarz, R., u. G. Trageser
   389, 416
—, u. R. Walker 389, 416
Graf Schwerin 345, 386
Schwiete, H. E. 111, 118,
   135f., 333, 479, 483
—, u. U. Ehrke 118, 136
—, u. H. Stollenwerk 181ff.,
   192
—, u. H. zur Strassen 695,
   702
—, u. L. Žagar 156, 166
—, u. G. Ziegler 46, 53, 57f.
— s. Bose, A. K.
— s. Bloschies, F.
— s. Dietz, K.
— s. Franzen, G.
— s. Gelsdorf, G.
Seal, K. E. 635, 643
Searle, A. 169, 191, 193, 590,
   593, 758, 773
Searle, A. B., Th. S. Shevlin
   u. Ch. A. Hauck 767, 774
Seger, H. 44, 58, 385, 388,
   412, 417
—, u. E. Cramer 169
Segnit, R. E. s. Brisbane, S. M.
Seifert, H. s. Ruff, O.
Seil, G. E. 827, 862
Seith, W. 36, 58
Sellner, F. 799, 820
de Sénarmont, H. 717, 728
Send, A. 877, 893
— s. Kahlhöfer, H.
Severin, H. s. Fricke, R.
Shaw, H. 320, 324
Shaw, J. B., G. J. Bair
   u. M. C. Shaw 134ff.
Shaw, M. C. s. Shaw, J. B.
Shcherbakow, A. B.
   s. Shcherbakow, I. G.
Shcherbakow, I. G.,
   u. A. B. Shcherbakow
   607, 614
Shea, J. A. s. Snow, R. B.
Shepherd, E. S., G. A. Ran-
   kin u. F. E. Wright 666f.,
   686f., 701f.
Sheppard, M. 639, 643
Shevlin, Th. S.
   u. Ch. A. Hauck 767, 774
— s. Searle, A. B.

Shorter, A. G. 612, 614
Siegfus, S. S. 724, 728
Simpson, E. S. 602, 613
Simonis, R. 384, 388
Sinclair, W. E. 602f., 613
Singer, F. 266, 269, 281, 291, 490, 524, 679, 701, 711, 727, 762f., 774
Singh, U. S. s. Lehmann, H.
Sittard, J. 859, 863
Sjöman, P. S. s. Hedvall, J. A.
Skalla, N. 582, 593, 777, 795, 819f.
—, u. P. Fischer 67, 85
—, u. F. Trojer 786f., 799, 820
— s. Berlek, J.
— s. Consolati, F.
— s. Lanser, P.
Skinner, K. G. 612, 614
Skola, V. 444, 482, 516, 525
Skornia, G. s. Rasch, R.
Smekal, A. 24, 27, 84, 86, 230
Smigelskas, A. D.
u. E. O. Kirkendall 36, 57
Smith, L. L. u. R. Newcome 603, 613
Smith, W. O. 78, 85
Sneddon, J. N. 113, 136
Snow, R. B. 511, 525
—, u. J. A. Shea 543, 592
Solf, K. s. Manegold, E.
Solomin, N. V. 639, 643
Sonntag, C. H. 817, 821
Sosman, R. B. 24, 27, 171, 176, 191f.
—, u. H. E. Merwin 688f., 702
— s. Zachariasen, W. H.
de Souza, H. C. A.
s. Johnston jr., W. D.
Spangenberg, K. 347, 386, 691ff., 702, 817, 821, 827f., 862
—, u. J. Rhode 363, 387
Spänhauer, F. 605, 614
Speith, K. G., u. G. Engels 100f., 306, 324
—, u. K. Kobusch 539, 592
Sprengler 765, 774
Springer, L. 322, 325
Spuhler, L. 405, 417
Spurrier, H. 357, 387
Ssawtschenko, W. 887, 894
Stach, E. 393, 417

Staerker, A. 158, 166
Stahl, A. 390, 394, 416f.
Stålhane, B. s. Pyk, S.
Staudinger, H., u. R. Rienäcker 2
Steger, W. 87, 95, 97, 101, 115, 128, 136, 143, 148, 150, 362, 364, 366, 386ff.
— s. Endell, K.
Steiner, D. 816, 821
Steinhoff, E. 87, 101, 241, 269, 569f., 593, 640, 642f., 801, 820, 899, 908, 919f.
Stollenwerk, H. 182, 192, 282, 285f., 291
— s. Schwiete, H. E.
Storey, C., u. J. Mackenzie 135f.
Stott, V. H., u. A. Hilliard 640, 643
zur Strassen, H.
s. Schwiete, H. E.
Stremme, H. 332, 385
Strunz, H. 11, 14ff., 26, 170f., 173
Stuckard, K. s. Büssem, W.
Stuckert, L. 320, 324
— s. König, R.
Stürmer, C. 407, 417
Stützel, H. 172, 179, 215, 217f., 225
Suda, J. s. Ruff, O.
Sugiura, K. 685, 702
Svikes, V. D. 625, 643
Swain, S. M., u. S. M. Phelps 444, 482
— s. Chrzan, E. S.
Swallow, H. T. S.
s. Dale, A. J.
Swayze, M. A. 688ff., 702
Swinden, T., u. J. H. Chesters 827, 862
Swineford, A. s. Bates, Th. F.

Tadokoro, Y. 96f., 101
Tammann, G. 32, 34, 844, 885
Tatarinow, P. M. 708, 727
Tatincloux, R. 644, 648, 651
Tavasci, B. 668, 688ff., 701f., 753, 773
Taylor, A. u. D. S. Leidler 867, 893
Taylor, W. H. 370, 388
Teague, K. H. 603, 613
Teichmüller, M. u. R., H. Meyer u. H. Werner 393, 410, 417

Teichmüller, R. s. Teichmüller, M.
Teller, E. s. Hendricks, S. B.
Tempely, B. N. 602, 613
Terzaghi, K. 344, 386
Thayer, T. P. 705, 708, 727
Theis, A. 642f.
Theobald, L. S. s. Green, A. T.
van Thiel, H. 732, 734
Thilo, F. s. Kühl, H.
Thoenes, H. W. 168
Thomas, S. G. 836, 862
Thompson, A. P.
s. McMullen, J. C.
Thompson, S. E.
s. Fuller, W. B.
Threlfall, C. R. F. 84, 86
Tillotson, E. W. 156, 166
Tober, H. s. Dietzel, A.
Todd, S. S. s. King, E. G.
Tolksdorf, S. s. Cohn, W. M.
Torkar, K. 76, 85
— s. Hüttig, G. F.
Toropow, N. A., u. F. J. Galachow 41, 58, 372, 388
Towers, H. 158, 161, 166
Trageser, G. s. Schwarz, R.
Travers, A., u. V. de Goloubinoff 175, 192
Treffner, W. 659, 700
Tröger, W. E. 215, 225
Trojer, F. 587, 593, 662, 673ff., 694f., 701f., 753, 755, 757, 773, 784, 786f., 812, 819ff.
—, u. K. Konopicky 38, 58, 662, 701
— s. Angel, F.
— s. Konopicky, K.
— s. Skalla, N.
Trömel, G. 370ff., 822, 833, 858, 861
—, u. H. Möller 692, 702
—, u. K. H. Obst 189, 193
—, K. H. Obst, K. Konopicky, H. Bauer u. I. Patzak 369, 372, 388
— s. Hild, K.
— s. Mayer, K.
Trostel, L. J. 270, 291, 754, 773
Tscheischwili, L. s. Rieke, R.
Turner, A. A. s. Baumann, H. N., jr.
Turner, W. E. S. 514, 516, 525
Tyler, W. H., u. W. J. Rees 827, 862

Udluft, H. 400, 417
Ugrinovich, L. G.
s. Gulyaev, V. S.
Ullmann 261, 321, 325, 738f.,
743, 825, 862, 870, 893
Ungewiss, A. s. Rieke, R.
Uralow, M. A., u. A. S. Berezhnoi 874, 893
—, u. R. Ryshik 873f., 893
Urbschat-Urban, E. 399, 417

Vahl, F. 341, 386
Vageler, P. 345, 386
— s. Endell, K.
Valko, E. s. Pauli, W.
Varley, F. R. 896, 919
Vasel, A. 390f., 416
Velikovskaya, E. M. 609,
614
Versen 850f., 853
Verwey, E. J. W. 667, 701
—, P. W. Haaymann
u. E. L. Heilman 666, 701
Vesterberg, K. A. 363, 387
Vetter, H. 391, 416
Vidmajer, A. s. Hüttig, G. F.
Vie, G. 822, 861
de Villiers, J. s. van Zyl, J. S.
van Vlack, L. H. 564ff., 593
Voice, E. W. 562, 593
Voigt, H., u. G. Schmalhaus
582, 593
Voigt, U. s. Wicke, E.
Völker, E. s. Rieke, R.
de Voogd, J. G. 167f., 289,
291, 522, 525
de Vries, R. C., u. E. F. Osborn 696f., 702
Vyse, J. s. Ford, W. F.
— s. Hugill, W.

Wachuska, E. J., u. G. A. Bole
635, 643
Wagner, C. 35, 37
—, u. E. Koch 101, 105
—, u. W. Schottky 23, 26
Wagner, J. 839, 862
Wahlberg, G. s. Westberg, T.
Wainer, E. s. Kinzie, C. J.
Walker, G. F. 896, 919
Walker, R. s. Schwarz, R.
Walter, C. 840, 862
Ward, C. J. 606, 614
Warren, B. E. 24, 27
— s. Biscoe, I.
Warshaw, I., u. M. L. Keith
675, 701

von Wartenberg, H.
u. W. Gurr 641, 643
—, H. Linde u. R. Jung 648,
651
—, u. E. Prophet 671, 701,
812, 820
— s. Reusch, H. J.
Watts, A. s. Hugill, W.
Weber, E. 331, 385, 465f., 483
Weinges, F. 877, 893
Weinschenk, E. 390, 416
Weiss, Al., u. Ar. Weiss 176,
192
Weiss, Ar. s. Fahn, R.
— s. Weiss, Al.
Weiss, H., u. Ph. Röller 852,
863
Welter, J. 855, 863
Welzel, G. 451, 483
Wens, C. s. Endell, K.
Wentrup, H., u. F. W. Linder 552, 592
Wentz, B. s. Salmang, H.
Werner, H. s. Teichmüller, M.
Werner, K. 102ff.
West, C. S. s. Lakin, J. R.
Westberg, T., u. G. Wahlberg
61, 84
Westman, A. E. R. 344, 386
—, u. Hugill, H. R. 79f., 85
— s. Parmelee, C. W.
Westmark, H. 85
Wheeler, F. s. Dale, A. J.
White, H. W. 741, 743
White, J., R. Graham
u. R. Hay 688f., 702
— s. Brampton, E. C.
— s. Ford, W. F.
— s. Hay, R.
White, Th. 347, 386
Wicke, E., u. U. Voigt 74,
85
von Widemann, R. 68, 85
Wiegner-Lorenz 413, 418
Wiese, O. s. Rieke, R.
Wilde, F. G. s. Macey, H. H.
Wilde, G., u. E. Daub 873,
893
Wilde, W. T., u. W. J. Rees
671, 673, 701
Wilkens, O. 206, 225
Wilkes, G. R. 94, 96f., 101
Will, E., u. W. Hülsbruch
189, 193
Williams, E. R. s. Kieselbach, H. A.
Williams, H. M. 746, 773

Wilm, D. s. Endell, K.
— s. Hofmann, U.
Wilson, E. O. 344, 386
Wilson, M. E. 724, 728
Winkelmann, A.,
u. O. Schott 139, 143,
145, 149
Winkler, H. G. F. 370, 388
Winterkorn, H. F. 344, 386
Wittaker, H. 344, 386
Wolansky, H. 169
Woodhouse, C. D. s. Jeffery, J. A.
Woolliscroft, J. s. Eichler, B.
Wright, F. E.
s. Shepherd, E. S.
Wübbenhorst, H. 855f., 863
Wuhrer, J. 661, 700
—, G. Radermacher
u. W. Lahl 661, 700
— s. Jander, W.

Yagi, K. s. Schairer, J. F.
York, H. H.
s. Dummett, W. M.
Yoshida, H. s. Kondo, S.
Yoshiki, B., u. K. Matsumoto
378, 388
Youngman, R. H. s. Schlotterer, G. K.

Zachariasen, W. H. 24, 26
—, u. R. B. Sosman 24f.
Zagar, L. 63, 66f., 69ff., 85,
156ff.
— s. Schwiete, H. E.
Zahlbruckner, H. 772, 774
Zamoruev, V. M. 796, 820
Zegzhda, V. P. s. Keler, E. K.
Zemek, F. s. Jantsch, G.
Ziegler, G. s. Schwiete, H. E.
Zilberfarb, L. M.
s. Memmonova, T. V.
Zimens, K. E. 65, 85
Zimmer, K. O. 536, 539, 592
Zimmermann, K., u. J. Ch.
L. Favejee 373, 388
Zhirnowa, N. 617f., 620
Zoja, R. 671, 701
Zsak, V. 881, 893
Zschokke, H. 354, 387
Zwetsch, A. 362, 366, 387,
394, 396, 417
van Zyl, J. S., L. G. Boardman, J. W. Brandt
u. J. de Villiers 715, 728
Zyryanov, A. E. s. Koshurnikov, M. N.

Sachverzeichnis

Abbrand 887
Abdichtung 796
Abgase 260, 264, 266, 294, 319, 582
—, Taupunkt 471
—, Temperatur 435, 575
Abgaskanal 296f., 530
Abkühlen 257f., 269, 471, 745
Ablösearbeit 102f.
Abnutzungswiderstand 134
Abplatzungen 527, 540, 556, 562, 632, 655, 670, 765, 778, 784, 788f., 795, 798, 800, 813, 817f., 834f., 843, 851f.
Abrasion 892
Abrieb 133ff., 290, 542f., 549ff., 553f., 564, 880, 891
—-festigkeit 32, 376, 554, 561, 639, 872, 876
Absetz-blech 453
—-bottich 872
—-kasten 398
Absorption (von Alkalien) 589
Absorptions-banden 99
—-vermögen 99, 790
Abscherfestigkeit 168
Abschmelzungen 521
Abschmelzversuch 327
Abschneidevorrichtung 451
Abschrecken 830
Abschreckfestigkeit s. Temperaturwechsel-beständigkeit
Abstehraum 321, 324
Abstich 789
Abstrahlung 817
Abstrahlverlust 567
Abstreicheisen 459
Abstreifer 435
Abziehpressen 244f.
Abzug 573
Achsenwinkel (von Mullit und Sillimanit) 369
Additionsreaktionen 35
Additive 530
Adsorption 74, 339, 343f., 898
Adsorptions-fähigkeit 341, 344, 598
—-wasser 362f., 365, 367
Aktivierung 341

Aktivierungs-energie 152
—-maximum (von Periklas) 659
—-temperatur 766f.
Aktivität 562, 663, 821, 839
Alkali-Taupunkt 515
Allongen 590
Analysen, rationelle (von Tonen) 412
—, Zonen- 299ff., 558ff., 570, 588, 633ff., 641, 653ff., 788, 792, 798, 806f., 813, 836, 857, 880
ANDREASEN-Gerät 413f.
—-Kurve (für dichte Kugelpackungen) 80f., 746
—-MSO-Gerät 414
Anheizen (Aufheizen) von Glaswannenöfen 569, 646
— — Hochöfen 556, 878
— — Induktionsöfen 329
— — Koksöfen 320
— — Kupol- und Schachtöfen 330
— — Roheisenmischern 803
— — SM-Öfen 307, 795
— — Thomaskonvertern 861
— — Zementdrehrohröfen 847f.
Anionenwanderung 152
Anisotropie-Effekt von Koks 865, 873, 886
— — Schamotte 496
Anlagerungsenergie 32
Anlaßwert (Strukturviskosität) 350, 357
Anoden-ofen 812
—-schlammofen 814
Ansätze in Feuerungen 530
— — Hochöfen 556ff., 879
— — SM-Ofen-Gitterungen 583ff., 794
— — SM-Ofen-Köpfen 790ff.
— — Stahlpfannen 540
Ansatzringe in Dolomitdrehrohröfen 825
— — Zementdrehrohröfen 151, 566, 816ff.
Anschlagprobe 267, 270, 401, 747
Antempern s. Anheizen
Antriebsresonanz (von Schwingmühlen) 432
Äquivalentradius 61, 78
Aräometer 413, 840f.

Arbeitsleistung 230
ASTM 122, 518
Atmosphäre, oxydierende 378, 673, 868, 876, 887
—, reduzierende 379, 769, 798f., 860, 885ff.
Atom-bindung 11, 20, 25, 34, 615, 656, 864
—-gitter 11
—-radius 12
Ätzverhalten von Dikalziumferrit 688f.
— — Kalziumsilikaten 695
— — Quarziten 214
Aufbereitung von Cyaniten 605, 625
— — Graphiten 869f.
— — Magnesiten 721, 724, 737
— — Quarziten 226f.
— — Ton 419, 440
— — Zirkon 619
—, natürliche 619
Aufblähen 154, 163, 375f., 379f., 516, 521, 538, 540, 544, 572, 633f., 784ff., 793, 844, 872, 879f., 890, 898, 906
Aufheizen s. Anheizen
Aufheizgeschwindigkeit in der DFB-Apparatur 117, 122
— beim Dolomitsteinbrand 829
— — Brand von Graphittiegeln 883
— — Brand von Kohlenstoffsteinen 875
— — Brand von Konverterböden 855f.
— — Magnesiasteinbrand 745
— — Schamottesteinbrand 470
— — Silikasteinbrand 257f., 265
— bei der thermischen Analyse 362
Aufkohlung (von Metallen) 867, 881
Aufreibemaschine (Strangpresse) 451
Aufsatz s. Trichterhaube
Aufschließen (von Ton) 357, 446f.
Aufschluß, pyrogener 610
Aufstreuverfahren 162f., 509, 627, 638, 751, 762, 830, 837, 844, 884f.
Auftreiben von Feuerleichtmassen 903f.
— — Schamottesteinen 481, 535
Ausblasen (von Hochöfen) 565
Ausbrennstoffe 901ff., 906ff.
Ausdehnung s. Wärmeausdehnung und Volumenvergrößerung
Ausflußviskosimeter 350, 840
Ausgasen (von Feuerleichtsteinen) 908
Ausguß (von Roheisenmischern) 802, 805f.
Ausgüsse (von Stahlpfannen) 405, 457, 484, 488, 490, 536, 541ff., 631, 884ff.
Auslöschung, undulöse 196, 215
Ausrollgrenze (von Tonen) 349, 354
Außenberieselung (von Hochöfen) s. Berieselung
Ausstoßmaschine (von Koksöfen) 319
Autoklav 363, 389, 610, 736, 905, 908

Backenbrecher 226, 231f., 237, 425, 432, 474
Backofenmaterial 485
Ballaststoff 766
Bandtrockner 730
Bankplatten 465, 468, 470, 484, 490, 567
Bansen 65
Bär 421, 540
Basalzement (von Quarziten) 202, 209ff., 216
Batzen 419f., 453, 458, 612, 636
Bayer-Verfahren (zur Tonerdeherstellung) 610
Baueritisierung 896
Beanspruchung, tektonische 675
Becherwerk 234, 430, 432, 434, 474f.
Belag, sandiger (auf Kanalsteinen) 552
Belastungsdruck 115
Bennet-Netz 84
Benzidintest 341
Berieselung (von Hochöfen) 556, 878f.
Besatz (von Winderhitzern) 574ff.
Besatzdichte (keramischer Öfen) 264, 472
Besatzgewicht (der SM-Ofen-Gitterung) 581
Besatzsteine s. Gittersteine
Beschickung (von Hochöfen) 554, 561
Biege-beanspruchung 141
—-erweichungsversuch 114
—-festigkeit 127, 357, 361, 619, 876
—-festigkeitsapparatur 140
—-versuch 129
Biegungsschwingungen 130
Bildsamkeit 189, 356f., 621, s. a. Plastizität
Bildungswärme 46, 52
— von Alkalisilikaten 514
— — Periklas 657
Bindefähigkeit (-vermögen) von Sintermagnesia 743
— — Teer 839, 841
— — Ton 416, 446, 522
Bindemittel für chemisch gebundene Steine 768f.
— — Chromerzsteine 758f.
— — Dolomitsteine 829, 836
— — Dolomitzemente 838
— — Feuerleichtsteine 904, 908f.
— — Forsteritsteine 761
— — Gießmassen 593f.
— — hochtonerdehaltige Steine 621, 625, 637, 639
— — Kohlenstoffmassen 877f.
— — Kohlenstoffsteine 874
— — Magnesiaherde 796
— — Magnesiasteine 746
— — Schamottesteine 539, 551, 559ff., 568, 587
— — Silikasteine 185ff., 238f.
— — Siliziumkarbidsteine 887f.

Bindemittel für Stampfmassen 329f., 652, 772, 799f.
— — Teerdolomit 838ff.
— — Tiegel 883
— — Zirkonsteine 640, 642
Bindung in chemisch gebundenen Steinen 768, 809
— — Chromerzsteinen 758
— — hochtonerdehaltigen Steinen 621
— — Kanalsteinen 550f.
— — Kohlenstoffstampfmassen 878
— — Magnesiasteinen 749, 751
— — Silikasteinen 241
— im Teerdolomit 842
—, gemischte 24
—, heteropolare 11
—, homöopolare 11
—, hydraulische 523, 651f., 836, 838
—, Hydroxyl- 658
Bindungsrisse 477, 481, 496
Bläherscheinungen s. Aufblähen
Blasdruck (von Thomaskonvertern) 858
Blasedüsen (in Konverterböden) 858
Blasen (geschlossene Poren) 60f., 469, 499, 538, 623, 627, 629f., 633f., 654f., 785f., 792, 806, 903ff.
Blasendruckmethode 72
Blasform (von Hochöfen) 554
Blasstahl-konverter 769, 810f.
—-verfahren 810
Blecheinlagen (bei basischen Steinen) 771, 781, 816f.
Blockfelder (von Zementquarziten) 205
Blockgußverfahren 883
Blockieren (von reaktionsfähigen Stellen) 659
Blockschaum 545, 549f.
Blumentopfpresse 457
Bodenbewegungen, tektonische 201, 204
Bodenbrennofen (für Konverterböden) 860
Bodenform 850, 853f.
Bodenhaltbarkeit 850, 854f., 858
Boden, kurzer 857
—-platte 851f., 855, 857
—-sau (in Hochöfen) 565f., 881
—-stampfmaschinen 850ff.
—-stein (von Hochöfen) 554, 877ff.
—-verdichtung (von Konverterböden) 854
BOUDOUARDsches Gleichgewicht 471, 517, 556, 866
BOWEN-ANDERSON-Effekt 677
BOYD-Presse ® 249, 461
Brammen 544
Brand von basischen Steinen 745
— — Dolomitsteinen 829
— — Feuerleichtsteinen 902, 905
— — Graphittiegeln 883

Brand von hochtonerdehaltigen Steinen 621
— — Kohlenstoffsteinen 874f.
— — Konverterböden 855
— — Schamottesteinen 469ff., 551
— — Silikasteinen 257ff.
— — Siliziumkarbidsteinen 887f.
— — Sinterdolomit 822ff.
— — Sintermagnesia 734ff.
— — Tonen 418ff.
Brechbacke 226
Brechungsindex von Illit 366
— — Kalkaluminaten 686f.
— — Korund 599
— — Mullit 369f.
Brennen s. Brand
Brenner 264, 292, 421, 492, 573, 796, 819
—-gewölbe (von SM-Öfen) 296f., 308
—-kopf (von SM-Öfen) 292, 765, 775, 790ff.
—-steine 527, 631ff.
Brennhaut (von Schamottesteinen) 115, 424, 491
Brennkanal 259f., 263, 470, 472
Brennkapseln 405
Brennschacht (im Winderhitzer) 573, 576, 580
Brennstoffverbrauch 258, 265, 422, 472, 739, 826
Brenntemperatur 131, 148
— von basischen Steinen 745
— — Chromerzsteinen 759
— — Dolomitsteinen 829
— — Forsteritsteinen 761
— — Graphitstopfen 884
— — hochtonerdehaltigen Steinen 621f.
— — Kohlenstoffsteinen 875
— — Konverterböden 856
— — Schamottesteinen 469ff., 499, 505
— — Silikasteinen 258, 265
— — Siliziumkarbidsteinen 887
— — stabilisierten Dolomitsteinen 836
— — Tonen 375, 378
— — Zirkonsteinen 640
Brenntrommel 738
Brennwagen (von Tunnelöfen) 263, 420, 475
Brennzone von Schachtöfen 420f., 818
— — Tunnelöfen 263f., 473, 856
Bruch, schneidender 477
Bruchbau 406, 719f.
Bruchfestigkeit 226, 768
Bruchgrenze 129, 351
Brücken in Glaswannenöfen 646f.
— — Schachtöfen 421
Buckelsteine (in Stoßöfen) 639, 647
Bunker 232, 234, 434, 474f., 744
—-verschluß 444
Bushfeldkomplex 710
Bursting 673ff., 705, 755, 757, 760, 784f., 788
—, Alkali- 515, 587

Bursting, Kupfer- 812
Büttensteine 490, 567

CANTORsche Gleichung 68, 70, 152
Carbothermisches Verfahren 881
Centi-STOKES 840f.
CLAUSIUS (Maßeinheit der Entropie) 55
COUETTE-Viskosimeter 159, 353
COULOMBsches Gesetz 18
COULOMBsche Kräfte 11
— Reibung 351
Cowper s. Winderhitzer
Cristobalitzone 300, 303, 306, 309, 313f.
CRESPI-Herd 832
cSt s. Centi-STOKES

Dampfdruck 36
— von Chromoxyd 676
— — Kieselsäure 618
— — Periklas 657
— — Vanadiumpentoxyd 517
— — Zirkonerde 617
Dampfkalorimeter 97
DARCY 56
D'ARCYsche Gleichung 64
Darrentrocknung 435, 441
Dauerform 463
Dauerfutter (von Roheisenmischern) 801,
  805f.
Dauerstandfestigkeit 105, 110, 566
Dauerwanne (Glaswannenöfen) 321
DEBYE-SCHERRER-Aufnahmen (von Mullit)
  370ff.
Deckel (von Elektroöfen) s. Elektroofendeckel
Deckensteine (in Koksöfen) 533
Deformation von Chromerzsteinen 759
— — Feuerleichtsteinen 902
— — Magnesiasteinen 750
— — Schamottesteinen 480ff., 502
— — Siliziumkarbidsteinen 892
—, elastische 129ff., 351
—, plastische (von Ton) 350ff.
—, tektonische 704, 707
Dehnfugen 88, 923
— in Elektroofendeckeln 313
— — Feuerungen 527
— — Kupfer-Raffinieröfen 812
— — Kupolöfen 330
— — Roheisenmischern 803
— — SM-Ofengewölben 783
— — Zementdrehrohröfen 816
Dehnung, maximale (bei der TWB-Prüfung)
  140, 143
— von Ton 123, 356
Dekrement, logarithmisches 159
Desaktivierung 32
Desintegrator 437
Desoxydation (von Stahl) 552

Desoxydations-mittel 542, 548, 553
— -produkte 537, 545
Destillation von Sägemehl 901
— — Teer 839ff., 856
— — Zink 891
Destillationsanalyse (von Teer) 838f.
DETRICK-Decke ® 528
p-t-Diagramm von Dikalziumsilikat 691f.
— — Kieselsäure 175
Dichtbrand (von Schamottesteinen) 469
— -periode (von Schamotte) 418
Dichtbrenntemperatur von Schamotte 471
— — Ton 376
Dichte s. spezifisches Gewicht
Dielektrizitätskonstante 105, 346, 348
dielektrische Erhitzung 256
dielektrischer Verlustfaktor 105
Differentialthermoanalyse (DTA) 56, 362ff.,
  410, 412, 600, 896
Differentiation, gravitative 702, 710
Differenzkalorimetrie, dynamische (DDK) 57
Diffusion 35, 39, 64, 151, 184, 374, 377, 570,
  766, 787, 797
Diffusions-geschwindigkeit 434, 552, 660
— -waschverfahren 731
Dilatometer 87, 362, 365, 412
Dipol-charakter (von Wassermolekülen) 344
— -moment 344
Dispersionsmittel 344
Dissoziation von Eisenoxyd 187, 666, 668f.
— — Magnesiumkarbonat 660
— — Magnesiumsulfat 732
— — Siliziumkarbid 867
— — Zirkonsilikat 618
Distanzleisten 887
Doghaussteine 645
Dolomitisierung 725
Doppelbrechung von Kalkaluminaten 687
— — Korund 598f.
— — Monticellit 695
— — Mullit 369, 495
— — Olivinen 678
— — Pyrophyllit 597
— — Quarz 215
— — Sillimanit 369
—, Spannungs- 137, 215, 668
Doppelfernrohr 87
Doppelganzwölber 270, 272, 486
Doppelhartmühle ® 426, 429f.
Doppelmischer 446
Doppelmundstück (von Strangpressen) 448
Doppelnormalstein 486
Doppelschicht (von Tonmineralien) 334
—, HELMHOLTZsche 340, 346
Doppelschnecke (in Strangpressen) 448
Doppeltürform 463
Doppelwellenmischer 446f., 474, 476, 874, 904

Doppelwölber 270
Dorn in Nachpressen 454, 456f.
— — Strangpressen 448
Dorr-Eindicker ® 731f.
—-Flockulator ® 731
Dosieranlage, elektromagnetische 445
Dosierung 246, 461
Drachenzähne 448, 450, 480f.
Drahtgeflecht 770f., 781
Drehfilter 730
Drehmoment 125, 138, 356
Drehrohröfen für Bauxit 609f.
— — Cyanit 625
— — Dolomit 729, 822, 824f., 828, 831
— — Kalk und Zement 135, 151, 566, 631f., 635, 639, 753, 769, 816ff., 834
— — Magnesit 737ff.
— zum Schamottebrennen 422
— für Vermikulit 896
Drehrohrofenfutter 566, 764, 818
Drehrohrröstöfen 422
Drehrost (für Schachtöfen) 421, 738, 825
Drehtischpresse 245, 252, 461, 744, 859
Drehzahl (von Kugelmühlen) 427
—, kritische 427, 433
Dreiblocksystem (bei Hängedecken) 528
Dreikammerschleuse (bei Schachtöfen) 825
Druck, ferrostatischer 545f., 565
—, tektonischer 194, 215
Druckerweichung 503, 758
Druckfestigkeit 143, 506, 516, 617, 759, 842, 872, 874, s. a. Kaltdruckfestigkeit
Druckfeuerbeständigkeit (DFB) 8, 105, 114ff., 168
— von Chromerzsteinen 759
— — Chrommagnesiasteinen, 756
— — Dolomitsteinen 830f., 835, 837
— — Feuerleichtsteinen 915ff.
— — Forsteritsteinen 762
— — Graphitstopfen 884ff.
— — Kohlenstoffsteinen 876
— — Magnesiasteinen 750, 752
— — Schamottesteinen 442f., 492, 502ff., 533, 546f., 565, 568
— — schmelzgegossenen Steinen 645, 648, 764f.
— — Silikamörteln 291
— — Silikasteinen 240, 280
— — Siliziumkarbidsteinen 889
— — Stampf- und Gießmassen 594, 653, 772
— — Teerdolomitsteinen 859
— — tonerdereichen Steinen 624, 627, 636ff.
— — Zirkonsteinen 640f.
Druckfilter 731
Druckheißwasser 469

Druckluftventilator 264
Druckschnecke (in Strangpressen) 448, 452
Druckspannung 138, 344, 467, 816
Druckverlust (in Winderhitzern) 575
Dübelstein 484
Durchbiegung 129, 140, 277, 487
—, maximale (bei der TWB-Prüfung) 140
Durchbruchgefahr in Elektroöfen 796
— — Hochöfen 877f.
— — Kupferraffinieröfen 812
— — SM-Öfen 776, 832
Durchfluß (in Glasöfen) 646, 819
Durchflußgeschwindigkeit (in Kanalsteinen) 545
Durchflußsteine 645
Durchlässigkeit, spezifische 65
Durchlauf, ovaler (von Ausgüssen) 544
Durchlaufofen 855
Durchströmbarkeit, spezifische 65
Durchziehpresse 244, 254
Düsen (für Konverter) 815, 854,
—-löcher 857
—, Magnesia- 855, 858
—, Teerdolomit- 855
—, Ton- 855
dynaktive Flüssigkeitspaare 156

Eigenfrequenz von Schwingsieben 433
Eigenstrahlung 99
Einbindefähigkeit 357
Einbindung von Chromerzkörnern 756, 787
— — Dolomit 841, 843
— — Schamottekörnern 481, 568
Einbrennen (von SM-Ofen-Herden) 776
Eindringzeit (in Teer) 841
Einguß (von Roheisenmischern) 802
Einhängezylinder (von Schachtöfen) 420
Einkornpackung 78
Einlagerungsversuche (in Mullit) 373
Einschlüsse im Stahl 538, 540, 545, 549, 551, 553
Einwalzenbrecher 426
Einwerfverfahren (bei Handformung) 459
Einzelkammerofen 257, 419, 422
Einzelofen 258, 420, 470, 472, 855, 875
Eirichmischer ® 234, 744
Eisenausschmelzungen 270, 482
Eisenflecken 270, 479
Eisenrohre 770, 815
Eisensteine (bei Kupolöfen) 330
Ekonomiser 530
elastische Nachwirkung 112, 130, 133
— — von Ton 353, 448
Elastizität 129ff., 139f.
— von Radex-A-Steinen 753
— — Ton 351, 354
Elastizitätsmodul 129ff., 135, 140, 144f.
— von Chromerzsteinen 144f., 760

Elastizitätsmodul von Chrommagnesia-
    steinen 756
— — Kohlenstoffsteinen 876
— — Magnesiasteinen 144f.
— — Periklas 658
— — Schamottesteinen 144f., 501
— — Silikasteinen 144f.
— — Siliziumkarbidsteinen 144f., 889
— — Sillimanitsteinen 144f.
— — Sintertonerde 658
— — Spinell 667
— — Zirkon und Zirkonoxyd 616f., 619
Elektrische Elementarladung 346
Elektrochemische Theorie der Kolloide 344ff.
Elektroden 116, 313, 797, 870f.
—-einfassungssteine 270
—, Graphit- 102
—, Kohle- 764, 870
Elektrolyse (von Ton) 345
Elektrolyseofen für Reinstaluminium 814
Elektrolyte zur Tonverflüssigung 346f., 442,
    462, 465
Elektronenbeugungsdiagramm von Kaolinit
    28ff., 363f., 424
— — Talk 683
Elektronendefektleiter 101
Elektronendichte 19f.
Elektronenmikroskopische Aufnahmen 29,
    333, 335, 337, 339, 343, 658f., 661, 683
Elektronenpaarbindung 11
Elektronenüberschußleiter 101
Elektronenwolken 11
Elektroöfen 270, 312, 610, 613, 644, 741f.,
    764f., 769f., 796ff., 814f., 835f., 848,
    859f., 881
Elektroofen-deckel 270, 274ff., 312ff., 631,
    642, 799, 831, 881
—-herd 831, 838
Elektro-Osmose 398
Elektrophorese 345
Elementar-schicht 334, 339ff., 597
—-zelle 338, 664, 680
Elevator 254
Emaillefritte 642
Emery Wheel Test 134
Emissions-banden 99
—-vermögen 98, 100
endotherme Reaktionen 28, 45, 363ff., 600, 660
ENDELL-Presse 117
Energie, freie 157
—, innere (Gesamtenergie) 47, 659
—-bedarf 432, 436, 440, 644, 738
ENGLER-Grade 841
ENSLIN-Gerät 354
—-Wert 355
Entglasung (von Kieselsäure) 176
Enthalpie 47

Enthalpie, freie 55
Entlüftung (beim Pressen) 245, 250ff., 451,
    461, 480f.
Entmischung (beim Formen) 267, 329, 434,
    461, 463, 466, 477, 645, 753, 766, 812,
    842, 846f., 850
Entmischungsstrukturen 668ff., 694, 736,
    807, 845f.
Entnahmeraum (in Glaswannenöfen) 321
Entphosphorung 833
Entropie 46, 55
Entsäuerung 28, 53, 660f., 907
Entschwefelung (von Eisen) 775, 797, 801ff.,
    833
Entstaubung 236, 434
Entwässerung 53, 363ff., 599f., 658, 662,
    664, 761, 900
Epitaxie 344, 843
Erhitzungsmikroskop 157, 879
Ermüdungsrisse 806
Erosion 554f., 561, 803ff., 858
Erweichungsbereich (beim Verkoken) 872
Erweichungspunkt von Pech 840f., 877
Erzröstöfen 891
Erzschmelzöfen 814
Etagenwagen 254f., 454
Eutektikum 38, 41f., 184, 186, 301, 377f.,
    380f., 508, 517, 628f., 641, 648, 666, 671,
    673, 677, 685, 687f., 693, 696, 698, 700,
    759, 812, 837
exotherme Reaktionen 28, 45, 364ff., 600,
    766, 824
Expansion (von Vermikulit und Kork) 896, 902
Extraktionsanalyse 839f.
Exzenter 226, 433, 453, 850
—-presse 453, 474

Fabrikationsfehler s. Herstellungsfehler
Facettengewölbe 313
Fälltank 731
Falltisch 459
Farbstoffadsorption 168
Feder s. Nut und Feder
Federung (an Pressen) 246, 251f., 461
Fehlordnung 22f., 102, 171, 173, 615f., 867,
    873
Fehlstellen (im Gitter) 21ff., 696
Feinkornstahl 537, 543
Feinmahlung 231, 824
Feinsandfänger (in Schlämmanlagen) 398
Feinstaub 236
Feinstmehl (bei Silikaherstellung) 235, 241
Feinungsperiode (im Elektroofen) 797
Feinwalzwerk 426
Feinzerkleinerung 426ff.
Feldstärke 18, 60
FENNER-Diagramm 175
Festigkeit s. Kaltdruckfestigkeit

Feuchtraumanlage 903
Feuerbeständigkeit s. Segerkegelfallpunkt
Feuerbrücken in Feuerungen 527
— — Glashafenöfen 473
— — keramischen Öfen 257
— — Raffinier- und Umschmelzöfen 815
Feuerfestigkeit s. Segerkegelfallpunkt
Feuerschirmsteine 484
Feuerungen (Kesselfeuerungen) 492, 526ff., 639, 892
Filterpressen 398, 729
Fische (beim Sieben) 434
Flächenschleifmaschine 875
Flächenträgheitsmoment 131
Flachherdmischer 801
Flachschieber (bei Schachtöfen) 420
Fladenbildung (beim Kollern) 232
Flamme, leuchtende 789f.
—, nichtleuchtende 789f.
—, streichende 261
—, überschlagende 257, 261
Flammenphotometer 214
Flammöfen 315, 811, 814
Fließ-böden 204
— -geschwindigkeit 114, 127
— -grenze 125, 349f., 354
— -kurven (von Tonsuspensionen) 350
Flint-kugeln 430
— -struktur (bei Quarziten) 216
Floats 737
Flotation 721, 737, 869
Flußmittel 37, 42, 104, 120, 148
— in chemisch gebundenen Steinen 768
— — Graphitschamotte 886
— — hochtonerdehaltigen Steinen 622, 636, 905
— — Mörteln 523, 770f.
— — Mullit 369
— — Quarz und Kieselsäure 169, 190
— — Schamottesteinen 491, 499, 504, 517, 531, 555, 583ff.
— — Silikasteinen 303, 324
— — Sinterdolomit 823ff.
— — Sinterkorund 611
— — Sintermagnesia 736
— im SM-Ofen-Herd 777
— in Spritzmassen 656, 773
— — Tonen 376ff., 389f., 411
— — Zirkonsteinen 642
Fluxen (von Teer) 839
Fontänentrockner s. Schwebetrockenanlagen
Förderanlagen, mechanische 445
Förderrinnen 235
Formänderungsarbeit 356
Formen 243f., 247, 458, 874, 883, 904, 907
Formenverschleiß 482
Formfehler 267

Formgußverfahren 883
Formhaut 162f., 168, 479, 481, 491
Formkasten 244, 461
Fräsmesser 450
Fremdatome 873
Fremdionen 102, 340
FRENKELscher Fehlordnungstyp 102
Friktionsspindelpressen 245, 249ff., 457, 461, 744
Frischgewicht 246, 464
Frischvorgang 881
Fuchs 259, 261, 264
Fugen im Mauerwerk aus basischen Steinen 776, 780, 803, 810, 815f., 833f.
— in Kohlenstoffsteinen 877
— im Schamottemauerwerk 524, 533, 541, 553, 556, 567f., 571
— — Mauerwerk aus schmelzgegossenen Steinen 644, 646
Fugenläufer 878
Fugenversuch 168
Führungsbogen 790
Füllkasten (bei Pressen) 461
FULLER-Kurve 81, 219, 444, 746, 848
Furchensteine (für SM-Gewölbe) 307, 781ff., 812

Galle (Glasgalle) 572
Gangart 704f., 754, 758f., 787
Gänge 603, 707, 713, 715f., 721, 822
Ganzwölber 260, 270ff., 485f., 748
Garen (von Koks) 872
Gasblasen 511ff., 538, 551, 572
Gasdurchlässigkeit 8, 63ff.
— von chemisch gebundenen Steinen 768
— — Chromerzsteinen 760
— — Chrommagnesiasteinen 756
— — Forsteritsteinen 762
— — hochtonerdehaltigen Steinen 623f., 627
— — Kohlenstoffsteinen 875, 882
— — Magnesiasteinen 750
— — Schamottesteinen 499ff., 550f., 567f.
— — — schmelzgegossenen Steinen 764f.
— — — Silikasteinen 241, 279, 282, 304, 307
Gasentwicklung s. Aufblähen
Gaserzeuger s. Generatoren
Gaskammern (von Koksöfen) 318ff., s. a. Gitterkammern
Gas-kammeröfen s. Kammeröfen
— -kammerringöfen s. Kammerringöfen
Gaskanal (in SM-Öfen) 296f.
Gasöfen s. Generatoren
Gaspfeifen (in Ringöfen) 259
Gasschlackenkammern s. Schlackenkammern
Gastreibmittel 906, 916

Gastreibverfahren (bei Feuerleichtsteinher-
 stellung) 904f., 907, 912f.
Gasturbinen 768
Gaszeit (in Winderhitzern) 575
Gaszüge (in SM-Öfen) 296f., 308, 534, 775,
 790f.
Gabelstapler 254f., 454, 472ff.
Gebirgsdruck 196, 216
Gebläsewind (für Hochöfen) 573
Gedächtnis des Tones 354
Gefäßwaage 234, 445f., 476, 744
Gefüge, kerbfestes 141, 829
—, sperriges 153
—-festigkeit 168
—-störungen 611
Gegenschubrost 529
Gegenstrommischer 446f., 460, 463, 475f.
Gegenstromprinzip 264, 439, 469
Generatoren 524, 535, 892
Geofrakturen 199
Gesamtporosität s. Porosität
Gespanne (beim Stahlguß) 536, 546, 553
Gespannplatte 553
Gestaltfaktor 77
Gestell (im Hochofen) 554ff., 563, 565, 852,
 876ff.
Gewölbe für Glasschmelzöfen 321ff., 573, 764
— — Glüh- und Stoßöfen 530, 625
— — Kupferraffinieröfen 812f.
— — SM-Öfen 188, 278, 292, 296ff., 655,
 764, 770, 780ff.
—, Schamotte- (für Roheisenmischer) 802
—-haltbarkeit 307f., 788f.
—-steine 239, 625, 784f., 805
Gicht (in Hochöfen) 554, 556
Gießereistampfer 772
Gießknochen (beim Stahlguß) 546
Gießmaterial s. Stahlwerksverschleißmaterial
Gießöfen 814
Gießrinnen (für SM-Öfen) 292, 327, 821, 838
Gießschlicker 349, 466
Gießverfahren (für Schamottesteine) 442f.,
 465, 468, 494
Gipsformen 443, 466, 495, 621, 883
Gitteraufweitung von Mullit 372f.
— — Periklas 659
— — Spinellen 664, 671
Gitterdeformation 22
Gitterkammern von Glasöfen 321, 567, 589,
 625, 764, 819
— — SM-Öfen 95, 189, 292ff., 311f., 580ff.,
 625, 793ff.
— — Wassergaserzeugern 892
Gitterkonstante 370, 664f.
Gitterkontraktion (von Mullit) 372f.
Gittersteine 270, 272f., 278, 296f., 454, 492,
 533, 567, 625

Gitterstörungen 215, 659
Gitterstruktur 13ff.
— von hochtonerdehaltigen Mineralien 596ff.
— — Kalziumsilikaten 690, 692f.
— — Kieselsäuremodifikationen 169ff.
— — Kohlenstoff 864f.
— — magnesiahaltigen Mineralien 657ff.
— — Magnesiumsilikaten 678, 680f., 683
— — Mullit 370
— — Siliziumkarbid 867
— — Spinellen 664ff.
— — Tonmineralien 333ff., 341f., 895
— — Zirkonoxyd 615f.
Glas-häfen 123, 321, 405, 465, 467, 473, 490, 883
—-hafenöfen 321, 473, 567
—-öfen (Glasschmelzöfen) 270, 277, 321ff.,
 567ff., 589f., 631, 635, 646f., 818, 848f.
—-ofensteine 239, 242
Glasoxyde 24
Glasphase in Schamottesteinen 471, 497f.,
 520f., 577
— — Silikasteinen 280f., 284ff., 306
Glasspiegel 571f., 650
Glasuren (bei Verschlackungsvorgängen) 311,
 510ff., 515, 542, 548ff., 890, 892
—, braune (an SiC-Steinen) 887f., 890, 892
Glaswannen s. Glasöfen
—-gewölbesteine 280
—-steine 424, 465, 467f., 470, 472f., 490,
 497, 505, 567f., 644ff.
Glaszustand 24
Gleichgewicht 372, 424, 496f., 537f., 616ff.,
 629, 660f., 667, 735
Gleichstromprinzip 435
Gleitbrammen (in Stoßöfen) 531
Gleitflächen (in plastischem Ton) 351f.
Gleitlager 427
Gleitschienen 531 639, 647, 890
Gleitverschiebungen in Kristallen (Transla-
 tion) 155, 750, 785, 865
Glockenmühlen 847
Glockenschächte 404
Glockenverschluß 825
Glühbett 527
Glühöfen 530, 594, 772, 809, 916
Glühschamotteverfahren 465
GOLDSCHMIDT-Verfahren (zur Tonerdegewin-
 nung) 610
GOLDSCHMIDTsches Thermitverfahren 611,
 766
GRAHAMsches Gesetz 74
Granulatoren 232, 425
Granulieren 625, 906
Granuliertrommel 738, 741
Graphitisierung 856, 865, 886
Graphitstempel 109
Grate (an Gießknochen) 457, 482, 546

grauer Körper 98
Grauwackenzone (in den Alpen) 716
Great Dyke (in Rhodesien) 710
Grenzfestigkeit (bei Dauerstandversuchen) 113, 125
Grenzflächenspannung 155ff., 302, 519, 521, 839, 863
Grenzflächenprozesse 185
Großraumtrockner 467, 476
Grünfestigkeit 838, 905
Gummibänder 434
Gurtbögen 470
Gußformen 218

Hafenbankplatten s. Bankplatten
HAGEN-POISSEULLEsches Gesetz 65, 68, 74, 77
Halbgasfeuerungen 737
Halbtrockenpreßverfahren 442f., 460ff., 468, 475f., 491, 620, 640
Halbwölber 270, 273, 485f., 748
HAMBLOCH- u. GELLERI-Verfahren 729
Hammeranschlagprobe s. Anschlagprobe
Hammermühle 436f., 439, 474, 874, 896
Hand-formung 239, 458, 474f., 874
— -pressen 244f., 254
— -radpressen 453
— -schlagpressen 453
— -spindelpressen 458
— -stampfer 772, 878
Hängedecken 527f., 530, 783, 793f., 811
— -steine 485, 527, 625, 770
Hängestützgewölbe 775, 780ff., 812
Haarrisse 226, 270
Hardingmühle ® 429
Härte 671, 864, 867
— -skala nach MOHS 923
— -prüfer Duriment ® 168
Hartschamotteverfahren 442f., 462ff., 468, 475f., 491, 495, 620f.
Hartzerkleinerung 229
HEDVALL-Effekt 667
Heißdruckfestigkeit 105, 108
Heißlufttrockner 435
Heißluftventilator 264
Heißreparatursteine 239, 243, 277, 279
Heißwindkupolofen 533
Heißwindleitung 573
Heiz-fläche (von Gitterkammern) 794
— -flächenleistung, spezifische 98
Heizzüge (in Koksöfen) 319f.
HELMHOLTZsche Doppelschicht 344
HELMHOLTZ-THOMPSONsches Gesetz 75
Helligkeitsprüfung 782
Herde von Elektroöfen 796
— — Hochöfen 554f., 565f., 876ff., 881
— — Kupferraffinieröfen 811f.
Herde von SM-Öfen 292, 296f., 325, 771, 775ff., 796, 831f., 836ff., 859

Herde von Walzwerksöfen 315, 648, 772f., 809f., 837
Herde, Küchen- 485
Herdflächenleistung (von SM-Öfen) 789
Herdöfen 655
Herdwagen 860
Herdwagenöfen s. Kammertunnelöfen
Herstellungsfehler 267ff., 476ff., 750
Herzstück (von Elektroofendeckeln) 313
Hintermauerung 778, 797, 802, 907, 916
Hochfrequenztrocknung 255f.
Hochöfen 135, 151, 554ff., 573, 863, 876ff.
Hochofen-schacht 155, 524, 556ff., 879f.
— -steine 473, 484f., 489, 491, 554ff.
Hochtemperaturöfen 639
VAN'T HOFFsche Gleichung 23, 32, 102, 161, 183
HOFMEISTER-Serie 345
HÖGANÄS-Methode (zur Raumgewichtsbestimmung) 61
Hohlfasern 335ff., 683
Hohlguß 466
Hohlkugeln 905f.
Hohlwaren 454ff., 470
Hohlzapfen (von Kugel- und Rohrmühlen) 427, 429f.
Holznadeln (in Konverterböden) 851ff.
Holzpaletten 254, 474
HOOKEsches Gesetz 129
Horizontalkammerofen 318
Hubstapler s. Gabelstapler
Hydratation von Dolomitsteinen 821f., 827, 829
— — Magnesiumoxyd 659, 735ff., 741, 743, 745, 770, 776, 796, 898
— — Sinterdolomit 847
— — Teerdolomitsteinen 859f.
— — Tiefengesteinen 703
— — Ton 345
Hydratationswärme 659
Hydratwasser s. Kristallwasser
hydraulische Bindung s. Bindung
hydraulischer Porenradius, äquivalenter 65, 71
Hydrocyklon 732
Hysterese des Randwinkels 158
— bei der Tonviskosität 350
— bei ZrO_2 616

I. G.-Verfahren (zur $MgCl_2$-Herstellung) 662
Induktions-erhitzung 256
— -öfen 329, 764, 799
Infiltration (von Schlacke) 164, 308, 313ff., 509ff., 515, 530, 532, 542f., 559ff., 590, 621, 628, 630ff., 638, 641f., 751ff., 777, 806f., 812f., 818f., 846
Infiltrationsgeschwindigkeit 152
Infrarotspektrographie 99

Infrarottrocknung 255
Initial softening point 122
Inkohlung 864, 873
Integrationstisch 62
inverser Typ (von Spinellen) 664ff.
Ionen-bindung 11, 20, 25, 341, 615, 656
—-gitter 11, 34
—-leiter 102
—-leitfähigkeit 35
—-radius 12, 40, 161, 345, 660, 664, 678, 686
—-schwarm (in Tonsuspensionen) 345ff.
—-umtauschfähigkeit 342, 345, 895
isobarer Abbau 332
Isokomen 161
Isolatoren, elektrische 103, 658
—, Wärme- 896
Isolierfähigkeit 913f.
Isolierung s. Wärmeisolierung
Isothermen 42

Kalibrieren 473
Kalkgruben 238
Kalksättigungsgrad 817
Kalorimeter 49, 52, 91, 97
Kaltdruckfestigkeit (KDF) 10, 106f.
— von chemisch gebundenen Steinen 768
— — Chromerzsteinen 752, 759
— — Chrommagnesiasteinen 752, 756
— — Dolomitsteinen 830, 835, 837
— — Feuerleichtsteinen 913f., 917
— — Forsteritsteinen 752, 762
— — hochtonerdehaltigen Steinen 624, 627f., 636ff.
— — Kohlenstoffsteinen 875ff., 879
— — Magnesiasteinen 751f.
— — Schamottesteinen 375f., 378, 442, 465, 471, 492, 505f., 528, 539
— — schmelzgegossenen Steinen 645, 650
— — Silikasteinen 241, 268, 279f., 282
— — Siliziumkarbidsteinen 889
— — Zirkonsilikat 619
— — Zirkonsteinen 640
Kalzination (Kalzinieren) 28, 724, 734f., 824, 899
Kalzinier-öfen 874
—-zone (in Drehrohröfen) 567, 824
Kalziumkarbidöfen 881
Kammer-gittersteine s. Gittersteine
—-gitterung s. Gitterkammern
Kammeröfen 422, 887
Kammerringöfen 258ff., 470ff., 474, 476, 745, 875
Kammertragsteine 296f.
Kammertrockner 255, 468, 474, 745, 904
Kammertunnelöfen 266
Kanäle (Poren) 60
Kanalofen s. Tunnelofen
Kanalsteine 455f., 484, 490, 536, 545ff., 886

Kanalsteinpressen 456f., 474
Kanten-beschädigungen 270
—-festigkeit 476, 481, 756, 802
Kaolinisierung 400
Kapillare 344, 357, 413, 882
Kapillarität 343f.
kapillaraktive Flüssigkeit 156f.
kapillarer Saugdruck 68, 152
Kapillar-kondensation, isotherme 62, 75
—-kräfte 343, 467
—-raum 60
—-säcke 69, 153
—-wasser 245
Kapseln 405, 883f., 887
Karbonatisierung 661, 703, 730, 732, 745, 857f.
Karbonatverfahren (bei der Magnesiaherstellung) 732
Karburieren 491
Karstgebirge 607
KARRENA-Decke ® 528
Kasseler Öfen 257f., 472
Kasten-beschicker 444f., 474, 476
—-gewölbe 299
Katalysatoren 169, 173f., 193, 196, 199, 240, 374, 516f., 557, 598, 612, 636, 661, 681, 687, 767, 866, 872, 903
Katazone 596
Kathetometer 87
Kathodenöfen 814
Kationen-belegung 346
—-brücke (in Tonsuspensionen) 345
Kegelbrecher 226, 231f., 237, 425, 822, 847
Kerb-festigkeit 279, 286, 757, 768, 788
—-wirkung 107, 141
Kerne, dunkle 478, 481, 902
—, mürbe 471
—, schwarze 887, 902
Kernguß (beim Gießverfahren) 466
Kesselanlagen 527
Kettenförderer 234
Kettenstruktur 15, 680f., 760, 897, 909, 912
KIRKENDALL-Effekt 36
Kippöfen (SM-Öfen) 292, 778, 791
Klassierungsanlagen 236, 432ff., 849f.
Klebkraft (von Teer) 839
Klima-einfluß (geologisch) 200ff., 390ff., 409, 605, 726
—-trocknung 468
Knetflügel (bei Strangpressen) 448
Kniehebelpressen 245, 248ff., 455f., 461, 744
Knochen s. Gießknochen
Knollenbildung (in Schamottesteinen) 477, 481
Knoten (in der Glasschmelze) 573
Knüppel (Gittersteine) 581, 588
Koagulation 348, 350, 465, 905
Kohäsion 351, 842

Kohleabscheidung 471, 517f., 558ff., 887
Kohlegrieß-öfen 44, 102, 116
—-widerstandsöfen s. Kohlegrießöfen
Kohlensack (im Hochofen) 554ff.
Kohlerohröfen 110
Kokillen 536, 544ff., 765
Koksgerüst (bei Teerdolomit) 843
Koks-öfen 177, 278, 318ff., 524, 533ff.
—-ofen-Läufersteine 279
—-ofensteine, Schamotte- 404, 484f., 490f.,
    507
— —, Silika- 188, 239, 266, 270, 277ff., 280,
    320
Kollergänge 83, 231ff., 426, 841, 849f., 859,
    872, 874, 877, 887
Kollerverfahren 463
Kolloide 344, 357, 743
Komparator 118
—-verfahren 87
Kompensationsschaltung 87
Kondensation, isotherme 75
Kondensator 256
Königsteine 455f., 459, 484, 488, 490, 536,
    545, 549, 553f.
Konkretionen 212
Kontaktwinkel 152, 157
Kontrastmittel 62
Konvektion 39, 90, 101, 151, 264, 575, 819,
    913
Konvektionsteil (von Kesselanlagen) 530
Konventionseinteilung (von Schamottestei-
    nen) 484f., 522
Konverter der Buntmetallindustrie 330,
    813ff.
— für Blasstahl s. Blasstahlkonverter
— — Thomasstahl s. Thomaskonverter
—-böden 839, 847ff.
Koordinationen 341, 615, 693
—, oktaedrische 333ff., 370, 596f., 599, 658,
    664ff., 683, 895
—, tetraedrische 161, 169ff., 333ff., 596,
    664ff., 678, 683, 895
Koordinationszahl 13, 24, 78
Kopfschrägsteine 485
KÖRBER-OELSENsches Gleichgewicht 537,
    551, 566
Korbkühlung (in SM-Öfen) 778
Kornaufbau von Chromerzsteinen 758
— — Chrommagnesiasteinen 754
— — CRESPI-Herden 832
— — Dolomitsteinen 829
— — Forsteritsteinen 761
— — Hartschamottesteinen 463
— — Kohlenstoffsteinen 874
— — Magnesiaherden 776
— — Magnesiasteinen 748f., 753
— — Massen 594, 652, 772, 799, 831

Kornaufbau von Mörteln 290f., 522f., 770
— — Sanden 325, 327ff.
— — Schamottesteinen 432, 443f.
— — Silikasteinen 239ff.
— — Siliziumkarbidsteinen 886f.
— — Stahlwerkssinter 737
— — Teerdolomit 842, 848f., 859
— — Tonen 413ff.
Kornform 219, 344, 349
Korngröße von Schamotte 432, 884
— — Sinterdolomit 824f., 847
— — Sintermagnesia 737, 739, 741
— s. auch Kornaufbau
Korngrößen-lücken 84, 444, 463, 747, 753,
    764, 831
—-verteilung 77ff.
—-wachstum s. Sammelkristallisation
—-zusammensetzung s. Kornaufbau
Korn-Klassierungsanlagen s. Klassierungs-
    anlagen
Körnung s. Kornaufbau
Korrosion 521, 530, 562, 569, 588, 649, 666,
    818, 866
Korrosionsbeständigkeit s. Verschlackungs-
    beständigkeit
KOZENY-Faktor 77
Kraftbedarf s. Energiebedarf
Kraftraum 60
Kreiselbrecher 226ff.
Kreuzverband 860
Kriechbewegungen (in Winderhitzern) 576
Kristallisationskeime 644
Kristallwachstum s. Sammelkristallisation
Kristallwasser 332, 334f., 338, 342, 362, 365,
    367, 597, 599f., 659f.
Krummlin·gkeitsfaktor 77
KRUPP-Rennanlagen 532
Kugelmischungen 79f.
Kugelmühlen 426f., 430, 474ff., 611f., 739, 828
Kugelpackung, hexagonal-dichteste 15, 17,
    678
—, dichteste 598
—, kubisch-dichteste 15, 17, 664, 667
Kugelwölber 270, 313, 802
Kugelziehviskosimeter 159
Kühlkästen (in Hochöfen) 556, 559, 561ff.
Kühlrisse 746
Kühlrohre (Kühlschlangen) in SM-Öfen
    778ff., 790f.
Kühltrommel (bei Drehrohröfen) 738f., 824
Kühlzone (in Schacht- und Drehrohröfen)
    263, 267, 420f., 566, 738, 816, 825f.
Kupferlanze 810
Kupferraffination 811
—-raffinieröfen 315f., 764, 813
Kupferröhren (in Konverterböden) 854
Kupolöfen 277f., 330, 487, 533, 838

Kupolofensteine 484
Kuppel (von Winderhitzern) 573, 575f.
— -steine 580
Kurbelpressen 453

Labyrinthfaktor 76
Lagenrisse 241, 245, 250, 268, 480f., 851
Lager-fugen 781
— -kugelwölber s. Kugelwölber
Längsrisse 480
latente Wärme 48
Läufer (von Kollergängen) 231f., 849f.
Lauffläche (von Kanalsteinen) 546f., 552
Läuterwanne 322, 324
Leer-raum 60
— -stellen (in Kristallgittern) 24
Legierungsöfen 814
Leichtbauweise (von Feuerungen) 526
LEIDENFROSTsches Phänomen 147
Leitfähigkeiten 76
—, elektrische 23, 101f., 617, 881
Lichtbogen 743, 864, 905
— -öfen s. Elektroöfen
Lichtbogenofen-deckel s. Elektroofendeckel
— -herd s. Elektroofenherd
Lichtbrechung 215, 369f., 597f., 657, 687
Liquidus-fläche 511, 688
— -kurve 39, 151, 191, 629, 677
LITZOW-Kurve 83, 219, 444
Lochfraß an Glaswannensteinen 572
— — SM-Ofen-Gewölben 299, 302, 304
logarithmisches Wahrscheinlichkeitsnetz 73
Löslichkeitszahl (bei Verschlackungsprüfungen) 162
Lösung, feste 666, 670f., 673, 687, 691f., 698, 786, 827
LÜDERsche Gleitflächen 351
Luft-abschreckung 147, 750, 755, 762
— -kammern s. Gitterkammern
— -trocknung 474
— -umwälzung 468
— -vorwärmung 530, 826
— -züge (in SM-Öfen) 296f., 308, 775, 790f.
Lunker 458, 480, 482, 644, 646, 649f., 765

Maerzköpfe (in SM-Öfen) 790
Magerungsmittel 367, 418, 466, 469, 483, 488, 523f., 533, 567, 593f., 883
Magnesiaherde 776f.
Magnetismus, Ferro- 666
Magnetscheidung (-sichtung) 233, 410, 422, 603, 611, 619, 710, 721, 739, 742
Mahlbarkeit 84, 869
Mahlen (von Ton) 341, 357
Mahl-kugeln (für Kugelmühlen) 426f., 431
— -resonanz (bei Schwingmühlen) 432
— -ring (in Ringwalzenmühlen) 430
— -stäbe (für Schwingmühlen) 431

Mahl-trockenanlagen 439ff., 475f.
— -tröge (in Schwingmühlen) 430ff.
— -trommel (in Kugel- und Trommelmühlen) 426ff.
— -walzen (in Ringwalzenmühlen) 430
Makroionen (in Tonsuspensionen) 345
Maschenweite (von Sieben) 924f.
Massenausgleich (bei Schwingsieben) 433
Massewechsel 479, 481
Maßhaltigkeit 270, 442, 465, 467, 473, 482, 533, 540f., 554, 556, 635, 802
Matrix (bei Chrommagnesiasteinen) 755f.
Mauken 357, 447, 476, 494, 883
Maxeconmühle ® 426, 430, 475f., 739
MAXWELLsches Gesetz 112
Meiler (zum Kieselgurbrand) 900
MENDHEIM-Öfen 471
Mesozone 596
Meß-lochsteine 485
— -uhren 87, 117f.
Metallröhren (für Konverterböden) 854
Metasomatose s. Verdrängung
Mikroperm 66
Mikroporen (Mikroporosität) 60, 62, 73, 600, 657, 660, 899, 901
Milliperm 66
Mineralisatoren s. Katalysatoren
Minimumtemperatur (bei der Mörtelprüfung) 168
Mischersteine 750ff.
Mischkollergang 230f., 234, 236, 239, 463, 847
Mischkörpertheorie 75
Mischkristalle 21, 39, 370, 615, 660, 664, 666ff., 673ff., 677ff., 682f., 685, 689f., 693, 695, 754, 777, 779, 785, 812, 817
Misch-sterne (für Gegenstrommischer) 447
— -teller (für Gegenstrommischer) 447
Mischungslücke (bei Mehrstoffsystemen) 40, 152, 233, 521f., 526, 660, 677
Mittelschlitz (beim Tunnelofenbesatz) 264
Mizellen in Kohlen 872
— — Tonsuspensionen 345f., 348, 352
Modellwanne 163
Modifikationen 27f.
— von Dikalziumsilikat 691ff.
— — Kieselsäure 171
— — Kohlenstoff 864f.
— — Korund 598
— — Pyroxenen 680ff.
— — Siliziumkarbid 867
— — Tonerdesilikaten 596ff.
— — Zirkonerde 615ff.
MOHRsche Gleitflächen 351
MOHRsche Waage 413
Molekular-gewicht 74
— -kräfte 155
— -strömung 64, 74

Mollköpfe (von SM-Öfen) 292, 790
Molvolumen 17, 657, 660, 692f.
Mörtelstruktur (von Quarziten) 194, 216
Muffeln 264, 484, 864, 874f., 884
Muldenschwingmühle ® 426, 430ff.
Mullitisierung 496
Mundstück (von Strangpressen) 447f.
Mündungsbären (an Konvertern) 860
Mutterform (für Hartschamotteherstellung) 458

Nachdehnung s. Nachwachsen
Nachfüllzone (in Schachtöfen) 420f.
Nachpressen 443, 451ff., 482
Nachschwinden 90, 118, 122
— von Chromerzsteinen 759
— — Chrommagnesiasteinen 757
— — Dolomitsteinen 830
— — Feuerleichtsteinen 915ff.
— — Kohlenstoffsteinen 876
— — Magnesiasteinen 750
— — Schamottesteinen 504, 507, 527, 541, 554
— — Siliziumkarbidsteinen 889
— — Tonen 376
Nachsetzsteine 299, 782f., 812
Nachwachsen 90, 118
— von Chromerzen 671
— — Quarzgesteinen 217
— — Silikasteinen 278, 281ff., 313, 315
Nadelhalterost 852
Nadeln (für Konverterböden) 850f., 854
Nadel-platte 851
—-scheibe 850
Nanoperm 66
Nasensteine 645
Naßpreßverfahren (Naßknetverfahren) 442ff., 468, 474, 491, 575, 620
Naßverfahren bei der Graphitaufbereitung 869
— — — Silikaherstellung 226ff., 236
Netzebenenabstände von Montmorillonit 335f.
— — Mullit 371f.
Netzwerk (beim Glaszustand) 25
Netzwerk-bildner 26
—-spalter s. Netzwerkwandler
—-wandler 26, 157
NEW-JERSEY-Verfahren (zur Zinkdestillation) 891
Niederlasse 254, 454
Normalspannungen 137, 351f.
Normalsteine 240, 270f., 486, 748, 780, 810
Novorotormühle ® 440
Nut und Feder 541, 553, 891
Nutz-effekt, wärmetechnischer (von Gitterwerken) 581, 588
—-wärme 46, 50

Oberfläche, spezifische 74, 77
Oberflächen-diffusion 74
—-haut (von Sinterdolomit) 822
—-risse 479, 481
Oberflächenspannung 152, 155f., 306, 343, 517, 551, 570f., 869, 875, 882, 903
Oberflächenvergrößerung (beim Mahlen) 230
Oberstempel 453f., 456
Ofen-sau s. Bodensau
—-sohlsteine 279
—-türen s. Türen
—-wände, monolithische 594, 772
—-wölfe 825
Off cuts 602
Öldruck-Kniehebelpresse 247
Ölfeuerungen 527, 530
— in Dampfkesseln 527
— — Drehrohröfen 609, 738
— — Schachtöfen 738
— — SM-Öfen 292, 778f., 789, 796
— — Tunnelöfen 264, 746
Oktaederschicht (bei Schichtgittern) 337f., 341, 599, 683, 895
oktaedrische Lücken 15, 598, 664, 678
Ölzerstäubungsanlagen 453
Ortonkegel 44, 922
OSWALDsche Stufenregel 174
Oszillator 130
Oszillograph 130
OUTOKUMPU-Verfahren (zur Kupfererzeugung) 814
Oxydation, Enthalpie-Werte 53
— von Chromit 671f.
— — Kohlenstoff 865ff.
— — Korund 611
— bei reaktionsthermischen Prozessen 766
— von Siliziumkarbidsteinen 887f., 890f.
Oxydationsperiode in Elektroöfen 797
— beim Schamottebrand 418
Oxydkeramik 31, 621

Packungsdichte 77, 444, 848
Panell-Spalling-Test 147
Papierschieber (in Ringöfen) 260
Partialdruck von CO_2 660
— — Sauerstoff 379ff.
PATTINSON-Verfahren (zur Magnesiaherstellung) 729, 732, 734
Pecherweichungspunkt 840f.
Pelz (an Chrommagnesiasteinen) 784f., 787, 793
Peptisationsmittel 347, 414
Perm 66, 198
Permometer 66
Pfannen 223, 327ff., 536ff., 837f., 883, 886
—-bodensteine 544f.
—-lochsteine 484, 489, 544

Pfannensteine 469, 478f., 484, 488f., 494, 499f., 504ff., 520f., 536ff., 884ff.
Pfeiler (in SM-Öfen) 308, 769, 774, 779
—-ecksteine 270, 272, 748
Pflasterstruktur von Magnesiten 716
— — Quarziten 194, 197, 199, 215
Phasen-grenzreaktion 31, 35
—-kontrastverfahren 285
p_H-Wert 200, 222, 389f.
piezoelektrischer Effekt 177
Pipette-Methode 413
PLANCK-Funktion 55
Plastifikatoren 621, 746
Plastizität von Dolomitmassen 829
— — Magnesiamassen 746
— — Molererde 900
— — Tonen 167, 343f., 350ff., 363, 415f., 435, 446, 460
— — Zirkonleichtsteinmassen 906
Plastizitätszahl 354, 356, 415
plastisches Fließen (von Chrommagnesiasteinen) 760, 779, 785
— Verfahren s. Naßpreßverfahren
Plättchen 270f., 486, 748
Pleochroismus von Mullit 369
— — Pyroxenen 681, 807
pneumatische Förderer 434
POISE 66
Polarisation in Atomgittern 11, 17, 20
— durch elektrische Felder 256
Polierbrett 463
Polymerisationsvorgänge (bei Teer) 843, 860
Polymorphie 27, 615, 691
Polysyngonieen 27
Polytypieen 27, 867
Poren 58ff., 901ff., 909ff.
—, geschlossene s. Blasen
—, offene 60f., 76, 152, 424, 460, 469, 499, 547
—, Feinst- s. Mikroporen
—-größe 70, 94, 477, 499, 567, 889, 903, 909
—-größenverteilung 65, 70
—-radius 60
— —, effektiver 65
—-volumen s. Porosität
—-wasser (im Ton) 358, 360
Porosimeter 72
Porosität 8, 94, 104, 108, 120, 131, 135, 148, 181
— von basischen Steinen 744f., 750, 752, 756, 760, 762, 768, 770, 792, 806, 813
— — Dolomitsteinen 830f., 835, 837
— — Feuerleichtsteinen 901ff., 912f.
— — Graphitschamotte 884, 886
— — hochtonerdehaltigen Steinen 624, 627, 636f.
— — Kohlenstoffsteinen 875, 882

Porosität von Koks 872
— — Periklas 660
— — Quarziten 217
— — Schamottesteinen 443f., 460, 467, 469, 488, 492, 498ff., 515f., 519ff., 528, 539ff., 551, 554, 567f., 578
— — Schieferschamotte 419
— — schmelzgegossenen Steinen 644ff., 764f.
— — Silikasteinen 240f., 277ff., 282, 301, 304, 307, 316f., 320
— — Siliziumkarbidsteinen 889
— — Sinterdolomit 825f.
— — Spinellen 672
— — Stampfmassen 653
— — Teerdolomit 842, 856ff.
— — Ton 360, 375f., 383, 413, 415
— — Zirkonsteinen 639, 642
—, effektive 70, 76
—, scheinbare s. Poren, offene
Porzellanöfen, elektrische 892
Potential, chemisches 36
—, elektrochemisches 345ff.
—, thermodynamisches 55
—, ζ- 346ff.
—-schwelle 22
—-trog 11, 348
potentiometrisches Meßverfahren 118
Prall-brecher 83, 425, 432, 440, 475f.
—-mühle 425f., 475f., 744
Preßdruck bei Dolomitsteinherstellung 829
— — Kohlenstoffsteinherstellung 874
— — Magnesiasteinherstellung 744, 750, 768
— — Schamottesteinherstellung 462, 477, 481
— — Silikasteinherstellung 245
Pressen, hydraulische 245ff., 461, 475f., 744, 829, 874
Preßfalten 458, 480ff.
Preßkopf (in Strangpressen) 447f., 452
Preßluft-spaten (zur Tongewinnung) 419
—-stampfer (Preßlufthammer) 244, 311, 330, 463, 476, 772, 859f., 874
Preßzylinder (in Strangpressen) 455f.
Primärteilchen 339
Pseudomorphosen 31, 658, 660
Pufferfedern (bei Hängestützgewölben) 780, 812
Putztische 457
Pyknometer 840
Pyrometer, optische 115, 257

Quarzzement, granulöses 203, 209, 211, 216
Quellfähigkeit 340
Quellung, innerkristalline 339, 342, 414
Quellzone, thermische (in Glaswannen) 818
Querrisse 480

Querwölber 260, 270f., 487, 748, 781
Quetschfalten s. Preßfalten

Radial-rippen (in Elektroöfen) 313
—-schub (in Elektroöfen) 797
—-steine 533
radioaktive Bestrahlung (von Zirkonen) 618
Radiolarien 212, 216, 899
Raffinier-flammöfen 811f., 814
—-öfen (zur Kupferherstellung) 813ff.
—-säulen (zur Zinkherstellung) 891
Randschaber 447
Rast (von Hochöfen) 554ff., 562, 564f., 876ff.
Rattler Test (zur Abriebmessung) 133
Rauchgas-schieber 260
—-kanal 259, 492, 523, 527, 533
—-sammler 259, 264
Raumbeständigkeit s. Nachwachsen und Nachschwinden
Raumgewicht 34, 61, 95
— von chemisch gebundenen Steinen 768
— — Chrommagnesiasteinen 756
— — Dolomitsteinen 830f.
— — Feuerleichtsteinen 895, 901ff., 912, 916
— — Forsteritsteinen 752, 762
— — Graphitschamotte 884
— — Kohlenstoffsteinen 875
— — Magnesiasteinen 750, 752, 794
— — Schamottesteinen 470, 492, 498f., 578
— — schmelzgegossenen Steinen 764
— — Silikasteinen 305, 317
— — Sinterdolomit 822, 825f.
— — Sinterkorund 612
— — Siliziumkarbidsteinen 889
Reaktionen im festen Zustand 21, 23, 167, 191, 364, 372, 378, 383, 666, 680, 695, 735, 758, 761, 823
Reaktionsfähigkeit von Kohlenstoff 866f., 873
— — Magnesia 661
— — Mullit 373
— — Oxyden 519
— — Schmelzmagnesia 742
Reaktionsgeschwindigkeit 36
Reaktionswärme s. Wärmetönung
Reaktionswiderstand 36
Realkristall 21f.
Rechteck-öfen 257, 419, 472f.
—-steine 270, 802
Redler 234
Redoxeinfluß 672
Reduktion 53
— von Magnesiasteinen 808
— — SiO$_2$ 537f., 551, 566, 634, 654
— — Spinellen 666

Reduktion von ZnO 590f.
Reduktion, indirekte 556
Reduktionsöfen (zur Kupferherstellung) 814
Reflexion von Wärmestrahlen 99f., 790
Reflexions-messung 306
—-pleochroismus 865
—-vermögen (in Anschliffen) 670
Regeneratoren (Regenerativkammern) s. Gitterkammern und Winderhitzer
Regulierzone (in Schachtöfen) 420
Reibkoller 447
Reibung in Pressen 448, 460f., 480f.
— von Gasen 575, 854
—, innere 352, 464
Rekristallisation s. Sammelkristallisation
Rekuperatoren, keramische 390
—, Blech- 263f.
—, Seiten- 263f.
Rekuperator-rohre 467, 887
—-steine 465, 485
Relaxation 113, 133
Rema (Ringwalzenmühle) ® 426
Reoxydation 742
Resonanzschwingsieb ® 433f.
Resorption (von Periklas) 695
Rest-schmelze 153, 511, 645
—-valenzen 157
Retorten 485, 890
Reynoldsche Zahl 545
Rezirkulation (in Tunnelöfen) 264
Ringöfen 258ff., 410, 422, 470ff.
Ringstein 273
Ringwalzenmühle 426, 430, 475, 739
Ringwölber 270, 273
Rinnenviskosimeter 159
Rippen-gewölbe 298, 315
—-steine 307, 581, 781f., 784, 812
Risse in Chrommagnesiasteinen 784, 788, 813
— — Drehrohrofensteinen 817
— — Feuerleichtsteinen 902, 915
— — Kohlenstoffsteinen 879
— — Mischersteinen 805, 808
— — Schamottesteinen 479f., 518, 532, 535, 545f., 569, 571, 578, 580, 588f.
— — schmelzgegossenen Steinen 644, 648
— — Silikasteinen 268, 270
— — Siliziumkarbidsteinen 892
Rissigkeit (von Hochofensteinen) 559
v. Rittingersches Gesetz 230f.
River 234
Rohbruchfestigkeit 407
Roheisenmischer 631, 748, 753, 772, 801ff., 818, 831
Rohlinge 458, 909
Rohre 442, 465
Röhrenöfen 109, 159

Rohrmühlen 426ff., 432, 739, 828, 874
ROITZHEIM und REMY, Verfahren von 891
Rollgang 453
Rollmischer 801
Rollschicht 260, 775, 780, 796
röntgenamorphe Substanz 181, 285f.
Röntgenanalyse von Dolomit 660
— — Kieselsäure 181, 285
— — Mullit 370ff.
— — Schamottesteinen 497
— — Tonmineralien 363f., 412
Röntgen-beugungsdiagramm s. Röntgen-
    analyse
— -feinstruktur s. Röntgenanalyse
— -Hochtemperaturkamera 677, 682, 692
ROSIN und RAMMLERsches Gesetz 83
Rost (in Feuerungen) 529
Rotamesser ® 66
Rotating Disk Test (zur Abriebmessung)
    134
Rotationsviskosimeter, (Torsions-) 159, 350,
    353
Rotfleckigkeit (von Silikasteinen) 270
Rotor (in Mühlen) 425f., 437
Rubbing Test (zur Abriebmessung) 134
Rückbrand (von SM-Ofen-Brennern) 790
Rückluftjalousie (in Windsichtern) 439
Rückstau (in Vakuumpressen) 451
Rückstrahlung s. Reflexion
Rückwand (von SM-Öfen) 292, 296f., 308,
    765, 769, 774, 778, 789, 831, 837, 859f.
Rühr-arme (Rührer) 864, 891
— -flügel 447, 452
— -kessel 466
— -werk 731
Rund-beschicker 446
— -brecher 226
— -bunkeranlage 235, 445
— -ofen 257f., 419
Rutschkegel (beim DFB-Versuch) 241
Rüttel-maschine s. Rüttelverfahren
— -schlagverfahren 464
— -verfahren 253f., 464, 852

Säcke (Poren) 60
Salzsäureverfahren (zur Magnesiaherstel-
    lung) 728
Sammelkristallisation von Cristobalit 285
— — Enstatit 683
— — Forsterit 761
— — Korund 32f., 611f., 639
— — Magnesia 658f., 673, 735, 777, 793,
    817
— — Mullit 377, 632
— — Quarzit 203
— — Siliziumkarbid 888
— — Sinterdolomit 822, 825
Sandrinnensteine 532

Sandstrahlprobe (zur Abriebmessung) 133f.
Sandtasse (in Tunnelöfen) 263
Sättigungsgrad (bei Tränkungsversuchen) 69
Saugfähigkeit (von Schamotte) 425
— -ventilator 421
Säure-Taupunkt 516
— -behälter 882
Schablonen zur Herstellung von Dolomit-
    blöcken 859f.
— — Konverterbodenherstellung 850f.,
    855, 857
Schachtöfen für Bleierze 815
— — Cyanit 625
— — Dolomit 822, 825f.
— — Kalk 135, 566f., 639, 818
— — Kupfersteine 315, 330, 814
— — Magnesit 738f., 741
— — Schamotte 420ff.
— — Schieferton 409f.
Schalenbildung (in Schamottesteinen) 244,
    450, 481
schalenförmige Ablösung 480
Schalenhartguß 454
Schaulochsteine 485
Schaumbildner 904
Schäume 905, 907f.
Schaumverfahren 905, 913
Scherbencowper 578
Scher-bewegungen 351
— -festigkeit 139, 356
— -risse 139, 450
— -spalten 713
Scherspannungen s. Schubspannungen
Scherungszonen 602
Schichtgitter 15, 332ff., 362ff., 658, 683,
    836, 864, 895ff.
Schlackenangriff auf Chromerzsteine 760
— — Chrommagnesiasteine 757
— — Dolomitsteine 830f., 837
— — Forsteritsteine 763f.
— — Graphitschamotte 884ff.
— — hochtonerdehaltige Steine 627ff., 636,
    638f.
— — Magnesiasteine 751f.
— — Schamottesteine 477f., 508ff., 519ff.
— — schmelzgegossene Steine 645
— — Silikasteine 286ff.
— — Siliziumkarbidsteine 890
— — Stampfmassen 653f.
— — Teerdolomit 844ff.
— — Zirkonsteine 641
Schlacken-ansätze s. Ansätze
— -beständigkeit s. Verschlackungsbestän-
    digkeit
— -bord (in Walzwerksöfen) 315, 809f.
— -decke (in Pfannen) 537
— -form (in Hochöfen) 555

Schlacken-infiltration 149, 152ff., 299ff., 315ff., 321ff., 326f., 509ff., 519ff., 558ff., 587ff., 630, 632ff., 638f., 641, 653ff., 784ff., 792f., 798f., 806ff., 813, 832ff., 844ff., 857f., 861, 879f.
—-kammern 292, 296f., 308, 793f., 802
—-krusten s. Ansätze
—-schicht (auf Winderhitzer-Besatzsteinen) 578f.
—-spiegel in Konvertern 861
— — — Mischern 810
—-standsmarken (in Pfannen) 537
—-überzüge 100
—-zone in Konvertern 861
— — — Kupolöfen 533
— — — Mischern 801, 804, 808, 833
Schlag-brecher 228, 230ff., 237
—-festigkeit 144
—-hebelpresse 453
—-kreuzmühle 437
—-nasenmühle 437
Schlämm-apparate 414
—-rinnen 398
Schlankheitsgrad (von Gitterkammern) 581
Schleifprobe 133f.
Schleuder-maschine 778
—-mühle 436ff., 475
—-prallmühle 439
Schlicker 347f., 442, 462, 477, 621, 909
Schlieren (in Schlackenflüssen) 538, 549, 571
Schlitzwände (in Kammerringöfen) 261
Schmand (in Silikamassen) 232
Schmauchen 471
Schmauch-kanal 471
—-periode 418
Schmeidigkeit (von Graphit) 869
Schmelzen, eutektische 38, 41f., 186ff., 374, 532, 542, 646, 648, 654, 693, 745, 817, 888
Schmelzherde (in Schamottesteinen) 38, 511f., 534
Schmelzintervall von Tonen 384
— — Mörteln 524
Schmelzkammern (in Feuerungen) 527
Schmelzöfen für Aluminium 642, 815, 881
— — Edelmetall 642
— — Magnesium 815
Schmelzphase s. Glasphase
Schmelzpunkt von Chromit 671
— — Chromoxyd 1, 675
— — Dikalziumsilikat 692
— — Forsterit 676
— — Graphit 865
— — Kalk 1
— — Kieselsäure 1, 42, 175
— — Korund 1, 41
— — Magnesia 1, 657

Schmelzpunkt von Magnesioferrit 668
— — Mullit 372
— — Spinell 666
— — Zirkonoxyd 1, 615
Schmelzpunkterniedrigung 37, 304
Schmelzraum (in Glaswannen) 321, 324
Schmelzsinterung 31
Schmelztiegel 488, 883
Schmelzwanne s. Schmelzraum
Schmelzwärme 37, 53
Schmelzzapfen 305, 324, 572, 580, 786, 791, 810
Schmiede-blöcke 545
—-öfen 772
Schneckenförderer 434
Schneidarme (in Vakuumpressen) 450, 452
Schnellwaagen 461
Schollen (Ton) 419, 434
Schönheitsfehler 476, 479f.
SCHOTTKYscher Fehlordnungstyp 24, 102
Schrägwölber 270, 273
Schrämmaschine 407
Schub-festigkeit s. Scherfestigkeit
—-kräfte 432
—-modul 129
—-spannungen (Scherspannungen) 125, 137ff., 143, 350f.
Schuppenband 445
Schüttdichte 444
Schüttfeuerungen 258
Schüttgewicht 246
Schüttlöcher (in Ringöfen) 259
Schüttversuche 80
Schutzkolloide 347, 357, 462
Schutz-schicht, monomolekulare 661
—-schichten 515, 565, 589, 635, 663, 738, 767, 819, 832f., 836, 876, 879, 888, 909
Schwachbrand 267f., 422, 481, 491, 738
Schwadenstäbe (in Kupolöfen) 330
Schwanenhals (in Magnesitschachtöfen) 738
Schwarmwasserhülle (in Tonsuspensionen) 346f.
schwarzer Körper 97
Schwebetrockenanlage nach BARTHELMESS 361, 439ff., 474f.
Schwelen (von Teer) s. Verschwelen
Schwerbauweise (für Feuerungen) 526f.
Schwerterwäsche 822
Schwindmaß 448, 455
Schwindung 8, 123, 442, 466, 904
— durch Temperatureinwirkung 531, 578
— bei Verschlackung 521, 531f., 534, 580
—, Brenn-, von Bauxitsteinen 636
—, — — Chrommagnesiasteinen 754
—, — — Diasporsteinen 635
—, — — Dolomitsteinen 836
—, — — Feuerleichtsteinen 902ff., 904, 907f.

Schwindung, Brenn-, von Kieselgur 900
—, — — Kohle 865f.
—, — — Kohlenstoffmassen 876ff.
—, — — Magnesiamassen 800
—, — — Magnesiasteinen 744f.
—, — — Magnesiumhydrat 658
—, — — Schamottesteinen 465, 469f.,
   479ff., 488
—, — — Sinterdolomit 824
—, — — Ton 363ff., 367f., 375f., 415, 443f.
—, — — kalz. Tonerde 598ff., 622
—, — — Tonerdehydraten (Bauxit) 599f.
—, — — Zirkonsilikat 619
—, Gesamt- von Mörteln 168
—, Trocken- von Schamottemassen 465, 467
—, — — Ton 355, 357ff., 415
Schwindungs-grenze (von Ton) 358, 467
—-risse 467, 471, 479ff., 578, 644, 876
—-wasser (im Ton) 356f.
Schwing-mühlen 611
—-rinnen 234
—-siebe 232, 433, 744
—-viskosimeter 159
Scratching Test (zur Abriebmessung) 134
Sedimentationsmethode (zur Korngrößen-
   bestimmung) 413f.
Segerkegel 44f., 922
—-fallpunkt 159
— — von Chromerzsteinen 750
— — — Chrommagnesiasteinen 750, 757
— — — Diaspor 606
— — — Feuerleichtsteinen 917
— — — Forsteritsteinen 750, 762
— — — Graphitschamotte 884ff.
— — — hochtonerdehaltigen Steinen 622,
   624, 627, 636f., 639
— — — Kieselgur 900
— — — Klebsanden 327
— — — Kohlenstoffsteinen 876
— — — Magnesiasteinen 750, 752
— — — Reisasche 901
— — — Schamottemörteln 522
— — — Schamottesteinen 484f., 489f.,
   492, 533f., 540f., 576
— — — schmelzgegossenen Steinen 646,
   764f.
— — — Silikasteinen 277, 301, 305f., 323
— — — Siliziumkarbidsteinen 889
— — — Stampfmassen 594, 652f.
— — — Tonen 383ff., 412f., 416
— — — Zirkonsteinen 640
Seifenlagerstätten 602
Seitenwände (von Lichtbogenöfen) 797, 831,
   859
Selbstdiffusion 32
Selektivstrahlung 99
Serpentinisierung 709f., 712

Siallitische Produkte 394
Sichter s. Windsichter
Siebanalyse 167, 522, 594, 652, 656, 772,
   832, 848
Siebe 432ff., 474f., 612, 924
Sieb-kneter 419
—-kollergang 232, 237, 426, 436, 474
—-kugelmühlen 427f., 474f.
—-trommeln 433
—-weite 433
SM-Ofen 270, 277f., 292ff., 492, 580ff., 625,
   656, 763ff., 769f., 774ff., 838, 860
—, basischer 292
—, ganzbasischer 775, 795
—, saurer 292
—-gewölbe s. Gewölbe
—-herd s. Herde
Silbertreiböfen 814
Silikatmodul (von Zement) 817
Silikatsaum (von Dolomitsteinen) 829
Silikose 236
Siloanlagen s. Bunker
Sinks 737
Sink-Schwimmaufbereitung 603, 713, 721,
   737, 739
Sinterband 612
Sinterherd (für SM-Öfen) 776f.
Sinterintervall s. Schmelzintervall
Sinterkeramik s. Oxydkeramik
Sintermittel für Magnesia 734, 741
— — Sande 329
— — Sinterdolomit 829
— — Sintermagnesia 799
Sinterpfannen 612
Sinterung 31ff.
— von chemisch gebundenen Steinen 768
— — Chromerz 758f.
— — Dolomit 822ff.
— — Forsterit 761
— — Kohlenstoff 865
— — Magnesia 734ff.
— — Mullit 612
— — Schamottesteinen 469
— — Spinell 34
— — Stampfmassen 651, 799
— — Ton 366, 375ff., 382ff., 415
— — Tonerde 32ff., 611f.
— — Zirkon 640
Sinterungsgrad (von Mörteln) 168
Sinterzone in Schacht- und Drehrohröfen
   566f., 632, 639, 738, 816ff., 824f., 831
— — Vergießwerkstoffen 538, 542f., 548
Soliduskurve 39, 666f.
Sonnenbildung (im Kohlegrießofen) 116
Sorelbindung 663, 746, 768, 771
Sorptionskapazität 345f., 354
Spalling 149, 784, 798, 818

Spaltenzonen (tektonische) 199, 725
Spannungen (im Ton) 359
Spannungsdoppelbrechung s. Doppel-
brechung
Spannungsreihe, pyrochemische 518f.
Spannungsverteilung (in SM-Gewölben) 780f.
Speicherfähigkeit (von Besatzsteinen) 574f.,
589
spezifisches Gewicht 8, 61
— — von Chromerzsteinen 752, 760
— — — Chromit 671
— — — Chrommagnesiasteinen 752, 756
— — — Dikalziumsilikat 692f.
— — — Dolomitsteinen 830f., 835, 837
— — — Forsterit 678
— — — Forsteritsteinen 752, 762
— — — Graphitschamotte 884
— — — hochtonerdehaltigen Steinen 624,
627, 636f.
— — — Kalkaluminaten 686f.
— — — Kieselsäure 180f., 216
— — — Kohlenstoff 864f.
— — — Kohlenstoffstampfmassen 877
— — — Kohlenstoffsteinen 875
— — — Koks 872
— — — Korund 598
— — — Magnesiasteinen 750, 752
— — — Periklas 657
— — — Reisasche 901
— — — Schamottesteinen 470, 492, 498,
500
— — — schmelzgegossenen Steinen 645f.,
764
— — — Silikasteinen 281f., 317, 324
— — — Siliziumkarbid 867
— — — Siliziumkarbidsteinen 889
— — — Sinterdolomit 822, 825
— — — Sintermagnesia 735
— — — Spinellen 665, 667, 669
— — — Stahlwerksteer 840
— — — Tonerdehydraten (Bauxit) 600
— — — Tonerdesilikaten 596f.
— — — Zirkonerde und Zirkon 616, 618
— — — Zirkonsteinen 640
spezifische Wärme 95ff.
— — von Kieselgur 900
— — — Kohlenstoff 864
— — — Periklas 658
— — — Siliziumkarbid 867
— — — Spinell 667
— — — Zirkon 616f.
Spiegelung 100, 789ff.
Spinellgitter 17
Spindel-pressen 475f.
—-Kniehebelverbundpressen 250
Spitzkeil 270f.
Sprengwirkung (von Kohlenoxyd) 517f., 556f.

Spritzdüsen 656
Sprödbruchbereich 124
Spültemperatur (im Roheisenmischer) 803
Stabilisatoren für Dikalziumsilikat 692, 827
— — Zirkonoxyd 616
Stabilität (von Gießschlickern) 466
Stahlguß 883
Stahlkugeln (in Kugelmühlen) 427, 611
Stahlnadeln 854
Stahlpfannen s. Pfannen
Stahlwerksbedarfsmaterial (-verschleißmate-
rial) 404f., 470, 487f., 491, 499, 524, 536ff.
Stalaktiten s. Schmelzzapfen
Stampfen von Crespi-Herden 832
— — Hartschamottesteinen 443, 463, 480
— — Kohlenstoffmassen 878f.
— — Sanden 325ff.
— — Teerdolomit 842, 850f., 859f.
Stampfer 244, 459, 777, 832, 850f.
Stampfherd (für SM-Öfen) 776f., 796
Stanze (Bauart Giebeler) 455f.
Staub-absaugung 236
—-abscheider 590
—-verhütung 236
Stefan-Boltzmannsches Gesetz 97
Steinbrand s. Brand
Steinchen im Glas 568, 571
Stichloch (von Hochöfen) 554f.
Stochlöcher (in Schachtöfen) 421
Stokessches Gesetz 413, 545
Stopfen 405, 458, 484, 488, 490, 536, 541,
631, 883f.
—-presse 474
—-stange 541
—-stangenrohre 455, 484, 488f., 536, 541, 837
Stoßöfen 314, 530ff., 594, 624f., 631ff., 639,
647f., 653ff., 764, 769, 771f., 809f., 890,
916
Strahlung 90, 97ff., 256, 264, 575, 796, 806,
913, 923
Strahlungsteil (von Feuerungen) 529f.
Strahlungswärme 255, 575
Strangpressen 419, 443, 447ff., 455, 458,
474, 476f., 479, 481, 612, 621, 874, 883,
902, 906ff.
Strecker 271
Streckplatten 484
Streifenanalysen (von Silika-Gewölbesteinen) 302
Streuteller (von Windsichtern) 438f.
Strömung, thermosyphonische 819
—, turbulente 582
Strömungsgeschwindigkeit des Stahles 545
— im Winderhitzer 575
Strömungswiderstand (in Gitterkammern)
582
Struktur 59, 94

Struktur von basischen Steinen 748ff., 753, 756, 760
— — Dolomitsteinen 829
— — Feuerleichtsteinen 909ff.
— — Graphitschamotte 882
— — hochtonerdehaltigen Steinen 622f.
— — Kohlenstoffsteinen 875
— — Konverterböden 856f.
— — Quarziten 214f.
— — Schamottesteinen 494f., 539, 567f.
— — Siliziumkarbidsteinen 888
—, kontinuierliche 70
—, oolithische (von Bauxit) 605
—, sperrige 70
—, Konglomerat- (von Quarziten) 216
—, Pseudokonglomerat- (von Quarziten) 203
—, Sphärolith- 898
—, Zonar- 691
Strukturauflockerung (von Silikasteinen) 280, 283
Strukturfaktor 76
Strukturfehler 267, 476, 505
Strukturviskosität (von Ton) 350, 461
Sublimation (von SiO_2) 618
Sulfit-Tonerdeverfahren (zur Tonerdeherstellung) 610
Superzentrifuge 414
Suspensionen 344ff., 374, 413
SYMONS-Brecher ® 83, 227, 232, 237, 425
—-Granulator ® 237, 432

Tageswanne 321
TAMMANN-Öfen 44, 117f., 177, 844f.
Teertränkung 886
Teilstrahlungspyrometer 115
Teleskopwagen (für Thomaskonverter) 857
Teller-beschicker 446
—-eckschaber 447
—-mühle 847f.
—-trockner 730
Temperaturempfindlichkeit 143, s. a. Temperaturwechselbeständigkeit
Temperaturleitfähigkeit 95, 97, 140, 142, 843
Temperaturschock (in Vergießwerkstoffen) 540f., 545f.
Temperaturwechsel in Drehrohröfen 817f.
— — Elektroofendeckeln 314, 799
— — Gitterkammern 582
— — Koksöfen 319
— — Roheisenmischern 802, 805
— — Winderhitzern 575
—-beständigkeit (TWB) 8, 131, 137ff.
— — von chemisch gebundenen Steinen 768, 770
— — — Chromerzsteinen 758ff.
— — — Chrommagnesiasteinen 754, 757, 788
— — — Cordierit-haltigen Steinen 685

Temperaturwechsel-beständigkeit von Dolomitsteinen 829, 837
— — — Feuerleichtsteinen 905, 908, 915
— — — Forsteritsteinen 762
— — — Graphitschamotte 886
— — — hochtonerdehaltigen Steinen 624, 627f., 635ff.
— — — Kohlenstoffsteinen 865, 876, 881
— — — Magnesiasteinen 735, 742, 746f., 750ff., 802
— — — Schamottesteinen 442f., 465, 471, 492, 508, 528, 533, 541, 546
— — — schmelzgegossenen Steinen 644f., 649f., 765
— — — Silikasteinen 279, 283, 292, 319
— — — Siliziumkarbidsteinen 886, 889
— — — Spinellsteinen 667
— — — Stampfmassen 653
— — — Zirkonsteinen 619, 640ff.
—-empfindlichkeit 144
Tempern 765
Temperofen 473
Tensi-Eudiometer 362
Teppich (in Blasstahlkonvertern) 811
tetraedrische Lücken 15, 598, 664, 666, 678
Tetraederschicht 337f., 341, 683, 895
Texturen von Quarziten 194, 216
— — Schamottesteinen 449ff., 458, 464, 467, 477, 481, 567, 571
— — Schiefertonen 393, 424
— — Tonen 353, 357, 360, 405
thermische Analyse 362
Thermitverfahren (von GOLDSCHMIDT) 766
Thermodiffusion 468, 654
Thermoelement 257, 265, 782
— Pt 18 117
Thermowaage 362f., 365f., 412
Thixotropie 348f., 350ff., 463, 466, 899
THOMAS-Konverter 656, 831, 857, 860f.
Tieföfen 314, 527, 532, 631f., 655, 769, 771, 809f., 890
Tiegel 442, 465, 883f.
—-reaktion 884
—-verfahren (Verschlackungsbeständigkeit) 162, 288, 519
—-versuch (zur Verkokung von Teer) 839
Ton-aufschlußmaschine 440
—-brecher 474f.
—-brocken 441
—-hobel 419, 435
—-raspeler 435
—-schollen 420, 435, 441
—-schneider 407
—-schnitzel 435
Tonsteinverfahren 443, 465
Ton-suspensionen s. Suspensionen
—-trocknung 357ff., 435ff.

Ton-verflüssigung 346ff.
— -wolf 419, 446f.
Torkretierapparat 655
Torsions-festigkeit 124ff.
— -plastograph 356
— -prüfer 143
— -spannungen 143, 350
— -versuch 118, 125, 129, 143
Trag-ringe (von Hochöfen) 562
— -rippen (von SM-Ofen-Gewölben) 780ff.
Tränkung mit Schlacke 152f.
— — Teer 829, 834, 841, 850, 886
— — Wasser 68ff.
Tränkungs-geschwindigkeit 68, 152
— -widerstand 69, 153
— -zahl 162
Transformations-intervall (von Glas) 25
— -punkt 25, 129, 471, 473
Translation s. Gleitverschiebungen
Transport 254, 473f.
— -band 234
— -schnecken 896
Treiben von Kohlenstoffsteinen 875, 880
— — Korund 611
— — Magnesiaherden 796
— — Magnesiamörteln 770
Treib-mittel 903f., 908, 911f.
— -risse 535, 589, 673
Trennschichten (in Schamottesteinen) 480,
    482
Trichter-fuß 554
— -haube 455, 457, 536
Trichtern (von Konverterböden) 858
Trichterrohr 455, 484, 490, 536, 545, 549, 553
Tridymitzone 300, 303, 317
Trockenaufbereitung 235
Trockenbiegefestigkeit (von Ton) 361, 416
Trocken-kammern s. Kammertrockner
— -ofen 544
Trockenpreßverfahren 442f., 462ff., 744, 907
Trockenräume 254f., 467
Trocken-risse 481
— -sinterung 31
Trockentrommeln 435f., 441, 474, 639, 877
Trockenturm 439, 474f., s. a. Mahltrocken-
    anlagen
Trockenverfahren zur Graphitaufbereitung
    869
— — Silikaaufbereitung 232ff.
Trocknen von basischen Steinen 745
— — chemisch gebundenen Steinen 768
— — Feuerleichtsteinen 902
— — Forsteritsteinen 761
— — Kohlenstoffsteinen 874
— — Schamottesteinen 465, 467ff., 481f.
— — Silikasteinen 254ff.
— — Siliziumkarbidsteinen 887

Trocknen von stabilisierten Dolomitsteinen
    836
— — Tiegeln 883
— — Ton 357ff., 435f., 439f.
Trommel-konverter 815
— -öfen 330, 811, 814
Trommelprobe (für Abriebmessungen) 133
Trommeltrockner s. Trockentrommeln
Trompete (von SM-Öfen) 793
Tropfpunkt 100, 306
TROUTONsche Formel 128
Tunnel-öfen 258, 262f., 420, 422, 467, 469ff.,
    475f., 490, 625, 745, 765, 829, 855f., 887,
    890, 902
— -ofenwagen 462, 476, 594
— -trockner 462, 468, 475f., 745
Türen 292, 296f., 308, 533, 594, 772, 774, 780
Türsteine 485, 534
Turbo-schwingsieb ® 433
— -sichter 438
Turbulenz 264, 439, 575
Turmtrockenofen 441

Überbrennen (von Silikasteinen) 267f., 279
Übergangszone in Glaswannensteinen 570f.
— — Silikagewölbesteinen 300, 314
Überkorn 427f., 430, 432f., 440
Überlaufschüssel (in Zinkraffinerien) 891
Übermaß 268
Überschiebungen (tektonische) 707
Überschußladung 340
Überstrukturen 173, 867
Überzüge (an Vergießwerkstoffen) 538, 542
    s. a. Glasuren
Umbrand (von Ringöfen) 472
Umguß (für Strangpressen) ® 448
Umschaltperiode (von Winderhitzern) 573
Umschmelzöfen 814f.
Umtauschfähigkeit s. Ionenumtauschfähig-
    keit
Umwandlung (von Quarz) 53, 179ff., 280ff.
Umwandlungsgrad 181, 307
Unbalancewellen s. Unwuchtwellen
Universalschwingsieb ® 433
Untergußsteine 536, 545ff.
Unterspülungen (in Roheisenmischern) 805,
    807f.
Unterwind (in Schachtöfen) 737, 825
Unwuchtwellen 430f.

Vakuumstrangpresse 357, 450, 452
VEGARDsches Gesetz 664
Venturiköpfe 790, 796
Verbandsteine 270f., 275, 486
Verbiegungen s. Deformationen
Verbrennungskammer (in Feuerungen) 529
Verdampfung von Alkalien 635, 735, 879
— — Bleioxyd 510

Verdampfung von Chromoxyd 675
— — Kieselsäure 176f., 535, 634, 654f.
Verdampfungsmittel 903, 909, 911f.
Verdichtung von Konvertern 857
— — Schamottemassen 460, 463
— — Schamottesteinen 469f., 578, 588
— — Sinterdolomit 822
— — Ton 375
Verdrängung, hydrothermale 720
—, metasomatische 212, 704, 717, 725
Verdrängungsarbeit 47f.
Verdrehung, spezifische 125
Verdunstungsgeschwindigkeit (von Wasser in Ton) 358
Verfestigung (von Ton) 351
Verfestigungsmittel für Feuerleichtmassen 904
Verfestigungstemperatur von Mörteln 168
— von Schlacke 810
Verflüssigung von Tonsuspensionen 347f.
Verflüssigungsmittel für Tonschlicker 466, 621
Verformung s. Deformation
Verformungs-arbeit 229
—-risse (in Schamottesteinen) 481
Vergießwerkstoffe s. Stahlwerksbedarfsmaterial
Verkieselung (von Quarziten) 203, 210, 212
Verkokung 838f., 843, 860, 864, 866, 872
Verkrackung 843, 886
Verkrümmungen von Schamottesteinen 487
— — Silikasteinen 277
Verlustarbeit (bei Brechanlagen) 229
Verpuffungstemperatur 36, 766
Verschlackung s. Schlackenangriff
Verschlackungs-beständigkeit 8, 41, 150ff., s. a. Schlackenangriff
—-versuche s. Schlackenangriff
Verschleiß in Drehrohröfen 566
— in Glaswannenöfen 569ff.
— von Hochofensteinen 561ff.
— — Konverterböden 857f.
— — Mischersteinen 805f.
— — Rückwänden und Pfeilern 778f.
— — Silika-Gittersteinen 311f.
— — SM-Gewölbesteinen 305f., 789ff.
— — SM-Ofen-Herden 326, 777, 833
— — Vergießwerkstoffen 542, 550ff.
Verschleiß-futter (von Roheisenmischern) 801ff.
—-platten (in Schwingmühlen) 431
Verschlußklappen (in Hochöfen) 825
Verschwelen (von Teer) 856, 886
Verseifung (von Kolophonium) 904
Versinterung s. Sinterung
Versinterungszone s. Sinterzone
Versprödung (von Schamottesteinen) 367

Verwerfungen (tektonische) 392
Verwitterung 200ff., 219, 389ff., 605ff., 619, 703
Verwitterungs-neubildungen (in Tonen) 332
—-reste (in Tonen) 332
Vibrations-förderer 434
—-platte (für Konverterböden) 853
—-siebe 235, 439
—-tisch 853
Vibratoren 235, 253, 850, 853f.
viskoses Fließen 152
Viskosimeter 159, 350, 353, 840
Viskosität 159ff.
— von Gasen 64
— — Glas 25
— — Glasgalle 572
— — Schlacken 155, 160f., 803
— — Schlickern 466, 904
— — Schmelzen 112, 119f., 128f., 189, 315, 444, 469, 515, 521, 538, 549, 552, 583, 641, 648, 650
— — Schmelzzapfen 306
— — Teer 839ff.
— — Tonsuspensionen 346ff.,
—, kinematische 545, 840
Viskositätskoeffizient 112, 353, 506
Volumenänderung von Dikalziumsilikat 692f.
— — Dolomitsteinen 835
— — Kieselsäure 171
— — Zirkonoxyd 615
Volumenarbeit 48
Volumendiffusion 74
Volumenvergrößerung von Bauxiten 609
— — Chromit 671ff.
— — Dikalziumsilikat 692f.
— — Illit und Muskowit 366
— — Kammergittersteinen 587
— — Kieselsäure 171
— — Korund 611
— — Kupferoxyden 812
— — Protoenstatit 682
— — Silikasteinen 282f.
— — Siliziumkarbidsteinen 890, 892
— — Tonerdesilikaten 596
— — Topas 598
— — Vermikulit 896
— — verschlackten Korundsteinen 638
Volumenverlust (bei der Verschlackungsprüfung) 163 (s. a. Schlackenangriff)
Vorbau (in Glaswannen) 646f.
Vorbrand von Cyanit 597, 625
— — Feuerstein 243
— — Mullit 612
— — Serpentin und Talk 761
Vorherd 571, 631, 815
Vorlage (in Zinkmuffeln) 590

Vorwärmzone in Drehrohröfen 566, 816
— — Schachtöfen 420f.
— — Tunnelöfen 263f.
Vorziehen (von Schamottemassen) 442, 447ff., 476f.

Waagen 234, 475
VAN DER WAALSsche Kräfte 11f., 15, 21, 176, 597, 599, 658, 683
Wabensteine 581
Walzwerke 83, 426
Walzwerks-öfen 277f., 314f.
Wände s. Ofenwände
Wanderrostanlagen 738
Wanderungsgeschwindigkeit (von Infiltrationsfronten) 310
Wandreibung s. Reibung
Wandverluste (an Wärme) 916, 919
Wannen s. Glasöfen
Wannen-blöcke (für Glaswannen) 484
— -böden (für Glaswannen) 567, 646
— -öfen s. Glasöfen
— -steine s. Glaswannensteine
Wärme, fühlbare 48
Wärmeabsorption 99, 789
Wärmeaufwand s. Wärmeverbrauch
Wärmeausdehnung, bleibende 8, 89f.
— von Chromerzsteinen 760
— — Chrommagnesiasteinen 756
— — Cordierit 685
— — Forsterit 679
— — Forsteritsteinen 762
— — Kieselsäure 176
— — Kohlenstoff 864f.
— — Korund 598
— — Magnesiasteinen 751
— — Mullit 369
— — Periklas 658
— — Schamottesteinen 507
— — Silikasteinen 281
— — Siliziumkarbid 864, 867
— — Siliziumkarbidsteinen 889
— — Spinellen 665ff., 667, 670f.
— — Zirkon 616, 619
—, reversible 86ff., 139f., 923
— — von Chromerz-Magnesiamischungen 754
— — — Gläsern 26
— — — Kieselsäure 175, 181
— — — Kohlenstoff 865f., 879
— — — Korund 611
— — — Magnesiasteinen 816
— — — Schamottesteinen 506f.
— — — Silikasteinen 281
— — — Tonmineralien 362ff.
— — — Zirkon-Quarzgutsteinen 642
Wärmeausnutzung (bei SM-Öfen) 796
Wärmedurchgangszahl 794

Wärmefluß 138, 802, 916
Wärmeinhalte 46, 49
Wärmeisolierung 919
— von Drehrohröfen 817
— — Feuerungen 526
— — Kupferraffinieröfen 812
— — Roheisenmischern 802
— — SM-Ofen-Gewölben 783
— — Tunnelöfen 263
— — Winderhitzern 576
Wärmekapazität 95, 576, 589, 794, 895, 916
Wärmelehre, 1. Hauptsatz 48
Wärmeleitfähigkeit 90ff., 122
— von Chromerzsteinen 760
— — Chrommagnesiasteinen 756
— — Dolomitsteinen 837
— — Feuerleichtsteinen 912f., 916f.
— — Forsterit 679
— — Forsteritsteinen 762
— — Graphit 843, 864f.
— — Kieselgur 900
— — Kieselsäure 178f., 304
— — Kohlenstoffsteinen 876
— — Magnesiasteinen 751
— — Mullit 369
— — Periklas 658
— — schmelzgegossenen Steinen 645
— — Siliziumkarbid 867f.
— — Siliziumkarbidsteinen 889
— — Spinell 667
— — Zirkon 616f., 619
Wärmeleitzahl s. Wärmeleitfähigkeit
Wärmemenge 45, 917f.
Wärmeöfen 492, 896
Wärmeschwingungen 25
Wärmespannungen 556, 784, 798, 817, 847, 915
Wärmespeicherfähigkeit s. Wärmekapazität
Wärmestrombild 261f., 265f.
Wärmetönung 46, 52
— bei der BOUDOUARDschen Reaktion 866
— beim Entsäuern von Magnesit 660f.
— bei der Reduktion von ZnO 891
— beim Zerfall von Tonmineralien 362ff., 366
Wärmeübergang 917ff.
— in Gitterkammern 581, 588
— — Winderhitzern 574f.
Wärmeübergangszahl 98, 101
Wärmeübertragung (durch Strahlung) 97ff., 790
Wärmeverbrauch von Brennöfen 258, 265, 472
— — Dolomit-Drehrohröfen 825
— — Dolomit-Schachtöfen 826
— — Magnesit-Schachtöfen 737f.
— beim Schamottebrennen 422
— bei Tontrockenanlagen 436, 440f.

Wärmeverluste s. Wandverluste
Warmfestigkeit 110ff.
Warmhalteöfen (für Aluminium) 814
Wasch-siebe 226
—-trommeln 226
Wasseraufnahme, innerkristalline, von Montmorillonit 339f.
— von Vermikulit 342, 896
Wasseraufnahmefähigkeit 61
— von Schamotte 425
— — Sintermagnesia 736
Wasserbindevermögen von Mörteln 167
— — Tonen 354f.
Wasserdurchlässigkeit 68ff.
Wasserstoffblasen (im Stahl) 540
Wassertränkung 68ff.
Wasserwert (von Kalorimetern) 49
Wasserzuführer (in Strangpressen) 448
Waterjacket (Schachtöfen) 814
Wechselfestigkeit 144
Weglänge, freie 63
Wendelförderer 235
Wettern (von Ton) 357
Widerlager (für Hängestützgewölbe) 780, 812
Widerlagersteine 260, 270, 272, 485, 748
Widerstand, elektrischer 101ff.
—, spezifischer 102f., 617
Widerstandskoeffizient, thermischer 137, 140
Widerstandsmoment, mechanisches 128
Widerstandsöfen 110, 163, 644, 742
Winddüsen (in Konvertern) 854, 856
Winderhitzer 573ff.
—-steine 454, 484f., 489, 491, 575ff.
Windformen (am Hochofen) 555f.
Windfrischverfahren 656
Windkasten (beim Konverter) 857
Windsichter 410, 428, 430, 432, 438ff., 474, 829
Windzeit (von Winderhitzern) 575
WINTERSHALL-Verfahren (zur Magnesiaherstellung) 733f.
Wirebar-Öfen 812
Wirkungsgrad (von Winderhitzern) 575
—, zerkleinerungstechnischer 426
Wirkungsradius (von Ionen) 12
Wölbsteine s. Gewölbesteine
Wuchtmassenantrieb 433
Wurf-bahnen (bei Sieben) 434
—-weite (bei Sieben) 434
Wurzelböden (in Quarzitlagerstätten) 201

Zähe Flüssigkeiten 112, 119, 349, 503, 577
Zähigkeit s. Viskosität
Zähigkeitskoeffizient s. Viskositätskoeffizient
zähplastischer Zustand 154, 785

Zapfenbildungen s. Schmelzzapfen
Zebragewölbe 790
Zellstoffkocher 882
Zementdrehrohröfen s. Drehrohröfen
Zentrifugal-kräfte 427, 430, 432, 438
—-windsichter s. Windsichter
Zentrifugen 414, 732
Zerfall durch Kohlenoxyd 517f., 556f.
— von Dikalziumsilikat 692f., 735
— — Protoenstatit 682
— — Tonschollen 419
— — Trikalziumsilikat 690f.
— — Zirkon 618
Zerfall, peritektischer 629
Zerkleinerungsarbeit 228
Zerreißtemperatur (bei der Zugfeuerbeständigkeitsprüfung) 123
Zerrieseln (von Dikalziumsilikat) 692f., 735, 799
Zersetzung von Dolomit 661f.
— — Magnesit 660f.
— — Siliziumkarbid 890, 892
Zersetzungsperiode (beim Schamottebrand) 418
Zersetzungsreaktionen 55
Zieheisen 737f.
Ziehherde 467, 473
Ziehraum 321
Zimmeröfen 485
Zinkmuffeln 467, 519, 590f., 891
Zirkularpolarisation 177
Zirkulationsströmung 75
Züge von Feuerungen 527
— — SM-Öfen s. Gas- und Luftzüge
Zugfestigkeit 139f., 143
— von plastischem Ton 343, 356
— — Schamottesteinen 515f., 546
Zugfeuerbeständigkeit 123f.
Zugrisse 139
Zugspannungen 138f., 141, 467, 546
Zwangsmischer 887
Zwillingsbildung bei Tridymit 283ff.
— polysynthetische, von Brownmillerit 689
— — von Cordierit 685
— — — Dikalziumsilikat 693
— — — Kaliophilit 587
— — — Trikalziumsilikat 691
Zwillingskristalle 21
Zwillingslamellierung s. Zwillingsbildung, polysynthetische
Zwillingslochsteine 545
Zwischengitterraum 22
Zwischenschichten (beim Vermikulit) 895
Zwischenschichtwasser beim Halloysit 334ff.
— — Illit 342, 367
— — Montmorillonit 339f., 365, 367
Zwischenzustände, hochaktive 661

Stoffverzeichnis

Abrasit 610
Achat 193
Actinolith 897f.
Agalmatolith 597, 606, 683
— -steine 606
Åkermanit $2CaO \cdot MgO \cdot 2SiO_2$ 691, 694f.
Akmit (Alkaliaugit) 586
Al s. Aluminium
Alaun 191, 530, 583, 904
Albit $Na_2O \cdot Al_2O_3 \cdot 6SiO_2$ 51, 515, 635
Albumin 903
Alit $3CaO \cdot SiO_2$ 691
Alkalien 190, 200, 218, 286, 290, 295, 298,
    303, 311f., 322ff., 345, 347f., 376ff., 384,
    390f., 491, 513f., 528ff., 534, 558f.,
    564f., 568f., 578, 582, 585, 588f., 605,
    635, 644, 650, 751, 760, 765, 818, 868,
    876, 879f., 890, 898, 901
Alkali-bisulfit 760
— -chlorid 730, 735, 817
— -chromat 817
— -cyanid 558
— -dampf 166, 319, 558
— -Eisensulfat 530
— -Fluorid 636
Alkaligehalt in Quarziten 214
— — Silikasteinen 277
— — Tonen 411f.
Alkalikarbonat 462, 514, 558, 565, 729, 751
— -phosphat 530
— -silikat 519
— -staub 589, 764
— -sulfat 566, 817
Alkohol 344
Alkophos-B ® 625
Allophane s. Ton
Al_2O_3 s. Tonerde
Al_2O_3-Gehalt in Chromerzen 708
— — Chromerzsteinen 758f.
— — Chrommagnesiasteinen 755
— — Dolomiten 725
— — Glaswannensteinen 567
— — Kanalsteinen 551
— — Magnesiasteinen 750
— — Sanden 218f.
— — Siemensit 765
— — Silikasteinen 277ff.
— — Zinkmuffeln 590f.

$Al_2O_3 . H_2O$ s. Diaspor und Böhmit
$Al_2O_3 \cdot 2H_2O$ s. Bauxit
$Al_2O_3 \cdot 3H_2O$ s. Hydrargillit und Bayerit
$Al_2(OH, F)_2 \cdot SiO_4$ s. Topas
$AlPO_4$ s. Aluminiumphosphat
$Al_2O_3 \cdot SiO_2$ 50, s. a. Andalusit, Cyanit und
    Sillimanit
$Al_2O_3 \cdot 2SiO_2 \cdot 2H_2O$ s. Kaolinit, Metahal-
    loysit, Fireclay-Mineral, Nakrit, Dickit
$Al_2O_3 \cdot 2SiO_2 \cdot 4H_2O$ s. Halloysit
$Al_2O_3 \cdot 4SiO_2 \cdot H_2O$ s. Pyrophyllit
$3Al_2O_3 \cdot 2SiO_2$ s. Mullit
$9Al_2O_3 \cdot 6SiO_2 \cdot B_2O_3 \cdot H_2O$ s. Dumortierit
$Al_2O_3 \cdot 2SO_3 \cdot 5H_2O$ 610
Alorit 610
Aluminium Al 611, 711, 751, 766f., 854, 884
— -hydrat s. Tonerdehydrat
— im Stahl 537, 542, 549, 552f.
— -krätze 903
— -pulver 621, 753, 903, 906
— -phosphat $AlPO_4$ 189, 612, 625
— -sulfat $Al_2(SO_4)_3$ 516f.
Alumogel $Al_2O_3 \cdot xH_2O$ 599
Alundum 610
Alunit $K_2O \cdot 3Al_2(SO_4)_3 \cdot 6H_2O$ 605
Amblygonit (Lithiumglimmer) 189
Amine 344
Ammoniak NH_3 und NH_4OH 414, 462, 601,
    729, 732f.
Ammonium-azetat 345
— -chlorid NH_4Cl 345, 729f., 838
— -karbonat $(NH_4)_2CO_3$ 729, 903
— -phosphat $(NH_4)_3PO_4$ 174
— -sulfat $(NH_4)_2SO_4$ 733
— -sulfid (Ätzmittel) 688, 691
Ammonschönit $MgSO_4 \cdot (NH_4)_2SO_4 \cdot 6H_2O$
    732f.
Anatas TiO_2 28
Andalusit $Al_2O_3 \cdot SiO_2$ 15, 595ff., 602f., 605,
    625
Anilin (Lösungsmittel) 839
Ankerit $Ca(Fe, Mg, Mn)[CO_3]_2$ 660
Ankralsteine ® 816
Ankritsteine ® 747, 811
Ankromsteine ® 752
Anorthit $CaO \cdot Al_2O_3 \cdot 2SiO_2$ 42, 50, 285,
    378, 385, 565, 631, 696ff.
Anorthosit 703

Anstrichmassen 7, 655f.
Anthophyllit 7 (Mg, Fe)O · 8 SiO$_2$ · H$_2$O 897f.
Anthrazenöle s. Öle
Anthrazit 590, 872, 874f., 906
Antigorit 3MgO · 2 SiO$_2$ · 2H$_2$O 683, 703, 705
Antimon Sb 867, 884
—-oxyd Sb$_2$O$_3$ 558
Apatit Ca$_3$Cl(PO$_4$)$_2$ 186, 343, 382, 896, 923
Asbest 896f., 909
—-fasern 639, 908f.
—-pappe 771
—, Blau- 897
—, Hornblende- 897f.
—, Krokydolith- 897f.
—, Mikro- 908
—, Serpentin- 898f.
Asche 817, 829
—, vulkanische 390, 900
Aschegehalt von Graphiten 869, 884
— — Kohlenstoffsteinen 875, 882
— — Koks 873
—, Braunkohlen- 529f., 901
—, Flug- 165, 527f.
—, Graphit- 886
—, Kohlen- 287, 319, 535
—, Öl- 528, 530
—, Steinkohlen- 509f., 529
Äther 344
Äthylsilikat 612
Ätzkalk s. Kalk, gebrannter
Aufstreumaterial für SM- und Elektroherde
  725, 777, 796
Augit 390
—, Alkali- s. Akmit
—, Kalk- 586
Azetylen C$_2$H$_2$ 425

Baddeleyit ZrO$_2$ 28, 615f., 620, 648
—, brasilianischer 619
Ballclay 394, 465, 835
BaO s. Bariumoxyd
BaO · Al$_2$O$_3$ · 2 SiO$_2$ s. Bariumfeldspat
Barium-borat BaO · B$_2$O$_3$ 516
—-feldspat BaO · Al$_2$O$_3$ · 2 SiO$_2$ 378, 385, 490
—-karbonat BaCO$_3$ 186, 490
—-metasilikat BaO · SiO$_2$ 174, 186
—-oxyd BaO 156, 174, 378, 384, 907
—-steine 490
—-sulfat BaSO$_4$ 186, 344, 490, 650, 758
Baryt s. Bariumsulfat
Basalt 201, 204, 206, 210, 401, 403f., 609
Basic 828
BaSO$_4$ s. Bariumsulfat
Bauxit Al$_2$O$_3$ · 2 H$_2$O 390, 394, 545, 595, 599,
  606ff., 644, 753f., 758, 765, 905
—, amorpher 609
—, französischer 601
—, grauer 607

Bauxit, kristalliner 609
—, roter 607
—, weißer 607, 609, 636
—-schamotte 636
—-steine 263, 601, 622, 636f.
—-ton 394
—, Guayana- 488, 601, 636
—, Kalk- 606f.
—, Silikat- 606f., 609
Bayerit Al$_2$O$_3$ · 3 H$_2$O 595, 600
BeO s. Berylliumoxyd
B$_2$O$_3$ s. Borsäure
Beidellit 339
Bentonit 289, 344, 349, 351f., 354, 390, 394,
  888, 908
—-ton 394
—, Aktiv- 341
—, Na- 908
Benzidinlösung 341
Benzol 344, 839
Bergkristall SiO$_2$ 181, 183, 217
Beryll Al$_2$Be$_3$[Si$_6$O$_{18}$] 14f.
Berylliumoxyd BeO 26, 156, 372, 384
Bildstein s. Agalmatolith
Biotit 601, 895ff.
—, Hydro- 895f.
Bischofit MgCl$_2$ · 6 H$_2$O 662, 664, 726
Bittersalz MgSO$_4$ · 7 H$_2$O 167, 662, 664, 726,
  732, 770, 796, 838
Bitumen 843, 872, 900
blechummantelte Steine 769ff., 775, 778,
  796, 812
Blei Pb 751, 771, 867f., 891
—-azetat 870
—-borat PbO · B$_2$O$_3$ 516
—-metasilikat PbO · SiO$_2$ 35
—-orthosilikat 2PbO · SiO$_2$ 35
—-oxyd PbO 174, 298, 378, 509f., 558, 582
—-stein 815
Bleicherde 390
Böhmit Al$_2$O$_3$ · H$_2$O 409, 595, 599f.
Bolus 394
Bor B 863
Borax Na$_2$B$_4$O$_7$ · 10 H$_2$O 174, 329, 617, 769f.,
  868, 888
Bor-karbid BC 867
—-säure B$_2$O$_3$ 26, 174, 329, 372, 378, 516,
  598, 612, 640, 727, 800f., 828
Bottled brick 834
Brauneisen Fe(OH)$_3$ 53, 215, 343
Braunkohlenabrieb 901
Braunstein MnO$_2$ 174, 843f.
Bravaisit 342
Breunnerit 660
Brookit TiO$_2$ 28
Brom Br 727, 732
Bronzit (MgO, FeO)SiO$_2$ 681, 710

Brownmillerit 4CaO · Al₂O₃ · Fe₂O₃ 685,
688f., 698ff., 734ff., 798, 817, 823, 827f.,
833, 835
Brucit Mg(OH)₂ 28, 658, 663f., 715, 723f.,
727ff., 736, 745, 768

C s. Kohlenstoff
Ca s. Kalzium
CaC₂ s. Kalziumkarbid
CaCl₂ s. Kalziumchlorid
Ca₃Cl(PO₄)₂ s. Apatit
CaCO₃ s. Kalkspat
Cadmium Cd 867, 891
CaF₂ s. Flußspat
Ca, Mg(CO₃)₂ s. Dolomit
Ca(NO₃)₂ (Kalziumnitrat) s. Kalksalpeter
CaO s. Kalk, gebrannter
CaO-Gehalt in Chromerzen 705
— — — Chromerzsteinen 759
— — — Chrommagnesiasteinen 755
— — — Dolomiten 725f.
— — — Dolomitsteinen 830
— — — halbstabilisierten Dolomitsteinen
835
— — — stabilisierten Dolomitsteinen 837
— — — Forsteritsteinen 762
— — — gebranntem Kalk 223
— — — Magnesiasteinen 750
— — — Magnesiten 713f.
— — — Quarziten 214
— — — Sinterdolomiten 826
— — — Sintermagnesia 740
— — — Tonen 411
Ca(Fe, Mg, Mn)[CO₃]₂ s. Ankerit
CaO · Al₂O₃ s. Kalziumaluminat
· CaO · 2Al₂O₃ s. Kalziumdialuminat
CaO · 6Al₂O₃ s. Kalziumhexaaluminat
2CaO · Al₂O₃ · SiO₂ s. Gehlenit
3CaO · Al₂O₃ s. Trikalziumaluminat
3CaO · 5Al₂O₃ 685, 687
3CaO · 16Al₂O₃ 687
5CaO · 3Al₂O₃ 685, 687
12CaO · 7Al₂O₃ 685, 687f.
4CaO · Al₂O₃ · Fe₂O₃ s. Brownmillerit
CaO · Al₂O₃ · 2SiO₂ s. Anorthit
2CaO · Al₂O₃ · 2SiO₂ 378
CaO · 2B₂O₃ s. Kalziumborat
CaO · Cr₂O₃ s. Kalziumchromit
CaO · Fe₂O₃ s. Kalziumferrit
CaO · 2Fe₂O₃ s. Kalziumdiferrit
2CaO · Fe₂O₃ s. Dikalziumferrit
CaO · FeO · SiO₂ s. Eisenmonticellit
CaO · FeO · 2SiO₂ s. Hedenbergit
Ca(OH)₂ s. Kalkhydrat
CaO · MgO · SiO₂ s. Monticellit
CaO · MgO · 2SiO₂ s. Diopsid
2CaO · MgO · 2SiO₂ s. Åkermanit
2CaO · 5MgO · 8SiO₂ · H₂O s. Tremolit

3CaO · MgO · 2SiO₂ s. Merwinit
5CaO · 2MgO · 6SiO₂ 691
3CaO · P₂O₅ s. Trikalziumphosphat
7CaO · P₂O₅ · 2SiO₂ s. Nagelschmidtit
CaO · SiO₂ s. Wollastonit und Pseudowolla-
stonit
2CaO · SiO₂ s. Dikalziumsilikat
3CaO · SiO₂ s. Trikalziumsilikat
3CaO · 2SiO₂ s. Rankinit
CaO · SiO₂ · xH₂O 836
1,5CaO · SiO₂ · xH₂O 836
2(2CaO · SiO₂) · 3(ZrO₂ · SiO₂) 907
CaO · TiO₂ · SiO₂ s. Titanit
CaO · V₂O₅ 517
2CaO · V₂O₅ 517
3CaO · V₂O₅ 517
Carnallit KCl · MgCl₂ · 6H₂O 662, 726
Carnegieit Na₂O · Al₂O₃ · 2SiO₂ 323, 377,
515, 587ff., 635
CaS s. Kalziumsulfid
Castables 651
CCl₄ s. Tetrachlorkohlenstoff
CdO s. Kadmiumoxyd
Celsian s. Bariumfeldspat
CeO₂ 100, 174
Cermets 36, 763
CF₄ 867
CH₄ s. Methan
Chalzedon 96, 169, 174, 178f., 183, 194, 202,
209, 211ff.
chemisch gebundene Steine 663, 768, 796
Chiastolit Al₂O₃ · SiO₂ 602
Chips 602
Chlor Cl₂ 516, 662, 727, 867f., 880
Chlorit 215f., 712, 760, 896
Chlorwasserstoffsäure s. Salzsäure
Chrom Cr 611, 766f., 797, 799, 801
— -eisenstein 656, s. Chromit
— -erz 656, 670, 672f., 675, 702ff., 712, 714,
744f., 748f., 753ff., 761ff., 768f., 771f.,
778, 784ff., 791ff., 815, 828
Chromerzsteine 5, 309, 589, 745, 758ff., 771,
776, 815
—, Bursting 760
—, Druckfeuerbeständigkeit 752, 758f.
—, Elastizitätsmodul 142, 145, 756, 760
—, Gasdurchlässigkeit 67, 760
—, Kaltdruckfestigkeit 107, 145, 752, 759
—, Kornaufbau 758ff.
—, Porosität 142, 144, 752, 758, 760
—, Raumbeständigkeit 759
—, Raumgewicht 142, 144, 752
—, spezifisches Gewicht 144, 752, 760
—, spezifische Wärme 96, 142
—, Struktur 748f.
—, Temperaturwechselbeständigkeit 145,
149, 752, 758ff.

Chromerzsteine, Torsionsfestigkeit 145
—, Verschlackungsbeständigkeit 752, 760, 810
—, Wärmeausdehnung 144, 760
—, Wärmeleitfähigkeit 93, 144, 760
Chromit $FeO \cdot Cr_2O_3$ 51, 314, 650, 665f., 670ff., 705, 710, 722, 743, 755, 758f., 765, 786f.
Chrommagnesiasteine 5, 308, 670, 676, 745, 759, 770f., 775, 780ff., 797, 799, 811ff., 824
—, Bursting 673ff., 755, 757
—, Druckfeuerbeständigkeit 119f., 752, 755ff.
—, Elastizitätsmodul 131, 142, 756
—, Gasdurchlässigkeit 67, 756, 760
—, Kaltdruckfestigkeit 107, 145, 752, 756
—, Kornaufbau 754
—, Mineralbestand 756
—, Porosität 142, 144, 752, 756
—, Raumbeständigkeit 757
—, Raumgewicht 142, 144, 752, 756, 768
—, Segerkegelfallpunkt 752, 757
—, spezifisches Gewicht 144, 752, 756
—, spezifische Wärme 144
—, Spiegelungsvermögen 789
—, Struktur 748f., 756f.
—, Temperaturwechselbeständigkeit 145, 149, 752, 754, 757
—, Torsionsfestigkeit 126f., 145
—, Verschlackungsbeständigkeit 752, 757, 784ff.
—, Wärmeausdehnung 88, 144, 756
—, Wärmeleitfähigkeit 92f., 144, 756
Chromoxyd Cr_2O_3 51, 100, 174, 313, 372, 374, 612, 650, 671ff., 675, 692, 767f., 785, 792, 829
Chromsäureanhydrid CrO_3 767
Chrysotil $3MgO \cdot 2SiO_2 \cdot 2H_2O$ 15, 683, 703, 705, 897
CO s. Kohlenoxyd
CO_2 s. Kohlendioxyd
Coesit SiO_2 177
CoO s. Kobaltoxyd
Cordierit $2MgO \cdot 2Al_2O_3 \cdot 5SiO_2$ 15, 378, 680, 685, 762f., 771
Corhartsteine ® 370, 372, 644ff.
— 104 ® 764
Cristobalit 15, 34, 41f., 53, 96, 124, 127, 171f., 179, 242, 269, 279, 281ff., 302f., 306, 314, 317, 320, 322f., 326, 330, 365, 374, 382, 424, 496ff., 642, 890, 892, 900, 906, 908
—, α- 109, 124, 171, 178, 375, 469
—, β- 28, 169, 178, 257
Cristobalitleichtsteine 908
Cr_2O_3 s. Chromoxyd
Cu s. Kupfer

CuO s. Tenorit
Cu_2O s. Cuprit
$CuO \cdot FeO$ s. Delafossit
$CuO \cdot MgO$ s. Güggenit
Cuprit Cu_2O 318, 812f.
Cyankali s. Zyankali
Cyanit $Al_2O_3 \cdot SiO_2$ 15, 50, 370, 372, 595f., 602, 605, 625, 635, 888, 905

Dandosteine ® 539f.
Delafossit $CuO \cdot FeO$ 812
Densylsteine ® 279f.
Devitrit $Na_2O \cdot 3CaO \cdot 6SiO_2$ 586
Dextrin 289, 621
Diamant C 864, 867f., 923
Diamine 344
Diaspor $Al_2O_3 \cdot H_2O$ 409, 488, 595, 599f., 602, 605, 635f., 644, 758
— von Missouri 601
—-Chamositerz 606
—-Oolith 606
—-schamotte 636
—-ton 597, 606
—-steine 622, 635
Diatomeen 212, 899f.
—-erde 899
—-gestein 900
Diazomethan 338
Dickit $Al_2O_3 \cdot 2SiO_2 \cdot 2H_2O$ 338, 409
Dikalzium-ferrit $2CaO \cdot Fe_2O_3$ 685, 688ff., 693, 734f., 741, 778, 787, 823, 827f., 830f., 837, 845f.
—-silikat $2CaO \cdot SiO_2$ 22, 36, 51, 184, 678, 680, 690ff., 734f., 741f., 746, 764, 787, 817, 827, 827, 833ff., 778, 798f., 830f.
Dinas-brocken 169
—-steine 169
—, Schwarz- 188
—, Ton- 188
Diopsid $CaO \cdot MgO \cdot 2SiO_2$ 15, 681f., 691, 694f.
Dioxodisiloxan $H_2Si_2O_3$ 903
Diphenylamin (Temperaturanzeiger) 95
Disthen $Al_2O_3 \cdot SiO_2$ s. Cyanit
Doloblöcke ® 859
Dolofer ® 831
Dolomit $CaO \cdot MgO \cdot 2CO_2$ 165, 332, 530, 656, 660f., 704f., 716f., 721f., 724f., 728ff., 758, 764, 776, 797, 801, 821ff., 903f., 907
—, sedimentärer 725
—-hydrat 829
—-mörtel 834
Dolomitsteine 5, 309, 533, 540, 695, 700, 796, 809, 821, 828ff.
—, halbstabilisierte 798, 821, 831, 834ff.
—, stabilisierte 541, 821, 836ff.
—, teergeschützte 829

Dolomit, Drehrohrofen- 824f., 832, 842, 844, 847
—, Haupt- 725
—, Knox- 609
—, Roh- 724ff.
—, Schachtofen- 826, 832, 842, 847
—, Teer- 832, 838ff.
—, Zechstein- 725
Dumortierit $9Al_2O_3 \cdot 6SiO_2 \cdot B_2O_3 \cdot H_2O$ 597, 625
Dunit 702f., 707ff.

Eis H_2O 344
Eisen Fe 50, 288, 565f., 667, 670, 688, 693, 751, 759, 802, 808f., 838, 844ff., 858, 879, 881
—-borat $FeO \cdot B_2O_3$ 516
—-chlorid $FeCl_3$ 188, 517
—-dampf 679
—-feilspäne 770
—-karbonyle 166, 789
—-kiesel 603
—-kordierit $2FeO \cdot 2Al_2O_3 \cdot 5SiO_2$ 380
—-monticellit $CaO \cdot FeO \cdot SiO_2$ 678, 693
—-oxyd 100, 103, 148, 191, 213, 287, 295ff., 345, 374, 391, 509, 511, 521, 533f., 582, 605, 638, 667ff., 680, 692, 741, 751, 760, 762f., 769f., 827f., 837, 844f., 868, 880
—-(2)oxyd FeO 22, 51, 104, 156, 174, 187, 383f., 519, 533, 547ff., 566, 671, 673, 688, 746, 777, 828, 885
—-(3)oxyd Fe_2O_3 51, 104, 161, 174, 186f., 372ff., 378ff., 389, 516f., 519, 527, 628, 657, 663, 666, 669ff., 675, 679, 746, 777, 872
—-oxydhydrat $Fe(OH)_3$ s. Brauneisen
—-pulver 188, 240, 770
—-reguli 845
—-spat $FeCO_3$ 564, 660, 716, 721
—-(2)sulfat $FeSO_4$ 527, 530
—-(3)sulfat $Fe_2(SO_4)_3$ 530, 843f.
—-sulfid FeS_2 391
Elektrodenkohle s. Kohle
Emaillefritte 757
Enstatit $MgO \cdot SiO_2$ 680ff., 705, 712, 792
—-Olivin-Fels 710
Epsomit s. Bittersalz

Fayalit $2FeO \cdot SiO_2$ 51, 186f., 314, 380, 677ff., 693, 754, 762
Fe s. Eisen
$FeCO_3$ s. Eisenspat
Feinungsschlacke s. Schlacke
Feldspat 15, 191, 195f., 215, 332, 376, 391, 412, 771, 828, 835, 868
—, K- s. Orthoklas
—, Kalk-Natron- s. Plagioklas
FeO s. Eisen(2)oxyd

FeO-Gehalt in Chromerzen 705
— — — Magnesiten 717
$FeO \cdot Al_2O_3$ s. Hercynit
$2FeO \cdot 2Al_2O_3 \cdot 5SiO_2$ s. Eisenkordierit
$FeO \cdot B_2O_3$ s. Eisenborat
$FeO \cdot Cr_2O_3$ s. Chromit
$FeO \cdot (FeTi)_2O_3$ s. Titanomagnetit
$Fe(OH)_3$ s. Brauneisen
$FeO \cdot SiO_2$ 53, 677, s. a. Ferrosilit und Klinoferrosilit
$2FeO \cdot SiO_2$ s. Fayalit
Fe_2O_3 s. Eisen(3)oxyd
α-Fe_2O_3 s. Hämatit
Fe_2O_3-Gehalt in Bauxiten 607
— — — Chromerzsteinen 759
— — — Chrommagnesiasteinen 755
— — — Dolomiten 725
— — — Dolomitsteinen 830
— — — Forsteritsteinen 762
— — — Graphiten 869
— — — Kalken 225
— — — Magnesiasteinen 750
— — — Olivinen 712
— — — Quarziten 214
— — — Sanden 218, 325
— — — Schamottesteinen 491f.
— — — Silikasteinen 278
— — — Sintermagnesia 736
— — — Tonen 411
$Fe_2O_3 \cdot Al_2O_3$ 381f.
Fe_3O_4 s. Magnetit
FeS_2 s. Schwefelkies
$Fe_2(SO_4)_3$ s. Eisen(3)sulfat
Ferrioxyd s. Eisen(3)oxyd
Ferrisulfat s. Eisen(3)sulfat
Ferro-chrom 765, 881
—-clipsteine ® 770, 781
—-mangan 888
—-molybdän 881
—-monticellit s. Eisenmonticellit
—-oxalat 188
—-silit $FeO \cdot SiO_2$ 680ff., 694
—-silizium FeSi 549, 610, 644, 737, 764, 792, 810, 881, 888
—-sulfat s. Eisen(2)sulfat
—-vanadin 611, 881
Feuerbeton 651, 772f.
Feuerleichtsteine 8, 93, 95, 468, 797, 817, 901ff., 909ff.
Feuerstein 178, 183, 193, 211f., 213, 215ff., 240, 243
Fireclay-Gestein 393
—-Mineral $Al_2O_3 \cdot 2SiO_2 \cdot 2H_2O$ 223, 336f., 343, 352, 357, 363, 392ff., 402, 407, 410
—-Steine 876
Flickmassen 320, 330, 533, 651, 838
Flint s. Feuerstein

Flintclay 376, 393f., 419, 442f., 465, 470,
  606, 900
Flinz (Graphit) 868
Flugstaub (Ofenstaub) im SM-Ofen 287,
  292ff., 300, 305, 308, 582f., 775, 778,
  784f., 790, 794
— — Elektroofen 313
— — Glasofen (Gemengestaub) 819
— — Hochofen 557f., 876
— in Walzwerksöfen 314
Fluor F 598, 867
—-borsäure 284
—-opalglas 631
—-silikat 636, 640
Flußsäure HF 214, 412, 497, 882
Flußspat CaF$_2$ 174, 185, 329, 612, 791, 800,
  888, 923
Forsterit 2MgO · SiO$_2$ 36f., 40, 642, 673,
  676ff., 703, 705, 711, 734f., 746, 748f.,
  753ff., 760ff., 770f., 777, 787, 798, 800f.,
  807ff., 812f., 817, 819, 888, 907
—-steine 5, 531, 683, 712, 752, 760ff., 771,
  778, 791ff., 795, 810
Franklinit ZnO · Fe$_2$O$_3$ 587
Fullererde 390
Furnalsteine ® 749, 752

Gabbro 409, 702ff., 710
Gahnit ZnO · Al$_2$O$_3$ 35, 510, 519, 587,
  590f., 665f.
Gaisit 213
Galaxit MnO · Al$_2$O$_3$ 511, 553, 587, 665f.,
  674
Ganister 169, 195, 197, 240, 329
Garnierit 815
Gas, magmatisches 606
Gehlenit 2CaO · Al$_2$O$_3$ · SiO$_2$ 589, 696f.
Gelatine 906f.
Gibbsit Al$_2$O$_3$ · 3H$_2$O s. Hydrargillit
Gichtstaub 188, 534
Gießmassen 465, 593ff., 651
Gips CaSO$_4$ · 2H$_2$O 186, 527, 730, 732, 758,
  901, 903ff., 923
Glas 286, 509, 513, 631, 757, 818
—-pulver 800
—, Blei- 650
—, Borsilikat- 631, 642, 650
—, Fluoropal- 631
—, Grün- 567, 642, 818f.
—, Kalk-Natron- 642, 650
—, Opal- 642, 650
Glaukonit 219, 223
Glimmer 15, 195f., 213, 215f., 332, 341ff.,
  366f., 376, 390f., 393, 407, 712
—-schiefer 197, 601, 603
—-ton 394
—, Kali- s. Muskowit
—, Katzengold- 896

Glimmer, Vermikulit- 896
Glühschamottesteine 470, 480, 499, 539
Glyzerin 617
Gneis 197, 390, 394, 407, 599, 601ff., 712
—, Sillimanit- 601
Gold Au 867, 891
Graphit C 21, 158, 289, 320, 488, 505, 523,
  553, 644, 843, 864ff., 868ff., 872f., 876
—-schamotte 5, 472, 484, 488ff., 884ff.
—-steine 541
—-stopfen 494, 499, 505, 541, 884f.
—-tiegel 883f.
—-Tiegelscherben 884
—, Acheson- 864, 872
—, Flocken- 869
—, Retorten- 870
Granit 390ff., 396, 407, 501, 619
Granulite 601
Grauwacken 721
Güggenit CuO · MgO 812
Gummiarabikum 747

H$_2$ s. Wasserstoff
Häcksel 901
Hafnium Hf 620
Halloysit Al$_2$O$_3$ · 2SiO$_2$ · 4H$_2$O 332, 334ff.,
  341, 365, 683
—, Meta- Al$_2$O$_3$ · 2SiO$_2$ · 2H$_2$O 683
Hämatit α-Fe$_2$O$_3$ 28, 320, 378, 381f., 553,
  669, 675
Hammerschlag s. Magnetit
Harnstoff 908
Hartschamottesteine 487, 491, 494, 499,
  508, 527f., 532, 554, 567, 876
Harz 839ff.
Harzburgit 703, 710
HCl s. Salzsäure
Hedenbergit CaO · FeO · 2SiO$_2$ 586, 681f.,
  695, 812
Hektorit 3MgO · 4SiO$_2$ · H$_2$O 897, 908
Hercynit FeO · Al$_2$O$_3$ 36, 365, 380, 553,
  586f., 629, 665f., 670ff., 705
High-duty-brick-cone-18 555
High-heat-duty-fireclay-bricks 123
HF s. Flußsäure
HNO$_3$ s. Salpetersäure
H$_2$O s. Wasser
hochtonerdehaltige Steine 530, 532, 540,
  566f., 620ff., 666, 680, 775, 795, 816
Holzkohle 866, 901f.
Hornblende 390, 896
Hornstein 213
Hostacoll C ® 62
H$_2$Si$_2$O$_3$ s. Dioxodisiloxan
H$_2$SO$_4$ s. Schwefelsäure
Humussäure 195, 220, 343, 347, 368, 383,
  391, 402, 873
Hüttenwolle s. Schlackenwolle

Hydrargillit $Al_2O_3 \cdot 3H_2O$ 595, 599ff., 606, 658
Hydromagnesit s. Magnesit
Hydromica 389
Hypersthen $(MgO, FeO)SiO_2$ 681, 705

Illit 332, 341ff., 352, 357, 363, 366f., 375f., 390ff., 400ff., 406ff.
Ilmenit 620
Intermediate heat duty fireclay bricks 122
Isoliersteine 92f., 95, 576, 776, 901, 907, 909, 912ff., 916
Isotope, radioaktive 659, 736

Jakobitstein ® 764
Jakobsit $MnO \cdot Fe_2O_3$ 665
Jargalstein ® 648
Jod J 767

Kadmium Cd 288
—-oxyd CdO 156
Kalilauge KOH 882
Kaliophilit $K_2O \cdot Al_2O_3 \cdot 2SiO_2$ 377, 515, 564, 578, 580, 587, 589
Kalium-bichromat $K_2Cr_2O_7$ 758, 866
—-bisulfat $KHSO_4$ 412
—-chlorat $KClO_3$ 866
—-chlorid KCl 515
—-karbonat s. Pottasche
—-nitrat KNO_3 636
—-oxyd K_2O 161, 214, 376, 383f., 389, 524, 558, 570, 907
—-permanganat $KMnO_4$ 866
Kalk $CaCO_3$ s. Kalkspat
—, gebrannter, CaO 17, 20, 51, 100, 103, 156, 161, 165, 174, 183, 187f., 191, 238, 287, 295, 298, 378, 383f., 509, 512, 519, 523, 528ff., 537, 594, 615f., 630f., 638ff., 673, 680, 734, 741ff., 757f., 760, 764, 787, 821ff., 835, 868, 888, 906ff.
—, gelöschter s. Kalkhydrat
—-hydrat $Ca(OH)_2$ 53, 184, 223, 238f., 254, 348, 640, 642, 728, 731f., 758, 903, 905, 909
—-milch s. Kalkhydrat
—-salpeter $Ca(NO_3)_2$ 728
—-silikat 36f., 561, 739
—-spat $CaCO_3$ 51, 53, 186, 343, 660ff., 705, 717, 721, 729ff., 868, 923
—-staub 770
—-stein 223ff., 238, 599, 661, 703f., 722, 724f.
—, Speck- 238f.
—, Weiß- 289
Kalsilit $K_2O \cdot Al_2O_3 \cdot 2SiO_2$ 587
Kalzit s. Kalkspat
Kalzium Ca 727, 742, 799, 863, 903
—-aluminat $CaO \cdot Al_2O_3$ 37, 673, 685f., 688, 741, 757, 823

Kalzium-bikarbonat $Ca(HCO_3)_2$ 729
—-bisulfit $Ca(HSO_3)_2$ 238
—-borat $CaO \cdot 2B_2O_3$ 516
—-chlorid $CaCl_2$ 186, 663, 728ff.
—-chromit $CaO \cdot Cr_2O_3$ 673, 757, 787, 828
—-dialuminat $CaO \cdot 2Al_2O_3$ 685, 687f.,
—-diferrit $CaO \cdot 2Fe_2O_3$ 685, 688, 690
—-ferrit $CaO \cdot Fe_2O_3$ 37, 188, 270, 658, 687ff., 736, 829, 835
—-fluorid CaF_2 s. Flußspat
—-hexaaluminat $CaO \cdot 6Al_2O_3$ 599, 685, 687
—-hydroxyd s. Kalkhydrat
—-karbid CaC_2 742, 764, 797
—-karbonat s. Kalkspat
—-nitrat $Ca(NO_3)_2$ s. Kalksalpeter
—-oxyd CaO s. Kalk, gebrannter
—-phosphat s. Trikalziumphosphat
—-sulfat $CaSO_4$ 530
—-sulfid CaS 797, 838
KCl s. Kaliumchlorid
$KCl \cdot MgCl_2 \cdot 6H_2O$ s. Carnallit
$KClO_3$ s. Kaliumchlorat
K_2CO_3 s. Pottasche
$K_2Cr_2O_7$ s. Kaliumbichromat
$KHSO_4$ s. Kaliumbisulfat
$KMnO_4$ s. Kaliumpermanganat
$K_2O \cdot Al_2O_3 \cdot 2SiO_2$ s. Kaliophilit und Kalsilit
$K_2O \cdot Al_2O_3 \cdot 4SiO_2$ s. Leuzit
$K_2O \cdot Al_2O_3 \cdot 6SiO_2$ s. Orthoklas
K_2O-Gehalt in Tonen 376
KOH s. Kalilauge
Kaolin 96, 189, 200, 222f., 231f., 343, 357, 368, 382, 389, 391, 394ff., 408f., 419, 487, 555, 610, 612, 625, 636f., 758, 828, 835, 903, 905
— von Hirschau-Schnaittenbach 358f., 396ff., 414, 487
— von Zettlitz 358f., 374, 383, 394ff., 414, 487
—, Roh- 397, 440, 443, 488
Kaolinit $Al_2O_3 \cdot 2SiO_2 \cdot 2H_2O$ 28, 42, 53, 332ff., 336f., 341, 343f., 350, 362ff., 367, 391ff., 400ff., 410, 607, 610
—-graupen 393
—-schieferton 393f., 419, s. a. Schieferton
—, Meta- 363f., 367
Karbolsäure 838
Karborund s. Siliziumkarbid
Kasseler Braun 347, 462
Keatit SiO_2 177
Keramit 370
Ketone 344
Kies s. Quarzkies
Kieselgel (Kieselsäuregel) SiO_2 174, 389
Kiesel-gestein 212
—-glas 176, 378, 642, 678

Kieselgur 95, 212, 241, 263, 530, 576, 644,
    895, 897, 899ff., 908f., 913
Kieselgursteine 909, 912ff.
Kiesel-kreide 213
— -roherde 213
— -säure SiO_2 13, 42, 50, 94, 104, 148, 156,
    161, 169, 175, 183ff., 194, 284, 363, 374f.,
    390, 497, 514, 519, 521, 537, 542, 566,
    597, 605f., 634f., 654, 673, 683, 712, 742,
    757, 759, 763, 821f., 827, 866, 868, 870,
    872, 884, 888, 903, 906
— — -ester 888
— —, Faser- 176
— -schiefer 204, 212f., 216
Kieserit $MgSO_4 \cdot H_2O$ 662, 664, 726, 732
— -abbrände 732
Klebsand 218f., 222f., 289, 326ff., 392, 405f.,
    443, 488, 524, 540f.
Klinoenstatit $MgO \cdot SiO_2$ 50, 677, 680ff.,
    695, 705, 801
Klinoferrosilit $FeO \cdot SiO_2$ 680ff., 809
Knollensteine 205
Kobalt Co 867
— -60 562
— -nitrat $Co(NO_3)_2$ 545
— -oxyd CoO 156, 174
Kochsalz s. Natriumchlorid
Kohle 383, 393, 590, 610, 662, 795, 855, 868,
    870, 882
—, Braun- 220, 392, 401
—, Elektroden- 865
—, Kännel- 393, 410
Kohlen-dioxyd CO_2 28, 51, 195, 200, 223,
    238, 319, 660f., 663, 703, 712ff., 737,
    745, 822, 845, 857, 862, 866, 868, 870f.,
    881, 887, 890f., 907
— -oxyd CO 319, 383, 481, 514, 517f.,
    556ff., 564, 661f., 817, 845f., 862, 868,
    870f., 880f., 887
— -säure s. Kohlendioxyd
— -staub 738f., 824, 877
Kohlenstoff C 103, 188, 320, 383, 517f., 550,
    557f., 564f., 617, 644, 657, 680, 760, 764,
    839, 842ff., 847, 856f., 861, 863ff.
— -steine 5, 533, 554, 566, 831, 873ff.,
    879ff.
Kohlenwasserstoffe 165, 383, 843, 860, 886
Koks 319, 590, 795f., 825, 843, 861, 865ff.,
    870ff.
— -abrieb 902
— -asche 287, 509f., 513, 515
— -grus 856, 874, 883f.
—, Elektroden- 875
—, Gießerei- 825, 873
—, Halb- 872
—, Hochofen- 873
—, Holz- 856

Koks, Pech- 886
—, Petrol- 872f., 901, 906f.
—, Schwel- 856
—, Teer- 875
—, Tieftemperatur- 872
—, Torf- 856, 901, 906
Kolophoniumseife 904
Konglomerat 410
—, Pseudo- 203f.
—, Quarzit- 195, 204, 208
Korkabrieb 902, 908
Korund Al_2O_3 96, 377f., 381ff., 414, 465f.,
    488, 511, 517, 542f., 552f., 566, 570, 576,
    587, 589, 595, 598f., 601ff., 621ff.,
    626ff., 633ff., 637ff., 645ff., 655, 697,
    753, 758, 801, 896, 905, 923
—, α- 15, 18, 41, 53, 372, 598f., 649f., 667
—, β- $Na_2O \cdot 12 Al_2O_3$ 585, 598, 649f., 687, 766
—, γ- 28, 189, 363f., 366f., 598ff., 661, 667
— -steine 4, 88, 107, 589, 599, 622, 637ff.,
    649f., 688, 765
—, Elektro- 601, 610, 622, 651
—, Schleifscheiben- 611
—, Schmelz- 610, 637
Kräzen (Zinkabfälle) 590
Kreide $CaCO_3$ 233, 238
Krokydolith 897
Kryolith Na_3AlF_6 174, 868
Kupfer Cu 288, 751, 811f., 815, 867, 884
— -oxyd CuO 316ff., 509, 512, 812f., 868
— -steine 315, 811

Lafarche-Zement s. Zement
Laterit 390, 394, 606
Lehm 290, 553
Leim 289, 904, 906
Leinöl 770
Letten 213
Leuzit $K_2O \cdot Al_2O_3 \cdot 4 SiO_2$ 366, 515, 564, 589
Leverrierit 342
Li_2CO_3 s. Lithiumkarbonat
Li_2O s. Lithiumoxyd
$Li_2O \cdot 2 SiO_2$ 191
Liparite 606
Li_2SiF_6 174
Lithium-chlorid LiCl 735
— -fluorid LiF 681
— -karbonat Li_2CO_3 174
— -oxyd Li_2O 156, 161, 191, 374, 384
Low-heat-duty-bricks 543f.

Maghemit γ-Fe_2O_3 28
Magmaloxsteine ® 645, 648
Magnesia MgO 17f., 20, 34, 50, 96, 100,
    103, 156, 174, 374, 378, 383f., 509, 512,
    516, 519, 530, 615f., 639, 642, 648, 657ff.,
    662ff., 673ff., 680, 703f., 728ff., 731ff.,
    741, 754, 758, 760ff., 868, 881, 907

Magnesia, kalzinierte (kaustische) 659, 680, 713, 715, 720, 729, 737, 746f., 758, 760, 771, 909
—, Schmelz- 740ff., 747, 753f., 790, 799f. 802
—, Seewasser- 740f., 752, 796
Magnesiachromsteine 5, 588, 752, 768f., 779, 792, 793, 819
—, blechummantelte 769f., 778, 780, 786
—, chemisch gebundene 768f., 778, 795
Magnesia-mehl 780, 800, 812, 817
—-mörtel 167, 663, 770, 816
—-spezialsteine 751ff., 775, 779, 795, 797, 802, 811f., 814, 816, 825
Magnesiasteine 5, 531, 566, 589, 670, 690, 700, 742, 745ff., 775f., 778f., 792ff., 796ff., 809, 812, 814ff., 832
—, blechummantelte 769f., 775, 796f.
—, chemisch gebundene 768f., 775, 778, 796, 809, 816
—, Druckfeuerbeständigkeit 119f., 747, 750, 756
—, Elastizitätsmodul 131, 142, 145
—, elektrische Leitfähigkeit 751
—, Gasdurchlässigkeit 67, 750, 762, 768
—, Kaltdruckfestigkeit 107, 145, 751f., 768
—, Korngrößenverteilung 746ff., 753, 768
—, Porosität 142, 144, 750, 752, 768, 806, 813
—, Raumbeständigkeit 750, 768, 770
—, Raumgewicht 142, 144, 750, 752, 768
—, Segerkegelfallpunkt 750, 752
—, spezifisches Gewicht 144, 750, 752
—, spezifische Wärme 96, 144
—, Spiegelungsvermögen 789
—, Struktur 748ff., 768
—, Temperaturwechselbeständigkeit 141, 145, 149, 746f., 750ff., 768, 770, 799, 802, 806
—, Torsionsfestigkeit 126f., 145
—, Verschlackungsbeständigkeit 751ff., 768f., 803ff.
—, Wärmeausdehnung 88, 144, 746, 751, 775, 802
—, Wärmeleitfähigkeit 92f., 144, 750
Magnesia-Zirkonerde-Massen 801
Magnesio-chromit $MgO \cdot Cr_2O_3$ 50, 665f., 670ff., 705, 767f.
—-ferrit $MgO \cdot Fe_2O_3$ 37, 663ff., 671ff., 679f., 705, 734ff., 739, 751ff., 760f., 769ff., 777ff., 784ff., 798f., 806ff., 819, 830, 833, 837, 845f.
—-wüstit (Mg, Fe)O 39f., 666, 670, 847
Magnesit $MgCO_3$ 28, 186, 343, 656, 659ff., 664, 683, 703, 712ff., 725, 729, 734, 737, 741f., 745, 758, 765, 800, 827, 907f.
—, dichter (amorpher) 712ff., 723, 741
—, dolomitischer 777, 796

Magnesit, kristalliner 715ff., 737
—, Gel- 712
—, Hydro- $5MgO \cdot 4CO_2 \cdot 5H_2O$ 715, 724
—, Pinolien- 716
Magnesium Mg 725, 727, 767, 854
—-bikarbonat $Mg(HCO_3)_2$ 732, 908
—-borat $MgO \cdot B_2O_3$ 516
—-chlorid $MgCl_2$ 661f., 728ff., 746, 768f., 771, 895
—-dampf 679f., 764
—-fluorid MgF_2 640
—-fluorsilikat 908
—-hydrat s. Brucit
—-hydroxyd s. Brucit
—-karbonat s. Magnesit
—-karbonattrihydrat $MgCO_3 \cdot 3H_2O$ 729, 732, 745
—-metasilikat $MgO \cdot SiO_2$ 50, 53, 807, s. a. Enstatit, Klinoenstatit und Protoenstatit
—-oxyd MgO s. Magnesia
—-oxychlorid $MgCl_2 \cdot 5MgO +$ Wasser 663, 768
—-phosphat $3MgO \cdot P_2O_5$ 530
—-sulfat $MgSO_4$ 530, 662, 664, 730, 732f., 746, 764, 768ff., 909
Magnetkies, nickelhaltiger 815
Magnetit Fe_3O_4 51, 187, 288f., 303, 314f., 326, 373f., 378ff., 511, 586f., 632, 641, 648, 665ff., 673ff., 679f., 705, 762f., 779, 784, 791, 808, 810, 812, 824, 835
Malacon 618
Mangan Mn 542f., 550, 553, 611, 801, 858, 867, 884
—-chromspinell $MnO \cdot Cr_2O_3$ 674
—-oxyd MnO 51, 156, 161, 213, 287, 327, 374, 384, 509, 511, 519, 537, 542f., 547ff., 777f., 844, 868, 884f.
—-sulfid MnS 533
Markasit FeS_2 343, 378
Marmor $CaCO_3$ 718
Meerwasser 727, 730ff.
Melasse 238, 746, 796, 800
Melilith 586, 695
Merwinit $3CaO \cdot MgO \cdot 2SiO_2$ 691, 694f., 734f., 746, 787, 798
Messing 884
Metalcase-Steine ® 770
Meteormörtel ® 523
Methan CH_4 518, 868
Methanol CH_3OH 839
Methylzellulose 621, 903
$MgCl_2$ s. Magnesiumchlorid
$MgCl_2 \cdot 6H_2O$ s. Bischofit
$MgCl_2 \cdot 3MgO \cdot 11H_2O$ 663
$MgCl_2 \cdot 5MgO +$ Wasser s. Magnesiumoxychlorid
$MgCO_3$ s. Magnesit

$MgCO_3 \cdot 3H_2O$ s. Magnesiumkarbonattri-
　hydrat
$(Mg, Cu)O \cdot Al_2O_3$ s. Spinell
MgF_2 s. Magnesiumfluorid
$7(Mg, Fe)O \cdot 8SiO_2 \cdot H_2O$ s. Anthophyllit
$Mg(HCO_3)_2$ s. Magnesiumbikarbonat
MgO s. Magnesia
MgO-Gehalt in Chromerzen 705
— — — Chromerzsteinen 759
— — — Chrommagnesiasteinen 735
— — — Dolomiten 725f.
— — — Forsteritsteinen 762
— — — Kalken 223f.
— — — Magnesiasteinen 750
— — — Quarziten 214
— — — Sanden 218
— — — Schamottesteinen 421
— — — Tonen 411
— — — schmelzgegossenen Steinen 765
— — — Sinterdolomit 826
— — — Sintermagnesia 736, 740
$MgO \cdot (Al, Fe)_2O_3$ s. Spinell
$MgO \cdot Al_2O_3$ s. Spinell
$2MgO \cdot 2Al_2O_3 \cdot 5SiO_2$ s. Cordierit
$4MgO \cdot 5Al_2O_3 \cdot 2SiO_2$ s. Sapphirin
$MgO \cdot B_2O_3$ s. Magnesiumborat
$5MgO \cdot 4CO_2 \cdot 5H_2O$ s. Magnesit
$MgO \cdot Cr_2O_3$ s. Magnesiochromit
$(Mg, Fe)O$ s. Magnesiowüstit
$MgO \cdot FeO \cdot SiO_2$ 680
$(MgO, FeO) \cdot SiO_2$ s. Bronzit und Hypersthen
$MgO \cdot Fe_2O_3$ s. Magnesioferrit
$Mg(OH)_2$ s. Brucit
$MgOHCl$ 662
$MgO \cdot SiO_2$ s. Magnesiummetasilikat
$2MgO \cdot SiO_2$ s. Forsterit
$3MgO \cdot 2SiO_2 \cdot 2H_2O$ s. Serpentin
$3MgO \cdot 4SiO_2 \cdot H_2O$ s. Talk
$MgSO_4$ s. Magnesiumsulfat
$MgSO_4 \cdot H_2O$ s. Kieserit
$MgSO_4 \cdot 7H_2O$ s. Bittersalz
$MgSO_4 \cdot 3MgO \cdot 11H_2O$ 663
$MgSO_4 \cdot (NH_4)_2SO_4 \cdot 6H_2O$ s. Ammon-
　schönit
Millstone Grit 196
Mineralöl 835, 902
Minette 564
Mn s. Mangan
MnO s. Manganoxyd
MnO_2 s. Braunstein
Mn_2O_3 824
$MnO \cdot Al_2O_3$ s. Galaxit
$2MnO \cdot 2Al_2O_3 \cdot 5SiO_2$ 511
$3MnO \cdot Al_2O_3 \cdot 3SiO_2$ s. Spessartin
$MnO \cdot Cr_2O_3$ 674
$MnO \cdot Fe_2O_3$ s. Jakobsit
$MnO \cdot SiO_2$ s. Rhodonit

$2MnO \cdot SiO_2$ s. Tephroit
Moissanit SiC 867
Moler-erde 95, 897, 899f., 908
— -steine 908f., 912ff.
Molybdän Mo 767, 863, 867
— -oxyd MoO_3 174, 374, 612
Monazit 619
Monofrax ® 649f.
Monokalziumferrit s. Kalziumferrit
Monticellit $CaO \cdot MgO \cdot SiO_2$ 678, 680, 691,
　694f., 734f., 746, 753, 756ff., 762, 764,
　787, 792f., 798, 812, 817, 827, 830
Montmorillonit 332, 338f., 341, 346, 350,
　363ff., 375f., 390, 393f., 405, 409, 411,
　895
—, Ca- 346, 370
—, H- 340, 346
—, Na- 339f., 346
MoO_3 s. Molybdänoxyd
Moosschleim 289
Mörtel, basische 770f., 797
Mullit $3Al_2O_3 \cdot 2SiO_2$ 15, 28, 41f., 49ff.,
　127, 148, 331, 364, 367ff., 377f., 381f.,
　384, 424, 488, 495ff., 507, 510ff., 520f.,
　539, 552f., 565, 570, 579f., 585ff., 589,
　595ff., 612f., 625ff., 639, 642, 644ff.,
　652ff., 685, 882, 888, 905
— -steine 4, 88, 589, 622, 625ff., 644ff.
Muskowit 195, 215, 342, 366, 389, 599

N_2 s. Stickstoff
Na s. Natrium
$NaAlO_2$ s. Natriumaluminat
Na_3AlF_6 s. Kryolith
$Na_2B_4O_7 \cdot 10H_2O$ s. Borax
$NaCl$ s. Natriumchlorid
Na_2CO_3 174, s. a. Soda
$Na_3Fe(SO_4)_3$ 530
Nagelschmidtit $7CaO \cdot P_2O_5 \cdot 2SiO_2$ 798
$NaHCO_3$ s. Natriumbikarbonat
$Na_2HPO_4 \cdot 12H_2O$ 174
Nakrit $Al_2O_3 \cdot 2SiO_2 \cdot 2H_2O$ 337f.
Na_2O s. Natriumoxyd
$NaOH$ s. Natronlauge
$Na_2O \cdot 12Al_2O_3$ s. β-Korund
$Na_2O \cdot Al_2O_3 \cdot 2SiO_2$ s. Carnegieit und
　Nephelin
$Na_2O \cdot Al_2O_3 \cdot 6SiO_2$ s. Albit
$Na_2O \cdot Fe_2O_3$ s. Natriumferrit
$2Na_2O \cdot 5(Fe^{2+}, Fe^{3+})O \cdot 8SiO_2 \cdot H_2O$ s.
　Krokydolith
$NaNO_3$ s. Natriumnitrat
$Na_2O \cdot SiO_2$ 51, 53, 190
$Na_2O \cdot 2SiO_2$ 51, 190
$Na_2O \cdot V_2O_5$ 517
$2Na_2O \cdot V_2O_5$ 517
$3Na_2O \cdot V_2O_5$ 517
Naphthalin 838f., 903, 905, 916

$Na_4P_2O_7$ s. Natriumpyrophosphat
Na_2SiF_6 s. Natriumsilikofluorid
Na_2S s. Natriumsulfid
Na_2SO_3 s. Natriumsulfit
Na_2SO_4 s. Natriumsulfat
Natrium Na 727
—-aluminat $NaAlO_2$ 524, 598, 610
—-azetat 345
—-bikarbonat $NaHCO_3$ 838
—-borat 516
—-chlorid NaCl 165, 174, 735, 770, 871, 904
—-ferrit $Na_2O \cdot Fe_2O_3$ 191, 610
—-hydroxyd s. Natronlauge
—-nitrat $NaNO_3$ 636
—-oxyd Na_2O 156, 161, 191, 324, 372, 383f., 517, 524, 530, 570, 649, 692, 907
—-pyrophosphat $Na_4P_2O_7$ 414
—-silikafluorid Na_2SiF_6 174
—-sulfat Na_2SO_4 286, 514f., 517, 530, 572, 583, 610, 870
—-sulfid Na_2S 688, 870
—-sulfit Na_2SO_3 572
—-wolframat $Na_2WO_4 \cdot 2H_2O$ 174, 612
—-zitrat 599
Natronlauge NaOH 345ff., 610, 746, 882, 904
Na_2UO_4 174
Na_2WO_4 s. Natriumwolframat
Nephelin $Na_2O \cdot Al_2O_3 \cdot 2SiO_2$ 515, 587, 589f., 635
NH_4Cl s. Ammoniumchlorid
$(NH_4)_2CO_3$ s. Ammoniumkarbonat
NH_4OH s. Ammoniak
$(NH_4)_3PO_4$ s. Ammoniumphosphat
$(NH_4)_2SO_4$ s. Ammoniumsulfat
Nickel Ni 751, 867
—-Chrom-Spinell $NiO \cdot Cr_2O_3$ 36
—-oxyd NiO 156, 509f., 513, 529f., 711
—-stein 814, 815
—-Tonerde-Spinell $NiO \cdot Al_2O_3$ 510
Nigrosinlösung 341
NiO s. Nickeloxyd
$NiO \cdot Al_2O_3$ s. Nickel-Tonerde-Spinell
$NiO \cdot Cr_2O_3$ s. Nickel-Chrom-Spinell
Nitrosylperchlorat 766
Nontronit 339
Norit 702f.

O_2 s. Sauerstoff
Obsidian 898
Ofenstaub s. Flugstaub
Öl 821, 829, 834, 842f., 838ff.
—, Anthrazen- 838ff.
—, Bitumen- 902
—, Form- 453
—, Gas- 835

Öl, Pflanzen- 902
—, Schmier- 770
—, Schwer- 264, 738, 838ff.
Olivin 14f., s. a. Forsterit
—-fels 656, 712
—-gabbro 703
—, Kalk- s. Dikalziumsilikat
Opal 169, 174, 177, 179, 183, 202, 211f., 215f., 410, 899
Orthoklas $K_2O \cdot Al_2O_3 \cdot 6SiO_2$ 51, 53, 389, 515, 589, 923

Paraffin 843, 859
Paranußschalen 901
PbO s. Bleioxyd
$PbO \cdot SiO_2$ s. Bleimetasilikat
$2PbO \cdot SiO_2$ s. Bleiorthosilikat
Pech (Teerpech) 838ff., 877, 909
—-koks s. Koks
—-stein 898
—, Hart- 769
—, Zell- 777
Pegmatit 397, 602
—-gänge 619, 896
Pergunit ® 772
Periklas MgO 17, 314, 657ff., 667ff., 676, 686, 690, 694f., 697, 734ff., 742, 745f., 750f., 754, 756f., 765, 768, 778f., 784, 801, 806ff., 810, 812, 818, 822f., 832f., 835, 837, 844ff.
Petun-tse 391
Peridotit 703, 705, 707f., 710, 715
Perlit 898, 908
Petroläther 870
Phenole 839
Pholerit 333f.
Phosphate 652, 692, 827
Phosphatgestein (Phosphorit) 635, 828
Phosphorsäure P_2O_5 26, 189, 412, 517, 519, 621, 625, 640, 652, 774, 798, 833, 844, 858, 906f.
Picrochromit s. Magnesiochromit
Plagioklas 390, 586, 635, 710
Plastics 651, 772
P_2O_5 s. Phosphorsäure
Porphyr 210, 390ff., 397
—, Quarz- 202, 396f., 400
Porzellanerde s. Kaolin
Pottasche K_2CO_3 165, 174, 191, 631, 648, 758, 868, 904
Protoenstatit $MgO \cdot SiO_2$ 40, 314, 673, 676f., 679, 681ff., 757, 762f.
Pyrit FeS_2 s. Schwefelkies
Pyrophyllit $Al_2O_3 \cdot 4SiO_2 \cdot H_2O$ 16, 488, 597, 602, 605f., 636, 896
Pyroxene 15, 680f., 695
Pyroxenit 703

Quarz SiO₂ 15, 19f., 34, 94, 96, 100, 105, 179, 183, 194, 199ff., 215ff., 284ff., 303, 317, 332, 343f., 352, 367, 374f., 383, 391, 400ff., 415, 424, 469, 483, 488, 494ff., 504, 506f., 520ff., 534, 539, 590, 593, 636, 705, 739, 868f., 923
—, α- 16, 109, 170, 178ff., 280, 375, 469, 506
—, β- 28, 53, 169f., 178, 367, 469, 506
— -drusen 725
— -glas (Quarzgut) 87f., 240, 640, 642
— -gutsteine 642
— -kies 204, 401, 443, 488, 791
— -mehl 240
— -sand s. Sand
— -schamottesteine 4, 521, 527, 533ff.
— -schiefer 605
— —, Cordierit-Biotit- 601
— — von Krummendorf 197f., 532f.
—, Gang- 193, 199
Quarzit 184, 188f., 193, 213, 236, 401, 601ff., 759, 906
—, amorpher 203f.
— -sand 232, 326, 639
— -schiefer 194, 196
—, Braunkohlen- 205
—, Cyanit- 601, 605
—, Dinas- 196
—, Fels- 183, 193ff., 213f., 216ff., 240, 242, 277
—, Findlings- 205
—, Konglomerat- 195
—, Taunus- 196ff.
—, Zement- 182, 193, 200ff., 213, 215ff., 240, 242, 329
Quebracho 347
Quecksilber Hg 867
— -chlorid HgCl₂ 767

Radex-Steine ® 752f., 816
Radiolarien 899
Radiolarite 212
Rankinit 3CaO · 2SiO₂ 184, 691, 693
Raseneisenerz 188
· Reaktherm ® 764, 767
Reis-asche 897, 901, 906
— -spelzen 901
Rhodonit MnO · SiO₂ 511, 681, 683
Rixerit ® s. Sulfitablauge
Roßzähne (Dolomit) 717
Röstblende s. Zinkblende
Roterde 609
Rot-kupfer s. Cuprit
— -schlamm 188, 610
Rubin Al₂O₃ 598
Ruß 870, 876
Rutil TiO₂ 50, 169, 190, 215, 343, 382, 589, 601, 619, 869

S s. Schwefel
Säge-mehl 870, 901ff., 908f.
— -späne 780
Salmiak NH₄Cl s. Ammoniumchlorid
Salpetersäure HNO₃ 728, 751, 866, 882
Salzsäure HCl 165, 412, 639, 663, 728, 731, 751, 882
Sand 193, 217f., 223, 242f., 292, 298, 320, 325, 458, 488, 745, 764, 770, 800, 813, 815, 827, 870, 906
—, Form- 219, 223
—, Kaolin- 218
—, Kristall- 211, 218
—, Schlämm- 222
—, Silber- 211, 218, 220, 289
Sandstein 194, 397, 501
—, Arkose- 392
—, Bunt- 209
—, Kohlen- 169, 197f., 208
Saphir Al₂O₃ 598
Saponine 903ff., 909
Sapphirin 4MgO · 5Al₂O₃ · 2SiO₂ 378, 685
Sauerstoff O₂ 378f., 383, 515, 661f., 785, 810, 865, 873, 876, 903
Säurefeste Steine 405, 485, 863
Sb s. Antimon
Sb₂O₃ s. Antimonoxyd
Schamotte 331, 418ff., 442ff., 460ff., 494ff., 511, 551, 559ff., 579, 593f., 622, 882ff., 903ff.
—, Glüh- 418, 424, 442f., 465, 609
—, Hart- 418, 744
—, Leicht- 903
—, Pfannenstein- 488
—, saure 532
—, Schiefer- 422, 462, 490
—, Schwachbrand- 418, 424f.
— -bruch 488
— -Feuerleichtsteine 901f., 912f., 916
— -grieß 430
— -knüppel 312
— -mehl 430, 432, 443, 447, 460, 462, 477, 495, 523, 524, 887
— -mörtel 485, 522ff., 541
— -Mündungsstein 860
— -platten 527
Schamottesteine 4, 321, 325, 474ff., 631, 642, 646, 763, 778, 796f., 802, 813, 816f., 818f., 870, 877f.
—, A- 483, 527, 576
—, A 0- 567, 580, 589
—, A I- 555, 567, 580, 590, 628, 630
—, A II- 535, 580, 589
—, halbsaure 533, 554
—, halbtrockengepreßte 487, 491, 498ff., 505f., 508, 575
—, tonerdeangereicherte 311, 580, 589, 622ff.

Schamottesteine, B- 484f., 488, 504, 532f.
—, E- 485, 533f.
—, Ausdehnungskoeffizient 88, 506f.
—, Dauerstandfestigkeit 110
—, Druckfeuerbeständigkeit 115, 119ff., 504ff.
—, Elastizitätsmodul 131, 501f.
—, elektrischer Widerstand 103f.
—, Emissionsvermögen 100
—, Gasdurchlässigkeit 67, 499ff.
—, Heißdruckfestigkeit 108
—, Kaltdruckfestigkeit 107, 503f.
—, Kontaktwinkel 158
—, Korngrößenverteilung 82f.
—, Mineralbestand 496ff.
—, Nachschwindung 90, 507f.
—, Porosität 499
—, Raumgewicht 498f.
—, spezifisches Gewicht 498
—, Spiegelungsvermögen 789
—, Struktur 63, 494ff.
—, Temperaturwechselbeständigkeit 139, 141ff., 147f., 508
—, Torsionsfestigkeit 126
—, Verschlackungsbeständigkeit 508ff.
—, Wärmeleitfähigkeit 93ff.
Schamotte-Wannensteine 646
Schellacklösung 906
Schiefer, kontaktmetamorpher 596
—, kristalliner 596, 721
Schieferton 331, 368, 383, 393f., 409f., 422, 424, 487, 603
—. Blosdorfer 409, 424
—, böhmischer 409, 487
—. Neuroder 393, 409, 424, 487
—. Osterwälder 409
—. Rakonitzer 409
— aus dem Ruhrgebiet 487
—, südafrikanischer 488
—-mörtel 522
—-steine 527
Schlacke, basische 759, 764
—, Blei- 757
—, Brennstoff- 165
—, Chrom- 611
—, Feinungs- 797
—, FeO-reiche 634, 757, 759f., 800
—, Ferrochrom- 765
—, Hochofen- 156f., 160, 162, 509f., 513, 565, 695, 770, 828, 879, 881
—, Kalkaluminat- 161
—, Kupolofen- 157, 158
—, Mangan- 611
—, Mischer- 160, 630, 751, 768, 803, 831, 837
—, Pfannen- 329, 450, 520f., 537ff., 545
—, Schweißofen- 188, 757

Schlacke, SM-Ofen- 162, 188, 287, 292, 325, 537, 760, 771, 776f., 789, 796, 830, 832
—, Steinkohlen- 162
—, Thomas- 160, 828, 844, 857f.
—, Tiefofen- 757
—, Titan- 611
—, Zinn- 757
Schlackenwolle 156, 527
Schleifscheibenbruch 611
Schluff 392, 400
schmelzgegossene Steine 7, 644ff., 764ff.
Schwarzkupfer 811, 814
Schwefel S 189, 298, 528ff., 774, 835, 838, 901
—-dioxyd SO_2 165f., 186, 238, 295, 387, 514ff., 523, 610, 659, 662, 737, 882
—-gehalt in Aschen 529
—-kies FeS_2 214f., 332, 343, 378, 402, 411, 422, 477, 530, 868f.
—-säure H_2SO_4 324, 412, 515f., 527, 610, 746, 866, 872, 882, 903f.
— —, alkoholische 904
—-trioxyd SO_3 516, 527, 529f., 583, 662, 764
—-wasserstoff H_2S 668, 688
Schweflige Säure s. Schwefeldioxyd
Schwerspat $BaSO_4$ s. Bariumsulfat
Serizit 195, 197, 215, 393
Serpentin $3MgO \cdot 2SiO_2 \cdot 2H_2O$ 683f., 702ff., 707ff., 712ff., 724, 760f., 827f., 836
—, Blätter- s. Chrysotil
—, Faser- s. Antigorit
Serpexsteine ® 712, 748f., 752, 761, 764
Si s. Silizium
SiC s. Siliziumkarbid
$SiCl_4$ s. Siliziumchlorid
Siderit s. Eisenspat
Siemensitsteine ® 764f.
SiF_4 s. Siliziumfluorid
Silcrete 202f., 205, 211, 240, 302
—-konglomerat 203, 211
Silber Ag 867
Silex 901
Silika-bruch (-brocken) 242f., 488, 791, 906
—-Feuerleichtsteine 906, 912f., 915ff.
—-mehl 289, 325, 329
—-mörtel 218, 289ff., 299
Silikanit ® s. Sulfitablauge
Silikarippensteine 312
Silikasteine 4, 226ff., 325, 521, 531, 580, 646, 760, 763, 778ff., 794, 799, 811
—, Druckfeuerbeständigkeit 119f., 280
—, Elastizitätsmodul 131
—, elektrischer Widerstand 103f.
—, Emissionsvermögen 100
—, Gasdurchlässigkeit 67, 279
—, Heißdruckfestigkeit 109

Silikasteine, Kaltdruckfestigkeit 107, 279f.
—, Korngrößenverteilung 83, 239ff.
—, Mineralbestand 283ff.
—, Schlackenangriff 288ff.
—, spezifisches Gewicht 277f.
—, spezifische Wärme 96
—, Spiegelungsvermögen 789f.
—, Struktur 63
—, Temperaturwechselbeständigkeit 141ff., 148, 283
—, Torsionsfestigkeit 125f.
—, Wärmeausdehnung 88, 281f.
—, Wärmeleitfähigkeit 93
Siliko-Alkali-Titanat s. V 26
Silikone 640
Silizium Si 537f., 542, 566, 751, 833, 858, 867f., 884, 887
—-chlorid $SiCl_4$ 868
—-disulfid SiS_2 572
—-fluorid SiF_4 185f., 598
Siliziumkarbid SiC 51, 88, 94, 103, 425, 465, 466, 864, 867, 870f., 883, 888, 892, 903
—-steine 5, 88, 92ff., 589, 642, 868, 886ff.
—-massen 527
Siliziummonoxyd (Siliziumoxyd) SiO 176, 535, 634, 680, 742, 764, 799, 888, 890, 892
Siliziumpulver 621
Sillimanit $Al_2O_3 \cdot SiO_2$ 15, 50, 368ff., 465, 524, 553, 595f., 602ff., 621, 625ff., 651
—-ausgüsse 545
—-leichtsteine 913ff.
—-stampfmassen 784
—-steine 4, 88, 263, 421, 589, 622, 625ff., 763, 799
—-stopfen 631
Sillitin ® 213
Siloxikon 872
Silundum 888
Sinter-dolomit 774, 721ff.
—-korund 32, 34, 88, 105, 612f., 637ff.
—-magnesia 105, 668, 734ff., 753ff., 768ff., 774ff., 796ff., 801, 837, 855, 907
—-tonerde s. Sinterkorund
SiO s. Siliziummonoxyd
SiO_2 s. Kieselsäure
SiO_2-Gehalt in Bauxiten 607
— — — Chromerzen 705
— — — Chromerzsteinen 759
— — — Chrommagnesiasteinen 755
— — — Dolomiten 725
— — — Dolomitsteinen 830
— — — stabilisierten Dolomitsteinen 837
— — — Kalken 223f.
— — — Magnesiten 721
— — — Magnesiasteinen 750
— — — Sinterdolomiten 823

SiO_2-Gehalt in Sintermagnesia 736, 741
Siporal ® 916
Smirgel 605
Sn s. Zinn
SnO_2 s. Zinndioxyd
SO_2 s. Schwefeldioxyd
SO_3 s. Schwefeltrioxyd
Soda Na_2CO_3 165, 174, 191, 286, 289, 347, 363, 462, 465f., 509f., 514, 572, 610, 648f., 758, 791, 803
Speckstein 680, 683f., 704
Spessartin $3MnO \cdot Al_2O_3 \cdot 3SiO_2$ 511
Spinell $MgO \cdot Al_2O_3$ 16, 18, 33f., 37, 96, 148, 365ff., 553, 579f., 589, 629, 637, 639, 664ff., 674, 697f., 705, 734f., 753ff., 801, 830, 905
— $MgO \cdot (Al, Fe)_2O_3$ 374, 753, 817
— $(Mg, Cu)O \cdot Al_2O_3$ 812
—-steine 637, 766f.
Spritzmassen 7, 320, 651, 655f., 772, 778
SrO s. Strontiumoxyd
S. S. D.-Steine 834
Stahl, beruhigter 537f., 542, 546f., 550f.
—, harter 543
—, siliziumreicher 777
—, unberuhigter 537, 542f., 545ff.
—, weicher 543f., 777
Stahlformmassen 404, 884
Stahlwerksschamotte 405
Stampfmassen 7
—, hochtonerdehaltige 308, 651ff., 784
—, saure 325ff., 404f., 533
—, Chromerz- 527, 531, 772, 810
—, Dolomit- 292, 540, 796, 829, 832, 838
—, Forsterit- 801, 810
—, Kohlenstoff- 554, 566, 877ff.
—, Magnesia- 771f., 796, 799ff., 812, 815
—, Pfannen- 327ff.
—, Schamotte- 593f.
—, Teerdolomit- 859
Stärke 874, 906
Staub s. Flugstaub
Staufferfett 859
Steatit 683, 704
Steelklad-Steine ® 769, 811
Steinholz 663, 713
Steinsalz NaCl 732
Sterchamol ® 263, 576, 802, 910, 912, 916
Stichlochmassen 554
Stickstoff N_2 558, 661
Strahlstein s. Actinolith
Strontianit $SrCO_3$ 165, 186
Strontium Sr 727
—-karbonat s. Strontianit
—-oxyd SrO 156, 384, 650
Sudanit 827

Sulfitablauge (Sulfitlauge) 238f., 289f., 621, 746, 761, 777, 796, 887, 904, 906
Sulfonat, alkoholisch 904
Super-duty-bricks 280f., 307, 555
Super-duty-fireclay-bricks 123
Superexsteine ® 810, 916
Superphosphat 186
Syenit 619
—, Alkali- 619
—, Nephelin- 602
—, Zirkon- 619

Talk 3MgO · 4SiO₂ · H₂O 683f., 705, 712, 719, 721f., 746, 760f., 827, 829, 923
—-schiefer 703f., 710, 722
Tannin 829
Thalliumchlorid TlCl 174
Teer (Stahlwerksteer) 543, 759, 769, 777, 796, 800, 821, 829, 832, 834, 838ff., 850ff., 859ff., 873ff., 877f., 886
—, intergranularer 841
—, intragranularer 841f., 847, 850
—-dolomitsteine 778, 811, 839, 848, 859ff.
—-magnesiasteine 769, 811
—-pech s. Pech
—, Dick- 839f., 843, 858, 874
—, Dünn- 839ff., 847, 857, 860
—, Steinkohlen- 838
Tegel 407
Tenorit CuO 812f., 888
Tephroit 2MnO · SiO₂ 511, 678
Terra rossa 607
Tetrachlorkohlenstoff CCl₄ 867
Thermitpulver 792
Thomasmehl 186
Thorium Th 618, 867
Tiegelstahl 883
TiO₂ s. Titansäure
TiO₂-Gehalt in Quarziten 214
— — — Tonen 411
Ti₂O₃ 382
Titan Ti 605, 611, 751, 863
—-dioxyd s. Titansäure
—-spinell MgO · Ti₂O₃ 753
Titanit CaO · TiO₂ · SiO₂ 302
Titanomagnetit FeO · (Fe, Ti)₂O₃ 379, 665
Titansäure TiO₂ 26, 50, 53, 148, 156, 174, 189f., 208, 302f., 309, 314, 372, 382, 384, 516, 609ff., 612, 644f., 649f., 746, 753
TlCl s. Thalliumchlorid
Ton 167, 189, 202, 213, 289, 320, 331ff., 392, 395, 398ff., 418ff., 465, 541, 644, 746, 770, 828, 870
—, halbsaurer 394, 404, 523, 902
—, hochsaurer 440
—, saurer 219, 394, 404, 408, 467, 908
—, Kärlicher 404
—, Klingenberger 359, 406, 414

Ton, Oberpfälzer 406ff., 487
—, Pfälzer 405f., 419, 458, 488
—, Ponholzer 406
—, Westerwälder 401ff., 408
—, Witterschlicker 405
—-mehl (Mahlton) 439f., 480, 612
—-schiefer 746
—-stein 393, 409f., 465
—-steine 470, 481, 499
—-substanz 215f., 412, 414
—, Allophan- 332, 392
—, Binde- 351, 394, 399, 415, 419, 434ff., 442ff., 460, 462, 465ff., 487ff., 522, 550, 559, 620ff., 631, 636f., 758, 769, 771f., 829, 874, 882ff., 886f., 900, 902ff., 907, 909
—, Blau- 290, 394, 399, 404f.
—, Braun- 394, 403
—, Braunkohlen- 400, 407f.
—, Fayance- 394
—, Fett- von Großalmerode 399f., 490, 883
—, Flaschen- 395, 399f., 408
—, Gelb- 394, 405
—, Grau- 394
—, Grob- 331, 347
—, Grün- 394, 405f.
—, Hafen- 394
—, Hafen- von Großalmerode 367, 375, 400f., 415, 490
—, Illit- 394
—, Kaolin- 331, 392, 394, 399, 401, 407ff., 488
—, Kapsel- 394
—, Kapsel- von Halle 399f.
—, Klinker- 375
—, Kolloid- 331, 414, 637
—, Mager- 394
—, Mager- von Satzvey 404
—, Pfeifen- 394
—, Platten- 394
—, Schamottier- 351, 394, 400, 402, 405, 419ff.
—, Sicht- 357, 440, 475
—, Steingut- 377, 394
—, Steinzeug- 375, 394, 399, 887
—, Weiß- 394
Tonerde Al₂O₃ 15, 20, 26, 33, 100, 148, 156, 161, 174, 188f., 300ff., 307, 363, 372, 389f., 412, 509f., 519f., 537, 548ff., 648, 670ff., 692, 741, 760, 766f., 823f., 827f., 844
—, γ- s. γ-Korund
—, kalz. 96, 488, 595, 609ff., 622, 639, 642, 644, 747, 753, 888, 905
—-gel 385
—-hydrat Al(OH)₃ 189, 390, 524, 595, 605, 609f., 758, 907f.
—-schmelzzement (Tonerdezement) 263, 523, 651f., 688, 757, 763, 909, 914

Topas $Al_2(OH,F)_2 \cdot SiO_4$ 597f., 601ff., 625, 923
Torf 907
Tragant 289
Tremolit $2CaO \cdot 5MgO \cdot 8SiO_2 \cdot H_2O$ 897f.
Tridymit SiO_2 15, 41, 53, 133, 172ff., 186, 191, 283ff., 303, 313, 315, 317f., 320, 322f., 326, 330, 424, 496f., 565, 901, 906
—, α- 178
—, β- 178
—, γ- 28, 169, 178, 257
—-steine 187
Trikalzium-aluminat $3CaO \cdot Al_2O_3$ 685ff., 741, 823, 827, 835
—-disilikat s. Rankinit
—-phosphat $3CaO \cdot P_2O_5$ 186, 530, 612, 635, 800, 833, 838, 844, 858
—-silikat $3CaO \cdot SiO_2$ 50, 184, 690f., 695f., 734f., 741, 746, 798, 822f., 827f., 833ff.
Tuff 201, 204, 390, 394, 401, 897
—, Trachyt- 206
Turmalin 215

V 26 ® 329, 656
Vanadinpentoxyd V_2O_5 159, 372, 516f., 528ff., 640, 692, 789, 817
V_2O_3 517
V_2O_4 517
Vermikulit 263, 332, 341f., 530, 597, 721, 812, 895ff., 908f., 916
—, expandierter 896, 908f.
—-steine 909, 913f.
Vitrox ® 625

Walkerde 390, 394
Walzsinter (Walzzunder) s. Magnetit
Wasser H_2O 51, 332ff., 343ff., 357ff., 595, 599f., 683, 895ff., 903ff.
—-dampf 866, 868, 876, 880, 890f.,
—-gehalt in Bauxiten 607
— — — Graphiten 869
— — von Koks 874, 877
— — in Sinterdolomiten 847
— — von Tonen 434ff.
Wasserglas 167, 189, 191, 289, 347, 462, 465, 480, 523f., 541, 553, 640, 759, 770ff., 796f., 800, 828, 868, 874, 905, 908f.
—, Trocken- 769, 772, 905
Wasserstoff H_2 165, 383, 661, 751, 866, 868, 873, 903
Wasserstoffsuperoxyd H_2O_2 896, 903
Wehrlit 703
Willemit $2ZnO \cdot SiO_2$ 586, 590f.
Witherit s. Bariumkarbonat
Wolfram W 863, 867
—-oxyd WO_3 174, 612
Wollastonit β-$CaO \cdot SiO_2$ 15, 53, 174, 184, 270, 691, 694f., 696, 836

Wollastonit, Pseudo- α-$CaO \cdot SiO_2$ 185, 303, 691, 693f., 831
Wüstit FeO 380, 667, 844, 846

Xenol ® 644
Xylose 903

Zellensteine, blechummantelte 783
Zement 186, 289, 566, 630f., 638f., 664, 764
—, Dolomit- 838
—, Lafarche- ® 651, 688, 757, 829, 909
—, Portland- 691, 838
—, Sorel- 663, 745, 909
Zink Zn 288, 588, 751, 771, 815, 867f., 880, 890f., 903
—-aluminat s. Gahnit
—-blende ZnS 590
—-borat $ZnO \cdot B_2O_3$ 516
—-dämpfe 590, 891
—-metasilikat $ZnO \cdot SiO_2$ 590
—-orthosilikat s. Willemit
—-oxyd ZnO 51, 156, 174, 295ff., 374, 509, 519, 530, 558f., 582ff., 590f., 815, 891, 907
—-spinell s. Gahnit
—-staub 590
Zinn Sn 288, 815, 771
—-dioxyd SnO_2 558, 584, 588
Zirkon s. Zirkonsilikat
—-dioxyd s. Zirkonerde
—-erde ZrO_2 17, 22, 26, 50, 96, 174, 615, 617, 641f., 645, 648, 692, 765, 827, 906f.
— — A-Modifikation 615f.
— — B-Modifikation 28, 615f.
— — C-Modifikation 615f.
Zirkonfavas 619f.
Zirkonium Zr 615
Zirkon-karbid ZrC 617, 863
—-leichtsteine 906
—-mörtel 540
—-oxyd s. Zirkonerde
—-phosphat $5ZrO_2 \cdot 4P_2O_5 \cdot 8H_2O$ 640, 906
—-sand 619f.
—-silikat $ZrO_2 \cdot SiO_2$ 15, 17, 215, 291, 306, 595, 615, 617ff., 639ff., 648f., 906f.
—-steine 5, 92f., 530, 589, 639ff.
Zitronensäure 599
Zn s. Zink
ZnO s. Zinkoxyd
$ZnO \cdot Al_2O_3$ s. Gahnit
$ZnO \cdot B_2O_3$ s. Zinkborat
$ZnO \cdot Fe_2O_3$ s. Franklinit
$ZnO \cdot SiO_2$ s. Zinkmetasilikat
$2ZnO \cdot SiO_2$ s. Willemit
ZrC s. Zirkonkarbid
ZrO_2 s. Zirkonerde
$5ZrO_2 \cdot 4P_2O_5 \cdot 8H_2O$ s. Zirkonphosphat
$ZrO_2 \cdot SiO_2$ s. Zirkonsilikat
Zyankali KCN 558, 880

Verzeichnis der Zustandsdiagramme

In den quadratischen Feldern sind die Seitenzahlen angegeben,
in Fettdruck Seiten mit Abbildungen

Stark umrandete Felder = Zweistoffsysteme

1. Zwei- und Dreistoffsysteme mit SiO_2

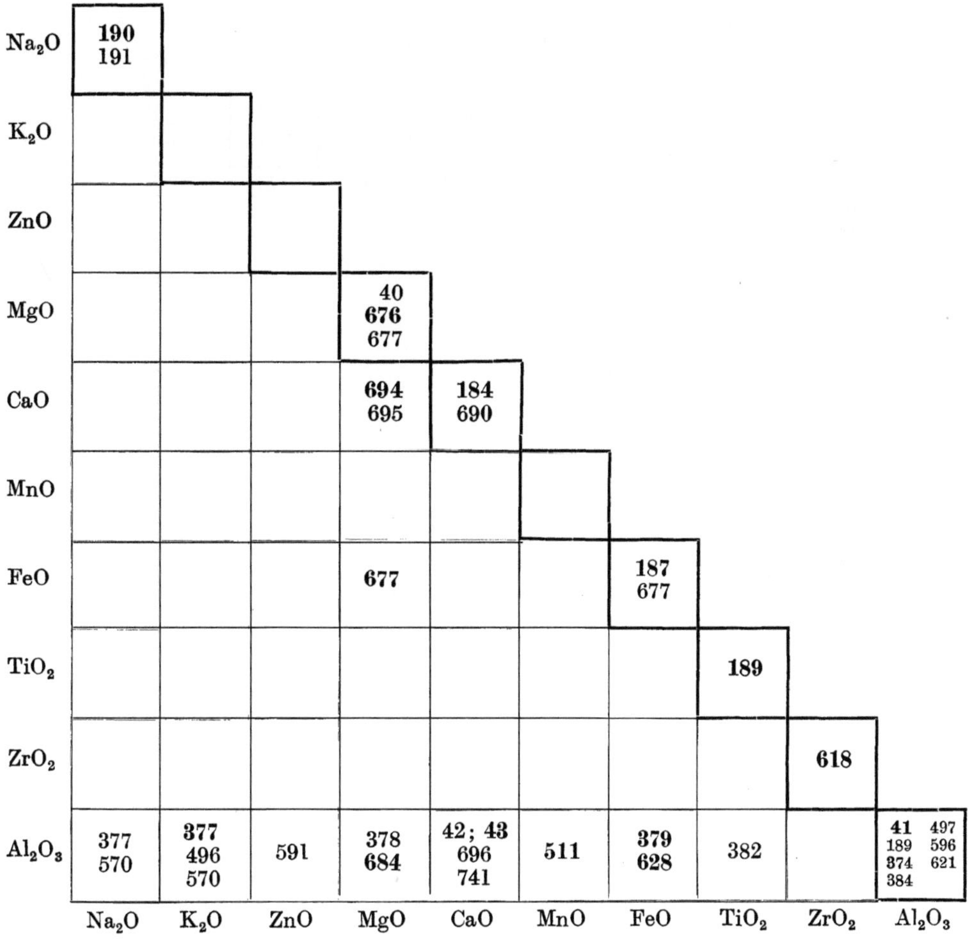

	Na_2O	K_2O	ZnO	MgO	CaO	MnO	FeO	TiO_2	ZrO_2	Al_2O_3
Na_2O	**190** 191									
K_2O										
ZnO										
MgO				**40** **676** 677						
CaO				**694** 695	**184** **690**					
MnO										
FeO				677			**187** 677			
TiO_2								**189**		
ZrO_2									618	
Al_2O_3	377 570	**377** 496 570	591	378 **684**	**42; 43** 696 741	511	**379** 628	382		**41** 497 189 596 **374** 621 384

2. SiO₂-freie Zwei- und Dreistoffsysteme

a) mit CaO:

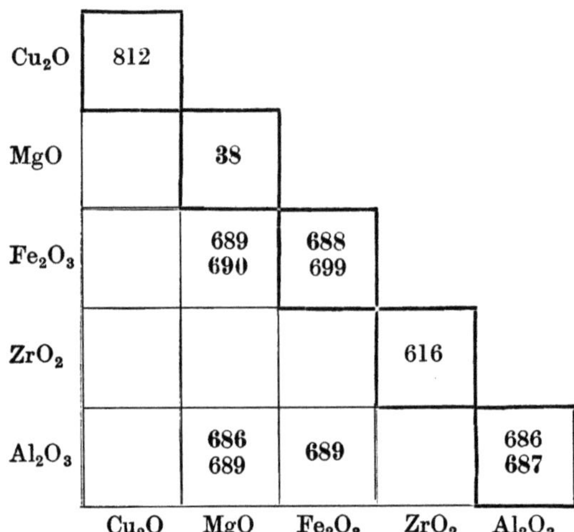

	Cu₂O	MgO	Fe₂O₃	ZrO₂	Al₂O₃
Cu₂O	812				
MgO		38			
Fe₂O₃		689 690	688 699		
ZrO₂				616	
Al₂O₃		686 689	689		686 687

b) mit MgO:

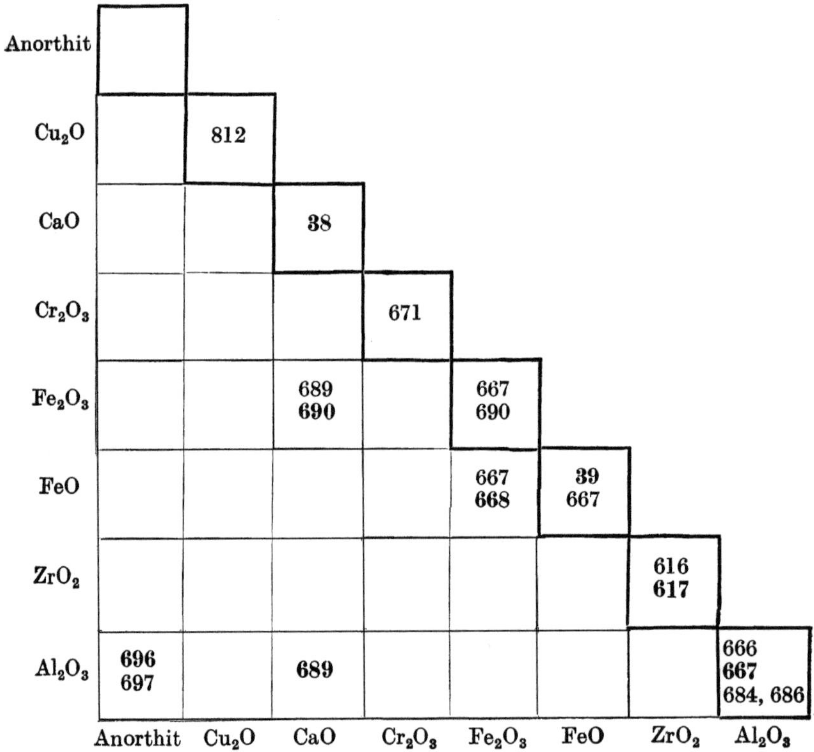

	Anorthit	Cu₂O	CaO	Cr₂O₃	Fe₂O₃	FeO	ZrO₂	Al₂O₃
Anorthit								
Cu₂O		812						
CaO			38					
Cr₂O₃				671				
Fe₂O₃			689 690		667 690			
FeO					667 668	39 667		
ZrO₂							616 617	
Al₂O₃	696 697		689					666 667 684, 686

c) ohne CaO und MgO:

Al₂O₃—FeO	628, **629**
Al₂O₃—MnO	**629**
Cr₂O₃—FeO	671

3. Restliche Systeme

$MgO \cdot SiO_2$—$FeO \cdot SiO_2$	**682**
$2\,MgO \cdot SiO_2$—$2\,FeO \cdot SiO_2$	678, **679**
Al_3O_3—$Al_2O_3 \cdot MgO$—Gehlenit	**697**
Fe—Mn—Si—O	537
Al_2O_3—CaO—Fe_2O_3—MgO	698 f.
Al_2O_3—CaO—MgO—SiO_2	697 f.
Al_2O_3—Fe_2O_3—MgO—SiO_2	699

Berichtigung

S. XII, 4.212: statt $(ZrO \cdot SiO_2)$ lies $(ZrO_2 \cdot SiO_2)$
S. 44, 8. Zeile v. u.: statt Tab. 181 lies Tab. 182
S. 192, [*41*]: Tonind.-Ztg. Bd. 59 (1935): statt S. 65/66 lies S. 165/66
S. 254, 7. Zeile v. u.: statt (s. Abb. 178/79) lies (s. Abb. 378/79)
S. 329, 16. Zeile v. u.: statt Bayern-Werke lies Bayer-Werke
S. 381, Abb. 301 a: statt 10^{-3} at lies 10^{-13} at
S. 447, Abb. 346: statt Erich-Mischer lies Eirich-Mischer
S. 543, 24. Zeile v. u.: statt besonders einer Blöcke lies besonders reine Blöcke
S. 576, 9. Zeile v. u.: statt DW III- bzw. Steine lies DW III-Steine
S. 617, 4.212: statt $(ZrO \cdot SiO_2)$ lies $(ZrO_2 \cdot SiO_2)$
S. 678, Tab. 134: Kurzzeichen für Fayalit: statt F_2S lies f_2S
         Ferromonticellit: statt CFS lies CfS
S. 681, Tab. 135: Kurzzeichen für Ferrosilit: statt FS lies fS
         Klinoferrosilit: statt FS lies fS
         Hedenbergit: statt CFS_2 lies CfS_2
S. 686, Tabelle zu Abb. 559: E: statt $C_3A-C_{12}-A_7$ lies $C_3A-C_{12}A_7$
         4: statt M–MA–A lies M–MA–CA
         6: statt $C_2A-MA-A$ lies CA_2-MA-A

Harders-Kienow, Feuerfestkunde